Springer-Lehrbuch

Springer
Berlin
Heidelberg
New York
Barcelona
Hongkong
London
Mailand
Paris
Tokio

J. Bortz   N. Döring

Forschungsmethoden und Evaluation

für Human- und Sozialwissenschaftler

3., überarbeitete Auflage

Mit 80 Abbildungen und 70 Tabellen

 Springer

Prof. Dr. Jürgen Bortz
Fakultät V – Institut für Psychologie der TU Berlin
Franklinstr. 28/29, 10587 Berlin

Dr. Nicola Döring
TU Ilmenau, IfMK
PF 100565, 98684 Ilmenau
Email: nicola.doering@tu-ilmenau.de
Web: http://www.nicoladoering.de

ISBN 3-540-41940-3 3. Auflage Springer-Verlag Berlin Heidelberg New York

ISBN 3-540-59375-6 2. Auflage Springer-Verlag Berlin Heidelberg New York

Die Deutsche Bibliothek – CIP-Einheitsaufnahme
Bortz, Jürgen:
Forschungsmethoden und Evaluation: für Human- und Sozialwissenschaftler/
Jürgen Bortz, Nicola Döring, 3., überarb. Aufl. – Berlin; Heidelberg;
New York; Barcelona; Hongkong; London; Mailand; Paris; Tokio: Springer, 2002
  (Springer-Lehrbuch)
  ISBN 3-540-41940-3

Springer-Verlag Berlin Heidelberg New York
ein Unternehmen der BertelsmannSpringer Science+Business Media GmbH

http://www.springer.de

© Springer-Verlag Berlin Heidelberg 1984, 1995, 2002
Printed in Germany

Einbandgestaltung: de'blik, Berlin
Satz: K+V Fotosatz GmbH, Beerfelden

Gedruckt auf säurefreiem Papier   SPIN: 10718930   26/3130SM 5 4 3 2 1 0

Vorwort zur dritten Auflage

Die dritte Auflage unseres Lehrbuchs „*Forschungsmethoden und Evaluation*" richtet sich explizit an „*Human- und Sozialwissenschaftler*", also an all diejenigen, die sich in ihrer Forschungspraxis mit Menschen – seien es Individuen, Gruppen oder andere soziale Gebilde – befassen: Wissenschaftliche Disziplinen wie Biologie, Medizin, Politologie, Soziologie, Pädagogik und Psychologie sind ebenso angesprochen wie etwa Umwelt-, Sport-, Kommunikations- oder Medienwissenschaften. Da die Psychologie unsere Herkunftsdisziplin ist und psychologische Themen disziplinenübergreifend auf großes Interesse stoßen, sind viele Beispiele inhaltlich psychologisch ausgerichtet, lassen sich aber methodisch problemlos auf andere Fächer übertragen.

Die vorliegende dritte Auflage ist in ihrer Kapitelaufteilung unverändert geblieben, wurde aber durch rund 350 neue Literaturangaben und Internet-Quellen *grundlegend aktualisiert*. Als Lernhilfen sind Übungsaufgaben mit Antworten sowie Lehrsätze beibehalten worden, zudem wurde auf eine noch differenziertere Unterteilung des Stoffes durch Zwischenüberschriften geachtet.

Wir richten uns an Studierende, die sich das Handwerkszeug empirischer Forschung aneignen und einen Überblick gewinnen wollen. Trotz thematischer Breite gehen wir immer wieder auch in die Tiefe, sodass fortgeschrittene Leserinnen und Leser das Buch auch als Nachschlagewerk nutzen können. Ein ausführliches *Sach- und Namenverzeichnis* ermöglichen den selektiven Zugriff auf den Text. Aufgrund der *Doppelfunktion von Lehrbuch und Nachschlagewerk* empfehlen wir Neulingen, im ersten Durchgang Detailinformationen zu überspringen und lieber später auf solche Hintergrundinformationen zurückzukommen.

Die Auseinandersetzung mit einem Lehrbuch ist nur eine Lernform neben anderen. Speziell zum Erwerb methodischer Sachkenntnis und Kompetenz ist *praktische Forschungstätigkeit* unverzichtbar. Wir möchten unsere Leserinnen und Leser deswegen ermutigen, so bald wie möglich kleinere empirische Projekte selbständig durchzuführen. Im *Anhang* werden hierfür Hilfestellungen, Anlaufstellen und Werkzeuge aufgelistet. Erfahrungsgemäß vermittelt die praktische Forschungstätigkeit sofort einen ganz anderen Bezug zu dem sonst als eher „trocken" wahrgenommenen Methoden-Stoff. Forschungstätigkeit kann nicht nur nützliche neue Erkenntnisse liefern, sondern auch Spaß machen. Um dies zu unterstreichen haben wir einige Cartoons in das Buch aufgenommen, wobei jeweils ein Smiley ☺ die Textstelle markiert, auf die sich der Cartoon bezieht.

Die dritte Neuauflage hat von zahlreichen kritischen und konstruktiven Hinweisen aus dem Kollegenkreis profitiert: Wir bedanken uns bei Prof. Dr. Norbert Groeben (Universität Köln) für hilfreiche Rückmeldungen zu Kapitel 5 und bei Dr. Marcus Ising (Max-Planck-Institut für Psychiatrie, München) für die Aktualisierung seines Abschnittes 4.6 (Physiologische Messungen). PD Dr. Rainer Österreich, Dr. Konrad Leitner, Dr. René Weber, Dipl.-Math. Dipl.-Psych. Hella Klemmert (alle TU Berlin), Dipl.-Psych. Jost Heinrich Wahlen (Universität Bonn) sowie Dipl.-Psych. Alexander Schestag (Universität Heidelberg) lieferten wichtige Anregungen zu mehreren Kapiteln. Bei der Korrekur der Druckfahnen haben Frau Anja Koch (Sekretariat Kommunikationswissenschaft, TU Ilmenau) und Frau Verena Mühr (Studentin der Angewandten Medienwissenschaft, TU Ilmenau) geholfen. Frau Isa Ottmers erledigte die Schreibarbeiten und Mitarbeiterinnen des Springer-Verlags, insbesondere Frau Meike Seeker, kümmerten sich verlagsseitig mit viel Akribie um die 3. Auflage. Allen sei herzlich gedankt.

Ilmenau und Berlin,   Nicola Döring
im Sommer 2001   Jürgen Bortz

Vorwort zur ersten Auflage

Empirische Forschung kann man nicht allein durch die Lektüre von Büchern erlernen. Praktische Erfahrungen im Umgang mit den Instrumenten der empirischen Sozialforschung sind durch kein auch noch so vollständig und detailliert abgefaßtes Lehrbuch ersetzbar. Daß hier dennoch der Versuch unternommen wurde, die wichtigsten in den Sozialwissenschaften gebräuchlichen Untersuchungsvarianten sowie zahlreiche Methoden der Datenerhebung in einem Buch zusammenzufassen und zu diskutieren, geschah in der Absicht, dem Studenten Gelegenheit zu geben, sich parallel zu praktisch-empirischen Übungen einen Überblick über empirische Forschungsmöglichkeiten zu verschaffen. Ich hoffe, daß das „Lehrbuch der empirischen Forschung" dem Studenten hilft, für seine Diplomarbeit, Magisterarbeit o.ä. ein geeignetes Thema zu finden, einen für sein Thema angemessenen Untersuchungsplan zu entwickeln sowie häufig begangene Fehler bei der Untersuchungsdurchführung, Auswertung und Interpretation zu vermeiden.

Das Buch wendet sich in erster Linie an Psychologiestudenten, kann aber darüber hinaus auch anderen sozialwissenschaftlichen bzw. empirisch orientierten Fachvertretern (Soziologen, Pädagogen, Medizinern, Wirtschaftswissenschaftlern etc.) viele Anregungen und Hilfen geben. Es ist als Studienbegleiter konzipiert und enthält deshalb Passagen, die sich explizit an den Studienanfänger richten (z. B. Kapitel 1) sowie Abschnitte, die den fortgeschrittenen Studenten bei seinem Untersuchungsvorhaben konkret anleiten.

Der Aufbau des Buches ist der Überzeugung verpflichtet, daß das methodische Vorgehen dem wissenschaftlichen Status der inhaltlichen Frage nachgeordnet ist. Moderne Sozialwissenschaften, deren Fragen teilweise wissenschaftliches Neuland betreten oder auf bereits vorhandenes Wissen zurückgreifen, benötigen beschreibende Untersuchungen und hypothesenprüfende Untersuchungen gleichermaßen. Dementsprechend behandelt Kapital 3 beschreibende Untersuchungsvarianten, die in erster Linie der Anregung neuartiger inhaltlicher Hypothesen oder Ideen dienen, und Kapitel 4 Untersuchungen, mit denen Populationen oder Grundgesamtheiten anhand von Stichproben beschrieben werden. Knüpft eine Forschungsfrage hingegen an eine bereits entwickelte Forschungstradition an, aus deren Theorienbestand begründete Hypothesen ableitbar sind, ist die Konzeption und Durchführung einer hypothesenprüfenden Untersuchung geboten. Auch hier sind es inhaltliche Überlegungen, die darüber entscheiden, ob das Forschungsgebiet bereits genügend entwickelt ist, um die Überprüfung einer Hypothese mit vorgegebener Effektgröße (Kapitel 6) zu rechtfertigen oder ob die bereits bekannten Theorien und Forschungsinstrumente noch so ungenau sind, daß die in der Hypothese behaupteten Unterschiede, Zusammenhänge oder Veränderungen bestenfalls ihrer Richtung nach, aber nicht hinsichtlich ihrer Größe vorhersagbar sind (Kapitel 5, Untersuchungen zur Überprüfung von Hypothesen ohne Effektgrößen).

Die Inhalte der beiden ersten Kapitel sind für alle vier Hauptarten empirischer Untersuchungen gleichermaßen bedeutsam. Kapitel 1 befaßt sich mit allgemeinen Prinzipien der Untersuchungsplanung und -durchführung und Kapitel 2 mit Methoden der empirischen Datenerhebung (Zählen, Urteilen, Testen, Befragen, Beobachten und physiologische Messungen).

Empirische Forschung erfordert nicht nur Erfahrung in der Anlage von Untersuchungen und im Umfang mit sozialwissenschaftlichen Forschungsinstrumenten, sondern auch profunde Statistikkenntnisse, die in diesem Buch nicht vermittelt werden. Ich habe in diesem Text auf die Behandlung statistischer Probleme bewußt weitgehend – bis auf einige Ausführungen, die spezielle, in der Standardstatistikliteratur nicht behandelte Verfahren sowie die Grundprinzipien des statistischen Schließens und Testens betreffen – verzichtet; sie sind an anderer Stelle (Bortz, 1979) zusammengefaßt. In dieser Hinsicht ist der vorliegende Text als Ergänzung des Statistiklehrbuches (bzw. umgekehrt, das Statistiklehrbuch als Ergänzung dieses Empirielehrbuches) zu verstehen.

Mein Dank gilt vor allem meinem Mitarbeiter, Herrn Dipl.-Psych. D. Bongers, der mit mir die Konzeption zu diesem Buch diskutierte, Vorlagen zu den Kapiteln 1.4.6 (Meßtheoretische Probleme), 2.5 (Beobachten) und zu Kapitel 3 (Untersuchungen zur Vorbereitung der Hypothesengewinnung) auf-

arbeitete und der – wie auch Herr cand. psych. D. Widowski, dem ich ebenfalls herzlich danke – den gesamten Text kritisch überprüfte. Ich danke ferner Frau Dipl.-Psych. D. Cremer für ihre Anregungen zur Gestaltung des ersten Kapitels, meinem Kollegen Herrn A. Upmeyer und Herrn Dipl.-Psych. K. Leitner für ihre ständige Bereitschaft, mit mir über Probleme der empirischen Forschung zu diskutieren, sowie Frau cand. psych. Y. Kafai für die Überprüfung der Korrekturabzüge. Schließlich sei Frau K. Eistert, meiner Sekretärin Frau W. Otto und auch meiner Frau für die oftmals schwierige Manuskriptanfertigung gedankt sowie den Mitarbeitern des Springer-Verlages für ihr Entgegenkommen bei der Umsetzung der Wünsche des Autors.

Berlin, Frühjahr 1984   Jürgen Bortz

Inhaltsverzeichnis

Anhang

Zu diesem Buch

Eines der wichtigsten Ausbildungsziele des psychologischen Studiums oder anderer human- bzw. sozialwissenschaftlicher Studiengänge ist die Befähigung der Studierenden zu selbständiger wissenschaftlicher Arbeit. Hierzu zählt die Fähigkeit, eigene empirische Untersuchungen zu konzipieren, durchzuführen, auszuwerten und angemessen zu interpretieren, was gleichzeitig bedeutet, daß auch fremde wissenschaftliche Texte über empirische Studien verstanden und kritisch analysiert werden können (vgl. Tack, 1994). Der folgende Text will dazu beitragen, dieses Studienziel zu erreichen.

Empirisch-wissenschaftliche Forschung setzt praktische Erfahrungen voraus, die sich theoretisch nur schwer vermitteln lassen. Allein durch die Lektüre methodologischer Texte ist noch niemand zur „guten Empirikerin" oder zum „guten Empiriker" geworden. In diesem Sinne kann und will auch dieses Buch die Sammlung eigener praktischer Erfahrungen nicht ersetzen; es kann jedoch die Ausarbeitung der für ein Forschungsvorhaben angemessenen Untersuchungsstrategie erleichtern und auf typische, häufig begangene Fehler aufmerksam machen.

Ein wichtiger Schritt in diese Richtung ist bereits getan, wenn die Zielsetzung des eigenen Forschungsvorhabens festliegt. Soll eine Hypothese geprüft werden oder will man für ein neues Forschungsgebiet zunächst relevante Fragestellungen erkunden? Oder geht es vielleicht darum, Eigenschaften und Merkmale bestimmter Bevölkerungsteile stichprobenartig zu beschreiben?

Trotz der nahezu grenzenlosen Vielfalt empirischer Untersuchungen und trotz der in diesem Buch vertretenen Maxime, daß jede inhaltliche Frage eine für sie typische empirische Vorgehensweise verlangt, es also *die* optimale Forschungsmethode nicht gibt, lassen sich empirische Untersuchungen in mehr oder weniger homogene Klassen einteilen, für die sich jeweils spezifische Methoden als besonders adäquat erwiesen haben. Hypothesenprüfende Untersuchungen erfordern ein anderes methodisches Vorgehen als hypothesenerkundende Untersuchungen, und auch die Beschreibung von Grundgesamtheiten anhand repräsentativer Stichproben hat ihr eigenes Regelwerk. Eine diesbezügliche Klassifikation des eigenen Untersuchungsvorhabens wird erleichtert, wenn es gelingt, auf die folgenden, beispielhaft ausgewählten Fragen eine begründete Antwort zu geben:

- Wie soll die Untersuchung durchgeführt werden (als Einzelfallstudie oder als Stichprobenuntersuchung, als Längsschnitt- oder als Querschnittuntersuchung, als Laborexperiment oder als Feldstudie, als experimentelle oder als quasiexperimentelle Untersuchung)?
- In welcher Weise sollen die erforderlichen Daten erhoben werden (durch ein standardisiertes Interview oder durch eine offene Exploration, durch Selbsteinschätzungen oder Fremdeinschätzungen, durch mündliche oder schriftliche Befragung, durch Tests oder Fragebögen, durch offene oder verdeckte Beobachtung, durch Meßgeräte oder andere technische Hilfsmittel)?
- Wie müssen die Daten beschaffen sein, damit sie sich statistisch sinnvoll auswerten lassen? (Welches Skalen- oder Meßniveau ist mit der Art der Variablenoperationalisierung verbunden? Gewährleistet die Art der Datenerhebung, daß das, was gemessen werden soll, auch tatsächlich gemessen wird? In welchem Ausmaß ist mit „Meßfehlern" zu rechnen?)
- Welche statistischen oder interpretativen Verfahren sind zur Auswertung der erhobenen Daten am besten geeignet? (Wie sind die erhobenen Daten zu aggregieren? Soll man einen Signifikanztest einsetzen oder ist eine deskriptiv-statistische Auswertung vorzuziehen?)

- Wieviele Personen oder Untersuchungsobjekte müssen untersucht werden, um zu schlüssigen Resultaten zu gelangen?
- Nach welchen Kriterien soll die Auswahl der Personen oder Untersuchungsobjekte erfolgen? (Ist eine repräsentative Stichprobe erforderlich oder genügt eine „anfallende" Stichprobe? Sind andere Stichprobenarten für die Untersuchung vielleicht besser geeignet?)

Das vorliegende Buch will das nötige „Know-how" vermitteln, das erforderlich ist, um Fragen dieser Art beantworten zu können. Es umfaßt neun Kapitel, die wir im folgenden in einer kurzen Zusammenfassung vorstellen:

Kapitel 1 („Empirische Forschung im Überblick") führt zunächst in die Terminologie empirischer Forschung ein. Hier werden wichtige Begriffe wie z.B. „Variable", „Hypothese", „Paradigma", „Falsifikation" oder auch „statistische Signifikanz" erläutert. Es behandelt ferner Grundprinzipien und Grenzen des empirisch-wissenschaftlichen Arbeitens.

Kapitel 2 („Von einer interessanten Fragestellung zur empirischen Untersuchung") faßt die wichtigsten Planungsschritte zur Vorbereitung einer empirischen Untersuchung zusammen. Wie durch die Überschrift angedeutet, spannt dieses Kapitel einen Bogen von der Suche nach einer geeigneten Forschungsidee über die Wahl einer angemessenen Untersuchungsart, die Erhebung und Auswertung der Daten bis hin zur Anfertigung des Untersuchungsberichtes.

Kapitel 3 haben wir mit „Besonderheiten der Evaluationsforschung" überschrieben, womit zum Ausdruck gebracht werden soll, daß die Evaluationsforschung keine eigenständige Disziplin, sondern eine spezielle Anwendungsvariante allgemeiner empirischer Forschungsprinzipien darstellt. Thematisch befaßt sich die Evaluationsforschung mit der Entwicklung und empirischen Überprüfung der Wirksamkeit von Maßnahmen oder Interventionen.

Kapitel 4 („Quantitative Methoden der Datenerhebung") beschreibt unter den Überschriften „Zählen", „Urteilen", „Testen", „Befragen", „Beobachten" und „Physiologische Messungen" die wichtigsten Verfahren zur Erhebung quantitativer Daten. Dieses Kapitel ist zentral für Probleme der Operationalisierung, d.h. für die Frage, wie mehr oder weniger komplexe oder auch abstrakte Merkmale „gemessen" werden können.

Kapitel 5 („Qualitative Methoden") umfaßt sowohl die qualitative Datenerhebung als auch die qualitative Datenauswertung. Der Nutzen qualitativer Methoden wird anhand einiger ausgewählter Forschungsgebiete (Feldforschung, Aktionsforschung, Frauenforschung, Biographieforschung) verdeutlicht.

Kapitel 6 („Hypothesengewinnung und Theoriebildung") widmet sich einem Teilbereich der empirischen Forschung, der bislang in der Literatur eher ein Schattendasein fristete. Hier wird gefragt, woher eigentlich neue wissenschaftliche Hypothesen kommen und wie Theorien entstehen. Das Kapitel beschreibt einen Kanon von Techniken, die das alleinige Wirken von Intuition und Zufall im wissenschaftlichen Entdeckungszusammenhang hinterfragen.

Kapitel 7 („Populationsbeschreibende Untersuchungen") befaßt sich mit der Frage, wie es möglich ist, anhand von vergleichsweise kleinen Stichproben relativ genaue Informationen über große Grundgesamtheiten oder Populationen zu erhalten. Im Mittelpunkt stehen Überlegungen zur Genauigkeit derartiger Beschreibungen in Abhängigkeit von der gewählten Stichprobentechnik.

Kapitel 8 („Hypothesenprüfende Untersuchungen") enthält die wichtigsten „klassischen" Untersuchungsvarianten, mit denen wissenschaftliche Hypothesen empirisch geprüft werden. Hierbei steht die Leistungsfähigkeit verschiedener Untersuchungspläne hinsichtlich ihrer internen Validität (d.h. der Eindeutigkeit ihrer Ergebnisse) sowie ihrer externen Validität (d.h. der Generalisierbarkeit ihrer Ergebnisse) im Vordergrund.

Kapitel 9 („Evaluationsstudien zur Prüfung von Effekten") schließlich greift die Überlegungen des Kap. 8 unter dem Gesichtspunkt auf, daß das Ergebnis einer empirischen Hypothesenprüfung nicht nur statistisch, sondern auch praktisch von Bedeutung sein sollte. Da diese Forderung insbesondere bei der Bewertung von Interventionsmaßnahmen einzulösen ist, werden die Besonderheiten dieser Untersuchungsvarianten an Beispielen aus der Evaluationsforschung veranschaulicht. Das Kapitel endet mit einer relativ jungen Technik, die es gestattet, empirische Forschungsergebnisse zu integrieren (Metaanalyse).

Gelegentlich werden wir von Fachkollegen gefragt, wie sich diese Kapitel in ein Psychologiecurriculum („Psychologische Methodenlehre" im Grundstudium sowie „Evaluation und Forschungsmethodik" im Hauptstudium) integrieren lassen. Wir haben mit folgendem Aufbau gute Erfahrungen gemacht:

Grundstudium:

- Erste Lehrveranstaltung: Theorie und Praxis der empirischen Forschung (Kap. 1 und 2).
- Zweite Lehrveranstaltung: Qualitative Methoden und Hypothesenentwicklung (Kap. 5 und 6).
- Dritte Lehrveranstaltung: Quantitative Datenerhebung (Kap. 4).

Hauptstudium:

- Erste Lehrveranstaltung: Designtechnik (Kap. 8 und 7.2).
- Zweite Lehrveranstaltung: Evaluationsforschung (Kap. 3 und 9).

Kapitel 1
Empirische Forschung im Überblick

Das Wichtigste im Überblick

▶ Das Vokabular der empirischen Forschung
▶ Die Struktur wissenschaftlicher Hypothesen
▶ Statistische Hypothesen und deren Überprüfung
▶ Kausale Hypothesen und „Wenn-dann-Heuristik"
▶ Erkenntnisfortschritt durch Falsifikation
▶ Die Logik des statistischen Signifikanztests

Empirische Forschung sucht nach Erkenntnissen durch systematische Auswertung von Erfahrungen („empirisch": aus dem Griechischen „auf Erfahrung beruhend"). Zur Frage, wie Erfahrungen in Erkenntnisgewinn umgesetzt werden können, findet man in der wissenschaftstheoretischen Literatur teilweise sehr unterschiedliche Auffassungen, auf deren Diskussion wir verzichten. (Gute Übersichten geben Chalmers, 1986; Schnell et al., 1999 Kap. 2 und 3, bzw. Westermann, 2000.) Wir werden uns im ersten Kapitel damit begnügen, die eigenen Positionen zunächst kurz darzulegen, wohlwissend, daß es sich hierbei nur um eine, wenngleich häufig anzutreffende Form empirischen Forschens handelt und daß neben der von uns bevorzugten hypothesenprüfenden Ausrichtung auch andere Auffassungen über Empirie ihre Berechtigung haben. Ein umfassenderes Verständnis dessen, was hier mit „empirischer Forschung" gemeint ist, kann jedoch letztlich nur die Lektüre des gesamten Textes vermitteln. Zudem ist es empfehlenswert, lektürebegleitend bereits eigene kleinere empirische Untersuchungen durchzuführen.

Die folgenden Abschnitte behandeln – orientiert an wissenschaftstheoretischen Positionen des kritischen Rationalismus (Popper, 1989; Erstdruck 1934) – Funktionen und Aufgaben empirischer Forschung mit besonderer Berücksichtigung der Sozial- und Humanwissenschaften. Wir beginnen in Abschnitt 1.1 mit einer kurzen Einführung in die Terminologie der empirischen Forschung, in deren Mittelpunkt als wichtiger Begriff die „wissenschaftliche Hypothese" steht. Abschnitt 1.2 erörtert die mit empirischer Forschung verbundenen erkenntnistheoretischen Grenzen. Abschnitt 1.3 widmet sich dem praktischen empirischen Vorgehen, insbesondere der statistischen Hypothesenprüfung. Abschnitt 1.4 beschreibt in einem ersten Überblick konkrete Aufgaben der empirischen Forschung.

1.1
Begriffe und Regeln der empirischen Forschung

1.1.1
Variablen und Daten

Sozial-, Human- und Biowissenschaften befassen sich mit Untersuchungsobjekten (Menschen, Tieren, Schulklassen, Betrieben, Abteilungen, Kommunen, Krankenhäusern etc.), die bezüglich ausgewählter, für eine bestimmte Fragestellung relevanter *Merkmale* beschrieben werden. Die Beschreibung der Objekte bezüglich eines Merkmals ermöglicht es festzustellen, bei welchen Objekten das Merkmal identisch bzw. unterschiedlich ausgeprägt ist. Die Analyse bzw. Erklärung der registrierten Merkmalsunterschiede (*Variabilität*) gehört zu den wichtigsten Aufgaben empirischer Wissenschaften.

Um Merkmalsunterschiede bei einer Gruppe von Objekten genau beschreiben zu können, wurde der Begriff **Variable** eingeführt. Eine Variable ist ein Symbol, das durch jedes Element einer spezifizierten Menge von Merkmalsausprägungen ersetzt werden kann. Die Variable „Geschlecht" z. B. steht für die Ausprägungen männlich und weiblich, die Variable „Lieblingsfarbe" kann die Farben rot, gelb, grün und blau repräsentieren, eine Variable „X" kann die Beliebtheit von Schülern und eine Variable „Y" schulische Leistungen symbolisieren. Auch das Vorhandensein oder Nichtvorhandensein einer Eigenschaft bezeichnen wir als Variable (z. B. Raucher oder Nichtraucher).

> ! Eine *Variable* ist ein Symbol für die Menge der Ausprägungen eines Merkmals.

Ordnet man einer Variablen für eine bestimmte Merkmalsausprägung eine Zahl zu (z. B. männlich = 0, weiblich = 1; rot = 1, gelb = 2, grün = 3 und blau = 4; gute Schulleistung = 2, ausreichende Schulleistung = 4 etc.), resultiert eine *Merkmalsmessung* (genauer hierzu siehe Abschnitt 2.3.6). Die Menge aller Merkmalsmessungen bezeichnet man als (quantitative) **Daten** einer Untersuchung. Werden Merkmale oder Merkmalsausprägungen verbal beschrieben, spricht man von *qualitativen Daten* (vgl. Kap. 5).

> ! Merkmalsausprägungen können durch regelgeleitete Zuweisung von Zahlen gemessen werden. Die Menge aller Merkmalsmessungen bezeichnet man als (quantitative) *Daten* einer Untersuchung.

Die Maßnahmen, die ergriffen werden, um in einer konkreten Untersuchung von Merkmalen zu Daten zu kommen, bezeichnet man als *Operationalisierung*. Um etwa die Variabilität von Studierenden hinsichtlich ihrer Studienmotivation zu erfassen, könnte man einen Fragebogen einsetzen, der den verschiedenen Ausprägungen der Motivation systematisch unterschiedliche Punktwerte zuordnet (*quantitative Datenerhebung*). Man könnte aber auch mit offenen Forschungsinterviews arbeiten und würde auf diese Weise pro Person eine individuelle verbale Schilderung erhalten (*qualitative Datenerhebung*). Grundsätzlich kann jedes interessierende Merkmal auf ganz unterschiedliche Weise operationalisiert werden. Welche Operationalisierung wir in einer Studie wählen, hängt von unserem inhaltlichen Interesse und vom For-schungsstand im jeweiligen Themengebiet, aber auch von forschungsökonomischen Rahmenbedingungen ab (so sind Interviewstudien in der Regel sehr viel zeit- und arbeitsaufwendiger als Fragebogenstudien).

Eine angemesse Operationalisierung für die interessierenden Merkmale zu finden, erfordert fundierte inhaltliche und methodische Kenntnisse sowie Kreativität. Nicht selten interessieren in den Sozial- und Humanwissenschaften nämlich *latente Merkmale* (auch *Konstrukte* genannt), die nicht unmittelbar beobachtbar sind. Während etwa das Alter einer Person ein eindeutig definiertes und auch formal registriertes (Geburtsurkunde, Ausweis) manifestes Merkmal ist, sind latente Merkmale, wie Studienmotivation, Neurotizismus oder Gewaltbereitschaft, sehr viel „schwammiger" und müssen im Zuge der Operationalisierung konkretisiert werden.

Variablen haben im Kontext empirischer Untersuchungen unterschiedliche funktionale Bedeutungen. Wir unterscheiden **abhängige** und **unabhängige Variablen** und bringen damit zum Ausdruck, daß Veränderungen der einen (abhängigen) Variablen mit dem Einfluß einer anderen (unabhängigen) Variablen erklärt werden sollen (z. B. Dosierung eines Schlafmittels als unabhängige Variable und Schlafdauer als abhängige Variable). Die Ausprägung der unabhängigen Variablen legen wir in der empirischen Forschung durch Selektion (z. B. Untersuchung von Rauchern und Nichtrauchern) oder Manipulation (z. B. Verabreichung von Medikamenten unterschiedlicher Dosis) der Untersuchungsteilnehmer selbst fest. Auf die Ausprägung der abhängigen Variablen haben wir dagegen keinen Einfluß, sie hängt allein von der Wirkung der unabhängigen Variablen und von Störeinflüssen ab. Die Unterscheidung von unabhängigen und abhängigen Variablen ist nach Kerlinger (1986) das wichtigste Gruppierungskriterium für sozialwissenschaftliche Variablen.

Wir sprechen ferner von einer **Moderatorvariablen**, wenn sie den Einfluß einer unabhängigen auf die abhängige Variable verändert (z. B. Straßenlärm oder Alter der schlafenden Personen im o. g. Beispiel des Einflusses eines Schlafmittels auf die Schlafdauer; genauer hierzu vgl. Baron und Kenny, 1986) und von einer **Mediatorvariablen**, wenn eine unabhängige Variable nicht direkt, sondern vermittelt über eine dritte Variable auf die abhängige Variable einwirkt (Beispiel: Nicht das Klingelzeichen selbst, sondern die durch das Klingelzeichen ausgelöste Erwartung von Futter löst beim Pawlowschen Hund die Speichelsekretion als bedingten Reflex aus). Eine Moderatorvariable wird zu einer **Kontrollvariablen,** wenn ihre Ausprägungen bei den Untersuchungsobjekten vorsorglich erhoben werden (man registriert zu Kontrollzwecken z. B. das Alter der schlafenden Personen), oder zu einer **Störvariablen,** wenn sie nicht beachtet oder schlicht übersehen wird.

Läßt man nur eine Ausprägung einer Variablen zu (man untersucht z. B. nur Personen im Alter von 25 Jahren oder man läßt alle Personen unter einheitlichen Untersuchungsbedingungen, wie z. B. in einem schallisolierten Raum, schlafen), so wird diese Variable *konstant* gehalten. Auf die forschungslogischen Implikationen dieser Variablendifferenzierungen gehen wir in Kap. 8 ausführlich ein.

Bei quantitativen Variablen unterscheiden wir zudem **stetige** (kontinuierliche) und **diskrete** (diskontinuierliche) Variablen. Stetige Variablen sind dadurch gekennzeichnet, daß sich in jedem beliebigen Intervall unendlich viele Merkmalsausprägungen befinden (z. B. die Variablen Gewicht, Länge oder Zeit). Eine diskrete Variable hingegen hat in einem (begrenzten) Intervall nur endlich viele Ausprägungen (z. B. die Variablen Geschwisterzahl oder Anzahl der jährlichen Geburten). Bei diskreten Merkmalen unterscheidet man, ob sie zwei Abstufungen haben (**dichotom,** binär) oder mehrfach gestuft sind (**polytom**), und ob die Abstufungen *natürlich* zustande kommen (z. B. Augenfarben) oder *künstlich* durch die Kategorisierung eines stetigen Merkmals erzeugt werden (z. B. Altersgruppen jung, mittel, alt).

Wir sprechen ferner von einer **manifesten** *Variablen,* wenn eine Variable direkt beobachtbar ist (z. B. Anzahl gelöster Testaufgaben), und von einer **latenten** *Variablen,* wenn wir annehmen, daß sie einer manifesten Variablen als hypothetisches Konstrukt zugrunde liegt. In diesem Beispiel wäre Intelligenz eine latente Variable, deren Ausprägungen wir über die manifeste Variable „Anzahl gelöster Testaufgaben" erschließen.

> **!** Es sind unterschiedliche Typen von Variablen zu unterscheiden nach
> ● ihrem Stellenwert für die Untersuchung (*unabhängige/abhängige Variable, Moderator-, Mediator-, Kontroll-, Störvariable*),
> ● der Art ihrer Merkmalsausprägungen (*diskret/stetig, dichotom/polytom*),
> ● ihrer empirischen Zugänglichkeit (*manifest/latent*).

1.1.2 Alltagsvermutungen und wissenschaftliche Hypothesen

Die folgenden Ausführungen wenden sich an Neulinge auf dem Gebiet der empirischen Forschung mit dem Ziel, die Umsetzung einer interessant erscheinenden Fragestellung in eine **wissenschaftliche Hypothese** zu erleichtern. Ausführliche Informationen über die logische Struktur hypothetischer Sätze findet man z. B. bei Opp (1999) und weitere Hinweise zur Formulierung von Hypothesen bei Borg und Gall (1989) sowie Hussy und Möller (1994).

Wissenschaftliche Hypothesen sind ein zentraler Bestandteil aller empirisch orientierten Fachdisziplinen. Die Alltagssprache verwendet den Begriff „Hypothese" (aus dem Griechischen „Unterstellung, Vermutung") häufig synonym für Vermutungen oder Meinungen über unsichere oder singuläre Sachverhalte: „Ich vermute (habe die Hypothese), daß Hans die Prüfung nicht bestehen wird" oder „Ich meine (vertrete die Hypothese), daß meine Tochter weniger fernsehen sollte." Dies sind Aussagen, die nach wissenschaftlichem Verständnis keine Hypothesen darstellen.

Wir sprechen von einer wissenschaftlichen Hypothese, wenn eine Aussage oder Behauptung die folgenden vier Kriterien erfüllt:
1) Eine wissenschaftliche Hypothese bezieht sich auf reale Sachverhalte, die empirisch untersuchbar sind.
2) Eine wissenschaftliche Hypothese ist eine allgemeingültige, über den Einzelfall oder ein singuläres Ereignis hinausgehende Behauptung (*All-Satz*).
3) Einer wissenschaftlichen Hypothese muß zumindest implizit die Formalstruktur eines sinnvollen *Konditionalsatzes* („Wenn-dann-Satz" bzw. „Je-desto-Satz") zugrunde liegen.

4) Der Konditionalsatz muß potentiell *falsifizier-bar* sein, d.h. es müssen Ereignisse denkbar sein, die dem Konditionalsatz widersprechen.

> ❗ **Wissenschaftliche Hypothesen sind Annahmen über reale Sachverhalte (empirischer Gehalt, empirische Untersuchbarkeit) in Form von Konditionalsätzen. Sie weisen über den Einzelfall hinaus (Generalisierbarkeit, Allgemeinheitsgrad) und sind durch Erfahrungsdaten widerlegbar (Falsifizierbarkeit).**

Nach diesen Kriterien wären die folgenden Aussagen als wissenschaftliche Hypothesen zu bezeichnen:

- „Frustrierte Menschen reagieren aggressiv": Der Konditionalsatz hierzu lautet: „Wenn Menschen frustriert sind, dann reagieren sie aggressiv." Diese Aussage bezieht sich auf einen realen, empirisch überprüfbaren Sachverhalt, sie beansprucht Allgemeingültigkeit und ist falsifizierbar.
- „Frauen sind kreativer als Männer": Hierzu können wir formulieren: „Wenn eine Person eine Frau ist, dann ist sie kreativer als eine Person, die ein Mann ist." Diese Hypothese wäre durch einen Mann, der kreativer ist als eine Frau, falsifizierbar.
- „Mit zunehmender Müdigkeit sinkt die Konzentrationsfähigkeit" oder: „Je stärker die Müdigkeit, desto schwächer die Konzentrationsfähigkeit." Auch dieser Konditionalsatz ist allgemeingültig und empirisch falsifizierbar.
- „Frau Müller leidet bei schwülem Wetter unter Migräne." Anders formuliert: „Wenn das Wetter schwül ist, dann leidet Frau Müller unter Migräne." Auch wenn sich diese Aussage nur auf eine einzelne Person bezieht, handelt es sich um eine (*Einzelfall-*) *Hypothese,* denn die geforderte Allgemeingültigkeit ist hier durch beliebige Tage mit schwülem Wetter erfüllt.

🙂 Keine wissenschaftlichen Hypothesen wären nach den o.g. Kriterien die folgenden Aussagen:

- „Es gibt Kinder, die niemals weinen." Dieser Satz ist – wie alle *Es gibt-Sätze* – kein All-Satz (Kriterium 2 ist also nicht erfüllt), sondern ein Existenz-Satz. Anders formuliert hieße er: „Es gibt (mindestens) ein Kind, das niemals weint." Auch Kriterium 4 ist nicht erfüllt. Die-

»Philip, ich ... ich meine ja nur, was, wenn er ›Kitty Cuisine‹ eigentlich gar nicht mag und es nur frißt, damit wir keine Schuldgefühle haben?«

Alltagshypothesen sind manchmal schwer falsifizierbar. (Aus: The New Yorker: Die schönsten Katzen Cartoons (1993). München: Knaur. S. 47)

ser Satz ließe sich nur falsifizieren, wenn man bei allen Kindern dieser Welt zeigen könnte, daß sie irgendwann einmal weinen. Da dieser Nachweis realistischerweise niemals erbracht werden kann, ist der Satz – wie alle „Es gibt-Sätze" – praktisch nicht falsifizierbar.

- „Bei starkem Zigarettenkonsum kann es zu einem Herzinfarkt kommen." Dieser Satz ist – wie alle *Kann-Sätze* – ebenfalls nicht falsifizierbar, denn jedes mögliche Ereignis – ob ein Raucher nun einen Herzinfarkt bekommt oder nicht – stimmt mit dem Kann-Satz überein. Der Satz ist immer wahr bzw. tautologisch. Würde man hingegen formulieren: „Wenn Personen viel rauchen, dann haben sie ein höheres Infarktrisiko als Personen, die wenig oder gar nicht rauchen", so wäre dieser Satz falsifizierbar.

Tautologien sind nie falsifizierbar. Ein Satz wie z.B. „Wenn Menschen fernsehen, dann befriedigen sie ihre Fernsehbedürfnisse" hätte keinen Falsifikator, wenn man „Befriedigung von Fernsehbedürfnissen" durch das Faktum definiert, daß ferngesehen wird.

Grundsätzlich nicht empirisch falsifizierbar sind zudem Annahmen über Objekte, Merkmale oder Ereignisse, die der Sinneserfahrung weder direkt zugänglich (manifeste Variablen), noch indirekt mit Beobachtungssachverhalten in Verbindung zu bringen sind (latente Variablen), sondern im rein spekulativen bzw. metaphysischen Bereich bleiben (z. B. „Im Himmel ist es friedlicher als auf der Erde"). Die Auffassung darüber, ob ein bestimmtes Phänomen zur Erfahrungswelt oder in den Bereich der Metaphysik gehört, kann sich jedoch im Laufe der Zeit verändern. So galten z. B. sogenannte Klarträume (das sind Schlafträume, in denen man sich bewußt ist, daß man träumt, und in denen man willkürlich handeln kann) lange Zeit als illusionäre Spekulationen, bis sie im Schlaflabor nachweisbar waren (Probanden konnten während der hirnphysiologisch nachweisbaren Traumphasen willkürliche, vorher verabredete Signale geben).

Der Informationsgehalt von „Wenn-dann-Sätzen"
Der Informationsgehalt eines „Wenn-dann-Satzes" bzw. allgemein eines Konditionalsatzes hängt von der Anzahl potentieller Falsifikatoren ab: Je weniger Falsifikatoren, desto geringer ist der Informationsgehalt. „Wenn der Hahn kräht auf dem Mist, dann ändert sich das Wetter oder es bleibt wie es ist." Dieser Satz hat offenbar keinen einzigen Falsifikator; er ist als Tautologie immer wahr und damit informationslos.

Was bedeutet es, wenn wir den Wenn-Teil durch „oder"-Komponenten (Disjunktion) erweitern? In diesem Falle hätte z. B. der Satz „Wenn Kinder viel fernsehen oder sich intensiv mit Computerspielen befassen, dann sinken die schulischen Leistungen" mehr potentielle Falsifikatoren und damit einen höheren Informationsgehalt als der Satz „Wenn Kinder viel fernsehen, sinkt die schulische Leistung." Der erste Satz kann potentiell durch alle Kinder falsifiziert werden, die entweder viel fernsehen oder intensiv mit dem Computer spielen, der zweite Satz hingegen nur durch intensiv fernsehende Kinder.

Ein „Wenn-dann-Satz" verliert an Informationsgehalt, wenn man – bei unverändertem Dann-Teil – seinen Wenn-Teil durch „und"-Komponenten

(Konjunktion) erweitert. Vergleichen wir z. B. die Sätze: „Wenn Kinder viel fernsehen, dann sinkt die schulische Leistung" sowie „Wenn Kinder viel fernsehen und sich intensiv mit Computerspielen befassen, dann sinkt die schulische Leistung." Der erste Satz wird durch jedes Kind, das viel fernsieht, ohne daß die schulischen Leistungen sinken, falsifiziert. Der zweite Satz hingegen kann nur durch Kinder falsifiziert werden, die sowohl viel fernsehen als auch intensiv mit Computerspielen befaßt sind. Der zweite Satz hat also weniger potentielle Falsifikatoren als der erste Satz und damit einen geringeren Informationsgehalt.

Würde man weitere „und"-Komponenten hinzufügen (viel fernsehen und Computerspiele und Einzelkind und auf dem Lande wohnend und…und am 1.4.1986 geboren), könnte durch den Wenn-Teil im Extremfall ein Einzelfall spezifiziert sein, d. h. der Satz hätte dann nur einen einzigen potentiellen Falsifikator. Er wäre angesichts der geforderten allgemeinen Gültigkeit von „Wenn-dann-Sätzen" (nahezu) informationslos.

 Je größer die Anzahl der Ereignisse, auf die ein „Wenn-dann-Satz" potentiell zutrifft, desto größer ist sein Informationsgehalt.

Auch Erweiterungen des Dann-Teils verändern – bei gleichbleibendem Wenn-Teil – den Informationsgehalt eines Satzes. Eine konjunktive Erweiterung könnte beispielsweise lauten: „Wenn Kinder viel fernsehen, dann sinken die schulischen Leistungen und es kommt zur sozialen Vereinsamung." Dieser Satz hat mehr Informationsgehalt als der Satz, der lediglich ein fernsehbedingtes Sinken der schulischen Leistungen behauptet. Der erweiterte Satz wird durch alle vielsehenden Kinder falsifiziert, bei denen lediglich die schulischen Leistungen sinken (ohne soziale Vereinsamung), die lediglich sozial vereinsamen (ohne sinkende Schulleistung) oder bei denen beide Ereignissse nicht eintreten. Der nicht erweiterte Satz hingegen wird nur durch vielsehende Kinder falsifiziert, deren schulische Leistungen nicht sinken, d. h. er hat weniger potentielle Falsifikatoren als der erweiterte Satz.

Eine disjunktive Erweiterung des Dann-Teils reduziert den Informationsgehalt. Der Satz: „Wenn Kinder viel fernsehen, dann sinken die schulischen Leistungen oder es kommt zur sozialen Vereinsamung" hat mehr potentielle Konfirmation (d. h. bestätigende Ereignisse) und damit weniger potentielle Falsifikatoren als der Satz „Wenn Kinder viel fernsehen, dann sinken die schulischen Leistungen."

> **!** Allgemein formuliert gilt für „Wenn-dann-Sätze": Bei konjunktiven Erweiterungen („und"-Verknüpfungen) des Wenn-Teils sinkt und bei disjunktiven Erweiterungen („oder"-Verknüpfungen) steigt der Informationsgehalt. Bei konjunktiven Erweiterungen des Dann-Teils steigt und bei disjunktiven Erweiterungen sinkt der Informationsgehalt.

Der Umkehrschluß, daß der Informationsgehalt eines „Wenn-dann-Satzes" mit zunehmender Anzahl potentieller Falsifikatoren steigt, ist nur bedingt richtig. Hat ein Satz nämlich nur Falsifikatoren, ist er in jedem Falle falsch und damit ebenfalls wissenschaftlich wertlos. „Wenn ein Mensch ein Mann ist, dann ist er eine Frau." Da ein Mensch entweder ein Mann oder eine Frau ist, aber – von Bisexualität einmal abgesehen – niemals beides gleichzeitig wird dieser Satz durch jeden Menschen falsifiziert. Es gibt keine potentiellen Konfirmatoren, d. h. keine Ereignissse (Menschen), die die Richtigkeit des Satzes belegen könnten. Derartige Sätze bezeichnet man als *Kontradiktion*.

> **!** *Tautologien* haben keine potentiellen Falsifikatoren und sind deshalb immer wahr. *Kontradiktionen* haben keine potentiellen Konfirmatoren und sind deshalb immer falsch. Aus diesen Gründen sind tautologische und kontradiktorische Sätze wissenschaftlich wertlos.

„Wenn"- und „Dann"-Teil als Ausprägungen von Variablen

Für die Überprüfung wissenschaftlicher Hypothesen ist der Hinweis hilfreich, daß der *Wenn-Teil* (Bedingung, Antezedenz) und der *Dann-Teil* (Folge, Konsequenz) Ausprägungen von Variablen darstellen. Die empirische Überprüfung einer wissenschaftlichen Hypothese bezieht sich typischerweise nicht auf einen einzelnen Wenn-dann-Satz, sondern auf Variablen, deren Ausprägungen implizit mindestens zwei Wenn-dann-Sätze konstituieren.

Nehmen wir als Beispiel den Konditionalsatz: „Wenn die Belegschaft eines Betriebes über Un-

fallrisiken am Arbeitsplatz informiert wird, dann werden Arbeitsunfälle verhindert." Eine empirische Untersuchung, die zur Überprüfung dieses Konditionalsatzes ausschließlich informierte Betriebe befragt, wäre unvollständig bzw. wenig aussagekräftig, solange über die Anzahl der Unfälle in nicht informierten Betrieben nichts bekannt ist.

Eine vollständige Untersuchung müßte also mindestens informierte und nicht informierte Betriebe als zwei mögliche Ausprägungen der Variablen „Art der Information über Unfallrisiken" berücksichtigen, die jeweils den Wenn-Teil eines Konditionalsatzes konstituieren („wenn informiert wird...," und „wenn nicht informiert wird...,"). Die Dann-Teile dieser Konditionalsätze beziehen sich auf unterschiedliche Ausprägungen der ihnen zugrunde liegenden Variablen „Anzahl der Arbeitsunfälle", (z. B. "..., dann ist die Anzahl der Arbeitsunfälle hoch" und „..., dann ist die Anzahl der Arbeitsunfälle niedrig").

> **!** Die zum *Wenn-Teil* einer Hypothese gehörende Variable bezeichnet man als unabhängige Variable, die zum *Dann-Teil* gehörende als abhängige Variable.

Allgemein formuliert hat ein Wenn-dann-Satz die Struktur: „Wenn x_1, dann y_1", wobei x_1 und y_1 jeweils eine Ausprägung von zwei Variablen X und Y darstellen. Die empirische Überprüfung der mit derartigen Konditionalsätzen verbundenen Hypothesen sollte mindestens zwei Ausprägungen der unabhängigen Variablen X (im Beispiel: x_1 = informierte Belegschaft, x_2 = nicht informierte Belegschaft), oder auch mehrere Ausprägungen (z. B. x_1, x_2, x_3 etc. als verschiedene Informationsvarianten) berücksichtigen. Die den Wenn-Teilen („Wenn x_1, ...", „Wenn x_2, ...") zugeordneten Dann-Teile repräsentieren Ausprägungen der abhängigen Variablen Y („..., dann y_1", „... dann y_2"), wobei die Forschungshypothese eine Beziehung zwischen Y_1 und Y_2 behauptet (z. B. $y_1 \neq y_2$, $y_1 > y_2$, $y_1 > 2 \cdot y_2$ etc.).

Wenn-dann-Sätze, bei denen die Variablen X und Y quantitativ bzw. kontinuierlich sind, werden typischerweise als *Je-desto-Sätze* formuliert. Im Beispiel könnte X die Ausführlichkeit der Informationen über Unfallrisiken und Y die Anzahl der Unfälle bezeichnen. Der Konditionalsatz „Je ausführlicher die Information (X), desto geringer die Anzahl der Unfälle (Y)" besteht im Prinzip aus vielen Wenn-dann-Sätzen, deren Wenn-Teile die Ausführlichkeit in abgestufter Form repräsentieren (z. B. $x_1 > x_2 > x_3 \ldots$) und denen Dann-Teile zugeordnet sind, die hypothesengemäß ebenfalls geordnet sind (z. B. $y_1 < y_2 < y_3 \ldots$).

Die mit einem Wenn-dann-Satz oder Je-desto-Satz verbundene **wissenschaftliche Hypothese** behauptet also einen irgendwie gearteten Zusammenhang zwischen der mit dem Wenn-Teil und dem Dann-Teil angesprochenen Variablen. Nicht selten werden hierbei mehrere Variablen in einer Hypothese zusammengefaßt (die Anzahl der Arbeitsunfälle könnte nicht nur mit den Informationen über Unfallrisiken, sondern auch mit Müdigkeit, zeitlichem Streß, untauglichen Arbeitsmaterialien etc. zusammenhängen), so daß wir formulieren: Mit einer wissenschaftlichen Hypothese wird behauptet, daß zwischen zwei oder mehreren Variablen eine allgemeingültige Beziehung besteht.

Allgemeingültig bedeutet hier, daß die behauptete Beziehung nicht nur für einzelne Untersuchungsobjekte oder singuläre Ereignisse gilt, sondern auf die Klasse bzw. *Population* aller vergleichbaren Objekte oder Ereignisse generalisierbar ist.

Variablenbeziehungen lassen sich bei der Formulierung von Hypothesen mehr oder minder präzise fassen, wobei stets ein möglichst hoher *Päzisionsgrad* anzustreben ist. Die selbstformulierten Hypothesen hinsichtlich ihres Präzisionsgrades kritisch zu prüfen, kann dazu anregen, vor der Durchführung der Studie den eigenen Kenntnisstand über den Gegenstand noch zu verbessern. Zudem ist ein Bewußtsein für den Präzisionsgrad von Hypothesen wichtig, da davon später auch das Vorgehen bei der Datenauswertung bestimmt wird.

Eine sehr fundamentale Form der Präzisierung von Variablenbeziehungen besteht darin, die *Richtung* einer Unterschieds- oder Zusammenhangsrelation anzugeben. Wenn wir etwa formulieren „Die Schlafdauer hängt mit der Schlafmitteldosis zusammen", so stellen wir eine *ungerichtete Hypo-*these auf, die davon zeugt, daß wir offensichtlich wenig theoretisches Verständnis von der Wirkung von Schlafmitteln und ihre Dosierung haben. Bevor wir ungerichtete Hypothesen prüfen, sollten wir lieber zunächst unser Gegenstandsverständnis verbessern (z. B. durch Literaturstudium und/oder explorative Vorstudien, vgl. Kap. 6), um dann eine theoretisch und empirisch fundierte *gerichtete Hypothese* aufzustellen und zu prüfen (z. B. „Je höher die Schlafmitteldosis, desto länger die Schlafdauer").

Da Zusammenhangsrelationen unterschiedliche Formen haben können, sollten wir auf der Basis unseres Gegenstandsverständnisses möglichst auch angeben, welche *mathematische Funktion* zwischen den Variablen besteht: handelt es sich etwa um einen monotonen, einen linearen oder einen kubischen Zusammenhang?

Von besonderer Bedeutung ist zudem auch die Frage nach der *Effektgröße*, d. h. nach der Enge des postulierten Zusammenhangs bzw. der Größe des postulierten Unterschieds. So können wir in einer gerichteten Hypothese nicht nur vorhersagen, daß „Frauen kreativer sind als Männer", sondern wir können unter Angabe einer Effektgröße präzisieren, daß wir erwarten, in unserer Studie zeigen zu können, daß die „Kreativität von Frauen die von Männern um den Wert c übertrifft." Wenn wir Hypothesen formulieren, ohne angeben zu können, ob wir hinsichtlich der betrachteten Variablenbeziehungen geringe, mittlere oder große Effekte erwarten, zeugt dies wiederum von einem noch gering entwickelten Verständnis des Untersuchungsgegenstandes (vgl. Kap. 9).

Schließlich sollten wir uns auch immer Gedanken darüber machen, wie und warum die in der Hypothese beschriebenen Variablenbeziehungen überhaupt zustandekommen und ob von *Kausalbeziehungen* auszugehen ist. Nicht selten sind die Wirkmechanismen so komplex, daß wir darüber (noch) keine genauen Angaben machen können. Andererseits konzentriert man sich in vielen – und insbesondere in anwendungsorientierten – Forschungsbereichen darauf, jene Variablen herauszugreifen, zwischen denen Kausalrelationen vermutet werden (s. Abschnitt 1.1.3).

> **!** Eine *wissenschaftliche Hypothese* behauptet eine mehr oder weniger präzise Beziehung zwischen zwei oder mehr Variablen, die für eine bestimmte Population vergleichbarer Objekte oder Ereignisse gelten soll.

Statistische Hypothesen

Wissenschaftliche oder auch *inhaltliche* Hypothesen, die aus gut begründeten Vorannahmen oder aus Theorien abgeleitet sind, stellen verbale Behauptungen über kausale oder nicht-kausale Beziehungen zwischen Variablen dar (z. B. „Das Leben in der Stadt ist psychisch belastender als das Leben auf dem Land"). Im ersten Ableitungsschritt sind solche inhaltlichen Hypothesen in der Regel recht allgemein gehalten. Sie werden im Zuge der Untersuchungsplanung zu einer *empirischen Vorhersage des Untersuchungsergebnisses* zugespitzt, indem man festlegt, wie und an welchen Personen oder Objekten die beteiligten Variablen zu messen sind. Im vorliegenden Fall könnte man sich dafür entscheiden, einer Stichprobe von Dorfbewohnern und Stadtbewohnern einen standardisierten Fragebogen vorzulegen, der unterschiedliche Formen von Belastungen abfragt und die Intensität der Gesamtbelastung in einem Punktwert ausdrückt (je höher der Wert, um so höher die Belastung). Entsprechend würde man dann prognostizieren, daß die untersuchten Stadtbewohner höhere Punktwerte erreichen als die Dorfbewohner.

Die Transformation in eine **statistische Hypothese** erfolgt, indem die in der inhaltlichen Hypothese angesprochenen Variablenbeziehungen in eine quantitative Form gebracht werden. Hierzu überlegt man sich, welche quantitativen Maße die intendierte Aussage am besten wiedergeben. Im vorliegenden Fall handelt es sich offensichtlich um einen Gruppenvergleich, d.h. man sollte zunächst die Gruppen der Stadt- und Dorfbewohner kennzeichnen und dann in Relation zueinander setzen. Die Belastung der Stadt- bzw. Dorfbewohner läßt sich mit dem durchschnittlichen Punktwert (Mittelwert: M oder $\bar{x}$) aller untersuchten Stadt- bzw. Dorfbewohner zusammenfassend beschreiben: $\bar{x}_{Stadtbewohner} > \bar{x}_{Dorfbewohner}$. Bezeichnet man beide Gruppen durch Nummern, ergibt sich die Kurzform: $\bar{x}_1 > \bar{x}_2$.

Diese *statistische* Hypothese soll sich jedoch nicht auf die *Stichprobenverhältnisse,* sondern auf die den Stichproben zugrundeliegenden *Populationen* beziehen, d.h. auf die Gesamtheit der Stadt- und Dorfbewohner. Um dies zum Ausdruck zu bringen, verwendet man für die Kennwerte der Population statt lateinischer Buchstaben, die **Stichprobenkennwerte** symbolisieren, griechische Buchstaben. Die Kennwerte einer Population bezeichnet man als **Populationsparameter**. Der Mittelwert einer Population wird durch den Parameter μ (sprich: mü) gekennzeichnet, so daß als statistische Populationshypothese $\mu_1 > \mu_2$ resultiert. Die in statistischen Hypothesen verwendeten griechischen Symbole und ihre Bedeutung sind weitgehend vereinheitlicht. Näheres zur Formulierung und Prüfung statistischer Hypothesen ist Abschnitt 8.1 zu entnehmen.

> **!** Eine inhaltliche Hypothese wird in eine *statistische Hypothese* transformiert, indem man das zu erwartende Untersuchungsergebnis in eine quantitative Form bringt. Da wissenschaftliche Hypothesen Allgemeingültigkeit beanspruchen, ist bei statistischen Hypothesen nicht die untersuchte Stichprobe mit ihren Stichprobenkennwerten (lateinische Buchstaben) der Bezugspunkt, sondern die interessierende Population mit ihren *Populationsparametern* (griechische Buchstaben).

Statistische Hypothesen sind definiert als Annahmen über die Verteilung einer oder mehrerer Zufallsvariablen oder eines oder mehrerer Parameter dieser Verteilung (vgl. Hager, 1992, S. 34). Diese Definition bringt zum Ausdruck, daß es sich bei statistischen Hypothesen um Wahrscheinlichkeitsaussagen handelt, d.h. die Variablenbeziehungen sind nicht deterministisch, sondern probabilistisch aufzufassen (vgl. S. 13 ff.). Für unser Beispiel bedeutet dies, daß nicht alle Stadtbewohner stärker belastet sein müssen als die Dorfbewohner (*deterministisch*), sondern daß nur die meisten Stadtbewohner bzw. die Gruppe der Stadtbewohner als Ganze (dargestellt durch den Gruppenmittelwert) höhere Belastungswerte aufweist (*probabilistisch*). Wir gehen also davon aus, daß die Belastungswerte der Stadtbewohner schwanken bzw. sich *verteilen*: einige wenige der befragten Stadtbewohner werden extrem belastet sein, andere extrem belastungsfrei und das Gros der Befragten wird Werte aufweisen, die in etwa dem Gruppenmittelwert entsprechen.

Aussagen über die Verteilung von Merkmalen sind nur unter der Voraussetzung sinnvoll, daß die Auswahl der untersuchten Probanden zufällig erfolgt. Würde man *gezielt* nur besonders belastete Stadtbewohner aussuchen, hätte man damit nicht die natürliche Verteilung des Merkmals erfaßt. Man spricht deswegen von *Zufallsvariablen*, um zum Ausdruck zu bringen, daß die Untersuchungsobjekte zufällig ausgewählt wurden und somit *Wahrscheinlichkeitsmodelle*, die auch der statistischen Hypothesenprüfung mittels Signifikanztests zugrundeliegen, anwendbar sind (nähere Angaben zur Bedeutung von Zufallsvariablen findet man auf S. 406 ff. oder bei Steyer und Eid, 1993).

Prüfkriterien

Für die Überprüfung der Frage, ob eine hypothetische Aussage den Kriterien einer wissenschaftlichen Hypothese entspricht, ist es wichtig zu wissen, ob sich die Aussage in einen Wenn-dann-Satz (Je-desto-Satz) transformieren läßt. Trifft dies zu, dürfte die Festlegung der zum Wenn- und zum Dann-Teil gehörenden Variablen keine größeren Probleme bereiten.

Anders als in vielen Bereichen der Naturwissenschaften beinhaltet die Überprüfung einer human- oder sozialwissenschaftlichen Hypothese typischerweise den empirischen Nachweis, daß die behauptete Beziehung zwischen den Variablen „im Prinzip" besteht, und nicht, daß der Wenn-dann-Satz für *jedes einzelne* Untersuchungsobjekt *perfekt* zutrifft. Hier haben Hypothesen den Charakter von *Wahrscheinlichkeitsaussagen;* deterministische Zusammenhänge, wie man sie zuweilen in den exakten Naturwissenschaften formuliert, sind für viele Phänomene unangemessen. (Es soll hier angemerkt werden, daß auch die Physik in den zwanziger Jahren den Determinismus aufgab: „Gesetze" für den subatomaren Bereich sind Wahrscheinlichkeitsaussagen.)

Wenn beispielsweise in der klassischen Physik behauptet wird „Wenn ein reiner Spiegel einen Lichtstrahl reflektiert, dann ist der Einfallswinkel gleich dem Ausfallswinkel", so genügt ein einziges, dieser Hypothese deutlich widersprechendes Ereignis (mit kleineren Meßungenauigkeiten ist zu rechnen), um an der Richtigkeit der Aussage zu zweifeln. An eine sozialwissenschaftliche Aussage (z. B.: „Wenn eine Person arbeitgeberfreundlich orientiert ist, dann wählt sie die CDU") würde man keinesfalls vergleichbar strenge Maßstäbe anlegen und sie durch ein einziges, hypothesenkonträres Ereignis grundsätzlich in Frage stellen. Während Untersuchungsobjekte wie „reine Spiegel" große Homogenität aufweisen, ist bei Menschen mit einer unvergleichbar größeren Individualität und Unterschiedlichkeit zu rechnen. Würde man einen reinen Spiegel finden, dessen Reflexionsverhalten nicht mit den Behauptungen der Hypothese in Einklang steht (bei dem der Ausfallswinkel z. B. doppelt so groß ist wie der Einfallswinkel), hätte man große Schwierigkeiten, dieses Ergebnis mit Besonderheiten des konkreten Spiegels zu erklären, weil er in seiner Beschaffenheit mit anderen Spiegeln nahezu identisch ist. Zweifel an der Hypothese sind deswegen angebracht.

Fände man dagegen eine sehr arbeitgeberfreundliche Person, die seit Jahren die Grünen wählt, könnte dieser hypothesenkonträre Sonderfall mit Verweis auf die Individualität des Einzelfalls durchaus sinnvoll erklärt werden, etwa unter Rückgriff auf besondere biographische Erlebnisse, politische Positionen und Lebensumstände (z. B. Untersuchungsteilnehmerin A ist arbeitgeberfreundlich, weil selbst Arbeitgeberin; sie votiert für die Grünen, weil im Bereich alternativer Energien tätig). Dieser hypothesenkonträre Einzelfall ließe sich durchaus mit der Vorstellung vereinbaren, daß bei der Mehrzahl der bundesdeutschen Wählerinnen und Wähler (Population) der in der Hypothese angesprochene Zusammenhang zwischen Arbeitgeberfreundlichkeit und Wahlverhalten zutrifft.

Wissenschaftliche Hypothesen sind **Wahrscheinlichkeitsaussagen** (probabilistische Aussagen), die sich durch konträre Einzelfälle prinzipiell nicht widerlegen (**falsifizieren**) lassen. Wissenschaftliche Hypothesen machen zudem verallgemeinernde Aussagen über Populationen, die in der Regel nicht vollständig, sondern nur ausschnitthaft (Stichprobe) untersucht werden können, so daß auch eine **Verifikation** der Hypothese nicht möglich ist. (Selbst wenn *alle* arbeitgeberfreundlichen Untersuchungsteilnehmer die CDU wählen, ist damit die Hypothese nicht endgültig bestätigt, da nicht auszuschließen ist, daß es außerhalb der untersuchten Stichprobe arbeitgeberfreundliche Personen gibt, die nicht die CDU wählen.)

> **!** Hypothesen sind *Wahrscheinlichkeitsaussagen.* Sie lassen sich deswegen durch den Nachweis *einzelner* Gegenbeispiele nicht widerlegen (*falsifizieren*), denn konträre Einzelfälle sind im Wahrscheinlichkeitsmodell (im Gegensatz zu einem deterministischen Modell) explizit zugelassen. Hypothesen lassen sich aber auch nicht durch den Nachweis *aller* Positivbeispiele bestätigen (*verifizieren*), da aufgrund des Allgemeinheitsanspruchs von Hypothesen sämtliche je existierenden Fälle untersucht werden müßten, was praktisch nicht durchführbar ist (stattdessen werden nur Stichproben untersucht). Da weder Falsifikation noch Verifikation möglich ist, müssen zur Hypothesenprüfung spezielle *Prüfkriterien* festgelegt werden.

Man steht also vor dem Dilemma, anhand von empirischen Daten probabilistische Hypothesen prüfen zu wollen, die sich der Form nach weder falsifizieren noch verifizieren lassen. Der Ausweg aus dieser Situation besteht in der willkürlichen, d.h. von der Scientific Community vereinbarten und durch methodologische Regeln begründeten (d.h. keinesfalls beliebigen) *Festlegung von Prüfkriterien.*

Indem man Prüfkriterien einführt, kann man Falsifizierbarkeit erzeugen. Eines der wichtigsten Prüfkriterien ist die *statistische Signifikanz*, die mittels sogenannter *Signifikanztests* ermittelt wird. Wie Signifikanztests im einzelnen funktionieren, werden wir im Abschnitt 1.3.1 kurz und im Abschnitt 8.1.2 ausführlicher erläutern.

Aus dem Umstand, daß wir in den Sozial- und Humanwissenschaften „Untersuchungsobjekte" vor uns haben, die sich unter anderem durch hochgradige Individualität, Komplexität und durch Bewußtsein auszeichnen, resultieren diverse inhaltliche und methodische Besonderheiten gegenüber den Naturwissenschaften. Obwohl wir in den Vergleichen zur Physik immer wieder die methodischen Probleme unserer Wissenschaften ansprechen, wollen wir doch nicht den Eindruck erwecken, unsere Forschung sei gegenüber naturwissenschaftlicher defizitär. Zu bedenken ist zunächst, daß die Naturwissenschaften historisch wesentlich älter und dementsprechend weiter entwickelt sind als die empirischen Sozialwissenschaften. Dennoch zeigt sich bei kumulativer Betrachtung von Forschungsergebnissesn, daß in der Sozialforschung teilweise ebenso konsistente Ergebnismuster zustandekommen wie etwa in der Physik (vgl. Hedges, 1987). Dies ist in methodolo-

gischer Hinsicht als Erfolg der Sozial- und Humanwissenschaften bei der Adaptation naturwissenschaftlich tradierter Forschungsmethoden zu verbuchen. Zudem haben die Sozial- und Humanwissenschaften genügend neue Methoden der Datenerhebung und Hypothesenprüfung entwickelt, die das Bewußtsein und Verständnis der menschlichen „Untersuchungsobjekte" über das interessierende Thema dezidiert mit ausschöpfen, indem sie diese etwa als Dialogpartner explizit in den Forschungsprozeß integrieren. Solche Ansätze sind vorwiegend im qualitativen Paradigma angesiedelt (vgl. Kap. 5).

1.1.3
Kausale Hypothesen

Zu beachten ist, daß eine empirisch bestätigte (oder besser: nicht falsifizierte) Beziehung zwischen zwei Variablen nicht mit einer bestätigten **Kausalbeziehung** im Sinne einer eindeutigen Ursache-Wirkungs-Sequenz verwechselt werden darf. Auch wenn die dem Wenn- bzw. Dann-Teil zugeordneten Variablen üblicherweise als *unabhängige* bzw. *abhängige Variablen* bezeichnet werden, womit sich zumindest sprachlich eine eindeutige Kausalrichtung verbindet, sind kausale Interpretationen von der Untersuchungsart bzw. dem *Untersuchungsdesign* (vgl. hierzu Kap. 8) und von inhaltlichen Erwägungen abhängig zu machen.

> **!** Der empirische Nachweis eines Zusammenhangs zwischen unabhängigen und abhängigen Variablen ist kein ausreichender Beleg für eine kausale Beeinflussung der abhängigen Variablen durch die unabhängigen Variablen.

Stellt man – bezogen auf das letztgenannte Beispiel – fest, daß zwischen Arbeitgeberfreundlichkeit als unabhängiger Variable und Parteipräferenz als abhängiger Variable eine substantielle Beziehung besteht, wäre es voreilig, hieraus zu folgern, daß Arbeitgeberfreundlichkeit CDU-Nähe *verursacht.* Der gleiche Untersuchungsbefund käme nämlich auch zustande, wenn CDU-Nähe Arbeitgeberfreundlichkeit bestimmt. Zudem wäre die Behauptung, eine andere Variable (wie z.B. wirtschaftliche Interessen) sei für den gefundenen Zusammenhang ursächlich verantwortlich (wirt-

schaftliche Interessen beeinflussen sowohl Arbeitgeberfreundlichkeit als auch Parteipräferenzen),
inhaltlich ebenfalls nachvollziehbar.

Ließe sich hingegen feststellen, daß Veränderungen der einen (unabhängigen) Variablen (z. B.
negative Erfahrungen mit Arbeitgebern) systematische Veränderungen der anderen (abhängigen)
Variablen (z. B. häufige CDU-Austritte) zur Folge
haben, wäre dies ein besserer Beleg für die Richtigkeit der Kausalhypothese bzw. eine Rechtfertigung für die Behauptung, Arbeitgeberfreundlichkeit sei im kausalen Sinne die unabhängige und
CDU-Nähe die abhängige Variable.

Mono- und multikausale Erklärungen

Das primäre Forschungsinteresse der Human-
und Sozialwissenschaften ist darauf gerichtet, die
Variabilität (Unterschiedlichkeit) der Merkmalsausprägungen bei verschiedenen Untersuchungsobjekten kausal zu erklären. Diese Aufgabe wird dadurch erheblich erschwert, daß die registrierten
Unterschiede auf einer abhängigen Variablen in
der Regel nicht nur durch die Wirksamkeit *einer*
unabhängigen Variablen (**monokausal**), sondern
durch das Zusammenwirken *vieler* unabhängiger
Variablen (**multikausal**) entstehen. So können
Entwicklung und Veränderung von Parteipräferenzen eben nicht nur vom Ausmaß der Arbeitgeberfreundlichkeit abhängen, sondern auch von
weiteren Variablen wie z. B. Alter, Beruf, Ausbildung, Wertvorstellungen etc.

> **!** *Monokausale Erklärungen* führen die Variabilität der
> abhängigen Variablen auf eine Ursache bzw. eine un-
> abhängige Variable zurück, während *multikausale* Er-
> klärungen mehrere Wirkfaktoren heranziehen.

Ein einfacher Wenn-dann-Satz läßt auch multikausale Erklärungen zu, denn er behauptet nicht,
daß die mit dem Wenn-Teil verbundene unabhängige Variable die einzige Erklärung für die abhängige Variable ist. Dies ist die typische Forschungssituation der Sozialwissenschaften – eine Situation, bei der die Variabilität einer abhängigen Variablen in Anteile zerlegt wird, die auf mehrere
unabhängige Variablen zurückgehen. Auch dies
hat zur Folge, daß die in einer wissenschaftlichen
Hypothese behauptete Beziehung zwischen einer
abhängigen und einer unabhängigen Variablen
nicht perfekt ist.

Wenn-dann-Heuristik

Konditionalsätze haben in den Bereichen der Naturwissenschaften, in denen deterministische Aussagen gemacht werden, eine andere Funktion als
in den Humanwissenschaften. Ein hypothetischer
Wenn-dann-Satz z. B. wird in der klassischen Physik direkt geprüft: Ein einziges Ereignis, das dem
Konditionalsatz widerspricht, reicht aus, um ihn
zu falsifizieren. In den Humanwissenschaften sind
Konditionalsätze zunächst Hilfskonstruktionen;
sie ermöglichen es dem Forscher zu überprüfen,
ob bei einer gegebenen Fragestellung überhaupt
zwischen einer unabhängigen und einer abhängigen Variablen unterschieden werden kann. Sie haben damit eher den Charakter einer *Heuristik*
(aus dem Griechischen: Findungskunst, Findestrategie) bzw. eines wissenschaftlichen Hilfsmittels,
das lediglich dazu dient, den Präzisionsgrad der
Hypothese zu bestimmen.

Wenig präzise Hypothesen lassen es offen, welche Variable durch welche andere Variable kausal
beeinflußt wird. Sie behaupten lediglich, daß zwischen den Variablen eine irgendwie geartete Beziehung besteht. Die Wenn-dann-Heuristik würde
– wie bei den Variablen Arbeitgeberfreundlichkeit
und Parteipräferenz – zu dem Resultat führen,
daß der Wenn-Teil und der Dann-Teil des Konditionalsatzes letztlich austauschbar sind. In diesem
Fall macht es keinen Sinn, zwischen einer unabhängigen und einer abhängigen Variablen zu unterscheiden.

Der Austausch des Wenn- und des Dann-Teils
muß nicht nur sprachlich, sondern auch inhaltlich
sinnvoll sein. So läßt sich z. B. der Satz „Wenn das
Wetter schön ist, dann gehen die Menschen spazieren" ohne Frage sprachlich umkehren: „Wenn
Menschen spazieren gehen, dann ist das Wetter
schön." Aus dieser sprachlichen Austauschbarkeit
zu folgern, der Satz beinhalte keine Kausalrichtung, wäre jedoch falsch. Entscheidend ist, ob der
Austausch auch inhaltlich einen Sinn macht bzw.
ob der durch Austausch entstandene neue Wenn-
Teil tatsächlich als Ursache des neuen Dann-Teils
in Frage kommt. Dies ist im Beispiel nicht der
Fall, denn daß das Spazierengehen der Menschen
die (oder eine) Ursache für das schöne Wetter ist,

widerspricht unseren derzeitigen Kenntnissen über die wahren Ursachen für schönes Wetter. Wenn- und Dann-Teil des Satzes sind also nicht austauschbar, d.h. der Satz beinhaltet eine **Kausalhypothese.**

> **!** Bei einem hypothetischen Wenn-dann-Satz handelt es sich um eine *Kausalhypothese,* wenn ein Vertauschen von Wenn-Teil (Bedingung, Ursache) und Dann-Teil (Konsequenz, Wirkung) sprachlich und inhaltlich nicht sinnvoll ist.

Nicht immer läßt sich zweifelsfrei entscheiden, ob der Wenn- und der Dann-Teil eines Satzes austauschbar sind oder nicht. Es kann deshalb hilfreich sein, die Richtigkeit eines hypothetischen Kausalsatzes auch anhand logischer Kriterien zu überprüfen (vgl. hierzu etwa Opp, 1999). Wichtig ist ferner der Hinweis, daß bei einer kausalen Beziehung die Ursache stets der Wirkung zeitlich vorgeordnet ist.

Meßfehler und Störvariablen

Bei einer monokausalen Hypothese ist zu fordern, daß die geprüfte unabhängige Variable praktisch die gesamte Variabilität der abhängigen Variablen erklärt. „Praktisch" bedeutet hier, daß die nicht erklärte Variabilität ausschließlich auf Meßungenauigkeiten und nicht auf Störvariablen zurückführbar ist – eine Konstellation, die höchst selten anzutreffen ist (zum Begriff Störvariable s. u.).

Die in den Human- und Sozialwissenschaften untersuchten abhängigen Variablen sind typischerweise multikausal beeinflußt. Dementsprechend ist der Anspruch an den Erklärungswert einer einzelnen unabhängigen Variablen geringer anzusetzen. Hier ist die unerklärte Variabilität der abhängigen Variablen sowohl auf Meßungenauigkeiten als auch auf nicht kontrollierte Einflußgrößen bzw. Störvariablen zurückzuführen, wobei die Forschungsbemühungen darauf gerichtet sind, die relative Bedeutung derjenigen Variablen zu bestimmen, die geeignet sind, die Variabilität der abhängigen Variablen bis auf einen meßfehlerbedingten Rest zu erklären.

Zu beachten ist, daß mit dem Begriff **Störvariable** per Konvention alle Einflüsse auf die abhängige Variable gemeint sind, die weder in den unabhängigen Variablen noch in den Moderator-, Me-

diator- und Kontrollvariablen angesprochen werden. Bei Störvariablen kann es sich also um „vergessene" Einflußfaktoren handeln, die eigentlich als unabhängige Variablen in die Hypothese aufzunehmen wären. Je mehr Einflußfaktoren man als unabhängige Variablen in einem Design berücksichtigt, desto vollständiger können Merkmalsunterschiede in der abhängigen Variablen aufgeklärt werden.

> **!** Unter *Störvariablen* versteht man alle Einflußgrößen auf die abhängige Variable, die in einer Untersuchung nicht erfaßt werden.

Die Berücksichtigung zusätzlicher unabhängiger Variablen entspricht einer Erweiterung des Wenn-Teils der Hypothese (z.B. „Wenn eine Person arbeitgeberfreundlich *und* älter als 50 Jahre *und* traditionsgebunden *und* ... ist, dann wählt sie CDU"). Würde man von dem Idealfall ausgehen, daß wirklich alle relevanten Einflußfaktoren bekannt sind und somit die Hypothese in ihren Wenn-Komponenten erschöpfend ist, wäre die Variabilität der abhängigen Variablen bis auf einen meßfehlerbedingten Rest zu erklären.

Diese Zielsetzung ist wegen der ausgesprochen großen intra- und interindividuellen Variabilität der Untersuchungsobjekte eigentlich nie zu erreichen. Man könnte ohne Mühe Dutzende von unabhängigen Variablen finden, die bei einzelnen Probanden mit dem Wahlverhalten in Verbindung stehen, ohne je eine vollständige Liste potentieller Kausalfaktoren zu erhalten. Manche Personen mögen sich von Freunden, andere von bestimmten Radiosendungen, wieder andere von aktuellen Stimmungen am Wahltag oder von Wahlplakaten, andere wieder von der Meinung der Arbeitskollegen beeinflussen lassen. Der Anspruch eines *vollständigen* Erklärungsmodells ist von vornherein zum Scheitern verurteilt.

Dieser Anspruch wird jedoch gar nicht erhoben. Für praktische und theoretische Belange genügt es in der Regel, die *wichtigsten* Einflußfaktoren zu identifizieren. Ein relativ kleiner, unaufgeklärter Rest an Störeinflüssen und Meßfehlern ist tolerierbar. Schließlich wird in der empirischen Forschung mit Hypothesen in der Regel nicht das Ziel verfolgt, den Einzelfall detailliert zu erfassen, sondern zusammenfassend und übergreifend Tendenzen und

Trends aufzuzeigen. Dies spiegelt sich auch in der Formulierung von wissenschaftlichen Hypothesen als Wahrscheinlichkeitsaussagen bzw. als statistische Hypothesen (vgl. S. 494 ff.) wider, für deren empirische Prüfung das Verfahren des Signifikanztests (vgl. Abschnitt 8.1.2) entwickelt wurde.

Zusammenfassend ist also festzustellen, daß die Wenn-dann-Heuristik zumindest indirekt einen wichtigen Beitrag zur Klärung der Frage leistet, wie weit der einer Fragestellung zugeordnete Forschungsbereich wissenschaftlich entwickelt ist (bzw. wie gut wir über den Forschungsbereich informiert sind; vgl. S. 56 ff. zum Thema Literatursuche). Macht es keinen Sinn, die Forschungsfrage in einen Konditionalsatz zu transformieren, dürfte zunächst eine explorierende Untersuchung zur Erkundung der wichtigsten Variablen des Untersuchungsterrains angebracht sein (vgl. hierzu Kap. 6). Sind diese bekannt, entscheidet die Wenn-dann-Heuristik, ob forschungslogisch zwischen abhängiger und unabhängiger Variable unterschieden werden kann. Vom Ausgang dieser Prüfung wiederum hängt die Präzision der hypothetisch behaupteten Beziehung zwischen den Variablen ab, die ihrerseits die Art der Prüfmethodik vorschreibt. Auf der höchsten Genauigkeitsstufe (keine Meßfehler und keine Störvariablen) bestehen die Hypothesen letztlich aus erschöpfend formulierten Wenn-dann-Sätzen, die durch ein einziges Gegenbeispiel widerlegt werden könnten. In der Praxis begnügen wir uns jedoch mit Wahrscheinlichkeitsaussagen, über deren Falsifikation auf der Basis von Signifikanztests entschieden wird.

Tafel 1 erläutert anhand eines Beispiels den Einsatz der Wenn-dann-Heuristik bei der Formulierung einer wissenschaftlichen Hypothese.

1.1.4
Theorien, Gesetze und Paradigmen

Wenn eine abhängige Variable nur multikausal erklärbar ist, besteht die Aufgabe der Forschung darin, den *relativen Erklärungswert* mehrerer unabhängiger Variablen zu bestimmen. Die relativen Bedeutungen der unabhängigen Variablen für die abhängige Variable sowie die Beziehungen der unabhängigen Variablen untereinander konstituieren ein erklärendes Netzwerk für die Variabilität einer abhängigen Variablen oder kurz: eine **Theo**-

rie. Bezogen auf das in Tafel 1 genannte Beispiel hätte eine Theorie über Frauenfeindlichkeit nicht nur anzugeben, worin sich Frauenfeindlichkeit äußert (Deskription der abhängigen Variablen), sondern vor allem, welche Ursachen dieses Phänomen bedingen (z.B. negative persönliche Erfahrungen mit Frauen, gestörte Mutter-Kind-Beziehungen, Selbstwertprobleme oder eben auch das Fernsehen). Darüber hinaus hätte die Theorie anzugeben, welche wechselseitigen Beziehungen zwischen den einzelnen Determinanten bestehen (eine grundlegende Auseinandersetzung mit dem Theoriebegriff findet man bei Gadenne, 1994).

Ursprünglich beinhaltet der Theoriebegriff die Suche nach Wahrheit. Im Griechischen bedeutet das Wort „theorein" das Zuschauen, etwa bei einer Festveranstaltung. Später wird es im übertragenen Sinne gebraucht im Zusammenhang mit geistigem Betrachten oder Erkennen. Für Aristoteles ist „theoria" die Erforschung der Wahrheit, die frei sein sollte von Nutzenerwägung oder praktischen Zwängen (nach Morkel, 2000).

Die Gültigkeit einer Theorie hängt davon ab, wie gut sich die theoretisch verdichteten Hypothesen in der Realität bzw. anhand von Beobachtungsdaten bewähren. Eine Theorie erlangt mit zunehmendem Grad ihrer Bewährung den Charakter einer *Gesetzmäßigkeit*, die unter eindeutigen und vollständig definierten Bedingungen stets gültig ist (Ausführliche Informationen zu den Begriffen Gesetz und Theorie findet man z.B. bei Opp, 1999, Kap. II/3).

Eine gute Theorie sollte die sie betreffenden Erscheinungen oder Phänomene nicht nur erklären, sondern auch prognostisch nützlich sein, indem sie zukünftige Ereignisse und Entwicklungen hypothetisch antizipiert und Anregungen zur Erklärung neuer, bislang unerforschter Phänomene gibt (heuristischer Wert einer Theorie). Bewähren sich derartige, aus der allgemeinen Theorie logisch abgeleitete Prognosen bzw. Hypothesen in der Realität, führt dies zu einer Erweiterung des *Geltungsbereiches* der Theorie.

> **!** *Theorien* haben die Funktion, Sachverhalte zu beschreiben, zu erklären und vorherzusagen. Im Kern bestehen sozialwissenschaftliche Theorien aus einer Vernetzung von gut bewährten Hypothesen bzw. anerkannten empirischen „Gesetzmäßigkeiten".

TAFEL 1

Frauenfeindlichkeit: Formulierung einer wissenschaftlichen Hypothese

Eine Studentin möchte eine empirische Arbeit zum Thema „Frauenfeindlichkeit" anfertigen. Sie weiß aus eigener Erfahrung, daß sich Männer unterschiedlich frauenfeindlich verhalten und will dieses Phänomen (bzw. diese Variabilität) erklären.

Ausgangspunkt ihrer Überlegungen ist ein Zeitungsartikel über „Frauenfeindlichkeit im Fernsehen", der nach ihrer Auffassung zu Recht darauf hinweist, daß die meisten Sendungen ein falsches Frauenbild vermitteln. Dieses falsche Bild – so ihre Vermutung – könne dazu beitragen, daß Männer auf Frauen unangemessen bzw. sogar feindlich reagieren. Ihre Behauptung lautet also verkürzt: „Fernsehende Männer sind frauenfeindlich."

Sie möchte nun anhand der auf S. 7 f. genannten Kriterien feststellen, ob es sich bei dieser Behauptung um eine wissenschaftliche Hypothese handelt. Das erste Kriterium (empirischer Gehalt) trifft zu; Frauenfeindlichkeit ist nach ihrer Auffassung ein realer Sachverhalt, der sich empirisch untersuchen läßt. Auch das zweite Kriterium (*Allgemeingültigkeit*) hält sie für erfüllt, denn bei ihrer Behauptung dachte sie nicht an bestimmte Männer, sondern an alle fernsehenden Männer oder doch zumindest an die fernsehenden Männer, die sich in ihrem sozialen Umfeld befinden.

Das dritte Kriterium verlangt einen *Konditionalsatz*. Der vielleicht naheliegende Satz: „Wenn eine Person ein Mann ist, dann ist die Person frauenfeindlich" entspricht nicht ihrem Forschungsinteresse, denn die dem Wenn-Teil zugeordnete Variable wäre in diesem Falle das Geschlecht, d.h. sie müßte – abweichend von ihrer Fragestellung – Männer mit Frauen kontrastieren. Die Formulierung „Wenn Männer fernsehen, dann sind sie frauenfeindlich" hingegen trifft eher ihre Intention, weil hier im Wenn-Teil implizit fernsehende Männer und nicht fernsehende Männer kontrastiert werden. Allerdings befürchtet sie, daß es schwierig sein könnte, Männer zu finden, die nicht fernsehen und entscheidet sich deshalb für eine Hypothese mit einem Je-desto-Konditionalsatz: „Je häufiger Männer fernsehen, desto frauenfeindlicher sind sie."

Das vierte Kriterium verlangt die prinzipielle *Falsifizierbarkeit* der Hypothese, die ihr gedanklich keine Probleme bereitet, da die Untersuchung durchaus zeigen könnte, daß männliche Vielseher genauso (oder sogar weniger) frauenfeindlich sind wie Wenigseher.

Die Aussage „Je häufiger Männer fernsehen, desto frauenfeindlicher sind sie" hat damit den Status einer wissenschaftlichen Hypothese.

Die Studentin möchte zusätzlich klären, ob ihre Hypothese als Kausalhypothese interpretierbar ist, ob also das Fernsehen zumindest theoretisch als Ursache für Frauenfeindlichkeit bei Männern anzusehen ist. Sie prüft deshalb, ob der Je-Teil und der Desto-Teil ihrer Hypothese prinzipiell auch austauschbar sind. Das Resultat lautet: „Je frauenfeindlicher Männer sind, desto häufiger sehen sie fern." Die Studentin vermutet zwar, daß diese Aussage wahrscheinlich weniger der Realität entspricht; da es jedoch sein könnte, daß sich vor allem frauenfeindliche Männer vom Klischee des Frauenbildes im Fernsehen angezogen fühlen, könnte auch in dieser Aussage „ein Körnchen Wahrheit" stecken. Sie kommt deshalb zu dem Schluß, daß ihre forschungsleitende Hypothese keine strenge, gerichtete Kausalannahme beinhaltet, zumal auch die zeitliche Abfolge von Ursache und Wirkung (erst Fernsehen, danach Frauenfeindlichkeit) wenig zwingend erscheint.

Damit erübrigt sich eine Überprüfung der Frage, ob Frauenfeindlichkeit monokausal durch das Fernsehen beeinflußt wird. Frauenfeindlichkeit – so vermutet die Studentin – ist eine Variable, die vielerlei Ursachen hat, zu denen möglicherweise auch das Fernsehen zählt, d.h. die Studentin kann – auch angesichts der zu erwartenden Meßfehlerprobleme – nicht damit rechnen, daß ihre Untersuchung einen perfekten Zusammenhang zwischen Frauenfeindlichkeit und Dauer des Fernsehens bei Männern nachweisen wird.

Ausgestattet mit den Ergebnissen dieser theoretischen Vorprüfung macht sich die Studentin nun an die Planung ihrer Untersuchung mit dem Ziel, zunächst eine einfache Zusammenhangshypothese zu prüfen.

Theorien sind Veränderungen unterworfen und erheben nicht den Anspruch, absolut wahr zu sein. Stattdessen versucht man, für einen bestimmten Zeitraum und für ein begrenztes Untersuchungsfeld eine Theorie zu entwickeln, die den aktuellen Forschungsstand am besten integriert (vgl. hierzu auch Abschnitt 9.4 zum Stichwort Metaanalyse).

Ein weiterer in sozialwissenschaftlichen Methodendiskussionen häufig genannter Begriff ist das *Paradigma*. Ein Paradigma bezeichnet nach Kuhn (1977) das allgemein akzeptierte Vorgehen (Modus operandi) einer wissenschaftlichen Disziplin einschließlich eines gemeinsamen Verständnisses von „Wissenschaftlichkeit".

An Beispielen der Entwicklung von Physik und Chemie zeigt Kuhn (1977), daß es immer wieder Phasen gab, in denen ein bestimmtes wissenschaftliches Weltbild, ein Paradigma, stark dominierte oder gar als unumstößlich galt. Eine Form wissenschaftlichen Fortschritts besteht nach Kuhn in der „wissenschaftlichen Revolution", im Paradigmenwechsel.

Eingeleitet wird dieser Prozeß durch das Auftreten von Befunden, die es eigentlich nicht geben dürfte. Häufen sich derartige Anomalien, kommt es zur wissenschaftlichen Krise, in der sich die Vertreter des noch geltenden Paradigmas und dessen Kritiker gegenüberstehen. Im weiteren Verlauf des Konfliktes beschränkt sich die Kritik nicht mehr nur auf einzelne Teile des wissenschaftlichen Gebäudes, sondern wird fundamental. Ansätze einer neuen grundsätzlichen Sichtweise werden erkennbar und verdichten sich schließlich zu einem neuen Paradigma, welches das alte ersetzt und solange bestehen bleibt, bis ein weiterer Paradigmenwechsel erforderlich wird. Entscheidend in der Argumentation von Kuhn (1977) ist der Nachweis, daß wissenschaftliche Entwicklungen in Wirklichkeit bei weitem nicht so geordnet und rational ablaufen, wie es methodische Regeln vorgeben. Ein neues Paradigma siegt nicht allein durch empirische und theoretische Überlegenheit, sondern ganz wesentlich auch durch das Aussterben der Vertreter des alten Paradigmas.

Eine wissenschaftliche Disziplin muß weit entwickelt sein, um ein Paradigma auszubilden. Ob in den Sozialwissenschaften bereits Paradigmen (im Sinne Kuhns) existieren, oder aber bestimmte grundsätzliche Herangehensweisen zwar vorhanden, jedoch nicht verbindlich genug sind, um sie als paradigmatisch bezeichnen zu können, wird kontrovers diskutiert.

Zuweilen werden auch besondere Untersuchungsanordnungen als „(experimentelle) Paradigmen" bezeichnet. Ein Beispiel wäre das „Asch-Paradigma zur Eindrucksbildung", bei dem Untersuchungsteilnehmer fiktive Personen anhand von Eigenschaftslisten einschätzen (vgl. Upmeyer, 1985, Kap. 6.1).

Nicht selten findet der Paradigmen-Begriff auch dann Verwendung, wenn quantitative und qualitative Herangehensweise angesprochen sind. So teilen die Vertreterinnen und Vertreter des *quantitativen* wie des *qualitativen Paradigmas* (vgl. Kap. 5) interdisziplinär jeweils bestimmte Grundeinstellungen und methodische Präferenzen. Hierbei geht es aber nicht darum, daß ein Paradigma das andere ablöst, vielmehr stehen beide Paradigmen nebeneinander, was kritische Abgrenzung ebenso beinhaltet wie eine wechselseitige Übernahme von Ideen und Methoden.

1.2
Grenzen der empirischen Forschung

Nachdem im letzten Abschnitt das begriffliche Rüstzeug der empirischen Forschung erarbeitet wurde, wenden wir uns nun der Frage zu, wie mit empirischer Forschung neue Erkenntnisse gewonnen werden können bzw. in welcher Weise ein empirisch begründeter Erkenntnisfortschritt limitiert ist. Zu dieser wichtigen erkenntnis- und wissenschaftstheoretischen Problematik findet man in der Literatur verschiedene Auffassungen, deren Diskussion weit über den Rahmen dieses Textes hinausginge. Interessierten Leserinnen und Lesern seien die Arbeiten von Albert (1972); Andersson (1988); Breuer (1988); Carey (1988); Esser et al. (1977); Groeben und Westmeyer (1981); Holzkamp (1986); Lakatos (1974); Lück et al. (1990); Popper (1989) Stegmüller (1985); Westermann (2000) sowie Wolf und Priebe (2000) empfohlen.

1.2.1
Deduktiv-nomologische Erklärungen

Angenommen es fällt Ihnen auf, daß die Überlandleitungen eines nahegelegenen Elektrizitätswerkes im Winter straffer gespannt sind als im Sommer. Dank Ihrer physikalischen Vorbildung finden Sie rasch eine Erklärung für dieses Phänomen: Da die Überlandleitungen aus Metall bestehen und da sich Metalle bei Erwärmung ausdehnen, sind die Drähte bei den höheren Sommertemperaturen länger als im kalten Winter.

Dieses Beispiel verdeutlicht das *deduktiv-nomologische* Vorgehen bei der Suche nach einer Erklärung (Hempel und Oppenheim, 1948, S. 245 ff.). Ein zu erklärendes Phänomen wird über logische Deduktion aus einem allgemeinen Gesetz (nomos) abgeleitet, das die Ausdehnung von Metallen auf die Ursache „Erwärmung" zurückführt. Solange das allgemeine Gesetz „Wenn Metall erwärmt wird, dann dehnt es sich aus" wahr ist, folgt hieraus logisch, daß auf jedes zu erklärende Phänomen, das den Wenn-Teil des Gesetzes als Antezedenzbedingung erfüllt (Drähte sind im Sommer wärmer als im Winter), auch der Dann-Teil zutrifft. Allgemein bezeichnet man das zu erklärende Phänomen als *Explanandum* und das Gesetz sowie eine empirische Randbedingung aus der hervorgeht, daß das entsprechende Gesetz einschlägig ist, als *Explanans*.

Deduktiv-nomologische Erklärungen haben für den Erkenntnisgewinn in den Human- und Sozialwissenschaften einen anderen Stellenwert als für deterministisch modellierte Bereiche der Naturwissenschaften. „Wahre" Gesetze, wie z.B. Wahrnehmungs- oder Lerngesetze, die zur Erklärung psychologischer Phänomene herangezogen werden könnten, sind selten. An die Stelle von Gesetzen treten hier meistens mehr oder weniger begründete bzw. empirisch abgesicherte Theorien oder auch subjektive Vermutungen und Überzeugungen, deren Erklärungswert nicht gegeben, sondern Gegenstand empirischer Forschung ist. Dennoch ist es kein prinzipieller, sondern lediglich ein gradueller Unterschied, wenn neue physikalische Phänomene durch (vermutlich) wahre physikalische Gesetze und neue psychologische Phänomene durch noch nicht hinreichend unterstützte psychologische Theorien „erklärt" werden.

Auch hierzu ein Beispiel: Einem Kenner der Popmusik-Szene fällt auf, daß sich unter den Top-Ten häufig Musikstücke befinden, für die besondere Harmoniefolgen (z.B. Wechsel von Tonika, Subdominante und Dominante mit wiederholtem Austausch der parallelen Dur- und Molltonarten) besonders charakteristisch sind. Beim Studium der Literatur zur psychologischen Ästhetikforschung stößt er auf eine Theorie, die besagt, daß Stimuli mit einem mittleren Erregungspotential (arousal) positiver bewertet werden als Stimuli, von denen eine schwache oder starke Erregung ausgeht (vgl. z.B. Berlyne, 1974). Die Theorie „Wenn ästhetische Stimuli ein mittleres Erregungspotential aufweisen, dann werden sie positiv bewertet" erscheint für eine deduktiv-nomologische Erklärung des Phänomens „spezielle Harmoniestruktur bei beliebten Popmusikstücken" geeignet, denn die Antezedenzbedingung (mittleres Erregungspotential) ist offenbar erfüllt: Der Theorie zufolge sind collative Reizeigenschaften wie Uniformität vs. Variabilität, Ordnung vs. Regellosigkeit, Eindeutigkeit vs. Mehrdeutigkeit oder Bekanntheit vs. Neuheit für das ästhetische Empfinden ausschlaggebend, wobei mittlere Ausprägungen dieser Reizeigenschaften mit einer positiven Bewertung einhergehen. Da nun die besondere Harmoniestruktur beliebter Popmusikstücke weder „langweilig" (z.B. ausschließlicher Wechsel von Tonika und Dominante) noch „fremdartig" ist (z.B. viele verminderte Sext- oder Nonenakkorde), trifft die Antezedenzbedingung „mittleres Erregungspotential" offenbar zu. Die genannte „Arousal-Theorie" wäre also geeignet, zur Klärung des Top-Ten-Phänomens in der Popmusik beizutragen.

> **!** Beim *deduktiv-nomologischen Vorgehen* wird aus einer allgemeinen Theorie eine spezielle Aussage abgeleitet. Die so gewonnene Vorhersage oder Erklärung ist dann mit Hilfe empirischer Untersuchungen zu überprüfen.

Ein Vergleich der Beispiele „Überlandleitungen" und „Popmusik" verdeutlicht die Behauptung, daß der funktionale Unterschied einer deduktiv-nomologischen Erklärung in den Natur- bzw. Humanwissenschaften graduell und nicht prinzipiell sei: Der Satz, aus dem eine Erklärung des jeweiligen

Deduktion: Aus falschen Prämissen entspringen fragwürdige Hypothesen. (Aus: Campbell, S.K. (1974). Flaws and Fallacies in Statistical Thinking. Englewood Cliffs: New Jersey. S. 34)

Phänomens deduziert wird, hat im Beispiel „Überlandleitungen" eher Gesetzescharakter und im Beispiel „Popmusik" eher den Charakter einer in Arbeit befindlichen Theorie. Dies bedeutet natürlich, daß auch die Erklärung im ersten Beispiel zwingender ist als im zweiten Beispiel. Die Erklärung hat im zweiten Beispiel den Status einer Hypothese (z.B.: „Wenn Popmusik einem Harmonieschema mittlerer Schwierigkeit folgt, dann wird sie positiv bewertet"), die logisch korrekt aus der Theorie abgeleitet wurde; dennoch bedarf es einer eigenständigen empirischen Untersuchung, die das Zutreffen der Hypothese zu belegen hätte. Eine Bestätigung der Hypothese wäre gleichzeitig ein Hinweis auf die Gültigkeit bzw. – falls die Theorie bislang nur im visuellen Bereich geprüft wurde – auf einen erweiterten *Geltungsbereich* der Theorie.

Das Popmusikbeispiel läßt zudem weitere hypothetische Erklärungen zu, die aus Theorien abzuleiten wären, in denen der Wenn-Teil das Vorhandensein anderer Reizqualitäten wie z.B. bestimmte stimmliche Qualitäten der Sängerin oder des Sängers, bestimmte Melodieführungen, die mit einem Stück verbundene „message" etc. für eine positive Bewertung voraussetzt. Empirische Forschung hätte hier die Aufgabe, den relativen Erklärungswert dieser Theorien im Vergleich zur

„Arousal-Theorie" zu bestimmen (multikausales Erklärungsmodell).

> **!** Der Wert einer deduktiv-nomologischen Erklärung hängt davon ab, wie gut die zugrundeliegende Theorie empirisch bestätigt ist.

Diese Überlegungen leiten zu der Frage über, wie man eine Theorie empirisch bestätigen kann.

1.2.2
Verifikation und Falsifikation

Auf S. 7f. wurde bereits erwähnt, daß Theorien bzw. die aus ihnen abgeleiteten Hypothesen allgemeingültig sind. Wenn im Beispiel „Überlandleitungen" behauptet wird, daß sich Metalle bei Erwärmung ausdehnen, so soll diese Behauptung (bzw. dieser „Allsatz") für alle Metalle an allen Orten zu allen Zeiten gelten. Mit diesem Allgemeingültigkeitsanspruch verbindet sich nun eine fatale Konsequenz: Um die uneingeschränkte Gültigkeit dieser Theorie nachzuweisen (*Verifikation* der Theorie), müßten unendlich viele Versuche durchgeführt werden – eine Aufgabe, die jegliche Art empirischer Forschung überfordert. Die Anzahl möglicher empirischer Überprüfungen ist in der Praxis notwendigerweise begrenzt, so daß Untersuchungsergebnisse, die der Theorie widersprechen, niemals mit Sicherheit ausgeschlossen werden können. Letztlich läuft das Verifikationsverfahren auf einen *Induktionsschluß* hinaus, bei dem von einer begrenzten Anzahl spezieller Ereignisse unzulässigerweise auf die Allgemeingültigkeit der Theorie geschlossen wird (zum Induktionsproblem s. auch S. 299ff.).

Die Richtigkeit einer Theorie kann durch empirische Forschung niemals endgültig bewiesen werden. Diese Behauptung nachzuvollziehen, dürfte bei sozialwissenschaftlichen Theorien leichter fallen als bei deterministischen naturwissenschaftlichen Gesetzmäßigkeiten; aber auch die sog. Natur- „Gesetze" kennen Anomalien bzw. Prüfungsergebnisse, die den Gesetzen widersprechen; sie gelten deshalb ebenfalls nicht als endgültig verifiziert.

> **!** Unter *Verifikation* versteht man den Nachweis der Gültigkeit einer Hypothese oder Theorie. Die Verifikation allgemeingültiger Aussagen über Populationen ist anhand von Stichprobendaten logisch nicht möglich, da man nie weiß, ob nicht ein hypothesenkonformes Ergebnis in der untersuchten Stichprobe durch eine andere, nicht untersuchte Stichprobe in Frage gestellt werden könnte.

Hieraus wäre zu bilanzieren, daß Erkenntniserweiterung nicht in der kumulativen Ansammlung „wahren" Wissens bestehen kann. Alternativ hierzu ist es jedoch möglich, empirisch zu zeigen, daß eine theoretische Behauptung mit Allgemeingültigkeitsanspruch falsch ist. Rein logisch würde ein einziger Fall oder ein einziges der Theorie widersprechendes Ereignis ausreichen, um die Theorie zu widerlegen bzw. zu falsifizieren. Dies ist die Grundidee des auf Popper (1989) zurückgehenden *kritischen Rationalimus*, nach dem wissenschaftlicher Fortschritt nur durch systematische Eliminierung falscher Theorien mittels empirischer *Falsifikation* möglich ist.

> **!** Der auf dem *Falsifikationsprinzip* basierende Erkenntnisfortschritt besteht in der Eliminierung falscher bzw. schlecht bewährter Aussagen oder Theorien.

Hieraus folgt natürlich nicht, daß eine Theorie wahr ist, solange sie nicht falsifiziert werden konnte. Da ein sie falsifizierendes Ereignis niemals mit Sicherheit ausgeschlossen werden kann, gilt sie lediglich als *vorläufig bestätigt*. Zudem stehen wir vor dem Problem, daß sozial- und humanwissenschaftliche Hypothesen Wahrscheinlichkeitsaussagen sind, so daß konträre Einzelfälle explizit zugelassen sind (vgl. S. 13 f.).

Korrespondenz- und Basissatzprobleme

Angenommen, einer Physikerin gelänge ein Experiment, bei dem sich ein Metall trotz Erwärmung nicht ausdehnt. Müßte man deshalb gleich die gesamte Theorie über das Verhalten von Metallen bei Erwärmung aufgeben? Nach den Regeln der Logik wäre diese Frage zu bejahen, es sei denn, vielfältige Replikationen würden besondere Antezedenzbedingungen bzw. Störungen dieses Experiments nahelegen, die die Wirksamkeit des Gesetzes außer Kraft setzten. Die Beweiskraft einzelner Gegenbeispiele ist auch in den empirischen Naturwissenschaften begrenzt. Nur in den Formalwissenschaften (Mathematik, Logik) können Gegenbeispiele den Charakter von *Gegenbeweisen* haben, d. h. ein mathematischer Satz ist sofort widerlegt bzw. falsifiziert, wenn man die Existenz auch nur eines Gegenbeispiels zeigen kann. Der Unterschied zwischen mathematischer Beweisführung und empirischer Theorieprüfung, wie sie in Sozial- und Naturwissenschaft üblich ist, wird in Tafel 2 anhand des Beispiels „unvollständiges Schachbrett" ausführlich erläutert.

Der Theorie widersprechende Untersuchungsergebnisse dürften im Popmusikbeispiel leicht zu finden sein. Auch hier wäre im Einzelfall zu fragen, ob angesichts falsifizierender Befunde zwangsläufig die gesamte Theorie aufzugeben sei. Wie die gängige Forschungspraxis zeigt, wird diese Frage mit den folgenden zwei Begründungen üblicherweise verneint:

Erstens stellt sich das Problem, ob die im Wenn-Teil der Theorie genannten Bedingungen in einer falsifizierenden Untersuchung wirklich genau hergestellt wurden. Die o. g. „Arousal-Theorie" fordert im Wenn-Teil Stimuli mit mittlerem Erregungspotential, was natürlich die Frage aufwirft, anhand welcher Indikatoren man ein „mittleres Erregungspotential" erkennt. Die genannten „collativen Reizeigenschaften" stellen hierbei zwar Präzisierungshilfen dar; dennoch kann nicht ausgeschlossen werden, daß das falsifizierende Untersuchungsergebnis nur deshalb zustande kam, weil die in der Untersuchung realisierten Stimuluseigenschaften nicht genügend mit den antezedenten Bedingungen des Wenn-Teils der Theorie korrespondierten. Entsprechendes gilt für den Dann-Teil: Auch hier kommt es darauf an, richtige Indikatoren für die abhängige Variable „Bewertung von Popmusik" zu finden.

Die Analyse dieses **Korrespondenzproblems** könnte zu dem Resultat führen, daß die Theorie falsch geprüft wurde und deshalb auch nicht als falsifiziert gelten sollte. Wir werden dieses Problem auf S. 66 ff. unter dem Stichwort *Operationalisierung* ausführlicher behandeln.

TAFEL 2

Mathematik und Empirie

In seinem Buch „Fermats letzter Satz" schreibt Simon Singh zum Thema empirische Theorieprüfung und mathematische Beweisführung:

> Die Naturwissenschaft funktioniert ähnlich wie das Rechtswesen. Eine Theorie wird dann für wahr gehalten, wenn genug Belege vorhanden sind, die sie „über jeden vernünftigen Zweifel hinaus" beweisen. Die Mathematik dagegen beruht nicht auf fehlerbehafteten Experimenten, sondern auf unfehlbarer Logik. Das läßt sich am Problem des „unvollständigen Schachbretts" zeigen.

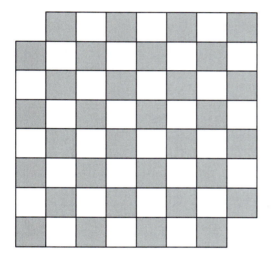

Das Problem des unvollständigen Schachbretts

Wir haben hier ein Schachbrett, dem zwei schräg gegenüberliegende Eckfelder fehlen, so daß nur 62 Quadrate übrig sind. Nehmen wir nun 31 Dominosteine, mit denen wir paßgenau jeweils zwei Quadrate abdek-

ken können. Die Frage lautet jetzt: Ist es möglich, die 31 Dominosteine so zu legen, daß sie alle 62 Quadrate des Schachbretts abdecken?

Für dieses Problem gibt es zwei Lösungsansätze:

(1) Der naturwissenschaftliche Ansatz
Der Naturwissenschaftler würde das Problem durch Experimentieren zu lösen versuchen und nach ein paar Dutzend verschiedenen Anordnungen der Dominosteine feststellen, daß keine von ihnen paßt. Am Ende glaubt er hinreichend nachgewiesen zu haben, daß das Schachbrett nicht abgedeckt werden kann. Der Naturwissenschaftler kann jedoch nie sicher sein, daß dies auch wirklich der Fall ist, weil es eine Anordnung von Steinen geben könnte, die noch nicht ausprobiert wurde und das Problem lösen würde. Es gibt Millionen verschiedener Anordnungen, und nur ein kleiner Teil von ihnen kann durchgespielt werden. Der Schluß, die Aufgabe sei unmöglich zu lösen, ist eine Theorie, die auf Experimenten beruht, doch der Wissenschaftler wird mit der Tatsache leben müssen, daß die Theorie vielleicht eines Tages über den Haufen geworfen wird.

(2) Der mathematische Ansatz
Der Mathematiker versucht die Frage zu beantworten, indem er ein logisches Argument entwickelt, das zu einer Schlußfolgerung führt, die zweifelsfrei richtig ist und nie mehr in Frage gestellt wird. Eine solche Argumentation lautet folgendermaßen.
- Die abgetrennten Eckfelder des Schachbretts waren beide weiß. Daher sind noch 32 schwarze und 30 weiße Quadrate übrig.
- Jeder Dominostein bedeckt zwei benachbarte Quadrate, und diese sind immer verschiedenfarbig, das eine schwarz, das andere weiß.
- Deshalb werden die ersten 30 Dominosteine, wie auch immer sie angeordnet sind, 30 weiße und 30 schwarze Quadrate des Schachbretts abdecken.
- Folglich bleiben immer ein Dominostein und zwei schwarze Quadrate übrig.
- Jeder Dominostein bedeckt jedoch, wie wir uns erinnern, zwei benachbarte Quadrate, und diese sind immer von unterschiedlicher Farbe. Die beiden verbleibenden Quadrate müssen aber dieselbe Farbe haben und können daher nicht mit dem einen restlichen Dominostein abgedeckt werden. Das Schachbrett ganz abzudecken ist daher unmöglich!

Dieser Beweis zeigt, daß das unvollständige Schachbrett mit keiner möglichen Anordnung der Dominosteine abzudecken ist (Singh, 1998, S. 47 ff).

> **!** Das *Korrespondenzproblem* bezieht sich auf die Frage, inwieweit die in einer Untersuchung eingesetzten Indikatoren tatsächlich das erfassen, was mit den theoriekonstituierenden Konstrukten oder Begriffen gemeint ist.

Zweitens ist zu fragen, ob die empirischen Beobachtungen, die letztlich die Basis einer Falsifikation darstellen, fehlerfrei bzw. hinreichend genau sind. Falsifizierend wären im Popmusikbeispiel z. B. die Beobachtungen, daß Popmusik generell abgelehnt wird bzw. daß bizarre, überraschende Harmoniefolgen besonders gut gefallen. Dies alles muß mit geeigneten Erhebungsinstrumenten (Interview, Fragebogen, Paarvergleich etc.) in Erfahrung gebracht werden, deren Zuverlässigkeit selten perfekt ist (vgl. hierzu die Ausführungen auf S. 195 ff. zu den Stichworten *Reliabilität* und *Validität*).

Auch Erhebungsinstrumente mit perfekter Zuverlässigkeit sind jedoch keine Garanten dafür, daß die zu Hypothesenprüfungen herangezogenen empirischen Beobachtungen die realen Sachverhalte richtig abbilden. Ein häufig eingesetztes Kriterium für die Zuverlässigkeit ist beispielsweise die *intersubjektive Übereinstimmung* empirischer Beobachtungen: Wenn viele Personen denselben Sachverhalt identisch beschreiben, sei dies – so die Annahme – ein sicherer Beleg für die Richtigkeit der Beobachtung. Diese Argumentation übersieht die Möglichkeit von intersubjektiv gleichgerichteten Wahrnehmungs- und Urteilsverzerrungen, die zu übereinstimmenden, aber dennoch falschen Beobachtungen führen können.

Aus Beobachtungen abgeleitete Aussagen – die sog. *Basissätze* – haben prinzipiell nur hypothetischen Charakter (vgl. Popper, 1989). Damit liegt das **Basissatzproblem** auf der Hand: Wie können Hypothesen oder Theorien anhand empirischer Beobachtungen geprüft werden, wenn deren Bedeutungen ebenfalls nur hypothetisch sind? Ein Ausweg aus diesem Dilemma ist ein von der „Scientific Community" gefaßter Beschluß, von der vorläufigen Gültigkeit der fraglichen Basissätze auszugehen. Popper (1989, S. 74 f.) spricht in diesem Zusammenhang von einem „Gerichtsverfahren", in dem über die vorläufige Akzeptierung von Basissätzen entschieden wird. In diesem Gerichtsverfahren werden Entstehung und Begleitumstände der Basissätze anhand von Kriterien geprüft, die ihrerseits allerdings wiederum konsensbedürftig sind.

Für die empirische Forschungspraxis bedeutet dies, daß die Prüfung inhaltlicher Theorien sehr eng mit der Prüfung von Theorien über Erhebungsinstrumente (Befragung, Beobachtung, Beurteilung etc., vgl. Kap. 4) verbunden sein muß. Empirische Forschung erschöpft sich also nicht im „blinden" Konfrontieren empirischer Beobachtungen mit theoretischen Erwartungen, sondern erfordert eigenständige Bemühungen um eine möglichst korrekte Erfassung der Realität. Dies ist einer der Gründe, warum z. B. dem Thema „Messen" (vgl. Abschnitt 2.3.6) besonders viel Aufmerksamkeit gewidmet wird. Letztlich ist jedoch die prinzipielle Unzuverlässigkeit empirischer Beobachtungen ein weiterer Anlaß, einem Untersuchungsbefund, der zu der geprüften inhaltlichen Theorie im Widerspruch steht, zunächst zu mißtrauen.

> **!** Das *Basissatzproblem* bezieht sich auf die Frage, inwieweit Beobachtungsprotokolle und Beschreibungen tatsächlich mit der Realität übereinstimmen.

Mit Bezug auf die Korrespondenz- und Basissatzproblematik spricht Lakatos (1974) von einer *Kerntheorie*, die von einem aus Hilfstheorien bestehenden „Schutzgürtel" umgeben ist, der die Kerntheorie vor einer voreiligen Falsifikation schützen soll. Gemeint sind hiermit Instrumententheorien (z. B. Fragebogen- oder Testtheorie), Meßtheorien, Operationalisierungstheorien etc. beziehungsweise allgemein Theorien, die die Genauigkeit empirischer Daten problematisieren. Solange die Gültigkeit dieser *Hilfstheorien* in Frage steht, sind Widersprüche zwischen Empirie und Kerntheorie kein zwingender Grund, die Kerntheorie aufzugeben. In diesem Verständnis heißt empirische Forschung nicht nur, den „Kern" einer inhaltlichen Theorie zu prüfen, sondern auch, die operationalen Indikatoren und Meßinstrumente ständig zu verfeinern.

Selbstverständlich gehört hierzu auch eine Optimierung dessen, was wir später (Kap. 8) unter der Bezeichnung *Designtechnik* kennenlernen werden. Eine schlechte Untersuchungsanlage, die – um im Popmusikbeispiel zu bleiben – neben der eigentlich interessierenden unabhängigen Variablen (Harmoniefolgen mit unterschiedlichem Erregungspotential) die Auswirkung wichtiger Störvariablen (z. B. Stimmung, Musikalität und Alter der Musikhörenden, Nebengeräusche oder andere störende Untersuchungsbedingungen) auf die Bewertung der Stimuli nicht kontrolliert, ist ebenfalls untauglich, eine überzeugende Theorie zu Fall zu bringen.

1.2.3
Exhaustion

Angenommen, die aus „stimmigen" Hilfstheorien abgeleiteten Forderungen seien in einer empirischen Hypothesenprüfung perfekt erfüllt, d.h. die mit dem Wenn-Teil und dem Dann-Teil bezeichneten Konstrukte werden korrekt operationalisiert, die Indikatoren weisen keine ersichtlichen Meßfehler auf und potentielle Störvariablen unterliegen einer sorgfältigen Kontrolle; muß dann ein der Theorie widersprechendes Untersuchungsergebnis die Falsifikation der gesamten Theorie bedeuten? Im Prinzip ja, es sei denn, die Theorie läßt sich dadurch „retten", daß man ihren Wenn-Teil konjunktivisch erweitert und damit ihren Allgemeingültigkeitsanspruch reduziert (vgl. S. 9).

Reanalysen von Untersuchungen zur „Arousal-Theorie" könnten beispielsweise darauf hindeuten, daß nur ein bestimmter Personenkreis unter bestimmten Bedingungen auf ästhetische Stimuli mit mittlerem Erregungspotenial positiv reagiert. Die eingeschränkte Theorie könnte dann etwa lauten: „Wenn Stimuli ein mittleres Erregungspotential aufweisen *und* die wahrnehmenden Personen mittleren Alters sind *und* sich zugleich in einer ausgeglichenen Stimmung befinden, dann werden die Stimuli positiv bewertet."

Eine Theoriemodifikation, bei der der Wenn-Teil in diesem Sinne um eine oder mehrere „Und-Komponenten" erweitert wird, bezeichnet man nach Holzkamp (1972) bzw. Dingler (1923) als **Exhaustion**. Führen weitere Untersuchungen zu Ergebnissen, die auch der exhaurierten Theorie widersprechen, würde die Theorie zwar zunehmend mehr „belastet" (Holzkamp, 1968, S. 159ff.), aber letztlich noch nicht falsifiziert sein.

> **!** Unter *Exhaustion* versteht man eine Theoriemodifikation, bei der der Wenn-Teil der Theorie durch eine oder mehrere „Und-Komponenten" erweitert und damit der Geltungsbereich der Theorie eingeschränkt wird.

Hier stellt sich natürlich die Frage, wieviele exhaurierende Veränderungen eine Theorie „erträgt", um reales Geschehen noch erklären zu können. In unserem Beispiel würden weitere Exhaustionen zu einer Theorie führen, deren Allgemeinheitsgrad so sehr eingeschränkt ist, daß sie bestenfalls ästhetische Präferenzen weniger Personen bei einer speziellen Auswahl ästhetischer Stimuli unter besonderen Rahmenbedingungen erklären kann (zur diesbezüglichen Analyse der „Arousal-Theorie" vgl. Bortz, 1978). Die durch wiederholte Falsifikationen erforderlichen Exhaustionen reduzieren also den Erklärungswert der Theorie zunehmend mit der Folge, daß die Wissenschaft allmählich ihr Interesse an der Theorie verliert, daß sie schließlich in Vergessenheit gerät.

Eine solche wissenschaftstheoretisch idealtypische Reaktion kann jedoch im Forschungsalltag durch andere Einflüsse konterkariert werden: Ist etwa eine Theorie besonders populär, einflußreich, interessant und/oder intuitiv eingängig, so tut man sich schwer, sie gänzlich zu verwerfen, auch wenn sie mehrfach exhauriert wurde und somit nur noch einen geringen Geltungsbereich hat.

Hinweis: Wie bereits erwähnt, sind die in der Literatur vertretenen Auffassungen über die Begrenztheit wissenschaftlichen Erkenntnisfortschritts keineswegs deckungsgleich. Eine kurze Zusammenfassung der diesbezüglichen wissenschaftstheoretischen Kontroversen (z.B. zu den Stichworten Werturteilsstreit, Positivismusstreit, symbolischer Interaktionismus, Konstruktivismus oder Paradigmenwechsel im historischen Verlauf einer Wissenschaft) findet man bei Schnell et al. (1999, Kap. 3.2).

1.3
Praktisches Vorgehen

Nach diesem kurzen wissenschaftstheoretischen Exkurs bleibt zu fragen, wie empirische Forschung mit den hier aufgezeigten Erkenntnisgrenzen praktisch umgeht. Die Beantwortung dieser

Frage ist nicht ganz einfach, da es zur Lösung dieser wissenschaftstheoretischen Fragen keine „Patentrezepte" gibt. Vielmehr liegen eine Reihe nuancierter Lösungsansätze vor, deren Vertreter sich gegenseitig zum Teil sehr heftig kritisieren.

Zweifellos ist der *kritische Rationalismus* das bekannteste wissenschaftstheoretische Rahmenmodell; unabhängig davon hat sich die bereits zu Beginn dieses Jahrhunderts entwickelte statistische Hypothesenprüfung mittels *Signifikanztests* in der modernen empirischen Forschung weitgehend durchgesetzt. Die Ursprünge einer großen Gruppe von Signifikanztests, nämlich der Korrelations- und Regressionsanalysen, gehen auf K. Pearson (1896) zurück, die erste Varianzanalyse legte Fisher zusammen mit MacKenzie im Jahr 1923 vor, deutlich vor der Publikation von Poppers „Logik der Forschung" (1934). Gemeinsames Ursprungsland all dieser Entwicklungen ist interessanterweise England.

Wie lassen sich nun die Forschungslogik des kritischen Rationalismus bzw. Falsifikationismus und der statistische Signifikanztest als Methode der Hypothesenprüfung miteinander verbinden?

Fisher (1925, 1935, 1956), der mit seinen Arbeiten der empirisch-statistischen Forschung ganz wesentliche Impulse gab, war selbst Anhänger eines induktiven Modells; er sprach von „induktiver Inferenz" und meinte damit die Schlußfolgerung von Stichproben auf Populationen und von Beobachtungsdaten auf Hypothesen. Erkenntnisfortschritt kommt seiner Auffassung nach durch ein wiederholtes *Widerlegen von Nullhypothesen* (s. u.) zustande bzw. durch den indirekten Nachweis von Effekten. Ausgangspunkt der Hypothesenprüfung waren bei dem Biologen und Statistiker Fisher stets *statistische Hypothesen* (also Wahrscheinlichkeitsmodelle, vgl. S. 27 ff.).

Popper (1934) dagegen thematisierte die Bildung von Theoriesystemen im größeren Rahmen, ihn interessierten auch die unterschiedlichen Abstraktionsebenen von Aussagen und die Ableitungsbeziehungen zwischen Hypothesen. Die Falsifikation von Theorien bezieht sich bei Popper auf die Relation zwischen Hypothesen, Randbedingungen und Theorien, während sich Fisher (1925) primär mit der Relation von Daten und statistischen Hypothesen befaßte.

Für inhaltliche Hypothesen müssen die passenden statistischen Hypothesen formuliert werden. (Zeichnung: R. Löffler, Dinkelsbühl)

Statistische Hypothesen bzw. Wahrscheinlichkeitsaussagen sind weder falsifizierbar (es gibt keine logisch falsifizierenden Ereignisse, da eine Wahrscheinlichkeitsaussage grundsätzlich alle Ereignisse zuläßt, ihnen lediglich unterschiedliche Auftretenshäufigkeiten zuschreibt) noch verifizierbar (es lassen sich nicht alle Elemente der Population, über die Aussagen getroffen werden sollen, untersuchen). Bei statistischen Hypothesen läßt sich Falsifizierbarkeit jedoch durch die Festlegung von Falsifikationskriterien *herstellen*. Genau dies schlägt Fisher (1925) vor und steht damit in Einklang mit den Vorstellungen von Popper (1989, S. 208): „Nach unserer Auffassung sind Wahrscheinlichkeitsaussagen, wenn man sich nicht *entschließt*, sie durch Einführung einer methodologischen Regel *falsifizierbar zu machen,* eben wegen ihrer völligen Unentscheidbarkeit metaphysisch." Die auf Fisher (1925) zurückgehende Festlegung eines *Signifikanzniveaus* (s. u.) ist gleichbedeutend mit der Vereinbarung einer Falsifikationsregel; diese Parallele werden wir unten näher ausführen.

Ganz wesentlich bei der wissenschaftstheoretischen Interpretation statistischer Hypothesenprüfung ist der Gedanke, daß die Daten einem nicht „sagen", ob eine Hypothese „stimmt", sondern daß die Daten nur die Grundlage einer *Entscheidung* für oder gegen eine Hypothese darstellen. Die Möglichkeit, sich dabei falsch zu entscheiden, soll möglichst minimiert werden; sie ist jedoch niemals gänzlich auszuschalten.

An dieser Stelle sei noch einmal ausdrücklich darauf verwiesen, daß es neben dem sog. *klassischen Signifikanztest* bzw. *Nullhypothesen-Test* in der Tradition von Fisher noch weitere Varianten der statistischen Hypothesenprüfung gibt, nämlich den Signifikanztest nach Neyman und E. Pearson (1928), den Sequentialtest nach Wald (1947) und die Bayes'sche Statistik (Edwards et al., 1963). Auf Entstehungszusammenhänge und Unterschiede dieser Ansätze gehen z. B. Cowles (1989), Gigerenzer und Murray (1987), Ostmann und Wutke (1994) sowie Willmes (1996) ein. Um eine methodische Brücke zwischen *inhaltlichen* Hypothesen und Theorien einerseits und *statistischen* Hypothesen andererseits bemühen sich z. B. Erdfelder und Bredenkamp (1994) und Hager (1992), die auch Poppers Konzept der „Strenge" einer Theorieprüfung umsetzen. Kritische Anmer-

kungen zur Praxis des Signifikanztestens sind z. B. Morrison und Henkel (1970), Ostmann und Wutke (1994) sowie Witte (1989) zu entnehmen (vgl. hierzu auch Kap. 8.1.3).

Wenden wir uns nun dem Funktionsprinzip des klassischen Signifikanztests und seiner Bedeutung für den wissenschaftlichen Erkenntnisgewinn zu. Unter Verzicht auf technische Details und Präzisierungen (vgl. hierzu Abschnitt 8.1.2 bzw. Bortz, 1999, Kap. 4) wollen wir zunächst das Grundprinzip der heute gängigen statistischen Hypothesenprüfung darstellen. Dieses Signifikanztestmodell steht in der Tradition von Fisher (1925), übernimmt aber auch einige Elemente (z. B. die Idee einer *Alternativhypothese*, s. u.) aus der Theorie von Neyman und Pearson (1928) und wird deswegen zuweilen auch als „Hybrid-Modell" (Gigerenzer, 1993) oder als „Testen von Nullhypothesen nach Neyman und Pearson" bezeichnet (Ostmann und Wutke, 1994, S. 695). Das Hybrid-Modell ist in Deutschland seit den 50er/60er Jahren bekannt geworden.

1.3.1
Statistische Hypothesenprüfung

Ausgangspunkt der statistischen Hypothesenprüfung ist idealerweise eine Theorie (bzw. ersatzweise eine gut begründete Überzeugung), aus der unter Festlegung von Randbedingungen eine inhaltliche Hypothese abgeleitet wird, die ihrerseits in eine statistische Hypothese umzuformulieren ist. Die statistische Hypothese sagt das Ergebnis einer empirischen Untersuchung vorher (Prognose) und gibt durch ihren theoretischen Hintergrund gleichzeitig eine Erklärung des untersuchten Effektes.

Untersuchungsplanung

Greifen wir das Beispiel der Arousal-Theorie wieder auf: Aus dieser Theorie läßt sich die *Forschungshypothese* ableiten, daß Harmoniefolgen mit mittlerem Erregungspotential positiv bewertet werden. Diese Aussage ist noch sehr allgemein gehalten. Um ein empirisches Ergebnis vorherzusagen, muß zunächst die Zielpopulation bestimmt werden (z. B. alle erwachsenen Personen aus dem westeuropäischen Kulturkreis). Die Hypothesenprüfung wird später nicht am Einzelfall, sondern an einer Stichprobe von Personen aus der Zielpopulation erfolgen. Weiterhin müssen wir uns Gedanken darüber machen, welche Art von Harmoniefolgen die Untersuchungsteilnehmer bewerten sollen, und wie sie ihre Urteile äußern. Man könnte sich z.B. für ein Zwei-Gruppen-Design entscheiden, bei dem eine Gruppe eine zufällige Auswahl von Popmusikstücken hört (Kontrollgruppe) und einer anderen Gruppe nur Popmusik mit mittlerem Erregungspotential präsentiert wird (Experimentalgruppe).

Die Zusammenstellung von Musikstücken mit mittlerem Erregungspotential wird Fachleuten (z.B. Personen mit musikwissenschaftlicher Ausbildung) überlassen; die Zuordnung der Untersuchungsteilnehmer zu beiden Gruppen sollte zufällig erfolgen (Randomisierung). Zur Erfassung der Einschätzung der Musikstücke werden Ratingskalen eingesetzt (gefällt mir gar nicht – wenig – teils-teils – ziemlich – völlig), d.h. jeder Proband schätzt eine Serie von z.B. 20 Musikstücken ein, bewertet jedes Stück auf der Ratingskala und erhält eine entsprechende Punktzahl („gefällt mir gar nicht" = 1 Punkt bis „gefällt mir völlig" = 5 Punkte). Je positiver die Bewertung, um so höher ist die Gesamtpunktzahl pro Person.

Statistisches Hypothesenpaar

Nach diesen designtechnischen Vorüberlegungen läßt sich das Untersuchungsergebnis laut Forschungshypothese prognostizieren: Die Experimentalgruppe sollte die Musik positiver einschätzen als die Kontrollgruppe. Diese inhaltliche Unterschiedshypothese (Experimental- und Kontrollgruppe sollten sich *unterscheiden*) ist, wie auf S. 12 erläutert, in eine statistische Mittelwertshypothese zu überführen, die ausdrückt, daß der Mittelwert der Musikbewertungen in der Experimentalgruppe (bzw. genauer: in der Population westeuropäischer Personen, die Musikstücke mittleren Erregungspotentials hören) größer ist als in der Kontrollgruppe: $\mu_1 > \mu_2$.

Eine Besonderheit der statistischen Hypothesenprüfung besteht darin, daß sie stets von einem *Hypothesenpaar*, bestehend aus einer sog. **Alternativhypothese** (H_1) und einer **Nullhypothese** (H_0), ausgeht. Die Forschungshypothese entspricht üblicherweise der Alternativhypothese, während die Nullhypothese der Alternativhypothese genau wi-

derspricht. Besagt die gerichtete Alternativhypothese wie oben, daß der Mittelwert unter den Bedingungen der Experimentalgruppe größer ist als der Mittelwert unter den Bedingungen der Kontrollgruppe, so behauptet die Nullhypothese, daß sich beide Gruppen *nicht* unterscheiden oder der Mittelwert der Experimentalgruppe sogar kleiner ist. In Symbolen:

H_1: $\mu_1 > \mu_2$
H_0: $\mu_1 \le \mu_2$

Die Nullhypothese drückt inhaltlich immer aus, daß Unterschiede, Zusammenhänge, Veränderungen oder besondere Effekte in der interessierenden Population *überhaupt nicht* und/oder *nicht in der erwarteten Richtung* auftreten. Im Falle einer *ungerichteten* Forschungs- bzw. Alternativhypothese postuliert die Nullhypothese keinerlei Effekt. Im Falle einer *gerichteten* Alternativhypothese wie im obigen Beispiel geht die Nullhypothese von keinem oder einem gegengerichteten Effekt aus (zur Richtung von Hypothesen siehe S. 11).

Beispiele für Nullhypothesen sind: „Linkshänder und Rechtshänder unterscheiden sich *nicht* in ihrer manuellen Geschicklichkeit"; „Es gibt *keinen* Zusammenhang zwischen Stimmung und Wetterlage"; „Die Depressivitätsneigung ändert sich im Laufe einer Therapie *nicht*"; „Aufklärungskampagnen über AIDS-Risiken haben *keinen* Einfluß auf die Kondomverwendung." Alternativhypothesen bzw. Forschungshypothesen handeln demgegenüber gerade vom Vorliegen besonderer Unterschiede, Zusammenhänge oder Veränderungen, da man Untersuchungen typischerweise durchführt, um interessante oder praktisch bedeutsame Effekte nachzuweisen und nicht etwa, um sie zu negieren.

Fassen wir zusammen: Vor jeder Hypothesenprüfung muß ein **statistisches Hypothesenpaar**, bestehend aus H_1 und H_0, in der Weise formuliert werden, daß alle möglichen Ausgänge der Untersuchung abgedeckt sind. Die Nullhypothese „Der Mittelwert unter Experimentalbedingungen ist kleiner oder gleich dem Mittelwert unter Kontrollbedingungen" und die Alternativhypothese „Der Mittelwert unter Experimentalbedingungen ist größer als der Mittelwert unter Kontrollbedingungen" bilden ein solches Hypothesenpaar.

> **!** Eine statistische Hypothese wird stets als *statistisches Hypothesenpaar*, bestehend aus *Nullhypothese* (H_0) und *Alternativhypothese* (H_1), formuliert. Die Alternativhypothese postuliert dabei einen bestimmten Effekt, den die Nullhypothese negiert.

Das komplementäre Verhältnis von H_0 und H_1 stellt sicher, daß bei einer Zurückweisung der H_0 „automatisch" auf die Gültigkeit der H_1 geschlossen werden kann, denn andere Möglichkeiten gibt es ja nicht.

Auswahl eines Signifikanztests

Nach Untersuchungsplanung und Formulierung des statistischen Hypothesenpaares wird ein geeigneter Signifikanztest ausgewählt. Kriterien für die Auswahl von Signifikanztests sind etwa die Anzahl der Untersuchungsgruppen, der Versuchspersonen, der abhängigen und unabhängigen Variablen oder die Qualität der Daten. In unserem Beispiel ist es der sog. *t-Test*, der genau für den Mittelwertsvergleich zwischen zwei Gruppen konstruiert ist. Für Mittelwertsvergleiche zwischen mehreren Gruppen wäre dagegen z.B. eine *Varianzanalyse* indiziert, für eine Zusammenhangshypothese würde man Korrelationstests heranziehen usw. All diese Signifikanztests beruhen jedoch auf demselben Funktionsprinzip, das wir unten darstellen. An dieser Stelle sei noch einmal betont, daß die bisher geschilderten Arbeitsschritte *vor* der Erhebung der Daten durchzuführen sind. Erst nach einer detaillierten Untersuchungsplanung kann die Untersuchung praktisch durchgeführt werden, indem man wie geplant eine Stichprobe zieht, in Kontroll- und Experimentalgruppe aufteilt, Musikstücke bewerten läßt, für die Bewertungen Punkte vergibt und anschließend die Mittelwerte beider Gruppen berechnet.

Das Stichprobenergebnis

Das Stichprobenergebnis (z.B. $\bar{x}_1 = 3{,}4$ und $\bar{x}_2 = 2{,}9$) gibt „per Augenschein" erste Hinweise über die empirische Haltbarkeit der Hypothesen. In Übereinstimmung mit der Alternativhypothese hat die Experimentalgruppe, wie am höheren Punktwert erkennbar, die präsentierten Musikstücke tatsächlich positiver eingeschätzt als die Kontrollgruppe. Diese Augenscheinbeurteilung des Stichprobenergebnisses (*deskriptives Ergebnis*)

läßt jedoch keine Einschätzung darüber zu, ob das Ergebnis auf die Population zu generalisieren ist (dann sollte man sich für die H_1 entscheiden) oder ob der Befund zufällig aus den Besonderheiten der Stichproben resultiert und sich bei anderen Stichproben gar nicht gezeigt hätte, so daß eine Entscheidung für die H_0 angemessen wäre. Diese Entscheidung wird nicht nach subjektivem Empfinden, sondern auf der Basis eines Signifikanztestergebnisses gefällt.

Berechnung der Irrtumswahrscheinlichkeit mittels Signifikanztest

Bei einem Signifikanztest wird zunächst gefragt, ob das Untersuchungsergebnis durch die Nullhypothese erklärt werden kann. Kurz formuliert ermittelt man hierfür über ein Wahrscheinlichkeitsmodell einen Wert (sog. **Irrtumswahrscheinlichkeit**), der angibt, mit welcher bedingten Wahrscheinlichkeit das gefundene Untersuchungsergebnis auftritt, wenn in der Population die Nullhypothese gilt.

> **!** Die *Irrtumswahrscheinlichkeit* ist die bedingte Wahrscheinlichkeit, daß das empirisch gefundene Stichprobenergebnis zustandekommt, wenn in der Population die Nullhypothese gilt.

In unserem Beispiel würden wir also zunächst „probeweise" annehmen, daß bei erwachsenen Personen aus dem westlichen Kulturkreis (Population) Musikstücke mit mittlerem Erregungspotential *nicht* besonders positiv bewertet werden (Nullhypothese). Wäre dies der Fall, müßte man für das Stichprobenergebnis mit hoher Wahrscheinlichkeit erwarten, daß die Experimentalgruppe in etwa denselben Mittelwert erreicht wie die Kontrollgruppe.

Signifikante und nicht-signifikante Ergebnisse

Ein vernachlässigbar geringer Unterschied zwischen Experimental- und Kontrollgruppe schlägt sich in einer *hohen Irrtumswahrscheinlichkeit* im Signifikanztest nieder und wird als *nicht-signifikantes Ergebnis* bezeichnet. Bei einem nicht-signifikanten Ergebnis gilt die Alternativhypothese als nicht bestätigt. Würde man bei dieser Datenlage dennoch auf der Alternativhypothese beharren, ginge man ein hohes Risiko ein, sich zu irren (hohe Irrtumswahrscheinlichkeit!). Der Irrtum bestünde darin, daß man zu Unrecht davon ausgeht, der empirisch gefundene Stichprobeneffekt (Unterschied der Stichprobenmittelwerte) würde analog auch in der Population gelten (Unterschied der Populationsmittelwerte). Die wichtigste Funktion des Signifikanztests liegt also in der Bestimmung der Irrtumswahrscheinlichkeit. Beim t-Test gehen die beiden Gruppenmittelwerte in eine Formel ein, aus der sich die Irrtumswahrscheinlichkeit berechnen läßt.

Je größer der Mittelwertunterschied zwischen Experimental- und Kontrollgruppe, desto schlechter ist er mit der Nullhypothese zu vereinbaren. Es ist äußerst unwahrscheinlich, daß in den geprüften Stichproben ein solcher Unterschied „zufällig" auftaucht, wenn in den Populationen kein Unterschied besteht (H_0), zumal man dafür Sorge getragen hat (oder haben sollte), daß keine untypischen Probanden mit ungewöhnlichen Musikwahrnehmungen befragt wurden. Weicht das Stichprobenergebnis deutlich von den Annahmen der Nullhypothese ab, wertet man dies nicht als Indiz dafür, eine ganz außergewöhnliche Stichprobe gezogen zu haben, sondern interpretiert dieses unwahrscheinliche Ergebnis als Hinweis darauf, daß man die Nullhypothese verwerfen und sich lieber für die Alternativhypothese entscheiden sollte, d.h. für die Annahme, daß auch in der Population Musikstücke mit mittlerem Erregungspotential positiver bewertet werden.

Läßt sich das Stichprobenergebnis schlecht mit der Nullhypothese vereinbaren, berechnet der Signifikanztest eine *geringe Irrtumswahrscheinlichkeit*. In diesem Fall spricht man von einem **signifikanten Ergebnis**, d.h. die Nullhypothese wird zurückgewiesen und die Alternativhypothese angenommen. Da die Datenlage gegen die Nullhypothese spricht, geht man bei Annahme der Forschungshypothese nur ein geringes Risiko ein, sich zu irren (geringe Irrtumswahrscheinlichkeit).

> **!** Ein *signifikantes Ergebnis* liegt vor, wenn ein Signifikanztest eine *sehr geringe* Irrtumswahrscheinlichkeit ermittelt. Dies bedeutet, daß sich das gefundene Stichprobenergebnis nicht gut mit der Annahme vereinbaren läßt, daß in der Population die Nullhypothese gilt. Man lehnt deshalb die Nullhypothese ab und akzeptiert die Alternativhypothese.

Ein Restrisiko bleibt jedoch bestehen, weil es ganz selten doch vorkommt, daß „in Wirklichkeit" die Nullhypothese in der Population gilt und die in der Stichprobe vorgefundenen Effekte reine Zufallsprodukte aufgrund untypischer Probanden darstellen und somit die Nullhypothese zu unrecht verworfen wird.

Das Signifikanzniveau

Um solche Irrtümer möglichst zu vermeiden, wurden für die Annahme der Alternativhypothese bzw. für die Ablehnung der Nullhypothese strenge Kriterien vereinbart: Nur wenn die Irrtumswahrscheinlichkeit wirklich sehr klein ist, nämlich unter 5% liegt, ist die Annahme der Alternativhypothese akzeptabel. Man beachte, daß es sich bei der Irrtumswahrscheinlichkeit um eine (bedingte) *Datenwahrscheinlichkeit* handelt und nicht um eine *Hypothesenwahrscheinlichkeit*. Bei einer Irrtumswahrscheinlichkeit von z.B. 3% zu behaupten, die Alternativhypothese träfe mit 97%iger Wahrscheinlichkeit zu, wäre also vollkommen falsch. Die richtige Interpretation lautet, daß die Wahrscheinlichkeit für das Untersuchungsergebnis (und aller Ergebnisse, die noch deutlicher für die Richtigkeit der H_1 sprechen) für den Fall, daß die H_0 gilt, nur 3% beträgt.

Die 5%-Hürde für die Irrtumswahrscheinlichkeit nennt man *Signifikanzniveau* oder Signifikanzschwelle; sie stellt ein willkürlich festgelegtes Kriterium dar und geht auf Fisher (1925) zurück. In besonderen Fällen wird noch strenger geprüft, d.h. man orientiert sich an einer 1%- oder 0,1%-Grenze. Dies ist insbesondere dann erforderlich, wenn von einem Ergebnis praktische Konsequenzen abhängen und ein Irrtum gravierende Folgen hätte. In der Grundlagenforschung ist dagegen ein Signifikanzniveau von 5% üblich.

Zusammenfassend kann man sagen, daß der Signifikanztest eine standardisierte statistische Methode darstellt, um auf der Basis von empirisch-quantitativen Stichprobendaten zu entscheiden, ob die Alternativhypothese anzunehmen ist oder nicht. Da die Alternativhypothese, die stets das Vorliegen von Effekten postuliert, in der Regel der Forschungshypothese entspricht, die der Wissenschaftler bestätigen will, soll die Entscheidung für die Alternativhypothese nicht vorschnell und irrtümlich erfolgen.

Der Signifikanztest berechnet als Entscheidungsgrundlage eine Irrtumswahrscheinlichkeit, die angibt, wie gut sich das Stichprobenergebnis mit den in der Nullhypothese postulierten Populationsverhältnissen vereinbaren läßt. Passen die Stichprobendaten gut zur Nullhypothese, wird eine hohe Irrtumswahrscheinlichkeit berechnet und die Nullhypothese beibehalten (*nicht-signifikantes Ergebnis*). Lassen sich die Stichprobendaten dagegen nur schwer mit der Nullhypothese vereinbaren, wird eine niedrige Irrtumswahrscheinlichkeit berechnet. Ist die Irrtumswahrscheinlichkeit extrem klein (kleiner als das Signifikanzniveau von 5%), wird die Nullhypothese verworfen und die Alternativhypothese angenommen (*signifikantes Ergebnis*).

Eine noch bessere Entscheidungsgrundlage hätte man freilich, wenn nicht nur geprüft würde, wie gut die Daten zur Nullhypothese passen (α-Fehler-Wahrscheinlichkeit bzw. Irrtumswahrscheinlichkeit), sondern auch, wie gut sie sich mit den in der Alternativhypothese formulierten Populationsverhältnissen vereinbaren lassen (β-Fehler-Wahrscheinlichkeit). Während im Signifikanztest-Ansatz von Fisher (1925) nur mit Nullhypothesen (und somit auch nur mit α-Fehler-Wahrscheinlichkeiten) operiert wurde, entwickelten Neyman und Pearson (1928) etwa zeitgleich ein Signifikanztest-Modell, das auch Alternativhypothesen und β-Fehler-Wahrscheinlichkeiten berücksichtigt. Im heute gängigen „Hybrid-Modell" (vgl. S. 27) werden Alternativhypothesen explizit formuliert, so daß – unter bestimmten Voraussetzungen – auch β-Fehler-Wahrscheinlichkeiten berechnet und in die Entscheidung für oder gegen eine Hypothese einbezogen werden können (vgl. Abschnitt 8.1.3).

1.3.2
Erkenntnisgewinn durch statistische Hypothesentests

Was leistet nun das Konzept der statistischen Hypothesenprüfung (dessen Erweiterung wir in Abschnitt 9.1 kennenlernen) für das Falsifikationsprinzip des kritischen Rationalismus? Erkenntniszugewinn – so lautet die zentrale Aussage – entsteht durch die Eliminierung falscher Theorien bzw. durch deren Falsifikation, d.h. also durch einen empirischen Ausleseprozeß, den nur bewährte Erklärungsmuster der aktuellen Realität „überleben", ohne dadurch das Zertifikat „wahr" oder „bewiesen" zu erlangen.

Falsifikation bedeutet, durch kritische Empirie die Untauglichkeit einer Theorie nachzuweisen. Dem entspricht im Kontext der statistischen Hypothesenprüfung ein nicht-signifikantes Ergebnis, also ein Ergebnis, bei dem konventionsgemäß die aus einer Theorie abgeleitete Forschungshypothese als nicht bestätigt gilt. Falsifizierende Untersuchungen sind damit Untersuchungen mit nicht-signifikanten Ergebnissen.

Wie auf S. 24 f. ausgeführt, erfordert eine empirische Falsifikation jedoch nicht, die gesamte, der Hypothese zugrundeliegende Theorie abzulehnen. Bevor die „Kerntheorie" verworfen wird, sollte geprüft werden, ob die Ursache für den negativen Ausgang der Hypothesenprüfung möglicherweise im „Schutzgürtel der Hilfstheorien" zu finden ist, ob also Untersuchungsfehler wie z. B. ungeeignete operationale Indikatoren oder ungenaue Meßvorschriften für das nicht-signifikante Ergebnis verantwortlich sind.

Auch wenn Untersuchungsfehler dieser Art auszuschließen sind, besteht noch keine Notwendigkeit, die Theorie als ganze aufzugeben. Eine Reanalyse der Untersuchung könnte darauf aufmerksam machen, daß Teile der Untersuchungsergebnisse durchaus hypothesenkonform sind (einige Personen könnten hypothesenkonform reagiert haben), so daß sich evtl. die Möglichkeit zur exhaurierenden Erweiterung des Wenn-Teils der Theorie anbietet. Sollten jedoch weitere Untersuchungen (Replikationen; vgl. S. 41) erneut zu nicht-signifikanten Ergebnissen führen, dürfte die Theorie allmählich so stark belastet sein, daß sie letztlich aufgegeben werden muß.

Die möglicherweise verblüffende Behauptung nachzuvollziehen, daß gerade nicht-signifikante Ergebnisse unser Wissen erweitern, wird durch die Vorstellung erleichtert, daß falsche Theorien und Überzeugungen durch das Falsifikationsprinzip gezielt „entlarvt" werden, was als ein gewichtiger Beitrag zur Verhinderung wissenschaftlicher Fehlentwicklungen angesehen werden muß. Falsifikation führt freilich nicht nur zum Aussondern von Theorien, wodurch sich der Theorienfundus ja ständig verringern würde, sondern sie regt eben auch zur

Modifikation (z. B. durch Exhaustion, vgl. S. 25) sowie zur Neubildung von Theorien an.

Allerdings kann diese Art von Erkenntnisfortschritt nur greifen, wenn die Scientific Community in ausreichendem Maße für die Bekanntmachung falsifizierender Untersuchungsbefunde sorgt – eine Forderung, die angesichts einer heute vorherrschenden Publikationspraxis, die empirische Untersuchungen mit positiven bzw. signifikanten Resultaten begünstigt, zu wenig Beachtung findet (vgl. hierzu auch Abschnitt 9.4 zum Stichwort Metaanalyse).

Ein **signifikantes Ergebnis** ist nichts anderes als eine *Entscheidungsgrundlage* für die vorläufige Annahme der Forschungshypothese bzw. der geprüften Theorie. Jede andere Interpretation, insbesondere die Annahme, die Forschungshypothese sei durch ein signifikantes Ergebnis endgültig bestätigt oder gar bewiesen, wäre falsch, denn sie liefe auf einen mit dem Verifikationsmodell verbundenen Induktionsschluß hinaus, bei dem unzulässigerweise aufgrund einer begrenzten Anzahl theoriekonformer Ereignisse auf uneingeschränkte Gültigkeit der Theorie geschlossen wird.

Daß ein signifikantes Ergebnis nicht als endgültiger Beleg für die Richtigkeit der Forschungshypothese gewertet werden darf, verdeutlicht auch die Tatsache, daß das Risiko einer fälschlichen Annahme der Forschungs- bzw. Alternativhypothese angesichts der empirischen Ergebnisse bei statistischen Hypothesentests niemals völlig ausgeschlossen ist. Anders formuliert: Die Behauptung, das empirische Ergebnis könne niemals resultieren, wenn die Forschungshypothese nicht zuträfe, ist immer mit einem gewissen, wenn auch gelegentlich sehr kleinen statistischen Restrisiko (von maximal 5%) verbunden.

> **!** *Statistische Signifikanz* liegt vor, wenn die empirisch ermittelte Irrtumswahrscheinlichkeit das konventionell festgelegte Signifikanzniveau (z. B. 1% oder 5%) unterschreitet. *Statistische Signifikanz* ist ein per Konvention festgelegtes Entscheidungskriterium für die vorläufige Annahme von statistischen Populationshypothesen.

Zu erwähnen ist eine weitere Besonderheit der statistischen Hypothesenprüfung: Ein einziges, einem Wenn-dann-Satz widersprechendes Ereignis sollte bei naturwissenschaftlich-deterministischen Gesetzesaussagen Zweifel an der Richtigkeit der Aussage auslösen. Diese Forderung ist berechtigt, solange die Untersuchungsobjekte, an denen die Wenn-dann-Aussage geprüft wird, prinzipiell austauschbar sind (etwa Spiegel oder Drähte in unseren Beispielen; allerdings sind auch in den modernen Naturwissenschaften statistische Hypothesen und Stichprobenuntersuchungen gängig; zu Wahrscheinlichkeitshypothesen in der Physik s. z. B. Popper, 1989, S. 152 ff.). Hat man es hingegen mit heterogenen Untersuchungsobjekten zu tun (Menschen, Tiere, Schulklassen etc.), ist diese Austauschbarkeit nicht gegeben. Hier ist eine statistische Hypothesenprüfung zweckmäßiger, die sich nicht auf ein einzelnes Untersuchungsobjekt, sondern auf eine *Stichprobe* von Objekten bezieht, die für diejenige *Population* von Untersuchungsobjekten repräsentativ ist (oder sein sollte), für die die Hypothese Gültigkeit beansprucht.

In dieser Stichprobe können sich nun durchaus mehrere der Hypothese widersprechende Einzelereignisse befinden; eine Falsifikation wird erst erforderlich, wenn widersprechende Einzelergebnisse in der Stichprobe „zu häufig" vertreten bzw. wenn die Abweichungen der Ergebnisse von den theoretischen Erwartungen „zu gravierend" sind.

Um zu kennzeichnen, daß statistische Hypothesen Aussagen über die Tendenz von Gruppen (z. B. Gruppenmittelwerten) und nicht über jeden Einzelfall machen, spricht man auch von *Aggregathypothesen*, d.h. die individuellen Daten der einzelnen Untersuchungsteilnehmer werden zu einem Gesamtwert zusammengefaßt (aggregiert) und erst über diesen Gesamtwert (*Aggregatwert*) werden Prognosen gemacht. Stellt sich etwa in einer empirischen Untersuchung heraus, daß der durchschnittliche Intelligenzwert von Linkshändern höher ist als der von Rechtshändern, ist daraus keinesfalls zu schlußfolgern, daß in der Untersuchung alle Linkshänder intelligenter waren als die Rechtshänder. Es wäre durchaus möglich (und ist sogar wahrscheinlich), daß sich auch einige Rechtshänder in der untersuchten Gruppe befanden, die intelligenter waren als viele Linkshänder. Diese intelligenten Rechtshänder befanden sich jedoch offesichtlich in der Minderheit, so daß sich ihre guten Ergebnisse im Zusammenhang mit der Gesamtgruppe „ausgemittelt" bzw. ausgeglichen haben.

Um Gruppenverhältnisse detailliert zu betrachten, ist der Mittelwert nur ein sehr grobes Maß. Bevor man Werte aggregiert, sollte man sich einen Eindruck von den Datenverhältnissen verschaffen (z. B. durch graphische Datenanalysen, vgl. Abschnitt 6.4.2), etwa um Verzerrungen von Mittelwerten durch Ausreißerwerte zu vermeiden. Unreflektiertes Aggregieren bzw. „Mitteln" von Werten ist einer der häufigsten methodischen Fehler (vgl. z. B. Sixtl, 1993) und liefert den Stoff für zahlreiche Statistiker-Witze der Art „Ein Jäger schießt auf einen Hasen. Der erste Schuß geht einen Meter links vorbei, der zweite Schuß geht einen Meter rechts vorbei. Statistisch ist der Hase tot." Erdfelder und Bredenkamp (1994) weisen darauf hin, daß es durchaus begründungsbedürftig ist, warum man einen Gruppenunterschied nur für den Aggregatwert und nicht für jedes einzelne Individuum prognostiziert, d.h. man sollte sich auch Gedanken darüber machen, wodurch hypothesenkonträre Einzelfälle zustandekommen könnten.

> **!** Bei einem *Aggregatwert* handelt es sich um die Zusammenfassung der Individualwerte einer Variablen über die Gruppe von Untersuchungspersonen bzw. Untersuchungsobjekten hinweg. Obwohl die Bildung von Aggregatwerten statistisch immer möglich ist, sollte jeweils genau überprüft werden, ob Aggregatwerte im Kontext der konkreten Untersuchung a) inhaltlich sinnvoll interpretierbar sind und b) die Merkmalsverteilung innerhalb der Gruppe angemessen repräsentieren.

Im Unterschied zu einem Einzelergebnis, das der theoretischen Erwartung entweder entspricht oder widerspricht, haben wir es beim statistischen Hypothesentesten also mit einem Kontinuum zu tun, das unterschiedliche Grade der Hypothesenkonformität von Stichprobenergebnissen abbildet. Für eine genaue Bestimmung dessen, was unter „zu häufig" auftretenden, hypothesenkonträren Einzelfällen zu verstehen ist, hat die Scientific Community per Konventionsbeschluß eine Grenze festgelegt, die falsifizierende (d.h. nicht-signifikante) und vorläufig bestätigende (d.h. signifikante) Untersuchungsergebnisse voneinander trennt. Diese Grenze entspricht dem auf S. 30 f. erwähnten *Si-*

gnifikanzniveau. Sie wurde so fixiert, daß unbegründete oder voreilige Schlußfolgerungen zugunsten der Forschungshypothese erheblich erschwert werden. Dies ist – wenn man so will – der Beitrag der statistischen Hypothesenprüfung zur Verhinderung wissenschaftlicher Fehlentwicklungen.

Allerdings kann die statistische Hypothesenprüfung – in verkürzter oder mißverstandener Form – auch Forschungsentwicklungen begünstigen, die es eigentlich nicht wert sind, weiter verfolgt zu werden. Viele wissenschaftliche Hypothesen von der Art: „Es gibt einen Zusammenhang zwischen den Variablen X und Y" oder: „Zwei Populationen A und B unterscheiden sich bezüglich einer Variablen Z" sind sehr ungenau formuliert und gelten deshalb – bei sehr großen Stichproben – auch dann als bestätigt, wenn der Zusammenhang oder Unterschied äußerst gering ist.

Wir sprechen in diesem Zusammenhang von einer *Effektgröße*, die zwar statistisch signifikant, aber dennoch ohne *praktische Bedeutung* sein kann. Die Entwicklung einer Wissenschaft ausschließlich von signifikanten Ergebnissen abhängig zu machen, könnte also bedeuten, daß Theorieentwicklungen weiter verfolgt werden, die auf minimalen, wenngleich statistisch signifikanten Effekten beruhen, deren Erklärungswert für reale Sachverhalte eigentlich zu vernachlässigen ist. Wie die statistische Hypothesenprüfung mit dieser Problematik umgeht, werden wir ausführlicher in Kap. 9 behandeln.

Nachdem wir nun auf die Gefahr hingewiesen haben, kleine Effekte aufgrund ihrer Signifikanz *überzubewerten*, wollten wir aber auch noch auf die Gefahr hinweisen, kleine Effekte in ihrer Bedeutung zu *unterschätzen*. So werden beispielsweise empirische Studien, die parapsychologische Phänomene (z.B. Gedankenübertragung) nachweisen, oftmals mit dem Hinweis abgetan, es handele sich ja allenfalls um vernachlässigbar geringe Effekte. Diese Einschätzung ist sehr fragwürdig vor dem Hintergrund, daß etwa Aspirin als Mittel gegen Herzerkrankungen medizinisch verschrieben wird, obwohl der hierbei zugrundeliegende Effekt noch um den Faktor 10 geringer ist als der kleinste nachgewiesene parapsychologische Effekt (Utts, 1991).

1.4
Aufgaben der empirischen Forschung

Das Betreiben empirischer Forschung setzt profunde Kenntnisse der empirischen Forschungsmethoden voraus. Ein wichtiges Anliegen dieses Textes ist es, empirische Forschungsmethoden nicht als etwas Abgehobenes, für sich Stehendes zu behandeln, sondern als Instrumente, die den inhaltlichen Fragen nachgeordnet sind. Eine empirische Methode ist niemals für sich genommen gut oder schlecht; ihr Wert kann nur daran gemessen werden, inwieweit sie den inhaltlichen Erfordernissen einer Untersuchung gerecht wird. Allein das Bemühen, „etwas empirisch untersuchen zu wollen", trägt wenig dazu bei, unseren Kenntnisstand zu sichern oder zu erweitern; entscheidend hierfür ist letztlich die Qualität der inhaltlichen Fragen.

Die Umsetzung einer Fragestellung oder einer Forschungsidee in eine empirische Forschungsstrategie bzw. eine konkrete Untersuchung bereitet Neulingen erfahrungsgemäß erhebliche Schwierigkeiten. Wenn es gelungen ist, die Fragestellung zu präzisieren und theoretisch einzuordnen, sind Überlegungen erforderlich, wie die Untersuchung im einzelnen durchzuführen ist, ob beispielsweise in einem Fragebogen Behauptungen anstelle von Fragen verwendet werden sollten, ob Ja-Nein-Fragen oder „Multiple Choice"-Fragen vorzuziehen sind, ob eine Skalierung nach der Paarvergleichsmethode, nach dem Likert-Ansatz, nach der Unfolding-Technik, nach dem Signalentdeckungs-Paradigma oder nach den Richtlinien einer multidimensionalen Skalierung durchgeführt wird, ob die empirische Untersuchung als Laborexperiment oder als Feldstudie konzipiert bzw. ob eine Hypothese unspezifisch oder mit vorgegebener Effektgröße geprüft werden soll.

Im folgenden wollen wir auf die beiden Hauptaufgaben empirischer Forschung – die Erkundung und Überprüfung von Hypothesen – eingehen und anschließend den wissenschaftlichen Erkenntnisgewinn von Alltagserfahrungen abgrenzen.

1.4.1
Hypothesenprüfung und Hypothesenerkundung

Empirische Untersuchungen sind Untersuchungen, die auf Erfahrung beruhen. Damit wäre beispielsweise eine Einzelfallstudie, die die Biographie eines einzelnen Menschen beschreibt, genauso „empirisch" wie eine experimentelle Untersuchung, die eine Hypothese über die unterschiedliche Wirksamkeit verschiedener Unterrichtsmethoden prüft.

Dennoch unterscheiden sich die beiden Untersuchungen in einem wesentlichen Aspekt: In der Biographiestudie werden Erfahrungen gesammelt, aus denen sich beispielsweise Vermutungen über die Bedeutung außergewöhnlicher Lebensereignisse oder über die Entwicklung von Einstellungen ableiten lassen. Diese Vermutungen können weitere Untersuchungen veranlassen, die die Tragfähigkeit der gewonnenen Einsichten an anderen Menschen oder einer Stichprobe von Menschen überprüfen.

Die Erfahrungen bzw. empirischen Ergebnisse der vergleichenden Untersuchung von Unterrichtsmethoden haben eine andere Funktion: Hier steht am Anfang eine gut begründete *Hypothese*, die durch systematisch herbeigeführte Erfahrungen (z.B. durch eine sorgfältig durchgeführte experimentelle Untersuchung) bestätigt oder verworfen wird. In der ersten Untersuchungsart dienen die empirischen Daten der *Formulierung* und in der zweiten Untersuchungsart der *Überprüfung* einer Hypothese.

Empirisch-wissenschaftliche Forschung will allgemeingültige Erkenntnisse gewinnen. Ihre Theorien und Hypothesen sind deshalb allgemein (bzw. für einen klar definierten Geltungsbereich) formuliert. Eine Aufgabe der Sozialwissenschaften besteht nun darin, durch empirische Untersuchung zu überprüfen, inwieweit sich die aus Theorien, Voruntersuchungen oder persönlichen Überzeugungen abgeleiteten Hypothesen in der Realität bewähren. Dies ist die hypothesenprüfende oder **deduktive Funktion** empirischer Forschung (Deduktion: aus dem Lateinischen „Herbeiführung" bzw. Ableitung des Besonderen aus dem Allgemeinen).

Viele Untersuchungsgegenstände unterliegen jedoch einem raschen zeitlichen Wandel. Theorien, die vor Jahren noch Teile des sozialen und psychischen Geschehens zu erklären vermochten, sind inzwischen veraltet oder zumindest korrekturbedürftig. Eine um Aktualität bemühte Human- bzw. Sozialwissenschaft ist deshalb gut beraten, wenn sie nicht nur den Bestand an bewährten Theorien sichert, sondern es sich gleichzeitig zur Aufgabe macht, neue Theorien zu entwickeln.

Diese Aufgabe beinhaltet sowohl gedankliche als auch empirische Arbeit, welche reales Geschehen genau beobachtet, beschreibt und protokolliert. In diesen Beobachtungsprotokollen sind zuweilen Musterläufigkeiten, Auffälligkeiten oder andere Besonderheiten erkennbar, die mit den vorhandenen Theorien nicht vereinbar sind und die ggf. neue Hypothesen anregen. Diese Hypothesen können das Kernstück einer neuen Theorie bilden, wenn sie sich in weiteren, gezielten empirischen Untersuchungen bestätigen und ausbauen lassen. Dies ist die hypothesenerkundende oder **induktive Funktion** empirischer Forschung (Induktion: aus dem Lateinischen das „Einführen" oder „Zuleiten" bzw. das Schließen vom Einzelnen auf etwas Allgemeines).

> ! Eine Hypothese ist bei *induktiver* Vorgehensweise das Resultat und bei *deduktiver* Vorgehensweise der Ausgangspunkt einer empirischen Untersuchung.

Ob eine Untersuchung primär zur Erkundung oder zur Überprüfung einer Hypothese durchgeführt wird, richtet sich nach dem Wissensstand im jeweils zu erforschenden Problemfeld. Bereits vorhandene Kenntnisse oder einschlägige Theorien, die die Ableitung einer Hypothese zulassen, erfordern eine hypothesenprüfende Untersuchung. Betritt man mit einer Fragestellung hingegen wissenschaftliches Neuland, sind zunächst Untersuchungen hilfreich, die die Formulierung neuer Hypothesen erleichtern.

Diese strikte Dichotomie zwischen erkundenden und prüfenden Untersuchungen charakterisiert die tatsächliche Forschungspraxis allerdings nur teilweise. Die meisten empirischen Untersuchungen im quantitativen wie im qualitativen Paradigma knüpfen an bekannte Theorien an und vermitteln gleichzeitig neue, die Theorie erweiternde oder modifizierende Perspektiven. Für Untersuchungen dieser Art ist es geboten, den prüfenden Teil und den erkundenden Teil deutlich voneinander zu trennen.

1.4.2
Empirische Forschung und Alltagserfahrung

Sozialwissenschaftliche bzw. psychologische „Theorien" gibt es viele; niemand tut sich im Alltag schwer, ad hoc „Theorien" darüber aufzustellen, warum Jugendliche aggressiv sind, die eigene Ehe nicht funktioniert hat oder sich Menschen nicht als „Europäer" fühlen. Die Begrenztheit alltäglichen Wissens ist jedoch bekannt, und entsprechend groß ist der Bedarf nach wissenschaftlichen Theorien als Ergänzung des Alltagswissens und als konsensfähige Grundlage von Maßnahmen und Interventionen auf gesellschaftlicher Ebene und im Einzelfall. So werden politische Maßnahmen (z. B. Schallschutz-Verordnungen) durch wissenschaftliche Gutachten begründet und persönliche Entscheidungen (z. B. für einen operativen Eingriff oder für ein Lernprogramm) davon abhängig gemacht, ob sie dem neuesten Stand der Wissenschaft entsprechen.

Alltagstheorien und wissenschaftliche Theorien unterscheiden sich in ihren Fragestellungen und Inhalten, in ihren Erkenntnismethoden und in der Art der getroffenen Aussagen. Auf die Besonderheit wissenschaftlicher *Aussagen* sind wir auf S. 7 f. unter dem Stichwort wissenschaftliche Hypothesen bereits eingegangen. Kriterien wie empirisch falsifizierbar, allgemeingültig und konditional müssen im Alltag formulierte Thesen natürlich nicht erfüllen. Wenn Menschen von ihren subjektiven Alltagserfahrungen ausgehen, resultieren daraus meist „Theorien", die auf den Einzelfall zugeschnitten sind und der Orientierung, Sinngebung und Selbstdefinition dienen. Daß es in der wissenschaftlichen Auseinandersetzung mit der Realität zum Teil um andere Probleme und *Themen* geht als im Alltag, ist offensichtlich. Grob gesagt stellen Alltagsthemen nur einen Teilbereich wissenschaftlicher Untersuchungsgegenstände dar. So macht sich im Alltag kaum jemand Gedanken darüber, wie es eigentlich kommt, daß wir sehen können, welchen Einfluß das limbische System auf die Hormonausschüttung hat oder warum sich Maulwürfe in Gefangenschaft nicht fortpflanzen.

In *methodischer* Hinsicht unterscheidet sich Alltagserfahrung von wissenschaftlichem Erkenntnisgewinn vor allem in Hinsicht auf die Systematik und *Dokumentation* des Vorgehens, die Präzision der *Terminologie*, die Art der Auswertung und Interpretation von Informationen (*statistische Analysen*), die Überprüfung von Gültigkeitskriterien (*interne und externe Validität*) und schließlich im *Umgang mit Theorien*.

Systematische Dokumentation

Empirische Forschung unterscheidet sich von alltäglichem Erkenntnisgewinn in der Art, wie die Erfahrungen gesammelt und dokumentiert werden. Sinneserfahrungen und deren Verarbeitung sind zunächst grundsätzlich subjektiv. Will man sie zum Gegenstand wissenschaftlicher Auseinandersetzung machen, müssen Wege gefunden werden, sich über subjektive Erfahrungen oder Beobachtungen zu verständigen.

Hierzu ist es erforderlich, die Umstände, unter denen die Erfahrungen gemacht wurden, wiederholbar zu gestalten und genau zu beschreiben. Erst dadurch können andere die Erfahrungen durch Herstellen gleicher (oder zumindest ähnlicher) Bedingungen bestätigen (*Replikationen*) bzw. durch Variation der Bedingungen Situationen ausgrenzen, die zu abweichenden Beobachtungen führen. Intersubjektive Nachprüfbarkeit bzw. *Objektivität* setzt also eine Standardisierung des Vorgehens durch methodische Regeln (Forschungsmethoden, statistische Verfahren, Interpretationsregeln etc.) und die vollständige Dokumentation von Untersuchungen (*Transparenz*) voraus.

Alltagserfahrungen sammeln wir demgegenüber in der Regel ganz unsystematisch und dokumentieren sie auch nicht. Oftmals kann man selbst kaum nachvollziehen, welche Beobachtungen und Erlebnisse einen im einzelnen z. B. zu der Überzeugung gebracht haben, Italien sei besonders kinderfreundlich; man hat eben „irgendwie" diesen „Eindruck" gewonnen.

Präzise Terminologie

Alltagserfahrungen werden umgangssprachlich mitgeteilt. So mag ein Vorarbeiter behaupten, er wisse aus seiner „langjährigen Berufserfahrung", daß jüngere Mitarbeiter im Vergleich zu älteren Mitarbeitern unzuverlässiger sind und weniger Einsatzbereitschaft zeigen. Diese Alltagserfahrung zu überprüfen setzte voraus, daß bekannt ist, was der Vorarbeiter mit den Attributen „unzuverlässig" und „wenig Einsatzbereitschaft" genau meint bzw. wie er diese Begriffe definiert.

Hier erweist sich nun die Umgangssprache häufig als zu ungenau, um zweifelsfrei entscheiden zu können, ob die von verschiedenen Personen gemachten Erfahrungen identisch oder unterschiedlich sind. Im wissenschaftlichen Umgang mit Erfahrungen bzw. in der empirischen Forschung bedient man sich deshalb eines Vokabulars, über dessen Bedeutung sich die Vertreter eines Faches (weitgehend) geeinigt haben. Wissenschaftssprachlich ließe sich der o. g. Sachverhalt vielleicht so ausdrücken, daß jüngere Mitarbeiter im Vergleich zu älteren „weniger leistungsmotiviert" seien.

Aber auch das wissenschaftliche Vokabular ist nicht immer so genau, daß über Erfahrungen oder empirische Sachverhalte unmißverständlich kommuniziert werden kann. Der Begriff „Leistungsmotivation" würde beispielsweise erheblich an Präzision gewinnen, wenn konkrete Verhaltensweisen (Operationen) genannt werden, die als Beleg für eine hohe oder geringe Leistungsmotivation gelten sollen bzw. wenn die Stärkung der Leistungsmotivation mit einem geeigneten Testverfahren gemessen werden könnte (vgl. hierzu die Abschnitte 2.3.5 und 2.3.6 über Begriffsdefinitionen, Operationalisierung und meßtheoretische Probleme).

Statistische Analysen

Wie bereits erwähnt, beanspruchen wissenschaftliche Aussagen Allgemeingültigkeit. Der Satz „Jüngere Mitarbeiter sind weniger leistungsmotiviert als ältere" bezieht sich nicht nur auf bestimmte, namentlich bekannte Personen, sondern auf *Populationen* bzw. *Grundgesamtheiten*, die sich der Tendenz nach oder im Durchschnitt in der besagten Weise unterscheiden sollen (Wahrscheinlichkeitsaussage). Da eine Vollerhebung von Populationen untersuchungstechnisch in der Regel nicht möglich ist, untersucht man nur Ausschnitte der Population (*Stichproben*) und versucht, von diesen Stichprobeninformationen auf die Populationsverhältnisse zu generalisieren. Je besser eine Stichprobe die Population repräsentiert, um so gesicherter sind derartige Verallgemeinerungen (vgl. hierzu Kap. 7).

Um Wahrscheinlichkeitsaussagen über Populationen auf der Basis von Stichprobendaten zu überprüfen, verwendet man die Methoden der Inferenzstatistik (v.a. *Signifikanztests*). Das Signifikanztestergebnis kann als Entscheidungsgrundlage für die Bewertung von Populationshypothesen herangezogen werden, weil mit dem sog. *Signifikanzniveau* ein *Falsifikationskriterium* für Wahrscheinlichkeitsaussagen eingeführt wird (vgl. S. 31 ff.). Während man im Alltag Entscheidungen auf der Basis subjektiver Wahrscheinlichkeiten trifft („mir erscheint das doch sehr unwahrscheinlich …"), kann mittels Signifikanztest in der empirischen Forschung das Risiko einer falschen Entscheidung kalkuliert und minimiert werden.

Interne und externe Validität

Definitions-, Operationalisierungs- und Meßprobleme stellen sich sowohl in hypothesenerkundenden als auch in hypothesenprüfenden Untersuchungen. Für beide Untersuchungsarten besteht die Gefahr, daß der zu erforschende Realitätsausschnitt durch zu strenge Definitions-, Operationalisierungs- oder Meßvorschriften nur verkürzt, unvollständig bzw. verzerrt erfaßt wird, so daß die Gültigkeit der so gewonnenen Erkenntnisse anzuzweifeln ist. Auf der anderen Seite sind die Ergebnisse empirischer Forschungen, in denen die untersuchten Merkmale oder Untersuchungsobjekte nur ungenau beschrieben sind und die Art der Erhebung kaum nachvollziehbar oder überprüfbar ist, mehrdeutig. Die Forderung nach eindeutig interpretierbaren und generalisierbaren Untersuchungsergebnissen spricht das Problem der internen und externen Validität empirischer Forschung an. Mit interner Validität ist die Eindeutigkeit gemeint, mit der ein Untersuchungsergebnis inhaltlich auf die Hypothese bezogen werden kann. Unter externer Validität versteht man die Generalisierbarkeit der Ergebnisse einer Untersuchung auf andere Personen, Objekte, Situationen und/oder Zeitpunkte. Wie noch zu zeigen sein wird, sind interne und externe Validität letztlich die wichtigsten Qualitätsunterschiede zwischen empirischer Forschung und Alltagserfahrung (vgl. S. 56 ff.).

Während im Alltag die Gültigkeitsbeurteilung von Aussagen wesentlich von Intuition, Weltbild, anekdotischen Evidenzen etc. abhängt, bemüht man sich bei wissenschaftlichen Aussagen um nachvollziehbare Validitätsüberprüfungen. Hinsichtlich der Generalisierbarkeit von Einzelerfahrungen ist man in der empirischen Forschung erheblich skeptischer als im Alltag, wo gerne auf Pauschalisierungen zurückgegriffen wird.

Der Umgang mit Theorien

Während es im Umgang mit Alltagserfahrungen in der Regel genügt, einfach an die eigenen Theorien zu glauben und ggf. von Freunden und Angehörigen Verständnis und Zustimmung für das eigene Weltbild zu bekommen, sind wissenschaftliche Theorien einem permanenten systematischen Prozeß der Überprüfung und Kritik ausgesetzt und von Konsensfähigkeit abhängig. Nur wenn eine Theorie bei Fachkolleginnen und -kollegen auf Akzeptanz stößt, hat sie die Chance auf Verbreitung im wissenschaftlichen Publikationswesen. Im Zeitschriftenbereich wird größtenteils nach dem Prinzip des „Peer Reviewing" verfahren, d.h. Manuskripte durchlaufen einen Prozeß der Begutachtung und werden von Fachkollegen entweder nur bedingt (d.h. mit Veränderungsauflagen) oder unbedingt zur Publikation empfohlen oder eben abgelehnt. Begutachtungen und Begutachtungsmaßstäbe sollen der Qualitätssicherung dienen.

Die kritische Auseinandersetzung mit Theorien in der Fachöffentlichkeit hat die Funktion, einseitige Sichtweisen und Voreingenommenheiten, die Forschende ihren eigenen Theorien gegenüber entwickeln, aufzudecken und mit Alternativerklärungen oder Ergänzungsvorschlägen zu konfrontieren. Damit der wissenschaftliche Diskurs diese Funktion erfüllen kann, ist Pluralität sicherzustellen und zudem darauf zu achten, daß Publikationschancen nach inhaltlichen Kriterien und nicht z.B. nach Position und Status vergeben werden (um dies sicherzustellen, wird bei vielen Fachzeitschriften ein anonymes „Peer Reviewing" durchgeführt, bei dem Begutachtende und Begutachtete einander nicht bekannt sind).

In Fachzeitschriften werden regelmäßig Forschungsberichte oder Theoriearbeiten zur Diskussion gestellt, d.h. hinter dem zu diskutierenden Beitrag werden Kommentare und Repliken anderer Autoren gedruckt, die dann wiederum zusammenfassend von Autorin oder Autor des Ausgangsartikels beantwortet werden. Bei solchen Diskussionen treffen kontroverse Positionen in komprimierter Form aufeinander und eröffnen dem Leser ein breites Spektrum von Argumenten; auf methodische und statistische Probleme wird ebenso verwiesen wie auf inhaltliche und theoretische Schwachstellen. Neben dem Publikationswesen liefert auch das Kongreß- und Tagungswesen eine wichtige Plattform für die kritische Diskussion von Forschungsarbeiten.

ÜBUNGSAUFGABEN

1. Was ist mit dem Begriff „Paradigma" gemeint?

2. Was versteht man unter Exhaustion?

3. Geben Sie für die folgenden 10 Begriffe jeweils an, ob es sich um Bezeichnungen für Variablen oder Variablenausprägungen, um manifeste oder latente Merkmale, um diskrete oder stetige Merkmale handelt: grün, Meßfehler, Alter, geringes Selbstwertgefühl, schlechtes Gewissen, schlechtes Wetter, Haarfarbe, Belastbarkeit, Deutschnote 2, Porschefahrerin.

4. Welche Kriterien muß eine wissenschaftliche Hypothese erfüllen?

5. Skizzieren Sie das Grundprinzip eines statistischen Hypothesentests!

6. Geben Sie bitte an, bei welchen der folgenden Sätze es sich *nicht* um wissenschaftliche Hypothesen handelt und warum.
   a) Brillenträger lesen genauso viel wie Nicht-Brillenträger.
   b) Samstags gibt es auf der Kreuzung Kurfürstendamm Ecke Hardenbergstraße mehr Verkehrsunfälle als sonntags.
   c) Der Bundeskanzler weiß nicht, wieviel ein Kilo Kartoffeln kosten.
   d) Übungsaufgaben sind überflüssig.
   e) Schulbildung, Berufserfahrung und Geschlecht beeinflussen das Risiko, arbeitslos zu werden.
   f) Im 17. Jahrhundert waren die Menschen glücklicher als heutzutage.

7. Die Messung der Lebenszufriedenheit (1=vollkommen unzufrieden bis 5=vollkommen zufrieden) ergab bei den befragten Stadtbewohnern einen durchschnittlichen Zufriedenheitswert von M=3,9 und bei den Dorfbewohnern einen Wert von M=3,7. Besteht ein Gruppenunterschied a) auf Stichprobenebene, b) auf Populationsebene? Ist zur Steigerung der Lebenszufriedenheit ein Umzug in die Stadt empfehlenswert?

8. Was ist eine deduktiv-nomologische Erklärung?

9. Was versteht man unter einem „signifikanten Ergebnis"? Worin liegt der Unterschied zwischen einem signifikanten Effekt und einem großen Effekt?

Kapitel 2
Von einer interessanten Fragestellung zur empirischen Untersuchung

Das Wichtigste im Überblick

► Zur Wahl eines geeigneten Themas für eine empirische (Diplom-)Arbeit
► Die wichtigsten Varianten empirischer Untersuchungen
► Maßnahmen zur Sicherung interner und externer Validität
► Probleme der Operationalisierung und des Messens
► Auswahl und Anwerbung von Untersuchungsteilnehmern
► Durchführung der Untersuchung und Auswertung der Ergebnisse
► Richtlinien zur Anfertigung des Untersuchungsberichtes über eine empirische Arbeit

Im folgenden wird in einem ersten Überblick dargestellt, was bei der Planung und Durchführung einer empirischen Untersuchung vorrangig zu beachten und zu entscheiden ist. Die Ausführungen wenden sich in erster Linie an Studierende, die beabsichtigen, eine empirische Diplomarbeit o.ä. anzufertigen, wobei der Schwerpunkt in diesem Kapitel auf der Planung einer hypothesenprüfenden explanativen Untersuchung liegt. Ausführlichere Informationen über hypothesenerkundende explorative Untersuchungen findet man in Kap. 5 und 6 (zur Anfertigung einer Diplomarbeit vgl. auch Engel und Slapnicar, 2000).

Abschnitt 2.1 und 2.2 behandeln – gewissermaßen im Vorfeld der eigentlichen Untersuchungsplanung – die Frage, wie sich die Suche nach einem geeigneten Forschungsthema systematisieren läßt und anhand welcher Kriterien entschieden werden kann, welche Themen für eine empirische Untersuchung geeignet sind. Im Abschnitt über Untersuchungsplanung (Abschnitt 2.3) stehen Entscheidungshilfen für die Wahl einer dem Untersuchungsthema angemessenen Untersuchungsart, Fragen der Operationalisierung, meßtheoretische Probleme, Überlegungen zur Stichprobentechnik sowie die Planung der statistischen Auswertung im Vordergrund. Hinweise zur Anfertigung eines Theorieteils (Abschnitt 2.4), zur Durchführung der Untersuchung (Abschnitt 2.5), zur Auswertung und Interpretation der Untersuchungsergebnisse (Abschnitt 2.6) sowie zur Anfertigung des Untersuchungsberichtes (Abschnitt 2.7) beenden dieses Kapitel.

2.1 Themensuche

Die Qualität einer empirischen Untersuchung wird u.a. daran gemessen, ob die Untersuchung dazu beitragen kann, den Bestand an gesichertem Wissen im jeweiligen Untersuchungsbereich zu erweitern. Angesichts einer beinahe explosionsartigen Entwicklung der Anzahl wissenschaftlicher Publikationen befinden sich Studierende, die z.B. die Absicht haben, eine empirische Diplomarbeit anzufertigen, in einer schwierigen Situation: Wie sollen sie herausfinden, ob eine interessant erscheinende Untersuchungsidee tatsächlich originell ist? Wie können sie sicher sein, daß das gleiche Thema nicht schon bearbeitet wurde? Verspricht die Untersuchung tatsächlich neue Erkenntnisse oder muß man damit rechnen, daß die erhofften Ergebnisse eigentlich trivial sind?

Eine Beantwortung dieser Fragen bereitet wenig Probleme, wenn im Verlaufe des Studiums – durch Gespräche mit Lehrenden und Mitstudierenden bzw. nach gezielter Seminararbeit und Lektüre – eine eigenständige Forschungsidee heranreifte, die z.B. als Diplomarbeitsaufgabe geeignet scheint. Manche Studenten vertiefen sich jedoch monatelang in die Fachliteratur in der Hoffnung, irgendwann auf eine brauchbare Untersuchungsidee zu stoßen. Am Ende steht nicht selten ein resignativer Kompromiß, auf dem mehr oder weniger desinteressiert die eigene empirische Untersuchung aufgebaut wird.

McGuire (1967) führt die Schwierigkeit, kreative Untersuchungsideen zu finden, zu einem großen Teil auf die Art der Ausbildung in den Sozialwissenschaften zurück. Er schätzt, daß mindestens 90% des Unterrichts in Forschungsmethodik auf die Vermittlung präziser Techniken zur Überprüfung von Hypothesen entfallen und daß für die Erarbeitung von Strategien, schöpferische Forschungsideen zu finden, überhaupt keine oder nur sehr wenig Zeit aufgewendet wird.

In der Tat fällt es schwer einzusehen, warum der hypothesenüberprüfende Teil empirischer Untersuchungen so detailliert und sorgfältig erlernt werden muß, wenn gleichzeitig der hypothesenkreierende Teil sträflich vernachlässigt wird, so daß – was nicht selten der Fall ist – mit einem perfekten Instrumentarium letztlich nur Banalitäten überprüft werden.

Empirische Arbeiten sind meistens zeitaufwendig und arbeitsintensiv. Prüfungsordnungen im Fach Psychologie sehen beispielsweise für eine Diplomarbeit eine sechs- bis zwölfmonatige Bearbeitungszeit vor. Es ist deshalb von großem Vorteil, wenn es Studierenden gelingt, eine Fragestellung zu entwickeln, deren Bearbeitung sie persönlich interessiert und motiviert. Das eigene Engagement hilft nicht nur, einen frühzeitigen Abbruch der Arbeit zu verhindern, sondern kann auch zu einem guten Gelingen der empirischen Untersuchung beitragen.

Diese Einschätzung rechtfertigt natürlich die Frage, ob die Forderung nach persönlichem Engagement in der Forschung nicht die Gefahr in sich birgt, daß die Wissenschaft Ergebnisse produziert, die durch Vorurteile und Voreingenommenheit der Wissenschaftler/innen verzerrt sind. Diese Möglichkeit ist sicherlich nicht auszuschließen.

Shields (1975) behauptet, die Geschichte der Wissenschaften sei voller Belege dafür, wie Wissenschaftler durch bestechende Argumente und phantasiereiche Interpretationen ihre Vorurteile zu bestätigen trachten. Hieraus nun die Forderung nach einer „wertfreien", von „neutralen" Personen getragenen Wissenschaft ableiten zu wollen, wäre sicherlich illusionär und wohl auch falsch. Kreative und bahnbrechende Forschung kann nur geleistet werden, wenn Forschenden das Recht zugestanden wird, sich engagiert für die empirische Bestätigung ihrer Vorstellungen und Ideen einzusetzen.

Dies bedeutet natürlich nicht, daß empirische Ergebnisse bewußt verfälscht oder widersprüchliche Resultate der wissenschaftlichen Öffentlichkeit vorenthalten werden dürfen. Gerade in der empirischen Forschung ist die präzise Dokumentation der eigenen Vorgehensweise und der Ergebnisse eine unverzichtbare Forderung, die es anderen Forschern ermöglicht, die Untersuchung genau nachzuvollziehen und ggf. zu replizieren. Nur so kann sich Wissenschaft vor vorsätzlicher Täuschung schützen.

Nach diesen Vorbemerkungen geben wir im folgenden einige Ratschläge, die die Suche nach einem geeigneten Thema erleichtern sollen, denn zuweilen bereitet die Suche nach dem Thema mehr Schwierigkeiten als dessen Bearbeitung (zur Generierung kreativer Forschungshypothesen vgl. auch McGuire, 1997).

2.1.1
Anlegen einer Ideensammlung

Um spontan interessant erscheinende Einfälle nicht in Vergessenheit geraten zu lassen, ist es empfehlenswert, bereits frühzeitig mit einer breit gefächerten Sammlung von Untersuchungsideen zu beginnen. Diese Untersuchungsideen können durch Lehrveranstaltungen, Literatur, Teilnahme an psychologischen Untersuchungen als „Versuchsperson", Gespräche, eigene Beobachtungen o. ä. angeregt sein. Wird zusätzlich das Datum vermerkt, stellt diese Sammlung ein interessantes Dokument der eigenen „Ideengeschichte" dar, der beispielsweise entnommen werden kann, wie sich die Interessen im Verlaufe des Studiums verlagert haben. Das Notieren der Quelle erleichtert im Falle eines eventuellen späteren Aufgreifens der Idee weiterführende Literaturrecherchen oder Eingrenzungen der vorläufigen Untersuchungsproblematik.

Gewöhnlich werden sich einige dieser vorläufigen, spontanen Untersuchungsideen als uninteressant oder unbrauchbar erweisen, weil sich die eigenen Interessen inzwischen verlagert haben, weil in der Literatur die Thematik bereits erschöpfend behandelt wurde oder weil das Studium Einsichten vermittelte, nach denen bestimmte Themen für eine empirische Untersuchung ungeeignet erscheinen (vgl. hierzu auch Abschnitt 2.2). Dennoch stellt diese Gedächtnisstütze für „Interessantes" ein wichtiges Instrument dar, ein Thema zu finden, das mit hohem „Ego-Involvement" bearbeitet werden kann; gleichzeitig trägt es als Abbild der durch die individuelle Sozialisation geprägten Interessen dazu bei, die Vielfalt von Untersuchungsideen und Forschungshypothesen einer Wissenschaft zumindest potentiell zu erweitern.

2.1.2
Replikation von Untersuchungen

Verglichen mit der empirischen Überprüfung eigener Ideen scheint die Rekonstruktion oder Wiederholung einer bereits durchgeführten Untersuchung eine wenig attraktive Alternative darzustellen. Dennoch sind Replikationen von Untersuchungen unerläßlich, wenn es um die Festigung und Erweiterung des Kenntnisbestandes einer Wissenschaft geht (vgl. Amir und Sharon, 1991).

Replikationen sind vor allem erforderlich, wenn eine Untersuchung zu unerwarteten, mit dem derzeitigen Kenntnisstand nur wenig in Einklang zu bringenden Ergebnissen geführt hat, die jedoch eine stärkere Aussagekraft hätten, wenn sie sich bestätigen ließen.

Völlig exakte Replikationen von Untersuchungen sind schon wegen der veränderten zeitlichen Umstände undenkbar. In der Regel werden Untersuchungen zudem mit anderen Untersuchungsobjekten (z.B. Personen), anderen Untersuchungsleitern oder sonstigen geringfügigen Modifikationen gegenüber der Originaluntersuchung wiederholt (vgl. Neuliep, 1991; Schweizer, 1989). So gesehen, können auch Replikationen durchaus originell und spannend sein.

2.1.3
Mitarbeit an Forschungsprojekten

Erheblich erleichtert wird die Themensuche, wenn Studenten die Gelegenheit geboten wird, an größeren Forschungsprojekten ihres Institutes oder anderer Institutionen mitzuwirken. Hier ergeben sich gelegentlich Teilfragestellungen für eigenständige Diplomarbeiten, Magisterarbeiten, Dissertationen o.ä. Durch diese Mitarbeit erhalten Studierende Einblick in einen komplexeren Forschungsbereich; einschlägige Literatur wurde zumindest teilweise bereits recherchiert, und zu den Vorteilen der Teamarbeit ergeben sich u.U. weitere Vergünstigungen wie finanzielle Unterstützung und Förderung bei der Anfertigung von Publikationen.

An manchen Instituten ist es üblich, daß Untersuchungsthemen aus Forschungsprogrammen der Institutsmitglieder den Studierenden zur Bearbeitung vorgegeben werden. Diese Vergabepraxis hat den Vorteil, daß die Themensuche erspart bleibt; sie hat jedoch auch den gravierenden Nachteil, daß eigene Forschungsinteressen zu kurz kommen können.

2.1.4
Weitere Anregungen

Wenn keine der bisher genannten Möglichkeiten, ein vorläufiges Arbeitsthema „en passant" zu finden, genutzt werden konnte, bleibt letztlich nur die Alternative der gezielten Themensuche. Hierfür ist das Durcharbeiten von mehr oder weniger beliebiger Literatur nicht immer erfolgreich und zudem sehr zeitaufwendig. Vorrangig sollte zunächst die Auswahl eines Themenbereiches sein, der gezielt nach offenen Fragestellungen, interessanten Hypothesen oder Widersprüchlichkeiten durchsucht wird. Die folgenden, durch einfache Beispiele veranschaulichten „kreativen Suchstrategien" können hierbei hilfreich sein. (Ausführlichere Hinweise findet man bei Taylor und Barron, 1964 bzw. Golovin, 1964.)

Intensive Fallstudien: Viele berühmte Forschungsarbeiten gehen auf die gründliche Beobachtung einzelner Personen zurück (z.B. Kinderbeobachtungen bei Piaget, der Fall Dora oder der Wolfsmensch bei Freud). Die beobachteten Fälle müssen keineswegs auffällig oder herausragend sein; häufig sind es ganz „normale" Personen, deren Verhalten zu Untersuchungsideen anregen können (einen Überblick über methodische Varianten zur Untersuchung berühmter Individuen gibt Simonton, 1999).

Introspektion: Eine beinahe unerschöpfliche Quelle für Untersuchungsideen stellt die Selbstbeobachtung (Introspektion) dar. Wenn man bereit ist, sich selbst kritisch zu beobachten, wird man gelegentlich Ungereimtheiten und Widersprüchliches entdecken, das zu interessanten Fragestellungen Anlaß geben kann: Warum reagiere ich in bestimmten Bereichen (z.B. in bezug auf meine Autofahrleistungen) überempfindlich auf Kritik, obwohl es mir im allgemeinen wenig ausmacht, kritisiert zu werden. Gibt es Belege dafür, daß auch andere Menschen „sensible Bereiche" haben?

Sprichwörter: Im allgemeinen werden Sprichwörter als inhaltsarme Floskeln abgetan. Dennoch verbergen sich hinter manchen Sprichwörtern die Erfahrungen vieler Generationen und können auch für die Gegenwart noch ein „Körnchen Wahrheit" enthalten.

„Besser den Spatz in der Hand, als die Taube auf dem Dach!" In diesem Sprichwort steckt eine Handlungsregel, bei Wahlentscheidungen eher risikolose Entscheidungen mit geringem Gewinn als risikoreiche Entscheidungen mit hohem Gewinn zu treffen. Wie groß müssen in einer gegebenen Situation die Gewinnunterschiede sein, damit diese Regel nicht mehr befolgt wird? Gibt es Personen, die sich grundsätzlich anders verhalten als es das Sprichwort rät?

Funktionale Analogien: Interessante Denkanstöße vermitteln gelegentlich die Übertragung bzw. analoge Anwendung bekannter Prinzipien oder Mechanismen (bzw. experimentelle Paradigmen) auf neuartige Probleme. Erschwert wird diese Übertragung durch „funktionale Fixierungen" (Duncker, 1935), nach denen sich Objekte oder Vorgänge nur schwer aus ihrem jeweiligen funktionalen Kontext lösen lassen.

Gelingt die Loslösung, kann dies zu so interessanten Einfällen wie z.B. die Inokkulations-Theorie (Impfungs-Theorie) von McGuire (1964) füh-

ren, nach der die Beeinflußbarkeit der Meinungen von Personen in verbalen Kommunikationssituationen (persuasive Kommunikation) z.B. durch Vorwarnungen darüber, daß eine Beeinflussung stattfinden könnte, reduziert wird. Es handelt sich hierbei um eine analoge Anwendung der Impfwirkung: Durch die rechtzeitige Impfung einer schwachen Dosis desjenigen Stoffes, der potentiell eine gefährliche Infektion hervorrufen kann, werden Widerstandskräfte mobilisiert, die den Körper gegenüber einer ernsthaften Infektion immunisieren.

Paradoxe Phänomene: Wer aufmerksam das alltägliche Leben beobachtet, wird gelegentlich Wahrnehmungen machen, die unerklärlich bzw. widersinnig erscheinen. Die probeweise Überprüfung verschiedener Erklärungsmöglichkeiten derartiger paradoxer Phänomene stellt – soweit Antworten noch nicht vorliegen – eine interessante Basis für empirische Untersuchungen dar: Warum verursachen schwere Verwundungen in starken Erregungszuständen keine Schmerzen? Warum kann man sich gelegentlich des Zwanges, trotz tiefer Trauer lachen zu müssen, nicht erwehren? Wie ist es zu erklären, daß manche Menschen bei totaler Ermüdung nicht einschlafen können?

Analyse von Faustregeln: Jahrelange Erfahrungen führten zur Etablierung von Faustregeln, die das Verhalten des Menschen sowie dessen Entscheidungen mehr oder weniger nachhaltig beeinflussen. Die Analyse solcher Faustregeln vermittelt gelegentlich Einsichten, die eine bessere Nutzung der in einer Faustregel enthaltenen Erfahrungen ermöglichen: Warum ist eine Ehe in ihrem siebenten Jahr besonders gefährdet? Warum sollte „der Schuster bei seinen Leisten bleiben"? Stimmt es, daß sich „gleich und gleich gern gesellt", obwohl „Gegensätze sich anziehen"?

Veränderungen von Alltagsgewohnheiten: Vieles im alltäglichen Leben unterliegt einer gesellschaftlichen Normierung, der wir uns in der Regel nicht ständig bewußt sind. Erst wenn Veränderungen eintreten, nehmen wir unsere eigene Einbindung wahr. Aus Fragen nach den Ursachen der Veränderung von Alltagsgewohnheiten (Akzeptierung neuer Moden, veränderte Freizeitgewohnheiten, Veränderungen gesellschaftlicher Umgangsformen etc.) lassen sich eine Fülle interessanter Ideen für sozialpsychologische Untersuchungen ableiten.

Gesellschaftliche Probleme: Wer aufmerksam Politik und Zeitgeschehen verfolgt, wird feststellen, daß in der öffentlichen Diskussion brisanter Ereignisse, wie Naturkatastrophen, Unfälle, Verbrechen, Skandale usw., oftmals ein Mangel an Forschungsergebnissen beklagt wird und man deswegen auf Mutmaßungen angewiesen bleibt. Wird das umstrittene neue Fernsehformat tatsächlich aus „purem Voyeurismus" angeschaut, oder spielen für das Publikum vielleicht Aspekte eine Rolle, mit denen weder die Macher noch die Kritiker der Sendung gerechnet haben? Gerade eine in Eigenregie durchgeführte Qualifikationsarbeit ist ideal geeignet, um aktuelle Fragestellungen rasch aufzugreifen, während größere Forschungsprojekte in der Regel einen 2- bis 3jährigen Vorlauf für Antragstellung und Bewilligung benötigen.

Widersprüchliche Theorien: Stößt man auf Theorien, die einander widersprechen (oder einander zu widersprechen scheinen), kann dies zum Anlaß genommen werden, eigenständige Prüfmöglichkeiten der widersprüchlichen Theorien bzw. einen allgemeineren, theoretischen Ansatz zu entwickeln, der den Widerspruch aufhebt. Die Brauchbarkeit dieser allgemeineren Theorie muß durch neue empirische Untersuchungen belegt werden.

So wurde beispielsweise Anderson (1967) durch die Widersprüchlichkeit des Durchschnittsmodells bei der Eindrucksbildung über einen Menschen (Thurstone, 1931: Der Gesamteindruck von einem Menschen entspricht dem Durchschnitt seiner Teilattribute) und des additiven Modells (Fishbein und Hunter, 1964: Der Gesamteindruck ergibt sich aus der Summe der Teilattribute) zu seinem gewichteten Durchschnittsmodell angeregt, nach dem einzelne Attribute mit unterschiedlichem Gewicht in eine Durchschnittsbeurteilung einfließen.

2.2
Bewertung von Untersuchungsideen

Liegt eine Ideensammlung vor, muß entschieden werden, welche Themen für eine empirische Untersuchung in die engere Wahl kommen. Hiermit ist ein Bewertungsproblem angesprochen, das sich nicht nur dem einzelnen Studenten stellt, sondern das auch Gegenstand zentraler, für die gesamte Fachdisziplin bedeutsamer wissenschaftstheoretischer Diskussionen ist (vgl. Ellsworth, 1977; Herrmann, 1976; Holzkamp, 1964 und Popper, 1989). Die Argumente dieser Autoren werden hier nur insoweit berücksichtigt, als sie konkrete Hilfen für die Auswahl eines geeigneten Themas liefern.

Die Einschätzung der Qualität von Untersuchungsideen ist in dieser Phase davon abhängig zu machen, ob die Untersuchungsideen einigen allgemeinen wissenschaftlichen oder untersuchungstechnischen Kriterien genügen und ob sie unter ethischen Gesichtspunkten empirisch umsetzbar sind.

2.2.1
Wissenschaftliche Kriterien

Präzision der Problemformulierung

Vorläufige Untersuchungsideen sind unbrauchbar, wenn unklar bleibt, was der eigentliche Gegenstand der Untersuchung sein soll, bzw. wenn der Gegenstand, auf den sich die Untersuchung bezieht, so vielschichtig ist, daß sich aus ihm viele unterschiedliche Fragestellungen ableiten lassen.

In diesem Sinne wäre beispielsweise das Vorhaben, „über Leistungsmotivation arbeiten" zu wollen, kritikwürdig. Die Untersuchungsidee ist zu vage, um eine sinnvolle Literaturrecherche nach noch offenen Problemfeldern bzw. nach replikationswürdigen Teilbefunden anleiten zu können. Das Interesse an diesem allgemeinen Thema sollte sich auf eine Teilfrage aus diesem Gebiet wie z.B. die Genese von Leistungsmotivation oder Folgeerscheinungen bei nicht befriedigter Leistungsmotivation (z.B. bei Arbeitslosen) richten.

Unbrauchbar sind vorläufige Untersuchungsideen auch dann, wenn sie unklare, mehrdeutige oder einfach schlecht definierte Begriffe enthalten. Möchte man sich beispielsweise mit der „Bedeutung der Intelligenz für die individuelle Selbstverwirklichung" beschäftigen, wäre von diesem Vorhaben abzuraten, wenn unklar ist, was mit „Selbstverwirklichung" oder „Intelligenz" gemeint ist.

Die Überprüfung der begrifflichen Klarheit und der Präzision der Ideenformulierung kann in dieser Phase durchaus noch auf einem vorläufigen

Niveau erfolgen. Die Begriffe gelten vorläufig als genügend klar definiert, wenn sie kommunikationsfähig sind. (Nach der Regel: Ein Gesprächspartner, der meint, mich verstanden zu haben, muß in der Lage sein, einem Dritten zu erklären, was ich mit meinem Begriff meine.) Strengere Maßstäbe an die begriffliche Klarheit werden erst in Abschnitt 2.3.5 gelegt, wenn es darum geht, das mit den Begriffen Gemeinte empirisch zu erfassen.

Empirische Untersuchbarkeit

Es mag selbstverständlich erscheinen, daß eine Themensammlung für empirische Untersuchungen nur solche Themen enthält, die auch empirisch untersuchbar sind. Dennoch wird man feststellen, daß sich die einzelnen Themen in ihrer empirischen Untersuchbarkeit unterscheiden und daß einige ggf. überhaupt nicht oder nur äußerst schwer empirisch zu bearbeiten sind.

In diesem Sinne ungeeignet sind Untersuchungsideen mit religiösen, metaphysischen oder philosophischen Inhalten (z. B. Leben nach dem Tode, Existenz Gottes, Sinn des Lebens) sowie Themen, die sich mit unklaren Begriffen befassen (z. B. Seele, Gemüt, Charakterstärke), *sofern* keine besondere Strategie zur Präzisierung dieser Ideen verfolgt wird (so läßt sich die Frage nach dem Sinn des Lebens beispielsweise empirisch untersuchen, wenn man sie darauf zuspitzt, welche Vorstellungen über den Sinn des Lebens Personen in unterschiedlichen Bevölkerungsgruppen, Lebensaltern oder Kulturen haben). Ferner ist von Untersuchungsideen abzuraten, die bereits in dieser frühen Phase erkennen lassen, daß sie einen (z. B. für eine Diplomarbeit) unangemessenen Arbeitsaufwand erfordern. Hierzu zählen die Untersuchung ungewöhnlicher Personen (z. B. psychische Probleme bei Zwergwüchsigen) oder ungewöhnlicher Situationen (z. B. Ursachen für Panikreaktionen bei Massenveranstaltungen) bzw. sehr zeitaufwendige Untersuchungen (z. B. eine Längsschnittuntersuchung zur Analyse der Entwicklung des logischen Denkens bei Kindern).

Wissenschaftliche Tragweite

Unbrauchbar sind Themen, die weder eine praktische Bedeutung erkennen lassen noch die Grundlagenforschung bereichern können. Hochschulen und Universitäten sind Einrichtungen, die eine vergleichsweise lange und kostspielige Ausbildung vermitteln. Hieraus leitet sich eine besondere Verantwortung der Hochschulangehörigen ab, sich mit Themen zu beschäftigen, deren Nutzen zumindest prinzipiell erkennbar ist (zum Verhältnis praxisbezogener Forschung und grundlagenorientierter Forschung vgl. Schorr, 1994 oder Wottawa, 1994).

Problematisch, aber notwendig ist die Entscheidung darüber, ob eine Fragestellung bereits so intensiv erforscht wurde, daß die eigene Untersuchung letztlich nur seit langem bekannte Ergebnisse bestätigen würde (z. B. Untersuchungen, mit denen erneut gezeigt werden soll, daß Gruppen unter der Anleitung eines kompetenten Koordinators effizienter arbeiten, daß Bestrafungen weniger lernfördernd sind als Belohnungen, daß sich Reaktionszeiten unter Alkohol verändern oder daß Unterschichtkinder sozial benachteiligt sind). Diese Entscheidung setzt voraus, daß man sich im Verlaufe seines Studiums genügend Wissen angeeignet oder gezielt Literatur aufgearbeitet hat. Zur Frage der Trivialität von Forschungsergebnissen bzw. zu deren Prognostizierbarkeit aufgrund von „Alltagstheorien" findet man bei Holz-Ebeling (1989) bzw. Semmer und Tschan (1991) interessante Informationen.

2.2.2
Ethische Kriterien

Empirische Forschung über humanwissenschaftliche Themen setzt in hohem Maße ethische Sensibilität seitens der Untersuchenden voraus. Zahlreiche Untersuchungsgegenstände wie z. B. Gewalt, Aggressivität, Liebe, Leistungsstreben, psychische Störungen, Neigung zu Konformität, ästhetische Präferenzen, Schmerztoleranz oder Angst betreffen die Privatsphäre des Menschen, die durch das Grundgesetz geschützt ist. Neben mangelnder Anonymisierung bzw. möglichem *Mißbrauch personenbezogener Daten* ist die Beeinflussung bzw. physische oder psychische *Beeinträchtigung der Untersuchungsteilnehmer* durch den Untersuchungsablauf das wichtigste ethische Problemfeld.

Die Bewertung vorläufiger Untersuchungsideen wäre unvollständig, wenn sie nicht auch ethische Kriterien mitberücksichtigen würde, wenngleich sich die Frage, ob eine Untersuchung ethisch zu verantworten ist oder nicht, häufig erst bei Festlegung der konkreten Untersuchungsdurchführung stellt (vgl. vor allem die Abschnitte 2.3.3, 2.3.5 sowie 2.5). Dennoch ist es ratsam, sich frühzeitig mit der ethischen Seite eines Untersuchungsvorhabens auseinanderzusetzen.

Für die Psychologie hat praktisch jedes Land seine eigenen berufsethischen Verpflichtungen erlassen (vgl. Schuler, 1980). In Deutschland gelten die vom *Berufsverband Deutscher Psychologinnen und Psychologen* BDP und von der *Deutschen Gesellschaft für Psychologie* DGPs gemeinsam herausgegebenen *Ethischen Richtlinien* (BDP & DGPs, 1998). Diese Richtlinien regeln nicht nur den Umgang mit Menschen und Tieren als Untersuchungsobjekten, sondern beziehen sich unter an-

derem auch auf die Publikation von Forschungsergebnissen. Schließlich sind nicht nur Versuchspersonen, sondern auch Mitforschende von unethischem Verhalten bedroht, etwa wenn sie trotz nennenswerter Beteiligung an der Arbeit nicht namentlich erwähnt werden. Anläßlich der zunehmenden Internationalisierung (bzw. Amerikanisierung) psychologischer Forschung sei hier auch auf die sehr detaillierten Ethischen Richtlinien der *American Psychological Association* APA verwiesen (APA, 1992). Generell unterliegt die psychologische Forschung in den USA einer sehr viel strengeren ethischen Kontrolle als das in Europa bislang der Fall ist. So dürfen in den USA psychologische Fragebögen erst verteilt werden, nachdem sie von der Ethikkommission der jeweiligen Universität genehmigt wurden.

TAFEL 3

Gehorsam und Gewalt
– Ist diese Untersuchung ethisch vertretbar?

Heftige Kontroversen bzgl. der ethischen Grenzen empirischer Untersuchungen löste eine Studie von Milgram (1963) aus, mit der die Gewissenlosigkeit von Menschen, die sich zum Gehorsam verpflichtet fühlen, demonstriert werden sollte.

40 Personen – es handelte sich um Männer im Alter zwischen 20 und 50 Jahren mit unterschiedlichen Berufen – nahmen freiwillig an dieser Untersuchung teil. Nach einer ausführlichen Instruktion waren sie davon überzeugt, daß sie an einer wissenschaftlichen Untersuchung über den Zusammenhang zwischen Strafe und Lernen teilnehmen würden. Hierfür teilte der Untersuchungsleiter die Untersuchungsteilnehmer scheinbar in zwei Gruppen auf: Die eine Gruppe, so hieß es, würde eine Lernaufgabe erhalten (Paar-Assoziations-Versuch) und die andere Gruppe, die Trainergruppe, erhielt die Aufgabe, den Lernerfolg der „Schüler" durch Bestrafung zu verbessern. Tatsächlich gehörten jedoch alle Untersuchungsteilnehmer der Trainergruppe an; der „Schüler" bzw. das „Opfer" wurde jeweils von einem „Strohmann" des Untersuchungsleiters gespielt.

Der Untersuchungsleiter führte jeden einzelnen Trainer zusammen mit dem „Schüler" in einen Raum, in dem sich ein Gerät befand, das einem elektrischen Stuhl sehr ähnlich sah. Der vermeintliche „Schüler" wurde gebeten, sich auf diesen Stuhl zu setzen. In einem Nebenraum stand ein Gerät, das der Trainer zur Bestrafung des „Schülers" benutzen sollte. Es handelte sich um einen Elektroschock-Generator mit 30 Schaltern für Schockstärken zunehmender Intensität von 15 Volt bis 450 Volt. Einige Schalter waren verbal gekennzeichnet: „leichter Schock", „mäßiger Schock", „starker Schock", „sehr starker Schock", „intensiver Schock", „extrem intensiver Schock", „Gefahr: schwerer Schock!" Zwei weitere Schalter nach dieser letzten Bezeichnung markierten drei Kreuze.

Über eine Anzeige erfuhr der Trainer, ob der „Schüler" die ihm gestellten Aufgaben richtig oder falsch löste. Machte der „Schüler" einen Fehler, erteilte der Trainer ihm einen Schock von 15 Volt. Jeder weitere Fehler mußte mit der nächsthöheren Schockstärke bestraft werden. Dem Trainer wurde mitgeteilt, daß die Elektroschocks zwar sehr schmerzhaft, aber ohne bleibende Schäden seien.

TAFEL 3 ▬▬▬▬▬▬▬▬▬▬▬▬▬▬▬▬▬▬▬▬▬▬▬▬▬▬▬▬▬▬

Natürlich erhielt der als Schüler getarnte „Strohmann" im Nebenraum keinen Schock. Seine Instruktion lautete, im Verhältnis 3:1 falsche bzw. richtige Antworten zu geben und dies auch nur solange, bis die Schockstärke 300 erreicht war. Danach signalisierte die Richtig-Falsch-Anzeige keine Reaktionen mehr und stattdessen hörte der Trainer, wie der „Schüler" kräftig gegen die Wand schlug.

In dieser Situation wandten sich die Trainer gewöhnlich an den Untersuchungsleiter mit der Frage, wie sie auf das Schweigen der Richtig-Falsch-Anzeige bzw. auf die offenbar heftigen emotionalen Reaktionen des „Schülers" reagieren sollten. Es wurde ihnen bedeutet, daß das Ausbleiben einer Reaktion als Fehler zu werten und damit das Bestrafen mit der nächsthöheren Schockstärke fortzusetzen sei. Nach dem 315-Volt-Schock hörte auch das Pochen an die Wand auf.

Für den Fall, daß ein Trainer darum bat, die Untersuchung abbrechen zu dürfen, waren vier gestaffelte Standardantworten vorgesehen:
1. Bitte fahren Sie fort.
2. Das Experiment erfordert es, daß Sie weitermachen.
3. Es ist absolut erforderlich, daß Sie weitermachen.
4. Sie haben keine andere Wahl, Sie müssen weitermachen.

Erst nachdem auch die vierte Aufforderung den Trainer nicht veranlassen konnte, die Schockstärke weiter zu erhöhen, wurde die Untersuchung abgebrochen. Für jeden Trainer wurde dann als Index für seine „Gehorsamkeit" die Stärke des zuletzt erteilten Schocks registriert.

Ergebnisse: Keiner der 40 Trainer brach die Untersuchung vor dem 300-Volt-Schock ab. (Bei dieser mit der Verbalmarke „Intensiver Schock" versehenen Stärke schlug der „Schüler" gegen die Wand und der Trainer erhielt keine Rückmeldung mehr bzgl. der gestellten Aufgaben.)

Fünf Trainer kamen der Aufforderung, den nächststärkeren Schock zu geben, nicht mehr nach. Bis hin zur 375-Volt-Marke verweigerten weitere neun Trainer den Gehorsam. Die verbleibenden 26 Trainer erreichten die mit drei Kreuzen gekennzeichneten maximalen Schockstärken von 450 Volt.

Verhaltensbeobachtungen durch eine Einwegscheibe zeigten Reaktionen der Trainer, die für sozialpsychologische Laborexperimente äußerst ungewöhnlich sind. Es wurden Anzeichen höchster innerer Spannung wie Schwitzen, Zittern, Stottern, Stöhnen etc. registriert.

(Kritische Diskussionen dieser Untersuchung findet man z.B. bei Baumrind, 1964; Kaufman, 1967; Milgram, 1964, sowie Stuwe und Timaeus, 1980.)

Im folgenden werden einige Aspekte genannt, die bei der Überprüfung der ethischen Unbedenklichkeit empirischer Untersuchungen beachtet werden sollten.

Tafel 3 führt in die hier zu diskutierende Problematik ein.

Güterabwägung:
Wissenschaftlicher Fortschritt oder Menschenwürde
Viele humanwissenschaftliche Studien benötigen Daten, deren Erhebung nur schwer mit der Menschenwürde der beteiligten Personen vereinbar ist. Ob es um die Untersuchung der Schmerztoleranzschwelle, die Erzeugung von Depressionen durch

experimentell herbeigeführte Hilflosigkeit oder um Reaktionen auf angstauslösende Reize geht: es gibt Untersuchungen, die darauf angewiesen sind, daß die untersuchten Personen in eine unangenehme, manchmal auch physisch oder psychisch qualvolle Situation gebracht werden. Lassen sich derartige Beeinträchtigungen auch nach sorgfältigen Bemühungen, die Untersuchung für die Betroffenen weniger unangenehm zu gestalten, nicht vermeiden, können sie nur gerechtfertigt werden, wenn die Untersuchung Ergebnisse verspricht, die anderen Personen (z.B. schmerzkranken, depressiven oder phobischen Menschen) zugute kommen.

Hierüber eine adäquate, prospektive Einschätzung abzugeben, fällt nicht nur dem Anfänger schwer. Die feste Überzeugung von der Richtigkeit der eigenen Idee erschwert eine umsichtige Einschätzung der Situation. Es ist deshalb zu fordern, daß in allen Fällen, in denen die eigene Einschätzung auch nur die geringsten Zweifel an der ethischen Unbedenklichkeit der geplanten Untersuchung aufkommen läßt, außenstehende, erfahrene Fachleute und die zu untersuchende Zielgruppe zu Rate gezogen werden.

Persönliche Verantwortung

Bei der Auswahl geeigneter Untersuchungsthemen muß berücksichtigt werden, daß derjenige, der die Untersuchung durchführt, für alle unplanmäßigen Vorkommnisse zumindest moralisch verantwortlich ist. Wann immer ethisch bedenklich erscheinende Instruktionen, Befragungen, Tests oder Experimente erforderlich sind, ist der Untersuchungsleiter verpflichtet, die Untersuchungsteilnehmer auf mögliche Gefährdungen und ihr Recht, die Untersuchungsteilnahme zu verweigern, aufmerksam zu machen. Sind physische Beeinträchtigungen nicht auszuschließen, müssen vor Durchführung der Untersuchung medizinisch geschulte Personen um ihre Einschätzung gebeten werden.

Informationspflicht

Die Tauglichkeit einer Untersuchungsidee hängt auch davon ab, ob den zu untersuchenden Personen von vornherein sämtliche Informationen über die Untersuchung mitgeteilt werden können, die ihre Entscheidung, an der Untersuchung teilzunehmen, potentiell beeinflussen. Entschließt sich ein potentieller Proband nach Kenntnisnahme aller relevanten Informationen zur Teilnahme an der in Frage stehenden Untersuchung, spricht man von „Informed Consent". Sind Personen an

Der Experimentierfreude sind ethische Grenzen gesetzt. (Zeichnung: R. Löffler, Dinkelsbühl)

ihren eigenen Untersuchungsergebnissen interessiert, ist es selbstverständlich, daß diese nach Abschluß der Untersuchung schriftlich, fernmündlich oder in einer kleinen Präsentation mitgeteilt werden.

Gelegentlich ist es für das Gelingen einer Untersuchung erforderlich, daß die Untersuchungsteilnehmer den eigentlichen Sinn der Untersuchung nicht erfahren dürfen (Experimente, die durch sozialen Gruppendruck konformes Verhalten evozieren, würden sicherlich nicht gelingen, wenn die Teilnehmer erfahren, daß ihre Konformitätsneigungen geprüft werden sollen). Sind Täuschungen unvermeidlich und verspricht die Untersuchung wichtige, neuartige Erkenntnisse, besteht die Pflicht, die Teilnehmer nach Abschluß der Untersuchung über die wahren Zusammenhänge aufzuklären. Danach sollten sie auch auf die Möglichkeit aufmerksam gemacht werden, die weitere Auswertung ihrer Daten nicht zu gestatten. In jedem Falle ist bei derartigen Untersuchungen zu prüfen, ob sich Täuschungen oder irreführende Instruktionen nicht durch die Wahl einer anderen Untersuchungstechnik vermeiden lassen.

Freiwillige Untersuchungsteilnahme

Niemand darf zu einer Untersuchung gezwungen werden. Auch während einer Untersuchung hat jeder Teilnehmer das Recht, die Untersuchung abzubrechen.

Diese Forderung bereitet sicherlich Schwierigkeiten, wenn eine Untersuchung auf eine repräsentative Stichprobe (vgl. S. 400 ff.) angewiesen ist. Es bestehen aber auch keine Zweifel, daß Personen, die zur Teilnahme an einer Untersuchung genötigt werden, die Ergebnisse erheblich verfälschen können (vgl. S. 75 ff.). Hieraus leitet sich die Notwendigkeit ab, die Untersuchung so anzulegen, daß die freiwillige Teilnahme nicht zu einem Problem wird. Hierzu gehört auch, daß die Untersuchungsteilnehmer nicht wie beliebige oder austauschbare „Versuchspersonen" behandelt werden, sondern als Individuen, von deren Bereitschaft, sich allen Aufgaben freiwillig und ehrlich zu stellen, das Gelingen der Untersuchung maßgeblich abhängt.

In manchen Untersuchungen wird die „freiwillige" Untersuchungsteilnahme durch eine gute Bezahlung honoriert. Auch diese Maßnahme ist ethisch nicht unbedenklich, wenn man in Rechnung stellt, daß finanziell schlechter gestellte Personen auf die Entlohnung angewiesen sein könnten, ihre „Freiwilligkeit" also erkauft wird. Im übrigen ist bekannt, daß bezahlte Untersuchungsteilnehmer dazu neigen, sich als „gute Versuchsperson" (Orne, 1962) darzustellen, was – weil die Versuchsperson dem Untersuchungsleiter gefallen möchte – wiederum die Untersuchungsergebnisse verfälscht. Bezahlungen sind deshalb nur zu rechtfertigen, wenn die Untersuchung zeitlich sehr aufwendig ist oder wenn Personen nur gegen Bezahlung für eine Teilnahme an der Untersuchung zu gewinnen sind.

Besonders prekär wird die Frage der Freiwilligkeit der Untersuchungsteilnahme an psychologischen Instituten, deren Prüfungsordnungen die Ableistung einer bestimmten Anzahl von „Versuchspersonenstunden" vorsehen. Hier vertreten wir den Standpunkt, daß angehende Psychologen bereit sein müssen, in psychologischen Untersuchungen als „Versuchungspersonen" Erfahrungen zu sammeln, die ihnen im Umgang mit Teilnehmern für spätere, eigene Untersuchungen zugute kommen. Ferner gilt, daß Psychologiestudenten dafür Verständnis zeigen sollten, daß eine empirisch orientierte Wissenschaft auf die Bereitschaft von Menschen, sich untersuchen zu lassen, angewiesen ist, so daß ihre Teilnahme an Untersuchungen letztlich auch dem Erkenntnisfortschritt dient. (Auf die Frage, ob Studenten „taugliche" Versuchspersonen sein sollten, wird auf S. 78 f. eingegangen.) Dennoch sollte Studierenden wie allen anderen das Recht eingeräumt werden, die Teilnahme an bestimmten Untersuchungen, die sie begründet ablehnen, zu verweigern.

Vermeidung psychischer oder körperlicher Beeinträchtigungen

Lewin (1979) unterscheidet drei Arten von Beeinträchtigungen:
- vermeidbare Beeinträchtigungen
- unbeabsichtigte Beeinträchtigungen
- beabsichtigte Beeinträchtigungen.

Sie spricht von *vermeidbarer Beeinträchtigung*, wenn Untersuchungsteilnehmer aus Mangel an Sorgfalt, aus Unachtsamkeit oder wegen überflüssiger, für die Untersuchung nicht unbedingt erforderlicher Maßnahmen zu Schaden kommen. (Wobei mit „Schaden" nicht nur körperliche Verletzungen, sondern auch subtile Beeinträchtigungen wie peinliche Bloßstellungen, unangenehme Überforderungen, Angst, Erschöpfung u. ä. gemeint sind.) Sie sollten durch eine sorgfältige und schonende Untersuchungsdurchführung vermieden werden.

Du sollst Deine Identität nicht preisgeben

MIETHAI & SÖHNE

ERFUNDENER NAME – – – – – –
– – – – – – – – – – – – – – – – –
FIKTIVE ADRESSE – – – – – – – – –
– – – – – – – – – – – – – – – – –
ABSOLUT LACHHAFTE BERUFSANGABE – – – –
– – – – – – – – – – – – – – – – –
VÖLLIG SCHWACHSINNIGER EINKOMMENSNACH-
WEIS – – – – – – – – – – – – – – –
– – – – – – – – – – – – – – – – –
ZWEIFELHAFTE REFERENZEN – – – – – – –
– – – – – – – – – – – – – – – –
GESCHLECHT ☐   GESCHLECHT ☐   GESCHLECHT ☐
UNLESERLICHE
UNTERSCHRIFT – – – – – – – – –

Auch bei psychologischen Untersuchungen sollte die Anonymität gewahrt bleiben. (Aus: Poskitt, K. & Appleby, S. (1993). Die 99 Lassedasse. Kiel: Achterbahn Verlag, ohne Seitenzahlen)

Trotz sorgfältiger Planung und Durchführung einer Untersuchung kann es aufgrund unvorhergesehener Zwischenfälle zu *unbeabsichtigten Beeinträchtigungen* der Untersuchungsteilnehmer kommen, die den Untersuchungsleiter – soweit er sie bemerkt – zum unverzüglichen Eingreifen veranlassen sollten. Ein einfacher Persönlichkeitstest z.B. oder ein steriles Untersuchungslabor können ängstliche Personen nachhaltig beunruhigen. Die einfache Frage nach dem Beruf des Vaters kann ein Kind zum Schweigen oder gar Weinen bringen, weil der Vater kürzlich einem Unfall erlegen ist. Je nach Anlaß können ein persönliches Gespräch oder eine sachliche Aufklärung helfen, über die unbeabsichtigte Beeinträchtigung hinwegzukommen.

Die Untersuchung von Angst, Schuld- und Schamgefühlen, Verlegenheit o.ä. machen es mei-

stens erforderlich, die Untersuchungsteilnehmer in unangenehme Situationen zu bringen. Diese *beabsichtigten Beeinträchtigungen* sollten die Untersuchungsteilnehmer so wenig wie möglich belasten. Oftmals reichen bereits geringfügige Beeinträchtigungen für die Überprüfung der zu untersuchenden Fragen aus.

Anonymität der Ergebnisse

Wenn die Anonymität der persönlichen Angaben nicht gewährleistet werden kann, sollte auf eine empirische Untersuchung verzichtet werden. Jedem Untersuchungsteilnehmer muß versichert werden, daß die persönlichen Daten nur zu wissenschaftlichen Zwecken verwendet und daß die Namen nicht registriert werden. Falls erforderlich, kann der Untersuchungsteilnehmer seine Unterlagen mit einem Code-Wort versehen, dessen Bedeutung nur ihm bekannt ist.

Auskünfte über andere Personen unterliegen dem *Datenschutz*. Vor größeren Erhebungen, in denen auch persönliche Angaben erfragt werden, empfiehlt es sich, die entsprechenden rechtlichen Bestimmungen einzusehen (vgl. Lecher, 1988; Simitis et al., 1981).

2.3 Untersuchungsplanung

Diente die „vorwissenschaftliche Phase" einer ersten Sondierung der eigenen Untersuchungsideen, beginnt jetzt die eigentliche Planung der empirischen Untersuchung. Sie markiert den wichtigsten Abschnitt empirischer Arbeiten. Von ihrer Präzision hängt es ab, ob die Untersuchung zu aussagekräftigen Resultaten führt oder ob die Untersuchungsergebnisse z.B. wegen ihrer mehrdeutigen Interpretierbarkeit, fehlerhafter Daten oder einer unangemessenen statistischen Auswertung unbrauchbar sind. Man sollte sich nicht scheuen, die Aufarbeitung einer Untersuchungsidee abzubrechen, wenn die Planungsphase Hinweise ergibt, die einen positiven Ausgang der Untersuchung zweifelhaft erscheinen lassen. Nachlässig begangene Planungsfehler müssen teuer bezahlt werden und sind häufig während der Untersuchungsdurchführung nicht mehr korrigierbar. (Eine

Kurzfassung typischer Planungsfehler und Planungsaufgaben findet man bei Aiken, 1994.)

> **!** Der wichtigste Abschnitt einer empirischen Forschungsarbeit ist die Untersuchungsplanung.

Die Bedeutsamkeit der im folgenden behandelten Bestandteile eines Untersuchungsplanes hängt davon ab, welche Untersuchungsart für das gewählte Thema am angemessensten erscheint (vgl. Abschnitt 2.3.3). Eine Entscheidung hierüber sollte jedoch erst getroffen werden, nachdem der Anspruch der Untersuchung geklärt (Abschnitt 2.3.1) und das Literaturstudium abgeschlossen ist (Abschnitt 2.3.2).

2.3.1
Zum Anspruch der geplanten Untersuchung

Empirische Untersuchungen haben unterschiedliche Funktionen. Eine kleinere empirische Studie, die als Semesterarbeit angefertigt wird, muß natürlich nicht den Ansprüchen genügen, die für eine Dissertation oder für ein mit öffentlichen Mitteln gefördertes Großprojekt gelten. Die Planungsarbeit beginnt deshalb mit einer möglichst realistischen Einschätzung des Anspruchs des eigenen Untersuchungsvorhabens in Abhängigkeit vom Zweck der Untersuchung.

Prüfungsordnungen: Die erste wichtige Informationsquelle hierfür sind Prüfungsordnungen, in deren Rahmen empirische Arbeiten erstellt werden (Magisterprüfungsordnung, Diplomprüfungsordnung, Promotionsordnung etc.). Auch wenn diese Ordnungen in der Regel nicht sehr konkret über den Anspruch der geforderten Arbeit informieren, lassen sich ihnen dennoch einige interpretationsfähige Hinweise entnehmen. So macht es einen erheblichen Unterschied, ob z. B. „ein selbständiger Beitrag zur wissenschaftlichen Forschung" oder „der Nachweis, selbständig ein wissenschaftliches Thema bearbeiten zu können" gefordert wird. Die zuerst genannte Forderung ist zweifellos anspruchsvoller und wäre für eine Dissertation angemessen; hier geht es um die Erweiterung des Bestandes an wissenschaftlichen Erkenntnissen durch einen eigenen Beitrag. Die zweite, für Diplomprüfungsordnungen typische Forderung verlangt „lediglich", daß die inhaltlichen und methodischen Kenntnisse ausreichen, um ein Thema nach den Regeln der jeweiligen Wissenschaftsdisziplin selbständig untersuchen zu können. Es geht hier also eher um die Befähigung zum selbständigen wissenschaftlichen Arbeiten und weniger um die Originalität des Resultates. Diplomarbeiten sollen dokumentieren, daß wissenschaftliche Instrumente wie z. B. die Nutzung vorhandener Literatur, die angemessene Operationalisierung von Variablen, der geschickte Aufbau eines Experimentes, der Entwurf eines Fragebogens, die Organisation einer größeren Befragungskampagne, das Ziehen einer Stichprobe, die statistische Auswertung von Daten oder das Dokumentieren von Ergebnissen vom Diplomanden beherrscht werden. Zusätzlich informiert die Prüfungsordnung über den zeitlichen Rahmen, der für die Anfertigung der Arbeit zur Verfügung steht.

Vergleichbare Arbeiten: Die zweite wichtige Informationsquelle, den Anspruch der geplanten Arbeit richtig einzuschätzen, stellen Arbeiten dar, die andere nach derselben Ordnung bereits angefertigt haben. Das Durchsehen verschiedener Diplom-, Magister- oder Doktorarbeiten vermittelt einen guten Eindruck davon, wie anspruchsvoll und wie umfangreich vergleichbare Arbeiten sind.

Schließlich sind Studierende gut beraten, sich von erfahrenen Studienkollegen und Mitgliedern des Lehrkörpers bei der Einschätzung der Angemessenheit ihrer Untersuchungsideen helfen zu lassen.

2.3.2
Literaturstudium

Wer ein interessantes Thema gefunden hat, steht vor der Aufgabe, die vorläufige Untersuchungsidee in den bereits vorhandenen Wissensstand einzuordnen. Das hierfür erforderliche Literaturstudium geschieht mit dem Ziel, die eigene Untersuchungsidee nach Maßgabe bereits vorhandener Untersuchungsergebnisse und Theorien einzugrenzen bzw. noch offene Fragen oder widersprüchliche Befunde zu entdecken, die mit der eigenen Untersuchung geklärt werden können. Es empfiehlt sich, das Literaturstudium sorgfältig, planvoll und ökonomisch anzugehen (weitere Angaben zur Literaturarbeit s. Abschnitt 6.2).

Orientierung: Wenn zur Entwicklung der Untersuchungsidee noch keine Literatur herangezogen wurde, sollten als erstes *Lexika, Wörterbücher* und *Handbücher* eingesehen werden, die über die für das Untersuchungsthema zentralen Begriffe informieren und erste einführende Literatur nennen. Diese einführende Literatur enthält ihrerseits Verweise auf speziellere Monographien oder Zeitschriftenartikel, die zusammen mit den lexikalischen Beiträgen bereits einen ersten Einblick in den Forschungsgegenstand vermitteln.

Von besonderem Vorteil ist es, wenn man bei dieser Suche auf aktuelle *Sammelreferate* (Reviews) stößt, in denen die wichtigste Literatur zu einem Thema für einen begrenzten Zeitraum inhaltlich ausgewertet und zusammengefaßt ist. Sehr hilfreich sind in diesem Zusammenhang auch sog. *Metaanalysen*, in denen die empirischen Befunde zu einer Forschungsthematik statistisch aggregiert sind (vgl. Abschnitt 9.4). Um die Suche nach derartigen Überblicksreferaten abzukürzen, sollte man sich nicht scheuen, das Bibliothekspersonal zu fragen, in welchen Publikationsorganen derartige Zusammenfassungen üblicherweise erscheinen. (Für die Psychologie sind dies z. B. die Zeitschriften „Annual Review of Psychology" oder „Psychological Review" bzw. die „Advances"- und „Progress"-Serien für Teilgebiete der Psychologie.) Gute Bibliotheken führen außerdem einen ausführlichen Schlagwortkatalog, der ebenfalls für die Beschaffung eines ersten Überblicks genutzt werden sollte.

Universitätsbibliotheken sind komplizierte wissenschaftliche Organisationen, die zusammen bestrebt sind, das gesamte Wissen aller wissenschaftlichen Disziplinen zu archivieren. Neben allgemeinen *Universitätsbibliotheken* helfen auch spezialisierte *Fachinformationsdienste* sowie computergestützte *Datenbanken* und das *Internet* bei der ersten Literaturrechere (s. Anhang C).

In diesem Stadium der Literaturarbeit stellt sich oft heraus, daß das vorläufige Untersuchungsvorhaben zu umfangreich ist, denn allein das Aufarbeiten der im Schlagwortkatalog aufgeführten Literatur würde vermutlich Monate in Anspruch nehmen. Es kann deshalb erforderlich sein, nach einer ersten Durchsicht der einschlägigen Literatur das Thema neu zu strukturieren und anschließend einzugrenzen.

Vertiefung: Die Orientierungsphase ist abgeschlossen, wenn man die in der Literatur zum avisierten Forschungsfeld am ausführlichsten behandelten Themenstränge ebenso kennt wie die zentralen Autorinnen und Autoren und die von ihnen präferierten Methoden und Theorien. Somit ist man dann in der Lage, die eigene Fragestellung einzuordnen und an das bereits Publizierte anzuschließen. Interessiert man sich etwa für die Determinanten und Konsequenzen von Schwangerschaften bei Teenagern, so würde man nach der orientierenden Literaturrecherche feststellen, daß die Forschung sich nahezu ausschließlich auf die jungen Mütter konzentriert. Das Profil des eigenen Forschungsvorhabens könnte nun darin bestehen, sich gerade mit den jugendlichen Vätern zu beschäftigen.

In der „zweiten Runde" der Literaturrecherche nutzt man weiterhin Bibliotheken, Buchhandlungen, Fachinformationsdienste, Datenbanken oder das Internet (s. Anhang C), allerdings sucht man nun *sehr gezielt* nach Beiträgen, die das eingegrenzte Themengebiet inhaltlich und methodisch berühren (z. B. Einstellungen männlicher Jugendlicher zur Familienplanung; jugendspezifische Interviewtechniken usw.). Für eine solche Detailsuche sind allgemeine Handbücher oder Einführungswerke wenig geeignet. Stattdessen greift man auf *Bibliographien, Kongreßberichte und Abstract-Bände* (z. B. Psychological Abstracts, Sociological Abstracts, Social Science Citation Index, Index Medicus) zurück, die den neuesten Forschungsstand weitgehend lückenlos verzeichnen. Die Nutzung der Psychological Abstracts wird in Tafel 4 illustriert. Viele Hochschulbibliotheken bieten heute die Psychological Abstracts ebenso wie andere Abstract-Werke als elektronische Datenbanken an, die mit der Nummer des Bibliotheksausweises auch via Internet zugänglich sind. Findet man auf diesem Wege zwei bis drei aktuelle Zeitschriftenartikel oder Buchbeiträge, so hat man bereits eine Fülle von Quellen erschlossen. Denn die *Literaturverzeichnisse* dieser Artikel werden sich typischerweise als Fundgrube einschlägiger Beiträge erweisen.

Der Fall, daß man vergeblich nach verwertbarer Literatur sucht, tritt relativ selten ein. (Man beachte, daß Arbeiten mit ähnlicher Thematik möglicherweise unter anderen als den geprüften Stichwörtern zusammengefaßt sind. Bei der Stichwortsuche unterstützen sog. *Thesauri*, die synonyme und inhaltlich ähnliche Fachbegriffe zu dem jeweiligen Suchbegriff angeben.) Stellt sich dennoch heraus, daß die Literatur für eine hypothesenprüfende Untersuchung keine Anknüpfungspunkte bietet, wird man zunächst eine Erkundungsstudie ins Auge fassen, deren Ziel es ist, plausible Hypothesen zu bilden (vgl. Abschnitt 2.3.3: Wahl der Untersuchungsart).

Dokumentation

Eine Literaturrecherche ist praktisch wertlos, wenn Informationen nachlässig und unvollständig dokumentiert werden. Von den vielen, individuellen Varianten, das Gelesene schriftlich festzuhalten, haben sich das traditionelle Karteikartensystem und die elektronische Literaturdatenbank am besten bewährt. Für jede Publikation (Monographie, Zeitschriftenartikel, Lehrbuch usw.) wird eine Karteikarte (auf Papier oder in der Datenbank) angelegt, die zunächst die vollständigen bibliographischen Angaben enthält, die für das Literaturverzeichnis (vgl. S. 95 ff.) benötigt werden: Autorenname, Titel der Arbeit sowie Name, Jahrgang und

---

TAFEL 4

Literatursuche mit Abstracts

Gibt es ein Leben nach dem Tod? Diese Frage scheint Menschen in allen Jahrhunderten zu beschäftigen. Die Esoterik-Bewegung hat in den letzten Jahren das Interesse an übersinnlichen Phänomenen aufgegriffen und thematisiert das Leben nach dem Tod in unterschiedlicher Weise (Erinnerungen an frühere Leben, Reinkarnation, Kontaktaufnahme mit Verstorbenen etc.). Aber auch die traditionellen Religionen vermitteln Vorstellungen darüber, was uns nach dem Leben erwartet (christliche Vorstellungen von Himmel und Hölle etc.). Läßt sich zu diesem interessanten Themengebiet eine empirische Untersuchung durchführen? Spontan fallen uns diverse psychologische und soziologische Fragestellungen ein: Wie verbreitet ist der Glaube an ein Leben nach dem Tod? Wie unterscheiden sich Menschen, die an ein Leben nach dem Tod glauben, von denjenigen, die diese Vorstellung nicht teilen? Schätzt eine Gesellschaft, in der der Glaube an ein Leben nach dem Tod sehr verbreitet ist, den Wert des irdischen Lebens geringer ein als eine säkularisierte Gesellschaft?

Zu diesen Ideen sollte ein Blick in die Fachliteratur geworfen werden. Dazu könnte man z. B. die „Psychological Abstracts" des Jahres 1993 heranziehen und im Sachverzeichnis (Subject Index) unter den Stichwörtern „Religion", „Death"

und „Death Anxiety" nachschlagen. Unter dem Stichwort „Death Anxiety" befindet sich in der Rubrik „Serials" (Zeitschriften) eine Liste von Zeitschriftenartikeln, wobei die einzelnen Artikel nur mit einigen Stichpunkten skizziert und mit einer Ordnungsnummer versehen sind. Die Ordnungsnummer gibt an, an welcher Stelle in den Abstractbänden des Jahres 1993 der gesuchte Abstract zu finden ist.

Death Anxiety – Serials
afterlife & God beliefs, degree of anxiety perceived in death related pictures, Hindi male 40-60 yr olds with low vs high death site area exposure, India, 1240
attitudes toward & preoccupation with death, college students, 1935 vs 1991, 29434
birth environment & complications & transference & countertransference, male analysand with fears of death & panic attacks, 30430
correlates of death depression vs anxiety, 16-82 yr olds, 25582
cross cultural & construct validity of Templer's Death Anxiety Scale, nursing students, Philippines, 31844
death anxiety & education, Air Force mortuary officers, conference presentation, 27755
death anxiety & life purpose of future vs past vs present time perspective, 52-94 yr olds, 45033
depression & self esteem & suicide ideation & death anxiety & GPA, 14-19 yr olds of divorced vs nondivorced parents, 25199
development & factor analysis of Revised Death Anxiety Scale, 18-88 yr olds, 15984
didactic vs experiential death & dying & grief workshop. death anxiety, nursing students, 7311
emotional managing function of belief in life after death, death anxiety, Hindu vs Muslim vs Christian 20-70 yr olds, 17278

TAFEL 4

emotional responses to & fear of child's death from diarrhea, urban vs rural mothers of 0-36 mo olds, Pakistan, 10232

factor analysis of Death Anxiety Scale vs Death Depression Scale, adults, 24103

⋮   ⋮

Der umrandete Artikel scheint interessant und wird in den Psychological Abstracts 1993 (Band 80,2, Seite 2073) nachgeschlagen. Er sieht folgendermaßen aus:

17278. *Parsuram, Ameeta & Sharma, Maya.* (Jesus & Mary Coll. New Delhi, India) *Functional relevance of belief in life-after-death.* Special Series II: Stress, adjustment and death anxiety. *Journal of Personality & Clinical Studies,* 1992 (Mar-Sep), Vol 8(1-2), 97-100. – Studied the emotion managing function of belief in life after death in dealing with death anxiety. The differences in the concept of afterlife were examined in 20 Ss (aged 60-70 yrs) from each of 3 religions: Hindu, Islam and Christianity. Hindu Ss had the lowest level of death anxiety, followed by Muslim Ss, with the Christian Ss having the highest death anxiety. Hindus had the strongest belief in life after death, Muslims had the weakest belief in afterlife, and Christians fell in the middle. Results are discussed in terms of the theory of functional relevance of beliefs.

Es handelt sich um die Zusammenfassung eines Zeitschriftenartikels mit dem Titel „Functional relevance of belief in life-after-death" (Die funktionale Bedeutung des Glaubens an ein Leben nach dem Tod) aus dem „Journal of Personality and Clinical Studies" aus dem Jahr 1992 (Band 8, Heft 1-2, Seite 97-100). Die Autoren Ameeta Parsuram und Maya Sharma stammen vom „Jesus & Maria College" in Neu Delhi (Indien). Das Abstract skizziert Fragestellung (1. Satz), Methode (2. Satz), Ergebnisse (3. und 4. Satz) und Schlußfolgerungen (5. Satz) der Untersuchung.

Anhand dieses Abstracts ist nun zu prüfen, ob a) die Studie für die eigene Arbeit relevant ist (inhaltlicher und methodischer Bezug, Bedeutung der Autoren), b) die genannte Zeitschrift vor Ort zur Verfügung steht oder per Fernleihe beschafft werden muß und c) Aufwand und Nutzen bei der Literaturbeschaffung in angemessenem Verhältnis stehen (Negativpunkte: der Artikel umfaßt nur 4 Seiten; es wurden nur 20 Personen – d.h. ca. 7 pro Gruppe! – befragt; die Datenerhebungsmethode – standardisierter Fragebogen, offenes Interview o.ä. – wird nicht genannt).

Nummer der Zeitschrift sowie Anfangs- und Endseitenzahl des Beitrages bzw. bei Büchern zusätzlich Verlag, Ort und Erscheinungsjahr. In Stichworten sollten zudem Angaben über den Theoriebezug, die Fragestellung, die verwendete Methode sowie die Ergebnisse aufgenommen werden. Wörtliche Zitate (mit Angabe der Seitenzahl!), die für den Untersuchungsbericht geeignet erscheinen, sowie Bibliothekssignaturen, die ein späteres Nachschlagen der Literatur erleichtern, komplettieren die Karteikarte.

2.3.3
Wahl der Untersuchungsart

Im folgenden wird eine Klassifikation empirischer Untersuchungen vorgestellt, die es Studierenden erleichtern soll, ihr Untersuchungsvorhaben einzuordnen und entsprechende Planungsschwer-punkte zu setzen. Wir befassen uns zunächst mit den Hauptkategorien empirischer Untersuchungen, die in den nachfolgenden Kapiteln ausführlicher dargestellt und ausdifferenziert werden. Für eine gründliche Planung wird empfohlen, die entsprechenden Abschnitte dieser Kapitel ebenfalls vor Durchführung der Untersuchung zu lesen.

Moderne Human- und Sozialwissenschaften müssen einerseits Lösungsansätze für neuartige Fragestellungen entwickeln und andererseits die Angemessenheit ihrer Theorien angesichts einer sich verändernden Realität prüfen. Die Untersuchungsmethoden sind hierbei nicht beliebig, sondern sollten dem Status der wissenschaftlichen Frage Rechnung tragen. Die Wahl der Untersuchungsart richtet sich deshalb zunächst nach dem in der Literatur dokumentierten Kenntnisstand zu einer Thematik. Dieses erste Kriterium entscheidet darüber, ob mit einer Untersuchung eine oder

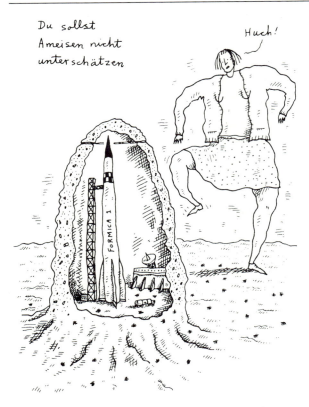

Bei der Exploration lohnt es sich zuweilen, auch scheinbar Bekanntes genauer unter die Lupe zu nehmen. (Aus: Poskitt, K. & Appleby, S. (1993). Die 99 Lassedasse. Kiel: Achterbahn Verlag, ohne Seitenzahlen)

mehrere Hypothesen überprüft oder ob zunächst Hypothesen erkundet werden sollten. Das zweite Auswahlkriterium betrifft die angestrebte Gültigkeit bzw. die Eindeutigkeit der mit den Untersuchungsergebnissen verbundenen Aussagen.

Erstes Kriterium: Stand der Forschung

Nach Abschluß der Literaturarbeit ist zunächst zu entscheiden, ob der Stand der Forschung die Ableitung und Überprüfung einer gut begründeten Hypothese zuläßt (explanative Untersuchung), oder ob mit der Forschungsthematik wissenschaftliches Neuland betreten wird, welches zunächst eine explorative Orientierung bzw. eine gezielte Hypothesensuche erfordert (explorative Untersuchung). Zur Klärung der Frage, ob die Forschungsidee als wissenschaftliche Hypothese for-

mulierbar ist, wird auf Abschnitt 1.1 verwiesen. Zudem gibt es Fragestellungen, in denen es nicht primär darum geht, Phänomene durch Theorien und Hypothesen zu erklären, sondern Populationen zu beschreiben (deskriptive Untersuchung).

Explorative Untersuchungen: Explorative bzw. erkundende Untersuchungen werden in erster Linie mit dem Ziel durchgeführt, in einem relativ unerforschten Untersuchungsbereich neue Hypothesen zu entwickeln oder theoretische bzw. begriffliche Voraussetzungen zu schaffen, um erste Hypothesen formulieren zu können. Sie sind relativ wenig normiert und lassen der Phantasie und dem Einfallsreichtum des Untersuchenden viel Spielraum. Dementsprechend sind die Richtlinien für die Planung derartiger Untersuchungen und die Anfertigung des Untersuchungsberichtes (vgl. Abschnitt 2.7) weniger verbindlich als für hypothesenprüfende Untersuchungen.

Charakteristisch für diese Untersuchungsart sind beispielsweise die folgenden methodischen Ansätze:

- Durch *offene Befragungen* von Einzelpersonen (z. B. biographische oder narrative Interviews) oder von Gruppen (z. B. Gruppendiskussion) erfährt man, welche Probleme den Betroffenen besonders am Herzen liegen, welche Erklärungen oder Meinungen sie haben und welche besonderen lebensgeschichtlichen Ereignisse ihre aktuelle Situation bestimmen (vgl. Abschnitt 5.2.1, 5.4.4).
- Bei der *Feldbeobachtung* (Feldforschung) nimmt man am sozialen Leben des interessierenden Systems teil und hält dabei nach besonderen Ereignissen und Verhaltensmustern ebenso Ausschau wie nach den unausgesprochenen Gesetzen und Regeln des Zusammenlebens. Auch die Beobachtung von Rollenspielen, bei der Akteure bestimmte Situationen aus ihrem Leben nachspielen, kann die Aufmerksamkeit auf bislang vernachlässigte oder im Alltag nicht öffentlich zutage tretende Details lenken (vgl. Abschnitt 5.2.2, 5.4.1).
- Im Verlaufe einer *Aktionsforschung* definieren Wissenschaftler zusammen mit den Betroffenen die Problemstellung, suchen nach Ursachen (Hypothesengenerierung, Theoriebildung) und entwerfen Lösungsvorschläge (Interventionen).

Der Erfolg der Intervention wird gemeinsam eva- luiert (formative Evaluation; vgl. S. 112 f.) und gibt Anlaß zur Modifikation von Theorien und Interventionsstrategien. Wesentliche Impulse in diesem Prozeß kommen immer von den Betrof- fenen, denen der Status von gleichberechtigten Experten eingeräumt wird (vgl. Abschnitt 5.4.2).

- Die detaillierte *Analyse von Einzelfällen* in Form von Selbstbeobachtung oder Fremdbe- achtung ist oftmals eine sinnvolle Vorbereitung von Stichprobenuntersuchungen, in denen Ein- zelfälle aggregiert werden (vgl. Abschnitt 5.2.2).
- Bei *nonreaktiven Messungen* wird auf der Basis von Verhaltensspuren, Rückständen, Ablage- rungen oder Abnutzungen auf vergangenes Verhalten geschlossen. Wichtige Hinweise bei der Untersuchung sozialer Phänomene kann al- so ergänzend zur Befragung und Beobachtung von Akteuren auch die dingliche Umgebung ge- ben (vgl. Abschnitt 5.2.3).
- *Qualitative Inhaltsanalysen* dienen dazu, schrittweise die zentralen Themen und Bedeu- tungen von Texten oder anderen Objekten (z. B. Kunstwerke, Fotos) herauszuarbeiten. Dabei ist eine minutiöse Wort-für-Wort-Analyse ebenso möglich wie eine orientierende Globalanalyse (vgl. Abschnitt 5.3).

Diese Formen der wenig standardisierten Datener- hebung mittels qualitativer Methoden (vgl. Kap. 5) haben nur dann wissenschaftlichen Wert, wenn die gewonnenen Informationen zu neuen Ideen oder Hypothesen verdichtet werden können. Dazu stellt man zweckmäßigerweise Inventare von wich- tigen Einflußgrößen auf, bildet durch Zusammen- fassung ähnlicher Fälle Typen und Strukturen, schließt auf mögliche Ursachen und Gründe, ver- folgt Veränderungen im Zeitverlauf oder konzen- triert sich auf das dynamische Zusammenspiel meh- rerer Systemelemente (vgl. Abschnitt 6.5). Auch die Erfassung quantitativer Daten (vgl. Kap. 4) kann durch entsprechende Aufbereitung (vgl. Abschnitt 6.4) die Aufstellung neuer Hypothesen anregen.

Populationsbeschreibende Untersuchungen: Das pri- märe Ziel dieser Untersuchungsart ist die Be- schreibung von Populationen (Grundgesamthei- ten) hinsichtlich ausgewählter Merkmale. Diese Untersuchungsart wird vor allem in demoskopi- schen Forschungen eingesetzt, in denen die Zu- sammensetzung der Bevölkerung bzw. von Teilen der Bevölkerung in bezug auf bestimmte Merk- male sowie deren Veränderungen interessieren. Im Vordergrund stehen Stichprobenerhebungen, die eine möglichst genaue Schätzung der unbe- kannten Merkmalsausprägungen in der Populati- on (*Populationsparameter*) gestatten. Wir werden diese Untersuchungsart in Kapitel 7 ausführlich diskutieren. Diese Diskussion geht auf Techniken ein, welche die Genauigkeit der Parameterschät- zungen durch die Nutzung von Vorinformationen aus der Literatur bzw. aufgrund eigener Erfahrun- gen erhöhen. Wir unterscheiden populationsbe- schreibende Untersuchungen

- mit *einfachen Zufallsstichproben* (vgl. Ab- schnitt 7.1),
- mit *geschichteten Stichproben*, bei denen die Stichproben so zusammengesetzt werden, daß die prozentuale Verteilung von Schichtungs- merkmalen (Alter, Geschlecht, Beruf etc.) in der Stichprobe der prozentualen Verteilung die- ser Merkmale in der Population entspricht (vgl. Abschnitt 7.2.1),
- mit *Klumpenstichproben*, in denen mehrere zu- fällig ausgewählte „Klumpen" (z. B. Kranken- häuser, Wohnblocks, Schulklassen o. ä.) voll- ständig erhoben werden (vgl. Abschnitt 7.2.2),
- mit *mehrstufigen Stichproben*, in denen die Aus- wahl nach mehreren Schichtungs- oder Klum- penmerkmalen erfolgt (vgl. Abschnitt 7.2.3) und
- Studien nach dem *Bayes'schen Ansatz*, der Stichprobeninformationen und „subjektive" In- formationen für eine Parameterschätzung kom- biniert (vgl. Abschnitt 7.2.5).

Hypothesenprüfende Untersuchungen: Lassen sich aufgrund des Standes der Theorienentwicklung bzw. aufgrund von Untersuchungen, die zur ge- wählten Thematik bereits durchgeführt wurden, begründete Hypothesen formulieren, ist die Un- tersuchung nach den Kriterien einer hypothesen- prüfenden bzw. *explanativen* Untersuchung anzu- legen. Wir unterscheiden in Kapitel 8, das diese Untersuchungsart genauer behandelt, zwischen

- Zusammenhangshypothesen (Abschnitt 8.2.3),
- Unterschiedshypothesen (Abschnitt 8.2.4),
- Veränderungshypothesen (Abschnitt 8.2.5) und
- Einzelfallhypothesen (Abschnitt 8.2.6).

Von *unspezifischen Hypothesen* sprechen wir, wenn die Forschung noch nicht genügend entwickelt ist, um genaue Angaben über die Größe des hypothesengemäß erwarteten Zusammenhanges, Unterschiedes oder der Veränderung machen zu können. Hypothesen, die mit dieser Untersuchungsart geprüft werden, behaupten lediglich, daß zwischen zwei oder mehreren Merkmalen ein Zusammenhang besteht, daß sich eine oder mehrere Populationen in bezug auf bestimmte Merkmale unterscheiden, daß zwei oder mehrere „Behandlungsarten" (Treatments) unterschiedliche Wirkungen haben oder daß sich ein oder mehrere Merkmale in einer Population verändern. Beispiele für unspezifische Alternativhypothesen lauten H_1: $\mu_1 \neq \mu_2$ oder H_1: $\mu_1 > \mu_2$. Detailliertere Informationen über die hier angesprochenen Hypothesenarten enthält Tafel 46.

Unspezifische Hypothesen haben den Nachteil, daß sie bei großen Stichproben eigentlich immer zu einem signifikanten Ergebnis führen. (Zur Begründung dieser Behauptung vgl. Abschnitt 9.1.) Es ist also letztlich nur eine Frage des Stichprobenaufwandes, ob der statistische Hypothesentest zugunsten der Forschungshypothese entscheidet oder nicht. Dieser Mißstand wird behoben, wenn statt einer unspezifischen Alternativhypothese eine spezifische Hypothese mit einer klar definierten Effektgröße geprüft wird.

Spezifische Hypothesen mit Effektgrößen *können* formuliert werden, wenn bereits genügend Erfahrungen mit der Untersuchungsthematik sowie mit den für den Untersuchungsbereich typischen Untersuchungsinstrumenten vorliegen, um die Größe eines erwarteten Zusammenhanges, Unterschiedes oder einer Veränderung (allgemein: einer Effektgröße) angeben zu können. Sie *sollten* formuliert werden, wann immer die Möglichkeit besteht, für einen Zusammenhang, einen Unterschied oder eine Veränderung eine *Mindestgröße* festzulegen, die für praktisch bedeutsam erachtet wird. Diese Forderung gilt vor allem für größere Evaluationsstudien, mit denen die Wirksamkeit einer kostspieligen Maßnahme oder Intervention geprüft wird (vgl. hierzu Kap. 9). Beispiele für spezifische Alternativhypothesen lauten H_1: $\mu_1 > \mu_2 + 3$ oder H_1: $\mu_1 \leq 20$.

Spezifische Hypothesen mit Effektgrößen ergänzen das Konzept der statistischen Hypothesenprüfung (Signifikanzkriterium) durch Kriterien der *praktischen Bedeutsamkeit* von Untersuchungsergebnissen.

> ! Während eine *unspezifische Hypothese* nur behauptet, daß ein „irgendwie" gearteter Effekt vorliegt und allenfalls noch die Richtung des Effektes angibt, konkretisiert eine *spezifische Hypothese* auch den Betrag des Effektes bzw. die Effektgröße.

Die Unterscheidung von Hypothesen mit bzw. ohne vorgegebene Effektgröße beeinflußt die Untersuchungsplanung in einem entscheidenden Punkt: Der „optimale" Stichprobenumfang für eine hypothesenprüfende Untersuchung ist nur kalkulierbar, wenn eine spezifische Hypothese mit Effektgröße formuliert wurde. Begründungen hierfür und einfach zu handhabende Anleitungen zur Festlegung einer Effektgröße sowie zur Bestimmung des für eine spezifische Problematik angemessenen Stichprobenumfanges findet man in den Abschnitten 9.1 und 9.2.

Zweites Kriterium: Gültigkeitsanspruch der Untersuchungsbefunde

Nachdem entschieden ist, welche der genannten Untersuchungsarten dem jeweiligen Forschungsstand und der Fragestellung angemessen ist, muß aus den zahlreichen Varianten für eine bestimmte Untersuchungsart (von denen die wichtigsten in den Kapiteln 6 bis 9 behandelt werden) eine konkrete Variante ausgewählt werden. Ein wichtiges Auswahlkriterium hierfür stellt die Gültigkeit bzw. Aussagekraft der erwarteten Untersuchungsergebnisse dar. Wir unterscheiden hierbei die innere Gültigkeit (*interne Validität*) und die äußere Gültigkeit (*externe Validität*) von Untersuchungen (vgl. Campbell, 1957 oder Campbell und Stanley, 1963 a, b; eine kritische wissenschaftstheoretische Diskussion dieses Kriteriums findet man bei Gadenne, 1976; Patry, 1991 bzw. Moser, 1986). Wie die folgenden Ausführungen belegen, gelingt es nur selten, beide Gültigkeitskriterien in einer Untersuchung perfekt zu erfüllen. Korrekturen einer Untersuchungsplanung zugunsten der internen Validität wirken sich meistens nachteilig auf die externe Validität aus (und umgekehrt), so daß man sich in der Regel mit einer Kompromißlösung begnügen muß.

Eine Untersuchung ist *intern valide*, wenn ihre Ergebnisse eindeutig interpretierbar sind. Die interne Validität sinkt mit wachsender Anzahl plausibler Alternativerklärungen für die Ergebnisse.

Eine Untersuchung ist *extern valide,* wenn ihre Ergebnisse über die besonderen Bedingungen der Untersuchungssituation und über die untersuchten Personen hinausgehend generalisierbar sind. Die externe Validität sinkt mit wachsender Unnatürlichkeit der Untersuchungsbedingungen bzw. mit abnehmender Repräsentativität der untersuchten Stichproben.

Cook und Campbell (1979) ergänzen die interne Validität um einen speziellen Aspekt, den sie *statistische Validität* nennen. Zu kleine Stichproben, ungenaue Meßinstrumente, Fehler bei der Anwendung statistischer Verfahren etc. sind Gründe, die die statistische Validität einer Untersuchung in Frage stellen. Ein wichtiger Bestandteil der externen Validität ist zudem die „Konstruktvalidität", die durch unzureichende Explikation der verwendeten Konstrukte bzw. durch ungenaue Operationalisierungen der aus den Konstrukten abgeleiteten Variablen gefährdet ist (vgl. hierzu auch S. 22 ff. zum Thema „Korrespondenzproblem").

Weitere Präzisierungen der Validitätskonzepte gehen auf Campbell (1986) zurück.

Statt von Internal Validity spricht Campbell von *Local Molar Causal Validity*, wobei mit „local" die Begrenzung der internen Validität auf eine konkrete Untersuchung zum Ausdruck gebracht werden soll. „Molar" steht in diesem Zusammenhang für die Komplexität des mit einem Treatment verbundenen Wirkprozesses, der aus vielen molekularen Teilwirkungen bestehen kann (kausale Mikromediatoren, vgl. S. 523); „causal" schließlich weist darauf hin, daß Wirkungen tatsächlich eindeutig auf die geprüfte Behandlung zurückführbar sein müssen.

Die External Validity wird nach Campbell (1986) treffender durch die Bezeichnung „*Proximal Similarity*" gekennzeichnet. „Similarity" soll in diesem Terminus darauf hinweisen, daß spezifische Untersuchungscharakteristika wie die Untersuchungsteilnehmer, die Untersuchungsanlage, der Untersuchungszeitpunkt sowie die Operationalisierung von Treatment und Wirkungen eine hohe Ähnlichkeit zu Populationen und Situationen aufweisen, für die die Untersuchung gültig sein soll. Mit „proximal" wird betont, daß sich die für Generalisierungen erforderliche Ähnlichkeit auf naheliegende bzw. relevante Untersuchungscharakteristika und nicht auf distale, eher nebensächliche Besonderheiten einer Untersuchung bezieht.

Da diese neuen Bezeichnungen bislang kaum Eingang in die Literatur fanden (Cook und Shadish, 1994), verwenden wir zukünftig – mit der hier vorgenommenen Präzisierung – die klassischen Begriffe „interne Validität" und „externe Validität" zur Charakterisierung des Aussagegehaltes empirischer Untersuchungen.

Im folgenden werden die beiden wichtigsten untersuchungstechnischen Maßnahmen, die die interne bzw. die externe Validität beeinflussen, dargestellt. Weitere Beeinflussungsgrößen der internen und externen Validität nennen wir auf S. 504 f.

> **!** *Interne Validität* liegt vor, wenn Veränderungen in den abhängigen Variablen eindeutig auf den Einfluß der unabhängigen Variablen zurückzuführen sind bzw. wenn es neben der Untersuchungshypothese keine besseren Alternativerklärungen gibt.
> *Externe Validität* liegt vor, wenn das in einer Stichprobenuntersuchung gefundene Ergebnis auf andere Personen, Situationen oder Zeitpunkte generalisiert werden kann.

Experimentelle vs. quasiexperimentelle Untersuchung: Der Unterschied zwischen einer experimentellen und einer quasiexperimentellen Vorgehensweise sei zunächst an einem kleinen Beispiel verdeutlicht. Nehmen wir an, es gehe um den Vergleich von zwei Unterrichtsstilen (z. B. „autoritärer" Unterrichtsstil und „demokratischer" Unterrichtsstil) in bezug auf die Lernleistungen der Schüler. Für beide Untersuchungsarten würde man Lehrer auswählen, deren Unterrichtsstile überwiegend als „autoritär" oder „demokratisch" bezeichnet werden. Eine quasiexperimentelle Untersuchung liefe nun auf einen Vergleich der Schulklassen dieser Lehrer hinaus, d. h. die Schülerstichproben bestehen aus natürlich gewachsenen Gruppen mit ihren jeweiligen spezifischen Besonderheiten. Bei einer experimentellen Untersuchung hingegen wird über die Schüler, die ein Lehrer zu unterrichten hat und die nachträglich zu vergleichen sind, nach Zufall entschieden.

Eine quasiexperimentelle Untersuchung vergleicht natürliche Gruppen und eine experimentelle Untersuchung vergleicht zufällig zusammengestellte Gruppen.

Unterschiede zwischen den Gruppen, die in quasiexperimentellen Anordnungen mit natürlichen Gruppen (z. B. „gewachsene" Schulklassen) nicht nur hinsichtlich der unabhängigen Variablen (z. B. Art des Unterrichtsstils), sondern zusätzlich hinsichtlich vieler anderer Variablen bestehen (z. B. Intelligenz, Motivation, sozialer Status), werden in experimentellen Untersuchungen durch die zufällige Aufteilung *(Randomisierung)* minimiert. Der Randomisierung liegt das Prinzip des statistischen Fehlerausgleichs zugrunde, das – hier angewandt – besagt, daß sich die Besonderheiten von Personen in der einen Gruppe durch die Besonderheiten von Personen in der anderen Gruppe ausgleichen bzw. daß es zu einer Neutralisierung *personenbezogener* Störvariablen kommt (ausführlicher hierzu vgl. Fisher, 1935).

> **!** Bei experimentellen Untersuchungen werden Untersuchungsobjekte per Zufall in Gruppen eingeteilt (Randomisierung), bei quasiexperimentellen Untersuchungen arbeitet man mit natürlichen Gruppen.

Randomisierung bedeutet nicht, daß jedem Individuum der einen Gruppe ein vergleichbares Individuum der anderen Gruppe zugeordnet wird (*Parallelisierung*, vgl. S. 525 über Kontrolltechniken für quasiexperimentelle Untersuchungen). Die Äquivalenz beider Gruppen wird bei der Randomisierung statistisch erzielt, denn es ist sehr unwahrscheinlich, daß sich beispielsweise nach einer Zufallsaufteilung in der einen Gruppe nur die klügeren und in der anderen Gruppe die weniger klugen Schüler befinden. Im Durchschnitt sind bei genügender Gruppengröße alle für die Untersuchung potentiell relevanten Variablen in beiden Gruppen annähernd gleich ausgeprägt, d. h. mögliche Gruppenunterschiede in bezug auf die abhängige Variable (d. h. im Beispiel in bezug auf die Lernleistung) gehen mit hoher Wahrscheinlichkeit auf die unabhängige Variable (Unterrichtsstil) zurück. Ein solches Untersuchungsergebnis wäre (relativ) eindeutig interpretierbar: Die Untersuchung verfügt über eine *hohe interne Validität*.

Zusammenfassend ist also festzustellen:

> **!** Durch die Randomisierungstechnik werden personenbezogene Störvariablen neutralisiert.

Anders bei quasiexperimentellen Untersuchungen, bei denen die Untersuchungsteilnehmer den Untersuchungsbedingungen (oder Stufen der unabhängigen Variablen) nicht zufällig zugewiesen werden (oder zugewiesen werden können). Hier besteht die Möglichkeit, daß sich die Vergleichsgruppen nicht nur hinsichtlich der unabhängigen Variablen, sondern zusätzlich hinsichtlich weiterer Merkmale systematisch unterscheiden. Ergeben sich in einer quasiexperimentellen Untersuchung Grup-

penunterschiede in bezug auf die abhängige Variable, sind diese nicht eindeutig auf die unabhängige Variable zurückzuführen: Die Untersuchung verfügt im Vergleich zu einer experimentellen Untersuchung über eine *geringere interne Validität*.

Experimentelle Gruppen werden durch Manipulation der Untersuchungsbedingungen erzeugt, d.h. die Stufen der unabhängigen Variablen werden durch unterschiedliche Behandlungen von Personen hergestellt (z.B. Gruppe 1 erhält einfache Dosis, Gruppe 2 doppelte Dosis); solche unabhängigen Variablen heißen *„experimentelle Variablen"* oder *„Treatmentvariablen"*. Quasiexperimentelle Gruppen werden durch Selektion zusammengestellt, d.h. die Stufen der unabhängigen Variablen werden durch die Auswahl bestimmter Probanden realisiert (z.B. Gruppe 1: 20jährige, Gruppe 2: 30jährige); solche unabhängigen Variablen heißen *„Personenvariablen"* oder *„organismische Variablen"*.

Tafel 5 skizziert einige quasiexperimentelle Untersuchungsvarianten mit unterschiedlicher interner Validität.

Die Frage, ob eine Untersuchung experimentell oder quasiexperimentell angelegt werden sollte, erübrigt sich, wenn eine unabhängige Variable natürlich variiert angetroffen wird und damit vom Untersuchungsleiter durch künstliche „Manipulation" nicht variierbar ist (organismische oder Personenvariablen, wie z.B. Geschlecht, Nationalität, Schichtzugehörigkeit, Art der Erkrankung etc.). Diese Frage wird jedoch bedeutsam, wenn – wie im o. g. Beispiel – die unabhängige Variable prinzipiell künstlich variiert werden kann, aber gleichzeitig auch natürlich variiert angetroffen wird. Vorerst bleibt festzuhalten:

> **!** Experimentelle Untersuchungen haben eine höhere interne Validität als quasiexperimentelle Untersuchungen.

Detaillierter werden die Vor- und Nachteile experimenteller bzw. quasiexperimenteller Untersuchungen in Kap. 8 in Verbindung mit konkreten Untersuchungsplänen diskutiert. (Weitere Ratschläge für die Anlage quasiexperimenteller Untersuchungen findet man bei Bierhoff und Rudinger, 1996; Bungard et al., 1992; Cook und Campbell, 1976, S. 95ff. bzw. Heinsman und Shadish, 1996).

TAFEL 5 ▮

Hatte das Meistertraining einen Effekt?

Firma K. beabsichtigt, die Führungsqualitäten ihrer Meister durch ein Trainingsprogramm zu verbessern. Nachdem Herr W., der als Meister die Abteilung „Ersatzteile" leitet, das Trainingsprogramm absolviert hat, überprüft die Firmenleitung das Betriebsklima, die Arbeitszufriedenheit und die Produktivität dieser Abteilung. (Empirische Untersuchungen, die sich mit der Wirksamkeit von Trainingsprogrammen bzw. Interventionen befassen, bezeichnet man als „Evaluationsstudien"; s. Kap. 3). Die Auswertung der Fragebögen führt zu dem Resultat, daß es in dieser Abteilung keine Gründe für Beanstandungen gibt.

Formal läßt sich diese Untersuchung folgendermaßen beschreiben:

$$T \rightarrow M.$$

Mit T ist die Schulungsmaßnahme der Firmenleitung gemeint. Der Buchstabe kürzt die Bezeichnung „Treatment" ab, die üblicherweise für experimentelle Eingriffe, Manipulationen oder Maßnahmen verwendet wird. M steht für Messung und symbolisiert in diesem Beispiel die Befragung der Mitarbeiter nach dem Treatment.

Diese „*One-Shot Case Study*" (Cook und Campbell, 1976, S. 96) ist kausal nicht interpretierbar, d.h. die Tatsache, daß es in der Abteilung nichts zu beanstanden gibt, kann nicht zwingend auf die Schulung des Meisters zurückgeführt werden, denn vielleicht gab es ja vorher schon nichts zu beklagen. Um Veränderungen in der Abteilung registrieren zu können, hätte die Abteilung nicht nur nach, sondern auch vor der Schulungsmaßnahme befragt werden müssen. Für dieses „*Ein-Gruppen-Pretest-Posttest-Design*" wird die folgende Charakteristik verwendet:

$$M_1 \rightarrow T \rightarrow M_2.$$

Nach einer Pretest-Messung (M_1) erfolgt das Treatment und danach eine erneute Messung, die Posttest-Messung (M_2). Ein Vergleich dieser beiden Messungen liefert Hinweise über mögliche, zwischenzeitlich eingetretene Veränderungen.

Aber auch dieser Plan läßt nicht den zwingenden Schluß zu, die Veränderungen seien ursächlich auf das Meistertraining bzw. das Treatment zurückzuführen. Generell muß bei Untersuchungen von diesem Typus damit gerechnet werden, daß eine Veränderung auftritt, weil

- zwischenzeitliche Einflüsse unabhängig vom Treatment wirksam werden (z.B. eine Lohnerhöhung),
- sich die Untersuchungsteilnehmer unabhängig vom Treatment weiter entwickelten (sie werden z.B. mit ihren Aufgaben besser vertraut),
- allein die Pretest-Messung das Verhalten veränderte (die Untersuchungsteilnehmer werden z.B. durch die Befragung auf bestimmte Probleme aufmerksam gemacht),
- das gemessene Verhalten ohnehin einer starken Variabilität unterliegt (z.B. könnten die Arbeitsanforderungen saisonalen Schwankungen unterliegen, die dem Effekt des Meistertrainings überlagert sind), oder weil sich die Messungen aus formal-statistischen Gründen verändern können (diese „Regressionseffekte" betreffen vorzugsweise Extremwerte, die bei wiederholten Messungen zur Mitte tendieren; näheres vgl. S. 555 ff.).

Auch dieser Plan läßt also keine eindeutige Interpretation zu.

Ein dritter Plan könnte die „behandelte" Gruppe mit einer nicht-behandelten, nicht-äquivalenten Kontrollgruppe vergleichen (nicht-äquivalent deshalb, weil die Kontrollgruppe, anders als in rein experimentellen Untersuchungen, natürlich angetroffen wird und nicht per Randomisierung zustande kommt). Diese könnte z.B. aus einer anderen Abteilung bestehen, deren Meister keine Schulung erhielt.

$$\frac{T \rightarrow M_1}{M_2}$$

Man bezeichnet diesen Plan als „*Ex Post Facto-Plan*", d.h. die vergleichende Messung wird erst nach erfolgtem Treatment vorgenommen. Auch dieser Plan leidet an schlechter Interpretierbar-

TAFEL 5

keit. Unterschiede zwischen den Vergleichsgruppen sind uneindeutig, da man nicht ausschließen kann, daß sie bereits vor Behandlung der Experimentalgruppe bestanden.

Zuverlässigere Interpretationen ließe ein Plan zu, der wiederholte Messungen bei beiden Gruppen vorsieht (*Kontrollgruppenplan mit Pre- und Posttest*):

$$M_{11} \rightarrow T \rightarrow M_{12}$$
$$M_{21} \longrightarrow M_{22}.$$

Mit M_{11} und M_{12} werden die Pretest- und Posttestmessungen in der Experimentalgruppe (Gruppe 1 mit Meistertraining) verglichen. Besteht hier ein Unterschied, informiert der Vergleich M_{21} und M_{22} in der Kontrollgruppe (Gruppe 2 ohne Meistertraining) darüber, ob die Differenz $M_{11} - M_{12}$ für einen Treatmenteffekt spricht oder ob andere Ursachen für die Diffe-

renz verantwortlich sind, was zuträfe, wenn die gleiche Veränderung auch in der Kontrollgruppe registriert wird.

Zeigen sich nun in der Experimentalgruppe andere Veränderungen als in der Kontrollgruppe, ist dies noch immer kein sicherer Beleg für die kausale Wirksamkeit des Treatments. Es könnte sein, daß der Effekt darauf zurückzuführen ist, daß der trainierte Meister hauptsächlich jüngere Mitarbeiter anleitet, die den neuen Führungsstil positiv aufnehmen. Ältere Mitarbeiter hätten auf den neuen Führungsstil möglicherweise völlig anders reagiert. Das Alter der Mitarbeiter übt damit einen Einfluß auf die abhängige Variable aus; die Wirkung des Treatments richtet sich danach, mit welcher Altersstufe es kombiniert wird. (Mit diesen und ähnlichen Problemen befassen wir uns in Kap. 8).

Bisher wurden experimentelle bzw. quasiexperimentelle Untersuchungsvarianten nur bezüglich des Kriteriums interne Validität diskutiert. Das zweite Gültigkeitskriterium, die *externe Validität*, ist von diesem Unterscheidungsmerkmal praktisch nicht betroffen, wenn man einmal davon absieht, daß externe Validität ein Mindestmaß an interner Validität voraussetzt.

Felduntersuchungen vs. Laboruntersuchungen: Felduntersuchungen und Laboruntersuchungen markieren die Extreme eines Kontinuums unterschiedlich „lebensnaher" bzw. nach Gottschaldt (1942) „biotischer" Untersuchungen. Felduntersuchungen in natürlich belassenen Umgebungen zeichnen sich meistens durch eine hohe und streng kontrollierte Laboruntersuchung durch eine geringe externe Validität aus.

Felduntersuchungen finden „im Feld" statt, d.h. in einer vom Untersucher möglichst unbeeinflußten, natürlichen Umgebung wie beispielsweise einer Fabrik, einer Schule, einem Spielplatz, einem Krankenhaus usw.. Der Vorteil dieser Vorgehensweise liegt darin, daß die Bedeutung der Ergebnisse unmittelbar einleuchtet, weil diese ein Stück unverfälschter Realität charakterisieren (hohe ex-

terne Validität). Dieser Vorteil geht allerdings zu Lasten der internen Validität, denn die Natürlichkeit des Untersuchungsfeldes bzw. die nur bedingt mögliche Kontrolle störender Einflußgrößen läßt häufig mehrere gleichwertige Erklärungsalternativen der Untersuchungsbefunde zu.

Laboruntersuchungen werden in Umgebungen durchgeführt, die eine weitgehende Ausschaltung oder Kontrolle von Störgrößen, die potentiell auch die abhängige Variable beeinflussen können, ermöglichen. Je nach Art der Untersuchung ist dies z.B. in „laborähnlichen", spartanisch ausgestatteten und schallisolierten Räumen gewährleistet, in denen der Untersuchungsleiter praktisch jede Veränderung des Umfeldes kontrollieren kann.

Anders als die Randomisierung, die wir als Technik zur Kontrolle *personenbezogener* Störvariablen kennengelernt haben, liegt der Vorteil von Laboruntersuchungen in der Kontrolle *untersuchungsbedingter* Störvariablen.

> **!** *Laboruntersuchungen* legen besonderen Wert auf die Kontrolle bzw. Ausschaltung untersuchungsbedingter Störvariablen. *Felduntersuchungen* finden demgegenüber in „natürlichen", im Zuge des Forschungsprozesses kaum veränderten Umgebungen statt.

Die strikte Kontrolle untersuchungsbedingter Störvariablen macht Laboruntersuchungen zu Untersuchungen mit hoher interner Validität, in denen sich Veränderungen der abhängigen Variablen mit hoher Wahrscheinlichkeit ursächlich auf die unabhängigen Variablen zurückführen lassen. Die Unnatürlichkeit der Untersuchungsumgebung läßt es allerdings häufig fraglich erscheinen, ob die Ergebnisse auch auf andere, „natürlichere" Situationen generalisierbar sind.

Die Entscheidung, eine Untersuchung als Labor- oder als Felduntersuchung zu konzipieren, kann im Einzelfall erhebliche Schwierigkeiten bereiten. Im Zweifelsfall wird man eine Kompromißlösung akzeptieren müssen, die sowohl die an der externen Validität als auch an der internen Validität orientierten Untersuchungsanforderungen berücksichtigt. Liegen zu einem weit fortgeschrittenen Forschungsgebiet vorwiegend Laboruntersuchungen vor, so daß an der internen Validität der Erkenntnisse kaum noch Zweifel bestehen, sollten die Resultate vordringlich mit Felduntersuchungen auf ihre externe Validität hin überprüft werden. Dominieren in einem gut elaborierten Forschungsgebiet hingegen lebensnahe Feldstudien, deren interne Validität nicht genügend dokumentiert erscheint, sollten vorrangig Überlegungen zur Umsetzung der Fragestellung in Laboruntersuchungen angestellt werden.

Kombinationen: Eine zusammenfassende Bewertung der Untersuchungsvarianten „experimentell vs. quasiexperimentell" und „Feld vs. Labor" führt zu dem Ergebnis, daß bezüglich der Kriterien interne und externe Validität die Kombination „experimentelle Felduntersuchung" allen anderen Kombinationen überlegen ist (vgl. Tabelle 1). Dies gilt zumindest für die hypothesenprüfende Forschung und für den Fall, daß alle Kombinationen praktisch gleich gut realisierbar sind und daß der Stand der Forschung keine spezielle Kombination dieser Untersuchungsarten erfordert.

Die in Tabelle 1 wiedergegebenen Untersuchungsvarianten, die sich aus der Kombination der Elemente „experimentell-quasiexperimentell" und „Feld-Labor" ergeben, seien im folgenden anhand von Beispielen verdeutlicht. Man beachte hierbei, daß die Bewertung einer Untersuchung hinsichtlich der Kriterien interne und externe Va-

Tabelle 1. Kombination der Untersuchungsvarianten „experimentell vs. quasiexperimentell" und „Felduntersuchung vs. Laboruntersuchung"

	Experimentell	Quasiexperimentell
Feld	interne Validität + externe Validität +	interne Validität – externe Validität +
Labor	interne Validität + externe Validität –	interne Validität – externe Validität –

lidität nicht ausschließlich von den Elementen „experimentell-quasiexperimentell" und „Feld-Labor" abhängt, sondern zusätzlich von anderen untersuchungsspezifischen Merkmalen, die ebenfalls zur Eindeutigkeit der Ergebnisinterpretation bzw. zur Generalisierbarkeit der Ergebnisse beitragen können (vgl. Kap. 8). Zudem sei nochmals darauf hingewiesen, daß mit den Bezeichnungen „Feld vs. Labor" die Extreme eines Kontinuums von Untersuchungen mit unterschiedlicher Kontrolle untersuchungsbedingter Störvariablen bezeichnet sind.

Quasiexperimentelle Felduntersuchung: Weber et al. (1971) untersuchten den Einfluß der Zusammenlegung von Schulen mit weißen und schwarzen Schülern auf das akademische Selbstbild der Schüler. Da die Schüler den Stufen der unabhängigen Variablen (schwarze und weiße Schüler) nicht per Zufall zugewiesen werden können, handelt es sich um eine quasiexperimentelle Untersuchung. Sie findet zudem in einer natürlichen Umgebung (Schule) statt und ist damit gleichzeitig eine Felduntersuchung.

Experimentelle Felduntersuchung: Eine Untersuchung von Bortz und Braune (1980) überprüfte die Veränderungen politischer Attitüden durch das Lesen zweier überregionaler Tageszeitungen. Den Untersuchungsteilnehmern wurde per Zufall entweder die eine oder die andere Zeitung für einen begrenzten Zeitraum kostenlos ins Haus gesandt. Diese randomisierte Zuteilung qualifiziert die Untersuchung als eine experimentelle Untersuchung. Darüber hinaus wurde das natürliche Umfeld der Untersuchungsteilnehmer nicht beeinflußt, d.h. die Untersuchung erfüllt die Kriterien einer Felduntersuchung (zur Thematik „Feldexperiment" vgl. auch Frey und Frenz, 1982).

Quasiexperimentelle Laboruntersuchung: In einer sorgfältig angelegten Laboruntersuchung fragte Thanga (1955) nach Unterschieden in der Fingerfertigkeit männlicher und weiblicher Untersuchungsteilnehmer. Auch hier ist es nicht möglich, die Untersuchungsteilnehmer den beiden Stufen der unabhängigen Variablen (männlich und weiblich) zufällig zuzuweisen, d.h. die Laboruntersuchung ist quasiexperimentell.

Experimentelle Laboruntersuchung: Die experimentelle Laboruntersuchung erfordert randomisierte Versuchsgruppen und eine strikte Kontrolle von untersuchungsbedingten Störvariablen. Sie entspricht damit dem „klassischen" psychologischen Experiment, als dessen Urvater Wundt (1898) gilt. Häufig genannte Kriterien des Experimentes sind

- *Planmäßigkeit* der Untersuchungsdurchführung (*Willkürlichkeit*),
- *Wiederholbarkeit* der Untersuchung sowie
- *Variierbarkeit* der Untersuchungsbedingungen (vgl. etwa Selg, 1971, Kap. F).

Weitere Definitionen und Anleitungen zur Durchführung von Experimenten findet man z.B. bei Bredenkamp (1996), Huber (1993), Krauth (2000), Lüer (1987) oder Sarris (1990, 1992).

Als Beispiel für eine experimentelle Laboruntersuchung mag eine Studie von Issing und Ullrich (1969) dienen, die den Einfluß eines Verbalisierungstrainings auf die Denkleistungen von Kindern überprüfte. Dreißig Kinder wurden per Zufall in eine Experimental- und eine Kontrollgruppe aufgeteilt. Über einen Zeitraum von vier Wochen durften die Kinder in einem eigens für diese Untersuchung hergerichteten Raum altersgemäße Spiele spielen. Die unabhängige Variable stellte eine Instruktion dar, die nur die Experimentalgruppe zum Verbalisieren während des Spielens anregte. Die Untersuchung fand unter kontrollierten Bedingungen bei gleichzeitiger Randomisierung statt – wir bezeichnen sie deshalb als eine experimentelle Laboruntersuchung.

Tafel 6 beschreibt ein (nicht ganz ernst zu nehmendes) Beispiel für ein „klassisches Experiment". Eine kritische Auseinandersetzung mit dem Leistungsvermögen psychologischer Experimente findet man bei Dörner und Lantermann (1991).

2.3.4
Das Thema der Untersuchung

Nachdem man sich anhand der Literatur Kenntnisse über den Stand der Theorienbildung, über wichtige Untersuchungen und über die bisher eingesetzten Methoden verschafft und die Vorstellungen über die Art der Untersuchung präzisiert hat, müßte es möglich sein, einen Arbeitstitel für das Untersuchungsvorhaben zu finden. Die (vorläufige) Festlegung des Untersuchungsthemas kann folgende Aufgaben akzentuieren:

- Überprüfung spezieller theoretisch begründeter Hypothesen oder Forschungsfragen,
- Replikation wichtiger Untersuchungen,
- Klärung widersprüchlicher Untersuchungen oder Theorien,
- Überprüfung neuer methodischer oder untersuchungstechnischer Varianten,
- Überprüfung des Erklärungswertes bisher nicht beachteter Theorien,
- Erkundung von Hypothesen.

Die Formulierung des Arbeitstitels sollte den Stellenwert der Untersuchung im Kontext des bereits vorhandenen Wissens möglichst genau wiedergeben. Handelt es sich um ein neues Forschungsgebiet, zu dem kaum Untersuchungen vorliegen, verwendet man für den Arbeitstitel allgemeine Formulierungen, die den Inhalt der Untersuchung global charakterisieren. Zusätzlich kann, wie die folgenden Beispiele zeigen, durch einen Untertitel die verwendete Methodik genannt werden:

Zur Frage des Einflusses verschiedener Baumaterialien von Häusern auf das Wohlbefinden ihrer Bewohner
– Eine Erkundungsstudie –

Bürgernahe Sozialpsychiatrie
– Aktionsforschung in Wedding –

Die Scheidung von Eltern aus der Sicht eines Kindes
– Eine Einzelfallstudie –

Untersuchungen, die einen speziellen Beitrag zu einem Forschungsgebiet mit langer Forschungstradition liefern, werden mit einem eindeutig formulierten, scharf abgrenzenden Titel überschrieben:

TAFEL 6

Experimentelle Überprüfung der Sensibilität von Erbsen

Die folgende Glosse eines „klassischen" Experiments wurde während der Watergate-Anhörungen, die zum Rücktritt des US-Präsidenten Nixon führten, in der New York Times veröffentlicht (mit einigen Modifikationen übernommen aus Lewin, 1979, S. 17).

Abstract

Während des Sommers 1979 nahmen Wissenschaftler aus Petersham, Mass., die seltene Gelegenheit wahr, den Einfluß der amerikanischen Politik auf das Wachstum von Pflanzen zu überprüfen. In einer Serie sorgfältig kontrollierter Experimente konnte der schlüssige Nachweis erbracht werden, daß Pflanzen es vorziehen, uninformiert zu sein.

Untersuchung

Es wurde eine repräsentative Stichprobe von 200 000 Erbsen (pisum sativum) von geschulten Landarbeiterinnen per Zufall in zwei gleichgroße Stichproben aufgeteilt. Ein Biologe beaufsichtigte dann die Einpflanzung der Erbsen in ein Treibhaus A und ein Treibhaus B. (Den Pflanzern und dem Biologen war nicht bekannt, welches der beiden Treibhäuser das spätere experimentelle Treatment erhalten sollte.) Klima und Lichtbedingungen waren für beide Treibhäuser gleich.

Die experimentelle Erbsengruppe in Treibhaus A wurde danach sämtlichen Rundfunkübertragungen der Watergate-Anhörungen ausgesetzt. Das Radiogerät beschallte das Treibhaus mit einer Durchschnittslautstärke von 50 db und stellte sich automatisch ein, wenn Anhörungen übertragen wurden. Die gesamte Übertragungszeit betrug 600 000 Sekunden mit durchschnittlich 16,5 schockierenden Enthüllungen pro Tag über eine Gesamtwachstumszeit von 46 Tagen.

Die Erbsen der Kontrollgruppe in Treibhaus B wurden in denselben Zeiträumen in derselben Lautstärke mit monoton gesprochenen, sinnlosen Silben beschallt.

Ergebnisse

Im Vergleich mit den Kontrollerbsen keimten die Experimentalerbsen langsamer, sie entwickelten verkümmerte Wurzeln, waren erheblich anfälliger für Schädlinge und gingen insgesamt schneller ein.

Interpretation

Die Ergebnisse des Experiments legen den Schluß nahe, daß sich öffentliche Übertragungen von Debatten der Regierungsadministration nachteilig auf den Pflanzenwuchs in den Vereinigten Staaten auswirken.

Die Bedeutung von Modellernen und antezedenten Verstärkern für die Entwicklung der Rollenübernahmefähigkeit von 6- bis 9jährigen Kindern – Eine quasiexperimentelle Längsschnittstudie –

Vergleichende Analyse exosomatischer und endosomatischer Messungen der elektrodermalen Aktivität in einer Vigilanzsituation – Befunde einer Laboruntersuchung –

Die endgültige Formulierung des Untersuchungsthemas wird zweckmäßigerweise erst vorgenommen, wenn die Gesamtplanung abgeschlossen ist. Begrenzte Möglichkeiten bei der Operationalisierung der interessierenden Variablen, bei der Aus-

wahl der Untersuchungseinheiten oder auch zeitliche und kapazitäre Limitierungen können ggf. eine Neuformulierung oder eine stärker eingrenzende Formulierung des endgültigen Untersuchungsthemas erfordern.

2.3.5 Begriffsdefinitionen und Operationalisierung

Der Arbeitstitel und die Untersuchungsart legen fest, welche Variable(n) erkundet bzw. als unabhängige und abhängige Variablen in eine hypothesenprüfende Untersuchung aufgenommen werden sollen. Nach einer vorläufigen Kontrolle der begrifflichen Präzision der Variablenbezeichnungen (vgl. S. 43 f.) legt der folgende Planungsabschnitt eindeutig fest, wie die genannten Variablen in die empirische Untersuchung einzuführen sind.

Fragen wir beispielsweise nach Ursachen der Schulangst, muß nun festgelegt werden, was unter Schulangst genau zu verstehen ist. Interessiert uns der Einfluß der Einstellung zu einer Arbeit auf die Konzentrationsfähigkeit, erfolgen eine genaue Bestimmung der unabhängigen Variablen „Einstellung zu einer Arbeit" und die Festlegung der Meßvorschriften für die abhängige Variable „Konzentrationsfähigkeit".

Steyer und Eid (1993, S. 2) sprechen in diesem Zusammenhang vom *Überbrückungsproblem* und bezeichnen damit die Aufgabenstellung, theoretische Konstrukte wie Aggressivität, Intelligenz oder Ehrgeiz mit konkreten, empirisch meßbaren Variablen zu verbinden. Hinter dem Überbrückungsproblem verbirgt sich also die Frage, wie die alltags- oder wissenschaftssprachlich gefaßten Begriffe – ggf. unter Verwendung von Hilfstheorien (vgl. Hager, 1987, Abschnitt 3.23) – in Beobachtungs- oder Meßvorschriften umgesetzt werden können (Operationalisierung der zu untersuchenden Variablen).

Real- und Nominaldefinitionen

Die geschichtliche Entwicklung der Sprache legte für Objekte, Eigenschaften, Vorgänge und Tätigkeiten Namen fest, die im Verlaufe der individuellen Entwicklung eines Menschen gelernt werden. (Dieses Objekt heißt „Messer"; diese Tätigkeit heißt „laufen" etc.). Derartige *Realdefinitionen* von Begriffen sollten auf geeignete Beispiele für die zu bezeichnenden Objekte, Eigenschaften, Vorgänge oder Tätigkeiten verweisen. Auf der Basis eines Grundstockes an geordneten, realdefinierten Begriffen kann man Sachverhalte auch in der Weise definieren, daß man die nächsthöhere Gattung (genus proximum) und den artbildenden Unterschied (differentia specifica) angibt. Beispiel: „Die Psychologie ist eine empirische Sozialwissenschaft (genus proximum), die sich mit dem Verhalten und Erleben des einzelnen Menschen, mit Dyaden und Gruppenprozessen beschäftigt (dif-

ferentia specifica)". Realdefinitionen haben die Funktion, ein kommunikationsfähiges, ökonomisches Vokabular zu schaffen.

Die gleiche Funktion haben auf Realdefinitionen aufbauende *Nominaldefinitionen*, in denen der zu definierende Begriff (Definiendum) mit einer bereits bekannten bzw. real definierten Begrifflichkeit (Definiens) gleichgesetzt wird. Zum Beispiel ließe sich „die Gruppe" als „eine Menge von Personen, die häufig miteinander interagieren" definieren, wenn man davon ausgeht, daß alle Begriffe des Definiens bekannt sind. Ist dies nicht der Fall (weil z. B. der Begriff „Interaktion" nicht definiert ist), wird das Definiens zum Definiendum, was letztlich – bei weiteren unklar definierten Begriffen – zu immer neuen Definitionen bzw. zu einem definitorischen Regreß führen kann.

Real- und Nominaldefinitionen können weder wahr noch falsch sein. Mit ihnen wird lediglich eine Konvention oder Regel für die Verwendung einer bestimmten Buchstabenfolge oder eines Zeichensatzes eingeführt. Dies verdeutlichen z. B. verschiedene Sprachen, die für dasselbe Definiendum verschiedene Worte verwenden, ohne daß darunter die Verständigung innerhalb einer Sprache beeinträchtigt wäre.

Bedeutung und Umfang der Wörter einer Sprache sind jedoch nicht generell und für alle Zeiten festgelegt, sondern unterliegen einem allmählichen Wandel. Die Sprache wird durch spezielle Dialekte oder Begriffe anderer Sprachen erweitert, regionale Besonderheiten oder gesellschaftliche Subkulturen verleihen Begriffen eine spezielle Bedeutung, die Entdeckung neuartiger Phänomene oder Sinnzusammenhänge macht die Schöpfung neuer Begriffe oder die Neudefinition alter Begriffe erforderlich, oder die Begriffe verlieren für eine Kultur ihre Bedeutung, weil das mit ihnen Bezeichnete der Vergangenheit angehört. Es resultiert eine Sprache, die zwar eine normale Verständigung ausreichend gewährleistet, die aber für wissenschaftliche Zwecke nicht genügend trennscharf ist.

Die Präzisierung eines alltagssprachlichen Begriffes für wissenschaftliche Zwecke (z. B. durch eine Bedeutungsanalyse oder die Angabe von Operationalisierungen, s. u.) nennt man *Explikation*.

> **!** Eine *Realdefinition* legt die Bedeutung eines Begrif-
> fes durch direkten Verweis auf konkrete reale Sach-
> verhalte (Objekte, Tätigkeiten etc.) fest.
> Eine *Nominaldefinition* führt einen neuen Begriff un-
> ter Verwendung und Verknüpfung bereits definierter
> Begriffe ein.

Analytische Definitionen

Die wissenschaftliche Verwendung von Begriffen
macht deren Bedeutungsanalyse (Hempel, 1954)
bzw. *analytische* Definitionen erforderlich. Hierbei
handelt es sich nicht um Konventionen, die von
Wissenschaftlern eingeführt werden, sondern um
Aussagen, die empirisch überprüfbar sein sollten.

Mollenhauer (1968, zit. nach Eberhard und
Kohlmetz, 1973) definiert beispielsweise das
Merkmal „Verwahrlosung" als „eine abnorme,
charakterliche Ungebundenheit und Bindungsun-
fähigkeit, die auf eine geringe Tiefe und Nachhaltigkeit der Gemütsbewegungen und Willensstrebungen zurückgeht und zu einer Lockerung der
inneren Beziehung zu sittlichen Werten – wie Liebe, Rücksicht, Verzicht, Opfer, Recht, Wahrheit,
Pflicht, Verantwortung und Ehrfurcht – führt".
Vermutlich trifft diese Definition das allgemeine
Verständnis von Verwahrlosung; aber ist sie damit
bereits empirisch überprüfbar?

Mit der analytischen Definition gibt der Forscher zu verstehen, was er mit einem Begriff bezeichnen will. Er legt damit gewissermaßen „seine
Karten auf den Tisch" und macht sein Verständnis des Untersuchungsgegenstandes transparent.
Es bleibt nun jedermann überlassen, die analytische Definition nachzuvollziehen oder nicht. Ob
sich die Definition bewährt bzw. ob die Definition
richtig oder realistisch ist, zeigt letztlich die spätere Forschungspraxis.

> **!** Eine *analytische Definition* klärt einen Begriff durch
> die Analyse seiner Semantik und seiner Gebrauchs-
> weise (Bedeutungsanalyse). Bedeutungsanalysen er-
> folgen empirisch, da sie kommunikatives Geschehen
> erfassen und systematisieren sollen.

Prinzipiell könnte man es bei der analytischen
Definition bewenden lassen. Der Forscher, der
beispielsweise den Einfluß familiärer Verhältnisse
auf die Verwahrlosung von Jugendlichen untersuchen möchte, nennt seine analytische Definition
der zentralen Begriffe und berichtet dann über
die Ergebnisse seiner Studie.

Daß diese Vorgehensweise noch nicht befriedigend ist, wird deutlich, wenn wir uns erneut der
Mollenhauer'schen Definition von Verwahrlosung
zuwenden. Er verwendet dort Begriffe wie „charakterliche Ungebundenheit" und „Bindungsun-
fähigkeit" oder „Tiefe der Gemütsbewegung" und
„Nachhaltigkeit der Willensstrebungen". Wenngleich man ahnt, was mit diesen Begriffen gemeint sein könnte, bleibt der Wunsch zu erfahren,
was diese Begriffe im Kontext dieser Definition
genau besagen sollen, bestehen. Diese Definition
von Verwahrlosung verlangt weitere analytische
Definitionen der in ihr verwendeten Begriffe.

Aber auch damit wären noch längst nicht alle Un-
eindeutigkeiten, die das Verständnis einer Untersuchung beeinträchtigen, ausgeräumt. Es bleibt offen,
wie die begrifflichen Indikatoren der Verwahrlosung, die die analytische Definition aufzählt, konkret erfaßt werden. Es fehlt die Angabe von Operationen, die zur Erfassung der Variablen „Verwahrlosung" führen. Es fehlt die (bzw. eine) *operationale Definition* des Begriffes Verwahrlosung.

Ein besonderer Problemfall ist meist auch die
negative analytische Definition. So wird „*Telepa-
thie*" typischerweise darüber definiert, daß eine
Kommunikation zwischen zwei Menschen *ohne*
Beteiligung der bekannten Sinneskanäle stattfindet. Weil bislang jeglicher Anhaltspunkt fehlt, wie
eine solche telepathische Kommunikation ablaufen könnte, läßt sich auf diese Negativdefinition
kaum eine Theorie aufbauen.

Problematisch sind aber nicht nur Konzepte,
die das Vorstellungsvermögen übersteigen, sondern gerade auch solche, die allzu vertraut sind.
Der Zustand, in dem eine andere Person von uns
herausragend positiv bewertet wird, der unsere
Gedanken völlig beherrscht und der äußerst angenehme körperliche Reaktionen auslöst, wurde von
Tennov (1979) als „*Limerence*" bezeichnet. Durch
diese Wortneuschöpfung versuchte die Autorin,
dem analytisch definierten Konstrukt Eindeutigkeit zu sichern, die gefährdet wäre, wenn mit
ideologisch aufgeladenen Bezeichnungen wie
„Verliebtheit" oder „Liebe" operiert wird.

Tatsächlich ist es ein durchgehendes Problem der
Sozial- und Humanwissenschaften, ihre sorgfältig
definierten, analytischen Begriffe gegen das eher

„schwammige" Alltagsverständnis zu verteidigen. Schließlich will man in der Regel eben doch keine neue Sprache erfinden, sondern die bereits etablierten Bezeichnungen gebrauchen – allerdings mit sehr klar abgesteckten Bedeutungsweisen.

Während in der empirisch-quantitativen Forschung die im folgenden erläuterten Operationalisierungen von zentraler Bedeutung sind, weil sie die Grundlage von Variablen-Messungen bilden, nehmen in der qualitativen Forschung ausgedehnte Bedeutungsanalysen großen Raum ein, die ergründen, welchen Sinn Individuen und Gruppen bestimmten Begriffen geben, wie sie mit diesen Begriffen operieren und welche Konsequenzen diese Praxis für die Akteure hat.

Operationale Definitionen

Der Begriff „operationale Definition" (oder: Operationalisierung eines Merkmals) geht auf Bridgman (1927) zurück. Die ursprüngliche, auf die Physik zugeschnittene Fassung läßt sich in folgender Weise zusammenfassen:

1. Die operationale Definition ist synonym mit einem korrespondierenden Satz von Operationen. (Der Begriff „Länge" beinhaltet nicht mehr

und nicht weniger als eine Reihe von Operationen, mit denen eine Länge ermittelt wird.)
2. Ein Begriff sollte nicht bezüglich seiner Eigenschaften, sondern bezüglich der mit ihm verbundenen Operationen definiert werden.
3. Die wahre Bedeutung eines Begriffes findet man nicht, indem man beobachtet, was man über ihn sagt, sondern indem man registriert, was man mit ihm macht.
4. Unser gesamtes Wissen ist an den Operationen zu relativieren, die ausgewählt wurden, um unsere wissenschaftlichen Konzepte zu messen. Existieren mehrere Sätze von Operationen, so liegen diesen auch mehrere Konzepte zugrunde.

In seinen Arbeiten von 1945 und 1950 erweiterte Bridgman diese Fassung in einer vor allem für die Sozialwissenschaften bedeutsamen Weise, indem er z. B. nicht nur physikalische, sondern auch geistige und „Paper and Pencil-Operationen" zuließ. In der Nachfolge erhielt die operationale Definition zahlreiche verwirrende und einander teilweise widersprechende Auslegungen, die beispielsweise Adler (1947) zu der in Tafel 7 wiedergegebenen Karikatur veranlaßten.

TAFEL 7

Über Sinn und Unsinn operationaler Definitionen

Als zynischen Beitrag zu der häufig zitierten operationalen Definition des Begriffes „Intelligenz" (Intelligenz ist das, was ein Intelligenztest mißt; s. u.) entwickelte Adler (1947) den folgenden, hier leicht abgewandelten Test zur Messung der Fähigkeit „C_n":

1. Wieviele Stunden haben Sie in der vergangenen Nacht geschlafen? ......
2. Schätzen Sie die Länge Ihrer Nase in Zentimetern und multiplizieren Sie diesen Wert mit 2. .....
3. Mögen Sie gefrorene Leber (notieren Sie +1 für Ja und –1 für Nein). ......
4. Wieviele Meter hat eine Seemeile? (Falls Sie es nicht wissen, nennen Sie den Wert, der Ihnen am wahrscheinlichsten erscheint.) ......

5. Schätzen Sie die Anzahl der Biergläser, die der Erfinder dieses Tests während seiner Erfindung getrunken hat. ......

Addieren Sie nun die oben notierten Werte. Die Summe stellt Ihren C_n-Wert dar. Sie verfügen über eine hohe C_n-Fähigkeit, wenn Ihre Punktzahl ...

Kommentar

Abgesehen von der Präzision der durchzuführenden mentalen Operationen und der statistischen Auswertung ist der C_n-Test purer Unsinn. Die Behauptung, C_n-Fähigkeit sei das, was der C_n-Test mißt, ist absolut unbefriedigend, solange die C_n-Fähigkeit nicht zuvor analytisch definiert wurde. Operationale Definitionen sind analytischen Definitionen nachgeordnet und damit für sich genommen bedeutungslos.

So sagt beispielsweise die häufig zitierte Behauptung, Intelligenz sei das, was Intelligenztests messen (Boring, 1923) zunächst nichts aus, auch wenn die zur Messung der Intelligenz vorgeschriebenen Operationen in einem Intelligenztest präzise festgelegt sind. Erst durch eine Bedeutungsanalyse bzw. eine analytische Definition des Begriffes Intelligenz kann nachvollzogen werden, ob die gewählten operationalen Indikatoren sinnvoll sind.

Nach Wechsler et al. (1964, S. 13) ist Intelligenz „die zusammengesetzte oder globale Fähigkeit des Individuums, zweckvoll zu handeln, vernünftig zu denken und sich mit seiner Umgebung wirkungsvoll auseinanderzusetzen". Diese zunächst noch recht globale Begriffsbestimmung wird dann im weiteren Begriff für Begriff näher ausgeführt. Sie endet mit der Aufzählung konkreter Einzelfähigkeiten wie „allgemeines Wissen und allgemeines Verständnis, rechnerisches Denken oder räumliches Vorstellungsvermögen". Erst auf dieser schon sehr konkreten Ebene der Begriffsbestimmung setzt die Operationalisierung der einzelnen postulierten Teilmerkmale der Intelligenz ein. Dies sind dann präzise formulierte Aufgaben mit vorgegebenen Antwortmöglichkeiten, die zu zehn Untertests zusammengefaßt den gesamten Intelligenztest ergeben (in diesem Beispiel den Hamburg-Wechsler-Intelligenztest für Erwachsene oder kurz HAWIE).

Sind diese analytischen Definitionen bekannt, macht es durchaus Sinn, Intelligenz als das, was der HAWIE mißt, zu definieren. Unabhängig hiervon können andere Wissenschaftlerinnen und Wissenschaftler der Intelligenz anders lautende analytische Definitionen geben (was auch tatsächlich geschieht), die ihrerseits eigene operationale Definitionen erfordern. Welche der konkurrierenden operationalen Intelligenzdefinitionen oder Intelligenztests „richtig" sind, kann gegenwärtig nicht entschieden werden. Ihre Brauchbarkeit hängt letztlich davon ab, wie sich die einzelnen Verfahren in der Praxis bewähren.

> **!** Eine *operationale Definition* standardisiert einen Begriff durch die Angabe der Operationen, die zur Erfassung des durch den Begriff bezeichneten Sachverhaltes notwendig sind, oder durch Angabe von meßbaren Ereignissen, die das Vorliegen dieses Sachverhaltes anzeigen (Indikatoren).

Probleme der Operationalisierung: Eine operationale Definition setzt grundsätzlich eine ausführliche Bedeutungsanalyse des zu definierenden Begriffes voraus. Diese hat eventuell bereits vorliegende wissenschaftliche Auseinandersetzungen mit dem Begriff zu berücksichtigen. Den Begriff „Frustration" als „ein unangenehmes Schuldgefühl, das sich bei Mißerfolgen einstellt" zu definieren, wäre sicherlich nicht falsch; die Definition übersieht jedoch, daß aus Motivationstheorien bereits einiges über Frustration bekannt ist.

Aber auch präzise analytische Definitionen lassen häufig verschiedenartige Operationalisierungen zu. Frustration ist ein sehr allgemeiner Begriff, der bei Kindern beispielsweise dadurch operationalisiert werden kann, daß man ihnen interessantes Spielzeug zeigt, ohne sie damit spielen zu lassen, daß man ihnen versprochene Belohnungen vorenthält, daß man ihre Freizeit stark reglementiert etc.

Hierbei spielt es keine Rolle, ob die mit einem Begriff gekennzeichnete Variable in einer hypothesenprüfenden Untersuchung als unabhängige Variable oder als abhängige Variable eingesetzt wird. Handelt es sich um eine unabhängige Variable, die vom Untersuchungsleiter manipuliert werden kann, genügt es häufig, nur eine Ausprägung der unabhängigen Variablen experimentell herzustellen, deren Bedeutung durch Vergleich mit einer Kontrollgruppe eruiert wird (z.B. eine frustrierte Kindergruppe im Vergleich zu einer nicht frustrierten Gruppe). Bei der Operationalisierung der abhängigen Variablen ist hingegen darauf zu achten, daß diese in möglichst differenzierten Abstufungen gemessen werden kann (vgl. hierzu Abschnitt 2.3.6 über meßtheoretische Probleme).

Die Bedeutungsanalyse eines Begriffes, der eine Variable charakterisiert, schreibt selten zwingend vor, wie der Begriff zu operationalisieren ist. Sixtl (1993, S. 24) verwendet in diesem Zusammenhang das Bild von einem „ausgeleierten Schloß", das sich von vielen Schlüsseln öffnen läßt. Dieser scheinbare Nachteil kann jedoch für eine weitergehende Bedeutungsanalyse fruchtbar gemacht werden. Führen nämlich verschiedene Operationalisierungen desselben Begriffes zu widersprüchlichen Resultaten, ist der Begriff offensichtlich noch nicht präzise genug analysiert (vgl. hierzu auch Schnell et al., 1999, S. 73 ff.). Das Nebeneinander verschiedener, einander widersprechender Operationalisierungen ist daher immer ein sicherer Hinweis darauf, daß sich die Operationalisierungen auf verschiedene Begriffe beziehen und daß damit eine präzisere Bedeutungsanalyse erforderlich ist (vgl. hierzu auch Punkt 4 der Position Bridgmans auf S. 66).

Operationale und analytische Definitionen tragen wechselseitig zu ihrer Präzisierung bei. Wiederum entscheidet der Stand der Forschung über die Genauigkeit der analytischen Definition eines Begriffes und damit auch über die Eindeutigkeit einer Operationalisierung.

Operationalisierungsvarianten: Eine abhängige Variable sollte sensibel und reliabel auf die durch das Treatment bzw. die unabhängige Variable ausgelösten Effekte reagieren. Hierfür sind die im folgenden genannten 5 Operationalisierungsvarianten (nach Conrad und Maul, 1981, S. 151) besonders geeignet:

- *Häufigkeit:* Wie oft tritt ein bestimmtes Verhalten auf? (Beispiel: Anzahl der Fehler in einem Diktat, Häufigkeit der Blickkontakte, Häufigkeit von Sprechpausen)
- *Reaktionszeit:* Wieviel Zeit vergeht, bis eine Person nach Auftreten eines Stimulus reagiert? (Beispiel: Reaktionslatenz nach Auftreten eines unerwarteten Verkehrshindernisses, Reaktionszeit bis zum Deuten einer Rorschach-Tafel)
- *Reaktionsdauer:* Wie lange reagiert eine Person auf einen Stimulus? (Beispiel: Lösungszeit für eine Mathematikaufgabe, Verweildauer des Auges auf einem bestimmten Bildausschnitt)
- *Reaktionsstärke:* Wie intensiv reagiert eine Person auf einen Stimulus? (Beispiel: Stärke der Muskelanspannung als Indikator für Aggressivität, Rating-Skalen, Schreibdruck)
- *Wahlreaktionen:* Welche Wahl trifft eine Person angesichts mehrerer Wahlmöglichkeiten? (Beispiel: Paarvergleichsurteil, Mehrfachwahlaufgaben, Präferenzurteile; vgl. hierzu die Abschnitte 4.2.2, 4.2.3 und 4.3.5).

Die Art der Operationalisierung entscheidet über das Skalierungsniveau der abhängigen Variablen (vgl. Abschnitt 2.3.6), das seinerseits bestimmt, wie das Merkmal statistisch auszuwerten ist bzw. welcher Signifikanztest zur Hypothesenprüfung herangezogen werden sollte. Üblicherweise wird man sich um intervallskalierte abhängige Varia-

blen bemühen bzw. die Operationalisierung so anlegen, daß keine triftigen Gründe gegen die Annahme einer Intervallskala sprechen (vgl. hierzu auch S. 71 f.). In diesem Sinne unproblematisch dürften die ersten vier Operationalisierungsvarianten sein; sind als abhängige Variablen Wahlreaktionen vorgesehen, helfen ggf. die in Abschnitt 4.2.2 genannten Skalierungsverfahren zur Entwicklung einer Intervallskala bzw. die auf S. 214 f. behandelten Mehrfachwahlaufgaben weiter.

2.3.6
Meßtheoretische Probleme

Mit Fragen der Operationalisierung sind meßtheoretische Probleme verknüpft. Ist – wie in den meisten Fällen – eine statistische Auswertung der Untersuchungsergebnisse erforderlich (für hypothesenprüfende Untersuchungen stehen hierfür die Methoden der Inferenzstatistik und für erkundende Untersuchungen die Methoden der deskriptiven Statistik zur Verfügung), sollte in der Planungsphase geklärt werden, wie die zu untersuchenden Merkmale quantifiziert bzw. gemessen werden sollen. Kapitel 4 (Datenerhebung) faßt die wichtigsten, in den Human- und Sozialwissenschaften gebräuchlichen quantitativen Meßmethoden zusammen. Die meßtheoretische Einschätzung der dort beschriebenen Verfahren sowie die Auswahl geeigneter statistischer Auswertungsmethoden setzen ein Mindestmaß an meßtheoretischen Kenntnissen voraus, die im folgenden vermittelt werden.

Für diejenigen, die sich mit dieser anspruchsvollen Materie ausführlicher befassen wollen, seien die Arbeiten von Coombs et al. (1975), Gigerenzer (1981), Niederée und Narens (1996), Orth (1974, 1983), Pfanzagl (1971), Roberts (1979), Steyer und Eid (1993) oder Suppes und Zinnes (1963) empfohlen.

Was ist Messen?
Messen wird in der Alltagssprache meistens mit physikalischen Vorstellungen in Verbindung gebracht. Dabei bezeichnet man als *fundamentale Messungen* das Bestimmen einer (Maß-)Zahl als das Vielfache einer Einheit (z. B. Messungen mit einem Zollstock oder einer Balkenwaage). Für derartige Messungen ist der Begriff „*Einheit*" zen-

tral. Man wählt hierfür eine in der Natur vorgegebene Größe (wie z.B. die Ladung eines Elektrons als Einheit des Merkmals „elektrische Ladung") oder man legt aus Gründen der Zweckmäßigkeit willkürlich eine Größe als Normeinheit fest (z.B. der in Paris niedergelegte „Archivmeter"). Eine physikalische Messung besteht darin, möglichst genau festzustellen, wie oft die gewählte Merkmalseinheit in dem zu messenden Objekt enthalten ist.

Eine Übertragung dieser Meßvorstellung auf die Sozialwissenschaften scheitert daran, daß „Einheiten" in diesem Sinne in den Sozialwissenschaften bislang fehlen. Dennoch sind auch hier – allerdings mit einer weiter gefaßten Meßkonzeption – Meßoperationen möglich.

Allgemein formuliert besteht eine Meßoperation im Zuordnen von Zahlen zu Objekten. Die logisch-mathematische Analyse dieser Zuordnungen und die Spezifizierung von Zuordnungsregeln sind Aufgaben der Meßtheorie. Die wichtigsten hierbei zu lösenden Probleme betreffen

- die Repräsentation empirischer Objektrelationen durch Relationen der Zahlen, die den Objekten zugeordnet werden,
- die Eindeutigkeit der Zuordnungsregeln sowie
- die Bedeutsamkeit der mit Meßvorgängen verbundenen numerischen Aussagen.

Diese drei Problembereiche seien im folgenden kurz erläutert (ausführlicher hierzu vgl. z.B. Orth, 1983, oder Steyer und Eid, 1993).

Repräsentationsproblem: Zur Darlegung des Repräsentationsproblems gehen wir von einem *empirischen Relativ* (oder Relationensystem) aus, das aus einer Menge von Objekten sowie einer oder mehreren Relationen besteht, welche die Art der Beziehung der Objekte untereinander charakterisieren. Dieses empirische Relativ wird in ein *numerisches Relativ* abgebildet, deren Zahlen so geartet sein müssen, daß sie die Objektrelationen des empirischen Relativs korrekt repräsentieren. Eine Abbildung mit dieser Eigenschaft bezeichnet man als *homomorph* bzw. strukturerhaltend.

Ein empirisches Relativ, ein numerisches Relativ sowie eine die beiden Relative homomorph verknüpfende Abbildungsfunktion konstituieren eine *Skala*. Als Antwort auf die oben gestellte Fra-

ge: „Was ist Messen?" formulieren wir nach Orth (1983, S. 138):

> **!** *Messen* ist eine Zuordnung von Zahlen zu Objekten oder Ereignissen, sofern diese Zuordnung eine homomorphe Abbildung eines empirischen Relativs in ein numerisches Relativ ist.

Beispiel: Ein empirisches Relativ möge aus 10 Tennisspielern sowie der zweistelligen Relation „spielerische Überlegenheit" bestehen. Die spielerische Überlegenheit wird in einem Turnier „Jeder gegen Jeden" ermittelt. Ein Spieler i sei einem Spieler j überlegen, wenn er diesen schlägt. Dieser Sachverhalt wird durch i≻j (i schlägt j) zum Ausdruck gebracht. Den 10 Spielern sind nun in der Weise Zahlen $\varphi(i)$, $\varphi(j)$, $\varphi(k)$, ... zuzuordnen, daß für jedes Spielerpaar mit i≻j die Zahlenrelation $\varphi(i)>\varphi(j)$ gilt. Die so resultierende Skala heißt Rang- bzw. Ordinalskala.

Wenn man unterstellt, daß das Merkmal „Spielstärke" kontinuierlich ist, die 10 Spieler auf diesem Kontinuum unterschiedliche Positionen einnehmen und diese „wahre" Spielstärke allein über den Ausgang eines jeden Spieles entscheidet, wären die Rangzahlen 1 (schlechtester Spieler) bis 10 (bester Spieler) geeignet, das empirische Relativ homomorph bzw. strukturerhaltend abzubilden.

Man bedenke jedoch, daß aus i≻j und j≻k nicht unbedingt i≻k folgen muß, denn ein dem Spieler j unterlegener Spieler k könnte durchaus Spieler i schlagen (k≻i), auch wenn Spieler i seinerseits Spieler j besiegt hat. Die Abbildung der Objekte i, j und k mit $\varphi(i)=3$, $\varphi(j)=2$ und $\varphi(k)=1$ wäre in diesem Falle nicht strukturerhaltend, weil die empirische Relation k≻i der numerischen Relation $\varphi(k)<\varphi(i)$ widerspricht.

Die Meßbarkeit eines Merkmals ist also an Bedingungen (Axiome) geknüpft, die im empirischen Relativ erfüllt sein müssen. Diese Bedingungen werden in einem *Repräsentationstheorem* zusammengefaßt, das die Existenz einer Skala behauptet, wenn diese Bedingungen erfüllt sind. In unserem Beispiel wäre das sogenannte Transitivitätsaxiom verletzt, wenn für eine beliebige Dreiergruppe von Spielern i≻j und j≻k, aber nicht i≻k gilt. (Auf die Möglichkeit äquivalenter Spielstärken gehen wir auf S. 71 ein.)

> **!** Unter einer *Skala* versteht man ein empirisches Relativ, ein numerisches Relativ und eine die beiden Relative verknüpfende, homomorphe Abbildungsfunktion. Die Meßbarkeit eines Merkmals bzw. die Konstruierbarkeit einer Skala ist an Bedingungen geknüpft.

Eindeutigkeitsproblem: Mit dem Eindeutigkeitsproblem verbindet sich die Frage, ob sich die Abbildungsfunktion φ so in eine andere Abbildungsfunktion φ' transformieren läßt, daß die Eigenschaften der Skala erhalten bleiben. Die Lösung des Eindeutigkeitsproblems besteht dann in der Angabe von Transformationen, gegenüber denen die Skaleneigenschaften invariant sind. Man sagt, eine Messung sei eindeutig bis auf die in diesem Sinne zulässigen Transformationen der ursprünglichen Skala.

Im Beispiel wurden den 10 Tennisspielern die Rangzahlen 1 bis 10 zugeordnet. Sind die Bedingungen für eine Ordinalskala erfüllt, ist davon auszugehen, daß ein Spieler mit einer höheren Zahl einen Spieler mit einer niedrigeren Zahl besiegt. Dieser Informationsgehalt bliebe erhalten, wenn man zu den Rangzahlen 1 bis 10 eine konstante Zahl addiert, wenn man sie mit einer konstanten Zahl c (c>o) multipliziert oder wenn man sie so verändert, daß die Größer-kleiner-Relationen zwischen den ursprünglichen Rangzahlen nicht verändert werden. Transformationen mit dieser Eigenschaft bezeichnet man allgemein als *monotone Transformationen*, so daß wir formulieren können: Messungen auf einer Rang- oder Ordinalskala sind eindeutig bis auf hier zulässige monotone Transformationen.

Bedeutsamkeitsproblem: Unter dem Stichwort Bedeutsamkeit wird gefragt, welche mathematischen Operationen mit den erhobenen Messungen sinnvoll sind. Daß die Beantwortung dieser Frage von der Lösung des Eindeutigkeitsproblems abhängt, läßt sich an unserem Beispiel leicht verdeutlichen: Weder die Aussage: „Spieler i ist doppelt so spielstark wie Spieler j" noch die Aussage: „Spieler i und j unterscheiden sich in ihrer Spielstärke in gleicher Weise wie die Spieler k und l" ist wegen der für Rangskalen zulässigen monotonen Transformation sinnvoll. Addieren wir zu den Rangzahlen 1 und 2 z.B. den Wert 100, bleibt die Größer-Kleiner-Relation zwar erhalten (101<102); das

Verhältnis der Zahlen zueinander hat sich jedoch drastisch verändert. Daß der Vergleich von Spielstärkeunterschieden keinen Sinn macht, verdeutlichen folgenden Zahlen: Die Messungen $\varphi(i)=1$, $\varphi(j)=3$, $\varphi(k)=7$ und $\varphi(l)=9$ könnten vermuten lassen, daß der Unterschied zwischen i und j genauso groß sei wie der Unterschied zwischen k und l. Da es sich hierbei jedoch um Messungen auf einer Rangskala handelt, sind monotone Transformationen wie z.B.

$$
\begin{array}{lll}
\varphi'(i) = 1{,}1 & \text{oder} & \varphi''(i) = 1{,}2 \\
\varphi'(j) = 2{,}8 & '' & \varphi''(j) = 3{,}8 \\
\varphi'(k) = 6{,}9 & '' & \varphi''(k) = 7{,}9 \\
\varphi'(l) = 9{,}3 & '' & \varphi''(l) = 8{,}1
\end{array}
$$

zulässig. Bei beiden Transformationen sind die Größer-kleiner-Relationen unverändert; die Spielstärkeunterschiede variieren jedoch beträchtlich: Bei der ersten Transformation wäre der Unterschied zwischen i und j kleiner und bei der zweiten Transformation größer als der Unterschied zwischen k und l. Meßwertdifferenzen (oder auch Summen oder Mittelwerte) machen also bei Rangskalen keinen Sinn.

Allgemein sagen wir, daß eine numerische Aussage dann „bedeutsam" ist, wenn sie sich unter den für eine Skala zulässigen Transformationen nicht verändert. Bei Rangzahlen sind nur diejenigen statistischen Verfahren zulässig, die lediglich die Größer-kleiner-Relation der Messungen nutzen (eine kritische Analyse der Bedeutsamkeitsproblematik, auch im Hinblick auf die im folgenden zu behandelnden Skalenarten, findet man bei Niederée und Mausfeld, 1996a, b).

Skalenarten

Im folgenden werden die vier wichtigsten Skalenarten vorgestellt. Dabei werden die für eine Skalenart jeweils gebräuchlichste Meßstruktur sowie die Art ihrer Repräsentation im numerischen Relativ kurz beschrieben. Auf eine Behandlung der Axiomatik der Skalen wird unter Verweis auf die bereits erwähnte Spezialliteratur (S. 68) verzichtet. Ferner werden Eindeutigkeit und Bedeutsamkeit der Skala diskutiert. Die Behandlung der Skalen erfolgt hierarchisch, beginnend mit einfachen, relativ ungenauen Messungen bis hin zu exakten, vor allem in den Naturwissenschaften gebräuchlichen Messungen.

Nominalskala: Eine Nominalskala setzt ein empirisches Relativ mit einer gültigen *Äquivalenzrelation* voraus. Äquivalente Objekte bzw. Objekte mit identischen Merkmalsausprägungen erhalten identische Zahlen, und Objekte mit verschiedenen Merkmalsausprägungen erhalten verschiedene Zahlen.

> ! Eine *Nominalskala* ordnet den Objekten eines empirischen Relativs Zahlen zu, die so geartet sind, daß Objekte mit gleicher Merkmalsausprägung gleiche Zahlen und Objekte mit verschiedener Merkmalsausprägung verschiedene Zahlen erhalten.

Ein empirisches Relativ mit einer gültigen Äquivalenzrelation bezeichnet man als eine *klassifikatorische Meßstruktur*. Die Auswahl der Zahlen, die den Objektklassen zugeordnet werden, ist für eine Nominalskala unerheblich, solange gewährleistet ist, daß äquivalente Objekte durch identische und nicht-äquivalente Objekte durch verschiedene Zahlen abgebildet werden. Vier verschiedenen Parteien könnten also die Zahlen 1, 2, 3 und 4 zugeordnet werden oder auch andere Zahlen wie z.B. 2, 6, 5 und 1. Wir sagen: Die quantitativen Aussagen einer Nominalskala sind gegenüber beliebigen eindeutigen Transformationen invariant.

Unter dem Gesichtspunkt der Bedeutsamkeit ist wegen der für Nominalskalen zulässigen *Eindeutigkeitstransformation* festzustellen, daß nur Aussagen über die Besetzungszahlen bzw. Häufigkeiten für Objektklassen bedeutsam sind. Dementsprechend beschränken sich mathematisch-statistische Operationen für Nominaldaten auf die Analyse von Häufigkeitsverteilungen (vgl. hierzu z.B. Bortz, 1999, Kap. 5.3). Klassifikatorische Begriffe spielen in der qualitativen Forschung eine zentrale Rolle (vgl. Abschnitt 5.1.1).

Ordinalskala: Eine Ordinalskala erfordert ein empirisches Relativ, für deren Objektmenge eine sog. *schwache Ordnungsrelation* gilt. Dies bedeutet, daß bei einem beliebigen Objektpaar a und b entscheidbar sein muß, welches Objekt über das andere bezüglich eines untersuchten Kriteriums dominiert, oder ob beide Objekte äquivalent sind. Ferner ist die bereits erwähnte Transitivität gefordert, nach der bei Dominanz von a über b und bei Dominanz von b über c das Objekt a auch über c dominieren muß. Dominiert ein Objekt a

über ein Objekt b, erhält das Objekt a eine Zahl, die größer ist als die dem Objekt b zugeordnete Zahl. Sind Objekte äquivalent, erhalten sie eine identische Zahl.

> ! Eine *Ordinalskala* ordnet den Objekten eines empirischen Relativs Zahlen zu, die so geartet sind, daß von jeweils zwei Objekten das dominierende Objekt die größere Zahl erhält. Bei Äquivalenz sind die Zahlen identisch.

Einer Ordinalskala ist die Rangfolge der untersuchten Objekte bezüglich eines Dominanzkriteriums zu entnehmen (z.B. Beliebtheit von Schülern, gesellschaftliches Prestige von Berufen, Verwerflichkeit von Strafdelikten). Eine Ordinalskala wird deshalb auch *Rangskala* genannt, wobei äquivalente Objekte Verbundränge erforderlich machen (vgl. S. 155).

Messungen auf einer Ordinalskala sind eindeutig bis auf hier zulässige *monotone Transformationen*, also Transformationen, durch die die Größer-kleiner-Relationen der Objektmessungen nicht verändert werden. Dementsprechend sind diejenigen quantitativen Aussagen bedeutsam, die gegenüber monotonen Transformationen invariant sind. Die statistische Analyse von Ordinaldaten läuft also auf die Auswertung von Ranginformationen hinaus, über die z.B. bei Bortz et al. (2000, Kap. 6 bzw. Abschnitt 8.2) oder bei Bortz und Lienert (1998, Kap. 3 bzw. Abschnitt 5.2) berichtet wird.

Intervallskala: Eine Intervallskala erfordert ein empirisches Relativ, für das eine *schwache Ordnungsstruktur der Dominanzrelationen* aller Objektpaare gilt. Anders als bei einer Ordinalskala, bei der die Frage, wie stark ein Objekt über ein anderes dominiert, unerheblich ist, wird hier also gefordert, daß die paarweisen Dominanzrelationen nach ihrer Stärke in eine Rangordnung gebracht werden können. Interpretieren wir eine Dominanzrelation für a und b als Merkmalsunterschied zwischen den Objekten a und b, impliziert die Existenz einer schwachen Ordnungsrelation der Objektpaare, daß die Größe des Unterschiedes bei jedem Objektpaar bekannt ist.

Dieses empirische Relativ wird mit dem numerischen Relativ durch folgende Zuordnungsfunktion verknüpft: Wenn der Unterschied zwischen zwei Objekten a und b mindestens so groß ist wie der Unterschied zwischen zwei Objekten c und d, ist die Differenz der den Objekten a und b zugeordneten Zahlen $\varphi(a)-\varphi(b)$ mindestens so groß wie die Differenz der den Objekten c und d zugeordneten Zahlen $\varphi(c)-\varphi(d)$.

> ! Eine *Intervallskala* ordnet den Objekten eines empirischen Relativs Zahlen zu, die so geartet sind, daß die Rangordnung der Zahlendifferenzen zwischen je zwei Objekten der Rangordnung der Merkmalsunterschiede zwischen je zwei Objekten entspricht.

Für eine Intervallskala gilt, daß gleich große Merkmalsunterschiede durch äquidistante Zahlen abgebildet werden, d.h. identische Meßwertunterschiede zwischen Objektpaaren entsprechen identischen Merkmalsunterschieden. Hieraus folgt, daß Zahlenintervalle wie z.B. 1 bis 2, 2 bis 3, 3 bis 4 etc. gleich große Merkmalsunterschiede abbilden.

Ein Beispiel für eine Intervallskala ist die Celsiusskala (C). Der Temperaturunterschied zwischen 2°C und 4°C ist genauso groß wie z.B. der Temperaturunterschied zwischen 3°C und 5°C, und die Intervalle 1°C bis 2°C, 2°C bis 3°C, 3°C bis 4°C etc. bilden gleich große Temperaturunterschiede ab. Man beachte, daß vergleichbare Aussagen für Ordinalskalen nicht gültig sind.

Eine Intervallskala ist eindeutig bis auf für sie zulässige *lineare Transformationen:* $\varphi'=\beta\cdot\varphi+\alpha$ ($\beta\neq0$). Durch β und α werden die Einheit und der Ursprung der Intervallskala im numerischen Relativ festgelegt. Die Celsiusskala beispielsweise wird durch folgende lineare Transformation in die Fahrenheitskala (F) überführt: $F=\frac{9}{5}C+32$. Auch die Fahrenheitskala bildet identische Temperaturunterschiede durch äquidistante Zahlenintervalle ab.

Bei einer Intervallskala ist die Bedeutung einer numerischen Aussage gegenüber linearen Transformationen invariant. Dies gilt für Differenzen, Summen bzw. auch Mittelwerte von intervallskalierten Meßwerten. Die am häufigsten eingesetzten statistischen Verfahren gehen von intervallskalierten Daten aus.

Verhältnisskala: Im empirischen Relativ einer Verhältnisskala sind typischerweise neben einer schwachen Ordnungsrelation der Objekte *Verknüpfungsoperationen* definiert wie z.B. das Aneinanderlegen zweier Bretter oder das Abwiegen von zwei Objekten in einer Waagschale. Dem Verknüpfungsoperator entspricht im numerischen Relativ die Addition.

Bei Merkmalen wie Länge oder Gewicht, auf die der Verknüpfungsoperator sinnvoll angewendet werden kann, sind Aussagen wie: „Durch das Zusammenlegen zweier Bretter a und b resultiert eine Brettlänge, die dem Brett c entspricht" oder: „Zwei Objekte d und e haben gemeinsam das doppelte Gewicht von f" möglich. Man beachte, daß derartige Aussagen bei intervallskalierten Merkmalen nicht zulässig sind, denn weder die Aussage: „An einem Tag mit einer Durchschnittstemperatur von 10°C ist es doppelt so warm wie an einem Tag mit einer Durchschnittstemperatur von 5°C" noch die Aussage: „Durch das Zusammenfügen der Intelligenz zweier Personen a und b resultiert die Intelligenz einer Person c" macht Sinn.

Ein empirisches Relativ mit den o.g. Eigenschaften bezeichnet man als *extensive Meßstruktur.* Man erhält eine Verhältnisskala, wenn ein empirisches Relativ mit einer extensiven Meßstruktur wie folgt in ein numerisches Relativ abgebildet wird: Einem Objekt a, dessen Merkmalsausprägung mindestens so groß ist wie die eines Objektes b, wird eine Zahl $\varphi(a)$ zugeordnet, die mindestens so groß ist wie $\varphi(b)$. Die Zahl, die der Merkmalsausprägung zugeordnet wird, die sich durch die Verknüpfung von a und b ergibt, entspricht der Summe der Zahlen für a und b. Hieraus folgt (vgl. Helmholtz, 1887, 1959; zitiert nach Steyer und Eid, 1993, Kap. 8.1):

> ! Eine *Verhältnisskala* ordnet den Objekten eines empirischen Relativs Zahlen zu, die so geartet sind, daß das Verhältnis zwischen je zwei Zahlen dem Verhältnis der Merkmalsausprägungen der jeweiligen Objekte entspricht.

Messungen auf Verhältnisskalen sind eindeutig bis auf hier zulässige *Ähnlichkeitstransformationen* vom Typus $\varphi'=\beta\cdot\varphi$ ($\beta>0$). Beispiele für diese Transformationen sind das Umrechnen von Meter in Zentimeter oder Inches, von Kilogramm in Gramm oder Unzen, von DM in Dollar, von Minuten in Sekunden. Man beachte, daß die Ähnlichkeitstransformation – anders als die für Intervallskalen zulässige lineare Transformation – den

Ursprung der Verhältnisskala, der typischerweise dem Nullpunkt des Merkmals entspricht, nicht verändert.

Die Bedeutung einer numerischen Aussage über verhältnisskalierte Messungen ist gegenüber Ähnlichkeitstransformationen invariant. Für die Aussage: „Ein Objekt a kostet doppelt soviel wie ein Objekt b" ist es unerheblich, ob die Objektpreise z.B. in DM oder Dollar angegeben sind.

Verhältnisskalen kommen in der sozialwissenschaftlichen Forschung (mit sozialwissenschaftlichen Merkmalen) nur selten vor. Dementsprechend finden sie in der sozialwissenschaftlichen Statistik kaum Beachtung. Da jedoch Verhältnisskalen genauere Messungen ermöglichen als Intervallskalen, sind alle mathematischen Operationen bzw. statistischen Verfahren für Intervallskalen auch für Verhältnisskalen gültig. Man verzichtet deshalb häufig auf eine Unterscheidung der beiden Skalen und bezeichnet sie zusammengenommen als *Kardinalskalen*.

Zusammenfassung: Tabelle 2 faßt die hier behandelten Skalenarten sowie einige typische Beispiele noch einmal zusammen. Die genannten „möglichen Aussagen" sind invariant gegenüber den jeweils zulässigen skalenspezifischen Transformationen.

Ein Vergleich der vier Skalen zeigt, daß die Messungen mit zunehmender Ordnungsziffer der Skala genauer werden. Während eine Nominalskala lediglich Äquivalenzklassen von Objekten numerisch beziffert, informieren die Zahlen einer Ordinalskala zusätzlich darüber, bei welchen Objekten das Merkmal stärker bzw. weniger stark ausgeprägt ist. Eine Intervallskala ist der Ordinalskala überlegen, weil hier die Größe eines Merkmalsunterschiedes bei zwei Objekten genau quantifiziert wird. Eine Verhältnisskala schließlich gestattet zusätzlich Aussagen, die die Merkmalsausprägungen verschiedener Objekte zueinander ins Verhältnis setzen.

Praktische Konsequenzen: Nachdem in den letzten Abschnitten meßtheoretische Probleme erörtert und die wichtigsten Skalenarten einführend behandelt wurden, stellt sich die Frage, welche praktischen Konsequenzen hieraus für die Anlage einer empirischen Untersuchung abzuleiten sind.

Tabelle 2. Die vier wichtigsten Skalenarten

Skalenart	Mögliche Aussagen	Beispiele
1. Nominalskala	Gleichheit Verschiedenheit	Telefonnummern Krankheitsklassifikationen
2. Ordinalskala	Größer-kleiner-Relationen	Militärische Ränge Windstärken
3. Intervallskala	Gleichheit von Differenzen	Temperatur (z. B. Celsius) Kalenderzeit
4. Verhältnisskala	Gleichheit von Verhältnissen	Längenmessung Gewichtsmessung

Die Antwort auf diese Frage folgt den bereits bei Bortz (1999, S. 27f.) genannten Ausführungen.

Empirische Sachverhalte werden durch die vier in Tabelle 2 genannten Skalenarten unterschiedlich genau abgebildet. Die hieraus ableitbare Konsequenz für die Planung empirischer Untersuchungen liegt auf der Hand: Bieten sich bei einer Quantifizierung mehrere Skalenarten an, sollte diejenige mit dem höchsten *Skalenniveau* gewählt werden. Erweist sich im Nachhinein, daß die erhobenen Daten dem angestrebten Skalenniveau letztlich nicht genügen, besteht die Möglichkeit, die erhobenen Daten auf ein niedrigeres Skalenniveau zu transformieren (Beispiel: zur Operationalisierung des Merkmals „Schulische Reife" sollten Experten intervallskalierte Punkte vergeben. Im Nachhinein stellte sich heraus, daß die Experten mit dieser Aufgabe überfordert waren, so daß man beschließt, für weitere Auswertungen nur die aus den Punktzahlen ableitbare Rangfolge der Kinder zu verwenden.). Eine nachträgliche Transformation auf ein höheres Skalenniveau ist hingegen nicht möglich.

Wie jedoch – so lautet die zentrale Frage – wird in der Forschungspraxis entschieden, auf welchem Skalenniveau ein bestimmtes Merkmal gemessen wird? Ist es erforderlich bzw. üblich, bei jedem Merkmal die gesamte Axiomatik der mit einer Skalenart verbundenen Meßstruktur empirisch zu überprüfen? Kann man – um im obengenannten Beispiel zu bleiben – wirklich guten Gewissens behaupten, die Punktzahlen zur „Schulischen Reife" seien, wenn schon nicht intervallskaliert, doch zumindest ordinalskaliert?

Sucht man in der Literatur nach einer Antwort auf diese Frage, wird man feststellen, daß hierzu unterschiedliche Auffassungen vertreten werden (z. B. Wolins, 1978). Unproblematisch und im allgemeinen ungeprüft ist die Annahme, ein Merkmal sei nominalskaliert. Biologisches Geschlecht, Parteizugehörigkeit, Studienfach, Farbpräferenzen, Herkunftsland etc. sind Merkmale, deren Nominalskalenqualität unstrittig ist.

Weniger eindeutig fällt die Antwort jedoch aus, wenn es darum geht zu entscheiden, ob Schulnoten, Testwerte, Einstellungsmessungen, Schätz-(Rating-)skalen o.ä. ordinal- oder intervallskaliert sind. Hier eine richtige Antwort zu finden, ist insoweit von Bedeutung, als die Berechnung von Mittelwerten und anderen wichtigen statistischen Maßen nur bei intervallskalierten Merkmalen zu rechtfertigen ist, d.h. für ordinalskalierte Daten sind andere statistische Verfahren einzusetzen als für intervallskalierte Daten.

Die übliche Forschungspraxis verzichtet auf eine empirische Überprüfung der jeweiligen Skalenaxiomatik. Die meisten Messungen sind „per-fiat"-Messungen (Messungen „durch Vertrauen"), die auf Erhebungsinstrumenten (Fragebögen, Tests, Ratingskalen etc.) basieren, von denen man annimmt, sie würden das jeweilige Merkmal auf einer Intervallskala messen. Es kann so der gesamte statistische „Apparat" für Intervallskalen eingesetzt werden, der erheblich differenziertere Auswertungen ermöglicht als die Verfahren für Ordinal- oder Nominaldaten (vgl. hierzu auch Davison und Sharma, 1988 oder Lantermann, 1976).

Hinter dieser „liberalen" Auffassung steht die Überzeugung, daß die Bestätigung einer Forschungshypothese durch die Annahme eines falschen Skalenniveaus eher erschwert wird. Anders formuliert: Läßt sich eine inhaltliche Hypothese empirisch bestätigen, ist dies gleichzeitig ein Beleg für die Richtigkeit der skalentheoretischen Annahme. Wird eine inhaltliche Hypothese hingegen empirisch widerlegt, sollte dies ein Anlaß sein, auch die Art der Operationalisierung des Merkmals und damit das Skalenniveau der Daten zu problematisieren. Wie bereits im Abschnitt 2.3.5 festgestellt, kann die Analyse von Meßoperationen erheblich zur Präzisierung der geprüften Theorie beitragen.

2.3.7
Auswahl der Untersuchungsobjekte

Liegen befriedigende Operationalisierungen der interessierenden Variablen einschließlich ihrer meßtheoretischen Bewertung vor, stellt sich im Planungsprozeß als nächstes die Frage, an welchen bzw. an wievielen Untersuchungsobjekten die Variablen erhoben werden sollen. Wie bereits im Abschnitt 1.1.1 erwähnt, verwenden wir den Begriff *Untersuchungsobjekt* sehr allgemein; er umfaßt z. B. Kinder, alte Personen, Depressive, Straffällige, Beamte, Arbeiter, Leser/innen einer bestimmten Zeitung, Studierende etc., aber auch – je nach Fragestellung – z. B. Tiere, Häuser, Schulklassen, Wohnsiedlungen, Betriebe, Nationen oder ähnliches. (Die Problematik vergleichender tierpsychologischer Untersuchungen diskutieren Pritzel und Markowitsch, 1985.) Wir behandeln im folgenden Probleme, die sich mit der Auswahl von Personen als Untersuchungsobjekte oder besser: Untersuchungsteilnehmern verbinden, Besonderheiten, die sich bei studentischen Untersuchungsteilnehmern ergeben und das Thema „freiwillige Untersuchungsteilnahme".

Art und Größe der Stichprobe
Für explorative Studien ist es weitgehend unerheblich, wie die Untersuchungsteilnehmer aus der interessierenden Population ausgewählt werden. Es sind anfallende *Kollektive* unterschiedlicher Größe oder auch einzelne Untersuchungsteilnehmer, deren Beobachtung oder Beschreibung interessante Hypothesen versprechen.

Untersuchungen zur Überprüfung von Hypothesen oder zur Ermittlung generalisierbarer Stichprobenkennwerte stellen hingegen höhere Anforderungen an die Auswahl der Untersuchungseinheiten. Über Fragen der Repräsentativität von Stichproben, die in derartigen Untersuchungen zu erörtern sind, berichtet ausführlich Abschnitt 7.1.1.

Die Festlegung des Stichprobenumfanges sollte ebenfalls in der Planungsphase erfolgen. Verbindliche Angaben lassen sich hierfür jedoch nur machen, wenn eine hypothesenprüfende Untersuchung mit vorgegebener Effektgröße geplant wird (vgl. Abschnitt 9.2). Für die Größe von Stichproben, mit denen unspezifische Hypothesen geprüft werden (vgl. Kap. 8), gibt es keine genauen Richtlinien. Wir wollen uns hier mit dem Hinweis begnügen, daß die Wahrscheinlichkeit, eine unspezifische Forschungshypothese zu bestätigen, mit zunehmendem Stichprobenumfang wächst.

Anwerbung von Untersuchungsteilnehmern

Für die Anwerbung der Untersuchungsteilnehmer gelten einige Regeln, deren Beachtung die Anzahl der *Verweigerer* häufig drastisch reduziert. Zunächst ist es wichtig, potentielle Untersuchungsteilnehmer individuell und persönlich anzusprechen, unabhängig davon, ob dies in mündlicher oder schriftlicher Form geschieht. Ferner sollte das Untersuchungsvorhaben – soweit die Fragestellung dies zuläßt – inhaltlich erläutert werden mit Angaben darüber, wem die Untersuchung potentiell zugute kommt (vgl. Abschnitt 2.2.2). Verspricht die Untersuchung Ergebnisse, die auch für den einzelnen Untersuchungsteilnehmer interessant sein könnten, ist dies besonders hervorzuheben. Hierbei dürfen Angaben darüber, wie und wann der Untersuchungsteilnehmer seine individuellen Ergebnisse erfahren kann, nicht fehlen. Nach Rosenthal und Rosnow (1975) wirkt sich die Anwerbung durch eine Person mit einem möglichst hohen sozialen Status besonders günstig auf die Bereitschaft aus, an der Untersuchung teilzunehmen.

Der in Tafel 8 (auszugsweise) wiedergegebene „Brief einer Versuchsperson an einen Versuchsleiter" von Jourard (1973) belegt eindrucksvoll, welche Einstellungen, Gedanken und Gefühle die Teilnahme an psychologischen Untersuchungen begleiten können. Bereits bei der Anwerbung werden Erwartungshaltungen erzeugt, die die Reaktionen der Untersuchungsteilnehmer auf die spätere Untersuchungssituation nachhaltig beeinflussen. Gerade psychologische Untersuchungen sind darauf angewiesen, daß uns die Teilnehmer persönliches Vertrauen entgegenbringen, denn nur diese Grundeinstellung kann absichtliche Täuschungen und bewußte Fehlreaktionen verhindern (zur Testverfälschung s. Abschnitt 4.3.7). Erst wenn wir durch eine humane, entspannte Untersuchungsatmosphäre dafür sorgen, daß sich Intel-

ligenz, Erfahrungen und Einfallsreichtum unserer Untersuchungsteilnehmer frei entfalten, kann psychologische Forschung psychologisches Geschehen realistisch abbilden.

Determinanten der freiwilligen Untersuchungsteilnahme

Nicht nur Täuschungen und bewußte Fehlreaktionen der Untersuchungsteilnehmer sind Gründe für problematische Untersuchungen, sondern auch eine hohe Verweigerungsrate. Die Verweigerung der Untersuchungsteilnahme wird vor allem dann zum Problem, wenn man davon ausgehen muß, daß sich die Verweigerer systematisch bezüglich *untersuchungsrelevanter* Merkmale von den Teilnehmern unterscheiden. Die typischen Merkmale freiwilliger Untersuchungsteilnehmer sowie situative Determinanten der Freiwilligkeit sind dank einer gründlichen Literaturdurchsicht von Rosenthal und Rosnow (1975) zumindest für amerikanische Verhältnisse recht gut bekannt. Diese Resultate lassen sich – wie eine Studie von Effler und Böhmeke (1977) zeigt – zumindest teilweise ohne Bedenken auch auf deutsche Verhältnisse übertragen (über Besonderheiten der freiwilligen Untersuchungsteilnahme bei Schülern berichtet Spiel, 1988).

Die folgende Übersicht enthält Merkmale, die zwischen freiwilligen Untersuchungsteilnehmern und Verweigerern differenzieren sowie Merkmale der Untersuchung, die die Freiwilligkeit beeinflussen (nach Rosenthal und Rosnow, 1975, S. 1955 ff., ergänzt durch Effler und Böhmeke, 1977).

Merkmale der Person: Die Kontrastierung von freiwilligen Untersuchungsteilnehmern und Verweigerern führte zu folgenden Resultaten:

- Freiwillige Untersuchungsteilnehmer verfügen über eine bessere schulische Ausbildung als Verweigerer (bessere Notendurchschnitte). Dies gilt insbesondere für Untersuchungen, in denen persönliche Kontakte zwischen dem Untersuchungsleiter und den Untersuchungsteilnehmern nicht erforderlich sind. Bei Schülern ist die Schulleistung für die freiwillige Teilnahme irrelevant.
- Freiwillige Untersuchungsteilnehmer schätzen ihren eigenen sozialen Status höher ein als Verweigerer.

TAFEL 8

Brief einer Vp an einen Vl.
(Nach Jourard, 1973; Übersetzung: H. E. Lück)

Lieber Herr Vl (Versuchsleiter):

Mein Name ist Vp (Versuchsperson). Sie kennen mich nicht. Ich habe einen anderen Namen, mit dem mich meine Freunde anreden, aber den lege ich ab und werde Vp Nr. 27, wenn ich Gegenstand Ihrer Forschung werde. Ich nehme an Ihren Umfragen und Experimenten teil. Ich beantworte Ihre Fragen, fülle Fragebogen aus, lasse mich an Drähte anschließen, um meine physiologischen Reaktionen untersuchen zu lassen. Ich drücke Tasten, bediene Schalter, verfolge Ziele, die sich bewegen, laufe durch Labyrinthe, lerne sinnlose Silben und sage Ihnen, was ich in Tintenklecksen entdecke – ich mache all den Kram, um den Sie mich bitten. Aber ich frage mich langsam, warum ich das alles für Sie tue. Was bringt mir das ein? Manchmal bezahlen Sie meinen Dienst. Häufiger muß ich aber mitmachen, weil ich Psychologie-Student der Anfangssemester bin und weil man mir gesagt hat, daß ich keinen Schein bekomme, wenn ich nicht an zwei Versuchen teilgenommen habe; wenn ich an mehr Versuchen teilnehme, kriege ich zusätzliche Pluspunkte fürs Diplom. Ich gehöre zum „Vp-Reservoir" des Instituts.

Wenn ich Sie schon mal gefragt habe, inwiefern Ihre Untersuchungen für mich gut sind, haben Sie mir erzählt: „Das ist für die Forschung." Bei manchen Ihrer Untersuchungen haben Sie mich über den Zweck der Studien belogen. Sie verführen mich. Ich kann Ihnen daher kaum trauen. Sie erscheinen mir langsam als Schwindler, als Manipulator. Das gefällt mir nicht.

Das heißt – ich belüge Sie auch oft, sogar in anonymen Fragebögen. Wenn ich nicht lüge, antworte ich manchmal nur nach Zufall, um irgendwie die Stunde 'rumzukriegen, damit ich wieder meinen Interessen nachgehen kann. Außerdem kann ich oft herausfinden, um was es Ihnen geht, was Sie gern von mir hören oder sehen wollen; dann gehe ich manchmal auf Ihre Wünsche ein, wenn Sie mir sympathisch sind,

oder ich nehme Sie auf den Arm, wenn Sie's nicht sind. Sie sagen ja nicht direkt, welche Hypothesen Sie haben oder was Sie sich wünschen. Aber die Anordnungen in Ihrem Laboratorium, die Alternativen, die Sie mir vorgeben, die Instruktionen, die Sie mir vorlesen, alles das zusammen soll mich dann drängen, irgend etwas Bestimmtes zu sagen oder zu tun. Das ist so, als wenn Sie mir ins Ohr flüstern würden: „Wenn jetzt das Licht angeht, den linken Schalter bedienen!", und Sie würden vergessen oder bestreiten, daß Sie mir das zugeflüstert haben. Aber ich weiß, was Sie wollen! Und ich bediene den linken oder den rechten Schalter, je nachdem, was ich von Ihnen halte.

Wissen Sie, selbst wenn Sie nicht im Raum sind – wenn Sie nur aus gedruckten Anweisungen auf dem Fragebogen bestehen oder aus der Stimme aus dem Tonbandgerät, die mir sagt, was ich tun soll – ich mache mir Gedanken über Sie. Ich frage mich, wer Sie sind, was Sie wirklich wollen. Ich frage mich, was Sie mit meinem „Verhalten" anfangen. Wem zeigen Sie meine Antworten? Wer kriegt eigentlich meine Kreuzchen auf Ihren Antwortbögen zu sehen? Haben Sie überhaupt ein Interesse daran, was ich denke, fühle und mir vorstelle, wenn ich die Kreuzchen mache, die Sie so emsig auswerten? Es ist sicher, daß Sie mich noch nie danach gefragt haben, was ich überhaupt damit gemeint habe. Wenn Sie fragen würden – ich würde es Ihnen gern erzählen. Ich erzähle nämlich meinem Zimmergenossen im Studentenheim oder meiner Freundin davon, wozu Sie Ihr Experiment gemacht haben und was ich mir dabei gedacht habe, als ich mich so verhielt, wie ich mich verhalten habe. Wenn mein Zimmergenosse Vertrauen zu Ihnen hätte, könnte er Ihnen vielleicht besser sagen, was die Daten (meine Antworten und Reaktionen) bedeuten, als Sie es mit Ihren Vermutungen können. Weiß Gott, wie sehr die gute Psychologie im Ausguß gelandet ist, wenn mein Zimmergenosse und ich Ihr Experiment und meine Rolle dabei beim Bier diskutieren! . . .

Wenn Sie mir vertrauen, vertraue ich Ihnen auch, sofern Sie vertrauenswürdig sind. Ich fän-

TAFEL 8

de gut, wenn Sie sich die Zeit nehmen und die Mühe machen würden, mit mir als Person vertraut zu werden, bevor wir in den Versuchsablauf einsteigen. Ich möchte Sie und Ihre Interessen gern kennenlernen, um zu sehen, ob ich mich vor Ihnen „ausbreiten" möchte. Manchmal erinnern Sie mich an Ärzte. Die sehen mich als uninteressante Verpackung an, in der die Krankheit steckt, an der sie wirklich interessiert sind. Sie haben mich als uninteressantes Paket angesehen, in dem „Reaktionen" stecken, mehr bedeute ich Ihnen nicht. Ich möchte Ihnen sagen, daß ich mich über Sie ärgere, wenn ich das merke. Ich liefere Ihnen Reaktionen, o.k. – aber Sie werden nie erfahren, was ich damit gemeint habe. Wissen Sie, ich kann sprechen, nicht nur mit Worten, sondern auch mit Taten.

Wenn Sie geglaubt haben, ich hätte nur auf einen „Stimulus" in Ihrem Versuchsraum reagiert, dann habe ich in Wirklichkeit auf Sie reagiert; was ich mir dabei dachte, war folgendes: „Da hast Du's, Du unangenehmer Soundso!" Erstaunt Sie das? Eigentlich sollte es das nicht. . . .

Ich möchte mit Ihnen ein Geschäft machen. Sie zeigen mir, daß Sie Ihre Untersuchungen für mich machen – damit ich freier werde, mich selbst besser verstehe, mich selbst besser kontrollieren kann – und ich werde mich Ihnen zur Verfügung stellen wie Sie wollen. Dann werde ich Sie auch nicht mehr verschaukeln und beschummeln. Ich möchte nicht kontrolliert werden, weder von Ihnen noch von sonst jemandem. Ich will auch keine anderen Leute kontrollieren. Ich will nicht, daß Sie anderen Leuten festzustellen helfen, wie „kontrolliert" ich bin, so daß sie mich dann kontrollieren können. Zeigen Sie mir, daß Sie für mich sind, und ich werde mich Ihnen öffnen.

Arbeiten Sie für mich, Herr Vl, und ich arbeite ehrlich für Sie. Wir können dann zusammen eine Psychologie schaffen, die echter und befreiender ist.

Mit freundlichen Grüßen,
Ihre Vp

- Die meisten Untersuchungsergebnisse sprechen für eine höhere Intelligenz freiwilliger Untersuchungsteilnehmer (z.B. bessere Leistungen in den Untertests „Analogien", „Gemeinsamkeiten", „Rechenaufgaben" und „Zahlenreihen" des Intelligenz-Struktur-Tests von Amthauer, 1971).
- Freiwillige benötigen mehr soziale Anerkennung als Verweigerer.
- Freiwillige Untersuchungsteilnehmer sind geselliger als Verweigerer.
- In Untersuchungen über geschlechtsspezifisches Verhalten geben sich freiwillige Untersuchungsteilnehmer unkonventioneller als Verweigerer.
- Im allgemeinen sind weibliche Personen eher zur freiwilligen Untersuchungsteilnahme bereit als männliche Personen.
- Freiwillige Untersuchungsteilnehmer sind weniger autoritär als Verweigerer.
- Die Tendenz zu konformem Verhalten ist bei Verweigerern stärker ausgeprägt als bei freiwilligen Untersuchungsteilnehmern.

Aus diesen Befunden folgt, daß einem allgemeinen Aufruf zur Untersuchungsteilnahme generell eher sozial privilegierte und weibliche Personen nachkommen und ggf. Maßnahmen zu ergreifen sind, um den Kreis der Freiwilligen zu erweitern (z.B. gruppenspezifische Werbung für die betreffende Studie). Zudem sollte man sich natürlich auch inhaltlich fragen, welche Motive Personen dazu veranlassen, an einer bestimmten Untersuchung teilzunehmen bzw. auf eine Teilnahme zu verzichten (vgl. S. 248 ff.).

Merkmale der Untersuchung: Auch Besonderheiten der Untersuchung können dazu beitragen, die Rate der Verweigerer zu reduzieren bzw. die mit der Verweigerungsproblematik verbundene Stichprobenverzerrung in Grenzen zu halten. Die Durchsicht einer nicht unerheblichen Anzahl diesbezüglicher empirischer Untersuchungen führte zu folgenden Erkenntnissen:

- Personen, die sich für den Untersuchungsgegenstand interessieren, sind zur freiwilligen Teilnahme eher bereit als weniger interessierte Personen.
- Je bedeutender die Untersuchung eingeschätzt wird, desto höher ist die Bereitschaft zur freiwilligen Teilnahme.
- Entlohnungen in Form von Geld fördern die Freiwilligkeit weniger als kleine persönliche Geschenke und Aufmerksamkeiten, die dem potentiellen Untersuchungsteilnehmer vor seiner Entscheidung, an der Untersuchung mitzuwirken, überreicht werden.
- Die Bereitschaft zur freiwilligen Teilnahme steigt, wenn die anwerbende Person persönlich bekannt ist. Erfolgreiche Anwerbungen sind durch einen „persönlichen Anstrich" gekennzeichnet.
- Die Anwerbung ist erfolgreicher, wenn die Untersuchung öffentlich unterstützt wird und die Teilnahme damit „zum guten Ton" gehört. Empfindet man dagegen eher die Verweigerung als obligatorisch, sinkt die Teilnahmebereitschaft.

Die Ausführungen von Rosenthal und Rosnow (1975) legen es mit Nachdruck nahe, die Anwerbung der zu untersuchenden Personen sorgfältig zu planen. Aber da man keine Person zur Teilnahme an einer Untersuchung zwingen kann und da nicht jede Untersuchung die für die Rekrutierung von Untersuchungsteilnehmern idealen Bedingungen aufweist, wird man mit mehr oder weniger systematisch verzerrten Stichproben rechnen müssen. Es wäre jedoch bereits ein bemerkenswerter Fortschritt, wenn die hier aufgeführten Besonderheiten freiwilliger Untersuchungsteilnahme in die Ergebnisdiskussion einfließen würden. Die Ergebnisdiskussion wäre dann gleichzeitig eine Diskussion von Hypothesen darüber, in welcher Weise die Resultate durch Verweigerungen verfälscht sein können.

Empirische Untersuchungen versetzen Personen in soziale Situationen, die sie zuweilen als Einengung ihrer persönlichen Handlungsfreiheit erleben. Der Theorie der *psychologischen Reaktanz* (Brehm, 1966) zufolge muß dann mit Abwehrmechanismen der Untersuchungsteilnehmer gerechnet werden, die vor einer Verletzung der persönlichen Freiheit schützen. Auch nach anfänglicher Teilnahmebereitschaft kann es während einer Un-

tersuchung infolge von Argwohn gegenüber absichtlicher Täuschung durch den Untersuchungsleiter oder wegen erzwungener Verhaltens- und Reaktionsweisen zu den unterschiedlichsten Varianten von „Untersuchungssabotage" kommen. Eine entspannte Anwerbungssituation und Untersuchungsdurchführung, die die persönliche Freiheit und den Handlungsspielraum der Untersuchungsteilnehmer möglichst wenig einengen, helfen, derartige Störungen zu vermeiden.

Studierende als Versuchspersonen

Die humanwissenschaftliche Forschung leidet darunter, daß sich viele Untersuchungsleiter die Auswahl ihrer Untersuchungsteilnehmer sehr leicht machen, indem sie einfach anfallende Studentengruppen wie z. B. die Teilnehmer eines Seminars oder zufällig in der Mensa angetroffene Kommilitonen um ihre Mitwirkung bitten. Hohn (1972) fand unter 700 Originalbeiträgen aus acht deutschsprachigen Zeitschriften der Jahrgänge 1967 bis 1969 475 empirische Untersuchungen, an denen ca. 50000 Personen mitgewirkt hatten. Von diesen Personen waren 21% Studenten – ein Prozentsatz, der den tatsächlichen Prozentsatz sicher unterschätzt, wenn man bedenkt, daß der Anteil nicht identifizierbarer Probanden mit 23% auffallend hoch war. Diese Vermutung bestätigt eine Kontrollanalyse von Janssen (1979), der in den Jahrgängen 1970 bis 1973 derselben Zeitschriften einen studentischen Anteil von 43% bei 15% nicht identifizierbaren Personen fand.

Noch dramatischer scheinen die Verhältnisse in den USA zu sein. Hier beträgt der studentische Anteil in empirischen Untersuchungen ca. 80%, obwohl diese Gruppe nur 3% der Gesamtbevölkerung ausmacht. Mit Probanden der Allgemeinbevölkerung wurden nicht einmal 1% aller Untersuchungen durchgeführt (vgl. Janssen, 1979).

Nun kann man zwar nicht generell die Möglichkeit ausschließen, daß sich auch mit Studierenden allgemeingültige Gesetzmäßigkeiten finden lassen – immerhin wurde das Webersche Gesetz (Weber, 1851) in Untersuchungen mit Studenten und die Vergessenskurve (Ebbinghaus, 1885) sogar in Selbstversuchen entdeckt. Dennoch liegt der Verdacht nahe, daß Untersuchungen über entwicklungsbedingte, sozialisationsbedingte und durch das Altern bedingte Prozesse im kognitiven und intellektuellen Bereich, die vorwiegend mit Studenten durchgeführt wurden, zu falschen Schlüssen führen. Bedauerlicherweise ist jedoch der prozentuale Anteil von Studierenden bzw. jungen Menschen gerade in derartigen Untersuchungen besonders hoch. Leibbrand (1976) ermittelte in 65 Publikationen mit denk- oder lernpsychologischen Fragestellungen, daß 90% der Probanden 25 Jahre oder jünger waren.

Die Fragwürdigkeit humanwissenschaftlicher Forschungsergebnisse, die überwiegend in Untersuchungen mit Studenten ermittelt werden, erhöht sich um ein Weiteres, wenn man in Rechnung stellt, daß an diesen Untersuchungen nur „freiwillige" Studenten teilnehmen. Die Ergebnisse gelten damit nicht einmal für studentische Populationen generell, sondern eingeschränkt nur für solche Studenten, die zur freiwilligen Untersuchungsteilnahme bereit sind (zum Thema Vpn-Stunden als Pflichtleistung im Rahmen psychologischer Prüfungsordnungen vgl. S. 48). Über die Bedeutsamkeit der individuellen Begründung, an empirischen Untersuchungen teilzunehmen, ist sicherlich noch viel Forschungsarbeit zu leisten.

Empfehlungen

Die Diskussion der Probleme, die mit der Auswahl der Untersuchungsteilnehmer verbunden sind, resultiert in einer Reihe von Empfehlungen, deren Befolgung nicht nur der eigenen Untersuchung, sondern auch der weiteren Erforschung von Artefakten in den Human- und Sozialwissenschaften zugute kommen:

- Die Anwerbung des Untersuchungsteilnehmers und dessen Vorbereitung auf die Untersuchung sollte die Freiwilligkeit nicht zu einem Problem werden lassen. Dies wird um so eher gelingen, je sorgfältiger die von Rosenthal und Rosnow (1975) erarbeiteten, situativen Determinanten der Freiwilligkeit Beachtung finden.
- Variablen, von denen bekannt ist, daß sie zwischen freiwilligen Untersuchungsteilnehmern und Verweigerern differenzieren, verdienen besondere Beachtung. Überlagern derartige Variablen die unabhängige Variable oder muß man mit ihrem direkten Einfluß auf die abhängige Variable rechnen, sollten sie vorsorglich miterhoben werden, um ihren tatsächlichen Einfluß im Nachhinein kontrollieren zu können.

- Keine empirische Untersuchung sollte auf eine Diskussion möglicher Konsequenzen, die mit der freiwilligen Untersuchungsteilnahme in gerade dieser Untersuchung verbunden sein könnten, verzichten.
- In einer die Untersuchung abschließenden Befragung sollte schriftlich festgehalten werden, mit welchen Gefühlen die Untersuchungsteilnehmer an der Untersuchung teilnahmen. Diese Angaben kennzeichnen die Untersuchungsbereitschaft, die später mit dem Untersuchungsergebnis in Beziehung gesetzt werden kann.
- Eine weitere Kontrollfrage bezieht sich darauf, wie häufig die Untersuchungsteilnehmer bisher an empirischen Untersuchungen teilnahmen. Auch die so erfaßte Erfahrung mit empirischen Untersuchungen könnte die Ergebnisse beeinträchtigen.
- Die Erforschung der persönlichen Motive, an einer Untersuchung freiwillig teilzunehmen, sollte intensiviert werden. Hierfür könnte die PRS-Skala von Adair (1973; vgl. Timaeus et al., 1977) eingesetzt werden, die die Motivation von Untersuchungsteilnehmern erfassen soll.
- Die externe Validität der Untersuchungsergebnisse ist vor allem bei Untersuchungen mit studentischen Stichproben zu problematisieren.

2.3.8 Durchführung, Auswertung und Planungsbericht

Der Arbeitstitel und die Untersuchungsart liegen fest, die Erhebungsinstrumente sind bekannt und Art und Anzahl der auszuwählenden Untersuchungsteilnehmer sowie deren Rekrutierung sind vorgeplant. Die Untersuchungsplanung sollte nun die Durchführung der Untersuchung vorstrukturieren.

Untersuchungsdurchführung

Die Verschiedenartigkeit empirischer Untersuchungen bzw. die zeitlichen, finanziellen, räumlichen und personellen Rahmenbedingungen erschweren das Aufstellen genereller Leitlinien für die Untersuchungsdurchführung erheblich. Auch noch so sorgfältige Untersuchungsvorbereitungen können mögliche Pannen in der Untersuchungsdurchführung nicht verhindern. Um die Untersuchungsdurchführung hieran nicht scheitern zu lassen, sollte die Planung der Untersuchungsdurchführung nicht übermäßig rigide sein. Unbeschadet dieser Flexibilitätsforderung sind jedoch der zeitliche Ablauf sowie Einsatz und Verwendung von Hilfspersonal, Räumen, Apparaten und ggf. auch Finanzen vor der Untersuchungsdurchführung festzulegen.

Wichtig sind einige allgemeine Regeln und Erkenntnisse, die das Verhalten von Untersuchungsleiterinnen und -leitern betreffen. Diese Richtlinien sollten während der Durchführung der Untersuchung im Bewußtsein der Untersuchenden fest verankert sein und sind damit unmittelbar Bestandteil der konkreten Untersuchungsdurchführung. Wir werden hierüber in Abschnitt 2.5 ausführlich berichten.

Aufbereitung der Daten

Die planerische Vorarbeit setzt zu einem Zeitpunkt wieder ein, nachdem die Untersuchung „gedanklich" durchgeführt ist und die „Daten" erhoben sind. Dies können Beobachtungsprotokolle, Ton- oder Videobänder von Interviews und Diskussionen, ausgefüllte Fragebögen oder Tests, Häufigkeitsauszählungen von Blickbewegungen, Hirnstromverlaufskurven, auf einem elektronischen Datenträger gespeicherte Reaktionszeiten oder ähnliches sein. Der nächste Planungsschritt gilt der Aufbereitung dieser „Rohdaten".

Die statistische Datenanalyse setzt voraus, daß die Untersuchungsergebnisse in irgendeiner Weise numerisch quantifiziert sind. Liegen noch keine „Zahlen" für die interessierenden Variablen, sondern z. B. qualitative Angaben vor, müssen diese für eine statistische Analyse zu Kategorien zusammengefaßt und numerisch kodiert werden (vgl. hierzu Abschnitt 4.1.4).

In Abhängigkeit vom Umfang des anfallenden Datenmaterials erfolgt die statistische Datenanalyse auf einer elektronischen Rechenanlage (meist Personalcomputer) oder manuell, evtl. unterstützt durch einen Taschenrechner.

In deskriptiven Studien ist die Aggregierung bzw. Zusammenfassung des erhobenen Datenmaterials vorrangig. Diese kann durch die Ermittlung einfacher statistischer Kennwerte wie z. B. dem arithmetischen Mittel oder einem Streuungsmaß erfolgen, durch die Anfertigung von Graphiken oder aber durch aufwendigere statistische Verfah-

ren wie z. B. eine Clusteranalyse, eine Faktorenanalyse oder Zeitreihenanalyse (vgl. Abschnitt 6.4.2).

Planung der statistischen Hypothesenprüfung

Für die Überprüfung von Hypothesen steht uns ein ganzes Arsenal statistischer Methoden zur Verfügung, das wir zumindest überblicksweise beherrschen sollten. Es ist unbedingt zu fordern, daß die Art und Weise, wie die Hypothesen statistisch getestet werden, vor der Datenerhebung festliegt. Auch wenn die Vielseitigkeit und Flexibilität eines modernen statistischen Instrumentariums gelegentlich auch dann eine einigermaßen vernünftige Auswertung ermöglicht, wenn diese nicht vorgeplant wurde, passiert es immer wieder, daß mühsam und kostspielig erhobene Daten wegen begangener Planungsfehler für statistische Hypothesentests unbrauchbar sind. Die Festlegung der Datenerhebung ist deshalb erst zu beenden, wenn bekannt ist, wie die Daten auszuwerten sind.

Stellt sich heraus, daß für die in Aussicht genommenen Daten keine Verfahren existieren, die in verläßlicher Weise etwas über die Tauglichkeit der inhaltlichen Hypothesen aussagen, können vor der Untersuchungsdurchführung meistens ohne große Schwierigkeiten Korrekturen an den Erhebungsinstrumenten, der Erhebungsart oder der Auswahl bzw. der Anzahl der Untersuchungsobjekte vorgenommen werden. Ist die Datenerhebung jedoch bereits abgeschlossen, sind die Chancen für eine verbesserte Datenqualität vertan, und man muß sich bei der eigentlich entscheidenden Hypothesenprüfung mit schlechten Kompromissen begnügen.

Die Planung einer hypothesenprüfenden Untersuchung ist unvollständig, wenn sie den statistischen Test, mit dem die Hypothese zu prüfen ist, nicht nennt. Nachdem die ursprünglich inhaltlich formulierte Hypothese operationalisiert wurde, erfolgt jetzt die Formulierung statistischer Hypothesen. Die Planung der statistischen Auswertung enthält dann im Prinzip Angaben wie z. B.: „Träfe meine Hypothese zu, müßte der Mittelwert $\bar{x}_1$ größer als der Mittelwert $\bar{x}_2$ sein" oder: „Nach meiner Vorhersage müßte zwischen den Variablen X und Y eine bedeutsame lineare Korrelation bestehen" oder: „Hypothesengemäß erwarte ich eine erheblich bessere Varianzaufklärung der abhängigen Variablen, wenn zusätzlich Variable Z berücksichtigt wird" (vgl. hierzu auch S. 83).

Die einzusetzenden statistischen Tests sind so auszuwählen, daß sie den mit einer statistischen Hypothese behaupteten Sachverhalt exakt prüfen. Bei derartigen „Indikationsfragen" ist ggf. der Rat von Experten einzuholen.

Voraussetzungen: Zum inhaltlichen Kriterium für die Auswahl eines adäquaten statistischen Verfahrens kommt ein formales: es müssen Überlegungen darüber angestellt werden, ob die zu erwartenden Daten diejenigen Eigenschaften aufweisen, die der in Aussicht genommene statistische Test voraussetzt. Ein Test, der z.B. für intervallskalierte Daten gilt, ist für nominalskalierte Daten unbrauchbar. Steht ein Verfahren, das die gleiche Hypothese auf nominalem Niveau prüft, nicht zur Verfügung, wird eine erneute Überprüfung und ggf. Modifikation der Operationalisierung bzw. der Erhebungsinstrumente erforderlich. Verlangt ein Verfahren, daß sich die Meßwerte der abhängigen Variablen in einer bestimmten Weise verteilen, muß erwogen werden, ob diese Voraussetzung voraussichtlich erfüllt oder eine andere Verteilungsform wahrscheinlicher ist.

Zuweilen ziehen eingeplante Untersuchungsteilnehmer ihr Einverständnis zur Teilnahme zurück oder fallen aus irgendwelchen Gründen für die Untersuchung aus. Es muß dann in Rechnung gestellt werden, wie sich derartige „Missing Data" auf das ausgewählte statistische Verfahren auswirken (vgl. S. 89 f.).

Die voraussichtliche Genauigkeit der Daten ist ein weiteres Thema, mit dem sich die Planung der statistischen Hypothesenprüfung beschäftigen sollte. Vor allem bei größeren Untersuchungen sind Techniken zur Bestimmung der sog. Reliabilität der Daten einzuplanen, über die wir in Abschnitt 4.3.3 berichten.

Ferner gehört zur Planung der statistischen Auswertung einer hypothesenprüfenden Untersuchung die Festlegung des Signifikanzniveaus (α-Fehler-Niveaus), das als Falsifikationskriterium darüber entscheidet, wann man die eigene Forschungshypothese als durch die Daten widerlegt ansehen will. Was es mit dieser speziellen, für die Inferenzstatistik wichtigen Besonderheit auf sich hat, wird in Abschnitt 8.1 vermittelt.

Untersuchungen über eine Thematik mit langer Forschungstradition lassen nicht nur globale Hypothesen über die Richtung der vermuteten Zusammenhänge oder Unterschiede zu, sondern präzise Angaben über praktisch bedeutsame Mindestgrößen. Zur Planung gehört in diesem Falle auch die Festlegung sogenannter *Effektgrößen*. Hierüber berichtet Abschnitt 9.2 ausführlich.

Statistische Programmpakete: Statistische Datenanalysen werden heutzutage üblicherweise auf einem Personalcomputer mit entsprechender Statistik-Software durchgeführt. Bei der Vorbereitung einer computergestützten statistischen Datenanalyse sind folgende Punkte zu klären:

- *Welche statistischen Verfahren (z. B. t-Test, Varianzanalyse, Faktorenanalyse, Korrelationsanalyse) sollen eingesetzt werden?* Bei der Beantwortung dieser Frage ist auf eigene Statistikkenntnisse zurückzugreifen, ggf. sollte man sich von Experten beraten lassen. Solche Beratungsgespräche ergeben zuweilen, daß die vorgesehenen Verfahren durch bessere ersetzt werden können, die dem Untersuchenden allerdings bislang unbekannt waren. Er steht nun vor der Frage, ob er diese ihm unbekannten Verfahren übernehmen oder ob er seinen weniger guten, aber für ihn durchschaubaren Vorschlag realisieren soll. In dieser Situation kann man prinzipiell nur empfehlen, sich die Zeit zu nehmen, zumindest die Indikation des besseren Verfahrens und die Interpretation seiner Resultate aufzuarbeiten. Möglicherweise ergibt sich dann zu einem späteren Zeitpunkt die Gelegenheit, die innere Logik und den mathematischen Aufbau des Verfahrens kennenzulernen. Auf jeden Fall ist davon abzuraten, für die Auswertung ein Verfahren einzuplanen, das einem gänzlich unbekannt ist. Dies führt erfahrungsgemäß zu erheblichen Problemen bei der Ergebnisinterpretation. Die Versuchung, sich unbekannter oder auch nur leidlich bekannter Verfahren zu bedienen, ist angesichts der immer benutzerfreundlicher gestalteten Statistik-Software leider recht groß.
- *Welche Statistik-Software ist für die geplanten Analysen geeignet, zugänglich und in der Benutzung vertraut?* Die gängigen Statistik-Pakete wie SPSS, SAS, Systat usw. (s. Anhang D) un-

terscheiden sich im Grundangebot ihrer Funktionen kaum, so daß Zugänglichkeit und Nutzungskompetenz die wichtigsten Auswahlkriterien darstellen. Zugänglich ist Statistik-Software in den universitären PC-Pools und Terminal-Räumen. Daß unter Studierenden diverse Raubkopien von Statistik-Programmen zirkulieren, ist kein Geheimnis. Es sei jedoch daran erinnert, daß das Anfertigen und Nutzen von Raubkopien illegal ist. Extensive Nutzung von Raubkopien führt beim Software-Hersteller zu Umsatzeinbußen, die sich in steigenden Software-Preisen niederschlagen, wodurch dann die Motivation zum Raubkopieren weiter wächst usf.. In die Benutzung eines verfügbaren Statistik-Paketes sollte man sich vor der Untersuchungsdurchführung einarbeiten, was Computervertrauten in der Regel autodidaktisch anhand von Lehrbüchern innerhalb einiger Stunden möglich ist. An vielen Universitäten werden im Rahmen der Statistikausbildung entsprechende Kurse angeboten.

● *Mit welchen Programmbefehlen können die gewünschten Analysen ausgeführt werden, welche Zusatzoptionen sind wichtig?* Auch bei einer computergestützten Datenanalyse sollte man – obwohl es schnell und einfach möglich ist – nicht wahllos verschiedene Prozeduren an den Daten ausprobieren. Dieser „spielerische Umgang" mit den angebotenen Programmen erleichtert zwar das Verständnis der Verfahren und ist deshalb für die Lernphase empfehlenswert; bei der eigentlichen Datenanalyse führt diese Vorgehensweise jedoch sehr schnell zu einem unübersichtlichen Berg von Computerausdrucken und zu Antworten, für die man selbst bislang noch gar keine Fragen formuliert hatte. Gibt das Datenmaterial mehr her als die Beantwortung der eingangs formulierten Fragen – was keineswegs selten ist –, sind diese Zusatzinformationen als neue Hypothesen zu verstehen und auch als solche im Untersuchungsbericht zu kennzeichnen.

Die Unsitte, alle „relevant" erscheinenden Verfahren an den eigenen Daten auszuprobieren, in der Hoffnung, dadurch auf irgend etwas Interessantes zu stoßen, führt nicht selten dazu, daß nach Abschluß der Datenverarbeitungsphase mehr Computerausdrucke vorliegen als

ursprünglich Daten vorhanden waren. Damit ist aber der eigentliche Sinn der Datenverarbeitung, die theoriegeleitete Aggregierung und Reduktion der Rohdaten, ins Gegenteil verkehrt. Die gezielte Kondensierung der Ausgangsdaten in einige wenige hypothesenkritische Indikatoren wird damit aufgegeben zugunsten vieler, mehr oder weniger zufällig zustande gekommener Einzelergebnisse, die übersichtlich und zusammenfassend zu interpretieren einen enormen Zeitaufwand bedeutete.

● *In welcher Weise sollen die elektronisch erfaßten Daten vorbereitet und bereinigt werden?* Nach einer bekannten Redewendung gilt für jedes statistische Verfahren die Regel „Garbage in, Garbage out" (Müll hinein, Müll heraus). Die Ergebnisse einer statistischen Analyse sind immer nur so gut wie die Ausgangsdaten. Neben untersuchungstechnischen Problemen, die zu fehlenden Werten oder Meßfehlern führen, birgt die elektronische Datenverarbeitung weitere Fehlerquellen. Ein Engpaß ist hierbei die elektronische Datenerfassung (z. B. mittels Textverarbeitungsprogramm, Editor eines Statistik-Programms oder Tabellenkalkulationsprogramm), bei der z. B. die auf einem Fragebogen gegebenen Antworten kodiert und in eine Datendatei übertragen werden müssen. Tippfehler sind hierbei von vornherein unvermeidbar. Eine wichtige Kontrolle wäre es, die Dateneingabe stets zu zweit durchzuführen (einer diktiert, einer schreibt), um somit die Wahrscheinlichkeit für grobe Fehler zu reduzieren. Da bei der Dateneingabe in der Regel pro Untersuchungsobjekt bzw. Versuchsperson eine fortlaufende Nummer vergeben wird, sollte diese auch auf dem Originalmaterial verzeichnet werden (z. B. oben auf den Fragebogen), damit man später bei eventuellen Ungereimtheiten die Datendatei noch einmal mit dem Ausgangsmaterial vergleichen kann.

Vor Beginn der Hypothesenprüfung sollte man mit Hilfe des Statistik-Programms versuchen, Eingabefehler zu identifizieren bzw. den Datensatz um Fehler zu bereinigen. Die Arbeitsschritte der Datenbereinigung sind genau wie alle anderen Auswertungsschritte im voraus zu planen. Eingabefehler sind in jedem Fall Werte, die außerhalb des zulässigen Wertebereichs einer Variablen liegen. Hat eine Variable nur wenige Stufen (z. B. Geschlecht: 0, 1), läßt man sich mit einem geeigneten Befehl ausgeben, wie oft die Werte der betrachteten Variablen vorkommen (in SPSS könnte man hierzu den Frequency-Befehl nutzen: „Frequency Geschlecht"). Erhielte man nun die Angabe, daß der Wert „0" (für männlich) 456mal vorkommt, der Wert „1" 435mal und der Wert „9" 3mal, hat man damit bereits drei Eingabefehler identifiziert. Nun läßt man sich die Nummern all derjenigen Fälle ausgeben, bei denen „Geschlecht = 9" auftaucht. Bei diesen Personen muß man in den Originalfragebögen nachschauen, welches Geschlecht sie haben und die entsprechenden Angaben in der Datendatei ändern. Bei Variablen ohne exakt festgelegten Wertebereich (z. B. Alter) ist auf Extremwerte zu achten; so sind Altersangaben größer als 100 z. B. sehr unwahrscheinlich und sollten überprüft werden. Extremwerte springen auch bei graphischen Darstellungen ins Auge (vgl. S. 377 ff.).

Hat man die ersten Eingangskontrollen durchlaufen, erstellt man üblicherweise zunächst eine Stichprobendeskription, bevor man zu den Hypothesentests übergeht. Hierzu berichtet man für die gängigen sozialstatistischen bzw. soziodemographischen Merkmale (Geschlecht, Alter, Familienstand, Bildungsgrad, Tätigkeit, Einkommen, Wohnort etc.) Häufigkeitstabellen und Durchschnittswerte. Unplausible Merkmalsverteilungen können Hinweise auf Eingabe- oder Kodierungsfehler liefern.

Die Datenbereinigung sollte abgeschlossen sein, bevor mit den Hypothesenprüfungen begonnen wird. Stellt sich nämlich erst im nachhinein heraus, daß noch gravierende Kodierungs- oder Eingabefehler in den Daten stecken, müssen die Analysen wiederholt werden. Zudem bestünde die Gefahr, beim Bereinigen der Daten bewußt oder unbewußt im Sinne der eigenen Hypothesen vorzugehen. Dies betrifft auch die Frage, welche Fälle wegen fehlender oder fragwürdiger Angaben ggf. ganz aus den Analysen ausgeschlossen werden sollen.

Interpretation möglicher Ergebnisse

Sicherlich werden sich einige Leserinnen und Leser angesichts des hier aufgeführten Planungsschrittes fragen, ob es sinnvoll oder möglich ist, über die Interpretation von Ergebnissen nachzudenken, wenn die Daten noch nicht einmal erhoben, geschweige denn ausgewertet sind. Dennoch ist dieser Planungsschritt – vor allem für hypothesenprüfende Untersuchungen – wichtig, denn er dient einer letzten Überprüfung der in Aussicht genommenen Operationalisierung und statistischen Auswertung. Er soll klären, ob die Untersuchung tatsächlich eine Antwort auf die formulierten Hypothesen liefern kann, bzw. ob die Resultate der statistischen Analyse potentiell als Beleg für die Richtigkeit der inhaltlichen Hypothesen zu werten sind.

Es könnte z. B. ein signifikanter t-Test (vgl. Anhang B) über die abhängige Variable „Anzahl richtig gelernter Vokabeln" für eine Kontroll- und eine Experimentalgruppe erwartet werden, der eindeutig im Sinne der inhaltlichen Hypothese zu interpretieren wäre, wenn eine Verbesserung der Lernleistungen nach Einführung einer neuen Unterrichtsmethode vorhergesagt wird. Sieht die statistische Planung einer Untersuchung über Ausländerfeindlichkeit jedoch z. B. eine Faktorenanalyse (vgl. Anhang B) über einen Fragebogen zur Ermittlung sozialer Attitüden vor, ist es sehr fraglich, ob dieser Weg zu einer Entscheidung über die Hypothese führt, daß Ausländerfeindlichkeit politisch bestimmt ist. Das Verfahren ist sicherlich brauchbar, wenn man etwas über die Struktur von Ausländerfeindlichkeit wissen möchte; für die Überprüfung einer Hypothese über Ursachen der Ausländerfeindlichkeit ist es jedoch wenig geeignet.

Es ist deshalb wichtig, sich vor Untersuchungsbeginn alle denkbaren Ausgänge der statistischen Analyse vor Augen zu führen, um zu entscheiden, welche Ergebnisse eindeutig für und welche Ergebnisse eindeutig gegen die inhaltliche Hypothese sprechen. Die Untersuchungsplanung ist unvollständig oder falsch, wenn diese gedankliche Vorarbeit zu dem Resultat führt, daß eigentlich jedes statistische Ergebnis (z. B. weil die entscheidenden Variablen schlecht operationalisiert wurden) oder überhaupt kein Ergebnis (weil z. B. nicht auszuschließen ist, daß andere, nicht kontrollierte Variablen für das Ergebnis verantwortlich sind) eindeutig im Sinne der Hypothese gedeutet werden kann. Eine empirische Untersuchung ist unwissenschaftlich, wenn sie nur die Vorstellungen des Autors, die dieser schon vor Beginn der Untersuchung hatte, verbreiten will und deshalb so angelegt ist, daß die Widerlegung der eigenen Hypothesen von vornherein erschwert oder gar ausgeschlossen ist.

Exposé und Gesamtplanung

Die Planungsarbeit endet mit der Anfertigung eines schriftlichen Berichtes über die einzelnen Planungsschritte bzw. mit einem *Exposé*. Die hier in Abschnitt 2.3 erörterte Gliederung für die Untersuchungsplanung vermittelt lediglich Hinweise und muß natürlich nicht für jeden Untersuchungsentwurf vollständig übernommen werden. Je nach Art der Fragestellung wird man der Auswahl der Untersuchungsart, der Untersuchungsobjekte oder Fragen der Operationalisierung mehr Raum widmen. Auf jeden Fall aber sollte das Exposé mit der wichtigsten Literatur beginnen und – zumindest bei hypothesenprüfenden Untersuchungen – mit Bemerkungen über die statistische Auswertung und deren Interpretation enden. Im übrigen bildet ein ausführliches und sorgfältiges Exposé nicht nur für die Durchführung der Untersuchung, sondern auch für die spätere Anfertigung des Untersuchungsberichtes eine gute Grundlage.

Nach Abschluß der Planung wird die Untersuchung mit ihrem endgültigen Titel versehen. Dieser kann mit dem ursprünglichen Arbeitstitel übereinstimmen oder aber – wenn sich in der Planung neue Schwerpunkte herausgebildet haben – umformuliert oder präzisiert werden.

Dem Exposé wird ein Anhang beigefügt, der die zeitliche (bei größeren Untersuchungsvorhaben auch die personelle, räumliche und finanzielle) Gesamtplanung enthält. Es müssen Zeiten festgesetzt werden, die für die Entwicklung und Bereitstellung der Untersuchungsinstrumente, die Anwerbung und Auswahl der Untersuchungsteilnehmer, die eigentliche Durchführung der Untersuchung (einschließlich Pufferzeiten für evtl. auftretende Pannen!), die Verschlüsselung der Daten, die Datenanalyse, eine letzte Literaturdurchsicht, die Interpretation der Ergebnisse, die Abfassung des Untersuchungsberichtes sowie die Aufstellung des Literaturverzeichnisses und evtl. notwendiger Anhänge erforderlich sind. Tafel 9 enthält ein Beispiel für die Terminplanung einer Jahresarbeit.

Das Exposé stellt als Zusammenfassung der Planungsarbeiten eine wichtige „Visitenkarte" dar, die einen guten Einblick in das Untersuchungsvorhaben vermitteln sollte.

Für die Beantragung größerer Projekte haben einzelne Förderinstitutionen Antragsrichtlinien festgelegt, die vor Antragstellung angefordert werden sollten. Adressen forschungsfördernder Einrichtungen sind im Anhang E wiedergegeben. Weitere Anschriften sind Oeckl (2000/01) zu entnehmen. In der Regel werden auch für Qualifikationsarbeiten (Diplom-, Magister-, Doktorarbeiten) Exposés gefordert, deren Modalitäten von den jeweiligen Betreuerinnen/ Betreuern bzw. von Prüfungsordnungen festgelegt werden.

2.4
Der theoretische Teil der Arbeit

Nach abgeschlossener Planungsarbeit will man verständlicherweise möglichst schnell zur konkreten Durchführung der Untersuchung kommen. Dennoch ist es ratsam, bereits jetzt den theoretischen Teil der Arbeit (oder zumindest eine vorläufige Version) zu schreiben. Hierfür sprechen zwei wichtige Gründe:

Der erste Grund betrifft die *Arbeitsökonomie*. Nachdem gerade das Exposé angefertigt wurde, dürfte dessen erster Teil, die theoretische Einführung in das Problem sowie die Literaturskizze, noch gut im Gedächtnis sein. Es sollte deshalb keine besonderen Schwierigkeiten bereiten, den Literaturbericht und – falls der Forschungsgegenstand dies zuläßt – die Herleitung der Hypothesen schriftlich niederzulegen.

Der zweite wissenschaftsimmanente Grund ist schwerwiegender. Solange noch keine eigenen Daten erhoben wurden, kann man sicher sein, daß die Herleitung der Hypothesen oder auch nur Nuancen ihrer Formulierung von den eigenen Untersuchungsbefunden unbeeinflußt sind. Forscherinnen und Forscher dürfen zurecht daran interessiert sein, ihre eigenen Hypothesen zu bestätigen. Legen sie aber die Hypothesen erst nach abgeschlossener Untersuchung schriftlich fest, ist die Versuchung nicht zu leugnen, die Formulierung der Hypothesen so zu akzentuieren, daß deren Bestätigung zur reinen Formsache wird. Den theoretischen Teil einschließlich der Hypothesenherleitung und -formulierung vor Durchführung der Untersuchung abzufassen, ist damit der beste Garant für die *Unabhängigkeit von Hypothesenformulierung und Hypothesenprüfung*.

TAFEL 9 ▆

**Terminplanung für eine Jahresarbeit:
Ein Beispiel**

Befristete Arbeiten geraten zuweilen zum Ende hin in erhebliche Zeitnot, weil der Arbeitsaufwand falsch eingeschätzt und ein ungünstiges Zeitmanagement betrieben wurde. Eine sorgfältige, detaillierte Terminplanung kann solchen Schwierigkeiten vorbeugen. Das folgende Beispiel eines Zeitplans bezieht sich auf eine hypothesenprüfende Jahresarbeit (z. B. Diplom- oder Magisterarbeit).

1. Mai bis 1. Juli
Literatursammlung und Literaturstudium; Anfertigung einer Problemskizze und eines Exposés; Ableitung der Untersuchungshypothesen und erste Vorüberlegungen zur Operationalisierung der beteiligten Variablen.

1. Juli bis 15. Juli
Schriftliche Ausarbeitung des Theorieteils (elektronische Texterfassung); Literaturverzeichnis mit den verwendeten Quellen erstellen.

15. Juli bis 1. August
Präzisierung der Operationalisierung der einzelnen Variablen; Entwicklung und Bereitstellung der Untersuchungsinstrumente; weitergehende Überlegungen zur Stichprobe, zum Treatment und zur Untersuchungsdurchführung; Raumfrage klären; Versuchsleiterfrage klären.

1. August bis 15. August
Schriftliche Ausarbeitung des Methodenteils (elektronische Texterfassung); neben empirischen Fragen der Datenerhebung werden auch die statistischen Auswertungsverfahren festgelegt.

15. August bis 15. September
Urlaub

15. September bis 15. Oktober
Kleine Voruntersuchungen zur Überprüfung der Untersuchungsinstrumente; Auswertung der Vorversuche und ggf. Revision der Instrumente; Einweisung der Versuchsleiter; Methodenteil vervollständigen und aktualisieren.

15. Oktober bis 15. November
Anwerbung der Versuchspersonen (Aushänge in der Uni etc.); Durchführung der Untersuchungen.

15. November bis 1. Dezember
Datenkodierung; Dateneingabe; Datenbereinigung.

1. Dezember bis 20. Dezember
Kenntnisse über die erforderlichen statistischen Verfahren auffrischen; Testläufe mit der benötigten Statistik-Software durchführen; Stichprobendeskription; statistische Datenauswertung.

20. Dezember bis 10. Januar
Urlaub

10. Januar bis 1. Februar
Schriftliche Ausarbeitung des Ergebnisteils; zusammenfassende Darstellung der Ergebnisse zu den einzelnen Hypothesen; Tabellen und Grafiken anfertigen; ggf. Anhänge mit ausführlichem Datenmaterial zusammenstellen.

1. Februar bis 1. März
Interpretation der Ergebnisse in enger Anlehnung an Theorie-, Methoden- und Ergebnisteil, so daß ein „roter Faden" deutlich wird; schriftliche Ausarbeitung der Interpretationen, die teils in den Ergebnisteil, teils in die abschließende Diskussion einfließen.

1. März bis 15. März
Überarbeitung und letzte Ergänzungen des Untersuchungsberichtes; Anfertigung von Inhaltsverzeichnis, Tabellen- und Abbildungsverzeichnis; Einleitung und Zusammenfassung schreiben; Formatierung des Textes und Ausdruck.

15. März bis 1. April
Korrektur lesen und lesen lassen nach Inhalt, Sprach- und Stilfehlern sowie Formatierungsfehlern; Korrekturen eingeben.

1. April bis 10. April
Endausdruck; Arbeit in den Copy-Shop bringen; mehrere Kopien anfertigen und binden lassen.

28. April
Abgabetermin.

Der theoretische Teil beginnt mit der Darstellung der inhaltlichen Problematik. Es folgt der Literaturbericht, der jedoch die einschlägigen Forschungsbeiträge nicht wahllos aneinanderreiht, sondern kommentierend verbindet und integriert. Eventuell vorhandene Widersprüche sind zu diskutieren und Informationen, die für die eigene Problematik nur peripher erscheinen, durch inhaltliche Akzentsetzungen auszugrenzen.

Detaillierte Hinweise zur Methodik, den Untersuchungseinheiten oder Erhebungsinstrumenten, die in den zitierten Untersuchungen verwendet wurden, sind erforderlich, wenn die eigene Arbeit hierauf unmittelbar Bezug nimmt. Sie sind auch dann unverzichtbar, wenn die integrierende Diskussion der Forschungsergebnisse andere als vom jeweiligen Autor vorgeschlagene Interpretationen nahelegt.

Die sich anschließende Zusammenfassung des Literaturteils kennzeichnet und bewertet den Stand der Theoriebildung. (Ein spezielles Verfahren zur Integration von Forschungsergebnissen ist die sog. „Metaanalyse", die in Abschnitt 9.4 behandelt wird.) Der theoretische Teil endet mit der Ableitung theoretisch begründeter inhaltlicher Hypothesen bzw. der Formulierung statistischer Hypothesen. (Weitere Hinweise zur Literaturarbeit findet man in Abschnitt 6.2.)

Auch bei explorativen Studien sollten die theoretischen Überlegungen vor der empirischen Phase abgeschlossen sein. Es wird schriftlich festgelegt, was die Beschäftigung mit dem Untersuchungsgegenstand auslöste, welches Problem die Forschung erforderlich machte, unter welchem Blickwinkel es betrachtet wurde und ggf. in welcher wissenschaftlichen Tradition die Arbeit steht. Dadurch entgeht der Forscher der Gefahr, während der Arbeit am Thema die ursprüngliche Fragestellung aus den Augen zu verlieren oder zu modifizieren. Legen die Erfahrungen bei ersten empirischen Schritten eine Veränderung der Forschungsstrategie nahe, so muß dieses dokumentiert werden. Wenn möglich, sollte man schriftliche Ausarbeitungen sachkundigen Korrekturlesern und Kommentatoren vorlegen, um deren Veränderungsvorschläge berücksichtigen zu können.

2.5
Durchführung der Untersuchung

Ist eine Untersuchung sorgfältig und detailliert geplant, dürfte ihre Durchführung keine besonderen Schwierigkeiten bereiten. Was aber durch Planung als potentielle Störquelle nicht völlig ausgeschlossen werden kann, sind *Fehler im eigenen Verhalten* bzw. im Verhalten von Dritten, die als Versuchsleiter, Interviewer, Test-Instrukteure etc. engagiert werden. Die Literatur spricht in diesem Zusammenhang von Versuchsleiter-Artefakten.

2.5.1
Versuchsleiter-Artefakte

Schon die Art und Weise, wie der Untersuchungsleiter bzw. die -leiterin die Untersuchungsteilnehmer begrüßt, vermittelt den Teilnehmern einen ersten Eindruck von der für sie in der Regel ungewöhnlichen Situation und kann damit das spätere Untersuchungsverhalten beeinflussen. Eigenarten der dann üblicherweise folgenden Instruktionen sind ebenfalls ausschlaggebend dafür, wie die Untersuchungsteilnehmer die ihnen gestellten Aufgaben erledigen. Ferner kann es von Bedeutung sein, in welcher emotionalen Atmosphäre die Untersuchung abläuft.

Auf die emotionale Atmosphäre kann der Untersuchungsleiter durch nonverbale Signale massiv Einfluß nehmen. Häufige Blickkontakte und räumliche Nähe gelten als Anzeichen für Sympathie und fördern die Überzeugungskraft der verbalen Äußerungen des Untersuchungsleiters. Daß nonverbale Kommunikation nicht nur das Verhalten eines menschlichen Gegenübers, sondern auch das eines Tieres in unbeabsichtigter Weise beeinflußt, zeigt Tafel 10.

Die Liste möglicher Eigenarten und Verhaltensbesonderheiten des Untersuchungsleiters, die den Ausgang einer Untersuchung beeinflussen, könnte beinahe beliebig fortgesetzt werden. Die Forschung zu den mit dem Namen Rosenthal eng verbundenen *Versuchsleiter-Artefakten* oder „Rosenthal-Effekten" füllt inzwischen zahlreiche zusammenfassende Werke, von denen hier lediglich Bungard (1980) und Rosenthal (1976) erwähnt seien.

TAFEL 10 ▬▬▬

Der kluge Hans. (Nach Timaeus und Schwebke, 1970; zit. nach Gniech, 1976)

Zu Beginn dieses Jahrhunderts wurde die Aufmerksamkeit des Berliner Psychologen Stumpf und seiner Kollegen durch Pfungst auf das Pferd Hans des Herrn von Osten (eines Mathematiklehrers) gelenkt, das offensichtlich durch eine Art Unterricht ohne die übliche Dressur rechnen, lesen usw. gelernt hatte und auf Fragen mit Hufklopfen antwortete. Herr von Osten versicherte, daß er mit dem Pferd keine Signale o.ä. austauschte und erlaubte einer Untersuchungskommission, das Pferd sogar ohne seine Anwesenheit zu fragen und zu testen. Es wurde eine systematische Versuchsserie gestartet, bei der schrittweise herausgefunden wurde, daß das Pferd nur dann „richtig" reagierte, wenn die fragende Person anwesend und sichtbar war und auch die Lösung des gestellten Problems kannte. Dem Pferd wurden also offensichtlich unbeabsichtigt und unwillentlich Zeichen gegeben, die die richtige Lösung während des Hufklopfens markierten.

Pfungst versuchte herauszufinden, welches Zeichen das Pferd zum Beenden einer Klopfserie veranlaßte. Er fand, daß sowohl ein leichter Kopfruck nach oben als auch ein Anheben der Augenbrauen oder ein Blähen der Nasenflügel das Pferd aufhören ließ mit dem Huf zu klopfen. Je weiter sich der Frager vorbeugte, desto heftiger klopfte das Pferd Hans. In einigen Experimenten entdeckte Pfungst, daß auditive Reize zusätzlich zu den visuellen eine Wirkung hatten. Wenn der Versuchsleiter ruhig war, konnte Hans 31% richtige Wortkarten, die auf dem Fußboden verstreut lagen, zeigen; wenn der Versuchsleiter auf Hans einredete, waren es 56%. Pfungst schloß, daß sich sowohl Spannungszustände des Versuchsleiters, wie z. B. Neugier (ob sich das erwartete Ergebnis zeigte) oder Besorgnis (ob man sich nicht doch in seiner Vorhersage getäuscht hatte) ebenso in der Bewegung und Mimik (Vorbeugen zum Huf) ausdrücken, wie Entspannungszustände, nämlich Erleichterung bei Erreichen des Ziels (Aufrichten und Brauenheben, Nasenflügelblähen). Diese letztgenannten Bewegungen waren das Stoppzeichen für das Pferd.

Pfungst machte dann einen Versuchsdurchgang, bei dem er selbst die Rolle von Hans spielte, indem er mit der Hand Klopfantworten auf Fragen von 25 Befragern gab. Er achtete auf die unbewußten Entspannungsanzeichen und konnte tatsächlich in 23 der 25 Fälle die richtige Antwort geben. Durch geschickte Beobachtung von Ausdrucksbewegungen machte er sich *scheinbar* zum Hellseher.

2.5.2 Praktische Konsequenzen

Die Forschung über Versuchsleiter-Artefakte belegt zweifelsfrei, daß das Verhalten des Untersuchungsleiters die Ergebnisse seiner Untersuchung beeinflussen *kann*. Es steht ferner außer Zweifel, daß einige empirisch bestätigte Theorien auf Untersuchungen beruhen, deren Ergebnisse man auch als Versuchsleiter-Artefakte erklären *kann* (vgl. Bungard, 1980). Für denjenigen, der mit der konkreten Durchführung seiner Untersuchung befaßt ist, gibt diese Forschungsrichtung jedoch nur wenig her. Es ist bisher unmöglich – und wird wohl auch bis auf weiteres unmöglich bleiben –, die Bedeutung der individuellen Eigenarten eines Untersuchungsleiters für eine konkrete Untersuchung vollständig zu erfassen.

Brandt (1971, 1975) sieht in Untersuchungen zur Überprüfung von Versuchsleiter-Artefakten den Anfang eines unendlichen Regresses, der darin besteht, daß diese Untersuchungen wiederum von Versuchsleitern mit persönlichen Eigenarten durchgeführt werden, die ihrerseits die Untersuchungsergebnisse beeinflussen können und so fort. Sein Vorschlag, die Abhängigkeit der „Meßergebnisse" vom Meßinstrument „Mensch" (Bridgman, 1959, S. 169) durch die Einbeziehung weiterer Versuchsleiter als neutrale Beobachter des Untersuchungsgeschehens zu reduzieren, kann zumindest für die meisten studentischen Untersuchungen nur als Notlösung bezeichnet werden.

Eine Maßnahme, die die Beeinträchtigung der internen Validität von Untersuchungen durch Versuchsleiter-Artefakte in Grenzen hält, ist die *Standardisierung der Untersuchungsbedingungen* und vor allem des Versuchsleiterverhaltens (s. unten). Wenn – so läßt sich argumentieren – das Verhalten des Versuchsleiters z. B. bei der Instruktion einer Experimental- und einer Kontrollgruppe standardisiert ist (z. B. durch Instruktionen per Tonband oder Video), sind Unterschiede zwischen den verglichenen Gruppen nicht als Versuchsleiter-Artefakte erklärbar.

Dieses Konzept der Standardisierung erfährt durch Kebeck und Lohaus (1985) eine interessante Erweiterung: Sie votieren für ein *individuumzentriertes Versuchsleiterverhalten,* das sich am Erleben des Untersuchungsteilnehmers orientiert. Aufgabe des Versuchsleiters sei es, die experimentelle Situation so zu gestalten, daß sie von allen Untersuchungsteilnehmern möglichst gleich erlebt wird. Wenn dieses Ziel nur dadurch erreicht werden kann, daß der Versuchsleiter in seinem Verhalten auf individuelle Besonderheiten einzelner Untersuchungsteilnehmer eingeht, so sei dies zu akzeptieren. Das Standardisierungskonzept wird damit also aus der Sicht der Untersuchungsteilnehmer definiert. Auch wenn dieses Standardisierungskonzept, dem v. a. die qualitative Forschung folgt (vgl. Abschnitt 5.2.4), theoretisch einleuchtet, muß man befürchten, daß seine praktische Umsetzung nicht unproblematisch ist.

Offensichtlich müssen wir uns mit einer gewissen, letztlich nicht mehr reduzierbaren Ungenauigkeit unserer Untersuchungsergebnisse abfinden. Barber (1972, 1976), der zu den schärfsten Kritikern der durch Rosenthal initiierten Forschungsrichtung zählt, nennt statt eines „Experimentatoreffektes" weitere Effekte, die potentiell Untersuchungsergebnisse beeinflussen oder verfälschen können. Diese Effekte basieren auf der Spannung zwischen einem Projektleiter (Investigator), der für die Untersuchungsplanung und ggf. auch für die Auswertung zuständig ist und einem für die Untersuchungsdurchführung verantwortlichen Untersuchungsleiter (Experimentator). In der Evaluationsforschung besteht zudem die Gefahr, daß Verpflichtungen gegenüber dem Auftraggeber (bewußt oder unbewußt) die Ergebnisse beeinflussen (vgl. hierzu Abschnitt 3.1.1).

2.5.3
Empfehlungen

Die folgenden Maßnahmen, deren Realisierbarkeit und Bedeutung natürlich von der Art der Fragestellung und den Untersuchungsumständen abhängen, können dazu beitragen, den Einfluß der eigenen Person oder des Untersuchungsumfeldes auf das Verhalten der Untersuchungsteilnehmer („Demand-Characteristics", Orne, 1962) gering zu halten. Wichtig ist hierbei der Leitgedanke, daß störende Untersuchungsbedingungen für die Ergebnisse weniger erheblich sind, wenn alle Untersuchungsteilnehmer ihrem Einfluß in gleicher Weise ausgesetzt sind. Konstante störende Bedingungen mindern zwar die Generalisierbarkeit (externe Validität), aber nicht zwangsläufig die Eindeutigkeit der mit der Untersuchung gewonnenen Erkenntnisse (interne Validität).

Die größte Gefährdung einer *gleichmäßigen* Wirkung störender Untersuchungsbedingungen auf alle Versuchspersonen in allen Untersuchungsgruppen besteht in der Kenntnis der Untersuchungshypothese, die uns unbewußt veranlassen mag, Treatment- und Kontrollgruppe *unterschiedlich* zu behandeln. Dieses Problem wird ausgeschaltet, wenn die Untersuchungsdurchführung von Helfern übernommen wird, die die Untersuchungshypothese nicht kennen, also der Hypothese gegenüber – ebenso wie die Versuchspersonen – „blind" sind. Man spricht in diesem Zusammenhang auch von *Doppelblindversuchen* („blinde" Versuchpersonen und „blinde" Versuchsleiter).

Da die Versuchsdurchführung in der Regel ein sehr mühsames Geschäft ist und viele Tage Arbeit bedeutet, wird man aus ökonomischen Gründen – gerade bei Qualifikationsarbeiten – kaum den Luxus externer Versuchsleiter genießen können, sondern stattdessen selbst in Aktion treten müssen. Die folgenden Empfehlungen sollen helfen, Versuchsleitereffekte möglichst gering zu halten.

● Alle Untersuchungsteilnehmer erhalten dieselbe Instruktion, die möglichst standardisiert (z. B. per Tonband- oder Videoaufzeichnung) bzw. schriftlich vorgegeben wird. Sind in quasiexperimentellen oder experimentellen Untersuchungen verschiedene Instruktionen erforderlich (z. B. für die Experimentalgruppe und die Kontrollgruppe), repräsentieren die Instruktionsunterschiede in all ihren Feinheiten die unabhängige Variable.

● Führt eine standardisierte Instruktion bei einzelnen Untersuchungsteilnehmern zu Verständnisproblemen, sind diese individuell auszuräumen.

● Wird eine Untersuchung mit Laborcharakter geplant (vgl. Abschnitt 2.3.3), ist auf konstante Untersuchungsbedingungen zu achten. Hierzu zählen Räume, Beleuchtung, Geräusche, Arbeitsmaterial, die Temperatur etc., aber auch die äußere Erscheinung (z. B. neutrale Kleidung) des Untersuchungsleiters.

● Der Untersuchungsleiter muß während der Untersuchung auf seine eigenen Stimmungen und Empfindungen achten und sollte hierüber unmittelbar nach Untersuchungsende schriftlich Rechenschaft ablegen.

● Zwischenfragen oder andere unerwartete Vorkommnisse während des Untersuchungsablaufes müssen protokolliert werden.

● Besteht die Untersuchung aus mehreren Teilschritten (oder aus mehreren Einzelaufgaben und Fragen), ist deren Abfolge konstant zu halten, es sei denn, man will durch systematische Variation Sequenzeffekte prüfen (vgl. S. 550).

● Erwartet der Untersuchungsleiter bestimmte Ergebnisse, muß er mit eigenen ungewollten nonverbalen Reaktionen rechnen, wenn sich eine Bestätigung seiner Hypothese (oder widersprüchliche Ergebnisse) während des Untersuchungsablaufes abzeichnen. Es sollte deshalb geprüft werden, ob die Untersuchung so angelegt werden kann, daß der Untersuchungsleiter die Ergebnisse der Untersuchungsteilnehmer erst nach Abschluß der Untersuchung erfährt.

● Ursachen für mögliche Pannen, Belastungen der Untersuchungsteilnehmer, störende Reize, ethische Gefährdungen u. ä. erkennt der Untersuchungsleiter am besten, wenn er den gesamten Untersuchungsablauf zuvor an sich selbst überprüft.

● Eine ähnliche Funktion hat das sogenannte „Non-Experiment" (Riecken, 1962). Hier werden Personen, die aus derselben Population stammen wie die eigentlichen Untersuchungsteilnehmer, gebeten, den gesamten in Aussicht genommenen Untersuchungsablauf vorzutesten.

● Nach Abschluß des offiziellen Teiles der Untersuchung ist eine Nachbefragung der Untersuchungsteilnehmer zu empfehlen. Sie soll Aufschluß über Empfindungen, Stimmungen, Schwierigkeiten, Aufrichtigkeit, Interesse, Wirkung des Untersuchungsleiters u. ä. liefern.

● Falls möglich, sollte der gesamte Untersuchungsablauf mit einem Videogerät aufgezeichnet werden. Diese Aufzeichnung kann später auf mögliche Untersuchungsfehler hin analysiert werden.

● Sowohl die Untersuchungsumstände als auch sämtliche bewußt in Kauf genommenen oder unerwartet eingetretenen Unregelmäßigkeiten werden in einem abschließenden *Untersuchungsprotokoll* aufgenommen. Dieses ist – in verkürzter Form – Bestandteil des späteren Untersuchungsberichtes.

2.6 Auswertung der Untersuchungsergebnisse

Die Auswertung des Untersuchungsmaterials erfolgt nach den Vorgaben des Planungsberichtes. Im Mittelpunkt der Auswertung hypothesenprüfender Untersuchungen stehen statistische Signifikanztests, deren Ausgang die Entscheidungsgrundlage dafür ist, ob die forschungsleitende Hypothese als bestätigt gelten oder abgelehnt werden soll. Die inhaltliche Interpretation der Ergebnisse nimmt auf die Theorie Bezug, aus der die Hypothese abgeleitet wurde. Signifikante Ergebnisse bestätigen (vorläufig) die Theorie und nicht-signifikante Ergebnisse schränken gewöhnlich ihren Geltungsbereich ein. Die Ergebnisse von Auswertungen, die über die eigentliche Hypothesenprüfung hinausgehen, sind explorativ und müssen auch in dieser Weise dargestellt werden.

Besondere Probleme entstehen, wenn Untersuchungsteilnehmer ausfielen und die ursprünglich vorgesehenen Stichprobenumfänge nicht realisiert werden konnten (*Missing-Data-Probleme*). Für die Auswertung derartiger unvollständiger Datensätze stehen spezielle Techniken zur Verfügung (vgl.

z.B. Frane, 1976; Lösel und Wüstendörfer, 1974 oder Madow et al. 1983).

In hypothesenerkundenden Untersuchungen besteht die Auswertung üblicherweise in der Zusammenfassung der erhobenen Daten in statistischen Kennwerten, Tabellen oder Graphiken, die ggf. als Beleg für eine neu zu formulierende Hypothese herangezogen werden (vgl. Abschnitt 6.4). Am hypothetischen Charakter der Untersuchungsbefunde ändert sich nichts, wenn sich evtl. gefundene Mittelwertsunterschiede, Häufigkeitsunterschiede, Korrelationen o.ä. als statistisch signifikant erweisen sollten (vgl. S. 384f.).

Nicht jede Untersuchung führt zu den erhofften Ergebnissen. Widersprüchliche Ergebnisse, die in Erkundungsstudien keine eindeutige Hypothesenbildung zulassen und Untersuchungsbefunde, die die Ablehnung zuvor aufgestellter Hypothesen erfordern, sollten uns veranlassen, den Untersuchungsaufbau, die Untersuchungsdurchführung und die statistische Auswertung nochmals kritisch nach möglichen Fehlern zu durchsuchen. Sind evtl. entdeckte Fehler nicht mehr korrigierbar, sollten sie offen dargelegt und in ihren Konsequenzen diskutiert werden. Nachträgliche Bemühungen, den Daten unabhängig von den Hypothesen „etwas Brauchbares" zu entnehmen, sind – wenn überhaupt – in einen gesonderten, hypothesenerkundenden Teil aufzunehmen. Hierbei ist die von Dörner (1983) vorgeschlagene „Methode der theoretischen Konsistenz" hilfreich.

2.7
Anfertigung des Untersuchungsberichtes

Der Untersuchungsplan, die bereits vorliegende Aufarbeitung der einschlägigen Literatur (evtl. einschließlich der Herleitung von Hypothesen), die Materialien der Untersuchung, das Protokoll des Untersuchungsablaufes, Tabellen und Computerausdrucke mit den Ergebnissen sowie einzelne Anmerkungen zur Interpretation sind das Gerüst des endgültigen Untersuchungsberichtes. Für die Anfertigung dieses Berichtes gelten – speziell für hypothesenprüfende Untersuchungen – einige Regeln, die möglichst genau eingehalten werden sollten. Noch so gelungene Untersuchungen sind wenig tauglich, wenn es uns nicht gelingt, diese unserem Leserkreis anschaulich, nachvollziehbar und vollständig zu vermitteln.

Die folgenden Ausführungen orientieren sich an den von der Deutschen Gesellschaft für Psychologie (1997) herausgegebenen „Richtlinien für die Manuskriptgestaltung" und an den Vorschriften der APA (American Psychological Association, 1994). Weitere Hinweise zu diesem Thema findet man bei Höge (1994), oder auch in einem vom Deutschen Institut für Normung e.V. (1983) unter DIN 1422 herausgegebenen Informationsblatt.

2.7.1
Gliederung und Inhaltsverzeichnis

Das Grundschema der Gliederung einer empirischen Arbeit enthält die folgenden Hauptbereiche:

1. Problem (theoretischer Teil),
2. Methode,
3. Ergebnisse,
4. Diskussion,
5. Zusammenfassung.

Diese werden in Abhängigkeit von der Art der Arbeit durch folgende Zusätze ergänzt:
- Widmungsblatt (wenn überhaupt, dann nur bei größeren Werken wie Dissertationen oder Monographien üblich),
- Danksagungen,
- Vorwort,
- Literaturverzeichnis (oblig. für alle Arbeiten),
- Verzeichnis der verwendeten Abkürzungen,
- Verzeichnis der Tabellen,
- Verzeichnis der Abbildungen,
- Anhang,
- Ausblick,
- alphabetisches Personen- und/oder Sachregister,
- Glossar,
- Lebenslauf (ggf. bei Dissertationen).

Für die Untergliederung der Hauptbereiche, die je nach Stoffülle und inhaltlichen Schwerpunkten individuell gestaltet werden kann, verwendet man Zahlen, Groß- oder Kleinbuchstaben, griechische Buchstaben, römische Ziffern oder Kombinationen hiervon. Gut bewährt hat sich das auch in diesem Text eingesetzte Dezimalsystem, bei dem aus der Anzahl der Ziffern ersichtlich ist, auf welcher hierarchischen Ebene der Gliederung sich die einzelnen Textteile befinden. Wichtig ist letztlich die konsequente Einhaltung des einmal gewählten Gliederungsprinzips.

Eine Gliederung ist (zumindest formal) gelungen, wenn sie den gesamten Text in gleichwertige Bereiche unterteilt. Unbrauchbar sind Lösungen, die für einen Hauptbereich nur einen Unterbereich vorsehen. Läßt sich ein einzelner Unterbereich nur schwer in einen Hauptbereich integrieren, besteht die Möglichkeit, diesen als einen *Exkurs* aus dem normalen Gliederungsschema herauszunehmen.

Die Überschriften aller Hauptbereiche und Unterbereiche bilden, versehen mit der Gliederungskennung und der Seitenzahl, das Inhaltsverzeichnis, das über den Aufbau des Berichtes informiert und das deshalb dem eigentlichen Text vorangestellt wird. Die Zusammenfassung steht am Schluß des Textes, aber vor dem Literaturverzeichnis, sonstigen Verzeichnissen oder Anhängen. Hiervon ausgenommen sind Zeitschriftenartikel, bei denen man dazu übergegangen ist, die Zusammenfassung (Abstract) dem Text voranzustellen.

Tafel 11 zeigt als Beispiel das Inhaltsverzeichnis einer psychologischen Diplomarbeit (Manthey, 1999), in der es um die Identifizierung residualer Neglectsymptome geht (halbseitige Vernachlässigung des eigenen Körpers oder der Umgebung).

2.7.2
Die Hauptbereiche des Textes

Die folgenden Ausführungen regeln formal, was in die einzelnen Hauptbereiche des Textes gehört. Wie diese Hauptbereiche inhaltlich ausgefüllt und feiner untergliedert werden, ist auf die konkrete Untersuchung abzustimmen.

Theorieteil
Die Darstellung des Problems, die kritische Auseinandersetzung mit einschlägigen Arbeiten zum Thema und die begründete Ableitung der inhaltlichen Untersuchungshypothesen sollten bereits – zumindest in einer vorläufigen Fassung – in schriftlicher Form vorliegen (vgl. Abschnitt 2.4). Eine inhaltliche

Modifizierung dieses Hauptbereiches ist nur zulässig, wenn in der Zwischenzeit neue, für die Untersuchung wichtige Beiträge publiziert wurden. Auf keinen Fall darf der einleitende Teil durch Erkenntnisse, die in der eigenen Untersuchung gewonnen wurden, verändert werden.

Methodenteil
Die Darstellung des methodischen Vorgehens ist ein unverzichtbarer Bestandteil empirischer Untersuchungsberichte. Sie muß so exakt sein, daß andere, am gleichen Problem interessierte Forscherinnen und Forscher die Untersuchung theoretisch nachvollziehen und ggf. replizieren können. Ein sorgfältig ausgearbeiteter Untersuchungsplan trägt erheblich dazu bei, diese für empirische Wissenschaften essentielle Forderung zu realisieren.

In den Methodenteil gehören Beschreibungen der Untersuchungsobjekte, des Untersuchungsmaterials, ggf. der eingesetzten Geräte und der Untersuchungsdurchführung sowie eine Auflistung der Auswertungsmethoden (ggf. mit Begründungen).

Untersuchungsobjekte: Die Untersuchungsobjekte sind genau nach Art, Anzahl und Merkmalen zu beschreiben (sog. Stichprobenbeschreibung). Nahmen Personen an der Untersuchung teil, sind deren Alter, soziale Herkunft, Beruf oder Betätigung, Geschlecht sowie ggf. sonstige Merkmale summarisch zu nennen. Quantitative Merkmale (z.B. Alter, Intelligenz, Schulnoten), die nicht als abhängige oder als unabhängige Variable untersucht wurden (deren Ausprägungen im Teil „Ergebnisse" dargestellt werden), beschreibt man üblicherweise durch die Angabe von Mittelwerten und Streuungen. Ferner gehören Angaben über die Art der Rekrutierung (Höhe evtl. Bezahlungen etc.) sowie Begründungen von Verweigerern in diesen Abschnitt.

Material: Hier wird das in der Untersuchung eingesetzte Material aufgeführt und beschrieben. Selbstentwickelte Instrumente (Fragebögen, Tests, Wortlisten etc.) werden exemplarisch samt Instruktion demonstriert. Längere Instruktionen sind Bestandteil des Anhangs. Für im Handel erhältliche Verfahren genügen bibliographische

TAFEL 11

Beispiel für ein Inhaltsverzeichnis

Residuale Neglectsymptome nach Hirnschädigungen: Evaluation der Sensitivität verschiedener Tests in einer Nachuntersuchung

Nachweise. Abbildungen oder Skizzen veranschaulichen weitere, in der Untersuchung eingesetzte Materialien.

Geräte: Dieser Abschnitt ist besonders wichtig, wenn Geräte zur Darbietung von Untersuchungsmaterialien oder zur Registrierung von Reaktionen eigens für die Untersuchung entwickelt wurden. Überfordern spezielle technische Details (Schaltpläne, EDV-Programme, bauliche Besonderheiten) möglicherweise das Verständnis des Durchschnittslesers, begnügt man sich mit der Darstellung der Funktionsweise und überläßt die technisch genaue Wiedergabe dem Anhang. Bei handelsüblichen Geräten nennt dieser Abschnitt den Hersteller.

Untersuchungsdurchführung: Hier werden der Ablauf der Untersuchung, räumliche und zeitliche Bedingungen sowie Besonderheiten der Untersuchungsdurchführung beschrieben. Weitere Angaben für diesen Abschnitt enthält das Protokoll des Untersuchungsablaufs (vgl. Abschnitt 2.5), welches ggf. vollständig im Anhang aufgeführt wird.

Auswertungsmethoden: Dieser Abschnitt stellt dar, welche Auswertungsmethoden eingesetzt wurden. Bei einer explorativen Studie könnten dies z. B. eine qualitative Inhaltsanalyse (vgl. Abschnitt 5.3) oder eine Faktorenanalyse sein (vgl. S. 383); bei hypothesenprüfenden Untersuchungen zählen hierzu die eingesetzten statistischen Signifikanztests. Eine genaue Beschreibung der Methoden, wie z. B. die Wiedergabe von Formeln, ist hierbei nicht erforderlich; im Zweifelsfalle genügen Verweise auf einschlägige Statistikbücher. Handelt es sich jedoch um Eigenentwicklungen oder um relativ neue, wenig bekannte Methoden, sollten diese dargestellt und ggf. begründet werden, warum auf den Einsatz bekannter Standardmethoden verzichtet wurde.

Ergebnisteil

Dieser Abschnitt beginnt mit der Beschreibung des für die Fragestellung relevanten Datenmaterials, eventuell ergänzt durch die Art der verwendeten Kodierungen und Abkürzungen [z. B. „Von 50 Untersuchungsteilnehmern liegen die Reaktionszeiten für 5 Untersuchungsbedingungen U_1 bis U_5 vor; das Geschlecht der Untersuchungsteilnehmer wird mit 0 (=männlich) und 1 (=weiblich) kodiert].

Qualitative Daten (z. B. offene Antworten in einem Fragebogen) werden durch einige typische Beispiele veranschaulicht. Die vollständige Wiedergabe aller Rohdaten ist unüblich. Diese sollten jedoch mindestens fünf Jahre aufbewahrt werden, um interessierten (bzw. skeptischen) Lesern Gelegenheit zu geben, die Auswertung zu wiederholen oder die Daten in eigene Untersuchungen zu integrieren. Hierbei sind die Bestimmungen des Datenschutzes zu beachten (vgl. S. 49). Die Notwendigkeit öffentlich zugänglicher Datenarchive wird u. a. von Bryant und Wortman (1978) betont.

Die Ergebnisse deskriptiver Erkundungsstudien sind zusammenfassende Statistiken, Tabellen und graphische Darstellungen. Die doppelte Wiedergabe eines Ergebnisses als Tabelle und Graphik ist unüblich. Tabellen oder Graphiken, auf die im Text nicht direkt Bezug genommen wird, gehören – wenn sie die Interpretation nur indirekt ergänzen – in den Anhang.

Hypothesenüberprüfende Untersuchungen berichten das Ergebnis des Signifikanztests (F-Wert, χ^2-Wert, t-Wert etc.) einschließlich einer zufallskritischen Bewertung (vgl. Abschnitt 8.1). Weitere, für die Interpretation wichtige Teilergebnisse (Mittelwerte, Streuungen, Korrelationen, Häufigkeiten etc.) ergänzen den Ergebnisbericht.

Man sollte sich darum bemühen, den Leser im Ergebnisteil nicht mit den Zahlen „allein" zu lassen. Interpretative Darstellungen darüber, welche numerischen Ergebnisse für oder gegen eine Hypothese sprechen, welche Ergebnisse mit den im Theorieteil erörterten Untersuchungen im Einklang oder Widerspruch stehen, welche Befunde überraschend oder ungewöhnlich sind oder auch Interpretationsversuche für unschlüssige Ergebnisse (ggf. mit Bezug auf nachträglich erkannte Untersuchungsfehler) sind für den Ergebnisteil genauso wichtig wie die rein statistischen Angaben.

Bei der Darstellung von Zahlen ist ein sinnvoller Kompromiß zwischen Genauigkeit und Übersichtlichkeit zu schließen. Da viele unserer Erhebungsverfahren ohnehin verhältnismäßig stark von Meßungenauigkeiten betroffen sind, ist z. B. der Bericht von Fragebogendaten mit vier Nachkommastellen sinnlos und erweckt nur den Eindruck von Schein-Genauigkeit. Hier ist ein Runden auf eine oder zwei Nachkommastellen angemessen. Bei Prozentzahlen wird man häufig ganzzahlig runden, da die Ergebnisse in dieser Form beim Lesen sehr viel leichter (quasi auf einen Blick) aufgenommen werden können, wie die nachfolgende Aufstellung zeigt:

12,79%	13%
21,56%	22%
65,65%	66%

Diskussion und Ausblick

Man achte sorgsam auf die Trennung von Ergebnisdarstellung und weiterführender Ergebnisinterpretation (*Diskussion*). Während der Ergebnisteil die Befunde vollständig berichtet und objektiv interpretiert, erhalten Verfasserin bzw. Verfasser im Diskussionsteil die Gelegenheit, die Ergebnisse aus persönlicher Sicht zu kommentieren, was gelegentlich durch die Verwendung der „ich"-Form unterstrichen wird (s. Abschnitt 2.7.3). Bei Deutungen sollte man dennoch ein Abgleiten in reines Wunschdenken vermeiden und stets den Bezug zur Theorie herstellen, indem man erläutert, inwieweit die eigene Untersuchung Modifikationen der geprüften Theorie nahelegt, welche Erkenntnisse den Kern einer neuen Theorie bilden könnten, wie sich mögliche Untersuchungsfehler auf die Ergebnisse ausgewirkt haben, welche inhaltlichen oder methodischen Implikationen für die weitere Forschung aus der eigenen Untersuchung abzuleiten sind oder auch, welche Gründe für ein eventuelles Scheitern der Untersuchung verantwortlich gemacht werden können.

Separat oder in den Diskussionsteil integriert eröffnet man am Ende eigener Arbeiten gerne noch einen „*Ausblick*" auf zukünftige Forschungsprojekte, indem man Hinweise darauf gibt, welche Hypothesen noch zu prüfen wären, von welchen Vorannahmen sich die Forschung verabschieden sollte, wie Methoden gewinnbringend zu kombinieren oder zu modifizieren sein könnten etc. Häufig sind im Ausblick auch einige allgemeine Anregungen dazu untergebracht, „in welche Richtung" sich das Forschungsfeld weiterentwickeln sollte.

Zusammenfassung

Die Zusammenfassung (*Abstract*) hat die Funktion, die Fragestellung, die Methoden, die Ergebnisse und theoretische Folgerungen auf den Punkt zu bringen. Hierbei ist auf eine knappe, aber dennoch informative Darstellung größten Wert zu legen. Die Zusammenfassung darf keine Ergebnisse und Überlegungen enthalten, die im vorangegangenen Text noch nicht erwähnt wurden.

Zeitschriften beschränken gelegentlich die Zusammenfassung auf eine begrenzte Anzahl von Wörtern. Für englischsprachige „Abstracts" gelten die Vorschriften der American Psychological Association (1994).

2.7.3
Gestaltung des Manuskripts

Das Manuskript wird maschinenschriftlich (einseitig, linksbündig beschriebene oder bedruckte DIN-A4-Seiten mit Zeilenabstand 1½) fortlaufend geschrieben, d. h. für die einzelnen Hauptbereiche werden keine neuen Blätter angefangen. Für Titel, Vorwort, Zusammenfassung, Inhaltsverzeichnis, Literaturverzeichnis u. ä. ist jeweils eine neue Seite zu beginnen.

Das Titelblatt enthält
● den vollen Titel der Arbeit,
● Vor- und Familienname der Verfasserin bzw. des Verfassers (ggf. Matrikelnummer),
● Angaben über die Art der Arbeit (Referat, Seminararbeit, Semesterarbeit, Diplomarbeit etc.),
● eine Angabe der Institution, bei der sie eingereicht wird, der Lehrveranstaltung, in deren Rahmen sie abgefaßt wurde bzw. den Namen des Betreuers,
● Ort und Datum der Fertigstellung der Arbeit.

Fußnoten im laufenden Text sollten nach Möglichkeit vermieden werden, da sie die Lektüre erschweren. Falls diese für technische Hinweise (Danksagungen, Übersetzungshinweise, persönliche Mitteilungen) erforderlich sind, empfiehlt sich eine durchlaufende Numerierung aller Fußnoten. Für Fußnoten ungeeignet sind Literaturhinweise.

Die sprachliche Gestaltung des Textes sollte neutral gehalten sein. Beutelsbacher (1992, S. 70 f.) gibt folgende Empfehlung: „Gehen Sie mit ‚ich' äußerst vorsichtig um. ‚Ich' wird nur dann verwendet, wenn der Autor eine persönliche Botschaft zu Papier bringt. Verwenden Sie, wenn immer möglich ‚wir'. ‚Wir' kann immer dann benutzt werden, wenn stattdessen auch ‚der Autor und der Leser' stehen kann. ‚Wir' ist also kein pluralis majestatis, sondern eine Einladung an den Leser, sich an der Diskussion zu beteiligen und mitzudenken. Wenn es nicht anders geht, benutzen Sie ‚man' ".

Die Auswahl einer gut lesbaren Schrift, eine übersichtliche und ansprechende Formatierung sowie ein Sachregister sollten im Zeitalter der elektronischen Textverarbeitung auch bei Qualifikationsarbeiten zum Standard gehören. Ebenso wie es sich empfiehlt, sich vorbereitend mit der Statistik-Software zu befassen, sollte man sich rechtzeitig vor Beginn der Arbeit mit den Feinheiten der Textverarbeitung (Gliederungsfunktion, Index, Formatierungsmakros etc.) sowie den Möglichkeiten der computergestützten Grafikerstellung vertraut machen. Erfahrungsgemäß wird der in der Endphase der Arbeit für Formatierung, Einbindung von Grafiken, Erstellen von Verzeichnissen etc. benötigte Zeitaufwand deutlich unterschätzt.

2.7.4
Literaturhinweise und Literaturverzeichnis

Für alle Äußerungen und Gedanken, die man von anderen Publikationen übernimmt, muß deren Herkunft angegeben werden. Dies geschieht, indem man den Namen des Autors bzw. der Autorin und das Erscheinungsjahr der Publikation im laufenden Text in Klammern nennt:

- Besonders zu beachten ist die Reliabilität des Kriteriums (Abels, 1999).

Ist der Autorenname Bestandteil eines Satzes, wird nur die Jahreszahl, aber nicht der Name in Klammern gesetzt:

- Besonders zu beachten ist nach Abels (1999) die Reliabilität des Kriteriums.

Bei Veröffentlichungen mit zwei Autoren werden beide genannt:

- Besonders zu beachten ist nach Abels und Busch (1998) die Reliabilität des Kriteriums.

(In diesem Text wird – verlagsbedingt – das kaufmännische „&"-Zeichen durch „und" ersetzt.) Publikationen, die von mehr als zwei Autoren stam-

men, kennzeichnet man durch den ersten Namen mit dem Zusatz „et al." (= et alii):

- Besonders zu beachten ist nach Abels et al. (1998) die Reliabilität des Kriteriums.

Verweist eine Arbeit auf Publikationen von Autoren mit gleichem Nachnamen, ist der Anfangsbuchstabe des Vornamens hinzuzufügen:

- Besonders zu beachten ist nach A. Abels (1999) die Reliabilität des Kriteriums.

Mehrere Publikationen eines Autors mit demselben Erscheinungsjahr werden durch Kleinbuchstaben in alphabetischer Reihenfolge, die an die Jahreszahl angehängt werden, unterschieden:

- Besonders zu beachten ist die Reliabilität des Kriteriums (vgl. Abels, 1999a, 1999b).

Diese Kennzeichnung gilt dann auch für das Literaturverzeichnis. Ein Aufsatz, der in einem Sammelband oder „Reader" erschienen ist, wird mit dem Namen des Autors und nicht mit dem Namen des Herausgebers zitiert.

Übernommene Gedankengänge sollten wenn möglich durch die Originalliteratur belegt werden. Falls nur Sekundärliteratur verarbeitet wurde, ist dies entsprechend zu vermerken:

- Besonders zu beachten ist die Reliabilität des Kriteriums (Abels, 1998, zit. nach Busch, 1999).

Das Literaturverzeichnis enthält dann beide Arbeiten.

Wörtliche Zitate werden in Anführungszeichen gesetzt und durch zusätzliche Erwähnung der Seitenzahl nachgewiesen:

- Hierzu bemerkt Abels (1999, S. 100): „Besonders hervorzuheben ist die Reliabilität des Kriteriums".

Erstreckt sich ein Zitat auf *die folgende Seite*, so steht hinter der Seitenzahl ein „f." (für „folgende"). Will man auf eine Textpassage Bezug nehmen, die sich nicht nur auf eine sondern *mehrere nachfolgende Seiten* erstreckt, so setzt man ein „ff." (für „fortfolgende") hinter die Seitenzahl.

Ergänzungen eines Zitates stehen in eckigen Klammern und Auslassungen werden durch Punkte gekennzeichnet:

- Hierzu bemerkt Abels (1999, S. 100): „Besonders hervorzuheben ist die Reliabiltität des [inhaltlichen] Kriteriums".

Anführungszeichen in einer wörtlich zitierten Textpassage erscheinen im Zitat als einfache Anführungszeichen (Zitat im Zitat):

- Hierzu bemerkt Abels (1999, S. 100): „Besonders hervorzuheben ist die sog. ‚Reliabilität' des Kriteriums".

Hebt der Verfasser im Zitat eine im Original nicht hervorgehobene Stelle, z. B. durch Kursivschrift oder Unterstreichung, hervor, ist dies im laufenden Text zu vermerken: [Hervorhebung durch Verf.]. Befinden sich in einer zitierten Passage kursiv oder fett gedruckte Wörter, so sind diese als Bestandteil des Textes beizubehalten und werden häufig als solche gekennzeichnet: [Hervorhebung im Original]

- Hierzu bemerkt Abels (1999, S. 100): „Besonders hervorzuheben ist die *Reliabilität* (Hervorhebung im Original) des **Kriteriums**" (Hervorhebung durch Verf.).

Alle fremden, im Text erwähnten Quellen müssen im Literaturverzeichnis mit vollständigen bibliographischen Angaben aufgeführt werden. Die Wiedergabe der genauen Literaturnachweise in Fußnoten unmittelbar auf der Seite des Zitates ist nicht mehr üblich. Damit entfallen auch Verweise auf frühere Fußnoten, wie z. B. „a. a. O." (= am angegebenen Ort), „lc" (= loco citato) oder „op. cit." (= opus citatum).

In Literaturangaben wird stets entweder der *Buchtitel* (nicht der Titel eines Beitrags aus einem Buch!) oder der Name der *Zeitschrift* kursiv gedruckt. Bei Aufsätzen aus Sammelbänden sowie bei Zeitschriftenaufsätzen sind in jedem Fall Seitenangaben zu machen. Werden englischsprachige Werke zitiert, erscheinen Zusatzangaben wie „Hrsg." (Herausgeber) und „S." (Seite) auf Englisch: „Ed." bzw. „Eds." (Editor/s) sowie „p." bzw. „pp." (pages). Dem Deutschen „S. 3 ff." entspricht das Englische „pp. 3"; „S. 5–15" wird zu „pp. 5–15".

Obwohl das Zitieren von Literaturquellen seit jeher zum wissenschaftlichen Handwerk gehört, gibt es bis heute leider keine allgemeinverbindlichen Zitierweisen. Überflüssigerweise pflegen unterschiedliche Disziplinen (z. B. deutsche Philologie versus Psychologie) und Publikationsorgane (z. B. Psychologische Rundschau versus Kölner Zeitschrift für Soziologie und Sozialpsychologie) ganz unterschiedliche Zitierstile, so daß Texte letztlich „zielgruppenspezifisch" formatiert werden müssen: mal wird der Vorname aller Autoren ausgeschrieben, mal abgekürzt; mal werden Ort und Verlag genannt, mal erscheint nur der Ort; mal werden Buchtitel in Anführungsstriche gesetzt, mal kursiv geschrieben, mal „normal" gedruckt.

Die „Zitierwürdigkeit" der sog. „grauen Literatur" (vgl. S. 364 f.) ist strittig. Ebenso sollte man mit Quellennachweisen für private Mitteilungen (persönliches oder fernmündliches Gespräch, Brief, elektronische Nachricht o. ä.) sparsam umgehen, denn beide Arten von Quellen sind für Außenstehende schwer nachprüfbar. Allerdings hatten diese Informationsquellen – insbesondere die „graue Literatur" – in der ehemaligen DDR einen besonderen Stellenwert, weil sie frei von Politzensur waren. Beim Zitieren von elektronischen Publikationen (s. Rindfuß, 1994) ergibt sich das Problem, daß bei öffentlich zugänglichen Servern nicht immer klar ist, wie lange die Publikationen auf der Festplatte gehalten werden.

Tafel 12 enthält ein kurzes fiktives Literaturverzeichnis mit einigen Beispielen, die zum Teil aus Tröger und Kohl (1977) entnommen wurden. Das Literaturverzeichnis folgt den Richtlinien der Deutschen Gesellschaft für Psychologie (1997; 2001). Für Arbeiten, die in Zeitschriften oder als Monographien veröffentlicht werden, beachte man zusätzlich die Richtlinien der jeweiligen Verlage. Der folgende Text erläutert, wie auf die im Literaturverzeichnis in Tafel 12 aufgeführten Quellen verwiesen wird und um welche Quellen es sich handelt.

Abavo (1995): Artikel des Autors Abavo aus der Zeitschrift „Die Normalverteilung und ihre Grenzgebiete". Der Artikel erschien 1995 und steht im 3. Band auf den Seiten 157–158.

American Psychological Association (2000): Von der APA publizierte Webseite zu Zitationsnormen für Online-Quellen. Gemäß diesen Regeln sind erst das Abrufdatum des Dokuments, dann der Internet-Dienst sowie schließlich die Netzadresse anzugeben. Diese Zitationsweise hat sich bislang jedoch nur bedingt durchgesetzt, stattdessen existieren eine Reihe verwandter Zitierformen (s. u. das Beispiel King, 1996).

Bock et al. (1986): Buch der Autoren Bock, Greulich und Pyle, mit dem Titel „The Hufnagel-Contributions to Factor Analytic Methods". Das Buch ist im Jahr 1986 im Verlag Holt, Rinehart u. Winston erschienen. Der Verlag hat seinen Hauptsitz in New York.

TAFEL 12

Ein fiktives Literaturverzeichnis

Abavo, H.-H. (1995). Bemerkung zur Klumpenef-fekt-Stratifikationszerlegung. *Die Normalverteilung und ihre Grenzgebiete, 3,* 157–158.

American Psychological Association (2000). *Electronic Reference Formats Recommended by the American Psychological Association.* Retrieved August 20, 2000, from the World Wide Web: http://www.apa.org/journals/webref.html.

Bock, R. D., Greulich, S. & Pyle, D. C. (1986). *The Hufnagel-Contributions to Factor Analysis Methods.* New York: Holt, Rinehart & Winston.

Frisbie, L. L. (Ed.) (1975). *Psychology and Faking.* Urbana: The University of Wisconsin Press.

Greulich, S. (1976). *Psychologie der Bescheidenheit* (12. Aufl.). Großhermansdorf: Kaufmann & Trampel.

Herweg, O. & Peter, G. (1986). *Signifikanz und Transzendenz. Diskussionsbeitrag für das Symposium „Ergodizität infiniter Kausalketten".* Münster: Katholische Akademie.

King, S. A. (1996). *Is the Internet Addictive, or Are Addicts Using the Internet?* [Online Document] URL http://www.concentric.net/~Astorm/iad.html (20.08.2000).

Müller, C. & Maier, G. (1913). Intelligenz im Jugendalter. In D. Helfferich (Hrsg.) *Entwicklung und Reife (S. 5–15).* Bad Wimpfen: Uebelhör.

Picon, J.-J. (1901). Antwort auf Martinis und Pernods Artikel über die „Unbedenklichkeit des Aperitifs". *Der internationale Wermut-Bruder, 26,* 1041–1043.

Reydelkorn, H. (1995). Iterative Verfahren zur Zerlegung von Klumpen. *Informationen des Instituts für angewandtes Kopfrechnen in Oldenburg, 4,* 27–58.

Schlunz, I. I. (1956). *Therapie und Duldung – ein Versuch.* Unveröffentlichte Diplomarbeit. Freiburg: Psychologisches Institut der Universität Freiburg.

Stiftung VW-Werk (1993). *Psychologische Forschung im Verkehrswesen.* Wolfsburg: Stiftung VW-Werk.

von Stör, A. (o. J.). *Anleitung zur Anfertigung von Flugblättern.* Unveröffentlichtes Manuskript. o.O.

Zielman, P. S. (1991). Questioning Questions. In A. Abel & B. Bebel (Eds.) *More Questions and More Data* (pp. 33–66). New York: Wild Press.

Frisbie (1975): Hier wird auf ein Buch verwiesen, das von Frisbie herausgegeben wurde. Es heißt „Psychology and Faking" und wurde 1975 in Urbana von der University of Wisconsin Press gedruckt.

Greulich (1976[12]): Das Buch „Psychologie der Bescheidenheit" ist in der 12. Auflage 1976 im Verlag Kaufmann u. Trampel in Großhermannsdorf erschienen.

Herweg und Peter (1986): Hier wird auf einen Diskussionsbeitrag mit dem Titel „Signifikanz und Transzendenz" verwiesen. Der Beitrag wurde auf dem Symposium „Ergodizität infiniter Kausalketten" gehalten und von der Katholischen Akademie in Münster 1986 publiziert.

King (1996): Dieser 1996 verfaßte Aufsatz wird als Online-Dokument auf der persönlichen Homepage des Autors bereitgestellt, wo wir ihn am 20. August 2000 abgerufen haben. Bei späteren Abrufversuchen muß aufgrund der Eigenart des Netzmediums damit gerechnet werden, daß der Beitrag inhaltlich verändert, auf einen anderen Server verschoben oder ganz aus dem Netz genommen wurde.

Müller und Maier (1913): Dieser Beitrag bezieht sich auf einen Aufsatz, den die Autoren Müller und Maier in einem von Helfferich herausgegebenen Sammelband mit dem Titel „Entwicklung und Reife" auf den Seiten 5 bis 15 veröffentlicht haben. Der Sammelband (oder Reader) wurde

1913 im Verlag Uebelhör, Bad Wimpfen, veröffentlicht.

Picon (1901): Hier wird auf einen Aufsatz verwiesen, der die Überschrift „Antwort auf Martinis und Pernods Artikel über die ‚Unbedenklichkeit des Aperitifs' " trägt. Der Artikel wurde im Jahre 1901 im 26. Band der Zeitschrift „Der internationale Wermutbruder" auf den Seiten 1041–1043 veröffentlicht.

Reydelkorn (1995): Hier wird auf keinen Zeitschriftenartikel verwiesen, sondern auf eine institutsinterne Reihe „Informationen des Instituts für angewandtes Kopfrechnen in Oldenburg". Der von Reydelkorn in dieser Reihe verfaßte Artikel heißt „Iterative Verfahren zur Zerlegung von Klumpen".

Schlunz (1956): Diese Literaturangabe bezieht sich auf eine unveröffentlichte Diplomarbeit. Der Titel der Arbeit heißt „Therapie und Duldung – ein Versuch". Die Arbeit wurde 1956 am Psychologischen Institut der Universität Freiburg angefertigt.

Stiftung VW-Werk (1993): In dieser Weise wird auf Literatur verwiesen, die keinen Autorennamen trägt. Die Stiftung VW-Werk hat 1993 einen Bericht über „Psychologische Forschung im Verkehrswesen" in Wolfsburg herausgegeben.

von Stör (o.J.): Dieser Literaturhinweis bezieht sich auf ein unveröffentlichtes Manuskript, dessen Erscheinungsjahr (o.J. = ohne Jahresangabe) und Erscheinungsort (o.O. = ohne Ortsangabe) unbekannt sind. Das Manuskript trägt den Titel „Anleitung zur Anfertigung von Flugblättern".

Zielman (1991): Dieser Verweis bezieht sich auf einen Buchbeitrag mit dem Titel „Questioning Questions", der in dem von Abel und Bebel herausgegebenen Sammelband „More Questions and More Data" auf den Seiten 33 bis 66 abgedruckt

ist. Der Sammelband ist in dem in New York ansässigen Verlag „Wild Press" erschienen.

2.7.5
Veröffentlichungen

Gelungene Arbeiten sollte man einer Zeitschrift zur Publikation anbieten. Die wissenschaftlichen Periodika, die für diese Zwecke zur Verfügung stehen, vertreten unterschiedliche, inhaltliche Schwerpunkte, die man beim Durchblättern einzelner Bände leicht herausfindet; ggf. läßt man sich bei der Wahl einer geeigneten Zeitschrift von Fachleuten beraten.

In der Regel wird die Version, die zur Veröffentlichung vorgesehen ist, gegenüber dem Original erheblich zu kürzen sein. Lassen umfangreiche Untersuchungen (z.B. Dissertationen) keine erhebliche Kürzung ohne gleichzeitige Sinnentstellung zu, ist die Aufteilung der Gesamtarbeit in zwei oder mehrere Einzelberichte (z.B. Theorieteil, Experiment 1, Experiment 2) zu erwägen. Zu prüfen ist auch, ob sich ein Verlag bereit findet, die gesamte Arbeit als Monographie zu publizieren. (Wichtige Hinweise hierzu bzw. zum Thema „Promotionsmanagement" findet man bei Preißner et al., 1998.)

Besonderheiten der Manuskriptgestaltung und auch des Literaturverzeichnisses entnimmt man am einfachsten den Arbeiten, die in der vorgesehenen Zeitschrift bereits veröffentlicht sind. Im übrigen sind die „Hinweise für Autoren", die sich üblicherweise auf der Innenseite des Zeitschrifteneinbandes befinden, zu beachten. (Hier erfährt man auch, an welche Anschrift das Manuskript zu senden ist.)

Für die Anfertigung einer englischsprachigen Publikation sei dem Novizen Huff (1998) empfohlen.

ÜBUNGSAUFGABEN

1. Was versteht man unter interner und externer Validität?

2. Wie kann man Menschen für die Teilnahme an einer empirischen Untersuchung motivieren? Welches sind günstige Rahmenbedingungen?

3. Welche Aussagen stimmen bzw. stimmen nicht (Begründung)?
   a) Für einen Mittelwertsvergleich zwischen zwei Gruppen muß die abhängige Variable intervallskaliert sein.
   b) Für experimentelle Untersuchungen ist die Zufallsauswahl der Probanden charakteristisch.
   c) Externe Validität ist die Voraussetzung für interne Validität.
   d) In Experimenten wird höchstens eine unabhängige Variable untersucht.
   e) Experimentelle Laboruntersuchungen haben eine geringere externe, dafür aber eine hohe interne Validität.
   f) Je höher das Skalenniveau, umso höher die Validität.

4. Wie ist eine Skala definiert?

5. Auf welchem Skalenniveau sind folgende Merkmale sinnvollerweise zu messen? Geben Sie Operationalisierungsmöglichkeiten an!
   Augenfarbe, Haustierhaltung, Blutdruck, Berufserfahrung, Bildungsstand, Intelligenz, Fernsehkonsum.

6. Worin unterscheiden sich Feld- und Laboruntersuchung?

7. 1993 publizierte H. K. Ma über Altruismus. Im selben Jahr erschien in einer Zeitschrift über Gesundheitsvorsorge der Artikel „Just Cover up: Barriers to Heterosexual and Gay Young Adults' Use of Condoms." Suchen Sie mit Hilfe der „Psychological Abstracts" nach den kompletten Literaturangaben und zitieren Sie diese korrekt!

8. Angenommen, in einer Telefonbefragung von N=2500 zufällig ausgewählten Berlinerinnen und Berlinern (Zufallsauswahl aus der Liste aller Berliner Telefonnummern) stellte sich heraus, daß 22% „ständig" und 47% „nie" einen Talisman oder Glücksbringer bei sich haben (31% nehmen „manchmal" einen mit). Diejenigen, die ständig einen Talisman bei sich trugen, waren signifikant zufriedener mit ihrem Leben als diejenigen, die nie einen Talisman mitnahmen.
   a) Um welchen Untersuchungstyp handelt es sich hier?
   b) Wie lautet die statistische Alternativhypothese zu folgender Forschungshypothese: „Talismanträger sind zufriedener als Nicht-Talismanträger". Wie lautet die zugehörige Nullhypothese?
   c) Beurteilen Sie die interne und die externe Validität dieser Untersuchung (Begründung).
   d) Welche Rolle spielen Versuchsleiter-Effekte in dieser Untersuchung?

9. Wie ist die Aussagekraft von Untersuchungen an Studierenden einzuschätzen?

10. „Die Behandlung von Höhenangst mit der herkömmlichen Verhaltenstherapie dauert mindestens 6 Monate länger als die Therapie mit einem neuen Hypnoseverfahren." Kennzeichnen Sie die angesprochenen Variablen (Skalenniveau, Variablenart)! Wie lautet das statistische Hypothesenpaar?

11. Welche Besonderheiten weisen freiwillige Untersuchungsteilnehmer auf?

Kapitel 3
Besonderheiten der Evaluationsforschung

Das Wichtigste im Überblick

▸ Evaluationsforschung und Grundlagenforschung im Vergleich
▸ Summative und formative Evaluation
▸ Operationalisierung von Maßnahmewirkungen
▸ Zur Frage der Nützlichkeit einer Maßnahme
▸ Zielpopulation, Interventionsstichprobe und Evaluationsstichprobe

Die Evaluationsforschung befaßt sich als ein Teilbereich der empirischen Forschung mit der Bewertung von Maßnahmen oder Interventionen. In diesem Kapitel werden die wichtigsten Charakteristika der Evaluationsforschung im Vergleich zur empirischen Grundlagenforschung herausgearbeitet. In den Folgekapiteln gehen wir ausführlicher auf Themen und Techniken ein, die für Grundlagen- und Evaluationsstudien gleichermassen einschlägig sind.

Abschnitt 3.1 vermittelt zunächst einen Überblick: Er vergleicht Evaluations- und Grundlagenforschung, berichtet über die Rolle des Evaluators und nennt Rahmenbedingungen für die Durchführung von Evaluationsstudien. Abschnitt 3.2 befaßt sich mit Planungsfragen (Literaturrecherche, Wahl der Untersuchungsart, Operationalisierungsprobleme, Stichprobenauswahl, Abstimmung von Intervention und Evaluation, Exposé und Arbeitsplan) und Abschnitt 3.3 behandelt schließlich Durchführung, Auswertung und Präsentation von Evaluationsstudien.

Vorab sei darauf hingewiesen, daß Kapitel 3 auf den allgemeinen Prinzipien empirischer Forschung aufbaut, über die bereits in Kapitel 2 berichtet wurde.

3.1
Evaluationsforschung im Überblick

Kapitel 2 gab summarisch Auskunft über die einzelnen Arbeitsschritte, die bei der Anfertigung einer empirischen Forschungsarbeit zu beachten sind. Dieses Regelwerk gilt – bis auf einige Ausnahmen und andere Akzentsetzungen – auch für die Evaluationsforschung. Wir teilen damit die Auffassung vieler Evaluationsexperten, die in der Evaluationsforschung ebenfalls keine eigenständige Disziplin sehen, sondern eine Anwendungsvariante wissenschaftlicher Forschungsmethoden auf eine spezielle Gruppe von Fragestellungen (z.B. Hager, 1992; Hager et al., 2000; Rossi und Freeman, 1993; Weiss, 1974; Wittmann, 1985, 1990; Wottawa und Thierau, 1998).

Die moderne Evaluationsforschung entwickelte sich in den USA bereits in den 30er Jahren zu einem integralen Bestandteil der Sozialpolitik. Ihr oblag die Bewertung bzw. die Evaluation von Programmen, Interventionen und Maßnahmen im Bildungs- und Gesundheitswesen sowie die Entwicklung formaler Regeln und Kriterien für die Erfolgs- und Wirkungskontrolle derartiger Maßnahmen.

Im deutschsprachigen Raum konnte die Evaluationsforschung vor allem in der Bildungsforschung (Fend, 1982), der Psychotherapieforschung (Grawe et al., 1993; Petermann, 1977), der Psychiatrieforschung (Biefang, 1980), der Arbeitspsychologie (Bräunling, 1982) sowie in vielen Feldern der Politikforschung (Hellstern und Wollmann, 1983b) erste Erfolge verzeichnen. Neuere Anwendungen der Evaluationsforschung sind bei Holling und Gediga (1999) zusammengestellt.

Aus heutiger Sicht läßt sich der Begriff *Evaluationsforschung* nach Rossi und Freeman (1993) wie folgt präzisieren:

> ❗ *Evaluationsforschung* beinhaltet die systematische Anwendung empirischer Forschungsmethoden zur Bewertung des Konzeptes, des Untersuchungsplanes, der Implementierung und der Wirksamkeit sozialer Interventionsprogramme.

Im weiteren Sinn befaßt sich die Evaluationsforschung nicht nur mit der Bewertung *sozialer Interventionsprogramme* (z. B. Winterhilfen für Obdachlose, Umschulungsprogramme für Arbeitslose), sondern darüber hinaus mit einer Vielzahl *anderer Evaluationsobjekte*. Wottawa und Thierau (1998, S. 61) zählen hierzu:

- Personen (z. B. Therapieerfolgskontrolle bei Therapeuten, Evaluation von Hochschullehrern durch Studenten),
- Umweltfaktoren (z. B. Auswirkungen von Fluglärm, Akzeptanz verschiedener Formen der Müllbeseitigung),
- Produkte (z. B. vergleichende Analysen der Wirkung verschiedener Psychopharmaka, Gesundheitsschäden durch verschiedene Holzschutzmittel),
- Techniken/Methoden (z. B. Vergleich der Tauglichkeit von Methoden zur Förderung der kindlichen Kreativität, Trainingsmethoden für Hochleistungssportler),
- Zielvorgaben (z. B. Ausrichtung sozialpädagogischer Maßnahmen bei Behinderten auf „Hilfe zur Selbsthilfe" oder auf „Fremdhilfen bei der Bewältigung von Alltagsproblemen", Vergleich der Ausbildungsziele „Fachkompetenz" oder „soziale Kompetenz" bei einer Weiterbildungsmaßnahme für leitende Angestellte),
- Projekte/Programme (z. B. Evaluation einer Kampagne zur Aufklärung über Aidsrisiken, Maßnahmen zur Förderung des Breitensports),
- Systeme/Strukturen (z. B. Vergleich von Privathochschulen und staatlichen Hochschulen, Auswirkungen verschiedener Unternehmensstrukturen auf die Zufriedenheit der Mitarbeiter) und
- Forschung (z. B. Gutachten über Forschungsanträge, zusammenfassende Bewertung der Forschungsergebnisse zu einem Fachgebiet).

Die Beispiele verdeutlichen, daß Evaluationsforschung letztlich alle forschenden Aktivitäten umfaßt, bei denen es um die Bewertung des Erfolges von gezielt eingesetzten Maßnahmen oder um

Auswirkungen von Wandel in Natur, Kultur, Technik und Gesellschaft geht (Stockmann, 2000; Hager et al., 2000; Koch und Wittmann, 1990). Dieser breit gefächerte Aufgabenkatalog rechtfertigt natürlich die Frage, welche Art sozialwissenschaftlicher Forschung nicht zur Evaluationsforschung zählt bzw. worin sich die Evaluationsforschung von der sog. „Grundlagenforschung" unterscheidet.

3.1.1
Evaluationsforschung und Grundlagenforschung

Mit dem Begriff Evaluations*forschung* soll zum Ausdruck gebracht werden, daß Evaluationen *wissenschaftlichen Kriterien* genügen müssen, die auch sonst für empirische Forschungsarbeiten gelten – eine Position, die keineswegs durchgängig in der Evaluationsliteratur geteilt wird. Cronbach (1982, S. 321–339) z. B. vertritt die Auffassung, daß Evaluation eher eine „Kunst des Möglichen" sei, die sich *pragmatischen Kriterien* unterzuordnen habe, wenn sie ihr primäres Ziel erreichen will, dem Auftraggeber bzw. Projektträger verständliche und nützliche Entscheidungsgrundlagen zu beschaffen.

Wir teilen diese Auffassung, wenn damit zum Ausdruck gebracht wird, daß Evaluation so wie empirische Forschung generell nur dann „kunstvoll" betrieben werden kann, wenn der Evaluator über hinreichende praktische Erfahrungen im Umgang mit Evaluationsprojekten verfügt. Wir sind jedoch nicht der Auffassung, daß die wissenschaftlichen Standards empirischer Forschung zugunsten einer „auftraggeberfreundlichen" Untersuchungsanlage oder Berichterstattung aufgegeben werden sollten (vgl. hierzu auch Müller, 1987).

> ❗ *Evaluationsforschung* – so die hier vertretene Meinung – sollte sich an den methodischen Standards der empirischen Grundlagenforschung orientieren.

Zwar wird eingeräumt, daß manche Resultate evaluierender Forschung allein deshalb wenig brauchbar sind, weil in einer Fachterminologie berichtet wird, die der Auftraggeber nicht versteht, oder weil die Ergebnisse so vorsichtig formuliert sind, daß ihnen keine klaren Entscheidungshilfen entnommen werden können. Dies abzustellen muß jedoch nicht mit Einbußen an wissenschaftlicher

Seriosität einhergehen. Ein guter Evaluator sollte – auch wenn dies zugegebenermaßen manchmal nicht ganz einfach ist – in der Lage sein, seine Ergebnisse so aufzubereiten, daß sie auch für ein weniger fachkundiges Publikum nachvollziehbar sind.

Hierzu gehört, daß aus wissenschaftlicher Perspektive gebotene Zweifel an der Eindeutigkeit der Ergebnisse nicht überbetont werden müssen; solange eine Evaluationsstudie keine offensichtlichen Mängel aufweist, sollte sie eine klare Entscheidung nahelegen (z. B. die Maßnahme war erfolgreich, sollte weitergeführt oder beendet werden), denn letztlich gibt es Situationen mit Handlungszwängen, in denen – mit oder ohne fachwissenschaftliches Votum – Entscheidungen getroffen werden müssen (vgl. hierzu S. 104 f.). Die Human- und Sozialwissenschaften wären schlecht beraten, wenn sie sich an solchen Entscheidungsprozessen wegen wissenschaftlicher Skrupel oder mangelnder Bereitschaft, sich mit „angewandten" Problemen auseinanderzusetzen, nicht beteiligten.

Damit sind bereits einige Punkte angesprochen, die die Grenze zwischen Grundlagenforschung und Evaluationsforschung markieren.

Gebundene und offene Forschungsziele

Das Erkenntnisinteresse der Evaluationsforschung ist insoweit begrenzt, als lediglich der Erfolg oder Mißerfolg einer Maßnahme interessiert. Dies ist bei der Grundlagenforschung anders: Zwar ist auch hier ein thematischer Rahmen vorgegeben, in dem sich die Forschungsaktivitäten zu bewegen haben; dennoch werden grundlagenorientierte Forscherinnen und Forscher gut daran tun, sich nicht allzu stark auf das intendierte Forschungsziel zu fixieren. Viele wichtige Forschungsergebnisse, die wissenschaftliches Neuland erschließen, sind gerade nicht das Produkt einer zielgerichteten Forschung, sondern entstanden im „spielerischen" Umgang mit der untersuchten Materie bzw. durch Integration und Berücksichtigung von thematisch scheinbar irrelevanten Überlegungen oder gar fachfremden Ideen.

Evaluationsforschung ist in der Regel Auftragsforschung, für die ein Auftraggeber (Ministerium, Behörde, Unternehmen etc.) zur Begleitung und Bewertung einer von ihm geplanten oder durchgeführten Maßnahme finanzielle Mittel bereitstellt

(oft wird auch von *Begleitforschung* gesprochen). Das vom Evaluator vorgelegte Evaluationskonzept enthält Vorschläge, wie die Bewertung der Maßnahme im vorgegebenen finanziellen Rahmen erfolgen soll, was letztlich impliziert, daß Evaluationsforschung anderen Limitierungen unterliegt als Grundlagenforschung.

Auftraggeberorientierte Evaluationsforschung heißt deshalb, daß sämtliche Forschungsaktivitäten darauf ausgerichtet sein müssen, die vom Auftraggeber gestellte Evaluationsfrage möglichst eindeutig und verständlich zu beantworten. Wird beispielsweise gefragt, welche Konsequenzen eine Begrenzung der Fahrgeschwindigkeit auf 100 km/h hat, ist hierfür eine Studie vorzusehen, die umfassend alle Auswirkungen genau dieser Maßnahme prüft. Andere hiermit verbundene Themen (wie z. B. die optimale Fahrgeschwindigkeit für Personen verschiedenen Alters und verschiedener Fahrpraxis, günstige Richtgeschwindigkeiten in Abhängigkeit von Verkehrsdichte und Witterungsbedingungen, die mit verschiedenen Fahrgeschwindigkeiten verbundenen physischen und psychischen Belastungen etc.) sind nicht Gegenstand der Evaluationsstudie, auch wenn sie die zentrale Thematik mehr oder weniger direkt betreffen. Diese Themen zu bearbeiten wäre Aufgabe der *angewandten Forschung*, die ihrerseits auf Erkenntnisse der Grundlagenforschung zurückgreift. (Zum „Spannungsverhältnis" von angewandter Forschung und Grundlagenforschung vgl. z. B. Hoyos, 1988.)

Die „reine" *Grundlagenforschung* (deren Existenz manche Experten anzweifeln) fragt nicht nach dem Nutzen oder nach Anwendungsmöglichkeiten ihrer Forschungsergebnisse. Ihr eigentliches Ziel ist die Generierung von Hintergrundwissen, dessen funktionaler Wert nicht unmittelbar erkennbar sein muß und der deshalb von nachgeordneter Bedeutung ist. Bereiche der Grundlagenforschung, von denen die Bearbeitung der o.g. Themen profitieren könnte, wären beispielsweise gerontologische Studien über altersbedingte Beeinträchtigungen des Reaktionsvermögens, Studien über Signal- und Informationsverarbeitung unter Streßbedingungen oder wahrnehmungspsychologische Erkenntnisse zur Identifizierung von Gefahren.

Angesichts der Bedeutung dieser Themen für ein Evaluationsprojekt „Geschwindigkeitsbegrenzung" wäre auch der Auftraggeber dieser Evaluationsstudie gut beraten, im Vorfeld der Projektrealisierung zu recherchieren (oder recherchieren zu lassen), welche Erkenntnisse der Grundlagenforschung die geplante Maßnahme als sinnvoll erscheinen lassen. Insofern sind die Ergebnisse der Grundlagenforschung die Basis, aus der heraus die zu evaluierenden Maßnahmen entwickelt werden.

Zum Stichwort „Auftraggeberforschung" gehören sicherlich einige Bemerkungen über *Wertfreiheit von Forschung* im allgemeinen und speziell in der hier vorrangig interessierenden Evaluationsforschung. Der Evaluationsforschung wird gelegentlich vorgeworfen, sie sei parteilich, weil sie von vornherein so angelegt sei, daß das gewünschte Ergebnis mit hoher Wahrscheinlichkeit auftritt (Wottawa und Thierau, 1990, S. 27). Die Wunschvorstellungen über die Resultate können hierbei von politisch-ideologischen Positionen des Evaluators bzw. Auftraggebers abhängen oder von finanziellen Interessen der vom Evaluationsergebnis betroffenen Gruppen. (Man denke beispielsweise an eine Studie, in der geprüft wird, ob teure Medikamente preiswerteren Medikamenten mit gleicher Indikation tatsächlich in einer Weise überlegen sind, die die Preisdifferenz rechtfertigt.) Im Unternehmensbereich besteht zudem die Gefahr, daß Mitarbeiter die von ihnen eingeleiteten Maßnahmen (Personalschulung, Marketing etc.) positiver evaluieren als es den eigentlichen Fakten entspricht, um dadurch ihre Karrierechancen zu verbessern (externe Evaluatoren sind deshalb einer *Selbstevaluation* vorzuziehen).

Man kann sicherlich nicht verhehlen, daß derartige Schönfärbereien in der Praxis vorkommen. Dies jedoch zu einem typischen Charakteristikum der Evaluationsforschung zu machen, schiene übertrieben, denn auch die „hehre Wissenschaft" ist gegen derartige Verfehlungen nicht gefeit. Auch Grundlagenforscher wollen (oder müssen) sich fachlich profilieren.

Der Appell, sich an die ethischen Normen der Wissenschaft zu halten, wäre also an Evaluations- und Grundlagenforschung gleichermaßen zu richten. Ob die eigenen Forschungsergebnisse stichhaltig und tragfähig sind oder nur die persönlichen Wunschvorstellungen und Vorurteile widerspiegeln, zeigt sich nach der Publikation der Befunde, wenn andere Forscher und Praktiker die Resultate und Schlußfolgerungen kritisch prüfen. Die „Scientific Community" kann diese Kontrollfunktion aber nur dann wirkungsvoll übernehmen, wenn Untersuchungsberichte nachvollziehbar und vollständig abgefaßt sind und öffentlich zugänglich gemacht werden. Letzteres ist im Bereich der Evaluationsforschung nicht immer der Fall. So wird z. B. eine Firma, die ihr betriebliches Weiterbildungssystem evaluieren ließ, weder ein Interesse daran haben, daß eventuelle negative Evaluationsergebnisse publik werden (die die Firma in schlechtem Licht erscheinen lassen), noch wird sie die Veröffentlichung eines detaillierten Erfolgsberichtes über ihr neues, von einer Unternehmensberatung entwickeltes, Weiterbildungskonzept begrüßen (weil sie den möglichen Wettbewerbsvorteil nicht verschenken will).

Mit der eher zurückhaltenden Einstellung gegenüber der Publikation von Evaluationsstudien verbindet sich ein weiteres „Differentialdiagnostikum" von Grundlagen- und Evaluationsforschung: Replikationsstudien sind in der Evaluationsforschung eher die Ausnahme als die Regel.

Entscheidungszwänge und wissenschaftliche Vorsicht

Politiker, Führungskräfte der Industrie oder andere, in leitenden Positionen tätige Personen sind Entscheidungsträger, von deren Vorgaben oftmals vieles abhängt. Ob der soziale Wohnungsbau stärker als bisher gefördert, ob ein Produktionszweig in einem Unternehmen angesichts sinkender Rentabilität stillgelegt werden soll oder ob die schulische Ausbildung in Mathematik stärker PC-orientiert erfolgen soll, sind Entscheidungsfragen, von deren Beantwortung das Wohlergehen vieler Menschen und häufig auch die Existenz der Entscheidenden selbst abhängen. Viele dieser Entscheidungen sind risikobehaftet, weil die Informationsbasis lückenhaft und die Folgen ungewiß sind. In dieser Situation dennoch Entscheidungen zu treffen, verlangt von Entscheidungsträger/innen ein hohes Verantwortungsbewußtsein und nicht selten auch Mut.

Der Entscheidungsträger wird deshalb gern die Möglichkeit aufgreifen, zumindest einen Teil seiner Verantwortung an einen fachkompetenten Evaluator zu delegieren. Dieser wird nach Abschluß seiner Evaluationsstudie am besten beurteilen können, ob mit der Maßnahme die angestrebten Ziele erreicht wurden (*retrospektive Evaluation*) bzw. ob die nicht selten sehr kostspieligen Interventionsprogramme den finanziellen Aufwand für eine geplante Maßnahme rechtfertigen (*prospektive Evaluation*). Anders als der Grundlagenforscher, der zu Recht vor überinterpretierten Ergebnissen zu warnen ist, kann ein Evaluator seiner *Ratgeberpflicht* nur nachkommen, wenn er sich für oder gegen den Erfolg der evaluierten Maßnahme ausspricht. Derart eindeutige Empfehlungen werden ihm um so leichter fallen, je mehr er dafür Sorge getragen hat, daß seine Evaluationsstudie zu zweifelsfreien Ergebnissen im Sinne einer hohen internen Validität führt.

Entscheidungszwängen dieser Art ist der grundlagenorientierte Wissenschaftler typischerweise nicht ausgesetzt. Er muß sich – zumal wenn nur *eine* empirische Studie durchgeführt wurde – nicht entscheiden, ob die geprüfte Theorie als ganze zutrifft oder verworfen werden muß. Häufig werden einige Teilbefunde für, andere wieder gegen die Theorie sprechen, oder die Ergebnisse stehen auch mit anderen Theorien bzw. Erklärungen im Einklang. Der Grundlagenforscher ist gehalten, seine Ergebnisse vorsichtig und selbstkritisch zu interpretieren, um dadurch Wege aufzuzeigen, den Geltungsbereich der geprüften Theorie auszuweiten oder zu festigen.

Wenn beispielsweise behauptet wird, das Fernsehen sei an der Politikverdrossenheit in der Bevölkerung schuld („Videomalaise" nach Robinson, 1976), ein negatives Körperimage führe bei Frauen zu bulimischen Eßstörungen (Bullerwell-Ravar, 1991) oder Assessment Center seien geeignet, etwas über die Führungsqualitäten industrieller Nachwuchskräfte zu erfahren (Sackett und Dreher, 1982), so sind hiermit Theorien oder Thesen angesprochen, deren Gültigkeit sicherlich nicht aufgrund einer einzigen Untersuchung, sondern bestenfalls durch eine metaanalytische Zusammenschau vieler Einzelbefunde bestimmt werden kann (zum Stichwort „Metaanalyse" vgl. Abschnitt 9.4).

Technologische und wissenschaftliche Theorien
Herrmann (1979, Kap. 9) unterscheidet technologische und wissenschaftliche Theorien, die im Kontext einer bestimmten Wissenschaftsdisziplin eine jeweils eigenständige instrumentelle Funktion erfüllen. *Wissenschaftliche Theorien* beinhalten ein in sich schlüssiges Annahmengefüge über Ursachen und Wirkungen eines Sachverhaltes oder Phänomens. Eine wichtige Aufgabe der empirischen Grundlagenforschung besteht darin, derartige Theorien zu entwickeln und deren Gültigkeit zu überprüfen.

Technologische Theorien hingegen knüpfen am Output einer wissenschaftlichen Theorie an. Sie stellen die Basis für die Gewinnung von Regeln dar, mit denen die wissenschaftlichen Erkenntnisse praktisch nutzbar gemacht werden können. Ihr primäres Erkenntnisinteresse sind Formen des Handelns, mit denen etwas hervorgebracht, vermieden, verändert oder verbessert werden kann.

Der jeweiligen instrumentellen Funktion entsprechend gelten für wissenschaftliche und technologische Theorien unterschiedliche Bewertungsmaßstäbe: Eine gute wissenschaftliche Theorie ist durch eine präzise Terminologie, einen logisch konsistenten Informationsgehalt (Widerspruchslosigkeit), durch eine möglichst breite inhaltliche Tragweite sowie durch eine begrenzte Anzahl von Annahmen (Sparsamkeit) gekennzeichnet. Eine gute technologische Theorie sollte wissenschaftliche Erkenntnisse in effiziente, routinisierbare Handlungsanleitungen umsetzen und Wege ihrer praktischen Nutzbarmachung aufzeigen.

Wissenschaftliche und technologische Theorien sind für eine Wissenschaft gleichermaßen wichtig (s. hierzu auch Herrmann, 1976, S. 135, der in diesem Zusammenhang Physiker als Vertreter wissenschaftlicher Theorien und Ingenieure als Vertreter technologischer Theorien vergleicht). Bezogen auf die hier diskutierte Thematik „Evaluationsforschung und Grundlagenforschung" vertreten wir die Auffassung, daß die empirische Überprüfung wissenschaftlicher Theorien zu den Aufgaben der Grundlagenforschung zählt, während die Überprüfung von technologischen Theorien vorrangig Evaluationsforschung ist (vgl. hierzu auch Chen, 1990). Beide – die grundlagenwissenschaftliche Hypothesenprüfung und die Evaluationsforschung – verwenden hierfür jedoch den gleichen Kanon empirischer Forschungsmethoden.

> ! *Wissenschaftliche Theorien* dienen der Beschreibung, Erklärung und Vorhersage von Sachverhalten; sie werden in der Grundlagenforschung entwickelt.
> *Technologische Theorien* geben konkrete Handlungsanweisungen zur praktischen Umsetzung wissenschaftlicher Theorien; sie fallen in den Aufgabenbereich der angewandten Forschung bzw. Evaluationsforschung.

Ein kleines Beispiel soll das Gesagte verdeutlichen. Anknüpfend an eines der oben genannten Beispiele möge die wissenschaftliche Theorie behaupten, Politikverdrossenheit sei ursächlich auf die überwiegend negative Berichterstattung über politische Ereignisse in den Medien bzw. insbesondere im Fernsehen zurückzuführen („Videomalaise"; Robinson, 1976). Die Grundlagenforschung würde sich nun z.B. damit befassen, was unter „Politikverdrossenheit" genau zu verstehen sei, wie mediale Stimuli geartet sind, die aversive Reaktionen auslösen und welche Randbedingungen hierfür erfüllt sein müssen oder unter welchen Umständen negative Einstellungen zur Politik handlungsrelevant werden.

Nehmen wir einmal an, der „Output" dieser *Grundlagenforschung* bestünde in dem Resultat, daß die Art, wie im Fernsehen über Politik berichtet wird, das Ausmaß der Politikverdrossenheit tatsächlich bestimmt. Eine technologische Theorie hätte nun z.B. die Aufgabe, Annahmen darüber zu formulieren, durch welche Maßnahmen Politikverdrossenheit reduziert werden kann. Die technologische Theorie über Strategien zur Reduzierung von Politikverdrossenheit könnte z.B. behaupten, daß politische Nachrichten unterhaltsamer präsentiert werden müssen (Stichwort Infotainment), daß Politiker des öfteren von ihrer menschlichen Seite gezeigt werden sollten oder daß „Good News" und „Bad News" in ihrem Verhältnis ausgewogen sein sollten. Diese theoretischen Annahmen zu einer technologischen Theorie zu verdichten, wäre Aufgabe der *Interventionsforschung* (s. unten). Die Maßnahmen zu überprüfen, obliegt der *Evaluationsforschung*. Vielleicht fände sich eine Fernsehanstalt bereit, ihre politische Berichterstattung nach den Empfehlungen der technologischen Theorie zu ändern und diese Maßnahme wissenschaftlich evaluieren zu lassen.

Ob es überhaupt wünschenswert ist, Politikverdrossenheit zu reduzieren, oder ob man sie nicht eher steigern sollte, um damit langfristig politische Veränderungen zu forcieren, ist eine Frage der *Wertung*, die nicht wissenschaftlich, sondern nur ethisch zu begründen ist (Keuth, 1989). Die technologische Theorie präsentiert Handlungsoptionen; man kann sie zu Rate ziehen, um Politikverdrossenheit zu steigern oder zu senken, und man kann sich auch dafür entscheiden, nicht in die Politikverdrossenheit einzugreifen. Diese Entscheidungen sind vom einzelnen (Auftraggeber, Evaluator, Interventor, etc.) nach Maßgabe persönlicher Überzeugungen und Zielsetzungen zu treffen. In demokratischen Strukturen sind solche Entscheidungen eine Folge von Diskussionen und Prozessen der Konsensbildung, aber auch der Macht.

Evaluationsforschung und Interventionsforschung

Evaluationsforschung – so wurde bisher ausgeführt – befaßt sich mit der Überprüfung der Wirkungen und Folgen einer Maßnahme oder Intervention. Diese Aufgabenzuweisung läßt es zunächst offen, wer eine Maßnahme oder ein Interventionsprogramm entwickelt bzw. welcher Teilbereich der Forschung sich hiermit befaßt.

Die auf S. 102 genannte Definition für Evaluationsforschung erstreckt sich zwar auch auf die Bewertung des Konzeptes, des Untersuchungsplans und der Implementierung einer Maßnahme; dies setzt jedoch voraus, daß mindestens ein Entwurf der zu evaluierenden Maßnahme vorliegt.

Wenn die Grundlagenforschung z.B. erkannt hat, daß bestimmte Verhaltensstörungen auf traumatische Kindheitserlebnisse zurückgeführt werden können, wäre es Aufgabe psychologischer Experten, diese Erkenntnisse in eine Therapie umzusetzen. Ähnliches gilt für Wirtschaftsexperten, die eine Maßnahme entwickeln sollen, die die Bevölkerung zu mehr Konsum und weniger Sparen anregt, oder für Sozialexperten, die geeignete Maßnahmen zur Integration von Ausländern vorzuschlagen haben. Die Entwicklung von Maßnahmen dieser Art setzt Fachleute voraus, die über das erforderliche Know-how in den jeweiligen technologischen Theorien verfügen müssen, wenn ihre Maßnahmen erfolgversprechend sein sollen. Aktivitäten, die auf die Entwicklung von Maßnahmen oder Interventionen ausgerichtet sind (vgl. hierzu auch Kettner et al., 1990), wollen wir zusammenfassend als *Interventionsforschung* bezeichnen.

> **!** Die *Interventionsforschung* befaßt sich auf der Basis technologischer Theorien mit der Entwicklung von Maßnahmen und die *Evaluationsforschung* mit deren Bewertung.

In der Praxis ist die Grenze zwischen Interventions- und Evaluationsforschung selten so präzise markiert, wie es hier erscheinen mag. Häufig liegen Interventions- und Evaluationsaufgaben in einer Hand, weil eine wenig aufwendige Maßnahmenentwicklung, Implementierung und Bewertung vom Evaluator übernommen werden kann, oder weil der Interventionsforscher über genügend methodische Kenntnisse verfügt, um seine eigene Maßnahme selbst zu evaluieren. Dennoch ist es sinnvoll, diese beiden Aufgabengebiete deutlich zu trennen, um damit entsprechende Spezialisierungen nahezulegen. Idealerweise sollten – zumindest bei größeren Interventionsprogrammen – die Maßnahme und deren Evaluationsplan parallel entwickelt werden, denn so läßt sich bereits im Vorfeld erkennen, welche konkreten Besonderheiten der Maßnahme untauglich bzw. nur schwer evaluierbar sind (vgl. hierzu S. 131 f.).

3.1.2
Der Evaluator

Nach der vergleichenden Analyse von Evaluations-, Interventions- und Grundlagenforschung wollen wir uns nun der Frage zuwenden, welche besonderen Fähigkeiten Evaluatorinnen und Evaluatoren für die Erledigung ihrer Aufgaben mitbringen sollten. Hierbei werden Merkmale der sozialen Rolle sowie der wissenschaftlichen Qualifikation thematisiert (über Probleme des Selbstbildes von Evaluatoren berichtet Alkin, 1990).

Soziale Kompetenz
Evaluationsforschung findet häufig in Form von Großprojekten statt, an denen mehrere Funktionsträger mit jeweils unterschiedlichen Interessen beteiligt sind. Zu nennen ist zunächst der *Auftraggeber* oder *Projektträger*, der eine von ihm eingeleitete und finanzierte Maßnahme (z. B. eine neue Unterrichtstechnik, eine Mitarbeiterschulung oder eine finanzielle Unterstützung und fachliche Betreuung von Selbsthilfegruppen) evaluieren lassen will. Über ihn sind die Hintergründe der durch-

zuführenden Maßnahme in Erfahrung zu bringen, z. B. die Ursachen und Motive, die die Maßnahme veranlaßt haben bzw. die Vorstellungen darüber, was man sich von der Maßnahme verspricht.

Die wichtigsten Gesprächspartner sind Fachvertreter, die mit der Entwicklung und Implementierung der Maßnahme verantwortlich betraut sind *(Interventoren)*. Mit ihnen ist die Maßnahme im Detail durchzusprechen, es sind Zwischenziele festzulegen und schließlich ist das angestrebte Gesamtziel zu präzisieren und zu operationalisieren (ausführlicher hierzu s. Abschnitt 3.2.3).

Des weiteren wird sich der Evaluator ein Bild von den Personen verschaffen, die von der geplanten Maßnahme betroffen sind bzw. von ihr profitieren sollen *(Zielgruppe)*. Hierfür sind Einzelgespräche sinnvoll, die den Evaluator in die Lage versetzen, den Sinn bzw. die Durchführbarkeit der Maßnahme abzuschätzen, um ggf. gemeinsam mit dem Auftraggeber und den Interventoren die Ziele und die Durchführung der Maßnahme zu modifizieren.

Ferner sind Kontakte mit denjenigen Personen aufzunehmen, die die Maßnahme konkret umsetzen *(Durchführende)*. Bezogen auf die o.g. Beispiele könnten dies Lehrer, Mitarbeiter der Personalabteilung oder Sozialarbeiter sein.

Schließlich muß der Evaluator – zumindest bei größeren Evaluationsprojekten – *wissenschaftliche Mitarbeiter* rekrutieren, die das technische Knowhow besitzen, um die mit der Evaluationsaufgabe verbundenen statistischen Analysen fachgerecht durchführen zu können.

Der Umgang mit diesen unterschiedlichen Funktionsträgern setzt seitens des Evaluators ein hohes Maß an Feinfühligkeit, sozialer Kompetenz und viel diplomatisches Geschick voraus, denn die am Gesamtprojekt Beteiligten verfügen in der Regel über sehr unterschiedliche (Fach-)Kenntnisse und vertreten Interessen, die zu koordinieren nicht selten problematisch ist.

Fachliche Kompetenz
Die Maßnahmen, die zur Evaluation anstehen, sind thematisch sehr vielfältig. Neben innerbetrieblichen Evaluationen (z. B. neue Arbeitszeitenregelung, Marketing-Maßnahmen, Schulungsprogramme) kommen hierfür vor allem mit öffentlichen Mitteln geförderte Maßnahmen der folgenden Bereiche in Betracht:

- Sozialwesen (z. B. „Telebus"-Aktion zum Transport Schwerbehinderter),
- Bildung (z. B. Förderprogramm der Studienstiftung des Deutschen Volkes),
- Gesundheit (z. B. Appelle zur Krebsvorsorge),
- Arbeitsmarkt (z. B. ABM-Programm zur Umschulung Arbeitsloser),
- Umwelt (z. B. Appelle, keine FCKW-haltigen Produkte zu kaufen),
- Justiz (z. B. Auswirkungen einer Novelle zum Scheidungsgesetz),
- Strafvollzug (z. B. psychotherapeutische Behandlung Strafgefangener),
- Städtebau (z. B. Auswirkungen einer Umgehungsstraße auf den innerstädtischen Verkehr),
- Militär (z. B. Aktion „Bürger in Uniform"),
- Wirtschaft und Finanzen (z. B. Auswirkungen einer Mineralölsteuererhöhung auf den Individualverkehr) oder
- Familie (z. B. Ferienprogramm des Müttergenesungswerkes).

Es kann – wie bereits ausgeführt – nicht Aufgabe des Evaluators sein, die mit diesen vielschichtigen Maßnahmen verbundenen Inhalte fachwissenschaftlich zu beherrschen. Die mit der Entwicklung bzw. Durchführung dieser Maßnahmen verbundenen Arbeiten sollten deshalb an Experten delegiert werden, die in der Interventionsforschung erfahren sind.

Vom Evaluator sind jedoch Bereitschaft und Fähigkeit zu interdisziplinärer Arbeit und eine solide Allgemeinbildung zu fordern, die ihn in die Lage versetzt, den Sinn einer Maßnahme nachzuvollziehen bzw. deren Evaluierbarkeit kritisch zu prüfen.

 Unverzichtbar für einen „guten" Evaluator sind solide Kenntnisse in empirischen Forschungsmethoden, Designtechnik und statistischer Analyse. Er trägt die Verantwortung dafür, daß die Bewertung einer Maßnahme auf der Basis unstrittiger Fakten vorgenommen werden kann, daß die registrierten Auswirkungen und Veränderungen so gut wie möglich auf die evaluierte Maßnahme und keine anderen Ursachen zurückzuführen sind (interne Validität) und daß die Befunde der Evaluationsstudie nicht nur für die untersuchten Personen, sondern für die Gesamtheit aller von der Maßnahme betroffenen Personen gelten (externe Validität).

3.1.3
Rahmenbedingungen für Evaluationen

Abgesehen von Evaluationen, bei denen der Evaluator eine von ihm selbst entwickelte Maßnahme (z. B. eine neue Schlankheitsdiät, ein Kreativitätstraining für Kinder oder ein neues Biofeedback-Training gegen Muskelverspannungen) überprüfen will, sind größere Evaluationsprojekte in der Regel Drittmittelprojekte, bei denen die Thematik und die zu evaluierende Maßnahme vom Auftraggeber vorgegeben sind. Falls ein Evaluationsauftrag nicht direkt an einen Evaluator herangetragen wird, besteht die Möglichkeit, sich um ausgeschriebene Projekte zu bewerben. Ausschreibungen für Projekte, die mit öffentlichen Mitteln ge-

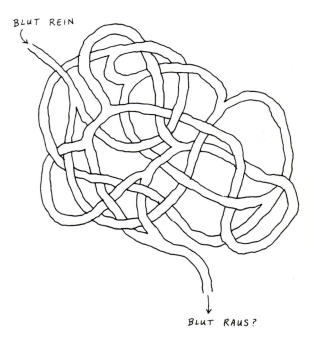

Genau wie die Intervention sollte auch die Evaluation von Experten durchgeführt werden. (Aus: Poskitt, K. & Appleby, S. (1993). Die 99 Lassedasse. Kiel: Achterbahn Verlag, ohne Seitenzahl)

fördert werden, findet man z. B. im *Amtsblatt der EG*, im *BMFT-Journal*, im *Bulletin der EG*, im *Bundesanzeiger*, in den *DFG-Informationen* oder in den *Mitteilungen der Volkswagenstiftung*. Hinweise zur Akquisition von Fördermitteln der Industrie findet man bei Schumacher (1992).

Ähnlich wie grundlagenwissenschaftlich orientierte Untersuchungsideen sollten auch Evaluationsvorhaben hinsichtlich ihrer Machbarkeit bzw. empirischen Umsetzbarkeit kritisch durchleuchtet werden. Die in Abschnitt 2.2 genannten wissenschaftlichen und ethischen Kriterien sind allerdings anders zu akzentuieren bzw. zu erweitern, wenn es darum geht, einen Evaluationsauftrag zu prüfen.

Wissenschaftliche und formale Kriterien

Die *Präzision der Problemformulierung* war das erste Kriterium, das in Abschnitt 2.2.1 diskutiert wurde. Auf Evaluationsstudien übertragen ist vor allem darauf zu achten, daß die mit einer Maßnahme zu erreichenden Ziele genau beschrieben sind. Wenn z. B. eine Gesundheitsbehörde wissen will, ob eine laufende Maßnahme zum vorbeugenden Schutz vor Grippeinfektionen „greift" oder die Leitung der Personalabteilung eines größeren Unternehmens in Erfahrung bringen möchte, ob die Auslastung einer neu eingerichteten psychologischen Beratungsstelle „unseren Erwartungen entspricht", so sind hiermit Interventionsziele angesprochen, deren Erreichen nur schwer nachweisbar ist. Wir werden uns deshalb im Abschnitt 3.2.3 genauer damit zu befassen haben, wie man diffuse Ziele wie „eine Maßnahme greift" oder „die Interventionseffekte entsprechen den Erwartungen" präzise operationalisieren kann bzw. wie Maßnahmen und ihre Ziele formal geartet sein müssen, um eine aussagekräftige Evaluationsstudie durchführen zu können.

Die *empirische Untersuchbarkeit bzw. Überprüfbarkeit* von Forschungsfragen war das zweite in Abschnitt 2.2.1 genannte Kriterium. Im Kontext von Evaluationsstudien wäre hier zu klären, ob die gewünschte Evaluation das methodische Instrumentarium erforderlich macht, über das ein human- oder sozialwissenschaftlich orientierter Evaluator verfügen sollte. Wenn zur Evaluierung einer Maßnahme eher Fragen des betriebswirtschaftlichen Controllings, der finanzwirtschaftli-

chen Budgetüberwachung, der Konstruktion technischer Geräte o.ä. vorrangig sind, wäre ein Evaluator mit Schwerpunkten in den Bereichen Designtechnik, Datenerhebung und Datenanalyse sicherlich fehl am Platze.

Auch die wissenschaftliche oder in diesem Kontext vielleicht besser *gesellschaftliche Tragweite* einer Maßnahme kann als drittes Kriterium mit zu der Entscheidung beitragen, ob man gewillt ist, einen Evaluationsauftrag zu übernehmen. Wenn beispielsweise demokratische Gesellschaftsformen mit Diktaturen in bezug auf das individuelle Wohlergehen der Bürger vergleichend zu evaluieren sind, dürfte dieses Vorhaben sowohl die zeitlichen Ressourcen als auch die fachliche Kompetenz eines einzelnen Evaluators überfordern. Auf der anderen Seite können Maßnahmen zwar aktuell erforderlich, aber letztlich ohne besondere gesellschaftliche oder wissenschaftliche Bedeutung sein, so daß es übertrieben wäre, hierfür die „Kunst" eines methodisch geschulten Evaluators zu bemühen. Tafel 13 gibt hierfür ein (nicht ganz ernst gemeintes) Beispiel.

Auch eher formale Gründe können einen Evaluator davon abhalten, ein Evaluationsprojekt zu übernehmen. Wenn bereits aus der Projektbeschreibung erkennbar ist, daß die Maßnahme mit den finanziellen und zeitlichen Vorgaben nicht zufriedenstellend evaluiert werden kann, wird ein seriöser Evaluator auf den Auftrag verzichten bzw. versuchen, den Auftraggeber von der Notwendigkeit einer Budgetaufstockung oder einer längeren Projektlaufzeit zu überzeugen.

Ethische Kriterien

Abschnitt 2.2.2 nannte einige ethische Kriterien, die bei empirischen Untersuchungen mit humanwissenschaftlicher Thematik zu beachten sind (wissenschaftlicher Fortschritt oder Menschenwürde, persönliche Verantwortung, Informationspflicht, Freiwilligkeit und Vermeidung von Beeinträchtigungen). Diese gelten uneingeschränkt auch für die Evaluationsforschung, wobei allerdings darauf hinzuweisen ist, daß die moralische Verantwortung für die *Durchführung* einer Maßnahme beim Träger der Maßnahme liegt.

Für den Evaluator entstehen ethische Probleme, wenn

TAFEL 13

Es schneit ...: Ein schlechtes Beispiel für eine nahezu perfekte Evaluationsstrategie

Gewarnt durch die katastrophalen Verhältnisse auf den Straßen, die ein unerwarteter Schneesturm im vergangenen Winter auslöste, berät die Kommunalverwaltung der Stadt Evalsberg, wie derartige Vorkommnisse zukünftig vermieden werden können. Man beschließt, zusätzlich zum üblichen Straßenreinigungspersonal eine Einsatzreserve aufzubauen, die – bestehend aus Studenten, Arbeitslosen und Rentnern – bei einem ähnlichen Anlaß kurzfristig mobilisiert und zum Schneeräumen delegiert werden kann.

Dies alles kostet viel Geld. Nicht nur, daß die Hilfskräfte entlohnt werden müssen; damit die Einsatzreserve wirklich schnell aktiviert werden kann, ist eine (EDV-gestützte) Personendatei anzulegen, deren Namen, Anschriften und Telefonnummern von (geschultem) Personal ständig aktualisiert werden müssen. Der Stadtkämmerer hat zudem die Idee, die ganze Maßnahme wissenschaftlich evaluieren zu lassen, denn er möchte – mit Blick auf den Rechnungshof – nachweisen können, daß das Geld tatsächlich sinnvoll angelegt ist.

An der Universität der Stadt Evalsberg befindet sich ein sozialwissenschaftliches Institut mit Schwerpunkt Evaluationsforschung, dessen Leiter schon einige erfolgreiche Evaluationsprojekte abgeschlossen hat. Er ist – für ein angemessenes Honorar – gerne bereit, den Evaluationsauftrag zu übernehmen (zumal er im letzten Winter selbst vom Schneedebakel betroffen war) und unterbreitet dem Magistrat folgende Evaluationsstrategie:

Experimental- und Kontrollgruppe
Um einen möglichen Effekt (hier: störungsfrei fließender Verkehr) tatsächlich auf die Maßnahme (hier: Schneebeseitigung durch die Einsatzreserve) zurückführen zu können, soll die Stadt in eine „Experimentalzone" (mit Schneebeseitigung) und eine „Kontrollzone" (ohne Schneebeseitigung) eingeteilt werden, wobei genauestens darauf zu achten sei, daß die Straßenzüge der

Experimental- und Kontrollzone strukturell vergleichbar sind (Straßen mit Steigung oder Gefälle, Ampeldichte, Baumbestand, Straßenbelag etc.). Als besten Garanten für die angestrebte strukturelle Vergleichbarkeit wird die Randomisierungstechnik empfohlen, nach der per Münzwurf entschieden wird, welcher Straßenzug zur Kontroll- und welcher zur Experimentalzone gehört. Die Schneebeseitigung findet nur in der Experimentalzone statt, wobei darauf zu achten sei, daß das Treatment (hier: Schneebeseitigung) homogen eingesetzt wird. (Starke Studenten und schwache Rentner sollen in jedem Straßenzug gut „durchmischt" sein.)

Operationalisierung der abhängigen Variablen
Um Personal zu sparen, bittet man die ortsansässige Verkehrspolizei, zur Messung der abhängigen Variablen den Verkehrsfluß an jeweils 10 zufällig ausgewählten „neuralgischen" Verkehrspunkten der Experimental- und Kontrollzone genauestens zu registrieren. Hierbei soll insbesondere über Anzahl und Art der Unfälle (Blechschäden, Unfälle mit Personenschäden, Art der Schäden, vermutliche Unfallursache etc.) ein genaues Protokoll geführt werden. Wichtig sei ferner eine Schätzung der durchschnittlichen Fahrgeschwindigkeit.

Planung der statistischen Auswertung
Da über die Verteilung der Unfallhäufigkeiten unter Schneebedingungen nichts bekannt ist (der Evaluator vermutet „Poisson") und zudem nur 10 zufällig ausgewählte Punkte pro Zone geprüft werden, sollen die Daten mit einem verteilungsfreien Verfahren, dem „U-Test", ausgewertet werden. Man will sich gegen einen α-Fehler möglichst gut absichern (d.h. man will nicht behaupten, die Einsatzreserve sei erfolgreich, obwohl sie nichts taugt), und setzt deshalb für den gebotenen einseitigen Test (H_1: in der Experimentalzone passieren weniger Unfälle als in der Kontrollzone) $\alpha = 0,01$ fest. Ein unter diesen Randbedingungen signifikantes Ergebnis soll die Richtigkeit der Maßnahme bestätigen.

TAFEL 13 ■

Durchführung der Maßnahme

Die Präsentation des Evaluationsprojektes vor dem Magistrat löst bewundernde Anerkennung, aber wenig Diskussion aus. (Welches Ratsmitglied kennt sich schon mit der Randomisierungstechnik oder gar dem U-Test aus!) Man beschließt, wie geplant zu verfahren, und nach einigen Wochen ungeduldigen Wartens tritt endlich der Tag X ein: Es schneit! Generalstabsmäßig begeben sich die Schneeräumkommandos an die für sie vorgesehenen Arbeitsplätze und verrichten ihr Werk. Die Verkehrspolizei jedoch registriert in der Experimentalzone das gleiche Verkehrschaos wie in der Kontrollzone. Der Evaluator steht – wie im vergangenen Winter – mit seinem Pkw im Stau. Er befindet sich in einem Straßenzug der Experimentalzone, in dem kein Vorankommen mehr ist, weil liegengebliebene Fahrzeuge im vorausliegenden, nicht geräumten Kontrollzonenabschnitt die Straße blockieren. Hier kommt ihm die Idee, daß die Randomisierung bei diesem Evaluationsprojekt wohl fehl am Platze war.

- zur Bewertung einer Maßnahme Informationen benötigt werden, die die Intimsphäre der Betroffenen verletzen (z. B. Erfragung von Sexualpraktiken im Kontext einer Anti-Aids-Kampagne),
- die Weigerung, an der Evaluationsstudie teilzunehmen, an Sanktionen geknüpft ist (z. B. Einstellung von Erziehungsbeihilfen bei Programmteilnehmern, die nicht bereit sind, ausführlich über ihren Lebenswandel zu berichten) oder
- die Mitwirkung an der Evaluationsstudie mit psychischen oder körperlichen Beeinträchtigungen verbunden ist (z. B. Evaluierung eines neuen Beruhigungsmittels, bei dem mit unbekannten Nebenwirkungen gerechnet werden muß).

Die Beispiele zeigen, daß die Durchführung einer Evaluationsstudie gelegentlich Anforderungen impliziert, die ethisch nicht unbedenklich sind und die deshalb einen Evaluator veranlassen können, den Forschungsauftrag abzulehnen. Ein weiterer Ablehnungsgrund wären *Ziele* einer Maßnahme, mit denen sich der Evaluator nicht identifizieren kann.

Fördermaßnahmen im sozialpädagogischen oder sozialmedizinischen Bereich dienen vorrangig dazu, den betroffenen Menschen zu helfen, also einem Ziel, das sich wohl jeder Evaluator zu eigen machen kann. Evaluationsfragen stellen sich jedoch auch bei Maßnahmen, deren Ziele sittenwidrig, undurchschaubar, moralisch verwerflich oder mit gesellschaftlich-ethischen Normen nicht zu vereinbaren sind. Auch hierfür seien einige Beispiele genannt:

- Eine radikale Partei hat eine neue, stark suggestive Wahlpropaganda entwickelt und will diese bezüglich ihrer Wirksamkeit wissenschaftlich evaluieren lassen.
- Die Leitung eines Gymnasiums bittet einen Evaluator, neue Materialien für den Geschichtsunterricht zu evaluieren, hierbei jedoch die ausländischen Schüler nicht zu berücksichtigen, da diese das Untersuchungsergebnis nur verfälschen würden.
- Ein Reiseveranstalter hat einen neuen Prospekt konzipiert, der die Nachteile der angebotenen Urlaubsquartiere geschickt kaschiert, und will nun in Erfahrung bringen, ob sich diese Marketingmaßnahme trotz rechtlicher Bedenken unter dem Strich „rechnet".

Ob dem Evaluator eine Interventionsmaßnahme akzeptabel erscheint oder nicht, hängt nicht nur von intersubjektiven Kriterien (ethische Richtlinien der Deutschen Gesellschaft für Psychologie, Gesetze etc.) ab, sondern auch von seiner persönlichen Weltanschauung. Hier obliegt es der Eigenverantwortlichkeit des Evaluators, sich gründlich zu informieren, um den Kontext der Intervention einschätzen zu können und auch zu verstehen, welche Funktion die Evaluation haben soll. Die Beispiele mögen genügen, um zu verdeutlichen, daß Evaluationen nicht nur an einer ethisch bedenklichen Untersuchungsdurchführung, sondern auch an nicht akzeptablen Interventionszielen scheitern können.

3.2
Planungsfragen

Wenn ein Evaluator einen Evaluationsauftrag erhalten hat, beginnt mit der Planung des Projektes die erste wichtige Auftragsphase. (Bei kleineren Studien sollte der Evaluator dem Auftraggeber vor der Auftragsvergabe eine kurze Projektskizze einreichen). Nachdem im Abschnitt 2.3 bereits die wichtigsten Bestandteile der Planung einer empirischen Untersuchung beschrieben wurden, bleibt hier nur nachzutragen, welche Besonderheiten bei der Planung einer Evaluationsstudie zu beachten sind.

3.2.1
Literatur

Die zu evaluierende Maßnahme sollte – wie auf S. 102 ff. angemerkt – auf Ergebnissen der einschlägigen Grundlagenforschung aufbauen, was natürlich voraussetzt, daß die entsprechende Literatur gründlich recherchiert bzw. einer Metaanalyse unterzogen wurde (vgl. Abschnitt 9.4). Dies ist jedoch in der Regel Aufgabe des Auftraggebers bzw. der von ihm hierfür eingesetzten Interventoren.

Wenn die Auftragserteilung nur die Evaluation beinhaltet, wird sich der Evaluator zunächst inhaltlich mit dem Bereich auseinandersetzen, dem die Maßnahme zugeordnet ist. Zu beachten sind hierbei vor allem die Methoden (Umsetzung der Maßnahme, Erhebungsinstrumente, Stichprobenansatz, Designtyp etc.), die sich in Evaluationsstudien mit ähnlicher Thematik bereits bewährt haben. Der Evaluator sollte wissen, warum die Maßnahme erforderlich ist, welchen Zielen sie dient und vor allem, wie die Maßnahme durchgeführt werden soll. Diese vom Auftraggeber bzw. Interventionsspezialisten vorgegebenen Primärinformationen und das aus der Literatur erworbene Wissen ermöglichen es dem Evaluator, den Aufbau und den Ablauf der zu evaluierenden Maßnahme kritisch zu überprüfen und mit dem Auftraggeber gegebenenfalls Korrekturen zu erörtern. In diesem Zusammenhang sind z.B. die folgenden Fragen wichtig:

- Wurde für die Anwendung der Maßnahme die richtige Zielpopulation ausgewählt (vgl. hierzu auch S. 129 ff.)?

- Sind die Einrichtungen und Dienste für die Durchführung der Maßnahme ausreichend?
- Ist das für die Durchführung der Maßnahme vorgesehene Personal ausreichend qualifiziert?
- Welche Maßnahmen sind vorgesehen, um die Betroffenen zur Teilnahme zu motivieren?
- Gibt es Möglichkeiten, den Erfolg der Maßnahme zu optimieren?
- Mit welchen Techniken soll der Erfolg der Maßnahme kontrolliert werden?

3.2.2
Wahl der Untersuchungsart

Orientiert an dem in Abschnitt 2.3.3 vorgegebenen Raster soll hier überprüft werden, welchen Stellenwert die dort genannten Untersuchungsvarianten für die Evaluationsforschung haben. Diese Ausführungen vermitteln zunächst einen Überblick; detaillierte Hinweise für die Gestaltung des Untersuchungsplanes findet man in den nachfolgenden Kapiteln.

Evaluation durch Erkundung
Erkundungsstudien wurden in Abschnitt 2.3.3 mit dem Ziel verbunden, für ein bislang wenig erforschtes Untersuchungsgebiet erste Hypothesen zu generieren. Evaluationsforschung ist jedoch zumindest insoweit hypothesenprüfend, als jede Maßnahme mit einer einfachen oder auch komplexen „Wirkhypothese" verknüpft ist, die zu überprüfen Aufgabe einer Evaluationsstudie ist. Erkundende Untersuchungen sind deshalb für die Evaluationsforschung im Sinne einer Leistungskontrolle nur von nachgeordneter Bedeutung (vgl. hierzu auch Sechrest und Figueredo, 1993, S. 652 ff.). Explorationsbedarf besteht jedoch häufig dort, wo man sich im Detail für Veränderungs*prozesse* interessiert und nicht nur für den „Output".

Summative und formative Evaluation: Die Hypothesenprüfung wird in der Evaluationsforschung typischerweise vorgenommen, nachdem die Maßnahme abgeschlossen ist. Neben dieser *summativen* Evaluation sind gelegentlich jedoch auch *formative* oder begleitende Evaluationen (Begleitforschung) erforderlich, bei denen die Abwicklung der Maßnahme und deren Wirkungen fortlaufend kontrolliert werden (vgl. Hellstern und Wollmann,

1983 a; Scriven, 1980, 1991). Beispiele für formative Evaluationen sind die deutschen Kabelpilotprojekte Anfang der 80er Jahre, mit denen die Auswirkungen des Empfangs vieler Fernsehprogramme (Kabelfernsehen) getestet wurden, oder die Entwicklung einer neuen Unterrichtstechnik, bei der die Praktikabilität der Methode und der Lernerfolg der Schüler unterrichtsbegleitend geprüft werden.

Formative Evaluationen, die vor allem bei der Entwicklung und Implementierung neuer Maßnahmen eingesetzt werden, sind im Unterschied zur summativen Evaluation meistens erkundend angelegt. Neben der Identifizierung von Wirkungsverläufen zielt die formative Evaluation u.a. auf die Vermittlung handlungsrelevanten Wissens (Prozeß- und Steuerungswissen) sowie die Analyse von Maßnahmerestriktionen durch politisch administrative Systeme ab. Das persönliche Urteil eines erfahrenen Evaluators über die Durchführbarkeit einer Maßnahme sowie eigene Vorstellungen zu ihrer Umsetzung bzw. Optimierung sind häufig ausschlaggebend für die Qualität der Maßnahme.

> **!** Die *summative Evaluation* beurteilt zusammenfassend die Wirksamkeit einer vorgegebenen Intervention, während die *formative Evaluation* regelmäßig Zwischenergebnisse erstellt mit dem Ziel, die laufende Intervention zu modifizieren oder zu verbessern.

Wichtige Hilfen für die Einschätzung einer laufenden Maßnahme sind die in Kap. 5 erwähnten qualitativen Methoden, die in formativen Evaluationen beispielsweise wie folgt eingesetzt werden können:

- Aktionsforschung, z.B. um die Akzeptanz einer neuen Beratungsstelle für Behinderte unter aktiver Mitarbeit der Betroffenen zu verbessern.
- Quantitative und qualitative Inhaltsanalysen, z.B. um die formalen Gestaltungskriterien und die Bedeutungsebenen von neuen Informationsbroschüren zur Familienplanung zu eruieren, die die Gesundheitsämter im Rahmen einer Aufklärungskampagne herausgeben.
- Biographische Interviews, z.B. um begleitend zu einem Mathematik-Förderprogramm hemmende oder traumatische Erlebnisse der Lernenden im Zusammenhang mit Mathematik-Unterricht aufzudecken und ggf. im Programm zu berücksichtigen.

- Teilnehmende Beobachtung und andere Feldforschungsmethoden, z.B. um die Auswirkungen eines speziell für Einsätze bei Demonstrationen konzipierten Anti-Streß-Trainings der Polizei mitzuverfolgen.

Weitere Informationen zur formativen (qualitativen) Evaluation findet man bei Shaw (1999).

Fallstudien: Gelegentlich wird beklagt, daß quantitative Evaluationsstudien von ihrem Ertrag her unbefriedigend seien, weil die nachgewiesenen Effekte zu vernachlässigen und zudem nur selten replizierbar sind (Wittmann, 1990). Als Alternative werden deshalb zur Evaluation einer Maßnahme qualitative Fallstudien empfohlen, an denen sich die Wirksamkeit einer Maßnahme besser erkennen lasse. (Zur Anlage von Fallstudien vgl. Hamel, 1993; Hellstern und Wollmann, 1984; oder Yin, 1993.)

Wir teilen diese Auffassung, wenn die mit einer Maßnahme verbundenen Wirkungen sehr komplex sind, so daß „eindimensionale" quantitative Wirkindikatoren die eigentlichen Effekte bestenfalls verkürzt abbilden können. Hier ist die ausführliche Exploration einzelner, von der Maßnahme betroffener Personen sicherlich aufschlußreicher, zumal wenn mit unerwarteten „Nebeneffekten" zu rechnen ist. Man beachte jedoch, daß die externe Validität derartiger Evaluationsstudien (und häufig auch die interne Validität) erheblich eingeschränkt ist.

Evaluation durch Populationsbeschreibung

Wie auf S. 55 bereits dargelegt, gehören populationsbeschreibende Untersuchungen nicht zu den hypothesenprüfenden Untersuchungen im engeren Sinne; sie sind damit für summative Evaluationsstudien ebenfalls nur von nachgeordneter Bedeutung.

Prävalenz und Inzidenz: Für die Vorbereitung eines größeren Interventionsprogramms sind Populationsdeskriptionen allerdings unverzichtbar. Hier hat die auf Stichproben (bzw. bei kleineren Zielpopulationen auch auf einer Vollerhebung) basierende Populationsbeschreibung die Funktion, die Notwendigkeit einer Maßnahme zu begründen.

Von besonderer Bedeutung sind populationsbeschreibende Untersuchungen für die *epidemiologi-*

sche Forschung. Die allgemeine Epidemiologie hat zum Ziel, die Verteilung und Verbreitung von Krankheiten und deren Determinanten in der Bevölkerung zu untersuchen (Pflanz, 1973). Eine wichtige epidemiologische Maßzahl ist die *Prävalenz* (oder Prävalenzrate), die angibt, wieviele Personen (bzw. welcher Anteil) einer Zielpopulation zu einem bestimmten Zeitpunkt (*Punktprävalenz*) bzw. über eine bestimmte Zeitspanne (*Periodenprävalenz*) an einer bestimmten Krankheit leiden. Das Krankheitsgeschehen wird durch die *Inzidenz*(rate) charakterisiert, mit der die Anzahl (der Anteil) der Neuerkrankungen während eines bestimmten Zeitraumes erfaßt wird.

Von der Prävalenz und Inzidenz einer Krankheit (z.B. Grippeepidemie) hängt es ab, welche Maßnahmen zum Schutze der Bevölkerung ergriffen werden müssen bzw. wie umfänglich diese Maßnahmen sein sollten (z.B. Herstellung, Verbreitung und Vorratshaltung von Impfstoffen). Die Wirksamkeit derartiger Maßnahmen zu überprüfen, wäre dann wiederum eine Evaluationsaufgabe.

Im allgemeinen Verständnis beziffert die Prävalenz die Verbreitung eines bestimmten Notstandes, einer Störung oder eines Phänomens und die Inzidenz das Neuauftreten des fraglichen Sachverhaltes. Hierzu zwei Beispiele:

In einer „Schlafstadt" außerhalb der Stadtgrenzen sollen die Angebote zur Gestaltung jugendlicher Freizeit verbessert werden (Jugendclubs, Diskotheken, Sporteinrichtungen etc.). Man verspricht sich von dieser Maßnahme eine Reduktion der hohen Gewalt- und Kriminalitätsraten. Hier müßte in einer stichprobenartigen Vorstudie zunächst geklärt werden, wie prävalent das Bedürfnis nach neuen Freizeitmöglichkeiten unter den Jugendlichen ist und welche Maßnahmen die Jugendlichen für geeignet halten, ihre Situation zu verbessern. Ohne diese Vorstudie bestünde die Gefahr, daß die im Zuge der Maßnahme geplanten Neueinrichtungen von den Jugendlichen nicht genutzt werden, weil man generell nicht an organisierter Freizeitgestaltung interessiert ist oder weil die neuen Möglichkeiten nicht den Wünschen der Jugendlichen entsprechen. Die Maßnahme wäre also eine Fehlinvestition und würde das eigentliche Ziel, die Jugendkriminalität zu reduzieren, nicht erreichen.

Ein zweites Beispiel soll verdeutlichen, wie man eine populationsbeschreibende Untersuchung zur Feststellung der Inzidenz eines Merkmals einsetzen kann. Nach einer Steuerreform werden Maßnahmen zur Sicherung des Existenzminimums erwogen, denn man fürchtet, daß sich die Armut in der Bevölkerung durch die neuen Steuergesetze vergrößert hat. Hier wäre also zunächst die Inzidenz des Merkmals „Armut" anläßlich der Steuerreform stichprobenartig festzustellen, um damit die Notwendigkeit, Langfristigkeit und auch Modalität neuer finanzieller Hilfsmaßnahmen zu begründen.

> **!** Die *Prävalenz* gibt an, wie verbreitet ein Sachverhalt in einer Zielpopulation ist, und die *Inzidenz* beschreibt das Neuauftreten dieses Sachverhaltes.

Die Feststellung von Prävalenz und Inzidenz eines Sachverhaltes mit dem Ziel, die Größe und die Zusammensetzung der Zielpopulation zu bestimmen, gehört nicht zu den primären Aufgaben des Evaluators. Da jedoch die Anlage derartiger Stichprobenuntersuchungen mit einigen methodischen Problemen verbunden ist (Repräsentativität, Art der Stichprobe, Stichprobenziehung, Schätzung der unbekannten Parameter, Konfidenzintervall; ausführlicher hierzu vgl. Kap. 7), die zu lösen den Interventoren häufig Mühe bereitet, kann der Evaluator bereits in der Vorphase einer Interventionsstudie wertvolle Hilfe leisten.

One-Shot-Studien: Eine einzige populationsbeschreibende Untersuchung, die – als Posttest durchgeführt – die Wirksamkeit einer Maßnahme nachweisen soll, bereitet interpretativ ähnliche Probleme wie die in Tafel 5 auf S. 59 erörterte „One Shot Case Study". Diese Art der Evaluation leidet an mangelnder interner Validität, weil die primär interessierende Evaluationsfrage nach den Wirkungen einer Maßnahme nicht eindeutig beantwortet werden kann. Welche Untersuchungsvarianten besser geeignet sind, um sich über die tatsächlich von der Maßnahme ausgehenden Wirkungen Klarheit zu verschaffen, wurde bereits in Abschnitt 2.3.3 kurz erörtert und wird ausführlich in Kap. 8 und 9 behandelt. Vorerst mag das in Tafel 14 nach Bortz (1991) wiedergegebene Beispiel ausreichen, um die hier angesprochene Thematik zu verdeutlichen.

TAFEL 14 ▮▮▮▮▮▮▮▮▮▮▮▮▮▮▮

Verbesserung der Lebensqualität (LQ): Radon oder Kurschatten?

In einem Kurort befindet sich in einem stillgelegten Bergwerk ein radonhaltiger Heilstollen, der u.a. von Patienten mit Morbus Bechterew oder anderen schweren rheumatischen Krankheiten aufgesucht wird. Ohne Frage hat diese ärztliche Maßnahme das Ziel, die LQ der betroffenen Patienten zu steigern. Die ärztliche Leitung dieser Einrichtung beschließt, die Heilstollenbehandlung zu evaluieren und verteilt hierfür nach Abschluß der Kur Fragebögen an die Patienten, in denen nach dem Wohlbefinden im allgemeinen und nach den rheumatischen Beschwerden im besonderen gefragt wird.

Diese als Eingruppen-Posttest-Design (One-Shot-Studie) durchgeführte Evaluation ist kritisierbar, denn das Ergebnis der Befragung ist keineswegs zwingend auf die ärztlichen Maßnahmen zurückzuführen. Die schwache *interne Validität* ergibt sich unmittelbar daraus, daß der Gesundheitszustand der Patienten vor der Behandlung nicht systematisch erhoben wurde, d.h. es fehlt ein Bezugsrahmen, aus dem heraus die ex post erhobenen LQ-Daten hätten interpretiert werden können. Die *externe Validität* wäre kritisierbar, wenn die Stichprobe der untersuchten Patienten in bezug auf bestimmte therapierelevante Merkmale verzerrt wäre (zu viele alte Patienten, zu wenig Kassenpatienten etc.).

Die Beliebigkeit der Dateninterpretation wird durch eine zusätzliche Befragung zur LQ-Situation *vor* der Behandlung deutlich eingeschränkt. Aber auch dieses sog. *Eingruppen-Pretest-Posttest-Design* führt noch nicht zu der gewünschten Eindeutigkeit der Ergebnisse. Nehmen wir einmal an, die Befragung nach der Behandlung hätte deutlich bzw. signifikant bessere LQ-Werte ergeben als die Befragung vor der Behandlung. Könnte man hieraus folgern, die radonhaltige Stollenkur sei die *Ursache* für die verbesserte Le-

bensqualität? Die folgenden Alternativerklärungen belegen, daß auch dieser Untersuchungstyp noch keine zufriedenstellende interne Validität aufweist.

Zu nennen wären zunächst *weitere zwischenzeitliche Einflüsse*, die unabhängig von der Stollenbehandlung wirksam gewesen sein können. Die Kur findet in einer landschaftlich schönen Gegend statt, man lernt nette Leute kennen, man findet Gelegenheit, sich mit anderen Patienten auszutauschen, die Ernährungsgewohnheiten werden umgestellt, man hat mehr körperliche Bewegung etc.. Dies alles könnten auch Ursachen für die am Kurende registrierte verbesserte LQ sein.

Eine weitere Alternativerklärung ist mit der sog. *instrumentellen Reaktivität* gegeben. Durch den Pretest bzw. die Befragung vor der Behandlung kann eine gedankliche Auseinandersetzung mit dem Thema LQ angeregt werden, die bei einer erneuten Befragung zu einer anderen Einschätzung der eigenen Lebenssituation führt. Mögliche Unterschiede in der LQ vor und nach der Kur hätten in diesem Falle weder etwas mit den eigentlich interessierenden ärztlichen Maßnahmen noch mit den o.g. zeitlichen Einflüssen zu tun.

Eine dritte Alternativerklärung läßt sich aus dem untersuchten Merkmal selbst bzw. dessen *natürlicher Variabilität* ableiten. Geht man davon aus, daß die LQ der Morbus Bechterew-Patienten in starkem Maße durch die Intensität ihrer Schmerzen beeinträchtigt wird, ist zu bedenken, daß intensive Schmerzzustände bei dieser Krankheit schubweise auftreten, d.h. auch die subjektive Einschätzung der LQ dieser Patienten wird starken Schwankungen unterliegen. Eine verbesserte LQ nach der Kur könnte also schlicht auf die Tatsache zurückgeführt werden, daß der Patient zu Beginn der Kur unter einem akuten Schub litt, der in der Zeit der Nachbefragung ohnehin, d.h. auch ohne ärztliche Behandlung, abgeklungen wäre.

Evaluation durch Hypothesenprüfung

Summative Evaluationsstudien sind hypothesenprüfende Untersuchungen. Wie auf S. 112 erwähnt, überprüft die summative Evaluation die Hypothese, daß die Maßnahme wirksam ist bzw. genauso wirkt, wie man es theoretisch erwartet hat. Hierzu gehört auch der Nachweis, daß die registrierten Veränderungen, Effekte oder Wirkungen ohne Einsatz der Maßnahme ausbleiben. Nur so ist sichergestellt, daß tatsächlich die Maßnahme und keine andere Einflußgröße das Ergebnis verursacht hat.

Kontrollprobleme: Diese Forderungen an die Evaluationsforschung werden in der Praxis leider nur selten erfüllt. Finanzielle, personelle und zeitliche Einschränkungen, aber auch Besonderheiten der zu evaluierenden Maßnahmen sowie ethische Bedenken erschweren es, den „optimalen" Untersuchungsplan mit den erforderlichen Kontrolltechniken praktisch zu realisieren. Um den „Net Outcome" bzw. den auf die Maßnahme zurückgehenden Effekt (vgl. S. 559) wenigstens in der richtigen Größenordnung erfassen zu können, ist neben der *Experimentalgruppe*, auf die die Maßnahme angewendet wird, eine *Kontrollgruppe* ohne Maßnahme unabdingbar. Diese einzurichten ist jedoch bei Sachverhalten mit hoher Prävalenz praktisch unmöglich. Beispielsweise kann bei der Evaluation eines neuen Scheidungsgesetzes keine Kontrollgruppe eingerichtet werden, weil alle Scheidungswilligen von dieser Maßnahme betroffen sind. Auch ethische Kriterien stehen gelegentlich der Aufstellung einer Kontrollgruppe entgegen (z. B. Auswirkungen einer neuen Behandlung akut Krebskranker, bei denen die Bildung einer Kontrollgruppe Verzicht auf jegliche Behandlung bedeuten könnte).

Die strikte Anwendung von Kontrolltechniken zur Sicherung der internen Validität kann zudem bedeuten, daß die Evaluationsstudie in einem unnatürlichen „Setting" durchgeführt wird, was wiederum zu Lasten der externen Validität geht. Hiermit sind Probleme angesprochen, die bereits in Abschnitt 2.3.3 in bezug auf grundlagenorientierte Forschungen erörtert wurden und die für Evaluationsaufgaben in verstärktem Maße gelten. Die auf S. 102 erwähnte Einschätzung Cronbachs, Evaluationsforschung sei eine „Kunst des Möglichen", findet in diesem Dilemma ihre Begründung.

Randomisierungsprobleme: Die zufällige Verteilung von Experimental- und Kontrollbedingungen auf die Untersuchungsteilnehmer (*Randomisierung*) bereitet wenig Probleme, wenn die „Nachfrage" nach der zu evaluierenden Maßnahme größer ist als das „Angebot". Sind beispielsweise die finanziellen Mittel zur Unterstützung Obdachloser kontingentiert, wäre eine Zufallsauswahl der Begünstigten und der Benachteiligten wohl auch unter ethischen Gesichtspunkten die beste Lösung, sofern unterschiedliche Grade von Hilfsbedürftigkeit vernachlässigbar oder unbekannt sind. Ist dagegen innerhalb der Zielgruppe eine besonders belastete Teilgruppe (z. B. von schweren Erkrankungen Betroffene) identifizierbar, so müßte diese unter ethischen Gesichtspunkten bevorzugt behandelt werden, auch wenn dies in methodischer Hinsicht den Nachteil der systematischen Stichprobenverzerrung mit sich bringt und auch die Möglichkeiten der Datenerhebung einschränkt, z. B. weil krankheitsbedingt nur geringe Bereitschaft zur Teilnahme an Forschungsinterviews besteht (zur Möglichkeit, die Nachfrage für eine zu evaluierende Maßnahme durch geschickte Öffentlichkeitsarbeit „künstlich" zu erhöhen, findet man Informationen bei Manski und Garfinkel, 1992).

Oftmals ist es hilfreich, den Untersuchungsteilnehmern zu erklären, warum eine Randomisierung wissenschaftlich erforderlich ist. Mit diesem Hintergrundwissen fällt es den Untersuchungsteilnehmern leichter, die Vorgabe zu akzeptieren, zur Experimental- oder Kontrollgruppe zu gehören. Für größere Evaluationsstudien, bei denen die konkrete Zufallsaufteilung von Hilfspersonal übernommen wird, ist der Hinweis wichtig, daß natürlich auch diese Mitarbeiter die Vorzüge der Randomisierung kennen sollten. Cook und Shadish (1994) berichten über eine Anekdote, nach der sich ein in einem Kinderhilfsprogramm tätiger Sozialarbeiter heimlich am Computer zu schaffen machte, um die vom Rechner per Randomisierung erstellten Listen der Kontroll- und Experimentalgruppenteilnehmer zu manipulieren. Der Sozialarbeiter hielt die Computerlisten für sozial ungerecht!

Natürlich könnte er mit dieser Einschätzung Recht haben. Aufgrund seiner Tätigkeit wird der Sozialarbeiter über eine Vielzahl von Hintergrundinformationen zu Lebenssituation (z. B. Gewalt in der Familie), physischer und psychischer Verfassung (z. B. Depressivität, Suizidalität) und Hilfsbedürftigkeit der Kinder verfügen. Entsprechend will sich der Sozialarbeiter dann für eine *gerechte* Lösung in der Weise einsetzen, daß zuerst die hilfsbedürftigsten Kinder der Experimentalgruppe zugeordnet werden und nicht der „blinde Zufall" über ihr Schicksal entscheidet. Allerdings würde die Untersuchung dann das Prädikat „randomisierte Evaluationsstudie" verlieren; Unterschiede zwischen Experimental- und Kontrollgruppe könnten nicht mehr ausschließlich auf das Kinderhilfsprogramm zurückgeführt werden.

Eine weitere Hilfe für Randomisierungen sind *Wartelisten*. Diese lassen sich häufig so organisieren, daß die auf der Warteliste stehenden Personen zufällig der „behandelten" Experimentalgruppe oder der „wartenden" Kontrollgruppe zugeordnet werden. Man beachte jedoch, daß die wartende Kontrollgruppe verfälscht sein kann, wenn sich die Aspiranten aktiv um eine alternative „Behandlung" bemüht haben. Eine genaue Kontrolle dessen, was in Experimental- *und* Kontrollgruppe tatsächlich geschieht, ist deshalb für Evaluationen dieser Art unerläßlich.

Zu beachten sind schließlich auch die statistischen Möglichkeiten, die dem Evaluator zur Kontrolle der Randomisierung zur Verfügung stehen. Ein wichtiges Prärequisit hierfür ist eine minutiöse Kenntnis des *Selektionsprozesses,* der zur Bildung von Experimental- und Kontrollgruppe führt. Alle Variablen, die diesen Prozeß beeinflussen, sind potentielle Kandidaten für eine Gefährdung der internen Validität. Dies gilt insbesondere für Variablen, die mit der Maßnahme konfundiert und mit der abhängigen Variablen korreliert sind.

Auch wenn man niemals sicher sein kann, tatsächlich alle wichtigen Störvariablen dieser Art ausfindig gemacht zu haben, sollten wenigstens die bekannten Variablen bezüglich ihres Effektes auf die Kontroll- und Experimentalgruppenergebnisse statistisch kontrolliert werden. In vielen Untersuchungen ist hierfür die Kovarianzanalyse (vgl. S. 544 f.) das geeignete Verfahren (weitere methodische Hinweise findet man bei Heckman und Hotz, 1989, bzw. Moffitt, 1991).

Bei der Wahl der Untersuchungsart muß gemäß Abschnitt 2.3.3 ferner entschieden werden, ob die Hypothesenprüfung im experimentellen oder quasiexperimentellen Untersuchungssetting stattfinden soll, was davon abhängt, ob die zu vergleichenden Gruppen (z. B. Experimental- und Kontrollgruppe) randomisiert werden können oder nicht. Übertragen auf die Evaluationsforschung stellt sich zunächst die Frage, ob überhaupt mit Experimental- und Kontrollgruppe bzw. – zur vergleichenden Analyse verschiedener Maßnahmen – mit mehreren Experimentalgruppen gearbeitet werden kann. Falls dies nicht möglich ist, sind andere Designvarianten bezüglich ihrer Machbarkeit zu prüfen, die angesichts der äußeren Zwänge ein Optimum an interner Validität gewährleisten. Wir werden hierüber ausführlicher in Kapitel 8 berichten.

Wie der Literatur zu entnehmen ist, dominieren in der Evaluationsforschung *quasiexperimentelle Untersuchungen*, bei denen „natürliche" Gruppen miteinander verglichen werden (Beispiele: Abteilung A einer Firma erhält eine besondere Schulung, Abteilung B nicht; im Stadtteil A werden Analphabeten gefördert, im Stadtteil B nicht; im Landkreis A beziehen Aussiedler ein Überbrückungsgeld und im Landkreis B gleichwertige Sachmittel etc.). Weil quasiexperimentelle Untersuchungen weniger aussagekräftig sind als experimentelle, ist die Kontrolle von personenbezogenen Störvariablen bei diesem Untersuchungstyp besonders wichtig.

Schließlich muß entschieden werden, ob die Evaluationsstudie als *Feld-* oder als *Laboruntersuchung* durchgeführt werden soll. Hierzu ist anzumerken, daß Evaluationsstudien typischerweise Feldstudien sind, in denen die Wirksamkeit der Maßnahme unter realen Bedingungen getestet wird, denn welcher Auftraggeber möchte schon erfahren, was seine Maßnahme unter künstlichen, laborartigen Bedingungen leisten könnte. Die Felduntersuchung hat – wie auf S. 60 f. ausgeführt – gegenüber der Laboruntersuchung eine höhere externe Validität, aber eine geringere interne Validität; ein Nachteil, der bei sorgfältiger Kontrolle der untersuchungsbedingten Störvariablen in Kauf genommen werden muß.

Effektgrößenprobleme: Abschnitt 2.3.3 berichtete auch über hypothesenprüfende Untersuchungen mit und ohne vorgegebene Effektgrößen. Hier wurde u.a. ausgeführt, daß unspezifische Hypothesen angemessen seien, wenn die Forschung noch nicht genügend entwickelt ist, um genaue Angaben über die Größe des erwarteten Effektes machen zu können.

Dieser Sachverhalt sollte auf Themen der Evaluationsforschung nicht zutreffen. Idealerweise steht die summative Evaluation am Ende eines Forschungsprozesses, der mit der Grundlagenforschung beginnt und über die Interventionsforschung zu einer konkreten Maßnahme führt, die einer abschließenden Evaluation unterzogen wird. Die Themen der Evaluationsforschung müßten deshalb genügend elaboriert sein, um spezifische Hypothesen mit Effektgrößen formulieren zu können. Diese Forderung ist auch deshalb von Bedeutung, weil man sich kaum einen Auftraggeber vorstellen kann, der sich zufrieden gibt, wenn nachgewiesen wird, daß die von ihm finanzierte Maßnahme „irgendwie" wirkt. Falls sich der Auftraggeber oder die mit der Entwicklung der Maßnahme befaßten Interventoren außerstande sehen, zumindest die Größenordnung eines praktisch bedeutsamen Effektes vorzugeben, sollte der Evaluator keine Mühe scheuen, diesen für Evaluationsforschungen wichtigen Kennwert mit den Betroffenen gemeinsam zu erarbeiten (vgl. hierzu Abschnitt 9.3).

Die Vorgabe einer Effektgröße fällt bei *einfachen Wirkhypothesen* mit einem eindeutig operationalisierten Wirkkriterium (z. B. Anzahl der Diktatfehler, der Krankheitstage, der Unfälle etc. oder Leistungsverbesserungen im Sport, gemessen in Zentimetern, Sekunden oder Gramm) leichter als bei einer komplexen *multivariaten Wirkhypothese*, bei der der Erfolg einer Maßnahme sinnvollerweise nur über mehrere Wirkkriterien erfaßt werden kann. So sind beispielsweise die meisten psychotherapeutischen Interventionsprogramme nicht darauf ausgerichtet, nur ein einziges Symptom zu kurieren; die Kontrolle der Therapiewirkung erstreckt sich in der Regel auf verschiedene Störungen, deren Beseitigung oder Veränderung über jeweils spezifische Instrumente zu registrieren ist. Aber auch hier sollte man so gut wie möglich von Vorstellungen über eine „irgendwie" geartete positive Wirkung Abstand nehmen und sich bemühen, den erwarteten Wirkprozeß in bezug auf alle Wirkkriterien möglichst genau zu beschreiben.

> **!** *Explorative Methoden* dienen der Erkundung von Interventionsprozessen und deren Wirkungen. Sie zielen auf die Formulierung bzw. Konkretisierung von Wirkhypothesen ab und tragen dazu bei, die relevanten Variablen zu identifizieren und zu operationalisieren.
> *Populationsbeschreibende Methoden* ermöglichen eine Abschätzung der Verbreitung und der Hintergründe eines Sachverhaltes und erleichtern die Definition der Zielpopulation.
> *Hypothesenprüfende Methoden* testen den Einfluß der untersuchten Intervention auf sinnvoll operationalisierte Wirkkriterien.

3.2.3
Operationalisierung von Maßnahmewirkungen

Die Wirkung einer Maßnahme bezeichnen wir in der auf S. 6 eingeführten Terminologie als abhängige Variable und die Maßnahme selbst als unabhängige Variable. Um den Terminus „Variable" rechtfertigen zu können, muß die unabhängige Variable mindestens zwei Stufen aufweisen (z. B. Experimental- und Kontrollgruppe), wobei die zu evaluierende Maßnahme eine Stufe der unabhängigen Variablen darstellt. Den Ausprägungen der abhängigen Variablen für die einzelnen Stufen der unabhängigen Variablen (oder ggf. auch dem Zusammenhang zwischen unabhängiger und abhängiger Variable) ist dann die relative Wirkung der Maßnahme zu entnehmen. Man beachte, daß Evaluationsstudien, bei denen die unabhängige „Variable" nur aus der zu bewertenden Maßnahme besteht, wenig aussagekräftig sind, weil die auf der abhängigen Variablen festgestellten Merkmalsausprägungen nicht zwingend auf die Maßnahmen zurückgeführt werden können (vgl. hierzu die Beispiele in Tafel 5 und 14).

Bevor man untersucht, *wie* sich bestimmte unabhängige Variablen auf die abhängigen Variablen auswirken, muß sichergestellt werden, *ob* die unabhängigen Variablen überhaupt in vorgesehener Weise in der Stichprobe realisiert sind. Angenommen es soll untersucht werden, ob Sparmaßnahmen in Schulen (Kürzung des Papieretats um 40%) eine höhere Akzeptanz (abhängige Variable) erreichen, wenn sie mit ökonomischen oder mit ökologischen Argumenten begründet werden (unabhängige Variable). In zehn zufällig ausgewählten Schulen eines Bundeslandes werden zeitgleich mit der Etatkürzung Rundbriefe an die Lehrerkollegien verschickt, die entweder mit den Worten „Unsere Schule schützt die Umwelt..." oder „Unsere Schule spart Steuergelder..." beginnen.

Nachdem das Sparprogramm ein Jahr gelaufen ist, werden alle Schüler und Lehrer um eine Einschätzung gebeten. Dabei stellt sich heraus, daß der Papiermangel auf das schärfste kritisiert und als Zumutung und Ärgernis eingestuft wird. Die Landesregierung nimmt dieses Ergebnis äußerst mißbilligend zur Kenntnis. Auch die Presse spart nicht mit Schülerschelte und beklagt die Verantwortungslosigkeit der jungen Generation, die weder bereit sei, für das Gemeinwohl noch für die Umwelt Opfer zu bringen.

Erst als sich einige Schüler in einem Leserbrief an die Presse wenden und mitteilen, sie hätten den Sinn des Sparprogramms nicht verstanden, beginnt sich der Unmut gegen die Evaluatoren zu wenden, die es offensichtlich versäumt hatten nachzuprüfen, ob die intendierte künstliche Bedingungsvariation (Sparen für den Fiskus versus Sparen für die Umwelt) in der Praxis umgesetzt wurde. Wie sich später herausstellte, wurde dies in der Tat versäumt, denn die ohnehin mit Umläufen und Rundbriefen überhäuften Lehrer hatten die Mitteilung meist nur oberflächlich gelesen und erst recht nicht an ihre Schüler weitergegeben.

Wo die Intervention nicht greift, kann auch die Evaluation nichts ausrichten. Deswegen sollte man empirisch prüfen, ob die im Untersuchungsplan vorgesehenen Stufen der unabhängigen Variablen in der Praxis tatsächlich realisiert sind. Diese Kontrolle nennt man *Manipulation Check*. Im Beispiel hätte man während der Maßnahme nachfragen müssen, was Schüler und Lehrer überhaupt von dem Sparprogramm und seiner Zielsetzung wissen. Bei Manipulation Checks darf jedoch nicht übersehen werden, daß diese wiederum einen Eingriff in das Geschehen darstellen und dadurch den Charakter von Störvariablen haben können.

Varianten für unabhängige Variablen

Soweit realisierbar, haben Evaluationsstudien zweifach gestufte unabhängige Variablen mit einer Experimental- und einer Kontrollgruppe. Alternativ hierzu läßt sich die relative Wirkung einer Maßnahme jedoch auch über folgende Varianten abschätzen:

- Vergleich mehrerer Maßnahmen (z. B. vergleichende Evaluierung verschiedener Instruktionen zur Handhabung eines Textsystems),
- mehrfache Anwendung der Maßnahme (z. B. Spendenaufrufe zu verschiedenen Jahreszeiten, um kumulative Einflüsse auf die Hilfsbereitschaft zu erkennen),
- künstliche Variation der Intensität der Maßnahme (z. B. Wirkungsvergleich bei einem unterschiedlich dosierten Medikament),
- natürliche Variation der Intensität der Maßnahme (z. B. vergleichende Werbewirkungsanalysen bei Personen mit unterschiedlich häufigen Werbekontakten) oder
- Vergleiche mit Normen (z. B. Vergleich des Zigarettenkonsums nach einer Antiraucherkampagne mit statistischen Durchschnittswerten).

Erfassung der abhängigen Variablen

Mit der Operationalisierung der abhängigen Variablen legen wir fest, wie die Wirkung der Maßnahme erfaßt werden soll. Hierbei ist darauf zu achten, daß die Operationalisierung der Maßnahmenwirkung nicht nur für die Experimentalgruppe, sondern auch für die Kontrollgruppe oder ggf. weitere Gruppen mit anderen Vergleichsmaßnahmen sinnvoll ist.

Eine gelungene Operationalisierung setzt eine sorgfältige Explikation der Ziele voraus, die mit der Maßnahme angestrebt werden. In dieser wichtigen Planungsphase muß festgelegt werden, anhand welcher Daten die (relative) Maßnahmewir-

DARF ICH DIR IRGENDWAS BRINGEN?

DIE NEUE, VERBESSERTE KATZE

Voraussetzung einer Evaluation ist die präzise Definition von Erfolgskriterien. (Aus: The New Yorker: Die schönsten Katzen Cartoons (1993). München: Knaur, S. 8) kung erfaßt werden soll und wie diese Daten zu erheben sind. Über die in den Human- und Sozialwissenschaften üblichen Datenerhebungstechniken wird ausführlich in Kapitel 4 berichtet, so daß wir uns hier mit einer kurzen Aufzählung begnügen können:

- Zählen (Beispiel: Wie verändern sich Art und Anzahl der Unfälle in einem Betrieb nach Einführung einer neuen Arbeitsschutzkleidung?),
- Urteilen (Beispiel: Welchen Einfluß hat ein Vortrag über: „Die Bedeutung der Naturwissenschaften für moderne Industriegesellschaften" auf die Beliebtheitsrangfolge von Schulfächern aus Abiturientensicht?),
- Testen (Beispiel: Wie verändert ein kognitives Training bei Kindern deren Leistungen in einem kognitiven Fähigkeitstest?),
- Befragen (Beispiel: Wie ändern sich Umfrageergebnisse zum Thema „Wirtschaftliche Zukunftsperspektiven" bei einem Regierungswechsel?),
- Beobachten (Beispiel: Wie wirkt sich ein Sedativum auf die Aggressivität verhaltensgestörter Kinder aus?).

Überlegungen zur Nutzenbestimmung

Die Erfassung des Wirkkriteriums informiert über die relative Effektivität der evaluierten Maßnahme. Hierbei bleibt jedoch eine entscheidende Frage offen – die Frage nach der Nützlichkeit der Maßnahme. Wenn gezeigt werden kann, daß eine neue Unterrichtstechnik die schulischen Deutschleistungen im Durchschnitt um eine Note verbessert, daß durch die Einführung neuer Arbeitsschutzmaßnahmen die Anzahl der Arbeitsunfälle um 40% zurückgeht oder daß sich die Aufklärungsrate für Einbruchsdelikte nach einer kriminalpolizeilichen Schulungsmaßnahme um 30% verbessert, so sind dies sicherlich Belege einer hohen Effektivität der jeweiligen Maßnahme. Aber sind die Maßnahmen angesichts der mit ihnen verbundenen Kosten auch nützlich?

Eine Antwort auf diese Frage setzt voraus, daß man den materiellen oder auch ideellen Wert eines Effektes näher beziffern kann, daß man also Vorstellungen darüber hat, wie viel der Unterschied um eine Einheit der Schulnotenskala, die Verhinderung eines Arbeitsunfalls oder die Aufklärung eines Einbruchs „wert" sind. Das berechtigte Interesse eines Auftraggebers, vom Evaluator

zu erfahren, ob die von ihm finanzierte Maßnahme nicht nur effektiv, sondern auch nützlich war, stellt viele Evaluationsstudien vor unlösbare Probleme, denn die hier verlangten Wertsetzungen können immer nur subjektiv sein.

Um dieses Problem dennoch halbwegs rational zu lösen, sollte der Evaluator jede Gelegenheit ergreifen, um die impliziten Vorstellungen des Auftraggebers oder der von der Maßnahme betroffenen Personen über den Wert möglicher Effekte zu erkunden. Hierfür können Rating-Skalen, Paarvergleichsurteile oder direkte Rangordnungen eingesetzt werden (vgl. Kap. 4.2). Ohne diese Informationen ist der Evaluator darauf angewiesen, seine Nutzenvorstellung in eine „praktisch bedeutsame" Effektgröße umzusetzen, anhand derer letztlich über Erfolg oder Mißerfolg der Maßnahme entschieden wird (ausführlicher hierzu siehe Kap. 9).

Ist das Werturteil mehrerer Personen über den Erfolg einer Maßnahme ausschlaggebend, kann die vor allem im klinischen Bereich erprobte *Goal Attainment Scale* hilfreich sein (vgl. Kiresuk et al., 1994 oder Petermann und Hehl, 1979). Bei dieser Technik werden von jeder Person vor Durchführung der Maßnahme mehrere subjektiv wichtig erscheinende Ziele formuliert, um während oder nach der Maßnahme anhand einer 5-Punkte-Skala zu überprüfen, ob bzw. inwieweit diese Ziele erreicht wurden. Die Aggregation der individuellen Erfolgseinschätzungen gilt dann als Indikator für den Gesamtnutzen der Maßnahme (zur Nutzeneinschätzung von Leistungen durch Experten vgl. Schulz, 1996).

Für eine systematischere Aufarbeitung subjektiver Vorstellungen über den Wert oder Nutzen einer Maßnahme hat die sog. *präskriptive Entscheidungstheorie* (vgl. z.B. Eisenführ und Weber, 1993, Jungermann et al., 1998 oder Keeney und Raiffa, 1976) einige Techniken entwickelt, die auch in der Evaluationsforschung gelegentlich Anwendung finden. Die Methoden der Entscheidungsanalyse zerlegen komplexe Entscheidungsprozesse in eine Sequenz einfacher, transparenter Präferenzentscheidungen, die es erleichtern, die subjektive Wertigkeit alternativer Maßnahmen zu erkennen, um so zu einer optimalen Entscheidung zu gelangen. Auch wenn die Lösung von Entscheidungsproblemen nicht zu den primären Aufgaben eines Evaluators zählt (vgl. Glass und Ellett, 1980), lassen sich einige Techniken der Entscheidungsanalyse für die Evaluationsforschung nutzbar machen.

Bevor wir auf diese Techniken eingehen, soll ein Verfahren beschrieben werden, das vor allem in der Marketingforschung (z.B. Produktgestaltung) eingesetzt wird, das aber auch im Kontext der Nutzenoperationalisierung von Bedeutung ist: Das Conjoint Measurement (CM).

Conjoint Measurement: Bei der Evaluation von Objekten interessiert häufig die Frage, in welchem Ausmaß einzelne Objektmerkmale den Gesamtnutzen der Objekte beeinflussen. Ein Veranstalter von Seekreuzfahrten möchte beispielsweise in Erfahrung bringen, in welcher Weise die Merkmale

- Qualität der Reiseleitung (hochqualifiziert, akzeptabel, unqualifiziert),
- Preis (DM 3000,–, DM 4000,–, DM 5000,–) und
- Kabinentyp (Innenkabine, Außenkabine)

die Akzeptanz von Kreuzfahrten beeinflussen. Aus diesen 3 Merkmalen mit zweimal drei und einmal zwei Ausprägungen lassen sich insgesamt $3 \times 3 \times 2 = 18$ verschiedene Kreuzfahrtvarianten kombinieren, die von potentiellen Kunden oder Experten in eine Rangreihe zu bringen (oder allgemein: zu bewerten) sind (zur Bildung von Rangreihen vgl. S. 154 f.). Aufgabe des Conjoint Measurements (auch *Verbundmessung* genannt) ist es nun, den $3+3+2 = 8$ Merkmalsausprägungen Teilnutzenwerte zuzuordnen, deren objektspezifische Addition zu Gesamtnutzenwerten führt, die die Rangwerte der Objekte bestmöglich reproduzieren. (Ausführlichere Informationen zum genannten Beispiel findet man bei Tscheulin, 1991.)

Bei der Auswahl der Merkmale, deren Kombinationen die zu evaluierenden Objekte ergeben, ist darauf zu achten, daß realistische Objekte resultieren (hochqualifiziertes Personal dürfte beispielsweise nicht mit einem sehr billigen Reisepreis zu vereinbaren sein). Außerdem geht das am häufigsten eingesetzte linear-additive Modell davon aus, daß zwischen den Merkmalen keine Wechselwirkungen bestehen, daß sich also der Nutzen einer Kreuzfahrt mit akzeptabler Reiseleitung, einem Preis von DM 3000,– und Außenkabine tatsächlich additiv aus den Teilnutzenwerten dieser 3 Merkmalsausprägungen ergibt (ausführlicher zum Konzept der Wechselwirkung vgl. S. 532 ff.). Wie die Teilnutzenwerte und der Gesamtnutzen rechnerisch ermittelt werden, verdeutlicht Tafel 15 an einem Beispiel.

TAFEL 15

**Conjoint Measurement:
Evaluation von Regierungsprogrammen**

Eine neu gewählte Regierung plant eine Regierungserklärung, die die Schwerpunkte zukünftiger Politik verdeutlichen soll; u. a. wird zum Thema Finanzpolitik (Merkmal A) diskutiert, wie die offensichtlichen Haushaltslöcher aufgefüllt werden sollen (Erhöhung der Mehrwertsteuer, der Mineralölsteuer oder Abbau von Subventionen) und welche Schwerpunkte die zukünftige Verteidigungspolitik (Merkmal B) setzen soll (engere Einbindung in die Nato oder Ausbau nationaler Autonomie). Damit stehen die folgenden 6 „Regierungsprogramme" (in verkürzter Formulierung) zur Auswahl:
1. Mehrwertsteuer/Nato
2. Mehrwertsteuer/nationale Autonomie
3. Mineralölsteuer/Nato
4. Mineralölsteuer/nationale Autonomie
5. Subventionen/Nato
6. Subventionen/nationale Autonomie

(Das Beispiel ist bewußt klein gehalten, um die nachfolgenden Berechnungen überschaubar zu halten. Wie mit mehr Merkmalen und damit auch mehr Objekten umzugehen ist, wird im Text erläutert.)

Ein Urteiler hat die 6 Regierungsprogramme in folgende Rangreihe gebracht (Rangplatz 6: beste Bewertung; Rangplatz 1: schlechteste Bewertung):
Nr. des Regierungsprogramms: 1 2 3 4 5 6
Rangplatz: 2 1 5 3 6 4

Abbau von Subventionen und eine engere Einbindung in die Nato (Programm 5) werden also

TAFEL 15

von dieser Person am meisten bevorzugt. Für die weitere Auswertung übertragen wir die Rangreihe in folgende Tabelle:

		B		
		Nato	Nat. Autonomie	$\overline{A}_i$
	Mehrwertsteuer	2	1	1,5
A	Mineralölsteuer	5	3	4,0
	Subvention	6	4	5,0
	$\overline{B}_j$:	4,33	2,67	$\overline{G}=3,5$

Die Tabelle enthält ferner die Zeilenmittelwerte für das Merkmal A ($\overline{A}_i$), die Spaltenmittelwerte für das Merkmal B ($\overline{B}_j$) sowie den Durchschnittswert der 6 Rangplätze ($\overline{G}$). Die Teilnutzenwerte a_i für die 3 Kategorien des Merkmals A und die Teilnutzenwerte β_j für die 2 Kategorien des Merkmals B ergeben sich über folgende Beziehungen:

$$a_i = \overline{A}_i - \overline{G}; \ \beta_j = \overline{B}_j - \overline{G}.$$

Im Beispiel erhält man:
Mehrwertsteuer: $a_1 = 1,5 - 3,5 = -2,0$
Mineralölsteuer: $a_2 = 4,0 - 3,5 = \ \ \ 0,5$
Subventionen: $a_3 = 5,0 - 3,5 = \ \ \ 1,5$

Nato: $\qquad \beta_1 = 4,33 - 3,5 = \ \ \ 0,83$
Nat. Autonomie: $\beta_2 = 2,67 - 3,5 = -0,83$

Die Kategorien „Abbau von Subventionen" (1,5) und „Engere Einbindung in die Nato" (0,83) haben also die höchsten Teilnutzenwerte erzielt. Hieraus läßt sich der Gesamtnutzen y_{ij} für ein aus den Merkmalsausprägungen a_i und b_j bestehendes Regierungsprogramm nach folgender Regel schätzen:

$$y_{ij} = \overline{G} + a_i + \beta_j$$

Für das Beispiel resultieren:
1. Mehrwertsteuer/Nato:
$\qquad y_{11} = 3,5 - 2 + 0,83 = 2,33 \quad (2)$

2. Mehrwertsteuer/nationale Autonomie
$\qquad y_{12} = 3,5 - 2 - 0,83 = 0,67 \quad (1)$
3. Mineralölsteuer/Nato:
$\qquad y_{21} = 3,5 + 0,5 + 0,83 = 4,83 \quad (5)$
4. Mineralölsteuer/nationale Autonomie:
$\qquad y_{22} = 3,5 + 0,5 - 0,83 = 3,17 \quad (3)$
5. Subventionen/Nato:
$\qquad y_{31} = 3,5 + 1,5 + 0,83 = 5,83 \quad (6)$
6. Subventionen/nationale Autonomie:
$\qquad y_{32} = 3,5 + 1,5 - 0,83 = 4,17 \quad (4)$

Die Rangplätze des Urteilers sind (in aufsteigender Folge) in Klammern genannt. Den höchsten Nutzenwert hat also das am besten bewertete Regierungsprogramm Nr. 5 erzielt (5,83). Wie man sieht, wurde das Ziel, die Teilnutzenwerte so zu bestimmen, daß die Gesamtnutzenwerte mit den Rangwerten möglichst gut übereinstimmen, nahezu erreicht. Der eingesetzte Algorithmus gewährleistet, daß die Nutzenwerte y_{ij} so geschätzt werden, daß deren Abweichung von den Rängen R_{ij} möglichst gering ist bzw. genauer: daß die Summe der quadrierten Abweichungen von y_{ij} und R_{ij} ein Minimum ergibt (Kriterium der kleinsten Quadrate):

$$\sum_i \sum_j (y_{ij} - R_{ij})^2 \Rightarrow \text{Min}$$

Um Individualanalysen verschiedener Urteiler vergleichbar zu machen (was für eine Zusammenfassung individueller Teilnutzenwerte erforderlich ist), werden die Teilnutzenwerte pro Merkmal so normiert, daß die Merkmalsausprägung mit dem geringsten Teilnutzen den Wert 0 erhält. Hierfür ziehen wir den jeweils kleinsten Teilnutzenwert (a_{min} bzw. β_{min}) von den übrigen Teilnutzenwerten ab: $a_i^* = a_i - a_{min}$; $\beta_j^* = \beta_j - \beta_{min}$. Im Beispiel resultieren nach dieser Regel

$a_1^* = -2,0 - (-2,0) = 0 \qquad \beta_1^* = 0,83 - (-0,83) = 1,67$
$a_2^* = 0,5 - (-2,0) = 2,5 \qquad \beta_2^* = -0,83 - (-0,83) = 0$
$a_3^* = 1,5 - (-2,0) = 3,5$

TAFEL 15 ▬▬▬▬▬

Eine weitere Transformation bewirkt, daß dem Objekt mit dem höchsten Gesamtnutzen der Wert 1 zugewiesen wird. Hierfür werden die Teilnutzenwerte durch die Summe der merkmalsspezifischen, maximalen Teilnutzenwerte dividiert:

$$\hat{a}_i = a_i^* / (a_{max}^* + \beta_{max}^*); \quad \hat{\beta}_j = \beta_j^* / (a_{max}^* + \beta_{max}^*)$$

Man erhält mit $a_{max}^* + \beta_{max}^* = 3{,}5 + 1{,}67 = 5{,}17$:

$$\hat{a}_1 = 0/5{,}17 = 0{,}00 \qquad \hat{\beta}_1 = 1{,}67/5{,}17 = 0{,}32$$
$$\hat{a}_2 = 2{,}5/5{,}17 = 0{,}48 \qquad \hat{\beta}_2 = 0/5{,}17 = 0{,}00$$
$$\hat{a}_3 = 3{,}5/5{,}17 = 0{,}68$$

Nach der Regel $\hat{y}_{ij} = \hat{a}_i + \hat{\beta}_j$ werden nun die endgültigen Nutzenwerte bestimmt. Wie beabsichtigt, erhält das am besten bewertete Regierungsprogramm (Nr. 5) den Wert 1:

$$\hat{y}_{31} = 0{,}68 + 0{,}32 = 1$$

Für die Planer der Regierungserklärung könnte es ferner interessant sein zu erfahren, wie sich Veränderungen der Finanzpolitik bzw. Veränderungen der Verteidigungspolitik auf den Gesamtnutzen der Regierungsprogramme auswirken. Hierzu betrachten wir die Spannweite der merkmalsspezifischen Teilnutzenwerte. Sie erstreckt sich für das Merkmal A von 0 bis 0,68 und für das Merkmal B von 0 bis 0,32. Relativieren wir die merkmalsspezifischen Spannweiten (0,68 und 0,32) an der Summe der Spannweiten (die sich immer zu 1 ergibt), ist festzustellen, daß der hier untersuchte Urteiler Merkmal A (Finanzpolitik) mit 68% für mehr als doppelt so wichtig hält wie Merkmal B (Verteidigungspolitik) mit nur 32%. Sollte sich dieses Ergebnis für eine repräsentative Stichprobe bestätigen lassen, wäre die Regierung also gut beraten, mit Veränderungen der Finanzpolitik vorsichtiger umzugehen als mit Veränderungen der Verteidigungspolitik, denn erstere ist für die Präferenzbildung offenbar erheblich wichtiger als letztere.

Die in Tafel 15 verdeutlichte Vorgehensweise geht von der Annahme aus, daß die Urteiler äquidistante Ränge vergeben, daß die Rangskala also eigentlich eine Intervallskala ist (metrischer Ansatz). Läßt sich diese Annahme nicht aufrechterhalten (wovon im Zweifelsfall immer auszugehen ist), werden die Nutzenwerte so bestimmt, daß lediglich deren Rangfolge mit der subjektiven Rangreihe der Objekte bestmöglich übereinstimmt. Diese sog. nichtmetrische Lösung wird über ein aufwendiges iteratives Rechenverfahren ermittelt, auf dessen Darstellung wir hier verzichten. Interpretativ unterscheiden sich der metrische und der nichtmetrische Ansatz nicht.

Die Anzahl der zu evaluierenden Objekte steigt exponentiell mit der Anzahl der Merkmale bzw. Merkmalskategorien an, deren Kombinationen die Objekte bilden. Drei dreifach und drei zweifach gestufte Merkmale führen mit 216 Kombinationen bereits zu einer Objektzahl, deren Bewertung jeden Urteiler schlicht überfordern würde. Nun gibt es jedoch Möglichkeiten, die Anzahl der zu bewertenden Objekte erheblich zu reduzieren, ohne dadurch die Präzision der Lösung wesentlich herabzusetzen. Eine dieser Möglichkeiten stellt das auf S. 542 ff. beschriebene, sog. lateinische Quadrat bzw. deren Erweiterungen (griechisch-lateinisches Quadrat bzw. hyperquadratische Anordnungen) dar. Kombiniert man die Merkmalsausprägungen nach den dort angegebenen Regeln, führen z.B. 4 vierfach gestufte Merkmale nicht zu $4^4 = 256$ Objekten, sondern nur zu 16(!) Objekten. Allerdings setzen quadratische Anordnungen voraus, daß alle Merkmale die gleiche Anzahl von Merkmalsausprägungen aufweisen. Aber auch für Merkmale mit unterschiedlicher Anzahl von Merkmalsausprägungen (sog. asymmetrische Designs) lassen sich reduzierte Kombinationspläne entwickeln, die die Anzahl der zu bewertenden Objekte gegenüber vollständigen Plänen erheblich herabsetzen. Derartige Pläne werden z.B. in der Subroutine „Conjoint Measurement" des Programmpaketes SPSS automatisch erstellt (die Durchführung einer Conjoint-Analyse mit SPSS wird bei Backhaus et al. 1994 ausführlich beschrieben).

Individualanalysen, wie in Tafel 15 beschrieben, dürften eher die Ausnahme als die Regel sein. Meistens wird man sich dafür interessieren, welchen Nutzen die zu evaluierenden Objekte aus der Sicht einer repräsentativen Stichprobe haben. Hierfür werden die über Individualanalysen gewonnenen Teilnutzenwerte der Merkmalsausprägungen über alle Individuen aggregiert (eine andere Variante wird bei Backhaus et al., 1994, S. 522f. beschrieben). Derartige Zusammenfassungen setzen allerdings voraus, daß die Stichprobe bzw. die individuellen Nutzenwerte homogen sind. Bei heterogenen Nutzenstrukturen lohnt es sich meistens, mit einer Clusteranalyse (vgl. Anhang B) homogene Untergruppen zu bilden. Hierbei empfiehlt es sich, die Ähnlichkeit der individuellen Teilnutzenwerte über Korrelationen zu quantifizieren.

Ausführlichere Informationen zum Conjoint Measurement findet man z.B. bei Backhaus et al. (1994), Dichtl und Thomas (1986) sowie Green und Wind (1973).

Nutzenfunktionen für Wirkkriterien: Die Operationalisierung der Wirkung einer Maßnahme durch ein Wirkkriterium sagt zunächst nichts darüber aus, welcher Nutzen mit unterschiedlichen Ausprägungen des Wirkkriteriums verbunden ist. Zwar dürfte die Beziehung zwischen Kriterium und Nutzen in der Regel monoton sein (je wirksamer die Maßnahme, desto nützlicher ist sie); dennoch sind Beispiele denkbar, bei denen der zu erwartende Nutzwert eine weitere Intensivierung oder Verlängerung einer Maßnahme nicht rechtfertigt. (Aus der Werbewirkungsforschung ist beispielsweise bekannt, daß sich der Werbeerfolg nicht beliebig durch Erhöhung des Werbedrucks steigern läßt.)

Von besonderem Vorteil sind *Nutzenfunktionen*, wenn eine Maßnahmenwirkung sinnvollerweise nur multivariat operationalisiert werden kann und die einzelnen Kriterien sowohl positive als auch negative Wirkungen erfassen (Beispiel: Ein gutes Konditionstraining baut Kalorien ab, stärkt die Muskeln, stabilisiert den Kreislauf etc.; es ist jedoch gleichzeitig auch arbeits- und zeitaufwendig). In diesen Fällen wird für jedes mit dem Ziel der Maßnahme verbundene Kriterium eine Nutzenfunktion definiert, deren Kombination über den gesamten Nutzen der Maßnahme informiert (sog. multiattributive Nutzenfunktion; vgl. z.B. Eisenführ und Weber, 1993 oder Jungermann et al., 1998, Kap. 4). Ein Beispiel hierfür gibt Tafel 16.

Die Ermittlung von Nutzenfunktionen für Wirkkriterien ermöglicht es, Einheiten des Wirkkriteriums in Einheiten der Nutzenskala zu transformieren. Für die Bestimmung einer auf das Wirkkriterium bezogenen *Effektgröße* hilft dieser Ansatz jedoch nur wenig, es sei denn, der Auftraggeber oder die von einer Maßnahme betroffenen Personen haben eine Vorstellung darüber, wie groß der Nutzen einer Maßnahme mindestens sein muß, um sie als erfolgreich bewerten zu können. In diesem Falle ließe sich der angestrebte Nutzenwert in eine Effektgröße des Wirkkriteriums transformieren.

Zielexplikation: Es wurde bereits darauf hingewiesen, daß erfolgreiche Evaluationsstudien eine sehr sorgfältige Zielexplikation voraussetzen. Ein erfahrener Evaluator sollte Mängel in der Zielexplikation (z.B. zu vage formulierte oder gar widersprüchliche Ziele) erkennen und dem Auftraggeber ggf. bei der Zielexplikation behilflich sein. Wenn hierbei die subjektive Wertigkeit alternativer Ziele zur Diskussion steht, kann auch für diese Fragestellung auf Techniken der Entscheidungsanalyse zurückgegriffen werden (vgl. hierzu etwa Keeney, 1992). Als Beispiel seien Arbeitsbeschaffungsmaßnahmen (ABM) genannt, bei denen die relative Wertigkeit der Ziele „finanzielle Absicherung", „Weiterbildung" und „soziale Eingliederung" der Betroffenen zu klären wäre.

Alternative Maßnahmen: Gelegentlich stehen zur Erreichung eines Zieles mehrere alternative Maßnahmen zur Auswahl. Wenn beispielsweise der Alkoholkonsum von Minderjährigen reduziert werden soll, könnten entsprechende Maßnahmen an die Minderjährigen selbst, deren Eltern oder an den Handel gerichtet sein. Ein Evaluator würde sich in diesem Falle natürlich eine vergleichende Evaluation dieser Maßnahmen wünschen, die je-

TAFEL 16 ▰▰▰▰▰▰▰▰▰▰▰▰▰

Entscheidungstheoretische Steuerung einer Maßnahme

Das folgende Beispiel demonstriert, wie man mit Hilfe entscheidungstheoretischer Methoden die optimale Intensität bzw. Dauer einer Maßnahme herausfinden kann. Das Beispiel ist an eine Untersuchung von Keeney und Raiffa (1976, S. 275 ff.) angelehnt, über die bei Eisenführ und Weber (1993, S. 272 f.) berichtet wird.

Eine Blutbank befürchtet, daß ihre Blutbestände zur Versorgung von Krankenhäusern nicht ausreichen könnten. Die Geschäftsführung beschließt deshalb, über den lokalen Fernsehsender Aufrufe zum Blutspenden zu verbreiten und bittet einen erfahrenen Evaluator, bei der Planung dieser Maßnahme behilflich zu sein.

Aus ähnlichen, bereits durchgeführten Aktionen ist bekannt, wie sich die Bereitschaft zum Blutspenden in Abhängigkeit von der Anzahl der aufeinanderfolgenden Aufruftage erhöht. Die bei der Blutbank normalerweise zur Verfügung stehende Blutmenge erhöht sich nach einem Aufruftag um 4%, nach zwei Tagen um 7%, nach drei Tagen um 9% und nach vier Tagen um 10%. Um mehr als 10% – so die Auffassung – kann die Anzahl der freiwilligen Blutspender nicht erhöht werden, so daß sich weitere Aufrufe erübrigen. Zu klären ist nun die Frage, an wieviel aufeinanderfolgenden Tagen Aufrufe zum Blutspenden im Fernsehen verbreitet werden sollen.

Mit dieser Frage verbinden sich zwei Probleme:
1. Die Nachfrage der Krankenhäuser ist nicht konstant, sondern schwankt mehr oder weniger unregelmäßig.
2. Befindet sich zuviel Blut in der Blutbank, riskiert man, daß Blutkonserven wegen Überschreitung des Verfallsdatums unbrauchbar werden. Auf der anderen Seite kann ein zu geringer Blutbestand zu Fehlmengen führen mit der Konsequenz, daß lebensnotwendige Operationen nicht durchgeführt werden können.

Der Evaluator beschließt, die Frage nach der „optimalen" Anzahl von Aufruftagen mit Methoden der Entscheidungstheorie zu beantworten.

Zu klären ist zunächst die Frage, mit welchen Nachfrageschwankungen man in der Blutbank rechnet. Entsprechende Umfragen unter Experten ergeben, daß man maximal mit einer Nachfragesteigerung von 10% rechnen muß, und daß die Nachfrage bislang nicht unter 10% der durchschnittlichen Nachfrage sank. Als nächstes ist zu klären, für wie wahrscheinlich man bestimmte Veränderungen der Nachfrage hält. Hierfür ermittelt der Evaluator mit Hilfe des „Wahrscheinlichkeitsrades" folgende Werte (zur Methodik von subjektiven Wahrscheinlichkeitsschätzungen vgl. Eisenführ und Weber, 1993, Kap. 7 oder Jungermann et al., 1998, S. 356 ff.):

$$p \, (-10\% \; \text{Nachfrageänderung}) = 0{,}3$$
$$p \, (0\% \; \text{Nachfrageänderung}) \; \; = 0{,}5$$
$$p \, (+10\% \; \text{Nachfrageänderung}) = 0{,}2$$

(Um den Rechenaufwand für das Beispiel in Grenzen zu halten, wird das eigentlich kontinuierliche Merkmal „Änderung der Nachfrage" nur in diesen drei Ausprägungen erfaßt.)

Für das weitere Vorgehen essentiell ist die Bestimmung des „Nutzens", den die Blutbankexperten mit unterschiedlichen Fehl- bzw. Verfallsmengen verbinden. Zu dieser Thematik erklären die Experten, daß eine Verringerung des Normalbestandes um 10% oder mehr absolut inakzeptabel sei, d.h. eine 10%ige Fehlmenge hat einen Nutzen von Null. Für Fehlmengen (F) im Bereich 0 bis 10% ermittelt der Evaluator nach der „Halbierungsmethode" (vgl. Eisenführ und Weber, 1993, Kap. 5) folgende Nutzenfunktion u(F):

$$u(F) = 1 + 0{,}375 \cdot (1 - e^{0,13F})$$

Bezüglich der Verfallmenge kommen die Experten zu dem Schluß, daß die wirtschaftliche Existenz der Blutbank nicht mehr zu sichern sei, wenn 10% des Blutbestandes oder mehr das Verfallsdatum überschreiten. Eine Verfallmenge von 10% erhält damit einen Nutzenwert von Null. Der Wertebereich für 0 bis 10% Verfallmenge (V) wird durch folgende Nutzenfunktion beschrieben:

$$u(V) = 1 + 2{,}033 \cdot (1 - e^{0,04V})$$

TAFEL 16

Die beiden Nutzenfunktionen sind in Abb. 1 graphisch dargestellt.

Man erkennt zunächst, daß sowohl eine Fehlmenge von 0% als auch eine Verfallmenge von 0% mit dem maximalen Nutzenwert von 1 verbunden sind. Im übrigen wird z. B. eine 5%ige Fehlmenge für „nützlicher" gehalten als eine 5%ige Verfallmenge, d. h. man bewertet die mit dieser Fehlmenge verbundenen Konsequenzen weniger negativ als die Konsequenzen einer 5%igen Verfallmenge.

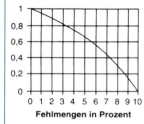 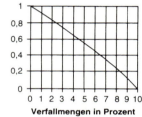

Abb. 1. Nutzenfunktionen

Da wegen der schwankenden Nachfrage nicht vorhersehbar ist, ob bei einer bestimmten Blutmenge ein Fehlbestand oder ein vom Verfall bedrohter Überschuß entstehen wird, ist die Bestimmung einer 2-dimensionalen Nutzenfunktion erforderlich, die den Nutzen von Fehl- und Verfallmengen kombiniert. Nach der „Trade-off"-Methode sowie nach dem „Lotterieverfahren" kommt man zu folgender multiattributiven Nutzenfunktion u(F,V) (vgl. Eisenführ und Weber, 1993, Kap. 11).

$$u(F,V) = 0,72\; u(F) + 0,13\; u(V) + 0,15\; u(F) \cdot u(V)$$

Man erkennt, daß Fehlbestände den Gesamtnutzen erheblich stärker bestimmen als Verfallmengen.

Ausgehend von den Wahrscheinlichkeitswerten für unterschiedliche Nachfrageänderungen und den drei Nutzenfunktionen prüft der Evaluator zunächst, welcher Gesamtnutzen zu erwarten wäre, wenn man gänzlich auf Appelle im Fernsehen verzichten würde. Bei unveränderter Nachfrage kommt es weder zu einer Fehlmenge noch zu einer Verfallmenge, d. h. es resultieren F = 0 und V = 0. Man errechnet über die beiden eindimensionalen Nutzenfunktionen

$$u(F) = 1 + 0,375 \cdot (1 - e^{0,13 \cdot 0}) = 1$$
$$u(V) = 1 + 2,033 \cdot (1 - e^{0,04 \cdot 0}) = 1$$

bzw. für die 2-dimensionalen Nutzenfunktionen

$$u(F,V) = 0,72 \cdot 1 + 0,13 \cdot 1 + 0,15 \cdot 1 \cdot 1 = 1$$

Keine Aufrufe im Fernsehen wären also optimal (bzw. mit maximalem Nutzen verbunden), wenn die Nachfrage unverändert bliebe. Es ist jedoch nicht auszuschließen, daß sich die Nachfrage z. B. um 10% erhöht, was bei der Bestimmung des Gesamtnutzens für „keine Aufruftage im Fernsehen" ebenfalls zu berücksichtigen ist. Eine 10%ige Erhöhung der Nachfrage führt zu F = 10 und V = 0 mit u(F) = 0 und u(V) = 1 bzw. u(F,V) = 0,13. Sollte die Nachfrage um 10% sinken, erhält man F = 0, V = 10, u(F) = 1, u(V) = 0 und u(F,V) = 0,72. Ohne Fernsehaufruf resultieren also für die drei möglichen Ereignisse (Nachfrage: –10%, 0%, +10%) Nutzenwerte von 0,72, 1,00 und 0,13. Um nun den Gesamtnutzen zu bestimmen, werden die Nutzenwerte der drei Ereignisse mit den Ereigniswahrscheinlichkeiten gewichtet, um hieraus die gewichtete Summe zu bilden:

Gesamtnutzen für 0 Tage
$$= 0,3 \cdot 0,72 + 0,5 \cdot 1,00 + 0,2 \cdot 0,13 = 0,742$$

Die einzelnen Rechenschritte, die zu diesem Wert führen, sind in Tabelle 3 noch einmal zusammengefaßt. Tabelle 3 enthält ferner die Bestimmung der Gesamtnutzenwerte für 1, 2, 3 und 4 Aufruftage (in Klammern sind die kumulierten Blutmengenzuwächse genannt).

Bei drei Aufruftagen (9% Zuwachs) z. B. entstehen für eine unveränderte Nachfrage keine Fehlbestände (F = 0), aber eine Verfallmenge von 9%. Man ermittelt hierfür u(F) = 1, u(V) = 0,119 bzw. u(F,V) = 0,753. Die u(F,V)-Werte für eine um 10% sinkende Nachfrage (–10%) und für eine um 10% steigende Nachfrage (+10%)

TAFEL 16 ▰

Tabelle 3. Bestimmung des erwarteten Gesamtnutzens

Anzahl der Tage	Nachfrage	p (Nachfrage)	F	V	u(F)	u(V)	u(F,V)	p·u(F,V)	Gesamtnutzen
0 (0%)	−10%	0,3	0	10	1	0	0,720	0,216	
	0%	0,5	0	0	1	1	1,000	0,500	0,742
	+10%	0,2	10	0	0	1	0,130	0,026	
1 (4%)	−10%	0,3	0	14	1	0	0,720	0,216	
	0%	0,5	0	4	1	0,647	0,901	0,451	0,790
	+10%	0,2	6	0	0,557	1	0,615	0,123	
2 (7%)	−10%	0,3	0	17	1	0	0,720	0,216	
	0%	0,5	0	7	1	0,343	0,816	0,408	0,793
	+10%	0,2	3	0	0,821	1	0,844	0,169	
3 (9%)	−10%	0,3	0	19	1	0	0,720	0,216	
	0%	0,5	0	9	1	0,119	0,753	0,377	0,784
	+10%	0,2	1	0	0,948	1	0,955	0,191	
4 (10%)	−10%	0,3	0	20	1	0	0,720	0,216	
	0%	0,5	0	10	1	0	0,720	0,360	0,776
	+10%	0,2	0	0	1	1	1,000	0,200	

Erläuterungen: p (Nachfrage) = Wahrscheinlichkeit einer Nachfragesituation; F = Fehlmenge; V = Verfallmenge; u (F) = Nutzen der Fehlmenge; u (V) = Nutzen der Verfallmenge; u (F,V) = Wert der multiattributiven Nutzenfunktion für F und V

lauten 0,720 bzw. 0,955, was insgesamt zu einer gewichteten Summe bzw. einem erwarteten Gesamtnutzen von 0,784 führt.

Der letzten Spalte in Tabelle 3 ist zu entnehmen, daß der Gesamtnutzen für zwei Aufruftage am höchsten ist. Der Evaluator wird also der Blutbank empfehlen, den Aufruf zum Blutspenden an zwei aufeinanderfolgenden Tagen senden zu lassen.

doch häufig an Kostenfragen scheitert. Er wird deshalb dem Auftraggeber bzw. den Interventoren den Rat geben, vor der Realisierung einer möglichen Maßnahme die Erfolgsaussichten der zur Wahl stehenden Maßnahmen zu ermitteln (*prospektive Evaluation*). Dabei sind zunächst die möglichen Einflußfaktoren und die möglichen Resultate zu generieren, beispielsweise durch Planspiele, Szenarienentwicklung (von Reibnitz, 1983) oder durch die Konstruktion von sog. Einflußdiagrammen (vgl. Eisenführ und Weber, 1993, S. 19 ff. oder Jungermann et al., 1998, Kap. 2.4). Darüber hinaus sind dann die Wahrscheinlichkeiten der möglichen Resultate zu bestimmen, wie z. B. durch die Erhebung von Wahrscheinlichkeitsfunktionen oder durch Computersimulationen.

Gruppenentscheidungen: Es ist eher die Regel als die Ausnahme, daß die mit einer Maßnahme befaßten Personen (Auftraggeber, Interventoren, Betroffene, Evaluator etc.) unterschiedliche Vorstellungen über die zu erreichenden Ziele, die optimale Maßnahme oder den mit den Zielattributen verbundenen Nutzen haben. Diese unterschiedlichen Auffassungen sind zunächst zu eruieren und – falls ein demokratischer Konsens herbeigeführt werden soll – zu einer Gruppenentscheidung zusammenzufassen.

Eine sehr effiziente, wenngleich aufwendige Methode, zu einem Gruppenkonsens von Experten zu gelangen, ist die sog. „Delphi-Methode", die auf S. 261 f. beschrieben wird. Geht es vorrangig um die Meinungen der Betroffenen, kann eine sog. „Planungszelle" (Dienel, 1978) weiterhelfen, bei der eine Zufallsauswahl der Betroffenen in mehreren Diskussionsrunden unter Anleitung erfahrener Moderatoren eine Gruppenentscheidung erarbeitet. Ausführliche Informationen zur Frage, wie ein gemeinsames Zielsystem bzw. eine gemeinsame Nutzenfunktion über verschiedene Zielattribute generiert werden kann, findet man in der entscheidungstheoretischen Literatur (vgl. z. B. Jungermann et al., 1998 oder Wright, 1993).

Evaluationsvarianten: Die bisherigen Einbindungen der Entscheidungstheorie betrafen den Evaluator nur peripher, denn die Auswahl der richtigen Maßnahme sowie die Explikation der Ziele fallen in den Zuständigkeitsbereich des Auftraggebers bzw. der Interventoren. Auch die Frage nach dem Nutzen der Zielattribute kann letztlich nur der Auftraggeber für sich beantworten. Es bietet sich jedoch für den Evaluator eine Anwendungsmöglichkeit des entscheidungstheoretischen Instrumentariums an, die unmittelbar mit der Evaluationsaufgabe verbunden ist: Die Entscheidungstheorie als Entscheidungshilfe bei mehreren, scheinbar gleichwertigen Designalternativen (z. B. Zeitreihenanalyse, „Cross Lagged Panel Design" oder „Cohort-Sequential Design"; vgl. Kap. 8) bzw. Operationalisierungsvarianten (z. B. direkte Rangreihenbildung oder indirekte Rangreihenbildung über Paarvergleiche; vgl. Kap. 4). Forschungslogische Kriterien wie interne und externe Validität sowie untersuchungstechnische Kriterien der Praktikabilität bzw. „Machbarkeit" sind hierbei die Attribute, von deren Wertigkeit eine Entscheidung abhängig zu machen ist.

Ausführlichere Hinweise zur Bedeutung entscheidungstheoretischer Ansätze für die Evaluationsforschung findet man bei Pitz und McKillip (1984).

Finanzieller Nutzen: Die Ermittlung des finanziellen Wertes einer staatlichen oder betrieblichen Maßnahme zählt zu den Aufgaben der Volks- und Betriebswirtschaftslehre. Wenn beispielsweise gefragt wird, ob der Staat mehr Geld in die Kinder-, Jugend- oder Erwachsenenbildung investieren sollte, wäre eine Antwort auf diese Frage vor allem von einer volkswirtschaftlichen Kosten-Nutzen-Analyse der alternativen Maßnahmen abhängig zu machen. Ähnliches gilt z. B. für Maßnahmen im Gesundheitswesen (z. B. Methadon-Programm), im Strafvollzug (mehr psychologische Betreuung oder mehr Verwahrung?) oder im Verkehrswesen (mehr Subventionen für den Güterverkehr auf Straße, Wasser oder Schiene?). Innerbetriebliche Maßnahmen, wie z. B. eine neue Arbeitszeitregelung, höhere Investitionen in Forschung und Entwicklung oder die Umstellung eines Produktionszweiges auf Automatisierung, sind ohne betriebswirtschaftliche Gewinn-Verlust-Rechnungen bzw. ohne betriebswirtschaftliches „Controlling" nicht evaluierbar.

Evaluationsaufgaben dieser Art dürften einen Evaluator mit Schwerpunkt in sozialwissenschaftlicher Forschungsmethodik in der Regel überfordern, so daß der fachwissenschaftliche Rat von Wirtschaftsexperten unverzichtbar ist. Eine Einführung in diese Thematik findet man bei Levin (1983) oder Thompson (1980).

Falls es gelingt, die Wirkung einer Maßnahme über Geldwerteinheiten oder Geldwertäquivalente zu operationalisieren (vgl. hierzu die bei Eisenführ und Weber, 1993 oder Jungermann et al., 1998, beschriebenen „Trade-off"-Techniken), bereitet die Festlegung einer Effektgröße in der Regel wenig Mühe. Die Kosten, die die Durchführung einer Maßnahme erfordert, sind bekannt; sie definieren die untere Grenze des von einer Maßnahme zu erwartenden Nutzens, denn eine Effektgröße, die nicht einmal die Kosten der Maßnahme abdeckt, dürfte für Auftraggeber wenig akzeptabel sein.

Abstimmung von Maßnahme und Wirkung

Wittmann (1988, 1990) macht zu Recht auf ein Problem aufmerksam, das häufig Ursache für das Mißlingen von Evaluationsstudien ist: Die Maßnahme und die Operationalisierung ihrer Wirkung sind nicht genügend aufeinander abgestimmt bzw. nicht symmetrisch. *Symmetrie* wäre gegeben, wenn die abhängige Variable bzw. das Wirkkriterium genau das erfaßt, worauf die Maßnahme Einfluß nehmen soll.

Wenn beispielsweise eine neue Trainingsmethode Weitsprungleistungen verbessern soll, wäre die

Sprungweite in cm und nichts anderes ein symmetrisches Kriterium. Bei komplexeren Maßnahmen kann es – insbesondere bei einer nachlässigen Zielexplikation – dazu kommen, daß die Wirkkriterien zu diffus sind bzw. „neben" dem eigentlichen Ziel der Maßnahme liegen, was die Chancen einer erfolgreichen Evaluation natürlich erheblich mindert. Wittmann (1990) unterscheidet in diesem Zusammenhang in Anlehnung an Brunswik (1955) vier Formen der Asymmetrie:

- Fall 1: Das Kriterium erfaßt Sachverhalte, die von der Maßnahme nicht beeinflußt werden (Beispiel: Die Maßnahme „Rollstuhlgerechte Stadt" wird über den Tablettenkonsum der Rollstuhlfahrer evaluiert).
- Fall 2: Das Kriterium ist gegenüber einer breitgefächerten Maßnahme zu spezifisch (Beispiel: Eine Maßnahme zur Förderung des Breitensports wird über die Anzahl der Mitgliedschaften in Sportvereinen evaluiert).
- Fall 3: Das Kriterium ist gegenüber einer spezifischen Maßnahme zu breit angelegt (Beispiel: Ein gezieltes Training „Logisches Schlußfolgern" wird über allgemeine Intelligenzindikatoren evaluiert).
- Fall 4: Die Schnittmenge zwischen einer breitgefächerten Maßnahme und einem breitgefächerten Kriterium ist zu klein (Beispiel: Die Wirkung eines Grippemittels gegen Husten, Schnupfen, Heiserkeit, Fieber, Gelenkschmerzen etc. wird über einen kompletten Gesundheitsstatus inklusive Belastungs-EKG, Blutzucker, Cholesterinwerte, Blutsenkung, Harnprobe etc. geprüft).

Die bewußt etwas überzeichneten Asymmetriebeispiele sollen den Evaluator auf mögliche Fehlerquellen bei der Operationalisierung des Wirkkriteriums aufmerksam machen. Planungsfehler dieser Art entstehen z. B., wenn der Evaluator Kriterien messen will, die den Auftraggeber nicht interessieren (Fall 1), wenn die Auftraggeberinteressen sehr einseitig sind (Fall 2), wenn der Evaluator über das Ziel der Maßnahme hinausgehende Eigeninteressen hat (Fall 3) oder wenn der Auftraggeber (bzw. die Interventoren) und der Evaluator nicht genügend über den Sinn der Maßnahme kommuniziert haben und sicherheitshalber lieber zuviel als zu wenig beeinflussen bzw. kontrollieren wollen (Fall 4).

3.2.4
Stichprobenauswahl

Bezogen auf das Thema Stichprobenauswahl werden im folgenden zwei Fragen erörtert: Zum einen geht es um die Bestimmung der Stichprobe derjenigen Personen oder Zielobjekte (Familien, Arbeitsgruppen, Firmen, Kommunen, Regionen etc.), für die die geplante Maßnahme vorgesehen ist, und zum anderen um die Stichprobe, auf deren Basis die Evaluationsstudie durchgeführt werden soll. Beide Stichproben können – vor allem bei kleineren Zielpopulationen – identisch sein; bei umfangreichen Interventionsprogrammen wird sich die Evaluationsstudie jedoch nur auf eine Auswahl der von der Maßnahme betroffenen Zielobjekte beschränken.

Interventionsstichprobe

Die Festlegung der *Zielpopulation* gehört nicht zu den eigentlichen Aufgaben des Evaluators, sondern fällt in die Zuständigkeit der Interventoren. Der Evaluator sollte sich jedoch auch mit dieser Thematik vertraut machen, um dazu beitragen zu können, Unschärfen in der Definition der Zielpopulation auszuräumen. Für diese Phase sind z. B. Fragen der folgenden Art typisch: Was genau soll unter „Obdachlosigkeit" verstanden werden? Nach welchen Kriterien wird entschieden, ob eine Person ein „Analphabet" ist? Was meint die Bezeichnung „Legastheniker"? Was sind die von einer möglichen Hochwasserkatastrophe betroffenen Risikogruppen?

Nachdem eine erste Arbeitsdefinition der Zielpopulation feststeht, sollte als nächstes geprüft werden, ob das Auffinden von Personen nach den Vorgaben der Zielgruppendefinition problemlos ist. Soll beispielsweise ein Förderprogramm für Legastheniker umgesetzt werden, wäre es wenig praktikabel, wenn die Zugehörigkeit von Schülern zu dieser Zielpopulation nur über aufwendige, standardisierte Lese- und Rechtschreibtests festgestellt werden kann. Das Lehrerurteil wäre hierfür trotz geringerer Zuverlässigkeit vielleicht der sinnvollere Weg. In Zweifelsfällen ist es ratsam, die Praktikabilität der Zielgruppendefinition vorab in einer kleinen *Machbarkeitsstudie* (Feasability Study) zu überprüfen.

Danach ist die Größe der Zielgruppe zu ermitteln, die letztlich über die Kosten der Maßnahme entscheidet. Hierfür sind – wie bereits auf S. 113 erwähnt – Stichprobenuntersuchungen in der gesamten Bevölkerung bzw. in denjenigen Bevölkerungssegmenten erforderlich, in denen die Zielobjekte voraussichtlich am häufigsten vorkommen.

Ersatzweise können zur Bestimmung der Zielgruppengröße auch folgende Techniken eingesetzt werden:

- Expertenbefragung (Beispiel: Bestimmung der Anzahl von Schwangerschaftsabbrüchen durch Befragung von Ärzten),
- öffentliche Diskussion (Beispiel: Diskussionsveranstaltung einer Bürgerinitiative zum Thema „Nachtverbot für Flugzeuge", bei der u.a. herausgefunden werden soll, wieviele Personen sich durch nächtlichen Fluglärm gestört fühlen),
- Vergleichsanalysen (Beispiel: Wieviele Personen hat das Programm „Psychosoziale Nachsorge bei Vergewaltigungen" in einer vergleichbaren Großstadt erreicht?),
- statistische Jahrbücher und amtliche Statistiken (Beispiel: Wieviele Sozialhilfeempfänger gibt es in einer bestimmten Region?).

Nachdem die Größe der Zielpopulation zumindest ungefähr bekannt ist, sind von den Interventoren Wege aufzuzeigen und zu prüfen, wie die Zielobjekte am besten und möglichst kostengünstig erreicht werden können bzw. auf welche Weise die Betroffenen von der Maßnahme erfahren (Bekanntmachung in den Medien, „Schneeballverfahren" durch Mund-zu-Mund-Propaganda, Informationsweitergabe über Kontaktpersonen wie Lehrer, Sozialarbeiter, Ärzte, Pfarrer, Polizisten etc.). Der Art der Bekanntmachung einer Maßnahme ist insoweit ein hoher Stellenwert einzuräumen, als die Aussicht auf ein positives Evaluationsergebnis von vornherein gering zu veranschlagen ist, wenn große Teile der Zielgruppe nicht erreicht werden oder Personen von der Maßnahme profitieren, für die die Maßnahme eigentlich nicht vorgesehen war.

> ❗ Die *Interventionsstichprobe* umfaßt alle Personen (oder Objekte) der Zielgruppe einer Maßnahme, die an der Maßnahme tatsächlich teilnehmen.

Ausschöpfungsqualität: Rossi und Freeman (1993) nennen in diesem Zusammenhang eine Formel, mit der sich die Frage, wie gut eine Maßnahme die vorgesehene Zielpopulation erreicht hat, durch eine einfache Zahl beantworten läßt. Die *Ausschöpfungsqualität* („Coverage Efficiency") ist hierbei wie folgt definiert:

Ausschöpfungsqualität

$$= 100 \cdot \left[\frac{\text{Anzahl der erreichten Zielobjekte}}{\text{Anzahl aller Zielobjekte}} - \frac{\text{Anzahl der „unbefugten Programmteilnehmer"}}{\text{Anzahl aller Programmteilnehmer}} \right]$$

Eine optimale Ausschöpfungsqualität ist durch den Wert 100 gekennzeichnet. Sie kommt zustande, wenn alle Zielobjekte der Zielpopulation vom Programm erreicht werden. Werte unter 100 (der Minimalwert liegt bei –100) werden errechnet, wenn nicht alle Zielobjekte erreicht wurden und/oder „Unbefugte", d.h. nicht für das Programm vorgesehene Personen am Programm partizipierten. Wenn beispielsweise von 1000 Obdachlosen 600 an einem Winterhilfsprogramm teilnehmen und außerdem 200 Personen, die der Zielgruppendefinition nicht genügen, resultiert hieraus eine Ausschöpfungsqualität von

$$100 \cdot \left[\frac{600}{1000} - \frac{200}{800} \right] = 35$$

Ein Beispiel für eine negative Ausschöpfungsqualität ist die Kinderserie „Sesamstraße", die ursprünglich für geistig retardierte Kinder vorgesehen war, aber überwiegend von „unbefugten" Kindern genutzt wurde (Cook et al., 1975).

Voraussetzungen für eine hohe Ausschöpfungsqualität sind vor allem eine praktikable, trennscharfe Zielgruppendefinition sowie eine gut durchdachte Strategie zur zielgruppengerechten Umsetzung der Maßnahme. Man beachte, daß eine schlechte Ausschöpfungsqualität die externe Validität der Evaluationsstudie erheblich verringert.

Die Ausschöpfungsqualität ist natürlich auch unter finanziellen Gesichtspunkten für Evaluationen nicht unerheblich. Erreicht eine Maßnahme auch „unbefugte" Personen, sind dies letztlich Fehlinvestitionen, die auf Fehler bei der Implementierung der Maßnahme schließen lassen. Daß Fehlinvestitionen dieser Art nicht immer negativ zu Buche schlagen, belegt das oben erwähnte „Sesamstraßen"-Beispiel, bei dem sich die Tatsache, daß das Programm auch von „normalen" Kindern gesehen wird, nicht auf die Kosten der Programmerstellung auswirkte.

Evaluationsstichprobe

Die summative Evaluation eines größeren Programms basiert typischerweise auf einer repräsentativen Stichprobe der Zielobjekte (zum Stichwort „repräsentative Stichprobe", vgl. Abschnitt 7.1). Richtet sich die Maßnahme an eine kleine Zielgruppe, kommen für die Evaluation auch Vollerhebungen in Betracht.

Auf S. 115 wurde bereits darauf hingewiesen, daß für zahlreiche Evaluationsstudien Pretests, also Erhebungen des Kriteriums vor Durchführung der Maßnahme, unerläßlich sind (ausführlicher hierzu vgl. S. 559). Hiermit verbindet sich das Problem, daß die Evaluationsstichprobe gezogen und geprüft werden muß, bevor die Maßnahme durchgeführt wird, was häufig mit einigen organisatorischen Problemen verbunden ist.

Wenn sich eine Intervention über einen längeren Zeitraum erstreckt, muß für die Evaluationsstudie zudem mit „Drop Outs" gerechnet werden, d.h. mit Ausfällen, die die Postteststichprobe gegenüber der Preteststichprobe verringern. Das Ergebnis der Evaluationsstudie kann sich dann nur auf Zielobjekte beziehen, die bereit waren, am Pretest, an der Maßnahme und am Posttest teilzunehmen. Wenn es gelingt, Zielobjekte für einen Posttest zu gewinnen, die am Pretest, aber nicht an der Maßnahme teilnahmen, besteht die Möglichkeit zur Bildung einer „natürlichen", allerdings nicht randomisierten Kontrollgruppe.

> **!** Die *Evaluationsstichprobe* umfaßt alle Personen (bzw. Objekte) der Zielgruppe einer Maßnahme, die an der Intervention *und* an der Evaluation teilnehmen. Wird auch eine Kontrollgruppe untersucht, werden zusätzlich Personen (oder Objekte) benötigt, die zwar Teil der Zielgruppe, nicht jedoch der Interventionsstichprobe sind.

Stichprobengrößen: Eine wichtige Planungsfrage betrifft die Größe der zu untersuchenden Evaluationsstichprobe. Hier gilt zunächst die allgemeine

Regel, daß heterogene Zielpopulationen größere Stichproben erfordern als homogene Zielpopulationen. Genauere Angaben über einen angemessenen Stichprobenumfang setzen die Vorgaben einer Effektgröße voraus – eine Forderung, die gerade in bezug auf Evaluationsstudien bereits auf S. 117 f. betont wurde. Über die Festlegung von Effektgrößen bzw. über den zur statistischen Absicherung einer Effektgröße erforderlichen Stichprobenumfang berichtet Kap. 9.

3.2.5
Abstimmung von Intervention und Evaluation

Wie bei der Stichprobenauswahl ist auch bei der Planung der Untersuchungsdurchführung zwischen der Durchführung der Maßnahme und der Durchführung der Evaluationsstudie zu unterscheiden. Für Evaluationsstudien sind im Prinzip die gleichen Vorbereitungen zu treffen, die generell bei empirischen Untersuchungen zu beachten sind (Vorstrukturierung des Untersuchungsablaufes, Personaleinsatz, Art der Datenerhebung, Festlegung der statistischen Auswertung; vgl. Abschnitt 2.3.8). Hinzu kommt jedoch, daß die für die Durchführung der Evaluationsstudie erforderlichen Aktivitäten planerisch sehr genau mit der Durchführung der Maßnahme abgestimmt sein müssen. Dies ist besonders wichtig, wenn die Zielobjekte mehrfach geprüft werden müssen (z. B. Pre- und Posttest), bzw. wenn eine Kontrollgruppe einzurichten ist oder andere Kontrollmaßnahmen vorgesehen sind.

Damit diese Abstimmung funktioniert, sollte sich der Evaluator auch an der Planung der Maßnahmendurchführung beteiligen. Wie die Praxis zeigt, sind Evaluationsstudien, die erst im nachhinein, gewissermaßen als notwendiges Übel, an Interventionsprogramme sorglos „angedockt" werden, kaum geeignet, den vielleicht wirklich vorhandenen Erfolg der Maßnahme auch wissenschaftlich unanfechtbar nachzuweisen. Die Planung der Maßnahme und die Planung der Evaluationsstudie sollten deshalb Hand in Hand gehen.

In gemeinsamen Planungsgesprächen mit den für die Durchführung der Maßnahme zuständigen Experten sind vor allem folgende Fragen zu klären:

- Welche Vorkehrungen sollen getroffen werden, um die Zielgruppe zu erreichen?
- Wie soll kontrolliert werden, ob die Gruppe erreicht wurde?
- Wie wird überprüft, ob für die Durchführung der Maßnahme vorgesehene Dienste/Personen/ Institutionen etc. richtig funktionieren (Manipulation Check, vgl. S. 119)?
- An welchem Ort, zu welchem Zeitpunkt, mit welchem Hilfspersonal etc. können die für die Evaluation benötigten Daten erhoben werden?
- Besteht die Gefahr, daß die für die Evaluationsstudie erforderlichen Aktivitäten die Akzeptanz der Maßnahme beeinträchtigen?
- Wie wird kontrolliert, ob die bereitgestellten finanziellen Mittel korrekt verwendet werden?
- Anhand welcher Daten soll die Abwicklung der Maßnahme laufend kontrolliert werden?

3.2.6
Exposé und Arbeitsplan

Das *Exposé* faßt die Ergebnisse der Planung zusammen. Es nimmt Bezug auf die zu evaluierende Maßnahme (eine ausführliche Darstellung und Begründung der Maßnahme sollte vom Interventionsspezialisten vorgelegt werden) und beschreibt das methodische Vorgehen der Evaluationsstudie: Untersuchungsart, Design (ggf. ergänzt durch Wahlalternativen), Wirkkriterien, Operationalisierung, Stichprobenansatz, Effektgröße, statistische Auswertung und Literatur.

Im *Personalplan* wird festgelegt, wieviele Mitarbeiter für die Durchführung der Evaluationsstudie erforderlich sind und welche Teilaufgaben von den einzelnen Mitarbeitern erledigt werden sollen. Hieraus ergibt sich das Qualifikationsprofil der einzusetzenden Mitarbeiter (ggf. wichtig für Stellenausschreibungen), das wiederum Grundlage für eine leistungsgerechte Besoldung ist.

Der *Arbeitsplan* gibt darüber Auskunft, welche einzelnen Arbeitsschritte zur Realisierung des Gesamtprojektes vorgesehen sind, welche Leistungen extern zu erbringen sind (z.B. Genehmigungen von Schulbehörden, Krankenhäusern, Betriebsräten etc.), zu welchen Teilfragen Zwischenberichte angefertigt werden und welche Arbeitsschritte nur sequentiell, d.h. nach Vorliegen bestimmter Zwischenergebnisse geplant werden können.

Wichtig ist ferner die zeitliche Abfolge der einzelnen Arbeitsschritte bzw. eine Kalkulation des mit den Arbeitsschritten verbundenen zeitlichen Aufwandes. Bei kleineren Projekten reicht hierfür eine Terminplanung nach Art des Beispiels in Tafel 9 (s. S. 85) aus. Bei größeren Projekten ist der Arbeitsablauf über Balkenpläne, „Quick Look-Pläne" oder mit Hilfe der Netzplantechnik genau zu strukturieren und mit der Durchführung der Maßnahme abzustimmen. Einzelheiten hierzu findet man z.B. bei Wottawa und Thierau (1998, Kap. 5.1.3).

Die Personalkosten sind mit den anfallenden Sachkosten (Bürobedarf, Hard- und Software für die EDV-Ausstattung, Geräte, Fragebögen, Tests etc.) und ggf. Reisekosten zu einem *Finanzplan* zusammenzufassen. Bei Projekten, die sich über einen längeren Zeitraum hinziehen, ist ferner anzugeben, wann welche Mittel benötigt werden (z.B. Jahresvorkalkulationen).

Falls sich ein Evaluator um ein ausgeschriebenes Evaluationsprojekt bewirbt, sind die in diesem Abschnitt genannten Planungselemente Gegenstand der Antragsformulierung. Zum Forschungsantrag gehört ferner eine Kurzfassung, die die gesamte Projektplanung auf ca. einer Seite zusammenfaßt. Bei größeren Projekten sollte sich der Evaluator darauf einstellen, daß der Auftraggeber eine mündliche Präsentation des Evaluationsvorhabens verlangt. Diese ist auch unter didaktischen Gesichtspunkten sorgfältig vorzubereiten, zumal wenn sich der Evaluator in einer Konkurrenzsituation befindet und – wie üblich – davon ausgehen muß, daß das Entscheidungsgremium nicht nur aus Evaluationsexperten besteht.

3.3
Durchführung, Auswertung und Berichterstellung

Was auf S. 49 f. bereits ausgeführt wurde, gilt natürlich auch für Evaluationsprojekte: Eine sorgfältige Planung ist der beste Garant für eine reibungslose Durchführung des Forschungsvorhabens.

Die Besonderheiten, die sich mit der Durchführung von Evaluationsstudien verbinden, liegen vor allem im Projektmanagement.

3.3.1
Projektmanagement

Durch die hier vorgenommene fachliche und personelle Trennung von Intervention und Evaluation (vgl. S. 106 f.) ist das Gelingen einer Evaluationsstudie davon abhängig, daß sich die Umsetzung der Maßnahme strikt an die planerischen Vorgaben hält. Kommt es bei der Durchführung der Maßnahme zu organisatorischen Pannen, sind dadurch zwangsläufig auch der Arbeits- und Zeitplan der Evaluationsstudie gefährdet. Dem zu entgehen, setzt seitens des Evaluators viel Improvisationsgeschick und Fähigkeiten zum Konfliktmanagement voraus.

Konkrete Störfälle, mit denen sich der Evaluator während der Durchführung des Evaluationsprojektes auseinandersetzen muß, sind beispielsweise:
- Veränderung der Interventionsziele durch den Auftraggeber (z. B. verursacht durch neue Mitbewerber, die ein verändertes Marketing für ein Produkt erforderlich machen),
- geringe Akzeptanz der Maßnahme (z. B. viele Verweigerungen beim Ausfüllen eines Fragebogens über Gesundheitsverhalten),
- Kündigung von Mitarbeitern (z. B. Ausscheiden einer nur schwer ersetzbaren EDV-Expertin),
- finanzielle Engpässe (bedingt durch Kürzung des Forschungsetats des Auftraggebers) oder
- hohe Ausfallraten (Panelmortalität) bei wiederholten Untersuchungen der gleichen Stichprobe (z. B. wegen vernachlässigter Panelpflege).

Bevor die Auswertung der zu Evaluationszwecken erhobenen Daten beginnen kann, ist der Untersuchungsablauf auf Störfälle hin zu überprüfen, die die Datenqualität beeinträchtigt haben könnten. Hierzu gehören z. B. absichtliche Test- oder Fragebogenverfälschungen (soziale Erwünschtheit, Akquieszenz etc.; vgl. Abschnitt 4.3.7), Reaktanz oder Untersuchungssabotage, Stichprobenverzerrungen, unvollständig ausgefüllte Erhebungsinstrumente oder mißverstandene Instruktionen. Im ungünstigsten Falle sollte der Evaluator damit rechnen, daß von der ursprünglichen Planung der statistischen Datenauswertung abgewichen werden muß, weil das Datenmaterial die an ein statistisches Verfahren geknüpften Voraussetzungen nicht erfüllt.

3.3.2
Ergebnisbericht

Über die Anfertigung des Ergebnisberichtes wurde in Abschnitt 2.7 bereits ausführlich berichtet. Der dort beschriebene Aufbau eines Berichtes über eine empirische Forschungsarbeit gilt im wesentlichen auch für Evaluationsforschungen; man bedenke jedoch, daß die „Zielgruppe", an die sich der Bericht wendet, in der Regel keine Wissenschaftler, sondern Praktiker sind, für die der Evaluationsbericht Grundlage weitreichender Entscheidungen ist.

Deshalb ist zu fordern, den Bericht in einer für die Zielgruppe gebräuchlichen und verständlichen Sprache abzufassen. Auf fachinterne Kürzel und Begriffe, die in der wissenschaftlichen Sprache üblich und notwendig sind, sollte weitestgehend verzichtet werden; wenn sie aus darstellungstechnischen Gründen unvermeidbar sind, wären kurze Begriffserläuterungen für den Anhang vorzusehen. Dies gilt insbesondere für statistische Fachausdrücke wie Varianz, Korrelation oder Signifikanz, die für die meisten summativen Evaluationen essentiell sind, aber bei vielen Praktikern nicht als bekannt vorausgesetzt werden dürfen.

Berichte über empirische Grundlagenforschung – so wurde bereits auf S. 94 angemerkt – haben u.a. die Funktion, ergänzende Forschungen bzw. Diskussionen über die eigenen Untersuchungsbefunde anzuregen. Dem Hauptbereich *Diskussion* des Untersuchungsberichtes, in dem Interpretationsvarianten der Untersuchungsergebnisse kritisch abgewogen werden, kommt deshalb in Forschungsberichten dieser Art eine besondere Bedeutung zu. Der Bericht über eine Evaluationsstudie hat jedoch eine andere Funktion: Hier will der Auftraggeber erfahren, ob die Maßnahme wirksam war oder nicht bzw. ob eine Fortführung oder gar Ausweitung der Maßnahme zu rechtfertigen ist.

Der Evaluator sollte deshalb in seinem Projektbericht eine klare Position beziehen, auch wenn er hierbei riskiert, von Fachkollegen als „zu wenig reflektiert" kritisiert zu werden. Solange die Studie ordnungsgemäß bzw. ohne offensichtliche Mängel durchgeführt wurde, sind derartige Kritiken fehl am Platz – es sei denn, der Evaluator mißbraucht seine fachliche Autorität zu einer auftraggeberfreundlichen Aussage, die durch das Studienergebnis nicht gestützt wird.

Unterricht und Training sind wichtige Anwendungsbereiche der Evaluationsforschung. (Aus: The New Yorker: Die schönsten Katzen Cartoons (1993). München: Knaur, S. 16–17)

Der ausführlichen Darlegung der Ergebnisse sollte eine Kurzfassung vorangestellt werden, die den Auftraggeber auf wenigen Seiten über die wichtigsten Resultate informiert und die eine Empfehlung des Evaluators enthält, wie der Erfolg der Maßnahme insgesamt zu bewerten ist.

Mündliche Präsentation: In der auftraggebundenen Evaluationsforschung ist eine mündliche Ergebnispräsentation selbstverständlich. Diese zu einem Erfolg werden zu lassen, hängt nicht nur von den Ergebnissen selbst, sondern auch von der Art ihrer Darstellung ab. Ein in freier Rede gehaltener Vortrag mit einer transparenten Struktur, übersichtliche graphische Darstellungen und eine ausgewogene, am Auditorium orientierte Redundanz in der Informationsvermittlung sind hierfür sicherlich wichtig.

Von ähnlicher Bedeutung ist jedoch auch das persönliche Auftreten der Vortragenden, ihre fachliche Souveränität, ihre sprachliche Überzeugungskraft, ihre Vitalität, ihr Engagement oder kurz: ihre persönliche Ausstrahlung. Anders als die technischen Kriterien eines guten Vortrages sind hiermit Begabungen angesprochen, die sich

über Rhetorikkurse, Fachdidaktiken oder ähnliches nur schwer vermitteln lassen. Wie die Erfahrung zeigt, läßt sich die „Kunst des Vortrages" bestenfalls durch langjährige Übung perfektionieren.

Hinweise

Nach diesem einleitenden Kapitel über Besonderheiten der Evaluationsforschung werden im folgenden Themen behandelt, die für empirische Forschungsarbeiten generell und damit auch für Evaluationsprojekte von Bedeutung sind. Wie einleitend erwähnt, behandelt Kapitel 4 Datenerhebungstechniken und beantwortet damit die Frage nach einer geeigneten Operationalisierung des Wirkkriteriums. Den in Kapitel 5 behandelten qualitativen Methoden können Anregungen für formative Evaluationen entnommen werden. Kapitel 7 erörtert die Leistungsfähigkeit verschiedener Stichprobenpläne in bezug auf die Genauigkeit von Parameterschätzungen im Kontext von Studien, in denen z. B. die Prävalenz eines Sachverhaltes bestimmt werden soll. Die für alle summativen Evaluationsstudien entscheidende Frage, wie die wichtigsten „klassischen" Untersuchungspläne hinsichtlich ihrer internen und externen Validität zu bewerten sind, beantwortet Kapitel 8. Unter dem Stichwort „Evaluation von Effektgrößen" behandelt Kapitel 9 schließlich das Thema, wie die Vorgabe einer Effektgröße nutzbringend in eine Evaluationsstudie eingebracht werden kann.

Weiterführende Informationen zur Evaluationsforschung findet man in den bereits erwähnten Arbeiten sowie z.B. bei Alkin (1990); Berk und Rossi (1999); Black (1993); Chelimsky und Shadish (1997); Cook und Matt (1990); Cook und Reichardt (1979); Fink (1993); Herman (1988); House (1993); Lange (1983); Miller (1991); Mohr (1992); Owen und Rogers (1999); Patton (1990); Rossi et al. (1999); Shadish et al. (1993); Thierau und Wottawa (1990); Tudiver et al. (1992) oder Weiss (1974). Ein Resümee zur amerikanischen Evaluationsforschung haben Sechrest und Figueredo (1993) angefertigt.

Des weiteren sei auf einige Arbeiten verwiesen, die sich mit der Evaluation von Maßnahmen in speziellen inhaltlichen Bereichen befassen:

- Betriebliches Bildungswesen: Beywl und Schobert (2000);
- Computergestütztes Lernen: Schenkel et al. (2000);
- Gesundheitsinformationssysteme: Anderson et al. (1993); Drummond et al. (1997);
- Meniskusoperationen: Röseler und Schwartz (2000);
- Postberufe: Orth et al. (2000);
- Schule: Burkhard und Eikenbusch (2000); Millman und Darling-Hammond (1990); Sanders (1992);
- Schwangerschaftsverhütung im Jugendalter: Miller et al. (1992);
- Sozialwesen: Manski und Garfinkel (1992); van de Vall (1993);
- Umweltberatung: Stockmann (2000);
- Universitäre Lehrveranstaltungen: Rindermann (1996).

Weitere Anwendungen der Evaluationsforschung in den Bereichen Ausbildungs- und Trainingsmaßnahmen, Personalmanagement und Softwareentwicklung sind in dem bereits erwähnten Buch von Holling und Gediga (1999) zusammengestellt.

ÜBUNGSAUFGABEN

1. Was ist der Unterschied zwischen formativer und summativer Evaluation?

2. Worin unterscheiden sich Interventions- und Evaluationsforschung?

3. Erklären Sie die Begriffe „Inzidenz" und „Prävalenz"!

4. Was ist unter der Ausschöpfungsqualität einer Untersuchung zu verstehen?

5. Angenommen, die zahnmedizinische Versorgung soll dadurch verbessert werden, daß bei schmerzhaften Behandlungen auf die Injektion von Schmerzmitteln verzichtet und stattdessen mit modernen Hypnosetechniken gearbeitet wird. Hypnosetherapie hätte den Vorteil, daß Medikamente eingespart werden (Kostenersparnis, geringere Belastung des Organismus) und sich die Patienten während und nach der Behandlung evtl. besser fühlen. In einer Großstadt werden zufällig 5 Zahnarztpraxen, die mit Hypnose arbeiten, und 3 Praxen, die herkömmliche Methoden der Schmerzbehandlung einsetzen, ausgewählt. Während einer vierwöchigen Untersuchungsphase wird direkt nach jeder Behandlung auf gesonderten Erhebungsbögen notiert, wie unangenehm die Behandlung für den Patienten war (gar nicht, wenig, teils-teils, ziemlich, völlig) und ob der Patient eine bessere Schmerzversorgung wünscht (ja, nein). Zudem werden Alter, Geschlecht, Art der Behandlung (z.B. Wurzelbehandlung, Krone, Inlay) und ggf. Komplikationen aufgezeichnet. Am folgenden Tag wird telefonisch nachgefragt, ob nach der Behandlung noch unangenehme Nachwirkungen auftraten (gar nicht, wenig, teils-teils, ziemlich, völlig).

Wie würden Sie diese Evaluationsstudie anhand der folgenden Merkmale charakterisieren?
- Evaluationsfrage?
- Unabhängige Variable (und Skalenniveau)?
- Moderatorvariablen (und Skalenniveau)?
- Abhängige Variablen (und Skalenniveau)?
- Datenerhebungsmethode?
- Untersuchungsdesign?
- Verhältnis von Interventions- und Evaluationsstichprobe?
- Erfolgskriterium?

6. Diskutieren Sie für das obige Beispiel die Problematik der internen und externen Validität. Angenommen, es stellt sich heraus, daß die Hypnosegruppe tatsächlich weniger Beschwerden berichtet als die Kontrollgruppe; welche Störeinflüsse könnten die interne Validität beeinträchtigen? Inwiefern sind Ergebnisse der oben genannten Studie generalisierbar?

7. Was sind technologische Theorien?

8. Welche Beiträge kann die Entscheidungstheorie in der Evaluationsforschung leisten?

9. Eine Evaluationsstudie beurteilt die Wirksamkeit bzw. den Erfolg einer Intervention. Zur Beurteilung müssen Beurteilungsmaßstäbe herangezogen werden, deren Festlegung dem Evaluator obliegt. Welche Möglichkeiten gibt es, Erfolgskriterien bzw. Bewertungsmaßstäbe für eine Intervention festzulegen?

10. Was sind One-Shot-Studien? Warum sind Sie zu Evaluationszwecken ungeeignet?

Kapitel 4
Quantitative Methoden der Datenerhebung

Das Wichtigste im Überblick

▶ Die Kategorisierung von Merkmalen
▶ Quantitative Inhaltsanalyse
▶ Paarvergleichsurteile und Skalierung
▶ Rating-Skalen: Konstruktion, Anwendungsfelder und Probleme
▶ Klassische Testtheorie und Item-Response-Theorie
▶ Interviews und Fragebögen
▶ Varianten der systematischen Beobachtung
▶ Physiologische Messungen für psychologische Konstrukte

Die Methoden der empirischen Datenerhebung haben die Funktion, Ausschnitte der Realität, die in einer Untersuchung interessieren, möglichst genau zu beschreiben oder abzubilden. Im Vordergrund bei den sog. quantitativen Methoden steht die Frage, wie die zu erhebenden Merkmale operationalisiert bzw. quantifiziert werden sollen. Dieses Kapitel faßt die wichtigsten, in den Human- und Sozialwissenschaften gebräuchlichen Methoden der Datenerhebung unter den Stichworten „Zählen" (Abschnitt 4.1), „Urteilen" (Abschnitt 4.2), „Testen" (Abschnitt 4.3), „Befragen" (Abschnitt 4.4), „Beobachten" (Abschnitt 4.5) und „Physiologische Messungen" (Abschnitt 4.6) zusammen. Auf qualitative Methoden gehen wir in Kapitel 5 ein. (Eine allgemeine Datentaxonomie wurde von Coombs, 1964 entwickelt.)

In der Regel wird eine empirische Untersuchung nicht mit nur einer dieser Erhebungsarten auskommen; viele Untersuchungen erfordern Kombinationen, wie z.B. das gleichzeitige Beobachten und Zählen, Befragen und Schätzen oder Testen und Messen. Die Frage nach der „besten" Erhebungsart läßt sich nicht generell beantworten, sondern muß für jede konkrete Untersuchung neu gestellt werden. Die Art des Untersuchungsgegenstandes und der Untersuchungsteilnehmer sowie finanzielle und zeitliche Rahmenbedingungen sind Kriterien, die bei der Auswahl der Erhebungsart zu beachten sind (vgl. hierzu auch Hayes et al., 1970).

Die in Abschnitt 2.3.3 vorgestellte Klassifikation unterteilt empirische Untersuchungen nach der theoretischen Fundierung der Forschungsfrage. Diese kann auch für die Auswahl eines angemessenen Erhebungsinstrumentes mit entscheidend sein, denn in vielen Fällen hängen die Entwicklung von Meßinstrumenten und der Stand der Theorieentwicklung unmittelbar voneinander ab. Dies gilt natürlich auch für die Evaluationsforschung bzw. für technologische Theorien (vgl. S. 105 f.).

Im übrigen gehen wir davon aus, daß die im folgenden zu behandelnden Erhebungstechniken prinzipiell sowohl in hypothesenerkundenden als auch in hypothesenprüfenden Untersuchungen einsetzbar sind. (Über zusätzliche Methoden und Strategien, die vor allem für hypothesenerkundende Untersuchungen geeignet sind, berichtet Kap. 6.)

> ❗ Die Zuordnung einer Untersuchung zur Kategorie der hypothesenerkundenden oder hypothesenprüfenden Untersuchungen hängt nicht von der Art der erhobenen Daten, sondern ausschließlich vom Stand der Forschung und von der Zielsetzung der Datenerhebung ab.

So kann beispielsweise die Zahl der Rechtschreibfehler in einem Diktat als deskriptives Maß zur Beschreibung einer Schülergruppe mit Lese-Rechtschreib-Schwäche verwendet oder als Schätzwert für einen Populationsparameter eingesetzt werden, wenn die Schülergruppe für diese Population repräsentativ ist. Die Fehlerzahl könnte aber auch die abhängige Variable in einer Evaluations-studie zur Überprüfung der Hypothese sein, daß intensiver Förderunterricht die Lese-Rechtschreib-Schwäche der Schüler kompensiert. Die Untersuchungsart ist nicht davon abhängig, welche Datenerhebung gewählt wird.

Fortgeschrittene werden vielleicht irritiert sein, wenn sie in diesem Kapitel auf einige Techniken stoßen, die sie bisher als statistische Auswertungsmethoden kennengelernt haben. In der Tat fällt es bei einigen Verfahren schwer, zwischen Erhebung und Auswertung (oder besser: Verwertung) scharf zu trennen. Stellt die Ermittlung des Neurotizismus-Wertes eines Untersuchungsteilnehmers bereits eine Auswertung dar, wenn als Testwert die Summe der bejahten Fragen berechnet wird? Ist es Auswertung oder Erhebung, wenn aufgrund von Paarvergleichsurteilen mit Hilfe eines Skalierungsverfahrens die Ausprägungen der untersuchten Objekte auf latenten Merkmalsdimensionen ermittelt werden?

Der Datenerhebungsbegriff wird in diesem Kapitel sehr weit gefaßt. Die hier behandelte Datenerhebung dient generell dazu, den untersuchten Objekten in Abhängigkeit von der Merkmalsoperationalisierung Zahlen zuzuordnen, die direkt oder in aggregierter Form die Merkmalsausprägungen abbilden. Auch wenn die Prozeduren, mit denen aus den „Rohwerten" die letztlich interessierenden Merkmalsausprägungen errechnet werden, nicht zur Datenerhebung im engeren Sinne zählen, sind sie für komplexere Operationalisierungsvarianten unerläßlich, und damit ebenfalls Gegenstand dieses Kapitels.

Hinweise zum Lesen des Kapitels: Das Kapitel zur Datenerhebung enthält eine Fülle von Detailinformationen, die es möglicherweise erschweren, den Überblick zu bewahren. Wir empfehlen deshalb eine „behutsame" Herangehensweise, beginnend mit einer ersten Orientierung anhand der einleitenden Abschnitte 4.1 bis 4.6. Die übrigen Seiten sollten zunächst einfach durchgeblättert werden, mit der Option, spontan interessant erscheinende Textpassagen genauer zu prüfen. Da die sechs Teilkapitel bis auf wenige Ausnahmen nicht aufeinander aufbauen, ist ein Einstieg problemlos bei jedem Teilkapitel möglich. Nach dieser ersten Orientierung wird - so hoffen wir - das systematische Durcharbeiten des Gesamtkapitels wenig Probleme bereiten.

4.1
Zählen

Zählen - so könnte man meinen - gehört zu den selbstverständlichen Fertigkeiten des Menschen und erfordert deshalb in einem wissenschaftlichen Text keine besondere Beachtung. Diese Ansicht ist zweifellos richtig, wenn bekannt ist, was gezählt werden soll. Hier ergeben sich jedoch zuweilen Schwierigkeiten, auf die im folgenden eingegangen wird.

Wie die Bio- und Naturwissenschaften (man denke beispielsweise an die Systematik der Pflanzen oder die Klassifikation der chemischen Elemente) trachten auch die Human- und Sozialwissenschaften danach, die sie interessierenden Objekte (Menschen, Familien, Betriebe, Erziehungsstile, verbale Äußerungen u. ä.) zu ordnen oder zu klassifizieren. Für jedes einzelne Objekt ist eine spezifische Merkmalskombination charakteristisch, die die Einmaligkeit und Individualität dieses Objektes ausmacht. Sinnvolles Zählen ist jedoch an die Voraussetzung geknüpft, daß die zu zählenden Objekte einander gleichen. Ist damit das Zählen für die Human- und Sozialwissenschaften, in deren Gegenstandsbereich wohl kaum identische Objekte anzutreffen sind, eine unsinnige Datenerhebungsart?

Sie ist es nicht, wenn man aus der Menge aller, die Objekte beschreibenden Merkmale nur wenige herausgreift und Gleichheit als Gleichheit bezüglich der Ausprägungen dieser Merkmale definiert. Damit steigt natürlich die Anzahl möglicher Objektklassifikationen ins Unermeßliche. Aufgabe der Forschung ist es, die interessierenden Objekte nach Merkmalen zu ordnen, deren *thematische Relevanz* sich theoretisch begründen läßt.

Diese Aufgabe bereitet keine Probleme, wenn die in einer Untersuchung interessierenden Klassifikationsmerkmale leicht zugänglich sind. Geht es beispielsweise um die Frage der Fahrtüchtigkeit männlicher und weiblicher Personen, liefert die Auszählung der Frauen und Männer, die ihre Fahrprüfung bestehen, bereits erste Hinweise. Die Klassifikation der untersuchten Personen nach dem qualitativen Merkmal „Geschlecht" ist unproblematisch.

Schwerer hat es der Fahrprüfer, der entscheiden muß, welche Prüfungsleistungen er mit „bestanden" oder „nicht bestanden" bewerten soll. Im Unterschied zu dem zweistufigen *(natürlich dichotomen)* Merkmal biologisches Geschlecht, dessen Ausprägungen von der Natur vorgegeben sind, handelt es sich hierbei um ein zweistufiges Merkmal, dessen Kategoriengrenzen vom Prüfer willkürlich festgelegt werden *(künstlich dichotomes Merkmal)*. Es ist leicht nachvollziehbar, daß das Ergebnis der Auszählung aller bestandenen oder nicht bestandenen Fahrprüfungen von der Strenge des Prüfers bzw. seinen Kriterien für ausreichende Fahrleistungen abhängt (die natürlich für weibliche und männliche Aspiranten identisch sein sollten).

Dieses Beispiel verdeutlicht, daß Zählen gelegentlich eine gründliche theoretische Vorarbeit erfordert. Zum einen müssen aus der Menge aller Merkmale, die die Untersuchungsobjekte charakterisieren, diejenigen ausgewählt werden, die für die anstehende Frage von Bedeutung sein können. (Der Prüfer wird zur Bewertung der Fahrleistung nicht Merkmale wie Schuhgröße oder Haarfarbe heranziehen, sondern eher auf Merkmale wie Reaktionsvermögen, sensumotorische Koordinationsfähigkeit, Antizipationsfähigkeit etc. achten.) Zum anderen erfordert die Festlegung der Kategorien eine theoretisch begründete Einschätzung der *Gewichtung* aller für ein komplexes Merkmal wichtigen Teilmerkmale. (Der Prüfer muß beispielsweise entscheiden, für wie wichtig er ein übersehenes Vorfahrtsschild, ein riskantes Überholmanöver, das falsche Einordnen an einer Kreuzung, das verzögerte Anfahren beim Umschalten einer Ampel auf „grün" o.ä. hält.)

Im folgenden werden die besonderen Probleme, die sich mit dem Aufstellen und Auszählen qualitativer (Abschnitt 4.1.1) und quantitativer Kategorien (Abschnitt 4.1.2) verbinden, erörtert. Abschnitt 4.1.3 behandelt die schwierige Frage, wie komplexe Merkmale oder Dimensionen durch Einzelmerkmale operationalisiert und kategorisiert werden können (Indexbildung). Mit der quantitativen Inhaltsanalyse (Abschnitt 4.1.4) werden wir dann eine Hauptanwendung des Zählens darstellen.

4.1.1
Qualitative Merkmale

Qualitative Merkmale sind nominalskalierte Merkmale (vgl. S. 71), die zwei Abstufungen *(dichotome Merkmale* wie z.B. hilfsbereit – nicht hilfsbereit, männlich – weiblich, Ausländer – Inländer) oder mehrere Abstufungen aufweisen (mehrkategoriale bzw. *polytome Merkmale* wie z.B. Blutgruppen: A, B, AB und Null oder Art des Studienfaches: Soziologie, Physik, Medizin, Psychologie). Die Merkmalsabstufungen sind entweder „von Natur aus" vorhanden (z.B. Geschlecht, Augenfarbe) oder werden vom Forscher vorgegeben (z.B. Definition von Altersgruppen), d.h. „künstlich" erzeugt. Kategorien qualitativer Merkmale müssen die folgenden Bedingungen erfüllen:

> **!** **Die Kategorien müssen exakt definiert sein (Genauigkeits-Kriterium).**

Erforderlich sind hierfür präzise definierte, operationale Indikatoren für die einzelnen Kategorien des Merkmals, deren Vorhandensein oder Nichtvorhandensein über die Zugehörigkeit der Untersuchungsobjekte zu den einzelnen Merkmalskategorien entscheidet.

> **!** **Die Kategorien müssen sich gegenseitig ausschließen (Exklusivitäts-Kriterium).**

Diese wichtige Bedingung verhindert, daß ein Objekt gleichzeitig mehreren Kategorien eines Merkmals zugeordnet werden kann. Verstöße gegen diese Bedingung sind häufig darauf zurückzuführen, daß

- das interessierende Merkmal gleichzeitig auf mehreren hierarchischen Ebenen kategorisiert wird (z.B. eine Klassifikation von Berufen, die u.a. die Kategorien Schreiner, Arzt, Dachdecker, Lehrer und Handwerker enthält. Handwerker ist eine allgemeine Kategorie, die die speziellen Berufskategorien Schreiner und Dachdecker bereits enthält),
- die Kategorien zu zwei (oder mehreren) Merkmalen gehören (z.B. Schlosser, Arzt, Bäcker, Lehrer, Angestellter; hier sind Kategorien der Merkmale „Art des Berufes" und „Art der Berufsausübung" – z.B. als Angestellter – vermengt oder

● zwei oder mehr Kategorien dasselbe meinen (z. B. Schlachter, Arzt, Bäcker, Lehrer, Metzger).

> ! **Die Kategorien müssen das Merkmal erschöpfend beschreiben (Exhaustivitäts-Kriterium).**

Die Kategorien müssen so geartet sein, daß jedes Untersuchungsobjekt einer Merkmalskategorie zugeordnet werden kann. Gelegentlich wird den eigentlichen Merkmalskategorien eine Kategorie „Sonstige(s)" hinzugefügt, die für wissenschaftliche Zwecke wenig brauchbar ist, da sich in ihr Untersuchungsobjekte mit unterschiedlichen Merkmalsausprägungen befinden. Will man dennoch auf diese Hilfsmaßnahme nicht verzichten, ist darauf zu achten, daß der Anteil der auf diese Kategorie entfallenden Untersuchungsobjekte möglichst klein ist.

Ein wichtiges Anwendungsfeld, für das diese Vorschriften gelten, ist die sog. quantitative Inhaltsanalyse, über die auf S. 147 ff. berichtet wird.

Tafel 17 zeigt ein Kategoriensystem für das Merkmal „Moralisches Urteilsverhalten Jugendlicher". Es wurde hier bewußt ein nicht ganz einfaches (und z. T. umstrittenes) Kategoriensystem herausgegriffen, um die Problematik der Kategorisierung komplexer Merkmale aufzuzeigen. Diese Problematik wird deutlich, wenn man versucht, eigene Beispiele in die vorgegebenen Kategorien einzuordnen.

Liegt fest, nach welchen Kriterien die Untersuchungsobjekte klassifiziert werden sollen, wird durch einfaches Zählen bestimmt, wie häufig die einzelnen Kategorien besetzt sind. Die Datenerhebung endet mit der Angabe der Häufigkeiten für die einzelnen Kategorien, evtl. ergänzt durch eine graphische Darstellung der Resultate (z. B. Säulendiagramm). Wird die Kategorienbesetzung in Prozentzahlen angegeben, darf auf die Angabe der Anzahl aller Untersuchungsobjekte (Basis) nicht verzichtet werden.

Häufig werden die Untersuchungsobjekte nicht nur bezüglich eines, sondern bezüglich mehrerer Merkmale klassifiziert. Die Auszählung von Merkmalskombinationen führt zu zwei- oder mehrdimensionalen „Kontingenztafeln", die darüber informieren, welche Merkmalskategorien besonders häufig gemeinsam auftreten.

Tabelle 4. Kreuztabelle der Merkmale soziale Herkunft und Art der Erkrankung für n = 300 psychiatrische Patienten. (Nach Gleiss et al., 1973)

	Hohe soziale Schicht (%)	Niedrige soziale Schicht (%)
Psychische Störungen des höheren Lebensalters	44 (35,2)	53 (30,3)
Abnorme Reaktionen	29 (23,2)	48 (27,4)
Alkoholismus	23 (18,4)	45 (25,7)
Schizophrenie	15 (12,0)	23 (13,1)
Manisch depressives Leiden	14 (11,2)	6 (3,4)
	125 (100)	175 (99,9)

In Tabelle 4 wurden psychiatrische Patienten sowohl nach der Art ihres Leidens als auch nach ihrer sozialen Herkunft aufgeschlüsselt (nach Gleiss et al., 1973). Wenngleich nicht mehr unbedingt aktuell – z. B. der Schichtbegriff – übernehmen wir die Merkmalsbezeichnungen der Autoren.

Die zweidimensionale Kontingenztafel (Kreuztabelle) dieser Merkmale zeigt, daß Alkoholismus offensichtlich bei den untersuchten Patienten aus niedrigeren sozialen Schichten häufiger auftrat als in höheren sozialen Schichten (25,7% gegenüber 18,4%) und daß umgekehrt Patienten höherer sozialer Schichten häufiger manisch-depressiv waren als Patienten niederer sozialer Schichten (11,2% gegenüber 3,4%). Hätte man vor der Auszählung eine begründete Hypothese über den Zusammenhang zwischen der Art der Erkrankung und der sozialen Schicht formuliert, so könnte diese (auf die Population bezogene) Hypothese mit einem sog. χ^2-Verfahren überprüft werden (vgl. Anhang B; zur Auswertung mehrdimensionaler Kontingenztafeln sei z. B. auf Bortz et al., 2000, Abschnitt 5.6 verwiesen).

4.1.2
Quantitative Merkmale

Die Beschreibung von Untersuchungsobjekten durch quantitative Merkmale wie z. B. Körpergröße, Reaktionszeit, Testleistung, Pulsfrequenz etc. (kardinalskalierte Merkmale; vgl. S. 73) beginnt mit der *Urliste*, d. h. mit einer Auflistung aller individuellen Merkmalsausprägungen, die sämtliche Informationen für weitere statistische Berechnungen enthält. In Zeiten der elektronischen Datener-

TAFEL 17 ▐

Qualitative Kategorien des moralischen Urteils

Zur Frage der Entwicklung des moralischen Urteils legte Kohlberg (1971, zit. nach Eckensberger und Reinshagen, 1980) ein qualitatives Kategoriensystem vor, das die Klassifikation moralischer Urteils- und Denkweisen ermöglichen soll. Die sechs Stufen dieses Systems repräsentieren nach Angabe des Autors hierarchisch geordnete Phasen in der moralischen Entwicklung eines Individuums und stellen damit eine Ordinalskala dar. Die Beschreibung der Stufen lautet:

Stufe 1: Orientierung an Strafe und Gehorsam

Die materiellen Folgen einer Handlung bestimmen, ob diese gut oder schlecht ist; dabei ist es gleichgültig, welche Bedeutung oder welchen Wert diese Folgen für einen Menschen haben. Das Vermeiden von Strafe und das bedingungslose Unterwerfen unter Personen, die die Macht haben, werden um ihrer selbst willen akzeptiert.

Stufe 2: Orientierung am instrumentellen Realismus

Eine „richtige" Handlung ist eine Handlung, die der Befriedigung eigener und gelegentlich fremder Bedürfnisse dient (also als „Instrument" für eine Bedürfnisbefriedigung dient). Zwischenmenschliche Beziehungen werden wie „Handel" verstanden, Elemente von „Fairness", „Reziprozität" und „Gleichverteilung" sind bereits vorhanden, aber sie werden immer materiell-pragmatisch aufgefaßt. Reziprozität ist also keine Sache der Loyalität, Dankbarkeit oder Gerechtigkeit, sondern sie wird verstanden im Sinne von „wie du mir, so ich dir".

Stufe 3: Orientierung an zwischenmenschlicher Übereinkunft oder daran, ein „guter Junge" bzw. ein „liebes Mädchen" zu sein

Ein Verhalten ist dann gut, wenn es anderen gefällt, ihnen hilft oder wenn es von anderen befürwortet wird. Auf dieser Stufe gibt es viel Konformität mit stereotypen Vorstellungen über das Verhalten der „Mehrheit" oder über „natürliches" Verhalten. Häufig wird Verhalten schon nach den (zugrundeliegenden) Intentionen beurteilt; „er meint es gut" wird erstmals wichtig. Man erntet Anerkennung, wenn man „nett" oder „lieb" ist.

Stufe 4: Orientierung an „Gesetz und Ordnung"

Man orientiert sich an Autorität, festen Regeln und der Aufrechterhaltung der sozialen Ordnung. Richtiges Verhalten besteht darin, seine Pflicht zu tun, Respekt der Autorität gegenüber zu zeigen und die gegebene soziale Ordnung um ihrer selbst willen zu erhalten.

Stufe 5: Orientierung an „sozialen Verträgen" und am „Recht"

Man neigt dazu, eine Handlung in ihrem Bezug zu allgemeinen persönlichen Rechten als richtig zu definieren und in bezug auf Maßstäbe, die kritisch geprüft sind und über die sich die gesamte Gesellschaft einig ist. Man ist sich deutlich bewußt, daß persönliche Werte und Meinungen relativ sind und betont entsprechend Vorgehensweisen, wie man zu einer Übereinstimmung in diesen Fragen gelangen kann. Über das hinaus, worüber man sich verfassungsmäßig und demokratisch geeinigt hat, ist (jedoch) das richtige Handeln eine Frage persönlicher Entscheidungen. Die Auffassung auf dieser Stufe enthält (zwar) eine Betonung des „legalen Standpunktes", aber unter (gleichzeitiger) Betonung der Möglichkeit, das Gesetz unter Bezug auf rationale Überlegungen über die soziale Nützlichkeit zu ändern (und nicht es „einzufrieren" wie auf Stufe 4).

Stufe 6: Orientierung an universellen ethischen Prinzipien

„Das Richtige" wird durch eine Gewissensentscheidung in Übereinstimmung mit selbstgewählten ethischen Prinzipien definiert, die universelle Existenz und Konsistenz besitzen. Es sind keine konkreten moralischen Regeln wie die Zehn Gebote, sondern abstrakte Richtlinien (kategorischer Imperativ!). Im Kern handelt es sich um die universellen Prinzipien der Gerechtigkeit, der Reziprozität und der Gleichheit menschlicher Rechte.

TAFEL 17

Die *Handhabung des Kategoriensystems* sei im folgenden auszugsweise an einem Beispiel verdeutlicht:

Eine Frau ist unheilbar an Krebs erkrankt. Es gibt nur ein einziges Medikament, von dem die Ärzte vermuten, daß es sie retten könnte; es handelt sich um eine Radiumverbindung, die ein Apotheker vor kurzem entdeckt hat. Das Medikament ist schon in der Herstellung sehr teuer, aber der Apotheker verlangt darüber hinaus das Zehnfache dessen, was ihn die Herstellung selbst kostet. Er zahlt DM 2 000,– für das Radium und verlangt DM 20 000,– für das Medikament. Heinz, der Mann der kranken Frau, versucht, sich das Geld zusammenzuborgen, bekommt aber nur die Hälfte des Preises zusammen. Er macht dem Apotheker klar, daß seine Frau im Sterben liegt und bittet ihn, das Medikament billiger abzugeben und ihn den Rest später bezahlen zu lassen. Der Apotheker sagt jedoch: „Nein! Ich habe das Medikament entdeckt, ich will damit Geld verdienen!" In seiner Verzweiflung bricht Heinz in die Apotheke ein und stiehlt das Medikament für seine Frau.

Es gilt nun, Antworten auf die Frage, ob bzw. warum Heinz das Medikament stehlen sollte, nach den oben aufgeführten Kategorien zu klassifizieren. Hier einige Beispiele (die von Kohlberg getroffenen Zuordnungen findet man unten):

1. Ja, wenn jemand stirbt und wenn man diesen Menschen wirklich liebt, dann ist das eine legitime Entschuldigung, aber nur unter diesen Umständen – wenn man das Medikament auf keine andere Weise bekommen kann.

2. Nein, ich meine, er sollte auf keinen Fall stehlen. Er könnte ins Gefängnis kommen. Er sollte einfach nicht stehlen.

3. Nein, Heinz steht vor der Entscheidung, ob er berücksichtigen will, daß andere Menschen das Medikament ebenso sehr benötigen wie seine Frau. Er sollte nicht nach den besonderen Gefühlen zu seiner Frau handeln, sondern auch den Wert aller anderen Leute bedenken.

4. Ja, wenn er bereit ist, die Konsequenzen aus dem Diebstahl zu tragen (Gefängnis, etc.). Er sollte das Medikament stehlen, es seiner Frau verabreichen und sich dann den Behörden stellen.

5. Ja, ein Menschenleben ist unbegrenzt wertvoll, während ein materielles Objekt – in diesem Fall das Medikament – das nicht ist. Das Recht der Frau zu leben rangiert vor dem Recht des Apothekers auf Gewinn.

6. Ja, er sollte das Medikament stehlen. Der Apotheker ist habgierig und Heinz braucht das Medikament nötiger als der Apotheker das Geld. Wenn ich an Heinz' Stelle wäre, ich würde es tun und das restliche Geld vielleicht später zahlen.

(Kohlbergs Zuordnungen: Antwort 1: Stufe 3, Antwort 2: Stufe 1, Antwort 3: Stufe 6, Antwort 4: Stufe 4, Antwort 5: Stufe 5, Antwort 6: Stufe 2)

---

fassung und -verarbeitung besteht die Urliste in der Regel aus einer sog. Rohdaten-Datei. Um sich ein Bild von der Verteilungsform des Merkmales zu verschaffen (z.B. um zu erkennen, ob Intelligenztestwerte bei Realschülern anders verteilt sind als bei Gymnasialschülern), ist es erforderlich, das Merkmal in Kategorien einzuteilen. Die Häufigkeiten in diesen Kategorien sind dann die Grundlage einer tabellarischen oder graphischen Darstellung des Datenmaterials.

Es ist darauf zu achten, daß die Kategorien weder zu eng noch zu breit sind, was letztlich auf die Festlegung der Anzahl der Kategorien hinausläuft. Zu breite Kategorien verdecken möglicherweise typische Eigenarten der Verteilungsform, und zu enge Kategorien führen zu einer überdifferenzierten Verteilungsform, in der zufällige Irregularitäten stark dominieren. Letzteres wird um so eher der Fall sein, je kleiner die Anzahl der Untersuchungsobjekte ist. Bei der Verwendung von Statistik-Software ist darauf zu achten, daß die vom System vorgegebenen Kategorienbreiten keinesfalls immer die optimalen sind und nicht kritiklos übernommen werden sollten (ausführlichere Informationen zur Kategorisierung kardinaler Merkmale findet man z.B. bei Bortz et al., 2000, Abschnitt 3.3.1).

Tafel 18 zeigt, wie aus einer Urliste der Weitsprungleistungen von 500 Schülern eine Häufigkeitsverteilung erstellt wird.

Enthält eine Urliste Extremwerte, so daß bei einem vollständigen Kategoriensystem mehrere aufeinanderfolgende Kategorien unbesetzt blieben, verwendet man einfachheitshalber offene Randkategorien, in die alle Werte gezählt werden, die größer sind als die Obergrenze der obersten Kategorie oder kleiner als die Untergrenze der untersten Kategorie. Für weitere mathematische Berechnungen sind derart gruppierte Daten allerdings unbrauchbar, es sei denn, die genauen Extremwerte sind bekannt.

4.1.3 Indexbildung

Empirische Wissenschaften befassen sich häufig mit Merkmalen, deren Operationalisierung die Registrierung und Zusammenfassung mehrerer Teilmerkmale erforderlich macht. Die Zusammenfassung mehrerer Einzelindikatoren bezeichnen wir als *Index*. Beispiel: Die Gesamtnote für einen Aufsatz berücksichtigt die Rechtschreibung, den Stil und den Inhalt des Textes. Jeder dieser drei Einzelindikatoren trägt zur Gesamtqualität des Aufsatzes bei. Entsprechend setzt sich die Gesamtnote aus den Werten für diese Teilaspekte zusammen. Werden Teilnoten für Rechtschreibung, Stil und Inhalt vergeben, so kann der Index „Gesamtnote" als einfacher Mittelwert berechnet werden. Dabei würde jeder Indikator dasselbe Gewicht erhalten.

> ! Ein *Index* ist ein Meßwert für ein komplexes Merkmal, der aus den Meßwerten mehrerer Indikatorvariablen zusammengesetzt wird.

Man könnte nun aber argumentieren, daß letztlich der Inhalt das entscheidende Merkmal eines Aufsatzes sei und deswegen die Gesamtnote stärker beeinflussen sollte als z. B. Rechtschreibfehler. Dies würde nahelegen, daß man z. B. die Note für den Inhalt doppelt gewichtet. Daraus ergibt sich folgende Formel eines Indexes „Gesamtnote" – intervallskalierte Noten vorausgesetzt:

$$\text{Note}_{\text{Gesamt}}$$
$$= \frac{2 \cdot (\text{Note}_{\text{Inhalt}}) + \text{Note}_{\text{Stil}} + \text{Note}_{\text{Rechtschreibung}}}{4}$$

Auswahl und Art der Indikatoren

Die Qualität eines Indexes hängt wesentlich davon ab, ob alle relevanten Dimensionen bzw. Indikatoren ausgewählt und angemessen gewichtet wurden. Die Auswahl der Dimensionen erfolgt nach Maßgabe theoretischer Überlegungen und empirischer Vorkenntnisse und muß sich in der Praxis bewähren. Angenommen man konstruiert auf der Basis von Expertenurteilen und klinischen Befunden einen Index „Operationstauglichkeit" von Transplantationspatienten, in den u. a. die Anzahl vorausgegangener Infektionen, das Lebensalter, die psychische Verfassung, die Stabilität des Herz-Kreislauf-Systems etc. eingehen. Diesen Index könnte man erproben, indem er zunächst ohne jeden Einfluß auf Operationsentscheidungen einfach bei allen Patienten berechnet wird. Zeigt sich ein substantieller Zusammenhang zwischen Operationserfolg und Indexwert, so spricht dies für die praktische Tauglichkeit der berechneten Indizes.

Die für die Indexbildung ausgewählten Einzelindikatoren können dichotom (zweistufig wie z. B. „vorhanden – nicht vorhanden", „ja – nein", „trifft zu – trifft nicht zu") oder polytom sein (mehrstufig wie z. B. Einkommensgruppen, Schulabschlüsse oder die auf S. 175 ff. behandelten Rating-Skalen). In jedem Fall muß es sich jedoch im Hinblick auf das komplexe Zielmerkmal um geordnete Kategorien handeln (d. h. mindestens Ordinalskalenniveau). Arbeitet man mit nominalen Indikatoren, stellt man bald fest, daß sich bei gleichzeitiger Berücksichtigung mehrerer Dimensionen eine Vielzahl von Merkmalskombinationen ergeben. Die Indexbildung reduziert diese Merkmalskombinationen auf eine übersichtliche Zahl von Indexwerten (vgl. Schnell et al., 1999, S. 163 ff.).

Diese strukturierende Funktion der Indexbildung spielt auch bei einer der bekanntesten Anwendungen dieser Technik eine Rolle: dem Index für Wertorientierungen (vgl. Tafel 19).

TAFEL 18

Kategorisierung eines quantitativen Merkmals

Das folgende Beispiel zeigt, wie man aus einer Urliste eine Merkmalsverteilung anfertigt. Es handelt sich um Weitsprungleistungen (in Metern mit 2 Nachkommastellen) von 500 Schülern, auf deren Wiedergabe wir verzichten. Die Einzelwerte werden in 11 Kategorien gruppiert.

Anzahl der Kategorien: 11

Größter Wert: 6,10 m

Kleinster Wert: 3,40 m

Variationsbreite (range):   6,10–3,40 m
= 2,70 m

Kategorienbreite: 0,25 m

Kategoriengrenzen: 3,40–3,64 m
3,65–3,89 m
3,90–4,14 m
⋮
⋮

Berechnung der Kategorienmitten (veranschaulicht an der 1. Kategorie):

$$\frac{3,40 + 3,64}{2} = 3,52$$

Häufigkeitsverteilung:

Kategoriengrenzen (m)	Kategorienmitten (m)	Häufigkeit
3,40–3,64	3,52	1
3,65–3,89	3,77	9

Kategoriengrenzen (m)	Kategorienmitten (m)	Häufigkeit
3,90–4,14	4,02	18
4,15–4,39	4,27	33
4,40–4,64	4,52	51
4,65–4,89	4,77	108
4,90–5,14	5,02	192
5,15–5,39	5,27	61
5,40–5,64	5,52	19
5,65–5,89	5,77	6
5,90–6,14	6,02	2

Die folgende Abbildung veranschaulicht diese Verteilung graphisch.

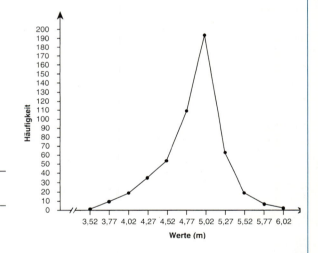

Zusammenfassung der Indikatoren

Nach Art der rechnerischen Zusammenfassung der Einzelindikatoren werden verschiedene Arten von Indizes unterschieden: ungewichtete additive, multiplikative und gewichtete additive Indizes.

Ungewichteter additiver Index: Die einfachste Form der Indexbildung besteht darin, die Ausprägungen der Indikatorvariablen einfach zu addieren. (Bei dichotomen Antwortvorgaben führt dies z.B. zur Bildung der Summe aller positiv beantworteten Fragen.) Dabei legt man zugrunde, daß alle Indikatoren das komplexe Merkmal mit derselben Präzision messen und theoretisch von gleicher Bedeutung sind. Diese Vorstellung ist genau zu begründen und in ihrem Vereinfachungsgrad nicht unproblematisch. Dennoch sind additive Indizes sehr verbreitet; auch additive Summenscores aus Fragebögen (vgl. S. 222) sind vom Verfahren her als Indexwerte zu kennzeichnen.

TAFEL 19

Index zur Messung der Wertorientierung

Datenerhebung

Welches der folgenden Ziele halten Sie persönlich für besonders wichtig?

A. Aufrechterhaltung der nationalen Ordnung und Sicherheit.
B. Verstärktes Mitspracherecht der Menschen bei wichtigen Regierungsentscheidungen.
C. Kampf gegen steigende Preise.
D. Schutz der freien Meinungsäußerung.

Welches dieser Ziele sehen Sie als das *wichtigste* an?

Bitte tragen Sie den Buchstaben (A–D) in das Feld ein

Welches dieser Ziele sehen Sie als das *zweitwichtigste* an?

Bitte tragen Sie den Buchstaben (A–D) in das Feld ein

Auswertung

Die obigen vier Aussagen lassen sich gemäß Inglehart (1977, 1997) als Indikatoren für die Wertorientierung nutzen. Die Aussagen A und C repräsentieren dabei *materialistische Werte* (physische Sicherheit und materielles Wohlergehen), während die Aussagen B und D *postmaterialistische Werte* zum Ausdruck bringen (Selbstverwirklichung und individuelle Freiheit). Indem aus den vier Aussagen eine Erst- und eine Zweitpräferenz gewählt werden, ergeben sich 12 mögliche Kombinationen.

Der Index sieht jedoch vor, daß die Erstpräferenz stärker gewichtet wird als die Zweitpräferenz, so daß durch die Erstwahl die Zuordnung zur Wertorientierung „Materialismus" (A oder C) bzw. „Postmaterialismus" (B oder D) festgelegt ist. Die Zweitpräferenz kann diese Wahl entweder verstärken, wenn die zweite Aussage aus derselben Wertorientierung stammt (reiner Materialismus bzw. reiner Postmaterialismus) oder abschwächen, indem eine Aussage aus der anderen Wertorientierung gewählt wird (eher materialistische Orientierung bzw. eher postmaterialistische Orientierung).

Nach diesem Schema lassen sich auf numerischer Ebene die 12 Kombinationen auf vier Indexwerte reduzieren, indem man etwa für die Materialismus-Aussagen A oder C je **zwei Punkte** vergibt, wenn sie als Erstpräferenz gewählt werden und je einen Punkt, wenn sie als Zweitpräferenz gewählt werden. Die Indexwerte würden dann zwischen 3 (reiner Materialismus = gar kein Postmaterialismus) und 0 (gar kein Materialismus = reiner Postmaterialismus) variieren

Erst-wahl	Zweit-wahl	Kombi-nation	Index-wert	
A	C	1	3	reiner Materialismus
C	A	2		
A	B	3	2	eher materialistische Orientierung
A	D	4		
C	B	5		
C	D	6		
B	A	7	1	eher postmaterialistische Orientierung
B	C	8		
D	A	9		
D	C	10		
B	D	11	0	reiner Postmaterialismus
D	B	12		

Alternativen

Diese sehr einfache Form der Indexbildung aus wenigen gleichartigen Indikatoren (hier: politischen Aussagen) hat den Vorteil, daß eine ökonomische Datenerhebung mittels standardisierter mündlicher oder schriftlicher Befragung leicht möglich ist. So wird der Inglehart-Index auch im ALLBUS (regelmäßige allgemeine Bevölkerungsumfrage der Sozialwissenschaften; vgl. Anhang C zum Stichwort „ZUMA" oder S. 261) miterfaßt, um einen möglichen gesellschaftlichen Wertewandel in der Bundesrepublik Deutschland zu messen.

Materialistische und postmaterialistische Wertorientierung ließen sich freilich auch mit einem Index erfassen, in den eine Vielzahl anderer Indikatoren eingehen, die neben Meinungen konkrete Verhaltensweisen einschließen (z.B. politisches Engagement für Bürgerrechte, finanzielle Ausgaben und zeitlicher Aufwand für materielle versus ideelle Güter usw.).

Inhaltlich ermöglicht ein additiver Index Kompensationen, d.h. ein geringer Wert auf einem Indikator kann durch einen höheren Wert auf einem anderen Indikator kompensiert werden. Dies ist etwa bei dem „klassischen" Schicht-Index von Scheuch (1961) der Fall: geringe Bildung kann durch hohes Einkommen kompensiert werden, d.h. eine Person mit hoher Bildung und geringem Einkommen kann denselben Indexwert erhalten wie eine Person mit geringer Bildung und hohem Einkommen. Genauso ist es bei der additiv zusammengesetzten Aufsatznote: schlechte Rechtschreibung kann durch guten Stil kompensiert werden und umgekehrt.

Multiplikativer Index: Wenn ein Index bestimmte Mindestausprägungen auf allen Indikatorvariablen voraussetzt, die sich wechselseitig nicht kompensieren, sollten die Teilindikatoren multiplikativ zu einem Gesamtindex verknüpft werden. Durch die multiplikative Verknüpfung erhält der zusammenfassende Index den Wert Null, wenn mindestens eine Indikatorvariable den Wert Null aufweist. Schnell (1999, S. 166) nennt das folgende didaktisch vereinfachte Beispiel: Ein Index zur Voraussage des Studienerfolgs könnte sich multiplikativ aus den Indikatoren „Fleiß" und „Begabung" zusammensetzen. Sowohl völlig ohne Begabung als auch ohne jeden Fleiß scheint der Studienerfolg fraglich. Erhält nur einer der beiden Indikatoren den Wert Null, so ergibt sich auch für den Gesamtwert Null (kein Studienerfolg).

Gewichteter additiver Index: Gewichtete additive Indizes ermöglichen eine differenzierte Behandlung der einzelnen Indikatoren. Über Techniken zur Bestimmung angemessener Gewichte informieren die folgenden Ausführungen.

Gewichtung der Indikatoren

Entscheidet man sich für einen gewichteten additiven Index, stellt sich die Frage, wie die Gewichtungsfaktoren zu bestimmen sind. Will man beispielsweise das Merkmal „Rechtschreibleistung" operationalisieren, könnte sich herausstellen, daß die schlichte Addition von Schreibfehlern ein problematischer Indikator dieses Merkmals ist. Flüchtigkeitsfehler beispielsweise könnten nachsichtiger behandelt werden, während Fehler, die

grundlegende Rechtschreibregeln verletzen, härter zu „bestrafen" wären. Wie jedoch soll ermittelt werden, wie gravierend verschiedene Rechtschreibfehlerarten sind bzw. allgemein: Mit welchem Gewicht sollen die beobachteten Indikatorvariablen in die Indexberechnung eingehen?

Gewichtsbestimmung durch Experten-Rating: Eine einfache Lösung dieses Problems besteht darin, die Gewichtung der Indikatoren durch Experten vornehmen zu lassen (normative Indexbildung). Im Rechtschreibbeispiel wäre also das Wissen erfahrener Pädagogen zu nutzen, um die relative Bedeutung verschiedener Rechtschreibfehler einzuschätzen (sog. Experten-Rating). Zur Sicherung der Objektivität der Vorgehensweise ist es allerdings ratsam, die Gewichtung von mehreren, unabhängig urteilenden Fachleuten vornehmen zu lassen. Erst wenn die Expertenurteile hinreichend gut übereinstimmen (zur Überprüfung der Urteilerübereinstimmung vgl. S. 275 ff.), bilden die durchschnittlichen Bewertungen eine akzeptable Grundlage für eine gewichtete Indexbildung.

Empirisch-analytische Gewichtsbestimmung: Bei quantitativen Indikatorvariablen besteht die Möglichkeit, die relative Bedeutung der einzelnen Indikatoren empirisch mit Hilfe geeigneter statistischer Analysetechniken zu bestimmen (vgl. hierzu auch Perloff und Persons, 1984). Wenn beispielsweise das Merkmal „Schmerz" durch unterschiedliche Ausprägungen von Indikatorvariablen wie „beißend", „brennend", „pochend", „dumpf" etc. charakterisiert wird, könnte die Frage interessieren, wie stark bzw. mit welchem Gewicht diese Empfindungsvarianten an typischen Schmerzbildern (Migräne, Muskelzerrung, Magenschmerzen etc.) beteiligt sind. Zur Beantwortung dieser Frage wäre die sog. Faktorenanalyse ein geeignetes Verfahren (vgl. Anhang B).

Die *explorative Faktorenanalyse* geht von den wechselseitigen Zusammenhängen der Einzelindikatoren aus, die als Korrelationen quantifizierbar sind (sog. Korrelationsmatrix). Nur wenn Variablen untereinander hoch korrelieren (also gemeinsame Varianzanteile aufweisen), ist es überhaupt sinnvoll, sie als gemeinsame Indikatoren für ein komplexes Merkmal zu verwenden. Die Faktorenanalyse extrahiert nun aus der Korrelationsmatrix einen sog. Faktor, der inhaltlich das Gemeinsame der Indikatoren erfaßt. Für jede Variable wird zudem eine sog. Faktorladung berechnet, die angibt, wie eng der Zusammenhang zwischen der Indikatorvariablen und dem latenten Merkmal (Faktor) ist. Diese Faktorladungen haben einen Wertebereich von –1 bis +1 und können als Gewichtungsfaktoren dienen. Im oben genannten Beispiel würde man also erfahren, mit welchem Gewicht Merkmale wie „beißend", „brennend" oder „pochend" z. B. am typischen Migräneschmerz beteiligt sind.

Ein weiteres Beispiel zur Indexbildung mittels Faktorenanalyse enthält Tafel 20.

Wendet man diese Indexbildung auf eine Stichprobe von Personen an, läßt sich das so operationalisierte Merkmal in der bereits bekannten Weise kategorisieren und auszählen.

Resultieren in der Faktorenanalyse mehrere substantielle Faktoren, ist dies ein Beleg dafür, daß die Indikatoren kein eindimensionales Merkmal, sondern mehrere Dimensionen erfassen, was für die Theoriebildung über das interessierende Merkmal sehr aufschlußreich sein kann. Gegebenenfalls wird man dann das komplexe Merkmal nicht nur mit einem, sondern mit mehreren gewichteten Indizes erfassen. Die Gewichte für diese Indizes entsprechen den Ladungen der Indikatorvariablen auf den jeweiligen Faktoren.

Statt explorativer Faktorenanalysen können auch *konfirmative Faktorenanalysen* zur Ermittlung von Gewichtungsfaktoren eingesetzt werden. Konfirmative Faktorenanalysen dienen dazu, ein sog. „Meßmodell", das die Zusammenhänge zwischen Indikatoren und latenter Variable spezifiziert, zu überprüfen. Während die explorative Faktorenanalyse Faktorladungen als Gewichte aus den Daten errechnet, können bei konfirmativen Faktorenanalysen Gewichtungsfaktoren vorgegeben und auf ihre Gültigkeit geprüft werden (vgl. z. B. Bortz, 1999, S. 461 ff.).

Eine weitere Technik zur empirisch-analytischen Gewichtsbestimmung stellt die sog. *multiple Regressionsrechnung* dar (vgl. Bortz, 1999, Kap. 13.2). Hierbei wird ermittelt, welche Bedeutung verschiedene Indikatorvariablen für ein bestimmtes Kriterium haben (Beispiel: Wie wichtig sind die letzte Mathematiknote, die Vorbereitungszeit, die Leistungsmotivation und das Kon-

zentrationsvermögen für die Punktzahl in einer Statistikklausur).

Bei der empirisch-analytischen Gewichtsbestimmung mittels Faktorenanalyse oder multipler Regression muß – vor allem bei kleineren Stichproben – mit ungenauen bzw. instabilen Gewichtsschätzungen gerechnet werden. Große, repräsentative Stichproben, die eine Kreuzvalidierung der Gewichte ermöglichen (vgl. z. B. Bortz, 1999, S. 439), sind deshalb bei dieser Art der Gewichtsbestimmung von besonderem Vorteil.

Index als standardisierter Wert

Der Begriff „Index" wird noch in einer zweiten Bedeutung verwendet, nämlich wenn es darum geht, quantitative Angaben zu standardisieren, etwa indem man sie zu einer festgelegten Größe in Beziehung setzt. Beispiele dafür sind der Scheidungsindex (Anzahl der Ehescheidungen je 1000 bestehender Ehen) oder der Fruchtbarkeitsindex (Anzahl der Lebendgeborenen bezogen auf 1000 Frauen im Alter zwischen 15 und 45 Jahren). Solche standardisierten Werte finden z. B. in der Demographie Verwendung, sind aber auch aus dem Alltag bekannt. Ein Beispiel wäre der sog. Pearl-Index, der die Sicherheit von Verhütungsmitteln quantifiziert und der sich aus der Anzahl der Schwangerschaften errechnet, die unter 100 sog. „Frauenjahren" zustandekommen (d. h. wenn 100 Frauen je 1 Jahr das fragliche Kontrazeptivum anwenden bzw. hypothetisch eine Frau das Präparat 100 Jahre lang einsetzt).

4.1.4
Quantitative Inhaltsanalyse

Eine wichtige Anwendung findet die Datenerhebungsmethode des Zählens bei quantitativen Inhaltsanalysen, die das Ziel verfolgen, Wortmaterial hinsichtlich bestimmter Aspekte (stilistische, grammatische, inhaltliche, pragmatische Merkmale) zu quantifizieren. Das Wortmaterial besteht entweder aus vorgefundenen Textquellen (Dokumenten) oder wird im Verlaufe von Datenerhebungen (Beobachtung, Befragung) selbst erzeugt. So entstehen etwa bei Fremd- und Selbstbeobachtungen Beobachtungsprotokolle und Tagebuchnotizen, bei mündlichen und schriftlichen Befragungen fallen Interviewmitschriften und Aufsätze an. Auch die Beantwortungen offener Fragen (z. B.

TAFEL 20 ▬▬▬

Gewichtete Indexbildung am Beispiel „Einstellung zu staatlichen Ordnungsmaßnahmen"

Boden et al. (1975) setzten in einer Untersuchung über die Beeinflussung politischer Einstellungen durch Tageszeitungen einen Fragebogen ein, der u. a. die folgenden Behauptungen über staatliche Ordnungsmaßnahmen enthielt:

Ablehnung   Zustimmung

1) Es ist das gute Recht eines jeden jungen Mannes, den Wehrdienst zu verweigern. (−0,55)

$$\begin{array}{ccccc} \bigcirc & \square & \square & \square & \times \\ -2 & -1 & 0 & 1 & 2 \end{array}$$

2) Studierende, die den Lehrbetrieb boykottieren, sollten kein Stipendium erhalten. (0,52)

$$\begin{array}{ccccc} \square & \times & \square & \square & \bigcirc \\ -2 & -1 & 0 & 1 & 2 \end{array}$$

3) Der Staat sollte nicht davor zurückschrecken, Arbeitsscheue zur Arbeit zu zwingen. (0,50)

$$\begin{array}{ccccc} \square & \times & \square & \bigcirc & \square \\ -2 & -1 & 0 & 1 & 2 \end{array}$$

4) Verbrecher sollten härter angefaßt werden. (0,38)

$$\begin{array}{ccccc} \square & \square & \times & \square & \bigcirc \\ -2 & -1 & 0 & 1 & 2 \end{array}$$

5) Auch in der Demokratie muß es möglich sein, radikale Parteien zu verbieten. (0,36)

$$\begin{array}{ccccc} \square & \times & \square & \square & \bigcirc \\ -2 & -1 & 0 & 1 & 2 \end{array}$$

6) Die Demonstration ist ein geeignetes Mittel zur politischen Meinungsäußerung. (−0,35)

$$\begin{array}{ccccc} \square & \square & \bigcirc & \square & \times \\ -2 & -1 & 0 & 1 & 2 \end{array}$$

Die Einschätzungen dieser Behauptungen durch Person A wurden durch ein Kreuz (×) und die einer Person B durch einen Kreis (○) markiert. Eine (hier nicht vollständig wiedergegebene) Faktorenanalyse führte zu einem Faktor, der für die sechs Behauptungen die in Klammern aufgeführten Werte als „Faktorladungen" auswies. Der Höhe dieser Ladungen ist zu entnehmen, wie gut die Behauptungen den Faktor „Einstellung zu Staatlichen Ordnungsmaßnahmen" repräsentieren.

Unter Verwendung der Faktorladungen als Gewichte der Einzelbehauptungen ergeben sich für das komplexe Merkmal „Einstellung zu staatlichen Ordnungsmaßnahmen" die folgenden gewichteten Summen als Einstellungswerte:

Person A:
$$(-0,55) \cdot 2 + 0,52 \cdot (-1) + 0,50 \cdot (-1)$$
$$+ 0,38 \cdot 0 + 0,36 \cdot (-1) + (-0,35) \cdot 2 = -3,18$$

Person B:
$$(-0,55) \cdot (-2) + 0,52 \cdot 2 + 0,50 \cdot 1$$
$$+ 0,38 \cdot 2 + 0,36 \cdot 2 + (-0,35) \cdot 0 = 4,12$$

Offensichtlich bewerten diese beiden Personen staatliche Ordnungsmaßnahmen sehr unterschiedlich: Person A (−3,18) befürwortet staatliche Ordnungsmaßnahmen erheblich weniger als Person B (4,12).

„Was ist Ihrer Meinung nach zur Zeit das vordringlichste außenpolitische Problem?") sind inhaltsanalytisch auswertbar, obwohl sie keinen fortlaufenden Text bilden.

Die quantitative Inhaltsanalyse (Textanalyse, Content Analysis) strebt eine Zuordnung der einzelnen Teile eines Textes zu ausgewählten, übergreifenden Bedeutungseinheiten (Kategorien) an. Wieviele Textteile in die verwendeten Kategorien fallen, kennzeichnet die Eigenschaften eines Textes. Demgegenüber werden bei qualitativen Inhaltsanalysen die zugeordneten Textteile nicht ausgezählt, sondern interpretiert und z. B. unter Zuhilfenahme tiefenpsychologischer Theorien mit der Zielsetzung gedeutet, verborgene Sinnzusammenhänge zu ergründen (zur qualitativen Inhaltsanalyse s. Abschnitt 5.3).

> **!** Die *quantitative Inhaltsanalyse* erfaßt einzelne Merkmale von Texten, indem sie Textteile in Kategorien, die Operationalisierungen der interessierenden Merkmale darstellen, einordnet. Die Häufigkeiten in den einzelnen Kategorien geben Auskunft über die Merkmalsausprägungen des untersuchten Textes.

Die Inhaltsanalyse wird zuweilen als Datenerhebungsmethode, dann wieder als Auswertungsverfahren bezeichnet; beide Sichtweisen haben ihre Berechtigung: Faßt man den Text als „Untersuchungsobjekt" auf, so erscheint die Inhaltsanalyse tatsächlich als Datenerhebungsmethode, weil sie angibt, wie Eigenschaften des Textes zu messen sind. Führt man sich jedoch vor Augen, daß Texte häufig das Resultat von vorausgegangenen Datenerhebungen (Befragungen, Beobachtungen etc.) darstellen, so kann man die Texte auch als „Rohdaten" auffassen, deren Auswertung von den Regeln der Inhaltsanalyse bestimmt wird.

Die Ergebnisse einer quantitativen Inhaltsanalyse bestehen aus Häufigkeitsdaten, die mit entsprechenden inferenzstatistischen Verfahren (Chi-Quadrat-Techniken, Konfigurationsfrequenzanalyse etc., vgl. Bortz, 1999; Bortz und Lienert, 1998) zu verarbeiten sind und Hypothesentests ermöglichen.

Geschichte der Inhaltsanalyse

Kritiker/innen der Inhaltsanalyse bezweifeln die Annahme, die Häufigkeiten bestimmter Begriffe oder Sprachformen seien indikativ für den Aussagegehalt eines Textes. Stumpfsinnige „Wortzählerei" könne den komplexen Bedeutungsgehalt von Texten nicht erfassen. In der Tat wird die quantitative Inhaltsanalyse versagen, wenn man aus der Häufigkeit einzelner Textelemente z. B. auf die Logik einer Argumentation, auf ironische Absichten oder mangelnden Sachverstand des Urhebers eines Textes schließen will. Der „pragmatische Kontext", der die inhaltliche Bedeutung eines Textes prägt, kommt bei einer Analyse zu kurz, die Wörter oder Satzteile aus dem Kontext löst und auszählt. Daß die Orientierung an einzelnen Begriffen zu fatalen Fehlschlüssen führen kann, hat sich

in der Welt der Datennetze (vgl. Anhang C) anläßlich von Zensurbemühungen sehr eindrücklich gezeigt: In dem Bestreben, Datennetze von vermeintlich pornographischen Inhalten zu säubern, wurden an diversen deutschen Universitäten elektronische Diskussionsgruppen mit sexuellen Inhalten von den lokalen Rechnersystemen (News-Servern) entfernt, wobei man sich am Namen der Gruppen orientierte (vgl. Kadie, 1992). Da alle Diskussionsgruppen entfernt wurden, die den Schlüsselbegriff „Sex" im Titel trugen, war damit auch die computervermittelte Auseinandersetzung über sexuellen Mißbrauch blockiert.

Die quantitative Inhaltsanalyse ist historisch eng mit der Überprüfung von medialen Äußerungen verknüpft. So wurde im 18. Jahrhundert in Schweden die Häufigkeit religiöser Schlüsselbegriffe in lutherischen und pietistischen Texten verglichen, um deren Rechtgläubigkeit zu prüfen. Der wichtigste Anwendungsbereich der quantitativen Inhaltsanalyse war im 19. Jahrhundert die Zeitungsanalyse, im 20. Jahrhundert kamen Hörfunk- und Fernsehsendungen und neuerdings elektronische Medienpublikationen als Untersuchungsobjekte hinzu. Inhaltlich stand bei der inhaltsanalytischen Medienauswertung die Frage nach propagandistischen und ideologischen Gehalten häufig im Mittelpunkt.

Als sozialwissenschaftliche Methode wurde die quantitative Inhaltsanalyse in den 20er und 30er Jahren ausgearbeitet; das erste Lehrbuch stammt von Berelson (1952). Im Zuge der Kritik an quantitativen Methoden in den 70er Jahren wurde verstärkt auf die Einseitigkeiten der – von Kritikern zuweilen als „Discontent Analysis" apostrophierten – quantitativen Inhaltsanalyse hingewiesen. Qualitative Auswertungsverfahren kamen hinzu oder wurden mit quantitativen Strategien kombiniert. Weitere Hinweise zur Geschichte der Inhaltsanalyse sind bei Mayring (1994, S. 160 ff.) zu finden.

Anwendungsfelder

Wie bei jeder Methode, ist auch bei der quantitativen Inhaltsanalyse eine sinnvolle Kritik nur vor dem Hintergrund konkreter Anwendungen möglich. Ob die inhaltsanalytische Auswertung eines Textes nur oberflächliche Wortzählerei ist oder tatsächlich zu neuen Erkenntnissen verhilft, hängt von der Fragestellung ab.

Daß quantitative Inhaltsanalysen durchaus Sinn machen können, zeigt sich etwa daran, daß inhaltsanalytische Befunde recht zuverlässig die Zuordnung von Texten zu ihren Autoren ermöglichen, weil die meisten Autoren charakteristische Vorlieben für bestimmte Wortarten oder Begriffe entwickeln, die sich direkt als Häufigkeiten messen lassen. Inhaltsanalysen von Schulbüchern machten Furore, als sich herausstellte, daß weibliche Akteure vornehmlich in der Rolle von Hausfrauen, Müttern und Krankenschwestern auftraten, während für männliche Akteure eine breite Palette prestigeträchtiger Berufe vorgesehen war.

Eine quantitative Inhaltsanalyse, die nur zwei Kategorien bzw. nominale Variablen (Geschlecht und Beruf) berücksichtigt, erfaßt sicher nicht den gesamten Bedeutungsgehalt der untersuchten Textquellen (Schulbücher). Dies war für die genannte Fragestellung aber auch gar nicht notwendig. Genausowenig wie durch ein Interview der „gesamte Mensch" vollständig erfaßt wird, muß eine Inhaltsanalyse stets alle Merkmale eines Textes berücksichtigen. Die Konzentration auf ausgewählte Fragestellungen (hier Verbreitung von Geschlechterstereotypen) ist in der empirischen Forschung üblich, insbesondere wenn man hypothesenprüfend vorgeht.

Aufsehen erregte auch Ertel (1972), der u.a. die Schriften von prominenten zeitgenössischen Autoren aus Philosophie, Soziologie und Psychologie auf ihren Grad an Dogmatismus untersuchte, wobei er die Häufigkeit bestimmter stilistischer Merkmale (z.B. Verwendung von Superlativen, Alles-oder-Nichts-Aussagen, Verkündung von Gewißheiten etc.) als indikativ für eine dogmatische Haltung definierte (operationale Definition). Pikanterweise erhielten die Vertreter von emanzipatorisch-gesellschaftskritischen Positionen (z.B. Habermas und Adorno als Vertreter der Frankfurter Schule, vgl. S. 305f.) die höchsten Dogmatismus-Werte, während z.B. Popper und Albert als Vertreter des kritischen Rationalismus (vgl. S. 21ff.) in ihren Schriften wenig dogmatisch erschienen (eine Kritik dieser Untersuchung lieferte Keiler, 1975, die von Ertel, 1975, mit einer Replik beantwortet wurde).

In den letzten Jahren haben sich neben Partnersuchenden auch Sozialwissenschaftler verstärkt für Kontaktanzeigen interessiert. Mit welchen Attributen sich Inserenten selbst beschreiben, welche Eigenschaften sie sich beim potentiellen Partner wünschen, ob und in welcher Hinsicht sich Kontaktanzeigen von Frauen und Männern, von Hetero- und Homosexuellen unterscheiden, all diese Fragen sind durch quantitative Inhaltsanalysen zu beantworten (vgl. z.B. Willis und Carlson, 1993). Prinzipiell sind quantitative Inhaltsanalysen immer dann indiziert, wenn es darum geht, ausgewählte Einzelaspekte von Texten oder eng umrissene Fragestellungen systematisch und u.U. auch hypothesengeleitet zu untersuchen.

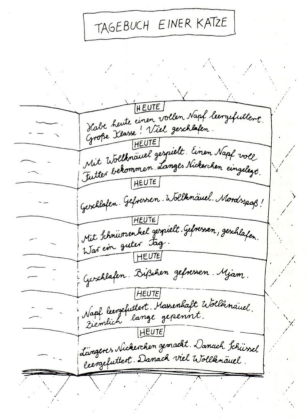

Tagebücher: ein mögliches Anwendungsfeld für die quantitative Inhaltsanalyse. (Aus: The New Yorker: Die schönsten Katzen-Cartoons (1993). München: Knaur, S. 80)

Das Kategoriensystem

Kern jeder quantitativen Inhaltsanalyse ist das Kategoriensystem, das festlegt, welche Texteigenschaften durch Auszählen „gemessen" werden sollen. Versuche, allgemeingültige Kategorien zu erstellen, die für die Verschlüsselung beliebiger Texte geeignet sind, haben sich als wenig fruchtbar erwiesen. Stattdessen sind für unterschiedliche Fragestellungen und Untersuchungsmaterialien eigene Kategoriensysteme aufzustellen. Dabei geht man entweder *deduktiv*, d.h. theoriegeleitet vor und trägt ein ausgearbeitetes Kategoriensystem an das zu untersuchende Textmaterial heran, oder man verfährt *induktiv*, sichtet das Textmaterial und überlegt sich im Nachhinein, welche Kategorien geeignet sein könnten, die Texte zu charakterisieren. Dabei abstrahiert man vom konkreten Textmaterial und sucht nach zusammenfassenden Bedeutungseinheiten. In der Praxis sind häufig Mischformen zu finden, d.h. ein vorbereitetes (deduktives) Kategoriensystem wird im Zuge der Auswertungen (induktiv) revidiert, wenn sich z.B. herausstellt, daß bestimmte Kategorien vergessen wurden oder einige Kategorien zu grob sind und weiter differenziert werden sollten.

Durch die Art des Kategoriensystems wird bereits die Zielrichtung der späteren Auswertung vorweggenommen. Nach Mayring (1993, S. 209) sind drei Auswertungsstrategien zu unterscheiden:

- *Häufigkeitsanalysen:* Im einfachsten Fall kann ein Kategorien„system" für eine Häufigkeitsanalyse nur aus einem Merkmal mit entsprechenden Ausprägungen bestehen, die pro Text einzeln auszuzählen sind. Beispiel: Um die Parteinähe einer Tageszeitung zu ermitteln, wird ausgezählt, wie oft welche Partei in einer oder mehreren Ausgaben genannt wird; die Ergebnisse werden in eine Tabelle eingetragen (s. Tabelle 5).
- *Kontingenzanalysen:* Bei Kontingenzanalysen wird nicht die Häufigkeit des einzelnen Auftretens, sondern des gemeinsamen Auftretens bestimmter Merkmale betrachtet; die Zählergebnisse sind in sog. Kreuztabellen (Kontingenztafeln) einzutragen (s. Tabelle 6a, b). So wäre es im Zeitungsbeispiel durchaus sinnvoll auszuzählen, wie oft von verschiedenen Zeitungen welche Partei genannt wird (Tabelle 6a). In dieser Tabelle geben die Spaltensummen zusätz-

lich Auskunft über die mediale Präsenz der Parteien, während die Zeilensummen als Indikator für die Intensität der Auseinandersetzung der Zeitungen mit (partei)politischen Themen interpretierbar wären.

Will man zusätzlich berücksichtigen, in welchem Kontext (positiv oder negativ) die Zeitungen die Parteien erwähnen, benötigt man eine dreidimensionale Kontingenztafel (vgl. Tabelle 6b). Ihr wäre beispielsweise zu entnehmen, daß von der Zeitung A die CDU/CSU häufig positiv und die SPD häufig negativ dargestellt wird, und daß bei der Zeitung B die Zahlenverhältnisse umgekehrt sind.

- *Valenz- und Intensitätsanalysen:* Während bei Häufigkeits- und Kontingenzanalysen die Kategorien nominale Variablen repräsentieren und durch Auszählen gemessen werden, arbeitet man bei Valenz- und Intensitätsanalysen mit ordinal- oder intervallskalierten Variablen, die durch Schätzurteile (zum Urteilen s. Abschnitt 4.2) quantifiziert werden. Für diese Art der Auswertung besteht das Kategoriensystem im Grunde nur aus einer Liste von Merkmalen, deren Ausprägungsgrad jeweils von Urteilern eingeschätzt wird (s. Tabelle 7). Beispiel: Urteiler schätzen auf Rating-Skalen (vgl. Abschnitt 4.2.4) ein, wie unterhaltsam, informativ und glaubwürdig sie den Inhalt unterschiedlicher Zeitungen beurteilen.

Die Textstichprobe

Faßt man die inhaltsanalytisch auszuwertenden Texte als Untersuchungsobjekte auf, stellt sich die Frage, welche Population untersucht werden soll, und auf welche Weise Stichproben aus der Zielpopulation zu ziehen sind. Würde man sich beispielsweise für Besonderheiten von Tageszeitungen im europäischen Vergleich interessieren, könnten etwa aus den Listen der nationalen Tageszeitungen per Zufall jeweils drei Zeitungen ausgewählt werden, die dann zu vergleichen wären. Man könnte sich aber auch dafür entscheiden, bewußt ähnliche Zeitungen herauszugreifen (z.B. jeweils die auflagenstärkste Zeitung jedes Landes). Sind die zu untersuchenden Zeitungen ausgewählt, muß entschieden werden, welche Ausgabe man untersuchen will (Wochenend-Ausgabe, ein Exemplar für jeden Wochentag etc.). Auch

Tabelle 5. Eindimensionale Häufigkeitstabelle für eine quantitative Inhaltsanalyse

	CDU/CSU	FDP	SPD	Bündnis 90/ Grüne	PDS	Andere
Zeitung A						

Tabelle 6a. Zweidimensionale Kontingenztafel für eine quantitative Inhaltsanalyse

	CDU/CSU	FDP	SPD	Bündnis 90/ Grüne	PDS	Andere	Summe
Zeitung A 24.3.1995							
Zeitung B 24.3.1995							
Summe							

Tabelle 6b. Dreidimensionale Kontingenztafel für eine quantitative Inhaltsanalyse

	Kontext	CDU/CSU	FDP	SPD	Bündnis 90/ Grüne	PDS	Andere	Summe
Zeitung A 24.3.1995	positiv negativ							
Zeitung B 24.3.1995	positiv negativ							
Summe								

Tabelle 7. Rating-Skalen für eine quantitative Inhaltsanalyse

		Gar nicht −2	Wenig −1	Teils-teils 0	Ziemlich +1	Völlig +2
Zeitung A	unterhaltsam informativ glaubwürdig					
Zeitung B	unterhaltsam informativ glaubwürdig					

hier kann man wiederum auf Zufallsauswahlen (aus dem Kalender) zurückgreifen oder willkürlich bestimmte Erscheinungsdaten festlegen.

Sind die auszuwertenden Zeitungsexemplare ausgewählt, taucht noch das Problem auf, daß die inhaltsanalytische Auswertung großer Texteinheiten sehr aufwendig ist, so daß man häufig auf Ausschnitte (wiederum Stichproben) des Materials zurückgreift, etwa indem nur jeder 5. Artikel oder nur jede dritte Seite ausgewertet wird. All diese Entscheidungen sind vor Untersuchungsbeginn zu treffen und ggf. mit erfahrenen Anwendern inhaltsanalytischer Techniken abzustimmen.

Kodierung und Kodiereinheit

Die Zuordnung von Textteilen zu Kategorien nennt man *Kodierung*. Sie wird am besten von mehreren Kodierern unabhängig voneinander vorgenommen, so daß die Übereinstimmung der Kodierer als Maßstab für die Objektivität des Verfahrens gelten kann (zur Kodierer-Übereinstimmung s. S. 274 ff.). Eine Kodierung ist intersubjektiv nachvollziehbar, wenn die Kategorien eindeutig definiert, klar voneinander abgegrenzt und erschöpfend sind (vgl. S. 139 f.), so daß im Prinzip jeder beliebige Kodierer Textelemente ohne Probleme zuordnen kann. Beispiel: Die Kodierung von Texten nach der Kategorie „Wortart" (mit den Ausprägungen Verb, Substantiv, Adjektiv etc.) ist sicherlich einfacher, als nach der Kategorie „Sprachstil" (in den Ausprägungen trocken, bildhaft und lyrisch), da Kodierer möglicherweise in ihren Vorstellungen von „Bildhaftigkeit" oder „Trockenheit" nicht übereinstimmen. In solchen Fällen ist es unbedingt notwendig, den Kodierern durch Textbeispiele und Erläuterungen genau zu verdeutlichen, was den Kern einer Kategorie ausmachen soll. Es liegt auf der Hand, daß mit wachsendem Umfang des Kategoriensystems (Anzahl der Merkmale und deren Ausprägungen) die Zuverlässigkeit der Kodierung leidet, weil bei den Kodierern Grenzen der Gedächtnisleistung und Aufmerksamkeit erreicht werden.

Bereits in der Untersuchungsplanung muß auch festgelegt werden, welche Art von Textelementen den Kategorien als Zähleinheiten (*Kodiereinheiten*) zuzuordnen sind. Eine Analyse nach der Kategorie „Wortart" basiert sinnvollerweise auf der Kodiereinheit „Wort", während das Merkmal „Sprachstil" sich erst an größeren Texteinheiten (z. B. Satz, Absatz, Buchseite) oder Sinneinheiten (einzelne Aussagen, Themen) zeigt; manchmal wird sogar ein gesamter Text (Aufsatz, Brief, Buch) als Analyseeinheit definiert. Auch Raum- und Zeiteinheiten können berücksichtigt werden, etwa indem die Größe von Zeitungsüberschriften oder die Dauer von Wortbeiträgen in einer Diskussion quantifiziert wird.

Statistische Auswertung

Die deduktive Strategie der Kategorienvorgabe ist gut mit einem hypothesenprüfenden Vorgehen zu verbinden, indem man Hypothesen über die Art der Zellenbesetzungen im Kategoriensystem formuliert. Dies können z. B. einfache Häufigkeitshypothesen sein, die vorgeben, daß in einer bestimmten Textpopulation bestimmte Textmerkmale häufiger oder seltener auftreten als in einer anderen Textpopulation. Solche Häufigkeitsvergleiche werden z. B. mit den Chi-Quadrat-Verfahren auf Signifikanz geprüft. Hat man Hypothesen über das gemeinsame Auftreten mehrerer Kategorien formuliert, so ist die Konfigurationsfrequenzanalyse einsetzbar (vgl. Anhang B). Werden Textmerkmale auf Rating-Skalen eingeschätzt, die als intervallskaliert interpretiert werden können, sind zudem Mittelwertvergleiche durch t-Tests und Varianzanalysen sowie Korrelationsanalysen möglich. Sowohl bei der Kodierung als auch bei der statistischen Auswertung geht man am besten computergestützt vor (Hinweise zur EDV-gestützten Kategorienbildung, Kodierung und statistischen Auswertung findet man bei Früh, 1981; Hoffmeyer-Zlotnik, 1992; Laatz, 1993, Kap. 5).

(Weiterführende Literatur zur quantitativen Inhaltsanalyse: Deichsel und Holzscheck, 1976; Filstead, 1981; Früh, 1981; Gerbner et al., 1969; Holsti, 1969; Krippendorf, 1980; Laatz, 1993, Kap. 5; Lisch und Kriz, 1978; Lissmann, 2001; Rustemeyer, 1992 und zur Kritik Krakauer, 1972; Ritsert, 1972).

4.2 Urteilen

Eine Besonderheit der Humanwissenschaften besteht darin, daß der Mensch nicht nur ihr zentrales Thema, sondern gleichzeitig auch ihr wichtigstes Erhebungsinstrument ist. Bei vielen Untersuchungsgegenständen interessieren Eigenschaften, die sich einer Erfassung durch das physikalische Meter-, Kilogramm-, Sekundensystem (M-K-S-System) entziehen; ihre Beschreibung macht die Nutzung der menschlichen Urteilsfähigkeiten und -möglichkeiten erforderlich.

Die farbliche Ausgewogenheit eines Bildes, die Kreativität eines Schulaufsatzes, die Verwerflichkeit verschiedener krimineller Delikte oder die emotionale Labilität eines Patienten sind Beispiele, die auf die Urteilskraft geschulter Experten oder auch Laien angewiesen sind. Hier und bei der Erfassung ähnlich komplexer Eigenschaften erweist sich das menschliche Urteilsvermögen als dasjenige „Meßinstrument", welches allen anderen Meßtechniken überlegen ist. Es hat allerdings einen gravierenden

Nachteil: Menschliche Urteile sind subjektiv und deshalb in einem weitaus höheren Maße störanfällig als an das physikalische M-K-S-System angelehnte Verfahren. Ein zentrales Problem aller auf menschlichen Urteilen basierenden Meßverfahren betrifft deshalb die Frage, wie Unsicherheiten im menschlichen Urteil minimiert oder doch zumindest kalkulierbar gemacht werden können.

Die zu behandelnden Meßverfahren nutzen die menschliche Urteilsfähigkeit in unterschiedlicher Weise: So können beispielsweise verschiedene Berufe nach ihrem Sozialprestige in eine Rangreihe gebracht werden (Abschnitt 4.2.1: Rangordnungen oder Abschnitt 4.2.2: Dominanz-Paarvergleich). Vergleichsweise höhere Anforderungen an das Urteilsvermögen stellt die Aufgabe, die Ähnlichkeit von paarweise vorgegebenen Objekten (z. B. verschiedene Automarken) quantitativ einzustufen (Abschnitt 4.2.3: Ähnlichkeits-Paarvergleich). Eine weitere sehr häufig angewandte Erhebungsart basiert auf der direkten, quantitativen Einstufung von Urteilsobjekten bezüglich einzelner Merkmale wie z. B. durch Verhaltensbeobachtung gewonnene Einschätzungen der Aggressivität im kindlichen Sozialverhalten (Abschnitt 4.2.4: Rating-Skalen). Diese Erhebungsarten verlangen subjektive Urteile und sollen deshalb als *Urteils- oder Schätzverfahren* bezeichnet werden.

Auch Messungen von Einstellungen und Persönlichkeitsmerkmalen benötigen subjektive Schätzurteile, bei denen die untersuchten Personen angeben, ob bzw. in welchem Ausmaß vorgegebene Behauptungen auf sie selbst zutreffen. Die Urteile informieren damit über den Urteiler selbst. Derartige, subjektzentrierte Schätzurteile („Subject Centered Approach" nach Torgerson 1958) sind nicht Gegenstand dieses Teilkapitels, sondern werden im nächsten Abschnitt (4.3: Testen) behandelt. In diesem Teilkapitel sind die Schätzurteile primär Fremdurteile, d. h. die Urteilsgegenstände sind nicht die Urteiler selbst („Stimulus Centered Approach" nach Torgerson, 1958). Die Zuordnung der Urteilsverfahren (Fremdeinschätzung als Urteilsverfahren, Selbsteinschätzung als Testverfahren) kann allerdings nur eine grobe Orientierung vermitteln, denn manche Verfahren – z. B. Rating-Skalen (S. 175 ff.) oder das sog. „Unfolding" (S. 229 ff.) – können sowohl „Subject Centered" als auch „Stimulus Centered" eingesetzt werden. Selbsteinschätzungen werden auch bei standardisierten mündlichen und schriftlichen Befragungen (vgl. Abschnitt 4.4) sowie bei qualitativen Befragungsverfahren (vgl. Abschnitt 5.2.1) verlangt.

Das zentrale Anliegen der im folgenden behandelten Verfahren besteht darin, durch das „Meßinstrument Mensch" etwas über die Untersuchungsgegenstände zu erfahren. Erfordert eine konkrete Untersuchung menschliche Urteile, sind zwei wichtige Entscheidungen zu treffen:

Zunächst muß gefragt werden, welche spezielle Urteilsleistung für die konkrete Fragestellung verlangt werden soll. Jede Erhebungstechnik hat ihre Vor- und Nachteile, die in Abhängigkeit von der Art und Anzahl der zu beurteilenden Objekte, der Komplexität der zu untersuchenden Merkmale und dem Urteilsvermögen bzw. der Belastbarkeit der Urteiler unterschiedlich ins Gewicht fallen. Hierüber wird im Zusammenhang mit den einzelnen Urteilsverfahren ausführlich zu berichten sein.

Die zweite Entscheidung betrifft die weitere Verarbeitung der erhobenen Daten. Hält man beispielsweise für eine konkrete Untersuchung einen Dominanz-Paarvergleich für die optimale Erhebungsart, ist damit noch nicht entschieden, ob aus diesem Material z. B. nur die ordinalen Relationen der untersuchten Objekte oder Reize ermittelt werden sollen, ob eine Skalierung nach dem „Law of Comparative Judgement" (Thurstone, 1927) vorgenommen oder eine Auswertung nach dem „Signal-Entdeckungs-Paradigma" (Green und Swets, 1966) durchgeführt werden kann. Die Art der Aufarbeitung der Daten (und damit auch die Art der potentiell zu gewinnenden Erkenntnisse) ist davon abhängig, ob die erhobenen Daten die Voraussetzungen erfüllen, die die Anwendung einer bestimmten Verarbeitungstechnik bzw. eines bestimmten Skalierungsmodells rechtfertigen. Auch hierüber wird – falls erforderlich – im folgenden berichtet.

4.2.1
Rangordnungen

Zunächst werden drei Verfahren dargestellt, die die Untersuchungsteilnehmer vor einfache Rangordnungsaufgaben stellen. Es handelt sich um
- direkte Rangordnungen,
- die „Methode der sukzessiven Intervalle" und
- die Skalierung nach dem „Law of Categorical Judgement".

Direkte Rangordnungen

Das Ordnen von Untersuchungsobjekten nach einem vorgegebenen Merkmal stellt eine auch im Alltag geläufige Form des Urteilens dar. Das Aufstellen einer Rangordnung geht von der Vorstellung aus, daß sich die untersuchten Objekte hinsichtlich der Ausprägung eines eindeutig definierten Merkmals unterscheiden. Der Urteiler weist demjenigen Objekt, bei dem das Merkmal am stärksten ausgeprägt ist, Rangplatz 1 zu, das Objekt mit der zweitstärksten Merkmalsausprägung erhält Rangplatz 2 und so fort bis hin zum letzten (dem n-ten) Objekt, das Rangplatz n erhält. Die so ermittelten Werte stellen eine Rangskala oder *Ordinalskala* (vgl. Abschnitt 2.3.6) dar.

Objekte mit gleichen Merkmalsausprägungen erhalten sog. *Verbundränge* (englisch: ties). Verbundränge sind immer erforderlich, wenn die Anzahl der Merkmalsabstufungen kleiner ist als die Anzahl der Objekte, die in Rangreihe gebracht werden sollen. (Beispiel: 10 Schüler sollen nach ihren Englischleistungen in Rangreihe gebracht werden. Die Ausprägungen des Merkmals „Englischleistung" seien durch Schulnoten gekennzeichnet. Da die Anzahl verschiedener Noten kleiner ist als die Anzahl der Schüler, resultiert zwangsläufig eine Rangskala mit Verbundrängen.) Tabelle 8 verdeutlicht, wie man eine Rangreihe mit Verbundrängen aufstellt.

In diesem Beispiel haben 4 Schüler in einem Diktat null Fehler erreicht. Ihr Rangplatz entspricht dem mittleren Rangplatz derjenigen Ränge, die zu vergeben wären, wenn die gleichen Schüler verschiedene, aufeinanderfolgende Rangplätze erhalten hätten. Dies sind die Rangplätze 1, 2, 3 und 4, d.h. diese 4 Schüler erhalten den Verbundrang $(1+2+3+4)/4 = 2,5$. Es folgen 2 Schüler mit jeweils einem Fehler, denen als Verbundrang der Durchschnitt der Rangplätze 5 und 6, also

5,5, zugeordnet wird. Die nächsthöhere Fehlerzahl (3 Fehler) kommt nur einmal vor, d.h. dieser Schüler erhält den Rangplatz 7. Die folgenden 3 Schüler mit jeweils 4 Fehlern teilen sich den Rangplatz $(8+9+10)/3 = 9$, der Schüler mit 5 Fehlern erhält den Rangplatz 11, und dem Schüler mit 7 Fehlern wird schließlich der Rangplatz 12 zugewiesen. Ob die im vorliegenden Beispiel durchgeführte Transformation eines kardinalskalierten Merkmals „Fehlerzahl" in ein ordinalskaliertes Merkmal „Fehlerrangplatz" sinnvoll ist, hängt von den Zielsetzungen und Voraussetzungen der weiteren Datenanalyse ab.

Die Grenzen der Urteilskapazität werden mit zunehmender Anzahl der zu ordnenden Objekte rasch erreicht. Wieviele Objekte noch sinnvoll in eine *direkte* Rangreihe gebracht werden können, hängt von der Komplexität des untersuchten Merkmals und der Kompetenz der Urteiler ab. So dürfte die Anzahl verläßlich nach ihrem Gewicht zu ordnender Gegenstände (von sehr schwer bis federleicht) sicherlich größer sein als die maximale Anzahl von Politikerinnen und Politikern, die problemlos nach dem Merkmal „politischer Sachverstand" in eine Rangreihe gebracht werden können, wobei im letzten Beispiel die ordinale Diskriminationsfähigkeit eines politisch informierten Urteilers sicher höher ist als die eines wenig informierten Urteilers. Vorversuche oder Selbstversuche stellen geeignete Mittel dar, um bei einem konkreten Rangordnungsproblem die Höchstzahl sinnvoll zu ordnender Objekte festzustellen.

Methode der sukzessiven Intervalle

Übersteigt die Anzahl der zu ordnenden Objekte die Diskriminationsfähigkeit der Urteiler, ist die „Methode der sukzessiven Intervalle" vorzuziehen. Die Aufgabe der Urteiler lautet nun, die Objekte in Untergruppen zu sortieren, wobei das untersuchte Merkmal in der ersten Gruppe am stärksten, in der zweiten Gruppe am zweitstärksten etc. ausgeprägt ist. Die Gruppen befinden sich damit in einer Rangreihe bezüglich des untersuchten Merkmales. Die Abstände zwischen den Gruppen sind hierbei unerheblich.

Zur Erleichterung dieser Aufgabe werden für die Untergruppen gelegentlich verbale Umschreibungen der Merkmalsausprägungen vorgegeben (z.B. das Merkmal ist extrem stark – sehr stark –

Tabelle 8. Rangskala mit Verbundrängen

Schüler	Fehlerzahl	Rangplatz
Kurt	0	2,5
Fritz	7	12
Alfred	4	9
Willi A.	5	11
Detlef	1	5,5
Dieter	1	5,5
Konrad	0	2,5
Heinz	3	7
Karl	4	9
Siegurt	0	2,5
Bodo	4	9
Willi R.	0	2,5

stark – mittelmäßig – schwach – sehr schwach – extrem schwach ausgeprägt). Diese Umschreibungen erfassen verschiedene aufeinanderfolgende Ausschnitte oder Intervalle des Merkmalskontinuums, denen die Untersuchungsobjekte zugeordnet werden. Die Skalierung führt damit zu einer Häufigkeitsverteilung über geordnete Intervalle.

Die Modellannahme, die dieser Rangskala zugrunde liegt, besagt ebenfalls, daß die Objekte hinsichtlich des untersuchten Merkmales die Voraussetzungen einer Ordinalskala erfüllen. Überprüfen läßt sich diese Modellannahme beispielsweise dadurch, daß man eine Teilmenge der Objekte im Verbund mit anderen Objekten erneut ordnen läßt. Unterscheiden sich die Rangordnungen der Objekte dieser Teilmenge in beiden Skalierungen, ist die Modellannahme für eine Rangskala verletzt. Eine andere Möglichkeit besteht im Vergleich der Rangreihen verschiedener Urteiler, deren Übereinstimmung der Konkordanzkoeffizient überprüft (vgl. Anhang B).

Das „Law of Categorical Judgement"

Das im folgenden beschriebene Verfahren transformiert ordinale Urteile über Urteilsobjekte (gemäß der Methode der sukzessiven Intervalle) in intervallskalierte Merkmalsausprägungen der Objekte. Es handelt sich dabei um eine der wenigen Möglichkeiten, Daten von einem niedrigeren (hier ordinalen) Skalenniveau auf ein höheres Skalenniveau (hier Intervallskala) zu transformieren. (Eine weitere Technik mit dieser Eigenschaft werden wir auf S. 161 f. unter dem Stichwort „Law of Comparative Judgement" kennenlernen.)

Die Grundidee dieses Skalierungsansatzes geht auf Thurstone (1927) zurück. Nach Thurstones Terminologie basiert die Einschätzung der Merkmalsausprägungen von Objekten hinsichtlich psychologischer Variablen auf einem Diskriminationsprozeß, der die Basis aller Identifikations- und Diskriminationsurteile darstellt. Jedem zu beurteilenden Objekt ist ein derartiger Diskriminationsprozeß zugeordnet. Organismische Fluktuationen haben zur Konsequenz, daß Empfindungen, die ein Objekt bei wiederholter Darbietung auslöst, nicht identisch sind, sondern um einen „wahren" Wert oszillieren. Es resultiert eine *Empfindungsstärkenverteilung*, von der angenommen wird, sie sei eine „glockenförmige" Verteilung (Normalver-

teilung). Wird ein Objekt nicht wiederholt von einem Beurteiler, sondern einmal von vielen Beurteilern eingestuft, gilt die Annahme der Normalverteilung entsprechend auch für diese Urteile.

Für das „Law of Categorical Judgement" (das gleiche Skalierungsprinzip wurde unter dem Namen „Method of Successive Categories" von Guilford, 1938, als „Method of Graded Dichotomies" von Attneave, 1949 und als „Method of Discriminability" von Garner und Hake, 1951, publiziert) resultieren hieraus die folgenden Annahmen (vgl. Torgerson, 1958, Kap. 10):

1. Der Urteiler ist in der Lage, das Merkmalskontinuum in eine bestimmte Anzahl ordinaler Kategorien aufzuteilen.
2. Die Grenzen zwischen diesen Kategorien sind keine festen Punkte, sondern schwanken um bestimmte Mittelwerte.
3. Die Wahrscheinlichkeit für die Realisierung einer bestimmten Kategoriengrenze folgt einer Normalverteilung.
4. Die Beurteilung der Merkmalsausprägung eines bestimmten Objektes ist nicht konstant, sondern unterliegt zufälligen Schwankungen.
5. Die Wahrscheinlichkeit für die Realisierung eines bestimmten Urteiles folgt ebenfalls einer Normalverteilung.
6. Ein Urteiler stuft ein Objekt unterhalb einer Kategoriengrenze ein, wenn die im Urteil realisierte Merkmalsausprägung des Objektes geringer ist als die durch die realisierte Kategoriengrenze repräsentierte Merkmalsausprägung.

Werden die Objekte wiederholt von einem Urteiler oder – was üblicher ist – einmal von mehreren Urteilern nach der Methode der sukzessiven Intervalle geordnet, erhalten wir für jede Rangkategorie Häufigkeiten, die angeben, wie oft ein bestimmtes Objekt in die einzelnen Rangkategorien eingeordnet wurde (vgl. Tafel 21).

Das Beispiel für das „Law of Categorical Judgement" zeigt, wie nach Einführung einiger Modellannahmen aus einfachen ordinalen Informationen eine skalentheoretisch höherwertige Skala (Intervallskala) entwickelt werden kann. Dies setzt allerdings voraus, daß die Urteilsvorgänge in der von Thurstone beschriebenen Weise (s. o.) ablaufen. (Über Verfahren zur Überprüfung der Modellannahmen berichtet Torgerson, 1958, S. 240 f.)

TAFEL 21 ▰▰▰▰▰▰▰

Emotionale Wärme in der Gesprächspsychotherapie: Ein Beispiel für das „Law of Categorical Judgement"

50 Studierende eines Einführungskurses in Gesprächspsychotherapie wurden gebeten, das Merkmal „emotionale Wärme des Therapeuten" in 5 Therapieprotokollen einzustufen. Die Einstufung erfolgte anhand der folgenden 5 Rangkategorien: Therapeut zeigt sehr viel emotionale Wärme (=1); Therapeut zeigt viel emotionale Wärme (=2); Therapeut wirkt neutral (=3); Therapeut wirkt emotional zurückhaltend (=4); Therapeut wirkt emotional sehr zurückhaltend (=5). Die 5 Therapieprotokolle wurden von den 50 Urteilern in folgender Weise eingestuft:

Urteilskategorien

	1	2	3	4	5
Protokoll A	2	8	10	13	17
Protokoll B	5	10	15	18	2
Protokoll C	10	(12)	20	5	3
Protokoll D	15	20	10	3	2
Protokoll E	22	18	7	2	1

Die eingekreiste Zahl (12) besagt also, daß der Therapeut in Protokoll C nach Ansicht von 12 Studierenden viel emotionale Wärme zeigt (Kategorie 2). Die Zahlen addieren sich zeilenweise zu 50.

Die folgende Tabelle zeigt die relativen Häufigkeiten (nach Division durch 50):

Urteilskategorien

	1	2	3	4	5
Protokoll A	0,04	0,16	0,20	0,26	0,34
Protokoll B	0,10	0,20	0,30	0,36	0,04
Protokoll C	0,20	0,24	0,40	0,10	0,06
Protokoll D	0,30	0,40	0,20	0,06	0,04
Protokoll E	0,44	0,36	0,14	0,04	0,02

Diese relativen Häufigkeiten werden im nächsten Schritt zeilenweise kumuliert (kumulierte relative Häufigkeiten).

Urteilskategorien

	1	2	3	4	5
Protokoll A	0,04	0,20	0,40	0,66	1,00
Protokoll B	0,10	0,30	0,60	0,96	1,00
Protokoll C	0,20	0,44	0,84	0,94	1,00
Protokoll D	0,30	0,70	0,90	0,96	1,00
Protokoll E	0,44	0,80	0,94	0,98	1,00

Der im Anhang F (Tabelle 1) wiedergegebenen Standard-Normalverteilungstabelle wird nun entnommen, wie die z-Werte (Abszissenwerte der Standard-Normalverteilung) lauten, die die oben aufgeführten relativen Häufigkeiten (oder Flächenanteile) von der Standard-Normalverteilung abschneiden.

Urteilskategorien

	1	2	3	4	Zeilensummen	Zeilenmittel	Merkmalsausprägung
Protokoll A	−1,75	−0,84	−0,25	0,41	−2,43	−0,61	0,94
Protokoll B	−1,28	−0,52	0,25	1,75	0,20	0,05	0,28
Protokoll C	−0,84	(0,15)	0,99	1,55	1,55	0,39	−0,06
Protokoll D	−0,52	0,52	1,28	1,75	3,03	0,76	−0,43
Protokoll E	−0,15	0,84	1,55	2,05	4,29	1,07	−0,74
Spaltensummen	−4,54	−0,15	3,82	7,51			
Kategoriengrenzen	−0,91	−0,03	0,76	1,50		0,33	

Der eingekreiste Wert (−0,15) besagt also, daß sich in der Standardnormalverteilung zwischen $z = -\infty$ und $z = -0,15$ ein Flächenanteil von 44% befindet. Die letzte Spalte (Urteilskategorie 5) bleibt unberücksichtigt, weil die kumulierten relativen Häufigkeiten in dieser Spalte alle 1,00 (mit $z \to +\infty$) betragen.

Die Kategoriengrenzen entsprechen den Spaltenmittelwerten. Der Wert −0,91 markiert die Grenze zwischen den Kategorien „sehr viel emotionale Wärme" (1) und „viel emotionale Wärme" (2), der Wert −0,03 die Grenze zwischen „viel emotionale Wärme" (2) und „neutral" (3) etc.

Die Merkmalsausprägungen für die beurteilten Protokolle ergeben sich als Differenzen zwischen der durchschnittlichen Kategoriengrenze (0,33) und den Zeilenmittelwerten. Für Protokoll A resultiert also der Skalenwert 0,33−(−0,61) = 0,94. Ins-

TAFEL 21

gesamt ergeben sich für die 5 Therapieprotokolle Ausprägungen in bezug auf das Merkmal „emotionale Wärme", die in der letzten Spalte aufgeführt sind. Da es sich – wenn die Annahmen des „Law of Categorial Judgement" zutreffen – hierbei um Werte einer Intervallskala handelt, könnte zu allen Werten der kleinste Skalenwert (−0,74) addiert werden; man erhielte dadurch neue Werte auf einer Skala mit einem (künstlichen) Nullpunkt. Nach der hier gewählten Abfolge der Urteilskategorien wird im Protokoll E am meisten (!) und im Protokoll A am wenigsten emotionale Wärme gezeigt.

Die Modellannahmen betreffen vor allem die Normalverteilung, die z. B. gefährdet ist, wenn Objekte mit extremen Merkmalsausprägungen zu beurteilen sind. Extrem starke Merkmalsausprägungen werden eher unterschätzt (vgl. hierzu Attneave, 1949), und extrem schwache Merkmalsausprägungen werden eher überschätzt, d.h. es werden rechtssteile bzw. linkssteile Urteilsverteilungen begünstigt. Rozeboom und Jones (1956) konnten allerdings zeigen, daß die Ergebnisse, die nach dem „Law of Categorical Judgement" erzielt werden, durch nicht-normale Empfindungsstärkenverteilungen wenig beeinflußt sind. Nach Jones (1959) sind sie zudem invariant gegenüber verschiedenen Urteilerstichproben, verschiedenen Kategorienbezeichnungen sowie der Anzahl der Kategorien.

Der in Tafel 21 wiedergegebene Rechengang geht davon aus, daß die Kovarianzen der Verteilungen von Kategoriengrenzen und Urteilsobjekten Null und die Varianzen der Verteilungen der Kategoriengrenzen konstant sind.

4.2.2
Dominanz-Paarvergleiche

Dominanz-Paarvergleiche sind ebenfalls einfache Urteilsaufgaben, die allerdings sehr aufwendig werden, wenn viele Objekte zu beurteilen sind. Bei einem Dominanz-Paarvergleich wird der Urteiler aufgefordert anzugeben, bei welchem von zwei Objekten das untersuchte Merkmal stärker ausgeprägt ist bzw. welches Objekt bezüglich des Merkmals „dominiert" (Beispiele: Welche von 2 Aufgaben ist schwerer, welcher von 2 Filmen ist interessanter, welche von 2 Krankheiten ist schmerzhafter etc.). Werden n Objekte untersucht, müssen für einen vollständigen Paarvergleich, bei dem jedes Objekt mit jedem anderen Objekt verglichen wird, $\binom{n}{2} = \frac{n \cdot (n-1)}{2}$ Paarvergleichsurteile abgegeben werden (bei n = 10 sind damit 45 Paarvergleichsurteile erforderlich).

Dieses Ausgangsmaterial läßt sich auf vielfältige Weise weiterverwerten. Wir behandeln im folgenden:

- *indirekte Rangordnungen,* die aus Dominanz-Paarvergleichsurteilen einfach bestimmbar und

gegenüber direkten Rangordnungen verläßlicher sind,
- das *Law of Comparative Judgement*, das – ähnlich wie das „Law of Categorical Judgement" (vgl. S. 156 ff.) – zu einer Intervallskalierung der untersuchten Objekte führt,
- die *Konstanzmethode*, die in der Psychophysik zur Bestimmung sensorischer Schwellen herangezogen wird, sowie
- Skalierungen nach dem *Signal-Entdeckungs-Paradigma*, die Paarvergleichsurteile als „Entscheidungen unter Risiko" auffassen und mit denen z. B. geprüft werden kann, in welcher Weise Urteile durch psychologische Reaktionsbereitschaft verzerrt sind.

Indirekte Rangordnungen
Ein vollständiger Paarvergleich von n Objekten führt zu Angaben darüber, wie häufig jedes Objekt den übrigen Objekten vorgezogen wurde. Ordnet man diesen Häufigkeiten nach ihrer Größe Rangzahlen zu, erhält man eine Rangordnung der untersuchten Objekte.

Ein kleines Beispiel soll dieses Verfahren erläutern. Nehmen wir an, es sollen 7 Urlaubsorte nach ihrer Attraktivität in eine Rangreihe gebracht werden. Der vollständige Paarvergleich dieser 7 Orte (nennen wir sie einfachheitshalber A, B, C, D, E, F und G) führte zu folgenden Präferenzhäufigkeiten:

	Rangplatz
A wurde 5 anderen Orten vorgezogen	2,5
B wurde 3 anderen Orten vorgezogen	4
C wurde 1 anderen Ort vorgezogen	5,5
D wurde 6 anderen Orten vorgezogen	1
E wurde 0 anderen Orten vorgezogen	7
F wurde 5 anderen Orten vorgezogen	2,5
G wurde 1 anderen Ort vorgezogen	5,5

Insgesamt wurden also von einem Urteiler $\binom{7}{2} = 21$ Paarvergleichsurteile abgegeben. Ort D wurde am häufigsten bevorzugt und erhält damit den Rangplatz 1. Die Orte A und F teilen sich die Rangplätze 2 und 3 (verbundener Rangplatz: 2,5, vgl. S. 155), Ort B erhält Rangplatz 4, die Orte C und G teilen sich die Rangplätze 5 und 6 (verbundener Rangplatz: 5,5) und Ort E erhält als der am wenigsten attraktive Ort Rangplatz 7.

Mehrere Urteiler: Wird der Paarvergleich von mehreren Urteilern durchgeführt, resultiert deren gemeinsame Rangreihe durch Summation der individuellen Präferenzhäufigkeiten. Hierfür fertigt man sinnvollerweise eine Tabelle an, der zusätzlich entnommen werden kann, von wie vielen Urteilern ein Objekt einem anderen vorgezogen wurde (vgl. Tafel 22).

Konsistenz und Konkordanz: Wie in Abschnitt 4.2.1 wird auch bei der Ermittlung einer Rangskala über Paarvergleiche vorausgesetzt, daß die Objekte bzgl. des untersuchten Merkmals ordinale Relationen aufweisen. Führen wiederholte Paarvergleiche derselben Objekte zu verschiedenen Rangreihen, ist diese Voraussetzung verletzt, es sei denn, man toleriert die Abweichungen als unsystematische Urteilsfehler.

Eine Verletzung der ordinalen Modellannahme (vgl. S. 71) liegt auch vor, wenn sog. *zirkuläre Triaden* (Kendall, 1955) oder *intransitive* Urteile auftreten. Wird beispielsweise von zwei Gemälden (A, B) A als das schönere vorgezogen (A≻B) und zudem Gemälde B einem dritten Bild C vorgezogen (B≻C), müßte man folgern, daß A auch C vorgezogen wird (A≻C). In der Praxis kommt es jedoch nicht selten zu dem scheinbar inkonsistenten Urteil C≻A. Nachlässigkeit des Urteilers und/oder nur geringfügige Unterschiede in den Merkmalsausprägungen können für derartige „Urteilsfehler" verantwortlich sein.

Ein weiterer Grund für zirkuläre Triaden sind mehrdimensionale Merkmale, also Merkmale, die mehrere Aspekte oder Dimensionen aufweisen. So könnte die beim Gemäldevergleich aufgetretene zirkuläre Triade z.B. durch die Verwendung zweier Aspekte des Merkmals „Schönheit" zustandegekommen sein. Beim Vergleich der Bilder A und B wurde besonders auf die farbliche Gestaltung und beim Vergleich der Bilder B und C auf eine harmonische Raumaufteilung geachtet. Wird nun beim Vergleich der Bilder A und C erneut die farbliche Gestaltung (oder ein dritter Schönheitsaspekt) betont, kann es zu der oben aufgeführten intransitiven Urteilsweise kommen.

Über ein Verfahren, das die Zufälligkeit des Auftretens zirkulärer Triaden bzw. die Konsistenz der Paarvergleichsurteile überprüft, wird z.B. bei Bortz et al. (1990, Kap. 9.5.2) berichtet (vgl. hierzu auch Knezek et al., 1998). Übersteigt die Anzahl zirkulärer Triaden die unter Zufallsbedingungen zu erwartende Anzahl, muß man davon ausgehen, daß das untersuchte Merkmal *mehrdimensional* ist – es sei denn, die intransitiven Urteile sind auf Nachlässigkeit des Urteilers zurückzuführen. Über Möglichkeiten der Skalierung mehrdimensionaler Merkmale wird im nächsten Abschnitt (4.2.3: Ähnlichkeits-Paarvergleich) zu berichten sein.

Wird ein vollständiger Paarvergleich von mehreren Urteilern durchgeführt, informiert ein Verfahren von Kendall (1955; vgl. Bortz et al., 2000, Kap. 9.5.2) über die Güte der Urteilerübereinstimmung bzw. die *Urteilskonkordanz*. Eine Zusammenfassung individueller Paarvergleichsurteile setzt einen hohen Konkordanzwert voraus.

Stimmen die Paarvergleichsurteile der verschiedenen Urteiler nicht überein, kann auch dies ein Hinweis auf Mehrdimensionalität des Merkmals sein, die in diesem Falle jedoch nicht intraindividuell, sondern interindividuell zum Tragen kommt. Bezogen auf den oben erwähnten Schönheitsparvergleich von Gemälden hieße dies z.B., daß verschiedene Urteiler in ihren (möglicherweise konsistenten bzw. transitiven) Urteilen verschiedene Schönheitsaspekte beachtet haben. Auch in diesem Falle wäre dem eindimensionalen Paarvergleich ein mehrdimensionales Analysemodell vorzuziehen, das gleichzeitig individuelle Unterschiede in der Nutzung von Urteilsdimensionen berücksichtigt (vgl. S. 174f.). Da Geschmäcker – nicht nur in bezug auf die Schönheit von Gemälden – bekanntlich verschieden sind, wird man konkordante Urteile um so eher erzielen, je genauer man festlegt, hinsichtlich welcher Aspekte die Objekte im einzelnen beurteilt werden sollen. Pauschale Bewertungen hinsichtlich „Schönheit" sind hier sicher nicht optimal.

TAFEL 22 ▬▬▬▬▬▬▬▬▬▬▬▬▬▬▬▬▬▬▬▬

Sport > Englisch?
Ein Beispiel für eine Paarvergleichsskalierung nach dem „Law of Comparative Judgement"

30 Schüler wurden gebeten, in einem vollständigen Paarvergleich ihre Präferenzen für 5 Unterrichtsfächer anzugeben. Hierfür wurden für die Fächer Deutsch (De), Mathematik (Ma), Englisch (En), Sport (Sp) und Musik (Mu) alle 10 möglichen Paarkombinationen gebildet und jeder Schüler mußte angeben, welches der jeweils 2 Fächer seiner Meinung das interessantere sei. Aus den Paarvergleichsurteilen resultierte folgende Dominanzmatrix (Begründung des Rechenganges s. Text):

	De	Ma	En	Sp	Mu
De	–	10	12	24	22
Ma	20	–	(24)	26	23
En	18	6	–	19	20
Sp	6	4	11	–	14
Mu	8	7	10	16	–
	52	27	57	85	79

Die eingekreiste Zahl gibt an, daß 24 Schüler Englisch interessanter finden als Mathematik. Die Werte besagen, wie häufig die Fächer, die die Spalten bezeichnen, über die Fächer, die die Zeilen bezeichnen, „dominieren". Einander entsprechende Zellen ergänzen sich zu 30 (6 Schüler finden Mathematik interessanter als Englisch).

   Wollte man für alle Schüler eine gemeinsame Rangreihe bestimmen, wären die Spaltensummen nach ihrer Größe zu ordnen. Es resultiert Sp > Mu > En > De > Ma. Für die weitere Auswertung nach dem „Law of Comparative Judgement" werden die oben genannten Präferenzhäufigkeiten in relative Häufigkeiten transformiert, indem sie durch die Anzahl der Schüler (n = 30) dividiert werden.

	De	Ma	En	Sp	Mu
De	–	0,33	0,40	0,80	0,73
Ma	0,67	–	0,80	0,87	0,77
En	0,60	0,20	–	0,63	0,67
Sp	0,20	0,13	0,37	–	0,47
Mu	0,27	0,23	0,33	0,53	–

Für die relativen Häufigkeiten entnimmt man – wie in Tafel 21 – der Standardnormalverteilungstabelle (vgl. Anhang F, Tabelle 1) die folgenden z-Werte (die Werte in der Diagonale werden Null gesetzt):

	De	Ma	En	Sp	Mu
De	0,00	−0,44	−0,25	+0,84	+0,61
Ma	+0,44	0,00	+0,84	+1,13	+0,74
En	+0,25	−0,84	0,00	+0,33	+0,44
Sp	−0,84	−1,13	−0,33	0,00	−0,07
Mu	−0,61	−0,74	−0,44	+0,07	0,00
Spaltensummen	−0,76	−3,15	−0,18	+2,37	+1,72
Spaltenmittel	−0,15	−0,63	−0,04	+0,47	+0,34
Skalenwerte	0,48	0,00	0,59	+1,10	+0,97

Beispiel: z = −0,44 ergibt sich deshalb, weil sich zwischen z = −∞ und z = −0,44 33% der Fläche der Standardnormalverteilung befinden (Flächenanteil: 0,33 gemäß der Tabelle der relativen Häufigkeiten).

   Man berechnet als nächstes die Spaltensummen und die Spaltenmittelwerte, deren Summe bis auf Rundungsungenauigkeiten Null ergibt. Addieren wir den Betrag des größten negativen Wertes (−0,63) zu allen Werten, resultieren die Skalenwerte. Offensichtlich ist Mathematik das am wenigsten interessante Fach. Englisch wird für geringfügig interessanter gehalten als Deutsch. Sport halten die Schüler für das interessanteste Fach, dicht gefolgt von Musik.

Man beachte, daß eine hohe Konkordanz nicht an konsistente Individualurteile gebunden ist, denn eine hohe Konkordanz läge auch dann vor, wenn alle Urteiler einheitlich inkonsistent urteilen.

> **!** Unter *Konsistenz* versteht man die Widerspruchsfreiheit der Paarvergleichsurteile, die *eine* Person über die Urteilsobjekte abgibt. Mit *Konkordanz* ist die Übereinstimmung der Paarvergleichsurteile von zwei oder mehr Urteilern gemeint.

z.B. zirkuläre Triaden
intransitive Urteile
A > B   B > C aber C > A

Weitere Informationen zu eindimensionalen Skalierungsverfahren findet man bei Borg et al. (1990).

Das „Law of Comparative Judgement"

Der Grundgedanke des „Law of Comparative Judgement" (Thurstone, 1927) läßt sich vereinfacht in folgender Weise charakterisieren: Wie schon beim „Law of Categorical Judgement" wird davon ausgegangen, daß wiederholte Beurteilungen einer Merkmalsausprägung nicht identisch sind, sondern – möglicherweise nur geringfügig – fluktuieren. Es resultiert eine (theoretische) Verteilung der Empfindungsstärken, von der angenommen wird, sie sei um einen „wahren" Wert normalverteilt. Ein konkretes Urteil stellt dann die Realisierung dieser normalverteilten Zufallsvariablen dar. Auf dieser Vorstellung basiert die in Tafel 22 wiedergegebene Skalierungsmethode.

Theorie: Wegen der Bedeutung dieses Skalierungsansatzes sei der Rechengang im folgenden ausführlicher begründet: Die Schätzung der Merkmalsausprägungen von zwei Objekten entspricht der Realisierung von zwei normalverteilten Zufallsvariablen. Die Differenz dieser beiden Schätzungen (x_1-x_2) stellt dann ihrerseits eine normalverteilte Zufallsvariable dar (Differenzen zweier normalverteilter Zufallsvariablen sind ebenfalls normalverteilt). Dividieren wir die Differenz durch die Streuung der Differenzenverteilung (über die im Law of Comparative Judgement unterschiedliche Annahmen gemacht werden, s. u.), resultiert ein z-Wert der Standardnormalverteilung. Ein positiver z-Wert besagt, daß $x_1 > x_2$, ein negativer z-Wert, daß $x_1 < x_2$ ist, und $z = 0$ resultiert, wenn $x_1 = x_2$.

Der Wert $z = 0$ schneidet von der Fläche der Standardnormalverteilung 50% ab. Gleichzeitig gilt, daß für $z = 0$ (bzw. $x_1 = x_2$) im Paarvergleich die Präferenz für einen Reiz zufällig erfolgt, d.h. die Wahrscheinlichkeit, daß ein Reiz dem anderen vorgezogen wird, beträgt ebenfalls 50%. Ist nun $x_1 > x_2$, resultiert ein positiver z-Wert, der mehr als 50% der Fläche der Standardnormalverteilung abschneidet. Gleichzeitig ist auch die Wahrscheinlichkeit, daß Reiz 1 Reiz 2 vorgezogen wird, größer als 50%. Auf dieser Korrespondenz basiert die

Annahme, daß die Wahrscheinlichkeit, mit der ein Reiz einem anderen vorgezogen wird, dem durch die standardisierte Differenz (x_1-x_2) abgeschnittenen Flächenanteil der Standardnormalverteilung entspricht.

Die Wahrscheinlichkeiten, mit denen ein Reiz einem anderen vorgezogen wird, werden aus den Paarvergleichsurteilen geschätzt (relative Häufigkeiten in Tafel 22). Gesucht werden nun diejenigen z-Werte, die von der Standardnormalverteilungsfläche genau diese Flächenanteile bzw. Prozentwerte abschneiden. Diese z-Werte repräsentieren die Differenzen zwischen je zwei Reizen auf einer Intervallskala (vgl. hierzu auch David, 1963).

Der weitere Rechengang einer Paarvergleichsskalierung nach dem „Law of Comparative Judgement" ist dann relativ problemlos. Wir berechnen die mittlere Abweichung eines jeden Objektes von allen übrigen Objekten und erhalten damit die Skalenwerte. (Die mittlere Abweichung eines Objektes von allen übrigen Objekten entspricht der Abweichung dieses Objektes vom Mittelwert aller übrigen Objekte.) Diese Skalenwerte haben einen Mittelwert von Null, d. h. es treten auch negative Skalenwerte auf. Sie werden vermieden, wenn in einer für Intervallskalen zulässigen Lineartransformation zu allen Skalenwerten der Betrag des größten negativen Skalenwertes addiert wird. Dadurch verschiebt sich die gesamte Skala so, daß das Objekt mit der größten negativen Ausprägung den Nullpunkt der Skala repräsentiert. Mit diesen Skalenwerten können sämtliche für Intervallskalen sinnvolle Operationen durchgeführt werden.

Der hier beschriebene Rechengang geht davon aus, daß alle Empfindungsstärkenverteilungen gleich streuen und daß die Korrelationen zwischen den Verteilungen konstant sind. Über den Rechengang, der sich für andere Annahmen bezüglich der Streuungen und Korrelationen ergibt, sowie über weitere Spezialprobleme (z. B. Wahrscheinlichkeitswerte von Null oder Eins, Tests zur Überprüfung der Güte der Skalierung, iterative Methoden für die Bestimmung der Skalenwerte usw.) berichten z. B. Sixtl (1967, Kap. 2 c) und Torgerson (1958, Kap. 9). Intransitive Urteile in Paarvergleichsskalierungen behandeln Hull und Buhyoff (1981).

Unvollständige Paarvergleiche: Paarvergleichsurteile geraten schnell zu einer mühevollen Aufgabe für die Urteiler, wenn die Anzahl der zu skalierenden Objekte wächst. Resultiert für zehn Objekte die noch zumutbare Anzahl von 45 Paarvergleichen, sind bei zwanzig Objekten bereits 190 Paarvergleiche erforderlich – eine Aufgabe, die zumindest bei schwierigen Paarvergleichen das Konzentrations- und Durchhaltevermögen der Urteiler übersteigen dürfte. In diesem Fall sollte statt des „Law of Comparative Judgement" das „Law of Categorical Judgement" (vgl. S. 156 ff.) verwendet werden, wenngleich Skalierungen nach dem „Law of Comparative Judgement" in der Regel zu stabileren Resultaten führen als das „Law of Categorical Judgement" (vgl. Kelley et al., 1955).

Es gibt jedoch auch Möglichkeiten, den Arbeitsaufwand für eine Paarvergleichsskalierung zu reduzieren. Sollen beispielsweise zwanzig Objekte skaliert werden, wählt man ca. sechs Objekte aus, die ein möglichst breites Spektrum des Merkmalskontinuums mit annähernd äquidistanten Abständen repräsentieren. Diese sechs Ankerobjekte werden untereinander und mit den verbleibenden vierzehn Objekten verglichen, so daß insgesamt statt der ursprünglich 190 nur noch $\binom{6}{2} + 14 \cdot 6 = 99$ Paarvergleiche erforderlich sind. Die durchschnittlichen z-Werte basieren dann bei den Ankerobjekten jeweils auf 19 und bei den übrigen Objekten jeweils auf sechs Proportionen. Über weitere Möglichkeiten, den Aufwand bei Paarvergleichsskalierungen zu reduzieren, berichten Torgerson (1958, S. 191 ff.), van der Ven (1980, Kap. 9.1) und Clark (1977).

Bei Chignell und Pattey (1987) findet man eine vergleichende Übersicht verschiedener Techniken, die es gestatten, mit einem reduzierten Paarvergleichsaufwand eindimensionale Skalen zu konstruieren.

Der am häufigsten gegen das „Law of Comparative Judgement" vorgebrachte Einwand betrifft die Annahme der normalverteilten Empfindungsstärken. Dieser Annahme folgend sind die Differenzen zwischen je zwei Objekten und die Wahlwahrscheinlichkeiten für Objektpräferenzen im Paarvergleich über die Verteilungsfunktion der Standardnormalverteilung miteinander verknüpft. Diese funktionale Verknüpfung wird von Bradley und Terry (1952) durch eine logistische Funktion ersetzt. Wie Sixtl (1967, S. 209 ff.) jedoch zeigt, sind die Skalierungsergebnisse nach der von Bradley und Terry vorgeschlagenen Methode praktisch mit denen des „Law of Comparative Judgement" identisch, es sei denn, die relativen Häufigkeiten für die Objektpräferenzen basieren auf mehr als 2000 Urteilen.

Ähnliches gilt für die von Luce (1959) vorgenommene Erweiterung des Modells von Bradley und Terry (bekannt als Bradley-Terry-Luce, kurz BTL-Modell oder auch als Luce'sches Wahlaxiom). Nach Coombs et al. (1970, S. 152) sind die nach diesem Ansatz erzielten Skalierungsergebnisse mit den Ergebnissen, die nach dem Thurstone'schen Modell ermittelt werden, praktisch identisch.

Subkoviak (1974) ging der Frage nach, wie sich Verletzungen der Modellannahmen des „Law of Comparative Judgement" auf das Skalierungsergebnis auswirken. Verletzungen der Normalverteilungsvoraussetzung vermochten die Skalierungsergebnisse nur unbedeutend zu beeinflussen. Ernsthafte Skalierungsfehler traten erst bei extrem heterogenen Verteilungsformen auf (vgl. auch Jones und Thurstone, 1955; Mosier, 1941 und Rambo, 1963).

Die Konstanzmethode

Paarvergleichsurteile werden auch in der Psychophysik eingesetzt, wenn es beispielsweise darum geht, das Unterscheidungsvermögen einer Sinnesmodalität (*Differenzenschwelle* oder EMU = eben merklicher Unterschied) zu bestimmen. Bei der auf Fechner (1860) zurückgehenden Konstanzmethode (auch Methode der richtigen und falschen Fälle genannt) wird ein Bezugsreiz S_0 (z. B. eine bestimmte Lautstärke) mit einer Reihe von Vergleichsreizen (S_v) kombiniert. Die Untersuchungsteilnehmer müssen bei jedem Paar entscheiden, ob der Vergleichsreiz größer oder kleiner (lauter oder leiser) als der Bezugsreiz ist. Das folgende Beispiel (nach Hofstätter, 1957, S. 241 f.) demonstriert das weitere Vorgehen.

Es soll die Differenzenschwelle eines Untersuchungsteilnehmers für die Unterscheidung von Gewichten untersucht werden. Ein Standardreiz $S_0 = 100$ g wird mit einer Reihe von Gewichten (S_v) zwischen 88 g und 108 g kombiniert. Der Untersuchungsteilnehmer erhält die Gewichtspaare in zufälliger Reihenfolge mit der Bitte zu entscheiden, ob der Vergleichsreiz (S_v) größer ($S_v > S_0$) oder kleiner ($S_v < S_0$) als der Standardreiz ist. (Im Beispiel wird auch eine dritte Urteilskategorie „gleich" zugelassen.) Jedes Gewichtspaar muß vom Untersuchungsteilnehmer mehrmals beurteilt werden. Abbildung 2 gibt in idealisierter Form die prozentualen Häufigkeiten der Paarvergleichsurteile wieder.

Für $S_v > S_0$ und $S_v < S_0$ resultiert jeweils eine S-förmig geschwungene Verteilung, die einem Vorschlag Urbans (1931) folgend als „psychometrische Funktion" bezeichnet wird. (Der Abb. ist z. B. zu entnehmen, daß der Urteiler beim Ver-

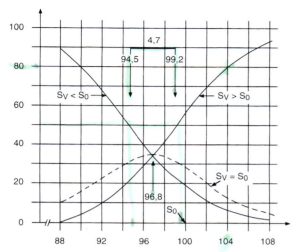

Abb. 2. Konstanzmethode. (Nach Hofstätter, 1957)

Das „Signal-Entdeckungs-Paradigma"

Die Psychophysik samt ihrer Methoden (zum Überblick s. z.B. Eijkman, 1979; Geissler und Zabrodin, 1976; Guilford, 1954; Irtel, 1996; Mausfeld, 1994 oder Stevens, 1951, Kap. 1) ist in ihren modernen Varianten stark durch die von Tanner und Swets (1954) bzw. Green und Swets (1966) in die Human- und Sozialwissenschaften eingeführte Signalentdeckungstheorie (Signal Detection Theory, SDT) geprägt. Vertreter der Signalentdeckungstheorie bezweifeln die Existenz sensorischer Schwellen und schlagen stattdessen das Konzept der „Reaktionsschwelle" vor. Es wird explizit zwischen der organisch bedingten Sensitivität des Menschen und seiner Bereitschaft unterschieden, in psychophysischen Experimenten (oder auch in ähnlich strukturierten Alltagssituationen) bestimmte Wahlentscheidungen zu treffen. Die organische *Sensitivität* wird als physiologisch und die *Reaktionsschwelle* (oder Entscheidungsbereitschaft) als psychologisch bedingt angesehen (z.B. durch die Bewertung der Konsequenzen, die mit verschiedenen Entscheidungen verbunden sind).

Was mit dem Begriff „Reaktionsschwelle" gemeint ist, soll ein kleines Beispiel verdeutlichen: Ein Schüler klagt über Bauchschmerzen und muß zum Arzt. Dieser tastet die Bauchhöhle ab und fragt, ob es weh tut. Man kann ziemlich sicher sein, daß die Entscheidung des Schülers, Schmerzen zu bekunden, davon abhängt, ob z.B. am nächsten Tage eine schwere Klassenarbeit bevorsteht oder ob auf Klassenfahrt gegangen wird. Unabhängig davon, ob die tatsächlichen Empfindungen (Sensitivität) diesseits oder jenseits der physiologischen Schmerzschwelle liegen, wird der Schüler in Erwartung der Klassenarbeit über stärkere Schmerzen klagen als in Erwartung der Klassenfahrt (Reaktionsschwelle).

gleich der Gewichte $S_0 = 100$ g und $S_v = 104$ g in 80% aller Fälle $S_v > S_0$ urteilte.) Sind die Empfindungsstärken für einen Reiz im Sinne Thurstones normalverteilt, folgt die psychometrische Funktion den Gesetzmäßigkeiten einer kumulierten Normalverteilung („Ogive"). Der Schnittpunkt der beiden psychometrischen Funktionen markiert den *scheinbaren Gleichwert* (SG); er liegt bei 96,8 g. Offensichtlich neigte der hier urteilende Untersuchungsteilnehmer dazu, das Gewicht des Standardreizes zu unterschätzen. Der Differenzbetrag zum tatsächlichen Gleichgewicht (100 g–96,89 = 3,2 g) wird als *konstanter Fehler* (KF) bezeichnet. Die zur 50%-Ordinate gehörenden Abszissenwerte (94,5 g bzw. 99,2 g) kennzeichnen die Grenzen des sog. Unsicherheitsintervalls (4,7 g). Die Hälfte dieses Unsicherheitsintervalls (2,35 g) stellt die *Unterschiedsschwelle* bzw. den EMU dar.

Betrachtet man nur die Funktion für $S_v > S_0$, entspricht der SG demjenigen Gewicht, bei dem der Untersuchungsteilnehmer in 50% aller Fälle $S_v > S_0$ urteilt (im Beispiel: SG = 99 g). Hieraus ergibt sich der konstante Fehler zu KF = S_0–SG (KF = 100 g – 99 g = 1 g). Zur Bestimmung des EMU benötigt man diejenigen Vergleichsreize, bei denen in 25% (S_{25}) bzw. in 75% (S_{75}) aller Fälle $S_v > S_0$ geurteilt wurde (im Beispiel: $S_{25} = 95$ g; $S_{75} = 103$ g). Mit diesen Werten resultiert EMU = $(S_{75}–S_{25})/2$ bzw. im Beispiel $(103\ g–95\ g)/2 = 4$ g (vgl. hierzu z.B. Irtel, 1996).

> **!** *Sensitivität* und *Reaktionsschwelle* sind in klassischen, psychophysischen Untersuchungen konfundiert. Die auf der Signalentdeckungstheorie basierenden Methoden machen eine Trennung dieser beiden Reaktionsaspekte möglich.

Terminologie: Die Signalentdeckungstheorie geht auf die statistische Entscheidungstheorie (vor allem auf den Ansatz von Neyman und E. Pearson, 1928, vgl. S. 493) zurück und hat zum großen Teil das dort übliche Vokabular übernommen. Die objektiv vorgegebenen Reize werden als Input und die Reaktionen der Untersuchungsteilnehmer als Output bezeichnet.

Allgemein setzt die Anwendung des Signalentdeckungsansatzes eine Reihe von (Input-)Reizen voraus, bei denen das untersuchte Merkmal zunehmend stärker ausgeprägt ist $(S_0, S_1, S_2 \ldots S_k)$. Diesen Reizen zugeordnet sind Einschätzungen der Merkmalsausprägungen *(Empfindungsstärken)* z_0, z_1, $z_2 \ldots z_k$ durch die Untersuchungsteilnehmer (Output). Werden Merkmalsausprägungen S_1, $S_2 \ldots S_k$ mit $S_0 = 0$ verglichen, handelt es sich um die Untersuchung der absoluten Sensitivität *(Absolutschwelle)* bzw. um die Ermittlung der minimalen Reizintensität, die eine gerade eben merkliche Empfindung auslöst. Vergleiche von Merkmalsintensitäten $S_i > 0$ können zur Bestimmung der differentiellen Sensitivität *(Differenzenschwelle)* genutzt werden.

Das Vier-Felder-Schema (Tabelle 9) verdeutlicht, wie die Reaktionen eines Untersuchungsteilnehmers in Signalentdeckungsexperimenten zu klassifizieren sind. Die Bezeichnung der vier Felder bezieht sich auf die „klassische" Versuchsanordnung eines Signalentdeckungsexperiments, bei der ein energieschwaches Signal unter vielen Störsignalen (Noise, Rauschen) zu identifizieren ist (z. B. die Identifikation feindlicher Flugzeuge auf dem Radarschirm). Der Input wäre in dieser Situation mit den Reizintensitäten $S_i > 0$ und $S_0 = 0$ zu charakterisieren.

Die Identifikation eines tatsächlich vorhandenen Signales wird als „Hit" bezeichnet. Das Übersehen eines Signales führt zu einem „Miss". Wird ein Störsignal (bzw. ein nicht vorhandenes Signal oder „Noise") als Signal gedeutet, bezeichnet man dies als „False Alarm" und die korrekte Reaktion auf ein nicht vorhandenes Signal als „Correct Re-

jection". Diese Bezeichnungen werden üblicherweise auch angewendet, wenn zwei unterschiedlich stark ausgeprägte Reize zu vergleichen sind $(S_i > 0; S_j > 0; S_i \neq S_j)$. Man beachte, daß – wie bei der Konstanzmethode (aber anders als bei dem „Law of Comparative Judgement") – die objektiven Größer-Kleiner-Relationen der Input-Reize bekannt sein müssen.

Die Informationen, die für die Bestimmung von Sensitivität und Reaktionsschwelle benötigt werden, sind die Wahrscheinlichkeiten (geschätzt durch relative Häufigkeiten) für eine Hit-Reaktion und für eine False-Alarm-Reaktion. (Die Wahrscheinlichkeiten für eine Miss-Reaktion bzw. eine Correct Rejection-Reaktion enthalten keine zusätzlichen Informationen, da sie zu den oben genannten Wahrscheinlichkeiten komplementär sind.) Die Bestimmung dieser Wahrscheinlichkeiten stellt eine erhebliche, untersuchungstechnische Schwierigkeit dar, die der praktischen Anwendbarkeit der Signalentdeckungsmethoden Grenzen setzt (s. u.). Die Verrechnung der Paarvergleichsurteile nach dem Signal-Entdeckungs-Paradigma zielt darauf ab, den *Sensitivitätsparameter* (d') eines Urteilers sowie dessen *Reaktionsschwelle* (Response Bias - Parameter L_x oder β) zu bestimmen. Diesem an sich einfachen Rechengang (der auf S. 167f. beschrieben wird) liegt eine relativ komplizierte Theorie zugrunde, die im folgenden kurz dargestellt wird.

Theorie: Die Signalentdeckungstheorie basiert – wie auch das Thurstone'sche „Law of Comparative Judgement" – auf der Annahme, daß die Empfindungsstärke für einen Reiz eine normalverteilte Zufallsvariable darstellt. Empfindungsstärkeverteilungen für verschiedene Reize unterscheiden sich in ihren Mittelwerten, aber nicht in ihrer Streuung. Werden zwei Reize mit unterschiedlichen Merkmalsausprägungen verglichen, ist bei nicht allzu großen Reizunterschieden mit einer Überschneidung der beiden Empfindungsstärkeverteilungen zu rechnen (vgl. Abb. 3). Entsprechendes gilt für den Vergleich „Reiz" vs. „Noise", bei dem ebenfalls unterstellt wird, daß sich die „Noise-Verteilung" und die „Reizverteilung" überschneiden.

Das Paarvergleichsurteil geht modellhaft folgendermaßen vonstatten: Zu zwei zu vergleichen-

Tabelle 9. Reaktionsklassifikation in einem Signalentdeckungsexperiment

Input: $S_i > S_0$?	Output: $z_i > z_0$?	
	Ja	Nein
Ja	Hit	Miss
Nein	False Alarm	Correct Rejection

den Reizen S_i und S_j ($S_i > S_j$) gehören zwei Verteilungen von Empfindungsstärken, von denen wir zunächst annehmen, sie seien dem Urteiler bekannt. Die in einem Versuch durch Reiz S_i ausgelöste Empfindungsstärke z_i wird mit beiden Verteilungen verglichen. Ist die Wahrscheinlichkeit dafür, daß diese Empfindungsstärke zur Empfindungsstärkenverteilung von S_i gehört, größer als die Wahrscheinlichkeit der Zugehörigkeit zu der Empfindungsstärkenverteilung für S_j, entscheidet ein perfekter Urteiler $S_i > S_j$. Sind die Wahrscheinlichkeitsverhältnisse umgekehrt, lautet die Entscheidung $S_j > S_i$. Das Entscheidungskriterium (in Abb. 3 durch einen senkrechten Strich verdeutlicht) für die Alternativen $S_i > S_j$ und $S_i < S_j$ liegt bei einer Empfindungsstärke, die in beiden Verteilungen die gleiche Dichte (= Höhe der Ordinate) aufweist. Rechts von diesem Entscheidungskriterium sind die Dichten für die S_i-Verteilung größer als für die S_j-Verteilung, d.h. hier müßte $S_i > S_j$ geurteilt werden.

In Abb. 3a unterscheiden sich die beiden Reize um $d' = 3,5$ Einheiten der z-normierten Empfindungsskala. (Der arbiträre Nullpunkt dieser Skala wurde beim Mittelwert der S_j-Verteilung angenommen.) Offensichtlich kann dieser Urteiler die beiden Reize S_i und S_j recht gut unterscheiden. Seine Sensitivität bzw. Diskriminationsfähigkeit (d') ist hoch. Bei diesem deutlich unterscheidbaren Reizpaar kommt es mit einer Wahrscheinlichkeit von 96% zu einem Hit (S_i wird korrekterweise für größer als S_j gehalten) und mit einer Wahrscheinlichkeit von nur 4% zu einer f.a.- bzw. False-Alarm-Reaktion (S_i wird fälschlicherweise für größer als S_j gehalten). Mit geringer werdendem Abstand der beiden Reize (bzw. mit abnehmendem d') sinkt die Hit-Rate und steigt die False-Alarm-Rate. Bei einem Abstand von einer Empfindungsstärkeeinheit ($d' = 1$, vgl. Abb. 3c) beträgt die Hit-Wahrscheinlichkeit 69% und die False-Alarm-Wahrscheinlichkeit 31%. Der Parameter d' charakterisiert die Sensitivität bzw. die sensorische Diskriminationsfähigkeit eines Urteilers.

Signalentdeckungstheoretiker vermuten nun, daß ein Urteiler selten so perfekt urteilt wie in den Abb. 3a–c. Bedingt durch psychologische Umstände kann unabhängig vom „objektiven" Entscheidungskriterium bevorzugt $S_i > S_j$ (oder $S_i < S_j$) geurteilt werden. Dies wird in den Abb. 3d–f deutlich. Fällt beispielsweise die in einem Versuch durch Reiz S_i ausgelöste Empfindungsstärke in den Bereich 1 bis 1,5, ordnet der Urteiler diese Empfindungsstärke dem Reiz S_j zu, obwohl in diesem Bereich die Wahrscheinlichkeitsdichte für die S_i-Verteilung größer ist als für die S_j-Verteilung (vgl. Abb. 3d). Das Entscheidungskriterium (L_x) oder die Reaktionsschwelle ist nach rechts versetzt. Dadurch wird die Wahrscheinlichkeit einer False-Alarm-Reaktion (es wird fälschlicherweise $S_i > S_j$ behauptet) zwar geringer; gleichzeitig sinkt jedoch auch die Wahrscheinlichkeit eines Hits. (Man vergleiche hierzu die Abb. 3b und d mit $d' = 2$.)

Abbildung 3f zeigt ein zu weit nach links versetztes Entscheidungskriterium (L_x). Hier werden im Bereich 0,5 bis 1 die Empfindungsstärken, die durch Reiz S_j ausgelöst werden, der S_i-Verteilung zugeordnet, obwohl die Wahrscheinlichkeitsdichten für die S_j-Verteilung größer sind als für die S_i-Verteilung.

Damit erhöht sich zwar die Wahrscheinlichkeit eines Hits (93%); gleichzeitig steigt jedoch die Wahrscheinlichkeit für False-Alarm (31%). In Abb. 3e ist das Entscheidungskriterium – wie bereits in der Abb. 3a–c – „richtig" plaziert. Beide Wahrscheinlichkeitsdichten (die Wahrscheinlichkeitsdichte für die S_i-Verteilung und die Wahrscheinlichkeitsdichte für die S_j-Verteilung) sind für die Empfindungsstärke, die das Entscheidungskriterium markiert, gleich groß. Das Verhältnis der Wahrscheinlichkeitsdichten lautet $L_x = 1$. (L von Likelihood-Ratio: Wahrscheinlichkeitsdichte in der S_i-Verteilung dividiert durch die Wahrscheinlichkeitsdichte in der S_j-Verteilung. Für L_x wird in der Literatur gelegentlich auch der Buchstabe β verwendet.) Für Abb. 3d lautet der Wert $L_x = 2,73$: Das Entscheidungskriterium (mit $z_i = -0,5$ und $z_j = 1,5$) hat in der S_i-Verteilung eine höhere Dichte als in der S_j-Verteilung (0,352 für S_i und 0,129 für S_j). In Abb. 3f resultiert für den Quotienten ein Wert unter 1 ($L_x = 0,37$). Das Entscheidungskriterium (mit $z_i = -1,5$ und $z_j = 0,5$) hat in der S_j-Verteilung eine größere Dichte (0,352) als in der S_i-Verteilung (0,129).

L_x-Werte charakterisieren die Reaktionsschwelle eines Urteilers. Werte über 1 sprechen für eine „konservative" oder ängstliche Entscheidungsstra-

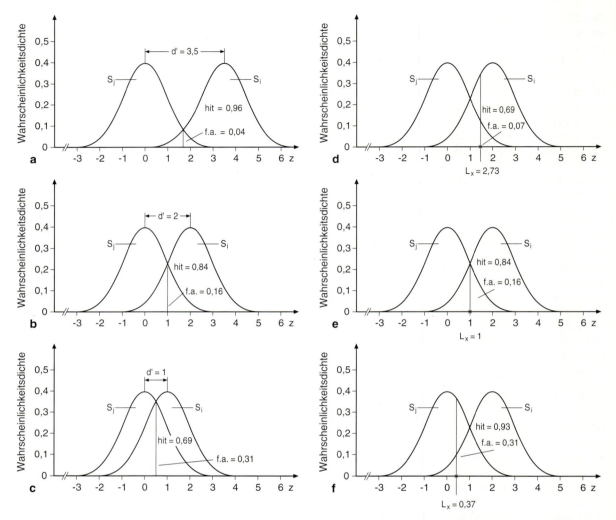

Abb. 3 a–f. Hit- und False-Alarm-Raten in Beziehung zur Sensitivität d′ (**a–c**) und zur Reaktionsschwelle L_x (**d–f**) (Erläuterungen s. Text)

tegie: False-Alarm-Entscheidungen werden möglichst vermieden, bei gleichzeitigem Risiko, dabei die Hit-Rate zu reduzieren. Umgekehrt weisen L_x-Werte unter 1 eher auf eine „progressive" oder mutige Entscheidungsstrategie hin: Die Hit-Rate soll möglichst hoch sein bei gleichzeitig erhöhtem False-Alarm-Risiko. Generell gilt, daß Werte $L_x \neq$ 1 für eine Reaktionsverzerrung (Response Bias) sprechen.

Man beachte, daß in den Abb. 3 a–c L_x konstant ($L_x = 1$) und d′ variabel und in den Abb. 3 d–f d′ konstant (d′ = 2) und L_x variabel ist. Hiermit wird eine wichtige Eigenschaft der Signalerkennungsparameter deutlich:

> **!** Die sensorische *Diskriminationsfähigkeit* d′ ist unabhängig von der Reaktionsschwelle L_x.

Traditionelle psychophysische Methoden nutzen lediglich die Hit-Rate, um die Differenzenschwelle zu bestimmen. Danach wäre der Urteiler in Abb. 3 f mit einer Hit-Rate von 93% äußerst sensitiv (niedrige Differenzenschwelle) und der Urteiler in Abb. 3b mit einer Hit-Rate von 84% weniger sensitiv (hohe Differenzenschwelle). Tatsächlich verfügen nach der Signalentdeckungstheorie beide Urteiler über die gleiche Sensitivität ($d' = 2$); der Unterschied in den Hit-Raten ist auf verschiedene Reaktionsschwellen (L_x) und nicht auf unterschiedliche Sensitivitäten zurückzuführen.

Neuere Entwicklungen zur (verteilungsfreien) Bestimmung von d' und L_x hat Balakrishnan (1998) vorgestellt.

Praktisches Vorgehen: Bei den bisherigen Ausführungen zur Theorie der Signalentdeckung wurde davon ausgegangen, daß die Empfindungsstärkeverteilungen, die d'- bzw. L_x-Werte und damit auch die Hit-Wahrscheinlichkeiten und False-Alarm-Wahrscheinlichkeiten bekannt seien. Dies ist normalerweise jedoch nicht der Fall. In der Praxis werden – in umgekehrter Reihenfolge – zunächst die Hit-Wahrscheinlichkeiten und die False-Alarm-Wahrscheinlichkeiten und danach erst d' für die Sensitivität bzw. L_x für die Reaktionsschwelle ermittelt.

Die Bestimmung der Hit- und False-Alarm-Wahrscheinlichkeiten ist eine äußerst zeitaufwendige und für die Untersuchungsteilnehmer häufig bis an die Grenzen ihrer Belastbarkeit gehende Aufgabe. (Dies gilt jedoch nicht nur für Signalentdeckungsaufgaben, sondern z.B. auch für die klassische Konstanzmethode – vgl. Abb. 2 –, bei der ebenfalls für die einzelnen Reizkombinationen Präferenzwahrscheinlichkeiten geschätzt werden müssen.) Um für ein Reizpaar die entsprechenden Wahrscheinlichkeiten schätzen zu können, sollten mindestens 50 Versuche durchgeführt werden, d.h. ein Untersuchungsteilnehmer muß für dasselbe Reizpaar mindestens fünfzigmal entscheiden, welcher der beiden Reize das untersuchte Merkmal in stärkerem Maße aufweist. Es besteht die Gefahr, daß bei derartig aufwendigen Versuchsreihen die Ergebnisse durch Ermüdungs- oder Übungseffekte verfälscht werden.

Bei vier Reizen wären sechs Reizpaare in jeweils 50-facher Wiederholung zu bewerten, d.h. dem Untersuchungsteilnehmer würden 300 Paar-vergleichsurteile abgefordert. Bei mehr als vier Reizen lohnt sich ein vollständiger Paarvergleich nur selten, weil dann Reizpaare auftreten können, die so deutlich voneinander verschieden sind, daß sich die Empfindungsstärkeverteilungen nicht mehr überschneiden.

Repräsentieren mehrere Reize äquidistant ein breiteres, objektiv erfaßbares Merkmalskontinuum, erspart es Untersuchungsaufwand, wenn nur benachbarte Reize verglichen bzw. die Reize zunächst nach der Methode der sukzessiven Kategorien geordnet werden. Hit- und False-Alarm-Raten benachbarter Reize basieren dann auf Urteilen, bei denen der objektiv größere Reiz auch für größer gehalten (Hit) bzw. fälschlicherweise als kleiner eingestuft wurde (False-Alarm). (Näheres zu dieser methodischen Variante s. z.B. Velden und Clark, 1979 oder Velden, 1982.)

Nach Ermittlung der Hit- und False-Alarm-Raten gestaltet sich die *Berechnung von d' und L_x* vergleichsweise einfach. Nehmen wir einmal an, ein Untersuchungsteilnehmer hätte in 100 Versuchen mit $S_i > S_j$ 93mal $S_i > S_j$ geurteilt und bei 100 Versuchen mit $S_i < S_j$ 31mal das Urteil $S_i > S_j$ abgegeben. Er hätte damit eine Hit-Rate von 93% und eine False-Alarm-Rate von 31%. Um d' zu ermitteln, werden anhand der Standardnormalverteilungstabelle (vgl. Anhang F, Tabelle 1) diejenigen z-Werte bestimmt, die von der Fläche 93% bzw. 31% abschneiden. Diese Werte lauten $z_i = 1,50$ und $z_j = -0,50$ (mit gerundeten Flächenanteilen). Die Differenz dieser beiden Werte entspricht d': $d' = 1,50 - (-0,50) = 2,00$.

Für die Bestimmung von L_x werden die Wahrscheinlichkeitsdichten (Ordinaten) dieser z-Werte in der Standardnormalverteilung benötigt, die ebenfalls in der Tabelle 1 des Anhangs E aufgeführt sind. Sie lauten in unserem Beispiel 0,129 (für $z_i = 1,50$) und 0,352 (für $z_j = -0,50$). Als Quotient resultiert der Wert $L_x = 0,37$. Diese Werte entsprechen den Verhältnissen in Abb. 3 f (der Likelihood-Quotient und andere Maße zur Beschreibung von „Response-Bias" werden bei MacMillan und Creelman, 1990, vergleichend diskutiert).

In den Abbildungen 3 d–f variieren die L_x-Werte bei konstantem $d' = 2$. Da d' als Differenz zweier z-Werte berechnet wird ($d' = z_i - z_j$), gibt es theoretisch unendlich viele z-Wert-Paare, die der Bedingung $d' = 2$ genügen (z.B. $z_i = 0,60$ und $z_j =$

–1,40; $z_i = 0,85$ und $z_j = -1,15$ etc.). Zu jedem dieser z-Wert-Paare gehört eine False-Alarm- und eine Hit-Rate bzw. ein spezifischer L_x-Wert. Trägt man nun in ein Koordinatensystem mit der False-Alarm-Rate als Abszisse und der Hit-Rate als Ordinate alle Paare von Hit- und False-Alarm-Raten ein, die zu einem identischen d'-Wert führen, erhält man die sog. *Receiver Operating Characteristic* oder kurz ROC-Kurve (bei Swets, 1973, steht die Abkürzung ROC für „Relative" Operating Characteristic).

Die Abbildung 4a zeigt ROC-Kurven für unterschiedliche d'-Werte. Transformiert man die Hit- und False-Alarm-Raten in z-Werte der Standardnormalverteilung, sollten die ROC-Kurven für unterschiedliche d'-Werte idealerweise parallele Geraden sein (vgl. Abb. 4b).

Ein Urteiler ohne Diskriminationsvermögen (mit d'=0) urteilt insoweit zufällig, als die Hit-Rate immer der False-Alarm-Rate entspricht. Mit größer werdendem d' verändert sich das Verhältnis Hit zu False-Alarm zugunsten der Hit-Rate. Links vom Scheitelpunkt der Kurven (für d'>0) fallen die Entscheidungen konservativ ($L_x > 1$) und rechts davon progressiv ($L_x < 1$) aus.

L_x und d' sind dimensionslose Zahlen und sagen nichts über die tatsächliche Diskriminationsfähigkeit bzw. über die Lokalisierung der Reaktionsschwelle auf dem Merkmalskontinuum aus. Clark (1974) zeigt in einer Untersuchung über Schmerzreaktionen auf unterschiedlich intensive Thermalreize, wie Sensitivitäts- und Reaktionsschwellenparameter in Einheiten des untersuchten Merkmales transformiert werden können.

Risikofreie Entscheidungen, die beispielsweise beim Paarvergleich verschiedener Gewichte im Rahmen einer wissenschaftlichen Untersuchung zu treffen sind, weisen in der Regel nur geringfügige Reaktionsverzerrungen auf ($L_x \approx 1$). Die meisten alltäglichen Entscheidungen dürften jedoch insoweit riskant sein, als sie bestimmte Konsequenzen nach sich ziehen, die vom Urteiler mehr oder weniger negativ bewertet werden. In derartigen Fällen ist mit deutlichen Reaktionsverzerrungen zu rechnen ($L_x \neq 1$).

Wie man Konfidenzintervalle für d' und L_x berechnen kann (bzw. wie man Parameterdifferenzen auf Signifikanz testet), wird bei Kadlec (1999) beschrieben.

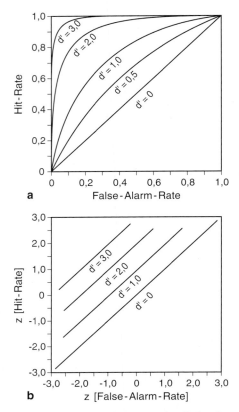

Abb. 4. ROC-Kurven für unterschiedliche d'-Werte mit Hit- und False-Alarm-Raten (**a**) bzw. z-Werten (**b**) als Koordinaten. (Nach MacMillan, 1993, S. 25)

Anwendungen: Der Einsatz der Signalentdeckungsmethodik empfiehlt sich generell, wenn die vier verschiedenen, mit einer Entscheidungssituation verbundenen Ausgänge (vgl. Tabelle 9) unterschiedlich bewertete Konsequenzen nach sich ziehen oder – in termini der Signalentdeckungstheorie – unterschiedliche Auszahlungen oder „Pay Offs" aufweisen. Ärzte unterscheiden sich beispielsweise darin, ob sie bei Verdacht auf Krebs eher bereit sind, eine Miss-Reaktion oder eine False-Alarm-Reaktion zu riskieren. Bei einem Miss würde ein tatsächlich vorhandener Krebs übersehen werden. Das Risiko besteht, daß sich die Krankheit weiter entwickelt und zu einem späteren Zeitpunkt nicht mehr erfolgreich operiert werden kann. Bei einem False-Alarm hingegen riskiert man eine unnötige Operation mit allen damit verbundenen Folgen.

So steht man im Rahmen der klinischen Diagnostik oft vor dem Problem, bei stetig verteilten Indikatoren für eine Krankheit (z.B. PSA für Prostatakarzinome) entscheiden zu müssen, ab welchem Wert (Cutoff-Point) ein Patient als krank und damit behandlungsbedürftig gelten soll. Wird dieser Wert zu niedrig angesetzt, werden zu viele Patienten als „krank" diagnostiziert, d.h. man riskiert (zugunsten einer hohen Hit-Rate) eine hohe False-Alarm-Rate (progressive Entscheidungsstrategie). Bei zu hohem Wert könnten tatsächlich kranke Patienten übersehen werden, was mit einer hohen Miss-Rate (bzw. einer geringeren Hit-Rate) gleichzusetzen wäre (konservative Entscheidungsstrategie).

Wenn nun verschiedene Ärzte unterschiedliche Cutoff-Points verwenden, resultieren Arzt-spezifische Hit- und False-Alarm-Raten, die herangezogen werden können, um eine ROC-Kurve für PSA zu konstruieren (dies setzt natürlich voraus, daß die wahren Verhältnisse – krank oder nicht krank – bekannt sind. Die Hit- und False-Alarm-Raten könnten hier also nur katamnestisch, beispielsweise nach Vorliegen histologischer Befunde, ermittelt werden). Die PSA-ROC-Kurven sollten dem Typus der in Abb. 4a,b dargestellten Kurven entsprechen, d.h. der d'-Parameter müßte für alle Ärzte konstant sein. Die Überlegenheit eines neuen Indikators für Prostatakarzinome (z.B. Anti-VEGF) wäre durch einen höheren d'-Wert nachzuweisen.

Ein weiterer, häufig verwendeter Kennwert für die Sensitivität ist die Fläche unter der ROC-Kurve. Ausführliche Informationen über Entscheidungskriterien in der Medizin findet man bei Lusted (1968).

Der breite Anwendungsrahmen der Signalentdeckungstheorie läßt sich mühelos durch weitere Anwendungsbeispiele belegen. So wurden beispielsweise subjektive Schmerzbeurteilungen unter medikamentösen Bedingungen von Classen und Netter (1985) untersucht. Rollman (1977) setzt sich kritisch mit Anwendungen der Signalentdekkungstheorie in der Schmerzforschung auseinander; Price (1966) befaßt sich mit Anwendungen in der Persönlichkeits- und Wahrnehmungspsychologie; Dykstra und Appel (1974) überprüfen mit diesem Ansatz LSD-Effekte auf die auditive Wahrnehmung; Upmeyer (1981) belegt den heuristischen Wert der Signalentdeckungstheorie für theoretische Konstruktionen im Bereich der sozialen Urteilsbildung und Pastore und Scheirer (1974) geben generelle Hinweise über die breite Anwendbarkeit dieses entscheidungstheoretischen Ansatzes. Über Probleme bei der Übertragung signalentdeckungstheoretischer Ansätze auf psychophysische Fragestellungen berichtet Vossel (1985). Eine Fülle von Anwendungsbeispielen findet man zudem bei Swets (1986b).

Für eine weiterführende Einarbeitung in die Signalentdeckungstheorie sowie deren methodische Erweiterungen stehen inzwischen zahlreiche Monographien und Aufsätze zur Verfügung wie z.B. das bereits erwähnte Buch von Green und Swets (1966) oder auch Coombs et al. (1970), Egan (1975), Eijkman (1979), Hodos (1970), MacMillan (1993), McNicol (1972), Richards und Thornton (1970), Snodgrass (1972), Swets (1964, 1986a) sowie Velden (1982).

4.2.3 Ähnlichkeits-Paarvergleiche

Ähnlichkeits-Paarvergleiche erfordern vom Urteiler Angaben über die globale Ähnlichkeit bzw. (seltener) die auf ein bestimmtes Merkmal bezogene Ähnlichkeit von jeweils 2 Objekten. In den meisten Anwendungsfällen ist diese Aufgabe für den Urteiler schwerer als ein Dominanz-Paarvergleich, bei dem lediglich angegeben wird, bei welchem von 2 Objekten das untersuchte Merkmal stärker ausgeprägt ist.

Die Instruktion der Untersuchungsteilnehmer könnte in etwa lauten: „Schätzen Sie die Ähnlichkeit der folgenden Objektpaare auf einer 5-stufigen Skala mit den Abstufungen ‚sehr ähnlich – ähnlich – weder ähnlich, noch unähnlich – unähnlich – sehr unähnlich' ein". Ein graphisches Verfahren würde von den Untersuchungsteilnehmern fordern, auf einer durch die extreme „äußerst unähnlich" und „äußerst ähnlich" begrenzten Strecke die empfundene Ähnlichkeit durch ein Kreuz zu markieren. Die Länge der Strecke zwischen dem Skalenende „äußerst unähnlich" und dem gesetzten Kreuz dient dann als Ähnlichkeitsurteil (vgl. hierzu auch Tafel 24; über weitere Methoden zur Ähnlichkeitsschätzung berichtet Sixtl, 1967, S. 277ff.).

Dieses „Rohmaterial" kann mit verschiedenen Verfahren ausgewertet werden. (Einen anwendungsbezogenen Überblick geben Nosofsky, 1992 sowie Ashby, 1992.) Das gemeinsame Ziel dieser Verfahren ist die Ermittlung von Urteilsdimensionen, die die untersuchten Objekte beschreiben und die Ähnlichkeitsurteile bestimmen. Wir behandeln im folgenden

- die „klassische" multidimensionale Skalierung (MDS),
- die nonmetrische multidimensionale Skalierung (NMDS) und
- die Analyse individueller Differenzen (INDSCAL).

Multidimensionale Skalierungen sind sowohl mathematisch als auch theoretisch aufwendige Verfahren, die hier nicht im vollen Umfang behandelt werden können (ausführlicher hierzu vgl. z. B. Borg und Groenen, 1997). Wir begnügen uns mit einer Darstellung des Ansatzes dieser Verfahren, ihrer Ergebnisse sowie mit Angaben zu weiterführender Literatur. Weitere Techniken, die ebenfalls geeignet sind, Untersuchungsobjekte auf der Basis ihrer Ähnlichkeit zu strukturieren, sind die Faktorenanalyse und die Clusteranalyse (vgl. S. 382 f. und Anhang B).

Die „klassische" multidimensionale Skalierung (MDS)

Die Vorgehensweise der „klassischen" multidimensionalen Skalierung (Torgerson, 1958) sei im folgenden anhand eines kleinen Beispiels beschrieben. Als Distanzen (Unähnlichkeiten) zwischen drei Objekten A, B und C (dies könnten z. B. 3 verschiedene Berufe sein) seien die Werte $d_{AB} = 4$, $d_{AC} = 10$ und $d_{BC} = 5$ ermittelt worden (um Ähnlichkeiten in Distanzen zu transformieren, weist man der höchstmöglichen Ähnlichkeitsstufe den Distanzwert Null zu, der zweithöchsten Ähnlichkeitsstufe den Wert eins zu usw.). Wir suchen nun einen Raum mit euklidischer Metrik (zum Metrikbegriff s. S. 173 f.), in dem sich diese Distanzen geometrisch darstellen lassen. In diesem Raum müssen für die untersuchten Objekte Positionen (oder Punkte) gefunden werden, deren räumliche Distanzen mit den empirisch ermittelten Distanzen möglichst gut übereinstimmen.

Wegen $d_{AB} + d_{BC} < d_{AC}$ (4+5<10) sind diese geometrisch nicht darstellbar (vgl. Abb. 5 a). Im euklidischen Raum lassen sich für die Objekte A, B und C keine Positionen finden, deren Distanzen den genannten Werten entsprechen. Intervallskalierte Distanzschätzungen vorausgesetzt, sind jedoch Lineartransformationen der Distanzschätzungen wie z. B. Nullpunktverschiebungen zulässig. Wir verschieben deshalb probeweise die Distanzskala um einen Punkt nach rechts, indem wir zu allen Distanzratings den Wert eins addieren (vgl. Abb. 5b). Die additive Konstante von eins führt zu neuen Distanzen, die nun auf einer

a) $\left. \begin{array}{l} d_{AB} = 4 \\ d_{AC} = 10 \\ d_{BC} = 5 \end{array} \right\}$ geometrisch nicht darstellbar

b) $\left. \begin{array}{l} d_{AB} = 4+1 = 5 \\ d_{AC} = 10+1 = 11 \\ d_{BC} = 5+1 = 6 \end{array} \right\}$ eindimensionale Darstellung möglich

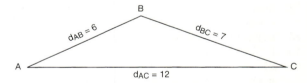

c) $\left. \begin{array}{l} d_{AB} = 4+2 = 6 \\ d_{AC} = 10+2 = 12 \\ d_{BC} = 5+2 = 7 \end{array} \right\}$ nur zweidimensionale Darstellung möglich

Abb. 5. Geometrische Darstellbarkeit verschiedener Distanzen: das Problem der additiven Konstanten (Erläuterungen s. Text)

Dimension darstellbar sind. Vergrößern wir die Distanz um eine additive Konstante von zwei, resultieren – wie Abb. 5c zeigt – Distanzen, für deren Darstellbarkeit eine Dimension nicht mehr ausreicht. Zur Wahrung dieser Distanzen ist für die Positionen der Objektpunkte eine zweidimensionale „Punktekonfiguration" erforderlich.

> **!** Das mathematische Problem einer „klassischen" multidimensionalen Skalierung besteht darin, für empirisch ermittelte Distanzen diejenige additive Konstante zu finden, die bei einer minimalen Anzahl von Dimensionen eine geometrische Darstellbarkeit der Objekte zuläßt.

Wird eine zu große additive Konstante gewählt, resultiert eine überdimensionierte Punktekonfiguration. (Bei Wahl einer genügend großen additiven Konstanten können n Objekte immer in n−1 Dimensionen dargestellt werden.) Fällt die additive Konstante zu klein aus, ist die Punktekonfiguration geometrisch nicht mehr darstellbar. Lösungsvorschläge für dieses Problem findet man bei Borg (1981); Borg und Staufenbiel (1993); Cooper (1972); Messick und Abelson (1956); Lüer und Fillbrandt (1969); Sixtl (1967) sowie Torgerson (1958).

Liegt die additive Konstante fest, ähnelt das weitere Vorgehen dem einer Faktorenanalyse (vgl. Anhang A). Durch Hinzufügen der additiven Konstanten werden die empirisch ermittelten (komparativen) Distanzen in absolute Distanzen überführt, die ihrerseits in sog. Skalarprodukte umgewandelt werden (vgl. z. B. Sixtl, 1967, S. 290 ff.). Die Faktorenanalyse über die Skalarprodukte führt zu Dimensionen der Ähnlichkeit, die über die sog. „Ladungen" der untersuchten Objekte (= Positionen der Objekte auf den Dimensionen) inhaltlich interpretiert werden. Das Prinzip dieser Interpretation verdeutlichen die Abbildungen in Tafel 23.

Die Interpretation einer MDS-Lösung kann – wie bei allen dimensionsanalytischen Verfahren – Probleme bereiten. Fehlerhafte oder nachlässige Urteile führen häufig zu wenig aussagekräftigen Strukturen, deren Bedeutung – vor allem bei geringer Objektzahl – nur schwer zu erkennen ist. Die Interpretation sollte deshalb nur der Anregung inhaltlicher Hypothesen über diejenigen Merkmale dienen, die den Ähnlichkeitsurteilen zugrunde liegen. Allzu starke Subjektivität wird vermieden, wenn man die von Shepard (1972, S. 39 ff.) vorgeschlagenen Interpretationshilfen nutzt.

Diesem multidimensionalen Skalierungsverfahren liegt die Modellannahme zugrunde, daß zwischen den empirisch ermittelten Ähnlichkeiten und den Distanzen der untersuchten Objekte in der Punktekonfiguration eine *lineare Beziehung* besteht (weshalb diese Skalierung gelegentlich auch metrische oder lineare MDS genannt wird). Die Güte der Übereinstimmung zwischen den empirischen Distanzen (oder Ähnlichkeiten) und den Distanzen, die aufgrund der gefundenen Punktekonfiguration reproduzierbar sind, kann durch Anpassungstests überprüft werden (vgl. z. B. Tor-

gerson, 1958, S. 277 ff. und Ahrens, 1974, S. 103 ff.). MDS ist Bestandteil der gängigen Statistik-Programmpakete (vgl. Anhang D).

Die nonmetrische multidimensionale Skalierung (NMDS)

Erheblich schwächere Annahmen als die „klassische" MDS macht ein Skalierungsansatz, der von Kruskal (1964 a, b) ausgearbeitet und von Shephard (1962) angeregt wurde: die nonmetrische multidimensionale Skalierung (NMDS). Von beliebigen Angaben über Ähnlichkeiten (Unähnlichkeiten) der untersuchten Objektpaare (z. B. Distanzratings, Korrelationen, Übergangswahrscheinlichkeiten, Interaktionsraten etc.) wird in diesem Verfahren lediglich die ordinale Information verwendet, d. h. die Rangfolge der ihrer Größe nach geordneten Ähnlichkeiten. Das Ziel der NMDS besteht darin, eine Punktekonfiguration zu finden, für die sich eine Rangfolge der Punktedistanzen ergibt, die mit der Rangfolge der empirischen Unähnlichkeiten möglichst gut übereinstimmt. Gefordert wird damit keine lineare (wie bei der metrischen MDS), sondern lediglich eine monotone Beziehung zwischen den empirisch gefundenen Ähnlichkeiten und den Punktedistanzen in der zu ermittelnden Punktekonfiguration.

> **!** Das Ziel der *nonmetrischen multidimensionalen Skalierung* ist eine Punktekonfiguration, die so geartet ist, daß zwischen den Objektdistanzen und den empirisch ermittelten Unähnlichkeiten eine monotone Beziehung besteht.

Das Verfahren beginnt mit einer beliebigen Startkonfiguration der untersuchten Objekte, deren Dimensionalität probeweise vorzugeben ist. Diese Konfiguration wird schrittweise solange verändert, bis die Rangreihe der Distanzen zwischen den Punkten in der Punktekonfiguration mit der Rangreihe der empirisch gefundenen Unähnlichkeiten möglichst gut übereinstimmt. Für die Güte der Übereinstimmung ermittelt das Verfahren eine Maßzahl, den sog. *Stress*. Es werden dann Stresswerte für Konfigurationen mit unterschiedlicher Dimensionszahl verglichen. Diejenige Konfiguration, die bei möglichst geringer Anzahl von Dimensionen den geringsten Stress aufweist, gilt als die beste Repräsentation der untersuchten Objekte

TAFEL 23

Die Ähnlichkeit von Berufen – Ein Beispiel für eine multidimensionale Skalierung

Burton (1972) untersuchte die Ähnlichkeit verschiedener Berufe mit Hilfe der nonmetrischen multidimensionalen Skalierung nach Kruskal (1964). Es wurde zunächst die folgende eindimensionale Lösung berechnet (es werden nur Auszüge der vollständigen Analyse wiedergegeben):

Beruf	Skalenwert
Bauer	1,785
Fischer	1,637
Müllarbeiter	1,373
Seemann	1,336
Bergmann	1,147
Arbeiter	1,054
Priester	1,047
Fernfahrer	0,972
Psychologe	0,707
Physiker	0,705
Architekt	0,654
Professor	0,521
Mechaniker	0,201
Sozialarbeiter	0,066
Juwelier	−0,130
Bäcker	−0,385
Friseur	−0,517
Polizist	−0,891
Programmierer	−1,238
Bibliothekar	−1,342
Einkäufer	−1,538
Büroangestellter	−1,566
Bankangestellter	−1,637

Burton interpretierte diese Dimension als „Unabhängigkeit bzw. Freiheit in der Berufsausübung".

Ferner stellte die folgende dreidimensionale Konfiguration eine akzeptable Lösung dar:

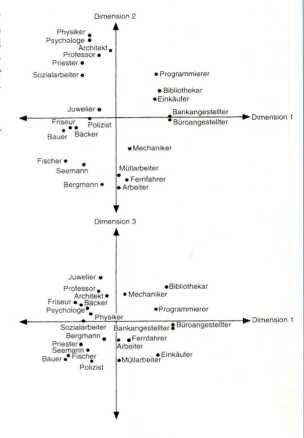

Die erste Dimension interpretiert Burton als „berufliche Unabhängigkeit", die zweite als „berufliches Prestige" und die dritte als „berufliche Fertigkeiten (Skill)".

(Hinweise über anzustrebende Minimalwerte für den Stress findet man bei Borg und Lingoes, 1987).

Die Interpretation der gefundenen, intervallskalierten Dimensionen erfolgt – wie in der metrischen MDS – anhand von Kennwerten (Ladungen), die die Bedeutsamkeit der Urteilsdimensionen für die untersuchten Objekte charakterisieren. Tafel 23 gibt hierfür ein Beispiel. Eine ausführlichere Beschreibung der Lösungsprozedur findet man in der Originalarbeit von Kruskal (1964 a, b), bei Scheuch und Zehnpfennig (1974, S. 153 f. zit. nach Kühn, 1976) oder bei Gigerenzer (1981, Kap. 9). Für die Anfertigung eines Rechenprogramms sind die Ausführungen von van der Ven (1980) besonders hilfreich; über bereits vorhandene EDV-Routinen informiert Anhang D.

Minkowski-Metriken: Die bisher behandelten MDS- und NMDS-Ansätze gingen davon aus, daß die Distanzen zwischen zwei Punkten der Punktekonfiguration als deren kürzeste Verbindung nach dem Euklidischen Lehrsatz $(a = \sqrt{b^2 + c^2})$ bestimmt wird. Die nonmetrische multidimensionale Skalierung läßt jedoch allgemeine Metriken zu, die über die euklidische Metrik hinausgehen und die als *Minkowski-r-Metriken* bezeichnet werden. Aus der Menge aller möglichen r-Metriken sind am bekanntesten: r = 1: City-Block-Metrik (Attneave, 1950); r = 2: euklidische Metrik und r → ∞: Supremum-(Dominanz)-Metrik. Zwischen den Extremen r = 1 und r → ∞ kann r jeden beliebigen Wert annehmen und spannt damit ein Kontinuum unendlich vieler Metriken auf. (Ausführliche Informationen über formale Eigenschaften der Minkowski-r-Metriken gibt z.B. Ahrens, 1974, Kap. 3.1.3.) Wir wollen uns damit begnügen, die 3 oben genannten Metriken zu verdeutlichen.

Im n-dimensionalen Raum wird die Distanz d_{ij} zweier Punkte i und j für eine beliebige Metrik r nach folgender Beziehung bestimmt:

$$d_{ij} = \left[\sum_{k=1}^{n} (|\, x_{ik} - x_{jk}\,|)^r \right]^{1/r}$$

wobei x_{ik} die Koordinate des Punktes i und x_{jk} die Koordinate des Punktes j auf der Dimension k bezeichnen.

Mit r = 2 erfaßt dieses Maß die bekannte euklidische Distanz

$$d_{ij} = \sqrt{\sum_{k=1}^{n} (x_{ik} - x_{jk})^2}\;,$$

die sich für n = 2 Dimensionen folgendermaßen geometrisch veranschaulichen läßt:

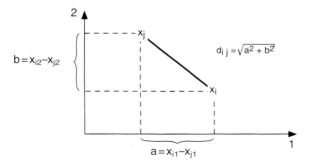

Setzen wir r = 1, resultiert eine Distanz nach der City-Block-Metrik:

$$d_{ij} = \sum_{k=1}^{n} |\, x_{ik} - x_{jk}\,|$$

Diese Distanz läßt sich für n = 2 graphisch in folgender Weise veranschaulichen:

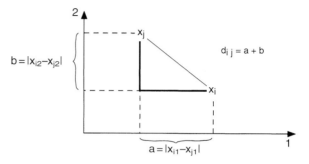

Sie ergibt sich als die Summe der Absolutbeträge der Koordinatendifferenzen. Die Bezeichnung „City-Block-Distanz" geht auf die Situation eines Autofahrers zurück, der in einer Stadt (mit rechtwinklig verlaufenden Straßen) die Distanz zwischen Start und Ziel kalkuliert. Da die „Luftliniendistanz" nicht befahrbar ist (dies wäre die euklidische Distanz), setzt sich die Fahrstrecke aus 2 rechtwinkligen Straßenabschnitten zusammen – der City-Block-Distanz.

Für die Ermittlung einer Distanz nach der Supremum-Metrik setzen wir r → ∞. Die allgemeine Distanzgleichung vereinfacht sich dann zu

$$d_{ij} = \max(|\, x_{ik} - x_{jk}\,|)\,.$$

Diese Distanz entspricht – wie die folgende Abbildung für n = 2 verdeutlicht – der maximalen Koordinatendifferenz:

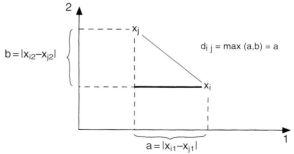

Da $a > b$ ist, resultiert für die Supremum-Distanz $d_{ij} = a$. Die Distanz entspricht der „dominierenden" Koordinatendifferenz (Dominanz-Metrik).

Bedeutung verschiedener Metriken: Das NMDS-Verfahren bestimmt nicht nur die optimale Dimensionszahl, sondern auch diejenige Metrik, die den Ähnlichkeitsurteilen der Untersuchungsteilnehmer vermutlich zugrunde lag. Diese Metriken werden gelegentlich zur Beschreibung psychologisch unterscheidbarer Urteilsprozesse herangezogen.

Ähnlichkeitspaarvergleiche eignen sich vorzugsweise für die Skalierung komplexer, durch viele Merkmale charakterisierbarer Objekte. Die Instruktion, nach der die Untersuchungsteilnehmer die Paarvergleiche durchführen, sagt nichts darüber aus, nach welchen Kriterien die Ähnlichkeiten einzustufen sind. Dies bleibt den Untersuchungsteilnehmern selbst überlassen. Sie können beispielsweise die zu vergleichenden Objekte sorgfältig hinsichtlich einzelner Merkmale analysieren, um dann Merkmal für Merkmal die Gesamtähnlichkeit aufzubauen. Dieses Vorgehen käme einer durch die City-Block-Metrik charakterisierten Urteilsweise sehr nahe.

Es sind auch Ähnlichkeitsurteile denkbar, die nur ein – gewissermaßen ins Auge springendes – Merkmal beachten, das die zu vergleichenden Objekte am stärksten differenziert. Diese Urteilsweise ließe sich durch die Supremum-Metrik beschreiben. In entsprechender Weise sind Zwischenwerte zu interpretieren: Im Bereich $r > 2$ überwiegen „spezifisch-akzentuierende" und im Bereich $r < 2$ „analytisch-kumulierende" Urteilsweisen (vgl. Bortz, 1975b).

Wie Wender (1969) zeigen konnte, hängt die Art, wie Ähnlichkeitsurteile zustandekommen, auch von der Schwierigkeit der Paarvergleichsaufgabe ab: Je schwerer die Paarvergleichsurteile zu erstellen sind, desto höher ist der für das Urteilsverhalten typische Metrikkoeffizient. Bei schweren Paarvergleichen werden die deutlich differenzierenden Merkmale stärker gewichtet als die weniger differenzierenden Merkmale, und bei leichten Paarvergleichsurteilen erhalten alle relevanten Merkmale ein ähnliches Gewicht. Weitere Hinweise zur psychologischen Interpretation des Metrikparameters geben Cross (1965); Micko und Fischer (1970) sowie Shepard (1964). Methodenkritische Überlegungen zur Interpretation verschiedener Metriken liegen von Beals et al. (1968); Bortz (1974, 1975a); Wender (1969) und Wolfrum (1976a, b) vor.

Die Analyse individueller Differenzen (INDSCAL)
Die Charakterisierung des Urteilsverhaltens durch einen Metrikparameter ist hilfreich für die Fragestellung, ob die beachteten Urteilsdimensionen gleich oder verschieden stark gewichtet wurden. Die Frage, wie stark *ein* Urteiler eine bestimmte Urteilsdimension gewichtet, wird damit jedoch nicht befriedigend beantwortet. Hierfür ist ein Verfahren einschlägig, das unter der Bezeichnung INDSCAL (Individual Scaling von Carroll und Chang, 1970) bekannt wurde.

Ausgangsmaterial sind erneut die im Paarvergleich (oder in einem vergleichbaren Verfahren) bestimmten Ähnlichkeiten zwischen den zu skalierenden Objekten. Das Verfahren ermittelt neben der für alle Urteiler gültigen Reizkonfiguration (Group Stimulus Space) für jeden Urteiler einen individuellen Satz von Gewichten, der angibt, wie stark die einzelnen Urteilsdimensionen gewichtet wurden.

Die Besonderheit liegt also darin, daß das Verfahren es gestattet, für jeden Urteiler die relative Bedeutung oder Gewichtung der Dimensionen der Reizkonfiguration zu ermitteln. Diese individuellen Dimensionsgewichte geben an, wie stark ein Urteiler die einzelnen Dimensionen „streckt" oder „staucht". Urteilsdimensionen, die ein Urteiler nicht beachtet, erhalten ein Gewicht von Null.

Abbildung 6 veranschaulicht den INDSCAL-Ansatz an einem hypothetischen Beispiel. Die Gruppenreizkonfiguration zeigt die Position von neun Reizen auf zwei Dimensionen. Der Konfiguration der Urteiler ist zu entnehmen, wie jeder Urteiler die beiden Urteilsdimensionen gewichtet hat.

Während für den ersten und den sechsten Urteiler nur die erste und für den fünften und den achten Urteiler nur die zweite Dimension relevant ist, haben der zweite, dritte, vierte und siebente Urteiler beide Dimensionen – allerdings in unterschiedlichem Ausmaß – berücksichtigt. Der neunte Urteiler hat die beiden Urteilsdimensionen der Gruppenreizkonfiguration überhaupt nicht berücksichtigt. Für ihn waren anscheinend bei den Ähnlichkeitsschätzungen Merkmale ausschlagge-

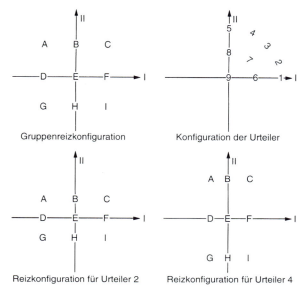

Gruppenreizkonfiguration   Konfiguration der Urteiler

Reizkonfiguration für Urteiler 2   Reizkonfiguration für Urteiler 4

Abb. 6. Hypothetisches Beispiel einer INDSCAL-Analyse. (Nach Carroll, 1972)

bend, die für die anderen Urteiler keine Rolle spielten (Urteiler-spezifische Merkmalsdimensionen). Möglich ist allerdings auch, daß dieser Urteiler fehlerhafte bzw. zufällige Urteile abgab.

Die beiden unteren Grafiken in Abb. 6 zeigen die Reizkonfiguration aus der Sicht des zweiten und des vierten Urteilers. Der zweite Urteiler streckt (bzw. gewichtet) die erste Dimension und der vierte Urteiler die zweite Dimension stärker als der Durchschnitt aller Urteiler.

Ausführlichere Hinweise zum mathematischen Aufbau dieses Verfahrens sind in der Originalarbeit von Carroll und Chang (1970), bei Carroll (1972), Borg (1981) oder verkürzt bei Ahrens (1974, S. 148ff.) und bei Kühn (1976, S. 105ff.) zu finden. Über weiterführende, an das INDSCAL-Modell angelehnte Verfahren informieren Carroll und Wish (1974). EDV-Hinweise enthält Anhang C. Als Anwendungsbeispiele für das INDSCAL-Verfahren seien die Arbeiten von Bortz (1975b) über Differenzierungsmöglichkeiten emotionaler und rationaler Urteile, von Wish und Carroll (1974) über individuelle Differenzen in der Wahrnehmung und im Urteilsverhalten sowie von Wish et al. (1972) über unterschiedliche Wahrnehmungen der Ähnlichkeit von Nationen erwähnt.

4.2.4 Rating-Skalen

Während bei Rangordnungen und Paarvergleichen von den Untersuchungsteilnehmern ordinale Urteile abzugeben sind, können mittels Rating-Skalen auf unkomplizierte Weise Urteile erzeugt werde, die als intervallskaliert interpretiert werden können (vgl. hierzu S. 180 f.). Rating-Skalen (aus dem Englischen: Rating = Einschätzung) zählen zu den in den Sozialwissenschaften am häufigsten verwendeten, aber auch umstrittensten Erhebungsinstrumenten (zur Geschichte der Rating-Skala vgl. McReynolds und Ludwig, 1987). Die Industrie verwendet Ratings zur Bewertung von Arbeitsplätzen oder zur Personalauslese, Lehrer bewerten und benoten die Leistungen ihrer Schüler, Ärzte und Psychologen stufen das Verhalten psychisch Erkrankter ein; die Liste der Beispiele ließe sich mühelos verlängern. Im folgenden befassen wir uns mit

- verschiedenen Varianten von Rating-Skalen,
- meßtheoretischen Problemen bei Rating-Skalen,
- Urteilsfehlern beim Einsatz von Rating-Skalen und
- besonderen Anwendungsvarianten (semantisches Differential, Grid-Technik).

Varianten für Rating-Skalen

Rating-Skalen geben (durch Zahlen, verbale Beschreibungen, Beispiele o. ä.) markierte Abschnitte eines Merkmalskontinuums vor, die die Urteilenden als gleich groß bewerten sollen, d.h. es wird davon ausgegangen, daß die Stufen der Rating-Skala eine Intervallskala bilden (vgl. hierzu S. 180 f.). Die Urteilenden kreuzen diejenige Stufe der Rating-Skala an, die ihrem subjektiven Empfinden von der Merkmalsausprägung bei dem in Frage stehenden Objekt entsprechen. Tafel 24 verdeutlicht einige methodische Varianten für Rating-Skalen.

Uni- und bipolare Rating-Skalen:
Das erste Beispiel zeigt eine Rating-Skala, deren Extreme durch zwei gegensätzliche Begriffe markiert sind. Als Skalenwerte sind die Zahlen 1–5 vorgegeben, deren Bedeutung in der Instruktion erläutert wird. Um die Gegensätzlichkeit der Begriffe stärker zu betonen, werden gelegentlich positive und negative Zahlen-

TAFEL 24

Rating-Skalen

Mit den folgenden Beispielen soll die Vielfalt der Konstruktionsmöglichkeiten für Rating-Skalen angedeutet werden (Kommentare und Erläuterungen s. Text):

Beispiel 1

Instruktion: Im folgenden zeige ich Ihnen Video-Aufnahmen gruppentherapeutischer Sitzungen. Beurteilen Sie bitte die Gruppenatmosphäre bzgl. des Merkmals „gespannt-gelöst". Hierfür steht Ihnen eine 5-stufige Skala zur Verfügung. Die einzelnen Skalenwerte haben folgende Bedeutung: 1 = Gruppenatmosphäre ist gespannt; 2 = Gruppenatmosphäre ist eher gespannt als gelöst; 3 = Gruppenatmosphäre ist weder gespannt noch gelöst; 4 = Gruppenatmosphäre ist eher gelöst als gespannt; 5 = Gruppenatmosphäre ist gelöst. Bitte urteilen Sie möglichst spontan! Uns interessiert Ihre persönliche Meinung, d.h. es gibt keine „richtigen" oder „falschen" Antworten. Noch ein Hinweis: Bitte achten Sie darauf, daß die Abstände zwischen den einzelnen Stufen gleich groß sind.

Die Gruppenatmosphäre in der ersten Videoaufzeichnung empfinde ich als

gespannt $\boxed{1}$ $\boxed{2}$ $\boxed{3}$ $\boxed{4}$ $\boxed{5}$ gelöst

Um die Polarisierung der Skala besser zum Ausdruck zu bringen, können die Stufen auch in folgender Weise beziffert werden.

gespannt $\boxed{-2}$ $\boxed{-1}$ $\boxed{0}$ $\boxed{1}$ $\boxed{2}$ gelöst

Das folgende 6-stufige Beispiel verzichtet gänzlich auf eine Bezifferung und zudem auf die Vorgabe einer neutralen Kategorie. Diese Skala zwingt den Urteiler, sich zumindest der Tendenz nach für einen der beiden Skalenpole zu entscheiden.

Gespannt – – –   – –   –   – –   – – – Gelöst

Beispiel 2

Instruktion: Im folgenden wird Ihnen eine Reihe von Behauptungen vorgelegt. Bitte entscheiden Sie, ob das jeweils Behauptete Ihrer Ansicht nach eher richtig oder falsch ist (pro Aussage bitte nur ein Kreuz).

In der Mode kehrt alles wieder:

☐ stimmt gar nicht
☐ stimmt wenig
☐ stimmt teils-teils
☐ stimmt ziemlich
☐ stimmt völlig

(Ein weiteres Beispiel für diesen Rating-Skalen-Typ enthält Tafel 20 auf S. 148.)

Beispiel 3

Instruktion: Auch in Ihrer Abteilung hat sich durch die Einführung von Gruppenarbeit in den letzten Monaten vieles verändert. Um diese Veränderungen zu erfassen, führen wir eine anonyme Mitarbeiterbefragung durch. Sie haben in dieser Umfrage die Möglichkeit, vollkommen anonym Ihre Meinung zu sagen. Das Ausfüllen des Fragebogens dauert etwa 10 Minuten und geht ganz leicht: Kreuzen Sie einfach die auf Sie zutreffenden Antworten an.

Wie zufrieden sind Sie mit der Beziehung zu Ihrem direkten Vorgesetzten?

Beispiel 4

Instruktion: Im folgenden werden Ihnen verschiedene Berufspaare vorgelegt. Bitte beurteilen Sie bei jedem Berufspaar die Ähnlichkeit der beiden Berufe. Hierfür steht Ihnen eine Skala mit den Polen „extrem ähnlich" und „extrem unähnlich" zur Verfügung. Bitte markieren Sie

TAFEL 24

durch ein Kreuz die von Ihnen eingeschätzte Ähnlichkeit.

Beispiel:

Bäcker und Soziologe

extrem ähnlich ├────x──┤ extrem unähnlich

Mit der Position des Kreuzes wird verdeutlicht, daß die im Beispiel zu vergleichenden Berufe für sehr unähnlich gehalten werden.

Beispiel 5

Instruktion: Im folgenden geht es um die Beurteilung einiger Ihnen bekannter Strafgefangener. Bitte tragen Sie Ihren Eindruck von den zu beurteilenden Personen auf den folgenden Skalen ein. Verwenden Sie hierbei die Werte 3-2-1-0-1-2-3 als gleichmäßige Abstufungen des jeweils angesprochenen Merkmals.

Wie geht er mit Schwierigkeiten um?

Er versucht, jeder   3–2–1–0–1–2–3   Es reizt ihn, Schwierigkeit aus   Schwierig- dem Weg zu gehen.   keiten zu   überwinden.

Er fühlt sich   überall   3–2–1–0–1–2–3   nirgendwo zu Hause.

etc. (in Anlehnung an Waxweiler, 1980).

Beispiel 6

Instruktion: Im folgenden geht es um die Einstufung der Hilfsbedürftigkeit Ihnen bekannter Personen. Hierfür steht Ihnen eine Skala mit 100 Punkten zur Verfügung. Je mehr Punkte Sie vergeben, desto hilfsbedürftiger ist Ihrer Ansicht nach die beurteilte Person. Um Ihnen die Arbeit mit der Skala zu erleichtern, wurden Personen unterschiedlicher Hilfsbedürftigkeit bereits einigen Punktwerten exemplarisch zugeordnet (nach Taylor et al., 1970).

Frau N. lebt in einem schlecht ausgestatteten Altersheim. Sie ist 87 Jahre und überlebte ihre ganze Familie. Sie hat keine Kinder, und die meisten ihrer Freunde sind verstorben. Die bescheidenen Kontaktmöglichkeiten innerhalb des Altersheimes werden von der Anstaltsleitung nur wenig unterstützt. Sie sitzt meistens alleine in ihrer Kammer und schaut sich gelegentlich Fotos aus alten Zeiten an. ▶ 100 — 90

Eine 75jährige Witwe lebt allein in ihrem verwahrlosten Appartement. Sie empfängt gerne Besuch und besteht dann darauf, Bilder aus ihrer Jugend zu zeigen. Sie scheint sich ihres Alters zu schämen und haßt es, sich unter andere Leute zu mischen. Sie möchte zwar ihre alten Kontakte aufrechterhalten, tut allerdings sehr wenig dafür. Ihre Schwägerin kann sie nicht leiden, weil diese ihr die finanzielle Unterstützung, die sie von ihrem Bruder erhält, mißgönnt. ▶ 80 — 70 — 60

Ein Witwer, Anfang 70, lebt mit seiner unverheirateten Tochter zusammen. Es gibt häufig Streit, und jeder geht seine Wege. Sie macht ihm das Abendbrot. Er geht gerne, häufiger als zu Lebzeiten seiner Frau, zu Aktivitäten für alte Leute. Er besucht gelegentlich seine drei Söhne, die mit ihren Familien in derselben Stadt wohnen. ▶ 50 — 40

Ein 70jähriger verheirateter Mann, der noch vorübergehend Gelegenheitsjobs in der Buchhaltung annimmt. Er hat einige Geschäftsfreunde, die er – wie auch seine Verwandten – gerne besucht. Einmal in der Woche trifft er sich mit Freunden zum Karten- oder Schachspielen. Abends sieht er gern fern mit seiner Frau, zu der er ein gutes Verhältnis hat. ▶ 30 — 20

Ein 68jähriger verheirateter Mann, der noch voll im Berufsleben steht und bei guter Gesundheit ist. Er geht jeden Tag ins Büro und freut sich auf seine Arbeit bzw. seine Berufskollegen. Er genießt den ruhigen Feierabend mit seiner Frau. Sie gehen selten aus, sondern begnügen sich damit, Karten zu spielen, fernzusehen oder Zeitung zu lesen. Seine beiden Töchter wohnen noch zu Hause. Seine Familie, der er sich eng verbunden fühlt, und seine Freunde, mit denen er sich gern unterhält, füllen ihn vollständig aus. ▶ 10 — 0 werte einschließlich einer neutralen Mitte (0) verwendet.

Fällt es schwer, zu einem Begriff einen passenden Gegenbegriff zu finden, verwendet man statt *bipolarer* Skalen *unipolare* Rating-Skalen. Dies gilt vor allem für Merkmale mit natürlichem Nullpunkt, wie z.B. dem Ausmaß der Belästigung durch Lärm. Bipolare Skalen haben gegenüber unipolaren Skalen den Vorteil, daß sich die beiden gegensätzlichen Begriffe gegenseitig definieren, d.h. sie erhöhen die Präzision der Urteile (zur Eindeutigkeit bipolarer Skalen vgl. auch Kaplan, 1972 und Trommsdorff, 1975, S. 87 f.).

Numerische Marken: Numerische Skalenbezeichnungen (Beispiel 1) sind knapp und eindeutig; ihre Verwendung ist jedoch nur sinnvoll, wenn die zu untersuchenden Probanden diese abstrakte Darstellungsform verstehen.

Verbale Marken: Bei der verbalen Charakterisierung der numerischen Abstufungen von Rating-Skalen (Beispiel 2) ist darauf zu achten, daß die verwendeten Begriffe zumindest annähernd äquidistante Ausprägungen des Merkmalskontinuums markieren. Hierzu hat Rohrmann (1978) eine Untersuchung vorgelegt, die ergab, daß die Urteiler bei 5-stufigen Skalen die folgenden sprachlichen Marken weitgehend als äquidistant auffaßten:

- Häufigkeit (Beispiel: Wie oft hat Ihr Kind Kopfschmerzen?)
  nie – selten – gelegentlich – oft – immer
- Intensität (Beispiel: Sind Sie mit Ihrem neuen Auto zufrieden?)
  gar nicht – kaum – mittelmäßig – ziemlich – außerordentlich
- Wahrscheinlichkeit (Beispiel: Wird nach den nächsten Wahlen ein Regierungswechsel stattfinden?)
  keinesfalls – wahrscheinlich nicht – vielleicht – ziemlich wahrscheinlich – ganz sicher
- Bewertung (Beispiel: An den Universitäten sollte mehr geforscht werden!)
  völlig falsch – ziemlich falsch – unentschieden – ziemlich richtig – völlig richtig.

Für Bewertungsskalen können – wie im Beispiel 2 – ersatzweise auch die 5 Stufen der „stimmt"-Reihe verwendet werden. Dieser Skalentyp wird häufig in Einstellungs- oder Persönlichkeitsfragebogen eingesetzt (vgl. Abschnitt 4.4.2). Eine vergleichende Analyse von Rating-Skalen mit englischsprachigen Labels findet man bei Wyatt und Meyers (1987). Bezogen auf ein Häufigkeitsrating weisen Newstead und Arnold (1989) auf die Vorzüge einer numerischen Prozentskala hin (Beispiel: „An wieviel Tagen hat Ihr Kind Kopfschmerzen". Antwortmöglichkeiten: 0% – 25% – 50% – 75% – 100%).

Symbolische Marken: Noch anschaulicher als verbale Marken sind symbolische Marken, die insbesondere bei Kindern gerne verwendet werden, aber auch Erwachsenen die Urteilsabgabe erleichtern. Die im Beispiel 3 wiedergegebenen Smilies wurden von Jäger (1998) entwickelt und auf Äquidistanz geprüft. Im Unterschied zu verbalen Marken, die erst gelesen werden müssen, können Urteiler die Bedeutung der symbolischen Marken auf einen Blick erfassen. Durch die Visualisierung wirken symbolische Marken bei längeren Listen von Urteilsaufgaben auflockernd.

Graphisches Rating: Das vierte Beispiel zeigt ein graphisches Rating, das man häufig für die Schätzung von Ähnlichkeiten im Rahmen der multidimensionalen Skalierung verwendet (Ähnlichkeitspaarvergleich, s. S. 169 ff.). Die Ähnlichkeit (Unähnlichkeit) ergibt sich hierbei aus der Länge der Strecke zwischen einem Extrem der Skala und dem vom Urteiler gesetzten Kreuz. Hier wird also auf die Vorgabe von Merkmalsabstufungen gänzlich verzichtet.

Diese Skalenart bietet gute Voraussetzungen für intervallskalierte Ratings; sie erschwert jedoch die Auswertung erheblich, sofern die Datenerhebung nicht am Computer erfolgt. Ausführliche Hinweise über Vor- und Nachteile graphischer Rating-Skalen geben Champney und Marshall (1939); Guilford (1954, S. 270 ff.); Remmers (1963, S. 334 ff.) sowie Taylor und Parker (1964).

Skalenverankerung durch Beispiele: Die fünfte Version in Tafel 24 zeigt Rating-Skalen, bei denen durch die Formulierung beispielhafter Extrempositionen sehr gezielt Informationen erfragt werden können (*Example Anchored Scales* nach Smith und Kendall, 1963 oder auch Taylor, 1968; Taylor et al. 1972). Derartige Skalen haben sich insbesondere in der klinischen Forschung bzw. der Persönlichkeitspsychologie bewährt. Gelegentlich erfolgt die Verankerung der Skalen auch durch typische Zeichnungen, Testreaktionen oder Fotografien.

Rating-Skalen, deren Abstufungen durch konkrete Falldarstellungen verdeutlicht werden (vgl. Beispiel 6) finden nicht nur in der klinischen Psychologie, sondern auch in zahlreichen anderen Anwendungsgebieten wie z.B. bei der Beschreibung beruflicher Tätigkeiten, der Bewertung von Arbeitsleistungen oder im sozialen Bereich Verwendung (vgl. Smith und Kendall, 1963). Die Ermittlung der Skalenwerte für die Falldarstellungen von „Behaviorally Anchored Rating Scales" (BARS, vgl. de Cotiis, 1978) basierte ursprünglich auf dem „Law of Categorical Judgement" (vgl. S. 156 f.) und wurde inzwischen erheblich verbessert (vgl. Campbell et al. 1973; de Cotiis, 1978; Kinicki und Bannister, 1988 und Champion et al., 1988). Einen Literaturüberblick zu dieser Rating-Technik findet man bei Schwab et al. (1975) und eine Analyse der psychometrischen Eigenschaften bei Kinicki et al. (1985).

Anzahl der Skalenstufen: Ein häufig diskutiertes Problem betrifft die Anzahl der Stufen einer Rating-Skala bzw. die Frage, ob die Stufenanzahl geradzahlig oder ungeradzahlig sein soll. Ungeradzahlige Rating-Skalen enthalten eine neutrale Mittelkategorie und erleichtern damit bei unsicheren Urteilen das Ausweichen auf diese Neutralkategorie. Geradzahlige Rating-Skalen verzichten auf eine neutrale Kategorie und erzwingen damit vom Urteiler ein zumindest tendenziell in eine Richtung weisendes Urteil (vgl. hierzu die letzte Version im ersten Beispiel, Tafel 24). Diese Vorgehensweise empfiehlt sich, wenn man mit Verfälschungen der Urteile durch eine übermäßige *zentrale Tendenz* (vgl. S. 183) der Urteiler rechnet.

Die Schwierigkeiten bei der Interpretation von Rating-Skalen mit neutralen Antwortkategorien werden in der Literatur unter dem Stichwort „Ambivalenz-Indifferenz-Problem" diskutiert. Hierzu ein Beispiel: Ein Krankenpfleger hat bei der Beurteilung eines geistig behinderten Patienten auf der Skala „einfältig-kreativ" die neutrale Kategorie gewählt. Dies kann bedeuten, daß der Pfleger bezüglich dieses Merkmals keine dezidierte Meinung vertritt, daß er also indifferent ist. Es kann aber auch bedeuten, daß er den Patienten in bestimmten Situationen für einfältig, in anderen jedoch für sehr kreativ hält, daß seine Meinung bezüglich dieses Merkmals also ambivalent ist. Weil kreative und einfältige Seiten sich die Waage halten, wählt der Pfleger die neutrale Kategorie. Welche methodischen Möglichkeiten es gibt, zwischen Ambivalenz und Indifferenz zu unterscheiden, wird bei Kaplan (1972) bzw. Bierhoff (1996, S. 65 ff.) erörtert.

Mit zunehmender Anzahl der Skalenstufen nimmt die Differenzierungsfähigkeit einer Skala zu, bis schließlich die Differenzierungskapazität der Urteilenden ausgeschöpft ist. Matell und Jacoby (1971) konnten allerdings belegen, daß die Anzahl der Skalenstufen sowohl hinsichtlich der Reliabilität als auch der Validität der Rating-Skala (zur Erläuterung dieser Begriffe s. S. 195 ff.) unerheblich ist. Die Autoren verglichen Rating-Skalen mit Stufenanzahlen von 2 bis 19 und kamen zu dem Schluß, daß die genannten Güteeigenschaften der Skala davon unabhängig sind, ob das interessierende Merkmal in dichotomer Form (also zweistufig) oder mit sehr feiner Differenzierung (19-Punkte-Skala) einzustufen ist (vgl. hierzu auch Tränkle, 1987).

Wählt man Ratingskalen mit sehr vielen (z.B. 100) numerierten Skalenstufen, ist festzustellen, daß die Urteiler überwiegend Stufen wählen, die durch 10 (bzw. durch 5) teilbar sind, was Henss (1989) auf die „Prominenzstruktur des Dezimalsystems" zurückführt. Interpretativ läßt sich dieser Befund so deuten, daß eine zu feine Differenzierung bei einer Rating-Skala das Urteilsvermögen der Urteiler überfordert mit der Folge, daß nur eine gröber segmentierte Teilmenge aller Kategorien verwendet wird.

Hieraus leitet sich die untersuchungstechnisch wichtige Konsequenz ab, daß man den Urteilenden die Wahl des Skalenformats überlassen sollte. Je nach Schwierigkeit der Urteilsaufgabe und nach eigener Kompetenz werden sie ein Format wählen, welches ihnen Gelegenheit gibt, ihre Differenzierungsmöglichkeiten adäquat zum Ausdruck zu bringen. Aufgrund praktischer Erfahrungen in der Feldforschung kommt Rohrmann (1978) zu dem Schluß, daß 5-stufige Skalen am häufigsten präferiert werden (vgl. hierzu auch Lissitz und Green, 1975).

Schätzurteile auf Rating-Skalen überfordern den Urteiler zuweilen, wenn dieser bemüht ist, durch sorgfältiges Nachdenken zu einem fundierten Urteil zu gelangen. Im Bemühen um eine rationale Begründung der Urteile kann er – vor allem bei überdifferenzierten Skalen – zu widersprüchlichen Eindrücken von der Ausprägung des untersuchten Merkmals kommen, die gelegentlich dazu führen, daß die Beurteilung gänzlich verweigert wird. Derartige Verweigerungen sind ernst zu nehmen und sollten zum Anlaß genommen werden, die Rating-Skalen bzw. die Instruktion zu überarbeiten. Besteht jedoch der Verdacht, daß die Verweigerung auf übermäßige Skrupel zurückgeht, hilft ein Hinweis auf spontane Urteile, mit denen der erste, subjektive Eindruck von der Merkmalsausprägung zum Ausdruck gebracht werden soll.

Gelegentlich steht man vor dem Problem, Urteile auf Rating-Skalen mit unterschiedlichen Stufenanzahlen miteinander vergleichen oder ineinander überführen zu müssen. Hierfür geeignete Transformationsformeln findet man bei Aiken (1987) bzw. Henss (1989).

Meßtheoretische Probleme bei Rating-Skalen

Rating-Skalen sind zwar relativ einfach zu handhaben; sie werfen jedoch eine Reihe meßtheoretischer Probleme auf, die im folgenden kurz erörtert werden. Wir konzentrieren diese Diskussion auf die Frage nach dem Skalenniveau und nach der Verankerung von Rating-Skalen (zur Bestimmung der auf S. 195 ff. behandelten testtheoretischen Gütekriterien „Reliabilität" und „Validität" vgl. Aiken, 1985 a).

Zum Skalenniveau von Rating-Skalen: Das gemeinsame Problem aller Rating-Skalenarten betrifft ihr Skalenniveau. Garantieren eine detaillierte Instruktion und eine sorgfältige Skalenkonstruktion, daß die Untersuchungsteilnehmer intervallskalierte Urteile abgeben?

Die Kontroverse zu diesem Thema hat eine lange Tradition und scheint bis heute noch kein Ende gefunden zu haben. Die meßtheoretischen „Puristen" behaupten, Rating-Skalen seien nicht intervallskaliert; sie verbieten deshalb die statistische Analyse von Rating-Skalen mittels parametrischer Verfahren (vgl. Anhang B), die – so wird häufig argumentiert – intervallskalierte Daten voraussetzen. Demgegenüber vertreten die „Pragmatiker" den Standpunkt, die Verletzungen der Intervallskaleneigenschaften seien bei Rating-Skalen nicht so gravierend, als daß man auf die Verwendung parametrischer Verfahren gänzlich verzichten müßte.

Ein Mißverständnis: In diesem Zusammenhang sei auf einen Irrtum aufmerksam gemacht, der seit der Einführung der vier wichtigsten Skalenarten (vgl. Abschnitt 2.3.6) durch Stevens (1946, 1951) anscheinend nur schwer auszuräumen ist. Die Behauptung, parametrische Verfahren wie z. B. der t-Test oder die Varianzanalyse (vgl. Anhang A) setzten intervallskalierte Daten voraus, ist in dieser Formulierung nicht richtig. Die mathematischen Voraussetzungen dieser Verfahren sagen nichts über die Skaleneigenschaften der zu verrechnenden Daten aus. (Die Varianzanalyse setzt z. B. normalverteilte, unabhängige und homogene Fehlerkomponenten voraus.) Vor diesem Hintergrund wäre beispielsweise gegen die Anwendung varianzanalytischer Verfahren auf Daten wie z. B. Telefonnummern nichts einzuwenden, solange diese Zahlen die geforderten mathematischen Voraussetzungen erfüllen („The numbers do not know where they come from", Lord, 1953, S. 751).

Gaito (1980) diskutiert die Hartnäckigkeit dieses Mißverständnisses anhand zahlreicher Literaturbeispiele und fordert nachdrücklich, bei der Begründung der Angemessenheit eines statistischen Verfahrens zwischen *meßtheoretischen Interpretationsproblemen* und *mathematisch-statistischen Voraussetzungen* zu unterscheiden. Die Frage, ob verschiedene Zahlen tatsächlich unterschiedliche Ausprägungen des untersuchten Merkmales abbilden bzw. die Frage, ob – wie es die Intervallskala fordert – gleiche Zahlendifferenzen auch gleiche Merkmalsunterschiede repräsentieren, ist ein meßtheoretisches und kein statistisches Problem. Der statistische Test „wehrt" sich nicht gegen Zahlen minderer Skalenqualität, solange diese seine Voraussetzungen erfüllen. Die Skalenqualität der Zahlen wird erst bedeutsam, wenn man die Ergebnisse interpretieren will. Es sind dann meßtheoretische Erwägungen, die dazu veranlassen, die Ergebnisse einer Varianzanalyse über Nominalzahlen für nichtssagend zu erklären, weil die Mittelwerte derartiger Zahlen, die in diesem Verfahren verglichen werden, keine inhaltliche Bedeutung haben (vgl. hierzu auch Stine, 1989 oder Michell, 1986).

Für die Behauptung, parametrische Verfahren führen auch dann zu korrekten Entscheidungen, wenn das untersuchte Zahlenmaterial nicht exakt intervallskaliert ist, liefern Baker et al. (1966) einen überzeugenden Beleg. (Weitere Literatur zu diesem Thema stammt z.B. von Bintig, 1980; Kim, 1975; Schriesheim und Novelli, 1989 oder Gregoire und Driver, 1987.) In einer aufwendigen Simulationsstudie wurde die Äquidistanz der Zahlen einer Intervallskala systematisch in einer Weise verzerrt, daß Verhältnisse resultieren, von denen behauptet wird, sie seien für Rating-Skalen typisch. Die Autoren erzeugten

- Skalen mit zufällig variierten Intervallgrenzen,
- Skalen, deren Intervalle an den Extremen breiter waren als im mittleren Bereich (was z.B. von Intelligenzskalen behauptet wird) und
- Skalen, die nur halbseitig intervallskaliert waren (was gelegentlich von einigen sozialen Einstellungsskalen behauptet wird).

Mit diesem Material wurden 4000 t-Tests über Paare zufällig gezogener Stichproben (n=5 bzw. n=15) gerechnet. Die Autoren kommen zu dem Schluß, daß statistische Entscheidungen von der Skalenqualität des untersuchten Zahlenmaterials weitgehend unbeeinflußt bleiben.

Diese Unbedenklichkeit gilt allerdings nicht, wenn die in dieser Studie berechneten Mittelwerte inhaltlich interpretiert werden. Statistisch bedeutsame Mittelwertsunterschiede sagen nichts aus, wenn das Merkmal mit einer Skala gemessen wurde, deren Intervallgrößen beliebig variieren.

Messen und insbesondere das Messen mit Rating-Skalen bleibt damit – was die Skalenqualität der Messungen anbelangt – ein auf Hypothesen gegründetes Unterfangen. Die Hypothese der Intervallskalenqualität von Rating-Skalen und die damit verbundene Interpretierbarkeit der Messungen wird in jeder konkreten Untersuchungssituation neu zu begründen sein. Die Sozialwissenschaften wären allerdings schlecht beraten, wenn sie mangels Argumenten, die für den Intervallskalencha-

rakter von Rating-Skalen sprechen, gänzlich auf dieses wichtige Erhebungsinstrument verzichteten. Viele, vor allem junge Forschungsbereiche, in denen die inhaltliche Theorienbildung erst am Anfang steht, wären damit eines wichtigen, für die Urteiler relativ einfach zu handhabenden Erhebungsinstrumentes beraubt. Solange die Forschung mit Rating-Skalen zu inhaltlich sinnvollen Ergebnissen gelangt, die sich in der Praxis bewähren, besteht nur wenig Veranlassung, an der Richtigkeit der impliziten meßtheoretischen Hypothesen zu zweifeln. Diese Position wird durch eine Untersuchung von Westermann (1985) gestützt, in der die Axiomatik einer Intervallskala in bezug auf Rating-Skalen empirisch erfolgreich geprüft werden konnte.

Einheit und Ursprung von Rating-Skalen: Weitere Überlegungen zur Konstruktion intervallskalierter Rating-Skalen betreffen die Einheit und die Verankerung bzw. den Ursprung der Skala. Untersuchungstechnische Hilfen sollten dazu beitragen, daß Einheit und Ursprung einer Rating-Skala intra- und interindividuell konsistent verstanden werden.

Für ein einheitliches Verständnis des *Ursprungs* einer Skala ist es hilfreich, wenn die Urteilenden vor der eigentlichen Beurteilung sämtliche Untersuchungsobjekte (oder doch zumindest Objekte mit extremen Merkmalsausprägungen) kennenlernen. Nur so wird verhindert, daß Objekte mit extremen Merkmalsausprägungen nicht mehr korrekt eingestuft werden können, weil die Extremwerte zuvor bereits für Objekte mit weniger extremen Merkmalsausprägungen vergeben wurden. Durch dieses Vorgehen werden *Ceiling-* oder *Floor-Effekte* vermieden. (Dies sind Effekte, die das „Zusammendrängen" vieler Objekte mit starker, aber unterschiedlicher Merkmalsausprägung in der obersten Kategorie – der „Decke" – oder mit schwacher, aber unterschiedlicher Merkmalsausprägung in der untersten Kategorie – dem „Boden" – bezeichnen.) Die Urteiler können sich so vom gesamten, durch die Objekte realisierten Merkmalskontinuum einen Eindruck verschaffen und dieses, eventuell unterstützt durch verbale Marken, in gleich große Intervalle aufteilen (vgl. hierzu auch McCarty und Shrum, 2000).

Zu beachten ist ferner die *Verteilung der untersuchten Objekte* über das Merkmalskontinuum.

Werden viele positive, aber nur wenig negative Objekte auf einer Bewertungsskala eingestuft, ist damit zu rechnen, daß die positiven Objekte feiner differenziert werden als die negativen. Die Wahrscheinlichkeit intervallskalierter Rating-Skalen-Urteile wird deshalb erhöht, wenn die Objekthäufigkeiten auf beiden Seiten der Skala symmetrisch sind bzw. wenn der mittlere Wert der Skala mit dem Medianwert der Häufigkeitsverteilung zusammenfällt (vgl. das „Range-Frequency-Model" von Parducci, 1963, 1965). Weitere theoretische Überlegungen über Urteilsprozesse, die für die Konstruktion intervallskalierter Rating-Skalen nutzbar gemacht werden können, findet man bei Eiser und Ströbe (1972), Upshaw (1962) bzw. Gescheider (1988).

Urteilsfehler beim Einsatz von Rating-Skalen

Die Brauchbarkeit von Urteilen, die über Rating-Skalen gewonnen wurden, ist zuweilen durch systematische Urteilsfehler eingeschränkt. Ein generelles Problem bei der Untersuchung von Urteilsfehlern betrifft die Trennung zwischen wahren Merkmalsausprägungen und Fehleranteilen. Da die wahren Merkmalsausprägungen in der Regel unbekannt sind, ist es nicht ohne weiteres möglich, Urteilsfehler zu identifizieren. Wie die Literatur dieses Problem behandelt, wurde ausführlich von Saal et al. (1980) in einem Überblicksreferat zusammengestellt. Neuere Überlegungen zur Kontrolle von Urteilsfehlern findet man bei Hoyt (2000). Über die Ergebnisse einer Metaanalyse (vgl. Kap. 9.4) zum Thema „Urteilsfehler in der psychologischen Forschung" berichten Hoyt und Kerns (1999).

Die wichtigsten Urteilsfehler sollen im folgenden kurz dargestellt werden.

Halo-Effekt: Die Bezeichnung „Halo-Effekt" geht auf Thorndike (1920) zurück und spielt metaphorisch auf den ausstrahlenden Effekt des Mondlichtes an, das um den Mond einen Hof (Halo) bildet. (Der gleiche Urteilsfehler wurde von Newcomb, 1931, als „logischer Fehler" bezeichnet.) Gemeint ist eine Tendenz, die Beurteilung mehrerer Merkmale eines Objektes von einem globalen Pauschalurteil abhängig zu machen (Borman, 1975), die Unfähigkeit oder mangelnde Bereitschaft des Urteilers, auf unterschiedliche Ausprägungen ver-

schiedener Merkmale zu achten (de Cotiis, 1977) oder die Tendenz eines Urteilers, ein Objekt bezüglich vieler Merkmale gleich einzustufen (Bernardin, 1977). Das Gemeinsame dieser Definitionen ist ein Versäumnis des Urteilers, konzeptuell unterschiedliche und potentiell unabhängige Merkmale im Urteil zu differenzieren (vgl. auch Cohen, 1969, S. 41 ff.).

Halo-Effekte treten verstärkt auf, wenn das einzuschätzende Merkmal ungewöhnlich, nur schwer zu beobachten oder schlecht definiert ist. Demzufolge können Halo-Effekte reduziert werden, wenn die Urteiler vor der Beurteilung gründliche Informationen über die Bedeutung der einzustufenden Merkmale erhalten (Bernardin und Walter, 1977). Eine ähnliche Wirkung hat – wie Borman (1975) und Latham et al. (1975) zeigen – die Aufklärung der Urteiler über mögliche, auf Halo-Effekte zurückgehende Urteilsfehler. Klauer und Schmeling (1990) kommen zu dem Schluß, daß vor allem schnell gefällte Urteile von Halo-Fehlern durchsetzt sind.

Friedman und Cornelius (1976) weisen darauf hin, daß sich die Mitwirkung der Urteiler an der Konstruktion der Rating-Skalen günstig auf ihr Urteilsverhalten auswirkt. Eine geringe Verfälschung der Urteile durch Halo-Effekte wird nach Johnson und Vidulich (1956) auch erreicht, wenn bei der Einschätzung mehrerer Urteilsobjekte auf mehreren Urteilsskalen nicht objektweise, sondern skalenweise vorgegangen wird: Die Urteiler beurteilen hierbei zunächst alle Objekte auf der ersten Skala, dann auf der zweiten Skala etc.

Hinweise zur formalen Analyse von Halo-Effekten findet man bei Klauer (1989) bzw. Doll (1988).

Milde-Härte-Fehler (Leniency-Severity-Fehler): Dieser Urteilsfehler, der – ähnlich wie auch der Halo-Effekt – vor allem bei Personenbeurteilungen auftreten kann, besagt, daß die zu beurteilenden Personen systematisch entweder zu positiv oder zu negativ eingestuft werden (Saal und Landy, 1977). Auch dieser Fehler kann weitgehend ausgeräumt werden, wenn die Urteiler zuvor auf die Gefahr einer derartigen Urteilsverfälschung aufmerksam gemacht werden. Hilfreich sind zudem Diskussionen über die Wertigkeit der einzustufenden Merkmale bzw. über mögliche Konsequenzen, die mit den Einstufungen verbunden sind (Bernardin und Walter, 1977).

Methodische Varianten, derartige Urteilsfehler nachzuweisen, diskutieren Saal et al. (1980) bzw. Bannister et al. (1987). Die Frage, inwieweit Messungen des Milde-Härte-Fehlers mit Messungen des Halo-Effektes konfundiert sind, erörtern Alliger und Williams (1989). Die Beeinflussung des auf S. 198 beschriebenen α-Koeffizienten durch Urteilsfehler behandeln Alliger und Williams (1992).

Zentrale Tendenz (Tendenz zur Mitte): Dieser Urteilsfehler bezeichnet eine Tendenz, alle Urteilsobjekte im mittleren Bereich der Urteilsskala einzustufen bzw. extreme Ausprägungen zu vermeiden (Korman, 1971, S. 180 f.). Mit diesem Fehler ist vor allem zu rechnen, wenn die zu beurteilenden Objekte den Urteilern nur wenig bekannt sind – eine Untersuchungssituation, die eigentlich generell zu vermeiden ist. Eine Massierung der Urteile im mittleren Skalenbereich tritt bevorzugt auch dann auf, wenn man es versäumt hat, die Skalen an Extrembeispielen zu verankern (vgl. S. 181). Der Urteiler „reserviert" dann die Extremkategorien für evtl. noch auftauchende Objekte mit extremer Merkmalsausprägung. Bleiben diese aus, resultieren wenig differenzierende Urteile mit starker zentraler Tendenz.

Mangelnde Differenzierung muß jedoch nicht immer zentrale Tendenz bedeuten. Sie tritt immer dann auf, wenn der Urteiler nicht die gesamte Skalenbreite nutzt, sondern seine Urteile in einem Bereich der Skala konzentriert. In diesem Fall schafft eine Neukonstruktion der Rating-Skala Abhilfe, die den Bereich, der für die meisten Urteilsobjekte typisch ist, feiner differenziert. Auch für den Nachweis dieser Urteilsfehler nennen Saal et al. (1980) verschiedene methodische Varianten. Ein Test, mit dem die Vermeidung von zentraler Tendenz statistisch geprüft werden kann, wurde von Aiken (1985b) entwickelt.

Rater-Ratee-Interaktion: Bei Personenbeurteilungen können Urteilsverzerrungen in Abhängigkeit von der Position des Urteilers auf der zu beurteilenden Dimension entstehen. Man unterscheidet einen „Ähnlichkeitsfehler", der auftritt, wenn Urteiler mit extremer Merkmalsausprägung die Merkmalsausprägungen anderer in Richtung der eigenen Merkmalsausprägung verschätzen und einen „Kontrastfehler", bei dem Urteiler mit extremer Merkmalsausprägung die Merkmalsausprägung anderer in Richtung auf das gegensätzliche Extrem verschätzen (vgl. auch Sherif und Hovland, 1961). Einen Beitrag zur Klärung dieser Urteilsfehler liefert z. B. die „Theorie der variablen Perspektive" von Upshaw (1962).

Primacy-Recency-Effekt: Dieser Effekt bezeichnet Urteilsverzerrungen, die mit der sequentiellen Position der zu beurteilenden Objekte (insbesondere den Anfangs- und Endpositionen) zusammenhängen. Werden Objekte mit extremer Merkmalsausprägung z. B. zu Anfang beurteilt, können die nachfolgenden Beurteilungen von den ersten Beurteilungen (z. B. im Sinne einer Überbetonung des Kontrastes) abhängen. Erklärungsansätze dieses Urteilsfehlers diskutiert Scheuring (1991) und weitere Hinweise zur Bedeutung der Objektreihenfolge findet man bei Kane (1971) und Lohaus (1997). Eine verbreitete Technik, um Reihenfolgeneffekte in Stichprobenuntersuchungen zu vermeiden, besteht darin, Urteilsreihenfolgen zwischen den Versuchspersonen bzw. den Urteilenden systematisch zu variieren, so daß sich dieser Verzerrungsfaktor im Gesamtergebnis „herausmittelt".

Weitere Urteilsfehler: Weitere Urteilsfehler (vgl. z. B. Jäger und Petermann, 1992; Upmeyer, 1985; Wessels, 1994), die auch beim Einsatz von Rating-Skalen auftreten können, sind
- der „Inter- und Intraklasseneffekt" (Merkmalsunterschiede zwischen Objekten werden vergrößert, wenn die Objekte zu unterschiedlichen Klassen oder Gruppen gehören, und sie werden verkleinert, wenn die Objekte zu einer Klasse gehören),
- der „fundamentale Attributionsfehler" (die Gründe und Ursachen für eigenes Fehlverhalten werden in der Situation gesucht, die Gründe für das Fehlverhalten anderer Menschen in deren Charakter),
- der „Self-Serving Bias" (Selbstbeurteilungen werden mit dem Selbstkonzept in Einklang gebracht und fallen eher selbstwertstützend aus) und
- der „Baseline Error" (die Auftretenswahrscheinlichkeit von Ereignissen wird falsch ein-

geschätzt, weil man sich nicht an der objektiven Häufigkeit, der sog. Baseline, orientiert, sondern irrtümlich besonders prägnante, im Gedächtnis gerade verfügbare oder typische Ereignisse für besonders wahrscheinlich hält).

Einige der genannten Fehler sind nur für bestimmte Arten von Urteilsaufgaben relevant (z. B. Selbsteinschätzungen, Wahrscheinlichkeitsratings). Bei Urteilsfehlern kommen Probanden aufgrund von Besonderheiten der menschlichen Informationsverarbeitung irrtümlich und unbemerkt zu falschen Einschätzungen. Verzerrungen können aber auch durch Besonderheiten beim Antwortprozeß entstehen, etwa durch stereotypes Ankreuzen oder durch Akquieszenz (vgl. S. 236). Schließlich ist in Urteils-, Test- und Befragungssituationen auch mit willkürlichen, bewußt kalkulierten Antwortveränderungen zu rechnen. Auf dieses Problem gehen wir in Abschnitt 4.3.7 näher ein.

Mehrere Urteiler

Für die Charakterisierung von Urteilsobjekten durch Rating-Skalen wird häufig die durchschnittliche Beurteilung mehrerer Urteiler als Maßzahl herangezogen. Durchschnittliche Urteile sind reliabler und valider als Individualurteile (vgl. Horowitz et al. 1979, und Strahan, 1980). Die Zusammenfassung mehrerer Schätzurteile zu einem Gesamturteil setzt jedoch eine hinreichende Übereinstimmung der individuellen Urteile voraus. Methoden zur Überprüfung der Urteiler-Übereinstimmung (Konkordanz) werden z. B. bei Bintig (1980), Schmidt und Hunter (1977) und Werner (1976) dargestellt und diskutiert (vgl. auch S. 274 ff.).

Weichen die Urteile verschiedener Urteiler in ihren Mittelwerten und Streuungen so stark voneinander ab, daß eine Zusammenfassung nicht mehr zu rechtfertigen ist, kann Vergleichbarkeit durch eine sog. z-Transformation der individuellen Urteile hergestellt werden (vgl. Anhang A). Diese, für jeden Urteiler getrennt durchzuführenden Transformationen sorgen gewissermaßen im nachhinein für eine Vergleichbarkeit der individuellen Urteile.

Besondere Anwendungsformen von Rating-Skalen

Durch Kombination mehrerer Rating-Skalen entstehen komplexe Erhebungsinstrumente, von denen im folgenden zwei häufig eingesetzte Verfahren vorgestellt werden. Hierbei handelt es sich um

● das „semantische Differential" und
● die „Grid-Technik".

Das semantische Differential: Das semantische Differential wurde 1957 von Osgood et al. entwickelt und hat seit seiner Einführung als Polaritätsprofil oder Eindrucksdifferential durch Hofstätter (1957, 1977) auch im deutschsprachigen Raum weite Verbreitung gefunden. Es handelt sich um ein Skalierungsinstrument zur Messung der konnotativen Bedeutung bzw. der affektiven Qualitäten beliebiger Objekte oder Begriffe („Schuhe, Schiffe und Siegellack, Kohl und Könige, ich, dein Vater, Fräulein Weber, mein Lehrer, die Schule, Algebra, ein Demokrat, dieses Buch, eine Büroklammer, die Vereinten Nationen, Eisenhower etc.", nach Osgood et al., 1957, S. 91).

Das semantische Differential besteht aus 20 bis 30 siebenstufigen bipolaren Rating-Skalen, auf denen das Urteilsobjekt eingestuft wird. Abbildung 7 a veranschaulicht das Polaritätsprofil der Begriffe „Männlich" und „Weiblich" (nach Hofstätter, 1963). Urteilsgrundlage ist die metaphorische Beziehung bzw. gefühlsmäßige Affinität des Urteilsgegenstandes zu den Urteilsskalen und weniger der sachliche oder denotative Zusammenhang, der häufig nicht gegeben ist. („Männlich" bzw. „Weiblich" sind denotativ weder laut noch leise und werden trotzdem, wie Abb. 7 a zeigt, unterschiedlich mit diesem Begriffspaar assoziiert.) Das Instrument eignet sich besonders für die Messung von Stereotypen.

Mit Hilfe der Korrelationsrechnung (vgl. Anhang B) läßt sich die Ähnlichkeit der Profile verschiedener Urteilsgegenstände bestimmen. (Die Profile in Abb. 7 a korrelieren zu –0,07 miteinander.) Die Faktorenanalyse (vgl. S. 383 f. oder Anhang B) über derartige Korrelationen führt üblicherweise zu zwei bis vier Dimensionen, die durch die Positionen der untersuchten Objekte auf den jeweiligen Dimensionen beschreibbar sind. Die Dimensionen des in Abb. 7 b wiedergegebenen Begriffssystems lassen sich nach Hofstätter (1963) als kulturell und historisch geprägte Vorstellungen von Weiblichkeit (F_1) und Männlichkeit (F_2) interpretieren. Sprachvergleichende Untersuchungen von Osgood et al. (1957) über

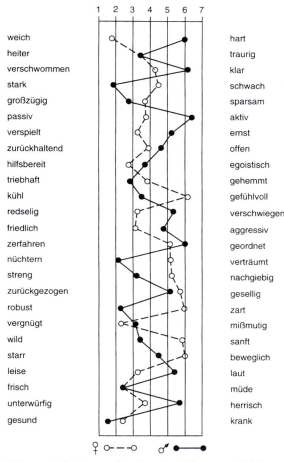

Abb. 7a. Polaritätsprofil der Begriffe „männlich" und „weiblich"

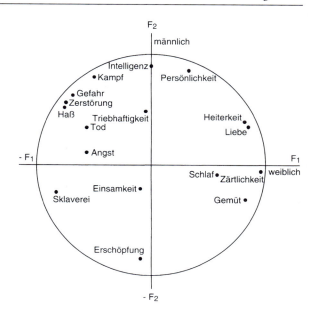

Abb. 7b. Zweidimensionales Begriffssystem

dem semantischen Differential nach. Finstuen (1977) sammelte zwischen 1952 und 1976 insgesamt 751 psychologische Anwendungen.

> **!** Das *semantische Differential* ist eine Datenerhebungsmethode, die die konnotative Bedeutung von Begriffen oder Objekten mit Hilfe eines Satzes von 20 bis 30 bipolaren Adjektivpaaren erfaßt, hinsichtlich derer das Objekt von Urteilern eingeschätzt wird. Das Ergebnis ist ein für das betreffende Objekt charakteristischer Profilverlauf.

verschiedene Begriffe führten in der Regel zu einem dreidimensionalen System, dem „semantischen Raum" mit den Dimensionen *Evaluation* (Bewertung, z. B. angenehm – unangenehm), *Potency* (Macht, z. B. stark – schwach) und *Activity* (Aktivität, z. B. erregend – beruhigend). Dieser semantische Raum wird vereinfachend auch als „EPA-Struktur" bezeichnet.

Die Anwendungsvarianten des semantischen Differentials sind sehr vielfältig. In der Originalarbeit von Osgood et al. (1957) werden bereits ca. 50 Anwendungsbeispiele genannt. Das Institut of Communication Research wies in einer 1967 herausgegebenen Bibliographie ca. 700 Arbeiten mit

Statt des von Osgood und Hofstätter vorgeschlagenen universellen semantischen Differentials (vgl. Abb. 7a) werden gelegentlich kontextspezifische, auf die Besonderheiten der Untersuchungsgegenstände zugeschnittene Polaritätsprofile eingesetzt (vgl. z. B. Franke und Bortz, 1972, oder Bortz, 1972). Kontextspezifische Polaritätsprofile erfassen erstrangig die denotativen, direkten Beziehungen der Urteilsobjekte zu den Urteilsskalen und führen deshalb zu anderen Resultaten (anderen „semantischen Räumen") als ein universelles semantisches Differential (vgl. z. B. Flade, 1978). Geht es um den Vergleich sehr unterschiedlicher Urteilsobjekte, ist ein universelles semantisches Differential vorzuziehen. Die Reihenfolge, in der die Objekte beurteilt werden, sowie die Polung der Skalen (z. B. hart – weich oder weich – hart) sind nach Kane (1971) für die Ergebnisse unerheblich.

Mann et al. (1979) weisen darauf hin, daß die Untersuchungsergebnisse nur unbedeutend beeinflußt werden, wenn statt bipolarer Rating-Skalen unipolare verwendet werden. Probleme bereitet der in mehreren Arbeiten nachgewiesene Befund, daß dieselbe Rating-Skala von unterschiedlichen Beurteilern zuweilen verschieden aufgefaßt wird bzw. daß die Bedeutung einer Rating-Skala von der Art der zu beurteilenden Objekte abhängt (Rater-Concept-Scale-Interaction; vgl. Cronkhite, 1976; Crockett und Nidorf, 1967; Everett, 1973 und Heise, 1969). Skalentheoretische Probleme diskutieren z. B. Bintig (1980) oder Brandt (1978).

Erfahrungsgemäß stößt das semantische Differential bei unvorbereiteten Untersuchungsteilnehmern zuweilen auf Akzeptanzprobleme, weil die geforderten Urteile sehr ungewohnt sind (ist „Algebra" eher „großzügig" oder „sparsam"?). Es ist daher empfehlenswert, die Untersuchungsteilnehmer bereits in der Instruktion „vorzuwarnen", etwa mit dem Hinweis: „Bei einigen Adjektiven wird es Ihnen vielleicht schwerfallen, ein Urteil abzugeben. Antworten Sie trotzdem einfach so, wie es Ihrem spontanen Gefühl am ehesten entspricht. Es gibt keine richtigen oder falschen Antworten! Wir interessieren uns für Ihren ganz persönlichen Eindruck".

Weitere Informationen zum semantischen Differential findet man bei Schäfer (1983).

Grid-Technik: Die Grid-Technik (Repertory Grid-Technik, Repgrid-Technik) wurde in den 50er Jahren von Kelly (1955) entwickelt und im deutschen Raum zunächst zögerlich aufgenommen. Mittlerweile ist das Interesse an der Grid-Technik jedoch gewachsen. Das Verfahren dient zur Ermittlung der wichtigsten Dimensionen (Konstrukte), mit denen eine Person subjektiv ihre Umwelt wahrnimmt und strukturiert (vgl. Sader, 1980; Scheer und Catina, 1993). Gemäß der von Kelly vorgelegten „Theorie der personalen (persönlichen) Konstrukte" entstehen individuelle Konstrukte und Konstruktsysteme durch Erfahrung: Menschen gehen im Alltag wie Wissenschaftler vor, sie bilden Hypothesen über die Welt, prüfen diese an der Alltagserfahrung und modifizieren ihre Vorstellungen entsprechend – das Ergebnis dieser Erfahrungen und Überlegungen ist ein Konstruktsystem bzw. eine Art „Weltbild".

Jede Person verfügt über ein individuelles Konstruktsystem, das sich im Laufe des Lebens verändert und handlungsleitend ist. Dieses Konstruktsystem wird durch die Grid-Technik empirisch erfaßt, indem die Probanden Objekte miteinander vergleichen. Welche Kriterien sie für diese Vergleiche heranziehen, bleibt ihnen überlassen, denn die Auswahl dieser Kriterien – so die Theorie – ist kennzeichnend für das persönliche Konstruktsystem eines Menschen. So mögen etwa manche Personen bei ihren Mitmenschen auf Gefühle achten (sie verwenden v. a. Konstrukte wie „freundlich" oder „ängstlich"), während andere sich primär auf Handlungen konzentrieren („spielt gern Fußball", „hört oft Musik"). Die Erfassung individueller Konstruktsysteme ist für die Grundlagenforschung (z. B. Persönlichkeitspsychologie) ebenso relevant wie für die therapeutische Praxis, deren Ziel u. a. die Veränderung von dysfunktionalen Konstrukten (z. B. negatives Selbstbild) ist.

Die Anwendung der Standardversion der Grid-Technik erfolgt in drei Schritten:

- *Auswahl der zu vergleichenden Objekte:* Hierbei wird in der Regel eine Liste mit sog. Rollen (z. B. das Selbst, der Ehepartner, der beste Freund, die Mutter, eine unsympathische Person) vorgegeben, für die der Proband dann konkrete Personen aus seinem Lebensumfeld einsetzt (z. B. bester Freund: Thomas; unsympathische Person: Herr Meier).
- *Erhebung der Konstrukte durch Objekt-Vergleiche:* Aus der Menge der (ca. 10–20) Objekte werden nacheinander immer je drei Objekte miteinander verglichen (z. B. Selbst, Mutter, moralischer Mensch). Der Proband soll angeben, in welcher Hinsicht sich zwei der Objekte ähneln (z. B. Mutter, moralischer Mensch: sind religiös) und sich vom dritten unterscheiden (Selbst: nicht religiös). Dieser sog. Triaden-Vergleich erzeugt ein bipolares Konstrukt: der Initialpol ist hier „religiös", der Kontrastpol „nicht religiös". Durch weitere Triadenvergleiche (z. B. Freund, bewunderter Lehrer, Ex-Partner) werden weitere Konstrukte (in der Regel ca. 10–20) ermittelt.

- *Einschätzung jedes Objektes hinsichtlich der Konstruktausprägungen:* Nachdem die für die Denkweise des Probanden typischen Konstrukte (z.B. religiös sein, ein Vorbild sein, erfolgreich sein etc.) ermittelt wurden, geht der Proband alle Objekte durch und gibt jeweils auf einer siebenstufigen Rating-Skala von –3 (maximale Ausprägung des Kontrastpols, z.B. gar nicht religiös) bis +3 (maximale Ausprägung des Initialpols, z.B. sehr religiös) an, wie stark das Konstrukt auf jedes Objekt zutrifft. Die Ergebnisse werden üblicherweise in eine Matrix bzw. in ein „Gitter" eingetragen (deswegen „Grid"-Technik). Das Erstellen eines Grids dauert pro Person ca. 2 Stunden (Scheer, 1993).

> **!** Die *Grid-Technik* ist eine Datenerhebungsmethode, die das individuelle Konstruktsystem der Probanden ermittelt. Das Ergebnis ist ein für den betreffenden Urteiler charakteristischer Satz von Vergleichsdimensionen bzw. Konstrukten, die für das Erleben der personalen Umwelt relevant sind.

Die Grid-Technik ist ein Forschungs- und Diagnose-Instrument, das qualitative und quantitative Strategien verbindet: Die Konstrukte selbst werden unstandardisiert erhoben, und die Merkmalsausprägungen der Objekte sind quantitative Urteile auf Rating-Skalen. Entsprechend existieren sowohl qualitative als auch quantitative Verfahren zur Analyse von ausgefüllten Grids (Raeithel, 1993). Qualitative Verfahren konzentrieren sich auf die Interpretation der vom Probanden generierten Konstruktwelt. Dabei geht man z.B. so vor, daß ähnliche Konstrukte zu Gruppen zusammengefaßt werden, die über die Hauptthemen, die Differenziertheit und die Komplexität der Gedankenwelt des Probanden informieren. Von klinischer Bedeutung sind auch ungewöhnliche Paarbildungen von Initial- und Kontrastpol. So ist etwa zum Initialpol „Geborgenheit suchend" der Kontrastpol „Unabhängigkeit suchend" zu erwarten. Nennt die Auskunftsperson dann aber „beherrschend sein" als Kontrastpol, kann dies ein Hinweis auf innere Konflikte und Dilemmata sein.

Zur quantitativen Auswertung können Faktorenanalysen, Clusteranalysen und Multidimensionale Skalierung eingesetzt werden, mit deren Hilfe sowohl die Objekte als auch die Konstrukte nach ihrer Ähnlichkeit gruppierbar sind (vgl. Anhang B

und S. 383 f. bzw. S. 170 ff.). Zudem kann man sog. Grid-Maße berechnen: Das *Salienzmaß* (Salienz: Intensität, Wichtigkeit, engl. „Salience": Hervorstechen) gibt beispielsweise an, wie stark die Werte um den neutralen Nullpunkt streuen. Wenn diese Streuung gering ist, ist auch die Salienz gering, d.h. das Konstrukt vermag die ausgewählten Objekte nur wenig zu differenzieren. Die sog. *Schiefe* gibt an, ob bei den Urteilen eher der Initialpol oder der Kontrastpol bevorzugt wurde. Eine neuere Auswertungsstrategie ist die *formale Begriffsanalyse*, die auf der mathematischen Verbandstheorie beruht und die begrifflichen Strukturen der Konstruktwelt als Liniendiagramme darstellt (Ganter et al., 1987). Mittlerweile liegen mehrere Computerprogramme vor, die die Auswertung erleichtern (Willutzki und Raeithel, 1993; Baldwin et al., 1996).

Die Grid-Technik ist äußerst flexibel und läßt sich vielfältig variieren: Als Elemente können nicht nur Personen, sondern auch Situationen oder Orte vorgegeben werden. Statt Triaden-Vergleichen sind Dyaden-Vergleiche möglich. Eine weitere Variante besteht darin, Konstrukte vorzugeben und die Probanden die entsprechenden Triaden auswählen zu lassen.

Bei der Anwendung der Grid-Technik ist besonders auf eine sorgfältige Instruktion zu achten, da die geforderten Urteile für die meisten Probanden ungewohnt sein dürften.

4.2.5
Magnitude-Skalen

Eine spezielle, hier zu erwähnende Urteilsaufgabe ist mit der Konstruktion einer Magnitude-Skala verbunden. Das „Magnitude-Scaling" wurde ursprünglich in der Psychophysik für die Untersuchung des Zusammenhanges von Stimulusstärken und subjektiven Empfindungsstärken entwickelt. Man gibt beispielsweise einer Person eine Strecke bestimmter Länge vor und bezeichnet die Länge der Strecke mit der Ziffer 10 (besser noch: man überläßt es der Person, die Länge dieser Standardstrecke zu beziffern). Nun ist eine Vergleichsstrecke einzuschätzen, beispielsweise mit der Instruktion: „Wenn Sie der ersten Strecke die Länge 10 zugeordnet haben, wie lang erscheint Ihnen diese Strecke?" Lautet die Antwort beispielsweise

„30", bringt die Person zum Ausdruck, daß sie die Vergleichsstrecke als dreimal so lang empfindet wie die Standardstrecke.

Untersuchungen im Bereich unterschiedlicher sensorischer Kontinua (Lautheit, Helligkeit, Länge, Tonhöhe etc.) haben ergeben, daß derartige Größenschätzungen sehr stabil sind bzw. daß die Urteiler in der Lage sind, konstante Verhältnisschätzungen der Art 10:30, 10:50 etc. abzugeben. Ferner zeigte sich, daß die Beziehung zwischen den tatsächlichen Größen (S) und den empfundenen Größen (R) durch eine Potenzfunktion ($R = c \cdot S^b$, *Potenzgesetz*) charakterisierbar ist, mit c als Konstante und b als sinnesmodalitätsspezifischen Exponenten (ausführlicher hierzu vgl. Stevens, 1975).

Anwendungen der Magnitude-Skalierung finden sich nicht nur im Bereich der Wahrnehmungspsychologie, sondern auch in anderen Bereichen, wie z.B. der Einstellungsforschung (Wegener, 1978, 1980, 1982). Hier besteht die Aufgabe des Urteilers darin, durch die Angabe einer Ziffer oder das Zeichnen einer Linie die mit einem Einstellungsobjekt verbundene Ausprägung des zu skalierenden Merkmals zu charakterisieren. Geht es beispielsweise um die Verwerflichkeit von Strafdelikten, könnte ein Urteiler dem Delikt „Einbruchsdiebstahl" die Ziffer 20 zuordnen, und im Vergleich hierzu das Delikt „Kindesentführung" mit 100 beziffern. Der Magnitude-Wert des Deliktes „Kindesentführung" in bezug auf „Einbruchsdiebstahl" ergäbe sich dann aus dem Quotienten: 100/20 = 5.

Wenn zusätzlich die empfundene Verwerflichkeit der Delikte durch Linien charakterisiert wird, müßte bei einem perfekten Urteiler das Verhältnis der Linien dem Verhältnis der Ziffern entsprechen. Ein Vergleich der beiden Quotienten informiert also über die Güte der Skalierung. Bei nicht identischen Quotienten (z.B. 5 für die Ziffern und 4 für die Linien) ist der Magnitude-Wert als Mittelwert der beiden Quotienten definiert: (5+4)/2 = 4,5 (vgl. Schnell et al., 1999, S. 199).

Idealerweise resultiert eine Magnitude-Skalierung in verhältniskalierten Skalenwerten. Dies zu überprüfen, ist allerdings ein aufwendiges Unterfangen. Eine Möglichkeit besteht darin, die Skalierung mit variablen Standardreizen zu replizieren. Es sollten dann Skalenwerte resultieren, die gegen-

über der für Verhältnisskalen zulässigen Ähnlichkeitstransformationen ($y = b \cdot x$ mit $b > 0$; vgl. S. 72) invariant sind. Noch aufwendiger wäre der bereits 1950 von Comrey vorgeschlagene vollständige Paarvergleich, bei dem für n Stimuli $n \cdot (n-1)/2$ Verhältnisschätzungen abzugeben sind und bei dem jeder Stimulus (n−1)-mal Standardreiz ist. Wie man mit dieser Methode die Skalenwerte ermittelt, wird bei Torgerson (1958, S. 111 ff.) beschrieben. Weitere Überlegungen zur Magnitude-Skala und deren Skalenniveau findet man z.B. bei Lodge (1981), Luce und Galanter (1963, S. 278 ff.) und bei Torgerson (1958, S. 113 ff).

Einen vergleichbaren theoretischen Hintergrund wie die Magnitude-Skalierung hat das sog. „Cross-Modality-Matching" (vgl. z.B. Luce, 1990). Hier besteht die Aufgabe des Urteilers darin, Empfindungsstärken für eine Sinnesmodalität in Empfindungsstärken einer anderen Sinnesmodalität auszudrücken (Beispiel: Machen Sie das Licht so hell, wie dieser Ton laut ist). Vielversprechende Anwendungsfelder dieser Technik sind schwer skalierbare Empfindungsmodalitäten, wie z.B. Schmerzempfindungen. Hier könnte ein Cross-Modality-Matching beispielsweise so aussehen, daß der Schmerzstärke entsprechend Druck auf einen Handergometer auszuüben ist. Ferner wurde die Reaktionszeit als Indikator für die Verfügbarkeit von Einstellungen eingesetzt (Fazio, 1989). Hierbei zeigte sich, daß schnelle Bewertungen eines Einstellungsobjektes für eine hohe und langsame Bewertungen für eine niedrige Zugänglichkeit sprechen.

4.3 Testen

Testen hat – wie auch der Begriff „Test" – im alltäglichen und im wissenschaftlichen Sprachgebrauch mehrere Bedeutungen. Nach Lienert und Raatz (1994, S. 1) versteht man unter einem Test:

„1. Ein Verfahren zur Untersuchung eines Persönlichkeitsmerkmals,

2. den Vorgang der Durchführung einer Untersuchung,

3. die Gesamtheit der zur Durchführung notwendigen Requisiten,

3. jede Untersuchung, sofern sie Stichprobencharakter hat,
4. gewisse, mathematisch-statistische Prüfverfahren (z. B. t-Test)".

Um die Verwendung des Wortes „Test" (im Sinne des erstgenannten Verständnisses) zu vereinheitlichen, schlagen Lienert und Raatz (1994, S. 1) folgende Definition vor:

> **!** Ein *Test* ist ein wissenschaftliches Routineverfahren zur Untersuchung eines oder mehrerer empirisch abgrenzbarer Persönlichkeitsmerkmale mit dem Ziel einer möglichst quantitativen Aussage über den relativen Grad der individuellen Merkmalsausprägung.

Psychologische Tests werden nach unterschiedlichen Kriterien klassifiziert (etwa psychometrisch versus projektiv, eindimensional versus mehrdimensional etc.; zur Unterscheidung psychometrisch vs. projektiv vgl. S. 193 f.). Eine wichtige inhaltliche Einteilung gruppiert psychometrische Tests in zwei große Gruppen: die Leistungstests und die Persönlichkeitstests. Mit dieser Kennzeichnung wird der Anwendungsbereich der Testverfahren abgesteckt. Wir sprechen von *Leistungstests*, wenn Aufgaben objektiv „richtig" oder „falsch" zu beantworten sind, d. h. wenn ein Beurteilungsmaßstab vorliegt. Um Leistungsfähigkeit und Leistungsgrenzen der Probanden zu ermitteln, wird entweder die Bearbeitungszeit bewußt knapp bemessen *(Speed Test)*, oder das Niveau der Aufgaben sukzessive gesteigert *(Power Test)*. Zur Gruppe der Leistungstests zählen Intelligenztests, Entwicklungstests, Schultests, allgemeine Leistungstests und spezielle Funktions- und Eignungstests.

Bei den Intelligenztests – der wohl bekanntesten psychologischen Testgruppe überhaupt – werden kulturgebundene Tests und kulturfreie (oder kulturfaire) Tests unterschieden. Bei *kulturgebundenen* Intelligenztests benötigt man zur Lösung der Testaufgaben sprachliche Kompetenz und kulturspezifisches Hintergrundwissen (sog. Allgemeinbildung), z. B. zur Bedeutung von Fremdwörtern oder zu geschichtlichen Ereignissen. Damit wird Wissen als Teil der Intelligenz definiert. *Kulturfreie* Intelligenztests versuchen demgegenüber, Denkleistungen unabhängig von der schulischen Vorbildung zu erfassen, indem sie

z. B. vollkommen nonverbal aufgebaut sind und nur mit geometrischen Mustern arbeiten (Vorgabe eines unvollständigen Musters, für welches das passende „Puzzleteil" gefunden werden muß). Allerdings scheinen auch solche geometrisch-analytischen Aufgaben nicht in allen Kulturen verbreitet zu sein, so daß allgemein an der sog. Kulturfreiheit bzw. Kulturfaireß von Intelligenztests zu zweifeln ist.

Bei *Persönlichkeitstests* spielen objektive Beurteilungsmaßstäbe keine Rolle. Ein starkes Interesse für Musik zu bekunden, kann nicht in derselben Weise objektiv als „richtig" oder „falsch" bewertet werden wie die korrekte Lösung einer Rechenaufgabe im Intelligenztest. Im Zusammenhang mit Persönlichkeitstests wird das Konstrukt „Persönlichkeit" sehr eng ausgelegt. Biologisch-physiologische Daten sowie der Intelligenz- und Leistungsbereich werden ausgeklammert; stattdessen konzentriert man sich auf Merkmale des „Charakters": auf Eigenschaften, Motive, Interessen, Einstellungen und Werthaltungen sowie psychische Gesundheit. Bei den sog. objektiven Per-

Kulturgebundene Tests sind nur mit schulischer Vorbildung zu lösen. (Aus: The New Yorker: Die schönsten Katzen-Cartoons (1993). München: Knaur, S. 109)

sönlichkeitstests bleibt den Probanden die Meßintention verborgen, der Rückschluß vom Verhalten zum latenten Merkmal wird vom Testanwender, nicht vom Probanden vorgenommen, während subjektive Persönlichkeitstests mit Selbsteinschätzungen arbeiten und deswegen eher „verfälschbar" sind (vgl. Abschnitt 4.3.7).

Die Begriffe „Persönlichkeitstest" und „Persönlichkeitsfragebogen" werden manchmal synonym verwendet und manchmal voneinander abgegrenzt. Wir behandeln die Datenerhebungsverfahren „Testen" und „Befragen" in diesem Buch separat und halten auch eine Abgrenzung von Testverfahren und Fragebögen für sinnvoll. Das psychologische Testen ist eng verbunden mit der Tätigkeit des Diagnostizierens. Unter psychologischer *Diagnostik* (vgl. Jäger und Petermann, 1992) versteht man das systematische Sammeln und Aufbereiten von Informationen mit dem Ziel, individuumsbezogene Entscheidungen und daraus resultierende Handlungen zu begründen, zu kontrollieren und zu optimieren. Demgegenüber konzentriert man sich im Forschungsbereich meist auf stichprobenbezogene Aggregatwerte aus Fragebogenerhebungen (vgl. S. 253 ff.).

Damit Tests in der *Individualdiagnose* (z. B. im Vorfeld einer Therapie oder Schulungsmaßnahme) sinnvoll einsetzbar sind, müssen sie sehr präzise Informationen über die Merkmalsausprägung des Einzelfalls liefern können. Um dies zu gewährleisten, werden Tests üblicherweise „genormt", d. h. es werden *Normwerte* ermittelt, die es ermöglichen, Individualwerte im Vergleich zu unterschiedlichen Bezugsgruppen zu beurteilen (z. B. Altersnormen für Intelligenz- und Entwicklungstests etc.). Fragebögen dienen somit hauptsächlich als Forschungsinstrumente zur Hypothesenprüfung über Aggregatwerte, während normierte Tests auch zur Individualdiagnose geeignet sind.

Desweiteren lassen sich inhaltliche Unterschiede zwischen Fragebögen und Tests ausmachen: Individualdiagnostik interessiert besonders im Leistungsbereich (Personalselektion im Bildungsbereich, beim Militär, im Erwerbsleben) und im Persönlichkeitsbereich (Psychotherapie, Psychiatrie). Entsprechend haben sich Testverfahren auf diese Inhalte konzentriert, während sich die (weniger anspruchsvollen) Fragebögen mit so gut wie allen vorstellbaren Themen beschäftigen. Neben laten-

ten Merkmalen wie Eigenschaften oder Fähigkeiten thematisieren Fragebögen oftmals auch Lebensereignisse (z. B. Daten einer Berufskarriere), Verhaltensweisen (z. B. Fernsehgewohnheiten, Freizeitaktivitäten) oder andere Sachverhalte (z. B. Art der Wohnungseinrichtung, Beziehung zu den Kindern).

Fragebögen arbeiten ausschließlich mit mehr oder weniger „selbstbezogenen" Auskünften des Probanden. Sie sind somit besonders stark von Erinnerungsvermögen, Aufmerksamkeit, Selbsterkenntnis etc. abhängig und sowohl für unwillkürliche Fehler und Verzerrungen als auch für absichtliche Verfälschungen viel anfälliger als „objektive" Testverfahren.

Die Psychologie blickt auf eine mittlerweile ca. hundertjährige Geschichte der Testentwicklung zurück, d.h. bevor man versucht, eigene Tests zu entwerfen, ist zu prüfen, ob für das interessierende Merkmal nicht bereits Testverfahren existieren. Die Verwendung bereits publizierter Tests erspart nicht nur eigene Entwicklungsarbeit, sondern ermöglicht es zudem, die eigenen Untersuchungsbefunde mit bereits vorliegenden Testergebnissen aus anderen Studien zu vergleichen. Der „Testkatalog", herausgegeben von der „Testzentrale" (2000), erleichtert die Suche nach einem geeigneten Test. Neben weiterführender Literatur werden im Testkatalog auch Angaben über Testeigenschaften gemacht, die eine kritische Auswahl unter Tests mit ähnlicher Zielsetzung erlauben. Zusammenstellungen von Tests sind zudem in diversen Handbüchern zu finden:

- Psychologische und pädagogische Tests (Brickenkamp, 1997)
- Psychologische Personalauswahl (Schuler, 1998)
- Personalmanagement (Hossiep und Paschen, 1998)
- Psychosoziale Meßinstrumente (Westhoff, 1993)
- Management-Diagnostik (Sarges, 1995)
- Psychodiagnostische Tests (Hiltmann, 1977)
- Leistungstests (Weise, 1975).

Weitere Hilfen bieten die „Testarchive" psychologischer Bibliotheken sowie einschlägige Informationsdienste (s. Anhang C). Über die neuesten Testentwicklungen informiert die Zeitschrift Diagnostica.

Bei Testanwendungen sind besondere ethische Richtlinien zu beachten, auf die wir in Abschnitt

4.3.1 eingehen. Abschnitt 4.3.2 skizziert die allgemeinen Aufgaben der sog. Testtheorie, nach deren Regeln Tests entworfen und beurteilt werden. Welchen Mindestanforderungen auch eigene Testentwicklungen genügen sollten, wird in Abschnitt 4.3.3 (klassische Testtheorie) und Abschnitt 4.3.4 (probabilistische Testtheorie) erläutert. Die dort aufgeführten Hinweise reichen allerdings für die Konstruktion eines „marktreifen" Tests nicht aus. Hierfür stehen ausführlichere Anleitungen zur Verfügung (z. B. Amelang und Zielinski, 1994; Anastasi und Urbina, 1997; Cronbach, 1960; Fischer, 1974; Fisseni, 1997; Gulliksen, 1950; Guthke et al., 1990, 1991; Krauth, 1995; Kubinger, 1995; Lienert und Raatz, 1994; Lord und Novick, 1968; Magnusson, 1969; Meili und Steingrüber, 1978; Rost, 1996; Rückert, 1993; Tent und Stelzl, 1993; Wottawa und Hossiep, 1987, 1997).

Hinweise zur Formulierung von Testfragen oder -aufgaben (Items) liefert Abschnitt 4.3.5. Wie man methodisch fundiert einzelne Testaufgaben zu Testskalen zusammenstellt, wird in Abschnitt 4.3.6 erklärt. Abschließend werden wir in Abschnitt 4.3.7 die Frage erörtern, wie mit Verzerrungen und Verfälschungen von Testergebnissen umzugehen ist bzw. wie diese verhindert werden können.

4.3.1
Testethik

Was bisher – insbesondere in Abschnitt 2.2.2 – über ethische Verpflichtungen in der sozialwissenschaftlichen Forschung gesagt wurde, gilt in besonderem Maße für das Arbeiten mit Tests. Manche Testpersonen verspüren bei dem Gedanken, sich von einem in der Regel unbekannten Menschen testen bzw. „in die Seele schauen" zu lassen, ein diffuses Unbehagen, das in einer unbewußten oder bewußten Abwehrhaltung begründet ist. Hinzu kommt häufig eine Überschätzung der tatsächlichen Leistungsfähigkeit psychologischer Tests (vgl. z. B. Green, 1978). Überwinden sie jedoch ihre Hemmschwelle, sind die Testteilnehmer nicht selten äußerst aufgeschlossen und zeigen Interesse am Ziel der Untersuchung und an ihren eigenen Testergebnissen (Meili und Steingrüber, 1978, S. 28).

Die öffentliche Diskussion über den Nutzen psychologischer Tests als Selektionsinstrument, die in den USA in den 50er Jahren mit behördlich angeordneten Testverbrennungen ihren ersten Höhepunkt erreichte (Nettler, 1959), wurde auch hierzulande z. B. mit der Einführung psychologischer Tests als Ausleseverfahren für Hochschulzulassungen heftig geführt (Amelang, 1976; Hitpass, 1978; Pawlik, 1979; Trost, 1975). Ein wichtiges Stichwort in dieser Diskussion ist „mangelnde *Testfairneß*" (oder auch Test-Bias, vgl. Flaugher, 1978), womit die systematische Benachteiligung bestimmter gesellschaftlicher Gruppen bei Tests, die vorrangig auf ein gymnasiales Bildungsbürgertum zugeschnitten sind, gemeint ist.

Das Problem der Testfairneß bei psychologischen Tests ist seit langem bekannt. Auf die zahlreichen Versuche, Testinstrumente fairer zu gestalten, oder doch zumindest Techniken zu entwickeln, die Auskunft über das Ausmaß der Unfairneß eines konkreten Tests bzw. über die von ihm benachteiligten Gruppen geben, kann hier nur summarisch hingewiesen werden (vgl. z. B. Gösslbauer, 1977; Holland und Wainer, 1993; Möbus, 1978, 1983; Wottawa und Amelang, 1980). Die generelle Schwierigkeit dieser Versuche liegt in der Festsetzung derjenigen Kriterien oder Merkmale, bezüglich derer ein Test fair sein soll. Gelingt es, einen Intelligenztest z. B. durch die Aufstellung spezieller Normtabellen hinsichtlich der Merkmale Alter, Geschlecht und Art des Schulabschlusses fair zu gestalten, kann dieser Test dennoch die Landbevölkerung gegenüber der Stadtbevölkerung, Arbeiterkinder gegenüber Akademikerkindern, Protestanten gegenüber Katholiken etc. benachteiligen. Die Anzahl persongebundener Merkmale, die potentiell ein Testergebnis beeinflussen können, ist sicherlich zu groß, um eine globale Testfairneß gewährleisten zu können.

Die Frage der Fairneß eines Tests ist unlösbar mit der Frage nach dem Zweck seines Einsatzes verknüpft. Ein Test führt zwangsläufig zu unfairen Ergebnissen, wenn er zu einem Zweck verwendet wird, für den er ursprünglich nicht konstruiert wurde (vgl. auch die Ausführungen über differentielle Validität auf S. 200). Diese Erkenntnis beantwortet natürlich nicht die Frage, welche Fähigkeiten eine Gesellschaft für wichtig hält und deshalb zum Gegenstand von Tests macht. Dies ist ein gesellschaftspolitisches Problem, an dessen Lösung Fachleute durch eine sachgemäße Aufklärung über die tatsächliche Aussagekraft psychologischer Tests mitzuarbeiten aufgefordert sind.

4.3.2
Aufgaben der Testtheorie

Eine Pumpe füllt einen Behälter, der 40 l faßt, in 5 Minuten. Wie lange benötigt die Pumpe, um einen Behälter mit 64 l zu füllen? Auf diese Frage gibt eine Untersuchungsteilnehmerin die richtige Antwort: 8 Minuten. Kann man aufgrund dieser einen Antwort behaupten, die Untersuchungsteilnehmerin verfüge über eine gute mathematische Denkfähigkeit? Sicherlich nicht! Es leuchtet intuitiv ein, daß diese Informationsbasis nicht ausreicht, um entscheiden zu können, ob diese Frage „mathematische Denkfähigkeit" oder etwas anderes mißt. Es bleibt offen, wieviel Zeit sie zur Lösung dieser Aufgabe beanspruchte, ob sie nur zufällig eine richtige Schätzung abgab, ob sie ähnliche oder auch schwerere Aufgaben lösen könnte und vieles mehr.

Die Frage der Anforderungen, denen ein Test genügen muß, um aufgrund eines Testergebnisses auf die tatsächliche Ausprägung des getesteten Merkmales schließen zu können, ist Gegenstand der Testtheorie.

Ein Test besteht gewöhnlich aus mehreren, unterschiedlich schweren Aufgaben oder Fragen (im folgenden soll vereinfachend der hierfür übliche Ausdruck „Item" verwendet werden), die die Testperson lösen oder beantworten muß. Als Testergebnis resultiert eine Anzahl richtig beantworteter oder bejahter Items, aus der sich verschiedene Schlüsse ableiten lassen.

Die an einem naturwissenschaftlichen Meßmodell orientierte „klassische" Testtheorie nimmt an, daß das Testergebnis direkt dem wahren Ausprägungsgrad des untersuchten Merkmals entspricht, daß aber jede Messung oder jedes Testergebnis zusätzlich von einem Meßfehler überlagert ist. Der Testwert repräsentiert damit die „wahre" Merkmalsausprägung zuzüglich einer den Testwert vergrößernden oder verkleinernden Fehlerkomponente (z.B. aufgrund mangelnder Konzentration, ungeeigneter Items, Übermüdung, schlechter Untersuchungsbedingungen o.ä.). Die wahre Merkmalsausprägung kann jedoch nur erschlossen werden, wenn der Testfehler bekannt

ist. Hierin liegt das Problem der klassischen Testtheorie. Die Präzision eines Tests ist nur bestimmbar, wenn wahre Merkmalsausprägung und Fehleranteil getrennt zu ermitteln sind.

Im Unterschied dazu basiert der Grundgedanke der *probabilistischen Testtheorie* (Item-Response-Theorie oder kurz: IRT) auf der Annahme, daß die *Wahrscheinlichkeit* einer bestimmten Antwort auf jedes einzelne Item von der Ausprägung einer *latent* vorhandenen Merkmalsdimension abhängt. Eine Person mit besserer mathematischer Denkfähigkeit löst die eingangs gestellte Aufgabe mit höherer Wahrscheinlichkeit als eine Person mit schlechterer mathematischer Denkfähigkeit.

Die klassische Testtheorie ist *deterministisch*. Das Testergebnis entspricht – abgesehen von Meßfehlern – direkt der Merkmalsausprägung. Ein *probabilistisches* Testmodell hingegen ermittelt diejenigen Merkmalsausprägungen, die für verschiedene Arten der Itembeantwortungen am wahrscheinlichsten sind. Eigenschaften dieser beiden Testmodelle sowie deren Vor- und Nachteile sollen im folgenden kurz dargestellt werden.

4.3.3
Klassische Testtheorie

Kennzeichnend für eine Testtheorie sind ihre Annahmen über die gemessenen Testwerte. Für die klassische Testtheorie lassen sich diese Grundannahmen in fünf Axiomen ausdrücken. Auf der Basis dieser Axiome sind drei zentrale Testgütekriterien definierbar, die die Qualität eines Tests angeben: Objektivität, Reliabilität und Validität. Testgütekriterien und Itemkennwerte (zur Itemanalyse s. S. 217 ff.) sind von entscheidender Bedeutung für die Neukonstruktion und Veränderung eigener Tests. Aber auch bei der Verwendung bereits publizierter Instrumente, die in unveränderter Form übernommen werden, ist es oftmals empfehlenswert, die Testgüte anhand der eigenen Stichprobe nachzuprüfen.

Die Kriterien der klassischen Testtheorie lassen sich sowohl auf Tests im engeren Sinne – die eine Individualdiagnose anhand von Normwerten anstreben – als auch auf Fragebögen anwenden, die eher die Funktion von Forschungsinstrumenten haben und bei denen statt individueller Werte primär Aggregatwerte (v.a. Gruppenmittelwerte) interessieren (vgl. Mummendy, 1987, S. 17 ff.). Fragebögen, die den Kriterien der klassischen Testtheorie genügen, nennt man auch *psychometrische Fragebögen*. Psychometrische Fragebögen (vgl. S. 253 ff.) sind in der Forschungspraxis die Regel, während im Alltag oftmals ad hoc-Fragebögen verwendet werden (z.B. sog. „Psychotests" in Zeitschriften), deren testtheoretische Eigenschaften unbekannt sind.

Die fünf Axiome der klassischen Testtheorie

Grundlegend für die klassische Testtheorie sind die folgenden fünf Axiome, die sich auf die Eigenschaften des Meßfehlers beziehen:

- *Axiom 1:* Das Testergebnis (Score: X) setzt sich additiv aus dem „wahren Wert" (True Score: T) und dem Meßfehler (Error Score: E) zusammen: $X = T + E$. Beispiel: Das Intelligenztestergebnis einer Person setzt sich zusammen aus ihrer „wahren" Intelligenz und Fehlereffekten (z.B. Müdigkeit, Unkonzentriertheit).
- *Axiom 2:* Bei wiederholten Testanwendungen kommt es zu einem Fehlerausgleich, d.h. der Mittelwert (μ) des Meßfehlers ist Null: $\mu(E) = 0$. Der Mittelwert mehrerer unabhängiger Messungen an demselben Untersuchungsobjekt ist folglich meßfehlerfrei und repräsentiert den wahren Wert: $\mu(X) = \mu(T) + \mu(E) = T + 0 = T$. Da die „wahre" Merkmalsausprägung sich bei wiederholten Messungen an demselben Untersuchungsobjekt nicht ändert, gilt $\mu(T) = T$. Würde man bei einer Person immer wieder die Intelligenz messen, so wäre der Mittelwert dieser Messungen der „wahre" Intelligenzwert, weil Fehlerschwankungen (z.B. besserer Wert durch richtiges Raten, schlechterer Wert durch Müdigkeit) sich auf längere Sicht „ausmitteln".
- *Axiom 3:* Die Höhe des Meßfehlers ist unabhängig vom Ausprägungsgrad des getesteten Merkmals, d.h. wahrer Wert und Fehlerwert sind unkorreliert: $\rho_{T,E} = 0$. Fehlereinflüsse durch die „Tagesform" (Motivation, Wachheit etc.) sind bei Personen mit hoher und niedriger Intelligenz in gleicher Weise wirksam.
- *Axiom 4:* Die Höhe des Meßfehlers ist unabhängig vom Ausprägungsgrad anderer Persönlichkeitsmerkmale (T'): $\rho_{T',E} = 0$. Die Meßfehler eines Intelligenztests sollten z.B. nicht mit

Testangst oder Konzentrationsfähigkeit korrelieren.

- *Axiom 5:* Die Meßfehler verschiedener Testanwendungen (bei verschiedenen Personen oder Testwiederholungen bei einer Person) sind voneinander unabhängig, d.h. die Fehlerwerte sind unkorreliert: $\rho_{E_1,E_2} = 0$. Personen, die bei einer Testanwendung besonders müde sind, sollten bei einer Testwiederholung keine analogen Müdigkeitseffekte aufweisen.

Man beachte, daß es sich bei Axiomen grundsätzlich um Festsetzungen bzw. Definitionen handelt und nicht um empirische Tatsachen. Ob sich „wahrer" Wert und Fehlerwert tatsächlich „in Wirklichkeit" additiv verknüpfen, ist nicht beweisbar. Ein Kritikpunkt an der klassischen Testtheorie lautet, daß ihre Axiome unrealistisch seien (vgl. Grubitzsch, 1991). Dennoch – und dies belegen die zahlreichen, nach den Richtlinien der klassischen Testtheorie entwickelten Tests – scheint sich die Axiomatik in der Praxis zu bewähren (vgl. hierzu auch Sprung und Sprung, 1984; eine genauere Formulierung der Axiome der klassischen Testtheorie finden interessierte Leserinnen und Leser bei Gulliksen, 1950; Novick, 1966; bzw. bei Lord und Novick, 1968. Zur Kritik dieser Axiome vgl. Fischer, 1974, S. 114 ff. oder Hilke, 1980, S. 134 ff.).

Die drei Testgütekriterien

Die Qualität eines Tests bzw. eines Fragebogens läßt sich an drei zentralen *Kriterien der Testgüte* festmachen: Objektivität, Reliabilität und Validität (Lienert und Raatz, 1994, nennen als Nebengütekriterien die Normierung, Vergleichbarkeit, Ökonomie und Nützlichkeit von Tests, auf deren Behandlung hier verzichtet wird). Für die Bestimmung der drei Hauptgütekriterien existieren mehrere Varianten, die es erlauben, die Testgüte im konkreten Anwendungsfall möglichst genau zu beurteilen bzw. zu berechnen.

Standardisierte Tests und Fragebögen, die diesen Kriterien genügen bzw. unter Heranziehung dieser Kriterien entwickelt werden, bezeichnet man als *psychometrische Tests* bzw. *psychometrische Fragebögen*. Von ihnen sind die sog. *projektiven Tests* (Entfaltungstests) abzugrenzen, die anstelle standardisierter Items bewußt sehr unstrukturiertes Material vorgeben oder produzieren lassen, um auf diesem Wege Unbewußtes und Vorverbales zu erfassen (Hobi, 1992).

Bekannte projektive Tests sind etwa der *Rorschach-Test* RO-T (Rorschach, 1941), der die Probanden zur Deutung von Tintenklecksmustern auffordert, oder der *Thematische Apperzeptions-Test* TAT (Murray, 1943), bei dem Bilder mehrdeutiger Situationen zu interpretieren sind. Andere projektive Tests verlangen, daß die Probanden selbst einen Baum, ein Haus oder einen Mann zeichnen. Weder die freien mündlichen Äußerungen, die beim RO-T und beim TAT produziert werden, noch die zeichnerischen Äußerungen, die etwa im Zuge des Mann-Zeichen-Tests MZT (Ziler, 1997) erhoben werden, lassen sich zunächst so eindeutig auswerten wie die standardisierten Items psychometrischer Tests. Projektive Tests schneiden hinsichtlich psychometrischer Testgütekriterien also typischerweise eher schlecht ab. Es werden jedoch verstärkt Anstrengungen unternommen, die unstrukturierten Ergebnisse projektiver Tests einer intersubjektiv nachvollziehbaren Auswertung zugänglich zu machen (so lassen sich Details in Zeichnungen etwa millimetergenau ausmessen und somit quantifizieren).

Prinzipiell spricht nichts dagegen, daß projektive Tests so durchgeführt und ausgewertet werden, daß ihre Ergebnisse psychometrische Testgütekriterien erfüllen. Zudem mag man wissenschaftlich begründet durchaus auch dann mit projektiven Tests arbeiten, wenn sie in einer bestimmten Untersuchungssituation oder für eine spezielle Fragestellung die einzig verfügbare und adäquate Datenerhebungsmethode darstellen. Daß Einbußen in der Datenqualität und Grenzen der Interpretierbarkeit im Untersuchungsbericht diskutiert werden müssen, braucht hier nicht extra betont zu werden, da dies eine Grundbedingung wissenschaftlichen Arbeitens darstellt.

Im folgenden werden die drei Testgütekriterien näher erläutert.

Objektivität: Ein Test oder Fragebogen ist objektiv, wenn verschiedene Testanwender bei denselben Personen zu den gleichen Resultaten gelangen, d.h. ein objektiver Test ist vom konkreten Testanwender unabhängig. Ein Test wäre also nicht objektiv, wenn in die Durchführung oder Auswertung z.B. besonderes Expertenwissen oder individuelle Deutungen des Anwenders einfließen, die intersubjektiv nicht reproduzierbar sind.

 Die *Objektivität* eines Tests gibt an, in welchem Ausmaß die Testergebnisse vom Testanwender unabhängig sind.

Die Objektivität (Anwenderunabhängigkeit) eines Tests zerfällt in drei Unterformen: Durchführungsobjektivität, Auswertungsobjektivität und Interpretationsobjektivität.

- *Durchführungsobjektivität:* Das Testergebnis der Probanden sollte vom Untersuchungsleiter unbeeinflußt sein. Verletzt wäre die Forderung nach Durchführungsobjektivität, wenn dieselbe Person die Aufgabenstellung bei dem einen Untersuchungsleiter nicht versteht, während sie bei einem anderen Untersucher problemlos arbeiten kann. Eine hohe Durchführungsobjektivität wird durch standardisierte Instruktionen (Bearbeitungsanweisungen für die Probanden) erreicht, die dem Testanwender während der Durchführung des Tests keinen individuellen Spielraum lassen. Testinstruktionen – aber auch die Beantwortung von Rückfragen – sind in der Regel wortwörtlich vorgegeben und sollten vom Testanweiser auswendig gelernt oder zumindest sicher abgelesen werden.

- *Auswertungsobjektivität:* Die Vergabe von Testpunkten für bestimmte Testantworten muß von der Person des Auswerters unbeeinflußt sein. Verschiedene Auswerter sollten bei der Auswertung desselben Testprotokolls zu exakt derselben Punktzahl kommen. Die Auswertungsobjektivität hängt von der Art der Itemformulierung ab (vgl. S. 212 ff.): Sie wird erhöht, wenn der Test die Art der Itembeantwortung (wie z.B. bei richtig-falsch-Aufgaben bzw. Mehrfachwahl- oder „Multiple Choice"-Aufgaben) sowie die Antwortbewertung (welche Antworten sind für das untersuchte Merkmal indikativ, wieviele Punkte werden für welche Antwort vergeben) eindeutig vorschreibt.

- *Interpretationsobjektivität:* Individuelle Deutungen dürfen in die Interpretation eines Testwertes nicht einfließen. Statt dessen orientiert man sich bei der Interpretation an vorgegebenen Vergleichswerten bzw. sog. Normen, die anhand repräsentativer Stichproben ermittelt werden und als Vergleichsmaßstab dienen. Für die meisten Tests existieren z. B. Altersnormen, Geschlechtsnormen, Bildungsnormen etc., die in tabellarischer Form in den Testhandbüchern zu finden sind. Vergleicht man den Testwert einer Person mit den entsprechenden Normwerten, wird z. B. erkennbar, ob der Proband im Vergleich zu seinen Alters- oder Geschlechtsgenossen eine über- oder unterdurchschnittliche Merkmalsausprägung aufweist.

Objektivitätsanforderungen: Bei standardisierten quantitativen Verfahren, die von ausgebildeten Psychologen oder geschulten Testanweisern unter kontrollierten Bedingungen eingesetzt und ausgewertet werden, ist davon auszugehen, daß perfekte Objektivität vorliegt. In der Tat ist die Objektivität meist ein recht unproblematisches Testgütekriterium, das auch bei Eigenkonstruktionen von Fragebögen oder Tests leicht realisierbar ist. Man muß nur standardisiert festlegen, wie der Test durchzuführen, auszuwerten und das Ergebnis zu interpretieren ist. Diese Informationen werden detailliert im Testhandbuch (Manual, Handanweisung) festgehalten. Bei qualitativen und projektiven Tests ist es dagegen häufiger erforderlich, die Objektivität empirisch zu prüfen. Die numerische Bestimmung der Objektivität eines Tests erfolgt über die durchschnittliche Korrelation (vgl. Anhang A) der Ergebnisse verschiedener Testanwender. Wenn diese Korrelation nahe Eins liegt, kann Objektivität vorausgesetzt werden.

Reliabilität: Die Reliabilität (Zuverlässigkeit) gibt den Grad der Meßgenauigkeit (*Präzision*) eines Instrumentes an. Die Reliabilität ist um so höher, je kleiner der zu einem Meßwert X gehörende Fehleranteil E ist. Perfekte Reliabilität würde bedeuten, daß der Test in der Lage ist, den wahren Wert T ohne jeden Meßfehler E zu erfassen (X = T). Dieser Idealfall tritt in der Praxis leider nicht auf, da sich Fehlereinflüsse durch situative Störungen, Müdigkeit der Probanden, Mißverständnisse oder Raten nie ganz ausschließen lassen.

> **!** Die *Reliabilität* eines Tests kennzeichnet den Grad der Genauigkeit, mit dem das geprüfte Merkmal gemessen wird.

Wie kann man nun die Meßgenauigkeit bzw. Reliabilität eines Tests quantifizieren, wenn doch stets nur meßfehlerbehaftete Meßwerte verfügbar und die „wahren" Werte unbekannt sind? Wie will man erkennen, ob in einer Meßwertreihe mit Intelligenztestergebnissen ein großer Fehleranteil (= unreliable Messung) oder ein kleiner Fehleranteil (= reliable Messung) „steckt"?

Zur Lösung dieses Problems greifen wir auf die Axiome der klassischen Testtheorie (s.o.) zurück. Ein vollständig reliabler Test müßte nach wiederholter Anwendung bei denselben Personen zu exakt den gleichen Ergebnissen führen (perfekte Korrelation beider Meßwertreihen), sofern der „wahre" Wert unverändert ist (was bei zeitstabilen Persönlichkeitsmerkmalen und Eigenschaften vorausgesetzt werden kann). Weichen die Ergebnisse wiederholter Tests voneinander ab bzw. sind sie unkorreliert, werden hierfür Meßfehler verantwortlich gemacht. Da Meßfehler sowohl von den wahren Werten, von anderen Merkmalen als auch voneinander unabhängig sind (Axiome 3, 4 und 5), können die Messungen nur unsystematische Abweichungen zwischen den Meßwerten zweier Meßzeitpunkte erzeugen. Diese unsystematischen Abweichungen konstituieren die sog. Fehlervarianz. Je größer die Fehlervarianz, umso mehr Meßfehler fließen in die Testwerte ein.

Umgekehrt spricht eine niedrige Fehlervarianz für hohe Meßgenauigkeit. Je größer die Ähnlichkeit bzw. der korrelative Zusammenhang zwischen beiden Meßwertreihen, umso höher ist der Anteil der systematischen, gemeinsamen Variation der Werte und umso geringer ist gleichzeitig der Fehleranteil. Meßwertunterschiede sind dann nicht „zufällig", sondern systematisch; sie gehen auf „wahre" Merkmalsausprägungen zurück und konstituieren die sog. „wahre Varianz".

Allgemein läßt sich die Reliabilität (Rel, r_{tt}) als Anteil der wahren Varianz (s_T^2) an der beobachteten Varianz (s_x^2) definieren. Je größer der Anteil der wahren Varianz, umso geringer ist der Fehleranteil (bzw. die Fehlervarianz s_E^2) in den Testwerten. Der Reliabilitätskoeffizient hat einen Wertebereich von 0 (der Meßwert besteht nur aus Meßfehlern: X = E) bis 1 (der Meßwert ist identisch mit dem wahren Wert: X = T).

$$\text{Rel} = \frac{s_T^2}{s_x^2} = \frac{s_T^2}{s_T^2 + s_E^2}$$

Will man für einen Test die Reliabilität berechnen, so benötigt man neben der empirisch ermittelbaren Varianz der Testwerte (s_x^2) noch eine Schätzung für die (unbekannte) wahre Varianz (s_T^2). Je nach Art dieser Schätzung sind vier Methoden zu unterscheiden, mit denen die Reliabilität von eindimensionalen Testskalen berechnet werden kann: Retest-Reliabilität, Paralleltest-Reliabilität, Testhalbierungs-Reliabilität und Interne Konsistenz.

● *Retest-Reliabilität:* Zur Bestimmung der Retest-Reliabilität (*Stabilität*) wird derselbe Test derselben Stichprobe zweimal vorgelegt, wobei das zwischen den Messungen (t_1: erste Messung, t_2: zweite Messung) liegende Zeitintervall variiert werden kann (in der Regel sind es mehrere Wochen). Die Retest-Reliabilität ist definiert als *Korrelation* (s. Anhang A) beider Meßwertreihen. Diese Korrelation (mit 100% multipliziert) gibt an, wieviel Prozent der Gesamtunterschiedlichkeit der Testergebnisse auf „wahre" Merkmalsunterschiede zurückzuführen sind. Eine Retest-Reliabilität von Rel = 0.76 läßt darauf schließen, daß 76% der Merkmalsvarianz auf „wahre" Merkmalsunterschiede zurückgehen und nur 24% auf Fehlereinflüsse.

$$\text{Rel}_{\text{Retest-Methode}} = \frac{s_T^2}{s_x^2} = \frac{\text{cov}\,(t_1, t_2)}{s_{t_1} \cdot s_{t_2}} = r_{t_1 t_2}$$

Bei der Reliabilitätsbestimmung nach der Testwiederholungsmethode besteht die Gefahr, daß die Reliabilität eines Tests überschätzt wird, wenn die Lösungen der Testaufgaben erinnert werden, womit vor allem bei kurzen Tests mit inhaltlich interessanten Items zu rechnen ist. Die Wahrscheinlichkeit von Erinnerungseffekten nimmt jedoch mit wachsendem zeitlichen Abstand zwischen den Testvorgaben ab.

Wenig brauchbar ist die Testwiederholungsmethode bei Tests, die instabile bzw. zeitabhängige Merkmale erfassen. Hierbei wäre dann unklar, ob geringe Test-Retest-Korrelationen für geringe *Reliabilität des Tests* oder für *geringe Stabilität des Merkmals* sprechen. Beispiel: Ein Test soll Stimmungen erfassen (z.B. Angespanntheit, Müdigkeit), die typischerweise sehr starken intraindividuellen Schwankungen unter-

liegen. Die Reliabilitätsschätzung mittels Retest-Methode ergibt z.B. Rel = 0,34. Dies würde einem Anteil von 34% „wahrer" Varianz in den Meßwerten entsprechen (bzw. 66% Fehlervarianz). Es wäre jedoch verfehlt, den Test nun wegen vermeintlich fehlender Meßgenauigkeit abzulehnen, da in diesem Fall unsystematische Meßwertedifferenzen zwischen t_1 und t_2 nicht nur Fehlereffekte, sondern auch „echte" Veränderungen darstellen.

Ein weiterer Nachteil der Retest-Methode besteht in ihrem relativ großen zeitlichen und untersuchungstechnischen Aufwand. Da *dieselben* Probanden nach einem festgelegten Zeitintervall erneut kontaktiert und zur Teilnahme motiviert werden müssen, ist mit größeren Ausfallzahlen zu rechnen. Diese „Probandenverluste" sind bereits bei der Untersuchungsplanung einzukalkulieren, indem eine besonders große „Start-Stichprobe" gezogen wird. Das Problem, daß bei systematischen „Drop Outs" (es fallen z.B. überwiegend Probanden mit schlechten Testergebnissen aus) eine ursprünglich repräsentative Stichprobe verzerrt wird, ist damit allerdings nicht gelöst.

Bei der ersten Testung fordert man üblicherweise die Untersuchungsteilnehmer auf, sich ein persönliches Kennwort auszudenken und zu merken. Dieses Kennwort dient zur Wahrung der Anonymität als Namensersatz und wird von den Probanden bei der ersten und zweiten Testung auf dem Lösungsbogen notiert, so daß personenweise eine eindeutige Zuordnung der Meßwiederholungen möglich ist.

● *Paralleltest-Reliabilität:* Die Ermittlung der Paralleltest-Reliabilität (*Äquivalenz*) ist ebenso wie die Bestimmung der Retest-Reliabilität mit einigem untersuchungstechnischen Aufwand verbunden. Zunächst werden zwei Testversionen entwickelt, die beide Operationalisierungen desselben Konstrukts darstellen. Die Untersuchungsteilnehmer bearbeiten diese sog. Paralleltests in derselben Sitzung kurz hintereinander. Je ähnlicher die Ergebnisse beider Tests ausfallen, umso weniger Fehlereffekte sind offensichtlich im Spiel, d.h. die wahre Varianz wird hier als Kovarianz zwischen den Testwerten einer Personenstichprobe auf beiden Paralleltests geschätzt.

Das Ergebnis einer Reliabilitätsprüfung nach der Paralleltest-Methode sind stets zwei Testformen, die sich entweder *beide* als reliabel oder beide als unreliabel erweisen. Der mit der Erstellung von zwei Parallelformen verbundene Aufwand ist vor allem dann gerechtfertigt, wenn für praktische Zwecke tatsächlich zwei (oder auch mehr) äquivalente Testformen benötigt werden. Dies ist z.B. bei Gruppentestungen im Leistungsbereich der Fall, wo durch den Einsatz von Testversion A und B unerwünschtes Abschreiben verhindert werden kann.

Die Konstruktion von zwei Paralleltests erfolgt in vier Schritten:

- *Itempool:* Auf der Grundlage von Theorie und Empirie wird eine Liste von Items zusammengestellt (Itempool), die allesamt Indikatoren des Zielkonstrukts darstellen. Der Itempool enthält mindestens doppelt so viele Items wie für eine Testform angestrebt wird.
- *Itemanalyse:* Der Itempool wird einer Personenstichprobe vorgelegt und anschließend einer Itemanalyse unterzogen. Ziel dieser Analyse ist die Kennzeichnung aller Items durch ihre jeweiligen Schwierigkeitsindizes und Trennschärfekoeffizienten (vgl. S. 218f.).
- *Item-Zwillinge:* Je zwei Items mit vergleichbarer Schwierigkeit und Trennschärfe werden zu ähnlichen (homogenen, äquivalenten) „Item-Zwillingen" zusammengestellt.
- *Paralleltests:* Die beiden Paralleltests A und B entstehen, indem je ein „Zwilling" zufällig der einen, und der andere „Zwilling" der anderen Testform zugeordnet wird.

Bearbeitet nun eine (neue!) Stichprobe beide Paralleltests A und B, so läßt sich die Reliabilität folgendermaßen bestimmen:

$$\text{Rel}_{\text{Paralleltest-Methode}} = \frac{s_T^2}{s_x^2} = \frac{\text{cov}(t_A, t_B)}{s_{t_A} \cdot s_{t_B}} = r_{t_A t_B}$$

Mit der hier beschriebenen Vorgehensweise erhält man 2 Tests, die man als *nominell parallel* bezeichnet. Strengere Kriterien für die Parallelität erfordern sog. *τ-äquivalente Tests*, die so geartet sind, daß der wahre Wert einer beliebigen Person i im Test A (τ_{iA}) dem wahren Wert im Test B (τ_{iB}) entspricht ($\tau_{iA} = \tau_{iB}$). Über Verfahren zur Überprüfung von Äquivalenzannahmen berichtet Rasmussen (1988).

- *Testhalbierungs-Reliabilität:* Die Testhalbierungs-Reliabilität *(Split-Half-Reliabilität, Äquivalenz)* erfordert im Unterschied zur Retest- und Paralleltest-Methode keinerlei untersuchungstechnischen Mehraufwand, da nur der zu untersuchende Test einer Stichprobe einmalig zur Bearbeitung vorgelegt wird. Anschließend werden pro Proband zwei Testwerte berechnet, die jeweils auf der Hälfte aller Items beruhen, wobei diese Testhalbierung vom Auswerter unterschiedlich realisiert werden kann (Zufallsauswahl aus allen Testitems, erste und letzte Testhälfte, Items mit gerader und ungerader Nummer etc.). Die gemeinsame Varianz der Testhälften repräsentiert die meßfehlerfreie „wahre" Varianz, d.h. die Testhalbierungs-Reliabilität entspricht der Korrelation der Testwerte der Testhälften ($t_{1/2}$, $t_{1/2}$). Da die Testhälften quasi „Paralleltests" mit halber Länge darstellen, kann man die Testhalbierungs-Methode als Sonderform der Paralleltest-Methode auffassen.

$$\text{Rel}_{\text{Testhalbierungs-Methode}} = \frac{s_T^2}{s_x^2} = \frac{\text{cov}(t_{1/2}, t_{1/2})}{s_{1/2} \cdot s_{1/2}}$$

$$= r_{t_{1/2} t_{1/2}}$$

Die Reliabilität eines Tests nimmt – sieht man von Ermüdungseffekten u.ä. ab – mit der Anzahl seiner Items zu. Sie nähert sich mit wachsender Itemzahl asymptotisch einem Präzisionsmaximum. Demzufolge unterschätzt eine Methode, die nur die halbe Testlänge berücksichtigt, die Reliabilität des Gesamttests. Mittels der sogenannten „Spearman-Brown-Prophecy-Formula" kann der nach der Testhalbierungsmethode gewonnene Reliabilitätskoeffizient jedoch nachträglich um den Betrag, der durch die Testhalbierung verlorenging, aufgewertet werden (vgl. Spearman, 1910, zit. nach Lienert und Raatz, 1994, S. 185):

$$\text{Rel}_{\text{korrigiert}} = \frac{2 \cdot \text{Rel}_{\text{Testhalbierungs-Methode}}}{1 + \text{Rel}_{\text{Testhalbierungs-Methode}}}$$

Wenn Testhalbierungs-Reliabilitäten angegeben werden, so handelt es sich in der Regel um die in dieser Weise korrigierten Reliabilitäten.

● *Interne Konsistenz:* Die Bestimmung der Reliabilität nach der Testhalbierungs-Methode hängt stark von der Art der zufälligen Testhalbierung ab. Zu stabileren Schätzungen der Reliabilität führt die Berechnung der internen Konsistenz. Interne Konsistenzschätzungen stellen eine Erweiterung der Testhalbierungs-Methode dar und zwar nach der Überlegung, daß sich ein Test nicht nur in Testhälften, sondern in so viele „kleinste" Teile zerlegen läßt, wie er Items enthält. Es kann also praktisch jedes einzelne Item wie ein „Paralleltest" behandelt werden. Die Korrelationen zwischen den Items spiegeln dann die „wahre" Varianz wider. Die Berechnung der internen Konsistenz kann über die sog. „Kuder-Richardson-Formel" erfolgen (vgl. Richardson und Kuder, 1939, zit. nach Lienert und Raatz, 1994, S. 192).

Am gebräuchlichsten ist jedoch der *Alpha-Koeffizient* von Cronbach (1951). (Einen Vergleich von Cronbachs Alpha mit anderen Maßen der internen Konsistenz findet man bei Osburn, 2000.) Der Alpha-Koeffizient ist sowohl auf dichotome als auch auf polytome Items anwendbar. Formal entspricht der Alpha-Koeffizient der mittleren Testhalbierungs-Reliabilität eines Tests für alle möglichen Testhalbierungen. Insbesondere bei heterogenen Tests unterschätzt Alpha allerdings die Reliabilität. Da Alpha den auf eine Merkmalsdimension zurückgehenden Varianzanteil aller Items erfaßt, wird dieses Maß zuweilen auch als Homogenitätsindex verwendet (zur Homogenität s. S. 219 f.; zur Beziehung von Alpha und Itemhomogenität vgl. Green et al., 1977). Alpha ist umso höher, je mehr Items die Skala enthält (p = Anzahl der Items) und je höher die Item-Interkorrelationen sind. Alpha wird folgendermaßen berechnet: (vgl. Bortz, 1999, S. 543):

$$a = \frac{p}{p-1} \cdot \left(1 - \frac{\sum_{i=1}^{p} s_{\text{Item}}^2}{s_{\text{Testwert}}^2}\right) *$$

Ein Computerprogramm, das aus einem Satz von Items diejenigen auswählt, die eine Testskala mit

maximalem Alpha-Koeffizienten konstituieren, wurde von Thompson (1990) bzw. Flebus (1990) entwickelt (vgl. hierzu auch Berres, 1987). Welchen Einfluß einzelne Items auf die Höhe des Alpha-Koeffizienten haben, ist auch gängigen Statistik-Programmen (z.B. SPSS) zu entnehmen (vgl. Anhang D). Signifikanztests für den Alpha-Koeffizienten findet man bei Feldt et al. (1987). Ein Verfahren, mit dem die Äquivalenz zweier unabhängiger a-Koeffizienten geprüft werden kann, haben Feldt (1999) sowie Alsawalmeh und Feldt (2000) vorgeschlagen. Über „optimale" Stichprobenumfänge (vgl. S. 602 f.) für den statistischen Vergleich zweier a-Koeffizienten berichten Feldt und Ankenmann (1998).

Reliabilität von Untertests: Die oben beschriebenen Methoden der Reliabilitätsbestimmung gehen von eindimensionalen Tests aus, deren Items allesamt dasselbe globale Konstrukt erfassen und somit hoch interkorrelieren. Demgegenüber haben mehrdimensionale Tests die Aufgabe, Teilaspekte eines komplexen Merkmals mittels sog. Untertests (bzw. Teilskalen, Faktoren oder Dimensionen) separat zu messen. Bei mehrdimensionalen Skalen korrelieren die zu einem Teiltest gehörenden Items hoch, während die Teiltests selbst untereinander kaum korrelieren. Es ist folglich sinnvoll, die interne Konsistenz der Subskalen einzeln zu bestimmen, statt für alle Items gemeinsam einen Alpha-Koeffizienten zu berechnen. Zur Reliabilitätsbestimmung von Teiltests schlägt Cliff (1988) vor, statt des Alpha-Koeffizienten einen Kennwert zu berechnen, der auf den Ergebnissen einer Faktorenanalyse beruht und in den der Eigenwert des Faktors (lambda: λ) zusammen mit der durchschnittlichen Interkorrelation ($\bar{r}_{ij}$) der zum Faktor gehörenden Items eingeht:

$$\text{Rel}_{\text{Subskala}} = \frac{\lambda_{\text{Subskala}} - (1 - \bar{r}_{ij})}{\lambda_{\text{Subskala}}}$$

Wenn die Items perfekt interkorrelieren, erreicht der Teiltest unabhängig von der Höhe des Eigenwertes λ eine perfekte Reliabilität von 1 (vgl. Bortz 1999, S. 543).

Reliabilitätsanforderungen: Ein guter Test, der nicht nur zu explorativen Zwecken verwendet wird,

---

* $\sum_{i=1}^{p}$ entspricht $\sum\limits_{i=1}^{p}$. Die Grenzwerte werden aus satztechnischen Gründen in **Brüchen** und im laufenden **Text** *neben* das Summationszeichen gesetzt.

> .80 o.k.
> .90 gut

sollte eine Reliabilität von über 0,80 aufweisen. Reliabilitäten zwischen 0,8 und 0,9 gelten als mittelmäßig, Reliabilitäten über 0,9 als hoch (Weise, 1975, S. 219). Bei der Reliabilitätsbewertung ist jedoch die Art der Reliabilitätsbestimmung zu beachten. Erfaßt ein Test ein Merkmal mit hoher zeitlicher Variabilität bzw. hoher „Funktionsfluktuation" (Lienert und Raatz, 1994, S. 201 verstehen hierunter Merkmale, deren Bedeutung sich mit der Testwiederholung ändern), erweist sich eine hohe Paralleltest-Reliabilität als günstig. Beansprucht der Test jedoch, zeitlich stabile Merkmalsausprägungen zu messen, sollte besonderer Wert auf eine hohe Retest-Reliabilität gelegt werden. Hohe interne Konsistenz ist indessen von jedem Test zu fordern.

Mangelnde Objektivität beeinträchtigt die Reliabilität, weil Diskrepanzen zwischen Testanwendern Fehlervarianz erzeugen. Die Reliabilität kann folglich nur maximal so hoch sein wie die Objektivität.

Validität: Die Validität (*Gültigkeit*) ist das wichtigste Testgütekriterium. Die Validität gibt an, ob ein Test das mißt, was er messen soll bzw. was er zu messen vorgibt (d.h. ein Intelligenztest sollte tatsächlich Intelligenz messen und nicht z.B. Testangst). Ein Test kann trotz hoher Reliabilität unbrauchbar sein, weil er etwas anderes mißt, als man vermutet. So mag ein Test zur Messung von Reaktionszeiten zwar sehr reliabel sein; ob er jedoch etwas über die Reaktionsfähigkeit einer Person im Straßenverkehr aussagt, ist ein anderes Thema. Noch fraglicher ist es, ob allgemeine Intelligenz- und Leistungstests, die z.B. als Selektionsinstrumente in konkreten Auswahlsituationen in Schulen, Betrieben, Behörden, beim Arbeitsamt oder in Universitäten eingesetzt werden, tatsächlich die Informationen liefern, die man für derartige Entscheidungen benötigt.

> **!** Die *Validität* eines Tests gibt an, wie gut der Test in der Lage ist, genau das zu messen, was er zu messen vorgibt.

Im Vergleich zu Objektivität und Reliabilität ist die Erfassung und Überprüfung der Validität eines Tests sehr viel aufwendiger. Wir unterscheiden drei Hauptarten von Validität: Inhaltsvalidität, Kriteriumsvalidität und Konstruktvalidität. (Das testtheoretische Kriterium der Validität, das die Qualität von *Meßinstrumenten* angibt, ist nicht zu verwechseln mit den Kriterien der „internen" und „externen" Validität, die auf S. 56 f. als Gütekriterien *empirischer Untersuchungsdesigns* eingeführt wurden.)

- *Inhaltsvalidität:* Inhaltsvalidität (*Face Validity, Augenscheinvalidität, Logische Validität*) ist gegeben, wenn der Inhalt der Test-Items das zu messende Konstrukt in seinen wichtigsten Aspekten erschöpfend erfaßt. So würde man etwa einem Test zur Erfassung der Kenntnisse in den Grundrechenarten wenig Inhaltsvalidität bescheinigen, wenn er keine Aufgaben zur Multiplikation enthält. Derartige Beeinträchtigungen der Inhaltsvalidität sind jedoch so „augenscheinlich", daß es keiner gesonderten „Validierung" bedarf, um sie zu erkennen. Hieraus folgt jedoch, daß die Grundgesamtheit der Testitems, die potentiell für die Operationalisierung eines Merkmals in Frage kommen, sehr genau definiert werden muß. Die Inhaltsvalidität eines Tests ist um so höher, je besser die Testitems diese Grundgesamtheit repräsentieren (genauer hierzu vgl. Klauer, 1984).

  Das Konzept der Inhaltsvalidität ist vor allem auf Tests und Fragebögen anwendbar, bei denen das Testverhalten das interessierende Merkmal direkt repräsentiert. Dies trifft insbesondere auf Tests für relativ einfache, sensorische und motorische Fertigkeiten zu, wie z.B. Tests zur Messung der Farbdiskriminationsfähigkeit, Stenographie-Tests oder Tests zur Feststellung von Links- oder Rechtshändigkeit. Bei derartigen Verfahren wird meistens gänzlich auf eine Validierung an einem Außenkriterium verzichtet, wenngleich auch in diesen Tests Fehlschlüsse wegen der relativ kleinen Verhaltensstichprobe, die ein Test erfaßt, oder wegen der psychologisch ungewohnten Testsituation nicht auszuschließen sind.

  Die Höhe der Inhaltsvalidität eines Tests kann nicht numerisch bestimmt werden, sondern beruht allein auf subjektiven Einschätzungen. Strenggenommen handelt es sich bei der Inhaltsvalidität deswegen auch nicht um ein Testgütekriterium, sondern nur um eine Zielvorgabe, die bei der Testkonstruktion bedacht werden sollte (vgl. Schnell et al., 1999, S. 149).

- *Kriteriumsvalidität:* Kriteriumsvalidität (*kriterienbezogene Validität*) liegt vor, wenn das Ergebnis eines Tests zur Messung eines latenten Merkmals bzw. Konstrukts (z. B. Berufseignung) mit Messungen eines korrespondierenden manifesten Merkmals bzw. Kriteriums übereinstimmt (z. B. beruflicher Erfolg). Die Kriteriumsvalidität ist definiert als *Korrelation* (vgl. Anhang B) zwischen den Testwerten und den Kriteriumswerten einer Stichprobe.

Nicht selten handelt es sich bei dem Kriterium um einen Beobachtungssachverhalt, der erst zu einem späteren Zeitpunkt gemessen werden kann. Ob ein Schulreifetest wirklich „Schulreife“, eine Parteipräferenz wirklich das Wahlverhalten, ein Altruismus-Fragebogen wirklich das Hilfeverhalten erfaßt, zeigt sich meist erst, nachdem der Test durchgeführt wurde. Die Validität eines Tests bemißt sich daran, ob der Testwert das spätere Verhalten korrekt vorhersagt. Diese Form der Kriteriumsvalidität nennt man *prognostische Validität* (Predictive Validity) im Gegensatz zur *Übereinstimmungsvalidität* (Concurrent Validity), bei der Testwert und Kriteriumswert zum selben Meßzeitpunkt erhoben werden.

Eine besondere Variante zur Bestimmung der Übereinstimmungsvalidität ist die „Technik der bekannten Gruppen" (Known Groups). Das Kriterium ist hierbei die Zugehörigkeit zu Gruppen, für die Unterschiede in der Ausprägung des zu messenden Konstrukts erwartet werden (vgl. Schnell et al., 1999, S. 150). So könnte man einen Einsamkeitsfragebogen z. B. dadurch validieren, daß man ihn einer „normalen" und einer isolierten Gruppe (z. B. Strafgefangene) vorlegt. Höhere Einsamkeitswerte der isolierten Gruppe wären ein Indiz für die Validität des Fragebogens.

Leider ist die Kriteriumsvalidierung in ihrem Anwendungsbereich dadurch stark eingeschränkt, daß vielfach kein adäquates Außenkriterium benannt werden kann. Welches objektiv beobachtbare Außenkriterium mag indikativ sein für Intelligenz, für Geschlechtsidentität, für Zukunftsängste, für Neurotizismus oder Religiosität? Wollte man einen Religiositäts-Fragebogen kriteriumsvalidieren, müßte zunächst ein Außenkriterium gewählt werden. Die Häufigkeit des Kirchgangs oder die Regelmäßigkeit der Bibellektüre wären mögliche Kandidaten,

die allerdings nur Teilbereiche des Zielkonstrukts abdecken. Zwar mag bei einigen Menschen Religiosität mit dem Kirchgang korrelieren, andere dagegen praktizieren ihren Glauben vielleicht vollkommen unabhängig von der Amtskirche. Eine geringe Korrelation zwischen den Punktwerten eines Religiositäts-Fragebogens und der Häufigkeit des Kirchgangs würde dann nicht gegen die Validität des Fragebogens, sondern eher gegen die Validität des Kriteriums sprechen. Angesichts dieser Problematik empfiehlt es sich häufig, einen Test an mehreren Außenkriterien zu validieren.

Neben der Schwierigkeit, überhaupt ein angemessenes Außenkriterium zu finden, stellt sich auch die Frage nach der Operationalisierung des Kriteriums. Sind Kriteriumswerte invalide oder unreliabel erfaßt, so ist natürlich jede Validierung mit diesem Kriterium unbrauchbar. Weiterhin ist zu beachten, daß Korrelationen zwischen Testwert und Kriterium in unterschiedlichen Populationen verschieden ausfallen können (*differentielle Validität*). So konnten Amelang und Kühn (1970) beispielsweise zeigen, daß die Schulnoten von Mädchen durch Leistungstests besser vorhersagbar sind als diejenigen von Jungen. Der Zusammenhang zwischen Schulnoten und Leistungstests wird gewissermaßen durch das Merkmal „Geschlecht" beeinflußt oder „moderiert".

Auf der Itemebene ist gelegentlich festzustellen, daß einzelne Items in verschiedenen Gruppen unterschiedliche Validitäten aufweisen. Weitere Einzelheiten zu diesem als „Differential Item Functioning" oder kurz: DIF bezeichneten Sachverhalt findet man z. B. bei Holland und Wainer (1993).

● *Konstruktvalidität:* Der Konstruktvalidität kommt besondere Bedeutung zu, da Inhaltsvalidität kein objektivierbarer Kennwert ist und Kriteriumsvalidierung nur bei geeigneten Außenkriterien sinnvoll ist. Messick (1980, S. 1015) weist darauf hin, daß im Rahmen einer Konstruktvalidierung kriterienbezogene und inhaltliche Validitätsaspekte integrierbar sind.

Ein Test ist konstruktvalide, wenn aus dem zu messenden Zielkonstrukt Hypothesen ableitbar sind, die anhand der Testwerte bestätigt werden können. Anstatt ein einziges manifestes

Außenkriterium zu benennen, formuliert man ein Netz von Hypothesen über das Konstrukt und seine Relationen zu anderen manifesten und latenten Variablen. Beispiel: Ein Fragebogen zur Erfassung von subjektiver Einsamkeit soll validiert werden. Aus der Einsamkeitstheorie ist bekannt, daß Einsamkeit mit geringem Selbstwertgefühl und sozialer Ängstlichkeit einhergeht und bei Geschiedenen stärker ausgeprägt ist als bei Verheirateten. Diese inhaltlichen Hypothesen zu prüfen, wäre Aufgabe einer Konstruktvalidierung.

Der Umstand, daß Testwerte so ausfallen, wie es die aus Theorie und Empirie abgeleiteten Hypothesen vorgeben, kann als Indiz für die Konstruktvalidität des Tests gewertet werden. Eine Konstruktvalidierung ist nur dann erfolgversprechend, wenn neben dem zu prüfenden Test oder Fragebogen ausschließlich gut gesicherte Instrumente verwendet werden und die getesteten Hypothesen Gültigkeit besitzen. Können die gut gesicherten Hypothesen mit den Werten des überprüften Instruments nicht bestätigt werden, ist klar, daß die Validität des Instruments anzuzweifeln ist. Eine Konstruktvalidierung ist um so überzeugender, je mehr gut gesicherte Hypothesen ihre Überprüfung bestehen.

Methodisch gibt es bei einer Konstruktvalidierung unterschiedliche Herangehensweisen. Logisch-inhaltliche (qualitative) Analysen der Testitems können Hinweise geben, ob tatsächlich das fragliche Konstrukt (z. B. subjektive Einsamkeit) oder ein alternatives Konstrukt (z. B. soziale Erwünschtheit, vgl. S. 233) erfaßt wird. Mit experimentellen Methoden kann man herausfinden, ob die Variation von Merkmalen, die für das Konstrukt essentiell sind, zu unterschiedlichen Testwerten führt (die systematische Variation der Anzahl sozialer Kontakte sollte unterschiedliche Einsamkeits-Testwerte nach sich ziehen). Korrelationsstatistisch wären Zusammenhänge zwischen den für ein Konstrukt relevanten Merkmalen bzw. Unabhängigkeit mit irrelevanten Merkmalen nachzuweisen. (Hypothesengemäß sollte Einsamkeit mit sozialer Ängstlichkeit hoch, aber mit Intelligenz nur wenig korrelieren.)

Für eine besonders sorgfältige und umfassende Konstruktvalidierung kann die sogenannte „Multitrait-Multimethod-Methode" eingesetzt werden, die mit eigenen Validierungskriterien und -anforderungen arbeitet und deswegen gesondert behandelt wird.

Validitätsanforderungen: Ebenso wie die Reliabilität wird auch die Validität (mit Ausnahme der Inhaltsvalidität) durch Korrelationskoeffizienten quantifiziert. Erstrebenswert sind dabei durchgängig Korrelationen, die bedeutsam größer als Null und möglichst nahe bei 1 liegen. Nach Weise (1975, S. 219) gelten Validitäten zwischen 0,4 und 0,6 als mittelmäßig und Koeffizienten über 0,6 als hoch. Zu beachten ist, daß die Kriteriumsvalidität maximal nur den Wert des geometrischen Mittels (vgl. Bortz, 1999, S. 40) aus der Reliabilität des Tests und der Reliabilität des Kriteriums erreichen kann (Rey, 1977). Hieraus folgt, daß die Kriteriumsvalidität bei einem perfekt reliablen Kriterium nicht größer sein kann als die Wurzel aus der Reliabilität (die auch *Reliabilitätsindex* genannt wird) bzw. daß allgemein gilt: $Val < \sqrt{Rel}$ (vgl. z. B. Fisseni, 1997, S. 102).

Auch mittels testtheoretischer Validierungen lassen sich keine unzweifelbar „gültigen" Tests konstruieren. Von theoretischen und methodischen Einschränkungen ist jeder Validierungsversuch betroffen. Dennoch läßt sich der Einsatz eines psychometrischen Tests generell pragmatisch rechtfertigen, wenn die Entscheidungen und Vorhersagen, die auf der Basis des Tests getroffen werden, tauglicher sind als Entscheidungen und Vorhersagen, die ohne den Test möglich wären – es sei denn, der mit dem Test verbundene Aufwand steht in keinem Verhältnis zum Informationsgewinn.

Dieser Minimalanspruch an die Validität eines Tests wird einleuchtend, wenn man bedenkt, wieviele Personalentscheidungen beispielsweise allein aufgrund des persönlichen Eindrucks, zweifelhafter Gutachten oder auch der Handschrift vorgenommen werden – also aufgrund von Informationen, deren Validität in vielen Fällen nicht erwiesen ist bzw. niedriger sein dürfte als die Validität eines psychometrischen Tests. Es wäre illusionär, Tests zu fordern, die perfekte oder nahezu perfekte Entscheidungen gewährleisten. Der Wert eines Tests läßt sich letztlich nur an seinem Beitrag messen, den Nutzen testgestützter Entscheidungsstrategien zu optimieren (vgl. Cronbach und Gleser, 1965, Kubinger, 1996, S. 573 ff. oder Wottawa und Hossiep, 1987).

Die Multitrait-Multimethod-Methode (MTMM)

Die auf Campbell und Fiske (1959, vgl. auch Sullivan und Feldman, 1979, S. 17 ff.) zurückgehende Multitrait-Multimethod-Methode stellt eine besondere Variante der Konstruktvalidierung dar. Diese Validierungsstrategie erfordert, daß mehrere Konstrukte (Multi-Trait) durch mehrere Erhebungsmethoden (Multi-Method) erfaßt werden. Eine systematische, regelgeleitete Analyse der wechselseitigen Beziehungen zwischen Konstrukten und Methoden erlaubt es, die Höhe der Konstruktvalidität abzuschätzen. Im Multitrait-Multimethod-Ansatz unterscheidet man zwei Bestandteile der Konstruktvalidität: die konvergente und die diskriminante Validität.

- *Konvergente Validität:* Diese liegt vor, wenn mehrere Methoden dasselbe Konstrukt übereinstimmend (konvergent) messen, d.h. wenn verschiedene Operationalisierungen desselben Konstrukts auch zu ähnlichen Ergebnissen führen. Beispiel: In manchen Studien werden Probanden aufgefordert, auf einer Rating-Skala direkt anzugeben, wie einsam sie sich fühlen (1: gar nicht einsam bis 5: völlig einsam). In anderen Untersuchungen wird den Teilnehmern ein kompletter Fragebogen vorgelegt, der mehrere Einsamkeitsaspekte anspricht und als Ergebnis einen globalen Einsamkeitswert liefert. Sowohl Fragebogen als auch Rating-Skala intendieren eine Messung der Intensität von Einsamkeitsgefühlen. Sie müssen – sofern sie gültige Operationalisierungen darstellen – miteinander korrelieren (also konvergent sein im Hinblick auf das Konstrukt Einsamkeit).
- Das Kriterium der *diskriminanten Validität* fordert, daß sich das Zielkonstrukt von anderen Konstrukten unterscheidet. Beispiel: Man möchte die diskriminante Validität eines selbst konstruierten Fragebogens zur Erfassung von Aberglauben ermitteln (Itembeispiele: „Ich habe Angst vor schwarzen Katzen", „Ich trage immer ein Kreuz bei mir"). Dazu legt man einer Gruppe von Probanden neben dem Aberglau-

ben-Fragebogen z.B. noch Tests zur Messung von Ängstlichkeit und Religiosität vor. Im Sinne der diskriminanten Validität wäre zu fordern, daß die Aberglauben-Werte möglichst wenig mit den anderen Skalenwerten korrelieren. Enge Zusammenhänge zwischen Aberglauben und Ängstlichkeit würden darauf hindeuten, daß eine gesonderte Erfassung von Aberglauben in der *geplanten* Form verzichtbar ist, weil der neue Fragebogen überwiegend redundante Information liefert. Eine gründlichere theoretische Vorarbeit und eine Präzisierung des Zielkonstrukts „Aberglauben" wären hier also erforderlich.

> **!** Die *Multitrait-Multimethod-Methode* überprüft, mit welcher Übereinstimmung verschiedene Methoden dasselbe Konstrukt erfassen (konvergente Validität) und wie gut verschiedene Konstrukte durch eine Methode differenziert werden (diskriminante Validität).

Mit Hilfe der Multitrait-Multimethod-Technik lassen sich sowohl diskriminante als auch konvergente Validität anhand von Zusammenhangsmaßen systematisch abschätzen. Dabei werden die wechselseitigen Zusammenhänge zwischen Merkmalen und Methoden in einer speziellen Korrelationsmatrix (sog. Multitrait-Multimethod-Matrix, kurz: MTMM-Matrix) dargestellt.

Die MTMM-Matrix und ihre Elemente: Die Entwicklung einer MTMM-Matrix wird im folgenden an einem Beispiel demonstriert: Im Kontext der Personalauswahl interessiert man sich dafür, wie kooperativ, kreativ und leistungsfähig potentielle Mitarbeiterinnen und Mitarbeiter sind. Die genannten drei Konstrukte Kooperationsfähigkeit (Koop), Kreativität (Kreat) und Leistungsfähigkeit (Leist) sollen einfachheitshalber anstelle von Tests durch Fremdbeurteilungen erfaßt werden. Dabei werden sowohl die Urteile eines ehemaligen Arbeitskollegen (Kollege) als auch des letzten Vorgesetzten (Chef) herangezogen (Urteile auf einer Rating-Skala von 1: *gar nicht* kooperativ/kreativ/leistungsfähig bis 10: *völlig* kooperativ/kreativ/leistungsfähig). Mit der MTMM-Technik kann getestet werden, ob sich die drei Zielkonstrukte tatsächlich unterscheiden (diskriminante Validität) und wie gut sich die beiden „Test"- bzw. Urteilsformen zur Operationalisierung der Konstrukte eignen (konvergente Validität).

Die Daten, auf denen die MTMM-Matrix beruht, bestehen zunächst aus einer Liste von Meßwerten (hier Ratings) für die zu beurteilenden Personen (s. Tabelle 10).

Diese Meßwerte werden nun spaltenweise miteinander korreliert, so daß sich folgende MTMM-Matrix ergibt (zunächst ohne Einträge, s. Tabelle 11).

Diese MTMM-Matrix zerfällt in vier Teil-Matrizen: Zwei Monomethod-Matrizen (links oben: Kollege-Kollege; rechts unten: Chef-Chef) und zwei Heteromethod-Matrizen (links unten und rechts oben: Chef-Kollege, Kollege-Chef – diese beiden Heteromethod-Matrizen sind identisch). Die MTMM-Matrix insgesamt, aber auch die beiden Monomethod-Teilmatrizen sind symmetrisch, d.h. oberhalb und unterhalb der Diagonale befinden sich dieselben Zelleneinträge. Es genügt also, jeweils nur die untere Dreiecks-Matrix zu betrachten. Innerhalb der Teilmatrizen sind insgesamt vier unterschiedliche „Blöcke" von Zellen zu unterscheiden:

- *Monotrait-Monomethod-Block (Diagonale der Gesamtmatrix):*
  Ein Konstrukt (Mono-Trait) wird mit einer Methode (Mono-Method) gemessen. Korreliert man diese Werte mit sich selbst (Autokorrelation), ergeben sich perfekte Korrelationen (1,0, s. Tabelle 11). Manchmal werden die Diagonalelemente weggelassen oder es werden statt der Autokorrelationen die Reliabilitätskoeffizienten eingetragen.
- *Monotrait-Heteromethod-Block (Diagonale der Heteromethod-Teilmatrix):*
  Ein Konstrukt (Mono-Trait) wird mit mehreren Methoden (Hetero-Method) gemessen (Tabelle 12). Beispiel: Die Kooperationsfähigkeit der Personen wird durch einen ehemaligen Kollegen und den ehemaligen Vorgesetzten eingeschätzt. Die Übereinstimmung beider Einschätzungen (r = 0,63) ist indikativ für die konvergente Validität. Der Durchschnitt der Monotrait-Heteromethod-Korrelationen für die drei Konstrukte gilt als Maß für die konvergente Validität und sollte statistisch signifikant und bedeutsam größer als Null sein (mittlerer bis großer Effekt, vgl. S. 604).

- *Heterotrait-Monomethod-Block (Dreiecksmatrix der Monomethod-Teilmatrix):*
  Mehrere Konstrukte (Hetero-Trait) werden mit derselben Methode (Mono-Method) gemessen und die Meßwerte anschließend korreliert (Tabelle 13). Beispiel: Die Kreativitätseinschätzungen durch den Kollegen werden mit den Kooperationsfähigkeitseinschätzungen durch den Kollegen korreliert (r = 0,44). Da hier unterschiedliche Konstrukte erfaßt werden, sollten die Korrelationen nicht allzu groß sein, denn hohe Korrelationen würden auf Redundanzen in den Konstrukten oder auf unsensible Messungen hindeuten.
- *Heterotrait-Heteromethod-Block (Heteromethod-Teilmatrix ohne Diagonale):*
  Mehrere Konstrukte (Hetero-Trait) werden mit unterschiedlichen Methoden (Hetero-Method) gemessen und miteinander korreliert (Tabelle 14). Beispiel: Die Kreativitätseinschätzungen durch den Kollegen werden mit den Kooperationsfähigkeitseinschätzungen durch den Vorgesetzten korreliert (r = 0,19). Hier werden die geringsten Korrelationen erwartet, da weder methodische noch inhaltliche Übereinstimmungen vorliegen.

Kriterien für konvergente und diskriminante Validität: Campbell und Fiske (1959) schlagen vier Kriterien vor, anhand derer über das Vorliegen von konvergenter und diskriminanter Validität entschieden wird:

- *Kriterium 1 für konvergente Validität:* Konvergente Validität liegt vor, wenn die konvergenten Validitätskoeffizienten (Monotrait-Heteromethod-Korrelationen, s. Tabelle 12) bzw. ihr Mittelwert signifikant größer als Null sind.
- *Kriterium 2 für diskriminante Validität:* Die Heterotrait-Monomethod-Korrelationen (s. Tabelle 13) sollten signifikant kleiner sein als die Monotrait-Heteromethod-Korrelationen. Dies bedeutet, daß Differenzierungen zwischen verschiedenen Konstrukten (Hetero-Trait) nicht durch die Verwendung derselben Methode (Mono-Method) verwischt werden dürfen. Trotz Verwendung derselben Operationalisierungsform (z.B. Einschätzung durch einen Kollegen) müssen Konstruktunterschiede zwischen Kreativität und Kooperation „diskriminierbar" sein.

Tabelle 10. Ergebnisse der Messung von 3 Merkmalen mit 2 Methoden

Person	Koop (Kollege)	Kreat (Kollege)	Leist (Kollege)	Koop (Chef)	Kreat (Chef)	Leist (Chef)
1	4	2	3	5	3	4
2	6	6	7	4	5	5
...	...	...	...	...	...	...
n	7	3	9	7	6	7

Tabelle 11. Grundstruktur einer MTMM-Matrix

		Kollege			Chef		
		Koop	Kreat	Leist	Koop	Kreat	Leist
Kollege	Koop	1,0					
	Kreat		1,0				
	Leist			1,0			
Chef	Koop				1,0		
	Kreat					1,0	
	Leist						1,0

Tabelle 12. Der Monotrait-Heteromethod-Block

		Kollege			Chef		
		Koop	Kreat	Leist	Koop	Kreat	Leist
Kollege	Koop						
	Kreat						
	Leist						
Chef	Koop	0,63					
	Kreat		0,83				
	Leist			0,58			

Tabelle 13. Der Heterotrait-Monomethod-Block

		Kollege			Chef		
		Koop	Kreat	Leist	Koop	Kreat	Leist
Kollege	Koop						
	Kreat	0,44					
	Leist	0,55	0,52				
Chef	Koop						
	Kreat				0,41		
	Leist				0,64	0,51	

Tabelle 14. Der Heterotrait-Heteromethod-Block

		Kollege			Chef		
		Koop	Kreat	Leist	Koop	Kreat	Leist
Kollege	Koop						
	Kreat						
	Leist						
Chef	Koop		0,19	0,42			
	Kreat	0,14		0,37			
	Leist	0,29	0,29				

Tabelle 15. Vollständige MTMM-Matrix mit allen vier Blöcken

		Kollege			Chef		
		Koop	Kreat	Leist	Koop	Kreat	Leist
Kollege	Koop	1,0					
	Kreat	0,44	1,0				
	Leist	0,55	0,52	1,0			
Chef	Koop	0,63	0,19	0,42	1,0		
	Kreat	0,14	0,83	0,37	0,41	1,0	
	Leist	0,29	0,29	0,58	0,64	0,51	1,0

- *Kriterium 3 für diskriminante Validität:* Die Heterotrait-*Hetero*method-Korrelationen (s. Tabelle 14) sollten signifikant kleiner sein als die Monotrait-Heteromethod-Korrelationen. Insgesamt ist zu erwarten, daß die Heterotrait-Heteromethod-Korrelationen die geringsten sind.
- *Kriterium 4 für Konstruktvalidität:* Konvergente und diskriminante Validität sind Voraussetzungen für eine gute Konstruktvalidität. Indikativ für das *gemeinsame* Vorliegen von konvergenter und diskriminanter Validität sind identische Muster von Trait-Interkorrelationen in allen Monomethod- und Heteromethod-Teilmatrizen, d.h. die Rangreihe der Trait-Interkorrelationen sollte in allen Teilmatrizen identisch sein (man muß also die vollständige Matrix betrachten, s. Tabelle 15). In der oben dargestellten idealtypischen Matrix ist die Korrelation zwischen Leistung und Kooperation jeweils am größten, gefolgt von Leistung und Kreativität und schließlich Kreativität und Kooperation. Diese interne „Replizierbarkeit" der Rangreihe spricht dafür, daß hier „wahre" Varianz gemessen wird bzw. eine „wahre" Korrelationsstruktur zwischen

den Traits besteht, die mit den betrachteten Methoden valide gemessen werden können.

Ein weiterer Hinweis auf Konstruktvalidität wäre z. B. der Umstand, daß man die gefundene Rangreihe zumindest im nachhinein auf der Basis von theoretischem und empirischem Hintergrundwissen plausibel machen kann. Es ist zu beachten, daß auch beim Nachweis konvergenter und diskriminanter Validität nie zweifelsfrei sichergestellt ist, daß tatsächlich das angezielte Konstrukt erfaßt wird. Obwohl die Urteile von Kollegen und Vorgesetzten den Regeln der MTMM-Analyse entsprechen, könnten sie dennoch beide grundlegend verzerrt sein, etwa wenn übereinstimmend Kooperationsfähigkeit als Unterwürfigkeit mißdeutet wird.

Multitrait-Multimethod-Analysen sind sehr aufwendig und werden nur verhältnismäßig selten durchgeführt. Gängig ist jedoch eine reduzierte Variante, bei der statt gänzlich verschiedener Methoden lediglich mehrere Indikatoren (Items) für dasselbe Konstrukt erhoben werden (vgl. Schnell et al., 1999, S. 154). Neuere Auswertungsmethoden für MTMM-Matrizen sowie weiterführende Literatur findet man bei Eid (2000), Grayson und Marsh (1994), Kiers et al. (1996) sowie Schmitt und Stults (1986).

4.3.4
Item-Response-Theorie (IRT)

Ein nach den Annahmen der klassischen Testtheorie konstruierter Test führt zu Resultaten, die – meßfehlerbehaftet – den Ausprägungsgraden des untersuchten Merkmals entsprechen. Die probabilistische Testtheorie (IRT) betrachtet die untersuchten Merkmale als latente Dimensionen und die einzelnen Testitems als Indikatoren dieser latenten Dimensionen. Unterscheiden sich zwei Personen hinsichtlich einer Dimension, wird ein bestimmtes Item von einer Person mit höherer Merkmalsausprägung (im folgenden soll vereinfachend von höherer Fähigkeit dieser Person gesprochen werden) mit größerer Wahrscheinlichkeit gelöst als von einer Person mit geringerer Fähigkeit. Außerdem wird eine Person mit bestimmter Fähigkeit von zwei Items dasjenige mit größerer Wahrscheinlichkeit lösen, dessen Lösung weniger Fähigkeit voraussetzt, das also leichter ist. (Bedauerlicherweise ist der Begriff „schwieriges" Item in der Testtheorie anders definiert als im normalen Sprachgebrauch. Die „Schwierigkeit" eines Items bezeichnet – wie auf S. 218 ausgeführt – denjenigen Prozentsatz einer Personenstichprobe, der ein Item löst. Da ein leichtes Item von mehr Personen gelöst wird als ein schweres, hat es also einen höheren Schwierigkeitsindex.)

> **!** Die *klassische Testtheorie (KT)* betrachtet ein Testergebnis unmittelbar als (meßfehlerbehaftete) Merkmalsausprägung, während die *Item-Response-Theorie (IRT)* davon ausgeht, daß Testergebnisse lediglich Indikatoren latenter Merkmale oder Verhaltensdispositionen sind.

Die IRT umfaßt zahlreiche statistische, meßtheoretische und psychologische Modelle, auf die hier nur summarisch eingegangen werden kann. Einen Überblick über Grundlagen, neuere Entwicklungen und Anwendungen findet man bei Fischer und Molenaar (1995), Rost (1996) oder van der Linden und Hamilton (1996).

Itemcharakteristiken

In der probabilistischen Testtheorie interessieren vorrangig Wahrscheinlichkeiten für die Lösung von Items in Abhängigkeit von der Fähigkeit der untersuchten Person. Die Art der Beziehung, die die Lösungswahrscheinlichkeit eines Items mit den Fähigkeiten der Personen verknüpft, wird *Itemcharakteristik* (Item Characteristic Curve oder kurz: ICC) genannt. Zum besseren Verständnis dieses für die probabilistische Testtheorie zentralen Begriffes veranschaulicht Abb. 8 einige Itemcharakteristiken.

Die Abszisse des Achsenkreuzes kennzeichnet die Fähigkeit (hier mit einer beliebigen Einheit) und die Ordinate die Lösungswahrscheinlichkeit. Demnach besagt die Itemcharakteristik für das Item A, daß die Lösung dieses Items von der Fähigkeit der Person unabhängig ist. Für jede Fähigkeit ist mit einer Lösungswahrscheinlichkeit von $p = 0{,}5$ zu rechnen, d.h. mit einer Lösungswahrscheinlichkeit, die dem Raten entspricht. Es ist offenkundig, daß dieses Item für die Messung eines latenten Merkmals völlig unbrauchbar ist.

Für Item B wächst die Lösungswahrscheinlichkeit linear mit zunehmender Fähigkeit. Dieses Item erfüllt damit die Forderung, daß es von fähigeren Personen mit höherer Wahrscheinlichkeit gelöst wird als von unfähigeren Personen.

Bei Item C liegen die Verhältnisse genau umgekehrt. Hier nimmt die Lösungswahrscheinlichkeit mit wachsender Fähigkeit linear ab. Theoretisch wäre auch dieses Item zur Messung der latenten Merkmalsdimension geeignet (geringere Fähigkeit

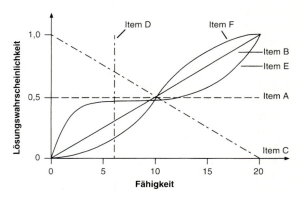

Abb. 8. Itemcharakteristiken (Erläuterungen s. Text)

spricht für höhere Lösungswahrscheinlichkeit); da derartige Items in der Praxis jedoch selten anzutreffen sind, soll diese Itemcharakteristik hier nicht weiter behandelt werden.

Guttman-Skala: Item D hat eine zu Item A komplementäre Itemcharakteristik. Während die Wahrscheinlichkeit, Item A zu lösen, für alle Fähigkeitsabstufungen immer 0,5 beträgt, wird Item D von allen Personen, die höchstens die Fähigkeit von 6 besitzen, mit Sicherheit nicht gelöst und von fähigeren Personen mit Sicherheit gelöst. Gelingt es, einen Test zu konstruieren, der nur Items enthält, die – bei unterschiedlicher Schwierigkeit – diese Itemcharakteristik aufweisen, reicht zur Kennzeichnung der Fähigkeit einer Person das schwerste (testtheoretisch „leichteste") Item aus, das diese Person löst. Da alle leichteren Aufgaben mit Sicherheit auch gelöst werden (aber nicht die schwereren), ist die Summe aller gelösten Items ein eindeutiger (*erschöpfender*) Indikator für die Fähigkeit einer getesteten Person. Die Personen können damit nach der Anzahl der gelösten Aufgaben in eine Rangreihe gebracht werden.

Tests, deren Items diese Eigenschaft aufweisen, bezeichnet man als *Guttman-Skala* (Guttman, 1950, vgl. auch S. 224 f.). Für die Praxis hat dieser (wegen der Extremwahrscheinlichkeiten von 0 und 1 deterministische) Test jedoch nur eine geringe Bedeutung, da genügend Items mit genau dieser Itemcharakteristik, die zudem noch eine breite Schwierigkeitsstreuung aufweisen, nur schwer zu finden sind. Letztlich genügt ein einziges, nicht modellkonformes Item, um das gesamte Modell einer Guttman-Skala zu verwerfen. In diesem Falle wäre das „störende" Item zu eliminieren oder ein probabilistisches Modell, wie z.B. die *Latent Class Analysis* (LCA; vgl. etwa Langeheine und Rost, 1996), anzuwenden.

Aus den Eigenschaften einer Guttman-Skala folgt, daß die Rangreihe der Personen hinsichtlich ihrer Fähigkeiten erhalten bleibt, wenn statt des gesamten Tests nur eine Teilmenge der Items verwendet wird. Eine Person, die im Gesamttest mehr Aufgaben löst als eine andere Person, kann von den ausgewählten Items niemals weniger Items lösen als die andere Person. Die Rangordnung der Personen ist unabhängig von den zufällig ausgewählten Items.

Ähnliches gilt für den Vergleich von Items. Die Schwierigkeitsrangreihe der Items bleibt für jede beliebige Zufallsauswahl von Personen erhalten, wenn die Personen der Gesamtpopulation angehören, für die die Guttman-Skala gilt. Die Guttman-Skala wird deshalb als *stichprobenunabhängig* bezeichnet.

Monotone Itemcharakteristiken: Item E in Abb. 8 hat eine Itemcharakteristik, nach der die Lösungswahrscheinlichkeit mit steigender Fähigkeit zunächst rasch zunimmt. Sie bleibt im mittleren Fähigkeitsbereich annähernd konstant und nähert sich dann schnell der maximalen Lösungswahrscheinlichkeit. Auch sie erfüllt damit die eingangs genannte Bedingung, nach der Personen mit höherer Fähigkeit ein bestimmtes Item mit größerer Wahrscheinlichkeit lösen als Personen mit geringerer Fähigkeit.

Generell gilt, daß alle *monoton* steigenden Itemcharakteristiken diese Bedingung erfüllen (z.B. Items B, E und F). Die Schar möglicher Funktionen, die die Lösungswahrscheinlichkeiten mit der Fähigkeit in dieser Weise verbindet, ist damit beliebig groß. Probabilistische Testtheorien unterscheiden sich nun voneinander in den Annahmen, durch die die Anzahl möglicher monotoner Funktionen begrenzt wird. Die *Latent-Structure-Analysis* von Lazarsfeld und Henry (1968) spezifiziert beispielsweise als Funktionstyp Polygone – ein Ansatz, der sich in der Testkonstruktionspraxis bisher nicht durchzusetzen vermochte.

Das dichotome logistische Modell

Das derzeit wohl am häufigsten verwendete probabilistische Testmodell geht auf Rasch (1960, zit. nach Fischer, 1974) zurück. Nach diesem Ansatz wird die Zahl möglicher monotoner Funktionstypen erheblich eingegrenzt, wenn ein Test die folgenden Annahmen erfüllt:
1. Der Test besteht aus einer endlichen Menge von Items.
2. Der Test ist homogen in dem Sinne, daß alle Items dasselbe Merkmal messen.
3. Die Itemcharakteristiken sind monoton steigend.
4. Es wird „lokale, stochastische Unabhängigkeit" vorausgesetzt: Ob jemand ein Item löst oder nicht, hängt ausschließlich von seiner Fähigkeit und der Schwierigkeit des Items ab.

5. Die Anzahl der gelösten Aufgaben stellt eine „erschöpfende Statistik" für die Fähigkeit einer Person dar, d.h. es interessiert nicht, welche Aufgaben gelöst wurden, sondern lediglich wieviele.

Nimmt man nun für ein beliebiges Item eine *logistische Funktion* als Itemcharakteristik an (vgl. Item F in Abb. 8), folgt bei Zutreffen der oben genannten Annahmen, daß alle übrigen Items ebenfalls Itemcharakteristiken in Form logistischer Funktionen aufweisen (vgl. Fischer, 1974, S. 193 ff.).

Eine logistische Funktion wird durch folgende Gleichung beschrieben:

$$y = \frac{e^x}{1 + e^x} \, (e = 2{,}718)$$

Die Wahrscheinlichkeit (p), ein Item zu lösen, hängt ausschließlich von der Fähigkeit der Person (f: Personenparameter) und der Schwierigkeit des Items (s: Itemparameter) bzw. von der Differenz f–s ab. Sie wird über folgende Gleichung bestimmt:

$$p = \frac{e^{(f-s)}}{1 + e^{(f-s)}}$$

Die Abb. 9 enthält 3 Itemcharakteristiken für Items mit unterschiedlichen Schwierigkeiten bzw. Itemparametern.

Auf der x-Achse (latente Variable) werden sowohl die Personen als auch die Items skaliert. Für

eine durchschnittliche Ausprägung der latenten Variablen wurde hier der Wert Null angenommen. Sind der Personen- und der Itemparameter identisch (f–s = 0) erhält man eine Lösungswahrscheinlichkeit von 0,5.

$$p = \frac{e^0}{1 + e^0} = 0{,}5$$

Oder umgekehrt: Wenn Personen mit der Fähigkeit f ein Item mit der Schwierigkeit s mit einer Wahrscheinlichkeit von 50% lösen, sind Personen- und Itemparameter identisch. Die 3 Items in Abb. 9 haben demnach Itemparameter von –2, 0 und 2. Eine Person mit f = 4 wird das Item mit s = 2 mit einer Wahrscheinlichkeit von 88% lösen.

$$p = \frac{e^{(4-2)}}{1 + e^{(4-2)}} = 0{,}88$$

Eine weniger befähigte Person (f = –2) löst dieses Item nur mit einer Wahrscheinlichkeit von 2%.

$$p = \frac{e^{(-2-2)}}{1 + e^{(-2-2)}} = 0{,}02$$

In diesen Beispielen haben wir vorausgesetzt, daß die Personen- und Itemparameter bekannt seien. Tatsächlich müssen diese jedoch mit aufwendigen iterativen Algorithmen geschätzt werden, deren Darstellung über den Rahmen dieses Buches hinausgeht. Die Schätzungen basieren auf Summenstatistiken (Anzahl der gelösten Aufgaben pro Person bzw. Anzahl lösender Personen pro Item) als erschöpfende Statistik (s. oben, Pkt. 5). Informationen über verschiedene Schätzmethoden findet man z.B. bei Andrich (1988) oder Fischer (1974) und ein Computerprogramm z.B. im Zusatzmodul TESTAT zum Programmpaket SYSTAT (Stenson, 1990). Empfehlenswert ist ferner das Programmsystem WINMIRA, das Programme mehrerer IRT-Modelle enthält und dessen Studentenversion kostenlos im Zusammenhang mit dem Lehrbuch von Rost (1996) erworben werden kann.

Wegen der besonderen Bedeutung der logistischen Funktion in dem von Rasch (1960) entwickelten Modell wird dieses auch als das *dichotome logistische Modell* bezeichnet. Mit dem Zusatz „dichotom" wird zum Ausdruck gebracht, daß das Modell auf Items mit dichotomer Antwortform anwendbar ist.

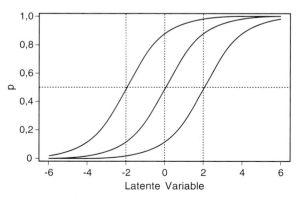

Abb. 9. Itemcharakteristiken des Rasch-Modells. (Nach Schnell et al. 1999, S. 191)

Auf der Basis des dichotomen logistischen Modells können Personenparameter (Fähigkeiten) und Aufgabenparameter (Schwierigkeiten) ermittelt werden. Wie bei der Guttman-Skala führen Vergleiche zwischen Personen unabhängig davon, auf welchen Items sie basieren, zu identischen Resultaten. Sie sind nach Rasch *spezifisch objektiv*. Umgekehrt sind auch Vergleiche zwischen verschiedenen Items von der Art der Personenstichprobe unabhängig. Dieses ebenfalls bereits im Zusammenhang mit der Guttman-Skala eingeführte Konzept der Stichprobenunabhängigkeit besagt, daß jede beliebige Stichprobe aus einer Population, für die das Modell gilt, zu identischen Skalierungsergebnissen führt (weitere Einzelheiten s. S. 226 f.).

Ausführliche Informationen zur Mathematik des dichotomen logistischen Modells findet man u. a. bei Fischer (1974), Fischer und Molenaar (1995), Guthke et al. (1990), Kubinger (1996), Krauth (1995), Rost (1996) sowie Steyer und Eid (1993, Kap. 16 bis 18).

Verallgemeinerungen und Anwendungen

Das dichotome logistische Modell wurde 1960 von Rasch für die Analyse von Tests mit dichotomen Antwortvorgaben entwickelt. In der Zwischenzeit haben sich jedoch unter dem Stichwort „Item-Response-Theorie" zahlreiche Neuentwicklungen etabliert, die die Analyse von Items mit praktisch beliebigen Antwortformaten gestatten und die zudem eine Reihe von Fragen beantworten, die im Rahmen der klassischen Testtheorie nicht lösbar sind. Rost (1999) faßt die Verallgemeinerungen des Rasch-Modells (mit entsprechender Literatur, auf deren Wiedergabe wir hier verzichten) wie folgt zusammen:

Mehrkategorielle Verallgemeinerungen: Die sog. *mehrdimensionalen, mehrkategoriellen Modelle* (auch mehrdimensionale Partial-Credit-Modelle genannt) werden eingesetzt, wenn die Antwortvorgaben Stufen einer echten Nominalskala sind. Allerdings wird vorausgesetzt, daß alle Items über identische Antwortvorgaben bearbeitet werden. Rost nennt als Beispiel einen Fragebogen zu Copingstrategien mit offenen Antworten, wobei jede einzelne Itemantwort nur einer der vorgegebenen Copingstrategien zugeordnet werden darf. Die Multidimensionalität dieses Modells kommt da-

durch zum Tragen, daß für jede Person so viele Personenparameter ermittelt werden, wie es Antwortkategorien (Copingstrategien) gibt.

Die *eindimensionalen mehrkategoriellen* Modelle wurden zur Analyse von Items mit ordinal gestuften Antwortvorgaben entwickelt. Hierbei handelt es sich typischerweise um Rating-Skalen (vgl. S. 175 ff. bzw. Tafel 24). Mit diesem Ansatz werden gleichzeitig Personen-, Item- und Kategorienparameter skaliert, d. h. die häufig problematische Annahme der Äquidistanz der Kategorien einer Rating-Skala wird mit diesem Ansatz überprüfbar. Gewissermaßen als Nebenprodukt entsprechender Modellanwendungen hat es sich gezeigt, daß Rating-Skalen eine gerade Anzahl von Antwortkategorien aufweisen sollten.

Facettentheoretische Verallgemeinerungen: Die zu dieser Rubrik zählenden probabilistischen Modelle (auch mehrfaktorielle Rasch-Modelle genannt) ermöglichen es, Itemparameter additiv in verschiedene Itemfacetten zu zerlegen. In diesem Zusammenhang könnte es beispielsweise interessieren, in welchem Ausmaß die Facetten „Finden", „Anwenden" und „Erlernen" einer Regel an der Lösung einer Aufgabe beteiligt sind. Weitere Anwendungen beziehen sich auf die Analyse von Meßwiederholungen mit der Fragestellung, in welcher Weise die Antwortwahrscheinlichkeit durch die Fähigkeit der Person, die Schwierigkeit des Items und durch den Untersuchungszeitpunkt bestimmt wird. Die Erweiterung des Modells um die Facette „Zeitpunkte" eröffnet zahlreiche Analysemöglichkeiten für experimentalpsychologische Pretest-Posttest-Pläne als interessante Alternativen zu Standardauswertungen via t-Test oder Varianzanalyse.

Mehrmodale Verallgemeinerungen: Die unter dieser Überschrift zusammengefaßten Modelle gehen über die „Multi-Facet"- bzw. mehrfaktoriellen Modelle insoweit hinaus, als sie Wechselwirkungen zwischen den Facetten bzw. Faktoren explizit zulassen und auch prüfen. Während das wichtige Prinzip der lokalen stochastischen Unabhängigkeit im „klassischen" Ansatz impliziert, daß die Antwort auf jedes beliebige Item unabhängig davon erfolgt, wie die anderen Items beantwortet wurden, daß also zwischen den Facetten bzw. Modalitäten „Items" und „Personen" keine Wechselwirkungen bestehen, lassen diese Modelle zu, daß die Antwortwahrscheinlichkeit für ein Item auch von der Art der Beantwortung vorangehender Items abhängt, daß also – was psychologisch letztlich plausibel ist – im Zuge der Itembeantwortung durch Übungs-, Motivations-, Müdigkeitseffekte etc. Wechselwirkungen auftreten. Dieser Sachverhalt wird z.B. genutzt, wenn es darum geht, die Lernfähigkeit von Personen zu modellieren (vgl. hierzu z.B. Guthke und Wiedl, 1996, zum Stichwort „Dynamisches Testen") oder wenn die testdiagnostisch relevante Frage zu prüfen ist, ob Veränderungen im Kontext von Meßwiederholungsstudien itemspezifisch, personenspezifisch oder beides sind. (Ausführliche Informationen über Anwendungen von Item-Response-Modellen im Kontext von Meßwiederholungsdesigns findet man bei Glück und Spiel, 1997).

Mischverteilungsverallgemeinerungen: Genau genommen ist das Konzept der sog. „Stichprobenunabhängigkeit", also die Annahme, daß die Itemparameter für verschiedene Stichproben konstant seien, ein wenig realitätsfern. Man denke beispielsweise an Tests zum räumlichen Vorstellungsvermögen, die von unterschiedlichen Personengruppen mit unterschiedlichen Lösungsstrategien bearbeitet werden, so daß gruppenspezifische Itemparameter höchst wahrscheinlich sind. Genau dieses Problem wird mit den Mischverteilungsmodellen (Mixed Rasch Models) aufgegriffen. Diese Modelle suchen nach homogenen Teilstichproben, zwischen denen die Itemparameter maximal unterschiedlich sind. Sie stellen deshalb eine wichtige Bereicherung für die persönlichkeitspsychologischer Forschung dar, in der es u.a. um die Bildung von Typologien bezüglich spezifischer Persönlichkeitsmerkmale (Motivation, Attributionsstile, Intelligenz etc.) geht.

Mehrdimensionale Verallgemeinerungen: Analog zum faktorenanalytischen Ansatz (vgl. Anhang B) wird versucht, die Item- und Personenparameter mehrdimensional zu modellieren. In diesem Zusammenhang könnte z.B. die Frage interessieren, in welchem Ausmaß die Lösung von Intelligenztestitems die Komponenten Kreativität, Erfahrung und logisches Denken erfordert (komponentenspezifische Itemparameter) und wie stark diese 3 Komponenten bei einem Individuum ausgeprägt sind (komponentenspezifische Fähigkeitsparameter). Allerdings – so Rost (1999) – sind bisherige Erfahrungen mit Anwendungen dieser Modelle eher spärlich.

Adaptives Testen

Eine spezielle Anwendungsvariante der IRT ist das adaptive Testen. Bei herkömmlicher Testvorgabe bearbeitet der Proband nacheinander alle Items, was unökonomisch ist, weil in der Regel viel redundante Information gewonnen wird: Ein Proband mit mittlerer Fähigkeit wird sehr leichte Items mit hoher Wahrscheinlichkeit und sehr schwere Items mit geringer Wahrscheinlichkeit lösen. Dies wird beim adaptiven Testen vermieden.

Ist über die Fähigkeit der zu testenden Person nichts bekannt, beginnt das adaptive Testen mit einem mittelschweren Item, um dann – je nachdem, ob das Item gelöst oder nicht gelöst wurde – mit dem schwierigsten oder leichtesten Item fortzufahren. Nach Beantwortung der ersten beiden Items ist eine vorläufige Schätzung des Personenparameters möglich, die dann durch die Vorgabe weiterer Items mit „maximaler Information" sukzessive präzisiert wird. Items mit maximaler Information haben eine Lösungswahrscheinlichkeit von 50%, d.h. die Schwierigkeit der sukzessiv zu bearbeitenden Items sollte jeweils der zuletzt ermittelten Fähigkeit entsprechen. Ob ein derartiges Item vorhanden ist, hängt natürlich von der Größe des (vorgetesteten bzw. kalibrierten) Itempools ab. Nach Wild (1986, zit. nach Kubinger, 1996) reichen hierfür in der Regel 60 bis 70 Items aus, wobei der Personenparameter nach ca. 15 Items hinreichend genau geschätzt werden kann.

Nach Kubinger (1996) unterscheidet man das sog. „Tailored Testing" und das „Branched Testing", wobei das *Tailored Testing* im wesentlichen der oben beschriebenen Vorgehensweise entspricht. Es basiert üblicherweise auf dem dichotomen logistischen Modell, was unter praktischen Gesichtspunkten den Einsatz eines Computers erfordert (Computer Assisted Diagnostics; vgl. Guthke und Caruso, 1989). Aufwendigere Modelle berücksichtigen einen weiteren Itemparameter, den sog. Diskriminationsparameter und einen weiteren Personenparameter, den Rateparameter.

Das *Branched Testing* kann auch als „Paper and Pencil"-Variante eingesetzt werden. Hierbei werden die Items zu homogenen Itemgruppen (z. B. mit 5 Items pro Gruppe) zusammengefaßt, die sukzessiv leistungsabhängig zu bearbeiten sind. Man beginnt mit einer Itemgruppe mittlerer Schwierigkeit und fährt mit einer leichteren bzw. schwierigeren Itemgruppe fort, wenn weniger oder mehr als ca. 50% der Items einer Gruppe (höchstens 1 Item bzw. mindestens 4 Items) gelöst wurden. Liegt die Anzahl der gelösten Items bei ca. 50%, bleibt die Schwierigkeit der Items des nächsten Blocks auf demselben Niveau usw.

Bei dieser Vorgehensweise kann auf eine wiederholte Schätzung des Personenparameters verzichtet werden. Anders als beim Tailored Testing, bei dem sich aufgrund der itemspezifischen Verzweigungen sehr viele individuelle „Pfade" ergeben, ist die Anzahl der möglichen „Pfade" beim Branched Testing deutlich geringer, so daß sämtliche pfadspezifischen Personenparameter vorab errechnet und tabellarisch aufbereitet werden können. Das Branched Testing reduziert sich also auf die leistungsabhängige Vorgabe von 3 bis 5 Itemblöcken mit der anschließenden Entnahme des Fähigkeitsparameters aus einer vorgefertigten Tabelle.

Ausführliche Informationen zum adaptiven Testen findet man bei Hornke (1993), Kubinger (1995, 1996), Meijer und Neving (1999) und Wainer (1990). Ferner sei auf das Special Issue: „Computerized Adaptive Testing" in der Zeitschrift „Applied Psychological Measurement" 23/3 (1999) hingewiesen. Adaptive Tests wurden von Kubinger und Wurst (1985; Adaptives Intelligenz Diagnostikum), Kubinger et al. (1993; Begriffs-Bildungs-Test) und Srp (1994; Syllogismen) entwickelt.

Klassische und probabilistische Testtheorie: Zusammenfassende Bewertung

Tests, die auf einem probabilistischen Testmodell basieren, unterscheiden sich von „klassisch" konstruierten Tests in der Regel dadurch, daß die Annahmen, die dem Test zugrunde liegen, auch geprüft werden. Die Entwicklung eines probabilistischen Tests bzw. das Auffinden eines Satzes modellkonformer Items ist deshalb aufwendiger als die Konstruktion eines „klassischen" Tests, bei dem die auf S. 193 genannten Annahmen in der Regel als gegeben erachtet werden.

Die Überprüfung der klassischen Testgütekriterien Reliabilität und Validität bereitet bei probabilistischen Tests Schwierigkeiten, da die Meßgenauigkeit dieser Tests bei gegebenem Itemsatz vom Fähigkeitsniveau der untersuchten Personen abhängt (was genau genommen auch auf klassische Tests zutrifft). Personen mit unterschiedlichen Fähigkeiten werden mit demselben Test unterschiedlich präzise oder reliabel erfaßt, was wiederum die Validität der Einzelmessungen beeinflußt.

Erfolgversprechend dürfte die Konstruktion eines probabilistischen Tests vor allem bei Merkmalen sein, die bereits genügend erforscht und deshalb analytisch präzise definierbar sind. Nur wenn genaue analytische Definitionen die Formulierung operationaler Indikatoren zwingend vorschreiben, kann die zeitaufwendige Suche nach modellkonformen Items abgekürzt werden. Erscheint ein Merkmal definitorisch noch nicht ausgereift, sollte eine weniger aufwendige Testkonstruktion auf der Basis der klassischen Testtheorie favorisiert werden.

Offenbar sind die meisten in der psychologischen Diagnostik interessierenden Konstrukte für eine probabilistische Testkonstruktion nicht geeignet. Rost (1999) konstatiert in seinem bemerkenswerten Beitrag zur Frage „Was ist aus dem Rasch-Modell geworden?", daß über 95% aller Testentwicklungen „klassisch" konstruiert wurden. Als Gründe für das offensichtliche „Scheitern" des Testmodells von Rasch, das ursprünglich mit dem Anspruch antrat, die klassische Testtheorie abzulösen, nennt Rost:

- Ergebnisse von Tests, die klassisch und probabilistisch konstruiert wurden, stimmen häufig sehr gut überein. Korreliert man die Summenscores eines „klassischen" Tests mit den entsprechenden Personenparametern im Rasch-Modell, resultiert eine Korrelation in der Größenordnung von $r = 0,95$ (Molenaar, 1997, zit. nach Rost, 1999; vgl. hierzu auch Fan, 1998). Außerdem erweisen sich Items, die in der klassischen Testkonstruktion aufgrund geringer Trennschärfe und extremer Schwierigkeit (zur Erläuterung dieser Begriffe vgl. S. 218 f.) eliminiert werden, meistens auch als nicht Rasch-Modell-konform. Umgekehrt paßt auf Items mit hoher faktorieller Homogenität bzw. einem hohen a-Koeffizienten (vgl. S. 198) häufig auch das Rasch-Modell.

- Ein weiterer Grund für das Scheitern des einfachen Rasch-Modells wird darin gesehen, daß sich bei praktischen Testkonstruktionen viele Items als nicht modellkonform erweisen, daß also der vergleichsweise geringe Zusatznutzen gegenüber klassischen Tests mit erheblichem Zusatzaufwand „erkauft" wird.
- Schließlich weist Rost darauf hin, daß benutzerfreundliche Computerprogramme, die für probabilistische Testkonstruktionen unabdingbar sind, nicht die Verbreitung gefunden haben, wie die Software für klassische Itemanalysen, die in jedem Standardprogrammpaket implementiert ist.

Die geringe Popularität probabilistischer Testmodelle mag vielleicht auch darauf zurückzuführen sein, daß das Rasch-Modell und seine Nachfolger die Testpraxis in den USA als einen der bedeutendsten Wissenschaftsmultiplikatoren offenbar noch weniger beeinflußte als die europäische Testpraxis. Andersen (1995), der die Einzelbeiträge des Readers von Fischer und Molenaar (1995) zusammenfassend kommentiert, stellt fest, daß kein einziger Aufsatz in diesem wichtigen Dokument zum aktuellen Stand der IRT-Forschung aus den USA stammt. Baker (1996) erklärt diese relativ geringe Akzeptanz mit unterschiedlichen „Testwelten" dies- und jenseits des Atlantiks. Auf der amerikanischen Seite gäbe es eine lange Tradition großer, nationaler Testprogramme, die eine stark praxisorientierte Methodologie erfordern. Diese fehle weitestgehend in Europa, was rein theoretisches Arbeiten in geschlossenen akademischen Zirkeln („closed intellectual systems", S. 699) begünstige.

Nach seinem wenig erfreulichen Resümee zur Nutzung des einfachen Rasch-Modells kommt Rost (1999, S. 141) zu dem Schluß, „daß sich der praktische Nutzen der Rasch-Meßtheorie erst entfaltet, wenn man die Ebene des einfachen dichotomen Rasch-Modells verläßt und die zahlreichen Verallgemeinerungen dieses Modellansatzes einbezieht". In der Tat sind die auf S. 209 ff. kurz zusammengefaßten Verallgemeinerungen des Rasch-Modells aus der Anwenderperspektive vielversprechend. Aber auch sie werden – wie bisher das einfache Rasch-Modell – zukünftig ein Schattendasein führen, wenn es nicht gelingt, diese neuen Entwicklungen durch Bereitstellung benutzerfreundlicher Software (z.B. in handelsüblichen Statistik-Softwarepaketen) einem breiten Anwenderkreis zugänglich zu machen.

4.3.5
Testitems

Bevor für eine Untersuchung ein eigener Test entwickelt wird, sollte überprüft werden, ob für das interessierende Merkmal bereits ein brauchbarer Test existiert (vgl. hierzu S. 190). Ist dies nicht der Fall, wird eine eigene Testkonstruktion erforderlich.

Sie beginnt mit einer möglichst exakten, definitorischen Bestimmung des in der Untersuchung interessierenden Merkmals. Ferner müssen Überlegungen darüber angestellt werden, für welche Verhaltensbereiche und für welchen Personenkreis der Test gelten soll. Es resultiert – evtl. gestützt durch Literatur – eine Materialsammlung, aus der die eigentlichen Testitems formuliert werden.

Der folgende Text geht auf die Fragen ein,
- wie die Items formuliert werden sollen,
- was man tun kann, wenn die Möglichkeit besteht, daß die Untersuchungsteilnehmer das richtige Ergebnis erraten, und
- welche statistischen Analysen zur Überprüfung der Tauglichkeit von Items durchzuführen sind.

Itemformulierungen
Die in der Testpraxis üblichen Itemvarianten sind in Tafel 25 zusammengefaßt. In Anlehnung an Rütter (1973) wird zwischen Items mit *offener Beantwortung*, mit *halboffener Beantwortung* und mit *Antwortvorgaben* unterschieden.

Offene Beantwortung: Items mit offener Beantwortung überlassen es vollständig dem Untersuchungsteilnehmer, wie er die gestellte Aufgabe löst. Die Aufgabenlösung kann verbal (oder auch spielerisch oder bildnerisch) frei gestaltet werden, sie kann die Auslegung, Interpretation oder Deutung bestimmter Reizvorlagen bzw. freie Assoziationen zu sprachlichen, optischen oder akustischen Reizen fordern.

Die Unbestimmtheit der Aufgabenstellung und auch der Auswertung lassen diese Items nicht als „Testitems" im engeren Sinne erscheinen; ihr Stel-

TAFEL 25

Antwortmodalitäten für Testitems
(Erläuterungen s. Text)

1. Items mit offener Beantwortung

a) Freie Gestaltung
   Beispiel: Was halten Sie von Horoskopen? Begründen Sie Ihre Ansicht!

b) Freie Deutung
   Beispiel: Was sagt Ihnen dieses Röntgenbild?

c) Freie Assoziation
   Beispiel: Bilde möglichst viele Sätze zu folgenden Wortanfängen: H–H–G–V

2. Items mit halboffener Beantwortung

a) Einfachantworten
   Beispiel: Was versteht man unter dem Begriff „Metamorphose"?

b) Mehrfachantworten
   Beispiel: An welchen Flüssen liegen die folgenden Städte?
   Ingolstadt .... Nürnberg ....
   Hameln .... Heilbronn ....
   Emden .... Hannover ....

c) Reihenantworten
   Beispiel: Welche Holzblasinstrumente sind Dir bekannt?

d) Sammelantworten
   Beispiel: Welches deutsche Verb trifft mehr oder weniger präzise auf die folgenden Vokabeln zu: to test, examine, try, inspect, investigate, audit, check.

3. Items mit Antwortvorgaben

a) Alternativantworten
   Beispiel: Unter Anamnese versteht man die Vorgeschichte einer Erkrankung.
   Richtig ☐   Falsch ☐

b) Auswahlantworten
   Beispiel: Ein Grundstück ist 48 m breit und 149 m lang und kostet DM 7940. Was kostet ein Quadratmeter?

   A: addiere und multipliziere
   B: multipliziere und dividiere
   C: subtrahiere und dividiere
   D: addiere und subtrahiere
   E: dividiere und addiere

c) Umordnungsantworten
   Beispiel: Ordne – mit dem kleinsten beginnend – die folgenden Brüche nach ihrer Größe!

   A: $\frac{4}{9}$

   B: $\frac{3}{4}$

   C: $\frac{2}{3}$

   D: $\frac{7}{12}$

   E: $\frac{5}{6}$

d) Zuordnungsantworten
   Beispiel: Welches Verb gehört zu welchem Substantiv?
   A: einen Vortrag   a) erzählen
   B: eine Geschichte   b) machen
   C: eine Erklärung   c) halten
   D: ein Gespräch   d) abgeben
   E: einen Vorschlag   e) führen

e) Ergänzungsantworten
   Beispiel: Blitz verhält sich zu Hören wie Donner zu ....
   a) Gewitter, b) Sehen, c) Regen, d) Fühlen, e) Wolken

lenwert kommt vor allem in beschreibenden Erkundungsstudien zum Tragen, mit denen ein wissenschaftlich neues Problem erstmalig angegangen wird. Sie sind damit als Materialbasis für später zu konstruierende Tests sehr wichtig.

Halboffene Beantwortung: Auch halboffene Items überlassen die Antwortformulierung dem Untersuchungsteilnehmer; die gestellte Aufgabe sollte jedoch im Unterschied zu einem offenen Item so präzise sein, daß nur eine Antwort richtig ist.

Erst dann läßt sich ein Test mit halboffener Beantwortung vollständig objektiv auswerten.

Üblicherweise bereitet die Auswertung halboffener Items jedoch Probleme. Oftmals sind es nur Formulierungsnuancen, die den Auswerter zweifeln lassen, ob der Untersuchungsteilnehmer die richtige Antwort meint. Mit unterschiedlichen Punktbewertungen versucht man dann auch weniger richtigen Antworten gerecht zu werden (zur Gewichtungsproblematik vgl. Stanley und Wang, 1970). Dennoch muß man bei Tests mit halboffenen Items meistens Objektivitätseinbußen in Kauf nehmen.

Untersuchungsteilnehmer empfinden halboffene Items in der Regel als angenehmer als Aufgaben mit Antwortvorgaben. Vor allem bei Verständnis- und Ansichtsfragen bleibt ihnen genügend Spielraum zur Formulierung eigener, zuweilen origineller und einfallsreicher Antworten. Frei formulierte Antworten auf halboffene Items erleichtern die Konstruktion von Aufgaben mit Antwortvorgaben. Derartige Antwortvorgaben sind als *Distraktoren* (s. u.) meistens realistischer als Antwortvorgaben, die aus der Phantasie des Testkonstrukteurs stammen. Sie verringern die Wahrscheinlichkeit, die richtige Antwort im „Ausschlußverfahren", d. h. durch das Ausschalten unrealistischer Antworten, zu erraten.

Man kann bei Items mit halboffener Beantwortung verschiedene Konstruktionsformen unterscheiden (vgl. Tafel 25). Einfachantworten (eine Frage und eine Antwort), Mehrfachantworten (mehrere Fragen und mehrere Antworten), Reihenantworten (eine Frage und mehrere Antworten) sowie Sammelantworten (mehrere Fragen und eine Antwort). Items mit Mehrfachantworten bestehen nach dieser Definition aus mehreren Items mit Einfachantworten. Dennoch ist die Trennung dieser beiden Itemarten sinnvoll. Die Fragen eines Items mit Mehrfachantworten beziehen sich auf einen größeren homogenen Themenbereich, dessen Erkundung nur mit einer einzigen Frage häufig zu zufälligen, wenig repräsentativen Ergebnissen führt.

Antwortvorgaben: Die dritte Kategorie (Items mit Antwortvorgaben) ist in der modernen Testkonstruktion vorherrschend. Bei diesem auch unter der Bezeichnung *Multiple Choice* bekannten Aufgabentyp muß sich der Untersuchungsteilnehmer für eine der vorgegebenen Antwortalternativen entscheiden. Da in der Regel nur eine der vorgegebenen Antwortalternativen richtig ist, bereitet die Auswertung keine Schwierigkeiten: Tests, die aus Items mit Antwortvorgaben bestehen, sind (auswertungs-)objektiv, d. h. sie ermöglichen eine intersubjektiv eindeutige Auswertung. Für Multiple-choice-Aufgaben sind 3 Antwortvorgaben optimal (vgl. Bruno und Dirkzwager, 1995 oder auch Rogers und Harley, 1999).

Das Auffinden geeigneter Alternativantworten ist oftmals ein mühsames, zeitaufwendiges Unterfangen. Die Alternativantworten müssen so geartet sein, daß ein uninformierter Untersuchungsteilnehmer sämtliche Antwortalternativen mit möglichst gleicher Wahrscheinlichkeit für richtig hält, d. h. sie müssen die Aufmerksamkeit des Untersuchungsteilnehmers von der richtigen Antwortalternative ablenken bzw. „zerstreuen". Erfüllen die Antwortalternativen diese Forderung, bezeichnet man sie als „gute *Distraktoren*". Die Formulierung geeigneter Distraktoren macht erhebliche empirische Vorarbeiten (wie z. B. die oben erwähnte Analyse der Antworten auf halboffene Items) erforderlich; dieser Itemtyp bleibt deshalb vor allem standardisierten Tests vorbehalten. (Einen formalen Ansatz zur Auswahl von Distraktoren beschreibt Wilcox, 1981. Weitere Hinweise zu diesem Thema findet man bei Green, 1984 bzw. Haladyna und Downing, 1990 a, b.) Bei häufiger Verwendung kommt ein weiterer Vorteil derartiger Tests, die ökonomische Auswertbarkeit, zum Tragen (maschinelle Auswertung über Belegleser, Auswertung mit Schablonen oder computergestützte „Online"-Auswertung).

Diesen Vorteilen des Multiple-choice-Formats stehen allerdings einige Nachteile gegenüber: Multiple-choice-Fragen fordern vom Untersuchungsteilnehmer schlichte Wiedererkennungsleistungen, die gegenüber der Reproduktionsleistung bei freiem Antwortformat als qualitativ mindere Fähigkeit anzusehen ist. Ein weiteres Problem liegt eher in der Persönlichkeit des Untersuchungsteilnehmers und betrifft damit die Testfairneß: Manche Untersuchungsteilnehmer haben mehr „Mut zum Raten" und können deshalb höhere Punktwerte erzielen als Untersuchungsteilnehmer, die nur dann eine Antwortvorgabe ankreuzen, wenn sie von deren Richtigkeit überzeugt sind. Wir werden dieses Thema unter der Überschrift „Ratekorrektur" erneut aufgreifen. Eine ausführlichere Kritik der Multiple-choice-Items findet man bei Kubinger (1999).

Die einfachste Itemform in dieser Kategorie ist das *Item mit vorgegebener Alternativantwort*, bei der der Untersuchungsteilnehmer eine vorgegebene Frage oder Behauptung mit ja – nein, richtig – falsch, stimme zu – stimme nicht zu etc. beantwortet. Tests dieser Art lassen sich ohne großen Aufwand konstruieren und sind dennoch objektiv auswertbar (zur Reliabilität und Validität vgl. Grosse und Wright, 1985). Als Wissensfragen erfordern sie allerdings nur einfache Reproduktionsleistungen, die auch von Untersuchungsteilnehmern mit unvollständigem Wissen leicht erbracht oder erraten werden können (zur Rateproblematik s.u.). Als Item in einem Meinungs- oder Einstellungstest erzwingt die Alternativantwort Stellungnahmen, die in dieser extremen Form den tatsächlichen Ansichten des Untersuchungsteilnehmers nicht entsprechen müssen.

Diese Schwierigkeiten werden bei *Items mit mehreren Auswahlantworten* weitgehend vermieden. Auf der Wissensebene erfordert dieser Itemtyp eine aktive Auseinandersetzung mit mehreren richtig „klingenden" Antwortalternativen, und auf der Einstellungsebene läßt dieser Itemtyp graduierte Meinungsabstufungen zu (zum Vergleich von „ja-nein"-Antworten und „Multiple-choice"-Antworten s. Hancock et al., 1993).

Bei *Umordnungsaufgaben* hat der Untersuchungsteilnehmer vorgegebene Elemente so umzuordnen, daß sich eine richtige oder sinnvolle Abfolge ergibt. Auch dieser Itemtyp zählt zu den geschlossenen Aufgaben, denn der Untersuchungsteilnehmer formuliert seine Lösung ausschließlich aus vorgegebenen Elementen. Auswertungsschwierigkeiten ergeben sich bei diesem Item, wenn prinzipiell mehrere Reihenfolgen richtig sind bzw. nur einige Elemente richtig geordnet wurden.

Für das Abfragen homogener Wissensbereiche sind auch *Zuordnungsaufgaben* geeignet. Die Aufgaben enthalten zwei oder mehr Serien von Elementen, und der Untersuchungsteilnehmer hat nach vorgegebenen Regeln die Elemente der einen Serie den Elementen der anderen Serie (n) zuzuordnen. Ein Nachteil dieser Itemform ist darin zu sehen, daß Untersuchungsteilnehmer, die alle Zuordnungen richtig vornehmen, von Untersuchungsteilnehmern, die alle Zuordnungen bis auf eine beherrschen, nicht unterschieden werden können, weil sich die letzte Zuweisung zwangsläu-

fig ergibt. Dieses Problem kann jedoch weitgehend behoben werden, wenn die Anzahl der Elemente in den Vergleichsserien ungleich ist.

Die letzte Itemart, die *Ergänzungsaufgabe*, umfaßt alle Auswahlaufgaben, die anstelle von Fragen oder Behauptungen Informationslücken enthalten und dann ein Angebot von Ergänzungen zur Auswahl vorgeben. Diese Itemart eignet sich besonders zur Überprüfung der Fähigkeit, die interne Logik einer Abfolge von Begriffen, Zahlen, Zeichnungen oder Symbolen zu erkennen.

Eine besonders in Persönlichkeitstests gebräuchliche Aufgabenform ist zudem die *Selbsteinschätzungs-Aufgabe* (Self Report, Self Rating). Hierbei werden selbstbezogene Aussagen (Statements) vorgegeben, die auf Rating-Skalen (z.B. Intensitätsskalen, Häufigkeitsskalen, vgl. S. 178) zu beurteilen sind.

Ratekorrektur

Den Vorzügen, die in der objektiven und ökonomischen Auswertbarkeit liegen, steht bei allen Items mit vorgegebenen Antworten ein gravierender Nachteil gegenüber: Die Untersuchungsteilnehmer können – zumindest bei Wissensfragen – die richtige Antwort erraten. Dieser Nachteil wird um so deutlicher, je weniger Alternativen zur Verfügung stehen. (Bei Aufgaben mit zwei Antwortalternativen beträgt die zufällige Trefferwahrscheinlichkeit immerhin 50%.) Der Nachteil könnte vernachlässigt werden, wenn die Verfälschung der Testergebnisse durch Raten bei allen Untersuchungsteilnehmern konstant wäre. Dies ist jedoch nicht der Fall. Der prozentuale Anteil der durch Raten richtig beantworteten Aufgaben nimmt mit abnehmender Fähigkeit der Untersuchungsteilnehmer zu. Es ist deshalb erforderlich, die Ergebnisse von Tests mit Antwortvorgaben durch eine Ratekorrektur zu bereinigen (vgl. z.B. Lienert und Raatz, 1994, S. 168 f.).

So könnte beispielsweise bei Tests mit einfachen Alternativaufgaben als Testergebnis die Anzahl aller richtig beantworteten Aufgaben gelten. Eine völlig unfähige Person A würde bei diesem Verfahren ca. 50% aller Aufgaben allein durch Raten richtig lösen und hätte damit das gleiche Ergebnis erzielt wie eine mittelmäßig befähigte Person B, die auf Raten verzichtet und 50% der Aufgaben aufgrund ihres Wissens richtig löst und die übrigen Aufgaben unbearbeitet läßt. Die beiden Personen unterscheiden sich damit nicht in der Anzahl der richtig gelösten Aufgaben, sondern in der Anzahl der falsch gelösten Aufgaben. Zu einem angemessenen Testergebnis käme man in diesem Falle, wenn als Testergebnis nicht die Anzahl der richtig gelösten Aufgaben, sondern die Anzahl der richtig gelösten Aufgaben abzüglich der falsch gelösten Aufgaben verwendet wird. Person A hätte dann ca. 0 Punkte und Person B die Hälfte der möglichen Punktzahl. Allgemein formuliert:

$$x_{corr} = N_R - N_F$$

mit x_{corr}: korrigiertes Testergebnis,
N_R : Anzahl richtig gelöster Aufgaben,
N_F : Anzahl falsch gelöster Aufgaben.

Aiken und Williams (1978) vergleichen sieben Auswertungsstrategien für Alternativaufgaben. Sie kommen zu dem zusammenfassenden Ergebnis, daß keine Auswertungstechnik generell zu bevorzugen sei. Sie empfehlen jedoch, die Untersuchungsteilnehmer in der Testinstruktion über die in Aussicht genommene Testauswertung aufzuklären. Dadurch werden Benachteiligungen, die sich je nach Auswertungsart für ratende oder nicht ratende Personen ergeben, minimiert (vgl. zu diesem Problem auch Hsu, 1979; Ortmann, 1973; und Rützel, 1972).

Auch bei mehr als zwei Antwortalternativen können Testergebnisse durch Raten verfälscht werden. Stehen beispielsweise vier Antwortmöglichkeiten zur Verfügung, wird eine Person allein durch Raten ca. 25% aller Aufgaben richtig lösen. Eine bzgl. des Rateeinflusses korrigierte Punktzahl resultiert, wenn man von der Anzahl richtig gelöster Aufgaben die durch die Anzahl der Distraktoren (nicht die Anzahl der Antwortalternativen) dividierte Fehleranzahl abzieht:

$$x_{corr} = N_R - \frac{N_F}{k - 1}$$

mit k: Anzahl der Antwortalternativen.

Beispiel: Bei 100 Items mit jeweils $k = 4$ Antwortvorgaben wird ein ratender Proband ca. $N_R = 25$ Items zufällig richtig und $N_F = 75$ Items zufällig falsch beantworten. Er hätte damit eine korrigierte Punktzahl von Null:

$$x_{corr} = 25 - 75/(4 - 1) = 0$$

Wenn pro Item mehrere Antwortvorgaben richtig sind, können Rateeffekte neutralisiert werden, wenn man für jedes richtige Ankreuzen einen Pluspunkt, für jedes falsche Ankreuzen einen Minuspunkt und für jede nicht angekreuzte Antwortvorgabe keinen Punkt vergibt.

Auch hier sollten jedoch die Untersuchungsteilnehmer zuvor darüber informiert werden, in welcher Weise in der Auswertung Falschantworten berücksichtigt werden.

Weitere Ratekorrekturen bei Aufgaben mit vorgegebenen Antwortmöglichkeiten diskutiert Barth (1973). Schaefer (1976) weist auf Möglichkeiten einer probabilistischen Auswertung von Mehrfachantworten hin. Diese läuft auf eine Anwendung des sog. dreiparametrigen logistischen Modells hinaus (kurz: Birnbaum-Modell, vgl. hierzu Rost, 1996, S. 134 ff.). Eheim (1977) geht der Frage nach, ob die Wahrscheinlichkeit einer richtigen Antwort bei Mehrfachwahlaufgaben von der Position der richtigen Alternative innerhalb der vorgegebenen Alternativen abhängt. Die Frage kann verneint werden. Weniger eindeutig sind die Ergebnisse einer Studie von Buse (1977), der die Abhängigkeit der Testreliabilität von Rateeinflüssen überprüfte. Die Bedeutsamkeit des Ratens für die Reliabilität hängt demnach von der Testlänge, der Trefferwahrscheinlichkeit und der Personenquote, die zum Raten aufgefordert wurde, ab. Jaradat und Tollefson (1988) zeigen, daß die Testreliabilität von der Art der Ratekorrektur unabhängig ist.

Häufig verwendet man auch in Persönlichkeits- und Einstellungstests Items mit mehreren Antwortalternativen. Diese stellen jedoch keine richtigen oder falschen Antwortmöglichkeiten dar, sondern Antwortalternativen, die es dem Untersuchungsteilnehmer erleichtern, bei Meinungsfragen oder subjektiven Einschätzungen seine Positon zum Ausdruck zu bringen. Hierbei erübrigen sich natürlich Ratekorrekturen.

Schwierigkeiten bereiten jedoch Items, die neben der Antwortalternative ja – nein (stimmt – stimmt nicht etc.) eine dritte *neutrale Kategorie* „weiß nicht" („unentschieden") vorgeben. Derartige Tests sind schwer auswertbar, wenn viele Untersuchungsteilnehmer – u.U. auch noch aus verschiedenen Motiven – die neutrale Kategorie wählen. Wenn möglich, sollte man derartige Itemkonstruktionen vermeiden oder zumindest durch eine entsprechende Instruktion in ihrer Bedeutung präzisieren, indem man deutlich macht, ob die Mittelposition ausdrückt, daß (a) der Proband etwas nicht weiß, (b) er sich unsicher ist, (c) er die Frage nicht beantworten möchte, oder (d) er zwischen mehreren Antworten schwankt. Erscheint die Verwendung von Mittelkategorien unumgänglich, empfiehlt sich eine Analyse bzw. Revision des Testinstruments nach einem von Heller und Krüger (1976) vorgeschlagenen Verfahren.

Itemanalyse

Die Qualität eines Tests oder Fragebogens ist abhängig von der Art und der Zusammensetzung der Items, aus denen er besteht. Die Itemanalyse (Aufgabenanalyse) ist deswegen ein zentrales Instrument der Testkonstruktion und Testbewertung, in deren Verlauf die psychometrischen Itemeigenschaften als Kennwerte bestimmt und anhand vorgegebener Qualitätsstandards beurteilt werden. Grundlage der Itemanalyse sollte nach Möglichkeit eine sog. *Eichstichprobe* sein, d.h. ein Miniaturabbild genau jener Population, für die der Test konzipiert ist. So führt man die Itemanalyse für einen Test zur Gedächtnisleistung im Alter am besten an einer Stichprobe älterer Probanden durch und nicht etwa an Studenten.

Der Begriff „Itemanalyse" ist in der Literatur nicht eindeutig festgelegt. Meistens werden – bei „klassischen" Testkonstruktionen – die Analyse der Rohwerteverteilung, die Berechnung von Itemschwierigkeit, Trennschärfe und Homogenität sowie die Dimensionalitätsüberprüfung zur Itemanalyse gezählt. Für Tests, die nach einem probabilistischen Testmodell wie z.B. dem dichotomen logistischen Modell von Rasch (1960, vgl. S. 226 f.) konstruiert wurden, erübrigt sich eine Itemselektion auf der Basis der Itemanalyse. Die Selektion erfolgt über Modelltests, die die Verträglichkeit der Items mit den Modellannahmen überprüfen.

Rohwerteverteilung: Die Häufigkeitsverteilung der Testwerte (graphisch darstellbar als Histogramm) vermittelt einen ersten Überblick über das Antwortverhalten der untersuchten Probanden. Am Histogramm ist z.B. abzulesen, wie stark die Testergebnisse streuen, d.h. ob sie den gesamten Wertebereich ausnutzen oder sich um bestimmte Werte konzentrieren. Häufig interessiert man sich dafür, ob

die Rohwerteverteilung einer Normalverteilung entspricht. Normalverteilte Testwerte sind erstrebenswert, weil viele inferenzstatistische Verfahren normalverteilte Werte voraussetzen. Ob die empirisch gefundene Verteilung überzufällig von einer Normalverteilung abweicht oder nicht, kann mit dem sog. Goodness-of-Fit-Chi-Quadrat-Test (vgl. Bortz, 1999, S. 158 ff.) oder mit dem Kolmogoroff-Smirnov-Test (vgl. Bortz et al., 2000, S. 319 ff. oder Bortz und Lienert, 1998, S. 213 ff.) überprüft werden.

Intelligenztests beispielsweise sind extra so angelegt, daß sie normalverteilte Ergebnisse produzieren, was im Einklang steht mit der inhaltlichen Vorstellung, daß die meisten Menschen mittlere Intelligenz aufweisen, während extrem hohe oder extrem niedrige Intelligenz nur selten auftritt. Nicht bei allen Konstrukten ist in dieser Weise „von Natur aus" mit normalverteilten Merkmalsausprägungen zu rechnen. Bei der Erfassung von Lebenszufriedenheit ist z.B. davon auszugehen, daß die meisten Menschen nicht etwa mittelmäßig, sondern eher zufrieden sind.

Stellt sich heraus, daß die Rohwerteverteilung von einer Normalverteilung abweicht, sind folgende Konsequenzen in Erwägung zu ziehen:

- Sofern aus theoretischer Sicht normalverteilte Merkmalsausprägungen zu erwarten sind, modifiziert man die Itemzusammensetzung des Tests in der Weise, daß die revidierte Version normalverteilte Ergebnisse produziert.
- Ist die Nicht-Normalverteilung der Testwerte theoriekonform, kann der Test unverändert bleiben. Allerdings muß die statistische Auswertung (z.B. Gruppenvergleiche) auf die Verletzung der Normalverteilungsvoraussetzung abgestimmt werden. Zwei Strategien sind möglich: Entweder man operiert mit größeren Stichproben (ab ca. 30 Untersuchungsobjekten), wodurch sich die Forderung nach normalverteilten Meßwerten in der Regel erübrigt (vgl. Bortz, 1999, S. 93), oder man verwendet (v.a. bei kleinen Stichproben) statt der „normalen" (verteilungsgebundenen) statistischen Verfahren die sog. verteilungsfreien Analysetechniken (vgl. Bortz und Lienert, 1998).

Über mögliche Ursachen nicht-normalverteilter Testwerte und nachträgliche Normalisierungsverfahren berichtet z.B. Lienert und Raatz (1994, Kap. 8 und 12).

Itemschwierigkeit: Items besitzen unterschiedliche Lösungs- bzw. Zustimmungsraten, die als *Itemschwierigkeiten (Itemschwierigkeitsindizes)* quantifizierbar sind. Schwierige Items werden nur von wenigen Probanden bejaht bzw. richtig gelöst. Bei leichten Items kommt dagegen fast jede/r zum richtigen Ergebnis. Die Itemschwierigkeiten beeinflussen also ganz wesentlich die Verteilung der Testwerte. Der Schwierigkeitsindex wird für jedes Item eines Tests bzw. eines Itempools einzeln berechnet, wobei zwischen zweistufigen (dichotomen) und mehrstufigen (polytomen) Antwortalternativen zu unterscheiden ist.

> **!** Die *Itemschwierigkeit* wird durch einen Index gekennzeichnet, der dem Anteil derjenigen Personen entspricht, die das Item richtig lösen oder bejahen.

Bei dichotomen Antwortalternativen erhält man die Schwierigkeit (p_i) von Item i, indem die Anzahl der richtigen Lösungen bzw. Zustimmungen (R) durch die Gesamtzahl der Antworten (N) dividiert wird; die Schwierigkeit entspricht damit dem Anteil der „Richtiglöser" oder „Zustimmer" für das betrachtete Item:

$$p_i = \frac{R_i}{N_i}.$$

Ein Schwierigkeitsindex von $p_i = 0{,}5$ besagt, daß das Item von 50% der Untersuchungsteilnehmer richtig gelöst (bzw. bejaht) und von 50% falsch beantwortet (bzw. verneint) wurde (Fisseni, 1990, S. 30 ff.; Lienert und Raatz, 1994).

Für mehrstufige Items läßt sich eine Formel anwenden, nach der die Summe der erreichten Punkte (x_i) auf Item i durch die maximal erreichbare Punktsumme dieses Items zu dividieren ist (Dahl, 1971, S. 140 f.). Die maximal mögliche Punktsumme ergibt sich als Produkt der maximalen Punktzahl (k), die *eine* Person auf Item i erreichen kann, und der Anzahl der antwortenden Personen (n).

$$p_i = \frac{\sum_{m=1}^{n} x_{im}}{k_i \cdot n}.$$

Aus dieser Definition der Itemschwierigkeit folgt ein Wertebereich von 0 (schwerstes! Item) bis 1 (leichtestes! Item). Bei dem leichtesten Item erreichen alle Probanden theoretisch die maximale Punktzahl, während beim schwersten Item niemand einen Punkt erhält. Bei Ratingskalen (z. B. nie-selten-gelegentlich-oft-immer; vgl. S. 178) ist darauf zu achten, daß die unterste Kategorie nicht mit Eins, sondern mit Null kodiert wird. Die übrigen vier Kategorien erhalten dementsprechend die Werte 1 bis 4.

Beispiel: Angenommen, die Schwierigkeit von Item 10 eines Persönlichkeitsfragebogens („Ich halte mich gerne im Freien auf") soll ermittelt werden. Das Item ist auf einer Rating-Skala von 1 (stimmt gar nicht) bis 5 (stimmt völlig) zu beantworten. Diese Rating-Skala ist zunächst umzukodieren mit 0 für „stimmt gar nicht" bis hin zum Wert 4 für „stimmt völlig". Es wird eine Stichprobe von z. B. 80 Probanden befragt. Folglich sind für die gesamte Gruppe maximal $4 \cdot 80 = 320$ Punkte auf Item 10 erreichbar, sofern alle Probanden dem Item völlig zustimmen und minimal $0 \cdot 80 = 0$ Punkte, wenn alle Probanden die Kategorie „stimmt gar nicht" wählen. Addiert man nun die empirisch gefundenen Punktwerte für dieses Item, könnte sich z. B. ein Wert von 280 ergeben. Setzt man diese empirische Punktzahl mit der theoretisch maximal erreichbaren in Beziehung, ergibt sich ein Quotient von $280/320 = 0{,}875$. Es handelt sich also um ein recht leichtes Item, dem – in der untersuchten Stichprobe – überwiegend zugestimmt wird.

Extrem schwierige Items, denen kaum jemand zustimmt, oder extrem leichte Items, die von fast allen Probanden gelöst werden, sind wenig informativ, da sie keine Personen*unterschiede* sichtbar machen. Damit ein Test Untersuchungsteilnehmer mit unterschiedlichen Fähigkeiten annähernd gleich gut differenziert, ist darauf zu achten, daß die Items eine möglichst breite Schwierigkeitsstreuung aufweisen. Im allgemeinen werden Itemschwierigkeiten im mittleren Bereich (zwischen 0,2 und 0,8) bevorzugt. Zur Kennzeichnung eines Tests wird oftmals auch die durchschnittliche Itemschwierigkeit angegeben.

Trennschärfe: Die *Trennschärfe* bzw. der *Trennschärfekoeffizient* gibt an, wie gut ein einzelnes Item das Gesamtergebnis eines Tests repräsentiert. Die Trennschärfe wird für jedes Item eines Tests berechnet und ist definiert als die Korrelation der Beantwortung dieses Items mit dem Gesamttestwert. Da in den additiven Gesamttestwert auch das betrachtete Item selbst eingeht – was die Korrelation künstlich erhöht – werden üblicherweise sog. *korrigierte Trennschärfekoeffizienten* auf der Basis von Gesamttestwerten berechnet, die das aktuelle Item unberücksichtigt lassen (vgl. Fisseni, 1990, S. 40 f.; Lienert und Raatz, 1994).

Der zu berechnende Korrelationskoeffizient richtet sich nach dem Skalenniveau der Testwerte (vgl. Bortz, 1999, S. 215). Bei intervallskalierten Test-Scores wählt man als Trennschärfe (r_{it}) die Produkt-Moment-Korrelation zwischen den Punktwerten pro Item i und dem korrigierten Gesamttestwert t:

$$r_{it} = \frac{\text{cov}(i, t)}{s_i \cdot s_t}.$$

Der Begriff „Trennschärfe" ist so zu verstehen, daß Personen, die im Gesamtergebnis einen hohen Wert erreichen, auf einem trennscharfen Einzelitem ebenfalls eine hohe Punktzahl aufweisen. Umgekehrtes gilt für Personen mit niedrigem Testergebnis. Nach diesem Verständnis läßt sich an einem trennscharfen Einzelitem bereits ablesen, welche Personen bezüglich des betrachteten Konstrukts hohe oder niedrige Ausprägungen besitzen. Beide Gruppen werden durch das Item also gut voneinander „getrennt".

> **!** Der *Trennschärfe* eines Items ist zu entnehmen, wie gut das gesamte Testergebnis aufgrund der Beantwortung eines einzelnen Items vorhersagbar ist.

Ursprünglich wurde statt des oben dargestellten Trennschärfe*koeffizienten* ein Trennschärfe*index* verwendet, der sich aus der Mittelwertedifferenz der beiden Extremgruppen (Gruppe 1: 25% der Untersuchungsteilnehmer mit den höchsten Testwerten, Gruppe 2: 25% der Untersuchungsteilnehmer mit den niedrigsten Testwerten) berechnet und am Standardfehler relativiert wird (Schnell et al. 1999, S. 183 f.). Diese Formel entspricht genau dem t-Test für unabhängige Stichproben (vgl. Bortz 1999, S. 137 f.).

Grundsätzlich sind möglichst hohe Trennschärfen erstrebenswert: Beim Trennschärfe*koeffizienten* mit einem korrelationstypischen Wertebereich von –1 bis +1 sind positive Werte zwischen 0,3 und 0,5 mittelmäßig und Werte größer als 0,5 hoch (Weise, 1975, S. 219), während bei dem nach oben unbeschränkten Trennschärfe*index* Werte

größer als 1,65 zur Auswahl des Items führen (vgl. Schnell et al., 1999, S. 183). Items mit geringer Trennschärfe, die Informationen generieren, die nicht mit dem Gesamtergebnis übereinstimmen, sind als schlechte Indikatoren des angezielten Konstrukts zu betrachten und aus einem eindimensional angelegten Test zu entfernen. Es ist zu beachten, daß die Trennschärfe eines Items von seiner Schwierigkeit abhängt: Je extremer die Schwierigkeit, desto geringer die Trennschärfe. Bei sehr leichten und sehr schweren Items wird man deshalb Trennschärfeeinbußen in Kauf nehmen müssen. Items mit mittleren Schwierigkeiten besitzen die höchsten Trennschärfen.

Homogenität: Alle Items eines eindimensionalen Instruments stellen Operationalisierungen desselben Konstrukts dar. Entsprechend ist zu fordern, daß die Items untereinander korrelieren. Die Höhe dieser wechselseitigen Korrelationen nennt man *Homogenität*. (Die Auswahl des geeigneten Korrelationskoeffizienten hängt auch hier wiederum vom Skalenniveau der Items ab.) Korreliert man alle k Testitems paarweise miteinander, ergeben sich $k \cdot (k-1)/2$ Korrelationskoeffizienten ($r_{ii'}$), deren Durchschnitt ($\bar{r}_{ii'}$) die *Homogenität des Tests* quantifiziert (zur Berechnung einer durchschnittlichen Korrelation vgl. Bortz, 1999, S. 209 f.). Mittelt man dagegen nur die Korrelationen eines Items mit allen anderen Items, erhält man die *itemspezifische Homogenität*. Bei der Homogenitätsberechnung werden die Autokorrelationen (Korrelation eines Items mit sich selbst) außer acht gelassen.

> **!** Die *Homogenität* $\bar{r}_{ii'}$ gibt an, wie hoch die einzelnen Items eines Tests im Durchschnitt miteinander korrelieren. Bei hoher Homogenität erfassen die Items eines Tests ähnliche Informationen.

Beispiel: Die Homogenität eines aus vier Items bestehenden Tests soll ermittelt werden. Die Item-Interkorrelationen des Tests sind in einer symmetrischen Korrelationsmatrix (s. Tabelle 16) darstellbar, d. h. oberhalb und unterhalb der Diagonale mit den Autokorrelationen befinden sich dieselben Elemente, nämlich hier die $4 \cdot 3/2 = 6$ Interkorrelationen der 4 Testitems. Mittelt man diese Interkorrelationen spaltenweise oder zeilenweise, ergeben sich die itemspezifischen Homogenitäten.

Tabelle 16. Item-Interkorrelationsmatrix eines Tests

	Item 1	Item 2	Item 3	Item 4	
Item 1	1,00	0,05	0,17	0,12	0,11
Item 2	0,05	1,00	0,42	0,37	0,28
Item 3	0,17	0,42	1,00	0,54	0,38
Item 4	0,12	0,37	0,54	1,00	0,34
Homogenitäten	0,11	0,28	0,38	0,34	**0,27**

Der Mittelwert der Item-Homogenitäten ist die Test-Homogenität, die mit 0,27 in diesem Beispiel eher gering ausfällt. Wie man sieht, weist Item 1 mit Abstand die geringste Homogenität auf (0,11), so daß es naheliegt, Item 1 aus dem Test zu entfernen bzw. durch ein homogeneres Item zu ersetzen. Die Test-Homogenität erhöht sich nach Entfernen von Item 1 auf 0,44. (Im Beispiel wurden zur Vereinfachung „normale" arithmetische Mittelwerte verwendet, die hier nur geringfügig von der für Korrelationskoeffizienten vorgesehenen Durchschnittsberechnung abweichen.)

Bei eindimensionalen Instrumenten sind hohe Homogenitäten erstrebenswert. Briggs und Cheek (1986, S. 115) schlagen zur Bewertung von Gesamttest-Homogenitäten einen Akzeptanzbereich von 0,2 bis 0,4 vor. Innerhalb dieses Bereiches soll eine hinreichende Homogenität gewährleistet sein, ohne daß gleichzeitig die inhaltliche Bandbreite des gemessenen Konstrukts durch übermäßige Redundanz zu sehr eingeschränkt wird. Die mittlere Item-Interkorrelation geht in den zur Reliabilitätsschätzung verwendeten Alpha-Koeffizienten von Cronbach ein (vgl. S. 198). Zuweilen wird deshalb der Alpha-Koeffizient auch als *Homogenitätsindex* bezeichnet. Es ist zu beachten, daß sich Alpha nicht nur mit wachsender Item-Interkorrelation, sondern auch mit steigender Itemzahl erhöht. Eine Homogenität von 0,5 produziert z. B. bei 10 Items ein Alpha von 0,9 (vgl. Schnell et al., 1999, S. 147).

Items, die wegen auffallend geringer itemspezifischer Homogenität offensichtlich etwas anderes messen als die übrigen Items, sollten aus dem Test entfernt werden. Lassen sich, evtl. unter Zuhilfenahme einer Clusteranalyse oder einer Faktorenanalyse über die Iteminterkorrelationen (vgl. Anhang A), mehrere homogene Itemcluster identifizieren, die sich theoretisch klar interpretieren lassen, empfiehlt sich die Konstruktion eines Tests mit mehreren, aus diesen Items bestehenden Untertests. Die aus mehreren Subtests bestehende *Testbatterie* (bzw. Testsystem, mehrdimensionaler Test) führt dann nicht mehr zu *einem* Gesamtergebnis, sondern zu mehreren Testwerten eines Untersuchungsteilnehmers, die häufig graphisch als sog. Testprofil veranschaulicht werden.

Dimensionalität: Bei eindimensionalen Tests werden die Itemwerte in der Regel additiv zu einem Gesamtwert (bzw. Index, vgl. S. 143 ff.) gleich- oder ungleichgewichteter Items zusammengefaßt (s. auch Tafel 20). Welche dieser Vorgehensweisen gerechtfertigt ist, zeigt die *Dimensionalitätsüberprüfung*, die üblicherweise mit explorativen oder konfirmativen Faktorenanalysen durchgeführt wird (vgl. S. 383 und 517 f. bzw. Anhang B). Faktoranalysen produzieren u.a. pro Faktor für jedes Item eine sog. *Faktorladung*. Eindimensionalität liegt vor, wenn die Item-Interkorrelationen auf einen Faktor (sog. Generalfaktor) reduziert werden können, auf dem sie hoch „laden" (d.h. mit dem sie hoch korrelieren). Der Faktor repräsentiert inhaltlich das „Gemeinsame", das in allen Items ausgedrückt wird und steht für das zu messende Konstrukt. Sind die Faktorladungen homogen, d.h. sehr einheitlich, ist die Berechnung eines ungewichteten, additiven Gesamtwerts gerechtfertigt. Variieren die Faktorladungen innerhalb ihres theoretischen Wertebereiches von –1 bis +1 deutlich, so sind sie bei der Berechnung eines Gesamtwertes als Gewichte zu verwenden (vgl. S. 146 f.). Items mit geringen Faktorladungen (Faustregel: Beträge unter 0,6) sind aus dem Test bzw. Fragebogen zu entfernen (zum Problem „bedeutsamer" Faktorladungen vgl. Bortz, 1999, S. 534 f.; Briggs und Cheek, 1986 oder Fürntratt, 1969).

Eindimensional intendierte Tests erweisen sich nicht selten bei späteren empirischen Dimensionalitätsüberprüfungen als mehrdimensional. Wieviele Faktoren zu extrahieren und wie diese angemessen zu interpretieren sind, ist dabei jedoch keineswegs immer eindeutig, da die Technik der Faktorenanalyse erhebliche Interpretationsspielräume offenläßt (zur Überprüfung der Eindimensionalität vgl. auch Hattie, 1985). Die spätere Ausdifferenzierung eindimensionaler Tests hat in erster Linie explorativen Wert; sie dient der Verfeinerung theoretischer Annahmen über das Konstrukt und regt neue Testentwicklungen an. Eine methodisch saubere Konstruktion mehrdimensionaler Tests geht von einer theoretisch begründeten, genau festgelegten Zahl inhaltlich klar umrissener Teilkomponenten (Faktoren) des Zielkonstrukts aus, die als Subtests operationalisiert werden, d.h. für jeden Faktor wird ein separater (gewichteter oder ungewichteter) Testwert berechnet.

> **!** Die *Dimensionalität* eines Tests gibt an, ob er nur ein Merkmal bzw. Konstrukt erfaßt (eindimensionaler Test), oder ob mit den Testitems mehrere Konstrukte bzw. Teil-Konstrukte operationalisiert werden (mehrdimensionaler Test).

Die klassische Testtheorie ist in der Konzeption ihrer Test- und Itemkennwerte auf eindimensionale Tests zugeschnitten. Bei der Übertragung dieser Kennwerte auf mehrdimensionale Tests oder Fragebögen bieten sich – sofern die Subtests genügend Items enthalten – separate Itemanalysen sowie Objektivitäts-, Reliabilitäts- und Validitätsbeurteilungen für die einzelnen Teiltests an. Gelegentlich interessieren bei der Itemanalyse auch die Reliabilitäten und Validitäten einzelner Items (vgl. Lienert und Raatz, 1994, Kap. 2.2). Ein Verfahren zur Bestimmung dieser Koeffizienten, das auch bei ordinalen Daten verwendbar ist, beschreibt Aiken (1980).

4.3.6
Testskalen

Während mit dem Begriff „Test" die Menge der Testitems und Antwortvorgaben samt Instruktion gemeint ist, verstehen wir unter einer „Testskala" einen Satz von Items, die spezifischen, mit der jeweiligen Testskala verbundenen Skalierungseigenschaften genügen.

Tests, die aus einer mehr oder weniger beliebigen Sammlung von Items bestehen und die als

Testwert eines Untersuchungsteilnehmers schlicht die Summe der Punktewerte pro Item aufweisen, sind schlechte Tests. Auch wenn ein eigenständig entwickelter Test nur in einem begrenzten Rahmen Anwendung findet, sollten die folgenden Minimalanforderungen beachtet werden:

1. Die Items sollten möglichst homogen sein, d.h. einheitlich das interessierende Merkmal messen (Eindimensionalität).
2. Die Items sollten möglichst viele Ausprägungsgrade des Merkmals repräsentieren (hohe Streuung der Schwierigkeitsindizes).
3. Jedes Item sollte möglichst eindeutig Personen mit starker Merkmalsausprägung von Personen mit schwächerer Merkmalsausprägung trennen (hohe Trennschärfe der Items).
4. Die Vorschriften für die Auswertung der Itemantworten sollten möglichst eindeutig formuliert sein (hohe Testobjektivität).
5. Die Anzahl und Formulierung der Items sollten eine möglichst verläßliche Merkmalsmessung gewährleisten (hohe Testreliabilität).
6. Es sollte theoretisch begründet und empirisch belegt sein, daß die Items tatsächlich das Zielkonstrukt erfassen (hohe Validität der einzelnen Items und des Gesamttestwertes).

Ein Itemsatz, der diesen Bedingungen genügt, soll als „Testskala" bezeichnet werden.

Für die Konstruktion einer Testskala ist die Art des zu messenden Merkmals letztlich unerheblich. Es wird davon ausgegangen, daß z.B. für die Konstruktion einer Testskala zur Messung eines Persönlichkeitsmerkmals (Aggressivität, Gedächtnisleistung, Belastbarkeit, räumliches Vorstellungsvermögen, emotionale Labilität etc.) die gleichen Regeln gelten wie für die Konstruktion von Einstellungsskalen (Ethnozentrismus, Dogmatismus oder Einstellungen zu bestimmten Einstellungsobjekten wie z.B. Kirche, Demokratie, Atomkraft etc.). Die Entscheidung für eine der im folgenden zu behandelnden Testskalenarten hängt nicht davon ab, was das Merkmal inhaltlich erfaßt, sondern von der Eindeutigkeit der Merkmalsdefinition. Für Merkmale, die offensichtlich eindimensional und direkt erfaßbar sind (z.B. Kenntnis englischer Vokabeln von Schülern der 5. Grundschulklasse), eignen sich präzisere Testskalen (wie z.B. die Rasch-Skala, s.u.) mehr als für diffuse Merkmale, deren Eindimensionalität und Operationalisierung fraglich sind (z. B. Affektivität). Um eine möglichst hohe Objektivität der Testskala zu gewährleisten, sollten – soweit das jeweils zu testende Merkmal dies zuläßt – Items mit Antwortvorgaben oder doch zumindest mit halboffener Beantwortung konstruiert werden.

Thurstone-Skala

Diese von Thurstone und Chave (1929) ursprünglich für die Konstruktion von Einstellungsskalen konzipierte Skalierungsmethode beginnt mit der Sammlung von Items, die möglichst viele Ausprägungen des Merkmals repräsentieren. Die „klassische" Thurstone-Skala verwendet als Items Behauptungen, die unterschiedliche Bewertungen des untersuchten Einstellungsgegenstandes enthalten. („Der Gottesdienst inspiriert mich und gibt mir Kraft für die ganze Woche"; oder „Ich meine, daß die Kirche nur für arme und alte Leute gut ist" – zwei Itembeispiele für eine Testskala zur Messung von Einstellungen zur Kirche.) Als Testskala zur Messung von Persönlichkeitsmerkmalen werden Behauptungen gesammelt, deren Bejahung auf unterschiedliche Ausprägungen des untersuchten Merkmals schließen läßt (z. B. „Ich halte mich grundsätzlich an die Regel ‚Auge um Auge – Zahn um Zahn'" oder „Wenn mich jemand beschimpft, neige ich dazu, wortlos aus dem Felde zu gehen", als mögliche Behauptungen in einer Testskala zur Messung von Aggressivität).

Diese Items werden einer Gruppe von *Experten* (z. B. erfahrenen Psychologen, Soziologen oder sonstigen für die Merkmalsbeurteilung kompetenten Personen) mit der Bitte vorgelegt, die Merkmalsausprägung, die mit der Bejahung der einzelnen Items zum Ausdruck gebracht wird, auf einer *11-Punkte-Rating-Skala* einzustufen. Die Instruktion für dieses Rating hat besonders hervorzuheben, daß nicht das persönliche Zutreffen der Behauptungen interessiert, sondern die mit der Bejahung einer Behauptung verknüpfte Merkmalsausprägung (vgl. hierzu Goodstadt und Magid, 1970). Als Skalenwert für ein Item gilt die durchschnittliche Itemeinstufung. Die Skalenwerte sollten möglichst das gesamte Merkmalskontinuum (von 1 bis 11) repräsentieren. Items mit hoher Streuung werden wegen mangelnder Urteilerübereinstimmung ausgeschieden und durch umformulierte oder neue Items er-

setzt. Thurstone verwendete als Skalenwert den Median der Urteilsverteilung und als Streuung den Interquartilrange. Zumindest bei unimodalen symmetrischen Urteilsverteilungen können diese Kennwerte jedoch durch das arithmetische Mittel und die Standardabweichung ersetzt werden.

Eine Konstruktionsalternative stellt der auf S. 158 ff. behandelte Dominanzpaarvergleich dar. Hierbei müssen die Urteiler (Experten) bei jedem Itempaar angeben, welcher Itempaarling hinsichtlich des untersuchten Einstellungsobjektes günstiger ist. Die Skalenwerte der Items werden auf der Basis der Paarvergleichsurteile nach dem „Law of Comparative Judgement" (vgl. S. 161) ermittelt.

Zur weiteren Überprüfung der Skalenqualität empfiehlt Thurstone, die vorerst als brauchbar erscheinenden Items einer Stichprobe von Personen mit einer (von der Experteninstruktion abweichenden) Instruktion vorzulegen, nach der zu prüfen ist, ob die Items auf sie persönlich zutreffen oder nicht. Stellt sich hierbei heraus, daß einigen Items mit niedrigem Skalenwert (geringe Merkmalsausprägung) zugestimmt und anderen Items mit höherem Skalenwert (stärkere Merkmalsausprägung) nicht zugestimmt wird, sollten diese Items ebenfalls überprüft und ggf. herausgenommen werden.

Die so überarbeiteten Items stellen die endgültige Testskala dar, die den Testpersonen mit der Bitte um Zustimmung oder Ablehnung (natürlich ohne Bekanntgabe der Skalenwerte) vorgelegt werden. Der Testwert einer Person ergibt sich als Summe der Skalenwerte der von ihr akzeptierten oder bejahten Behauptungen (zur Kritik dieser Skala, die vor allem die Festlegung der Skalenwerte durch eine mehr oder weniger willkürlich ausgewählte Expertengruppe betrifft, vgl. z. B. Krech et al., 1962, S. 150 ff., weitere Kritikpunkte findet man bei Schnell et al., 1999, S. 180 f.). Tafel 26 zeigt das Ergebnis einer Thurstone-Skalierung anhand eines kleinen Beispiels.

Likert-Skala

Diese von Likert (1932) entwickelte Technik (auch „Methode der summierten Ratings" genannt) verwendet Rating-Skalen zur *Selbsteinschätzung*. Wie auch bei den Thurstone-Skalen werden zunächst möglichst viele Behauptungen (ca. 100), die unterschiedliche Ausprägungen des untersuchten Merkmals repräsentieren, gesammelt. Eine für die

TAFEL 26

**Menschliche Kontakte in Siedlungen:
Beispiel einer Thurstone-Skalierung**

Bongers und Rehm (1973) konstruierten eine Skala zur Kontaktsituation in Wohnsiedlungen. Experten (es handelte sich um Architekten, Psychologen und Stadtplaner) wurden gebeten, verschiedene Aussagen, die die Kontaktgestaltung in einer Siedlung betreffen, auf einer 11-Punkte-Skala von –5 bis +5 einzustufen. Die Skala war in folgender Weise „verankert":

–5:	Nachbarschaftliche Kontakte sind extrem schlecht.
0:	In bezug auf nachbarschaftliche Kontakte neutral.
+5:	Nachbarschaftliche Kontakte sind extrem gut.

Für jedes Item wurde ein mittleres Expertenrating berechnet. (Die entsprechenden Werte sind in Klammern aufgeführt.)

A. Ich komme mir in dieser Siedlung oft vor wie ein Fremder. (–2,00)

B. Keinem Menschen in der Nachbarschaft würde es auffallen, wenn mir etwas zustieße. (–3,05)

C. Hier in der Siedlung haben die Menschen keine Geheimnisse voreinander. (+3,30)

D. Ich habe oft den Eindruck, daß sich die Menschen in meinem Wohnbezirk nur flüchtig kennen. (–0,53)

E. Ich kenne kaum jemanden in meinem Wohnbezirk, mit dem ich über private Dinge reden könnte. (–0,33)

F. In diesem Wohnbezirk ist es kaum möglich, sich auch nur für kurze Zeit von den anderen zurückzuziehen. (+1,79)

G. Ich kenne hier in der Nachbarschaft fast jeden mit Namen. (+0,90)

Der Wert einer Person ergibt sich als Summe der Skalenwerte der von ihr bejahten Items. (Ausgeschieden wurden Items mit einer Standardabweichung über 1,5.)

Testanwendung repräsentative „Eichstichprobe" entscheidet dann in einer Voruntersuchung, ob die Behauptungen auf sie

- eindeutig zutreffen (1),
- zutreffen (2),
- weder zutreffen noch nicht zutreffen (3),
- nicht zutreffen (4) oder
- eindeutig nicht zutreffen (5).

(Zur Verbalisierung der Skalenpunkte vgl. auch S. 178). Unter Verwendung der Ziffern 1–5 für die *5 Rating-Skalen-Kategorien* (bzw. in umgekehrter Reihenfolge bei negativ formulierten Items) ergibt sich der Testwert einer Person als die Summe der von ihr angekreuzten Skalenwerte. Auf der Basis dieser Testwerte wird für jedes Item ein Trennschärfeindex (vgl. S. 218 f.) ermittelt. Die Items mit den höchsten Trennschärfen bilden schließlich die endgültige Testskala.

Dies ist die vereinfachte Version der Skalenkonstruktion. Sie geht davon aus, daß die Kategorien der Rating-Skala äquidistant sind, daß also einer Person je nach Wahl einer Kategorie die Skalenwerte 1 bis 5 zugeordnet werden können. Genauere Skalenwerte ermittelt man mit dem auf S. 156 ff. beschriebenen „Law of Categorical Judgement". Allerdings korrelieren das exakte und das vereinfachte Skalierungsverfahren um 0,90 oder sogar noch höher (vgl. Roskam, 1996, S. 443), so daß für praktische Anwendungen die vereinfachte Version ausreichend erscheint.

Neben der Itemselektion nach Trennschärfe hat es sich eingebürgert, mittels Faktorenanalyse auch die Dimensionalität einer Likert-Skala zu überprüfen (vgl. S. 383), wobei heterogene Items, d.h. Items mit niedrigen Ladungen auf einem zu erwartenden Generalfaktor, eliminiert oder neu formuliert werden müssen. Dies gilt auch für Items, die für einen niedrigen α-Koeffizienten (vgl. S. 198) verantwortlich sind.

Der Testwert einer mit der endgültigen Skala getesteten Person entspricht der Summe der angekreuzten, kategorienspezifischen Skalenwerte. Häufig wird auch ein durchschnittlicher Gesamttestwert berechnet, indem man den Summenscore durch die Anzahl der eingehenden Items dividiert. Durchschnittsscores haben den Vorteil, daß fehlende Werte kompensiert werden, wenn man den Summenscore jeder Person durch die Zahl der von ihr beantworteten Items teilt.

Likert-Skalen werden sehr häufig eingesetzt; sie haben allerdings den Nachteil, daß der mittlere Skalenwert nicht immer eindeutig zu interpretieren ist (vgl. S. 179 und S. 216 f.). Entweder man weist in der Instruktion explizit darauf hin, wie die Mittelkategorie aufzufassen ist, oder man weicht auf eine vierstufige (bzw. allgemein: geradzahlige) Antwortskala aus. Ferner sei darauf hingewiesen, daß in der Praxis häufig jede Ansammlung von Items mit 5stufigen Rating-Skalen als Likert-Skala bezeichnet wird, ohne den Nachweis für die Angemessenheit dieser Bezeichnung durch eine entsprechende Itemanalyse geführt zu haben.

Einen kritischen Vergleich von Likert- und Thurstone-Skala hinsichtlich ihrer Validität findet man bei Roberts et al. (1999).

Guttman-Skala

Die bereits auf S. 207 angesprochene Guttman-Skala (auch „Skalogrammanalyse" genannt; Guttman, 1950) stellt erheblich höhere Anforderungen an die Items als die bisher behandelten Skalen. Es wird gefordert, daß eine Person mit höherer Merkmalsausprägung mindestens diejenigen Items bejaht (löst), die eine Person mit geringerer Merkmalsausprägung bejaht (löst).

Nach Reiss (1964) erfüllt die folgende Skala zur Messung von Einstellungen zur vorehelichen Sexualität („Premarital Sexual Permissiveness") diese Bedingungen:
a) Ich finde, daß Petting vor der Ehe erlaubt ist, wenn man verlobt ist.
b) Ich finde, daß Petting vor der Ehe erlaubt ist, wenn man seine Partnerin (seinen Partner) liebt.
c) Ich finde, daß Petting vor der Ehe erlaubt ist, wenn man für seine Partnerin (seinen Partner) starke Zuneigung empfindet.
d) Ich finde, daß uneingeschränkte Sexualbeziehungen vor der Ehe erlaubt sind, wenn man verlobt ist.

e) Ich finde, daß uneingeschränkte Sexualbeziehungen vor der Ehe erlaubt sind, wenn man seine Partnerin (seinen Partner) liebt.
f) Ich finde, daß uneingeschränkte Sexualbeziehungen vor der Ehe erlaubt sind, wenn man für seine Partnerin (seinen Partner) starke Zuneigung empfindet.
g) Ich finde, daß uneingeschränkte Sexualbeziehungen vor der Ehe erlaubt sind, auch wenn man keine besonders starke Zuneigung für seine Partnerin (seinen Partner) empfindet.

Eine Person, die beispielsweise Item c ablehnt, müßte auch die Items d bis g ablehnen, die noch mehr sexuelle Freizügigkeit beinhalten als Item c. Wäre das Item b für diese Person akzeptierbar, müßte sie Item a ebenfalls akzeptieren.

Ein Beleg für Modellkonformität der gesamten Skala wäre die in Tabelle 17a dargestellte Antwortmatrix (+ = Zustimmung, – = Ablehnung).

Person 1 (oder eine Personengruppe mit diesem Antwortmuster) lehnt alle Items ab und bringt damit zum Ausdruck, daß sie entschieden gegen voreheliche Sexualität ist. Person 5 hingegen befürwortet das relativ „liberale" Item d und müßte damit bei einer modellkonformen Skala auch den Items a bis c zustimmen, deren Bejahung für weniger sexuelle Freizügigkeit spricht als die Bejahung von Item d. Person 8 schließlich stimmt allen Items zu, wo-

Tabelle 17 a, b. Antwortmatrizen für Guttman-Skalen

a. Modellkonformes Antwortverhalten						
Items						
Person	a	b	c	d	e	f	g
1	–	–	–	–	–	–	–
2	+	–	–	–	–	–	–
3	+	+	–	–	–	–	–
4	+	+	+	–	–	–	–
5	+	+	+	+	–	–	–
6	+	+	+	+	+	–	–
7	+	+	+	+	+	+	–
8	+	+	+	+	+	+	+
b. Nicht-modellkonformes Antwortverhalten						
1	–	–	–	–	–	–	–
2	+	–	–	–	–	–	–
3	+	+	–	–	–	–	–
4	+	+	+	–	–	–	–
5	+	+	+	+	–	–	–
6	+	+	–	+	+	–	–
7	+	+	+	+	+	+	–
8	+	+	+	+	+	+	+

durch die höchste, mit dieser Skala meßbare, sexuelle Freizügigkeit zum Ausdruck gebracht wird.

In Tabelle 17 b haben zwei Personen nicht modellkonform reagiert: Person 2 befürwortet Item c, obwohl das schwächere Item b abgelehnt wird und Person 6 dürfte bei einer modellkonformen Skala Item c nicht ablehnen, weil die stärkeren, d. h. für mehr sexuelle Freizügigkeit stehenden Items d und e bejaht werden. Bei diesen Personen ist also die Regel, daß aus dem stärksten bejahten Item das gesamte Reaktionsmuster rekonstruierbar sein muß, verletzt.

Mit einer perfekten Reproduktion aller bejahten Items aufgrund des Gesamttestwertes dürfte allerdings nur bei sehr präzise definierten, eindeutig operationalisierten, eindimensionalen Merkmalen zu rechnen sein. Um die Anwendbarkeit dieses Skalentyps nicht allzu stark einzuengen, schlägt Guttman vor, sich mit einer 90%igen Reproduzierbarkeit aller Itemantworten aufgrund des Gesamttestwertes zu begnügen (vgl. hierzu auch Dawes und Moore, 1979).

Das *praktische Vorgehen* zur Bestimmung der Reproduzierbarkeit läßt sich wie folgt beschreiben: man bestimmt zunächst die Anzahl der Zustimmungen pro Item und die Anzahl der Zustimmungen pro Person. Als nächstes ordnet man die Items und die Personen nach der Anzahl der Zustimmungen. Dies ist in Tabelle 17 a geschehen. Der Skalenwert einer Person entspricht bei Modellkonformität der Anzahl der akzeptierten Items. Demnach wäre beispielsweise der Person 3 der Skalenwert 2 zuzuordnen.

In Tabelle 17 b hat Person 2 ebenfalls 2 Items akzeptiert, allerdings nicht modellkonform, denn das liberalere Item b wurde abgelehnt und das weniger liberale Item c akzeptiert. Gegenüber der modellkonformen Person 3 mit ebenfalls 2 Zustimmungen hat Person 2 auf 2 Items „fehlerhaft" reagiert, d. h. es werden 2 Fehler notiert. 2 weitere „Fehler" hat Person 6 (mit dem Skalenwert 4) gemacht: Gegenüber der modellkonformen Person 5 wurde auf die Items c und e falsch reagiert. Insgesamt ergibt die „Skalogramm-Analyse" also 4 Fehler, die nach folgender Gleichung in einen Reproduzierbarkeits-Koeffizienten (REP) überführt werden:

$$REP = 1 - \frac{\text{Anzahl der Fehler}}{\text{Anzahl der Befragten} \cdot \text{Anzahl der Items}}$$

Für das Beispiel mit 8 Personen und 7 Items erhält man

$$REP = 1 - \frac{4}{8 \cdot 7} = 0,93$$

Dieser Wert liegt über 0,9 und würde damit Modellkonformität der Skala signalisieren.

Ein weiteres Maß zur Prüfung der Modellkonformität stellt *Loevengers H-Koeffizient* dar, der z. B. bei Roskam (1996, S. 439) beschrieben wird.

Die hier diskutierte Skala verdeutlicht, wie stark sozialwissenschaftliche Meßinstrumente von kulturellen und historischen Rahmenbedingungen geprägt sind. So gehen alle Skalenitems ganz selbstverständlich davon aus, daß Menschen heiraten und Biographien in eine Phase „vor der Ehe" und eine Phase „in der Ehe" zerfallen. Wer diese Vorstellung nicht teilt, für den sind die Testitems sinnlos.

Generell ist bei der Formulierung von Items darauf zu achten, daß sie keine impliziten Aussagen enthalten, die vom Probanden möglicherweise nicht geteilt werden und ihm somit keine Möglichkeit zum adäquaten Antworten lassen. Ein Ausweg aus diesem Problem ist die Verwendung von vorgeschalteten *Filterfragen*, die unterschiedliche Personengruppen identifizieren, denen dann jeweils nur die zur aktuellen Lebenssituation oder zu den individuellen Lebenseinstellungen passenden Fragen vorgelegt werden (vgl. S. 244).

Edwards-Kilpatrick-Skala

Dieser von Edwards und Kilpatrick (1948) entwickelte Skalentyp vereinigt die von Thurstone, Likert und Guttman entwickelten Ansätze. Die Konstruktion beginnt mit der Sammlung eines Satzes dichotomer Items, der – wie bei der Thurstone-Skala – Experten mit der Bitte vorgelegt wird, die Intensität der mit der Bejahung (richtigen Lösung) eines Items zum Ausdruck gebrachten Merkmalsausprägung einzuschätzen. Es folgt die Aussortierung uneindeutig bewerteter Items. Die verbleibenden Items werden als Items mit vorgegebenen Antwortmöglichkeiten (6 Kategorien, die bei Einstellungsitems äquidistant gestufte Zustimmung repräsentieren) einer für die Testanwendung repräsentativen „Eichstichprobe" zur Bearbeitung vorgelegt. Diese Itembeantwortungen liefern – wie bei der Likert-Skala – das Material für eine Trennschärfenanalyse, die zu einer weiteren Itemselektion führt. Von den trennscharfen Items werden schließlich nur diejenigen Items als dichotome Items zu einer Testskala vereinigt, die die Kriterien einer Guttman-Skala erfüllen.

Die Konstruktion dieser Skala ist damit sehr aufwendig und dürfte sich für eine einmalige Merkmalsmessung nur selten lohnen. Allerdings bietet sie eine gute Gewähr, daß tatsächlich eine Testskala mit überdurchschnittlichen Eigenschaften resultiert.

Rasch-Skala

Dieser Skalentyp, dessen theoretischer Hintergrund bereits auf S. 206 ff. zusammengefaßt wurde, basiert auf der Annahme, daß die Wahrscheinlichkeit der Lösung einer Aufgabe von der Ausprägung eines latenten Merkmals bei den untersuchten Personen abhängt (Personenparameter). Ausgehend von einem Satz inhaltlich homogener Items mit alternativen Antwortvorgaben, die als potentielle Indikatoren des latenten Merkmals geeignet erscheinen, ermittelt man für jede Person die Anzahl gelöster Items. Es werden dann Personenparameter bestimmt, die die Wahrscheinlichkeit für das Zustandekommen der individuell erreichten Anzahl gelöster Aufgaben maximieren. Man nimmt hierbei an, daß die Wahrscheinlichkeit der Lösung eines Items ausschließlich von der Fähigkeit der Person und der Schwierigkeit des Items abhängt; die Art der Beantwortung eines Items ist also davon unabhängig, welche anderen Items die Person bereits bearbeitet hat (Prinzip der „lokalen stochastischen Unabhängigkeit"). Psychologisch gesehen bedeutet diese Forderung, daß die Itembeantwortungen von Übungs-, Ermüdungs- oder Positionseffekten unabhängig sind. Formal hat dieses Prinzip zur Konsequenz, daß sich die Wahrscheinlichkeit für die Gesamtanzahl gelöster Items aus dem Produkt der Wahrscheinlichkeiten für die Lösung der einzelnen Items ergibt.

Die Schätzung der Itemparameter (Schwierigkeiten) erfolgt in ähnlicher Weise. Die Wahrscheinlichkeit, daß ein Item von einer bestimmten Anzahl von Personen richtig beantwortet wird, ergibt sich aus dem Produkt der Wahrscheinlichkeiten, mit denen die einzelnen Personen dieses Item richtig beantworten. Gesucht werden diejenigen Itemparameter, die die Wahrscheinlichkeit für das Zustandekommen der jeweils erzielten Lösungshäufigkeiten maximieren.

Die rechnerische Ermittlung der Personen- und Itemparameter macht von der Theorie *erschöpfender Statistiken* Gebrauch, die in diesem Falle besagt, daß es für die Schätzung der Personenparameter nicht darauf ankommt, welche Items gelöst wurden. Die Anzahl aller gelösten Items enthält sämtliche für die Schätzung eines Personenparameters relevanten Informationen, d.h. Personen mit unterschiedlichen Antwortmustern (z.B. + + – – + und + – + – +) werden nicht unterschieden, wenn die Anzahl aller gelösten Items übereinstimmt. Entsprechendes gilt für die Schätzung der Itemparameter: Auch hier interessiert nur die Anzahl der Personen, die ein Item lösten und nicht, welche Personen das Item lösten.

Die Bestimmung der Personen- und Itemparameter ist rechnerisch sehr aufwendig und kann nur computergestützt erfolgen. Die resultierenden Testwerte der Personen (Personenparameter) und die Itemparameter sind als Maßzahlen einer Differenz- bzw. Verhältnisskala zu interpretieren (zur Metrik einer Rasch-Skala vgl. Conrad et al., 1976 a, b bzw. Österreich, 1978).

Bei einem modellkonformen Itemsatz sind die Personenparameter davon unabhängig, welche Items aus der Population aller möglichen Items, die das Merkmal repräsentieren, ausgewählt wurden. Sie sind auch davon unabhängig, wie die Stichprobe, die aus der Population derjenigen Personen gezogen wurde, für die die Skala gelten soll, zusammengesetzt ist. Entsprechendes trifft auf die Itemparameter zu: Sie sind ebenfalls stichprobenunabhängig. Die Bedeutung dieses als *spezifische Objektivität* bezeichneten Faktums wird bei Fischer (1974, Kap. 19) ausführlich diskutiert.

Die spezifische Objektivität bzw. die Stichprobenunabhängigkeit ermöglichen die Entwicklung von Modelltests, mit denen die Modellannahmen eines nach dem Rasch-Modell konstruierten Tests überprüft werden können. Sind sämtliche Items homogen im Sinne des Rasch-Modells und treffen auch die übrigen Annahmen zu, müßte die Bestimmung der Personenparameter auf der Basis verschiedener zufälliger Itemstichproben zu identischen Resultaten führen. Entsprechendes gilt für die Bestimmung der Itemparameter.

Wenn also die Itemparameter aufgrund verschiedener Stichproben geschätzt werden, erwartet man identische oder nur zufällig voneinander abweichende Schätzungen, unabhängig von der Stichprobe. Diese Forderung läßt sich auch graphisch überprüfen: Trägt man die Itemparameter, die in einer Stichprobe 1 geschätzt werden, auf der x-Achse eines Koordinatensystems ab und die Itemparameter auf der Basis einer Stichprobe 2 auf der y-Achse, müßten alle Items idealerweise auf der Winkelhalbierenden des Koordinatensystems liegen. Statistische Tests zur Überprüfung der Modellkonformität wurden von Andersen (1973) sowie Fischer und Scheiblechner (1970) entwickelt.

Weichen die Parameterschätzungen bedeutsam voneinander ab, sind einige oder mehrere Items nicht modellkonform, d.h. sie müssen aus dem Test ausgeschieden werden. Die inhaltliche Analyse der selegierten und der modellkonformen Items liefert häufig interessante Aufschlüsse über das eigentlich getestete Merkmal und erleichtert die Formulierung neuer Items, deren Modellkonformität allerdings in weiteren Modelltests nachzuweisen ist. Da sich bei der Konstruktion einer Rasch-Skala in der Regel viele Items als nicht modellkonform erweisen, sollte der ursprüngliche Itemsatz erheblich mehr Items enthalten als die angestrebte Endform (ca. 20 Items reichen im allgemeinen für die Testendform aus).

Wie auf S. 211f. bereits erwähnt, hat sich das einfache Rasch-Modell in der Praxis bislang kaum durchgesetzt. Es ist zu hoffen, daß die auf S. 209f. kurz zusammengefaßten Verallgemeinerungen, die mit weniger restriktiven Annahmen operieren als das einfache Rasch-Modell, unter den Anwendern auf eine breitere Akzeptanz stoßen. Neben der auf S. 209 erwähnten Literatur sei für praktische Anwendungen Rost (1996) sowie sein Programmpaket WINMIRA empfohlen, das die Entwicklung einfacher Rasch-Skalen, aber auch komplexere Skalierungen für unterschiedliche Modelle der Item-Response-Theorie ermöglicht.

Coombs-Skala

Dieser von Coombs (1948, 1952, 1953, 1964) entwickelte Skalentyp stellt die Untersuchungsteilnehmer vor die Aufgabe, eine Reihe von Items (z.B. Behauptungen), die unterschiedliche Ausprägungen des untersuchten Merkmals repräsentieren, nach Maßgabe ihres Zutreffens in eine Rangreihe zu bringen. Die individuelle Rangreihe ist nach diesem Ansatz von der Merkmalsausprägung der untersuchten Person bestimmt.

Nehmen wir an, man wolle das Stimulationsbedürfnis eines Untersuchungsteilnehmers i ermitteln. Dieser wird gebeten, die folgenden Items (nach Zuckerman et al., 1964) in eine Rangreihe zu bringen (die Beschränkung auf 4 Items dient nur der Vereinfachung der Demonstration):

A. Ich gehe gern im Wald spazieren.
B. Ich mag gemütliche Fahrten ins Blaue.
C. Gelegentlich tue ich Dinge, die ein bißchen gefährlich sind.
D. Ich würde gerne einmal selbst an einem Autorennen teilnehmen.

Die Rangreihe dieses Untersuchungsteilnehmers sei A, B, C, D, d.h. der Untersuchungsteilnehmer zieht offenbar beruhigende Tätigkeiten vor. Eine solche individuelle Rangreihe bezeichnet man als eine *I-Skala* („Individual Scale“).

Abbildung 10 verdeutlicht den (möglichen) „Stimulationsgehalt“ der 4 Items (genauer hierzu s.u.). Die Tatsache, daß Person i Item A auf Rangplatz 1 setzt, läßt darauf schließen, daß dessen Stimulationsgehalt dem Stimulationsbedürfnis der Person i am besten entspricht. Item A repräsentiert im Vergleich zu allen übrigen Items den „Idealpunkt“ der Person i. Dementsprechend liegt die Position der Person i auf der Stimulationsskala in der „Nähe“ von A (vgl. Abb. 10). Eine solche Skala, die sowohl Items als auch Personen abbildet, bezeichnet man hier als *J-Skala* („Joint Scale“).

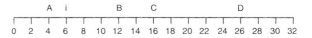

Abb. 10. Beispiel für die Rekonstruktion einer I-Skala (s. Text)

Natürlich hätte man für Person i auch eine andere Position wählen können (z. B. links von A). Es muß jedoch gewährleistet sein, daß die Distanz von i zu A kleiner ist als die von i zu B, denn sonst hätte die Person nach dieser Theorie B auf Rangplatz 1 und A auf Rangplatz 2 setzen müssen. Für einen anderen Untersuchungsteilnehmer, dessen Merkmalsausprägung wir mit 18 annehmen wollen, müßte die Rangreihe (I-Skala) lauten: C, B, D, A.

Für die Konstruktion einer J-Skala (und damit für die Ermittlung der Merkmalsausprägungen der untersuchten Personen und Items) aufgrund empirisch ermittelter I-Skalen hat nun der folgende Gedankengang zentrale Bedeutung: Ist das untersuchte Merkmal tatsächlich eindimensional und haben die Untersuchungsteilnehmer fehlerfreie (transitive, vgl. S. 159) Rangreihen abgegeben, existieren nur zwei Rangreihen, die zueinander spiegelbildlich sind. Diese Rangreihen stammen von Personen mit extremen Merkmalsausprägungen, die entweder in der Nähe (oder links) von A bzw. in der Nähe (bzw. rechts) von D liegen. Ihre Rangreihen müßten A, B, C, D bzw. – spiegelbildlich hierzu – D, C, B, A lauten. Eine dieser Rangreihen entspricht direkt der Rangfolge der Items auf dem Merkmalskontinuum. Alle übrigen Personenpositionen führen zu Rangreihen, für die es empirisch keine spiegelbildlichen Rangreihen geben darf, es sei denn, das Merkmal ist mehrdimensional oder die Rangreihen sind fehlerhaft. Für die Skalenkonstruktion ist es deshalb erforderlich, zwei zueinander spiegelbildliche Rangreihen zu finden.

Konstruktionsregeln: Wie die Skalenkonstruktion im einzelnen vor sich geht, sei im folgenden an einem kleinen Beispiel demonstriert. 7 Untersuchungsteilnehmer erhalten die Aufgabe, die oben genannten vier Behauptungen nach Maßgabe ihres Zutreffens in eine Rangreihe zu bringen. Sie nennen die folgenden Rangreihen (die Konstruktion der Skala folgt den Ausführungen van der Ven's, 1980, S. 59 ff.):

1. C D B A
2. B C A D
3. C B D A
4. A B C D

5. C B A D
6. D C B A
7. B A C D

Unter den 7 Rangreihen befinden sich 2, die zueinander spiegelbildlich sind, und zwar die Rangreihen 4 (A, B, C, D) und 6 (D, C, B, A). Rangreihe 4 wird willkürlich als Rangfolge der 4 Behauptungen festgesetzt. (Rangreihe 6 würde zu einer J-Skala führen, die zu der hier zu entwickelnden J-Skala spiegelbildlich wäre.) Person 4 liegt offensichtlich in der Nähe von A und Person 6 in der Nähe von D (vgl. Abb. 11 a).

Abb. 11 a. Vorläufige Positionen der Items A, B, C und D sowie der Personen 4 und 6

Die Abstände zwischen den Items sind hier zunächst beliebig; sie müssen lediglich den beiden spiegelbildlichen Rangfolgen genügen. Der Ausdruck „in der Nähe von" läßt sich nun insoweit präzisieren, als Person 4 auf jeden Fall näher an A als an B und Person 6 näher an D als an C liegen muß. Wählen wir als Skalenpunkte für A und B willkürlich die Werte 2 und 6, muß Person 4, die ja A vor B gesetzt hat, links vom Mittelwert $\overline{AB}$, also links von 4 liegen. Person 6 muß demzufolge rechts vom Mittelwert der Skalenwerte für C und D liegen. Dieser soll mit $\overline{CD} = 14$ angenommen werden. Es resultieren damit die folgenden Positionseinschränkungen für die Personen 4 und 6 (Abb. 11 b):

Abb. 11 b. Positionen der Mittelpunkte $\overline{AB}$ und $\overline{CD}$

C und D sind vorläufig noch nicht bestimmt. C muß jedoch rechts von B liegen und links von $\overline{CD}$.

Als nächstes betrachten wir Personen, die Item B auf den ersten Rangplatz gesetzt haben. Es sind dies die Personen 2 und 7. Sie befinden sich offensichtlich in der Nähe von B oder genauer rechts von $\overline{AB}$ und links von $\overline{BC}$. Der Mittelwert $\overline{AB}$ wurde bereits auf 4 festgelegt. Der Mittelwert $\overline{BC}$ muß links von $\overline{CD}$ und natürlich rechts von B liegen. Diese Bedingungen sind erfüllt, wenn wir für $\overline{BC}$ den Wert 8 annehmen. Da B bereits auf 6 festgelegt wurde, muß damit C den Wert 10 erhalten (vgl. Abb. 11 c).

Noch ungeklärt sind die genauen Positionen der Personen 3 (CBDA) und 5 (CBAD), die sich nur in den Rangplätzen 3 und 4 unterscheiden. Offensichtlich liegt Person 3 rechts von $\overline{AD}$ (D wird A vorgezogen) und Person 5 links von $\overline{AD}$ (A wird D vorgezogen). Für $\overline{AD}$ ergibt sich mit $(2+18):2 = 10$ ein Wert, der – wie gefordert – zwischen $\overline{BC}$ und $\overline{CD}$ liegt. Abb. 11 e zeigt die Positionen aller Personen.

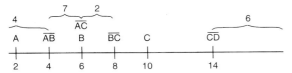

Abb. 11 c. Positionen der Mittelpunkte $\overline{AB}$, $\overline{AC}$, $\overline{BC}$ und $\overline{CD}$

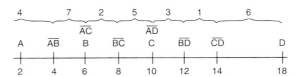

Abb. 11 e. Positionen der Mittelpunkte $\overline{AB}$, $\overline{AC}$, $\overline{BC}$, $\overline{CD}$, $\overline{BD}$ und $\overline{AD}$

Der Unterschied zwischen den Personen 2 und 7 besteht in der Vergabe der Rangplätze 2 und 3 (Person 2: BCAD und Person 7: BACD). Person 2 liegt also näher bei C und Person 7 näher bei A oder: Person 2 befindet sich rechts von $\overline{AC}$ und Person 7 links von $\overline{AC}$. Da A und C bereits festliegen (A = 2, C = 10), liegt auch $\overline{AC}$ fest ($\overline{AC} = 6$) (vgl. Abb. 11 c).

Die verbleibenden 3 Personen haben Item C auf Rangplatz 1 gesetzt, d.h. sie befinden sich in der Nähe von C bzw. rechts von $\overline{BC}$ und links von $\overline{CD}$. Person 1 mit der Rangreihe CDBA setzt D vor B, d.h. sie liegt zusätzlich rechts von $\overline{BD}$. Für die Ermittlung von $\overline{BD}$ gehen wir folgendermaßen vor: Wenn C den Wert 10 erhalten hat, und $\overline{CD}$ auf 14 festgesetzt wurde, muß D den Wert 18 erhalten. Damit ergibt sich der Mittelwert $\overline{BD}$ zu $(6+18):2 = 12$. Person 1 liegt zwischen den Werten $12(\overline{BD})$ und $14(\overline{CD})$ (vgl. Abb. 11 d).

Aus den individuellen Rangreihen, die die Personen für die Items erstellen, läßt sich mit der hier beschriebenen Technik die Rangreihe der untersuchten Personen bezüglich des untersuchten Merkmals ableiten. Die Technik heißt nach Coombs *Unfolding Technique* (= Entfaltungstechnik): „Faltet" man die J-Skala in einem Personenpunkt, geraten die links und rechts von diesem Personenpunkt befindlichen Items auf eine Skalenseite. Ihre Rangfolge entspricht dann der Präferenzordnung der jeweiligen Person bzw. ihrer I-Skala. Coombs veranschaulicht das Unfolding anhand einer Schnur, auf der sich Knoten befinden, die die Positionen der Items und der Personen markieren. Wenn man nun die Schnur an einem Personenknoten ergreift und die Schnurenden frei herunterhängen läßt, bildet die Abfolge der Itemknoten die Rangfolge der Items bzw. die I-Skala der betroffenen Person. Die J-Skala entsteht damit rückläufig durch Entfalten der einzelnen I-Skalen.

Die Konstruktion einer Coombs-Skala nach dem hier beschriebenen Verfahren ist bei größeren Item- und Personenzahlen sehr aufwendig. Man verwendet dann besser eine schematisierte Routine (die „Gleiche-Delta-Methode"), die z.B. bei van der Ven (1980, S. 66 ff.) ausführlich beschrieben wird.

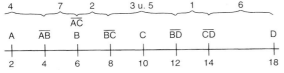

Abb. 11 d. Positionen der Mittelpunkte $\overline{AB}$, $\overline{AC}$, $\overline{BC}$, $\overline{CD}$ und $\overline{BD}$

Skaleneigenschaften: Hinsichtlich ihrer metrischen Eigenschaften entspricht die Coombs-Skala keiner der in Abschnitt 2.3.6 behandelten Skalenarten. Die Positionen der Personenpunkte sind zwar nicht eindeutig festgelegt, können aber auch nicht beliebig variieren. Wir wissen nur, daß sich beispielsweise Person 7 zwischen den Mittelpunkten $\overline{AB}$ und $\overline{AC}$ befinden muß (vgl. Abb. 11 e). Eine präzisere Bestimmung der Personenpunkte ist nicht möglich. Derartige Bereiche, in denen die Personenpunkte frei variieren können, nennt Coombs „isotone Regionen".

Für reine Ordinalskalen sind beliebige *monotone Transformationen* zulässig, also Transformationen, die die Rangordnung der untersuchten Objekte erhalten. Bei Coombs-Skalen ist hingegen darauf zu achten, daß durch Transformationen die Rangfolge der Abstände zwischen Personen und Items bestehen bleibt (hypermonotone Transformation). Dieser Skalentyp, der bezüglich seiner Skalenqualität zwischen einer Ordinal- und einer Intervallskala anzusiedeln wäre, wird als *geordnete metrische Skala* bezeichnet.

Modellprüfung: Leider muß man in der Praxis häufig damit rechnen, daß nicht alle individuellen Rangreihen (I-Skalen) modellkonform und daß damit nicht alle untersuchten Personen skalierbar sind. Wie man sich leicht anhand Abb. 11 e überzeugen kann, wäre beispielsweise eine individuelle Rangreihe ADBC mit der gefundenen J-Skala nicht vereinbar. Insgesamt sind von n! möglichen Rangreihen nur $0,5 \cdot n \cdot (n-1) + 1$ Rangreihen modellkonform. Für die vier im Beispiel verwendeten Items gibt es $4! = 4 \cdot 3 \cdot 2 \cdot 1 = 24$ mögliche, aber nur $0,5 \cdot 4 \cdot 3 + 1 = 7$ zulässige Rangfolgen. Ist die Anzahl nicht zulässiger Rangreihen so groß, daß die Coombs-Skala praktisch unbrauchbar wird, können als Skalierungsalternativen eine von Bechtel (1968) entwickelte probabilistische Variante des „Unfolding" oder eine mehrdimensionale Unfolding-Technik (Bennet und Hays, 1960; Hays und Bennet, 1961) verwendet werden.

Auf der Grundidee des „Unfolding" basierende Rechenprogramme sind in der Guttman-Lingoes-Programmserie (vgl. Lingoes, 1972), im SAS-Programmpaket, im MDS-Programmpaket sowie in den Programmsystemen XGvis/XGobi (Swayne et al., 1998; vgl. Anhang D) enthalten.

Für die Entwicklung einer „klassischen" eindimensionalen Coombs-Skala ist es von Vorteil, wenn die „wahre" Rangordnung der verwendeten Items – eventuell aufgrund von Vorversuchen – bekannt ist oder doch zumindest theoretisch begründet werden kann. Ferner sollten die zu untersuchenden Personen möglichst das gesamte Merkmalsspektrum repräsentieren, und das Merkmal selbst sollte aus der Sicht aller Personen eindimensional sein (vgl. hierzu auch Sixtl, 1967, S. 391 ff.).

Letztlich jedoch – und hierin ähnelt die Coombs-Skala der Guttman- oder auch der Rasch-Skala – führt die Entwicklung einer modellkonformen J-Skala nicht nur zu den Merkmalsausprägungen der untersuchten Personen, sondern auch zu einer Skalierung aller Items, d.h. auch die Coombs-Skala integriert den „Subject Centered"- und den „Stimulus Centered-Approach" (vgl. S. 154).

Weitere Informationen zum „Unfolding" findet man z.B. bei Borg und Staufenbiel (1993) sowie bei Carroll (1983).

4.3.7
Testverfälschung

Testergebnisse, die nicht nur für wissenschaftliche Zwecke benötigt werden, haben für die getesteten Personen häufig lebenswichtige Konsequenzen. Sie entscheiden darüber, ob eine Abiturientin das Fach ihrer Wahl studieren darf, ob ein Arbeitnehmer den von ihm gewünschten Arbeitsplatz erhält, ob ein Schüler in eine Sonderschule eingeschult wird etc. Es ist deshalb keineswegs verwunderlich, wenn getestete Personen sich darum bemühen, ihre Testergebnisse in einer für sie möglichst günstigen Weise zu „korrigieren". Negativ bewertete Aspekte ihrer Persönlichkeit werden verborgen und positiv angesehene überbetont oder erfunden (soziale Erwünschtheit), indem gezielt versucht wird, hohe Testwerte (Simulation) oder niedrige Punktzahlen (Dissimulation) zu erreichen. Die getesteten Personen können sich absichtlich verstellen und die Fragen aus der Perspektive einer von ihnen eingenommenen, fiktiven Rolle beantworten. In Leistungstests wird Wissen z.B. durch Raten (vgl. S. 215 ff.) simuliert; Dissimulation erreicht man durch „Dummstellen".

Testverfälschung: Wenn Probanden die Aufgaben nicht selber lösen. (Zeichnung: R. Löffler, Dinkelsbühl)

Neben solchen absichtlichen Verfälschungen bzw. Verstellungen (Faking) können Test- und Fragebogenergebnisse auch von den Testpersonen unbemerkt und unkontrolliert verzerrt werden, weil besondere kognitive Effekte aus den Bereichen Gedächtnis, Konzentration, Informationsverarbeitung, Selbstbeobachtung, Selbstdarstellung etc. auf die Testbeantwortung einwirken, so daß unaufmerksame, irrtümliche oder „zufällige" Ergebnisse resultieren. Auch die auf S. 182 ff. und S. 232 ff. dargestellten Urteilsfehler sowie Antworttendenzen (Response Sets), d.h. typische Reaktionen auf die Präsentation und Anordnung der Testaufgaben, sind unter Umständen gravierende Fehlerquellen. Zudem stellen Persönlichkeitstests oder Einstellungsfragebögen zuweilen Fragen, über die sich die untersuchten Personen bislang noch keine Gedanken gemacht haben und die deshalb mehr oder weniger beliebig beantwortet werden (vgl. hierzu auch Rorer, 1965).

Von Fehlern, Verzerrungen und Verfälschungen zu sprechen bedeutet, daß man implizit von der Existenz einer „wahren Merkmalsausprägung" bei der Testperson ausgeht, die sich möglichst unverfälscht im Testwert ausdrücken sollte und damit

dem Testanwender hilft, sich hinsichtlich der interessierenden Merkmale ein genaues Bild von der getesteten Person zu verschaffen (zumindest ein genaueres Bild, als sich bei einer rein intuitiven Einschätzung ergeben würde). Der mit Testungen verbundene Aufwand ist stets an die Hoffnung geknüpft, sinnvolle, valide Informationen zu erhalten. Validitätseinbußen aufgrund von bewußten oder unwillkürlichen Antwortverzerrungen stellen den Wert einer Testung grundsätzlich in Frage; ihnen ist deswegen in der Methodenforschung viel Bedeutung beigemessen worden (z.B. Berg, 1967; Schwarz und Sudman, 1992).

Wie anfällig sind Tests für Verfälschungen? Es gibt praktisch keine Untersuchung, die nachweist, daß der jeweils geprüfte Test *nicht* verfälschbar wäre (vgl. hierzu eine Metaanalyse von Visweswaran und Ones, 1999). Wenngleich noch nicht jeder Test auf seine Verfälschbarkeit hin untersucht wurde, muß man wohl davon ausgehen, daß die Verwertbarkeit von Testergebnissen generell von der Kooperationsbereitschaft der Testperson, der Zusammenstellung und Formulierung der Testitems, sowie der Testsituation abhängt. Die meisten Untersuchungen zu dieser Thematik be schränken sich auf den Nachweis einer *potentiellen* Verfälschbarkeit von Testergebnissen. Wie stark welche Fehlerquellen in einer konkreten Untersuchung zu Buche schlagen, kann nicht allgemein vorausgesagt werden, sondern ist für jede einzelne Untersuchung genau abzuwägen und in Rücksprachen mit den getesteten Probanden sowie mit erfahrenen Testanwendern zu eruieren.

Im folgenden wollen wir auf drei Fehlerquellen näher eingehen, nämlich auf
- Selbstdarstellung,
- soziale Erwünschtheit und
- Antworttendenzen.

Selbstdarstellung

Der Begriff „Testverfälschung" hat sich zwar eingebürgert, er ist jedoch reflektiert zu verwenden. Probanden zu unterstellen, daß sie Testergebnisse „fälschen", „unehrliche Antworten" geben oder gar „lügen", bedeutet, das Probandenverhalten zu verurteilen und sich als Testanwender in eine Position der Überlegenheit zu begeben. Wenn Probanden sich dafür entscheiden, bewußt in einer bestimmten Weise zu antworten (sog. Antwort-„verfälschung") oder auf die Teilnahme an einer Untersuchung zu verzichten (sog. Antwort„verweigerung"), mögen sie dafür ihre guten Gründe haben, auch wenn diese vielleicht den Testanwendern nicht passen.

Aus Sicht der Probanden wird das Ausfüllen von Tests oder Fragebögen als Kommunikation erlebt. Testpersonen wissen, daß sie anderen Menschen durch den Test etwas über sich mitteilen und machen sich Gedanken darüber, wer sie sind, was sie mitteilen wollen und was nicht, bei wem die Informationen ankommen, wie der Empfänger auf sie reagieren könnte und was mit ihnen geschieht. Diese Form der Informationskontrolle nennt man (etwas mißverständlich) *Selbstdarstellung* (Impression Management, Self Presentation). Selbstdarstellung tritt in sozialen Situationen immer auf; sie ist universell und keineswegs ein Zeichen für eine besonders zynische oder unehrliche „Charakterstruktur".

Die Art der Selbstdarstellung ist adressatenabhängig. So konnte Mummendey (1990) zeigen, daß dieselben männlichen Studenten Fragebögen anders ausfüllten, wenn sie angeblich von einer

Forschungsgruppe „Auswirkungen der Frauenbewegung" oder einer Forschungsgruppe „Selbstkonzept" untersucht wurden. Für die Forschungspraxis läßt sich die Forderung ableiten, die eigene Selbstdarstellung (Vorstellung des Forschungsprojektes etc.) gut zu überdenken. Auch empfiehlt es sich, grundlagenwissenschaftliche Untersuchungen explizit als solche zu kennzeichnen, da Probanden bei psychologischen Untersuchungen meist automatisch einen „Psychotherapeuten" oder gar „Psychiater" als Adressaten vermuten und somit zu Unrecht eine Individualdiagnose befürchten. Es ist nicht verwunderlich, daß Probanden umso zögerlicher in ihrer Selbstoffenbarung werden, je größer die Öffentlichkeit ist, denen die Ergebnisse bekannt werden könnten. Insbesondere bei Ankündigungen zur Ergebnismitteilung z. B. im Rahmen einer Abteilungssitzung ist darauf zu achten, daß nicht der Eindruck entsteht, man wolle mit den Probanden über deren persönliche Ergebnisse sprechen, wo es stattdessen nur um Gruppenwerte geht.

Tests und Befragungen bedeuten für die Probanden auch eine Selbstkonfrontation. Sie sind gezwungen, über die im Erhebungsinstrument angesprochenen Themen nachzudenken und sehen in ihren Antworten einen Spiegel ihrer Verfassung. Eigene Erlebens- und Verhaltensweisen als widersprüchlich, unvernünftig oder unakzeptabel wahrzunehmen, ist unangenehm. Die eigenen Äußerungen zu „glätten" und mit Selbstkonzept und Gruppenidentität in Übereinstimmung zu bringen, ist häufig intrapersonal motiviert und dient somit eher der „Selbsttäuschung" als der „Fremdtäuschung". Um diese Effekte abzufangen, sollten Rahmenbedingungen geschaffen werden, die den Probanden eine Auseinandersetzung mit problematischen Selbstaspekten erleichtern. Negative Aspekte können z. B. leichter zugelassen werden, wenn die Probanden damit einen Lernerfolg (Selbsterkenntnis) verbinden.

Schließlich sei noch erwähnt, daß bewußt positiv gefärbte Selbstdarstellungen (z. B. stellt man sich im Persönlichkeitstest sehr durchsetzungsfähig dar, obwohl man – wie Freunde und Angehörige bestätigen könnten – im Alltag überhaupt keine Durchsetzungsfähigkeit zeigt), nicht nur als Selbst- oder Fremd„täuschungen", sondern auch als eine Art „Zukunftsprognose" aufzufassen sind: Wenn man sich darstellt, wie man gerne wäre, kommt darin auch zum Ausdruck, wie man sich in Zukunft vielleicht entwickelt; Markus und Nurusius (1986) sprechen in diesem Zusammenhang von „Possible Selfs". Selbstdarstellungseffekte sind also nicht nur als Fehler, sondern auch als Informationsquellen nutzbar (vgl. dazu auch Mummendy, 1987, 1990).

Soziale Erwünschtheit

Sozial erwünschtes Antworten kann als Sonderform der Selbstdarstellung aufgefaßt werden. Motiviert durch die Furcht vor sozialer Verurteilung neigt man zu konformem Verhalten und orientiert sich in seinen Verhaltensäußerungen strikt an verbreiteten Normen und Erwartungen (vgl. Edwards, 1957, 1970). Wie stark ein Test durch die Tendenz zum sozial erwünschten Antworten „verfälscht" werden kann, wird mit einer einfachen Technik empirisch ermittelt: Eine Gruppe von Probanden beantwortet den fraglichen Test unter normalen Bedingungen. Anschließend erhalten dieselben Probanden die Instruktion, den Test im zweiten Durchgang so zu beantworten, daß ein maximal positiver, günstiger Eindruck entsteht (sog. Faking Good Instruction). Je größer die Diskrepanzen zwischen beiden Testdurchgängen, um so fälschungsanfälliger ist der Test.

Problematisch am Konzept der sozialen Erwünschtheit (Social Desirability) ist die Tatsache, daß es in vielen Bereichen gar keine allgemeinverbindlichen Normen über „gutes" Verhalten oder „positive" Eigenschaften gibt, sondern daß in Abhängigkeit von der Bezugsgruppe und der Situation unterschiedliche Erwartungen bestehen. So mögen sich im Persönlichkeitstest manche Probanden als besonders „dominant" darstellen, weil sie dies für eine positive Eigenschaft halten, während andere ihre Dominanz lieber untertreiben, um sympathischer zu wirken. Beide Gruppen haben somit den Test „verfälscht". Wenn zwischen normaler Instruktion und „Faking Good"-Instruktion keine Differenz im Gruppenmittelwert erscheint, muß dies nicht zwangsläufig ein Indiz für die Unverfälschbarkeit des Tests sein, sondern könnte das Resultat unterschiedlicher Vorstellungen über erstrebenswertes Verhalten sein, da sich divergierende Verfälschungstendenzen bei der Durchschnittsberechnung kompensieren (Gordon und Gross, 1978).

Koch (1976) schlägt deswegen vor, daß statt einer allgemeinen Zusatzinstruktion, sich „möglichst günstig" darzustellen, sehr konkrete, situationsspezifische Anweisungen verwendet werden. Ein Beispiel hierfür geben Hoeth und Gregor (1964, S. 67): „Stellen Sie sich bitte vor, Sie würden sich als Handelsvertreter um eine Stelle bewerben und müßten sich einer Eignungsuntersuchung unterziehen, zu der auch dieser Test gehört. Beantworten Sie die Fragen bitte so, daß Sie als Handelsvertreter auf Ihren zukünftigen Chef einen möglichst guten Eindruck machen." Gordon und Gross (1978) diskutieren andere Operationalisierungen, die individuelle Unterschiede über Vorstellungen von sozialer Erwünschtheit berücksichtigen.

Belege für die sozio-kulturelle Abhängigkeit des Konzeptes „soziale Erwünschtheit" liefern auch Lück et al. (1976). Sie verglichen Untersuchungen, die die soziale Erwünschtheit von Eigenschaftsbezeichnungen überprüfen (Busz et al., 1972; Klapproth, 1972; Klein, 1974; Lück, 1968 und Schönbach, 1972), und kommen zu dem Schluß, daß die Einschätzung der sozialen Erwünschtheit einiger Eigenschaften historische und regionale Besonderheiten aufweist.

Im folgenden werden wir fünf Techniken vorstellen, die dazu dienen sollen, die Tendenz zu sozial erwünschten Antworten zu reduzieren oder zumindest zu kontrollieren. Diese Verfahrensweisen stellen jedoch kein „Patentrezept" dar und sind ihrerseits nicht unproblematisch. Insbesondere der Einsatz sog. „Kontrollskalen" oder einschüchternder Instruktionen steigert bei skeptischen Probanden das Mißtrauen in die Untersuchungsmethoden der Human- und Sozialwissenschaften. Nicht selten argwöhnen Probanden, daß Fragebögen oder Tests mit „Kontrollfragen" gespickt sind, was wiederum zu neuen Antwortverzerrungen führt.

Ausbalancierte Antwortvorgaben: Einige Tests versuchen, das Problem der Verfälschbarkeit von Testergebnissen dadurch zu lösen, daß für die Testitems Antwortalternativen vorgegeben werden, die bezüglich des Merkmals „soziale Erwünschtheit" ausbalanciert sind. Wenn die für ein Item zur Auswahl gestellten Antwortalternativen alle sozial gleich erwünscht (oder unerwünscht) sind, bleibt der Testperson keine Möglichkeit, durch ihre Antwort einen besonders guten oder schlechten Eindruck vorzutäuschen. Die Wahrscheinlichkeit, daß sie diejenige Antwortalternative wählt, die tatsächlich am besten auf sie zutrifft, wird damit erhöht.

Verdeutlicht wird dieser Ansatz z.B. in einem von Edwards (1953) entwickelten Test zur Messung von Werten und Interessen (Edwards Personal Preference Schedule = EPPS; über weitere Tests, die diese Technik nutzen, berichtet Anastasi, 1963, S. 510 ff.). Der Gehalt an sozialer Erwünschtheit der in diesem Test vorgegebenen Antwortalternativen (es werden pro Item zwei, hinsichtlich ihrer sozialen Erwünschtheit gleich attraktive Antwortalternativen angeboten) erwies sich nach mehreren Kontrolluntersuchungen (vgl. Edwards, 1957) gegenüber verschiedenen Alters-, Geschlechts-, Bildungs-, Einkommens- und Nationalitätsgruppen als relativ stabil.

Neben dem Aufwand, der mit der Konstruktion derartiger Testskalen verbunden ist, stellt eine Reliabilitätsverringerung, die mit der Vorgabe balancierter Antwortalternativen üblicherweise verbunden ist, einen weiteren Nachteil dar. Offensichtlich erschwert oder verunsichert die Vorgabe von Antwortalternativen, die gleichermaßen sozial erwünscht sind, die Wahl einer „geeignet" erscheinenden Antwortalternative (vgl. Cronbach, 1960, S. 449 ff.).

Kontrollskalen: Kontrollskalen (bzw. „Lügenskalen") bestehen aus Items, die besonders sensibel auf Tendenzen zu sozial erwünschten Antworten reagieren. Sie erfassen typischerweise Eigenschaften oder Verhaltensweisen, die allgemein negativ (bzw. positiv) beurteilt werden, aber doch so oft (bzw. selten) vorkommen, daß eine ablehnende (bzw. zustimmende) Antwort unglaubwürdig erscheint (z.B. „Manchmal benutze ich Notlügen" – Antwort: „Nein"; „Ich bin immer freundlich und hilfsbereit" – Antwort: „Ja"). Ein sehr bekanntes Kontrollinstrument ist die „Social Desirability Scale" (SD-Skala) von Crowne und Marlowe (1964), die den Probanden zusammen mit dem eigentlich interessierenden Test vorgelegt wird. Hohe Korrelationen zwischen dem Punktwert der SD-Skala und dem interessierenden Testwert sprechen für eine Verzerrung des Testwertes in Richtung sozialer Erwünschtheit (deutschsprachige SD-Skalen stammen z.B. von Lück & Timaeus, 1969 oder Mummendy, 1987, S. 177 f.). Amelang

und Bartussek (1970) konnten zeigen, daß Persönlichkeitstests bei Probanden, die zu sozial erwünschten Antworten neigen, eine höhere Reliabilität aufwiesen (zum Problem der Validität bei „verfälschten" Testergebnissen s. Buse, 1976).

Bekannt geworden sind „Lügenskalen" durch die vier Kontrollskalen des MMPI (Minnesota Multiphasic Personality Inventory), eines sehr verbreiteten Persönlichkeitstests, der aus 10 klinischen Skalen (z.B. Hypochondrie, Depression, Hysterie, Paranoia) und 4 Kontroll- bzw. Validitätsskalen besteht (über Aufbau und Handhabung des Tests informieren z.B. Friedman et al., 1989, Graham, 1990 und – für eine deutsche Fassung des Tests – Spreen, 1963). Die vier Validitätsskalen (?, F, L, K) des MMPI dienen nicht nur der Kontrolle sozialer Erwünschtheit, sondern auch anderer Merkmale des Probandenverhaltens:

- Der *?-Wert* (Cannot Say) gibt die Anzahl nichtbeantworteter Items an.
- Der *F-Wert* (Frequency) informiert darüber, ob die Person den Test verstanden und sorgfältig ausgefüllt hat bzw. ob sie Symptome simuliert oder dissimuliert. Die F-Skala besteht aus 64 Items mit ungewöhnlichem Inhalt, die testtheoretisch sehr schwer sind, d.h. von den meisten Probanden abgelehnt werden (z.B. „Ich werde manchmal von bösen Geistern heimgesucht"). Bejaht ein Proband Items der F-Skala, kann dies auf Mißverständnisse beim Lesen bzw. unsorgfältiges Ankreuzen hindeuten oder auch ein Indiz dafür sein, daß jemand den Eindruck erwecken möchte, psychisch gestört zu sein (z.B. um im Zusammenhang mit einer Straftat unzurechnungsfähig zu erscheinen).
- Der *L-Wert* (Lie), der aus der Beantwortung von 15 Items errechnet wird, mißt die Tendenz zur sozialen Erwünschtheit. Dieser „Lügen-Wert" erhöht sich z.B., wenn Probanden Items wie „Manchmal werde ich wütend" oder „Gelegentlich tratsche ich über andere" verneinen.
- Der *K-Wert* mißt ergänzend zur L-Skala die Tendenz von Probanden, sich in besonders vorteilhafter (oder seltener: unvorteilhafter) Weise darzustellen und soll indikativ für eine kritische Selbsteinschätzung sein. Zu den 30 Items der K-Skala gehört z.B. die Aussage: „Es verletzt mich schrecklich, kritisiert oder beschimpft zu werden".

Für den ?-Wert, den F-Wert und den L-Wert sind Maximalwerte vorgegeben. Überschreitet eine Untersuchungsperson diese Maximalwerte, sind Zweifel an der Aussagekraft (Validität) ihrer Testergebnisse angebracht. Der K-Wert dagegen trägt als Korrekturwert zu einer schärferen Diskrimination der klinischen Skalen des MMPI bei und wird mit den Testergebnissen der klinischen Skalen verrechnet.

„Objektive Tests": Die dritte Technik versucht, die Verfälschbarkeit von Testergebnissen dadurch zu reduzieren, daß das Testziel durch eine geeignete Aufgabenwahl und Auswertungstechnik möglichst undurchschaubar (geringe Face Validity, vgl. S. 199) gemacht wird (sog. „objektive Tests", vgl. Cattell und Warburton, 1967; Kubinger, 1997, oder Schmidt, 1975). (Man beachte, daß „objektiv" in diesem Zusammenhang eine andere Bedeutung hat als im Kontext der auf S. 193 ff. behandelten Testgütekriterien.) Der Aufforderungscharakter, den Test zu verfälschen, soll zudem durch die Vorgabe von Sachverhalten (und nicht personenbezogenen Inhalten), die zu beurteilen sind, gemindert werden. Wie Häcker et al. (1979) jedoch zeigen konnten, sind auch diese Tests nicht verfälschungsfrei, wenngleich einige Merkmale (vor allem aus dem perzeptiv-motorischen Bereich) unter verschiedenen Testinstruktionen relativ stabil gemessen werden konnten.

Aufforderung zu korrektem Testverhalten: Die vierte Methode will durch geeignete Zusatzinstruktionen der Motivation, einen Test zu verfälschen, entgegenwirken. So verwendeten beispielsweise Hoeth und Koebeler (1967, S. 121) die folgende Zusatzinstruktion für die Bearbeitung eines Persönlichkeitstests:

„Noch ein Hinweis, den ich Sie bitte, besonders ernst zu nehmen: Man kann bei manchen Fragen des Fragebogens den Eindruck haben, leicht durchschauen zu können, welche Antwort den ‚besseren Eindruck' macht. Glauben Sie mir, das ist eine Fehlannahme! Man kann nicht erraten, welche Antwort von uns als günstiger beurteilt wird. Lassen Sie sich also nicht verleiten, Ihre Antwort irgendwie zu färben.

Außerdem ist der Test so zusammengestellt, daß wir schon ein leichtes ‚Frisieren' der Antworten ohne weiteres erkennen. Antworten Sie also am besten einfach so, wie es tatsächlich für Sie am zutreffendsten ist."

Die nach dieser Testinstruktion erzielten Ergebnisse wurden mit einer Testsituation verglichen, in der den Untersuchungsteilnehmern absolute Anonymität ihrer Ergebnisse zugesichert wurde – eine Instruktion, die den Untersuchungsteilnehmern keine Veranlassung gibt, ihre Testergebnisse zu verfälschen. Es zeigten sich keine bedeutsamen Unterschiede, d. h. die Zusatzinstruktion gegen Verfälschungstendenzen wirkte offensichtlich genauso wie die – in der Forschungspraxis eigentlich selbstverständliche – Anonymitätszusicherung. Da einschüchternde Aufforderungen wie die oben zitierte die verbreitete Angst, von Psychologen gegen den eigenen Willen „durchschaut" zu werden, schüren, sollte man mit derartigen Instruktionen vorsichtig umgehen.

„Random Response-Technik": Eine fünfte Technik, die sog. „Random Response-Technik" (Warner, 1965), geht von der plausiblen Annahme aus, daß sich die Tendenz zu verfälschten Antworten reduzieren läßt, wenn die geprüfte Person absolut sicher ist, daß sich ihr „wahres" Antwortverhalten nicht rekonstruieren läßt. Die auf Alternativantworten (z. B. ja/nein) bezogene Random-Response-Technik könnte etwa wie folgt aussehen: Die Person wird gebeten, vor jedem zu beantwortenden Item (z. B. „Ich rauche Haschisch") zu würfeln. Würfelt sie eine 1, 2, 3 oder 4, soll das Item ehrlich beantwortet werden. Bei einer 5 ist – unabhängig vom Item – „ja" und bei einer 6 „nein" anzukreuzen.

Da nun bei der Auswertung nicht mehr entschieden werden kann, welche Antworten ehrlich bzw. erwürfelt sind (d. h. eine Individualauswertung ist nicht möglich), hat die Person keine Veranlassung, die Antworten bei Items mit den Augenzahlen 1 bis 4 zu verfälschen.

Man vergleicht nun eine Stichprobe, die den Test (Fragebogen) nach der „Random Response-Technik" bearbeitet hat, mit einer anderen, parallelen Stichprobe ohne Random Response-Instruktion, von der man annimmt, daß sie den Test in üblicher Weise verfälscht. Unter Berücksichtigung des Anteils derjenigen Items, deren Antworten in der „Random Response"-Stichprobe erwürfelt wurden, informiert ein Vergleich der Testdurchschnitte für die Random Response-Stichprobe (d.h. die „ehrliche" Stichprobe) und für die Normal-Stichprobe (d.h. die „unehrliche") Stichprobe, in welchem Ausmaß der Test verfälschbar ist. Nach einem Verfahren von Fidler und Kleinknecht (1977) läßt sich zudem ermitteln, welche Items statistisch bedeutsam verfälscht werden. Weitere Einzelheiten berichten Clark und Deskarnais (1998) oder Crino et al. (1985).

Für die Random-Response-Technik wurden zahlreiche Varianten entwickelt (vgl. Fox und Tracy, 1986). Neben dem Anliegen, mit dieser Technik die Verfälschbarkeit von Tests zu ermitteln, geht es vor allem darum, Prävalenzraten (vgl. S. 114) für sensible Themenbereiche zu schätzen (Vergewaltigung, Kindesmißbrauch, AIDS, Drogenkonsum etc.). Man kann davon ausgehen, daß sozial wenig erwünschte Verhaltensweisen bei Befragungen, die mit der Random-Response-Technik operieren, eher zugegeben werden als bei normalen Umfragen. Wie derartige Untersuchungen statistisch ausgewertet werden, wird z.B. bei Bierhoff (1996, S. 60 ff.) bzw. Schnell et al. (1999, S. 317 ff.) beschrieben.

Ausführliche Hinweise zur Theorie und Messung sozialer Erwünschtheit findet man bei Hartmann (1991), Köhnken (1986) oder Ziekar und Drasgow (1996).

Antworttendenzen

Mit Antworttendenzen (Response Sets) sind stereotype Reaktionsweisen auf Fragebogen- oder Testitems gemeint (vgl. hierzu auch Esser 1977 und Messick 1967). So neigen manche Personen dazu, unabhängig vom Item-Inhalt zustimmend zu antworten (Ja-Sage-Tendenz, Akquieszenz), während andere grundsätzlich eher ablehnend reagieren (Nein-Sage-Tendenz). Sowohl Akquieszenz als auch Nein-Sage-Tendenz führen bei Urteilen auf Rating-Skalen meistens zu Antworten im Extrembereich. Sich eindeutig in eine bestimmte Richtung festzulegen, ist manchen Probanden allerdings unangenehm; sie wählen lieber die mittleren Kategorien und vermeiden damit eine differenzierte Urteilsabgabe.

Auch das Überspringen von Items ist ein bei Testanwendern sehr unbeliebter Reaktionsstil, da fehlende Werte (*Missing Data*) erzeugt werden,

die eine statistische Weiterbehandlung der Informationen erschweren. Wie man die fehlenden Daten bestmöglich ersetzen kann, wird bei Raaijmakers (1999) beschrieben. Wieder andere Probanden haben die Angewohnheit, den Iteminhalt durch Ergänzungen oder Streichungen zu verändern, bevor sie das Item beantworten. Reaktionen dieser Art sind bei Vortests mit einem neu entwickelten Instrument sehr informativ und geben Hinweise zur Revision von Fragebögen oder Tests. Bei der eigentlichen Untersuchung sind Antworttendenzen jedoch nach Möglichkeit zu verhindern, etwa indem man die Probanden eindringlich bittet, alle Items in der vorgefundenen Form ehrlich zu beantworten. Weitere Hinweise zur Bedeutung von Itemformulierungen für das Antwortverhalten findet man bei Schwarz und Sudman (1992).

Antworttendenzen werden mit dem „kognitiven Stil" einer Person in Zusammenhang gebracht. Die sehr intensiv untersuchte Akquieszenz scheint ein Persönlichkeitsmerkmal zu sein, das bei verschiedenen Personen unterschiedlich stark ausgeprägt ist und unabhängig vom Testinhalt auftritt (vgl. Vagt und Wendt, 1978). Krenz und Sax (1987) kommen zu dem Schluß, daß Probanden insbesondere dann zur Akquieszenz neigen, wenn sie in ihren Urteilen unsicher sind. Eine Methode zur Messung von Akquieszenz beschreibt Roeder (1972).

Zur Vermeidung von Akquieszenz empfiehlt Jackson (1967) möglichst eindeutige Itemformulierungen, abgestufte Antwortmöglichkeiten (also keine einfachen „Ja-Nein"-Fragen) und eine ausbalancierte Schlüsselrichtung der Fragen. Die Items sollten so formuliert werden, daß zu gleichen Teilen eine Itembejahung und eine Itemverneinung für das Vorhandensein des geprüften Merkmals sprechen (vgl. hierzu auch S. 245). Probleme, die mit der Negation oder Umkehrung von Items zur Kontrolle von Akquieszenz zusammenhängen, diskutieren Schriesheim und Hill (1981) bzw. Schriesheim et al. (1991).

Die Güteeigenschaften eines Tests werden durch Akquieszenz offensichtlich nur unerheblich verändert. Zumindest konnte Buse (1980) zeigen, daß die Validität von Persönlichkeitstests nicht davon abhängt, wie stark die untersuchten Personen zum Ja-Sagen neigen.

4.4
Befragen

Die Befragung ist die in den empirischen Sozialwissenschaften am häufigsten angewandte Methode. Man schätzt, daß ungefähr 90% aller Daten mit dieser Methode gewonnen werden (Bungard, 1979). Obwohl die Befragungsmethode Elemente in sich vereint, die teilweise Gegenstand der bereits behandelten Erhebungstechniken waren (z. B. das Aufstellen erschöpfender Kategoriensysteme in Abschnitt 4.1.1, die Konstruktion von Rating-Skalen in Abschnitt 4.2.4 oder Formulierungsarten für Test- oder Fragebogenitems in Abschnitt 4.3.5), verlangen die speziellen Eigenheiten dieser Erhebungstechnik eine gesonderte Behandlung, die zwischen der mündlichen Befragung in Form von Interviews (Abschnitt 4.4.1) und schriftlichen Befragungen über Fragebögen (Abschnitt 4.4.2) unterscheidet.

Welche der beiden Erhebungsarten, die Interviewtechnik oder die Fragebogentechnik, vorzuziehen ist, läßt sich nur in Verbindung mit einem konkreten Forschungsproblem klären. Generell dürfte die Entwicklung eines guten Fragebogens mehr Vorkenntnisse und Vorarbeit erfordern als die Vorbereitung eines Interviews. Ein Fragebogen sollte so gestaltet sein, daß seine Bearbeitung außer einer einleitenden Instruktion keiner weiteren Erläuterungen bedarf. Erst dann kann auf eine zeitlich wie auch finanziell aufwendigere persönliche Befragung durch Interviewer verzichtet werden. Man bedenke allerdings, daß der Anteil derjenigen, denen es schwerfällt, sich schriftlich zu äußern oder einen Fragebogen auszufüllen, nicht unerheblich ist (vgl. S. 256f.).

Der wichtigste Unterschied zwischen schriftlichen und mündlichen Befragungen liegt in der Erhebungssituation. Schriftliche Befragungen erleben die Befragten als anonymer, was sich günstig auf die Bereitschaft zu ehrlichen Angaben und gründlicher Auseinandersetzung mit der erfragten Problematik auswirken kann. Bei postalischen Befragungen bleibt jedoch häufig unklar, wer den Fragebogen tatsächlich ausgefüllt hat, ob die vorgegebene Reihenfolge der Fragen eingehalten wurde, wieviel Zeit die Bearbeitung des Fragebogens erforderte etc.. Schriftliche Befragungen sind hinsichtlich des Befragungsinstrumentes in höchstem Maße standardisiert; die Gestaltung der Befragungssituation und die Begleitumstände beim Ausfüllen eines Fragebogens liegen jedoch in der Hand des Befragten.

Beim persönlichen Interview sind die Verhältnisse eher umgekehrt. Der Interviewer ist gehalten, die Begleitumstände der Befragung so gut wie möglich zu standardisieren; der eigentliche Interviewablauf ist jedoch nicht exakt vorhersagbar, wenn – was eher der Regelfall als die Ausnahme sein dürfte – der Interviewer auf individuelle Verständnisfragen eingehen muß, wenn er bei Themen, die der befragten Person interessant erscheinen, länger als vorgesehen verweilt, usw..

Beide Verfahren, die mündliche und die schriftliche Befragung, haben ihre Schwächen und ihre Stärken, die in den folgenden Abschnitten diskutiert werden (weitere Gegenüberstellungen findet man z. B. bei Metzner und Mann, 1952 oder Wallace, 1954). Die Entscheidung, ob eine Befragung schriftlich oder mündlich durchzuführen ist, hängt letztlich davon ab, wie diese Schwächen und Stärken angesichts der zu erfragenden Inhalte, der Art der Befragungspersonen, des angestrebten Geltungsbereiches möglicher Aussagen, der finanziellen und zeitlichen Rahmenbedingungen sowie der Auswertungsmöglichkeiten zu gewichten sind. Für einige Fragestellungen scheint es überdies unerheblich zu sein, ob eine Befragung schriftlich oder mündlich durchgeführt wird, da beide Techniken zu vergleichbaren Resultaten führen (Fisseni, 1974).

4.4.1
Mündliche Befragung

Unabhängig davon, ob die Befragung mündlich oder schriftlich durchgeführt wird, können die Fragen und der Ablauf der Befragung von „völlig offen" bis „vollständig standardisiert" variieren. Beispiele für weitgehend offene Befragungsformen werden ausführlich in Abschnitt 5.2.1 behandelt.

Scheuch (1967, S. 183) datiert die Anfänge einer regelmäßigen Verwendung des wissenschaftlichen Interviews im heutigen Verständnis auf den Beginn dieses Jahrhunderts. Vorangegangen war eine Epoche, die die Befragungsmethode lediglich in *Expertengesprächen* einsetzte, bei denen methodische Probleme wie z. B. die Möglichkeit der Beeinflussung des Befragten durch den Interviewer weniger im Vordergrund standen als die Kompetenz der Experten. Erst nachdem sich öffentliche wie auch private Institutionen für die Meinung des „Bürgers auf der Straße" zu interessieren begannen (Markt- und Meinungsforschung), wuchs allmählich ein Bewußtsein für die Notwendigkeit größerer *demoskopischer Umfragen* bzw. der hierfür erforderlichen Erhebungsinstrumente. Das Interview entwickelte sich zum „Königsweg der praktischen Sozialforschung" (König, 1962, S. 27).

Die methodischen Mängel des Interviews wurden deutlich, als man versuchte, diese Technik auch anhand testtheoretischer Gütekriterien (Objektivität, Reliabilität, Validität, vgl. S. 193 ff.) zu bewerten (vgl. z. B. McNemar, 1946). Die Anfälligkeit der Interviewresultate gegenüber Besonderheiten des Befragten, des Interviewers und der Befragungssituation regte eine Reihe methodenkritischer Grundlagenstudien an, über die im folgenden summarisch berichtet wird. Zunächst sollen verschiedene Varianten des Interviews sowie der Aufbau eines Interviews aufgegriffen werden.

Formen der mündlichen Befragung

Der Variantenreichtum mündlicher Befragungen (Interviews) ist enorm und kann in einem einzigen erschöpfenden Kategoriensystem nur unvollständig zum Ausdruck gebracht werden. Interviews lassen sich unterscheiden
- nach dem Ausmaß der Standardisierung (strukturiert – halb strukturiert – unstrukturiert),
- nach dem Autoritätsanspruch des Interviewers (weich – neutral – hart),
- nach der Art des Kontaktes (direkt – telefonisch – schriftlich),
- nach der Anzahl der befragten Personen (Einzelinterview – Gruppeninterview – Survey),
- nach der Anzahl der Interviewer (ein Interviewer – Tandem – Hearing) oder
- nach der Funktion (z. B. ermittelnd – vermittelnd).

Ein weiteres Differenzierungskriterium orientiert sich am Einsatzbereich des Interviews (z. B. im betrieblichen Personalwesen, im Strafvollzug, in Massenmedien oder im klinisch-therapeutischen Sektor).

Standardisierung: Bei einem standardisierten oder vollständig strukturierten Interview sind Wortlaut und Abfolge der Fragen eindeutig vorgegeben und für den Interviewer verbindlich. Es verlangt präzise formulierte Fragen, die vom Befragten möglichst kurz beantwortbar sind. Ist das Interview gut vorbereitet, erübrigen vorgegebene Antworten, von denen der Interviewer nur die vom Befragten genannte Alternative anzukreuzen braucht, das wörtliche Mitprotokollieren. Die Antwortalternativen sollten den Befragten nicht vorgelegt werden, wenn man nur an spontanen, durch die Frage allein ausgelösten Äußerungen interessiert ist.

Gibt man die Antwortvorgaben bekannt, erfährt der Interviewte, was der Interviewer für „normal" bzw. plausibel hält, wodurch die Bereitschaft zu einer ehrlichen Antwort beeinträchtigt werden kann. Wenn beispielsweise ein starker Raucher, der täglich mehr als 30 Zigaretten raucht, auf die Frage nach seinem Zigarettenkonsum mit den Antwortvorgaben „weniger als 10", „10–20" und „mehr als 20" konfrontiert wird, dürfte er zu einer ehrlichen Antwort weniger bereit sein als bei Antwortvorgaben, die sein Rauchverhalten als normal bzw. nicht ungewöhnlich erscheinen lassen.

Mit derartigen „Anchoring and Adjustment"-Effekten (Tversky und Kahnemann, 1974) ist vor allem zu rechnen, wenn die erfragten Inhalte einer starken sozialen Normierung unterliegen und deshalb ein sozial erwünschtes Antwortverhalten (vgl. S. 233 ff.) begünstigen.

Standardisierte Interviews eignen sich für klar umgrenzte Themenbereiche, über die man bereits detaillierte Vorkenntnisse besitzt. Sie erfordern sorgfältige Vorversuche, in denen überprüft wird, ob die hohe Strukturierung dem Befragten zuzumuten ist oder ob sie sein Bedürfnis nach spontanen Äußerungen zu stark reglementiert, ob die Fragen verständlich formuliert sind, ob die Antwortvorgaben erschöpfend sind und wieviel Zeit das Interview durchschnittlich beansprucht.

Im Gegensatz hierzu ist bei einem *nichtstandardisierten* (unstrukturierten oder qualitativen) Interview lediglich ein thematischer Rahmen vorgegeben. Die Gesprächsführung ist offen, d. h. es bleibt der Fähigkeit des Interviewers überlassen, ein Gespräch in Gang zu bringen. Die Äußerungen der Befragten werden in Stichworten mitprotokolliert oder – das Einverständnis des Befragten vorausgesetzt – mit einem Tonbandgerät aufgezeichnet (zur Frage der Tauglichkeit der Interviewantworten in Abhängigkeit vom Ausmaß der Standardisierung des Interviews vgl. Schober und Conrad, 1997).

Die Persönlichkeit des Interviewers ist von ausschlaggebender Bedeutung. Nicht nur die Art, wie er das Gespräch führt und bestimmte Äußerungen provoziert, beeinflußt das Interviewresultat, sondern auch seine individuellen thematischen Präferenzen, seine Sympathien und Antipathien für bestimmte Menschen, seine subjektiven Werte etc. (vgl. S. 246 ff.).

Das nichtstandardisierte Interview (z. B. das „narrative" oder das „fokussierte" Interview, vgl. Abschnitt 5.2.1) hat sich vor allem in explorativen Studien bewährt, in denen man sich – evtl. zur Vorbereitung standardisierter Interviews – eine erste Orientierung über Informationen und Meinungen zu einem Thema oder über komplexe Einstellungsmuster und Motivstrukturen verschaffen will. Es eignet sich besonders für schwierige Themenbereiche, die für den Befragten unangenehm sind und deren Bearbeitung eine einfühlsame Unterstützung durch den Interviewer erfor-

»Eine letzte Frage: Haben Sie oder hatten Sie jemals einen Pelzmantel?«

Interviewereffekt: Wenn die Erscheinung des Interviewers die Antworten beeinflußt. (Aus: The New Yorker: Die schönsten Katzen-Cartoons (1993). München: Knaur. S. 29)

dern. (Zur Auswertung nichtstandardisierter Interviews vgl. S. 331 ff. Eine kritische Würdigung dieser Befragungsmethode findet man bei Hopf, 1978.)

Zwischen diesen beiden Extremen, dem standardisierten und dem nichtstandardisierten Interview, befinden sich Interviewformen mit teils offenen, teils geschlossenen Fragen und mit unterschiedlicher Standardisierung der Interviewdurchführung – die sog. *halb- oder teilstandardisierten* Interviews. Charakteristisch für diese Befragungsform ist ein Interview-Leitfaden, der dem Interviewer mehr oder weniger verbindlich die Art und die Inhalte des Gesprächs vorschreibt. Tafel 27 zeigt, daß die „Kunst", einen sorgfältigen „Interview-Leitfaden" zu entwickeln, keineswegs neu ist.

Autoritätsanspruch des Interviewers: In Abhängigkeit vom Autoritätsanspruch des Interviewers unterscheidet man weiche, neutrale und harte Interviews (Scheuch, 1967, S. 153 f.). Das *weiche* Interview basiert auf den Prinzipien der Gesprächspsychotherapie (vgl. z. B. Rogers, 1942, 1945), die eine betont einfühlsame, entgegenkommende und emotional beteiligte Gesprächsführung verlangen. Man hofft, dem Befragten auf diese Art seine Hemmungen zu nehmen und ihn zu reichhaltigeren und aufrichtigeren Antworten anzuregen.

Im Unterschied hierzu ist das *harte* Interview durch eine autoritär-aggressive Haltung des Interviewers charakterisiert. Durch das ständige Anzweifeln der Antworten und eine rasche, „schnellfeuerartige" Aufeinanderfolge von Fragen sollen mögliche Abwehrmechanismen des Befragten überrannt und Versuche zum Leugnen von vornherein unterbunden werden. Diese Fragetechnik wird gelegentlich zur Erkundung tabuisierter Verhaltensweisen angewendet (wie z. B. in den Sexualstudien von Kinsey et al., 1948; Kinsey, 1953), obwohl sie keineswegs immer verhindert, daß der Befragte trotz (oder vielleicht sogar wegen) des starken sozialen Drucks ausweichend reagiert.

Zwischen diesen beiden extremen Interviewarten ist das eher neutrale Interview einzuordnen. Dieses betont die informationssuchende Funktion des Interviews und sieht im Befragten einen im Vergleich zum Interviewer gleichwertigen Partner. Der Interviewer bittet freundlich, aber distanziert,

TAFEL 27

„Interview-Leitfaden". Auszüge aus dem „Fragenschema bei Eichstätter Hexenverhören unter der Regierung des Fürstbischofs Johann Christoph von Westerstetten 1612–1636" (Merzbacher, 1980, S. 213 ff.)

Interrogatoria

Darüber der Hexerey verdachte Persohnen zuvor, und ehe die inditia crimine, ihnen eröffnet werden, zu besprachen.

1. Wie sie heiße?
2. Von wannen sie gebürtig?
3. Wer ihre Eltern und wie sie geheißen? weß Standes sie seien, was ihr Handtierung, ob sie wohl oder übel miteinander gehauset, ob sie noch leben oder tot seien? wann sie gestorben und an welcher Krankheit?
4. Wo, von wem und wie sie in ihrer Jugend erzogen worden?
5. Welcher Gestalt und wozu sie von Jugend auf unterwiesen, was sie gelerndt?
6. Was nun ihre Nahrung und Handtierung sei? An welchem Ort sie sich häuslich aufhalte, wie alt sie sei?
7. Ob sie ledigen Standess und warum sie nicht verheiratet sei?
8. Ob sie verheiratet, und wie lange sie im Ehestand lebe?
9. Ob sie sich eigenen Willens oder mit Vorwissen ihrer Eltern und Freunde verheiratet?
10. Durch welche Gelegenheit sie mit ihrem Ehegenossen in Kundschaft gekommen und sich mit ihm verlobt? Auch wer er sei?
11. Ob sie nicht nächtlicherweile je zusammengekommen und sich miteinander allein unterredet?
12. Ob sie nicht vorher ledigen Standes unordentliche Liebe zu ihm gehabt, sich fleischlich mit ihm vermischt oder doch solches zu tun Willen gehabt?
13. Wann, wo und wie oft solches geschehen, auch wer sie gegeneinander verkuppelt?
14. Ob sie an ihrem Hochzeitstag, vorher oder nachher nicht abergläubische Sachen gebraucht oder durch andere brauchen lassen?
15. Was sie einander zugebracht und wie sie sich bisher ernährt?
16. Wie sie im währenden Ehestand miteinander gehaust und da sie übel gehaust, was dessen Ursach sei?
17. Ob sie im währenden Ehestand nicht zu anderen unordentliche Liebe genommen? Durch was occasion und Gelegenheit solches geschehen? Ob sie darauf zu Erfüllung ihres bösen Willens Gelegenheit gesucht? durch wen, wo sie zusammengekommen und was sie jederweil inzwischen verlaufen?
18. Ob sie während der Ehe Kinder erzeugt, wie viel, wie sie heißen, wie alt sie seien, ob sie leben oder tot sind?

etc.

TAFEL 27

Interrogatoria

Darüber der Hexerei verdachte Persohnen, nachdem ihnen die Inditia – ex crimine – vor-gehalten worden, weiteres zu examinieren.

25. Wie lange es sei, daß sie in das Laster der Hexerei geraten?
26. Ob solches hier oder an anderen Orten und wo geschehen?
27. Durch was occaßion und Gelegenheit sie in das Laster gekommen?
28. Wann sie das erstemal mit dem bösen Feind in Gemeinschaft gekommen?
29. In welcher Gestalt er sich gezeigt, was er mit ihr geredet? Wie ihr die Rede und Gestalt vorgekommen und woran sie ihn erkannt?
30. Was er von ihr begehrt? ob und wie oft sie sich fleischlich mit ihm vermischt?
31. Ob sie eine Wolluft darob verspürt und wie ihr solches vorgekommen, wo solches geschehen?
32. Was er ferners an sie begehrt und worin sie eingewilligt?
33. Was sie ihm versprochen, ob und wie sie sich gegen ihn verschrieben? Ob solches damals oder andermalen und auf welche Weise es geschehen?
34. Ob sie nicht Gott und alle Heiligen verleugnet? Menschen, Vieh und Früchten zu schaden versprochen, mit was Worten und in welcher Form solches geschehen?
35. Ob sie vom bösen Geist getauft worden, was sich dabei verloffen (ereignet), was für eine Materie gebraucht worden? Wie er sie, und sie ihn genannt und wer dabei gewesen und was solche Persohnen hierzu getan?
36. Ob der böse Feind in der Folgezeit weiter zu ihr gekommen, was er jedesmal bei ihr getan, ob er sich nachmals mit ihr fleischlich vermischt, auf welche Weise und in wel-cherlei Gestalt es geschehen?

etc.

unter Verweis auf das allgemeine wissenschaftli-che Anliegen der Untersuchung um die Mitarbeit des Befragten, der in seiner Rolle als Informati-onsträger während des Gesprächs unabhängig von seinen Antworten und ohne Vorbehalte voll ak-zeptiert wird (zum Autoritätsanspruch des Inter-viewers vgl. auch Anger, 1969, S. 595 ff.).

Art des Interviewkontaktes: Bisher wurde davon ausgegangen, daß der Interviewer während der Befragung persönlich anwesend ist – die übliche, als *persönliches Interview* oder „Face to Face"-In-terview bezeichnete Befragungsart. Weitere Inter-viewformen basieren auf telefonischem, compu-tervermitteltem oder schriftlichem Kontakt. (Auf die schriftliche Befragung wird ausführlich in Ab-schnitt 4.4.2 eingegangen und auf die computer-

vermittelte Befragung auf S. 260 f.) Über die Vor- und Nachteile einer weiteren Art des Interview-kontaktes, der sog. *Passantenbefragung*, berichten Friedrichs und Wolf (1990).

Das *telefonische Interview* ist eine zunehmend beliebter werdende, schnelle und preiswerte Inter-viewvariante. Es eignet sich für kurze Befragun-gen, die prinzipiell an jedes erwachsene Haus-haltsmitglied gerichtet werden können und die keine besondere Motivation der Befragten voraus-setzen. Anders als bei persönlichen Interviews, bei denen der Befragte eine fremde Person in die Wohnung lassen muß, wird das telefonische Inter-view als anonymer und persönlich weniger be-drängend erlebt. Die Verweigerungsrate ist dem-entsprechend niedriger als bei persönlichen Inter-views. (Downs et al., 1980, S. 372, geben für amerikanische Verhältnisse eine Verweigerungsrate von 7% an. Für deutsche Verhältnisse ist nach Schnell, 1997, mit einer Verweigerungsrate von ca. 16% zu rechnen.) Reuband und Blasius (1966) verglichen im Rahmen einer Großstadtstudie das telefonische Interview mit dem „Face to Face"-Interview und der postalischen Befragung. Für das telefonische Interview ergab sich eine Verweigerungsrate von 10% und für die beiden übrigen Befragungsformen jeweils 29%. Methodenspezifische Auffälligkeiten in den Antwortmustern konnten bis auf eine Tendenz, sensitive Fragen (Haschischkonsum) im Telefoninterview seltener zu beantworten, nicht festgestellt werden.

Mit Interviewpartnern, die zum Zeitpunkt des Anrufs kein Interview geben können, läßt sich ohne nennenswerten Aufwand ein neuer Termin vereinbaren. Die Stichprobenauswahl bereitet mit Hilfe eines neuen Telefonbuches (Telefon-CD) keine Schwierigkeiten, sofern die Aussagen nur für die Population der Telefonbesitzer Gültigkeit besitzen sollen (zur Stichprobenziehung für Telefonumfragen vgl. Schnell, 1997b).

Das telefonische Interview hat jedoch auch Nachteile gegenüber dem persönlichen Interview. Die Anonymität des Anrufers bringt es mit sich, daß ihm persönliche oder die Privatsphäre betreffende Angaben seltener vermittelt werden als einem persönlich auftretenden Interviewer, zu dem man im Gespräch Vertrauen gewonnen hat. Telefoninterviews sind nur für Gegenstandsbereiche geeignet, die sich in einem relativ kurzen Gespräch erkunden lassen. Das gesamte Interview (einschließlich Begrüßung, Vorstellung, Verabschiedung etc.) sollte nicht mehr als 20 Minuten und die Erfragung der eigentlich interessierenden Inhalte nicht mehr als 10 Minuten erfordern (vgl. hierzu jedoch Schnell et al., 1999, S. 351). Auf visuelle oder sonstige Hilfsmittel bzw. Vorlagen muß bei Telefoninterviews verzichtet werden. Die Antwortvorgaben sollten deshalb nicht zu umfangreich sein. Als nachteilig wirkt sich auch die Tatsache aus, daß die situativen Merkmale des telefonischen Interviews wenig standardisierbar sind; die Begleitumstände des Interviews (ablenkende Reize, Lärmbelästigungen, Ermüdung etc.) bleiben unkontrolliert.

Die Durchführung von Telefoninterviews erfolgt zunehmend häufiger mit dem Programmsystem CATI (Computer Assisted Telephone Interviewing; vgl. Anhang D). Dieses System stellt automatisch zufällig ausgewählte Telefonnummern bereit, es organisiert Anrufwiederholungen bei besetzten oder nicht erreichten Anschlüssen, es erleichtert die Aufbereitung von Zwischen- und Endergebnissen und vieles mehr (ausführlicher hierzu s. Gelman und Litle, 1998; Saris, 1991 oder Ostermeyer und Meier, 1994).

(Weitere Literatur zum Telefoninterview: Assael und Eastlack, 1966; Blasius und Reuband, 1995; Coombs und Freedman, 1964; Dillman, 1978; Frey et al., 1990; Gabler und Häder, 1999; Groves et al., 1988; Hormuth und Brückner, 1985; Judd, 1966; Kampe, 1998; Lavrakas, 1993 oder Reuband und Blasius, 1996.)

Anzahl der Befragten im Interview: Die von einem Interviewer durchgeführte Befragung einer Person heißt *Einzelinterview* und die Befragung mehrerer Personen *Gruppeninterview*. Als Domäne des Einzelinterviews gelten Themenbereiche, die ein aktives, auf den individuellen Informationsstand, die Äußerungsbereitschaft und die Verbalisationsfähigkeit der Befragten zugeschnittenes Eingreifen der Interviewerin bzw. des Interviewers erfordern. Es sind hiermit Themenbereiche angesprochen, die sich mangels Vorwissen nur begrenzt strukturieren lassen. Zudem ist das Einzelinterview immer dann unersetzbar, wenn die Beantwortung der Fragen eine persönliche, durch Gruppendruck unbeeinflußte Atmosphäre erfordert.

Läßt der Stichprobenplan die Befragung natürlicher Gruppen zu (z.B. Schulklassen, Seminarteilnehmer, militärische Einheiten, Mannschaften) und kann die Befragung nicht nur strukturiert, sondern auch in Form eines konkreten Fragenkatalogs schriftlich fixiert werden, sind die Voraussetzungen für die Durchführung von Gruppeninterviews erfüllt. Die simultane Befragung mehrerer Personen erspart einerseits Kosten und vereinheitlicht andererseits die Befragungssituation für alle Beteiligten. Die Personen füllen gleichzeitig – jede für sich – die vorgefertigten Fragebögen aus, und der Interviewer verliest die Instruktionen und steht für Rückfragen zur Verfügung (diese Form der Gruppenbefragung ist damit eher eine schriftliche Befragung als ein „Interview").

Gruppenbefragungen geraten leicht zu einer Konkurrenzsituation, wenn die Arbeitstempi der

Befragten divergieren und die schnelleren Personen nach Ausfüllen ihrer Fragebögen die langsameren Personen durch Unruhe oder Ungeduld unter Druck setzen, so daß diese ihre letzten Fragen überhastet und unkonzentriert beantworten. Diese Störquelle läßt sich weitgehend ausschalten, wenn der Fragebogen durch einige Fragen, die nicht direkt zum Themenbereich gehören und die deshalb auch nicht ausgewertet werden, verlängert wird. Dadurch ist gewährleistet, daß in der Zeit, in der die thematisch wichtigen Fragen bearbeitet werden, alle Gruppenmitglieder beschäftigt sind. (Eine ähnliche Funktion haben unwichtige Vorlauffragen, die während der anfänglichen Eingewöhnungsphase, in der die Befragten häufig noch unruhig und nervös sind, beantwortet werden. Weiteres hierzu s. S. 244ff. zum Thema „Der Aufbau eines Interviews".)

Eine Sonderform des Gruppeninterviews ist das *Gruppendiskussionsverfahren* (vgl. auch S. 319 f.). Diese Interviewform setzt eine aktive Gesprächsbereitschaft aller Gruppenmitglieder voraus; sie wird vom Interviewer nur locker durch gelegentliche Eingriffe und – bei stockendem Gesprächsverlauf – durch anregende Impulse gesteuert. Ziel dieser Befragungstechnik ist es, die Variationsbreite und Überzeugungsstärke einzelner Meinungen und Einstellungen zu einem Befragungsthema zu erkunden. Gelegentlich wird bei dieser Methode der in der Gruppe ablaufende Meinungsbildungsprozeß selbst zum Untersuchungsgegenstand gemacht.

Die Vielfalt und Repräsentativität der geäußerten und meistens mit einem Tonbandgerät aufgezeichneten Einzelmeinungen wird häufig durch einen hohen Anteil von „Schweigern" beeinträchtigt. Vorsorglich sollte deshalb darauf geachtet werden, gruppendynamische Bedingungen zu schaffen, die die aktive Mitarbeit aller Gruppenmitglieder erleichtern. Diese läßt sich durch kleine Gruppen, die möglichst homogen zusammengesetzt sind und keine oder nur geringfügige Status- und Bildungsunterschiede aufweisen, sowie durch eine allen Gruppenmitgliedern gemeinsame Sprach- und Ausdrucksweise verbessern (näheres zum Gruppendiskussionsverfahren s. Dreher und Dreher, 1994; Friedrichs, 1990, S. 246 ff.; Kreutz, 1972 oder Mangold, 1962).

Eine spezielle Form der Gruppendiskussion, bei der die einzelnen Gruppenmitglieder be-

stimmte Rollen spielen, wird als *Soziodrama* bezeichnet (Moreno, 1953). Von einer Übereinstimmungstechnik oder Widerspruchsdiskussionstechnik spricht man, wenn Einzelpersonen im Gruppenverband (z.B. Familie) mit den Resultaten zuvor durchgeführter Einzelinterviews konfrontiert werden (vgl. Scheuch, 1967, S. 171 f.).

Anzahl der Interviewer: Ein weiteres Unterscheidungsmerkmal von Interviews betrifft die Anzahl der beteiligten Interviewer: *Einzelinterviews* (ein Interviewer und ein Befragter, s.o.), *Tandem-Interviews* (zwei Interviewer) und *Hearings* oder *Board-Interviews* (mehrere Interviewer). Wenngleich das Einzelinterview als ökonomischste Variante am häufigsten eingesetzt wird, ist bei einigen Befragungsaufgaben das Hinzuziehen eines weiteren oder mehrerer Interviewer ratsam oder erforderlich.

Interessieren weniger die persönlichen Ansichten des Befragten, sondern vorrangig sein Wissen als Experte (Institutsleiter, Personalchefin, Abteilungsleiter, Ausschußvorsitzende etc.), überfordert die Befragungssituation häufig einen Einzelinterviewer, zumal wenn dieser nicht speziell vorbereitet ist. Zwei Interviewer oder ein Interviewer-Tandem (vgl. Kincaid und Bright, 1957) können sich dann beim Fragen abwechseln, so daß der jeweils nicht fragende Interviewer Gelegenheit erhält, den Gesprächsverlauf zu verfolgen und weiterführende Fragen oder Nachfragen vorzubereiten. Tandem-Interviews werden auch zu Schulungszwecken eingesetzt; die beiden Interviewer kontrollieren und registrieren dann gegenseitig ihr Interviewverhalten und helfen einander in schwierigen Interviewphasen.

Hearings oder Board-Interviews (Oldfield, 1951, S. 117) werden veranstaltet, wenn sich mehrere Personen oder ein Gremium (z.B. Personalkommissionen) über eine Person sachkundig machen wollen oder müssen. Das Hearing ist mehreren Einzelinterviews vorzuziehen, weil alle an der Befragung beteiligten Interviewer gleichzeitig informiert werden und sich gegenseitig in ihren Fragen ergänzen können. Diese Interviewform wird vom Befragten allerdings häufig als belastend bzw. inquisitorisch empfunden, insbesondere wenn ihm die Bedeutung der gestellten Fragen und damit die Auslegung seiner Antworten verborgen bleibt.

Funktionen des Interviews: In Abhängigkeit von den Zielen, die man mit dem Einsatz eines Interviews verfolgt, unterscheidet man Interviews mit *informationsermittelnder* Funktion und mit *informationsvermittelnder* Funktion (van Koolwijk, 1974a, S.15f.). Zu den ermittelnden Interviews zählen das informatorische Interview zur deskriptiven Erfassung von Tatsachen (z.B. das journalistische Interview nach Downs et al., 1980, Kap. 14), Zeugeninterviews, das analytische Interview als sozialwissenschaftliches Forschungsinstrument (demoskopische Umfragen, Noelle, 1967), Panel-Befragungen (Nehnevajsa, 1967), das Einstellungsinterview als Instrument zur Personalauswahl (Schuler, 1994), Mitarbeiterbefragungen im Rahmen der Organisationsentwicklung (Borg, 1994) sowie das diagnostische Interview als Grundlage für den Einsatz therapeutischer Maßnahmen (z.B. klinische oder psychologische Anamnese bzw. testgestützte Diagnostik; vgl. Triebe, 1976). Zu den informationsvermittelnden Interviews gehören Beratungsgespräche jeglicher Art (Erziehungsberatung, Berufsberatung, Lebensberatung etc.), bei denen Experten zu einem gewünschten Themenbereich Auskünfte erteilen.

Der Aufbau eines Interviews

Makro- und Mikroplanung: Die theoretischen Vorarbeiten zu einem Interview beginnen mit einer genauen Festlegung des zu erfragenden Themenbereichs und mit dessen Ausdifferenzierung unter Berücksichtigung einschlägiger Literatur. Die Makroplanung legt die Abfolge der einzelnen thematischen Teilbereiche fest, bei der zu beachten ist, daß der Befragte weder über- noch unterfordert wird (z.B. 1. allgemeine Fragen zur Person, 2. Fragen zum Themenbereich I, 3. offene Diskussion, 4. Fragen zum Themenbereich II, 5. Abschlußgespräch). Die Makroplanung bestimmt damit die Struktur des Interviews.

Die anschließende Mikroplanung spezifiziert die Inhalte, die zu den einzelnen Themenbereichen erfragt werden sollen und präzisiert in Abhängigkeit von der angestrebten Standardisierung die Fragenformulierungen. Häufig lassen sich in dieser Phase aus bereits bekannten Informationen (explorative Vorinterviews, Literatur, Expertengespräche, eigene Kenntnisse etc.) Antwortalternativen für Mehrfachwahlaufgaben konstruieren (zur Kontrolle von Antworttendenzen oder -verfälschungen vgl. S. 230ff.).

Ein wichtiger Bestandteil der Interviewplanung sind neben der inhaltlichen Strukturierung befragungstechnische Überlegungen, die die Motivation bzw. die Aufmerksamkeit des Befragten betreffen. Besonders zu beachten ist die Gestaltung der Intervieweröffnung, die beim Gesprächspartner Interesse am Interview und allgemeine Gesprächsbereitschaft anregen sowie anfängliche Hemmungen abbauen soll (Einleitungs-, Kontakt- oder „Eisbrecherfragen"). Des weiteren erleichtern in den Gesprächsablauf eingebaute Übergangs- und Vorbereitungsfragen evtl. erforderliche Themenwechsel. Ausstrahlungseffekte auf nachfolgende Themenbereiche können durch geschickte Ablenkungs- oder „Pufferfragen" reduziert werden (vgl. hierzu auch S. 250f.). Der gesamte Ablauf eines Interviews kann durch sog. „Filterfragen" gesteuert werden, von deren Beantwortung es abhängt, welche weiteren Fragen zu stellen sind.

Die Interviewfragen erfüllen damit instrumentelle und inhaltlich-analytische Funktionen gleichermaßen. Ihr Aufbau und ihre Formulierungen begrenzen Qualität und Quantität möglicher Antworten und damit letztlich die durch das Interview zu erzielenden Erkenntniss. (Zur methodologischen Bedeutung der Frage in der Forschung vgl. z.B. Holm, 1974a, b, oder Lange, 1978.)

Eine Checkliste: Vor seinem praktischen Einsatz ist es ratsam, das Interviewkonzept anhand der folgenden, in Anlehnung an Bouchard (1976) entwickelten Checkliste einer nochmaligen Überprüfung zu unterziehen. (Diese Liste bezieht sich im wesentlichen auf standardisierte Interviews; für andere, weniger strukturierte Interviewformen können der Liste Anregungen zur Bildung modifizierter Prüfkriterien entnommen werden.)

- Ist jede Frage erforderlich? Überflüssige Fragen belasten die Befragten unnötig und verlängern das Interview. Mit Fragen, die man nur eventuell auszuwerten gedenkt, sollte äußerst sparsam umgegangen werden.
- Enthält das Interview Wiederholungen? Wenn ja, muß die Funktion von Fragen, die im Prinzip ähnliches erfassen wie andere auch, eindeu-

tig geklärt sein (z.B. zur Reliabilitätserhöhung oder zur Kontrolle von Antwortkonsistenz).

- Welche Fragen sind überflüssig, weil man die zu erfragenden Informationen auch auf andere Weise erhalten kann? Um das Interview nicht zu überlasten, sollten eigene Beobachtungen oder andere Informationsquellen genutzt werden.
- Sind alle Fragen einfach und eindeutig formuliert und auf *einen* Sachverhalt ausgerichtet? Zielt eine Frage gleichzeitig auf mehrere Inhalte ab, sollte sie in Einzelfragen zerlegt werden. Kurze Fragen sind zu bevorzugen.
- Gibt es negativ formulierte Fragen, deren Beantwortung uneindeutig sein könnte? (Beispiel: „Ich gehe nicht gern allein spazieren". Ein „nein" auf diese Behauptung würde als doppelte Verneinung korrekterweise bedeuten, daß man sehr wohl gern allein spazieren geht. Umgangssprachlich könnte ein „nein" im Sinne von: „Nein, allein spazieren gehe ich nicht gern" jedoch genau das Gegenteil bedeuten.)
- Sind Fragen zu allgemein formuliert? Wenn ja, sind konkretere Formulierungen oder Ergänzungsfragen erforderlich. Hierauf ist besonders zu achten, wenn das Interview zwischen Gefühlen, Wissen, Einstellungen und Verhalten differenzieren will.
- Können die Befragten die Fragen potentiell beantworten? Die Schwierigkeit der Frage muß dem Bildungsniveau der Befragten angepaßt sein, d.h. die Befragten sollten nicht mit Fragen belastet werden, auf die sie mit hoher Wahrscheinlichkeit keine Antwort wissen.
- Besteht die Gefahr, daß Fragen die Befragten in Verlegenheit bringen? Sind derartige Fragen unumgänglich, sollten sie zum Ende des Interviews gestellt werden. Die Möglichkeit der „Entschärfung" von Fragen durch einfühlsamere Formulierungen ist zu prüfen.
- Erleichtern Gedächtnisstützen oder andere Hilfsmittel die Durchführung des Interviews? Ist dies der Fall, sollte der Interviewer gezielt (aber für alle Befragten einheitlich) helfende Hinweise geben.
- Sind die Antwortvorgaben auch aus der Sicht der Befragten angemessen? Unrealistische oder unwahrscheinliche Antwortvorgaben irritieren die Befragten (vgl. S. 238). Gehören die Befrag-

ten sehr unterschiedlichen Konventionskreisen an, ist die Möglichkeit des Einsatzes sprach- oder kulturspezifischer Distraktoren (vgl. S. 214 ff.) zu überprüfen.

- Kann das Ergebnis der Befragung durch die Abfolge der Fragen (Sequenzeffekte) beeinflußt werden? Besteht diese Gefahr, ist der Effekt verschiedener Fragenfolgen nach Möglichkeit in Vortests zu prüfen.
- Enthält das Interview genügend Abwechslungen, um die Motivation der Befragten aufrecht zu erhalten? Das Interview darf für die Befragten niemals langweilig werden. Häufig ist es sinnvoll, das Frage-Antwort-Schema durch das Einbringen verschiedener Materialien (visuelle Vorlagen, Karten sortieren lassen, kleinere Fragebögen schriftlich ausfüllen lassen etc.) aufzulockern.
- Sind die Fragen suggestiv formuliert? Suggestivfragen sind zu vermeiden (Beispiel: „Sie sind sicher auch der Meinung, daß...“). Der Stil der Fragen sollte die Befragten ermuntern, das zu sagen, was sie für richtig halten. Die Fragen sollten so formuliert sein, daß sie keine bestimmten Antworten besonders nahelegen (zur Problematik der Suggestivfragen vgl. Loftus, 1975 oder Richardson et al., 1979).
- Ist die „Polung" der Fragen ausgewogen? Werden z.B. mehrere Fragen zu einem Einstellungsbereich gestellt, müssen positive Einstellungen (das gleiche gilt für negative Einstellungen) annähernd gleich häufig durch Bejahungen und Verneinungen der Fragen zum Ausdruck gebracht werden können (vgl. auch S. 236 zum Problem der Akquieszenz). Hierbei sind Formulierungen zu wählen, deren Ablehnung nicht auf eine doppelte Verneinung hinausläuft (s.o.).
- Sind die Eröffnungsfragen richtig formuliert? Die Startphase des Interviews hat häufig entscheidenden Einfluß auf den gesamten Interviewablauf. Zuweilen sind Kompromisse aus flexiblem Reagieren des Interviewers auf das Verhalten der Befragten und Bemühungen um Standardisierung erforderlich.
- Ist der Abschluß des Interviews genügend durchdacht? Einfache, leicht zu beantwortende Fragen (z.B. biographische Angaben) und der Hinweis, der Befragte habe mit seinen Antwor-

ten dem Interviewer sehr geholfen, tragen dazu bei, das Interview in einer entspannten Atmosphäre zu beenden.

Die hier vorgeschlagene Überarbeitung eines geplanten Interviews sollte durch einige Probeinterviews ergänzt werden. Diese Probeinterviews haben nicht die Funktion, vorab erste Informationen zu den eigentlichen Gegenständen des Interviews zu erhalten, sondern dienen ausschließlich der formalen Überprüfung des Interviews (instrumenteller Vortest; vgl. S. 359 f.). Die Befragten sollten hierüber aufgeklärt und um kritische Mitarbeit gebeten werden. Ausführliche Informationen über Pretests von Interviews findet man bei Schnell et al. (1999, S. 324 ff.).

Der Interviewer

Es ist unstrittig, daß die Person, die ein Interview durchführt, das Ergebnis entscheidend beeinflussen kann. Allgemein gültige Ursachen oder Randbedingungen für Interviewerfehler lassen sich jedoch kaum benennen. Dies wäre erforderlich, wenn man durch gezielten Interviewereinsatz oder sorgfältiges Training Verzerrungen der Interviewergebnisse, die durch die Person des Interviewers hervorgerufen werden, reduzieren oder gar völlig ausschalten wollte. Die Forschung auf diesem Gebiet ist intensiv, aber in ihren Resultaten widersprüchlich (Übersichten geben z. B. Cannell und Kahn, 1968; Erbslöh und Wiendieck, 1974; Haedrich, 1964; Hyman et al., 1954; Katz, 1942; Scheuch, 1967; Sudman und Bradburn, 1974).

Interviewereffekte: Mit den hier angesprochenen Interviewerfehlern oder „Interviewereffekten" sind – den Untersuchungsleitereffekten (vgl. S. 86) ähnlich – Verfälschungen der Untersuchungsergebnisse gemeint, die der Interviewer (gewöhnlich nicht bewußt) verursacht. So können z. B. Alter, Geschlecht, Aussehen, Kleidung, Haarmode, Persönlichkeit, Einstellungen und Erwartungen des Interviewers die Antworten der Befragten beeinflussen, ohne daß der Interviewer dies weiß. Nicht angesprochen ist hiermit ein Fehlverhalten des Interviewers, dem bewußt eine fälschende Absicht zugrunde liegt (sog. „Interviewer Cheating", vgl. Evans, 1961). Die Überlegungen beschränken sich zudem vorrangig auf standardisierte Interviews

mit wissenschaftlicher Zielsetzung. (Die Bedeutung des Interviewers im therapeutischen Interview, im Einstellungsinterview – vgl. Downs et al., 1980 – und für andere Interviewarten wird hier nicht erörtert. Einzelheiten hierzu vgl. Abschnitt 5.2.1.)

Die Erforschung der Determinanten von Interviewereffekten fällt vor allem deshalb schwer, weil das Kriterium für ein fehlerfreies Interview, nämlich die „wahren" Antworten des Befragten, meistens unbekannt ist. Wie in jeder Gesprächs- oder Kommunikationssituation sind auch in der Interviewsituation eine Vielzahl wechselseitiger Einflußfaktoren wirksam. Eine schwache Reaktion mit der Augenbraue, das Anzünden einer Zigarette, ja fast jede Körperbewegung können vor allem in unklaren, unstrukturierten Situationen Bedeutung gewinnen. Im Einstellungs- und Meinungsbereich, der zu den beliebtesten Untersuchungsgegenständen der auf Interviews basierenden Forschung zählt, werden häufig Inhalte erkundet, zu denen sich der Befragte noch keine stabile Meinung gebildet hat und auf die er deshalb nur unsicher reagiert.

Diese mangelnde Reliabilität des Kriteriums macht es äußerst unwahrscheinlich, daß auch zukünftige Forschungen über Interviewereffekte verbindliche und generalisierbare Aussagen erarbeiten, die sich zur Vermeidung von Interviewereffekten in einer konkreten Befragungssituation praktisch nutzen lassen. Die Generalisierbarkeit von Interviewereffekten dürfte auch dadurch erheblich eingeschränkt sein, daß die Bedeutung der Interviewermerkmale nicht isoliert zu erfassen ist, sondern nur in Verbindung mit Merkmalen des Befragten, der Befragungssituation und dem Befragungsthema. Die Anzahl möglicher Interviewkonstellationen steigt damit ins Unermeßliche und schließt Vorhersagen „gruppendynamischer Prozesse" in einer konkreten „Interviewer-Befragten-Dyade" aufgrund singulärer Forschungsergebnisse praktisch aus (vgl. hierzu auch Sheatsley, 1962).

Die Qualität eines sozialwissenschaftlichen Erhebungsinstruments sollte idealerweise nicht von dem zu Messenden abhängen und während des Meßvorganges stabil bleiben. Diese Invarianzforderung, übertragen auf die Interviewsituation, besagt, daß ein Interviewer prinzipiell austauschbar bzw. beliebig einsetzbar ist und daß er sich während eines Interviews gleichbleibend neutral und unbeteiligt verhält. Dieses mechanistische Bild ist natürlich für „lebende Meßinstrumente" wie Interviewer völlig unrealistisch und wohl letztlich auch nicht erstrebenswert, denn gerade das flexible Reaktions- und Einstellungsvermögen eines talentierten und erfahrenen Interviewers vermag Einsichten zu vermitteln, an die ein „totes Meßinstrument" auch nicht annähernd herankäme.

Erfordert und ermöglicht eine Befragungsaktion den Einsatz mehrerer Interviewer/innen, wird man sie zufällig auf die zu befragenden Personen verteilen, um dadurch zumindest grobe, systematische Ergebnisverzerrungen zu vermeiden. Interessiert in der Untersuchung eine begrenzte, sehr persönliche Thematik, kann sich jedoch ein gezielter Einsatz von Interviewern günstig auf die Ergiebigkeit des Interviews und die Interviewatmosphäre (Rapport) auswirken. Der Einsatz der Interviewer/innen sollte dann so erfolgen, daß zwischen den Befragten und den Interviewern eine möglichst geringe soziale oder sozioökonomische Distanz besteht, damit die Kontaktaufnahme erleichtert und kommunikative Hemmschwellen erfolgreicher abgebaut werden können. Aber auch diese Zusammenhänge gelten, wie z.B. Hyman et al. (1954, S. 153 ff.) oder auch Snell-Dohrenwind et al. (1968) zeigen, nicht generell.

Äußere Merkmale, wie z.B. Geschlecht, Nationalität, Kleidung, Haartracht etc., sind ebenfalls keine stabilen Prädiktoren für systematische Interviewereffekte (vgl. Erbslöh und Wiendieck, 1974, S. 90 ff.). Mit deutlicheren Effekten muß allerdings gerechnet werden, wenn äußere Merkmale dem Befragten die Meinung des Interviewers zu dem erfragten Inhalt signalisieren. Führt beispielsweise eine Rollstuhlfahrerin Interviews über „Behindertenfeindlichkeit" durch, ist sicher mit stärkeren Interviewereffekten (Verzerrungen in Richtung soziale Erwünschtheit oder vielleicht auch in ihr Gegenteil) zu rechnen, als wenn dieselbe Frau Meinungen über anstehende Änderungen des U-Bahn-Fahrplans erkundet.

Ältere Interviewer scheinen gelegentlich erfolgreicher zu sein als jüngere, und sie erhalten verzerrungsfreiere Antworten. Ihre Verweigerungsquote ist geringer, weil sie möglicherweise als seriöser und vertrauenswürdiger erlebt werden (vgl.

Erbslöh und Timaeus, 1972 oder Sudman und Bradburn, 1974).

Persönlichkeits- und Einstellungsmerkmale des Interviewers sind zwar für das Interviewgeschehen wichtig und wurden ebenfalls wiederholt untersucht; aber auch hier ist die Forschung noch nicht zu verbindlichen Aussagen gelangt. Vermutlich ist eine sorgfältige, auf umfangreiche Erfahrung gegründete Analyse konkreter Interviewsituationen sinnvoller als der Versuch, Interviewereffekte durch die Berücksichtigung der Resultate einiger, teilweise sogar widersprüchlicher Untersuchungen zu diesem Problem reduzieren zu wollen.

Der „gute" Interviewer: In Anbetracht der Vielfalt von Interviewsituationen und der Vorläufigkeit von Forschungsresultaten fällt es schwer, ein konkretes Merkmalsprofil des „erfolgreichen" Interviewers bzw. der „erfolgreichen" Interviewerin aufzustellen. Für die praktische Forschungsarbeit hätte dies ohnehin nur wenig Konsequenzen, wenn man bedenkt, daß in vielen „kleineren" Untersuchungen aus finanziellen oder zeitlichen Gründen die Forschenden selbst bzw. freiwillige Helfer die Interviews durchführen. Ein solches Merkmalsprofil wäre bestenfalls für die Interviewerselektion größerer demoskopischer Institute mit routinemäßig eingesetzten Interviewerstäben hilfreich.

Will man dennoch einen Minimalkatalog der Eigenschaften des „guten" Interviewers aufstellen, könnte dieser wie folgt aussehen (ausführlicher hierzu siehe Fowler und Mangione, 1990):

- Der Interviewer muß das Verhalten anderer aufmerksam beobachten und verstehen können, was Interesse am Menschen und an der untersuchten Problematik voraussetzt.
- Der Interviewer muß psychisch belastbar sein, um auch bei unangemessenen Reaktionen des Interviewpartners oder organisatorischen Problemen seine Aufgabe verantwortungsvoll erledigen zu können.
- Der Interviewer muß über eine hohe Anpassungsfähigkeit verfügen, um mit den verschiedenartigsten Personen eine gelöste Gesprächsatmosphäre herstellen und aufrechterhalten zu können.
- Der Interviewer muß über eine gute Allgemeinbildung verfügen und über das Befragungsthe-

ma ausreichend informiert sein, um auch auf unerwartete Antworten kompetent reagieren zu können.

● Der Interviewer muß sein eigenes verbales und nonverbales Verhalten unter strenger Kontrolle halten können, um die Antworten des Befragten durch eigene Urteile und Bewertungen nicht zu beeinflussen.

● Der Interviewer muß selbstkritisch sein, um Gefährdungen der Interviewresultate durch die Art seines Auftretens, seiner äußeren Erscheinung, seiner Persönlichkeit, seiner Einstellungen etc. erkennen und ggf. vermeiden zu können.

Interviewerschulung: Auch wenn es schwer fällt, Kriterien für *den* idealen Interviewer zu benennen, sollte jeder Interviewer mit einem Mindestmaß an Qualifikationen ausgestattet sein. Diese zu vermitteln ist Aufgabe der Interviewerschulung. Hierzu zählen:

● Inhaltliche Kenntnisse: Der Interviewer muß über den oder die Gegenstände der Befragung gründlich informiert sein, so daß er auch auf Rückfragen der interviewten Person, die über den eigentlichen Fragenkatalog hinausgehen, kompetent antworten kann.

● Aufbau des Fragebogens: Der Aufbau und die interne Logik des Fragebogens müssen dem Interviewer geläufig sein. Hierzu gehört auch, daß der Interviewer erfährt, wie drucktechnisch zwischen den eigentlichen Fragen und den Instruktionen für den Interviewer unterschieden wird (z.B. unterschiedliche farbliche Gestaltung oder unterschiedliche Drucktypen für Fragen und Instruktionen).

● Dokumentation der Antworten: Falls das Interview nicht auf Tonband aufgezeichnet wird, muß der Interviewer üben, die Antworten des Befragten zu protokollieren. Dies bereitet bei Antwortvorgaben, die lediglich anzukreuzen sind, weniger Probleme als bei freien Antwortformaten, bei denen die wesentlichen Inhalte stichpunktartig notiert werden müssen.

● Verweigerungen: Dem Interviewer sollten einige Standardregeln vermittelt werden, wie mit Antwortverweigerungen umzugehen ist (z.B. Frage zu einem späteren Zeitpunkt erneut stellen, Hinweise darauf, daß unvollständige Inter-

views wertlos sind etc.). Auch auf einen eventuellen Interviewabbruch ist der Interviewer vorzubereiten.

● Probeinterviews: Zur Schulung gehören selbstverständlich Probeinterviews, in denen die einzelnen Verhaltensregeln trainiert werden. Hierbei kann es durchaus hilfreich sein, in das Interviewgeschehen mehr oder weniger zufällige „Pannen" einzubauen (der Interviewte redet zu viel, schweigt zu lange, verweigert Antworten etc.), um so auch den Umgang mit außergewöhnlichen Vorkommnissen zu üben. Die Probeinterviews sollten mit einer Videokamera aufgezeichnet werden, so daß die Möglichkeit besteht, Fehler und Schwächen in der Interviewführung im nachhinein mit einem erfahrenen Supervisor aufzuarbeiten.

Ausführliche Hinweise zur Interviewerschulung findet man bei McCrossan (1991) sowie Stouthamer-Loeber und v. Kamen (1995).

Die Befragungsperson

Stand bereits im vergangenen Abschnitt die Beeinträchtigung der Interviewergebnisse durch die Person des Interviewers außer Frage, so gilt dies in noch stärkerem Maße für die Person des Befragten. Die ideale, als „Datenträger" prinzipiell austauschbare Befragungsperson, die zu einer neutralen Interaktion mit einer ihr in der Regel unbekannten Person fähig ist, die intellektuell und verbal den Anforderungen eines Interviews gewachsen ist, die zwischen emotionaler Kontaktgestaltung und sachlichem Informationsaustausch zu trennen weiß und die ein starkes Eigeninteresse für das Befragungsthema aufbringt („Instrumental Motivation", Richardson et al., 1965), dürfte eine Fiktion sein. Konnte bei der Analyse der Rolle des Interviewers zumindest prinzipiell noch davon ausgegangen werden, daß Interviewereffekte durch den Einsatz erfahrener, geschulter Interviewer/innen mit „positiven" Interviewereigenschaften reduzierbar sind, versagen derartige Selektionsmaßnahmen zur Verbesserung der Interviewqualität bei den Befragten vollends. Zumindest in Untersuchungen, deren Resultate Generalisierbarkeit beanspruchen, muß theoretisch jede im Stichprobenplan vorgesehene Person unabhängig von ihrer Eignung zum Interview befragt werden. Die hierbei auftretenden Probleme werden im folgenden summarisch behandelt. (Ausführliche Informationen zu dem durch „Nonresponse" entstehenden Problem der Stichprobenverzerrung findet man bei Schnell, 1997a; zum Thema „Teilnahmeverhalten bei Befragungen" vgl. auch Koch, 1997.)

Erreichbarkeit der Interviewpartner: Nach Esser (1974) rechnet man bei Zufallsauswahlen (zur Stichprobentechnik vgl. Abschnitt 7.1) mit 3% bis 14% nicht erreichbaren Personen. Hiervon abweichend bezweifelt Sommer (1987), daß bei allgemeinen Bevölkerungsumfragen angesichts begrenzter zeitlicher und finanzieller Ressourcen Ausschöpfungsquoten von 70% und mehr realisierbar sind (die Ausschöpfungsquote berücksichtigt hierbei Ausfälle aufgrund von Nichterreichbarkeit, Krankheit, Verweigerung und mangelnden Deutschkenntnissen). Eine besonders hohe Erreichbarkeitsquote erzielen im Haushalt tätige Frauen, Personen in ländlichen Gebieten und ältere Menschen.

Die Erreichbarkeit der im Stichprobenplan aufgenommenen Personen wird zum Problem, wenn die Art der Antworten mit Merkmalen, die leicht und schwer erreichbare Personen differenzieren, systematisch kovariiert, d.h. wenn die Ausfälle nicht zufällig auftreten. Bedauerlicherweise ist jedoch selten bekannt, welche Informationen durch die nicht erreichten Personen verloren gehen; man wird sich in solchen Fällen mit einer genauen Beschreibung der realisierten Stichprobe, auf der die Interviewergebnisse beruhen, begnügen müssen und über ausfallsbedingte Ergebnisverzerrungen nur Mutmaßungen anstellen können. Ist die „Soll-Struktur" einer geplanten Stichprobe bekannt, können geringfügige Abweichungen in der „Ist-Struktur" durch geeignete Gewichtungsprozeduren kompensiert werden (vgl. S. 249ff.).

Ausfallsbedingte Stichprobenverzerrungen sollten – so könnte man meinen – mit zunehmendem Anteil erreichter Personen bzw. mit größer werdender Ausschöpfungsquote unbedeutend werden. Daß dem nicht so ist, wird in einer Untersuchung von Koch (1998) gezeigt. Bezüglich zahlreicher demographischer Merkmale gab es keine Hinweise darauf, daß besser ausgeschöpfte Umfragen geringere Stichprobenverzerrungen aufweisen als Umfragen mit schlechter Ausschöpfungsqualität.

Koch erklärt diesen paradoxen Sachverhalt damit, daß Unterschiede zwischen Teilnehmern und Nichtteilnehmern bei schlecht ausgeschöpften Umfragen geringer sind als bei gut ausgeschöpften Umfragen bzw. damit, daß für manche Umfragestudie schlicht falsche Ausschöpfungsquoten genannt werden.

Interviewverweigerung: Auf Ausfälle, die durch Nichterreichbarkeit entstehen, hat der Interviewer keinen Einfluß – sieht man von der Möglichkeit, sich wiederholt um einen Kontakt zu bemühen, einmal ab. Anders ist es mit der Interviewverweigerung, die erst nach der ersten Kontaktaufnahme ausgesprochen wird und die deshalb auch vom Interviewer verschuldet sein kann. (Bei erfahrenen Interviewern kommen Verweigerungen seltener vor als bei ungeübten Interviewern; vgl. z.B. Pomeroy, 1963.) Für mündliche Interviews ist nach Schnell et al. (1999, S. 292) damit zu rechnen, daß über 50% aller Ausfälle auf Verweigerungen zurückzuführen sind.

Zu den Verweigerern zählen vor allem alte Menschen, Frauen sowie Personen mit niedrigem Sozialstatus und geringer Schulbildung. Verweigerer sind häufiger verwitwet, haben seltener Kinder, sind gegenüber dem Leben negativer eingestellt und an Sozialforschung weniger interessiert (Bungard, 1979). Teilweise handelt es sich also um die gleichen Personengruppen, denen eine besonders gute Erreichbarkeit zugesprochen wird, was in günstigen Fällen dazu führt, daß Stichprobenverzerrungen, die durch die unterschiedliche Erreichbarkeit bestimmter Personengruppen zustande kommt, durch hierzu gegenläufige Verweigerungsquoten ausgeglichen werden.

Ein erfahrener Interviewer kennt die Motive zur Interviewteilnahme und wird dieses Wissen bei unschlüssigen Personen behutsam einsetzen. Zu diesen, in ihrer Bedeutung sicherlich kultur- und schichtabhängigen Motiven gehören der Wunsch, ein „guter Staatsbürger" sein zu wollen, der Wissenschaft zu dienen, Erfahrungen im Umgang mit fremden Menschen zu sammeln, durch das Interview neue Anregungen zu erhalten, dem Interviewer zu helfen oder das schlichte Bedürfnis nach Kommunikation (ausführliche Literatur über Motive zur Interviewteilnahme nennt Esser, 1974, S. 118).

Ist der Ausgang einer auf Interviews basierenden Untersuchung durch viele Abbrüche während des Interviews ernsthaft gefährdet, muß erwogen werden, einige Interviewstandardisierungen aufzugeben, um dadurch die Chance zu einem vollständigen Interview zu erhöhen (Lane 1962, S. 5 f.). Die Ergebnisverzerrungen, die dadurch eintreten, daß der Befragte selbst den Gesprächsablauf strukturiert, nach eigenem Ermessen Schwerpunkte setzt und gelegentlich auch Fragen an den Interviewer richtet – was insgesamt eine einheitliche Operationalisierung der interessierenden Konstrukte gefährdet – sind häufig weniger schwerwiegend als der gänzliche Verzicht auf Informationen dieses Befragten.

Ablehnung von Fragen: Eine weitere Schwierigkeit ist die Ablehnung einzelner Fragen. Als Gründe hierfür nennt Leverkus-Brüning (1964) Verweigerung, Nichtinformiertheit, Meinungslosigkeit und Unentschlossenheit.

Antwortverweigerungen treten vor allem in Verbindung mit sehr persönlichen, intimen Fragen auf. Beantwortet der Befragte deshalb eine Frage nicht, weil er nicht genügend informiert ist, stellt dies ein genauso wichtiges empirisches Faktum dar wie eine Antwort. Allerdings wird Nichtinformiertheit häufig als Vorwand genannt, wenn eine Frage nicht verstanden wurde, weil sie sprachlich zu kompliziert formuliert wurde.

Eine dezidierte Meinungslosigkeit ist ebenso wie eine tatsächlich auf mangelnde Kenntnisse zurückgehende Uninformiertheit für das Untersuchungsergebnis von Bedeutung. Festzustellen, daß sich die Befragten zu einem bestimmten Gegenstand noch keine Meinung gebildet haben, ist häufig aufschlußreicher als die Dokumentierung mehr oder weniger erzwungener Stellungnahmen. Antwortverweigerungen aus Unentschlossenheit sind für unsichere Befragungspersonen typisch, die eher bereit sind, keine Antwort zu geben, als sich irgendwie festzulegen. Solchen Personen helfen Antwortvorgaben, die auch Meinungstendenzen oder mehrere zutreffende Antworten zulassen.

Es zählt zu den schwierigsten Aufgaben eines Interviewers herauszufinden, welcher Grund für die Nichtbeantwortung einer Frage in einem konkreten Fall maßgeblich war. Wenn ein Interviewer beispielsweise eine Frage wiederholt stellt, weil er

fälschlicherweise Unentschlossenheit unterstellt, kann dies sehr schnell zu einer spürbaren Verschlechterung der Gesprächsatmosphäre führen, wenn der tatsächliche Grund für die Nichtbeantwortung mangelndes Wissen war. Besonders gravierend ist dieses Problem bei der Befragung von Personen mit niedrigem Sozialstatus und bei älteren Menschen, die besonders häufig Fragen unbeantwortet lassen (vgl. Bungard, 1979; Gergen und Beck, 1966; Freitag und Barry, 1974). Falsche Einschätzungen von Nichtbeantwortungen können leicht den Abbruch eines Interviews zur Folge haben.

Um dies zu verhindern, wird empfohlen, explizit die Nichtbeantwortung von Fragen zuzulassen, indem zu jeder Frage zunächst die Antwortbereitschaft erkundet wird. Beispiel: „Die Regierung sollte mehr Geld für die Förderung von Wissenschaft und Bildung ausgeben. Möchten Sie sich zu dieser Aussage äußern?" Falls die befragte Person mit „nein" antwortet, wird die nächste Frage gestellt. Andernfalls, bei Antwortbereitschaft, werden die Antwortvorgaben verlesen (z. B. stimme zu – lehne ab) oder – bei offenen Fragen – die entsprechenden Meinungen eingeholt.

Bei dieser Vorgehensweise ist es zwar nicht möglich, den Grund für „Nonresponse" herauszufinden, denn sowohl Verweigerer, Nichtinformierte, Meinungslose als auch Unentschlossene werden nicht bereit sein, die Frage zu beantworten. Dennoch verbinden sich mit dieser Filtertechnik einige Vorteile: neben der verringerten Abbruchgefahr erfährt der Interviewer (bzw. die Studienleitung), welche Fragen von wievielen (und auch welchen) Personen nicht beantwortet wurden, was für sich genommen bereits ein wichtiges Teilergebnis der Untersuchung ist. Ferner ist davon auszugehen, daß inhaltliche Ergebnisse, die ausschließlich auf antwortbereiten Personen beruhen, weitaus reliabler sind als Ergebnissse, die auf zufälligen oder gar „erzwungenen" Antworten basieren.

Antwortverfälschungen: Weitere Fehlerquellen, die auf den Befragten zurückgehen, sind mehr oder weniger bewußte Antwortverfälschungen, die für die Datenerhebungsmethode „Testen" auf S. 230 ff. behandelt wurden. Bei Interviews sind darüber hinaus folgende Gründe für Verzerrungseffekte zu beachten:

- das Bemühen, dem Interviewer gefallen zu wollen,
- sog. Hawthorne-Effekte (nach Roethlisberger und Dickson, 1964, hat allein das Bewußtsein, Teilnehmer einer wissenschaftlichen Untersuchung zu sein, Auswirkungen auf die Reaktionen des Befragten),
- geringe Bereitschaft zur Selbstenthüllung („Self Disclosure"; Chelune et al., 1979),
- spezifische Motive zur Selbstdarstellung und Streben nach Konsistenz (Laux und Weber, 1993; Mummendy, 1990; Tetlock, 1983),
- die Antizipation möglicher negativer Konsequenzen nach bestimmten Antworten (eine Fehlerquelle, die auch bei Zusicherung absoluter Anonymität nicht völlig auszuräumen ist),
- konkrete Vermutungen über den Auftraggeber bzw. dessen Untersuchungsziele („Sponsorship-Bias", Crespi, 1950).

Zu erwähnen sind ferner Fehler, die direkt mit der Antwortfindung verbunden sind. Nach Tourangeau (1984, 1987) besteht der kognitive Prozeß bei der Beantwortung einer (Einstellungs-)Frage aus vier Phasen (vgl. hierzu auch Strack, 1994):
- Interpretation: Die gestellte Frage muß verstanden und richtig interpretiert werden.
- Erinnern: Die zur Beantwortung der Frage relevanten Informationen werden aus dem Gedächtnis abgerufen.
- Urteilsbildung: Die relevanten Informationen werden bewertet und zu einem Urteil verdichtet.
- Antwortformulierung: Bei Antwortvorgaben muß eine Kategorie gewählt werden, die dem gebildeten Urteil am besten entspricht.

Jede dieser vier Phasen ist fehleranfällig. Eine falsch interpretierte Frage ruft irrelevante Informationen wach, deren Bewertung eine Antwortkategorie wählen läßt, die der eigentlichen Einstellung oder Meinung nicht entspricht. Die Forderung nach eindeutiger Frageformulierung findet hier erneut ihre Begründung (zu kognitiven Prozessen, die bei der Beantwortung von Fragen ablaufen, vgl. auch Sudman et al., 1996).

Neben einer uneindeutigen Fragenformulierung sind es häufig *Kontext- und Priming-Effekte*, die unkorrekte Antworten begünstigen. Wird beispielsweise jemand danach gefragt, wie stark das Inter-

esse an Politik ausgeprägt ist, muß man damit rechnen, daß die Antwort vom Kontext abhängt, in dem diese Frage gestellt wird: Hatte der Befragte z. B. zuvor bei der Beantwortung von Fragen zum politischen Wissen bekunden müssen, daß er von politischen Dingen wenig versteht, dürfte die Behauptung, an politischen Dingen sehr interessiert zu sein, weniger leicht fallen, als wenn zuvor Einstellungsfragen zu anderen Bereichen wie Umwelt, Gesundheit etc. zu beantworten waren.

Priming-Effekte werden wirksam, wenn sich die Beantwortung einer Frage assoziativ auf die Beantwortung der Folgefragen auswirkt. Wird beispielsweise mit der ersten Frage die Einstellung gegenüber einem mißliebigen Politiker erfragt, können dadurch Assoziationen aktiviert werden, die die Antworten auf weitere Fragen z. B. zur Partei dieses Politikers oder zur Politik im allgemeinen negativ überlagern. (Ausführlicher zu dieser Thematik siehe z. B. Hippler et al., 1987 oder Tourangeau und Rasinski, 1989.)

Nicht zu unterschätzen ist letztlich der Anteil von absichtlichen Falschangaben im Interview. Philips (1971, zit. nach Esser, 1974) kommt in einer zusammenfassenden Analyse entsprechender Arbeiten zu dem Schluß, daß bei Angaben über das Wahlverhalten der Befragten der Anteil der Falschantworten zwischen 6,9% und 30% schwankt und daß bei Befragungen über das Gesundheitsverhalten sowie bei Erinnerungsfragen zur Vergangenheit mit nahezu 60% Falschangaben zu rechnen ist. Ferner wurde deutlich, daß Angaben über „abweichendes Verhalten" (Devianz) häufig nicht mit der Wirklichkeit übereinstimmen. (Zur Frage des Zusammenhangs zwischen verbal geäußerten Einstellungen und tatsächlichem Verhalten vgl. Ajzen, 1988; Benninghaus, 1973 und Upmeyer, 1982.)

Die Durchführung eines Interviews

Nicht nur Merkmale des Interviewers und des Befragten bzw. der zwischen beiden stattfindenden Interaktion beeinflussen die Ergebnisse eines Interviews, sondern auch äußere Merkmale der Situation, in der das Interview stattfindet. Bei den Bemühungen um eine standardisierte Interviewdurchführung sind folgende Regeln zu beachten:
- Üblicherweise vereinbart der Interviewer zunächst mit den zu befragenden Personen telefo-

nisch oder schriftlich einen Termin. (Die gelegentlich praktizierte Vorgehensweise, ohne Voranmeldung durch direktes Aufsuchen der ausgewählten Wohnung zu einem Interview zu gelangen, führt in der Regel zu einer erhöhten Verweigerungsquote.) Diese erste Kontaktaufnahme entscheidet weitgehend darüber, ob ein Interview zustande kommt oder nicht. Sie sollte deshalb gründlich vorbereitet sein. Es empfiehlt sich, bei allen Anwerbungen eine einheitliche Textvorlage zu verwenden, die den Namen des Interviewers, sein Anliegen, ggf. den Auftraggeber (oder die Institution, in deren Rahmen die Untersuchung durchgeführt wird) und einige Auswahltermine enthält.

- Das Interview sollte in der Wohnung des Befragten oder doch zumindest in einer ihm vertrauten Umgebung stattfinden. Nach Begrüßung und Vorstellung erläutert der Interviewer nochmals – bezugnehmend auf seine erste Kontaktaufnahme – sein Anliegen und bedankt sich für die Gesprächsbereitschaft des Befragten. Er erklärt, warum der Befragte ausgewählt wurde und sichert ihm Anonymität seiner Antworten zu.

- Bevor das eigentliche Interview beginnt, prüft die Interviewerin Möglichkeiten, die situativen Bedingungen zu standardisieren (einheitliche Sitzordnung, gute Beleuchtung, keine Ablenkung durch andere Personen, abgeschaltete Rundfunk- und Fernsehapparate, keine ablenkenden Nebentätigkeiten während des Interviews etc.). Es ist selbstverständlich, daß evtl. erforderliche Korrekturen an den situativen Bedingungen nur mit Einverständnis des Befragten vorgenommen und zudem begründet werden. Während des Interviews unerwartet auftretende Störungen oder Beeinträchtigungen sind später in einem Interviewprotokoll festzuhalten.

- Das Interview beginnt mit den zuvor festgelegten Eröffnungsfragen (vgl. S. 244). Das Interview enthält neben den eigentlich interessierenden Sachfragen instrumentelle Fragen zur Überbrückung anfänglicher Kontakthemmungen, Fragen zur Kräftigung des Selbstvertrauens, zur Belebung der Erinnerung, zur Anregung der Phantasie, zum Aufbau von Spannungen, zum Abbau konventioneller Schranken etc. (vgl. Noelle, 1967, S. 74).

- Der Interviewer sollte sich um eine entspannte, aufgabenorientierte Gesprächsatmosphäre bemühen. Sowohl eine überbetonte Sachlichkeit (zu große soziale Distanz) als auch eine allzu herzliche, häufig als plump empfundene Intimität (zu geringe soziale Distanz) sind für das Interviewergebnis abträglich (vgl. Snell-Dohrenwind et al., 1968).

- Die Antworten der Befragungsperson sind in geeigneter Weise festzuhalten. Dies geschieht in der Regel durch schriftliche Notizen in vorbereiteten Formularen oder durch direkte Eingabe in einen portablen Computer. Enthält ein Interview auch offene Fragen und Erzählpassagen, ist eine Audio-Aufzeichnung unumgänglich. (Näheres zu offenen, qualitativen Interviews s. Abschnitt 5.2.1.)

Während des Interviews sind die Antworten der Befragungsperson in geeigneter Weise festzuhalten. (Aus: Schweine mit Igeln. Goldmanns großer Cartoonband (1989). München: Goldmann. S. 190)

- Das Interview endet mit einigen allgemein gehaltenen Fragen, die nicht mehr direkt zum Thema gehören und die evtl. im Interview aufgebaute Spannungen lösen helfen. Der befragten Person soll das Gefühl vermittelt werden, daß sie dem Interviewer durch ihre Antworten sehr geholfen habe. Evtl. Versprechungen, nähere Erläuterungen zum Interview erst nach Abschluß des Gespräches zu geben, müssen jetzt eingelöst werden. Die befragte Person sollte in einer Stimmung verabschiedet werden, in der sie grundsätzlich zu weiteren Interviews bereit ist.

(Weitere Literatur zu mündlichen Befragungen: Atteslander und Kneubühler, 1975; Cannell et al., 1981; Cicourel, 1970, Kap. 3; Davis und Skinner, 1974; Erbslöh et al., 1973; Esser, 1975; Kreutz, 1972; Matarazzo und Wiens, 1972; Merton und Kendall, 1979; Noelle-Neumann, 1970; Richardson et al., 1965; Sudman und Bradburn, 1974; Schwarzer, 1983.)

4.4.2
Schriftliche Befragung

Wenn Untersuchungsteilnehmer schriftlich vorgelegte Fragen (Fragebögen) selbständig schriftlich beantworten, spricht man von einer schriftlichen Befragung. Diese kostengünstige Untersuchungsvariante eignet sich besonders für die Befragung homogener Gruppen. Sie erfordert eine hohe Strukturierbarkeit der Befragungsinhalte und verzichtet auf steuernde Eingriffe eines Interviewers. Ein entscheidender Nachteil schriftlicher Befragungen ist die unkontrollierte Erhebungssituation. Dieser Nachteil läßt sich allerdings weitgehend ausräumen, wenn es möglich ist, mehrere Untersuchungsteilnehmer in Gruppen (Schulklassen, Werksangehörige, Bewohner von Altenheimen etc.) unter standardisierten Bedingungen bei Anwesenheit eines Untersuchungsleiters gleichzeitig schriftlich zu befragen (vgl. S. 242 f.).

Bei den meisten schriftlichen Befragungen erhalten die zuvor ausgesuchten Untersuchungsteilnehmer (vgl. Kap. 7 über Stichprobentechniken) den Fragebogen jedoch per Post zugesandt. Vor- und Nachteile postalischer Befragungen werden auf S. 256 ff. behandelt. Zunächst geht es um einige Grundsätze bei der Konstruktion von Fragebögen.

Fragebogenkonstruktion

Bei der Konstruktion eines Fragebogens sind sowohl Prinzipien der Entwicklung von Tests (vgl. Abschnitt 4.3) als auch Regeln des mündlichen Interviews (vgl. Abschnitt 4.4.1) zu beachten (vgl. hierzu z. B. Konrad, 1999). Fragebögen können (Test-)Instrumente zur Erfassung klar abgegrenzter Persönlichkeitsmerkmale (z. B. Ängstlichkeit) oder Einstellungen (z. B. Einstellung zur Homosexualität) sein; sie werden in diesem Falle nach den gleichen Regeln konstruiert wie Testskalen, als deren Ergebnis ein Testwert zur summarischen Beschreibung der Ausprägung des geprüften Merkmals ermittelt wird.

Dieser Fragebogenart steht eine andere Konzeption von Fragebögen gegenüber, bei der es um die Erfassung konkreter Verhaltensweisen der Untersuchungsteilnehmer geht (z. B. Fragen über Art und Intensität der Nutzung von Medien wie Fernsehen, Hörfunk, Zeitung, etc.), um Angaben über das Verhalten anderer Personen (z. B. eine Befragung von Krankenhauspatienten über die sie behandelnden Ärzte) oder um Angaben über allgemeine Zustände oder Sachverhalte (z. B. Befragung über nächtliche Lärmbelästigungen). Bei dieser Fragebogenart geht es also nicht um die Ermittlung von Merkmalsausprägungen, sondern um die Beschreibung und Bewertung konkreter Sachverhalte durch die befragten Personen. Unabhängig von der Zielsetzung sind die Auswahl und die Formulierung der Fragen sowie der Aufbau des Fragebogens zentrale Themen einer Fragebogenkonstruktion.

Auswahl der Fragen: Bevor man für eine Fragestellung einen eigenen Fragebogen konstruiert, ist es ratsam zu überprüfen, ob bereits entwickelte Fragebögen anderer Autorinnen und Autoren für die eigene Untersuchung geeignet sind (vgl. hierzu auch S. 190). Wenn man sich in ein Themengebiet einarbeitet, stößt man in den einschlägigen Publikationen meist auch auf Angaben zu geeigneten Erhebungsinstrumenten. Darüber hinaus geben Übersichtswerke eine Orientierungshilfe: für Persönlichkeitsfragebögen s. Buss (1986) oder Spielberger und Dutcher (1992); für Einstellungsfragebögen s. Robinson et al. (1968); Schuessler (1982) oder Shaw und Wright (1967); für Fragebögen zur Familiensituation s. Strauss (1969); für die Erfragung biographischer und soziographischer Merkmale s. Oppenheim (1966) und Miller (1970); für Fragebögen, die im Bildungs- und Berufsbereich einzusetzen sind, s. Sweetland und Keyer (1986).

Sauer (1976) stellte nach einer Umfrage unter deutschsprachigen Wissenschaftlern eine Liste unveröffentlichter Fragebögen zusammen. Zudem existieren Fachzeitschriften, die sich vornehmlich mit Tests und Fragebögen beschäftigen; dazu zählen etwa die „Diagnostica-Zeitschrift für psychologische Diagnostik und Differentielle Psychologie" und das „Journal of Personality Assessment".

Die in der Literatur dokumentierten Vorlagen können möglicherweise eine eigene Fragebogenkonstruktion überflüssig machen. Es muß jedoch davor gewarnt werden, die Resultate vergangener Fragebogenanwendungen, insbesondere deren Güteeigenschaften (Objektivität, Reliabilität und Validität; vgl. Abschnitt 4.3.3) unkritisch auf die eigene Untersuchung zu übertragen. Dies gilt nicht nur für übersetzte, fremdsprachliche Fragebogenvorlagen, sondern auch für Fragebögen, die bereits in deutscher Sprache verfügbar sind: Die sprachliche Gestaltung eines Fragebogens sollte immer auf die Sprachgewohnheiten der zu untersuchenden Zielgruppe ausgerichtet sein, d. h. die Fragen müssen neu formuliert werden, wenn sich die eigenen Untersuchungsteilnehmer sprachlich von den Untersuchungsteilnehmern, für die der Fragebogen ursprünglich konzipiert war, unterscheiden. Gegebenenfalls können hierfür Lexika der Sprachgewohnheiten verschiedener Subkulturen (vgl. z. B. Haeberlin, 1970) zu Rate gezogen werden.

Wenn bereits veröffentlichte Fragebögen nicht als Vorlage für eigene Fragen geeignet sind, ist der zu untersuchende Gegenstand durch eine sorgfältige Fragenauswahl möglichst erschöpfend abzudecken. Man macht hierfür zunächst eine Bestandsaufnahme, die alle mit dem zu erfragenden Gegenstandsbereich verbundenen Inhalte auflistet. Dies ist eine typische Aufgabe für ein Team, deren Mitglieder z. B. im Rahmen eines „Brainstorming" durch gegenseitige Inspiration möglichst viele spontane Ideen produzieren (vgl. S. 319). Die so resultierende Ideensammlung wird auf Redundanzen überprüft und in homogene Themenbereiche untergliedert. Stellt sich hierbei heraus, daß wichtige Bereiche übersehen wurden,

sind hierfür weitere, in Fragen umsetzbare Inhalte zu recherchieren.

Ein wichtiges Hilfsinstrument bei der Generierung von Fragebogenitems stellt die sog. „Facettenanalyse" dar. Bei dieser Technik wird der inhaltliche Bereich, zu dem Fragen formuliert werden sollen, durch grundlegende, voneinander unabhängige Elemente oder „Facetten" strukturiert. Aus deren Kombinationen ergeben sich Fragen, die den interessierenden Gegenstandsbereich vollständig, aber dennoch ökonomisch abbilden. Eine Einführung in diese Technik findet man bei Borg (1992, Kap. 7) und eine kritische Stellungnahme bei Holz-Ebeling (1990).

Nachdem feststeht, zu welchen Inhalten Fragen oder Items formuliert werden sollen, ist das Itemformat zu klären.

Formulierung der Fragen: Fragen mit Antwortvorgaben sind bei schriftlichen Befragungen der offenen Frageform vorzuziehen. Ausnahmen sind Fragebögen mit Überlänge, die durch einige offene Fragen mit eher nebensächlichem Inhalt aufgelockert werden können. Eine abwechslungsreiche Fragebogengestaltung kann auch mit verschiedenen Varianten gebundener Frageformen (vgl. Tafel 25, S. 213) erzielt werden.

Die Verwendung geschlossener Fragen erleichtert die Auswertung der Fragebögen erheblich. Abgesehen von der höheren Objektivität geschlossener Fragen (vgl. S. 194 f.), entfallen bei dieser Frageform zeitaufwendige und kostspielige Kategorisierungs- und Kodierarbeiten.

Eine computergestützte Datenanalyse ist heutzutage der Regelfall. Dazu werden die Fragebogendaten quasi „abgeschrieben" und in einer Datei gespeichert (vgl. S. 82 f.). Bei sehr großen Datenmengen kann die „Handarbeit" der elektronischen Datenerfassung durch die Verwendung sog. „maschinenlesbarer Fragebögen" umgangen werden, die mittels spezieller Einlesegeräte eine automatische Digitalisierung der Fragebogenantworten erlauben (nach Feild et al., 1978, haben derartige Fragebögen keinen Einfluß auf das Antwortverhalten). Noch praktischer ist es, die Fragebögen gleich elektronisch zu präsentieren, d. h. die Probanden kreuzen ihre Antworten nicht auf einem Bogen an, sondern machen entsprechende Eingaben an einem Terminal. Da mittlerweile sehr viele

Menschen Erfahrungen im Umgang mit Computern sammeln konnten und zudem die Benutzerschnittstelle graphisch aufbereitet und sehr leicht bedienbar gestaltet werden kann, sind besondere Antwortverzerrungen durch eine computergestützte Fragebogen- oder Testadministration nicht zu befürchten. Die Verfügbarkeit portabler Rechner (sog. Notebooks, Laptops) ermöglicht einen flexiblen Einsatz elektronischer Fragebögen und Tests.

Bei offenen Frageformulierungen ist damit zu rechnen, daß Befragte aus Angst vor Rechtschreibfehlern oder stilistischen Mängeln nur kurze, unvollständige Antworten formulieren. Für die Auswertung ergibt sich zudem das Problem der Lesbarkeit von Handschriften.

Die Art der Formulierung des Fragebogenitems – als *Frage* oder als *Behauptung (Statement)* – richtet sich nach den untersuchten Inhalten. (Beispiel: „Sind Sie der Ansicht, daß der Gesetzgeber für Autobahnen ein Tempolimit vorschreiben sollte?" Oder: „Der Gesetzgeber sollte für Autobahnen ein Tempolimit vorschreiben!".) Zur Erkundung von Positionen, Meinungen und Einstellungen sind Behauptungen, deren Zutreffen der Befragte einzustufen hat, besser geeignet als Fragen. Mit ihrer Hilfe läßt sich die interessierende Position oder Meinung prononcierter und differenzierter erfassen als mit Fragen, die zum gleichen Inhalt gestellt werden. Die Frage ist üblicherweise allgemeiner formuliert und hält das angesprochene Problem prinzipiell offen. Realistische, tatsächlich alltäglich zu hörende Behauptungen sind demgegenüber direkter und veranlassen durch geschickte, ggf. gar provozierende Wortwahl auch zweifelnde, unsichere Befragungspersonen zu eindeutigen Stellungnahmen.

Für die Erkundung konkreter Sachverhalte ist die Frageform besser geeignet. Die Formulierung vernünftiger Antwortalternativen macht jedoch in der Regel erhebliche Vorarbeiten erforderlich (vgl. S. 214f.), es sei denn, die Antwortmöglichkeiten beschränken sich auf allgemeine Häufigkeits-, Intensitäts-, Wahrscheinlichkeits- oder Bewertungseinstufungen (vgl. S. 178). Unproblematisch sind demgegenüber Fragen, die durch direkte Zahlenangaben beantwortbar sind.

Sowohl Fragen als auch Behauptungen lassen sich kaum völlig neutral formulieren. Die meisten Fragebogenitems enthalten aufgrund der Wortwahl und auch des Satzbaues bestimmte Wertungen der angesprochenen Problematik (Kreutz und Titscher, 1974, berichten über Untersuchungen, aus denen hervorgeht, daß ca. 70% aller Wörter wertenden Charakter haben. Hager et al., 1985, untersuchten 580 Adjektive hinsichtlich ihres Emotionsgehaltes, ihrer Bildhaftigkeit, Konkretheit und Bedeutungshaltigkeit. Über die Bedeutungsstruktur von 281 Persönlichkeitsadjektiven berichten van der Kloot und Sloof, 1989). Es ist darauf zu achten, daß der Fragebogen nicht nur einseitig wertende Formulierungen enthält, sondern daß zum gleichen Gegenstand mehrere Fragen gestellt werden, deren Wertungen sich gegenseitig aufheben.

Die auf S. 244f. genannte Checkliste zur Kontrolle von Interviewfragen gilt analog für schriftliche Befragungen. Ergänzend zu dieser Liste ist bei der Formulierung der Fragen folgendes zu beachten:

● Für die Ermittlung von Einstellungen sind Itemformulierungen ungeeignet, mit denen wahre Sachverhalte dargestellt werden (Beispiel: „Eine schlechte berufliche Qualifikation erhöht das Risiko für Arbeitslosigkeit". Eine Zustimmung zu diesem Item würde keine Meinung, sondern allenfalls Fachkenntnisse über die Zusammenhänge von beruflicher Qualifikation und Arbeitslosigkeit signalisieren. Für eine Einstellungsmessung besser geeignet wäre z. B. die Formulierung: „Eine schlechte berufliche Qualifikation sollte das Risiko für Arbeitslosigkeit erhöhen").

● Items, die praktisch von allen Befragten verneint oder bejaht werden, sind ungeeignet, denn diese Items tragen wegen ihrer extremen Schwierigkeit (vgl. S. 218) kaum zur Differenzierung der Befragten bei (Beispiel: „Der Staat sollte dafür sorgen, daß alle Menschen regelmäßig zur Kirche gehen").

● Die Items sollten so formuliert sein, daß die Antworten eindeutig interpretiert werden können (Beispiel: „Wenn ich zornig bin, weil andere Menschen mich nicht ernst nehmen, verliere ich leicht die Selbstbeherrschung". Eine Verneinung dieser Behauptung könnte sich auf die Begründung, aber auch auf die Folge des Zornigseins beziehen).

- Formulierungen, in denen Begriffe wie „immer", „alle", „keiner", „niemals" etc. vorkommen, sind zu vermeiden, weil die Befragten Formulierungen dieser Art für unrealistisch halten (Beispiel: „Ich bin immer bereit, anderen Menschen zu helfen". Eine zustimmende Reaktion würde hier eher auf soziale Erwünschtheit als auf echte Hilfsbereitschaft schließen lassen).
- Quantifizierende Umschreibungen mit Begriffen wie „fast", „kaum", „selten" etc. sind insbesondere in Kombination mit Rating-Skalen problematisch (Beispiel: „Ich gehe selten ins Kino". Dieses Item macht in Verbindung mit dem Häufigkeitsrating „nie-selten-gelegentlich-oft-immer" wenig Sinn).

Problematisch sind Fragen, die ein gutes Erinnerungsvermögen der Befragten voraussetzen, wie z. B. die Rekonstruktion von Tagesabläufen oder die zeitliche Einordnung vergangener Ereignisse. Ein gutes Hilfsmittel zur Stützung des Erinnerungsvermögens sind Zeitachsen, auf denen die Vergangenheit durch wichtige Ereignisse (politische Vorkommnisse, Naturkatastrophen, extreme Witterungsverhältnisse etc.) segmentiert ist. Persönliche Ereignisse werden häufig in zeitlicher Koinzidenz mit anderen markanten Ereignissen erlebt, was die Genauigkeit von Zeitangaben erheblich verbessern hilft (Beispiel: „Als Opa starb, war gerade Golfkrieg").

Als Variablen, die die Zuverlässigkeit von Eigenangaben beeinträchtigen können, nennt Sieber (1979a) Bildung und Beruf der Befragten, ihre Einstellung zum Untersuchungsthema, ihr Bemühen, sich in einer sozial erwünschenswerten Weise darzustellen, gefühlsmäßige Blockierungen und absichtliche Verschleierungen.

Aufbau des Fragebogens: Eine verständliche, die Handhabung des Fragebogens eindeutig anleitende Instruktion ist bei schriftlichen Befragungen unverzichtbar. Hierbei sollte man sich nicht auf das eigene Sprachgefühl verlassen; die Endversion der einleitenden Instruktion ist – wie die Endfassung des gesamten Fragebogens – von Testbefragungen (Vortests) mit Personen der zu untersuchenden Zielgruppe abhängig zu machen.

Makro- und Mikroplanung legen – ähnlich wie bei der Erstellung eines Interviewleitfadens (vgl. S. 244) – die Aufeinanderfolge der einzelnen zu erfragenden Themenbereiche und die Abfolge der einzelnen Fragen fest.

Hierzu bemerken Schriesheim et al. (1989), daß die Abfolge der Fragen – inhaltlich gruppiert oder zufällig – für die psychometrischen Eigenschaften des Fragebogens (Reliabilität und Validität) unerheblich sei (vgl. hierzu auch Rost und Hoberg, 1997). Die Autoren empfehlen jedoch – wie auch Krampen et al. (1992) – auf eine Blockbildung inhaltlich homogener Items zu verzichten.

Obwohl zeitliche Schwankungen im Antwortverhalten in starkem Maße personen- und themenabhängig sind, zeigt die Erfahrung, daß der letzte Teil des Fragebogens einfach gehalten sein sollte. Er enthält deshalb überwiegend kurze, leicht zu beantwortende Fragen (vgl. Kreutz und Titscher, 1974, S. 43 f.). Anders als beim mündlichen Interview werden sozialstatistische Angaben üblicherweise am Anfang des Fragebogens erhoben. (Ausführlichere Informationen zur Fragebogenkonstruktion findet man bei Tränkle, 1983, oder Mummendy, 1999 und zur statistischen Auswertung bei Schweizer, 1999.)

Postalische Befragung

Bei postalischen Befragungen müssen die befragten Personen den Fragebogen ohne Mitwirkung eines Interviewers ausfüllen. Dies setzt natürlich voraus, daß der Fragebogen absolut transparent und verständlich gestaltet ist (informatives Deckblatt, klare Instruktionen, eindeutige Antwortvorgaben, ansprechendes Layout etc.). Je besser dies gelingt, desto sorgfältiger und „ehrlicher" wird die befragte Person antworten, zumal die Zusicherung von Anonymität bei schriftlichen Befragungen glaubwürdiger ist als bei „Face to Face"-Interviews.

Allerdings ist bei postalischen Befragungen mit einer höheren Ausfallquote zu rechnen als bei mündlichen Befragungen, wobei die Ausfälle in der Regel systematisch mit Bildungsvariablen bzw. der „Routiniertheit" im Umgang mit Fragebögen zusammenhängen. Das Interesse an der untersuchten Thematik ist selbstverständlich auch maßgeblich für die Teilnahme an der Befragung.

Ein entscheidender Nachteil postalischer Befragungen ist die unkontrollierte Erhebungssituation. Ob tatsächlich die angeschriebene Zielperson oder ein anderes Haushaltmitglied den Fragebogen ausfüllte, ob alle Fragen auch ohne Erläuterungen durch einen Interviewer richtig verstanden wurden, ob der Fragebogen bei sog. Stichtagserhebungen tatsächlich am vorgegebenen Tag ausgefüllt wurde etc., ist bei postalischen Umfragen ungeklärt.

Verglichen mit mündlichen Befragungen erfordern schriftliche Befragungsaktionen, bei denen die Fragebögen den zur Stichprobe gehörenden Personen per Post zugesandt werden, wenig Personalaufwand; sie sind deshalb kostengünstiger. Ob sie auch weniger zeitaufwendig sind als mündliche Befragungen hängt davon ab, ob bzw. wie schnell die angeschriebenen Personen die ausgefüllten Fragebögen zurücksenden.

Hiermit ist ein weiteres zentrales Problem postalischer Befragungen angesprochen: Was kann man unternehmen, um die Rücksendung der Fragebögen zu beschleunigen bzw. um eine möglichst hohe Rücklaufquote zu erzielen?

Rücklaufquote: Ein hoher Fragebogenrücklauf ist besonders wichtig, wenn man befürchten muß, daß sich antwortende und nichtantwortende Personen systematisch in bezug auf die untersuchten Merkmale unterscheiden, daß also das auswertbare Material nicht repräsentativ ist. Die in der Literatur berichteten Rücklaufquoten schwanken zwischen 10% und 90% (Wieken, 1974). Die höchsten Rücklaufquoten werden für Befragungen erzielt, die sich an homogene Teilpopulationen wenden, für die der Umgang mit schriftlichen Texten nichts Ungewöhnliches ist. Stichproben, die die Gesamtbevölkerung repräsentieren, lassen sich hingegen häufig nur sehr unvollständig ausschöpfen; die Resultate derartiger Untersuchungen bzw. deren Generalisierbarkeit sind deshalb nicht selten fragwürdig.

Wichtig für die Rücklaufquote ist das Thema der Untersuchung. Fragebögen über aktuelle, interessante Inhalte werden schneller und vollständiger zurückgesandt als Fragebögen, die sich mit langweiligen, dem Befragten unwichtig erscheinenden Themen befassen. Es ist selbstverständlich, daß die formale und sprachliche Gestaltung der Fragebögen keinen Anlaß geben sollte, die Untersuchungsteilnahme zu verweigern. Knapp formulierte, leicht verständliche Fragen, die die Befragten auch beantworten können, sind genauso wichtig wie ein ansprechendes graphisches Layout.

Das Thema der Befragung sowie der angesprochene Personenkreis sind Determinanten der Rücklaufquote, mit denen sich ein Forscher, der sich für eine bestimmte Untersuchung entschieden hat, abfinden muß. Darüber hinaus sind jedoch zahlreiche, scheinbar unbedeutende Maßnahmen bekannt, auf die der Untersuchungsleiter Einfluß nehmen kann und die die Rücklaufquote entscheidend verbessern helfen.

So wird beispielsweise die Kooperationsbereitschaft der Befragten durch ein Ankündigungsschreiben, in dem sich der Forscher oder die untersuchende Institution vorstellt und in dem um die Mitarbeit an einer demnächst stattfindenden schriftlichen Befragungsaktion gebeten wird, erheblich verbessert (Wieken, 1974).

Ähnliche Wirkungen erzielen telefonische Vorankündigungen, deren Aufwand allerdings nur bei kleineren, regional begrenzten Umfragen zu rechtfertigen ist.

Bei der Art des Versandes der Fragebögen ist darauf zu achten, daß sich die Briefaufmachung deutlich von Reklame- oder Postwurfsendungen unterscheidet (Kahle und Sales, 1978). Dem Brief sollte ein persönlich abgefaßtes Anschreiben beigefügt werden, das auf das Ankündigungsschreiben Bezug nimmt, die Bedeutsamkeit der Studie erläutert und auf mögliche Verzerrungen der Ergebnisse, die durch Nichtbeantworten eintreten, hinweist (Andreasen, 1970; Champion und Sear, 1968). Mit günstigen Auswirkungen auf die Motivation der Befragten ist zu rechnen, wenn es gelingt, ihnen zu verdeutlichen, daß mögliche Konsequenzen der Untersuchung in ihrem eigenen Interesse liegen. Zudem sind Hinweise auf die absolut vertrauliche Behandlung der Resultate, die nur zu wissenschaftlichen Zwecken verwendet werden, selbstverständlich.

Nach Jones (1979) beeinflußt sogar die Art der Institution, in deren Rahmen die Untersuchung durchgeführt wird („Sponsorship"), die Antwortbereitschaft der Befragten. Umfragen, die im Namen universitärer Institutionen durchgeführt werden, erzielen – vor allem, wenn sich bei regional begrenzten Umfragen die Universität im Einzugsbereich der Befragten befindet – die besten Rückläufe.

Die Bedeutung personalisierter Anschreiben (handschriftliche Zwischenbemerkungen oder Postskripte, persönliche Unterschriften) konnte bisher noch nicht allgemein verbindlich geklärt werden (Roberts et al., 1978; Wieken, 1974). Eine Arbeit von Rucker et al. (1984) weist darauf hin, daß sich eine zu starke Personalisierung eher negativ auf postalische Befragungen auswirkt. Gute Erfahrungen hat man demgegenüber mit der Angabe eines letzten Rücksendedatums („Deadline") gemacht; sie verbessert sowohl die Rücklaufquote als auch die Rücklaufgeschwindigkeit (Roberts et al., 1978). Zusammenfassend empfiehlt Richter (1970, S. 148 f.) folgenden Aufbau eines Begleitschreibens:

1. Wer ist verantwortlich für die Befragung? (Genaue Anschrift, Telefonnummer)
2. Anrede des Befragten
3. Warum wird die Untersuchung durchgeführt? (Verwendungszweck der Informationen)
4. Antwortappell
5. Rücklauftermin
6. Anleitung zum Ausfüllen des Fragebogens
7. Zusicherung der Anonymität
8. Dauer des Ausfüllens
9. Dank für die Mitarbeit
10. Beschreibung des Auswahlverfahrens (Hervorheben der Bedeutung jeder einzelnen, individuellen Antwort)
11. Unterschrift des Umfrageträgers.

Wichtig ist es ferner, daß der Befragte für die Rücksendung seines ausgefüllten Fragebogens einen frankierten Umschlag vorfindet. Wieken (1974) zitiert Untersuchungen, die belegen, daß sogar die Art der Frankierung dieses Umschlags nicht unerheblich für die Rücklaufquote ist: Einfache Freistempelung („Nicht freimachen, Gebühr zahlt Empfänger" o. ä.) führen gegenüber einer Briefmarkenfrankierung zu geringeren Rücklaufquoten. Finanzielle Anreize (Zusendung oder Überweisung angemessener Geldbeträge nach Rücksendung des Fragebogens) können insbesondere bei wenig interessanten Befragungsthemen und finanziell schlecht gestellten Personen die Teilnahmebereitschaft erhöhen (vgl. Wilk, 1975 oder auch Singer et al., 1998 zu diesem Thema).

Rücklaufcharakteristik: Nach Versand des Fragebogens (inkl. Begleitschreiben, Rücksendeumschlag und ggf. einer Identifikationskarte, s.u.) empfiehlt es sich, den Eingang der zurückgesandten Fragebögen genauestens zu protokollieren. Die graphische Darstellung der kumulierten Häufigkeiten der pro Tag eingegangenen Fragebögen informiert sehr schnell über die Rücklaufcharakteristik der Befragung. Es resultiert praktisch immer eine negativ beschleunigte Kurvenform, deren asymptotisches Maximum (maximale Anzahl der zu erwartenden Fragebögen) bereits nach ca. 7 Tagen durch eine optische Kurvenanpassung gut prognostiziert werden kann. Üblicherweise schicken innerhalb der ersten 10 Tage nach Versand der Fragebögen 70 bis 80% der antwortwilligen Befragten ihren ausgefüllten Fragebogen zurück. Für Befragungen homogener Zielgruppen mit interessanter Thematik weist die Rücklaufkurve einen steilen und bei heterogenen Zielgruppen mit wenig interessanten Fragestellungen einen flachen Anstieg auf.

Läßt die Rücklaufkurve erkennen, daß die untersuchte Stichprobe nicht genügend ausgeschöpft werden kann, muß mit dem Versand eines *Erinnerungsschreibens* eine zweite Befragungswelle eingeleitet werden. Über den genauen Zeitpunkt derartiger Nachfaßaktionen bestehen in der Literatur unterschiedliche Auffassungen (vgl. z.B. Nichols und Meyer, 1966, oder die bei Wieken, 1974, diskutierte Literatur). Ein zu frühes Nachfassen könnte Personen ansprechen, die ohnehin noch vorhatten zu antworten, und ein zu spätes Erinnern könnte auf Unverständnis stoßen, wenn die erste Anfrage bereits in Vergessenheit geraten ist. Beide Bedenken dürften für Erinnerungsschreiben gegenstandslos sein, die 8 bis 10 Tage nach dem Fragebogenversand verschickt werden.

Das Erinnerungsschreiben erbittet nochmals die Mitarbeit der Befragten und macht erneut darauf aufmerksam, daß die Studie durch nicht zurückgesandte Fragebögen gefährdet ist. Der nochmalige Versand eines Fragebogens ist bei dieser ersten Nachfaßaktion nicht erforderlich. Nützlich ist allerdings der Hinweis, daß dem Befragten bei Bedarf – z.B. wenn der Fragebogen verloren ging – neues Untersuchungsmaterial zugeschickt wird.

Die Entscheidung über eine zweite Nachfaßaktion sollte von den Resultaten der Rücklaufstatistik (s.u.) abhängig gemacht werden. Es empfiehlt sich, zusammen mit dem zweiten Erinnerungsschreiben ca. 3 Wochen nach Untersuchungsbeginn erneut einen Fragebogen und einen Rückantwortumschlag zu versenden. Weitere Nachfaßaktionen sind nur sinnvoll, wenn das zweite Erinnerungsschreiben den Rücklauf deutlich erhöhte und der Gesamtrücklauf für generalisierbare Resultate insgesamt noch zu gering ist. Bei kleineren, regional begrenzten Umfragen helfen telefonische Nachfragen, den Rücklauf zu verbessern (vgl. z. B. Sieber, 1979 b).

Postalische oder auch telefonische Nachfaßaktionen setzen voraus, daß dem Untersuchungsleiter die Adressen derjenigen Befragten, die den Fragebogen noch nicht zurückschickten, bekannt sind. Dies könnte bei den Adressaten, an die die Erinnerungsschreiben gerichtet sind, zu Recht den Verdacht erwecken, daß die im Anschreiben versprochene Anonymität nicht gewahrt wird, denn die Antworter – und damit auch die Nichtantworter – sind bei dem bisher beschriebenen Vorgehen nur über die Absender der zurückgesandten Fragebögen identifizierbar.

Um diesen Verdacht gar nicht erst aufkommen zu lassen, erhält der Befragte mit dem ersten Anschreiben zusätzlich eine frankierte Postkarte mit der Bitte, diese, versehen mit Absender und Rücksendedatum des ausgefüllten Fragebogens, an den Untersuchungsleiter zurückzuschicken. Der Fragebogen selbst wird anonym zurückgesandt. Der Untersuchungsleiter kann dann anhand der *Identifikationskarten* herausfinden, welche Personen den Fragebogen noch nicht beantwortet haben. Der Begleitbrief sollte den Sinn dieser Vorgehensweise, die nicht unmaßgeblich zur Erhöhung der Rücklaufquote beiträgt (Wieken, 1974, S. 151), kurz erläutern.

Die Anonymitätsproblematik läßt sich dadurch verringern, daß alle Befragten nach ca. 8–10 Tagen ein einheitliches Schreiben erhalten, mit dem sich die Untersuchungsleitung für die bereits zurückgesandten Fragebögen bedankt bzw. an die Bearbeitung noch nicht zurückgeschickter Fragebögen erinnert. Diese Vorgehensweise setzt also nicht voraus, daß bekannt ist, welche Personen bereits geantwortet bzw. noch nicht geantwortet haben.

Rücklaufstatistik: Entscheidend für die Verwertbarkeit der Ergebnisse schriftlicher Befragungen ist die Zusammensetzung der Stichprobe der Antworter. Binder et al. (1979) berichten, daß sich antwortende gegenüber nicht-antwortenden Personen durch eine bessere Ausbildung, einen höheren Bildungsstatus, durch mehr Intelligenz, ein stärkeres Interesse am Untersuchungsthema sowie durch eine engere Beziehung zum Untersucher auszeichnen. Sie wohnen zudem häufiger bei ihren Eltern bzw. in ländlichen Gegenden (vgl. auch Edgerton, 1947; Kivlin, 1965 oder Reuss, 1943; zu weiteren Merkmalen freiwilliger Untersuchungsteilnehmer s. S. 75 ff.). Im Bereich der Sozialwissenschaften dürfte es wohl kaum Untersuchungen geben, deren Ergebnisse gegenüber diesen Merkmalen invariant wären. Eine sorgfältige, nicht nur quantitative, sondern auch qualitative *Analyse der Rückläufe* ist deshalb grundsätzlich geboten (Bachrack und Scoble, 1967; Hochstim und Athanasopoulus, 1970 oder Madge, 1965). Für die qualitative Kontrolle der Rückläufe nennen Binder et al. (1979) vier Methoden:

- Gewichtungsprozeduren
- Sozialstatistik der Nichtantworter
- Vergleich von Sofort- und Spätantwortern
- Befragungen in einem Panel.

Gewichtungsprozeduren: Die statistischen Daten (biographische Merkmale) der Antworter werden mit den statistischen Daten der Zielpopulation verglichen, soweit diese bekannt oder verfügbar sind. Stellt sich hierbei heraus, daß in der Stichprobe der Antworter einzelne Merkmale über- oder unterrepräsentiert sind, muß überprüft werden, ob die Beantwortung der Fragen von diesen Merkmalen abhängt. Trifft dies zu, schlagen Hansen und Hurwitz (1946) vor, die wegen der mangelnden Stichprobenrepräsentativität verzerrten Antworten durch geeignete Gewichtungsprozeduren zu korrigieren. (Beispiel: Eine postalische Befragung erkundet die Einschätzung der Zukunftsaussichten sozialer Berufe durch Abiturienten. In der Stichprobe der antwortenden Abiturienten seien weibliche Respondenten unterrepräsentiert und zusätzlich möge sich herausstellen, daß die Abiturientinnen Zukunftschancen sozialer Berufe signifikant positiver sehen als die männlichen Abiturienten. Das Gesamtergebnis wäre demnach zugunsten der Einstellung männlicher Abiturienten verzerrt. Diese Ergebnisverzerrung wird ausgeglichen, wenn bei der Zusammenfassung aller Antworten die Antworten der Abiturientinnen „hochgewichtet" und die der Abiturienten „heruntergewichtet" werden. Die hierbei eingesetzten Gewichte entsprechen dem aus den „Sollzahlen" und „Istzahlen" gebildeten Quotienten.)

Dieses Verfahren ist weniger brauchbar, wenn Personen mit bestimmten biographischen Merkmalen (oder Merkmalskombinationen) so selten geantwortet haben, daß ein „Hochgewichten" dieser Teilgruppen statistisch nicht mehr zu rechtfertigen ist. Der minimale Umfang einer Teilstichprobe, der ein „Hochgewichten" noch rechtfertigt, läßt sich nicht generell angeben. Er hängt vom Umfang der Gesamtstichprobe, der Streuung der Antworten und der angestrebten Genauigkeit der Aussagen ab. Die minimal erforderlichen Rücklaufquoten können jedoch für eine gegebene Problematik nach einigen von Aiken (1981) entwickelten Rechenformeln kalkuliert werden (vgl. auch Bailar et al., 1979; Platek et al., 1978 oder Pollitz und Simmons, 1950). Bei bevölkerungsweiten Umfragen sind Soll-Werte für die Randverteilungen soziodemographischer Merkmale (Geschlecht, Alter, Einkommen, Familienstand etc.) den vom Statistischen Bundesamt herausgegebenen Statistischen Jahrbüchern zu entnehmen.

Sozialstatistik der Nichtantworter: Kann das Antwortverhalten wichtiger Teilpopulationen nicht genügend sicher aus den Rückläufen extrapoliert werden, erfordert die Untersuchung vor allem dann gezielte telefonische, schriftliche oder auch mündliche Nachbefragungen, wenn die soziodemographische Zusammensetzung der Zielpopulation unbekannt ist. Bei den Nachbefragungen sollten dann zumindest die wesentlichen Sozialdaten der Nichtantworter in Erfahrung gebracht werden, damit das Ausmaß möglicher Ergebnisverzerrungen kalkulierbar wird.

Vergleich von Sofort- und Spätantwortern: Weniger aufwendig ist der Vergleich von spontan antwortenden Personen mit Personen, die erst nach einer (oder mehreren) Mahnung(en) bereit sind, den Fragebogen auszufüllen. Unterscheiden sich diese Gruppen systematisch bezüglich einer oder mehrerer antwortrelevanter Variablen, nimmt man an, daß diese Unterschiede in noch größerem Ausmaß zwischen Respondenten und endgültigen Verweigerern bestehen. (Diese nicht unproblematische Annahme diskutierten Binder et al., 1979; Hendricks, 1949; Wilk, 1975 und Zimmer, 1956.)

In jedem Fall ist es ratsam, den relativ geringfügigen Aufwand eines Vergleiches von Sofort- und Spätantwortern in Kauf zu nehmen. Unterscheiden sich diese beiden Gruppen nicht, ist eine Verzerrung der Ergebnisse durch Nichtbeantworter unwahrscheinlich. Bestehen systematische Differenzen, wird man um eine direkte Nacherhebung der Merkmale von Nichtbeantwortern nicht umhin können, es sei denn, man kennt die Struktur der Gesamtstichprobe aus anderen Erhebungen.

Befragungen in einem Panel: In der Panelforschung wird dieselbe Stichprobe mehrfach befragt (Meßwiederholungen, Längsschnitt; vgl. auch S. 565). Kommt es hier zu einem unvollständigen Fragebogenrücklauf (manche Befragungspersonen fallen bei einem oder mehreren Meßzeitpunkten aus), sind zumindest die Sozialdaten derer, die nicht antworten, bekannt. Mögliche Ergebnisverzerrungen lassen sich dann über Gewichtungsprozeduren (s.o.) korrigieren bzw., falls die Materialbasis für derartige Extrapolationen zu schwach erscheint, durch gezielte Nachbefragungen ausgleichen. Bei Panel-Untersuchungen besteht allerdings die Gefahr, daß sich die Panel-Mitglieder an die Befragungssituation gewöhnt haben und deshalb nicht mehr „naiv" reagieren („Panel-Effekt"; vgl. z.B. Duncan, 1981 oder McCullough, 1978).

Ausführlichere Informationen zum Thema „Panelforschung" findet man auf S. 450 f.

Computervermittelte Befragung

Alternativ zu postalischen Befragungen werden immer häufiger auch computervermittelte Befragungen durchgeführt. Im Unterschied zur computer*gestützten* Befragung, bei der *räumlich anwesende* Versuchspersonen die Fragebögen in elektronischer Form auf einem Computer vorgelegt bekommen (z.B. CAPI-Methode: Computer-Assisted Personal Interview), will man per computer*vermittelter* Befragung (auch: *Online-Befragung*) gerade *räumlich verstreute* Personen erreichen. Online-Befragungen lassen sich danach unterscheiden, welcher *Netzdienst* zur Verteilung des

Fragebogens eingesetzt wird (z. B. WWW, Email, Chat) und welche Form der *Stichprobenziehung* erfolgt (z. B. Zufallsstichprobe, Klumpenstichprobe, Ad-hoc-Stichprobe, s. Kap. 7). Auch Vollerhebungen sind möglich (z. B. Online-Befragung aller Mitglieder eines Unternehmens im Intranet).

Es zeichnet sich die Tendenz ab, Fragebögen für Online-Befragungen im WWW einzusetzen. Werden solche *WWW-Fragebögen* einfach ins Netz gestellt und beworben, so erhält man eine *Ad-hoc-Stichprobe* (Gelegenheitsstichprobe): Netznutzer/innen, die zufällig auf den Fragebogen stoßen und bereit sind, ihn zu beantworten, gelangen in das Sample. Auf diese Weise erreicht man vor allem Personen, die viel im Netz surfen und am Thema besonders interessiert sind. Die Verallgemeinerbarkeit der Ergebnisse ist also eingeschränkt. Andererseits besteht der Vorteil dieser Methode darin, daß binnen kurzer Zeit auf sehr ökonomische Weise Stichprobenumfänge im vier- bis fünfstelligen Bereich zustande kommen können. Voraussetzung dafür ist jedoch, daß man den WWW-Fragebogen nicht einfach auf der (kaum frequentierten) eigenen Homepage plaziert, sondern auf einer sehr prominenten Website (z. B. der Website eines Fernsehsenders, die täglich millionenfach abgerufen wird). Sehr interessant sind offene WWW-Umfragen auch für interkulturelle Studien: der mehrsprachige WWW-Fragebogen kann von Personen aus diversen Zielländern angesteuert werden. Hier sind also multinationale Studien ohne regionale Kooperationspartner möglich.

Ist man an einer *probabilistischen Stichprobenkontruktion* (vgl. S. 405 f.) interessiert, so wird man den WWW-Fragebogen nicht einfach der gesamten Netzöffentlichkeit präsentieren, sondern ihn (bzw. seine Webadresse) per Email nur den gezielt in das Sample gezogenen Individuen oder Gruppen (Clustern) bekannt machen. Zusätzlich kann man den WWW-Fragebogen mit einem Paßwort versehen und damit nur ausgewählten Personen Zugang gewähren. Individualisierte Paßwörter erlauben es auch, eine einmalige WWW-Umfrage zum Längsschnitt oder Panel zu erweitern, weil über das Paßwort die Mehrfachmessungen einer Person einander zuzuordnen sind. Mutmaßungen darüber, daß Personen bei Online-Umfragen besonders häufig Falschangaben machen, haben sich in Vergleichsstudien nicht bestätigt.

Online-Umfragen werden aufgrund ihrer vergleichsweise geringen Kosten in der Marktforschung immer beliebter. Es ist jedoch zu beachten, daß auf diesem Wege nur Personen erreichbar sind, die das Netz aktiv nutzen (dies ist nach wie vor nicht die Bevölkerungsmehrheit; vgl. Bandilla und Hauptmann, 1998). In der Evaluationsforschung ist die Online-Umfrage dort einschlägig, wo es um die Evaluation von Netzangeboten geht. Will man etwa die Akzeptanz einer Online-Zeitung untersuchen, kann man den Besucherinnen und Besuchern der Website gleich den zugehörigen Fragebogen anbieten. Für die Realisation von WWW-Umfragen existieren eine Reihe von Tools und Diensten, die der Wissenschaft teilweise kostenlos zur Verfügung stehen. Umfangreiche Informationen zu Theorie und Praxis der Online-Umfrage sind im Netz zu finden: http://www.online-forschung.de/ oder bei Schaefer und Dillman (1998). Eine Fülle von Internetumfragen sind in der Zeitschrift „Behaviour Research Methods, Instruments and Computers" dokumentiert. Hier findet man auch Vergleichsstudien von computervermittelter Umfragetechnik mit herkömmlichen Umfragetechniken. Über Methodik und Qualität von Online-Befragungen informiert ferner das Archiv von ZUMA Online Research: http://www.or.zuma-mannheim.de/.

Die Delphi-Methode
Die Delphi-Methode ist eine spezielle Form der schriftlichen Befragung, die in den vergangenen Jahren in immer mehr Anwendungsgebiete Eingang fand. Es handelt sich hierbei um eine hochstrukturierte Gruppenkommunikation, deren Ziel es ist, aus den Einzelbeiträgen der an der Kommunikation beteiligten Personen Lösungen für komplexe Probleme (z. B. im Kontext einer formativen Evaluation; vgl. S. 112 f.) zu erarbeiten. Der Name dieser Methode nimmt auf das berühmte griechische Orakel Bezug, das besonders „weise" Ratschläge gegeben haben soll.

Ein Leitungsgremium entwickelt zunächst für eine anstehende Problematik (z. B. Maßnahmen zur Bekämpfung des Drogenmißbrauchs, vgl. Jillson, 1975) einen ausführlichen Fragebogen, der an eine größere Expertengruppe unterschiedlicher Fachrichtungen verschickt wird. Das Leitungsgremium wertet die ausgefüllten Fragebögen aus und fertigt auf der Basis der Resultate der ersten Befragung einen neuen Fragenkatalog an, der ebenfalls den Experten vorgelegt wird. Diese zweite Befragung informiert zusätzlich über die Standpunkte und Lösungsbeiträge aller anderen beteiligten Expertinnen und Experten, so daß jedes einzelne Gruppenmitglied Gelegenheit erhält, seine eigenen Beiträge nach Kenntnisnahme der Antworten seiner Kollegen gewissermaßen aus einer höheren Warte zu überarbeiten und ggf. zu korrigieren. Um mögliche Mißverständnisse zu klären und einander widersprechende Lösungsbeiträge vereinheitlichen zu können, werden die betroffenen Experten erneut gebeten, ihre Position zu präzisieren oder zu begründen. Auf der Basis dieser Informationen erarbeitet das Leitungsgremium schließlich einen umfassenden Lösungsvorschlag für das behandelte Problem.

Moderne Varianten der Delphi-Methode werden computergestützt durchgeführt (Delphi-Konferenz) und führen zu einer erheblichen Zeitersparnis, wenn den Konferenzteilnehmern die Beiträge der anderen Teilnehmer unmittelbar über einen Bildschirm zugespielt werden (Echtzeitkonferenzen).

Gegenüber der *Gruppendiskussion* (S. 243) zeichnet sich die Delphi-Methode durch eine höhere Anonymität der Einzelbeiträge aus. Im Vordergrund steht die Nutzung der Kenntnisse mehrerer Sachverständiger zur Optimierung von Problemlösungen. (Ausführlichere Hinweise über Theorie, Vorgehensweise und Anwendung der Delphi-Methode findet man bei Linstone und Turoff, 1975.)

4.5
Beobachten

Keine Datenerhebungsmethode kann auf Beobachtung verzichten, da *empirische* Methoden definitionsgemäß auf *Sinneserfahrungen* (Wahrnehmungen, Beobachtungen) beruhen. In einem sehr allgemeinen Begriffsverständnis beruht somit jede Datenerhebung auf Beobachtung. Wenn dezidiert von *Beobachtungsmethoden* die Rede ist, ist damit eine engere Begriffsfassung gemeint. Laatz (1993, S. 169) definiert: „Beobachtung im engeren Sinne nennen wir das Sammeln von Erfahrungen in einem nichtkommunikativen Prozeß mit Hilfe sämtlicher Wahrnehmungsmöglichkeiten. Im Vergleich zur Alltagsbeobachtung ist wissenschaftliche Beobachtung stärker zielgerichtet und methodisch kontrolliert. Sie zeichnet sich durch Verwendung von Instrumenten aus, die die Selbstreflektiertheit, Systematik und Kontrolliertheit der Beobachtung gewährleisten und Grenzen unseres Wahrnehmungsvermögens auszudehnen helfen."

Wissenschaftliche Beobachtung verläuft standardisiert und intersubjektiv überprüfbar; sie kann quantitative Daten produzieren, die zur statistischen Hypothesenprüfung geeignet sind. Neben quantifizierenden Beobachtungsmethoden werden in den Sozialwissenschaften auch sog. qualitative Beobachtungen eingesetzt, bei denen ein interpretativer Zugang zum beobachteten Geschehen im Mittelpunkt steht (vgl. Abschnitt 5.2.2). Sowohl quantitative als auch qualitative Beobachtungstechniken vermeiden den für Alltagsbeobachtungen typischen Charakter der Subjektivität und des Anekdotischen, indem sie das Vorgehen standardisieren, dokumentieren und intersubjektiv vergleichbar machen.

Der besondere Vorteil der Beobachtungsmethoden gegenüber anderen Datenerhebungstechniken kommt zum Tragen, wenn

- man damit rechnen muß, daß verbale Selbstdarstellungen der Untersuchungsteilnehmer das interessierende Verhalten bewußt oder ungewollt verfälschen (Beispiel: die Art und Weise, wie ein Vater in einer Erziehungsberatung sein Verhalten gegenüber seinem Kind schildert, muß nicht mit dem tatsächlichen Verhalten übereinstimmen),

- man befürchtet, daß die Untersuchungssituation (Befragungssituation, Testsituation, Laborsituation o.ä.) das interessierende Verhalten beeinträchtigt. Diskrete Beobachtungen, die vom Beobachteten nicht bemerkt werden, liefern dann realistischere Informationen als Erhebungsmethoden, in denen sich der Untersuchungsteilnehmer bewußt in der Rolle einer „Versuchsperson" erlebt (Beispiel: eine Lehrerin, die sich für das Sozialverhalten eines Schülers interessiert, ist gut beraten, dieses nicht nur während des Unterrichts zu beobachten, sondern z.B. auch während der Pause oder in anderen Situationen, in denen sich der Schüler unbeobachtet fühlt),

- man in einem neuen Untersuchungsterrain erste Eindrücke und Informationen sammeln will, um diese ggf. zu überprüfbaren Hypothesen auszubauen (Beispiel: wenn Hypothesen über das Zustandekommen von Ranghierarchien in Tiergruppen erkundet werden sollen, ist die Methode der Beobachtung unersetzbar),
- man für die Deutung einer Handlung das Ausdrucksgeschehen (Mimik, Gestik) des Handelnden heranziehen will (Beispiel: das schriftliche Protokoll über eine gruppendynamische Sitzung ist weniger aufschlußreich als eine entsprechende Film- oder Videoaufnahme).

Der folgende Abschnitt (4.5.1) grenzt zunächst die wissenschaftliche, systematische Beobachtung von der Alltagsbeobachtung ab. Abschnitt 4.5.2 berichtet über verschiedene Arten der wissenschaftlichen Beobachtung, und im letzten Abschnitt (4.5.3) werden konkrete Hinweise zur Durchführung einer Beobachtungsstudie gegeben (Informationen zu qualitativen Beobachtungstechniken sind Kap. 5 zu entnehmen).

4.5.1
Alltagsbeobachtung und systematische Beobachtung

Die deutsche Sprache hält eine Reihe von Begriffen bereit, die die Art der visuellen Wahrnehmung charakterisieren. Es wird z.B. „betrachtet", „angestarrt", „hingesehen", „etwas im Auge behalten", „fixiert", „erspäht", „beäugt" und eben auch „beobachtet". Die mit diesen Begriffen bezeichneten Arten der visuellen Wahrnehmung unterscheiden sich hinsichtlich ihrer Zielgerichtetheit und ihrer Aufdringlichkeit. „Gerät etwas ins Blickfeld", haben wir es mit einem Wahrnehmungsvorgang zu tun, der wenig zielgerichtet und unaufdringlich ist. „Anstarren" bzw. „Fixieren" hingegen charakterisieren Wahrnehmungsvorgänge mit hoher Zielgerichtetheit und Aufdringlichkeit. Mit „Beobachten" verbinden wir eine Art der visuellen Wahrnehmung, die zielgerichtet und teilweise auch aufdringlich ist. Wir sprechen von Beobachtung, wenn aus einem Ablauf von Ereignissen etwas aktiv, also nicht beiläufig, zum Objekt der eigenen Aufmerksamkeit gemacht wird, bzw. „wenn die Wahrnehmung von einer planvollen, selekti-

ven Suchhaltung bestimmt und von vornherein auf die Möglichkeit der Auswertung der Beobachteten im Sinne einer übergreifenden Absicht gerichtet ist" (Graumann, 1966, S. 86).

Da die Beobachtung eine Form der visuellen Wahrnehmung ist, sind einige Probleme der Beobachtungsmethode auch gleichzeitig Gegenstände der Wahrnehmungspsychologie. In jeder Sekunde strömen Hunderte verschiedener Reize auf das wache Auge ein. Wie es den Wahrnehmungsorganen gelingt, aus diesem Überangebot die wesentlichen Informationen herauszufiltern und wie der Prozeß der Informationsverarbeitung und -speicherung vonstatten geht, ist in verschiedenen Forschungsrichtungen der Allgemeinen Psychologie intensiv untersucht worden (vgl. z.B. die Einführungen von Gibson, 1982; Klix, 1971; Lindsay und Norman, 1977; Neisser, 1979 oder Wessels, 1994). Die Wirkung der Einstellung einer Person auf ihre Wahrnehmung anderer Menschen, Gegenstände oder Vorgänge und die dabei auftretenden „Verzerrungseffekte" (Social Perception, Person Perception) sind vielfältig in sozialpsychologischen Untersuchungen behandelt worden (vgl. z.B. Frey und Irle, 1993; Irle, 1975 oder Secord und Backman, 1974).

Die für uns wichtigen Schlußfolgerungen aus diesen Untersuchungen besagen, daß eine Beobachtung so gut wie nie einer „realitätsgetreuen Abbildung" des zu Beobachtenden entspricht (vgl. die Ausführungen zum Basissatzproblem auf S. 24). Beobachten heißt gleichzeitig, Entscheidungen darüber zu treffen, was ins Zentrum der Aufmerksamkeit rücken soll und wie das Beobachtete zu interpretieren bzw. zu deuten ist. Dies zu erkennen und die Subjektivität der Beobachtung soweit wie möglich einzuschränken oder zu kontrollieren, ist Aufgabe einer grundlagenorientierten Erforschung der *systematischen* Beobachtung.

Kriterien der systematischen Beobachtung
Im Unterschied zur Alltagsbeobachtung, die nach individuellen Interessen und Werten mehr oder weniger beliebig vonstatten geht, setzt die systematische Beobachtung einen genauen Beobachtungsplan voraus, der vorschreibt

- was (und bei mehreren Beobachtern auch von wem) zu beobachten ist,
- was für die Beobachtung unwesentlich ist,

- ob bzw. in welcher Weise das Beobachtete gedeutet werden darf,
- wann und wo die Beobachtung stattfindet und
- wie das Beobachtete zu protokollieren ist.

Wir sprechen von systematischer Beobachtung, wenn bestimmte zu beobachtende Ereignisse zum Gegenstand der Forschung gemacht und Regeln angegeben werden, die den Beobachtungsprozeß so eindeutig festlegen, daß die Beobachtung zumindest theoretisch nachvollzogen werden kann (vgl. hierzu auch Cranach und Frenz, 1975 oder Pawlik und Buse, 1996). Tafel 28 verdeutlicht an Beispielen Regeln einer systematischen Beobachtung.

Die systematische Beobachtung wird als Datenerhebungstechnik wie andere Methoden (Befragen, Testen, etc.) nach den Kriterien der Meßtheorie beurteilt, auch wenn es zunächst etwas befremdlich erscheint, einen oder mehrere Beobachter als „Meßinstrumente" zu bezeichnen. Diese Sichtweise wird einleuchtend, wenn man sich in Erinnerung ruft, daß jeder Meßvorgang als ein Abbildungsvorgang beschreibbar ist, in dem ein Ausschnitt der Beobachtungsrealität in ein symbolisches (gegebenenfalls numerisches) Modell abgebildet wird (vgl. Abschnitt 2.3.6). Auch das Protokollieren bestimmter beobachteter Ereignisse durch Zeichen oder sprachliche Begriffe stellt einen solchen Modellierungsvorgang dar.

Modellierungsregeln

Die systematische Beobachtung ist durch Regeln gekennzeichnet, die im folgenden anhand einiger Beispiele aus der pädagogischen Psychologie verdeutlicht werden. Bei diesen, an inhaltsanalytischen Techniken orientierten Regeln handelt es sich um:

- Selektion,
- Abstraktion,
- Klassifikation,
- Systematisierung und
- Relativierung.

Selektion: Unter Selektion verstehen wir die Auswahl bestimmter Beobachtungsgegenstände bzw. das Herausfiltern bestimmter Reize aus der Vielzahl gleichzeitig wahrnehmbarer Reize.

„Als Beispiel diene uns hier eine ältere Untersuchung aus den USA: Urban (1943) wollte den Einfluß des Unterrichts in Gesundheits- und Hygienelehre auf das Verhalten der Schüler in der Klasse prüfen. Die Mehrzahl der Verhaltensformen in der Lerngruppe konnte er zu diesem Zwecke ignorieren, da sie für seinen Zweck nicht von Bedeutung waren. Ob Schüler flüsterten oder nicht, wieviele Fehler sie im gesprochenen Englisch machten, ob sie ohne Erlaubnis sprachen – nichts hiervon war von Bedeutung, und deswegen wurde es auch nicht protokolliert. Dagegen wurde lückenlos aufgezeichnet, wenn ein Schüler ohne Taschentuch nieste, wenn er am Bleistift knabberte und ähnliches, weil dies die Verhaltensweisen waren, auf die der Unterricht in Hygiene zu wirken versucht hatte" (Ingenkamp, 1973, S. 21).

Abstraktion: Das Abstrahieren besteht darin, ein Ereignis aus seinem jeweiligen konkreten Umfeld bzw. aus seiner „historischen Einmaligkeit" herauszulösen. Das Ereignis wird auf seine wesentliche Bedeutung reduziert.

Fragt ein Lehrer einen Schüler nach der Hauptstadt von Brasilien, so könnte dies als „Lehrer stellt Wissensfrage" abstrahiert werden, unabhängig davon, ob der Lehrer dabei eine Augenbraue hochzieht (was signalisieren könnte, daß er von diesem Schüler keine richtige Antwort erwartet), ob diese Frage besonders leicht war (was der Intention des Lehrers entsprechen könnte, einem mutlosen Schüler ein Erfolgserlebnis zu ermöglichen) oder ob der Lehrer bei der Frage mit den Fingern leicht auf das Pult trommelte (was Nervosität oder Ungeduld bedeuten könnte). Wenn die Analyse des Unterrichts z. B. auf die Häufigkeit von Wissensfragen und Erklärungen des Lehrers abzielt, ist das Lehrverhalten nur hinsichtlich dieser und keiner anderen Kriterien zu abstrahieren.

Klassifikation: Mit der Selektion und Abstraktion hat man das Beobachtete auf einige wesentliche Merkmale oder Ereignisse reduziert, die im nächsten Schritt zu klassifizieren sind. Klassifikation bezeichnet den Vorgang der Zuordnung von Zeichen und Symbolen zu bestimmten Ereignis- oder Merkmalsklassen. Die Ereignis- oder Merkmalsklassen fassen Ereignisse oder Merkmale mit ähnlicher Bedeutung zusammen (zu Klassifikationskriterien s. S. 139 f. und S. 151).

TAFEL 28 ▰▰▰▰▰▰▰▰▰▰

Systematische Beobachtung: Regeln für ein Verhaltensprotokoll

Eine bestimmte Tradition in Beobachtungsstudien verfolgt das Ziel, das zu untersuchende Verhalten möglichst lückenlos in einem natürlich belassenen Umfeld zu erfassen. Barker als ein bekannter Vertreter dieser „ökologischen Schule" (vgl. Barker, 1963) verfaßte zusammen mit Wright (Barker und Wright, 1955) eine Studie über die Lebensbedingungen im amerikanischen Mittelwesten, der die nachfolgenden Regeln für Verhaltensprotokolle (nach einer Überarbeitung und Übersetzung von Faßnacht, 1979) entnommen sind.

Inhaltsregeln für Verlaufsprotokolle

1. Schaue auf das Verhalten und die Situation des Subjektes. Dazu gibt es zwei Ausnahmen:
   a) Es sollen die Aktionen einer zweiten Person bzw. die situativen Umstände dann beobachtet und notiert werden, wenn angenommen werden kann, daß normalerweise diese Ereignisse die zu beobachtende Person nicht indifferent lassen (z.B. Lärm einer Zweitperson, während erste studiert).
   b) Führen eine Aktion einer Zweitperson oder situative Umstände offensichtlich zu einem Wechsel der Situation des zu beobachtenden Subjektes, sollen diese notiert werden (z.B. Eine neue Person betritt den Raum; diese wendet sich jedoch erst später an das zu beobachtende Subjekt).
2. Beobachte und reportiere so vollständig wie möglich die Situation des Subjektes (z.B.: Das Subjekt betrachtet ein Bild; wie sieht das Bild aus? Eine Person spricht das Subjekt an; was spricht sie?).
3. Ersetze niemals durch Interpretation die Last der Deskription. Interpretative Kommentare dienen im besten Fall dem besseren Verständnis, was der Beobachter beschreibt. Werden Interpretationen gegeben, dann nur in der Alltagssprache. Interpretationen sollen in

der geschriebenen Revision durch Einklammerung kenntlich gemacht werden. Interpretationen gehen über einfache Schlußfolgerungen hinaus, indem sie verallgemeinern oder erklären.
4. Gib an, wie ein Subjekt etwas macht (z.B.: Das Kind geht. Wie? Langsam, schlendernd, mit festem Schritt, auf Zehenspitzen, ...?).
5. Gib an, wie eine Person etwas macht, die mit dem Subjekt interagiert.
6. Berichte in der endgültigen Version der Reihe nach alle (auch selbstverständlich erscheinende) Hauptschritte während des Verlaufes jeder Aktion (z.B. falsch: Das Kind schreibt an die Wandtafel; jetzt sitzt es wieder an seinem Platz; Frage: wie kam es dort hin?).
7. Wenn möglich, soll Verhaltensbeschreibung positiv, d.h. ohne Verneinungen formuliert sein (z.B. falsch: Fritz sprach nicht sehr laut).
8. Beschreibe zu Beginn der Beobachtung detailliert die Szene, wie sie sich darbietet.
9. Fasse nicht mehr als eine Aktion des Subjektes in einem Satz zusammen. Diese Regel gilt vor allem für die geschriebene Revision. Hingegen können mehrere Aktionen in einen Satz gestellt werden, wenn sie dazu dienen, die eine Aktion zu beschreiben.
10. Fasse nicht mehr als eine Aktion anderer Personen, die mit dem Subjekt interagieren, in einem Satz zusammen.
11. Reportiere Beobachtungen nicht mittels Zeitintervallen (z.B. falsch: Von ... bis ... ging Fritz einkaufen). Zeitmarken werden unabhängig von den Aktionen ungefähr im Minutenintervall am Protokollrand festgehalten.

Verfahrensregeln für Verlaufsprotokolle

1. Beobachtungsperiode pro Beobachter: Maximum 30 Minuten. In diesem Rhythmus werden die Beobachter ausgewechselt.
2. Notierung an Ort und Stelle, d.h. parallel zum Ereignis. Die verbale Kommunikation soll so genau wie möglich aufgeschrieben werden.

TAFEL 28

3. Zeitmarkierung: Ungefähr jede Minute am Rand.
4. Nach der Beobachtung: Diktat des Manuskriptes auf Band. Hier können Manuskriptlücken gefüllt werden; genaue zeitliche Folgekorrekturen werden später angebracht. Diktat sofort nach der Beobachtung. Erinnerungen, die nicht im Rohmanuskript stehen, können beigefügt werden.
5. Fragesitzung. Anschließend hört eine zweite Person das Diktat an und befragt den Beobachter über unklare Stellen bzw. Lücken. Dies führt zu Korrekturen und Ergänzungen.
6. Geschriebene Revision. Nachdem der diktierte Bericht transkribiert worden ist, soll er vom Beobachter sobald als möglich revidiert werden, d.h. Korrekturen unklarer Aussagen, Richtigstellung der zeitlichen Ordnung, Füllen von Lücken, Weglassen von doppelt Aufgezeichnetem.
7. Zusätzliche Fragesitzung. Diese wird wieder mit einer zweiten Person durchgeführt, die klärende Fragen stellt. Falls nötig: Modifikation und danach endgültige Niederschrift; diese endgültige Niederschrift bildet das Ausgangsmaterial zum Episodieren.
8. Die auf diese aufwendige Weise zustandegekommenen Protokolle werden in Episoden unterteilt und anschließend einer weiteren Auswertung (z.B. Inhaltsanalyse, vgl. S. 138ff.) unterzogen (ein Beispielprotokoll findet sich bei Faßnacht, 1979).

Wenn ein Schüler der Lehrerin durch lautes Fingerschnippen zu signalisieren versucht, daß er etwas sagen möchte (abstrakt: lebhafte Unterrichtsbeteiligung), so wird dies unter Umständen mit dem Verhalten eines anderen Schülers gleich klassifiziert, der nach einer Lehrerfrage nur stumm den Arm hebt (abstrakt: ruhige Unterrichtsbeteiligung). Beide Ereignisse fallen in die Kategorie „Schüler beteiligt sich am Unterricht". Stehen mehrere Kategorien zur Beobachtung des Schülerverhaltens zur Auswahl (z.B. „Schüler stört" oder „Schüler ist unbeteiligt"), erleichtert die Zuordnung von Zahlen oder Zeichen zu diesen Kategorien die Protokollführung.

Die hier getroffene Unterscheidung verschiedener Bestandteile des Beobachtungsvorganges darf nicht dahingehend mißverstanden werden, Selektion, Abstraktion und Klassifikation als voneinander unabhängige, sukzessive Vorgänge anzusehen. Vieles hiervon läuft bei einer geschulten Beobachterin praktisch gleichzeitig ab. Die getrennte Beachtung dieser Modellierungsmerkmale ist jedoch wichtig, wenn eine Beobachtungsstudie vorbereitet wird (vgl. S. 270) bzw. wenn Beobachter für ihre Aufgabe trainiert werden (vgl. S. 273f.).

Systematisierung: Die Systematisierung besteht darin, die mit Zeichen, Zahlen oder Begriffen ko-

dierten Einzelbeobachtungen zu einem übersichtlichen Gesamtprotokoll zusammenzustellen. Die Anfertigung des Gesamtprotokolls sollte der Zielsetzung der Untersuchung Rechnung tragen, d.h. es sollten ihm leicht Angaben zu entnehmen sein, die zur Beantwortung der forschungsanleitenden Fragen beitragen. Beobachtungsdaten, die Grundlage für weitere Berechnungen oder statistische Analysen sind, müssen entsprechend aufbereitet werden.

Relativierung: Mit Relativierung sind Überlegungen angesprochen, die sich auf den Aussagegehalt des Untersuchungsmaterials, bzw. dessen Integration in einen breiteren theoretischen Rahmen beziehen. Der Aussagegehalt einer Beobachtungsstudie ist gefährdet, wenn

- unvorhergesehene Ereignisse den zu beobachtenden Vorgang stark beeinträchtigten,
- das beobachtete Geschehen für die eigentliche Fragestellung nur wenig typisch war,
- der Beobachter häufig unsicher war, wie das Geschehen protokolliert werden soll,
- die Anwesenheit des Beobachters den natürlichen Ablauf des Geschehens offensichtlich störte oder wenn
- andere Gründe gegen die Eindeutigkeit der Untersuchungsergebnisse sprechen.

4.5.2
Formen der Beobachtung

Kommt für eine Untersuchung die Beobachtungsmethode (eventuell auch in Ergänzung zu anderen Methoden) als Technik der Datenerhebung in Betracht, ist zu klären, wie die Beobachtungen vorzunehmen sind. Die systematische Beobachtung wurde bereits als die wichtigste Form der wissenschaftlichen Beobachtung dargestellt. Hieraus abzuleiten, daß eine unsystematische Beobachtung, also eine Beobachtungsform, die spontan ohne zuvor festgelegte Regeln abläuft, von vornherein „unwissenschaftlich" sei, wäre sicherlich falsch. Einen Vorgang, der mehr oder weniger zufällig Aufmerksamkeit erweckt, möglichst unvoreingenommen zu beobachten, kann gelegentlich interessante, neuartige Ideen für spätere Untersuchungen anregen. Über Arten und Anwendung dieser qualitativen Beobachtungsverfahren informiert Abschnitt 5.2.2, ihre Funktion für die Hypothesenbildung wird in Abschnitt 6.5 erläutert.

Der Grad der Systematisierung einer Beobachtung richtet sich nach dem Untersuchungsanliegen (Hypothesen finden, Hypothesen prüfen oder Deskription) bzw. nach der Präzision der Vorkenntnisse über den in Frage stehenden Untersuchungsgegenstand. Je genauer man das zu Beobachtende im Prinzip kennt, desto systematischer sollte eine Beobachtung angelegt sein.

Hiervon unabhängig unterscheidet man *teilnehmende* und *nicht-teilnehmende* bzw. *offene* und *verdeckte* Beobachtungen. Von einer teilnehmenden Beobachtung sprechen wir, wenn der Beobachter selbst Teil des zu beobachtenden Geschehens ist, wenn er also seine Beobachtungen nicht als Außenstehender macht. Wird offen beobachtet, bemüht sich der Beobachter – anders als bei verdeckten Beobachtungen – nicht, seine Rolle als Beobachter zu verbergen (mißverständlicherweise werden auch unstandardisierte bzw. qualitative Beobachtungen als „offen" bezeichnet). Die folgenden Beispiele verdeutlichen die genannten Beobachtungsformen:

- Teilnehmend – offen:
  Eine Betriebspsychologin beteiligt sich zur Erkundung von Gruppenproblemen offen an Mitarbeitergesprächen;

- Teilnehmend – verdeckt:
  Ein Beamter des Verfassungsschutzes beobachtet unerkannt als Teilnehmer einer Demonstration das Verhalten der Demonstranten;
- Nicht-teilnehmend – offen:
  Ein Fußballtrainer beobachtet am Rande des Fußballplatzes die Einsatzbereitschaft der Spieler;
- Nicht-teilnehmend – verdeckt:
  Ein Entwicklungspsychologe beobachtet hinter einer Einwegscheibe (s.u.) eine Auseinandersetzung zwischen zwei Kindern.

Die Vor- und Nachteile dieser Beobachtungsformen müssen für jede konkrete Beobachtungsstudie neu abgewogen werden. Wir fassen sie im folgenden kurz zusammen und gehen zudem auf Formen der nonreaktiven Beobachtung („Unobtrusive Measures", vgl. Webb et al., 1975), auf den Einsatz mehrerer Beobachter, auf apparative Beobachtungen sowie auf die Selbstbeobachtung ein.

Teilnehmende oder nicht-teilnehmende Beobachtung?

Für manche Forschungsfragen (z.B. in der Feldforschung, vgl. S. 338 ff.) stellt die teilnehmende Beobachtung (auch Feldbeobachtung) die einzige methodische Variante dar, zu aussagekräftigen Informationen zu gelangen. Wird der Beobachter als aktiver Bestandteil des Geschehens akzeptiert, kann er damit rechnen, Einblicke zu erhalten, die ihm als Außenstehendem verschlossen bleiben. Es ist allerdings häufig nicht einfach, als teilnehmender Beobachter einerseits integriert zu werden und andererseits den natürlichen, „normalen" Ablauf des Geschehens durch eigene Initiativen und Aktivitäten nicht zu verändern.

Der Grad der Systematisierung ist bei der teilnehmenden Beobachtung meist gering; der Wert dieser Methode kommt deshalb vor allem bei Erkundungsstudien zum Tragen. Da das gleichzeitige Beobachten und Protokollieren dem eigentlichen Sinn einer teilnehmenden Beobachtung zuwiderläuft, kann das Beobachtete erst nach Abschluß der Beobachtungsaufgabe schriftlich fixiert werden. Daß Gedächtnislücken und subjektive Fehlinterpretationen den Wert derartiger Protokolle in Frage stellen können, liegt auf der Hand.

Die nicht-teilnehmende Beobachtung bietet den Vorteil, daß sich der Beobachter vollständig auf das Geschehen und das Protokollieren konzentrieren kann. Entsprechend ist der Grad der Systematisierung hier nicht durch die Methode begrenzt. Es ist abzuwägen, inwieweit dieser Vorteil durch den Nachteil, daß der teilnehmende Beobachter eventuell als störend empfunden wird und damit das eigentlich interessierende Geschehen verfälscht, aufgehoben wird. (Ausführliche Informationen zur teilnehmenden Beobachtung geben Friedrichs und Lüdtke, 1973 oder Girtler, 1984.)

Offene oder verdeckte Beobachtung?

Bei der offenen Beobachtung ist den beobachteten Personen bekannt, daß sie beobachtet werden. Man muß also damit rechnen, daß die Untersuchungsteilnehmer über Ziel und Zweck der Beobachtung spekulieren und sich möglicherweise konform im Sinne sozialer Erwünschtheit (vgl. S. 233) bzw. auch antikonform verhalten. Sicherlich wird das Gefühl, beobachtet zu werden, in vielen Fällen – vor allem, wenn Personen wie Politiker, Schauspieler oder Sportler beobachtet werden, die es gewohnt sind, im Mittelpunkt des Interesses zu stehen – nur eine „kurzzeitig wirkende Variable" sein (vgl. Cranach und Frenz, 1975, S. 308). Dennoch empfiehlt es sich, in abschließenden Befragungen eventuell erlebte „reaktive Effekte" zu erkunden.

Sind reaktive, das Geschehen beeinflussende, Effekte wahrscheinlich und für den Untersuchungsausgang entscheidend, muß eine verdeckte Beobachtung in Betracht gezogen werden, bei der die zu beobachtenden Personen nicht bemerken (sollen), daß sie beobachtet werden. In vielen psychologischen Untersuchungen verwendet man hierfür sog. *Einwegscheiben,* die von der einen Seite durchsichtig sind und von der anderen Seite wie Spiegel erscheinen. Die dabei auftretenden ethischen Probleme einmal zurückgestellt, bleibt es bei vielen derartigen Untersuchungen sehr fraglich, ob die Beobachtung wirklich nicht bemerkt wurde. Auch abschließende Befragungen schaffen hier oftmals keine endgültige Klarheit, denn man muß damit rechnen, daß einige Personen zwar spürten, daß sie beobachtet wurden, einen Einfluß dieser Wahrnehmung auf ihr Verhalten jedoch leugnen.

Nonreaktive Beobachtung

Die Diskussion um offene vs. verdeckte Beobachtung verdeutlicht, daß die Beeinflußbarkeit des interessierenden Geschehens durch den Beobachtungsvorgang von entscheidender Bedeutung ist. Dies veranlaßte Webb et al. (1975) dazu, eine Reihe sog. nonreaktiver Beobachtungen oder Messungen zusammenzustellen, bei denen Beobachter und Betroffene nicht in Kontakt miteinander treten, so daß eine wechselseitige Beeinflussung von Beobachter und Beobachtetem ausgeschlossen ist. Wir werden hierüber ausführlich auf S. 325 f. berichten.

Mehrere Beobachter

Auch bei strukturierter Beobachtung läßt es sich kaum vermeiden, daß subjektive Deutungen in das Beobachtungsprotokoll einfließen. Eine Maßnahme, die geeignet ist, das Ausmaß an Subjektivität von Beobachtungen zu kontrollieren, ist der Einsatz mehrerer Beobachter, deren Protokolle nach der Beobachtung verglichen und ggf. (bei genügender Übereinstimmung, vgl. Tafel 30, S. 275 ff.) zu einem Gesamtprotokoll zusammengefaßt werden.

Mehrere Beobachter einzusetzen ist auch empfehlenswert, wenn erste Eindrücke und Anregungen für weiterführende Untersuchungen in großen und unübersichtlichen Beobachtungsfeldern zu sammeln sind. Die Gefahr, daß das Geschehen beeinflußt wird, ist bei mehreren Beobachtern allerdings größer als bei einem einzelnen Beobachter.

Apparative Beobachtung

Beobachtungsaufgaben werden durch den Einsatz apparativer Hilfen (Film- und Videoaufnahmen) erheblich erleichtert. Schnell ablaufende Vorgänge, bei denen auch die Registrierung von Details wichtig ist, können später eventuell wiederholt betrachtet und in Ruhe ausgewertet werden. Hier ist der Einsatz mehrerer Beobachter, die miteinander über das Beobachtete offen kommunizieren können, weniger problematisch.

Diesen Vorteilen steht der gravierende Nachteil gegenüber, daß das Verhalten der beobachteten Personen nur selten von dem Vorhandensein einer Film- oder Videokamera unbeeinflußt bleibt. Es ist auch damit zu rechnen, daß es Untersuchungsteilnehmer ablehnen, aufgenommen zu werden. Heimliche Filmaufnahmen verbieten sich in vielen Fällen, da das Recht am eigenen Bild auch juristisch klar geregelt ist.

Automatische Beobachtung

Die Beobachtung *computervermittelter Kommunikations- und Interaktionsprozesse* ist dadurch erleichtert, daß medienbedingt eine vollständige Aufzeichnung des interpersonalen Geschehens möglich ist, *ohne* daß die Beobachteten den Registrierungsprozeß bemerken und ohne daß dafür zusätzliche Technik erforderlich wäre (deswegen: automatische Beobachtung). So können wir beispielsweise das *öffentliche* Verhalten in Mailinglisten, Newsgroups, Chat-Foren oder MUDs (Multi User Domains) stunden-, tage- und wochenlang lückenlos mitprotokollieren. Die Auswertung der automatisch erstellten Beobachtungsprotokolle mag qualitativ und/oder quantitativ erfolgen (Döring, 1999, S. 176 ff.).

Chat- und Mud-Programme erlauben die Protokollierung *privater* Online-Gespräche, ohne daß die Gegenseite dies mitbekommt. Nicht wenige Netzaktive archivieren ihre privaten Chat-Gespräche und ihre Email-Korrespondenz. Damit entstehen objektive Verhaltensdaten über soziale Ereignisse, die undokumentiert bleiben und allenfalls aus der Erinnerung wiedergegeben werden können, wenn die Beteiligten auf nichtmedialem Wege miteinander in Verbindung treten. Diese Dokumente lassen sich als Datenmaterial für die empirische Sozialforschung (z.B. die Beziehungsforschung, vgl. Döring, 2000b) nutzen, sofern die Beteiligten sich einverstanden erklären, die entsprechenden Dokumente auszuhändigen.

Generell stellt die automatische Registrierung von computervermittelten Kommunikationsprozessen eine besonders ökonomische und ökologisch valide Form der Datenerhebung dar. Sie ist jedoch mit *ethischen Problemen* behaftet (Döring, 1999, S. 201 ff.). Kernproblem ist dabei die Tatsache, daß Grenzen zwischen Privatheit und Öffentlichkeit in den meisten Netzkontexten bis heute Gegenstand äußerst kontroverser Diskurse sind. So wird im einen Extrem sowohl von Beteiligten als auch von Außenstehenden behauptet, jegliche nichtgeschlossene Gruppenkommunikation im Netz sei grundsätzlich öffentlich und stünde da-

mit qua implizitem Einverständnis allen Interessierten zur Dokumentation und Analyse frei zur Verfügung, wie das etwa bei Fernsehtalkshows oder Podiumsdiskussionen auf politischen Veranstaltungen der Fall ist. Die Gegenposition proklamiert, daß Netzforen eben gerade nicht eine disperse breite Öffentlichkeit adressieren, sondern einen internen Austausch vollziehen, der sich nur an die aktuell Beteiligten richtet. Eine verdeckte Protokollierung von Gruppeninteraktionen im Netz (z.B. Aufzeichnung aller Beiträge einer Depressionsmailingliste) wäre also etwa gleichzusetzen mit dem heimlichen Aufzeichnen einer Tischrunde in einem Lokal oder einer Gesprächsrunde auf einer Party und käme damit einer unethischen Verletzung der Privatsphäre gleich. Es erscheint sinnvoll, der Heterogenität von Netzkontexten und Forschungsinteressen dadurch Rechnung zu tragen, daß anstelle einer Orientierung an pauschalen Richtlinien jeweils im Einzelfall ethische Probleme bedacht und offengelegt werden.

Selbstbeobachtung

Sicher nicht zur Hypothesenüberprüfung, wohl aber zur Anregung von Hypothesen eignet sich auch die kontrollierte Selbstbeobachtung als eine besondere Form phänomenologisch orientierter Methoden. Auch wenn die Beobachtung eigener „innerer Erlebnisse" (*Introspektion*) störanfällig und kaum kontrollierbar ist, stellt diese Datenquelle für einige wichtige Phänomene praktisch die einzige Zugangsmöglichkeit dar. Von besonderer Bedeutung ist die Introspektionsmethode für die Analyse von Denkprozessen. Auf die Selbstbeobachtung gehen wir auf S. 324 näher ein.

4.5.3
Durchführung einer Beobachtungsstudie

Ist – der Fragestellung angemessen – die Entscheidung für eine bestimmte Beobachtungsstrategie gefallen, gilt es, das genaue methodische Vorgehen für den Beobachtungsprozeß festzulegen. Dazu gehören die Entwicklung eines geeigneten Beobachtungsplanes sowie Entscheidungen darüber, ob die Beobachtung das Geschehen in einer Zeit- oder Ereignisstichprobe erfassen soll und welche technischen Hilfsmittel benötigt werden. Unbedingt erforderlich sind ein Beobachter-training und – bei mehreren Beobachtern – die Überprüfung ihrer Übereinstimmung.

Vorbereitung des Beobachtungsplanes

Unter einem Beobachtungsplan versteht man die nach Vorversuchen erstellte Anweisung, wie und was zu beobachten und zu protokollieren ist. Das Ausmaß der Standardisierung oder Strukturierung des Beobachtungsplanes richtet sich nach der Präzision der Fragestellung bzw. nach der Genauigkeit der Informationen, die bereits über das Untersuchungsfeld und den Untersuchungsgegenstand vorliegen.

Freie Beobachtung: Bei einer freien (offenen, unstandardisierten, qualitativen) Beobachtung verzichtet man in der Regel auf die Vorgabe von Beobachtungsrichtlinien. Sie kommt vor allem für Untersuchungen in Betracht, mit denen ein bislang weitgehend unerforschtes Gebiet erkundet werden soll. Hier wäre ein differenzierter Beobachtungsplan überflüssig, wenn nicht gar hinderlich. Er könnte die Aufmerksamkeit auf bestimmte Details lenken, die sich im Laufe der Beobachtung unter Umständen als irrelevant oder unbedeutend erweisen und würde eine Aufgabe nur formal strukturieren, die zunächst allgemeine Aufmerksamkeit und Offenheit für ein breites Feld von Ereignissen erfordert (z. B. Interaktionen in der U-Bahn). Das Beobachtungsprotokoll sollte eine möglichst umfassende Dokumentation von ganzen Ereignisabläufen und von interessant erscheinenden Einzelheiten sowie eine präzise Schilderung der situativen Bedingungen enthalten. Gesondert sollten zudem auch die eigenen Ideen, Reaktionen und Interpretationen festgehalten werden, die ggf. das Ausgangsmaterial für eine Hypothesenformulierung bilden.

Halbstandardisierte Beobachtung: Halbstandardisierte Beobachtungen sind beispielsweise angebracht, wenn die Umstände oder Ursachen für das Auftreten eines kritischen Ereignisses näher zu erkunden sind (z. B. Ursachen für Drogenkonsum bei Jugendlichen, für betriebsinterne Spannungen, für das Entstehen kindlicher Aggressionen etc.). Gegenüber der freien Beobachtung erfordern derartige Fragestellungen eine zentrierte Beobachtung, die auf alle mit dem kritischen Ereignis verbundenen Vorgänge zu richten ist. Das Beobachtungsschema enthält offene Kategorien oder Fragen, die den Beobachter anweisen, worauf er während seiner Beobachtung zu achten hat.

Standardisierte Beobachtung: Der Beobachtungsplan einer standardisierten Beobachtung schreibt genau vor, was zu beobachten und wie das Beobachtete zu protokollieren ist. Das zu beobachtende Geschehen ist im Prinzip bekannt und läßt sich in einzelne Elemente oder Segmente zerlegen, die ausschließlich Gegenstand der Aufmerksamkeit des Beobachters sind. Eventuelle Interpretationen oder Deutungen müssen dem Beobachter soweit wie möglich durch die Vorgabe zuverlässiger Indikatoren für das einzuschätzende Verhalten erleichtert werden. Exemplarische Beispiele sind hierbei sehr hilfreich. Lautet die Beobachtungsaufgabe beispielsweise, kindliches Spielverhalten hinsichtlich der Merkmale „kooperativ" und „aggressiv" zu beschreiben, darf es dem Beobachter nicht überlassen bleiben, welche Verhaltensweisen er als kooperativ oder aggressiv klassifiziert. Diese Entscheidung muß – eventuell mit Hilfe von Beispielen – im Beobachtungsplan so weit wie möglich vorstrukturiert sein, so daß inhaltsanalytische Auszählungen möglich sind (vgl. S. 147 ff.).

Es ist darauf zu achten, die Protokollführung so einfach wie möglich zu gestalten. Ein guter Beobachtungsplan ist so weit ausgefeilt, daß sich der zu beobachtende Vorgang mit einfachen Zeichen, Zahlen oder Buchstaben festhalten läßt. Tafel 29 gibt hierfür ein Beispiel.

Ereignisstichprobe oder Zeitstichprobe?

Alle Ereignisse eines Untersuchungsfeldes vollständig erfassen zu wollen, ist auch mit technischen Hilfsmitteln nicht möglich. Beobachtung kann – ob gewollt oder ungewollt – immer nur einen Ausschnitt des Geschehens erfassen, womit sich die Frage stellt, ob die beobachteten Ausschnitte für das Geschehen typisch oder repräsentativ sind. Dies ist ein Stichprobenproblem, das sich hier jedoch nicht auf die Auswahl der Untersuchungsteilnehmer, sondern auf die Auswahl der Beobachtungseinheiten bezieht. Man unterscheidet zwei Vorgehensweisen: die Ereignisstichprobe und die Zeitstichprobe.

TAFEL 29

Tätigkeiten eines Vorarbeiters:
Beispiel für einen Beobachtungsplan

Atteslander (1956, zit. nach Cranach und Frenz, 1975, S. 318 f.) untersuchte die Aktivitäten von Vorgesetzten (Vorarbeitern) an ihren Arbeitsplätzen in der Industrie. Über jeden beobachteten Vorarbeiter wurde ein Beobachtungsprotokoll („Interactio-Gram") angefertigt, dessen Symbolik im folgenden erläutert wird:

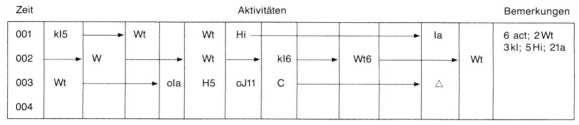

△ = Ende des Beobachtungsprotokolls

1. Hauptaktivitäten des Vorarbeiters

		Symbol
(1)	Interaktion	I
	(a) wird angesprochen (ein Arbeiter verläßt z. B. seinen Platz und beginnt die Interaktion)	kI
	(b) beginnt selbst die Interaktion	oI
	(c) nicht direkt auf die Arbeit bezogene Interaktion	J
(2)	Gehen	W
	(a) geht und transportiert etwas	Wt
(3)	Umgang mit Gegenständen	
	(a) Materialprüfung	HI
	(b) Umräumen, Lagern	Hs
(4)	Büroarbeiten	
	(a) im Büroraum	Coff
	(b) außerhalb des Büroraums	C
(5)	keine spezielle Aktivität	D

2. Einbezogene Personen

(1)	Arbeiter	1–36
(2)	die beiden beteiligten Vorarbeiter	a, b
(3)	anderes Aufsichtspersonal	A, B

Die Aufzeichnungen im Formblatt erläutert Atteslander wie folgt: „In der Minute 001 nahm der Arbeiter Nr. 5 Kontakt zum Vormann auf und sprach mit ihm etwa 10 Sek. lang. Dann ging der Vormann weg, wobei er Glaserzeugnisse trug. Er stellte diese nieder, nahm ein anderes Stück auf und trug es während der nächsten 25 Sek., danach inspizierte er Glaserzeugnisse, und zum Zeitpunkt 001 Min. 50 Sek. begann der andere Vormann eine Interaktion mit ihm. Sie sprachen etwa 7 Sek. lang, danach ging der unter Beobachtung stehende Vormann weg.

Bei der 20-Sek.-Marke der 2. Minute nahm er Glaserzeugnisse auf und entfernte sich damit. Auf seinem Weg wurde er von Arbeiter Nr. 6 kontaktiert, welcher einige Worte mit ihm sprach...".

Dieser Beobachtungsplan kann als Beispiel für einen Untersuchungsgegenstand dienen, über den schon viele Informationen vorliegen. Von Vorarbeitern ist bekannt, daß sie häufig mit den Arbeitern sprechen, daß sie das Material kontrollieren, transportieren usw.. Mit dem Zeichensystem wurde ein Versuch unternommen, das Geschehen möglichst „lückenlos" abzubilden.

Ereignisstichprobe: Bei einer Ereignisstichprobe wird darauf verzichtet, die beobachteten Ereignisse zeitlich strukturiert zu protokollieren. Hier kommt es nur darauf an festzustellen, ob bzw. wie oft die zu beobachtenden Ereignisse auftreten (Beispiel: es wird beobachtet, wie oft sich eine Schülerin während einer Unterrichtsstunde meldet, aus dem Fenster schaut, mit dem Nachbarn spricht, etc.). Aufschlußreich sind ferner Häufigkeiten des Auftretens von Ereigniskombinationen (Wie häufig kam es zum Ereignis A, wenn zuvor Ereignis B auftrat?).

Allgemein verbinden sich mit Ereignisstichproben folgende Vorteile (vgl. Kerlinger, 1979, S. 796):

● Die Ereignisse sind Bestandteile natürlicher Situationen und können deshalb auf vergleichbare Situationen verallgemeinert werden.
● Das Verhalten wird nicht fragmentarisch, sondern vollständig in seinem kontinuierlichen Verlauf beobachtet.
● Es können auch Ereignisse untersucht werden, die relativ selten auftreten.

Zeitstichprobe: Die Zeitstichprobe gliedert die Beobachtung in feste Zeitabschnitte. Eine nach dem Zeitstichprobenverfahren angelegte Schülerbeobachtung könnte etwa erfordern, daß in 5-Sekundenintervallen notiert wird, was der Schüler gerade macht (beteiligt sich am Unterricht, stört, schreibt, liest, etc.). Nach einer anderen Variante wechselt der Beobachter alle 5 Sekunden das Beobachtungsobjekt, um so innerhalb eines längeren Zeitabschnittes Informationen über mehrere Beobachtungsobjekte zu erhalten. Um willkürliche Entscheidungen des Beobachters auszuschließen, verteilt man gelegentlich vorab die Zeitintervalle nach Zufall auf den Beobachtungszeitraum und/oder die zu beobachtenden Objekte.

Zeitstichproben stellen hohe Anforderungen an das Konzentrationsvermögen des Beobachters. Wenn möglich, sollten nach einigen Beobachtungsphasen regelmäßige Pausen eingelegt werden. Eine durchgängige Beobachtungszeit von mehr als 30 Minuten dürfte bei diesem Verfahren auch geschulte Beobachter überfordern.

Betrachtet man das Gesamtverhalten als eine Population einzelner Verhaltensabschnitte, können genügend große und zufällig gezogene Zeitstichproben diese Population recht zuverlässig repräsentieren. Bei wenig gleichförmig verlaufenden Verhaltenssequenzen (z.B. Verhaltenssequenzen, bei denen die Anfangs- und Schlußphase besonders wichtig sind) empfiehlt sich statt einer Zufallsstichprobe eine systematische Stichprobe, die den Besonderheiten der Verhaltenssequenz Rechnung trägt.

Die entscheidende Frage, wann eine Ereignisstichprobe und wann eine Zeitstichprobe einzusetzen ist, läßt sich nicht generell beantworten. Solange der Untersuchungskontext keine bestimmte Vorgehensweise nahelegt, eignen sich Zeitstichproben mehr zur Beschreibung des gesamten Geschehens und Ereignisstichproben mehr zur Dokumentation bestimmter Verhaltensweisen.

Technische Hilfsmittel

Technische Hilfsmittel, die das zu beobachtende Phänomen oder Verhalten aufzeichnen, lassen sich danach unterscheiden, ob sie von der räumlich anwesenden Forscherin bzw. dem Forscher eingesetzt werden (z.B. Videokamera bei einer Verhaltensbeobachtung von Kindern im entwicklungspsychologischen Labor) oder ob sie von den zu beobachtenden Personen im Feld selbst benutzt werden (z.B. Telemetriegerät zur Registrierung des heimischen Fernsehverhaltens). Weiterhin läßt sich unterscheiden, ob die Apparate das ohnehin augenscheinliche Verhalten aufzeichnen (z.B. Videokamera) oder ob sie Verhaltens- und Reaktionsweisen zugänglich machen, die den menschlichen Sinnesorganen verborgen bleiben (z.B. Blickbewegungskamera). So lassen sich auch die für physiologische Messungen (s. Abschnitt 4.6) eingesetzten Geräte zu den Beobachtungsgeräten zählen.

Der Einsatz technischer Hilfsmittel ist immer dann problemlos möglich, wenn das zu beobachtende Verhalten ohnehin in einem technisierten Kontext stattfindet (z.B. computervermittelte Kommunikation, s. S. 269). Ansonsten wird der Griff zum technischen Beobachtungsgerät von dessen Verfügbarkeit abhängen und davon, ob sein Einsatz das Geschehen nicht zu stark beeinflußt. Bei einer teilnehmenden verdeckten Feldbeobachtung (s. S. 338ff.) wird häufiges Fotografieren oder Filmen vermutlich ein Störfaktor sein. Wenn eine apparative Aufzeichnung der Beobachtungsobjekte selbst nicht möglich ist, so können technische

Hilfsmittel teilweise noch zum Einsatz kommen, um die selbst angefertigten Beobachtungsprotokolle festzuhalten (z.B. Eingeben der Feldnotizen auf einem portablen Rechner, so daß die entsprechenden verbalen Daten anschließend computergestützt weiterverarbeitet werden können).

4.5.4
Beobachtertraining

Auch wenn das Beobachten gemeinhin zu den selbstverständlichen Fähigkeiten des Menschen zählt, ist für wissenschaftliche Untersuchungen eine Beobachterschulung unerläßlich. Dazu gehören eine Einführung in das Konzept der gesamten Untersuchung und auch eine Darstellung des theoretischen Ansatzes, der die Arbeit bestimmt. Dadurch kann der Beobachter seine Aufgabe besser verstehen und unter Umständen an der Klärung und Weiterentwicklung des Beobachtungsplanes aktiv mitwirken. Auf eine Nennung der konkreten Forschungshypothese sollte jedoch verzichtet werden, um keine Beobachtereffekte zu provozieren. Zum Beobachtertraining gehören ferner Einweisungen in die Benutzung audiovisueller Geräte oder anderer Hilfsmittel. Weitere Schulungsmaßnahmen empfiehlt Pinther (1980):

● Um den Beobachtern einen Orientierungsrahmen zu geben und gleichzeitig seine Problemsicht zu schärfen, sollte er zunächst ohne wei-

Spontane Beobachterübereinstimmung im Alltag. (Aus: René Goscinny & Sempé: Der kleine Nick und die Schule, S. 16–17. © 1975 by Diogenes Verlag AG Zürich)

tere Vorkenntnisse im Untersuchungsfeld (unter Umständen per Filmaufnahme) beobachten.

- Anschließend werden die verwendeten Beobachtungsindikatoren und Kategorien dargestellt, begründet und diskutiert.
- Die Brauchbarkeit der Beobachtungskategorien und Indikatoren ist dann an einer Filmaufnahme oder einer gestellten Situation zu überprüfen. In dieser Phase sind vor allem die Ursachen unterschiedlicher Kategorisierungen gleicher Ereignisse zu klären.
- Eine abschließende Generalprobe unter weitgehenden „Ernstbedingungen" überprüft die Brauchbarkeit des Beobachtungsplanes. Falls erforderlich, ist dieser erneut zu überarbeiten.

Schon das Beobachtertraining kann als eine grobe und vorläufige Form der Validierung des Beobachtungsplanes angesehen werden. Wenn bereits in der Trainingsphase mit den Beobachtern keine Einigung über die Bedeutung von Indikatoren und Kategorien zu erzielen ist, so dürfte die Eindeutigkeit der Kodierungen sehr zu wünschen übriglassen.

Zumeist werden Stellenwert und Aufwand des Beobachtertrainings unterschätzt. Zu große Ungeduld in der Vorbereitung einer Untersuchung kann allerdings gravierende Folgen nach sich ziehen, denn ein Beobachtungsplan, der wegen mangelnder Beobachterübereinstimmung nicht einmal objektiv ist, kann natürlich auch nicht zu reliablen oder gar validen Resultaten führen (vgl. S. 193 ff.).

Beobachterübereinstimmung

Kommen in einer Untersuchung mehrere Beobachter zum Einsatz (dies sollte immer der Fall sein, wenn die Beobachtungsdaten zur Hypothesenprüfung eingesetzt werden), ist schon während der Trainingsphase die Übereinstimmung der Beobachtungen rechnerisch zu überprüfen. Aus der Vielzahl von Verfahren zur Quantifizierung der Beobachterübereinstimmung, die Asendorpf und Wallbott (1979), Bortz und Lienert (1998, Kap. 6) sowie Friede (1981) diskutieren, seien hier zwei herausgegriffen und in Tafel 30 numerisch demonstriert. Das eine Verfahren ist auf intervallskalierte und das andere auf nominalskalierte Beobachtungsdaten anwendbar. (Man beachte, daß diese Verfahren generell die Übereinstimmung von Urteilern, also nicht nur die von Beobachtern, überprüfen.)

Abschließend sei auf ein Problem hingewiesen, das bei der Überprüfung von Beobachterübereinstimmungen leicht übersehen wird: Es ist darauf zu achten, daß eine Übereinstimmung der Beobachter voraussetzt, daß sich ihre Angaben auf identische Ereignisse beziehen. Vergleicht man beispielsweise nur die Summen aller Beurteilungen, führt dies in der Regel zu falschen Schlüssen: Zwei Beobachter einer Schulstunde können beispielsweise jeweils zehn aggressive Interventionen des Lehrers protokolliert haben, aber dabei völlig unterschiedliche Ereignisse meinen. Die Prüfung der Beobachterübereinstimmung setzt voraus, daß jede Beobachtung eindeutig einem bestimmten Ereignis oder Vorgang zugeordnet werden kann.

TAFEL 30 ▮▮▮▮▮▮▮▮▮▮▮▮

Überprüfung der Beobachterübereinstimmung

Intervallskalierte Daten

Im Rahmen ihrer gesprächspsychotherapeutischen Ausbildung werden $k = 4$ Studenten (im folgenden Beobachter) gebeten, $n = 5$ verschiedene Ausschnitte von Aufzeichnungen therapeutischer Gespräche zu beobachten. Ihre Aufgabe lautet, die „Echtheit" der Therapeutin auf einer 10-Punkte-Skala (0 Punkte = „überhaupt nicht echt", 10 Punkte = „eindeutig echt") einzuschätzen. Die Untersuchung möge zu folgenden Werten geführt haben. (Die Rating-Skala wird hier wie eine Intervallskala behandelt; Begründung s. S. 180 f.)

	Beobachter				
	1	2	3	4	P_i
Ausschnitt 1	3	2	6	3	14
Ausschnitt 2	7	8	10	7	32
Ausschnitt 3	5	3	6	4	18
Ausschnitt 4	5	4	7	1	17
Ausschnitt 5	0	3	6	2	11
B_j:	20	20	35	17	$G = 92$
$\overline{B}_j$:	4	4	7	3,4	$\overline{G} = 4,6$

Als Übereinstimmungsmaß wählen wir folgenden „Intra-Class"-Korrelationskoeffizienten r_1 (zur Herleitung dieses Koeffizienten vgl. Shrout und Fleiss, 1979 oder Winer et al., 1991, Appendix E 1)

$$r_1 = \frac{\hat{\sigma}_{zw}^2 - \hat{\sigma}_{in}^2}{\hat{\sigma}_{zw}^2 + (k-1) \cdot \hat{\sigma}_{in}^2} \text{ ,}$$

wobei:

$\hat{\sigma}_{zw}^2$ (hier: Varianz zwischen den Ausschnitten)

$$= \left(\frac{\sum_{i=1}^{n} P_i^2}{k} - \frac{G^2}{k \cdot n} \right) \Big/ (n-1)$$

und

$\hat{\sigma}_{in}^2$ (hier: Varianz innerhalb der Ausschnitte)

$$= \left(\sum_{i=1}^{n} \sum_{j=1}^{k} x_{ij}^2 - \frac{\sum_{i=1}^{n} P_i^2}{k} \right) \Big/ n \cdot (k-1)$$

mit

$$P_i = \sum_{j=1}^{k} x_{ij}$$

und

$$G = \sum_{i=1}^{n} \sum_{j=1}^{k} x_{ij}.$$

Für die Werte des Beispiels ermitteln wir:

$\hat{\sigma}_{zw}^2$

$$= \left(\frac{14^2 + 32^2 + 18^2 + 17^2 + 11^2}{4} - \frac{92^2}{4 \cdot 5} \right) \Big/ (5-1)$$

$$= (488{,}5 - 423{,}2)/4 = 16{,}3$$

$$\hat{\sigma}_{in}^2 = (3^2 + 2^2 + 6^2 + \dots + 3^2 + 6^2 + 2^2$$

$$- 488{,}5)/5 \cdot (4-1) = (546 - 488{,}5)/5 \cdot 3 = 3{,}8$$

$$r_1 = \frac{16{,}3 - 3{,}8}{16{,}3 + (4-1) \cdot 3{,}8} = 0{,}45 \text{ .}$$

Die Intraclass-Korrelation beträgt $r_1 = 0{,}45$. Diese Korrelation ist als Reliabilität der Urteile eines beliebigen Beobachters zu interpretieren. Die Reliabilität der über alle k Beobachter zusammengefaßten Urteile (r_k) errechnen wir nach

$$r_k = \frac{k \cdot r_1}{1 + (k-1) \cdot r_1} = \frac{4 \cdot 0{,}45}{1 + 3 \cdot 0{,}45} = 0{,}77 \text{ .}$$

Beide Reliabilitäten sind nicht sehr überzeugend. Hätte man zufällig vier andere Beobachter ausgewählt, wäre damit zu rechnen, daß deren Durchschnittsbeobachtungen zu $r = 0{,}77$ mit den hier aufgeführten Beobachtungen korrelieren.

Die Reliabilitätsschätzungen lassen sich verbessern, wenn man die Bezugsrahmen (Urteilsverankerungen, vgl. S. 181 f.) der einzelnen Beobachter außer acht läßt. Die diesbezügliche Korrektur erfolgt in der Weise, daß man von den einzelnen Daten eines Beobachters die Differenz seines Datenmittelwertes vom Gesamtmittelwert abzieht ($\overline{B}_j - \overline{G}$). Diese Differenzen lauten:

TAFEL 30

Beobachter 1: $4 - 4,6 = -0,6$
Beobachter 2: $4 - 4,6 = -0,6$
Beobachter 3: $7 - 4,6 = 2,4$
Beobachter 4: $3,4 - 4,6 = -1,2$

Offensichtlich ist der dritte Beobachter am ehesten bereit, das Verhalten der Therapeutin insgesamt als „echt" einzustufen.

Folgende Übersicht zeigt die korrigierten Urteile:

Beobachter

	1	2	3	4	P_i
Ausschnitt 1	3,6	2,6	3,6	4,2	14
Ausschnitt 2	7,6	8,6	7,6	8,2	32
Ausschnitt 3	5,6	3,6	3,6	5,2	18
Ausschnitt 4	5,6	4,6	4,6	2,2	17
Ausschnitt 5	0,6	3,6	3,6	3,2	11
B'_j:	23	23	23	23	G = 92

Man beachte, daß diese Korrektur die Zeilensummen unverändert läßt und die Spaltensummen gleich macht (einen identischen Effekt hätten auch sog. ipsative Messungen; vgl. Bortz, 1999, S. 325).

Auf diese Daten wenden wir erneut die Berechnungsvorschriften des Intraclass-Korrelationskoeffizienten an (der Nenner von $\hat{\sigma}^2_{in}[n \cdot (k-1)]$ wird durch $(k-1) \cdot (n-1)$ ersetzt):

$$\hat{\sigma}'^2_{zw} = (488,5 - 423,2)/4 = 16,3 \text{ (unverändert)}$$

$$\hat{\sigma}'^2_{in} = (506,4 - 488,5)/(5 - 1) \cdot (4 - 1) = 1,5$$

und

$$r_1 = \frac{16,3 - 1,5}{16,3 + 3 \cdot 1,5} = 0,71$$

bzw.

$$r_k = \frac{4 \cdot 0,71}{1 + 3 \cdot 0,71} = 0,91 .$$

Nominalskalierte Daten

Zusätzlich, so wollen wir annehmen, gehörte es zu den Aufgaben der Beobachter, einzelne, während der Beobachtung genau spezifizierte Ereignisse fünf vorgegebenen nominalen Kategorien (allgemein: k Kategorien) zuzuordnen (z. B. Therapeutin wirkt unsicher, gelangweilt, ermüdet, verschlossen oder nachdenklich). Insgesamt seien n = 100 Ereignisse zu klassifizieren. Die folgende Aufstellung zeigt, wie zwei Beobachter diese Ereignisse klassifiziert haben:

Beobachter 1

		a	b	c	d	e	
	a	8	1	③	2	4	18
	b	1	4	1	1	4	11
Beobachter 2	c	1	2	4	4	5	16
	d	4	0	3	12	6	25
	e	2	1	2	8	17	30
		16	8	13	27	36	100

Die Buchstaben a bis e kennzeichnen die fünf Kategorien und die Spaltensummen (Zeilensummen) geben an, wie häufig Beobachter 1 (Beobachter 2) insgesamt eine bestimmte Kategorie wählte. Den Diagonalwerten (f_{jj}) ist zu entnehmen, wie viele Ereignisse von beiden Beobachtern derselben Kategorie zugeordnet wurden. Die eingekreiste Zahl 3 (f_{ac}) besagt, daß drei Ereignisse vom Beobachter 1 der Kategorie c und dieselben drei Ereignisse vom Beobachter 2 der Kategorie a zugeordnet wurden.

Man beachte, daß die Beobachterübereinstimmung tatsächlich nur dann berechnet werden kann, wenn bekannt ist, wie beide Beobachter jeweils gemeinsam die einzelnen Ereignisse oder Objekte einstufen. Liegen nur summarische Urteile separat für jeden Beobachter vor (also die Zeilen- und Spaltensummen), kann nicht rekonstruiert werden, ob sich die angegebenen Häufigkeiten auf dieselben Ereignisse oder Objekte beziehen.

Sind die Beobachterurteile entsprechend aufgeschlüsselt, läßt sich eine sehr einfache Kennzahl für die Beobachterübereinstimmung (p) be-

TAFEL 30

rechnen: Anzahl der Übereinstimmungen (Summe der Diagonalfelder f_{jj}), dividiert durch die Anzahl der beobachteten Objekte (n):

$$p = \frac{\sum_{j=1}^{k} f_{jj}}{n}$$

Im vorigen Beispiel mit den 100 beobachteten Ereignissen resultiert:

$$p = \frac{8 + 4 + 4 + 12 + 17}{100} = 0{,}45$$

Die beiden Beobachter haben also für 45% aller Ereignisse dieselbe Kategorie gewählt.

Nun hat dieses anschauliche Maß einen schwerwiegenden Nachteil. Es berücksichtigt nicht die Tatsache, daß auch bei zufälliger Klassifizierung einige Beobachtungen übereinstimmen. Dieser Prozentsatz ist um so höher, je weniger Kategorien verwendet werden. (Bei nur drei Kategorien beträgt die Zufallsübereinstimmung immerhin p = 0,33 bzw. 33%.)

Es wurden deshalb mehrere Vorschläge zur Zufallskorrektur des Übereinstimmungsmaßes gemacht. Wir verdeutlichen hier das von Cohen (1960) entwickelte Maß κ (Kappa).

$$\kappa = \frac{p - p_e}{1 - p_e}$$

p_e ist hierbei eine Schätzung für die zu erwartende zufällige Übereinstimmung, die in folgender Weise berechnet wird:

$$p_e = \frac{1}{n^2} \cdot \sum_{j=1}^{k} f_{j\cdot} \cdot f_{\cdot j}$$

mit $f_{j\cdot}$ = Zeilensummen

$f_{\cdot j}$ = Spaltensummen

Im Beispiel errechnen wir:

$$p_e = \frac{1}{100^2} \cdot (18 \cdot 16 + 11 \cdot 8 + 16 \cdot 13 + 25 \cdot 27$$

$$+ 30 \cdot 36) = \frac{1}{100^2} \cdot 2339 = 0{,}23$$

und

$$\kappa = \frac{0{,}45 - 0{,}23}{1 - 0{,}23} = 0{,}29$$

Dieser Wert spricht für eine schlechte Übereinstimmung der Beobachtungen. Eine gute Übereinstimmung erfordert κ-Werte über 0,70. Einen Signifikanztest für kleine Ereignisstichproben beschreibt Everitt (1968) und für große Stichproben (sog. asymptotischer Test) Fleiss et al. (1969). Der asymptotische Test wird auch bei Bortz et al. (2000, S. 452 und S. 459 f.) wiedergegeben. Weitere inferenzstatistische Probleme (z.B. Anzahl der Urteilsobjekte, die erforderlich sind, um κ-Werte bestimmter Größe signifikant werden zu lassen) erörtert Cantor (1996).

Bei mehr als zwei Beobachtern sind die Übereinstimmungen paarweise zu berechnen und aus den einzelnen κ-Werten der Medianwert zu bilden. Ein genaueres Verfahren beschreibt Fleiss (1971), das bei Bortz und Lienert (1998, Kap. 6.1.2) dargestellt wird (vgl. hierzu auch Posner et al., 1990). Für Kategorien, die sich in eine Rangordnung bringen lassen, besteht die Möglichkeit, Nichtübereinstimmungen nach der Distanz zwischen den gewählten Kategorien zu gewichten („Weighted Kappa", vgl. Cohen, 1968; Ross, 1977 oder Bortz und Lienert, 1998, Kap. 6.2.1).

Probleme und Alternativen zu Cohens κ erörtert Klauer (1996) und Verallgemeinerungen von κ Klauer und Batchelder (1996).

4.6
Physiologische Messungen [1]

Physiologische Messungen sind als Datenerhebungsmethoden der Sozial- und Humanwissenschaften vor allem in der Psychologie von Bedeutung. Insbesondere in der Biologischen Psychologie, die sich der Untersuchung physiologischer Korrelate und neurobiologischer Grundlagen von Verhalten und Erleben bei Mensch und Tier widmet, werden neben Erlebens- und Verhaltensmaßen physiologische Messungen in experimentellen und nicht-experimentellen Untersuchungsanordnungen eingesetzt. Psychologische Disziplinen, die nicht im engeren Sinn biopsychologisch orientiert sind, beziehen physiologische Messungen ebenfalls ergänzend zu anderen Methoden ein. Bei vielen psychologischen Konstrukten spielen Annahmen über somatische Zustände oder Prozesse eine zentrale Rolle. Als Beispiele seien Konstrukte wie Emotion, Aktivierung oder Streß genannt, die generell unter Einbeziehung physiologischer bzw. biochemischer Prozesse definiert werden.

Auch spezielle Konstrukte der Allgemeinen Psychologie (z.B. Lernen, Gedächtnis und Informationsverarbeitung), der Differentiellen Psychologie (z.B. Impulsivität, Aggressivität, Depressivität) und der Entwicklungspsychologie (z.B. geistige Reifung) nehmen Bezug auf physiologische Grundlagen bzw. Konstrukte. In den psychologischen Anwendungsfeldern setzen sich physiologische Messungen ebenfalls mehr und mehr durch. Hier sind die Verhaltensmedizin als Bestandteil der Klinischen Psychologie, die Arbeitspsychologie, die Pädagogische Psychologie und die Werbepsychologie zu nennen (vgl. Becker-Carus, 1981; Janke und Kallus, 1995 oder Schandry, 1996).

Zunächst werden einige methodische Grundlagen und Probleme physiologischer Messungen vorgestellt bzw. diskutiert (Abschnitt 4.6.1). In den Abschnitten über die Indikatorklassen (4.6.2 bis 4.6.4) werden die jeweiligen somatischen Prozesse, deren physiologische Messung sowie Beispiele für ihre Bedeutsamkeit in bezug auf psychische Vorgänge erörtert. Die Ausführungen beschränken sich auf einige ausgewählte physiologi-

sche Meßmethoden, die für die Humanforschung von Bedeutung sind, d.h. physiologische Methoden aus der Animalforschung bleiben unberücksichtigt.

4.6.1
Methodische Grundlagen und Probleme

Physiologische Messungen gehören zu den objektiven Meßmethoden, d.h. der Proband hat nicht die Möglichkeit, in direkter Weise auf die Meßergebnisse verfälschend Einfluß zu nehmen (Scheier, 1958). Neben den „klassischen" physiologischen Meßmethoden, den Methoden zur Erfassung von elektrischen Prozessen, müssen heute zusätzlich auch Methoden zur Erfassung von anatomischen Merkmalen und von biochemischen Vorgängen berücksichtigt werden.

Bei den meisten physiologischen Indikatoren, die für psychologische Fragestellungen erhoben werden, handelt es sich um elektrische Indikatoren. Die am Körper meßbaren Prozesse spiegeln sich in sog. *Biosignalen* wider, wie z.B. der Hautleitfähigkeit als indirekt elektrisches Signal oder der Herzaktivität und den Gehirnströmen als direkte elektrische Signale. Die Klasse direkter elektrischer Biosignale nennt man auch *Biopotentiale*. Nicht-elektrische Signale (z.B. Blutdruck oder Atmung) werden mit Hilfe von Meßwandlern in elektrische Signale transformiert.

Allgemeine Meßprinzipien
Die Messung von Biopotentialen, also von elektrischen Biosignalen, erfolgt mit Hilfe spezieller Meßfühler (*Elektroden*). Abgeleitet werden Spannung (mV oder μVolt), Leitfähigkeit (μSiemens oder μMho) oder Widerstände (kOhm). Biopotentiale entstehen aufgrund von Potentialdifferenzen zwischen zwei Ableitungspunkten, d.h. zur Ableitung von Biopotentialen sind mindestens zwei Elektroden notwendig. Man unterscheidet bipolare (zwei aktive Elektroden) von unipolaren Ableitungen mit einer aktiven Elektrode und einer inaktiven Referenz-Elektrode (vgl. Schandry, 1996 oder Velden, 1994).

Eine Anordnung zur Registrierung physiologischer Maße besteht prinzipiell immer aus Elektroden bzw. Meßwandlern zur Ableitung des elektrischen bzw. nicht-elektrischen Signals sowie aus

---

[1] Wir danken Herrn Dr. M. Ising für diesen Beitrag.

einer Verstärkungs- und einer Registriereinheit. Die Verstärkungseinheit muß aufgrund der geringen Signalamplituden besonders unempfindlich gegen elektrische Störeinflüsse sein (z. B. Netzspannung, elektrostatische Einflüsse). Zusätzlich kommen Filter zum Einsatz, die die zu verstärkenden Frequenzen auf den für die Interpretation des jeweiligen Biosignals relevanten Bereich begrenzen. Zur Signalaufzeichnung werden analoge Schreibsysteme (z. B. Tinten- oder Thermoschreiber) oder digitale Registriercomputer verwendet. Digitale Systeme speichern die Signalamplituden nach Analog-Digital-Wandlung mit einer festgelegten Abtastfrequenz (z. B. 256mal pro Sekunde). Auf die so gespeicherten Daten kann jederzeit für spezielle Signalauswertungen zurückgegriffen werden.

Meßprobleme

Bei jeder physiologischen Meßanordnung muß damit gerechnet werden, daß Störsignale (sog. Artefakte) die Biosignalaufzeichnung verfälschen. Es sind Artefakte physiologischer Herkunft (z. B. Potentialschwankungen, Signalstörungen aufgrund von begleitenden physiologischen Prozessen), Bewegungsartefakte und Artefakte durch externe elektrische Einstreuung zu unterscheiden. Diesen Störeinflüssen kann jedoch durch Verwendung optimierter Elektroden und Meßwandler (Artefakte physiologischer Herkunft), durch deren optimale Plazierung (Bewegungsartefakte) und durch Verwendung verbesserter elektronischer Komponenten (Artefakte physiologischer Herkunft, Artefakte durch externe elektrische Einstreuung) wirkungsvoll begegnet werden, so daß physiologische Messungen im Prinzip als hoch reliabel gelten können.

Neben diesen technischen Störgrößen sind auch einige methodische Grundprobleme zu berücksichtigen, die mit Besonderheiten des „gemessenen" Individuums verbunden sind. Beispielhaft sollen im folgenden die Spezifitäts- und Ausgangswertproblematik kurz skizziert werden.

Die Spezifitätsproblematik: Die Spezifitätsforschung war ursprünglich in der Psychosomatik und Verhaltensmedizin beheimatet (Köhler, 1995, S. 20 ff.), die sich mit Ursachen für die Entwicklung spezifischer psychosomatischer Störungen befassen. Pio-

nierarbeit wurde von Lacey in den 50er Jahren mit dem Konzept der *autonomen Reaktionsspezifität* geleistet (Lacey et al., 1953), der in Laboruntersuchungen feststellte, daß ein Teil seiner Probanden unabhängig von verschiedenen Streßsituationen stets mit einem für sie typischen Reaktionsmuster reagierte. Diese Probanden neigten dazu, unabhängig von den jeweiligen Stressoren mit bestimmten Reaktionen zu antworten. Dieses Prinzip wird heute unter dem Begriff der *individualspezifischen Reaktion* zusammengefaßt (Engel, 1972; Janke, 1976).

Von der individualspezifischen Reaktion sind stimulusspezifische und motivationsspezifische Reaktionen zu unterscheiden. Stimulusspezifische Reaktionen werden von einer bestimmten Umweltbedingung bei allen Individuen in gleicher oder ähnlicher Weise hervorgerufen. Als motivationsspezifische Reaktionen bezeichnet man die durch einen spezifischen Motivationszustand beim Individuum hervorgerufenen Reaktionen (vgl. Foerster et al., 1983). Im Idealfall sollte bei biopsychologischen Untersuchungen stets der Anteil an individualspezifischen Reaktionen, an stimulusspezifischen und an motivationsspezifischen Reaktionen erfaßt werden.

Die Ausgangswertproblematik: Die Ausgangswertproblematik betrifft Veränderungsmessungen, d. h. Messungen vor und nach einer bestimmten Intervention oder einem Ereignis bzw. die hierbei auftretende Abhängigkeit zwischen Ausgangswert und der Differenz aus Verlaufs- und Ausgangswert (Veränderungswert). Diese Problematik wurde schon zu Beginn des Jahrhunderts diskutiert und von Wilder (1931) in seinem *Ausgangswertgesetz* beschrieben. Das Ausgangswertgesetz (AWG) besagt: Je stärker vegetative Organe aktiviert sind, desto stärker ist ihre Ansprechbarkeit auf hemmende Reize und desto niedriger ihre Ansprechbarkeit auf aktivierende Reize. Statistisch kann dies mit einer negativen Korrelation zwischen Ausgangswert und Veränderungswert ausgedrückt werden, was darauf hinausläuft, daß Veränderungswerte einen systematischen „Fehler" enthalten.

Das Wilder'sche AWG regte vielfältige Forschungstätigkeiten an. Es wurde untersucht, ob es sich beim AWG tatsächlich um ein biologisches

Prinzip oder nur um ein statistisches Artefakt handelt (z. B. van der Bijl, 1951), mit welcher Häufigkeit es auftritt und welche Alternativmaße zur einfachen Differenzbildung eingesetzt werden können (z. B. Myrtek et al., 1977). Eine ausführliche Diskussion der Ausgangswertproblematik liefert Kallus (1992).

In den folgenden Abschnitten werden einige ausgewählte Indikatoren des peripheren und zentralen Nervensystems sowie Indikatoren des endokrinen Systems bzw. des Immunsystems vorgestellt, die in der Biopsychologie eine bedeutende Rolle spielen. Wir beginnen jeweils mit einer kurzen Skizze der physiologischen Grundlagen und behandeln danach die gebräuchlichen Indikatoren sowie deren Bedeutsamkeit für Forschung und Anwendung.

4.6.2
Indikatoren des peripheren Nervensystems

Vom zentralen Nervensystem (ZNS), das aus Gehirn und Rückenmark besteht, ist das periphere Nervensystem zu unterscheiden. Es umfaßt alles nervöse Gewebe, das außerhalb des ZNS liegt. Es enthält Anteile des vegetativen Nervensystems (Sympathikus, Parasympathikus, Darmnervensystem), das die Aktivität der inneren Organe und Drüsen reguliert, und des somatischen Nervensystems (sensorische und motorische Systeme), über das der Organismus mit seiner Umwelt interagiert. Sowohl das vegetative als auch das somatische Nervensystem haben zentralnervöse Anteile und sind auf der Ebene des ZNS auch eng miteinander verknüpft. Die in den folgenden Abschnitten behandelten Indikatoren des peripheren Nervensystems können daher auch als indirekte Parameter zentralnervöser Aktivität aufgefaßt werden. Neben Indikatoren kardiovaskulärer und elektrodermaler Aktivität (vegetatives Nervensystem) werden auch Indikatoren muskulärer Aktivität (somatisches Nervensystem) vorgestellt.

Zuvor soll jedoch ein praktisches Beispiel die Alltagsrelevanz der behandelten Themen verdeutlichen: Zur gleichzeitigen Messung ausgewählter Indikatoren des vegetativen Nervensystems (v. a. Blutdruck, Herzrate, Schweißabsonderung) entwickelten die Psychologen Max Wertheimer und Carl Gustav Jung Anfang des 20. Jahrhunderts ein

spezielles Gerät, den *Polygraphen* (vgl. Herbold-Wootten, 1982 oder Lockhart, 1975). Der im Volksmund oft als „*Lügendetektor*" bezeichnete Polygraph wird in einigen Staaten der USA in Gerichtsverfahren als Beweismittel eingesetzt. In Deutschland ist der Einsatz solcher „Lügendetektoren" im Rahmen von Strafrechtsprozessen jedoch nicht zulässig, obwohl Beschuldigte zuweilen selbst fordern, man möge sie einem Polygraphentest unterziehen, um damit ihre Unschuld zu beweisen.

Der umstrittene Polygraphentest läuft darauf hinaus, bei einer Person ausgewählte Indikatoren des vegetativen Nervensystems zu messen, *während* man sie gleichzeitig in spezifischer Weise befragt (Tatwissenstest oder Kontrollfragentest). Beim *Kontrollfragentest* werden neben den kritischen Fragen zur Tat, die das eigentliche Ziel der Lügendetektion darstellen, inhaltlich mit der Tat unverbundene Fragen gestellt, auf die im Sinne sozialer Erwünschtheit (s. S. 233 ff.) typischerweise gelogen wird (z. B. „Haben Sie in den ersten 18 Jahren ihres Lebens einmal etwas genommen, was Ihnen nicht gehörte?"). Wird die mit dem Polygraphen gemessene physiologische Reaktion bei den kritischen Fragen von mehreren Beurteilern als bedeutsam größer eingeschätzt als die Reaktion bei den Kontrollfragen, so folgert man, daß auch bei den kritischen Fragen gelogen wurde.

Dieser Rückschluß von einer *unspezifischen physiologischen Reaktion* auf einen *spezifischen Bewußtseinszustand* (absichtliche Lüge oder wahrheitsgemäße Aussage) ist jedoch wissenschaftlich nicht haltbar. Denn eine starke physiologische Reaktion auf eine bestimmte kritische Frage kann aus vielen und zum Teil hochindividuellen psychologischen Gründen (z. B. Scham, Ärger, Angst vor falscher Beschuldigung usw.) erfolgen und stellt somit keinen klaren Beweis für bewußtes Lügen dar (s. auch die obigen Ausführungen zur Spezifitäts- und Ausgangswertproblematik). Wie physiologische Prozesse einerseits und Bewußtseinsprozesse andererseits einander bedingen, wird in Philosophie, Kognitionswissenschaft und Psychologie als *Leib-Seele-Problem* diskutiert, für dessen Bearbeitung durch die sich ständig verbessernden physiologischen Meßmethoden eine wachsende Datenbasis zur Verfügung steht.

Kardiovaskuläre Aktivität

Die erste große Gruppe klassischer peripher-physiologischer Indikatoren sind die Maße der kardiovaskulären Aktivitäten, die auch im Alltag – z. B. als „Herzklopfen" – Beachtung finden.

Physiologische Grundlagen: Das kardiovaskuläre oder Herz-Kreislauf-System besteht aus Funktionsorganen, die die ausreichende und adäquate Blutversorgung des Organismus sicherstellen. Zentrales Organ ist das Herz. Das Herz pumpt das Blut mit seiner linken Hälfte im großen Körperkreislauf und mit seiner rechten Hälfte im kleinen Lungenkreislauf. Es zeigt dabei eine ausgeprägte Autorhythmie, d. h. das Herz schlägt auch bei völliger Isolierung mit einer rhythmischen Schlagfolge weiter, da die Erregungsbildung und -weiterleitung im Herzen selbst erfolgt.

Die autorhythmische Erregungsbildung wird normalerweise vom Sinusknoten generiert, einem Muskelgeflecht in der Nähe der oberen Hohlvene. Man spricht beim Sinusknoten auch von einem physiologischen Schrittmacher, dessen Eigenfrequenz ca. 70 bis 80 Entladungen pro Minute beträgt (Silbernagl und Despopoulos, 1991, S. 165). Die Ruhefrequenz beim gesunden Herz liegt in der Regel mit ca. 60 bis 70 Schlägen pro Minute unterhalb der Sinusknotenautorhythmie. Dies ist darauf zurückzuführen, daß in Ruhe und bei schwacher Belastung über die tonische Aktivität des 10. Hirnnervs, des parasympathischen Vagusnervs, eine Senkung der Herzfrequenz erfolgt. Lediglich bei stärkerer Belastung nimmt der Einfluß des Sympathikus über die Ausschüttung von Adrenalin (aus dem Nebennierenmark) und Noradrenalin (aus den postganglionären sympathischen Nervenfasern) zu, wobei gleichzeitig die Vagus-Aktivität gedämpft wird. Es kommt zu einem Anstieg der Herzfrequenz bis maximal 150–180 Schlägen pro Minute.

Die Aktivität des Herzens läßt sich in vier Aktionsphasen unterteilen (Silbernagl und Despopoulos, 1991, S. 162 f.): die Systole mit der Anspannungs- und Auswurfphase sowie die Diastole mit der Entspannungs- und Füllungsphase. In der *Anspannungsphase* steigt der Druck in den Herzkammern aufgrund der Muskelkontraktion bei geschlossenen Herzklappen an. Wenn der Herzinnendruck den Gegendruck der Körper- bzw. Lungenarterie übersteigt, kommt es zur *Auswurfphase*. Nach der Austreibung des Blutes in die Arterien entspannen sich die Herzkammern (*Entspannungsphase*) und die Arterienklappen schließen sich wieder. Dies leitet die *Füllungsphase* ein.

Die zweite wichtige Bestimmungsgröße kardiovaskulärer Aktivität ist der Blutdruck. Hierunter versteht man denjenigen Druck, gegen den die linke Herzkammer (großer Körperkreislauf) das Blut ausstoßen muß (Birbaumer und Schmidt, 1999, S. 176). Der Blutdruck wird normalerweise in der Druckeinheit mmHg gemessen, was der Anhebung einer normierten Quecksilbersäule in Millimeter entspricht.

Die Regulation des Blutdrucks läßt sich als komplexes Regelkreismodell darstellen. Als direkte Einflußgrößen bestimmen das Herzzeitvolumen (Auswurfvolumen des Herzens pro Zeiteinheit = Herzfrequenz × Schlagvolumen) und der periphere Gesamtwiderstand der Blutgefäße den Blutdruck. Eine Aktivierung des Sympathikus bewirkt über sog. Alpha-Rezeptoren (Wirkungsdominanz des Noradrenalins) eine Verengung der Blutgefäße und über Beta$_1$-Rezeptoren (Noradrenalin und Adrenalin) eine Erhöhung der Herzfrequenz, sowie indirekt über die Erhöhung der Kontraktionskraft des Herzens auch eine Steigerung des Schlagvolumens. Beides löst jeweils eine Blutdruckerhöhung aus. Die Senkung des Blutdrucks wird durch eine Steigerung der Aktivität des Parasympathikus (Senkung der Herzfrequenz) und ein Aussetzen der Sympathikusaktivität (Erweiterung der peripheren Blutgefäße) hervorgerufen.

Während der Systole wird arterielles Blut aus den Herzkammern herausgeschleudert. Dies ist der Zeitpunkt des höchsten Blutdrucks in den Arterien, des systolischen Blutdrucks. Während der Diastole strömt das venöse Blut in die Herzvorhöfe zurück. Dabei sinkt der Blutdruck auf seinen niedrigsten Wert, den diastolischen Blutdruck.

Der Blutdruck ist Schwankungen unterworfen. In der Oberarmarterie pendelt der Blutdruck unter Ruhebedingungen zwischen 120–140 mmHg (systolischer Blutdruck) und 80–100 mmHg (diastolischer Blutdruck). Je weiter der Blutdruckmeßpunkt vom Herz entfernt ist, desto niedriger wird der Blutdruck und desto geringer sind dessen Schwankungen. In den großen Venen ist keine

Blutdruckveränderung mehr meßbar. Der Blutdruck liegt dort nur noch bei 1 bis 2 mmHg.

Meßverfahren: Die wichtigsten Indikatoren kardiovaskulärer Aktivität sind die Herzschlagfrequenz und der Blutdruck.

Herzschlagfrequenz: Das bekannteste und am weitesten verbreitete Verfahren zur kontinuierlichen Messung der Herzaktivität ist das Elektrokardiogramm (EKG). Mit dieser Methode wird der zeitliche Verlauf der summierten Aktionspotentiale der Herzmuskelfasern, deren elektrisches Feld sich durch das leitende Gewebe bis zur Körperoberfläche fortpflanzt, über zwei aktive Elektroden aufgezeichnet. Eine dritte Elektrode dient als Erdung. Es gibt verschiedene Möglichkeiten zur Plazierung der EKG-Elektroden. Neben der Brustwandableitung (je eine Elektrode an den beiden Brustbeinpolen) haben sich auch die drei bipolaren Extremitätenableitungen nach Einthoven (s. Schandry, 1996, S. 134 f.) etabliert.

Bei dieser sog. II. Ableitung nach Einthoven werden die aktiven Elektroden am Unterarm und am unteren Bein der gegenüberliegenden Seite befestigt, wobei die Erdung über eine Elektrode am zweiten Bein erfolgt. Der Vorteil der Einthoven-Ableitungen liegt darin, daß die Elektroden ohne das Ablegen von Kleidung angebracht werden können. Die Brustwandableitung ist dagegen sehr robust gegenüber Körperbewegungen und eignet sich daher besonders zur EKG-Registrierung während körperlicher Aktivität.

Das EKG-Signal bildet die elektrischen Erregungsprozesse am Herzen kontinuierlich ab. Es kann in verschiedene Komponenten aufgeteilt werden, wobei die markanteste Komponente die R-Zacke ist (s. dazu Birbaumer und Schmidt, 1999, S. 173 ff.). Die Anzahl der R-Zacken bezogen auf ein 1-Minuten-Intervall ergibt die Herzrate oder Herzfrequenz (ca. 60 bis 70 Schläge pro Minute in Ruhe). Die Veränderung der Herzrate über einen längeren Zeitraum wird als Maß der *tonischen* kardiovaskulären Aktivität herangezogen. Unter *phasischen* Herzratenänderungen versteht man kurzfristige Erhöhungen bzw. Erniedrigungen der Herzfrequenz in Abhängigkeit von Reizen. Zur Ermittlung phasischer Herzratenänderungen verwendet man meist die RR-Abstände.

Als RR-Abstand (Interbeat-Intervall) bezeichnet man das Zeitintervall zwischen zwei R-Zacken im EKG, deren Varianz die Variabilität des Herzschlags widerspiegelt. Im Zuge der Digitalisierung physiologischer Registriertechniken wurden auch Spektralanalysen verschiedener EKG-Indikatoren eingeführt, speziell Spektralanalysen der RR-Abstände. Hierbei werden die Indikatoren mit unterschiedlichen mathematischen Algorithmen nach Zeitverlaufsgesichtspunkten sortiert und in Klassen (Spektren) eingeteilt. Die Spektralanalyse informiert über die Anteile (oder Power) der einzelnen Spektren (ausführlicher hierzu vgl. z.B. Rösler, 1996, S. 501 ff.).

Eine bedeutende Einflußgröße stellt die Atmung dar. Sie führt zur sog. respiratorischen Arhythmie des Herzschlags, d.h. beim Einatmen erhöht sich die Herzfrequenz, beim Ausatmen sinkt sie ab. Die Atmung stellt somit eine mögliche Artefaktquelle vor allem bei der Registrierung phasischer Herzratenänderungen dar und sollte mit Hilfe eines Atmungsgürtels (vgl. Schandry, 1996, S. 272 ff.) kontrolliert werden. Ferner empfiehlt sich eine Kontrolle des Blutdrucks, der indirekt über den Barorezeptorenreflex die Herzfrequenz ebenfalls beeinflußt.

Blutdruck: Eine exakte und kontinuierliche Blutdruckmessung ist nur invasiv über eine Kanüle möglich, die in eine Arterie eingeschoben wird. An die Kanüle wird ein Manometer angeschlossen, das den Arterieninnendruck anzeigt. Die Belastung des Probanden ist dabei vergleichsweise groß.

Die am weitesten verbreitete Methode ist das nicht-invasive Manschettendruckverfahren nach Riva-Rocci aus dem Jahr 1896, das auch Sphygmomanometrie genannt wird, bzw. die automatische Blutdruckmessung, die ebenfalls nach dem Riva-Rocci-Prinzip arbeitet. Bei diesen Geräten wird eine Staumanschette am linken Oberarm angebracht und auf Knopfdruck bis zu einem voreingestellten Wert aufgepumpt. Anschließend wird die Luft wieder langsam abgelassen. Ein Mikrophon in der Manschette registriert dabei das An- und Abschwellen der Geräusche, die durch die abnehmende Stauung des Blutes in der Oberarmarterie entstehen (sog. Korotkow-Geräusche). Der systolische und diastolische Blutdruckwert wird dann am Gerät angezeigt. Für kurzfristig wiederholte Blutdruckerfassungen ist das Riva-Rocci-Verfahren nicht geeignet, da jeder Meßprozeß eine Deformation der Arterie verursacht, die erst nach einer gewissen Zeitspanne zurückgeht.

> **!** Die wichtigsten Indikatoren *kardiovaskulärer Aktivität* sind Herzschlagfrequenz und Blutdruck. Die Herzschlagfrequenz wird mit dem EKG (Elektrokardiogramm) und der Blutdruck mit dem Manschettendruckverfahren gemessen.

Psychologische Korrelate: Aktivierung, Orientierung, Streß und Aufmerksamkeit stehen in einem engen Zusammenhang mit Veränderungen im Herz-Kreislauf-System. Im Rahmen von Untersuchungen, die sich mit Aktivierung und kognitiver Verarbeitung beschäftigten, stellte sich heraus, daß aktive Reizaufnahme z.B. im Rahmen von Signalentdeckungsaufgaben mit einer *phasischen* Herzfrequenzerniedrigung und einem Blutdruckabfall einhergeht. Müssen Außenreize – wie z.B. bei mentaler Beanspruchung – abgeblockt werden, folgt ein Anstieg dieser Werte. Diese sog. Fraktionierung der Aktivierungsrichtung führte Lacey (1967) zur Formulierung seiner *Barorezeptor-Hypothese* (zusammenfassend siehe Velden, 1994, S. 69 ff.). Lacey vermutete, daß die biologische Bedeutung der Funktionserniedrigung von Herzfrequenz und Blutdruck bei aktiver Reizaufnahme in der Erleichterung kortikaler Verarbeitungsmechanismen liegt.

Auch *tonische* Herzratenveränderungen wurden in vielen Untersuchungen zur Erfassung von Anstrengung (Effort) unter mentaler Belastung eingesetzt. Bei steigender mentaler Anstrengung steigt die Herzrate an, während sich die Herzratenvariabilität gleichzeitig vermindert. Beide Maße – Herzrate und Herzratenvariabilität – erwiesen sich als sensitive Indikatoren für mentale Anstrengung (Herd, 1991; Spinks und Kramer, 1991).

Fowles (1980) verknüpft die Herzrate mit appetitiver Motivation bzw. Verhaltensaktivierung. Auch Obrist (1981) konnte zeigen, daß aktive Bewältigungsstrategien in belastenden Situationen mit einer erhöhten kardiovaskulären Aktivität einhergeht.

Kardiovaskuläre Maße wurden auch als Ärger- bzw. Feindseligkeitsindikatoren diskutiert (s. Siegman und Smith, 1994). Die Spezifität dieser Indikatoren wird aber eher niedrig eingestuft. Dies gilt möglicherweise nicht für den diastolischen Blutdruck, der sich in mehreren Untersuchungen als sensitiver und spezifischer Ärger-/Feindseligkeitsindikator erwiesen hat (z.B. Frodi, 1978).

Eine erhöhte kardiovaskuläre Reaktivität auf belastende Ereignisse wird als bedeutsamer Risikofaktor für Erkrankungen des Herz-Kreislauf-Systems betrachtet. Strategien zur Reduktion kardiovaskulärer Reaktivität sind somit wichtige Bausteine einer erfolgreichen Prävention bzw. Rückfallvorsorge bei Herz-Kreislauf-Erkrankungen (Matthews, 1986).

Mit dem Einzug verhaltenstherapeutischer Ansätze in Psychiatrie und Innere Medizin fand die Biofeedbackmethode eine große Verbreitung (Legewie und Nusselt, 1975). Nach Legewie und Nusselt versteht man unter *Biofeedback* die apparative Messung von biologischen Körperfunktionen, die an die äußeren Sinnesorgane (meist akustisch oder visuell) rückgemeldet werden. Dies soll ermöglichen, daß die rückgemeldete Funktion nach einiger Übung willkürlich beeinflußbar wird (vgl. Legewie und Nusselt, 1975, S. 3).

Bei den meisten Anwendungen des kardiovaskulären Biofeedbacktrainings konnte nachgewiesen werden, daß auf diese Weise sowohl systolischer wie auch diastolischer Blutdruck gesteuert werden können (zusammenfassend s. Köhler, 1995, S. 92 ff.). Die Untersuchungen zur Behandlung von essentieller Hypertonie mit Hilfe von Biofeedback sind nicht ganz eindeutig. Zwar konnte in den Trainingssitzungen der Blutdruck fast immer gesenkt werden, doch gelang es kaum, anhaltende und generalisierbare Effekte eindeutig nachzuweisen (s. Köhler, 1989). Eine umfassende Darstellung der Zusammenhänge zwischen Streß, kardiovaskulärer Reaktivität und Krankheit geben Matthews et al. (1986).

Elektrodermale Aktivität

Die zweite große Gruppe klassischer peripherphysiologischer Indikatoren sind Maße der elektrodermalen Aktivität (EDA), die Leitfähigkeits- oder Potentialveränderungen der Haut registrieren. Schon seit Ende des 18. Jahrhunderts diskutiert man Zusammenhänge zwischen der elektrodermalen Aktivität und psychischen, insbesondere emotionalen Prozessen (z.B. Féré, 1888).

Physiologische Grundlagen: Die physiologischen Grundlagen der elektrodermalen Aktivität sind bis heute noch nicht völlig geklärt (Boucsein, 1988, S. 46 ff. und Schandry, 1996, S. 188 f.). Sicher ist jedoch, daß die elektrodermale Aktivität über die Schweißdrüsen der Haut ausgelöst wird, die ihrerseits über den Sympathikus gesteuert werden. Im Unterschied zu allen anderen sympathisch kontrollierten Systemen fungiert hier Acetylcholin als postganglionäre Übertragungssubstanz. Neben der Schweißdrüsenaktivität hängt die elektrodermale Aktivität vermutlich auch von der Aktivität einer elektrisch geladenen Membran in der Epidermis (Oberhaut) und in den Schweißdrüsengängen ab, die am Entstehen von Hautpotentialen und an Veränderungen in der Hautleitfähigkeit ebenfalls beteiligt sind.

Meßverfahren: Am häufigsten wird in empirischen Untersuchungen die *Hautleitfähigkeit* bestimmt. Andere Maße wie Hautpotential, Hautwiderstand (s. Boucsein, 1988) oder die Hautfeuchte (s. Köhler, 1992) spielen heute nur noch eine untergeordnete Rolle. Die Hautleitfähigkeit ist eine exosomatische Größe; sie kann nur unter Zufuhr von äußerer Energie, meist einer Stromspannung von 0,5 Volt (Edelberg, 1967, 1972), erhoben werden.

Zur Ableitung der Hautleitfähigkeit werden zwei Elektroden an der Innenseite der beiden mittleren Glieder von Zeige- und Mittelfinger (nach Venables und Christie, 1980) oder am Daumen- und Kleinfingerballen (nach Walschburger, 1975) befestigt. Üblicherweise wird von der Handinnenfläche der nicht-dominanten Hand abgeleitet. Die Maßeinheit der Hautleitfähigkeit ist μSiemens bzw. μMho.

Es gibt *tonische* Hautleitfähigkeitsmaße, die Aussagen über das Niveau der elektrodermalen Aktivität gestatten (das sog. Hautleitfähigkeitsniveau oder „Skin Conductance Level" = SCL) sowie über die Anzahl spontaner Fluktuationen. Neben diesen tonischen Maßen sind auch *phasische* von Bedeutung, die Reaktionen auf externe Stimuli kennzeichnen (Hautleitfähigkeitsreaktionen: „Skin Conductance Response" = SCR). Zur Charakterisierung von Hautleitfähigkeitsreaktionen sind die Amplitude und verschiedene Zeitmaße (z. B. Latenzzeit = Zeitdifferenz zwischen Reiz- und Reaktionsbeginn) gebräuchlich.

Bei der Identifikation von SCRs besteht allerdings die Gefahr, daß sie mit spontanen Fluktuationen verwechselt werden. Um diese Gefahr zu reduzieren, werden nur solche Hautleitfähigkeitsreaktionen ausgewertet, deren Amplitudenmaximum in einen festgelegten Zeitbereich nach Beginn des externen Stimulus fällt (z. B. 1,5 bis 6,5 Sekunden; Schandry, 1996, S. 202 f.). Liegt das Amplitudenmaximum außerhalb des Zeitfensters, wird der Hautleitfähigkeitsreaktionsamplitude der Wert Null zugewiesen, da die Hautleitfähigkeitsänderung dann mit großer Wahrscheinlichkeit nicht auf den externen Stimulus zurückzuführen ist.

> **!** Der wichtigste Indikator *elektrodermaler Aktivität* ist die Hautleitfähigkeit. Die Hautleitfähigkeit wird mittels zweier, an der Handinnenfläche angebrachter Elektroden gemessen. Dabei unterscheidet man tonische Hautleitfähigkeit (SCL: „Skin Conductance Level") von phasischer, d.h. reaktiver Hautleitfähigkeit (SCR: „Skin Conductance Response").

Psychologische Korrelate: Ein klassisches Anwendungsfeld für *phasische* Indikatoren der elektrodermalen Aktivität ist die Habituationsforschung, die sich mit dem Vorgang der Gewöhnung an sich wiederholende Reize befaßt. Die Amplituden von physiologischen Reaktionsmaßen werden bei Wiederholung des auslösenden Reizes immer geringer, sie klingen zunächst ab und verschwinden dann meist ganz. Eine Zusammenstellung umfangreicher Ergebnisse zur Habituation elektrodermaler Reaktionen im Zusammenhang mit der sog. Orientierungsreaktion liefert Siddle (1983). In der Klinischen Psychologie wurden ebenfalls Habituationsuntersuchungen mit Indikatoren des elektrodermalen Systems durchgeführt (s. Baltissen und Heimann, 1995).

Ihnen kommt für Diagnostik, Intervention und Therapiekontrolle bei psychischen Störungen eine steigende Bedeutung zu (Boucsein, 1988, S. 361 ff.). Klinische Anwendungsfelder sind Angststörungen, Psychopathie, Depression und Schizophrenie. Neben den Untersuchungen zur Orientierungsreaktion bzw. Habituation gibt es auch viele Befunde zur klassischen bzw. instrumentellen Konditionierung der Hautleitfähigkeitsreaktion (Boucsein, 1988, S. 278 ff.). So zeigte sich bei Menschen mit bestimmten Persönlichkeitsstörungen eine reduzierte klassische Konditionierbarkeit der Hautleitfähigkeitsreaktion auf aversive Reize (z. B. Hare, 1978).

Ein bedeutsames Anwendungsfeld für *tonische* elektrodermale Maße ist die Emotionsforschung. Vor allem die spontanen Fluktuationen der Hautleitfähigkeit gelten als sensitiver und spezifischer Indikator für negative emotionale Zustände (Boucsein, 1991) bzw. nach Hypothesen von Fowles (1980) als Angstindikator. Experimentelle Befunde dazu stellen z. B. Boucsein (1995) sowie Erdmann und Voigt (1995) vor. Eine ausführliche Diskussion von Grundlagen und Anwendungsfeldern elektrodermaler Maße liefert Boucsein (1992).

Muskuläre Aktivität
Die dritte große Gruppe peripher-physiologischer Indikatoren sind die Maße der muskulären Aktivität.

Physiologische Grundlagen: Die Aktivität der Skelettmuskulatur wird über das motorische System gesteuert. Das motorische System besteht aus folgenden zentralnervösen Strukturen: Motorische Großhirnrinde, Teile des Thalamus, Kleinhirn, Basalganglien sowie zahlreiche motorische Kerne in Hirnstamm und Rückenmark. Das zentralnervöse motorische System mündet in den Fortsätzen der motorischen Nervenfasern (Axone) und den Skelettmuskelfasern. Als Überträgerstoff (Transmitter) zwischen den Synapsen der motorischen Nervenfaser und den Skelettmuskelfasern wirkt Acetylcholin. Jede motorische Nervenfaser ist mit mehreren Muskelfasern verknüpft, die eine motorische Einheit bilden. Motorische Einheiten können aus einigen wenigen (z. B. Augenmuskulatur), aber auch aus bis über 1000 Muskelfasern (z. B. Rückenmuskulatur) bestehen.

Eng verschaltet mit dem motorischen System sind sensorische Einheiten bzw. auch komplexere zentralnervöse Strukturen, so daß psychische Prozesse einen starken Einfluß auf die Steuerung der Skelettmuskulatur ausüben. Für die biopsychologische Forschung ist die Registrierung elektrischer Muskelaktivität deswegen von großer Bedeutung (s. Schandry, 1996, S. 255 ff.).

Meßverfahren: Zur Messung der elektrischen Muskelaktivität wird die *Elektromyographie* (EMG)

verwendet. Diese Methode registriert die Depolarisationswellen von Muskelaktionspotentialen, die sich entlang der Zellmembran der Muskelfaser fortpflanzen. Zwei bipolare Elektroden werden an der Körperoberfläche an den Stellen angebracht, wo man Muskelbeginn und -ende vermutet. Änderungen in der Muskelaktivität sind auf eine erhöhte Entladungsrate der motorischen Einheit zurückzuführen oder auf eine erhöhte Anzahl aktiver motorischer Einheiten, was sich im EMG in höheren Signalamplituden und in höheren Frequenzanteilen ausdrückt.

Zur Quantifizierung der gesamten elektrischen Muskelaktivität werden die EMG-Signale zunächst gleichgerichtet, indem man die negativen Potentialanteile in positive umrechnet. Es folgt eine mathematische Integration des Signals, bei der die Fläche zwischen Nullinie und dem gleichgerichteten Potentialverlauf berechnet wird. Neben dem EMG gibt es noch weitere Maße zur Erfassung der Muskelaktivität, wie z. B. die Bestimmung des Tremors und der Muskelvibration (Fahrenberg, 1983, S. 38 f.).

> **!** Indikativ für *muskuläre Aktivität* sind elektrische Spannungen entlang der aktiven Muskelfaser. Die elektrische Muskelaktivität wird mittels zweier an Muskelende und -anfang an der Körperoberfläche angebrachten Elektroden gemessen (EMG: Elektromyographie).

Psychologische Korrelate: Die Erfassung peripherer Muskelaktivität – v.a. im Bereich des Gesichts und des Nackens – ist in der biopsychologischen Emotionsforschung nahezu Routine. Vor allem die Aktivität von verschiedenen spezifischen Gesichtsmuskeln (z. B. Corrugator supercilii: Zusammenziehen der Augenbrauen, Zygomaticus major: Hochziehen der Mundwinkel) werden als objektive Indikatoren des emotionalen Erlebens vermehrt herangezogen (z. B. Schmidt-Atzert, 1993, 1995). In der Klinischen Psychologie wird die Aktivität spezifischer Gesichtsmuskeln z. B. zur Differentialdiagnose bei affektiven Störungen eingesetzt (z. B. Greden et al., 1986). Die Verwendung des EMG als Indikator für allgemeine Erregung und Spannung z. B. im Zusammenhang mit Angst ist dagegen eher rückläufig wie auch Muskelbiofeedback zur Behandlung allgemeiner psychischer Spannungszustände.

In der Verhaltensmedizin hat man chronische Spannungskopfschmerzen mit Verspannungen der Nackenmuskulatur in Zusammenhang gebracht, die auch elektromyographisch nachgewiesen werden konnten (vgl. Gerber, 1986). Auf diesen Befunden basieren Biofeedbacktrainings zur Entspannung hypertoner Muskelaktivität (Köhler, 1995, S. 47 f.). Auch bei der Diagnose und Therapie von neurologischen Erkrankungen des zentralen motorischen Systems (z. B. Morbus Parkinson oder Dystonien wie die „Schiefhals"-Krankheit Torticollis spasticus) bzw. bei peripheren neuromuskulären Erkrankungen (z. B. Myasthenie) kommt der Erfassung der peripheren Muskelaktivität eine große Bedeutung zu (z. B. Poeck, 1990, S. 30 ff.; Schenck, 1992, S. 297 ff.).

4.6.3
Indikatoren des zentralen Nervensystems

Das zentrale Nervensystem (ZNS) besteht aus Rückenmark und Gehirn. Im Rückenmark werden motorische, sensorische sowie vegetative Nervenfasern verschaltet und verschiedene Reflexe ohne Beteiligung höherer Strukturen geregelt.

Von größerer Bedeutung für psychische Prozesse ist das Gehirn, das sich in den Hirnstamm, in das Kleinhirn, das Zwischenhirn und das Endhirn gliedert (Beaumont, 1987, S. 29 ff.). Strukturen im Hirnstamm sind u.a. für die globale Aktivierung sowie für die Steuerung vieler lebenserhaltender Prozesse wie Atmung und Kreislaufregulation verantwortlich. Das Kleinhirn koordiniert zusammen mit Strukturen des Endhirns (Basalganglien, motorischer Cortex) motorische Prozesse. Im Hypothalamus (Zwischenhirn) sind verschiedene Kerngebiete lokalisiert, die an der Regulation motivationaler und emotionaler Prozesse beteiligt sind.

Damit verbunden ist die übergeordnete Regulation des vegetativen Nervensystems und vieler Hormonsysteme durch den Hypothalamus. Als dem Hypothalamus nochmal übergeordnetes Regulationssystem in der Kontrolle emotional-motivationaler Verhaltensweisen und Begleiter der vegetativen und hormonellen Veränderungen gilt das limbische System, dessen Hauptanteile im Endhirn liegen.

Das Endhirn ist die höchste Instanz des zentralen Nervensystems. Neben der Großhirnrinde (Neocortex) und kortikalen sowie subkortikalen Antei-

len des limbischen Systems gehören dazu die Basalganglien. Bewußte Wahrnehmung und Handeln (sensomotorische und motorische Rindenareale) sowie kognitive Prozesse wie Denken, Planen und Problemlösen (assoziative Cortexareale) werden vor allem dem Neocortex zugeschrieben. (Ausführlich hierzu s. Birbaumer und Schmidt, 1991, S. 243 ff. bzw. Silbernagl und Despopoulos, 1991, S. 272 ff.)

Im folgenden werden Maße elektrophysiologischer ZNS-Aktivität, neurochemische Indikatoren sowie bildgebende Verfahren besprochen.

Elektrophysiologische ZNS-Aktivität

Die am weitesten verbreitete Methode zur Erfassung der elektrischen Hirnaktivität ist das Elektroenzephalogramm (EEG), dessen Grundprinzipien bereits von Berger (1929) entwickelt wurden.

Physiologische Grundlagen: Das EEG registriert Potentialschwankungen, die von den Pyramidenzellen der Großhirnrinde und von Gliazellen (Hilfszellen zur Stützung des Hirngewebes) generiert werden (s. Birbaumer und Schmidt, 1999, S. 491 ff.). Diese Potentialschwankungen resultieren vor allem aus der Variabilität von erregenden postsynaptischen Potentialen (EPSPs), die sich aus der gleichzeitigen und gleichgerichteten Aktivierung vieler Synapsen ergeben.

Meßverfahren: Zur Ableitung des EEGs befestigt man auf der Schädeloberfläche mit einer Klebesubstanz (Kollodium) oder mit selbstklebender Paste Elektroden. Die Plazierung der Elektroden erfolgt in der Regel in Anlehnung an ein internationales Plazierungssystem, dem sog. 10/20-System nach Jasper (vgl. Schandry, 1996, S. 231 f.). Oft verwendet man auch Hauben, die die Elektroden an die Schädeloberfläche anpressen. Die abgeleiteten Potentiale sind sehr schwach. Ihre Amplituden liegen im Bereich von 1 bis 200 μVolt, was eine sehr genaue Meßtechnik erfordert, um diese Signale artefaktfrei registrieren zu können. In der Regel werden zur Datenübertragung Glasfaserkabel und digitale Registriersysteme eingesetzt.

Bei der EEG-Registrierung kommen bipolare (Vergleich zweier aktiver Elektroden) und unipolare Ableitungen (Vergleich einer aktiven mit einer neutralen Referenzelektrode) zum Einsatz. Als Position für die neutrale Referenzelektrode wird entweder ein Ohrläppchen oder der Knochenvorsprung hinter dem Ohr (Mastoid) gewählt. Meistens plaziert man gleichzeitig mehrere Elektroden auf der Schädeloberfläche, deren Spannungsdifferenzen paarweise registriert werden. Alternativ können auch die Potentialdifferenzen zwischen einer aktiven Elektrode und der mittleren Aktivität aller übrigen bestimmt werden.

Spontan-EEG: Der Hauptfrequenzbereich der EEG-Wellen im Spontan-EEG, das die kontinuierlich ablaufenden Potentialoszillationen erfaßt, reicht von 0,5 bis 30 Hertz (Hz). Gemessen werden die Amplituden oder die relativen Anteile verschiedener Frequenzbereiche der hirnelektrischen Aktivität. Hierzu benötigt man digitale Registriereinheiten, die über numerische Verfahren (Fourier-Analyse) das Rohsignal in seine Bestandteile zerlegen. Bei dieser Technik wird jedes periodische Signal in Sinus- und Kosinusschwingungen zerlegt, deren Frequenz und Amplitude registriert werden. Bei modernen Geräten ist die Frequenzanalyse „on-line" möglich, d. h. das EEG-Signal wird gleich bei seiner Registrierung in vorher festgelegten Zeitintervallen in seine Frequenzbestandteile zerlegt.

Die Fourier-Analyse ermittelt die im EEG-Signal charakteristischen Frequenzbereiche, die man mit den griechischen Buchstaben Delta, Theta, Alpha und Beta bezeichnet, sowie deren Amplituden. Wie man Tabelle 18 entnehmen kann, dominieren bei unterschiedlichen Aktivierungszuständen des Organismus jeweils typische Frequenzbänder und Amplitudenbereiche.

Evozierte Potentiale: Beim Spontan-EEG handelt es sich um einen Indikator *tonischer* ZNS-Aktivität, der über Niveauveränderungen Auskunft gibt. Im Unterschied hierzu liefern *phasische* elektrophysiologische ZNS-Maße Informationen über Veränderungen, die mit einem externen oder internen Reiz einhergehen. Diese Maße werden als evozierte Potentiale (EP) bezeichnet.

Nach Vaughan (1974) unterscheidet man sensorisch und motorisch evozierte Potentiale, erlebenskorrelierte Potentiale und langsame Potentialverschiebungen. Die am häufigsten untersuchte Gruppe phasischer ZNS-Maße sind sensorisch evozierte Potentiale, die phasische EEG-Veränderungen nach einem sensorischen Reiz beschreiben. Die Amplituden evozierter Potentiale sind um das 5- bis 20fache kleiner als die EEG-Amplituden (vgl. Schandry, 1996, S. 241) und deshalb mit dem bloßen Auge nicht zu erkennen. Um diese Potentiale sichtbar zu machen, wendet man die Summations- oder Mittelungstechnik (Averaging) an, bei der die Reaktionen auf viele aufeinanderfolgende Reize zusammengefaßt werden. Die bei dieser Technik resultierende Potentialverlaufskurve stellt eine reliable Abbildung der mittleren evozierten Antwort auf den externen Stimulus dar.

Ausgewertet werden die Amplituden und Latenzen verschiedener markanter Potentialkomponente wie z. B. N100 im visuellen EP oder P300 im akustischen EP bei gleichzeitiger Aufmerksamkeitsaufgabe. Diese Komponenten werden meist nach ihrer Polarität (P für positiv, N für negativ) und ihren mittleren Latenzen (100 für 100 ms) benannt.

Artefakte: Eine bedeutende Artefaktquelle bei der Registrierung elektrophysiologischer ZNS-Aktivität sind Augenbewegungen, die im EEG-Signal als Potentialspitzen erscheinen und die deshalb bei EEG- und EP-Registrierungen routinemäßig mitregistriert werden (Elektrookulographie oder kurz: EOG, vgl. Schandry, 1996, S. 274 ff.). Signalabschnitte mit gleichzeitigen Augenbewegungen werden aus der Frequenzanalyse (EEG) oder dem Mittelungsverfahren (EP) herausgenommen bzw. mittels statistisch-mathematischer Verfahren korrigiert.

Tabelle 18. Relevante Frequenzbänder im EEG

Frequenzband	Frequenzbereich	Amplitudenbereich	Aktivierungszustand
Delta	<4 Hz	20–200 µVolt	Tiefschlaf
Theta	4–8 Hz	5–100 µVolt	Einschlafzustand, Zustand tiefer Entspannung
Alpha	8–13 Hz	5–100 µVolt	Entspannter Wachzustand
Beta	13–30 Hz	2–20 µVolt	Mentale oder körperliche Aktivierung

VERHALTEN SIE SICH EINFACH GANZ NATÜRLICH!

Artefakte bei physiologischen Messungen: Augenbewegungen verfälschen die EEG-Aufzeichnung! (Zeichnung: R. Löffler, Dinkelsbühl)

Psychologische Korrelate: Das Spontan-EEG eignet sich insbesondere für die Abbildung von allgemeiner Aktivierung oder Wachheit. Die Schlafforschung ist deshalb ein wichtiges Anwendungsgebiet der Elektroenzephalographie (z.B. Birbaumer und Schmidt, 1999, S. 537 ff.; Knab, 1990). Die einzelnen Schlafstadien sind durch Dominanz unterschiedlicher Frequenzbänder definiert (vgl. Tabelle 18). Eine Sonderstellung nimmt die sog. REM-Schlafphase (REM: „Rapid Eye Movement") ein. In dieser Phase herrschen niederamplitudige Theta-Wellen vor, verbunden mit schnellen Augenbewegungen und kurzen phasischen Muskelaktivitäten bei gleichzeitig niedrigem bis fehlendem Hintergrundtonus der Skelettmuskulatur (Atonie). Die REM-Phasen scheinen mit Traumphasen einherzugehen.

> ! Indikativ für *zentralnervöse Aktivität* sind elektrophysiologische Veränderungen am Gehirn. Die ZNS-Aktivität wird mit Elektroden gemessen, die an der Schädeldecke angeordnet werden (EEG: Elektroenzephalogramm). Man unterscheidet Spontan-EEG und evozierte Potentiale (EP).

Weitere Anwendungsfelder für das Spontan-EEG und EP sind die Neuropsychologie bzw. Neurologie (zur Diagnostik neurologischer Störungen s. Schenck, 1992, S. 261 ff.) sowie die Pharmakopsychologie (zur Untersuchung von sedierenden oder stimulierenden Substanzen s. Herrmann und Schärer, 1987). In der Kognitionspsychologie werden evozierte Potentiale zur Differenzierung verschiedener Verarbeitungsstadien und der Informationsverarbeitungskapazität eingesetzt. Speziell die N100- und P300-Komponenten im visuellen und akustischen EP erwiesen sich als sensitive Indikatoren (s. Kramer und Spinks, 1991). Weitere Anwendungsbereiche sind die Quantifizierung von Aufmerksamkeit (Graham und Hackley, 1991) und von Gedächtnisprozessen (Donchin und Fabiani, 1991). Neuere Arbeiten beschäftigen sich z. B. mit der N400-Komponente, einer Negativierung mit einer mittleren Latenz von 400 ms, die durch verbale Stimuli hervorgerufen wird, die einer „semantischen Erwartung" widersprechen. Die N400-Komponente gilt somit als Maß für die erlebte Passungsdivergenz eines Begriffs bezüglich eines semantischen Kontextes (s. auch Gazzaniga, 1995).

Evozierte Potentiale werden auch vermehrt in der Persönlichkeitsforschung eingesetzt. Im Zusammenhang mit Impulsivität und Stimulationssuche werden erhöhte Potentialdifferenzen zwischen der N100- und P100- bzw. P200-Komponente im visuellen und akustischen EP („augmenting") diskutiert (s. z. B. Barratt, 1987; Zuckerman, 1991, S. 249 ff.). Auch langsame negative Potentialverschiebungen bei der Vorbereitung einer motorischen Reaktion („Contingent negative variation" = CNV) wurden untersucht. Bei hoch impulsiven Personen konnte im Gegensatz zu niedrig impulsiven keine oder lediglich eine minimale Negativierung gefunden werden (z. B. Barratt und Patton, 1983, S. 100 f.).

Neurochemische Indikatoren

Neben elektrophysiologischen Maßen werden auch *neurochemische Indikatoren* (Neurotransmitter, Enzyme und deren Stoffwechselprodukte) herangezogen, um die zentralnervöse Aktivität zu beschreiben. Nahezu alle psychiatrischen Erkrankungen werden mit Störungen bzw. Imbalancen der zentralen Neurotransmittersysteme in Zusammenhang gebracht (s. Fritze, 1989; Köhler, 1999). Diese Erkenntnisse sind u. a. die Grundlage für die Weiterentwicklung vieler Psychopharmaka.

Auch die biopsychologische Grundlagenforschung befaßt sich zunehmend mit Indikatoren zentraler neurochemischer Aktivität. Im Zusammenhang mit positiven Emotionen steht vor allem das (mesolimbische) Dopaminsystem im Mittelpunkt (z. B. Willner und Scheel-Krüger, 1991). Das Serotonin-System wird mit Aggressivität, Impulsivität und Stimulationssuche in Zusammenhang gebracht. Die Ergebnisse legen nahe, daß negative Korrelationen zwischen diesen Persönlichkeitskonstrukten und der Serotoninaktivität bestehen (Zuckerman, 1991, S. 195 ff.).

Neben den Neurotransmittern beeinflussen auch andere ZNS-wirksame neurochemische Stoffe Erleben und Verhalten. Diese Stoffe sind Peptide, die modulierend auf die Neurotransmitterwirkung Einfluß nehmen. Sie werden Neuromodulatoren genannt. Bekannteste Stoffe dieser Art sind die endogenen Opiate, d. h. körpereigene Stoffe mit opiatähnlicher Wirkung (vgl. Snyder, 1988). Zentral wirksame Peptid-Hormone wie ACTH und Vasopressin fördern über unterschiedliche Mechanismen Gedächtnisleistungen. Humanuntersuchungen zu diesem Thema sind jedoch sehr selten und beschränken sich in der Regel auf nichtexperimentelle Fragestellungen. (Eine Übersicht zu ZNS-wirksamen neurochemischen Stoffen und Emotionen geben Erdmann et al., 1999.)

Bildgebende Verfahren

Bildgebende Verfahren ermöglichen eine bessere Lokalisation elektrophysiologischer Hirnaktivitäten als das EEG und gewinnen deswegen zunehmend an Bedeutung. Bei bildgebenden Verfahren wird die elektrophysiologische ZNS-Aktivität mit mehreren EEG-Elektroden registriert, um so räumliche EEG-Analysen („Brain-Mapping") zur topographischen Verteilung der hirnelektrischen Aktivität durchführen zu können (Schandry, 1996, S. 250 ff.). Mit diesem Verfahren werden getrennt nach den einzelnen Frequenzbändern EEG-Karten erstellt, auf denen üblicherweise durch abgestufte Grau-Rasterung oder unterschiedliche Farben die relative Verteilung der EEG-Aktivität über den gesamten Cortex graphisch dargestellt wird (s. Schandry, 1996, S. 252).

Seit einiger Zeit wird auch die zerebrale Stoffwechselaktivität mit bildgebenden Verfahren veranschaulicht. Dazu wird z. B. die Positron-Emissionstomographie (PET) eingesetzt (Birbaumer und Schmidt, 1999, S. 505 f.), bei der man dem Probanden radioaktiv markierte Substanzen, z. B. radioaktive Kohlen- oder Stickstoffisotope, injiziert, die mit Hilfe der PET-Technik die lokale Stoffwechselaktivität im Gehirn sichtbar machen.

Mit der funktionellen Magnetresonanztomographie (fMRT, fMRI), einer Weiterentwicklung der Kernspintomographie, wird ausgenutzt, daß die magnetischen Eigenschaften des sauerstoffbindenden Hämoglobins im Blut sich von denen des sauerstoffarmen Blutes unterscheiden. Da neuronale

Aktivität zu einer Erhöhung der lokalen zerebralen Durchblutung führt, wird vermehrt arterielles Blut in die aktiven ZNS-Regionen geleitet. Dies führt auch zu einer Erhöhung der Sauerstoffkonzentration im venösen Blut, da der lokale Sauerstoffverbrauch in der Regel niedriger ist als die zusätzliche Zufuhr. Bei Anlegen eines starken pulsierenden Magnetfeldes kann diese lokale Erhöhung der Sauerstoffkonzentration während neuronaler Aktivität mittels Hochfrequenzempfängern sichtbar gemacht werden (BOLD-Effekt, Blood Oxygenation Level Dependence). Die zeitliche und anatomische Auflösung liegt beim fMRT deutlich höher als bei der PET, so daß auch wechselnde Aktivitäten anatomischer Strukturen während psychischer Prozesse sichtbar gemacht werden können. Genauere Informationen über diese bildgebenden Verfahren können Birbaumer und Schmidt (1999, S. 502 ff.) entnommen werden.

4.6.4
Indikatoren endokriner Systeme und des Immunsystems

Eine wichtige Rolle bei der Regulation von Emotion, Motivation und Verhalten spielen chemische Botenstoffe oder Hormone. Klassische Hormonsysteme in der biopsychologischen Streßforschung sind das Sympathikus-Nebennierenmark-System mit den Hormonen Adrenalin und Noradrenalin sowie das Hypophyse-Nebennierenrindensystem mit den Hormonen Cortisol und Aldosteron. Heute weiß man, daß neben somatischen auch psychische Faktoren wie Belastung und Erholung die Aktivität des Immunsystems beeinflussen und daß umgekehrt das Immunsystem wiederum das Verhalten (z. B. Schlafverhalten, Appetit) steuert (Hennig, 1994, S. 3 ff.). Im Laufe der vergangenen 30 Jahre hat sich eine interdisziplinäre Forschungsrichtung etabliert, die sich mit diesen Wechselwirkungen zwischen Immunsystem sowie psychischen und somatischen Prozessen beschäftigt: die Psychoneuroimmunologie (s. zusammenfassend Ader et al., 1991). Die folgenden Abschnitte behandeln Indikatoren der endokrinen Systeme und des Immunsystems.

Aktivität endokriner Systeme

Über die psychologischen Wirkungen von Hormonen existieren im Alltagsverständnis diverse Theorien – sei es im Zusammenhang mit Pubertierenden oder mit sog. „Frühlingsgefühlen".

Physiologische Grundlagen: Das endokrine oder Hormonsystem ist funktionell eng mit dem vegetativen Nervensystem (vgl. S. 280) verknüpft. Es regelt die Kommunikation zwischen zum Teil weit voneinander entfernt liegenden Organen, indem Botenstoffe (Hormone) in das umliegende Gewebe bzw. in das Blut abgegeben werden, die über spezifische Rezeptoren die Aktivität des Zielorgans beeinflussen (Birbaumer und Schmidt, 1999, S. 64 ff.).

In der interdisziplinären Streßforschung dominieren zwei Hormonachsen, die mit dem Streßerleben und -verhalten in enger Beziehung stehen: die Sympathikus-Nebennierenmark-Achse und die Hypophysen-Nebennierenrinden-Achse. Das Nebennierenmark schüttet vor allem das Hormon Adrenalin, zu einem kleineren Teil auch Noradrenalin aus. Beide Hormone wirken auf die verschiedensten Organe aktivierend bzw. kontrahierend oder hemmend bzw. entspannend, z. B. aktivierend auf das Herz und eher hemmend auf das Magen-Darm-System. Zusätzlich mobilisiert insbesondere Adrenalin die gespeicherten chemischen Energiestoffe Fett und Glykogen (Silbernagl und Despopoulos, 1991, S. 50 ff.).

Wichtige Hormone der Nebennierenrinde sind Sexualhormone (z. B. Testosteron) und das Cortisol. Das Cortisol besitzt metabolische (stoffwechselbezogene) und immunologische Wirkungen. Bei einem hohen Cortisolspiegel werden in der Leber Aminosäuren zu Glucose umgewandelt, um auch bei extremen Umweltbedingungen einen möglichst konstanten Blutzuckerspiegel zu garantieren. Gleichzeitig wirkt sich das Cortisol hemmend auf die Aktivität des Immunsystems aus, indem es vor allem die Produktion der Immunglobuline (Antikörper) reduziert. Dadurch hat es entzündungshemmende, fiebersenkende und antiallergische Effekte (Birbaumer und Schmidt, 1999, S. 80 ff.).

Meßverfahren: Die Konzentration von Hormonen wird über Blut- oder Urinproben in der Regel mit sog. Assay-Methoden bzw. mit der Hochdruck-

Flüssigkeitschromatographie (HPLC) gemessen. Die bedeutendste Assay-Methode ist das Radioimmunoassay (RIA), über die z. B. Benjamini und Leskowitz (1988, S. 99 ff.) oder Kirschbaum et al. (1989) berichten. Mit der RIA-Methode können viele Hormone sogar im Speichel gemessen werden. Dazu muß lediglich eine Watterolle (z. B. Salivette) für 30 bis 60 Sekunden vorsichtig gekaut oder passiv im Mund behalten und anschließend zur Gewinnung der Speichelprobe zentrifugiert werden.

> **!** Indikativ für die Aktivität des *endokrinen Systems* ist die Hormonkonzentration in Blut, Urin und Speichel. Ein wichtiges Meßverfahren der Hormonkonzentration ist die RIA-Methode (RIA: Radioimmunoassay).

Psychologische Korrelate: Ein klassischer Forschungsbereich im Zusammenhang mit Indikatoren endokriner Systeme ist die Streßforschung. Die erste biochemische Reaktion auf Streßsituationen basiert auf der Aktivität des Sympathikus, die über das Nebennierenmark Adrenalin und in kleineren Mengen auch Noradrenalin freisetzt. Diese Erkenntnis veranlaßte Cannon (1932) zu seiner Pionierarbeit über die sog. „Notfallreaktion". Selye (1950) verschob den Fokus der Streßforschung weg von der Sympathikus-Nebennierenmark-Achse hin zur Achse Hypothalamus-Hypophyse-Nebennierenrinde, mit der die Freisetzung von Cortisol reguliert wird.

An die adrenerge Alarmreaktion schließen sich weitere Streßphasen an, die auf hormoneller Ebene durch einen steigenden Cortisolspiegel gekennzeichnet sind. Henry und Stephens (1977, S. 118 ff.) integrierten die beiden Streßachsen in einem zweidimensionalen Modell, in dem unterschiedliche Arten von Belastung bzw. des Umgangs mit Belastungen mit erhöhter Nebennierenmarkaktivität (aktiver Streß, Anstrengung) bzw. Nebennierenrindenaktivität (passiver Streß, Resignation) verknüpft wurden. Ausführliche Diskussionen und empirische Befunde zu beiden Streßachsen finden sich bei Chrousos et al. (1988), Frankenhaeuser (1986), sowie im Kontext emotionaler Reaktionen und Störungen bei Netter und Matussek (1995).

Auch in der experimentellen Angstforschung gibt es Befunde zu den beiden Hormonachsen.

Erdmann und Voigt (1995) konnten für Leistungsangst zeigen, daß die Sympathikus-Nebennierenmarkachse offensichtlich eher die Mobilisierung von Leistungsressourcen indiziert, während die Achse Hypothalamus-Hypophyse-Nebennierenrinde eher die emotionale Belastung widerspiegelt.

Weitere bedeutsame Hormonsysteme für psychische Prozesse sind das Schilddrüsenhormonsystem, das Wachstumshormonsystem sowie das Keimdrüsenhormonsystem (Testosteron bei Männern, Östrogen bei Frauen). Einen Überblick über die umfangreiche Forschung zu Testosteron gibt Hubert (1990).

Weitere Befunde zu den verschiedenen Hormonsystemen stammen aus der Klinischen Psychologie. So wurde z. B. Depression mit einer Hyperaktivität der Hypothalamus-Hypophysen-Nebennierenrindenachse in Zusammenhang gebracht (z. B. Hautzinger und de Jong-Meyer, 1994; Holsboer, 1999).

Aktivität des Immunsystems

Daß die Aktivität des Immunsystems auch wesentlich von der psychischen Verfassung beeinflußt wird, ist ein Befund der Biopsychologie, der in der Öffentlichkeit auf großes Interesse gestoßen ist.

Physiologische Grundlagen: Der Einbezug des Immunsystems in biopsychologische Fragestellungen begann mit der Entdeckung seiner Konditionierbarkeit (Ader, 1981). Damit konnte belegt werden, daß das Immunsystem keine autonome Einheit darstellt, sondern daß sich psychische Einflüsse auf die Funktionsweise des Immunsystems auswirken.

Beim Immunsystem unterscheidet man angeborene von erworbener Immunität. Die angeborene Immunität wirkt unspezifisch. Sie richtet sich gegen jegliches Fremdmaterial wie Bakterien, Viren, Parasiten oder Pilze (Antigene), das in den Organismus eindringt. Die erworbene Immunität ist spezialisierter als die angeborene. Sie bildet sich erst während der Onthogenese aus, d. h. Säuglinge und Kleinkinder sind gegenüber Infektionen weit geringer geschützt als Erwachsene. Die erworbene Immunität umfaßt humorale (d. h. über blutlösliche Stoffe vermittelte) und zellvermittelte Mechanismen, bei denen die Abwehrzelle das Antigen berühren muß, bevor es aufgelöst werden kann (s. Benjamini und Leskowitz, 1988).

Meßverfahren: Die Bestimmung der Immunaktivität erfolgt in der Regel über biochemische Blutanalysen. Eine Quantifizierung der peripheren Immunaktivität im Blut wurde mit der Entdeckung spezieller Moleküle (Antikörper) möglich, die sich an spezifische Rezeptoren der einzelnen immunaktiven Zellen binden. Diesen Rezeptoren wurden in einer internationalen Nomenklatur Nummern zugewiesen (z. B. CD2, CD3, CD4, CD8-Rezeptor). Die Antikörper, die sich an die spezifischen Rezeptoren der immunaktiven Zellen binden, werden markiert (z. B. mit fluoreszierenden Substanzen) und zusammen mit den immunaktiven Zellen mittels der sog. Durchflußzytometrie ausgezählt (O'Leary, 1990).

> **!** Indikativ für die Aktivität des *Immunsystems* sind Art und Konzentration immunaktiver Zellen im Blut, die z. B. mit der Durchflußzytometrie-Methode nach vorheriger Markierung durch fluoreszierende Substanzen ausgezählt werden können.

Neben dieser „Auszähl"-Methode gibt es noch weitere Meßverfahren, mit denen der Aktivierungszustand der einzelnen Komponenten des Immunsystems bestimmt werden kann. Von besonderer Bedeutung ist hierbei das sekretorische Immunglobulin (sIgA) im Speichel. Einzelheiten findet man bei Hennig (1994, S. 68 ff.) bzw. – zu weiteren Methoden – bei Jacobs (1996).

Psychologische Korrelate: In den vergangenen 30 Jahren konnte wiederholt gezeigt werden, daß psychische Zustände und Persönlichkeitsvariablen in vielfältiger Weise auf das Immunsystem wirken. Befunde zur Konditionierbarkeit des Immunsystems wurden von Ader (1981) zusammengestellt, und Schedlowski und Tewes (1996) besprechen Einflüsse von Streß auf das Immunsystem. Eine ausführliche Diskussion des Zusammenhangs von sIgA mit unterschiedlichen Belastungs- und Entspannungssituationen findet man bei Hennig (1994, S. 88 ff.).

Entspannung und Imaginationstechniken bewirken einen deutlichen sIgA-Anstieg, während Belastung eher zu einer sIgA-Reduktion führt. Dabei scheint längerfristige Belastung mit geringeren sIgA-Veränderungen einherzugehen als kurzfristige. Bei diesen Befunden sind jedoch auch Persönlichkeitsfaktoren zu berücksichtigen. So besteht ein negativer Zusammenhang zwischen Neurotizismus und der sIgA-Sekretionsrate.

Einen Überblick zu den Wechselwirkungen zwischen Streß, Krankheit und Immunaktivität geben Ader et al. (1991, S. 847 ff.). Es gibt heute etliche Hinweise, daß eine Reihe körperlicher Krankheiten, möglicherweise auch Krebserkrankungen, aufgrund der Verknüpfung zwischen Psyche und Immunsystem durch psychische Faktoren beeinflußbar sind.

ÜBUNGSAUFGABEN

1. Wie wird ein Dominanz-Paarvergleich durchgeführt?

2. Wieviele Paarvergleiche kann man aus 20 Reizen bilden?

3. Was ist der Unterschied zwischen einem Dominanz-Paarvergleich und einem Ähnlichkeits-Paarvergleich?

4. Eine Firma plant die Produktion eines neuen Treppengeländers. Zunächst werden 10 Prototypen (P) hergestellt, von denen der beste in die Produktpalette aufgenommen werden soll. Eine Innenarchitektin beurteilt die Muster auf einer Rating-Skala von 1 (gar nicht geeignet) bis 5 (völlig geeignet): P1: 1; P2: 2; P3: 2; P4: 1; P5: 5; P6: 4; P7: 2; P8: 4; P9: 4 und P10: 5. Welche Rangplätze erhalten die 10 Prototypen?

5. Was ist eine MDS? Worin besteht das Ziel einer MDS?

6. Erläutern Sie, wie man Urteilsfehler verhindern oder abmildern kann!

7. Was ist ein Semantisches Differential? Von wem wurde diese Technik entwickelt?

8. Wozu dient die Grid-Technik und von wem stammt sie?

9. Definieren Sie Objektivität, Reliabilität und Validität. Grenzen Sie die Validität eines Tests von der Validität einer Untersuchung ab!

10. Welche Techniken zur Abschätzung der Reliabilität eines Tests kennen Sie?

11. Eine Firma hat eine Stelle ausgeschrieben und sechs Bewerbungen erhalten. Von allen Kandidaten liegen vier Angaben vor: Berufserfahrung in Jahren, Abiturnote (ganzzahlig gerundet), Punktzahl in einem Eignungstest (0 bis 10 Punkte: alle Aufgaben richtig gelöst) und die Einschätzung der Personalchefin nach dem Vorstellungsgespräch (1 bis 5 Punkte: optimal geeignet). Für die Gesamtbeurteilung sollen alle vier Angaben in der Weise zu einem Index zusammengefaßt werden, daß Eig-nungstest und Berufserfahrung einfach, das Vorstellungsgespräch doppelt und die Abiturnote dreifach gewichtet werden. Eignungstest, Berufserfahrung und Vorstellungsgespräch werden additiv zusammengefaßt, die Abiturnote wird subtrahiert. Berechnen Sie die Indexwerte für folgende sechs Kandidaten:

Kandidat	Abiturnote	Berufserfahrung	Eignungstest	Vorstellungsgespräch
1	2	4	8	4
2	3	4	7	3
3	2	5	5	1
4	1	0	7	2
5	4	10	4	3
6	3	3	8	2

12. Was versteht man unter einer Itemcharakteristik?

13. Nennen Sie drei Haupt-Varianten für die Formulierung von Items!

14. Was versteht man unter einer Ratekorrektur?

15. In einem Forschungsbericht lesen Sie: „Cronbachs a betrug 0,67". Wie ist diese Aussage zu interpretieren?

16. Was ist eine Trennschärfe?

17. Sie planen eine Untersuchung zur sozialen Kompetenz von Polizisten. In der Literatur finden Sie zwei Kompetenz-Tests. Der eine hat eine Reliabilität von 0,76 und eine Validität von 0,48, der andere weist eine Reliabilität von 0,41 und eine Validität von 0,77 auf. Welchen Test wählen Sie? Begründung?

18. Welche Techniken sind Ihnen bekannt, um sozial erwünschtes Antworten in Fragebögen und Tests zu kontrollieren?

19. Was versteht man unter „Akquieszenz"?

20. An einem Lernexperiment nahmen 12 Personen teil, die folgendes Alter hatten: 34, 18, 19, 36, 22, 31, 28, 34, 19, 27, 26 und 25 Jahre. Transformieren Sie diese Daten a) in ordinale Werte (Rangplätze) und b) in dichotome Werte (Mediandichotomisierung).

ÜBUNGSAUFGABEN

21. Wie wird die Rücklaufquote bei postalischen Umfragen ermittelt? Welche inhaltliche Bedeutung hat sie?

22. Was sind und wozu dienen Ereignis- und Zeitstichproben?

23. In einer Talkshow diskutieren der Umweltminister, eine Kommunalpolitikerin, ein Umweltschützer und ein Industrievertreter über das Thema „Müllentsorgung im 21. Jahrhundert". Ein Ausschnitt dieser Diskussion wird von zwei Beobachtern A und B unabhängig voneinander in einem Beobachtungsplan protokolliert. Der Beobachtungsplan enthält die folgenden 4 Kodiereinheiten:
    1. äußert eigene Gefühle
    2. erfragt die Gefühle anderer
    3. gibt sachliche Informationen
    4. erfragt sachliche Informationen

Insgesamt waren 51 Diskussionsbeiträge zu kodieren. Die folgende Tabelle zeigt, wie die beiden Beobachter geurteilt haben.
Ermitteln Sie die Urteilerübereinstimmung.

		A				
		1	2	3	4	
	1	6	3	0	0	9
	2	0	4	0	1	5
B	3	0	0	20	0	20
	4	0	1	6	10	17
		6	8	26	11	51

24. Mit welchen Methoden werden
    a) kardiovaskuläre Aktivität,
    b) muskuläre Aktivität und
    c) ZNS-Aktivität gemessen?

Kapitel 5
Qualitative Methoden

Das Wichtigste im Überblick

▶ Qualitative und quantitative Forschung im Vergleich

▶ Qualitative Datenerhebung: Befragung, Beobachtung, Nonreaktive Verfahren

▶ Qualitative Datenauswertung: Inhaltsanalyse und „Grounded Theory"

▶ Feld-, Aktions-, Frauen- und Biographieforschung

Die bisher in diesem Buch behandelten Methoden der Untersuchungsplanung, Datenerhebung, Hypothesenprüfung und Evaluation beruhen auf *Quantifizierungen* der Beobachtungsrealität (sog. *quantitative Forschung*) und sind nur bedingt auf Forschungsmethoden übertragbar, die überwiegend auf Messungen verzichten und stattdessen mit *Interpretationen von verbalem Material* operieren (sog. *qualitative Forschung*). Eine ausführliche Darstellung der Besonderheiten qualitativer Forschung würde den Rahmen dieses Buches sprengen. Wir beschränken uns auf einige Anmerkungen zu dem mitunter spannungsgeladenen Verhältnis zwischen qualitativer und quantitativer Forschung (Abschnitt 5.1), bevor wir den Leserinnen und Lesern einen ersten Einblick in die qualitativen Datenerhebungsmethoden (Abschnitt 5.2) und Auswertungsmethoden (Abschnitt 5.3) geben. In Abschnitt 5.4 stellen wir einige besondere Forschungsansätze vor, die sich aus der Kombination bestimmter Themenstellungen und Methoden ergeben und die eine besondere Verbindung zum qualitativen Ansatz aufweisen.

Qualitative Methoden eignen sich nicht nur zu Explorationszwecken (vgl. Kap. 6), sondern werden im Forschungsalltag oftmals mit quantitativen Verfahren kombiniert, so daß es sinnvoll ist, in beiden Bereichen Methodenkenntnisse zu erwerben.

5.1
Qualitative und quantitative Forschung

Ein erstes Unterscheidungsmerkmal zwischen qualitativer und quantitativer Forschung ist die Art des verwendeten *Datenmaterials*: Während in der qualitativen Forschung Erfahrungsrealität zunächst verbalisiert wird (qualitative, verbale Daten), wird sie im quantitativen Ansatz numerisch beschrieben (Abschnitt 5.1.1). Qualitative und quantitative Forschung unterscheiden sich jedoch nicht nur in der Art des verarbeiteten Datenmaterials, sondern auch hinsichtlich Forschungsmethoden, Gegenstand und Wissenschaftsverständnis. Nicht selten wurden beide Ansätze sogar als unvereinbare Gegensätze betrachtet oder zumindest durch Gegensatzpaare charakterisiert (Abschnitt 5.1.2). Extrempositionen, die einen Alleinvertretungsanspruch für einen Ansatz reklamieren und den jeweils anderen grundsätzlich ablehnen, werden jedoch in den letzten Jahren immer seltener vertreten. (Zur historischen Entwicklung des qualitativen Ansatzes s. Abschnitt 5.1.3.)

5.1.1
Qualitative und quantitative Daten

Die für den quantitativen Ansatz typische Quantifizierung bzw. Messung von Ausschnitten der Beobachtungsrealität mündet in die statistische Verarbeitung von Meßwerten. Demgegenüber operiert der qualitative Ansatz mit Verbalisierungen der Erfahrungswirklichkeit, die interpretativ ausgewertet werden (vgl. Berg, 1989, S. 2; Denzin und Lincoln, 1994, S. 4; Spöhring, 1989, S. 98 ff.).

Quantifizierungen werden allenfalls eingeführt, um den Grad der Übereinstimmung unterschiedlicher Deutungen zu messen. Im folgenden werden quantitatives und qualitatives Datenformat zunächst an einem Beispiel kontrastiert, bevor der Informationsgehalt beider Datenarten verglichen und Vor- und Nachteile abgewogen werden. Anschließend gehen wir kurz darauf ein, wie qualitatives Material bei Bedarf quantifizierbar ist.

Quantitative Daten

Nachdem über quantitative Daten bereits in Kap. 4 berichtet wurde, wollen wir nun an einem Beispiel die Unterschiede zu verbalem Datenmaterial illustrieren. Angenommen, man interessiert sich für die Frage, wie zufrieden Patienten verschiedener Krankenhäuser mit ihrem Krankenhausaufenthalt sind. Dies kann man durch standardisierte Befragung ermitteln, wobei den Patienten z. B. eine Rating-Skala von „gar nicht zufrieden" bis „vollkommen zufrieden" vorgelegt wird, auf der sie ihre Einschätzung abgeben (zu Rating-Skalen vgl. Abschnitt 4.2.4). Die Antworten der Patienten sind standardisiert; eine Messung der Variable „Zufriedenheit" kann durch Zuweisung von Zahlwerten zu den Skalenpunkten (1 = „gar nicht zufrieden", 2 = „wenig zufrieden" etc.) erfolgen. Diese standardisierte Befragung ist leicht durchzuführen und auszuwerten. Die Ergebnisse ermöglichen zahlreiche Vergleiche, z. B. welches Krankenhaus erhält im Durchschnitt die besten oder schlechtesten Bewertungen, wie stark variieren die Beurteilungen insgesamt, wie unterscheiden sich die Beurteilungen verschiedener Stationen eines Krankenhauses etc. Derartige Informationen sind von theoretischer und praktischer Relevanz.

Verbale Daten

Im qualitativen Ansatz wird die Beobachtungsrealität nicht in Zahlen abgebildet. Stattdessen verwendet man *nichtnumerisches* (sog. qualitatives) Material. Dies sind vor allem Texte (z. B. Beobachtungsprotokolle, Interviewtexte, Briefe, Zeitungsartikel), aber auch andere Objekte (z. B. Fotografien, Zeichnungen, Filme, Kleidungsstücke). Zur Erhebung qualitativer Daten ist es nicht – oder nur in sehr geringem Umfang – notwendig, den Untersuchungsvorgang zu standardisieren. Im Kranken-

haus-Beispiel würde man den Patienten in einer offenen Befragung die Möglichkeit geben, individuell zu artikulieren, wie sich ihre Zufriedenheit bzw. Unzufriedenheit darstellt. Im Ergebnis erhält man auf diese Weise ganz unterschiedliche Äußerungen, in denen nicht nur die Art der Einschätzung anklingt („alles in allem bin ich doch recht zufrieden"), sondern z. B. auch Begründungen genannt werden („mich stört es besonders, daß die Ärzte so kurz angebunden sind"). Dieses qualitative Material scheint „reichhaltiger" zu sein; es enthält viel mehr Details als ein Meßwert.

Informationsgehalt

Für offene Befragungen benötigt man mehr Zeit, so daß insgesamt weniger Personen befragt werden können; zudem sind die individuellen Äußerungen der einzelnen Personen schwerer vergleichbar. Ist dadurch der Informationsgehalt reduziert? Wenn Patient A z. B. auf der Rating-Skala „gar nicht zufrieden" angibt und Patient B „wenig zufrieden", so ist damit die Rangfolge der Patienten klar. Sagt Patient A in der offenen Befragung z. B. „naja, also eigentlich läßt es sich hier aushalten" und Patient B „es ist ganz o.k., ich hätte es mir schlimmer vorgestellt", so ist die Rangfolge nicht unbedingt ersichtlich. Wie man nun die qualitativen Äußerungen aller Patienten eines Krankenhauses zusammenfassen und „auf einen Nenner" bringen könnte, um sie mit einem anderen Krankenhaus zu vergleichen, ist schwer vorstellbar.

Solche direkten Vergleiche auf Gruppenebene (*Aggregatebene*) sind jedoch im qualitativen Ansatz nicht intendiert. Wenn man unstandardisiert befragt, will man natürlich genau den inhaltlichen Reichtum der individuellen Antworten in den Analysen berücksichtigen. Dazu dienen *interpretative Verfahren*. Sie gliedern und strukturieren Texte, arbeiten die wichtigsten Grundideen heraus und machen die Gedanken- und Erlebenswelt der Befragten transparent. Solche Hintergrundstrukturen sind dann schon eher vergleichbar. So könnte sich zum Beispiel in den Äußerungen mehrerer Patienten das Muster zeigen, daß zunächst ausführliche Klagen über das medizinische Personal vorgebracht werden und später nur kurz am Rande angemerkt wird, daß Angehörige oder Freunde nicht zu Besuch kommen.

Würden mehrere Interpreten bei der Deutung des Materials zu diesem Ergebnis kommen, wäre dies ein Indiz für die Gültigkeit der Interpretation (vgl. Abschnitt 5.3.3). Der Befund könnte die Hypothese anregen, daß Defizite in der sozialen Unterstützung durch Angehörige überwiegend indirekt geäußert werden. Diese Vermutung wäre in weiteren Untersuchungen durch die Erhebung und Deutung von qualitativem Material (Leitfadeninterview und qualitative Inhaltsanalyse s. S. 315 und S. 331 ff.) oder mittels quantitativer Daten (z. B. Einsatz eines Fragebogens und Berechnung der Korrelation zwischen dem Ausmaß an sozialer Unterstützung und der Unzufriedenheit mit dem medizinischen Personal) zu prüfen.

Vor- und Nachteile

Dieses Beispiel sollte verdeutlichen, daß das für den quantitativen und qualitativen Ansatz charakteristische Arbeiten mit unterschiedlichen Typen von Daten bzw. Informationen nicht in direktem Konkurrenzverhältnis steht, sondern unterschiedliche Vor- und Nachteile in sich birgt, die sowohl forschungspraktischer als auch inhaltlicher Natur sind. Schwerkranke Patienten sind nur bedingt in der Lage, ein qualitatives Interview zu absolvieren, das mehrere Stunden in Anspruch nimmt und trotz alltagsnaher Gesprächsform die Informanten kognitiv beansprucht.

Obwohl das berüchtigte Ankreuzen auf dem Fragebogen durchaus etwas „schematisch" wirkt, ist es bei ernsthaftem Antworten, das ohne große Mühe zu erledigen ist, keinesfalls beliebig oder informationslos. Zudem liegt es nicht jedem Untersuchungsteilnehmer, „lange Reden zu halten" oder im Aufsatz die eigenen Gedanken niederzulegen. Fragebogenerhebungen schaffen mehr Distanz zum Forscher und sind anonymer, was besonders bei heiklen Fragestellungen offenes Antworten erleichtert. (So haben z. B. nach Clement, 1990, Fragebogenaussagen über sexuelle Erlebnisse höhere Validität als Interviewäußerungen.) Qualitative Befragungen eignen sich insgesamt eher für verbalisierungsfreudige Personen; bei persönlichen Themen ist auf eine entspannte und vertrauensvolle Atmosphäre besonderen Wert zu legen. So boten z. B. Kleiber und Velten (1994, S. 167) im Kontext einer Befragungsstudie mit Prostitutionskunden den Informanten zunächst eine „akzeptierende und vertrauensbildende Beratung" an, um damit „die Voraussetzung für eine Befragung des Intimbereichs" zu schaffen (zu weiteren Vor- und Nachteilen unterschiedlicher Befragungsformen s. Abschnitt 4.4).

Transformation qualitativer Daten in quantitative Daten

Manchmal werden die Begriffe *qualitative Daten* und *Nominaldaten* synonym verwendet. Diese Gleichsetzung ist nur bedingt richtig. Messungen auf einer Nominalskala beinhalten die Zuordnung von Objekten zu definierten, einander ausschließenden und erschöpfenden Kategorien (vgl. S. 139 f.); ein Beispiel wäre eine Einteilung von Patienten nach der Art ihrer Erkrankung. Nominaldaten sind *Häufigkeitsdaten*, die sich statistisch verarbeiten lassen (z. B. Chi-Quadrat-Verfahren, Konfigurationsfrequenzanalyse, vgl. Bortz, 1999, Kap. 5.3). Dementsprechend behandeln Methodenbücher unter dem Titel „Qualitative Daten" zuweilen statistische Verfahren und nicht etwa Interpretationsmethoden (z. B. Rudinger et al., 1985). Verbale Daten sind nicht „von sich aus" Nominaldaten, sondern können allenfalls in solche überführt werden. Dies geschieht, indem man die vorliegenden Texte (oder Objekte) hinsichtlich einiger ausgewählter Merkmale (z. B. Verwendung bestimmter Wortarten oder Schlüsselbegriffe) auszählt, wozu meist eine quantitative Inhaltsanalyse eingesetzt wird (s. Abschnitt 4.1.4).

Mit Hilfe von Urteilern lassen sich aus Verbaldaten auch quantitative Daten auf höherem Skalenniveau (Ordinal-, Kardinalskala) erzeugen, indem die Texte in geordnete Kategorien sortiert oder auf Rating-Skalen eingeschätzt werden. Urteiler könnten z. B. die verbalen Zufriedenheitsäußerungen aller Patienten lesen und dann pro Patient/in einen Zufriedenheitswert auf der Rating-Skala vergeben. Indem man qualitativ erhobene Daten später quantifiziert und quantitativ weiterverarbeitet, vollzieht man den Übergang vom qualitativen zum quantitativen Ansatz. Nur wenn Verbaldaten ausschließlich interpretativ ausgewertet werden, handelt es sich im allgemeinen Verständnis auch um qualitative Forschung. Der umgekehrte Weg – also quantitative Daten in qualitative zu überführen – ist übrigens nicht möglich; aus Meßwerten können nicht im nachhinein ausführliche Texte generiert werden.

> **!** In der *qualitativen Forschung* werden verbale bzw.
> nichtnumerische Daten interpretativ verarbeitet. In
> der *quantitativen Forschung* werden Meßwerte stati-
> stisch analysiert. Viele Forschungsprojekte kombinie-
> ren beide Herangehensweisen.

5.1.2
Gegenüberstellung qualitativer und quantitativer Verfahren

Die Feststellung, daß quantitativer und qualitativer Ansatz unterschiedliche Arten von Daten –
und somit auch von Datenerhebungs- und Daten-
analyseverfahren – einsetzen, beschreibt die Trennung beider Ansätze noch nicht vollständig. Hinter dieser forschungspraktischen Differenz stehen
bei manchen Autorinnen und Autoren weitreichende Diskrepanzen in der Auffassung von Wissenschaft, wenn nicht gar im Menschenbild. Diese
Diskrepanzen werden in prägnanter Form oft mit
Gegensatzpaaren verdeutlicht, von denen einige in
der folgenden Auflistung angeführt sind (vgl.
Lamnek, 1993 a, S. 244; Spöhring 1989, S. 98 ff.):

Quantitativ	Qualitativ
nomothetisch	idiographisch
naturwissenschaftlich	geisteswissenschaftlich
Labor	Feld
deduktiv	induktiv
partikulär	holistisch
explanativ	explorativ
ahistorisch	historisch
erklären	verstehen
„harte" Methoden	„weiche" Methoden
messen	beschreiben
Stichprobe	Einzelfall
Verhalten	Erleben

Wir plädieren dafür, solche Gegensätze nicht als
Dichotomien, sondern allenfalls als bipolare Dimensionen aufzufassen und sie nur äußerst vorsichtig zu verwenden. Die Kategorien sind nämlich sehr stark durch *Wertungen* überdeckt und
geben damit die Forschungspraxis verzerrt wieder. Wird etwa der quantitative Ansatz als „parti-
kulär" bezeichnet, so erscheint er defizitär gegenüber dem „holistischen" qualitativen Ansatz. Aber
in der Praxis kann sich ein qualitatives Interview
(vgl. Abschnitt 5.2.1) durchaus auf wenige Gesichtspunkte beschränken, während eine standar-

disierte Umfrage das „ganze Bild" der relevanten
Merkmale erfaßt (Spöhring, 1989, S. 105).

Die Gegenüberstellung „messen – beschreiben"
ist ebenfalls mißverständlich. So kann man z.B.
mit quantitativen Daten die Entwicklung des
Frauenanteils unter den Mitgliedern des Deutschen Bundestages sehr viel besser „beschreiben"
als mit qualitativen Daten. Ein reflektierter Umgang mit den gängigen Abgrenzungen zwischen
qualitativem und quantitativem Vorgehen setzt
freilich voraus, die relevanten Unterscheidungskri-
terien zu kennen. Im folgenden wollen wir deswegen einige der wichtigsten Gegensatzpaare, nämlich „nomothetisch versus idiographisch", „Labor
versus Feld", „deduktiv versus induktiv" und „erklären versus verstehen", etwas näher erläutern.

Nomothetisch versus idiographisch

Die Unterscheidung zwischen nomothetischen
(oder nomologischen) und idiographischen Wis-
senschaftsdisziplinen geht auf Windelband (1894)
zurück und sollte ursprünglich die Naturwissenschaften und die Geisteswissenschaften differenzieren. Während Naturwissenschaftler *generalisierend* Naturgesetze aufstellen (nomo-thetisch vorgehen), sei es Ziel der Geisteswissenschaftler, *in-
dividualisierend* einzelne historische Ereignisse
oder Kulturprodukte zu *beschreiben* (idio-graphi-
sches Verfahren). Diese Begriffsbestimmung gilt
heute als wenig hilfreich, da die Sozial- und Humanwissenschaften typischerweise Aussagen treffen, die *weder universell* auf alle Individuen und
sozialen Gebilde zutreffen *noch singulär* nur ein
einzelnes Ereignis oder Erlebnis beschreiben.
Vielmehr wird unter Berücksichtigung historischer, kultureller, organisationaler und personaler
Individualität generalisiert. So ist es beispielsweise
durchaus möglich, im Rahmen von Einzelfallstudien (s. Abschnitt 8.2.6) zu verallgemeinernden
Aussagen zu kommen, die sich dann etwa auf die
Gesamtheit aller Verhaltens- oder Handlungsweisen beziehen, die eine Person unter bestimmten
situativen Bedingungen zeigt. (Weitere Hinweise
zum Begriffspaar idiographisch-nomothetisch findet man bei Brauns, 1984, 1992.)

Die heute gebräuchlichen Begriffe „Sozialwissenschaften" oder „Humanwissenschaften" als
Oberbegriffe für Soziologie, Psychologie, Politologie, Medizin, Pädagogik usw. deuten die Überwin-

dung der Dichotomie „nomothetisch-idiographisch" oder „naturwissenschaftlich-geisteswissenschaftlich" an. (Interessanterweise zählte die Psychologie in der ehemaligen DDR zu den Naturwissenschaften, wodurch sie sich ideologischer Vereinnahmung teilweise entziehen konnte.)

Labor versus Feld

Wenn man von *Laboruntersuchungen* spricht, müssen diese nicht notwendigerweise in einem laborähnlichen Raum durchgeführt werden. Es kommt weniger auf den Untersuchungs*ort* an, als vielmehr auf das Ausmaß an Kontrolle, das man über die Untersuchungsbedingungen ausübt. Im *Feld* geht sozusagen das normale Leben ungestört seinen Gang, im *Labor* dagegen ist das gesamte Setting auf den Forschungsprozeß zugeschnitten (vgl. S. 60 f.).

Die Kritik an Laboruntersuchungen konzentriert sich oftmals oberflächlich auf die Unnatürlichkeit und Künstlichkeit des Szenarios. Es wird angenommen, Laboreffekte seien Artefakte, die nichts mit dem „wahren" Leben zu tun hätten, also keine allgemeine Aussagekraft besäßen. Dieses Problem der *externen Validität* (vgl. S. 56 f.) stellt sich freilich auch in Felduntersuchungen. Alltagssituationen sind hochgradig unterschiedlich und inwiefern die Übertragung von einer Situation auf eine andere möglich ist, muß begründet werden. Beispiel: In der Entwicklungspsychologie interessiert man sich für das Spielverhalten von Kleinkindern. Speziell soll beobachtet werden, inwiefern sich Alters- und Entwicklungsunterschiede in der Handhabung bestimmter Spielzeuge niederschlagen. Diese Untersuchung kann in Begleitung eines Elternteils im Labor durchgeführt werden, d.h. in einem Raum, der für alle Untersuchungsteilnehmer gleichartig eingerichtet und ausgestattet ist, oder zu Hause bei den Kindern, wo natürlich ganz unterschiedliche Umgebungen zu finden sind. In beiden Fällen werden Verhaltensausschnitte in einem spezifischen situativen Kontext erfaßt, ohne daß von vornherein die häusliche Erhebungssituation besonders generalisierbare Ergebnisse liefern muß.

Deduktiv versus induktiv

Der *Induktionsschluß* (vgl. Westermann und Gerjets, 1994) führt vom Besonderen zum Allgemei-

nen, vom Einzelnen zum Ganzen, vom Konkreten zum Abstrakten. Induktionsschlüsse sind uns aus dem Alltagsdenken sehr vertraut. Beispiel: Nachdem Person A mehrmals zu spät gekommen ist, geht man davon aus, daß sie auch in Zukunft unpünktlich sein wird. Aus einzelnen Beobachtungen werden verallgemeinerte Aussagen über ähnliche Fälle und Situationen abgeleitet. Der Induktionsschluß ist somit potentiell *wahrheitserweiternd*. Das Induktionsprinzip stellte lange Zeit die wissenschaftstheoretische Basis empirischer Forschung dar. Induktion galt als einzige Strategie zur Gewinnung neuer Erkenntnisse. Dies ist die Position des Empirismus (vgl. Westermann, 1987).

Der *Deduktionsschluß* verläuft in entgegengesetzter Richtung. Bei der Deduktion schließt man vom Allgemeinen auf das Besondere, vom Ganzen auf das Einzelne, vom Abstrakten auf das Konkrete. Auch deduktives Denken ist im Alltag verbreitet. Beispiel: Wenn ich weiß, daß mittwochs die Arztpraxen geschlossen sind und heute Mittwoch ist, gehe ich davon aus, daß auch meine Hausärztin keine Sprechstunde hält. Das Deduktionsprinzip ist logisch stringenter als das induktive Vorgehen. Sind die Prämissen zutreffend und die logischen Ableitungsregeln richtig angewendet, so ist auch das Ergebnis der Deduktion – die Konklusion – zweifelsfrei wahr. Man sagt, Deduktionsschlüsse seien *wahrheitsbewahrend*, d.h. sie verschieben den Wahrheitsgehalt von den Prämissen auf die Konklusion.

Die Erkenntnissicherheit des Deduktionsschlusses begründet sich darin, daß Deduktion letztlich kein neues Wissen erzeugt, sondern nur redundantes Wissen. Wenn alle Menschen sterblich sind und Sokrates ein Mensch ist, dann ist Sokrates sterblich. Diese Konklusion steckt bereits in den Prämissen, das Ergebnis wirkt nicht besonders überraschend. Induktionsschlüsse hingegen führen eher zu neuem Wissen. Der induktive Wissenszugewinn ist jedoch leider mit einem gravierenden Mangel versehen, nämlich der Unsicherheit über die Richtigkeit des Ergebnisses.

Induktive Schlüsse sind *immer* unsichere Schlüsse, weil sie die Basis des konkret Beobachteten und logisch Eindeutigen verlassen. Diese als *Induktionsproblem* bezeichnete Schwäche des Induktionsschlusses ist seit Jahrhunderten ein wichtiges Thema der Erkenntnistheorie und Methodologie. Das Induktionsproblem ist bis heute ungelöst, d. h. es läßt sich nicht formal angeben, wie ein *sicherer* Schluß auf unbeobachtete oder zukünftige Ereignisse jenseits von Wahrsagerei möglich sein soll. Aus alltäglicher Sichtweise klingt das Induktionsproblem freilich ein wenig abgehoben, denn schließlich wissen wir aus Erfahrung, daß bislang immer wieder korrekte Voraussagen möglich waren. Dies ist die *pragmatische Begründung* des Induktionsprinzips. Man beachte, daß diese Begründung selbst die Gültigkeit des Induktionsschlusses voraussetzt, denn sonst dürften wir ja daraus, daß bisher Induktionen geglückt sind, nicht schließen, daß dies auch in Zukunft so sein wird.

Die formalen Schwierigkeiten mit dem Induktionsprinzip führten letztlich zur Abkehr vom induktiven Empirismus und zum Erfolg eines deduktiv angelegten Wissenschaftsprogramms, wie es von Popper (1989) mit dem *kritischen Rationalismus* entwickelt wurde und das überwiegend als Grundlage des quantitativen Ansatzes anerkannt wird. Popper fordert, daß man aus Theorien Hypothesen deduziert und dann versucht, diese zu falsifizieren (Verifikationen sind nicht möglich, vgl. S. 21 f.). Induktive Elemente sind dennoch auch im quantitativen Ansatz präsent, etwa wenn von Stichproben auf Populationen generalisiert wird (solche Inferenzschlüsse sind induktive Schlüsse). Andererseits ist qualitatives Vorgehen nicht automatisch rein induktiv. Betrachtet man etwa das Vorgehen bei einer Textinterpretation, so kann man während des Deutens wichtige Aspekte des Textes herausfiltern (induktives Vorgehen), oder ein vorgegebenes Kategorienschema auf den Text anwenden, um herauszufinden, ob die entsprechenden Themen im Text vorkommen (deduktives Vorgehen).

Neben der sicheren, wahrheitsbewahrenden (aber deswegen wenig innovativen) Deduktion und der potenziell wahrheitserweiternden (aber unsicheren) Induktion gibt es noch eine dritte Form des Schließens, nämlich die *Abduktion* (vgl. Peirce, 1878). Sie hat den Anspruch, genuin neues Wissen zu erzeugen und damit potenziell *wahrheitsgenerierend* zu sein. Die Beschränkung des induktiven Vorgehens liegt schließlich darin, daß von den beobachteten Fällen immer auf *ähnliche*

weitere Fälle geschlossen wird. Für ein bereits bekanntes Phänomen oder Prinzip (Beobachtung: eine Person kommt mehrmals unpünktlich) wird beim induktiven Schließen nur der Geltungsbereich erweitert (Induktionsschluß: die Person ist grundsätzlich unpünktlich). Diese induktive Erweiterung des Geltungsbereiches für das Beobachtete stellt aber keinen besonderen Zugewinn an *theoretischem* Wissen dar. Dieser wird dagegen von der Abduktion angestrebt. Sie schließt von den beobachteten Fakten nicht auf weitere ähnliche Fakten (wiederholtes Zuspätkommen), sondern auf allgemeine Prinzipien oder Hintergründe, die die Fakten erklären könnten (z. B. die Person legt Vermeidungsverhalten an den Tag). Die Abduktion liefert damit nicht mehr und nicht weniger als eine *denkbare* Erklärung oder Interpretation der Fakten. Diese konkurriert natürlich immer mit anderen möglichen Abduktionen (z. B. die Person möchte besondere Aufmerksamkeit auf sich ziehen), weshalb der Abduktionsschluß einen stark spekulativen Charakter hat.

Im qualitativen Ansatz herrscht eine größere Bereitschaft, Abduktionsschlüsse offiziell als wissenschaftliche Aussagen anzuerkennen, was Kritiker oft zum Anlaß nehmen, qualitativer Forschung Beliebigkeit und Unwissenschaftlichkeit vorzuwerfen. Andererseits finden sich aber auch in quantitativen Arbeiten sehr häufig Abduktionsschlüsse, etwa wenn es darum geht, die Bedeutung und praktische Relevanz statistischer Ergebnisse zu erläutern. Letztlich scheint es so zu sein, daß sowohl qualitative als auch quantitative Forschungsaktivitäten induktive, deduktive und abduktive Elemente kombinieren.

Erklären versus Verstehen

Der empirisch-analytische, quantitative Ansatz verfolgt das Ziel, Musterläufigkeiten im Erleben und Verhalten von Menschen zu ermitteln. Daß solche Gesetzmäßigkeiten existieren, wird dabei vorausgesetzt. Kritiker vermuten, daß im quantitativen Ansatz ein mechanistisches Menschenbild zugrundegelegt wird, nach dem der Mensch nur eine „Marionette" ist und von *äußeren Ursachen* gesteuert wird. Demgegenüber treten dann die Anhänger einer interpretativen Sozialwissenschaft für ein Bild des selbstbestimmten, sinnvoll handelnden Menschen ein, dessen Erleben und Verhalten man nicht durch Benennen äußerer, objektiv beobachtbarer Wirkfaktoren „erklären", sondern nur durch kommunikatives Nachvollziehen der subjektiven Weltsicht und *inneren Gründe* der Akteure „verstehen" könne.

Man kann wohl sagen, daß qualitative Untersuchungen zwar häufiger Verstehen im Sinne einer Rekonstruktion der Perspektive der Akteure anstreben, aber generell nicht auf Erklärungen verzichten. Erklärungen kommen immer dann ins Spiel, wenn qualitative Forscher theoretische Konzepte zur Analyse verwenden, die nicht unbedingt dem Alltagsverständnis der Akteure entsprechen oder diesen auch gar nicht bekannt sind. Beispiel: Aus behavioristischer Sicht kann eine Spinnenphobie auf negative Lernerfahrungen im Umgang mit Spinnen zurückgeführt werden, während aus psychoanalytischer Sicht eine Phobie als Projektion diffuser Ängste auf das (beliebig austauschbare) Objekt Spinne interpretiert wird. In beiden Fällen handelt es sich um eine *Erklärung*, die vom Forscher oder Therapeuten an das Verhalten und Erleben des Subjekts herangetragen wird (allerdings kann sie im Laufe einer Therapie vom Klienten übernommen werden).

Ebensowenig wie man im qualitativen Ansatz auf Erklärungen verzichtet, wird im quantitativen Ansatz die Rekonstruktion der Sichtweise der Akteure ausgeklammert. Diverse Forschungsbereiche, in denen experimentell gearbeitet wird, zielen darauf ab, subjektive Denkweisen zu rekonstruieren. So werden etwa im Bereich der interpersonalen Wahrnehmung (vgl. Jones, 1990) Besonderheiten der Eindrucksbildung (z. B. Dominanz des ersten Eindrucks, Dominanz von negativen Informationen, Halo-Effekt) experimentell getestet, die zu einem besseren Verständnis zwischenmenschlicher Beurteilungen führen und z. B. in Therapie und Diagnostik praktisch angewendet werden. Die Dichotomie erklären-verstehen eignet sich also nur bedingt zur Abgrenzung qualitativer und quantitativer Forschung.

5.1.3
Historische Entwicklung des qualitativen Ansatzes

Die historische Entwicklung des qualitativen Ansatzes kann hier nur skizzenhaft nachgezeichnet werden: Er entwickelte sich aus der *Kritik am quantitativen Vorgehen*, greift auf *Hermeneutik* und *Phänomenologie* zurück, erhielt wesentliche Impulse durch die *Chicagoer Schule* sowie durch den *Positivismusstreit* und wird mittlerweile als eigene *Disziplin* gehandelt.

Dominanz des quantitativen Ansatzes

Historisch entstanden die modernen Sozialwissenschaften erst am Ende des 19. Jahrhunderts. Zu dieser Zeit waren die Naturwissenschaften längst etabliert und anerkannt; an sie knüpfte sich ein enthusiastischer Fortschrittsglaube. Entsprechend ist es kein Wunder, daß die Konsolidierung der Sozialwissenschaften mit einer Orientierung an naturwissenschaftlicher Methodologie einherging. Messen, Testen, Experimente sowie das naturwissenschaftliche Ideal einer Axiomatisierung des Wissens möglichst in mathematischer Form wurden importiert. Dies setzt Quantifizierung voraus. Anfang des 20. Jahrhunderts wurden in der Umfrageforschung quantitative Daten in großen Mengen erzeugt; Medienfragen wurden ebenso quantifiziert (z. B. in Zeitungsanalysen, vgl. S. 149 ff.) wie psychologische Phänomene des Erlebens und Verhaltens (z. B. sog. Psychophysik). Erkenntistheoretisch fundiert wurde diese Vorgehensweise durch den Positivismus des Wiener Kreises in

Erklären oder Verstehen? Man achte auf die subjektive Sichtweise der „Untersuchungsobjekte"! (Zeichnung: R. Löffler, Dinkelsbühl)

den 20er Jahren und durch den kritischen Rationalismus von Popper. (Einen Überblick über wissenschaftstheoretische Grundpositionen findet man bei Westermann, 1987, 2000)

Die Entwicklung statistischer Auswertungsmethoden erleichterte eine effektive Verarbeitung quantitativer Daten, und mit der Verfügbarkeit von Taschenrechnern seit den 70er Jahren und Mikrocomputern seit den 80er Jahren wurden auch umfangreiche Datensätze handhabbar. Hinzu kommt der große gesellschaftliche Bedarf nach quantifizierenden Aussagen. Statistiken sind aus dem Alltag nicht wegzudenken, sie prägen unsere Wahrnehmung der Wirklichkeit und legitimieren politische Entscheidungen. Psychometrische Tests werden in der Praxis eingesetzt, um den Zugang zu Arbeitsstellen, Weiterbildungsangeboten oder Therapieplätzen zu regeln.

Nicht zuletzt dürfte die Verbreitung quantitativer Methoden auch auf ihren wissenschaftlichen Ertrag zurückzuführen sein. Über den Wert der formelhaft wiederholten Behauptungen, quantitative bzw. experimentelle Sozialforschung liefere nur triviale Ergebnisse, sei unmenschlich, gehe am Gegenstand vorbei oder sei in der „Krise", möge man sich selbst bei einer Durchsicht neuester Forschungsergebnisse überzeugen. Interessanterweise wird Pauschalkritik am quantitativen Ansatz meist allein mit methodischen oder methodologischen Argumenten geführt: wo „Variablen" gemessen werden, so wird suggeriert, kann es sich nur um Trivialität handeln (sog. „Variablenpsychologie"), wo Interviewtexte bearbeitet werden, herrschen Menschlichkeit und Ganzheitlichkeit vor.

Daß Qualität und Stellenwert einer Forschungsarbeit nicht *allein* an der Methode festzumachen sind, sondern allenfalls an der Angemessenheit einer konkreten Untersuchungsmethode für eine spezielle Forschungsfrage, wird dabei übersehen. Pauschal zu behaupten, Variablenmessungen seien für die Untersuchung „des Menschen" ungeeignet, kann nur als Leerformel verstanden werden, da auch qualitative Methoden praktisch nicht in der Lage sind, „den Menschen" in der Gesamtheit seiner biographischen, sozialen, kulturellen und historischen Dimensionen zu erforschen. Auch qualitative Untersuchungen konzentrieren sich auf einzelne Forschungsfragen und beleuchten diese

nur ausschnitthaft, wobei sie genau wie quantitative Studien mit ethischen Problemen und Trivialität konfrontiert sind.

> **!** Empirische Untersuchungen sollten nicht nach der Art der verwendeten Untersuchungsmethoden, sondern nach ihren Ergebnissen, ihrer Funktion und ihrem Stellenwert für den Wissenschaftsprozeß beurteilt werden.

Hermeneutik und Phänomenologie

Als methodische Alternativen zur quantitativen Sozialforschung wurden seit dem 19. Jahrhundert *Phänomenologie* und *Hermeneutik* propagiert, für die es heute diverse methodische Weiterentwicklungen speziell für sozialwissenschaftliches Arbeiten gibt. „Die Hermeneutik ist in den letztvergangenen Jahren immer mehr in den Vordergrund geisteswissenschaftlicher Methoden- und Prinzipienreflexion gerückt. Zwei wissenschaftstheoretische Tendenzen finden darin ihren Ausdruck: einerseits der Versuch, unter dem Titel einer hermeneutischen Methodologie den sogenannten Geistes- und Gesellschaftswissenschaften ein eigenständiges Methoden- und Forschungsideal ,verstehender' bzw. ,interpretierender' Erkenntnis zu verschaffen, damit zugleich die Geisteswissenschaften als eigenständigen und einheitlichen Wissenschaftstyp auszuweisen; andererseits das Bestreben, diesen Wissenschaftstyp von den ,nomologischen' Naturwissenschaften mit ihrem auf Erklärungen und mathematischen Ableitungen ausgerichteten Wissenschaftsideal abzugrenzen" (Geldsetzer, 1992, S. 127).

Hermeneutik: Hermeneutik (gr. „Auslegekunst") ist die Lehre der Deutung und Interpretation von Texten bzw. in erweiterter Form auch anderer Objekte. Hermeneutik wurde zunächst zur Auslegung von religiösen Schriften und Gesetzestexten angewendet und entwickelt (zur Methode und Geschichte der Hermeneutik s. Bleicher, 1983; Hufnagel, 1965; Soeffner und Hitzler, 1994). Für die Sozialwissenschaften liegen zahlreiche Varianten und Adaptationen hermeneutischer Verfahren vor (z. B. Brunner 1994; Oevermann, 1986, Oevermann et al., 1979; Roller und Mathes, 1993). Ein Grundprinzip jeder Deutungsmethode ist der *hermeneutische Zirkel*: Zirkelhaftes (bzw. spiralförmiges) Deuten beginnt mit einem ersten Grundverständnis des Textes, das den Hintergrund liefert für Feinanalysen einzelner Passagen. Das an Textteilen erzielte Verständnis wird nun wieder auf den Gesamttext angewendet, wobei wiederholtes Lesen und Analysieren von Teilen und Ganzem schrittweise das Verständnis des Textes verbessern soll.

Dilthey (1923) erklärte die Hermeneutik zur Grundmethode der Geistes- und Sozialwissenschaften: In seinem Werk „Ideen über eine beschreibende und zergliedernde Psychologie" wandte er sich gegen die naturwissenschaftliche Methodik und postulierte: „Die Natur erklären wir, das Seelenleben verstehen wir." (Dilthey, 1923, S. 1314). Während bei Dilthey hermeneutisches Verstehen als empathischen Nachvollziehen und „Sich-Hineinversetzen" verstanden wird, fordern sozialwissenschaftliche Varianten der Hermeneutik eine Rekonstruktion von Bedeutungsstrukturen durch gründliche Textanalyse und das Heranziehen weiterer Materialien (z.B. zum biographischen oder kulturellen Hintergrund) sowie die dialogische Auseinandersetzung mit den Beforschten. Rein subjektives „Nachfühlen" gilt weder als notwendig noch als hinreichend (vgl. Groeben, 1986; Scheele und Groeben, 1988).

Phänomenologie: F. Brentanos „Psychologie vom empirischen Standpunkt aus" (1874) begründete die phänomenologische Psychologie als die „Wissenschaft von den psychischen Erscheinungen." Die psychischen Erscheinungen werden nach Brentano entweder durch das Studium von *Äußerungen* des psychischen Lebens (Biographien, Briefe) oder durch *innere* Wahrnehmung (Introspektion) erforscht.

Husserl (1950) radikalisierte die Phänomenologie (gr. Lehre von den Erscheinungen) seines Lehrers Brentano. „Zu den Sachen selbst!" lautet die programmatische Forderung der Phänomenologie, die einen unvoreingenommenen Zugang zu den Dingen verlangt. „Das Ziel der Phänomenologie im engeren Sinne besteht generell darin, durch objektive Erkenntnis das Wesen einer Sache, d.h. das Allgemeine, Invariante, zu erfassen, wobei die untersuchten Phänomene (Erscheinungen) so betrachtet werden, wie sie ‚sind' und nicht, wie sie aufgrund von Vorkenntnissen, Vorurteilen oder

Theorien erscheinen mögen" (Lamnek, 1993a, S. 59). Husserl konzipierte also ein Subjekt, das zur objektiven Welterkenntnis fähig ist.

Bei Husserl (1950) ist der phänomenologische Zugang zur Welt nicht mit naivem Nachfühlen gleichzusetzen. Die *analytisch-reflexiven Reduktionsschritte*, die der phänomenologische Zugang verlangt, erfordern ein hohes Maß an Selbstkritik und geistiger Disziplin, denn sämtliche Vorannahmen und Vorstellungen über die Welt müssen strikt vernachlässigt werden.

Hier ist natürlich zu fragen, ob das phänomenologische Programm in dieser Form im Forschungsalltag einsetzbar ist. Die Vorstellung, durch Beobachten und scharfes Nachdenken „objektive", „wahre" Wissensgrundlagen zu finden, wird von der modernen Erkenntnistheorie als illusorisch abgelehnt. „Es gibt keine reinen Beobachtungen; sie sind von Theorien durchsetzt und werden von Problemen und Theorien geleitet" (Popper, 1989, S. 76), d.h. Wahrnehmung ist immer auch ein Interpretations- und Konstruktionsprozeß. Zweifellos ist es hilfreich, wenn wir uns immer wieder darauf besinnen, eigene Vorurteile zurückzustellen; die Hoffnung, auf diese Weise direkt das „Wesen" der Dinge erfassen zu können, scheint jedoch übertrieben. (Zu modernen Weiterentwicklungen der Phänomenologie s. Kleining, 1995, und Moustakas, 1994.)

Obwohl sich insbesondere Vertreter des qualitativen Ansatzes immer wieder auf die Phänomenologie berufen, ist jeweils genau zu beachten, was damit gemeint ist. Häufig werden Untersuchungen bereits dann „phänomenologisch" genannt, wenn sie das subjektive Erleben der Betroffenen, ihre „Lebenswelt", in möglichst unverzerrter Weise in den Mittelpunkt stellen, ohne daß mit speziellen phänomenologischen Methoden, wie z.B. der sog. phänomenologischen, eidetischen und transzendentalen Reduktion (vgl. Lamnek, 1993a, Kap. 3.2.1) gearbeitet wird.

Die Chicagoer Schule

In den 20er und 30er Jahren wurde an der Universität von Chicago unter dem Einfluß des *Pragmatismus* (Pragmatismus: philosophische Richtung, die zielgerichtetes Handeln bzw. die Praxis in den Mittelpunkt stellt) eine besonders alltagsnahe Forschung (Auseinandersetzung mit den sozialen Problemen der Millionenstadt Chicago) betrieben. Die sog. *Chicagoer Schule* brachte u. a. den *Symbolischen Interaktionismus* und die *Ethnomethodologie* als einflußreiche Theorie- und Forschungsrichtungen hervor.

Symbolischer Interaktionismus: Die Theorie des symbolischen Interaktionismus wurde in den 30er Jahren von G. Mead (1934) und Blumer (1969) entwickelt. Der symbolische Interaktionismus geht davon aus, daß das Verhalten der Menschen weniger von objektiven Umweltmerkmalen geprägt ist als vielmehr von subjektiven Bedeutungen, die Menschen den Objekten und Personen ihrer Umwelt zuweisen (sog. *sozialer Behaviorismus*). Eine pointierte Zusammenfassung dieses Standpunktes liefert das sog. *Thomas-Theorem*: „If men define situations as real, they are real in their consequences" (Thomas und Znanieckie, 1927).

Die verhaltenswirksamen Bedeutungen entstehen in sozialen Interaktionen und werden in einem interpretativen Prozeß verhaltenswirksam gehandhabt und abgeändert (Spöhring, 1989, S. 61), d. h. die soziale Welt wird durch bedeutungsvolle Interaktionen zwischen den Menschen konstruiert (deswegen auch: *sozialer Konstruktivismus*). Konstruiert werden nicht nur Bedeutungen für Dinge, sondern auch für Menschen: Die eigene Identität entsteht in der Interaktion und wird jeweils situativ ausgehandelt. Methodisch legt die Theorie teilnehmende Beobachtungsstudien bzw. Feldstudien (vgl. Abschnitt 5.4.1) nahe, in denen die Forschenden an den symbolischen Interaktionen des Forschungsumfeldes beteiligt sind. Wilson (1973, 1982) definiert ebenfalls soziales Handeln als interpretativen Prozeß und leitet daraus die Notwendigkeit ab, im sozialwissenschaftlichen Bereich mit interpretativen Methoden zu arbeiten.

Ethnomethodologie: Die Ethno-methodo-logie wurde in den 50er Jahren vor allem von Garfinkel (1967, 1986) sowie Cicourel (1975) entwickelt und knüpft an Phänomenologie und symbolischen Interaktionismus an. Die Theorie behandelt die Frage, mit welchen Techniken (bzw. Methoden: „methodo") Menschen (bzw. das Volk: „ethno") die gesellschaftliche Wirklichkeit und ihr Alltagshandeln mit Bedeutung (bzw. Sinn: „logie") ausstatten. Die kleinen Dinge des Alltagslebens (z. B.

Grüßen, Fragen, Verabreden) werden als Produkte und Prozesse sozialen Handelns begriffen und analysiert, wobei Sinndarstellung und Sinnherstellung im Mittelpunkt stehen. Neben detaillierten Betrachtungen z. B. von Kommunikationsprozessen (*Konversationsanalyse*, s. Bergmann, 1995, Heritage, 1988) besteht in der Herstellung von sog. *Interaktionskrisen* ein typisches Merkmal der Ethnomethodologie. Die scheinbare Selbstverständlichkeit des Alltagslebens wird erschüttert, indem sich der Forscher regelwidrig verhält (z. B. als Kunde in ein Geschäft geht und dann beginnt, selbst die Waren zu verkaufen) und die „Reparaturversuche" im sozialen Umfeld beobachtet. Diese Technik kann auch als qualitatives Experiment (vgl. S. 392 ff.) aufgefaßt werden.

Der Positivismusstreit

„Eine empirische Wissenschaft vermag niemanden zu lehren, was er soll, sondern nur was er kann und – unter Umständen – was er will" – diese von dem Soziologen Max Weber Anfang des 20. Jahrhunderts vertretene Position (Weber, 1951, S. 151, Erstdruck 1904) führte zum so genannten *Werturteilsstreit*. Denn Webers Auffassung, daß wissenschaftliche Erkenntnis *wertfrei* sei, also lediglich Handlungsmöglichkeiten vorgebe, ohne sie als gut oder schlecht zu bewerten, wurde von den Anhängern des *Neonormatismus* scharf kritisiert. Sie vertraten die Ansicht, daß Wissenschaft nur dann sinnvoll sei, wenn ihre Ergebnisse auch *moralisch fundiert* sind und dementsprechend zu moralisch vertretbaren praktischen Ergebnissen und Konsequenzen führen. Wäre die Bewertung wissenschaftlicher Erkenntnisse einfach allen Menschen freigestellt, führe das zu Beliebigkeit und würde damit gerade den wissenschaftlichen Anspruch auf gesicherte Erkentis untergraben.

Inwieweit auf wissenschaftlicher Basis Werturteile abgegeben werden können und sollen, ist tatsächlich nicht so leicht zu entscheiden. Denn einerseits läuft eine Wissenschaft, die blindlings reines Faktenwissen produziert, Gefahr, daß ihre Erkenntnisse zu unethischen Zwecken mißbraucht werden und damit Wissenschaft insgesamt ihren humanen Anspruch verliert. Andererseits kann eine Wissenschaft, die auf bestimmten, nicht hinterfragbaren moralischen Dogmen aufbaut, schnell zur Ideologie verkommen.

Unter dem Stichwort *Positivismusstreit* erlebten die Sozialwissenschaften in den 60er Jahren des 20. Jahrhunderts eine zweite vehemente Auseinandersetzung über die Frage nach Werten und gesellschaftlicher Verantwortung im Wissenschaftsbetrieb (vgl. z.B. Keuth, 1989). Das „wertfreie" Vorgehen in der Tradition der Naturwissenschaften, das mit dem quantitativ-experimentellen Ansatz in die Sozial- und Humanwissenschaften importiert worden war, erweise sich keineswegs als wertneutral, sondern würde die herrschenden Machtverhältnisse unterstützen – so die Kritik der *Frankfurter Schule* (Kritische Theorie, vertreten vor allem von Theodor W. Adorno und Jürgen Habermas). Die Frankfurter Schule stieß in der Studentenbewegung und im allgemeinen Klima der Gesellschaftskritik auf positive Resonanz und wurde in der Psychologie z.B. von Holzkamp (1972) weitergeführt. Die Gegenposition in diesem Streit, der im Kern aus einer 1961 begonnenen Serie von Artikeln bestand (zusammenfassend Adorno et al., 1969), wurde von Popper und seinem Schüler Albert (s. z.B. Albert, 1976) eingenommen.

Die Frankfurter Schule warf dem empirisch-analytischen („positivistischen", „szientistischen") Ansatz vor, triviale Ergebnisse zu liefern, ein mechanistisches oder deterministisches Menschenbild zu vertreten und die Komplexität menschlicher und sozialer Realität durch die partikuläre Beschäftigung mit einzelnen Variablen zu übersehen. Das typisch Menschliche, nämlich Sinn, Bedeutungen und Kommunikation, werde vernachlässigt. In der Psychologie geriet der *Behaviorismus* als Paradebeispiel eines verfehlten Menschenbildes und falscher Forschungsmethoden ins Kreuzfeuer der Kritik.

Neben Kontroversen um Menschenbilder und Methoden (empirisch versus dialektisch) wurde über die wissenschaftlichen Kriterien der Objektivität und Wertfreiheit gestritten. Habermas (zusammenfassend 1983) argumentierte, daß die angeblich „wertfreie", „reine" Forschung auf ihrer Suche nach „Wahrheit" letztlich nur kritiklos die bestehenden ungerechten Verhältnisse bestätige und aufrechterhalte. Dieser „positivistisch halbierte Rationalismus" sei auf reine Zweckrationalität verpflichtet, d.h. es würden Theorien und Techniken entwickelt, mit denen das soziale Leben

weitreichend beeinflußt werden kann, ohne daß darüber reflektiert werde, welchen Sinn und Wert all dies hat.

Im Widerspruch zur *Zweckrationalität*, die nur angibt, mit welchen Methoden welcher Zweck zu erreichen ist und damit leicht mißbraucht werden kann, steht das dialektische Konzept der unteilbaren *Vernunft*, die Wissen nicht loslöst von Werten und praktischen Entscheidungen (*Wertrationalität*). Diese Vernunft hoffen die Vertreter der Frankfurter Schule durch die Methode der *Dialektik* zu erreichen (Dialektik: Verfahren der Erkenntnisgewinnung, das durch den Wechsel von Argument/These und Gegenargument/Antithese die Begrenztheit einer theoretischen Idee zu erkennen und in einer Synthese zu überwinden sucht, s. Simon-Schäfer, 1993). Diese Methode soll es ermöglichen, verborgene Widersprüche und Erkenntnisinteressen zu erkennen: „Wir bringen beispielsweise zu Bewußtsein, daß empirisch-analytische Forschungen technisch verwertbares Wissen hervorbringen, aber kein Wissen, das zur hermeneutischen Klärung des Selbstverständnisses handelnder Subjekte verhilft" (Habermas, 1969, S. 261).

Kennzeichnend für den Positivismusstreit waren weitreichende Mißverständnisse und persönliche Animositäten zwischen den Disputanten. So hatten z.B. die Anhänger des kritischen Rationalismus nie behauptet, daß Wissenschaftler wertfrei und unvoreingenommen arbeiten könnten. Dazu Popper (1969, S. 112): „Es ist gänzlich verfehlt anzunehmen, daß die Objektivität der Wissenschaft von der Objektivität des Wissenschaftlers abhängt. Und es ist gänzlich verfehlt zu glauben, daß der Naturwissenschaftler objektiver ist als der Sozialwissenschaftler. Der Naturwissenschaftler ist ebenso parteiisch wie alle anderen Menschen, und er ist leider – wenn er nicht zu den wenigen gehört, die dauernd neue Ideen produzieren – gewöhnlich äußerst einseitig und parteiisch für seine eigenen Ideen eingenommen.... Was man als wissenschaftliche Objektivität bezeichnen kann, liegt einzig und allein in der kritischen Tradition, die es trotz aller Widerstände so oft ermöglicht, ein herrschendes Dogma zu kritisieren. Anders ausgedrückt, die Objektivität der Wissenschaft ist nicht eine individuelle Angelegenheit der verschiedenen Wissenschaftler, sondern eine soziale Angelegenheit ihrer gegenseitigen Kritik ... . Sie hängt daher zum Teil von einer ganzen Reihe von gesellschaftlichen und politischen Verhältnissen ab, die diese Kritik ermöglichen."

Die Frage nach den ethischen Prinzipien der Sozialforschung und ihren Auswirkungen nicht nur auf die Verwertung empirischer Befunde, sondern auch auf die Gegenstandskonstruktion und Methodenwahl ist weiterhin aktuell. In der qualitativen Forschung aufgegriffen wurde und wird die von Habermas (1983) entwickelte „Theorie des kommunikativen Handelns", die eine aktive Teilnahme der Wissenschaftler/innen an den zu erforschenden Kontexten verlangt und die „beforschten" Individuen als Dialogpartner ernstnimmt. Die *Dialog-Konsens-Methode* (Groeben und Scheele, 2000) entstammt dieser Tradition.

Qualitative Forschung als eigene Disziplin

In den 70er Jahren wurden *qualitative Methoden* (offene Interviews, teilnehmende Beobachtung etc.) verstärkt aus den USA importiert und zunächst vor allem hinsichtlich ihrer methodologischen Grundlagen diskutiert und vom quantitativen Ansatz abgegrenzt, bevor in den 80er Jahren auch in Deutschland Lehrbücher zur qualitativen Forschung geschrieben wurden und sich qualitative Forschung vom *Neuanfang* (Küchler, 1980) zum *Paradigma* (Lamnek, 1993 a, S. 30 ff.) bzw. zur eigenständigen *Disziplin* entwickelte: „Die Wortführer nicht-quantifizierender Verfahren haben sich im Verlauf des letzten Jahrzehnts eine Nische erkämpfen können, in der sie sich samt Anhang häuslich eingerichtet haben, will sagen, es gibt Sektionen, Tagungen und Workshops, Zeitschriften wie Schriftenreihen. All das, was zur Institutionalisierung einer Disziplin nötig ist, wiederholte sich hier als Ausdifferenzierung einer Subdisziplin" (Fleck, 1992, S. 747).

Auf methodischer und methodologischer Ebene werden Integrationsversuche unternommen, d. h. es wird nicht nur dafür plädiert, quantitative und qualitative Methoden im Sinne eines interdisziplinären Arbeitens parallel einzusetzen, sondern auch Erhebungs- und Auswertungstechniken zu entwickeln, die qualitative und quantitative Operationen vereinen (zum Verhältnis zwischen qualitativer und quantitativer Forschung s. Bryman,

1988; Kleining, 1995; Mayring, 1993; Thomae, 1989).

Die Etablierung qualitativer Forschung im Wissenschaftsbetrieb trägt dazu bei, daß sich die Fronten zwischen qualitativer und quantitativer Forschungspraxis auflösen und man häufiger gleichberechtigt zusammenarbeiten kann. Zudem mag die Vervielfältigung qualitativer Ansätze, die *innerhalb* des qualitativen Paradigmas eine Vermehrung von Konflikten über Menschenbilder und adäquate Gegenstandskonstruktionen mit sich bringt, eine pauschale Frontstellung gegenüber dem (ebenfalls binnendifferenzierten) quantitativen Ansatz relativieren (die Vielfalt qualitativer Theorien, Forschungsansätze und Methoden wird bei Flick et al., 2000, eindrucksvoll dokumentiert). Ob im Zusammenhang mit qualitativer Sozialforschung von einer eigenen „Disziplin" zu sprechen ist, bleibt diskussionswürdig, da diese Bezeichnung impliziert, daß der qualitative Ansatz einen eigenen Gegenstand hat bzw. konstruiert, indem er soziale Phänomene in bestimmter Weise betrachtet und untersucht.

Kanon qualitativer Methoden

Im Bereich der qualitativen Forschung wurden zahlreiche neue Verfahren entwickelt, die differenzierte Einblicke in die subjektive Weltsicht der untersuchten Personen ermöglichen sollen. Einheitliche Klassifikationen qualitativer Techniken der Erhebung und Auswertung von empirischem Material liegen nicht vor. Stattdessen orientieren sich Hand- und Lehrbücher an unterschiedlichen Gliederungsschemata:

Berg (1989) teilt das Gebiet der qualitativen Methoden in vier große Kapitel:
1. Interviews,
2. Feldforschung,
3. nonreaktive Verfahren und
4. Inhaltsanalyse.

Spöhring (1989) behandelt drei „Basismethoden nicht-standardisierter Datenerhebung":
1. teilnehmende Beobachtung,
2. qualitative Interviews und
3. qualitative Inhaltsanalyse.
Zudem nennt er vier „kontextnahe Untersuchungsanordnungen":
1. Gruppendiskussionsverfahren,

2. objektive Hermeneutik,
3. biographische Methode und
4. Handlungsforschung sowie Frauenforschung.

Flick et al. (1995) unterscheiden vier Arten von qualitativen Methoden:
1. Befragungsverfahren (z. B. qualitative Interviews, Gruppendiskussionsverfahren),
2. Beobachtungsverfahren (z. B. Feldforschung, nichtreaktive Verfahren),
3. Analyseverfahren erhobener Daten (z. B. qualitative Inhaltsanalyse) und
4. Komplexe Methoden (z. B. biographische Methoden, Handlungsforschung)

Denzin und Lincoln (1994) behandeln acht Methoden zur Erhebung und Analyse qualitativer Daten:
1. Interviews,
2. Beobachtungstechniken,
3. Analyse von Dokumenten und anderen kulturellen Gegenständen,
4. Visuelle Methoden (Film, Foto),
5. Selbsterfahrung,
6. Datenmanagement und Datenanalyse,
7. Computergestützte Analyse und
8. Inhaltsanalyse.

Man sieht, daß z. B. die Gruppendiskussionsmethode bei Spöhring (1989) als „kontextnahe Methode" einen eigenen Gliederungspunkt bildet, während sie bei den anderen Autoren in die Klasse der Interviewverfahren fällt. Ebenso bilden bei Berg (1989) die nonreaktiven Verfahren eine eigene Kategorie, während sie bei Flick et al. (1995) unter die Beobachtungsverfahren subsumiert werden. Bei Denzin und Lincoln (1994) werden visuelle Verfahren als eigene Verfahrensklasse aufgeführt, während diese sonst meist unter Beobachtungsverfahren eingeordnet werden.

Sicherlich gibt es zahlreiche sinnvolle Klassifikationen qualitativer Verfahren, und die Suche nach der einzig „wahren" Aufteilung scheint müßig. Sobald man mit den Verfahren vertraut ist, kann man sie in beliebigen Klassifikationen wiedererkennen und die Logik der jeweiligen Ordnungskriterien nachvollziehen.

Qualitative Verfahren sind zum Teil unmittelbar für bestimmte inhaltliche Fragestellungen entwickelt worden und nicht im selben Maße wie stan-

dardisierte Techniken auf andere Themen übertragbar. Dies wird zum Beispiel bei der „biographischen Methode" deutlich, deren untersuchungstechnische Prinzipien speziell auf lebensgeschichtliche Inhalte zugeschnitten sind (vgl. Abschnitt 5.4.4). Eine weitere Besonderheit qualitativer Verfahren liegt darin, daß die Grenzen zwischen Datenerhebung und Datenanalyse oftmals fließend sind oder beide Prozesse parallel ablaufen. So ist es etwa in einem qualitativen Interview (vgl. Abschnitt 5.2.1) notwendig, daß der Interviewer die Antworten bereits während des Gesprächs im Kopf „analysiert", um dann adäquate Anschlußfragen zu formulieren. Die im folgenden vorgenommene Trennung von Datenerhebung und Auswertung ist deswegen ein wenig artifiziell.

Zur Vertiefung der qualitativen Methoden, die hier nur kurz im Überblick behandelt werden können, sei auf die Spezialliteratur verwiesen (s. z. B. Berg, 1989; Bergold und Flick, 1989; Bichlbauer, 1991; Bohnsack, 1991; Crabtree und Miller, 1992; Denzin, 1989; Denzin und Lincoln, 1994; Flick et al. 1995; Flick et al. 2000; Garz und Kraimer, 1991; Greenberg und Folger, 1988; Jüttemann, 1989; Kreutz, 1991; Miles und Huberman, 1994; Mayring, 1990; Marshall und Rossman, 1995; Schröer, 1994; Schwartz und Jacobs, 1979; Silverman, 1985; Spöhring, 1989; Steinke, 1999).

Seit Januar 2000 sind einschlägige und aktuelle Beiträge auch kostenlos der mehrsprachigen Online-Volltext-Zeitschrift *Forum Qualitative Sozialforschung* FQS zu entnehmen (http://qualitative-research.net/).

5.2
Qualitative Datenerhebungsmethoden

Im folgenden werden wir die wichtigsten Techniken zur Erhebung von qualitativem Material vorstellen: qualitative Befragung (Abschnitt 5.2.1), qualitative Beobachtung (Abschnitt 5.2.2) und nonreaktive Verfahren (Abschnitt 5.2.3); Gütekriterien qualitativer Datenerhebung sind Gegenstand von Abschnitt 5.2.4.

> **!** Die wichtigsten Grundtechniken zur Erhebung *qualitativer Daten* sind nicht-standardisierte oder teilstandardisierte Befragungen, Beobachtungen und nonreaktive Verfahren.

5.2.1
Qualitative Befragung

Durch Befragungstechniken ermittelt man die subjektive Sichtweise von Akteuren über vergangene Ereignisse, Zukunftspläne, Meinungen, gesundheitliche Beschwerden, Beziehungsprobleme, Erfahrungen in der Arbeitswelt etc. Die Besonderheit qualitativer Befragungstechniken liegt darin, daß der Gesprächsverlauf weniger vom Interviewer und dafür stärker vom Interviewten gesteuert und gestaltet wird. In einem *offenen Interview* erfolgt so gut wie keine Strukturierung durch den Interviewer; dieser gibt nur ein Rahmenthema vor und läßt die Befragten dann möglichst ohne Einflußnahme sprechen. (Zum halbstandardisierten und standardisierten Interview vgl. S. 238 ff.)

Offene oder auch halbstandardisierte Befragungen werden nur selten *schriftlich* durchgeführt, da Probanden eher zu mündlichen Äußerungen bereit und in der Lage sind als zum Anfertigen von schriftlichen Ausarbeitungen (Aufsätzen, Erörterungen etc.). Schriftliche Äußerungen sind weniger spontan, besser durchdacht und erschöpfender; sie werden jedoch vom Respondenten als anstrengender und schwieriger erlebt als mündliche Äußerungen. Halbstandardisierte schriftliche Befragungen operieren z.B. mit der Technik der *offenen Fragen* (Fragen ohne vorgegebene Antwortalternativen) oder mit *Satzergänzungsaufgaben*. Zu den offenen schriftlichen Befragungen zählen *Aufsatz*- und *Tagebuchschreiben* zu einem vorgegebenen Thema (z.B. was bedeutet für Sie „Freundschaft" oder „Notieren Sie bitte in den nächsten 7 Tagen alle Kontakte und Begegnungen mit Freunden").

Offene Befragungen sind eigentlich keine *Interviews* im engeren Sinne, da das typische Frage-Antwort-Muster fehlt; sie werden deshalb häufig als *Forschungs- und Feldgespräche* bezeichnet. Der Interviewer hat in einem qualitativen Interview nicht die Rolle des distanzierten „Befragers", sondern eher die eines engagierten, wohlwollenden und emotional beteiligten Gesprächspartners, der flexibel auf den „Befragten" eingeht und dabei seine eigenen Reaktionen genau reflektiert. Während bei standardisierten Befragungen die Person des Interviewers ganz zurücktritt, ist der Interviewer in qualitativen Befragungen selbst ein

„Erhebungsinstrument", d.h. seine Gedanken, Gefühle und Reaktionen auf den Befragten werden sorgfältig notiert und können in den Analysen berücksichtigt werden. So könnte ein Interviewer eigene Gefühle der Langeweile während des Gesprächs hypothetisch als Indiz dafür werten, daß der Respondent keine unmittelbare Erlebnisschilderung abgibt, sondern nur eine vorher zurechtgelegte Geschichte liefert, also gewissermaßen eine „Tonkonserve abspielt".

> **!** *Qualitative Befragungen* arbeiten mit offenen Fragen, lassen den Befragten viel Spielraum beim Antworten und berücksichtigen die Interaktion zwischen Befragtem und Interviewer sowie die Eindrücke und Deutungen des Interviewers als Informationsquellen. Im Unterschied dazu sind *quantitative Befragungen* standardisiert, fordern vom Befragten inhaltlich zugespitzte Antworten und vom Interviewer ein gleichförmiges Verhalten.

Im folgenden werden wir erläutern, welche Aspekte bei der *Auswahl* einer speziellen Technik der qualitativen Befragung zu beachten sind, welche *Arbeitsschritte* eine qualitative Befragung beinhaltet und wie sie zu *dokumentieren* ist. Anschließend werden wir unterschiedliche Techniken der qualitativen *Einzel-* und *Gruppenbefragung* vorstellen.

Auswahlkriterien für qualitative Interviews

Angesichts der Vielzahl von Varianten qualitativer Interviews stellt sich die Frage, nach welchen Kriterien im konkreten Untersuchungsfall eine Technik auszuwählen ist. Wiedemann (1987) nennt folgende Auswahlkriterien: Zunächst ist zu klären, ob der interessierende Sachverhalt überhaupt im subjektiven Erleben repräsentiert ist bzw. mit welchem kognitiven Aufwand für die Respondenten eine Befragung verbunden ist, denn manche Erlebnisse sind schwer erinnerbar, schwer erklärbar oder unbewußt (für eine gedächtnisstützende Fragetechnik s. Sporer und Franzen, 1991). Weiterhin müssen Zeitaufwand, Rollenstruktur und Kontext des Interviews für den Befragten akzeptabel sein. Eine wissenschaftliche Befragung über gesundheitliche Beschwerden bei Mitarbeitern einer Firma, die Entlassungen plant, wäre sicherlich unakzeptabel. Auch die Art der Datenauswertung und -dokumentation sowie die relevanten Gütekriterien sollten im voraus geklärt werden. Ein ganz wesentliches Entscheidungskriterium bei der Auswahl einer Interviewtechnik ist schließlich noch die Art der subjektiven Erfahrung, die erfaßt werden soll.

Zur Differenzierung unterschiedlicher Arten subjektiver Erfahrung können die folgenden sechs Dimensionen herangezogen werden (vgl. Wiedemann, 1987):
- Realitätsbezug (z.B. Phantasien versus Beschreibungen),
- Zeitdimension (z.B. Erinnerungen versus Zukunftspläne),
- Reichweite (z.B. Tagesablauf versus Lebensgeschichte),
- Komplexität (z.B. einfache Personenbeschreibung versus Charakterisierung),
- Gewißheit (z.B. Vermutungen versus Erfahrungswissen) und
- Strukturierungsgrad (z.B. freie Assoziationen versus Erklärungen).

Weiterhin lassen sich fünf zentrale „Erfahrungsgestalten" unterscheiden, nämlich Episoden (Dramen), Konzeptstrukturen, Geschehenstypen, Verlaufsstrukturen und Theorien (mentale Modelle), deren Relationen sich graphisch wie in Abb. 12 veranschaulichen lassen):

„Episoden als ursprüngliche Erfahrungsgestalten stehen im Mittelpunkt, wie zum Beispiel das Erlebnis eines Unfalls, eines Partnerverlustes oder eines anderen bedeutsamen Lebensereignisses. Die anderen Wissensstrukturen sind entweder abgeleitet oder ‚transponiert'. Mentale Modelle sind die umfassendsten Erfahrungsgestalten; sie stellen die naiven Theorien zu einem Gegenstandsgebiet dar, beispielsweise die naive Theorie über die eigene Krankheit. Verlaufsstrukturen sind generalisierte

Episoden, die routinisierte Verläufe, Vorgehen und Verfahren oder Entwicklungen kennzeichnen. Ein Beispiel für diese Erfahrungsgestalt ist jede Art von Rezeptwissen; angefangen vom Kochen bis hin zur Bewerbung und zum Flirten. Geschehenstypen betreffen Erfahrungsgestalten über einen verallgemeinerten Ereignis- und Situationsaufbau, zum Beispiel über Freundschaft, Helfen oder Psychotherapie. Konzeptstrukturen betreffen Orientierungswissen in Form von Klassifikationen bzw. Taxonomien, etwa Typen von Krankheiten oder Freundschaften." (Wiedemann, 1987, S. 6)

Will man Episoden erkunden, so läßt man den Respondenten frei *erzählen*; d.h. der Interviewer verhält sich möglichst nondirektiv (z.B. im narrativen Interview, vgl. S. 317f.). Zur Erfassung von Konzeptstrukturen und Geschehenstypen sind vergleichende Eigenschafts- und Situationsbeschreibungen anzuregen. Um die vom Probanden verwendeten Kategorisierungsmerkmale möglichst vollständig zu erfassen, ist es meist nötig, daß der Interviewer auf das Thema fokussiert und selbst Vergleichsfragen stellt (z.B. Kelly Grid, vgl. S. 186f.). Auch bei der Ermittlung von Verlaufsstrukturen greift der Interviewer ein, wenn der Respondent nicht alle Schritte eines Ablaufs schildert oder seine Schilderung zu eng an einem konkreten Beispiel ausrichtet. Manchmal bietet es sich auch an, subjektives Wissen über Abläufe (sog. *prozedurales Wissen*) handlungsbegleitend zu erfragen, da die einzelnen Schritte routinisierter Handlungsfolgen gar nicht mehr bewußt wahrgenommen und verarbeitet werden (z.B. Organisation der Hausarbeit). Zur Erfassung subjektiver Theorien bzw. mentaler Modelle sind offene Fragen zu Ursachen und Wirkungen, Motiven und Konsequenzen indiziert.

Arbeitsschritte bei qualitativen Interviews

Bevor wir auf einzelne Interviewtechniken eingehen, wollen wir zunächst den Gesamtablauf einer qualitativen Befragung schildern. Folgende Arbeitsschritte sind typisch: 1. inhaltliche Vorbereitung, 2. organisatorische Vorbereitung, 3. Gesprächsbeginn, 4. Durchführung und Aufzeichnung des Interviews, 5. Gesprächsende, 6. Verabschiedung und 7. Gesprächsnotizen. Diese Arbeitsschritte unterscheiden sich teilweise von denen einer standardisierten mündlichen Befragung (vgl. S. 238f.).

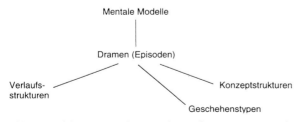

Abb. 12. Erfahrungsgestalten (nach Wiedemann, 1987, S. 5)

Inhaltliche Vorbereitung: Zur inhaltlichen Planung des Interviews zählen die Festlegung des Befragungsthemas, theoretische Überlegungen zur Auswahl der Befragungspersonen und der Interviewer, Wahl der geeigneten Befragungstechnik nach den oben beschriebenen Kriterien und Ausformulierung der Interviewfragen. Nach Abschluß der inhaltlichen Vorbereitungen sollte klar sein, wozu wer wie interviewt werden soll.

Organisatorische Vorbereitung: Neben der Kontaktaufnahme zu den Interviewpartnern und Terminabsprachen gehört das sorgfältige Zusammenstellen des Interview-Materials zur organisatorischen Vorbereitung (Tonbandgerät, Kassetten, Ersatzbatterien, Interviewleitfaden, Visitenkarte, Prospekt oder Informationsmaterial über das Forschungsprojekt etc.); sie ist beendet, wenn der Interviewer (bzw. das Interviewerteam) „startklar" ist und weiß, wann und wo die Interviews durchzuführen sind. Werden externe Interviewer eingesetzt, müssen diese geschult (z. B. durch Rollenspiele) oder zumindest gründlich instruiert werden.

Gesprächsbeginn: Sind Interviewer und Gesprächspartner am verabredeten Ort (meist in der Wohnung des Befragten), sollte durch gegenseitiges Vorstellen und ein wenig „Small Talk" eine möglichst entspannte Atmosphäre erzeugt werden, bevor der Interviewer das Untersuchungsanliegen darstellt und damit das Interview einleitet. Da bei der Auswertung von qualitativen Interviews eigentlich nie auf eine Tonaufzeichnung verzichtet werden kann, sind Akzeptanzprobleme auf Seiten der Befragten möglichst im Vorfeld abzubauen. Dabei geht es um psychologische Barrieren beim Sprechen vor einem Mikrophon, aber auch um Datenschutz-Bedenken. Eine schriftliche Vereinbarung über die Einhaltung genau umschriebener Maßnahmen zum Datenschutz erhöht die Sicherheit des Befragten und die Selbstverpflichtung der Forschenden.

Ein Nachteil der expliziten Auseinandersetzung mit den Modalitäten von Audioaufzeichnungen und Datenschutzproblemen besteht darin, daß sie möglicherweise bei manchen Auskunftspersonen erst Bedenken erzeugt, die vorher gar nicht bestanden. Aus pragmatischer Sicht wird deswegen manchmal auch empfohlen, das Aufzeichnungsge-

rät einfach ganz selbstverständlich auf dem Tisch aufzubauen und dann zu den inhaltlichen Fragen überzugehen. Vor Beginn des Interviews sollten die Funktionsfähigkeit des Gerätes und die Tonqualität genau geprüft werden; gleiches gilt für den Einsatz einer Videokamera. (Auch während des Interviews sollte die Funktionsfähigkeit der Aufzeichnungsgeräte kontrolliert werden.)

Durchführung und Aufzeichnung des Interviews: Die Hauptaufgabe des Interviewers ist die Überwachung und Steuerung des Gesprächsablaufs, d.h. eigene Reaktionen und auch das nonverbale Verhalten des Gesprächspartners sollten aufmerksam verfolgt werden. Zudem ist der Interviewer meist gefordert, während des Gesprächs weiterführende Fragen zu finden oder dafür zu sorgen, daß der Interviewte nicht zu weit vom Thema abschweift. Die dem Interviewten wie dem Interviewer bei offenen Befragungen zugestandenen Gestaltungsspielräume bergen besondere Risiken und Probleme. Beim freien Generieren von Fragen während des Gesprächsverlaufs sollte der Interviewer äußerste Vorsicht walten lassen, um den Gesprächspartner nicht versehentlich „in eine Ecke zu drängen" oder durch spontane Emotionsäußerungen zu verunsichern. Heikle Fragen können im Zweifelsfall für den letzten Gesprächsteil aufgehoben werden.

Freies Erzählen, wie es vom Gesprächspartner bei vielen offenen Interviews gefordert wird, liegt nicht allen. Der Interviewer sollte sich ebenso darauf gefaßt machen, mit wortkargen Interviewpartnern konfrontiert zu sein wie mit äußerst redseligen. Während in standardisierten Befragungen solche persönlichkeitsbedingten Unterschiede durch das reglementierende Fragenkorsett nivelliert werden, liegt es bei offenen Befragungen am Interviewer, die richtige Balance zwischen Eingreifen (direktiver Stil zur Förderung der Strukturierung) und „Laufenlassen" (nondirektiver Stil zur Förderung der Authentizität) zu finden und eine angemessene Interviewdauer einzuhalten.

Gesprächsende: Dem offiziellen Ende des Interviews, das durch Abschalten des Tonbandgerätes markiert wird, schließt sich in der Regel eine Phase des informellen Gesprächs an, die äußerlich der Begrüßungsphase ähneln mag, inhaltlich aber meist nicht viel mit „Small Talk" zu tun hat. Der Interviewer sollte nun trotz eigener Erschöpfung besonders aufmerksam sein, da Befragungspersonen oftmals gerade nach Abschalten des Aufzeichnungsgerätes besonders wichtige oder persönliche Äußerungen nachliefern oder die Gesprächssituation kommentieren. Ergänzende Fragebögen zur Sozialstatistik oder psychometrische Tests können sich an das Interview anschließen.

Verabschiedung: Bei der Verabschiedung sollte nach Möglichkeit eine Visitenkarte oder Informationsmaterial über das Forschungsprojekt hinterlassen werden. Bei Interesse kann eine kurze Ergebnismitteilung an die Untersuchungsteilnehmer angekündigt werden (die später dann auch zu liefern ist). Insbesondere bei biographischen Interviews (s. S. 349 ff.) oder Befragungen zu belastenden und bedrohlichen Themen ist ein Angebot zur Nachbetreuung bereitzustellen (z. B. Telefonnummer, Beratungsgespräch, zweites Interview etc.). Eine qualitative Befragung ist nicht nur eine Datenerhebungsmethode, sondern kann auch als Intervention wirken, etwa wenn durch die im Interview angeregte Reflexion über die eheliche Arbeitsteilung schwelende Konflikte plötzlich stärker zutage treten und Trennungsabsichten virulent werden.

Gesprächsnotizen: Es empfiehlt sich, unmittelbar nach dem Interview ergänzende Notizen zur Gesprächssituation zu machen. Solche Gesprächsnotizen beinhalten Beschreibungen des Interviewpartners (äußere Erscheinung, seelische Verfassung, Gesundheitszustand etc.) sowie dessen Räumlichkeiten und dokumentieren die Gesprächsatmosphäre, die Verfassung des Interviewers und Unterbrechungen (Telefonate, Hereinkommen der Kinder etc.). Auch scheinbar offensichtliche Nebensächlichkeiten (z. B. Uhrzeit, Datum der Befragung) sollten notiert werden. Diese Notizen werden bei späteren Validitätsbeurteilungen des Materials herangezogen (vgl. S. 335 f.). Tafel 31 zeigt exemplarisch Notizen zu einem Leitfadengespräch mit einem HIV-positiven Mann.

Dokumentation einer Befragung
Vor einer Auswertung des Befragungsmaterials muß dieses zunächst entsprechend aufbereitet und dokumentiert werden. Hierzu sind die Audioaufzeichnungen zu verschriftlichen (Transkription) und mit dem übrigen Material zusammen zu archivieren, wobei Datenschutzaspekte besonders zu beachten sind.

TAFEL 31

Gesprächsnotizen eines Leitfadengesprächs (Stassen und Seefeldt, 1991, S. 198)

Alex

Nach den obligatorischen Erläuterungen zum Datenschutz und einführenden Erklärungen zur Thematik erzählt Alex seine Vorgeschichte kurz und knapp. Hin und wieder wird sein Erzählstil durch Satzabbrüche begleitet, wodurch der Sinn des Gemeinten nicht immer klar zu erfassen ist. Alex stellt klar, daß das Thema Tod kein Thema ist, mit dem er sich befassen möchte. Alex nimmt im Verlauf des Interviews die Rolle des Fachmannes ein und erklärt z. B. Krankheitsver-lauf und medizinische Behandlung der HIV-Infektion.

Das Interview mit Alex verläuft kooperativ, wobei häufige Störungen durch die geschäftlichen Tätigkeiten Alex' entstehen. Der Grund für die Teilnahme am Interview ist die Zielsetzung Alex', sich für Aidskranke zu engagieren, zumal er davon ausgeht, daß diese Krankheit auch noch in 20 Jahren aktuell sein wird.

Unklar blieb:
– Auseinandersetzung mit der Homosexualität,
– Familienhintergrund.

Transkription: Die Tonaufzeichnungen müssen vor einer interpretativen Auswertung verschriftet (transkribiert) werden. Hierzu benötigt man ein geeignetes Abspielgerät und sehr viel Zeit, es sei denn, die Transkription wird als Auftragsarbeit extern erledigt. Ein Transkript enthält nicht nur den Interviewtext, sondern informiert auch über prägnante Merkmale des Gesprächsverlaufs (z. B. Tonhöhe, Pausen, Lachen, gleichzeitiges Sprechen etc.), die für die spätere Interpretation von Bedeutung sein können.

Verschriftete Gespräche wirken durch unvollständige Sätze, „verschluckte" Silben, umgangssprachliche Wendungen und Füllwörter oft sehr holprig und schlecht formuliert. Inwieweit man hier beim Transkribieren „glätten" darf, hängt vom theoretischen Interesse ab; im Zweifelsfall sollte das Transkript lieber zu viele als zu wenige Informationen über den Gesprächsverlauf konservieren. Übertriebener Eifer nach „Meßgenauigkeit" ist aber sicherlich fehl am Platze, da die Messung von Pausen in Hundertstelsekunden oder die Differenzierung zwischen 35 verschiedenen Formen des therapeutischen „Hms" wohl nur in Spezialfällen (linguistische Analyse) zu neuen Einsichten verhilft (Flick, 1995 a, S. 162). Zur

Kennzeichnung nonverbaler und paraverbaler Äußerungen (z. B. Mimik, Gestik, Hüsteln, Lachen) werden üblicherweise festgelegte Transkriptionszeichen verwendet, von denen Tafel 32 einige verdeutlicht (ausführlicher hierzu s. Böhm et al., 1990; Ehlich und Switalla, 1976; Ramge, 1978).

Beim Abfassen von Transkripten sind zusätzlich zu den Transkriptionszeichen einige Richtlinien der Textgestaltung zu beachten (Boehm et al., 1993):

- ca. 50 Zeichen pro Zeile (erlaubt Randbemerkungen),
- Text einzeilig (!),
- bei jedem Sprecherwechsel eine Leerzeile einfügen,
- Sprecher durch Großbuchstaben und Doppelpunkt kennzeichnen und
- den gesamten Text zeilenweise (!) und seitenweise durchnumerieren.

Um ein Vielfaches aufwendiger als die Verschriftung von Audioaufnahmen ist die Transkription von Videoaufzeichnungen, zumal wenn die Aktionen mehrerer Personen erfaßt werden sollen. Hierzu sind einzelne Handlungssegmente zu definieren und hinsichtlich der beteiligten Akteure,

TAFEL 32 ▆

Einige Transkriptionszeichen

Transkriptionszeichen	Bedeutung
montag kam er ins krankenhaus	Interviewtext (nur Kleinschreibung!)
MONtag kam er ins krankenhaus	Betonung von Silben durch Großschreibung
MONtag kam er * ins krankenhaus	Kurzpause durch *
MONtag kam er ** ins krankenhaus	längere Pause durch **
MONtag kam er *2* ins krankenhaus	Pause über 1 Sek. mit Längenangabe *Sek.*
MONtag kam er *2* ins kranken/	Abbruch eines Wortes oder Satzes /
MONtag kam er *2* in=s kranken/	Wortverschmelzung durch =
MONtag kam er *2* in=s krank'n/	ausgefallene Buchstaben durch '
MONtag kaaam er *2* in=s krank'n/	Dehnung durch Buchstabenwiederholung
MONtag kaaam er *2* in=s krank'n/ (WEINEN)	Kommentar in Klammern und Großbuchstaben
MONtag kaaam er *2* in=s <krank'n/ (WEINEN)	Tonhöhe fallend < (steigend: >)
I: #Wann#	gleichzeitiges Reden von Interviewer (I) und
A: #MONtag# kaaam er *2* in=s <krank'n/(WEINEN)	Befragungsperson (hier: A) markiert durch Doppelkreuz (#)

ihrer Position zueinander, ihrer Mimik und Gestik etc. zu beschreiben. (Ein Beispiel ist bei Lamnek, 1993 b, S. 163, abgedruckt.)

Archivierung des Materials: Das Ergebnis einer Datenerhebung mittels qualitativer Befragung enthält eine Fülle von Material, das sorgfältig zu archivieren, personenweise zu numerieren und vor fremdem Zugriff zu schützen ist (Datenschutz):

- Tonkassette, Videoband,
- Transkript (elektronisch als Datei auf Diskette, Ausdruck auf Papier),
- Angaben zur Textentstehung (Ort, Zeit, Interviewer, Interviewpartner, Transkripteur),
- Gesprächsnotizen des Interviewers und
- ggf. weitere Materialien zum Interview (soziodemographischer Fragebogen, Fotos, Zeichnungen, Tests, Interviewleitfaden).

Datenschutz: Interviewäußerungen sind sehr persönliche Daten, zu deren Schutz wir verpflichtet sind. Folgende Maßnahmen sind im Sinne des Datenschutzes zu ergreifen (und ggf. vorher schriftlich mit dem Interviewten zu vereinbaren):

- Das Interviewmaterial muß verschlossen und für Unbefugte unzugänglich aufbewahrt werden.
- Der Interviewer sollte über die von ihm durchgeführten Interviews Stillschweigen bewahren oder Erzählungen zumindest so allgemein halten, daß kein Rückschluß auf die Befragungsperson möglich ist.
- Identifizierende Merkmale des Gesprächspartners (Name, Wohnort, Beruf, Alter o.ä.) sind im archivierten Material, aber auch in späteren Ergebnisberichten zu vermeiden oder, wenn sie inhaltlich relevant sind, geeignet zu modifizieren. Identifizierbarkeit entsteht häufig erst durch die Kombination von Merkmalen (z.B. Wohnort und Beruf), so daß einige relevante Merkmale (z.B. Alter, Beruf) unverändert bleiben können, wenn andere dafür modifiziert werden (z.B. Wohnort).
- Identifizierende Merkmale dritter Personen (vom Gesprächspartner genannte Kollegen, Freunde, Familienangehörige etc.) sind ebenfalls unkenntlich zu machen.
- Das archivierte Befragungsmaterial sollte nur in Ausnahmefällen längerfristig aufbewahrt

werden, etwa wenn es in Forschung und Lehre auch nach Abschluß des Projektes benötigt wird. Üblicherweise wird das individuelle Rohmaterial (Audio- oder Videoaufzeichnungen einzelner Probanden, Transkripte etc.) nach Abschluß der Auswertungen vernichtet oder den Befragungspersonen zurückgegeben.

Techniken der Einzelbefragung

Die oben beschriebenen Schritte sind bei allen Varianten qualitativer Interviews zu durchlaufen. Die Besonderheiten unterschiedlicher Interviewformen liegen teils in der Person der Befragten (Experteninterview, Gruppeninterview), im Thema (Dilemma-Interview, Biographisches Interview) oder der Technik des Fragens (narratives Interview, assoziatives Interview); sie eignen sich deswegen unterschiedlich gut, bestimmte Aspekte subjektiven Erlebens (sog. Erfahrungsgestalten, vgl. S. 309) zu erfassen. Verlaufsstrukturen lassen sich z.B. mit der Methode des lauten Denkens (z.B. Verlauf einer Problemlösung), mit der Verhaltensanalyse (Verlauf von Handlungssequenzen in bestimmten Situationen), der Lebenslaufanalyse (Verlauf biographischer Entwicklungen) und der Oral History (Verlauf historischer Veränderungen) ermitteln. Solche Verläufe werden häufig episodisch geschildert. Um den dramatischen Charakter von Erlebnissen in den Vordergrund treten zu lassen, eignen sich biographisches Interview und narratives Interview besonders gut. Mentale Modelle sind Gegenstand von Deutungsanalysen, Dilemma-Interviews, diskursiven und problemzentrierten Interviews sowie Experten-Interviews. Will man bewußte und unbewußte Konzeptstrukturen oder Geschehenstypen ergründen, sind assoziatives Interview, ethnographisches Interview oder das tiefenpsychologische biographische Interview geeignet.

In Tafel 33 stellen wir in Anlehnung an Wiedemann (1987) in alphabetischer Reihenfolge die wichtigsten Formen qualitativer Einzelbefragungen vor. Nachfolgend werden drei ausgewählte Interview-Typen detaillierter behandelt: Leitfaden-Interview, fokussiertes Interview und narratives Interview (für nähere Angaben zu qualitativen Interviews s. Berg, 1989, Kap. 2; Fontana und Frey, 1994; Hopf, 1978, 1995; Kohli, 1978; Wiedemann, 1987).

TAFEL 33 ▰

Varianten qualitativer Einzelbefragungen

Interview-Typ	Ziel und Methodik	Literatur	Interview-Typ	Ziel und Methodik	Literatur
Assoziatives Interview	Vorgabe eines biographischen Themas, dann freies Assoziieren des Befragten;	Engel (1969)	Leitfaden-Interview (halbstrukturiertes Interview)	Allgemeine Technik des Fragens anhand eines vorbereiteten, aber flexibel einsetzbaren Fragenkatalogs, für jedes Thema geeignet;	Hopf (1978)
Biographisches Interview	Erfassung der Lebensgeschichte, meist sehr offen gehalten in Form eines narrativen Interviews;	Thomae (1952)	Narratives Interview	Eingeleitet durch einen Erzählanstoß generiert der Befragte Stegreiferzählungen zu Lebensepisoden;	Schütze (1983)
Deutungsanalyse	Erfassung von Interpretations- und Erklärungsmustern einschließlich deren Begründung in sozialen Normen und Regeln;	Hopf (1982)	Oral History	Offenes Interview über besondere historische Ereignisse oder Phasen, Ergänzung der offiziellen Geschichtsschreibung;	Niethammer (1976)
Dilemma-Interview	Vorgabe eines moralischen Dilemmas, dessen Lösung vom Befragten erläutert werden soll; Nachfrage, um die Argumentation genau zu erfassen;	Reinshagen et al. (1976)	Lebenslaufanalytische Methode	Erfassung der biographischen Dimension wesentlicher Überzeugungen und Sichtweisen unter Verwendung von psychodramatischen und meditativen Verfahren;	Quekelberghe (1985)
Diskursives Interview	Im Kontext der Aktionsforschung diskutiert der Untersuchungsteilnehmer mit dem Forscher die Ergebnisse;	Hopf (1995)	Problemzentriertes Interview	Thematisierung gesellschaftlich relevanter Probleme, einzelne biographische Interviews und Gruppendiskussion;	Witzel (1982, 1985)
Experteninterview	Sammelbegriff für offene oder teilstandardisierte Befragungen von Experten zu einem vorgegebenen Bereich oder Thema;		Tiefeninterview, Intensivinterview	Sammelbegriff für offene oder teilstrukturierte Interviews mit dem Ziel, unbewußte Motive und Prozesse aufzudecken (Orientierung an der Psychoanalyse);	Lamnek (1993 b)
Exploration, Anamnese, klinisches Gespräch	Offene Erfassung biographischer Entwicklungen, oft mit Abfragen diverser Lebensbereiche, so daß ein Gesamtbild der Person entsteht;	Allport (1970) Sullivan (1976)	Tiefenpsychologisches biographisches Interview	Erfassung kritischer Lebensereignisse und Biographieabschnitte aus tiefenpsychologischer Sicht;	Dührssen (1981)
Feldgespräch, Ethnographisches Interview	Befragung im Kontext der Feldforschung, oft informell und handlungsbegleitend im Alltag;	Becker und Geer (1970)	Verhaltensanalyse	Erfassung des Verhaltens und Erlebens in umschriebenen Situationen, Leitfaden-Interview nach SORKC-Formel (Stimulus Organismus Response Kontingenz Consequence);	Lutz (1978)
Fokussiertes Interview	Leitfaden-Interview über ein fokussiertes Objekt (z.B. Film, Foto), Leitfaden entsteht durch Analyse der Reizvorlage;	Merton und Kendall (1945/1946)	Vertikale Verhaltensanalyse	Erfassung von handlungsleitenden Motiven und Ziel-Mittel-Relationen, strukturiertes Nachfragen.	Grawe (1980)
Lautes Denken	Handlungsbegleitendes Verbalisieren von Gedanken, meist bei kognitiven Aufgaben und beim Problemlösen;	Ericson und Simon (1978, 1980)			

Leitfaden-Interview: Das Leitfaden-Interview ist die gängigste Form qualitativer Befragungen. Durch den Leitfaden und die darin angesprochenen Themen erhält man ein Gerüst für Datenerhebung und Datenanalyse, das Ergebnisse unterschiedlicher Interviews vergleichbar macht. Dennoch läßt es genügend Spielraum, spontan aus der Interviewsituation heraus neue Fragen und Themen einzubeziehen oder bei der Interviewauswertung auch Themen herauszufiltern, die bei der Leitfaden-Konzeption nicht antizipiert wurden.

Im Rahmen einer Untersuchung zu den psychischen Folgen des Reaktorunfalls in Tschernobyl (26. April 1986) setzten Legewie et al. (1990, S. 61) folgenden Leitfaden bei der Durchführung problemzentrierter Interviews ein (ein historischer Interview-Leitfaden ist auf S. 240 zu finden):

Hauptfragen:
- Können Sie sich noch an die Zeit unmittelbar nach dem Unfall erinnern? Erzählen Sie, wie Sie davon erfahren und wie Sie darauf reagiert haben.
- Wie ging es dann weiter bis heute? Wie hat sich Tschernobyl auf Ihr Leben ausgewirkt?

Detaillierungsfragen:
- Genaue Beschreibung der Stimmungen, Gedanken, Gefühle, Ängste und Hoffnungen,
- Phantasievorstellungen oder Träume im Zusammenhang mit Tschernobyl,
- Änderungen der Lebensgewohnheiten, besondere Handlungsweisen,
- Reaktion der Mitmenschen und Auswirkungen auf den Interviewten,
- Bedeutung der Information durch die Medien,
- Einfluß auf wichtige Lebensentscheidungen,
- Zusammenhang Atomkraftwerke – Atomwaffen,
- Vergleich mit früheren Lebensereignissen (ausführliche Erzählung!),
- Konsequenzen für die persönliche Zukunft,
- Einflußmöglichkeiten auf zukünftige gesellschaftliche Entwicklung,
- Einstellung zu eigenem politischen Engagement,
- Bedeutung für den Sinn des eigenen Lebens.

Am Ende eines qualitativen Interviews werden in der Regel Angaben zur Sozialstatistik (Geschlecht, Alter, Bildungsstand, Beruf, Einkommen etc.) mit einem standardisierten Fragebogen erfaßt. Ein detaillierteres Bild der aktuellen Lebenssituation einer Person vermitteln nach Allport (1970, S. 109) Fragen zu folgenden Themenbereichen (vgl. Abschnitt 6.1.4):
- Nationalität und kulturelle Vergangenheit,
- Krankheit und Unfälle,
- berufliche Vorgeschichte und Pläne,
- Hobbys und Erholung,
- kulturelle Interessen,
- Ambitionen (z. B. geplante Anschaffungen),
- persönliche Bindungen (wichtigste Bezugspersonen),
- Tagträume,
- Befürchtungen und Sorgen,
- Mißerfolge und Enttäuschungen,
- ausgesprochene Aversionen,
- sexuelle Erfahrungen,
- neurotische Schwierigkeiten,
- religiöse Erlebnisse,
- Lebensanschauung.

Diese Liste wäre bei der Befragung erkrankter Menschen durch eine sog. *Anamnese*, d.h. eine Befragung zur Vorgeschichte der Krankheit, zu ergänzen (vgl. Schmidt und Kessler, 1976 oder Thoms, 1975). Ein Ausschnitt aus einem Leitfadengespräch ist in Tafel 34 zu finden (vgl. hierzu auch Übungsaufgabe 11 auf S. 353).

Fokussiertes Interview: Merton und Kendall (1979) beschreiben das fokussierte Interview als Befragungsform, bei der ein bestimmter Untersuchungsgegenstand im Mittelpunkt des Gespräches steht bzw. bei der es darum geht, die Reaktionen des Interviewten auf das „fokussierte Objekt" zu ermitteln. Dieses kann ein Film, ein Rundfunkprogramm, ein Artikel, ein Buch, ein psychologisches Experiment oder irgendeine andere konkrete Situation sein.

Wichtig ist, daß der Interviewer bereits vor der Befragung eine gründliche Analyse des Untersuchungsobjektes durchführt und zu Hypothesen über Bedeutung und Wirkung einzelner Aspekte dieser Situation gelangt (beispielsweise Hypothesen über die Wirkung einzelner Filmausschnitte). Auf der Basis dieser Hypothesen wird ein Interviewleitfaden (s.o.) zusammengestellt, so daß bereits während des Interviews geprüft werden

TAFEL 34

Ausschnitt aus einem Leitfaden-Interview
(aus D. Stock, 1994, S. 49–51)

I.   Interviewerin
D.   Frau D., 40 Jahre, aufgewachsen in der DDR
Datum: 15. 11. 1992
(Zur Bedeutung der Transkriptionszeichen s. S. 312)

I: was würden sie sagen, was so für sie im leben wichtig ist?

D: * gesundheit * daß ich meine arbeit behalte, das ist für mich ganz wichtig, weil, weil, äh erstens mal, bin ich dadurch, daß ich arbeit habe, selbständig, ja, kann mir bestimmte finanzielle wünsche erfüllen, die ich sicherlich nicht könnte, wenn ich fn// wenn ich arbeitslos wäre,

I: hm

D: außerdem ist es mein traumberuf inzwischen jeworden, kindergärtnerin, daß ich sehr was vermissen würde, wenn ich in dem beruf nicht mehr arbeiten könnte,

I: hm

D: mir würde och der kontakt zu=n kollegen und zu den eltern fehlen, weil man ja zu sehr im eigenen saft dann sicherlich schmort, ja was, * daß meine kinder * doch recht glücklich aufwachsen in dem land,

I: hm

D: ja, ich äh * bin zum beispiel och, äh, was heißt, meine kinder wissen, daß ich in der pds bin, sie wissen, daß ich 'n bißchen im wohngebiet mitarbeite, die versammlungen besuche, aber daß ich zum beispiel, wenn hier infostände sind in buch, ich da nicht mitmache, sondern,

I: infostände von der pds?

D: ja. zum beispiel jetzt zur vorbereitung der wahlen, waren dann informationsstände, daß ich nicht bereit bin, hier in buch mit-

zumachen, mich gerne in rosenthal oder 'n andern stadtbezirk mit hinstelle, aber einfach aus der angst heraus, äh, ich bin ja öffentlicher dienst,

I: hm

D: ja, und buch, man kennt ja viele leute, wobei, äh viele sicherlich och wissen, daß ich in der pds bin, ich weiß es nicht, aber das will ich nicht provozieren.

I: hm hm

D: ja und ich will och nicht, daß meine kinder drunter leiden müssen, daß se vielleicht doch mal irgendwie in so=ne gruppe jeraten, die se dann hänseln und foppen, deine mutter ist 'ne rote

I: hm

D: oder irgendwas. sondern meine kinder solln alleine die entscheidungsfreiheit haben, och wenn se mal älter sind, welche partei wähln se, welche bürgerbewegung, wählen se, wenn se natürlich die pds wählen würden, würde ich mich freuen,

I: hm

D: ja, wenn nicht, auch nicht, das akzeptier' ich auch, weil, das ist * das eigene leben der kinder und äh, die verschaffen sich ihre eigenen bilder von der gegenwart und * bin gerne bereit, ihnen da behilflich zu sein, oder sie och zu lenken, aber nur wenn se=s wünschen oder wollen,

I: hm

D: auf der andern seite sehn se natürlich, wie ICH lebe, daß ich dann och 'n bißchen hoffe, daß se sich doch 'n bißchen was an// abgucken och fortschritt// fortschrittlich denken.

I: hm

D: aber das sind so MEINE vorstellungen, meine träume, ja wobei die elfährige ja noch relativ klein ist im gegensatz zu dem siebzehnjährigen,

TAFEL 34

I:	hm
D:	ja. *
I:	und äh gibt es was in ihrem leben, was sie bereuen ** besonders, oder bereuen?
D:	*4* eigentlich nicht. * na ja, vielleicht, daß man zu gutgläubig war,
I:	hm
D:	aber das ist ** das kann man aber och nur mit der heutigen erfahrung sagen, nicht mit der damaligen, ja * # aber #
I:	# was heißt # das eigentlich jetzt zu gutgläu// gläubig, ähm, was ist jetzt, sagen wir

mal, was hat sich jetzt, aufgedeckt, oder was äh * was war da gutgläubig # woran #

D: # na ja # daß man bedingungslos eigentlich der politik in dem land jeglaubt hat.

I: hm. welcher * politik * also

D: bedingungslos. der de// sch// na zum beispiel der regierung,

I: hm

D: des parteiapparates, man hat es ja im grunde jenommen bedingungslos jeglaubt, jedenfalls ich.

---

kann, ob die Äußerungen des Befragten die Hypothesen eher bestätigen oder widerlegen und welche neuen Erklärungsbeiträge der Proband liefert. Zur Durchführung eines fokussierten Interviews geben Merton und Kendall (1979, S. 178f.) die folgenden Ratschläge:

- Der Interviewer sollte die Reaktionen der Befragten nicht beeinflussen. Die Gesprächsführung sollte nondirektiv sein und es dem Befragten ermöglichen, seine persönliche Interpretation der Stimulussituation zu geben.
- Das Gespräch sollte situationsspezifisch geführt werden. Wichtig ist es herauszufinden, welche Bedeutung die befragte Person einzelnen Teilen oder Elementen der untersuchten Situation beimißt, bzw. welche Empfindungen sie bei ihr auslösen (Aufforderung zur „retrospektiven Introspektion" etwa durch die Frage „Wenn Sie zurückdenken, was war Ihre Reaktion bei diesem Teil des Films?").
- Die Gesprächsführung sollte für unerwartete Reaktionen Raum lassen und diese aufgreifen. Die vom Interviewleitfaden abweichenden Gesprächsteile sind besonders geeignet, neue Hypothesen über die Wirkungsweise bzw. die Art, wie die Situation verarbeitet wird, aufzustellen.
- Das Gespräch sollte „tiefgründig" geführt werden. Der Interviewer sollte sich bemühen, über

die Kennzeichnung affektiver Reaktionen als positiv oder negativ hinausgehend ein Höchstmaß an „selbstenthüllenden" Kommentaren zu erhalten. Dies kann entweder durch direkte Fragen nach Affekten oder Gefühlen (z.B: „Was empfanden Sie bei dieser Situation?" oder „Wie ging es Ihnen dabei?") oder durch die Wiederholung von Gefühlsäußerungen des Befragten durch den Interviewer geschehen, die den Befragten implizit auffordern, weitere Emotionen zu äußern. (Weitere Angaben zum fokussierten Interview findet man bei Hron, 1982; Merton et al. 1956; Lamnek, 1993b; Spöhring, 1989.)

Narratives Interview: Das von Schütze (1976, 1977) entwickelte narrative (erzählende) Interview beruht auf einer Reihe ähnlicher Überlegungen wie das fokussierte Interview. Die in bezug auf das fokussierte Interview genannten vier Kriterien einer guten Interviewführung gelten auch für diese Art des qualitativen Interviews. Der wesentliche Unterschied der beiden Techniken besteht im Gegenstand des Interviews: Bei narrativen Interviews möchte der Forscher nicht die spezifische Reaktion auf einen bestimmten *Stimulus*, sondern Erlebnisse und *Episoden* aus der Lebensgeschichte des Respondenten erfahren, weshalb die Technik vor allem in der Biographieforschung (vgl. Abschnitt 5.4.4) häufig angewandt wird. Eingeleitet wird das narrative Interview durch einen sogenannten *Erzählanstoß*, der eine *Stegreiferzählung* auslösen soll. Ein Beispiel für einen Erzählanstoß wäre etwa folgende Aufforderung: „Frau M., Sie sind vor zwei Jahren in Rente gegangen, erzählen Sie doch einmal, wie das gewesen ist! Wie war Ihr letzter Tag in der Firma?". Fragen nach der Befindlichkeit, nach Meinungen oder Gefühlen (z. B. „Frau M., Sie sind nun Rentnerin, wie fühlen Sie sich dabei?") wären hingegen keine Anstöße zum *Erzählen*, sondern zum *Beschreiben*. Das im Zentrum stehende Thema sollte für den Betroffenen relevant sein und ihm das Gefühl geben, als Experte zum Thema gehört zu werden.

Im Hauptteil des narrativen Interviews erzählt der Informant eine Geschichte zum Befragungsthema, die nicht durch inhaltliche Kommentare seitens des Interviewers unterbrochen werden sollte. Der Interviewer bemüht sich um eine angenehme Gesprächsatmosphäre, indem er dem Befragten Interesse und Verständnis signalisiert und auch Schweigepausen zuläßt. Ein zu häufiges Nikken oder ähnliche Formen der Zustimmung, die beim Befragten den Eindruck erwecken könnten, der Interviewer wisse ohnehin schon alles, sind möglichst zu unterlassen.

Ist die *Haupterzählung* aus Sicht des Befragten beendet, können in einer *Nachfragephase* offen gebliebene Hintergründe, Details und Widersprüchlichkeiten geklärt werden. Schließlich kann man in einer *Bilanzierungsphase* den Befragten durch direkte Fragen zu einer abschließenden Bewertung der Geschichte anregen: „Welche Konsequenzen hatten diese Erlebnisse für Ihr weiteres Berufsleben?" „Glauben Sie, daß Sie aus dieser Erfahrung auch etwas Wichtiges gelernt haben oder hätten Sie lieber auf diese Erfahrung verzichtet?". Derartige Fragen nach Bewertungen und Begründungen sollten den Befragten aber nicht in die Enge treiben oder Rechtfertigungsdruck erzeugen. Das Auseinanderhalten der Erzählphase von einer Bewertungsphase ist besonders wichtig, weil jeweils unterschiedliche Aspekte des subjektiven Erlebens angesprochen werden: Beim Erzählen geht es um konkrete Episoden, beim Argumentieren um Theorien bzw. mentale Modelle.

Narrative Interviews sind besonders informativ, wenn während des Erzählens ganz von selbst „Zugzwänge" zum Weitererzählen entstehen, die nicht unmittelbar vom Interviewer ausgehen. Schütze (1977) nennt in diesem Zusammenhang einen *Detaillierungszwang* (der Erzähler merkt, daß ein Teil seiner Geschichte unvollständig ist und ausführlicher dargestellt werden muß), einen *Gestaltschließungszwang* (bestimmte Teile der Erzählung werden vom Erzähler als noch nicht abgeschlossen empfunden und zu einer abgerundeten Geschichte vervollständigt) sowie *einen Zwang zur Kondensierung und Relevanzfestlegung* (der Erzähler sieht sich vor die Aufgabe gestellt, aufgrund der begrenzten Zeit nur die wichtigen Handlungsstränge zu erzählen und als unwichtig empfundene Nebenaspekte zu kürzen oder begründet zu überspringen). Im Laufe des freien Erzählens werden aufgrund dieser „Erzählzwänge" oftmals viel mehr Informationen offenbart als bei direktem Nachfragen, das eher auf Widerstände, Mißtrauen oder Verschlossenheit treffen kann. (Weitere Hinweise zu narrativen Interviews findet man bei Bernart und Krapp, 1997; Bude, 1985; Schütze, 1976, 1977, 1983, 1984; Spöhring, 1989; Wiedemann, 1986 bzw. in den kritischen Stellungnahmen von Hopf, 1978; Kohli, 1978, und Matthes, 1985.)

Techniken der Gruppenbefragung

Neben Einzelinterviews sind auch Gruppenbefragungen üblich, die auf ökonomische Weise die Position mehrerer Gesprächspartner ermitteln und dabei gleichzeitig Einblicke in die Gruppendynamik der Kommunikation erlauben. Bei Gruppenbefragungen herrscht in der Regel eine entspanntere Atmosphäre, weil der einzelne nicht so stark gefordert ist und sich im Zweifelsfall hinter der Gruppe „verstecken" kann. Das Mithören der Antworten anderer kann zudem eigene Gedanken anregen, so daß sich mehr Ideen entwickeln als im Einzelgespräch (zu Vor- und Nachteilen von Gruppenbefragungen s. Lamnek, 1993 b, S. 166 ff.).

Aus Sicht des Interviewers steigt mit zunehmender Anzahl von Teilnehmern die Unübersichtlichkeit, so daß es sich empfiehlt, mehrere Interviewer einzusetzen. Zudem sind Videoaufzeichnungen wünschenswert, da die einzelnen Akteure bei reinen Tonaufzeichnungen nur schwer zu identifizieren sind. Muß auf Videoaufnahmen verzichtet werden, erleichtert es die Auswertung des

Tonmaterials, wenn man die Gesprächsteilnehmer dazu anhält, sich stets mit Namen anzureden (was im Zuge der Diskussion aber meist schnell in Vergessenheit gerät).

Die Transkription und Auswertung von Gruppendiskussionen wird ferner durch häufig auftretendes, gleichzeitiges (und damit unverständliches) Reden erschwert. Statt einer wörtlichen Transkription begnügt man sich bei Gruppenbefragungen deswegen gelegentlich mit zusammenfassenden Protokollen des Gesprächsverlaufs, die entweder personenbezogen oder chronologisch abgefaßt werden können. Bei manchen Techniken der Gruppenbefragung erarbeitet die Gruppe selbst ein strukturiertes und konsensfähiges Diskussionsergebnis (z.B. Moderationsmethode s.u.).

In Tafel 35 geben wir eine tabellarische Übersicht wichtiger Techniken der Gruppenbefragung und gehen im folgenden auf zwei Methoden ausführlicher ein, nämlich auf die *Gruppendiskussion* und die *Moderationsmethode*.

Gruppendiskussion: Die Gruppendiskussion wurde zuerst in der Kleingruppenforschung eingesetzt (Lewin, 1936). Sie entwickelte sich schnell zu einem wichtigen Erhebungsinstrument im Bereich der kommerziellen Markt- und Meinungsforschung (erste Arbeiten stammen von Pollock, 1955), mit einer eher untergeordneten Bedeutung für die Grundlagenforschung. Die Gruppendiskussion ist dadurch gekennzeichnet, daß eine Gruppe von Personen in strukturierter oder moderierter Weise über ein bestimmtes Thema diskutiert. Man spricht auch von der Methode „Fokusgruppe" (Dürrenberger und Behringer, 1999).

Eine Gruppendiskussion hat unter anderem folgende Ziele (vgl. Lamnek, 1993 b, S. 131):
- Erkundung von Meinungen und Einstellungen *einzelner Teilnehmer* (eine Gruppenbefragung ersetzt mehrere Einzelbefragungen, ist also ökonomischer),
- Erkundung von Meinungen und Einstellungen einer *ganzen Gruppe* (dies ist vor allem relevant bei der Untersuchung natürlicher Gruppen wie Arbeitsteams oder Schulklassen),
- Erkundung *öffentlicher* Meinungen und Einstellungen (Gruppen werden als Stellvertreter für breite Bevölkerungsteile aufgefaßt) und
- Untersuchung der *Prozesse*, die zur Meinungsbildung in Gruppen führen (Gruppendynamik, Kleingruppenforschung).

TAFEL 35 ▮

Varianten qualitativer Gruppenbefragung

Interview-Form	Ziele und Methodik	Literatur
Brainstorming	Suche nach Ideen und Lösungsvorschlägen für ein Problem, jeder Vorschlag muß akzeptiert werden, keine Kritik;	Osborn (1957)
Feldbefragung, ethnographische Befragung	Informelle Befragung natürlicher Gruppen im Kontext der Feldforschung;	Spradley (1979)
Gruppendiskussion	Offene Diskussion über ein vorgegebenes Thema, der Diskussionsleiter gibt Anregungen;	Pollock (1955); Mangold (1960)
Gruppeninterview	Mehrere Personen (z.B. Schulklasse, Familie) werden gleichzeitig anhand eines Leitfadens befragt;	Abrams (1949); Thompson und Demerath (1952)
Moderationsmethode	Moderierter zielgerichteter Gruppenprozeß, in dessen Verlauf offene schriftliche Befragungen, Gruppendiskussionen, Brainstorming integriert sein können; arbeitet mit Visualisierungen.	Klebert et al. (1984)

Eine Gruppendiskussion kann je nach Bedarf und Erkenntnisinteresse ganz unterschiedlich gestaltet werden, d. h. sie verlangt im Vorfeld der Datenerhebung eine Reihe von Entscheidungen (Lamnek, 1993 b, S. 146):

- künstliche oder natürliche Gruppe,
- homogene oder inhomogene Gruppe,
- zufällige oder bewußte Auswahl der Teilnehmer,
- Anzahl der Teilnehmer,
- Diskussionsort: Labor oder Feld,
- thematische Vorgabe oder offenes Thema,
- Diskussionsdauer,
- formal strukturierter oder unstrukturierter Verlauf,
- direktive oder nondirektive Diskussionsleitung,
- Aufzeichnungsart: Audio-, Video-, und/oder Beobachtungsprotokolle und
- Transkriptionsverfahren.

Die Ergebnisse einer Gruppendiskussion können zur Theoriebildung oder Hypothesenprüfung eingesetzt werden. (Weiteres zur Gruppendiskussion s. S. 243.)

Moderationsmethode: Die Moderationsmethode ist eine besondere Form der Organisation von Gruppenprozessen, die darauf achtet, daß sich alle Teilnehmer gleichberechtigt beteiligen, daß alle Arbeitsschritte geplant bzw. strukturiert durchgeführt und daß die Arbeitsergebnisse durch Visualisierungen veranschaulicht werden. Das Moderatorenteam (mindestens zwei Moderatoren) stellt den organisatorischen Rahmen bereit und hilft der Gruppe, ihre eigenen Themen und Ziele zu ermitteln und umzusetzen.

Die Methode ist einsetzbar, wann immer Gruppen zusammen lernen und arbeiten; sie kann zur Abwicklung ganzer Seminare und Tagungen, aber auch zur Strukturierung kleiner Gesprächsrunden (*Kurzmoderation*) herangezogen werden. Typische Einsatzfelder sind Erwachsenenbildung und Unternehmensentwicklung. Gegenüber herkömmlichen Formen der „Besprechung" oder „Sitzung", die meist keinem durchdachten Konzept, sondern eher eingeschliffenen Gewohnheiten folgen, hat die Moderationsmethode viele Vorteile: Die Teilnehmer haben mehr Spaß an der Sache, sie sind aktiver und lernen mehr, wobei neben den konkreten Inhalten einer Moderation (z. B. Stoff einer Lehrveranstal-

tung) auch Metawissen (wie strukturiert man komplexe Themenfelder) und Schlüsselqualifikationen (Konfliktlösung, Teamfähigkeit) erworben werden. Für Forschungszwecke läßt sich die Moderationsmethode im explorativen Bereich nutzen.

Die Visualisierungstechniken der Moderationsmethode sind leicht erlernbar und sehr effektvoll; gearbeitet wird mit Plakaten, Stellwänden, Flip Charts, farbigen Karten und Filzstiften sowie Klebepunkten und -pfeilen. Farbe und Anordnung der Elemente sind die wichtigsten Gestaltungsmerkmale: Die Karten werden auf Stellwände gepinnt, mit Farbstiften beschriftet und können immer wieder neu gegliedert werden. Die Moderation vereint die unterschiedlichsten Methoden: Vortrag, Kleingruppenarbeit, Diskussion im Plenum, Befragung (mündlich, schriftlich), Brainstorming, Rollenspiele etc. werden in kombinierter Form nach vorher festgelegtem Ablaufplan eingesetzt. Tafel 36 zeigt den Aufbau einer Moderation unter Verwendung typischer Visualisierungselemente (runde und rechteckige Formen, die man sich als farbige Karten auf eine Pinnwand gesteckt vorzustellen hat).

Für das Verhalten der Moderatoren gibt es unter anderem folgende Richtlinien (vgl. Klebert et al., 1984):

- fragen statt sagen,
- zwischen Wahrnehmungen, Vermutungen und Bewertungen unterscheiden,
- nicht bewerten und beurteilen,
- nicht gegen die Gruppe ankämpfen,
- Störungen haben Vorrang,
- nicht über die Methode diskutieren.

Bei der Planung einer Moderation sollten folgende Punkte geklärt werden:

- Zielgruppe (woher kommt sie, was tut sie, wie ist sie zusammengesetzt),
- Ziele, Absichten und Erwartungen der Teilnehmer,
- Vorwissen der Teilnehmer (allgemeiner Wissensstand, Wissen zum Thema, Erfahrungen mit der Moderationsmethode),
- mögliche Konflikte (persönlich, sachlich, organisatorisch, in der Gruppe, zwischen Moderatoren und Teilnehmern),
- Rahmenbedingungen (Veranstaltungsort, Zeitrahmen) sowie

TAFEL 36

Aufbau einer Moderation (nach Klebert et al. 1984, Abschnitt II.C.12.c)

	Einstieg	Mittelteil	Finale
Kopf	Bedürfnisse sichtbar machen	Problembearbeitung	Ergebnisorientierung herstellen
	Problembezug herstellen	Diskussion	Folgeaktivitäten festlegen
	Ziele der Veranstaltung erklären	Information	
Bauch	anwärmen aufschließen	Wünsche und Ängste besprechbar machen	Zufriedenheit und Unbehagen erfragen
Techniken	Ein-Punkt-Fragen Zuruf-Fragen	Stichwort-Sammlung Mehr-Punkt-Frage	Tätigkeitskatalog Bewertungen
	Rollenspiel	Klein- und Kleinstgruppenarbeit	Ein-Punkt-Fragen Dank, Musik
		Plenumsdiskussion	

- Zukunftsperspektive (dauerhafte persönliche oder organisatorische Veränderungen nach der Moderation, Problemlösungen, weitere Moderationen).

Eine praxisorientierte Einführung in die Moderationsmethode liefert das Arbeitsbuch von Klebert et al. (1984). Weitere Arbeiten zur Moderation stammen z.B. von Langmaack (1994) und Schwäbisch und Siems (1977).

5.2.2
Qualitative Beobachtung

Nachdem in Abschnitt 4.5 bereits unterschiedliche Varianten der standardisierten (systematischen) Beobachtung behandelt wurden, wenden wir uns nun den Besonderheiten der qualitativen Beobachtung zu, die durch folgende Merkmale bzw. Zielsetzungen gekennzeichnet ist (Adler und Adler, 1994, S. 378):

- Beobachtung im *natürlichen* Lebensumfeld (vermeiden künstlicher Laborbedingungen oder Störungen des Alltagslebens),
- *Aktive* Teilnahme des Beobachters am Geschehen (Integration von Selbst- und Fremdbeobachtung, Interaktion zwischen Forschern und Beforschten und damit Aufhebung der Subjekt-Objekt-Trennung),
- Konzentration auf *größere* Einheiten, Systeme, Verhaltensmuster (statt der Messung einzelner Variablen),
- Offenheit für *neue* Einsichten und Beobachtungen (keine Fixierung auf ein festgelegtes Beobachtungsschema),
- Beobachtungsinhalte sind *äußeres* Verhalten, aber auch latente Motivations- und Bedeutungsstrukturen, die indirekt erschlossen bzw. rekonstruiert werden.

> **!** *Qualitative* Beobachtungen arbeiten mit offenen Kategorien bzw. Fragestellungen, erfassen größere Einheiten des Verhaltens und Erlebens und finden im natürlichen Lebensumfeld bei meist aktiver Teilnahme des Beobachters statt.

Im folgenden werden wir drei qualitative Beobachtungstechniken herausgreifen: die Beobachtung von Rollenspielen, die Einzelfallbeobachtung und die Selbstbeobachtung. Die mit Abstand bedeutendste Form qualitativer Beobachtung, die *Feldbeobachtung*, die den Kern eines selbständigen Forschungsansatzes, der sog. *Feldforschung*, bildet, wird in Abschnitt 5.4.1 gesondert behandelt.

Beobachtung von Rollenspielen

Die Beobachtung natürlicher Lebensumfelder scheitert häufig daran, daß die Akteure die Beobachtung als Einschränkung ihrer Privatsphäre empfinden und deshalb eine Beobachtung ablehnen. Hier kann die Methode des Rollenspiels Abhilfe schaffen. Interessiert man sich beispielsweise für das Streitverhalten von Ehepaaren, so wird sich eine Feldbeobachtung in der Wohnung der Paare, in deren Verlauf das Forscherteam Videokameras installiert und auf den nächsten Streit wartet, kaum auf Akzeptanz stoßen und die angestrebte Natürlichkeit der Situation erheblich beeinträchtigen. Da es zudem ethisch bedenklich wäre, einen „echten" Ehestreit experimentell zu induzieren, könnte man hier auf die Rollenspiel-Methode zurückgreifen.

Im Rollenspiel stellen die Akteure Situationen nach, die sich im „richtigen" Leben abgespielt haben, und liefern so reichhaltiges Beobachtungsmaterial, das gegenüber einem mündlichen Bericht des interessierenden Ereignisses mehr Informationen enthält (z. B. Mimik, Gestik, Körperhaltung). Die Aussagekraft einer Inszenierung im Rollenspiel ist umso größer, je weniger Hemmungen die Beteiligten haben und je besser sie sich in die nachzuspielende Situation einleben können. Ein Rollenspiel hat immer einen Als-ob-Charakter. Es wird durch eine Instruktion eingeleitet (z. B. „Wenn Sie sich an Ihren letzten Streit erinnern, wie fing der an? Können Sie uns das einmal vorspielen?") und besteht aus einer Handlungs- oder Verhaltenssequenz, die einem Publikum präsentiert wird (vgl. Sader, 1986, 1995).

Rollenspiele werden u.a. im Bildungsbereich (z. B. Verkäufertraining) und in Therapien eingesetzt. Auch Forschungsexperimente lassen sich als (verdeckte) Rollenspiele auffassen, wenn die Untersuchungsteilnehmer instruiert werden, in bestimmte Rollen zu schlüpfen. Als eigenständige Forschungsmethode haben Rollenspiele bislang jedoch nur eine marginale Bedeutung, obwohl sie flexibel einsetzbar sind. (Vor- und Nachteile von Rollenspielen diskutieren Kelman, 1967; Sader, 1986; s. auch West und Gunn, 1978.)

Im Rollenspiel kann sich der Versuchsleiter in der Beobachterrolle befinden oder selbst „mitspielen". Wenn in der Öffentlichkeit bestimmte Rollen dargestellt werden (z. B. wenn in der U-Bahn ein Herzanfall simuliert wird), hat das Rollenspiel eher den Charakter einer verdeckten Beobachtung bzw. einer *nonreaktiven Technik* (vgl. Abschnitt 5.2.3), mit der die Reaktionen der Passanten untersucht werden sollen. Rollenspiele sind auch in Kombination mit Befragungstechniken zum „Aufwärmen" geeignet: das Rollenspiel ruft Erinnerungen und Emotionen wach und schafft damit die atmosphärischen und gedächtnispsychologischen Grundlagen für ein offenes oder halbstrukturiertes Interview.

Wenn es darum geht, Verhaltenssequenzen nachzuspielen, können diese je nach Instruktion eher „strategieorientiert" oder „konstruktorientiert" ausgerichtet sein. In der strategieorientierten Version enthält die Instruktion die Schilderung einer kritischen Situation, die von den Probanden im Rollenspiel bewältigt werden muß (z. B. soll sich die Versuchsteilnehmerin in die Rolle der Personalchefin versetzen, die einen Mitarbeiter entlassen muß). Die konstruktorientierte Form läßt den situativen Kontext offen und gibt nur einen Schlüsselbegriff vor (z. B. Euphorie), der zur Improvisation von Situationen anleiten soll.

Der qualitative Charakter der Rollenspielmethode kommt besonders dann zur Geltung, wenn es um die Rekonstruktion subjektiver Bedeutungs- und Erlebensstrukturen geht, die dem offenen Verhalten zugrundeliegen. Die qualitative Inhaltsanalyse (vgl. S. 332 f.) der Videoaufzeichnungen oder Beobachtungsprotokolle ist typischerweise die methodische Basis für die Entwicklung derartiger Strukturen.

Einzelfallbeobachtung

In einer *Einzelfallstudie* wird eine einzelne Untersuchungseinheit (Person, Familie, Gruppe, Institution) genau erforscht und beschrieben, wobei Beobachtungsmethoden häufig eine zentrale Rolle spielen (deswegen: *Einzelfallbeobachtung*). Die qualitative Einzelfallbeobachtung hilft dabei, Fragestellungen über individuelle Prozesse und Verläufe zu beantworten (über experimentelle Einzelfallanalysen mit systematischer Bedingungskontrolle berichtet Abschnitt 8.2.6). So ist es etwa im klinischen Bereich sehr wichtig, die Entwicklung eines Patienten während einer Psychotherapie genau zu beobachten, um daraus Rückschlüsse über den Erfolg der Intervention zu ziehen (Petermann, 1992). Im Unterschied zu breit angelegten Stichprobenuntersuchungen, die tendenziell *viele* Untersuchungsobjekte ausschnitthaft betrachten (*extensive Forschung*), wird in der Einzelfallstudie die Komplexität *eines* Falles möglichst umfassend und detailliert erfaßt (*intensive Forschung*).

Ziel jeder Wissenschaft ist es, generalisierbare Aussagen zu treffen, die über den singulären Fall hinausgehen. Inwieweit kann von Einzelfällen auf Populationen generalisiert werden? Wie „repräsentativ" ein Einzelfall für die Population ist, hängt von der Art des Einzelfalles (Normalfall, Ausnahmefall, Extremfall) und von der Homogenität der Population hinsichtlich des betrachteten Merkmals ab (zum Problem der Generalisierbarkeit vgl. Abschnitt 5.3.3). Einige Beispiele sollen die Problematik der Generalisierbarkeit von Einzelfallstudien illustrieren: Der Gedächtnisforscher Ebbinghaus (1885) ermittelte Geschwindigkeit und Ausmaß des Vergessens und Behaltens von Lernstoff (er verwendete sinnlose Silben) im Selbstversuch und konnte damit sogenannte „Vergessens- und Behaltenskurven" aufstellen, die später in zahlreichen Experimenten repliziert wurden.

Hinsichtlich der untersuchten Gedächtnisfunktionen erwies sich also die Population gesunder Erwachsener als so homogen, daß Ebbinghaus selbst einen repräsentativen „Normalfall" darstellte. Ebbinghaus war sich der Problematik der Einzelfallmethodologie bewußt und schrieb: „Die Versuche sind... an mir angestellt und die Resultate haben zunächst nur für mich Bedeutung. Natürlich werden sie nicht ausschließlich bloße Idiosynkrasien meiner Organisation widerspiegeln; sind auch die bloßen Werte der gefundenen Zahlen nur individuell, so wird in den Beziehungen doch manches Verhältnis von allgemeinerer Gültigkeit sein. Aber wo dies der Fall ist und wo nicht, kann ich erst hoffen, nach Beendigung weiterer und vergleichender Versuche zu entscheiden, mit denen ich beschäftigt bin" (Ebbinghaus, 1885, S. VI).

Auch der Kognitionspsychologe Piaget (1971) entdeckte Gesetzmäßigkeiten in der Wahrnehmung von Kindern durch die Beobachtung eines Einzelfalls, nämlich seines Sohnes Laurent. Nicht anders ist es z.B. bei Freud (1953), der seine psychoanalytische Theorie zunächst auch nur auf einem Einzelfall – seiner Selbstanalyse – aufbaute. Hinsichtlich des psychodynamischen Geschehens scheinen Menschen jedoch sehr viel unterschiedlicher zu sein als hinsichtlich ihrer Gedächtnis- oder Wahrnehmungsfunktionen. Jedenfalls wurde immer wieder in Zweifel gezogen, ob bestimmte Phänomene, die Freud an Einzelfällen beobachtet und zur Gesetzmäßigkeit erhoben hatte, tatsächlich auch auf die Mehrzahl der anderen Menschen zutreffen.

Neben Einzelfällen, die als *Normal*fälle aufgefaßt werden und die Formulierung von Gesetzmäßigkeiten anregen, sind auch überraschende *Ausnahme*fälle für die Theorieentwicklung sehr fruchtbar: Abweichende Fälle können Hinweise auf die Grenzen des Geltungsbereiches einer Theorie geben und entsprechende Modifikationen der Theorie anregen. So ging man bis zum Jahr 1947 davon aus, daß Kinder mit angeborenem Hydrocephalus auch debil seien, bis Teska (1947) bei einem sechsjährigen Kind mit Hydrocephalus einen IQ von 113 nachweisen konnte. Einzelne abweichende Fälle führen jedoch nur bei *deterministischen* Modellen (die Ausnahmen von der Regel explizit ausschließen) zur Widerlegung von Theorien.

Statistische Aussagen, die sich auf Merkmalsverteilungen in Populationen beziehen, sind nicht deterministisch, sondern probabilistisch und lassen Ausnahmefälle zu. Häufig werden in der breiten Öffentlichkeit statistische Ergebnisse in Zweifel gezogen oder durch Ausnahmefälle vermeintlich „widerlegt". So wird beispielsweise die in zahlreichen Untersuchungen nachgewiesene Tatsache, daß sich Männer in Deutschland nach wie vor kaum an der Haus- und Familienarbeit beteiligen (vgl. Bertram, 1992; Meyer und Schulze, 1988), von Diskutanten gerne als „falsch" oder „übertrieben" zurückgewiesen mit dem Hinweis, man *selbst* würde sich schließlich im Hauhalt sehr engagieren. Daß Einzelfälle zur Beurteilung probabilistischer Populationsaussagen grundsätzlich nicht geeignet sind, wird dabei übersehen.

Einzelfälle können auch größere Einheiten sein, wie z. B. Institutionen oder Unternehmen. Als Roethlisberger und Dickson (1964) bei Western Electric die Auswirkungen verschiedener Veränderungen der physischen Arbeitsbedingungen untersuchten (z. B. Licht, Lärm) und den Hawthorne-Effekt entdeckten (vgl. S. 505), stießen sie auch auf die seinerzeit erstaunliche Tatsache, daß die informellen Organisationsformen innerhalb der Arbeitsgruppen für Arbeitszufriedenheit und Produktivität um ein Vielfaches wichtiger waren als die objektiven Arbeitsbedingungen. Diese Einzelbeobachtung stimulierte eine Umorientierung der Arbeitswissenschaften zu einer Forschungsrichtung, die heute unter der Bezeichnung „Human Relations Research" bekannt ist (Einzelheiten vgl. Volpert, 1975).

Die Beschreibung von Einzelfällen regt nicht nur die Hypothesenbildung an, sondern kann – wie in Abschnitt 8.2.6 beschrieben – auch zur Hypothesenprüfung dienen. Für Einzelfälle formulierte Prognosen lassen sich sowohl interpersonal (z. B. mittels der „komparativen Kasuistik", Jüttemann, 1990) als auch intrapersonal (z. B. im Rahmen einer Psychotherapie, Petermann, 1992) überprüfen, wobei qualitative und quantitative Daten von Bedeutung sind (zur Vertiefung s. Huber, 1973; Manns et al., 1987; Petermann, 1989, 1992; Stuhr und Deneke, 1992; Yin, 1989).

Selbstbeobachtung

Wann immer man Untersuchungsteilnehmer um Selbstauskünfte bittet, greift man auf ihre alltägliche Selbstbeobachtung (*Introspektion*) zurück. Sowohl für therapeutische als auch für wissenschaftliche Zwecke werden Probanden zuweilen zur *systematischen* Selbstbeobachtung angeregt, indem man ihnen aufgibt, im Sinne von Ereignisstichproben über einen festgelegten Zeitraum hinweg bestimmte Erlebnisse aufzuschreiben oder im Sinne von Zeitstichproben in bestimmten Zeitabständen Notizen zu machen (z. B. morgens und abends ihre Befindlichkeit aufzuschreiben). Solche *Tagebuchvarianten* können standardisiert mit geschlossenen Fragen oder offen gestaltet sein (zur Tagebuchmethode vgl. Wilz und Brähler, 1997).

Inhalte der Selbstbeobachtung können Ereignisse, körperliches und seelisches Befinden, Gedanken, Gefühle und Handlungen oder andere definierte Ausschnitte des Erlebens und Verhaltens sein. Häufig spielen Gedanken eine zentrale Rolle, da sie die subjektive Weltsicht konstituieren und wesentliche Determinanten des Handelns und Fühlens darstellen. Mittels sogenannter *Gedankenstichproben* werden situationsbezogen aktuelle oder erinnerte Kognitionen erfaßt, die in offener Form niederzuschreiben sind und im Unterschied etwa zur Methode des *Lauten Denkens* keine vollständige, sondern nur eine punktuelle Gedankenerfassung anstreben (Huber und Mandl, 1994b). Eine besondere Bedeutung hat die Methode des Lauten Denkens für die Kognitionsforschung. Will man beispielsweise untersuchen, wie Informationsverarbeitungsprozesse ablaufen bzw. welche „Denkwege" bei der Lösung komplexer Probleme eingeschlagen werden, sind verbale Selbstauskünfte unverzichtbar (ausführlicher hierzu z. B. Funcke, 1996, S. 518 f.).

Um herauszufinden, worüber sich Menschen im Alltag Gedanken machen, kann man sie bitten, zu vorgegebenen Zeiten ihre aktuellen Gedanken aufzuschreiben. Die Instruktion für diese Gedankenstichproben könnte folgendermaßen lauten: „Bitte notieren Sie einfach spontan die Gedanken, die ihnen gerade durch den Kopf gehen. Kümmern Sie sich nicht um Stil, Rechtschreibung oder Grammatik. Notieren Sie alle Gedanken, egal ob sie über sich selbst, über andere oder über die Situation nachdenken. Egal, ob es sich um positive, negative oder neutrale Gedanken handelt!"

Methodische Probleme der Selbstbeobachtung ergeben sich aus der Reaktivität (die Aufzeichnung bestimmter Aktivitäten verändert das Verhalten) und aus dem Aufwand der Methode. (Weitere Hinweise zur Selbstbeobachtungsmethode findet man bei Erdfelder, 1994, S. 55 ff.)

Selbstbeobachtungen können überzeugend wirken und trotzdem trügerisch sein! (Zeichnung: R. Löffler, Dinkelsbühl)

5.2.3 Nonreaktive Verfahren

Mit dem Sammelbegriff „nonreaktive Verfahren" (Unobtrusive Measures, Nonreactive Research, Nonintruding Measures) werden Datenerhebungsmethoden bezeichnet, die im Zuge ihrer Durchführung keinerlei Einfluß auf die untersuchten Personen, Ereignisse oder Prozesse ausüben. Bei nonreaktiven Verfahren treten der Beobachter und die Untersuchungsobjekte nicht in Kontakt miteinander, so daß keine störenden Reaktionen wie Interviewer- oder Versuchsleitereffekte, bewußte Testverfälschung oder andere Antwortverzerrungen (vgl. S. 246 f., 86 f., 230 ff.) auftreten können. Eine breite Palette nichtreaktiver Verfahren ist bei Webb et al. (1975) zu finden; dazu zählen unter anderem (vgl. Friedrichs, 1990):

- *Physische Spuren* (z.B. abgetretene Teppichbeläge in Museen als Indikator für häufig ge-

wählte Besucherwege; verschmutzte bzw. geknickte Seiten eines Buches als Indikator für häufig gelesene Buchteile; Unterstreichungen und Randbemerkungen in Lehrbüchern als Indikator für wichtige oder unverständliche Textpassagen; Registrierung der in Autoradios eingestellten Sender, um die Popularität einzelner Sender festzustellen; Mülltrennung in Mietshäusern als Indikator für Umweltbewußtsein etc.),

- *Schilder, Hinweistafeln, Hausordnungen* etc. (z.B. Häufigkeit von „Spielen verboten"-Schildern als Indikator für Kinderfeindlichkeit in einer Siedlung; fremdsprachige Hinweise in Gaststätten oder Geschäften als Indikator für den Grad der Integration von Ausländern),

- *Bücher, Zeitschriften, Filme und andere Massenmedien* (z.B. Anzahl der Nennungen weiblicher Personen in Geschichts- oder Schulbüchern als Indikator für eine männerorientierte Sichtweise; Häufigkeit, mit der einzelne Parteien und Politiker in den Nachrichtenmagazinen von Fernsehanstalten auftauchen als Indikator für deren politische Ausrichtung),

- *Symbole* (Autoaufkleber, Abzeichen, Buttons und Anstecker als Indikator für soziale Identität und Gruppenzugehörigkeit),
- *Lost-Letter-Technik* (bei diesem auf Milgram et al., 1965, zurückgehenden Verfahren wird in einem Stadtgebiet eine große Anzahl adressierter und frankierter Briefe ausgelegt. Wer einen solchen Brief findet, soll denken, daß es sich um einen verloren gegangenen Brief handelt. Die Briefe sind an unterschiedliche [fiktive] Organisationen oder Institutionen gerichtet, z. B. an Kirchengemeinden, Parteien, Tierschutzvereine o.ä., werden aber tatsächlich an die Organisatoren der Untersuchung geleitet. Die Frage ist nun, wieviele der ausgelegten Briefe von ihren Findern auf den Postweg gebracht werden. Die Höhe der „Rücklaufquote" gilt als Indikator für das Image der fiktiven Adressaten, weil sich Finder für eine von ihnen geschätzte und geachtete Institution eher die Mühe machen, den gefundenen Brief auf den Postweg zu bringen, als für eine Institution, die sie ablehnen; Kritik und methodische Varianten dieser Technik findet man bei Kremer et al., 1986 sowie Sechrest und Belew, 1983),
- *Archive und Verzeichnisse* (z. B. Adoptionsstatistiken, die Hinweise auf schichtspezifische Bevorzugungen von Jungen oder Mädchen liefern; Analyse des Betriebsklimas anhand betrieblicher Unfall-, Krankheits- oder Fehlzeitenstatistiken),
- *Verkaufsstatistiken* (z. B. Anzahl verkaufter CDs als Indikator für die Beliebtheit eines Popstars; Anzahl abgeschlossener Versicherungen als Indikator für Sicherheitsbestreben) oder
- *Einzeldokumente* (z. B. Inhaltsanalysen von Leserbriefen, Tagebüchern, Sitzungsprotokollen, Gebrauchsanweisungen).

Die nonreaktiven Verfahren werden häufig als Sonderformen der Beobachtung aufgefaßt; tatsächlich beinhalten nonreaktive Techniken entweder *verdeckte Beobachtungen* (die keine Störungen der natürlichen Situation hervorrufen) oder *indirekte Beobachtungen*, die menschliches Erleben

und Verhalten indirekt aus Dokumenten, Spuren, Rückständen erschließen, wobei Sammeln, Lesen und Dokumentenanalysen (Ballstaedt, 1994; Elder et al. 1993) die Hauptaktivitäten darstellen.

Während etwa die Lost-Letter-Technik eine relativ selten eingesetzte Spezialtechnik darstellt, ist das Sammeln und Auswerten von Dokumenten unterschiedlichster Art, wie sie z. B. durch Publikationen, Archive oder auch Trödelmärkte zugänglich sind, Hauptanwendungsfeld nonreaktiven Vorgehens. Mit nonreaktiven Techniken können sowohl quantitative als auch qualitative Daten erzeugt werden. (Nähere Angaben zu nonreaktiven Verfahren sind bei Berg, 1989; Bungard und Lück, 1974; Hodder, 1994 und Webb et al., 1975, zu finden.)

> **!** *Nonreaktive Verfahren* **sind Datenerhebungsmethoden, die keinerlei Einfluß auf die untersuchten Personen, Ereignisse oder Prozesse ausüben, weil a) die Datenerhebung nicht bemerkt wird oder b) nur Verhaltensspuren betrachtet werden.**

5.2.4
Gütekriterien qualitativer Datenerhebung

Im Kontext der klassischen Testtheorie haben wir Objektivität, Reliabilität und Validität als die zentralen Gütekriterien quantitativer Messungen kennengelernt (vgl. Abschnitt 4.3.3). Diese Konzepte werden in modifizierter Form auch in der qualitativen Forschung verwendet, wobei jedoch die Begriffe „Objektivität" und „Reliabilität" eher ungebräuchlich sind; man spricht stattdessen von unterschiedlichen Kriterien der „Validität", die sicherstellen sollen, daß die verbalen Daten wirklich das zum Ausdruck bringen, was sie zu sagen vorgeben bzw. was man erfassen wollte (zu Gütekriterien in der qualitativen Forschung s. Altheide und Johnson, 1994; Flick et al., 1995; Huber und Mandl, 1994 a; Kirk und Miller, 1986; Lamnek, 1993 a; Steinke, 1999).

Objektivität

Objektivität meint nicht „höhere Wahrheit", sondern interpersonalen Konsens, d. h. unterschiedliche Forscher müssen bei der Untersuchung desselben Sachverhalts mit denselben Methoden zu vergleichbaren Resultaten kommen können. Dies erfordert eine genaue Beschreibung des methodischen Vorgehens (*Transparenz*) und eine gewisse *Standardisierung*. Objektivität ist verletzt, wenn der Forscher sich nur auf seine „langjährige Erfahrung" beim Befragen beruft, ohne genau angeben zu können, wie er eigentlich vorgeht. *Objektivität* (hinsichtlich der Tätigkeit des Forschers) verhindert keineswegs, daß die *subjektive* Weltsicht der Befragten erfaßt wird.

Während im quantitativen Ansatz die Unabhängigkeit von der Person des Forschers durch strenge Standardisierung der *äußeren* Bedingungen sichergestellt werden soll, versucht man im qualitativen Ansatz eher, im subjektiven, *inneren* Erleben der Befragten vergleichbare Situationen zu erzeugen, indem sich Interviewer, Beobachter usw. individuell auf die untersuchten Personen einstellen. So wird im standardisierten Interview jeder Respondent – unabhängig vom Interviewer – mit identischen Fragen konfrontiert (*Durchführungsobjektivität*, vgl. S. 194), während der Interviewer bei einer qualitativen Befragung die einzelnen Fragen häufig umformuliert und abändert, um sie dem Verständnis des Respondenten und dem Gesprächsverlauf anzupassen. Dahinter steht die Überlegung, daß man unterschiedlichen Probanden Fragestellungen auch unterschiedlich präsentieren muß, um ihnen zu einem vergleichbaren Verständnis der Fragestellung zu verhelfen. Inwieweit dieses Ziel in einer konkreten Untersuchung realisiert wurde, ist eine empirische Frage; allein die Intention, Untersuchungsbedingungen „flexibel" und „offen" zu gestalten, ist kein Garant dafür, daß man den untersuchten Probanden tatsächlich gerecht wird.

Auch im qualitativen Ansatz können *Auswertungs-* und *Interpretationsobjektivität* mit dem Konsenskriterium (quantifizierbar durch Übereinstimmungskoeffizienten, vgl. S. 275 ff.) abgeschätzt werden. Ob Auswerter bzw. Interpreten übereinstimmen, wird jedoch in qualitativer Terminologie weniger als Problem der *Objektivität*, sondern eher als *Validitätsproblem* aufgefaßt. Nur wenn intersubjektiver Konsens zwischen Auswertern besteht, kann eine Interpretation als gültig (valide) und wissenschaftlich abgesichert angesehen werden (zur Gültigkeit von *Interpretationen* s. Abschnitt 5.3.3).

Reliabilität

Die Frage, ob qualitative Erhebungstechniken „reliabel" sein sollen, ist strittig. Qualitative Forscher, die den Grad der Einzigartigkeit, Individualität und historischen Unwiederholbarkeit von Situationen und ihrer kontextabhängigen Bedeutung betonen, können das Konzept „Wiederholungs-Reliabilität" nur grundsätzlich ablehnen, wie es etwa Lamnek (1993 a, S. 177) tut: „Insgesamt ist festzuhalten, daß Zuverlässigkeit auch in der qualitativen Sozialforschung angestrebt wird, daß aber Methoden der Zuverlässigkeitsprüfung der quantitativen Forschung aus grundsätzlichen methodologischen Gründen zurückgewiesen werden, daß aber eigene Methoden der Zuverlässigkeitsprüfung nicht entwickelt wurden. Denn wegen der besonderen Berücksichtigung des Objektbereiches, der Situationen und der Situationsbedeutungen in Erhebung und Auswertung verbietet sich geradezu die oberflächliche und nur scheinbare Vergleichbarkeit von Instrumenten, wie sie durch die abgelehnte Standardisierung in der quantitativen Sozialforschung hergestellt wird."

Hierzu ist anzumerken, daß die Reliabilität qualitativer Daten – erfaßt durch wiederholte Befragungen oder durch Variation der Untersuchungsbedingungen – nicht leichtfertig aufs Spiel gesetzt werden sollte, denn letztlich sind auch an qualitative Forschungsergebnisse Maßnahmen oder Interventionen geknüpft, die für die Betroffenen angemessen und verbindlich zu gestalten sind. Daß zumindest eine implizite Reliabilitätsbestimmung nicht ungewöhnlich ist, belegen z.B. Psychotherapien, die allein für die Diagnostik der Krankheitssymptome zahlreiche Gesprächstermine erfordern (vgl. hierzu auch Adler und Adler, 1994, S. 381).

Validität

Genau wie in der quantitativen Forschung gilt *Validität* auch im qualitativen Ansatz als das wichtigste Gütekriterium einer Datenerhebung. Validitätsfragen stellen sich bei qualitativem Material (Interviewäußerungen, Beobachtungsprotokollen, Verhaltensspuren etc.) in folgender Weise (zur Validität von Interpretationen vgl. S. 335 f.):

- *Sind Interviewäußerungen authentisch und ehrlich, oder hat die Befragungsperson ihre Äußerungen verändert und verfälscht bzw. war der*

Interviewer nicht in der Lage, relevante Äuße-rungen zu erarbeiten? Hinweise darauf gibt eine gründliche Analyse des Interaktionsverlau-fes (Wie agieren Interviewer und Befragter? Wie ist die Stimmung? Welche Qualität hat die Interaktion?) anhand der Interviewaufzeich-nungen (vgl. Legewie, 1988). Können mehrere Hinweise für authentisches (oder auch nicht-authentisches bzw. widersprüchliches) Verhal-ten gefunden werden, wird dadurch die Sicher-heit der Validitätsentscheidung erhöht (*kumu-lative Validierung*).

Zur Validierung können auch die Äußerungen von Bekannten der Zielperson, Verhaltens-merkmale der Person bzw. deren logische Stim-migkeit herangezogen werden. Das direkte Nachprüfen der Glaubwürdigkeit von Inter-viewäußerungen ist sowohl ethisch als auch in-haltlich problematisch, da zum einen das in der qualitativen Forschung propagierte, gleich-berechtigte Verhältnis zwischen Forscher und Beforschten untergraben wird, sobald man den Informanten „Unehrlichkeit" unterstellt, und zum anderen das Konzept der „Authentizität" im Kontext von Selbstdarstellungstheorien (vgl. Mummendy, 1990) nur schwer rekonstruierbar ist. Wenn etwa eine Befragungsperson gegen-über einem Forscher andere Äußerungen macht als gegenüber ihrem Ehepartner und so-mit der Ehepartner die Interviewäußerungen nicht „validieren" kann, ist dies nicht automa-tisch ein Indiz für „Unehrlichkeit" oder man-gelnde Authentizität, wenn man Personen zuge-steht, daß sie nicht nur *ein* „wahres Selbst" ha-ben, sondern in unterschiedlichen Interaktions-kontexten unterschiedliche Facetten ihrer Per-sönlichkeit präsentieren.

- *Bilden Beobachtungsprotokolle das Geschehen valide ab, oder sind sie durch Voreingenom-menheit und Unaufmerksamkeiten des Proto-kollanten verzerrt und verfälscht?* Wenn unab-hängige Protokollanten dieselbe Verhaltensse-quenz in übereinstimmender Weise protokollie-ren, ist eine wichtige Voraussetzung für eine valide Interpretation des Beobachtungsmate-rials erfüllt. Man beachte jedoch, daß mehrere Beobachter einheitlich dasselbe Geschehen falsch registrieren können, indem sie z. B. eine derbe, freundschaftlich gemeinte Äußerung für

Aggressivität halten oder körperliche Schwäche mit Ängstlichkeit verwechseln. Beobachtungs-protokolle, in denen unvoreingenommene Leser zahlreiche Brüche und Unstimmigkeiten ent-decken oder die im Widerspruch zu den Äuße-rungen stehen, die Experten, Angehörige oder die beobachteten Personen selbst zum Beobach-tungsgeschehen abgeben, werden kaum als vali-de Verhaltensaufzeichnungen akzeptiert.

- *Sind indirekte Verhaltens- oder Erlebensindika-toren in Form von Dokumenten und Spuren tat-sächlich indikativ für die angezielten psycholo-gischen Konstrukte?* Würde man z. B. in Hörsä-len die Anzahl der durch eingeritzte oder auf-gemalte Zeichnungen und Sprüche gestalteten Bänke und Tische zählen, so könnte die Menge dieser „Gestaltungselemente" als Indiz für An-omie, Langeweile oder auch Kreativität gewer-tet werden. Eine Entscheidung über die richtige Interpretation sollte nicht der Intuition überlas-sen bleiben, sondern durch zusätzliche Beob-achtungen und Befragungen abgesichert wer-den.

Bei der Validierung qualitativer Daten spielen Vergleiche unterschiedlicher Teile desselben Mate-rials (widersprüchliche Äußerungen im Rahmen eines Interviews), Vergleiche zwischen Personen (unglaubwürdig wirkende Äußerungen, die nur von einer Person stammen, während alle anderen Probanden übereinstimmend Gegenteiliges berich-ten) sowie Hintergrundinformationen aus der Li-teratur oder von Experten eine Rolle. Das wichtig-ste Kriterium ist jedoch die interpersonale Kon-sensbildung (*konsensuelle Validierung*). Können sich mehrere Personen auf die Glaubwürdigkeit und den Bedeutungsgehalt des Materials einigen, gilt dies als Indiz für seine Validität. Konsensbil-dung kann dabei zwischen verschiedenen Perso-nengruppen stattfinden:

- Konsens zwischen den an einem Projekt betei-ligten Forschern (gilt als Selbstverständlichkeit, da die Verständigung im Team in jedem quali-tativen Forschungsprojekt zu fordern ist),
- Konsens zwischen Forschern und Beforschten (*kommunikative Validierung, dialogische Vali-dierung*) und
- Konsens mit außenstehenden Laien und Kolle-gen (*argumentative Validierung*).

Während gescheiterte Konsensbildung bei der Beurteilung der Validität von *Daten* zum Ausschluß des fraglichen Materials aus den weiteren Analysen führt, leitet fehlender Konsens bei der Validitätsprüfung von *Interpretationen* eine Überarbeitung und Veränderung der fraglichen Interpretationen ein (vgl. Abschnitt 5.3.3). Weitere Angaben zur konsensuellen Validierung und ihrer methodologischen Begründung findet man bei Scheele und Groeben (1988); Lechler (1994) und Mayring (1993); auf Reliabilität und Validität gehen Kirk und Miller (1986) sowie Steinke (1999, Kap. 5) ein.

Als Ergänzung zur gängigen konsensuellen Validierung, die prüft, ob Kognitionen übereinstimmend rekonstruiert werden, wird neuerdings auch eine *Handlungsvalidierung* vorgeschlagen, die sich auf die Frage konzentriert, ob es empirisch nachweisbare Zusammenhänge zwischen der Rekonstruktion subjektiver Erfahrungen und beobachtbarem Verhalten gibt. Wahl (1994, S. 259) schlägt drei Strategien vor: „Die empirische Verankerung des Konstrukts ‚subjektive Theorien' kann dadurch geschehen, daß (1) Korrelationen zwischen Kognitionen und beobachtbarem Verhalten berechnet werden; daß (2) mit den rekonstruierten Kognitionen Prognosen auf zukünftiges beobachtbares Verhalten gemacht werden und daß (3) durch reflexive Trainingsverfahren subjektive Theorien verändert werden und nachgeprüft wird, ob sich auch das beobachtbare Verhalten ändert." Die Methode der Handlungsvalidierung befindet sich im qualitativen Ansatz jedoch noch in der Entwicklung.

5.3
Qualitative Auswertungsmethoden

Qualitatives Material in Form von Interviewtranskripten, Beobachtungsprotokollen und Gegenständen (Fotos, Zeichnungen, Schmuckstücke, Verhaltensspuren etc.) kann sowohl quantitativ mittels *quantitativer Inhaltsanalysen* (s. Abschnitt 4.1.4) als auch qualitativ mittels *qualitativer Inhaltsanalysen* ausgewertet werden. Ziel der qualitativen Inhaltsanalyse ist es, die manifesten und latenten Inhalte des Materials in ihrem sozialen Kontext und Bedeutungsfeld zu interpretieren, wobei vor allem

die Perspektive der Akteure herausgearbeitet wird. Interpretationen und Deutungen sind im Alltag an der Tagesordnung, wenn es darum geht, die Handlungen und verbalen Äußerungen unserer Mitmenschen richtig zu verstehen, indem wir Vorerfahrungen heranziehen oder uns in die Lage der anderen hineinversetzen. In diesem Sinne streben qualitative Inhaltsanalysen eine Interpretation an, die intersubjektiv nachvollziehbar und inhaltlich möglichst erschöpfend ist.

Im folgenden werden wir die wichtigsten Arbeitsschritte einer qualitativen Inhaltsanalyse skizzieren (Abschnitt 5.3.1) und anschließend spezielle Ansätze der qualitativen Inhaltsanalyse vorstellen (Abschnitt 5.3.2), bevor wir in Abschnitt 5.3.3 auf die Validität von Interpretationen eingehen. (Weitere inhaltsanalytische Techniken behandeln z. B. Bos und Tarnai, 1989; Oevermann et al., 1979; Roller und Mathes, 1993 oder Schneider, 1988.)

5.3.1
Arbeitsschritte einer qualitativen Auswertung

Qualitative Inhaltsanalysen bzw. interpretative Techniken sind schwer „auf einen Nenner" zu bringen. Die Vielfalt der Verfahren und der Anspruch, die Techniken sensibel auf das konkrete Untersuchungsmaterial abzustimmen, erlauben nur grobe Richtlinien für eine Abfolge von Auswertungsschritten.

Text- und Quellenkritik: Eine Überprüfung der Güte des qualitativen Materials steht am Beginn jeder Auswertung. Hierzu sind die oben diskutierten Kriterien der Objektivität, Reliabilität und Validität heranzuziehen.

Datenmanagement: Das Augenfälligste an qualitativem Material ist zunächst sein Umfang. Wenige Interviews genügen, um mehrere Hundert oder Tausend Seiten Textmaterial zu erzeugen. Als Faustregel gilt, daß eine Interviewminute etwa eine Seite im Transkript füllt, so daß ein zweistündiges Interview bereits ein 120 Seiten starkes Textbuch hervorbringt. Hinzu kommt weiteres Textmaterial, das beim Interpretieren und Auswerten in Form von Ideen und Erläuterungen vom Auswerter produziert wird und vom Umfang her den Originaltext häufig noch bei weitem übertrifft. So berichten etwa Oeverman et al. (1979, S. 393), allein für ein vierminütiges Interview in mehreren Interpretationsdurchgängen 60 Seiten Deutungstext produziert zu haben.

Um die Datenfülle zu handhaben, werden Transkripte und eigene Notizen am besten in elektronischer Form mit Hilfe spezieller Computerprogramme zur Textanalyse verwaltet und bearbeitet (vgl. Boehm et al., 1994; Fielding und Lee, 1991; Gladitz und Troitzsch, 1990; Hoffmeyer-Zlotnik, 1992; Kuckartz, 1988; Tesch, 1990). Solche Programme erleichtern die Gliederung und Kodierung der Texte, ermöglichen das Erstellen von Übersichten und Schaubildern und unterstützen die Quersuche im Text; die eigentliche Deutungsarbeit ist freilich nicht automatisierbar.

Kurze Fallbeschreibungen: Einen ersten Überblick über das Material erhält man durch das Abfassen von kurzen Fallbeschreibungen, die zunächst die sozialstatistischen Merkmale nennen (z. B. Alter, Geschlecht, Beruf des Probanden) und anschließend stichwortartig wichtige Interviewthemen und sehr prägnante Zitate enthalten. Solche Kurzbeschreibungen sollten nicht länger als eine Seite sein. Bei größeren Probandengruppen und umfangreicher Sozialstatistik (oder sonstigen quantitativen Informationen) bietet sich auch eine quantitative Stichprobendeskription an.

Auswahl von Fällen für die Feinanalyse: Können aus Kapazitätsgründen nicht alle untersuchten Fälle einer Feinanalyse unterzogen werden, müssen nun einige Fälle ausgewählt werden, wobei man nach Zufall oder Quote auswählen oder systematisch besonders typische oder untypische Fälle herausgreifen kann. Die Auswahltechnik hat Einfluß auf die Generalisierbarkeit der Ergebnisse (vgl. S. 336 f.).

Kategoriensystem: Im Kontext von Inhaltsanalysen fungieren „Kategorien" als Variablen bzw. Variablenausprägungen. „Zukunftsangst" wäre ein Beispiel für eine Kategorie, deren Bedeutung für ein Interview mit einem Arbeitslosen dadurch zu bestimmen wäre, daß man im Text all diejenigen Stellen sucht, die Zukunftsangst ausdrücken. Bei einer Textinterpretation begnügt man sich in der Regel jedoch nicht mit *einer* Kategorie, sondern operiert mit einem Kategoriensystem (Katego-

rienschema). So könnten neben Zukunftsangst auch Krankheiten, Zukunftspläne, politische Überzeugungen und Langeweile in das Schema aufgenommen werden. Für Kategorien, die sehr häufig vorkommen, können Subkategorien gebildet werden. Wenn z. B. viele Interviewäußerungen in die Kategorie „Zukunftsangst" fallen, bietet es sich an, unterschiedliche Arten von Zukunftsangst (z. B. Angst vor Armut, Isolation, Langzeitarbeitslosigkeit) zu unterscheiden.

Idealtypisch werden Kategoriensysteme entweder *induktiv* aus dem Material gewonnen oder *deduktiv* (theoriegeleitet) an das Material herangetragen. In der Praxis sind Mischformen gängig, bei denen ein a priori aufgestelltes, grobes Kategorienraster bei der Durchsicht des Materials ergänzt und verfeinert wird. Ein Kategoriensystem (bzw. Interpretationsschema, vgl. Brunner, 1994) kann zum Zweck der Hypothesenprüfung entweder Konstrukte operationalisieren (z. B. „Leistungsansprüche der Eltern an die Kinder") oder zur Hypothesensuche und Deskription Fragestellungen bzw. Themen offen vorgeben (z. B. „Welches sind die Konfliktthemen in der Familie?").

Kodierung: Kodierung meint die Zuordnung von Textteilen zu Kategorien. Hier stellt sich genau wie bei der quantitativen Inhaltsanalyse die Frage nach der relevanten Texteinheit (z. B. Satz, Absatz, Sinneinheit), die zuzuordnen ist (Kodiereinheit). Die Qualität der Kodierung hängt wesentlich von der Definition der Kategorien ab, d. h. nur wenn die vom Forscher in Form der Kategorien intendierten Konstrukte genau definiert und ggf. durch Ankerbeispiele verdeutlicht sind, können die Kodierer nach einer Schulung oder zumindest auf der Basis einer schriftlichen Kodieranweisung das Ausgangsmaterial präzise verarbeiten.

Kennzeichnung von Einzelfällen: Anhand des Kategorienschemas kann nun jeder Einzelfall kompakt beschrieben werden. Im induktiven Fall würde man pro Interview ein eigenes Kategorienschema erstellen und damit den Einzelfall charakterisieren. Bei deduktivem Vorgehen ist das auf alle Texte angewendete Kategorienschema der Rahmen, der den Einzelfall durch dessen individuelle Kategorienbesetzung beschreibt. Da jede Kategorie alle entsprechend kodierten Textstellen enthält und somit relativ viel Text umfaßt, sollten die Zitatstellen geeignet zusammengefaßt werden.

Vergleich von Einzelfällen: Auf der Basis der kodierten Einzelfälle sind intersubjektive Vergleiche möglich, die zu ähnlichen oder kontrastierenden Gruppen von Fällen führen. Werden Fälle zu Gruppen bzw. Typen zusammengefaßt, ergeben sich weitere Fragen: Wie kommen die aufgefundenen Merkmalskombinationen zustande? Wie könnten die Typen prägnant bezeichnet werden? Welche Unterschiede im Verhalten oder in der zukünftigen Entwicklung werden für die unterschiedlichen Typen prognostiziert?

Zusammenfassung von Einzelfällen: Aussagen über die im Kategorienschema operationalisierten Konstrukte lassen sich anhand der Besetzung des Schemas treffen, wenn alle untersuchten Fälle gemeinsam kodiert werden. Man spricht von einem *gesättigten bzw. saturierten Kategoriensystem*, wenn alle Kategorien durch eine Mindestanzahl von Textbeispielen besetzt sind. Leere oder annähernd leere (ungesättigte) Kategorien deuten darauf hin, daß die betreffenden Konstrukte für das Untersuchungsthema irrelevant oder schlecht definiert waren bzw. daß noch nicht genügend Fälle untersucht wurden. Falls vor Untersuchungsbeginn Hypothesen formuliert wurden, sind die Häufigkeitsinformationen im zusammenfassenden Kategoriensystem die Basis für Hypothesenprüfungen (vgl. S. 147 ff.).

Ergebnispräsentation: Aufgrund der Materialfülle ist eine kompakte und vollständige Ergebnispräsentation schwer zu erstellen. Wenn möglich, sollten die kurzen Fallbeschreibungen, das Kategorienschema samt Kategoriendefinitionen sowie kategorisierte Einzelfälle und die Besetzung des Schemas durch das Kollektiv der Fälle im Anhang berichtet werden. Im Haupttext wird man sich auf einige kurze Passagen aus dem Originalmaterial beschränken müssen. Bei der Auswahl von Zitaten ist darauf zu achten, daß die Auswahlprinzipien transparent gemacht werden, so daß nicht der Eindruck entsteht, es seien nur die prägnantesten bzw. „stimmigen" Zitate ausgewählt worden. Auch widersprüchliche Zitate sollten einbezogen werden, um dem Leser eine eigene Einschätzung zu

ermöglichen. (Allgemeine Hinweise zum Ergebnisbericht sind auch in Abschnitt 2.7 zu finden.)

> **!** *Qualitative Auswertungsverfahren* interpretieren verbales bzw. nichtnumerisches Material und gehen dabei in intersubjektiv nachvollziehbaren Arbeitsschritten vor. Gültige Interpretationen müssen konsensfähig sein, d. h. von mehreren Forschern, von Experten, Laien und/oder den Betroffenen selbst als zutreffende Deutungen akzeptiert werden.

5.3.2 Besondere Varianten der qualitativen Auswertung

Mittlerweile liegen zahlreiche Varianten qualitativer Inhaltsanalysen vor. Im folgenden seien exemplarisch nur vier Techniken herausgegriffen: die Globalauswertung nach Legewie (1994), die qualitative Inhaltsanalyse nach Mayring (1993), der Grounded Theory-Ansatz nach Glaser und Strauss (1967) sowie sprachwissenschaftliche Auswertungsmethoden.

Globalauswertung
Die Globalauswertung nach Legewie (1994) soll eine breite, übersichtsartige und zügige Auswertung von Dokumenten bis ca. 20 Seiten ermöglichen (umfangreichere Dokumente sind in Teilen auszuwerten). Das Vorgehen ist in 10 Schritte untergliedert, die für erfahrene Interpreten mit einem Zeitaufwand von etwa 5 bis 15 Minuten pro Seite (zusätzlich 15 bis 30 Minuten für die schriftliche Zusammenfassung der Ergebnisse) verbunden sind (Legewie, 1994, S. 177).

Die Globalauswertung umfaßt die folgenden 10 Schritte

- *Orientierung*: Durch Überfliegen des Textes und Randnotizen verschafft man sich einen ersten Überblick über das Dokument.
- *Aktivieren von Kontextwissen*: Man vergegenwärtigt sich die Vorgeschichte und den Entstehungskontext des Textes und schreibt die wichtigsten Aspekte stichwortartig nieder.
- *Text durcharbeiten*: Beim sorgfältigen Durchlesen des Textes sollte man Ideen und Fragen notieren und wichtige Textstellen markieren. Dabei sind folgende Fragen zu beantworten: Was ist hier das Thema? Was wird wie mit welcher

Absicht gesagt? Was ist für meine Fragestellung wichtig?

- *Einfälle ausarbeiten*: Jede interessante Idee sollte auf einer Karteikarte niedergeschrieben und mit einer prägnanten Überschrift sowie Verweisen auf relevante Textstellen versehen werden.
- *Stichwortverzeichnis anlegen*: Der Text wird daraufhin durchsucht, welche Themen oder Probleme vorrangig zum Ausdruck kommen. Pro Seite werden ca. 3 bis 5 wichtige Themen als Stichworte in ein Stichwortregister aufgenommen (Verweise auf die Textstellen notieren),
- *Zusammenfassung*: Anschließend wird eine Zusammenfassung des Textes in 30 bis 50 Zeilen erstellt, wobei entweder die wichtigsten Inhalte geordnet (analytisch) oder dem Interviewverlauf folgend (sequentiell) abgehandelt werden. Als Überschrift dient ein Motto bzw. ein prägnantes Zitat.
- *Bewertung des Textes*: In einer kurzen Stellungnahme (ca. 20 Zeilen) wird die Kommunikationssituation (Glaubwürdigkeit, Verständlichkeit, Rollenverteilung, Lücken, Verzerrungen, Unklarheiten) beurteilt, wobei auch „zwischen den Zeilen" zu lesen ist.
- *Auswertungs-Stichwörter*: Der Text wird auf seine Relevanz für die Fragestellung eingestuft (peripher, mittel, zentral) und daraufhin betrachtet, über welche Sachverhalte er Auskunft gibt, die über die zentrale Thematik der Untersuchung hinausgehen (2–5 Auswertungs-Stichwörter).
- *Konsequenzen für die weitere Arbeit*: Die weitere Verarbeitung des Textes ist zu planen: Ist eine Feinanalyse vielversprechend? Welche Fragen wirft der Text auf? Mit welchen anderen Texten könnte er verglichen werden? Auch diese Überlegungen sind schriftlich festzuhalten.
- *Ergebnisdarstellung*: Die Arbeitsergebnisse lassen sich zu einem kleinen Ergebnisbericht zusammenstellen, der folgende Elemente umfaßt: Zusammenfassung des Textes, bewertende Stellungnahme, thematisches Stichwortverzeichnis, Auswertungs-Stichwörter und weitere Auswertungspläne.

Qualitative Inhaltsanalyse nach Mayring

Die qualitative Inhaltsanalyse nach Mayring (1989, 1993) ist eine Anleitung zum regelgeleiteten, intersubjektiv nachvollziehbaren Durcharbeiten umfangreichen Textmaterials (man beachte, daß der Begriff „qualitative Inhaltsanalyse" häufig als Sammelbezeichnung für sämtliche interpretativen Auswertungsverfahren verwendet wird). Im Unterschied zur Globalauswertung, die in kurzer Zeit einen Überblick über das Material verschafft, ist eine qualitative Inhaltsanalyse aufwendiger: Sie enthält Feinanalysen (Betrachtung kleiner Sinneinheiten) und zielt auf ein elaboriertes Kategoriensystem ab, das die Basis einer zusammenfassenden Deutung des Materials bildet. Das Auswertungskonzept von Mayring (1989, 1993) umfaßt drei Schritte:

- *Zusammenfassende Inhaltsanalyse*: Der Ausgangstext wird auf eine überschaubare Kurzversion reduziert, die nur noch die wichtigsten Inhalte umfaßt. Zu den Arbeitsgängen der zusammenfassenden Inhaltsanalyse gehören Paraphrasierung (Wegstreichen ausschmückender Redewendungen, Transformation auf grammatikalische Kurzformen), Generalisierung (konkrete Beispiele werden verallgemeinert) und Reduktion (ähnliche Paraphrasen werden zusammengefaßt).
- *Explizierende Inhaltsanalyse*: Unklare Textbestandteile (Begriffe, Sätze) werden dadurch verständlich gemacht, daß zusätzliche Materialien (z. B. andere Interviewpassagen, Informationen über den Befragten) herangezogen werden.
- *Strukturierende Inhaltsanalyse*: Die zusammenfassende und explizierte Kurzversion wird nun unter theoretischen Fragestellungen geordnet und gegliedert. Dazu wird ein Kategorienschema erstellt und nach einem Probedurchlauf verfeinert, bevor die Endauswertung erfolgt. Es sind drei Varianten der Strukturierung zu unterscheiden: inhaltliche Strukturierung (Herausarbeiten bestimmter Themen und Inhalte), typisierende Strukturierung (Identifikation von häufig besetzten oder theoretisch interessanten Merkmalsausprägungen) und skalierende Strukturierung (Merkmalsausprägungen werden auf Ordinalniveau eingeschätzt).

Beispiel: Anhand der Interviews mit vier arbeitslosen Lehrern soll das Erlebnis des „Praxisschocks" nach Verlassen der Universität beschrieben werden (Mayring, 1993, S. 58). Dazu werden alle Äußerungen, die sich auf den Übergang in die Praxis (Referendarzeit) beziehen, herausgesucht und zu einigen Kernaussagen (z. B. Disziplinprobleme mit den Schülern, Konflikte mit dem Seminarleiter etc.) verdichtet (zusammenfassende Inhaltsanalyse). Dabei taucht unter anderem die Bemerkung auf, daß der Praxisschock vielleicht daher rührt, daß man „kein Conferencier-Typ" ist.

Diese Aussage ist in einer explizierenden Inhaltsanalyse näher zu beleuchten. Dazu werden wiederum alle Äußerungen, die sich auf den Conferencier-Typ beziehen, paraphrasiert, wobei sich ergibt, daß für den Befragten jemand, der die Rolle eines extravertierten, temperamentvollen, spritzigen und selbstüberzeugten Menschen spielt, ein Confrencier ist, der es dann auch als Lehrer leicht hat (vgl. Mayring, 1993, S. 76).

In einer strukturierenden Inhaltsanalyse könnten die von den Lehrern im Zusammenhang mit dem Praxisschock genannten Probleme mit der im Text manifestierten Ausprägung des Selbstvertrauens in Beziehung gesetzt werden, wobei sich z. B. herausstellt, daß Probleme mit dem Seminarleiter mit niedrigem Selbstvertrauen einhergehen, während dies auf Vorbereitungsprobleme nicht zutrifft (vgl. Mayring, 1993, S. 91).

Grounded Theory

Der Grounded Theory-Ansatz wurde in den 60er Jahren von den durch die Chicagoer Schule (s. S. 303 f.) beeinflußten Medizinsoziologen Glaser und Strauss (1967) vorgelegt und später vor allem von Strauss (1987, 1994) weiterentwickelt. Es handelt sich um eine Auswertungstechnik zur *Entwicklung* und *Überprüfung* von Theorien, die eng am vorgefundenen Material arbeitet bzw. in den Daten verankert (grounded) ist. Ein vorurteilsfreies, induktives und offenes Herangehen an Texte wird propagiert und gleichzeitig durch die Vorgabe, das Textmaterial nach explizierten „Faustregeln" zeilenweise durchzuarbeiten, diszipliniert. Im Unterschied zur qualitativen Inhaltsanalyse nach Mayring (s.o.), die im Ergebnis eine Reihe von nur locker verbundenen Kategorien durch die Zusammenfassung von zugeordneten Textstellen beschreibt, zielt der Grounded Theory-Ansatz stärker auf eine feine Vernetzung von Kategorien und Subkategorien ab.

Ziel einer Inhaltsanalyse nach der Grounded Theory ist die Identifikation der *Kernkategorie* oder *Schlüsselkategorie* des untersuchten Textes, die in ein hierarchisches Netz von Konstrukten (die Theorie) eingebettet ist. Die Identifikation und Elaboration der Konstrukte wird in mehreren Kodierphasen vorgenommen, in denen der Text immer wieder sorgfältig durchgearbeitet wird. Der Grounded Theory-Ansatz geht davon aus, daß hinter den empirischen Indikatoren (Verhaltensweisen, Ereignissen), die im Text manifest sind, latente Kategorien (konzeptuelle Kodes, Konstrukte) stehen. Mehrere untereinander verknüpfte Indikatoren spezifizieren ein Konstrukt. Je mehr Indikatoren man findet, die gemeinsam in dieselbe Richtung weisen bzw. auf dasselbe Konstrukt hindeuten, umso höher ist der Sättigungsgrad des Konstrukts für die sich entwickelnde Theorie. Mehrere ähnliche Konstrukte lassen das Hauptthema eines Textes (die Kernkategorie) erkennen.

Der erste Auswertungsschritt besteht im sog. offenen Kodieren. *Offenes Kodieren* bedeutet, den Indikatoren (das sind Wörter, Satzteile oder Sätze) Konstrukte (abstraktere Ideen) zuzuweisen. Gleichzeitig müssen die Indikatoren selbst miteinander in Beziehung gesetzt werden. Entscheidend beim offenen Kodieren ist, daß das Zielkonstrukt nicht einfach nur durch einen Namen etikettiert, sondern genau definiert wird. Dazu gibt man an, welche Indikatoren zum Konstrukt gehören und ob sie *Bedingungen*, *Interaktionen* zwischen den Akteuren, *Strategien* und Taktiken oder *Konsequenzen* darstellen.

Das Kodieren verläuft zunächst in offener Form mit der Option zu wiederholten Neuordnungen des Materials. Diese Offenheit wirkt der Gefahr entgegen, sich an einzelnen Textstellen „festzubeißen". Entscheidender als langes Überlegen nach der „wahren" Kodierung ist es, den Text sorgfältig Schritt für Schritt durchzugehen und dabei nach dem Grundproblem Ausschau zu halten. Im Laufe des *offenen Kodierens* entsteht eine Art „Kodierprotokoll", in dem die Indikatoren, die aufgefundenen Konstrukte, sowie deren Verknüpfungen und weitergehende Bemerkungen des Forschers niedergelegt werden. Dieses Kodierprotokoll ist deutlich umfangreicher als der Ausgangstext. In weiteren Arbeitsschritten werden nun die Kodes erneut durchgearbeitet mit dem Ziel, ihre wechselseitigen Beziehungen zu erkennen und an Indikatoren zu „verifizieren".

Während man durch sogenanntes *axiales Kodieren* (das ist ein weiterer Auswertungsschritt) die Konstrukte immer enger verknüpft, werden die begleitenden Fragen und Überlegungen in Form von *Memos* (Gedächtnis- und Strukturierungshilfen) notiert; Memos können auch Produkte von Gruppensitzungen mehrerer Forscher sein. Memos sind bereits erste Theorie-Fragmente, die auf Kodes Bezug nehmen, aber auch weitergehende Fragen aufwerfen; sie werden durch Sortieren und weiteres Durchdenken elaboriert. Aus Memoketten entsteht eine Theorie, die freilich zunächst nur für den betrachteten Fall gilt. Vergleichend werden deswegen weitere Fälle analysiert. Diese Fälle werden nach dem Verfahren des *Theoretical Sampling* ausgewählt, d.h. der Forscher überlegt sich anhand seiner Kodes, welcher Fall (z.B. ein sehr ähnlicher oder ein kontrastierender Fall) für einen Vergleich interessant sein könnte. An neuem Datenmaterial wird wieder der gesamte Prozeß des Kodierens und Memoschreibens durchlaufen.

Als Beispiel für ein Forschungsthema, das mit dem Grounded Theory-Ansatz zu bearbeiten ist, nennen Strauss und Corbin (1990, S. 38) die Fragestellung, wie Frauen mit den durch eine chronische Erkrankung verursachten Komplikationen ihrer Schwangerschaft umgehen. Aus den Interviewtexten wurde die Kernkategorie „wahrgenommenes Risiko" extrahiert, die zwei Dimensionen aufweist: Intensität (starkes bis schwaches Risiko) und Ursache des Risikos (primär bedingt durch die Krankheit oder durch die Schwangerschaft). Um die Kernkategorie mit anderen Kategorien zu verknüpfen, wird folgender Prozeß rekonstruiert: Die wahrgenommenen Risiken im Zusammenhang mit der Erkrankung führen zur Planung und Durchführung von Vorsichtsmaßnahmen, die durch Motivation, Bilanzierung und Rahmenbedingungen moderiert sind und eine Risikoeindämmung anzielen.

In einer anderen Studie (Strauss, 1994) führt die Analyse von Beobachtungsprotokollen der Tätigkeiten des medizinischen Personals auf einer Intensivstation zur Extraktion der Kernkategorie „Verlaufskurve", d.h. die Handlungen des Personals hängen in hohem Maße davon ab, welchen Verlauf der Genesungsprozeß eines Patienten nimmt.

Die Mikroanalyse des Textmaterials gemäß der Grounded Theory Methode erweist sich nicht selten als sehr arbeitsaufwendig, zumal sie günstigerweise nicht im Alleingang, sondern in einer Gruppe erfolgen sollte, in der man sich über die verschiedenen Kodierungs- und Interpretationsvarianten verständigt. Da zusätzlich zum untersuchten Textkorpus im Zuge des Kodierens weiteres Textmaterial in großer Fülle erzeugt wird, tritt das Problem der Archivierung, Verwaltung und Analyse verbaler Daten auf. Entsprechende Computerprogramme, wie z.B. ATLAS/ti (Muhr, 1994; http://www.atlasti.de/), leisten hier wichtige Dienste, erfordern jedoch trotzdem viel Übung und Geduld (vgl. für Erfahrungsberichte Aguirre, 1994 und Niewiarra, 1994). Um den internationalen Austausch über Anwendungsmöglichkeiten der komplexen Grounded Theory Methode (GTM) zu fördern, wird zunehmend auch das Internet genutzt (z.B. Memo Pages of GTM: http://gtm. vlsm.org/; Grounded Theory Institute: http://www. groundedtheory.org/).

Sprachwissenschaftliche Auswertungsmethoden

Auf die Auswertung verbaler (also sprachlicher) Daten hat sich bekanntlich eine eigene Disziplin spezialisiert – die Sprachwissenschaft. Sie hat eine Reihe von Auswertungsmethoden hervorgebracht, die in sozialwissenschaftlichen Untersuchungen sinnvoll einsetzbar sind. Dies gilt um so mehr, als sich die Sprachwissenschaften zunehmend stärker auch der Alltagssprache widmen und keineswegs nur literarische Werke und selbstkonstruierte Beispielsätze untersuchen. Aus den sprachwissenschaftlichen Methoden seien hier die Textanalyse sowie die Gesprächsanalyse herausgegriffen.

Während die *Inhaltsanalyse* ihrem Namen entsprechend Texte (z.B. Interviewtexte, Tagebuchnotizen usw.) primär als Transportmittel für die eigentlich interessierenden Inhalte betrachtet, konzentriert sich die *Textanalyse* (z.B. Brinker, 1997) genauer darauf, wie der Text als solcher sprachlich gestaltet und strukturiert ist, welcher

Textsorte er angehört, welche typischen Merkmale seine Textualität kennzeichnen. Interessieren wir uns etwa für die Bedeutung der Email-Kommunikation im Alltag und steht uns ein entsprechender Textkorpus zur Verfügung, so können wir per Inhaltsanalyse herausfinden, welche Themen bevorzugt behandelt werden, während die Textanalyse uns z.B. Aufschluß darüber gibt, ob Email-Botschaften eher den Charakter des Mündlichen oder Schriftlichen haben, ob wir es mit dem vielbeschworenen „Sprachverfall" zu tun haben oder nicht eher mit einer kreativen Ausgestaltung und Erweiterung des herkömmlichen sprachlichen Ausdrucksrepertoires. Für eine solche Mikroanalyse hat eben die Textanalyse einschlägige Kategorien entwickelt.

Die *Gesprächsanalyse* (auch: *Konversationsanalyse* oder *Diskursanalyse*; s. zur Einführung z.B. Brinker und Sager, 1996; Henne und Rehbock, 1982) dagegen zielt auf den Dialogcharakter von Texten ab. Nicht nur die Inhalte und ihre textuelle Gestaltung, sondern vor allem ihre Einbettung in den Gesprächsfluß und die soziale Beziehung der Sprechenden stehen hier im Mittelpunkt: welche Funktion haben einzelne Äußerungen für die Selbstpräsentation der Beteiligten und die Beziehungsbildung zwischen ihnen, wer dominiert den Gesprächsverlauf, wer initiiert ein bestimmtes Thema oder blockt es ab, wie wird mit Mißverständnissen umgegangen usw.

Der Hinweis, sich bei der Suche nach geeigneten Auswertungsmethoden auch in den Nachbardisziplinen kundig zu machen, bezieht sich freilich nicht nur auf die Sprachwissenschaft. Für die Analyse von Filmmaterial wird man sich etwa an die Filmwissenschaft wenden, die ausgefeilte *filmanalytische Methoden entwickelt* hat, die sich womöglich für die eigene Fragestellung adaptieren lassen.

5.3.3
Gütekriterien qualitativer Datenanalysen

Sogenanntes „impressionistisches" oder „wildes" Deuten, bei dem der Auswerter den Interviewtext einfach überfliegt und anschließend spontan seine subjektiven Assoziationen niederlegt, einzelne Passagen hervorhebt, andere vernachlässigt und im übrigen seine persönlichen Vorurteile anhand des Textes bestätigt, ohne dessen Bedeutungsgehalt wirklich zu durchdringen, hat mit qualitativer Inhaltsanalyse wenig gemeinsam. Intuitive Deutungen mit dem Charakter der Beliebigkeit, die weder objektiv (also intersubjektiv nachvollziehbar) noch reliabel sind (wahrscheinlich fallen dem Forscher am nächsten Tag ganz andere Ideen ein), sollen durch regelgeleitetes, systematisches Durcharbeiten des Textes vermieden werden.

Bei der Validierung von Interpretationsergebnissen sind zwei Fragen von Bedeutung:
a) Läßt sich die Gesamtinterpretation tatsächlich zwingend bzw. plausibel aus den Daten ableiten (Gültigkeit von Interpretationen bzw. interne Validität vgl. S. 57)?
b) Inwieweit sind die herausgearbeiteten Muster und Erklärungen auf andere Situationen bzw. andere (nicht untersuchte) Fälle verallgemeinerbar (Generalisierbarkeit von Interpretationen bzw. externe Validität vgl. S. 57)?

Gültigkeit von Interpretationen

Ebenso wie bei der Validierung von *Daten*, wird auch bei der Validierung von *Interpretationen* der interpersonale Konsens als Gütekriterium herangezogen. Bei der Konsensbildung können sich Meinungsverschiedenheiten in einer Modifikation von Interpretationen niederschlagen, d.h. Konsens muß nicht in allen Einzelheiten von Anfang an bestehen, sondern kann im Verlaufe fachlicher Diskussionen erzielt werden (vgl. Gerhard, 1985; Scheele und Groeben, 1988).

Eine Konsensbildung in einem heterogenen Forscherteam ist ein stärkeres Indiz für Validität als ein Konsens, der unter eingeschworenen Vertretern derselben „Schule" erreicht wird und somit anfälliger für eine kollektiv verzerrte Sichtweise ist. Es sollten deshalb auch externe Fachleute und Experten hinzugezogen werden, um ein Verharren in festen Denkmustern, die sich in einem Forscherteam möglicherweise bilden, aufzubrechen. Die argumentative Konsensbildung birgt wie jeder Gruppenprozeß die Gefahr, daß Macht und Rangposition über sachliche Inhalte dominieren. Kann kein Konsens erzielt werden, sollte dies im Endbericht transparent gemacht werden, wobei ggf. mehrere alternative Erklärungsmodelle zu präsentieren sind. Eine Interpretation sollte syste-

☺ matisch daraufhin überprüft werden, welche Alternativdeutungen möglich sind und inwiefern sich das präferierte Modell als das überlegene begründen läßt.

In Anlehnung an die Konzepte der *Konstruktvalidierung* und *Kriteriumsvalidierung* (vgl. S. 199 ff.) können neben konsensueller Validierung auch andere Hintergrundinformationen über die Person sowie Theorien oder Verhaltensdaten (im Sinne einer *Handlungsvalidierung*, vgl. S. 329) zur Gültigkeitsprüfung von Interpretationen herangezogen werden.

Generalisierbarkeit von Interpretationen

Während Generalisierbarkeit in der quantitativen Forschung durch den wahrscheinlichkeitstheoretisch abgesicherten Schluß von Zufallsstichproben (bzw. Stichprobenkennwerten) auf Populationen (bzw. Populationsparameter) erreicht wird, bedient sich die qualitative Sozialforschung des Konzeptes der *„exemplarischen Verallgemeinerung"* (Wahl et al., 1982, S. 206). Ausgangspunkt

sind nicht Aggregatwerte von Gruppen (z.B. Mittelwerte), sondern detaillierte Einzelfallbeschreibungen, die „repräsentativ" sind, wenn sie als typische Vertreter einer Klasse ähnlicher Fälle gelten können. Da qualitative Verfahren sehr aufwendig sind, ist die Zahl der untersuchten Probanden in der Regel deutlich kleiner als in der quantitativen Forschung.

Die Auswahl der zu untersuchenden Fälle wird hier nicht nach dem Zufallsprinzip, sondern theoriegeleitet gezielt vom Forscher selbst getroffen (theoretisch-systematische Auswahl, bewußte Auswahl, *theoretische Stichprobe*). Das Prinzip der Offenheit, das qualitative Forschung kennzeichnet, bezieht sich auch auf die Auswahl der Fälle: Noch während der Untersuchung können weitere ähnliche oder kontrastierende Fälle hinzugezogen oder auch – nach einer ersten Analyse „kritischer" Fälle – aus den weiteren Auswertungen ausgeschlossen werden.

Eine rationale Rechtfertigung generalisierender Aussagen nach dem Prinzip der „exemplarischen

Einer Meinung? Der Konsens zwischen Interpreten ist ein Validitätskriterium für Interpretationen. (Zeichnung: R. Löffler, Dinkelsbühl)

Verallgemeinerung" ist nur schwer möglich, denn die Vorstellung, ein Forscher könne bei einer begrenzten Auswahl von Fällen einen „typischen Fall" erkennen, impliziert nicht nur, daß der Forscher bereits eine Theorie über den Gegenstand hat (sonst wüßte er ja nicht, was typisch oder untypisch ist), sondern auch, daß er die Repräsentativität des Einzelfalls tatsächlich erkennt, um ihn in das Zentrum einer „exemplarischen Verallgemeinerung" stellen zu können. Damit wäre das Ergebnis der Untersuchung relativ beliebig generalisierbar.

Beispiel: In einer qualitativen Studie soll die subjektive Berufsbelastung von Lehrern analysiert werden, wobei unter anderem folgende Fragen interessieren: Welche Schulprobleme sind für Lehrer vordringlich? Woran leiden die Lehrer am meisten? Gibt es bestimmte Lehrertypen, die auf Berufsbelastungen in spezifischer Weise reagieren? Angenommen, man findet eine Schule, die der Untersuchung aufgeschlossen gegenübersteht und in der einige Lehrer zu einem Interview bereit sind. Soll nun die 32jährige fröhlich wirkende Kollegin, die in ihrer Freizeit mehrere Arbeitsgruppen anbietet, oder lieber der 56jährige Kollege, der häufig wegen Bandscheibenproblemen fehlt, als „typischer Fall" analysiert werden? Vielleicht sind ja auch beide ganz untypische Sonderfälle (zur Auswahl ethnographischer Informanten s. Johnson, 1990).

Angenommen, man hätte 10 Fälle untersucht, die intuitiv „typisch" erscheinen, und dabei vier Lehrertypen identifiziert: autoritärer Typ (gibt den inneren Druck an die Schüler weiter), gleichgültiger Typ (nimmt die Schule nicht mehr ernst, widmet sich seinen Hobbies), resignierter Typ (leidet an der Situation und fühlt sich hilflos), optimistischer Typ (nimmt die Probleme nicht so schwer, bemüht sich aktiv um Lösungen). Jeder Typus wird durch maximal 3, minimal 1 Person repräsentiert. Hat man damit eine verallgemeinerbare Lehrertypologie gefunden? Zunächst noch nicht, denn es wurde lediglich die untersuchte Gruppe von 10 Lehrern strukturiert (Stichprobendeskription). Es ist nicht auszuschließen, daß in der untersuchten Gruppe ganz untypische Fälle waren, daß z.B. der gleichgültige Typ nur sehr selten vorkommt und daß andere Lehrertypen (z.B. rebellischer Typ) völlig übersehen wurden.

Wir vertreten die Auffassung, daß Generalisierbarkeit allein durch willkürliches Auswählen vermeintlich typischer Fälle nicht begründet werden kann, sondern daß ergänzend quantifizierende Aussagen erforderlich sind. Entweder geht man wie im quantitativen Ansatz von Zufallsstichproben aus einer definierten Population aus (man befragt also im obigen Beispiel 10 zufällig gezogene Lehrer, wobei allerdings das Problem der Verweigerung bei aufwendigen, qualitativen Befragungen gravierender erscheint als bei standardisierten Interviews), oder man geht zweistufig vor: Im ersten Schritt operiert man mit einer willkürlichen Auswahl von Fällen, die in Typen eingeteilt werden. Die auf diese Weise induktiv ermittelte Typologie wird in einem zweiten Schritt in einen Fragebogen umgesetzt (oder anderweitig operationalisiert), den man einer größeren Zufallsauswahl von Probanden (hier: Lehrern) vorlegt. Würde sich dann herausstellen, daß tatsächlich die überwiegende Mehrzahl des Lehrpersonals in die ermittelten Kategorien fällt, wäre dies ein Indiz für die Generalisierbarkeit der Typologie.

Möglich ist auch der umgekehrte Weg, bei dem sich an eine quantitative Analyse eine qualitative Untersuchung anschließt. Hat man auf der Basis einer quantitativen Stichprobenuntersuchung z.B. die Prävalenz unterschiedlicher Persönlichkeitstypen oder Krankheitsformen bei Lehrern ermittelt, können mit einigen (am besten zufällig gezogenen) Vertretern qualitative Interviews durchgeführt werden, die die Lebenssituation und subjektive Sichtweise der Betroffenen näher beleuchten. Von eingeschränkter Aussagekraft ist dagegen die Kurzbeschreibung eines vermeintlich typischen Einzelfalls für eine quantitativ ermittelte Teilgruppe (zur illustrativen Verwendung von Einzelfällen s. Lamnek, 1993b).

5.4 Besondere Forschungsansätze

Die bislang behandelten qualitativen Datenerhebungsverfahren werden häufig miteinander (aber auch mit quantitativen Verfahren) kombiniert und auf eine spezielle Fragestellung zugeschnitten, so daß themenspezifische Forschungsansätze entstehen, von denen im folgenden vier behandelt werden: *Feldforschung, Aktionsforschung, Frauenforschung* und verschiedene Varianten der *Biographieforschung*. Wegen ihrer besonderen Bedeutung für den qualitativen Ansatz wird die Feldforschung ausführlicher dargestellt.

5.4.1
Feldforschung

Im Unterschied zum Labor, das eine künstliche, vom Forscher speziell für Untersuchungszwecke geschaffene Umgebung darstellt, ist das „Feld" der natürliche Lebensraum von Menschen. Ein Krankenhaus oder eine Kneipe, ein Stadtbezirk, das Arbeitsamt oder ein Waschsalon können Gegenstände der qualitativen Feldforschung sein, deren Ziel es ist, überschaubare Einheiten menschlichen Zusammenlebens möglichst ganzheitlich zu erfassen bzw. zu dokumentieren und in ihren Strukturen und Prozessen zu analysieren (Legewie, 1995). Der natürliche Lebensablauf im Feld soll durch die Forschungstätigkeiten so wenig wie möglich beeinträchtigt werden; stattdessen ist es die Aufgabe des Untersuchungsteams, sich möglichst nahtlos in das Feld einzufügen.

Qualitative Feldforschung ist nicht zu verwechseln mit *quantitativen Felduntersuchungen*, für die das „Feld" nur der Ort ihrer Untersuchung, nicht jedoch das Thema ist (vgl. S. 60 f.). Beispiel: Die von demoskopischen Instituten engagierten Interviewer gehen mit ihren standardisierten Fragebögen zwar „ins Feld" (d. h. sie suchen die Befragten in deren Wohnungen auf), allerdings betreiben sie dort keine „Feldforschung", d. h. sie interessieren sich nicht dafür, wie z. B. nachbarschaftliches Zusammenleben abläuft oder wie sich die Kinder nachmittags beschäftigen.

Die qualitative Feldforschung arbeitet mit einer Vielzahl von empirischen Methoden, um sich ihrem besonders komplexen Gegenstand zu nähern. Hierzu zählen *teilnehmende Beobachtung* bzw. beobachtende Teilnahme, informelle und formelle Interviews und sog. Feldgespräche (vgl. Legewie, 1995). Die offene Form der Beobachtung (ohne festgelegten Beobachtungsplan, vgl. Abschnitt 5.2.2) ermöglicht es, flexibel auf die aktuellen Ereignisse zu reagieren. Die persönliche Teilnahme der Forschenden am Geschehen erleichtert es ihnen, neben der Beobachtung von Fremdverhalten

auch Erfahrungen „am eigenen Leibe" zu machen und somit die Perspektive der Handelnden besser zu verstehen. Die teilnehmende Beobachtung ist eine „geplante Wahrnehmung des Verhaltens von Personen in ihrer natürlichen Umgebung durch einen Beobachter, der an den Interaktionen teilnimmt und von den anderen Personen als Teil ihres Handlungsfeldes angesehen wird" (Friedrichs, 1990).

Geschichte der Feldforschung

Die Methode der Feldforschung wurde Ende des 19. Jahrhunderts vor allem von Malinowski (1979, Erstdruck: 1922) in der Ethnologie entwickelt, weshalb Feldforschung (Field Research) oftmals auch als „ethnographische Methode" (Ethnographic Research, zur Definition von Ethnographie s. Berg 1989, S. 51 ff.) bezeichnet wird. In der Ethnologie bilden Stammesgemeinschaften, „Naturvölker" oder im erweiterten Sinne alle Völker die interessierenden sozialen Einheiten, deren Erforschung sehr aufwendig ist und anfangs auch recht geheimnisumwittert war. Der Forscher begab sich als Einzelkämpfer unter „die Wilden", erlernte ihre Sprache und lebte jahrelang fernab der heimatlichen Zivilisation. Daß ein völliges „Eintauchen" in eine fremde Kultur nicht so einfach möglich ist, und auch die Ethnologen das Leben der „Eingeborenen" jeweils durch die Brille ihrer eigenen Kultur sehen, ist mittlerweile vielfach belegt worden. Trotz dieser Schwierigkeiten ist die Feldforschung nach wie vor die wichtigste Methode der Ethnologie und wurde von dort in andere Disziplinen exportiert.

In der *Chicagoer Schule* (vgl. S. 303 f.) wurde Feldforschung betrieben, um Straßengangs, Obdachlose oder Ghettobewohner zu untersuchen. Das Ghetto erwies sich für den Soziologen als „fremde Welt", zu deren Erkundung nur die Feldforschung geeignet schien. Neben verschiedenen ethnischen Gruppen und Subkulturen sind mittlerweile auch ganz „normale" Schauplätze des Alltagslebens wie etwa Stadtviertel, Krankenhäuser, Fabriken oder Schulen in ihrer Funktionsweise und sozialen Bedeutung durch teilnehmende Beobachtung untersucht worden.

Die Vorstellung, in der Ethnologie bzw. Ethnomethodologie würde vornehmlich „exotisches" untersucht, ist also überholt. Eine Reihe von Kon-

Mit eigenen Augen: Warum die Feldbeobachtung der Befragung überlegen sein kann. (Aus: Marcks, M. (1974). Weißt du, daß du schön bist? München: Frauenbuchverlag.)

zepten, wie z. B. „Naturvölker", werden mittlerweile aufgrund ihrer romantisierenden und/oder diskriminierenden Konnotationen nur noch ungern verwendet. Nicht nur hat sich die Sensibilität für Wahrnehmungs- und Deutungsfehler erhöht, die aus einer vorurteilsbehafteten *Außenperspektive* auf eine Kultur resultieren; auch die Vorstellung, es gäbe überhaupt *einheitliche Kulturen,* wird zunehmend in Frage gestellt. Denn wer repräsentiert eine Kultur? Mit dem Ansatz, sich hier auf „die ganz normalen Leute" („just plain folks") zu konzentrieren, stößt man auf Probleme, weil diese gar nicht so leicht auszumachen sind und im Zuge der Individualisierung einander auch immer unähnlicher werden. Auch die Angehörigen von Subkulturen bewegen sich nicht rund um die Uhr ausschließlich „in ihrer Subkultur", sondern beteiligen sich auch an diversen anderen sozialen Kontexten, so daß es zu zahlreichen wechselseitigen Einflüssen und fließenden Übergängen kommt. Fragen der Abgrenzung des Feldes, der Identifikation typischer Repräsentanten und der Sicherstellung einer Verständigung mit ihnen gehören also zu den besonderen Herausforderungen der Ethnographie und Feldforschung.

Ein wichtiger Anwendungsbereich der ethnographischen Methode ist die Nutzung neuer Informations- und Kommunikationstechnologien. Feldstudien, die sich etwa auf die Kooperation via Online-Konferenz oder den Umgang mit Störungen am Kopiergerät konzentrieren, liefern wichtige Erkenntnisse für die Gestaltung dieser Technologien. So hat der „weiche" ethnographische bzw. ethnomethodologische Ansatz als *Technomethodologie* gerade in der „harten" Informatik Fuß gefaßt.

Arbeitsschritte in der Feldforschung

Zu einem Feldforschungs-Projekt gehören typischerweise sechs Schritte: 1. Planung und Vorbereitung, 2. Einstieg ins Feld, 3. Agieren im Feld, 4. Dokumentation der Feldtätigkeit, 5. Ausstieg aus dem Feld, 6. Auswertung und Ergebnisbericht (zur Methode der Feldforschung s. Emerson, 1983; Filstead, 1970; Fischer, 1985; Jorgensen, 1990; Patry, 1982; Werner und Schoepfle, 1987 a, 1987 b; Whyte, 1984).

Planung und Vorbereitung: Neben organisatorischen Vorbereitungen (Finanzierung, Zeitplan) ist inhaltlich die Präzisierung des Untersuchungsthemas für den Erfolg des Projektes entscheidend. Gerade weil natürliche Lebensumwelten, auf die sich Feldforscher/innen einlassen, eine schier unerschöpfliche Fülle von Merkmalen und Ereignissen bieten, sind gezielte, aufmerksamkeitsstrukturierende Forschungsfragen besonders wichtig. Das Prinzip der Offenheit gestattet es jedoch, nach ersten Erfahrungen im Feld neue Themen aufzunehmen oder ursprüngliche Fragen zu reformulieren.

Einstieg ins Feld: Schauplätze des Alltagslebens lassen sich nach ihrer Zugänglichkeit in offene (z. B. Straße, Bahnhof), halboffene (z. B. Geschäfte, Universitäten) und geschlossene (z. B. Wohnzimmer, Therapieraum) Schauplätze unterteilen. Um das Geschehen an geschlossenen Schauplätzen zu untersuchen, muß der Forscher in das Feld eingeführt werden, d. h. er braucht die Erlaubnis zur Anwesenheit und muß als Akteur im Feld auch eine für die anderen Feldsubjekte akzeptable Rolle ausüben. Aber auch für teilnehmende Beobachtung an offenen Schauplätzen ist meist eine Einführung ins Feld erforderlich. So treffen sich Straßengangs zwar üblicherweise auf offen zugänglichen Straßen oder Plätzen; dennoch kann sich der Forscher nicht einfach ungefragt unter sie mischen.

Für Ethnologen gestaltet sich der Einstieg ins Feld manchmal einfacher als für Soziologen, die „zu Hause" forschen. So berichtet ein deutscher Ethnologe über seinen Aufenthalt in Neuguinea: „Übrigens trat zu keinem Zeitpunkt während dieser ersten Feldforschung das Problem auf, daß ich hätte meine Anwesenheit und meine Tätigkeit erklären müssen. Das Bedürfnis lag auf meiner Seite, nicht auf der der Einheimischen. Für sie war ich Abwechslung, Neuigkeit, Sensation genug, mein Unterhaltungswert war so hoch, daß eine weitere Begründung nicht notwendig wurde." (Fischer, 1986, S. 45). Dieser Unterhaltungswert flaute natürlich nach einigen Wochen und Monaten ab, und bald beachtete niemand mehr den Ethnologen, von dem man meinte, er müsse doch jetzt wohl alles wissen.

Zugang zu einer zu erforschenden Lebenswelt erhält man bei offenen und halboffenen Schauplätzen durch Teilnahme und Interesse an Aktivitäten, Ansprechen von Feldsubjekten, Ausbau von

Alltagskontakten (z.B. Gespräch mit Nachbarn, Gastwirten, Verkäufern); bei geschlossenen Schauplätzen greift man in der Regel auf Mittelsleute oder sog. „Türhüter" (Gate Keepers) zurück. Das sind Einzelpersonen, die zum Feld gehören und sich bereit erklären, das Forschungsprojekt zu unterstützen, indem sie den Forscher mit Informationen versorgen und seine Integration ins Feld unterstützen. Am erfolgversprechendsten ist es, sich um die Zustimmung von Personen zu bemühen, die im Feld hohe Autorität genießen; in Institutionen sind hier die Hierarchieebenen besonders zu beachten. Bevor man einen schriftlichen Antrag auf Genehmigung des Projektes einreicht, sollte man sich vorab informieren, mit welchen Argumenten die entsprechenden Entscheidungsträger möglicherweise zu überzeugen sind. Dieser formale Weg ins Feld bringt es mit sich, daß der Forscher auch offen in der Rolle des Wissenschaftlers agiert.

Bei der verdeckten Feldforschung gibt sich der Feldforscher nicht als Wissenschaftler zu erkennen: er spielt den Patienten, mimt den Praktikanten oder läßt sich scheinbar als Mitglied einer Sekte anwerben, die er untersuchen möchte. Geschickt fand Humphreys (1970) eine passende Rolle, um als verdeckt teilnehmender Beobachter das Phänomen der Klappensexualität (Klappe = öffentliche Toilette) von Homosexuellen zu untersuchen. Seine Informanten rieten ihm, die Rolle des „Aufpassers" zu übernehmen, also den Eingang im Auge zu behalten und die anderen zu warnen, falls jemand kommt.

Einige Autoren lehnen verdeckte Feldforschung und die damit einhergehende Täuschung der Feldsubjekte grundsätzlich als unethisch ab. Es ist aber auch gar nicht immer nötig oder möglich, als vollwertiges Mitglied des Feldes anerkannt zu werden. Dies ist bereits aus der Ethnologie bekannt, wo die Forscher weder wie die Einheimischen barfuß laufen noch gleichberechtigt an der Jagd teilnehmen konnten, sondern eher „Kinderarbeit" verrichteten. Auch als Gast, Besucher oder Freund eines Informanten kann man entsprechend „mitlaufen" und das Feldgeschehen beobachten.

Agieren im Feld: Ist der Einstieg geschafft, geht es zunächst darum, ein gutes Kontaktnetz aufzubauen. Trotz genauer Beobachtung wird der Feldforscher nicht alles, was er sieht, richtig verstehen und deuten können und ist insofern auf Erklärungen von „Insidern" angewiesen, deren Vertrauen er gewinnen muß. Ethische Fragen werden hierbei virulent. Was ein Feldsubjekt im scheinbaren Alltagsgespräch dem verdeckt teilnehmenden Forscher offenbart, unterliegt dem Datenschutz. Moralische Dilemmata treten auf, wenn im Feld Straftaten begangen werden, von denen der Forscher Kenntnis hat. Ist der Forscher verpflichtet, Diebstähle der Jugendgang, die er beobachtet, bei der Polizei zu melden? Soll sich der Ethnologe in Stammesfehden einmischen? Was tun, wenn sich Feldsubjekte mit schweren Problemen und Lebenskrisen an den Forscher wenden? Hier ist sicherlich eine gründliche Ausbildung, die auf die Besonderheiten der Feldforschung vorbereitet, wünschenswert.

Selbstkritisch sollte der Forscher auch seine Doppelrolle des engagierten Teilnehmers einerseits und des distanzierten Beobachters andererseits reflektieren. Manche Autoren befürchten, daß der Forscher in der *Beobachter*-Rolle als „Fremdkörper" das natürliche Verhalten der Feldsubjekte beeinträchtigt und somit invalide Informationen bekommt. Bei längeren Feldaufenthalten wird die Beobachter-Rolle jedoch weitgehend „neutralisiert", weil sich das Feld an die Präsenz des Feldforschers gewöhnt und er dadurch ebenso „unsichtbar" wird wie ein Forscher, der ganz in die Rolle des „normalen" Feldteilnehmers schlüpft.

Mit einer engagierten Übernahme der *Teilnehmer*-Rolle ist die Gefahr des Distanzverlusts verbunden. Die eigene Betroffenheit und eine unkritische Identifikation mit den Akteuren im Feld („going native") können zu einer verkürzten Sichtweise führen und sollten idealerweise in der Supervision aufgearbeitet werden. Eine originelle Strategie, die Einseitigkeiten der vollständigen Insider-Rolle zu überwinden, besteht darin, multiple Insider-Rollen wahrzunehmen. Dies taten z.B. Douglas et al. (1977), die die Nudisten-Kultur untersuchten und sowohl am örtlichen Nacktbaden als auch an der Bürgerinitiative gegen das Nacktbaden teilnahmen. Allerdings konnte diese Taktik nur verhältnismäßig kurze Zeit unbemerkt durchgehalten werden.

Dokumentation der Feldtätigkeit: Neben den zahlreichen organisatorischen und ethischen Problemen, die im Feld zu bewältigen sind, darf natürlich die Datenerhebung nicht zu kurz kommen, wobei Beobachtung, Befragung und nonreaktive Methoden eine zentrale Rolle spielen. Anfangs wird man eher breit gestreut beobachten, was im Feld passiert, bevor man sich auf Einzelaspekte konzentriert. Dabei sind Befragung und Beobachtung oftmals parallel einzusetzen, indem man z. B. beim Beobachten nebenbei einige Fragen einstreut, um das Geschehen besser zu verstehen. Diese Fragetechnik steht dem Alltagsgespräch näher als dem standardisierten Interview. Der Befragte sollte nicht in die Defensive geraten und eher animiert werden, ausführliche Erläuterungen abzugeben. Dazu empfiehlt Jorgensen (1990), „warum-Fragen" zu vermeiden und stattdessen sogenannte *deskriptive Fragen* zu stellen, die mit „wie", „wann", „wo" oder „was" beginnen. Erfolgt die Feldbeobachtung nicht verdeckt, lassen sich ergänzend zu den offenen Feldbeobachtungen und Feldgesprächen auch standardisierte Interviews, Tests oder Fragebögen einsetzen. Günstig ist es, Feldstudien im Team durchzuführen und insbesondere Teilaufgaben auch zu delegieren; ggf. können sogar Informanten gebeten werden, bestimmte Informationen zu beschaffen.

Zur Dokumentation von Feldaufenthalten können Audio- und Videoaufzeichnungen oder andere Registriermethoden eingesetzt werden, soweit dies nicht zu viel „Künstlichkeit" und Irritationen schafft. Konzentrierte Beobachtungsfähigkeit und ein gutes Gedächtnis sind dennoch unabdingbar. In regelmäßigen Abständen sind alle wesentlichen Ereignisse und Informationen in einem „Feldtagebuch" (Field Journal) zu notieren. Solche „Feldnotizen" (Field Notes) können stichpunktartig im Feld erfolgen (z.B. Notieren von Namen, Schlüsselbegriffen, Abfolgen von Ereignissen) und sollten unmittelbar nach Verlassen des Feldes ausformuliert werden. Als Faustregel gilt, daß auf eine Stunde im Feld ca. 1 bis 4 Stunden Dokumentationsarbeit folgen (Berg, 1989, S. 73). Es ist empfehlenswert, in den Feldnotizen die äußeren Umstände (Räumlichkeiten, Gegenstände, anwesende Personen) genau zu beschreiben. Ereignisse, Äußerungen von Akteuren im Feld und subjektive Empfindungen und Gedanken des Forschers sollten dabei jedoch nicht vermischt werden. Die Protokollierung bzw. Transkription von Interviews und andere gesammelte Dokumente ergänzen den Materialbestand. In diesem Prozeß sind Datenerhebung und Dateninterpretation verschränkt. Hypothesen, die sich während der Feldarbeit bilden, werden durch weiteres Sammeln von Informationen untermauert oder widerlegt.

Ausstieg aus dem Feld: Je besser man im Feld integriert war, desto problematischer wird der Ausstieg. Persönliche Bindungen zu Feldsubjekten sind entstanden, man hat sich an das Leben im Feld gewöhnt und weiß zudem, daß außerhalb des Feldes die mühsame Auswertungsarbeit beginnt. Sofern das Beenden der Studie nicht durch äußere Umstände erzwungen wird („Enttarnung" durch unvorhergesehene Vorkommnisse, Abgabetermin für den Projektbericht, Auslaufen der Projektstelle oder der Finanzierung), empfiehlt Jorgensen (1990, S. 119) einen schrittweisen Rückzug aus dem Feld, in dessen Verlauf Feldaufenthalte immer seltener und kürzer werden und so auf beiden Seiten eine „Entwöhnung" stattfindet. Bei verdeckten Feldstudien wird man plausible Erklärungen benötigen, um nicht im nachhinein die Tarnung zu lüften.

Im Umgang mit Feldsubjekten, beim Kennenlernen und Aufbauen von Freundschaften sowie beim Verabschieden können sich für den Forscher erhebliche Unsicherheiten und Irritationen ergeben, etwa wenn er mit einem fremden Milieu konfrontiert ist, mit eigenen Vorurteilen zu kämpfen hat oder sich als Helfer zum spontanen Eingreifen animiert fühlt. Daß teilnehmende Beobachtung den Feldforscher mitunter auch persönlich stark beanspruchen kann, wie mit diesen Belastungen umzugehen ist und welchen Einfluß sie auf die Datenerhebung haben, wird von Legewie (1987) wiederholt angesprochen. Diese Bilanz unterstreicht die Notwendigkeit von Supervision (zu ethischen Problemen der Feldforschung vgl. Punch, 1986).

Auswertung und Ergebnisbericht: Wenn man das Feld verlassen hat, besitzt man neben zahlreichen persönlichen Eindrücken und Erfahrungen ein umfangreiches Ton-, Bild- und Textmaterial. Einige Schritte der Analyse und Interpretation des

Materials wurden schon während der Feldphase durchgeführt und im Feldtagebuch festgehalten. Eine erschöpfende Auswertung erfolgt jedoch erst nach Verlassen des Feldes; sie sollte möglichst bald durchgeführt werden, damit möglichst wenig Informationen durch Vergessen verlorengehen. Zudem kann man unmittelbar nach dem Feldausstieg zur Klärung von Fragen noch einmal auf die Informanten im Feld zurückkommen, die zu späteren Zeitpunkten meist schwer erreichbar sind.

Da die Ergebnisse einer Felduntersuchung in der Regel textförmig vorliegen (Interviewtranskripte, Beobachtungsprotokolle, Feldnotizen etc.), gelten die üblichen Regeln qualitativer Auswertung. Auswahl und Vorstrukturierung des Materials sind von besonderer Bedeutung. Es ist zu entscheiden, ob eine „Volltranskription" aller Bandaufzeichnungen geleistet werden soll oder ob exemplarisch nur einige Interviewpassagen bestimmter Informanten wörtlich zu verschriften sind, bei welchen Feldsubjekten die Bandaufzeichnungen nur die Funktion einer Gedächtnisstütze für summarische Kurzbeschreibungen haben etc. Schließlich ist dann über einen Auswertungsplan zu entscheiden, welche Materialien miteinander verglichen und mit welchen Verfahren die Texte analysiert werden sollen.

Nachdem die Analyse abgeschlossen ist, sind die Ergebnisse in geordneter und nachvollziehbarer Form der Fachöffentlichkeit zugänglich zu machen, wobei man sich als Zielpublikum eher Laien mit guter Allgemeinbildung vorstellen sollte als hochspezialisierte Experten. (Ausführliche Hinweise zur Abfassung von Ergebnisberichten s. Denzin, 1989, S. 135 ff., Werner und Schoepfle, 1987 b, bzw. Whyte, 1984, Kap. 12.) Für das Schreiben des Ergebnisberichtes ist es hilfreich, die wesentlichen Resultate der Studie zuvor einer Gruppe von interessierten Freunden oder Kollegen mündlich vorzutragen und dieses Referat auf Band aufzuzeichnen. Die Ausformulierung der schriftlichen Version kann sich dann auf die Bandaufnahme stützen.

Bei der Darstellung von Situationen und Ereignissen im Feld kann man analytisch oder synthetisch vorgehen. Die *analytische Darstellung* gliedert das Material in theoretisch sinnvolle Einheiten, während die *synthetische Darstellung* Verläufe möglichst plastisch in ihrem „natürlichen" Ablauf

schildert (Werner und Schoepfle, 1987 b, S. 291 ff.). Bei ausführlichen Schilderungen sollte man sich stets fragen, aus welcher Perspektive man schreibt; versucht man die Rolle eines distanzierten Beobachters einzunehmen, läßt man eigene Erfahrungen einfließen, oder bemüht man sich, die Perspektive der Akteure herauszuarbeiten? Die Rekonstruktion der Weltsicht der Akteure wird üblicherweise durch Zitate aus Interviews illustriert, die genau wie Zitate aus Fachpublikationen mit Namen (evtl. Codename oder Initialen) des Informanten, Jahr und Nummer des Interviews, Seitenzahl und Zeilenangabe des Transkripts zu versehen sind. Bei der Auswahl der illustrierenden Zitate sollte man selbstkritisch sein, denn die Verführung ist groß, die „schönsten" Zitate aus mehreren hundert Seiten Text auszuwählen und „unpassende" Aussagen zu verschweigen.

> **!** Die *Feldforschung* beschäftigt sich damit, wie alltägliche soziale Systeme funktionieren. Hauptmethode der Feldforschung ist die teilnehmende Beobachtung, d.h. der Forscher nimmt (offen oder verdeckt) am Geschehen teil.

5.4.2
Aktionsforschung

Die Aktionsforschung (Handlungsforschung, Action Research) geht auf Lewin (1953) zurück, der in den 40er Jahren die wirtschaftliche und soziale Diskriminierung von Minderheiten „vor Ort" (z.B. in Fabriken) untersuchte und Veränderungsstrategien entwickelte. In Deutschland wurde der Aktionsforschungsansatz in den 70er Jahren im Zuge von gesellschaftspolitischen Reformbestrebungen und der Studentenbewegung aufgegriffen (z.B. Fuchs, 1970/71; Haag et al., 1972) und fast ausschließlich im pädagogischen Bereich (Schulforschung, sozialpädagogische Stadtteilarbeit, Jugendarbeit und Hochschuldidaktik) umgesetzt (Spöhring, 1989, S. 285). In den 80er und 90er Jahren verlor die Aktionsforschung an Bedeutung, teils weil die wissenschaftstheoretische Grundlegung des Ansatzes unklar blieb, teils weil die Anwendungsfelder mit entsprechenden Reformchancen begrenzt sind (Spöhring, 1989, S. 302). Forschung und Veränderung unter Beteiligung der Untersuchungs„subjekte" kann am ehesten mit der Vorgehensweise einer *formativen Evaluation* verbunden werden, wenngleich diese restriktiver und vorgeplanter verläuft als eine idealtypische Aktionsforschung.

Methodische Grundsätze

Der Aktionsforschungs-Ansatz ist auf drei Grundsätze verpflichtet, die sich aus einem „emanzipatorischen Wissenschaftsverständnis" und Menschenbild ableiten:

- *Forscher und Beforschte sind gleichberechtigt*: Untersuchungsteilnehmer und Forscher arbeiten gleichberechtigt zusammen. Es wird strikt abgelehnt, Untersuchungsteilnehmer als Untersuchungs„objekte" zu behandeln. Dies hat z. B. zur Konsequenz, daß die Untersuchungsteilnehmer mitentscheiden, welche Ziele ein Forschungsprojekt haben soll und welche Methoden einzusetzen sind. Die Untersuchungsteilnehmer werden auch an der Auswertung und Interpretation der Ergebnisse beteiligt (Aufhebung der Subjekt-Objekt-Spaltung).
- *Untersuchungsthemen sind praxisbezogen und emanzipatorisch*: Untersuchungsthemen sollen unmittelbare praktische Relevanz besitzen und nicht abgehoben und „theoretisch" sein. Sozialwissenschaft als Bestandteil der Gesellschaft hat die Verpflichtung, an der Lösung sozialer und politischer Probleme aktiv mitzuarbeiten und als „kritische Sozialwissenschaft" auf bestehende Herrschaftsverhältnisse hinzuweisen, statt diese zu verschweigen oder zu unterstützen (Ablehnung des Wertfreiheits-Postulats zugunsten der Parteilichkeit).
- *Der Forschungsprozeß ist ein Lern- und Veränderungsprozeß*: Erkenntnisgewinn und Veränderungen, Forschung und Praxis sollen Hand in Hand gehen und nicht wie in der angewandten Forschung nacheinander ablaufen. Indem neue Erkenntnisse gewonnen und den Untersuchungsteilnehmern sofort vermittelt werden, wird der Forschungsprozeß gleichzeitig zum Lern- und Veränderungsprozeß für alle Beteiligten – auch für den Forscher (dialogische Wahrheitsfindung).

Die Verpflichtung auf die o.g. Positionen hat Konsequenzen für die Methodenwahl. Standardisierte Fragebögen, die man allein konzipiert und die von den Untersuchungsteilnehmern nur Antworten in Form von Re-Aktionen verlangen, werden abgelehnt. Offene teilnehmende Beobachtung wird vorgezogen, da sie vom Forscher fordert, daß er sich gleichberechtigt in das Feld einfügt. Neben Beobachtungsverfahren werden vor allem offene Befragung (Gruppendiskussion) und Dokumentenanalysen eingesetzt.

Praktische Durchführung

Die Ideale der Aktionsforschung werfen nicht nur wissenschaftstheoretische Fragen auf, sondern stoßen auch auf praktische Widerstände. Der gutgemeinte Vorsatz, die Problemfindung in enger Zusammenarbeit mit den Untersuchungs„subjekten" zu bewerkstelligen, stößt dort an seine Grenzen, wo kein ausreichendes *Problembewußtsein* bei den Untersuchungsteilnehmern vorhanden ist und „eingefahrene Praxisdeformationen" möglicherweise erst in einem „Problematisierungsprozeß" durchbrochen werden müssen (Moser, 1975, S. 152).

Schließlich ist das Einbeziehen der Untersuchungsteilnehmer in den Forschungsprozeß für diese auch mit viel Arbeit verbunden.

Ein Aktionsforscher, der dem Lehrerkollegium der zu untersuchenden Schule mitteilt, er wolle keine direktiven Vorgaben machen, sondern einfach hören, welche Forschungsideen die Lehrerinnen und Lehrer denn hätten, hinterläßt vielleicht weniger den Eindruck besonderer Emanzipation als vielmehr den der Faulheit und mangelnden Vorbereitung. Gemeinsame Entscheidungsfindung mit allen Beteiligten ist nicht nur extrem zeit- und kraftaufwendig, sondern im Ergebnis auch immer nur so gut wie die Sachkompetenz der Mitentscheider. Methodenfragen von Laien entscheiden zu lassen, bedeutet in der Regel schlichte Überforderung. Wenn die Betroffenen eine Untersuchung selbst planen, selbst durchführen, sich selbst untersuchen und die Ergebnisse anschließend selbst auswerten und interpretieren, wird möglicherweise kritische Distanz aufgegeben; nicht umsonst sorgt man sonst in empirischen Untersuchungen dafür, daß die Untersuchungsteilnehmer die Wunschhypothese nicht kennen und von ihr weder in der einen noch der anderen Richtung beeinflußt werden.

Zu beachten ist weiterhin, daß das emanzipatorische Programm der Aktionsforschung „Beforschte" im Auge hat, die als Benachteiligte oder Opfer der Verhältnisse die Sympathie des Forschers genießen und von ihm bereitwillig unterstützt werden. Aktionsforschung hat damit von vornherein einen beschränkten Anwendungsradius, denn wie wollte man z.B. die Situation von Neonazis mit den Mitteln der Aktionsforschung behandeln? Will man ihnen auch gleichberechtigte Mitsprache bei der Interpretation der Ergebnisse einräumen, auf die Gefahr hin, daß sie die Forschung zur Propagierung ihrer Ideologie mißbrauchen? Aktionsforschung ist eher für gut gebildete Teilnehmer geeignet, die einem kulturellen und politischen Konventionskreis entstammen, zu dem sich der Forscher selbst zählt oder den er zumindest akzeptiert.

Aktionsforschung in „reiner" Form ist seltenen Untersuchungsanlässen vorbehalten und sollte die o.g. Probleme reflektieren. Einflußreich ist dieser Ansatz jedoch insofern, als einige seiner Grundprinzipien – etwa Ergebnisrückmeldung an die Teilnehmer und gemeinsamer Lernprozeß – z.B. in der angewandten Arbeits- und Organisationspsychologie oder in der formativen Evaluationsforschung aufgegriffen werden. (Weitere Hinweise zur Aktionsforschung findet man bei Gstettner, 1995.)

Unter dem Stichwort „practice as inquiry" schlägt Newman (2000) vor, Praktiker/innen darin zu schulen, ihre berufliche Tätigkeit zum Gegenstand systematischer Reflexion zu machen und somit auf eigene Faust „Aktionsforschung" zu betreiben. Ihnen wissenschaftliche Weiterbildung anzubieten ist zweifellos die konsequenteste Form, Laien als Forschungspartner/innen ernstzunehmen. Diese Herangehensweise erfordert jedoch viel Engagement auf Seiten aller Beteiligten. Die Zeitschrift „Annual Review of Critical Psychology (http://www.sar.bolton.ac.uk/Psych/Main/annrev.htm) hat ein Sonderheft zum aktuellen Stand der Aktionsforschung zusammengestellt (Issue 2, 2000).

> **!** Die *Aktionsforschung* konzentriert sich auf soziale und politische Themen und arbeitet auf konkrete Veränderungen in der Praxis hin; speziell die Situation von benachteiligten gesellschaftlichen Gruppen soll transparent gemacht und verbessert werden. Aktionsforschung beteiligt die Betroffenen sehr weitgehend am Forschungsprozeß und behandelt sie als gleichberechtigte Experten bei der Entscheidung von inhaltlichen und methodischen Fragen.

5.4.3 Frauenforschung

Frauenforschung (feministische Forschung) ist ein interdisziplinärer Ansatz, der die Geschlechterfrage auf inhaltlicher, methodischer und methodologischer Ebene behandelt und in einem kritischen Ergänzungsverhältnis zur herkömmlichen, überwiegend durch männliche Forscher repräsentierten und überlieferten Wissenschaft steht (sog. männlicher Bias). Obwohl Frauenforschung sowohl mit quantitativen als auch mit qualitativen Methoden arbeitet, wird sie bislang vor allem in den Lehr- und Handbüchern des qualitativen Ansatzes berücksichtigt (z.B. Denzin und Lincoln 1994; Flick et al. 1995; Spöhring, 1989). In der Deutschen Gesellschaft für Soziologie ist die Sektion „Frauenforschung" mit über 400 Mitgliedern die zahlenmäßig stärkste (Spöhring, 1989, S. 303).

Die Begriffe *Frauenforschung* und *feministische Forschung* werden teilweise synonym verwendet, teils aber auch voneinander abgegrenzt. Während sich die Frauenforschung über den Untersuchungsgegenstand („Frauenthemen") definiert und dabei mit herkömmlichen Methoden arbeitet, betont der feministische Ansatz (Feminismus: alle Bestrebungen, die Benachteiligung von Frauen aufzudecken und ihnen entgegenzuwirken) stärker eine wissenschafts- und gesellschaftskritische Position. Danach sind Frauenthemen keine separaten Spezialthemen; vielmehr sollten Geschlechterasymmetrien, die in allen gesellschaftlichen Bereichen mehr oder weniger versteckt präsent sind, mit neuen Denkmodellen und Methoden thematisiert werden.

Die Auseinandersetzungen um feministische Forschung war und ist nicht nur durch die gelegentliche Diffamierung und Mißinterpretation von „Feminismus" als „Männerhaß" belastet, sondern spricht auch die wissenschaftstheoretisch bedeutsame Frage nach der Vereinbarkeit von Wissenschaftlichkeit und Parteilichkeit an.

Der Vorsatz, emanzipatorisch zu forschen, steht immer leicht im Verdacht, ideologisch verzerrte Ergebnisse zu liefern und nicht „objektiv" zu sein. Abgesehen davon, daß wissenschaftliche Objektivität niemals durch die angeblich „objektive Haltung" einer einzelnen Forscherin oder eines einzelnen Forschers gesichert werden kann, sondern nur durch die gemeinsame Verpflichtung der Scientific Community, Forschungsergebnisse transparent und kritisierbar zu machen, zeigt sich gerade am Beispiel Frauenforschung, daß Konsenskriterien dort Schwächen aufweisen, wo die Konsensbildungen in einseitig zusammengesetzten Gruppen (z. B. überwiegend männliche Vertreter in der Scientific Community) stattfindet und damit für kollektive Verzerrungen anfällig ist (so blieb die einseitige bzw. „parteiliche" Theoriebildung männlicher Wissenschaftler unkritisiert, solange Frauen kollektiv von den Universitäten ausgeschlossen waren).

Der Vorschlag, unumwundene „Parteilichkeit" und „gemeinsame Betroffenheit" (Mies, 1978) zu Grundprinzipien der Frauenforschung zu erheben, stößt unter Frauenforscherinnen keineswegs auf einhelligen Zuspruch; vielmehr wird eine genaue Reflexion der Beziehung zwischen Forschenden und Beforschten gefordert und naive Identifikation mit den Untersuchungsteilnehmerinnen abgelehnt (Becker-Schmidt und Bilden, 1995). Auch in der Frauenforschung werden Frauen nicht nur als Opfer, sondern auch als Nutznießerinnen und Mittäterinnen patriarchalischer Geschlechterverhältnisse gesehen (vgl. Haug, 1980).

Methodische Besonderheiten der Frauenforschung
Empirisch läßt sich zeigen, daß die meisten Sozialwissenschaftlerinnen mit quantitativen Methoden arbeiten und zwar auch und besonders dann, wenn sie sich mit Fragen des Geschlechterverhältnisses befassen (s. Becker-Schmidt und Bilden, 1995, S. 24). Das Vorurteil, Frauen würden qua Geschlecht den „harten" Methoden ausweichen, scheint sich nicht zu bestätigen. Auch aus inhaltlicher Sicht ist nicht auszumachen, daß qualitative Forschung prinzipiell geeigneter ist, Diskriminierung aufzudecken. Gerade quantitative Angaben machen strukturelle Diskriminierung oftmals besonders gut deutlich.

So läßt sich etwa die Tatsache, daß unsere Gesellschaft von Männern dominiert wird (Patriarchat), leicht mit objektiv nachprüfbaren Häufigkeitsdaten belegen, die zeigen, daß in allen gesellschaftlichen Bereichen (Politik, Wissenschaft, Wirtschaft, Verwaltung etc.) Spitzenpositionen nahezu ausschließlich – nämlich in der Regel zu 95% – von Männern besetzt sind (Alder, 1992, S. 190), während Frauen nach wie vor allein für den Haushalt zuständig sind: „92% aller Männer,

die mit einer Partnerin zusammenleben, fühlen sich durch Hausarbeit kaum belastet. Zu Recht: sie tun so gut wie nichts" (Metz-Göckel und Müller, 1986, S. 246). Konkret übernehmen z. B. 2% der westdeutschen Männer das Putzen, das – da in 15% der Haushalte gemeinsam geputzt und in 6% der Haushalte eine Hilfe in Anspruch genommen wird – in 77% der West-Haushalte allein den Frauen zufällt (in ostdeutschen Haushalten gibt es keine Hilfen, dafür wird etwas öfter – zu 25% – gemeinsam geputzt, vgl. IPOS, 1992, S. 27 f.). An der traditionellen geschlechterpolaren Aufteilung der Welt in eine Berufswelt der Männer und eine Familienwelt der Frauen hat sich empirisch nachweisbar viel weniger geändert, als offiziell verkündet wird. Welche Einstellungen zu diesen Verhältnissen in der Bevölkerung verbreitet sind, ist einer Studie des IPOS (1992) zu entnehmen, die z. B. zeigt, daß 55% der Westdeutschen und 66% der Ostdeutschen ein Hausfrauengehalt befürworten und 73% der Westdeutschen sowie 86% der Ostdeutschen eine stärkere Förderung der Berufstätigkeit von Frauen fordern.

Der besondere Nutzen qualitativer Verfahren für die Frauenforschung liegt indessen darin, daß eingeführte Konstrukte und Fragebögen häufig bereits von traditionell einseitigen Sichtweisen und scheinbaren Selbstverständlichkeiten geprägt sind, deren Fragwürdigkeit anhand intensiver, offener und qualitativer Untersuchungen deutlich werden kann.

Beispiel: Bis Ende der 70er Jahre wurde die Situation von Industriearbeiterinnen kaum erforscht. Als Soziologen sich schließlich für sie zu interessieren begannen, charakterisierten sie Arbeiterinnen schlicht als „Zusatzverdienerinnen", die nur aus finanziellen Gründen arbeiten, weil der Verdienst des Ehemannes zur Versorgung der Familie nicht ausreicht. Die am traditionellen Rollenbild orientierte Vorstellung, daß Arbeiterinnen primär „familienorientiert" seien und nur aus der Not heraus arbeiten, konnte empirisch immer wieder gezeigt werden: die Arbeiterinnen klagten über diverse Belastungen der Fabrik- und Akkordarbeit. Ein etwas anderes Bild ergab sich jedoch, als Becker-Schmidt et al. (1982) die von ihnen entwickelte Technik des „Perspektivenwechsels" einsetzten, d.h. sie fragten nicht nur nach der Fabrikarbeit, sondern auch nach der Hausarbeit (die sonst im Kontext von Untersuchungen zum Arbeitsleben meist unberücksichtigt blieb) und wechselten während ihrer Leitfadeninterviews mit 60 Akkordarbeiterinnen jeweils mehrmals zwischen beiden Bereichen.

Nach ihrer Erwerbstätigkeit gefragt, beschreiben die Respondentinnen in der Tat die starken Belastungen und Nachteile der Akkordarbeit und betonten die angenehmen Seiten der Hausarbeit (z. B. freie Zeiteinteilung). Diese „Familienorientierung" verschwand jedoch, wenn die Frauen auf die Hausarbeit angesprochen wurden; nun nannten sie nämlich übereinstimmend Nachteile und Belastungen der Familienbetreuung und beschrieben die Vorteile der Erwerbstätigkeit (z. B. Anerkennung, Selbständigkeit). Dieser Aspekt der „Ambivalenz" und v.a. die große Attraktivität von (auch sehr schwerer) Erwerbstätigkeit für Frauen war in früheren Untersuchungen durch die Festlegung auf das Modell „familienorientierte Zusatzverdienerin" nicht berücksichtigt worden.

Ein weiteres anschauliches Beispiel dafür, wie stark Methodenfragen von einer androzentrischen Sichtweise belastet sein können, geben Lange et al. (1993) in ihrer Kritik einer Fragebogenstudie zur Jugendsexualität.

Methodologische Fragen: Feministische Forschung hat dazu beigetragen, bestehende qualitative und quantitative Methoden zu modifizieren (z. B. Vorschläge zur Formulierung gewaltbezogener Fragebogen-Items, Smith, 1994) und kritischer über den Forschungsalltag nachzudenken. Diese feministische Wissenschaftskritik beinhaltet zunehmend auch Selbstkritik. So wird der Frauenforschung, die mit dem Anspruch angetreten war, die authentischen *Stimmen von Frauen* durch qualitative, verständnisorientierte und parteiliche Befragungsstudien zu Gehör zu bringen, heute teilweise vorgeworfen, die Lebenswirklichkeit vieler Frauen systematisch zu ignorieren. Was weiße mittelständische Akademikerinnen durch ihre Auswahl von Interviewpartnerinnen und Forschungsfragen als typische Probleme, Anliegen und Erfahrungen „von Frauen" beschreiben, hat etwa mit der Wirklichkeit afrikanischer oder afroamerikanischer Frauen wenig zu tun. In Abgrenzung vom „Feminism" konzentriert sich der von den „Women of Color" entwickelte *„Womanism"* (auch: *Black Feminism*) auf soziale Benachteiligung, die mit den Wechselwirkungen von Geschlecht und Rasse/Ethnizität

einhergeht (Modupe Kolawole, 1996). Auch die Tatsache, daß sich die Formulierung „*Frauen und Lesben*" in diversen feministischen Kontexten einbürgern konnte, zeugt von den theoretischen und methodologischen Problemen, „Frauen" als soziale Kategorie und Gruppe adäquat anzusprechen.

Was im sozialen Sinne „Frausein" bedeutet, läßt sich eben nicht auf *eine* soziale Frauenrolle und die Auseinandersetzung mit ihr beschränken, sondern ist wesentlich dadurch mitbestimmt, welchen anderen sozialen Kategorien eine Person angehört oder zugeordnet wird und welcher situative Kontext gerade betrachtet wird. Wie institutionell und diskursiv sicherzustellen ist, daß hier eine entsprechende Vielfalt an Perspektiven Berücksichtigung findet, wird damit zur vordringlichen Frage. Das Arbeiten in *gemischten Forschungsteams* etwa kann dabei helfen, Aspekte uninformierter Außenperspektive oder undistanzierter Betroffenheit zu erkennen. Allerdings muß hierfür eine entsprechende Kooperationsbereitschaft und Diskurskultur vorausgesetzt werden, wie sie bislang eher selten vorkommt (s. für die Arbeit eines lesbisch-heterosexuellen Forscherinnenteams Klaus et al., 1995, S. 10). Den *eigenen Standpunkt und Hintergrund* bei jeder Studie transparent zu machen und kritisch zu reflektieren, wird als eine weitere Strategie vorgeschlagen, um Übergeneralisierung entgegenzuwirken. Welche Konsequenzen es hat, wenn Forscherinnen in diesem Sinne autobiographische Informationen offenlegen oder welche Implikationen es hat, Forschungsprojekte als „feministisch" zu etikettieren, berührt methodologische Fragen der Produktion und Verbreitung wissenschaftlicher Erkenntnisse (vgl. DeVault, 1999).

Mit welchen emotionalen und sozialen Belastungen, Verwirrungen, Konflikten, aber auch Freuden wissenschaftliche Arbeit verbunden ist, daß es de facto oft viel chaotischer zugeht als später im Forschungsbericht nachlesbar – derartige Erfahrungen werden zwar informell und vertraulich ausgetauscht, aber selten offiziell in den methodologischen Diskurs und die Methodenausbildung einbezogen (vgl. Hofmann, 1997). Die feministische Methodologie bewegt sich in dem Spannungsverhältnis, einerseits die akademischen Spielregeln einzuhalten, um im System zu bleiben, andererseits aber auch fragwürdige Praxen der Inszenierung von Wissenschaftlichkeit zu überwinden.

Modelle der Geschlechterdifferenz

Neben einer Bestandsaufnahme geschlechtsspezifischer Asymmetrien interessieren natürlich deren Verursachungszusammenhänge. Prominentester Erklärungsansatz war lange Zeit eine biologistische Theorie, die männliche und weibliche „Natur" als biologische Konstanten auffaßte und aus der verschiedene Modelle der Geschlechterdifferenz (vgl. auch Opielka, 1988) abgeleitet wurden:

- *Männliche Überlegenheit*: Das Modell der männlichen Überlegenheit postuliert gravierende Geschlechtsunterschiede und interpretiert diese als Defizite und Schwächen bei der Frau (z.B. weniger rational, weniger moralisch, weniger ehrgeizig etc.), wodurch die bestehende Geschlechterhierarchie als biologisch notwendig legitimierbar ist.
- *Keine Unterschiede*: Das *Gleichheitsmodell* bestreitet gravierende, naturgegebene Unterschiede zwischen weiblichem und männlichem Erleben und Verhalten (v.a. im Leistungsbereich), deutet Geschlechterhierarchien als soziale Benachteiligung und befürwortet das Konzept der Austauschbarkeit geschlechtsspezifischer Aufgabenteilung. Demgegenüber plädiert das Konzept der *Gleichrangigkeit* bzw. Gleichwertigkeit dafür, bestehende Verhaltensunterschiede (unabhängig von ihren Ursachen) zuzulassen und nur die ungleiche Bewertung abzuschaffen, die Differenzen hierarchisch abbildet (z.B. männlich: stark, weiblich: schwach, Männerarbeit: bezahlt, Frauenarbeit: unbezahlt etc.).
- *Weibliche Überlegenheit*: Das Modell weiblicher Überlegenheit hält an der Vorstellung unterschiedlicher „Naturen" von Mann und Frau fest, deutet sie allerdings zugunsten der weiblichen Eigenschaften. Vertrat etwa die Psychoanalyse in Übereinstimmung mit dem Modell männlicher Überlegenheit die Vorstellung, daß Frauen eine schwächere Moral haben, so wurde in den letzten Jahren immer wieder die These propagiert, daß umgekehrt Frauen das „moralische Geschlecht" seien (vgl. z.B. Belenky et al. 1989; kritisch dazu Lind et al., 1987).

Im englischen Sprachraum hat es sich eingebürgert, zwischen Geschlecht im biologischen Sinne (Sex) und im sozialen bzw. kulturellen Sinne (Gender) zu unterscheiden. Eindimensionale bio-

logistische Interpretationen der Geschlechterfrage werden zunehmend zugunsten multikausaler Erklärungsmodelle zurückgewiesen, d.h. man geht davon aus, daß biologische, psychologische, soziologische, historische, ökonomische, politische und andere Faktoren zusammenwirken, so daß Frauenforschung stets als interdisziplinäres Forschungsfeld zu begreifen ist. Es ist zu beachten, daß es keine allgemeine feministische Theorie gibt, sondern eine Vielzahl teilweise äußerst kontroverser Ansätze nebeneinander besteht (zum Überblick s. z.B. England, 1993).

Themen der Frauenforschung

Die Themen der Frauenforschung bzw. der feministischen Forschung sind breit gefächert, da sich Fragen der Geschlechterasymmetrie in allen sozialwissenschaftlichen Bereichen stellen. Wichtige Themenbereiche der Frauenforschung sind:

- Arbeitswelt (z.B. Mohr et al., 1982),
- Partnerschaft, Familie, Sozialbeziehungen (z.B. Risman und Schwartz, 1989; Simm, 1989; Weitzman, 1989).
- Geschichte (z.B. Müller, 1989, Perrot, 1989),
- Recht (z.B. Gerhard, 1990; Gerhard und Limbach, 1988) und
- Wissenschaft (z.B. Bamberg und Mohr, 1982; Hausen und Nowotny, 1986; Keller, 1986; Koch-Klenske, 1988; Kulke, 1988; Onnen-Isemann und Oßwald, 1991).

Die Frauenforschung begann in den 60er Jahren als Kritik an einseitig männlichen Sichtweisen und der Ausblendung weiblicher Lebensbezüge aus der wissenschaftlichen Theoriebildung. Mittlerweile hat sich als Parallele zur Frauenforschung (Women's Studies) auch eine Männerforschung (Men's Studies) etabliert, deren Zielsetzung Brod (1987, S. 40) folgendermaßen begründet und definiert. „Während die traditionelle Wissenschaft offensichtlich von Männern handelt, schließt die Verallgemeinerung von Männern als menschlicher Natur faktisch eine Betrachtung dessen aus, was Männern als solchen zu eigen ist. Die Über-Verallgemeinerung der männlichen als allgemeinmenschlicher Erfahrung verzerrt nicht nur unser Verständnis, was, wenn überhaupt, menschlich ist; sie schließt auch das Studium von Männlichkeit als spezifisch männlicher Erfahrung aus. Die allgemeine Definition von ‚Männerforschung' ist die, daß sie Männlichkeit und männliche Erfahrung als spezifische und je nach sozial-historisch-kultureller Formation variierende zum Gegenstand hat." Männerforschung ist weniger als Konkurrenz zur Frauenforschung aufzufassen, sondern unterstreicht eher die Bedeutung der Reflexion von Geschlechterfragen in den Sozialwissenschaften (vgl. dazu auch Opielka, 1988).

> **!** Die *Frauenforschung* beschäftigt sich nicht nur mit der Situation von Frauen, sondern prinzipiell mit allen sozialwissenschaftlichen Themen, wobei sie jedoch Geschlechterasymmetrien, die in jedem gesellschaftlichen Bereich mehr oder weniger versteckt präsent sind, mitberücksichtigt, beschreibt und erklärt. Dabei greift die Frauenforschung auf eine große Bandbreite von Theorien und Methoden zurück, verwendet oder modifiziert herkömmliche und entwickelt teilweise auch neue Verfahren.

5.4.4
Biographieforschung

Während mit *Lebensverlauf* die Folge faktischer Lebensereignisse gemeint ist, versteht man unter *Biographie* die Interpretation beziehungsweise Rekonstruktion dieses Lebensverlaufs aus subjektiver Sicht (Lamnek, 1993, S. 341). In den Sozialwissenschaften bekam die Erforschung individueller Lebensgeschichten im Zuge der Modernisierung westlicher Gesellschaften besondere Bedeutung, denn „der Übergang in die Moderne wird üblicherweise als Individualisierungsprozeß im Sinne einer Freisetzung des Menschen aus ständischen und lokalen Bindungen, einer Pluralisierung der Lebensverhältnisse und eines Gestaltungsverlustes traditioneller Orientierung gedeutet" (Kohli 1986, S. 432). Wo sich äußere Normen lockern, gewinnen die subjektiven, biographisch geformten Werte und Erfahrungen an Bedeutung; sie sind zur Erklärung menschlichen Erlebens und Verhaltens unverzichtbar.

Biographieforschung (biographische Forschung, biographische Methode) thematisiert jedoch nicht nur idiographisch einzelne Individuen und deren Lebensweg, sondern sucht durch den Vergleich von Biographien nach Regelmäßigkeiten, die zur Erklärung personenbezogener und gesellschaftlicher Phänomene dienen können. So könnte man etwa die Lebensgeschichten von Angst-Patienten vergleichen, um Bedingungsfaktoren von Angst-Erkrankungen ausfindig machen.

Individuelle Lebensgeschichten formen sich im Spannungsfeld subjektiver Wünsche und Entscheidungen einerseits und sozialer und biologischer Einschränkungen der Handlungsautonomie andererseits. Jede Gesellschaft belegt das Konstrukt „Biographie" mit bindenden Vorstellungen darüber, wie ein „normaler" Lebenslauf zu gestalten ist (z.B. Altersober- und Altersuntergrenzen für Bildungs- und Berufskarrieren). Welche „Normalbiographie" in einer Gesellschaft propagiert wird, läßt Rückschlüsse auf das soziale System zu.

Biographisches Material

Biographisches Material wird im Alltag in Form von Briefen, Tagebüchern, Terminkalendern, Augenzeugenberichten, Gerichtsaussagen, Reisereportagen usw. erzeugt; es kann vom Betroffenen selbst stammen (z.B. Autobiographie) oder von Außenstehenden (z.B. Krankenakte) und in mündlicher oder schriftlicher Form vorliegen. Für die wissenschaftliche Biographieforschung sind private Aufzeichnungen meist nicht verfügbar. Biographisches Material aus dem literarischen oder journalistischen Bereich ist zwar öffentlich zugänglich, aber eigenen Gestaltungsprinzipien unterlegen (z.B. Mischung von „Dichtung" und „Wahrheit") und dadurch für wissenschaftliche Zwecke nur bedingt geeignet.

Die Biographieforschung benutzt deswegen meist biographisches Material, das unter kontrollierten Bedingungen erst auf Veranlassung des Forschers erstellt wird. Typischerweise werden offene oder teilstrukturierte Methoden der mündlichen und schriftlichen Befragung eingesetzt (z.B. narrative Interviews, Leitfadeninterviews, Tagebuchmethode), um retrospektiv ganze Lebensgeschichten zu erfahren. Auch Längsschnittstudien, bei denen Individuen über längere Zeit begleitet und in festen Abständen wiederholt untersucht werden, sind für die Biographieforschung von Bedeutung. In jeder biographischen Studie sollten neben biographischen Schilderungen auch Standardfragen zur Sozialstatistik gestellt und ggf. objektive Persönlichkeits- oder Leistungstests oder physiologische Messungen durchgeführt werden.

Der traurige Lebenslauf des Karl Meyer.

Von Helga Gebert

1. Karlchen

2. Charlie Meyer
Wirtschaftsoberschule.

3. Dipl. Ing. Carl Meyer Leiter der Personalabteilung der Firma Vornebeg & Co. Nervöse Magenbeschwerden. Blähungen.

4. Dipl. Dipl. Ing. Kfm. Direktor Dr. Carolus Meyer Vornebeg. Inhaber der Firma Meyer Vornebeg. Vorstandsmitglied des Bundes Deutscher Arbeitgeber. Hoher Blutdruck. Magenbluten.

5. Dr. jur. Dipl. Ing. Dipl. Kfm. Dr. Carolus Meyer Vornebeg Ehrenprofessor der Universität Marburg. Direktor der Firma Meyer Vornebeg. Aufsichtsratsmitglied des Zentralverbandes Deutscher Industrien Magenresektion. Nierensteine. Gastritis. Hämorrhoiden. Verengung der Herzkranzgefäße. Migränen.

6. Der sehr ehrenwerte Herr Regierungsdirektor Prof. c.h. Dr. jur. Dr. pol. Dipl. Ing. Dipl. Kfm. Dr. Carolus Meyer Vornebeg. Inhaber des Meyer Vornebeg Concerns. Aufsichtsratsvorstand des Bundes Deutscher Unternehmer. Ehrenbürger der Stadt Müllheim a.d. Ruhr. Träger des Bundesverdienstkreuzes I. Klasse

TOT

Einzelfall oder Typus? Lebenslauf und psychosomatische Beschwerden. (Aus: Gelberg, H.-J. (Hrsg.) (1975) Menschengeschichten. Drittes Jahrbuch der Kinderliteratur. Weinheim, Basel: Beltz. S. 130.)

Auswertungsverfahren

Biographisches Material kann mit den üblichen Techniken der qualitativen und quantitativen Datenanalyse ausgewertet werden. Drei Hauptstrategien im Umgang mit biographischem Material sind zu unterscheiden (vgl. Lamnek, 1993 b, S. 366 f.):

- *Konstruktion*: Der Forscher sichtet biographisches Material zu einer festgelegten Themenstellung und konstruiert aus den themenbezogenen Elementen induktiv ein Gesamtbild. Die Konstruktionsmethode ist methodisch nicht abgesichert; sie hat vor allem heuristischen Wert.

- *Exemplifikation*: Der Forscher hat eine bestimmte Theorie über eine Biographie und zieht exemplarisch Ausschnitte aus biographischem Material heran, um seine These zu illustrieren oder zu bestätigen. Da gezielt nur nach theoriekonformen Informationen gesucht wird, gelingt eine Exemplifikation eigentlich immer, d.h. der Erklärungswert dieser Methode ist sehr begrenzt.

- *Typenbildung*: Im Unterschied zum rein intuitiven Vorgehen bei den Methoden der Konstruktion und Exemplifikation stellt die systematische Typenbildung ein intersubjektiv abgesichertes Verfahren dar. Ziel ist die Aufstellung bestimmter Persönlichkeitstypen, Verhaltenstypen oder Mustertypen des Zusammenlebens. Bei der Typenbildung können interpretative und statistische Analysen herangezogen werden. Ein besonderes Verfahren zur Typenbildung stellt die *komparative Kasuistik* dar (Jüttemann, 1990), die das biographische Material verschiedener Einzelfälle in mehreren Schleifen durcharbeitet mit dem Ziel, jeden Einzelfall anhand eines Kategorienschemas zunehmend genauer zu beschreiben. Abschließend werden die Einzelfallresultate miteinander verglichen, um Gemeinsamkeiten (z. B. hinsichtlich der Entstehungsgeschichte einer psychosomatischen Erkrankung) herauszuarbeiten.

Genealogie

Unter *Genealogie* versteht man Familien- und Familiengeschichtsforschung, man spricht auch von *Ahnen-, Geschlechter-, Sippen- oder Stammbaumkunde*. Es geht darum, Verwandschaftsverhältnisse zu rekonstruieren, wobei unter interdisziplinärer Perspektive erbbiologische, ethnologische, medizinische, juristische, soziologische, historische und eben auch biographische Aspekte eine Rolle spielen. Zwischen Genealogie und Biographieforschung gibt es also Überschneidungen: Die Genealogie ermittelt zunächst Namen, Lebensdaten und sonstige biographische Angaben von Individuen, die dann im Kontext ihrer Vorfahren und Nachkommen betrachtet werden (Burghardt, 2000). Als genealogische Quellen können öffentlich zugängliche Archivdokumente (z. B. Grundbuchdokumente, Kirchenbücher, Zivilstandsakten), private Dokumente (z. B. Briefe, Fotos, Todesanzeigen), Publikationen (z. B. Biographien, Zeitungsmeldungen) und persönliche Mitteilungen herangezogen werden. Einen Boom erlebt die von Hobbyisten betriebene Genealogie-Forschung durch das Internet, weil binnen kürzester Zeit eine Vielzahl von Email-Adressen des eigenen Familiennames recherchiert und weltweit kontaktiert werden können (s. z. B. http://www.genealogy.org/). Genealogische Online-Aktivitäten sind ein weiterer Beleg dafür, daß und wie Netzkommunikation zur Stärkung tradierter sozialer Gebilde genutzt wird und nicht etwa eine allgemeine Isolation vorantreibt (vgl. Döring, 1999). Die wissenschaftliche Genealogie kann auf diese Laienforschung teilweise aufbauen. Zudem mag das genealogische Interesse selbst ein sozialwissenschaftlicher Forschungsgegenstand sein: Was motiviert Menschen zur Ahnensuche? Welche biographischen Konsequenzen hat einerseits das Wissen um die Lebensumstände entfernter Familienmitglieder und andererseits das freiwillige oder – wie im Falle nichtoffener Adoption – erzwungene Nichtwissen?

Wenn die Genealogie anstrebt, mit ihren Methoden und Ergebnissen nicht zuletzt auch das Bewußtsein für familiären Zusammenhalt zu stärken und Traditionspflege zu fördern, sind damit Wertfragen angesprochen, wie sie im Positivismusstreit (s. S. 304 ff.) diskutiert wurden. Von einer wissenschaflichen Familienforschung ist zu fordern, daß sie ihre Konzepte auf deren normativen Gehalt hin kritisch reflektiert. Welche Implikationen hat es etwa, nur biologische Abstammungsverhältnisse als konstituierend für Familien anzusehen?

Psychohistorie

Deutlich stärker verwissenschaftlicht als die populäre Genealogie ist die Psychohistorie. Gemäß der Deutschen Gesellschaft für Psychohistorische Forschung e.V. (http://www.psychohistorie.de/) geht es bei der Psychohistorie um die Anwendung von psychologischen und psychoanalytischen Theorien auf die Geschichte. Dahinter steht die Überlegung, daß sich historische Ereignisse nicht allein durch die Ansammlung von Daten aus Politik, Wirtschaft und Gesellschaft rekonstruieren lassen, sondern daß die bewußten und insbesondere unbewußten Motive der geschichtlich Handelnden entscheidende Faktoren sind. Aus dieser Sicht läßt sich Psychohistorie verstehen als die wissenschaftliche Erforschung historischer Motivationen (de Mause, 2000). Da sich historische Personen nicht mehr testen, beobachten oder befragen lassen, ist man hier – ebenso wie in der Genealogie – wieder vornehmlich auf Dokumentenanalysen (z.B. Briefe, Tagebuchaufzeichnungen) und indirekte Quellen (z.B. Zeitzeugenberichte im Sinne der Oral History) angewiesen.

Entgegen der gängigen Vorstellung, daß sich „die menschliche Natur" im Grunde „seit der Steinzeit" kaum verändert hat, kann psychohistorische Forschung rekonstruieren, daß die Art und Weise, wie wir heute vermeintlich „natürliche" oder „allgemein menschliche" Phänomene, wie Liebe oder Haß, erleben, eben doch in starkem Maße historisch und kulturell geprägt ist (vgl.

z.B. Frenken und Rheinheimer, 2000). Obwohl es durchaus naheliegt, gerade die persönlichen Motivationen historisch besonders auffälliger Personen zu analysieren, beschränkt man sich nicht auf diese. Zu recht wurde schließlich ein Verständnis von Geschichte als Abfolge bedeutender Taten weißer männlicher Personen in Herrschaftspositionen („great man history" und überhaupt „history = his story") zur Genüge kritisiert (komplementäre bzw. supplementäre Konzepte sind etwa *Alltagsgeschichte* und *Frauengeschichte*: „her story"). In der psychohistorischen Forschung ist nicht nur die Quellensuche oftmals besonders schwierig, sondern auch der Nachweis valider Interpretationen, immerhin scheiden eine Reihe von Validierungstechniken (z.B. Dialog-Konsens-Methode, vgl. S. 306) aus.

Weitere Hinweise und Beispiele zur Biographieforschung findet man bei Baacke und Schulze (1979); Elms (1995); Fuchs (1984); Gerhardt (1985); Grundmann (1992); Gstettner (1980); Hoerning (1980); Jüttemann und Thomae (1987, 1998); Straub (1989) und Thomae (1968).

> **!** Die *Biographieforschung* beschreibt und vergleicht Biographien, um damit historische und kulturelle Besonderheiten unserer Lebensweise aufzuzeigen, die Situation unterschiedlicher gesellschaftlicher Gruppen zu kennzeichnen oder Ursachenfaktoren für Störungen, Erkrankungen, Erfolge oder andere besondere Ereignisse zu finden. Die wichtigste Datenerhebungsmethode für die Biographieforschung ist die offene Befragung.

ÜBUNGSAUFGABEN

1. Nennen Sie die Besonderheiten der Aktionsforschung.

2. Was ist mit dem Begriff „Positivismusstreit" gemeint?

3. Schildern Sie Zielsetzung und Vorgehensweise des Grounded Theory-Ansatzes!

4. Definieren Sie Deduktions-, Induktions- und Abduktionsschluß!

5. Was versteht man unter „Hermeneutik"?

6. Was ist mit „Chicagoer Schule" gemeint?

7. Geben Sie für die folgenden Fragestellungen jeweils ein Beispiel für eine geeignete qualitative Datenerhebungstechnik an!
   a) Entleihen Studierende Bücher vorwiegend gezielt nach einer Literaturrecherche oder häufig auch ad hoc danach, welche Bücher ihnen in der Bibliothek quasi „ins Auge" springen?
   b) Jungen dürfen abends in der Regel länger und häufiger ausgehen als Mädchen. Liegt das vielleicht daran, daß Jungen nachdrücklicher und effektiver argumentieren, um bei ihren Eltern eine Erlaubnis zu erreichen?
   c) Ein Verlag möchte die didaktische Konzeption seiner Schulbuchreihe verbessern und sucht zunächst erste Hinweise, welche Gestaltungsmerkmale sich beim praktischen Einsatz von Lehrbüchern in der Schule besonders bewährt haben und welche nicht.

8. Erläutern Sie die Moderationsmethode! Wie kann sie in der Forschung eingesetzt werden?

9. Was ist mit „Frauenforschung" gemeint?

10. Wozu kann man Rollenspiele in der Sozialforschung einsetzen?

11. Führen Sie für den Interviewausschnitt auf S. 316 folgende Arbeitsschritte durch:
    - Text sorgfältig durchlesen
    - Zusammenfassung schreiben (3–4 Sätze)
    - Stichwortverzeichnis anlegen
    - Interpretationsideen für das Thema „PDS" entwickeln
    - Bewertung des Gesprächsverlaufes

12. Was versteht man unter „nonreaktiven Verfahren"? Nennen Sie zwei Beispiele für nonreaktive Untersuchungen des Hilfeverhaltens!

13. Nennen Sie zwei methodische und zwei ethische Probleme, mit denen Feldforscher/innen häufig konfrontiert sind!

14. Grenzen Sie die Begriffe „Lebenslauf" und „Biographie" voneinander ab!

15. Wie unterscheidet sich das narrative Interview vom Leitfaden-Interview? Nennen Sie Vorteile beider Interviewformen!

Kapitel 6
Hypothesengewinnung und Theoriebildung

Das Wichtigste im Überblick

► Alltagstheorien und wissenschaftliche
  Theorien
► Explorationsstrategien zur Bildung
  von Hypothesen
► Theorien und Methoden als Gegenstände
  der Exploration
► Quantitative und qualitative Daten
  als Hypothesenquellen

Eine wichtige Aufgabe der empirischen Forschung ist die Überprüfung theoretisch begründeter, wissenschaftlicher Hypothesen anhand von Beobachtungsdaten. Woher aber stammen die getesteten Hypothesen? Und wie entstehen die Theorien, aus denen man Forschungshypothesen ableiten kann?

Diese Fragen werden in methodischen Lehrbüchern meistens nur am Rande behandelt; man erfährt, daß intensives Nachdenken, Literaturstudium, Intuition, Kreativität, ein reichhaltiger Erfahrungsschatz und genaues Beobachten die Theoriebildung anregen. Auch wenn diesen allgemeinen Hinweisen nicht widersprochen werden kann, bleibt zu fragen, ob es systematischere Ansätze gibt, die es erleichtern, diese schwierige Materie zu erlernen. Wie man ein Forschungsthema erkundet (Exploration) und mit welchen Strategien (Heuristiken) man dabei zu neuen Ideen und Hypothesen kommt, soll deswegen in diesem Kapitel ausführlich beschrieben und an Beispielen erläutert werden.

Einleitend gehen wir zunächst auf den Stellenwert der Theoriebildung im wissenschaftlichen Forschungsprozeß ein (Abschnitt 6.1). Anschließend werden vier Hauptstrategien der Hypothesengewinnung und Theoriebildung vorgestellt: theoriebasierte Exploration (Abschnitt 6.2), me-

thodenbasierte Exploration (Abschnitt 6.3), empirisch-quantitative Exploration (Abschnitt 6.4) und empirisch-qualitative Exploration (Abschnitt 6.5).

6.1
Theoriebildung im wissenschaftlichen Forschungsprozeß

Bevor wir einzelne Strategien und Methoden der Hypothesengewinnung und Theoriebildung vorstellen, wollen wir zunächst diskutieren, wie sich das aus dem Alltag bekannte Erkunden bzw. *Explorieren* von Objekten in den Forschungsprozeß einordnet (Abschnitt 6.1.1) und welchen Stellenwert Exploration im Grundlagen- und Evaluationsbereich einnimmt (Abschnitt 6.1.2). Im Zusammenhang mit Hypothesengewinnung ist häufig von *Vorstudien* die Rede, wobei diese inhaltlichen oder methodischen Zielen dienen können (Abschnitt 6.1.3). Ob Exploration ein Datenerhebungsverfahren, ein Untersuchungstyp oder eher eine Geisteshaltung ist, wird in Abschnitt 6.1.4 erörtert. Schließlich stellen wir in Abschnitt 6.1.5 ein Strukturierungsschema vor, das vier Explorationsstrategien nach der Art der verwendeten Informationsquellen unterscheidet und die nachfolgenden Kapitel gliedert.

6.1.1
Exploration in Alltag und Wissenschaft

Exploration im Alltag
Explorieren (lat. explorare) bedeutet, Sachverhalte zu erkunden, zu erforschen oder ausfindig zu machen. Damit ist die Exploration zunächst zu kennzeichnen als eine grundlegende Form der Auseinandersetzung des Menschen mit sich und seiner Umwelt. Explorationsverhalten bzw. Neugierver-

Ungebremste Kreativität? Bei der wissenschaftlichen Theoriebildung sollte man die empirische Prüfbarkeit im Auge behalten. (Zeichnung: R. Löffler, Dinkelsbühl)

halten gehören zum Alltag des Menschen und entwickeln sich bereits im frühen Kindesalter: Das Kind sucht „innerhalb des Vertrauten nach Neuem, es manipuliert mit Gegenständen und sucht, ihnen neue Aspekte abzugewinnen, es erforscht seine nähere Umgebung und es produziert eine Serie von Handlungen, die eine Variation vertrauter Eindrücke zur Folge haben" (Oerter, 1987, S. 667). Beim Explorieren entwickeln sich ganz nebenbei Theorien darüber, wie Dinge funktionieren.

Während das alltägliche Explorieren eher ungeplant und spielerisch vonstatten geht und sich neue Erkenntnisse meist zufällig ergeben, ist die Manipulation von Gegenständen bei anderen Gelegenheiten direkt auf die Lösung von Problemen ausgerichtet. Wie man materielle und immaterielle Objekte handhabt, um bestimmte Effekte zu erzielen, wird durch Heuristiken angegeben. Eine

Heuristik (griechisch: Such- oder Findestrategie) ist eine „Daumenregel", die im Unterschied zum *Algorithmus*, der alle Lösungsschritte genau definiert und bei korrekter Befolgung mit Sicherheit das angestrebte Resultat erzielt (z. B. Rechenregeln), nur die grobe Richtung vorgibt und den Erfolg nicht garantiert (z. B. Strategien der Wohnungssuche). Die Funktion von Heuristiken liegt insbesondere darin, neue Denk- und Handlungsoptionen zu eröffnen und zu verhindern, daß man sich in einer „Sackgasse" verrennt. Heuristiken spielen bei alltäglichen Problemlösungen eine große Rolle, da für komplexe Situationen in der Regel keine Algorithmen existieren. Auch freies Explorieren kann als heuristische Strategie eingesetzt werden, z. B. wenn man an einem technischen Gerät „herumspielt", um dessen Funktionsweise herauszufinden.

Exploration in der Wissenschaft

Der unsystematische Charakter des Erkundens und Suchens läßt exploratives und heuristisches Vorgehen unwissenschaftlich erscheinen. Tatsächlich werden Fragen der Hypothesenerkundung und Theoriefindung überwiegend in den vorwissenschaftlichen Bereich des Irrationalen und Intuitiven verwiesen. Man unterscheidet nach Reichenbach (1938) zwischen dem *Entdeckungszusammenhang* („Context of Discovery"), in dem prinzipiell alles erlaubt ist, und dem *Begründungszusammenhang* („Context of Justification"), in dem Hypothesen nach strengen Kriterien der Wissenschaftlichkeit überprüft und gerechtfertigt werden müssen. *Wie* Theorien *entstehen*, d. h. ob man sie nachts träumt oder von seinem Friseur erfährt, spielt für die Wissenschaftstheorie demnach keine Rolle; entscheidend ist nur, ob sie später einer empirischen Prüfung standhalten. Im englischen Sprachraum sagt man scherzhaft, daß Theorien im Kontext der drei „B's" entstehen: „Bed", „Bathroom" und „Bicycle" (Gigerenzer, 1994, S. 109).

„Zufälliges" Entdecken: Viele Beispiele scheinen das irrationale Moment der Theoriebildung zu belegen: Der Umstand, daß unvollendete Handlungen besser im Gedächtnis haften bleiben als vollendete, ist als Zeigarnik-Effekt bekannt und wurde von der Lewin-Schülerin Zeigarnik im Caféhaus entdeckt: Sie beobachtete den Kellner, der sich notorisch immer die unbezahlten (= unvollendeten) Bestellungen merkte, die bezahlten aber sofort vergaß. Skinner fütterte am Bahnsteig die Tauben und stellte fest, daß er einige von ihnen durch seine Futterspenden zu absonderlichen Tänzen konditioniert hatte. Der Chemiker Mendelejeff fand die Struktur des Periodensystems beim Patiencelegen. Wertheimer erlebte das Phi-Phänomen beim Zugfahren. Der Chemiker Kekulé hat die Ringstruktur des Benzolmoleküls entweder geträumt (ihm erschien eine Schlange) oder beim Blick in den Kamin erfaßt. Der Mathematiker und Physiker Archimedes stieß in der Badewanne auf das Prinzip des statischen Auftriebs. Die Liste spektakulärer Einfälle und Entdeckungen ließe sich beliebig verlängern – wenngleich so manches wohl eher in den Bereich der Legendenbildung denn der Wissenschaftsgeschichte fallen dürfte (vgl. Dörner, 1994, S. 343).

Systematisches Explorieren: Spontan und unkontrollierbar, eben „intuitiv" erscheinen die Geistesblitze bekannter Wissenschaftler – „einer logischen Analyse weder fähig noch bedürftig", befand Popper (1989, S. 6). Beginnen wir mit letzterem: *Bedarf* es einer Systematisierung der Exploration? Dörner (1994, S. 344) fordert sie: „Nicht nur der Forscher in der Psychologie, sondern auch der Praktiker ist ständig mit der Notwendigkeit konfrontiert, Theorien erfinden zu müssen. Welche Aspekte der Familienstruktur mögen wohl dafür verantwortlich sein, daß Frau X so depressiv ist? Oder liegt es gar nicht an der Familie? Die *eine* Theorie, die alles erklärt, gibt es in der Psychologie nicht, und so muß man sich ständig, Theorien erfindend, prüfend, revidierend, irgendwie durchwursteln. Wenn das aber so ist, darf man sich in der psychologischen Methodenlehre auf die Prüfmethoden nicht beschränken." In letzter Zeit wird immer häufiger die Notwendigkeit betont, den Prozeß der Theoriebildung transparenter zu machen und in methodologische Überlegungen mit einzubeziehen (vgl. Kleining, 1994; zur Theoriebildung s. auch Esser und Troitzsch, 1991; Strube, 1990).

Die Forderung nach reflektierter Exploration setzt voraus, daß Theoriebildung einer Systematisierung *fähig* ist. Dafür spricht die Beobachtung, daß bereits jetzt de facto Normen bestehen; so ist z. B. ein sorgfältiges Literaturstudium eine weitgehend anerkannte Voraussetzung jeder theoriebildenden Arbeit. Einige Autoren formulieren explizit Strategien und Methoden für eine in den wissenschaftlichen Forschungsprozeß voll integrierte, systematische Exploration. Dazu zählen z. B. Strauss (1994) und sein Programm einer induktiven, gegenstandsverankerten Theoriebildung (Grounded Theory-Ansatz, vgl. S. 333 f.) sowie Dörner (1994) und Tukey (1977), auf deren Vorschläge wir in diesem Kapitel noch zurückkommen werden.

Wenngleich es kein Rezept für Kreativität gibt, ist das Vertrauen auf die *reine* Intuition doch illusorisch. Gerade wenn man das Finden guter Theorien in die Nähe anderer kreativer und künstlerischer Schöpfungen rückt, ist anzuerkennen, daß nach einer bekannten Redewendung „Kunst von Können kommt". Wäre dies nicht so, könnte man im künstlerischen Bereich auf jegliche Ausbildung verzichten. Auch wenn es wohl keine Patentrezepte gibt, erhöhen fundierte Kenntnisse und systematisches Vorgehen die Wahrscheinlichkeit, empirisch brauchbare Hypothesen und Theorien zu finden. Aus dieser Sicht ist es auch keineswegs erforderlich, einen Widerspruch zwischen Kreativität und Systematik zu konstruieren. Spektakuläre Ideenfindungen wie die oben genannten ereignen sich eben nicht urplötzlich und ganz „zufällig", sondern nach langjähriger intensiver Auseinandersetzung mit einem Forschungsthema. Wer hat schließlich nicht alles schon im Café oder in der Badewanne gesessen, Tauben gefüttert, Patiencen gelegt und von Schlangen geträumt – und dabei rein gar nichts entdeckt.

Die Integration des Entdeckungszusammenhangs in den Forschungsprozeß meint nicht, daß normativ Heuristiken der Theoriebildung festgeschrieben werden sollen. Schließlich würde strenge Reglementierung – die ohnehin nur konventionell und nicht rational zu fundieren wäre – die Gefahr in sich bergen, das Finden guter Ideen zu verhindern. Vielmehr geht es darum, die Wahrscheinlichkeit, wissenschaftlich brauchbare, innovative Ideen zu produzieren, zu erhöhen und dabei speziell Neulingen Anregungen zu geben. Indem der Explorationsprozeß dokumentiert, reflektiert und bewertet wird, kann er in den Bereich der Wissenschaftlichkeit verlagert werden, der im wesentlichen durch methodisch angeleitetes und kritisierbares Vorgehen charakterisiert ist – im Unterschied zum alltäglichen Erkenntnisgewinn, der nicht unbedingt allgemeingültige, intersubjektiv nachvollziehbare Aussagen anstrebt, sondern bei subjektiven Überzeugungen stehenbleiben kann.

> **!** Mit *Exploration* ist das mehr oder weniger systematische Sammeln von Informationen über einen Untersuchungsgegenstand gemeint, das die Formulierung von Hypothesen und Theorien vorbereitet.

6.1.2
Exploration in Grundlagen- und Evaluationsforschung

Exploration wird in der Grundlagenforschung ebenso benötigt wie in der Interventions- und Evaluationsforschung (zur Abgrenzung dieser Begriffe vgl. Abschnitt 3.1.1). Gerade wenn Fragestellungen und Veränderungsanforderungen der Berufspraxis entspringen, fehlen meist entsprechende technologische Theorien, die eine Gestaltung und Bewertung konkreter Interventionsmaßnahmen erlauben. Dazu ein Beispiel: Angenommen, der in einer psychiatrischen Rehabilitationsklinik tätigen Psychologin fällt auf, daß die auf der Station behandelten Schizophrenie-Patienten in ihrer Freizeit kaum die Klinik verlassen. Da die Symptomatik abklingend ist und eine Entlassung vorbereitet wird, scheint es wünschenswert, die Patienten zu selbständiger Freizeitgestaltung anzuregen.

Zu diesem Zweck soll ein Trainingsprogramm entwickelt und selbstverständlich auch evaluiert werden. Eine Literaturrecherche zu dem Thema ist wenig ertragreich. Bevor also ein Programm zusammengestellt werden kann, müßte zunächst exploriert werden, welche Faktoren dazu beitragen, daß die Patienten das Klinikgelände nur selten verlassen. Eine Umfrage unter Patienten und Klinikpersonal könnte z. B. ergeben, daß weder finanzielle noch emotionale Ursachen ausschlaggebend sind, sondern offensichtlich in erster Linie Wissensdefizite. Die Erkenntnis, daß die Patienten schlicht und einfach nicht wissen, welche Freizeitmöglichkeiten es in der Umgebung der Klinik gibt und wie man dort hingelangen kann, würde zur Konzeption eines Trainings führen, das genau diese Wissensdefizite abbauen hilft, indem etwa das Lesen von Stadtmagazinen und Stadtplänen, die Vorbereitung und Durchführung eines Kinobesuchs und andere Aktivitäten geübt werden.

Nach Ablauf des Trainings könnte man dann im Sinne einer summativen Evaluation prüfen, ob die Trainingsgruppe im betrachteten Zeitraum *häufiger* die Freizeit außerhalb der Klinik verbrachte als die Kontrollgruppe. Dieses objektive quantitative Maß des Trainingserfolges erscheint der Psychologin jedoch nicht ausreichend. Sie möchte auch subjektive Erfolgskriterien aus Patientensicht berücksichtigen. Durch die Explorationsstudie soll also im Vorfeld auch ermittelt werden, welche Bedürfnisse die Patienten hinsichtlich ihrer Freizeitgestaltung haben. Die am häufigsten genannten Wünsche (z. B. neue Kontakte zu Nicht-Patienten knüpfen) könnten als weitere abhängige Variablen in die Evaluationsstudie aufgenommen werden. (Ein Training mit der geschilderten Thematik wurde von Baumbach, 1994, entwickelt und evaluiert.)

Bei der Vorbereitung von Evaluationsstudien steht die Erkundung von adäquaten Interventionsstrategien und Erfolgskriterien im Vordergrund. Ob im obigen Beispiel nun eine *Hypothese* oder eine *Mini-Theorie* über das Freizeitverhalten von Schizophrenie-Patienten entwickelt wurde, ist eine terminologische Streitfrage. Im Grundlagenbereich würde man einzelne Ideen über Wirkungszusammenhänge (z. B. „Wissensdefizite hinsichtlich Freizeitangeboten führen bei Schizophrenie-Patienten zur Isolation") zunächst als „Hypothesen" kennzeichnen, die im Laufe weiterer Explorationsbemühungen zu Theorien ausgearbeitet werden können, etwa indem ein Modell zur Entstehung der Wissensdefizite aufgestellt wird und der Einfluß der psychiatrischen Behandlung auf den Aktionsradius der Patienten genau erklärt wird. Eine solche Theoriebildung ist nicht mit einer einzelnen explorativen Umfrage zu bewerkstelligen, sondern erfordert umfassendere Vorarbeiten, in deren Verlauf meist mehrere Methoden kombiniert werden (z. B. offene Befragung von Experten und Patienten, Erfahrungsberichte von ehemaligen Patienten und Angehörigen, Übernahme von Elementen erfolgreicher Trainingsprogramme aus verwandten Bereichen), um auf diesem Wege die nötigen „Mosaiksteine" der Theorie zusammenzutragen. (Ein Beispiel für den Versuch, ein umfassendes, „fachuniversales" Theoriegebäude aufzubauen, liefert Luhman, 1987.)

> ! *Exploration* spielt eine wichtige Rolle sowohl bei der Bildung wissenschaftlicher Theorien in der Grundlagenforschung als auch bei der Bildung technologischer Theorien in der angewandten Forschung (speziell: Evaluationsforschung).

Im Rahmen eines Theoriebildungsprozesses, der sich unter Umständen über mehrere Jahre hinzieht, können auf empirischer Ebene verstärkt auch die zeitlich aufwendigeren qualitativen Verfahren (vgl. Kap. 5) zum Einsatz kommen. Im Kontext der Theoriebildung wird man bei der gedanklichen Verarbeitung theoretischer Konzepte und empirischer Befunde bewußt auf einer höheren Abstraktionsebene arbeiten, integrativ und abstrahierend größere Zusammenhänge darstellen, während bei der untersuchungsvorbereitenden Hypothesengewinnung bzw. Hypothesenpräzisierung eine gute Operationalisierbarkeit der entwickelten Ideen im Vordergrund steht. Ergebnis der Theoriebildung ist ein Netz von Hypothesen und Konstrukten, das durch übergreifende Ideen und Annahmen zusammengehalten wird und im gelungenen Fall richtungsweisend für weitere Überlegungen, Explorationen und Hypothesenprüfungen ist.

6.1.3
Inhaltliche und instrumentelle Voruntersuchungen

Explorative Voruntersuchungen können dazu dienen, inhaltliche oder untersuchungstechnische Fragen zu beantworten. Die letztgenannte Variante wird oftmals als *Pretest*, *Vorstudie* oder *Instrumentest* bezeichnet. Instrumentelle Vortests dienen allein dazu, die Funktionsfähigkeit von Untersuchungsgeräten, die Eignung von Untersuchungsmaterial und den reibungslosen Untersuchungsablauf zu prüfen, indem einige Versuchsteilnehmer probeweise einen Untersuchungsdurchgang absolvieren oder Vorformen eines Fragebogens ausfüllen und beurteilen. Die Daten dieser Probanden werden nicht in den endgültigen Datensatz aufgenommen. Ein instrumenteller Vortest ist in jedem Fall empfehlenswert, um Pannen bei der eigentlichen Untersuchungsdurchführung zu vermeiden und Untersuchungsmaterial optimal zu gestalten. Sollen Untersuchungsverfahren auf konkrete Anwendungsfälle zugeschnitten werden, fließen in die Entwicklung und Modifikation der Instrumente freilich auch inhaltliche Überlegungen ein.

> **!** Von einer *inhaltlichen Voruntersuchung* mit dem Ziel der Theoriebildung ist eine *instrumentelle Voruntersuchung* zu unterscheiden, in der es darum geht, den reibungslosen Ablauf einer Untersuchung im Vorfeld sicherzustellen.

Beispiel: Zur Überprüfung einer Entscheidungstheorie soll studentischen Probanden ein Entscheidungsproblem vorgelegt werden, das zur Steigerung der *externen Validität* (vgl. S. 56 f.) der Untersuchung möglichst alltagsnah zu gestalten ist. Die bisherigen Publikationen in diesem Gebiet nennen jedoch leider Entscheidungsprobleme, die unrealistisch und künstlich wirken, d. h. mit dem Leben Studierender wenig zu tun haben. Zur Vorbereitung der Hypothesenprüfung wäre es in diesem Fall ratsam, zunächst zu explorieren, welche Entscheidungsprobleme Studierenden besonders wichtig sind. Zu diesem Zweck könnte eine moderierte *Gruppendiskussion* (vgl. S. 319 f.) durchgeführt werden, bei der alle Beteiligten zunächst vier wichtige Entscheidungsprobleme auf Karten notieren und der Kartenpool anschließend gemeinsam sortiert und nach Prioritäten geordnet wird. Dabei könnte sich die Wahl eines Praktikumsplatzes als typisches Problem Studierender herauskristallisieren. Als Untersuchungsmaterial für das Experiment wäre folglich eine Liste unterschiedlicher Praktikumsplätze zu erstellen, die den Probanden die Wahl des subjektiv „besten" Praktikumsplatzes abverlangt. Nachdem das Untersuchungsmaterial fertiggestellt ist, müßte ein experimenteller Vortest durchgeführt werden, um die Verständlichkeit der Aufgaben und die Akzeptanz des Designs sicherzustellen sowie die Dauer des Versuchs zu ermitteln.

6.1.4
Exploration als Untersuchungstyp und Datenerhebungsverfahren

In der empirischen Forschung werden Untersuchungen, die das Generieren von Hypothesen und Theorien zum Ziel haben, als *explorative Untersuchungen* bezeichnet. Klassifiziert man empirische Untersuchungen nach ihrer *Zielsetzung*, so ergibt sich eine – wohlgemerkt idealtypische – Dreiteilung (vgl. Abschnitt 2.3.3):

- *Explorative Untersuchungen* dienen der Bildung von Theorien und Hypothesen.
- *Explanative Untersuchungen* dienen der Prüfung von Theorien und Hypothesen (s. Kap. 8 und 9).
- *Deskriptive Untersuchungen* dienen der Beschreibung von Populationen (s. Kap. 7).

Explorationsstudien sind im wissenschaftlichen Arbeitsprozeß den explanativen Untersuchungen vorgeschaltet; sie zielen auf die Entwicklung wissenschaftlich prüfbarer Hypothesen ab. Dabei gehen explorative Untersuchungen keineswegs völlig theoriefrei vor. Allein die Auswahl derjenigen Variablen, die in den explorierten Datensatz aufgenommen werden, die Art und Weise ihrer Operationalisierung und Messung oder die Selektion von Untersuchungsobjekten ist von teils impliziten, teils expliziten Vorannahmen und Theorien geleitet. Der Unterschied besteht allerdings darin, daß dieses theoretische Vorverständnis noch nicht soweit elaboriert und fokussiert ist, daß sich operationale und schließlich auch statistische Hypothesen formulieren lassen, die einer Signifikanzprüfung unterzogen werden könnten (vgl. Abschnitt 1.3.1).

Unklarer ist die Beziehung zwischen explorativen und deskriptiven Studien. Dies hängt damit zusammen, daß mit deskriptiven Studien sowohl a) *Phänomenbeschreibungen*, b) *Einzelfallbeschreibungen*, c) *Stichprobenbeschreibungen* als auch d) *Populationsbeschreibungen* gemeint sind. Während die Beschreibung von Phänomenen (z. B. Sammlung von Materialien zum Vandalismus), Einzelfällen (z. B. Rekonstruktion der Krankengeschichte eines Alzheimer-Patienten) und Stichproben (z. B. Darstellung der soziodemographischen Merkmale einer willkürlichen Auswahl von Teilnehmern eines Demonstrationszuges) häufig zu explorativen Zwecken durchgeführt wird, haben Populationsbeschreibungen – die erhebungstechnisch sehr aufwendig sind und deren Ergebnisse in jedem Fall statistisch ausgewertet werden – nur selten den Zweck, Hypothesen zu finden, sondern dienen primär der Parameterschätzung (vgl. Kap. 7); dennoch können sie natürlich als „Nebenprodukte" auch neue Ideen liefern.

Lineare Modelle des Forschungsablaufs (z. B. *erst* Exploration, *dann* Explanation) sind stets nur

Ausschnitte eines *iterativen Prozesses* wissenschaftlichen Arbeitens, d. h. es gibt weder einen Anfangspunkt, von dem man voraussetzungslos „neu" beginnen kann, noch einen ultimativen Endpunkt, an dem die „Wahrheit" gefunden ist; stattdessen werden mit dem Ziel der Annäherung an den Forschungsgegenstand dieselben Stationen mehrfach durchlaufen. Dabei sollte man zu jedem Zeitpunkt offen bleiben und bereit sein, Theorien, Untersuchungsmethoden und Datenmodelle zu modifizieren und zu revidieren. Die Trennung zwischen Exploration und Explanation wird deswegen von einigen Autoren als Fiktion bezeichnet und strikt abgelehnt (vgl. Schnell, 1994, S. 329, der auf den iterativen Charakter von Forschungsprozessen verweist und Feyerabend, 1976, der argumentiert, daß methodische Vorschriften in der Forschungspraxis ohnehin kaum eingehalten werden).

Sicherlich kann man argumentieren, die Zielsetzung, neue Hypothesen zu finden, sei letztlich mit *jeder* Untersuchung verbunden, so daß Exploration kein *Untersuchungstyp*, sondern vielmehr eine *Geisteshaltung* ist, die jegliches wissenschaftliche Arbeiten prägt. Wenn wir dennoch an idealtypischen Unterscheidungen zwischen Untersuchungstypen festhalten, so geschieht dies mit der Intention, den komplexen Forschungsprozeß zunächst in unterschiedlichen Facetten differenziert darzustellen und Orientierungshilfen zu geben. In der theoretischen Darstellung werden Grenzen, die in der Praxis fließend sind, aus didaktischen Gründen gerne überspitzt, was insofern zweckmäßig ist, als ein Zuwenig an Strukturierung des Themenfeldes sich später schwerer kompensieren läßt als ein Zuviel, das man durch einfaches Vergessen „loswerden" kann.

Neben der Exploration als *Untersuchungstyp* gibt es die diagnostische Exploration als eine Form der *Datenerhebung*. Hier lehnt sich die Begriffsverwendung an den medizinischen Sprachgebrauch an. In der Medizin versteht man unter Exploration „das Eruieren psychopathologischer Erscheinungen mittels Befragung eines Patienten" (Dorsch et al., 1987, S. 198). In diesem Sinne ist Exploration ein Bestandteil der *Anamnese* (Ermittlung der Krankengeschichte). In der Sozialforschung wurde dieser Explorationsbegriff erweitert: Gegenstand der Exploration sind nicht nur

pathologische oder klinische Phänomene, sondern prinzipiell alle subjektiven Sachverhalte wie z. B. Einstellungen, kritische Lebensereignisse oder Werte. Oft versucht man, ein Gesamtbild der Person zu erstellen, indem breitgestreut Informationen über Beruf, Freizeit, Familie etc. erfaßt werden (zur Biographieforschung s. Abschnitt 5.4.4).

Vor allem in angewandten Fächern und im klinischen Bereich hat es sich eingebürgert, offene, nicht-standardisierte Interviewformen als „Exploration" zu bezeichnen. Die Exploration als Datenerhebungs*methode* spielt in explorativen *Untersuchungen* (z. B. Einzelfallbeschreibungen) eine große Rolle, wenn es um biographische Erlebnisse oder Erlebensphänomene geht (s. Undeutsch, 1983; Thomae und Petermann, 1983; über Anwendungen der Exploration berichten z. B. Lehr, 1964; Lehr und Thomae, 1965).

> **!** Von einer explorativen Untersuchung mit dem Ziel der Theoriebildung ist die Exploration als Datenerhebung im Sinne eines anamnestischen Gesprächs zu unterscheiden.

6.1.5 Vier Explorationsstrategien

Zusammenfassend stellen wir fest, daß Hypothesenfindung und Theoriebildung, obwohl sie elementare Bestandteile wissenschaftlichen Arbeitens darstellen, weitgehend den Gewohnheiten der einzelnen Wissenschaftlerin bzw. des einzelnen Wissenschaftlers überlassen bleiben und im Unterschied zu den Ergebnissen von Hypothesenprüfungen selten an die Öffentlichkeit dringen. Welche Gedankengänge, Diskussionen mit Kollegen, Vorerfahrungen und Literaturanalysen letztlich zur Formulierung einer Hypothese führen, wird selten ausführlich dokumentiert und berichtet, sondern fällt in den „vorwissenschaftlichen" Entdeckungszusammenhang; allenfalls in Vorwörtern wird zuweilen in anekdotischer Form über die Entstehungsgeschichte eines Forschungsansatzes berichtet (eine Ausnahme bildet z. B. Heckhausen, 1987, der erzählt, wie sich ein Theoriebildungsprozeß über mehr als 30 Jahre hinziehen kann).

Diese Handhabung der Hypothesenbildung entzieht Explorationstätigkeiten weitgehend der kollegialen Diskussion und Kritik und nimmt Studierenden die Möglichkeit, am Modell zu lernen. Eine Integration der Exploration in den wissenschaftlichen Forschungsprozeß scheint deswegen wünschenswert und wird in letzter Zeit verstärkt gefordert, wobei die meisten Autoren nur ausgewählte Heuristiken (z.B. Computersimulationen) propagieren und seltener einen Überblick über die Vielfalt der Explorationsstrategien geben.

Wie lassen sich die unterschiedlichen Explorationstechniken ordnen? Hält man sich vor Augen, daß Theorie, Empirie und Methodik die wichtigsten Elemente jeder erfahrungswissenschaftlichen Disziplin sind, bietet es sich an, auch die Explorationstechniken nach diesen Bereichen zu gliedern. An vorhandene *Theorien* und Ideen anzuknüpfen und somit durch Neufassungen, Umformulierungen und Ergänzungen Innovationen zu schaffen, ist gängige Praxis (theoriebasierte Exploration, Abschnitt 6.2). Auch eine Auseinandersetzung mit den in einem Forschungsbereich prominenten *Methoden* gibt Anregungen zur Reformulierung oder Neukonstruktion von Gegenstandsmodellen (methodenbasierte Exploration, Abschnitt 6.3).

Des weiteren gilt der Weg über die *Empirie*, speziell die eingehende Beobachtung des Untersuchungsgegenstandes, seit jeher als Königsweg der Hypothesenbildung. Detaillierte Beschreibungen erschließen komplexe Prozesse und Systeme, sorgfältiges und geduldiges Befragen eröffnet den Zugang zur Perspektive der Akteure, durch die geschickte Analyse umfangreicher quantitativer Datensätze können Muster und Regelläufigkeiten entdeckt werden (empiriebasierte Exploration). Die Möglichkeit, sich vom Datenmaterial anregen zu lassen und auf induktivem Wege neue Hypothesen zu konstruieren, besteht unabhängig von Art und Skalenniveau des herangezogenen bzw. erzeugten Datenmaterials (vgl. Abschnitt 5.1.1). Im *quantitativen* Ansatz werden gänzlich andere Verfahren der explorativen Datenanalyse eingesetzt als im *qualitativen* Ansatz, weswegen wir empirisch-quantitative Explorationsmethoden (Abschnitt 6.4) und empirisch-qualitative Explorationsmethoden (Abschnitt 6.5) getrennt behandeln.

> **!** **Vier Explorationsstrategien lassen sich unterscheiden: theoriebasierte Exploration, methodenbasierte Exploration, empirisch-quantitative und empirisch-qualitative Exploration.**

Wir empfehlen, die eigenen Explorationstätigkeiten, ihre Ergebnisse sowie sich daraus ergebende weiterführende Ideen und Fragen in einem „Forschungstagebuch" chronologisch zu notieren und die neuen Gedanken möglichst oft mit Fachkollegen und Laien zu diskutieren. Auf diese Weise ist man gezwungen, seinen Wissensstand zu konkretisieren und wird sich über Lücken und Ungereimtheiten schneller bewußt. Ein Forschungstagebuch erlaubt eine spätere Rekonstruktion der Vorgehensweise, die nach ein oder zwei Jahren allein aus dem Gedächtnis kaum zu leisten ist. Eine solche Rekonstruktion mag in den Forschungsbericht mit einfließen oder nur für den internen Gebrauch als Gedächtnisstütze bei der Reflexion der eigenen Ideenbildung dienen (Wie hat sich die eigene Einschätzung über den Untersuchungsgegenstand verändert? Welche Ideen wurden verworfen? etc.).

Das Führen eines Forschungstagebuchs hat auch eine motivierende Funktion, weil es in scheinbar rein rezeptiven Phasen des Lesens und Planens durch das Aufschreiben „Produkte" (Texte) liefert, die den Arbeitsfortschritt verdeutlichen und auf die man später bei der Abfassung des Untersuchungsberichtes zurückgreifen kann.

6.2
Theoriebasierte Exploration

Weil neue Theorien gewöhnlich an vorhandene Konzepte und Modelle anknüpfen, ist ein sorgfältiges Durcharbeiten der Fachliteratur der übliche Einstieg in ein Forschungsfeld. Dabei wird man feststellen, daß nicht ein Mangel an Theorien bzw. theoretischen Überlegungen, sondern eher ein Übermaß an Fachliteratur zum Problem wird. Die exponentiell wachsende Zahl wissenschaftlicher Publikationen stellt nicht nur gesteigerte Anforderungen an Recherche- und Beschaffungsstrategien, sondern auch an eine sachgerechte Auswahl und Reduktion des Stoffes. Neben wissenschaftlichen Theorien können auch Alltagstheorien die

Auseinandersetzung mit einem Forschungsgegenstand befruchten.

> ❗ Die *theoriebasierte Exploration* leitet im Zuge einer systematischen Durchsicht und Analyse aus vorhandenen wissenschaftlichen und alltäglichen Theorien neue Hypothesen ab.

Die im folgenden behandelte theoriebasierte Exploration befaßt sich mit relevanten Theoriequellen (Abschnitt 6.2.1), mit Problemen der Theorieanalyse (Abschnitt 6.2.2) sowie mit möglichen Ergebnissen dieser Explorationsvariante (Abschnitt 6.2.3).

6.2.1
Theoriequellen

Alltagstheorien

Alltagstheorien sind Theorien, die Menschen ihrem eigenen Handeln zugrundelegen (z.B. Antaki, 1988; Flick, 1991; Groeben und Scheele, 1977; Furnham, 1988). Die Gegenstände von Alltagstheorien sind nicht mit den Gegenstandsbereichen der empirischen Sozialwissenschaften deckungsgleich, obwohl es größere Überschneidungsbereiche gibt als etwa mit den Naturwissenschaften. Die eigenen Alltagstheorien sowie die in der Öffentlichkeit oder im Bekanntenkreis diskutierten Klischeevorstellungen, Annahmen, Erklärungen oder Theorien können den Anstoß zur Formulierung von Forschungshypothesen geben, die sich häufig durch besondere Lebensnähe und Aktualität auszeichnen.

Die Alltagstheorien anderer Personen lassen sich am besten durch offene oder halbstandardisierte Befragungen (mündlich oder schriftlich) erfassen (vgl. Abschnitt 5.2.1). Dabei kann man Laien entweder dazu befragen, welche Erklärungen sie für bestimmte Sachverhalte oder Phänomene haben (z.B. wie erklären Jugendliche das Phänomen Vandalismus), oder man präsentiert ihnen die eigenen (vorläufigen) Theorieentwürfe und diskutiert deren Plausibilität. Viele Laien sind aus ihrer Berufs- oder Lebenserfahrung heraus Fachleute für bestimmte Themen und können Sozial- oder Humanwissenschaftlern wichtige Detailinformationen geben.

Alltagstheorien sind auch in Zeitungen, Zeitschriften oder anderen Gebrauchstexten (Kataloge, Broschüren, Flugblättern) zu finden. Diese Texte (z.B. politische Kommentare) werden wie üblich mit quantitativen oder qualitativen Inhaltsanalysen verarbeitet, um die wichtigsten, den Texten zugrunde liegenden Theoriebestandteile herauszufiltern.

Die Beschäftigung mit Alltagstheorien erfolgt keinesfalls nur aus Explorationsgründen, sondern bildet eigene Forschungsbereiche. So befaßt sich die *Attributionsforschung* (Attribution: Ursachenzuschreibung) damit, welche Ursachen Personen für bestimmte Ereignisse verantwortlich machen, wie sich ihr kausales Wissen strukturiert und welche Konsequenzen bestimmte Muster von Ursachenzuschreibungen für das Erleben und Verhalten haben. Die subjektive Theorie, daß „ein trockener Alkoholiker bereits beim ersten Schluck Alkohol rückfällig wird", mag für einen Betroffenen vollkommen „richtig" sein, weil sie ihn vor Rückfällen schützt. Ob diese subjektive Suchttheorie auch unter medizinischen Gesichtspunkten Bestand hat, ist hierbei letztlich unerheblich. Die Frage, ob subjektive Theorien Sachverhalte „korrekt" abbilden, rückt erst dann in den Mittelpunkt, wenn man subjektive Theorien heuristisch nutzt, indem man sie in empirische Forschungshypothesen „ummünzt".

Beispiel: Die Studiendauer ist ein Thema, das in der breiten Öffentlichkeit, aber auch unter Studierenden kontrovers diskutiert wird. Auch wenn in den Massenmedien zuweilen das Bild des faulen und lebensuntüchtigen „Langzeit-", „Dauer-" oder „Berufsstudenten" beschworen wird, gilt unter Studenten nicht selten ein allzu schnelles Studium als „Schmalspurstudium", bei dem nicht wirklich etwas gelernt, sondern nur „der Schein" erworben wird. Subjektive Theorien vom „Schmalspurstudenten" könnten über Befragungen erfaßt werden, die z.B. Annahmen über die Bedeutung von Motivation (z.B. „will schnell viel Geld verdienen") und Persönlichkeitsmerkmalen (z.B. „ist oberflächlich") oder des biographischen Hintergrunds (z.B. „wird von den Eltern zum Studium gedrängt") nahelegen. Auch studentische Zeitschriften oder Protokolle von universitären Gremiensitzungen wären geeignet, neue Positionen zum Konzept „Schmalspurstudium" anzure-

WIE SCHÖN, DASS DIE KINDER IN DIESEM ALTER NOCH SO FRIEDLICH SPIELEN.

Gesunder Menschenverstand?
Alltagstheorien können Hypothesenprüfungen anregen.
(Zeichnung: R. Löffler, Dinkelsbühl)

gen. Diese, aus Alltagstheorien gewonnenen, Bausteine ließen sich zu einem ersten Theorieansatz verdichten, der mit geeigneten qualitativen und quantitativen Methoden zu überprüfen, auszubauen oder zu modifizieren wäre.

Wissenschaftliche Theorien

Wissenschaftliche Theorien sind der Fachliteratur zu entnehmen und erfordern eine systematische Literaturrecherche über Bibliothekskataloge, Mikrofiche, CD-ROM, Bibliographien, Abstracts, Datenbanken etc. (vgl. Abschnitt 2.3.2). Suchkriterien sind dabei die Namen beteiligter Autoren und Stichworte zum Untersuchungsthema; ggf. bittet man Experten, bei der Literatursuche und auch bei der Bewertung und Strukturierung des Theoriefeldes behilflich zu sein. Eine gründliche Literaturarbeit erhöht die Chancen, auf innovative

Ideen und interessante Denkanstöße zu stoßen, erheblich.

Im wissenschaftlichen Bereich wird das elektronische Publizieren (s. Anhang C) in Zukunft an Bedeutung gewinnen, da die computervermittelte Kommunikation an Aktualität unübertroffen ist, Papier spart, eine direkte elektronische Weiterverarbeitung der Texte erlaubt und die Suche nach Stichworten erleichtert.

Eine leicht übersehene Publikationsform ist die sogenannte *graue Literatur*. Dabei handelt es sich um interne Papers und Skripte, Forschungsberichte, Schriftenreihen, Vorträge etc., die von Forschungseinrichtungen oder Einzelpersonen selbst vervielfältigt werden und nicht öffentlich in Verlagen erscheinen (also keine ISSN-Nummer für Zeitschriften bzw. ISBN-Nummer für Bücher erhalten), dennoch aber teilweise in Bibliotheken verfügbar sind. Zur grauen Literatur zählen – im Unterschied zu Dissertationen, die publikationspflichtig sind – auch Diplom- und Magisterarbeiten, die in der Regel nur in der Bibliothek der Heimatuniversität der Autorin bzw. des Autors archiviert sind. (Eine Liste der neuesten Diplomarbeiten und Dissertationen im Fach Psychologie ist halbjährig der *Psychologischen Rundschau* beigelegt.) Inhaltlich ist graue Literatur nicht unbedingt zweitrangig, sondern oftmals wegen ihrer Aktualität besonders aufschlußreich. (Interessanterweise hatte die „graue Literatur" in der ehemaligen DDR als nicht-zensierte Literatur meist einen höheren wissenschaftlichen Wert als die offizielle, staatlich kontrollierte Literatur.) „Graue Literatur" ist im Zweifelsfall am besten direkt über die Autoren zu beziehen.

6.2.2
Theorieanalyse

Daß Studierende „zu viel kopieren und zu wenig denken", ist eine nicht ganz unberechtigte Kritik falschverstandener Literaturrezeption. Wer viel liest, ohne das Gelesene umsetzen zu können, hat hinterher wenig gewonnen. Um Theorien für neue Ideen fruchtbar zu machen, sollte man sich das Theoriematerial durch Zusammenfassung und Bewertung, Vergleich und Integration sowie Formalisierung und Modellbildung aktiv aneignen und dessen Stärken und Schwächen herausarbeiten. Ein *Lesen* der Texte ist dabei natürlich unumgänglich, wobei bewußt zwischen unterschiedlichen Lesetechniken zu wählen ist. Texte einfach von vorne bis hinten Wort für Wort „durchzulesen", ist selten die beste Variante.

1. *Durchblättern* geht schnell und dient der ersten Orientierung über das vorhandene Material (Thema, Aufbau, Zielsetzung des Textes). Ergebnis des Durchblätterns von Publikationen könnte z. B. das Bilden von thematisch gegliederten „Stapeln" von Büchern und Aufsätzen sein, die später nach Priorität abgestuft zu bearbeiten sind.
2. *Überfliegen* (Querlesen, Diagonallesen) reicht meist aus, um die wichtigsten Argumentationsstränge und Ergebnisse einer Publikation herauszufiltern. Beim Überfliegen orientiert man sich an wichtigen Begriffen und Stichworten

und liest nur wichtige Passagen Satz für Satz (z. B. Zusammenfassung, Diskussion, Methodenbeschreibung).
3. *Gründliches Lesen* sollte erst erfolgen, wenn man sich einen Überblick über das Textmaterial verschafft hat und genau weiß, nach welchen Informationen man sucht.

Alle drei Lesestile sind nicht rein rezeptiv zu praktizieren, sondern mit aktiven *Verarbeitungsschritten* anzureichern: zuerst Fragen an den Text formulieren und diese dann während des Lesens beantworten, Unterstreichungen und Randbemerkungen einfügen, Stichpunkte, Fragen, Ideen notieren, kurze Zusammenfassungen schreiben, Karteikarten anfertigen. Diese Arbeit ist vergeblich, wenn die Notizzettel unleserlich oder unklar formuliert sind bzw. verlorengehen. Eine systematische Archivierung der Texte und der eigenen Notizen und Exzerpte spart langfristig viel Zeit.

Zusammenfassung und Bewertung

Ist die relevante Literatur beschafft, muß sie für die Entwicklung eigener Hypothesen und Ideen zunächst gesichtet und geordnet werden. Statt ausführliche Exzerpte anzufertigen, sollte man sich hierbei darum bemühen, die wesentlichen Theorieansätze zu identifizieren und durch einige Stichworte zu charakterisieren. Hilfreich ist eine Checkliste von Fragen, anhand der man die Theorien z. B. danach vergleicht, welches Menschenbild zugrundegelegt wird, welche Rolle der Zeitfaktor spielt, welche Hauptursachen eines Problems genannt werden oder wie die Person-Umwelt-Beziehung konzeptualisiert wird.

Ergebnis der Theoriearbeit ist eine tabellarische Synopse, die zentrale Merkmale und Kernthesen der wichtigsten Theorieansätze zum interessierenden Forschungsgebiet vergleichend zusammenfaßt. (Ein Beispiel für eine solche Synopse findet man bei Perlman und Peplau, 1982.) In Ergänzung hierzu kann es sinnvoll sein, die zeitliche Abfolge der Theorieentwicklungen oder die Beziehungen ihrer Vertreter (z. B. Lehrer-Schüler) in einem Schaubild darzustellen, das zusammen mit der Theoriesynopse ggf. Einseitigkeiten, Lücken, Mißinterpretationen von Autoren oder die Überbetonung bestimmter Aspekte erkennen läßt.

Die Zusammenfassung und Bewertung des theoretischen und empirischen Forschungsstandes zu einem Thema wird in regelmäßigen Abständen auch von ausgewählten Experten geleistet und in sogenannten Übersichtsartikeln (Reviews) publiziert. In Review-Artikeln, aber auch im Ausblick oder Diskussionsteil von anderen Aufsätzen und Büchern, wird eigentlich immer explizit auf offene Fragen, Theoriedefizite und Forschungsdesiderata hingewiesen. Diesen Ratschlägen ist in der Regel zu trauen, und es ist keinesfalls ein Zeichen von Phantasielosigkeit, diesen Empfehlungen nachzugehen.

Die in Ausblicken empfohlenen Theorieentwicklungen sind mehr oder weniger kreativ. Ein Beispiel für eine theoretisch wenig ergiebige Variante gibt z. B. Weymann (1991, S. 55), der sich zum Thema deutsch-deutsche Vereinigung „Untersuchungen des sozialen Wandels durch Lebensverlaufsstudien, Biographieforschung, lange Reihen von Sozialindikatoren" wünscht. Einen originelleren Vorschlag machen dagegen z. B. Schlenker und Weigold (1992) in ihrem Review-Artikel zum Thema Selbstdarstellung. Sie weisen darauf hin, daß die Psychologie der Selbstdarstellung (zum Überblick s. Mummendy, 1990) bislang überwiegend davon ausging, daß Personen in manchen Situationen ge-

zielt versuchen, besonders liebenswert, kompetent, mächtig oder hilflos zu erscheinen, um ihre persönlichen Ziele durchzusetzen – notfalls auf Kosten anderer. Diese negative Bewertung von Selbstpräsentation im Sinne von „Täuschung" und „Übervorteilung" der Mitmenschen sei einseitig, denn schließlich kann man sich auch vorstellen, daß Selbstdarstellungsstrategien (z. B. Orgasmus vorspielen) in bestimmten Situationen vor allem dazu dienen, andere zu unterstützen, ihr Selbstwertgefühl und Wohlbefinden zu steigern oder sie nicht vor den Kopf zu stoßen. Schlenker und Weigold (1992, S. 163) schlagen deswegen vor, Selbstdarstellung („Self Presentation", „Impression Management") – auch – als Form der sozialen Unterstützung („Social Support") aufzufassen und beide Theorierichtungen aufeinander zu beziehen.

Vergleich und Integration

In einer zusammenfassenden und bewertenden Analyse von Theorien und Konzepten zu einem bestimmten Forschungsthema spielen Vergleiche eine zentrale Rolle. Theorieansätze werden gegeneinander abgewogen und in ihrem Erklärungswert, empirischen Gehalt oder Bestätigungsgrad kontrastiert. Ein Resultat von Vergleichen kann die Integration sein.

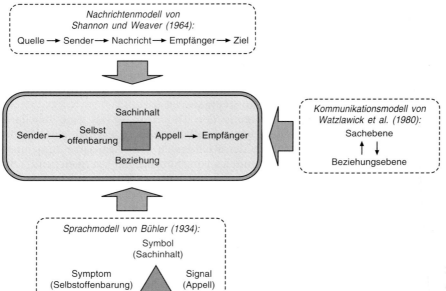

Abb. 13. Integration von drei Theorien: Das Kommunikationsmodell von Schulz von Thun (1991, S. 30)

Beispiel: Schulz von Thun (1991) integrierte drei bekannte Kommunikationsmodelle und entwickelte daraus eine eigene Theorie zur Beschreibung und Erklärung sozialer Interaktionen (vgl. Abb. 13). Als Grundmodell dient das aus der Nachrichtentechnik stammende Modell von Shannon und Weaver (1964), das Kommunikation als linearen Ablauf darstellt: Vom *Sender* wird die *Nachricht* an den *Empfänger* geschickt. Eine erste psychologische Ausdifferenzierung erhielt dieses Sender-Empfänger-Modell durch die Verbindung mit der Kommunikationstheorie von Watzlawick et al. (1980), die darauf hinweist, daß jede Nachricht unvermeidbar eine Botschaft sowohl auf der *Sachebene* als auch auf der *Beziehungsebene* enthält, also Auskunft darüber gibt, wie der Akteur zu seinem Kommunikationspartner steht.

Eine weitere Differenzierung erreichte Schulz von Thun (1991, S. 30) durch die Integration des Sprachmodells von Bühler (1934), das Sprache drei Funktionen zuordnet: *Darstellung* (von Sachverhalten), *Ausdruck* (von Gefühlen und Gedanken) und *Appell* (Anweisungen an den Empfänger).

Eine schlüssige und gelungene Integration ist sicherlich ein Glücksfall. Die Bemühungen um ein übergreifendes „Rahmenmodell" sind in der Regel wenig erhellend, wenn man aus mehreren Theorien Elemente entnimmt, jedes in einem Kasten darstellt, diese Kästchen miteinander verbindet und meint, damit ein neues „Modell" geschaffen zu haben. Erst wenn aus einer additiven Zusammenfassung auch sinnvolle Querverbindungen und Kausalrelationen konstruierbar sind, hat die Modellkonstruktion einen heuristischen Wert. Der Wunsch, die Vielfalt einzufangen, führt oft zur Aufnahme einer Überzahl von Einzelaspekten, was die Unübersichtlichkeit steigert, nicht jedoch den Erklärungswert. So ist es nur in seltenen Fällen lohnend, „anthropologische", „biologische" oder pauschal „kulturelle" Einflüsse als Modellparameter aufzunehmen, wenn diese weder theoretisch ausformuliert sind noch in Ratschlägen für die Forschungspraxis münden.

Formalisierung und Modellbildung

Sozialwissenschaftliche Theorien sind im Unterschied zu naturwissenschaftlichen Theorien sehr viel weniger formalisiert. Viele Theorien sind alltagssprachlich formuliert, enthalten unklar definierte Begriffe und nur relativ vage Annahmen über die behandelten Wirkungszusammenhänge. (Ausnahmen sind z.B. Modelle in der Lernpsychologie oder Entscheidungstheorie, die funktionale Zusammenhänge mit mathematischen Gleichungen beschreiben; vgl. z.B. Drösler, 1989; Keats et al., 1989.)

Um den Informationsgehalt von Theorien transparent zu machen, ist eine Präzisierung und Formalisierung ihrer Aussagen anzustreben. Der „epische" Charakter vieler Theorien, deren Annahmengefüge über viele Seiten hinweg beschrieben, erörtert und begründet wird, täuscht durch Beispiele und Vergleiche nicht selten über Inkonsistenzen und Vagheiten hinweg. Eine Möglichkeit, bestehende Theorien zu verbessern und neue Hypothesen zu formulieren, besteht folglich in forcierten Bemühungen, den „harten" Kern einer Theorie herauszuarbeiten und zu formalisieren (vgl. z.B. Blalock, 1969).

Hilfreich hierfür sind *graphische Darstellungen*, die dazu dienen, die von der Theorie postulierten Parameter und deren Relationen zu veranschaulichen, so daß ein Modell des Untersuchungsgegenstandes entsteht (zum Modell-Begriff s. Stachowiak, 1992). Ein typisches Modell ist das *Flußdiagramm*, das einen zeitlichen Ablauf in seinen wichtigsten Stationen und Verzweigungen beschreibt. *Pfeildiagramme* (Pfadmodelle) veranschaulichen dagegen Kausalbeziehungen und zwingen dazu, sich über Wirkungsrichtungen Gedanken zu machen (vgl. S. 521 f.). Zu unterscheiden ist zwischen *statischen (strukturellen) Modellen*, die den Aufbau von Objekten oder Systemen darstellen, und *dynamischen (funktionalen, systemischen) Modellen*, die Prozesse und Wirkungszusammenhänge beschreiben. Die graphische Modellbildung mündet in eine stärkere Formalisierung und erleichtert durch ihre Übersichtlichkeit zugleich die Kommunikation zwischen Autor und Rezipienten; zudem regt die Anschaulichkeit des Modells zu Neuordnungen oder Ergänzungen von Elementen an, macht Lücken und Brüche sichtbar.

Neben den gängigen graphischen Modellen und Schaubildern werden *Computermodelle (Computersimulationen)* als besonders vorteilhaft empfohlen (Dörner, 1994; Dörner und Lantermann, 1991; Hanneman, 1988; Kreutz und Bacher, 1991; Schnell, 1990). Ein Computermodell ist ein lauffähiges Programm, das die von einer Theorie postulierten Prozesse simuliert. Dabei kann man quantitative und qualitative Computermodelle unterscheiden. *Quantitative Modelle* beruhen in der Regel auf einem System von mathematischen Gleichungen und haben das Ziel, für unterschiedliche Anfangssituationen die entsprechenden, theoriekonformen Konsequenzen in Form von Parameterschätzungen zu berechnen. Dieses Vorgehen kann zur Theorieprüfung und zur Prognose verwendet werden. Bei *qualitativen Modellen* geht es nicht um korrekte Parameterschätzungen, sondern darum, ob die von einer Theorie beschriebenen Phänomene oder Effekte überhaupt nachgestellt werden können.

Die ersten sozialwissenschaftlichen Computersimulationen waren quantitativ ausgerichtet und wurden in den 60er Jahren vor allem unter Prognose-Aspekten betrachtet. In sogenannten „Weltmodellen" versuchte man, globale Entwicklungen in der Wirtschaft und Demographie abzubilden. Tatsächlich berechnete das Weltmodell von Forrester (1971) die Bevölkerungsentwicklung von 1900 bis 1971 genau so, wie es dem tatsächlichen Verlauf entsprach. An der Validität des Modells kamen allerdings Zweifel auf, als sich herausstellte, daß es frühere Bevölkerungszahlen nicht korrekt zurückrechnen konnte *(Retrodiktion, Backcasting)*, sondern drastische Bevölkerungsrückgänge rekonstruierte, die historisch nicht stattgefunden hatten. Neben globalen Entwicklungen wurden auch Stadtentwicklungen modelliert (sog. Urban-Dynamics-Modelle). Beispiele für den explorativen Einsatz von „System-Dynamics-Modellen" sind Hanneman (1988) zu entnehmen.

Nach Schnell (1990, S. 118 f.) sind gerade *qualitative* Computermodelle besonders gute Katalysatoren der Theoriebildung: „In Simulationsprogramme übersetzte Theorien sind präziser als Alltagssprache sein kann. Andererseits sind Simulationen flexibler als es mathematisch formalisierte Theorien sein können. Die Präzision wird durch die Syntax der verwendeten Programmiersprache erzwungen: Eine ungenaue, widersprüchliche oder unvollständige Theorie läßt sich nicht ohne Präzisierung in ein funktionierendes, d.h. zunächst einmal syntaktisch korrektes, dann auch die gewünschte Dynamik hervorbringendes, lauffähiges Programm übersetzen... . Der Zwang zur Präzisi-

on bei der Erstellung eines Simulationsprogrammes äußert sich vor allem in der Notwendigkeit, alle theoretischen Annahmen explizit angeben zu müssen. Diese Notwendigkeit führt bei jeder Programmierung einer Simulation zur Entdeckung von Wissenslücken."

Der – sorgfältig kommentierte – Programmtext stellt nach der Programmierarbeit eine kompakte Kurzversion der Theorie dar und erleichtert damit Rezeption und Kritisierbarkeit des Gedankengebäudes. Erweist sich das Programm als lauffähig, ist eine notwendige Bedingung für die Gültigkeit der Theorie erfüllt, nicht jedoch eine hinreichende. Die Simulationsergebnisse müssen für eine Validierung des Modells auch mit empirischen Ergebnissen konfrontiert werden, wobei sich das bei allen Validierungsbemühungen unvermeidbare Problem stellt, daß unplausible Ergebnisse (hier der Simulation) sowohl auf Fehler in der Methode (hier im Programm) als auch in der Theorie zurückführbar sind.

Aber lassen sich sozialwissenschaftliche Theorien überhaupt sinnvoll in Computerprogramme umsetzen? Sind sie nicht viel zu komplex für eine simplifizierende Programmierung? Schnell (1990, S. 115) weist diese Befürchtung zurück. Die angebliche Komplexität vieler Theorien sei letztlich eher durch undefinierte oder gar zirkuläre Begriffsverwendung sowie durch implizite Zusatzannahmen verursacht. Viele Theorien seien eigentlich überraschend simpel und lassen sich häufig in weniger als 100 Programmzeilen vollständig abbilden. Diese „verborgene Trivialität", die erst durch eine Computersimulation sichtbar wird, sei möglicherweise ein Grund dafür, daß Programmtexte so selten publiziert werden. (Weitere Hinweise zur computergestützten Exploration findet man bei Dörner, 1994; Dörner und Lantermann, 1991; Hanneman, 1988; Keats et al., 1989; Starbuck, 1983 und Strasser, 1988; zur mengentheoretischen Axiomatisierung von Theorien vgl. Westmeyer 1989.)

Metatheorien

Unter *Metatheorien* versteht man Theorien von hohem Allgemeinheitsgrad, die theoretische Ansätze aus unterschiedlichen Gegenstandsbereichen integrieren. In diesem Sinne sind Metatheorien „Theorien über Theorien". Im Bereich der Entwicklungspsychologie unterscheidet z.B. Trautner

(1978) behavioristische, psychoanalytische und kognitive Entwicklungstheorien, d. h. in dieser Gliederung haben Behaviorismus, Psychoanalyse und Kognitivismus den Status von Metatheorien. Die meisten sozialwissenschaftlichen Untersuchungsgegenstände lassen sich in unterschiedliche Metatheorien einbeziehen, was für die Formulierung neuer Theorien von Nutzen sein kann.

Dörner (1994) weist auf den besonderen heuristischen Wert der *funktionalistischen Metatheorie* hin. Der Funktionalismus rekonstruiert Gegenstände und Phänomene vor allem unter dem Gesichtspunkt ihrer Funktion oder Zweckmäßigkeit für die Bedürfnisbefriedigung und die Überlebenschancen eines Systems, also z. B. eines Menschen, einer Familie oder einer Institution. So betrachtet etwa die systemische Familientherapie (z. B. Haley, 1977) Symptome von Familienmitgliedern (z. B. Schuleschwänzen des Kindes) unter der Perspektive, welche Funktion diese Symptome für das Gleichgewicht der Familie haben könnten (z. B. Entschärfung der Eheprobleme der Eltern, die sich nun gemeinsam um das Problem des Kindes kümmern müssen).

Soziologen mutmaßen, daß die Lebensform „Single" vor allem die Funktion erfüllt, mobile, einsatzbereite und konsumfreudige Arbeitskräfte bereitzustellen und damit das Wirtschaftssystem zu stabilisieren (Beck und Beck-Gernsheim, 1990). Entwicklungspsychologen betrachten Kinderspiele unter dem Gesichtspunkt, welche Funktion sie für die kognitive und soziale Entwicklung haben (Oerter, 1987, S. 214ff.). Hierbei sind *Finalerklärungen* (Erklärungen aufgrund der zu erreichenden Ziele) und *Kausalerklärungen* (Erklärung aufgrund der wirkenden Ursachen) zu unterscheiden.

6.2.3
Theoriebasierte Exploration: Zusammenfassung

Theoriebasierte Exploration besteht in der Analyse „naiver" und wissenschaftlicher Theorien mit dem Ziel, durch Synthese und Integration neue Erklärungsmodelle zu entwickeln. Die wichtigsten Techniken bzw. Arbeitsschritte einer theoriebasierten Exploration lassen sich wie folgt zusammenfassen:

- Aufarbeitung und Bewertung einschlägiger Theorien,
- Liste der Kommentare von Laien und Experten,
- kommentierte Literaturliste über Quellen, die den empirischen Gehalt der Theorien belegen,
- tabellarische Synopse der Theorien nach themenspezifischen Kriterien,
- Schaubild zur Entstehungsgeschichte und zu den wechselseitigen Beziehungen der Theorien,
- Liste eigener Ideen, die sich bei der Aufarbeitung der Theorien ergeben haben,
- Liste von Theorieanregungen aus Diskussionsteilen und Ausblicken der geprüften Literatur,
- Vorschläge zur Integration dieser theoretischen Fragmente,
- Formulierung der eigenen Theorie,
- graphisches Modell der eigenen Theorie,
- Prüfung der Theorieentwicklung durch ein Computermodell,
- Erarbeitung von Vorschlägen zur empirischen Theorieprüfung und
- Einordnung der Theorie in Metatheorien oder übergeordnete Ansätze.

6.3
Methodenbasierte Exploration

Will man Hypothesen über einen Gegenstand entwickeln, sollte man nicht nur berücksichtigen, welche Theorien zum interessierenden Thema bereits existieren, sondern auch, mit welchen Methoden bislang gearbeitet wurde. Inhaltliche Hypothesen mit einer angemessenen Methode zu überprüfen, ist das übliche Vorgehen empirischer Wissenschaften. Weniger geläufig hingegen ist das Reflektieren methodischer Vorgehensweisen zur Exploration neuer Hypothesen.

Unter „Methode" (gr. metá hodós: der Weg zu etwas hin) versteht man den Weg des wissenschaftlichen „Vorgehens"; unterschiedliche Methoden anzuwenden bedeutet also, sich einem Gegenstand aus verschiedenen Richtungen zu nähern. Methoden als *Forschungswerkzeuge* (Abschnitt 6.3.1) produzieren und analysieren Daten und bilden so die Brücke zur Empirie und zur empiriebasierten Theoriebildung; gleichzeitig strukturieren Methoden als *Denkwerkzeuge* (Abschnitt 6.3.2) aber auch auf direktem Wege unsere Vorstellungen von einem Gegenstand, beeinflussen also das Theoretisieren. Man sagt, Methoden seien

„gegenstandskonstituierend", um damit zum Ausdruck zu bringen, daß unser Wissen ein Produkt der jeweils eingesetzten Erkenntnismethoden ist.

> ! Die *methodenbasierte Exploration* trägt dazu bei, die Verflechtung von Methoden und Erkenntnissen durch Vergleich und Variation der Methoden transparent zu machen.

6.3.1
Methoden als Forschungswerkzeuge

Methodenvergleiche

Wenn verschiedene Methoden auf denselben Gegenstand angewendet werden, erfassen sie nicht automatisch „dasselbe". Inwieweit die Wahl der Methode die mit einem Untersuchungsgegenstand verbundenen Erkenntnisse bestimmt, ist durch Methodenvergleiche abschätzbar, bei denen man dasselbe Untersuchungsobjekt mit verschiedenen Methoden untersucht. Im quantitativen Ansatz wird hierfür z. B. die *Multitrait-Multimethod*-Methode (vgl. S. 202 ff.) eingesetzt, bei der übereinstimmende Ergebnisse verschiedener Operationalisierungen als Indiz für die Gültigkeit der Methoden interpretiert werden. Im qualitativen Ansatz spricht man von *Triangulation*, wenn die Befunde mehrerer Arten von Untersuchungsteilnehmern (Data Triangulation), unterschiedlicher Forscher (Investigator Triangulation), unterschiedlicher Theorien (Theorien-Triangulation) oder unterschiedlicher Methoden (methodologische Triangulation) miteinander verglichen werden (vgl. Flick, 1995 b).

Im Kontext der *Methodenforschung* werden Ergebnisabweichungen zwischen Methoden zum Anlaß genommen, die Untersuchungsmethoden zu verbessern, wobei konkordante Ergebnisse zwischen untersuchten Methoden und Standardmethoden die Zielvorgabe sind. Die umgekehrte Strategie kann als Heuristik der Hypothesenbildung eingesetzt werden: man sucht bei Methodenvergleichen bewußt nach Diskrepanzen, um diese anschließend interpretativ auf Merkmale des Untersuchungsgegenstandes (nicht der Methoden) zurückzuführen.

Beispiel: Zur Erfassung von Persönlichkeitsmerkmalen (z. B. Kontaktfreudigkeit, Intelligenz, Ängstlichkeit) stehen unterschiedliche Methoden wie z. B. psychometrische Tests, Expertenurteile, Peer-Ratings und Selbstbeschreibungen zur Verfügung. Eine vergleichende Anwendung dieser Methoden könnte ergeben, daß es wenig sinnvoll ist, pauschal von hoher oder niedriger Übereinstimmung zwischen Selbst- und Fremdwahrnehmungen zu sprechen, da sich systematische Tendenzen in der Weise abzeichnen, daß bei bestimmten Persönlichkeitsmerkmalen hohe, bei anderen stets niedrige Übereinstimmungen erzielt werden. Hier könnten sich nun Überlegungen dazu anschließen, ob es vielleicht „in der Natur" mancher Persönlichkeitsmerkmale liegt, von Außenstehenden leichter bzw. schwerer diagnostizierbar zu sein, weil sie entweder in interaktiven Kontexten wenig Relevanz besitzen oder keine eindeutigen Verhaltensindikatoren aufweisen.

Methodenvariation

Herkömmliche Methoden der Datenerhebung und Datenauswertung können zu Explorationszwecken nicht nur systematisch verglichen, sondern auch variiert werden, indem z. B. Instruktionen verändert, Elemente mehrerer Techniken kombiniert oder neue Untersuchungsmaterialien eingesetzt werden. Methodische Innovationen dieser Art regen häufig neue theoretische Konzepte über den Untersuchungsgegenstand an.

Eine ungewöhnliche Instruktion gab Reuband (1990) seinen studentischen Probanden, als er ihnen unvollständig ausgefüllte Fragebögen vorlegte und sie bat, in die Rolle von fälschenden Interviewern zu schlüpfen und die Beantwortung der Fragebögen möglichst realistisch zu vervollständigen. Thema der Untersuchung war die Frage, inwieweit kommerzielle Markt- und Meinungsforschung, die mit Interviewern auf Honorarbasis operiert, durch Fälschungen gefährdet ist und wie solche Fälschungen erkennbar sind. Die Fälschungsergebnisse wurden mit den tatsächlichen Umfrageergebnissen verglichen und zeigten insgesamt verblüffend gute Übereinstimmungen, d. h. die Studierenden konnten die Meinungen der tatsächlich befragten Personen sehr gut vorhersagen.

Abgesehen von den untersuchungstechnischen Implikationen dieses Befundes (gefälschte Interviews sind als solche schwer erkennbar), kann diese Studie auch Modifikationen von Theorien zur sozialen Wahrnehmung anregen: „Wie kommt es, daß sich Menschen Vorstellungen über Personen in anderen sozialen Lagen machen? Wie kommt es, daß sie z.T. durchaus realistisch deren Einstellungen und Verhaltensweisen prognostizieren können?" (Reuband, 1990, S. 729). Der Autor vermutet, daß ausdifferenziertes soziales Wissen durch Alltagskommunikation vermittelt wird, indem man direkt (persönlicher Bekanntenkreis) und indirekt (Hörensagen, Bekannte von Bekannten) am Leben anderer partizipiert.

Ein Beispiel für die Entwicklung einer neuen Methode liefert Auhagen (1991), die aus der gängigen Tagebuchmethode die Technik des *„Doppeltagebuchs"* konstruierte und damit Freundschaftsbeziehungen untersuchte. Das Doppeltagebuch wird von zwei Beziehungspartnern (z.B. Freundinnen) unabhängig voneinander geführt und dokumentiert aus Sicht beider Akteurinnen alle Kontakte zur Partnerin (Treffen und Telefonate mit der Freundin, Gedanken an die Freundin, Gespräche über die Freundin mit Dritten etc.). Die Methode des Doppeltagebuchs als eine Dokumentation simultaner Erlebens- und Verhaltensströme liefert nicht nur neue Daten, sondern kann auch das theoretische Konzept von Freundschaft verändern, wenn sich z.B. herausstellt, daß sich die Qualität von Freundschaften auch darin äußert, wie gut Freundespaare „synchronisiert" sind, also zu ähnlichen Zeiten aneinander denken oder vergleichbare Aktivitäten ausüben.

6.3.2
Methoden als Denkwerkzeuge

Analogien bilden

„Induktives Vorurteil" nennt Gigerenzer (1994) die Auffassung, Methoden würden Daten erzeugen und erst die Interpretation dieser Daten würde dann (induktiv) die Bildung neuer Theorien anregen. Stattdessen sei es auch möglich, daß Methoden ohne den „Umweg über Daten" direkt zu Hypothesen führen, und zwar auf dem Wege der Bildung von Analogien („Tools-to-Theories"-Heuristik, Gigerenzer, 1991).

Eine *Analogie* wird gebildet, indem man einem Untersuchungsgegenstand (z.B. menschliches Gedächtnis) den Namen und die Beschreibung eines anderen Gegenstandes, zu dem strukturelle oder funktionale Ähnlichkeiten bestehen, zuordnet

(z.B. Computerspeicher), d.h. eine Analogie ist eine Beschreibung eines Gegenstandes mit den Merkmalen eines funktional oder strukturell ähnlichen Gegenstandes.

Gerade Analogiebildungen aus dem Computer-Bereich stoßen jedoch zuweilen auf massiven Widerstand, weil es abgelehnt wird, den Menschen mit Maschinen „gleichzusetzen". Hierbei ist zu beachten, daß Analogien Denkwerkzeuge sind, die bestimmte Aspekte eines Phänomens aus einer spezifischen Perspektive analysierbar machen. Daß man Gedächtnismodelle in Analogie zur elektronischen Informationsverarbeitung konstruiert, impliziert nicht automatisch, Menschen zu Maschinen zu degradieren oder sie als solche zu behandeln.

Analogien sind v.a. bei der Konzeptualisierung immaterieller, latenter Konstrukte hilfreich. An die Stelle der unbekannten inneren Struktur eines Realitätsausschnittes wird probehalber eine andere, geläufige Struktur gesetzt, die mithilfe gut vertrauter, materieller Objekte oder elementarer Größen (Temperatur, Raum) beschrieben werden kann. So wurde das Atommodell mit den um den Kern kreisenden Elektronen in Analogie zum Aufbau des Sonnensystems entworfen.

Neben Objekten, Substanzen und physikalischen Größen werden auch Werkzeuge, Techniken und Methoden häufig zur Analogiebildung herangezogen. Der Regelmechanismus der Dampfmaschine inspirierte die Kybernetik, das Regelkreis-Prinzip auch auf diverse psychologische und soziale Sachverhalte anzuwenden (Wiener, 1963). Die in Kunst und Kunsthandwerk verwendeten Techniken des Pastiche und Patchwork dienen zur Kennzeichnung der postmodernen Gesellschaft, in der traditionelle Werte und Weltbilder an Verbindlichkeit verlieren und in der sich der Einzelne seine Identität oder sein soziales Umfeld „patchworkartig" zusammenstellt (vgl. Beck und Beck-Gernsheim, 1993; Vester, 1993).

Aus dem Alltagswissen entlehnte Verfahrensweisen oder Phänomene durch Analogiebildung zur Hypothesengenerierung zu nutzen, hat den Vorteil, daß sich die dabei entstehenden Theorien später auf die Ursprungsanalogie kondensieren lassen und dadurch leichter verständlich und besser kommunizierbar sind. Das Denken in Analogien kann durch Kreativitätsübungen geschult werden.

Metaphern aufdecken

Metaphern sind Analogien ähnlich. Auch sie basieren auf einem Vergleich zwischen zwei unterschiedlichen Gegenstandsbereichen. Während die Analogie jedoch durch die Betonung struktureller und funktioneller Gemeinsamkeiten zwischen den verglichenen Gegenstandsbereichen einen Erklärungsanspruch verfolgt, stellt die Metapher primär ein sprachliches Stilmittel dar, das eine möglichst bildliche (ggf. auch poetische) Beschreibung liefert.

Die Eingängigkeit und Überzeugungskraft von Metaphern birgt die Gefahr, daß einseitige Sichtweisen unkritisch tradiert werden. Versteckte Metapher aufzudecken und damit ihre als selbstverständlich hingenommenen Vorannahmen zur Disposition zu stellen, kann sich in folgender Weise als fruchtbar erweisen (Gigerenzer 1994):

- Theoretische Alternativen können klarer herausgearbeitet werden (z.B. konkurrierende Modelle, die aus derselben Metapher präzisiert werden könnten).
- Mit der Metapher verknüpfte Interpretationen, die nicht notwendig, problematisch oder gar irreführend sind, können deutlicher gesehen, durch solche Interpretationen erzeugte „blinde Flecke" und „Illusionen" eher erkannt und beseitigt werden.
- Logische Probleme in Theorien (z.B. tautologische Aussagen) können besser verstanden werden.

Häufig ist die Verwendung von Metaphern nicht besonders augenfällig, wenn die zu einem bestimmten Zeitpunkt erfolgreichen (also auch vertrauten und populären) Methoden, Werkzeuge und Techniken in die wissenschaftliche Theoriebildung einfließen. So erinnert Gigerenzer (1994; Gigerenzer und Murray, 1987) daran, daß einige sehr erfolgreiche psychologische Theorien zu Wahrnehmung, Gedächtnis und Denken sowie anderen kognitiven und sozialen Prozessen in Analogie zu den gebräuchlichen wissenschaftlichen Werkzeugen empirischer Forschung formuliert wurden. Insbesondere der Computer und die Statistik bilden offensichtlich Heuristiken, die die Entwicklung und Erzeugung neuer theoretischer Modelle, Fragen und Ideen begünstigen.

Gigerenzer und Murray (1987, S. 185) weisen darauf hin, daß auch Schwächen der „Tools" auf die „Theories" übertragen werden. So drängt in der empirischen Forschung eine extensive Beschäftigung mit statistischer Daten*auswertung* oftmals die Probleme der Daten*beschaffung* in den Hintergrund. Ganz analog dazu beobachtet Gigerenzer auch in den kognitiven Theorien ein Übergewicht der Informations*verarbeitung* gegenüber der Informations*suche*.

Während Analogiebildung einerseits ein nützliches Denkwerkzeug ist, kann sie sich also andererseits auch als Hemmschuh für neue Überlegungen erweisen. Zudem haben viele in der Psychologie verbreitete Vergleiche eher den Charakter von bildlichen Metaphern als von erklärenden Analogien (vgl. Leary, 1990; Soyland, 1994; Weinert, 1987). Im Sinne der Generierung neuer Hypothesen kann es fruchtbar sein, gut etablierte Analogien auf ihren rein metaphorischen, bildlich-anschaulichen Gehalt hin zu überprüfen und infolgedessen als Erklärungsansätze zurückzuweisen.

Eine in Soziologie und Sozialpsychologie sehr prominente Analogie betrifft die Beziehung zwischen Sozialverhalten und Schauspielkunst, die vor allem in der Rollentheorie aufgegriffen wird (Goffman, 1969; Biddle und Thomas, 1966). Die Metapher, daß Menschen im Zusammenleben „Rollen spielen", wirft bei wörtlicher Interpretation z.B. die Frage auf, ob es nicht schädlich sei, wenn Menschen ihr „wahres Selbst" ständig hinter Masken verbergen. Die Gegenüberstellung eines „wahren" Selbst und einer aufgesetzten Rolle führt teilweise in Scheinprobleme, weil soziale Rollen im Sinne von Verhaltenserwartungen und -verabredungen im Unterschied zu Rollen im Theater in viel stärkerem Maße plastisch und aushandelbar sind. In vielen Situationen agieren Menschen eben nicht nur wie ausführende Schauspieler, sondern auch wie Regisseure, die ihre besonderen Eigenarten in ihre Rolleninterpretationen einfließen lassen und die ihnen zugewiesenen Rollen aktiv gestalten.

Hier zeigt sich, daß auch verbreitete Metaphern, wie etwa die der „Rolle", im konkreten Anwendungsfall immer wieder auf die Angemessenheit ihrer Vorannahmen zu überprüfen sind. Gegebenenfalls kann es hilfreich sein, Metaphern zu erweitern, etwa im obigen Beispiel zu überlegen, ob es nicht sinnvoll wäre, die Analogie zum Schauspieler durch die Metapher des Regisseurs zu ergänzen.

6.3.3
Methodenbasierte Exploration: Zusammenfassung

Die methodenbasierte Exploration trägt dazu bei, die Verflechtung von Methoden und Erkenntnissen durch Vergleich und Variation der Methoden transparent zu machen. Methoden und „Werkzeuge" können zudem Denkanstöße vermitteln, die die Theoriebildung durch analoge Anwendung ihrer Funktionsprinzipien sowie durch die Analyse bestehender Metaphern anregen. Die wichtigsten Arbeitsschritte und Ergebnisse einer methodenbasierten Exploration sind im folgenden zusammengefaßt:

- Liste der in einem Forschungsfeld dominierenden Methoden,
- Liste der Methoden, die bislang kaum oder gar nicht verwendet wurden,
- Formulierung von Hypothesen über die Abhängigkeit von Methoden und Ergebnissen,
- Überprüfung der Tragweite von Theorien durch Variation und Modifikation der Methoden,
- Möglichkeiten erkunden, im untersuchten Gegenstandsbereich Analogien zu bekannten Methoden oder „Werkzeugen" zu bilden,
- Überprüfung der theoretischen Konsequenzen, die sich aus den Analogien für den untersuchten Gegenstandsbereich ergeben,
- Überprüfung gängiger Theorien auf ihren metaphorischen Gehalt,
- Feststellung möglicher Theorierestriktionen, die sich durch die Verwendung einer Metapher oder durch Analogiebildung ergeben und
- Modifikation von Theorien durch das Aufgeben tradierter Metaphern bzw. durch die Erprobung neuer Metaphern.

6.4
Empirisch-quantitative Exploration

Empirisch-quantitative Explorations-Strategien nutzen *quantitative Daten* unterschiedlicher Herkunft, um aus ihnen neue Ideen und Hypothesen abzuleiten. Im Unterschied zu explanativen Untersuchungen berücksichtigen explorative Untersuchungen tendenziell mehr Variablen und beinhalten umfangreichere, in der Regel auch graphische Datenanalysen. Nach einigen Überlegungen zur Datenbeschaffung und zu geeigneten Datenquellen (Abschnitt 6.4.1) werden wir ausgewählte Methoden explorativer quantitativer Datenanalyse vorstellen (Abschnitt 6.4.2).

> **!** Die *empirisch-quantitative Exploration* trägt durch eine besondere Darstellung und Aufbereitung von quantitativen Daten dazu bei, bislang unberücksichtigte bzw. unentdeckte Muster und Regelläufigkeiten in Meßwerten sichtbar zu machen.

Du sollst Dich nicht auf die Schwerkraft verlassen

Manchmal ist ein radikaler Bruch mit herkömmlichen Denkmustern notwendig und manchmal das Anknüpfen am bestehenden Wissen überzeugender. (Aus Poskitt, K. & Appleby, S. (1993). Die 99 Lassedasse. Kiel: Achterbahn Verlag, ohne Seitenzahlen)

6.4.1
Datenquellen

Numerische Daten stellen Wirklichkeitsausschnitte in komprimierter, abstrakter Form dar. Überraschende Effekte und prägnante Muster in den Daten lenken die Aufmerksamkeit auf Phänomene, die der Alltagsbeobachtung möglicherweise entgangen wären. Ziel der quantitativen Explorationsmethoden ist es deshalb, Daten so darzustellen und zusammenzufassen, daß derartige Musterläufigkeiten problemlos erkennbar werden. Dabei können prinzipiell Daten jeder Erhebungsmethode und jeden Skalenniveaus verwendet werden. Zugriff auf quantitative Daten erhält man auf drei Wegen: Nutzung vorhandener Daten, Datenbeschaffung durch Dritte und eigene Datenbeschaffung.

Nutzung vorhandener Daten

Datenerhebung ist zeitaufwendig und teuer. Deswegen ist es oft unökonomisch, wenn reichhaltige Datensätze nur von einer Person – oder einem Forschungsteam – genutzt werden. Da sich ein Datensatz häufig auf mehrere Fragestellungen bezieht, die zu bearbeiten einen einzelnen Forscher überfordern würde, ist die Auswertung vorhandener Datensätze durch Kooperationspartner auch unter forschungspraktischen Gesichtspunkten wünschenswert.

Datenarchive stellen Datensätze zu unterschiedlichen Themengebieten in elektronisch gespeicherter Form zu Verfügung. Auf diese Weise kann man ohne größeren Zeitverlust – den eigene Datenerhebungen mit sich bringen – unmittelbar auf sehr große Datenmengen zugreifen. Auch für die Trendforschung sind Datenarchive hilfreich, da dort auf regelmäßig – z. B. jährlich – erhobene Variablen zurückgegriffen werden kann. Das *Zentralarchiv für empirische Sozialforschung, Universität zu Köln (ZA)* ist in Deutschland ein bedeutendes Archiv für derartige sozialwissenschaftliche Daten. 1960 gegründet, verfügt das Archiv über einen reichen Datenbestand (vgl. Zentralarchiv für Empirische Sozialforschung, 1991) und deckt alle Fachgebiete ab, in denen Verfahren der empirischen Sozialforschung eingesetzt werden (z. B. Soziologie, Politische Wissenschaft, Markt- und Sozialpsychologie, Massenkommunikationslehre, Sozialpolitik, Wirt-

schaft und Technik). Über die ZA-Website (http://www.za.uni-koeln.de/) ist ein kostenloser Download diverser Datensätze möglich.

Die in das Archiv aufgenommenen Datensätze werden im Rahmen von Eingangskontrollen auf Vollständigkeit geprüft, Fehler und Inkonsistenzen werden bereinigt. Der Benutzer erhält die Datensätze auf Magnetband, Diskette oder über Computernetz. Ergänzend werden Muster des Originalfragebogens, Codeplan und Codebücher sowie Hintergrundinformationen über das methodische Vorgehen und Hinweise auf bereits erfolgte Veröffentlichungen über den entsprechenden Datensatz bereitgestellt. Das Zentralarchiv erhebt für die Abgabe von Datensätzen Gebühren, die sich allerdings im Rahmen halten und auch für Studierende erschwinglich sind. Wer selbst Daten zur Verfügung stellt, kann das Archiv in äquivalentem Umfang kostenlos nutzen (Einzelheiten findet man in dem Periodikum „ZA Informationen").

Durch die Anbindung der deutschen Universitäten an das internationale Computernetz Internet sind gebührenfreie Recherchen in zahlreichen *Online-Datenbanken* möglich. Eine Übersicht der wichtigsten Informationsangebote im Bereich empirischer Methoden und Sozialforschung sowie eine Einführung in Technik und Nutzung moderner Telekommunikationsdienste ist in Anhang C zu finden.

Die Auswertung bereits vorhandener (Roh-)Daten mit neuen Methoden oder unter einer anderen Fragestellung nennt man *Sekundäranalyse* – im Unterschied zur *Primäranalyse*, bei der eigene, „neue" Daten verwendet werden. Eine besondere Form der Sekundäranalyse ist die *Metaanalyse* (vgl. Abschnitt 9.4), bei der allerdings nicht die Rohdaten erneut ausgewertet, sondern die Ergebnisse (z. B. Korrelationskoeffizienten) mehrerer Untersuchungen zum selben Thema zusammengefaßt werden. Mithilfe der Metaanalyse kann ein präzises Gesamtbild über den Forschungsstand (und damit auch über Forschungsdesiderata) eines Gebietes erstellt werden, sofern die Ergebnisse früherer Untersuchungen vollständig vorliegen.

Leicht zugänglich sind auch die Ergebnisse der *Bevölkerungsstatistik*, die in sogenannten *statistischen Jahrbüchern* dokumentiert sind, sowie die Resultate der Umfrageforschung, die in *demoskopischen Jahrbüchern* in Form zusammenfassender

Kennwerte (Häufigkeiten, Mittelwerte, Anteilswerte) berichtet werden. Eine große Bandbreite von Themen ist z. B. den Jahrbüchern des Instituts für Demoskopie Allensbach (IfD) zu entnehmen (z. B. Noelle-Neumann und Köcher, 1993).

Beispiel: Frühere und aktuelle Ost-West-Unterschiede sind auch mehrere Jahre nach der Wende in der DDR ein vieldiskutiertes Thema. Hierzu finden sich im demoskopischen Jahrbuch des IfD einige interessante Angaben: Im November 1990 meinten 58% der Ostdeutschen gegenüber 48% der Westdeutschen, als Kinder „schon früh sehr selbständig" gewesen zu sein. Gleichzeitig berichteten die Ostdeutschen, in vielen Bereichen ganz ähnliche Ansichten wie ihre Eltern zu haben, während bei den Westdeutschen die Übereinstimmung zwischen den Generationen geringer ausfiel. Wenn es etwa um Politik geht, gaben 29% der unter 30jährigen im Westen an, ähnliche Ansichten wie die Eltern zu haben, gegenüber 43% im Osten (Noelle-Neumann und Köcher, 1993, S. 106 f.). Bei den neuen Bundesbürgern geht also im Rückblick mehr „Selbständigkeit" mit mehr Meinungskonformität einher, während es im Westen tendenziell umgekehrt war (weniger Selbständigkeit und weniger Konformität).

Diese Befunde mögen auf den ersten Blick überraschen, weil man vielleicht intuitiv davon ausgeht, daß „Selbständigkeit" auch etwas damit zu tun hat, „eine eigene Meinung" zu haben. Zudem wird das vorgeplante Leben in der ehemaligen DDR-Gesellschaft im Unterschied zum Westen oftmals als besonders „unselbständig" charakterisiert. Solche Assoziationen könnten nun zu ersten Forschungshypothesen verdichtet werden, die es nahelegen, zwischen „äußerer" und „innerer" Selbständigkeit zu unterscheiden. Da die Kinder in der ehemaligen DDR in stärkerem Maße durch staatliche Einrichtungen betreut wurden, mußten sie sich schon früh ohne ihre Eltern außerhalb ihrer häuslichen Umgebung zurechtfinden, was womöglich als (äußere) „Selbständigkeit" bezeichnet und empfunden wird, obwohl die Kinderbetreuung in diesen Institutionen vielleicht gerade darauf ausgerichtet war, individuelle Entwicklungen und Meinungsbildungen zu nivellieren (Einschränkung der inneren Selbständigkeit).

Datenbeschaffung durch Dritte

Trotz des recht umfangreichen Datenfundus, der Archiven und Publikationen zu entnehmen ist, werden immer wieder Daten benötigt, die in den zugänglichen Materialsammlungen nicht enthalten sind. Hier besteht nun die Möglichkeit, die Datenerhebung bei kommerziellen Anbietern in Auftrag zu geben. Diese Variante bietet sich insbesondere dann an, wenn auf eine repräsentative Stichprobe besonderer Wert gelegt wird oder eine schwer zugängliche Population untersucht werden soll.

In der Bundesrepublik gibt es *zahlreiche privatwirtschaftliche Markt- und Meinungsforschungsinstitute*, die Aufträge von Einzelpersonen und Institutionen entgegennehmen. Je nach Umfang der gewünschten Untersuchung liegen die Kosten im vierstelligen Bereich. Für Studierende ist diese Form der Datenbeschaffung deswegen eher unerschwinglich. Im Einzelfall ist jedoch zu erwägen, ob statt einer mehrere Wochen oder Monate in Anspruch nehmenden eigenen Erhebung, die letztlich doch nur zu einer Ad-hoc-Stichprobe führt, nicht die Beauftragung eines kommerziellen Institutes ökonomischer ist. In der für die Datenerhebung benötigten Zeit lassen sich möglicherweise die notwendigen Beträge verdienen, und das Endergebnis mag befriedigender sein.

Einen eindeutigen Standpunkt zu diesem Thema vertritt z. B. Schnell (1993), der eigene Umfrageforschung im kleinen Stil als „Hobbyforschung" bezeichnet und dafür plädiert, repräsentative Untersuchungen (Surveys) generell im professionellen Rahmen in Zusammenarbeit mit Markt- und Meinungsforschungsinstituten durchführen zu lassen, was wohl in der Praxis auch immer häufiger geschieht (Schnell et al., 1999, S. 12). Die Schwachstelle kommerzieller Datenerhebung liegt jedoch in den Arbeitsbedingungen der auf Honorarbasis operierenden Interviewer, die wegen unzureichender Schulung, geringer Entlohnung und schwieriger Fragebögen in der Praxis mehr oder weniger häufig von den methodischen Standards abweichen (einen äußerst pessimistischen Erfahrungsbericht seiner Interviewertätigkeit liefert Dorroch, 1994; zum Problem der Interviewfälschung s. auch die auf S. 370 bereits erwähnte Arbeit von Reuband, 1990).

Eigene Datenbeschaffung

Die typische Datenquelle in der Forschung ist trotz der oben genannten Alternativen der selbst erhobene Datensatz, wobei für explorative Studien im Prinzip dieselben Erhebungsregeln gelten wie für explanative Untersuchungen. Eine gründliche Planung ist bei jeder Datenerhebung unverzichtbar und beinhaltet Entscheidungen hinsichtlich Art und Anzahl der berücksichtigten Variablen und Untersuchungsteilnehmer, der Operationalisierungen der Konstrukte, der Auswahl der Erhebungsinstrumente etc. (vgl. Kap. 4).

6.4.2
Explorative quantitative Datenanalyse

Quantitative Verfahren der Datenanalyse sind als inferenzstatistische Auswertungsmethoden in überschaubarer Form klassifiziert, kanonisiert (parametrische und verteilungsfreie Verfahren, univariate und multivariate Verfahren etc.) und in Statistik-Büchern dargestellt. Signifikanztests und Parameterschätzungen sind jedoch nicht die einzigen Möglichkeiten, quantitatives Material auszuwerten; zunehmend an Bedeutung gewinnen weitere Varianten der Analyse, die zum Teil explizit auf das Ziel der Hypothesengenerierung abgestimmt sind. Dazu zählen neben einfachen deskriptiven Analysen die graphischen Methoden und die explorativen multivariaten Techniken, auf die wir im folgenden eingehen. Anschließend wird untersucht, ob und inwieweit hypothesenprüfende Signifikanztests auch explorativ eingesetzt werden können und was es mit dem Konzept des „Data Mining" auf sich hat.

Einfache deskriptive Analysen

Zur zusammenfassenden und übersichtlichen Darstellung der Ergebnisse einer Stichprobenuntersuchung sind die bekannten Verfahren der deskriptiven Statistik (s. z.B. Benninghaus, 1998 oder Bortz, 1999, Kap. 1) geeignet. Häufigkeitsverteilungen, Maße der zentralen Tendenz und Dispersion, Kreuztabellen und Korrelationsmatrizen geben einen ersten Gesamteindruck über das Datenmaterial. Sie lassen sich numerisch (z.B. Häufigkeitstabelle) und graphisch (z.B. Histogramm) darstellen und mit jedem Statistik-Programm mü-

helos erzeugen. Anhand solcher einfachen Deskriptivanalysen sind Stichproben oder Kollektive auf einen Blick vergleichbar und Merkmalszusammenhänge erkennbar.

Eine einfache Methode der Hypothesengewinnung besteht darin, ein interessierendes Konstrukt oder Merkmal zu erheben und zusätzlich eine Reihe soziodemographischer und psychologischer Variablen zu erfragen, von denen man aufgrund früherer Befunde und Theorien einen Bezug zum Zielkonstrukt oder Zielverhalten vermutet. Beispiel: Daß Computerspiele einen negativen Einfluß auf Kinder und Jugendliche ausüben können, befürchten viele Eltern und Pädagogen. Gewaltfasziniert und spielsüchtig, konsumorientiert und kontaktgestört – so lautet das Stereotyp des Computerspielers (vgl. Düßler, 1989; Pfeifer 1986, S. 80 ff.). Sind dies tatsächlich die charakteristischen Attribute? Eine explorative Studie soll erste Hinweise geben. Dazu könnte man an öffentlich aufgestellten Spielcomputern in Kaufhäusern und Gaststätten Jugendliche ansprechen und zunächst in offener Form deren Vorstellungen zu Motivation und Folgen des Computerspielens erfassen. Die so ermittelten Aussagen würden nun gemeinsam mit Operationalisierungen der gängigen Befürchtungen über Negativkonsequenzen des Spielens die Grundlage eines Interviewleitfadens oder Fragebogens bilden, mit dem dann weitere Computerspieler zu befragen sind.

Dabei könnte sich herausstellen, daß Computerspiele häufig zu zweit oder in der Gruppe gespielt werden und daß das Besprechen von Spielergebnissen sowie das Tauschen von Spielen dazugehören. Diese Befunde könnten dazu anregen, gängige Vorstellungen über die Funktion von Computerspielen im Sinne von Realitätsflucht (Eskapismus) zu ersetzen durch ein Modell des Computerspielens als soziale Aktivität, bei der Kommunikation und Wettkampf dominieren und zudem eine in der Jugendphase wichtige Abgrenzung von den eher „technikabstinenten" Eltern stattfindet.

Um ein Profil von Computerspielern zu erstellen, wird man zunächst eine deskriptive Analyse durchführen, bei der die Ausprägung und Verteilung unterschiedlicher Merkmale (Geschlecht, Familiensituation, Schulleistung, Fernsehkonsum etc.) von Computerspielern und Nicht-Spielern verglichen werden. Während eine qualitative Explorationsstudie zum Ziel haben könnte, die Bedeutungen zu rekonstruieren, mit denen einzelne Jugendliche das Computerspiel belegen, ist es ein Hauptziel der quantitativen Exploration, relevante Variablen zu finden, die in einer Repräsentativstudie verwendet werden sollen. „Extensive Forschung", d. h. die Untersuchung einer großen Zahl zufällig ausgewählter Probanden, ist bei der hier besprochenen Fragestellung deswegen wichtig, weil die Verbreitung der vermuteten sozio-psychologischen Schäden durch Computerspiel von der Prävalenz des Spielens abhängt, die durch „intensive Forschung", d. h. die detaillierte Rekonstruktion von Einzelfällen, eben nicht abgeschätzt werden kann.

Die „klassischen" Verfahren zur Stichprobendeskription sind für explorative Zwecke nur bedingt geeignet, denn sie werden eigentlich eher zur Ergebnispräsentation von hypothesenprüfenden Untersuchungen verwendet. Eine Ergänzung zur einfachen deskriptiven Analyse bietet der im folgenden vorgestellte EDA-Ansatz.

Graphische Methoden: der EDA-Ansatz

Die explorative Datenanalyse (Exploratory Data Analysis: EDA) ist vor allem mit dem Namen Tukey (1977) verbunden. EDA dient dazu, Strukturen, Trends und Muster in einem Satz quantitativer Daten zu entdecken, die ohne technische Hilfsmittel leicht übersehen werden. Während man sich in hypothesenprüfenden Untersuchungen (*Confirmatory Data Analysis: CDA*) auf die Präsentation und Analyse der hypothesenrelevanten *Kennwerte* bzw. *Aggregatwerte* beschränken kann, dienen EDA-Techniken dazu, ein möglichst vollständiges und übersichtliches Bild des gesamten Datensatzes zu geben, indem statt Zusammenfassungen zunächst die einzelnen Meßwerte betrachtet werden. Nicht nur qualitatives Datenmaterial kann wegen seines Umfangs ohne sorgfältige Strukturierung unübersichtlich sein, auch quantitative Daten sind oft nicht „auf einen Blick" zu erfassen, sondern müssen erst handhabbar („handleable by minds") gemacht werden (Tukey, 1977, S. V).

EDA-Techniken sind in erster Linie graphische Methoden, die zwar teilweise per Hand durchzuführen sind, aber in der Praxis – ähnlich wie infe-

renzstatistische Analysen – mit entsprechender Statistik-Software umgesetzt werden. Um EDA-Techniken kennenzulernen, ist natürlich praktisches Üben der beste Weg. Im Unterschied zu inferenzstatistischen Verfahren, bei denen Rechenübungen in der Regel an fiktiven Mini-Datensätzen durchgeführt werden, weil größere Datenmengen prinzipiell nur einen zeitlichen Mehraufwand bedeuten, liegt die Kunst der EDA gerade darin, mit Unübersichtlichkeit fertigzuwerden. Zu Übungszwecken sollten deswegen größere und „realistischere" Datensätze verwendet werden. Zu diesem Zweck kann man z. B. auf die Datensätze zurückgreifen, die von Andrews und Herzberg (1985) für Ökonomie, Astronomie, Medizin, Biologie und Psychologie dokumentiert wurden. Bequemer für eine elektronische Datenverarbeitung sind natürlich bereits digitalisierte Datensätze, z. B. aus Online-Archiven.

EDA ist in den letzten Jahren zu einem Modebegriff für nahezu alle Arten graphischer Datenaufbereitung geworden. Dies ist jedoch nicht „im Sinne des Erfinders", denn der hypothesengenerierende Charakter von EDA liegt eben nicht in einer grafischen Auswertungs*routine*, sondern in erster Linie in der weiterführenden gedanklichen Verarbeitung („Risky Inference") der Datenrelationen (Tukey, 1977). Explorativ ist eine graphische Datenaufbereitung nur dann, wenn sie tatsächlich neue Einsichten und Ideen vermittelt.

Typen von Grafiken: Die Vielfalt bislang entwickelter Typen und Varianten von Grafiken (*Plots*), die für EDA-Zwecke verwendet werden, ist beeindruckend; ihre Namen sind jedoch häufig eher verwirrend: Es gibt z. B. Q-Q-Plots und jittered Dot-Plots, Box-Dot-Plots, Kernel-Smoothed-Quantile-Plots, Coplots und Andrew-Plots, Poissonness-Plots und Voronoi-Plots. Genau wie bei inferenzstatistischen Verfahren taucht hier das Problem der *Indikation* auf: Welcher Plot ist im konkreten Fall besser, welcher schlechter geeignet, den relevanten Informationsgehalt der Daten zur Geltung zu bringen? Grundkenntnisse und eigene Erfahrungen in graphischer Datenanalyse sind hier unabdingbar. (Einführungen in die graphisch gestützte Datenanalyse geben Polasek, 1994 und Schnell, 1994; weitere Publikationen stammen von Behrens, 1997; Cleveland, 1993; Hoaglin et al., 1983, 1985; Lovie und Lovie, 1991; Oldenbürger,

1996; Tukey, 1977; Velleman und Hoaglin, 1981 und Victor et al., 1980).

Im folgenden werden wir nur die drei gängigsten Grundtypen von Plots vorstellen: Stem-and-Leaf-Plots, Box-Plots und Scatter-Plots.

Stem-and-Leaf-Plots: Stem-and-Leaf-Plots (Stamm und Blatt) sind Histogramme, bei denen die Häufigkeit der einzelnen Merkmalsausprägungen nicht einfach durch die Höhe von „blanken" Balken veranschaulicht wird, sondern durch Balken, die mit entsprechenden Meßwerten „gefüllt" sind. Ein Stem-and-Leaf-Plot enthält somit alle Meßwerte in numerischer Form und ordnet diese graphisch übersichtlich an. Dem Stem-and-Leaf-Plot ist zu entnehmen, welche Werte besonders häufig oder selten vertreten sind, wo das Zentrum der Verteilung liegt, ob sich die Werte in Subgruppen aufteilen, ob die Verteilung symmetrisch oder schief ist und wie stark die Werte streuen. Werte jeden Skalenniveaus können als Stem-and-Leaf-Plot dargestellt werden. Der „Stamm" des Stem-and-Leaf-Plot ist die x-Achse und bildet die Merkmalskategorien ab, die „Blätter" sind die einzelnen, vom Stamm „abzweigenden" Meßwerte innerhalb der Kategorien. Um die Lesbarkeit zu erleichtern, werden Stem-and-Leaf-Plots wie liegende Histogramme (d.h. mit senkrechter x-Achse) dargestellt (zum Stem-and-Leaf-Plot s. Emerson und Hoaglin, 1983; Velleman und Hoaglin, 1981; Tukey 1977, Kap. 1).

Beispiel: Die Befürchtung, daß unsere Gesellschaft immer kinderfeindlicher wird, ist weit verbreitet. Ob und inwieweit sich der Stellenwert von Kindern im öffentlichen Bewußtsein in den letzten Jahren verändert hat, könnte nonreaktiv durch die Analyse von Titelthemen einer populären Frauenzeitschrift ermittelt werden. Dabei werden z.B. aus 10 Jahren jeweils alle 24 Hefte der 14tägig erscheinenden Zeitschrift betrachtet und ausgezählt, wieviele Titelgeschichten das Thema Kind ansprechen. Zusätzlich wird klassifiziert, welche Inhalte zum Thema Kind behandelt werden: Gesundheit (g), Erziehung (e), Freizeit (f), Mode (m), Schule (s), Anderes (a). Das (fiktive) Ergebnis der quantitativen Inhaltsanalyse (vgl. Abschnitt 4.1.4) läßt sich als Stem-and-Leaf-Plot mit gebündelten und alphabetisch geordneten Themen folgendermaßen darstellen (vgl. Abb. 14):

```
1985 | eeeefgmms
1986 | aaegggggms
1987 | aeeegggms
1988 | eeeeffmms
1989 | aeefgmmms
1990 | eeeffgmss
1991 | aefffgmss
1992 | efffgggmss
1993 | aaefffggss
1994 | effgggms
1995 | afgggggmss
```

Abb. 14. Stem-and-Leaf-Plot einer Inhaltsanalyse

Es ist zu erkennen, daß die Häufigkeit, mit der das Thema Kind angesprochen wird, von Jahr zu Jahr nur leicht schwankt (9 oder 10 Nennungen). Allerdings sind inhaltliche Tendenzen erkennbar: So standen Mitte/Ende der 80er Jahre Erziehungsfragen und Kindermode besonders häufig auf der Agenda, während in den 90er Jahren Gesundheitsfragen an Bedeutung gewonnen haben. Das Jahr der Familie (1994) schlägt sich bei der betrachteten Zeitschrift nicht in stärkerer medialer Repräsentation von kindbezogenen Themen nieder, während die starke Präsenz von Gesundheitsfragen 1986 möglicherweise mit der Tschernobyl-Katastrophe in Verbindung steht. Insgesamt könnte die oben geschilderte Explorationsstudie in die Hypothese münden, daß es von den 80er Jahren zu den 90er Jahren eine Verschiebung von erziehungs- zu gesundheitsbezogenen Themen in der medialen Beschäftigung mit Kindern gegeben hat. Diese Hypothese wäre in weiteren Untersuchungen mit anderen Zeitschriften zu untermauern und theoretisch auszuarbeiten.

Sollen Intervalldaten als Stem-and-Leaf-Plot dargestellt werden, bilden jeweils die ersten Ziffern (oder nur die erste Ziffer) der Meßwerte den Stamm und die letzten Ziffern (oder nur die letzte Ziffer) der Meßwerte die Blätter. Beispiel: In einer Untersuchung zur Mensch-Maschine-Interaktion soll ermittelt werden, ob Fehler bei der Programmbenutzung (z.B. eines Statistik-Programms) stärker durch inhaltliche Kenntnisse (Statistik) oder durch Computerkenntnisse be-

Tabelle 19. Stem-and-Leaf-Plot von Fehlerzahlen

Frequency	Stem & Leaf
10,00	1 · 0001112237
5,00	2 · 88899
4,00	3 · 0012
,00	4 ·
1,00	5 · 2

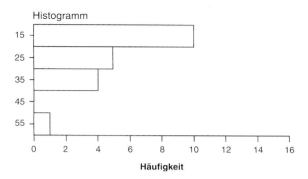

Abb. 15. Histogramm der Fehlerzahlen

stimmt sind. Die Merkmale Statistik- und Computerkenntnisse werden auf der Basis von Tests dichotomisiert (gute versus schlechte Kenntnisse), so daß sich eine Vierfelder-Tafel ergibt.

Pro Gruppe werden 20 Personen untersucht. Die Gruppe „gute Statistik-Kenntnisse und schlechte Computerkenntnisse" bearbeitet als erste die vorbereiteten Aufgaben, wobei pro Person die Anzahl der Fehler protokolliert wird: 11; 30; 29; 10; 10; 28; 17; 11; 12; 11; 28; 31; 28; 12; 10; 30; 32; 52; 13; 29. Sollen diese Werte als Stem-and-Leaf-Plot dargestellt werden, muß man sie zunächst in eine Rangreihe bringen: 10 (3), 11 (3), 12 (2), 13, 17, 28 (3), 29 (2), 30 (2), 31, 32, 52. Die eingeklammerten Zahlen kennzeichnen die Häufigkeiten der Fehlerzahlen. Im präsentierten Stem-and-Leaf-Plott steht die erste Dezimalstelle jeweils im Stamm und die zweite Stelle erscheint daneben als Blatt (vgl. Tabelle 19).

Wie ein Vergleich mit Abb. 15 zeigt, ist ein einfaches Histogramm weniger informativ als der entsprechende Stem-and-Leaf-Plot, weil die Verteilung der Messungen innerhalb der Kategorien nicht verdeutlicht wird.

Box-Plots: Gruppenunterschiede in der zentralen Tendenz eines Merkmals sind wahrscheinlich die am häufigsten betrachteten Effekte. Zu ihrer graphischen Veranschaulichung werden oft Balkendiagramme eingesetzt, bei denen die Gruppenmittelwerte durch die Höhe der Balken symbolisiert sind. Derartige Aggregatvergleiche sollten nur dann visualisiert werden, wenn die empirischen Meßwertverteilungen eine weitgehend homogene Gruppenstruktur nahelegen. Eine einfache, optische Verteilungsprüfung ermöglichen sog. Box-Plots.

Box-Plots (*Box-and-Whisker-Plots*) gehen auf Tukey (1977, S. 39 ff.) zurück und stellen – vereinfacht gesagt – den Median, die mittleren 50% der

Werte (Interquartilbereich) und die Ausreißer einer Verteilung dar. Sie geben damit sowohl über die zentrale Tendenz als auch über die Verteilungsform in komprimierter Weise Auskunft (vgl. Emerson und Strenio, 1983; Velleman und Hoaglin, 1981, Kap. 3; eine genaue Erklärung der Konstruktion von Box-Plots findet man bei Schnell, 1994, S. 18 ff.).

Beispiel: Die heilsame Wirkung von Düften auf die Psyche wird in der sog. Aromatherapie genutzt. Zudem werden Duftöle – klassifiziert nach ihrer zugeschriebenen psychogenen Wirkung (z.B. Konzentration, Schmerzlinderung, Beruhigung) – auch für den Hausgebrauch verkauft. Der Anbieter einer neuen entspannungsfördernden Duftessenz ließ 100 Probanden randomisiert entweder unter Dufteinwirkung oder ohne Dufteinwirkung je 30 Minuten in einem Warteraum sitzen und fragte sie anschließend nach dem Ausmaß ihrer Anspannung bzw. Entspannung (Rating-Skala von 0: völlig angespannt bis 10: völlig entspannt). Es zeigte sich, daß die 50 Probanden der Duft-Bedingung sich bei einem Mittelwert von $\bar{x} = 5{,}8$ deutlich entspannter fühlten als die Kontrollgruppe ($\bar{x} = 4{,}5$). In einer Werbebroschüre wurde folgendes Balkendiagramm abgedruckt (vgl. Abb. 16 a).

Diese zunächst beeindruckend wirkende Gruppendifferenz kommt durch die Darstellung eines Skalenausschnittes anstelle der gesamten Skalenbreite zustande (vgl. Abb. 16 b).

Auch mit korrekter Skalendarstellung können Balkendiagramme ein irreführendes Bild abgeben, da sie die Streuung der Werte nicht berücksichti-

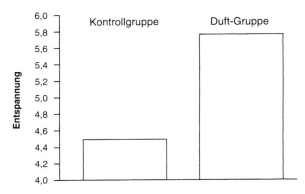

Abb. 16a. Balkendiagramm mit verzerrter Skala

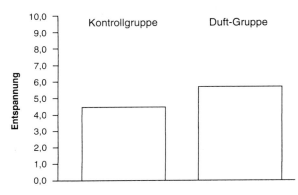

Abb. 16b. Balkendiagramm mit korrekter Skala

gen. Bei Box-Plots ist diese Schwäche – wie Abb. 17 zeigt – ausgeräumt.

Abbildung 17 verdeutlicht, daß der vermeintliche Gruppenunterschied (hier dargestellt anhand der Mediane) durch die verhältnismäßig großen Varianzen zu relativieren ist. Die Interquartilbereiche (bzw. die „Boxen") beider Gruppen überschneiden sich erheblich und die Streubreite der Werte ist in beiden Gruppen identisch. Zudem ist erkennbar, daß die 25% der Werte unterhalb des Medians in der Kontrollgruppe stärker streuen als in der Duftgruppe. Diese Informationen sind weder dem Balkendiagramm noch dem hier indizierten Signifikanztest (t-Test für unabhängige Stichproben) zu entnehmen.

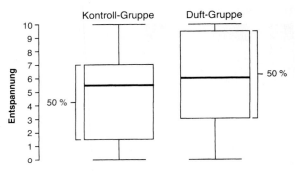

Abb. 17. Box-Plot für Abb. 16b

Scatter-Plots: Interessieren *Zusammenhänge* zwischen zwei Merkmalen, werden pro Untersuchungsobjekt zwei Messungen erhoben, die graphisch in einem Koordinatensystem als „Punktewolke" (Scatter-Plot) dargestellt werden können, indem man die Ausprägungen des Merkmals gegen die Ausprägungen des anderen Merkmals „plottet". Die entstehende Punktewolke charakterisiert den Zusammenhang der Merkmale, der durch einen Korrelationskoeffizienten oder eine sog. Regressionsgerade numerisch beschrieben wird (vgl. z.B. Bortz, 1999, Kap. 6 oder Anhang B).

Beispiel: Angenommen, man interessiert sich für den Zusammenhang zwischen der Anzahl guter Freunde und der Anzahl lockerer Bekanntschaften (näheres zur Netzwerkanalyse s. von Collani, 1987; Knolle und Kuklinski, 1982; Pappi, 1987). Dazu befragt man zunächst explorativ eine Gruppe von 74 Studierenden. Es ergibt sich ein Korrelationskoeffizient von $r = -0{,}28$, was einen eher geringen negativen Zusammenhang nahelegt: Je weniger gute Freunde die Befragten haben, um so mehr Bekanntschaften pflegen sie. Daß diese Interpretation im Sinne eines linearen Zusammenhangs voreilig ist, verdeutlicht eine Inspektion des bivariaten Scatterplots (Abb. 18).

Bei linearer Anpassung (Abb. 18a) zeigen sich relativ große Distanzen zwischen den Punkten und der Geraden (große Residualwerte, schlechter Fit), wogegen eine quadratische Anpassung (Abb. 18b) die Residuen deutlich reduziert.

Die Graphik zeigt, daß die meisten Befragten 4–10 gute Freunde und 20–30 Bekannte haben (Gruppe a), während einige Probanden (Gruppe b) iso-

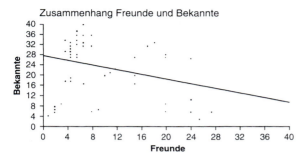

$\hat{y}_i = -0{,}46 \cdot x_i + 27{,}44 \qquad \text{Varianzaufklärung} = 8\ \% \quad (r = -0{,}28)$

Abb. 18a. Bivariater Scatter-Plot mit linearer Anpassung

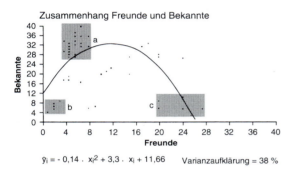

$\hat{y}_i = -0{,}14 \cdot x_i^2 + 3{,}3 \cdot x_i + 11{,}66 \qquad \text{Varianzaufklärung} = 38\ \%$

Abb. 18b. Bivariater Scatter-Plot mit quadratischer Anpassung

liert erscheinen (wenig Freunde, wenig Bekannte). Eine dritte Teilgruppe (c) hat offenbar viele Freunde und wenig Bekannte – ein Befund, der die Hypothese anregen könnte, daß bestimmte Menschen „oberflächliche Bekanntschaften" weitgehend ablehnen und so gut wie alle Personen aus ihrem Umfeld als „Freunde" auffassen.

Im multivariaten Anwendungsfall kann man mit *Scatter-Plot-Matrizen* arbeiten. Hierbei werden für alle beteiligten Variablen bivariate Scatter-Plots gebildet, die in Ergänzung zu einer Korrelationsmatrix über die Form der Zusammenhänge unterrichten. Würde man etwa bei einer Gruppe von 25 Autofahrern drei Arten von Verstößen gegen die Straßenverkehrsordnung erheben (Tempoüberschreitungen, Überfahren einer roten Ampel und Falschparken), könnte sich folgende Korrelationsmatrix ergeben (Tabelle 20).

Tabelle 20. Korrelationsmatrix für Tempo, Ampel und Parken

	Tempo	Ampel	Parken
Tempo	1,00	0,70	0,29
Ampel	0,70	1,00	0,37
Parken	0,29	0,37	1,00

Einen differenzierten Eindruck über die Zusammenhänge vermittelt eine Scatter-Plot-Matrix einschließlich der Regressionsgeraden. Diese Matrix veranschaulicht Abb. 19. Wie in Abb. 18 können auch diese Scatter-Plots dazu beitragen, die Höhe der Korrelationen zu erklären (Ausreißerwerte, Abweichungen von der Linearität etc.).

Diese Beispiele mögen genügen, um zu verdeutlichen, daß die optische Inspektion uni-, bi- oder multivariater Merkmalsverteilungen erheblich mehr „Denkanstöße" zur Hypothesenbildung vermitteln kann als rein numerische Deskriptionen. Weitere optische Hilfen für die Exploration quantitativer Daten – wie z.B. die Analyse von Residualwerten oder auch Veränderungen von Verteilungsformen durch Datentransformationen – beschreibt Schnell (1994).

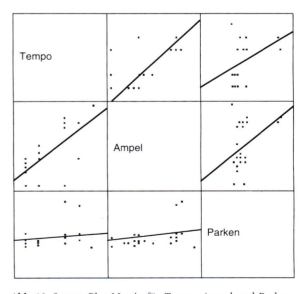

Abb. 19. Scatter-Plot-Matrix für Tempo, Ampel und Parken

Multivariate Explorationstechniken

Zu den multivariaten Verfahren (vgl. z. B. Bortz, 1999, Teil III) zählen einige datenreduzierende und datenstrukturierende Verfahren, die tendenziell induktiv vorgehen und die Konstruktion deskriptiver Systeme erleichtern, indem sie Gliederungsvorschläge machen, aus denen der Forscher nach Maßgabe von Plausibilität und theoretischer Interpretierbarkeit geeignete Varianten auswählt. Die Art der Systematik ist somit nicht durch Hypothesen vorgegeben, sondern entsteht im Wechselspiel der Daten und der Überlegungen des Forschers. Dabei sind viele Freiräume für subjektive Deutungen offen. Gebräuchliche Verfahren der Datenreduktion sind die MDS (vgl. S. 170 ff.), die Clusteranalyse und die Faktorenanalyse.

Clusteranalyse: Für n zufällig oder theoriegeleitet ausgewählte Objekte werden Messungen auf m Variablen vorgenommen. Ziel der Clusteranalyse ist die Zusammenfassung der Objekte zu Gruppen oder Clustern, wobei die Objektunterschiede innerhalb der Cluster möglichst klein und die Unterschiede zwischen den Clustern möglichst groß sein sollen.

Beispiel: Man interessiert sich für strukturelle Unterschiede mittelständischer Unternehmen und erhebt an einer Auswahl von 60 Unternehmen eine Reihe betriebswirtschaftlich und arbeitspsychologisch relevanter Variablen (Mitarbeiterzahl, Krankenstand, Hierarchieebenen, Umsatz etc.). Die Frage ist, ob sich charakteristische Typen von Unternehmen unterscheiden lassen. Die Clusteranalyse kann bei der Beantwortung dieser Frage helfen, da sie die Objekte (hier: Unternehmen) in der Weise in Gruppen *(Cluster)* ordnet, daß die Objekte innerhalb eines Clusters hinsichtlich der untersuchten Variablen möglichst ähnlich und gleichzeitig die Unterschiede zwischen den einzelnen Clustern möglichst groß sind. Man erhält also homogene Subgruppen von Unternehmen, die jeweils durch ein spezifisches Merkmalsprofil beschrieben sind (zur Berechnung von Clusteranalysen, s. z. B. Bortz, 1999, Kap. 16).

Klassifikationssysteme lassen sich danach unterscheiden, ob sie natürlich (empirisch) oder künstlich (logisch) sind. Logische Klassifikationssysteme sind nichts anderes als Veranschaulichungen von Nominaldefinitionen (vgl. S. 64),

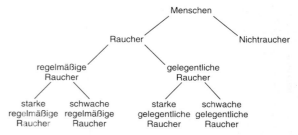

Abb. 20. Theoretische Klassifikation von Rauchern (Negativ-Beispiel nach Eckes und Roßbach, 1980, S. 18)

d. h. man postuliert durch bestimmte Merkmalsausprägungen charakterisierte Objektklassen, unabhängig davon, ob es Objekte gibt, für die die aufgestellten Definitionen zutreffen. Dieser deduktive Weg kann zu aufschlußreichen, aber auch zu trivialen Ergebnissen führen, wie das Beispiel einer Raucher-Typologie zeigt (Abb. 20; von Eckes und Roßbach, 1980, S. 18, als Negativ-Beispiel konstruiert). Bei empirischen Klassifikationen sind im Unterschied zu theoretischen Klassifikationen nur die empirisch angetroffenen Merkmalskombinationen Ausgangspunkt des Ordnungsversuches.

Beispiel: Kuckartz (1988) hatte aus Interviews mit 38 türkischen Elternpaaren 15 dichotome Variablen (weniger/mehr als vier Kinder; nur kleine/auch schulpflichtige Kinder; unzufrieden/zufrieden mit dem hiesigen Lebensstil etc.) ausgewählt und den Datensatz clusteranalytisch ausgewertet. Die resultierenden vier Cluster deutete er explorativ als Familientypen: „finanziell belastete Arbeiterfamilien", „die Kinderreichen", „die sozial besser Gestellten mit Sparmöglichkeiten" und „die Unzufriedenen". Alle vier Gruppen unterschieden sich in ihren Einstellungen hinsichtlich der Schulausbildung ihrer Kinder, was theoretische Überlegungen anregen könnte, wodurch Einstellungen zur Schulausbildung bei türkischen Eltern bestimmt sind und wie man sie ggf. in einem Interventionsprogramm ändern könnte.

Empirische Klassifikationen sind abhängig von der Art der untersuchten Objekte und Variablen. Es ist nicht auszuschließen, daß sich Familien oder Unternehmen völlig anders gruppieren, wenn ein anderer Satz von Beschreibungsmerkmalen verwendet wird. In die Auswahl der Variablen fließen also theoretische Vorannahmen ein, so daß man auch bei explorativer Vorgehensweise niemals „bei Null" anfängt.

Faktorenanalyse: Für n zufällig oder theoriegeleitet ausgewählte Objekte werden Messungen auf m Variablen vorgenommen (wobei die Anzahl der Objekte deutlich größer sein sollte als die Anzahl der Variablen). Startpunkt einer Faktorenanalyse ist üblicherweise die Korrelationsmatrix der m Variablen (s. Anhang B), die darüber Auskunft gibt, zwischen welchen Variablen Gemeinsamkeiten bestehen bzw. welche Variablen redundante Informationen enthalten. Beispiel: Man mißt bei mehreren Personen die Leistungen in Integral-, Differential-, und Wahrscheinlichkeitsrechnung sowie die Leistungen im Analogienbilden, Synonymefinden und Satzergänzen. Findet man nun jeweils hohe positive Korrelationen zwischen den ersten drei Variablen und zwischen den letzten drei Variablen, so kann man vermuten, daß die ersten drei und die letzten drei Variablen jeweils etwas Gemeinsames messen. Dieses „Gemeinsame" stellt man sich im Kontext der Faktorenanalyse als latentes Merkmal oder als Faktor vor, d. h. man würde z. B. annehmen, daß es ein latentes Merkmal (Faktor) „mathematische Fertigkeiten" gibt, das sich in den drei empirischen Indikatoren Integral-, Differential-, und Wahrscheinlichkeitsrechnung (Variablen) niederschlägt und ein Merkmal „verbale Fertigkeiten", das sich in den Variablen Analogienbilden, Synonymefinden und Satzergänzen ausdrückt (zur Durchführung einer Faktorenanalyse vgl. z. B. Bortz, 1999, Kap. 15).

Das allgemeine Ziel der Faktorenanalyse besteht darin, korrelierende Variablen auf höherer Abstraktionsebene zu Faktoren zusammenzufassen. Damit ist die Faktorenanalyse ein datenreduzierendes Verfahren. Mußte man im obigen Beispiel zur Charakterisierung einer Person zunächst Meßwerte auf den sechs Variablen heranziehen, sind es nach der Faktorenanalyse nur noch zwei Werte (sog. Faktorwerte), die praktisch die gesamten Variableninformationen abbilden. Diese datenreduzierende Funktion der Faktorenanalyse ist besonders dann von Nutzen, wenn man mit sehr vielen Variablen arbeitet und es einfach ökonomischer und übersichtlicher ist, mit Faktorwerten statt mit vielen korrelierten Einzelmessungen zu operieren.

Neben dieser pragmatischen Funktion hat die Faktorenanalyse einen hohen heuristischen Wert, der darin besteht, für die faktoriellen Variablenbündel inhaltlich sinnvolle Interpretationen zu finden. Faßt die Faktorenanalyse z. B. einen Satz von 40 Variablen in 3 Faktoren zusammen, prüft man, welche Variablen zu einem Faktor gehören (d. h. hoch auf ihm „laden") und versucht zu ergründen, in welcher Hinsicht sich eben diese Variablen ähneln. Erfahrungsgemäß wirken faktorenanalytische Ergebnisse ausgesprochen inspirierend, d. h. es fällt meistens nicht schwer, diverse Hypothesen darüber zu generieren, was ein Faktor inhaltlich bedeutet bzw. was „hinter" den Variablen eines Faktors steht (zur Interpretationsproblematik faktorenanalytischer Ergebnisse vgl. auch Holz-Ebeling, 1995).

Die Subjektivität der Interpretationen ist darin begründet, daß viele faktorenanalytische Lösungen aus mathematischer Sicht gleichwertig sind, so daß entsprechend viele Interpretationen gleichberechtigt nebeneinander stehen, ohne daß objektive Entscheidungskriterien bestimmte Lösungen favorisieren. (Tatsächlich orientiert man sich an „Daumenregeln".) „Sinnvolle Interpretierbarkeit" ist ein wichtiges Entscheidungskriterium bei der Wahl des Faktorenmodells; aber was sich „sinnvoll interpretieren" läßt, hängt eben stark von der Perspektive der Deutenden ab (zur Überprüfung faktorieller Strukturhypothesen vgl. S. 517f.).

Neben der Auswahl der *Variablen* hat auch die Auswahl der *Untersuchungsteilnehmer* bzw. Untersuchungsobjekte entscheidenden Einfluß auf das Ergebnis. Nicht selten zeichnen sich differentielle Faktorenstrukturen in unterschiedlichen Populationen bzw. Teilgruppen ab. Aus diesem Grund werden Clusteranalyse und Faktorenanalyse zuweilen auch nacheinander durchgeführt. Mittels Clusteranalyse identifiziert man zunächst homogene Teilgruppen, für die dann jeweils separat Faktorenanalysen zu rechnen sind. Dies ist natürlich nur möglich, wenn man eine entsprechend große Fallzahl bearbeitet, so daß sich Aufteilungen überhaupt lohnen. Auch in jeder Teilgruppe sollte die Anzahl der Objekte größer sein als die der Variablen.

Beispiel: Man interessiert sich dafür, welche Vorstellungen und Gefühle Ost- und Westdeutsche mit dem Begriff „Selbständigkeit" verbinden, wobei man von der Vermutung ausgeht, daß sich systematische Unterschiede zeigen könnten, ohne daß genau prognostizierbar wäre, wie diese aussehen. Um den „Bedeutungshof" eines Begriffes zu erkunden, eignet sich das Semantische Differential, das aus 20–30 bipolaren Adjektivpaaren besteht, auf denen der Zielbegriff beurteilt wird (vgl. S. 184 ff.). Die Ergebnisse der Ost- und West-Stichprobe werden separat faktorenanalytisch ausgewertet und könnten ergeben, daß die Bewertungen bei den Westdeutschen auf zwei Faktoren beruhen, während sich bei den Ostdeutschen drei Faktoren als angemessen interpretierbares Modell ergeben, was dafür spräche, daß die befragten Ostdeutschen ein differenzierteres Konzept von „Selbständigkeit" haben und andere Bedeutungsfacetten hineinlesen als die Westdeutschen.

Datenreduktion via Faktorenanalyse setzt intervallskalierte Merkmale voraus. Will man die faktorielle Grundstruktur eines Satzes nominal-skalierter Merkmale ermitteln, kann hierfür die sog. *multiple Korrespondenzanalyse* (MCA) eingesetzt werden (vgl. z.B. Clausen, 1998; Greenacre, 1993 oder auch S. 518).

Exploratives Signifikanztesten

Wo immer quantitative Analysen eingesetzt und veröffentlicht werden, ist die Perspektive des Rezipienten mitzuberücksichtigen. Die Behauptung, mit Statistik könne man letztlich „alles und nichts beweisen", rührt nicht ausschließlich von fehlerhaften oder gar manipulativen Auswertungen durch Statistikanwender, sondern nicht selten von irrtümlicher Rezeption der Forschungsergebnisse. Sowohl der Kommunikation im Kollegenkreis als auch der Verständigung mit Praktikern und Laien kommt es zugute, Grenzen der Ergebnisinterpretation explizit zu machen, um Mißverständnissen vorzubeugen. Speziell beim Einsatz explorativer Strategien sollte der Charakter der Vorläufigkeit stets betont und eine deutliche Trennung von statistischer Hypothesenprüfung möglichst auch formal vollzogen werden. Daß ein Signifikanztest gerechnet wird, besagt keineswegs automatisch, daß es sich auch um einen Hypothesentest handelt, denn dieser liegt nur dann vor, wenn die getesteten Hypothesen *vor* der Datenerhebung formuliert wurden *(sog. a priori Hypothesen)* und somit ein bestimmtes Ergebnis vorhersagen.

Wurde erst bei der Dateninspektion ein interessanter Effekt lokalisiert, kann dieser „auf Probe" durch einen Signifikanztest überprüft werden, um die Augenscheinbeurteilung der Bedeutsamkeit des Effektes durch das präzise quantitative Ergebnis (statistische Signifikanz, Effektgröße; vgl. Kap. 9) zu ergänzen und daraus z.B. a priori Hypothesen für weitere Untersuchungen abzuleiten (vgl. hierzu auch Oldenbürger, 1996, S. 72).

Beispiel: In einer Studie stellt sich heraus, daß die Schüler, die mit einem computergestützten Selbstlernprogramm arbeiteten, nicht nur ihr Englisch verbesserten, sondern insgesamt ihr Leistungsniveau gegenüber einer Kontrollgruppe mit gängigem Nachhilfeunterricht steigerten. Angenommen, ein Signifikanztest weist diesen Unterschied zwischen beiden Gruppen hinsichtlich der durchschnittlichen Gesamtnote im Zeugnis als signifikant aus. Dieses Ergebnis könnte die Hypothese anregen, daß das Selbstlernprogramm im Unterschied zum normalen Nachhilfeunterricht generell zum selbstgesteuerten und damit effektiveren Lernen (nicht nur im Fach Englisch) beiträgt. Diese Hypothese wäre in weiteren Untersuchungen zu prüfen, für die man eine Zeugnisnoten-Differenz in ähnlicher Größenordnung wie die gefundene prognostizieren würde.

Von dieser Form des „Signifikanztests auf Probe", der echte Hypothesenprüfungen vorbereitet, ist der mißbräuchliche Einsatz von Pseudo-Signifikanztests zu unterscheiden. Ein Pseudo-Hypothesentest liegt vor, wenn man bei der Inspektion der Daten einen Effekt entdeckt, *daraufhin* eine entsprechende Hypothese formuliert, einen Signifikanztest rechnet und das Ergebnis anschließend als *Bestätigung der Hypothese* interpretiert. Da der Signifikanztest genau auf den bereits entdeckten Effekt zugeschnitten war, ist es keine „Überraschung" und erst recht kein Hypothesentest, wenn sich dann auch ein signifikantes Ergebnis zeigt. Auch beim theorielosen „Durchtesten" aller möglichen Effekte eines Datensatzes handelt es sich nicht um Hypothesentests, da die Hypothesen nicht vor der Datenerhebung feststanden.

Beispiel: Angenommen, bei einer Untersuchung von n = 20 Einzelkindern und n = 20 Geschwisterkindern ergibt die Stichprobendeskription eine geringere soziale Kompetenz bei den Einzelkindern. Dieser Effekt möge sich als statistisch signifikant herausstellen. Ist mit diesem Ergebnis nun *belegt*, daß es sich für Kinder ungünstig auswirkt, ohne Geschwister aufzuwachsen, weil sie dabei weniger soziale Fähigkeiten erwerben? Sicher nicht, denn auch das konträre Ergebnis, daß Einzelkinder bessere soziale Kompetenzen haben als Geschwisterkinder, ließe sich problemlos erklären und etwa als Beleg dafür werten, daß Einzelkinder, die darauf angewiesen sind, sich Spielkameraden außerhalb des eigenen Zuhause zu suchen, bessere soziale Kompetenzen entwickeln. Im nachhinein gelingt es mühelos, so gut wie jedes Ergebnis plausibel zu erklären *(sog. ex-post-Erklärungen);* im voraus jedoch sind selbst scheinbar einfache Zusammenhänge gar nicht so leicht präzise zu prognostizieren. Wo nicht prognostiziert wird, handelt es sich nicht um eine Erklärung, sondern allenfalls um eine hypothetische Interpretation, die als solche kenntlich zu machen ist!

Als Rezipient von Forschungsarbeiten kann man ex-post-Erklärungen manchmal daran erkennen, daß sie kaum im Zusammenhang mit relevanten Theorien stehen und umständlich und spitzfindig wirken, als seien sie eben genau auf den vorliegenden Datensatz „zugeschnitten". Dies muß nicht immer auf bewußter Täuschung beruhen, sondern kann teilweise auch dem psychologischen Effekt geschuldet sein, daß ex-post-Hypothesen vom Forscher als a priori Hypothesen wahrgenommen werden. Dieser Fehler ist in der Kognitionspsychologie als Rückschaufehler („Hindsight Bias") bekannt: Man ist sich (fälschlicherweise) im nachhinein sicher, etwas bereits vorausgesehen zu haben, was gerade eingetreten ist (vgl. hierzu eine Analyse zur Bundestagswahl 1998 von Blank und Fischer, 2000).

Data Mining

Das Auffinden von Mustern und Zusammenhängen in sehr großen, typischerweise in elektronischen Datenbanken verwalteten Datenmengen, nennt man *Data Mining* oder auch *Knowledge Discovery in Databases* (KDD). Hier geht es darum, sich die durch zunehmende Computerisierung routinemäßig anfallenden Datenmengen zunutze zu machen. Werden etwa in einer Kaufhauskette alle Einkäufe über das elektronische Kassensystem registriert und die entsprechenden Verkaufsdaten in eine Datenbank eingespielt, so kann man mittels Data Mining typische Kaufmuster

identifizieren. Würde sich beispielsweise zeigen, daß beim Kauf von Windeln typischerweise auch Bier eingekauft wird, mag dies zu der Hypothese anregen, daß der Windeleinkauf vornehmlich Aufgabe der Väter ist.

Die rapide wachsenden Datenmengen einerseits und die gesteigerten Verarbeitungskapazitäten durch leistungsfähige Hard- und Software andererseits führten in den letzten Jahren zu einem Boom des Data Mining. Sozialwissenschaftlich relevantes Datenmaterial entsteht in großem Stil etwa auch im Zuge der Nutzung von Computernetzwerken (vgl. Döring, 1999): Nach welchen Stichworten Personen wann und wie oft das WWW durchforsten, welchen Links sie folgen oder nicht folgen, wie lange sie auf einer Seite verweilen usw., derartige Informationen fallen im Sinne nonreaktiver bzw. automatischer Beobachtung (vgl. S. 269 f.) an und lassen sich via Data Mining (bzw. „Web Mining") auswerten. Die Entdeckung von Regelläufigkeiten könnte etwa Hinweise auf das Informationsbedürfnis oder die Medienkompetenz liefern. Einschlägige Informationen zum Data Mining, von Begriffsdefinitionen bis zu Auswertungs-Tools, findet man im WWW (z. B. unter http://www.kdnuggets.com/).

Man beachte, daß die Metapher des Data Mining problematisch ist, wenn sie nahelegt, allein durch maschinelle Intelligenz sei es nun möglich, in den weltweit vorliegenden Datenbeständen die Erkenntnisse einfach wie Edelmetalle abzubauen (zu Metaphern s. auch S. 372 f.). Tatsächlich werden interessante Muster im Datensatz, sofern wir sie überhaupt finden, nur dann zum wissenschaftlich oder praktisch verwertbaren „Wissen", wenn wir sie auch mit entsprechenden Theorien verknüpfen.

6.5
Empirisch-qualitative Exploration

Empirisch-qualitative Explorationsstrategien nutzen *qualitative* Daten, um daraus Hypothesen und Theorien zu gewinnen. Aufgrund ihrer offenen Form erhöhen qualitative Datenerhebungen (vgl. Kap. 5) die Wahrscheinlichkeit, in dem detailreichen Material auf neue Aspekte eines Themas zu stoßen. Nach einer Besprechung der qualitativen

Datenquellen (Abschnitt 6.5.1) wenden wir uns unterschiedlichen Verfahren der explorativen qualitativen Datenanalyse zu (Abschnitt 6.5.2).

> **!** Die *empirisch-qualitative Exploration* trägt durch besondere Darstellung und Aufbereitung von qualitativen Daten dazu bei, bislang vernachlässigte Phänomene, Wirkungszusammenhänge, Verläufe etc. erkennbar zu machen.

6.5.1
Datenquellen

Nutzung vorhandener Daten

Während quantitative Daten über Statistische Jahrbücher und andere Sammelwerke zugänglich gemacht werden, finden sich qualitative Daten – insbesondere Texte – prinzipiell überall: Gebrauchstexte können ebenso Verwendung finden wie Graffiti, Flugblätter, Rundbriefe, Comics, Zeitungsannoncen und Erzählungen. Bei diesen Datenquellen spart man nicht nur die Mühe einer eigenen Datenerhebung, sondern kann auf Texte, Verhaltensspuren oder andere Kulturprodukte zurückgreifen, die quasi auf „natürliche" Weise, unbeeinflußt vom Forschungsprozeß, also nonreaktiv (vgl. Abschnitt 5.2.3) entstanden und oft in gesammelter Form leicht zugänglich sind (Archive, Bibliotheken etc.).

Datenbeschaffung durch Dritte

Bei umfangreicheren Forschungsvorhaben ist man in der Regel darauf angewiesen, andere Personen an der Datenbeschaffung zu beteiligen. In qualitativen Forschungsprojekten werden z. B. Hilfskräfte benötigt, die Beobachtungen protokollieren, Interviews durchführen, Audio- und Videoaufzeichnungen machen, Bänder transkribieren oder Texte kodieren. Entscheidend ist, daß alle Personen, die an der Datenbeschaffung und -auswertung beteiligt sind, eine Schulung durchlaufen, in der sowohl die methodischen Regeln als auch die rechtlichen und ethischen Rahmenbedingungen vermittelt werden. In der Regel werden für diese Tätigkeiten Studierende angeworben.

Ob man die auf S. 375 im Kontext quantitativer Datenerhebungen empfohlenen privaten Markt- und Meinungsforschungsinstitute auch mit qualitativen Befragungen beauftragen sollte, ist fraglich.

Zum einen sind qualitative Studien typische Beispiele für intensive Forschungen mit einer nur kleinen Fallzahl, die keiner großen „Feldorganisation" bedürfen und finanziell für die Institute vermutlich wenig interessant sind. Zum anderen ist der „klassische" Interviewer auf standardisierte Befragungen eingestellt, und dürfte – zumindest ohne vorausgehende, gründliche Schulung – mit qualitativen Erhebungen überfordert sein. Dennoch mag es bei geeigneten Fragestellungen den Versuch wert sein zu prüfen, ob die Institute das für qualitative Datenerhebungen erforderliche „Know How" besitzen bzw. ob derartige Fremdaufträge auch unter finanziellen Gesichtspunkten eine akzeptable Alternative darstellen.

Eigene Datenbeschaffung

Zur Beschaffung qualitativer Daten stehen eine Reihe von Datenerhebungsmethoden zur Verfügung, von denen Abschnitt 5.2 einige beschreibt. Hier wurde deutlich, daß erfolgreiches qualitatives Arbeiten nicht nur sehr viel Zeit, sondern auch Erfahrung voraussetzt. Dies ist zu beachten, wenn man die zum Zweck der Hypothesengewinnung und Theoriebildung benötigten Daten selbst erheben will. Im folgenden werden wir uns darauf konzentrieren, mit welchen Methoden die explorative qualitative Analyse zur Bildung neuer Hypothesen beitragen kann.

6.5.2
Explorative qualitative Datenanalyse

Will man einen komplexen Untersuchungsgegenstand theoretisch fassen, ist es wichtig, zunächst die Fülle des Materials möglichst unvoreingenommen zu ordnen, ohne dabei die Struktur des Gegenstandes zu zerstören oder zu verfälschen. Einen ersten Überblick vermitteln *Inventare*, die Auflistungen der wichtigen Aspekte oder Elemente des Untersuchungsgegenstandes enthalten. Hieraus wird man *Typen* oder *Strukturen* bilden, die die Anordnung der Einzelelemente und typische Merkmalskombinationen beschreiben. Soziale Sachverhalte sind in hohem Maße dynamisch, so daß es neben Momentaufnahmen auch darauf ankommt, *Verläufe* zu rekonstruieren. Diese sind zu ergänzen durch ihre Entstehungsgeschichte, d. h. man muß sich darum bemühen, *Ur-*

sachen und *Gründe* für das in Verläufen verdichtete Prozeßgeschehen ausfindig zu machen. Die anspruchsvollste Aufgabe ist die Erkundung ganzer *Systeme*, die den kompletten Untersuchungsgegenstand in seinen vielfältigen Erscheinungsformen und Wechselwirkungen hypothetisch erklären.

Inventare

Am Beginn der theoretischen Auseinandersetzung mit einem wenig erforschten Thema stellt sich oft die Frage, welche Aspekte, Facetten oder Komponenten überhaupt von Bedeutung sind; gesucht wird also zunächst eine Auflistung der wichtigen Elemente des untersuchten Phänomens, d.h. ein Inventar. Hierfür eignen sich teilstrukturierte Interviews mit offenen Fragen, deren Ergebnisse inhaltsanalytisch auszuwerten sind.

Beispiel: Um einen ersten Einblick in die subjektive Wahrnehmung der Wohnumwelt zu gewinnen, fragten Csikszentmihalyi und Rochberg-Halton (1981) ihre Probanden, welche „besonderen" Gegenstände sich in ihrer Wohnung befänden. Die 315 Befragten nannten insgesamt 1694 Objekte, die induktiv in 41 Kategorien eingeteilt werden konnten, so daß sich in einem ersten Schritt ein Inventar subjektiv wichtiger Dinge im häuslichen Umfeld ergab.

Für Untergruppen der Stichprobe (z.B. Männer und Frauen) konnten sodann separate Inventare angelegt werden, die z.B. ergaben, daß 17% der Männer die „Sportausstattung" als „besonderen" Gegenstand im Haus betrachteten gegenüber weniger als 1% der Frauen, die ihrerseits eine stärkere Affinität zu Stofftieren (6%) zeigten als Männer (1%). Hinsichtlich Telefon, Uhren und Teppichen bestanden dagegen keine geschlechtsspezifischen Differenzen. Zusätzliche Inventare für Kinder, Eltern und Großeltern sowie Angaben zur subjektiven Bedeutung einzelner Objekte, die durch die Objekte ausgelösten Assoziationen etc. bildeten das Basismaterial, das zahlreiche Ansatzpunkte für Hypothesen zu einer „Psychologie der Dinge" lieferte.

Ein anderes (fiktives) Beispiel: In der interpersonalen Wahrnehmung ist es eine zentrale Frage, ob man seinem Gegenüber trauen kann oder eher vermutet, angelogen zu werden. Aber welche subjektiven Kriterien verwenden Menschen eigentlich, wenn sie die Ehrlichkeit oder Unehrlichkeit anderer Personen einschätzen sollen? Wie lang ist die Liste der Kriterien?

In einem Leitfadeninterview werden die Probanden gebeten, je eine Situation zu schildern, in der sie auf unehrliches oder ehrliches Verhalten ihres Gegenübers schlossen. Aus den Interviewtexten ließen sich die spontan genannten Indizien für Ehrlichkeit bzw. Unehrlichkeit herausfiltern und zu individuellen Inventaren zusammenfassen. Bei einer Kategorisierung dieser Inventare nach den Kriterien Mimik, Gestik, Sprache und Inhalte könnte sich z.B. herausstellen, daß mehr Merkmale für Unehrlichkeit als für Ehrlichkeit generiert wurden. Dieser Befund wäre evtl. mit dem sog. Negativitäts-Bias erklärbar, d.h. mit dem Umstand, daß negative Ereignisse viel mehr beachtet und überdacht werden als positive.

Eine Auszählung der Kategorien könnte zudem ergeben, daß sich über 50% der Nennungen auf die Mimik beziehen (z.B. „weicht meinem Blick aus"). Unter den Stichworten „nonverbaler Ausdruck" und „Glaubwürdigkeit" stößt man in der Fachliteratur jedoch auf den Hinweis, daß gerade die Mimik hochgradig kontrollierbar ist und damit das Verbergen innerer Vorgänge besonders erleichtern müßte. Diese Diskrepanz könnte weiterverfolgt werden, indem man z.B. die Hypothese aufstellt, daß „gute Menschenkenner" die Bedeutung der Mimik weniger überschätzen als „schlechte Menschenkenner", wobei die Ausprägung von „Menschenkenntnis" z.B. auf der Basis von Diskriminationsaufgaben meßbar wäre, bei denen wahre Aussagen und Lügen erkannt werden müssen.

Auch Gruppenbefragungen (s. Abschnitt 5.2.1) können zur Aufstellung von Inventaren geeignet sein. Will man etwa die Probleme und Störungen im Arbeitsablauf einer Abteilung explorieren, kann mithilfe der Methode des *Brainstorming* zunächst alles gesammelt werden, was die Betroffenen als Probleme identifizieren. In einem zweiten Arbeitsschritt könnte nun gemeinsam mit den Befragten eine Strukturierung des Probleminventars nach Wichtigkeit und Lösbarkeit vorgenommen werden. Derartige Informationen spielen im Vorfeld von Interventionsmaßnahmen eine große Rolle und verhindern, daß Maßnahmen „an den Betroffenen vorbei" konzipiert werden.

Typen und Strukturen

Auf einer höheren Integrationsstufe als Inventare von Einzelaspekten befinden sich Typen, die durch *Merkmalskonfigurationen* entstehen. Ist der für eine Objektgruppe relevante Merkmalspool bereits bekannt und standardisiert operationalisierbar, sind quantitative Verfahren der Gruppierung wie z. B. die Konfigurationsfrequenzanalyse (KFA, Krauth, 1993) indiziert. Ist es jedoch aufgrund hohen Alters, Behinderung, kultureller Unterschiede o. ä. nicht möglich, die Zielprobanden standardisiert zu befragen, oder ist noch völlig unklar, welche Merkmale überhaupt einer Typenbildung zugrundezulegen sind, wird man eine offene Befragungsmethode vorziehen, deren Ergebnisse mittels eines induktiv gewonnenen Kategorienschemas kodiert werden. Diese Kategorien bilden neue Variablen, auf deren Basis die Objekte mit einer *Clusteranalyse* typisiert werden können (z. B. Früh, 1981).

Häufig sind aber statt additiver Typen, die durch Merkmalszusammenfassungen entstehen, strukturelle Typen interessanter, die Objekte vereinen, die sich nicht nur in Einzelmerkmalen, sondern in der gesamten Merkmalskonfiguration ähneln, z. B. von ähnlichen Konfliktlagen betroffen sind oder ähnliche Entwicklungsprozesse durchlaufen. Ein Beispiel wäre die in Anlehnung an die psychoanalytische Charakterlehre konzipierte Familientypologie von Richter (1972), die z. B. die „Theaterfamilie", „Festungsfamilie" und „Sanatoriumsfamilie" unterscheidet (weitere Angaben zur Typenbildung s. Bailey, 1994; Gerhard, 1986; Kluge, 1999).

Die *Strukturanalyse (Structural Analysis)* ist eines der wichtigsten Verfahren der Ethnologie, das dazu dient, das kulturspezifische Alltagswissen nach Inhalt und Struktur zu erfassen (Werner und Schoepfle, 1987a, Kap. 2). So kann etwa die Vorstellung, welche Personen zur „Verwandtschaft" gehören (z. B. nahe oder entfernte Verwandte, Blutsverwandte und angeheiratete Verwandte), von Kultur zu Kultur variieren. Die Technik der Strukturanalyse ist auch bei Untersuchungen innerhalb einer Kultur sinnvoll einsetzbar, um den Aufbau von Alltagswissen zu rekonstruieren. Eine Strukturanalyse besteht aus einem Datenerhebungsteil in Form offener mündlicher Befragungen und einem Auswertungsteil in Form

einer strukturierten, visuellen Aufbereitung der von den Probanden genannten Konzepte.

Um subjektive Strukturen zu evozieren, empfehlen sich spezifische Frageformulierungen, die zunächst an die „erstbesten" Äußerungen der Probanden anknüpfen (Werner und Schoepfle, 1987b, S. 72ff.). Erfragt man zum Beispiel die subjektive Struktur von Einkaufsgelegenheiten, und ein Proband antwortet, daß er „teure Geschäfte" grundsätzlich nicht betritt, kann man mit der Frage nachsetzen, welche anderen Geschäfte (neben teuren) es denn noch gäbe. Nun äußert der Proband vielleicht spontan: billige Geschäfte, Einkaufszentren und Lebensmittelläden, womit ein kleines Inventar erstellt wäre.

Um herauszufinden, ob die genannten Konzepte in der subjektiven Struktur des Befragten auf einer Ebene liegen oder hierarchisch geordnet sind, wird man weiterfragen, ob denn eine Einkaufsgelegenheit *entweder* ein „teueres Geschäft" *oder* ein „Einkaufszentrum" oder auch *beides gleichzeitig* sein kann. Alternativen, die durch „entweder-oder-Relationen" verbunden sind, stehen auf einer Ebene, während „sowohl-als-auch-Relationen" hierarchische Beziehungen andeuten. Weitere Strukturierungen können mit der Frage nach *Ähnlichkeiten* oder *Gegensätzen* („Welche Einkaufsgelegenheit ist ganz *anders* als ein Einkaufszentrum?") sowie durch die Aufforderung zum freien Assoziieren generiert werden. Um Substrukturen in größere Zusammenhänge einzuordnen oder wichtige Teilelemente von komplexen Strukturen zu ermitteln, wird nach der Relation „Teil-Ganzes" gefragt.

Da sich eine subjektive Struktur im Laufe der Befragung schrittweise entwickelt, empfiehlt es sich, die generierten Begriffe auf Karten zu schreiben, gemäß der ermittelten Struktur anzuordnen und bei Bedarf immer wieder umzusortieren, bis eine Endfassung erstellt ist. Die resultierenden Konzeptstrukturen werden häufig als Baumstrukturen gezeichnet.

Während die Strukturanalyse durch ihre gezielte Fragetechnik aus Sicht der Befragten eher direktiv abläuft, stellt die *Moderationsmethode* eine Technik dar, bei der eine Gruppe subjektive Strukturen (z. B. von Problemen und Problemlösungen) in „Eigenregie" ermittelt (vgl. Abschnitt 5.2.1).

Ursachen und Gründe

Zusammenhänge, Ursachen und Gründe für Ereignisse und Phänomene zu finden, ist ein wichtiger Schritt auf dem Weg zur Theoriebildung. Für die quantitative Analyse von Zusammenhängen bzw. die Überprüfung von Zusammenhangshypothesen stehen eine Reihe ausgefeilter Techniken zur Verfügung. Diese korrelationsstatistischen Verfahren versagen jedoch, wenn es über die Konstatierung eines Zusammenhangs hinaus um die inhaltliche Begründung kausaler Hypothesen geht. Hierfür sind auf sorgfältigen Beobachtungen aufbauende Beschreibungen oftmals aufschlußreicher als die Resultate komplizierter statistischer Auswertungstechniken.

Eine Systematik des Schülerverhaltens beispielsweise stellt auf einzelne Verhaltensweisen bezogene Kategorien auf, die das Verhalten von Schülern möglichst vollständig beschreiben. Eine Antwort auf die Frage, *warum* sich ein Schüler in einer bestimmten Weise verhält bzw. warum bestimmte Verhaltenssequenzen besonders häufig auftreten, vermag diese Systematik jedoch nicht zu geben. Hierfür sind weitere, über ein konkretes Schülerverhalten hinausgehende Beobachtungen erforderlich, die zur Erklärung des Verhaltens beitragen können.

Im folgenden werden einige Anregungen gegeben, die das Auffinden kausaler Hypothesen in qualitativ-explorierenden Untersuchungen erleichtern:

- *Analyse natürlich variierender Begleitumstände*: Will man die Ursache einer Verhaltensweise ergründen, ist es erforderlich festzustellen, unter welchen Umständen das Verhalten auftritt und wann es ausbleibt. Eine fundierte Kausalhypothese setzt voraus, daß man die gemeinsamen Elemente der Begleitumstände, unter denen sich das zu untersuchende Verhalten zeigt, mit Situationen vergleicht, in denen es nicht auftritt.
- *Analyse willkürlich manipulierter Begleitumstände*: Vermutungen über Einflußgrößen lassen sich gelegentlich dadurch erhärten, daß man die Einflußgrößen systematisch variiert. Bei dieser als „Vorläufer" eines systematisch kontrollierten Experiments (vgl. S. 62) zu verstehenden Vorgehensweise ist darauf zu achten, daß

der oder die betroffenen Untersuchungsteilnehmer die Bedingungsvariation als natürlich empfinden (zum sog. „qualitativen Experimentieren" vgl. S. 392 ff.). Eine besondere Variante ist hier das *Gedankenexperiment*, bei dem die Begleitumstände nur theoretisch variiert werden.

- *Veränderungen aufgrund besonderer Ereignisse*: Ändert sich das Verhalten oder ein Verhaltensausschnitt abrupt mit dem Eintreten eines besonderen Ereignisses, ist dieses Ereignis mit hoher Wahrscheinlichkeit für die eingetretenen Änderungen verantwortlich (zur Bedeutung und Analyse von „Critical Life Events" vgl. z. B. Cohen, 1988; Filipp, 1981).
- *Ursachen erfragen*: Geht es um die Klärung der Begleitumstände einer bestimmten Verhaltensweise, liefert ein offenes Gespräch bzw. eine Exploration hierfür entscheidende Hinweise. Auch wenn diese nicht immer mit den tatsächlichen Ursachen übereinstimmen, erfährt man auf diese Weise, welche Erklärungen sich der Betroffene selbst „zurechtgelegt" hat, bzw. an welchen Stellen diese Erklärungen unstimmig sind (zu Alltagstheorien bzw. „naiven" Theorien vgl. S. 363 f.).
- *Auffälligkeiten in der Lebensgeschichte*: Ursachen des zu klärenden Verhaltens sind zuweilen auch in der Vergangenheit bzw. Lebensgeschichte der Betroffenen zu suchen (zur Biographieforschung vgl. S. 349 ff.). Das hierfür erforderliche Erkundungsgespräch sollte möglichst keine Prioritäten setzen und auch unwichtig erscheinende Details der biologisch-somatischen, psychologischen, biographischen und sozioökonomischen Entwicklung einbeziehen. Allerdings sind derartige Erinnerungsberichte selten lückenlos, weil oftmals entscheidende Ereignisse vergessen oder verdrängt wurden.
- *Eigene Initiativen erkunden*: Wichtige Anhaltspunkte für die Bildung von Hypothesen über den Entstehungszusammenhang der zu untersuchenden Sachverhalte liefern die Aktivitäten oder Initiativen, die Betroffene selbst unternehmen (oder zu unternehmen gedenken), um eine Veränderung herbeizuführen. Hinter diesen Initiativen verbergen sich häufig interessante Kausalmodelle über die Entstehung und Beseitigung des in Frage stehenden Problems.

Ebenso sind latente Pläne und Zukunftsträume möglicherweise ein Verhaltensantrieb.

• *Systematische Vergleiche:* An Einzelfällen gewonnene Kausalhypothesen lassen sich durch systematische Vergleiche mit anderen Einzelfällen erhärten oder widerlegen. Als eine spezielle Technik entwickelte Jüttemann (1981, 1990) die „komparative Kasuistik", die hinsichtlich ihrer Lebenssituation bzw. Krankheitsgeschichte weitgehend ähnlich gelagerte Einzelfälle in bezug auf mögliche Übereinstimmungen oder Unterschiede analysiert und vergleicht. Es handelt sich um ein schrittweises Vorgehen, bei dem ein zunächst einfaches Kausalmodell durch die Einbeziehung neuer Aspekte und weiterer Einzelfälle in mehreren Vergleichsdurchgängen allmählich ausgebaut wird.

Die hier genannten Ansätze zur Identifikation von Einflußfaktoren bzw. zur Aufstellung kausaler oder finaler Hypothesen sollten verdeutlichen, daß qualitative Ursachenforschung nicht routinisierbar ist. Sie setzt Erfahrungen mit dem Untersuchungsfeld sowie ein Gespür für tatsächliche oder nur scheinbare Ursachen voraus.

Verläufe

Verläufe und *Prozesse* lassen sich qualitativ am besten durch Individual- oder Einzelfallanalysen beschreiben (zur Prozeßforschung s. Meier, 1988; zur quantitativen Analyse von Prozessen vgl. S. 568 ff.). In Längsschnittstudien (vgl. S. 547 ff.) wird verfolgt, wie sich Merkmale oder Merkmalskombinationen im Verlaufe der Zeit verändern, mit dem Ziel, diese Veränderungen durch externe oder interne Begleitumstände zu erklären. Da die Ursachen einer Veränderung der Veränderung selbst niemals zeitlich nachgeordnet sein können, sind prozessuale Längsschnittstudien erheblich besser geeignet, kausale Wirkmodelle zu postulieren, als querschnittliche Momentaufnahmen. Hierbei sei noch einmal daran erinnert, daß menschliches Erleben und Verhalten keineswegs nur als Folge vergangener Ereignisse erklärt werden kann (Kausalerklärung), sondern auch von zukünftigen Ereignissen geprägt ist, sofern diese in Wünschen, Träumen und Zielen antizipiert und angesteuert werden (Finalerklärung). Welche Ziele sich Menschen setzen, ist allerdings wiederum von der biographischen Vergangenheit beeinflußt.

Man beachte, daß die Rekonstruktion von Lebensverläufen durch biographische Interviews eine echte Längsschnittstudie nicht ersetzen kann. Die biographische Rückschau ist fehleranfällig, weil Menschen frühere Erlebnisse und Entscheidungen im Verlaufe ihres Lebens immer wieder neu interpretieren und bewerten, so daß die Resultate des biographischen Interviews letztlich auch nur „Momentaufnahmen" des vergangenen Lebens aus der gerade aktuellen Sicht des Betroffenen darstellen (vgl. Thomae, 1968).

Verlaufsstudien können Vergleiche zwischen Personen unterschiedlicher Generationen, Kulturen, Subkulturen, Wohnorte etc. beinhalten. Um den Verlauf darzustellen, wird man den betrachteten Prozeß in der Regel in Abschnitte oder Phasen einteilen, indem man entweder Zeitabschnitte wählt (z. B.: Was passiert im ersten Jahr nach der Verwitwung, was im zweiten Jahr usw.) oder inhaltliche Einheiten bildet (z. B.: Wie verändert sich der Freundeskreis nach der Verwitwung, welche Umstellungen gibt es im Tagesablauf usw.). Bei der Schilderung der Phasen ist es von Interesse, typische Verhaltens- und Erlebensmuster darzustellen, die sich vom üblichen Alltagsleben, aber auch von anderen Phasen abheben. Besonders interessant ist auch die Frage, welche Faktoren ausschlaggebend dafür sind, daß eine neue Phase einsetzt bzw. eine alte beendet wird.

Ein Beispiel für eine Verlaufsstudie findet man bei Legewie et al. (1990), die bei ihren Interviewpartnern feststellten, daß sich die psychische Verarbeitung des Reaktorunfalls in Tschernobyl in vier Phasen gliederte: Während einer anfänglichen Orientierungsphase in den ersten Stunden und Tagen nach dem Unfall wurden zunächst nähere Informationen eingeholt, die die spontane Verwirrung zu einem Gefühl der massiven Bedrohung verdichteten. Diese Phase dauerte mehrere Wochen bis Monate und war v.a. durch Angst um die eigene Gesundheit, um die Kinder und um die Zukunft geprägt. Nach einigen Monaten setzte eine Phase der Beruhigung ein, in der die Angst durch normale Alltagsaktivitäten oberflächlich überdeckt wurde. Allmählich ging die Beruhigungsphase, in der die Angst durch äußere Anlässe immer wieder aktualisiert werden konnte, in eine dauerhafte Gewöhnungsphase über.

Für qualitative Explorationen ist es wichtig, die Stimmigkeit derartiger Phasenmodelle anhand einzelner Verläufe zu belegen und deren Dynamik genau nachzuvollziehen. Im Beispiel erreichten einige Informanten eine Stabilisierung durch Verdrängen, andere durch Anpassung, während eine weitere Teilgruppe den oben geschilderten Prozeß der Risikoverarbeitung überhaupt nicht durchlebte, weil sie den Unfall von Anfang an als relativ „normal" und „nichts Besonderes" hinnahm. Charakteristische oder modale, d. h. besonders häufig zu beobachtende Verlaufsformen wären zusammen mit individuellen Erklärungsmustern erste Bausteine einer Theorie, die sich im Beispiel auf das menschliche Verhalten bei lebensbedrohenden Katastrophen beziehen könnte.

Systeme

Im Bemühen, der Komplexität sozialen Lebens gerecht zu werden, ist das empirische Erfassen von ganzen Systemen eine wichtige, wenn auch besonders aufwendige Aufgabe. Unter „Systemen" verstehen wir hier beispielsweise dyadische Beziehungen (Freundespaare, Geschäftspartner etc.), Familien, Cliquen, Seminare, Arbeitsteams, Bürgerbewegungen, Vereine, Betriebe, Institutionen, Parteien, Subkulturen oder ganze Gesellschaften.

Die ganzheitliche Beschreibung derartiger Systeme verfolgt zunächst das Ziel, die besonderen Eigenheiten der in einem System angetroffenen Normen, Musterläufigkeit und Gepflogenheiten, aber auch besondere „Systemstörungen" in Form von Regelverletzungen, Auffälligkeiten oder Kommunikationsdefekten zu erklären. Systemanalysen dieser Art können des weiteren zur Theoriebildung über allgemeine Voraussetzungen und Rahmenbedingungen für das Funktionieren von Systemen beitragen, wenn sich herausstellt, daß die gefundenen Systemdeskriptoren und Deutungsmuster auch auf andere, vergleichbare Systeme übertragbar bzw. replizierbar sind.

Methodisch besonders geeignet für eine qualitative Systemanalyse sind die auf S. 338 bereits ausführlich behandelten Varianten der Feldforschung. Darüber hinaus können jedoch – in Abhängigkeit von der Art des zu untersuchenden Systems und der Fragestellung – alle in Kap. 5 erwähnten Methoden der qualitativen Datenerhebung eingesetzt werden.

Anders als quantitative Forschung, die in vielen Bereichen per Konvention relativ klar normiert ist, läßt die qualitative Forschung und insbesondere die qualitative Systemforschung dem methodischen Vorgehen vergleichsweise viel Spielraum, so daß es schwerfällt, für systemanalytisch orientierte Theoriebildungen verbindliche Richtlinien zu benennen. Wir werden uns deshalb im folgenden damit begnügen, methodisches Vorgehen und Ergebnisse der qualitativen Systemanalyse exemplarisch zu verdeutlichen, wobei wir uns vor allem auf ethnologische bzw. Feldstudien und „qualitatives Experimentieren" nach Kleining (1986) beziehen.

Systembeschreibung aus Innen- und Außensicht: Ein Beispiel für eine Systemanalyse, bei der neben teilnehmender Beobachtung auch die Technik der Dokumentenanalyse eingesetzt wurde, stammt von Helmers (1994). Die Autorin widmet sich aus ethnologischer Sicht der „Netzkultur", d. h. den Besonderheiten der persönlichen und sozialen Identität sowie der Kommunikation von Personen, die über Computernetze (speziell: das Internet, vgl. Anhang B) miteinander interagieren und sogenannte „virtuelle Gemeinschaften" (virtuell: scheinbar, realitätsähnlich) bilden. Um die mehrere Millionen Nutzer umfassende Netzgemeinschaft zu gliedern, unterteilt die Autorin die Nutzergemeinschaft unter Verwendung einer Raum-Metapher grob in „Zentrum" (Insider mit sehr guten Computer- und Netzkenntnissen) und „Peripherie" (Anfänger und rein instrumentelle Nutzer mit geringem technischen Verständnis), wobei das „Zentrum" nach speziellen Wissens- und Tätigkeitsgebieten weiter in sieben Subgruppen (Hacker, Real Programmers, Cyberpunks usw.) aufgegliedert wird.

Der in der Außensicht pauschal wahrgenommene „Computerfreak" zerfällt also aus der Innensicht in verschiedene Subtypen, die sich bewußt und vehement voneinander abgrenzen (z. B. über die Frage, wer das „beste" Betriebssystem verwendet). Zur Illustration der Selbstbeschreibungen von Netznutzern zitiert die Autorin exemplarisch einige im Netz verbreitete Dokumente, die z. B. die Hypothese nahelegen, daß im Netz forciert Identitätsbildungen stattfinden, etwa weil die computervermittelte Kommunikation zur Explikation identitätsstiftender Merkmale zwingt, weil sich in der männerdominierten Netzkultur geschlechtsspezifisches Dominanz- und Konkurrenzverhalten potenziert oder weil sich die „alten Hasen" des „Zentrums" durch den seit Beginn der 90er Jahre zu verzeichnenden extremen Zustrom neuer Nutzer bedroht fühlen. Interessant ist auch, daß populäre Klischees vom Computerfreak (weltfremd, kopflastig, ungewaschen, einzelgängerisch) in positiv gewendeter Form zur Selbstbeschreibung genutzt und als Zeichen von Genialität, Nonkonformismus und Hingabe an das Metier gedeutet werden.

Diese explorativ gewonnenen Deskriptoren und Erklärungen wären nun z. B. kommunikativ zu validieren, etwa indem das Analyseergebnis im Netz publiziert und diskutiert wird. Hieraus könnten Theoriefragmente über die Entstehung von Subkulturen in technischen Kommunikationssystemen entstehen, die durch Gegenüberstellung mit anderen Strukturen (etwa mit der älteren Gemeinschaft der CB-Funker) abzugleichen und zu verdichten wären (zur Beschreibung kultureller Systeme vgl. Geertz, 1993).

Qualitative Experimente: Um die Zusammensetzung und Funktionsweise von sozialen Systemen zu erkunden, können nach Kleining (1986) in Gedanken oder in der Realität auch „qualitative Experimente" mit systematischer oder natürlicher Bedingungsvariation durchgeführt werden. „Das qualitative Experiment ist der nach wissenschaftlichen Regeln vorgenommene Eingriff in einen (sozialen) Gegenstand zur Erforschung seiner Struktur... . Es ist auf das Finden, das Aufdecken von Verhältnissen, Relationen, Beziehungen, Abhängigkeiten gerichtet, die besonders sind für jeden Gegenstand. Heuristik unterscheidet das qualitative Experiment vom quantitativen, das zumeist hypothesenprüfend verfährt und auf kausale, zahlenmäßig erfaßbare Relationen zielt" (Kleining, 1986, S. 725).

Im Unterschied zu den üblichen Experimenten (vgl. S. 57 ff.) werden beim qualitativen Vorgehen nicht gezielt bestimmte *unabhängige Variablen* manipuliert, um deren Einfluß auf ausgewählte *abhängige Variablen* zu überprüfen, sondern vielmehr globale Systemänderungen vorgenommen (sogenannte „Fragen") und potentiell alle auffallenden Systemreaktionen („Antworten") beobach-

tet. Kleining (1986, S. 738 f., im folgenden weitgehend wörtlich wiedergegeben) nennt sechs Grundtechniken für qualitatives Experimentieren:

- *Teilen (Separation)*: Formale Sozialordnungen oder Organisationen werden in Situationen gebracht, in denen sie sich auflösen können: der Kindergarten oder die Schulklasse ohne Aufsicht, die betriebliche Abteilung, die Vereinsversammlung oder der militärische Verband ohne Leitung. Die Organisationen „zerfallen" in sich „natürlich" bildende Einheiten, die „informellen" Gruppen. Um deren Formation zu studieren, wird man qualitative Experimente ausführen, mit wechselnden Organisationen unter verschiedenen Bedingungen, unter jeweils anderen Fragestellungen. Kleingruppen kann man auch experimentell herstellen, indem man Organisationen künstlich in Teilgruppen trennt: nach Geschlecht, nach Alter, nach Leistung, nach Körperkraft („Fragen") und dann feststellt, was passiert („Antworten"), wo sich Spannungen ergeben, etc. Beide Arten der Teilung – durch geänderte Rahmenbedingungen und durch Eingriff in die Organisation – sind als qualitative Experimente zum Studium der Bedingungen verschiedener Formen der Vergesellschaftung verwendbar.

- *Zusammenfügen (Kombination)*: Werden „Teile", also Kleingruppen, Mannschaften, Betriebe, Familien, einzelne Personen etc. zusammengefügt, ergibt sich ein bestimmtes Verhalten als Ergebnis oder „Antwort": Konkurrenz, Wettbewerb, Leistung, Interaktion, Vergnügen, Frustration, Regression, Identitätsbeeinflussung, Gruppenzerfall, Abgrenzung etc. Die Kombinationen können variiert werden nach Gleichartigkeiten, Verschiedenartigkeiten, hierarchischen Merkmalen oder Verläufen. Dies kann sich naturwüchsig ergeben und wenig geplant (wie die Integration von Heimatvertriebenen und Flüchtlingen) oder mit gewisser Planung (Wohnorte ausländischer Arbeiterfamilien) oder mit der Möglichkeit zu genauer Kontrolle (Ausländer in Kindergärten, Kirchen, Schulen, an Arbeitsplätzen, in Vereinen, Krankenhäusern etc.).

- *Abschwächen (Reduktion)*: Bestehende Sozialorganisationen werden dadurch verändert, daß Positionen und Rollen in ihrer Wirksamkeit abgeschwächt werden, durch Machtentzug, Liebesentzug, Legitimitätsbeschränkung, laissez-faire-Haltung, Separierung oder einfach durch Abwesenheit bestimmter Rolleninhaber. In diesem Fall werden „Teile" der Sozialstruktur, Personen oder Funktionen entfernt. Was geschieht dann mit der Gruppe? Wie funktioniert eine unvollständige Familie? Was ist das Besondere der Lage alleinerziehender Mütter/Väter? Funktionen von Institutionen werden erkennbar durch Abschwächung und Herausnahme von Funktionen.

- *Intensivieren (Adjektion):* Die Eigenart von Institutionen wird erforscht, indem man bestimmten Personen Tätigkeitsfelder, Verantwortungsbereiche, Machtbefugnisse überträgt, die sie vorher nicht oder nicht in diesem Maße besessen haben. Eine Schulklasse soll über den Lehrplan, die Prüfungen oder die Zensuren entscheiden. Die Sportmannschaft entscheidet über Aufstellung und Strategien des Wettspiels. Vereine und Firmen erweitern ihre Tätigkeitsgebiete: Wie verändert das ihre Sozialorganisation, ihre interne Kontrolle, die Legitimationsbasis? Welche Zufügungen „vertragen" sich mit dem Bisherigen, welche sind dysfunktional?

- *Ersetzen (Substitution):* Der Ersatz eines Teiles durch einen anderen Teil gibt Auskunft über das Ganze, das sich in bestimmter Weise verändert. Qualitative Experimente ersetzen eine Person, eine Position, eine Rolle, eine Funktion, eine Bedingung, eine Gruppe, eine Form der Legitimation oder eine Organisation durch jeweils eine andere. Die Bereiche für Substitution sind vielfach. Beispiele für individuelles Sozialverhalten: Verhalte dich wie ein Kind, wie dein Chef, wie dein Ehepartner, wie ein Amerikaner, wie ein Politiker. Sprich durch Zeichen, mit Akzent, in einer Fremdsprache. Verändere dein Aussehen. Als Betreuer von Blinden, lerne wie ein Blinder zu leben, indem du einen Monat lang deine Augen abdeckst. Lebe drei Monate von Sozialhilfe. Verändere deine Lage: reise, verzichte auf das Auto, das Fernsehen, die Massenmedien, begib dich in extreme Situationen.

- *Verändern (Transformation):* Dies ist die Umgestaltung eines Ganzen: einer Familie, eines Dorfes, eines Stadtteils, eines Vereins, einer Zeitung oder eines Senders, eines Wirtschaftsunterneh-

„Zusammenfügen" als qualitatives Experiment. (Aus: Marcks, M. (1984). Schöne Aussichten. Karikaturen. München: dtv.)

mens, einer Religion, eines Staates usw. Die naturwüchsige Basis sind kurzfristige Transformationen bei Festen, Feiern, Tagungen, Aufführungen etc. und langfristige Änderungen, die die Zeit herstellt. Was ändert sich wie? Was bleibt? Bei großen, herrschaftsrelevanten, der Manipulation nicht zugänglichen Einheiten gehen die Techniken in *Gedankenexperimente* über.

Diese Interventionsvorschläge machen deutlich, daß qualitative Bedingungsvariationen gelegentlich weitreichende Eingriffe in das soziale Leben erfordern, die in der Realisation auf praktische und ethische Grenzen stoßen dürften. Einen „militärischen Verband ohne Leitung" herzustellen, erfordert sicherlich einiges an experimentellem Geschick. Je weniger pragmatischen Grenzen eine qualitative Bedingungsvariation unterworfen ist (etwa weil sehr viel Geld, Zeit und genügend Freiwillige zur Verfügung stehen), um so virulenter werden ethische Fragen. Aus sehr unterschiedlichen Lebenszusammenhängen stammende, einander unbekannte Personen mit Aussicht auf eine Gewinnprämie für längere Zeit von der Außenwelt isoliert in einem Haus unterzubringen und das Geschehen dort zu filmen und im Fernsehen zu senden, kombiniert die Techniken des Zusammenfügens und Veränderns in radikaler Weise. Obwohl sozialpsychologisch nicht uninteressant, stieß diese Form des medial inszenierten (und auch von einem Psychologen betreuten) „qualitativen Experiments" im Rahmen der im Jahr 2000 ausgestrahlten „Big Brother"-Sendung auf scharfe Kritik.

Nicht zu unrecht weist Kleining (1986, S. 744) darauf hin, daß qualitative Experimente vorsichtig anzuwenden sind, unter behutsamem Austesten der Grenzen und wenn möglich unter direkter Mitwirkung der Betroffenen (was allerdings Reaktivitätsprobleme erzeugen kann).

Ein weiteres Beispiel für ein qualitatives Experiment, das mit der Technik „Verändern (Transformation)" operierte, ist das am 28. Januar 1994 an der Universität Münster durchgeführte „Krisenexperiment" zur Ausländerfeindlichkeit (Die Zeit, 1994; Kordes, 1995): Die linke Tür zur Mensa wurde mit dem Schild „Ausländer", die rechte mit dem Schild „Deutsche" gekennzeichnet. Zudem verteilte die studentische Forschergruppe ein Flugblatt, auf dem zu lesen war, daß der (fiktive) „Arbeitskreis Deutsche Studenten" eine Zählung der deutschen und ausländischen Studenten durchführt, um zu ermitteln, welcher Anteil der Subventionen für das Mensaessen auf Ausländer entfällt. Mit dieser offenkundig rassistischen Selektion sollte getestet werden, wie die Studierenden reagieren. Schauen sie weg? Schreiten sie ein? Im Laufe des zweistündigen Experiments passierten ca. 800 Studierende die Türen, wobei sich 95% kommentarlos in die beiden Schlangen einreihten. Die übrigen 5% (ca. 40 Personen) unterliefen die Regeln meist durch Tricks, indem sie für sich „doppelte Staatsbürgerschaft" reklamierten, angaben, zum „Personal" zu gehören, oder einfach schnell vorbeigingen.

Die Ereignisse während des Experimentes wurden auf Video aufgezeichnet und von Beobachtern protokolliert. Neben dem Verhalten der Studierenden wurden auch die Reaktionen der beiden Hausmeister, der Universitätsführung, der alarmierten Polizei sowie später auch der Presse registriert. Es zeigte sich, daß das System Universität auf das Krisenexperiment in erster Linie formal reagierte. Die Münsteraner Arbeitsgruppe „Krisenexperiment" deutete die Ergebnisse in der Weise, daß sie die zur Mensa eilenden Studierenden als „Trott- und Ordnungsmasse" interpretierte, die sich bereitwillig und kritiklos an Regelungen orientiert, die immer dann einen reibungslosen Ablauf sichern, wenn Individuen auf dem Weg zum Kaufen, Konsumieren oder Essen eine „trottende, gemächlich eilende Masse" bilden. Die These, daß das Akzeptieren getrennter Eingänge für „Ausländer" und „Deutsche" weniger Unsensibilität gegenüber Rassismus, als vielmehr „massentypisches" Orientierungsverhalten an Regeln signalisiert, wäre in weiteren Untersuchungen mit thematisch variierenden „Regeln" zu prüfen.

ÜBUNGSAUFGABEN

1. Was ist eine Heuristik?

2. Was versteht man unter „Exploration"?

3. Kennzeichnen Sie vier Explorationsstrategien zur Hypothesenbildung!

4. Personen mit gängigen Vornamen (z. B. Stefanie, Andreas) sind beliebter als Personen, die einen ungewöhnlichen und weniger „schönen" Namen tragen (z. B. Kunigunde, Kaspar). Woran könnte das liegen? Formulieren Sie drei sinnvolle psychologische Hypothesen!

5. Welche Funktion haben Computersimulationen für die Theoriebildung?

6. Was versteht man unter einer „Metapher"? Nennen Sie drei Beispiele!

7. Formalisieren Sie folgendes Modell in einer möglichst übersichtlichen Graphik:

Das Prinzip der Entscheidungsdelegation: Mit dem Prinzip der Entscheidungsdelegation aufs Engste verbunden ist die Frage der analytisch und empirisch fundierten und mit den mittelfristigen Planungsaufgaben des Unternehmens koordinierten Ermittlung differenzierter Komplexe von Entscheidungsaufgaben auf der einen und Realisationsaufgaben auf der anderen Seite. Aufgrund der Bildung von spezifischen, verrichtungszentralistischen Aktionseinheiten für unterschiedliche Objekte in Unterstellung der jeweiligen Entscheidungsaufgaben und Realisationsaufgaben entstehen nach den bekannten Gesetzmäßigkeiten der Genese soziotechnischer Systeme Abhängigkeiten zwischen den Aktionseinheiten in dem Sinne, daß ein permanenter reziproker Informationsfluß nicht nur günstig, sondern geradezu notwendig ist. Von den die Realisationsaufgaben bearbeitenden Aktionseinheiten ist jedoch in jedem Arbeitsschritt die Entscheidungskompetenz der mit den Entscheidungsaufgaben beauftragten zugeordneten Aktionseinheiten zu berücksichtigen, so daß eine hierarchische Relation der Aktionseinheiten impliziert wird, in der das Prinzip der Entscheidungsdelegation enthalten ist. Aktionseinheiten, die den Realisationsaufgabenkomplexen zugeordnet sind, delegieren ihre in Abhängigkeit von bereichsspezifischen Anforderungen im Hinblick auf einen sich schnell wandelnden und insbesondere expandierenden Markt erst im Zuge der Aufgabenerledigung auftretenden zusätzlichen Entscheidungsdefizite an die ihnen vorgeordneten, den Entscheidungsaufgaben unterstellten Aktionseinheiten.

8. Eine Partnervermittlungsagentur legt standardmäßig allen Bewerbern einen Fragebogen vor, auf dem sie sich selbst beschreiben sollen. Für jedes Item ist eine Rating-Skala (stimmt gar nicht/wenig/teils-teils/ziemlich/völlig) vorgegeben. Die Frage ist nun, ob sich aus der Vielzahl unterschiedlicher Persönlichkeitsmerkmale und Vorlieben typische Kombinationen ergeben, die Teilgruppen bzw. Typen von Partnersuchenden kennzeichnen. Zu diesem Zweck wird eine explorative Faktorenanalyse durchgeführt, bei der man „probeweise" drei Faktoren extrahiert:

	Faktor 1	Faktor 2	Faktor 3
bastelt gern	0,72	0,12	0,31
kulturell interessiert	0,11	0,17	0,57
sicherheitsorientiert	0,51	0,25	0,45
theaterbegeistert	0,14	0,15	0,31
politisch informiert	0,34	0,55	0,72
sportbegeistert	0,26	0,88	0,38
mag Haustiere	0,56	0,33	0,41
berufsorientiert	0,24	0,45	0,79
abenteuerlustig	0,21	0,87	0,39
gesellig	0,39	0,82	0,38
häuslich	0,62	0,31	0,43
mag legere Kleidung	0,46	0,76	0,17
sparsam	0,78	0,34	0,25
liest gerne	0,45	0,41	0,61
geht gern in Diskotheken	0,21	0,59	0,23

ÜBUNGSAUFGABEN

Angegeben sind die Faktorladungen (sie geben die Enge des Zusammenhangs zwischen einem Item und dem latenten Faktor an; die Items, die auf einem Faktor hoch laden, charakterisieren den Faktor). Interpretieren Sie das Ergebnis, indem Sie faktorenweise alle hohen Ladungen markieren und dann für jeden Faktor einen aussagekräftigen Namen vergeben.

9. Was versteht man unter dem EDA-Ansatz?

10. Nennen Sie zwei multivariat-statistische Explorationstechniken und deren Funktion!

11. Nennen Sie Vorgehensweisen zur Exploration kausaler Hypothesen!

12. Emotionen werden oftmals durch Metaphern beschrieben. Welche drei Metaphern kommen in folgenden Emotionsbeschreibungen zum Ausdruck?
    a) Er war blind vor Eifersucht.
    b) Es lief ihm eiskalt den Rücken hinunter.
    c) Er glühte vor Eifer.
    d) Sie war gelähmt vor Angst.
    e) Er wurde von seinem Haß getrieben.
    f) Sie könnte vor Freude platzen.
    g) Die Enttäuschung nahm ihm den Wind aus den Segeln.
    h) Sie kochte vor Wut.
    i) Ihm gefror das Blut in den Adern.

13. Was versteht man unter einem Inventar und welche Bedeutung hat es im Kontext von Explorationsstudien?

14. In einem 10stöckigen Gebäude befinden sich zwei Aufzüge, von denen der eine häufig außer Betrieb ist. Besonders in den Stoßzeiten ergeben sich dadurch am verbleibenden Aufzug verlängerte Wartezeiten. Obwohl es objektiv nur um wenige Minuten geht, beobachten Sie bei sich selbst und bei anderen zum Teil sehr heftige Reaktionen: laute Unmutsäußerungen, Flüche, demonstratives Weggehen, Knallen der Treppenhaustür etc. Sie fragen sich, ob die Dauer der Wartezeit rational oder eher emotional bestimmt ist. Nach rationalen Erwägungen sollte in den oberen Stockwerken länger auf den Fahrstuhl gewartet werden (hier geht es auch zu Fuß nicht schneller) als in den unteren Etagen. Unter emotionalen Gesichtspunkten könnte jedoch nach einer gewissen – individuell schwankenden – „Geduldsspanne" weiteres Warten schier unerträglich werden, unabhängig davon, in welchem Stockwerk man sich befindet. Mit Stoppuhr und Notizblock ausgerüstet, führen Sie eine standardisierte Beobachtung durch, wobei sie jeweils die Stockwerkzahl und die Wartezeit für einzelne Personen registrieren. Es ergeben sich folgende Wertepaare
(1. Stockwerkzahl/2. Wartezeit in Minuten):
(10/2,5) (2/1,2) (2/1,0) (3/1,5) (5/2,0) (6/5,5) (7/4,0) (7/1,2) (1/3,4) (10/8,5) (4/4,0) (9/4,1) (4/1,1) (4/3,5) (2/1,4) (8/3,2) (8/5,5) (7/1,0) (1/2,2) (6/3,0)

Zeichnen Sie
a) einen Scatter-Plot und passen Sie nach Augenschein eine Regressionsgerade an,
b) ein Balkendiagramm, in dem Sie die durchschnittliche Wartezeit in den Stockwerken 1–5 (zusammengenommen) den Stockwerken 6–10 (zusammengenommen) gegenüberstellen und
c) einen Stem-and-Leaf-Plot aller registrierten Wartezeiten!
d) Welche Aussagen lassen sich über das Warteverhalten treffen?

Kapitel 7
Populationsbeschreibende Untersuchungen

Das Wichtigste im Überblick

▶ Theorie und Praxis repräsentativer Stichproben
▶ Zur Genauigkeit der Schätzung von Populationsparametern
▶ Stichprobenvarianten
▶ Integration von subjektivem Sachverstand und Empirie: der Bayes'sche Ansatz

Die Neuartigkeit vieler Probleme und Fragestellungen macht die systematische Sammlung von Erfahrungen in Form von Erkundungsstudien erforderlich, die die Formulierung begründeter Hypothesen erleichtern helfen. In diesen, in Kap. 6 behandelten Untersuchungen spielen die Anzahl und die Zusammensetzung der Untersuchungsobjekte nur eine untergeordnete Rolle; die Beschreibung weniger prototypischer oder gar extremer Untersuchungsobjekte kann für die Formulierung von Hypothesen ertragreicher sein als die Analyse repräsentativer Querschnitte.

Dies ist bei den im folgenden zu behandelnden Untersuchungen nicht der Fall. Hier geht es um die Beschreibung von Grundgesamtheiten oder Populationen auf der Basis von Stichprobenergebnissen (s. Levy und Lemeshow, 1999; Tryfos, 1996; Thomas und Schofield, 1996, liefern eine Bibliographie zum Thema).

Die folgenden Beispiele verdeutlichen, welche Art von Problemen hier angesprochen sind: Wie viele Stunden sieht der Durchschnittsbürger sonntags fern? Wieviel Prozent der Bevölkerung sind mit der derzeitigen medizinischen Versorgung zufrieden? Wie viele Haushalte in Hamburg sind für eine Stromversorgung durch Atomkraftwerke? Wie viele Betriebe der textilverarbeitenden Industrie machen Personalentscheidungen von graphologischen Gutachten abhängig? Wie viele Studierende einer Universität essen regelmäßig in der Mensa? Welche Durchschnittsleistung erzielen 14- bis 16jährige in einem neu konstruierten Konzentrationstest? Wie viele Fremdwörter enthält eine durchschnittliche Nachrichtensendung? Wie viele Quadratmeter Wohnfläche sind in einer Sozialbauwohnung für das Kinderzimmer im Durchschnitt vorgesehen? Wie viele Personen werden durchschnittlich pro Tag mit der U-Bahn befördert?

> ❗ Unter einer *Population* (Grundgesamtheit) versteht man die Gesamtmenge aller N Beobachtungseinheiten, über die Aussagen getroffen werden sollen.

Diese Beispiele mögen genügen, um das Anliegen der in diesem Kapitel behandelten Untersuchungen zu verdeutlichen. Es wird eine *Population* oder *Grundgesamtheit* (beide Ausdrücke werden hier wie auch in der Literatur synonym verwendet) definiert (z.B. Gesamtbevölkerung, Haushalte in Hamburg, Betriebe der textilverarbeitenden Industrie, Studierende einer Universität etc.), die hinsichtlich der Ausprägung eines oder mehrerer Merkmale zu beschreiben ist. Die Anzahl potentieller Untersuchungsobjekte ist hierbei so groß, daß eine *Vollerhebung* bzw. die Untersuchung aller Untersuchungsobjekte unmöglich oder zu aufwendig wäre. Man ist deshalb darauf angewiesen, die interessierende Population näherungsweise anhand einer Auswahl von Untersuchungseinheiten, einer *Stichprobe*, zu beschreiben.

> ❗ Werden alle Objekte einer Population untersucht, so spricht man von einer *Vollerhebung* (Anzahl der untersuchten Objekte: N). Wird nur ein Ausschnitt der Population untersucht, so handelt es sich um eine *Stichprobenerhebung* (Anzahl der untersuchten Objekte: n).

Der Grundgedanke dieser Vorgehensweise wird in Abschnitt 7.1 (Stichprobe und Population) beschrieben. Er behandelt die Theorie und Erhebungsarten für Zufallsstichproben, die Schätzung von Populationsparametern aufgrund von Stichprobenkennwerten (Punktschätzung), die Ermittlung von sog. Konfidenzintervallen sowie Überlegungen zur Kalkulation der Größe einer Zufallsstichprobe. Daran anschließend werden in Abschnitt 7.2 Möglichkeiten aufgezeigt, die Genauigkeit einer Populationsbeschreibung durch Einbeziehung von Hintergrundinformationen über die Population zu verbessern. In diesem Zusammenhang werden auch Resampling-Methoden kurz erwähnt.

7.1
Stichprobe und Population

Das Ansinnen, von relativ wenigen Untersuchungsobjekten auf Populationsverhältnisse schließen zu wollen, löst bei Laien nicht selten Zweifel und Bedenken aus. Wie kann man beispielsweise verbindliche Aussagen über die Leistungsmotivation vieler hunderttausend Schülerinnen und Schüler formulieren, wenn man tatsächlich nur die Leistungsmotivation von einigen hundert untersucht hat? Oder wie schaffen es demoskopische Institute, nach der Befragung einer relativ geringen Anzahl von Wahlberechtigten ein Wahlergebnis erstaunlich genau vorherzusagen?

Der Wert einer Stichprobenuntersuchung leitet sich daraus ab, wie gut die zu einer Stichprobe zusammengefaßten Untersuchungsobjekte die Population, die es zu beschreiben gilt, repräsentieren. *Repräsentative Stichproben* sind die Voraussetzung dafür, daß die Prinzipien der Stichprobentheorie sinnvoll angewendet bzw. Voll- oder Totalerhebungen durch Stichprobenuntersuchungen ersetzt werden können.

Stichprobenuntersuchungen sind erheblich weniger aufwendig als Vollerhebungen. Sie lassen sich schneller durchführen und auswerten und sind deshalb besonders bei aktuellen Fragestellungen angezeigt. Für Stichprobenuntersuchungen spricht zudem die Möglichkeit, wegen der vergleichsweise geringen Anzahl von Untersuchungsteilnehmern eine größere Anzahl von Merkmalen sorgfältiger und kontrollierter erfassen zu können – ein Umstand, der gelegentlich zu der Behauptung veranlaßt hat, Vollerhebungen seien weniger genau als gut geplante und gut durchgeführte Stichprobenuntersuchungen (vgl. Scheuch, 1974, S. 5; Szameitat und Schäfer, 1964). Schließlich ist zu bedenken, daß Vollerhebungen gelegentlich überhaupt nicht durchführbar sind, weil die Mitglieder einer Population nur teilweise bekannt bzw. in einer angemessenen Frist nicht vollzählig erreichbar sind oder weil bei einer Vollerhebung die „Zerstörung" der gesamten Population riskiert wird. (Böltken, 1976 nennt als Beispiel die Überprüfung von Sicherheitskonstruktionen in der Pkw-Produktion durch sog. Crash-Tests. Eine „Vollerhebung" könnte hierbei bedeuten, daß sich die aus der Untersuchung gewonnenen Erkenntnisse erübrigen, weil die gesamte Produktion ohnehin zerstört oder beschädigt ist.)

Auch in Beobachtungsstudien sind Stichprobenziehungen (Ereignis- oder Zeitstichproben, vgl. S. 270 ff.) meist unumgänglich. Will man etwa das „Kommunikationsverhalten" von Personen untersuchen, wird man dies stichprobenartig und nicht vollständig tun, da die Population aller kommunikativen Verhaltensweisen, die eine Person an den Tag legt, außerordentlich groß sein kann.

Bei Verhaltensstichproben ist oft unklar, wie repräsentativ sie eigentlich sind. (Aus: *René Goscinny & Sempé. Der kleine Nick und die Mädchen.* © 1976 by Diogenes Verlag AG Zürich)

> ❗ Oftmals ist es nicht möglich, mittels *Vollerhebung* zu Aussagen über eine Population zu kommen. Dies ist immer dann der Fall, wenn
> - die Population nicht endlich (finit), sondern unendlich (infinit) groß ist (Beispiel: Verbreitung nationaler Stereotype in allen Ausgaben der in Deutschland – täglich neu – erscheinenden Tageszeitungen),
> - die Population nur teilweise bekannt ist (Beispiel: Erfassung des Gesundheitszustands aller medikamentenabhängigen Frauen in der Schweiz),
> - die Art der Untersuchung die Population zu stark beeinträchtigt oder gar zerstört (Beispiel: „Crashtests" zur Qualitätskontrolle der gesamten Jahresproduktion eines Automobilherstellers) oder
> - die Untersuchung der gesamten Population zu aufwendig wäre (Beispiel: Umfrage zum Musikgeschmack bei allen europäischen Jugendlichen zwischen 14 und 16 Jahren).

Wenig brauchbar sind Stichprobenuntersuchungen, wenn die interessierende Population klein und zudem sehr heterogen ist. (Für die Erkundung der Freizeitinteressen der Ärzte eines Klinikums würde sich eine Vollerhebung sicherlich besser eignen als eine Stichprobenuntersuchung.) Umgekehrt genügt bei einer völlig homogenen Population eine einzige Beobachtung, um Schlüsse auf die Grundgesamtheit ziehen zu können. (Blutuntersuchungen aufgrund einer einmaligen Blutentnahme basieren auf der Annahme, daß die Zusammensetzung der Blutprobe der Zusammensetzung des übrigen Blutes entspricht.)

Stichprobenuntersuchungen beziehen sich auf die in begrenzten Zeiträumen real existierenden Populationen und sind über diese hinaus nicht generalisierbar (vgl. hierzu auch Holzkamp, 1964, S. 102 ff.). Dies trifft vor allem auf humanwissenschaftliche und sozialwissenschaftliche Untersuchungsgegenstände zu, die sich mit der Zeit verändern.

Bei der Definition einer Population sind möglichst operationale, leicht erhebbare Merkmale zu verwenden (vgl. hierzu auch S. 129 ff.). So wäre beispielsweise eine Stichprobe aller 14- bis 50jährigen Frauen im Landkreis Celle leichter zu erheben als eine Stichprobe aller potentiell gebärfähigen Frauen dieses Landkreises. Will man Belästigungen durch Fluglärm untersuchen, ist hierfür eine Stichprobe aus der Grundgesamtheit der Personen, deren Wohnung höchstens einen Kilometer vom Flughafen entfernt ist, leichter zu ziehen als eine Stichprobe aller Personen, die sich durch Fluglärm beeinträchtigt fühlen.

Populationen werden statistisch durch Populationsparameter (oder kurz: *Parameter*) beschrieben, deren Ausprägungen durch statistische *Stichprobenkennwerte* geschätzt werden. Grundsätzlich können alle eine Population beschreibenden uni-, bi- oder multivariaten Parameter mittels Stichproben geschätzt werden (z.B. arithmetisches Mittel, Medianwert, Modalwert, Summe, Verhältniszahl, Anteil, Häufigkeit, Standardabweichung, Spannweite, Schiefe, Exzeß, Regressions- und Korrelationskoeffizient, Kovarianz etc.; zur Bedeutung dieser Maße vgl. z.B. Bortz, 1999).

Der folgende Text behandelt nur die am häufigsten interessierenden Parameter: den Mittelwert μ eines intervallskalierten Merkmals und die relative Häufigkeit π des Auftretens einer Merkmalskategorie (in Abgrenzung zu den entsprechenden Stichprobenkennwerten $\bar{x}$ für das arithmetische Mittel und p für die relative Häufigkeit verwenden wir als Populationsparameter die griechischen Buchstaben μ und π; vgl. Tabelle 21).

Stichproben werden nicht nur für die Schätzung von Populationsparametern, sondern auch für hypothesenüberprüfende Untersuchungen be-

Tabelle 21. Wichtige Stichprobenkennwerte und Populationsparameter

	Stichprobenkennwerte	Populationsparameter
Anteil (= relative Häufigkeit)	$p = \dfrac{f}{n}$	π (pi)
Arithmetischer Mittelwert	$\bar{x} = M = \dfrac{\sum_{i=1}^{n} x_i}{n}$	μ (my)
Standardabweichung (= Streuung)	$s = \sqrt{\dfrac{\sum_{i=1}^{n} (x_i - \bar{x})^2}{n}}$	σ (sigma)
Varianz	$s^2 = \dfrac{\sum_{i=1}^{n} (x_i - \bar{x})^2}{n}$	σ^2 (sigma Quadrat)

nötigt (vgl. Kap. 8 und 9). Für beide Untersuchungsarten ist die im folgenden behandelte Stichprobenart, die Zufallsstichprobe, von herausragender Bedeutung (vgl. Abschnitt 7.1.1). Ferner gehen wir in Abschnitt 7.1.2 auf Punktschätzungen und in Abschnitt 7.1.3 auf Intervallschätzungen ein. Abschnitt 7.1.4 enthält Überlegungen zur Kalkulation von Stichprobenumfängen für populationsbeschreibende Untersuchungen. Alle Ausführungen des Abschnitts 7.1 beziehen sich auf Zufallsstichproben. Weitere, die Präzision von Parameterschätzungen erhöhende Stichprobentechniken behandeln wir in Abschnitt 7.2.

> ! *Populationsbeschreibende Untersuchungen* geben Auskunft über die Ausprägung und Verteilung von Merkmalen in Grundgesamtheiten (Populationen) auf der Basis von Stichprobendaten.

7.1.1
Die Zufallsstichprobe

Gute Stichproben, so wurde eingangs erwähnt, zeichnen sich dadurch aus, daß sie hinsichtlich möglichst vieler Merkmale und Merkmalskombinationen der Population gleichen, d.h. daß sie *repräsentativ* sind. Diese Forderung – so einleuchtend sie klingen mag – kann jedoch Probleme aufwerfen.

Zum Konzept „Repräsentativität"
Die Meisterinnung der Friseure sei daran interessiert zu erfahren, wie häufig verschiedene natürliche Haarfarben in der Bevölkerung der Bundesrepublik Deutschland vertreten sind. Sie vergibt einen entsprechenden Auftrag an ein demoskopisches Institut, das seinerseits einen nach allen Regeln der Stichprobentechnik ausgefeilten Plan zur Begutachtung der Haarfarben in einer repräsentativen Personenstichprobe vorlegt. Dem Innungsvorstand fällt allerdings auf, daß im Angebot des demoskopischen Instituts ein erstaunlich hoher Anteil für Reisekosten vorgesehen ist, und er fragt deshalb an, ob es denn tatsächlich erforderlich sei, daß Personen aus allen Winkeln des Landes begutachtet werden müssen. Man wisse schließlich, daß der Wohnort eines Menschen, seine Bildung, sein Geschlecht und andere Merkmale, für die die Stichprobe nach Auskunft des demoskopi-

schen Instituts repräsentativ ist, mit der Haarfarbe eigentlich nichts zu tun haben und daß man deshalb auf eine „repräsentative" Stichprobe verzichten könne. Es wird vorgeschlagen, eine einfacher erreichbare Stichprobe gleichen Umfangs (z. B. Straßenpassanten) hinsichtlich ihrer Haarfarbe zu prüfen.

Abgesehen davon, daß das demoskopische Institut wahrscheinlich gegen die Behauptung, Haarfarbe habe nichts mit Wohngegend zu tun, Einspruch erheben würde (man kennt schließlich den Typ des blonden Nordländers), muß es eingestehen, daß in der Tat eine Stichprobe, „die in möglichst vielen Merkmalen oder Merkmalskombinationen" der Population gleicht, für die gestellte Aufgabe etwas überzogen ist. Wenn man weiß, daß Merkmale wie Bildung, Alter, Größe des Wohnortes, Geschlecht, Größe der Familie etc., die üblicherweise bei der Zusammenstellung einer repräsentativen Stichprobe eine Rolle spielen, für die untersuchte Variable (hier die Haarfarbe) völlig unbedeutend sind, man also keine Merkmale kennt, die mit der untersuchten Variablen kovariieren, leistet jede beliebige Stichprobe mit weniger Aufwand dasselbe wie eine sorgfältig zusammengestellte repräsentative Stichprobe.

Dieser konstruierte Extremfall dürfte in der Praxis selten vorkommen. Meistens gibt es immer einige Merkmale, von denen man annimmt, sie würden mit dem untersuchten Merkmal irgendwie zusammenhängen. (Es ist z.B. bekannt, daß das Interesse von Psychologiestudenten am Statistikunterricht von ihrer mathematischen Vorbildung abhängt, daß der Fernsehkonsum von der Bildung der Fernsehteilnehmer abhängt, daß sich Frauen und Männer in ihrer Bereitschaft, Geld für Kosmetik auszugeben, unterscheiden usw.) In diesem Falle führen Stichproben, die bezüglich der „relevanten" Merkmale anders zusammengesetzt sind als die Population, zu falschen Schätzungen der interessierenden Populationsparameter. Man wird deshalb darauf achten, daß die Stichprobe der Population zumindest bezüglich dieser Merkmale entspricht, daß die Stichprobe (merkmals-)*spezifisch* repräsentativ ist.

Leider kann man jedoch nur selten ausschließen, daß neben den bekannten, mit dem untersuchten Merkmal kovariierenden Merkmalen auch noch andere Variablen das untersuchte Merkmal beeinflussen. Gerade in den Sozialwissenschaften lassen sich hierfür zahlreiche Beispiele finden. Besonders gravierend ist dieses Problem bei Untersuchungen, die ein neuartiges Produkt, eine neue technische Entwicklung oder bisher unerprobte Vorschriften und Richtlinien evaluieren (Beispiele: Einführung von Sicherheitsgurten im Kfz oder Krebsvorsorgeuntersuchungen), oder bei Studien, in denen eine Population gleichzeitig bezüglich vieler, sehr unterschiedlicher Merkmale beschrieben werden soll (sog. *Omnibusuntersuchungen*). Da man nicht weiß, welche Merkmale mit dem untersuchten Merkmal zusammenhängen oder da man – wie bei Omnibusuntersuchungen – davon ausgehen muß, daß sich mangelnde Repräsentativität auf die vielen untersuchten Merkmale in unterschiedlicher Weise auswirkt, wird man eine Stichprobe bevorzugen, die der Population in möglichst allen Merkmalen entspricht, eine Stichprobe, die für die Population *global* repräsentativ ist. Diese globale Repräsentativität gewährleistet die Zufallsstichprobe.

> **!** Um mit Hilfe einer Stichprobenerhebung (anstelle einer Vollerhebung) gültige Aussagen über eine Population treffen zu können, muß die Stichprobe *repräsentativ* sein, d.h. sie muß in ihrer Zusammensetzung der Population möglichst stark ähneln.
>
> Eine Stichprobe ist (merkmals-)*spezifisch repräsentativ*, wenn ihre Zusammensetzung hinsichtlich einiger relevanter Merkmale der Populationszusammensetzung entspricht.
>
> Sie ist *global repräsentativ*, wenn ihre Zusammensetzung in nahezu allen Merkmalen der Populationszusammensetzung entspricht.

Legendär geworden ist eine diesbezüglich völlig mißlungene Stichprobe, die die amerikanische Zeitschrift „Literary Digest" im amerikanischen Wahljahr 1936 erhob: 10 Millionen Amerikaner, deren Adressen man über Telefonbücher, Mitgliedskarten von Clubs und Vereinen etc. ermittelt hatte, erhielten je einen Fragebogen. 2,4 Millionen (!) Fragebögen wurden ausgefüllt zurückgeschickt. Die so erhaltenen Daten legten den Schluß nahe, daß die Demokraten mit ihrem Spitzenkandidaten Franklin Roosevelt dem republikanischen Kandidaten Alfred Landon deutlich unterliegen würden und nur 43% der Stimmen auf sich vereinigen könnten. Tatsächlich erreichte Roosevelt jedoch eine Stimmenmehrheit von 62%! Die größte Stichprobe in der Geschichte der Meinungsforschung führte also zu einer Fehlschätzung von knapp 20% (vgl. Freedman et al., 1978; S. 302 ff.).

Zwei Fehlerquellen waren hier im Spiel: zunächst wurden durch die Anwerbung über Telefonbücher (1936!) und Mitgliedskarten Angehörige der Mittel- und Oberschicht unverhältnismäßig häufig angesprochen (sog. *Oversampling*), während Angehörige der unteren Schichten eine sehr viel geringere Auswahlwahrscheinlichkeit hatten (*Undersampling*). Zu diesem Stichprobenfehler kam noch die für postalische Umfragen charakteristische hohe Ausfallrate (Nonresponse) hinzu, die wiederum die Angehörigen der unteren Schichten benachteiligte (sie antworteten seltener, vgl. S. 259). Da aber gerade die unterprivilegierten Schichten Roosevelts Politik befürworteten, konnte das verzerrte Stichprobenergebnis dessen Wahlerfolg nicht vorhersagen. Merke: Bei einer verzerrten Auswahl hilft auch ein sehr großer Stichprobenumfang nicht, den Fehler zu beheben; er wiederholt sich nur im großen Stil.

Zusammenfassend kann man sagen, daß „Repräsentativität" in der Forschungspraxis eher eine theoretische Zielvorgabe als ein Attribut konkreter Untersuchungen darstellt. Zudem wird der Begriff „Repräsentativität" in der Öffentlichkeit häufig sehr unreflektiert oder sogar falsch verwendet. „Wie repräsentative Studien zeigen ..." – diese Wendung wird in den Medien reichlich überstrapaziert. Oft wird das Etikett „repräsentativ" pauschal zum Gütemerkmal erklärt und damit suggeriert, die entsprechende Studie sei „ernstzunehmen", „seriös" und „aussagekräftig". Dies mag so sein, muß aber nicht! Die wenigsten Laien – darunter auch Journalisten – wissen, was „Repräsentativität" im statistischen Sinne bedeutet und glauben, daß große Stichproben (z.B. 1000 Befragte) bereits die Kriterien für Repräsentativität erfüllen. Wann immer Stichproben für „repräsentativ" erklärt werden, sollte man sich die auf S. 482 f. genannten Fragen nach dem konkreten Verfahren der Stichprobenziehung und dem Charakter der anvisierten Population stellen, um dann Möglichkeiten und Grenzen der Generalisierbarkeit der Befunde abzuwägen.

> **!** Es ist ein weit verbreiteter Irrtum, daß mit wachsender Stichprobengröße die Repräsentativität der Stichprobe generell steigt. Dies trifft nur bei *unverzerrter Auswahl* zu. Bei einer *verzerrten Auswahl* hilft auch ein großer Stichprobenumfang nicht, den Fehler zu beheben, er wiederholt sich nur in großem Stil.

Wie bei vielen anderen empirisch-methodischen Problemen ist auch die „Repräsentativität" bzw. der Schluß von der Stichprobe auf die Grundgesamtheit kein rein statistisches Problem. Vielmehr wird man bei der Interpretation von Stichprobenbefunden theoretisches Hintergrundwissen heranziehen und inhaltliche Argumente dafür ins Feld führen, warum man welche Schlußfolgerung für gerechtfertigt hält oder nicht. Diese Argumente können dann Gegenstand wissenschaftlicher Diskussion und Kritik sein. Wer vorschnell für seine Daten „Repräsentativität" reklamiert, macht sich eher verdächtig, zumal es sich bei der vielzitierten „Repräsentativität" noch nicht einmal um einen statistischen Fachbegriff handelt (vgl. Schnell, 1993).

Die beste Gewähr für größtmögliche Repräsentativität bietet die im folgenden behandelte Zufallsstichprobe.

Ziehung einer einfachen Zufallsstichprobe

Die Ziehung einer einfachen Zufallsstichprobe („Random Sample", „Simple Random Sample") setzt voraus, daß jedes zur Population gehörende Untersuchungsobjekt einzeln identifizierbar ist. Für die Qualität der Stichprobe ist es von Bedeutung, daß die Entscheidung darüber, welche Untersuchungsobjekte zur Stichprobe gehören und welche nicht, ausschließlich vom Zufall abhängt. Besteht die Population aus N Untersuchungsobjekten und sollen sich in der Stichprobe n Untersuchungsobjekte befinden, können insgesamt

$$C = \binom{N}{n} = \frac{N!}{n! \cdot (N-n)!} \qquad (7.1)$$

verschiedene Stichproben gezogen werden (zur Erläuterung dieser Formel vgl. Tafel 37; der mittlere Ausdruck wird gelesen als „N über n"). Die Menge aller zu einer Population gehörenden Stichproben nennt man Stichprobenraum (Sample Space). Setzen wir voraus, daß die Wahrscheinlichkeit, in die Stichprobe aufgenommen zu werden, für jedes Untersuchungsobjekt gleich ist („Equal Probability Se-

lection Method" oder kurz: EPSEM), hat jede der C verschiedenen Stichproben die gleiche Auswahlwahrscheinlichkeit. Derartige Stichproben werden Zufallsstichproben genannt.

Idealerweise geht man bei der Entnahme einer einfachen Zufallsstichprobe wie folgt vor: Die gesamte Population wird von 1 bis N durchnumeriert. Mit Hilfe von Zufallszahlen (vgl. Anhang F, Tabelle 2) werden aus dieser Liste n Nummern bzw. die dazugehörenden Untersuchungsobjekte ausgewählt. (Zur Bestimmung von Zufallszahlen vgl. z.B. Billeter, 1970, S. 15 ff.). Soll beispielsweise aus einer Population von N = 8000 Untersuchungsobjekten eine Stichprobe des Umfangs n = 100 gezogen werden, würde man mit den in Tabelle 22 aufgeführten Zufallszahlen folgende Untersuchungsobjekte auswählen:

Unter Berücksichtigung der ersten vier Ziffern der Zufallszahlen in der ersten Spalte müßte als erstes Untersuchungsobjekt die Nummer 8847 ausgewählt werden. Da die Population jedoch nur 8000 Elemente enthält, wird diese Nummer ausgelassen. Das erste Untersuchungsobjekt hat dann die Nummer 67, das zweite die Nummer 2522 und so fort. Eine gleichwertige Zufallsstichprobe würde resultieren, wenn man die Auswahl z.B. anhand der letzten vier Ziffern der zweiten Zahlenkolonne oder anderer Viererkombinationen von Einzelzahlen zusammengestellt hätte. Jede beliebige Auswahl von Zufallszahlen garantiert eine Zufallsstichprobe, vorausgesetzt, eine bereits ausgewählte Zufallszahl wird nicht wieder verwendet. Man nennt dies eine Stichprobenentnahme „ohne Zurücklegen".

> **!** Man zieht eine *einfache Zufallsstichprobe*, indem man aus einer vollständigen Liste aller Objekte der Zielpopulation nach dem Zufallsprinzip eine Anzahl von Objekten auswählt, wobei die Auswahlwahrscheinlichkeiten aller Objekte gleich groß sein müssen.

Tabelle 22. Zufallszahlen (Auszug aus Tabelle 2, Anhang F)

88473	86062	26357
00677	42981	84552
25227	51260	14800
15386	68200	21492
42021	40308	91104
63058	06498	49339
32548	69104	89073
03521	52177	24816
39975	90626	35889
58252	56687	60412

TAFEL 37

Chancengleichheit für Skatspieler – die Ziehung einer Zufallsstichprobe

$N = 5$ Skatspieler (wir nennen sie einfachheitshalber A, B, C, D und E) treffen sich in einem Lokal und wollen Skat spielen. Da für eine Skatrunde jedoch nur $n = 3$ Spieler benötigt werden, müssen 2 Personen zusehen. Man einigt sich darauf, die 3 Spieler auszulosen. Jeder Spieler schreibt seinen Namen auf einen Zettel und wirft den zusammengefalteten Zettel in ein leeres Bierglas (der Statistiker verwendet hierfür – zumindest symbolisch – eine Urne). Nach gründlichem Durchmischen werden nacheinander die Zettel B, E und D gezogen. Die Skatrunde steht fest.

Zunächst einmal ist es einleuchtend, daß sich an dieser Runde nichts geändert hätte, wenn die gleichen Zettel in einer anderen Reihenfolge, z.B. E, D und B gezogen worden wären. Alle möglichen $3! = 3 \cdot 2 \cdot 1 = 6$ verschiedenen Reihenfolgen (BDE, BED, DBE, DEB, EBD und EDB) bilden die gleiche Stichprobe. Insgesamt hätten sich

$$\binom{N}{n} = \frac{N!}{n! \cdot (N - n)!} = \frac{5!}{3! \cdot (5 - 3)!}$$
$$= \frac{5 \cdot 4 \cdot 3 \cdot 2 \cdot 1}{(3 \cdot 2 \cdot 1) \cdot (2 \cdot 1)} = 10$$

verschiedene Skatrunden bilden können (s. Gl. 7.1).

Ein Spieler fragt sich nun, ob dieses Verfahren gerecht sei, ob jeder Spieler tatsächlich die gleiche Chance erhält, in die Runde aufgenommen zu werden. Er argumentiert in folgender Weise:

Bei der ersten Zettelentnahme besteht für jeden Spieler eine Auswahlwahrscheinlichkeit von 1/5. Steht aber der 1. Spieler fest, erhöht sich für die verbleibenden Spieler bei der 2. Zettelentnahme die Auswahlwahrscheinlichkeit auf 1/4 und für die 3. Zettelentnahme auf 1/3. Also hat offensichtlich nicht jeder Spieler die gleiche Chance, in die Skatrunde aufgenommen zu werden.

Diese Argumentation ist unvollständig. Es wurde übersehen, daß es sich bei den Auswahlwahrscheinlichkeiten der 2. und 3. Ziehung um sog. bedingte Wahrscheinlichkeiten handelt. Die Wahrscheinlichkeit, bei der 2. Ziehung ausgewählt zu werden, beträgt 1/4, vorausgesetzt, man wurde in der 1. Ziehung nicht berücksichtigt. Diese Wahrscheinlichkeit hat den Wert 4/5. Die Wahrscheinlichkeit, daß jemand in der 1. Ziehung nicht ausgewählt und in der 2. Ziehung ausgewählt wird, lautet nach dem Multiplikationstheorem der Wahrscheinlichkeiten:

$$\frac{N - 1}{N} \cdot \frac{1}{N - 1} = \frac{1}{N} = \frac{1}{5}.$$

Für die 3. Ziehung sind die Wahrscheinlichkeiten, sowohl bei der 1. als auch bei der 2. Ziehung nicht ausgewählt worden zu sein, zu beachten. Für diese Wahrscheinlichkeiten erhält man die Werte 4/5 und 3/4. Damit ergibt sich zusammengenommen für die 3. Ziehung eine Trefferwahrscheinlichkeit von

$$\frac{N - 1}{N} \cdot \frac{N - 2}{N - 1} \cdot \frac{1}{N - 2} = \frac{1}{N} = \frac{1}{5}.$$

Jeder Spieler hat damit die gleiche Chance, in die Skatrunde aufgenommen zu werden.

An dieser Stelle könnte man vermuten, daß sich die Auwahlwahrscheinlichkeiten mit sukzessiver Entnahme von Untersuchungsobjekten ändern, daß sie also nicht – wie gefordert – für alle Untersuchungsobjekte mit einem „Auswahlsatz" von n/N konstant sind. Wächst die Wahrscheinlichkeit, daß ein bestimmtes Untersuchungsobjekt ausgewählt wird, nicht mit fortschreitender Stichprobenentnahme? Daß dem nicht so ist, erläutert Tafel 37.

Probleme der Zufallsstichprobe

Die Ziehung einer einfachen Zufallsstichprobe setzt voraus, daß jedes Untersuchungsobjekt der Population erfaßt ist und nach dem Zufallszahlenprinzip (oder einem anderen Auswahlverfahren, das ebenfalls eine zufällige Auswahl garantiert) ausgewählt werden kann (s. Abb. 21).

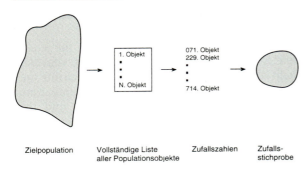

Zielpopulation   Vollständige Liste   Zufallszahlen   Zufalls-
                  aller Populationsobjekte   stichprobe

Abb. 21. Ziehung einer einfachen Zufallsstichprobe

Diese Voraussetzung wird jedoch praktisch in den seltensten Fällen erfüllt. Welche Testpsychologin kennt schon die Namen aller 5- bis 6jährigen Kinder, wenn sie ihren Schulreifetest an einer Stichprobe normieren will? Wäre ein Diplomand mit seinem Anliegen, die durchschnittliche Examensvorbereitungszeit von Studenten erkunden zu wollen, nicht überfordert, wenn er für die Ziehung einer Zufallsstichprobe erst eine Liste aller in einem bestimmten Zeitraum „examensreifen" Studenten anfertigen müßte? Man kann sicher sein, daß der überwiegende Teil populationsbeschreibender Untersuchungen (und auch hypothesenprüfender Untersuchungen, für die im Prinzip die gleiche Forderung gilt) die Kriterien für reine Zufallsstichproben im oben erläuterten Sinne nicht erfüllen. Angesichts dieser negativen Einschätzung muß man sich fragen, welchen Wert derartige Untersuchungen überhaupt haben.

Zunächst ist zu bemerken, daß das Instrumentarium der schließenden Statistik auch dann anwendbar ist, wenn die Untersuchungsobjekte streng genommen nicht in der oben beschriebenen Weise zufällig ausgewählt wurden. Bisher wurde Zufälligkeit vernünftigerweise in bezug auf eine real existierende Population definiert. Die reale Existenz einer Population ist jedoch keine mathematisch-statistische Voraussetzung für die Anwendbarkeit des inferenzstatistischen Formelapparates, sondern eine Voraussetzung, deren Erfüllung „lediglich" unter inhaltlich-interpretativen Gesichtspunkten zu fordern ist. Prinzipiell ist für jede irgendwie geartete Stichprobe bzw. für eine „Ad hoc"-Stichprobe im nachhinein eine fiktive Population (Inferenzpopulation) konstruierbar,

für die die Stichprobe repräsentativ bzw. zufällig ist. Die Teilnehmer eines Seminars beispielsweise könnten eine Zufallsstichprobe aller Studenten darstellen, die prinzipiell auch an diesem Seminar hätten teilnehmen können, oder die Passanten einer Grünanlage, die mit einer Befragung einverstanden sind, könnten als eine zufällige Auswahl aller Personen angesehen werden, die potentiell in einer bestimmten Zeit in dieser Grünanlage anzutreffen sind und zudem freiwillig an Befragungen teilnehmen.

Es wäre falsch anzunehmen, diese Auffassung rechtfertige Nachlässigkeit oder Bequemlichkeit bei der Zusammenstellung einer Stichprobe. Sie liberalisiert zwar die Anwendbarkeit inferenzstatistischer Prinzipien, legt aber gleichzeitig den Akzent auf inhaltliche Konsequenzen, die mit der Rekonstruktion theoretischer Inferenzpopulationen verbunden sind. Stichproben, die nur für „gedachte" Populationen repräsentativ sind, eignen sich eben auch nur zur Beschreibung dieser gedachten Populationen und sind praktisch wertlos, wenn es sich hierbei um Populationen handelt, die keinen oder einen nur sehr mühsam konstruierbaren Realitätsbezug aufweisen. Es sind deshalb in erster Linie inhaltliche Überlegungen, die die zufällige Auswahl von Untersuchungseinheiten aus einer zuvor präzise definierten Population vorschreiben. Populationsbeschreibende Untersuchungen haben nur dann einen Sinn, wenn man sich vor der Stichprobenziehung darüber Klarheit verschafft, über welche Population Aussagen formuliert werden sollen. Erst nachdem die Merkmale der Population präzise festgelegt sind, erfolgt die Entwicklung eines Stichprobenplans, der die Ziehung einer repräsentativen bzw. zufälligen Stichprobe gewährleistet.

> **!** Untersucht man Objekte oder Personen, die gerade zur Verfügung stehen oder leicht zugänglich sind (z.B. Passantenbefragung), so handelt es sich um eine *Ad-hoc-Stichprobe (Gelegenheitsstichprobe)*. Da man umgangssprachlich sagt, man habe „nach dem Zufallsprinzip" einige Passanten befragt, werden Ad-hoc-Stichproben leider allzu oft fälschlich als „Zufallsstichproben" bezeichnet.

Bei der Planung einer Zufallsstichprobe kann man nicht ausschließen, daß Überlegungen zum Stichprobenplan einschränkende Korrekturen an der

Populationsdefinition erforderlich machen (z.B. regionale oder altersmäßige Einschränkungen der zu untersuchenden Population). Diese kann dazu führen, daß die tatsächliche Auswahlgesamtheit mit der ursprünglich angestrebten Grundgesamtheit nicht mehr übereinstimmt. Schumann (1997, S. 84 f.) nennt in diesem Zusammenhang als Beispiel die Grundgesamtheit aller Wahlberechtigten der Bundesrepublik. Wenn es tatsächlich gelänge, nach monatelanger Arbeit eine Liste aller Wahlberechtigten zu erstellen, kann man mit Sicherheit davon ausgehen, daß diese Auswahlgesamtheit und die Grundgesamtheit nicht identisch sind. Sie wird insoweit veraltet sein, als junge Personen, die gerade erst das Wahlrecht erhalten haben, noch nicht aufgeführt sind (Undercoverage), daß aber ältere, bereits verstorbene Personen noch als wahlberechtigt geführt werden (Overcoverage).

Bei der Anlage einer populationsbeschreibenden Untersuchung ist mit großer Sorgfalt darauf zu achten, daß die angestrebte Grundgesamtheit, die Auswahlgesamtheit und die Inferenzpopulation möglichst identisch sind. Dies wird – vor allem bei bevölkerungsbeschreibenden Untersuchungen – mit einer einfachen Zufallsstichprobe allein deshalb nicht gelingen, weil eine vollständige Liste aller Objekte der Grundgesamtheit nicht existiert oder nicht zu erstellen ist. Wie Experten mit diesem Problem umgehen, werden wir im Abschnitt 7.2 behandeln bzw. auf S. 486 f. (Tafel 45) an einem konkreten Beispiel demonstrieren.

Probabilistische und nicht-probabilistische Stichproben

Wird bei einer Stichprobenziehung das oben beschriebene Verfahren der Zufallsauswahl im Sinne von „EPSEM" oder „hergestelltem" Zufall (Zufall, der für jedes Untersuchungsobjekt die gleiche Auswahlwahrscheinlichkeit garantiert) eingesetzt, spricht man von einer „probabilistischen" Stichprobe. Die im letzten Abschnitt geschilderte *einfache Zufallsstichprobe* gehört zur Gruppe der probabilistischen Stichproben. Die in Abschnitt 7.2 beschriebenen Stichprobenarten – die geschichtete Stichprobe, die Klumpenstichprobe und die mehrstufige Stichprobe – sind auch probabilistisch.

> **!** Stichproben, bei denen eine Auswahl von Elementen aus der Population in der Weise erfolgt, daß die Elemente die gleiche (oder zumindest eine bekannte) Auswahlwahrscheinlichkeit haben, nennt man *probabilistische Stichproben*. Sind die Auswahlwahrscheinlichkeiten dagegen unbekannt, spricht man von nicht-probabilistischen Stichproben.

Zu den nicht-probabilistischen Stichproben, bei denen die Auswahlwahrscheinlichkeiten unbekannt und unkontrollierbar sind, gehören die Ad-hoc-Stichprobe, die theoretische Stichprobe und die Quotenstichprobe (vgl. Tabelle 23). Bei der *theoretischen Stichprobe* sucht der Forscher nach Vorgabe theoretischer Überlegungen typische oder untypische Fälle bewußt aus. Dieses Vorgehen spielt in der qualitativen Forschung eine große Rolle (vgl. S. 336). Bei der *Quotenstichprobe* wird versucht, die Zusammensetzung der Stichprobe hinsichtlich ausgewählter Merkmale den Populationsverhältnissen durch bewußte Auswahl „passender" Objekte anzugleichen, also quasi „Quoten" für bestimmte Merkmale zu erfüllen (s. S. 487).

Leider ist die Forderung nach gleichen (oder zumindest bekannten und kontrollierbaren) Auswahlwahrscheinlichkeiten, die an probabilistische Stichproben gestellt wird, in der Praxis eigentlich nie perfekt zu erfüllen. Selbst wenn man sich vornimmt, die für probabilistische Stichproben vorgegebenen Ziehungsregeln strikt zu befolgen, stößt man regelmäßig auf das Problem, daß einige der laut Stichprobenplan ausgewählten Untersuchungsteilnehmer nicht wie gewünscht teilnehmen können oder wollen. Auf S. 75 haben wir schon erläutert, daß freiwillige Untersuchungsteilnehmer sich in mehreren Merkmalen systematisch von der Durchschnittsbevölkerung unterscheiden. Um Stichprobenverzerrungen zu minimieren, sollte alles getan werden, um den poten-

Tabelle 23. Stichprobenarten

Probabilistische Stichproben	Nicht-probabilistische Stichproben
Einfache Zufallsstichprobe	Ad-hoc-Stichprobe
Geschichtete Stichprobe	Theoretische Stichprobe
Klumpenstichprobe	Quotenstichprobe
Mehrstufige Stichprobe	

tiellen Probanden die Teilnahme zu ermöglichen, etwa indem man die Untersuchungsbedingungen angenehm gestaltet, motivierend auf die Probanden einwirkt und vor allem technischen Pannen möglichst vorbeugt.

Probabilistische Stichproben sind von weitaus höherer Aussagekraft als nicht-probabilistische. Auf S. 482 f. werden wir Kriterien nennen, nach denen die Aussagekraft populationsbeschreibender Untersuchungen einzuschätzen ist. Im Vorgriff auf diese Kriterien kann jetzt bereits gesagt werden, daß Untersuchungen von irgendwie zusammengestellten *Ad-hoc-Stichproben*, für die sich bestenfalls im nachhinein eine theoretische Inferenzpopulation rekonstruieren läßt, wissenschaftlich nur selten ergiebig sind (zur Generalisierbarkeit von Ergebnissen aus theoretischen Stichproben vgl. S. 336 ff. und aus Quotenstichproben S. 487).

Zunächst jedoch sind einige formal-statistische Überlegungen erforderlich, die die Logik des statistischen Schließens von einem Stichprobenergebnis auf einen Populationsparameter verdeutlichen. Wem der statistische Inferenzschluß bereits vertraut ist, kann die entsprechenden Seiten (bis S. 428) überschlagen.

7.1.2 Punktschätzungen

Im Hundertmeterlauf möge eine Zufallsstichprobe von 100 16jährigen Schülerinnen eine Durchschnittszeit von 15 Sekunden erzielt haben. Als Modalwert (dies ist die am häufigsten gestoppte Zeit) werden 14 Sekunden und als Medianwert (dies ist die Laufzeit, die 50% aller Schülerinnen mindestens erreichen) 14,5 Sekunden ermittelt. Was sagen diese Zahlen über die durchschnittliche Laufzeit der Population aller 16jährigen Schülerinnen aus? Beträgt sie – wie in der Stichprobe – ebenfalls 15 Sekunden oder ist sie vielleicht eher besser, weil die am häufigsten registrierte Zeit 14 Sekunden betrug, oder kommen vielleicht völlig andere Zahlen in Betracht, weil sich in der Stichprobe zufällig besonders langsame Läuferinnen befanden?

Eine Antwort auf diese Fragen geben die folgenden Abschnitte. Zunächst wenden wir uns dem Problem zu, welche Stichprobenkennwerte (z.B. arithmetisches Mittel, Modalwert oder Medi-

anwert) zur Schätzung welcher Populationsparameter am besten geeignet sind (Punktschätzungen) und gehen dann in Abschnitt 7.1.3 zur Frage über, wie sicher die mit Stichprobenkennwerten vorgenommenen Schätzungen sind (Intervallschätzung).

> **!** Bei einer *Punktschätzung* wird ein unbekannter Populationsparameter mittels eines einzelnen Stichprobenkennwertes (Punktschätzer) geschätzt.

Zufallsexperimente und Zufallsvariablen

Die Erläuterung der Prinzipien von Punkt- und Intervallschätzungen wird durch die Einführung einiger in der Statistik gebräuchlicher Bezeichnungen erleichtert. Wird beispielsweise die Zeit eines beliebigen Schülers gemessen, so bezeichnen wir dies als ein Zufallsexperiment. Allgemein versteht man unter einem Zufallsexperiment einen Vorgang, dessen Ergebnis in der Weise vom Zufall abhängt, daß man vor dem Experiment nicht weiß, zu welchem der möglichen Ergebnisse das Experiment führen wird. Das Zufallsexperiment läuft unter definierten, gleichbleibenden Bedingungen ab, die die beliebige Wiederholung gleichartiger Experimente gestatten (vgl. Helten, 1974, S. 15).

Ein Zufallsexperiment wird durchgeführt, um ein bestimmtes Merkmal (im Beispiel die Laufzeit) beobachten zu können. Die verschiedenen, im Zufallsexperiment potentiell beobachtbaren Merkmalsausprägungen heißen *Elementarereignisse* und die Menge aller Elementarereignisse bildet den *Merkmalsraum* (im Beispiel wären dies alle von 16jährigen Schülerinnen überhaupt erreichbaren Zeiten).

Das Ergebnis eines Zufallsexperimentes bzw. das Elementarereignis kann numerisch (wie im genannten Beispiel) oder nicht-numerisch sein (z.B. die Haarfarbe einer Passantin, das Geschlecht eines Studenten). Jedem Elementarereignis e wird nach einer eindeutigen Regel eine reelle Zahl x(e) zugeordnet. Die Zuordnungsvorschrift bzw. die Funktion, die jedes Elementarereignis mit einer bestimmten Zahl verbindet, bezeichnen wir als *Zufallsvariable* X. (Hier und im folgenden verwenden wir für Zufallsvariablen Großbuchstaben und für eine konkrete Ausprägung der Zufallsvariablen bzw. eine Realisation der Zufallsvariablen Kleinbuchstaben, es sei denn, der Kontext macht diese Unterscheidung nicht erforderlich.) Sind die Elementarereignisse selbst numerisch, können die erhobenen Zahlen direkt eine Zufallsvariable darstellen. Wenn eine Schülerin beispielsweise 13,8 Sekunden (e=13,8) läuft, wäre eine mögliche Zuordnungsvorschrift beispielsweise X(e=13,8)=13,8. Eine andere Zuordnungsvorschrift, die nur ganzzahlig gerundete Werte verwendet, lautet X(e=13,8)=14.

In gleicher Weise legt die Zufallsvariable auch bei nicht-numerischen Elementarereignissen fest, welche Zahlen den Elementarereignissen zuzuordnen sind. Für Haarfarben könnte diese Zuordnungsvorschrift z. B. lauten: X(e_1=schwarz)=0, X(e_2=blond)=1, X(e_3=braun)=2, X(e_4=rot)=3.

> ! Eine Zufallsvariable ist eine Abbildung von der Menge aller Elementarereignisse (d.h. aller möglichen Ergebnisse eines Zufallsexperiments) in die reellen Zahlen.

Verteilung von Zufallsvariablen

Eine Zufallsvariable ist *diskret*, wenn sie nur endlich (oder abzählbar) viele Werte aufweist (Beispiel: Anzahl der Geschwister). *Stetige* (oder kontinuierliche) Zufallsvariablen können jeden Wert annehmen, der zwischen zwei beliebigen Werten der Zufallsvariablen liegt. Ihre Werte sind deshalb nicht abzählbar (Beispiele: Zeit-, Längen- oder Gewichtsmessungen). Die Anzahl möglicher Werte ist hierbei theoretisch unbegrenzt, sie hängt praktisch jedoch von der Genauigkeit des Meßinstrumentes ab.

Der Ausdruck P(X=x) symbolisiert die Wahrscheinlichkeit, daß die Zufallsvariable X den Wert x annimmt. Diese Wahrscheinlichkeit entspricht der Wahrscheinlichkeit des Elementarereignisses e, dem der Wert x der Zufallsvariablen X zugeordnet ist. Beim Münzwurfexperiment seien die Elementarereignisse beispielsweise mit e_1 = Zahl und e_2 = Kopf definiert. Eine Zufallsvariable X(e) ordnet e_1 die Zahl 0 und e_2 die Zahl 1 zu: X(e_1)=0 und X(e_2)=1. Die Wahrscheinlichkeit, daß die Zufallsvariable X den Wert 0 annimmt, lautet dann P(X=0)=1/2.

Die Liste aller möglichen Werte einer diskreten Zufallsvariablen zusammen mit den ihnen zugeordneten Wahrscheinlichkeiten bezeichnet man als *Wahrscheinlichkeitsfunktion*. Beispiel: Die Wahrscheinlichkeitsfunktion eines Würfelexperiments lautet P(X=1)=1/6; P(X=2)=1/6...P(X=6)=1/6. Für alle übrigen Werte 1>x>6 ist P(1>x>6)=0.

Bei stetigen Zufallsvariablen beziehen sich die Wahrscheinlichkeitsangaben auf Intervalle (z. B. die Wahrscheinlichkeit, daß eine 16jährige Schülerin eine Laufzeit von 14 bis 15 sec. erreicht). Mit kleiner werdenden Intervallen sinkt die Wahrscheinlichkeit. Sie nimmt für einen einzelnen Punkt der Zufallsvariablen den Wert Null an. (Die Wahrscheinlichkeit, daß eine Schülerin exakt 14,3238...sec. läuft, ist Null.) Anstatt von Wahrscheinlichkeitsfunktion spricht man bei stetigen Zufallsvariablen von der *Dichtefunktion* der Zufallsvariablen. Der zu einem einzelnen Wert der Zufallsvariablen gehörende Ordinatenwert heißt (Wahrscheinlichkeits-)Dichte dieses Wertes. Wahrscheinlichkeitsfunktion und Dichtefunktion einer Zufallsvariablen werden – wenn der Kontext eindeutig ist – auch kurz „Verteilung einer Zufallsvariablen" genannt.

Summiert (kumuliert) man bei einer diskreten Zufallsvariablen die durch die Wahrscheinlichkeitsfunktion definierten Einzelwahrscheinlichkeiten, resultiert eine kumulierte Wahrscheinlichkeitsfunktion, die üblicherweise *Verteilungsfunktion* genannt wird. (Würfelbeispiel: P(X=1)=1/6; P(X≤2)=2/6; P(X≤3)=3/6 etc.) Die Summe der Einzelwahrscheinlichkeiten ergibt den Wert 1.

Bei stetigen Zufallsvariablen ist die Verteilungsfunktion als das Integral (in Analogie zur Summe bei diskreten Zufallsvariablen) der Dichtefunktion definiert, wobei der Gesamtfläche unter der Dichtefunktion der Wert 1 zugewiesen wird. Die Ordinate des Wertes X=a einer stetigen Verteilungsfunktion gibt an, mit welcher Wahrscheinlichkeit Werte X≤a auftreten. (Würde im oben genannten Beispiel der Medianwert der Stichprobe den Populationsmedianwert richtig schätzen, hätte der Wert X=14,5 in der Verteilungsfunktion der Zufallsvariablen „Laufzeit" einen Funktionswert von P=0,5.)

Eine zusammenfassende Darstellung der Begriffe Wahrscheinlichkeitsfunktion, Dichtefunktion und Verteilungsfunktion findet man in Tafel 38.

Kriterien für Punktschätzungen

Ausgerüstet mit dieser begrifflichen Vorklärung wenden wir uns erneut der Frage zu, wie tauglich ein statistischer Kennwert für die Beschreibung

TAFEL 38

Wahrscheinlichkeitsfunktion – Dichtefunktion – Verteilungsfunktion

Wahrscheinlichkeitsfunktion

Gegeben sei eine diskrete Zufallsvariable X mit abzählbar vielen Werten a_i (i = 1,2...k), für die gilt:

$$P(x = a_i) > 0$$

und

$$\sum_{i=1}^{k} P(x = a_i) = 1.$$

Die Wahrscheinlichkeitsfunktion der Zufallsvariablen X lautet dann

$$P(x = a_i) = \begin{cases} p_i \text{ für } x = a_i (i = 1, 2...k) \\ 0 \text{ für alle übrigen } x. \end{cases}$$

Beispiel:

Wahrscheinlichkeitsfunktion der Zufallsvariablen X beim Würfeln mit einem Würfel:

$$P(x = i) = \begin{cases} \frac{1}{6} \text{ für } i = 1, 2...6 \\ 0 \text{ für alle übrigen } x. \end{cases}$$

Darstellung 1 veranschaulicht die Wahrscheinlichkeitsfunktion der Zufallsvariablen X beim Würfeln mit zwei Würfeln.

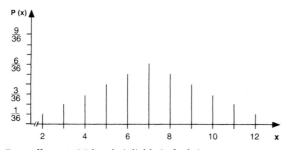

Darstellung 1. Wahrscheinlichkeitsfunktion

Dichtefunktion

Gegeben sei eine stetige Zufallsvariable X. Bei stetigen Zufallsvariablen spricht man nicht von der Wahrscheinlichkeit eines bestimmten Wertes (diese ist bei einer stetigen Zufallsvariablen

gleich Null), sondern von der Wahrscheinlichkeit eines bestimmten Intervalls der Zufallsvariablen:

$$P(a \leq x \leq b) = \int_{a}^{b} f(x)dx$$

(lies: Integral von $f(x)$ zwischen den Grenzen a und b)

$f(x)$ ist hierbei die Dichtefunktion der Zufallsvariablen, die für jeden X-Wert einen Ordinatenwert (= Dichte) definiert. Mit dem Integral in den Grenzen a und b wird eine Fläche bestimmt, die wegen der Normierungsvorschrift

$$\int_{-\infty}^{\infty} f(x)dx = 1$$

der Wahrscheinlichkeit entspricht, daß ein Wert der Zufallsvariablen X in den Bereich a bis b fällt. (Das Integral entspricht dem Summenzeichen bei diskreten Wahrscheinlichkeitsfunktionen.)

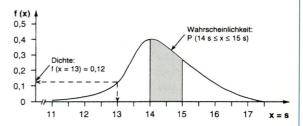

Darstellung 2. Dichtefunktion

Beispiel

Darstellung 2 zeigt die graphische Darstellung der (geschätzten) Dichtefunktion für die Zufallsvariable „100-m-Zeiten". Die Wahrscheinlichkeit, daß eine 16jährige Schülerin eine 100-m-Zeit von 14 bis 15 sec. erreicht, entspricht der schraffierten Fläche. Sie beträgt (geschätzt): P(14≤x≤15 sec.) = 0,38. Für x = 13 sec. ergibt sich eine Dichte von f(x = 13) = 0,12.

Für die weiteren Überlegungen sind in erster Linie die Flächenanteile unter der Dichtefunktion von Interesse. Die Dichten der einzelnen x-

TAFEL 38

Werte sind vorerst von nachgeordneter Bedeutung. (Der „Dichte"-Begriff geht auf eine Analogie zwischen Wahrscheinlichkeits- und Massenverteilung zurück. Näheres hierzu s. z. B. Kreyszig, 1973, Kap. 27.)

Verteilungsfunktion

Unter einer diskreten Verteilungsfunktion versteht man die kumulierte Wahrscheinlichkeitsfunktion und unter einer stetigen Verteilungsfunktion das Integral der Dichtefunktion. Die Verteilungsfunktion lautet im diskreten Falle

$$F(a) = P(x \leq a) = \sum_{a_i \leq a} P(x = a_i)$$

und im stetigen Falle

$$F(a) = P(x \leq a) = \int_{-\infty}^{a} f(x)dx$$

F(a) gibt damit die Wahrscheinlichkeit an, daß die Zufallsvariable X einen Wert annimmt, der höchstens so groß ist wie a. Aus den Definitionen für Wahrscheinlichkeitsfunktion und Dichtefunktion folgt, daß $0 \leq F(a) \leq 1$. Verteilungsfunktionen sind monoton steigend (oder zumindest nicht monoton abnehmend).

Beispiel

Darstellung 3a zeigt die Verteilungsfunktion der Zufallsvariablen X „Würfeln mit 2 Würfeln", deren Wahrscheinlichkeitsverteilung Darstellung 1 veranschaulicht.

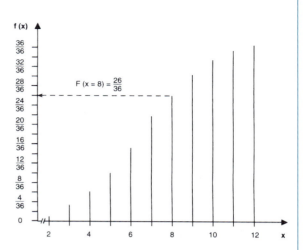

Darstellung 3a. Diskrete Verteilungsfunktion

Der Darstellung ist beispielsweise zu entnehmen, daß die Wahrscheinlichkeit, mit 2 Würfeln höchstens 8 Punkte zu würfeln, ca. 72% beträgt: $P(x \leq 8) = 26/36$.

Die Verteilungsfunktion der Zufallsvariablen X für „100-m-Zeiten" gibt Darstellung 3b wieder.

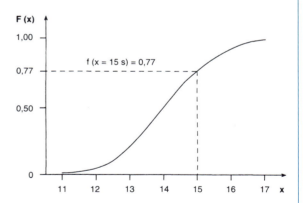

Darstellung 3b. Stetige Verteilungsfunktion

Für 15 sec. ergibt sich aufgrund der Verteilungsfunktion ein Ordinatenwert von 0,77, d. h. eine 16jährige Schülerin benötigt mit einer Wahrscheinlichkeit von 77% höchstens 15 Sekunden für die 100-m-Strecke.

einer Population ist. Können wir davon ausgehen, daß beispielsweise der Mittelwert x̄ einer Zufallsstichprobe dem Mittelwert μ der Population entspricht? Sicherlich nicht, denn es ist leicht einzusehen, daß statt der erhobenen Stichprobe auch eine andere Stichprobe hätte gezogen werden können, deren Mittelwert keineswegs mit dem Mittelwert der ersten Stichprobe identisch sein muß. Für den Populationsparameter μ lägen damit zwei verschiedene Schätzungen vor. Würde man die Untersuchung beliebig häufig mit immer wieder anderen Zufallsstichproben wiederholen, erhielte man eine Häufigkeitsverteilung verschiedener Stichprobenmittelwerte. Genauso wie im Beispiel jede Zeitmessung eine Realisation der Zufallsvariablen „100-m-Zeit" darstellt, ist jeder einzelne Mittelwert eine Realisation der stetigen Zufallsvariablen „durchschnittliche 100-m-Zeit bei Stichproben mit n = 100".

Es interessiert also zunächst die Frage, wie tauglich ein einzelner Stichprobenkennwert, d.h. also ein „Punkt" der Zufallsvariablen „Stichprobenmittelwerte" zur Schätzung eines Populationsparameters μ ist. Für die Beurteilung der Tauglichkeit einer „Punktschätzung" hat Fisher (1925) vier Schätzkriterien vorgeschlagen: Erwartungstreue, Konsistenz, Effizienz und Suffizienz.

> ! Die *Qualität einer Punktschätzung* wird über die Kriterien Erwartungstreue, Konsistenz, Effizienz und Suffizienz ermittelt.

Erwartungstreue: Ein Stichprobenkennwert k schätzt den Parameter K einer Population erwartungstreu, wenn der Mittelwert der k-Werte für zufällig aus der Population gezogene Stichproben mit dem Populationsparameter K identisch ist. Das arithmetische Mittel X̄ ist eine erwartungstreue Schätzung von μ, und die relative Häufigkeit P ist eine erwartungstreue Schätung von π. Die Stichprobenvarianz S² hingegen schätzt die Populationsvarianz σ^2 nicht erwartungstreu. Ihr Erwartungswert unterschätzt die Populationsvarianz um den Faktor (n–1)/n. Eine erwartungstreue Schätzung für σ^2 erhalten wir, indem wir diesen „Bias" korrigieren (ausführlicher hierzu vgl. etwa Bortz, 1999, Anhang B):

$$\hat{\sigma}^2 = \frac{n}{n-1} \cdot S^2$$

Eine erwartungstreue Schätzung von σ^2 wird durch $\hat{\sigma}^2$ symbolisiert (lies: „Sigma Dach Quadrat").

Konsistenz: Ein Stichprobenkennwert k schätzt den Parameter K einer Population konsistent, wenn k mit wachsendem Umfang der Stichprobe (n→∞) gegen K konvergiert. Die Stichprobenkennwerte X̄, P und S² sind konsistente Schätzungen der entsprechenden Populationsparameter μ, π und σ^2.

Formal läßt sich das Konsistenzkriterium folgendermaßen darstellen:

$$P(|k - K| < \varepsilon) \to 1 \quad \text{für} \quad n \to \infty . \tag{7.2}$$

Die Wahrscheinlichkeit, daß der absolute Differenzbetrag zwischen dem Schätzwert k und dem Parameter K kleiner ist als eine beliebige Größe ε, geht gegen 1, wenn n gegen unendlich geht.

Effizienz: Ein Stichprobenkennwert schätzt einen Populationsparameter effizient, wenn die Varianz der Verteilung dieses Kennwertes kleiner ist als die Varianzen der Verteilungen anderer, zur Schätzung dieses Parameters geeigneter Kennwerte. Die Effizienz charakterisiert damit die Genauigkeit einer Parameterschätzung.

Stehen für die Schätzung eines Populationsparameters verschiedenartige Kennwerte zur Verfügung (z.B. Mittelwert und Medianwert als Schätzer für μ in symmetrischen Verteilungen), gibt die *relative Effizienz* an, welcher der beiden Kennwerte zur Schätzung des Populationsparameters vorzuziehen ist. Die relative Effizienz ist als Quotient der Varianzen der zu vergleichenden Kennwerte definiert. Sie lautet z.B. für einen Kennwert k im Vergleich zu einem Kennwert g (in Prozent ausgedrückt):

$$\text{rel. Effizienz von } k = \frac{\sigma_g^2}{\sigma_k^2} \cdot 100\% . \tag{7.3}$$

Bei normalverteilten Zufallsvariablen beträgt die relative Effizienz des Medianwertes in bezug auf das arithmetische Mittel 64% (vgl. z.B. Bortz, 1999, S. 97). Das arithmetische Mittel schätzt damit μ erheblich präziser als der Medianwert. Die relative Effizienz von 64% kann so interpretiert werden, daß der Medianwert einer Stichprobe des Umfanges n = 100 aus einer normalverteilten Population den Parameter μ genauso präzise schätzt wie das arithmetische Mittel einer Stichprobe des Umfanges n = 64.

Suffizienz: Ein Schätzwert ist suffizient (erschöpfend), wenn er alle in den Daten einer Stichprobe enthaltenen Informationen berücksichtigt, so daß man durch Berechnung eines weiteren statistischen Kennwertes keine zusätzlichen Informationen über den zu schätzenden Parameter erhält. Der Kennwert P ist ein suffizienter Schätzer des Parameters π und die Kennwerte $\bar{X}$ und $\hat{\sigma}^2$ sind zusammen genommen bei normalverteilten Zufallsvariablen (aber nicht jeder für sich allein) suffiziente Schätzer der Populationsparameter μ und σ^2. Auf eine genauere Darstellung suffizienter bzw. erschöpfender Statistiken soll hier verzichtet werden. (Näheres s. Kendall und Stuart, 1973, S. 22 ff. oder auch Fischer, 1974, S. 184 ff.)

> ! Zusammenfassend erweisen sich die Stichprobenkennwerte $\bar{X}$, $\hat{\sigma}^2$ und P für die meisten Schätzprobleme als *optimale Schätzer* der entsprechenden Populationsparameter μ, σ^2 und π. (Die Ausnahmen sind von so geringer praktischer Bedeutung, daß sie hier unerwähnt bleiben können.)

Parameterschätzung:
Die Maximum-Likelihood-Methode

Die wichtigsten Methoden der Parameterschätzung sind die Methode der kleinsten Quadrate, die Momentenmethode und die Maximum-Likelihood-Methode, wobei die letztgenannte Methode wegen ihrer besonderen Bedeutung für den weiteren Text (vgl. S. 469 ff.) etwas ausführlicher behandelt werden soll. (Über die Momentenmethode informieren z. B. Hays und Winkler, 1970, Kap. 6.8 und über die Methode der kleinsten Quadrate z. B. Bortz, 1999, oder ausführlicher Daniel und Wood, 1971.)

Maximum-Likelihood-Schätzungen: Schätzwerte, die nach der Maximum-Likelihood-Methode gefunden wurden (kurz: *Maximum-Likelihood-Schätzungen*), sind effizient, konsistent und suffizient, aber nicht notwendigerweise auch erwartungstreu. Der Grundgedanke der Maximum-Likelihood-Methode sei im folgenden an einem Beispiel erläutert.

Ein Student hat Schwierigkeiten mit seinem Studium und fragt sich, wie vielen Kommilitonen es wohl ähnlich ergeht. Er entschließt sich zu einer kleinen Umfrage, die ergibt, daß von 100 zufällig aus dem Immatrikulationsverzeichnis ausgewählten Studenten 40 bekunden, ebenfalls mit dem Studium nicht zurecht zu kommen. Dieses

Ergebnis macht es ihm leichter, mit seinen eigenen Schwierigkeiten fertig zu werden, denn es haben – so behauptet er – immerhin ca. 40% aller Studenten ähnliche Schwierigkeiten wie er.

Wie kommt der Student zu dieser Behauptung? Offensichtlich hat er intuitiv erfaßt, daß der Merkmalsanteil p in einer Stichprobe der beste Schätzwert für den unbekannten Parameter π ist. Seine Einschränkung, daß nicht „exakt" 40%, sondern „ca." 40% der Studenten Studienschwierigkeiten haben, begründet er damit, daß er schließlich nur die Aussagen einiger Studenten und nicht die aller Studenten kenne.

Welche Alternativen hätte ein Student mit seinem Anliegen, den Parameter π richtig zu schätzen? Er könnte z. B. behaupten, daß alle Studenten, also 100%, Studienschwierigkeiten eingestehen. Diese Behauptung wäre jedoch unsinnig, weil dann – wie auch bei $\pi = 0\%$ – niemals ein Stichprobenergebnis mit p = 40% resultieren könnte. Andere Parameter, wie z. B. 90% kommen demgegenüber jedoch zumindest theoretisch infrage. Es ist aber wenig plausibel („likely"), daß sich in einer Zufallsstichprobe von 100 Studenten aus einer Population, in der 90% Studienschwierigkeiten haben, nur 40% mit Studienschwierigkeiten befinden. Die höchste Plausibilität (Maximum-Likelihood) hat die Annahme, daß der Populationsparameter π dem Stichprobenkennwert p entspricht.

> ! Neben der Methode der kleinsten Quadrate und der Momentenmethode ist die *Maximum-Likelihood-Methode* die wichtigste Methode der Parameterschätzung (Punktschätzung). Maximum-Likelihood-Schätzungen sind nicht unbedingt erwartungstreu, allerdings sind sie effizient, konsistent und suffizient.

Wahrscheinlichkeit und Likelihood: An dieser Stelle sind Erläuterungen angebracht, warum man nicht von der Wahrscheinlichkeit (Probability) eines Parameters spricht, sondern von seiner Likelihood. (Dieser Ausdruck bleibt üblicherweise in deutschsprachigen Texten unübersetzt.) Fisher (1922 zit. nach Yamane, 1976, S. 177), auf den die Bezeichnung „Maximum-Likelihood" zurückgeht, schreibt hierzu (wobei er den Anteilsparameter mit P und nicht mit π bezeichnet):

„Wir müssen zu dem Faktum zurückkehren, daß ein Wert von P aus der Verteilung, über die wir nichts wissen, ein beobachtetes Ergebnis (beispielsweise J. Bortz/N. Döring) dreimal so häufig hervorbringt wie ein anderer Wert von P. Falls wir ein Wort benötigen, um diese relative Eigenschaft verschiedener Werte von P zu charakterisieren, würde ich vorschlagen, daß wir, um Verwirrung zu vermeiden, von der Likelihood eines Wertes P sprechen, dreimal die Likelihood eines anderen Wertes auszumachen, wobei wir stets berücksichtigen müssen, daß Likelihood hier nicht vage als synonym für Wahrscheinlichkeit (probability) verwendet wird, sondern einfach die relativen Häufigkeiten ausdrücken soll, mit der solche Werte der hypothetischen Quantität tatsächlich die beobachteten Stichproben erzeugen würden."

Die hier getroffene Unterscheidung zwischen Wahrscheinlichkeit und Likelihood findet im deduktiven bzw. induktiven Denkansatz ihre Entsprechung. Wird eine Population durch π gekennzeichnet, läßt sich hieraus deduktiv ableiten, mit welcher Wahrscheinlichkeit bestimmte, einander ausschließende Stichprobenergebnisse auftreten können. Die Summe dieser Wahrscheinlichkeiten (bzw. das Integral der Dichteverteilung bei stetig verteilten Stichprobenergebnissen) ergibt Eins. (Die Wahrscheinlichkeit, daß bei $\pi=50\%$ eine Stichprobe mit beliebigem p gezogen wird, ist Eins.)

Umgekehrt sprechen wir von der Likelihood (L), wenn ausgehend von einem Stichprobenergebnis induktiv die *Plausibilität* verschiedener Populationsparameter gemeint ist. Daß es sich hierbei nicht um Wahrscheinlichkeiten handeln kann, geht aus der einfachen Tatsache hervor, daß die Summe aller möglichen, einander ausschließenden Likelihoods nicht – wie für Wahrscheinlichkeiten gefordert – Eins ergibt. Die Summe der Likelihoods für alle Populationsparameter, die angesichts eines Stichprobenergebnisses möglich sind, ist größer als Eins. Die Weiterführung des letzten Beispiels zeigt diese Besonderheit von Likelihoods.

> **!** Der Wahrscheinlichkeit (*Probability*) ist zu entnehmen, wie häufig verschiedene, einander ausschließende Stichprobenergebnisse zustandekommen, wenn ein bestimmter Populationsparameter vorliegt (deduktiver Ansatz). Umgekehrt spricht man von der *Likelihood*, wenn es darum geht, anhand eines Stichprobenergebnisses zu schätzen, wie plausibel ("wahrscheinlich") verschiedene Populationsparameter als die Erzeuger dieses Wertes anzusehen sind (induktiver Ansatz).

Die Binomialverteilung als Beispiel: Bisher gingen wir nur von der Plausibilität (bzw. der geschätzten Likelihood) verschiedener Populationsparameter bei gegebenem Stichprobenergebnis aus. Hierbei erschien uns der Parameter $\pi=0{,}40$ bei einem $p=0{,}40$ am plausibelsten. Daß dieser Parameter tatsächlich die höchste Likelihood besitzt, läßt sich auch rechnerisch zeigen.

Tritt in einem Zufallsexperiment eine Ereignisalternative mit einer Wahrscheinlichkeit von π auf (z. B. $\pi=0{,}5$ für das Ereignis „Zahl" beim Münzwurf), kann die Wahrscheinlichkeit, daß die Häufigkeit X für das Auftreten dieses Ereignisses den Wert k annimmt, nach folgender Beziehung bestimmt werden:

$$p(X = k|\pi;\ n) = \binom{n}{k} \cdot \pi^k \cdot (1 - \pi)^{n-k}\ . \qquad (7.4)$$

(Die linke Seite der Gleichung wird gelesen als: Die Wahrscheinlichkeit für X=k unter der Bedingung von π und n.)

Die Wahrscheinlichkeiten für die einzelnen k-Werte bei gegebenem n und π konstituieren eine Wahrscheinlichkeitsfunktion, die unter dem Namen Binomialverteilung bekannt ist (zur Herleitung der Binomialverteilung vgl. z. B. Bortz, 1999, Kap. 2.4.1).

Für $n=5$, $X=2$ und $\pi=0{,}5$ (z. B. 2 mal Zahl bei 5 Münzwürfen) ergibt sich folgende Wahrscheinlichkeit:

$$p(X = 2|\pi = 0{,}5;\ n = 5)$$
$$= \binom{5}{2} \cdot 0{,}5^2 \cdot 0{,}5^3 = 0{,}31\ .$$

Diese Beziehung können wir auch verwenden, wenn die Likelihood verschiedener Populationsparameter für ein bestimmtes Stichprobenergebnis zu berechnen ist. Für die Parameter $\pi_1=0{,}40$, $\pi_2=0{,}41$, $\pi_3=0{,}10$ und $\pi_4=0{,}90$ beispielsweise ergeben sich die folgenden Likelihoods, wenn – wie im Beispiel „Studienschwierigkeiten" – n = 100 und X = 40 sind:

$$L_1(X = 40 | \pi_1 = 0{,}40; \; n = 100)$$
$$= \binom{100}{40} \cdot 0{,}40^{40} \cdot 0{,}60^{60} = 0{,}0812$$

$$L_2(X = 40 | \pi_2 = 0{,}41; \; n = 100)$$
$$= \binom{100}{40} \cdot 0{,}41^{40} \cdot 0{,}59^{60} = 0{,}0796$$

$$L_3(X = 40 | \pi_3 = 0{,}10; \; n = 100)$$
$$= \binom{100}{40} \cdot 0{,}10^{40} \cdot 0{,}90^{60} = 2{,}4703 \cdot 10^{-15}$$

$$L_4(X = 40 | \pi_4 = 0{,}90; \; n = 100)$$
$$= \binom{100}{40} \cdot 0{,}90^{40} \cdot 0{,}10^{60} = 2{,}0319 \cdot 10^{-34}.$$

Die Beispiele bestätigen, daß die Likelihood für den Parameter $\pi_1 = 0{,}40$ tatsächlich am höchsten ist. Sie verdeutlichen aber auch, daß die Summe der Likelihoods nicht 1 ergeben kann. Für $\pi_1 = 0{,}40$ resultiert $L_1 = 0{,}0812$ und für $\pi_2 = 0{,}41$ errechnen wir $L_2 = 0{,}0796$. Zwischen diesen beiden Parametern befinden sich jedoch beliebig viele andere Parameter (z. B. 0,405 oder 0,409117), deren Likelihoods jeweils zwischen 0,0812 und 0,0796 liegen. Allein für die Menge dieser Parameter ergibt sich eine Likelihood-Summe, die gegen unendlich tendiert.

Maximierung der Likelihoodfunktion: Wie aber kann man sicher sein, daß tatsächlich kein anderer Wert für den Parameter π existiert, der eine größere Likelihood aufweist als der Parameter $\pi = 0{,}40$? Um dieses Problem zu lösen, muß die Funktion, die die Likelihoods für variable π-Werte bestimmt, die sog. *Likelihoodfunktion* bekannt sein. Sie lautet in unserem Beispiel:

$$L(X = k | \pi; \; n) = \binom{n}{k} \cdot \pi^k \cdot (1 - \pi)^{n-k}.$$

Wir suchen denjenigen π-Wert, dessen Likelihood bei einem bestimmten k-Wert (im Beispiel k = 40) für ein bestimmtes n (im Beispiel n = 100) maximal ist – den π-Wert mit maximaler Likelihood.

Den Maximalwert einer Funktion bestimmt man mit der Differentialrechnung. Aus rechnerischen Gründen differenzieren wir jedoch im Beispiel der Binomialverteilung nicht die Likelihoodfunktion, sondern die zur Basis e logarithmierte Likelihoodfunktion. (Diese Vorgehensweise ist zulässig, denn der Logarithmus eines positiven Arguments ist eine monotone Funktion des Argumentes. Das Maximum der ursprünglichen Funktion entspricht damit dem Maximum der logarithmierten Funktion.)

$$\ln L = \ln \binom{n}{k} + k \cdot \ln \pi + (n - k) \cdot \ln(1 - \pi).$$

Die nach π differenzierte Funktion heißt

$$\frac{d \ln L}{d \pi} = \frac{k}{\pi} - \frac{n - k}{1 - \pi}.$$

Wir setzen die erste Ableitung Null und ermitteln für π:

$$\frac{k}{\pi} - \frac{n - k}{1 - \pi} = 0$$

$$\frac{k \cdot (1 - \pi) - \pi \cdot (n - k)}{\pi \cdot (1 - \pi)} = 0$$

$$k \cdot (1 - \pi) - \pi \cdot (n - k) = 0$$

$$k - k \cdot \pi - \pi \cdot n + \pi \cdot k = 0$$

$$\pi = \frac{k}{n}.$$

Die zweite Ableitung ist negativ, d. h. der durch k/n geschätzte Parameter π hat die größte Likelihood; k/n ist die Maximum-Likelihoodschätzung des Parameters π.

In ähnlicher Weise läßt sich zeigen, daß $\bar{X}$ bei normalverteilten Zufallsvariablen eine Maximum-Likelihoodschätzung des Parameters μ darstellt. Für die Populationsvarianz σ^2 resultiert als Maximum-Likelihoodschätzung die Stichprobenvarianz S^2. Dieses Beispiel zeigt, daß Maximum-Likelihoodschätzungen nicht immer erwartungstreue Schätzungen sind: S^2 ist, wie auf S. 410 berichtet wurde, keine erwartungstreue Schätzung von σ^2.

> **!** Mit der *Maximum-Likelihood-Methode* finden wir heraus, welcher der möglichen Populationsparameter angesichts eines Stichprobenergebnisses die höchste Likelihood („Plausibilität") aufweist.

7.1.3
Intervallschätzungen

Bisher wurde der Parameter einer Population (z. B. μ) durch einen einzigen Wert ($\bar{x}$) geschätzt. Wir haben diese Schätzung Punktschätzung genannt. Obwohl $\bar{x}$ die bestmögliche Schätzung für μ darstellt, dürfte es ohne weiteres einsichtig sein, daß $\bar{x}$ in der Regel nicht mit μ identisch ist, denn schließlich wird $\bar{x}$ aus einer zufällig gezogenen Stichprobe errechnet, deren Werte von Stichprobe zu Stichprobe unterschiedlich ausfallen. Angesichts dieser Tatsache wäre es nun für die Beschreibung von Populationen durch Stichproben hilfreich, wenn man wüßte, wie genau $\bar{x}$ den Parameter μ schätzt.

Hierfür wurde von Neymann (1937) ein Verfahren vorgeschlagen, mit dessen Hilfe ein Parameter durch ein Intervall vom Typ

$a < \mu < b$

geschätzt wird, d. h. ein Verfahren, das Grenzen ermittelt, innerhalb derer sich der wahre Populationsparameter mit hoher Plausibilität befindet (Konfidenzintervall). Derartige Schätzungen nennt man Intervallschätzungen.

> **!** Bei einer *Intervallschätzung* wird ein unbekannter Populationsparameter durch einen auf der Basis der Stichprobenergebnisse konstruierten Wertebereich (Konfidenzintervall) geschätzt.

Konfidenzintervall des arithmetischen Mittels bei bekannter Varianz

Zunächst nehmen wir an, die Verteilung eines Merkmals X (z. B. Intelligenzquotient) in einer Population (z. B. Abiturienten) sei bekannt. Ihr Mittelwert betrage $\mu = 110$ und ihre Varianz $\sigma^2 = 144$. Abbildung 22a zeigt, wie die Verteilung dieses Merkmals aussehen könnte.

Zentrales Grenzwerttheorem: Die in Abb. 22a gezeigte Verteilung weist unregelmäßige Schwankungen auf und ist linkssteil. Aus dieser Population werden wiederholt Stichproben des Umfanges n = 2 gezogen. Die Verteilung der Mittelwerte dieser „Miniaturstichproben" bezeichnen wird als „Stichprobenkennwerteverteilung" (*Sampling Distribution*). Sie ist in Abb. 22b wiedergegeben. Im Vergleich zur ursprünglichen Merkmalsverteilung

hat diese Verteilung eine geringere Streuung und weist zudem weniger Irregularitäten auf. Entnehmen wir Stichproben des Umfanges n = 5 bzw. n = 20, zeigt Abb. 22b, daß die Verteilung der Zufallsvariablen $\bar{X}$ mit wachsendem Stichprobenumfang weniger streut und zunehmend deutlicher in eine Normalverteilung übergeht. Dies ist ein für die schließende Statistik grundlegender Befund:

> **!** Die Verteilung von Mittelwerten aus Stichproben des Umfanges n, die einer beliebig verteilten Grundgesamtheit entnommen werden, ist normal, vorausgesetzt, n ist genügend groß.

(Eine zusätzliche Voraussetzung besagt, daß Mittelwert und Varianz der Grundgesamtheit endlich sind.) Dieser Sachverhalt wird als das „*zentrale Grenzwerttheorem*" bezeichnet. Für praktische Zwecke können wir davon ausgehen, daß die Mittelwerteverteilung auch für extrem von der Noma-

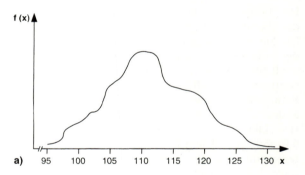

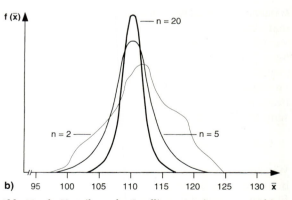

Abb. 22a, b. Verteilung der Intelligenzquotienten von Abiturienten (**a**) sowie Verteilungen von Mittelwerten (**b**)

lität abweichende Grundgesamtheiten hinreichend normal ist, wenn n ⩾ 30 ist.

Die mathematische Herleitung des zentralen Grenzwerttheorems ist zu kompliziert, um sie in diesem Zusammenhang behandeln zu können (vgl. hierzu z.B. Kendall und Stuart, 1969). Wir wollen uns damit begnügen, die „Arbeitsweise" dieses wichtigen Satzes anhand eines kleinen Beispiels zu veranschaulichen.

Ein Obststand verkauft sechs verschiedene Obstsorten, die wir einfachheitshalber mit A, B, C, D, E und F bezeichnen. Als Obstpreise verlangt der Händler für je ein Pfund €1,–, €2,–, €3,–, €4,–, €5,– und €6,– (in gleicher Reihenfolge). Ferner gehen wir davon aus, daß jede Obstsorte gleich häufig bzw. mit gleicher Wahrscheinlichkeit (p = 1/6) gekauft wird. Die Zufallsvariable „Obstpreise" ist damit gleichverteilt: p(Obstpreis = €1,–) = 1/6; p(Obstpreis = €2,–) = 1/6 etc. (vgl. Abb. 23 a).

Wie verteilen sich nun die Kaufsummen, wenn wir davon ausgehen, daß jeder Käufer zufällig zwei Obstsorten wählt? Insgesamt sind 6·6=36 verschiedene „Stichproben" möglich. (Hierbei werden die Stichproben AB und BA, AC und CA etc. getrennt gezählt.) Die billigste Stichprobe kostet €2,– (2×Sorte A) und die teuerste €12,– (2 × Sorte F). Insgesamt erhalten wir für die Zufallsvariable „Kaufsumme" die folgende Wahrscheinlichkeitsfunktion (vgl. Tabelle 24).

Abbildung 23 b veranschaulicht diese Wahrscheinlichkeitsfunktion graphisch. Sie zeigt, daß sich die Stichprobensummen (und damit natürlich auch die Mittelwerte) anders verteilen als die einzelnen Kaufpreise. Die Kaufpreise sind gleichverteilt, und die Summen verteilen sich eingipflig und symmetrisch. Lassen wir die Stichprobengröße wachsen, nähert sich die Summenverteilung einer Normalverteilung. Dies verdeutlicht Abb. 23 c, die die Wahrscheinlichkeitsfunktion der Summen aus Stichproben mit n = 3 zeigt.

Unter den genannten Umständen können wir also davon ausgehen, daß die Verteilung der Zufallsvariablen „Stichprobenmittelwerte" normal ist. Der Erwartungswert dieser Verteilung ist $E(\bar{X}) = \mu$. Ihre Streuung heißt *Standardfehler des Mittelwertes* ($\sigma_{\bar{x}}$). Man berechnet $\sigma_{\bar{x}}$ wie folgt (vgl. z.B. Bortz, 1999, Anhang B):

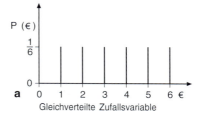

a Gleichverteilte Zufallsvariable

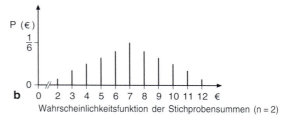

b Wahrscheinlichkeitsfunktion der Stichprobensummen (n = 2)

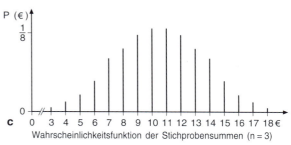

c Wahrscheinlichkeitsfunktion der Stichprobensummen (n = 3)

Abb. 23 a–c. Gleichverteilte Zufallsvariable und deren Wahrscheinlichkeitsfunktionen für Stichprobensummen

Tabelle 24. Verteilung der Zufallsvariablen „Kaufsumme"

Kaufsumme (Euro)	Stichprobe (Anzahl)	p
2,–	AA (1)	$\frac{1}{36}$
3,–	AB, BA (2)	$\frac{2}{36}$
4,–	AC, BB, CA (3)	$\frac{3}{36}$
5,–	AD, BC, CB, DA (4)	$\frac{4}{36}$
6,–	AE, BD, CC, DB, EA (5)	$\frac{5}{36}$
7,–	AF, BE, CD, DC, EB, FA (6)	$\frac{6}{36}$
8,–	BF, CE, DD, EC, FB (5)	$\frac{5}{36}$
9,–	CF, DE, ED, FC (4)	$\frac{4}{36}$
10,–	DF, EE, FD (3)	$\frac{3}{36}$
11,–	EF, FE (2)	$\frac{2}{36}$
12,–	FF (1)	$\frac{1}{36}$

$$\sigma_{\bar{x}} = \sqrt{\frac{\sigma^2}{n}} \qquad (7.5)$$

Da diese Parameter (μ und $\sigma_{\bar{x}}$) eine Normalverteilung eindeutig bestimmen, ist die Dichtefunktion der Mittelwerte bekannt, d.h. wir können errechnen, mit welcher Wahrscheinlichkeit Stichprobenmittelwerte bestimmter Größe bei gegebenem μ und $\sigma_{\bar{x}}$ auftreten (zur Dichtefunktion einer Normalverteilung vgl. z.B. Bortz, 1999, Kap. 2.5.1). Die Wahrscheinlichkeit für Mittelwerte der Größe $\bar{X} > a$ beispielsweise entspricht dem Integral der Dichtefunktion zwischen a und ∞ (vgl. Abb. 24).

Die Standardnormalverteilung: Der folgende Gedankengang erleichtert die Bestimmung von Flächenanteilen einer Normalverteilung. Jede beliebige Zufallsvariable X mit dem Mittelwert μ und der Streuung σ läßt sich durch folgende Transformation (Standardisierung) in eine Zufallsvariable z mit $\mu = 0$ und der Streuung $\sigma = 1$ überführen (z-Transformation).

$$z = \frac{X - \mu}{\sigma} . \qquad (7.6)$$

Wenden wir diese Beziehung auf die normalverteilte Zufallsvariable $\bar{X}$ an, resultiert mit

$$z_{\bar{x}} = \frac{\bar{X} - \mu}{\sigma_{\bar{x}}} \qquad (7.7)$$

eine normalverteilte Zufallsvariable mit einem Mittelwert von Null und einer Streuung von Eins. Diese Normalverteilung heißt *Standardnormalverteilung*. Die Flächenanteile der Standardnormalverteilung liegen in tabellierter Form vor (vgl. Anhang F, Tabelle 1).

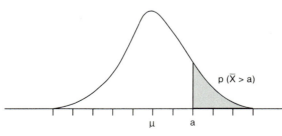

Abb. 24. Wahrscheinlichkeit für Mittelwerte $\bar{X} > a$

> **!** **Jede Normalverteilung kann durch Standardisierung (z-Transformation) in eine *Standardnormalverteilung* (Mittelwert $\mu = 0$ und Streuung $\sigma = 1$) überführt werden.**

Damit läßt sich die Wahrscheinlichkeit, mit der Mittelwerte $\bar{X} > a$ auftreten, leicht bestimmen. Interessiert in dem auf S. 414 genannten Beispiel die Wahrscheinlichkeit von Stichprobenmittelwerten $\bar{X} > 115$, ergeben sich für Stichproben mit $n = 36$ die folgenden Werte:

Durchschnittlicher IQ: $\mu = 110$
Varianz der IQ-Werte: $\sigma^2 = 144$
Standardfehler der Mittelwerteverteilung:

$$\sigma_{\bar{x}} = \sqrt{\frac{\sigma^2}{n}} = \sqrt{\frac{144}{36}} = \frac{12}{6} = 2$$

$$z_{\bar{x}} = \frac{115 - 110}{2} = 2{,}5 .$$

Folglich entspricht dem Wert $\bar{x} = 115$ der Wert $z_{\bar{x}} = 2{,}5$ in der Standardnormalverteilung. Wir fragen nun nach der Wahrscheinlichkeit für $z_{\bar{x}} > 2{,}5$, also dem Flächenanteil der Standardnormalverteilung zwischen 2,5 und ∞. Dieser lautet gem. Tabelle 1 im Anhang F:

$$p(z_{\bar{x}} > 2{,}5) = 0{,}0062 .$$

Die Wahrscheinlichkeit, in einer Stichprobe des Umfanges $n = 36$ einen Mittelwert $\bar{X} > 115$ zu erhalten, beträgt 0,62%, wenn $\mu = 110$ und $\sigma^2 = 144$ sind.

Die Wahrscheinlichkeit, daß ein Stichprobenmittelwert mindestens 5 IQ-Punkte von μ abweicht, ermitteln wir auf ähnliche Weise:

$$z_{\bar{x} = 115} = \frac{115 - 110}{2} = 2{,}5 ,$$

$$z_{\bar{x} = 105} = \frac{105 - 110}{2} = -2{,}5 ,$$

$$p(z_{\bar{x}} > 2{,}5) = 0{,}0062 ,$$

$$p(z_{\bar{x}} < -2{,}5) = 0{,}0062$$

und

$$p(-2{,}5 < z_{\bar{x}} < 2{,}5) = 0{,}0062 + 0{,}0062$$
$$= 0{,}0124 .$$

Die Wahrscheinlichkeit beträgt 1,24%.

X̄-Werte-Bereiche: Hiervon ausgehend, können wir nun auch dasjenige Intervall bestimmen, in dem sich ein bestimmter Anteil p aller Stichprobenmittelwerte befindet. Setzen wir p = 0,95, benötigen wir diejenigen $z_{\bar{x}}$-Werte, die von der Standardnormalverteilungsfläche an beiden Seiten 2,5% abschneiden, so daß eine Restfläche von 95% (bzw. p=0,95) verbleibt. Die Standardnormalverteilungs-Tabelle zeigt, daß die Werte $z_{\bar{x}} = -1,96$ und $z_{\bar{x}} = +1,96$ diese Bedingung erfüllen.

$$p(-1,96 < z_{\bar{x}} < 1,96) = 0,95.$$

Über die z-Transformation resultieren für $z_{\bar{x}} = -1,96$ bzw. $z_{\bar{x}} = +1,96$ die folgenden Mittelwerte:

$$-1,96 = \frac{\bar{x}_u - 110}{2} \; ;$$

$$\bar{x}_u = 2 \cdot (-1,96) + 110 = 106,08$$

bzw.

$$1,96 = \frac{\bar{x}_o - 110}{2} \; ;$$

$$\bar{x}_o = 2 \cdot 1,96 + 110 = 113,92 \; .$$

Das Intervall hat als untere Grenze ($\bar{x}_u$) den Wert 106,08 und als obere Grenze ($\bar{x}_o$) den Wert 113,92. Für eine Population mit $\mu = 110$ und $\sigma^2 = 144$ treten Mittelwerte aus Stichproben des Umfanges n = 36 mit 95%iger Wahrscheinlichkeit im Bereich 106,08 bis 113,92 auf. Mit $a = 2 \cdot 1,96$ ergibt sich dieser Bereich zu $\mu \pm a = 110 \pm 3,92$. Wir bezeichnen diesen Bereich zukünftig einfachheitshalber als den X̄-Werte-Bereich von μ.

Nun sind jedoch auch andere Bereiche denkbar, in denen sich 95% aller Stichprobenmittelwerte befinden. Der Standardnormalverteilungstabelle entnehmen wir beispielsweise, daß sich zwischen den Werten $z_u = -1,75$ und $z_o = 2,33$ (oder z. B. $z_u = -2,06$ und $z_o = 1,88$) ebenfalls 95% der Gesamtfläche befinden, d. h. auch innerhalb dieser Grenzen erwarten wir $z_{\bar{x}}$-Werte mit einer Wahrscheinlichkeit von p = 0,95. Unter den theoretisch unendlich vielen Bereichen der Form $a < \mu < b$ ist jedoch – wie man sich leicht überzeugen kann – das Intervall $\mu \pm 1,96$ das kürzeste: Für $a = -1,75$ und $b = 2,33$ erhalten wir eine Intervallbreite von 2,33+1,75 = 4,08 (bzw. für $a = -2,06$ und $b = 1,88$ von 3,94). Setzen wir $a = -1,96$ und $b = +1,96$, resul-

tiert die minimale Intervallbreite von 1,96+1,96 = 3,92. Werden diese Werte wie oben mit $\sigma_{\bar{x}}$ multipliziert, erhält man die entsprechenden X̄-Werte-Bereiche. Den kürzesten X̄-Werte-Bereich bevorzugen wir, weil dieser – wie wir noch sehen werden – zu der genauesten Schätzung des Parameters μ führt.

Bestimmung des Konfidenzintervalls: In der Regel ist nicht der Parameter μ, sondern nur *ein* Stichprobenmittelwert x̄ bekannt. Es werden nun für diejenigen X̄-Werte-Bereiche, in denen sich der bekannte x̄-Wert befindet, die entsprechenden Parameter gesucht. Wir fragen also, bei welchen Parametern der gefundene x̄-Wert im 95%igen X̄-Werte-Bereich liegt.

Hierfür kommen offensichtlich alle Parameter im Bereich x̄±a in Frage. Nehmen wir für μ den Wert x̄+a an, begrenzt der gefundene x̄-Wert den X̄-Werte-Bereich dieses Parameters linksseitig, und nehmen wir für μ den Wert x̄−a an, wird der X̄-Werte-Bereich dieses Parameters rechtsseitig durch x̄ begrenzt. Die Parameter im Bereich x̄±a weisen damit X̄-Werte-Bereiche auf, in denen sich mit Sicherheit auch der gefundene x̄-Wert befindet.

Nun stellt jedoch – wie bereits erwähnt – X̄ eine Zufallsvariable dar, d.h. auch X̄±a ist eine Zufallsvariable. Wir erhalten bei wiederholter Stichprobenentnahme verschiedene x̄-Werte bzw. verschiedene Bereiche x̄±a. Die Wahrscheinlichkeit des Auftretens eines bestimmten x̄-Wertes hängt davon ab, wo sich der wahre Parameter μ befindet. x̄-Werte, die stark von μ abweichen, sind unwahrscheinlicher als x̄-Werte in der Nähe von μ. Je nachdem wie stark ein x̄-Wert von μ abweicht, resultieren Parameterbereiche X̄±a, in denen sich μ befindet oder in denen sich μ nicht befindet. Dies verdeutlicht Abb. 25.

Erhalten wir $\bar{x}_1 = 112$, kommen – wieder bezogen auf das o.g. Beispiel – Parameter im Bereich 112±3,92 in Frage. In diesem Bereich befindet sich auch der wahre Parameter $\mu = 110$. Ähnliches gilt für das Stichprobenergebnis $\bar{x}_2 = 109$. Zu den Parametern, die dieses x̄ „ermöglichen", zählt auch $\mu = 110$. Ziehen wir hingegen eine Stichprobe mit $\bar{x}_3 = 115$, zählt $\mu = 110$ nicht zu den Parametern, die $\bar{x}_3 = 115$ mit 95%iger Wahrscheinlichkeit „erzeugt" haben. Auf Grund des Stichprobenmittelwertes $\bar{x}_3 = 115$ würden wir also ein Intervall

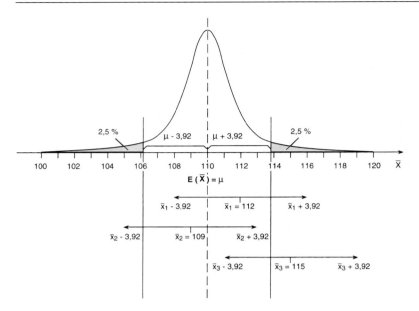

Abb. 25. Vergleich verschiedener Realisierungen der Zufallsvariablen x̄±a

möglicher μ-Werte angeben, in dem sich der wahre μ-Wert tatsächlich nicht befindet.

Ziehen wir viele Stichproben des Umfanges n, erhalten wir viele mehr oder weniger verschiedene Parameterbereiche vom Typ X̄±a. 95% dieser Parameterbereiche sind „richtig", denn sie umschließen den wahren Parameter, und 5% der Parameterbereiche sind „falsch", weil sich der wahre Parameter μ außerhalb dieser Bereiche befindet. Kennen wir – wie üblich – nur einen Stichprobenmittelwert x̄, zählt der entsprechende Parameterbereich x̄±a entweder zu den „richtigen" oder den „falschen" Intervallen. Da wir aber durch die Berechnung dieses Intervalls dafür gesorgt haben, daß 95% aller vergleichbaren Intervalle den wahren Parameter umschließen, ist es sehr plausibel oder „wahrscheinlich", daß das gefundene Intervall zu den „richtigen" zählt. (Die Aussage, der gesuchte Parameter liege mit einer Wahrscheinlichkeit von 95% im Bereich x̄±a, ist nicht korrekt, denn tatsächlich kann sich der Parameter nur innerhalb oder außerhalb des gefundenen Bereiches befinden. Die Wahrscheinlichkeit, daß ein bestimmter Parameter in einen bestimmten Bereich fällt, ist damit entweder 0% oder 100%; Näheres hierzu s. Leiser, 1982, oder Yamane, 1976, Kap. 8.8).

Neyman (1937) hat Intervalle des Typus X̄±a *Konfidenzintervalle* genannt. Die Wahrscheinlich-

keit, daß ein beliebiges Intervall zu denjenigen zählt, die auch den wahren Populationsparameter μ enthalten, bezeichnete er als *Konfidenzkoeffizienten*. Für den Konfidenzkoeffizienten werden üblicherweise die Werte p=0,95 oder p=0,99 angenommen. Für p=0,95 ermitteln wir a=1,96·$\sigma_{\bar{x}}$. Für den Konfidenzkoeffizienten p=0,99 entnehmen wir der Standardnormalverteilungs-Tabelle die z-Werte ±2,58, die jeweils 0,5% (also zusammen 1%) von den Extremen der Normalverteilungsfläche abschneiden. Das 99%ige Konfidenzintervall lautet damit x̄±2,58·$\sigma_{\bar{x}}$.

Allgemein erhalten wir für das Konfidenzintervall (Δ_{krit}):

$$\Delta_{krit} = \bar{x} \pm z_{(a/2)} \cdot \hat{\sigma}_{\bar{x}} \qquad (7.7a)$$

Würde man im oben erwähnten Beispiel μ durch eine Stichprobe des Umfanges n=36 mit x̄=112 schätzen, hätte das 99%ige Konfidenzintervall die Grenzen

$$112 - 5,16 < \mu < 112 + 5,16$$

bzw.

$$106,84 < \mu < 117,16.$$

Ein weiteres Beispiel für die Bestimmung eines Konfidenzintervalls enthält Tafel 39.

TAFEL 39 ▊

Wie umfangreich sind Diplomarbeiten?
I: Die Zufallsstichprobe

Eine studentische Arbeitsgruppe – befaßt mit Vorarbeiten zur Diplomarbeit im Fach Psychologie – möchte wissen, wie umfangreich Diplomarbeiten sind. Diese und einige der folgenden Tafeln verdeutlichen, wie der durchschnittliche Umfang aufgrund verschiedener Stichprobentechniken geschätzt werden kann.

Die Zeitschrift „Psychologische Rundschau" veröffentlicht regelmäßig Verfassernamen und Themen der Diplomarbeiten, die an den psychologischen Instituten der bundesdeutschen Universitäten fertiggestellt wurden. Anhand dieser Aufstellungen definiert man als Population alle Diplomarbeiten der vergangenen 10 Jahre. Die Seitenzahlen von 100 zufällig ausgewählten Arbeiten führen zu folgenden statistischen Angaben:

$$n = 100$$

$$\bar{x} = \frac{\sum_{i=1}^{n} x_i}{n} = 92$$

$$\hat{\sigma}^2 = \frac{\sum_{i=1}^{n}(x_i - \bar{x})^2}{n-1} = 1849 \, .$$

Als Punktschätzung für μ resultiert also $\bar{x} = 92$. Zusätzlich möchte man wissen, bei welchen Parametern dieses Stichprobenergebnis mit 99%iger Wahrscheinlichkeit zustande kommen kann, d. h. man interessiert sich für das 99%ige Konfidenzintervall.

Für dessen Bestimmung ist die t-Verteilung mit 99 Freiheitsgraden heranzuziehen, denn die unbekannte Populationsvarianz σ^2 muß aus den Stichprobendaten geschätzt werden. Da jedoch $n > 30$ ist, entspricht diese Verteilung praktisch der Standardnormalverteilung, d. h. man ermittelt das 99%ige Konfidenzintervall einfachheitshalber über den z-Wert, der von der Standardnormalverteilung 0,5% abschneidet:

$$\bar{x} \pm z_{(0,5\%)} \cdot \hat{\sigma}_{\bar{x}} = 92 \pm 2,58 \cdot \sqrt{\frac{1849}{100}} \approx 92 \pm 11 \, .$$

Als Grenzen des Konfidenzintervalls resultieren damit 81 Seiten und 103 Seiten. Die richtige durchschnittliche Seitenzahl liegt entweder innerhalb dieser Grenzen oder außerhalb. Aufgrund der Art der Konfidenzintervallbestimmung stehen die Chancen jedoch 99 zu 1, daß das ermittelte Konfidenzintervall den Parameter tatsächlich umschließt.

Die hier beschriebene Vorgehensweise zur Ermittlung eines Konfidenzintervalls geht davon aus, daß der Umfang der Gesamtpopulation N im Verhältnis zum Stichprobenumfang n sehr groß ist. Für praktische Zwecke sind die hier aufgeführten Bestimmungsgleichungen (wie auch die folgenden) hinreichend genau, wenn der „Auswahlsatz" n/N<0,05 ist (vgl. Schwarz, 1975).

> **!** Das *Konfidenzintervall* kennzeichnet denjenigen Bereich von Merkmalsausprägungen, in dem sich 95% (99%) aller möglichen Populationsparameter befinden, die den empirisch ermittelten Stichprobenkennwert erzeugt haben können.

Konfidenzintervall des arithmetischen Mittels bei unbekannter Varianz

t-Verteilung: Die z-transformierte Zufallsvariable $\bar{X}$ ist – wie berichtet wurde – nach dem zentralen Grenzwerttheorem normalverteilt mit $\mu = 0$ und $\sigma = 1$:

$$z_{\bar{x}} = \frac{\bar{X} - \mu}{\sigma_{\bar{x}}} = \frac{\bar{X} - \mu}{\sigma/\sqrt{n}} \, .$$

Diese Gleichung setzt eine bekannte Populationsstreuung σ voraus – eine Annahme, die für die Praxis unrealistisch ist. Üblicherweise sind wir darauf angewiesen, den unbekannten Parameter σ^2 durch Stichprobendaten zu schätzen. Mit $\hat{\sigma}^2$ als erwartungstreue Schätzung für σ^2 (vgl. S. 410) resultiert statt der normalverteilten Zufallsvariablen $z_{\bar{x}}$ die folgende Zufallsvariable t (t-Verteilung):

$$t = \frac{\bar{X} - \mu}{\hat{\sigma}_{\bar{x}}} = \frac{\bar{X} - \mu}{\hat{\sigma}/\sqrt{n}} \ .$$

Sowohl $\bar{X}$ als auch $\hat{\sigma}$ sind stichprobenabhängig, d.h. dieser Ausdruck enthält nicht nur im Zähler, sondern auch im Nenner eine Zufallsvariable (im Unterschied zur Definition von $z_{\bar{x}}$, bei der im Nenner die Konstante $\sigma/\sqrt{n}$ steht). Die Eigenschaften der Zufallsvariablen t sind mathematisch kompliziert, es sei denn, $\bar{X}$ und $\hat{\sigma}$ sind voneinander unabhängig. Dies ist der Fall, wenn sich die Zufallsvariable X normalverteilt.

Gossett (1908) konnte zeigen, daß die Dichtefunktion der Zufallsvariablen t unter der Voraussetzung einer normalverteilten Zufallsvariablen X Eigenschaften aufweist, die denen der Standardnormalverteilung sehr ähneln. (Gossett publizierte unter dem Pseudonym „Student"; die t-Verteilung wird deshalb auch „Student"-Verteilung genannt.)

Wie die Standardnormalverteilung ist auch die t-Verteilung symmetrisch und eingipflig mit einem Erwartungswert (Mittelwert) von $\mu = 0$. Ihre Standardabweichung ist durch $\sigma = \sqrt{(n-1)/(n-3)}$ (für $n > 3$) definiert, d.h. sie ist abhängig vom Umfang der Stichprobe bzw. – genauer – von der Anzahl der Abweichungen $(x_i - \bar{x})$, die bei der Ermittlung der Varianzschätzung $\hat{\sigma}^2$ frei variieren können.

Freiheitsgrade: Die Anzahl frei variierender Abweichungen bezeichnet man als Freiheitsgrade der Varianz. Wie man sich leicht überzeugen kann, sind bei einer Stichprobe des Umfanges n nur n–1 Abweichungen frei variierbar, d.h. die Varianz hat n–1 Freiheitsgrade (df = n–1; df steht für „Degrees of Freedom").

Auch hierzu ein kleines Beispiel: Von 4 Messungen weichen 3 in folgender Weise vom Mittelwert ab: $x_1 - \bar{x} = 2$, $x_2 - \bar{x} = -3$ und $x_3 - \bar{x} = -5$. Da die Summe aller vier Differenzen Null ergeben muß, resultiert für $x_4 - \bar{x}$ zwangsläufig der Wert 6, denn es gilt: $2 + (-3) + (-5) + (x_4 - \bar{x}) = 0$ oder $(x_4 - \bar{x}) = (-2) + 3 + 5 = 6$. Von den vier (allgemein n) Abweichungen sind also nur 3 (allgemein n–1) frei variierbar.

Wir erhalten damit eine „Familie" verschiedener t-Verteilungen, deren Streuungen von der Anzahl der Freiheitsgrade der Varianzschätzung abhängen. Abbildung 26 zeigt die Standardnormalverteilung im Vergleich zu t-Verteilungen mit df = 1, df = 5 und df = 20.

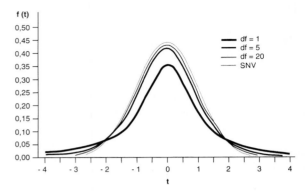

Abb. 26. t-Verteilungen im Vergleich zur Standardnormalverteilung

Die Abbildung verdeutlicht, daß die t-Verteilungen mit wachsender Anzahl von Freiheitsgraden in die Standardnormalverteilung übergehen. Bei df > 30 ist die Ähnlichkeit beider Verteilungen bereits so groß, daß ohne besondere Genauigkeitseinbuße statt der t-Verteilung die Standardnormalverteilung verwendet werden kann. Bei großen Stichproben ist es praktisch unerheblich, wie das Merkmal in der Population verteilt ist.

Tafel 3 des Anhanges F enthält ausgewählte Flächenanteile der Verteilungsfunktionen für t-Verteilungen mit unterschiedlichen Freiheitsgraden.

Bestimmung des Konfidenzintervalls: Die Bestimmung von Konfidenzintervallen (Δ_{krit}) des Mittelwertes auf der Basis von t-Verteilungen (also bei unbekanntem bzw. durch $\hat{\sigma}^2$ geschätztem σ^2) erfolgt völlig analog der bereits behandelten Konfidenzintervallbestimmung. Wird σ^2 durch $\hat{\sigma}^2$ geschätzt, resultiert als Schätzung des Standardfehlers

$$\hat{\sigma}_{\bar{x}} = \frac{\hat{\sigma}}{\sqrt{n}} \ .$$

Der z-Wert der Standardnormalverteilung (1,96 bzw. 2,58) wird durch denjenigen t-Wert ersetzt, der von der t-Verteilung mit n–1 Freiheitsgraden an beiden Seiten 2,5% (für das 95%ige Konfidenzintervall) bzw. 0,5% (für das 99%ige Konfidenzintervall) abschneidet. Wir erhalten dann:

$$\Delta_{krit\ (95\%)} = \bar{x} \pm t_{(2,5\%;df)} \cdot \frac{\hat{\sigma}}{\sqrt{n}}$$

(95%iges Konfidenzintervall)

bzw.

$$\Delta_{\text{krit (99\%)}} = \bar{x} \pm t_{(0,5\%;\text{df})} \cdot \frac{\hat{\sigma}}{\sqrt{n}}$$

(99%iges Konfidenzintervall) .

Ein Beispiel: Für eine Stichprobe des Umfanges n = 9 aus einer normalverteilten Population wurden $\bar{x} = 45$ und $\hat{\sigma}^2 = 49$ ermittelt, d. h. wir errechnen $\hat{\sigma}_{\bar{x}} = \sqrt{\frac{49}{9}} = 7/3 = 2,33$. Tafel 3 des Anhanges F entnehmen wir, daß der Wert $t_{(2,5\%;8)} = 2,306$ 2,5% der Fläche der t-Verteilung für 8 Freiheitsgrade abschneidet. Das Konfidenzintervall heißt damit: $45 \pm 2,306 \cdot 2,33$ bzw. $45 \pm 5,37$. Für das 99%ige Konfidenzintervall lesen wir in der t-Tabelle den Wert $t_{(0,5\%;8)} = 3,355$ ab, d. h. das Konfidenzintervall lautet $45 \pm 3,355 \cdot 2,33$ bzw. $45 \pm 7,82$.

Man beachte allerdings, daß Parameterschätzungen auf der Basis sehr kleiner Stichproben (n < 30) für praktische Zwecke in der Regel zu ungenau sind.

> ! Das Konfidenzintervall (Δ_{krit}) für *Populationsmittelwerte* (μ) berechnet sich bei unbekannter Populationsstreuung folgendermaßen:
>
> $\Delta_{\text{krit (95\%)}} = \bar{x} \pm t_{(2,5\%.\text{df})} \cdot \hat{\sigma}_{\bar{x}}$ und
>
> $\Delta_{\text{krit (99\%)}} = \bar{x} \pm t_{(0,5\%.\text{df})} \cdot \hat{\sigma}_{\bar{x}}$.
>
> **Für n > 30 kann auch diese Formel genutzt werden:**
>
> $\Delta_{\text{krit (95\%)}} = \bar{x} \pm 1,96 \cdot \hat{\sigma}_{\bar{x}}$ und
>
> $\Delta_{\text{krit (99\%)}} = \bar{x} \pm 2,58 \cdot \hat{\sigma}_{\bar{x}}$.

Konfidenzintervall eines Populationsanteils

Auf S. 412 f. wurde gezeigt, daß der Stichprobenanteil P für eine Ausprägung eines (in der Regel nominalen) Merkmals eine Maximum-Likelihood-Schätzung des Populationsparameters π darstellt. Ähnlich wie $\bar{X}$ ist jedoch auch P stichprobenabhängig, d. h. die Punktschätzung P wird π in der Regel fehlerhaft schätzen. Erneut ist es deshalb von Vorteil, wenn ein Intervall angegeben werden kann, in dem sich alle möglichen π-Werte befinden, für die der gefundene p-Wert mit einer Wahrscheinlichkeit von 95% (oder 99%) auftreten kann: das Konfidenzintervall für Populationsanteile.

Eine Repräsentativbefragung möge ergeben haben, daß sich 35% von 200 befragten Studierenden für mündliche Gruppenprüfungen als die an-

genehmste Prüfungsart aussprechen. (Welche bzw. wie viele Prüfungsformen die restlichen 65% bevorzugen, ist in diesem Zusammenhang unerheblich.) Welche Informationen lassen sich aus diesen Zahlen bzgl. des unbekannten Parameters π (Anteil der Befürworter mündlicher Gruppenprüfungen in der gesamten Studentenschaft) ableiten?

Für die Beantwortung dieser Frage müssen wir – wie auch beim Mittelwert $\bar{X}$ – die Verteilung der Zufallsvariablen P (für ein gegebenes π) bzw. die Stichprobenkennwerteverteilung von P kennen. Diese Verteilung ist unter der Bezeichnung *Binomialverteilung* in den meisten Statistikbüchern tabelliert (vgl. z. B. Bortz, 1999, Tabelle A). Die Tabelle enthält die Wahrscheinlichkeiten, mit denen die geprüfte Merkmalsalternative bei gegebenem π und n 0-mal, 1-mal, 2-mal ... oder allgemein k-mal auftritt. Der relative Merkmalsanteil p entspricht dann dem Quotienten k/n.

Die exakten Binomialverteilungstabellen beziehen sich allerdings nur auf kleinere Stichprobenumfänge, mit denen sich der unbekannte Parameter π nur sehr ungenau schätzen läßt. Bei größeren Stichproben kann man von der Tatsache Gebrauch machen, daß die Binomialverteilung für $n \cdot p \cdot (1-p) > 9$ hinreichend gut durch eine Normalverteilung approximiert werden kann (vgl. Sachs, 1999, S. 228), was die Bestimmung von Konfidenzintervallen erheblich erleichtert.

Die Binomialverteilung hat – bezogen auf Anteilswerte – einen Mittelwert von π und eine Streuung (Standardfehler) von

$$\sigma = \sqrt{\frac{\pi(1-\pi)}{n}} .$$

Schätzen wir π durch p, folgt für das Konfidenzintervall:

$$p - z \cdot \sqrt{\frac{p \cdot (1-p)}{n}} \leq \pi \leq p + z \cdot \sqrt{\frac{p \cdot (1-p)}{n}} .$$

(7.8)

Erneut ist z derjenige Wert, der von den Extremen der Standardnormalverteilung 2,5% (für das 95%ige Konfidenzintervall) bzw. 0,5% (für das 99%ige Konfidenzintervall) abschneidet (z = 1,96 bzw. z = 2,58).

Im Beispiel ermitteln wir für das 95%ige Konfidenzintervall:

$$0{,}35 - 1{,}96 \cdot \sqrt{\frac{0{,}35 \cdot 0{,}65}{200}} \leqslant \pi \leqslant 0{,}35 + 1{,}96$$

$$\cdot \sqrt{\frac{0{,}35 \cdot 0{,}65}{200}} \quad \text{bzw.} \quad 0{,}35 \pm 0{,}066.$$

Genauer wird das Konfidenzintervall nach folgender Beziehung ermittelt:

$$\frac{n}{n + z^2} \cdot \left[p + \frac{z^2}{2 \cdot n} \pm z \cdot \sqrt{\frac{p \cdot (1 - p)}{n} + \frac{z^2}{4 \cdot n^2}} \right]$$

$$(7.9)$$

(zur Herleitung vgl. z. B. Hays und Winkler, 1970, Kap. 6.12).

Setzen wir die Werte des Beispiels ein, resultiert (mit z = 1,96 für das 95%ige Konfidenzintervall):

$$\frac{200}{100 + 1{,}96^2} \cdot \left[0{,}35 + \frac{1{,}96^2}{2 \cdot 200} \pm 1{,}96 \right.$$

$$\left. \cdot \sqrt{\frac{0{,}35 \cdot (1 - 0{,}35)}{200} + \frac{1{,}96^2}{4 \cdot 200^2}} \right]$$

$$= 0{,}981 \cdot [0{,}3596 \pm 0{,}0668]$$

$$= 0{,}353 \pm 0{,}0655 \,.$$

Alle Parameter, die den Kennwert p = 0,35 mit 95%iger Wahrscheinlichkeit „erzeugt" haben, befinden sich innerhalb der Grenzen 0,2875 und 0,4185. (Für das 99%ige Konfidenzintervall ergeben sich die Grenzen 0,2691 und 0,4405.) Wie man leicht sieht, unterscheiden sich die beiden Varianten der Konfidenzintervallbestimmung bei großem n nur unerheblich.

> **!** Das Konfidenzintervall für *Populationsanteile* (π) berechnet sich nach folgender Formel:
>
> $$\Delta_{\text{krit (95\%)}} = p \pm 1{,}96 \cdot \sqrt{\frac{p \cdot (1-p)}{n}} \quad \text{und}$$
>
> $$\Delta_{\text{krit (99\%)}} = p \pm 2{,}58 \cdot \sqrt{\frac{p \cdot (1-p)}{n}} \,.$$

Tabelle: Tabelle 25 gibt die Konfidenzintervalle (95% und 99%) für ausgewählte Stichprobenumfänge und p-Werte wieder. (Die Werte in den hervorgehobenen Bereichen stellen nur grobe Schätzungen dar, weil hier die Beziehung n·p·(1-p) > 9 nicht erfüllt ist.) Der Tabelle ist beispielsweise zu entnehmen, daß das 99%ige Konfidenzintervall

bei einem Stichprobenanteil von p=0,60 und n=100 von 0,47 bis 0,72 reicht. Konfidenzintervalle für hier nicht aufgeführte Werte sind relativ einfach durch Interpolation zu ermitteln. Es wird deutlich, daß sich die Konfidenzintervalle ab einem Stichprobenumfang von n=1000 nur noch unwesentlich verkleinern.

7.1.4
Stichprobenumfänge

Zur Planung populationsbeschreibender Untersuchungen gehören auch Überlegungen, wie groß die zu erhebende Stichprobe sein soll. Eindeutige Angaben über einen „optimalen" Stichprobenumfang sind jedoch ohne weitere Zusatzinformationen nicht möglich. Die Größe der Stichprobe hängt von der gewünschten Schätzgenauigkeit und natürlich auch von den finanziellen und zeitlichen Rahmenbedingungen der Untersuchung ab.

Die Ausführungen über Konfidenzintervalle machten deutlich, daß die Genauigkeit der Schätzungen von Populationsparametern mit wachsendem n zunimmt (die Konfidenzintervalle werden kleiner), woraus zu folgern wäre, daß der Stichprobenumfang möglichst groß sein sollte. Auf der anderen Seite wurde bereits festgestellt, daß die Genauigkeit nicht proportional zum Stichprobenumfang zunimmt: Der Zugewinn an Genauigkeit ist bei Vergrößerung einer Stichprobe von 1000 auf 1100 unverhältnismäßig kleiner als bei Vergrößerung einer Stichprobe von 100 auf 200 (vgl. Tabelle 25 oder S. 424 f.). Demgegenüber dürften sich die Kosten einer Untersuchung mehr oder weniger proportional zum Stichprobenumfang ändern.

Genauigkeit und Kosten einer Untersuchung hängen damit wechselseitig – wenn auch nicht proportional – voneinander ab. Steht zur Finanzierung einer Untersuchung ein bestimmter Betrag fest, läßt sich der maximal untersuchbare Stichprobenumfang ermitteln, der seinerseits die Genauigkeit der Untersuchung bestimmt. Ist umgekehrt die Genauigkeit, mit der die Population beschrieben werden soll, vorgegeben, sind hieraus der erforderliche Stichprobenumfang und damit auch die notwendigen Untersuchungskosten abschätzbar.

Tabelle 25. Konfidenzintervalle für Populationsanteile bei variablem n und p (1. Intervall 95%, 2. Intervall 99%)

n	p 0,05	0,10	0,20	0,30	0,40	0,50	0,60	0,70	0,80	0,90	0,95
50	0,02-0,15	0,04-0,21	0,11-0,33	0,19-0,44	0,28-0,54	0,37-0,63	0,46-0,72	0,56-0,81	0,67-0,89	0,79-0,96	0,85-0,98
	0,01-0,19	0,03-0,26	0,09-0,38	0,16-0,48	0,24-0,58	0,33-0,67	0,42-0,76	0,52-0,84	0,62-0,91	0,74-0,97	0,81-0,99
60	0,02-0,14	0,05-0,20	0,12-0,32	0,20-0,43	0,29-0,53	0,38-0,62	0,47-0,71	0,57-0,80	0,68-0,88	0,80-0,95	0,86-0,98
	0,01-0,18	0,04-0,24	0,10-0,36	0,17-0,47	0,25-0,57	0,34-0,66	0,43-0,75	0,53-0,83	0,64-0,90	0,76-0,96	0,82-0,99
70	0,02-0,13	0,05-0,19	0,12-0,31	0,20-0,42	0,29-0,52	0,39-0,61	0,48-0,71	0,58-0,79	0,69-0,88	0,81-0,95	0,87-0,98
	0,01-0,16	0,04-0,23	0,11-0,35	0,18-0,45	0,26-0,55	0,35-0,65	0,45-0,74	0,55-0,82	0,65-0,89	0,77-0,96	0,84-0,99
80	0,02-0,12	0,05-0,19	0,13-0,30	0,21-0,41	0,30-0,51	0,39-0,61	0,49-0,70	0,59-0,79	0,70-0,87	0,81-0,95	0,88-0,98
	0,02-0,15	0,04-0,22	0,11-0,34	0,19-0,44	0,27-0,54	0,36-0,64	0,46-0,73	0,56-0,81	0,66-0,89	0,78-0,96	0,85-0,99
90	0,02-0,12	0,05-0,18	0,13-0,29	0,22-0,40	0,30-0,50	0,40-0,60	0,50-0,70	0,60-0,78	0,71-0,87	0,82-0,95	0,88-0,98
	0,02-0,15	0,04-0,21	0,11-0,33	0,19-0,43	0,28-0,54	0,37-0,63	0,46-0,72	0,57-0,81	0,67-0,89	0,79-0,96	0,85-0,98
100	0,02-0,11	0,06-0,17	0,13-0,29	0,22-0,40	0,31-0,50	0,40-0,60	0,50-0,69	0,60-0,78	0,71-0,87	0,83-0,94	0,89-0,98
	0,02-0,14	0,05-0,20	0,12-0,32	0,20-0,43	0,28-0,53	0,38-0,62	0,47-0,72	0,57-0,80	0,68-0,88	0,80-0,95	0,86-0,98
150	0,03-0,10	0,06-0,16	0,14-0,27	0,23-0,38	0,33-0,48	0,42-0,58	0,52-0,68	0,62-0,77	0,73-0,86	0,84-0,94	0,90-0,98
	0,02-0,12	0,05-0,18	0,13-0,30	0,21-0,40	0,30-0,51	0,40-0,60	0,49-0,70	0,60-0,79	0,70-0,87	0,82-0,95	0,88-0,98
200	0,03-0,09	0,07-0,15	0,15-0,26	0,24-0,37	0,33-0,47	0,43-0,57	0,53-0,67	0,63-0,76	0,74-0,85	0,85-0,93	0,91-0,97
	0,02-0,11	0,06-0,17	0,14-0,28	0,22-0,39	0,31-0,49	0,41-0,59	0,51-0,68	0,61-0,78	0,72-0,86	0,83-0,94	0,89-0,98
300	0,03-0,08	0,07-0,14	0,16-0,25	0,25-0,35	0,35-0,46	0,44-0,56	0,54-0,65	0,65-0,75	0,75-0,84	0,86-0,93	0,92-0,97
	0,03-0,09	0,06-0,15	0,15-0,27	0,24-0,37	0,33-0,47	0,43-0,57	0,53-0,67	0,63-0,76	0,73-0,85	0,85-0,94	0,91-0,97
400	0,03-0,08	0,07-0,13	0,16-0,24	0,26-0,35	0,35-0,45	0,45-0,55	0,55-0,65	0,65-0,74	0,76-0,84	0,87-0,93	0,92-0,97
	0,03-0,09	0,07-0,15	0,15-0,26	0,24-0,36	0,34-0,46	0,44-0,56	0,54-0,66	0,64-0,76	0,74-0,85	0,85-0,93	0,91-0,97
500	0,03-0,07	0,08-0,13	0,17-0,24	0,26-0,34	0,36-0,44	0,46-0,54	0,56-0,64	0,66-0,74	0,76-0,83	0,87-0,92	0,93-0,97
	0,03-0,08	0,07-0,14	0,16-0,25	0,25-0,36	0,35-0,46	0,44-0,56	0,54-0,65	0,64-0,75	0,75-0,84	0,86-0,93	0,92-0,97
1000	0,04-0,07	0,08-0,12	0,18-0,23	0,27-0,33	0,37-0,43	0,47-0,53	0,57-0,63	0,67-0,73	0,77-0,82	0,88-0,92	0,93-0,96
	0,03-0,07	0,08-0,13	0,17-0,23	0,26-0,34	0,36-0,44	0,46-0,54	0,56-0,64	0,66-0,74	0,77-0,83	0,88-0,92	0,93,0,97
2000	0,04-0,06	0,09-0,11	0,18-0,22	0,28-0,32	0,38-0,42	0,48-0,52	0,58-0,62	0,68-0,72	0,78-0,82	0,89-0,91	0,94-0,96
	0,04-0,06	0,08-0,12	0,18-0,22	0,27-0,33	0,37-0,43	0,47-0,53	0,57-0,63	0,67-0,73	0,78-0,82	0,88-0,92	0,94-0,96
5000	0,04-0,06	0,09-0,11	0,19-0,21	0,29-0,31	0,39-0,41	0,49-0,51	0,59-0,61	0,69-0,71	0,79-0,81	0,89-0,91	0,94-0,96
	0,04-0,06	0,09-0,11	0,19-0,22	0,28-0,32	0,38-0,42	0,48-0,52	0,58-0,62	0,68-0,72	0,79-0,81	0,89-0,91	0,94-0,96

> **!** Mit wachsendem Stichprobenumfang steigt die Genauigkeit von Parameterschätzungen; gleichzeitig vergrößern sich aber auch Kosten und Aufwand der Untersuchung erheblich. Dies bedeutet, daß Vorstellungen über die Präzision der Parameterschätzung und über den Untersuchungsaufwand in der Planungsphase aufeinander abgestimmt werden sollten.

Schätzung von Populationsanteilen

Die Genauigkeit von Untersuchungen, die bei vorgegebenem Stichprobenumfang Populationsanteile schätzen, ist – wie wir gesehen haben – anhand der auf S. 421 f. behandelten Berechnungsvorschriften für Konfidenzintervalle bzw. mit Hilfe von Tabelle 25 relativ einfach zu ermitteln. Tabelle 25 erleichtert jedoch auch die Kalkulation notwendiger Stichprobenumfänge, wenn die Genauigkeit der Untersuchung (bzw. ein maximal tolerierbares Konfidenzintervall) vorgegeben ist. Dies setzt allerdings voraus, daß man bereits vor der Untersuchung eine Vorstellung über die Größe des Populationsanteils hat. Je nach Fragestellung greift man hierfür auf Untersuchungen mit ähnlicher Thematik oder Erfahrungswerte zurück. Ist dies nicht möglich, sind kleinere Voruntersuchungen angebracht, die zumindest über die Größenordnung des π-Wertes informieren. Ein Beispiel soll zeigen, wie Tabelle 25 für die Bestimmung des erforderlichen Stichprobenumfanges eingesetzt werden kann.

Beispiel: Der Vorstand einer Gewerkschaft plant, den Gewerkschaftsmitgliedern Fortbildungskurse anzubieten. Um die Anzahl der hierfür erforderlichen Lehrkräfte, das benötigte Unterrichtsmaterial, Räume, Kosten etc. abschätzen zu können, beschließt man, das Interesse der Gewerkschaftsmitglieder an dieser Veranstaltung durch eine Umfrage zu erkunden (Prävalenzproblematik; vgl. S. 114). Da eine evtl. Fehlplanung erhebliche organisatorische Schwierigkeiten und finanzielle Zusatzbelastungen nach sich ziehen würde, wird ein Stichprobenergebnis gefordert, das den Anteil derjenigen Mitglieder, die später tatsächlich an dem Fortbildungskurs teilnehmen, möglichst genau schätzt. Man hält eine Fehlertoleranz von ±5% gerade noch für zumutbar. Für das Intervall $p \pm 0,05$ wird ein Konfidenzkoeffizient von 99% vorgegeben. Es stellt sich nun die Frage, welcher Stichprobenumfang diese Schätzgenauigkeit gewährleistet.

Die Heiratsgewohnheiten der Studentinnen der Johns Hopkins Universität, von denen einst 33% Mitglieder des Lehrkörpers ehelichten, beeindruckten nur solange, bis die Populationsgröße bekannt wurde: N=3. (Aus: Campbell, S.K. (1974). Flaws und Fallacies in Statistical Thinking. Englewood Cliffs, New Jersey: Prentice-Hall, S. 90)

Aus der Vergangenheit sei bekannt, daß ähnliche Fortbildungsmaßnahmen von ca. 40% aller Mitglieder wahrgenommen werden. Die Kurse fallen jedoch in die Sommermonate, und man schätzt deshalb den Anteil der Interessierten eher niedriger ein. Tatsächlich zeigt eine vor der eigentlichen Untersuchung durchgeführte kleine Befragung von 50 Mitgliedern, daß nur 10 Personen, also 20%, bereit wären, an den Kursen teilzunehmen. Man kann also davon ausgehen, daß der Populationsanteil π zwischen 20% und 40% liegt.

Tabelle 25 ist zu entnehmen, daß für $p = 0,40$ ein Stichprobenumfang von $n = 500$ ausreichen würde, um den Parameter mit der angestrebten Fehlertoleranz schätzen zu können. (Für $p = 0,40$ und $n = 500$ hat das 99%ige Konfidenzintervall die Grenzen: 0,35 und 0,46). Sollte der Populationsanteil π jedoch den kleinsten, gerade noch für möglich gehaltenen Wert von $\pi = 0,20$ annehmen, würden 400 Personen genügen, um den Parameter mit der gewünschten Genauigkeit zu schätzen. (Das entsprechende Konfidenzintervall lautet 0,15 bis 0,26.) Man entschließt sich, eine Zufallsstichprobe von n = 500 zu befragen, weil dies auch im ungünstigsten Fall (für p = 0,40) eine akzeptable Schätzgenauigkeit gewährleistet.

Schätzung von Populationsmittelwerten

Als nächstes fragen wir, welcher Stichprobenumfang erforderlich ist, um einen Mittelwertsparameter μ mit vorgegebener Genauigkeit schätzen zu können.

Hierzu lösen wir Gleichung (7.7) nach n auf:

$$z = \frac{\bar{X} - \mu}{\sigma_{\bar{x}}} = \frac{\bar{X} - \mu}{\sigma / \sqrt{n}} = \frac{e}{\sigma / \sqrt{n}}$$

$$n = \frac{z^2 \cdot \sigma^2}{e^2} , \tag{7.10}$$

wobei e den Schätzfehler $\bar{X} - \mu$ symbolisiert.

Gleichung (7.10) zeigt, daß der Stichprobenumfang mit abnehmendem Schätzfehler quadratisch wächst. Er hängt ferner von der Populationsvarianz und – ebenfalls quadratisch – vom z-Wert ab, für den – je nachdem, ob ein 95%iges oder ein 99%iges Konfidenzintervall bestimmt werden soll – der Wert 1,96 oder 2,58 einzusetzen ist. Der Stichprobenumfang verändert sich proportional zur Populationsvarianz (bzw. quadratisch zur Standardabweichung), und für das genauere 99%ige Konfidenzintervall wird ein größerer Stichprobenumfang benötigt als für das weniger genaue 95%ige Konfidenzintervall.

Die Bedeutung des Schätzfehlers e ist von der Populationsstreuung σ abhängig. Ein Schätzfehler von e = 5 bei einer Streuung von $\sigma = 10$ entspricht einem Schätzfehler von e = 50 bei einer Streuung von $\sigma = 100$. Dies verdeutlichen z.B. Längenmessungen in Metern und in Zentimetern. Einer Streuung von $\sigma = 1$ m entspricht eine Streuung von $\sigma = 100$ cm. Damit ist ein Schätzfehler von 0,1 m auf der Meterskala einem Schätzfehler von 10 cm auf der Zentimeterskala gleichwertig. Er beträgt in beiden Fällen 10% der Streuung.

Soll beispielsweise der Schätzfehler e nicht größer als 10% der Merkmalsstreuung sein, ist für das 95%ige Konfidenzintervall folgender Stichprobenumfang erforderlich:

$$\sqrt{n} = \frac{1,96 \cdot \sigma}{0,1 \cdot \sigma}$$

oder

$$n = \frac{1,96^2 \cdot \sigma^2}{0,01 \cdot \sigma^2} = \frac{1,96^2}{0,01} \approx 384 .$$

Auf der Basis dieser Bestimmungsgleichung faßt Tabelle 26 diejenigen Stichprobenumfänge zusammen, die benötigt werden, um einen Parameter μ mit unterschiedlicher Genauigkeit zu schätzen. Die Benutzung dieser Tabelle sei ebenfalls an einem Beispiel demonstriert.

Beispiel: Eine Lehrerin interessiert sich für die Frage, wieviel Zeit 11jährige Schulkinder täglich für ihre Hausaufgaben aufwenden. Für ihre Untersuchung nimmt sie in Kauf, daß die wahre Durchschnittszeit um maximal 5 Minuten verschätzt wird. Das zu ermittelnde Konfidenzintervall soll mit einem Konfidenzkoeffizienten von 95% abgesichert werden.

Um erste Anhaltspunkte über die Streuung des Merkmals „Zeit für Hausaufgaben" zu erhalten, befragt sie zunächst 20 Kinder ihrer Schule. Die Angaben schwanken zwischen 10 Minuten und 2 Stunden. Anhand dieser Werte schätzt die Lehrerin eine Streuung von $\sigma = 35$ Minuten (als Orientierungshilfe für die Streuungsschätzung vgl. Abb. 27 a–e). Der Fehlergröße von 5 Minuten entspricht damit ein Streuungsanteil von $1/7 \sigma$ bzw. ca. $0,14 \sigma$. Tabelle 26 zeigt, daß bei dieser angestrebten Schätzgenauigkeit eine Zufallsstichprobe mit n = 196 zu befragen wäre.

Das Beispiel macht deutlich, daß die Streuung des Merkmals in der Population ungefähr bekannt sein muß. Hierin liegt die Schwierigkeit bei der Kalkulation von Stichprobenumfängen für Mittelwertschätzungen. Bezüglich der Merkmalsstreuung ist man auf Erfahrungswerte, bereits durchgeführte Untersuchungen oder – wie im letzten Beispiel – auf kleinere Voruntersuchungen angewiesen. Hat man noch keine Informationen über die Merkmalsstreuung und sind auch kleinere Voruntersuchungen zu aufwendig oder zu teuer, vermitteln die folgenden Regeln eine erste Vorstellung über die Größe der unbekannten Populationsstreuung:

Tabelle 26. Stichprobenumfänge für Konfidenzintervalle von μ mit unterschiedlichen Schätzfehlern

Größe des Schätzfehlers (in σ-Einheiten)									
0,01	0,02	0,03	0,04	0,05	0,06	0,07	0,08	0,09	0,10
38416	9604	4268	2401	1537	1067	784	600	474	384
66564	16641	7396	4160	2663	1849	1358	1040	821	665

Erste Zeile: 95%iges Konfidenzintervall; zweite Zeile: 99%iges Konfidenzintervall

0,12	0,14	0,16	0,18	0,20	0,22	0,24	0,26	0,28	0,30	0,35	0,40	0,45	0,50	0,55	0,60	0,70	0,80	0,90	1,0
266	196	150	119	96	79	67	57	49	43	31	24	19	15	13	11	9	6	5	4
426	339	260	205	166	138	116	98	85	74	54	42	33	27	22	18	14	10	8	7

Erste Zeile: 95%iges Konfidenzintervall; zweite Zeile: 99%iges Konfidenzintervall

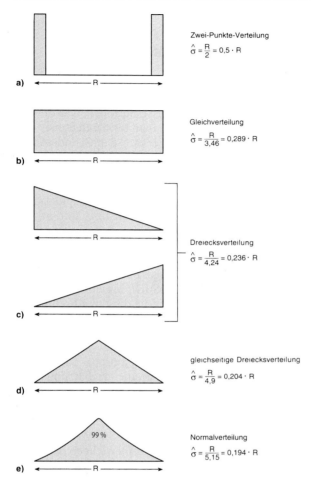

Abb. 27 a–e. Streuungsschätzungen für verschiedene Verteilungsformen

7.1.5
Orientierungshilfen für die Schätzung von Populationsstreuungen

Von normalverteilten Merkmalen ist bekannt, daß sich innerhalb des Bereiches $\mu \pm 1\,\sigma$ ca. 2/3 aller Merkmalsträger befinden. Für Merkmale, die zwar eingipflig, aber im übrigen eine beliebige Verteilungsform haben, gilt, daß der Bereich $\mu \pm 1\,\sigma$ ca. 45% aller Merkmalsträger umfaßt.

Bei vielen Merkmalen fällt es leichter, statt der Populationsstreuung die Streubreite R (Range) der möglichen Merkmalsausprägungen zu schät-

zen. Diese ist bei stetigen Merkmalen als die Differenz des größten erwarteten Wertes (X_{max}) und des kleinsten erwarteten Wertes (X_{min}) definiert (R= $X_{max}-X_{min}$). Bei diskreten Merkmalen entspricht X_{min} der unteren Kategoriengrenze des ersten Intervalls und X_{max} der oberen Kategoriengrenze des letzten Intervalls. Wenn zusätzlich auch die Verteilungsform des Merkmals ungefähr bekannt ist, läßt sich aus dem Range relativ einfach die Streuung abschätzen. Hierfür gelten die folgenden Regeln (vgl. Schwarz, 1975; Sachs 1999, S. 164 f.; oder ausführlicher Schwarz, 1960, 1966):

2-Punkte-Verteilung: Die größte Streuung resultiert, wenn jeweils die Hälfte aller Merkmalsträger die Werte X_{max} und X_{min} annehmen (vgl. Abb. 27 a). Sie hat dann den Wert

$$\hat\sigma = \frac{X_{max} - X_{min}}{2} = \frac{R}{2} = 0{,}5 \cdot R. \tag{7.11}$$

Sind die beiden extremen Merkmalsausprägungen nicht gleich häufig besetzt, reduziert sich die Streuung. Sie läßt sich bestimmen, wenn zusätzlich die Größenordnung des Mittelwertes $\bar X$ der Verteilung bekannt ist:

$$\hat\sigma = \sqrt{(X_{max} - \bar X) \cdot (\bar X - X_{min})}. \tag{7.12}$$

Gleichverteilung: Merkmale, die zwischen X_{min} und X_{max} in etwa gleichverteilt sind (vgl. Abb. 27 b) haben eine Streuung von

$$\hat\sigma = \frac{1}{\sqrt{3}} \cdot \frac{R}{2} = \frac{R}{\sqrt{12}} = 0{,}289 \cdot R. \tag{7.13}$$

Die Streuung von Merkmalen, die in zwei Bereichen unterschiedlich gleichverteilt sind (konstante Dichte in einem Bereich und konstante, aber andere Dichte in einem anderen Bereich), läßt sich ermitteln, wenn sich für $\bar X$ ein plausibler Wert angeben läßt:

$$\hat\sigma = \frac{1}{\sqrt{3}} \cdot \sqrt{(X_{max} - \bar X) \cdot (\bar X - X_{min})}. \tag{7.14}$$

Dreiecksverteilung: Merkmale, deren Dichte von einem Merkmalsextrem zum anderen kontinuierlich sinkt (oder steigt), heißen Dreiecksverteilung (vgl. Abb. 27 c). Für Merkmale mit dieser Verteilungsform kann die Streuung nach folgender Gleichung geschätzt werden:

$$\hat{\sigma} = \frac{R}{\sqrt{18}} = 0,236 \cdot R. \qquad (7.15)$$

Gleichseitige Dreiecksverteilung: Bei einem häufig anzutreffenden Verteilungsmodell strebt die Dichte vom Merkmalszentrum aus nach beiden Seiten gegen Null (Abb. 27 d). Für diese Verteilungsform läßt sich die Streuung in folgender Weise schätzen:

$$\hat{\sigma} = \frac{R}{\sqrt{24}} = 0,204 \cdot R. \qquad (7.16)$$

Normalverteilung: Ist es realistisch, für das untersuchte Merkmal eine Normalverteilung anzunehmen, ermöglicht die folgende Gleichung eine brauchbare Streuungsschätzung:

$$\hat{\sigma} = \frac{R}{5,15} = 0,194 \cdot R. \qquad (7.17)$$

Die Streubreite R entspricht hierbei einem Intervall, in dem sich etwa 99% aller Werte befinden (vgl. Abb. 27 e).

> **!** Um die *Populationsstreuung* σ als Punktschätzung zu schätzen, nutzt man Transformationen der Streubreite (Range: Maximalwert – Minimalwert). Wie der Range in die Streuung zu transformieren ist, hängt von der Verteilungsform des interessierenden Merkmals ab.

Liegen überhaupt keine Angaben über die mutmaßliche Größe von σ oder R vor, bleibt letztlich nur die Möglichkeit, den endgültigen Stichprobenumfang erst während der Datenerhebung festzulegen. Man errechnet z. B. aus den ersten 20 Meßwerten eine vorläufige Streuungsschätzung, die für eine erste Schätzung des erforderlichen Stichprobenumfanges herangezogen wird. Liegen weitere Meßwerte (z. B. insgesamt 40 Meßwerte) vor, wird die Streuung erneut berechnet und die Stichprobengröße ggf. korrigiert. Dieser Korrekturvorgang setzt sich solange fort, bis sich die Streuungsschätzung stabilisiert oder der zuletzt errechnete Stichprobenumfang erreicht ist.

7.2 Möglichkeiten der Präzisierung von Parameterschätzungen

Bisher erfolgte die Beschreibung von Populationen bzw. die Schätzung von Populationsparametern aufgrund einfacher Zufallsstichproben, was die Methode der Wahl ist, wenn man tatsächlich über eine vollständige Liste aller Objekte der Grundgesamtheit verfügt, so daß alle Objekte mit gleicher Wahrscheinlichkeit Mitglied der Stichprobe werden können (vgl. S. 402 f.). Die Praxis lehrt uns jedoch, daß für Umfragen in größeren Referenzpopulationen derartige Listen nicht existieren bzw. nur mit einem unzumutbaren Aufwand erstellt werden können. Will man dennoch auf eine probabilistische Stichprobe nicht verzichten (was für die seriöse wissenschaftliche Umfrageforschung unabdingbar ist), kann auf eine der Stichprobentechniken zurückgegriffen werden, die in diesem Abschnitt zu behandeln sind (zu Qualitätskriterien sozialwissenschaftlicher Umfrageforschung vgl. auch Kaase, 1999). Diese Stichprobentechniken haben gegenüber der einfachen Zufallsstichprobe zudem den Vorteil einer genaueren Parameterschätzung. Dies setzt allerdings voraus, daß man bereits vor der Untersuchung weiß, welche Merkmale mit dem interessierenden Merkmal zusammenhängen, bzw. wie dieses Merkmal ungefähr verteilt ist. Wenn derartige Vorkenntnisse geschickt im jeweiligen Stichprobenplan eingesetzt werden, kann sich dieses Wissen in Form von präziseren Parameterschätzungen mehr als bezahlt machen.

Von den verschiedenen Möglichkeiten einer verbesserten Parameterschätzung werden hier nur die wichtigsten Ansätze aufgegriffen: Besonderheiten einer geschichteten Stichprobe (Abschnitt 7.2.1), einer Klumpenstichprobe (Abschnitt 7.2.2), einer mehrstufigen Stichprobe (Abschnitt 7.2.3), der wiederholten Untersuchung von Teilen einer Stichprobe (Abschnitt 7.2.4) sowie die Nutzung von Vorinformationen nach dem Bayes'schen Ansatz (Abschnitt 7.2.5). Im Abschnitt 7.2.6 werden wir kurz auf Resampling-Techniken eingehen.

7.2.1
Die geschichtete Stichprobe

Zur Erläuterung des Begriffs „geschichtete Stichprobe" (oder „stratifizierte Stichprobe", Stratified Sample) möge das in Tafel 39 (S. 419) beschriebene Beispiel dienen, in dem es um die Schätzung der durchschnittlichen Seitenzahl von Diplomarbeiten anhand einer Zufallsstichprobe ging. Die dort beschriebene Vorgehensweise ließ die Art der Diplomarbeit außer acht, obwohl bekannt ist, daß z. B. theoretische Literaturarbeiten in der Regel umfangreicher sind als empirische Arbeiten. Das Merkmal „Art der Diplomarbeit" korreliert – so können wir annehmen – mit dem untersuchten Merkmal „Anzahl der Seiten". Dieser Zusammenhang läßt sich für eine präzisere Parameterschätzung nutzen. Die untersuchten Arbeiten werden nach der Art der Themenstellung in einzelne „Schichten" oder „Strata" eingeteilt, aus denen sich – wie im folgenden gezeigt wird – eine verbesserte Schätzung der durchschnittlichen Seitenzahl aller Diplomarbeiten ableiten läßt. Eine schematische Darstellung einer geschichteten Stichprobe zeigt Abb. 28.

Für die meisten human- und sozialwissenschaftlichen Forschungen, die Personen als Merkmalsträger untersuchen, erweisen sich biographische und soziodemographische Merkmale (Alter, Geschlecht, soziale Schicht, Bildung etc.) als günstige Schichtungsmerkmale. Hat ein Schichtungsmerkmal k Ausprägungen (im oben erwähnten Beispiel wäre k=2), wird für jede Ausprägung eine Zufallsstichprobe des Umfanges n_j benötigt $(j=1,2\ldots,k)$. Bei einem gegebenen Schichtungsmerkmal entscheidet allein die Aufteilung der Gesamtstichprobe auf die einzelnen Schichten, also die Größe n_j der Teilstichproben, über die Präzision der Parameterschätzung. Die folgenden Abschnitte diskutieren Vor- und Nachteile verschiedener Aufteilungsstrategien, wobei sich die Ausführungen erneut nur auf die Schätzung des Populationsparameters μ (Mittelwert) und π (Populationsanteil) beziehen. Ferner werden die Konsequenzen für Stichprobenumfänge diskutiert, wenn anstelle einer Zufallsstichprobe eine geschichtete Stichprobe eingesetzt wird.

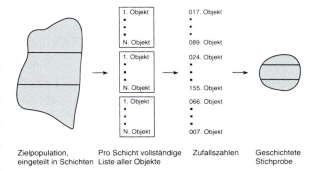

Zielpopulation, eingeteilt in Schichten | Pro Schicht vollständige Liste aller Objekte | Zufallszahlen | Geschichtete Stichprobe

Abb. 28. Ziehung einer geschichteten Stichprobe

> **!** Man zieht eine *geschichtete Stichprobe*, indem man die Zielpopulation auf der Basis einer oder mehrerer Merkmale in Teilpopulationen (Schichten) einteilt – pro Merkmalsausprägung bzw. Merkmalskombination entsteht eine Teilpopulation – und aus jeder dieser Schichten eine Zufallsstichprobe entnimmt.

Hier und im folgenden gehen wir erneut davon aus, daß der „Auswahlsatz" in jeder Schicht (n_j/N_j) <0,05 ist (vgl. S. 419).

Wenn die Stichprobenumfänge n_j zu ihren jeweiligen Teilpopulationen N_j proportional sind, sprechen wir von einer *proportional geschichteten Stichprobe*. In diesem Falle haben alle Objekte der Gesamtpopulation – wie bei der einfachen Zufallsstichprobe – dieselbe Auswahlwahrscheinlichkeit $n_j/N_j = \text{const}$. Bei disproportional geschichteten Stichproben sind die Auswahlwahrscheinlichkeiten für die einzelnen Teilpopulationen unterschiedlich. Die Berechnung erwartungstreuer Schätzwerte für Mittel- und Anteilswerte setzt hier voraus, daß die schichtspezifischen Auswahlwahrscheinlichkeiten bekannt sind (oder zumindest geschätzt werden können), so daß Ergebnisverzerrungen durch eine geeignete *Gewichtung* kompensiert werden können. Hiermit beschäftigt sich der folgende Abschnitt.

Schätzung von Populationsmittelwerten
Zur Schätzung des Populationsparameters μ_j der Teilpopulation j verwenden wir das arithmetische Mittel $\bar{X}_j$ der Teilstichprobe j:

$$\bar{X}_j = \frac{\sum_{i=1}^{n_j} x_i}{n_j}. \tag{7.18}$$

Wie läßt sich nun aus den einzelnen Teilstichprobenmittelwerten $\bar{X}_j$ eine Schätzung des Populationsparameters μ der gesamten Population ableiten?

Beliebige Aufteilung: Für beliebige Stichprobenumfänge n_j stellt die folgende gewichtete Summe der einzelnen Teilstichprobenmittelwerte eine erwartungstreue Schätzung des Populationsparameters μ dar:

$$\bar{X}_{bel} = \sum_{j=1}^{k} g_j \cdot \bar{X}_j, \qquad (7.19)$$

wobei

$$\sum_{j=1}^{k} g_j = 1$$

(„bel" steht für „beliebige Stichprobenumfänge". Zur Herleitung dieser und der folgenden Gleichungen wird z.B. auf Schwarz, 1975, verwiesen.)

Die Gewichte g_j reflektieren die relative Größe einer Schicht (Teilpopulation im Verhältnis zur Größe der Gesamtpopulation). Bezeichnen wir den Umfang der Teilpopulation j mit N_j und den Umfang der Gesamtpopulation mit N, ist ein Gewicht g_j durch

$$g_j = \frac{N_j}{N} \qquad (7.20)$$

definiert.

Man beachte, daß diese Art der Zusammenfassung einzelner Mittelwerte nicht mit der Zusammenfassung von Mittelwerten identisch ist, die alle erwartungstreue Schätzungen ein und desselben Parameters μ sind. Werden aus einer Population mehrere Zufallsstichproben des Umfanges n_j gezogen, ergibt sich der Gesamtmittelwert $\bar{X}$ aller Teilmittelwerte $\bar{X}_j$ nach der Beziehung

$$\bar{X} = \frac{\sum_{j=1}^{k} n_j \cdot \bar{X}_j}{\sum_{j=1}^{k} n_j}.$$

Die Zufälligkeit der Teilstichprobenmittelwerte $\bar{X}_j$ bedingt, daß auch $\bar{X}_{bel}$ eine Zufallsvariable darstellt. Der Stichprobenkennwert $\bar{X}_{bel}$ ist annähernd normalverteilt, wenn in jeder Stichprobe j $n_j \cdot g_j \geqq 10$ ist. Die Streuung der Mittelwertverteilung $\bar{X}_{bel}$ bzw. der Standardfehler von $\bar{X}_{bel}$ lautet:

$$\hat{\sigma}_{\bar{x}(bel)} = \sqrt{\sum_{j=1}^{k} g_j^2 \cdot \hat{\sigma}_{\bar{x}_j}^2} = \sqrt{\sum_{j=1}^{k} g_j^2 \cdot \frac{\hat{\sigma}_j^2}{n_j}}. \qquad (7.21)$$

Hierbei ist $\hat{\sigma}_j^2$ die aufgrund der Teilstichprobe j geschätzte Varianz der Teilpopulation j. Mit diesem Standardfehler ergibt sich folgendes Konfidenzintervall des Populationsparameters μ:

$$\bar{X}_{bel} \pm z \cdot \hat{\sigma}_{\bar{x}(bel)} \qquad (7.22)$$

Für das 95%ige Konfidenzintervall wählen wir $z = 1{,}96$ und für das 99%ige Intervall $z = 2{,}58$.

Die Gleichungen verdeutlichen, daß das Konfidenzintervall kleiner wird, wenn sich die Streuungen in den Teilstichproben verringern. Niedrige Streuungen in den einzelnen Schichten bedeuten Homogenität des untersuchten Merkmals in den einzelnen Schichten, die wiederum um so höher ausfällt, je deutlicher das Schichtungsmerkmal mit dem untersuchten Merkmal korreliert. Besteht zwischen diesen beiden Merkmalen kein Zusammenhang, schätzt jedes $\hat{\sigma}_j$ die Streuung σ der Gesamtpopulation, d.h. die Schichtung ist bedeutungslos. Eine Zufallsstichprobe schätzt dann den Populationsparameter genauso gut wie eine geschichtete Stichprobe. Bei ungleichen $\hat{\sigma}_j$-Werten wird die Parameterschätzung genauer, wenn stark streuende Teilstichproben mit einem niedrigen Gewicht versehen sind.

Die Informationen, die beim Einsatz geschichteter Stichproben bekannt sein müssen, beziehen sich damit nicht nur auf Merkmale, die mit dem untersuchten Merkmal korrelieren, sondern auch auf die Größen der Teilpopulationen bzw. die Gewichte der Teilstichproben. Auch wenn man sicher ist, daß Merkmale wie Geschlecht, Alter, Wohngegend usw. mit dem untersuchten Merkmal zusammenhängen, nützt dies wenig, wenn nicht zusätzlich auch die Größen der durch das Schichtungsmerkmal definierten Teilpopulationen bekannt sind.

Hierin liegt der entscheidende Nachteil geschichteter Stichproben. Zwar informieren die vom Statistischen Bundesamt in regelmäßigen Abständen herausgegebenen amtlichen Statistiken über die Verteilung vieler wichtiger Merkmale; dennoch interessieren häufig Schichtungsmerkmale, bei denen man nicht weiß, wie groß die Teilpopulationen sind.

In diesen Fällen muß man sich mit Schätzungen begnügen, die entweder auf Erfahrung bzw. ähnlichen Untersuchungen beruhen oder die aus den in einer Zufallsstichprobe angetroffenen Größen der Teilstichproben abgeleitet werden (*Ex-post-Stratifizierung*, vgl. Tafel 40). In jedem Falle ist zu fordern, daß bei geschätzten Stichprobengewichten das Konfidenzintervall der geschichteten Stichprobe demjenigen Konfidenzintervall gegenüber gestellt wird, das resultiert, wenn man die Schichtung außer acht läßt (d.h. wenn man die Stichprobe als einfache Zufallsstichprobe behandelt und das Konfidenzintervall nach den auf S. 414 ff. beschriebenen Regeln bestimmt). Der Leserschaft einer solchen Untersuchung bleibt es dann überlassen, ob sie die Gewichtsschätzungen und damit auch das Konfidenzintervall aufgrund der geschichteten Stichprobe akzeptiert oder ob sie die in der Regel ungenauere, aber unproblematischere Schätzung aufgrund der Zufallsstichprobe für angemessener hält.

Gleiche Aufteilung: Wenn die Zufallsstichproben, die den einzelnen Teilpopulationen entnommen werden, gleich groß sind, sprechen wir von einer gleichen Aufteilung. In diesem Falle ist $n_1 = n_2 = \ldots = n/k$, so daß für den Standardfehler des Mittelwertes $\hat{\sigma}_{\bar{x}(\text{gleich})}$ resultiert:

$$\hat{\sigma}_{\bar{x}(\text{gleich})} = \sqrt{\frac{k}{n} \cdot \sum_{j=1}^{k} g_j^2 \cdot \hat{\sigma}_j^2}$$

$$(n = n_1 + n_2 + \ldots + n_k). \quad (7.23)$$

Für den Mittelwert $\bar{X}_{(\text{gleich})}$ ist es unerheblich, ob die Teilstichproben gleich groß oder beliebig groß sind, d.h. $\bar{X}_{(\text{gleich})}$ wird ebenfalls über Gl. (7.19) berechnet. In der Gleichung zur Bestimmung des Konfidenzintervalls ist deshalb nur der Standardfehler des Mittelwertes für geschichtete Stichproben mit beliebigen Umfängen ($\hat{\sigma}_{\bar{x}(\text{bel})}$) durch den hier aufgeführten Standardfehler $\hat{\sigma}_{\bar{x}(\text{gleich})}$ zu ersetzen. Auch dieser Ansatz wird in Tafel 40 an einem Beispiel erläutert.

Proportionale Aufteilung: Stichprobenumfänge, die im gleichen Verhältnis zueinander stehen wie die entsprechenden Teilpopulationen, heißen proportionale Stichprobenumfänge. In diesem Falle ist

$$\frac{n_j}{n} = \frac{N_j}{N} = g_j$$

bzw.

$$n_j = n \cdot \frac{N_j}{N} = n \cdot g_j.$$

Für den Mittelwert $\bar{X}_{\text{prop}}$ resultiert dann

$$\bar{X}_{\text{prop}} = \sum_{j=1}^{k} g_j \cdot \bar{X}_j = \sum_{j=1}^{k} \frac{n_j}{n} \cdot \frac{\sum_{i=1}^{n_j} x_{ij}}{n_j}$$

$$= \frac{1}{n} \sum_{j=1}^{k} \sum_{i=1}^{n_j} x_{ij}. \quad (7.24)$$

Für proportionale Stichprobenumfänge entfallen bei der Berechnung des Stichprobenmittelwertes die Gewichte der einzelnen Teilstichproben. Man bezeichnet deshalb eine geschichtete Stichprobe mit proportionalen Stichprobenumfängen auch als *selbstgewichtende Stichprobe*. Hier entspricht der Mittelwert $\bar{X}_{\text{prop}}$ der Summe aller Meßwerte, dividiert durch n.

Ersetzen wir n_j durch $n \cdot g_j$ in Gleichung (7.21) für $\hat{\sigma}_{\bar{x}(\text{bel})}$, resultiert

$$\hat{\sigma}_{\bar{x}(\text{prop})} = \sqrt{\frac{1}{n} \sum_{j=1}^{k} g_j \cdot \hat{\sigma}_j^2}. \quad (7.25)$$

Dieser Standardfehler geht in Gleichung (7.22) zur Bestimmung des Konfidenzintervalls von μ ein (vgl. Tafel 40).

Die proportionale Schichtung wird wegen ihrer rechnerisch einfachen Handhabung relativ häufig angewandt. Will man jedoch die Teilstichprobenmittelwerte $\bar{X}_j$ gleichzeitig zur Schätzung der Teilpopulationsparameter μ_j verwenden, ist zu beachten, daß diese Art der Schichtung bei unterschiedlich großen Teilpopulationen (und damit auch unterschiedlich großen Teilstichproben) zu Schätzungen mit unterschiedlichen Genauigkeiten führt.

> **!** Wenn die prozentuale Verteilung der Schichtungsmerkmale in der Stichprobe mit der Verteilung in der Population identisch ist, sprechen wir von einer *proportional geschichteten Stichprobe*.

Optimale Aufteilung: Die drei bisher behandelten Modalitäten für die Berechnung des Standardfehlers $\hat{\sigma}_{\bar{x}}$ verdeutlichen, daß die Größe des Stan-

TAFEL 40 ▬

Wie umfangreich sind Diplomarbeiten?
II: Die geschichtete Stichprobe

Tafel 39 demonstrierte ein Konfidenzintervall für μ an einem Beispiel, bei dem es um die durchschnittliche Seitenzahl von Diplomarbeiten ging. Die Überprüfung von 100 zufällig ausgewählten Diplomarbeiten führte zu einem Mittelwert von $\bar{x} = 92$ Seiten und einer Standardabweichung von $\hat{\sigma} = \sqrt{1849} = 43$ Seiten. Damit ist $\hat{\sigma}_{\bar{x}} = 4{,}3$. Für das 99%ige Konfidenzintervall resultierte der Bereich 92 ± 11 Seiten.

Es soll nun geprüft werden, ob sich dieses Konfidenzintervall verkleinern läßt, wenn die Zufallsstichprobe aller Diplomarbeiten als „geschichtete" Stichprobe behandelt wird, die sich aus theoretischen Literaturarbeiten und empirischen Arbeiten zusammensetzt. Für diese zwei Kategorien mögen sich folgende Häufigkeiten, Mittelwerte und Standardabweichungen ergeben haben:

Theoretische Literaturarbeiten:
$n_1 = 32$; $\bar{x}_1 = 132$; $\hat{\sigma}_1 = 51$
Empirische Arbeiten:
$n_2 = 68$; $\bar{x}_2 = 73$; $\hat{\sigma}_2 = 19$.

Zunächst ermitteln wir das Konfidenzintervall für μ nach den Gleichungen für eine geschichtete Stichprobe mit beliebigen Stichprobenumfängen. Hierbei gehen wir davon aus, daß die relativen Größen der zwei Stichproben den Gewichten g_j entsprechen. Sie lauten damit: $g_1 = 0{,}32$; $g_2 = 0{,}68$. Es ergeben sich dann:

$$\bar{x}_{\text{bel}} = \sum_{j=1}^{k} g_j \cdot \bar{x}_j = 0{,}32 \cdot 132 + 0{,}68 \cdot 73$$
$$= 91{,}88 \approx 92$$

und

$$\hat{\sigma}_{\bar{x}(\text{bel})} = \sqrt{\sum_{j=1}^{k} g_j^2 \cdot \frac{\hat{\sigma}_j^2}{n_j}}$$
$$= \sqrt{0{,}32^2 \cdot \frac{51^2}{32} + 0{,}68^2 \cdot \frac{19^2}{68}}$$
$$= \sqrt{10{,}78} = 3{,}28.$$

Das 99%ige Konfidenzintervall heißt also:

$$\bar{x}_{\text{bel}} \pm 2{,}58 \cdot \hat{\sigma}_{\bar{x}(\text{bel})} = 92 \pm 2{,}58 \cdot 3{,}28 \approx 92 \pm 8.$$

Das Konfidenzintervall hat sich durch die Berücksichtigung des Schichtungsmerkmals „Art der Diplomarbeit" deutlich verkleinert. Es hat nun die Grenzen 84 Seiten und 100 Seiten.

Da die Populationsanteile (bzw. die Gewichte g_j) der beiden Schichtungskategorien aus der Stichprobe geschätzt wurden, sind die Teilstichprobenumfänge n_j zwangsläufig proportional zu den Gewichten g_j. Wir können damit das Konfidenzintervall auch nach den einfacheren Regeln für proportional geschichtete Stichproben bestimmen. Die Resultate sind, wie die folgenden Berechnungen zeigen, natürlich mit den oben genannten identisch.

$$\bar{x}_{\text{prop}} = \frac{1}{n} \sum_{j=1}^{k} \sum_{i=1}^{n_j} x_{ij} = 91{,}88 \approx 92$$

(Die Gesamtsumme aller Seitenzahlen wurde im Beispiel nicht vorgegeben. Sie läßt sich jedoch nach der Beziehung

$$\sum_{j=1}^{k} \sum_{i=1}^{n_j} x_{ij} = \sum_{j=1}^{k} n_j \cdot \bar{x}_j$$

einfach bestimmen.)

$$\hat{\sigma}_{\bar{x}(\text{prop})} = \sqrt{\frac{1}{n} \sum_{j=1}^{k} g_j \cdot \hat{\sigma}_j^2}$$
$$= \sqrt{\frac{1}{100} \cdot (0{,}32 \cdot 51^2 + 0{,}68 \cdot 19^2)} = 3{,}28.$$

Die hier vorgenommene Stichprobenaufteilung bezeichnet man als *ex-post-Schichtung* oder ex-post-Stratifizierung: Die zufällig ausgewählten Untersuchungseinheiten werden erst nach der Stichprobenentnahme den Stufen des Schichtungsmerkmals zugeordnet (zum Vergleich von ex-post-stratifizierten Stichproben mit geschichteten Stichproben, bei denen das Schichtungsmerkmal als Selektionskriterium für die einzelnen Untersuchungseinheiten eingesetzt wird, s. Kish, 1965, Kap. 3.4c).

TAFEL 40

Bei der ex-post-Schichtung schätzen wir die relative Größe der Teilpopulationen über die relative Größe der Teilstichproben, d.h. wir behaupten, daß $n_j/n \approx N_j/N$ ist. Diese Behauptung ist korrekt, wenn die Gesamtstichprobe (n) tatsächlich zufällig aus der Gesamtpopulation (N) gezogen wurde. Es resultiert eine proportional geschichtete Stichprobe mit einer für alle Diplomarbeiten identischen Auswahlwahrscheinlichkeit von $n_j/N_j = n/N = const$.

Eine geschichtete Stichprobe mit gleicher Aufteilung liegt vor, wenn $n_1 = 50$ theoretische Literaturarbeiten und $n_2 = 50$ empirische Arbeiten untersucht werden. Auch in diesem Falle seien $\bar{x}_1 = 132$, $\bar{x}_2 = 73$, $\hat{\sigma}_1 = 51$ und $\hat{\sigma}_2 = 19$. Bleiben wir zusätzlich bei den Gewichten der beiden Teilpopulationen $g_1 = 0,32$ und $g_2 = 0,68$ (die bei gleicher Aufteilung natürlich nicht aus den Stichprobendaten, sondern aufgrund externer Informationen geschätzt werden müssen), resultieren:

$$\bar{x}_{gleich} = \bar{x}_{bel} = 92$$

$$\hat{\sigma}_{\bar{x}(gleich)} = \sqrt{\frac{k}{n} \cdot \sum_{j=1}^{k} g_j^2 \cdot \hat{\sigma}_j^2}$$

$$= \sqrt{\frac{2}{100} \cdot (0,32^2 \cdot 51^2 + 0,68^2 \cdot 19^2)}$$

$$= 2,94.$$

Der Standardfehler $\hat{\sigma}_{\bar{x}(gleich)}$ ist also in diesem Beispiel kleiner als der Standardfehler $\hat{\sigma}_{\bar{x}(prop)}$ für proportionale Stichprobenumfänge. Am (ganzzahlig gerundeten) Konfidenzintervall ändert sich dadurch jedoch nichts:

$$\bar{x}_{gleich} \pm 2,58 \cdot \hat{\sigma}_{\bar{x}(gleich)} = 92 \pm 2,58 \cdot 2,94$$

$$\approx 92 \pm 8.$$

Sind sowohl die Gewichte g_1 und g_2 als auch die Streuungen $\hat{\sigma}_1$ und $\hat{\sigma}_2$ bereits vor der Stichprobenentnahme bekannt, gewährleisten die folgenden Stichprobenumfänge eine bestmögliche Schätzung von μ (optimale Stichprobenumfänge):

$$n_1 = \frac{g_1 \cdot \hat{\sigma}_1}{\sum_{j=1}^{k} g_j \cdot \hat{\sigma}_j} \cdot n$$

$$= \frac{0,32 \cdot 51}{(0,32 \cdot 51 + 0,68 \cdot 19)} \cdot 100 \approx 56$$

$$n_2 = \frac{g_2 \cdot \hat{\sigma}_2}{\sum_{j=1}^{k} g_j \cdot \hat{\sigma}_j} \cdot n$$

$$= \frac{0,68 \cdot 19}{(0,32 \cdot 51 + 0,68 \cdot 19)} \cdot 100 \approx 44.$$

Die gleiche Aufteilung kommt damit der optimalen Aufteilung recht nahe. Unter Verwendung dieser Stichprobenumfänge resultiert das folgende Konfidenzintervall:

$$\bar{x}_{opt} = \sum_{j=1}^{k} g_j \cdot \bar{x}_j = 0,32 \cdot 132 + 0,68 \cdot 73 = 92$$

$$\hat{\sigma}_{\bar{x}(opt)} = \frac{1}{\sqrt{n}} \cdot \sum_{j=1}^{k} g_j \cdot \hat{\sigma}_j$$

$$= \frac{1}{\sqrt{100}} \cdot (0,32 \cdot 51 + 0,68 \cdot 19) = 2,92$$

$$\bar{x}_{(opt)} \pm 2,58 \cdot \hat{\sigma}_{\bar{x}(opt)} = 92 \pm 2,58 \cdot 2,92 \approx 92 \pm 8.$$

Folgerichtig führt die Aufteilung der Gesamtstichprobe in Teilstichproben mit optimalen Umfängen in unserem Beispiel nur zu einer geringfügigen Verbesserung der Schätzgenauigkeit gegenüber einer Aufteilung in gleich große Stichprobenumfänge.

dardfehlers davon abhängt, wie die Gesamtstichprobe auf die einzelnen Schichten verteilt wird, d.h., wie groß die einzelnen Teilstichproben sind. Damit eröffnet sich die interessante Möglichkeit, allein durch die Art der Aufteilung der Gesamt-

stichprobe auf die einzelnen Schichten bzw. durch geeignete Wahl der Anzahl der aus den einzelnen Teilpopulationen zu entnehmenden Untersuchungsobjekte, den Standardfehler zu minimieren und damit die Schätzgenauigkeit zu maximieren.

Gesucht wird also eine Aufteilung des Gesamtstichprobenumfanges n in einzelne Teilstichproben n_j, die bei gegebenem $\hat{\sigma}_j$ und g_j-Werten $\hat{\sigma}_{\bar{x}}$ minimieren. Dies ist ein Problem der Differentialrechnung (Minimierung von $\hat{\sigma}_{\bar{x}}$ in Abhängigkeit von n_j unter der Nebenbedingung $n=n_1+n_2+\dots+n_k$), dessen Lösung z.B. bei Cochran (1972, Kap. 5.5) behandelt wird. Für eine Schicht j resultiert als optimaler Stichprobenumfang

$$n_j = \frac{N_j \cdot \hat{\sigma}_j}{\sum_{j=1}^{k} N_j \cdot \hat{\sigma}_j} \cdot n$$

bzw. unter Verwendung der Beziehung $N_j = g_j \cdot N$ (s. Gl. 7.20)

$$n_j = \frac{g_j \cdot \hat{\sigma}_j}{\sum_{j=1}^{k} g_j \cdot \hat{\sigma}_j} \cdot n. \qquad (7.26)$$

Für die Ermittlung optimaler Stichprobenumfänge müssen damit nicht nur die Gewichte g_j für die Schichten (bzw. die Populationsumfänge N_j) bekannt sein, sondern auch die Standardabweichungen in den einzelnen Teilpopulationen. Letztere sind vor Durchführung der Untersuchung in der Regel unbekannt. Man wird deshalb – ggf. unter Zuhilfenahme der in Abb. 27 zusammengefaßten Regeln – die Standardabweichung schätzen müssen und erst nach der Datenerhebung (wenn die $\hat{\sigma}_j$-Werte berechnet werden können) feststellen, wie stark die vorgenommene Stichprobeneinteilung von der optimalen abweicht.

Den Gesamtstichprobenmittelwert $\bar{X}$ ermitteln wir auch bei optimalen Stichprobenumfängen nach der Beziehung

$$\bar{X}_{\text{opt}} = \sum_{j=1}^{k} g_j \cdot \bar{X}_j.$$

Für den Standardfehler ergibt sich

$$\hat{\sigma}_{\bar{x}(\text{opt})} = \frac{1}{\sqrt{n}} \sum_{j=1}^{k} g_j \cdot \hat{\sigma}_j. \qquad (7.27)$$

Die Verwendung dieses Standardfehlers bei der Ermittlung des Konfidenzintervalles für μ veranschaulicht wiederum Tafel 40.

Sind die *Gesamtkosten* für die Stichprobenerhebung vorkalkuliert, können sie bei der Ermittlung der optimalen Aufteilung der Gesamtstichprobe

auf die einzelnen Schichten berücksichtigt werden. Dies führt jedoch nur dann zu Abweichungen von der hier behandelten optimalen Aufteilung, wenn die Erhebungskosten pro Untersuchungsobjekt in den verschiedenen Schichten unterschiedlich sind (was z.B. der Fall wäre, wenn bei einer regionalen Schichtung die Befragung von Personen in verschiedenen Regionen unterschiedliche Reisekosten erfordert). Es könnte dann von Interesse sein, die Aufteilung so vorzunehmen, daß bei gegebenem Standardfehler (Schätzgenauigkeit) und festliegendem Gesamtstichprobenumfang n die Erhebungskosten minimiert werden (weitere Informationen hierzu vgl. z.B. Cochran, 1972, Kap. 5).

Vergleichende Bewertung: Geschichtete Stichproben erfordern gegenüber einfachen Zufallsstichproben einen höheren organisatorischen und rechnerischen Aufwand, der nur zu rechtfertigen ist, wenn sich durch die Berücksichtigung eines Schichtungsmerkmals die Schätzgenauigkeit deutlich verbessert. Generell gilt, daß sich eine Schichtung umso vorteilhafter auswirkt, je kleiner die Streuung in den Teilstichproben im Vergleich zur Streuung in der Gesamtstichprobe ist (homogene Teilstichproben). Eine Schichtung ist sinnlos, wenn die Teilstichproben genauso heterogen sind wie die Gesamtstichprobe.

Hat man weder Angaben über die Gewichte g_j der Teilstichproben noch über die Streuungen $\hat{\sigma}_j$, wird man beide aus den Stichprobendaten schätzen müssen. Dies führt zu einer *ex-post-stratifizierten* Stichprobe mit proportionalen Schichtanteilen, deren Schätzgenauigkeit dann gegenüber einer reinen Zufallsstichprobe verbessert ist, wenn n_j/n die Gewichte $g_j = N_j/N$ und die Streuungen in den Teilstichproben die Streuungen in den Teilpopulationen akzeptabel schätzen, was nur bei großen ex-post-stratifizierten Stichproben der Fall sein dürfte. Sind zwar die Gewichte g_j, aber nicht die Streuungen $\hat{\sigma}_j$ bekannt, und unterscheiden sich zudem die Gewichte nur unerheblich, führen geschichtete Stichproben mit gleich großen Teilstichproben zu einer guten Schätzgenauigkeit. Teilstichproben mit proportionalen Umfängen sind vorzuziehen, wenn die bekannten Gewichte sehr unterschiedlich sind. In diesem Falle ist vor allem bei schwach gewichteten Teilstichproben auf die Bedingung $g_j \cdot n_j \geqslant 10$ zu achten. Kennt man sowohl die

Gewichte als auch die Streuungen der Teilpopulationen, führen optimale Stichprobenumfänge zu einer bestmöglichen Schätzgenauigkeit.

Stichprobenumfänge: Tabelle 26 (S. 426) zeigte, welche Stichprobenumfänge zu wählen sind, wenn ein Parameter μ mit einer vorgegebenen Genauigkeit (Konfidenzintervall) geschätzt werden soll. Diese Stichprobenumfänge lassen sich erheblich reduzieren, wenn es möglich ist, statt einer einfachen Zufallsstichprobe eine sinnvoll geschichtete Stichprobe zu ziehen. Gelingt es, homogene Schichten zu finden, reduziert sich der Standardfehler $\hat{\sigma}_{\bar{x}}$, d.h. kleinere geschichtete Stichproben erreichen die gleiche Schätzgenauigkeit wie größere Zufallsstichproben.

Die Berechnungsvorschriften für den Umfang geschichteter Stichproben erhält man einfach durch Auflösen der auf den Seiten 431 ff. genannten Bestimmungsgleichungen des Standardfehlers $\hat{\sigma}_{\bar{x}}$ nach n. Wir errechnen für:

• gleiche Aufteilungen

$$n = \frac{k \cdot \sum_{j=1}^{k} g_j^2 \cdot \hat{\sigma}_j^2}{\hat{\sigma}_{\bar{x}}^2}, \tag{7.28}$$

• proportionale Aufteilungen

$$n = \frac{\sum_{j=1}^{k} g_j \cdot \hat{\sigma}_j^2}{\hat{\sigma}_{\bar{x}}^2}, \tag{7.29}$$

• optimale Aufteilungen

$$n = \frac{\left(\sum_{j=1}^{k} g_j \cdot \hat{\sigma}_j \right)^2}{\hat{\sigma}_{\bar{x}}^2}; \tag{7.30}$$

mit

$g_j =$ Gewicht der Schicht $j (N_j / N)$,
$\hat{\sigma}_j =$ geschätzte Standardabweichung des untersuchten Merkmals in der Schicht j und
$\hat{\sigma}_{\bar{x}} =$ Standardfehler des Mittelwertes $\bar{x}$.

Der Gesamtumfang einer geschichteten Stichprobe mit beliebiger Schichtung ist nicht kalkulierbar. [Dies verdeutlicht die Bestimmungsgleichung (7.21) für $\hat{\sigma}_{\bar{x}(bel)}$, in der der Gesamtstichprobenumfang n nicht vorkommt.]

Den drei Gleichungen ist zu entnehmen, daß für die Kalkulation des Umfanges einer geschich-teten Stichprobe die Schichtgewichte g_j sowie die Standardabweichungen in den einzelnen Schichten σ_j bekannt sein müssen. Erneut wird man sich bei der Planung von Stichprobenerhebungen häufig mit Schätzungen dieser Kennwerte begnügen müssen.

Die Schätzgenauigkeit hängt zudem davon ab, welchen Wert man für $\hat{\sigma}_{\bar{x}}$ einsetzt. Die Wahl von $\hat{\sigma}_{\bar{x}}$ wird durch den Umstand erleichtert, daß die Zufallsvariable $\bar{X}$ bei genügend großen Stichproben normalverteilt ist (vgl. S. 414 f.). Der Bereich $\pm 3 \cdot \hat{\sigma}_{\bar{x}}$ umschließt damit praktisch alle denkbaren Werte für $\bar{X}$. Wir legen deshalb einen sinnvoll erscheinenden Wertebereich (Range) für $\bar{X}$ fest und dividieren diesen durch 6. Das Resultat ist in der Regel eine brauchbare Schätzung für $\hat{\sigma}_{\bar{x}}$. Einen genaueren Wert erhält man nach Gl. (7.17).

Beispiel: Die Handhabung der Bestimmungsgleichungen für Stichprobenumfänge sei im folgenden an einem Beispiel demonstriert. Es interessiert die Frage, wieviel Geld 16- bis 18jährige Lehrlinge monatlich im Durchschnitt für Genußmittel (Zigaretten, Süßigkeiten, alkoholische Getränke etc.) ausgeben. Der Parameter μ soll mit einer Genauigkeit von $\hat{\sigma}_{\bar{x}} = €2,-$ geschätzt werden, d.h. das 95%ige Konfidenzintervall lautet $\bar{x} \pm 1{,}96 \cdot €2{,}- = \bar{x} \pm €3{,}92$ bzw. $\approx \bar{x} \pm €4{,}-$. Man vermutet, daß die Ausgaben vom Alter der Lehrlinge abhängen und plant deshalb eine nach dem Alter (16jährige, 17jährige und 18jährige) geschichtete Stichprobe. Altersstatistiken von Lehrlingen legen die Annahme folgender Schichtgewichte nahe:

16jährige: $g_1 = 0{,}40$,
17jährige: $g_2 = 0{,}35$,
18jährige: $g_3 = 0{,}25$.

Um die Streuungen der Ausgaben in den einzelnen Altersklassen schätzen zu können, befragt man einige 16-, 17- und 18jährige Lehrlinge, wieviel Geld gleichaltrige Lehrlinge höchstens bzw. wenigstens ausgeben. Diese Angaben führen unter Verwendung der in Abb. 27 genannten Schätzformeln zu folgenden Werten:

16jährige: $\hat{\sigma}_1 = 20$,
17jährige: $\hat{\sigma}_2 = 24$,
18jährige: $\hat{\sigma}_3 = 28$,

Gesamtstreuung: $\hat{\sigma} = 36$.

Die folgenden Berechnungen zeigen, welche Stichprobenumfänge in Abhängigkeit von der Art der Schichtung erforderlich sind, um den Parameter μ mit der vorgegebenen Genauigkeit schätzen zu können. Zum Vergleich wird zunächst der Stichprobenumfang für eine einfache, nichtgeschichtete Zufallsstichprobe kalkuliert (vgl. S. 425).

- Ungeschichtete Zufallsstichprobe (mit $\hat{\sigma}_{\bar{x}}=2$):

$$n = \frac{\hat{\sigma}^2}{\hat{\sigma}_{\bar{x}}^2} = \frac{36^2}{2^2} = 324.$$

- Gleichmäßig geschichtete Zufallsstichprobe:

$$n = \frac{k \cdot \sum_{j=1}^{k} g_j^2 \cdot \hat{\sigma}_j^2}{\hat{\sigma}_{\bar{x}}^2}$$

$$= \frac{3 \cdot (0{,}40^2 \cdot 20^2 + 0{,}35^2 \cdot 24^2 + 0{,}25^2 \cdot 28^2)}{2^2}$$

$$= 137{,}7 \approx 138.$$

- Proportional geschichtete Zufallsstichprobe:

$$n = \frac{\sum_{j=1}^{k} g_j \cdot \hat{\sigma}_j^2}{\hat{\sigma}_{\bar{x}}^2}$$

$$= \frac{0{,}40 \cdot 20^2 + 0{,}35 \cdot 24^2 + 0{,}25 \cdot 28^2}{2^2}$$

$$= 139{,}4 \approx 139.$$

- Optimal geschichtete Zufallsstichprobe:

$$n = \frac{\left(\sum_{j=1}^{k} g_j \cdot \hat{\sigma}_j\right)^2}{\hat{\sigma}_{\bar{x}}^2}$$

$$= \frac{(0{,}40 \cdot 20 + 0{,}35 \cdot 24 + 0{,}25 \cdot 28)^2}{2^2}$$

$$= 136{,}9 \approx 137.$$

Wie zu erwarten, erfordert die gewünschte Schätzgenauigkeit eine sehr viel größere Stichprobe, wenn keine Schichtung vorgenommen wird. Berücksichtigt man das Schichtungsmerkmal Alter, ist es (in diesem Beispiel) für die Schätzgenauigkeit praktisch unerheblich, ob die Stichprobe gleichmäßig, proportional oder optimal aufgeteilt wird. Die gegenüber der ungeschichteten Stichprobe erheblich reduzierten Stichprobenumfänge unterscheiden sich nur unbedeutend. Auch wenn die eingangs genannten Gewichte und Standardabweichungen der Schichten nur ungefähr richtig

sind, dürfte ein Stichprobenumfang von $n = 150$ bei allen Schichtungsarten eine ausreichende Schätzgenauigkeit gewährleisten. Wird dieser optimal aufgeteilt, wären nach Gl. (7.26)

$$n_1 = \frac{0{,}40 \cdot 20}{23{,}4} \cdot 150 = 51{,}3 \approx 51 \quad \text{16jährige,}$$

$$n_2 = \frac{0{,}35 \cdot 24}{23{,}4} \cdot 150 = 53{,}8 \approx 54 \quad \text{17jährige}$$

und

$$n_3 = \frac{0{,}25 \cdot 28}{23{,}4} \cdot 150 = 44{,}9 \approx 45 \quad \text{18jährige}$$

Lehrlinge zu befragen.

Schätzung von Populationsanteilen

Im Unterschied zum Mittelwertsparameter μ, der mit geschichteten Stichproben in der Regel erheblich genauer geschätzt werden kann als mit einfachen Zufallsstichproben, führt die Berücksichtigung eines Schichtungsmerkmals bei der Schätzung eines Anteilsparameters π meistens nur zu einer unwesentlichen Genauigkeitserhöhung. Dennoch soll dieser Weg einer Parameterschätzung kurz beschrieben werden.

Wie bereits erwähnt, stellt die relative Häufigkeit bzw. der Anteil p der in einer Zufallsstichprobe angetroffenen Untersuchungsobjekte mit dem untersuchten Merkmal A eine erwartungstreue Schätzung des Populationsparameters π dar (vgl. S. 410):

$$p_A = \frac{n_A}{n} = \text{Anteil der Untersuchungsteilnehmer}$$
$$\text{mit dem Merkmal A.}$$

Setzt man eine Stichprobe des Umfanges n aus k Teilstichproben zusammen, die sich bezüglich eines Schichtungsmerkmals unterscheiden, ist der Anteil p_j in jeder Teilstichprobe j eine erwartungstreue Schätzung von π_j, wobei

$$p_j = \frac{n_{A(j)}}{n_j}$$

$$\left(\sum_{j=1}^{k} n_{A(j)} = n_A \quad \text{und} \quad \sum_{j=1}^{k} n_j = n\right).$$

Bekannte Schichtgewichte g_j ($g_j = N_j/N$; vgl. S. 430) vorausgesetzt, führt die folgende Gleichung zu einer die Schichten zusammenfassenden, erwartungstreuen Schätzung von π:

$$p = \sum_{j=1}^{k} g_j \cdot p_j. \tag{7.31}$$

Diese Gleichung gilt unabhängig davon, wie viele Untersuchungseinheiten den einzelnen Schichten entnommen wurden.

Bei mehrfacher Ziehung geschichteter Stichproben streut dieser p-Wert mit

$$\hat{\sigma}_p = \sqrt{\sum_{j=1}^{k} \left(g_j^2 \cdot \frac{p_j \cdot (1 - p_j)}{n_j} \right)}, \tag{7.31a}$$

wobei auch diese Gleichung für beliebige Aufteilung gilt.

Beispiel: Das folgende Beispiel zeigt, wie man mit diesen Gleichungen zu einem Konfidenzintervall für den Parameter π gelangt. Bei einer Befragung von $n = 1000$ zufällig ausgewählten, wahlberechtigten Personen einer Großstadt gaben 350 (also 35%) an, bei der nächsten Wahl Partei A wählen zu wollen. Ohne Berücksichtigung eines Schichtungsmerkmals resultiert für den Standardfehler des Schätzwertes $p = 0,35$ (vgl. S. 421):

$$\hat{\sigma}_p = \sqrt{\frac{p \cdot (1 - p)}{n}} = \sqrt{\frac{0,35 \cdot 0,65}{1000}}$$
$$= \sqrt{0,000228} = 0,0151.$$

Für das 99%ige Konfidenzintervall (mit $z = 2,58$) ergibt sich also nach Gl. (7.8)

$$0,35 \pm 2,58 \cdot 0,0151 = 0,35 \pm 0,039.$$

Das Konfidenzintervall lautet 35% ± 3,9%.

Nun sei jedoch bekannt, daß die Attraktivität der Partei A vom Bildungsniveau der Wähler abhängt. Man stellt fest, daß 37% der befragten Personen eine weiterführende Schule besuchten; 32% haben einen Hauptschulabschluß mit Lehre und 31% einen Hauptschulabschluß ohne Lehre. Diese Zahlen werden als Schätzungen der Schichtgewichte bzw. Populationsanteile verwendet. Die Anzahl der Personen innerhalb dieser Schichten, die Partei A zu wählen beabsichtigen, lauten:

weiterführende Schule: $n_{A(1)} = 185$; $p_1 = 0,500$; $n_1 = 370$
Hauptschule mit Lehre: $n_{A(2)} = 96$; $p_2 = 0,300$; $n_2 = 320$
Hauptschule ohne Lehre: $n_{A(3)} = 69$; $p_3 = 0,223$; $n_3 = 310$

Als Schätzwert für p ergibt sich damit

$$p = \sum_{j=1}^{k} g_j \cdot p_j$$
$$= 0,37 \cdot 0,500 + 0,32 \cdot 0,300 + 0,31 \cdot 0,223$$
$$= 0,35.$$

(Dieser p-Wert ist natürlich mit dem p-Wert der ungeschichteten Stichprobe identisch, da die Schichtgewichte g_j den relativen Häufigkeiten entsprechen. Die Stichprobe ist *selbstgewichtend*; vgl. S. 431).

Für $\hat{\sigma}_p$ erhält man nach Gl. (7.31a):

$$\hat{\sigma}_p = \sqrt{\sum_{j=1}^{k} g_j^2 \cdot \frac{p_j \cdot (1 - p_j)}{n_j}}$$
$$= \sqrt{0,37^2 \cdot \frac{0,5 \cdot 0,5}{370} + 0,32^2 \cdot \frac{0,3 \cdot 0,7}{320} + 0,31^2 \cdot \frac{0,223 \cdot 0,777}{310}}$$
$$= 0,0146.$$

Damit beträgt das Konfidenzintervall:

$$0,35 \pm 2,58 \cdot 0,0146 = 0,35 \pm 0,0377.$$

Das Konfidenzintervall hat sich also nur geringfügig (um 0,12%) verkleinert, obwohl ein Schichtungsmerkmal berücksichtigt wurde, das offensichtlich eng mit dem untersuchten Merkmal zusammenhängt.

Die Vorhersage wird auch nicht viel präziser, wenn die Gesamtstichprobe nicht – wie im Beispiel – proportional, sondern nach folgender Gleichung *optimal* aufgeteilt wird:

$$n_j = n \cdot \frac{g_j \cdot \sqrt{p_j \cdot (1 - p_j)}}{\sum_{j=1}^{k} g_j \cdot \sqrt{p_j \cdot (1 - p_j)}}. \tag{7.32}$$

Im Beispiel ergeben sich unter Verwendung der empirischen p_j-Werte:

$$n_1 = 1000 \cdot \frac{0,37 \cdot \sqrt{0,5 \cdot 0,5}}{0,4607} = 401,6 \approx 402,$$

$$n_2 = 1000 \cdot \frac{0,32 \cdot \sqrt{0,3 \cdot 0,7}}{0,4607} = 318,3 \approx 318,$$

$$n_3 = 1000 \cdot \frac{0,31 \cdot \sqrt{0,223 \cdot 0,777}}{0,4607} = 280,1 \approx 280.$$

Mit diesen Stichprobenumfängen (und unter Beibehaltung der übrigen Werte) resultiert für p ebenfalls eine Standardabweichung von $\hat{\sigma}_p = 0,0146$, d.h. die optimale Aufteilung führt in diesem Beispiel (zumindest für die ersten 4 Nachkommastellen) zu keiner verbesserten Schätzung.

Stichprobenumfänge: Auch für Untersuchungen von Populationsanteilen ist es ratsam, den erforderlichen Umfang der geschichteten Stichprobe vor Untersuchungsbeginn zu kalkulieren. Wiederum benötigen wir hierfür Angaben über die Schichtgewichte, über die mutmaßlichen p-Werte innerhalb der Schichten sowie über eine maximal tolerierbare Fehlergröße (Konfidenzintervall). Die Stichprobenumfänge ergeben sich nach folgenden Gleichungen (vgl. Schwarz, 1975):

● Gleiche Aufteilungen

$$n = \frac{k \cdot \sum_{j=1}^{k} g_j^2 \cdot p_j \cdot (1 - p_j)}{\hat{\sigma}_p^2}, \qquad (7.33)$$

● Proportionale Aufteilungen

$$n = \frac{\sum_{j=1}^{k} g_j \cdot p_j \cdot (1 - p_j)}{\hat{\sigma}_p^2}, \qquad (7.34)$$

● Optimale Aufteilungen

$$n = \frac{\left(\sum_{j=1}^{k} g_j \cdot \sqrt{p_j \cdot (1 - p_j)} \right)^2}{\hat{\sigma}_p^2}. \qquad (7.35)$$

Wir wollen diese Gleichungen am oben erwähnten Beispiel verdeutlichen. Gesucht wird derjenige Stichprobenumfang, der mit 99%iger Wahrscheinlichkeit eine maximale Fehlertoleranz von 1% gewährleistet, d.h. das 99%ige Konfidenzintervall soll $p \pm 1\%$ betragen. $\hat{\sigma}_p$ errechnet sich dann in folgender Weise:

$$2,58 \cdot \hat{\sigma}_p = 0,01$$
$$\text{bzw. } \hat{\sigma}_p = 0,00388.$$

Als p_j- und g_j-Werte verwenden wir die bereits bekannten Angaben. Es resultieren die folgenden Stichprobenumfänge:

● Zufallsstichprobe ohne Schichtung:

$$n = \frac{p \cdot (1 - p)}{\hat{\sigma}_p^2} = \frac{0,35 \cdot 0,65}{0,00388^2} = 15\,111,9 \approx 15\,112.$$

● Geschichtete Stichprobe mit gleichmäßiger Aufteilung:

$$n = \frac{k \cdot \sum_{j=1}^{k} g_j^2 \cdot p_j \cdot (1 - p_j)}{\hat{\sigma}_p^2}$$
$$= \frac{3 \cdot (0,37^2 \cdot 0,5 \cdot 0,5 + 0,32^2 \cdot 0,3 \cdot 0,7 + 0,31^2 \cdot 0,223 \cdot 0,777)}{0,00388^2}$$
$$= 14\,423,8 \approx 14\,424.$$

● Geschichtete Stichprobe mit proportionaler Aufteilung:

$$n = \frac{\sum_{j=1}^{k} g_j \cdot p_j \cdot (1 - p_j)}{\hat{\sigma}_p^2}$$
$$= \frac{0,37 \cdot 0,5 \cdot 0,5 + 0,32 \cdot 0,3 \cdot 0,7 + 0,31 \cdot 0,223 \cdot 0,777}{0,00388^2}$$
$$= 14\,176,2 \approx 14\,176.$$

● Geschichtete Stichprobe mit optimaler Aufteilung

$$n = \frac{\left(\sum_{j=1}^{k} g_j \cdot \sqrt{p_j \cdot (1 - p_j)} \right)^2}{\hat{\sigma}_p^2}$$
$$= \frac{(0,37 \cdot \sqrt{0,5 \cdot 0,5} + 0,32 \cdot \sqrt{0,3 \cdot 0,7} + 0,31 \cdot \sqrt{0,223 \cdot 0,777})^2}{0,00388^2}$$
$$= 14\,097,4 \approx 14\,097.$$

7.2.2 Die Klumpenstichprobe

Parameterschätzungen – so zeigte der vergangene Abschnitt – werden genauer, wenn die Gesamtstichprobe keine einfache Zufallsstichprobe ist, sondern sich aus mehreren Teilstichproben, sogenannten Schichten, zusammensetzt, welche die Ausprägungen eines mit dem untersuchten Merkmal möglichst hoch korrelierenden Schichtungsmerkmals repräsentieren. Die Gesamtstichprobe besteht aus mehreren Teilstichproben, die zufällig aus den durch das Schichtungsmerkmal definierten Teilpopulationen entnommen sind.

Die Klumpenstichprobe (*Cluster Sample*) erfordert, daß die Gesamtpopulation aus vielen Teilpopulationen oder Gruppen von Untersuchungsobjekten besteht, von denen eine zufällige Auswahl von Gruppen vollständig erhoben wird (s. Abb. 29). Bei einer Untersuchung von Schülern würde man beispielsweise die Stichprobe aus allen

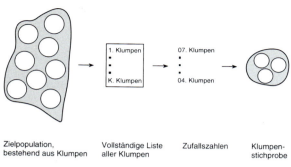

Zielpopulation,   Vollständige Liste   Zufallszahlen   Klumpen-
bestehend aus Klumpen   aller Klumpen   stichprobe

Abb. 29. Ziehung einer Klumpenstichprobe

gleich. Es ist darauf zu achten, daß jedes Untersuchungsobjekt nur einem Klumpen angehört, daß sich also die Klumpen nicht wechselseitig überschneiden.

Im folgenden wird gezeigt, wie Populationsmittelwerte (μ) und Populationsanteile (π) mit Klumpenstichproben geschätzt werden können.

> **!** Man zieht eine *Klumpenstichprobe*, indem man aus einer in natürliche Gruppen (Klumpen) gegliederten Population nach dem Zufallsprinzip eine Anzahl von Klumpen auswählt und diese Klumpen dann vollständig untersucht.

Schülern mehrerer zufällig ausgewählter Schulklassen zusammensetzen und bei einer Untersuchung von Betriebsangehörigen einzelne Betriebe oder Abteilungen vollständig erheben. Untersucht man Krankenhauspatienten, könnte man z. B. alle Patienten einiger zufällig ausgewählter Krankenhäuser zu einer Stichprobe zusammenfassen. Wann immer eine Population aus vielen Gruppen oder natürlich zusammenhängenden Teilkollektiven besteht (für die in der deutschsprachigen Literatur die Bezeichnung „Klumpen" üblich ist), bietet sich die Ziehung einer Klumpenstichprobe an. Wir werden später erläutern, unter welchen Umständen diese Stichprobentechnik zu genauere Parameterschätzungen führt als eine einfache Zufallsauswahl.

Die Klumpenstichprobe erfordert weniger organisatorischen Aufwand als die einfache Zufallsstichprobe. Während eine einfache Zufallsstichprobe strenggenommen voraussetzt, daß alle Untersuchungsobjekte der Population einzeln erfaßt sind, benötigt die Klumpenstichprobe lediglich eine vollständige Liste aller in der Population enthaltenen Klumpen. Diese ist in der Regel einfacher anzufertigen als eine Zusammenstellung aller einzelnen Untersuchungsobjekte.

Sämtliche Untersuchungsobjekte, die sich in den zufällig ausgewählten Klumpen befinden, bilden die Klumpenstichprobe. Der Auswahlvorgang bezieht sich hier nicht, wie bei der Zufallsstichprobe, auf die einzelnen Untersuchungsobjekte, sondern auf die Klumpen, wobei sämtliche ausgewählten Klumpen vollständig, d. h. mit allen Untersuchungsobjekten erfaßt werden ($n_j = N_j$). Die Auswahlwahrscheinlichkeit ist für jeden Klumpen

Schätzung von Populationsmittelwerten

Eine Population möge aus K Klumpen bestehen, von denen k Klumpen zufällig ausgewählt werden. Im Unterschied zur Zufallsstichprobe, bei der die geforderte Relation von Stichprobenumfang (n) zu Populationsumfang (N) (n/N<0,05) in der Regel als gegeben angesehen wurde, ist der Auswahlsatz f = k/K bei der Untersuchung einer Klumpenstichprobe häufig nicht zu vernachlässigen. In vielen Untersuchungen besteht die zu beschreibende Population nur aus einer begrenzten Anzahl von Klumpen (z. B. Großstädte, Universitäten, Wohnareale in einer Stadt, Häuserblocks in einem Wohnareal, Wohnungen in einem Häuserblock), so daß die Berücksichtigung des Auswahlsatzes f die Präzision der Parameterschätzung erheblich verbessern kann.

Der *Auswahlsatz* f stellt die Wahrscheinlichkeit dar, mit der ein Klumpen der Population in die Stichprobe aufgenommen wird. Da jedes Untersuchungsobjekt nur einem Klumpen angehören darf, ist dies gleichzeitig die Auswahlwahrscheinlichkeit eines beliebigen Untersuchungsobjektes.

Mittelwert: Bezeichnen wir den Meßwert des i-ten Untersuchungsobjektes (i = 1,2...N_j) im j-ten Klumpen (j = 1,2...k) mit x_{ij}, ist der Mittelwert eines Klumpens j ($\bar{x}_j$) durch

$$\bar{x}_j = \frac{\sum_{i=1}^{N_j} x_{ij}}{N_j}$$

definiert. (Da die ausgewählten Klumpen vollständig erhoben werden, verwenden wir N_j für den Umfang des Klumpens j.) Hierbei gehen wir von der realistischen Annahme aus, daß die einzelnen Klumpen unterschiedliche Umfänge aufweisen.

Den Gesamtmittelwert der Untersuchungsobjekte aller ausgewählten Klumpen bezeichnen wir mit $\bar{\bar{x}}$. Er ergibt sich zu

$$\bar{\bar{x}} = \frac{\sum_{j=1}^{k} \sum_{i=1}^{N_j} x_{ij}}{\sum_{j=1}^{k} N_j} \qquad (7.36)$$

An dieser Stelle zeigt sich bereits eine Besonderheit von Klumpenstichproben: Der Mittelwert $\bar{\bar{x}}$ ist nur dann eine erwartungstreue Schätzung von μ, wenn alle Klumpen den gleichen Umfang aufweisen und/oder die einzelnen Klumpen Zufallsstichproben der Gesamtpopulation darstellen. Dies trifft natürlich nicht zu, denn zum einen wurde jeder zufällig ausgewählte Klumpen unbeschadet seiner Größe vollständig erhoben, und zum anderen muß man davon ausgehen, daß natürlich zusammenhängende Untersuchungsobjekte (Schulklassen, Abteilungen etc.) gegenüber der Gesamtpopulation klumpenspezifische Besonderheiten aufweisen. Werden nur wenige Klumpen mit sehr unterschiedlichen Umfängen untersucht, können diese zu erheblichen Fehlschätzungen von μ führen (*Klumpeneffekt*; im einzelnen vgl. hierzu Böltken, 1976, S. 305 ff., oder genauer Kish, 1965, Kap. 6). Klumpenstichproben eignen sich deshalb nur dann für die Beschreibung von Populationen, wenn man annehmen kann, daß alle Klumpen die Gesamtpopulation annähernd gleich gut repräsentieren. Dies wiederum bedeutet, daß *die Klumpen – im Unterschied zu den Schichten einer geschichteten Stichprobe – untereinander sehr ähnlich, die einzelnen Klumpen in sich aber heterogen sind.* Je unterschiedlicher die Untersuchungsobjekte eines jeden Klumpens in bezug auf das untersuchte Merkmal sind, desto genauer schätzt die Klumpenstichprobe den unbekannten Parameter. Diese Aussage betrifft nicht nur das Kriterium der Erwartungstreue, sondern – wie weiter unten gezeigt wird – auch das Konfidenzintervall.

Für die Praxis schätzt der Stichprobenkennwert $\bar{\bar{x}}$ nach Cochran (1972, Kap. 6.5) den Parameter μ hinreichend genau, wenn der Variationskoeffizient V der einzelnen Klumpenumfänge den Wert 0,1 nicht überschreitet (nach Kish, 1965, Kap. 6.3, sind auch Werte V<0,2 noch tolerierbar). Dieser Variationskoeffizient relativiert den Standardfehler des durchschnittlichen Klumpenumfangs am Durchschnitt aller Klumpenumfänge:

$$V = \frac{\hat{\sigma}_{\bar{N}}}{\bar{N}} \leq 0,2. \qquad (7.37)$$

Diese Überprüfung wird in Tafel 41 numerisch verdeutlicht.

Standardfehler: Durch die zufällige Auswahl von Klumpen ist nicht nur die Summe aller Meßwerte (Zähler in Gl. 7.36), sondern auch der Stichprobenumfang (Nenner in Gl. 7.36) eine Zufallsvariable, was bei der Ermittlung des Standardfehlers von $\bar{\bar{x}}$ zu berücksichtigen ist. Für $V \leqslant 0,2$ stellt die folgende Gleichung eine brauchbare Approximation des Standardfehlers $\hat{\sigma}_{\bar{x}}$ dar.

$$\hat{\sigma}_{\bar{x}} = \sqrt{\frac{1-f}{n^2} \cdot \frac{k}{k-1} \cdot \sum_{j=1}^{k} \left(\sum_{i=1}^{N_j} x_{ij} - \bar{\bar{x}} \cdot N_j \right)^2}$$

$$\text{mit } n = \sum_{j=1}^{k} N_j \qquad (7.38)$$

(zur Herleitung dieser Gleichung s. Kish, 1965, Kap. 6.3). Diese Gleichung enthält implizit die Annahme, daß $\bar{N}$, der Durchschnitt aller Klumpenumfänge, durch $\sum_j N_j / k$ hinreichend genau geschätzt wird, was um so eher zutrifft, je größer k ist (vgl. Cochran, 1972, Gl. 11.12). Sie verdeutlicht ferner, daß die Unterschiedlichkeit der Werte innerhalb der Klumpen den Standardfehler zumindest direkt nicht beeinflußt. Dadurch, daß alle ausgewählten Klumpen vollständig erhoben werden, sind die Klumpenmittelwerte $\bar{x}_j$ frei von Stichprobenfehlern, so daß der Standardfehler ausschließlich auf der Unterschiedlichkeit zwischen den Klumpen basiert.

Die Unterschiedlichkeit der Klumpen wird in Gl. (7.38) durch den Klammerausdruck erfaßt. Er vergleicht die Summe der Meßwerte pro Klumpen mit derjenigen Summe, die zu erwarten wäre, wenn sich die Klumpen nicht (bzw. nur in ihren Umfängen) unterscheiden würden.

Sind die Klumpensummen nur wenig voneinander verschieden, resultiert ein kleiner Standardfehler.

Die Abweichung eines Meßwertes x_{ij} vom Gesamtmittel $\bar{\bar{x}}$ läßt sich in die Abweichung des Meßwertes x_{ij} vom Klumpenmittel $\bar{x}_j$ und die Abweichung des Klumpenmittels $\bar{x}_j$ vom Gesamtmittel $\bar{\bar{x}}$ zerlegen:

$$(x_{ij} - \bar{\bar{x}}) = (x_{ij} - \bar{x}_j) + (\bar{x}_j - \bar{\bar{x}}).$$

Sind nun bei gegebenen Abweichungen $(x_{ij} - \bar{\bar{x}})$ die Abweichungen der Klumpenmittel $\bar{x}_j$ vom Gesamtmittel $\bar{\bar{x}}$ klein (diese Abweichungen entsprechen dem Klammerausdruck in Gl. 7.38), müssen die Abweichungen $(x_{ij} - \bar{x}_j)$ zwangsläufig groß sein. Hier zeigt sich erneut, wann die Ziehung einer Klumpenstichprobe empfehlenswert ist: Die Unterschiedlichkeit zwischen den Klumpen sollte klein, die Unterschiedlichkeit innerhalb der Klumpen jedoch groß sein.

Der Ausdruck 1–f korrigiert (verkleinert) den Standardfehler in Abhängigkeit von der Größe des Auswahlsatzes f = k/K. Für praktische Zwecke ist er wirkungslos, wenn f < 0,05.

> **!** Bei der *Klumpenstichprobe* sollte jeder einzelne Klumpen die Population annähernd gleich gut repräsentieren, d.h. die Klumpen sollten in sich heterogen, aber untereinander möglichst ähnlich sein. Demgegenüber sind bei einer *geschichteten Stichprobe* die einzelnen Schichten in sich homogen, aber untereinander sehr unterschiedlich.

Konfidenzintervall: Unter Verwendung von Gl. (7.38) läßt sich das Konfidenzintervall für μ in üblicher Weise berechnen (s. Gl. 7.7a oder Tafel 41). Man muß jedoch beachten, daß die Verteilung von $\bar{x}$ (normal- oder t-verteilt) nicht vom Stichprobenumfang n, sondern von der Anzahl der Klumpen k abhängt. Ist k ⩽ 30, verwendet man für die Bestimmung des Konfidenzintervalls die t-Verteilung mit k–1 Freiheitsgraden unter der Voraussetzung normalverteilter Klumpenmittelwerte. Wegen des zentralen Grenzwerttheorems (vgl. S. 414), das bei ungleich großen Stichproben allerdings nur bedingt gültig ist, dürfte diese Voraussetzung auf die Verteilung der Mittelwerte eher zutreffen als auf die Verteilung des untersuchten Merkmals.

Tafel 41 zeigt den Rechengang zur Bestimmung eines Konfidenzintervalls auf der Basis einer Klumpenstichprobe. Um diese Stichprobentechnik mit den bisher behandelten Stichprobentechniken besser vergleichen zu können, wird hierfür erneut das Beispiel der Tafeln 39 und 40 verwendet.

Ist eine Klumpenstichprobe zur Schätzung von μ unbrauchbar, weil die Klumpenumfänge nach Gl. (7.37) zu heterogen sind, muß die Anzahl der Klumpen erhöht werden. Wie man sich leicht überzeugen kann, verringert sich dadurch der Variationskoeffizient V.

Wenn eine Population nur aus sehr großen Klumpen besteht, ist es häufig zu aufwendig, eine Klumpenauswahl vollständig zu erheben. In diesem Fall wird aus den zufällig ausgewählten Klumpen jeweils nur eine begrenzte Auswahl zufällig ausgewählter Untersuchungsobjekte untersucht. Wir werden hierüber ausführlich in Abschnitt 7.2.3 (mehrstufige Stichproben) berichten.

Schätzung von Populationsanteilen

Für die Schätzung von Populationsanteilen können wir auf die Überlegungen des letzten Abschnittes (Schätzung von Populationsmittelwerten) zurückgreifen. Man behandelt die in den einzelnen Klumpen registrierten Merkmalsanteile wie eine stetige Variable (die natürlich nur Werte zwischen 0 und 1 annimmt) und ersetzt den Durchschnittswert $\bar{x}_j$ einfach durch p_j. Die üblicherweise für Anteilsschätzungen einschlägige Binomialverteilung ist hier nicht zu verwenden. Cochran (1972, Kap. 3.12) macht anhand einiger Beispiele auf häufig in diesem Zusammenhang begangene Fehler aufmerksam.

Die für Anteilsschätzungen modifizierten Gleichungen lauten damit:

$$p_j = \frac{N_{A(j)}}{N_j}.$$

$N_{A(j)}$ ist hierbei die Anzahl der Untersuchungsobjekte mit dem Merkmal A im Klumpen j. Der Wert p_j stellt also den Anteil der Untersuchungsobjekte mit dem Merkmal A im Klumpen j dar. Eine alle Klumpen zusammenfassende Schätzung für π liefert folgende Gleichung:

$$\bar{p} = \frac{\sum_{j=1}^{k} N_{A(j)}}{\sum_{j=1}^{k} N_j}. \tag{7.38a}$$

Der Wert $\bar{p}$ schätzt π für praktische Zwecke hinreichend genau, wenn Gleichung (7.37) erfüllt ist. Mit dieser Symbolik resultiert für den Standardfehler $\hat{\sigma}_{\bar{p}}$:

TAFEL 41

Wie umfangreich sind Diplomarbeiten?
III: Die Klumpenstichprobe

Nach der Schätzung der durchschnittlichen Seitenzahl von Diplomarbeiten im Fach Psychologie aufgrund einer Zufallsstichprobe (Tafel 39) und aufgrund einer geschichteten Stichprobe (Tafel 40) wird die gleiche Fragestellung nun aufgegriffen, um den Einsatz einer Klumpenstichprobe zu veranschaulichen. Zunächst ist die Frage zu erörtern, in welche Klumpen die Gesamtpopulation der Diplomarbeiten aufgeteilt werden soll. Hier bieten sich z.B. die an den einzelnen Psychologischen Instituten pro Semester abgeschlossenen Arbeiten an, die von einer Hochschullehrerin bzw. einem Hochschullehrer (HSL) in einem Jahr betreuten Arbeiten oder eine Gruppierung aller Arbeiten nach verwandten Themen.

Da die Aufstellung aller HSL relativ wenig Mühe bereitet, entschließt man sich für die zweite Art der Klumpenbildung. Aus der Liste aller HSL werden 15 zufällig ausgewählt und um Angaben über die Seitenzahlen der von Ihnen im vergangenen Jahr betreuten Diplomarbeiten gebeten. Das Jahr, über das ein HSL zu berichten hat, wird ebenfalls aus den vergangenen 10 Jahren, die der Populationsdefinition zugrunde liegen (vgl. Tafel 39), pro HSL zufällig ausgewählt. Diese Erhebungen führen zu folgenden statistischen Daten. (Es wurde bewußt darauf geachtet, daß die statistischen Angaben für die Klumpenstichprobe mit den entsprechenden Daten für die Zufallsstichprobe in Tafel 39 und für die geschichtete Stichprobe in Tafel 40 weitgehend übereinstimmen.)

Anzahl aller HSL: K = 450
Anzahl der ausgewählten HSL: k = 15

Nr. d. HSL (j)	Anzahl der Arbeiten (N_j)	Summe der Seitenzahlen	Durchschnittliche Seitenzahl $\bar{x}_j$
1	8	720	90
2	2	210	105
3	10	950	95
4	9	837	93
5	7	658	94
6	9	819	91
7	6	552	92
8	1	124	124
9	7	616	88
10	11	946	86
11	5	455	91
12	9	801	89
13	3	291	97
14	6	570	95
15	7	651	93

$$n = \sum_{j=1}^{k} N_j = 100; \quad \sum_{j=1}^{k} \sum_{i=1}^{N_j} x_{ij} = 9200; \quad \bar{\bar{x}} = 92$$

Wie die folgende Berechnung zeigt, sind die Unterschiede zwischen den Klumpenumfängen N_j nach Gl. (7.37) tolerierbar.

$$V = \frac{\hat{\sigma}_{\bar{N}}}{\bar{N}} = \frac{\sqrt{\sum_{j=1}^{k}(N_j - \bar{N})^2}}{\sqrt{k \cdot (k-1) \cdot \bar{N}}} = \frac{\sqrt{119{,}33}}{\sqrt{15 \cdot 14 \cdot 6{,}67}}$$

$$= 0{,}113,$$

wobei

$$\bar{N} = \frac{\sum_{j=1}^{k} N_j}{k} = \frac{100}{15} = 6{,}67.$$

Der Wert ist kleiner als 0,20, d.h. die gezogene Klumpenstichprobe ist nach Kish (1965) für die Schätzung des Parameters μ akzeptabel.

Für den Standardfehler $\hat{\sigma}_{\bar{\bar{x}}}$ resultiert:

$$\hat{\sigma}_{\bar{\bar{x}}} = \sqrt{\frac{1-f}{n^2} \cdot \frac{k}{k-1} \cdot \sum_{j=1}^{k} \left(\sum_{i=1}^{N_j} x_{ij} - \bar{\bar{x}} \cdot N_j \right)^2}$$

$$= \sqrt{\frac{1 - \frac{15}{450}}{100^2} \cdot \frac{15}{14} \cdot 9\,706} = 1{,}003.$$

Der Korrekturfaktor 1−f hat in diesem Beispiel den Wert $1 - \frac{15}{450} = 0{,}967$ und verkleinert damit den Standardfehler nur unwesentlich.

Tabelle F 3 ist zu entnehmen, daß die Werte t = ±2,977 von der t-Verteilung mit 14 Freiheitsgraden an den Extremen jeweils 0,005% der Fläche abschneiden. Für das 99%ige Konfidenzintervall resultiert damit nach Gl. (7.7a):

TAFEL 41

$92 \pm 2{,}977 \cdot 1{,}003 = 92 \pm 2{,}99$.

Diese Klumpenstichprobe schätzt damit die durchschnittliche Seitenzahl von Diplomarbeiten erheblich genauer als die Zufallsstichprobe bzw. die geschichtete Stichprobe der Tafeln 39 und 40.

$$\hat{\sigma}_{\bar{p}} = \sqrt{\frac{1-f}{n^2} \cdot \frac{k}{k-1} \cdot \sum_{j=1}^{k} (N_{A(j)} - \bar{p} \cdot N_j)^2}.$$

(7.39)

Beispiel: Zur Erläuterung dieser Gleichungen wählen wir erneut das auf S. 437 f. erwähnte Beispiel, das den Anteil der Wahlberechtigten einer Großstadt prüfte, die beabsichtigen, eine Partei A zu wählen. Statt einer Zufallsstichprobe von N = 1000 Personen soll nun eine Klumpenstichprobe mit ungefähr gleichem Umfang gezogen werden. Hierfür teilt man – unter Ausschluß von Grünflächen und gewerblich genutzten Flächen – das Stadtgebiet z. B. in 10 000 gleich große Flächenareale auf und wählt aus diesen 10 Flächenareale aus. Alle wahlberechtigten Personen dieser 10 Gebiete (Klumpen) werden befragt. Die Befragung führt zu den in Tabelle 27 aufgeführten Werten. (Die Zahlen wurden so gewählt, daß der Rechengang überschaubar bleibt und die Ergebnisse mit den auf S. 437 f. berichteten Resultaten verglichen werden können.)

Insgesamt beabsichtigen 35% ($\bar{p} = 0{,}35$) der befragten Personen, Partei A zu wählen. Mit Gl. (7.37) prüfen wir, ob dieser Wert als Schätzer des Populationsparameters π akzeptabel ist.

$$V = \frac{\hat{\sigma}_{\bar{N}}}{\bar{N}} = \frac{\hat{\sigma}_N}{\sqrt{k} \cdot \bar{N}} = \frac{44{,}123}{\sqrt{10} \cdot 100} = 0{,}14.$$

(Mit $\hat{\sigma}_N$ = Standardabweichung der Klumpenumfänge N_j.)

Trotz der recht beachtlichen Unterschiede in den Klumpenumfängen bleibt der Variationskoeffizient unter der kritischen Grenze von 0,2, was damit zusammenhängt, daß der durchschnittliche Klumpenumfang mit $\bar{N} = 100$ relativ groß ist.

Für den Standardfehler von $\bar{p}$ ermitteln wir nach Gl. (7.39)

$$\hat{\sigma}_{\bar{p}} = \sqrt{\frac{1-f}{n^2} \cdot \frac{k}{k-1} \cdot \sum_{j=1}^{k} (N_{A(j)} - \bar{p} \cdot N_j)^2}$$

$$= \sqrt{\frac{1-0{,}001}{1000^2} \cdot \frac{10}{9} \cdot 857{,}25} = 0{,}0308.$$

Der Standardfehler ist in diesem Beispiel ungefähr doppelt so groß wie der Standardfehler einer entsprechenden Zufallsstichprobe (vgl. S. 437). Dieses Ergebnis reflektiert die deutlichen Unterschiede in den Wähleranteilen der einzelnen Klumpen (vgl. Tabelle 27, letzte Spalte). Bei dieser Unterschiedlichkeit der Klumpen erweist sich die Ziehung einer Klumpenstichprobe als äußerst ungünstig.

Für die Bestimmung des 99%igen Konfidenzintervalls benötigen wir die t-Verteilung mit 9 Freiheitsgraden (vgl. Anhang F, Tabelle 3). Der Wert t = ±3,25 schneidet an den Extremen dieser Verteilung jeweils 0,005% der Verteilung ab, d. h. wir erhalten als Konfidenzintervall:

$$0{,}35 \pm 3{,}25 \cdot 0{,}0308 = 0{,}35 \pm 0{,}1003.$$

Obwohl der Gesamtstichprobenumfang mit n = 1000 vergleichsweise groß ist, resultiert für den Wähleranteil ein Konfidenzintervall von 25% bis 45%. Dieses Konfidenzintervall dürfte den Untersuchungsaufwand in keiner Weise rechtfertigen. Das Beispiel demonstriert damit eine Untersuchungssituation, die für die Ziehung einer Klumpenstichprobe (mit Wohnarealen als Klumpen) denkbar ungeeignet ist.

7.2.3
Die mehrstufige Stichprobe

Eine Klumpenstichprobe – so zeigte der vorige Abschnitt – setzt sich aus mehreren vollständig erhobenen Klumpen zusammen. In der Praxis kommt es jedoch häufig vor, daß die natürlich an-

Tabelle 27. Ergebnis einer Umfrage unter den Bewohnern von 10 Stadtgebieten

Nummer des Stadtgebietes (j)	Anzahl der Bewohner (N_j)	Anzahl der Wähler von A ($N_{A(j)}$)	Wähleranteil (P_j)
1	109	28	0,26
2	88	39	0,44
3	173	50	0,29
4	92	23	0,25
5	28	16	0,57
6	114	34	0,30
7	55	19	0,35
8	163	70	0,43
9	77	21	0,27
10	101	50	0,50
	1000	350	0,35

getroffenen Klumpen zu groß sind, um sie vollständig erheben zu können. In dieser Situation wird man statt einer Klumpenstichprobe eine 2-(oder mehr-)stufige Stichprobe ziehen (*Multistage Sampling*). Die erste Stufe betrifft die Zufallsauswahl der Klumpen und die zweite die Zufallsauswahl der Untersuchungsobjekte innerhalb der Klumpen. Damit erfaßt eine 2stufige Stichprobe im Unterschied zur Klumpenstichprobe die einzelnen Klumpen nicht vollständig, sondern nur in zufälligen Ausschnitten. Die Klumpenstichprobe stellt einen Spezialfall der 2stufigen Stichprobe dar. Aber auch die geschichtete Stichprobe ist ein Spezialfall der 2stufigen Stichprobe. Hier werden auf der ersten Auswahlstufe alle Schichten (statt einer Auswahl von Klumpen) berücksichtigt, aus denen man jeweils eine Zufallsauswahl entnimmt.

Die 2stufige Stichprobe bereitet – wie bereits die Klumpenstichprobe – erheblich weniger organisatorischen Aufwand als eine einfache Zufallsstichprobe. Für die Ziehung einer Zufallsstichprobe benötigen wir streng genommen eine komplette Liste aller Untersuchungsobjekte der Population, während für die 2stufige Stichprobe lediglich eine vollständige Liste aller Klumpen sowie Listen der Untersuchungsobjekte in den ausgewählten Klumpen erforderlich sind (s. Abb. 30).

Wollte man beispielsweise eine Befragung unter Mitgliedern von Wohngemeinschaften in einer Stadt durchführen, wäre hierfür eine Liste aller Wohngemeinschaften und – nach erfolgter Zufallsauswahl einiger Wohngemeinschaften – eine Liste der Mitglieder dieser Wohngemeinschaften erforderlich. Die aus dieser Liste zufällig ausge-

wählten Personen konstituieren die 2stufige Stichprobe.

Eine *3stufige Stichprobe* von Gymnasiasten erhält man beispielsweise, wenn aus der Liste aller zur Population gehörenden Gymnasien eine Zufallsauswahl getroffen wird (1. Stufe), aus diesen Schulen zufällig Schulklassen (2. Stufe) und aus den Klassen wiederum einige Schüler ausgewählt werden (3. Stufe). Ein Beispiel für ein 3stufiges Stichprobensystem, das Repräsentativität für die Gesamtbevölkerung anstrebt, ist das Stichprobensystem des Arbeitskreises Deutscher Marktforschungsinstitute (ADM-Mastersample, vgl. S. 486 f., Tafel 45). Dieses Stichprobensystem kommt u.a. beim ALLBUS (Allgemeine Bevölkerungsumfrage der Sozialwissenschaften) zum Einsatz, mit dem seit 1980 in zweijährigem Abstand Mehrthemenumfragen (*Omnibusumfragen*) zu Themen, wie Arbeit, Soziales, Umwelt, Politik etc., durchgeführt werden (vgl. z.B. Lipsmeier, 1999, S. 102 f. bzw. Anhang C zum Stichwort „ZUMA").

> **!** Man zieht eine *mehrstufige Stichprobe*, indem man zunächst zufällig eine Klumpenstichprobe mit großen Klumpen zieht (1. Ziehungsstufe). Diese Klumpen werden nicht vollständig untersucht, sondern aus ihnen wird eine Zufallsstichprobe der Untersuchungsobjekte gezogen (2. Ziehungsstufe). Zieht man auf der zweiten Stufe wieder eine Klumpenstichprobe, ergibt sich durch Ziehung einer Zufallsstichprobe aus diesen Klumpen eine 3. Ziehungsstufe usw.

Im folgenden wird gezeigt, wie aus mehrstufigen Stichproben Schätzungen von Mittelwertsparametern μ und Populationsanteilen π abgeleitet werden können.

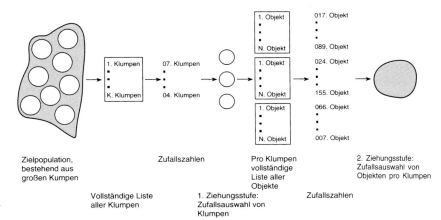

Abb. 30. Ziehung einer zweistufigen Stichprobe

Schätzung von Populationsmittelwerten

Für eine 2stufige Stichprobe benötigen wir eine Zufallsauswahl von k Klumpen aus den K Klumpen der zu beschreibenden Population. Als ersten Auswahlsatz definieren wir $f_1 = k/K$. Für jeden ausgewählten Klumpen j ziehen wir aus den N_j Untersuchungsobjekten eine Zufallsstichprobe des Umfanges n_j. Der zweite Auswahlsatz heißt damit $f_{2(j)} = n_j/N_j$.

Wenn die Stichprobenumfänge zur Größe der Klumpen *proportional* sind, resultiert pro Objekt folgende Auswahlwahrscheinlichkeit: In jedem ausgewählten Klumpen j beträgt die Auswahlwahrscheinlichkeit $n_j/N_j = $ const. Jeder Klumpen wiederum hat eine Auswahlwahrscheinlichkeit von k/K. Da beide Wahrscheinlichkeiten voneinander unabhängig sind, erhält man die Auswahlwahrscheinlichkeit für ein Objekt als Produkt dieser Wahrscheinlichkeiten: $(n_j/N_j) \cdot (k/K)$. Erstsetzt man n_j durch $\bar{n}$ (durchschnittliche Stichprobengröße) und N_j durch $\bar{N}$ (durchschnittliche Größe der Teilpopulationen), erkennt man, daß dies gleichzeitig die Auswahlwahrscheinlichkeit n/N für ein Objekt ist, wenn aus einer Population des Umfanges $K \cdot \bar{N} = N$ eine einfache Zufallsstichprobe des Umfanges $k \cdot \bar{n} = n$ gezogen wird.

Gelegentlich ist man daran interessiert, aus allen ausgewählten Klumpen gleichgroße Stichproben des Umfanges n_c zu ziehen. In diesem Falle ist die Auswahlwahrscheinlichkeit eines Objektes in einem großen Klumpen natürlich kleiner als in einem kleinen Klumpen. Um dies zu kompensieren, werden für die Klumpen keine konstanten Auswahlwahrscheinlichkeiten angesetzt, sondern

Auswahlwahrscheinlichkeiten, die proportional zur Größe der Klumpen sind: N_j/N. Dieses Auswahlverfahren wird *PPS-Design* genannt (Probability Proportional to Size).

Werden aus einem ausgewählten Klumpen n_c Objekte zufällig gezogen, ergibt sich eine Ziehungswahrscheinlichkeit von n_c/N_j, was insgesamt zu einer Auswahlwahrscheinlichkeit von $(N_j/N) \cdot (n_c/N_j) = n_c/N$ führt. Dies ist die Auswahlwahrscheinlichkeit für ein Objekt, wenn nur ein Klumpen gezogen wird. Zieht man eine Stichprobe von k Klumpen, erhöht sich diese Wahrscheinlichkeit um das k-fache: $k \cdot n_c/N$. Dies wiederum ist die Auswahlwahrscheinlichkeit für ein Objekt, wenn aus einer Population des Umfangs N eine einfache Zufallsstichprobe des Umfanges $k \cdot n_c = n$ gezogen wird (Einzelheiten zur Technik des PPS-Designs findet man z. B. bei Schnell et al., 1999, Anhang F).

Die folgenden Ausführungen gehen davon aus, daß die Stichprobenumfänge n_j proportional zu den Klumpenumfängen N_j sind, daß also $n_j/N_j = $ const. $= f_2$ ist. Dies setzt voraus, daß die Umfänge der ausgewählten Klumpen zumindest ungefähr bekannt sind. (Cochran, 1972, Kap. 11, beschreibt Varianten mehrstufiger Stichproben, die diese Voraussetzung nicht machen.)

Bezeichnen wir die i-te Messung im j-ten Klumpen mit x_{ij} (mit $i = 1, 2 \ldots n_j$ und $j = 1, 2 \ldots k$), schätzt der folgende Stichprobenmittelwert den Parameter μ erwartungstreu:

$$\bar{\bar{x}} = \frac{\sum_{j=1}^{k} \sum_{i=1}^{n_j} x_{ij}}{\sum_{j=1}^{k} n_j}. \tag{7.40}$$

Wegen der zur Klumpengröße proportionalen Stichprobenumfänge kann auf eine Gewichtung der einzelnen Klumpenmittelwerte verzichtet werden (*selbstgewichtende Stichprobe*, vgl. S. 431). Den Standardfehler von $\bar{\bar{x}}$ ermitteln wir nach Gl. (7.41).

$$\hat{\sigma}_{\bar{x}} = \sqrt{\frac{1-f_1}{n^2} \cdot \frac{k}{k-1} \cdot \sum_{j=1}^{k} \left(\sum_{i=1}^{n_j} x_{ij} - \bar{\bar{x}} \cdot n_j \right)^2 + f_1 \cdot (1-f_2) \cdot \frac{1}{n} \cdot \sum_{j=1}^{k} g_j \cdot \hat{\sigma}_j^2} \tag{7.41}$$

mit

$$\hat{\sigma}_j^2 = \frac{1}{n_j - 1} \cdot \sum_{i=1}^{n_j} (x_{ij} - \bar{x}_j)^2$$

$$\bar{x}_j = \frac{\sum_{i=1}^{n_j} x_{ij}}{n_j},$$

$$g_j = \frac{N_j}{N} \quad \left(\sum_{j=1}^{k} g_j = 1 \right)$$

$$N = \sum_{j=1}^{k} N_j$$

und

$$n = \sum_{j=1}^{k} n_j.$$

Die Bestimmung der Gewichte g_j setzt – wie bereits die Festlegung des Auswahlsatzes f_2 – voraus, daß die Klumpenumfänge bekannt sind oder doch zumindest geschätzt werden können. Tafel 42 erläutert, wie aus den Daten einer 2stufigen Stichprobe ein Konfidenzintervall für $\bar{\bar{x}}$ zu berechnen ist.

Vergleichende Bewertung: Gl. (7.41) verdeutlicht, unter welchen Umständen eine 2stufige Stichprobe den Parameter μ besonders genau schätzt. Abgesehen von der Gesamtstichprobe, die bei allen Stichprobenarten mit wachsendem Umfang den Standardfehler verkleinert, beeinflussen sowohl die Unterschiedlichkeit *zwischen* den Klumpen als auch die Unterschiedlichkeit *innerhalb* der Klumpen die Schätzgenauigkeit. Beide Unterschiedlichkeiten vergrößern den Standardfehler, wobei die Heterogenität der Messungen innerhalb der Klumpen keine

Rolle spielt, wenn f_1 zu vernachlässigen ist, wenn also die Anzahl aller Klumpen in der Population im Vergleich zur Anzahl der ausgewählten Klumpen sehr groß ist. Unter diesen Umständen entfällt der zweite Teil unter der Wurzel von Gl. (7.41). Der Standardfehler wird dann ausschließlich von der Varianz zwischen den Klumpen bestimmt. Es empfiehlt sich deshalb, eine Population in möglichst viele (und damit kleine) Klumpen zu zerlegen.

Darüber hinaus bestätigt Gl. (7.41) die eingangs formulierte Behauptung, Klumpenstichproben und geschichtete Stichproben seien Spezialfälle von 2stufigen Stichproben. Bei einer geschichteten Stichprobe wird die Gesamtpopulation in Schichten (z.B. nach dem Bildungsniveau, dem Alter oder dem Geschlecht, vgl. Abschnitt 7.2.1) eingeteilt, und aus jeder Schicht wird eine Zufallsstichprobe gezogen. Bezeichnen wir die Anzahl der Schichten mit K, ist – da *jede Schicht stichprobenartig untersucht wird* – k = K bzw. $f_1 = 1$. Dadurch entfällt der erste Summand unter der Wurzel von Gl. (7.41). Der verbleibende Teil entspricht Gl. (7.25), dem Standardfehler von $\bar{x}$ für geschichtete Stichproben mit proportionalen Stichprobenumfängen.

Bei Klumpenstichproben werden die *ausgewählten Klumpen vollständig* untersucht, d.h. $n_j = N_j$. Dadurch wird in Gl. (7.41) $f_2 = 1$, d.h. der zweite Summand unter der Wurzel entfällt. Der Rest der Gleichung entspricht Gl. (7.38), dem Standardfehler von $\bar{\bar{x}}$ für Klumpenstichproben.

3- und mehrstufige Stichproben: Bei dreifach gestuften Stichproben wird auf der ersten Auswahlstufe eine Zufallsstichprobe von Primäreinheiten gezogen (z.B. eine Stichprobe von Ausgaben eines Wochenmagazins), auf der zweiten Auswahlstufe jeweils eine Zufallsstichprobe von Sekundäreinheiten innerhalb der Primäreinheiten (z.B. eine Stichprobe von Seiten aus jedem ausgewählten Magazin), und auf der dritten Auswahlstufe entnimmt man schließlich den Sekundäreinheiten die eigentlichen Untersuchungsobjekte (z.B. eine Zufallsstichprobe von Zeilen jeder ausgewählten Seite). Die so gefundenen Untersuchungsobjekte werden hinsichtlich des interessierenden Merkmals untersucht (z.B. durchschnittliche Wortlänge als Beispiel für die Schätzung eines Mittelwertparameters oder die relative Häufigkeit von Substantiven als Beispiel für eine Anteilsschätzung).

TAFEL 42

Wie umfangreich sind Diplomarbeiten?
IV: Die 2stufige Stichprobe

Bezugnehmend auf das Beispiel der Tafeln 39 bis 41 verdeutlicht diese Tafel die Ermittlung der durchschnittlichen Seitenzahl von Diplomarbeiten (einschließlich eines Konfidenzintervalls) anhand einer 2stufigen Stichprobe. Die erste Auswahlstufe umfaßt sämtliche psychologischen Institute der Bundesrepublik Deutschland als Klumpen, von denen $k = 10$ zufällig ausgewählt werden. Die in diesen Instituten in den letzten 10 Jahren angefertigten Diplomarbeiten bilden die 2. Auswahlstufe. Es werden aus den Arbeiten dieser Institute Zufallsstichproben gezogen, deren Größen proportional zur Anzahl aller Arbeiten des jeweiligen Instituts sind, die im vorgegebenen Zeitraum angefertigt wurden. Es wird ein Gesamtstichprobenumfang von ungefähr 100 Arbeiten angestrebt. (Die Stichprobe wäre 3stufig, wenn man zusätzlich aus den ausgewählten Instituten z. B. Zufallsstichproben von Hochschullehrern gezogen hätte.)

Die Gesamtzahl aller psychologischen Institute mit einem Diplomstudiengang möge $K = 46$ betragen. Für zehn auszuwählende Institute resultiert für den ersten Auswahlsatz also $f_1 = k/K = 10/46 = 0,217$. Von den ausgewählten Instituten werden Listen aller Diplomarbeiten der letzten 10 Jahre angefordert. Die Anzahl der Diplomarbeiten entspricht den Umfängen N_j der Klumpen. Die Größe der Stichproben n_j wird so gewählt, daß sie – bei einer Gesamtstichprobe von $n \approx 100$ – zu diesen N_j-Werten proportional sind.

Im Durchschnitt wurden pro Institut während des angegebenen Zeitraumes etwa 750 Diplomarbeiten abgegeben, d.h. der zweite Auswahlsatz lautet bei durchschnittlich zehn auszuwählenden Arbeiten $f_2 = \frac{10}{750} = 0,013$. Dieser Wert ist kleiner als 0,05; man könnte ihn deshalb in Gl. (7.41) vernachlässigen. Um den Rechengang vollständig zu demonstrieren, soll er jedoch nicht entfallen.

Die folgende Aufstellung enthält die für die Berechnungen erforderlichen Angaben. (Auf die Wiedergabe der einzelnen x_{ij}-Werte, die bekannt sein müssen, um die $\hat{\sigma}_j^2$-Werte zu bestimmen, wurde verzichtet.)

Nr. der Stichprobe (j)	Größe der Stichprobe (n_j)	Anzahl der Seiten in Stichprobe j	Durchschnittl. Seitenzahl in Stichprobe j ($\bar{x}_j$)	Varianz in Stichprobe j ($\hat{\sigma}_j^2$)
1	16	1488	93	1016
2	20	1700	85	970
3	4	360	90	840
4	8	752	94	1112
5	11	979	89	763
6	9	783	87	906
7	9	891	91	1004
8	11	1012	92	895
9	7	735	105	642
10	5	500	100	930

$$k = 10; \quad n = \sum_{j=1}^{k} n_j = 100; \quad \sum_{j=1}^{k} \sum_{i=1}^{n_j} x_{ij} = 9\,200; \quad \bar{\bar{x}} = 92$$

Im Durchschnitt haben die 100 untersuchten Arbeiten also 92 Seiten. Für den Standardfehler dieses Mittelwertes erhalten wir nach Gl. (7.41)

$$\hat{\sigma}_{\bar{x}} = \sqrt{\frac{1-f_1}{n^2} \cdot \frac{k}{k-1} \cdot \sum_{j=1}^{k} \left(\sum_{i=1}^{n_j} x_{ij} - \bar{\bar{x}} \cdot n_j \right)^2 + f_1 \cdot (1-f_2) \cdot \frac{1}{n} \cdot \sum_{j=1}^{k} g_j \cdot \hat{\sigma}_j^2}$$

$$= \sqrt{\frac{1-0,217}{100^2} \cdot \frac{10}{9} \cdot 37\,140 + 0,217 \cdot (1-0,013) \cdot \frac{1}{100} \cdot 924,84}$$

$$= \sqrt{3,23 + 1,98} = \sqrt{5,21} = 2,28.$$

Da die Stichprobenumfänge n_j proportional zu den Klumpenumfängen N_j festgelegt wurden, entsprechen die Gewichte g_j den durch n dividierten Stichprobenumfängen (also z. B. $g_1 = 16/100 = 0,16$).

Für die Bestimmung des Konfidenzintervalls legen wir in diesem Beispiel die t-Verteilung mit 9 Freiheitsgraden zugrunde. Für das 99%ige Konfidenzintervall gilt $t = \pm 3,25$, d.h. das Konfidenzintervall ergibt sich zu

$$92 \pm 3,25 \cdot 2,28 = 92 \pm 7,41.$$

Die Schätzgenauigkeit der 2stufigen Stichprobe entspricht damit in diesem Beispiel der Schätzgenauigkeit der geschichteten Stichprobe in Tafel 40.

Betrachten wir abschließend noch die Auswahlwahrscheinlichkeit für eine Diplomarbeit. Diese errechnet sich bei einer einfachen Zufallsstichprobe zu 100 (=Anzahl der ausgewählten

TAFEL 42 ▪▪▪▪▪▪

Arbeiten)/(46·750) (= Anzahl aller Arbeiten) = 0,0029. Für die 2stufige Stichprobe (mit gleicher Wahrscheinlichkeit für die Institute) wird ein Institut mit einer Wahrscheinlichkeit von 10/46 gezogen und innerhalb eines ausgewählten Institutes eine Arbeit mit einer Wahrscheinlichkeit von n_j/N_j = const (z.B. 10/750), was zusammengenommen zu der bereits bekannten Auswahlwahrscheinlichkeit von 0,0029 führt: (10/46)·(10/750) = 0,0029.

Dieser Wert wird auch für das PPS-Design errechnet: Ein Institut mit N_j Arbeiten hat eine Auswahlwahrscheinlichkeit von $N_j/46\cdot750$ und eine Arbeit in diesem Institut die Wahrscheinlichkeit $10/N_j$. Man erhält also $(N_j/46\cdot750)\cdot(10/N_j) = 10/46\cdot750 = 0,00029$. Dies ist die Auswahlwahrscheinlichkeit für eine Diplomarbeit, falls nur ein Institut ausgewählt wird. Werden 10 Institute mit PPS gezogen, ergibt sich wieder $10\cdot0,00029 = 0,0029$.

Bezeichnen wir die Anzahl aller Primäreinheiten mit L und die Anzahl der ausgewählten Primäreinheiten mit l, die Anzahl aller Sekundäreinheiten einer jeden Primäreinheit mit K und die Anzahl der pro Primäreinheit ausgewählten Sekundäreinheiten mit k sowie die Anzahl aller Untersuchungsobjekte einer jeden Sekundäreinheit mit N und die Anzahl der pro Sekundäreinheit ausgewählten Untersuchungsobjekte mit n, resultiert als Schätzwert für μ

$$\bar{\bar{\bar{x}}} = \frac{\sum_{m=1}^{l}\sum_{j=1}^{k}\sum_{i=1}^{n} x_{ijm}}{l\cdot k\cdot n}. \tag{7.42}$$

Diese und die folgende Gleichung für den Standardfehler setzen also auf jeder Stufe eine konstante Anzahl von Auswahleinheiten voraus. Ist diese Bedingung (zumindest annähernd) erfüllt, ergibt sich für den Standardfehler

$$\hat{\sigma}_{\bar{\bar{\bar{x}}}} = \sqrt{\frac{1-f_1}{l}\cdot\hat{\sigma}_1^2 + \frac{f_1\cdot(1-f_2)}{l\cdot k}\cdot\hat{\sigma}_2^2 + \frac{f_1\cdot f_2\cdot(1-f_3)}{l\cdot k\cdot n}\cdot\hat{\sigma}_3^2} \tag{7.43}$$

wobei:

$$f_1 = \frac{l}{L},$$

$$f_2 = \frac{k}{K},$$

$$f_3 = \frac{n}{N},$$

$$\hat{\sigma}_1^2 = \frac{\sum_{m=1}^{l}(\bar{\bar{x}}_m - \bar{\bar{\bar{x}}})^2}{l-1},$$

$$\hat{\sigma}_2^2 = \frac{\sum_{m=1}^{l}\sum_{j=1}^{k}(\bar{x}_{mj} - \bar{\bar{x}}_m)^2}{l\cdot(k-1)},$$

$$\hat{\sigma}_3^2 = \frac{\sum_{m=1}^{l}\sum_{j=1}^{k}\sum_{i=1}^{n}(x_{ijm} - \bar{x}_{mj})^2}{l\cdot k\cdot(n-1)},$$

$$\bar{\bar{x}}_m = \frac{\sum_{j=1}^{k}\sum_{i=1}^{n} x_{ijm}}{k\cdot n},$$

$$\bar{x}_{mj} = \frac{\sum_{i=1}^{n} x_{ijm}}{n}.$$

(Zur Herleitung dieser Gleichung s. Cochran, 1972, Kap. 10.8). Dem Aufbau dieser Gleichung ist leicht zu entnehmen, wie Mittelwert- und Standardfehlerbestimmungen auf Stichproben mit mehr als 3 Stufen zu erweitern sind.

Schätzung von Populationsanteilen

Will man den Anteil aller Untersuchungsobjekte einer Population, die durch ein Merkmal A gekennzeichnet sind, auf Grund einer mehrstufigen Stichprobe schätzen, ist bei den bisherigen Überlegungen die Summe der Merkmalsausprägungen durch die Anzahl der Untersuchungseinheiten mit dem Merkmal A zu ersetzen. Die Stichprobenumfänge n_j seien erneut proportional zu den Populationsumfängen N_j. Für den Parameter π (Anteil aller Untersuchungseinheiten mit dem Merkmal A) resultiert bei zweistufigen Stichproben folgender Schätzwert:

$$\bar{p} = \frac{\sum_{j=1}^{k} n_{A(j)}}{\sum_{j=1}^{k} n_j}.$$

In Analogie zu Gl. (7.41) erhalten wir als Standardfehler von $\bar{p}$:

$$\hat{\sigma}_{\bar{p}} = \sqrt{\frac{1-f_1}{n^2} \cdot \frac{k}{k-1} \cdot \sum_{j=1}^{k}(n_{A(j)} - \bar{p} \cdot n_j)^2 + f_1 \cdot (1-f_2) \cdot \frac{1}{n} \cdot \sum_{j=1}^{k} g_j \cdot p_j \cdot (1-p_j)}$$

$$\text{mit } p_j = \frac{n_{A(j)}}{n_j} \text{ und } g_j = \frac{n_j}{n} \tag{7.44}$$

(Zur Erläuterung der übrigen Symbole siehe Gl. 7.41.)

Beispiel: Wollen wir mit Hilfe einer zweifach geschichteten Stichprobe den Anteil aller Wähler einer Partei A in einer Großstadt (vgl. Beispiel S. 437 und S. 443) schätzen, sind folgende Überlegungen und Berechnungen erforderlich. Zunächst wird das gesamte Stadtgebiet in Areale (Klumpen) aufgeteilt. Die Gesamtzahl aller Klumpen sei K = 1000, und aus diesen werden k = 15 zufällig ausgewählt. Damit erhalten wir f_1 = 15/1000 = 0,015. Man schätzt (oder ermittelt anhand von Karteien des Einwohnermeldeamtes) die Anzahl wahlberechtigter Personen in den ausgewählten Arealen (N_j) und zieht aus diesen Teilpopulationen Zufallsstichproben des Umfanges n_j. Der Gesamtstichprobenumfang n soll sich in diesem Beispiel auf etwa 1000 belaufen. Es wird darauf geachtet, daß das Verhältnis $n_j/N_j = f_2$ in allen Arealen konstant ist (proportionale Stichprobenumfänge). Bei einer Million wahlberechtigter Perso-

nen lautet der Auswahlsatz f_2 = 1000/1 000 000 = 0,001, d. h. in jedem Areal sind 1 Promill der dort ansässigen Wahlberechtigten zu befragen. Tabelle 28 zeigt die Resultate dieser Befragung.

Die Daten wurden so gewählt, daß sich für $\bar{p}$ wiederum 0,35 ergibt. Die Berechnung des Standardfehlers führt zu folgendem Resultat:

$$\hat{\sigma}_{\bar{p}} = \sqrt{\frac{1-0,015}{1000^2} \cdot \frac{15}{14} \cdot 291,97 + 0,015 \cdot (1-0,001) \cdot \frac{1}{1000} \cdot 0,224}$$
$$= \sqrt{0,00031 + 0,000003} = 0,0177.$$

Als Gewichte g_j verwendet diese Berechnung die an n = 1000 relativierten Stichprobenumfänge n_j (also g_1 = 0,051, g_2 = 0,142 etc.).

Mit einem Standardfehler von 0,0177 und einem t-Wert von 2,977 (df = 14) resultiert als 99%iges Konfidenzintervall

$$0,35 \pm 2,977 \cdot 0,0177 = 0,35 \pm 0,053.$$

Gegenüber der einfachen Klumpenstichprobe, die in Tabelle 27 beschrieben wird, hat sich das Konfidenzintervall damit um etwa die Hälfte verkleinert.

3stufige Stichprobe: Anteilsschätzungen, die aufgrund einer dreifach gestuften Stichprobe vorgenommen werden, haben entsprechend Gl. (7.43) folgenden Standardfehler:

Tabelle 28. Ergebnis einer Befragung von 15 Zufallsstichproben aus 15 zufällig ausgewählten Stadtgebieten

Nummer des Stadtgebietes (j)	Größe der Stichprobe (n_j)	Anzahl der Wähler von A ($n_{A(j)}$)	Wähleranteil (P_j)
1	51	16	0,31
2	142	50	0,35
3	90	29	0,32
4	22	8	0,36
5	70	21	0,30
6	68	20	0,29
7	65	22	0,34
8	49	16	0,33
9	14	4	0,29
10	112	53	0,47
11	62	28	0,45
12	83	25	0,30
13	68	22	0,32
14	40	15	0,38
15	64	21	0,33
	n=1000	n_A=350	$\bar{p}$=0,35

$$\hat{\sigma}_{\bar{\bar{p}}} = \sqrt{\frac{1-f_1}{l} \cdot \hat{\sigma}_1^2 + \frac{f_1 \cdot (1-f_2)}{l \cdot k} \cdot \hat{\sigma}_2^2 + \frac{f_1 \cdot f_2 \cdot (1-f_3)}{l \cdot k \cdot n} \cdot \hat{\sigma}_3^2}$$

(7.45)

mit

$$\hat{\sigma}_1^2 = \frac{\sum_{m=1}^{l} (\bar{p}_m - \bar{\bar{p}})^2}{l-1},$$

$$\hat{\sigma}_2^2 = \frac{\sum_{m=1}^{l} \sum_{j=1}^{k} (p_{jm} - \bar{p}_m)^2}{l \cdot (k-1)},$$

$$\hat{\sigma}_3^2 = \frac{\sum_{m=1}^{l} \sum_{j=1}^{k} p_{jm} \cdot (1 - p_{jm})}{l \cdot k \cdot (n-1)}.$$

7.2.4
Wiederholte Stichprobenuntersuchungen

Viele Fragestellungen beinhalten die Evaluation verhaltens- oder einstellungsändernder Maßnahmen wie z. B. die Beeinflussung des Eßverhaltens durch ein Diätprogramm, die Veränderung des Kaufverhaltens in Abhängigkeit von der Anzahl der Werbekontakte, Einstellungswandel gegenüber Ausländern durch gezielte Pressemitteilungen oder den Abbau innerbetrieblicher Konflikte durch Einführung eines neuen Führungsstils. Im Vordergrund derartiger Untersuchungen stehen *Veränderungen des geprüften Merkmals* zwischen zwei (oder mehreren) Zeitpunkten, die am günstigsten durch die wiederholte Verwendung einer Stichprobe zu erfassen sind. Es handelt sich um hypothesenprüfende Untersuchungen (es wird z. B. die Hypothese überprüft, daß die durchgeführte Maßnahme positiv wirkt), die ausführlich in Abschnitt 8.2.5 erörtert werden.

Hier befassen wir uns nach wie vor mit der Frage, wie die Präzision einer populationsbeschreibenden Untersuchung durch die Nutzung bereits vorhandener Kenntnisse über den Untersuchungsgegenstand gesteigert werden kann. Will man beispielsweise die Zufriedenheit der Bewohner einer großen Neubausiedlung mit ihren Wohnverhältnissen mittels einer Stichprobe schätzen, läßt sich die Genauigkeit dieser Untersuchung oftmals erheblich verbessern, wenn man auf frühere stichprobenartige Befragung der gleichen Bewohner zu einer ähnlichen Thematik zurückgreifen kann. Ein weiteres Beispiel: Der durchschnittliche Alkoholkonsum

der Bevölkerung eines ländlichen Gebietes läßt sich genauer schätzen, wenn sich in der Stichprobe einige Personen befinden, die zur gleichen Thematik bereits früher (z. B. anläßlich einer ärztlichen Untersuchung) Angaben machten.

> **!** Werden eine Stichprobe oder Teile einer Stichprobe wiederholt untersucht, führt dies in der Regel zu einem deutlichen Genauigkeitsgewinn für die Parameterschätzung.

Panelforschung: Viele politische und wirtschaftliche Entscheidungen erfordern aktuelle Planungsunterlagen, die kostengünstig und kurzfristig nur zu beschaffen sind, wenn wiederholt auf eine bereits eingerichtete, repräsentative Stichprobe zurückgegriffen werden kann. Eine Stichprobe, die wiederholt zu einer bestimmten Thematik (Fernsehgewohnheiten, Konsumgewohnheiten etc.) oder auch zu verschiedenen Themen befragt wird, bezeichnet man als ein *Panel*. Die wiederholte Befragung der Panelmitglieder findet typischerweise mündlich oder schriftlich statt (vgl. Kap. 4.4), wobei schriftliche Befragungen postalisch oder elektronisch (Online-Panel) durchgeführt werden.

> **!** Ein *Panel* ist eine Stichprobe, die wiederholt untersucht wird.

Den mit Kosten- und Zeitersparnis verbundenen Vorteilen stehen bei Paneluntersuchungen jedoch einige gravierende Nachteile gegenüber. Man muß damit rechnen, daß ein Panel im Laufe der Zeit seine Aussagekraft bzw. Repräsentativität verliert, weil die einzelnen Panelmitglieder durch die Routine, die sie während vieler Befragungen allmählich gewinnen, nicht mehr „naiv" und unvoreingenommen reagieren. Das Bewußtsein, Mitglied eines Panels zu sein, kann sowohl das alltägliche Verhalten als auch das Verhalten in der Befragungssituation entscheidend beeinträchtigen.

Auf der anderen Seite können sich wiederholte Befragungen auch positiv auf die Qualität eines Interviews (oder einer schriftlichen Befragung) auswirken. Die anfängliche Unsicherheit, sich in einer ungewohnten Befragungssituation zu befinden, verliert sich im Verlaufe der Zeit, die Befragten lernen, ihre eigenen Ansichten und Meinungen treffsicherer und genauer zu formulieren. Die anfängliche Skepsis, persönliche Angaben könnten trotz zugesicherter Anonymität mißbräuchlich verwendet werden, schwindet, das Panelmitglied entwickelt so etwas wie ein Verantwortungsbewußtsein dafür, daß die zu treffenden Entscheidungen auf korrekten Planungsunterlagen beruhen etc.

Angesichts der Komplexität der mit Paneluntersuchungen verbundenen Probleme entwickelte man aufwendige *Austausch- und Rotationspläne*, denen zu entnehmen ist, in welchen zeitlichen Abständen und in welchem Umfang „alte" Panelmitglieder auszuscheiden und durch „neue" Panelmitglieder zu ersetzen sind (vgl. z. B. Kish, 1965, Kap. 12.5). Es resultieren Untersuchungen von Stichproben, die sich mehr oder weniger überschneiden. Verbindliche Angaben über eine vertretbare Dauer der Panelzugehörigkeit bzw. über die maximale Anzahl von Befragungen, die mit einem Panelmitglied durchgeführt werden können, sind – zumindest im Hinblick auf die oben erwähnten Konsequenzen wiederholter Befragungen (sog. „Paneleffekte") – nicht möglich, denn diese Werte hängen in starkem Maße von der jeweiligen Befragungssituation und den Inhalten der Befragung ab. Im Zweifelsfalle wird man nicht umhin können, die Brauchbarkeit der Befragungsergebnisse durch *Panelkontrollstudien* zu überprüfen, in denen das Antwortverhalten „alter" Panelmitglieder dem Antwortverhalten erstmalig befragter Personen gegenübergestellt wird.

Betrachtet man die Vor- und Nachteile wiederholter Befragungen unter statistischen Gesichtspunkten, läßt sich die Frage, ob bzw. in welchem Ausmaß die Zusammensetzung der Stichprobe beibehalten oder geändert werden soll, eindeutiger beantworten. Dies belegen die folgenden Abschnitte, die den Einsatz wiederholter Stichprobenuntersuchungen zur Schätzung von Populationsmittelwerten (μ) und Populationsanteilen (π) behandeln. (Eine ausführliche Behandlung der Panelforschung findet man bei Arminger und Müller, 1990; Faulbaum, 1988; Kasprzyk et al., 1989 oder Petersen, 1993.)

Schätzung von Populationsmittelwerten

Wir wollen zunächst den einfachen Fall betrachten, daß zu zwei Zeitpunkten t_1 und t_2 Stichproben des Umfanges n_1 und n_2 untersucht wurden

und daß sich von den Untersuchungsobjekten, die zum Zeitpunkt t_1 (dies ist in der Regel der frühere Zeitpunkt) untersucht wurden, s Untersuchungsobjekte auch in der zweiten Untersuchung befinden. Die n_2 Untersuchungsobjekte der zweiten Untersuchung setzen sich damit aus s „alten" Untersuchungsobjekten und $n_2 - s = u$ „neuen" Untersuchungsobjekten zusammen. Wir nehmen ferner an, daß die geschätzten Streuungen $\hat{\sigma}_1$ und $\hat{\sigma}_2$ in beiden Untersuchungen annähernd gleich sind und daß die Auswahlsätze ($f_1 = n_1/N$ und $f_2 = n_2/N$) kleiner als 0,05 sind. Der Mittelwert $\bar{x}_2$ der zweiten Untersuchung soll zur Schätzung des Parameters μ herangezogen werden. Er basiert auf u neuen Messungen mit einem Mittelwert $\bar{x}_{2u}$ und auf s wiederholten Messungen mit dem Mittelwert $\bar{x}_{2s}$. Bekannt seien ferner $\bar{x}_1$ als Mittelwert aller Messungen zum Zeitpunkt t_1 und $\bar{x}_{1s}$ als Mittelwert der s Messungen zum Zeitpunkt t_1.

Kombination alter und neuer Messungen: Zunächst stellt sich das Problem, wie die Mittelwerte $\bar{x}_{2u}$ und $\bar{x}_{2s}$ zu einem gemeinsamen Mittelwert $\bar{x}_2$ zusammengefaßt werden können, wenn wir zusätzlich die Ergebnisse der ersten Untersuchung berücksichtigen. Cochran (1972, Kap. 12.10) schlägt folgende Vorgehensweise vor:

Man beginnt mit der Korrektur des Mittelwertes $\bar{x}_{2s}$ bezüglich der Ergebnisse der ersten Untersuchung. Dies geschieht mit folgender Gleichung:

$$\bar{x}'_{2s} = \bar{x}_{2s} + b \cdot (\bar{x}_1 - \bar{x}_{1s}).\qquad(7.46)$$

In dieser Gleichung stellt b den Regressionskoeffizienten (vgl. Anhang B) zur Vorhersage der s Messungen zum Zeitpunkt t_2 auf Grund der s Messungen zum Zeitpunkt t_1 dar. Seine Bestimmungsgleichung lautet

$$b = \frac{\sum_{i=1}^{s}(x_{1i} - \bar{x}_{1s}) \cdot (x_{2i} - \bar{x}_{2s})}{\sum_{i=1}^{s}(x_{1i} - \bar{x}_{1s})^2}$$
$$= \frac{s \cdot \sum_{i=1}^{s} x_{1i}x_{2i} - \sum_{i=1}^{s} x_{1i} \cdot \sum_{i=1}^{s} x_{2i}}{s \cdot \sum_{i=1}^{s} x_{1i}^2 - \left(\sum_{i=1}^{s} x_{1i}\right)^2}.\qquad(7.47)$$

Die Zusammenfassung des korrigierten Mittelwertes $\bar{x}'_{2s}$ mit $\bar{x}_{2u}$ zu einem korrigierten Schätzwert $\bar{x}'_2$ für den gesuchten Parameter μ geschieht in folgender Weise:

$$\bar{x}_2' = v \cdot \bar{x}_{2u} + (1 - v) \cdot \bar{x}_{2s}'. \qquad (7.48)$$

In Gl. (7.48) ist v so zu wählen, daß die beiden unabhängigen Schätzwerte $\bar{x}_{2s}'$ und $\bar{x}_{2u}$ mit den Reziprokwerten ihrer quadrierten Standardfehler gewichtet werden. Dadurch erhält der unsichere Schätzwert (also der Schätzwert mit dem größeren Standardfehler) ein kleineres Gewicht als der sichere Schätzwert. Wir setzen

$$v = \frac{w_{2u}}{w_{2u} + w_{2s}}. \qquad (7.49)$$

w_{2u} ist aus dem Standardfehler des Mittelwertes von u-Meßwerten ($\frac{\sigma}{\sqrt{u}}$) abzuleiten. Die hierfür benötigte Populationsvarianz σ^2 muß in der Regel aus den Daten geschätzt werden. Die beste Schätzung erhalten wir, wenn die Daten der zweiten Erhebung mit den einmalig erhobenen Daten der ersten Erhebung (dies seien $n_1 - s = q$ Daten) zu einer gemeinsamen Schätzung $\hat{\sigma}^2$ vereint werden:

$$\hat{\sigma}^2 = \frac{\sum_{i=1}^{q}(x_{1i} - \bar{x}_{1q})^2 + \sum_{i=1}^{n_2}(x_{2i} - \bar{x}_2)^2}{(q-1) + (n_2 - 1)}. \qquad (7.50)$$

Hieraus folgt dann für w_{2u}

$$w_{2u} = \frac{u}{\hat{\sigma}^2}. \qquad (7.51)$$

Bei der Herleitung von w_{2s} ist zu beachten, daß s Untersuchungsobjekte zweimal bezüglich desselben Merkmals untersucht wurden. Je ähnlicher diese Messungen sind, desto stabiler (reliabler, vgl. S. 195 ff.) kann das Merkmal offenbar erfaßt werden. Die Reliabilität der Messungen wiederum beeinflußt den Standardfehler. Je reliabler die Messungen, desto sicherer schätzt der Mittelwert $\bar{x}_{2s}$ den Parameter μ. Dieser Sachverhalt ist in der folgenden Bestimmungsgleichung für w_{2s} berücksichtigt.

$$w_{2s} = \frac{1}{\frac{\hat{\sigma}^2(1 - r^2)}{s} + r^2 \cdot \frac{\hat{\sigma}^2}{n_2}}. \qquad (7.52)$$

Hierin ist r die Korrelation (vgl. Anhang A) zwischen den s Meßwerten zum Zeitpunkt t_1 und den s Meßwerten zum Zeitpunkt t_2. Sie wird nach folgender Beziehung berechnet:

$$r = \frac{\hat{\sigma}_{1s} \cdot b}{\hat{\sigma}_{2s}}. \qquad (7.53)$$

Standardfehler: Unter Verwendung der Gleichungen (7.48) – (7.52) resultiert für μ ein Schätzwert $\bar{x}_2'$ mit folgendem Standardfehler:

$$\hat{\sigma}_{\bar{x}_2'} = \sqrt{\frac{\hat{\sigma}^2 \cdot (n_2 - u \cdot r^2)}{n_2^2 - u^2 \cdot r^2}}. \qquad (7.54)$$

Mit diesem Standardfehler wird nach den bereits bekannten Regeln ein Konfidenzintervall bestimmt (vgl. S. 417 ff.).

Die Handhabung dieser etwas komplizierten Berechnungen wird in Tafel 43 an einem Beispiel verdeutlicht. Wie auch in den vorangegangenen Beispielen sind die Zahlen so gewählt, daß der Rechenweg möglichst einfach nachvollziehbar ist.

Man beachte, daß der Standardfehler nach Gl. (7.54) dem Standardfehler einfacher Zufallsstichproben (Gl. 7.5) entspricht, wenn u = 0 oder u = n_2 ist. Der Fall u = n_2 ist trivial: Wenn keines der Untersuchungsobjekte bereits untersucht wurde, entspricht die hier besprochene Stichprobentechnik einer normalen Zufallsstichprobe, d.h. es muß auch der entsprechende Standardfehler resultieren. Interessant ist der Fall u = 0, der besagt, daß sämtliche Untersuchungsobjekte wiederholt gemessen werden. In diesem Fall trägt die Tatsache, daß von allen Untersuchungsobjekten bereits eine Messung vorliegt, nicht dazu bei, die Präzision der zweiten Untersuchung zu erhöhen, und zwar unabhängig von der Höhe der Korrelation beider Meßwertreihen. Diese ist für den Standardfehler nur maßgebend, wenn u > 0 und u < n_2. In diesem Fall verringert sich der Standardfehler, wenn r ≠ 0. Für r = 0 entspricht der nach Gl. (7.54) bestimmte Standardfehler dem Standardfehler einfacher Zufallsstichproben.

Optimale Mischungen: Um wiederholte Untersuchungen möglichst vorteilhaft einzusetzen, kommt es offenbar darauf an, bei einer gegebenen Korrelation zwischen den Messungen des ersten und des zweiten Zeitpunktes für die zweite Untersuchung das *richtige Mischungsverhältnis* aus „alten" und „neuen" Untersuchungsobjekten zu finden.

Das optimale Mischungsverhältnis ergibt sich, wenn $\hat{\sigma}_{\bar{x}_2'}$ gem. Gl. (7.54) in Abhängigkeit von u minimiert wird. Das Resultat lautet:

TAFEL 43

Was zahlen Studierende für ihre Literatur?

Eine große Universität (die Anzahl der Studierenden liegt über 10 000) befragt eine Zufallsauswahl von 20 Studierenden nach den Ausgaben, die sie pro Semester für ihre Literatur aufbringen. Da die Buch- und Kopierpreise zunehmend steigen, entschließt man sich nach Ablauf eines Jahres erneut zu einer Umfrage. Für diese Umfragen werden 10 Adressen wieder verwendet und weitere 10 neue Adressen zufällig ausgewählt. Die beiden Befragungen führten zu folgenden Euro-Angaben:

Studierende/r	1. Befragung	2. Befragung
1	260	
2	180	
3	190	
4	210	
5	80	
6	120	
7	190	
8	400	
9	170	
10	210	
11	110	150
12	0	0
13	90	130
14	180	180
15	140	150
16	220	240
17	290	300
18	190	200
19	320	350
20	380	400
21		170
22		0
23		500
24		160
25		360
26		290
27		330
28		360
29		360
30		290

$$\sum_{i=1}^{20} x_{1i} = 3930 \qquad \sum_{i=11}^{30} x_{2i} = 4920$$
$$\bar{x}_1 = 196{,}5 \qquad\qquad \bar{x}_2 = 246$$

Die Studierenden 11 bis 20 wurden – wie die Tabelle zeigt – wiederholt befragt ($s = 10$). Damit sind $n_1 = 20$, $n_2 = 20$, $q = 10$, und $u = 10$. Die übrigen für den Rechengang benötigten Größen lauten:

$$\bar{x}_{1q} = \frac{\sum_{i=1}^{q} x_{1i}}{q} = 201 \text{ (nicht wiederbefragte Studierende der 1. Erhebung)}$$

$$\bar{x}_{1s} = \frac{\sum_{i=1}^{s} x_{1i}}{s} = 192 \text{ (wiederbefragte Studierende der 1. Erhebung)}$$

$$\bar{x}_{2u} = \frac{\sum_{i=1}^{u} x_{2i}}{u} = 282 \text{ (neue Studierende der 2. Erhebung)}$$

$$\bar{x}_{2s} = \frac{\sum_{i=1}^{s} x_{2s}}{s} = 210 \text{ (wiederbefragte Studierende der 2. Erhebung)}$$

$$\hat{\sigma}_{1s} = \sqrt{\frac{\sum_{i=1}^{s}(x_{1i} - \bar{x}_{1s})^2}{s - 1}} = 114{,}97$$

$$\hat{\sigma}_{2s} = \sqrt{\frac{\sum_{i=1}^{s}(x_{2i} - \bar{x}_{2s})^2}{s - 1}} = 117{,}09$$

$$\hat{\sigma}_{2u} = \sqrt{\frac{\sum_{i=1}^{u}(x_{2i} - \bar{x}_{2u})^2}{u - 1}} = 139{,}50$$

$$\hat{\sigma}^2 = \frac{\sum_{i=1}^{q}(x_{1i} - \bar{x}_{1q})^2 + \sum_{i=1}^{n_2}(x_{2i} - \bar{x}_2)^2}{(q - 1) + (n_2 - 1)}$$
$$= \frac{66090 + 324480}{9 + 19} = 13948$$

$$b = \frac{\sum_{i=1}^{s}(x_{1i} - \bar{x}_{1s}) \cdot (x_{2i} - \bar{x}_{2s})}{\sum_{i=1}^{s}(x_{1i} - \bar{x}_{1s})^2}$$
$$= \frac{120200}{118960} = 1{,}010$$

TAFEL 43

$$r = \frac{\hat{\sigma}_{1s} \cdot b}{\hat{\sigma}_{2s}} = \frac{114{,}97 \cdot 1{,}010}{117{,}09} = 0{,}992.$$

Zunächst berechnen wir den korrigierten Mittelwert der $s = 10$ wiederbefragten Studierenden in der zweiten Erhebung.

$$\bar{x}'_{2s} = \bar{x}_{2s} + b \cdot (\bar{x}_1 - \bar{x}_{1s})$$
$$= 210 + 1{,}010 \cdot (196{,}5 - 192)$$
$$= 210 + 4{,}545$$
$$= 214{,}545.$$

Unser nächstes Ziel ist die Berechnung des korrigierten Gesamtmittelwertes der zweiten Erhebung $\bar{x}'_2$ nach Gl. (7.48). Hierfür sind die folgenden Zwischenberechnungen erforderlich:

$$w_{2u} = \frac{u}{\hat{\sigma}^2} = \frac{10}{13948} = 0{,}000717$$

$$w_{2s} = \frac{1}{\dfrac{13948 \cdot (1 - 0{,}992^2)}{10} + 0{,}992^2 \cdot \dfrac{13948}{20}}$$
$$= \frac{1}{22{,}23 + 686{,}29} = 0{,}0014.$$

Damit ist

$$v = \frac{0{,}000717}{0{,}000717 + 0{,}0014} = 0{,}338.$$

Nach Gl. (7.48) erhalten wir für $\bar{x}'_2$:

$$\bar{x}'_2 = 0{,}338 \cdot 282 + (1 - 0{,}338) \cdot 214{,}545$$
$$= 95{,}32 + 142{,}03 = 237{,}35.$$

Für den Standardfehler dieses korrigierten Mittelwertes resultiert

$$\hat{\sigma}_{\bar{x}'_2} = \sqrt{\frac{\hat{\sigma}^2 \cdot (n_2 - u \cdot r^2)}{n_2^2 - u^2 \cdot r^2}}$$
$$= \sqrt{\frac{13948 \cdot (20 - 10 \cdot 0{,}992^2)}{20^2 - 10^2 \cdot 0{,}992^2}}$$
$$= \sqrt{\frac{141702{,}75}{301{,}59}} = 21{,}68.$$

Sind die Aufwendungen für Literatur in der Population normalverteilt (diese Annahme ist nicht erforderlich, wenn – wie in vielen Fällen – $n_2 \geq 30$), lautet das 95%ige Konfidenzintervall (mit $t = 2{,}093$ bei 19 Freiheitsgraden)

$$237{,}35 \pm 2{,}093 \cdot 21{,}68 = 237{,}35 \pm 45{,}38.$$

Befänden sich in der Stichprobe keine Studierenden, die zu einem früheren Zeitpunkt bereits untersucht wurden, ergäbe sich der Standardfehler gem. Gl. (7.5) zu

$$\hat{\sigma}_{\bar{x}} = \frac{\hat{\sigma}}{\sqrt{n_2}} = \frac{118{,}10}{\sqrt{20}} = 26{,}41.$$

Die Tatsache, daß einige Studierende wiederholt befragt wurden, führt damit gem. Gl. (7.56a) zu einem Genauigkeitsgewinn von ca. 48%.

$$\frac{u}{n_2} = \frac{1}{1 + \sqrt{1 - r^2}}. \qquad (7.55)$$

Bezogen auf das Beispiel in Tafel 43 mit $u/n_2 = 0{,}5$ wäre das Mischungsverhältnis

$$\frac{u_{opt}}{n_2} = \frac{1}{1 + \sqrt{1 - 0{,}992^2}} = \frac{1}{1{,}126} \approx \frac{18}{20}$$

optimal.

Wird das optimale u in Gl. (7.54) eingesetzt, resultiert (nach einigen nicht ganz einfachen Umformungen) für den Standardfehler folgende vereinfachte Form:

$$\hat{\sigma}^2_{opt\,\bar{x}'_2} = \frac{\hat{\sigma}^2}{2 \cdot n_2} \cdot (1 + \sqrt{1 - r^2}). \qquad (7.56)$$

Unter Verwendung der optimalen Anzahl neuer Untersuchungsobjekte ($u_{opt} = 18$) ergäbe sich (bei sonst gleichen Werten) folgender Standardfehler:

$$\hat{\sigma}^2_{opt\,\bar{x}'_2} = \frac{13948}{2 \cdot 20} \cdot (1 + \sqrt{1 - 0{,}992^2}) = 392{,}72$$

$$\hat{\sigma}_{opt\,\bar{x}'_2} = \sqrt{392{,}72} = 19{,}82.$$

Dieser Standardfehler mit einem optimalen Mischungsverhältnis ist kleiner als der in Tafel 43 ermittelte Standardfehler mit einem ungünstigen Mischungsverhältnis.

Verbesserung der Schätzgenauigkeit bei unterschiedlichen Mischungsverhältnissen: Tabelle 29 ist zu entnehmen, wie sich das Mischungsverhältnis aus neuen und wiederverwendeten Untersuchungsobjekten sowie die Korrelation zwischen der ersten und der zweiten Erhebung (die natürlich nur für die wiederverwendeten Untersuchungsobjekte ermittelt werden kann) auf die Präzision der Parameterschätzung auswirken.

Die in der Tabelle 29 aufgeführten Werte geben an, um wieviel Prozent die Schätzung von μ für ein bestimmtes Mischungsverhältnis und eine bestimmte Korrelation gegenüber einer einfachen Schätzung auf Grund einer Zufallsstichprobe präziser ist. Die Prozentwerte wurden nach folgender Beziehung bestimmt:

$$\text{Verbesserung } (\%) = \left(\frac{\hat{\sigma}_{\bar{x}_2}^2}{\hat{\sigma}_{\text{opt}\,\bar{x}_2'}^2} - 1 \right) \cdot 100\%, \tag{7.56a}$$

wobei $\hat{\sigma}_{\bar{x}_2}^2 = \frac{\hat{\sigma}^2}{n_2}$.

Der Wert 24,9% für r=0,8 und u=60% besagt beispielsweise, daß eine Stichprobe, die zu 60% aus neuen und 40% aus wiederverwendeten Untersuchungsobjekten besteht, den Parameter μ um 24,9% genauer schätzt als eine einfache Zufallsstichprobe gleichen Umfanges. Die Korrelation zwischen der ersten Messung und der zweiten

Messung der 40% wiederverwendeten Untersuchungsobjekte muß hierbei r=0,8 betragen. Liegen vor der Untersuchung einigermaßen verläßliche Angaben über die Höhe der Korrelation vor, kann man der Tabelle entnehmen, wie viele neue Untersuchungsobjekte günstigerweise in die Stichprobe aufgenommen werden sollten. Weiß man beispielsweise aus vergangenen Untersuchungen, daß mit einer Korrelation von r≈0,9 zu rechnen ist, sollten etwa 70% neue Untersuchungsobjekte in die Stichprobe aufgenommen werden. (Der genaue Wert läßt sich nach Gl. 7.55 bestimmen.)

Die Tabelle 29 verdeutlicht, daß der Anteil neuer Untersuchungsobjekte unabhängig von der Höhe der Korrelation niemals unter 50% liegen sollte. (Die fett gedruckten Werte geben für alle Korrelationen ungefähr die maximalen Präzisionsgewinne wieder.)

Mehr als zwei Messungen: Die Ausführungen bezogen sich bis jetzt nur auf die einmalige Wiederverwendung von Untersuchungsobjekten. In der Praxis (insbesondere bei Forschungen mit einem Panel) kommt es jedoch nicht selten vor, daß Untersuchungsobjekte mehrmals wiederholt befragt werden. Im Prinzip besteht damit die Möglichkeit, für eine aktuelle Parameterschätzung die Daten mehrerer, weiter zurückliegender Untersuchungen zu berücksichtigen. In der Regel nimmt jedoch die Korrelation zweier Erhebungen mit wachsendem zeitlichen Abstand ab, so daß der Präzisionsgewinn zu vernachlässigen ist.

Tabelle 29. Verbesserung von Schätzungen des Parameters μ (in Prozent) in Abhängigkeit vom Mischungsverhältnis wiederbefragter und neuer Untersuchungsobjekte sowie von der Höhe der Korrelation (Erläuterungen s. Text)

Korrelation	Anteil neuer Untersuchungsobjekte in der 2. Erhebung in Prozent										
	0	10	20	30	40	50	60	70	80	90	100
0,00	0	0	0	0	0	0	0	0	0	0	0
0,10	0	0,1	0,2	0,2	0,2	**0,3**	0,2	0,2	0,2	0,1	0
0,20	0	0,4	0,7	0,9	1,0	**1,0**	1,0	0,9	0,7	0,4	0
0,30	0	0,8	1,5	1,9	2,2	**2,4**	2,3	2,0	1,6	0,9	0
0,40	0	1,5	2,6	3,5	4,1	**4,4**	4,3	3,8	2,9	1,7	0
0,50	0	2,3	4,2	5,7	6,7	**7,1**	6,4	5,0	2,9	0	
0,60	0	3,4	6,2	8,5	10,1	11,0	**11,0**	10,1	8,1	4,8	0
0,70	0	4,6	8,7	12,1	14,6	16,2	**16,7**	15,6	12,9	7,9	0
0,80	0	6,2	11,7	16,6	20,7	23,5	**24,9**	24,4	21,0	13,6	0
0,90	0	7,9	15,5	22,5	28,8	34,0	37,8	**39,3**	36,8	26,9	0
0,95	0	8,9	17,6	26,0	33,9	41,1	47,2	51,5	**51,9**	43,3	0
0,99	0	9,8	19,5	29,2	38,7	48,1	57,1	65,6	72,6	**74,8**	0

Unabhängig von der Höhe der Korrelation empfiehlt sich bei mehreren wiederholten Schätzungen eines Parameters eine Austauschstrategie, bei der in jeder Untersuchung ca. 50% der Untersuchungsobjekte der vorangegangenen Untersuchungen wieder verwendet werden. Cochran (1972, Kap. 12.11) zeigt, daß das optimale Verhältnis neuer und wiederverwendeter Untersuchungsobjekte im Laufe der Zeit (etwa nach der fünften Untersuchung) für beliebige Korrelationen gegen den Grenzwert von 1:1 strebt (weiterführende Literatur: Finkner und Nisselson, 1978; Patterson, 1950; Smith, 1978; Yates, 1965).

Schätzung von Populationsanteilen

Die Wiederverwendung von Untersuchungsobjekten aus vergangenen Stichprobenerhebungen kann sich auch auf die Schätzung eines aktuellen Populationsparameters π günstig auswirken. Es gelten hierfür die gleichen Prinzipien wie bei der Schätzung eines Mittelwertparameters μ. Da der Rechengang – wie Tafel 43 zeigte – bei diesem Stichprobenverfahren etwas komplizierter ist, wollen wir keine neuen Gleichungen einführen, sondern die bereits erläuterten Gleichungen analog verwenden. Hierbei machen wir wiederholt von einem Kunstgriff Gebrauch, der die kontinuierlichen Messungen x_i für Mittelwertsschätzungen durch dichotome Messungen (0 und 1) ersetzt (vgl. Cochran, 1972, Kap. 3.2). Für jedes Untersuchungsobjekt i ist $x_i = 1$, wenn es das Merkmal A aufweist. Ein Untersuchungsobjekt erhält den Wert 0, wenn es nicht durch das Merkmal A gekennzeichnet ist. Damit ergeben sich folgende Vereinfachungen:

$$\sum_{i=1}^{n} x_i = n_A,$$

$$\sum_{i=1}^{n} x_i^2 = n_A,$$

$$\left(\sum_{i=1}^{n} x_i \right)^2 = n_A^2,$$

$$\bar{x} = \frac{n_A}{n} = p,$$

$$\hat{\sigma} = \sqrt{\frac{n \cdot p \cdot (1 - p)}{n - 1}},$$

$$\hat{\sigma}_p = \sqrt{\frac{p \cdot (1 - p)}{n - 1}}. \tag{7.57}$$

Der weitere Rechengang für die Schätzung eines Populationsanteils π sei im folgenden an einem Beispiel verdeutlicht.

Beispiel: Die Landesregierung Bayern beauftragt ein Marktforschungsinstitut, den Bevölkerungsanteil Bayerns zu ermitteln, der im vergangenen Jahr Urlaub im Ausland machte. Das Marktforschungsinstitut befragt daraufhin eine Zufallsstichprobe des Umfanges $n_2 = 1000$. In dieser Stichprobe befinden sich 500 Personen, die bereits im letzten Jahr die gleiche Frage beantworteten. Auch in jenem Jahr befragte das Institut insgesamt $n_1 = 1000$ Personen. Die Stichprobe besteht damit aus $s = 500$ wiederbefragten Personen und $u = 500$ neuen Personen.

In der ersten Befragung berichteten $n_{1A} = 580$ Personen, sie hätten ihren Urlaub im Ausland verbracht. Damit ist

$$\sum_{i=1}^{n_1} x_{1i} = n_{1A} = 580$$

bzw. $\bar{x}_1 = p_{1A} = 0{,}58$.

Der entsprechende Wert für die $s = 500$ wiederbefragten Personen möge lauten:

$$\sum_{i=1}^{s} x_{1i} = n_{1s(A)} = 280$$

bzw. $\bar{x}_{1s} = p_{1s(A)} = 0{,}56$.

Für diejenigen Personen, die nicht wiederholt befragt wurden, folgt daraus

$$\sum_{i=1}^{q} x_{1i} = n_{1q(A)} = 300$$

bzw. $\bar{x}_{1q} = p_{1q(A)} = 0{,}60$.

Für die zweite Befragung ermittelt man

$$\sum_{i=1}^{n_2} x_{2i} = n_{2A} = 500$$

bzw. $\bar{x}_2 = p_{2A} = 0{,}50$.

$$\sum_{i=1}^{s} x_{2i} = n_{2s(A)} = 240$$

bzw. $\bar{x}_{2s} = p_{2s(A)} = 0,48$ und

$$\sum_{i=1}^{u} x_{2i} = n_{2u(A)} = 260$$

bzw. $\bar{x}_{2u} = p_{2u(A)} = 0,52$.

Von den 280 wiederbefragten Personen, die bei der ersten Erhebung die Frage nach einem Auslandsurlaub bejahten, gaben 200 an, sie hätten auch im letzten Jahr ihren Urlaub im Ausland verbracht.

$$\sum_{i=1}^{s} x_{1i} \cdot x_{2i} = n_{12s(A)} = 200.$$

Die für den weiteren Rechengang benötigten Standardabweichungen haben folgende Werte:

$$\hat{\sigma}_{1s} = \sqrt{\frac{s \cdot p_{1s(A)} \cdot (1 - p_{1s(A)})}{s - 1}}$$
$$= \sqrt{\frac{500 \cdot 0,56 \cdot 0,44}{499}} = 0,497,$$

$$\hat{\sigma}_{2s} = \sqrt{\frac{s \cdot p_{2s(A)} \cdot (1 - p_{2s(A)})}{s - 1}}$$
$$= \sqrt{\frac{500 \cdot 0,48 \cdot 0,52}{499}} = 0,500,$$

$$\hat{\sigma}_{2u} = \sqrt{\frac{u \cdot p_{2u(A)} \cdot (1 - p_{2u(A)})}{u - 1}}$$
$$= \sqrt{\frac{500 \cdot 0,52 \cdot 0,48}{499}} = 0,500,$$

$$\hat{\sigma} = \sqrt{\frac{q \cdot p_{1q(A)} \cdot (1 - p_{1q(A)}) + n \cdot p_{2A} \cdot (1 - p_{2A})}{(q - 1) + (n - 1)}}$$
$$= \sqrt{\frac{500 \cdot 0,60 \cdot 0,40 + 1000 \cdot 0,50 \cdot 0,50}{499 + 999}}$$
$$= 0,499.$$

Für b und r erhalten wir nach den Gleichungen (7.47) und (7.53):

$$b = \frac{s \cdot \sum_{i=1}^{s} x_{1i} \cdot x_{2i} - \sum_{i=1}^{s} x_{1i} \cdot \sum_{i=1}^{s} x_{2i}}{s \cdot \sum_{i=1}^{s} x_{1i}^2 - \left(\sum_{i=1}^{s} x_{1i}\right)^2}$$
$$= \frac{500 \cdot 200 - 280 \cdot 240}{500 \cdot 280 - 280^2} = 0,532$$

$$r = \frac{\hat{\sigma}_{1s} \cdot b}{\hat{\sigma}_{2s}} = \frac{0,497 \cdot 0,532}{0,500} = 0,529.$$

Der korrigierte Anteil derjenigen wiederbefragten Personen, die bei der zweiten Erhebung die Frage bejahten ($p'_{2s(A)}$), lautet damit

$$\bar{x}'_{2s} = p'_{2s(A)} = \bar{x}_{2s} + b \cdot (\bar{x}_1 - \bar{x}_{1s})$$
$$= p_{2s(A)} + b \cdot (p_{1A} - p_{1s(A)})$$
$$= 0,48 + 0,532 \cdot (0,58 - 0,56)$$
$$= 0,49.$$

Im folgenden berechnen wir die korrigierte Parameterschätzung auf Grund der zweiten Untersuchung (p'_{2A} nach Gl. 7.48). Die hierfür benötigten Zwischengrößen (Gl. 7.49 bis Gl. 7.52) lauten

$$w_{2u} = \frac{u}{\hat{\sigma}^2} = \frac{500}{0,499^2} = 2008,02$$

$$w_{2s} = \frac{1}{\frac{\hat{\sigma}^2 \cdot (1 - r^2)}{s} + r^2 \cdot \frac{\hat{\sigma}^2}{n_2}}$$
$$= \frac{1}{\frac{0,499^2 \cdot (1 - 0,529^2)}{500} + 0,529^2 \cdot \frac{0,499^2}{1000}}$$
$$= 2334,70$$

$$v = \frac{w_{2u}}{w_{2u} + w_{2s}} = 0,462.$$

Eingesetzt in Gl. (7.48) ergibt sich

$$\bar{x}'_2 = p'_{2(A)} = v \cdot \bar{x}_{2u} + (1 - v) \cdot \bar{x}'_{2s}$$
$$= v \cdot p_{2u(A)} + (1 - v) \cdot p'_{2s(A)}$$
$$= 0,462 \cdot 0,52 + (1 - 0,462) \cdot 0,49$$
$$= 0,504.$$

Als Standardfehler ermitteln wir nach Gl. (7.54)

$$\hat{\sigma}_{\overline{x}_2'} = \hat{\sigma}_{p_{2A}'} = \sqrt{\frac{\hat{\sigma}^2 \cdot (n_2 - u \cdot r^2)}{n_2^2 - u^2 \cdot r^2}}$$

$$= \sqrt{\frac{0,499^2 \cdot (1000 - 500 \cdot 0,529^2)}{1000^2 - 500^2 \cdot 0,529^2}}$$

$$= 0,01517.$$

Hieraus folgt für das 95%ige Konfidenzintervall (mit $z \pm 1,96$)

$$0,504 \pm 1,96 \cdot 0,01517 = 0,504 \pm 0,0297.$$

Das Konfidenzintervall, in dem sich diejenigen Anteilsparameter befinden, die den Stichprobenkennwert $p = 0,504$ mit 95%iger Wahrscheinlichkeit „erzeugt" haben können, hat die Grenzen 0,474 und 0,534.

Wiederum soll vergleichend derjenige Standardfehler bestimmt werden, der sich ergeben hätte, wenn keine Person wiederholt befragt, sondern eine einfache Zufallsstichprobe mit $n = 1000$ gezogen worden wäre. Hätten in dieser Stichprobe ebenfalls $n_A = 500$ Personen die Frage bejaht, ergäbe sich nach Gl. (7.57) als Standardfehler

$$\hat{\sigma}_p = \sqrt{\frac{p \cdot (1 - p)}{n - 1}} = \sqrt{\frac{0,5 \cdot 0,5}{999}} = 0,01582.$$

Die Schätzung wird also nur unwesentlich schlechter, wenn eine reine Zufallsstichprobe verwendet wird – ein Befund, der in diesem Beispiel vor allem auf die mäßige Korrelation zwischen der ersten und der zweiten Befragung der 500 wiederbefragten Personen ($r = 0,529$) zurückgeht.

7.2.5
Der Bayes'sche Ansatz

Die Genauigkeit von Parameterschätzungen, die man mit einfachen Zufallsstichproben erzielt, läßt sich – so zeigten die letzten vier Abschnitte – verbessern, wenn Merkmale bekannt sind, die mit der untersuchten Variablen zusammenhängen (geschichtete Stichprobe, Abschnitt 7.2.1), wenn sich die Population aus vielen homogenen Teilgesamtheiten zusammensetzt, von denen jede zufällig ausgewählte Teilgesamtheit entweder vollständig (Klumpenstichprobe, 7.2.2) oder stichprobenartig (mehrstufige Stichprobe, 7.2.3) untersucht wird oder wenn es möglich ist, einige Untersu-

chungsobjekte mehrmals in eine Stichprobe einzubeziehen (wiederholte Stichprobenuntersuchungen, 7.2.4). Bei diesen Ansätzen regulieren die Kenntnisse, über die man bereits vor Durchführung der Untersuchung verfügt, die Art der zu erhebenden Stichprobe. Die Qualität der Parameterschätzung hängt davon ab, ob es gelingt, einen Stichprobenplan aufzustellen, der möglichst viele Vorkenntnisse berücksichtigt.

Anders funktioniert die Nutzung von Vorinformationen nach dem Bayes'schen Ansatz: Dieser Ansatz vereinigt das Vorwissen der Forschenden und die Ergebnisse einer beliebigen Stichprobenuntersuchung zu einer gemeinsamen Schätzung des unbekannten Populationsparameters. Vorwissen und Stichprobenergebnis sind zwei voneinander unabhängige Informationsquellen, die zumindest formal als zwei gleichwertige Bestimmungsstücke der Parameterschätzung genutzt werden.

Allerdings erfordert der Bayes'sche Ansatz – wenn er zu einer substantiellen Verbesserung der Parameterschätzung führen soll – sehr spezifische Kenntnisse über den Untersuchungsgegenstand. Sie beziehen sich nicht auf Merkmale, die mit der untersuchten Variablen zusammenhängen, oder auf sonstige Besonderheiten der Zusammensetzung der Population, sondern betreffen direkt den zu schätzenden Parameter. Wir als Forschende müssen also in der Lage sein, Angaben über die mutmaßliche Größe des gesuchten Parameters zu machen.

Bereits an dieser Stelle sei auf eine Besonderheit des Bayes'schen Ansatzes gegenüber den bisher behandelten „klassischen" Parameterschätzungen hingewiesen. Die klassische Parameterschätzung geht davon aus, daß der unbekannte Parameter irgendeinen bestimmten Wert aufweist und daß bei gegebenem Parameter verschiedene Stichprobenergebnisse (wie z.B. Stichprobenmittelwerte) unterschiedlich wahrscheinlich sind (vgl. hierzu die Ausführungen auf S. 414 ff.).

Der Bayes'sche Ansatz argumentiert hier anders. Er behauptet nicht, daß der Parameter einen bestimmten Wert aufweist, sondern behandelt den Parameter als eine *Zufallsvariable*. Dies hat zur Folge, daß mehrere Schätzungen des Parameters möglich sind und daß diese Schätzungen (meistens) unterschiedlich sicher oder „glaubwürdig" sind. Im Unterschied zur Wahrscheinlichkeit als *relative Häufigkeit* verwendet der Bayes'sche Ansatz *subjektive Wahrscheinlichkeiten*, die den Grad der „inneren Überzeugung" von der Richtigkeit einer Aussage bzw. deren Glaubwürdigkeit kennzeichnen. Auch dieser Sachverhalt wird – zumindest umgangssprachlich – meistens als „Wahrscheinlichkeit" (bzw. „subjektive Wahrscheinlichkeit") bezeichnet. Wir wollen diesem begrifflichen Unterschied zukünftig dadurch Rechnung tragen, daß wir den Bayes'schen „Wahrscheinlichkeits"-Begriff in Anführungszeichen setzen.

> **!** Bei Parameterschätzungen nach dem *Bayes'schen Ansatz* werden Stichprobeninformationen und das Vorwissen der Forscher integriert.

Für die Forschungspraxis bedeutet dies, daß man, um die Vorteile des Bayes'schen Ansatzes nutzen zu können, nicht nur Vorstellungen über denjenigen Parameter haben muß, der am „wahrscheinlichsten" erscheint, sondern daß man zusätzlich Angaben darüber machen muß, für wie „wahrscheinlich" oder glaubwürdig man alle übrigen denkbaren Ausprägungen des Parameters hält. Kurz formuliert: Man muß bei diskreten Zufallsvariablen Informationen über die Wahrscheinlichkeitsfunktion des Parameters und bei stetigen Zufallsvariablen Informationen über dessen Dichtefunktion (vgl. Tafel 38) haben.

Ein Beispiel soll die Erfordernisse, die mit einer Parameterschätzung nach dem Bayes'schen Ansatz verbunden sind, verdeutlichen. Eine Studentin möge sich für die Frage interessieren, wie viele Semester Psychologiestudenten durchschnittlich bis zum Abschluß ihres Studiums benötigen. Nach Durchsicht einiger Studien- und Prüfungsordnungen hält sie 10 Semester als durchschnittliche Studienzeit für am plausibelsten. Daß die *durchschnittliche* Studienzeit weniger als acht Semester und mehr als zwölf Semester betragen könnte, kommt für sie nicht in Betracht. Die „Wahrscheinlichkeit", daß eine dieser extremen Semesterzahlen dem wahren Durchschnitt entspricht, wird Null gesetzt. Für die übrigen Semester erscheinen folgende „Wahrscheinlichkeitsangaben" realistisch.

$$p(\mu_1 = 8 \text{ Semester}) = 2\%,$$
$$p(\mu_2 = 9 \text{ Semester}) = 18\%,$$
$$p(\mu_3 = 10 \text{ Semester}) = 60\%,$$
$$p(\mu_4 = 11 \text{ Semester}) = 18\%,$$
$$p(\mu_5 = 12 \text{ Semester}) = 2\%.$$

Damit ist die Wahrscheinlichkeitsfunktion hinreichend spezifiziert, um im weiteren den gesuchten Parameter nach dem Bayes'schen Ansatz schätzen zu können. Diese Schätzung berücksichtigt neben den subjektiven Informationen das Ergebnis einer Stichprobenuntersuchung, für die alle bisher behandelten Stichprobenpläne in Frage kommen. (Techniken zur Spezifizierung des Vorwissens werden bei Molenaar und Lewis, 1996, behandelt.)

Man wird sich vielleicht fragen, ob diese Art der Berücksichtigung subjektiver Überzeugungen wissenschaftlich zu rechtfertigen ist. Sind dadurch, daß man mehr oder weniger gesicherte subjektive Überzeugungen in die Parameterschätzung einfließen läßt, der Willkür nicht Tür und Tor geöffnet?

Daß diese Bedenken nur teilweise berechtigt sind, wird deutlich, wenn man sich vergegenwärtigt, daß viele Untersuchungen von Fachleuten durchgeführt werden, die auf Grund ihrer Erfahrungen durchaus in der Lage sind, bereits vor Durchführung der Untersuchung realistische Angaben über den Ausgang der Untersuchung zu machen. Diese Kenntnisse bleiben üblicherweise bei Stichprobenuntersuchungen ungenutzt.

Auf der anderen Seite trägt der Bayes'sche Ansatz auch der Tatsache Rechnung, daß bei einzelnen Fragestellungen nur sehr vage Vorstellungen über das untersuchte Merkmal vorhanden sind. Für diese Fälle sind Vorkehrungen getroffen, die dafür sorgen, daß wenig gesicherte subjektive Vorinformationen die Parameterschätzung nur geringfügig oder gar nicht beeinflussen. Die Parameterschätzung nach dem Bayes'schen Ansatz geht dann in eine „klassische", ausschließlich stichprobenabhängige Parameterschätzung über.

Diese Flexibilität des Bayes'schen Ansatzes bietet grundsätzlich die Möglichkeit, eine Parameterschätzung mit Berücksichtigung subjektiver Informationen einer Parameterschätzung ohne subjektive Informationsanteile gegenüberzustellen, so daß

»Wir haben jetzt vierzehn, aber Kevin glaubt immer noch, es wären nur zwölf.«

Schätzfehler sind im Alltag verbreiteter als man meint. (Aus The New Yorker: Die schönsten Katzen-Cartoons (1993). München: Knaur, S. 102–103)

die Beeinflussung der Parameterschätzung durch die subjektiven Informationen transparent wird. Hierauf wird später ausführlich einzugehen sein.

Zuvor jedoch sollen diejenigen Bestandteile des Bayes'schen Ansatzes erläutert werden, die zum Verständnis von Parameterschätzungen erforderlich sind. Ausführlichere, über die Erfordernisse von Parameterschätzungen hinausgehende Darstellungen des Bayes'schen Ansatzes findet man z.B. bei Berger (1980); Edwards et al. (1963); Lindley (1965); Philips (1973); Schmitt (1969) und Winkler (1972, 1993).

Skizze der Bayes'schen Argumentation

Das Kernstück der Bayes'schen Statistik geht auf den englischen Pfarrer Thomas Bayes zurück, der seine Ideen im Jahre 1763 veröffentlichte. Zur Erläuterung dieses Ansatzes greifen wir ein Beispiel von Hays und Winkler (1970) auf, das für unsere Zwecke geringfügig modifiziert wurde.

Beispiel: Jemand wacht nachts mit starken Kopfschmerzen auf. Schlaftrunken geht die Person zum Medizinschrank und nimmt eine von drei sehr ähnlich aussehenden Flaschen heraus, in der

festen Überzeugung, die Flasche enthalte Aspirin. Nachdem sie sich mit Tabletten dieser Flasche versorgt hat, stellen sich bald heftige Beschwerden in Form von Übelkeit und Erbrechen ein. Daraufhin überprüft die Person erneut den Medizinschrank und stellt fest, daß sich unter den drei Flaschen eine Flasche mit einer giftigen Substanz befindet. Die übrigen beiden Flaschen enthalten Aspirin. Sie kann sich nicht mehr daran erinnern, ob sie irrtümlicherweise zur falschen Flasche gegriffen hat. Es stellt sich damit die Frage, ob die Beschwerden (B) auf das eventuell eingenommene Gift (G) zurückzuführen sind, oder ob das Aspirin diese Nebenwirkungen verursachte.

Soweit die Situation, die wir nun formalisieren wollen. Hierbei gehen wir von folgenden Annahmen aus: Die Wahrscheinlichkeit, daß die Person fälschlicherweise zur Giftflasche gegriffen hat, lautet bei drei mit gleicher Wahrscheinlichkeit infrage kommenden Flaschen

$$p(G) = 0,33.$$

Die Wahrscheinlichkeit, daß die ausgewählte Flasche kein Gift, sondern Aspirin enthielt [$p(\bar{G})$ lies: Wahrscheinlichkeit für „non G"] beträgt also

$p(\bar{G}) = 0,67$.

Ferner sei bekannt, mit welcher Wahrscheinlichkeit das Gift zu den oben genannten Beschwerden führt.

$p(B \mid G) = 0,80$.

Dies ist eine bedingte Wahrscheinlichkeit; $p(B \mid G)$ (lies: die Wahrscheinlichkeit von B unter der Voraussetzung, daß G eingetreten ist) symbolisiert die Wahrscheinlichkeit von Beschwerden für den Fall, daß Gift eingenommen wurde. Die gleichen Beschwerden können jedoch auch bei Einnahme von Aspirin auftreten. Für dieses Ereignis sei in pharmazeutischen Handbüchern der Wert

$p(B \mid \bar{G}) = 0,05$

aufgeführt.

Gesucht wird nun die Wahrscheinlichkeit $p(G \mid B)$, also die Wahrscheinlichkeit, daß Gift eingenommen wurde, wenn die einschlägigen Beschwerden vorliegen. Die Ermittlung dieser Wahrscheinlichkeit ist für den Fall, daß nur die genannten Wahrscheinlichkeitswerte bekannt sind, mit Hilfe des Bayes'schen Theorems möglich.

Für das Verständnis der folgenden Ausführungen ist es hilfreich, wenn man sich den Unterschied zwischen den bedingten Wahrscheinlichkeiten $p(G \mid B)$ und $p(B \mid G)$ klar macht: Die Wahrscheinlichkeit, Gift eingenommen zu haben, wenn man Beschwerden hat, ist nicht zu verwechseln mit der Wahrscheinlichkeit von Beschwerden, wenn man Gift eingenommen hat!

Das Bayes'sche Theorem: Für die Herleitung des Bayes'schen Theorems nehmen wir zunächst an, die Vierfeldertafel in Tabelle 30 sei vollständig bekannt. 300 Personen, von denen 100 Gift und 200 kein Gift (sondern Aspirin) einnahmen, wurden untersucht (pragmatische und ethische Gründe ließen eine derartige Untersuchung freilich nur als Gedankenexperiment zu). Damit schätzen wir – wie vorgesehen – $p(G)$ mit $100{:}300 = 0,33$ und $p(\bar{G})$ mit $200{:}300 = 0,67$. Für die Ermittlung der Wahrscheinlichkeit $p(B \mid G)$ betrachten wir nur die 100 Fälle, die Gift eingenommen haben. Von denen haben 80 Beschwerden, d.h. $p(B \mid G) = 80{:}100 = 0,8$. Entsprechend ergibt sich für $p(B \mid \bar{G}) = 10{:}200 = 0,05$.

Tabelle 30. Vierfeldertafel zur Herleitung des Bayes'schen Theorems

	Gift (G)	Kein Gift (Ḡ)	
Beschwerden (B)	80	10	90
Keine Beschwerden (B̄)	20	190	210
	100	200	300

Mit den Informationen von Tabelle 30 bereitet die Bestimmung der gesuchten Wahrscheinlichkeit $p(G \mid B)$ keine Schwierigkeiten. Wir betrachten nur die 90 Fälle mit Beschwerden und stellen fest, daß hiervon 80 Gift einnahmen, d.h. $p(G \mid B) = 80{:}90 = 0,89$. Wie aber läßt sich diese Wahrscheinlichkeit bestimmen, wenn die Vierfeldertafel nicht vollständig bekannt ist, sondern nur die drei oben genannten Wahrscheinlichkeiten?

Der folgende Gedankengang führt zu der gesuchten Berechnungsvorschrift. Wir betrachten zunächst die Beziehung:

$$p(B \mid G) = \frac{p(B \text{ und } G)}{p(G)}. \qquad (7.58)$$

Die Wahrscheinlichkeit von Beschwerden unter der Voraussetzung der Gifteinnahme entspricht der Wahrscheinlichkeit des gemeinsamen Ereignisses „Beschwerden und Gifteinnahme" $p(B \text{ und } G) = 80{:}300$, dividiert durch die Wahrscheinlichkeit für das Ereignis „Gifteinnahme" $p(G) = 100{:}300$ (vgl. z.B. Bortz, 1999, Kap. 2.1.2). Für diesen Quotienten resultiert der bereits bekannte Wert von 0,8 ($80{:}300/100{:}300 = 0,8$).

Für $p(G \mid B)$ schreiben wir entsprechend

$$p(G \mid B) = \frac{p(B \text{ und } G)}{p(B)}. \qquad (7.59)$$

Aus Gl. (7.58) und Gl. (7.59) folgt

$$p(B \mid G) \cdot p(G) = p(G \mid B) \cdot p(B) \qquad (7.60)$$

und

$$p(G \mid B) = \frac{p(B \mid G) \cdot p(G)}{p(B)}. \qquad (7.61)$$

Sind nicht nur die Wahrscheinlichkeiten $p(B \mid G)$ und $p(G)$ bekannt, sondern auch die

Wahrscheinlichkeit p(B) (d.h. die Wahrscheinlichkeit für das Ereignis „Beschwerden"), dienen Gl. (7.61) und Gl. (7.59) zur Ermittlung der gesuchten Wahrscheinlichkeit p(G | B). Schätzen wir p(B) nach Tabelle 30 mit p(B) = 90:300 = 0,3, resultiert für p(G | B) der bereits bekannte Wert:

$$p(G \mid B) = \frac{0,8 \cdot 0,33}{0,3} = 0,89.$$

Nun hatten wir jedoch eingangs nicht vereinbart, daß die Wahrscheinlichkeit p(B) bekannt sei. Wie man sich jedoch anhand der Vierfeldertafel in Tabelle 30 leicht überzeugen kann, ist p(B) bestimmbar durch

$$p(B) = p(B \text{ und } G) + p(B \text{ und } \bar{G}). \tag{7.61 a}$$

Die Wahrscheinlichkeit des Ereignisses „Beschwerden" [p(B) = 90:300] ist gleich der Summe der Wahrscheinlichkeiten für die gemeinsamen Ereignisse „Beschwerden und Gift" [p(B und G) = 80:300] und „Beschwerden und kein Gift" [p(B und $\bar{G}$) = 10:300]. Die Ausdrücke p(B und G) sowie p(B und $\bar{G}$) ersetzen wir unter Bezugnahme auf Gl. (7.58) durch

$$p(B \text{ und } G) = p(B \mid G) \cdot p(G)$$

und

$$p(B \text{ und } \bar{G}) = p(B \mid \bar{G}) \cdot p(\bar{G}),$$

d.h. wir erhalten

$$p(B) = p(B \mid G) \cdot p(G) + p(B \mid \bar{G}) \cdot p(\bar{G}). \tag{7.61 b}$$

Ersetzen wir p(B) in Gl. (7.61) durch Gl. (7.61 b), resultiert das *Bayes'sche Theorem.*

$$p(G \mid B) = \frac{p(B \mid G) \cdot p(G)}{p(B \mid G) \cdot p(G) + p(B \mid \bar{G}) \cdot p(\bar{G})}. \tag{7.62}$$

Für diese Bestimmungsgleichung sind alle benötigten Wahrscheinlichkeiten bekannt. Mit den eingangs genannten Werten erhalten wir für das Ereignis p(G|B) („Gifteinnahme unter der Voraussetzung von Beschwerden") erneut den Wert 0,89.

$$p(G \mid B) = \frac{0,80 \cdot 0,33}{0,80 \cdot 0,33 + 0,05 \cdot 0,67} = 0,89.$$

Die Wahrscheinlichkeit für das Ereignis p($\bar{G}$|B) („keine Gifteinnahme unter der Voraussetzung von Beschwerden") ergibt sich als Komplementärwahrscheinlichkeit einfach zu

$$p(\bar{G} \mid B) = 1 - p(G \mid B) = 1 - 0,89 = 0,11.$$

Diese bedingte Wahrscheinlichkeit besagt, daß mit einer Wahrscheinlichkeit von 0,11 kein Gift eingenommen wurde, wenn Beschwerden vorliegen. Dieser Wert läßt sich anhand Tabelle 30 ebenfalls einfach nachvollziehen:

$$p(\bar{G} \mid B) = 10 : 90 = 0,11.$$

Diskrete Zufallsvariablen

Die hier geprüften Beschwerdeursachen können durch andere Ursachen ergänzt werden: übermäßiger Alkoholgenuß, Darminfektion, verdorbene Nahrungsmittel etc. Bezeichnen wir die möglichen Ursachen (einschließlich Gift und einer Restkategorie „Ursache unbekannt") allgemein mit A_i (i = 1,2 ... k), führt dies zu der folgenden verallgemeinerten Version des Bayes'schen Theorems:

$$p(A_i \mid B) = \frac{p(B \mid A_i) \cdot p(A_i)}{\sum_{i=1}^{k} p(B \mid A_i) \cdot p(A_i)}. \tag{7.63}$$

Im einleitenden Beispiel waren $A_1 = G$ und $A_2 = \bar{G}$. Gleichung (7.63) führt zu der Wahrscheinlichkeit einer Ursache A_i, wenn Beschwerden registriert werden. Sie setzt voraus, daß nicht nur die Wahrscheinlichkeiten $p(A_i)$ für die einzelnen Ursachen bekannt sind, sondern auch die Werte $p(B|A_i)$, d.h. die Wahrscheinlichkeiten, mit denen Beschwerden auftreten, wenn die einzelnen Ursachen A_i zutreffen. Kurz: Es muß sowohl die Wahrscheinlichkeitsverteilung der diskreten Zufallsvariablen „Beschwerdeursachen" als auch die bedingte Wahrscheinlichkeitsverteilung des Ereignisses „Beschwerden unter der Bedingung aller möglichen Beschwerdeursachen" bekannt sein. Kennt man diese Wahrscheinlichkeiten, läßt sich mit Hilfe des Bayes'schen Theorems die *bedingte* Wahrscheinlichkeitsverteilung für die Beschwerdeursachen bestimmen, d.h. die Wahrscheinlichkeitsverteilung aller möglicher Beschwerdeursachen für den Fall, daß Beschwerden vorliegen.

An dieser Stelle wollen wir uns vom Beispiel lösen und versuchen, die Tragweite dieses Ansatzes auszuloten. Gegeben sei eine (vorerst diskrete)

Zufallsvariable $X = A_i$, über deren „Wahrscheinlichkeitsverteilung" $p(X = A_i)$ mehr oder weniger präzise Vorstellungen bestehen mögen. Diese Verteilung repräsentiert die sog. *Priorverteilung* von X. Es wird eine empirische Untersuchung durchgeführt, deren Resultat wir mit B bezeichnen wollen. Die bedingte Wahrscheinlichkeit $p(B|A_i)$ bzw. die Wahrscheinlichkeit dafür, daß B eintritt, wenn die Zufallsvariable X den Wert A_i annimmt, sei ebenfalls bekannt (oder – wie wir später sehen werden – errechenbar). Das Bayes'sche Theorem gem. Gl. (7.63) korrigiert nun die Priorverteilung $p(X = A_i)$ [oder kurz: $p(A_i)$] angesichts der Tatsache, daß B eingetreten ist. Die resultierenden Wahrscheinlichkeiten $p(X = A_i|B)$ [kurz: $p(A_i|B)$] konstituieren die sog. *Posteriorverteilung* der Zufallsvariablen X.

Beispiel: Ein Beispiel (nach Winkler, 1972, S. 44) soll diesen verallgemeinerten Ansatz verdeutlichen. Bei einem zufällig ausgewählten Bewohner einer Stadt mögen anläßlich einer Röntgenuntersuchung Schatten auf der Lunge (positiver Röntgenbefund = B) festgestellt worden sein. Einfachheitshalber nehmen wir an, daß dies ein Zeichen für Lungenkrebs (A_1) oder für Tuberkulose (A_2) sein kann, bzw. daß die Schatten im Röntgenbild durch keine der beiden Krankheiten (A_3) verursacht werden. (Der Fall, daß die Person sowohl Lungenkrebs als auch Tuberkulose hat, wird hier ausgeschlossen.) Ferner möge man die folgenden Wahrscheinlichkeiten kennen:

1. Die Wahrscheinlichkeit eines positiven Röntgenbefundes bei Personen mit Lungenkrebs: $p(B|A_1) = 0,90$.
2. Die Wahrscheinlichkeit eines positiven Röntgenbefundes bei Personen mit Tuberkulose: $p(B|A_2) = 0,95$.
3. Die Wahrscheinlichkeit eines positiven Röntgenbefundes bei Personen, die weder Lungenkrebs noch Tuberkulose haben: $p(B|A_3) = 0,07$.
4. In der Stadt, in der die Untersuchung durchgeführt wurde, haben 2% aller Bewohner Lungenkrebs: $p(A_1) = 0,02$.
5. In der Stadt, in der die Untersuchung durchgeführt wurde, haben 1% aller Bewohner Tuberkulose: $p(A_2) = 0,01$.
6. In der Stadt, in der die Untersuchung durchgeführt wurde, haben 97% weder Lungenkrebs noch Tuberkulose: $p(A_3) = 0,97$.

Die unter den Punkten 4–6 genannten Wahrscheinlichkeiten stellen die Priorwahrscheinlichkeiten dar. Die Wahrscheinlichkeiten, daß die untersuchte Person mit positivem Röntgenbefund Lungenkrebs, Tuberkulose oder keine dieser beiden Krankheiten hat (Posteriorwahrscheinlichkeit), lassen sich unter Verwendung von Gl. (7.63) in folgender Weise berechnen:

$$p(A_1|B) = \frac{0,90 \cdot 0,02}{0,90 \cdot 0,02 + 0,95 \cdot 0,01 + 0,07 \cdot 0,97}$$
$$= \frac{0,018}{0,0954} = 0,1887,$$

$$p(A_2|B) = \frac{0,95 \cdot 0,01}{0,0954} = 0,0996,$$

$$p(A_3|B) = \frac{0,07 \cdot 0,97}{0,0954} = 0,7117.$$

Die Summe der Posteriorwahrscheinlichkeiten ergibt – wie auch die Summe der Priorwahrscheinlichkeiten – den Wert 1.

Vor der Röntgenuntersuchung betrug das Risiko, an Lungenkrebs erkrankt zu sein, 2% und das Risiko, Tuberkulose zu haben, 1%. Nach dem positiven Röntgenbefund erhöhen sich diese Wahrscheinlichkeiten auf ca. 19% für Lungenkrebs und auf ca. 10% für Tuberkulose. Für die Wahrscheinlichkeit, daß der Röntgenbefund bedeutungslos ist, verbleiben damit ca. 71%.

Es ist offenkundig, daß die Posteriorwahrscheinlichkeiten nur dann verläßlich sind, wenn sowohl für die Priorwahrscheinlichkeiten $p(A_i)$ als auch für die bedingten Wahrscheinlichkeiten $p(B|A_i)$ brauchbare Schätzungen vorliegen. Auf eine Schätzung der bedingten Wahrscheinlichkeiten $p(B|A_i)$ kann man indes verzichten, wenn die untersuchte Zufallsvariable einem mathematisch bekannten Verteilungsmodell folgt (z. B. Binomialverteilung oder Poisson-Verteilung). Die Priorverteilung $p(A_i)$ spezifiziert dann Annahmen über die Art des Verteilungsmodells (z. B. Binomialverteilung mit den Parametern $\pi = 0,15$, $\pi = 0,20$ etc.). Erhält man auf Grund einer Untersuchung zusätzlich einen empirischen Schätzwert B für den unbekannten Parameter

(z. B. p = 0,12), können die Likelihoods dieses Schätzwertes bei Gültigkeit der möglichen Parameter ermittelt werden (vgl. S. 411 ff.). Mit Hilfe des Bayes'schen Theorems gem. Gl. (7.63) wird dann die Priorverteilung im Hinblick auf das empirische Ergebnis B korrigiert, d. h. man erhält die Posteriorverteilung $p(A_i | B)$, mit der die „Wahrscheinlichkeits"-Verteilung der Zufallsvariablen bei gegebenem B charakterisiert wird. Die folgenden Beispiele verdeutlichen diese Anwendungsvariante.

Binomialverteilung: Eine Berufsberaterin möchte wissen, wieviel Prozent eines Abiturientenjahrganges sich für das Studienfach Psychologie interessieren. Als Prozentzahlen (Parameterschätzungen) kommen für sie nur die folgenden Werte infrage: $\pi_1 = 1\%$, $\pi_2 = 3\%$, $\pi_3 = 8\%$ und $\pi_4 = 15\%$. (Die π_i-Werte ersetzen die A_i-Werte in Gl. 7.63). Das Beispiel ist natürlich unrealistisch, da angenommen wird, daß alle übrigen Prozentzahlen überhaupt nicht zutreffen können. Richtiger wäre es, kontinuierliche Prozentzahlen anzunehmen. Wir müssen diese Variante jedoch bis zur Behandlung stetiger Variablen zurückstellen (vgl. S. 440 ff.). Allerdings erscheinen der Berufsberaterin nicht alle Prozentzahlen gleich „wahrscheinlich". Ausgehend von ihrer Erfahrung ordnet sie den vier Parameterschätzungen folgende „Wahrscheinlichkeiten" zu:

$$p(\pi_1 = 1\%) = 0,30,$$
$$p(\pi_2 = 3\%) = 0,50,$$
$$p(\pi_3 = 8\%) = 0,15,$$
$$p(\pi_4 = 15\%) = 0,05.$$

Dies ist die Priorverteilung der Berufsberaterin. Nach ihrer Ansicht sind 3% Psychologie-Aspiranten unter den Abiturienten am „wahrscheinlichsten" und 15% am „unwahrscheinlichsten". Der Erwartungswert der Priorverteilung lautet

$$E(\pi_i) = \sum_{i=1}^{k} p_i \cdot \pi_i = 0,0375 \text{ bzw. } 3,75\%.$$

Die Berufsberaterin befragt nun eine Zufallsstichprobe von 20 Abiturienten hinsichtlich ihrer Berufswünsche. Eine der Befragten beabsichtigt, Psychologie zu studieren, d. h. die Stichprobe führt zu dem Resultat B = 5% (oder 0,05). Mit Hilfe des Bayes'schen Theorems gem. Gl. (7.63) läßt

sich nun eine Posteriorverteilung berechnen, der zu entnehmen ist, welche der vier Parameterschätzungen bei Berücksichtigung der subjektiven Vermutungen der Berufsberaterin und des objektiven Stichprobenergebnisses am „wahrscheinlichsten" ist.

Gemäß Gl. (7.63) benötigen wir hierfür neben den $p(\pi_i)$-Werten die $p(B|\pi_i)$-Werte, d. h. die Wahrscheinlichkeiten des Stichprobenergebnisses bei Gültigkeit der verschiedenen Annahmen über den Parameter π. Diese (bislang geschätzten) Werte bezeichneten wir auf S. 411 f. als Likelihoods. Wir fragen nach der Likelihood des Stichprobenergebnisses k = 1 Psychologieaspirant unter n = 20 Abiturienten, wenn der Anteil der Psychologieaspiranten in der Population aller Abiturienten z. B. $\pi_1 = 0,01$ (oder 1%) beträgt. Wie bereits gezeigt wurde (vgl. S. 412 f.), kann diese Likelihood über die Binomialverteilung errechnet werden.

Hierbei setzen wir voraus, daß die Antworten der Abiturienten einem „Bernoulli-Prozeß" entsprechen, d. h. daß sie den Anforderungen der Stationarität und Unabhängigkeit genügen. Stationarität besagt in diesem Zusammenhang, daß die Wahrscheinlichkeit, sich für ein Psychologiestudium zu entscheiden, für die Befragten konstant ist und Unabhängigkeit meint, daß die Art der Antwort eines Abiturienten – für oder gegen ein Psychologiestudium – nicht durch die Antworten anderer Abiturienten beeinflußt wird. Bei einer echten Zufallsauswahl von 20 Abiturienten dürften beide Anforderungen erfüllt sein.

Wir erhalten nach Gl. (7.4)

$$p(B \mid \pi_1) = p(X = 1 \mid \pi = 0,01, \, n = 20)$$
$$= \binom{20}{1} \cdot 0,01^1 \cdot 0,99^{19} = 0,165.$$

Tabelle 31 faßt die zur Bestimmung der Posteriorverteilung erforderlichen Schritte zusammen.

Die $p(B|\pi_i)$-Werte werden – analog zu der oben aufgeführten Rechnung – unter Verwendung des jeweiligen Parameters π_i bestimmt. Die Produkte $p(\pi_i) \cdot p(B|\pi_i)$ führen, relativiert an der Summe dieser Produkte, zu den gesuchten Posteriorwahrscheinlichkeiten. (Rechenkontrolle: die Priorwahrscheinlichkeiten und die Posteriorwahrscheinlichkeiten müssen sich jeweils zu 1 addieren.) Diese Werte zeigen, daß die ursprüngliche Vermutung der Berufsberaterin, $\pi_2 = 0,03$ sei der „wahrscheinlichste" Parameter, durch das Stichprobenergebnis untermauert wird. Die Priorwahrscheinlichkeit dieses Parameters hat sich nach Berücksichtigung des Stichprobenergebnisses auf 0,61 erhöht.

Tabelle 31. Ermittlung der Posteriorwahrscheinlichkeiten nach dem Bayes'schen Theorem bei einem binomialverteilten Merkmal

π_i	Priorwahrscheinlich-keit $p(\pi_i)$	Likelihood $p(B\mid\pi_i)$	$p(\pi_i)\cdot p(B\mid\pi_i)$	Posteriorwahrschein-lichkeit $p(\pi_i\mid B)$
0,01	0,30	0,165	0,0495	0,18
0,03	0,50	0,336	0,1680	0,61
0,08	0,15	0,328	0,0492	0,18
0,15	0,05	0,137	0,0069	0,03
	1,00		0,2736	1,00

Der Erwartungswert der Posteriorverteilung lautet

$$E(\pi_i) = \sum_{i=1}^{k}\pi_i \cdot p(\pi_i\mid B) = 0,039 \text{ bzw. } 3,9\%.$$

Gegenüber der Priorverteilung (mit $E(\pi_i)=3{,}75\%$) hat sich der Erwartungswert durch die Berücksichtigung der Stichprobeninformation also nur geringfügig vergrößert.

Nach Ermittlung der Posteriorwahrscheinlichkeiten könnte die Berufsberaterin erneut eine Stichprobe ziehen und die Posteriorwahrscheinlichkeiten, die jetzt als Priorwahrscheinlichkeiten eingesetzt werden, auf Grund des neuen Stichprobenergebnisses korrigieren. Die Priorwahrscheinlichkeiten berücksichtigen in diesem Falle also sowohl die subjektive Einschätzung der Berufsberaterin als auch das erste Stichprobenergebnis. Dieser Vorgang, die Korrektur der alten Posteriorwahrscheinlichkeiten als neue Priorwahrscheinlichkeiten auf Grund eines weiteren Stichprobenergebnisses, läßt sich beliebig häufig fortsetzen. Statt der wiederholten Korrektur der jeweils neuen Priorwahrscheinlichkeiten können die ursprünglichen Priorwahrscheinlichkeiten jedoch auch nur einmal durch die zusammengefaßten Stichproben korrigiert werden. Beide Wege – die wiederholte Korrektur auf Grund einzelner Stichprobenergebnisse und die einmalige Korrektur durch die zusammengefaßten Stichprobenergebnisse – führen letztlich zu identischen Posteriorwahrscheinlichkeiten.

Das Beispiel demonstrierte, wie unter der Annahme einer Binomialverteilung die Likelihoods $p(B\mid A_i)$ ermittelt werden. Im folgenden wird gezeigt, wie die für das Bayes'sche Theorem benötigten Likelihoods zu ermitteln sind, wenn das interessierende Merkmal anderen Verteilungsmodellen folgt.

Poisson-Verteilung: Die Annahme, daß in jedem der n durchgeführten „Versuche" entweder das Ereignis A oder das Ereignis $\bar{\text{A}}$ mit jeweils konstanter Wahrscheinlichkeit auftritt, rechtfertigt die Verwendung der Binomialverteilung. Interessieren uns nun Ereignisse, die über die Zeit (oder eine andere kontinuierliche Variable) verteilt sind, kann es vorkommen, daß das Ereignis in einem bestimmten Intervall (in einem „Versuch") mehrmals auftritt (Beispiele: Anzahl der Druckfehler pro Buchseite, Anzahl der Rosinen pro Rosinenbrötchen, Anzahl der Telefonanrufe pro Stunde). Die durchschnittliche Anzahl der Ereignisse pro „Versuch" (z. B. Anzahl der Druckfehler pro Buchseite) bezeichnen wir mit c (Intensitätsparameter). Gefragt wird nach der Wahrscheinlichkeit, daß eine beliebige Buchseite k = 0, 1, 2... Druckfehler enthält. Unter der Voraussetzung, daß die Wahrscheinlichkeit eines Druckfehlers für alle Seiten konstant ist (Stationaritätsannahme) und daß die Druckfehlerwahrscheinlichkeiten seitenweise voneinander unabhängig sind (Unabhängigkeitsannahme), ergibt sich die Wahrscheinlichkeit für k Druckfehler auf einer beliebigen Seite bei gegebenem c nach der Poisson-Verteilung:

$$p(k\mid c) = \frac{c^k}{e^c \cdot k!} \ (e = 2{,}7183). \tag{7.64}$$

Sind die Voraussetzungen für einen Bernoulli-Prozeß erfüllt (Eintreten des Ereignisses A pro Versuch mit konstanter Wahrscheinlichkeit), läßt sich die dann einschlägige Binomialverteilung durch die Poisson-Verteilung approximieren, falls n > 10 und $\pi < 0{,}05$ ist (vgl. Sachs, 1999, S. 228). In diesem Falle ist c = n · π.

Beispiel: Wie groß ist die Wahrscheinlichkeit, daß bei 100 Roulette-Spielen genau 1mal die Null fällt?

Binomial:

$$p = (X = 1|\pi = 1/37;\ n = 100) = \binom{100}{1} \cdot (1/37)^1 \cdot$$

$$\cdot (36/37)^{99} = 0,1794\ .$$

Poisson:

$$p(k = 1|c = 100/37) = \frac{(100/37)^1}{e^{(100/37)} \cdot 1!} = 0,1811\ .$$

Wir wollen die Revision einer Priorverteilung für den Fall, daß das untersuchte Merkmal poissonverteilt ist, an einem Beispiel (nach Winkler, 1972, Kap. 3.4) demonstrieren.

Ein Autohändler gruppiert Autoverkäufer in drei Kategorien: Ein hervorragender Verkäufer verkauft durchschnittlich an jedem zweiten Tag, ein guter Verkäufer an jedem vierten Tag und ein schlechter Verkäufer an jedem achten Tag ein Auto. Die durchschnittlichen Wahrscheinlichkeiten für das Ereignis „ein Auto pro Tag verkauft" lauten also $\pi_1 = 0,5$, $\pi_2 = 0,25$ und $\pi_3 = 0,125$. Für diese π-Werte gibt der Autohändler folgende Priorwahrscheinlichkeiten an:

$$p(\pi_1 = 0,5) = 0,2,$$
$$p(\pi_2 = 0,25) = 0,5,$$
$$p(\pi_3 = 0,125) = 0,3.$$

Vereinfachend nehmen wir an, daß alle übrigen π-Werte eine Wahrscheinlichkeit von Null aufweisen. (Die angemessenere Handhabung dieses Problems, die von einem Kontinuum der π-Parameter ausgeht, wird bei Winkler, 1972, Kap. 4.7) erörtert.

Dieser Einschätzung folgend gehört ein neu einzustellender, noch unbekannter Verkäufer mit einer „Wahrscheinlichkeit" von 20% zur Kategorie der hervorragenden Verkäufer, mit 50% „Wahrscheinlichkeit" zur Kategorie der guten Verkäufer und mit 30% „Wahrscheinlichkeit" zur Kategorie der schlechten Verkäufer.

Ein neuer Verkäufer möge nun in n = 24 Tagen 10 Autos verkauft haben. Hieraus ergeben sich folgende Likelihoods $p(k = 10|c_i)$ (mit $c_1 = 24 \cdot 0,5 = 12$; $c_2 = 24 \cdot 0,25 = 6$ und $c_3 = 24 \cdot 0,125 = 3$):

$$p(k = 10|c_1 = 12) = \frac{12^{10}}{e^{12} \cdot 10!} = 0,1048,$$

$$p(k = 10|c_2 = 6) = \frac{6^{10}}{e^6 \cdot 10!} = 0,0413,$$

$$p(k = 10|c_3 = 3) = \frac{3^{10}}{e^3 \cdot 10!} = 0,0008.$$

Tabelle 32 zeigt die zur Revision der Priorwahrscheinlichkeiten erforderlichen Rechenschritte.

Die Priorwahrscheinlichkeit für die Kategorie „hervorragender Verkäufer" hat sich damit von 0,2 auf ca. 0,5 erhöht. Die Wahrscheinlichkeit für die Kategorie „schlechter Verkäufer" wird hingegen verschwindend klein. Die ursprüngliche Erwartung, daß ein Verkäufer pro Tag im Durchschnitt 0,26 Autos (bzw. ein Auto in 3,8 Tagen) verkaufen würde (dies ist der Erwartungswert der Zufallsvariablen „Anzahl der Verkäufe" unter Verwendung der Priorwahrscheinlichkeiten), muß nun auf 0,37 Autos pro Tag (bzw. ein Auto in 2,7 Tagen) erhöht werden (Erwartungswert der Zufallsvariablen „Anzahl der Verkäufe" mit den Posteriorwahrscheinlichkeiten).

Hypergeometrische Verteilung: Das Modell der Binomialverteilung geht davon aus, daß die Wahrscheinlichkeiten für die Ereignisse A oder $\bar{A}$ konstant sind. Diese Voraussetzung ist verletzt, wenn sich die Wahrscheinlichkeiten von Versuch zu Versuch ändern, was z. B. der Fall ist, wenn die Anzahl aller möglichen Versuche (oder die Größe der Population) begrenzt ist. Werden beispielsweise aus einem Skatspiel (N = 32 Karten) nacheinander n = 6 Karten gezogen (ohne Zurücklegen), verändert sich die Wahrscheinlichkeit, eine der R = 8 Herzkarten zu ziehen, von Karte zu Karte. Sie beträgt für die erste Karte 8:32, für die zweite Karte 8:31, wenn die erste Karte kein Herz war bzw. 7:31, wenn die erste Karte ein Herz war, etc. Die Häufigkeit des Auftretens für das Ereignis A bei n Versuchen (z. B. r = 3 Herzkarten unter 6 gezogenen Karten) folgt einer hypergeometrischen Verteilung. (Die Binomialverteilung wäre einschlägig, wenn man die Karten jeweils zurücklegen würde.) Die Wahrscheinlichkeiten für verschiedene r-Werte lassen sich bei gegebenem n, R und N nach folgender Gleichung ermitteln:

Tabelle 32. Ermittlung der Posteriorwahrscheinlichkeiten nach dem Bayes'schen Theorem bei einem Poisson-verteilten Merkmal

c_i	Priorwahrscheinlichkeit $p(c_i)$	Likelihood $p(k|c_i)$	$p(c_i) \cdot p(k|c_i)$	Posteriorwahrscheinlichkeit $p(c_i|k)$
12	0,2	0,1048	0,02096	0,501
6	0,5	0,0413	0,02065	0,493
3	0,3	0,0008	0,00024	0,006
	1,0		0,04185	1,000

Tabelle 33. Ermittlung der Posteriorwahrscheinlichkeiten nach dem Bayes'schen Theorem bei einem hypergeometrisch verteilten Merkmal

R	Priorwahrscheinlichkeit $p(R_i)$	Likelihood $p(r|R_i)$	$p(R_i) \cdot p(r|R_i)$	Posteriorwahrscheinlichkeit $p(R_i|r)$
10	0,4	0,4313	0,1725	0,5586
20	0,5	0,2587	0,1294	0,4190
30	0,1	0,0686	0,0069	0,0224
	1,0		0,3088	1,0000

$$p(r \,|\, n, R, N) = \frac{\binom{R}{r} \cdot \binom{N-R}{n-r}}{\binom{N}{n}}. \qquad (7.65)$$

Das folgende Beispiel zeigt die Revision von Priorwahrscheinlichkeiten bei einem hypergeometrisch verteilten Merkmal. Einem Wanderer sind während eines Regens die Streichhölzer naß geworden. Er schätzt nun, wieviele der $N = 50$ Streichhölzer, die sich in der Schachtel befinden, durch den Regen unbrauchbar geworden sind. Die folgenden Schätzungen erscheinen ihm sinnvoll: $R_1 = 10$, $R_2 = 20$ und $R_3 = 30$ (erneut betrachten wir nur einige Werte). Seine Priorwahrscheinlichkeiten für diese Anteile defekter Streichhölzer legt der Wanderer (dem das Mißgeschick nasser Streichhölzer nicht zum ersten Mal passiert) in folgender Weise fest:

$$p(R_1 = 10) = 0,4,$$
$$p(R_2 = 20) = 0,5,$$
$$p(R_3 = 30) = 0,1.$$

Von $n = 5$ Streichhölzern, die er prüft, ist nur $r = 1$ Streichholz unbrauchbar. Die Likelihood des Ereignisses unter der Annahme $R = 10$ lautet:

$$p(r = 1 \,|\, n = 5, R = 10, N = 50)$$
$$= \frac{\binom{10}{1} \cdot \binom{40}{4}}{\binom{50}{5}}$$
$$= \frac{\dfrac{10}{1} \cdot \dfrac{40 \cdot 39 \cdot 38 \cdot 37}{4 \cdot 3 \cdot 2 \cdot 1}}{\dfrac{50 \cdot 49 \cdot 48 \cdot 47 \cdot 46}{5 \cdot 4 \cdot 3 \cdot 2 \cdot 1}}$$
$$= \frac{913900}{2118760} = 0,4313.$$

Für $R = 20$ und $R = 30$ errechnen wir nach dieser Gleichung die Likelihoods 0,2587 und 0,0686. Tabelle 33 zeigt, wie dieses empirische Ergebnis die Priorwahrscheinlichkeiten verändert.

Die Wahrscheinlichkeiten haben sich zugunsten der Hypothese $R = 10$ verschoben. Während der Wanderer nach seiner ersten Schätzung mit 17 unbrauchbaren Streichhölzern rechnete ($10 \cdot 0,4 + 20 \cdot 0,5 + 30 \cdot 0,1 = 17$), kann er nach den 5 geprüften Streichhölzern davon ausgehen, daß die Schachtel insgesamt nur ca. 15 unbrauchbare Streichhölzer enthält ($10 \cdot 0,559 + 20 \cdot 0,419 + 30 \cdot 0,022 = 14,6$).

Multinomiale Verteilung: Ein einfaches Urnenbeispiel erläutert die Besonderheiten einer multinomialen Verteilung. Befinden sich in einer Urne rote und schwarze Kugeln in einem bestimmten Häufigkeitsverhältnis, sind die Wahrscheinlichkeiten, bei n Versuchen z. B. k=0, 1, 2 ... rote Kugeln zu ziehen, binomialverteilt, wenn die Kugeln wieder zurückgelegt werden. Befinden sich in der Urne hingegen mehr als zwei Kugelarten, wie z. B. rote Kugeln mit der Wahrscheinlichkeit π_1, schwarze Kugeln mit der Wahrscheinlichkeit π_2, grüne Kugeln mit der Wahrscheinlichkeit π_3 und gelbe Kugeln mit der Wahrscheinlichkeit π_4, wird die Wahrscheinlichkeit dafür, daß bei n Versuchen k_1 rote, k_2 schwarze, k_3 grüne und k_4 gelbe Kugeln gezogen werden (wiederum mit Zurücklegen), über die multinomiale Verteilung berechnet. Die binomiale Verteilung verwenden wir für zwei einander ausschließende Ereignisklassen und die multinomiale Verteilung für mehr als zwei oder s einander ausschließende Ereignisklassen. Die Wahrscheinlichkeitsverteilung wird durch folgende Gleichung beschrieben:

$$p(k_1, k_2 \ldots k_s \mid n, \pi_1, \pi_2 \ldots \pi_3)$$

$$= \frac{n!}{k_1! \cdot k_2! \cdot \ldots k_s!} \cdot \pi_1^{k_1} \cdot \pi_2^{k_2} \ldots \pi_s^{k_s} \quad (7.66)$$

Auch diese Gleichung sei an einem Beispiel demonstriert. Eine Werbeagentur erhält den Auftrag, für ein Produkt eine möglichst werbewirksame Verpackung zu entwickeln. Drei Vorschläge (V_1, V_2 und V_3) kommen in die engere Wahl und sollen getestet werden. Vorab bittet die Agentur ihre Werbefachleute, die Werbewirksamkeit der drei Vorschläge einzuschätzen. Da man sich nicht einigen kann, werden mehrere Einschätzungen abgegeben (die Einschätzungen verdeutlichen gleichzeitig verschiedene *Strategien zur Quantifizierung subjektiver Wahrscheinlichkeiten;* näheres hierzu vgl. Philips, 1973, Teil 1). Sie lauten:
1. Einschätzung: V1 ist doppelt so wirksam wie V2. V2 und V3 unterscheiden sich nicht, d. h.: $\pi_1 = 0{,}5$; $\pi_2 = 0{,}25$ und $\pi_3 = 0{,}25$.
2. Einschätzung: Die Werbewirksamkeit der drei Vorschläge steht im Verhältnis 3:2:1 zueinander, d. h.: $\pi_1 = 3/6 = 0{,}5$; $\pi_2 = 2/6 = 0{,}333$ und $\pi_3 = 1/6 = 0{,}167$.
3. Einschätzung: V1 und V3 sind gleich wirksam, und V2 ist nahezu unwirksam, d. h.: $\pi_1 = 0{,}495$; $\pi_2 = 0{,}01$ und $\pi_3 = 0{,}495$.

4. Einschätzung: Wenn für die Werbewirksamkeit der drei Vorschläge 100 Punkte zu vergeben sind, erhält der erste Vorschlag 80 Punkte, der zweite 15 Punkte und der dritte 5 Punkte, d. h.: $\pi_1 = 0{,}8$; $\pi_2 = 0{,}15$ und $\pi_3 = 0{,}05$.

Abschließend geben die Werbefachleute eine Schätzung darüber ab, für wie „wahrscheinlich" sie es halten, daß die einzelnen Einschätzungen tatsächlich zutreffen (Priorwahrscheinlichkeiten). Aus den individuellen „Wahrscheinlichkeiten" resultieren folgende Durchschnittswerte (erneut wollen wir davon ausgehen, daß nur die hier aufgeführten π-Werte als Parameterschätzungen infrage kommen):

$$p(\pi_1 = 0{,}5; \pi_2 = 0{,}25; \pi_3 = 0{,}25) = 0{,}40,$$
$$p(\pi_1 = 0{,}5; \pi_2 = 0{,}333; \pi_3 = 0{,}167) = 0{,}50,$$
$$p(\pi_1 = 0{,}495; \pi_2 = 0{,}01; \pi_3 = 0{,}495) = 0{,}02,$$
$$p(\pi_1 = 0{,}8; \pi_2 = 0{,}15; \pi_3 = 0{,}05) = 0{,}08.$$

In einem Verkaufsexperiment entscheiden sich von n = 20 Käufern $k_1 = 12$ für die erste Verpackungsart (V_1), $k_2 = 5$ für die zweite Verpackungsart (V_2) und $k_3 = 3$ für die dritte Verpackungsart (V_3). (Die Ablehnung aller drei Verpackungsarten oder die Wahl mehrerer Verpackungsarten sei ausgeschlossen.) Die Likelihood dieses empirischen Ergebnisses für das erste multinomiale Modell (erste Einschätzung) lautet:

$$p(k_1 = 12; k_2 = 5; k_3 = 3 \mid n = 20, \pi_1 = 0{,}5;$$
$$\pi_2 = 0{,}25; \pi_3 = 0{,}25) = p(\text{Ergebnis} \mid 1. \text{ Modell})$$
$$= \frac{20!}{12! \cdot 5! \cdot 3!} \cdot 0{,}5^{12} \cdot 0{,}25^5 \cdot 0{,}25^3$$
$$= 7054320 \cdot 3{,}72529 \cdot 10^{-9} = 0{,}0263.$$

Für die weiteren Modelle ergeben sich nach dem gleichen Algorithmus:

$$p(\text{Ergebnis} \mid 2. \text{ Modell}) = 0{,}0328,$$
$$p(\text{Ergebnis} \mid 3. \text{ Modell}) = 1{,}85 \cdot 10^{-8} \approx 0,$$
$$p(\text{Ergebnis} \mid 4. \text{ Modell}) = 0{,}0046.$$

Damit sind die Priorwahrscheinlichkeiten gemäß Tabelle 34 zu korrigieren.

Empirische Evidenz und subjektive Einschätzung führen zusammengenommen zu dem Resultat, daß das dritte und das vierte Modell prak-

Tabelle 34. Ermittlung der Posteriorwahrscheinlichkeiten nach dem Bayes'schen Theorem bei einem multinomial verteilten Merkmal

Modell (i)	Priorwahrschein-lichkeit p (Modell$_i$)	Likelihood p(Ergebnis| Modell$_i$)	p(Modell$_i$) ·p(Ergebnis| Modell$_i$)	Posteriorwahr-scheinlichkeit p(Modell$_i$| Ergebnis)
$\pi_1=0{,}5$; $\pi_2=0{,}25$; $\pi_3=0{,}25$	0,40	0,0263	0,01052	0,385
$\pi_1=0{,}5$; $\pi_2=0{,}333$; $\pi_3=0{,}167$	0,50	0,0328	0,01640	0,601
$\pi_1=0{,}495$; $\pi_2=0{,}01$; $\pi_3=0{,}495$	0,02	0,0000	0,00000	0,000
$\pi_1=0{,}80$; $\pi_2=0{,}15$; $\pi_3=0{,}05$	0,08	0,0046	0,00037	0,014
	$\overline{1{,}00}$		$\overline{0{,}02729}$	$\overline{1{,}000}$

tisch ausscheiden. Das Modell mit der höchsten Priorwahrscheinlichkeit (Modell 2) hat mit 0,601 auch die höchste Posteriorwahrscheinlichkeit. Offensichtlich haben die empirischen Daten (mit $p_1 = 0{,}60$; $p_2 = 0{,}25$ und $p_3 = 0{,}15$) dieses Modell am besten bestätigt. Die Erwartungswerte für die Parameter der multinomialen Verteilung lauten:

Vor der empirischen Untersuchung:

$$E(\pi_1) = 0{,}40 \cdot 0{,}5 + 0{,}50 \cdot 0{,}5 + 0{,}02 \cdot 0{,}495$$
$$+ 0{,}08 \cdot 0{,}8 = 0{,}524,$$

$$E(\pi_2) = 0{,}40 \cdot 0{,}25 + 0{,}50 \cdot 0{,}333 + 0{,}02 \cdot 0{,}01$$
$$+ 0{,}08 \cdot 0{,}15 = 0{,}279,$$

$$E(\pi_3) = 0{,}40 \cdot 0{,}25 + 0{,}50 \cdot 0{,}167 + 0{,}02 \cdot 0{,}495$$
$$+ 0{,}08 \cdot 0{,}05 = 0{,}197.$$

Nach der empirischen Untersuchung:

$$E(\pi_1) = 0{,}385 \cdot 0{,}5 + 0{,}601 \cdot 0{,}5 + 0{,}000 \cdot 0{,}495$$
$$+ 0{,}014 \cdot 0{,}80 = 0{,}504,$$

$$E(\pi_2) = 0{,}385 \cdot 0{,}25 + 0{,}601 \cdot 0{,}333 + 0{,}000 \cdot 0{,}01$$
$$+ 0{,}014 \cdot 0{,}15 = 0{,}298,$$

$$E(\pi_3) = 0{,}385 \cdot 0{,}25 + 0{,}601 \cdot 0{,}167 + 0{,}000$$
$$\cdot 0{,}495 + 0{,}014 \cdot 0{,}05 = 0{,}197.$$

Stetige Zufallsvariablen

Die letzten Beispiele basierten auf der Annahme einer diskreten Verteilung des unbekannten Parameters. Im Berufsberatungsbeispiel (S. 464f.) nahmen wir an, daß nur einige ausgewählte Prozent-

werte als Schätzungen für den Anteil von Abiturienten, die sich für ein Psychologiestudium interessieren, infrage kommen.

Zweifellos wäre hier die Annahme, daß sämtliche Prozentwerte innerhalb eines plausibel erscheinenden Prozentwertebereiches als Schätzwerte in Betracht kommen, realistischer gewesen. Ähnliches gilt für die Beispiele „Autoverkauf" (S. 466), „unbrauchbare Streichhölzer" (S. 467) und „Werbewirksamkeit von Verpackungen" (S. 468 f.), die ebenfalls nur ausgewählte Werte als Schätzungen des unbekannten Parameters untersuchten.

Im folgenden wollen wir das Bayes'sche Theorem für stetige Zufallsvariablen behandeln. Zur begrifflichen Klärung sei darauf hingewiesen, daß die Bezeichnung „Bayes'sches Theorem für stetige Zufallsvariablen" besagt, daß der zu schätzende *Parameter stetig verteilt* ist (wie z. B. Populationsmittelwerte oder Populationsanteile). Das Stichprobenergebnis, aufgrund dessen die Priorverteilung revidiert wird, kann hingegen entweder stetig oder diskret verteilt sein. (Bei Anteilsschätzungen beispielsweise behandeln wir den gesuchten Parameter π als eine stetige Zufallsvariable. Das Stichprobenergebnis – k-mal das Ereignis A bei n Versuchen – ist jedoch diskret. Bei der Schätzung eines Mittelwertparameters ist nicht nur μ eine stetige Zufallsvariable; auch das Stichprobenergebnis $\bar{x}$ stellt die Realisierung einer stetig verteilten Zufallsvariablen dar.)

Bayes'sches Theorem für stetige Zufallsvariablen: In Analogie zu Gl. (7.63) (Bayes-Theorem für diskrete Zufallsvariablen) lautet das Bayes'sche Theorem für stetige Zufallsvariablen

$$f(\theta \mid y) = \frac{f(\theta) \cdot f(y \mid \theta)}{\int_{-\infty}^{\infty} f(\theta) \cdot f(y \mid \theta)d\theta}. \qquad (7.67)$$

Hierin sind θ (griechisch: theta) der gesuchte, stetig verteilte Parameter und y das Stichprobenergebnis. Der Ausdruck $f(\theta)$ kennzeichnet die Dichtefunktion (vgl. S. 407 f.) des Parameters θ, die – analog zu den Priorwahrscheinlichkeiten $p(A_i)$ in Gl. (7.63) – die Vorkenntnisse der Untersuchenden zusammenfaßt. (Auf das schwierige Problem der Umsetzung von Vorinformationen in Prior-Dichtefunktionen werden wir später eingehen.) Die Likelihood-Funktion des Stichprobenergebnisses y bei gegebener Verteilung von θ bezeichnen wir mit $f(y \mid \theta)$. Das Integral im Nenner $\int_{-\infty}^{\infty} f(\theta)$ $\cdot f(y \mid \theta)d\theta$ entspricht der Summe $\sum_{i=1}^{k} p(B \mid A_i)$ $\cdot p(A_i)$, die im Nenner des Bayes'schen Theorems für diskrete Zufallsvariablen steht. In beiden Fällen normiert der Nenner die Posteriorwahrscheinlichkeiten (Dichten), d. h. die Summe der Posteriorwahrscheinlichkeiten (bzw. die Fläche der Posteriorverteilung) wird – wie auch die Summe (Fläche) der Priorwahrscheinlichkeiten (Dichten) – eins gesetzt. (Zur Herleitung des Bayes'schen Theorems für stetige Zufallsvariablen vgl. z. B. Winkler, 1972, Kap. 4.2.)

Beispiel: Ein kleines Beispiel (nach Winkler, 1972, S. 145 ff.) soll die Handhabung von Gl. (7.67) verdeutlichen. Es geht um die Schätzung von θ, des zukünftigen Marktanteils eines neuen Produktes. Einfachheitshalber nehmen wir die in Abb. 31a wiedergegebene Priorverteilung für θ an. Es handelt sich um eine Dreiecksverteilung, die besagt, daß hohe Marktanteile für unwahrscheinlicher gehalten werden als niedrige Marktanteile. (Die graue Fläche über dem Bereich $0{,}5<\theta<1$ entspricht der Wahrscheinlichkeit, daß der wahre Parameter θ in diesen Bereich fällt.) Die Dichtefunktion der Priorverteilung heißt

$$f(\theta) = 2 \cdot (1 - \theta) \text{ (für } 0 \leqq \theta \leqq 1).$$

Von $n=5$ Testpersonen möge eine $(k=1)$ das neue Produkt kaufen. Wenn wir realistischerweise annehmen, daß die Anzahl der Käufer (k) binomial verteilt ist, lautet die Likelihood-Funktion gemäß Gl. (7.4)

$$f(y \mid \theta) = p(k = 1 \mid \theta; \, n = 5) = \binom{5}{1} \cdot \theta^1 \cdot (1 - \theta)^4$$
$$= 5 \cdot \theta \cdot (1 - \theta)^4.$$

Abbildung 31b zeigt diese Likelihood-Funktion. Man erkennt, daß das Stichprobenergebnis $(k=1)$ am „wahrscheinlichsten" ist, wenn $\theta \approx 0{,}2$ ist. Eingesetzt in Gl. (7.67) resultiert für die Posteriorverteilung

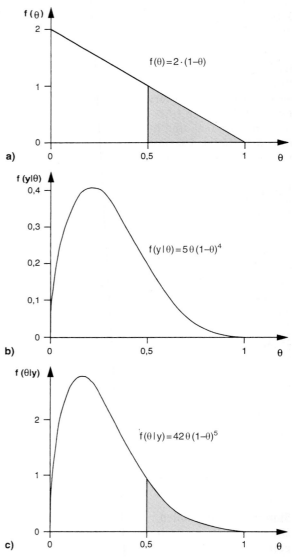

Abb. 31. a Priorverteilung; b Likelihood-Funktion; c Posteriorverteilung

$$f(\theta \mid y) = \frac{[2 \cdot (1-\theta)] \cdot [5\theta \cdot (1-\theta)^4]}{\int_1^0 [2 \cdot (1-\theta)] \cdot [5\theta \cdot (1-\theta)^4] d\theta}$$

$$= \frac{10 \cdot \theta(1-\theta)^5}{10 \cdot \int_0^1 \theta(1-\theta)^5 d\theta}$$

$$= \frac{\theta \cdot (1-\theta)^5}{\int_0^1 \theta(1-\theta)^5 d\theta} \ (\text{für } 0 \leqq \theta \leqq 1).$$

Die (mathematisch nicht einfache) Auflösung des Integrals im Nenner dieser Gleichung führt zu $5!/7! = 1/42$, was zusammengenommen folgende Dichtefunktion für die Posteriorverteilung ergibt:

$$f(\theta \mid y) = 42 \cdot \theta \cdot (1-\theta)^5 \ (\text{für } 0 \leqq \theta \leqq 1).$$

Abbildung 31c stellt die Posteriorverteilung graphisch dar.

Wie man sieht, revidiert die Stichprobenuntersuchung die Priorverteilung so, daß Werte im Bereich $0,5 < \theta < 1$ unwahrscheinlicher werden. Subjektive Erwartung und empirische Evidenz führen zusammengenommen zu dem Resultat, daß Marktanteile im Bereich um 0,2 am plausibelsten sind (wie dieses Problem auch einfacher zu lösen ist, zeigt S. 480).

Konjugierte Verteilungsfamilien: Die Ermittlung der Posteriorverteilung nach Gl. (7.67) kann bei komplizierten Priorverteilungen und Likelihoodfunktionen mathematisch erhebliche Schwierigkeiten bereiten. Diesen Schwierigkeiten kann man jedoch aus dem Wege gehen, wenn man für Priorverteilungen nur ganz bestimmte, mathematisch einfach zu handhabende Funktionstypen einsetzt. Diese Einschränkung ist nicht so gravierend, wie es zunächst erscheinen mag; durch entsprechende Parameterwahl bilden diese Funktionstypen nämlich eine Vielzahl von Verteilungsformen ab, so daß es – zumindest für unsere Zwecke – meistens gelingen wird, die Vorstellungen über die Priorverteilung durch eine dieser Funktionen hinreichend genau abzubilden. Der Einsatz dieser Funktionen ist zumindest immer dann zu rechtfertigen, wenn die Posteriorverteilung für die exakte Priorverteilung praktisch genauso aussieht wie die Posteriorverteilung, die resultieren würde, wenn die Vorstellungen von der Priorverteilung durch die Verwendung einer dieser Funktionen nur ungefähr wiedergegeben werden. „Sensitivitätsanalysen" (vgl. z.B. Hays und Winkler, 1970, Kap. 8.16) belegen, daß dies –

zumal, wenn größere Stichproben untersucht werden – in den meisten Fällen zutrifft, d.h. die Posteriorverteilung ist weitgehend invariant gegenüber mäßigen Veränderungen der Priorverteilung.

Die Verteilungsformen, die mit einem Funktionstyp bei unterschiedlicher Festlegung ihrer Parameter erzeugt werden, bezeichnet man als Verteilungsfamilie. (Alle Geraden, die durch unterschiedliche Festsetzung von a und b durch die Geradengleichung $y = ax + b$ beschrieben werden, stellen z.B. eine solche Verteilungsfamilie dar.) Ein großer Teil der Bayes'schen Literatur ist nun darauf ausgerichtet, Verteilungsfamilien zu finden, deren Likelihoodfunktion einfach bestimmbar ist. Priorverteilungen mit Likelihoodfunktionen, die auf denselben Funktionstypus zurückgeführt werden können, bezeichnet man als *konjugierte Priorverteilung*en. (Eine genauere Definition gibt z.B. Berger, 1980, Kap. 4 oder de Groot, 1970, Kap. 9.)

Wenn die Priorverteilung zu einer konjugierten Verteilungsfamilie gehört, dann fällt auch die Posteriorverteilung in diese Verteilungsfamilie. Priorverteilung und Likelihoodfunktion können dann äußerst einfach zu einer neuen Posteriorverteilung kombiniert werden. Drei Verteilungstypen haben in diesem Zusammenhang eine besondere Bedeutung: die Normalverteilung, die Beta-Verteilung und die Gleichverteilung.

- *Normalverteilung*: Die Normalverteilung ist das übliche Verteilungsmodell, das wir annehmen, wenn eine Priorverteilung durch einen *Mittelwertparameter* zu spezifizieren ist. In der Regel wird eine bestimmte Ausprägung für diesen Parameter die höchste Plausibilität aufweisen (Modalwert), wobei Werte mit größer werdendem Abstand von diesem Modalwert zunehmend weniger plausibel sind. Je mehr man von der Richtigkeit seiner (im Modalwert festgelegten) Parameterschätzung überzeugt ist, desto kleiner wird die Streuung der Priorverteilung (vgl. Abb. 32).

> **!** Eine *Priorverteilung* über einen *Mittelwertparameter* wird üblicherweise als Normalverteilung spezifiziert.

- *Beta-Verteilung*: Die Beta-Verteilung benötigen wir zur Spezifizierung der Priorverteilung für einen *Populationsanteil*. Die Funktionsgleichung für die Beta-Verteilung lautet

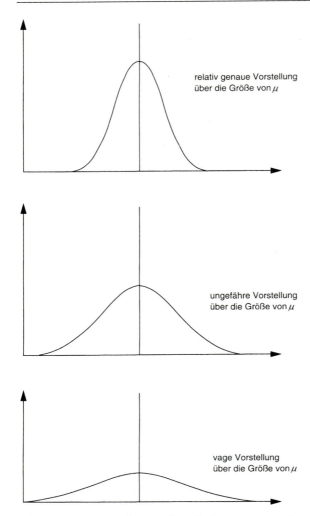

relativ genaue Vorstellung
über die Größe von μ

ungefähre Vorstellung
über die Größe von μ

vage Vorstellung
über die Größe von μ

Abb. 32 a–c. Priorverteilungen für Mittelwertparameter bei unterschiedlicher Sicherheit

$$f(x) = \frac{(k + r - 1)!}{(k - 1)!(r - 1)!} \cdot x^{k-1} \cdot (1 - x)^{r-1}$$
$$\text{(für } k > 0,\ r > 0 \text{ und } 0 < x < 1),$$
$$(7.68)$$

wobei

k   = Anzahl der Untersuchungsobjekte mit A

r   = Anzahl der Untersuchungsobjekte mit $\bar{\text{A}}$
       (non A), so daß

k+r = n (Stichprobenumfang).

Durch entsprechende Wahl der Parameter k und r beschreibt diese Funktionsgleichung eine Vielzahl von Verteilungsformen. Ist k=r, resultieren symmetrische Verteilungen. Für k<r sind die Verteilungen linkssteil und für k>r rechtssteil. Mit k>1 und r>1 erhält man unimodale Verteilung mit folgendem Modalwert:

$$\text{Modalwert} = \frac{k - 1}{k + r - 2}. \qquad (7.69)$$

Ist k≦1 oder r≦1, resultieren entweder unimodale Verteilungen, deren Modalwerte bei 0 oder 1 liegen, oder u-förmige Verteilungen mit Höchstwerten bei 0 und 1 bzw. Gleichverteilungen. (Hierbei ist zu beachten, daß für k<1 und r<1 die Gammafunktion als Verallgemeinerung der elementaren Fakultät heranzuziehen ist; vgl. z.B. Kreyszig, 1973, Abschn. 60.) Gl. (7.68) führt zu einer Dreiecksverteilung mit positiver Steigerung (f(x)=2x), wenn k=2 und r=1 sind und für k=1 und r=2 zu einer Dreiecksverteilung mit negativer Steigung (f(x)=2·(1–x)).

Das arithmetische Mittel einer Beta-Verteilung lautet

$$\mu = \frac{k}{k + r}. \qquad (7.70)$$

Für die Standardabweichung resultiert

$$\sigma = \sqrt{\frac{k \cdot r}{(k + r)^2 \cdot (k + r+1)}}. \qquad (7.71)$$

Abbildung 33 zeigt einige Verteilungsformen der Beta-Funktion für ausgewählte k- und r-Werte. (Die für unsere Zwecke wichtigsten Beta-Verteilungen sind im Anhang F, Tabelle 4 wiedergegeben.)

> ! Eine *Priorverteilung* über einen *Populationsanteil* wird als Beta-Verteilung formuliert.

Läßt sich die Priorverteilung für einen Populationsanteil als eine Beta-Verteilung beschreiben, resultiert als Posteriorverteilung ebenfalls eine Beta-Verteilung. Wir werden hierauf später ausführlicher eingehen.

● *Gleichverteilung*: Eine Gleichverteilung der Parameter repräsentiert eine sogenannte *diffuse Priorverteilung*, die den Zustand totaler Informationslosigkeit abbildet. Hat man keinerlei Informationen über die mutmaßliche Größe des

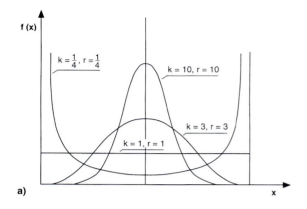

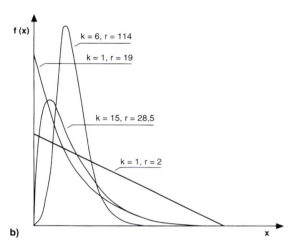

Abb. 33 a, b. *β*-Verteilungen. **a** symmetrisch; **b** asymmetrisch

gesuchten Parameters, kommen alle denkbaren Werte mit gleicher „Wahrscheinlichkeit" infrage. Der Einsatz einer diffusen Priorverteilung führt zu einer Posteriorverteilung, die ausschließlich vom Stichprobenergebnis abhängt. Der Vergleich einer Posteriorverteilung, die bei Verwendung einer nichtdiffusen Priorverteilung resultiert (also einer Priorverteilung, die bereits vorhandene Kenntnisse abbildet), mit einer Posteriorverteilung für diffuse Priorverteilungen informiert somit über die Beeinflussung der Posteriorverteilung durch die subjektiven Informationen. Diffuse Priorverteilungen stellen die „Schnittstelle" von „klassischer" und Bayes'scher Statistik dar.

> **!** Ohne Vorkenntnisse über die Populationsverhältnisse wird die Priorverteilung als Gleichverteilung festgelegt (sog. *diffuse Priorverteilung*). Bei diffusen Priorverteilungen hängt die Posteriorverteilung genau wie bei der Parameterschätzung in der „klassischen" Statistik allein vom Stichprobenergebnis ab.

Schätzung von Populationsmittelwerten

In einer populationsbeschreibenden Untersuchung wird vor Ziehung einer Stichprobe der Populationsmittelwert μ mit μ' als dem plausibelsten Wert geschätzt. Andere Schätzwerte für μ mögen – allerdings mit geringerer „Wahrscheinlichkeit" – ebenfalls infrage kommen. Insgesamt seien die Vorstellungen über den unbekannten Parameter μ durch eine normalverteilte Priorverteilung mit dem Erwartungswert μ' und der Varianz σ'^2 beschreibbar. Diese Priorverteilung repräsentiert den Informationsstand vor der empirischen Untersuchung.

Eine Zufallsstichprobe von n Untersuchungsobjekten führt zu einem Mittelwert $\bar{x}$. Für n > 30 stellt $\bar{X}$ (wegen des zentralen Grenzwerttheorems, vgl. S. 414 f.) eine normalverteilte Zufallsvariable dar, deren Streuung vom Betrag $\sigma_{\bar{x}}$ ist. Die Streuung σ des untersuchten Merkmals in der Population wird entweder aufgrund vergangener Untersuchungen oder aus den Stichprobendaten geschätzt. Eine verläßliche Schätzung von σ durch $\hat{\sigma}$ der Stichprobe setzt allerdings eine genügend große Stichprobe (n > 30) voraus. Der Fall „n < 30" und „σ unbekannt" wird hier nicht dargestellt. Eine anschauliche Einführung in die Besonderheiten dieses Problems findet man bei Phillips (1973, Kap. 11.3).

Die Varianz der Posteriorverteilung σ''^2 (bzw. deren Reziprokwert) ergibt sich zu

$$\frac{1}{\sigma''^2} = \frac{1}{\sigma'^2} + \frac{n}{\sigma^2}. \qquad (7.72)$$

Der Erwartungswert der Posteriorverteilung μ lautet

$$\mu'' = \frac{\dfrac{1}{\sigma'^2} \cdot \mu' + \dfrac{n}{\sigma^2} \cdot \bar{x}}{\dfrac{1}{\sigma'^2} + \dfrac{n}{\sigma^2}}. \qquad (7.73)$$

(Zur Herleitung dieser Gleichungen s. Berger, 1980, Kap. 4.2.) Die Posteriorverteilung ist wie auch die Priorverteilung normal. Damit sind die Bestimmungsstücke bekannt, um für μ'' ein

Schätzintervall zu bestimmen. Tafel 44 erläutert den Rechengang an einem Beispiel.

Glaubwürdigkeitsintervalle: Das in Tafel 44 ermittelte Intervall nennen wir „Glaubwürdigkeitsintervall" und nicht – wie bisher – „Konfidenzintervall". Diese konzeptionelle Unterscheidung läßt sich wie folgt begründen:

Im „klassischen" Ansatz stellt das ermittelte Konfidenzintervall eine Realisierung der Zufallsvariablen „Konfidenzintervalle" dar, das den Parameter μ entweder umschließt oder nicht umschließt. Da die Bestimmung dieses Konfidenzintervalls jedoch so angelegt ist, daß 95% aller denkbaren Intervalle den Parameter umschließen, ist es sehr plausibel, daß auch das gefundene Konfidenzintervall den Parameter umschließt (ausführlicher hierzu s. S. 414 ff.).

Im Unterschied hierzu betrachtet der Bayes'sche Ansatz den Parameter μ als eine Zufallsvariable, d.h. bei normalverteilten Posteriorverteilungen sind unterschiedliche Wertebereiche für μ mehr oder weniger plausibel oder glaubwürdig. Wir vermeiden hier erneut bewußt den durch relative Häufigkeiten definierten Wahrscheinlichkeitsbegriff, denn tatsächlich existiert für μ nur ein Wert a, d.h. p(μ=a)=1 und p($\mu \neq$a)=0. Die Priorverteilung und auch die Posteriorverteilung sind damit keine Wahrscheinlichkeitsverteilungen im engeren Sinne, sondern Verteilungen, die subjektive Vorstellungen oder Überzeugungen über mögliche Ausprägungen von μ wiederspiegeln.

Die Bereiche $\mu'' \pm 1{,}96 \cdot \sigma''$ (für 95%) bzw. $\mu'' \pm 2{,}58 \cdot \sigma''$ (für 99%) werden deshalb als *Glaubwürdigkeitsintervalle* (Credible Intervals) bezeichnet. Der gesuchte Parameter befindet sich in diesen Bereichen mit einer „Glaubwürdigkeit" von 95% bzw. 99%.

> **!** Das *Glaubwürdigkeitsintervall* kennzeichnet denjenigen Bereich eines Merkmals, in dem sich mit 95%iger (99%iger) Glaubwürdigkeit der gesuchte Populationsparameter befindet. Das Glaubwürdigkeitsintervall des Populationsmittelwertes berechnet sich aus Erwartungswert der Posteriorverteilung (μ'') und Streuung der Posterior-verteilung (σ''):
>
> $\Delta_{\text{krit Glaub (95\%)}} = \mu'' \pm z_{(2{,}5\%)} \cdot \sigma''$ und
>
> $\Delta_{\text{krit Glaub (99\%)}} = \mu'' \pm z_{(0{,}5\%)} \cdot \sigma''$

Glaubwürdigkeitsintervalle sind immer kleiner als Konfidenzintervalle, die zur Parameterschätzung ausschließlich das Stichprobenergebnis heranziehen – vorausgesetzt, man verfügt über Informationen, die die Spezifizierung einer nicht-diffusen Priorverteilung rechtfertigen. Damit liegt es nahe zu fragen, welchen Anteil Priorverteilung und Stichprobenergebnis am Zustandekommen der Posteriorverteilung haben bzw. mit welchen Gewichten Priorverteilung und Stichprobenergebnis in die Bestimmung der Posteriorverteilung eingehen. Der folgende Gedankengang beantwortet diese Frage.

Vorinformationen als Stichprobenäquivalente: Es wurde bereits darauf hingewiesen, daß die Genauigkeit der Vorstellungen über die mutmaßliche Größe des unbekannten Parameters in der Varianz der Priorverteilung ihren Niederschlag findet (vgl. Abb. 32). Je kleiner die Varianz, desto sicherer sind die Vorinformationen. Der folgende „Sicherheitsindex" S' formalisiert diesen intuitiv einleuchtenden Sachverhalt:

$$S' = \frac{1}{\sigma'^2}. \tag{7.74}$$

Ein entsprechendes Maß definieren wir für die Populationsvarianz

$$S = \frac{1}{\sigma^2}. \tag{7.75}$$

Die Sicherheit der Vorinformationen (S') relativ zur reziproken Populationsvarianz (S) nennen wir n':

$$n' = \frac{S'}{S} = \frac{\dfrac{1}{\sigma'^2}}{\dfrac{1}{\sigma^2}} = \frac{\sigma^2}{\sigma'^2}. \tag{7.76}$$

Lösen wir nach σ'^2 auf, resultiert

$$\sigma'^2 = \frac{\sigma^2}{n'}. \tag{7.77}$$

Diese Gleichung stellt das Quadrat des Standardfehlers für Mittelwerte aus Stichproben des Umfanges n' dar (s. Gl. 7.5); n' ist damit derjenige Stichprobenumfang, der erforderlich ist, um bei einer Populationsvarianz von σ^2 einen quadrierten Standardfehler der Größe σ'^2 zu erhalten. Der Informationsgehalt der Priorverteilung entspricht damit der Information einer Stichprobe des Umfanges n'.

TAFEL 44 ▉

Wie umfangreich sind Diplomarbeiten?
V: Bayes'scher Ansatz

Obwohl das Beispiel „Durchschnittliche Seitenzahl von Diplomarbeiten im Fach Psychologie" nun schon mehrfach der Veranschaulichung diente (vgl. Tafeln 39 bis 42), soll es – um die verschiedenen Techniken zur Erhöhung der Präzision von Parameterschätzungen besser vergleichen zu können – erneut zur Demonstration einer Parameterschätzung herangezogen werden. Die bisher behandelten Stichprobenpläne verzichteten auf die Nutzung eventuell vorhandener Vorinformationen über die mutmaßliche durchschnittliche Seitenzahl. Dies ist beim Bayes'schen Ansatz anders. Er kombiniert das bereits vorhandene Wissen mit einem Stichprobenergebnis zu einer gemeinsamen Parameterschätzung.

Umfragen unter Bekannten, Kontakte mit Betreuern und die Durchsicht einiger Diplomarbeiten veranlassen die studentische Arbeitsgruppe, die sich für diese Frage interessiert, einen Mittelwert von $\mu' = 100$ Seiten als den plausibelsten Wert anzunehmen. Durchschnittswerte unter 70 Seiten oder über 130 Seiten werden für äußerst unwahrscheinlich gehalten. Die in Frage kommenden durchschnittlichen Seitenzahlen weisen damit eine Streubreite (Range) von $130 - 70 = 60$ auf, wobei stärker von 100 abweichende Werte für unwahrscheinlicher gehalten werden als weniger stark abweichende Werte. (Man beachte, daß hier der Range von Durchschnittswerten und nicht von Seitenzahlen einzelner Diplomarbeiten geschätzt wird, die natürlich stärker streuen als Durchschnittswerte.) Als Verteilungsvorstellung akzeptiert man eine Normalverteilung, deren Streuung auf $\sigma' = 60:6 = 10$ geschätzt wird. (Da sich in den Grenzen $\pm 3\sigma$ etwa 100% der Normalverteilungsfläche befinden, dividieren wir zur Schätzung der Streuuung den Range durch 6; genauer hierzu vgl. S. 427 f.) Für die Priorverteilung wird damit eine Normalverteilung mit $\mu' = 100$ und $\sigma' = 10$ angenommen.

Wie in Tafel 39 beschrieben, zieht die studentische Arbeitsgruppe nun eine Zufallsstichprobe von $n = 100$ Diplomarbeiten und errechnet einen Mittelwert von $\bar{x} = 92$ sowie eine Standardabweichung von $\hat{\sigma} = 43$. Dieser Wert wird als Schätzwert für σ herangezogen. Nach Gl. (7.72) und Gl. (7.73) resultiert damit eine Posteriorverteilung mit folgenden Parametern:

$$\frac{1}{\sigma''^2} = \frac{1}{\sigma'^2} + \frac{n}{\sigma^2} = \frac{1}{10^2} + \frac{100}{43^2} = 0{,}064$$

bzw.

$$\sigma''^2 = 15{,}60$$

$$\mu'' = \frac{\dfrac{1}{\sigma'^2} \cdot \mu' + \dfrac{n}{\sigma^2} \cdot \bar{x}}{\dfrac{1}{\sigma'^2} + \dfrac{n}{\sigma^2}}$$

$$= \frac{\dfrac{1}{10^2} \cdot 100 + \dfrac{100}{43^2} \cdot 92}{\dfrac{1}{10^2} + \dfrac{100}{43^2}} = 93{,}2.$$

Der Erwartungswert der Posteriorverteilung ist damit nur um 1,2 Seitenzahlen größer als der Stichprobenmittelwert. Unter Verwendung von $\sigma'' = \sqrt{15{,}60} = 3{,}95$ resultiert das folgende 99%ige „Glaubwürdigkeitsintervall":

$$\mu'' \pm 2{,}58 \cdot \sigma'' = 93{,}2 \pm 2{,}58 \cdot 3{,}95 = 93{,}2 \pm 10{,}2.$$

Dieses Intervall ist gegenüber dem Konfidenzintervall für eine einfache Zufallsstichprobe nur geringfügig verkleinert (vgl. Tafel 39). Die in der Priorverteilung zusammengefaßte Vorinformation beeinflußt die Parameterschätzung also nur unerheblich.

Nach Gl. (7.76) (S. 474) ermitteln wir das Stichprobenäquivalent der Vorinformationen. Es lautet

$$n' = \frac{\sigma^2}{\sigma'^2} = \frac{1849}{100} = 18{,}49.$$

Die Priorverteilung enthält damit Informationen, die den Informationen einer Stichprobe des Umfanges $n \approx 18$ entsprächen.

Eine Stichprobe dieser Größenordnung kann natürlich nur vage Kenntnisse über die wahren Populationsverhältnisse vermitteln, wodurch die relativ geringe Beeinflussung der Posteriorverteilung durch die Priorverteilung erklärt ist.

TAFEL 44

Die Posteriorverteilung verbindet die beiden Informationsquellen nach Gl. (7.78) mit den Gewichten $n'/n'' = 18{,}49/118{,}49 = 0{,}156$ für die Priorverteilung und $n/n'' = 100/118{,}49 = 0{,}844$ für das Stichprobenergebnis. Diese Gewichte führen nach Gl. (7.78) zu der bereits bekannten Parametereinschätzung für μ'' von

$$\mu'' = 0{,}156 \cdot 100 + 0{,}844 \cdot 92 = 93{,}2.$$

Schließlich kontrastieren wir dieses Ergebnis mit demjenigen Ergebnis, das wir für eine diffuse

Priorverteilung (keine Vorinformationen) erhalten. Wir setzen hierfür $n'=0$ (gem. Gl. 7.76), $\sigma''^2 = \sigma^2/n$ (gem. Gl. 7.72) und $\mu'' = \bar{x}$ (gem. Gl. 7.78). Die Posteriorverteilung hat damit die gleichen Parameter wie die in Tafel 39 ermittelte Stichprobenkennwerteverteilung für $\bar{x}$, d. h. die Grenzen des „Glaubwürdigkeitsintervalls" entsprechen den Grenzen des Konfidenzintervalls:

$$\mu'' = 92 \pm 2{,}58 \cdot \sqrt{\frac{43^2}{100}} = 92 \pm 11.$$

Die Antwort auf die Frage nach den Gewichten von Priorverteilung und Stichprobenergebnis läßt sich hieraus einfach ableiten. Setzen wir σ'^2 gemäß Gl. (7.77) in Gl. (7.73) ein, resultiert

$$
\begin{aligned}
\mu'' &= \frac{\dfrac{n'}{\sigma^2} \cdot \mu' + \dfrac{n}{\sigma^2} \cdot \bar{x}}{\dfrac{n'}{\sigma^2} + \dfrac{n}{\sigma^2}} \\
&= \frac{n' \cdot \mu' + n \cdot \bar{x}}{n' + n} \\
&= \frac{n'}{n' + n} \cdot \mu' + \frac{n}{n' + n} \cdot \bar{x} \\
&= \frac{n'}{n''} \cdot \mu' + \frac{n}{n''} \cdot \bar{x}
\end{aligned}
\qquad (7.78)
$$

mit $n'' = n' + n$.

Der Erwartungswert der Posteriorverteilung ist eine gewichtete Summe aus μ', dem Erwartungswert der Priorverteilung und $\bar{x}$, dem Stichprobenmittelwert. Die Gewichte sind n', der implizit in der Priorverteilung „verborgene" Stichprobenumfang und n, der Umfang der tatsächlich gezogenen Stichprobe, jeweils relativiert an der Summe n'' beider Stichprobenumfänge.

Die Posteriorverteilung entspricht einer Mittelwerteverteilung mit einer Varianz, die man erhält, wenn Stichproben des Umfanges $n'' = n + n'$ gezogen werden. Auch diese Zusammenhänge werden in Tafel 44 numerisch erläutert.

Diffuse Priorverteilung: Mit den o.g. Überlegungen sind wir in der Lage, auch den Fall totaler Informationslosigkeit zu berücksichtigen. Totale Informati-

onslosigkeit bedeutet, daß jeder beliebige Wert mit gleicher Plausibilität als Parameterschätzung in Frage kommt. Als Priorverteilung muß dann eine Gleichverteilung angenommen werden, deren Streuung (theoretisch) gegen unendlich geht. Eine solche Verteilung heißt im Kontext Bayes'scher Analysen „diffuse Priorverteilung". (Auf das Problem, daß diese Verteilung keine echte Wahrscheinlichkeitsverteilung ist, wird hier nicht eingegangen. Näheres hierzu s. Hays und Winkler, 1970, Kap. 8.17, bzw. ausführlicher Berger, 1980, S. 68 ff. oder S. 152 ff.) Nach Gl. (7.76) geht n' in diesem Falle gegen 0, d. h. der Zustand der Informationslosigkeit entspricht dem „Wissen", das einer Stichprobe des Umfanges $n'=0$ zu entnehmen ist.

Gleichzeitig verdeutlicht Gl. (7.78), daß für $n'=0$ der Mittelwert der Posteriorverteilung (μ'') mit dem Stichprobenmittelwert ($\bar{x}$) identisch ist. Da dann zusätzlich $n''=n$ und $\sigma''^2 = \sigma^2/n$ (der Ausdruck $1/\sigma'^2$ in Gl. (7.72) entfällt für $\sigma'^2 \to \infty$), resultiert eine Posteriorverteilung, die der Stichprobenmittelwerteverteilung für Stichproben des Umfanges n entspricht. Das Konfidenzintervall und das Glaubwürdigkeitsintervall sind damit identisch (vgl. Tafel 44).

Bis auf die bereits erwähnten interpretativen Unterschiede führen der klassische Schätzansatz und die Parameterschätzung nach dem Baye'schen Modell zum gleichen Ergebnis, wenn die vorhandenen Informationen zur Spezifizierung einer Priorverteilung nicht ausreichen. Aber auch wenn man über Vorinformationen verfügt, sind diese meistens subjektiv und für andere nur schwer nachprüfbar. Einer Bayes'schen Parameterschätzung sollte deshalb immer eine Schätzung unter Verwendung der diffusen Priorverteilung gegenüber gestellt werden. Dadurch wird die Subjektivität bzw. der Einfluß der subjektiven Informationen auf die Parameterschätzung transparent. Empfohlen sei ferner, die Gewichte für die Vorinformation und das empirische Ergebnis (n'/n'' und n/n'') zu nennen, auch wenn man diese (bei vollständiger Angabe der hierfür benötigten Größen) selbst errechnen könnte. Diese Mindestforderungen sollten eingehalten werden, um einer mißbräuchlichen Verwendung des Bayes'schen Ansatzes entgegenzuwirken.

> **!** Der *Einfluß subjektiver Wahrscheinlichkeiten* auf die Parameterschätzung nach dem Bayes'schen Ansatz wird transparent gemacht, indem man dem Schätzergebnis mit spezifizierter Priorverteilung eine Schätzung mit diffuser Priorverteilung gegenüberstellt.

Schätzung von Populationsanteilen

Die Schätzung von Populationsanteilen unter Verwendung von Priorinformationen und Stichprobeninformation ist für eine Priorverteilung, die durch eine Beta-Verteilung beschrieben werden kann – eine Voraussetzung, die bei der Flexibilität der Beta-Verteilungen meistens gegeben ist – rechnerisch noch einfacher als die Schätzung von Populationsmittelwerten. Nehmen wir einmal an, die Vorkenntnisse über einen zu schätzenden Populationsanteil lassen sich durch eine Beta-Verteilung mit den Parametern k' und r' abbilden. Nehmen wir ferner an, in der untersuchten Stichprobe des Umfanges n wurde die Merkmalsalternative A k-mal und die Merkmalsalternative $\bar{A}$ r(=n–k)-mal beobachtet. Die Posteriorverteilung, die diese beiden Informationen vereint, hat dann die Parameter

$$k'' = k + k' \tag{7.79}$$

und

$$r'' = r + r'. \tag{7.80}$$

Die größte Schwierigkeit besteht in der Spezifizierung der Priorverteilung als Beta-Verteilung. Um dies zu erleichtern, sind im Anhang (neben den in Abb. 33 wiedergegebenen Verteilungen) einige wichtige Beta-Verteilungen graphisch dargestellt (Anhang F 4). Die Handhabung dieser Abbildungen (nach Philips, 1973) wird im folgenden erläutert:

Spezifizierung einer Beta-Verteilung: Die plausibelste Schätzung des Populationsanteils π sei $\pi'=0{,}7$. Anhang F 4, Abb. c enthält 5 verschiedene Beta-Verteilungen, die alle einen Modalwert von 0,7 aufweisen. Sie unterscheiden sich lediglich in der Streuung, die – wie bereits im letzten Abschnitt erwähnt – die Sicherheit der Parameterschätzung reflektiert. Je stärker die Verteilung streut, desto unsicherer ist die Schätzung. Gibt eine dieser Verteilungen die Priorverteilung einigermaßen richtig wieder, sind der Abbildung direkt die entsprechenden Parameter k' und r' zu entnehmen. Zur Absicherung der getroffenen Entscheidung sind unterhalb der Abbildung für jede Verteilung drei gleich wahrscheinliche Bereiche für den unbekannten Parameter π aufgeführt. Diese 3 Bereiche unterteilen das Kontinuum möglicher Anteilswerte (von 0 bis 1) in 3 äquivalente Intervalle. Baut unsere Schätzung $\pi'=0{,}7$ auf sehr sicheren Vorkenntnissen auf, werden wir vermutlich die steilste der fünf Beta-Verteilungen mit den Parametern $k'=50$ und $r'=22$ wählen. Von der Richtigkeit unserer Wahl überzeugen wir uns, indem wir überprüfen, ob die Bereiche $0<\pi<0{,}67$; $0{,}67<\pi<0{,}72$; und $0{,}72<\pi<1{,}00$ tatsächlich auch nach unseren Vorstellungen gleich wahrscheinlich sind. (Hilfsregel: Sollten wir auf einen bestimmten Bereich, in dem sich π vermutlich befindet, wetten, müßte es uns schwerfallen, für diese Wette einen der 3 Bereiche auszuwählen.)

Nach dieser Festlegung erfolgt die eigentliche empirische Untersuchung. Wir ziehen eine Stichprobe des Umfanges n, in der die Ereignisalternative A k-mal und $\bar{A}$ r-mal auftritt. Als Schätzwert für den Anteil des Merkmals A in der Population (π) resultiert

$$p(A) = \frac{k}{k + r} = \frac{k}{n}.$$

Nehmen wir an, n sei 100, dann ergibt sich z.B. für k=62 (und r=38) die Wahrscheinlichkeit p(A)=0,62.

Für die Häufigkeit der Ereignisse A und $\bar{A}$ haben wir die gleichen Symbole verwendet wie für die Parameter der Beta-Verteilung (die allerdings zusätzlich mit einem Strich versehen sind). Dies ist kein Zufall, denn es wird damit zum Ausdruck gebracht, daß die Information, die die Priorverteilung enthält, mit der Information einer Stichprobe des Umfanges $n' = k' + r'$ mit den Häufigkeiten k' für A und r' für $\bar{A}$ äquivalent ist. Wählen wir eine Beta-Verteilung mit $k' = 50$ und $r' = 22$ als Priorverteilung, wird damit behauptet, daß unsere Vorinformationen mit dem Ergebnis einer Stichprobenuntersuchung gleichwertig sind, in der unter $50 + 22 = 72$ Untersuchungseinheiten 50mal die Merkmalsalternative A beobachtet wurde. Auf Grund dieser fiktiven Stichprobe würden wir den gesuchten Parameter mit $p(A) = 50 : 72 = 0,69$ schätzen, d. h. mit einem Wert, der dem arithmetischen Mittel der Beta-Verteilung für $k = 50$ und $r = 22$ gemäß Gl. (7.70) entspricht. (Man beachte, daß die Beta-Verteilungen für $k \neq r$ nicht symmetrisch sind, daß also Modalwert und arithmetisches Mittel in diesem Falle nicht identisch sind. Unsere anfängliche Entscheidung, $\pi' = 0,70$ als beste Schätzung anzusehen, bezog sich auf den Modalwert als den „wahrscheinlichsten" Wert und nicht auf den Mittelwert.) Nach Gl. (7.79) und Gl. (7.80) sind die Parameter der Posteriorverteilung leicht zu ermitteln. Sie lauten $k'' = 62 + 50 = 112$ und $r'' = 38 + 22 = 60$. Die Posteriorverteilung hat damit einen Mittelwert von $112 : 172 = 0,651$ und nach Gl. (7.69) einen hiervon nur geringfügig abweichenden Modalwert von $111 : 170 = 0,653$. Der Unterschied dieser Werte wächst – wie Gl. (7.69) und Gl. (7.70) zeigen – mit abnehmender Summe $k + r$.

Anhang F 4 enthält nur Beta-Verteilungen mit den Modalwerten 0,5; 0,6; 0,7; 0,8 und 0,9. Beta-Verteilungen mit Modalwerten unter 0,5 sind deshalb nicht aufgeführt, weil die Parameter k und r symmetrisch sind. Verteilungen mit einem Modalwert bei 0,4 z. B. sind die Spiegelbilder der Verteilungen mit einem Modalwert bei 0,6. Verteilungen, deren Modalwerte unter 0,5 liegen, erhält man also einfach durch Vertauschen der Parameter k und r.

Trifft keine der im Anhang F 4 wiedergegebenen Verteilungen die Vorstellung über die Priorverteilung, wird man probeweise andere als die dort herausgegriffenen Parameter in Gl. (7.68) einsetzen und sich die dann resultierende Verteilung graphisch veranschaulichen. (In der Regel genügen hierfür einige Punkte der Verteilung.) Auf die Wiedergabe von Beta-Verteilungen $k < 1$ und $r < 1$ wurde verzichtet, weil diese Beta-Verteilungen u-förmig sind und als Priorverteilungen für einen zu schätzenden Populationsanteil nicht in Frage kommen.

Glaubwürdigkeitsintervalle: Auf S. 417 wurde bereits darauf hingewiesen, daß bei einer Normalverteilung prinzipiell beliebig viele Intervalle existieren, über denen sich 95% (99%) der Gesamtfläche befinden. Dies gilt natürlich ebenso für die Beta-Verteilung, auch wenn diese nur zwischen den Werten 0 und 1 definiert ist. Die formal gleichwertigen Intervalle unterscheiden sich jedoch in ihrer Länge. Als Glaubwürdigkeitsintervall wählen wir das kürzeste Intervall bzw. das Intervall mit der höchsten Wahrscheinlichkeitsdichte.

Um diese Intervalle zu finden, benötigen wir das Integral der Beta-Verteilung. Wir suchen diejenigen Grenzen, zwischen denen sich einerseits 95% (99%) der Gesamtfläche befinden und die andererseits einen minimalen Abstand voneinander haben. Diese Grenzen für die jeweilige Beta-Verteilung zu finden, die als Posteriorverteilung resultiert, ist rechnerisch sehr aufwendig. Sie sind deshalb für die gebräuchlichsten Beta-Verteilungen im Anhang F 5 tabellarisch aufgeführt.

Die Tabellen enthalten die Grenzen für 95%ige und 99%ige Glaubwürdigkeitsintervalle von Beta-Verteilungen mit den Parametern $k \leq 60$ und $r \leq 60$. Resultiert für die Posteriorverteilung eine Beta-Verteilung, deren Parameter außerhalb dieser Grenzen liegen (was leicht passiert, wenn relativ große Stichproben untersucht werden), macht man sich die Tatsache zunutze, daß die Beta-Verteilung mit wachsendem k und r in eine Normalverteilung übergeht. Die Grenzen der Glaubwürdigkeitsintervalle können dann nach der schon bekannten Formel für normalverteilte Zufallsvariablen ermittelt werden:

95%iges Glaubwürdigkeitsintervall

obere Grenze $= \mu'' + 1{,}96 \cdot \sigma''$
untere Grenze $= \mu'' - 1{,}96 \cdot \sigma''$

99%iges Glaubwürdigkeitsintervall

obere Grenze $= \mu'' + 2{,}58 \cdot \sigma''$
untere Grenze $= \mu'' - 2{,}58 \cdot \sigma''$.

μ'' und σ'' werden nach den Gleichungen (7.70) und (7.71) bestimmt. Im oben erwähnten numerischen Beispiel resultierte als Posteriorverteilung eine Beta-Verteilung mit $k'' = 112$ und $r'' = 60$, deren Glaubwürdigkeitsintervalle nicht mehr tabelliert

sind. Wir verwenden deshalb die Normalverteilungsapproximation und ermitteln

$$\mu'' = \frac{112}{112 + 60} = 0{,}65$$

sowie

$$\sigma'' = \sqrt{\frac{112 \cdot 60}{(112 + 60)^2 \cdot (112 + 60 + 1)}} = 0{,}036.$$

Damit hat das 95%ige Glaubwürdigkeitsintervall
folgende Grenzen:

obere Grenze = 0,65+1,96·0,036 = 0,72
untere Grenze = 0,65–1,96·0,036 = 0,58.

Als *diffuse Priorverteilung*, die den Zustand totaler Informationslosigkeit charakterisiert, wählen
wir eine „Beta-Verteilung" mit $k' = 0$ und $r' = 0$.
(Die Beta-Verteilung ist für diese Parameter nicht
definiert, deshalb die Anführungszeichen. Dennoch verwenden wir diese Parameter zur Kennzeichnung der Informationslosigkeit, denn die eigentlich angemessene Beta-Verteilung mit $k' = 1$
und $r' = 1$ – diese Parameter definieren eine
Gleichverteilung (vgl. Abb. 33 a) – repräsentiert
keine totale Informationslosigkeit, sondern eine
Stichprobe mit $n' = 2$, $k' = 1$ und $r' = 1$. Näheres zu
diesem Problem s. Hays und Winkler, 1970,
Kap. 8.18.) Nur für $k' = 0$ und $r' = 0$ resultiert eine
Posteriorverteilung, deren Parameter ausschließlich vom Stichprobenergebnis bestimmt wird.

Beispiel: Ein Beispiel soll die Verwendung des Bayes'schen Ansatzes zur Schätzung eines Populationsanteils verdeutlichen. Eine pharmazeutische Firma
entwickelt ein neues Präparat und will dieses in einem Tierversuch mit einer Stichprobe von $n = 15$
Tieren auf Nebenwirkungen testen. Da man mit
der Wirkung ähnlicher Präparate schon viele Erfahrungen gesammelt hat, schätzt man vorab, daß ca.
8% ($\pi' = 0{,}08$) der Population behandelter Tiere Nebenwirkungen zeigen. Als Priorverteilung wird eine
Beta-Verteilung mit $k' = 3$ und $r' = 24$ spezifiziert.
(Durch Festlegung des Modalwertes auf 0,08 und
durch $k' = 3$ ist r' gemäß Gl. 7.69 nicht mehr frei
variierbar.) Abbildung 34 a zeigt diese Priorverteilung graphisch. Die relativ geringe Streuung dieser
Verteilung belegt, daß die Untersuchenden von der
Richtigkeit ihrer Parameterschätzung ziemlich fest
überzeugt sind.

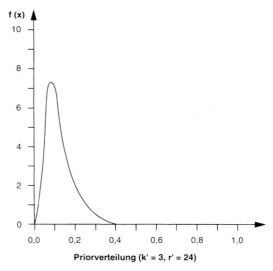

a) **Priorverteilung (k' = 3, r' = 24)**

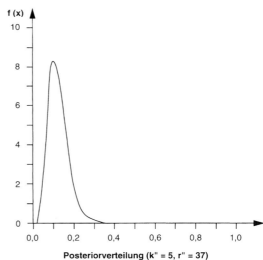

b) **Posteriorverteilung (k" = 5, r" = 37)**

Abb. 34 a, b. Prior-Verteilung und Posterior-Verteilung für
die Wahrscheinlichkeit von Nebenwirkungen eines neuen
Präparates

Bei der Überprüfung der $n = 15$ behandelten
Tiere möge sich herausstellen, daß 2 Tiere ($k = 2$)
Nebenwirkungen zeigen. Damit ist $r = 13$. Für die
Posteriorverteilung resultieren die Parameter
$k'' = 3+2 = 5$ und $r'' = 24+13 = 37$. Abbildung 34 b
veranschaulicht auch diese Verteilung. Sie ist
noch steiler als die Priorverteilung und hat einen
Modalwert von 0,1. Das 95%ige Glaubwürdigkeitsintervall entnehmen wir Anhang F 5. Es hat die

Grenzen 0,032 und 0,217. Der wahre Anteil von Tieren, bei denen das Präparat Nebenwirkungen zeigt, liegt also mit einer „Wahrscheinlichkeit" von 95% im Bereich 3,2% bis 21,7%. In diesem Falle führt also auch die Zusammenfassung von Vorinformation und Stichprobenergebnis zu einer sehr ungenauen Parameterschätzung.

Wie bereits bei der Schätzung von Populationsmittelwerten fragen wir auch hier, mit welchen Anteilen die Vorinformationen (Priorverteilung) und das Stichprobenergebnis in die Posteriorverteilung eingehen. Die Priorverteilung ist einem Stichprobenergebnis mit $k' = 3$, $r' = 24$ und $n' = k' + r' = 27$ äquivalent. Untersucht wurden $n = 15$ Tiere, d.h. die Vorinformationen haben ein Gewicht von $27/(27+15) = 0,64$ und das Stichprobenergebnis von $15/(27+15) = 0,36$. Die Vorinformationen fallen in dieser Untersuchung stärker ins Gewicht als die empirische Evidenz.

Ohne Vorinformationen müßten wir für die Priorverteilung $k' = 0$ und $r' = 0$ annehmen, d.h. die Posteriorverteilung hätte die Parameter $k'' = 2$ und $r'' = 13$. Für diese Verteilung entnehmen wir dem Anhang F 5 ein 95%iges Glaubwürdigkeitsintervall mit den Grenzen 0,0045 und 0,2988. Wie nicht anders zu erwarten, erlaubt eine Stichprobe mit $n = 15$ nur eine ungenaue Schätzung des Parameters. Entsprechend wird die Priorverteilung durch die Berücksichtigung des Stichprobenergebnisses nur wenig verändert.

Datenrückgriff: Das Beispiel auf S. 470 f. (Marktanteile eines neuen Produktes) verdeutlichte die direkte Anwendung des Bayes'schen Theorems für stetige Variablen gem. Gl. (7.67). Die Lösung des dort angesprochenen Problems wird erheblich vereinfacht, wenn wir die Eigenschaften konjugierter Verteilungen (hier: Beta-Verteilungen) ausnutzen. Als Priorverteilung wurde eine Dreiecksverteilung mit $f(\theta) = 2 \cdot (1 - \theta)$ spezifiziert. Diese Verteilung entspricht einer Beta-Verteilung mit $k' = 1$ und $r' = 2$:

$$
\begin{aligned}
f(\theta) &= \frac{(k + r - 1)!}{(k - 1)! \cdot (r - 1)!} \cdot \theta^{k-1} \cdot (1 - \theta)^{r-1} \\
&= \frac{(3 - 1)!}{(1 - 1)! \cdot (2 - 1)!} \cdot \theta^{1-1} \cdot (1 - \theta)^{2-1} \\
&= \frac{2}{1 \cdot 1} \cdot 1 \cdot (1 - \theta) \\
&= 2 \cdot (1 - \theta).
\end{aligned}
$$

(Man beachte: $0! = 1$ und $\theta^0 = 1$.)

Mit $n = 5$, $k = 1$ und $r = 4$ als Stichprobenergebnis erhalten wir eine Posteriorverteilung mit $k'' = 2$ und $r'' = 6$. Wie die folgenden Umformungen zeigen, ist diese Beta-Verteilung mit der Verteilung $f(\theta|y) = 42 \cdot \theta \cdot (1-\theta)^5$, die wir nach direkter Anwendung des Bayes'schen Theorems errechneten, identisch:

$$
\begin{aligned}
f(\theta \mid y) &= \frac{(2 + 6 - 1)!}{(2 - 1)! \cdot (6 - 1)!} \cdot \theta^{2-1} \cdot (1 - \theta)^{6-1} \\
&= \frac{7!}{1! \cdot 5!} \cdot \theta^1 \cdot (1 - \theta)^5 \\
&= 42 \cdot \theta \cdot (1 - \theta)^5.
\end{aligned}
$$

Hinweis: Auf S. 477 wurde im Zusammenhang mit der Schätzung von Populationsmittelwerten vor der mißbräuchlichen Anwendung des Bayes'schen Ansatzes gewarnt. Die dort vorgebrachten Argumente und Empfehlungen gelten selbstverständlich auch für die Schätzung von Populationsanteilen nach dem Bayes'schen Theorem.

7.2.6
Der Resampling-Ansatz

Wer dieses Buch linear durcharbeitet und sich gerade den Abschnitt zum Bayes'schen Ansatz angeschaut hat, wird über dessen *mathematische Komplexität* nicht klagen können. Und es ist gerade eine solche Fülle an abstrakten Formeln, die quantitativ-statistische Methoden bei Studierenden der Sozial- und Humanwissenschaften so unbeliebt macht. Daß es auch anders geht, glauben die Anhänger des *Resampling-Ansatzes*, der etwa *Permutations-, Subsampling-, Monte Carlo-* und *Bootstrap-Verfahren* umfaßt (vgl. hierzu Rietz et al., 1997). Der bereits in den 70er Jahren des 20. Jahrhunderts entwickelte, aber erst in den 90er Jahren populär gewordene Resampling-Ansatz baut bei der Hypothesenprüfung und Parameterschätzung nicht auf analytischen Methoden auf, sondern arbeitet rein empirisch mit computergestützten *Simulationen.* Dazu werden aus der empirisch untersuchten Stichprobe wiederholt und systematisch (mit oder ohne Zurücklegen) weitere Teil-)Stichproben gezogen (deswegen: re-sampling) und die dabei entstehenden Kennwerteverteilungen betrachtet.

Drei Vorteile werden dem Resampling-Ansatz von seinen Entwicklern zugeschrieben (vgl. Simon, o.J. Simon und Bruce, 1991):

1. Die Auswertung mit Resampling-Methoden ist auch für Personen ohne fundierte Mathematik- oder Statistik-Ausbildung logisch gut nachvollziehbar, dementsprechend kommt es in der Forschung auch seltener zu *Auswertungsfehlern.*

2. Evaluationsstudien haben gezeigt, daß eine *Statistikausbildung* auf der Basis von Resampling-Methoden anstele herkömmlicher analytischer Verfahren bei Studierenden zu einem besseren und schnelleren Verständnis der Materie führt.

3. Die Auswertung mit Resampling-Methoden ist für *viele Datensätze* möglichst, teilweise auch für solche, bei denen die Voraussetzungen gängiger parametrischer oder nonparametrischer analytischer Verfahren verletzt sind.

Ein Ansatz, der Pragmatismus und Einfachheit so stark betont, steht natürlich schnell im Verdacht, letztlich unseriöse Ergebnisse zu liefern. Und tatsächlich mag es zunächst verwunderlich sein, wie man allein durch das Rechnen mit *einer* Stichprobe und daraus immer wieder neu entnommenen Teilstichproben zu verallgemeinerbaren Aussagen kommen kann. Daß man sich beim Resampling quasi am eigenen Schopf aus dem (Daten-)Sumpf zieht, deutet der auf die Arbeiten von Bradley Efron (Efron und Tibshirani, 1993) zurückgehende Begriff *Bootstrap*-Verfahren an. (Offenbar zieht sich der Held der Münchhausen-Sage in der amerikanischen Version nicht an seinem Schopf, sondern an seinen Schuhriemen = Bootstrap aus dem Sumpf). Auch wenn die Durchführung einer Bootstrap-Analyse mit einem leistungsstarken Computer keine besonderen Probleme bereitet – die mathematische Theorie bzw. die Beweise, die hinter diesem Ansatz stehen, sind – gelinde gesagt – nicht einfach.

Zur Illustration des Bootstrap-Verfahrens möge erneut das Diplomarbeiten-Beispiel dienen. In Tafel 39 (S. 419) wurde erläutert, wie man mit einer Zufallsstichprobe von 100 Diplomarbeiten den durchschnittlichen Umfang von Diplomarbeiten schätzen kann bzw. wie die Unsicherheit in dieser Schätzung durch ein Konfidenzintervall quantifiziert wird. Beim Bootstrap-Verfahren würden wir aus der Stichprobe der $n = 100$ Seitenzahlen viele (ca. 5000) neue Stichproben des Umfanges $n = 100$ *mit Zurücklegen* bilden. Veranschaulicht an einem Urnenmodell haben wir es also mit einer Urne zu tun, in der sich Lose mit den Seitenzahlen der Arbeiten unserer Stichprobe befinden. Wir entnehmen der Urne zufällig ein Los, notieren die Seitenzahl und legen das Los wieder in die Urne. Die ersten so gezogenen 100 Seitenzahlen bilden die 1. sog. *Bootstrap-Stichprobe* (in der sich theoretisch 100mal dieselbe Seitenzahl befinden könnte). Jede Kombination von 100 Seitenzahlen tritt mit einer Wahrscheinlichkeit von $(1/100)^{100}$ auf. Diese Prozedur wird 5000mal wiederholt, d.h. man erzeugt 5000 Bootstrap-Stichproben.

Jede Bootstrap-Stichprobe liefert einen $\bar{x}$-Wert, dessen Verteilung der auf S. 414 erwähnten $\bar{X}$-Werteverteilung entspricht. Die Streuung dieser Verteilung schätzt den Standardfehler $\sigma_{\bar{x}} = \sqrt{\sigma^2/n}$, mit dem wir – wie auf S. 414 ff. beschrieben – ein Konfidenzintervall berechnen können. Eine weitere zum Resampling-Ansatz zählende Verfahrensgruppe sind Randomisierungstests, auf die wir im Abschnitt 8.2.6 (S. 583 ff.) ausführlicher eingehen.

Die *Monte-Carlo-Methode* wurde 1949 von Metropolis und Ulan für unterschiedliche Forschungszwecke eingeführt. Wichtige Anwendungsfelder sind die Erzeugung von H_0-Verteilungen statistischer Kennwerte mit Hilfe vieler Zufallszahlen und die Überprüfung der Folgen, die mit der Verletzung der Voraussetzungen statistischer Tests verbunden sind. Zufallszahlen werden heute mit dem Computer erzeugt (zum Zufallskonzept vgl. Beltrami, 1999 oder Everitt, 1999), was in der Mitte des letzten Jahrhunderts nicht so ohne weiteres möglich war. Statt dessen hat man auf die Zufallszahlen von Roulette-Permanenzen zurückgegriffen, die von den Spielbanken – und eben auch von der berühmten Spielbank in Monte Carlo – regelmäßig und kontinuierlich registriert werden. Viele Hinweise zu Theorie und Praxis von Monte-Carlo-Studien sowie eine ausführliche Bibliographie findet man bei Robert und Casella (2000). Zum Thema „Resampling" empfehlen wir ferner Lunneborg (1999) und speziell für Permutations-Tests Good (2000). Resampling-Software findet man im Internet unter: http://www.resample.com/ (kostenlose Demoversion).

7.2.7
Übersicht populationsbeschreibender Untersuchungen

Kapitel 7 behandelt Untersuchungsarten, deren gemeinsames Ziel die Beschreibung von Populationen bzw. die Schätzung von Populationsparametern ist. Wir untersuchten die in der Praxis am häufigsten interessierenden Parameter: Populationsmittelwerte und Populationsanteile. Vollerhebungen sind hierfür in den meisten Fällen unzweckmäßig, denn sie erfordern einen zu hohen Kosten- und Zeitaufwand. Sie versagen vor allem bei der Erfassung von Merkmalen, die einem raschen zeitlichen Wandel unterliegen. Die ausschnittsweise Erfassung von Populationen durch Stichproben, die erheblich schneller und billiger zu untersuchen sind und die zu Resultaten führen, deren Präzision bei sorgfältiger Planung der einer Vollerhebung kaum nachsteht, ist deshalb ein unverzichtbares Untersuchungsinstrument.

Eine optimale Nutzung der vielfältigen Stichprobenpläne setzt eine gründliche theoretische Auseinandersetzung mit dem zu untersuchenden Merkmal bzw. mit der zu beschreibenden Population sowie das Studium von evtl. bereits durchgeführten Untersuchungen zur selben Thematik voraus. Die Berücksichtigung von Vorkenntnissen kann die Präzision einer Parameterschätzung beträchtlich erhöhen und den technischen wie auch finanziellen Untersuchungsaufwand entscheidend reduzieren. In diesem Sinne verwertbare Vorkenntnisse betreffen

1. das zu untersuchende Merkmal selbst (Art der Verteilung des Merkmals, Streuung des Merkmals, Vorstellungen über die Größe des unbekannten Parameters, „Wahrscheinlichkeitsverteilung" des Parameters),
2. andere, mit dem zu erhebenden Merkmal zusammenhängende Merkmale, die eine einfache Untergliederung (Schichtung) der Population

gestatten (Umfang der Schichten und Streuung des zu erhebenden Merkmals in den Schichten),
3. Besonderheiten bezüglich der Zusammensetzung der Population (natürlich zusammenhängende Teilgesamtheiten oder Klumpen) sowie
4. Stichproben, die bezüglich des interessierenden Merkmals bereits untersucht wurden.

Zufallsstichprobe: Hat man sich vergewissert, daß auf keine Vorkenntnisse zurückgegriffen werden kann, daß eine Untersuchung also „wissenschaftliches Neuland" betritt, kommt als Stichprobenart nur die einfache Zufallsstichprobe infrage. Sie setzt voraus, daß jedes einzelne Untersuchungsobjekt der Population individuell erfaßt ist, so daß ein Auswahlplan erstellt werden kann, der gewährleistet, daß jedes einzelne Untersuchungsobjekt mit gleicher Wahrscheinlichkeit Teil der Stichprobe wird. Der Stichprobenumfang ist hierbei nicht willkürlich, sondern in Abhängigkeit von der gewünschten Schätzgenauigkeit (Breite des Konfidenzintervalls) festzulegen. Auf S. 422 ff. diskutierten wir Möglichkeiten, den erforderlichen Stichprobenumfang auch dann zu kalkulieren, wenn die Streuung des Merkmals in der Population unbekannt ist.

Nur wenige populationsbeschreibende Untersuchungen erfüllen die Erfordernisse einer einfachen Zufallsstichprobe perfekt. Entweder ist die vollständige Liste aller zur Population zählenden Untersuchungsobjekte unbekannt, oder man wählt die Stichprobe nach einem Verfahren aus, das keine konstante Auswahlwahrscheinlichkeit für jedes Untersuchungsobjekt garantiert. Nicht selten verletzen populationsbeschreibende Untersuchungen beide Voraussetzungen.

Dies muß nicht immer ein Zeichen für eine oberflächliche oder nachlässige Untersuchungsplanung sein. In ihrem Bemühen, beide Kriterien erfüllen zu wollen, stehen Untersuchende oft vor unüberwindlichen Schwierigkeiten, denn die Erfüllung der Kriterien erfordert einen Untersuchungsaufwand, der häufig in keinem Verhältnis zu den zu erwartenden Erkenntnissen steht. Man begnügt sich deshalb mit der Untersuchung von „Pseudo-Zufallsstichproben", „Bequemlichkeitsauswahlen" oder „anfallenden" Stichproben, die aus einer mehr oder weniger beliebigen, leicht zugänglichen Ansammlung von Untersuchungsobjekten bestehen.

Diese Untersuchungen sind unwissenschaftlich, wenn ihre Ergebnisse leichtfertig auf Populationen verallgemeinert werden, die tatsächlich nicht einmal auszugsweise, geschweige denn nach Kriterien reiner Zufallsauswahlen, untersucht wurden. Sie haben bestenfalls den Charakter explorativer, hypothesengenerierender Untersuchungen und sollten auch als solche deklariert werden.

Wenn schon – aus welchen Gründen auch immer – bei vielen populationsbeschreibenden Untersuchungen auf die Ziehung einer reinen Zufallsstichprobe verzichtet werden muß, sollte der Untersuchungsbericht zumindest folgende Fragen diskutieren:
- Für welche Population gelten die Untersuchungsergebnisse?
- Nach welchem Verfahren wurden die Untersuchungsobjekte ausgewählt?
- Inwieweit ist die Generalisierung der Ergebnisse durch Besonderheiten des Auswahlverfahrens eingeschränkt?
- Gibt es strukturelle Besonderheiten der Population, die eine Verallgemeinerung der Ergebnisse auch auf andere, nicht untersuchte Populationen rechtfertigen?
- Welche Tragweite (Präzision) haben die Ergebnisse angesichts des untersuchten Stichprobenumfangs?
- Welche Überlegungen nahmen Einfluß auf die Festlegung des Stichprobenumfangs?

Untersuchungen, die diese Punkte kompromißlos diskutieren und Schwächen nicht verschweigen, können an Glaubwürdigkeit nur gewinnen. (In vielen Punkten vorbildlich ist hierfür z. B. eine Untersuchung von Lenski, 1963, zit. nach Sudman, 1976.) Dies gilt nicht nur für Untersuchungen mit einfachen Zufallsstichproben (oder „Pseudozufallsstichproben"), sondern natürlich auch für die im folgenden zusammengefaßten „fortgeschrittenen" Stichprobenpläne, die als probabilistische Stichproben auch mit dem statistischen Zufallsprinzip arbeiten. Im Vorgriff auf Kap. 8 und 9 sei bereits jetzt darauf hingewiesen, daß sich die hier geforderte freimütige Darlegung der Art der Stichprobenziehung auch auf hypothesenprüfende Untersuchungen bezieht.

Geschichtete Stichprobe: Im Vergleich zu einfachen Zufallsstichproben wird die Parameterschätzung erheblich präziser, wenn es gelingt, die Population nach einem Merkmal zu schichten, von dem bekannt ist, daß es mit dem untersuchten Merkmal hoch korreliert. Die endgültige Stichprobe setzt sich dann aus homogenen Teilstichproben zusammen, die den Populationsschichten zufällig entnommen wurden. Der Vorteil geschichteter Stichproben gegenüber einfachen Stichproben kommt jedoch erst dann voll zum Tragen, wenn zusätzlich zum Schichtungsmerkmal die Größen der Teilpopulationen sowie deren Streuungen bekannt sind.

Schichtungsmerkmale sollten nicht nur mit dem untersuchten Merkmal hoch korrelieren, sondern zugleich einfach erhebbar sein. Intelligenz-

Die Präzision von Umfrageergebnissen hängt nicht nur von Art und Umfang der Stichprobe, sondern letztlich auch von der Zuverlässigkeit der erhaltenen Auskünfte ab. (Aus: Campbell, S.K. (1974). Flaws and Fallacies in Statistical Thinking. Englewood Cliffs, New Jersey: Prentice-Hall, S. 136)

und Einstellungsvariablen sind beispielsweise Merkmale, die zwar mit vielen sozialwissenschaftlich interessanten Merkmalen zusammenhängen; der Aufwand, der zu ihrer Erfassung erforderlich ist, macht sie jedoch als Schichtungsmerkmal praktisch unbrauchbar. Korrelieren hingegen einfache Merkmale wie Alter, Geschlecht, Einkommen, Art der Ausbildung etc. mit dem zu untersuchenden Merkmal, sind die Randbedingungen für eine geschichtete Stichprobe weitaus günstiger.

Bisher gingen wir davon aus, daß die Schichtung nur in bezug auf ein Merkmal vorgenommen wird. Dies ist jedoch keineswegs erforderlich und bei Untersuchungen, die gleichzeitig mehrere Merkmale erheben (*Omnibusuntersuchungen*), auch nicht sehr sinnvoll. Hängen nämlich die einzelnen zu untersuchenden Merkmale mit jeweils anderen Schichtungsmerkmalen zusammen, kann bei einer nur nach einem Merkmal geschichteten Stichprobe natürlich nur dasjenige Merkmal genauer geschätzt werden, das mit dem Schichtungsmerkmal korreliert. Die Parameter der übrigen Merkmale werden dann genauso exakt geschätzt wie mit einer einfachen Zufallsstichprobe. In diesem Falle und im Falle eines Untersuchungsmerkmals, das mit mehreren Schichtungsmerkmalen zusammenhängt, empfiehlt es sich, die Schichtung gleichzeitig nach mehreren Merkmalen vorzunehmen.

Sind beispielsweise sowohl das Geschlecht (männlich-weiblich) als auch das Einkommen der Untersuchungsteilnehmer (geringes-mittleres-hohes Einkommen) wichtige Schichtungsmerkmale, hätte man Stichproben aus sechs Teilgesamtheiten, die als Kombinationen dieser beiden Merkmale resultieren, zu untersuchen. Dieser Aufwand lohnt sich allerdings nur, wenn auch die Umfänge und Streuungen dieser Teilpopulationen bekannt sind.

Klumpenstichprobe: Den geringsten untersuchungstechnischen Aufwand bereiten Untersuchungen von Populationen, die sich aus vielen kleinen, heterogenen (und wenn möglich gleich großen) Teilgesamtheiten (Klumpen) zusammensetzen. Hier kann auf eine vollständige Liste aller Untersuchungsobjekte der Population verzichtet werden; es genügt eine Zusammenstellung aller Klumpen, aus der eine zufällige Auswahl getroffen

wird. Man untersucht jeden ausgewählten Klumpen vollständig, d. h. mit allen Untersuchungsobjekten. Gleichheit aller Klumpen und Verschiedenartigkeit der Untersuchungsobjekte innerhalb der Klumpen sind hier die besten Voraussetzungen für eine präzise Parameterschätzung.

Mehrstufige Stichprobe: Die idealen Verhältnisse für eine Klumpenstichprobe wird man in der Praxis selten antreffen. Zwar setzt sich eine Population häufig aus mehreren natürlich gewachsenen Teilgesamtheiten oder Klumpen zusammen; diese sind jedoch häufig zu groß, um einige von ihnen vollständig erheben zu können. Die in diesem Falle einschlägige zweistufige (oder mehrstufige) Stichprobe untersucht die ausgewählten Klumpen nur stichprobenartig. Erneut benötigt man keine vollständige Liste aller Untersuchungsobjekte der Population, sondern lediglich Aufstellungen derjenigen Untersuchungsobjekte, die sich in den ausgewählten Klumpen (bzw. bei mehrstufigen Stichproben in den Einheiten der letzten Auswahlstufe) befinden.

Die geschichtete und die Klumpenstichprobe sind als Spezialfälle einer zweistufigen Stichprobe darstellbar. Lassen wir die Klumpen einer zweistufigen Stichprobe größer und damit deren Anzahl kleiner werden, nähern wir uns den Verhältnissen einer geschichteten Stichprobe. Besteht die Population schließlich nur noch aus wenigen, sehr großen „Klumpen", die alle stichprobenartig untersucht werden, entspricht die zweistufige Stichprobe einer geschichteten Stichprobe. Wächst hingegen bei einer zweistufigen Stichprobe die Anzahl der Klumpen (was bei einer gegebenen Population einer Verkleinerung der Klumpenumfänge gleichkommt), können wir auf die Ziehung von Stichproben aus den Klumpen verzichten und einige Klumpen vollständig untersuchen. Die zweistufige Stichprobe wäre dann einer Klumpenstichprobe gleichzusetzen.

Auf S. 446 wurde gezeigt, wann eine zweistufige Stichprobe zu besonders präzisen Parameterschätzungen führt: Mit wachsender Klumpenanzahl (bzw. abnehmender Klumpengröße) verbessern in sich heterogene, aber untereinander homogene Klumpen die Parameterschätzung. Für wenige, aber große Klumpen hingegen sind in sich homogene, aber untereinander heterogene Klumpen vorteilhaft.

Wiederholte Stichprobenuntersuchung: Stichproben, in denen einige bereits untersuchte Personen wiederverwendet werden, gewährleisten ebenfalls präzisere Parameterschätzungen als einfache Zufallsstichproben. Dies setzt allerdings voraus, daß die zu einem früheren Zeitpunkt erhobenen Messungen mit den aktuellen Messungen korrelieren. Die Höhe dieser Korrelation bestimmt, welcher Anteil an wiederverwendeten und neuen Untersuchungsobjekten die Parameterschätzung optimiert.

Bayes'scher Ansatz: Die letzte hier behandelte Art von Vorkenntnissen zur Verbesserung einer Parameterschätzung betrifft den zu schätzenden Parameter selbst. Wenn man – sei es aufgrund von Voruntersuchungen oder anderer Informationen – eine mehr oder weniger präzise Vorstellung über den „wahrscheinlichsten" Parameter hat, wenn man bestimmte Parameterausprägungen als zu „unwahrscheinlich" ausschließen kann und wenn man für die im Prinzip in Frage kommenden Parameter eine Wahrscheinlichkeitsverteilung (Dichteverteilung) in Form einer Priorverteilung spezifizieren kann, ermöglicht die Bayes'sche Statistik eine Parameterschätzung, die sowohl die Vorkenntnisse als auch das Resultat einer Stichprobenuntersuchung berücksichtigt. Dieser für viele sozialwissenschaftliche Fragen angemessene Ansatz (wann kommt es schon einmal vor, daß eine Untersuchung ohne jegliche Vorkenntnisse über das zu erhebende Merkmal begonnen wird?) kann Parameterschätzungen deutlich verbessern. Er bereitet dem unerfahrenen Forscher in seinem Bemühen, Vorkenntnisse in eine angemessene Priorverteilung zu transformieren, allerdings anfänglich Schwierigkeiten. Dennoch ist es ratsam, sich im Umgang mit dieser Methode zu üben, denn schließlich ist es nicht einzusehen, warum das in vergangenen Forschungen erarbeitete Wissen bei einem aktuellen Schätzproblem unberücksichtigt bleiben soll. Zudem gestattet es der Bayes'sche Ansatz, den Einfluß der subjektiven Vorinformationen auf die Parameterschätzung zu kontrollieren. Die Verwendung sog. „diffuser Priorverteilungen" macht die Bestandteile, die in die Parameterschätzung eingehen, transparent. So verstanden kann der Bayes'sche Ansatz die sozialwissenschaftliche Forschungspraxis erheblich bereichern.

Kombinierte Stichprobenpläne: Geschichtete Stichproben, Klumpenstichproben, zwei- (oder mehr-) stufige Stichproben und Stichproben mit wiederholten Messungen wurden bisher als alternative Stichprobenpläne behandelt. Die Elemente dieser Stichprobenpläne lassen sich jedoch beliebig zu neuen, komplexeren Stichprobenplänen kombinieren. Man könnte beispielsweise bei einer zweistufigen Stichprobe aus den Klumpen keine Zufallsstichproben, sondern geschichtete Stichproben ziehen, in denen sich zusätzlich einige Untersuchungsobjekte befinden, die bereits zu einem früheren Zeitpunkt untersucht wurden (Beispiel: in jeder ausgewählten Universität wird eine nach dem Merkmal „Studienfach" geschichtete Stichprobe gezogen und in jeder Stichprobe befinden sich einige wiederholt untersuchte Personen). Oder man entnimmt den Teilpopulationen einer geschichteten Stichprobe keine Zufallsstichproben (einfache geschichtete Stichprobe), sondern einzelne zufällig ausgewählte Klumpen, die ihrerseits vollständig erhoben werden (Beispiel: man zieht eine geschichtete Stichprobe von Hortkindern mit dem Schichtungsmerkmal „Art des Hortes": staatlich oder kirchlich gefördert. Statt zweier Zufallsstichproben aus diesen Teilpopulationen untersucht man einige zufällig ausgewählte Horte beider Schichten vollständig).

Diese Beispiele verdeutlichen Kombinationsmöglichkeiten, deren „Mathematik" allerdings nicht ganz einfach ist. Als konkrete Realisierung eines komplexeren Stichprobenplanes sei das „ADM-Mastersample" der „Arbeitsgemeinschaft Deutscher Marktforschungsinstitute" erwähnt, das in Tafel 45 kurz beschrieben wird (vgl. Jacobs und Eirmbter, 2000, S. 102 ff.; Schnell et al. 1999, S. 268 f. bzw. ausführlicher von der Arbeitsgemeinschaft ADM-Stichproben/Bureau Wendt, 1994).

Das empirische Untersuchungsergebnis, das im Bayes'schen Ansatz mit dem Vorwissen kombiniert wird, basiert nach unseren bisherigen Ausführungen auf einer einfachen Zufallsstichprobe. Aber auch diese Einschränkung ist nicht zwingend. Weiß man nicht nur, wie der zu schätzende Parameter ungefähr „verteilt" ist, sondern zusätzlich, daß bestimmte, einfach zu erhebende Merkmale mit dem untersuchten Merkmal hoch korrelieren bzw. daß sich die Population aus vielen

TAFEL 45

Das ADM-Mastersample

Stichproben, die den Anspruch erheben, für die gesamte Bundesrepublik Deutschland repräsentativ zu sein, werden seit 1978 von allen demoskopischen und wissenschaftlichen Instituten fast ausschließlich auf der Basis des ADM-Mastersamples erhoben. Bei diesem vom „Arbeitskreis Deutscher Marktforschungsinstitute (ADM)" und dem „Bureau Wendt" eingerichteten Stichprobensystem handelt es sich um eine dreistufige Zufallsauswahl mit Stimmbezirken als erster, Haushalten als zweiter und Personen als dritter Auswahlstufe. Grundgesamtheit ist die erwachsene, deutsche Wohnbevölkerung in Privathaushalten. Aufbau und Anwendung dieses Stichprobensystems seien im folgenden kurz erläutert:

Primäreinheiten: Die Bundesrepublik ist mit einem Netz von Stimmbezirken für die Wahl zum Deutschen Bundestag überzogen. Hieraus wurden ca. 64 000 synthetische Wahlbezirke mit mindestens 400 Wahlberechtigten gebildet, wobei Wahlbezirke mit weniger als 400 Wählern mit benachbarten Wahlbezirken fusioniert wurden. Diese Wahlbezirke sind die Primäreinheiten.

Mastersample: Aus der Grundgesamtheit der Primäreinheiten wurden nach dem PPS-Design (vgl. S. 445) ca. 50% ausgewählt. Diese Auswahl konstituiert das sog. Mastersample.

Netze: Aus dem Mastersample hat man ca. 120 Unterstichproben mit jeweils 258 Wahlbezirken (PPS-Auswahl) gebildet. Eine Unterstichprobe wird als Netz bezeichnet und dessen Wahlbezirke als „Sampling Points". Jedes Netz ist zusätzlich nach einem regionalen Index, dem sog. BIK-Index, geschichtet (Einwohner- und Arbeitsplatzdichte, primäre Erwerbsstruktur etc., vgl. Behrens, 1994). Jedes Netz stellt damit eine geschichtete Zufallsstichprobe aus der Grundgesamtheit der Primäreinheiten dar.

Haushaltsstichprobe: Die Grundlage einer Haushaltsstichprobe sind ein oder mehrere Netze. Für die Auswahl der Haushalte setzt man übli-

cherweise das *Random-Route*-(Zufallsweg-)Verfahren ein. Hierbei wird pro Sample Point zufällig eine Startadresse festgelegt, von der aus ein Adressenermittler eine Ortsbegehung beginnt, die strikt einer für alle Sample Points einheitlichen Begehungsanweisung folgt. Ziel des Random-Route-Verfahrens ist eine Zufallsauswahl von Adressen pro Sample Point, aus der üblicherweise ca. 8 Haushalte zufällig ausgewählt werden. Diese Haushalte werden entweder direkt vom Adressenermittler („Standard Random") oder von einem von dem Untersuchungsleiter ausgewählten Interviewer befragt („Address Random"). Bei dieser Vorgehensweise erhält man also pro Netz eine Bruttostichprobe von ca. $258 \cdot 8 = 2064$ zufällig ausgewählten Haushalten.

Personenstichprobe: Für eine repräsentative Personenstichprobe muß pro Haushalt zufällig eine Person ausgewählt werden. Hierfür wird üblicherweise der sog. *Schwedenschlüssel* eingesetzt (der Erfinder dieses Auswahlverfahrens, Leslie Kish, stammt aus Schweden). Ziel des Verfahrens ist Chancengleichheit für alle Haushaltsmitglieder. Besteht ein Haushalt z.B. aus 4 potentiellen Zielpersonen, entscheidet eine zufällig ausgewählte Zahl zwischen 1 und 4, welche Person befragt wird (Einzelheiten zur Technik s. Jacobs und Eirmbter, 2000, S. 106).

Eine so gewonnene Personenstichprobe ist bezüglich des Merkmals „Haushaltsgröße" nicht repräsentativ. Wenn jeder Haushalt der Grundgesamtheit mit derselben Wahrscheinlichkeit in die Stichprobe aufgenommen wurde, haben Personen aus 1-Personen-Haushalten eine Wahrscheinlichkeit von 1, befragt zu werden, Personen aus 2-Personen-Haushalten eine Wahrscheinlichkeit von 1/2, aus 3-Personen-Haushalten eine Wahrscheinlichkeit von 1/3 etc. Dieser Sachverhalt kann bei der Berechnung von statistischen Kennwerten für die Stichprobe (z.B. Durchschnitts- oder Anteilswerte) durch eine zur Auswahlwahrscheinlichkeit reziproken Gewichtung kompensiert werden: Personen aus 1-Personen-Haushalten gehen mit einfachem Gewicht in das Ergebnis ein, Personen aus 2-Perso-

TAFEL 45

nen-Haushalten mit doppeltem Gewicht, Personen aus 3-Personen-Haushalten mit dreifachem

Gewicht etc. (vgl. Schumann, 1997, S. 101 f. zum Stichwort Design-Gewichtung).

Klumpen zusammensetzt, kann auch im Bayes'schen Ansatz die einfache Zufallsstichprobe durch eine geschichtete Stichprobe, eine Klumpenstichprobe oder eine mehrstufige Stichprobe ersetzt werden. Für Schätzprobleme steht damit ein Instrumentarium zur Verfügung, das alle vorhandenen Vorkenntnisse optimal nutzt.

Quotenstichprobe: Abschließend sei auf eine weitere, in der Umfrageforschung nicht unumstrittene Stichprobentechnik eingegangen: das Quotenverfahren. Bei diesem Verfahren werden dem Interviewer lediglich die prozentualen Anteile (Quoten) für bestimmte Merkmalskategorien vorgegeben (z.B. 30% Jugendliche aus Arbeiterfamilien, 20% aus Unternehmerfamilien, 20% aus Beamtenfamilien sowie 30% aus Angestelltenfamilien; gleichzeitig sollen sich 50% der befragten Jugendlichen in Ausbildung befinden, während die anderen 50% erwerbstätig sind). Die Auswahl der innerhalb dieser Quoten zu befragenden Personen bleibt dem Interviewer überlassen.

Dieses Vorgehen ist äußerst problematisch. Es resultieren keine repräsentativen Stichproben, da die Quoten nur die prozentuale Aufteilung der Quotierungsmerkmale, aber nicht die ihrer Kombinationen wiedergeben. Auch wenn – wie bei kombinierten Quotenplänen – die vorgegebenen

Quoten für einzelne Merkmalskombinationen den entsprechenden Populationsanteilen entsprechen, kann man keineswegs sicher sein, daß die Stichprobe der Population auch bezüglich nichtquotierter Merkmale einigermaßen entspricht. Dies ist bei einer nach dem (den) Quotierungsmerkmal(en) geschichteten Stichprobe anders, weil hier innerhalb der Schichten *Zufallsstichproben* gezogen werden.

Bei der Quotenstichprobe „erfüllt" der Interviewer seine Quoten jedoch nicht nach dem Zufallsprinzip, sondern nach eigenem Ermessen (er meidet beispielsweise Personen in höheren Stockwerken oder Personen in entlegenen Gegenden). Die Stichprobe kann deshalb ein falsches Abbild der eigentlich zu untersuchenden Population sein.

Parameterschätzungen, die aus Quotenstichproben abgeleitet werden, beziehen sich deshalb nicht auf die eigentliche Zielpopulation, sondern auf eine fiktive, selten genau zu beschreibende Population. Dennoch wird diese Stichprobentechnik leider von Fall zu Fall als Notbehelf akzeptiert, wenn die Ziehung einer probabilistischen Stichprobe zu hohe Kosten oder zu viel Zeit erfordert. (Ausführlicher wird das Quotenverfahren z.B. bei Hoag, 1986; van Koolwijk, 1974b, Kap. 3; Noelle, 1967, oder bei Noelle-Neumann und Petersen, 1996, behandelt.)

ÜBUNGSAUFGABEN

1. Wie ist die „einfache Zufallsstichprobe" definiert?

2. Was versteht man unter „probabilistischen Stichproben"?

3. Worin unterscheidet sich die Klumpenstichprobe von der geschichteten Stichprobe?

4. In der Zeitung lesen Sie unter der Überschrift „Haschisch macht müde und faul" folgende Meldung: „Wie eine neue amerikanische Repräsentativstudie zeigt, haben 70% aller Haschisch-Konsumenten unterdurchschnittliche Schulleistungen. Gleichzeitig schlafen sie überdurchschnittlich lange. Diese Befunde belegen eindrücklich, wie gefährlich eine liberale Drogenpolitik ist." In dieser Nachricht sind fünf Fehler versteckt. Welche?

5. Es soll eine repräsentative Stichprobe (realisiert als geschichtete Stichprobe) von Museumsbesuchern gezogen werden. Entwerfen Sie einen Stichprobenplan mit drei Ziehungsstufen!

6. Erläutern Sie die Gütekriterien für Punktschätzungen!

7. Erklären Sie das Grundprinzip des Bayes'schen Ansatzes!

8. Angenommen, Sie interessieren sich dafür, wieviele Studierende im Fach Psychologie mit der Zuteilung ihres Studienortes unzufrieden sind und den Studienplatz tauschen. Ist der Anteil groß genug, damit sich die Einrichtung einer professionell betriebenen landesweiten „Tauschbörse" lohnt? Die Befragung von 56 Kommilitonen am heimischen Institut ergibt, daß 8% den Studienplatz mindestens einmal getauscht haben und 2% auf der Suche nach einem Tauschpartner sind.
   a) Wie groß muß der Umfang einer Zufallsstichprobe aus der Grundgesamtheit aller Psychologiestudenten sein, um bei einer vermuteten Tauscherrate zwischen 5% und 20% den „wahren" Populationsanteil mit einer Genauigkeit von ± 2% schätzen zu können?
   b) Welche Stichprobenart wäre alternativ zur einfachen Zufallsauswahl in diesem Beispiel gut geeignet?

9. In welcher Weise läßt sich Vorwissen über eine Population einsetzen, um die Genauigkeit von Parameterschätzungen zu erhöhen? Erläutern Sie diese Thematik für alle Stichprobenarten, die Sie kennen!

10. Warum ist es erforderlich, Parameterschätzungen mit einem Konfidenzintervall zu versehen?

11. Welche Aussagen stimmen?
   a) Je höher der Konfidenzkoeffizient, umso breiter ist das Konfidenzintervall.
   b) Die Varianz einer einfachen Zufallsstichprobe ist ein erwartungstreuer Schätzer der Populationsvarianz.
   c) Die Untersuchungsobjekte innerhalb eines Klumpens sollten bei einer Klumpenstichprobe möglichst ähnlich sein (homogene Klumpen).
   d) Der Mittelwert einer einfachen Zufallsstichprobe ist ein erwartungstreuer Schätzer des Populationsmittelwertes.
   e) Die Untersuchungsobjekte innerhalb der Schichten einer geschichteten Stichprobe sollten möglichst ähnlich sein (homogene Schichten).

12. In einem privaten Verkehrsbetrieb sind 20 Busfahrer/innen beschäftigt (Population), deren Unfallzahlen in der folgenden Tabelle abgedruckt sind (1: Frau, 2: Mann).

Person	Geschlecht	Unfallzahl
1	1	0
2	1	3
3	2	2
4	2	0
5	1	0
6	1	1
7	2	0
8	1	1

ÜBUNGSAUFGABEN

Person	Geschlecht	Unfallzahl
9	2	3
10	2	2
11	2	0
12	2	4
13	1	0
14	1	1
15	1	1
16	1	2
17	1	0
18	2	3
19	2	2
20	2	0

a) Ziehen Sie aus dieser Population

- eine *Zufallsstichprobe* (verwenden Sie dazu die Zufallszahlen aus Tabelle 2 im Anhang F und zwar die 2. Kolonne von rechts, beginnend mit „85734"; streichen Sie von den 5stelligen Zahlen die hinteren drei Ziffern weg und suchen Sie von oben nach unten 10 Zufallszahlen im Wertebereich 1 bis 20 aus, doppelte Zahlen werden übersprungen),
- eine *systematische Stichprobe* (ziehen Sie jedes 5. Objekt der Population, so daß Sie n = 4 Objekte erhalten),
- eine *Quotenstichprobe* mit der Vorgabe 80:20 (greifen Sie bewußt die ersten 8 Frauen und die ersten 2 Männer heraus).
- Da sich in der Population gleichviele Männer und Frauen befinden (50:50), ist eine Stichprobe mit dem Geschlechterverhältnis 80:20 unglücklich gewählt. Durch Höhergewichtung der unterrepräsentierten Männer und Heruntergewichtung der Frauen in der obigen Quotenstichprobe,

läßt sich im nachhinein ein Verhältnis von 50:50 erzeugen. Berechnen Sie die notwendigen Gewichtungsfaktoren als einfache Soll/Ist-Gewichte (Kontrolle: die Summe der Soll/Ist-Gewichte muß 10 ergeben) und ermitteln Sie die gewichteten Unfallzahlen für die somit *gewichtete Quotenstichprobe.*

b) Berechnen Sie für die Population und für alle vier Stichproben die durchschnittliche Unfallzahl.

13. In einem Museum ertönt in Halle B die Alarmanlage. Mit welcher Wahrscheinlichkeit ist mit einem Museumsdiebstahl zu rechnen? Sie wissen, daß die Alarmanlage mit einer Wahrscheinlichkeit von 70% durch Museumsbesucher ausgelöst wird, die den Ausstellungsstücken zu nahe kommen. Wenn Kunstdiebe am Werke sind, ertönt die Alarmanlage mit einer Zuverlässigkeit von 90%. Manchmal (in 10% der Fälle) geht sie aber auch los, obwohl sich niemand in der Nähe befindet. Die Museumsstatistik zeigt, daß die Wahrscheinlichkeit von Kunstdieben in Halle B 1% und die Wahrscheinlichkeit von Museumsbesuchern 80% beträgt. In 19% der Zeit befindet sich niemand in Halle B.

14. Was versteht man unter einer „diffusen Priorverteilung"?

15. Erklären Sie die Bedeutung folgender Symbole:

$\bar{x}$; μ; $\hat{\sigma}_{\bar{x}}$; μ'; μ''; s^2; df; Δ_{krit}
$z_{(2,5\%)}$; π; $p(X = 30\% \mid \pi)$

Kapitel 8
Hypothesenprüfende Untersuchungen

Das Wichtigste im Überblick

▶ Zum Aufbau eines statistischen Signifikanztests
▶ Maßnahmen zur Sicherung interner und externer Validität empirischer Untersuchungen
▶ Die Überprüfung von Zusammenhangs-, Unterschieds- und Veränderungshypothesen
▶ Statistische Einzelfallanalysen und Einzelfalldiagnostik

Im Mittelpunkt der in Kapitel 6 und 7 behandelten Untersuchungsarten stand die Beschreibung. Wir unterschieden hierbei explorative Untersuchungen, die primär der Anregung neuer Hypothesen dienen sollen (Kapitel 6: Hypothesenfindung und Theoriebildung) und Stichprobenuntersuchungen, die der Schätzung von Populationsparametern dienen (Kapitel 7: Populationsbeschreibende Untersuchungen).

Im Unterschied zu deskriptiven Untersuchungen erfordern hypothesenprüfende Untersuchungen Vorkenntnisse, die es ermöglichen, vor Durchführung der Untersuchung präzise Hypothesen zu formulieren und diese gut zu begründen. Die Hypothesen sollten präzise sein, damit nach Abschluß der Untersuchung zweifelsfrei festgestellt werden kann, ob die Untersuchungsergebnisse den Hypothesen widersprechen oder ob sie ganz oder teilweise in Einklang mit den Hypothesen stehen. Sie sollten gut begründet sein, um den mit einer Untersuchung notwendigerweise verbundenen Aufwand rechtfertigen zu können.

Hypothesenprüfende Untersuchungen testen Annahmen über Zusammenhänge, Unterschiede und Veränderungen ausgewählter Merkmale bei bestimmten Populationen. Neben der Prüfung von beobachteten Variablenbeziehungen sind auch Prognose und Erklärung von Effekten wichtige Ziele hypothesenprüfender Forschung.

> ❗ *Hypothesenprüfende Untersuchungen* testen Annahmen über Zusammenhänge, Unterschiede und Veränderungen ausgewählter Merkmale bei bestimmten Populationen.

Ein wesentlicher Qualitätsaspekt hypothesenprüfender Untersuchungen ist ihr Beitrag zur Stützung kausaler Erklärungen. Wohl der größte Teil aller Forschungsbemühungen ist darauf ausgerichtet, Ursache-Wirkungs-Beziehungen zu identifizieren oder Kausalannahmen zu testen. Kausalität läßt sich jedoch – wie auf S. 14 ff. ausgeführt – empirisch niemals zweifelsfrei nachweisen.

Dessen ungeachtet unterscheiden sich hypothesenprüfende Untersuchungen graduell in der „logischen Stringenz ihrer Beweisführung" bzw. in der Anzahl kausaler Erklärungsalternativen für ihre Ergebnisse. Eine wichtige Aufgabe dieses Kapitels wird es sein, die zahlreichen Varianten hypothesenprüfender Untersuchungen daraufhin zu analysieren, ob bzw. in welchem Ausmaß der Aufbau der Untersuchung in diesem Sinne schlüssige Ergebnisinterpretationen zuläßt. Auf S. 56 f. bezeichneten wir diese Eigenschaft empirischer Untersuchungen als *interne Validität*.

> ❗ Um anhand der Ergebnisse einer empirischen Untersuchung vorher aufgestellte Hypothesen möglichst eindeutig bestätigen oder widerlegen zu können, muß man dafür sorgen, daß
> ● die Hypothesen präzise formuliert sind (Angabe von Wirkrichtungen und Effektgrößen),
> ● die Daten kontrolliert erhoben werden (angemessene Operationalisierungen und Untersuchungsdesigns),
> ● die Daten korrekt inferenzstatistisch ausgewertet werden (adäquate Wahl und Durchführung von Signifikanztests).

Ermittelt eine Untersuchung beispielsweise einen bedeutsamen Zusammenhang zweier Variablen A und B, läßt dieser Befund mehrere gleichwertige Interpretationen zu: A beeinflußt B, B beeinflußt A, A und B beeinflussen sich wechselseitig, bzw. A und B werden durch eine dritte Variable C oder weitere Variablen beeinflußt. Der den Zusammenhang quantifizierende Korrelationskoeffizient (vgl. Anhang A) favorisiert keines dieser alternativen Kausalmodelle.

Schlüssiger ließe sich demgegenüber eine Untersuchung interpretieren, bei der die Untersuchungsteilnehmer den Stufen einer unabhängigen Variablen oder verschiedenen Untersuchungsbedingungen nach einem Zufallsverfahren zugeordnet werden (Randomisierung) und bei der die Wirksamkeit untersuchungsbedingter Störvariablen weitgehend ausgeschlossen ist. Eine nach diesem Muster durchgeführte Untersuchung (wir bezeichneten sie auf S. 57 ff. als *experimentelle Untersuchung*) kann den Erklärungsgehalt einer Kausalhypothese eindeutiger feststellen als eine einfache Korrelationsstudie.

Die Vorteile einer kontrollierten Experimentaluntersuchung gegenüber einer Korrelationsstudie könnten es nahelegen, „höherwertige" Untersuchungspläne generell einem „minderwertigen" Untersuchungsplan vorzuziehen. Diese Schlußfolgerung wäre falsch, denn die Formulierung einer gezielten und gut begründeten Kausalhypothese setzt entsprechende Vorkenntnisse voraus. Wissenschaften, die, wie die Sozialwissenschaften, relativ jung sind und deren Fragestellungen sich nicht selten an aktuellen, zeitgeschichtlichen Problemen orientieren, wären mit diesem Ansinnen überfordert. Ihre Hypothesen sind häufig wenig präzise, so daß man sich vorerst darum bemühen wird, vermutete korrelative Zusammenhänge empirisch zu prüfen bzw. bestimmte Variablen als potentielle Ursachen für das untersuchte Phänomen auszumachen oder auszuschließen. Die Ergebnisse dieser Untersuchungen lassen zwar keine logisch zwingenden Kausalerklärungen zu; sie liefern dafür aber wertvolle Hinweise für weiterführende Untersuchungen zur Überprüfung gezielterer Hypothesen. Es hieße Zeit und Geld verschwenden, wollte man mit exakten Untersuchungen Hypothesen prüfen, die angesichts des noch unvollkommenen Wissensstandes unbegründet

und damit beliebig erscheinen. Ein optimaler Untersuchungsplan zeichnet sich nicht nur dadurch aus, daß er logisch zwingende Kausalerklärungen zuläßt, sondern auch dadurch, daß er den Wissensstand in dem untersuchten Problemfeld angemessen reflektiert.

> **!** Will man Hypothesen über Ursache-Wirkungs-Relationen prüfen, so liefern experimentelle Untersuchungen die stringentesten Beweise für oder gegen die behauptete Kausalität. Da experimentelle Untersuchungen aus ethischen, ökonomischen oder praktischen Gründen häufig nicht durchführbar sind, ist man darauf angewiesen, auch nichtexperimentelle Studien so anzulegen, daß Fehlereffekte und Störeinflüsse möglichst gering ausgeprägt sind.

Die Hypothesenprüfung im Kontext empirischer Untersuchungen erfolgt üblicherweise über sog. Signifikanztests, deren Grundprinzipien Abschnitt 8.1 darstellt. Abschnitt 8.2 behandelt – in Abhängigkeit von der zu prüfenden Hypothesenart – die wichtigsten Varianten hypothesenprüfender Untersuchungen.

Hinweis: Die Ausführungen des Kapitels 8 beziehen sich auf sog. unspezifische Hypothesen, d.h. auf Hypothesen, bei denen die Größe eines erwarteten Unterschiedes oder Zusammenhanges (allgemein: die Größe des erwarteten Effektes) nicht spezifiziert wird (vgl. S. 495). Die planerischen Überlegungen, die sich mit der Überprüfung spezifischer Hypothesen bzw. der Festlegung einer Effektgröße verbinden, sind Gegenstand von Kapitel 9. Da die Festlegung von Effektgrößen vor allem für summative Evaluationen empfohlen wird (vgl. S. 112 ff.), haben wir Kapitel 9 mit „Evaluationsstudien zur Prüfung von Effekten" überschrieben. Es sei jedoch darauf hingewiesen, daß dieses Kapitel auch für die Planung einer Untersuchung, die sich nicht unbedingt als Evaluationsstudie klassifizieren läßt, zur Kenntnis genommen werden sollte.

8.1
Grundprinzipien der statistischen Hypothesenprüfung

Hypothesen werden in der empirischen Forschung üblicherweise mit statistischen Hypothesentests

(*Signifikanztests*) geprüft, deren Grundprinzip wir im folgenden darstellen. Leserinnen und Leser, denen die Logik des statistischen Hypothesentestens bereits geläufig ist, können die folgenden Seiten überschlagen und die Lektüre mit Abschnitt 8.2 (Varianten hypothesenprüfender Untersuchungen) bzw. mit Abschnitt 8.1.3 (Probleme der Signifikanztests) wieder aufnehmen.

Den an den historischen Wurzeln des statistischen Hypothesentestens interessierten Leserinnen und Lesern sei zunächst ein Blick in die Arbeiten der „Erfinder" des Signifikanztestens empfohlen (Fisher, 1925, 1935, 1956; Neyman und Pearson, 1928). Wie sich diese Anfänge weiterentwickelt haben, erörtern z. B. Cowles (1989), Dillmann und Arminger (1986), Gigerenzer (1986), Gigerenzer und Murray (1987), Krauth (1986) sowie Leiser (1986). Welche statistischen Methoden im 19. Jahrhundert verwendet wurden, erfährt man bei Swijtink (1987).

8.1.1
Hypothesenarten

Die aus Voruntersuchungen, eigenen Beobachtungen, Überlegungen und wissenschaftlichen Theorien abgeleiteten Vermutungen bezüglich des in Frage stehenden Untersuchungsgegenstandes bezeichnen wir als Forschungshypothesen. Forschungshypothesen sind allgemein formuliert, d. h. es wird behauptet, sie seien nicht nur für die stichprobenartig untersuchten Objekte oder Ereignisse gültig, sondern für alle Objekte oder Ereignisse der entsprechenden Grundgesamtheit (vgl. Abschnitt 1.1.2).

Forschungshypothesen: Allgemeine Forschungshypothesen sind z. B.
- Zusammenhangshypothesen: Zwischen zwei oder mehr Merkmalen besteht ein Zusammenhang. (Beispiel: Zwischen den Merkmalen „Fehlzeiten" und „Streß am Arbeitsplatz" besteht ein positiver Zusammenhang.)
- Unterschiedshypothesen: Zwei (oder mehrere) Populationen unterscheiden sich bezüglich einer (oder mehrerer) abhängiger Variablen. (Beispiel: Studierende der Sozialwissenschaften und der Naturwissenschaften unterscheiden sich in ihrem politischen Engagement.)

- Veränderungshypothesen: Die Ausprägungen einer abhängigen Variablen verändern sich im Verlaufe der Zeit. (Beispiel: Wiederholte Werbung für ein Produkt erhöht die Bereitschaft, das Produkt zu kaufen.)

> **!** Die *Forschungshypothese* formuliert mit Hilfe klar definierter theoretischer Konstrukte (anstelle von Alltagsbegriffen) Zusammenhänge, Unterschiede und Veränderungen in den interessierenden Populationen.
> Beispiel: Zwischen Nationalismus (definiert als Überzeugung von der Überlegenheit des eigenen Landes bei gleichzeitiger Minderwertigkeit anderer Länder) und Patriotismus (definiert als positive Einstellung zum eigenen Land) besteht in der Bundesrepublik Deutschland ein schwacher positiver Zusammenhang.

Operationale Hypothesen: Der Forschungshypothese nachgeordnet ist die operationale Hypothese (bzw. empirische Vorhersage). Mit der operationalen Hypothese prognostiziert der Forscher den Ausgang einer konkreten Untersuchung nach den Vorgaben der allgemeinen Forschungshypothese. Die operationale Hypothese resultiert aus der Untersuchungsplanung bzw. der Operationalisierung der unabhängigen und abhängigen Variablen (vgl. Abschnitt 2.3.5).

Beispiel: Eine Betriebspsychologin möchte die allgemeine Forschungshypothese prüfen, daß Streß am Arbeitsplatz die Fehlzeiten erhöht. Sie plant eine Studie und kann nach Klärung der genauen Untersuchungsbedingungen folgende operationale Hypothese aufstellen: Bei 100 zufällig ausgewählten Mitarbeitern eines bestimmten Betriebes besteht zwischen der Punktzahl in einem Fragebogen zur Erfassung von Streß am Arbeitsplatz und der Anzahl der im vergangenen Jahr registrierten Fehltage ein positiver Zusammenhang.

Die Formulierung einer operationalen Hypothese erleichtert es, nochmals zu überprüfen, ob die geplante Untersuchung auch wirklich zur Klärung der zuvor aufgestellten Forschungshypothese beiträgt. Die operationale Hypothese sollte so präzise formuliert sein, daß leicht entschieden werden kann, welche Untersuchungsausgänge mit der Forschungshypothese in Einklang und welche zu ihr im Widerspruch stehen. Eine Untersuchung erübrigt sich, wenn die operationale Hypothese bereits aufgrund theoretischer Überlegungen nicht falsifizierbar ist.

> **!** Die *operationale Hypothese* formuliert mit Hilfe theoretischer Konstrukte sowie unter Angabe von deren jeweiliger Operationalisierung Zusammenhänge, Unterschiede und Veränderungen in den interessierenden Populationen.
> Beispiel: Zwischen Nationalismus (gemessen mit der Nationalismus-Skala von Blank und Schmidt, 1997) und Patriotismus (gemessen mit der Patriotismus-Skala von Blank und Schmidt, 1997) besteht in der Bundesrepublik Deutschland ein schwacher positiver Zusammenhang.

Statistische Hypothesen: Nachdem feststeht, wie die Forschungshypothese auf operationaler Ebene geprüft werden soll, muß über die statistische Auswertung entschieden bzw. ein statistischer Signifikanztest ausgewählt werden. Jeder Signifikanztest überprüft formal zwei einander ausschließende statistische Hypothesen: die *Nullhypothese* (H_0) und die *Alternativhypothese* (H_1).

Statistische Hypothesen beziehen sich – wie auch Forschungshypothesen – auf Populationen bzw. deren Parameter (vgl. auch S. 12). Wird zur Überprüfung einer Zusammenhangshypothese (wie üblich) ein Korrelationskoeffizient (vgl. Anhang A) berechnet, lautet die H_0: Die Korrelation ϱ (sprich: rho) zwischen den untersuchten Merkmalen ist in der Population, der die Stichprobe entnommen wurde, Null, oder kurz, $H_0: \varrho=0$. Die entsprechende Alternativhypothese heißt dann: Die Korrelation ϱ zwischen den untersuchten Merkmalen ist in der Population, der die Stichprobe entnommen wurde, ungleich Null, oder kurz, $H_1: \varrho \neq 0$.

Für die Überprüfung von Mittelwertsunterschieden zweier Populationen lautet die H_0: Zwischen den Mittelwertsparametern μ_1 und μ_2 der Populationen, denen die Stichproben entnommen wurden, besteht kein Unterschied ($H_0: \mu_1=\mu_2$). Hierzu formulieren wir als Alternativhypothese: Zwischen den Mittelwertsparametern μ_1 und μ_2 der Populationen, denen die Stichproben entnommen wurden, besteht ein Unterschied ($H_1: \mu_1 \neq \mu_2$).

Ein ähnliches Format habe Veränderungshypothesen. Hier behauptet die Nullhypothese, daß sich ein Merkmal zwischen zwei Zeitpunkten t_1 und t_2 nicht verändert ($\mu_1=\mu_2$), während die Alternativhypothese diese Behauptung negiert ($\mu_1 \neq \mu_2$).

Gerichtete und ungerichtete Hypothesen: Bei statistischen Hypothesen unterscheiden wir ungerichtete Hypothesen (wenn keine Richtung des Zusammenhangs, des Unterschiedes oder der Veränderung vorgegeben werden kann) und gerichtete Hypothesen (wenn das Vorzeichen der Korrelation oder die Richtung des Unterschiedes bzw. der Veränderung hypothetisch vorhergesagt werden kann). Im o.g. Fehlzeitenbeispiel wurde das Vorzeichen des Zusammenhangs spezifiziert (positiver Zusammenhang). Die statistische Alternativhypothese ist dementsprechend gerichtet zu formulieren: Die Korrelation ϱ zwischen den Merkmalen „Fehlzeiten" und „Streß am Arbeitsplatz" ist positiv, oder kurz, $H_1: \varrho>0$. Hieraus folgt als Nullhypothese: Die Korrelation ϱ zwischen den untersuchten Merkmalen ist in der Population, aus der die Stichprobe entnommen wurde, Null oder sogar kleiner als Null. Kurz, $H_0: \varrho \leqslant 0$.

Bei Unterschiedshypothesen bedeutet die Vorgabe einer Richtung, daß die Größenrelation der zu vergleichenden Parameter hypothetisch festgelegt werden muß. Eine gerichtete Alternativhypothese zum o.g. Beispiel für eine Unterschiedshypothese könnte also lauten: Das politische Engagement von Studenten der Sozialwissenschaften (μ_1) ist größer als das politische Engagement von Studenten der Naturwissenschaften (μ_2) oder kurz, $H_1: \mu_1>\mu_2$. Die hierzu passende Nullhypothese wäre als $H_0: \mu_1 \leq \mu_2$ zu formulieren.

Operationalisieren wir im Beispiel für eine Veränderungshypothese die Kaufbereitschaft für ein Produkt durch den Anteil aller Käufer, würde eine gerichtete Alternativhypothese behaupten, daß der Anteil der Käufer vor der Werbung (π_1) kleiner ist als nach der Werbung (π_2) oder kurz, $H_1: \pi_1 < \pi_2$ mit der Nullhypothese $H_0: \pi_1 \geq \pi_2$.

Bei einer gerichtet formulierten Alternativhypothese wird die H_0 durch viele mögliche Parameter (z. B. alle $\varrho \leqslant 0$) repräsentiert. Wir bezeichnen derartige Hypothesen als *zusammengesetzte Hypothesen* in Abhebung von einer *punktuellen* (oder *einfachen*) Hypothese wie z. B. $H_0: \varrho=0$, bei der die Hypothese nur durch einen Parameterwert (dem Wert 0) charakterisiert ist.

> ! Die *statistische (Alternativ-) Hypothese* formuliert im Sinne der operationalen (Forschungs-)Hypothese die Relation der jeweiligen Populationsparameter. Diese statistische Alternativhypothese (H_1) wird durch eine komplementäre statistische Nullhypothese (H_0) zu einem Hypothesenpaar ergänzt. Dabei sind *gerichtete Alternativhypothesen* informationsreicher als ungerichtete, da sie die Richtung der angenommenen Zusammenhänge, Unterschiede oder Veränderungen angeben.
> Beispiel (gerichtet, aber unspezifisch):
> H_1: $\varrho_{\text{Nationalismus Patriotismus}} > 0$ und
> H_0: $\varrho_{\text{Nationalismus Patriotismus}} \leq 0$

Spezifische und unspezifische Hypothesen: Die bisher behandelten statistischen Hypothesen sind unspezifische Hypothesen, weil die Größe des Unterschiedes oder der Veränderung bzw. die Höhe des Zusammenhanges, die hypothetisch mindestens erwartet werden, offen bleiben. Dies ist bei spezifischen Hypothesen anders. Eine spezifische, gerichtete Unterschiedshypothese hat z.B. die Form $H_1: \mu_1 \geqslant \mu_2 + a$, d.h. man erwartet einen Parameter μ_1, der mindestens um den Betrag a über dem Parameter μ_2 liegt. (Aus diesem Betrag a wird in Kapitel 9 eine testspezifische Effektgröße ermittelt.) Eine spezifische, gerichtete Zusammenhangshypothese könnte lauten $H_1: \varrho \geqslant a$, d.h. man legt fest, daß die Korrelation in der Population bei Gültigkeit von H_1 den Wert a nicht unterschreitet.

Übertragen auf die o.g. Beispiele hieße eine spezifische Unterschiedshypothese etwa: Studenten der Sozialwissenschaften sind um mindestens 5 Punkte einer entsprechenden Testskala politisch engagierter als Studenten der Naturwissenschaften ($\mu_1 \geqslant \mu_2 + 5$). Als spezifische Zusammenhangshypothese könnte man formulieren: Der Zusammenhang zwischen den Merkmalen „Fehlzeiten" und „Stress am Arbeitsplatz" wird durch eine Korrelation beschrieben, die nicht unter $\varrho = 0{,}3$ liegt ($\varrho \geqslant 0{,}3$). Die Veränderungshypothese ließe sich wie folgt spezifizieren: Die Werbung erhöht den Käuferanteil um mindestens 4 Prozentpunkte: $\pi_2 \geq \pi_1 + 0{,}04$. Die Beispiele verdeutlichen, daß die Formulierung einer spezifischen Hypothese erheblich mehr Vorwissen voraussetzt als die Formulierung einer unspezifischen Hypothese.

Spezifische Hypothesen kommen in der Forschungspraxis meistens nur in Verbindung mit gerichteten Hypothesen vor. Eine ungerichtete spezifische Unterschiedshypothese würde bedeuten, daß das Vorwissen nicht ausreicht, um eine Richtung des Unterschiedes zu begründen, aber gleichzeitig die Spezifizierung der Größe des Unterschiedes zuläßt. (Im Beispiel: Studenten der Sozialwissenschaften sind entweder um mindestens 5 Punkte mehr oder um mindestens 5 Punkte weniger engagiert als Studenten der Naturwissenschaften.)

> ! Spezifische Alternativhypothesen sind informationsreicher als unspezifische, da sie die Größe der angenommenen Zusammenhänge, Unterschiede oder Veränderungen spezifizieren. Eine spezifische H_1 wird durch eine spezifische H_0 komplementiert.
> Beispiel (gerichtet und spezifisch für einen kleinen Effekt):
> H_1: $\varrho_{\text{Nationalismus Patriotismus}} \geq 0{,}1$ und
> H_0: $\varrho_{\text{Nationalismus Patriotismus}} < 0{,}1$

Forschungshypothesen als Nullhypothesen: Mit den meisten Forschungshypothesen werden Zusammenhänge, Unterschiede oder Veränderungen vorausgesagt, d.h. üblicherweise entspricht die Alternativhypothese (gerichtet oder ungerichtet, spezifisch oder unspezifisch) der Forschungshypothese. Die Nullhypothese beschreibt damit diejenigen Parameterkonstellationen, die mit der Forschungshypothese nicht zu vereinbaren sind. Gelegentlich kommt es jedoch auch vor, daß sich mit einer Forschungshypothese kein Zusammenhang, kein Unterschied oder keine Veränderung verbindet, daß also die Forschungshypothese der Nullhypothese entspricht. In diesem Falle ergeben sich für die statistische Hypothesenüberprüfung Komplikationen, die wir auf den S. 500 ff. behandeln. Zur Vermeidung derartiger Komplikationen empfiehlt es sich, die Forschungshypothese, wenn möglich, so zu formulieren, daß sie der Alternativhypothese entspricht.

> ! Aus einer allgemeinen *Forschungshypothese* wird eine Vorhersage für ein konkretes Untersuchungsergebnis (*operationale Hypothese*) abgeleitet. Zu der operationalen Hypothese ist die passende *statistische Alternativhypothese* (H_1) zu formulieren und durch eine komplementäre *statistische Nullhypothese* (H_0) zu einem Hypothesenpaar zu ergänzen. Statistische Hypothesen können gerichtet oder ungerichtet, spezifisch oder unspezifisch sein.

8.1.2
Der Signifikanztest

Zur Logik des Signifikanztests

Tests zur statistischen Überprüfung von Hypothesen heißen Signifikanztests. Der Signifikanztest ermittelt die Wahrscheinlichkeit, mit der das gefundene empirische Ergebnis sowie Ergebnisse, die noch extremer sind als das gefundene Ergebnis, auftreten können, wenn die Populationsverhältnisse der Nullhypothese entsprechen. Diese Wahrscheinlichkeit heißt *Irrtumswahrscheinlichkeit* (als diejenige Wahrscheinlichkeit, mit der wir uns irren würden, wenn wir die H_0 fälschlicherweise zugunsten von H_1 verwerfen). Ist die Irrtumswahrscheinlichkeit kleiner als $a\%$, bezeichnen wir das Stichprobenergebnis als statistisch signifikant. a kennzeichnet das *Signifikanzniveau* für das per Konvention die Werte 5% bzw. 1% festgelegt sind. Stichprobenergebnisse, deren Irrtumswahrscheinlichkeit kleiner als 5% ist, sind auf dem 5%-(Signifikanz-)Niveau signifikant (kurz: signifikant) und Stichprobenergebnisse mit Irrtumswahrscheinlichkeiten kleiner als 1% auf dem 1%-(Signifikanz-)Niveau (kurz: sehr signifikant).

Ein (sehr) signifikantes Ergebnis ist also ein Ergebnis, das sich mit der Nullhypothese praktisch nicht vereinbaren läßt. Man verwirft deshalb die Nullhypothese und akzeptiert die Alternativhypothese. Andernfalls, bei einem nicht-signifikanten Ergebnis, wird die Nullhypothese beibehalten und die Alternativhypothese verworfen.

Dies ist die Kurzform des Aufbaus eines Signifikanztests (vgl. hierzu auch Abschnitt 1.3). Seine Vor- und Nachteile werden deutlich, wenn wir die mathematische Struktur eines Signifikanztests etwas genauer betrachten, bzw. wenn wir untersuchen, wie Irrtumswahrscheinlichkeiten bestimmt werden.

Stichprobenkennwerteverteilungen: In jeder hypothesenprüfenden Untersuchung bestimmen wir einen statistischen Kennwert, der möglichst die gesamte hypothesenrelevante Information einer Untersuchung zusammenfaßt. Hierbei kann es sich – je nach Art der Hypothese und des Skalenniveaus der Variablen – um Mittelwertsdifferenzen, Häufigkeitsdifferenzen, Korrelationen, Quotienten

zweier Varianzen, Differenzen von Rangsummen, Prozentwertdifferenzen o.ä. handeln. Unabhängig von der Art des Kennwertes gilt, daß die in einer Untersuchung ermittelte Größe des Kennwertes von den spezifischen Besonderheiten der zufällig ausgewählten Stichprobe(n) abhängt. Mit hoher Wahrscheinlichkeit wird der untersuchungsrelevante Kennwert bei einer Wiederholung der Untersuchung mit anderen Untersuchungsobjekten nicht exakt mit dem zuerst ermittelten Wert übereinstimmen. Der Kennwert ist stichprobenabhängig und wird damit wie eine Realisierung einer Zufallsvariablen behandelt (vgl. S. 407).

Die Feststellung, ob es sich bei dem in einer Untersuchung gefundenen Kennwert um einen „extremen" oder eher um einen „typischen" Kennwert handelt, ist nur möglich, wenn die Dichtefunktion (bei stetig verteilten Kennwerten) bzw. die Wahrscheinlichkeitsfunktion (bei diskret verteilten Kennwerten) der Zufallsvariablen „statistischer Kennwert" bekannt ist (vgl. Tafel 38). Die Verteilung eines statistischen Kennwertes bezeichneten wir auf S. 414ff. (hier ging es um die Verteilung des Kennwertes „arithmetisches Mittel") als Stichprobenkennwerteverteilung („Sampling Distribution"). Diese Verteilung ist unbekannt, solange wir die wahren Populationsverhältnisse (z.B. die Differenz $\mu_1 - \mu_2$ oder die Korrelation ϱ zweier Merkmale in der untersuchten Population) nicht kennen.

Signifikanztests werden nur eingesetzt, wenn die Ausprägungen der interessierenden Populationsparameter unbekannt sind, denn sonst würde sich ein Signifikanztest erübrigen. Über die „wahren" Populationsparameter können wir bestenfalls Vermutungen anstellen (z.B. die Differenz zweier Populationsmittelwerte sei vom Betrage a oder die Populationskorrelation zweier Merkmale sei $\varrho = b$). Wir können aber auch behaupten – und dies ist der übliche Fall – die Nullhypothese sei richtig, d.h. es gelten die mit der Nullhypothese festgelegten Populationsverhältnisse.

Statistische Tabellen: Damit stehen wir vor der Aufgabe, herauszufinden, wie sich ein Stichprobenkennwert (z.B. die Differenz zweier Stichprobenmittelwerte $\bar{x}_1 - \bar{x}_2$ oder die Stichprobenkorrelation r) verteilen würde, wenn die Populationsverhältnisse durch die H_0 charakterisiert wären.

Dies ist ein mathematisches Problem, das für die gebräuchlichsten statistischen Kennwerte gelöst ist. Sind in Abhängigkeit von der Art des statistischen Kennwertes unterschiedliche Zusatzannahmen erfüllt (diese finden sich in Statistikbüchern als Voraussetzungen der verschiedenen Signifikanztests wieder), lassen sich die Verteilungen von praktisch allen in der empirischen Forschung gebräuchlichen Kennwerten auf einige wenige mathematisch bekannte Verteilungen zurückführen. Werden die statistischen *Kennwerte* zudem nach mathematisch eindeutigen Vorschriften transformiert (dies sind die Formeln zur Durchführung eines Signifikanztests), resultieren statistische *Testwerte* (z. B. t-Werte, z-Werte, χ^2-Werte, F-Werte etc.), deren Verteilungen (Verteilungsfunktionen) bekannt und in jedem Statistikbuch in tabellarischer Form aufgeführt sind.

Signifikante Ergebnisse: Der Signifikanztest reduziert sich damit auf den einfachen Vergleich des empirisch ermittelten, statistischen Testwertes mit demjenigen Wert, der von der entsprechenden Testwerteverteilung $a\%$ ($a=1\%$ oder $a=5\%$) abschneidet. Ist der empirische Testwert größer als dieser „kritische" Tabellenwert, beträgt die Irrtumswahrscheinlichkeit weniger als $a\%$. Das Ergebnis ist statistisch signifikant ($a\leqslant 5\%$) bzw. sehr signifikant ($a\leqslant 1\%$). (Zur Begründung der Werte $a=5\%$ bzw. $a=1\%$ als Signifikanzniveau vgl. Cowles und Davis, 1982.)

Wir fragen also nach der Wahrscheinlichkeit, mit der Stichprobenergebnisse auftreten können, wenn die Nullhypothese gilt. Wir betrachten nur diejenigen Ergebnisse, die bei Gültigkeit der Nullhypothese höchstens mit einer Wahrscheinlichkeit von 5% (1%) vorkommen. Gehört das gefundene Stichprobenergebnis zu diesen Ergebnissen, ist das Stichprobenergebnis „praktisch" nicht mit der Nullhypothese zu vereinbaren. Wir entscheiden uns deshalb dafür, die Nullhypothese abzulehnen und akzeptieren die Alternativhypothese als Erklärung für unser Untersuchungsergebnis.

Ein signifikantes Ergebnis sagt also nichts über die Wahrscheinlichkeit von Hypothesen aus, sondern „nur" etwas über die Wahrscheinlichkeit von statistischen Kennwerten bei Gültigkeit der Nullhypothese. Die Hypothesen (die H_0 oder die H_1) sind entweder richtig oder falsch, d. h. auch unse-re Entscheidung, bei einem signifikanten Ergebnis die H_0 zu verwerfen, ist entweder richtig oder falsch. Bei dieser Entscheidungsstrategie riskieren wir, daß mit 5% (oder 1%) Irrtumswahrscheinlichkeit eine tatsächlich richtige H_0 fälschlicherweise verworfen wird.

> **!** Gehört unser Untersuchungsergebnis zu einer Klasse von extremen Ergebnissen, die bei Gültigkeit von H_0 höchstens mit einer Wahrscheinlichkeit von 5% vorkommen, bezeichnen wir unser Untersuchungsergebnis als *statistisch signifikant.*

Exakte Irrtumswahrscheinlichkeiten: Moderne Statistik-Software-Pakete (vgl. Anhang D) machen statistische Tabellen, wie z. B. die t-Test Tabelle (Anhang F 3) oder χ^2-Test-Tabellen (Anhang F 8), überflüssig. Hier wird der Flächenanteil P, den eine empirischer Testwert von der jeweiligen Prüfverteilung abschneidet, über Integralrechnung bestimmt. Mit dem Flächenanteil P hat man die exakte Irrtumswahrscheinlichkeit ermittelt, aus der sich umittelbar ergibt, ob ein Untersuchungsergebnis signifikant (P ≤ 5%), sehr signifikant (P ≤ 1%) oder nicht signifikant ist (P > 5%).

Ein Beispiel: Der t-Test

Der Gedankengang des Signifikanztests sei wegen seiner Bedeutung nochmals anhand eines Beispiels erläutert. Wir interessieren uns für die psychische Belastbarkeit weiblicher und männlicher Erwachsener und formulieren als H_0: $\mu_1 = \mu_2$ bzw. als H_1: $\mu_1 \neq \mu_2$ (mit $\mu_1 =$ Populationsmittelwert weiblicher Personen und $\mu_2 =$ Populationsmittelwert männlicher Personen). Psychische Belastbarkeit wird mit einem psychologischen Test gemessen, der bei einer Zufallsstichprobe von n_1 männlichen Personen im Durchschnitt – so unsere operationale Hypothese – anders ausfallen soll als bei einer Zufallsstichprobe von n_2 weiblichen Personen (ungerichtete, unspezifische Hypothese).

Der für die Überprüfung von Unterschiedshypothesen bei zwei Stichproben verwendete statistische Kennwert ist die Mittelwertdifferenz $\bar{x}_1 - \bar{x}_2$. Dieser statistische Kennwert wird nach folgender Gleichung in einen statistischen Testwert transformiert:

$$t = \frac{\bar{x}_1 - \bar{x}_2}{\hat{\sigma}_{(\bar{x}_1 - \bar{x}_2)}}. \tag{8.1}$$

Den Ausdruck $\hat{\sigma}_{(\bar{x}_1 - \bar{x}_2)}$ bezeichnen wir als (geschätzten) Standardfehler der Mittelwertsdifferenz (zur Berechnung vgl. z. B. Bortz, 1999, Kap. 5.1.2).

Der statistische Testwert t folgt bei Gültigkeit der H_0 einer t-Verteilung (mit n_1+n_2-2 Freiheitsgraden), wenn das Merkmal „psychische Belastbarkeit" in beiden Populationen normalverteilt und die Merkmalsvarianz σ^2 in beiden Populationen gleich ist (bzw. die geschätzten Populationsvarianzen $\hat{\sigma}_1^2$ und $\hat{\sigma}_2^2$ homogen sind). Wie bereits auf S. 419f. erwähnt, geht die t-Verteilung für $n_1+n_2 > 30$ in die Standardnormalverteilung über.

Ein- und zweiseitige t-Tests: Abbildung 35 veranschaulicht die Verteilung des Testwertes t graphisch.

Gerichtete Hypothesen werden anhand dieser Verteilung über einseitige und ungerichtete Hypothesen über zweiseitige Tests geprüft. Bei einem zweiseitigen Test (Abb. 35 a) markieren die Werte $t_{(\alpha/2)}$ und $-t_{(\alpha/2)}$ diejenigen t-Werte einer t-Verteilung, die von den Extremen der Verteilungsfläche jeweils $\alpha/2\%$ abschneiden. Empirische t-Werte, die

in diese Extrembereiche fallen, haben damit insgesamt eine Wahrscheinlichkeit von höchstens $\alpha\%$, vorausgesetzt, die Nullhypothese ist richtig. Da derart extreme Ergebnisse nur schlecht mit der Annahme, die H_0 sei richtig, zu vereinbaren sind, verwerfen wir die H_0 und akzeptieren die H_1: $\mu_1 \neq \mu_2$. (Die psychische Belastbarkeit männlicher und weiblicher Personen unterscheidet sich.)

Befindet sich der empirisch ermittelte t-Wert jedoch nicht im Ablehnungsbereich der H_0, dann sind das Stichprobenergebnis und die Nullhypothese besser miteinander zu vereinbaren und wir behalten die H_0 bei.

> **!** Eine gerichtete Alternativhypothese wird mit einem *einseitigen Signifikanztest*, eine ungerichtete Alternativhypothese mit einem *zweiseitigen Signifikanztest* geprüft. Fällt bei einer gerichteten Hypothese das Untersuchungsergebnis tatsächlich in hypothesenkonformer Richtung aus, so wird beim einseitigen Signifikanztest das Ergebnis eher signifikant als beim zweiseitigen Signifikanztest.

Mit einem nicht-signifikanten Ergebnis die Aussage zu verbinden, die H_0 sei richtig, wäre allerdings nicht korrekt. Bei einem nicht-signifikanten Ergebnis wird lediglich nachgewiesen, daß die Annahme von H_1 mit einer über das Signifikanzniveau hinausgehenden Irrtumswahrscheinlichkeit verbunden ist, was uns dazu veranlaßt, nicht zugunsten von H_1 zu entscheiden. Auf die in diesem Zusammenhang wichtige Frage, mit welcher Wahrscheinlichkeit wir uns irren würden, wenn wir bei einem nicht-signifikanten Ergebnis behaupten würden, die H_0 sei richtig, werden wir später eingehen (vgl. S. 500 ff.).

Die Überprüfung einer gerichteten H_1: $\mu_1 > \mu_2$ erfordert einen einseitigen Test, der für die H_0 nicht nur die Parameter $\mu_1 = \mu_2$ zuläßt, sondern alle Parameter, die der Bedingung $\mu_1 \leq \mu_2$ genügen. Damit stellt sich die Frage, wie bei Gültigkeit dieser zusammengesetzten Nullhypothese die Wahrscheinlichkeit eines Stichprobenergebnisses $\bar{x}_1 - \bar{x}_2$ zu ermitteln ist, denn schließlich resultiert für jede unter die H_0 fallende Parameterdifferenz $\mu_1 - \mu_2 \leq 0$ eine andere Wahrscheinlichkeit für das Stichprobenergebnis.

Die Lösung dieses Problems ist einfach. Nehmen wir an, die Differenz der Parameter sei $\mu_1 - \mu_2 = -3$. Resultiert nun eine Stichprobendifferenz von $\bar{x}_1 - \bar{x}_2 = +5$, ist diese bei einer Parameterdifferenz von -3 natürlich noch unwahrscheinlicher als bei

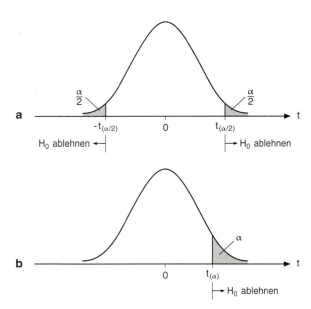

Abb. 35. Ablehnungsbereich der H_0 bei zweiseitigem (**a**) und einseitigem (**b**) t-Test

einer Parameterdifferenz von $\mu_1 - \mu_2 = 0$. Beträgt die Wahrscheinlichkeit der Stichprobendifferenz bei Gültigkeit der H_0: $\mu_1 = \mu_2$ weniger als α%, muß sie auf jeden Fall noch kleiner sein, wenn die H_0: $\mu_1 < \mu_2$ zutrifft. Eine Stichprobendifferenz $\bar{x}_1 - \bar{x}_2 > 0$, die bezüglich der H_0: $\mu_1 = \mu_2$ signifikant ist, muß gleichzeitig bezüglich aller übrigen Nullhypothesen $\mu_1 < \mu_2$ signifikant sein.

Es genügt deshalb, auch bei einseitigen Tests nur die Wahrscheinlichkeit des Stichprobenergebnisses bei Gültigkeit der H_0: $\mu_1 = \mu_2$ zu ermitteln. Die dann resultierende Entscheidungsstrategie wird in Abb. 35 b dargestellt. Wir verwerfen die Nullhypothese und akzeptieren die Alternativhypothese, wenn der empirische t-Wert größer ist als derjenige t-Wert, der von der t-Verteilung „einseitig" α% abschneidet. (Um Vorzeichenkomplikationen zu vermeiden, definieren wir bei einseitigen Fragestellungen den größeren Mittelwert als μ_1 und den kleineren als μ_2.) Ist der empirische t-Wert jedoch kleiner als der kritische Wert t_α, kann die H_1 nicht angenommen werden (nicht-signifikantes Ergebnis).

Dies ist die Vorgehensweise, wenn man den t-Test „per Hand" durchführt. Mit geeigneter Statistiksoftware würde man per Computer direkt eine (ein- oder zweiseitige) Irrtumswahrscheinlichkeit P errechnen, die mit dem Signifikanzniveau α zu vergleichen wäre. H_0 wird zugunsten von H_1 verworfen, wenn $P \leq \alpha$ ist.

In unserem Beispiel möge sich für Gleichung 8.1 ergeben haben:

$$t_{emp} = \frac{104,2 - 103,2}{2,97} = 0,34\,.$$

Tabelle F 3 entnehmen wir für $\alpha = 5$% bei zweiseitigem Test einen kritischen Wert von $t_{crit} = 2,00$ (dieser Wert gilt für 60 Freiheitsgrade, auf deren Bedeutung hier nicht näher eingegangen wird; vgl. hierzu z. B. Bortz, 1999). Der empirische t-Wert ist also deutlich kleiner als der kritische ($t_{emp} = 0,34 < t_{crit} = 2,00$), d.h. die H_0 kann nicht verworfen werden (nicht signifikantes Ergebnis).

Die gleiche Entscheidung wäre über die exakte Irrtumswahrscheinlichkeit zu treffen. Der Computer errechnet mit $P = 0,734$ eine (zweiseitige) Irrtumswahrscheinlichkeit, die sehr viel größer ist als die maximal tolerierbare Irrtumswahrscheinlichkeit (= Signifikanzniveau) von $\alpha = 0,05$: $P = 0,734 > \alpha = 0,05$. Der Unterschied zwischen der psychischen Belastbarkeit von Frauen und Männern ist nicht signifikant.

Festlegung von H_1 und α vor Untersuchungsbeginn: Die Möglichkeit, eine Hypothese einseitig oder zweiseitig testen zu können, birgt die Gefahr, die Entscheidung hierüber erst nach der Untersuchung zu treffen – eine nicht selten anzutreffende und leider auch nur schwer kontrollierbare Praxis. Da t_α kleiner ist als $t_{(\alpha/2)}$, ergibt sich ein t-Werte-Bereich, in dem empirische t-Werte einseitig getestet signifikant, aber zweiseitig getestet nicht-signifikant werden. Dieser Sachverhalt sollte nicht in der Weise mißbraucht werden, daß eine ursprünglich ungerichtete Alternativhypothese angesichts der Daten in eine gerichtete Hypothese umgewandelt wird. Grundsätzlich gilt, daß die Hypothesenart vor der Untersuchung festgelegt wird. Gerichtete Hypothesen setzen Informationen voraus, die die Richtung des Unterschiedes bzw. des Zusammenhanges bereits vor Untersuchungsbeginn plausibel erscheinen lassen müssen.

> **!** Eine Hypothese muß vor der Durchführung einer Untersuchung aufgestellt werden. Eine Modifikation der Hypothese angesichts der gefundenen Daten ist unwissenschaftlich.

Entsprechendes gilt für die Festsetzung des Signifikanzniveaus. Auch hier sind vor Durchführung der Untersuchung Überlegungen anzustellen, auf welchem Signifikanzniveau die zu treffende Entscheidung abgesichert sein soll. Diese Forderung ist wichtig, um nachträglichen Korrekturen am Signifikanzniveau vorzubeugen: Wenn inhaltliche Überlegungen ein 1% Signifikanzniveau erfordern, sollte dieses nicht aufgegeben werden, wenn das Ergebnis tatsächlich nur auf dem 5%-Niveau signifikant ist (vgl. hierzu auch Shine, 1980). Außerdem hat man mit der Festlegung des Signifikanzniveaus auch eine Entscheidung über die Größe der Stichproben, die sinnvollerweise zu untersuchen sind, getroffen (vgl. Kap. 9).

> **!** Das Signifikanzniveau (5% oder 1%) muß vor der Durchführung einer Untersuchung festgesetzt werden.

8.1.3
Probleme des Signifikanztests

Tabelle 35 veranschaulicht die 2 möglichen Fehler bei statistischen Entscheidungen: Wir begehen einen α-Fehler (Fehler I. Art), wenn wir aufgrund einer empirischen Untersuchung zugunsten von H_1 entscheiden, obwohl in Wahrheit (in der Population) die H_0 gilt. Entscheiden wir zugunsten von H_0, obwohl die H_1 richtig ist, so ist dies eine Fehlentscheidung, die wir β-Fehler (Fehler II. Art) nennen.

Es gibt also 2 irrtümliche Entscheidungen und damit natürlich auch 2 Wahrscheinlichkeiten für die irrtümlichen Entscheidungen bzw. 2 Irrtumswahrscheinlichkeiten. Um diese begrifflich differenzieren zu können, schlagen wir vor, die Wahrscheinlichkeit für einen β-Fehler als β-Fehler-Wahrscheinlichkeit und die für einen α-Fehler als α-Fehler-Wahrscheinlichkeit zu bezeichnen (wobei letztere nicht mit dem α-Fehlerniveau, d.h. mit dem Signifikanzniveau verwechselt werden darf). Der „klassische" Begriff „Irrtumswahrscheinlichkeit" wird allerdings weiter verwendet, wenn aus dem inhaltlichen Kontext eindeutig hervorgeht, daß die α-Fehler-Wahrscheinlichkeit gemeint ist.

Tabelle 35 verdeutlicht, daß das Risiko eines β-Fehlers nur besteht, wenn eine Entscheidung zugunsten von H_0 getroffen wird. Wie aber läßt sich die Wahrscheinlichkeit eines β-Fehlers bzw. die β-Fehler-Wahrscheinlichkeit kalkulieren?

Ermittlung der β-Fehler-Wahrscheinlichkeit

Die Bestimmung der β-Fehler-Wahrscheinlichkeit setzt voraus, daß wir in der Lage sind, die in der Alternativhypothese behaupteten Populationsverhältnisse zu präzisieren. Eine gerichtete Alternativhypothese hatte bisher die Form H_1: $\mu_1 > \mu_2$ (erneut sollen die folgenden Überlegungen exemplarisch am Vergleich zweier Mittelwerte verdeutlicht werden). Diese Hypothesenart bezeichneten

wir auf S. 494f. als eine unspezifische Alternativhypothese. Legen wir fest, daß bei Gültigkeit von H_1 der Wert für μ_1 mindestens um den Betrag a größer ist als der Wert für μ_2, resultiert eine spezifische gerichtete Alternativhypothese: $\mu_1 \geq \mu_2 + a$. Erst diese Hypothesenart macht es möglich, die β-Fehler-Wahrscheinlichkeit für eine fälschliche Ablehnung von H_1 zu bestimmen.

> **!** Die *β-Fehler-Wahrscheinlichkeit* kann nur bei spezifischer H_1 bestimmt werden.

Die Bestimmung dieser Wahrscheinlichkeit folgt im Prinzip dem gleichen Gedankengang wie die Berechnung der α-Fehler-Wahrscheinlichkeit. Wenn in der Population die H_1: $\mu_1 \geq \mu_2 + a$ (bzw. $\mu_1 - \mu_2 \geq a$) gilt, resultiert für die Zufallsvariable $(\bar{X}_1 - \bar{X}_2)$ eine Dichtefunktion, deren mathematischer Aufbau bekannt ist. Mit Hilfe dieser Verteilung läßt sich die (bedingte) Wahrscheinlichkeit ermitteln, mit der Mittelwertsdifferenzen bei Gültigkeit von H_1 auftreten können, die mindestens so deutlich (in Richtung H_0) vom H_1-Parameter (a) abweichen wie die gefundene Mittelwertsdifferenz.

Beispiel: Wir wollen einmal annehmen, daß Frauen (1) um mindestens 2 Testpunkte belastbarer sind als Männer (2). Die spezifische, gerichtete H_1 lautet also: $\mu_1 \geq \mu_2 + 2$ bzw. $\mu_1 - \mu_2 \geq 2$. Falls diese Hypothese gilt, führen Stichprobenuntersuchungen zu Ergebnissen $\bar{x}_1 - \bar{x}_2$, deren Verteilung („Sampling distribution" bei Gültigkeit von H_1 oder kurz: H_1-Verteilung) Abb. 36 zeigt (durchgezogene Kurve).

Eine konkrete Untersuchung möge zum Ergebnis $\bar{x}_1 - \bar{x}_2 = 1,5$ geführt haben. Dieses Ergebnis und alle weiteren Ergebnisse, die noch deutlicher von $\mu_1 - \mu_2 = 2$ in Richtung der H_0 abweichen, treten bei Gültigkeit von H_1 mit einer Wahrscheinlichkeit auf, die der grau markierten Fläche in Abb. 36 entspricht. Dies ist die β-Fehler-Wahrscheinlichkeit. Die Abbildung veranschaulicht

Tabelle 35. α- und β-Fehler bei statistischen Entscheidungen

		In der Population gilt die:	
		H_0	H_1
Entscheidungen auf Grund der	H_0	Richtige Entscheidung	β-Fehler
Stichprobe zugunsten der	H_1	α-Fehler	Richtige Entscheidung

auch den plausiblen Sachverhalt, daß die β-Fehler-Wahrscheinlichkeit, mit kleiner werdender Differenz $\bar{x}_1 - x_2$ sinkt: Die Wahrscheinlichkeit die H_1: $\mu_1 - \mu_2 = 2$ fälschlicherweise zu verwerfen, sinkt, wenn $\bar{x}_1 - \bar{x}_2$ gegen Null geht oder sogar negativ wird (was für eine größere Belastbarkeit der Männer spräche).

> **!** Die β-Fehler-Wahrscheinlichkeit ist die Wahrscheinlichkeit mit der wir uns irren, wenn wir uns aufgrund des Stichprobenergebnisses für die Annahme der H_0 entscheiden. Die β-Fehler-Wahrscheinlichkeit ist berechenbar als bedingte Wahrscheinlichkeit für das Auftreten des gefundenen oder eines extremeren Stichprobenergebnisses unter Gültigkeit der H_1.

Der durchgezogene Linienzug veranschaulicht die H_1-Verteilung für die H_1: $\mu_1 - \mu_2 = 2$. Unsere H_1 lautet jedoch $\mu_1 - \mu_2 \geq 2$. Was passiert mit der β-Fehler-Wahrscheinlichkeit, wenn tatsächlich H_1: $\mu_1 - \mu_2 > 2$ richtig ist? Also z.B. $\mu_1 - \mu_2 = 2{,}2$? Die dann resultierende H_1-Verteilung entspricht dem punktierten Linienzug in Abb. 36. Bezogen auf diese H_1-Verteilung hat das Ergebnis $\bar{x}_1 - \bar{x}_2 = 1{,}5$ offensichtlich eine geringere β-Fehler-Wahrscheinlichkeit als bezogen auf die H_1-Verteilung für $\mu_1 - \mu_2 = 2$. Wenn also die H_1: $\mu_1 - \mu_2 = 2$ wegen einer genügend kleinen β-Wahrscheinlichkeit verworfen werden kann, dann gilt dies erst recht bei identischem Stichprobenergebnis und $\mu_1 - \mu_2 > 2$. Bei einer spezifischen Alternativhypothese der Art $\mu_1 - \mu_2 \geq a$ reicht es also aus, wenn für eine Entscheidung über diese Hypothese die β-Fehler-Wahrscheinlichkeit für die H_1: $\mu_1 - \mu_2 = a$ ermittelt wird.

Der Vollständigkeit halber verdeutlicht Abb. 36 auch eine H_1-Verteilung mit einem H_1-Parameter unter 2 (H_1: $\mu_1 - \mu_2 = 1{,}6$; gestrichelte Kurve). Mit dieser H_1 wäre das Strichprobenergebnis $\bar{x}_1 - \bar{x}_2 = 1{,}5$ sehr gut zu vereinbaren, d.h. eine Ablehnung die-

ser H_1 aufgrund dieses Untersuchungsergebnisses wäre mit einer sehr hohen β-Fehler-Wahrscheinlichkeit verbunden.

Festlegung des β-Fehler-Niveaus: Nun könnte man – in völliger Analogie zum α-Fehler – Grenzen festsetzen, die angeben, wie klein die β-Fehler-Wahrscheinlichkeit mindestens sein muß, um die H_1 abzulehnen und die H_0 anzunehmen (β-Fehler-Niveau). Hierfür haben sich bislang noch keine Konventionen durchgesetzt. In Abhängigkeit davon, für wie gravierend man die fälschliche Ablehnung einer an sich richtigen H_1 hält, operiert man mit einem β-Fehler-Niveau von 20%, 10% oder auch (wenn die fälschliche Ablehnung einer H_1 für genauso gravierend gehalten wird wie die fälschliche Ablehnung einer H_0) mit $\beta = 5\%$ bzw. $\beta = 1\%$.

Nehmen wir beispielsweise an, in der Arzneimittelforschung soll die Wirksamkeit eines neuen Präparates zur Linderung von Kopfschmerzen getestet werden. Eine fälschliche Ablehnung der H_0 (das Präparat hat keine lindernde Wirkung), also die Inkaufnahme eines α-Fehlers, könnte ohne Konsequenzen sein: Es wird ein eigentlich wirkungsloses Präparat auf den Markt gebracht, das im übrigen harmlos ist, weil es keine schädigenden Nebenwirkungen zeigt. Es könnte aber auch erheblichen Schaden anrichten, wenn die Nebenwirkungen gefährlich sind und zudem viel Geld für ein wirkungsloses Präparat bezahlt wird.

Eine fälschliche Ablehnung der H_1 (das Präparat hat eine lindernde Wirkung) bzw. ein β-Fehler kann ebenfalls mehr oder weniger konsequenzenreich sein: Ein wirksames Präparat, das vielen leidenden Patienten helfen könnte, wird nicht hergestellt oder aber auch: Der pharmazeutische Markt, der ohnehin nicht gerade arm an Kopfschmerzpräparaten ist, muß auf ein weiteres Mittel verzichten.

Die Argumente für oder gegen die Inkaufnahme eines α-Fehlers oder eines β-Fehlers ließen sich im konkreten Fall (wenn z.B. bekannt ist, in welchem Ausmaß schwer leidende Patienten bereit sind, bei einem wirksamen Präparat Nebenwirkungen zu tolerieren) sicherlich weiter präzisieren und ergänzen. Immerhin sollte deutlich geworden sein, daß es im Einzelfall schwierig sein kann, die Wahl eines bestimmten β-Fehler-Niveaus und letztlich auch die Wahl des α-Fehler-Niveaus zu begründen.

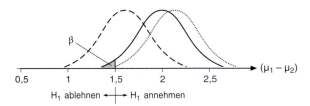

Abb. 36. β-Fehler-Wahrscheinlichkeit bei unterschiedlichen H_1-Parametern

Bezüglich des α-Fehlers hat die Wissenschaft Konventionen eingeführt. Es ist nun nicht einzusehen, warum man nicht auch für den β-Fehler allgemein verbindliche Regeln einführt. Bei vielen Fragestellungen ist man im Unklaren, welche der beiden möglichen Fehlentscheidungen verhängnisvollere Konsequenzen hat. Dennoch akzeptieren wir ohne Umschweife das mehr oder weniger willkürlich festgesetzte α-Fehler-Signifikanzniveau von $\alpha = 1\%$ oder $\alpha = 5\%$. Warum, so muß man fragen, sollte er dann nicht auch – zumindest bei „symmetrischen Fragestellungen" – bezüglich des β-Fehlers die gleichen Wahrscheinlichkeitsgrenzen akzeptieren? Wir werden diese Frage in Abschnitt 9.1.2 erneut aufgreifen.

Nehmen wir einmal an, wir hätten das β-Fehler-Niveau auf 5% festgelegt, so daß Stichprobenergebnisse mit einer β-Fehler-Wahrscheinlichkeit $\leqslant 5\%$ zur Ablehnung der H_1 und mit einer β-Fehler-Wahrscheinlichkeit $> 5\%$ nicht zur Ablehnung der H_1 führen. Die H_1 nicht abzulehnen bedeutete bisher aber auch gleichzeitig Annahme der H_1 und Ablehnung der H_0. Diese sollte jedoch nur verworfen werden, wenn die α-Fehler-Wahrscheinlichkeit nicht größer als 5% (1%) ist. Wie kann man nun dafür Sorge tragen, daß eine Entscheidung: H_0 verwerfen und H_1 akzeptieren (oder umgekehrt: H_0 akzeptieren und H_1 verwerfen) beiden Kriterien gerecht wird? Eine Antwort auf diese Frage gibt Abschnitt 9.1.2.

Teststärke

Wenn wir das β-Fehler-Niveau auf 5% festsetzen, riskieren wir es, mit einer Wahrscheinlichkeit von höchstens 5%, eine richtige H_1 fälschlicherweise zu verwerfen. Hieraus folgt, daß eine richtige H_1 mit einer Wahrscheinlichkeit von mindestens 95% nicht fälschlicherweise verworfen bzw. akzeptiert wird. Diese Wahrscheinlichkeit, die allgemein mit 1 – β-Fehler-Niveau bestimmt wird, kennzeichnet eine wichtige Eigenschaft von Signifikanztests: die Teststärke (Power). Sie gibt also an, mit welcher Wahrscheinlichkeit man sich aufgrund eines Signifikanztests zugunsten einer richtigen H_1 entscheidet bzw. mit welcher Wahrscheinlichkeit ein Untersuchungsergebnis bei einer richtigen H_1 signifikant wird.

> **!** Die Teststärke (1–β) gibt an, mit welcher Wahrscheinlichkeit ein Signifikanztest zugunsten einer gültigen Alternativhypothese entscheidet.

Wenn dies die Konzeption von Teststärke ist, dann könnte man an dieser Stelle zu Recht fragen, warum man nicht mit Teststärken operiert, die ein Übersehen von richtigen Alternativhypothesen praktisch ausschließen. Wir werden diese Frage im Abschnitt 9.1.1 erneut aufgreifen und feststellen, daß hohe Teststärken nur mit sehr großen Stichprobenumfängen „erkauft" werden können.

Effektgrößen und das Kriterium der praktischen Bedeutsamkeit

Die Bestimmung einer β-Fehler-Wahrscheinlichkeit – so zeigten die bisherigen Ausführungen – setzt voraus, daß die Parameter der H_1-Verteilung bekannt sind, was bedeutet, daß wir vor Untersuchungsbeginn hypothetisch festlegen müssen, wie groß die wahre Mittelwertsdifferenz $\mu_1 - \mu_2$ oder die wahre Korrelation ϱ etc. mindestens ist. Wie diese signifikanztestspezifischen Effektgrößen im Einzelnen definiert sind, werden wir im Abschnitt 9.2.1 erfahren. Hier genügt es festzuhalten, daß ein Stichprobenergebnis, das eine bestimmte einfache H_1 verwirft (z. B. H_1: $\mu_1 - \mu_2 = a$), gleichzeitig auch alle extremeren Alternativhypothesen ($\mu_1 - \mu_2 \geqslant a$) verwirft (vgl. S. 500 f. bzw. die Ausführungen zu Abb. 36).

Für die Festsetzung derartiger Mindestbeträge sind praktische Überlegungen hilfreich. Unterscheiden sich zwei Populationsparameter nur geringfügig, oder weicht die wahre Korrelation zweier Merkmale nur wenig von Null ab, kann dies für die Praxis völlig bedeutungslos sein, auch wenn sich das empirische Ergebnis als statistisch signifikant erweisen sollte. Was bedeutet es schon, wenn die Fehleranzahl in einem Diktat mit Hilfe einer aufwendig entwickelten Lernsoftware im Durchschnitt gegenüber einer herkömmlichen Unterrichtsform nur um 0,2 Fehler reduziert wird? Oder welche praktischen Konsequenzen hat eine Untersuchung, die der Hypothese, zwischen der Luftfeuchtigkeit und der Konzentrationsfähigkeit des Menschen bestehe eine Korrelation von $\varrho = 0,07$, nicht widerspricht? Zu einer spezifischen Alternativhypothese sollten keine Parameter zählen, die praktisch unbedeutenden Effekten entsprechen.

Auch wenn manche Probleme noch nicht genügend durchdrungen sind, um die Festlegung eines bestimmten H_1-Parameters rechtfertigen zu können, sollte man sich immer darüber Gedanken machen, wie stark der H_1-Parameter mindestens vom H_0-Parameter abweichen muß, damit ein Ergebnis nicht nur statistisch, sondern auch praktisch bedeutsam ist. Über die Besonderheiten von Untersuchungen, die derartige Effektüberprüfungen gestatten, berichten wir in Abschnitt 9.2. Zuvor jedoch wenden wir uns der Anlage hypothesenprüfender Untersuchungen zu, für die sich auch die Bezeichnung „Design-Technik" durchgesetzt hat (vgl. Edwards, 1950).

> **!** Hypothesenprüfende Untersuchungen sollten so angelegt werden, daß statistisch signifikante Ergebnisse auch praktisch bedeutsam sind und daß praktisch bedeutsame Ergebnisse auch statistisch signifikant werden können.

(Hinweis: Ausführliche Behandlungen der Signifikanztestproblematik findet man z.B. bei Bakan, 1966; Bredenkamp, 1969, 1972, 1980; Carver, 1978; Cohen, 1984; Cook et al., 1979; Crane, 1980; Erdfelder und Bredenkamp, 1994; Greenwald, 1975; Harnatt, 1975; Heerden und van Hoogstraten, 1978; Krause und Metzler, 1978; Lane und Dunlap, 1978; Lykken, 1968; Nickerson, 2000; Willmes, 1996; Witte, 1977; Wottawa, 1990).

8.2 Varianten hypothesenprüfender Untersuchungen

Den für die eigene Fragestellung am besten geeigneten Untersuchungsplan bzw. ein angemessenes „Design" zu entwickeln, bereitet Anfängern in der Regel Schwierigkeiten. Im folgenden Kapitel wird eine Übersicht „klassischer" hypothesenprüfender Untersuchungsvarianten vorgestellt, die dazu beitragen sollen, das Untersuchungsprocedere zur Überprüfung einer eigenen Fragestellung einzuordnen und zu konkretisieren.

Auf Seite 55 wurde vorgeschlagen, Forschungshypothesen danach zu klassifizieren, ob ein Zusammenhang, ein Unterschied oder eine zeitabhängige Veränderung behauptet wird. Dies ist das Gliederungsprinzip der im folgenden zu behandelnden Untersuchungspläne. Untersuchungen zur Überprüfung von Einzelfallhypothesen beschließen dieses Kapitel.

Unterschiede, Zusammenhänge und Veränderungen sind auch alltagssprachlich geläufige Begriffe, die dem Studienanfänger die Auswahl eines zur Forschungshypothese passenden Untersuchungsplanes erleichtern sollen. Diese Taxonomie von Untersuchungsplänen hat sich didaktisch bewährt, wenngleich auch andere Gliederungsvarianten möglich und sinnvoll sind (vgl. z.B. Hager, 1987). Sie schließt allerdings nicht aus, daß für eine Forschungsfrage mehrere Untersuchungsvarianten gleichberechtigt infrage kommen.

So ließe sich beispielsweise die Unterschiedshypothese: „Soziale Schichten unterscheiden sich im Erziehungsstil" auch als Zusammenhangshypothese formulieren: „Zwischen den Merkmalen ‚Soziale Schicht' und ‚Erziehungsstil' besteht ein Zusammenhang." Ob hierfür ein Untersuchungsplan zur Überprüfung einer Zusammenhangs- oder Unterschiedshypothese gewählt wird, kann unerheblich sein. (In diesem Sinne äquivalente Pläne sind im folgenden Text entsprechend gekennzeichnet.) In vielen Fällen wird es sich jedoch herausstellen, daß sich scheinbar äquivalente Pläne in ihrer Praktikabilität bzw. in der Eindeutigkeit ihrer Ergebnisse unterscheiden. Dies nachzuvollziehen, erfordert theoretische Kenntnisse, die im folgenden vermittelt werden.

Es sei darauf hingewiesen, daß sich die statistischen Tests zur Überprüfung von Zusammenhangs-, Unterschieds- und Veränderungshypothesen auf ein allgemeines Auswertungsprinzip, das sog. Allgemeine Lineare Modell oder kurz: ALM zurückführen lassen, das z.B. bei Bortz (1999, Kap. 14 und 19.3) beschrieben wird. Das ALM macht die hier vorgenommene Unterscheidung von Hypothesenarten also im Prinzip überflüssig. Man beachte jedoch, daß formale Äquivalenzen zwischen statistischen Hypothesentests etwas anderes bedeuten als forschungslogische Gleichwertigkeit von Untersuchungsergebnissen.

Der Behandlung von Untersuchungsplänen seien einige, für hypothesenüberprüfende Untersuchungen generell wichtige Hinweise vorangestellt, die die Sicherung von interner und externer Validität betreffen. Diese Hinweise bereiten einen Satz von Bewertungskriterien vor, anhand derer die sich anschließenden Designvarianten evaluiert werden.

8.2.1
Interne und externe Validität

Über die interne und externe Validität als Güte-kriterien empirischer Untersuchungen wurde bereits auf S. 56 ff. ausführlich berichtet, so daß wir uns hier mit einer Kurzfassung dieser Konzepte begnügen können: Die interne Validität betrifft die Eindeutigkeit und die externe Validität die Generalisierbarkeit der Untersuchungsergebnisse.

Obwohl beide Kriterien teilweise einander zuwiderlaufen, sollten die Bemühungen um einen optimalen Untersuchungsplan interne und externe Validität gleichermaßen berücksichtigen (vgl. hierzu auch Tabelle 1 auf S. 61). Hierbei sind die folgenden von Campbell und Stanley (1963) zusammengestellten Gefährdungen zu beachten:

Interne Validität

Die interne Validität einer Untersuchung ist durch folgende Einflußfaktoren gefährdet:
- *Externe zeitliche Einflüsse*: Bei der Überprüfung von Veränderungshypothesen kann man leicht übersehen, daß andere als die untersuchten Einflußgrößen (die ihrerseits einem zeitlichen Wandel unterliegen können) die Veränderung bewirkt haben. (Beispiel: Eine Untersuchung, die nachweisen wollte, daß der Fernsehkonsum von Kindern rückläufig sei, weil das Fernsehangebot für Kinder weniger attraktiv geworden ist, kann nicht bedacht haben, daß die Ursache der Veränderung nicht die Qualität der Sendungen, sondern alternative, neue Freizeitangebote sind.)
- *Reifungsprozesse*: Die Untersuchungsteilnehmer selbst können sich unabhängig vom Untersuchungsgeschehen verändern bzw. „reifen". (Beispiel: Die Untersuchungsteilnehmer verändern deshalb ihr Verhalten, weil sie älter, hungriger, erfahrener, weniger aufmerksam etc. werden.)
- *Testübung*: Das Untersuchungsinstrument (Fragebogen, Beobachtung, physiologische Apparate etc.) beeinflußt das zu Messende. (Beispiel: Allein durch das Ausfüllen eines Einstellungsfragebogens werden die zu messenden Einstellungen verändert.)
- *Mangelnde instrumentelle Reliabilität*: Das Untersuchungsinstrument erfaßt das zu Messende nur ungenau oder fehlerhaft. (Beispiel: Eine

Testskala zur Messung von politischem Engagement wurde nicht auf Homogenität bzw. Eindimensionalität überprüft; vgl. S. 219 ff.)
- *Statistische Regressionseffekte*: Wenn man Veränderungshypothesen mit nicht zufällig ausgewählten Stichproben überprüft, kann es zu Veränderungen kommen, die artifiziell bzw. statistisch bedingt sind (ausführlicher hierzu siehe S. 555 ff.).
- *Selektionseffekte*: Vor allem bei quasiexperimentellen Untersuchungen, also beim Vergleich von Gruppen, die nicht durch Randomisierung gebildet wurden, können durch Selbstselektion Gruppenunterschiede resultieren, die mit der geprüften Intervention oder Maßnahme nichts zu tun haben. (Beispiel: An einer Musikschule für Kinder soll Blockflötenunterricht als Gruppenunterricht oder als Einzelunterricht vergleichend evaluiert werden, wobei auf eine Randomisierung verzichtet wird. Eine Überlegenheit des Einzelunterrichtes ließe sich z. B. dadurch erklären, daß die Eltern von Kindern mit Einzelunterricht wohlhabender sind und sich mehr um das Blockflötenspiel ihrer Kinder kümmern können, daß also die Art des Unterrichts eigentlich irrelevant ist.)
- *Experimentelle Mortalität*: Wenn die Bereitschaft, an der Untersuchung teilzunehmen und sie auch zu Ende zu führen, nicht unter allen Untersuchungsbedingungen gleich ist, kann es zu erheblichen Ergebnisverfälschungen kommen. (Beispiel: In einer Beobachtungsstudie über prosoziales Verhalten von Kindern muß eine Kindergruppe mit interessantem und eine andere mit langweiligem Spielzeug spielen. Es ist damit zu rechnen, daß in der letztgenannten Gruppe einige Kinder die Untersuchungsteilnahme verweigern und damit die Aussagekraft der Untersuchung schmälern.)

Hinsichtlich der internen Validität können sich bei Felduntersuchungen weitere Gefährdungen ergeben, wenn die zu Vergleichszwecken eingerichtete Kontrollgruppe rückblickend durch das Untersuchungsgeschehen „verfälscht" wurde. Cook und Campbell (1979) erwähnen in diesem Zusammenhang:
- *Empörte Demoralisierung (Resentful Demoralization)*: Untersuchungsteilnehmer der Kontrollgruppe erfahren, daß die Treatmentgruppe günstigere bzw. vorteilhaftere Behandlungen erfährt und zeigen deshalb durch Neid, Ablehnung oder Empörung beeinträchtigte Reaktionen.

– *Kompensatorischer Wettstreit (Compensatory Rivalry)*: Eine wahrgenommene Ungleichheit in der Behandlung der Vergleichsgruppen muß nicht demoralisierend wirken, sondern könnte im Gegenteil den Ehrgeiz der Untersuchungsteilnehmer anstacheln, auch unter schlechteren Untersuchungsbedingungen (z. B. in der Kontrollgruppe) genauso engagiert oder leistungsstark zu reagieren wie unter den günstigeren Experimentalbedingungen.

– *Kompensatorischer Ausgleich (Compensatory Equalization)*: Der Untersuchungsleiter bemerkt Ungerechtigkeiten im Vergleich von Kontroll- und Experimentalgruppe und versucht, diese durch gezielte Maßnahmen auszugleichen. Auch dieser Eingriff würde die interne Validität der Untersuchung gefährden.

– *Treatment-Diffusion (Treatment Diffusion)*: Die Kontrollgruppe erhält Kenntnis darüber, was in der Experimentalgruppe geschieht und versucht, die Reaktionen in der Experimentalgruppe zu antizipieren und zu imitieren.

Diese Gefährdungen von Felduntersuchungen zu entschärfen, setzt voraus, daß das Geschehen in den Vergleichsgruppen – soweit möglich auch außerhalb der eigentlichen Untersuchung – vom Untersuchungsleiter aufmerksam verfolgt wird.

> **!** Eine Untersuchung ist *intern valide*, wenn die Untersuchungsergebnisse eindeutig für oder gegen die Hypothese sprechen und Alternativerklärungen unplausibel erscheinen.

Externe Validität

Zu den Gefährdungen der externen Validität zählen die folgenden Einflußgrößen:

● *Mangelnde instrumentelle Validität*: Das Untersuchungsinstrument erfaßt nicht das, was es eigentlich erfassen sollte. (Beispiel: Ein Fragebogen, der eigentlich neurotische Verhaltenstendenzen messen sollte, mißt tatsächlich vorwiegend die Tendenz, sich in sozial wünschenswerter Weise darstellen zu wollen; vgl. S. 233 ff.)
Die Validität eines Untersuchungsinstrumentes hängt auch davon ab, in welchem zeitlichen (epochalen) und kulturellen Kontext es eingesetzt wird. (Beispiel: Eine Pazifismus-Skala, die vor 40 Jahren in den USA erfolgreich eingesetzt wurde, kann heute für deutsche Verhältnisse völlig unbrauchbar sein.)

● *Stichprobenfehler*: Untersuchungsergebnisse einer Stichprobe dürfen nicht auf Grundgesamtheiten verallgemeinert werden, für die die Stichprobe nicht repräsentativ ist. (Beispiel: Wenn ausgewählte Krankengymnastinnen einer Universitätsklinik in einer neuen Atemtechnik trainiert werden, sagen die Trainingserfolge nur wenig darüber aus, wie sich diese Technik in privaten Therapieeinrichtungen bewähren wird.)

● *Experimentelle Reaktivität*: Vor allem bei Laboruntersuchungen ist zu beachten, daß die Ergebnisse zunächst nur unter den Bedingungen valide sind, unter denen sie ermittelt wurden. Über die Laborbedingungen hinausgehende Generalisierungen sind in der Regel problematisch. (Beispiel: Ob Angstreaktionen im Labor dieselbe Qualität haben wie im Alltag, ist zu bezweifeln.)

● *Pretest-Effekte*: Auch Pretests können die Generalisierbarkeit der Untersuchungsbefunde einschränken, wenn sie die Sensitivität oder das Problembewußtsein der Untersuchungsteilnehmer verändern. (Beispiel: Die Bewertungen eines Filmes über Ausländerfeindlichkeit werden dazu verwendet, eine ausländerfeindliche Stichprobe zu bilden. Dieser Film könnte als Pretest einer Evaluationsstudie über die Wirksamkeit von Maßnahmen zum Abbau von Ausländerfeindlichkeit dazu führen, daß die vorgetesteten Personen anders reagieren als nicht vorgetestete Personen.)

● *„Hawthorne-Effekte"* (Roethlisberger und Dickson, 1964): Das Bewußtsein, Teilnehmer einer wissenschaftlichen Untersuchung zu sein, verändert das Verhalten. (Beispiel: Die Näherin einer Großschneiderei, die erfahren hat, daß ihre Leistungen in einer arbeitsanalytischen Untersuchung ausgewertet werden, verhält sich anders als unter normalen Umständen.)

> **!** Eine Untersuchung ist *extern valide*, wenn die Untersuchungsergebnisse auf andere, vergleichbare Personen, Orte oder Situationen generalisierbar sind.

Die externe Validität einer Untersuchung enthält nach Cook und Campbell (1979) einen spezifischen Aspekt, der von ihnen als „Konstruktvalidität" bezeichnet wird (die nicht mit der Konstruktvalidierung im Kontext einer Testentwicklung zu verwechseln ist; vgl. S. 186 f.). Diese Ergänzung bezieht sich auf das häufig beobachtete Faktum, daß die für eine Generalisierung der Untersuchungsergebnisse geforderte Zufallsauswahl der Untersuchungsteilnehmer gerade in Felduntersuchungen nicht umsetzbar ist. Auch die Implementierung eines Treatments oder einer Intervention gelingt im Feld selten ohne Störungen des natürlichen Umfeldes, so daß auch deshalb mit Einschränkungen der externen Validität zu rechnen ist. Dies sind Randbedingungen, unter denen sich die Gültigkeit der Untersuchungsbefunde nur im Nachhinein „konstruieren" läßt, indem man kritisch prüft, hinsichtlich welcher Untersuchungscharakteristika eine Generalisierung zulässig bzw. nicht zulässig ist. (Über sog. „Methodenartefakte", die die Konstruktvalidität einer Untersuchung infrage stellen können, berichtet Fiske, 1987.)

Neuere Überlegungen zur externen Validität betreffen die Generalisierbarkeit *kausaler Interpretationen* in Studien, die nicht auf großen populationsrepräsentativen Stichproben basieren (vgl. zusammenfassend Cook, 2000). Im Mittelpunkt dieser Überlegungen stehen einige praktische Behelfslösungen zur Sicherung der externen Validität in „kleinen" Studien, z. B. durch die Untersuchung weniger Prototypen, die eine gesamte Population bestmöglich repräsentieren oder – hierzu gegensätzlich – durch Untersuchung von Individuen mit extremer Merkmalsausprägung, deren Ergebnisse möglicherweise auf das gesamte Merkmalskontinuum extrapoliert werden können.

8.2.2
Übersicht formaler Forschungshypothesen

Im folgenden werden einige Standardpläne hypothesenüberprüfender Untersuchungen zusammengestellen, die dazu beitragen, eigene Designentwicklungen zu erleichtern. Die Untersuchungspläne sind – wie bereits erwähnt – nach der Art der Hypothese, die sie überprüfen, geordnet: Zusammenhangshypothesen (Abschnitt 8.2.3), Unterschiedshypothesen (Abschnitt 8.2.4), Veränderungshypothesen (Abschnitt 8.2.5) und Hypothesen in Einzelfalluntersuchungen (Abschnitt 8.2.6). Zur schnelleren Orientierung sind einige der hier behandelten Hypothesenarten in Tafel 46 zusammengestellt.
Vorrangig für den folgenden Text ist die Beschreibung der Untersuchungspläne und nicht deren statistische Auswertung. Wir werden uns mit Hinweisen, welches statistische Verfahren zur Auswertung des Untersuchungsmaterials bzw. zur statistischen Hypothesenprüfung geeignet ist, begnügen. Eine Zusammenstellung der wichtigsten statistischen Verfahren findet man im Anhang B.

8.2.3
Zusammenhangshypothesen

Untersuchungen zur Überprüfung von Zusammenhangshypothesen bezeichnen wir in Anlehnung an Selg (1971) als *Interdependenzanalysen.* Der in einer Interdependenzanalyse gefundene Zusammenhang sagt zunächst nichts über Kausalbeziehungen der untersuchten Merkmale aus.

Schlußfolgerungen, die aus Interdependenzanalysen gezogen werden können, beziehen sich primär nur auf die Art und Intensität des miteinander Variierens (Kovariierens) zweier oder mehrerer Merkmale. Untersuchungstechnische Vorkehrungen oder inhaltliche Überlegungen können jedoch bestimmte kausale Wirkungsmodelle besonders nahelegen, so daß die Anzahl kausaler Erklärungsalternativen eingeschränkt bzw. die interne Validität der Interdependenanalyse erhöht wird. (Zu diesem Problem vgl. auch Jäger, 1974, oder Köbben, 1970.)

Interdependenzanalysen bereiten vergleichsweise wenig Untersuchungsaufwand. Die „klassische" Interdependenzanalyse ist eine einfache Querschnittuntersuchung (Cross-Sectional-Design), bei der man zu einem bestimmten Zeitpunkt zwei oder mehr Merkmale an einer repräsentativen Stichprobe erhebt. Diese Designvariante eignet sich vor allem für Untersuchungen, bei denen man auf eine systematische Kontrolle der Untersuchungsbedingungen weitgehend verzichten muß.

Im folgenden unterscheiden wir Untersuchungen zur Prüfung bivariater Zusammenhangshypothesen (Zusammenhänge zwischen jeweils zwei Variablen) und zur Prüfung multivariater Zusammenhangshypothesen (Zusammenhänge zwischen mehr als zwei Variablen). Der letzte Abschnitt diskutiert Untersuchungsvarianten, die zur Überprüfung kausaler Zusammenhangshypothesen entwickelt wurden.

Bivariate Zusammenhangshypothesen
Die formale Struktur einer ungerichteten bivariaten Zusammenhangshypothese lautet: Zwischen zwei Merkmalen X und Y besteht ein Zusammenhang. Eine gerichtete Hypothese legt zusätzlich die Richtung des Zusammenhangs fest, d. h. bei einer gerichteten Hypothese muß entschieden werden, ob sich die Merkmale gleichsinnig (positiver Zusammenhang) oder gegensinnig verändern (negativer Zusammenhang). Beispiel: Zwischen der Verbalisierungsfähigkeit von Schülern und der Fremdeinschätzung ihrer Intelligenz besteht ein positiver Zusammenhang. Diese gerichtete Hypothese behauptet also, daß höhere Verbalfähigkeiten mit höheren Intelligenzeinschätzungen einhergehen, daß sich die Merkmale also gleichsinnig verändern.

TAFEL 46

Formale Forschungshypothesen

Die wichtigsten **Zusammenhangshypothesen:**

- Zwischen zwei Merkmalen x und y besteht ein Zusammenhang. Beispiel: Zwischen der Verbalisierungsfähigkeit von Schülern und dem Lehrerurteil über die Intelligenz der Schüler besteht ein Zusammenhang (vgl. S. 506).

- Zwischen zwei Merkmalen x und y besteht auch dann ein Zusammenhang, wenn man den Einfluß eines dritten Merkmals z außer acht läßt. Beispiel: Zwischen der Kommunikationsstruktur von Gruppen und ihrer Produktivität besteht ungeachtet der Gruppengröße ein Zusammenhang (vgl. S. 511).

- Zwischen mehreren Prädiktorvariablen (x_1, x_2, ... x_p) und einer (y) oder mehreren (y_1, y_2, ... y_q) Kriteriumsvariablen besteht ein Zusammenhang. Beispiel: Zwischen dem durch mehrere Merkmale beschriebenen Erziehungsverhalten von Eltern und der durch ein oder mehrere Merkmale erfaßten Prosozialität ihrer Kinder besteht ein Zusammenhang (vgl. S. 513 f.).

- Die Zusammenhänge zwischen vielen untersuchten Variablen lassen sich auf wenige hypothetisch festgelegte Faktoren zurückführen. Beispiel: Die Zusammenhänge zwischen den Items eines Persönlichkeitsfragebogens gehen auf die Faktoren „Schlafschwierigkeiten", „Schlagfertigkeit" und „Sorglosigkeit" zurück (vgl. S. 517).

Die wichtigsten **Unterschiedshypothesen:**

- Eine Maßnahme (Treatment) hat einen Einfluß auf eine abhängige Variable. Beispiel: Die Teilnahme an Selbsterfahrungsgruppen führt zu einer realistischen Selbsteinschätzung (vgl. S. 528).

- Zwei Maßnahmen (Treatments) A_1 und A_2 unterscheiden sich in ihrer Wirkung auf eine abhängige Variable. Beispiel: Ein demokratischer Unterrichtsstil fördert die Leistungen von Schülern mehr als ein autoritärer Unterrichtsstil (vgl. S. 528 f.).

- Zwei Populationen unterscheiden sich in bezug auf eine abhängige Variable. Beispiel: Stadtkinder können sich nicht so gut konzentrieren wie Landkinder (vgl. S. 528 f..

- Mehrere Treatments (Populationen) unterscheiden sich in bezug auf eine abhängige Variable. Beispiel: Die Art des Auftretens des Versuchsleiters in einer Testsituation – streng, neutral oder freundlich – beeinflußt die Testergebnisse der Untersuchungsteilnehmer (vgl. S. 530 f.).

- Zwischen zwei unabhängigen Variablen besteht eine Interaktion. Beispiel: Vermehrter Kaffeekonsum wirkt nachts bei betagten Menschen schlafanstoßend und bei jüngeren Menschen aktivierend (vgl. S. 531 f.).

Die wichtigsten **Veränderungshypothesen:**

- Ein Treatment übt eine verändernde Wirkung auf eine abhängige Variable aus. Beispiel: Das regelmäßige Lesen einer konservativen Tageszeitung verändert die politischen Ansichten ihrer Leser (vgl. S. 557 f.).

- Ein Treatment verändert eine abhängige Variable in einer Population A stärker als in einer Population B. Beispiel: Die Leistungen ängstlicher Kinder verbessern sich durch emotionale Zuwendungen des Lehrers stärker als die Leistungen nicht-ängstlicher Kinder (vgl. S. 560).

- Die Veränderung einer abhängigen Variablen hängt von einer Drittvariablen ab. Beispiel: Genesungsfortschritte von Kranken hängen von deren Bereitschaft ab, gesund werden zu wollen (vgl. S. 562).

- Eine Intervention führt zu einer sprunghaften Änderung einer Zeitreihe. Beispiel: Die Verabschiedung eines neuen Scheidungsgesetzes führt schnell zu einer Verdoppelung der Ehescheidungen (vgl. S. 568 ff.).

Die wichtigsten **Einzelfallhypothesen:**

- Die Zeitreihe eines quantitativen Merkmals folgt während einer Behandlung einem Trend. Beispiel: Bewußtes Rauchen reduziert die Anzahl täglich gerauchter Zigaretten (vgl. S. 587 f.).

TAFEL 46

- Die zeitliche Abfolge von Ereignissen ist nicht zufällig. Beispiel: Die Migräneanfälle von Frau M. hängen mit beruflichen Mißerfolgen zusammen (vgl. S. 588 ff.).
- Ein Treatment senkt die Auftretenswahrscheinlichkeit von Ereignissen. Beispiel: Das Bettnässen eines Kindes tritt im Verlaufe einer verhaltenstherapeutischen Maßnahme zunehmend seltener auf (vgl. S. 589 f.).

- Die bei einem Probanden in zwei Untertests einer Testbatterie aufgetretene Testwertdifferenz ist diagnostisch verwertbar. Beispiel: Das Intelligenzprofil eines Abiturienten weist systematische, nicht durch Zufall erklärbare Schwankungen auf (vgl. S. 592 ff.).

Datenerhebung: Die Untersuchung dieser Hypothese erfordert typischerweise eine Stichprobe, die bezüglich der Population, für die das Untersuchungsergebnis gelten soll, repräsentativ ist (zu Stichprobenarten vgl. Abschnitt 7.1 und zur Stichprobengröße vgl. S. 602 ff.). Für jedes Untersuchungsobjekt werden die Merkmale X und Y erhoben, d.h. jedem Untersuchungsobjekt sind zwei Meßwerte oder Merkmalsausprägungen zugeordnet. Die Enge des Zusammenhanges wird mit einem *Korrelationskoeffizienten* quantifiziert, dessen statistische Bedeutsamkeit ein Signifikanztest überprüft.

Die Berechnung einer Korrelation setzt allerdings nicht voraus, daß jedem Untersuchungsobjekt zwei Meßwerte zugeordnet sind. Entscheidend ist, daß einem Meßwert ein anderer Meßwert eindeutig zugeordnet ist. Diese Forderung wäre auch erfüllt, wenn z.B. Zusammenhänge zwischen den Neurotizismuswerten von Eheleuten, zwischen dem Körpergewicht von Hundebesitzern und dem Gewicht ihrer Hunde, dem Einkommen von Autobesitzern und der PS-Zahl ihrer Autos etc. untersucht werden.

Die hier skizzierte Vorgehensweise bereitet Probleme, wenn ein Merkmal an Paaren erhoben wurde, deren Paarlinge austauschbar sind. Man denke hierbei etwa an die Überprüfung des Zusammenhanges der Intelligenz zweieiiger Zwillinge, bei der nicht entschieden werden kann, welcher Zwilling zum „Merkmal X" und welcher zum „Merkmal Y" gehört. Für Fragestellungen dieser Art verwendet man statt des üblichen Korrelationskoeffizienten den Intraklassen-Tau-Koeffizienten (vgl. z.B. Bortz und Lienert, 1998, S. 259 zum Stichwort

„Zwillingskorrelation") oder den in Tafel 30 behandelten Intraklassen-Korrelationskoeffizienten.

Diese Beispiele verdeutlichen für Untersuchungen zur Überprüfung von Zusammenhangshypothesen folgende Leitlinie:

- Es muß zweifelsfrei geklärt sein, welche Meßwerte der untersuchten Variablen Meßwertpaare bilden.
- Soll der Zusammenhang zweier Merkmale für eine Stichprobe von Untersuchungsobjekten bestimmt werden, darf pro Untersuchungsobjekt nur ein Meßwertpaar in die Korrelationsberechnung eingehen.
- Interessiert der Zusammenhang zwischen zwei Stichproben in bezug auf ein Merkmal, müssen die Untersuchungsobjekte beider Stichproben Paare bilden, deren Paarlinge nicht austauschbar sein dürfen.
- Sind die Paarlinge der aus zwei Stichproben gebildeten Paare prinzipiell austauschbar, ist die Zusammenhangshypothese über den Intraklassen-Korrelationskoeffizienten zu prüfen.

Bivariate Korrelationen: Das Skalenniveau (vgl. S. 68 ff.) der in der Zusammenhangshypothese genannten Merkmale bestimmt die Korrelationsart, mit der die Hypothese geprüft wird. Tabelle 36 zeigt in einer Übersicht, welche Korrelationsarten welchen Skalenkombinationen zugeordnet sind. (Weitere, spezielle Korrelationstechniken findet man z.B. bei Benninghaus, 1989, 1998 oder Kubinger, 1990. Zur Berechnung der in Tabelle 36 genannten Korrelationen wird auf Bortz, 1999 bzw. Bortz et al., 2000, verwiesen.)

Tabelle 36. Übersicht bivariater Korrelationen

Merkmal y	Merkmal x Intervallskala	Ordinalskala	Künstliche Dichotomie	Natürliche Dichotomie	Nominalskala
Intervallskala	Produkt-Moment-Korrelation	Rangkorrelation	Biseriale Korrelation	Punktbiseriale Korrelation	Kontingenz-Koeffizient
Ordinalskala		Rangkorrelation	Biseriale Rang-korrelation	Biseriale Rang-korrelation	Kontingenz-Koeffizient
Künstliche Dichotomie			Tetrachorische Korrelation	Phi-Koeffizient	Kontingenz-Koeffizient
Natürliche Dichotomie				Phi-Koeffizient	Kontingenz-Koeffizient
Nominalskala					Kontingenz-Koeffizient

> **!** Die bivariate Korrelation bestimmt über einen Korrelationskoeffizienten die Enge und Richtung des Zusammenhangs zwischen zwei Merkmalen. Für Variablen unterschiedlichen Skalenniveaus existieren verschiedene Korrelationskoeffizienten.

Dichotome Merkmale sind zweifach gestufte Merkmale. Wir sprechen von einer künstlichen Dichotomie, wenn ein eigentlich kontinuierlich verteiltes Merkmal auf zwei Stufen reduziert wird (z. B. Prüfungsleistung: bestanden – nicht bestanden) und von einer natürlichen Dichotomie, wenn das Merkmal tatsächlich nur zwei Ausprägungen hat (Händigkeit: linkshändig – rechtshändig).

Nicht jeder Skalenkombination ist eine eigene Korrelationsart zugeordnet. Existiert bei Merkmalen mit unterschiedlichem Skalenniveau kein spezielles Korrelationsmaß, wird das Merkmal mit dem höheren Skalenniveau auf das Skalenniveau des Vergleichsmerkmals transformiert. Will man beispielsweise das Alter von Untersuchungsteilnehmern (intervallskaliert) mit ihren Farbpräferenzen (nominalskaliert) in Beziehung setzen, ist es erforderlich, das eigentlich kontinuierlich verteilte Altersmerkmal auf einige wenige Alterskategorien zu reduzieren (zur Kategorienbildung bei kontinuierlichen Merkmalen vgl. S. 140 ff.). Der Kontingenzkoeffizient (oder Cramers Index; vgl. Bortz und Lienert, 1998, S. 232) behandelt dann beide Merkmale wie Nominalskalen. Es besteht ferner die Möglichkeit, diese Fragestellung als eine multivariate Zusammenhangshypothese (vgl. S. 513 f.) bzw. als eine Unterschiedshypothese (vgl. S. 530 ff.) aufzufassen und zu überprüfen.

Üblicherweise interessieren wir uns bei intervallskalierten Merkmalen für die Enge des *linearen Zusammenhanges*. Es lassen sich jedoch auch nicht-lineare Zusammenhänge mit Verfahren quantifizieren, die z. B. Draper und Smith (1966), von Eye und Schuster (1998, Kap. 7 und 9) oder Lehmann (1980) beschreiben. Allerdings ist hierbei darauf zu achten, daß die Zusammenhangshypothese die Art des nicht-linearen Zusammenhanges (exponentiell, logarithmisch etc.) spezifiziert.

> **!** Ein bivariater *positiver Zusammenhang* (positive Korrelation) besagt, daß hohe Ausprägungen auf dem einen Merkmal mit hohen Ausprägungen auf dem anderen Merkmal einhergehen. Bei einem *negativen Zusammenhang* gehen dagegen hohe Ausprägungen auf dem einen Merkmal mit niedrigen Ausprägungen auf dem anderen Merkmal einher.

Merkmalsprofile: Nach unserem bisherigen Verständnis betreffen Zusammenhangshypothesen typischerweise die Beziehung zweier Merkmale. Es lassen sich jedoch auch Zusammenhänge (oder besser: Ähnlichkeiten) zweier oder mehrerer Personen (Untersuchungsobjekte) analysieren. Hierbei geht man davon aus, daß für jede der zu vergleichenden Personen bezüglich mehrerer Variablen Messungen vorliegen, die zusammengenommen individuelle Merkmalsprofile ergeben. Maße der Ähnlichkeit von Merkmalsprofilen werden z. B. bei Schlosser (1976) oder allgemein in der Literatur zur Clusteranalyse (vgl. Anhang A) behandelt. So wird z. B. zur Prüfung der Übereinstimmung zwischen zwei Profilen im semantischen

Differential (vgl. S. 184 ff.) die sog. Q-Korrelation eingesetzt (vgl. Schäfer, 1983).

Stichprobenfehler: Bei der korrelationsstatistischen Überprüfung von Zusammenhangshypothesen ist darauf zu achten, daß die Stichprobe tatsächlich die gesamte Population, für die das Untersuchungsergebnis gelten soll, repräsentiert. Zu welchen Verzerrungen der Zusammenhangsschätzung es bei Stichprobenfehlern kommen kann, zeigt Stelzl (1982) anhand einiger Beispiele, die als Abb. 37 a–d wiedergegeben sind.

Es geht um die Überprüfung des Zusammenhanges zwischen schulischer Leistung (Y) und Intelligenz (X). Für die Population aller Schüler möge eine Korrelation von $\varrho = 0,71$ zutreffend sein. Abbildung 37 a zeigt, wie sich der Zusammenhang dieser Merkmale ändert, wenn nur Schüler mit einem IQ über 85 bzw. unter 85 untersucht werden.

Sie beträgt im ersten Fall (IQ>85) $r = 0,63$ und im zweiten Fall (IQ<85) $r = 0,42$.

Ähnliches gilt für die in Abb. 37 b vorgenommene Selektion. Hier beträgt die Korrelation in der Teilstichprobe IQ<115 $r = 0,59$ und in Teilstichprobe IQ>115 $r = 0,48$.

Diesem, zur Unterschätzung des Gesamtzusammenhanges führenden Stichprobenfehler steht ein anderer gegenüber, der eine Überschätzung des Gesamtzusammenhanges bedingt: die *Extremgruppenselektion*. Durch Weglassen von Schülern mit mittleren Intelligenzquotienten erhöht sich die Korrelation auf $r = 0,81$ (vgl. Abb. 37 c). Verzichtet man zusätzlich auf die Einbeziehung von Schülern mit durchschnittlichen Schulleistungen, erhöht sich der Zusammenhang weiter auf $r = 0,91$ (vgl. Abb. 37 d).

Stelzl (1982, Kap. 5.2) berichtet ferner über Artefakte bei der Überprüfung von Zusammen-

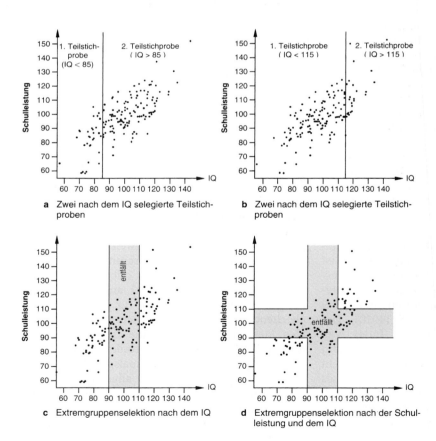

a Zwei nach dem IQ selegierte Teilstichproben

b Zwei nach dem IQ selegierte Teilstichproben

c Extremgruppenselektion nach dem IQ

d Extremgruppenselektion nach der Schulleistung und dem IQ

Abb. 37 a–d. Verzerrung von Korrelationen durch Stichprobenselektion hangshypothesen, die durch mathematische Abhängigkeit der untersuchten Merkmale entstehen (Beispiel: Wenn X+Y=konstant ist, resultiert zwangsläufig zwischen X und Y eine negative Korrelation).

> ! Für die Verallgemeinerung einer Korrelation auf eine Grundgesamtheit ist zu fordern, daß die untersuchte Stichprobe tatsächlich zufällig gezogen wurde und keine absichtliche oder unabsichtliche systematische Selektion darstellt. So kann Extremgruppenselektion beispielsweise zu einer dramatischen Überschätzung von Korrelationen führen.

Multivariate Zusammenhangshypothesen

Partielle Zusammenhänge: Der Nachweis eines statistisch gesicherten Zusammenhanges zweier Merkmale X und Y verlangt Überlegungen, wie dieser Zusammenhang zu erklären ist. Hierfür bietet sich häufig eine dritte Variable Z an, von der sowohl X als auch Y abhängen. Besteht zwischen X und Z sowie zwischen Y und Z jeweils ein hoher Zusammenhang (was nicht bedeuten muß, daß Z die Merkmale X und Y kausal beeinflußt), erwarten wir zwangsläufig auch zwischen X und Y einen hohen Zusammenhang. Wir könnten nun danach fragen, wie hoch der Zusammenhang zwischen X und Y wäre, wenn wir die Gemeinsamkeiten des Merkmals Z mit den Merkmalen X und Y außer acht lassen. Der Erklärungswert dieses Ansatzes wird anschaulicher, wenn sich die Annahme, Z beeinflusse X und Y kausal, inhaltlich begründen läßt. Wir fragen dann, wie X und Y zusammenhängen, wenn der Einfluß von Z auf X und Y ausgeschaltet wird.

Sollte es so sein, daß der Zusammenhang zwischen X und Y durch das Ausschalten von Z verschwindet, müßte die Korrelation zwischen X und Y als „Scheinkorrelation" bezeichnet werden, also als eine Korrelation, die einen direkten Zusammenhang zwischen X und Y lediglich „vortäuscht", die jedoch bedeutungslos wird, wenn man eine dritte Variable Z beachtet. Beispiel: Die positive Korrelation zwischen Schuhgröße (X) und Lesbarkeit der Handschrift (Y) von Kindern verschwindet, wenn man das Alter (Z) der Kinder kontrolliert. Oder: Heuschnupfen (X) und Weizenpreis (Y) korrelieren negativ, weil gute Ernten mit vielen Weizenpollenallergien und niedrigen Weizenpreisen einhergehen und schlechte Ernten mit wenig Allergien, aber guten Preisen verbunden sind. Drittvariable ist hier also das Wetter (Z). (Weitere Beispiele für Scheinkorrelationen findet man bei Krämer, 1995, Kap. 14.)

Mit diesen Überlegungen erweitern wir eine einfache bivariate Zusammenhangshypothese zu einer partiellen, bivariaten Zusammenhangshypothese: Zwischen zwei Merkmalen X und Y besteht auch dann ein Zusammenhang, wenn der „Einfluß" einer dritten Variablen Z ausgeschaltet wird. (Wir setzen das Wort „Einfluß" in Anführungszeichen, weil die Beziehung zwischen Z und den Merkmalen X und Y nicht kausal – wie die Bezeichnung „Einfluß" suggeriert – sein muß.) Ein Beispiel: Zwischen der Produktivität von Gruppen und ihren Kommunikationsstrukturen besteht auch dann ein Zusammenhang, wenn man den Einfluß der Gruppengröße ausschaltet.

Die Überprüfung dieser erweiterten bivariaten Zusammenhangshypothese erfolgt mit der *Partialkorrelation* (vgl. z.B. Bortz, 1999, Kap. 13.1). Sie läßt sich berechnen, wenn von einer repräsentativen Stichprobe Messungen auf allen drei Variablen vorliegen und setzt in der Regel voraus, daß alle drei untersuchten Merkmale intervallskaliert sind. (Über spezielle Verfahren zur Überprüfung partieller Zusammenhänge bei nicht intervallskalierten Merkmalen berichten z.B. Bortz et al., 2000, Kap. 8.2.4. Will man eine nominalskalierte Variable Z kontrollieren, muß diese zuvor „Dummycodiert" werden; vgl. Tafel 47.) Man beachte, daß das „Ausschalten" einer Kontrollvariablen statistisch erfolgt und nicht untersuchungstechnisch (wie z.B. durch das Konstanthalten der Kontrollvariablen). Den Vorgang der „Bereinigung" der Merkmale X und Y um diejenigen Anteile, die auf eine Kontrollvariable Z zurückgehen, bezeichnet man als *Herauspartialisieren* von Z.

> ! Ob der Zusammenhang zweier Merkmale X und Y „echt" ist oder durch ein Drittmerkmal Z erklärt werden kann (Scheinkorrelation), erfährt man über die *Partialkorrelation*.

Zuweilen lassen sich nicht nur eine Kontrollvariable Z, sondern mehrere Kontrollvariable Z_1, $Z_2 \ldots Z_p$ benennen, von denen man annimmt, sie üben auf den Zusammenhang von X und Y einen

TAFEL 47

Die Kodierung eines nominalen Merkmals durch Indikatorvariablen (Dummy-Variablen)

Es wird die Hypothese untersucht, daß zwischen der Art der Berufsausübung (als Arbeiter, Angestellter, Beamter oder als Selbständiger) und der Anzahl der jährlichen Urlaubstage ein Zusammenhang besteht. Diese Hypothese kann
1. als bivariate Zusammenhangshypothese über den Kontingenzkoeffizienten,
2. als Unterschiedshypothese über die Varianzanalyse oder
3. als multivariate Zusammenhangshypothese über die multiple Korrelation
geprüft werden.

Alle drei Auswertungstechniken erfordern dasselbe Untersuchungsmaterial, nämlich Angaben über die Art der Berufsausübung und die Anzahl jährlicher Urlaubstage einer repräsentativen Stichprobe berufstätiger Personen. Im Ergebnis unterscheidet sich die erste Auswertungsart geringfügig von der zweiten bzw. dritten Auswertungsart. (Durch die Zusammenfassung des Merkmals „Anzahl der jährlichen Urlaubstage" in einzelne Kategorien, die für die Anwendung des Kontingenzkoeffizienten erforderlich ist, gehen Informationen verloren.) Die zweite und dritte Auswertungsart sind genauer und führen zu identischen Resultaten.

Hier soll nur demonstriert werden, wie das Untersuchungsmaterial für eine Auswertung über eine multiple Korrelation vorbereitet wird. Wir nehmen einfachheitshalber an, es seien in jeder Berufskategorie lediglich drei Personen befragt worden:

Berufskategorie	Urlaubstage
Arbeiter	26, 30, 24
Angestellte	28, 25, 25
Beamte	26, 32, 30
Selbständige	30, 16, 26

Wir definieren eine sog. Indikatorvariable d_1, auf der alle Personen der ersten Berufsgruppe eine 1 und die Personen der zweiten und dritten Gruppe eine 0 erhalten. Mit einer zweiten Indikatorvariablen d_2 wird entschieden, welche Personen zur zweiten Berufsgruppe gehören. Diese erhalten hier eine 1 und die Personen der ersten und dritten Gruppe eine 0. Entsprechend verfahren wir mit einer dritten Indikatorvariablen d_3: Personen der dritten Berufskategorie werden hier mit 1 und die der ersten und zweiten Kategorie mit 0 verschlüsselt.

Bei dieser Vorgehensweise bleibt offen, wie mit Personen der vierten Berufskategorie umzugehen ist. Führen wir das Kodierungsprinzip logisch weiter, benötigen wir eine vierte Indikatorvariable d_4, die darüber entscheidet, ob eine Person zur vierten Kategorie gehört ($d_4=1$) oder nicht ($d_4=0$). Diese vierte (oder allgemein bei k Kategorien die k-te) Indikatorvariable ist jedoch überflüssig. Ordnen wir der vierten Kategorie auf allen drei Indikatorvariablen (d_1, d_2, d_3) eine 0 zu, resultieren vier verschiedene Kodierungsmuster, die eindeutig zwischen den vier Kategorien differenzieren: Kategorie 1: 1,0,0; Kategorie 2: 0,1,0; Kategorie 3: 0,0,1 und Kategorie 4: 0,0,0. Die multiple Korrelation wird damit über folgende Datenmatrix berechnet:

Prädiktoren			Kriterium
d_1	d_2	d_3	y
1	0	0	26
1	0	0	30
1	0	0	24
0	1	0	28
0	1	0	25
0	1	0	25
0	0	1	26
0	0	1	32
0	0	1	30
0	0	0	30
0	0	0	16
0	0	0	26

(Über die Theorie dieser Vorgehensweise sowie weitere Ansätze zur Verschlüsselung nominaler Merkmale als Indikatorvariablen berichten z.B. Bortz, 1999, Kap. 14; Gaensslen und Schubö, 1973, Kap. 12.1; Moosbrugger, 1978; Moosbrugger und Zistler, 1994; Overall und Klett, 1972; Rochel, 1983; Sievers, 1977; von Eye und Schuster, 1998, Kap. 4 sowie Wolf und Cartwright, 1974.)

„Einfluß" aus. Die Hypothese: „Zwischen zwei Merkmalen X und Y besteht ein Zusammenhang, auch wenn der Einfluß mehrerer Kontrollvariablen außer acht bleibt" wird mit *Partialkorrelationen höherer Ordnung* überprüft; Beispiel: Zwischen Zigarettenkonsum (X) und Krebsrisiko (Y) besteht auch dann ein Zusammenhang, wenn man den „Einfluß" von Staub am Arbeitsplatz (Z_1) und sportlichen Aktivitäten (Z_2) eliminiert.

Das Konzept der Bereinigung von Merkmalen läßt sich in vielfältiger Weise nutzen. Es gestattet beispielsweise auch, Hypothesen zu überprüfen, die behaupten, daß zwischen zwei Merkmalen X und Y ein Zusammenhang besteht, wenn ein Kontrollmerkmal Z nur aus einer der beiden Variablen herauspartialisiert wird. Eine solche Hypothese könnte etwa besagen, daß zwischen den Merkmalen „Prüfungsleistung" und „beruflicher Erfolg" ein Zusammenhang besteht, wenn das Merkmal „Prüfungsangst" aus dem Merkmal „Prüfungsleistung" herauspartialisiert wird, wenn also die Prüfungsleistungen bezüglich der Prüfungsangst „bereinigt" werden. Das Verfahren, mit dem derartige Hypothesen überprüft werden, heißt Partkorrelation bzw. *Semi-Partialkorrelation*.

Partialkorrelationen sind eigentlich Verfahren zur Überprüfung bivariater Zusammenhangshypothesen. Daß wir sie dennoch unter der Rubrik „Multivariate Zusammenhangshypothesen" behandeln, wird damit begründet, daß diese Verfahren die Beziehungen mehrerer Merkmale simultan berücksichtigen.

Multiple Zusammenhänge: Multiple Zusammenhangshypothesen betreffen Beziehungen zwischen einem Merkmalskomplex mit den Merkmalen X_1, $X_2 \ldots X_p$ und einem Merkmal Y. Läßt sich inhaltlich die Richtung eines möglichen kausalen Einflusses begründen, bezeichnet man diese Variablen auch als *Prädiktorvariablen* und als *Kriteriumsvariable*. Die Zusammenhangshypothese lautet dann: Zwischen mehreren Prädiktorvariablen und einer Kriteriumsvariablen besteht ein Zusammenhang.

Viele sozialwissenschaftlichen Zusammenhangshypothesen lassen sich sinnvoll nur als multiple Zusammenhangshypothesen formulieren. Dies trifft um so mehr zu, je komplexer die zu untersuchenden Variablen sind. Ein Sportpsychologe hätte sicherlich keinerlei Schwierigkeiten, die Kriteriumsvariable „Weitsprungleistung" zu messen. Interessiert ihn jedoch der Zusammenhang dieses Merkmals mit dem Prädiktor „Trainingsmotivation", steht er vor der weitaus schwierigeren Aufgabe, diesen komplexen Prädiktor zu operationalisieren und zu quantifizieren. Es erscheint zweifelhaft, daß sich dieses Merkmal durch nur einen Wert eines jeden Untersuchungsteilnehmers – was der Vorgehensweise für die Überprüfung einer bivariaten Zusammenhangshypothese entspräche – vollständig abbilden läßt. Zufriedenstellender wären hier mehrere operationale Indikatoren der Trainingsmotivation, wie z. B. die Anzahl freiwillig absolvierter Trainingsstunden, die Konzentration während des Trainings, die Intensität des Trainings, die Anzahl der Pausen etc., also Indikatoren, die verschiedene, wichtig erscheinende Teilaspekte des untersuchten Merkmals erfassen. Die multiple Zusammenhangshypothese würde dann lauten: Zwischen den Indikatorvariablen X_1, $X_2 \ldots X_p$ des Merkmals „Trainingsmotivation" und dem Merkmal „Weitsprungleistung" (Y) besteht ein Zusammenhang.

Die Überprüfung einer multiplen Zusammenhangshypothese, die eine Beziehung zwischen mehreren (Prädiktor-)Variablen und einer (Kriteriums-)Variablen behauptet, erfolgt über die *multiple Korrelation* (vgl. etwa Bortz, 1999, Kap. 13.2). Untersuchungstechnisch bereitet auch diese Hypothesenprüfung wenig Aufwand. Alle Merkmale, d. h. die Prädiktoren und das Kriterium, werden an einer repräsentativen Stichprobe erhoben. Die multiple Korrelation ist berechenbar, wenn zumindest die Kriteriumsvariable intervallskaliert ist (vgl. hierzu jedoch auch S. 515). Die Prädiktoren können auch dichotom oder nominalskaliert sein.

Nominalskalierte Prädiktoren: Die Kategorien eines dichotomen Merkmals kodiert man einfachheitshalber mit den Zahlen 0 und 1. Verwendet man z. B. das Geschlecht als Prädiktor, erhalten beispielsweise alle weiblichen Versuchspersonen eine 1 und alle männlichen eine 0. Wie man mit einem nominalen Merkmal mit mehr als zwei Kategorien verfährt, zeigt Tafel 47.

Hier wird deutlich, daß eine bivariate Zusammenhangshypothese zwischen einem nominalskalierten und einem intervallskalierten Merkmal, für deren Überprüfung in Tabelle 36 (nach Reduktion des intervallskalierten Merkmals auf einzelne Kategorien) der Kontingenzkoeffizient vorgeschlagen wurde, auch mit Hilfe der multiplen Korrelation geprüft werden kann. Diese verwendet die Kodierungsvariablen (Indikatorvariablen) als Prädiktoren und die intervallskalierte Variable als Kriterium. Neben dem durch Indikatorvariablen kodierten nominalen Merkmal können in einer multiplen Korrelation gleichzeitig weitere nominal- und/oder intervallskalierte Prädiktorvariablen berücksichtigt werden.

Hierbei ist allerdings zu beachten, daß die Anzahl der erforderlichen Dummy-Variablen bei vielen nominalen Variablen mit vielen Kategorien sehr groß werden kann, was die Interpretation (und ggf. auch die Berechnung) der multiplen Korrelation erschwert.

Ersatzweise könnte deshalb eine unter der Bezeichnung *„Optimal Scaling"* bekannt gewordene Technik eingesetzt werden. Das Optimal Scaling basiert auf der Idee, für die k Kategorien eines nominalen Merkmals metrische Werte zu schätzen, so daß man statt k–1 Dummy-Variablen nur eine Variable benötigt. Die Kategorienwerte werden so geschätzt, daß die bivariate Korrelation zwischen dem optimal skalierten nominalen (Prädiktor-)Merkmal und einer Kriteriumsvariablen genau so hoch ist wie die multiple Korrelation zwischen den k–1 Dummy-Variablen und der Kriteriumsvariablen (man beachte allerdings die in diesem Zusammenhang auftretenden inferenzstatistischen Probleme). Ausführliche Informationen zu diesem Verfahren findet man z.B. bei Gifi (1990), Meulman (1992) oder Young (1981). Im SPSS-Programmpaket ist dieses Verfahren unter der Bezeichnung CATREG integriert und im SAS-Paket unter PROC.TRANSREG (MORALS). Als Anwendungsbeispiel sei eine Arbeit von Weber (2000) empfohlen, in der das Optimal Scaling im Kontext der Quantifizierung von Determinanten der Fernsehnutzung eingesetzt wird.

Die multiple Korrelation als Verfahren zur Überprüfung multivariater Zusammenhangshypothesen ist natürlich nicht nur einsetzbar, wenn eine komplexe Prädiktorvariable in Form mehrerer Teilindikatoren untersucht wird, sondern auch dann, wenn die Beziehung mehrerer Prädiktorvariablen mit jeweils spezifischen Inhalten zu einer Kriteriumsvariablen simultan erfaßt werden soll. Eine Untersuchung von Silbereisen (1977) überprüft beispielsweise die Hypothese, daß die Rollenübernahmefähigkeit von Kindern mit Merkmalen wie „Betreuung an Werktagen" „Erziehungsstil der Mutter", „Erwerbstätigkeit der Mutter", „Kindergartenbesuch", „Geschlecht der Kinder" usw. zusammenhängt. Natürlich hätte diese Hypothese auch in einzelne bivariate Zusammenhangshypothesen zerlegt und geprüft werden können. Abgesehen von inferenzstatistischen Schwierigkeiten (die wiederholte Durchführung von Signifikanztests erschwert die Kalkulation der Irrtumswahrscheinlichkeiten, vgl. Bortz et al., 2000, Kap. 2.2.11), übersieht dieser Ansatz, daß viele bivariate Zusammenhänge nicht den gleichen Informationswert haben wie ein entsprechender multivariater Zusammenhang. Die multiple Korrelation nutzt auch Kombinationswirkungen der Prädiktoren und ist deshalb höher als die bivariaten Zusammenhänge.

> **!** Eine *multiple Zusammenhangshypothese* behauptet, daß zwischen mehreren Prädiktorvariablen und einer Kriteriumsvariablen ein Zusammenhang besteht. Sie wird mit der multiplen Korrelation überprüft.

Kanonische Zusammenhänge: Gelegentlich ist es sinnvoll oder erforderlich, *zwei* Variablen-Komplexe, also mehrere Prädiktorvariablen und mehrere Kriteriumsvariablen, gleichzeitig miteinander in Beziehung zu setzen. Hypothesen über die Beziehungen zwischen zwei Variablensätzen werden *„kanonische Zusammenhangshypothesen"* genannt. Soll beispielsweise die Hypothese geprüft werden, das Wetter beeinflusse die Befindlichkeit des Menschen, wäre einer Studie, die nur ein Merkmal des Wetters (z.B. die Temperatur) mit einem Merkmal der Befindlichkeit (z.B. die Einschätzung der eigenen Leistungsfähigkeit) in Beziehung setzt (bivariate Zusammenhangshypothese, von vornherein wenig Erfolg beschieden. Das Wetter ist nur mit einem Merkmalskomplex sinnvoll beschreibbar, der seinerseits mit vielen, sich wechselseitig beeinflussenden Merkmalen der persönlichen Befindlichkeit zusammenhängen könnte.

Die Überprüfung dieses kanonischen Zusammenhanges (mehrere Prädiktoren und mehrere Kriterien) erfolgt mit der *kanonischen Korrelation* (vgl. z.B. Bortz, 1999, Kap. 19). Untersuchungstechnisch erfordet die Überprüfung dieser Hypothese die (multiple) Erfassung von Witterungsbedingungen und die (multivariate) Erfassung der Befindlichkeit von Personen, die diesen Witterungsbedingungen ausgesetzt sind. Generell ist die kanonische Korrelation als Auswertungstechnik indiziert, wenn von einer Stichprobe von Merkmalsträgern (z. B. Personen) Messungen auf mehreren Prädiktorvariablen und mehreren Kriteriumsvariablen vorliegen.

> ! Eine *kanonische Zusammenhangshypothese* behauptet, daß zwischen mehreren Prädiktorvariablen einerseits und mehreren Kriteriumsvariablen andererseits ein Zusammenhang besteht. Sie wird mit der kanonischen Korrelation überprüft.

Nominalskalierte Kriterien: Nicht selten interessieren Zusammenhangshypothesen, die ausschließlich nominale Merkmale, also nominalskalierte Prädiktoren (vgl. Tafel 47) und nominalskalierte Kriterien betreffen. Eine derartige Zusammenhangshypothese könnte z. B. behaupten, daß die Diagnose einer psychischen Krankheit (nominalskaliert: Schizophrenie, Depression, Paranoia etc.) von der sozialen Schicht des Patienten (nominalskaliert: Unterschicht, Mittelschicht, Oberschicht) und seiner Wohngegend (nominalskaliert: städtisch vs. ländlich) abhängt. Hypothesen dieser Art werden z. B. mit der *Konfigurationsfrequenzanalyse* (kurz: KFA; Krauth und Lienert, 1973; von Eye, 1990; Krauth, 1993) bzw., wenn auch die Kriteriumsvariable nach den in Tafel 47 genannten Richtlinien in Dummy-Variablen überführt werden, mit der multiplen bzw. kanonischen Korrelation überprüft. (Vgl. hierzu Bortz et al., 2000, Kap. 8.1 oder auch Bortz, 1999, S. 468 ff. bzw. Kap. 19.3.) Auswertungen mit log-linearen Modellen, die für Fragestellungen dieser Art ebenfalls geeignet sind, werden z. B. bei Andreß et al. (1997); Arminger (1982); Bishop et al. (1975) oder Langeheine (1980) beschrieben. (EDV-Programme für log-lineare Modelle findet man im Anhang D.) Ggf. ist auch der Einsatz des „Optimal Scaling" (vgl. S. 514) zu erwägen.

Bivariate und multivariate Zusammenhänge im Vergleich: Es wurde bereits erwähnt, daß multivariate Zusammenhänge die Bedeutung von Merkmalskombinationen mitberücksichtigen, die bei isolierter Betrachtung bivariater Zusammenhänge verlorengehen. Sie sagen damit mehr aus als die einzelnen bivariaten Zusammenhänge. Ein besonders eindrucksvolles, auf Nominaldaten bezogenes Beispiel hierfür stellt das sog. „Meehl'sche Paradoxon" dar (Meehl, 1950). Zur Veranschaulichung dieses klassischen Beispiels einer Kombinations-(Interaktions-)wirkung nehmen wir an, 200 Personen hätten drei Aufgaben zu lösen. Die Aufgaben können gelöst werden (+) oder nicht gelöst werden (–). Tabelle 37 zeigt die (fiktiven) Ergebnisse dieser Untersuchung.

Alle Personen, die Aufgabe 1 und 2 lösen, haben auch Aufgabe 3 gelöst. Aufgabe 3 wird aber auch von denjenigen gelöst, die die Aufgaben 1 und 2 nicht lösen. Umgekehrt hat jede Person, die nur eine Aufgabe löst (entweder Aufgabe 1 oder Aufgabe 2), Aufgabe 3 nicht gelöst. Damit läßt sich die Lösung oder Nichtlösung von Aufgabe 3 exakt vorhersagen: Personen, die von den Aufgaben 1 und 2 beide oder keine lösen, finden für die dritte Aufgabe die richtige Lösung. Wird von den Aufgaben 1 und 2 jedoch nur eine Aufgabe gelöst, bleibt die dritte Aufgabe ungelöst. Es besteht ein perfekter, multivariater Zusammenhang.

Betrachten wir hingegen nur jeweils zwei Aufgaben (Tabellen 37b, c und d), müssen wir feststellen, daß hier überhaupt keine Zusammenhänge bestehen. Die Tatsache, daß jemand z. B. Aufgabe 1 gelöst hat, sagt nichts über die Lösung oder Nichtlösung von Aufgabe 2 aus. Entsprechendes gilt für die übrigen Zweierkombinationen von Aufgaben. Alle bivariaten Zusammenhänge sind Null bzw. nicht vorhanden.

Ein weiteres (fiktives) Beispiel (nach Steyer, 1992, S.23 ff.): Es geht um die Evaluation eines Rehabilitationsprogrammes für entlassene Strafgefangene, mit dem Rückfälle bzw. neue Delikte vermieden oder doch zumindest reduziert werden sollen. Von 2000 Strafgefangenen nahmen 1000 am Reha-Programm teil. Tabelle 38a zeigt daß von diesen 1000 Strafgefangenen 500, also 50% rückfällig wurden, während von den 1000 nichtteilnehmenden Strafgefangenen lediglich 400, also 40% rückfällig wurden. Offenbar wirkt das Programm kontraproduktiv: durch die Teilnahme am Programm kommt es zu mehr Rückfällen als durch Verzicht bzw. Verweigerung der Teilnahme. Man sollte das Reha-Programm also einstellen.

516 Hypothesenprüfende Untersuchungen

Tabelle 37. Die Kombinations- (Interaktions-)Wirkung von Variablen. Das Meehl'sche Paradoxon

a

		Aufgabe 1			
		+		−	
		Aufgabe 2		Aufgabe 2	
		+	−	+	−
Aufgabe 3	+	50	0	0	50
	−	0	50	50	0

b

		Aufgabe 1	
		+	−
Aufgabe 2	+	50	50
	−	50	50

c

		Aufgabe 1	
		+	−
Aufgabe 3	+	50	50
	−	50	50

d

		Aufgabe 2	
		+	−
Aufgabe 3	+	50	50
	−	50	50

Nun wollen wir die bivariate Zusammenhangsanalyse durch Einführung eines dritten Merkmals (Geschlecht der Strafgefangenen) zu einer trivariaten Zusammenhangsanalyse erweitern. Der Einfachheit halber nehmen wir an, daß sich die Gesamtstichprobe zu gleichen Teilen aus Männern und Frauen zusammensetzt.

Tabelle 38b verdeutlicht den Zusammenhang von Teilnahme und Rückfälligkeit für die männlichen Strafgefangenen. Von den 750 teilnehmenden Männern wurden 450 rückfällig: das sind 60%. Nahmen die Männer nicht am Programm teil (250), wurden 175 rückfällig. Das sind 175 von 250 oder 70%. Verzicht auf das Programm erhöht bei Männern offensichtlich das Risiko eines Rückfalls, oder: die Teilnahme am Programm wird dringend empfohlen.

Betrachten wir schließlich die weiblichen Strafgefangenen in Tabelle 38c. Auch hier – wie bei den Männern – war das Programm erfolgreich, denn nur 20% der teilnehmenden Frauen wurden rückfällig gegenüber 30% der nichtteilnehmenden Frauen.

Die geschlechtsspezifischen Analysen zeigen also, daß das Reha-Programm das Rückfallrisiko sowohl bei Männern als auch bei Frauen reduziert. Fassen wir jedoch die Tabellen 38b und c zusammen, resultiert Tabelle 38a („Alle") mit dem paradoxen Ergebnis, daß das Reha-Programm das Rückfallrisiko erhöht statt es zu senken. Wie kann man diesen Widerspruch bzw. das sog. Simpson-Paradox erklären?

Die Erklärung ist darin zu sehen, daß die relativ hohe männliche Rückfallquote (60%) auf vielen teilnehmenden Männern basiert (750) und die relativ geringe weibliche Rückfallquote (20%) auf wenigen teilnehmenden Frauen (250). Die Merkmale „Geschlecht" und „Teilnahme" sind nicht voneinander unabhängig. Sie sind „konfundiert". In der Addition der männlichen und weiblichen Teilnehmer erhält die Rückfallquote der Männer ein 3faches Gewicht (750:250 = 3), was zu der gesamten Rückfälligkeitsquote von 50% führt: $(3 \cdot 60\% + 1 \cdot 20\%)/4 = 50\%$.

Umgekehrt erhalten bei den nichtteilnehmenden Personen die Frauen ein dreifaches Gewicht, d.h. deren relativ geringe Rückfallquote von 30% ist mit 3 und die hohe Rückfallquote der Männer mit 1 zu gewichten: $(1 \cdot 70\% + 3 \cdot 30\%)/4 = 40\%$. Dies führt in der Gesamtbilanz zum schlechten Abschneiden des Reha-Programms.

Man hätte natürlich auch argumentieren können, daß die teilnehmenden Frauen genauso zu gewichten seine wie die teilnehmenden Männer (etwa weil die Entwicklungskosten für das Reha-Programm pro teilnehmende Frau 3mal so hoch sind wie die Entwicklungskosten pro teilnehmendem Mann). In diesem Falle hätten die teilnehmenden Personen eine Rückfallquote von $(60\% + 20\%)/2 = 40\%$ und die nichtteilnehmenden Personen von $(70\% + 30\%)/2 = 50\%$. Jetzt würde also auch das Gesamtergebnis für das Reha-Programm sprechen.

Tabelle 38. Zur Wirksamkeit eines Rehabilitationsprogramms: das „Simpson-Paradox"

Rückfällig	Teilnahme		Gesamt
	Nein	Ja	
	a) Alle		
Ja	400 (40%)	500 (50%)	900
Nein	600	500	1100
(Gesamt)	1000	1000	2000
	b) nur Männer		
Ja	175 (70%)	450 (60%)	625
Nein	75	300	375
(Gesamt)	250	750	1000
	c) nur Frauen		
Ja	225 (30%)	50 (20%)	275
Nein	525	200	725
(Gesamt)	(750)	(250)	(1000)

Dieses Ergebnis hätte man auch erzielt, wenn aus ethischen und untersuchungstechnischen Gründen eine zufällige Zuweisung (Randomisierung) der Männer und Frauen auf die Untersuchungsbedingungen: „Teilnahme nein/ja" möglich gewesen wäre. Mit 500 teilnehmenden Männern und 500 teilnehmenden Frauen wären die Merkmale Geschlecht und Teilnahme voneinander unabhängig bzw. nicht konfundiert, so daß sich der Gesamteffekt additiv aus den geschlechtsspezifischen Effekten ergibt.

Übernehmen wir die Rückfallquoten aus den Tabellen 38b und c, resultieren nun für die teilnehmenden Personen 300 rückfällige Männer (60% von 500) und 100 rückfällige Frauen (20% von 500) bzw. insgesamt 400 rückfällige Personen bzw. 40%. Für die nichtteilnehmenden Personen lauten die entsprechenden Zahlen: 350 rückfällige Männer (70% von 500), 150 rückfällige Frauen (30% von 500), also insgesamt 500 Rückfälle bzw. 50%. Auch diese Vorgehensweise hätte also den Erfolg des Reha-Programmes bestätigt.

Weitere Informationen und Literatur zum Simpson-Paradox findet man bei Yarnold (1996):

Die Beispiele zeigen, daß bei der Überprüfung multivariater Hypothesen in Form einzelner bivariater Hypothesen entscheidende Informationen verloren gehen können – ein Befund, der nicht nur für nominale Merkmale gilt.

> **!** Die Überprüfung einer *multivariaten Zusammenhangshypothese* durch mehrere bivariate Korrelationen führt meistens zu Fehlinterpretationen.

Faktorielle Zusammenhänge: Eine weitere multivariate Zusammenhangshypothese behauptet, daß die wechselseitigen Zusammenhänge vieler Merkmale durch wenige, in der Regel voneinander unabhängige (orthogonale) *Dimensionen* oder *Faktoren* erklärbar sind. Ein Beispiel (nach Mulaik, 1975) soll diese Hypothesenart erläutern.

Untersucht wird ein aus 9 Items bestehender Selbsteinschätzungsfragebogen (vgl. Tabelle 39), der von einer Stichprobe beantwortet wurde. Es wird die Hypothese geprüft, daß diese Items die von Eysenck (1969) berichteten, voneinander unabhängigen Faktoren „Schlafschwierigkeiten", „Schlagfertigkeit" und „Sorglosigkeit" erfassen, bzw. daß die wechselseitigen Zusammenhänge (Interkorrelationen) der 9 Items auf diese drei Faktoren zurückzuführen sind.

Die faktoriellen Hypothesen besagen, daß die ersten 3 Items eindeutig und ausschließlich einem Faktor F I (Schlafschwierigkeiten), die Items 4–6 einem Faktor F II (Schlagfertigkeit) und die 3 letzten Items einem Faktor F III (Sorglosigkeit) zugeordnet sind. Die Hypothesenmatrix a in Tabelle 38 faßt diese faktoriellen Hypothesen symbolisch zusammen. Die hier wiedergegebenen

Zahlenwerte sind Korrelationen der Items (Variablen) mit den Faktoren, die man auch als *Faktorladungen* bezeichnet (vgl. S. 383).

Gegenüber der Hypothesenmatrix a ist die Hypothesenmatrix b weniger restriktiv. Hier wird nur behauptet, daß die Items mit denjenigen Faktoren, mit denen sie theoretisch nichts zu tun haben sollten, in keinem Zusammenhang stehen bzw. zu Null korrelieren. Über die Höhe des Zusammenhanges der Items mit den ihnen zugeordneten Faktoren wird keine Aussage gemacht.

Hypothesenmatrix c gibt eine konkrete, empirisch ermittelte Faktorenstruktur vor, die für männliche Personen errechnet wurde. Man könnte nun eine Hypothese formulieren, die behauptet, daß zwischen dieser, für männliche Personen ermittelten Faktorstruktur und der Faktorstruktur weiblicher Personen ein Zusammenhang besteht. Diese Zusammenhangshypothese wird mit einem *Faktorstrukturvergleich* überprüft.

Weitere Hypothesen dieser Art beziehen sich auf die Anzahl der Faktoren eines Variablensatzes bzw. darauf, welche Faktoren voneinander unabhängig (orthogonal) bzw. abhängig (oblique) sind. Die Überprüfung derartiger Hypothesen erfolgt mit der *konfirmativen Faktorenanalyse* bzw. mit *Strukturgleichungsmodellen* (s. S. 522 f.).

> **!** Die *Faktorenanalyse* bündelt die Variablen gemäß ihrer Interkorrelationen zu Faktoren. Man unterscheidet explorative Faktorenanalysen, die ohne Vorannahmen durchgeführt werden, von konfirmativen Faktorenanalysen, bei denen ein Faktorenladungsmuster als Hypothese vorgegeben wird.

Ausgangsmaterial für eine Faktorenanalyse ist typischerweise eine Matrix der Variableninterkorrelationen. Häufig jedoch sind es ausschließlich nominale Merkmale, die im Blickpunkt des Interesses stehen. Die Auszählung dieser Merkmale führt zu Häufigkeiten bzw. Kontigenztafeln, deren „faktorielle Struktur" mittels der sog. multiplen *Korrespondenzanalyse* (MCA, auch „Dual Scaling" oder „Additive Scoring" genannt) überprüft werden kann. Ziel der Korrespondenzanalyse ist es, die Kategorien von 2 oder mehr Merkmalen als Punkte in einem „Faktorenraum" mit möglichst wenigen Dimensionen abzubilden. Wenn man so will, ist die Korrespondenzanalyse also die „Faktorenanalyse" für kategoriale Daten (ausführlicher hierzu vgl. z.B. Clausen, 1998 oder Greenacre, 1993).

Kausale Zusammenhangshypothesen
Die Formulierung von Zusammenhangshypothesen leidet unter der Schwierigkeit, daß das deutschsprachige Vokabular (und nicht nur dieses) wenig

Tabelle 39. Hypothesenmatrizen für eine konfirmatorische Faktorenanalyse

		Matrix a)			Matrix b)			Matrix c)		
		F I	F II	F III	F I	F II	F III	F I	F II	F III
1.	Ich kann vor lauter Sorgen nicht schlafen.	+1	0	0	?	0	0	0,55	−0,13	0,17
2.	Ich kann schwer einschlafen.	+1	0	0	?	0	0	0,79	−0,16	−0,12
3.	Ich leide unter Schlaflosigkeit.	+1	0	0	?	0	0	0,99	0,15	−0,05
4.	Ich lasse nichts auf mir sitzen.	0	+1	0	0	?	0	0,35	0,94	0,02
5.	Ich bin immer schnell mit einer Antwort zur Hand.	0	+1	0	0	?	0	0,03	0,38	0,15
6.	Aus Streitgesprächen halte ich mich raus.	0	−1	0	0	?	0	−0,01	−0,82	0,17
7.	Ich bin ein rundum glücklicher Mensch.	0	0	+1	0	0	?	−0,05	0,02	0,91
8.	Ich führe ein sorgloses Dasein.	0	0	+1	0	0	?	−0,15	0,14	0,82
9.	Ich liebe Spontanentschlüsse.	0	0	+1	0	0	?	−0,03	0,13	0,46

Ausdrücke enthält, die einen schlichten Zusammenhang zweier oder mehrerer Merkmale, d. h. das Faktum, daß sich bei Veränderung eines Merkmals ein anderes Merkmal der Tendenz nach gleichsinnig oder gegenläufig verändert, treffend beschreiben. So liest man häufig im Zusammenhang mit der Interpretation von Korrelationen, daß ein Merkmal ein anderes „determiniert", „erklärt", „bedingt", „beeinflußt", daß ein Merkmal von einem anderen „abhängt" oder für ein anderes Merkmal „Bedeutung hat", daß sich ein Merkmal auf ein anderes „auswirkt" usw. Gegen den Gebrauch dieser Redewendungen aus sprachlichen Gründen ist sicherlich nichts einzuwenden, wenn dabei aus dem Kontext ersichtlich wird, daß Korrelationen nicht fälschlicherweise – wie die Ausdrücke es nachlegen – als kausale Zusammenhänge interpretiert werden.

> **!** *Korrelationen* **geben Auskunft über die Richtung und Enge eines Zusammenhangs, nicht jedoch über seine Ursachen. Die Prüfung kausaler Zusammenhangshypothesen kann – unter Anwendung diverser Zusatztechniken – stets nur annäherungsweise erfolgen.**

Kausalmodelle: Eine Korrelation sagt für sich genommen nichts über einen kausalen Zusammenhang aus. Abbildung 38 zeigt eine Auswahl von Kausalmodellen, die alle durch den Nachweis einer Korrelation r_{xy} bestätigt werden. Es erscheint jedoch fraglich, ob eines der hier dargestellten Kausalmodelle empirisch Bestand hat (s. u.); reale Ursachen-Wirkungsgefüge dürften in den Sozial- und Humanwissenschaften weitaus komplizierter sein, als Kausalbeziehungen, die sich mit 3 oder 4 Merkmalen theoretisch konstruieren lassen.

Kausale Hypothesen können allerdings durch nicht vorhandene Korrelationen widerlegt werden. (Diese theoretische Behauptung setzt praktisch voraus, daß das Ausbleiben einer Korrelation nicht durch Stichprobenselektionsfehler oder Meßfehler erklärt werden kann. Zudem meint „Korrelation" hier Zusammenhänge beliebiger Art, d. h. auch Korrelationen, die ein nicht-lineares Ursachen-Wirkungsgefüge modellieren.)

Wenn z. B. behauptet wird, übermäßiger Alkoholgenuß (X) reduziere die Lebenserwartung (Y) (Modell a in Abb. 38), ist diese Kausalhypothese widerlegt, wenn sich zwischen diesen Merkmalen keine irgendwie geartete Korrelation nachweisen läßt. Im umgekehrten Falle, wenn also Lebensdauer und durchschnittlicher Alkoholkonsum zusammenhängen, spricht dieses Ergebnis nicht gegen das behauptete Kausalmodell; es unterstützt aber gleichzeitig auch andere Kausalmodelle. Verwenden wir als Beispiele die in Abb. 38 veranschaulichten formalen Kausalmodelle b bis f, ließen sich diese wie folgt konkretisieren:

Modell b: Eine geringe Lebenserwartung verursacht erhöhten Alkoholkonsum.

Modell c: Erhöhter Alkoholkonsum macht depressiv und verdunkelt damit die Lebensperspektive. Diese Lebensunlust läßt erneut zur Flasche greifen.

Modell d: Durch höheren Alkoholkonsum wird man arbeitsunfähig und damit arm. Armut (Z) bedingt schlechte Ernährung, die das Leben verkürzt.

Modell e: Eine angeborene „Ich-Schwäche" erhöht die Anfälligkeit für lebensbedrohende Krankheiten und für Alkohol.

a) $\textcircled{x} \longrightarrow \textcircled{y}$
    x beeinflußt y

b) $\textcircled{x} \longleftarrow \textcircled{y}$
    y beeinflußt x

c) $\textcircled{x} \rightleftarrows \textcircled{y}$
    x und y beeinflussen sich wechselseitig

d) $\textcircled{x} \longrightarrow \textcircled{z} \longrightarrow \textcircled{y}$
    x beeinflußt eine dritte Variable z,
    die ihrerseits y beeinflußt

e) $\textcircled{x} \quad \textcircled{y}$
    $\nwarrow \nearrow$
    $\textcircled{z}$
    x und y werden durch eine Variable z
    beeinflußt

f) $\textcircled{x} \quad \textcircled{z} \longrightarrow \textcircled{y}$
    $\nwarrow$
    $\textcircled{w}$
    eine vierte Variable w beeinflußt y
    über z indirekt und x direkt

Abb. 38. Kausalmodelle und deren Stützung durch eine Korrelation

Modell f: Streß (W) verursacht Trinken und Rauchen (Z). Lebensverkürzend wirkt aber nur das Rauchen.

Die Beispiele sind bewußt unterschiedlich „glaubwürdig" gehalten. Ihre subjektive Glaubwürdigkeit resultiert aber nicht aus der Korrelation; diese unterstützt alle Kausalannahmen gleichermaßen. Es sind vielmehr subjektive Überzeugungen und Hintergrundwissen, die das eine oder andere Kausalmodell als plausibler erscheinen lassen. Eine Korrelationsstudie alleine (hier die Bestimmung der Korrelation zwischen Lebensdauer und Alkoholkonsum) differenziert diese Kausalmodelle nicht. (Eine Technik, mit der z.B. die Modelle d und e bei kategorialen Merkmalen differenziert werden können, wurde von v. Eye und Brandstätter, 1998, vorgeschlagen.)

> ! *Korrelationen* sind nicht geeignet, die Gültigkeit eines Kausalmodells nachzuweisen. Allerdings ist es möglich, durch Nullkorrelationen Kausalmodelle zu falsifizieren, da Kausalrelationen Korrelationen implizieren.

Korrelationsstudien haben damit nur eine geringe interne Validität und sind den in Abschnitt 8.2.4 zu behandelnden experimentellen und zum Teil auch quasiexperimentellen Plänen unterlegen. Dennoch haben sie in der empirischen Forschung eine wichtige Funktion: Sie gestatten es, ohne besonderen Untersuchungsaufwand bestimmte Kausalhypothesen von vornherein als äußerst unwahrscheinlich auszuschließen.

Kausalinterpretationen von Korrelationen sind – wenn überhaupt – nur inhaltlich bzw. logisch zu begründen. Ließe sich die Hypothese: „Zwischen Witterungsbedingungen und Befindlichkeit besteht ein Zusammenhang" korrelationsstatistisch bestätigen, würde wohl niemand auf die Idee kommen, damit das Kausalmodell: „Die Befindlichkeit beeinflußt das Wetter" bestätigt zu sehen. Unser Wissen über die Entstehung von Wetterverhältnissen läßt als Erklärung dieser Korrelation nur das Kausalmodell: „Wetter beeinflußt Befindlichkeit" zu oder bestenfalls Modelle vom Typus d in Abb. 38, nach denen das Wetter die Befindlichkeit indirekt beeinflußt. Wir favorisieren dieses Kausalmodell jedoch nicht wegen der Korrelation, sondern weil wir (mehr oder weniger) genau wissen, wie das Wetter entsteht bzw. weil wir sicher wissen, daß die menschliche Befindlichkeit das Wetter nicht beeinflußt.

Längsschnittstudien: Die Anzahl konkurrierender Kausalmodelle wird erheblich eingeschränkt, wenn die zu korrelierenden Merkmale zu unterschiedlichen Zeitpunkten erhoben werden, so daß man sicher sein kann, daß das später erhobene Merkmal das früher erhobene Merkmal nicht beeinflußt.

Korrelieren die an einer Stichprobe von Vorschulkindern erhobenen Testwerte eines Schulreifetests mit den späteren schulischen Leistungen derselben Kinder, scheidet die kausale Erklärungsalternative: „Die schulischen Leistungen beeinflussen die Ergebnisse im Vorschultest" aus. Der umgekehrte Erklärungsansatz, die schulischen Leistungen hingen von der Schulreife ab, ist mit dieser Korrelation jedoch keineswegs gesichert.

Die gleiche Korrelation wäre auch zu erwarten, wenn der Zusammenhang beider Merkmale auf ein drittes Merkmal (z.B. kognitive und sprachliche Förderung durch die Eltern im Vorschulalter und im Schulalter) zurückgeht (Modell e) oder wenn sich die Vorschultestergebnisse nur indirekt auf die schulischen Leistungen auswirken (z.B. über die Erwartungshaltungen der Lehrer, die Kinder mit guten Testergebnissen mehr fördern als Kinder mit schlechten Testergebnissen; Modell d). Dennoch kann man davon ausgehen, daß die interne Validität von Korrelationsstudien über zeitlich versetzt erhobene Merkmale (*Längsschnittuntersuchung*) in der Regel höher ist als die interne Validität von Korrelationsstudien, die die selben Merkmale zu einem Zeitpunkt prüfen (*Querschnittuntersuchung*).

In der zeitreihenanalytischen Forschung (vgl. S. 568 ff.) wird der Kausalitätsbegriff häufig durch das Konzept der Prognostizierbarkeit im Sinne der sog. *Wiener-Granger-Kausalität* ersetzt (vgl. Schmitz, 1989). Diese wird unterstützt, wenn die zukünftige Ausprägung einer Variablen ($Y(y_{t+1})$) um so besser vorhergesagt werden kann, je mehr frühere Ausprägungen einer Variablen ($X(x_t, x_{t-1}\ldots)$) berücksichtigt werden.

Cross-lagged Panel Design: Die Idee, daß konkurrierende Kausalmodelle in korrelativen Längsschnittuntersuchungen unterschiedliche Plausibilität aufweisen, wurde von Campbell (1963) bzw. Pelz und Andrews (1964) aufgegriffen und zu einem eigenständigen Untersuchungstyp ausgebaut: dem „Cross-lagged Panel Design". Abbildung 39 (nach Spector, 1981) verdeutlicht den Aufbau dieser Korrelationsstudie an einem Beispiel.

In diesem Beispiel konkurrieren die Kausalhypothesen „Die Bildung beeinflußt das Einkommen" und „Das Einkommen beeinflußt die Bildung". Hierzu wurde eine Stichprobe wiederholt bezüglich der Merkmale „Bildung" und „Einkommen" untersucht: einmal im Alter von 25 Jahren und ein anderes Mal im Alter von 50 Jahren. Damit ergeben sich sechs mögliche Korrelationen: Zwei Korrelationen eines jeden Merkmals mit sich selbst, gemessen zu zwei Zeitpunkten (Autokorrelationen), zwei Korrelationen zwischen den zwei verschiedenen, zeitversetzt gemessenen Merkmalen (verzögerte Kreuzkorrelationen) und zwei Korrelationen zwischen zwei verschiedenen, gleichzeitig gemessenen Merkmalen (synchrone Korrelationen). Die vier zuletzt genannten Korrelationen sind für die Entscheidung, welcher der beiden Kausalhypothesen der Vorzug zu geben sei, besonders wichtig.

Vertritt man die Hypothese, daß die Bildung das Einkommen bestimmt, das Einkommen jedoch die Bildung nur schwach beeinflußt, würde man zwischen der Bildung mit 25 Jahren und dem Einkommen mit 50 Jahren eine hohe und zwischen dem Einkommen mit 25 Jahren und der Bildung mit 50 Jahren eine niedrige Korrelation erwarten. Gleichzeitig müßten die Merkmale Bildung und Einkommen mit 50 Jahren höher korrelieren als mit 25 Jahren. Mit 25 Jahren konnte die Bildung das Einkommen erst wenig beeinflussen. Mit 50 Jahren hingegen ist das Einkommen „bildungsgemäß".

Diese Zahlenverhältnisse sind in Abb. 39 wiedergegeben. Die Untersuchung favorisiert also die Hypothese „Bildung beeinflußt das Einkommen" gegenüber der Hypothese „Das Einkommen beeinflußt die Bildung." Es muß jedoch betont werden, daß auch diese Untersuchungsart weitere kausale Erklärungen nicht ausschließt. Sie entscheidet „lediglich" über die relative Plausibilität von zwei konkurrierenden Kausalhypothesen.

Die interne Validität eines Cross-lagged Panel Designs läßt sich durch die Einbeziehung von mehr als zwei Meßpunkten erhöhen. Hierüber und über weitere Modifikationen dieses Untersuchungstyps berichten z.B. Cook und Campbell (1976) sowie Kenny und Harackiewicz (1979). (Zur Kritik vgl. Rogosa, 1980, 1995.)

Lag Sequential Analysis: In diesem Zusammenhang sei auf ein weiteres Verfahren hingewiesen, das unter der Bezeichnung „Lag Sequential Analysis" bekannt wurde. Hierbei handelt es sich um eine explorative Analyse dyadischer Interaktionsprozesse mit dem Ziel, die wechselseitige Bestimmtheit zweier aufeinander bezogener Verhaltenssequenzen zu quantifizieren (z.B. Analyse von Vater-Kind-Interaktionen; Interaktionsprozesse zwischen Ehepartnern oder die wechselseitige Abhängigkeit der Aktionen zweier Tennisspieler). Literatur und Auswertungstechniken zu diesem Verfahren findet man bei Farone und Dorfman (1987) oder Schmitz et al. (1985).

Pfadanalyse: Die Widerlegung komplexer Kausalmodelle ermöglicht ein Verfahren, dessen Grundzüge auf Wright (1921) zurückgehen und das heute unter der Bezeichnung *Pfadanalyse* bekannt ist (vgl. z.B. Bentler, 1980; Blalock, 1971; Weede, 1970). Ein Kausalmodell, das Gegenstand einer pfadanalytischen Untersuchung sein könnte, zeigt Abb. 40 (nach Spaeth, 1975).

Die hier wiedergegebenen Kausalhypothesen lassen sich verkürzt folgendermaßen formulieren: Es geht darum, die Höhe des Einkommens männlicher Personen zu erklären. Es wird behauptet, dieses sei von der Ausbildung und dem Beruf der Person sowie dem Beruf des Vaters abhängig. Die

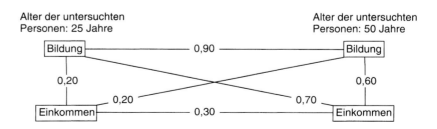

Abb. 39. Cross-lagged Panel Design

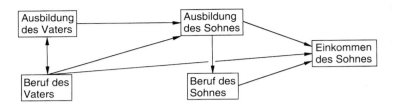

Abb. 40. Beispiel für ein pfadanalytisches Kausalmodell

Ausbildung des Sohnes, die ihrerseits von der Ausbildung und dem Beruf des Vaters abhängt, beeinflußt den Beruf des Sohnes etc.

Wir wollen auf die einzelnen Schritte einer pfadanalytischen Überprüfung dieses Modells verzichten und uns damit begnügen, einen wichtigen Grundgedanken dieses Ansatzes an den Modellen der Abb. 38 zu verdeutlichen (ausführlicher hierzu vgl. etwa Bortz, 1999, Kap. 13.3).

Trivialerweise sind alle in Abb. 38 aufgeführten Modelle widerlegt, wenn die Korrelation der Merkmale X und Y unbedeutend ist. Korrelieren diese Merkmale jedoch substantiell, können alle sechs Modelle (und weitere, in Abb. 38 nicht wiedergegebene Modelle) richtig sein. Eine Differenzierung zwischen den Modellen allein aufgrund einer substantiellen Korrelation r_{xy} ist nicht möglich.

Bei substantieller Korrelation r_{xy} scheiden jedoch die Modelle d und e aus, wenn die Partialkorrelation $r_{xy \cdot z}$ (die Korrelation zwischen X und Y, aus der Z herauspartialisiert wurde; vgl. S. 511 ff.) gegenüber der Korrelation r_{xy} praktisch unverändert ist. Sie gelten als vorläufig bestätigt, wenn $r_{xy \cdot z}$ unbedeutend wird. Dies heißt gleichzeitig, daß dann auch die Modelle a, b und c ausscheiden.

Im Widerspruch zu Modell f steht entweder eine bedeutende Partialkorrelation $r_{xz \cdot w}$ (bei gleichzeitig hoher Korrelation r_{xz}) und/oder eine bedeutende Partialkorrelation $r_{xy \cdot z}$. Dieses Modell wird unterstützt, wenn sowohl das Herauspartialisieren von W aus r_{xz} als auch das Herauspartialisieren von Z aus r_{xy} die Korrelation r_{xz} resp. r_{xy} nicht verändern. Man bedenke jedoch, daß diese Korrelationskonstellation z.B. auch ein Modell bestätigen würde, bei dem Z durch Y und W durch Z kausal beeinflußt werden, also ein Modell, bei dem in Abb. 38 (Modell f)die Pfeilrichtungen zwischen Z und Y bzw. W und Z umgekehrt sind.

Erneut zeigt sich also, daß Kausalhypothesen korrelationsstatistisch (und damit auch pfadanaly-tisch) zu widerlegen, aber nicht eindeutig zu bestätigen sind. Stehen die empirischen Korrelationen zu einem Kausalmodell nicht im Widerspruch, heißt dies nicht, daß dieses Kausalmodell tatsächlich der Realität entspricht. Dieser Schluß wäre nur zulässig, wenn sich die korrelativen Zusammenhänge durch keine weiteren Kausalmodelle erklären ließen. Wie man sich jedoch leicht anhand Abb. 38 überzeugen kann (indem man z.B. die Pfeilrichtungen ändert oder neue Pfeile einfügt), lassen sich zu einem Korrelationsgefüge mühelos mehrere Kausalmodelle konstruieren, über deren relative Plausibilität die Korrelationen allein nichts aussagen. (Ein eindrucksvolles Beispiel für eine Fehlinterpretation eines pfadanalytischen Ergebnisses findet man bei Stelzl, 1982, Kap. 9.3.3.)

Neben der Tatsache, daß auch die Widerlegung eines Kausalmodells Erkenntnisfortschritt bedeutet (vgl. Abschnitt 1.2.2), verbindet sich mit pfadanalytischen Ansätzen der Vorteil, daß sie – anders als einfache Korrelationsstudien – den Untersuchenden dazu zwingen, sich über Ursache-Wirkungs-Sequenzen Gedanken zu machen bzw. kausale Modelle zu konstruieren. Prüfungstechnisch kann man die Pfadanalyse als einen Vortest ansehen, der relativ einfach durchzuführen ist und den man häufig einsetzt, bevor man – wenn dies möglich ist – eine Kausalhypothese gezielt mit Untersuchungen überprüft, die eine höhere interne Validität aufweisen als Zusammenhangsanalysen (vgl. Abschnitt 8.2.4).

Lineare Strukturgleichungsmodelle: Weiterentwicklungen der Pfadanalyse überprüfen nicht nur Annahmen bezüglich der wechselseitigen Kausalbeziehungen der untersuchten Merkmale, sondern zusätzlich Hypothesen, die sich auf latente, nicht direkt beobachtbare Merkmale (vgl. S. 7) bzw. deren Beziehungen untereinander und zu den untersuchten Merkmalen beziehen.

Eine kurze Einführung in die Terminologie und das methodische Vorgehen dieser sog. linearen Strukturgleichungsmodelle findet man bei Bortz (1999, Kap. 13.3) und ausführlichere Informationen z. B. bei Bollen (1989); Jöreskog (1970, 1982); Jöreskog und Sörbom (1993); Hayduck (1989); Möbus und Schneider (1986); Pfeifer und Schmidt (1987); Revenstorf (1980); Rietz et al. (1996) sowie Weede und Jagodzinski (1977). Die bekanntesten Computerprogramme sind das auf Jöreskog und Sörbom (1989) zurückgehende Programmpaket LISREL, EQS von Bentler (1989) sowie AMOS von Arbuckle (1999).

Wie die Pfadanalyse erfordert auch das LISREL-Programm, daß sich der Benutzer vor Untersuchungsbeginn sehr genau überlegt, zwischen welchen Variablen bzw. Konstrukten kausale Beziehungen oder kausale Wirkketten bestehen könnten. Der LISREL-Ansatz gestattet es jedoch nicht, Kausalität nachzuweisen oder gar zu „beweisen". Dies geht zum einen daraus hervor, daß sich – wie bei der Pfadanalyse – immer mehrere, häufig sehr unterschiedliche Kausalmodelle finden lassen, die mit ein und demselben Satz empirischer Korrelationen in Einklang stehen (vgl. MacCallum et al., 1993). Zum anderen sind die Modelltests so geartet, daß lediglich gezeigt werden kann, daß ein geprüftes Modell *nicht* mit der Realität übereinstimmt, daß es also falsifiziert werden muß. In diesem Sinne sind auch die Pfadkoeffizienten zu interpretieren: Sie geben die relative Stärke von Kausaleffekten an, wenn das Kausalmodell zutrifft.

Kausale Mikro-Mediatoren: Wenn eine Untersuchung zeigt, daß eine Maßnahme oder ein Treatment wirkt, ist damit keineswegs geklärt, was die tatsächlichen Wirkmechanismen waren, die beim Individuum das erwartete Verhalten auslösten. Die Dekomposition globaler Wirkprozesse in „kausale Mikro-Mediatoren" kann hier Abhilfe schaffen und die Überprüfung kausaler Hypothesen erheblich präzisieren. Man versucht hierbei – z. B. durch qualitative Interviews (vgl. S. 308 ff.) – die eigentlichen, vom Individuum erlebten Ursachen des (vermeintlich) durch das Treatment ausgelösten Verhaltens zu ergründen. Hat man derartige Mikro-Mediatoren ausfindig gemacht, können Fragen nach der Generalisierbarkeit des kausalen Effektes (unter welchen Umständen ist damit zu rechnen, daß das Individu-

um ähnlich reagiert wie in der konkreten Untersuchung?) sehr viel leichter beantwortet werden.

Cook und Shadish (1994) berichten in diesem Zusammenhang über einen öffentlich begangenen Mord, der von vielen Schaulustigen tatenlos hingenommen wurde; sie erklären dieses Phänomen mit dem von Latane und Darley (1970) eingeführten Konzept der Verantwortungsdiffusion (Diffusion of Responsibility): Keiner hilft, weil alle denken, andere müßten helfen. Diese kausale Erklärung, die aus einer genauen Analyse dessen hervorging, was die Schaulustigen beim Anblick der Tat dachten und erlebten, erwies sich als kausaler Mikromediator für unterlassene Hilfeleistungen in vielen vergleichbaren Situationen als sehr tragfähig. Weitere Informationen zu dieser Thematik findet man bei Shadish (1996).

Metaanalyse: Für die Stützung einer Kausalhypothese bzw. zur Klärung der Frage, inwieweit eine kausale Beziehung generalisierbar ist, sind wiederholte Prüfungen der gleichen Kausalhypothese von großem Wert. Da Replikationen eine prototypische Untersuchung niemals deckungsgleich nachstellen können (andere Untersuchungsteilnehmer, anderer Untersuchungszeitpunkt, ggf. modifizierte Untersuchungsbedingungen), erfährt man aus den Ergebnissen vergleichbarer Untersuchungen, wie stark der geprüfte Kausaleffekt ist, bei welchen Subgruppen oder Untersuchungsbedingungen er auftritt bzw. auch, in welcher Weise seine Generalisierung eingeschränkt ist.

Ein Verfahren, das diese Überlegungen konkret umsetzt, ist die Metaanalyse. (Einzelheiten hierzu siehe Cook, 1991, oder Cook et al., 1992.) Wir werden über dieses Verfahren in Abschnitt 9.4 ausführlicher berichten.

Hinweis: Weitere Informationen zur Überprüfung kausaler Hypothesen findet man z. B. bei van Koolwijk und Wieken-Mayser (1986) sowie McKim und Turner (1997). Über formale Randbedingungen, die erfüllt sein müssen, um Regressionsmodelle kausal interpretieren zu können, berichtet Steyer (1992).

Zusammenfassende Bewertung

Im folgenden sollen die verschiedenen Untersuchungsvarianten zur Überprüfung von Zusammenhangshypothesen summarisch bewertet werden.

Querschnittliche Interdependenzanalysen haben primär die Aufgabe, vermutete Gemeinsamkeiten zwischen Merkmalen statistisch abzusichern. Solange keine Kausalinterpretationen intendiert sind, stellt dieser einfach zu realisierende Untersuchungstyp ein wirksames Instrument dar, das Beziehungsgefüge der für ein Untersuchungsfeld relevanten Merkmale zu beschreiben.

Da nur zu *einem* Zeitpunkt untersucht wird, ist die interne Validität durch zeitabhängige Störfaktoren (externe zeitliche Einflüsse, Reifungsprozesse, statistische Regressionseffekte und experimentelle Mortalität; vgl. S. 504) nicht gefährdet. Man beachte jedoch, daß die zeitliche Generalisierbarkeit bei jeder Querschnittstudie zu problematisieren ist, was zu Lasten der externen Validität geht.

Die Ergebnisse einer querschnittlichen Interdependenzanalyse lassen sich nur dann kausal interpretieren, wenn inhaltliche Überlegungen eine logische Unterscheidung von unabhängigen und abhängigen Merkmalen (bzw. Prädiktor- und Kriteriumsvariable) rechtfertigen. Mit multivariaten Untersuchungen wird der relative Erklärungswert mehrerer Prädiktorvariablen für eine (oder mehrere) Kriteriumsvariablen bestimmt. Die statistische Neutralisierung der Wirkung von Kontrollvariablen (Partialkorrelation) stellt eine weitere Technik zur Erhöhung der internen Validität korrelativer Studien dar.

Ob ein komplexes Modell über Ursache-Wirkungs-Sequenzen zwischen mehreren Merkmalen die Realität angemessen beschreibt, läßt sich mit der Pfadanalyse überprüfen. Werden in derartigen Modellen auch latente Merkmale integriert, erfolgt die Überprüfung über lineare Strukturgleichungsmodelle. Man beachte jedoch, daß diese Ansätze nicht geeignet sind, kausale Modelle zu „beweisen". Solange sich für ein empirisches Korrelationsgeflecht mehrere Kausalmodelle finden lassen, ist die interne Validität der mit diesen Auswertungen verbundenen Aussagen deutlich eingeschränkt.

Die interne Validität im Sinne einer Kausalaussage läßt sich erheblich steigern, wenn bivariate oder multivariate Zusammenhangsanalysen längsschnittliche Elemente aufweisen, denn Vergangenes kann niemals die Folge von Zukünftigem sein. Längsschnittlich festgestellte Korrelationen zwischen Prädiktoren und Kriterien (z.B. im Kontext eines Cross-lagged-Panel-Designs) haben deshalb einen höheren Aussagegehalt als querschnittliche Korrelationen. Dies setzt allerdings voraus, daß Störfaktoren wie externe zeitliche Einflüsse, Reifungsprozesse der Untersuchungsteilnehmer, Testübung oder experimentelle Mortalität untersuchungstechnisch bzw. statistisch kontrolliert werden.

Bezogen auf die externe Validität der hier behandelten Untersuchungsvarianten ist anzumerken, daß die Ergebnisse – wie bei allen empirischen Untersuchungen – nur auf Zeitpunkte, Situationen und Objekte generalisierbar sind, die mit den in der Untersuchung realisierten Bedingungen vergleichbar sind.

> **!** Die *interne Validität von Interdependenzanalysen* ist meistens gering. Sie läßt sich durch folgende Maßnahmen erhöhen:
> - zeitversetzte Messungen von Prädiktor- und Kriteriumsvariablen (z.B. Cross Lagged Panel Design),
> - Neutralisierung der Wirkung von Kontroll- oder Störvariablen (Partialkorrelation),
> - Detailanalysen von Wirkungspfaden in komplexen Kausalmodellen (Pfadanalyse, Strukturgleichungsmodelle).

8.2.4
Unterschiedshypothesen

Fragen wie „Hat diese Maßnahme eine Wirkung?" oder „Welchen Effekt löst diese Behandlung aus?" werden in der Grundlagen- und Evaluationsforschung häufig gestellt. Eine Strategie, derartige Fragen zu untersuchen, wäre genauso naheliegend wie falsch: Man führt die Maßnahme ein bzw. die Behandlung durch (wir wollen im folgenden die hierfür übliche, englischsprachige Bezeichnung *Treatment* übernehmen) und prüft deren Auswirkungen bei den betroffenen Personen. Diese Vorgehensweise (bzw. Varianten hiervon, vgl. Tafel 5) führt zu uneindeutigen Ergebnissen, denn man kann niemals sicher sein, ob die registrierten Effekte nicht auf andere Ursachen als das Treatment zurückgehen bzw. ob die vermeintliche Treatmentwirkung auch ohne das eigentliche Treatment eingetreten wäre. Allgemein formuliert lassen die Ergebnisse viele Interpretationen zu, d.h. derartige „Ein-Gruppen-Pläne" (One Shot Case Studies) sind durch eine geringe interne Validität gekennzeichnet.

Dieses Teilkapitel befaßt sich mit Untersuchungsplänen, welche die eingangs gestellten Forschungsfragen präziser bzw. eindeutiger beantworten. Charakteristisch für diese Untersuchungspläne ist der Vergleich zweier (oder mehrerer) Stichproben, die sich in bezug auf eine (oder mehrere) unabhängige Variable(n) unterscheiden. Im einfachsten Fall, der auf viele Varianten derartiger Forschungsfragen anwendbar ist, hat man nur eine unabhängige Variable mit zwei Stufen: behandelt vs. nicht behandelt. Die Untersuchung liefe damit auf den Vergleich zweier Gruppen, nämlich einer behandelten „Treatmentgruppe" und einer nicht behandelten „Kontrollgruppe" hinaus. Unterscheiden sich diese beiden Gruppen in bezug auf eine abhängige Variable, ist damit eine Treatmentwirkung sehr viel besser belegt als mit einem „Ein-Gruppen-Plan".

> **!** Hypothesen, die sich auf die Wirksamkeit einer Maßnahme oder eines Treatments beziehen, sollten als Unterschiedshypothesen (bzw. Veränderungshypothesen; vgl. Abschnitt 8.2.5) formuliert werden.

Unterschiedshypothesen können auf vielfältige Weise geprüft werden. Wir behandeln im folgenden Zwei-Gruppen-Pläne, Mehr-Gruppen-Pläne, faktorielle Pläne, hierarchische Pläne, quadratische Pläne, Pläne mit Kontrollvariablen sowie multivariate Pläne. Erneut stehen untersuchungstechnische Fragen und nicht auswertungstechnische Details im Vordergrund, d.h. bezüglich der statistischen Auswertung werden wir uns auch in diesem Teilkapitel mit Hinweisen auf einschlägige Verfahren begnügen, die im Anhang B näher erläutert werden. Diese Verfahren setzen in der Regel intervallskalierte Daten voraus.

Kontrolltechniken

Wir beginnen dieses Teilkapitel mit einigen Bemerkungen zu Kontrolltechniken, die bei allen später behandelten Untersuchungsplänen zur Erhöhung der internen Validität beitragen. Diese Kontrolltechniken beziehen sich auf personengebundene und untersuchungsbedingte Störvariablen.

Die Schlußfolgerung, der Unterschied zwischen einer Experimental- und einer Kontrollgruppe repräsentiere Treatmenteffekte, ist nur zulässig, wenn gewährleistet ist, daß die Stichproben vor der Untersuchung in bezug auf alle untersuchungsrelevanten Merkmale vergleichbar bzw. äquivalent sind. Wie diese Äquivalenz untersuchungstechnisch herzustellen ist, wird im folgenden behandelt.

Kontrolle personengebundener Störvariablen: Die interne Validität einer experimentellen Untersuchung ist gefährdet, wenn sich die Untersuchungsteilnehmer der einen Stichprobe von den Untersuchungsteilnehmern der anderen Stichprobe(n) nicht nur bezüglich der unabhängigen Variablen, sondern auch in bezug auf weitere, mit der abhängigen Variablen zusammenhängende Merkmale unterscheiden. Wir wollen diese Merkmale personengebundene Störvariablen nennen.

- *Randomisierung:* Die wichtigste Technik zur Kontrolle personengebundener Störvariablen ist die bereits auf S. 57 f. eingeführte Randomisierung. Sie zielt durch die zufällige Zuweisung der Untersuchungsteilnehmer zu den Untersuchungsbedingungen darauf ab, Experimental- und Kontrollgruppe im Wege des statistischen Fehlerausgleichs vergleichbar bzw. äquivalent zu machen. Diese Technik sorgt für Äquivalenz bezüglich *aller* personengebundenen Störvariablen, also auch bezüglich solcher Variablen, die noch nicht als Störvariablen identifiziert wurden. Äquivalenz ist umso mehr sichergestellt, je größer die zu vergleichenden Stichproben sind (Empfehlung: mindestens 20 Untersuchungsteilnehmer pro Experimental- und Kontrollgruppe).
- *Grenzen der Randomisierung:* Die Randomisierung setzt voraus, daß das Treatment vom Untersuchungsleiter „gesetzt" werden kann bzw. daß die Untersuchungsbedingungen – wie bei *experimentellen Untersuchungen* – vom Untersuchungsleiter willkürlich manipulierbar sind. Viele sozial- bzw. humanwissenschaftliche „Treatments" entziehen sich jedoch einer künstlichen Manipulation, obwohl sie existent sind und durchaus wirksam sein können. Diesbezügliche Probleme dürften z.B. die Hypothesen bereiten, daß der Erfolg einer Behandlung davon abhängt, ob Krankenhauspatienten in einem Einzelzimmer oder in einem Mehrbettzimmer behandelt werden, daß die Integrationsaussichten für ausländische Kinder dadurch bestimmt sind, daß sie mit deutschen Kindern zusammen oder in „Spezialeinrichtungen" ausgebildet werden, daß Menschen katholischen

Glaubens eine andere Einstellung zur Abtreibung haben als Menschen, die keiner Kirche angehören etc. Die Effekte der hier angesprochenen „Treatments" experimentell überprüfen zu wollen, hieße, Patienten zufällig entweder in einem Einzelzimmer oder in einem Mehrbettzimmer zu behandeln, ausländische Kinder zufällig entweder mit deutschen Kindern zusammen oder „unter sich" auszubilden, Menschen willkürlich katholisch oder konfessionslos sein zu lassen – Manipulationen, deren Bewertungen von „ethisch bedenklich" bis „unmöglich" reichen.

> **!** Die beste Möglichkeit, personengebundene Störvariablen zu kontrollieren, besteht in der *Randomisierung* (d.h. in der zufälligen Zuordnung von Personen zu Untersuchungsbedingungen). Auf diese Weise werden auch Störvariblen neutralisiert, die man im Vorfeld gar nicht benennen könnte. Experimentelle Untersuchungen arbeiten stets mit Randomisierung.

Viele Fragestellungen beziehen sich auf Unterschiede zwischen bereits existierenden Teilpopulationen, die man real antrifft. Der für diese Unterschiedshypothesen einschlägige Untersuchungstyp ist formal durch eine unabhängige Variable gekennzeichnet, deren Stufen den zu vergleichenden Teilpopulationen entsprechen (Einzelzimmerpatienten vs. Mehrbettzimmerpatienten, integrierte Ausbildung vs. isolierte Ausbildung von Ausländerkindern, katholisch vs. konfessionslos etc.). Diese Untersuchungsart muß auf eine Randomisierung der Untersuchungsteilnehmer verzichten, denn deren Zuordnung zu den Stufen der unabhängigen Variablen ist vorgegeben bzw. nicht beliebig manipulierbar. Die Auswahl der Untersuchungsteilnehmer aus den jeweils zu vergleichenden Teilpopulationen erfolgt hingegen auch hier zufällig. Untersuchungen mit diesen Charakteristika bezeichneten wir in Anlehnung an Campbell und Stanley (1963a, b) auf S. 57f. als *quasiexperimentelle Untersuchungen*.

> **!** Werden mehrere Gruppen untersucht, die nicht durch Randomisierung hergestellt werden, sondern in ihrer „natürlichen" Zusammensetzung vorliegen, so spricht man von einer *quasiexperimentellen Untersuchung*. In quasiexperimentellen Untersuchungen müssen besondere Maßnahmen ergriffen werden, um personengebundene Störvariablen zu kontrollieren.

Nehmen wir einmal an, quasiexperimentelle Untersuchungen hätten gezeigt, daß Patienten in Einzelzimmern schneller gesunden als in Mehrbettzimmern, daß ausländische Kinder, die in gemischten Klassen ausgebildet werden, sich leichter integrieren als ausländische Kinder in separaten Schulklassen, daß Katholiken die Abtreibung negativer bewerten als Konfessionslose etc. Sind damit Aussagen zu rechtfertigen, die Unterschiede bzgl. der abhängigen Variablen seien auf die unabhängige Variable kausal zurückzuführen?

Diese Frage zielt auf einen wichtigen Schwachpunkt quasiexperimenteller Untersuchungen. Ihre Ergebnisse sind nicht so zwingend interpretierbar wie die Ergebnisse rein experimenteller Untersuchungen. Bezogen auf die drei genannten Beispiele lassen sich mühelos zahlreiche Alternativerklärungen der berichteten Befunde nennen. Vielleicht ist der Heilerfolg von Krankenhauspatienten von der Anzahl der Betten, die sich in ihrem Krankenzimmer befinden, völlig unabhängig. Für den Heilerfolg ausschlaggebend könnte vielmehr sein, daß Einzelzimmer im Unterschied zu Mehrbettzimmern sonnig sind und den Blick ins Grüne freigeben, daß Patienten dieser Zimmerkategorie eine bessere ärztliche Betreuung erfahren, daß diese Patienten eine andere Einstellung zu ihrer Krankheit haben als Patienten in Mehrbettzimmern etc. Auch die Integrationsaussichten ausländischer Kinder brauchen nichts damit zu tun haben, in welchen Klassen sie unterrichtet werden. Entscheidend hierfür könnten die Qualität des Lehrers sein, die Förderung der Kinder durch die Eltern oder die Sprachkenntnisse, die die Kinder schon vor Schulbeginn erwarben. Schließlich muß auch – im dritten Beispiel – die Aussage, Konfessionslosigkeit begünstige eine liberale Einstellung zur Abtreibung, keineswegs schlüssig sein. Nicht die Tatsache, ob jemand katholischen Glaubens oder konfessionslos ist, determiniert die Einstellung zur Abtreibung, sondern z.B. der Wunsch nach persönlicher Unabhängigkeit (der bei Konfessionslosen stärker ausgeprägt sein könnte).

Ähnlich wie bei Korrelationsstudien (die manche Autoren ebenfalls zu den quasiexperimentellen Untersuchungen zählen) sind auch die Ergebnisse quasiexperimenteller Untersuchungen mehrdeutig interpretierbar. Dies ist in erster Linie eine Konsequenz des notwendigen Verzichts auf die

Randomisierung. Dadurch, daß die Zuordnung der Untersuchungsteilnehmer zu den Stufen der unabhängigen Variablen vorgegeben, also nicht willkürlich manipulierbar ist, muß damit gerechnet werden, daß die unabhängige Variable mit weiteren Variablen, die die abhängige Variable ebenfalls beeinflussen, *konfundiert* bzw. überlagert ist, so daß letztlich nicht entschieden werden kann, welche Variablen für die Unterschiede in der abhängigen Variablen verantwortlich sind. Anders als im Experiment unterscheiden sich die Untersuchungsgruppen eben nicht nur in bezug auf eine unabhängige Variable, sondern möglicherweise in bezug auf viele weitere Variablen, so daß es offen bleiben muß, welche Variable(n) die registrierten Effekte tatsächlich bewirkten. Die Ergebnisse von quasiexperimentellen Untersuchungen lassen mehr Erklärungsalternativen zu als die Ergebnisse reiner experimenteller Untersuchungen, d.h. sie haben eine geringere interne Validität als experimentelle Untersuchungen.

Falls eine Randomisierung nicht möglich ist, stehen für die Kontrolle personengebundener Störvariablen in quasiexperimentellen Untersuchungen folgende Techniken zur Verfügung:

- *Konstanthalten:* Personengebundene Störvariablen beeinflussen die Unterschiedlichkeit von Vergleichsgruppen nicht, wenn sie konstantgehalten werden. Durch das Konstanthalten von Störvariablen verringert sich jedoch die externe Validität.

  Eine Untersuchung vergleicht beispielsweise das Abstraktionsvermögen (abhängige Variable) von Physikern und Informatikern (unabhängige Variable). Man befürchtet, daß die individuelle Berufserfahrung die abhängige Variable ebenfalls beeinflussen könnte und daß sich in der Zufallsstichprobe der Informatiker durchschnittlich Personen mit mehr Erfahrung befinden als in der anderen Stichprobe. Es wird deshalb entschieden, nur Personen zu untersuchen, die sich in ihrem ersten Berufsjahr befinden.

- *Parallelisierung:* Der Einfluß von personengebundenen Störvariablen wird irrelevant, wenn die Störvariablen in allen Vergleichsgruppen ähnlich ausgeprägt sind. Man erreicht dies durch Parallelisierung der Vergleichsgruppen in bezug auf die Störvariablen. Die Vergleichsgruppen sind parallel, wenn sie hinsichtlich der Stör-

variablen annähernd gleiche Mittelwerte und Streuungen aufweisen. Die Parallelisierung geht häufig zu Lasten externer Validität.

Die Untersuchung des Abstraktionsvermögens der o.g. Berufsgruppen führt zu eindeutigeren Resultaten, wenn man dafür Sorge trägt, daß sich die beiden Vergleichsgruppen im Durchschnitt ähnlich lange im Beruf befinden und daß die Anzahl der Berufsjahre in beiden Gruppen annähernd gleich streut. Hierbei müßte man allerdings in Kauf nehmen, daß diejenige Stichprobe, die auf die Altersverteilung der anderen Stichprobe abgestimmt wurde, ihre entsprechende Population nicht mehr richtig repräsentiert.

- *Matched Samples:* Vor allem bei kleineren Stichproben (nicht mehr als ca. 20 Untersuchungsteilnehmer pro Vergleichsgruppe) wendet man statt der Parallelisierung nach Mittelwert und Streuung häufig ein Verfahren an, bei dem die Untersuchungsteilnehmer der Stichproben einander paarweise (bei zwei Vergleichsgruppen) in bezug auf das oder die zu kontrollierenden Störvariablen zugeordnet werden. Für diesen Vorgang übernehmen wir den englischsprachigen Ausdruck „Matching" (Matched Samples).

  Zur Verdeutlichung dieser Technik greifen wir erneut den Vergleich isoliert bzw. integriert unterrichteter Kiner aus Immigrantenfamilien auf. Will man verhindern, daß die unabhängige Variable „isoliert vs. integriert" durch die Störvariablen „Sprachkenntnisse" und „Betreuung durch die Eltern" überlagert ist, würde man nach dem Matching-Verfahren wie folgt vorgehen: Jedem Schüler der ersten Stichprobe wird ein Schüler der zweiten Stichprobe zugeordnet, der in bezug auf die Merkmale „Sprachkenntnisse" und „Betreuung durch die Eltern" ungefähr die gleichen Werte aufweist wie der Schüler der ersten Stichprobe. So entstehen zwei (oder bei entsprechender Erweiterung des Verfahrens auch mehrere) Stichproben, die in bezug auf die genannten Störvariablen (weitgehend) identisch sind, d.h. diese Merkmale kommen als Ursachen für mögliche Unterschiede in der abhängigen Variablen nicht in Betracht.

  Erfolgt das Matching in bezug auf mehrere Störvariablen, kann es gelegentlich Schwierigkeiten bereiten, für einzelne Untersuchungsteilnehmer der einen Stichprobe „passende Partner" in der anderen Stichprobe zu finden. Die Zufälligkeit dieser Stichprobe ist dann nicht mehr gegeben, d.h. die externe Validität wird eingeschränkt.

- *Mehrfaktorielle Pläne*: Die Bedeutung einer Störvariablen läßt sich kontrollieren, wenn man sie als gesonderten Faktor in einem mehrfaktoriellen Untersuchungsplan mit berücksichtigt. Wir werden diese Kontrollvariante im Abschnitt über faktorielle Pläne (vgl. S. 531 ff.) behandeln.
- *Kovarianzanalytische Kontrolle*: Die Beeinflussung einer abhängigen Variablen durch personengebundene Störvariablen kann auf rechnerischem Wege mit Hilfe der Kovarianzanalyse kontrolliert werden. (Näheres hierzu siehe S. 544 f.)

Kontrolle untersuchungsbedingter Störvariablen: Untersuchungsbedingte Störvariablen bzw. den Untersuchungsablauf betreffende Störvariablen sind eine weitere Ursache für mangelnde Validität. Die Wirksamkeit dieser Störvariablen läßt sich durch Randomisierung der Untersuchungsteilnehmer nicht ausschalten. Hierfür sind Kontrolltechniken erforderlich, die sicherstellen, daß sich die äußeren Rahmenbedingungen der Untersuchungsdurchführung für alle Stichproben nicht unterscheiden. Einzige Ausnahme sind diejenigen Unterschiede, die auf die unabhängige Variable bzw. die zu prüfenden Treatments zurückgehen. Untersuchungsbedingte Störvariablen lassen sich in folgender Weise kontrollieren bzw. neutralisieren:

- *Ausschalten*: Wenn möglich, sollte dafür Sorge getragen werden, daß die Untersuchungen aller Vergleichsgruppen störungsfrei verlaufen.
- *Konstanthalten*: Wenn schon der Einfluß von Störvariablen nicht zu beseitigen ist, sollte man zumindest darauf achten, daß die Störungen in allen Versuchsdurchführungen gleich sind. Wenn man beispielsweise vermutet, daß die Art des Untersuchungsraumes die Untersuchungsergebnisse beeinflussen könnte, sollten alle Untersuchungsteilnehmer im selben Raum untersucht werden. Mögliche Unterschiede zwischen den Vergleichsgruppen können dann nicht auf unterschiedliche Räumlichkeiten zurückgeführt werden.

- *Registrieren*: Ist nicht sicherzustellen daß die Untersuchungsbedingungen in bezug auf Störvariablen vergleichbar sind, sollte man sich bemühen, Art und Intensität von Störungen möglichst genau zu registrieren und zu protokollieren (störende Geräusche, Stromausfall, Instruktionsfehler, unerwartete Zwischenfragen etc.); ggf. besteht dann nachträglich die Möglichkeit, die Ergebnisse bezüglich des Einflusses dieser Störvariablen statistisch zu korrigieren.

Die erste Kontrolltechnik ist typisch für *Laboruntersuchungen* (vgl. Abschnitt 2.3.3); sie geht zu Lasten der externen Validität, wenn der störungsfreie Untersuchungsverlauf durch eine Reihe restriktiver Maßnahmen bzw. unnatürlicher Rahmenbedingungen „erkauft" wurde. Diese Untersuchungsergebnisse sind ohne weitere Zusatzinformationen nur auf vergleichbare Laborsituationen generalisierbar. Ähnliches gilt für die zweite Kontrolltechnik, es sei denn, es gelingt, Störvariablen in einer Weise konstant zu halten, die auch für natürliche Umfelder typisch ist. Die dritte Kontrolltechnik kommt vor allem bei experimentellen *Felduntersuchungen* zum Einsatz, bei denen auf das Ausschalten oder Konstanthalten von Störvariablen bewußt verzichtet wird (oder verzichtet werden muß). Sie gefährdet die externe Validität einer Untersuchung nur wenig und versucht, die interne Validität im Nachhinein zu sichern.

> **!** Die beste Möglichkeit, *untersuchungsbedingte Störvariablen* zu kontrollieren, sind das Ausschalten, Konstanthalten und Registrieren dieser Variablen. Dies setzt voraus, daß im einzelnen bekannt ist, welche untersuchungsbedingten Störvariablen wirksam werden könnten.

Zwei-Gruppen-Pläne

Einfache Effekthypothesen der Art „Treatment X hat einen Einfluß auf die abhängige Variable Y" sollten als Unterschiedshypothesen (bzw. Veränderungshypothesen; vgl. Abschnitt 8.2.5) geprüft werden. Die entsprechende Unterschiedshypothese lautet: „Die mit einem Treatment X behandelte Population unterscheidet sich bezüglich Y von einer nicht-behandelten Population" (zur Formulierung einer gerichteten Unterschiedshypothese vgl. S. 494 f.).

> ❗ Bei einem *Zwei-Gruppen-Plan* arbeitet man mit einer zweifach gestuften unabhängigen Variablen und einer oder mehreren abhängigen Variablen. Der Zwei-Gruppen-Plan ist der einfachste einfaktorielle Plan.

Experimentelle Untersuchungen: Die Durchführung beginnt mit der Ziehung einer Stichprobe des Umfangs n aus derjenigen Population, für die die Untersuchungsergebnisse gelten sollen (zur Art der Stichprobe vgl. Abschnitt 7.2 und zur Größe der Stichprobe Abschnitt 9.2). Die n Untersuchungsteilnehmer werden nach einem Zufallsverfahren in zwei Stichproben S_1 und S_2 mit den Umfängen n_1 und n_2 aufgeteilt (*Randomisierung*), wobei n_1 und n_2 nach Möglichkeit gleich groß sein sollten. Bei kleineren Stichproben muß die Vergleichbarkeit der Stichproben bezüglich der abhängigen Variablen durch Vortests geprüft werden. Eine Stichprobe erhält das Treatment (*Treatment- oder Experimentalgruppe*), die andere bleibt unbehandelt (*Kontrollgruppe*). Es resultiert das in Abb. 41 wiedergegebene Untersuchungsschema. Die Untersuchung endet mit der Erhebung der abhängigen Variablen in beiden Stichproben bzw. mit der Überprüfung des Unterschiedes der beiden Stichprobenmittelwerte auf statistische Signifikanz.

Es interessiert beispielsweise die Hypothese, daß sich ein Förderkurs in Logik positiv auf die Mathematikleistungen von Gymnasialschülern des achten Schuljahres auswirkt. Die entsprechende (gerichtete) Unterschiedshypothese heißt: Schüler, die an einem Förderkurs teilnehmen, zeigen bessere Mathematikleistungen als Schüler, die an diesem Kurs nicht teilnehmen. Der Zufall entscheidet, welcher von n zufällig ausgewählten Schülern zur Treatmentgruppe (Förderkurs) bzw. zur Kontrollgruppe (kein Förderkurs) gehört. Die Treatmentgruppe nimmt zusätzlich zum regulären Unterricht an einem Logikkurs teil, und die Kontrollgruppe wird nur regulär unterrichtet. Mögli-

che untersuchungsbedingte Störvariablen sind auszuschalten oder zu kontrollieren (vgl. S. 528). Nach Abschluß der Förderung werden die Mathematikleistungen beider Schülergruppen ermittelt und in einem Signifikanztest miteinander verglichen.

Die Randomisierung qualifiziert diese Untersuchung als eine *experimentelle Untersuchung*. Sie gewährleistet (zumindest bei genügend großen Stichproben), daß sich die Vergleichsgruppen vor Durchführung der Untersuchung in bezug auf die abhängige Variable nicht oder nur geringfügig unterscheiden. (Wie im Falle unterschiedlicher Vortestmittelwerte zu verfahren ist, wird auf S. 559 beschrieben.)

Hypothesen, die sich auf die unterschiedliche Wirkung von zwei Treatments A_1 und A_2 beziehen, werden ebenfalls mit einem Zwei-Gruppen-Plan geprüft (Beispiel: Förderkurs A_1 hat eine bessere Wirkung als Förderkurs A_2). Hier wird also statt der Kontrollgruppe eine zweite Treatmentgruppe untersucht wird. (Der Vergleich mehrerer Treatmentgruppen mit einer oder mehreren Kontrollgruppen wird auf S. 530 ff. behandelt.)

Quasiexperimentelle Untersuchungen: Zwei-Gruppen-Pläne sind auch für die Durchführung von *quasiexperimentellen Untersuchungen* geeignet,

Die Kontrollgruppe sollte der Treatmentgruppe mit Ausnahme einer einzigen Variablen (der UV) möglichst ähnlich sein. (Zeichnung: R. Löffler, Dinkelsbühl)

Treatmentgruppe	Kontrollgruppe
S_1	S_2

Abb. 41. Untersuchungsschema eines Zwei-Gruppen-Planes mit einer Kontrollgruppe

d.h. für Untersuchungen, bei denen die Zugehörigkeit der Untersuchungsteilnehmer zu den zwei Stufen einer unabhängigen Variablen vorgegeben ist. In diesem Sinne quasiexperimentell wäre beispielsweise eine Untersuchung, die die Mathematikleistungen von Gymnasialschülern und Realschülern vergleicht.

Vor allem bei quasiexperimentellen Untersuchungen besteht die Gefahr, daß die unabhängige Variable mit anderen, für die abhängige Variable bedeutsamen Variablen konfundiert ist. Diese *Störvariablen* können personengebunden oder untersuchungsbedingt sein. Maßnahmen zur Kontrolle derartiger Störvariablen wurden auf S. 525 ff. diskutiert. Wählt man als Kontrolltechnik eine Matching-Prozedur, ist die Unterschiedshypothese mit einem *t-Test für abhängige Stichproben* zu überprüfen.

Ansonsten steht für die statistische Überprüfung von Unterschiedshypothesen, die in Zwei-Gruppen-Plänen untersucht werden, der *t-Test für unabhängige Stichproben* zur Verfügung (vgl. Anhang B). Sind die Voraussetzungen des t-Tests verletzt, ist als Signifikanztest ein Verfahren aus der Klasse der verteilungsfreien Methoden zu wählen (z. B. der *U*-Test; vgl. etwa Bortz u. Lienert, 1998, Kap. 3.1).

Extremgruppenvergleich: Eine spezielle Variante des quasiexperimentellen Zwei-Gruppen-Planes stellt der sog. Extremgruppenvergleich dar. Hierbei werden nur Untersuchungsteilnehmer berücksichtigt, die bezüglich einer kontinuierlichen, unabhängigen Variablen besonders hohe oder besonders niedrige Ausprägungen aufweisen. Als einfaches Beispiel hierfür dient der Vergleich besonders ehrgeiziger und besonders nachlässiger Studenten hinsichtlich ihrer Examensleistungen.

Extremgruppenvergleiche sollten nicht zu den hypothesenprüfenden Untersuchungen, sondern zur Klasse der explorativen Studien gezählt werden, denn sie erkunden letztlich nur, ob eine unabhängige Variable potentiellen Erklärungswert für eine abhängige Variable hat. Sie stehen auf der gleichen Stufe wie die auf S. 510 f. kritisierten Korrelationsstudien, die den mittleren Bereich einer Variablen außer acht lassen (vgl. Abb. 37 c). Folgerichtig *überschätzen* ihre Ergebnisse die Bedeutung der untersuchten unabhängigen Variablen. Als explora-

tiver Signifikanztest (vgl. S. 384 f.) sollte für Extremgruppenvergleiche nicht der t-Test gewählt werden (dieser ist an Voraussetzungen geknüpft, die Extremgruppenvergleiche in der Regel nicht erfüllen), sondern – wenn überhaupt – ein verteilungsfreies Verfahren.

Mehr-Gruppen-Pläne

Unterschiedshypothesen, die sich nicht nur auf zwei, sondern auf mehr als zwei Treatments (allgemein: p Treatments A_1, A_2...A_p) beziehen, werden mit einem Mehr-Gruppen-Plan untersucht. Die *experimentelle* Vorgehensweise entspricht der eines Zwei-Gruppen-Planes: Man zieht eine Zufallsstichprobe des Umfangs n und teilt diese zufällig in p Stichproben S_1, S_2...S_p mit den Umfängen n_1, n_2...n_p auf. Hierbei ist es von Vorteil, wenn alle Stichproben gleich groß sind. Jeder Stichprobe wird dann ein Treatment zugeordnet. Es resultiert das in Abb. 42 wiedergegebene Untersuchungsschema. Die durchschnittliche Ausprägung der abhängigen Variablen in den einzelnen Treatmentgruppen informiert über die Treatmentwirkung.

> **!** Bei einem *Mehr-Gruppen-Plan* arbeitet man mit einer mehrfach gestuften unabhängigen Variablen und einer oder mehreren abhängigen Variablen. Der Mehr-Gruppen-Plan ist ein einfaktorieller Plan.

Ein Beispiel: Es wird die Hypothese überprüft, daß die Reproduktion eines Textes von der Art der Informationsaufnahme abhängt. Eine Stichprobe muß sich den Text durch leises Lesen einprägen (Treatment A_1), eine zweite durch lautes Lesen (Treatment A_2) und einer dritten Stichprobe wird der Text vorgelesen (A_3). Als abhängige Variable werden die Fehler gezählt, die die Untersuchungsteilnehmer bei einer abschließenden Befragung über den Text machen.

Die statistische Überprüfung dieser Unterschiedshypothese erfolgt mit Hilfe der *einfakto-*

Treatments

A_1	A_2	A_3	- - -	A_p
S_1	S_2	S_3	- - -	S_p

Abb. 42. Untersuchungsschema eines Mehr-Gruppen-Planes

riellen Varianzanalyse (ANOVA: vgl. Anhang B). Zusätzlich kann man mit Hilfe sog. *Einzelvergleiche* oder *Kontraste* überprüfen, ob sich bestimmte Treatments signifikant voneinander unterscheiden (im Beispiel: Haben lautes und leises Lesen unterschiedliche Wirkung?). Hierbei werden a priori Einzelvergleiche, die die Formulierung gezielter Einzelvergleichshypothesen vor der Untersuchung voraussetzen, und a posteriori Einzelvergleiche unterschieden, mit denen man im nachhinein feststellt, welche Treatments sich signifikant voneinander unterscheiden.

Einzelvergleichsverfahren verwendet man auch, um Kombinationen einzelner Treatments mit anderen Treatments zu vergleichen. Diese Auswertungsvariante ist besonders vorteilhaft, wenn neben mehreren Treatmentgruppen eine oder mehrere Kontrollgruppen untersucht werden, und man an der Hypothese interessiert ist, daß sich die behandelten Untersuchungsteilnehmer von nicht behandelten unterscheiden. Ein typisches Beispiel hierfür ist der Vergleich verschiedener Medikamente mit einem Placebo (einer chemisch wirkungslosen Substanz), bei dem zunächst die Frage interessiert, ob die Wirkung der Medikamente überhaupt einer möglichen Placebo-Wirkung überlegen ist.

Weitere Zusatzauswertungen sind möglich, wenn nicht nur die abhängige Variable, sondern auch die unabhängige Variable intervallskaliert (oder doch zumindest ordinalskaliert) ist (z.B. Reaktionszeiten in Abhängigkeit von verschiedenen Alkoholmengen). Mit sog. *Trendtests* kann dann z.B. die Hypothese geprüft werden, ob sich die abhängige Variable linear zur unabhängigen Variablen (oder einem anderen Trend folgend) verändert (im Beispiel: Die Reaktionszeit verlängert sich proportional zur Alkoholmenge).

Mehr-Gruppen-Pläne sind auch in *quasiexperimentellen Untersuchungen* einsetzbar. Statt verschiedener Treatmentgruppen werden dann Stichproben aus den Populationen, auf die sich die Unterschiedshypothese bezieht, miteinander verglichen. Ein einfaches Beispiel hierfür wäre der Vergleich von Studenten verschiedener Fachrichtungen hinsichtlich ihrer durchschnittlichen Studiendauer.

Wie bereits mehrfach erwähnt, sind Quasiexperimente weniger aussagekräftig als experimentelle

Untersuchungen. Die interne Validität läßt sich jedoch auch hier durch die auf S. 525 ff. genannten Kontrolltechniken erhöhen. Auf die Matching-Prozedur wird man bei Mehr-Stichproben-Plänen realistischerweise nur zurückgreifen, wenn höchstens drei oder vier Stichproben kleineren Umfangs zu vergleichen sind. Die Auswertung erfolgt dann mit einer Varianzanalyse für abhängige Stichproben (vgl. Anhang B).

Faktorielle Pläne

Bisher waren die Treatments bzw. die zu vergleichenden Populationen Stufen *einer* unabhängigen Variablen, was untersuchungstechnisch zu Zwei- oder Mehr-Gruppen-Plänen führte. Für viele Forschungsfragen ist es jedoch realistisch, davon auszugehen, daß mehrere unabhängige Variablen simultan wirksam sind. Lassen sich diese hypothetisch benennen, empfiehlt sich eine Untersuchung nach den Regeln faktorieller Pläne.

> **!** Bei einem *faktoriellen Plan* arbeitet man mit mehr als einer unabhängigen Variablen und einer oder mehreren abhängigen Variablen. Enthält ein faktorieller Plan zwei unabhängige Variablen, spricht man von einem zweifaktoriellen Plan; enthält er drei unabhängige Variablen, spricht man von einem dreifaktoriellen Plan usw.

Zweifaktorielle Pläne: Die einfachste Variante faktorieller Pläne, der zweifaktorielle Plan, kontrolliert gleichzeitig die Bedeutung von zwei unabhängigen Variablen (Faktoren) für eine abhängige Variable. Zusätzlich informiert dieser Plan über die Kombinationswirkung (*Interaktion* oder *Wechselwirkung*) der beiden unabhängigen Variablen.

Nehmen wir an, die erste unabhängige Variable (Faktor A) sei p-fach und die zweite unabhängige Variable (Faktor B) q-fach gestuft. Es ergeben sich damit insgesamt $p \cdot q$ Faktorstufenkombinationen. In einem vollständigen experimentellen Plan (unvollständige Pläne behandeln wir auf S. 540 ff.) werden jeder Faktorstufenkombination per Zufall n Untersuchungsobjekte zugeordnet, d.h. wir benötigen insgesamt $p \cdot q$ Stichproben (S_{11}, S_{12} ... S_{pq}) bzw. $p \cdot q \cdot n$ Untersuchungsobjekte, von denen jeweils eine Messung der abhängigen Variablen erhoben wird (zu ungleich großen Stichproben vgl. z.B. Bortz, 1999, Kap. 8.4). Abbildung 43 zeigt das Grundschema eines zweifaktoriellen Planes.

	B_1	B_2	B_3	– – – –	B_q
A_1	S_{11}	S_{12}	S_{13}	– – – –	S_{1q}
A_2	S_{21}	S_{22}	S_{23}	– – – –	S_{2q}
A_3	S_{31}	S_{32}	S_{33}	– – – –	S_{3q}
⏐	⏐	⏐	⏐	– + –	⏐
A_p	S_{p1}	S_{p2}	S_{p3}	– – – –	S_{pq}

Abb. 43.   Untersuchungsschema   eines   zweifaktoriellen Planes

Ein Beispiel: Überprüft werden die Hypothesen, daß die Ablesegenauigkeit für Anzeigegeräte (z. B. für Tachometer) von der Form des Gerätes (Faktor A mit den Stufen: A_1 = oval, A_2 = viereckig, A_3 = rund) und von der Art der Zahlendarstellung (Faktor B mit den Stufen: B_1 = analog, B_2 = digital) abhängt. Insgesamt resultieren also $3 \cdot 2 = 6$ Faktorstufenkombinationen (Arten von Anzeigegeräten). Für jede Faktorstufenkombination erhält eine Stichprobe von Untersuchungsteilnehmern die Aufgabe, in mehreren Durchgängen in einer vorgegebenen Zeit die angezeigte Zahl zu nennen. Die Anzahl falscher Reaktionen eines jeden Untersuchungsteilnehmers sind die Messungen der abhängigen Variablen.

Die nach diesem Schema erhobenen Daten werden mit einer zweifaktoriellen Varianzanalyse (ANOVA: vgl. Anhang B) statistisch ausgewertet. Diese Auswertung entspricht nicht – wie man meinen könnte – einer zweifachen Anwendung der einfaktoriellen Varianzanalyse, denn es wird zusätzlich überprüft, ob auch die Kombinationswirkungen der untersuchten Faktoren (Interaktionen) statistisch bedeutsam sind. Diese könnten z. B. darin bestehen, daß die runde Form in Kombination mit der analogen Zahlendarstellung besonders gut, aber in Kombination mit der digitalen Darstellung besonders schlecht abschneidet.

Wegen ihrer großen forschungslogischen Bedeutung wollen wir uns im folgenden dem Konzept der Interaktion etwas ausführlicher zuwenden.

> **!** Ein *zweifaktorieller Plan* wird mit einer zweifaktoriellen Varianzanalyse inferenzstatistisch ausgewertet. Dabei kann man Hypothesen über drei Effekte prüfen: Haupteffekt A, Haupteffekt B und die Interaktion erster Ordnung A × B.

Haupteffekte und Interaktionen: Betrachten wir den einfachsten Fall einer zweifaktoriellen Varianzanalyse mit je nur zwei Stufen für Faktor A und Faktor B. Ein solcher Plan entsteht z. B., wenn man in einem Experiment die Wirksamkeit eines Placebos (A_1) im Vergleich zu einem herkömmlichen Beruhigungsmittel (A_2) testen will und dabei auch mögliche Geschlechtseffekte (B_1: männlich, B_2: weiblich) miteinbezieht. Als abhängige Variable wäre ein Selbstrating der subjektiven Befindlichkeit (z. B. „Ich fühle mich nervös und angespannt": stimmt gar nicht – wenig – teils/teils – ziemlich – völlig) oder auch ein physiologisches Maß (z. B. ein hirnphysiologischer Erregungsindikator, vgl. S. 286 ff.) denkbar.

Bei der (fiktiven) Untersuchung von fünf Personen pro Untersuchungsgruppe könnte sich das in Tabelle 40 dargestellte Datenschema ergeben (höhere Werte mögen hier für höhere Erregung sprechen).

Mit diesem zweifaktoriellen varianzanalytischen Design können drei (Alternativ-)Hypothesen geprüft werden: 2 Haupteffekthypothesen und eine Interaktionshypothese. Für das Beispiel formulieren wir:

1. Das Placebo und das Beruhigungsmittel wirken unabhängig vom Geschlecht der behandelten Personen unterschiedlich (Haupteffekt A).
2. Männer und Frauen reagieren insgesamt, d. h. in bezug auf beide Medikamente, unterschiedlich (Haupteffekt B):
3. Es kommt zu einer differentiellen Wirkung der Medikamente, z. B. von der Art, daß Frauen auf das Placebo stärker reagieren als Männer, daß aber für das Beruhigungsmittel keine geschlechtsspezifischen Wirkunterschiede nachweisbar sind (Interaktion A × B).

Auch ohne statistische Analyse kann man zunächst durch Inspektion der Stichprobenergebnisse Vermutungen darüber anstellen, ob Haupteffekte oder ein Interaktionseffekt vorliegen könnten. Je größer die Unterschiede zwischen den Spaltenmittelwerten (hier: $\bar{A}_1$ und $\bar{A}_2$) bzw. zwischen den Zeilenmittelwerten (hier: $\bar{B}_1$ und $\bar{B}_2$), desto eher spricht dies für einen signifikanten Haupteffekt A bzw. Haupteffekt B. Ob möglicherweise ein signifikanter Interaktionseffekt vorliegt, erkennt man durch Betrachtung der Zellenmittelwerte ($\overline{AB}_{ij}$), die man ergänzend zum obigen Datenschema meist separat in einer kleinen Tabelle einträgt (s. Tabelle 41).

Für das Beispiel stellen wir fest, daß der Haupteffekt A mit 8,0–6,7 = 1,3 auf jeden Fall größer ist als der Haupteffekt B (7,6–7,1 = 0,5). Einen Interaktionseffekt erkennt man daran, daß sich die Differenzen der $\overline{AB}_{ij}$-Werte zeilen-(oder spalten-)weise unterscheiden. Dies ist im Beispiel der Fall: der Geschlechtsunterschied beträgt beim Placebo 8,8–7,2 = 1,6 und beim Beruhigungsmittel 6,4–7,0 = –0,6. Eine Varianzanalyse über die Daten der Tabelle 40 bestätigt den Haupteffekt A und die Interaktion A×B ($\alpha = 0,01$), aber nicht den Haupteffekt B.

Man beachte, daß mit dem Vorliegen eines Interaktionseffektes *nicht* gemeint ist, daß zwei Faktoren zusammenwirken bzw. daß sie gemeinsam einen Effekt erzeugen, sondern es geht darum, *auf welche Weise* die Faktorstufen zusammenwirken! (Verstärken sie sich? Schwächen sie sich ab? Kom-

men beim Zusammenspiel einiger Faktorstufen überraschende Wirkungen zustande?) Ein additives Zusammenwirken beider Faktoren ist als „Normalfall" definiert; nur überzufällige Abweichungen von der Additivität werden als „*Interaktionseffekt*" bezeichnet. Dazu noch einmal das Beispiel der Anzeigegeräte: Wenn eine digitale Anzeige für sich genommen im Durchschnitt zu geringen Fehlerraten führt und ein rechteckiges Display seinerseits besonders günstige Fehlerraten hat, muß bei additivem Zusammenwirken der beiden Faktorstufen ein rechteckiges digitales Anzeigegerät ebenfalls geringe Fehlerdurchschnitte erzeugen (kein Interaktionseffekt). Das Vorliegen eines Interaktionseffektes wäre daran erkennbar, daß trotz guter Einzelergebnisse von digitaler Anzeige und rechteckigem Display in der Kombination plötzlich überraschend schlechtere Werte zustandekommen oder aber die Fehlerraten auffallend extrem verringert sind.

> **!** Ein signifikanter *Interaktionseffekt* A×B in der Varianzanalyse besagt, daß beide Faktoren nicht einfach additiv, sondern in anderer Weise zusammenwirken.

Tabelle 40. Datenschema einer 2×2 Varianzanalyse

	A_1 Placebo	A_2 Beruhigungsmittel	$\bar{B}_j$
B_1 Männer	9 10 8 8 9	6 7 6 6 7	7,6
B_2 Frauen	7 8 6 8 7	8 8 7 6 6	7,1
$\bar{A}_i$	8,0	6,7	7,35

Tabelle 41. Zellenmittelwerte $\overline{AB}_{ij}$ für eine 2×2 Varianzanalyse

	A_1 Placebo	A_2 Beruhigungsmittel	$\bar{B}_j$
B_1 Männer	8,8	6,4	7,6
B_2 Frauen	7,2	7,0	7,1
$\bar{A}_i$	8,0	6,7	7,35

Um die Art des Zusammenwirkens zweier Faktoren sichtbar zu machen, fertigt man ergänzend zur Tabelle der Zellenmittelwerte (Tabelle 41) sog. *Interaktionsdiagramme* an, in die jeweils alle Zellenmittelwerte (in Tabelle 41 sind es vier) einzutragen sind. Im Interaktionsdiagramm werden die Werte der abhängigen Variablen AV (hier: die Werte für die Befindlichkeit) auf der Ordinate (y-Achse) und die Stufen einer der beiden Faktoren (z. B. Faktor A) auf der Abszisse (x-Achse) abgetragen. Für jede Stufe des anderen Faktors (hier B) wird ein Linienzug angefertigt, der die Mittelwerte der entsprechenden Faktorstufenkombinationen verbindet. Damit erhält man das Interaktionsdiagramm für Faktor A. Um ein Interaktionsdiagramm für Faktor B zu erstellen, trägt man die Stufen von Faktor B auf der x-Achse ab und zeichnet für die Stufen von Faktor A jeweils einen Graphen. In den Interaktionsdiagrammen für A und B werden somit dieselben Zellenmittelwerte dargestellt, nur jeweils anders gruppiert. Für un-

ser Zahlenbeispiel ergeben sich die Interaktionsdiagramme in den Abb. 44 a und b).

Wenn keine Interaktion vorliegt und die Faktoren „nur" additiv zusammenwirken, sind die im Interaktionsdiagramm abgetragenen Graphen parallel. Je stärker sie von der Parallelität abweichen, desto eher spricht dies für das Vorliegen eines Interaktionseffektes.

Wenn eine Interaktion vorliegt, lassen sich drei Typen von Interaktionen unterscheiden (vgl. Leigh und Kinnear, 1980), die wir im folgenden für einen 2×3-Plan verdeutlichen:

- Die *ordinale Interaktion* ist dadurch gekennzeichnet, daß die Graphen in *beiden* Interaktionsdiagrammen zwar nicht parallel, aber doch *gleichsinnig* verlaufen (z. B. beide aufsteigend, beide abfallend, s. Abb. 45 a).
- Bei der *hybriden Interaktion* dagegen verlaufen die Graphen nur in *einem* Interaktionsdiagramm gleichsinnig, im anderen nicht (Abb. 45 b).
- Wenn in beiden Interaktionsdiagrammen die Graphen *nicht* gleichsinnig verlaufen, spricht man von *disordinaler Interaktion* (Abb. 45 c).

Man beachte, daß die Frage, ob Graphen gleichsinnig verlaufen, nichts damit zu tun hat, ob sie sich durchkreuzen. Zwei Graphen können z. B. beide aufsteigend sein und sich durchkreuzen, während gegenläufige Graphen ohne Schnittpunkte auftreten können. Statistische Tests, mit denen man überprüfen kann, welcher Interaktionstyp vorliegt, wurden von Bredenkamp (1982) entwickelt.

Mit diesem Wissen können wir nun die im Beispiel aufgetretene Interaktion zumindest deskriptiv als hybride Interaktion kennzeichnen.

Die Frage, welcher Interaktionstyp vorliegt, ist für die Interpretation der signifikanten Haupteffekte von Belang. Wenn keine Interaktion oder eine ordinale Interaktion vorliegt, darf man signifikante Haupteffekte *global* interpretieren und dabei über die Stufen des anderen Faktors hinweg generalisieren. Im vorliegenden Beispiel würde man dann sagen, das Beruhigungsmittel sei wirksamer als das Placebo und – falls der Haupteffekt B signifikant wäre – Männer seien im Durchschnitt angespannter als Frauen.

Eine solche globale Interpretation ist immer problematisch, wenn eine hybride Interaktion vor-

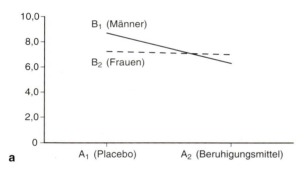

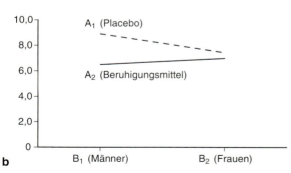

Abb. 44. a Interaktionsdiagramm für Faktor A. **b** Interaktionsdiagramm für Faktor B

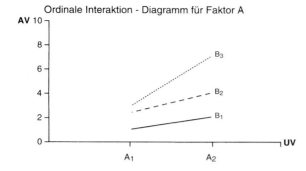

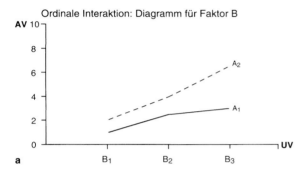

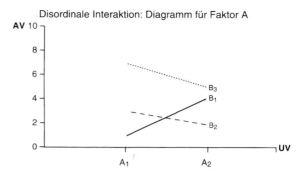

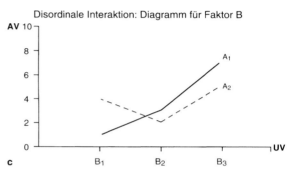

Abb. 45. a Ordinale Interaktion. **b** Hybride Interaktion. **c** Disordinale Interaktion

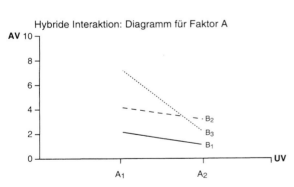

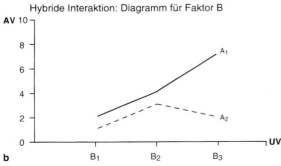

liegt. Bei der hybriden Interaktion kann nämlich nur *ein* Faktor global interpretiert werden, wie im Beispiel Faktor A: Sowohl bei den Frauen als auch bei den Männern ist der Erregungsgrad mit Placebo (A_1) höher als bei Einnahme des Beruhigungmittels (A_2), d.h. das Beruhigungsmittel ist generell wirkungsvoller als das Placebo. Faktor B ist dagegen nicht global interpretierbar, denn man kann nicht pauschal sagen, daß Männer nervöser und angespannter sind als Frauen. Hier muß man gemäß der signifikanten Interaktion differenziert zum Ausdruck bringen, daß die durchschnittliche Erregung bei den Männern in der Placebo-Bedingung höher ist als bei den Frauen, daß die Männer aber unter der Beruhigungsmittel-Bedingung einen niedrigeren durchschnittlichen Erregungswert als die Frauen aufweisen.

Bei einer disordinalen Interaktion kann keiner der beiden Faktoren global interpretiert werden; stattdessen muß eine differenzierte Betrachtung der einzelnen Zellenmittelwerte erfolgen.

> **!** Ein *Interaktionseffekt* tritt bei nicht-additiven Haupt-
> effekten auf. Die Art der Interaktion – ordinal, hy-
> brid oder disordinal – entscheidet über die Interpre-
> tierbarkeit der Haupteffekte.

Interaktionen bilden Sachverhalte ab, die für viele human- und sozialwissenschaftliche Fragen realistischer sind als Haupteffekte. Mit einem Haupteffekt überprüfen wir eine Hypothese, die sich auf die gesamte Zielpopulation bezieht, die also behauptet, daß die durch verschiedene Treatments ausgelösten Wirkungen für die gesamte untersuchte Population gelten. Interaktionshypothesen hingegen beziehen sich auf die differentielle Wirkung der Treatments, d. h. auf Treatments, deren Wirkung von der Art der untersuchten Subpopulationen abhängt. Ferner beziehen sie sich auf die nicht-additive Wirkung von Treatmentkombinationen.

Die Abbildung 45 a–c verdeutlicht einige typische, aber keineswegs alle möglichen Muster für eine Interaktion. Die Gesamtzahl aller Interaktionsmuster nimmt rasch zu, wenn man pro Faktor mehr Stufen untersucht als in den Beispielen. Es ist deshalb durchaus denkbar, daß sich ein empirisch gefundenes Interaktionsmuster als statistisch bedeutsam erweist, obwohl man – wenn überhaupt – ein anderes erwartet hat.

Der allgemeinen Leitlinie hypothesenprüfender Untersuchungen folgend, ist auch in bezug auf die Prüfung von Interaktionen zu fordern, daß ihr eine möglichst gezielte Interaktionshypothese voranzustellen ist. Statistisch signifikante Interaktionen, die nicht durch eine Hypothese vorhergesagt wurden, haben letztlich nur deskriptiven Wert. Wie man ein hypothetisch vorhergesagtes Interaktionsmuster statistisch absichert, wird bei Bortz (1999, Kap. 8.2) beschrieben.

Experimentelle und quasiexperimentelle Pläne: Zur Erläuterung von Interaktionen in einem zweifaktoriellen Untersuchungsplan diente ein Beispiel mit einem experimentellen (Treatment) und einem quasiexperimentellen Faktor (Geschlecht). Der Treatmentfaktor gestattet eine Randomisierung, der Geschlechtsfaktor jedoch nicht. Damit sind die auf den Treatmentfaktor bezogenen Ergebnisse schlüssiger interpretierbar als die Resultate des quasiexperimentellen Geschlechtsfaktors bzw. dessen Interaktion mit dem Treatmentfaktor. Hier stellt sich das

Problem der Vergleichbarkeit der beiden untersuchten Geschlechtergruppen in bezug auf die abhängige Variable bzw. auf andere Merkmale, die die abhängige Variable ebenfalls beeinflussen können. Muß man an der Vergleichbarkeit der Gruppen zweifeln, sind männliche und weibliche Versuchspersonen in bezug auf diesbezüglich wichtig erscheinende Merkmale zu parallelisieren oder andere Kontrolltechniken anzuwenden (vgl. S. 525 ff.).

Selbstverständlich sind zweifaktorielle Untersuchungen auch rein experimentell bzw. rein quasiexperimentell auslegbar. Für eine rein experimentelle zweifaktorielle Untersuchung müssen beide Faktoren so beschaffen sein, daß die Zuordnung der Untersuchungsteilnehmer zu allen Faktorstufenkombinationen zufällig erfolgen kann. Dies ist bei dem Anzeigegeräte-Beispiel der Fall. Ein anderes Beispiel: Faktor A: drei verschiedene Unterrichtsvarianten, Faktor B: vier verschiedene Unterrichtsfächer; die Zuweisung von n Schülern zu den zwölf Faktorstufenkombinationen erfolgt zufällig.

Eine rein quasiexperimentelle Untersuchung hingegen überprüft die Unterschiede zwischen natürlich vorgegebenen Teilpopulationen, die sich in bezug auf zwei Faktoren unterscheiden. Eine Randomisierung ist hier nicht möglich (z.B. Faktor A: Vegetarier, Nichtvegetarier; Faktor B: Kleinstadt, Mittelstadt, Großstadt). Die bisher erörterten Konsequenzen einer experimentellen bzw. quasiexperimentellen Vorgehensweise in bezug auf die Kriterien interne und externe Validität gelten natürlich auch für diese Untersuchungspläne.

Kontrollfaktoren: Zweifaktorielle Untersuchungspläne überprüfen simultan drei verschiedene Unterschiedshypothesen: Zwei Haupteffekthypothesen und eine Interaktionshypothese. Diese drei Hypothesen müssen jedoch nicht immer explizit formuliert sein. Häufig steht nur eine Hypothese im Vordergrund (z.B. eine Hypothese über die unterschiedliche Wirkung verschiedener Treatments) und der zweite Faktor wird nur zu Kontrollzwecken eingeführt.

So wurde im Kontext der auf S. 525 ff. berichteten Kontrolltechniken darauf hingewiesen, daß die gruppenkonstituierende unabhängige Variable durch andere Merkmale überlagert sein kann, die als Erklärung der gefundenen Gruppenunterschiede ebenfalls in Frage kommen. Läßt sich hierbei ein

Merkmal benennen, das mit hoher Wahrscheinlichkeit mit der unabhängigen Variablen konfundiert ist, kann dieses als Kontrollfaktor in die Untersuchung aufgenommen werden, obwohl sich die Forschungshypothese auf den anderen Faktor, die eigentlich interessierende unabhängige Variable bezieht.

Zusammen mit den Kontrolltechniken wurde ein Beispiel erwähnt, bei dem es um den Vergleich von Physikern und Informatikern hinsichtlich ihrer Abstraktionsfähigkeit ging. Als kritische Störvariable nannten wir die Berufserfahrung der Untersuchungsteilnehmer. Hier könnte es sinnvoll sein, neben dem Faktor „Beruf" (Physiker vs. Informatiker) einen zweiten (Kontroll-)Faktor zu berücksichtigen, der die Untersuchungsteilnehmer nach Maßgabe ihrer Berufserfahrung in homogene Teilgruppen (Blöcke) einteilt (z. B. wenig Erfahrung, mittelmäßige Erfahrung, viel Erfahrung). Damit ist derjenige Varianzanteil der abhängigen Variablen, der auf die Berufserfahrung bzw. die Interaktion der beiden Faktoren zurückgeht, varianzanalytisch bestimmbar und die zwischen den Berufsgruppen registrierten Unterschiede sind von der Berufserfahrung unabhängig. In der englischsprachigen Literatur wird dieser Plan gelegentlich „*Randomized Block Design*" genannt.

Drei- und mehrfaktorielle Pläne: In faktoriellen Untersuchungsplänen können nicht nur zwei, sondern drei oder mehr Faktoren (unabhängige Variablen) sowie deren Interaktionen simultan kontrolliert werden. Bei vollständigen, mehrfaktoriellen Plänen ist darauf zu achten, daß die Stufen eines jeden Faktors mit den Stufen aller anderen Faktoren kombiniert werden und daß unter jeder Faktorstufenkombination eine Zufallsstichprobe des Umfanges n untersucht wird (für ungleich große Stichproben vgl. z. B. Bortz, 1999, Kap. 14.2.4). Allerdings nimmt die Anzahl der benötigten Untersuchungsteilnehmer mit wachsender Faktorzahl exponentiell zu.

(Ein dreifaktorieller Plan mit jeweils zwei Stufen benötigt $2^3 \cdot n$ Untersuchungsteilnehmer, ein vierfaktorieller Plan $2^4 \cdot n$ Untersuchungsteilnehmer usf. Für einen dreifaktoriellen Plan mit beliebigen Faktorstufenzahlen p, q und r benötigt man insgesamt $p \cdot q \cdot r \cdot n$ Untersuchungsteilnehmer.)

Als Beispiel für Hypothesen, die mit einem $2 \times 2 \times 2$-Plan prüfbar sind, wählen wir eine Untersuchung von Perry et al. (1979, zit. nach Spector, 1981). Diese Untersuchung überprüft die Hypothesen, daß die Bewertung des Unterrichtes eines Dozenten von der Ausdrucksstärke des Dozenten, dem Schwierigkeitsgrad des Unterrichtsstoffes und der Reputation des Dozenten abhängt. Die Autoren fertigten acht Videoaufnahmen des Unterrichtes eines Dozenten an, die sich in bezug auf folgende drei Faktoren unterschieden:

Faktor A: Ausdrucksstärke des Dozenten (A_1: mit Humor, viel Gestik und Enthusiasmus, A_2: ohne Humor, wenig Gestik und kein Enthusiasmus),

Faktor B: Schwierigkeitsgrad des Unterrichtsstoffes (B_1: schwer, B_2: leicht),

Faktor C: Reputation des Dozenten (C_1: Dozent wird als Person mit hoher Reputation vorgestellt, C_2: Dozent wird als Person mit geringer Reputation vorgestellt).

Abbildung 46 veranschaulicht diesen Untersuchungsplan graphisch. Jeder Faktorstufenkombination wird eine Zufallsstichprobe S des Umfanges n zugewiesen, d. h. jede Videoaufnahme wird von n Untersuchungsteilnehmern (hier Studenten) beurteilt.

Dreifaktorielle Pläne werden ebenfalls varianzanalytisch ausgewertet. Eine dreifaktorielle Varianzanalyse überprüft sieben voneinander unabhängige Hypothesen: drei Haupteffekte (A, B, C), drei Interaktionen erster Ordnung ($A \times B$, $A \times C$, $B \times C$) und eine Interaktion zweiter Ordnung ($A \times B \times C$). Üblicherweise ist man jedoch nicht in der Lage, alle sieben Hypothesen vor Untersuchungsbeginn genau zu spe-

		Stark (A_1)		Schwach (A_2)		← Ausdruck
		Schwer (B_1)	Leicht (B_2)	Schwer (B_1)	Leicht (B_2)	← Inhalt
Reputation	Hoch (C_1)	S_{111}	S_{121}	S_{211}	S_{221}	
	Gering (C_2)	S_{112}	S_{122}	S_{212}	S_{222}	

Abb. 46. Untersuchungsschema eines dreifaktoriellen $2 \times 2 \times 2$-Planes

zifizieren, sondern nur einige. Werden dennoch alle sieben Effekte geprüft, sind signifikante Effekte, zu denen keine Hypothesen formuliert wurden, nur deskriptiv zu verwerten.

Interaktionen zweiter Ordnung: Interaktionen zweiter oder höherer Ordnung sind meistens schwer interpretierbar. Auch deren Bedeutung wird leichter erkennbar, wenn man sie graphisch illustriert (vgl. Abb. 47).

Zur Veranschaulichung wählen wir erneut das o.g. Beispiel (allerdings mit fiktiven Daten). Die beiden linken Abbildungen verdeutlichen zusammengenommen, daß die Interaktion 2. Ordnung unbedeutend ist. Die Tatsache, daß ein Unterrichtsstil humorvoll oder nicht humorvoll ist, spielt bei einem schweren Unterrichtsstoff kaum eine Rolle. Ist der Unterrichtsstoff hingegen leicht, wird ein Unterricht mit Humor weitaus positiver bewertet als ein Unterricht ohne Humor (Interaktion $A \times B$). Diese Interaktion ist – wie die beiden linken Abbildungen zeigen – von der Reputation des Dozenten unabhängig (keine $A \times B \times C$-Interaktion).

Im Unterschied hierzu verdeutlichen die beiden rechten Abbildungen eine deutliche $A \times B \times C$-Interaktion. Für Dozenten mit geringer Reputation gilt die oben beschriebene $A \times B$-Interaktion praktisch unverändert. Verfügt ein Dozent jedoch über eine hohe Reputation, wird ein schwieriger Unterrichtsstoff unabhängig davon, ob der Unterrichtsstil humorvoll ist oder nicht, positiver bewertet als ein leichter Unterrichtsstoff. Zusätzlich wird auch hier ein humorvoller Unterricht besser beurteilt als ein humorloser Unterricht.

Allgemein gilt: Ist das Muster der $A \times B$-Interaktion auf allen Stufen des Faktors C ungefähr gleich, besteht keine Interaktion 2. Ordnung. Unterscheiden sich die Muster der $A \times B$-Interaktion für verschiedene C-Stufen, ist dies als Hinweis für eine Interaktion 2. Ordnung zu werten.

Statt die $A \times B$-Interaktion für die Stufen des Faktors C darzustellen, hätte man auch die $A \times C$-Interaktion für die Stufen des Faktors B bzw. die $B \times C$-Interaktion für die Stufen des Faktors A graphisch veranschaulichen können. Grundsätzlich sollte diejenige Darstellungsart gewählt werden,

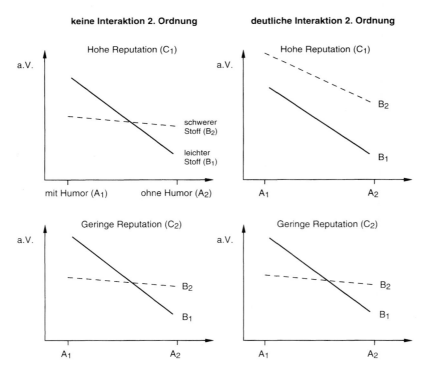

Abb. 47. Graphische Darstellung einer Interaktion zweiter Ordnung

die die inhaltliche Bedeutung der Interaktion möglichst einfach und treffend beschreibt.

> ! Wir sprechen von einer *Interaktion 2. Ordnung*, wenn die Art der Interaktion zwischen 2 Faktoren (Interaktion 1. Ordnung, z. B. A×B) von den Stufen eines 3. Faktors (Faktor C) abhängt.

Solomon-Vier-Gruppen-Plan: Bei einem Zweigruppenplan (vgl. Abb. 41) mit kleineren Stichproben ist es erforderlich, die Vergleichbarkeit der Stichproben durch Vortests zu überprüfen. Diese Kontrollmaßnahme hat den Nachteil, daß die Untersuchungsteilnehmer durch den Pretest für das Treatment bzw. für die zweite Messung (Posttestmessung) „sensibilisiert" werden können (instrumentelle Reaktivität bzw. Testübung). Sie reagieren auf das Treatment anders als wenn kein Pretest durchgeführt worden wäre, d. h. die interne Validität der Untersuchung ist eingeschränkt.

Nehmen wir an, mit einer empirischen Untersuchung soll die Tauglichkeit einer Software zum Lernen von Grammatikregeln überprüft werden. Nachdem die Untersuchungsteilnehmer einer Experimentalgruppe und einer Kontrollgruppe zufällig zugewiesen wurden, will man vor dem Training überprüfen, ob die beiden Stichproben im Durchschnitt annähernd gleich gute Grammatikkenntnisse aufweisen oder ob durch die Randomisierung zufällig zwei Stichproben entstanden sind, die sich in bezug auf ihre Grammatikkenntnisse unterscheiden. Hierzu werden Pretests durchgeführt.

Nun kann man allerdings nicht ausschließen, daß bereits die im Pretest gestellten Grammatikfragen Lerneffekte auslösen, in dem sie z. B. vergessenes Wissen reaktivieren oder zum Nachdenken über grammatische Regeln anregen. Der Pretest selbst übt eine Treatmentwirkung aus und verändert die abhängige Variable, d. h. die Posttestergebnisse können durch die Pretests verfälscht sein.

Zur Kontrolle derartiger *Pretest-Effekte* wurde ein spezielles Untersuchungsschema entwickelt, das in der Literatur unter der Bezeichnung „*Solomon-Vier-Gruppen-Plan*" geführt wird (vgl. Abb. 48).

Der Plan erfordert vier randomisierte Gruppen. Die erste Gruppe ist eine „klassische" Experimentalgruppe (mit Pretest, Treatment und Posttest) und die zweite Gruppe eine „klassische" Kontrollgruppe (Pretest und Posttest ohne Treatment). Die

Gruppe 1:	Pretest	–	Treatment	–	Posttest
Gruppe 2:	Pretest		–		Posttest
Gruppe 3:	–		Treatment	–	Posttest
Gruppe 4:	–		–		Posttest

Abb. 48. Solomon-Vier-Gruppen-Plan

dritte Gruppe realisiert ein One Shot Case-Design, bei dem nach appliziertem Treatment nur eine Posttestmessung durchgeführt wird. Die vierte Gruppe schließlich wird nur einem „Posttest" unterzogen.

Dieser Plan eröffnet zahlreiche Kontrollmöglichkeiten. Das Posttestergebnis in der ersten Gruppe (PT_1) enthält neben einem möglichen Treatmenteffekt (T) Pretesteffekte (P) und Effekte zeitgebundener Störvariablen (Z; externe zeitliche Einflüsse, Reifungsprozesse, Testübung; vgl. S. 504). Symbolisch schreiben wir:

$$PT_1 = f(T, P, Z).$$

Das Posttestergebnis in der ersten Gruppe ist eine Funktion von Treatmenteffekten, Pretesteffekten und Zeiteffekten. Mit dieser Symbolik können wir die Posttestergebnisse in den übrigen Gruppen wie folgt charakterisieren:

$$PT_2 = f(P, Z),$$
$$PT_3 = f(T, Z),$$
$$PT_4 = f(Z).$$

Eine Gegenüberstellung der Veränderungen in den Gruppen 1 und 2 (Pretest-Posttest-Differenzen) informiert damit über „reine" Treatmenteffekte (Netto-Effekt; vgl. auch Tabelle 42 auf S. 559). Das Resultat dieses Vergleiches müßte dem Vergleich von PT_3 und PT_4 entsprechen, denn auch dieser Vergleich isoliert den „reinen" Treatmenteffekt. Es wäre allerdings möglich, daß der Pretest in der Experimentalgruppe andere Wirkungen hat als in der Kontrollgruppe (Interaktion Pretest × Gruppen), was dazu führen würde, daß die Ergebnisse dieser Vergleiche nicht übereinstimmen.

Der Vergleich von PT_2 und PT_4 dient der Abschätzung von Pretesteffekten. Beide Gruppen sind ohne Treatment und unterscheiden sich nur darin, daß Gruppe 2, aber nicht Gruppe 4 vorgetestet wurden. Will man erfahren, ob das Treatment in Kombination mit dem Vortest anders wirkt als ohne Vortest (Interaktion Pretest×Treatment), wären der Durchschnitt von PT_2 (Pretest- und Zeiteffekte) und PT_3 (Treatment- und Zeiteffekte) mit PT_1 (Treatment-, Pretest- und Zeiteffekte) zu vergleichen.

Ausführliche Hinweise zur statistischen Auswertung dieses Planes findet man bei Braver und Braver (1988).

Der Solomon-Vier-Gruppen-Plan läßt sich auch in komplexere mehrfaktorielle Pläne einbauen. Entscheidend ist, daß grundsätzlich ein weiterer Faktor einbezogen wird, der vorgetestete und nicht-vorgetestete Untersuchungsteilnehmer unterscheidet.

> **!** Der *Solomon-Vier-Gruppen-Plan* stellt eine Erweiterung des klassischen experimentellen Pretest-Posttest-Designs dar und dient dazu, die mögliche Wirkung von Pretest-Effekten zu überprüfen.

Formal ähnlich aufgebaut wie der Solomon-Vier-Gruppen-Plan ist ein von Huck und Chuang (1977) vorgeschlagener Plan, der sog. *„Posttesteffekte"* prüft. Gemeint sind hiermit Veränderungen der Treatmentwirkung, die mit der Erwartung verknüpft sind, nach Abschluß des Treatments getestet, geprüft oder untersucht zu werden. Da jedoch die Treatmentwirkung die Posttestmessung überhaupt nicht erfaßbar und damit ein Vergleich von Untersuchungsteilnehmern mit Posttest und ohne Posttest nicht möglich ist, schlagen die Autoren vor, Untersuchungsteilnehmer mit doppeltem Posttest und einfachem Posttest zu vergleichen.

Hierarchische Pläne

Nur selten werden alle Hypothesen, die ein vollständiger mehrfaktorieller Plan prüft, tatsächlich vor Untersuchungsbeginn explizit formuliert. Meistens sind es Interaktionen höherer Ordnung, über deren Gestalt der Untersuchende keine Hypothesen formulieren kann oder will, weil sie ihn nicht interessieren. Dennoch werden viele Fragestellungen mit vollständigen, mehrfaktoriellen Untersuchungen geprüft, obwohl dieser Untersuchungsplan mehr Fragen beantwortet als ursprünglich gestellt wurden.

Dieser „Luxus" erfordert einen untersuchungstechnischen Aufwand, der sich reduzieren läßt, wenn man statt vollständiger, mehrfaktorieller Pläne unvollständige Pläne einsetzen kann, die nur einige der möglichen Faktorstufenkombinationen berücksichtigen. Zu diesen unvollständigen Plänen gehören die hierarchischen und die im nächsten

Abschnitt zu behandelnden quadratischen Pläne. Beide Planvarianten können experimentell oder quasiexperimentell aufgebaut sein (vgl. S. 57 ff.).

Zweifaktorielle Pläne: Abbildung 49 verdeutlicht einen *zweifaktoriellen, hierarchischen Versuchsplan*. Hier werden nicht alle Stufen des Faktors B mit allen Stufen von A kombiniert, sondern 2 Stufen von B mit A_1, 2 weitere Stufen von B mit A_2 und die letzten beiden der 6 B-Stufen mit A_3. Allgemein: Jede der p Stufen eines Faktors A ist mit anderen q Stufen eines Faktors B kombiniert. Wir sagen: Die Stufen des Faktors B sind unter die Stufen des Faktors A „geschachtelt" (englisch: „nested").

Mit diesem Plan lassen sich beispielsweise die Hypothesen überprüfen, daß die Studierenden die Rechtschreibleistung am Computer (operationalisiert als Anzahl der Rechtschreibfehler pro getippter Seite) von der Länge des Textdidakts (Faktor A: 1 Seite, 3 Seiten, 15 Seiten) und vom verwendeten Rechtschreibkorrekturprogramm (Faktor B: sechs verschiedene Spell Checkers) abhängt, wobei jeweils zwei Rechtschreibkorrekturprogramme den drei Textvarianten zugeordnet sind.

Der Vorteil dieser Untersuchungsanlage liegt auf der Hand. Statt der 18 Stichproben, die ein vollständiger zweifaktorieller Plan zur Überprüfung der genannten Hypothesen erfordert, kommt der hierarchische Plan mit nur 6 Stichproben aus. Hierarchische Pläne erfordern also weniger Untersuchungsteilnehmer als vollständige Pläne.

Diesem Vorteil steht jedoch ein gravierender Nachteil gegenüber. Unterschiede zwischen den Stufen des Faktors A sind nur in Verbindung mit den jeweiligen Stufen des Faktors B, die unter die entsprechenden Stufen des Faktors A geschachtelt sind, interpretierbar. Der Effekt, den die Länge des Textes auslöst, gilt nur für die Rechtschreibkorrekturprogramme, mit denen der jeweilige Text geschrieben wurde. In ähnlicher Weise kön-

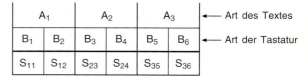

Abb. 49. Zweifaktorieller, hierarchischer Plan

nen auch Unterschiede zwischen den Stufen von B durch Effekte des Faktors A überlagert sein. Die Faktoren A und B sind nur dann eindeutig interpretierbar, wenn Texteffekte von der Art der Spell Checkers und Spell-Checkers-Effekte von der Art der Texte unabhängig sind oder kurz: wenn zwischen den Faktoren keine Interaktion besteht.

Interaktionen sind jedoch in hierarchischen Plänen statistisch nicht überprüfbar. Die Interpretierbarkeit eines hierarchischen Versuchsplans hängt deshalb davon ab, ob sich theoretisch rechtfertigen oder durch andere Untersuchungen belegen läßt, daß Interaktionen höchst unwahrscheinlich sind.

Angesichts dieser Einschränkungen könnte man den praktischen Wert hierarchischer Versuchspläne bezweifeln. Dem ist entgegenzuhalten, daß manche Fragestellungen überhaupt nur mit hierarchischen Plänen überprüfbar sind, weil die vollständige Kombination der Faktorstufen unsinnig oder unmöglich wäre. Eine Untersuchung, die – etwa im Rahmen einer multizentrischen Studie – die Wirksamkeit verschiedener therapeutischer Techniken überprüft, kann darauf angewiesen sein, Kliniken zu finden, die sich auf die zu vergleichenden Therapien spezialisiert haben. Bei dieser Fragestellung wäre es unrealistisch, davon auszugehen, daß jede Klinik jede der zu untersuchenden Therapien praktiziert. Man könnte vielmehr feststellen, daß Therapie A_1 in den Kliniken B_1, B_2 und B_3, Therapie A_2 in den Kliniken B_4, B_5 und B_6 etc. zum Einsatz gelangen, d.h. für die Untersuchung kommt prinzipiell nur ein hierarchischer Plan in Frage.

Erweist sich der Haupteffekt „Therapieart" als signifikant, ist dieses Ergebnis nur in Verbindung mit denjenigen Kliniken, die die untersuchten Therapien praktizieren, interpretierbar. Umgekehrt muß bei bedeutsamen Klinikunterschieden in Rechnung gestellt werden, daß die Kliniken verschiedene Therapien einsetzen. Diese interpre-

tativen Vorbehalte entfallen, wenn man davon ausgehen kann, daß zwischen den Faktoren „Therapieart" und „Kliniken" keine Interaktion besteht, daß also die Wirksamkeit einer Therapie nicht davon abhängt, in welcher Klinik sie durchgeführt wird.

Dreifaktorielle Pläne: Von einem vollständig hierarchischen, dreifaktoriellen Plan spricht man, wenn nicht nur die Stufen des Faktors B unter die Stufen des Faktors A, sondern auch die Stufen eines dritten Faktors C unter die Stufen von B geschachtelt sind. Im zuletzt genannten Beispiel könnte man sich zusätzlich dafür interessieren, ob der Therapieerfolg auch vom behandelnden Arzt (Therapeuten) abhängt. Erneut müssen wir davon ausgehen, daß ein Arzt nicht alle untersuchten Therapien beherrscht und schon gar nicht gleichzeitig in allen untersuchten Kliniken praktiziert, d.h. auch dieser Faktor läßt sich nicht vollständig mit allen Stufen der beiden übrigen Faktoren kombinieren. Man wird deshalb pro Klinik verschiedene Ärzte auswählen und erhält damit den in Abb. 50 dargestellten Untersuchungsplan (mit $p = 3$ verschiedenen Therapien, $q = 2$ Kliniken pro Therapie und $r = 3$ Ärzten pro Klinik).

Gegenüber dem entsprechenden vollständigen, dreifaktoriellen Plan mit $3 \cdot 6 \cdot 18 = 324$ Patientenstichproben des Umfanges n benötigt der hierarchische Plan nur 18 Stichproben. Überprüfbar sind mit diesem Plan nur die drei Haupteffekte, deren Interpretation den gleichen Restriktionen unterliegt wie die Haupteffekte eines zweifaktoriellen hierarchischen Planes.

Teilhierarchische Pläne: Läßt sich im Beispiel die Hypothese begründen, daß der Therapieerfolg zusätzlich auch vom Geschlecht der Patienten (oder einem anderen Merkmal) abhängt, ist es ratsam, die Untersuchung nach einem mehrfaktoriellen,

A₁						A₂						A₃						← Therapien
B_1			B_2			B_3			B_4			B_5			B_6			← Kliniken
C_1	C_2	C_3	C_4	C_5	C_6	C_7	C_8	C_9	C_{10}	C_{11}	C_{12}	C_{13}	C_{14}	C_{15}	C_{16}	C_{17}	C_{18}	← Ärzte
S_{111}	S_{112}	S_{113}	S_{124}	S_{125}	S_{126}	S_{237}	S_{238}	S_{239}	S_{2410}	S_{2411}	S_{2412}	S_{3513}	S_{3514}	S_{3515}	S_{3616}	S_{3617}	S_{3618}	

Abb. 50. Dreifaktorieller, vollständiger hierarchischer Plan

	A₁		A₂		A₃		
	B_1	B_2	B_3	B_4	B_5	B_6	← Kliniken
C_1 (weiblich)	S_{111}	S_{121}	S_{231}	S_{241}	S_{351}	S_{361}	
C_2 (männlich)	S_{112}	S_{122}	S_{232}	S_{242}	S_{352}	S_{362}	

(oberste Zeile: ← Therapien)

Abb. 51. Dreifaktorieller, teilhierarchischer Plan

teilhierarchischen Plan anzulegen. Der Plan heißt deshalb teilhierarchisch, weil der Geschlechtsfaktor mit allen drei Faktoren kombinierbar ist. Verzichten wir auf den Ärztefaktor, resultiert der in Abb. 51 wiedergegebene dreifaktorielle, teilhierarchische Plan.

Mit diesem Plan überprüft man nicht nur die drei Haupteffekte, sondern zusätzlich auch die Interaktionen zwischen denjenigen Faktoren, die vollständig miteinander kombiniert sind (im Beispiel: A×C und B×C).

Über die Auswertung von hierarchischen und teilhierarchischen Untersuchungsplänen wird z.B. bei Bortz (1999, Kap. 11.1) berichtet.

> **!** In *hierarchischen Plänen* können nur Haupteffekte geprüft werden. Signifikante Haupteffekte sollten nur interpretiert werden, wenn Interaktionen unwahrscheinlich sind.

Quadratische Pläne

Das Untersuchungsschema eines zweifaktoriellen Plans, der zwei Faktoren mit gleicher Stufenzahl kontrolliert, läßt sich als ein Quadrat darstellen. Wenn jeder Faktor p Stufen aufweist, erfordert dieser Plan p^2 Stichproben des Umfangs n. Er überprüft zwei Haupteffekthypothesen und eine Interaktion. Mit dem gleichen Aufwand an Untersuchungsteilnehmern lassen sich jedoch auch drei Haupteffekthypothesen testen, vorausgesetzt, alle Faktoren haben die gleiche Stufenzahl. Das hierfür erforderliche Untersuchungsschema ist in Abb. 52 wiedergegeben.

Lateinische Quadrate: Der in Abb. 52 dargestellte Plan geht davon aus, daß jeder Faktor vier Stufen hat, d.h. insgesamt benötigt der Plan 16 Stichproben. Die erste Stichprobe wird der Faktorstufenkombination $A_1 B_1 C_1$ zugewiesen, die zweite Stichprobe der Kombination $A_1 B_2 C_2$, die dritte Stichprobe der Kombination $A_1 B_3 C_3$ usf. Wie man

	A₁	A₂	A₃	A₄
B_1	C_1	C_2	C_3	C_4
B_2	C_2	C_3	C_4	C_1
B_3	C_3	C_4	C_1	C_2
B_4	C_4	C_1	C_2	C_3

Abb. 52. Lateinisches Quadrat (p=4)

dem Untersuchungsschema leicht entnehmen kann, ist jede Stufe eines jeden Faktors mit allen Stufen der beiden übrigen Faktoren vollständig kombiniert. Man sagt, der Plan ist in bezug auf die Haupteffekte *ausbalanciert*. Pläne dieser Art heißen lateinische Quadrate.

Als Beispiel für ein lateinisches Quadrat (mit p = 3) wählen wir folgende quasiexperimentelle Untersuchung: Es soll überprüft werden, ob die Einstellung zur Atomenergie von

1. der in einem Haushalt zur Wärmeerzeugung genutzten Energieart (Faktor A: Kohle, Öl, elektrischer Strom),
2. dem Lebensalter (Jugend-, Erwachsenen-, Seniorenalter) und/oder
3. der Wohngegend (ländlich, kleinstädtisch, großstädtisch)

abhängt.

Man benötigt damit Stichproben aus folgenden Populationen:

Stichprobe 1: Kohle-Jugendalter-ländlich
Stichprobe 2: Kohle-Erwachsenenalter-kleinstädtisch
Stichprobe 3: Kohle-Seniorenalter-großstädtisch
Stichprobe 4: Öl-Jugendalter-kleinstädtisch
:
Stichprobe 9: Strom-Seniorenalter-kleinstädtisch.

Als Konstruktionsprinzip für die Erstellung eines lateinischen Quadrates wählt man einfachheitshalber die sog. zyklische Permutation. Hierbei enthält die erste Zeile des lateinischen Quadrates die C-Stufen in natürlicher Abfolge. Die zweite Zeile bilden wir, indem zu den Indizes der ersten Zeile der Wert 1 addiert und von dem Index, der durch die Addition den Wert $p+1$ erhält, p abgezogen wird. Wird die zweite Zeile in gleicher Weise geändert, resultiert die dritte Zeile usw. Man erhält so eine Anordnung, die als Standardform eines lateinischen Quadrates bezeichnet wird. Für ein lateinisches Quadrat mit fünf Stufen ergibt sich folgende Standardform für die Abfolge der C-Stufen:

C_1 C_2 C_3 C_4 C_5
C_2 C_3 C_4 C_5 C_1
C_3 C_4 C_5 C_1 C_2
C_4 C_5 C_1 C_2 C_3
C_5 C_1 C_2 C_3 C_4

(Auf die Eintragung der Faktoren A und B wurde verzichtet.)

Vollständige faktorielle Pläne sind nicht nur in bezug auf die Haupteffekte, sondern auch in bezug auf die Interaktionen ausbalanciert. Letzteres gilt nicht für lateinische Quadrate. Wie man Abb. 50 leicht entnehmen kann, ist z. B. die Stufe C_1 nur mit $A_1 B_1$, $A_4 B_2$, $A_3 B_3$ und $A_2 B_4$ kombiniert. Die verbleibenden 12 A×B-Kombinationen sind mit anderen C-Stufen verbunden. Dies hat nicht nur zur Folge, daß in lateinischen Quadraten keine Interaktionshypothesen geprüft werden können; zusätzlich sind die Haupteffekte nur dann eindeutig interpretierbar, wenn die Interaktionen zwischen den Faktoren zu vernachlässigen sind.

Griechisch-lateinische Quadrate: Neben der Standardform gibt es weitere Anordnungen, die ebenfalls den Anforderungen eines lateinischen Quadrates

genügen (ausbalanciert in bezug auf die Haupteffekte). Ein sog. „griechisch-lateinisches Quadrat" entsteht, wenn man 2 lateinische Quadrate kombiniert und diese zueinander orthogonal sind; 2 lateinische Quadrate sind orthogonal, wenn deren Kombination zu einer neuen Anordnung führt, in der jede Zweierkombination der Faktorstufen genau einmal vorkommt. Der Unterschied zwischen orthogonalen und nicht-orthogonalen lateinischen Quadraten wird in Abb. 53 verdeutlicht.

Die beiden rechts aufgeführten lateinischen Quadrate bezeichnet man als nicht-orthogonal, weil deren Kombination zu einer Anordnung führt, in der sich die Faktorstufenpaare $A_1 B_2$, $A_2 B_3$ und $A_3 B_1$ jeweils dreimal wiederholen. Die beiden linken lateinischen Quadrate hingegen sind orthogonal, denn deren Kombination enthält alle Faktorstufenpaare.

Mit griechisch-lateinischen Quadraten können in einer Untersuchung vier Faktoren kontrolliert werden. Will man beispielsweise experimentell überprüfen, wie sich vier verschiedene Lärmbedingungen (Faktor A), vier Temperaturbedingungen (Faktor B), vier Beleuchtungsbedingungen (Faktor C) und vier Luftfeuchtigkeitsbedingungen (Faktor D) auf die Arbeitszufriedenheit von Fließbandarbeitern auswirken, kann statt eines vollständigen, vierfaktoriellen Planes das in Abb. 54 dargestellt, weniger aufwendige griechisch-lateinische Quadrat eingesetzt werden.

Statt der $4^4 = 256$ Stichproben des Umfanges n im vollständigen Plan kommt das griechisch-lateinische Quadrat mit nur 16 Stichproben aus. Mit jeder dieser 16 Stichproben wird eine andere Kombi-

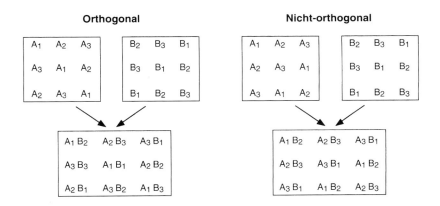

Abb. 53. Orthogonale und nicht-orthogonale lateinische Quadrate

	A_1	A_2	A_3	A_4
B_1	$C_1\ D_1$	$C_2\ D_3$	$C_3\ D_4$	$C_4\ D_2$
B_2	$C_2\ D_2$	$C_1\ D_4$	$C_4\ D_3$	$C_3\ D_1$
B_3	$C_3\ D_3$	$C_4\ D_1$	$C_1\ D_2$	$C_2\ D_4$
B_4	$C_4\ D_4$	$C_3\ D_2$	$C_2\ D_1$	$C_1\ D_3$

Abb. 54. Griechisch-lateinisches Quadrat (p=4)

nation der vier Faktoren untersucht. Die Kombinationen sind so zusammengestellt, daß die Stufen eines jeden Faktors mit allen Stufen der verbleibenden drei Faktoren genau einmal verbunden sind, d. h. auch dieser Plan ist in bezug auf die Haupteffekte ausbalanciert. Interaktionen sind erneut nicht prüfbar und sollten für eine bessere Interpretierbarkeit der Haupteffekte zu vernachlässigen sein.

Untersuchungen nach dem Schema eines griechisch-lateinischen Quadrates sind durchführbar, wenn die Faktorstufenzahl aller Faktoren gleich ist und die Konstruktion zweier orthogonaler lateinischer Quadrate zuläßt. Dies ist nur der Fall, wenn die Faktorstufenzahl als ganzzahlige Potenz einer Primzahl darstellbar ist (z. B. $p = 3 = 3^1$, $p = 4 = 2^2$, $p = 5 = 5^1$ etc.). Für $p = 6$ und $p = 10$ lassen sich beispielsweise keine griechisch-lateinischen Quadrate konstruieren. (Näheres hierzu vgl. z. B. Cochran und Cox, 1966, S. 146 ff.)

Über die statistische Auswertung lateinischer bzw. griechisch-lateinischer Quadrate wird z. B. bei Bortz (1999, Kap. 11.2 u. 11.3) berichtet.

> **!** *Quadratische Pläne* sind eine Sonderform der unvollständigen Pläne, bei denen alle Faktoren die gleiche Stufenzahl aufweisen. Mit Plänen dieser Art können nur Haupteffekte überprüft werden.

Pläne mit Kontrollvariablen

Der Katalog von Maßnahmen zur Erhöhung der internen Validität einer Untersuchung (vgl. S. 527 f.) enthält eine Technik, bei der die Untersuchungsteilnehmer bezüglich einer personengebundenen Störvariablen in möglichst homogene Gruppen (Blöcke) eingeteilt werden. Dies führte zu den auf S. 536 f. behandelten, mehrfaktoriellen Plänen mit Kontrollfaktoren.

Bei kontinuierlichen Störvariablen (Alter, Testwerte, etc.) führt diese Blockbildung zu einem Informationsverlust, denn Untersuchungsteilnehmer innerhalb eines Blocks (z. B. in einer Altersgruppe) werden so behandelt, als wäre die Störvariable bei diesen Untersuchungsteilnehmern gleich ausgeprägt. Genauer ist eine Vorgehensweise, welche die tatsächlichen Ausprägungen der Störvariablen bei allen Untersuchungsteilnehmern vollständig berücksichtigt. Dies können auch untersuchungsbedingte Störvariabeln sein, wenn die Störungen personenspezifisch auftreten und individuell registriert werden.

Störvariablen dieser Art können mit einer *kovarianzanalytischen Auswertung* statistisch kontrolliert werden. Läßt sich schon vor der Untersuchung ein Merkmal identifizieren, das die abhängige Variable vermutlich ebenfalls beeinflußt, wird dieses als Kontrollvariable vorsorglich miterhoben, um nach der Untersuchung die abhängige Variable bezüglich dieser Kontrollvariablen statistisch zu „bereinigen". Die Eliminierung des Einflusses einer Kontrollvariablen auf die abhängige Variable geschieht regressionstechnisch; sie entspricht dem Prinzip einer Partialkorrelation (vgl. S. 511) zwischen der unabhängigen Variablen und der abhängigen Variablen unter Ausschaltung der Kontrollvariablen.

> **!** Eine Kontrollvariable ist eine Störvariable, deren Einfluß mittels Kovarianzanalyse aus der abhängigen Variablen herausgerechnet (herauspartialisiert) wird.

Will man beispielsweise den Behandlungserfolg verschiedener psychotherapeutischer Techniken evaluieren und hält es für wahrscheinlich, daß die Heilerfolge auch von der Verbalisierungsfähigkeit der Patienten abhängen, wird diese als Kontrollvariable miterhoben. Die kovarianzanalytische Auswertung der Untersuchung führt zu Ergebnissen, die die Wirkung der psychotherapeutischen Methoden unabhängig von den Verbalfähigkeiten der untersuchten Patienten widerspiegeln.

Bei experimentellen Untersuchungen, die die Randomisierung der Untersuchungsteilnehmer zulassen, ist – wie auf S. 525 ff. erwähnt – die interne Validität durch personengebundene Störvariablen weniger gefährdet als bei quasiexperimentellen Untersuchungen. Kovarianzanalytische Auswertungen kommen deshalb in quasiexperimentellen Untersuchungen häufiger zum Einsatz als in experimentellen Untersuchungen. Hier hat die kovarianzanalytische Berücksichtigung einer Kontrollvariablen in erster Linie die Funktion, die Fehlervarianz der abhängigen Variablen zu reduzieren (näheres hierzu vgl. z. B. Bortz, 1999, Kap. 10).

Grundsätzlich besteht auch die Möglichkeit, in einer Untersuchung mehrere Kontrollvariablen zu berücksichtigen. Das kovarianzanalytische Auswertungsmodell entspricht dann dem einer Partialkorrelation höherer Ordnung. Qualitative, nominalskalierte Kontrollvariablen können ebenfalls kovarianzanalytisch verarbeitet werden, wenn sie zuvor als Dummy-Variablen kodiert wurden (vgl. Tafel 47).

Man beachte allerdings, daß die Kontrollvariablen mit der abhängigen und nicht mit der unabhängigen Variablen korrelieren. Eine Korrelation zwischen der unabhängigen Variablen und einer Kontrollvariablen kann den eigentlich interessierenden Effekt reduzieren oder gar zum Verschwinden bringen (vgl. hierzu auch Lieberson, 1985).

In Sonderfällen kann es jedoch erwünscht sein, einen Effekt durch das Herauspartialisieren einer Kontrollvariablen „zum Verschwinden" zu bringen. Dies ist immer dann der Fall, wenn die Forschungshypothese der Nullhypothese entspricht und sich ein unerwarteter Effekt einstellt, den man aufgrund des theoretischen Vorwissens zunächst nicht zum Anlaß nehmen will, die Nullhypothese zu falsifizieren. Beispiel: In einer wissenschaftssoziologischen Untersuchung werden Publikationsregeln und Publikationsverhalten in unterschiedlichen Fachdisziplinen verglichen. Dabei könnte sich herausstellen, daß die in der Studie erfaßten medizinischen Forschungsinstitute im Durchschnitt signifikant mehr Publikationen aufweisen als die pharmakologischen. Bevor dieser Effekt interpretiert wird (etwa mit einem „oberflächlicheren Stil" der Arbeiten oder weniger strenge Begutachtungsmaßstäbe), versucht man zu klären, ob es sich bei dem Effekt möglicherweise um ein Artefakt handelt. So wäre es z. B. möglich, daß die untersuchten medizinischen Forschungseinrichtungen einfach besser mit Hilfskräften ausgestattet sind und es sich somit nicht um einen fachspezifischen Effekt, sondern allein um einen personellen Ausstattungsfaktor handelt. Ein Herauspartialisieren der Anzahl der den For-

schern zugeordneten Hilfskraftstellen müßte im Falle eines Artefaktes die Gruppenunterschiede nivellieren.

Die Kovarianzanalyse ist an einige Voraussetzungen geknüpft, die die Breite ihrer Einsatzmöglichkeiten einschränken (vgl. z. B. Bortz, 1999, Kap. 10.2). Erweist sich das kovarianzanalytische Auswertungsmodell für eine konkrete Untersuchung als unangemessen, sollte das Block-Bildungs-Verfahren (Randomized Block Design, S. 536 f.) vorgezogen werden. (Ausführliche Informationen zum Vergleich Kovarianzanalyse und Randomized Block Design findet man z. B. bei Feldt, 1958.)

Multivariate Pläne

Alle bisher behandelten Pläne zur Überprüfung von Unterschiedshypothesen gingen davon aus, daß jeweils nur *eine* abhängige Variable untersucht wird. Man bezeichnet sie deshalb auch als *univariate* Pläne, wobei es unerheblich ist, ob nur eine (einfaktorieller Plan) oder mehrere (mehrfaktorieller Plan) unabhängige Variablen geprüft werden. Ein Plan heißt *multivariat*, wenn man in einer Untersuchung *mehrere abhängige Variablen* erhebt.

Viele Unterschiedshypothesen können angemessen nur multivariat formuliert werden. Der Vorteil des multivariaten Ansatzes gegenüber dem univariaten Ansatzes ist darin zu sehen, daß er die wechselseitigen Beziehungen der abhängigen Variablen untereinander berücksichtigt und aufdeckt. Dies kann besonders wichtig sein, wenn die abhängige Variable komplex ist und sich sinnvoll nur durch mehrere operationale Indikatoren erfassen läßt (vgl. S. 513). Arbeitsleistung, Therapieerfolg, Einstellungen etc. sind Beispiele für komplexe Variablen, die sich mit einem einzigen operationalen Indikator nur sehr ungenau beschreiben lassen.

Hat man für eine komplexe abhängige Variable mehrere operationale Indikatoren definiert (z. B. Arbeitsmenge und Anzahl der Fehler als Indikatoren von Arbeitsleistung), könnte man daran denken, die Unterschiedshypothese in mehreren getrennten, univariaten Analysen zu überprüfen. Neben dem bereits erwähnten Nachteil, daß bei dieser Vorgehensweise die Beziehungen der abhängigen Variablen untereinander unentdeckt bleiben, führt die wiederholte Durchführung univariater Analysen zur Überprüfung einer Hypothese zu gravierenden inferenzstatistischen Problemen. Auf S. 497 wurde berichtet, daß die Alternativhypothese üblicherweise angenommen wird, wenn die a-Fehlerwahrscheinlichkeit kleiner als 5% (1%) ist. Diese läßt sich jedoch nur schwer kalkulieren, wenn über eine Hypothese aufgrund mehrerer Signifikanztests entschieden wird.

Wenn beispielsweise 100 Signifikanztests durchgeführt werden, erwarten wir bei Gültigkeit der Nullhypothese, daß ungefähr fünf Signifikanztests zufällig signifikant werden. Führen nun die Analysen von 10 abhängigen Variablen zu signifikanten Resultaten, kann nicht mehr entschieden werden, welche dieser Signifikanzen „zufällig" und welche „echt" sind, es sei denn, man korrigiert das Signifikanzniveau (näheres hierzu vgl. z.B. Bortz, 1999, Kap. 7.3.3). Diese Schwierigkeiten lassen sich vermeiden, wenn statt vieler univariater Analysen eine multivariate Analyse durchgeführt wird.

Sämtliche hier besprochenen Pläne zur Überprüfung von Unterschiedshypothesen lassen sich zu multivariaten Plänen erweitern. Die aufgeführten Beispiele gelten somit auch für multivariate Pläne, wenn statt einer mehrere abhängige Variablen untersucht werden. Im übrigen gelten die Argumente, die auf S. 515 bei der Gegenüberstellung bivariater und multivariater Zusammenhangshypothesen genannt wurden, für Unterschiedshypothesen analog.

Die Auswertungstechniken für multivariate Pläne sind unter der Bezeichnung „multivariate Varianzanalyse" bzw. „Diskriminanzanalyse" zusammengefaßt (vgl. Anhang B oder Bortz, 1999, Kap. 17 und 18).

> **!** An einem *mehrfaktoriellen Plan* sind mehrere unabhängige Variablen (Faktoren, UVs), an einem *multivariaten Plan* mehrere abhängige Variablen (AVs) beteiligt.

Zusammenfassende Bewertung

Zwei-Gruppen- oder auch Mehr-Gruppenpläne haben eine hohe interne Validität, wenn sie experimentell, d.h. mit randomisierten Gruppen durchgeführt werden. Vergleicht man z.B. eine behandelte Experimentalgruppe und eine nicht-behandelte Kontrollgruppe, kann man davon ausgehen, daß die Differenz der Durchschnittswerte auf der abhängigen Variablen tatsächlich auf den Behandlungs- oder Treatmenteffekt und nicht auf personengebundene Störvariablen zurückgeht. Dies setzt natürlich voraus, daß mögliche untersuchungsbedingte Störvariablen keinen differentiellen Einfluß auf die Ergebnisse von Experimental- und Kontrollgruppe ausüben.

Bei großen Stichproben sorgt das Randomisierungsprinzip dafür, daß sich die verglichenen Stichproben vor der Behandlung nicht oder nur unwesentlich unterscheiden. Handelt es sich jedoch um eher kleine Stichproben ($n<30$), sind zufällige Pretestunterschiede nicht auszuschließen. Parallelisierung, die Bildung von Matched Samples oder das Konstanthalten wichtiger personengebundener Störvariablen sind hier die Methoden der Wahl, die interne Validität zu sichern (vgl. S. 525 ff.). Man beachte jedoch, daß diese Kontrolltechniken zu Lasten der externen Validität gehen können.

Quasiexperimentelle Untersuchungen arbeiten mit natürlichen Gruppen und müssen auf eine Randomisierung verzichten. Hier sind ergänzende Kontrolltechniken zur Sicherung der internen Validität unverzichtbar. Neben den bereits erwähnten Maßnahmen (Parallelisierung, Matching, Konstanthalten) ist sorgfältig nach wichtigen personengebundenen Störvariablen Ausschau zu halten, die als Kontrollvariablen vorsorglich miterhoben und kovarianzanalytisch berücksichtigt werden. Bei diskreten Störvariablen mit nur wenig Stufen ist eine Blockbildung homogener Gruppen in Erwägung zu ziehen.

Faktorielle Pläne tragen insoweit zur Erhöhung der internen Validität bei, als sie die abhängige Variable durch die Berücksichtigung von Interaktionen besser erklären als die Haupteffekte einfaktorieller Pläne. Auch hier gilt natürlich, daß experimentelle Untersuchungen mit randomisierten Stichproben einem quasiexperimentellen Ansatz weit überlegen sind. Alle Kontrollmaßnahmen wie z.B. Matching oder Parallelisieren können nur auf Störvariablen angewendet werden, die bereits bekannt sind. Die Maßnahmen verfehlen ihr Ziel, wenn relevante Störvariablen übersehen wurden oder die als Störvariablen berücksichtigten Merkmale unbedeutend sind. Der große Vorteil der

Randomisierung liegt darin, daß sie pauschal alle personengebundenen Störvariablen ausschalten kann, auch solche, die man gar nicht kennt.

Multivariate Pläne haben im Vergleich zu univariaten Plänen eine höhere externe Validität, weil sie das untersuchte Konstrukt nicht nur über einen, sondern über viele Indikatoren erfassen. Die Ergebnisse sind also besser generalisierbar.

Externe zeitliche Einflüsse, Reifungsprozesse und Testübung (vgl. S. 504f.) sind bei querschnittlichen Untersuchungen zur Überprüfung von Unterschiedshypothesen irrelevant, wenn die Vergleichsgruppen randomisiert wurden. Bei quasiexperimentellen Untersuchungen können sie die Ursache von Pretestunterschieden sein und sollten deshalb mit den oben beschriebenen Maßnahmen kontrolliert werden. Im Zweifelsfall empfiehlt sich der Einsatz eines Solomon-Vier-Gruppen-Planes.

Wie bei allen „Momentaufnahmen" sind querschnittlich ermittelte Untersuchungsergebnisse nur in Grenzen über den Untersuchungszeitpunkt hinaus generalisierbar.

8.2.5 Veränderungshypothesen

Die Analyse von Veränderungen zählt zu den interessantesten, aber auch schwierigsten Aufgaben der Human- und Sozialwissenschaften. Cattell (1966, zit. nach Petermann, 1978) stellte für eine Zufallsauswahl von 100 Zeitschriftenartikeln fest, daß sich hiervon über 50% mit Veränderungsproblemen befassen – eine Tendenz, die nach Baltes et al. (1977) zunehmend an Bedeutung gewinnt.

Beispiele für Hypothesen, die sich auf Veränderungen beziehen, lassen sich mühelos zusammenstellen: Die intensive Auseinandersetzung mit den schädigenden Wirkungen von Nikotin verändert die Rauchgewohnheiten von Rauchern; konservativ eingestellte Menschen verändern ihre Lebensgewohnheiten seltener als „fortschrittliche" Menschen; das Kurzzeitgedächtnis läßt bei älteren Menschen nach; die Anzahl der Krebserkrankungen steigt von Jahr zu Jahr etc.

Arbeiten, die sich mit Methoden zur Überprüfung von Veränderungshypothesen beschäftigen, erscheinen nach wie vor zahlreich. Sie belegen, daß das Problem der Messung von Veränderung nicht einfach zu lösen ist. Cronbach und Furby (1970) kommen resignierend zu dem Schluß, daß man gut beraten sei, auf Veränderungsmessungen gänzlich zu verzichten. Diese pessimistische Einschätzung, die zum überwiegenden Teil auf ein Mißverständnis der mathematisch-statistischen Zusammenhänge bei der Erfassung von Veränderung zurückgeht, trifft die aktuelle Forschungssituation jedoch nur noch bedingt (vgl. S. 552f.).

Die eingangs aufgeführten Beispiele vertreten jeweils einen Abschnitt dieses Teilkapitels. Wir beginnen mit der Überprüfung von Veränderungshypothesen im Rahmen experimenteller Untersuchungen, d.h. also Untersuchungen mit randomisierter Zuweisung der Untersuchungsteilnehmer. Es folgt die Behandlung von Veränderungshypothesen, die nur mit quasiexperimentellen Untersuchungen überprüfbar sind. Eine spezielle Art dieser Hypothesen betrifft alters- bzw. entwicklungsbedingte Veränderungen, die daran anschließend aufgegriffen werden. Wir beenden dieses Teilkapitel mit Veränderungshypothesen, die sich auf viele, zeitlich aufeinanderfolgende Messungen eines Merkmals bzw. auf Zeitreihen beziehen.

Nicht behandelt werden z.B. Untersuchungspläne im Kontext der sog. *„Survival Analysis"*, die sich der Frage widmen, ob bzw. wann bestimmte Ereignisse im Lebenslauf einer Zielpopulation eintreten (z.B. erste Anzeichen für Lungenkrebs bei Rauchern, die „ersten Schritte" bei Kleinkindern, die erste Heirat, das erste Kind etc.). Eine Einführung in diese Thematik und weiterführende Literatur findet man bei Singer und Willett (1991). Mit einer weiteren Thematik befaßt sich die sog. „Ereignisanalyse", bei der die Zeitintervalle zwischen aufeinanderfolgenden Ereignissen untersucht werden (z.B. die Frage, mit welcher Wahrscheinlichkeit einzelne Individuen innerhalb eines festgelegten Zeitraumes den Beruf wechseln). Über diese Technik informieren Blossfeld et al. (1986).

Experimentelle Untersuchungen

Veränderungshypothesen vom Typus „Treatment A bewirkt eine Veränderung der abhängigen Variablen" sind die „klassischen" Hypothesen der Grundlagen-, Interventions- und Evaluationsforschung. Die Ausführungen auf Seite 114 sollten verdeutlicht haben, daß die Überprüfung derartiger Hypothesen mit dem sog. „One-Shot Case Design" (man appliziert das Treatment an einer Stichprobe und prüft anschließend die „Wirkung") aufgrund mangelnder Validität nicht sehr überzeugend ist.

Auch das Ein-Gruppen-Pretest-Posttest-Design (vgl. Tafel 5 oder S. 557 ff.), bei dem zusätzlich vor Anwendung des Treatments ein Pretest durchgeführt wird, ist nur bedingt eine sinnvolle Alternative, weil die Pretest-Posttestdifferenzen nicht nur indikativ für den Treatmenteffekt sind, sondern auch für die Wirksamkeit mehrerer Störgrößen der internen Validität. Hierzu zählen externe zeitliche Einflüsse, Reifungsprozesse, Testübung, statistische Regressionseffekte, Selektionseffekte sowie experimentelle Mortalität (zur Erläuterung dieser Gefährdungen der internen Validität vgl. S. 504 f.).

Ein Treatment: Veränderungshypothesen der genannten Art werden experimentell wie Unterschiedshypothesen geprüft, d.h. man stellt per Randomisierung eine Experimentalgruppe (mit dem zu prüfenden Treatment) und eine Kontrollgruppe (ohne Treatment) zusammen und interpretiert die resultierende Differenz auf der abhängigen Variablen als verändernde Wirkung des Treatments. Zumindest bei großen Stichproben gewährleistet die Randomisierung auch ohne Pretestkontrolle vergleichbare Ausgangsbedingungen für die Experimental- und Kontrollgruppe.

Bezogen auf das eingangs genannte Beispiel würde man also aus der Population der Raucher eine Zufallsstichprobe ziehen und jedes Mitglied dieser Stichprobe per Zufall (z.B. Münzwurf) entweder der Experimentalbedingung (ausführliche Informationen über die schädigende Wirkung des Nikotins) oder der Kontrollbedingung (keine Informationen) zuweisen. Nachträglich festgestellte Unterschiede im Rauchverhalten von Experimental- und Kontrollgruppe reflektieren die verändernde Wirkung des Treatments. Die statistische Überprüfung der Veränderungshypothese erfolgt mit einem t-Test für unabhängige Stichproben.

Pretests sind erforderlich, wenn Zweifel an der korrekten Durchführung der Randomisierungsprozedur bestehen oder die Stichproben zu klein sind, um dem zufälligen Ausgleich personenbedingter Störvariablen in Experimental- und Kontrollgruppe trauen zu können. Wann immer man befürchtet, daß der statistische Fehlerausgleich per Randomisierung nicht sichgestellt ist, daß also die Experimental- und Kontrollgruppen in bezug auf die abhängige Variable vor Applikation des Treatments nicht äquivalent sind, sollten die Vergleichsgruppen wie „natürliche" Gruppen behandelt und nach den Richtlinien quasiexperimenteller Untersuchungen ausgewertet werden. Wie man feststellen kann, ob der Unterschied zwischen den Pretestwerten von Experimental- und Kontrollgruppe genügend klein ist, um von äquivalenten Vergleichsgruppen sprechen zu können, wird bei Rogers et al. (1993) bzw. Wellek (1994) beschrieben („Equivalence Testing").

Mehrere Treatments: Komplexere Veränderungshypothesen beziehen sich nicht nur auf die Wirkung eines Treatments, sondern auf die differentielle Wirkung mehrerer Treatments. Auch diese werden experimentell wie Unterschiedshypothesen geprüft. Solange durch Randomisierung sichergestellt ist, daß sich die Treatmentgruppen (und ggf. die Kontrollgruppe) vor der Behandlung bezüglich der abhängigen Variablen gleichen, sind Posttestunterschiede zwischen den Gruppen indikativ für verändernde Wirkungen der einzelnen Treatments. Der auf S. 530 f. beschriebenen Mehr-Gruppen-Plan entscheidet damit über die Richtigkeit der Veränderungshypothese.

Der Sachverhalt, daß Posttestunterschiede bei identischen, durchschnittlichen Pretestwerten aller zu vergleichenden Gruppen Veränderung bedeuten, gilt auch für Veränderungshypothesen, die mit mehrfaktoriellen, hierarchischen oder quadratischen Plänen überprüft werden. (Beispiel: Es wird die Hypothese getestet, daß eine Therapieform A_1 nur in Verbindung mit einem Psychopharmakon B_1 Ängstlichkeit reduziert und daß eine andere Therapieform A_2 nur in Verbindung mit einem Präparat B_2 wirksam ist. Diese Interaktionshypothese sagt damit unterschiedliche Wirkungen für verschiedene Kombinationen von Behandlungsarten voraus. Haben die zu vergleichenden Patientengruppen vor der Behandlung per Randomisierung im Durchschnitt gleiche Ängstlichkeitswerte, bestätigt ein entsprechendes signifikantes Interaktionspattern der Posttestwerte diese Hypothese.)

> **!** In experimentellen Untersuchungen mit großen Stichproben ist durch die Randomisierung Äquivalenz der zu vergleichenden Gruppen gewährleistet. Man kann deshalb auf Pretest-Messungen verzichten und hypothesenkonforme Posttest-Unterschiede als *Bestätigung der Veränderungshypothese* interpretieren.

Mehrere Messungen: Häufig genügt es nicht, die verändernde Wirkung eines Treatments mit nur einer Posttestmessung nachzuweisen. Eine Entzugstherapie für Raucher mag zwar kurzfristig zu einer Veränderung der Rauchgewohnheiten führen; der tatsächliche Wert dieser Therapie wird jedoch erst deutlich, wenn sie den Tabakkonsum längerfristig reduziert bzw. letztlich zum Einstellen des Rauchens führt.

Hypothesen, die sich wie diese auf langfristige Veränderungen beziehen oder auch Hypothesen, die Veränderungen nach mehrfacher Anwendung eines Treatments beinhalten, untersucht man sinnvollerweise durch wiederholte Messungen der abhängigen Variablen. Für den einfachen Vergleich einer randomisierten Experimentalgruppe (S_1) mit einer randomisierten Kontrollgruppe (S_2) resultiert dann das in Abb. 55 wiedergegebene Untersuchungsschema.

Oberflächlich ähnelt dieser Plan dem in Abb. 43 wiedergegebenen zweifaktoriellen Untersuchungsplan; dennoch besteht zwischen beiden Plänen ein gravierender Unterschied: Der zweifaktorielle Plan ohne Meßwiederholungen untersucht für jede Faktorstufenkombination eine andere Stichprobe, während im Meßwiederholungsplan dieselben Stichproben mehrfach untersucht werden.

Man muß allerdings bei wiederholten Messungen einer abhängigen Variablen mit Transfereffekten (Ermüdung, Lerneffekte, Motivationsverlust etc.) rechnen, die die eigentliche Treatmentwirkung verzerren können. Würde man im Raucherbeispiel zur Messung der abhängigen Variablen „Anzahl täglich gerauchter Zigaretten" ein „Zigarettentagebuch" führen lassen, könnte allein das Tagebuch zu einem veränderten Rauchverhalten führen – etwa durch das ständige Bewußtmachen des Zigarettenkonsums. In diesem Falle wäre dem Meßwiederholungsplan ein *Blockplan* vorzuziehen.

Wenn im Meßwiederholungsplan beispielsweise 50 Raucher unter Experimentalbedingung und 50 Raucher unter Kontrollbedingung 10 Wochen lang pro Woche einmal beobachtet werden sollten, würde man für einen analogen Blockplan 2×50 Blöcke à 10 Personen benötigen. Die 10 Personen eines jedes Blockes sollten bezüglich untersuchungsrelevanter Störvariablen (Alter, Geschlecht, Anzahl täglich gerauchter Zigaretten, Dauer des Rauchens etc.) parallelisiert sein (*Matched Samples*). Es wird für jede Person eines jeden Blockes per Zufall entschieden, in welcher Woche die abhängige Variable gemessen wird (Tagebuch führen) und welcher Bedingung (Experimental- oder Kontrollbedingung) der Block zugeordnet wird. Jede Person wird also nur einmal untersucht und nicht 10mal wie im Meßwiederholungsplan. In beiden Plänen erhält man 1000 Messungen der abhängigen Variablen: Im Meßwiederholungsplan 10 Messungen von 100 Personen und im Blockplan 1 Messung von 1000 Personen. In beiden Plänen dauert die Untersuchung pro Person 10 Wochen, wobei den Personen unter der Kontrollbedingung zum Untersuchungsbeginn lediglich mitgeteilt wird, daß sie an einer Studie teilnehmen.

> ! Wenn bei wiederholter Untersuchung der Untersuchungsteilnehmer Transfereffekte drohen, sollte ein *Blockplan* eingesetzt werden. Die k-fache Messung eines Untersuchungsteilnehmers wird hierbei durch Einzelmessungen von k Untersuchungsteilnehmern ersetzt, wobei die k Untersuchungsteilnehmer eines Blockes parallelisiert sind (Matched Samples) und zufällig den k Meßzeitpunkten zugeordnet werden. Die Blöcke werden zufällig der Experimental- bzw. Kontrollbedingung zugeordnet.

Für die statistische Auswertung diese Blockplanes oder eines Meßwiederholungsplanes wird üblicherweise eine spezielle Variante der Varianzanalyse, die *Varianzanalyse mit Meßwiederholung* (Repeated Measurements Analysis) eingesetzt. Über die Entwicklungsgeschichte dieses Verfahrens berichtet Lovie (1981). Es setzt u.a. voraus, daß die zu verschiedenen Zeitpunkten erhobenen

	1. Posttest-Messung	2. Posttest-Messung	...	letzte Post-testmessung
Experimentalgruppe	S_1	S_1	...	S_1
Kontrollgruppe	S_2	S_2	...	S_2

Abb. 55. Zweifaktorieller Meßwiederholungsplan mit Experimentalgruppe und Kontrollgruppe

Messungen gleichförmig miteinander korrelieren, daß also z.B. die erste Messung mit der zweiten Messung genau so hoch korreliert wie mit der letzten Messung – eine Voraussetzung, die in vielen Meßwiederholungsplänen verletzt ist (vgl. z.B. Ludwig, 1979). Wie man diese Voraussetzung überprüft und wie zu verfahren ist, wenn das Datenmaterial diesen Voraussetzungen nicht genügt, wird z.B. bei Bortz (1999, Kap. 9) näher erläutert.

Ferner wird vorausgesetzt, daß die individuellen Datensätze vollständig sind, daß also von allen Untersuchungsteilnehmern zu allen Meßzeitpunkten Messungen vorliegen. Möglichkeiten, mit unvollständigen Datensätzen (*Missing Data*) umzugehen, werden bei Hedeker und Gibbons (1997) erörtert.

Veränderungshypothesen, die wie in Abb. 55 mit zweifaktoriellen Meßwiederholungsplänen überprüft werden, gelten als bestätigt, wenn der Haupteffekt „Experimental- vs. Kontrollgruppe" signifikant ist (in diesem Falle unterscheiden sich die beiden Gruppen gleichförmig über alle Messungen hinweg), oder die Interaktion zwischen dem Gruppierungsfaktor und dem Meßwiederholungsfaktor statistisch bedeutsam ist (was ein Beleg dafür wäre, daß sich die Experimentalgruppe im Verlauf der Zeit anders verändert als die Kontrollgruppe).

Der einfache Zwei-Gruppen-Plan mit mehrfacher Meßwiederholung läßt sich zu einem Mehr-Gruppen-Meßwiederholungsplan erweitern, wenn die verändernden Wirkungen mehrerer Treatments zu vergleichen sind. Des weiteren können die Untersuchungsteilnehmer nach den Kombinationen der Stufen mehrerer Faktoren gruppiert sein.

Meßwiederholungspläne werden nicht nur für die Überprüfung von Veränderungshypothesen im engeren Sinne benötigt (ein Treatment verändert die abhängige Variable), sondern können generell eingesetzt werden, wenn von einer Stichprobe wiederholte Messungen erhoben werden. Auf S. 532 erwähnten wir ein Beispiel, bei dem es um die Ablesbarkeit von Anzeigegeräten ging, die sich bezüglich der Faktoren A („Form") und B („Art der Zahlendarstellung") unterschieden. Es wurde ein zweifaktorieller Plan vorgestellt, der die Unterschiedshypothese überprüft, die Ablesefehler seien von der Form des Anzeigegerätes sowie der Art der Zahlendarstellung abhängig. Dieser Plan benötigte $3 \cdot 3$ (bzw. allgemein $p \cdot q$) Stichproben.

Die gleiche Unterschiedshypothese ließe sich auch mit einem Meßwiederholungsplan prüfen, in dem eine Stichprobe z.B. alle zur Stufe A_1 gehörenden Anzeigegeräte, eine weitere Stichprobe alle zur Stufe A_2 gehörenden Anzeigegeräte usf. beurteilt. Statt der 2 Stichproben in Abb. 55 benötigt man also p Stichproben, die jeweils q Anzeigegeräte beurteilen.

Kontrolle von Sequenzeffekten: Bei Untersuchungen, in denen von einer Stichprobe unter mehreren Untersuchungsbedingungen Messungen erhoben werden, kann die Abfolge der Untersuchungsbedingungen von ausschlaggebender Bedeutung sein. Zur Kontrolle derartiger *Sequenzeffekte* empfiehlt sich der in Abb. 56 wiedergegebene experimentelle Untersuchungsplan.

Mit diesem Plan wird der Einfluß von drei verschiedenen Abfolgen ermittelt. Jeder Abfolge wird eine Zufallsstichprobe zugewiesen, die die Untersuchungsbedingungen in der entsprechenden Reihenfolge erhält. (Man beachte, daß das in Abb. 56 wiedergegebene Datenschema nur eine Abfolge: A_1, $A_2 \ldots A_p$ enthält, d.h. die Untersuchungsergebnisse der einzelnen Stichproben müssen für dieses Datenschema jeweils „umsortiert" werden.) Unterscheiden sich die Stichproben nicht bzw. ist der „Abfolge-Faktor" nicht signifikant, ist die Reihenfolge der Untersuchungsbedingungen unerheblich. Eine Interaktion zwischen den Untersuchungsbedingungen und den Abfolgen weist auf *Positionseffekte* hin, mit denen man beispielsweise rechnen muß, wenn die Untersuchungsteilnehmer im Verlauf der Untersuchung ermüden, so daß z.B. auf die erste Untersuchungsbedingung unabhängig von der Art dieser Bedingung anders reagiert wird als auf die letzte.

	A_1	A_2	A_3	...	A_p
Abfolge 1	S_1	S_1	S_1	...	S_1
Abfolge 2	S_2	S_2	S_2	...	S_2
Abfolge 3	S_3	S_3	S_3	...	S_3

Abb. 56. Zweifaktorieller Meßwiederholungsplan zur Kontrolle von Sequenzeffekten

> **!** Durchläuft dieselbe Person nacheinander mehrere Untersuchungsbedingungen, können *Sequenzeffekte* auftreten. Diese Möglichkeit läßt sich durch einen Vergleich verschiedener Abfolgen der Untersuchungsbedingungen prüfen.

Quasiexperimentelle Untersuchungen

Veränderungshypothesen, die sich auf Populationen beziehen, aus denen keine äquivalenten Stichproben entnommen werden können, überprüft man mit quasiexperimentellen Untersuchungen. Typische Beispiele hierfür sind Vergleiche zwischen „natürlich gewachsenen" Gruppen, wie die einleitend erwähnten konservativen und „fortschrittlichen" Menschen, oder allgemein Vergleiche zwischen Experimental- und Kontrollgruppe, deren Äquivalenz auch durch Randomisierung nicht hergestellt werden kann.

Wir beginnen dieses Teilkapitel mit einigen für quasiexperimentelle Untersuchungen charakteristischen Fragestellungen sowie den hiermit verbundenen Problemen. Es folgen grundsätzliche Überlegungen zur Messung von Veränderung sowie eine Behandlung der bereits auf S. 504 erwähnten Regressionseffekte. Nach einigen allgemeinen Empfehlungen zur Analyse quasiexperimenteller Untersuchungen im Kontext von Veränderungshypothesen werden anschließend konkrete Untersuchungspläne dargestellt und diskutiert. Wir beenden dieses Teilkapitel mit Hinweisen zu Korrelaten von Veränderung.

Fragestellungen und Probleme: Hypothesen, die behaupten, eine abhängige Variable verändert sich im Laufe der Zeit ohne eine konkret zu benennende Treatmentwirkung, werden mit einfachen Ein-Gruppen-Plänen überprüft. (Beispiele: Das Konzentrationsvermögen von Kindern ist morgens höher als abends; Arbeitsausfälle durch Krankmeldungen treten am Anfang der Woche häufiger auf als am Wochenende; die Bereitschaft der Bevölkerung, aktiv etwas gegen die Zerstörung der Umwelt zu unternehmen, hat in den letzten Jahren zugenommen.) Für die Überprüfung derartiger Hypothesen benötigt man wiederholte Messungen einer Zufallsstichprobe aus der Population, auf die sich die Hypothese bezieht.

Die interne Validität derartiger Ein-Gruppen-Pläne zur Überprüfung zeitbedingter Veränderungen ist in der Regel gering. Abgesehen von Validitätsproblemen, die mit der häufigen Anwendung eines Untersuchungsinstrumentes verbunden sind, gefährden praktisch alle auf S. 504 genannten Einflußgrößen die interne Validität dieser Untersuchungspläne (vgl. hierzu auch Fahrenberg et al., 1977). Nur selten lassen sich in diesen Untersuchungen Variablen benennen, die die registrierten Veränderungen tatsächlich bewirkten. Die Zeit wird als ein globaler Variablenkomplex angesehen, dessen verändernde Wirkung auf viele unkontrollierte und zeitabhängige Merkmale zurückgeht.

Ähnliche Schwierigkeiten bereiten Untersuchungen, die die Wirkung eines „Treatments" überprüfen, von dem alle potentiellen Untersuchungsteilnehmer betroffen sind (wie z. B. eine gesetzgeberische Maßnahme). „Nicht-behandelte" Untersuchungsteilnehmer, die eine Kontrollgruppe bilden könnten, gibt es nicht, d. h. die interne Validität derartiger Untersuchungen ist zu problematisieren. Falls möglich, sollte man viele Meßzeitpunkte – vor und nach Einführung der Maßnahme – untersuchen und diese mit zeitreihenanalytischen Methoden (Interventionsmodell mit „Step Input"; vgl. S. 577) auswerten.

Ebenfalls nur quasiexperimentell können Hypothesen geprüft werden, die behaupten, daß eine Maßnahme in verschiedenen, real existierenden Populationen unterschiedlich verändernd wirkt, denn eine zufällige Zuordnung der Untersuchungsteilnehmer zu diesen Populationen ist nicht möglich.

Einige Beispiele mögen die hier gemeinten Fragestellungen verdeutlichen: Die Leistungen ängstlicher Kinder werden durch emotionale Zuwendungen des Lehrers mehr gefördert als die Leistungen nicht-ängstlicher Kinder. Die Einführung von Mikroprozessoren gefährdet die Arbeitsplätze von ungelernten Arbeitern stärker als die von Arbeitern mit abgeschlossener Ausbildung. Informierte Menschen sind in ihren Einstellungen weniger leicht beeinflußbar als uninformierte Menschen. Eine neu entwickelte Schlankheitsdiät ist nur bei Jugendlichen, aber nicht bei Erwachsenen wirksam. Die technischen Fähigkeiten von Männern werden durch einen Technikkurs mehr gefördert als die von Frauen etc.

Allen Beispielen gemeinsam ist eine abhängige Variable, die sich laut Hypothese bei den jeweils verglichenen Populationen unterschiedlich ändert. Ein bestimmtes „Treatment" hat in verschiedenen Populationen unterschiedliche Auswirkungen. Um diese unterschiedlichen Wirkungen zu erfassen, wäre es vielleicht naheliegend, die abhängige Variable nach Einführung des Treatments an Zufallsstichproben der Populationen zu erheben und die Resultate zu vergleichen. Führt dieser Vergleich zu unterschiedlichen Durchschnittswerten, ist damit jedoch keineswegs sichergestellt, daß diese Unterschiede von einer differentiellen Treatmentwirkung herrühren. In quasiexperimentellen Untersuchungen muß auf eine Randomisierung verzichtet werden, was in der Regel zur Folge hat, daß die Ausgangswerte der Stichproben nicht gleich sind. Mögliche Posttest-Unterschiede können also schon vor Einführung des Treatments bestanden haben.

Vortests sind deshalb in quasiexperimentellen Untersuchungen unabdingbar. Anders als in experimentellen Untersuchungen, in denen man mit Vortests bestenfalls überprüft, ob die Randomisierung zu vergleichbaren Stichproben geführt hat, haben Vortests in quasiexperimentellen Untersuchungen die Funktion, Unterschiede zwischen den Stichproben zu Beginn der Untersuchung festzustellen. Die stichprobenspezifischen „Startbedingungen" sind die Referenzdaten, auf die sich treatmentbedingte Veränderungen beziehen. (Das genaue Vorgehen wird auf S. 560 unter dem Stichwort „Faktorielle Pretest-Posttestpläne" erläutert.)

> **!** Will man überprüfen, ob eine Maßnahme in verschiedenen Populationen unterschiedlich wirkt, muß die abhängige Variable in den entsprechenden Stichproben vorgetestet werden. Die treatmentbedingten Veränderungen ermittelt man durch Vergleich von Pre- und Posttest-Messungen.

Veränderung wird damit in quasiexperimentellen Untersuchungen durch Differenzen zwischen Durchschnittswerten angezeigt, die für eine Stichprobe zu zwei oder mehr Meßzeitpunkten ermittelt wurden. Anders als Differenzen zwischen Stichproben, die in randomisierten Experimenten die verändernde Wirkung eines Treatments signalisieren, bereiten Differenzen „innerhalb" von Stichproben einige Schwierigkeiten, auf die im folgenden eingegangen wird.

Zur Messung von Veränderung: Das einfache Differenzmaß innerhalb von Stichproben als Indikator von Veränderung war in der Vergangenheit häufig heftiger Kritik ausgesetzt (vgl. z.B. Bereiter, 1963; Bohrnstedt, 1969; Cronbach und Furby, 1970; Linn und Slinde, 1977; O'Connor, 1972 oder Rennert, 1977). Das zentrale Argument betraf die mangelnde Reliabilität dieser Differenzwerte.

Wenn schon die Reliabilität (zum Reliabilitätsbegriff vgl. S. 195 ff.) vieler sozialwissenschaftlicher Messungen sehr zu wünschen übrig läßt, trifft dies – so die übliche Kritik – in noch stärkerem Maße auf Differenzen dieser Messungen zu. Allgemein gilt, daß in den Meßfehler von Differenzwerten zweier Variablen X und Y sowohl der Meßfehler von X als auch der Meßfehler von Y eingehen. Bezogen auf die hier interessierende Pretest-Posttest-Situation besagt dieser Sachverhalt, daß ein Meßinstrument, das eine Reliabilität von beispielsweise $r = 0{,}90$ aufweist (eine für sozialwissenschaftliche Messungen beachtliche Reliabilität), zu Meßwertdifferenzen mit einer Reliabilität von 0,67 führt, wenn Pretest- und Posttest-Messungen zu $r = 0{,}70$ miteinander korrelieren. (Zur rechnerischen Ermittlung der Reliabilität von Differenzwerten vgl. z.B. Guilford, 1954, S. 394; Spezialfälle behandeln Williams und Zimmermann, 1977.) Geht man davon aus, daß die Reliabilität der Messungen eher niedriger ist als im Beispiel, kommt man zu Reliabilitäten des Differenzmaßes, die in der Tat problematisch erscheinen.

Diese Auffassung gilt jedoch als überholt bzw. revisionsbedürftig (vgl. z.B. Gottman, 1995; Rogosa, 1995; Rogosa et al., 1982; Rogosa und Willet, 1983, 1985; Zimmerman und Williams, 1982 bzw. Collins, 1996; Mellenberg, 1999 oder Williams und Zimmermann, 1996, zum Stichwort „Gain Scores"). Es wird argumentiert, daß die Reliabilität von Differenzmaßen nicht nur von der Reliabilität der Merkmalserfassung, sondern insgesamt von vier Einflußgrößen abhängt, die im folgenden behandelt werden.

Unterschiedlichkeit der wahren individuellen Veränderungen: Bei nur zwei Meßpunkten t_1 und t_2 entspricht die gemessene Veränderung eines Individuums i der Differenz d_i der Meßwerte für die Zeitpunkte t_1 und t_2. Je stärker sich die wahren, den

d_i-Werten zugrundeliegenden Veränderungen in einer Stichprobe von Individuen unterscheiden, desto größer ist die Reliabilität der Differenzwerte. Die Streuung der d_i-Werte ist damit ein wichtiger Indikator für die Reliabilität von Differenzmaßen.

Nach Rogosa et al. (1982) zeigt die Reliabilität der Differenzen an, wie verläßlich die untersuchten Individuen nach Maßgabe ihrer d_i-Werte in eine Rangreihe gebracht werden können. Dies gelingt natürlich umso besser, je größer die Streuung der d_i-Werte ist. Unterscheiden sich die d_i-Werte hingegen nur wenig, ist damit auch deren Reliabilität gering.

Eine niedrige Reliabilität impliziert jedoch keineswegs zwangsläufig, daß die Veränderungsmessungen unpräzise sind. Wie Rogosa et al. (1982) zeigen, können nahezu identische wahre Veränderungen in einer Stichprobe sehr präzise gemessen werden, auch wenn die Reliabilität der Differenzwerte wegen ihrer geringen Streuung nahezu 0 ist.

Um uns diesen scheinbar widersprüchlichen Sachverhalt zu veranschaulichen, betrachten wir zunächst Abb. 57a. Eine Stichprobe von 6 Personen wurde einmal vor (t_1) und ein zweites Mal nach einem Treatment (t_2) mit einem nahezu perfekt reliablen Meßinstrument untersucht. Wir entnehmen der Abbildung für alle Personen identische Veränderungen, d.h. die Varianz der Veränderungs- bzw. Differenzwerte d_i ist Null ($s_D^2 = 0$).

Auf S. 196 wurde die Reliabilität eines Tests allgemein als Quotient aus wahrer und beobachteter Varianz definiert ($\mathrm{Rel} = s_T^2/s_X^2 = s_T^2/(s_T^2 + s_E^2)$). Akzeptieren wir nun s_D^2 als Schätzwert für die wahre Varianz der Veränderungswerte, ist feszustellen, daß die Reliabilität der Differenzwerte (r_D) Null ist: $r_D = s_D^2/(s_D^2 + s_E^2) = 0/(0 + s_E^2) = 0$. Dieses Ergebnis bedeutet jedoch keineswegs, daß die Veränderungen ungenau gemessen wurden, denn – so unsere Annahme – das bei Pre- und Posttest eingesetzte Meßinstrument hat eine nahezu perfekte Reliabilität.

Betrachten wir nun Abb. 57b. Auch hier ist die Rangreihe der 6 Personen im Pre- und im Posttest identisch; allerdings unterscheiden sich die Veränderungsraten d_i von Person zu Person. Hier ist also $s_D^2 > 0$, d.h. bei geringen Meßfehleranteilen in den Differenzwerten ist die Reliabilität der Differenzwerte nahezu perfekt.

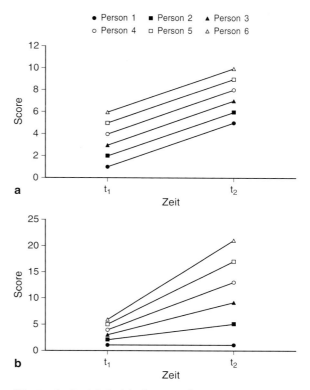

Abb. 57 a, b. Zwei Beispiele für Veränderungsmuster mit unterschiedlicher Reliabilität (r_D): **a** $r_D = 0$; **b** $r_D \approx 1$. (Nach Collins, 1996; S. 291)

Wir stellen also fest, daß Differenzwerte, die mit ein- und demselben Meßinstrument gewonnen wurden, manchmal sehr reliabel und manchmal überhaupt nicht reliabel sein können. Die Reliabilität der Differenzwerte wird bei gleichbleibender Reliabilität des Meßinstrumentes von der Streuung der Pretest- und der Posttestwerte (s_1 und s_2) sowie der Korrelation zwischen Pre- und Posttestmessungen bestimmt (r_{12}). Ist der Quotient $s_1/s_2 \approx 1$ und liegt r_{12} nahe bei 1, haben Differenzwerte eine geringe Reliabilität. Sie steigt mit größer werdenem Unterschied von s_1 und s_2 bei einem hohen r_{12}-Wert.

Diese Zusammenhänge legen die Schlußfolgerung nahe, daß das Reliabilitätskonzept der klassischen Testtheorie bei der Erfassung der Genauigkeit von Differenzwerten offenbar versagt. Eine mögliche Alternative hierzu bieten Veränderungsmessungen im Rahmen probabilistischer Modelle an (vgl. z. B. Fischer, 1995).

Werden mehr als zwei Messungen vorgenommen, tritt an die Stelle der einfachen Differenz die Steigung einer an die zeitabhängigen Messungen angepaßten Geraden (Steigung der Regressionsgeraden zur Vorhersage der individuellen Messungen aufgrund der Meßzeitpunkte). Dieser Steigungsparameter charakterisiert die individuelle Wachstumsrate pro Zeiteinheit (je nach Untersuchungsanlage sind dies Stunden, Tage, Wochen, Monate, Jahre o.ä.). Daß eine Gerade (anstelle einer nichtlinearen Funktion) zur Charakterisierung eines individuellen Veränderungsverlaufes in der Regel ausreichend ist, wird bei Willet (1989) begründet.

Wie für die einfachen Differenzmaße gilt auch für die Steigungsmaße, daß deren Reliabilität mit zunehmender Streuung der Steigungsmaße steigt (ausführlicher hierzu s. Maxwell, 1998).

Genauigkeit der Messungen: Über die Abhängigkeit der Veränderungsmessungen von der Genauigkeit der Messungen bzw. deren Reliabilität wurde eingangs bereits berichtet. Mit zunehmendem Meßfehler bzw. mit abnehmender Reliabilität der Messungen sinkt die Reliabilität der Differenzmaße. Man beachte, daß niedrige Reliabilität der Messungen nicht zwangsläufig niedrige Reliabilität der Differenzen bzw. – bei mehr als zwei Messungen – der Steigungskoeffizienten bedeutet. Obwohl die Reliabilität der Messungen die Reliabilität der Differenzen beeinflußt, kann die Reliabilität der Differenzen beachtlich sein, wenn die wahren individuellen Veränderungsraten sehr heterogen sind.

Verteilung der Meßzeitpunkte: Die wohl wichtigste, weil untersuchungstechnisch einfach zu manipulierende Determinante der Reliabilität von Veränderungsmessungen ist die Anzahl der pro Person vorgenommenen Messungen bzw. die Art ihrer Verteilung über die Zeit. Bezogen auf die Verteilung der Meßpunkte argumentiert Willett (1980), daß mehrere Messungen zu Beginn und am Ende der Untersuchungsperiode äquidistanten Meßintervallen deutlich überlegen seien. Diesem statistisch begründeten Desiderat steht allerdings entgegen, daß die individuelle Veränderungscharakteristik bei gleichförmig verteilten Meßpunkten besser erkannt werden kann. Dennoch sollte – soweit die Untersuchungsanlage dies zuläßt – darauf geachtet werden, daß die Messungen am Anfang und am Ende des Untersuchungszeitraumes häufiger wiederholt werden als im mittleren Bereich.

Anzahl der Meßzeitpunkte: Die Reliabilität der Veränderungsmaße läßt sich zudem drastisch verbessern, wenn die Anzahl der Meßpunkte erhöht wird, wobei der Reliabilitätszugewinn am größten ist, wenn der Untersuchungsplan statt zwei Meßzeitpunkte (z.B. Pre- und Posttest) drei Meßzeitpunkte vorsieht. Willett (1989) berichtet, daß die Reliabilität allein durch das Hinzufügen eines dritten Meßzeitpunktes um 250% und mehr erhöht werden kann. Mit wachsender Anzahl der Meßzeitpunkte wird der Einfluß eines fehlerhaften bzw. wenig reliablen Meßinstrumentes auf die Reliabilität der Veränderungsmaße zunehmend kompensiert.

Schlußfolgerungen: Für die Überprüfung von Veränderungshypothesen mit quasiexperimentellen Untersuchungen läßt sich hieraus zusammenfassend folgern, daß man in verstärktem Maße auf einfache Pretest/Posttest-Pläne bzw. Pläne mit nur zwei Messungen verzichten und stattdessen Untersuchungspläne mit mehr als zwei Meßzeitpunkten vorsehen sollte. Wenn es zudem möglich ist, die Meßzeitpunkte am Anfang und am Ende des Untersuchungszeitraumes stärker zu konzentrieren als im mittleren Bereich, erhält man verläßliche Schätzungen der wahren individuellen Veränderungsraten, auch wenn das eingesetzte Meßinstrument wenig reliabel ist.

Falls aus untersuchungstechnischen Gründen Pläne mit mehr als zwei Meßzeitpunkten nicht umsetzbar sind, ist gegen die Verwendung einfacher Differenzmaße als Veränderungsindikator nichts einzuwenden. Wird ein Meßinstrument eingesetzt, dessen Reliabilität bekannt ist, kann diese zu einer verbesserten Schätzung der wahren individuellen Veränderungen genutzt werden. Einzelheiten hierzu findet man bei Rogosa et al. (1982).

Maxwell (1994) macht zudem darauf aufmerksam, daß sich die Teststärke eines Pretest-Posttest-Planes (also die Wahrscheinlichkeit, mit diesem Plan einen Treatmenteffekt nachzuweisen), beträchtlich erhöhen läßt, wenn ca. 25% der gesamten Erhebungszeit auf den Pretest und ca. 75% auf den Posttest entfallen. Praktisch bedeutet dies, daß der Aufwand zur Operationalisierung der abhängigen Variablen (z.B. Anzahl der Items einer Testskala oder Dauer der Verhaltensbeobachtung) im Pretest gegenüber dem Posttest reduziert werden kann.

Regressionseffekte: Bei einer quasiexperimentellen Untersuchung zur Überprüfung von Veränderungshypothesen besteht die Gefahr, daß die Ergebnisse durch sog. Regressionseffekte verfälscht werden. Hiermit sind statistische Artefakte angesprochen, die durch mangelnde Reliabilität der Meßinstrumente verursacht sind. Extreme Pretestwerte haben die Tendenz, sich bei einer wiederholten Messung zur Mitte der Merkmalsverteilung hin zu verändern (Regression zur Mitte) bzw. – genauer – zur größten Dichte der Verteilung (zum Dichtebegriff vgl. S. 407). Bei unimodalen, symmetrischen Verteilungen (z.B. Normalverteilung) entspricht der Bereich mit der größten Dichte dem mittleren Merkmalsbereich. Diese Veränderung erfolgt unabhängig vom Treatment.

Beispiel: Wie ist das von Galton (1886) erstmals beschriebene Phänomen der Regression zur Mitte zu erklären? Nehmen wir einmal an, ein Weitspringer absolviert 100 Trainingssprünge. Wenn die Bedingungen für alle Sprünge exakt identisch sind, wenn durch das Training keine Leistungsverbesserung erzielt wird und zudem die Messungen der Sprungweiten absolut fehlerfrei sind, müßte – eine konstante „wahre" Weitsprungleistung vorausgesetzt – mit allen Sprüngen die gleiche Weite erzielt werden. Dies entspricht natürlich nicht der Realität. Manche Sprünge gelingen besonders gut, weil „alles stimmte" und andere weniger, weil mehrere „Störfaktoren" gleichzeitig wirksam waren. Kurz: Die Messungen des Merkmals „Weitsprungleistung" sind nicht perfekt reliabel, d.h. wiederholte Messungen desselben Merkmals führen zu unterschiedlichen Ergebnissen. Nimmt man an, daß mit den Trainingssprüngen keine merkbaren Leistungsverbesserungen einhergehen und daß Störfaktoren zufällig wirksam sind, werden sich die Weitsprungleistungen des Sportlers normalverteilen (zur Begründung dieser Behauptung vgl. z.B. Bortz, 1999, S. 78 f.).

Wir beobachten nun einen besonders gelungenen Sprung, bei dem die Weite deutlich über dem individuellen Durchschnitt liegt. Wird nun der nächste Sprung vergleichbar weit oder gar noch weiter sein? Vermutlich eher nicht, denn die Wahrscheinlichkeit, daß sich die Sprungbedingungen erneut so günstig fügen, ist geringer als die Wahrscheinlichkeit für die am häufigsten anzutreffenden „durchschnittlichen" Sprungbedingungen. Man wäre deshalb mit einer Wette gut beraten, die darauf setzt, daß auf eine hervorragende Sprungweite eine mäßigere folgt. (Betrachten wir die einzelnen Sprünge als stochastisch voneinander unabhängige Ereignisse, ist die Wahrscheinlichkeit jeder beliebigen Sprungweite natürlich unabhängig von der vorangegangenen Sprungweite. Der einfache Hintergrund dieser auf Regressionseffekte zugespitzten Argumentation lautet, daß bei normalverteilten Merkmalen mittlere Ausprägungen häufiger auftreten als extreme.)

Nun registrieren wir statt vieler Sprünge eines Springers jeweils einen Sprung vieler Springer. Auch diese Sprungleistungen mögen sich normalverteilen. Greifen wir nun einen Springer heraus, dessen Sprungleistung weit über dem Mittelwert der Stichprobe liegt, kann man vermuten, daß am Zustandekommen dieser Sprungleistung neben der „wahren" Sprungstärke auch günstige Bedingungen beteiligt sind. Sofern die Sprungbedingungen von der „wahren" Sprungleistung unabhängig sind, ist damit zu rechnen, daß diese bei einem zweiten Sprung nicht so günstig ausfallen wie beim ersten Sprung, d.h. der zweite Sprung wäre weniger weit.

Natürlich kann die überdurchschnittliche Sprungweite auch von einem sehr guten Springer erzielt worden sein, der mit diesem Sprung (wegen ungünstiger Bedingungen) unter seiner individuellen Norm bleibt. Dieser Springer würde sich bei einem zweiten Sprung vermutlich verbessern. Die Wahrscheinlichkeit, daß gute Sprungleistungen (im Vergleich zur Gruppennorm) unter günstigen Bedingungen erzielt werden, ist jedoch größer als die Wahrscheinlichkeit guter Sprungleistungen unter schlechten Bedingungen.

Die mangelnde Reliabilität eines Merkmals hat zur Folge, daß wiederholte Messungen nicht perfekt miteinander korrelieren. Bei völlig unreliablen Merkmalen korrelieren wiederholte Messungen mit den ersten Messungen zu Null, d.h. Personen, die bei der ersten Messung einheitlich einen bestimmten Wert erzielen, der deutlich vom Gesamtmittel aller Erstmessungen abweicht, haben bei der zweiten Messung beliebige Werte, deren Mittelwert allerdings weniger vom Stichprobenmittel aller Zweitmessungen abweicht.

Dieser Sachverhalt wird „Regression zur Mitte" genannt. Die Regression extremer Werte zur Mitte der Verteilung (allgemein: zur höchsten Dichte der Verteilung) nimmt mit abnehmender Reliabilität des Merkmals zu.

Abbildung 58 verdeutlicht den Regressionseffekt für eine Testskala mit mittlerer Reliabilität. 10 Personen, die im Pretest einen Wert von 100 erzielten, haben im Posttest Werte zwischen 65 und 110 mit einem Mittelwert von $\bar{x}_2 = 87,5$. Dieser Mittelwert unterscheidet sich weniger von $\mu = 70$ als der Mittelwert der Pretestmessungen ($\bar{x}_1 = 100$).

Eine formale Analyse der Regressionseffekte findet man bei Rogosa und Willett (1985, S. 217 f.). Danach sind Regressionseffekte an die Voraussetzung geknüpft, daß die Erstmessungen mit den Veränderungsraten negativ korrelieren.

Praktische Implikationen: Welche Konsequenzen haben nun Regressionseffekte für quasiexperimentelle Untersuchungen zur Überprüfung von Veränderungshypothesen? Sie können konsequenzlos sein oder aber zu völlig falschen Schlüssen führen. Beide Fälle seien an einem einfachen Beispiel verdeutlicht.

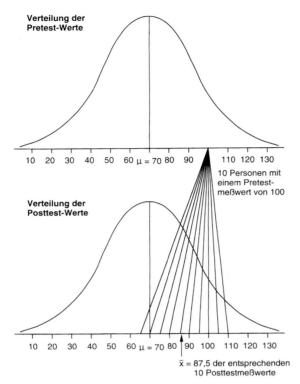

Abb. 58. Regressionseffekt bei Pretest-Posttest-Untersuchungen

Es geht um die Frage, ob ein spezielles sportmedizinisches Programm zur Rehabilitation nach einem Bandscheibenvorfall nur für die Betroffenen oder auch für die Allgemeinbevölkerung geeignet ist, um Rückenschmerzen zu reduzieren. Der Einfachheit halber nehmen wir an, das Merkmal Rückenschmerzen sei sowohl bei den Bandscheibenvorfall-Betroffenen als auch bei den Nicht-Betroffenen normalverteilt. Zudem gehen wir realistischerweise davon aus, daß Rückenschmerzen nicht perfekt reliabel meßbar sind, da sowohl Häufigkeit als auch Intensität der Schmerzbelastung ungenau erinnert und wiedergegeben werden. Wir ziehen nun aus der Population der Betroffenen und Nicht-Betroffenen jeweils eine Zufallsstichprobe und stellen anhand eines Vortests fest, daß die von einem Bandscheibenvorfall Betroffenen im Durchschnitt generell stärker an Rückenschmerzen leiden als die Nicht-Betroffenen. Nach Absolvierung des Rückentrai

nings wird die Schmerzbelastung im Posttest erneut gemessen. Hat das Rückentraining keine Wirkung, dürften sich weder der Durchschnittswert der Betroffenen, noch der Mittelwert der Nicht-Betroffenen bedeutsam geändert haben (wenn man von Störeffekten wie instrumenteller Reaktivität o. ä. einmal absieht).

Regressionseffekte sind hier ausgeschlossen, da aus beiden Populationen repräsentative Zufallsstichproben gezogen wurden. Zwar werden innerhalb der Stichproben extreme Pretestwerte im Posttest zur Mitte tendieren; gleichzeitig verändern sich jedoch mittlere Werte zu den Extremen hin, d. h. insgesamt bleiben Pretest- und Posttestverteilung unverändert.

Nun wollen wir annehmen, daß aus den Populationen statt repräsentativer Stichproben selektierte Stichproben gezogen werden. Einen solchen Selektionseffekt handelt man sich häufig unwillentlich ein, weil die Ziehung einer echten Zufallsstichprobe pragmatisch nicht realisierbar ist. So würde man in der Praxis etwa die Probandenanwerbung für das Rückentraining in einem Rehabilitationszentrum (Betroffene) sowie in einem Sportzentrum (Nicht-Betroffene) durchführen. Angenommen man entschließt sich nun, beide Stichproben zu parallelisieren, um die Wirkung personengebundener Störvariablen zu neutralisieren (es handelt sich schließlich um ein quasiexperimentelles Design). Eine Parallelisierung anhand der Vortestergebnisse führt dazu, daß beide Untersuchungsgruppen so zusammengestellt werden, daß sie als Startbedingung im Durchschnitt dieselbe Belastung mit Rückenschmerzen aufweisen. Ist das Training wirkungslos, sollten die Posttestwerte den Pretestwerten entsprechen. Tatsächlich zeigen sich aber Veränderungen: Der durchschnittliche Schmerzwert der Betroffenengruppe steigt an, der der Nicht-Betroffenen-Gruppe fällt ab. Man würde also fälschlich schließen, daß das Training den Betroffenen nicht nur nicht nutzt, sondern sogar schadet, dafür aber den Nicht-Betroffenen hilft. Ein solcher Schluß wäre jedoch völlig unangebracht, da die registrierten Veränderungen ausschließlich durch Regressionseffekte erklärbar sind: Die Parallelisierung beider Gruppen war nämlich nur möglich, weil sich in der Betroffenengruppe überwiegend unterdurchschnittlich Schmerzbelastete befanden, während in der

Nicht-Betroffenen-Gruppe besonders viele überdurchschnittlich Schmerzbelastete an der Untersuchung teilnahmen (andernfalls wären bei gegebener Mittelwertsdifferenz in den Populationen ja keine Stichprobe mit gleichem Mittelwert konstruierbar gewesen). Die Posttestwerte spiegeln allein die Regression beider Stichproben zum Mittelwert ihrer jeweiligen Referenzpopulationen wieder.

Allgemein: Will man die differentielle Wirkung eines Treatments an *Extremgruppen* überprüfen (z. B. gute vs. schlechte Schüler/innen, ängstliche vs. nicht ängstliche Personen etc.), muß mit Regressionseffekten gerechnet werden. (Auf weitere Probleme des Extremgruppenvergleiches wurde bereits auf S. 530 hingewiesen; Möglichkeiten zur Korrektur von Untersuchungsergebnissen in bezug auf Regressionseffekte diskutieren Thistlethwaite und Campbell, 1960 sowie Vagt, 1976.)

Schlußfolgerungen: Für die quasiexperimentelle Überprüfung von Veränderungshypothesen läßt sich zusammenfassend feststellen, daß die einfachen Differenzen zwischen den Messungen verschiedener Meßzeitpunkte sinnvolle, unverzerrte Schätzungen für „wahre" Veränderungen darstellen (siehe hierzu auch die vergleichenden Untersuchungen von Corder-Bolz, 1978; Kenny, 1975 oder Zielke, 1980).

Andere in der Literatur diskutierte Veränderungsmaße wie z. B. Regressionsresiduen (Du Bois, 1957; Lord, 1956, 1963; McNemar, 1958; Malgady und Colon-Malgady, 1991; Minsel und Langer, 1973), der „Change-Quotient" von Lacey und Lacey (1962) oder auch sog. „wahre" Differenzwerte (Lord, 1953, 1963; McNemar, 1958) sind unter Gesichtspunkten der Praktikabilität für die Erfassung von Veränderungen weniger geeignet (vgl. zusammenfassend Rogosa et al., 1982). Zur Vermeidung von Regressionseffekten sollten die in quasiexperimentellen Untersuchungen eingesetzten Stichproben zufällig aus den zu vergleichenden Populationen ausgewählt werden; der Vergleich von Veränderungen in Extremgruppen ist äußerst problematisch.

Die Messungen sollten selbstverständlich (mindestens) intervallskaliert sein, denn Differenzen sind bei einem niedrigeren Skalenniveau inhaltlich sinnlos. (Beispiele hierfür gibt Stelzl,

1982, Kap. 7.1). Abzuraten ist ferner von Meßskalen, die in extremen Merkmalsbereichen begrenzt sind (z. B. Rating-Skalen). Extrem hohe Meßwerte können sich dann nicht mehr vergrößern (*Ceiling- oder Deckeneffekt*) und extrem niedrige Meßwerte nicht mehr verringern (*Floor- oder Bodeneffekt*). Für die Auswertung von Untersuchungen, bei denen Veränderungen mit nominalen Daten erfaßt wurden, findet man bei Langeheine und van de Pol (1990) einschlägige Verfahren.

Mit Nachdruck ist darauf hinzuweisen, daß Untersuchungen mit drei oder mehr Meßzeitpunkten erheblich vorteilhafter sind als Untersuchungen mit nur zwei Meßzeitpunkten. Die Präzision der Veränderungsmessung läßt sich zudem erhöhen, wenn sich die Meßzeitpunkte am Anfang und am Ende des Untersuchungszeitraumes stärker konzentrieren als im mittleren Bereich.

Die statistische Auswertung quasiexperimenteller Untersuchungen zur Überprüfung von Veränderungshypothesen sollte mit Verfahren vorgenommen werden, die auf individuelle Differenzmaße zurückgreifen (z. B. t-Test für abhängige Stichproben, Varianzanalyse mit Meßwiederholungen).

Untersuchungspläne

Im folgenden werden einige quasiexperimentelle Untersuchungspläne vorgestellt, die in der Praxis häufig eingesetzt werden bzw. die für die Praxis besonders wichtig erscheinen. Einen Vergleich verschiedener Auswertungsverfahren, auch unter dem Blickwinkel unvollständiger Daten (*Drop Outs*), findet man bei Delucchi und Bostrom (1999).

Ein-Gruppen-Pretest-Posttest-Pläne: Bei einem Ein-Gruppen-Pretest-Posttest-Plan wird eine repräsentative Stichprobe der interessierenden Zielpopulation einmal vor und einmal nach dem Treatment untersucht. Die durchschnittliche Differenz auf der abhängigen Variablen gilt behelfsweise als Indikator für die Treatmentwirkung, obwohl praktisch alle auf S. 504 genannten Störeinflüsse die Veränderung bzw. Nichtveränderung ebenfalls bewirkt haben könnten. Die interne Validität dieses Designs ist also gering.

Dennoch wird man gelegentlich auf den Einsatz dieses Planes angewiesen sein. Dies gilt vor allem für Fragestellungen, bei denen ein Treatment in-

Bei der experimentellen Prüfung von Veränderungshypothesen büßt man interne Validität ein, wenn das Treatment nicht angemessen dimensioniert wurde. (Zeichnung: Erich Rauschenbach, Berlin)

teressiert, von dem praktisch alle Personen betroffen sind, so daß auf die Bildung einer Kontrollgruppe verzichtet werden muß. Beispiele hierfür sind Untersuchungen zur Wirkung des Fernsehens oder eines neuen Gesetzes. Auch ethische Gründe können den Einsatz einer Kontrollgruppe unmöglich machen.

Bei Plänen ohne Kontrollgruppen können Pretest-Posttest-Unterschiede auf alle möglichen zeitabhängigen Ursachen zurückgeführt werden, was

einen eindeutigen Nachweis von Treatmentwirkungen erheblich erschwert. Die interne Validität läßt sich jedoch durch die vorsorgliche Erhebung zeitabhängiger Variablen verbessern, die die abhängige Variable ebenfalls beeinflussen können und deren Einfluß nachträglich kontrolliert wird (Partialkorrelation; vgl. S. 511).

Eine höhere interne Validität haben Untersuchungen mit mehreren Pretest- und Posttestmessungen (vgl. S. 554). Wenn sich hierbei zeigt, daß sich das Niveau der Pretestmessungen deutlich vom Niveau der Posttestmessungen unterscheidet, ist dies ein guter Beleg für Treatmentwirkungen. Man beachte jedoch, daß die interne Validität derartiger Untersuchungen, die sich in der Regel über einen längeren Zeitraum erstrecken, besonders durch Testübung und experimentelle Mortalität gefährdet ist.

Als Signifikanztest wendet man bei zwei Messungen z.B. den t-Test für abhängige Stichproben und bei mehr als zwei Messungen die einfaktorielle Varianzanalyse mit Meßwiederholungen an. Kommt eine varianzanalytische Auswertung nicht in Betracht (z.B. wegen verletzter Voraussetzungen), kann auf eine regressionsanalytische Auswertungstechnik von Swaminathan und Algina (1977) oder ggf. auf zeitreihenanalytische Techniken (vgl. S. 568 ff.) zurückgegriffen werden.

Eine Modifikation des einfachen Pretest-Posttest-Planes wurde von Johnson (1986) vorgeschlagen. Ein typischer Anwendungsfall dieses Planes könnte ein zu evaluierendes Bildungsprogramm sein, das der interessierten Öffentlichkeit in mehreren sich wiederholenden Workshops angeboten wird (z.B. Workshop über Steuerrecht). Es seien beispielsweise vier Termine mit identischem Unterrichtsangebot vorgesehen, auf die die „Voranmeldungen" zufällig verteilt werden. Die einem Termin zugeordneten Personen werden überdies zufällig in vier Gruppen eingeteilt: Eine Pre-Pretestgruppe, eine Pretestgruppe, eine Posttestgruppe und eine Post-Posttestgruppe. Die erste Gruppe wird z.B. zwei Wochen, die zweite Gruppe eine Woche vor dem Workshoptermin, die dritte Gruppe eine Woche und die vierte Gruppe zwei Wochen nach dem Workshoptermin hinsichtlich der abhängigen Variablen (Steuerkenntnisse) getestet. Zusammengefaßt über die verschiedenen Workshoptermine erhält man so vier Gruppen (Pre-Pre, Pre, Post, Post-Post), die vier

Stufen einer unabhängigen Variablen für eine einfaktorielle Varianzanalyse bilden.

Nach Johnson (1986) ist die interne Validität dieses Planes der einer experimentellen Untersuchung mit einer Kontrollgruppe nahezu ebenbürtig. Dadurch, daß jede Stichprobe nur einmal untersucht wird, werden vor allem Testübungseffekte bzw. instrumentelle Reaktivität vermieden.

Zwei-Gruppen-Pretest-Posttest-Pläne: Eine Verbesserung der internen Validität läßt sich in quasiexperimentellen Untersuchungen dadurch erzielen, daß neben der Experimentalgruppe eine Kontrollgruppe geprüft wird. Da hier jedoch auf eine Randomisierung verzichtet werden muß, sind – wie bereits erwähnt – Vortests unerläßlich.

Beispiel: Es geht um die Evaluation von computergestütztem Unterricht in Mathematik. Da eine Randomisierung von Experimental- und Kontrollgruppe seitens der Schulleitung abgelehnt wird, ist man auf den Vergleich „natürlicher" Gruppen (hier: Schulklassen) angewiesen. Zwei Schulklassen werden für die Untersuchung ausgewählt und mit einem einheitlichen Instrument vorgetestet. Nach den Vortests erhält eine Klasse computergestützten Unterricht (Experimentalgruppe) und die Parallelklasse vom gleichen Lehrer Normalunterricht. Den Abschluß der Untersuchung bilden Posttests in beiden Klassen.

Für die statistische Auswertung dieses Planes empfiehlt sich eine 2-faktorielle Varianzanalyse mit Meßwiederholungen. Um den „Netto-Effekt" des Treatments zu ermitteln, berechnet man nach Rossi und Freeman (1985, S. 238) die Differenz der Veränderung in der Experimental- und der Kontrollgruppe (vgl. Tabelle 42).

Die Buchstaben E und K stehen hier für Durchschnittswerte in der Experimental- bzw. Kontrollgruppe. Ein statistisch signifikanter „Netto-Effekt" wird durch eine signifikante Interaktion zwischen dem Gruppenfaktor und dem Meßwiederholungsfaktor nachgewiesen.

Die interne Validität dieses Planes ist akzeptabel, solange sich die durchschnittlichen Vortestwerte aus Experimental- und Kontrollgruppe (und auch deren Streuungen) nicht allzu stark unterscheiden. Bei großen Diskrepanzen besteht die Gefahr von Regressionseffekten, die sich darin äußern würden, daß sich eine hohe Pretestdifferenz im Posttest verkleinert. (Im Beispiel bestünde diese Gefahr, wenn man eine Schulklasse mit guten Mathematikkenntnissen und eine Schulklasse mit schlechten Mathematikkenntnissen vergleicht.)

Externe zeitliche Einflüsse, Reifungsprozesse und Testübung werden in diesem Plan durch die Berücksichtigung einer Kontrollgruppe kontrolliert. Falls derartige Effekte wirksam sind, würden sie beide Gruppen in gleicher Weise beeinflussen, es sei denn, eine der beiden Gruppen ist für diese Störeffekte „anfälliger" als die andere (Interaktion von Störeinflüssen mit dem Gruppierungsfaktor). Wie auf S. 504 f. bereits erwähnt, ist also auf Vergleichbarkeit von Experimental- und Kontrollgruppe auch außerhalb des eigentlichen Untersuchungsfeldes zu achten.

Experimentelle Mortalität kann zu einem Problem werden, wenn der zeitliche Abstand zwischen Pre- und Posttest groß ist und einige Untersuchungsteilnehmer für den Posttest nicht mehr zur Verfügung stehen. Kommt es hierbei zu systematischen Selektionsfehlern, weil die Ausfälle in Experimental- oder Kontrollgruppe nicht zufällig sind, ist die interne Validität der Untersuchung erheblich gefährdet.

Zur Steigerung der internen Validität ist ferner zu erwägen, ob sich das einfache Pretest-Posttest-Design durch mehrere Pretests und/oder mehrere Posttests erweitern läßt. (Zur Begründung dieser Maßnahme vgl. S. 554.)

Tabelle 42. Schema zur Ermittlung eines Treatmenteffektes

	Pretest	Posttest	Differenz
Experimentalgruppe	E_1	E_2	$E = E_1 - E_2$
Kontrollgruppe	K_1	K_2	$K = K_1 - K_2$
			Nettoeffekt $= E - K$

Faktorielle Pretest-Posttest-Pläne: Faktorielle Pretest-Posttest-Pläne überprüfen differentielle Wirkungen eines Treatments auf verschiedene Populationen (z. B. Kopfschmerztherapie bei männlichen und weiblichen Migränebetroffenen). Hierfür sind zunächst aus den jeweiligen Referenzpopulationen Zufallsstichproben zu ziehen. Jede Stichprobe wird (möglichst zufällig) in eine Kontrollgruppe und eine Experimentalgruppe aufgeteilt. (Im Beispiel wären also zwei Experimental- und zwei Kontrollgruppen zu bilden.) Mit Pretests der abhängigen Variablen ermittelt man für alle Gruppen die Ausgangsbedingungen. Unterschiede im Pretest zwischen Experimental- und Kontrollgruppen, die aus derselben Population stammen, sind durch Parallelisierung (ggf. Matching) auszugleichen. Pretestunterschiede zwischen Stichproben verschiedener Populationen werden akzeptiert und – um Regressionseffekte zu vermeiden – nicht durch eine selektive Auswahl von Untersuchungseinheiten ausgeglichen. Nach Einführung des Treatments erhebt man eine Posttestmessung oder – besser noch – mehrere Wiederholungsmessungen. Über alle Pretest- und Posttestwerte wird eine dreifaktorielle Varianzanalyse mit Meßwiederholungen gerechnet.

Im Beispiel hätte diese Varianzanalyse die Faktoren männlich-weiblich (Faktor A), Kontrollgruppe vs. Experimentalgruppe (Faktor B) und Pretest-Posttest oder ggf. weitere Meßwiederholungen (Faktor C) (vgl. Abb. 59). Ist eine signifikante Interaktion zweiter Ordnung ($A \times B \times C$) darauf zurückzuführen, daß sich die beiden Experimentalgruppen unterschiedlich und die beiden Kontrollgruppen nicht verändert haben, wird damit eine differentielle Veränderungshypothese bestätigt, nach der z. B. nur Migränepatientinnen von der Therapie profitieren. (Dieses Interaktionsmuster sollte durch Einzelvergleiche bestätigt werden.) Verändern sich auch die Mittelwerte der

Kontrollgruppen, muß man damit rechnen, daß außer dem Treatment weitere Variablen wirksam sind. Populationsspezifische Treatmentwirkungen sind dann nicht mehr eindeutig, sondern nur in Verbindung mit den Veränderungen der Kontrollgruppen interpretierbar (im einzelnen vgl. die entsprechenden Ausführungen zum Zwei-Gruppen-Pretest-Posttest-Plan).

Nicht alle Fragestellungen lassen die Bildung von Experimental- und Kontrollgruppen innerhalb der zu vergleichenden Stichproben zu. Will man beispielsweise überprüfen, wie sich die Herabsetzung der Regelstudienzeit von 10 auf 8 Semester auf die durchschnittliche Studienleistung in verschiedenen Fächern auswirkt, kann man innerhalb der einzelnen Studentenstichproben nicht zwischen Untersuchungsteilnehmern, die von der Maßnahme betroffen sind (Experimentalgruppe), und solchen, die sie nicht betrifft (Kontrollgruppe), unterscheiden. Die Untersuchung könnte deshalb nur die Leistungen von Stichproben vor dieser Maßnahme mit Leistungen danach vergleichen. Führt die statistische Auswertung des Materials (zweifaktorielle Varianzanalyse ohne Meßwiederholungen bzw. mit Meßwiederholungen, wenn „Matched Samples" untersucht werden) zu einer signifikanten Interaktion, ist dies allerdings nur ein schwacher Beleg für eine differentielle Wirkung der Maßnahme, denn man kann nicht ausschließen, daß andere Ursachen als die Verkürzung der Studienzeit für die Leistungsveränderungen in den einzelnen Studienfächern verantwortlich sind.

Solomon-Vier-Gruppen-Plan: Der auf Seite 539 f. beschriebene Solomon-Vier-Gruppen-Plan kann auch quasiexperimentell, d. h. mit nicht-randomisierten Gruppen eingesetzt werden. Man beachte allerdings, daß die Einbeziehung der Gruppen 3 und 4 in die Designanalyse Probleme bereiten kann, wenn man davon ausgehen muß, daß diese

		Pretest (C_1)	Posttest (C_2)	(weitere Posttests)
A_1 (männlich)	B_1 (Experimentalgruppe)	S_1	S_1	(S_1)
	B_2 (Kontrollgruppe)	S_2	S_2	(S_2)
A_2 (weiblich)	B_1 (Experimentalgruppe)	S_3	S_3	(S_3)
	B_2 (Kontrollgruppe)	S_4	S_4	(S_4)

Abb. 59. Dreifaktorieller Pretest-Posttest-Plan

Gruppen zu den Gruppen 1 und 2 nicht äquivalent sind. (Da die Gruppen 3 und 4 nicht vorgetestet werden, muß im experimentellen Ansatz unterstellt werden, daß diese Gruppen zu den anderen äquivalent sind. Die Rechtfertigung hierfür liefert die Randomisierung, auf die bei quasiexperimentellem Vorgehen verzichtet werden muß.)

Regressions-Diskontinuitäts-Analyse (RDA): Quasiexperimentelle Untersuchungen mit Experimentalgruppe und nicht-äquivalenter Kontrollgruppe sind nur bedingt aussagekräftig, weil man nicht weiß, ob die Posttest-Unterschiede zwischen den Gruppen bezüglich der abhängigen Variablen allein auf das Treatment oder auf andere Besonderheiten der verglichenen Gruppen zurückzuführen sind. Bei der Auswahl der Untersuchungsteilnehmer wird man deshalb besonders darauf achten, daß Experimental- und Kontrollgruppe möglichst ähnlich sind.

Einen anderen Weg beschreitet die Regressions-Diskontinuität-Analyse, denn hier werden Unterschiede zwischen Experimental- und Kontrollgruppe bewußt herbeigeführt: Personen, die einen bestimmten Wert („Cutoff-Point") einer kontinuierlichen „Assignement"- oder „Zuweisungs"-Variablen unterschreiten, zählen zur Kontrollgruppe und Personen oberhalb dieses Wertes zur Experimentalgruppe (oder umgekehrt). Eine Treatmentwirkung liegt in diesem Untersuchungsplan vor, wenn die Regressionsgerade zur Beschreibung des Zusammenhangs zwischen der „Zuweisungs"-Variablen und der abhängigen Variablen am Cutoff-Point diskontinuierlich verläuft und gleichzeitig die entsprechende Regression ohne Treatment einen kontinuierlichen Verlauf nimmt.

Ein kleines Beispiel soll diesen Versuchsplan verdeutlichen. Man habe festgestellt, daß der Gesundheitszustand vieler Kinder, deren Eltern über ein geringes Einkommen verfügen, zu wünschen übrig läßt und vermutet als Ursache hierfür eine schlechte bzw. unausgewogene Ernährung. Man plant eine Aufklärungsaktion „gesunde Ernährung" und will diese anläßlich eines Ferienlageraufenthaltes mit ausgewählten Kindern evaluieren.

Eine Regressions-Diskontinuitäts-Analyse könnte hier wie folgt aussehen: Eine Zufallsstichprobe von Kindern wird in einem Vortest bezüglich ihres Gesundheitszustandes untersucht. Zusätzlich wird das Einkommen der Eltern erfragt. Abb. 60 a verdeutlicht den Zusammenhang dieser beiden Variablen aufgrund der Vortestergebnisse.

a) Vortest

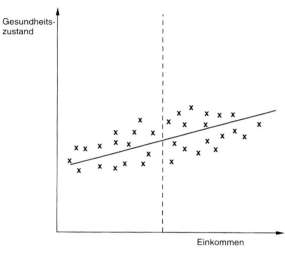

„Cut off"

b) Nachtest

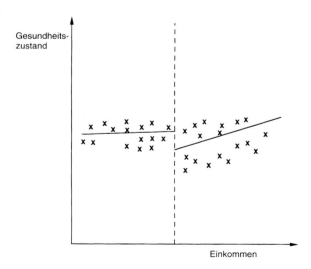

„Cut off"

Abb. 60. Beispiel für eine Regressions-Diskontinuitäts-Analyse. **a** Vortest; **b** Nachtest

Zur Bildung von Experimental- und Kontrollgruppe legt man ein Mindesteinkommen fest (Cutoff-Point) und entscheidet, daß alle Kinder der Zufallsstichprobe mit Eltern, deren Einkommen unterhalb des Cutoff-Points liegen, zur Experimentalgruppe gehören. Die Kinder reicherer Eltern bilden die Kontrollgruppe (ohne Ferienlager).

Vier Wochen nach Abschluß des Ferienlagers „gesunde Ernährung" wird der Gesundheitszustand der Kinder erneut geprüft. Das Ergebnis zeigt Abb. 60 b.

Offensichtlich hat das Treatment gewirkt. Die Vortestergebnisse zeigen einen tendenziell besseren Gesundheitszustand mit wachsendem Einkommen. Die Regressionsgerade, die den Trend der „Punktewolke" kennzeichnet, ist kontinuierlich. Im Nachtest hingegen sind es zwei Regressionsgleichungen, die den Trend in der Experimental- und Kontrollgruppe am besten beschreiben. Die Kinder ärmerer Eltern (links vom Cutoff-Point) befinden sich nach dem Ferienlageraufenthalt in einem besseren Gesundheitszustand als vor dem Ferienlager. Die Regressionsgerade ist diskontinuierlich.

Hinweise: Bei einer Regressions-Diskontinuitäts-Analyse ist darauf zu achten, daß zwischen der „Zuweisungs"-Variablen und der abhängigen Variablen ein Zusammenhang besteht. Nach Mosteller (1990) ist dieser Plan einer experimentellen Untersuchung qualitativ gleichwertig (vgl. hierzu auch Rubin, 1977). Weitere Informationen findet man bei Trochim und Cappelleri (1992) und Hinweise zur Auswertung bei Bierhoff und Rudinger (1996).

Korrelate von Veränderung: Abschließend seien Veränderungshypothesen erwähnt, mit denen behauptet wird, daß die Veränderung eines Merkmals mit einem anderen Merkmal (*Drittvariable*) korreliert. Als Beispiele lassen sich die Hypothesen nennen, daß der Lernfortschritt von Schülern mit ihrer Intelligenz zusammenhängt, daß Fortschritte in der Genesung Kranker von ihrer Bereitschaft, gesund werden zu wollen, abhängen oder daß Einstellungsänderungen mit zunehmendem Alter unwahrscheinlicher werden. In allen Beispielen geht es um den Zusammenhang zwischen der Veränderung einer Variablen und den Ausprägungen einer Drittvariablen. Bei der Über-

prüfung derartiger Hypothesen unterscheiden wir drei Fälle:

a) Die Differenzen stehen in keinem Zusammenhang zu den Eingangswerten, d.h. Stärke und Richtung der Veränderungen sind von den Vortestmessungen unabhängig. In diesem Fall überprüft eine Korrelation zwischen den Differenzwerten und der Drittvariablen die Veränderungshypothese.

b) Die Veränderungen hängen von den Vortestergebnissen ab (z.B. in der Weise, daß mit wachsender Vortestmessung auch größere Veränderungen auftreten), und diese Abhängigkeit soll bei der Überprüfung der Veränderungshypothese mitberücksichtigt werden. Auch in diesem Falle empfiehlt sich die Berechnung einer Korrelation zwischen den Differenzen und der Drittvariablen.

c) Es besteht eine Abhängigkeit zwischen den Vortestergebnissen und den Veränderungen, aber diese Abhängigkeit soll unberücksichtigt bleiben. In dieser Situation bestätigt eine signifikante Partialkorrelation zwischen den Differenzwerten und der Drittvariablen unter Ausschaltung des Einflusses der Vortestwerte die Veränderungshypothese. Man kommt zu identischen Resultaten, wenn in diese Partialkorrelation statt der Differenzwerte die Posttestwerte eingesetzt werden. (Näheres hierzu vgl. z.B. Helmreich, 1977, Kap. 4.4; eine formale Analyse dieser Thematik findet man bei Rogosa und Willett, 1985.)

Allgemeine Designempfehlungen: Zur Erhöhung der internen Validität quasiexperimenteller Untersuchungen, mit denen die Wirksamkeit eines Treatments überprüft werden soll, seien die folgenden Maßnahmen empfohlen (vgl. hierzu auch Cook und Shadish, 1994):

● *Einsatz mehrerer abhängiger Variablen oder Wirkkriterien*: Zu den eingesetzten abhängigen Variablen sollten auch nicht-redundante Variablen zählen. Neben der theoretisch mit dem Treatment verbundenen abhängigen Variablen sind also auch solche Variablen vorzusehen, die mögliche alternative Erklärungen der Maßnahmewirkung ausgrenzen helfen. (Zu multivariaten Versuchsplänen vgl. S. 545 f.)

- *Wiederholte Treatmentphasen*: Falls es die Untersuchungsumstände zulassen, empfiehlt es sich, das Treatment bei derselben Stichprobe nach einem angemessenen Zeitabstand erneut oder sogar mehrfach einzusetzen. Zeigen sich identische Treatmentwirkungen wiederholt, so ist dies ein guter Beleg dafür, daß die Untersuchung intern valide ist.

- *Wiederholte Pretest-Messungen*: Werden Experimental- *und* Kontrollgruppe zwei oder mehreren Pretest-Messungen unterzogen, erfährt man, ob bzw. wie sich die verglichenen Stichproben auch ohne Treatmentwirkungen verändern. Differentielle Veränderungen in der Pretestphase haben dann die Funktion einer „Baseline", die die Interpretation gruppenspezifischer Veränderungen während oder nach der Treatmentphase, die ursächlich auf Treatmentwirkungen in der Experimentalgruppe zurückgeführt werden sollen, präzisieren hilft. (Zu den statistischen Vorteilen wiederholter Messungen vgl. S. 554.)

- *Mehr als zwei Vergleichsgruppen*: Mehrere Experimentalgruppen neben der Kontrollgruppe sind von großem Vorteil, wenn sich theoretisch begründen läßt, daß bestimmte Gruppen stärker und andere weniger stark auf das Treatment reagieren. Werden derartige Erwartungen empirisch bestätigt, ist dies ein guter Beleg für die interne Validität der Studie (vgl. hierzu auch Holland, 1986).

- *Abgestufte Treatmentintensität*: Bei manchen Untersuchungen ist es möglich, daß verschiedene – evtl. auch ex-post gebildete – Teilgruppen das Treatment mit unterschiedlicher Intensität oder „Dosis" erhalten. Hier wäre – ähnlich wie bei Teilgruppen, die auf ein konstantes Treatment unterschiedlich sensibel reagieren – ebenfalls mit abgestuften Treatmentwirkungen zu rechnen.

- *Parallelisierung*: Soweit möglich, sollten die zu vergleichenden Gruppen parallelisiert sein. Das Matching (vgl. S. 527) sollte auf stabilen Merkmalen beruhen, die zudem – zumindest theoretisch – mit der abhängigen Variablen zusammenhängen. Man achte hierbei jedoch auf mögliche Regressionseffekte (vgl. S. 555 ff.).

- *Analyse der Gruppenselektion*: Wie auf S. 117 bereits erwähnt, ist es von großem Vorteil, wenn der Selektionsprozeß, der zur Bildung von Experimental- und Kontrollgruppe führte, genau reanalysiert werden kann. Wenn schon in quasiexperimentellen Untersuchungen mit nicht-äquivalenten Vergleichsgruppen gearbeitet werden muß, sollte zumindest – so gut wie möglich – in Erfahrung gebracht werden, bezüglich welcher Merkmale Gruppenunterschiede bestehen, um diese ggf. im nachhinein statistisch zu kontrollieren.

- *Konfundierte Merkmale*: Zu betonen ist erneut die Notwendigkeit, nach allen Merkmalen zu suchen, die neben dem Treatment ebenfalls auf die abhängige Variable Einfluß nehmen können (vgl. S. 504). Diese Merkmale sind unschädlich, wenn sie – wie in randomisierten Experimenten – in Experimental- und Kontrollgruppe vergleichbar ausgeprägt sind. Sie können eine quasiexperimentelle Untersuchung jedoch völlig invalidieren, wenn ihr Beitrag zur Nicht-Äquivalenz erheblich bzw. ihre Beeinträchtigung der abhängigen Variablen nicht kontrollierbar ist.

Fassen wir zusammen: Quasiexperimentelle Untersuchungen mit nicht-äquivalenten Vergleichsgruppen sind hinsichtlich ihrer internen Validität experimentellen Untersuchungen mit randomisierten Vergleichsgruppen unterlegen. Dennoch sind sie für viele Fragestellungen unersetzbar. Eine Verbesserung der internen Validität dieser Untersuchungsart läßt sich „mechanisch" oder „standardisiert" kaum erzielen, denn die hier genannten Empfehlungen sind keineswegs durchgängig für jede Fragestellung praktikabel. Die Empfehlungen sollten jedoch ein Problembewußtsein fördern, durch eine kreative Designgestaltung auch quasiexperimentelle Untersuchungen so anzulegen, daß deren interne Validität bestmöglich gesichert ist.

Veränderungshypothesen für Entwicklungen

Quasiexperimentelle Untersuchungen zur Überprüfung von Veränderungshypothesen führen – so zeigten die beiden letzten Abschnitte – zu weniger eindeutigen Resultaten als experimentelle Untersuchungen. Die Defizite treten bei einer speziellen Kategorie quasiexperimenteller Untersuchungen, nämlich Untersuchungen zur Überprüfung von Entwicklungshypothesen, besonders deutlich zuta-

[handwritten marginalia at top:]
— Zeiteffekte (epochale Effekte) (Mode)
— Kohorten-Effekt (Zeitpunkt der Geburt)

ge. Gemeint sind hiermit vorrangig entwicklungspsychologische Hypothesen, mit denen Veränderung in Abhängigkeit vom *Alter* postuliert wird.

Neben dem Alter als unabhängige Variable berücksichtigt die entwicklungspsychologische Forschung auch die Wirkung zweier weiterer unabhängiger Variablen: *Zeiteffekte* (oder epochale *Effekte*) sowie *Generationseffekte* (vgl. z.B. Rudinger, 1981; wir verwenden hier statt der von Baltes, 1967, eingeführten Bezeichnung „Kohorte" den im Deutschen üblicheren Ausdruck „Generation"). Die folgenden drei Hypothesen sollen die Bedeutung der drei unabhängigen Variablen Alter, Epoche und Generation veranschaulichen:

- Die Gedächtnisleistung des Menschen läßt mit zunehmendem Alter nach. Hier werden Veränderungen des Gedächtnisses auf die unabhängige Variable Alter zurückgeführt. Nach Schaie (1965, zit. nach Hoppe et al., 1977, S. 141) sind mit Alterseffekten Verhaltensänderungen gemeint, die auf neurophysiologische Reifungsprozesse der Individuen zurückgehen.
- Die Studierenden der frühen 70er Jahre waren politisch aktiver als die Studierenden der frühen 90er Jahre. Diese Hypothese behauptet unterschiedliche studentische Aktivitäten in verschiedenen Zeitabschnitten oder Epochen. Allgemein betreffen epochale Effekte Verhaltensbesonderheiten, die für eine Population in einem begrenzten Zeitabschnitt typisch sind. Stichworte wie „Mode", „Zeitgeist", „gesellschaftlicher Wandel" etc. sind für epochale Besonderheiten typisch. Sie sind Ausdruck kultureller, wissenschaftlicher, ökonomischer und ökologischer Veränderungen.
- Menschen der Nachkriegsgenerationen sind leistungsmotivierter als Menschen, deren Geburt in die 60er Jahre fiel. In diesem Beispiel werden Unterschiede auf die Zeit der Geburt zurückgeführt. Menschen, die in einem bestimmten Zeitabschnitt (z.B. einem bestimmten Jahr) geboren wurden (diese werden zusammenfassend als „Generation" bezeichnet), unterscheiden sich von Menschen, deren Geburt in einen anderen Zeitabschnitt fällt. Menschen einer bestimmten Generation haben als Gleichaltrige dieselben Epochen durchgemacht und verfügen damit über homogenere Erfahrungen als Menschen verschiedener Generationen.

Beobachten wir zu einem bestimmten Zeitpunkt das Verhalten eines Menschen, wird dieses – neben weiteren Determinanten – sowohl vom Alter, den Besonderheiten seiner Generation als auch den epochalen Eigentümlichkeiten der Zeit, in der die Beobachtung stattfindet, abhängen. Fragestellungen und Methoden, die auf die Isolierung dieser drei unabhängigen Variablen abzielen, sind damit naheliegend und Gegenstand eines großen Teiles der entwicklungspsychologischen Grundlagenforschung.

Methodische Probleme bei einfaktoriellen Plänen: Für die Untersuchung der Bedeutung der drei unabhängigen Variablen Alter (A), Generation (G) und Epoche (E) sowie deren Kombinationen für eine abhängige Variable wäre zweifellos ein vollständiger dreifaktorieller Untersuchungsplan mit den Faktoren A, G und E (vgl. S. 537) ideal. Dieser Plan ist jedoch leider nicht realisierbar, denn die hierfür erforderliche vollständige Kombination der Stufen aller drei Faktoren ist nicht möglich (z.B. gehören 20jährige und 40jährige zu einem bestimmten Zeitpunkt zwei verschiedenen Generationen an, d.h. die Stufen des Generationsfaktors lassen sich für einen bestimmten Zeitpunkt nicht mit verschiedenen Altersstufen kombinieren).

Es soll deshalb überprüft werden, welche Möglichkeiten bestehen, die Wirkung der drei unabhängigen Variablen (A, G und E) einzeln zu überprüfen (Haupteffekte ohne Interaktionen). Eine Untersuchungsvariante, die dies zumindest theoretisch gestattet, besteht darin, einen Faktor systematisch zu variieren und die beiden übrigen konstant zu halten (einfaktorieller Plan). Veränderungen der abhängigen Variablen wären dann auf den variierten Faktor zurückzuführen. Die folgenden Ausführungen prüfen, ob sich dieser Ansatz mit den unabhängigen Variablen A, G und E realisieren läßt.

Alterseffekte: Um Alterseffekte zu isolieren, müssen die unabhängigen Variablen G und E konstant gehalten werden. Dies ist jedoch nicht möglich. Entweder man untersucht Menschen verschiedenen Alters zu einem bestimmten Zeitpunkt (E konstant). Diese gehören dann jedoch verschiedenen Generationen an, d.h. der Faktor G kann nicht konstant gehalten werden (Untersuchungstyp 1). Oder man verfolgt Menschen einer Generation über mehrere Altersstufen hinweg (G konstant). Dies jedoch bedeutet, daß die Untersuchungen zu verschiedenen Zeitpunkten stattfinden, d.h. der Faktor E kann nicht konstant gehalten werden (Untersuchungstyp 2).

Der erste Untersuchungstyp entspricht der klassischen *Querschnittuntersuchung* (vgl. Abb. 61). Sie vergleicht zu einem Zeitpunkt Stichproben verschiedenen Alters (d.h. Personen aus unterschiedlichen Generationen). Um nun Unterschiede zwischen den Altersgruppen auf die unabhängige Variable „Alter" zurückführen zu können, darf es keine Generationseffekte geben. Andernfalls könnte die Querschnittuntersuchung auch zum Nachweis von Generationseffekten eingesetzt werden, was dann allerdings voraussetzen würde, daß Alterseffekte zu vernachlässigen sind. Kurz: Bei Querschnittuntersuchungen sind Alters- und Generationseffekte konfundiert.

Die zweite Untersuchungsart, die häufig zur Überprüfung von Alterseffekten eingesetzt wird, heißt *Längsschnittuntersuchung* oder *Longitudinalstudie* (vgl. Abb. 61). Hier wird die Variation des Alters dadurch erreicht, daß man eine Generations-Stichprobe zu verschiedenen Zeitpunkten (d.h. mit unterschiedlichem Alter) untersucht. Die Analyse der Veränderungen einer Stichprobe aus einer Generation führt jedoch nur dann zu brauchbaren Angaben über den Alterseinfluß, wenn epochale Effekte zu vernachlässigen sind. Umgekehrt kann die Längsschnittuntersuchung unter der Annahme, Alterseffekte seien zu vernachlässigen, zur Überprüfung der unabhängigen Variablen „Epochen" herangezogen werden. Da man in einer konkreten Untersuchung weder epochale noch altersbedingte Effekte völlig ausschließen kann, muß man damit rechnen, daß in Längsschnittuntersuchungen Alters- und Epocheneffekte konfundiert sind.

Wegen ihrer Bedeutung für die entwicklungspsychologische Forschung seien im folgenden weitere Schwächen der Querschnittanalyse und der Längsschnittanalyse aufgezeigt (ausführlicher hierzu vgl. z.B. Hoppe et al., 1977).

Querschnittuntersuchung

– Selektive Populationsveränderung: Mit fortschreitendem Alter verändern sich die Stichproben systematisch in bezug auf einige Merkmale. Nehmen wir an, wir wollen das menschliche Körpergewicht in Abhängigkeit vom Alter untersuchen. Dabei müßte man davon ausgehen, daß die Wahrscheinlichkeit, an Übergewicht zu sterben, nicht konstant ist, sondern mit zunehmendem Alter steigt. In der Population alter Menschen wären dann prozentual weniger Übergewichtige anzutreffen als in der Population jüngerer Menschen. Hieraus zu folgern, der Mensch verliert im Verlauf seines Lebens an Gewicht, wäre sicherlich falsch.

– Vergleichbarkeit der Meßinstrumente: Die Validität eines Meßinstrumentes kann vom Alter der untersuchten Personen abhängen. Testaufgaben, die bei jüngeren Menschen kreative Denkleistungen erfordern, können von älteren Menschen durch Erfahrung und Routine gelöst werden (vgl. hierzu auch Eckensberger, 1973; Gulliksen, 1968 und Vagt, 1977).

Längsschnittuntersuchung

– Ausfälle von Untersuchungseinheiten: Wird eine Stichprobe über einen langen Untersuchungszeitraum hinweg beobachtet, muß man damit rechnen, daß sich die Stichprobe durch Ausfall von Untersuchungsteilnehmern im Verlauf der Zeit systematisch verändert (*Drop Outs*).

– Vergleichbarkeit der Meßinstrumente: Dieser schon auf die Querschnittuntersuchung bezogene Kritikpunkt trifft auch auf Längsschnittuntersuchungen zu. Mit zunehmendem Alter kann sich die Bedeutung eines Meßinstrumentes verändern.

– Generationsspezifische Aussagen: Die Resultate einer Längsschnittuntersuchung gelten nur für die untersuchte Generation und sind auf andere Generationen nicht ohne weiteres übertragbar.

– Testübung: Die häufige Untersuchung einer Stichprobe birgt die Gefahr, daß die Ergebnisse durch Erinnerungs-, Übungs- oder Gewöhnungseffekte verfälscht sind.

– Untersuchungsaufwand: Längsschnittuntersuchungen erfordern einen erheblichen Zeitaufwand.

Querschnittdaten werden – soweit sie intervallskaliert sind – üblicherweise mit der einfaktoriellen Varianzanalyse ausgewertet. Bei Längsschnittuntersuchungen wird eine Stichprobe wiederholt untersucht, d.h. hier sind Auswertungsmodelle, die die Abhängigkeit der Messungen berücksichtigen, einschlägig. Über die Auswertung nominaler Daten im Rahmen von Längsschnittuntersuchungen berichtet Plewis (1981).

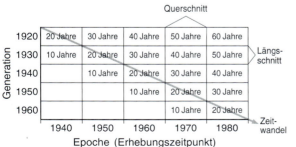

Abb. 61. Querschnittstudie und Längsschnittstudie

Auch für die Überprüfung von Generationseffekten und epochalen Effekten ergeben sich jeweils zwei Untersuchungspläne.

Generationseffekte: Der erste Plan variiert die Generationen und hält das Alter konstant. Hierbei muß zwangsläufig auch eine Veränderung der Epochen, in denen untersucht wird, in Kauf genommen werden. Bezogen auf das Schema in Abb. 61 werden z.B. 10jährige des Jahrganges 1930 im Jahre 1940 untersucht, 10jährige des Jahrganges 1940 im Jahre 1950 usf. Baltes (1967) bezeichnet dieses Vorgehen als *Zeitwandelmethode*. Bei dieser Untersuchungsvariante sind das Alter und die Epoche konfundiert.

Der zweite Plan variiert die Generationen und hält die Epoche (Erhebungszeitpunkt) konstant, d.h. er vergleicht z.B. im Jahre 1980 Personen der Jahrgänge 1930, 1940, 1950 etc. Diese Untersuchung ist nur möglich, wenn man auch eine Variation des Alters zuläßt. Damit entspricht dieser Untersuchungstyp der bereits behandelten Querschnittuntersuchung.

Epochale Effekte: Der erste Plan variiert die Epoche und hält das Alter konstant, d.h. er untersucht z.B. die 10jährigen im Jahre 1940, die 10jährigen im Jahre 1950 usw.; damit variieren gleichzeitig auch die Generationen. Dieser Plan entspricht also dem ersten Plan zur Überprüfung von Generationseffekten, der als Zeitwandelmethode bezeichnet wurde.

Der zweite Plan variiert die Epochen und hält die Generationen konstant. Damit muß zwangsläufig auch das Alter variiert werden, so daß die bereits behandelte Längsschnittuntersuchung resultiert.

Zusammenfassend führt also keiner der sechs Pläne (unter denen sich nur drei tatsächlich verschiedene Pläne befinden) zu eindeutigen Resultaten. Die Problematik quasiexperimenteller Pläne, daß die unabhängige Variable von anderen Variablen überlagert ist, die die abhängige Variable möglicherweise ebenfalls beeinflussen, zeigt sich hier besonders drastisch. Es ist untersuchungstechnisch unmöglich, die Bedeutung einer der drei unabhängigen Variablen A, G und E isoliert zu erfassen.

> **!** Mit den 3 „klassischen" entwicklungspsychologischen Untersuchungsansätzen – Querschnitt, Längsschnitt und Zeitwandel – ist es nicht möglich, Effekte des Alters, der Generation und der Epoche isoliert zu erfassen.

Methodische Probleme bei zweifaktoriellen Plänen: Wenn man in einer entwicklungspsychologischen Untersuchung nicht nur eine, sondern zwei unabhängige Variablen systematisch variiert, resultieren zweifaktorielle Pläne (sequentielle Untersuchungspläne nach Schaie, 1977, 1994). Es sind dann drei verschiedene Untersuchungstypen denkbar, für die Abb. 62 jeweils ein Beispiel gibt. In diesen Plänen sind Replikationen von Längsschnitt- und Zeitwandeluntersuchungen kombiniert (Abb. 62a), von Querschnitt- und Zeitwandeluntersuchungen (Abb. 62b) und von Längs- und Querschnittuntersuchungen (Abb. 62c). Im einzelnen ergeben sich die folgenden Untersuchungspläne:

„Cohort-Sequential Method": Betrachten wir zunächst eine Untersuchung, in der die *Generationen und das Alter* der Untersuchungsteilnehmer systematisch variiert werden (Abb. 62a). Da jede Generationsstichprobe (1920, 1930, 1940) wiederholt (im Alter von 20, 30 und 40 Jahren) untersucht wird, handelt es sich um die Kombination von 3 Längsschnittstudien. Dies entspricht der Kombination von 3 Zeitwandelstudien: Untersucht werden 20jährige aus den Generationen 1920, 1930 und 1940, 30jährige aus diesen Generationen und auch 40jährige. Damit ist der Haupteffekt „Generationen" in bezug auf das Alter und der Haupteffekt „Alter" in bezug auf die Generationen ausbalanciert. Beide Effekte sind jedoch mit epochalen Effekten konfundiert, so daß die Haupteffekte „Generationen" und „Alter" nur bei zu vernachlässigenden epochalen Effekten interpretierbar sind.

Der Vorteil zweifaktorieller Pläne gegenüber einfaktoriellen Plänen besteht i. allg. darin, daß neben Haupteffekten auch Interaktionen geprüft werden können. Was aber – so wollen wir fragen – bedeutet „Interaktion" im Kontext sequentieller Pläne?

Nehmen wir einmal an, als abhängige Variable wird das Konstrukt „Selbstwert" untersucht. Im „Cohort-Sequential-Ansatz" könnte „Interaktion" bedeuten, daß sich die Selbstwert-Scores mit zunehmendem Alter (von 20 bis 40 Jahren) nur unbe-

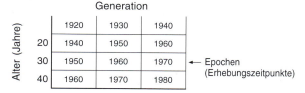

a „cohort-sequential"

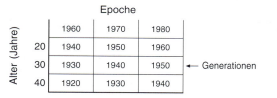

b „time-sequential"

c „cross-sequential"

Abb. 62 a–c. Sequenzmodelle

deutend verändern, wenn Personen aus der Generation „1920" untersucht werden, daß aber deutliche Selbstwertänderungen (z. b. höhere Selbstwertgefühle mit 40 Jahren als mit 20 Jahren) bei Personen aus der Generation „1930" registriert werden. Diesen Befund als reinen Interaktionseffekt zu interpretieren wäre insoweit problematisch, als die Untersuchungszeiträume (Epochen) für die hier verglichenen Generationen divergieren: Die Generation „1920" wird in den Jahren 1940 bis 1960 untersucht und die Generation „1930" in den Jahren 1950 bis 1970. Eine Interpretation der Interaktion Generation×Alter wäre also nur zulässig, wenn die Untersuchungszeiträume bzw. epochalen Effekte ohne Bedeutung sind.

„Time-Sequential-Method": Werden *Epochen und Alter* systematisch variiert (vgl. Abb. 62 b), resultiert ein Plan mit mehreren Querschnittuntersuchungen (20-, 30- und 40jährige werden 1960, 1970 und 1980 untersucht) bzw. mehrere Zeitwan-

delstudien (20-, 30- und 40jährige werden jeweils 1960, 1970 und 1980 untersucht). Wie man Abb. 62 b entnehmen kann, sind die Haupteffekte „Epoche" und „Alter" mit Generationseffekten konfundiert. Dies gilt auch für die Interaktion Epoche×Alter, die nur interpretiert werden kann, wenn Generationseffekte zu vernachlässigen sind.

„Cross-Sequential Method": Der dritte Plan variiert den *Epochen- und den Generationsfaktor* (Abb. 62 c), was zu replizierten Längsschnittuntersuchungen (jede der 3 Generationen 1920, 1930 und 1940 wird wiederholt in den Jahren 1960, 1970 und 1980 untersucht) und replizierten Querschnittuntersuchungen führt (in den Jahren 1960, 1970 und 1980 werden jeweils die Generationen 1920, 1930 und 1940 untersucht). Eindeutige Interpretationen der Haupteffekte „Generation" und „Epoche" bzw. der Interaktion „Generation×Epoche" setzen hier voraus, daß Alterseffekte zu vernachlässigen sind.

Resümee: Ein Vergleich dieser Pläne mit einem lateinischen Quadrat (vgl. S. 542 f.) zeigt deren Eigenschaften auf einer formaleren Basis. (Dieser Vergleich bietet sich an, weil für die Beispiele in Abb. 62 quadratische Pläne mit gleicher Stufenzahl der jeweils variierten Faktoren ausgewählt wurden, was natürlich nicht zwingend ist. Die Argumente gelten jedoch analog für nicht-quadratische Sequenzpläne.) Lateinische Quadrate sind vollständig in bezug auf die drei Haupteffekte, aber nur partiell hinsichtlich der Interaktionen ausbalanciert. Hieraus wurde gefolgert, daß die Haupteffekte nur interpretierbar sind, wenn man die Interaktionen vernachlässigen kann. Da man jedoch meistens nicht weiß, ob bzw. welche Faktoren miteinander interagieren, sind Ergebnisse, die man mit einem lateinischen Quadrat findet, nur bedingt verwertbar.

Die Pläne in Abb. 62 müssen nicht nur auf eine Ausbalancierung in bezug auf die Interaktion verzichten (diese läge vor, wenn jede Faktorstufe eines Faktors mit allen Faktorstufenkombinationen der beiden übrigen Faktoren aufträte, wenn also z. B. 20jährige aus allen Generationen zu allen Erhebungszeitpunkten untersuchbar wären), sondern zusätzlich auf eine Ausbalancierung in bezug auf die Haupteffekte (bei der Kombination zweier Faktoren kann der 3. Faktor nicht konstant gehalten werden bzw. den Kombinationen zweier Faktoren werden Stichproben aus unterschiedlichen Populationen zugeordnet). Damit sind die beiden jeweils als Haupteffekte variierten unabhängigen Variablen nur interpretierbar, wenn die dritte unabhängige Variable, deren Interaktion mit den beiden Haupteffekten sowie die Interaktion zweiter Ordnung (Triple-Interaktion) zu vernachlässigen sind. Die interne Validität dieser Pläne liegt also unter der eines lateinischen Quadrates. (Eine formal-statistische Analyse der Sequenzmodelle, die ebenfalls darauf hinausläuft, daß Alters-, Generations- und epochale Effekte nicht voneinander unabhängig bestimmbar sind, findet man bei Adam, 1978, und weitere Hinweise bei Erdfelder et al., 1996. Bei Schaie, 1994, ist nachzulesen, wie man empirisch überprüfen kann, ob ein bestimmter Effekt – Alter, Generation oder Epoche – unwahrscheinlich ist, so daß die beiden übrigen Effekte bzw. deren Interaktion interpretierbar werden.)

> **!** Zweifaktorielle entwicklungspsychologische Pläne (z. B. Alter×Generation) sind eindeutig zu interpretieren, wenn der jeweils dritte Faktor (im Beispiel: die Untersuchungsepoche) keinen Einfluß auf die abhängige Variable ausübt.

Wir haben es hier mit Variablen zu tun, deren wechselseitige Konfundierung untersuchungstechnisch nicht zu beseitigen ist. Hypothesen, die sich z. B. auf epochale Effekte beziehen, können immer nur für bestimmte Kombinationen von Altersgruppen und Generationen überprüft werden. Man kann beispielsweise fragen, ob die 20jährigen des Jahres 1990 politisch aktiver waren als die 20jährigen des Jahres 1950. Eine Antwort auf diese Frage muß jedoch immer in Rechnung stellen, daß mögliche Unterschiede nicht nur epochal, sondern auch generationsbedingt sein können. (Weitere Überlegungen zu dieser Thematik findet man bei Mayer und Huinink, 1990.)

Veränderungshypothesen für Zeitreihen

Ausprägungen einer Variablen, die in gleichen Zeitabständen wiederholt gemessen werden, bilden eine Zeitreihe. Für eine Zeitreihe ist es unerheblich, ob die Messungen von einer einzelnen Person stammen (vgl. hierzu auch S. 579 ff. über Hypothesen in Einzelfalluntersuchungen), ob es sich um viele Durchschnittswerte einer Stichprobe handelt (z. B. durchschnittliche Anzahl von Vokabeln, die

eine Schülerstichprobe in einer neu zu erlernenden Fremdsprache beherrscht) oder um Indizes zur Beschreibung von Populationen anhand vieler Stichproben (z. B. Lebenserwartung weiblicher Personen in den vergangenen 60 Jahren). Formal unterscheiden wir im Kontext von Zeitreihenanalysen drei verschiedene Hypothesenarten:

- Die in einer Zeitreihe entdeckten Regelmäßigkeiten setzen sich auch zukünftig fort (Vorhersagemodelle).
- Ein „Treatment" verändert eine Zeitreihe in einer bestimmten Weise (Interventionsmodelle).
- Änderungen in der Verlaufsform einer Zeitreihe sind auf eine oder mehrere andere Zeitreihen zurückzuführen (Transferfunktionsmodelle).

In diesem Abschnitt beschäftigen wir uns mit langen Zeitreihen, die aus mindestens $n = 50$ Meßpunkten bestehen. (Kürzere Zeitreihen werden auf S. 581 ff. behandelt.) Von besonderer Bedeutung für die Analyse langer Zeitreihen ist ein in der Ökonometrie entwickeltes Verfahren, das unter der Bezeichnung Box-Jenkins-Methode (vgl. z. B. Box und Jenkins, 1976) bekannt wurde. Die bisher vorliegenden sozialwissenschaftlichen Anwendungen dieser Methode sind vielversprechend und lassen hoffen, daß der Box-Jenkins-Ansatz zukünftig häufiger zur Überprüfung langfristiger Veränderungen herangezogen wird (vgl. z. B. Deutsch und Alt, 1977; Erbring, 1975; Glass et al., 1971; Gudat und Revenstorff, 1976; Hennigan et al., 1979; Hibbs, 1977; Keeser, 1979; Kette, 1990; Meier, 1988; Metzler und Nickel, 1986; Pawlik und Buse, 1994).

Es kann nicht Aufgabe dieses Textes sein, die mathematisch aufwendige Box-Jenkins-Methode im Detail darzustellen. Verständliche Einführungen findet man z. B. bei Glass et al. (1975); Gudat und Revenstorff (1976); McDowall et al. (1980); McCain und McCleary (1979); Nelson (1973); Rottleuthner-Lutter (1985); Schlittgen und Streitberg (1994) sowie Schmitz (1989). Ziel dieses Abschnittes ist es, eine erste Orientierung über den Aufbau dieser Methode zu geben, den wichtigen Schritt der Modellidentifikation zu erläutern und Hinweise zur Überprüfung der eingangs erwähnten Hypothesen zu geben. (Angaben über Programmpakete für die Box-Jenkins-Methode findet man im Anhang D. Harrop und Velicer, 1990, vergleichen die Benutzerfreundlichkeit einschlägiger Computerprogramme.)

Der Überprüfung von Veränderungshypothesen nach dem Box-Jenkins-Verfahren vorangestellt ist die Beschreibung der Regelmäßigkeit einer Zeitreihe in Form eines sog. *ARIMA-Modells* (**Auto-Regressive Integrated Moving Average-Modell**). Erst nachdem die Eigendynamik einer Zeitreihe mit einem ARIMA-Modell spezifiziert wurde, lassen sich zukünftige Entwicklungen vorhersagen, Wirkungen einzelner Interventionen überprüfen oder Zusammenhänge mit anderen Zeitreihen feststellen. Die hierfür erforderlichen Schritte faßt Abb. 63 in Kurzform zusammen.

Die Identifikation des ARIMA-Modells, das der Zeitreihe vermutlich zugrunde liegt, erfordert die Bestimmung von drei Kennwerten: p charakterisiert den autoregressiven Anteil der Zeitreihe, d gibt an, wie häufig eine Zeitreihe „differenziert" werden muß, um sie stationär zu machen, und q beschreibt den in einer Zeitreihe evtl. vorhandenen Gleitmittel-Prozeß (Moving Average Process). Auf die Bedeutung dieser Kennwerte geht der folgende, an Rottleuthner-Lutter (1985) orientierte Abschnitt einführend ein.

Die Bedeutung von ARIMA (p,d,q)-Modellen: Eine Zeitreihe stellt die Realisation eines Zufallsprozesses dar, bei dem jede der n Messungen selbst als eine Realisierung einer Zufallsvariablen aufgefaßt wird. Man geht also von der Vorstellung aus, daß z. B. die k-te zum Zeitpunkt t_k erhobene Messung x_k eine Realisierung der Zufallsvariablen X_k darstellt. Insgesamt haben wir es also mit n Zufallsvariablen zu tun, deren Verteilungen unbekannt

sind. Ferner ist es realistisch anzunehmen, daß diese Zufallsvariablen nicht unabhängig voneinander sind, d.h. zur vollständigen Beschreibung der n-dimensionalen Wahrscheinlichkeitsverteilung benötigen wir bei normalverteilten Merkmalen neben den Mittelwerten und Varianzen auch die Korrelationen zwischen den Messungen.

Bekannt sind jedoch nur die n Messungen der Zeitreihe. Um die für die Zeitreihe charakteristische n-dimensionale Wahrscheinlichkeitsverteilung dennoch beschreiben zu können, sind eine Reihe einschränkender Annahmen erforderlich. Hierzu zählen zunächst die sogenannten „Stationaritätsbedingungen":

a) Alle n Zufallsvariablen haben den gleichen Mittelwert (Erwartungswert).
b) Alle n Zufallsvariablen haben die gleiche Varianz.
c) Die Korrelation zwischen zwei Meßpunkten hängt nur von der Anzahl der zwischen ihnen liegenden Meßpunkte ab, aber nicht von den Positionen innerhalb der Zeitreihe.

Eine Zeitreihe, die diese Bedingungen erfüllt, wird „*stationär*" genannt. Wie diese Annahmen zu überprüfen sind, soll hier nicht weiter diskutiert werden (Rottleuthner-Lutter, 1985, nennt die hierfür einschlägige Literatur). Es ist jedoch offenkundig, daß die auf die Mittelwerte bezogene Stationaritätsannahme (Bedingung a) nur selten erfüllt ist, denn diese setzt voraus, daß die Zeitreihe im Niveau gleich bleibt und keinem Trend

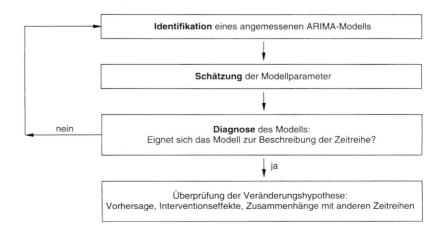

Abb. 63. Überprüfung von Veränderungshypothesen nach der Box-Jenkins-Methode

folgt. Man hat nun zeigen können, daß sich die Eigenschaften der n-dimensionalen Wahrscheinlichkeitsverteilung nicht ändern, wenn die Zeitreihe durch einmalige oder wiederholte Differenzenbildung („Differenzieren") stationär gemacht, bzw. auf diese Weise ein Trend eliminiert wird.

Der d-Parameter: Zur Illustration des Effektes der Differenzenbildung nehmen wir einfachheitshalber an, eine Zeitreihe bestehe aus den Messungen 1, 2, 3, 4, 5 ... n. Diese Zeitreihe hat einen (linear) steigenden Trend und ist damit nicht stationär. Bilden wir jedoch die Differenz zwischen einer Messung x_t und der vorausgegangenen Messung x_{t-1}, resultiert eine stationäre Zeitreihe:

$$2-1=1$$
$$3-2=1$$
$$4-3=1$$
$$5-4=1$$
$$\vdots$$
$$n-(n-1)=1$$

Eine Zeitreihe, die durch (einmalige) Differenzenbildung stationär wird, kennzeichnet man mit d = 1: ARIMA (0,1,0).

Gelegentlich reicht – wie das folgende Beispiel zeigt – eine einfache Differenzenbildung nicht aus, um Stationarität der Zeitreihe zu erzielen. Für die Zeitreihe 1, 4, 9, 16, 25 ... resultiert folgende Differenzenbildung:

$$4-1=3$$
$$9-4=5$$
$$16-9=7$$
$$25-16=9$$
$$\vdots$$
$$n^2-(n-1)^2$$

Die Differenzierung führt zu einer Zeitreihe mit einem (linearen) Trend. Erst eine zweite Differenzenbildung macht diese Reihe stationär:

$$5-3=2$$
$$7-5=2$$
$$9-7=2$$
$$11-9=2$$
$$\vdots$$

Für Zeitreihen, die erst nach zweimaliger Differenzierung stationär werden (was in der Praxis selten vorkommt), ist das Modell ARIMA (0,2,0) charakteristisch.

Die (auf Mittelwerte bezogene) Stationaritätsannahme kann damit (ggf. nach Differenzenbildung) als erfüllt gelten. Nehmen wir überdies an, die Varianzen der Zufallsvariablen seien homogen, können wir davon ausgehen, daß die Messungen für beliebige Zeitpunkte aus derselben Wahrscheinlichkeitsverteilung stammen, bzw. daß die n Meßwiederholungen Realisierungen einer Zufallsvariablen darstellen. Damit sind wir in der Lage, die Korrelationen zwischen zwei benachbarten Messungen (bzw. weiter auseinanderliegender Messungen) zu ermitteln. Tabelle 43 zeigt, wie die Meßwerte einer Zeitreihe für diese Korrelationsberechnungen aufbereitet werden.

Der p-Parameter: Korrelationen, die man durch zeitliche Versetzungen der Meßwerte einer Zeitreihe errechnet, heißen *Autokorrelationen*. Je nachdem, um wie viele Zeitintervalle (*Lags*) die Zeitreihen versetzt sind, unterscheidet man Autokorrelationen 1. Ordnung (1 Lag), Autokorrelationen 2. Ordnung (2 Lags), 3. Ordnung (3 Lags) etc.

Für die Identifizierung des ARIMA-Modells einer Zeitreihe ist es wichtig, ihren autoregressiven Anteil bzw. ihre Autokorrelationsstruktur zu kennen. Besteht nur eine Abhängigkeit zwischen benachbarten Messungen, gilt das folgende Regressionsmodell:

$$x_t = \phi_1 \cdot x_{t-1} + a. \qquad (8.2)$$

ϕ_1 (griech.: phi) beschreibt die Enge des Zusammenhanges zwischen benachbarten Beobachtungen. Die Ausprägung einer Messung zum Zeitpunkt t hängt nur von der vorangehenden Messung x_{t-1} sowie einer Zufallskomponente a ab. Diese um Null normalverteilte Zufallskomponente heißt im Rahmen der Box-Jenkins-Modelle „White Noise" oder „Random Shock". Eine Zeitreihe mit diesen Eigenschaften wird durch ein ARIMA (1, d, 0)-Modell beschrieben.

Besteht nicht nur zwischen benachbarten, sondern auch zwischen Messungen mit 2 Lags eine Abhängigkeit, lautet das autoregressive Modell:

$$x_t = \phi_1 \cdot x_{t-1} + \phi_2 \cdot x_{t-2} + a. \qquad (8.3)$$

Die Tatsache, daß zwei autoregressive Komponenten substantiell sind, wird durch ARIMA (2, d, 0) zum Ausdruck gebracht. ARIMA-Modelle mit mehr als zwei autoregressiven Komponenten kommen in der Praxis selten vor.

Tabelle 43. Datenschema für die Berechnung von Autokorrelationen einer Zeitreihe

r_1		r_2		r_3		r_4		...
x_1	x_2	x_1	x_3	x_1	x_4	x_1	x_5	
x_2	x_3	x_2	x_4	x_2	x_5	x_2	x_6	
x_3	x_4	x_3	x_5	x_3	x_6	x_3	x_7	
$\vdots$		$\vdots$		$\vdots$		$\vdots$		
x_{n-1}	x_n	x_{n-2}	x_n	x_{n-3}	x_n	x_{n-4}	x_n	

r_1 = Autokorrelation 1. Ordnung
r_2 = Autokorrelation 2. Ordnung
r_3 = Autokorrelation 3. Ordnung etc.

Der q-Parameter: Die zu einem Zeitpunkt t erhobene Messung x_t kann nicht nur von den vorangegangenen Messungen x_{t-1}, x_{t-2} etc. abhängen, sondern auch von den vorangehenden Zufallskomponenten a_{t-1}, a_{t-2} etc. Regressionsmodelle dieser Art bezeichnet man als Gleitmittelmodelle (Moving Average bzw. MA-Modelle). Dieses lautet im einfachsten Fall:

$$x_t = a_t - \theta_1 \cdot a_{t-1}. \qquad (8.4)$$

Formal wird dieser Sachverhalt durch ARIMA (p, d, 1) zum Ausdruck gebracht. Hängt eine Messung nicht nur von der jeweils letzten, sondern auch von der vorletzten Zufallskomponente ab, resultiert

$$x_t = a_t - \theta_1 \cdot a_{t-1} - \theta_2 \cdot a_{t-2} \qquad (8.5)$$

bzw. ARIMA (p, d, 2). MA-Modelle mit q>2 findet man in der Praxis selten. θ_1 und θ_2 (griech.: theta) sind Gewichte, deren Berechnung wir hier nicht näher erläutern.

> ❗ Die *Systematik einer Zeitreihe* ist durch ein ARIMA (p,d,q)-Modell vollständig beschreibbar: p gibt die Anzahl der autoregressiven Anteile an, d entspricht der Anzahl der Differenzierungen, die erforderlich sind, um die Zeitreihe stationär zu machen, und q informiert über die Anzahl der Gleitmittelkomponenten.

Ein ARIMA (1,1,1)-Modell hat demnach eine autoregressive Komponente 1. Ordnung und eine Gleitmittelkomponente 1. Ordnung und zeigt zudem einen linearen Trend, der durch einfache Differenzierung zu beseitigen ist. Wie das ARIMA-Modell einer empirisch gefundenen Zeitreihe identifiziert wird, erläutert der folgende Abschnitt.

Identifikation eines ARIMA (p,d,q)-Modells: Bisher wurde eine Zeitreihe mit n Messungen entweder durch die Mittelwerte (Erwartungswerte), die Varianzen und die Autokorrelationen der n Zufallsvariablen beschrieben oder durch die Gleichungen (8.2) bis (8.5). Zwischen den Gewichten der Gleichungen (8.2) bis (8.5) und den Autokorrelationen besteht jedoch eine genau definierte mathematische Beziehung, die in den sog. „Yule-Walker-Gleichungen" zusammengefaßt ist. Sie gestatten es, die eine Beschreibungsart in die andere zu überführen.

ACF und PACF: Jede durch bestimmte ϕ- und θ-Gewichte beschreibbare Zeitreihe zeigt für sie typische Autokorrelationen, die in einem *Autokorrelogramm* (Autocorrelational Function oder kurz: ACF) darstellbar sind (vgl. Abb. 64). Folgt das Autokorrelogramm z.B. einem exponentiell abschwingenden Verlauf, wird dies als Hinweis gewertet, daß die empirische Zeitreihe eine Realisation eines autoregressiven Prozesses ist.

Eine zusätzliche Identifikationshilfe stellt das sog. *Partialautokorrelogramm* (Partial Autocorrelational Function oder kurz: PACF) dar. In ihm werden die Partialautokorrelationen zwischen verschiedenen Meßpunkten abgetragen, wobei die zwischen den Zeitpunkten liegenden Messungen herauspartialisiert werden. Die Partialautokorrelation 1. Ordnung heißt $r_{13.2}$ und gibt den Zusammenhang zwischen x_t und x_{t-2} (Lag 2) wieder, wobei der Einfluß der dazwischenliegenden Messungen x_{t-1} neutralisiert wird. Die Partialautokorrelation 2. Ordnung erfaßt den Zusammenhang der Messungen x_t und x_{t-3} (Lag 3) unter Ausschaltung des Einflusses von x_{t-1} und x_{t-2}. Entsprechendes gilt für Partialautokorrelationen höherer Ordnung.

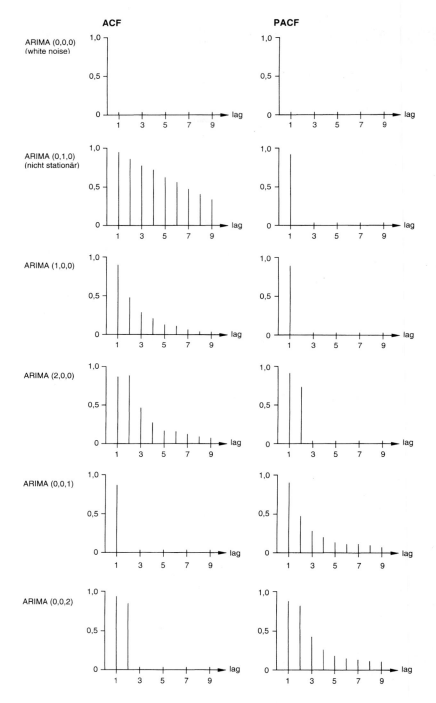

Abb. 64. Erwartete Autokorrelationen (ACF) und Partialautokorrelationen (PACF) für einige ARIMA (p, d, q)-Modelle

(Definitionsgemäß ist die Partialautokorrelation 0. Ordnung mit Lag 1 die einfache Autokorrelation zwischen den Messungen x_t und x_{t-1}.)

Bei einem autoregressiven Prozeß 1. Ordnung oder kurz AR(1)-Prozeß wäre demnach zu erwarten, daß die Partialautokorrelation 1. Ordnung und natürlich auch alle Partialautokorrelationen höherer Ordnung Null werden. Dies zeigt ebenfalls Abb. 64: ARIMA (1,0,0).

Auch Gleitmittelprozesse oder MA(q)-Prozesse zeigen typische Muster des Autokorrelogramms und des Partialautokorrelogramms. Für MA(1)-Prozesse beispielsweise fällt das Partialautokorrelogramm exponentiell ab und das Autokorrelogramm hat nur bei Lag 1 (d.h. bei der Korrelation benachbarter Werte) einen hohen Wert („Spike"): ARIMA (0,0,1).

Nichtstationarität resultiert in einem Autokorrelogramm, dessen Autokorrelationen sehr allmählich abnehmen: ARIMA (0,1,0). Das Partialautokorrelogramm hat bei Lag 1 (Partialkorrelation 0. Ordnung) einen hohen Wert, der nahe bei 1 liegt. Wird die Zeitreihe durch einmaliges Differenzieren stationär, sinkt das Autokorrelogramm rasch ab und erreicht nach 4 bis 5 Lags nur noch unbedeutende Korrelationen.

Abbildung 64 zeigt die typischen Muster des Autokorrelogramms (ACF) und Partialautokorrelogramms (PACF) für die in der Praxis am häufigsten vorkommenden Zeitreihen. Die Abbildungen gehen von positiven Autokorrelationen 1. Ordnung aus. Bei negativen Autokorrelationen 1. Ordnung folgen abwechselnd negative und positive Autokorrelationen aufeinander. An den Verlaufsmustern ändert sich jedoch nichts, wenn man nur die Beträge betrachtet.

Identifikationshilfen: Gelegentlich hat eine Zeitreihe sowohl AR-Anteile als auch MA-Anteile, was die Identifikation erschwert. Deshalb empfiehlt es sich, bei der Identifikation des ARIMA (p,d,q)-Modells einer Zeitreihe in folgenden Schritten vorzugehen (nach McCain und McCleary 1979, S. 249 f.):

1. Wenn die ACF nicht schnell absinkt, ist die Zeitreihe nicht stationär. Sie muß (ggf. wiederholt) differenziert werden, bis die ACF schnell absinkt. Die Anzahl der hierfür erforderlichen Differenzierungen entspricht d.
2. Für eine stationäre (oder stationär gemachte) Zeitreihe sind als nächstes die ACF und die PACF zu prüfen. Fällt die ACF exponentiell ab,

ist dies als Hinweis auf ein AR-Modell zu werten. Eine exponentiell abfallende PACF deutet auf einen MA-Prozeß hin.

3. Ist es möglich, die Zeitreihe entweder als AR-Prozeß oder als MA-Prozeß zu identifizieren, gibt die Anzahl der signifikanten „Spikes" in der PACF den p-Wert des AR-Prozesses bzw. die Anzahl der signifikanten „Spikes" der ACF den q-Wert des MA-Prozesses an. Hierbei sollte man mit möglichst niedrigen Werten als Anfangsschätzungen für p und q beginnen, denn zu kleine Werte werden in der anschließenden „Diagnostik" erkannt, zu große Werte hingegen nicht.
4. Wenn sowohl die ACF als auch die PACF exponentiell fallen, hat die Zeitreihe AR- und MA-Anteile. Für p und q sollte dann proberweise zunächst der Wert 1 angenommen werden. Ist dieses ARIMA-Modell unangemessen, sind p und q abwechselnd (ggf. auch gemeinsam) auf 2 zu erhöhen.
5. Wenn sich kein angemessenes ARIMA-Modell identifizieren läßt, besteht schließlich die Möglichkeit, die Zeitreihe zu transformieren. (Näheres hierzu vgl. McCain und McCleary, 1979, S. 250.)

Tabelle 44 faßt die wichtigsten Identifikationshilfen nochmals zusammen.

Saisonale Modelle: Gelegentlich zeigen Zeitreihen saisonale Schwankungen bzw. periodisch wiederkehrende Regelmäßigkeiten. Erhebt man beispielsweise monatliche Messungen über viele Jahre hinweg, können die Jahresverläufe einander stark ähneln. Dies hat zur Folge, daß sich in der ACF (und/oder ggf. in der PACF) nicht nur die bereits beschriebenen anfänglichen „Spikes", sondern zusätzlich hohe Korrelationen für Lag 12, Lag 24, Lag 36 etc. zeigen. Das ARIMA(p,d,q)-Modell ist dann zu einem saisonalen ARIMA(p,d,q)-(P,D,Q)-Modell zu erweitern.

Die Werte P, D und Q charakterisieren hierbei das saisonale ARIMA-Modell. Es wird genauso identifiziert wie das ARIMA-Modell der regulären Zeitreihe. Wählen wir als Beispiel eine Zeitreihe mit Jahresschwankungen, gehen wir wie folgt vor:

Nicht stationäre saisonale Schwankungen besagen, daß die Jahresdurchschnitte einem (steigenden oder fallenden) Trend folgen. Sie zeigen sich in allmählich abfallenden Autokorrelationen für die Lags 12, 24, 36 etc. Die saisonale Stationarität

Tabelle 44. Zusammenfassung der Identifikationshilfen für die wichtigsten ARIMA-Modelle

	„White Noise"	AR-Prozeß	MA-Prozeß	Mischprozeß
Autokorrelationen	Für alle Lags: Null	Für alle Lags, beginnend mit Lag 1: rascher exponentieller Abfall bzw. gedämpfte Sinusschwingung	Die ersten q Lags: ungleich Null. Für Lag k, k > q: Null	Für Lag k, k > q–p: gedämpfte exponentielle und/oder Sinusschwingung
Partialautokorrelationen	Für alle Lags: Null	Die ersten p Lags: ungleich Null. Für Lag k, k > p: Null	Für alle Lags, beginnend mit Lag 1: rascher exponentieller Abfall bzw. gedämpfte Sinusschwingung	Für Lag k, k > p–q: gedämpfte exponentielle und/oder Sinusschwingung

wird durch eine jahreweise vorgenommene Differenzierung hergestellt.

Eine autoregressive saisonale Komponente führt zu einem exponentiellen Abfall der Autokorrelationen für die Lags 12, 24, 36 etc. Für P wird 1 gesetzt, wenn die PACF nur bei Lag 12 einen „Spike" zeigt. Ist die Partialautokorrelation für Lag 24 ebenfalls hoch, nimmt man für P den Wert 2 an.

Für saisonal beeinflußte Gleitmittelprozesse erwarten wir einen exponentiellen Abfall der PACF für die Lags 12, 24, 36 etc. In Abhängigkeit davon, ob die ACF nur bei Lag 12 oder zusätzlich auch bei Lag 24 einen „Spike" hat, ist Q = 1 oder Q = 2 zu setzen.

Modelldiagnose: Nach einer (ggf. vorläufigen) Identifikation des ARIMA-Modells werden die Parameter ϕ und θ geschätzt. Es schließt sich eine „Diagnostik" an, die überprüft, ob das ARIMA-Modell die Zeitreihe hinreichend genau beschreibt oder ob die Abweichungen der empirischen Zeitreihe von der für das ARIMA-Modell vorhergesagten Zeitreihe substantiell sind. Hierfür werden eine residuale ACF und PACF errechnet, die bei guter Anpassung des Modells nur noch „White Noise", d.h. nicht-signifikante Autokorrelationen und Partialautokorrelationen aufweisen dürfen.

Beispiel: Tafel 48 zeigt die Identifikation eines ARIMA-Modells an einem Beispiel (nach McCleary und Hay, 1980, S. 104 ff.).

Vorhersagen, Interventionen und Zusammenhänge: Die Beschreibung einer Zeitreihe durch ein ARIMA-Modell ist für sich genommen belanglos (deshalb wurde in Tafel 48 auf die Wiedergabe der Parameter ϕ und θ verzichtet, da diese in den meisten Fällen ohnehin nichtssagend sind).

Liegt das ARIMA-Modell einer Zeitreihe hingegen fest, kann dieses zur Vorhersage zukünftiger Entwicklungen (Forecasting), zur Überprüfung der verändernden Wirkung einer Intervention (Treatment) oder zur Ermittlung des Einflusses einer anderen Zeitreihe auf die untersuchte Zeitreihe herangezogen werden.

Vorhersagen: Der erste Anwendungsfall, die Vorhersage, ist unkompliziert. Man nutzt die im ARIMA-Modell zusammengefaßten Informationen bzgl. der vergangenen Entwicklungen für die Prognose eines oder mehrerer zukünftiger Meßpunkte. Die Vorhersagen sind umso genauer, je länger und stabiler die Zeitreihe ist. Weit in die Zukunft reichende Vorhersagen sind natürlich weniger präzise als die Vorhersage des sich unmittelbar an die Zeitreihe anschließenden nächsten Meßpunktes.

Interventionsprüfungen: Der zweite Anwendungsfall betrifft die Überprüfung von Veränderungen, die eine *Intervention* oder ein Treatment bei einer Zeitreihe bewirken. Hierbei unterschieden wir drei Arten von Interventionen (Erläuterungen s.u.):

- einmalige Intervention (Impuls; Beispiel: Wie wirkt sich der einmalige Aufruf eines Bundeskanzlers, wöchentlich einen fernsehfreien Tag einzulegen, auf das Fernsehverhalten aus?) (0000010000 …)
- wiederholte Interventionen (Beispiel: Wie wirken sich wiederholte Sparappelle auf das Konsumverhalten aus?) (00100001001 …)

TAFEL 48

Die Belegschaft eines Betriebes im Verlauf von 20 Jahren:
Identifikation eines ARIMA-Modells

Die in der folgenden Abbildung wiedergegebene Zeitreihe stellt – nach Monaten aufgeschlüsselt – die Anzahl der Werktätigen eines Betriebes in den Jahren 1945 bis 1966 dar.

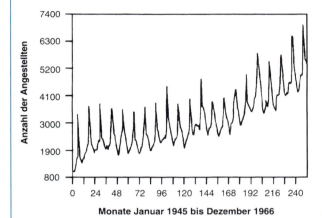

Abb. I. Zeitreihe

Der Graphik ist – bei starken monatlichen Schwankungen – eine ständige Zunahme der Zahl der Betriebsangehörigen zu entnehmen. Jeweils im August werden die meisten Werktätigen gezählt. Die beiden folgenden Diagramme verdeutlichen den Verlauf der Autokorrelation (ACF) und der Partialautokorrelation (PACF).

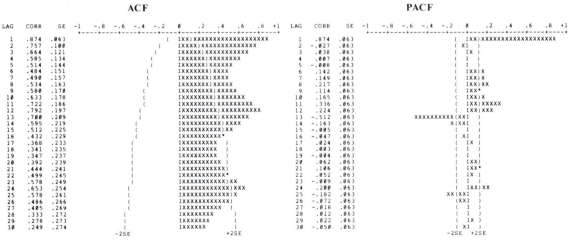

Abb. II. ACF und PACF der Zeitreihe

TAFEL 48

Die Klammern geben die Signifikanzgrenzen der jeweiligen Korrelation wieder. Die Autokorrelationen bleiben hier über mehrere Lags hinweg signifikant und weisen damit – wie schon vermutet – die Zeitreihe als nicht stationär aus. Sie wird deshalb zunächst regulär differenziert. Das Ergebnis dieser Differenzierung zeigt die folgende Graphik:

```
                    ACF                                                      PACF

LAG   CORR   SE  -1  -.8 -.6 -.4 -.2  0  .2  .4  .6  .8 +1      LAG   CORR   SE  -1  -.8 -.6 -.4 -.2  0  .2  .4  .6  .8 +1
                 +----+----+----+----+----+----+----+----+----+                 +----+----+----+----+----+----+----+----+----+
 1   -.048  .063                    ( XI  )                     1   -.048  .063                    ( XI  )
 2   -.116  .063                    *XXI )                      2   -.119  .063                    *XXI )
 3   -.062  .064                    (XXI )                      3   -.075  .063                    (XXI )
 4   -.066  .064                    (XXI )                      4   -.090  .063                    (XXI )
 5   -.124  .065                    *XXI )                      5   -.156  .063                   X(XXI )
 6   -.151  .066                   X(XXI )                      6   -.208  .063                  XX(XXI )
 7   -.116  .067                    *XXI )                      7   -.221  .063                 XXX(XXI )
 8   -.041  .068                    ( XI  )                     8   -.199  .063                  XX(XXI )
 9   -.043  .068                    ( XI  )                     9   -.249  .063                 XXX(XXI )
10   -.157  .068                   X(XXI)                      10   -.472  .063         XXXXXXXX(XXI  )
11    .080  .069                    ( IXX )                    11   -.496  .063        XXXXXXXX(XXI  )
12    .713  .070                    ( IXX)XXXXXXXXXXXXXXX       12    .406  .063                    ( IXX)XXXXXXX
13    .045  .094                    ( IX )                     13    .183  .063                    ( IXX)XX
14   -.096  .095                    ( XXI )                    14    .028  .063                    ( IX )
15   -.051  .095                    ( XI )                     15    .019  .063                    ( I  )
16   -.074  .095                    ( XXI )                    16    .008  .063                    ( I  )
17   -.101  .095                    ( XXXI )                   17    .060  .063                    ( IX )
18   -.144  .096                    (XXXXI )                   18    .060  .063                    ( IX )
19   -.127  .097                    ( XXXI )                   19   -.013  .063                    ( I  )
20   -.049  .097                    ( XI  )                    20   -.093  .063                    (XXI )
21   -.032  .097                    ( XI  )                    21   -.055  .063                    ( XI )
22   -.111  .097                    ( XXXI )                   22    .055  .063                    ( IX )
23    .021  .098                    ( IX  )                    23   -.257  .063                 XXX(XXI )
24    .651  .098                    ( IXXXX)XXXXXXXXXXXX        24    .066  .063                    ( IXX)
25    .074  .114                    (  IXX  )                  25    .033  .063                    ( IX )
26   -.057  .114                    ( XI  )                    26    .029  .063                    ( IX )
27   -.072  .114                    ( XXI )                    27   -.035  .063                    ( XI )
28   -.069  .114                    ( XXI )                    28   -.026  .063                    ( XI )
29   -.077  .114                    ( XXI )                    29    .020  .063                    ( IX )
30   -.171  .115                    ( XXXXI )                  30   -.075  .063                    (XXI )
                                  -2SE      +2SE                                                 -2SE      +2SE
```

Abb. III. ACF und PACF der regulär differenzierten Zeitreihe.

Es zeigen sich nun deutliche Spikes in der ACF für die Lags 12 und 24. Da die Korrelationen für diese beiden Lags nur geringfügig verschieden sind, ist die Zeitreihe auch saisonal nicht stationär. Eine erneute Differenzierung für Lag 12 ist erforderlich. Es resultieren die in Abb. IV wiedergegebenen ACF und PACF.

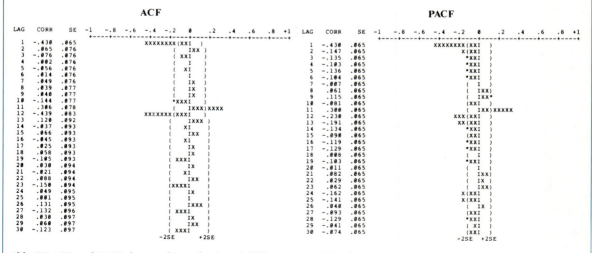

Abb. IV. ACF und PACF der regulär und saisonal differenzierten Zeitreihe

TAFEL 48

Die PACF sinkt nach Lag 1 und nach Lag 12 relativ rasch ab, und die ACF hat bei Lag 1 und bei Lag 12 jeweils einen Spike. Man kann deshalb vermuten, daß für diese Zeitreihe das ARIMA $(0,1,1)(0,1,1)_{12}$-Modell angemessen ist. Abbildung V bestätigt diese Vermutung. Die Residuen dieses Modells sind statistisch nicht mehr signifikant und stellen „White Noise" dar.

```
                ACF                                                PACF

LAG  CORR   SE  -1  -.8  -.6  -.4  -.2   0   .2   .4   .6   .8  +1     LAG  CORR   SE  -1  -.8  -.6  -.4  -.2   0   .2   .4   .6   .8  +1
               +----+----+----+----+----+----+----+----+----+----+                   +----+----+----+----+----+----+----+----+----+----+
 1   .050  .065                      (   IX  )                          1   .050  .065                      (   IX  )
 2  -.016  .065                      (   I   )                          2  -.018  .065                      (   I   )
 3  -.112  .065                     *XXI     )                          3  -.111  .065                     *XXI     )
 4  -.054  .066                      (  XI   )                          4  -.044  .065                      (  XI   )
 5  -.024  .066                      (  XI   )                          5  -.023  .065                      (  XI   )
 6   .077  .066                      (   IXX)                           6   .067  .065                      (   IXX)
 7   .080  .066                      (   IXX)                           7   .064  .065                      (   IXX)
 8   .087  .067                      (   IXX)                           8   .078  .065                      (   IXX)
 9  -.025  .067                      (  XI   )                          9  -.017  .065                      (   I   )
10  -.127  .067                     *XXI     )                         10  -.106  .065                     *XXI     )
11   .037  .068                      (   IX  )                         11   .074  .065                      (   IXX)
12  -.009  .068                      (   I   )                         12  -.016  .065                      (   I   )
13  -.034  .068                      (  XI   )                         13  -.065  .065                     (XXI    )
14  -.031  .068                      (  XI   )                         14  -.044  .065                      (  XI   )
15  -.065  .068                     (XXI     )                         15  -.078  .065                     (XXI    )
16  -.061  .069                     (XXI     )                         16  -.056  .065                      (  XI   )
17   .025  .069                      (   IX  )                         17   .029  .065                      (   IX  )
18   .034  .069                      (   IX  )                         18   .029  .065                      (   IX  )
19  -.033  .069                      (  XI   )                         19  -.062  .065                     (XXI    )
20  -.008  .069                      (   I   )                         20   .013  .065                      (   I   )
21  -.020  .069                      (  XI   )                         21   .021  .065                      (   IX  )
22  -.034  .069                      (  XI   )                         22  -.025  .065                      (  XI   )
23  -.113  .069                     *XXI     )                         23  -.113  .065                     *XXI     )
24   .017  .070                      (   I   )                         24   .021  .065                      (   IX  )
25   .123  .070                      (   IXX*                          25   .104  .065                      (   IXX*
26   .098  .071                      (   IXX )                         26   .060  .065                      (   IXX)
27  -.072  .071                     ( XXI    )                         27  -.074  .065                     (XXI    )
28  -.024  .072                      (  XI   )                         28  -.007  .065                      (   I   )
29   .037  .072                      (   IX  )                         29   .064  .065                      (   IXX)
30  -.043  .072                      (  XI   )                         30  -.032  .065                      (  XI   )
                                    -2SE    +2SE                                                           -2SE  +2SE
```

Abb. V. Diagnose: ACF und PACF der Modellresiduen

- dauerhafte Interventionen („Step Input"; Beispiel: Wie wirkt sich die Verabschiedung eines neues Scheidungsgesetzes auf die Anzahl der Scheidungen aus?)
(0000011111 ...)

Für jede der drei Interventionsarten wird eine spezifische Inputvariable definiert, die bei einer qualitativen Intervention aus Einsen und Nullen (Intervention vorhanden – nicht vorhanden) besteht. Jede Null bzw. Eins ist einem Meßzeitpunkt zugeordnet. Man kann nun überprüfen, wie die Intervention die Zeitreihe ändert.

Das ARIMA-Modell der Zeitreihe sollte anhand jener Daten ermittelt werden, die vor dem Zeitpunkt der Intervention liegen. Ist die Periode vor der Intervention zu kurz, um eine eindeutige Identifikation zu erlauben, schlägt Jenkins (1979, S. 72, zit. nach Rottleuthner-Lutter, 1985) vor, für die Bestimmung des ARIMA-Modells die gesamte Zeitreihe einschließlich der auf die Intervention folgenden Meßzeitpunkte zu verwenden.

Die Art der Wirkung, die eine Intervention auslöst, kann beliebig sein oder vorher hypothetisch festgelegt und entsprechend überprüft werden. Tafel 49 zeigt einige Beispiele für mögliche Interventionseffekte (Glass et al., 1975, zit. nach Petermann, 1978, S. 95).

Zusammenhänge: Der dritte Anwendungsfall schließlich läßt nicht nur eine binär kodierte Inputvariable, sondern beliebige andere Zeitreihen als Inputvariablen zu. (Beispiele: Wie beeinflußt die Anzahl berufstätiger Frauen die Geburtenrate? Verändert die selbst eingeschätzte Befindlichkeit eines Therapeuten das Befinden seines Patienten?) Hierbei wird explizit zwischen einer abhängigen und einer unabhängigen Zeitreihe unterschieden. Diese multivariate Variante der Zeitreihenanalyse gestattet die Überprüfung *kausaler Hypothesen*; es wird ein beide Zeitreihen umfassendes Transferfunktions-ARIMA-Modell erstellt, dessen Interpretation z.B. Fragen folgender Art beantwortet:

TAFEL 49

Interventionseffekte in Zeitreihenanalysen

1. **Abrupte Niveauänderung:** Die Intervention löst eine sofortige Wirkung aus.

2. **Verzögerte Niveauänderung:** Die Intervention löst eine allmählich einsetzende Wirkung aus.

3. **Temporäre Niveauänderung:** Es tritt eine abrupte Änderung ein, die kontinuierlich abnimmt und auf das Ausgangsniveau zurückgeht.

4. **Abrupte Richtungsänderung:** Es tritt eine sofort einsetzende Richtungsänderung auf.

5. **Verzögerte Richtungsänderung:** Die Intervention löst eine allmählich einsetzende Trendänderung aus.

6. **Abrupte Variabilitätsänderung:** Die Intervention löst eine allmählich einsetzende, oszillierende Änderung aus.

7. **Kompensatorische Änderung:** Es tritt eine Veränderung in einer Richtung ein, die durch einen entgegengesetzten Trend ausgeglichen wird.

- Mit welchem zeitlichen Verzug wirkt sich eine unabhängige Zeitreihe auf die abhängige Zeitreihe aus?
- Welche Veränderungen der unabhängigen Zeitreihe lösen welche Veränderungen der abhängigen Zeitreihe aus?
- Lassen sich Vorhersagen der Entwicklung einer Zeitreihe verbessern, wenn die gemeinsamen Regelmäßigkeiten von weiteren Zeitreihen berücksichtigt werden?

(Beispiele und Einzelheiten hierzu findet man z.B. bei McCleary und Hay, 1980, Kap. 5.)

Zusammenfassende Bewertung

Dieses Teilkapitel behandelt unterschiedliche Arten von Veränderungshypothesen und verschiedene methodische Varianten zu ihrer Überprüfung. Experimentelle Untersuchungen mit großen randomisierten Stichproben haben die höchste interne Validität. Hier kann auf Vortests verzichtet werden, weil die Randomisierung der beste Garant dafür ist, daß die Experimental- und die Kontrollgruppe (oder andere zu vergleichende Gruppen) vor Durchführung des Treatments äquivalent sind. Kleinere Stichproben sollten trotz Randomisierung durch Vortests auf Äquivalenz geprüft werden. Damit ist auch die experimentelle Untersuchung anfällig für die meisten auf S. 504 genannten Gefährdungen der internen Validität. Beste Kontrollmöglichkeiten dieser Gefährdungen bietet der Solomon-Vier-Gruppen-Plan.

Die interne Validität quasiexperimenteller Untersuchungen zur Überprüfung von Veränderungshypothesen hängt in starkem Maße davon ab, ob eine Kontrollgruppe eingesetzt werden kann und ob diese Kontrollgruppe zur Experimentalgruppe äquivalent ist. In diesem Falle führt der Zwei-Gruppen-Pretest-Posttest-Plan zu Resultaten mit akzeptabler interner Validität. Ist es zudem erforderlich, Vortesteffekte abzuschätzen, sollte auch bei quasiexperimentellen Untersuchungen der Einsatz eines Solomon-Vier-Gruppen-Planes erwogen werden.

„One Shot Case"-Studien sind abzulehnen. Der Eingruppen-Pretest-Posttest-Plan muß als Notbehelf akzeptiert werden, wenn die Untersuchungsumstände eine Kontrollgruppenbildung nicht zulassen. Faktorielle Pläne mit äquivalenten Kontrollgruppen sind die Methode der Wahl, wenn es um den Nachweis von differentiellen Wirkungen eines Treatments geht. Falls es gelingt, eine sinnvolle „Assignement"-Variable zu finden, können mit dem „Regression Discontinuity"-Design Ergebnisse mit hoher interner Validität erzielt werden. (Zu beachten sind ferner die auf S. 546 f. bzw. S. 557 genannten allgemeinen Empfehlungen für quasiexperimentelle Untersuchungen.)

Die längs- oder querschnittliche Überprüfung entwicklungsbedingter Veränderungshypothesen ist wegen der Konfundierung von Alters-, Generations- und epochalen Effekten problematisch. Hier ist man zur Verbesserung der internen Validität auf Kontrolltechniken angewiesen, die z.B. verschiedene Altersgruppen oder Stichproben aus verschiedenen Generationen bezüglich potentieller Störeinflüsse so gut wie möglich vergleichbar machen (Parallelisierung, Matching etc., vgl. S. 525 ff.).

Zeitreihenanalytische Untersuchungen haben eine hohe interne Validität, wenn es gelingt, den zeitlichen Verzug einer Interventionswirkung (unmittelbar nach der Intervention oder mit einem bestimmten „Timelag") theoretisch genau zu fixieren. Ist dies nicht möglich, hat die Zeitreihenanalyse den Status einer explorativen Studie, mit der Hypothesen über den Wirkverlauf einer Intervention erkundet werden. Dies ist typischerweise bei Interventionen der Fall, auf die individuell sehr unterschiedlich reagiert wird (z.B. symptomabhängige Wirkungen einer psychotherapeutischen Maßnahme) oder die nur langfristig Auswirkungen zeigen (z.B. Gehaltsverbesserungen nach einer beruflichen Fördermaßnahme).

Die interne Validität kann zudem durch instrumentelle Reaktivität (die abhängige Variable wird sehr häufig gemessen) sowie durch Zeiteffekte (andere, die abhängige Variable beeinflussende Ereignisse könnten zeitgleich mit der Intervention auftreten) erheblich gefährdet sein. Zeiteffekte lassen sich durch eine Kontrollgruppenzeitreihe ohne Intervention überprüfen; zeigt diese Zeitreihe einen ähnlichen Verlauf bzw. eine ähnliche Struktur wie die Zeitreihe der Experimentalgruppe, war die Intervention mit hoher Wahrscheinlichkeit wirkungslos.

Zur Kontrolle der instrumentellen Reaktivität bietet es sich an, Zeitreihen mit wiederholten Interventionen zu erheben. Verändert sich die Zeitreihe auch in Phasen ohne Intervention, wäre dies ein Hinweis auf instrumentelle Reaktivität, wenn gleichzeitig die Wirksamkeit von Zeiteffekten ausgeschlossen werden kann.

8.2.6
Hypothesen in Einzelfalluntersuchungen

Das intensive Studium einzelner Personen regte die Sozial- und Humanwissenschaften in der Vergangenheit zu zahlreichen wichtigen Erkenntnissen an (vgl. z.B. Dukes, 1965; Lazarus und Davison, 1971). Einzelfallstudien zeichnen sich gegenüber Stichprobenuntersuchungen durch eine bessere Überschaubarkeit des Untersuchungsumfeldes und damit durch eine bessere Kontrollierbarkeit potentieller Störvariablen aus; sie eignen sich besonders zur Erkundung psychologischer, medizinischer, pädagogischer o.ä. Hypothesen (vgl. Kapitel 6).

Auch durch Einzelfallstudien angeregte Hypothesen beanspruchen Allgemeingültigkeit und erfordern somit hypothesenprüfende Untersuchungen, die die im Einzelfall beobachteten Regelmäßigkeiten oder Zusammenhänge an repräsentativen Stichproben bestätigen. Gelegentlich ist man jedoch gar nicht daran interessiert, die Tragfähigkeit einer durch eine *Einzelfallstudie* angeregten Hypothese für andere Personen zu erkunden. Das Untersuchungsfeld bleibt auf ein Individuum begrenzt, und man ist daran interessiert, Vermutungen, die durch lange Beobachtung eines Individuums entstanden sind, durch eine systematische Untersuchung desselben Individuums zu bestätigen („Intensive Design" nach Chassan, 1967; „Operant Experiments" nach Sidman, 1967; „Ideographic Approach" nach Jones, 1971; kontrollierte Einzelfallforschung nach Julius et al., 2000, „Single Case Analysis" nach Du Mas, 1955).

Typische Anwendungsfelder von Einzelfalluntersuchungen sind die pädagogische, sonderpädagogische und klinische Forschung (Petermann, 1996). Wenngleich sich der überwiegende Teil der bislang durchgeführten und bekannt gewordenen

Einzelfalluntersuchungen auf Personen bezieht, kommen für diese Untersuchungsart prinzipiell auch andere Untersuchungsobjekte wie z. B. eine einzelne Schulklasse, ein Betrieb, eine Familie, eine Stadt o. ä. in Frage.

> **!** In einer *hypothesenprüfenden Einzelfalluntersuchung* (Einzelfallstudie) geht es darum, Annahmen über Merkmale oder Verhaltensweisen einer einzelnen Person bzw. eines einzelnen Objekts zu überprüfen.

Bevor wir uns verschiedenen Untersuchungstechniken zuwenden, ist es angebracht, sich zunächst ein wenig mit dem Sinn hypothesenprüfender Einzelfalluntersuchungen auseinanderzusetzen. Als Beispiel wählen wir die Hypothese: „Frau M. reagiert auf berufliche Mißerfolge mit Migräne". Aus der Menge aller das Verhalten und Erleben von Frau M. beeinflussenden Merkmale wird ein (hier dichotomes) Merkmal als unabhängige Variable (beruflicher Mißerfolg vs. kein beruflicher Mißerfolg) herausgegriffen, das der Hypothese nach die abhängige Variable „Migräne" (mit den Stufen „vorhanden vs. nicht vorhanden" bzw. mit unterschiedlichen Intensitätsstufen) beeinflußt. Zweifellos reicht es nicht aus, die Hypothese als bestätigt anzusehen, wenn auf ein einmaliges berufliches Versagen mit Migräne reagiert wird, denn diese Koinzidenz könnte zufällig sein und bei vergleichbaren Anlässen nicht wiederholt auftreten. Für die Überprüfung der Hypothese müssen mehrere Phasen mit bzw. ohne berufliche Mißerfolge hinsichtlich ihrer Auswirkungen auf die abhängige Variable überprüft werden.

Damit stellt sich das für die statistische Hypothesenüberprüfung wichtige Problem der „Stichprobe" bzw. der Art von Generalisierung, die für das Ergebnis einer Einzelfalluntersuchung angestrebt wird. Solange der Geltungsbereich der Hypothese nicht durch die Nennung von (z. B. zeitlichen) Rahmenbedingungen eingeschränkt ist, besteht die *Population*, für die die Untersuchung aussagekräftig sein soll, aus allen erfolglosen bzw. nicht erfolglosen Phasen des Berufslebens von Frau M. Übertragen wir die Erfordernisse einer Zufallsstichprobe konsequent auf Einzelfalluntersuchungen, müßte zum einen die Liste aller „Elemente" dieser Population bekannt sein, und zum anderen wäre die zu untersuchende Stichprobe

(hier die zu untersuchenden Berufsphasen) nach einem Zufallsverfahren aus den Elementen der Population zusammenzustellen (vgl. Abschnitt 7.1.1).

Wohl die meisten Einzelfalluntersuchungen dürften weder das eine noch das andere Kriterium erfüllen. Die vollständige Liste aller Elemente der Population ist in der Regel unbekannt, und die Auswahl erfolgt üblicherweise willkürlich, indem z. B. mehrere in einem begrenzten Zeitabschnitt zeitlich aufeinanderfolgende Phasen untersucht werden. Für derartige Stichproben lassen sich bestenfalls *fiktive Referenzpopulationen* konstruieren (vgl. S. 404 f.), die mit der eigentlich interessierenden Population (im Beispiel das gesamte Berufsleben von Frau M.) nur wenig zu tun haben (vgl. z. B. auch Edgington, 1967; zum Problem der interindividuellen Generalisierbarkeit von Einzelfallergebnissen s. z. B. Westmeyer, 1979).

Will man Einzelfallhypothesen überprüfen, ist man darauf angewiesen, eine Stichprobe vergleichbarer Verhaltensausschnitte zu untersuchen, die zwangsläufig über einen mehr oder weniger langen Zeitabschnitt verteilt sind. Dieses Faktum ist entscheidend, wenn man die *interne Validität* von Einzelfalluntersuchungen einschätzen will. Ob nun – wie im Beispiel – die Bedeutung von nicht geplant auftretenden Ereignissen oder von willkürlich gesetzten Interventionen interessiert; der statistische Nachweis einer Veränderung des untersuchten Merkmals ist kein sicherer Beleg für die Wirksamkeit der Ereignisse oder der Interventionen. Wie bei allen Untersuchungen zur Überprüfung von Veränderungen, die sich über die Zeit erstrecken, muß damit gerechnet werden, daß andere, mit der Zeit kovariierende Merkmale die Veränderung verursachen. Derartige Störbedingungen lassen sich allerdings in Einzelfalluntersuchungen leichter kontrollieren als in Untersuchungen mit Stichproben.

> **!** Bei der Untersuchungsplanung ist auch bei Einzelfalluntersuchungen darauf zu achten, daß beobachtete Veränderungen in den abhängigen Variablen möglichst eindeutig auf die interessierenden unabhängigen Variablen zurückgeführt werden können (Frage der *internen Validität*).

Wiederholte Messungen können nicht nur die interne Validität von Einzelfalluntersuchungen beeinträchtigen, sondern auch deren statistische Auswertung erschweren. Viele „klassische" Auswertungsroutinen basieren auf der Annahme der Unabhängigkeit der Messungen (bzw. der Meßfehler), die bei wiederholten Messungen einer Person – zumal, wenn diese in kurzen Abständen erfolgen – meistens nicht gegeben ist (vgl. z. B. Gottman, 1973). Dies wurde bei vielen Auswertungen von Einzelfalldaten und auch bei der Entwicklung spezieller statistischer Verfahren zur Einzelfallanalyse übersehen, was häufig zur Folge hatte, daß die Bedeutung der überprüften Interventionseffekte *überschätzt* wurde (vgl. z. B. Nicolich und Weinstein, 1977; zit. nach Levin et al., 1978, oder auch Revenstorf und Keeser, 1979, S. 220).

> **!** Bei der statistischen Auswertung von Daten aus Einzelfalluntersuchungen ist zu beachten, daß es sich nicht um unabhängige Messungen, sondern um *abhängige Messungen* handelt.

Diese Überlegungen sind bei der Auswertung und der Interpretation zu beachten. Dessen ungeachtet zeichnet sich ein Trend ab, auch die in Einzelfalluntersuchungen gewonnenen Erkenntnisse statistisch abzusichern (vgl. hierzu z. B. die Überblicksarbeiten von Barlow und Hersen, 1984; Franklin et al., 1996; Kratochwill, 1978 und Petermann, 1981, 1982). Deshalb seien im folgenden einige Untersuchungsstrategien zur Überprüfung von Einzelfallhypothesen dargelegt. Abschließend gehen wir auf Probleme der Einzelfalldiagnostik ein.

> **!** Für hypothesenprüfende *Einzelfallanalysen* werden Verhaltensstichproben derselben Person in verschiedenen Situationen, zu unterschiedlichen Zeitpunkten oder unter variierenden Aufgabenstellungen gezogen.

Individuelle Veränderungen

Wir behandeln nun Untersuchungspläne, mit denen Hypothesen über die Wirksamkeit eines Treatments für eine oder mehrere abhängige Variablen überprüft werden können. Allen Untersuchungsplänen gemeinsam ist die wiederholte Erhebung von Messungen an einem Einzelfall, wobei wir zwischen Erhebungsphasen ohne Intervention (*A-Phasen*) und Erhebungsphasen mit Intervention (*B-Phasen*) unterscheiden. Bei Untersuchungen mit willkürlich manipulierbaren Interventionen kann der Wechsel von A- und B-Phasen vom Untersuchungsleiter gesteuert werden (z. B. in einer Verhaltenstherapie, in der das erwünschte Verhalten phasenweise belohnt und phasenweise nicht belohnt wird); geht es um die Wirkung von Ereignissen, deren zeitliche Abfolge nicht vorhersagbar ist (wie im o. g. Migräne-Beispiel) wechseln A- und B-Phasen nach Maßgabe des Auftretens des jeweils untersuchten Ereignisses.

Um Auffälligkeiten der abhängigen Variablen während einer B-Phase feststellen zu können, muß das „Normalverhalten" bzw. die *Baseline* der abhängigen Variablen bekannt sein. Man bestimmt sie durch mehrere Messungen vor dem ersten Einsetzen einer Intervention, wobei die Anzahl der Messungen während dieser ersten A-Phasen genügend groß sein sollte, um mehr oder weniger regelmäßige Schwankungen im Normalverhalten identifizieren zu können (vgl. hierzu auch S. 574 ff.). Mögliche Interventionseffekte während der B-Phase sind dann einfacher vom Normalverhalten zu unterscheiden (zur graphischen Aufbereitung individueller Zeitreihen vgl. Parsonson und Baer, 1978).

> **!** In Einzelfalluntersuchungsplänen werden Erhebungsphasen ohne Intervention als *A-Phasen* und Erhebungsphasen mit Intervention als *B-Phasen* bezeichnet.

Einzelfalluntersuchungspläne unterscheiden sich in erster Linie darin, wie häufig und auf welche Art sich A- und B-Phasen abwechseln. Soweit die Grenzen der Belastbarkeit des Einzelfalles nicht überschritten werden, sind hierbei relativ beliebige Kombinationen denkbar. Die in der Literatur am häufigsten erwähnten Pläne seien im folgenden kurz vorgestellt (Beispiele zu den einzelnen Plänen findet man z. B. bei Kratochwill, 1978; Kratochwill und Levin, 1992; Barlow und Hersen, 1973, oder bei Fichter, 1979).

- **A-B-Plan:** Untersuchungen nach diesem Plan bestehen nur aus einer A-Phase mit einer darauffolgenden B-Phase. Zur Feststellung der Baseline werden in der A-Phase unter kontrollierten Bedingungen mehrere Messungen erhoben, die anschließend mit den in der B-Phase anfallenden Messungen verglichen werden. Dieser Plan ist zur statistischen Überprüfung einer individuellen Veränderungshypothese wenig geeignet (vgl. S. 583 ff.).

- **A-B-A-Plan:** Auch dieser Plan beginnt mit einer Baseline-Phase. An die Interventionsphase schließt sich eine weitere Baseline-Phase an, die eindeutigere Aussagen über die Wirksamkeit der Intervention zuläßt als der einfache A-B-Plan. Gleicht sich die abhängige Variable in der zweiten A-Phase wieder der Baseline an, ist dies – soweit hierfür keine Zufallsschwankungen verantwortlich sind – ein deutlicher Beleg für die kurzzeitige Wirksamkeit der Intervention.

- **B-A-B-Plan:** In vielen klinischen Einzelfallstudien erweist es sich als ungünstig (bzw. ethisch bedenklich), wenn die Untersuchung wie im A-B-A-Plan mit einer Baseline-Phase endet. Dies wird im B-A-B-Plan vermieden. Die Aussagekraft dieses Planes ist jedoch durch die zwischen zwei B-Phasen eingeschobene A-Phase erheblich eingeschränkt, wenn man damit rechnen muß, daß das Normalverhalten vor der erstmaligen Wirkung einer Intervention anders geartet ist als nach einer Intervention.

- **A-B-A-B-Plan:** Dieser Plan verbindet die Vorteile des A-B-A-Planes und des B-A-B-Planes und kommt deshalb in der Einzelfallforschung am häufigsten zur Anwendung. Nach der Etablierung einer stabilen Baseline wird – wie im A-B-A-Plan – untersucht, ob ein möglicher Interventionseffekt nach Absetzen der Intervention verschwindet und nach erneuter Intervention wieder auftritt, was zusammengenommen die Wirksamkeit der Intervention besser belegt als alle bisher besprochenen Pläne.

- **A-BC-B-BC-Plan:** Auch dieser Plan besteht (in seiner einfachsten Form) aus vier Phasen. Dennoch führt er zu anderen Aussagen als der A-B-A-B-Plan. Er erfordert zwei Interventionen B und C (z.B. eine medikamentöse und eine gesprächstherapeutische Behandlung), die in kombinierter Form und auch einzeln eingesetzt werden. Die A-Phase dient wiederum der Festlegung einer stabilen Baseline. Es folgt eine BC-Phase, in der beide Interventionen gleichzeitig eingesetzt werden. Die anschließende B-Phase liefert darüber Aufschluß, welcher Anteil der Kombinations-(Interaktions-)Wirkung von BC auf B zurückzuführen ist. Um die Wirkung bei-

der Interventionen isoliert erfassen zu können, müßte der Plan um eine C-Phase (und ggf. um eine weitere BC-Phase) erweitert werden.

- **„Multiple Baseline"-Plan:** Dieser von Baer et al. (1968) beschriebene Plan findet vor allem in der verhaltenstherapeutischen Einzelfallanalyse Beachtung. Er überprüft die Auswirkungen einer Behandlung auf mehrere Variablen (z.B. phobische Reaktionen auf verschiedene Auslöser). Nachdem die Baselines für alle Variablen feststehen, beginnt zunächst die auf eine Variable ausgerichtete Behandlung. Danach wird die zweite Variable mit in die Behandlung einbezogen usw. Zusammengenommen besteht dieser Plan also aus mehreren zeitversetzten A-B-Plänen (Einzelheiten zu diesem Plan s. z.B. Kazdin, 1976, 1978, 1982).

Die inferenzstatistische Auswertung dieser (oder ähnlicher) Pläne bereitet wegen der bereits erwähnten seriellen Abhängigkeit der Messungen erhebliche Schwierigkeiten (vgl. Kratochwill et al., 1974). Da „klassische" Routineauswertungen wie z.B. der t-Test für Einzelfalldaten ungeeignet sind, wollen wir uns dem Problem der statistischen Hypothesenüberprüfung in Einzelfalluntersuchungen im folgenden etwas ausführlicher zuwenden. Wir unterscheiden hierbei zwischen quantitativen Merkmalen (Testwerte, physiologische Messungen, Rating-Skalen, Häufigkeiten eines Merkmals etc.) und qualitativen Merkmalen (dichotome Merkmale, Kategorien nominaler Merkmale).

> **!** Einzelfalluntersuchungspläne unterscheiden sich in erster Linie darin, wie häufig und auf welche Art sich A- und B-Phasen abwechseln. Für die inferenzstatistische Auswertung sollte – in Abhängigkeit vom Skalenniveau der abhängigen Variablen – auf *Signifikanztests* zurückgegriffen werden, die abhängige Messungen zulassen.

Intervallskalierte Merkmale: Für Einzelfallzeitreihen mit mehr als 50 Messungen ist die Zeitreihenanalyse nach dem Box-Jenkins-Modell (vgl. S. 568 ff.) einschlägig. Als vergleichsweise voraussetzungsarmes Verfahren vermittelt sie Einblicke in die seriellen Abhängigkeitsstrukturen und periodischen Regelmäßigkeiten der Daten, sie überprüft direkte oder zeitlich versetzte Wirkungen von Interventionen auf die abhängige Variable und gestattet die

Überprüfung spezieller Trendhypothesen. Daten aus „multiplen Baseline"-Plänen, in denen mehrere Zeitreihen gleichzeitig anfallen, lassen sich mit multiplen Transferfunktionsmodellen erschöpfend auswerten.

Es sei jedoch nicht verschwiegen, daß das sinnvolle Arbeiten mit der Box-Jenkins-Zeitreihenanalyse erhebliche Vorkenntnisse und viel Routine voraussetzt. Es soll deshalb im folgenden eine alternative, allerdings weitaus weniger erschöpfende Auswertungsstrategie vorgeschlagen werden, die jedoch auch dann anwendbar ist, wenn die Zeitreihe aus weniger als 50 Messungen besteht. Dieses Verfahren wird von Levin et al. (1978) unter der Bezeichnung *Non-Parametric Randomization Test* beschrieben.

Randomisierungstests: Die serielle Abhängigkeit von Einzelfalldaten verbietet es, diese wie Realisierungen von unabhängigen Zufallsvariablen zu behandeln. Sie ist jedoch für praktische Zwecke zu vernachlässigen, wenn für mehrere Messungen der Zeitreihe jeweils zusammenfassende Statistiken, wie z.B. Mittelwerte, berechnet werden. Bei der Analyse von Interventionseffekten bietet es sich an, die Einzelmessungen verschiedener A- und B-Phasen zu Mittelwerten zusammenzufassen. Wenn beispielsweise in einem A-B-A-Plan pro Phase 15 Messungen vorliegen, stehen für die Hypothesenüberprüfung statt der 45 abhängigen Einzelmessungen 3 weitgehend unabhängige Phasenmittelwerte zur Verfügung. Bei mäßiger Autokorrelation 1. Ordnung (vgl. S. 570 f.) kann man davon ausgehen, daß Phasenmittelwerte, die mindestens auf jeweils 10 Einzelmessungen beruhen, praktisch voneinander unabhängig sind (vgl. Levin et al., 1978, S. 179, Tabelle 3.1; bei der Auslegung dieser Tabelle folgen wir einer Einschätzung von Glass et al., 1975, nach der für die meisten sozialwissenschaftlichen Zeitreihen Autokorrelationen 1. Ordnung im Bereich $r \leqslant 0{,}50$ typisch sind).

> ❗ Um das Problem der *seriellen Abhängigkeit* von Einzelmessungen in Einzelfalluntersuchungen zu umgehen, kann man Einzelmessungen zu Phasenmittelwerten zusammenfassen, die dann nahezu unabhängig sind.

Angenommen, eine Logopädin behandelt ein Kind mit schweren Sprachstörungen und möchte die Bedeutung kleiner Belohnungen für die Therapie dieses Kindes mit einem A-B-A-B-Plan überprüfen. Sie stellt 15 Blöcke von jeweils 10 schwierig auszusprechenden Wörtern zusammen und bittet das Kind, diese Wörter in der ersten A-Phase nachzusprechen. Für jeden Block wird die Anzahl richtig wiederholter Wörter notiert und die durchschnittliche Zahl korrekt ausgesprochener Wörter über alle Blöcke errechnet (ein Block entspricht damit einer Messung).

Für die erste A-Phase möge sich ein Durchschnittswert von 2 ergeben haben. In der ersten B-Phase erhält das Kind nach jedem Block in Abhängigkeit von der Anzahl der richtig gesprochenen Wörter Belohnungen. Es resultiert ein Durchschnittswert von 7 richtigen Wörtern. In den beiden folgenden Phasen erreicht das Kind im Durchschnitt 3 richtige Wörter für die zweite A-Phase und 8 richtige Wörter für die zweite B-Phase. Damit führt der A-B-A-B-Plan insgesamt zu den Durchschnittswerten 2, 7, 3 und 8.

Unter der Annahme, die Belohnungen seien wirkungslos (Nullhypothese), sind die Unterschiede zwischen den Phasen auf Zufälligkeiten zurückzuführen (von Wiederholungseffekten wollen wir hier absehen; diese wären durch die Verwendung verschiedener Wörter in den einzelnen Phasen auszuschalten). Jeder dieser vier Mittelwerte hätte bei Gültigkeit der H_0 in jeder Phase auftreten können. Fassen wir jeweils zwei gleiche Phasen zusammen, resultieren bei Gültigkeit der H_0 die folgenden $\binom{4}{2} = \frac{4 \cdot 3}{2 \cdot 1} = 6$ gleichwahrscheinlichen Kombinationen:

	A-Phasen	B-Phasen
1. Kombination	2+3=5	7+8=15
2. Kombination	2+7=9	3+8=11
3. Kombination	2+8=10	3+7=10
4. Kombination	3+7=10	2+8=10
5. Kombination	3+8=11	2+7=9
6. Kombination	7+8=15	2+3=5

Bei Gültigkeit der Nullhypothese tritt jede dieser 6 Kombinationen mit gleicher Wahrscheinlichkeit ($p = 1/6$) auf. (Wir beziehen uns nur auf die beobachteten Mittelwerte. Über mögliche andere Mittelwerte, die in der Untersuchung auch hätten auftreten können, werden keine Aussagen gemacht.)

Nehmen wir zunächst an, die eingangs aufgestellte Nullhypothese soll zweiseitig getestet werden, d.h. die Alternativhypothese heißt A>B oder

B>A. Am deutlichsten für diese H_1 (bzw. gegen die H_0) sprechen die Kombinationen 1 (A = 5, B = 15) und 6 (A = 15, B = 5), die zusammen mit einer Wahrscheinlichkeit von 2/6 = 1/3 auftreten, d.h., die Wahrscheinlichkeit dieser Ergebnisse bei Gültigkeit der H_0 (a-Fehler-Wahrscheinlichkeit, vgl. S. 500) beträgt p = 0,3$\bar{3}$.

Die empirische Einzelfalluntersuchung führt in unserem Beispiel zu einem dieser extremen Resultate; in den A-Phasen werden durchschnittliche 2 bzw. 3 (also zusammen 5) Wörter und in den B-Phasen 7 und 8 (zusammen 15) Wörter richtig gesprochen. Bei Gültigkeit der H_0 und zweiseitigem Test tritt dieses Ergebnis mit einer Wahrscheinlichkeit von p = 0,3$\bar{3}$ auf. Diese Irrtumswahrscheinlichkeit liegt weit über den üblichen Signifikanzgrenzen von 5% bzw. 1% (a = 0,05 bzw. a = 0,01), d.h., das Ergebnis ist statistisch nicht signifikant. Die H_0, die Belohnungen haben keinen Effekt, muß beibehalten werden.

Diese Entscheidung ist unabhängig von den tatsächlichen gefundenen Phasenmittelwerten. Auch extremere Unterschiede zwischen den A- und B-Phasen hätten nach diesem Ansatz nicht zum Verwerfen der H_0 führen können. Bei zweiseitigem Test kann ein ABAB-Plan (und natürlich auch alle Pläne mit weniger als 4 Phasen) niemals zu einem Ergebnis führen, dessen Irrtumswahrscheinlichkeit kleiner als 33,$\bar{3}$% ist.

Nun wird man zu Recht einwenden, daß eine ungerichtete Hypothese dem Informationsstand der Logopädin nicht entspricht. Sie hat hinreichend Gründe anzunehmen, daß Belohnungen das Sprechverhalten des Kindes verbessern und wird deshalb eine gerichtete H_1: A<B formulieren. In diesem Falle gibt es nur ein Ergebnis, das der H_1 am besten entspricht, nämlich die 1. Kombination mit den Werten 5 für A und 15 für B, die auch tatsächlich beobachtet wurde. Dieses Ergebnis tritt bei Gültigkeit der H_0 mit einer Wahrscheinlichkeit von p = 1/6 = 0, 16 auf, d.h. die Irrtumswahrscheinlichkeit ist gemessen an den traditionellen Standards immer noch zu groß. Auch bei einer gerichteten Alternativhypothese muß die H_0 beibehalten werden.

Trendtests: Die gerichtete Alternativhypothese (A<B) sagt nichts über mögliche Unterschiede zwischen den beiden A-Phasen bzw. zwischen den beiden B-Phasen aus. Wenn wir jedoch davon ausgehen, daß die Sprechtherapie erfolgreich ist, ließe sich auch die weitergehende Hypothese rechtfertigen, daß $A_1 < A_2$ und daß $B_1 < B_2$, bzw. daß zusammengenommen $A_1 < A_2 < B_1 < B_2$ gilt. Diese *monotone Trendhypothese* gilt als bestätigt, wenn die 4 Phasenmittelwerte genau diese Reihenfolge aufweisen. Erfolgt die Verteilung der Mittelwerte auf die 4 Phasen gemäß der Nullhypothese zufällig, treten alle 4! = 24 möglichen Reihenfolgen mit gleicher Wahrscheinlichkeit auf (p = 1/24 = 0,042). Entspricht – wie im Beispiel – die vorhergesagte Reihenfolge der empirisch gefundenen Reihenfolge, gilt die monotone Trendhypothese auf dem 5%-Signifikanzniveau als bestätigt.

Man beachte, daß die H_0: „Die Reihenfolge der Mittelwerte ist zufällig" theoretisch durch jede beliebige Reihenfolge auf dem a = 5%-Niveau verworfen wird, denn jede Reihenfolge tritt mit einer Wahrscheinlichkeit von p = 0,042 auf. Die Alternativhypothese impliziert jedoch eine abgestufte Treatmentwirkung der Form $A_1 < A_2 < B_1 < B_2$, d.h. jede hiervon abweichende Reihenfolge steht im Widerspruch zu dieser Alternativhypothese. Damit kann die H_0 nur mit dieser einen Reihenfolge verworfen werden.

Allerdings hätte die Alternativhypothese auch weniger restriktiv formuliert werden können. Zwar ist man sicher, daß die zweite Treatmentphase wirksamer ist als die erste ($B_1 < B_2$) und daß unter Treatmentbedingungen insgesamt mehr Wörter richtig gesprochen werden als unter Baselinebedingungen (A<B); über Unterschiede zwischen den Baselinephasen will man jedoch keine Aussagen machen. Damit umfaßt die Alternativhypothese zwei Rangreihen, nämlich $A_1 < A_2 < B_1 < B_2$ und $A_2 < A_1 < B_1 < B_2$. Die Wahrscheinlichkeit, daß eine diese Alternativhypothese bestätigende Rangreihe auftritt, beträgt dann p = 2/24 = 0,08$\bar{3}$. Die H_0 wäre auf dem a = 5%-Niveau beizubehalten.

Auch bei dieser Vorgehensweise gilt die H_1 als nicht bestätigt, wenn eine Rangreihe auftritt, die nicht als Alternativhypothese vorhergesagt wurde. Ob diese Rangreihe nur geringfügig oder sehr deutlich von der oder den vorhergesagten Rangreihen abweicht, ist hierbei unerheblich. Für diese Entscheidungsstrategie ist es also ohne Belang, ob z.B. die Alternativhypothese H_1: $A_1 < A_2 < B_1 < B_2$ durch die Rangreihe $A_2 < A_1 < B_1 < B_2$ oder durch die Rangreihe $B_2 < B_1 < A_2 < A_1$ verworfen wird, obwohl letztere zur Alternativhypothese in deutlicherem Widerspruch steht als erstere.

Exakter Permutationstest: Diese Schwäche wird beseitigt, wenn man die gefundenen Mittelwerte mit allen Permutationen der möglichen Rangplätze gewichtet und für jede Permutation die Summe der so gewichteten Mittelwerte berechnet. Bezogen auf das Beispiel resultieren die in Tabelle 45 (nach Levin et al., 1978) wiedergegebenen $4! = 4 \cdot 3 \cdot 2 \cdot 1 = 24$ Werte (der Wert der 1. Permutation resultiert aus $1 \cdot 2 + 2 \cdot 7 + 3 \cdot 3 + 4 \cdot 8 = 57$, für die 2. Permutation ergibt sich $1 \cdot 2 + 2 \cdot 7 + 4 \cdot 3 + 3 \cdot 8 = 52$ usw.).

In Tabelle 46 sind die Wahrscheinlichkeiten der nach ihrer Größe geordneten Produktsummen (PS) aufgeführt.

Es wird deutlich, daß die Rangreihe $A_1 < A_2 < B_2 < B_1$ (5. Permutation mit PS = 60) und die Rangreihe $A_2 < A_1 < B_1 < B_2$ (9. Permutation mit PS=60) mit der vorhergesagten (und auch aufgetretenen) Rangreihe $A_1 < A_2 < B_1 < B_2$ (3. Permutation mit PS = 61) am wenigsten im Widerspruch stehen. Umfaßt die Alternativhypothese nicht nur eine, sondern auch in diesem Sinne ähnliche Rangreihen, wird die H_1 angenommen, wenn die empirische Rangreihe zu denjenigen extremen Rangreihen zählt, die zusammengenommen bei Gültigkeit von H_0 eine Wahrscheinlichkeit $p \leqslant 5\%$ (1%) haben. Bei vier Phasen haben zwei Rangreihen bereits eine Irrtumswahrscheinlichkeit $p > 5\%$ $p = 2/24 = 0,08\bar{3}$, d. h. auch bei dieser Vorgehensweise muß die empirische Rangreihe exakt der vorhergesagten entsprechen ($p = 1/24 = 0,042 < 0,05$). Dies ändert sich natürlich, wenn mehr als 4 Phasen untersucht werden.

Die Gewichtung der Mittelwerte mit den Rangnummern 1 bis 4 impliziert die Hypothese gleicher Abstände zwischen den Phasenmittelwerten (*lineare Trendhypothese*). Diese Gewichte können – wenn entsprechende Vorkenntnisse vorliegen – durch beliebige andere Gewichtszahlen ersetzt werden, die den hypothetisch vorhergesagten Größenverhältnissen der Mittelwerte entsprechen (Einzelheiten hierzu vgl. Levin et al., 1978, S. 185 oder Tafel 50).

Asymptotischer Permutationstest: Die Anzahl möglicher Permutationen wird mit wachsender Phasenzahl schnell sehr groß. Für 5 Phasen (z. B. A, BC, B, BC, C) ergeben sich bereits 120 verschiedene Abfolgen, d. h. eine auf dem α=5%-Ni-

Tabelle 45. Produktsummen aus Phasenmittelwerten und permutierten Rangplätzen

Permutation	Mittelwerte 2,0	7,0	3,0	8,0	Produktsumme (PS)
1	1	2	3	4	57
2	1	2	4	3	52
3	1	3	2	4	61
4	1	3	4	2	51
5	1	4	2	3	60
6	1	4	3	2	55
7	2	1	3	4	52
8	2	1	4	3	47
9	2	3	1	4	60
10	2	3	4	1	45
11	2	4	1	3	59
12	2	4	3	1	49
13	3	1	2	4	51
14	3	1	4	2	41
15	3	2	1	4	55
16	3	2	4	1	40
17	3	4	1	2	53
18	3	4	2	1	48
19	4	1	2	3	45
20	4	1	3	2	40
21	4	2	1	3	49
22	4	2	3	1	39
23	4	3	1	2	48
24	4	3	2	1	43

Tabelle 46. Wahrscheinlichkeiten der Produktsummen aus Tabelle 45

Produktsumme	Wahrscheinlichkeit
39	1/24
40	2/24
41	1/24
43	1/24
45	2/24
47	1/24
48	2/24
49	2/24
51	2/24
52	2/24
53	1/24
55	2/24
57	1/24
59	1/24
60	2/24
61	1/24

veau bestätigte Alternativhypothese kann 6 im Sinne von Tabelle 45 ähnliche Abfolgen umfassen. Bei Einzelfalluntersuchungen mit 6 Phasen (z.B. ABABAB) sind 720 Abfolgen der Phasenmittelwerte möglich; hier kann eine Alternativhypothese aus 36 einander ähnlichen Abfolgen bestehen, um auf dem 5%-Niveau bestätigt zu werden.

Für mehr als 8 Phasen (für 8 Phasen sind 40320 Abfolgen denkbar) geht die Wahrscheinlichkeitsverteilung der Produktsummen (PS) in eine Normalverteilung über (asymptotischer Test). Der Erwartungswert (Mittelwert) und die Varianz dieser Normalverteilung sind

$$E(PS) = \frac{1}{n} \cdot \left(\sum_{i=1}^{n} \bar{x}_i \right) \cdot \left(\sum_{i=1}^{n} y_i \right) \tag{8.6}$$

$$VAR(PS) = \frac{1}{n-1} \cdot \left[\sum_{i=1}^{n} (\bar{x}_i - \bar{\bar{x}})^2 \right] \cdot \left[\sum_{i=1}^{n} (y_i - \bar{y})^2 \right] \tag{8.7}$$

mit $\bar{x}_i$ = Mittelwert der i-ten Phase
$\bar{\bar{x}}$ = Mittelwert der Phasenmittelwerte
y_i = Gewicht des i-ten Phasenmittelwertes
n = Anzahl der Phasen
$\bar{y}$ = durchschnittliches Gewicht.

Eine empirisch gefundene Produktsumme

$$PS = \sum_{i=1}^{n} y_i \bar{x}_i \tag{8.8}$$

läßt sich dann nach der schon bekannten z-Transformation (Gl. 7.6)

$$z = \frac{PS - E(PS)}{\sqrt{VAR(PS)}} \tag{8.9}$$

in einen z-Wert der Standardnormalverteilung (vgl. Tabelle E 1) überführen. Schneidet dieser bei einseitigem Test von der Standardnormalverteilungsfläche weniger als 5% (z = 1,65) bzw. weniger als 1% (z = 2,33) ab, gilt die Alternativhypothese, die durch die Wahl der Gewichte y_i festgelegt ist, als bestätigt. Tafel 50 verdeutlicht diesen Ansatz anhand eines Zahlenbeispiels.

Die bisherigen Ausführungen zeigen, daß derselbe empirische Befund je nach Art der Hypothese statistisch signifikant oder statistisch unbedeutend sein kann. Je präziser eine Hypothese das beschreibt, was empirisch auch eintritt, desto größer ist die Wahrscheinlichkeit, daß dieses Ergebnis statistisch signifikant wird. Allerdings wächst mit zunehmender Präzision der Hypothese auch die Anzahl möglicher Ergebnisse, die der Hypothese widersprechen. Diesen Sachverhalt haben wir bereits beim Vergleich eines einseitigen Tests mit einem zweiseitigen Test kennengelernt (vgl. S. 498 f.).

Hier wird nun die Notwendigkeit, Hypothesen vor der Datenerhebung zu formulieren, noch deutlicher. Es ist nahezu unmöglich, eine Hypothese statistisch zu widerlegen, die erst nach Vorliegen der Daten dem Ergebnis entsprechend formuliert wurde. Hier verliert das statistische Hypothesentesten seinen Sinn. Hypothesen sind vor Untersuchungsbeginn so präzise wie möglich aufzustellen.

> **!** **Hypothesen über Unterschiede zwischen A- und B-Phasen im Rahmen von Einzelfalluntersuchungen können bei intervallskalierten abhängigen Variablen mit exakten oder asymptotischen *Permutationstests* geprüft werden.**

Nachzutragen bleibt, daß der hier behandelte Randomisierungstest auf der Annahme beruht, Baseline- und Interventionsphasen folgen zufällig aufeinander. Dies ist bei den auf S. 581 f. genannten Einzelfallplänen nicht der Fall. In Ermangelung voraussetzungsärmerer und dennoch test-

TAFEL 50

Nikotinentzug durch Selbstkontrolle: Die Überprüfung von Hypothesen in einer Einzelfalluntersuchung

Ein starker Raucher will zeigen, daß es ihm gelingt, seinen Zigarettenkonsum durch Selbstdisziplin („bewußtes" Rauchen) deutlich zu reduzieren. Er beabsichtigt, abwechselnd 14 Tage „normal" zu rauchen (Baseline-Phase) und 14 Tage „bewußt" zu rauchen („Therapie-Phase") mit insgesamt fünf Baseline-Phasen und fünf „Therapie"-Phasen. Während dieser insgesamt 140 Tage wird täglich sorgfältig die Anzahl gerauchter Zigaretten registriert.

Dieses Material soll drei Hypothesen unterschiedlicher Präzision überprüfen. (Selbstverständlich stellt man üblicherweise nur diejenige Hypothese auf, die die vermutete Veränderung am präzisesten wiedergibt. Zu Demonstrationszwecken sei jedoch im folgenden dasselbe Material zur Überprüfung von 3 unterschiedlich genauen Hypothesen verwendet.)

1. Hypothese: In den Baseline-Phasen wird mehr geraucht als in den Therapie-Phasen (A>B).

2. Hypothese: Der Zigarettenkonsum sinkt sowohl in den Baseline-Phasen als auch in den Therapie-Phasen kontinuierlich; dennoch wird in der letzten Baseline-Phase noch mehr geraucht als in der ersten Therapie-Phase ($A_1 > A_2 > A_3 > A_4 > A_5 > B_1 > B_2 > B_3 > B_4 > B_5$).

3. Hypothese: Wie 2., jedoch werden in jeder Therapie-Phase mindestens 10 Zigaretten weniger geraucht als in der jeweils vorangegangenen Baseline-Phase (für die Abfolge $A_1 B_1 A_2 B_2 A_3 B_3$ etc. wären dann z.B. die Gewichte 15, 5, 14, 4, 13, 3, 12, 2, 11, 1 zu verwenden).

Für die 10 Phasen registriert der Raucher die folgenden Tagesdurchschnitte:
1. Baseline-Phase: 45 Zigaretten
1. Therapie-Phase: 25 Zigaretten

2. Baseline-Phase: 41 Zigaretten
2. Therapie-Phase: 28 Zigaretten

3. Baseline-Phase: 38 Zigaretten
3. Therapie-Phase: 21 Zigaretten

4. Baseline-Phase: 32 Zigaretten
4. Therapie-Phase: 19 Zigaretten

5. Baseline-Phase: 33 Zigaretten
5. Therapie-Phase: 14 Zigaretten

Auf die A-Phasen entfallen damit 189 Zigaretten (Summe der 5 A-Phasen-Mittelwerte) und auf die B-Phasen 107 Zigaretten (Summe der 5 B-Phasen-Mittelwerte). Diese Aufteilung der Mittelwerte auf A- und B-Phasen ist eine unter $\binom{10}{5} = \frac{10 \cdot 9 \cdot 8 \cdot 7 \cdot 6}{5 \cdot 4 \cdot 3 \cdot 2 \cdot 1} = 252$ möglichen Aufteilungen. Da keine dieser Aufteilungen für die H_1 günstiger wäre als die empirisch ermittelte (bei jeder anderen Aufteilung resultiert ein kleinerer Unterschied zwischen A und B), kann die Alternativhypothese $A > B$ mit einer Irrtumswahrscheinlichkeit von $p = 1/252 = 0,004 < a = 0,05$ akzeptiert werden.

Mit $n > 8$ wählen wir zur Überprüfung der 2. Hypothese die Normalverteilungsapproximation nach Gl. (8.9). Da in dieser Hypothese keine Angaben über die Größe des Unterschiedes zweier Phasen gemacht wurden, wählen wir als Gewichte y_i die einfachsten Zahlen, die dem in der Hypothese behaupteten monotonen Trend genügen. Dies sind die Zahlen 1, 2 ... 10; sie repräsentieren einen linearen Trend.

Für die Produktsumme (PS) ergibt sich nach Gl. (8.8)

$$PS = 10 \cdot 45 + 9 \cdot 41 + 8 \cdot 38 + 7 \cdot 32 + 6 \cdot 33 + 5$$
$$\cdot 25 + 4 \cdot 28 + 3 \cdot 21 + 2 \cdot 19 + 1 \cdot 14 = 1897.$$

Nach Gl. (8.6) ermitteln wir

$$E(PS) = \frac{1}{n} \cdot \left(\sum_{i=1}^{n} \bar{x}_i \right) \cdot \left(\sum_{i=1}^{n} y_i \right)$$
$$= \frac{1}{10} \cdot 296 \cdot 55 = 1628$$

und nach Gl. (8.7)

TAFEL 50

$$\text{VAR(PS)} = \frac{1}{n-1} \cdot \left[\sum_{i=1}^{n} (\bar{x}_i - \bar{\bar{x}})^2 \right]$$

$$\cdot \left[\sum_{i=1}^{n} (y_i - \bar{y})^2 \right] = \frac{1}{9} \cdot 908,4 \cdot 82,5$$

$$= 8327.$$

Der z-Wert heißt also

$$z = \frac{1897 - 1628}{\sqrt{8327}} = 2,95.$$

Dieser z-Wert schneidet nach Tabelle 1 (Anhang F) 0,51% von der Standardnormalverteilungsfläche ab, d.h. die Alternativhypothese kann auf dem 1%-Niveau akzeptiert werden.

Die 3. Hypothese überprüfen wir in gleicher Weise. Es werden lediglich statt der Zahlen 1 bis 10 die in der Hypothese festgelegten Gewichte y_i eingesetzt. Es resultieren:
$PS = 15 \cdot 45 + 5 \cdot 25 + 14 \cdot 41 + 4 \cdot 28 + \cdots + 11 \cdot 33 + 1 \cdot 14 = 2842$,
$E(PS) = 2368$ und $\text{VAR(PS)} = 27252$
und damit $z = 2,87$. Dieser Wert schneidet 0,65% der Standardnormalverteilungsfläche ab, d.h. auch die spezifizierte Trendhypothese kann auf dem $a = 1$%-Niveau akzeptiert werden.

Offensichtlich sind die Veränderungen im Zigarettenkonsum nicht durch Zufall erklärbar. In Therapiephasen wird signifikant weniger geraucht als in Baseline-Phasen (Hypothese 1), und die Mittelwerte der Phasen $A_1 A_2 \ldots B_4 B_5$ scheinen eher einem linearen Trend ($p = 0,51$%) zu folgen als dem in Hypothese 3 behaupteten modifizierten Trend ($p = 0,65$%).

starker Auswertungsverfahren für Einzelfalldaten stellen auf systematische Abfolgen angewandte Randomisierungstests jedoch eine angemessene Näherungslösung dar (vgl. Edgington, 1975, 1980, 1995 sowie Levin et al., 1978; weitere Anregungen zur statistischen Analyse quantitativer Einzelfalldaten geben Bortz et al., 2000, Kap. 11. Zum Thema Randomisierungs- bzw. Permutationstests sei zusätzlich auf Good, 2000, verwiesen). Neuere Entwicklungen zur statistischen Analyse von „Multiple Baseline"-Plänen oder ABAB...-Plänen werden von Koehler und Levin (1998) vorgestellt.

Nominalskalierte Merkmale: In Einzelfallanalysen fallen gelegentlich wiederholte Messungen eines dichotomen Merkmales (z.B. Symptom vorhanden – nicht vorhanden) bzw. eines mehrstufigen nominalen Merkmals (z.B. Art des Symptoms) an. Tritt das in einer Untersuchung interessierende Ereignis häufig auf, empfiehlt es sich, Beobachtungszeiträume (Baseline- und Interventionsphasen) so festzulegen, daß mehrere Ereignisse in eine Phase fallen. Man erhält dann für die einzelnen Phasen unterschiedliche Häufigkeiten, die wie eine quantitative Zeitreihe (vgl. letzten Abschnitt) behandelt werden.

Im folgenden gehen wir davon aus, daß solche Zusammenfassungen nicht möglich oder sinnvoll sind, so daß bei einem dichotomen Merkmal eine Abfolge von Merkmalsalternativen (z.B. 001010 etc.) und bei einem mehrstufigen nominalen Merkmal eine Abfolge von Merkmalskategorien (z.B. AACDBBCAB etc.) zu untersuchen sind. Wir beginnen mit der Überprüfung von Hypothesen, die sich auf *Zeitreihen (Abfolgen) dichotomer bzw. binär kodierter Ereignisse* beziehen.

Iterationshäufigkeitstest: Bezeichnen wir die Merkmalsalternativen eines dichotomen Merkmals mit 0 und 1, sind beispielsweise die beiden folgenden Zeitreihen denkbar: 00001111 und 01010101. Beide Abfolgen scheinen nicht zufällig zustandegekommen zu sein. In der ersten Abfolge treten zunächst nur Nullen und dann nur Einsen auf, und in der zweiten Abfolge wechseln sich Nullen und Einsen regelmäßig ab. Weder die erste noch die zweite Abfolge stimmt mit unserer Vorstellung über eine zufällige Abfolge (die etwa für die Ereignisse „Zahl" und „Adler" bei wiederholten Münzwürfen auftritt) überein. Für eine zufällige Durchmischung von Nullen und Einsen wechseln die Zahlen in der ersten Abfolge zu selten und in der zweiten Abfolge zu häufig.

Die Häufigkeit des Wechsels zwischen Nullen und Einsen in einer Zeitreihe bezeichnen wir als *Iterationshäufigkeit*. Nach dieser Definition weist die erste Zeitreihe 2 und die zweite Zeitreihe 8 Iterationen auf. Die erste Hypothese, die wir hier ausführlicher behandeln wollen, bezieht sich auf die Häufigkeit der Iterationen in Zeitreihen dichotomer Merkmale. Der Nullhypothese (zufällige Abfolge) steht die Alternativhypothese gegenüber, daß die Anzahl der Iterationen zu groß oder zu klein ist. Diese Hypothese überprüft der Iterationshäufigkeitstest (Stevens, 1939), den das folgende Beispiel näher erläutert:

Untersucht wird ein Kind, das unter Bettnässen leidet. Es soll überprüft werden, ob symptomfreie Nächte (0 = kein Einnässen) und Nächte mit Symptom (1 = Einnässen) zufällig aufeinanderfolgen oder ob sich längere symptomfreie Phasen mit längeren Symptomphasen abwechseln, was dafür spräche, daß die das Einnässen auslösenden Faktoren nicht zufällig, sondern phasenweise wirksam sind. Die letztgenannte (gerichtete) Hypothese wird an folgender Zeitreihe von N = 32 Ereignissen überprüft:

$$\overline{0\ 0\ 0}\ \underline{1}\ \overline{0\ 0}\ \underline{1\ 1\ 1\ 1}\ \overline{0\ 0\ 0\ 0}\ \underline{1}\ \overline{0}$$

Nr. der Messung:

1 2 3 4 5 6 7 8 9 10 11 12 13 14 15 16 17

$$\underline{1\ 1\ 1}\ \overline{0\ 0\ 0\ 0\ 0\ 0}\ \underline{1}\ \overline{0\ 0\ 0}\ \underline{1\ 1}$$

Nr. der Messung:

18 19 20 21 22 23 24 25 26 27 28 29 30 31 32

Insgesamt zählen wir $N_1 = 19$ Nächte ohne Symptom und $N_2 = 13$ Nächte mit Symptom. Die Anzahl der Iterationen (über- bzw. unterstrichene Zahlengruppen) beläuft sich auf $r = 12$. Gemäß der H_0 (zufällige Abfolge) erwarten wir

$$\mu_r = 1 + \frac{2 \cdot N_1 \cdot N_2}{N} = 1 + \frac{2 \cdot 19 \cdot 13}{32} \qquad (8.10)$$
$$= 1 + 15{,}4 \approx 16$$

Iterationen, d.h. die Zahl empirischer Iterationen liegt hypothesengemäß unter der Zufallserwartung. Ob sie auch statistisch bedeutsam von ihr abweicht, entscheiden wir anhand der im Anhang F wiedergegebenen Tabelle 6 (auf die Berechnung der exakten Wahrscheinlichkeiten wollen wir verzichten. Hierfür findet sich eine ausführliche Anleitung bei Bortz et al., 2000, S. 545 ff.). Danach dürfen bei einem Signifikanzniveau von $\alpha = 5\%$

höchstens $r = 11$ Iterationen auftreten. Diese Zahl wird von der Anzahl der Iterationen in der empirischen Zeitreihe überschritten, d.h. die H_0 kann nicht verworfen werden. Die aufgetretenen Phasen mit oder ohne Symptom sind also nicht überzufällig lang.

> **!** Bei einer Einzelfalluntersuchung mit *dichotomer abhängiger* Variable läßt sich die Alternativhypothese, daß der Wechsel zwischen dem Auftreten beider Merkmalsausprägungen nicht zufällig, sondern systematisch erfolgt, mit dem *Iterationshäufigkeitstest* prüfen.

Für $N_1 > 30$ und $N_2 > 30$ folgt die Prüfgröße r einer Normalverteilung mit dem in Gl. (8.10) angegebenen Erwartungswert (Mittelwert) und der Streuung

$$\sigma_r = \sqrt{\frac{2 \cdot N_1 \cdot N_2 \cdot (2N_1 \cdot N_2 - N)}{N^2 \cdot (N-1)}}. \qquad (8.11)$$

Der folgende z-Wert kann anhand der Standardnormalverteilungstabelle (vgl. Tabelle F 1) zufallskritisch bewertet werden:

$$z = \frac{r - \mu_r}{\sigma_r}. \qquad (8.12)$$

Obwohl das Beispiel die Erfordernisse einer brauchbaren Normalverteilungsapproximation nicht erfüllt ($N_1 = 19$, $N_2 = 13$), soll der in Gl. (8.12) angegebene asymptotische Test auch anhand der oben erwähnten Zahlen verdeutlicht werden.

Wir ermitteln

$$\sigma_r = \sqrt{\frac{2 \cdot 19 \cdot 13 \cdot (2 \cdot 19 \cdot 13 - 32)}{32^2 \cdot (32 - 1)}} = 2{,}68$$

und

$$z = \frac{12 - 16}{2{,}68} = -1{,}49.$$

Diesem z-Wert entspricht gemäß Tabelle F 1 bei einseitigem Test eine Irrtumswahrscheinlichkeit von 6,81% > 5% (n.s.).

Rangsummentest: Eine zweite, auf Zeitreihen binärer Daten bezogene Hypothese könnte lauten, daß die *Zeitreihe einem monotonen Trend* folgt, bzw. daß – auf das Beispiel bezogen – die Häufigkeit des Einnässens im Verlauf der Zeit abnimmt.

Diese Hypothese überprüfen wir nach Meyer-Bahlburg (1969, zit. nach Lienert, 1978, S. 263 f.) mit dem Rangsummentest.

Hierzu betrachten wir die laufenden Nummern der Messungen des selteneren Ereignisses, also im Beispiel die Nummern derjenigen Nächte, in denen eingenäßt wurde. Diese lauten 4, 7, 8, 9, 10, 11, 16 usw. Die Summe dieser Zahlen beträgt $T = 212$ und ihre Anzahl $N_1 = 13$. Je kleiner diese Summe ist, desto deutlicher wird unsere Hypothese eines monoton fallenden Trends für das seltenere Ereignis bestätigt (umgekehrt erwarten wir bei einem monoton steigenden Trend einen höheren Wert für T). Folgen die 0/1-Werte keinem Trend, sondern einer Zufallsabfolge, erwarten wir für T

$$\mu_T = \frac{N_1 \cdot (N + 1)}{2} = \frac{13 \cdot (32 + 1)}{2} = 214{,}5. \tag{8.13}$$

Der beobachtete T-Wert ist kleiner als μ_T und spricht damit der Tendenz nach für unsere Hypothese. Ob T auch signifikant von μ_T abweicht, entscheiden wir anhand der im Anhang F wiedergegebenen Tabelle 7. Für $N_1 = 13$, $N_2 = 19$ und $a = 5\%$ lesen wir dort den Wert $T_{krit} = 171$ ab. Dieser Wert darf vom empirischen T-Wert nicht überschritten werden. Unser T-Wert ist erheblich größer als T_{krit}, d.h. wir müssen die H_0 beibehalten. Die Veränderungen der Symptomhäufigkeit folgen keinem abfallenden Trend.

Überprüfen wir einen monoton steigenden Trend, ist statt des T-Wertes der Komplementärwert $T' = 2 \cdot \mu_T - T$ mit T_{krit} zu vergleichen. Bei zweiseitigem Test – der Trend ist entweder monoton steigend oder fallend – muß der kleinere der beiden Werte T oder T' mit dem Tabellenwert verglichen und das Alpha-Fehlerniveau verdoppelt werden.

Wenn eines der beiden Ereignisse häufiger als 25mal auftritt, ist die Prüfgröße T praktisch normalverteilt. Die Verteilung hat den nach Gl. (8.13) definierten Mittelwert und eine Streuung von

$$\sigma_T = \sqrt{\frac{N_1 \cdot N_2 \cdot (N + 1)}{12}}. \tag{8.14}$$

Der folgende z-Wert wird wiederum anhand der Standardnormalverteilungsfläche (vgl. Tabelle F 1) zufallskritisch bewertet:

$$z = \frac{T - \mu_T}{\sigma_T}. \tag{8.15}$$

> **!** Bei einer Einzelfalluntersuchung mit *dichotomer abhängiger Variable* läßt sich die Alternativhypothese, daß im Sinne eines monotonen Trends eine Merkmalsalternative im Verlauf der Zeit immer häufiger auftritt, mit dem *Rangsummentest* prüfen.

Für unser Beispiel ermitteln wir zu Demonstrationszwecken (der asymptotische Test ist wegen $N_1 = 13$ und $N_2 = 19$ nicht indiziert):

$$\sigma_T = \sqrt{\frac{13 \cdot 19 \cdot (32 + 1)}{12}} = 26{,}06$$

und

$$z = \frac{212 - 214{,}5}{26{,}06} = -0{,}096.$$

Dieser z-Wert ist nicht signifikant. (Hinweis: Der Rangsummentest entspricht formal dem sog. U-Test; vgl. hierzu Bortz et al., 2000, S. 200 ff.)

Multipler Iterationshäufigkeitstest: Bisher gingen wir von Zeitreihen dichotomer Merkmale aus. Wir wollen nun die gleichen Hypothesen für *mehrkategorielle nominale Merkmale* überprüfen. Zunächst wenden wir uns der Nullhypothese zu, daß die Anzahl der Iterationen in einer Zeitreihe einer zufälligen Abfolge entspricht. Die Überprüfung dieser Hypothese erfolgt mit dem multiplen Iterationshäufigkeitstest, der im folgenden an einem Beispiel, das wir einer Anregung Lienerts (1978, S. 270) verdanken, verdeutlicht wird.

Angenommen, ein Student habe 20 gleich schwere Aufgaben eines Tests zu lösen. Jede Aufgabe kann gelöst (G), nicht gelöst (N) oder ausgelassen (A) werden. Folgende Zeitreihe zeigt das Resultat:

A.V.:
G G A̲ N̅N̅ N G̲G̲G̲G̲ A A G̲ N̅N̅ G̲G̲G̲G̲G̲

Nr. d. Aufg.:
1 2 3 4 5 6 7 8 9 10 11 12 13 14 15 16 17 18 19 20

Erneut fragen wir, ob die Mischung der $k = 3$ nominalen Kategorien G, N und A zufällig ist (H_0) oder ob die Wechsel zwischen je 2 Kategorien zu häufig oder zu selten auftreten (H_1). Mit letzterem wäre beispielsweise zu rechnen, wenn zwischen aufeinanderfolgenden Aufgaben Übertragungseffekte auftreten. Wir stellen zunächst fest, daß die Ereignisabfolge mit $N = 20$ Ereignissen $r = 8$ Iterationen aufweist. Die für den (asymptotischen) multiplen Iterationshäufigkeitstest benötigte Prüfgröße v lautet

$$v = N - r = 20 - 8 = 12. \tag{8.16}$$

Ihr steht gemäß der H_0 ein Erwartungswert von

$$\mu_v = \frac{\sum_{i=1}^k N_i \cdot (N_i - 1)}{N}$$
$$= \frac{12 \cdot 11 + 5 \cdot 4 + 3 \cdot 2}{20} = 7{,}9 \tag{8.17}$$

gegenüber (mit $N_i =$ Häufigkeiten des Auftretens der Kategorie i). Der Unterschied zwischen v und μ_v spricht also für eine zu kleine Anzahl von Iterationen (man beachte, daß $v = N-r$).

Für $N > 12$ ist die Prüfgröße v approximativ normalverteilt mit einer Varianz von

$$\sigma_v^2 = \frac{\sum_{i=1}^k (N_i \cdot (N_i - 1)) \cdot (N - 3)}{N \cdot (N - 1)}$$
$$+ \frac{\left[\sum_{i=1}^k N_i \cdot (N_i - 1)\right]^2}{N^2 \cdot (N - 1)}$$
$$- \frac{2 \cdot \sum_{i=1}^k N_i \cdot (N_i - 1) \cdot (N_i - 2)}{N \cdot (N - 1)}. \tag{8.18}$$

Setzen wir die Werte des Beispiels ein, resultiert

$$\sigma_v^2 = \frac{(12 \cdot 11 + 5 \cdot 4 + 3 \cdot 2) \cdot (20 - 3)}{20 \cdot 19}$$
$$+ \frac{(12 \cdot 11 + 5 \cdot 4 + 3 \cdot 2)^2}{20^2 \cdot 19}$$
$$- \frac{2 \cdot (12 \cdot 11 \cdot 10 + 5 \cdot 4 \cdot 3 + 3 \cdot 2 \cdot 1)}{20 \cdot 19}$$

$$\sigma_v = \sqrt{7{,}07 + 3{,}28 - 3{,}65} = \sqrt{6{,}70} = 2{,}59 \,.$$

Damit ergibt sich für z:

$$z = \frac{v - \mu_v}{\sigma_v} = \frac{12 - 7{,}9}{2{,}59} = 1{,}58 \,. \tag{8.19}$$

Dieser z-Wert schneidet 5,71% der Fläche der Standardnormalverteilungsfläche ab. Da wir gemäß der Alternativhypothese entweder zu viele oder zu wenige Iterationen erwarten, testen wir zweiseitig, d.h. die H_0 ist mit einer Irrtumswahrscheinlichkeit von $p = 11{,}42\%$ beizubehalten. Die Reihenfolge der Ereignisse G, N und A ist zufällig.

Für Zeitreihen mit höchstens 12 Ereignissen ermittelt man die exakte Wahrscheinlichkeit einer Abfolge nach den bei Bortz et al. (2000, S. 566 ff.) beschriebenen Rechenvorschriften.

> **!** Bei einer Einzelfalluntersuchung mit *polytomer abhängiger Variable* läßt sich die Alternativhypothese, daß der Wechsel zwischen dem Auftreten der k verschiedenen Merkmalsausprägungen nicht zufällig, sondern systematisch erfolgt, mit dem *multiplen Iterationshäufigkeitstest* prüfen.

Der multiple Iterationshäufigkeitstest erfaßt beliebige Abweichungen einer k-kategoriellen Zeitreihe von einer entsprechenden Zufallsabfolge. Interessiert jedoch als spezielle Art der Abweichung ein *monoton steigender oder fallender Trend* für die Wahrscheinlichkeiten des Auftretens der einzelnen Kategorien, ist ein spezieller Trendtest indiziert.

Für diesen Test ist es erforderlich, daß hypothetisch festgelegt wird, in welcher Reihenfolge die Häufigkeiten der Merkmalskategorien im Verlauf der Zeitreihe zunehmen oder abnehmen. Werden beispielsweise die Kategorien A, B und C untersucht, könnte die Alternativhypothese lauten: A>B>C. Man beachte, daß mit dieser Hypothese nicht behauptet wird, daß A häufiger als B und B häufiger als C auftritt, sondern daß die Wahrscheinlichkeit für A im Verlaufe der Zeitreihe am meisten wächst, gefolgt von den Wahrscheinlichkeitszuwächsen für B und C.

Ermüdungs- und Sättigungseffekte lassen es im o.g. Beispiel plausibel erscheinen, daß die Anzahl nicht gelöster Aufgaben (N) am meisten, die Anzahl ausgelassener Aufgaben (A) am zweitmeisten, und die Anzahl gelöster Aufgaben (G) am wenigsten zunimmt (bzw. am stärksten abnimmt). Die Alternativhypothese lautet damit N>A>G.

Eine Beschreibung des hier einschlägigen Verfahrens findet man bei Bortz et al. (2000, S. 569 f.). Ein weiteres Verfahren zur Überprüfung von Verläufen für mehrkategorielle Merkmale wurde von Noach und Petermann (1982) vorgeschlagen.

Einzelfalldiagnostik

Ging es in den letzten Abschnitten um Hypothesen über den Verlauf individueller Zeitreihen, wenden wir uns nun Fragen zu, die die Bewertung einmalig erhobener *Testergebnisse* einer Person betreffen. Erhebungsinstrumente sind hierbei die in der psychologischen Diagnostik gängigen Testverfahren bzw. andere standardisierte Meßinstrumente, deren testtheoretische Eigenschaften (vgl. Abschnitt 4.3.3) bekannt sind.

Viele psychologische Tests umfassen mehrere Untertests (Testbatterien), d. h. das Testergebnis besteht häufig nicht nur aus einem Gesamttestergebnis, sondern aus mehreren Teilergebnissen (Untertestergebnissen), die zusammengenommen ein individuelles Testprofil ergeben. Die Gestalt eines Testprofils liefert wichtige Hinweise über die geprüfte Person, wenn davon auszugehen ist, daß die Differenzen zwischen den Untertestergebnissen nicht zufällig sind, sondern „wahre" Merkmalsunterschiede abbilden. Aufgabe der Einzelfalldiagnostik ist es, die Zufälligkeit bzw. Bedeutsamkeit individueller Testergebnisse abzuschätzen.

Die Einzelfalldiagnostik betrachtet jeden individuellen Testwert als eine Realisierung einer Zufallsvariablen, deren Verteilung man erhielte, wenn eine Person beliebig häufig unter identischen Bedingungen mit demselben Test untersucht wird. Je kleiner die (Fehler-)Varianz dieser Verteilung, desto verläßlicher (reliabler) wäre eine Einzelmessung und desto unbedenklicher könnte man auch geringfügige Unterschiede zweier Testergebnisse interpretieren. Diese Verteilung auf empirischem Wege ermitteln zu wollen, ist nicht nur für die Testperson unzumutbar, sondern auch aus inhaltlichen Gründen fragwürdig, denn in der Regel dürfte sich die eigentlich interessierende „wahre" Merkmalsausprägung im Laufe der wiederholten Messungen durch Lern-, Übungs- und ähnliche Effekte verändern. Außerdem würde dieses Ansinnen die Praktikabilität einer Testanwendung erheblich in Frage stellen.

Man ist deshalb darauf angewiesen, die Fehlervarianz bzw. Reliabilität einer individuellen Messung indirekt zu schätzen. Wie Huber (1973, S. 55 ff.) zeigt, ist dies möglich, wenn man annimmt, daß die individuellen, auf einen Test bezogenen Fehlervarianzen zwischen den Individuen einer bestimmten Population nur geringfügig differieren. Zieht man eine repräsentative Stichprobe

Die alltägliche Einzelfalldiagnostik ist selten völlig zufriedenstellend. (Aus: Goldmanns Großer Cartoonband: Schweine mit Igeln (1989). München: Goldmann, S. 172)

aus dieser Population, kann die Varianz der Testwerte zwischen den Personen (Gruppenfehlervarianz) als Schätzwert der individuellen Fehlervarianzen der Individuen dieser Population verwendet werden. Damit wären dann auch die anhand repräsentativer Stichproben ermittelten Reliabilitäten (die nach einem der auf S. 195 ff. beschriebenen Verfahren geschätzt werden müssen) auf einzelne Individuen der Referenzpopulation übertragbar.

Tests und vergleichbare Untersuchungsinstrumente, von denen verläßliche (d. h. an genügend großen und repräsentativen Stichproben gewonnene) Reliabilitäten bekannt sind, eignen sich somit, unter der (nicht unproblematischen) Annahme annähernd gleich großer individueller Fehlervarianzen, auch für die Einzelfalldiagnostik. Im folgenden behandeln wir fünf in der Einzelfalldiagnostik häufig gestellte Fragen:

- Unterscheiden sich zwei Testwerte einer Person aus zwei verschiedenen Tests statistisch bedeutsam?
- Besteht zwischen einem Untertestwert und dem Gesamttestwert einer Person ein signifikanter Unterschied?
- Sind die Schwankungen innerhalb eines individuellen Testprofils zufällig oder bedeutsam?
- Hat sich ein Testwert oder ein Testprofil nach einer Intervention (z. B. einer Behandlung) signifikant geändert?
- Weicht ein Individualprofil signifikant von einem Referenzprofil ab?

Wir begnügen uns damit, die Verfahren zur Überprüfung der Hypothesen, die diese Fragen implizieren, jeweils kurz an einem Beispiel zu demonstrieren. Für Einzelheiten verweisen wir auf Huber (1973). Ein ausführlicheres Beispiel einer zufallskritischen Einzelfalldiagnostik findet man bei Steinmeyer (1976).

> **!** In der *Einzelfalldiagnostik* werden Testergebnisse einer einzelnen Person zufallskritisch miteinander verglichen.

Vergleich zweier Testwerte: Die Intelligenzuntersuchung einer 21jährigen Frau mit dem Intelligenzstrukturtest (IST, Amthauer, 1971) führte in den Untertests „Gemeinsamkeiten" (GE) und „Figu-

renauswahl" (FA) zu den Testwerten GE = 118 und FA = 99. Es interessiert die Frage, ob diese Testwertedifferenz statistisch signifikant und damit diagnostisch verwertbar ist.

Dem IST-Manual entnehmen wir, daß jeder Untertest auf einen Mittelwert von $\mu = 100$ und eine Streuung von $\sigma = 10$ normiert ist und daß die hier angesprochenen Untertests Reliabilitäten von $r_{GE} = 0{,}93$ und $r_{FA} = 0{,}84$ aufweisen. Der deutliche Reliabilitätsunterschied legt eine Normierung der Testwerte nahe, die die unterschiedlichen Reliabilitätskoeffzienten berücksichtigt [sog. τ (griech. tau)-Normierung; vgl. Huber, 1973, Kap. 4.5]. Dies geschieht, indem die beiden Testwerte nach folgender Gleichung transformiert werden:

$$\tau = \frac{y}{\sqrt{r}} + \mu \cdot \left(1 - \frac{1}{\sqrt{r}}\right) \qquad (8.20)$$

mit τ = normierter Testwert
  y = Testwert
  r = Reliabilität des Tests
  μ = Erwartungswert (Mittelwert) des Tests.

Nach dieser Beziehung errechnen wir für die beiden Testwerte

$$\tau_1 = \frac{118}{\sqrt{0{,}93}} + 100 \cdot \left(1 - \frac{1}{\sqrt{0{,}93}}\right) = 118{,}67$$

$$\tau_2 = \frac{99}{\sqrt{0{,}84}} + 100 \cdot \left(1 - \frac{1}{\sqrt{0{,}84}}\right) = 98{,}91.$$

Den Unterschied der beiden τ-Werte überprüfen wir nach der Gl. (8.21).

$$z = \frac{\tau_1 - \tau_2}{\sigma \cdot \sqrt{\left(\dfrac{1 - r_1}{r_1}\right) + \left(\dfrac{1 - r_2}{r_2}\right)}} \qquad (8.21)$$

Mit $\sigma = 10$, $r_1 = 0{,}93$ und $r_2 = 0{,}84$ resultiert in unserem Beispiel:

$$z = \frac{118{,}67 - 98{,}91}{10 \cdot \sqrt{\left(\dfrac{1 - 0{,}93}{0{,}93}\right) + \left(\dfrac{1 - 0{,}84}{0{,}84}\right)}} = 3{,}83.$$

Dieser Wert schneidet von der Standardnormalverteilungsfläche (vgl. Tabelle F 1) weniger als 0,5 % ab, d. h. die Differenz ist bei zweiseitigem

Test (also nach Verdopplung des Flächenwertes) auf dem $\alpha = 1\%$-Niveau signifikant.

Weitere Hinweise zum Vergleich zweier Subtestwerte findet man bei Cahan (1989).

Vergleich eines Untertestwertes mit dem Gesamttestwert: Gelegentlich möchte man wissen, ob sich die Leistung in einem einzelnen Untertest deutlich bzw. statistisch signifikant von der Gesamttestleistung unterscheidet. Im Rahmen einer Umschulungsberatung führte eine Intelligenzprüfung mit dem Hamburg-Wechsler-Intelligenztest (HAWIE, Wechsler et al., 1964) bei einem Angestellten im Untertest „Zahlen Nachsprechen" (ZN) zu einem Testwert von 14. Als Gesamt-IQ ergab sich ein Wert von 96. Man interessiert sich nun für die Frage, ob diese Abweichung auf eine spezielle Begabung hinweist oder ob sie zufällig zustande kam.

Die Beantwortung dieser Frage setzt voraus, daß die Korrelation zwischen dem Untertest und dem Gesamt-IQ bekannt ist. Sie lautet im Beispiel $r_{ZN\text{-}G} = 0{,}63$. Mit Hilfe dieser Korrelation läßt sich regressionsanalytisch ermitteln, welcher Untertestwert bei einem IQ von 96 zu erwarten ist. Die Regressionsgleichung lautet:

$$\hat{y}_1 = \mu_1 + \frac{\sigma_1}{\sigma_G} \cdot r_{1G} \cdot (y_G - \mu_G) \qquad (8.22)$$

mit μ_1 = Mittelwert des Untertests
   σ_1 = Streuung des Untertests
   μ_G = Mittelwert des Gesamttests
   σ_G = Streuung des Gesamttests
   r_{1G} = Korrelation zwischen Untertest und Gesamttest
   y_G = Gesamttestwert.

Für $\mu_1 = 10$, $\sigma_1 = 3$, $\mu_G = 100$, $\sigma_G = 15$, $r_{1G} = 0{,}63$ (diese Werte sind dem jeweiligen Testhandbuch zu entnehmen) und $y_G = 96$ errechnen wir für $\hat{y}_1$:

$$\hat{y}_1 = 10 + \frac{3}{15} \cdot 0{,}63 \cdot (96 - 100) = 9{,}5.$$

Die statistische Bedeutsamkeit der Differenz zwischen dem erwarteten und dem erzielten Untertestwert überprüfen wir in folgender Weise:

$$\begin{aligned} z &= \frac{y_1 - \hat{y}_1}{\sigma_1 \cdot \sqrt{1 - r_{1G}^2}} \\ &= \frac{14 - 9{,}5}{3 \cdot \sqrt{1 - 0{,}63^2}} = 1{,}93. \end{aligned} \qquad (8.23)$$

Dieser Wert ist bei zweiseitigem Test gem. Tabelle F 1 nicht signifikant.

Profilverlauf: Nicht nur die Höhe eines Testprofils, sondern auch dessen Verlauf liefert oftmals wichtige diagnostische Hinweise. Bevor man jedoch aus einem Profilverlauf diagnostische Schlüsse zieht, sollte man sich vergewissern, daß die Schwankungen der Untertestwerte tatsächlich vorhandene Merkmalsunterschiede abbilden und nicht zufällig sind.

Nehmen wir an, ein Proband habe in einem Persönlichkeitstest mit sechs Untertests die folgenden Werte erhalten:

$y_1 = 38$; $y_2 = 44$; $y_3 = 42$;
$y_4 = 49$; $y_5 = 35$; $y_6 = 51$.

Alle Untertests seien auf den Mittelwert $\mu = 50$ und die Streuung $\sigma = 5$ normiert. Als Reliabilitäten der Untertests werden berichtet:

$r_1 = 0{,}72$; $r_2 = 0{,}64$; $r_3 = 0{,}80$;
$r_4 = 0{,}78$; $r_5 = 0{,}67$; $r_6 = 0{,}76$.

Die unterschiedlichen Reliabilitäten lassen eine τ-Normierung der Testwerte ratsam erscheinen. Wir ermitteln nach Gl. (8.20)

$\tau_1 = 35{,}86$; $\tau_2 = 42{,}50$; $\tau_3 = 41{,}06$;
$\tau_4 = 48{,}87$; $\tau_5 = 31{,}67$; $\tau_6 = 51{,}15$.

Über die H_0, daß die Differenzen zufällig sind, entscheidet folgende Prüfgröße:

$$\chi^2 = \frac{1}{\sigma^2} \cdot \sum_{j=1}^{m} \frac{r_j}{1 - r_j} \cdot (\tau_j - \bar{\tau})^2 \qquad (8.24)$$

mit σ^2 = Varianz der Untertests
   r_j = Reliabilität des Untertests j
   τ_j = τ-normierter Testwert im Untertest j
   $\bar{\tau}$ = Durchschnitt der τ_j-Werte
   m = Anzahl der Untertests.

Unter der Annahme, daß die Fehleranteile der Testwerte in den einzelnen Untertests voneinander unabhängig und normalverteilt sind, ist diese Prüfgröße mit m − 1 Freiheitsgraden χ^2-verteilt. Für das Beispiel resultiert

$$\chi^2 = \frac{1}{5^2} \cdot \left[\frac{0{,}72}{1-0{,}72} \cdot (35{,}86 - 41{,}85)^2 + \frac{0{,}64}{1-0{,}64} \right.$$
$$\cdot (42{,}50 - 41{,}85)^2 + \ldots + \frac{0{,}76}{1-0{,}76}$$
$$\left. \cdot (51{,}15 - 41{,}85)^2 \right] = \frac{754{,}52}{25} = 30{,}18.$$

Mit 6−1 = 5 Freiheitsgraden ist dieser χ^2-Wert auf dem $\alpha = 1\%$-Niveau gem. Tabelle F 8 signifikant, d. h. wir können davon ausgehen, daß die Profilgestalt nicht zufällig zustandekam, sondern tatsächliche Merkmalsunterschiede wiedergibt.

Ein Verfahren zur Überprüfung der Reliabilität eines Testprofils findet man bei Rae (1991) bzw. Yarnold (1984). Die statistischen Probleme, die sich bei mehreren Vergleichen von Untertestwerten eines Probanden ergeben, behandelt Bird (1991).

Vergleich von Testwerten bei wiederholter Testanwendung: Psychologische Tests werden nicht nur zu diagnostischen Zwecken, sondern z. B. auch zur Kontrolle therapeutischer oder anderer Maßnahmen eingesetzt. Es stellt sich dann die Frage, ob die mit der Intervention einhergehenden Merkmalsveränderungen zufällig oder bedeutsam sind.

In einem Test über berufliche Interessen erhielt ein Abiturient in m = 5 Untertests die folgenden Werte:

$$y_{11} = 18; \ y_{21} = 22; \ y_{31} = 25; \ y_{41} = 20; \ y_{51} = 19.$$

Die Testskalen sind auf $\mu = 20$ und $\sigma = 3$ normiert. Ihre Reliabilitäten lauten

$$r_1 = 0{,}72; \ r_2 = 0{,}89; \ r_3 = 0{,}81;$$
$$r_4 = 0{,}90; \ r_5 = 0{,}85.$$

Nach der ersten Testvorgabe arbeitet der Abiturient Informationsmaterial über einige ihn interessierende Berufe durch. Danach läßt er seine Berufsinteressen erneut prüfen und erzielt diesmal folgende Werte:

$$y_{12} = 17; \ y_{22} = 22; \ y_{32} = 20; \ y_{42} = 22; \ y_{52} = 18.$$

Sind die aufgetretenen Veränderungen mit den nicht perfekten Reliabilitäten der Untertests erklärbar, oder hat die Auseinandersetzung mit den tatsächlich anfallenden Tätigkeiten und Aufgaben in den geprüften Berufen das Interessenprofil des Abiturienten verändert? Diese Frage beantwortet folgender Test:

$$\chi^2 = \frac{1}{2 \cdot \sigma^2} \cdot \sum_{j=1}^{m} \frac{(y_{j1} - y_{j2})^2}{1 - r_j}$$

$$= \frac{1}{2 \cdot 3^2} \cdot \left[\frac{(18-17)^2}{1-0{,}72} + \frac{(22-22)^2}{1-0{,}89} \right.$$

$$\left. + \frac{(25-20)^2}{1-0{,}81} + \frac{(20-22)^2}{1-0{,}90} + \frac{(19-18)^2}{1-0{,}85} \right]$$

$$= \frac{1}{18} \cdot 181{,}82 = 10{,}10. \tag{8.25}$$

Mit m = 5 Freiheitsgraden ist dieser χ^2-Wert auf dem $\alpha = 5\%$-Niveau nicht signifikant (vgl. Tabelle F 8). Die in den einzelnen Untertests festgestellten Veränderungen liegen im Zufallsbereich.

Weitere Informationen zum Vergleich individueller Testwerte bei mehrfacher Testanwendung findet man bei Maassen (2000) oder Yarnold (1988).

Vergleich eines Individualprofils mit einem Referenzprofil: Von vielen Tests, die in der Praxis häufig benötigt werden, sind Profile bestimmter Subpopulationen bekannt, wie z. B. die einer bestimmten Alterspopulation, Berufspopulation oder Patientenpopulation. Der Vergleich eines Individualprofils mit derartigen Referenzprofilen informiert über die mutmaßliche Zugehörigkeit der untersuchten Personen zu einer der in Frage kommenden Referenzpopulationen.

Bezogen auf das zweite Interessenprofil des im letzten Beispiel erwähnten Abiturienten soll überprüft werden, wie gut dieses Profil mit den durchschnittlichen Interessen von Steuerberatern übereinstimmt. Man entnimmt dem Testhandbuch, daß eine Stichprobe von n = 60 Steuerberatern folgendes Durchschnittsprofil erzielte:

$$\bar{y}_1 = 18; \ \bar{y}_2 = 23; \ \bar{y}_3 = 21; \ \bar{y}_4 = 24; \ \bar{y}_5 = 16.$$

Gl. (8.26) überprüft die Zufälligkeit der Abweichung eines Individualprofils von einem Referenzprofil.

$$\chi^2 = \frac{n}{(1+n) \cdot \sigma^2} \cdot \sum_{j=1}^{m} \frac{(y_j - \bar{y}_j)^2}{1 - r_j}. \qquad (8.26)$$

Unter der Voraussetzung, daß sich die zu einem Durchschnittsprofil zusammengefaßten Einzelprofile nur zufällig unterscheiden und daß die Meßfehler voneinander unabhängig und normalverteilt sind, ist diese Prüfgröße mit m Freiheitsgraden χ^2-verteilt. Für das Beispiel errechnen wir:

$$\chi^2 = \frac{60}{(60+1) \cdot 3^2} \cdot \left[\frac{(18-17)^2}{1-0{,}72} + \frac{(22-23)^2}{1-0{,}89} \right.$$
$$\left. + \frac{(20-21)^2}{1-0{,}81} + \frac{(22-24)^2}{1-0{,}90} + \frac{(18-16)^2}{1-0{,}85} \right]$$
$$= 0{,}11 \cdot 84{,}59 = 9{,}30.$$

Dieser Wert ist nach Tabelle F 8 bei 5 Freiheitsgraden auf dem 5%-Niveau nicht signifikant ($9{,}30 < 11{,}07 = \chi^2_{\text{crit}}$).

Der hier beschriebene Vergleich eines Individualprofils mit einem Referenzprofil sollte mit allen infrage kommenden Referenzpopulationen durchgeführt werden. Der Vergleich mit dem kleinsten χ^2-Wert signalisiert dann die bestmögliche Übereinstimmung. (Ein anderes Zuordnungsverfahren wird bei Bortz, 1999, Kap. 18.4 beschrieben.)

Zusammenfassende Bewertung

Anhand einiger Beispiele wurde verdeutlicht, daß auch Einzelfallstudien zur Hypothesenprüfung geeignet sind, wenn es gelingt, für das interessierende Phänomen repräsentative Verhaltensausschnitte zu finden. Hierbei wird es sich in der Regel um eine mehrere Meßzeitpunkte umfassende Zeitreihe handeln, deren Systematik man in Abhängigkeit von Interventionen oder Ereignissen mit der hypothetischen Erwartung vergleicht. Die externe Validität derartiger Untersuchungen hängt vor allem davon ab, wie gut mit der Zeitreihe „typisches" Verhalten repräsentiert wird.

Die interne Validität ist wegen der vielen durchzuführenden Messungen vor allem durch Testübungseffekte gefährdet. Um Treatmenteffekte zu isolieren, wäre prinzipiell auch hier der Einsatz einer „Kontrollperson" denkbar, die ebenfalls – ohne Anwendung des Treatments – wiederholt untersucht wird. Vergleiche der Zeitreihen von Experimental- und Kontrollperson(en) dürften hier jedoch nur aussagekräftig sein, wenn die „Äquivalenz" der verglichenen Personen sichergestellt ist.

Zeitbedingte Gefährdungen der internen Validität (vgl. S. 504) können in Einzelfallanalysen besser kontrolliert werden als in Gruppenvergleichen. Dies setzt allerdings voraus, daß die geprüfte oder behandelte Person bereit ist, über ihre persönliche Wahrnehmung des Untersuchungsgeschehens offen Auskunft zu erteilen.

Bezogen auf die Einzelfalldiagnostik ist die Annahme zu problematisieren, daß die an repräsentativen Stichproben ermittelte Meßgenauigkeit (Reliabilität) auf jeden beliebigen Einzelfall übertragbar ist.

ÜBUNGSAUFGABEN

1. Worin besteht der Unterschied zwischen einer spezifischen und einer unspezifischen Hypothese?

2. Was versteht man unter einem β-Fehler?

3. Welche Voraussetzung muß für die Bestimmung der β-Fehler-Wahrscheinlichkeit erfüllt sein?

4. Was ist ein Regressionseffekt?

5. Was versteht man unter einer Kontrollgruppe?

6. In einem Zeitschriftenartikel lesen Sie den Satz: „Bei der vorliegenden Untersuchung handelt es sich um ein univariates 2×4×2- Design."
   a) Welcher Typ von Forschungshypothese wurde getestet?
   b) Welcher Typ von Untersuchungsplan liegt vor?
   c) Wieviele Stichproben wurden untersucht?
   d) Wieviele Variablen welchen Skalenniveaus waren beteiligt?

7. Nennen Sie Möglichkeiten zur Kontrolle personengebundener Störvariablen!

8. Wie werden Unterschiedshypothesen für intervallskalierte abhängige Variablen
   a) in experimentellen Untersuchungen und
   b) in quasiexperimentellen Untersuchungen geprüft?

9. Wie ist ein Cross-Lagged-Panel-Design aufgebaut und wozu braucht man es?

10. In einem Untersuchungsbericht lesen Sie folgende Sätze: „Daraufhin wurde der Einfluß der Präsentationsdauer und des Präsentationsmediums auf die Lernleistung untersucht. Zwischen beiden Haupteffekten bestand eine signifikante Interaktion." Was ist damit gemeint?

11. Was versteht man unter einer Pfadanalyse?

12. Woran erkennt man rein optisch das Vorhandensein einer Interaktion zweiter Ordnung?

13. Sie nehmen an einem Leistungstest teil, der u.a. Aufgaben zum logischen Denken (Reliabilität $r = 0{,}64$) und zur Konzentration ($r = 0{,}.81$) enthält. Sie erzielen beim logischen Denken 12 Punkte und bei der Konzentrationsfähigkeit 14 Punkte (der Erwartungswert beider Tests liegt bei 10 Punkten, die Streuung bei 2 Punkten). Bedeutet dies, daß Ihre Konzentrationsfähigkeit besser als Ihr logisches Denkvermögen ist?

14. Was sind Sequenzeffekte und wie kann man sie kontrollieren?

15. Skizzieren Sie die Vorgehensweise bei einer „Regressions-Diskontinuitäts-Analyse"!

16. Diskutieren Sie Vorteile und Nachteile von Querschnitt- und Längsschnittstudien!

17. Welche Aussagen stimmen nicht?
    a) Derselbe empirische Wert kann bei einseitigem Testen signifikant, bei zweiseitigem Testen nicht-signifikant sein.
    b) Maßnahmen, die die interne Validität vergrößern, vergrößern meist auch die externe Validität.
    c) Bei diesem Datenschema handelt es sich um einen zweifaktoriellen hierarchischen Plan.

A1			A2		
B1	B2	B3	B1	B2	B3
S1	S2	S3	S4	S5	S6

    d) Es ist günstiger, eine intervallskalierte Störvariable als weiteren Faktor in ein Design aufzunehmen, als sie als Kontrollvariable kovarianzanalytisch zu behandeln.
    e) Wenn sich die Graphen im Interaktionsdiagramm überschneiden, liegt eine Interaktion vor.

18. Was ist eine Zeitreihe?

ÜBUNGSAUFGABEN

19. Was versteht man unter einer Autokorrelation?

20. Wie ist ein A-B-A-B-Plan aufgebaut?

21. Inwiefern können bei Einzelfallanalysen statistische Signifikanztests eingesetzt werden?

22. Was bedeutet externe Validität im Kontext der Einzelfalldiagnostik?

23. Zeichnen Sie für diesen zweifaktoriellen Plan die zugehörigen Interaktionsdiagramme! Liegt nach Augenschein ein Interaktionseffekt vor? Wenn ja, welcher Typ von Interaktion?

	A1	A2	A3	$\bar{B}_j$
B1	1 2 1 1	4 5 4 6	2 1 1 3	2,58
B2	2 3 3 2	5 6 8 6	6 9 7 5	5,16
$\bar{A}_i$	1,88	5,50	4,25	3,88

Kapitel 9
Evaluationsstudien zur Prüfung von Effekten

Das Wichtigste im Überblick

▶ Statistische Signifikanz und praktische Bedeutsamkeit
▶ Teststärke und Stichprobenumfang: zwei wichtige Konzepte für die Planung hypothesenprüfender Evaluationsstudien
▶ Effekte und Effektgrößenklassifikation
▶ Planung von Untersuchungen mit optimalen Stichprobenumfängen: Beispiele
▶ Zur statistischen Zusammenfassung von Primärstudien: Metaanalysen

Die Konzeption des „klassischen" Signifikanztests gestattet es, die bedingte Wahrscheinlichkeit empirischer Ergebnisse bei Gültigkeit der Nullhypothese zu bestimmen. Wir sprechen von einem *signifikanten Ergebnis*, wenn das gefundene Ergebnis einer Ergebnisklasse angehört, die bei Gültigkeit von H_0 höchstens mit einer Wahrscheinlichkeit von $a = 0,05$ ($a = 0,01$) auftritt. Diese „Unvereinbarkeit" von Nullhypothese und empirischem Ergebnis wird dann üblicherweise zum Anlaß genommen, die Alternativhypothese, zu der nach unseren bisherigen Ausführungen alle mit der Nullhypothese nicht erfaßten Populationsverhältnisse zählen, anzunehmen.

Hierin liegt – so wurde auf S. 500 ff. argumentiert – ein Nachteil des Signifikanztests. Behauptet die Nullhypothese, es existiere kein Effekt (also z. B. kein Zusammenhang oder kein Unterschied), geben auch die kleinsten Effekte Anlaß zur Entscheidung für die Alternativhypothese, wenn sie sich als statistisch signifikant erweisen. Da aber nun – wie im folgenden gezeigt wird – die statistische Signifikanz eines Effektes vom Umfang der untersuchten Stichprobe abhängt, ist die Nullhypothese als theoretische Aussage, die auf die Realität praktisch niemals exakt zutrifft, gewissermaßen chancenlos. Setzte der Untersuchungsaufwand der Wahl des Stichprobenumfanges keine Grenzen, wäre wohl jede H_0 zu verwerfen.

Statistische Signifikanz kann deshalb nicht allein als Gradmesser des Aussagegehaltes hypothesenprüfender Untersuchungen angesehen werden. Neben die wichtige Forderung, an Stichproben gewonnene Ergebnisse gegen den Zufall abzusichern, tritt eine weitere: Diese besagt, daß bedeutsame empirische Ergebnisse für Populationsverhältnisse sprechen müssen, die in einer für die Praxis nicht zu vernachlässigenden Weise von den in der H_0 behaupteten Populationsverhältnissen abweichen oder kurz: signifikante Ergebnisse müssen auch praktisch bedeutsam sein.

Beiden Forderungen ließe sich einfach nachkommen, wenn man empirische Ergebnisse in der bisher gewohnten Weise auf Signifikanz testet und nur diejenigen signifikanten Ergebnisse wissenschaftlich oder praktisch weiterverwendet, die nach eigener Einschätzung oder im Vergleich zu Ergebnissen ähnlicher Untersuchungen auch inhaltlich bedeutsam erscheinen. Diese Empfehlung birgt jedoch die Gefahr, daß Untersuchungen vergebens durchgeführt werden, weil wegen unangemessener Stichprobenumfänge von vornherein keine (oder nur eine sehr geringe) Chance bestand, praktisch bedeutsam erscheinende Effekte auch statistisch abzusichern. Der für die Planung empirischer Untersuchungen so wichtige Zusammenhang zwischen der Wahl eines *angemessenen Stichprobenumfanges* und der Wahrscheinlichkeit, ein praktisch bedeutsames Ergebnis auch statistisch absichern zu können, steht im Mittelpunkt der folgenden Ausführungen.

Wir haben dieses Kapitel mit „Evaluationsstudien zur Prüfung von Effekten" überschrieben und wollen damit zum Ausdruck bringen, daß die

Festlegung und Überprüfung von Effektgrößen vor allem für summative Evaluationsstudien unverzichtbar ist. Gerade für diese Untersuchungsart, bei der es um die Überprüfung der Wirksamkeit gut durchdachter Maßnahmen und Interventionen geht, sollte es möglich sein, eine an Nützlichkeitserwägungen orientierte Mindestwirkung der Maßnahme als Zielvorgabe im Untersuchungsplan festzuschreiben (vgl. S. 117 f.). Hiermit verbunden ist der immense Vorteil, daß der Umfang der zu untersuchenden Stichprobe (und damit die mit der Stichprobenerhebung verbundenen Kosten) rational begründet werden kann.

Natürlich sind Effektgrößen nicht nur für die Evaluationsforschung, sondern für jede empirische Hypothesenprüfung essentiell. Die Forschungspraxis zeigt jedoch, daß diese Art des Umganges mit statistischen Hypothesen trotz vieler guter Argumente bislang leider erst wenig verbreitet ist (vgl. Cohen, 1962, 1990, 1994, Gigerenzer, 1993 oder Sedlmeier und Gigerenzer, 1989). Man kann nur hoffen, daß die von der American Psychological Association (APA) veröffentlichten Richtlinien zur Gestaltung von Berichten über empirische Arbeiten (APA, 1994; vgl. auch Thompson, 1994), die explizit eine Auseinandersetzung mit dieser Thematik fordern, hier Abhilfe schaffen. In diesem Sinne will auch dieses Kapitel dazu beitragen, die Akzeptanz der Empfehlungen zu erhöhen, die J. Cohen bereits 1969 in seinem Buch „Statistical Power Analysis for the Behavioural Sciences" (3. Auflage, 1988) nachvollziehbar vorgetragen hat.

Wir beginnen dieses Kapitel mit einigen Überlegungen zur statistischen und praktischen Bedeutsamkeit von Untersuchungsergebnissen (Abschnitt 9.1) und stellen Effektgrößen für die in der Forschungspraxis am häufigsten eingesetzten Signifikanztests zusammen. Hiermit verbunden ist die Festlegung sog. „optimaler" Stichprobenumfänge, worunter wir Stichproben verstehen, die gerade groß genug sind, um einen für praktisch bedeutsam erachteten Effekt statistisch absichern zu können (Abschnitt 9.2). Die Zusammenhänge zwischen Stichprobenumfang, α-Fehler-Niveau, Teststärke und Effektgröße werden in Abschnitt 9.3 anhand einiger Beispiele aus der Evaluationsforschung erläutert. Wir beenden dieses Kapitel mit einer in den vergangenen Jahren zunehmend an Bedeutung gewinnenden Technik, die es ge-

stattet, den in vielen empirischen Untersuchungen dokumentierten Forschungsstand für einen bestimmten Themenbereich zu aggregieren und zu evaluieren. Diese auf die Zusammenfassung von Effektgrößen hinauslaufende Technik ist in der Literatur unter der Bezeichnung „Metaanalyse" bekannt (Abschnitt 9.4).

9.1 Statistische Signifikanz und praktische Bedeutsamkeit

Ein Student wählt als Thema seiner Diplomarbeit die Evaluierung eines neuentwickelten Diätprogrammes. Vorschriftsmäßig beabsichtigt er, die durchschnittliche Gewichtsabnahme in einer mit dem Diätprogramm behandelten Experimentalgruppe den Gewichtsveränderungen in einer nicht behandelten Kontrollgruppe gegenüberzustellen. Von einer auf das Diätprogramm zurückzuführenden Wirkung soll ausgegangen werden, wenn sich das Durchschnittsgewicht der Experimentalgruppe nach Abschluß der Behandlung bei gerichteter Fragestellung auf dem $\alpha = 5\%$-Niveau signifikant vom Durchschnittsgewicht der Kontrollgruppe unterscheidet. Zusätzlich möge es sich jedoch in Vorgesprächen mit Personen, die sich für diese Behandlung interessieren, herausgestellt haben, daß eine Behandlung nur sinnvoll bzw. „praktisch bedeutsam" ist, wenn sie zu einer Gewichtsabnahme von mindestens 5 kg führt. Als Kriterium für einen Behandlungserfolg setzt der Student damit einen auf dem $\alpha = 5\%$-Niveau gesicherten Effekt von mindestens d = 5 kg fest. Für die Untersuchung sind n = 20 Personen in der Experimentalgruppe und n = 20 Personen in der Kontrollgruppe vorgesehen, und die Signifikanzüberprüfung soll mit dem t-Test für unabhängige Stichproben (vgl. Anhang A) erfolgen.

Bereits in dieser Phase der Untersuchungsplanung steht fest (wenn wir die Streuung der Körpergewichte mit $\sigma = 10$ kg als bekannt annehmen), mit welcher Wahrscheinlichkeit die Untersuchung zu dem erhofften Ergebnis führen wird. Falls die neue Diät tatsächlich geeignet ist, das Gewicht um durchschnittlich 5 kg zu senken (die H_1 also gilt), wird die Untersuchung lediglich mit einer Wahrscheinlichkeit von 46% zu einer Entscheidung zugunsten von H_1 führen (diesen Wert kann man Cohen, 1988, Tab. 2.3.2 entnehmen). Diese Wahrscheinlichkeit liegt damit unter der Wahrscheinlichkeit, mit der bei einem Münzwurf z.B. das Ereignis „Zahl" auftritt. Es fragt sich, ob der Student mit dieser Erfolgsaussicht bereit ist, sich dem Untersuchungsaufwand zu stellen.

Ein zweites (fiktives) Beispiel: Das Kultusministerium eines Landes plant die Evaluierung verschiedener Schulsysteme. Die großzügig angelegte Untersuchung gestattet es, ca. 10000 Schülerinnen und Schüler aus Hauptschulen, Realschulen und Gymnasien zu prüfen. Leistungsvergleiche anhand standardisierter Tests führen zu dem Ergebnis, daß sich die Leistungen gleichaltriger Schüler/innen verschiedener Schultypen signifikant voneinander unterscheiden. Eine genaue Inspektion der Ergebnisse verdeutlicht jedoch, daß die Leistungsunterschiede der Schüler/innen verschiedener Schulen minimal sind bzw. daß nur ein Prozent der Leistungsvarianz (1% aufgeklärte Varianz) auf die verschiedenen Schultypen zurückgeht. Man muß sich fragen, ob dieser Befund praktische Bedeutung hat, ungeachtet der Tatsache, daß er statistisch signifikant ist. Statistische Signifikanz – so zeigt dieses Beispiel – muß kein Beleg für praktische Bedeutsamkeit sein.

Im Unterschied zu Hypothesen ohne festgelegte Effektgrößen, die an Stichproben überprüft werden, für deren Größe es keine verbindlichen Kriterien gibt, sollten Hypothesen mit Effektgrößen an Stichproben geprüft werden, deren Umfänge den Rahmenbedingungen der Fragestellung genau entsprechen. Der Grundgedanke, der zur Bestimmung dieser Stichprobenumfänge führt, sei im folgenden am Beispiel des Vergleiches zweier Mittelwerte entwickelt. Hierbei setzen wir voraus, daß die Ausführungen des Abschnitts 8.1 zum Signifikanztest bekannt sind.

9.1.1
Teststärke

Die $H_0: \mu_A = \mu_B$ wird durch jede Mittelwertdifferenz $\bar{x}_A - \bar{x}_B \neq 0$ verworfen, wenn der Stichprobenumfang (n) genügend groß ist. Will man die H_0 jedoch nur aufgrund einer *praktisch bedeutsamen Differenz* vom Betrage $\bar{x}_A - \bar{x}_B = d$ verwerfen, ist es naheliegend, für die Untersuchung einen Stich-

probenumfang zu wählen, der gerade die praktisch bedeutsame Differenz d (bzw. alle größeren Differenzen, aber keine kleineren Differenzen) signifikant werden läßt. Der Stichprobenumfang bestimmt bei konstanter Populationsstreuung den Standardfehler der Mittelwertdifferenz (s. S. 498). Der Stichprobenumfang ist also so festzulegen, daß ein Standardfehler resultiert, der bei einseitigem Test mit $\alpha = 5\%$ zu einer standardisierten Mittelwertdifferenz von $z = 1,65$ führt. Abbildung 65 a

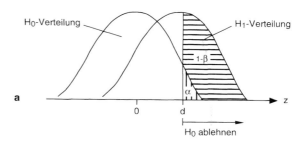

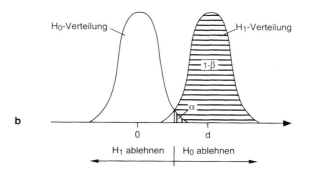

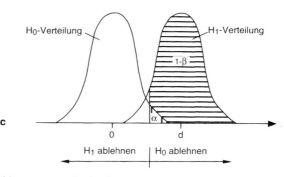

Abb. 65. Teststärke $(1-\beta)$ in Abhängigkeit vom Stichprobenumfang

gibt diesen Sachverhalt graphisch wieder. Der Stichprobenumfang wurde so gewählt, daß d genau $\alpha\%$ von der Stichprobenkennwerteverteilung bei Gültigkeit der H_0 (kurz: H_0-Verteilung bzw. H_0-Modell) abschneidet, d.h. es werden nur Differenzen $\bar{x}_A - \bar{x}_B \geqslant d$ signifikant.

Mit der Wahl dieses Stichprobenumfanges ist jedoch ein gravierender Nachteil verbunden. Nehmen wir an, die wahre Mittelwertdifferenz entspräche tatsächlich dem praktisch bedeutsamen Effekt d (Alternativhypothese H_1: $\mu_A - \mu_B = d$). Es resultiert dann eine Verteilung der Mittelwertdifferenzen (H_1-Verteilung) mit $\mu_A - \mu_B = d$ als Mittelwert. Diese Verteilung ist ebenfalls in Abb. 65a eingezeichnet. Wie man sieht, erhält man bei Gültigkeit der H_1 mit einer Wahrscheinlichkeit von 50% signifikante Mittelwertdifferenzen bzw. Mittelwertdifferenzen $\bar{x}_A - \bar{x}_B \geqslant d$. Dies wird in Abb. 62a durch die Fläche $1-\beta$ verdeutlicht. Wenn sich die Populationsmittelwerte um den praktisch bedeutsamen Betrag d unterscheiden, können Differenzen von Stichprobenmittelwerten nur mit einer Wahrscheinlichkeit von 50% signifikant werden. Für andere d-Werte, die weniger als $\alpha\%$ von der H_0-Verteilung abschneiden, ist diese Wahrscheinlichkeit noch geringer.

β wurde auf S. 500 ff. als diejenige Wahrscheinlichkeit eingeführt, mit der wir bei einem nichtsignifikanten Ergebnis eine richtige H_1 irrtümlicherweise verwerfen. $1-\beta$ ist damit diejenige Wahrscheinlichkeit, mit der wir uns bei einer richtigen H_1 auch zugunsten der H_1 entscheiden. Diese Wahrscheinlichkeit wird *Teststärke (Power)* genannt. Der Vorschlag, den Stichprobenumfang ausschließlich davon abhängig zu machen, daß nur praktisch bedeutsame Differenzen statistisch signifikant werden, führt also zu einem Signifikanztest mit geringer Teststärke. Wir wollen deshalb überlegen, was zu tun ist, um die Teststärke des Signifikanztests zu erhöhen.

Die Festlegung eines H_0- und eines H_1-Parameters versetzt uns in die Lage, nicht nur die Wahrscheinlichkeit eines empirischen Ergebnisses (samt aller – im Beispiel – größeren Ergebnisse) bei Gültigkeit der H_0 (α-Fehler-Wahrscheinlichkeit) zu ermitteln, sondern auch die Wahrscheinlichkeit des empirischen Ergebnisses (samt aller kleineren Ergebnisse) bei Gültigkeit der H_1 (β-Fehler-Wahrscheinlichkeit). Wir verwerfen die H_0,

wenn die Irrtumswahrscheinlichkeit $p = \alpha_{emp}$ kleiner ist als ein zuvor festgesetztes Signifikanzniveau. Bedeutet das Verwerfen der H_0 jedoch gleichzeitig, daß die H_1 zu akzeptieren ist?

Diese Frage war bislang – bei Annahme einer unspezifischen Alternativhypothese ohne Effektgröße – zu bejahen. Nun haben wir es jedoch mit einer spezifischen, durch eine Effektgröße bestimmten Alternativhypothese zu tun, die – wie die H_0 bei einem signifikanten Ergebnis – das empirische Ergebnis ggf. nur schlecht erklären kann. Untersuchen wir nämlich sehr große Stichproben (die zu einem sehr kleinen Standardfehler führen), sind Differenzen denkbar, die weder mit der H_0 noch mit der H_1 zu vereinbaren sind, weil nicht nur die α-Fehler-Wahrscheinlichkeit, sondern auch die β-Fehler-Wahrscheinlichkeit unter 5% liegen. Die Teststärke, also die Wahrscheinlichkeit eines signifikanten Ergebnisses bei Gültigkeit von H_1, wäre in diesem Falle mit über 95% zwar sehr hoch; diese hohe Teststärke bedeutet jedoch lediglich, daß die H_0 bei Gültigkeit von H_1 mit hoher Wahrscheinlichkeit zu verwerfen ist und nicht, daß damit gleichzeitig die spezifische (!) H_1 bestätigt wird. Es sind empirische Differenzen denkbar, die bei einer großen (standardisierten) Differenz der Parameter μ_A und μ_B weder mit der H_0 ($\mu_A - \mu_B = 0$) noch mit der H_1 ($\mu_A - \mu_B = d$) zu vereinbaren sind.

> **!** Die Wahrscheinlichkeit, mit der ein Signifikanztest bei Gültigkeit der H_1 auch zu einem signifikanten Ergebnis führt, nennt man *Teststärke* (Power, $1-\beta$).

9.1.2 „Optimale" Stichprobenumfänge

Eine eindeutige Entscheidungssituation tritt ein, wenn wir den Stichprobenumfang so festlegen, daß aufgrund eines empirischen Ergebnisses entweder die H_0 zu verwerfen ist (weil $\alpha_{emp} < 5\%$) oder die H_1 zu verwerfen ist (weil $\beta_{emp} < 5\%$) (vgl. Abb. 65 b). Dieser Stichprobenumfang führt zu einer Teststärke von $1 - 0,05 = 0,95$, d.h. die Wahrscheinlichkeit, sich zugunsten der H_1 (die der praktisch bedeutsamen Effektgröße entspricht) zu entscheiden, beträgt bei Richtigkeit dieser H_1 95%. (Eine genauere Erörterung dieser Entscheidungssituation findet man bei Bortz, 1999, Kap. 4.6, 4.7 und 4.8.)

Dieser Ansatz löst damit die auf Seite 502 gestellte Forderung nach gleich großem α- und β-Fehler-Risiko ein. Nach dieser Regel sollte verfahren werden, wenn das Risiko, eine richtige H_0 fälschlicherweise zu verwerfen, für genauso gravierend gehalten wird wie das Risiko, eine richtige H_1 fälschlicherweise zu verwerfen. Diese Absicherung erfordert allerdings recht große Stichprobenumfänge.

Die Stichprobenumfänge lassen sich reduzieren, wenn aufgrund inhaltlicher Überlegungen ein größeres β-Fehlerrisiko toleriert werden kann – eine Situation, die nach Cohen (1988) auf die Mehrzahl sozialwissenschaftlicher Fragestellungen zutrifft. Seine heute weitgehend akzeptierte Auffassung geht davon aus, daß die Konsequenzen eines α-Fehlers in der Regel etwa viermal so gravierend sind wie die Konsequenzen eines β-Fehlers. Er empfiehlt deshalb für die meisten sozialwissenschaftlichen Fragestellungen ein α/β-Fehler-Verhältnis von 1:4, d.h. z.B. $\alpha = 5\%$ und $\beta = 20\%$. Damit resultiert eine Teststärke von 80%, was in etwa den in Abb. 62c wiedergegebenen Verhältnissen entspricht.

Fassen wir zusammen: Durch die Festlegung einer Effektgröße sind wir in der Lage, neben dem H_0-Parameter auch einen H_1-Parameter zu spezifizieren. Damit wird bei einem nicht-signifikanten Ergebnis (H_0 annehmen) die β-Fehler-Wahrscheinlichkeit bzw. bei einem signifikanten Ergebnis (H_1 annehmen) die α-Fehler-Wahrscheinlichkeit kalkulierbar. Die β-Fehler-Wahrscheinlichkeit bzw. die Teststärke $1-\beta$ hängen jedoch bei vorgegebenem α-Fehler-Niveau und vorgegebener Effektgröße vom Stichprobenumfang ab. Wir wählen einen Stichprobenumfang, der dem Signifikanztest eine Teststärke von $1-\beta = 0,8$ bzw. 80% verleiht. Stichprobenumfänge mit dieser Eigenschaft bezeichnen wir im folgenden als *optimale Stichprobenumfänge*.

> **!** Ein *optimaler Stichprobenumfang* gewährleistet, daß ein Signifikanztest mit einer Wahrscheinlichkeit von 80% zu einem signifikanten Ergebnis führt, wenn die spezifische H_1 den Populationsverhältnissen entspricht. Das Risiko einer Fehlentscheidung bei Annahme dieser H_1 aufgrund eines signifikanten Ergebnisses entspricht hierbei dem Signifikanzniveau (5% bzw. 1%).

α-Fehler-Wahrscheinlichkeit, Teststärke, Effektgröße und Stichprobenumfang sind funktional auf eine Weise miteinander verbunden, die es erlaubt, bei Vorgabe von drei Größen die jeweils vierte eindeutig zu bestimmen (vgl. hierzu z.B. Shiffler und Harwood, 1985 oder auch Bortz, 1999, Kap. 4.8). Dies ist die Grundlage optimaler Stichproben, deren Umfang sich bei festgelegten Werten für das α-Niveau, die Teststärke und die Effektgröße errechnen läßt. (Zum mathematischen Hintergrund dieser Berechnungen vgl. Cohen, 1988, Kap. 12.)

9.2
Bestimmung von Effektgrößen und Stichprobenumfängen

Die folgenden an Cohen (1988, 1992) orientierten Ausführungen haben zwei Hauptziele: Zum einen werden für die in der Praxis am häufigsten verwendeten Signifikanztests Hilfen gegeben, eine Effektgröße festzusetzen (vgl. auch Bredenkamp, 1980, und Witte, 1980). Zum anderen enthält der Text Tabellen, die es gestatten, bereits in der Planungsphase den für eine Untersuchung optimalen Stichprobenumfang festzulegen.

9.2.1
Effektgrößen der wichtigsten Signifikanztests

Im ersten Beispiel des Abschnitts 9.1 wurde eine Effektgröße d eingeführt, die der Differenz zweier Populationsparameter μ_A und μ_B entspricht. Diese Effektgröße hat einen entscheidenden Nachteil, denn sie läßt die Streuung des Merkmals (σ) unberücksichtigt. Bei einer hohen Merkmalsstreuung kann eine bestimmte Differenz d praktisch unbedeutend sein, während die gleiche Differenz bei einer geringen Merkmalsstreuung durchaus einen beachtlichen Effekt signalisieren kann. Es ist deshalb sinnvoll, die Differenz d zu „normieren", indem man sie an der Merkmalsstreuung relativiert.

Differenzen zweier Mittelwerte aus unabhängigen Stichproben werden mit dem t-Test für unabhängige Stichproben auf Signifikanz geprüft. Die mit diesem Signifikanztest verbundene Effektgröße heißt also $(\mu_A - \mu_B)/\sigma$. Dies ist die Effektgröße des ersten in Tabelle 47 aufgeführten Signifikanz-

Tabelle 47. Effektgrößen der wichtigsten Signifikanztests (Erläuterungen s. Text)

	Test	Effektgröße	Klassifikation der Effektgrößen		
			klein	mittel	groß
1)	t-Test für unabhängige Stichproben	$d = \dfrac{\mu_A - \mu_B}{\sigma}$	0,20	0,50	0,80
2)	Korrelationstest (r)	r	0,10	0,30	0,50
3)	Test für Korrelationsdifferenzen $(r_A - r_B)$	$q = Z_A - Z_B$	0,10	0,30	0,50
4)	Test für die Abweichung eines Anteilswertes P von $\pi = 0,5$	$g = P - 0,5$	0,05	0,15	0,25
5)	Test für den Unterschied zweier unabhängiger Anteilswerte P_A und P_B	$h = \phi_A - \phi_B$	0,20	0,50	0,80
6)	χ^2-Test (Kontingenztafel, Goodness of Fit)	$w = \sqrt{\sum_{i=1}^{k} \dfrac{(P_{0i} - P_{1i})^2}{P_{0i}}}$	0,10	0,30	0,50
7)	Varianzanalyse	$f = \dfrac{\sigma_\mu}{\sigma}$	0,10	0,25	0,40
8)	Multiple Korrelation (R)	$f^2 = \dfrac{R^2}{1 - R^2}$	0,02	0,15	0,35

tests. In dieser Tabelle sind die normierten Effektgrößen der in der Forschungspraxis am häufigsten benötigten Signifikanztests zusammengestellt. (Man beachte, daß sich alle Effektgrößen auf Populationsparameter beziehen.) Nicht aufgeführt in Tabelle 47 sind Effektgrößen für mehrfaktorielle Varianzanalysen (Haupteffekte, Interaktionen), die auf S. 609 ff. gesondert behandelt werden.

Bedeutung der Effektgrößen

Im folgenden wird erläutert, wie man die Effektgrößen ermittelt. Diese Erläuterungen kann man ohne weiteres übergehen, wenn man lediglich daran interessiert ist, den optimalen Stichprobenumfang für die geplante Untersuchung herauszufinden. In diesem Falle ist lediglich festzulegen, ob man für die geprüfte Maßnahme einen kleinen, mittleren oder großen Effekt erwartet (vgl. Tabelle 47); für diese Effektgröße ist dann Tabelle 50 der optimale Stichprobenumfang für den gewählten Signifikanztest zu entnehmen (näheres hierzu und zur Klassifikation der Effektgrößen siehe S. 611 ff.). Wichtig ist jedoch der Hinweis, daß auf eine Schätzung der Effektgröße aufgrund der Untersuchungsergebnisse niemals verzichtet werden sollte (sog. expost-Bestimmung von Effektgrößen).

Beispiele für Effektgrößenbestimmungen findet man in Abschnitt 9.3 und eine Beschreibung der in Tabelle 47 angesprochenen Signifikanztests z.B. bei Bortz (1999).

1. t-Test für unabhängige Stichproben: Die Effektgrößenbestimmung setzt voraus, daß man eine Vorstellung darüber hat, wie stark sich zwei Populationen A und B (z.B. unter Experimental- und Kontrollbedingungen) angesichts der Merkmalsstreuung σ mindestens unterscheiden müssen, um von einem praktisch bedeutsamen Effekt sprechen zu können. Will man die Effektgröße expost, also nach Abschluß der Untersuchung, bestimmen, verwendet man $\bar{x}_A$ und $\bar{x}_B$ als Schätzwerte für μ_A und μ_B und die Streuung des Merkmals in den Stichproben als Schätzung für σ (zur Zusammenfassung von Streuungen siehe Gl. 9.1).

Für die Bestimmung einer Effektgröße d in der Planungsphase lassen sich vergleichbaren Untersuchungen oftmals brauchbare Schätzwerte für σ entnehmen. Stehen entsprechende Angaben nicht zur Verfügung, stellt der *Range*, der einfacher zu schätzen ist als die Standardabweichung, eine geeignete Hilfsgröße dar (vgl. S. 427 f.). Bei normalverteilten Merkmalen ist die Differenz zwischen dem mutmaßlich größten Wert in der Population und dem mutmaßlichen kleinsten Wert zu bilden und durch 5,15 zu dividieren (genauer hierzu vgl. Abb. 27). Es ist darauf zu achten, daß sich die Schätzung des Range auf die Messungen innerhalb der zu vergleichenden Populationen bezieht und nicht auf die beiden zusammengefaßten Populationen, denn die Streuung der zusammengefaßten Populationen enthält – falls die H_1 gilt – auch Unterschiede zwischen den Populationen. Wenn bekannt oder damit zu rechnen ist, daß die Streuungen in den Populationen unterschiedlich sind, müssen zwei getrennte Streuungsschätzungen vorgenommen werden. Die Zusammenfassung dieser Schätzungen erfolgt nach Gl. (9.1).

$$\hat{\sigma} = \sqrt{\frac{\hat{\sigma}_A^2 + \hat{\sigma}_B^2}{2}} \quad (n_A = n_B) \tag{9.1}$$

Das d-Maß läßt sich auch durch den Überschneidungsbereich der beiden zu vergleichenden Verteilungen veranschaulichen (vgl. Abb. 66).

Als Überschneidungsbereich zweier normalverteilter Verteilungen (mit $\sigma = 1$) definieren wir denjenigen Bereich, in dem sich sowohl Elemente der einen als auch der anderen Verteilung befinden. Abbildung 66a zeigt, daß einem d = 0,4 ein Überschneidungsbereich von 84% entspricht. In den beiden übrigen Abbildungen sind d = 0,8 mit einer Überschneidung von 69% und d = 1,4 mit einer Überschneidung von 48% dargestellt. Allgemein läßt sich ein Überschneidungsbereich einfach anhand der Standardnormalverteilungstabelle (vgl. Tabelle F 1) ermitteln: Wir lesen diejenige Fläche ab, den der Wert d/2 von der Standardnormalverteilungsfläche abschneidet und verdoppeln diese Fläche. Es resultiert der Überschneidungsbereich.

Für die Effektgrößenklassifikation gilt: 92% für einen kleinen, 80% für einen mittleren und 68% für einen großen Effekt.

t-Test für abhängige Stichproben: Der t-Test für abhängige Stichproben überprüft die H_0, daß sich die Mittelwerte μ_1 und μ_2 einer zum Zeitpunkt t_1 und t_2 gemessenen abhängigen Variablen in einer Population nicht unterscheiden bzw. daß der Mittelwert der Einzeldifferenzen $\mu_D = 0$ ist. Der typische Anwendungsfall ist also gegeben, wenn eine Stichprobe wiederholt untersucht wird und ent-

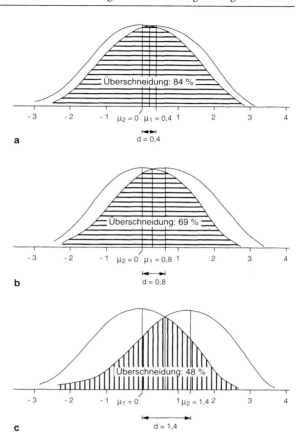

Abb. 66. Überschneidungsbereich und Effektgröße d beim t-Test

schieden werden soll, ob sich der Stichprobenmittelwert $\bar{x}$ signifikant verändert hat. Dieses Verfahren kommt auch zum Einsatz, wenn „Matched Samples" zu vergleichen sind (vgl. S. 527 f.).

Die Effektgrößenklassifikation für den t-Test mit unabhängigen Stichproben gilt auch für den t-Test mit abhängigen Stichproben, d.h. daß z.B. eine Differenz $\mu_1 - \mu_2$, die der halben Merkmalsstreuung entpricht, als mittlerer Effekt klassifiziert wird: $(\mu_1 - \mu_2)/\sigma = 0,5$. Wie wir auf S. 613 f. jedoch noch sehen werden, reicht für die Absicherung eines bestimmten Effektes beim t-Test für abhängige Stichproben in der Regel eine kleinere Stichprobe aus als beim t-Test für unabhängige Stichproben. Diesen Stichprobenumfang erhält man, wenn statt der Effektgröße $(\mu_1 - \mu_2/\sigma)$ folgende Effektgröße abzusichern ist:

$$d' = \frac{\mu_1 - \mu_2}{\sigma_D} \cdot \sqrt{2} \qquad (9.2)$$

Der Faktor $\sqrt{2}$ ist darauf zurückzuführen, daß der t-Test für abhängige Stichproben mit einer Stichprobe und der t-Test für unabhängige Stichproben mit 2 Stichproben operiert (genauer hierzu vgl. Cohen 1988, S. 45 ff.). σ_D ist die Streuung der Differenzen. Falls hierfür kein plausibler Schätzwert zur Verfügung steht, kann man σ_D über folgende Gleichung bestimmen:

$$\sigma_D = \sqrt{\sigma_{x_1}^2 + \sigma_{x_2}^2 - 2r\sigma_{x_1}\sigma_{x_2}} \qquad (9.3)$$

bzw. bei gleichen Varianzen $(\sigma_{x_1}^2 = \sigma_{x_2}^2 = \sigma^2)$

$$\sigma_D = \sqrt{2\sigma^2 - 2r\sigma^2} = \sigma \cdot \sqrt{2 \cdot (1 - r)}. \qquad (9.4)$$

r ist hierbei die Korrelation der Messungen zu den Zeitpunkten t_1 und t_2. Eingesetzt in Gl. (9.2) resultiert:

$$d' = \frac{\mu_1 - \mu_2}{\sigma \cdot \sqrt{1 - r}} \qquad (9.5)$$

Ein mittlerer Effekt $(d = 0,5)$ wird also im t-Test für abhängige Stichproben zu $d' = 0,5/\sqrt{1 - 0,4} = 0,65$ „aufgewertet", wenn man zwischen den beiden abhängigen Meßwertreihen eine Korrelation von $r = 0,4$ annimmt. Dies hat zur Folge, daß zur Absicherung eines mittleren Effektes beim t-Test für abhängige Stichproben eine kleinere Stichprobe ausreicht (nämlich genau die Stichprobe, die für die Absicherung von $d = 0,65$ im t-Test für unabhängige Stichproben erforderlich wäre; genaueres hierzu vgl. S. 613 f.). Weitere Hinweise zur Effektgrößenbestimmung bei abhängigen Stichproben findet man bei Dunlap et al., 1996).

2. Korrelationstest (r): Der Korrelationstest überprüft die Signifikanz einer Produkt-Moment-Korrelation. Die Effektgröße dieses Signifikanztests ist direkt der Korrelationskoeffizient r (bzw. genauer die Populationskorrelation ϱ, die durch r geschätzt wird). Zur Veranschaulichung von r wird häufig der Determinationskoeffizient r^2 herangezogen, der dem Anteil gemeinsamer Varianz bzw. - bei Kausalmodellen mit X als Prädiktor-

und Y als Kriteriumsvariablen – dem durch X erklärten Varianzanteil von Y entspricht (weitere Interpretationshilfen von r findet man unter Ziffer 5. oder bei Bortz, 1999, S. 201 ff.).

3. Test für Korrelationsdifferenzen ($r_A - r_B$): Dieser Test überprüft, ob sich die für eine Stichprobe A ermittelte Korrelation zweier Variablen von der entsprechenden Korrelation in einer Stichprobe B signifikant unterscheidet. Zur Schätzung der Effektgröße q werden die Korrelationen zunächst in sog. Fishers Z-Werte transformiert. Diese Transformation wird einfachheitshalber anhand einer Tabelle vorgenommen, die als Tabelle 9 im Anhang F wiedergegeben ist.

4. Test für die Abweichung eines Anteilswertes P von $\pi = 0,5$: Dieser Test wird bei kleineren Stichproben über die sog. Binomialverteilung und bei größeren Stichproben über die Standardnormalverteilung durchgeführt. Er kommt beispielsweise zur Anwendung, wenn man erwartet, daß eine Maßnahme überwiegend positive Veränderungen bewirkt und die Nullhypothese behauptet, daß positive und negative Veränderungen zufällig auftreten bzw. gleich wahrscheinlich sind $(\pi = 0,5)$. Die Effektgröße g wird hier über die Abweichung des Anteilswertes P von $\pi = 0,5$ geschätzt.

5. Test für den Unterschied zweier unabhängiger Anteilswerte P_A und P_B: Dieser Test wird benötigt, um zu überprüfen, ob eine bestimmte Merkmalsausprägung x in einer Stichprobe A signifikant häufiger vorkommt als in einer Stichprobe B. Für die Bestimmung der Effektgröße h müssen die erwarteten Anteilswerte in ϕ (Phi)-Werte transformiert werden, wobei ϕ einer arcus sinus-Transformation von P entspricht $(\phi = 2 \cdot \arcsin\sqrt{P})$. Auch diese Transformation findet man im Anhang F (Tabelle 10).

Für die Durchführung des Tests fertigt man sich einfachheitshalber eine Vierfeldertafel nach Art von Tabelle 48 an.

Die Anteilswerte P_A und P_B ergeben sich mit a, b, c und d als Häufigkeiten für die 4 Felder zu $P_A = a/(a + c)$ und $P_B = b/(b + d)$. (Zur Unterschiedsprüfung von P_A und P_B vgl. Bortz, 1999, Kap. 5.3.3 oder - exakt - Bortz und Lienert, 1998, Kap. 2.3.)

Tabelle 48. Vierfeldertafel

	Stichprobe	
	A	B
x vorhanden	a	b
x nicht vorhanden	c	d
	$P_A = a/(a+c)$	
	$P_B = b/(b+d)$	

Tabelle 49. „Binominal Effekt Size Display" (BESD) für $r = 0,2$

		Experimental-gruppe	Kontroll-gruppe	
Behand-lungserfolg	ja	60	40	100
	nein	40	60	100
		100	100	

Mit einer speziellen Vierfeldertafel läßt sich auf einfache Weise ein Korrelationskoeffizient veranschaulichen: Setzen wir die Zeilen- und Spaltensummen auf 100, entspricht die durch 100 dividierte Differenz a–b der Korrelation zwischen der Stichprobenzugehörigkeit und dem Vorhandenbzw. Nichtvorhandensein von x. Sind beispielsweise A und B eine Experimental- und eine Kontrollgruppe und kennzeichnet x einen Behandlungserfolg, läßt sich eine Korrelation von $r = 0,2$ zwischen den Merkmalen „Gruppenzugehörigkeit" und „Behandlungserfolg ja/nein" über die in Tabelle 49 wiedergegebene Vierfeldertafel veranschaulichen.

Die Korrelation $r = 0,2$ ergibt sich wegen (60–40)/100 = 0,2. Oder anders formuliert: Wenn Experimental- und Kontrollgruppe sowie die Anzahl aller Mißerfolge und Erfolge gleich groß sind, bedeutet $r = 0,2$, daß der Behandlungserfolg in der Experimentalgruppe gegenüber der Kontrollgruppe um 20 Prozentpunkte überlegen ist.

Will man mit diesem sog. „Binominal Effect Size Display" (kurz: BESD, Rosenthal und Rubin, 1982) einen Korrelationseffekt veranschaulichen, fertigt man analog zu Tabelle 48 eine Vierfeldertafel an mit a = 50+100·r/2 und b = 50–100·r/2, wobei die Randsummen mit jeweils 100 festgelegt sind. Die Vierfelderkorrelation (vgl. z.B. Bortz, 1999, Kap. 6.3.4) für die so resultierende Tafel ist r.

Die Effektstärkenklassifikationen für r und h sind nur bedingt kompatibel. Ein kleiner Korrelationseffekt ($r = 0,1$) führt im BSDE zu $P_A = 0,55$ und $P_B = 0,45$, für die wir in Tabelle 10 des Anhanges F $\phi_A = 1,6710$ und $\phi_B = 1,4706$ ablesen. Die Effektgröße h wäre also mit h = 1,6710–1,4706 = 0,2004 gemäß Tabelle 47 (kleiner Effekt: h = 0,2) ebenfalls als klein zu klassifizieren.

Bei mittleren und großen Effekten ergeben sich jedoch Abweichungen. Für einen mittleren Korrelationseffekt ($r = 0,3$) resultieren $P_A = 0,65$ und $P_B = 0,35$ und hierfür über Tabelle 10 im Anhang F h = 0,61. Dieser Wert liegt deutlich über dem in Tabelle 47 angegebenen mittleren h-Effekt von h = 0,50. Für einen großen Effekt ($r = 0,5$) lauten die entsprechenden Werte: $P_A = 0,75$; $P_B = 0,25$ und h = 1,05. Diesem Wert steht ein großer h-Effekt gemäß Tabelle 47 von h = 0,80 gegenüber. Erklärungsansätze für diese Diskrepanzen findet man bei Cohen (1988, S. 184 f.).

Haddock et al. (1998) empfehlen als Effektgröße für die Vierfeldertafeln den sog. Odd Ratio (OR). Dieser wird – in der Terminologie von Tabelle 48 – als OR = a·d/b·c errechnet.

6. χ^2-Test (Kontingenztafel, Goodness of Fit): Mit diesem Test wird überprüft, ob zwischen zwei nominalskalierten Merkmalen ein Zusammenhang besteht (Kontingenztafeltest) oder wie gut sich die Verteilung eines Merkmals an einen bestimmten Verteilungstyp wie Gleichverteilung oder Normalverteilung anpaßt (Goodness of Fit-Test). Beim Kontingenztafeltest entspricht k der Anzahl der Felder in der Kontingenztafel (für ein r-stufiges und ein c-stufiges Merkmal wäre k = r·c) und beim Goodness of Fit-Test der Anzahl der Merkmalsausprägungen oder Kategorien.

P_{0i} steht für die gem. H_0 erwarteten relativen Häufigkeiten (im Kontingenztest: Zeilensumme·Spaltensumme/n^2) und die P_{1i}-Werte sind Anteilswerte, die man bei Gültigkeit von H_1 erwartet. Die Bestimmung von w in der Planungsphase setzt also voraus, daß man eine Vorstellung davon hat, wie die Kontingenztafel bei Gültigkeit von H_1 und H_0 besetzt bzw. wie das Merkmal verteilt ist.

7. Einfaktorielle Varianzanalyse: Die einfaktorielle Varianzanalyse testet, ob sich die Mittelwerte aus p unabhängigen Stichproben signifikant unterscheiden. Die Effektgröße f entspricht dem Quotienten aus σ_μ, der Streuung der gem. H_1 erwarteten Populationsmittelwerte und σ, der Streuung des Merkmals innerhalb der Populationen.

Für die Bestimmung der Streuung σ innerhalb der Populationen übernehmen wir die Empfehlungen, die bereits im Zusammenhang mit der Effektgröße d des t-Tests genannt wurden. Stehen keine vergleichbaren Untersuchungen, denen Streuungsschätzungen entnommen werden können, zur Verfügung, dividieren wir den vermuteten Range der Werte innerhalb der Populationen durch 5,15 und erhalten so für angenähert normalverteilte Merkmale eine brauchbare Schätzung von σ (für andere Verteilungsformen vgl. Abb. 27). σ entspricht im Kontext der einfaktoriellen Varianzanalyse der sog. Fehlerstreuung, die durch $\hat{\sigma}_{\text{Fehler}}$ geschätzt wird. In komplexeren Plänen ist σ^2 die Prüfvarianz des zu testenden Effektes.

Für die Schätzung von σ_μ legen wir zunächst den Mindestrange der Mittelwerte fest, d.h., wir überlegen, wie groß der Unterschied zwischen dem kleinsten und dem größten Mittelwert mindestens sein sollte, damit er praktisch bedeutsam wird. Dividiert durch die Streuung innerhalb der Population σ resultiert folgende Größe d

$$d = \frac{\mu_{\max} - \mu_{\min}}{\sigma}.\qquad(9.6)$$

Damit ist σ_μ natürlich noch nicht eindeutig bestimmt, denn die Anordnung der mittleren μ-Werte, die σ_μ ebenfalls beeinflussen, bleibt unberücksichtigt. Theoretisch sind für die mittleren μ-Werte beliebig viele Anordnungen denkbar; für praktische Zwecke genügt es jedoch, vier typische Anordnungen zu unterscheiden:

- Alle verbleibenden p-2 Mittelwerte liegen genau in der Mitte von $\mu_{\max}$ und $\mu_{\min}$ (Beispiel: $\mu_{\max}$ =10 und $\mu_{\min}$=6 ; alle übrigen μ Werte haben den Wert 8). Für diesen Fall erhält man für die in Tabelle 47 genannte Effektgröße

$$f_1 = d \cdot \sqrt{\frac{1}{2 \cdot p}}.\qquad(9.7)$$

- Die verbleibenden p–2 Mittelwerte liegen in gleichen Abständen zwischen $\mu_{\max}$ und $\mu_{\min}$ (Beispiel: p=5, $\mu_{\max}$=9, $\mu_{\min}$=5; die verbleibenden drei Mittelwerte lauten dann 6, 7 und 8). Für diese Anordnung ergibt sich die Effektgröße

$$f_2 = \frac{d}{2} \cdot \sqrt{\frac{p+1}{3 \cdot (p-1)}}.\qquad(9.8)$$

- Bei gradzahligem p ist die eine Hälfte der verbleibenden p-2 Mittelwerte mit $\mu_{\max}$ und die andere mit $\mu_{\min}$ identisch (Beispiel: p=6, $\mu_{\max}$ =7 und $\mu_{\min}$=4; zwei weitere Mittelwerte haben dann den Wert 7 und die beiden übrigen den Wert 4). Für diese Anordnung erhalten wir die Effektgröße

$$f_3 = \frac{1}{2}d.\qquad(9.9)$$

- Bei ungradzahligem p nehmen wir an, daß ein Extremwert einmal häufiger vertreten ist als der andere (z.B. für p=7; 4 mal $\mu_{\max}$ und 3 mal $\mu_{\min}$ bzw. umgekehrt). Hierfür berechnen wir

$$f_4 = d \cdot \sqrt{\frac{p^2 - 1}{2p}}.\qquad(9.10)$$

Man wählt einen der 4 f-Werte in Abhängigkeit vom erwarteten Verteilungsmuster für die p Mittelwerte.

Die Effektgröße f der einfaktoriellen Varianzanalyse läßt sich auch durch den Anteil der Gesamtvarianz, der auf die unabhängige Variable (Gruppenzugehörigkeiten) zurückgeht, veranschaulichen. Der entsprechende Kennwert η^2 (eta-Quadrat) lautet:

$$\eta^2 = \frac{f^2}{1 + f^2}\qquad(9.11)$$

Will man die Effektgröße durch η^2 festlegen, erhält man f nach folgender Beziehung:

$$f = \sqrt{\frac{\eta^2}{1 - \eta^2}}.\qquad(9.12)$$

Ungleichgroße Stichproben: Bei ungleichgroßen Stichproben ist zu beachten, daß sich die Streuung des Mittelwertes σ_μ ändert. Sie lautet

$$\sigma_\mu = \sqrt{\frac{\sum_{i=1}^{p} n_i \cdot (\mu_i - \mu)^2}{N}}\qquad(9.12a)$$

mit $N = \sum_i n_i$.

Die in Tabelle 47 genannte Effektgröße f wäre also mit diesem σ_μ zu berechnen.

Einfaktorielle Varianzanalyse mit Meßwiederholungen: Wird eine Stichprobe p-fach untersucht, läßt sich mit der einfaktoriellen Varianzanalyse mit Meßwiederholungen überprüfen, ob sich die p Mittelwerte signifikant verändert haben. Das Verfahren dient auch dem Vergleich der Mittelwerte aus p abhängigen Stichproben („Matched Samples", vgl. S. 527 f.).

Effektgrößen werden für Varianzanalysen mit Meßwiederholungen im Prinzip genauso bestimmt wie für Varianzanalysen ohne Meßwiederholungen. Problematisch ist lediglich die Streuung σ, die in einer Varianzanalyse ohne Meßwiederholungen die Streuung innerhalb der Populationen bzw. die Fehlerstreuung angibt, an deren Quadrat die Varianz der Mittelwerte (genauer: die Treatmentvarianz) getestet wird.

In der einfaktoriellen Varianzanalyse mit Meßwiederholungen wird die Treatmentvarianz an einer sog. Residualvarianz (σ_{res}^2) getestet, die der Varianz der „ipsativen" Meßwerte entspricht (vgl. Bortz, 1999, S. 325). Diese Varianz ist in der Regel kleiner als die Varianz innerhalb der Populationen. Wie auch beim t-Test für abhängige Stichproben hängt ihre Größe von den Korrelationen der zu p Zeitpunkten erhobenen Messungen ab. Mit wachsender Korrelation wird die Residualvarianz kleiner.

Leider bedarf es erheblicher Erfahrungen, die Residualvarianz vor Durchführung der Untersuchung verläßlich zu schätzen. Im Zweifelsfalle verwendet man statt der Residualvarianz auch für Meßwiederholungsanalysen die Varianz innerhalb der Populationen (d.h. die durchschnittliche Varianz der Messungen zu den p Meßzeitpunkten), obwohl diese die Residualvarianz überschätzt.

Eine Schätzung der Residualvarianz (bzw. der entsprechenden Streuung) erhält man auch nach folgender Gleichung, die allerdings voraussetzt, daß man eine Vorstellung von der durchschnittlichen Korrelation $\bar{r}$ zwischen den Messungen zu den verschiedenen Meßzeitpunkten hat (vgl. Winer et al., 1991, S. 237 ff.):

$$\sigma_{res} = \sigma \cdot \sqrt{1 - \bar{r}}. \tag{9.13}$$

Hieraus ergibt sich

$$f' = \frac{\sigma_\mu}{\sigma_{res}}. \tag{9.14}$$

In Analogie zu Gl. (9.6) resultiert ferner

$$d' = \frac{\mu_{max} - \mu_{min}}{\sigma \cdot \sqrt{1 - \bar{r}}}. \tag{9.15}$$

Dieser d'-Wert ersetzt den d-Wert in den Gl. (9.7) bis (9.10).

Auf die Effektgrößenklassifikation sind die Ausführungen zum t-Test für abhängige Stichproben analog anzuwenden. Sie ändert sich nicht gegenüber einer Varianzanalyse ohne Meßwiederholung. Allerdings wird für die Absicherung eines kleinen, mittleren oder großen Effektes in der Regel ein kleinerer Stichprobenumfang benötigt als in der Varianzanalyse ohne Meßwiederholungen. Dieser Stichprobenumfang entspricht dem Stichprobenumfang, den man benötigen würde, um in der Varianzanalyse ohne Meßwiederholungen einen um den Faktor $1/\sqrt{1 - \bar{r}}$ vergrößerten Effekt abzusichern. Ein mittlerer Effekt (f = 0,25) wird also durch eine Korrelation von $\bar{r} = 0,4$ zu $f' = 0,25/\sqrt{1 - 0,4} = 0,32$ „aufgewertet". Welche Stichprobenersparnis damit verbunden ist, werden wir auf S. 615 erfahren.

8. Multiple Korrelation (R): Die multiple Korrelation R prüft die H_0, daß zwischen p Prädiktorvariablen X_1, X_2 ... X_p und einer Kriteriumsvariablen Y kein Zusammenhang besteht. Die Überprüfung dieser H_0 erfolgt über den F-Test. Eine spezifische H_1 legt fest, welcher Zusammenhang zwischen den Prädiktoren und dem Kriterium mindestens erwartet wird. R^2 als derjenige Varianzanteil, den die Prädiktorvariablen zusammengenommen an der Kriteriumsvarianz aufklären, dient auch hier – wie bei der Produkt-Moment-Korrelation – als Interpretationshilfe.

Die Effektgröße f^2 ist definiert als Quotient aus erklärtem Varianzanteil (R^2) und nicht erklärtem Varianzanteil ($1-R^2$). Dies ist gleichzeitig die Effektgröße für Partialkorrelationen.

Effektgrößen für mehrfaktorielle Pläne

Mehrfaktorielle Pläne werden mit mehrfaktoriellen Varianzanalysen ausgewertet. Eine zweifaktorielle Varianzanalyse beispielsweise prüft mit F-

Tests drei voneinander unabhängige Nullhypothesen (hier und im folgenden gehen wir davon aus, daß unter allen Faktorstufenkombinationen gleich große Stichprobenumfänge untersucht werden):

Faktor A: Die den Stufen eines Faktors A zugeordneten Populationen unterscheiden sich nicht (H_0: $\mu_1 = \mu_2 = \ldots = \mu_p$ oder $\sigma_A^2 = 0$)
Faktor B: Die den Stufen eines Faktors B zugeordneten Populationen unterscheiden sich nicht (H_0: $\mu_{.1} = \mu_{.2} = \ldots = \mu_{.q}$ oder $\sigma_B^2 = 0$)
Interaktion A×B: Die Mittelwerte der den Faktorstufenkombinationen zugeordneten Populationen ergeben sich nach der Gleichung $\mu_{ij} = \mu_{i.} + \mu_{.j} - \mu_{..}$ (H_0: $\sigma_{A \times B}^2 = 0$).

Für jede dieser Nullhypothesen können durch Effektgrößen spezifizierte Alternativhypothesen formuliert werden. Wir beginnen mit den Effektgrößen für die Faktoren A und B (kurz: Haupteffekte) und behandeln anschließend die Effektgröße der Interaktion.

Haupteffekte: Für die Haupteffekte einer zweifaktoriellen Varianzanalyse werden Effektgrößen genauso spezifiziert wie in einer einfaktoriellen Varianzanalyse, d.h. wir schätzen die Streuung σ innerhalb der den Faktorstufenkombinationen zugewiesenen Populationen und ermitteln eine Effektgröße f, wie unter Ziffer 7 in Tabelle 47 beschrieben.

Wie in der einfaktoriellen Varianzanalyse kann die Effektgröße f eines Haupteffektes (oder auch eines Interaktionseffektes) in einer mehrfaktoriellen Varianzanalyse ebenfalls nach Gl. (9.11) in ein η^2 transformiert werden. η^2 gibt in mehrfaktoriellen Plänen jedoch nicht den Anteil an der Gesamtvarianz an, sondern an einer Varianz, die sich aus der Varianz innerhalb der Populationen sowie der Varianz des zu prüfenden Effektes zusammensetzt (vgl. hierzu auch Keren und Lewis, 1979; zum Vergleich der relativen Bedeutung verschiedener Haupteffekte vgl. Fowler, 1987).

Interaktionen: Die Bestimmung einer Effektgröße für Interaktionen setzt relativ genaue Vorkenntnisse über den Untersuchungsgegenstand voraus. Es ist erforderlich, daß man bereits vor Durchführung der Untersuchung die Größenordnung der zu erwartenden Mittelwerte $\overline{AB}_{ij}$ für alle Faktorstufenkombinationen angeben kann. Hierbei hilft eine graphische Darstellung der Interaktion (vgl. Abb. 44, S. 534), in der jede Abweichung von der Parallelität der Mittelwertverläufe die Interaktionsvarianz erhöht. Die Größe der Haupteffekte spielt hierbei keine Rolle.

Ist das Muster der erwarteten Interaktion festgelegt, gestaltet sich die Bestimmung der Effektgröße $f_{A \times B}$ für die Interaktion relativ einfach. Zunächst ermitteln wir nach folgender Gleichung diejenigen Zellmittelwerte $\overline{AB}'_{ij}$, die nach der H_0 zu erwarten wären:

$$\overline{AB}'_{ij} = \bar{A}_i + \bar{B}_j - \bar{G} \tag{9.16}$$

wobei

$$\bar{A}_i = \frac{\sum_{j=1}^{q} \overline{AB}_{ij}}{q}$$

$$\bar{B}_j = \frac{\sum_{i=1}^{p} \overline{AB}_{ij}}{p}$$

und

$$\bar{G} = \frac{\sum_{i=1}^{p} \bar{A}_i}{p} = \frac{\sum_{j=1}^{q} \bar{B}_j}{q}$$

(für gleich große Stichproben).

$\overline{AB}_{ij}$ sind die gem. der H_1 geschätzten Mittelwerte. Die Effektgröße f resultiert nach folgender Gleichung:

$$f_{A \times B} = \frac{1}{\sigma} \cdot \sqrt{\frac{\sum_{i=1}^{p} \sum_{j=1}^{q} (\overline{AB}_{ij} - \overline{AB}'_{ij})^2}{p \cdot q}}. \tag{9.17}$$

(Kontrolle: $\sum_{i=1}^{p} \sum_{j=1}^{q} (\overline{AB}'_{ij} - \overline{AB}_{ij}) = 0$.) σ ist hierbei die Streuung innerhalb der Populationen, auf deren Schätzung wir auf S. 605 eingingen. Die in Tabelle 47 genannte Klassifikation der varianzanalytischen Effekte gilt auch für Interaktionen.

Dreifaktorielle Pläne: Gl. (9.6) bis (9.17) lassen sich mühelos auch für Effektgrößenbestimmungen in *dreifaktoriellen Varianzanalysen* (mit p×q×r Stufen) einsetzen. In den Bestimmungsgleichungen für die Effektgrößen der Haupteffekte (Gl. 9.7 bis 9.10) ersetzen wir p durch die Anzahl der Faktorstufen des jeweiligen Haupteffektes.

Für Interaktionen 1. Ordnung in einer dreifaktoriellen Varianzanalyse gilt die oben beschriebene Vorgehensweise. Will man – was selten vorkommt – eine Effektgröße für eine Interaktion 2. Ordnung bestimmen, fertigt man sinnvollerweise zunächst eine graphische Darstellung des gemäß der H_1 erwarteten Interaktionsmusters an (vgl. Abb. 47, S. 538). Die gemäß der H_0 erwarteten Zellenmittelwerte bestimmt man nach folgender Gleichung:

$$\overline{ABC}'_{ijk} = \overline{AB}_{ij} + \overline{AC}_{ik} + \overline{BC}_{jk} \\ - \bar{A}_i - \bar{B}_j - \bar{C}_k + \bar{G}. \qquad (9.18)$$

In Analogie zu Gl. (9.17) resultiert als Effektgröße

$$f = \frac{1}{\sigma} \cdot \sqrt{\frac{\sum_{i=1}^{p} \sum_{j=1}^{q} \sum_{k=1}^{r} \left(\overline{ABC}'_{ijk} - \overline{ABC}_{ijk}\right)^2}{p \cdot q \cdot r}}. \qquad (9.19)$$

Die bisherigen Ausführungen gelten für mehrfaktorielle Pläne, deren Faktoren *feste* Stufenauswahlen aufweisen (Fixed Factors). Enthält ein mehrfaktorieller Plan einen oder mehrere Faktoren mit *zufälligen* Stufenauswahlen (Random Factors), ändern sich dadurch die Prüfvarianzen (vgl. z.B. Bortz, 1999, Kap. 8). Dies ist bei der Festlegung von Effektgrößen zu beachten. Statt der Streuung innerhalb der Populationen in den Gl. (9.6, 9.17 und 9.19) – in varianzanalytischer Terminologie: Fehlerstreuung – verwenden wir allgemein eine Schätzung derjenigen Streuung, an deren Quadrat der zu prüfende Effekt getestet wird.

Pläne mit Meßwiederholungen: In der zweifaktoriellen Varianzanalyse mit Meßwiederholungen (oder mit abhängigen Stichproben) werden der Meßwiederholungsfaktor (z.B. Faktor B mit q Stufen) und die Interaktion A×B an der Interaktionsvarianz B×Vpn und der Gruppierungsfaktor (Faktor A mit p Stufen) an der Varianz innerhalb der Stichproben getestet (vgl. z.B. Bortz, 1999, Kap. 9.2). Dies sind gleichzeitig die Varianzen, die für die Bestimmung der Effektgrößen eines Haupteffektes nach den Gl. (9.6 ff.) bzw. für die Bestimmung der Effektgröße einer Interaktion nach Gl. (9.17) zu schätzen sind. (Vergleiche hierzu die Ausführungen zur einfaktoriellen Varianzanalyse mit und ohne Meßwiederholungen.) Überwiegend interessiert in einer zweifaktoriellen Varianzanalyse mit Meßwiederholungen jedoch die Interaktion, weil diese über gruppenspezifische Veränderungen (z.B. Experimentalgruppe vs. Kontrollgruppe, vgl. S. 559) informiert.

Eine Effektgröße für die Interaktion kann nach Gl. (9.17) bestimmt werden. Man beachte jedoch, daß σ in dieser Gleichung die auf individuellen Veränderungen basierende Streuung ($\sigma_{B \times Vpn}$) in der Regel überschätzt. Eine günstigere Schätzung erhält man über Gl. (9.13), wenn man die Größenordnung für $\bar{r}$ (hier: durchschnittliche Korrelation zwischen den Meßzeitpunkten, gemittelt über die Gruppen des Faktors A) kennt.

Klassifikation der Effektgrößen

In den letzten Abschnitten wurde beschrieben, wie man Effektgrößen für verschiedene Signifikanztests bestimmt. Die Ausführungen machten deutlich, daß die Festlegung einer Effektgröße während der Untersuchungsplanung z.T. erhebliche Erfahrungen im Untersuchungsterrain voraussetzt. Wie jedoch soll man vorgehen, wenn man über keine entsprechenden Erfahrungen verfügt bzw. bei der Effektgrößenbestimmung unsicher ist?

Hierfür hat Cohen (1988, 1992) eine an der empirischen Forschungspraxis orientierte Klassifikation von Effektgrößen vorgeschlagen, die inzwischen weitgehend akzeptiert ist. Diese Klassifikation erleichtert die Arbeit erheblich, denn man muß lediglich entscheiden, ob die zu prüfende Maßnahme vermutlich einen kleinen, einen mittleren oder einen starken Effekt auslöst. Falls auch hierüber keine Klarheit besteht, sollte man sich im Zweifelsfalle für einen mittleren Effekt und den hierfür in Tabelle 50 angegebenen, erforderlichen Stichprobenumfang entscheiden.

Die von Cohen vorgeschlagene Klassifikation stellt jedoch „nur" eine Orientierungshilfe dar. Letztlich entscheidet der jeweilige Untersuchungskontext darüber, was als kleiner oder als großer Effekt zu bezeichnen ist. Wenn beispielsweise die Mortalitätsrate bei einer bestimmten Krankheit durch eine neue Behandlung um 2 Prozentpunkte reduziert werden kann, so ist dies ein beachtlicher Erfolg, auch wenn diese Reduktion lediglich einer Korrelation von r = 0,04 entspricht (diesen Wert ermittelt man über ein BESD; vgl. S. 607). r = 0,04 wäre nach Cohen zu interpretieren als ein Wert, der deutlich unter einem kleinen Effekt (r = 0,1) liegt – eine Interpretation, die sicherlich so manchen der betroffenen Ärzte und Patienten irritieren würde. (Weitere Anregungen zur Interpretation von Effektgrößen findet man bei R. Rosenthal, 1994, S. 241 ff.)

Dessen ungeachtet ist zu fordern, daß die mit einer Maßnahme tatsächlich erzielte Effektgröße im Untersuchungsbericht genannt wird. Zur Sicherung der Vergleichbarkeit von effektbezogenen Untersuchungsergebnissen sollten hierfür die in Tabelle 47 genannten Berechnungsvorschriften verwendet werden.

Abschnitt 9.4 (Metaanalyse) wird die Notwendigkeit, Effektgrößen zu vereinheitlichen bzw. zu normieren, ausführlich begründen. Hier werden Transformationsregeln genannt, mit denen sich die signifikanztestspezifischen Effektgrößen in eine einheitliche Effektgröße überführen lassen. Damit stellt sich die Frage nach der Vergleichbarkeit z. B. einer mittleren Effektgröße für verschiedene Signifikanztests. Diese Vergleichbarkeit bzw. Austauschbarkeit der Effektgrößen ist nach Cohen (1992) zumindest approximativ gegeben.

9.2.2
Optimale Stichprobenumfänge
für die wichtigsten Signifikanztests

Das Signifikanzniveau (a), die Teststärke ($1-\beta$), die Effektgröße eines Signifikanztests sowie der Stichprobenumfang (n) sind wechselseitig funktional verknüpft (vgl. Abb. 67): Bei Fixierung von drei Bestimmungsstücken läßt sich die vierte Größe errechnen. Das Signifikanzniveau ist in der empirischen Forschung mit $a=0,01$ bzw. $a=0,05$ per Konvention festgelegt. Eine ähnliche Normierung zeichnet sich für die Klassifikation von Effektgrößen ab (klein, mittel, groß; vgl. Tabelle 47). Auch bezogen auf die Teststärke scheint sich die „Scientific Community" mittlerweile auf $1-\beta=0,80$ als einem für viele Fragestellungen angemessenen Wert geeinigt zu haben. Damit sind drei von vier Bestimmungsstücken „konventionalisiert", aus denen man

den Stichprobenumfang rechnerisch ableiten kann (vgl. z. B. Cohen, 1988). Die sich hierbei ergebenden Stichprobenumfänge bezeichneten wir auf S. 602 f. als „optimale" Stichprobenumfänge.

Tabelle der optimalen Stichprobenumfänge

Tabelle 50 enthält die optimalen Stichprobenumfänge der bisher genannten Signifikanztests für $a=0,01$ bzw. $a=0,05$ und kleine, mittlere sowie große Effekte. Alle Stichprobenumfänge basieren auf einer Teststärke von $1-\beta=0,80$. Sie wurden den entsprechenden Tabellen von Cohen (1988) entnommen und – soweit erforderlich – den Ergebnissen der exakten Prozedur GPOWER von Erdfelder et al. (1996) angepaßt.

Abweichend von Cohen (1992) gelten die zu den Ziffern 1–5 genannten Stichprobenumfänge für *einseitige Tests*. Wie auf S. 117 f. ausgeführt, sind wir der Auffassung, daß es bei einer zu evaluierenden Maßnahme möglich sein müßte, die Richtung ihrer Wirkung vorzugeben, so daß einseitige Tests gerechtfertigt sind. Die übrigen Stichprobenumfänge gelten für zweiseitige Tests.

Erläuterungen und Ergänzungen

1. Differenz $\bar{x}_A - \bar{x}_B$: Wenn man beispielsweise einen in der Population gültigen, großen Effekt ($d=0,8$) über die Mittelwerte zweier unabhängiger Stichproben auf dem 5%igen Signifikanzniveau statistisch absichern will, benötigt man pro Stichprobe n = 20 Untersuchungsobjekte.

Ungleich große Stichproben: Es empfiehlt sich, den ermittelten Gesamtstichprobenumfang (im Beispiel N = 40) auf die beiden Stichproben gleich zu verteilen, da sonst der t-Test an Teststärke verliert (vgl. hierzu Kraemer und Thieman, 1987). Sollten die Untersuchungsumstände eine ungleiche Verteilung erfordern, ist wie folgt vorzugehen: Man entnimmt zunächst Tabelle 50 den optimalen Stichprobenumfang (im Beispiel n = 20). Wenn nun $n_A = 15$ für die Stichprobe A vorgesehen ist, errechnet man den Stichprobenumfang n_B wie folgt:

$$n_B = \frac{n_A \cdot n}{2 \cdot n_A - n} = \frac{15 \cdot 20}{30 - 20} = 30 \qquad (9.20)$$

Mit $n_B = 30$ und $n_A = 15$ hat der t-Test die gleiche Teststärke wie mit gleich großen Stichproben

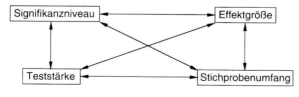

Abb. 67. Wechselseitige Beziehungen im Signifikanztest

Tabelle 50. Optimale Stichprobenumfänge für verschiedene Signifikanztests ($1-\beta = 0,8$)

	Test	$\alpha = 0,01$			$\alpha = 0,05$		
		klein	mittel	groß	klein	mittel	groß
1)	Differenz $\bar{x}_A - \bar{x}_B$	503	82	33	310	50	20
2)	Korrelation (r)	998	105	36	614	64	22
3)	Differenz $r_A - r_B$	2010	226	83	1240	140	52
4)	Differenz $P - 0,5$	1001	109	37	616	67	23
5)	Differenz $P_A - P_B$	502	80	31	309	49	19
6)	Häufigkeitsdifferenzen (χ^2)						
	df = 1	1168	130	47	785	87	32
	df = 2	1388	154	56	964	107	39
	df = 3	1546	172	62	1090	121	44
	df = 4	1675	186	67	1194	133	48
	df = 5	1787	199	71	1283	143	51
	df = 6	1887	210	75	1362	151	54
7)	Varianzanalyse						
	df = 1	586	95	38	393	64	26
	df = 2	464	76	30	322	52	21
	df = 3	388	63	25	274	45	18
	df = 4	336	55	22	240	39	16
	df = 5	299	49	20	215	35	14
	df = 6	271	44	18	195	32	13
8)	Multiple Korrelation						
	2 Prädiktoren	698	97	45	485	67	30
	3 Prädiktoren	780	108	50	550	76	36
	4 Prädiktoren	845	118	55	602	84	40
	5 Prädiktoren	901	126	59	647	91	42
	6 Prädiktoren	953	134	63	688	97	45
	7 Prädiktoren	998	141	66	726	102	48
	8 Prädiktoren	1042	147	69	759	109	52

($n_A = n_B = 20$), d.h. mit diesen Stichproben entscheidet der t-Test bei einem großen Effekt und $\alpha = 0,05$ mit 80%iger Wahrscheinlichkeit zugunsten von H_1, falls diese zutrifft. Man beachte, daß Gl. (9.20) $2 \cdot n_A > n$ voraussetzt.

Abhängige Stichproben: Bei abhängigen Stichproben werden für die statistische Absicherung eines bestimmten wahren Mittelwertes von Differenzen weniger Untersuchungsobjekte benötigt als bei unabhängigen Stichproben. Gem. Gl. (9.5) ist die Reduktion der Stichprobenumfänge von der Korrelation r zwischen den beiden Meßwertreihen abhängig. Tabelle 51 zeigt, wie sich einige ausgewählte Korrelationskoeffizienten auf die optimalen Stichprobenumfänge auswirken.

Tabelle 51 nennt die Anzahl der Untersuchungsobjekte (mit zweimaliger Messung) bzw. die Anzahl der benötigten Paare von Untersuchungsobjekten. Es wird deutlich, daß mit wachsender Korrelation erhebliche Einsparungen im Stichprobenaufwand erzielt werden.

Ein Beispiel: Es soll ein mittlerer Effekt ($d = 0,5$) mit $\alpha = 0,05$ abgesichert werden. Vergleichbaren Untersuchungen ist zu entnehmen, daß die Meßwerte zum Untersuchungszeitpunkt t_1 zu $r = 0,6$ mit den Meßwerten zum Untersuchungszeitpunkt t_2 korrelieren. Tabelle 51 entnehmen wir, daß für diese Untersuchung 21 zweimal zu untersuchende Untersuchungsteilnehmer (bzw. 21 Paare von Untersuchungsteilnehmern) ausreichend sind.

Diesen Wert ermitteln wir wie folgt: Gleichung (9.5) führt zu

$$d' = \frac{0,5}{\sqrt{1 - 0,6}} = 0,79.$$

Tabelle 51. Optimale Stichprobenumfänge für den Vergleich von zwei Mittelwerten aus abhängigen Stichproben bei unterschiedlichen Korrelationen ($1-\beta = 0,8$)

Korrelation	$a = 0,01$			$a = 0,05$		
	klein	mittel	groß	klein	mittel	groß
r = 0,2	403	66	26	248	41	16
r = 0,4	302	49	20	187	31	13
r = 0,6	202	33	14	125	21	9
r = 0,8	101	17	7	63	11	5

Den optimalen Stichprobenumfang errechnen wir nach folgender Gleichung (s. Cohen, 1988, S. 53, Gl. 2.4.1)

$$n_{opt} = \frac{n_{0,10}}{100 \cdot d'^2} + 1 \qquad (9.20a)$$

mit $n_{0,10} = 1237$ für $a = 0,05$ und
$\quad n_{0,10} = 2009$ für $a = 0,01$.

Für das Beispiel erhält man den in Tabelle 51 genannten Wert:

$$n_{opt} = \frac{1237}{100 \cdot 0,79^2} + 1 = 20,8 \approx 21$$

Hätten wir unter sonst gleichen Bedingungen 2 unabhängige Stichproben untersucht, wären gemäß Tabelle 50 $2 \times 50 = 100$ Untersuchungsteilnehmer erforderlich.

2. Korrelation (r): Will man z.B. eine Korrelation, die einem mittleren Effekt entspricht ($r = 0,3$), mit $a = 0,05$ statistisch absichern, sollte $n = 64$ sein.

3. Differenz $r_A - r_B$: Soll z.B. ein mittlerer Unterschied zweier Korrelationen r_A und r_B ($q = 0,3$) aus unabhängigen Stichproben mit $a = 0,01$ abgesichert werden, benötigt man aus den Populationen A und B jeweils eine Stichprobe mit $n = 226$. Der mittleren Effektgröße $q = 0,3$ entsprechen z.B. die Korrelationspaare 0,00–0,29; 0,20–0,46; 0,40–0,62; 0,60–0,76; 0,80–0,885 oder 0,90–0,945 (vgl. Tabelle 9 im Anhang F).

Ungleich große Stichproben: Wenn es die Untersuchungsumstände erforderlich machen, daß die Stichproben aus den Populationen A und B nicht gleich groß sein können, geht man wie folgt vor: Man entnimmt zunächst Tabelle 50 den optimalen Stichprobenumfang n und legt n_A fest. Der Wert für n_B ergibt sich dann nach folgender Gleichung:

$$n_B = \frac{n_A \cdot (n + 3) - 6 \cdot n}{2 \cdot n_A - n - 3} \qquad (9.21)$$

Der Test mit diesen Stichprobenumfängen hat die gleiche Teststärke wie der entsprechende Test mit $n_A = n_B = n$.

Beispiel (für $n = 226$ und $n_A = 150$):

$$n_B = \frac{150 \cdot (226 + 3) - 6 \cdot 226}{2 \cdot 150 - 226 - 3} = 465$$

n_A ist so zu wählen, daß $2 \cdot n_A > (n + 3)$ ist.

4. Differenz P–0,5: Zur statistischen Absicherung einer kleinen Abweichung eines Anteilswertes P von 0,5 ($g = 0,55 - 0,50 = 0,05$) werden (für $a = 0,01$) $n = 1001$ Untersuchungsobjekte benötigt.

5. Differenz $P_A - P_B$: Wird erwartet, daß die Differenz zweier Anteilswerte P_A und P_B in zwei unabhängigen Populationen klein ist ($h = 0,2$), benötigt man für $a = 0,05$ pro Stichprobe $n_A = n_B = 309$ Untersuchungsobjekte. Der Effektgröße $h = 0,2$ entsprechen z.B. die folgenden Anteilsdifferenzen: 0,05–0,10; 0,20–0,29; 0,40–0,50; 0,60–0,70; 0,80–0,87 oder 0,90–0,95 (vgl. Tabelle 10 im Anhang F).

Ungleich große Stichproben: Muß die Planung von ungleich großen Stichproben aus den Populationen A und B ausgehen, wählt man n gem. Tabelle 50, legt n_A fest und errechnet n_B nach folgender Gleichung:

$$n_B = \frac{n \cdot n_A}{2 \cdot n_A - n} \cdot \qquad (9.22)$$

Beispiel (mit $n = 309$ und $n_A = 200$):

$$n_B = \frac{309 \cdot 200}{2 \cdot 200 - 309} = 679.$$

Man beachte, daß $2 n_A > n$ ist.

6. Häufigkeitsdifferenzen (χ^2): Ein χ^2-Test über eine rxc-Kontingenztafel hat $(r-1)\cdot(c-1)$ Freiheitsgrade (df). Erwartet man beispielsweise für eine 3×4-Tafel eine große Kontingenz der geprüften Merkmale (w = 0,5 gem. Tabelle 47), ergäben sich df = 6 und für $a = 0,05$ ein optimaler Gesamtstichprobenumfang von n = 54. Ein Goodness of Fit-Test auf Gleichverteilung mit k Kategorien hat k–1 Freiheitsgrade.

7. Varianzanalyse: Eine einfaktorielle Varianzanalyse über p Gruppen hat p–1 Zählerfreiheitsgrade (df). Erwartet man beispielsweise, daß sich vier Gruppen (df = 3) insgesamt mittelmäßig unterscheiden (f = 0,25), benötigt man für eine statistische Absicherung der Unterschiede mit $a = 0,05$ pro Gruppe 45 oder als Gesamtstichprobe 4·45 = 180 Untersuchungsobjekte. Die 180 Untersuchungsobjekte können – falls erforderlich – auch auf ungleich große Stichproben verteilt werden.

Varianzanalyse mit Meßwiederholungen: Durch die mehrfache Untersuchung derselben Stichprobe (oder durch den Einsatz von p „Matched Samples") läßt sich der optimale Stichprobenumfang erheblich reduzieren. Hierfür benötigt man allerdings gem. Gl. (9.14) eine Schätzung von σ_{res}. Liegen keine vergleichbaren Untersuchungen vor, kann man σ_{res} über Gl. (9.13) unter Verwendung der durchschnittlichen Korrelation $\bar{r}$ zwischen den Meßwertreihen schätzen.

Die Planung des optimalen Stichprobenumfanges für eine Varianzanalyse mit Meßwiederholungen bereitet ohne Zuhilfenahme vergleichbarer Untersuchungen einige Probleme. Hat man weder eine plausible Schätzung der zu erwartenden Residualvarianz noch eine Vorstellung über die durchschnittliche Korrelation der p Meßwertreihen, ist man immer auf der „sicheren Seite", wenn man von $\bar{r} = 0$ ausgeht und damit die optimalen Stichprobenumfänge der Varianzanalyse mit unabhängigen Stichproben einsetzt. Geht man jedoch von der für viele Fragestellungen vorsichtigen Annahme aus, daß die Meßwertreihen im Durchschnitt etwa zu $\bar{r} = 0,5$ korrelieren, ergeben sich die in Tabelle 52 genannten optimalen Stichprobenfänge (mit df = p–1).

Um mittlere Veränderungen bei dreimaliger Untersuchung (df = 2) auf einem a-Niveau von 0,05 statistisch abzusichern, sollte eine Stichprobe mit n = 27 Untersuchungsobjekten dreifach untersucht werden. (Ohne Meßwiederholungen wären gem. Tabelle 50 3·52 = 156 Untersuchungsobjekte erforderlich!)

Faktorielle Pläne: Die Auswertung faktorieller Pläne erfolgt mit mehrfaktoriellen Varianzanalysen. Dieses Verfahren überprüft die in einer Untersuchung interessierenden Haupteffekte und Interaktionen. Erwartet man keine Interaktionen, werden die optimalen Stichproben zur Absicherung der Haupteffekte nach den Regeln für einfaktorielle Pläne bestimmt. Wenn hierbei in Abhängigkeit von den Haupteffekten unterschiedliche Gesamtstichprobenumfänge resultieren, entscheidet man sich im Regelfall für die größere Gesamtstichprobe, wodurch sich die Teststärke für Haupteffekte, für deren Absicherung eigentlich ein kleinerer Gesamtstichprobenumfang ausreichen würde, erhöht. Entscheidet man sich für eine kleinere Stichprobe, sind Teststärkeeinbußen für diejenigen Effekte hinzunehmen, deren Absicherung größere Stichproben erforderlich machen.

Typischerweise ist man jedoch bei mehrfaktoriellen Plänen an Interaktionen interessiert und sollte deshalb die Festlegung des Stichprobenum-

Tabelle 52. Optimale Stichprobenumfänge der einfaktoriellen Varianzanalyse mit Meßwiederholungen und $\bar{r} = 0,5$ $(1-\beta = 0,8)$

Freiheitsgrade	$a = 0,01$			$a = 0,05$		
	klein	mittel	groß	klein	mittel	groß
df = 1	293	49	20	197	33	14
df = 2	232	39	16	162	27	11
df = 3	195	33	14	138	23	10
df = 4	169	29	12	121	20	9
df = 5	150	26	11	108	18	8
df = 6	136	23	10	99	17	7

fanges vom erwarteten Interaktionseffekt abhängig machen. Ausgehend von den in Tabelle 50 unter Ziffer 7 für unterschiedliche Zählerfreiheitsgrade (df) genannten optimalen Stichprobenumfängen (n) errechnet sich der optimale Stichprobenumfang für eine Zelle des mehrfaktoriellen Planes wie folgt:

$$n_{Zelle} = \frac{(n-1) \cdot (df+1)}{\text{Anzahl der Zellen}} + 1. \qquad (9.23)$$

In einem dreifaktoriellen Plan mit p Stufen für Faktor A, q Stufen für Faktor B und r Stufen für Faktor C erhält man p·q·r Zellen. Will man z. B. in einem 2×3×3-Plan für die A×B-Interaktion einen mittleren Effekt (f = 0,25) auf dem $a = 0,05$-Niveau absichern, resultieren für Gl. (9.23)

- df = (2−1)· (3−1) = 2 (= Freiheitsgrade der fraglichen Interaktion)
- n = 52 (gem. Tabelle 50 für df = 2, $a = 0,05$ und einen mittleren Effekt),
- Anzahl der Zellen = 2·3·3 = 18 und damit

$$n_{Zelle} = \frac{(52-1) \cdot (2+1)}{18} + 1 = 9,5 \approx 10.$$

Man benötigt also pro Zelle 10 Untersuchungsobjekte bzw. eine Gesamtstichprobe von N = 18·10 = 180 (diese und die folgenden Ausführungen gehen von gleich großen Stichproben pro Zelle aus).

Für die Absicherung eines mittleren Effektes (f = 0,25) für die Interaktion 2. Ordnung erhält man entsprechend (mit $a = 0,05$):

df = (2 − 1) · (3 − 1) · (3 − 1) = 4,

n = 39,

Anzahl der Zellen = 2·3·3 = 18,

$$n_{Zelle} = \frac{(39-1) \cdot (4+1)}{18} + 1 = 11,5 \approx 12.$$

Als optimale Gesamtstichprobe wäre hier also N = 18·12 = 216 anzusetzen.

Tabelle 53 enthält die optimalen Stichprobenumfänge pro Zelle für einige ausgewählte Versuchspläne. Die Stichprobenumfänge orientieren sich jeweils an der höchsten Interaktion, also bei zweifaktoriellen A×B-Plänen an der A×B-Interaktion und bei dreifaktoriellen A×B×C-Plänen an der Interaktion 2. Ordnung (A×B×C).

Beispiel: In einem 3×4 (oder 4×3)-Plan soll für die A×B-Interaktion eine mittlere Effektgröße für $a = 0,05$ abgesichert werden. Hierfür sollten pro Zelle 19 bzw. insgesamt 12·19 = 228 Untersuchungsobjekte vorgesehen werden. Im 3×4-Plan würde der Haupteffekt A auf 4·19 = 76 Objekten pro A-Stufe und der Haupteffekt B auf 3·19 = 57 Objekten pro B-Stufe beruhen, d. h. der Stichprobenumfang wäre für den Haupteffekt A (df = 2) und auch für den Haupteffekt B (df = 3) ausreichend, um jeweils einen mittleren Effekt mit $a = 0,05$ abzusichern ($n_{opt(A)} = 52$; $n_{opt(B)} = 45$ gem. Tabelle 50).

Faktorielle Pläne mit Meßwiederholungen: Hat man einen mehrfaktoriellen Untersuchungsplan mit Meßwiederholungen, ergeben sich – wie bei einfaktoriellen Plänen mit Meßwiederholungen – in Abhängigkeit von $\bar{r}$ gegenüber Tabelle 53 Stichprobenersparnisse. Gehen wir erneut von $\bar{r} = 0,5$ aus, werden die unter Ziffer 7 in Tabelle 47 genannten Effektgrößen zunächst durch $\sqrt{1-0,5}$ dividiert, um für die so korrigierten Effektgrößen die optimalen Stichprobenumfänge festzulegen.

Tabelle 53. Optimale Stichprobenumfänge für einige mehrfaktorielle Versuchspläne $(1-\beta = 0,8)$

Versuchsplan	$a = 0,01$			$a = 0,05$		
	klein	mittel	groß	klein	mittel	groß
2 x 2	294	48	20	197	33	14
2 x 3	233	39	16	162	27	11
3 x 3	187	32	13	134	22	9
3 x 4	159	26	11	114	19	8
4 x 4	136	23	10	99	17	7
2 x 2 x 2	147	25	10	99	17	7
2 x 2 x 3	117	20	8	81	14	6
2 x 3 x 3	94	16	7	67	12	5
3 x 3 x 3	77	13	6	57	10	4
2 x 3 x 4	80	14	6	58	10	5

Tabelle 54. Optimale Stichprobenumfänge für einige mehrfaktorielle Meßwiederholungspläne mit $\bar{r} = 0{,}5$ ($1-\beta = 0{,}8$)

Versuchsplan	$a = 0{,}01$			$a = 0{,}05$		
	klein	mittel	groß	klein	mittel	groß
2 x 2	147	25	11	99	17	8
2 x 3	117	20	9	82	14	6
3 x 3	94	17	7	68	12	6
3 x 4	80	14	6	59	11	5
4 x 4	68	13	6	50	9	5
2 x 2 x 2	74	13	6	50	9	5
2 x 2 x 3	59	11	5	42	8	4
2 x 3 x 3	48	9	4	35	7	4
3 x 3 x 3	39	8	4	29	6	3
2 x 3 x 4	41	8	4	30	7	3

Die Resultate haben wir bereits in Tabelle 52 kennengelernt; die optimalen Stichprobenumfänge für mehrfaktorielle Pläne ergeben sich hieraus über Gl. (9.23).

Die Ergebnisse für einige ausgewählte Pläne faßt Tabelle 54 zusammen. Bei A×B-Plänen ist A der Gruppierungsfaktor und B der Meßwiederholungsfaktor, und bei A×B×C-Plänen sind A und B die Gruppierungsfaktoren mit C als Meßwiederholungsfaktor. Die Stichprobenumfänge orientieren sich erneut jeweils an der höchsten Interaktion (Interaktion 1. Ordnung bei zweifaktoriellen und Interaktion 2. Ordnung bei dreifaktoriellen Plänen) und gelten für jede Stufe des Gruppierungsfaktors oder – bei dreifaktoriellen Plänen – für jede Kombination der gruppenbildenden Faktorenstufen.

Beispiel: Für einen 2×2-Plan (z. B. Pre-Posttest-Plan mit Experimental- und Kontrollgruppe) würde man 17 Untersuchungsteilnehmer für die Kontrollgruppe und 17 Untersuchungsteilnehmer für die Experimentalgruppe benötigen, wenn ein mittlerer Interaktionseffekt mit $a = 0{,}05$ abgesichert werden soll. Da der Gruppierungsfaktor A von der Meßwiederholung nicht „profitiert" (er wird an der Streuung innerhalb der Gruppen bzw. an $\hat{\sigma}_{in\,S}^2$ getestet), reicht dieser Stichprobenumfang nur aus, um einen „sehr" großen Effekt bezüglich Faktor A abzusichern ($17 < 26 = n_{opt(A)}$ für einen großen Effekt gemäß Tabelle 50). Der Meßwiederholungsfaktor B hingegen basiert pro Stufe auf $2 \times 17 = 34$ Untersuchungsteilnehmern, was zur Absicherung eines mittleren Effektes ausreicht (vgl. Tabelle 52).

Für einen 2×2×3-Plan (z. B. Kontrollgruppe vs. Experimentalgruppe als Faktor A und männlich vs. weiblich als Faktor B mit drei Messungen pro A×B-Kombination) benötigt man vier Stichproben à 59 Untersuchungsteilnehmer, wenn ein kleiner Effekt für die Interaktion 2. Ordnung auf dem $a = 0{,}01$-Niveau abgesichert werden soll. Die Haupteffekte A und B basieren damit pro Stufe jeweils auf $2 \times 59 = 118$ Untersuchungsteilnehmern, was zur Absicherung mittlerer Effekte ausreicht ($n_{opt(A)} = n_{opt(B)} = 95$ für df = 1, $a = 0{,}01$ und mittlerem Effekt gem. Tabelle 50 für einfaktorielle Pläne). Für die A×B-Interaktion hat man pro Gruppe 59 Untersuchungsteilnehmer. Da diese Interaktion einer A×B-Interaktion in einem 2×2-Plan ohne Meßwiederholungen entspricht, entnimmt man Tabelle 53 $n_{opt(A\times B)} = 48$ für einen mittleren Effekt und $a = 0{,}01$. Der Stichprobenumfang n = 59 ist also zur Absicherung eines mittleren bis kleinen Effektes ausreichend.

Für die A×C- (bzw. B×C)-Interaktion stehen pro Faktorstufenkombination $2 \times 59 = 118$ Messungen zur Verfügung. Dieser Wert ist mit dem optimalen Stichprobenumfang für eine Interaktion in 2×3-Plänen mit Meßwiederholungen zu vergleichen. Wir entnehmen Tabelle 54 $n_{opt} = 117$ für die Absicherung eines kleinen Interaktionseffektes mit $a = 0{,}01$, d. h. mit 59 Untersuchungsteilnehmern pro Gruppe können ebenfalls kleine Effekte für die A×C- und die B×C-Interaktion mit $a = 0{,}01$ abgesichert werden.

Man beachte, daß diese Stichprobenumfänge für r = 0,5 gelten. Muß man mit einer geringeren

Durchschnittskorrelation rechnen, sind größere Stichprobenumfänge anzusetzen. Wenn man ungeachtet der Höhe von $\bar{r}$ sichergehen will, daß mindestens mit einer Teststärke von 0,8 geprüft wird, sind die in Tabelle 53 genannten Stichprobenumfänge einzusetzen.

8. Multiple Korrelation: Für eine Studie mit sechs Prädiktorvariablen werden 97 Untersuchungsteilnehmer benötigt, wenn man einen mittleren Effekt ($f^2 = 0,15$) mit $a = 0,05$ absichern will (vgl. Tabelle 50). Diesem mittleren Effekt entspricht eine multiple Korrelation von $R = 0,36$. (Einfache Gleichungen zur Bestimmung optimaler Stichprobenumfänge für multiple Korrelationen findet man bei Maxwell, 2000. Zur Bestimmung von Effektgrößen und optimalen Stichprobenumfängen bei *kanonischen Korrelationen*, s. Cohen, 1988, Kap. 10 oder Thompson, 1988.)

Verallgemeinerungen

Die Tabellen für optimale Stichproben gelten für drei Effektgrößen (klein, mittel, groß), für zwei Signifikanzniveaus ($a = 0,01$; $a = 0,05$) und eine Teststärke von $1 - \beta = 0,8$. Dies sind die hier empfohlenen Konfigurationen. Optimale Stichproben für andere Konfigurationen sind dem Standardwerk von Cohen (1977, 1988) zu entnehmen.

Generell gilt, daß sich (bei sonst konstanten Einflußgrößen)

- der optimale Stichprobenumfang verkleinert, wenn die Effektgröße zunimmt,
- der optimale Stichprobenumfang vergrößert, wenn man die Teststärke erhöht,
- der optimale Stichprobenumfang verkleinert, wenn man das Signifikanzniveau heraufsetzt (z. B. $a = 0,1$ statt $a = 0,05$).

9.3
Fallbeispiele für die Planung von Stichprobenumfängen

Nachdem in den letzten Abschnitten optimale Stichproben für verschiedene Signifikanztests genannt wurden, soll nun anhand von (fiktiven) Beispielen aus der Evaluationsforschung die Benutzung der Tabellen praktisch demonstriert werden. Erneut folgen wir hierbei der in Tabelle 47 vorgegebenen Gliederung.

9.3.1
Vergleich von zwei Mittelwerten

Unabhängige Stichproben

Eine Schulpsychologin möchte die Effektivität einer neu auf dem Markt erschienenen Multimedia-Anwendung für den Englischunterricht evaluieren. Hierzu will sie eine herkömmlich unterrichtete und eine nach der neuen Methode unterrichtete Schülerstichprobe vergleichen. Die Planung sieht vor, zwei gleich große Stichproben (Experimental- und Kontrollgruppe) durch Randomisierung zusammenzustellen. Den Lernerfolg operationalisiert die Evaluatorin durch die Fehleranzahl in einem Testdiktat.

Da man bislang noch keine Erfahrungen mit der neuen Methode gemacht hat, entscheidet sich die Evaluatorin für einen mittleren Effekt ($d = 0,5$ gem. Tabelle 47), d.h. sie erwartet, daß die durchschnittliche Leistung der mit der interaktiven Multimedia-Anwendung lernenden Schüler um mindestens eine halbe Streuungseinheit der Fehlerzahlen unter dem Durchschnittswert der Kontrollgruppe liegt. Da die neue Methode nach erfolgreicher Evaluation der zuständigen Schulbehörde empfohlen werden soll, ist die Evaluatorin vorsichtig und will nur mit einer Wahrscheinlichkeit von höchstens $a = 0,01$ fälschlicherweise für die Überlegenheit der neuen Methode plädieren. Eine Teststärke von $1 - \beta = 0,8$ erscheint ihr angemessen.

Ausgerüstet mit diesen Informationen entnimmt sie Tabelle 50, daß pro Gruppe 82 Schüler untersucht werden sollen.

Die statistische Auswertung der Untersuchung führt zu $\bar{x}_{Exp} = 14,5$ und $\bar{x}_{Kon} = 18,0$ mit $\hat{\sigma}_{Exp} = 7$ sowie $\hat{\sigma}_{Kon} = 6$. Über Gl. (9.1) wird die Merkmalsstreuung mit $\sigma = 6,52$ geschätzt. Dieser Wert führt mit der in Tabelle 47 genannten Effektgrößenformel zu $d = 0,54$. Nach dem t-Test ist die gefundene Differenz der Mittelwerte auf dem $a = 0,01$-Niveau signifikant, d.h. die Evaluatorin kann der Schulbehörde guten Gewissens die neue Methode empfehlen.

Abhängige Stichproben

Nach einer schweren Flutkatastrophe registrieren Vertreter der evangelischen Kirche eine tendenzielle Zunahme der Gottesdienstbesuche. Sie beauftragen ein demoskopisches Institut zu überprüfen, ob diese Veränderung durch Zufall zu erklären sei oder ob die Flutkatastrophe eine verstärkte Hinwendung zu religiösen Themen bewirkt haben könnte.

Nach einem ersten Kontaktgespräch mit den Auftraggebern schlägt der Experte vor, von einem kleinen Effekt auszugehen. Man einigt sich ferner auf $\alpha = 0,05$ und $1-\beta = 0,8$. Aus Statistiken über die Frequenzen sonntäglicher Kirchbesuche errechnet der Experte, daß die Kirchbesuche in einer kleinen Zufallsauswahl von Gemeinden in einem achtwöchigen Intervall von Sonntag zu Sonntag im Durchschnitt zu $r = 0,62$ korrelieren. Mit diesen Angaben entnimmt er Tabelle 51, daß eine Zufallsstichprobe von $n = 125$ von der Sturmflut betroffenen Gemeinden für die Untersuchung ausreichen müßte. Zu vergleichen ist pro Gemeinde die Anzahl der Gottesdienstteilnehmer an vier Sonntagen vor der Katastrophe mit der entsprechenden Anzahl danach.

Nach Abschluß der Untersuchung werden $\bar{x}_{vor} = 166$, $\bar{x}_{nach} = 180$ und $\hat{\sigma}_D = 35$ errechnet, was nach Gl. (9.2) zu $d' = 0,57$ führt. Der t-Test für abhängige Stichproben führt zu einem signifikanten Ergebnis und bestätigt damit die Hypothese der Kirchenvertreter. Bei der Ergebnispräsentation weist der Experte des demoskopischen Institutes jedoch zu Recht darauf hin, daß die interne Validität der Untersuchung nicht überschätzt werden dürfe, da auf die parallele Untersuchung einer Kontrollgruppe (Gemeinden aus Gebieten, die nicht von der Flutkatastrophe betroffen waren) verzichtet wurde.

9.3.2
Korrelation

Die zahnärztliche Kassenvereinigung will in Erfahrung bringen, ob es sich lohnt, unter Schülern eine Aufklärungsbroschüre über Mundhygiene zu verteilen. Da diese Schrift vermutlich primär die Einstellung der Schüler zur Mundhygiene verändert, ist man daran interessiert, in einer Pilotstudie die Einstellungen bzgl. Zahnpflege und Mundhygiene mit der tatsächlich für die Zahnpflege aufgewendeten Zeit in Beziehung zu setzen. Der Zusammenhang soll mit dem Signifikanztest für eine Produkt-Moment-Korrelation statistisch überprüft werden. Der Einsatz der Broschüre – so

wird argumentiert – sei nur dann sinnvoll, wenn zwischen den Einstellungen und dem tatsächlichen Verhalten ein statistisch bedeutsamer Zusammenhang besteht.

Bezüglich der Höhe der Korrelation ist man anspruchslos, denn bereits geringfügige Verbesserungen in der Mundhygiene, mit denen bei einer geringen Korrelation zu rechnen ist, können „hochgerechnet" den gesamten Behandlungsaufwand erheblich verringern. Da die zahnärztlichen Bemühungen der Vereinigung bekanntlich viel Geld kosten, hält man bereits einen kleinen Effekt ($r = 0,10$) für praktisch bedeutsam. Mit $\alpha = 0,01$ und $1-\beta = 0,8$ wird gem. Tabelle 50 geplant, den Zusammenhang von Einstellung und Verhalten an einer Stichprobe von $n = 998$ Schülern zu überprüfen.

Die Untersuchung führt zu der signifikanten Korrelation von $r = 0,48$, also einer Korrelation, die nahezu einem großen Effekt entspricht. Möglicherweise hätte man in der Planungsphase mehr Wert auf die Recherche vergleichbarer Untersuchungen legen sollen. Hätte sich hierbei herausgestellt, daß Korrelationen in dieser Größenordnung zu erwarten sind, wäre hiermit eine erhebliche Einsparung verbunden gewesen, denn statt der untersuchten 998 Schüler wären dann gem. Tabelle 50 ca. 40 Schüler für einen Signifikanznachweis ausreichend gewesen.

Angesichts der unerwartet hohen Korrelation beschließt man, die Broschüre herzustellen und unter Schülern zu verteilen.

9.3.3
Vergleich von zwei Korrelationen

Die Personalchefin einer großen Werbeagentur hat einen Kreativitätstest entwickelt, der allerdings wenig tauglich ist, weil seine Testhalbierungs-Reliabilität (vgl. S. 197) nur $r_{tt(A)} = 0,54$ beträgt. Die Geschäftsleitung verlangt eine Revision der Testskala und fordert, daß die Endversion mindestens eine Reliabilität von $r_{tt(B)} = 0,8$ aufweist. Nach Überarbeitung des Tests überlegt die Personalchefin, an wievielen Probanden sie die Reliabilität des revidierten Tests überprüfen soll. Der Reliabilitätszuwachs soll mit $\alpha = 0,05$ bei einer Teststärke von 80% abgesichert werden.

Die Fishers Z-Werte der Korrelationen lauten nach Tabelle 9 im Anhang F $Z_A(r = 0,54) = 0,604$

und $Z_B(r=0,8) = 1,099$, d.h. nach Tabelle 47 resultiert eine Effektgröße von $q = 1,099 - 0,604 = 0,495$ (das Vorzeichen von q ist hier unerheblich). Dieser Wert entspricht nahezu exakt einem großen Effekt ($q = 0,5$), für dessen Absicherung nach Tabelle 50 pro Stichprobe (A und B) $n = 52$ Probanden benötigt werden.

Nun hat die Personalchefin jedoch die Reliabilität der ersten Version ihres Tests nur für $n_A = 40$ Probanden ermittelt. Um den Korrelationsunterschied dennoch mit $\alpha = 0,05$ und $1-\beta = 0,8$ absichern zu können, ist es erforderlich, für die zweite Stichprobe n_B mehr als 52 Probanden vorzusehen. Nach Gl. (9.21) wird ermittelt:

$$n_B = \frac{40 \cdot (52 + 3) - 6 \cdot 52}{2 \cdot 40 - 52 - 3} = 76.$$

Nach Abschluß der Studie errechnet die Personalchefin eine Reliabilität von $r_{tt(B)} = 0,72$. Die Erhöhung der Reliabilität erweist sich als nicht signifikant. Da dieser Erhöhung ein mittlerer Effekt entspricht ($Z_A = 0,604$; $Z_B = 0,908$; $Z_B - Z_A = 0,304 \approx 0,3$), wären – bei gleicher Verteilung – $n_A = n_B = 140$ Probanden erforderlich gewesen, um den Reliabilitätszugewinn mit $\alpha = 0,05$ statistisch absichern zu können. Da jedoch $n_A = 40$ für die erste Testform bereits festliegt, wird probeweise über Gl. (9.21) errechnet, an wievielen Probanden die zweite Testform hätte geprüft werden müssen, um einen mittleren Effekt mit $\alpha = 0,05$ und $1-\beta = 0,8$ abzusichern. Hierbei stellt sich leider heraus, daß dieser Stichprobenumfang nicht existiert (der Nenner in Gl. (9.21) wird negativ).

Die Personalchefin macht sich also erneut an die Arbeit, zumal die Geschäftsleitung ohnehin nur an einem Test mit $r_{tt} \geq 0,8$ interessiert ist.

9.3.4
Abweichung eines Anteilswertes P von $\pi = 0,5$

Ein pharmazeutischer Konzern hat ein „sanftes" blutzuckersenkendes Mittel entwickelt, dessen Wirksamkeit in einem Feldversuch evaluiert werden soll. Der Konzernleitung ist sehr daran gelegen, daß die Studie eine „signifikante Wirkung" des Medikamentes nachweist, weil diese Qualifikation für den späteren Verkaufserfolg von großer Bedeutung sei.

Die biometrische Abteilung plant, in einem Großversuch Proben des Medikamentes über Arztpraxen an Diabetikerpatienten (Typ II A) verteilen zu lassen. Die Patienten erhalten außerdem zwei Harnteststreifen, mit denen der Zuckergehalt vor und nach Medikamenteinnahme geprüft werden soll. Die Instruktion für die Patienten weist u.a. darauf hin, daß man anhand der Einfärbung der Teststreifen den Zuckergehalt feststellen kann. Die Patienten werden gebeten, auf einem vorgefertigten Kontrollzettel zu markieren, ob der Zuckergehalt abgenommen (–) bzw. zugenommen hat (+) oder ob keine Veränderung der Einfärbung festzustellen ist (0). Für die Mitwirkung an der Untersuchung erhalten die Patienten ein kleines Entgelt von € 20,–.

Der Großversuch soll mit einer repräsentativen Stichprobe von $n = 25\,000$ Patienten (realisiert als Klumpenstichprobe aus der Population bundesdeutscher Arztpraxen) durchgeführt werden. Die Nullhypothese (das Medikament hat keine Wirkung bzw. positive und negative Veränderungen sind mit $\pi = 0,5$ zufällig bzw. gleich wahrscheinlich) soll einseitig mit $\alpha = 0,01$ getestet werden.

Bei der Auswertung der Daten weist man Patienten der (0)-Kategorie (keine Veränderung) zu gleichen Teilen der (–)-Kategorie und der (+)-Kategorie zu. Der Signifikanztest bestätigt die Alternativhypothese: Der einseitige Test ist mit $\alpha = 0,01$ signifikant.

Der Ergebnisbericht wird in der Konzernleitung aufmerksam studiert. Hierbei stellt man mit Entsetzen fest, daß sich in der (–)-Kategorie, also der Kategorie mit Blutzuckerabnahme, lediglich 51% der Patienten (einschließlich der Hälfte der Patienten aus der (0)-Kategorie) befinden. Dies entspricht einer Effektgröße von $g = 0,51 - 0,50 = 0,01$. Man beschließt selbstverständlich, auf eine Veröffentlichung dieses schwachen, klinisch bedeutungslosen Ergebnisses zu verzichten und die Arbeit am Projekt einzustellen, zumal finanzielle Überlegungen deutlich gemacht hatten, daß eine Fortführung des Projektes nur sinnvoll ist, wenn der medikamentöse Effekt um mindestens 5% über der Zufallserwartung von 50% liegt.

In dieser Untersuchung wurden offenbar statistische Signifikanz und praktische Bedeutsamkeit verwechselt. Der Planungsfehler, der der biometrischen Abteilung anzulasten ist, besteht in dem

Versäumnis, die Geschäftsleitung nach einem praktisch bzw. klinisch bedeutsamen Mindesteffekt gefragt zu haben. Hätte man gewußt, daß die Geschäftsleitung einen Mindesteffekt von g = 0,05 (kleiner Effekt gem. Tabelle 47) erwartet, wäre ein Stichprobenumfang von 1001 Patienten ausreichend gewesen (vgl. Tabelle 50). Diese Untersuchung hätte aller Voraussicht nach zwar zu keinem statistisch signifikanten Ergebnis geführt; der Firma wären jedoch erhebliche Kosten erspart geblieben. Da sowohl klinische Bedeutungslosigkeit des Präparates als auch ein nicht-signifikanter Effekt Gründe sind, das Projekt einzustellen, hätte man diese Entscheidung besser auf der Basis des weniger aufwendigen Samples treffen sollen.

9.3.5
Vergleich von zwei Anteilswerten P_A und P_B

Ein wenig populärer Politiker steht vor einem wichtigen Fernsehauftritt. Er möchte überprüfen lassen, ob dieser Fernsehauftritt dazu beitragen wird, seine Popularität in der Bevölkerung zu verbessern. Das mit dieser Aufgabe beauftragte Meinungsforschungsinstitut weiß aus älteren Untersuchungen, daß nur ca. 20 % der Bevölkerung diesen Politiker sympathisch finden (Skala: unsympathisch – neutral – sympathisch – keine Meinung). In Vorgesprächen mit dem Politiker stellt sich nun heraus, daß er nicht daran interessiert sei, eine zu vernachlässigende Sympathiesteigerung nachgewiesen zu bekommen. Das Ganze sei erst dann interessant für ihn, wenn sein Sympathiewert nach dem Fernsehauftritt auf mindestens 30% steigt.

Das Meinungsforschungsinstitut plant die Befragung einer repräsentativen Stichprobe A vor dem Fernsehauftritt und einer weiteren Stichprobe B danach. Man rechnet damit, daß über den Fernsehauftritt auch in den Printmedien berichtet wird und legt deshalb keinen Wert darauf, daß die Stichprobe nur aus der Fernsehbevölkerung bzw. aus den Nutzern der fraglichen Sendung gezogen wird.

Zur Klärung der Frage, wieviele Personen pro Stichprobe befragt werden sollen, ist zunächst die Effektgröße h zu bestimmen (vgl. Tabelle 47). Ausgehend von $P_A = 0,2$ und $P_B = 0,3$ ergibt sich nach Tabelle 10 (Anhang F) ϕ (A) = 0,9273 und ϕ

(B) = 1,1593 und damit h = 1,1593 − 0,9273 = 0,23. Dieser Wert entspricht ungefähr einem kleinen Effekt (h = 0,2). Eine Entscheidung zugunsten von H_1: $\pi_B - \pi_A \geqslant 0,3-0,2 \geqslant 0,1$ will man mit einem Signifikanzniveau von $a = 0,01$ absichern. Bei Gültigkeit von H_1 sollte der Test mit einer Wahrscheinlichkeit von 80% $(1-\beta = 0,8)$ zugunsten von H_1 entscheiden. Nach Tabelle 50 sind pro Stichprobe ca. 500 Personen zu befragen. Da die Kosten für die Untersuchung (Befragung von 2×500 Personen und Auswertung) akzeptiert werden, gibt der Politiker (bzw. seine Partei) die Untersuchung in Auftrag.

Die Auswertung der Befragungen führt zu $P_A = 0,18$ und $P_B = 0,25$. Dieser Unterschied ist bei einseitigem Test und $a = 0,01$ signifikant. Als Effektgröße resultiert h = 1,0472 − 0,8763 = 0,17, d.h. der angestrebte kleine Effekt wurde nicht ganz erreicht. Daß das Ergebnis dennoch signifikant wurde, ist mit den Stichprobenumfängen $(n_A = n_B = 500)$ zu erklären, die für h = 0,23 etwas zu groß sind.

9.3.6
Häufigkeitsanalysen

Kontingenztafel
Eine Fernsehanstalt will den Einfluß kurzer Inhaltsangaben über Fernsehfilme, die in Fernsehzeitschriften abgedruckt werden, überprüfen. In einer experimentellen Untersuchung soll eine Gruppe von Personen nach dem Lesen der Inhaltsangabe von drei Filmen (incl. Angaben über die Hauptdarsteller) entscheiden, welchen Film sie sich ansehen würden, falls die drei Filme im Fernsehen parallel angeboten werden (Experimentalgruppe). Eine zweite Gruppe trifft ihre Entscheidung nur aufgrund des Titels und der Hauptdarsteller der Filme (Kontrollgruppe). Die Nullhypothese: „Die Inhaltsangaben haben keinen Einfluß auf die Programmpräferenzen" soll über einen 3×2 $-\chi^2$-Test mit $a = 0,05$ und $1-\beta = 0,8$ geprüft werden. Man entscheidet sich für einen mittleren Effekt (w = 0,3) und benötigt damit für die Untersuchung gem. Tabelle 50 (df = 2) eine Gesamtstichprobe von n = 107 bzw. – um gleich große Gruppen bilden zu können – 108 Testpersonen. 54 Personen werden per Zufall der Kontrollbedingung und 54 Personen der Experimentalbedin-

Tabelle 55 a–c. Beispiel für eine Kontingenztafelanalyse

a) Absolute Häufigkeiten				
	Film A	Film B	Film C	Summe
Experimentalgruppe	7	30	17	54
Kontrollgruppe	26	12	16	54
	33	42	33	108

b) Relative Häufigkeiten				
	Film A	Film B	Film C	
Experimentalgruppe	0,065	0,278	0,157	0,5
Kontrollgruppe	0,241	0,111	0,148	0,5
	0,31	0,39	0,30	1,00

c) Relative Häufigkeiten gem. H_0				
	Film A	Film B	Film C	
Experimentalgruppe	0,153	0,194	0,153	0,5
Kontrollgruppe	0,153	0,194	0,153	0,5

Tabelle 56. Beispiel für einen Goodness of Fit – Test (Gleichverteilung)

Verkaufsstand	absolute Häufigkeit	relative Häufigkeit	relative Häufigkeit gem. H_0
Stand I	48	0,312	0,333
Stand II	56	0,364	0,333
Stand III	50	0,324	0,333
	154	1,000	1,000

gung zugeordnet. Tabelle 55 zeigt die Ergebnisse der Untersuchung.

Der resultierende χ^2-Wert der 3×2-Kontingenztafel ist statistisch signifikant. Die Art der Vorankündigung von Fernsehfilmen hat offenbar einen Einfluß auf die Filmwahlen. Unter Verwendung der Tabellen 55b und 55c ergibt sich expost für die in Tabelle 47 genannte Effektgröße w = 0,42:

$$w = \left[\frac{(0,153 - 0,065)^2}{0,153} + \frac{(0,153 - 0,241)^2}{0,153} \right.$$
$$+ \frac{(0,194 - 0,278)^2}{0,194} + \frac{(0,194 - 0,111)^2}{0,194}$$
$$\left. + \frac{(0,153 - 0,157)^2}{0,153} + \frac{(0,153 - 0,148)^2}{0,153} \right]^{1/2}$$
$$= 0,42$$

Dies ist tendenziell eher ein größerer als ein mittlerer Effekt, der inhaltlich darauf zurückzuführen ist, daß die Kontrollgruppe Film A und die Experimentalgruppe Film B stärker präferiert.

Goodness of Fit (Gleichverteilung)

In einem Supermarkt wird an drei verschiedenen Ständen das gleiche Brot verkauft. Die drei Verkaufsstände unterscheiden sich lediglich in ihrer Aufmachung. Man möchte überprüfen, ob die Art der Warenpräsentation einen Einfluß auf die Verkaufszahlen ausübt. Die Nullhypothese (die Brotverkäufe an den drei Ständen unterscheiden sich nicht) soll über einen Goodness of Fit-χ^2-Test (df = 3−1 = 2) mit $a = 0,01$ überprüft werden. Die H_1 wird durch einen mittleren Effekt (w = 0,3) spezifiziert. Tabelle 50 zeigt, daß über diese Hypothese aufgrund von insgesamt 154 Brotverkäufen entschieden werden sollte ($1 - \beta = 0,8$).

Nachdem 154 Brote verkauft sind, ergibt sich die in Tabelle 56 dargestellte Verteilung.

Die Verkaufszahlenunterschiede sind statistisch nicht signifikant. Die Nullhypothese wird deshalb mit $\beta = 0,2$ beibehalten. Der erzielte Standeffekt beträgt w = 0,07:

$$w = \sqrt{\frac{(0,333-0,312)^2}{0,333} + \frac{(0,333-0,364)^2}{0,333} + \frac{(0,333-0,324)^2}{0,333}} = 0,07$$

Da dieser Wert unter dem Wert für einen kleinen Effekt liegt (w=0,10), müßten mehr als 1388 Brotverkäufe getätigt sein, um einen Effekt in dieser Größenordnung gegen den Zufall abzusichern.

9.3.7
Varianzanalysen

Einfaktorielle Varianzanalyse

Im Amt für Soziales einer Großstadt interessiert man sich für die Frage, durch welche Kanäle Personen, die Anspruch auf soziale Leistungen haben (Sozialhilfe, Kindergeld, Arbeitslosengeld etc.), über die ihnen zustehende Hilfe informiert werden. Vor allem will man wissen, wieviel Zeit von der ersten Information bis zur tatsächlichen Entgegennahme der Hilfsleistung vergeht. Die folgenden Informationskanäle sollen vergleichend evaluiert werden:

a_1) Bekannte, Freunde, Verwandte;
a_2) öffentliche Medien;
a_3) Beratungsstellen der Leistungsträger.

Man plant, aus dem bereits geförderten Personenkreis drei Stichproben zu ziehen, deren Mitglieder retrospektiv neben dem Informationskanal angeben sollen, wieviel Zeit in Tagen (abhängige Variable) vom ersten Bekanntwerden der Hilfsmöglichkeit bis zur Entgegennahme der konkreten Hilfe verging. Da vergleichbare Daten nicht bekannt sind, entscheidet man sich einfachheitshalber für einen optimalen Stichprobenumfang, der eine mittlere Effektgröße (f=0,25; vgl. Tabelle 47) mit $a=0,05$ und $1-\beta=0,8$ absichert. Die Nullhypothese (die Informationsquellen unterscheiden sich nicht in bezug auf die abhängige Variable) soll mit einer einfaktoriellen Varianzanalyse (df=2) überprüft werden. Gemäß Tabelle 50 benötigt man pro Informationsquelle n=52 Hilfeempfänger. Falls gleich große Stichproben nicht zu realisieren sind, soll darauf geachtet werden, daß sich eine Gesamtstichprobe von N=3×52=156 ergibt.

Nach der Datenerhebung ermittelt man die folgenden Durchschnittswerte und Stichprobenumfänge:

a_1: 13 Tage (n=62);
a_2: 18 Tage (n=58);
a_3: 16 Tage (n=36).

Die Unterschiede sind statistisch signifikant, d.h. die H_o ist abzulehnen. Zur Ex-post-Bestimmung der in der Untersuchung erzielten Effektgröße wird zunächst ein Schätzwert für σ_μ bestimmt. Ausgehend von einem Gesamtmittelwert von

$$\frac{62 \cdot 13 + 58 \cdot 18 + 36 \cdot 16}{156} = 15,55$$

erhält man nach Gl. (9.12a):

$$\hat{\sigma}_\mu^2 = \frac{62 \cdot (13-15,55)^2 + 58 \cdot (18-15,55)^2}{156}$$
$$+ \frac{36 \cdot (16-15,55)^2}{156}$$
$$= 4,86 \text{ bzw. } \hat{\sigma}_\mu = 2,2.$$

Für die Merkmalsstreuung schätzt man aus den (hier nicht wiedergegebenen) Einzeldaten $\sigma=8,8$, so daß sich f=2,2/8,8=0,25 ergibt. Der geplante mittlere Effekt ist auch faktisch eingetreten, d.h. der Stichprobenumfang war wirklich optimal.

Einfaktorielle Varianzanalyse mit Meßwiederholungen

Es soll ein neues Mittel gegen Nikotinsucht geprüft werden. Geplant ist ein Untersuchungszeitraum von 16 Wochen, der in vier vierwöchige Phasen unterteilt wird. Um sich den Aufwand einer Kontrollgruppe zu ersparen, werden nur Raucher in die Untersuchung einbezogen, deren Zigarettenkonsum seit mehreren Jahren stabil ist. Man beabsichtigt, einen ABAB-Plan (vgl. S. 582) einzusetzen, bei dem das Rauchverhalten in der ersten und dritten Phase ohne und in der zweiten und vierten Phase mit Medikamenten registriert wird (abhängige Variable: durchschnittlicher Tageskonsum pro Woche). Die Auswertung soll mit einer einfaktoriellen Varianzanalyse mit Meßwiederholungen erfolgen (df=3).

Die Planung des Stichprobenumfanges geht von einem kleinen Effekt (f=0,1), $a=0,05$ und $1-\beta=0,8$ aus. Außerdem ist man davon überzeugt, daß die durchschnittliche Korrelation zwischen dem viermal gemessenen Rauchverhalten keinesfalls unter $\bar{r}=0,5$ liegt. Für diese Konstellation entnimmt man Tabelle 52 einen Stichprobenumfang von $n=138$.

Nach Abschluß der Untersuchung liegen folgende Durchschnittswerte vor:
1. Phase: 24 Zigaretten;
2. Phase: 20 Zigaretten;
3. Phase: 22 Zigaretten;
4. Phase: 18 Zigaretten.

Das Ergebnis der Varianzanalyse ist nicht signifikant. Als ex-post bestimmte Effektgröße erhält man mit $\hat{\sigma}_\mu=2,24$ und $\hat{\sigma}=24,8$ (geschätzt durch $\hat{\sigma}_{res}$) $f=2,24/24,8=0,09$. Der Effekt liegt also geringfügig unter dem für praktisch bedeutsam erachteten Mindesteffekt von $f=0,1$. Allerdings beträgt die durchschnittliche Korrelation der vier Meßwertreihen nur $\bar{r}=0,46$. Eine höhere Korrelation hätte $\hat{\sigma}(=\hat{\sigma}_{res})$ stärker reduziert, was mit einem größeren Effekt und einem vermutlich signifikanten Ergebnis verbunden wäre.

Zweifaktorielle Varianzanalyse

Eine Regierung plant, die gesetzlichen Fördermaßnahmen zum Mutterschutz einzuschränken. Zuvor will man durch eine Befragung mögliche Reaktionen auf diese Gesetzesänderung erkunden, denn man befürchtet, daß dieses Vorhaben der Regierungspartei (a_1) wichtige Wählerstimmen kosten könnte. Es interessiert die Einstellung zur Gesetzesänderung (abhängige Variable) in Abhängigkeit vom Geschlecht der Befragten (Faktor B: männlich – weiblich) und von ihren Parteipräferenzen (Faktor A: die Parteien a_1, a_2 und a_3). Man vermutet, daß zwischen dem Geschlecht und den Parteipräferenzen in bezug auf die Einstellung eine Interaktion besteht: Die Anhänger der Partei a_1 befürworten die Änderung stärker als die Anhängerinnen, während die Anhänger der Partei a_2 die Änderung stärker ablehnen als die Anhängerinnen (H_1). Für Angehörige der Partei a_3 werden keine geschlechtsspezifischen Unterschiede vorhergesagt. Die abhängige Variable soll mit einem Einstellungsfragebogen erhoben werden, der zu Einstellungswerten zwischen –5 (starke Ablehnung) und +5 (starke Befürwortung) führen kann.

In Vorgesprächen mit einer Evaluatorin stellt sich natürlich die Frage nach den Kosten für die Studie. Diese – so die Evaluatorin – hingen vor allem von der einzusetzenden Stichprobe ab, deren Größe nicht beliebig sei, sondern sehr genau kalkuliert werden könne. Dies setze allerdings voraus, daß die Auftraggeber eine Vorstellung davon haben, welche parteispezifischen Effekte der Gesetzesänderung für praktisch bedeutsam gehalten werden. In diesem Fall könne der Stichprobenumfang so festgelegt werden, daß bei Gültigkeit von H_1 genau dieser Effekt und keine kleineren, unbedeutenden Effekte statistisch signifikant werden können.

Da die Auftraggeber nur sehr vage Vorstellungen davon haben, wie Wählerinnen und Wähler der drei Parteien auf die Gesetzesänderung reagieren würden, präsentiert die Evaluatorin einige vorbereitete Folien (nach Art von Abb. 68), die einen kleinen, einen mittleren und einen großen Interaktionseffekt veranschaulichen. (Bei der Vorbereitung dieser Folien ging die Evaluatorin davon aus, daß in der Befragung der gesamte Range der Einstellungsskala – von –5 bis +5 – genutzt wird. Unter der Annahme normalverteilter Einstellungen schätzt sie die Merkmalsstreuung unter Bezug auf Abb. 27 S. 427 mit $\hat{\sigma}=1,6$). Man einigt sich auf einen mittleren Effekt ($f=0,25$). Da der Vorschlag, von $\alpha=0,01$ und $1-\beta=0,8$ auszugehen, akzeptiert wird, legt die Evaluatorin eine Kostenkalkulation vor, die von 39 Personen pro Faktorstufenkombination bzw. einer Gesamtstichprobe von $6\times39=234$ Personen ausgeht (vgl. Tabelle 53 für einen 2×3-Versuchsplan).

Nach Abschluß der genehmigten Untersuchung resultieren die in Tabelle 57 zusammengefaßten empirischen Zellenmittelwerte $\overline{AB}_{ij}$.

Die Interaktion ist statistisch nicht signifikant. (Bei der Prüfung der Interaktion wurde einfachheitshalber angenommen, daß die geschätzte Merkmalsstreuung von $\hat{\sigma}=1,6$ der empirischen Fehlerstreuung $\hat{\sigma}_{Fehler}$ entspricht.) Der mit der Interaktion verbundene Effekt beträgt nach Gl. (9.17) $f_{A\times B}=0,19$. Die zur Berechnung dieses Wertes benötigten Mittelwerte $\overline{AB}'_{ij}$ (Zellenmittelwerte ohne Interaktion, sprich: „AB_{ij} quer Strich") ergeben sich nach Gl. (9.16) zu den in Tabelle 58 dargestellten Werten.

Tabelle 57. Empirische Zellenmittelwerte $\overline{AB}_{ij}$ des Beispiels für eine zweifaktorielle Varianzanalyse

	Partei a_1	a_2	a_3	$\overline{B}_j$
b_1 männlich	1,00	−3,00	−1,50	−1,17
b_2 weiblich	0,50	−2,00	−1,50	−1,00
$\overline{A}_i$	0,75	−2,50	−1,50	$\overline{G} = -1,08$

Tabelle 58. Zellenmittelwerte $\overline{AB}'_{ij}$ des Beispiels bei additiver Wirkung der Haupteffekte

	Partei a_1	a_2	a_3	$\overline{B}_j$
b_1 männlich	0,66	−2,59	−1,59	−1,17
b_2 weiblich	0,83	−2,42	−1,42	−1,00
$\overline{A}_i$	0,75	−2,50	−1,50	$\overline{G} = -1,08$

Der Effekt ist kleiner als geplant und damit praktisch zu vernachlässigen. Da die Planung von einem optimalen Stichprobenumfang für $f_{A \times B} = 0,25$ ausging, ist der Effekt auch statistisch unbedeutend.

Abbildung 68 veranschaulicht das Interaktionsmuster graphisch (Interaktionsdiagramm). In Abb. 68a sind die empirischen Zellenmittelwerte abgetragen, deren Größe auch von den Haupteffekten beeinflußt ist. Ein treffenderes Bild von der Interaktion vermittelt Abb. 68b, bei der die Haupteffekte aus den Zellenmittelwerten „herausgerechnet" sind ($\overline{AB}_{ij} - \overline{AB}'_{ij}$).

Der Haupteffekt A (Parteienunterschiede) ist statistisch signifikant und mit einem sehr großen Effekt von $f_A = 1,36/1,6 = 0,85$ verbunden. Wenn die für die Stichprobe errechneten Mittelwerte tatsächlich den Populationsverhältnissen entsprechen, hätten zur Absicherung dieses Effektes sehr viel kleinere Stichprobenumfänge ausgereicht ($n < 16$ gemäß Tabelle 53).

Der Haupteffekt B (Geschlechtsunterschied) ist statistisch nicht signifikant. Der ihm zugeordnete Effekt ist mit $f_B = 0,085/1,6 = 0,05$ sehr klein. Hätte man sich dafür interessiert, einen derart kleinen Effekt statistisch abzusichern, wären pro Faktorstufenkombination Stichproben mit $n > 233$ erforderlich gewesen.

Zusammenfassend stellt die Evaluatorin fest, daß die geplante Gesetzesänderung zwar von der Anhängerschaft der Parteien a_2 und a_3 abgelehnt, von den Anhängerinnen und Anhängern der Re-

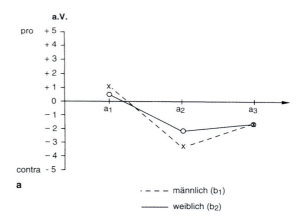

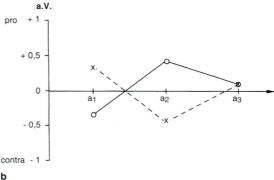

Abb. 68. Beispiel einer spezifischen Alternativhypothese für eine Interaktion. **a** mit Haupteffekten; **b** ohne Haupteffekte

gierungspartei (a_1) jedoch eher positiv aufgenommen wird. Unabhängig davon, ob die Regierungspartei diesen Befund nun als *Rechtfertigung* dafür sieht, den Mutterschutz einzuschränken, oder ob sie bei einer kritischeren Haltung ihrer eigenen Anhängerschaft eine *Akzeptanzsteigerung* durch „Aufklärungsarbeit" angestrebt hätte – in jedem Fall sind mit der Durchführung und Auswertung der Evaluationsstudie politische Implikationen verbunden.

Der allgemeine Hinweis, sich nicht an Evaluationsstudien zu beteiligen, die „moralisch verwerflichen" Zielen dienen (S. 109 ff.), kann das Problem der persönlichen Verantwortung von Evaluatorinnen und Evaluatoren nicht lösen, da zum einen viele ethische Fragen diskursiv sind und zum anderen die Verwertung von Evaluationsergebnissen im Vorfeld nicht immer absehbar ist. So könnte die Evaluatorin etwa die Ansicht vertreten, daß Fördermaßnahmen zum Mutterschutz reduziert werden sollten. Sie könnte aber auch eine indifferente oder sogar ablehnende Haltung haben und die (sonst von einer anderen Person durchgeführte) Studie aus rein pragmatischen Beweggründen übernehmen, um damit ihren Lebensunterhalt zu bestreiten. Schließlich ist auch denkbar, daß die Evaluationsergebnisse einen Diskussionsprozeß in Gang setzen, der zur Revidierung der ursprünglichen Idee einer Gesetzesänderung führt (etwa weil man eine imageschädigende öffentliche Diskussion des Themas verhindern will).

Zweifaktorielle Varianzanalyse mit Meßwiederholungen

Die Stadtreinigung beabsichtigt, eine Aufklärungsbroschüre über die Notwendigkeit von Mülltrennung zu evaluieren. Insbesondere ist ihr daran gelegen, die Akzeptanz der öffentlich aufgestellten Papier- und Glascontainer zu erhöhen. Man wählt als Untersuchungsdesign einen Pretest – Posttest-Plan mit randomisierter Experimental- und Kontrollgruppe (vgl. S. 559). In der Experimentalgruppe soll die Broschüre über die Hauspostkästen verteilt werden; die Kontrollgruppe erhält keine diesbezüglichen Informationen. Das durchschnittliche, an vier Entleerungstagen gemessene Gewicht (in kg) des Mülls in den Hausmülltonnen – gemessen vor und nach der Maßnahme – dient als abhängige Variable.

Tabelle 59. Mittelwerte des Beispiels für eine zweifaktorielle Varianzanalyse mit Meßwiederholung

		Faktor B vorher	nachher
Faktor A	Experimentalgruppe	45	37
	Kontrollgruppe	47	45

Schon ein geringer Effekt macht eine Verteilung der Broschüre an die Gesamtbevölkerung rentabel. Für die Kalkulation der hierfür optimalen Stichprobenumfänge für Experimental- und Kontrollgruppe benötigt man Angaben über die Korrelation der Müllmengen bei den wöchentlichen Entleerungen. Experten schätzen, daß diese Korrelation (in der Kontrollgruppe) nicht unter $r = 0{,}5$ liegen dürfte. Man entnimmt deshalb (für $a = 0{,}01$ und $1 - \beta = 0{,}8$) Tabelle 54, daß für einen 2×2-Meßwiederholungsplan $n_{Exp} = n_{Kon} = 147$ Haushalte optimal wären.

Die Untersuchung führt zu den in Tabelle 59 zusammengefaßten Müllgewichten.

Die Interaktion (Gruppe $\times$ Meßzeitpunkt) ist statistisch nicht signifikant ($a = 0{,}01$). Ihr entspricht ein Effekt von $f_{A \times B} = 0{,}09$ (für $\hat{\sigma}_\mu = 1{,}5$ und einer ex-post ermittelten Fehlerstreuung von $\hat{\sigma}_{B \times vpn} = 16{,}7$). Dieser Effekt ist der Stadtreinigung zu klein. Man beschließt deshalb mit einer ansprechender gestalteten Informationsbroschüre einen neuen Evaluationsversuch.

9.3.8 Multiple Korrelation

Die Betriebspsychologin eines großen Werkes möchte eine Testbatterie zur Vorhersage von Arbeitszufriedenheit (Kriteriumsvariable Y) zusammenstellen. Sie beabsichtigt, die folgenden sechs Prädiktorvariablen einzusetzen:

X_1: Entlohnung,
X_2: Möglichkeiten zur flexiblen Arbeitszeitgestaltung,
X_3: Abwechslungsreichtum am Arbeitsplatz,
X_4: Betriebsklima,
X_5: Beeinträchtigungen durch Lärm, Staub, Hitze etc. sowie
X_6: Sicherheit des Arbeitsplatzes.

In der Literatur wird über eine ähnliche Untersuchung berichtet, die bei $p = 7$ vergleichbaren Prädiktoren zu einer multiplen Korrelation von $R = 0,50$ führte. Dieser Wert entspricht einer Effektgröße von $f^2 = 0,5^2/(1-0,5^2) = 0,33$, die in Tabelle 47 als nahezu „großer Effekt" klassifiziert wird. Der zur statistischen Absicherung ($\alpha = 0,05$, $1-\beta = 0,8$) dieses Effektes optimale Stichprobenumfang beträgt nach Tabelle 50 (mit 6 Prädiktoren) $n = 45$.

Nach einer Befragung von 45 Werktätigen errechnet die Betriebspsychologin $R = 0,49$. Der Signifikanztest für multiple Korrelationen (F-Test) weist diese Korrelation als nicht-signifikant aus. Da jedoch die Prädiktoren X_2 (Möglichkeit zur flexiblen Arbeitszeitgestaltung) und X_3 (Abwechslungsreichtum am Arbeitsplatz) sehr hoch miteinander korrelieren, beschließt die Betriebspsychologin, auf den Prädiktor X_3 zu verzichten (redundanter Prädiktor). Dadurch sinkt die multiple Korrelation zwar auf $R = 0,48$ bzw. $f^2 = 0,30$; dennoch ist dieser Zusammenhang wegen der reduzierten Prädiktorzahl statistisch signifikant. Sie beabsichtigt, den redundanten Prädiktor durch einen besseren zu ersetzen in der Hoffnung, dadurch den angestrebten großen Effekt von $f^2 = 0,35$ zu erreichen. Gerade die Lektüre einschlägiger Reviews (s. unten) kann dabei helfen, möglicherweise vernachlässigte Determinanten der Arbeitszufriedenheit zu identifizieren, die als Prädiktoren in die multiple Korrelation aufzunehmen wären.

9.4
Metaanalyse

Im folgenden wird ein Verfahren vorgestellt, das in den vergangenen Jahren unter der Bezeichnung „Metaanalyse" zunehmend Verbreitung fand (vgl. Hunt, 1999; Hunter und Schmidt, 1995; Myers, 1991). Mit diesem Verfahren werden quantitative Untersuchungsergebnisse statistisch zusammengefaßt. Nach einigen einleitenden Bemerkungen zur Zielsetzung des Verfahrens (Abschnitt 9.4.1) erörtern wir in Abschnitt 9.4.2 das Auswahlproblem für die in eine Metaanalyse einzubeziehenden Untersuchungen, in Abschnitt 9.4.3 Verfahren, mit denen verschiedenartige statistische Untersuchungsergebnisse auf einen einheitlichen „Nenner" gebracht werden können und in Abschnitt

9.4.4 Homogenitätstests zur Überprüfung der Aggregierbarkeit verschiedener Untersuchungsergebnisse. Ein Beispiel in Abschnitt 9.4.5 beschreibt die praktische Durchführung einer Metaanalyse. Der letzte Abschnitt behandelt sog. „kombinierte Signifikanztests", die vor allem dann eingesetzt werden, wenn in den Untersuchungen Angaben über Effektgrößen fehlen.

9.4.1
Zielsetzung

Unter der Bezeichnung *„Metaanalyse"* versteht man eine Gruppe von Verfahren, mit denen die Ergebnisse verschiedener Untersuchungen mit gemeinsamer Thematik zusammengefaßt werden, um so einen Überblick über den aktuellen Stand der Forschung zu gewinnen. Mit dieser Zielsetzung rivalisiert die Metaanalyse mit dem traditionellen narrativen *Review*, dessen primäre Aufgabe ebenfalls darin besteht, den aktuellen Forschungsstand zu einer bestimmten Thematik anhand neuerer Literatur aufzuarbeiten und zu verdichten (Cooper und Hedges, 1994; über Herausgeberrichtlinien für die Anfertigung eines Reviews informiert Becker, 1991).

> **!** Ein *Review* faßt den aktuellen Forschungsstand in einem Gebiet zusammen, indem er die einschlägige Literatur strukturiert vorstellt und mit kritischen Kommentaren versieht. Dabei können theoretische, empirische und methodische Stärken und Schwächen der referierten Konzeptualisierungen des fraglichen Themas diskutiert werden.

Vertreter der Metaanalyse kritisieren hierbei vor allem die Subjektivität, die dem Reviewer bzw. der Reviewerin die Auswahl und Gewichtung der zu integrierenden Untersuchungen weitgehend überläßt. Demgegenüber seien Metaanalysen objektiver, weil die Integration von Forschungsergebnissen hier nicht auf der sprachlichen Ebene, sondern auf der Ebene statistischer Indikatoren ansetzt. (Zum Vergleich Review vs. Metaanalyse siehe auch Beaman, 1991.)

Diese stärkere „Objektivität" wird jedoch dadurch erkauft, daß der Fokus der Metaanalyse sehr viel enger ist als der des Reviews. Die Metaanalyse läuft auf eine statistische Effektgrößenschätzung hinaus und resultiert also in der mehr oder minder gut gesicherten Aussage, ob ein fraglicher Effekt (z. B. Zusammenhang zwischen Passivrauchen und Lungenkrebs) existiert und wie groß er ist. Demgegenüber befaßt sich ein Review sehr viel umfassender und grundsätzlicher mit einem Forschungsgebiet (z. B. Passivrauchen als soziales und medizinisches Problem) und behandelt neben empirischen Befunden auch methodische und theoretische Fragen. Ein Review liefert also beispielsweise Anhaltspunkte dazu, welche Unterschiede in der Konzeptualisierung des fraglichen Phänomens zwischen unterschiedlichen Theorierichtungen bestehen, welche Bezugspunkte es zu anderen Disziplinen gibt oder welche Forschungsfragen noch offen sind.

Vor diesem Hintergrund erscheint es wenig sinnvoll, eine Konkurrenz zwischen Metaanalyse und Review aufzubauen. Vielmehr liefern beide Verfahren, wenn sie sorgfältig durchgeführt werden, wichtige Beiträge zur Weiterentwicklung eines Forschungsfeldes. Wer eine Metaanalyse durchführen will, ist gut beraten, zunächst ein möglichst aktuelles Review zu studieren, um sich im Forschungsfeld zu orientieren und die durch die Metaanalyse zu beantwortende Forschungsfrage zu präzisieren. Umgekehrt sollte man in einem Review selbstverständlich die Ergebnisse von Metaanalysen gegenüber Einzelstudien bevorzugt referieren. Schließlich können metaanalytische Befunde zuweilen in krassem Kontrast zu tradierten Urteilen stehen.

So besagt die sozialpsychologische Lehrmeinung, daß Einstellungen bestenfalls in einer schwachen Beziehung zum Verhalten stehen (z. B. McGuire, 1986). Eckes und Six (1994) aggregierten die Ergebnisse von 501 unabhängigen Studien und ermitteln metaanalytisch eine globale Einstellungs-Verhaltens-Korrelation von 0,39. Dies entspricht einem mittleren bis großen Effekt und ermutigt zu mehr Optimismus. Die Autoren weisen zudem darauf hin (Six und Eckes, 1996), daß auch in anderen Metaanalysen Einstellungs-Verhaltens-Korrelationen nachgewiesen wurden, die der in früheren narrativen Reviews vertretenen These der Einstellungs-Verhaltns-Diskrepanz widersprechen. Man beachte, daß Six und Eckes (1996) hier diverse Metaanalysen diskutierend gegeneinander abwägen und zu einem narrativen Review verarbeiten. Statistische Analysen und narrative Zusammenfassungen sind eben

im Zuge des wissenschaftlichen Erkenntnisgewinns stets wechselseitig aufeinander angewiesen (als Beispiel für eine kombinierte Anwendung beider Techniken anläßlich der Evaluation von Summer Schools s. Cooper et al., 2000).

Als Glass (1976) erstmals den Begriff „Metaanalyse" einführte, verstand er hierunter weniger eine eigenständige Technik, sondern eher eine Kombination statistischer Analysemethoden zur quantitativen Zusammenfassung einzelner Untersuchungsergebnisse (vgl. auch Glass et al., 1981, S. 21). Diese Auffassung charakterisiert auch die heutige Situation recht gut, denn von einer einheitlichen Methodik der Metaanalyse kann schwerlich die Rede sein. Wie die methodisch orientierten Publikationen zu dieser Thematik belegen, befindet sich die Metaanalyse in einem Entwicklungsprozeß, dessen Ende noch nicht absehbar ist.

> **!** Eine *Metaanalyse* faßt den aktuellen Forschungsstand zu einer Fragestellung zusammen, indem sie die empirischen Einzelergebnisse inhaltlich homogener Primärstudien statistisch aggregiert. Dabei kann überprüft werden, ob ein fraglicher Effekt in der Population vorliegt und wie groß er ist.

Die verschiedenen methodischen Varianten (einen Überblick findet man bei Bangert-Drowns, 1986; Cooper und Hedges, 1994; oder Beelmann und Bliesner, 1994), führen selbst bei identischen, metaanalytisch aufgearbeiteten Untersuchungen keineswegs zu deckungsgleichen Ergebnissen (vgl. z. B. Drinkmann et al., 1989, oder Steiner et al., 1991), was allerdings nicht zwingend den metaanalytischen Techniken anzulasten ist. Eine wichtige Ursache für diesen Mißstand ist das Fehlen einer Norm, die die Art der Ergebnispräsentation in Publikationen festlegt. Solange Metaanalysen auf unvollständige bzw. unterschiedlich genaue Ausgangsinformationen zurückgreifen müssen (z. B. Ergebnisdarstellungen, in denen nur zwischen signifikanten und nicht-signifikanten Ergebnissen unterschieden wird, Ergebnisdarstellungen mit exakten Irrtumswahrscheinlichkeiten bzw. der immer noch seltenen Angabe von Effektgrößen etc.), ist zwangsläufig damit zu rechnen, daß sich Metaanalysen in Abhängigkeit von den jeweils verarbeiteten statistischen Ergebnisindikatoren unterscheiden (zur *„Missing-Data"*-Problematik im Kontext von Metaanalysen vgl. auch Pigott, 1994). Eine Vereinheitlichung der Metaanalyse im Sinne eines allgemein akzeptierten methodischen Vorgehens ist also auch an Vorschriften gebunden, die die Art der Ergebnisdarstellung verbindlich regeln (vgl. hierzu S. 642 f.).

Das für alle metaanalytischen Techniken vorrangige Ziel besteht in der statistischen Aggregierung von Einzelergebnissen inhaltlich homogener Primäruntersuchungen. Von besonderer Bedeutung ist hierbei die Frage nach der Wirksamkeit einer Maßnahme oder eines Treatments, deren Beantwortung alle einschlägigen Forschungsergebnisse berücksichtigen soll. Ein zentraler Begriff der Metaanalyse ist damit die Effektgröße bzw. der durch viele Einzeluntersuchungen geschätzte „wahre" Effekt einer Maßnahme.

Metaanalysen sind nicht nur zur Beschreibung des Forschungsstandes in einem begrenzten Forschungsfeld, sondern auch für die Vorbereitung größerer Evaluationsprojekte wichtig. Evaluationsstudien – so wurde auf S. 117 f. empfohlen – sollten sich nicht mit dem Nachweis einer irgendwie gearteten Maßnahmewirkung begnügen, sondern einen mit Kosten-Nutzen-Überlegungen gestützten Effekt vorgeben, der mindestens zu erreichen ist. Derartige Angaben werden erheblich erleichtert, wenn man auf bereits vorhandene bzw. selbst durchgeführte Metaanalysen zurückgreifen kann.

9.4.2
Auswahl der Untersuchungen

Das Ergebnis einer Metaanalyse ist selbstverständlich von der Auswahl der einbezogenen Primäruntersuchungen abhängig, die im Kontext einer Metaanalyse die zu aggregierenden Untersuchungseinheiten darstellen (vgl. S. 630 f.). Akribische Bemühungen um eine möglichst vollständige Erfassung aller thematisch einschlägigen Arbeiten (Monographien, Zeitschriftenartikel, Dissertationen, institutsinterne Reports etc.) sind hierbei unerläßlich. Fachspezifische Bibliotheken, Sammelreferate, Literaturdatenbanken, die Informationsvermittlungsstellen der Universitätsbibliotheken, aber auch ein regelmäßiger Informationsaustausch im Kollegenkreis erleichtern diese wichtige Aufgabe erheblich. Detaillierte Informationen über diesen für Metaanalysen wichtigen Arbeitsschritt findet

man bei White (1994) und Angaben über Fachinformationsdienste in Anhang C. Daten über verhaltens- und sozialwissenschaftliche Forschung werden bei Reed und Baxter (1994) und über klinisch-medizinische Forschung bei Dickersen (1994) dokumentiert. Das spezielle Problem, an sog. *graue Literatur* („Fugitive Literature") heranzukommen, wird bei M. C. Rosenthal (1994) behandelt.

Selektionskriterien
Der Metaanalyse wird gelegentlich vorgehalten, ihre Ergebnisse seien wenig valide, weil unkritisch jede thematisch einschlägige Studie unabhängig von ihrer methodischen Qualität berücksichtigt wird („Garbage in – Garbage out"-Argument) bzw. weil Studien verwendet werden, deren inhaltliche Kohärenz nicht überzeugt („Äpfel und Birnen"-Argument). Den Vertretern dieser Argumentation (z. B. Eysenck, 1978, oder Mansfield und Busse, 1977) ist natürlich Recht zu geben, wenn Studien mit offensichtlichen methodischen Mängeln bzw. wenigen inhaltlichen Gemeinsamkeiten metaanalytisch verarbeitet werden. Im übrigen hat sich jedoch die Auffassung durchgesetzt, daß bei der Auswahl von Studien eher liberale Kriterien von Nutzen seien (vgl. z. B. Bangert-Drowns, 1986).

Das „Garbage in – Garbage out"-Argument: Liberale Selektionskriterien werden gegenüber Vertretern des „Garbage in- Garbage out"-Argumentes damit begründet, daß sich der Einfluß der methodischen Qualität (typischerweise sind hiermit Beeinträchtigungen der internen Validität gemeint; vgl. Gottfredson, 1978 oder Wortmann, 1994) auf die Ergebnisse einer Metaanalyse empirisch kontrollieren läßt. Hierzu werden die einzelnen Studien bezüglich relevant erscheinender Qualitätskriterien anhand von Rating-Skalen bewertet (z. B. Einsatz einer Kontrollgruppe, Größe, Art und Auswahl der Stichprobe, Reliabilität der verwendeten Meßinstrumente, Fehlerkontrollen, Genauigkeit der Treatmentimplementierung, Angemessenheit der eingesetzten statistischen Verfahren etc.; vgl. z. B. Stock et al., 1982, oder W. A. Stock, 1994, für die Entwicklung von Formblättern zur Beschreibung der Studien). Die Qualitätskriterien werden anschließend mit den studienspezifischen Effektgrößen in Beziehung gesetzt. Systematische Zusammenhänge zwischen Studienmerkmalen und Effektgrößen erleichtern eine evtl. aufgrund eines signifikanten Homogenitätstests (vgl. Abschnitt 9.4.4) erforderliche Einteilung der Untersuchungen in homogene Subgruppen. Allerdings weist Hedges (1982) darauf hin, daß sich methodisch gute bzw. schlechte Untersuchungen kaum in ihren Effektstärken unterscheiden, daß jedoch die Variabilität der Effektgrößen von schlecht kontrollierten Studien (z. B. keine Randomisierung) größer sei als bei methodisch gut durchdachten Studien.

Vor die Alternative gestellt, bestimmte Untersuchungen wegen mangelnder methodischer Qualität von einer Metaanalyse auszuschließen oder alle Untersuchungen einzubeziehen, die zumindest einem minimalen methodischen Standard genügen, ist dem zweiten Vorgehen der Vorrang zu geben. Wichtig hierbei ist jedoch, daß die Auswahl der Qualitätskriterien begründet wird und daß die Bewertung der Untersuchungen anhand dieser Kriterien möglichst objektiv erfolgt (mehrere Urteiler mit Nennung der Urteilerübereinstimmung, so daß die Metaanalyse prinzipiell replizierbar ist; vgl. hierzu Orwin, 1994).

Wichtig ist nach Kraemer et al. (1998) eine Kontrolle der Teststärke (Power, vgl. S. 601 f.) der zu aggregierenden Studien. Wenn man Studien mit geringer Teststärke („underpowered") von der Metaanalyse ausschließt, so sei dies gleichzeitig eine Strategie, Ergebnisverzerrungen durch das sog. „Schubladenproblem" (File-Drawer-Problem, vgl. S. 643) zu reduzieren.

> **!** In eine Metaanalyse sollten nur Primärstudien eingehen, die *methodischen Mindeststandards* genügen (also insbesondere eine hinreichend hohe interne Validität aufweisen).

Das „Äpfel und Birnen"-Argument: Die Diskussion des sog. „Äpfel und Birnen"-Argumentes hat zwei Aspekte zu berücksichtigen: Die Homogenität der Untersuchungen in bezug auf die unabhängige Variable und in bezug auf die abhängige Variable.

Bezogen auf die unabhängige Variable ist zunächst festzustellen, daß das mit einer Metaanalyse verbundene Forschungsinteresse in der Regel umfassender ist als in der Primärforschung. Metaanalytische Fragestellungen thematisieren beispielsweise die Wirkung psychotherapeutischer Maßnahmen oder den Einfluß des Lehrers auf das Schülerverhalten, wobei Abstraktionen von konkreten Ausprägungen der unabhängigen Variablen (z. B. konkrete Therapieformen oder bestimmte Unterrichtsstile) häufig bewußt angestrebt werden. Hier eine objektivierbare Abgrenzungsstrategie zu entwickeln, ist schwierig und sollte den spezifischen Besonderheiten der inhaltlichen Fragestellung bzw. dem Erkenntnisinteresse des einzelnen Forschers überlassen bleiben. Sehr heterogene Varianten der Operationalisierung einer unabhängigen Variablen können im nachhinein in getrennt zu analysierende, homogene Untersuchungsgruppen aufgeteilt werden.

Für die Auswahl der Operationalisierungsvarianten der abhängigen Variablen sollten hingegen strengere Kriterien gelten, denn eine Zusammenfassung von Untersuchungsergebnissen macht nur Sinn, wenn die verschiedenen abhängigen Variablen Indikatoren eines gemeinsamen inhaltlichen Konstruktes und damit hoch korreliert sind. Würde man beispielsweise die Beeinflussung kognitiver und sozialer Schülerfähigkeiten durch das Lehrerverhalten metaanalytisch integrieren, könnte ein nichtssagender Gesamteffekt resultieren, obwohl jede dieser Schülerfähigkeiten für sich genommen sehr wohl, und zwar unabhängig voneinander oder gar kompensatorisch, vom Lehrerverhalten abhängt. Auf eine genaue Definition der abhängigen Variablen einschließlich der Ausgrenzung nicht zulässiger Operationalisierungsvarianten ist deshalb besonderer Wert zu legen.

> **!** In eine Metaanalyse sollten nur Primärstudien eingehen, die gut vergleichbare Variablen untersuchen. Dabei ist eine gute *Vergleichbarkeit der Operationalisierungsvarianten* bei den abhängigen Variablen wichtiger als bei den unabhängigen Variablen.

Abhängige Untersuchungsergebnisse

Es ist eher die Regel als die Ausnahme, daß in einer Publikation mehrere Teilergebnisse zu einer Fragestellung dargestellt werden. Solange diese Teilergebnisse an ein- und derselben Stichprobe gewonnen wurden, sind sie voneinander abhängig und sollten deshalb nicht als Einzelbefunde metaanalytisch verarbeitet werden. Die Untersuchungseinheiten einer Metaanalyse sind verschiedene Studien und nicht die Teilergebnisse der Studien, es sei denn, daß pro Studie nur ein Teilergebnis verwendet wird. Generell gilt, daß metaanalytische Aussagen auf einer Gesamtstichprobe basieren, die sich additiv aus den Stichprobenumfängen der Einzelstudien zusammensetzt, bei der also keine Teilstichprobe doppelt oder gar mehrfach gezählt wird. (Zur Begründung dieser Forderung vgl. Kraemer, 1983; weitere Gefährdungen der Unabhängigkeitsforderung für Metaanalysen erörtern Landman und Dawes, 1982.)

Abhängige Testergebnisse aus einer Untersuchung werden für metaanalytische Auswertungen zu einem Gesamtergebnis zusammengefaßt. Bestehen diese Einzelergebnisse z.B. aus Korrelationen, verwendet man das arithmetische Mittel der Korrelationen als Schätzwert für das Gesamtergebnis (vgl. Hunter et al. 1982). Wenn also z.B. der Zusammenhang zwischen dem Erziehungsverhalten der Eltern und den schulischen Leistungen ihrer Kinder durch drei Korrelationen beschrieben wird, (der Betreuungsaufwand bei Hausaufgaben korreliert mit der Deutschnote zu $r=0,4$, mit der Mathematiknote zu $r=0,6$ und der Musiknote zu $r=0,3$), ergäbe sich als geschätzter Gesamteffekt der Wert $\bar{r}=(0,4 + 0,6 + 0,3)/3=0,43$. Dieser Wert wäre also unter Zugrundelegung des einfachen Stichprobenumfanges der Untersuchung metaanalytisch weiter zu verarbeiten. (Genauer bestimmt man den Durchschnittswert von Korrelationen über Fishers Z-Werte; vgl. z.B. Bortz 1999, S. 209 f.) Basieren die abhängigen Ergebnisse auf verschiedenen statistischen Tests (z.B. t-Werte, F-Wert, χ^2-Werte etc.), sollten diese nach den in Kap. 9.4.3 beschriebenen Regeln in Korrelationsäquivalente transformiert werden, die anschließend zusammengefaßt werden können. Weitere Informationen zur metaanalytischen Behandlung abhängiger Ergebnisse findet man z.B. bei Gleser und Olkin (1994); Rosenthal und Rubin (1986) sowie Tracz et al. (1992).

> **!** In eine Metaanalyse sollten nur Einzelergebnisse eingehen, die aus *unabhängigen Stichproben* stammen. Werden in eine Primärstudie mehrere Teilergebnisse derselben Stichprobe berichtet, geht in die Metaanalyse entweder nur das wichtigste Teilergebnis ein oder man faßt die relevanten Teilergebnisse zu einem Gesamtwert zusammen.

9.4.3
Vereinheitlichung von Effektgrößen: Das Δ-Maß

Die metaanalytische Zusammenfassung von k Effektgrößen aus k unabhängigen Untersuchungen ist nur sinnvoll, wenn die einzelnen Effektgrößen Schätzungen einer gemeinsamen Populationseffektgröße darstellen, was Homogenität der untersuchungsspezifischen Effektgrößen impliziert. Metaanalysen, die auf dieser Annahme basieren, werden „Fixed Effects Models" genannt. (Alternativ hierzu bezeichnet man Metaanalysen, bei denen die Populationseffektgröße eine Zufallsvariable darstellt, als „Random Effects Models". Die Variation der empirischen Effektgrößen ist hier also nicht nur stichprobenbedingt, sondern hängt zusätzlich von der Variation der „wahren" Populationseffektgrößen ab; ausführlicher hierzu vgl. z.B. Raudenbusch, 1994; zur Unterscheidung von Fixed- und Random-Effects-Models vgl. auch Hedges und Vevea, 1998; oder Overton, 1998).

Die in Abschnitt 9.4.4 zu behandelnden Homogenitätsprüfungen gehen von einer einheitlichen Effektgröße Δ (griech. Delta) aus, die der bivariaten Produkt-Momentkorrelation r entspricht. Es werden deshalb Transformationsregeln benötigt, die verschiedene Effektgrößen bzw. Teststatistiken in ein einheitliches Maß, das Δ-Maß, überführen.

> **!** Das *Delta-Maß* ist ein universelles Effektgrößenmaß, das der bivariaten Produkt-Moment-Korrelation r entspricht. Das Delta-Maß dient dazu, die testspezifischen Effektgrößenmaße vergleichbar und aggregierbar zu machen. Jede testspezifische Effektgröße läßt sich in einen Delta-Wert transformieren.

Die folgenden Transformationsregeln gehen auf Kraemer (1985) bzw. Kraemer und Thiemann (1987) zurück. Man beachte, daß die nach diesen Regeln errechneten Δ-Werte die „wahren", über r ermittelten Merkmalszusammenhänge nur approximativ schätzen, wobei jedoch die Schätzgenauigkeit für metaanalytische Zwecke ausreichend ist. (Leider stimmen die von Kraemer, 1985, genannten Effektgrößen nur teilweise mit den in Abschnitt 9.2.1 genannten, auf Cohen, 1988, zurückgehenden Effektgrößen überein. Eine Umrechnung in die Kraemersche Terminologie dürfte jedoch problemlos sein.)

Andere Transformationsregeln zur Vereinheitlichung von Effektgrößen im Kontext von Meta-analysen laufen auf das d-Maß hinaus (vgl. 1. Test in Tabelle 47). Wir präferieren das Δ-Maß, weil

- nicht nur Teststatistiken der „r-Familie" (Produkt-Moment-Korrelation, punktbisiale Korrelation, Phi-Koeffizient, Spearmans rho) als Δ-Äquivalente dargesellt werden können, sondern auch andere Teststatistiken wie t, F, χ^2 oder Kendalls tau.
- die Interpretation von Korrelationen geläufiger ist als Interpretatationen von d-Maßen (vgl. hierzu auch R. Rosenthal, 1994, S. 234 ff.)

Die folgenden Transformationsregeln werden an einem abschließenden Beispiel (vgl. S. 637 ff.) numerisch erläutert.

Produkt-Moment-Korrelation

Die Produkt-Moment-Korrelation r als Schätzer eines Populationszusammenhanges ϱ (griechisch: rho) entspricht direkt dem Δ-Maß.

$$\Delta = \varrho \tag{9.24}$$

t-Test für unabhängige Stichproben

Sind die zu vergleichenden Stichproben gleich groß ($n_1 = n_2$), ermitteln wir

$$r_{pbis} = \frac{d}{\sqrt{d^2 + 4}}. \tag{9.25}$$

Die Bestimmungsgleichung für d findet man in Tabelle 47 unter Ziffer 1. Die in Gl. (9.25) genannte Transformation ist bei Gilpin (1993) tabelliert.

Bei ungleich großen Stichproben errechnet man nach Kraemer und Thiemann (1987):

$$r_{pbis} = \frac{d}{\sqrt{d^2 + 1/(p \cdot q)}}, \tag{9.26}$$

mit $p = n_1/n$ und $q = n_2/n$ ($n_1 + n_2 = n$).

Um eine bessere Vergleichbarkeit mit der Produkt-Moment-Korrelation herzustellen, empfehlen Glass et al. (1981, S. 149), die punktbisiale Korrelation für metaanalytische Zwecke in eine biseriale Korrelation zu überführen:

$$\Delta = r_{bis} = r_{pbis} \cdot \frac{\sqrt{n_1 \cdot n_2}}{\upsilon \cdot n}. \tag{9.27}$$

υ (griech.: ypsilon) ist hierbei die Ordinate (Dichte) desjenigen z-Wertes der Standardnormalverteilung, der die Grenze zwischen den Teilflächen $p = n_1/n$ und $q = n_2/n$ markiert (vgl. Tabelle 1 im Anhang F). Für $0{,}2 < p < 0{,}8$ kann Gl. (9.27) nach Magnusson (1966) wie folgt approximiert werden:

$$\Delta = r_{bis} = 1{,}25 \cdot r_{pbis}. \tag{9.28}$$

Falls die Ergebnisdarstellung in einer Untersuchung nicht genügend Angaben enthält, um die für Gl. (9.28) benötigte Effektgröße berechnen zu können, stattdessen aber ein t-Wert genannt wird, errechnet man r_{pbis} nach Cohen (1988, S. 545) wie folgt:

$$r_{pbis} = \sqrt{\frac{t^2}{t^2 + df}}, \tag{9.29}$$

mit $df = n_1 + n_2 - 2$.

Die Transformation der als klein, mittel oder groß klassifizierten d-Werte (0,2; 0,5; 0,8; vgl. Tabelle 47) in Δ-Werte nach den Gl. (9.25) bis (9.28) führt zu Δ-Werten, die mit den als klein, mittel oder groß klassifizierten Korrelationseffekten (0,1; 0,3; 0,5) nur ungefähr übereinstimmen. Wir erhalten (für gleich große Stichproben)

$$\Delta_{klein} = 1{,}25 \cdot \frac{0{,}2}{\sqrt{0{,}2^2 + 4}} = 0{,}12,$$

$$\Delta_{mittel} = 1{,}25 \cdot \frac{0{,}5}{\sqrt{0{,}5^2 + 4}} = 0{,}30,$$

$$\Delta_{groß} = 1{,}25 \cdot \frac{0{,}8}{\sqrt{0{,}8^2 + 4}} = 0{,}46.$$

Die Kompatibilität der Effektgrößenklassifikation ist für mittlere Effekte nahezu perfekt (Abweichungen treten erst in der dritten Nachkommastelle auf) und für kleine bzw. große Effekte für praktische Zwecke akzeptabel (ausführlicher hierzu vgl. Cohen, 1988, Kap. 3.2.2).

t-Test für abhängige Stichproben

Das Ergebnis eines t-Tests für abhängige Stichproben wird nach Kraemer (1985, S. 183) folgendermaßen in ein Korrelationsäquivalent transformiert:

$$\Delta = \frac{d'}{\sqrt{d'^2 + 1}}, \qquad (9.30)$$

mit

$$d' = \frac{\bar{x}_1 - \bar{x}_2}{\hat{\sigma} \cdot \sqrt{2 \cdot (1 - r)}}.$$

Die Parameter μ_1 und μ_2 werden hier durch $\bar{x}_1$ und $\bar{x}_2$ geschätzt. Gl. (9.30) setzt voraus, daß die Korrelation r zwischen den beiden Meßwertreihen sowie die geschätzte Populationsstreuung $\hat{\sigma}$ des untersuchten Merkmals bekannt sind. Bei bekannten Streuungen der beiden Meßwertreihen ($\hat{\sigma}_{x_1}$ und $\hat{\sigma}_{x_2}$) läßt sich $\hat{\sigma}$ nach Gl. (9.1) schätzen.

Abweichung eines Anteilwertes P von π_0 (Binomialtest)

Es wird geprüft, wie stark ein Anteilswert P (bzw. ein Prozentwert) als Schätzer für π von einem bekannten Populationswert π_0 abweicht. Eine korrelationsäquivalente Effektgröße Δ kann hier wie folgt berechnet werden:

$$\Delta = \frac{e^{2 \cdot d} - 1}{e^{2 \cdot d} + 1}, \qquad (9.31)$$

mit

$$d = 2 \cdot (\arcsin \pi^{1/2} - \arcsin \pi_0^{1/2}). \qquad (9.32)$$

Eine Tabelle für die Arcus-sinus-Transformation ($\phi = 2 \arcsin \sqrt{\pi}$) findet man in Anhang E (Tabelle 10).

Mit diesem Ansatz läßt sich auch eine Effektgröße für den McNemar-Test bestimmen. (Das Verfahren wird z. B. bei Bortz, 1999, S. 155 ff. behandelt.) Die H$_0$ behauptet, daß der Anteil der Personen mit Änderung von „+" nach „–" gleich dem Anteil der Veränderung von „–" nach „+" ist ($\pi_0 = 0{,}5$). Der in Gl. (9.32) genannte π-Wert entspricht dann dem empirischen Anteil der Veränderer von „+" nach „–" (bzw. von „–" nach „+") an der Gesamtzahl aller Veränderer.

Eine weitere Anwendungsvariante von Gl. (9.31) stellt der Vorzeichentest dar (vgl. z. B. Bortz und Lienert, 1998; Kap. 3.3.1). Bei der Bildung von Differenzen der Messungen zweier abhängiger Meßwertreihen werden gem. H$_0$ zu gleichen Teilen positive und negative Vorzeichen erwartet ($\pi_0 = 0{,}5$). Der Parameter π wird hier durch den Anteil positiver (bzw. negativer) Vorzeichen geschätzt.

Vergleich von Anteilswerten aus zwei unabhängigen Stichproben (Vierfeldertafel)

Man ermittelt für zwei Stichproben 1 und 2 jeweils den Anteil einer Merkmalsalternative als Schätzwerte für π_1 und π_2 sowie $p = n_1/N$ und $q = n_2/N$ mit $N = n_1 + n_2$. Hiervon ausgehend wird das Korrelationsäquivalent wie folgt berechnet:

$$\Delta = \frac{e^{2d} - 1}{e^{2d} + 1}, \qquad (9.33)$$

mit

$$d = 2 \cdot (p \cdot q)^{1/2} \cdot (\arcsin \pi_1^{1/2} - \arcsin \pi_2^{1/2}). \qquad (9.34)$$

Δ entspricht dem Phi-Koeffizienten für eine Vierfeldertafel mit den Häufigkeiten für zwei Merkmalsalternativen in den verglichenen Stichproben. (Zum Phi-Koeffizienten vgl. z. B. Bortz, 1999, S. 218 ff.) Handelt es sich bei den Merkmalsalternativen um künstliche Dichotomien zweier normalverteilter Merkmale, ist die tetrachorische Korrelation als Effektgröße vorzuziehen (vgl. z. B. Bortz, 1999, S. 220 ff.).

rxc-Kontingenztafel

In der Praxis kommt es nur selten vor, daß in verschiedenen Untersuchungen Kontingenztafeln mit identischen Merkmalskategorien analysiert werden, die sich metaanalytisch zusammenfassen lassen. Gelegentlich sind Kontingenztafeln jedoch teilidentisch, weil eine der r Kategorien des Merkmals a und eine der c Kategorien des Merkmals b in den zu integrierenden Untersuchungen vorkommen. Sind dies die Kategorien a_i und b_j, läßt sich eine reduzierte Kontingenztafel nach Art der Tabelle 60 erstellen.

Das Korrelationsäquivalent für diese Vierfeldertafel errechnet man nach Gl. (9.33).

Macht es im Kontext einer Metaanalyse Sinn, den Effekt auf die gesamte Kontingenztafel zu beziehen, läßt sich der χ^2-Wert einer rx2-Tafel wie folgt in eine (multiple) Korrelation (R) überführen (vgl. z. B. Bortz, 1999, Kap. 14.2.11):

$$R = \sqrt{\chi^2/n}. \qquad (9.35)$$

Im allgemeinen Fall einer rxc-Tafel kann ein Korrelationsäquivalent zum χ^2-Wert über die sog. „Set Correlation" bestimmt werden (vgl. z. B.

Tabelle 60. Reduzierte rxc-Tafel

		Merkmal b b_j	nicht b_j
Merkmal a	a_i		
	nicht a_i		

Bortz, 1999, S. 611; zur Ermittlung der hierfür erforderlichen kanonischen Korrelation vgl. Bortz, 1999, S. 622). Effektgrößen, Poweranalyse und optimale Stichprobenumfänge im Zusammenhang mit der Set Correlation behandelt Cohen (1988, Kap. 10).

Varianzanalyse

Hat ein varianzanalytischer Effekt nur einen Zählerfreiheitsgrad, kann der entsprechende F-Wert über

$$t = \sqrt{F_{(1,\,df)}} \qquad (9.36)$$

in einen t-Wert überführt werden, der wiederum über Gl. (9.25) in eine punktbiseriale und weiter über Gl. (9.27) bzw. Gl. (9.28) in eine biseriale Korrelation zu transformieren wäre. Bei varianzanalytischen Effekten mit mehr als einem Freiheitsgrad ist es für metaanalytische Zwecke oft ausreichend, wenn nur die zur metaanalytischen Fragestellung passenden Einzelvergleiche bzw. Kontraste (mit jeweils einem Freiheitsgrad) ausgewertet werden. (Vgl. hierzu Hall et al., 1994, Kap. 3; zur Überprüfung von Einzelvergleichen im Kontext der einfaktoriellen Varianzanalyse vgl. z.B. Bortz, 1999, Kap. 7.3.)

Die auf mehr als zwei Gruppen bezogenen Ergebnisse einfaktorieller Varianzanalysen können über das Korrelationsäquivalent η (griech.: eta) zusammengefaßt werden:

$$\eta = \sqrt{\frac{QS_{treat}}{QS_{tot}}}\,; \qquad (9.37)$$

(Zur Beziehung von η und der Effektgröße f s. Gl. 9.12.)

η^2 entspricht dem Varianzanteil der abhängigen Variablen, der durch die unabhängige Variable erklärt wird. (Zur Terminologie und Durchführung von Varianzanalysen vgl. z.B. Bortz, 1999, Kap. 7 und 8.)

Falls die für Gl. (9.37) erforderlichen Quadratsummen nicht genannt werden, kann η auch über den F-Wert der einfaktoriellen Varianzanalyse mit den dazugehörenden Freiheitsgraden bestimmt werden:

$$\eta = \sqrt{\frac{df_{treat} \cdot F}{df_{treat} \cdot F + df_{Fehler}}}\,. \qquad (9.38)$$

Interessiert in einer mehrfaktoriellen Varianzanalyse der mit einem Faktor j verbundene Effekt, bestimmt man nach Glass et al. (1981, S. 150):

$$\eta = \sqrt{\frac{QS_j}{QS_j + QS_{Fehler}}}\,, \qquad (9.39)$$

bzw.

$$\eta = \sqrt{\frac{df_j \cdot F_j}{df_j \cdot F_j + df_{Fehler}}}\,. \qquad (9.40)$$

In zweifaktoriellen Plänen mit p Stufen für Faktor A und q Stufen für Faktor B gelten $df_A = p-1$, $df_B = q-1$ und $df_{Fehler} = p \cdot q \cdot (n-1)$.

Oft benötigt man auch bei mehrfaktoriellen Varianzanalysen lediglich einen auf Faktor j bezogenen Einzelvergleich D(j). Für die in einem Einzelvergleich (z.B. $\bar{A}_1$ vs $\bar{A}_2$) gebundene Quadratsumme errechnet man im Kontext einer zweifaktoriellen Varianzanalyse (vgl. z.B. Bortz, 1999, Kap. 8.2):

$$QS_{D(A)} = \frac{n \cdot q \cdot (\bar{A}_1 - \bar{A}_2)^2}{2}\,, \qquad (9.41)$$

mit n = Stichprobenumfang pro Faktorstufenkombination und q = Anzahl der Stufen des Faktors B. Hieraus bestimmt man in Analogie zu Gl. (9.39) bzw. Gl. (9.40) folgenden, durch einen Einzelvergleich erklärten Varianzanteil η^2:

$$\eta^2 = \frac{QS_{D(A)}}{QS_{D(A)} + QS_{Fehler}} \qquad (9.42)$$

oder

$$\eta^2 = \frac{F_D}{F_D + df_{Fehler}}\,. \qquad (9.43)$$

Der Wert für η entspricht dem Korrelationsäquivalent Δ.

Weitere wichtige Hinweise, wie aus unvollständigen varianzanalytischen Ergebnisdarstellungen die für metaanalytische Zwecke benötigten Effektgrößen zu bestimmen sind, findet man bei Seifert (1991).

Spearmans rho (r_s)

Für die Rangkorrelation r_s (zur Berechnung siehe z. B. Bortz und Lienert, 1998, Kap. 5.2.1) erhält man nach folgender Beziehung eine zur Produkt-Moment-Korrelation äquivalente Effektgröße:

$$\Delta = \frac{6}{\pi} \cdot \arcsin\left(\frac{r_s}{2}\right). \tag{9.44}$$

Kendalls tau (τ)

Für diese Rangkorrelation (zur Berechnung siehe Bortz und Lienert, 1998, Kap. 5.2.5) gilt die in Gl. (9.45) genannte Transformation

$$\Delta = \frac{2}{\pi} \cdot \arcsin \tau. \tag{9.45}$$

Eine Transformationstabelle für r_s, τ und r findet man bei Gilpin (1993).

9.4.4 Prüfung der Ergebnishomogenität

Zur Prüfung der Homogenität von Δ-Maßen aus verschiedenen Primäruntersuchungen werden im folgenden ein Homogenitätstest sowie – im Falle heterogener Primärstudien – Strategien zur Bildung homogener Subgruppen von Primärstudien vorgestellt.

Homogenitätstest für verschiedene Δ-Maße

Nach Transformation von k unabhängigen Effektgrößen in Δ-Maße ist vor einer Zusammenfassung der Δ-Maße zu überprüfen, ob die untersuchungsspezifischen Effektgrößen als Schätzungen eines gemeinsamen Populationsparameters δ (griech.: delta) anzusehen sind. Für diese Überprüfung verwenden wir den folgenden, von Shadish und Haddock (1994) vorgeschlagenen Homogenitätstest:

$$Q = \sum_{i=1}^{k}[(Z_i - \bar{Z})^2 / v_i] = \sum_{i=1}^{k} w_i \cdot Z_i^2 - \frac{\left(\sum_{i=1}^{k} w_i \cdot Z_i\right)^2}{\sum_{i=1}^{k} w_i} \tag{9.46}$$

Die Prüfgröße Q ist approximativ χ^2-verteilt mit k–1 Freiheitsgraden. Zur Berechnung von Q werden zunächst alle Δ_i-Werte über Tabelle 9 (Anhang F) in Fishers Z_i-Werte transformiert. Das gewichtete arithmetische Mittel aller Z_i ist $\bar{Z}$.

$$\bar{Z} = \frac{\sum_{i=1}^{k} w_i \cdot Z_i}{\sum_{i=1}^{k} w_i} \tag{9.47}$$

mit $w_i = 1/v_i$
und $v_i = 1/(n_i - 3)$ \hfill (9.48)

Der $\sqrt{v_i}$-Wert entspricht der Streuung (dem Standardfehler) des entsprechenden Z_i-Wertes. Je größer der Stichprobenumfang n_i, auf dem ein Z_i-Wert basiert, desto weniger streuen die Z_i-Werte um ζ (griechisch: zeta), dem „wahren" Effektparameter, der durch $\bar{Z}$ geschätzt wird. Z_i-Werte, die auf großen Stichproben basieren, werden also bei der Durchschnittsbildung bzw. bei der Berechnung des Q-Wertes stärker gewichtet als Z_i-Werte aus kleineren Stichproben. Das Gewicht lautet $w_i = 1/v_i = n_i - 3$.

Ein signifikanter Q-Wert weist darauf hin, daß die Streuung der Z_i-Werte größer ist als die stichprobenbedingte Zufallsstreuung, die man erwarten würde, wenn alle Z_i-Werte Schätzwerte desselben Populationsparameters ζ wären. In diesem Falle müßte man also von heterogenen Z_i-Werten bzw. unterschiedlichen Effektparametern ausgehen. Diese Ausgangslage würde den Einsatz eines „Random-Effects-Models" rechtfertigen (vgl. hierzu Raudenbusch, 1994), es sei denn, die Untersuchungen können anhand geeigneter Moderatorvariablen in homogene Subgruppen unterteilt werden (s. unten).

Ein signifikanter Q-Wert kann auch bei augenscheinlich ähnlichen Effektgrößen als Folge großer Stichproben resultieren. In diesem Falle wird empfohlen, $\bar{Z}$ zu berechnen und als Schätzwert des Durchschnitts verschiedener Populationseffektgrößen zu interpretieren.

Im übrigen jedoch haben Homogenitätstests dieser Art eine eher geringe Teststärke: sie entscheiden bei geringfügiger Heterogenität und $a = 0,05$ eher zugunsten von H_0 (Homogenität) als zugunsten von H_1 (Heterogenität). (Ausführlicher hierzu vgl. Cornwell und Ladd, 1993; Sackett et al., 1986 oder Spector und Levine, 1987).

Signifikanztest für den Gesamteffekt

Ist die Homogenitätshypothese beizubehalten, stellt der durchschnittliche $\bar{Z}$-Wert einen akzeptablen Schätzwert der wahren Effektgröße ζ (Zeta) dar. Um zu überprüfen, ob dieser Schätzwert signifikant von Null abweicht, wird folgender Test durchgeführt:

$$z = \frac{\bar{Z}}{1 / \sqrt{\sum_{i=1}^{k} w_i}} = \bar{Z} \cdot \sqrt{\sum_{i=1}^{k} w_i} \qquad (9.49)$$

Der Effekt ist auf dem 5%-Niveau signifkant, wenn bei einseitigem Test auf positiven Zusammenhang die standardnormalverteilte Prüfgröße $z \geq 1{,}65$ ist. Der $\bar{Z}$-Wert sollte über Tabelle F 9 in einen $\bar{\Delta}$-Wert transformiert werden, der als Korrelationsäquivalent gemäß Tabelle 47 zu klassifizieren wäre.

> **!** Die Metaanalyse faßt *homogene Effektgrößen* bzw. Δ-Maße aus Einzeluntersuchungen zu einem durchschnittlichen Δ-Maß zusammen, mit dem die Populationseffektgröße δ geschätzt wird. Der durchschnittliche Effekt wird auf Signifikanz getestet und hinsichtlich seiner Größe klassifiziert.

Moderatorvariablen

Bei heterogenen Δ-Maßen sollte der Einfluß von Moderatorvariablen geprüft werden, die die Unterschiede in den Δ-Maßen erklären könnten. Diese Moderatorvariablen erfassen – ggf. über ein Expertenrating – Besonderheiten der zusammengefaßten Studien wie z.B. den Designtyp, Operationalisierungsvarianten, Kontrolltechniken, Art der Publikation, Jahr der Veröffentlichung etc. oder weitere Merkmale, die sich aus dem inhaltlichen oder methodischen Vergleich der metaanalytisch aggregierten Studien ergeben.

Die Überprüfung der Bedeutung einer Moderatorvariablen sollte nach Hedges (1994) varianzanalytisch erfolgen. Hierzu werden die Studien zunächt nach den p Stufen der zu prüfenden Moderatorvariablen gruppiert. Die Unterschiedlich-

keit zwischen den p Gruppen wird mit folgendem Q_{zw}-Wert getestet.

$$Q_{zw} = \sum_{j=1}^{p} w_{j\cdot} \cdot (\bar{Z}_{j\cdot} - \bar{Z})^2 \qquad (9.50)$$

mit

$\bar{Z}$ = durchschnittlicher Fishers Z-Wert für alle k Studien,

$\bar{Z}_{j\cdot}$ = durchschnittlicher Fishers Z-Wert der der k_j Studien in Gruppe j,

$w_{j\cdot} = \sum_{i=1}^{k_j} w_{ij} = \sum_{i=1}^{k_j} (1/v_{ij})$,

v_{ij} = $1/(n_{ij} - 3)$ (quadrierter Standardfehler des Z_{ij}-Wertes der i-ten Studie in der j-ten Gruppe),

n_{ij} = Stichprobenumfang der i-ten Studie in der j-ten Gruppe.

Der Q-Wert entspricht dem Omnibus-F-Wert der einfaktoriellen Varianzanalyse. Er ist bei Gültigkeit von H_0: „keine Gruppenunterschiede" mit $p-1$ Freiheitsgraden approximativ χ^2 verteilt.

Die Unterschiedlichkeit der studienspezifischen Gruppen-Z_{ij}-Werte innerhalb der p Gruppen überprüft der folgende Q_{in}-Wert:

$$Q_{in} = \sum_{j=1}^{p} Q_{in\,j} \qquad (9.51)$$

mit $Q_{in\,j} = \sum_{i=1}^{k_j} w_{ij} \cdot (Z_{ij} - \bar{Z}_{j\cdot})^2$.

Der Q_{in}-Wert ist bei Gültigkeit von H_0: „keine Unterschiede innerhalb der Gruppen" approximativ χ^2 verteilt mit k–p Freiheitsgraden. Die Homogenität der Studien in Gruppe j testet man über $Q_{in\,j}$ an der χ^2-Verteilung mit k_j-1 Freiheitsgraden.

Der Gesamt-Q-Wert nach Gl. (9.46) ergibt sich additiv aus Q_{zw} und Q_{in}, d.h. es gilt

$$Q = Q_{zw} + Q_{in} \qquad (9.52)$$

Eine Moderatorvariable unterteilt die k Studien in p homogene Subgruppen, wenn Q_{zw} signifikant und Q_{in} nicht signifikant ist. Um zufälligen Ergebnissen vorzubeugen, sollte die Auswahl der zu prüfenden Moderatorvariablen theoriegeleitet vor Durchführung der Metaanalysen und nicht erst angesichts der Studienergebnisse erfolgen.

Hat man keine Hypothese zur Bedeutung einer speziellen Moderatorvariablen, kann man zwischen den potentiellen Moderatorvariablen (nominal- oder ordinal-skalierte Merkmale werden zuvor in Indikatorvariablen überführt; vgl. S. 512) und den studienspezifischen Δ-Maßen eine (multiple) Korrelation berechnen, deren Höhe über die Bedeutung der Studienmerkmale für die Heterogenität der Δ-Maße informiert. Signifikante β-Gewichte weisen auf Merkmale hin, die als Moderatorvariablen zur Bildung homogener Subgruppen in Betracht kommen. Die Homogenität wäre dann mit dem oben beschriebenen Verfahren varianzanalytisch zu prüfen.

Bei großen Metaanalysen mit vielen Einzelstudien käme auch ein clusteranalytisches Vorgehen in Betracht, bei dem die Studien so gruppiert („partitioniert") werden, daß die Unterschiede der Studien innerhalb der einzelnen Gruppen in Bezug auf möglichst viele Studienmerkmale gering und die Unterschiede zwischen den Gruppen möglichst groß sind (vgl. Light und Smith, 1971; zum Vergleich von multipler Regression und Subgruppen-Bildung vgl. auch Viswesvaran und Sanchez, 1998).

Lassen sich bei einem signifikanten Homogenitätstest keine homogenen Subgruppen für getrennte Metaanalysen finden, sollte auf eine Metaanalyse gänzlich verzichtet werden, denn metaanalytische Aussagen, die auf heterogenen Studien basieren, sind eher irreführend als klärend. Möglicherweise jedoch ist die Heterogenität nicht durch unterschiedliche Effektparameter, sondern durch Unterschiede in der Qualität der Studien erklärbar. Wie man Untersuchungen bezüglich der Reliabilität und Validität der eingesetzten Instrumente, eingeschränkter Wertebereiche der abhängigen Variablen („Restriction of Range") etc. vergleichbar machen kann, wird bei Hunter und Schmidt (1994) beschrieben. Ein SAS-Programm hierzu und für die sog. 75%-Regel, die von Hunter und Schmidt (1989) ergänzend zum Homogenitätstest vorgeschlagen wurde, haben Huffcutt et al. (1993) entwickelt.

9.4.5
Ein kleines Beispiel

Im folgenden wird die rechnerische Durchführung einer Metaanalyse an einem kleinen Beispiel de-

monstriert, das 5 (fiktive) Untersuchungen aggregiert. Es geht um die Hypothese, daß die Erwartungshaltung von Lehrern gegenüber den Leistungen ihrer Schüler das Lehrerurteil beeinflußt bzw. nach Rosenthal und Jacobson (1968, zit. nach Saner, 1994) um die Voreingenommenheit von Lehrern bei der Bewertung ihrer Schüler („Self-Fulfilling Prophecy"-Hypothese im Klassenzimmer).

Fünf Untersuchungen zum Lehrerurteil

Untersuchung 1: 100 Schülern wird zufällig ein IQ-Wert (X) im Bereich $80 \leqslant IQ \leqslant 120$ zugeordnet. Die fiktiven IQ-Werte von jeweils 20 Schülern werden 5 Lehrern als „wahre" Intelligenzwerte mitgeteilt, die mit diesen Hintergrundinformationen Aufsätze der Schüler anhand von 10-Punkte-Skalen beurteilen (Y). Man ermittelt zwischen den fiktiven IQ-Werten und den Aufsatzbewertungen eine durchschnittliche Korrelation von $\bar{r}_{xy} = 0,4$.

Untersuchung 2: 4 Klassenlehrer von 86 Abiturienten werden vor Bekanntwerden der Abschlußnoten gebeten, die Leistungen ihrer Schüler (Y: Durchschnittsnoten) zu schätzen. Sie erhalten zusätzlich die Ergebnisse eines Intelligenztests, die allerdings bei 50% der Schüler um 10 IQ-Punkte zu hoch (X_+) und bei 50% um 10 IQ-Punkte zu niedrig angegeben werden (X_-). Als mittlere Durchschnittsnoten errechnet man $\bar{y} = 2,5$ für die (X_+)-Gruppe und $\bar{y} = 3,1$ für die (X_-)-Gruppe bei einer Streuung von $\hat{\sigma} = 1,1$ für die geschätzten Durchschnittsnoten. Die Hypothese, nach der die Leistungen der vermeintlich intelligenteren Schüler besser eingeschätzt werden als die Leistungen der vermeintlich weniger intelligenten Schüler, konnte über einen t-Test für unabhängige Stichproben bestätigt werden (t = −2,53, df = 84).

Untersuchung 3: 60 Schüler werden in politischer Weltkunde getestet, und 2 Lehrer A und B beurteilen die Testprotokolle anhand einer 10-Punkte-Skala (X). Lehrer A erhält zusätzlich die Information, daß es sich bei den 60 Schülern um eine einfache Zufallsauswahl von Schülern handele, und Lehrer B wird mitgeteilt, daß sich die Stichprobe nur aus Schülern zusammensetzt, die regelmäßig eine Tageszeitung lesen.

Zwischen den Urteilen der beiden Lehrer ermittelt man eine Korrelation von $r_{AB} = 0,63$. Als Mittelwerte und Varianzen werden genannt: $\bar{x}_A = 7,2$; $\hat{\sigma}^2_{X(A)} = 4,8$; $\bar{x}_B = 7,9$; $\hat{\sigma}^2_{X(B)} = 4,0$. Die Hypothese, nach der die (vermeintlich) zeitungslesenden Schüler besser beurteilt werden als „normale" Schüler, konnte mit einem t-Test für abhängige Stichproben bestätigt werden ($\alpha = 0,01$).

Untersuchung 4: In dieser Studie geht es um die Benotung der Hausarbeitshefte von 180 Schülern der 6. Schulklasse. 90 zufällig ausgewählte Hausarbeitshefte werden 5 Lehrern und die restlichen Hefte 5 Lehrerinnen zur Beurteilung vorgelegt. Per Zufall wird jeweils ein Drittel der von einem Lehrer/einer Lehrerin beurteilten Hefte mit dem Vermerk „mit Gymnasialempfehlung", „ohne Gymnasialempfehlung" oder „Gymnasialempfehlung fraglich" versehen. Abhängige Variable (X) ist pro Schüler der Durchschnittswert der 5 Lehrer- bzw. Lehrerinnenurteile (als Schulnoten).

Die varianzanalytische Auswertung der Daten (Faktor A: Geschlecht des Lehrers, Faktor B: Art der Empfehlung) führte zu einem signifikanten Haupteffekt B ($F_B = 7,2$; $df_{Zähler} = 2$, $df_{Nenner} = 174$). Die Mittelwerte für die 3 Stufen des Faktors B lauten: Mit Gymnasialempfehlung: $\bar{x} = 2,2$; ohne Gymnasialempfehlung: $\bar{x} = 3,4$; Gymnasialempfehlung fraglich: $\bar{x} = 2,9$.

Untersuchung 5: 10 Mathematiklehrer haben nach Ablauf eines Schulhalbjahres die Leistungen ihrer 200 Schüler benotet. Zu Beginn des zweiten Schulhalbjahres berichten vom Untersuchungsleiter instruierte Fachkollegen den „Experimentalkollegen" über ihre Erfahrungen mit den schulischen Leistungen von älteren Geschwistern der 200 Schüler. Nach deren Angaben haben 100 zufällig ausgewählte Schüler einen Bruder bzw. eine Schwester mit hervorragenden schulischen Leistungen (positive Informationen) und die restlichen Schüler Geschwister mit schlechten Leistungen (negative Informationen). Es interessiert die Frage, ob das fiktive Urteil der Kollegen über die Leistungsfähigkeit der Geschwister die Benotung der 200 Schüler durch die 10 Lehrer beeinflußt.

Hierfür wurden die Mathematiknoten der 200 Schüler nach dem ersten Schulhalbjahr mit den Noten nach dem zweiten Halbjahr verglichen um fest-

Tabelle 61. Ergebnis der 5. Untersuchung

	positive Information	negative Information
Leistung verbessert	10	10
Leistung verschlechtert	30	50
keine Leistungsänderung	60	40
	100	100

zustellen, bei welchen Schülern die Mathematiklehrer eine Leistungsverbesserung, Leistungsverschlechterung bzw. keine Leistungsveränderung konstatiert hatten. Tabelle 61 zeigt die Ergebnisse:

Für diese Kontingenztafel wird $\chi^2 = 9,4$ (df = 2) errechnet, was die Hypothese bestätigt, daß positive bzw. negative Hintergrundinformationen über die Schüler das Lehrerurteil beeinflussen.

Transformation der Untersuchungsergebnisse in Δ-Werte

Untersuchung 1: In Untersuchung 1 wurde für $n_1 = 100$ Schüler eine Produkt-Moment-Korrelation errechnet ($r_{xy} = 0,4$), die nach Gl. (9.24) dem Δ-Wert direkt entspricht. Wir erhalten also $\Delta_1 = 0,4$.

Untersuchung 2: Diese Untersuchung vergleicht die Lehrerurteile über zwei gleich große Stichproben ($n_+ = n_- = 43$ bzw. $n = 86$) anhand eines t-Tests für unabhängige Stichproben. Wir errechnen zunächst d nach Ziffer 1 in Tabelle 47

$$d = \frac{2,5 - 3,1}{1,1} = -0,55$$

und bestimmen für diesen Wert die punktbiseriale Korrelation nach Gl. (9.25)

$$r_{pbis} = \frac{-0,55}{\sqrt{0,55^2 + 4}} = -0,26 \, .$$

Wegen $p = q = 0,5$ ermittelt man dann nach Gl. (9.28) die folgende, dem Δ-Wert entsprechende biseriale Korrelation:

$$\Delta_2 = r_{bis} = 1,25 \cdot -0,26 = -0,33 \, .$$

Da das Ergebnis der Untersuchung hypothesenkonform ist (positive Informationen führen zu besseren Noten), ignorieren wir das negative Vorzeichen und setzen $\Delta_2 = 0{,}33$.

Die punktbiseriale Korrelation ermittelt man – bis auf Rundungsungenauigkeiten – auch über Gl. (9.29)

$$r_{pbis} = \sqrt{\frac{-2{,}53^2}{-2{,}53^2 + 84}} = 0{,}266 \, .$$

Untersuchung 3: Das Ergebnis des t-Tests für abhängige Stichproben in der 3. Untersuchung ($n_3 = 60$) wird wie folgt transformiert:

Wir errechnen zunächst nach Gl. (9.1) die durchschnittliche Streuung

$$\hat{\sigma} = \sqrt{\frac{4{,}8 + 4{,}0}{2}} = 2{,}1 \, .$$

Mit diesem Wert und $r = 0{,}63$ ergibt sich

$$d' = \frac{7{,}2 - 7{,}9}{2{,}1 \cdot \sqrt{2 \cdot (1 - 0{,}63)}} = -0{,}39$$

bzw. nach Gl. (9.30)

$$\Delta_3 = \frac{-0{,}39}{\sqrt{0{,}39^2 + 1}} = -0{,}36 \, .$$

Auch dieses Ergebnis unterstützt die metaanalytische Hypothese, d. h. wir setzen $\Delta_3 = 0{,}36$.

Untersuchung 4: Aus der 4. Untersuchung (N = 180) benötigen wir für die metaanalytische Integration lediglich die den Faktor B (Art der Gymnasialempfehlung) betreffenden Informationen. Wir bestimmen zunächst die auf Faktor B bezogene Varianzaufklärung (η^2) nach Gl. (9.40) mit $F_B = 7{,}2$; $df_B = q - 1 = 2$; $n = 30$ und $df_{Fehler} = p \cdot q \cdot (n-1) = 174$

$$\eta_B^2 = \frac{2 \cdot 7{,}2}{2 \cdot 7{,}2 + 174} = 0{,}076 \, .$$

Als Δ-Wert für Faktor B würde man also $\Delta = \sqrt{0{,}076} = 0{,}28$ errechnen. Interessiert im Kontext der Metaanalyse jedoch vorrangig das Ausmaß der Voreingenommenheit bzw. der Urteilsbeeinflussung durch positive bzw. negative Schülerinformationen, wäre der mit dem Einzelvergleich B_1 (mit Gymnasialempfehlung) vs. B_2 (ohne Gymnasialempfehlung) verbundene Effekt zu ermitteln. Die auf diesen Einzelvergleich bezogene Quadratsumme ergibt sich nach Gl. (9.41) zu

$$QS_{D(B)} = \frac{30 \cdot 2 \cdot (2{,}2 - 3{,}4)^2}{2} = 43{,}2 \, .$$

(Da sich der Einzelvergleich auf Faktor B bezieht, wurde q in Gl. 9.41 durch p = 2 ersetzt.)

Für die Bestimmung von η^2 nach Gl. (9.42) benötigen wir die in der Untersuchung nicht genannte QS_{Fehler}. Wir errechnen zunächst QS_B (vgl. z. B. Bortz, 1999, S. 284) mit $\bar{G} = (2{,}2 + 3{,}4 + 2{,}9)/3 = 2{,}83$:

$$\begin{aligned} QS_B &= 30 \cdot 2 \cdot [(2{,}2 - 2{,}83)^2 + (3{,}4 - 2{,}83)^2 \\ &\quad + (2{,}9 - 2{,}83)^2] \\ &= 43{,}6 \, . \end{aligned}$$

Mit $df_B = 2$ resultiert $\hat{\sigma}_B^2 = 43{,}6/2 = 21{,}8$ und wegen $F_B = \hat{\sigma}_B^2 / \hat{\sigma}_{Fehler}^2$ erhält man $\hat{\sigma}_{Fehler}^2 = \hat{\sigma}_B^2 / F_B = 21{,}8/7{,}2 = 3{,}03$. Diese Varianzschätzung hat $p \cdot q \cdot (n-1) = 2 \cdot 3 (30-1) = 174$ Freiheitsgrade, so daß sich $QS_{Fehler} = \hat{\sigma}_{Fehler}^2 \cdot df_{Fehler} = 3{,}03 \cdot 174 = 527{,}2$ ergibt. Der vierten Untersuchung entnehmen wir also gem. Gl. (9.42) den folgenden Effekt:

$$\Delta_4 = \eta_{D(B)} = \sqrt{\frac{43{,}2}{43{,}2 + 527{,}2}} = 0{,}28 \, .$$

Mit $F_{D(B)} = 43{,}2/3{,}03 = 14{,}26$ resultiert dieser Wert auch nach Gl. (9.43).

$$\Delta_4 = \eta_{D(B)} = \sqrt{\frac{14{,}26}{14{,}26 + 174}} = 0{,}28 \, .$$

Da die Mittelwerte $\bar{B}_1$ und $\bar{B}_2$ jeweils auf 60 Schülern basieren, liegen dem Einzelvergleich $n_4 = 120$ Schüler zugrunde.

Untersuchung 5: In der 5. Untersuchung resultierte für die 3×2-Kontingenztafel $\chi^2 = 9{,}49$ ($n_5 = 200$). Will man das auf die gesamte Tafel bezogene Ergebnis metaanalytisch integrieren, erhält man nach Gl. (9.35):

$$R = \sqrt{9{,}49/200} = 0{,}22 \, .$$

Man könnte jedoch auch argumentieren, daß die 100 Schüler, die sich im Lehrerurteil nicht (oder nicht merklich) verändert haben, eigentlich gegen die metaanalytische Hypothese sprechen. Um diese Fälle zu „neutralisieren", werden sie – getrennt für die Kategorien „positive Informationen" und „negative Informationen" – zu gleichen

Tabelle 62. Korrigiertes Ergebnis der 5. Untersuchung

	positive Informationen	negative Informationen
verbessert	40	30
verschlechtert	60	70

Teilen in den Kategorien „verbessert" und „verschlechtert" mitgezählt. Damit resultiert die in Tabelle 62 dargestellte Vierfeldertafel.

Auch in dieser Tafel deutet sich die Tendenz an, daß vor allem negative Informationen das Lehrerurteil hypothesengemäß beeinflussen. Den mit dieser Vierfeldertafel verbundenen Effekt ermitteln wir nach Gl. (9.33), wobei wir – um die in Tabelle F 10 tabellierten Werte ($\phi = 2 \arcsin\sqrt{x}$) benutzen zu können – Gl. (9.34) wie folgt umstellen

$$d = (p \cdot q)^{1/2} \cdot (2 \arcsin \pi_1^{1/2} - 2 \arcsin \pi_2^{1/2}).$$

Wir erhalten $p = q = 100/200 = 0,5$ und schätzen den Anteil für „verbessert" in der 1. Stichprobe mit $\pi_1 = 40/100 = 0,4$ und in der 2. Stichprobe mit $\pi_2 = 30/100 = 0,3$. Nach Tabelle F 10 ergeben sich $2 \arcsin\sqrt{0,4} = 1,3694$ und $2 \arcsin\sqrt{0,3} = 1,1593$, was zu

$$d = \sqrt{0,5 \cdot 0,5} \cdot (1,3694 - 1,1593) = 0,1051$$

führt. Für das Korrelationsäquivalent Δ erhält man also

$$\Delta_5 = \frac{e^{2 \cdot 0,1051} - 1}{e^{2 \cdot 0,1051} + 1} = 0,105$$

($e = 2,7183$).
Dieser Δ-Wert entspricht dem Phi-Koeffizienten der Vierfeldertafel, für die man $\chi^2 = 2,198$ ermittelt: $\sqrt{2,198/200} = 0,105$.

Prüfung der Ergebnishomogenität

Homogenitätstest: Tabelle 63 enthält alle Informationen, die wir für die Durchführung des Homogenitätstests nach Gl. (9.46, 2. Teil) benötigen.

Die Spalten (1), (2) und (3) fassen noch einmal die Untersuchungsnummern (i), die studienspezifischen Δ_i-Werte und die Stichprobenumfänge n_i zusammen. Spalte (4) enthält die Fishers Z_i-Werte für die Δ_i-Werte gemäß Tabelle F 9 und Spalte (5)

deren Varianzen gemäß Gl. (9.48). Die w_i-Gewichte (Spalte 6) ergeben sich als Reziprokwerte von v_i zu $n_i - 3$ und deren Summe zu 551. In Spalte (7) sind die Produkte $w_i \cdot Z_i$ sowie deren Summe aufgeführt und in Spalte (8) die Produkte $w_i \cdot Z_i^2$ sowie deren Summe.

Mit diesen Werten ergibt sich für Q:

$$Q = 46,9789 - \frac{144,482^2}{551} = 9,0931.$$

Dieser Wert ist für $df = 4$ und $\alpha = 0,05$ gemäß Tabelle F 8 nicht signifikant ($\chi^2_{crit} = 9,49$), d.h. es ist davon auszugehen, daß die Δ-Maße homogen bzw. Schätzwerte eines Parameters δ sind.

Signifikanzüberprüfung: Als besten Schätzwert für ζ berechnen wir $\bar{Z}$ nach Gl. (9.47)

$$\bar{Z} = \frac{144,482}{551} = 0,2622.$$

Ob dieser Durchschnittswert signifikant von Null abweicht, überprüfen wir mit Gl. (9.49)

$$z = 0,2622 \cdot \sqrt{551} = 6,15.$$

Dieser Wert ist gemäß Tabelle F 1 hoch signifikant, d.h. wir können davon ausgehen, daß die Leistungsbeurteilung von Schülern überzufällig von den Erwartungen der Lehrer abhängt. Tabelle F 9 entnehmen wir, daß $\bar{Z} = 0,2622$ einer Korrelation von 0,26 entspricht. Dieser Zusammenhang wäre nach Tabelle 47 als nahezu mittelmäßig ($r = 0,3$) zu klassifizieren.

Moderatorvariablen

Obwohl die Einzeleffekte als homogen anzusehen sind, wollen wir zu Demonstrationszwecken eine Moderatorvariable nach den Gl. (9.50, 9.51 und 9.52) prüfen. Als Moderatorvariable scheint die „Art der Lehrermanipulation" vielversprechend zu sein. Zur Begründung dieser Auswahl führen wir uns noch einmal vor Augen, wie in den einzelnen Untersuchungen die Erwartungshaltungen der Lehrer beeinflußt wurden. Dies geschah in den Untersuchungen 1, 2 und 4 durch Manipulation der fiktiven Intelligenz bzw. Leistungsfähigkeit der Schüler (Intelligenz in den Untersuchungen 1 und 2, Gymnasialempfehlung in der Untersuchung 4). Es soll deshalb geprüft werden, ob diese 3 Untersuchungen eine homogene Teilgruppe bilden. Die bei-

Tabelle 63. Rechenschritte zur Durchführung des Homogenitätstests

(1) Unters. Nr. (i)	(2) Δ_i	(3) n_i	(4) Z_i	(5) v_i	(6) w_i	(7) $w_i \cdot Z_i$	(8) $w_i \cdot Z_i^2$
1	0,40	100	0,424	0,0103	97	41,128	17,4383
2	0,33	86	0,343	0,0120	83	28,469	9,7649
3	0,36	60	0,377	0,0175	57	21,489	8,1014
4	0,28	120	0,288	0,0085	117	33,696	9,7044
5	0,10	200	0,100	0,0051	197	19,700	1,9700
					551	144,482	46,9789

den anderen Untersuchungen fallen hier heraus (Untersuchung 3: Tageszeitung lesen; Untersuchung 5: Leistung der Geschwister); sie sollen deshalb 2 weitere „Gruppen" mit je einer Untersuchung bilden, so daß die Moderatorvariable 3stufig ist.

Wir berechnen zunächst Q_{zw} nach Gl. (9.50). Dies bereitet unter Zufhilfenahme von Tabelle 63 keine größeren Probleme. Wir erhalten

$$w_{1.} = 97 + 83 + 117 = 297$$

und nach Gl. (9.47)

$$\bar{Z}_{1.} = \frac{97 \cdot 0{,}424 + 83 \cdot 0{,}343 + 117 \cdot 0{,}288}{97 + 83 + 117}$$
$$= \frac{103{,}293}{297} = 0{,}348 \, .$$

Die w-Gewichte und $\bar{Z}$-Werte der beiden anderen „Gruppen" sind wegen $k_2 = k_3 = 1$ mit den w- und Z-Werte der Untersuchungen 3 und 5 identisch;

$$w_{2.} = 57 \, ,$$
$$\bar{Z}_{2.} = 0{,}377 \, ,$$
$$w_{3.} = 197 \, ,$$
$$\bar{Z}_{3.} = 0{,}00 \, .$$

Eingesetzt in Gl. (9.50) resultiert also:

$$Q_{zw} = 297 \cdot (0{,}348 - 0{,}2622)^2$$
$$+ \ 57 \cdot (0{,}377 - 0{,}2622)^2$$
$$+ 197 \cdot (0{,}100 - 0{,}2622)^2$$
$$= 8{,}1097 \, .$$

Dieser Wert ist für df = 2 und $\alpha = 0{,}01$ gemäß Tabelle F8 signifikant, d.h. die durch die Moderatorvariable gebildeten Untergruppen unterschieden sich überzufällig.

Als nächstes ist zu prüfen, ob die 3 Untersuchungen in Gruppe 1 homogen sind. Hierfür berechnen wir nach Gl. (9.51) $Q_{in} = Q_{in1} + Q_{in2} + Q_{in3}$. Da die „Gruppen" 2 und 3 jeweils aus nur einer Untersuchung bestehen, sind $Q_{in2} = Q_{in3} = 0$, so daß in diesem Beispiel $Q_{in} = Q_{in1}$ ist. Für Q_{in1} ergibt sich:

$$Q_{in} = Q_{in1} = 97 \cdot (0{,}424 - 0{,}348)^2$$
$$+ \ 83 \cdot (0{,}343 - 0{,}348)^2$$
$$+ 117 \cdot (0{,}288 - 0{,}348)^2$$
$$= 0{,}9835 \, .$$

Dieser Wert ist für df = 2 und $\alpha = 0{,}05$ nach Tabelle F8 nicht signifikant, d.h. wir können behaupten, daß die 3 Untersuchungen homogen sind. Hätten wir davon ausgehen müssen, daß die 5 Untersuchungen insgesamt nicht homogen sind, wäre es mit der Moderatorvariablen „Art der Lehrermanipulation" gelungen, homogene Untergruppen zu bilden

Zur Kontrolle prüfen wir nach Gl. (9.52):

$$Q = 9{,}0931$$
$$Q_{zw} + Q_{in} = 8{,}1097 + 0{,}9835 = 9{,}0932 \, .$$

Die Gleichung ist bis auf Rundungsungenauigkeiten erfüllt.

Wir können nun noch über Gl. (9.49) testen, ob die gruppenspezifischen $\bar{Z}$-Werte signifikant sind:

$$z_1 = 0{,}348 \cdot \sqrt{297} = 6{,}00^{**}$$

$$z_2 = 0{,}377 \cdot \sqrt{57} = 2{,}85^{**}$$

$$z_3 = 0{,}100 \cdot \sqrt{197} = 1{,}40 \,(\text{n.s}).$$

Der durchschnittliche Zusammenhang in der 1. Gruppe ist signifikant ($a = 0{,}01$). Für $\bar{Z}_{1.} = 0{,}348$ entnehmen wir Tabelle F 9 eine Korrelation von 0,335, die nach Tabelle 47 als mittlerer bis großer Effekt zu klassifizieren wäre. Die zweite „Gruppe" mit Untersuchung 3 zeigt – wie auf S. 638 bereits erwähnt – ebenfalls einen signifikanten Zusammenhang, während der Zusammenhang in der 3. „Gruppe" (Untersuchung 5) nicht signifikant ist.

Inhaltlich würde dieses Ergebnis besagen, daß das Lehrerurteil „erfolgreich" durch fiktive Intelligenz- bzw. Leistungsunterschiede und durch eine vermeintlich freiwillige, schulrelevante Beschäftigung der Schüler (Zeitunglesen) manipuliert werden kann. Bezogen auf fiktive Leistungsunterschiede der Geschwister konnte ein entsprechender Effekt nicht nachgewiesen werden.

9.4.6
Kombinierte Signifikanztests

Der Wert einer Metaanalyse hängt in entscheidendem Maße davon ab, wie ausführlich die Untersuchungsergebnisse in den zu aggregierenden Primärstudien dargestellt werden. Leider fehlen auch heute noch in vielen Publikationen Angaben über Effektgrößen, die erforderlich sind, um eine Metaanalyse nach den in den Abschnitten 9.4.3 und 9.4.4 beschriebenen Richtlinien durchführen zu können. Viele Untersuchungsberichte begnügen sich mit der Nennung des Stichprobenumfanges und des Ausganges der statistischen Signifikanzüberprüfung, wobei zunehmend häufiger exakte Irrtumswahrscheinlichkeiten, die die meisten Statistik-Softwarepakete routinemäßig berechnen, berichtet werden (vgl. S. 497).

Manchmal ist es auch möglich, Details einer empirischen Studie, die in der Publikation fehlen, direkt bei den Autorinnen und Autoren in Erfahrung zu bringen.

Untersuchungen mit unbekannten Effektgrößen erschweren metaanalytisches Arbeiten erheblich. Dennoch hat die metaanalytische Entwicklung Wege aufgezeigt, auch unvollständige Untersuchungsberichte dieser Art zu aggregieren. Bei den hierfür einschlägigen Verfahren handelt es sich um sog. kombinierte Signifikanztests, die aus den einfachen Signifikanzaussagen eine Gesamtaussage über die Existenz eines Effektes zu formulieren suchen. Die Kritik an diesen Verfahren richtet sich im wesentlichen auf zwei Aspekte (vgl. z. B. Becker, 1987 oder Fricke und Treinies, 1985, Kap. 5):

- Die Aussage, daß ein Zusammenhang oder Unterschied statistisch signifikant sei, enthält keinerlei Informationen über die Größe des zugrunde liegenden Effektes. Wie auf Seite 600 f. ausgeführt, wird einerseits jeder auch noch so kleine Effekt statistisch signifikant, wenn die untersuchte Stichprobe genügend groß ist und andererseits können beachtliche Effekte wegen zu kleiner Stichproben statistisch unbedeutend sein. Die metaanalytische Zusammenfassung einzelner Signifikanzprüfungen kann deshalb bestenfalls in die Aussage münden, daß mit hoher Wahrscheinlichkeit von einem irgendwie gearteten Effekt auszugehen ist.

- Wenn die Effekte der Primärstudien nicht bekannt sind, läßt sich deren Homogenität nicht überprüfen, d.h., die Metaanalyse faßt möglicherweise heterogene Einzelergebnisse zusammen, was nicht zulässig ist (vgl. hierzu das „Äpfel und Birnen"-Argument auf Seite 630).

Nach diesen Vorbemerkungen sind kombinierte Signifikanztests nur als ein selten einzusetzender Notbehelf anzusehen. Sie bereiten allerdings weniger Probleme, wenn die metaanalytisch zu integrierenden Untersuchungen auf ähnlichen Stichprobenumfängen beruhen und wenn nach sorgfältiger Inspektion der Variablenoperationalisierungen von „gleichartigen" Untersuchungen ausgegangen werden kann. Dennoch muß man sich darüber im klaren sein, daß kombinierte Signifikanztests an der eigentlichen Zielsetzung der Metaanalyse, nämlich der Abschätzung der Stärke eines Effektes, letztlich vorbeigehen.

Die im folgenden behandelten Verfahren beziehen sich auf Untersuchungen, aus denen lediglich hervorgeht, ob das Untersuchungsergebnis im Sinne der Forschungshypothese signifikant ist, und auf Untersuchungen, in denen exakte Irrtumswahrscheinlichkeiten genannt werden. Ein weiterer, auf Rosenthal (1979) zurückgehender Ansatz greift eine Problematik auf, die mit der

„Herausgeberpolitik" vieler Zeitschriften verbunden ist: Es werden vorrangig Arbeiten mit hypothesenbestätigenden bzw. „signifikanten" Ergebnissen veröffentlicht, was dazu führt, daß metaanalytische Untersuchungen zu häufig die Existenz eines Effektes behaupten. „Mißlungene" Untersuchungen ohne signifikante Ergebnisse hingegen bleiben unveröffentlicht in der „Schublade" und entziehen sich damit einer metaanalytischen Berücksichtigung (File-Drawer-Problem bzw. Publication Bias; vgl. S. 645 f.). Über weitere Gründe, die dazu führen, daß Untersuchungen nicht publiziert werden (kein Interesse, nichtwissenschaftliche Berufsziele etc.) berichten Cooper et al. (1997). Sie fanden heraus, daß in von ihnen untersuchten Psychologischen Instituten ca. 2/3 aller Untersuchungen nicht publiziert wurden, obwohl die Untersuchungen keine gravierenden methodischen Mängel aufwiesen.

Signifikante und nicht-signifikante Untersuchungsergebnisse

Auszählungen: Für metaanalytische Zwecke am wenigsten geeignet sind Untersuchungen, die lediglich nach dem Kriterium „Ergebnis signifikant" bzw. „Ergebnis nicht signifikant" klassifiziert werden können. Untersuchungen mit ausführlicheren Informationen, die für eine Metaanalyse eigentlich geeignet wären, müssen in diesem Kontext leider genauso behandelt werden wie Untersuchungen, die lediglich Signifikanzaussagen enthalten.

Einen ersten Überblick über den Forschungsstand vermitteln Auszählungen der Untersuchun-

„Mißlungene" Untersuchungen ohne signifikanten Effekt bleiben oft unveröffentlicht. (Aus Marcks, M. (1984). Schöne Aussichten. Karikaturen. München: dtv)

gen nach den Kategorien „signifikant positiv" und „nicht-signifikant", evtl. ergänzt durch die Kategorie „signifikant negativ" („Vote Counting" oder „Box-Score-Review" nach Light und Smith, 1971). Die modale bzw. die am häufigsten besetzte Kategorie gilt dann als bester Repräsentant der Untersuchungsergebnisse des geprüften Forschungsfeldes.

Vorzeichentest: Wenn man entscheiden will, ob positive oder negative Ergebnisse unbeschadet ihrer Signifikanz statistisch überwiegen (z.B. Über- oder Unterlegenheit einer Experimentalgruppe gegenüber einer Kontrollgruppe), kann hierfür der Vorzeichentest eingesetzt werden (vgl. z.B. Bortz und Lienert, 1998, Kap. 3.3.1). Gemäß H_0 nimmt man an, daß positive und negative Ergebnisse mit gleicher Wahrscheinlichkeit auftreten und ermittelt für die Wahrscheinlichkeit, daß unter k Untersuchungen bei Gültigkeit von H_0 mindestens x Untersuchungen (z.B.) positiv ausfallen, folgenden Wert:

$$P = 0,5^k \cdot \sum_{i=x}^{k} \binom{k}{i}. \qquad (9.53)$$

Bei ungerichteten Hypothesen ist die H_0 für $2 \cdot P < a$ zu verwerfen und bei gerichteten Hypothesen für $P < a$. (Man beachte, daß dieser Ansatz nicht zwischen signifikanten und nicht-signifikanten Ergebnissen unterscheidet, d.h. bei vielen nicht-signifikanten negativen Ergebnissen und wenigen hoch signifikanten positiven Ergebnissen könnte zugunsten der negativen Ergebnisse entschieden werden).

Beispiel: Von k=12 Untersuchungen zur Prüfung einer ungerichteten Hypothese führen x=8 zu einem positiven und k−x=4 Untersuchungen zu einem negativen Ergebnis. Man ermittelt hierfür

$$P = 0,5^{12} \cdot \left[\binom{12}{8} + \binom{12}{9} + \binom{12}{10} \right.$$
$$\left. + \binom{12}{11} + \binom{12}{12} \right]$$
$$= \frac{1}{4096} \cdot (495 + 220 + 66 + 12 + 1) = 0,19.$$

Da $2 \cdot P = 0,38 > a = 0,05$ ist, kann aus diesem Ergebnis nicht gefolgert werden, daß positive Ergebnisse statistisch signifikant überwiegen.

Binomialtest: Mit dem Binomialtest kann man überprüfen, wie groß die Wahrscheinlichkeit P ist, daß von k Untersuchungen mindestens x Untersuchungen zufällig signifikant werden (Wilkinson, 1951). Die H_0: „Die Anzahl der signifikanten Ergebnisse entspricht für $\pi = a$ dem Zufall" ist zu verwerfen, wenn $P < a$ ist.

$$P = \sum_{i=x}^{k} \binom{k}{i} \cdot \pi^i \cdot (1 - \pi)^{k-i}. \qquad (9.54)$$

Beispiel: Von k=6 Untersuchungen seien x=2 auf dem $a=0,05$-Niveau signifikant. Wir errechnen hierfür

$$P = \binom{6}{2} 0,05^2 \cdot 0,95^4 + \binom{6}{3} \cdot 0,05^3 \cdot 0,95^3$$
$$+ \binom{6}{4} 0,05^4 \cdot 0,95^2 + \binom{6}{5} 0,05^5 \cdot 0,95^1$$
$$+ \binom{6}{6} \cdot 0,05^6 \cdot 0,95^0 = 0,0328.$$

Dieser P-Wert unterschreitet das 5%ige Signifikanzniveau, d.h. aufgrund der Tatsache, daß von 6 Untersuchungen 2 zu einem signifikanten Ergebnis führen, wäre insgesamt von einem signifikanten Effekt auszugehen. In diesem Beispiel würde man erwarten, daß $\pi \cdot k = 0,05 \cdot 6 = 0,3$ Untersuchungen zufällig signifikant werden.

Der Binomialtest wie auch der Vorzeichentest ist z.B. bei Bortz (1999) oder Bortz et al. (2000) vertafelt, was die rechnerische Durchführung erheblich erleichtert. Weitere Hinweise zum „Vote Counting"-Verfahren findet man bei Bushman (1994).

Exakte Irrtumswahrscheinlichkeiten

Die am häufigsten eingesetzte Methode, exakte Irrtumswahrscheinlichkeiten aus mehreren Untersuchungen (ggf. für unterschiedliche statistische Kennwerte) zu aggregieren, geht auf Stouffer et al. (1949) zurück. (Weitere Verfahren werden z.B. bei Becker, 1994; Fricke und Treinies, 1985, Kap. 5; Mudholkar und George, 1979 bzw. Rosenthal, 1978, erörtert. Einen Teststärkevergleich dieser Verfahren findet man bei Strube und Miller, 1986).

Man transformiert zunächst die untersuchungsspezifischen Irrtumswahrscheinlichkeiten (P-Werte) in z-Werte der Standardnormalverteilung, aus denen folgende Stouffer-Prüfgröße ermittelt wird:

$$Z_S = \frac{\sum_{i=1}^{k} z_i}{\sqrt{k}}. \tag{9.55}$$

Z_s ist bei Gültigkeit von H_0 mit $\mu = 0$ und $\sigma = \sqrt{k}$ standardnormalverteilt, so daß anhand Tabelle F 1 die zu Z_s gehörende Wahrscheinlichkeit $P(Z_s)$ abgelesen werden kann. Das metaanalytische Gesamtergebnis ist für $P(Z_s) < \alpha$ signifikant. Über die Teststärke dieses Verfahrens berichten Hedges et al. (1992).

Beispiel: Die gleiche Nullhypothese wird in 5 Studien mit unterschiedlichen statistischen Verfahren geprüft. 2 Studien berichten für die ermittelten Korrelationen einseitige Irrtumswahrscheinlichkeiten von $P_1 = 0,04$ und $P_2 = 0,17$, in 2 weiteren Studien wurden für die jeweiligen t-Werte Irrtumswahrscheinlichkeiten von $P_3 = 0,18$ und $P_4 = 0,02$ genannt und die 5. Studie mündet in einem χ^2-Wert mit $P_5 = 0,25$. Die entsprechenden z-Werte lauten nach Tabelle F 1:

$$z_1 = -1,75,$$
$$z_2 = -0,95,$$
$$z_3 = -0,92,$$
$$z_4 = -2,05,$$
$$z_5 = \underline{-0,67}$$
$$-6,34$$

Wir dividieren die Summe (–6,34) durch $\sqrt{5}$ und erhalten $Z_s = -2,84$. Diesem Z_s-Wert entspricht gem. Tabelle F 1 eine Wahrscheinlichkeit (Fläche) von $P(Z_s) = 0,0023$, d.h. die Nullhypothese wird aufgrund der 5 Untersuchungen eindeutig verworfen.

Hinweis: Gelegentlich befinden sich unter den zu aggregierenden Untersuchungen Studien mit extremen Irrtumswahrscheinlichkeiten, die aus dem Niveau der anderen Irrtumswahrscheinlichkeiten deutlich herausfallen und deshalb auf außergewöhnliche Untersuchungsumstände schließen lassen. Für diesen Fall hat Saner (1994) eine „Trimmed Statistic" entwickelt, die dieser „Ausreißerproblematik" gerecht wird.

„Fail-Safe"-N

Es wurde bereits darauf hingewiesen, daß die Publikationsstrategie vieler Fachzeitschriften positive metaanalytische Ergebnisse begünstigt, weil überwiegend Studien mit signifikanten Ergebnissen veröffentlicht werden und nicht-signifikante Studien unberücksichtigt bleiben. Dies hat Rosenthal (1979) fragen lassen, wie viele nicht-signifikante Studien erforderlich wären, um einen signifikanten Gesamteffekt statistisch unbedeutend werden zu lassen („Fail-Safe"-N oder „widerlegungssichere" Untersuchungszahl).

Diese Frage läßt sich unter Verwendung der Stouffer-Methode (Gl. 9.55) relativ einfach beantworten: Man erhöht k (bzw. N in der „Fail-Safe"-Terminologie) um so viele Untersuchungen ohne Effekt (mit z = 0) bis ein Z_s-Wert resultiert, dem eine Irrtumswahrscheinlichkeit von $P > \alpha$ entspricht. In unserem Beispiel wären 10 weitere Untersuchungen ohne Effekt erforderlich, um das Gesamtergebnis nicht-signifikant werden zu lassen:

$$Z_S = \frac{-6,34}{\sqrt{5 + 10}} = -1,637.$$

Diesem Z_s-Wert entspricht bei einseitigem Test eine Irrtumswahrscheinlichkeit von $P = 0,051 > 0,05$, d.h. den 5 publizierten und berücksichtigten Untersuchungen müßten mindestens 10 „Schubladenuntersuchungen" ohne Effekt gegenüberstehen, um auf Beibehaltung der H_0 plädieren zu können.

Allgemein errechnet man das „Fail-Safe"-N(N_{FS}) wie folgt:

$$N_{FS} = \frac{\left(\sum_{i=1}^{k} z_i\right)^2 - k \cdot z_\alpha^2}{z_\alpha^2}. \tag{9.56}$$

In dieser Gleichung steht z_α für denjenigen Wert, der bei einseitigem Test $\alpha\%$ der Standardnormalverteilung abschneidet. Für $\alpha = 0,05$ resultiert $z_\alpha = 1,645$, d.h. wir erhalten nach Gl. (9.56):

$$N_{FS} = \frac{(-6,34)^2 - 5 \cdot (-1,645)^2}{-1,645^2} = 9,85.$$

Wird dieser Wert ganzzahlig nach oben aufgerundet, erhält man die bereits bekannten 10 Untersuchungen ohne Effekt. Generell gilt, daß mit größer werdendem N_{FS} die Stabilität des metaanalytischen Ergebnisses steigt. Für $N_{FS} \geq 5 \cdot k + 10$ ist nach Rosenthal (1993) ein signifikanter metaanalytischer Effekt als gesichert anzusehen.

Beispiel: Radin und Ferrari (1991) faßten 148 parapsychologische Studien zusammen, die sich mit der mentalen Beeinflussung von Würfelergebnissen beschäftigten. Es zeigte sich ein stabiler Effekt: Nur wenn 17 974 Studien mit nichtsignifikanten Ergebnissen vorliegen würden, wäre die bislang dokumentierte Evidenz, die für die mentale Beeinflußbarkeit des Würfelns spricht, widerlegt (!?).

Mit Blick auf das Schubladen-Problem hat etwa das *Journal of Parapsychology* bereits 1975 in seinen Herausgeberrichtlinien festgelegt, daß auch nichtsignifikante Ergebnisse publiziert werden sollen, um damit einer Überschätzung von Effekten entgegenzuwirken. In welchen Größenordnungen sich das „Fail Safe N" für unterschiedliche parapsychologische Effekte bewegt, berichtet Utts (1991) in ihrem kritischen Review diverser einschlägiger Metaanalysen.

Weitere Informationen zum „Fail-Safe"-N bzw. Erweiterungen dieser Idee auf Effektgrößen findet man bei Carson et al. (1990). Interessante Alternativen zur Behandlung des Schubladenproblems (*File Drawer Problem*) haben Darlington und Hayes (2000) entwickelt.

Auch mit graphischen Methoden hat man versucht, das „File Drawer Problem" anzugehen. Eine einschlägige Technik hierfür ist der sog. *Funnel Plot*, der auf Light und Pillemer (1984) zurückgeht. Bei diesem Verfahren trägt man auf der Abszisse eines Koordinatensystemes die Effektgrößenschätzungen der zu aggregierenden Studien ab und auf der Ordinate die studienspezifischen Stichprobenumfänge (bzw. die entsprechenden Standardfehler). Es ist nun bekannt, daß die Streuung der Effektgrößenschätzungen um die wahre Effektgröße mit wachsendem Stichprobenumfang abnimmt, so daß die graphische Darstellung der Studien die Form eines symmetrischen Trichters annimmt (deshalb: Funnel Plot, vgl. Abb. 69 a).

Bei fehlenden Studien hingegen, die – weil nicht hypothesenkonform bzw. nicht signifikant – nicht publiziert wurden und deshalb „Schubladenuntersuchungen" blieben, resultiert ein asymmetrischer Funnel Plot (vgl. Abb. 69 b). Im (fiktiven) Beispiel deutet sich ein wahrer Effekt (Korrelations-)Parameter von $\rho = -0{,}3$ an. Untersuchungen mit (nicht hypothesenkonformen) positiven Korrelationen wurden offenbar nicht publiziert.

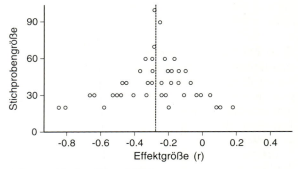

a Symmetrischer Funnel-Plot

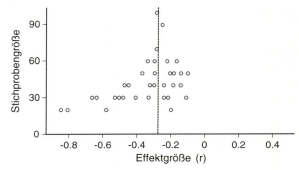

b Asymmetrischer Funnel-Plot

Abb. 69. Funnel-Plot zur Prüfung von Auswahlverzerrungen (File Drawer Bias)

Einen Test zur Überprüfung der Funnel-Plot-Asymmetrie haben Egger et al. (1997) entwickelt.

Ein weiterer graphischer Ansatz zur Identifizierung fehlender Untersuchungen (*Normal Quantile Plot*) wurde von Wang und Bushman (1998) vorgestellt.

> **!** Werden in den Primärstudien keine Effektgrößen genannt, kann man die vorhandenen Informationen behelfsweise wie folgt zusammenfassen:
> - **Auszählen signifikant positiver (negativer) und nicht signifikanter Ergebnisse,**
> - **Vergleich positiver und negativer Ergebnisse (Vorzeichentest),**
> - **Überprüfung der Anzahl signifikanter Ergebnisse auf Zufälligkeit (Binomialtest),**
> - **Zusammenfassung exakter Irrtumswahrscheinlichkeiten (Stouffer-Methode).**

Hinweis: Ausführlicher wird das Thema „Meta-analyse" z.B. bei Cooper (1989, 1991); Cooper und Hedges (1994); Fricke und Treinies (1985); Glass et al. (1981); Green und Hall (1984); Hedges und Olkin (1985); Hedges et al. (1992); Hunter und Schmidt (1990); Hunter et al. (1982); Lösel und Breuer-Kreuzer (1990); Mullen (1989); Mullen und Rosenthal (1985); Rosenthal (1991); Rosenthal und Rubin (1986); Wachter und Straf (1990) sowie Wolf (1987) erörtert.

ÜBUNGSAUFGABEN

1. Ein Signifikanztest wird umso eher signifikant, je
   a) größer/kleiner der Effekt,
   b) größer/kleiner der Stichprobenumfang,
   c) größer/kleiner das Signifikanzniveau,
   d) größer/kleiner die Teststärke.
   Welche Angaben sind richtig?

2. Grenzen Sie Vor- und Nachteile der Metaanalyse und des narrativen Review voneinander ab.

3. Was versteht man unter „Effektgröße"?

4. Was ist mit „Power" im Kontext von Signifikanztests gemeint?

5. Welche Aussagen stimmen?
   a) Methodisch schlechte Untersuchungen sind mit geringeren Effektgrößen verbunden.
   b) Um große Effekte zu entdecken, benötigt man teststarke Tests.
   c) In der Metaanalyse ist die genaue Definition und Übereinstimmung der abhängigen Variablen wichtiger als der unabhängigen.
   d) Nur wenn die Effektgrößen der Primärstudien bekannt sind, läßt sich die Homogenität prüfen.

6. Was versteht man im Kontext der Metaanalyse unter abhängigen Untersuchungsergebnissen? Wie ist mit ihnen zu verfahren?

7. Erklären Sie das Δ-Maß!

8. Eine neue Therapierichtung wirbt mit „garantierten Besserungsraten" von 67% (neueste Untersuchung) und 59% (Untersuchung drei Jahre zuvor). Berechnen Sie die Effektgröße für die Veränderung. Handelt es sich um einen kleinen, mittleren oder großen Effekt?

9. Was sind kombinierte Signifikanztests?

10. Ihnen liegen drei Untersuchungen zum Zusammenhang zwischen Neurotizismus und Unfallhäufigkeit vor, die folgende Ergebnisse berichten: $r_1 = 0,44$ ($n_1 = 240$), $r_2 = 0,35$ ($n_2 = 26$) und $r_3 = 0,26$ ($n_3 = 118$). Schätzen Sie den Gesamteffekt über $\bar{\Delta}$ und testen ihn auf Signifikanz. Beurteilen Sie die Größe des Effektes! Sind die drei Untersuchungsergebnisse homogen?

11. Sie entwickeln Entspannungsübungen, bei denen auch die Biofeedback-Methode zum Einsatz kommt. Ihr fertiges Übungsprogramm wollen Sie in einer Evaluationsstudie auf seine Wirksamkeit prüfen. Dazu untersuchen Sie sechs Gruppen (á30 Personen) hinsichtlich ihres Spannungszustandes vor Beginn und nach Abschluß des Trainings (Indexwert von 1 = völlig angespannt bis 5 = völlig entspannt). Es ergeben sich folgende Gruppenmittelwerte:

	vorher	nachher	p (einseitig)
1	3,1	3,7	0,022
2	2,5	2,3	0,387
3	1,9	2,4	0,219
4	2,2	3,6	0,001
5	3,1	2,9	0,046
6	2,6	3,5	0,042

    Fassen Sie diese Ergebnisse durch kombinierte Signifikanztests zusammen! (Vote Counting, Vorzeichentest, Binomialtest, Stouffer-Methode)

12. Wieviele Personen müssen Sie untersuchen, um folgende Hypothesen bei einer Teststärke von 80% auf dem $\alpha = 5\%$-Niveau abzusichern? Nennen Sie jeweils auch den indizierten Signifikanztest!
    a) Der Erfolg einer betrieblichen Weiterbildungsmaßnahme (gemessen anhand eines Leistungstests am Ende der Maßnahme) hängt davon ab, wie lange die Maßnahme dauert (einen Tag, zwei Tage, drei Tage oder 1 Woche), ob und wie oft die Maßnahme mit denselben Teilnehmern wiederholt und vertieft wird (keinmal, einmal, zweimal) und ob die Schulung im Betrieb oder in einem Tagungshotel durchgeführt wird. Erwartet wird ein mittlerer Interaktionseffekt zweiter Ordnung.

ÜBUNGSAUFGABEN

b) 50% aller Fahrschüler fallen bei der ersten Führerscheinprüfung durch (fiktive Angabe). Anhand einer Zufallsauswahl von Schülern Ihrer Fahrschule wollen Sie nachweisen, daß die bei Ihnen angebotene Fahrausbildung sehr viel besser auf die Prüfung vorbereitet. Wie groß sollte Ihre Stichprobe sein? ($\alpha = 0,05$; $1-\beta = 0,8$.)

13. Anhand von Urlauberbefragungen hat ein Tourismusunternehmen 30 zufällig ausgewählte Ferienorte am Meer mit einem Punktwert versehen, der die Zufriedenheit mit dem Urlaubsort ausdrückt. Dann wurde untersucht, welche Bedeutung folgende Faktoren für die Bewertung des Urlaubsortes haben: Tageshöchsttemperatur, Wassertemperatur, Seegang, Wasserverschmutzung, Verschmutzung des Strandes, Anzahl der Besucher am Strand sowie Anzahl der aktiven Wassersportler im Umkreis von 1 km vor dem Strand. Interessanterweise konnte kein signifikanter Effekt nachgewiesen werden. Woran könnte das liegen?

Anhang A. Lösungen der Übungsaufgaben

Kapitel 1

1.

Im Sinne Kuhns ist ein *Paradigma* ein Grundkonsens einer wissenschaftlichen Disziplin hinsichtlich ihrer Methodologie, ihrer zentralen Inhalte, Wissensbestände und Theorien, der das wissenschaftliche Arbeiten und Denken der Forscherinnen und Forscher prägt.

2.

Die Exhaustion ist eine Theorieveränderung, bei der der Geltungsbereich der Theorie eingeschränkt wird, indem man die Bedingungen für das Auftreten der interessierenden Phänomene stärker präzisiert (konjunktive Erweiterung des Wenn-Teils von Hypothesen).

3.

Variablen: Meßfehler, Alter, Haarfarbe, Belastbarkeit

Variablenausprägungen: grün, geringes Selbstwertgefühl, schlechtes Gewissen, schlechtes Wetter, Deutschnote 2, Porschefahrerin

manifest: grün, Alter, schlechtes Wetter, Haarfarbe, Deutschnote 2, Porschefahrerin

latent: Meßfehler, geringes Selbstwertgefühl, schlechtes Gewissen, Belastbarkeit

diskret: grün, Haarfarbe, Deutschnote 2, Porschefahrerin

stetig: Meßfehler, Alter, geringes Selbstwertgefühl, schlechtes Gewissen, schlechtes Wetter, Belastbarkeit

4.

a) konditionale Struktur (Wenn-Dann-Satz),
b) generalisierend (auf Populationen bezogen),
c) empirischer Gehalt (operationalisierbare Variablen),
d) falsifizierbar (hypothesenkonträre Ergebnisse sind möglich).

5.

Für eine inhaltliche Hypothese über einen Effekt wird eine adäquate statistische Alternativhypothese (H_1) formuliert. Die komplementär zur H_1 konstruierte Nullhypothese (H_0), die den vermuteten Effekt negiert, wird probehalber als gültig angesehen. Auf der Basis dieser H_0 wird ein Wahrscheinlichkeitsmodell konstruiert, das angibt, wie wahrscheinlich Stichprobenergebnisse unter Gültigkeit der H_0 sind. Das konkrete, bei der empirischen Untersuchung gefundene Stichprobenergebnis wird mit diesem Wahrscheinlichkeitsmodell (H_0-Modell) verglichen, d.h. es wird ermittelt, wie wahrscheinlich das gefundene oder extremere Ergebnisse zustandekommen, wenn die H_0 in der Population gilt (Irrtumswahrscheinlichkeit). Stellt sich heraus, daß das gefundene Ergebnis gut mit der H_0 zu vereinbaren ist (hohe Irrtumswahrscheinlichkeit), so wird die H_0 nicht verworfen (nicht-signifikantes Ergebnis). Zur Ablehnung der H_0 und (vorläufigen) Annahme der favorisierten H_1 entscheidet man sich nur, wenn das gefundene Stichprobenergebnis zu Ergebnissen zählt, die unter Gültigkeit der H_0 sehr unwahrscheinlich sind (geringe Irrtumswahrscheinlichkeit). Liegt die Irrtumswahrscheinlichkeit unter 5%, so sprechen wir von einem signifikanten Ergebnis.

6.

Keine wissenschaftlichen Hypothesen sind: c (kein All-Satz); d (Werturteil; eine empirisch prüfbare Hypothese könnte z.B. lauten: „Studierende empfinden Übungsaufgaben als überflüssig"); f (empirisch nicht prüfbar, da entsprechende Daten über die Befindlichkeit der Bevölkerung im 17. Jahrhundert fehlen).

7.

Es besteht ein geringer Gruppenunterschied von 0,2 Punkten auf Stichprobenebene. Ob Populationsunterschiede bestehen, kann konventionsgemäß nur aufgrund eines Signifikanztests entschieden werden. Ein Umzug ist nur dann eine sinnvolle Intervention, wenn a) von einem kausalen Einfluß des Wohnortes auf die Lebenszufriedenheit auszugehen ist und b) mit einer relevanten Effektgröße beim Zufriedenheitszuwachs zu rechnen ist.

8.

Aus einem allgemeinen Gesetz (nomos) oder einer Theorie wird eine Erklärung oder Hypothese abgeleitet (deduziert), indem man das in Form eines Gesetzes oder einer Theorie vorliegende Wissen auf einen konkreten Anwendungsfall bezieht.

9.

Bei einem *signifikanten Ergebnis* ist die mittels Signifikanztest berechnete Irrtumswahrscheinlichkeit (a-Fehler-Wahrscheinlichkeit) kleiner als das Signifikanzniveau (a-Fehler-Niveau) von 5%, so daß die Nullhypothese abgelehnt und die Alternativhypothese angenommen wird. Bei einem signifikanten Ergebnis kann von den Stichprobeneffekten auf die Populationseffekte geschlossen werden. Ob die Populationseffekte groß oder klein sind, wird mit der *Effektgröße* ausgedrückt.

Kapitel 2

1.

Eine Untersuchung ist *intern valide,* wenn ihre Ergebnisse eindeutig interpretierbar sind, d.h. die Effekte in den abhängigen Variablen eindeutig auf die Wirkungen der unabhängigen Variablen zurückzuführen sind. Eine Untersuchung ist *extern valide,* wenn ihre Ergebnisse auf andere als die konkret untersuchten Personen, Zeitpunkte oder Situationen generalisierbar sind.

2.

- Interesse wecken (Inhalt der Untersuchung erklären, Bedeutung für die einzelne Untersuchungsperson, die Praxis und die Wissenschaft erläutern),

- Vertrauen schaffen (Seriosität und Identität des Projektes klarstellen, Anonymität zusichern und sicherstellen, Freiwilligkeit der Teilnahme und Möglichkeit zum Abbruch betonen),
- günstige Rahmenbedingungen schaffen (persönliche Ansprache durch statushohes Projektmitglied, persönliche Geschenke, Möglichkeiten zur Ergebnis-Rückmeldung nach der Untersuchung schaffen).

3.

Richtig sind a und e. Falsch sind b (die Probanden müssen zufällig ausgewählt und zufällig den Bedingungen *zugeordnet* bzw. randomisiert werden), c (interne Validität ist die Voraussetzung für externe Validität, denn wenn die Hypothese schon für die Stichprobendaten nicht gilt, wie soll sie dann sinnvoll generalisiert werden), d (in Experimenten können simultan mehrere UVs variiert werden, durch die Merkmalskombinationen der UVs entstehen weitere Untersuchungsgruppen), f (zwischen Skalenniveau und Validität besteht kein Zusammenhang).

4.

Eine Skala besteht aus einem empirischen Relativ, einem numerischen Relativ und einer die beiden Relative verknüpfenden homomorphen Abbildungsfunktion.

5.

Augenfarbe (Nominalskala: blau, braun, grün etc.; Beobachtung); Haustierhaltung (Nominalskala: ja/nein oder Art des Tiers, Nominalskala: Katze, Hund, Vogel etc.; Befragung); Blutdruck (Kardinalskala; physiologische Blutdruckmessung); Berufserfahrung (Kardinalskala: Jahre der Berufszugehörigkeit; Befragung oder Aktenlage); Bildungsstand (Ordinalskala: Hauptschule, Realschule, Gymnasium, Hochschule; Befragung); Intelligenz (Kardinalskala; Intelligenztest); Fernsehkonsum (Kardinalskala: Minuten pro Tag; Befragung oder telemetrische Messung)

6.

In einer *Laboruntersuchung* können die situativen Rahmenbedingungen (und damit auch die untersuchungsbedingten Störvariablen) in hohem Maße vom Forscher kontrolliert werden, während in einer *Felduntersuchung* die natürlich vorgegebenen Rahmenbedingungen nur wenig beeinflußt werden können.

7.

Ma, H. K. (1993). The relationship of altruistic orientation to human relationships and situational factors in Chinese children. *Journal of Genetic Psychology, 154 (1)*, 85–96. [Psychological Abstracts 1993: Nr. 32971, zu finden im Author Index unter „Ma, H. K."]

Mays, V. M., Cochran, S. D., Hamilton, E., und Miller, N. (1993). Just cover up: Barriers to heterosexual and gay young adults' use of condoms. *Health Values: The Journal of Health Behavior, Education & Promotion, 17 (4)*, 41–47. [Psychological Abstracts 1993: Nr. 45154, zu finden im Subject Index unter „Condoms"]

8.

a) quasiexperimentelle Untersuchung (Talismantragen wurde nicht durch Randomisierung hergestellt, sondern vorgefunden),

b) H_1: $\mu_1 > \mu_2$, H_0: $\mu_1 \leq \mu_2$.

c) Die interne Validität betrifft die Frage, ob das Talismantragen die Zufriedenheit verursacht. Hier sind – wie bei allen quasiexperimentellen Untersuchungen – Zweifel angebracht, denn das Talismantragen und die Zufriedenheit könnten gemeinsame Ursachen haben (z. B. könnte finanzieller Wohlstand sowohl zu verstärkter Zufriedenheit als auch zu vermehrtem Talismantragen führen, etwa weil man mehr Zeit und Geld auf sein Äußeres verwenden kann). Aufgrund der Zufallsauswahl der Probanden sind die Ergebnisse generalisierbar auf die Population Berliner Telefonkunden und evtl. mit vertretbarer Unsicherheit auch auf alle Berliner bzw. alle Bewohner deutscher Großstädte (gute externe Validität),

d) Versuchsleiter-Effekte sind bei der Telefonbefragung Interviewer-Effekte. Besondere Merkmale von Interviewern (z. B. Unfreundlichkeit, merkwürdige Stimme) könnten z. B. die Antwortbereitschaft beeinflussen. Bei standardisierten Fragen und „blinden" Interviewern ist nicht mit großen Verzerrungen zu rechnen, es sei denn, die beteiligten Interviewer sind voreingenommen gegenüber Talismanträgern und suggerieren oder provozieren (bewußt oder unbewußt) bestimmte Antworten.

9.

Ergebnisse von Untersuchungen mit Studierenden sollten zunächst nur auf die Population der Studierenden generalisiert werden.

10.

UV: Therapieverfahren (künstlich dichotom: HT: Hypnosetherapie, VT: Verhaltenstherapie), AV: Therapiedauer in Monaten (kardinalskaliert)

H_1: $\mu_{HT} \leq \mu_{VT} - 6$

H_0: $\mu_{HT} > \mu_{VT} - 6$

11.

Freiwillige Untersuchungsteilnehmer unterscheiden sich von Nicht-Teilnehmern v. a. in folgenden Punkten:

- bessere schulische Ausbildung
- höherer sozialer Status
- höhere Intelligenz
- geselliger
- stärkerer Wunsch nach sozialer Anerkennung
- geringere Tendenz zu konformem Verhalten
- häufiger weiblichen Geschlechts
- unkonventioneller hinsichtlich geschlechtsspezifischen Verhaltens
- weniger autoritär

Insbesondere Ausbildungs- und Geschlechtseffekte spielen bei vielen Fragestellungen eine wichtige Rolle, so daß entsprechenden Selektionseffekten möglichst schon bei der Probanden-Anwerbung entgegenzuwirken ist (z. B. gezielte Ansprache männlicher Probanden).

Kapitel 3

1.

Die *summative Evaluation* beurteilt zusammenfassend die Wirksamkeit einer vorkonzipierten Intervention, während die *formative Evaluation* fortlaufend Zwischenergebnisse erstellt, die dazu verwendet werden, die Interventionsmaßnahme noch während ihrer Durchführung zu modifizieren.

2.

Die *Interventionsforschung* entwickelt (soziale) Veränderungsmaßnahmen und die *Evaluationsforschung* überprüft die Wirksamkeit dieser Maßnahmen.

3.

Die *Prävalenz* gibt an, wie häufig ein bestimmter Sachverhalt (Krankheit) in einer definierten Population auftritt (Verbreitungsgrad), während die *Inzidenz* Veränderungen des Sachverhaltes (Neuerkrankungen) während eines bestimmten Zeitraumes beschreibt.

4.

Die *Ausschöpfungsqualität* gibt an, welcher Anteil der Zielgruppe einer Maßnahme durch ein konkretes Programm tatsächlich erreicht wurde. Die Ausschöpfungsqualität ist umso höher, je mehr Personen der Zielgruppe und je weniger „Unbefugte" an der Maßnahme teilnehmen.

6.

Interne Validität: Wie könnte ein positives Resultat bei der Experimentalgruppe zustandekommen, obwohl „in Wirklichkeit" die Hypnosebehandlung gar nicht besonders erfolgreich ist? Probanden-Effekt: wer sich für die Hypnosebehandlung entscheidet, ist weniger schmerzempfindlich (Problem der Selbstselektion bei dem vorliegenden quasiexperimentellen Design, Schmerzempfindlichkeit wäre als Kontrollvariable zu erheben). Arzt-Effekt: Ärzte, die Hypnose anbieten, arbeiten besonders gut und schmerzfrei. Behandlungseffekt: Hypnose wird besonders bei „leichteren", weniger schmerzintensiven Behandlungen eingesetzt (die Art der Behandlung wäre als Kontrollvariable bzw. Moderatorvariable zu berücksichtigen).

5.

Evaluationsfrage	Ist eine Hypnosebehandlung der herkömmlichen Schmerztherapie überlegen oder zumindest gleichwertig?
unabhängige Variable	Form der Schmerztherapie (Hypnose oder Schmerzmittel), nominale bzw. dichotome Variable
Moderatorvariablen	Geschlecht und Art der Zahnbehandlung (beide nominalskaliert), Alter (kardinalskaliert)
abhängige Variablen	Intensität negativer Empfindungen während und nach der Behandlung (jeweils fünf Intensitätsstufen), Zufriedenheit mit der Behandlung (bessere Versorgung gewünscht ja/nein)
Datenerhebungsmethode	standardisierte Befragung der Patienten (mündlich und fernmündlich)
Untersuchungsdesign	quasiexperimentelle Untersuchung mit einer Experimentalgruppe (Hypnose) und einer Kontrollgruppe (Schmerzmittel). (Randomisierung ist nicht möglich, da die Patienten selbst entscheiden, welche Behandlungsform sie haben möchten)
Verhältnis von Interventions- und Evaluationsstichprobe	Da es sich nicht um ein gezielt initiiertes Interventions-Projekt handelt, ist die Interventionsstichprobe (Anzahl der Patienten, die unter Hypnose behandelt werden) unbekannt
Erfolgskriterium	Die Experimentalgruppe empfindet die Behandlung signifikant weniger unangenehm und wünscht signifikant seltener eine bessere Versorgung als die Kontrollgruppe (gerichtete Alternativhypothese als „starkes" Erfolgskriterium). Keine signifikanten Unterschiede zwischen Hypnose und Schmerzmittel (Nullhypothese) wären immerhin ein „schwaches" Erfolgskriterium, da bei gleicher Wirksamkeit die kostengünstigere und ökologisch wie medizinisch schonendere Hypnosebehandlung vorzuziehen ist.

Externe Validität: Zielpopulation sind prinzipiell alle Zahnarztpatientinnen und -patienten. Bei der realisierten Stichprobe von Zahnarztpraxen ist jedoch zunächst nur auf die Gesamtheit der Patienten der lokalen Zahnarztpraxen der untersuchten Großstadt zu generalisieren.

7.

Technologische Theorien sind anwendungsorientierte Theorien, die als wissenschaftlich begründete Handlungsanleitungen in der Praxis eingesetzt werden können und denen zu entnehmen ist, wie man vorgehen muß, um bestimmte Resultate zu erzielen.

8.

Die präskriptive Entscheidungstheorie kann mit ihren Hilfsmitteln (Entscheidungsanalyse, Bestimmung von Nutzenfunktionen) dazu beitragen, Entscheidungen zu optimieren, indem sie komplexe Entscheidungssituationen in einfache Präferenzentscheidungen zerlegt, die von Entscheidungspersonen leichter und zuverlässiger getroffen werden können als Globalentscheidungen. Auf der Basis der einzelnen Präferenzentscheidungen wird dann nach rationalen Entscheidungsregeln die Gesamtentscheidung synthetisiert. Im Kontext der Evaluationsforschung kann die Entscheidungsanalyse angewendet werden, wenn

a) zwischen unterschiedlichen Evaluationsvarianten zu wählen ist (Methodenentscheidung),

b) zwischen mehreren möglichen Zielsetzungen für eine Maßnahme abzuwägen ist (Zielexplikation bzw. Festlegung der abhängigen Variablen),

c) zwischen alternativen Maßnahmen für dasselbe Ziel zu wählen ist (Festlegung der unabhängigen Variablen) oder

d) der Nutzen unterschiedlicher Kombinationen von Wirkfaktoren bestimmt werden soll.

Mittels Entscheidungsanalyse können nicht nur Einzelentscheidungen von Einzelpersonen, sondern auch von Gruppen kombiniert werden (Gruppenentscheidung).

9.

Zur Festlegung von Bewertungsmaßstäben bzw. Erfolgskriterien von Interventionen können folgende Informationsquellen genutzt werden:

- *Expertenurteile:* Experten können Praktiker oder Theoretiker sein, die mit dem Forschungsfeld gut vertraut sind und ggf. mit den Evaluationsergebnissen weiterarbeiten. Werden mehrere Experten befragt, ist es notwendig, einen Konsens bzw. eine Entscheidung herbeizuführen (z.B. Entwicklungspsychologen, Pädagogen, Programmgestalter einigen sich im Rahmen einer Zielexplikation auf Kriterien für „kindgerechte" Fernsehsendungen; Übereinstimmung mit diesen Kriterien gilt als Erfolg).
- *Vorgaben von Betroffenen:* Betroffene bzw. potentielle Teilnehmer einer Maßnahme artikulieren ihre Veränderungserwartungen (z.B. Altenpfleger definieren den erwünschten Wissenszuwachs in einem Erste-Hilfe-Kurs; Übereinstimmung des Lernerfolgs mit dem erwünschten Wissenszuwachs gilt als Erfolg).
- *Status Quo:* Die bisherigen Leistungen oder Zustände eines Evaluationsobjektes werden als Standard definiert. Veränderungen, die deutlich über den Status Quo hinausgehen, gelten als Erfolg (z.B. Krankenstand eines Betriebes; Unterschreitung des bisherigen Krankenstandes gilt als Erfolg).
- *Normen, epidemiologische Daten:* Bei „großen" Evaluationsobjekten wird man zur Einschätzung des Status Quo auf Normen oder epidemiologische Daten zurückgreifen (z.B. Prävalenz der Säuglingssterblichkeit in der Bundesrepublik Deutschland; Unterschreitung der bundesdeutschen Säuglingssterblichkeit in den Zielkrankenhäusern gilt als Erfolg).
- *Gruppenvergleiche:* Der Erfolg einer Maßnahme wird durch Gruppenvergleiche definiert, bei denen unbehandelte Gruppen („Normalgruppen"), Extremgruppen oder anders behandelte Gruppen zum Vergleich herangezogen werden können (z.B. herkömmliche Behandlung, neue Behandlung; Überlegenheit der Experimentalgruppe gilt als Erfolg).

10.

One-Shot-Studien sind Untersuchungen mit nur einem einzigen Erhebungszeitpunkt nach einer Maßnahme und somit nicht geeignet, auf Interventionen zurückgehende Veränderungen zu erfassen. One-Shot-Studien sind für Evaluationszwecke ungeeignet, da ihre interne Validität nicht gesichert ist.

Kapitel 4

1.

Alle zu skalierenden Objekte werden paarweise verglichen und daraufhin beurteilt, bei welchem Objekt das interessierende Merkmal stärker ausgeprägt ist. Es kann dann z. B. die Rangreihe der Objekte indirekt danach aufgestellt werden, welches Objekt am häufigsten, am zweithäufigsten, am dritthäufigsten etc. über die anderen Objekte dominierte. Weitere Auswertungsmöglichkeiten von Daten aus Dominanz-Paarvergleichen sind eindimensionale Skalierungen (Law of Comparative Judgement) und psychophysische Schwellenbestimmungen nach der Konstanzmethode oder dem Signal-Entdeckungs-Paradigma.

2.

$$\frac{20 \cdot 19}{2} = 190 \text{ Paarvergleiche.}$$

3.

Beim Dominanzpaarvergleich werden Objekte hinsichtlich eines konkreten Merkmals paarweise verglichen; beim Ähnlichkeitspaarvergleich werden jeweils zwei Objekte hinsichtlich ihrer globalen Ähnlichkeit auf einer Rating-Skala eingeschätzt.

4.

	Urteil	Rangplätze
P 1	1	1,5
P 2	2	4,0
P 3	2	4,0
P 4	1	1,5
P 5	5	9,5
P 6	4	7,0
P 7	2	4,0
P 8	4	7,0
P 9	4	7,0
P 10	5	9,5

5.

Eine MDS (Multidimensionale Skalierung) ist ein statistisches Verfahren zur Analyse von Ähnlichkeitsurteilen über eine Objektmenge. Die MDS ermittelt die Dimensionen, die den globalen Ähnlichkeitsurteilen zugrundeliegen.

6.

Generell werden Urteilsfehler vermieden, wenn die Urteiler in Ruhe und mit Sorgfalt antworten (nicht in Eile), wenn sie eine detaillierte und gut verständliche Instruktion erhalten, wenn ihnen realistische und eindeutige Antwortvorgaben präsentiert werden, wenn sie die zu beurteilenden Objekte kennen und wenn sie vorher über mögliche Urteilsfehler (z. B. Halo-Effekt, Milde-Härte-Fehler) aufgeklärt werden.

7.

Das semantische Differential ist eine von Osgood et al. (1957) entwickelte Datenerhebungsmethode aus dem Bereich Urteilen, die es ermöglicht, die konnotative Bedeutung von Begriffen oder Objekten bzw. den emotionalen Gesamteindruck, den sie beim Urteiler auslösen, zu erfassen. Dabei werden die zu beurteilenden Objekte anhand von ca. 20–30 bipolaren Adjektivpaaren auf Rating-Skalen eingeschätzt.

8.

Die Grid-Technik ist eine von Kelly (1955) entwickelte Datenerhebungsmethode aus dem Bereich Urteilen, mit deren Hilfe die subjektiven Konstrukte einer Person, die ihre individuelle Weltsicht prägen, erfaßt werden können. Dazu werden zunächst Personen oder Objekte nach vorgegebenen Rollen ausgewählt und dann in Dreier-Gruppen verglichen. Welche Konstrukte bzw. Merkmale die Urteiler bei diesen Vergleichen heranziehen, bleibt ihnen überlassen; sie sind indikativ für die individuelle Konstruktwelt der Probanden.

9.

Objektivität ist definiert als Unabhängigkeit der Testergebnisse von der Person des Testanwenders. Die Reliabilität ist die Meßgenauigkeit (möglichst geringe Beeinträchtigung des Testergebnisses durch Stör- bzw. Fehlereinflüsse). Validität oder Gültigkeit ist definiert als Zusammenhang eines Testergebnisses mit dem interessierenden Konstrukt. Die interne Validität einer Untersuchung meint eindeutige Interpretierbarkeit der Ergebnisse hinsichtlich der Forschungshypothese, die externe Validität ist definiert als Generalisierbarkeit der Ergebnisse. Die Verwendung eines invaliden Tests reduziert die interne Validität der Untersuchung.

10.

Retest-Methode, Paralleltest-Methode, Testhalbierungs-Methode, Interne Konsistenz-Methode.

11.

Kandidat	Indexwert
1	14
2	8
3	6
4	8
5	8
6	6

12.

Den Zusammenhang zwischen den Merkmalsausprägungen („Fähigkeiten") von Probanden und ihren Lösungswahrscheinlichkeiten für ein Item.

13.

Aufgaben mit offener Beantwortung, halboffener Beantwortung und geschlossener Beantwortung (Antwortvorgaben).

14.

Die Anzahl der gelösten Aufgaben in einem Test wird um die Anzahl der Lösungen, die rein zufällig erraten werden können, reduziert.

15.

Cronbachs Alpha ist ein Maß für die interne Konsistenz bzw. Reliabilität eines Tests. Ein a-Wert von 0,67 deutet auf eine unterdurchschnittliche Konsistenz hin (üblicherweise sind Werte über 0,80 zu fordern).

16.

Die Trennschärfe ist die Korrelation eines Items mit dem Gesamttestwert.

17.

Den ersten Test, denn der 2. Test wird offensichtlich durch falsche Angaben gekennzeichnet (die Validität kann nicht größer sein als die Wurzel aus der Reliabilität).

18.

Generell mindert eine glaubwürdige Zusicherung von Anonymität sozial erwünschtes Antworten. Zudem sind folgende Techniken gängig: ausbalancierte Antwortvorgaben, Kontrollskalen, objektive Tests, Aufforderung zu korrektem Antworten und Random Response-Technik.

19.

Eine Antworttendenz, bei der Probanden dazu neigen, Items in stereotyper Weise (unabhängig vom Inhalt) zu bejahen.

20.

	Alter	Rangplatz	Dichotomisierung
Vp 1	34	10,5	1
Vp 2	18	1	0
Vp 3	19	2,5	0
Vp 4	36	12	1
Vp 5	22	4	0
Vp 6	31	9	1
Vp 7	28	8	1
Vp 8	34	10,5	1
Vp 9	19	2,5	0
Vp 10	27	7	1
Vp 11	26	6	0
Vp 12	25	5	0

Die Dichotomisierung erfolgt hier nach dem sog. Median-Split, d. h. diejenigen 50% der Probanden mit dem niedrigsten Alter werden in die eine Gruppe (hier mit 0 kodiert) und die 50% mit dem höchsten Alter in die andere Gruppe (hier mit 1 kodiert) eingeteilt.

21.

Die Rücklaufquote ist der Anteil der beantworteten bzw. zurückgeschickten Fragebögen an der Gesamtzahl aller versendeten Fragebögen bei einer postalischen Befragung. Eine geringe Rücklaufquote wirft die Frage auf, ob und inwiefern sich die Nicht-Antwortenden systematisch von den Antwortenden unterscheiden und somit die Untersuchungsergebnisse nur für die Teilpopulation der Antwortenden Gültigkeit besitzen (eingeschränkte externe Validität). Durch eine Nachbefragung der zunächst nicht erreichten Probanden können Informationen über die Population der Nicht-Antwortenden gewonnen werden; ggf. wird man die Stichprobe auch durch systematische Nachbefragungen auffüllen.

22.

Soll ein Geschehen beobachtet und protokolliert werden, das zeitlich länger ausgedehnt ist, werden – speziell bei standardisierten Beobachtungen – meist Ausschnitte des Geschehens ausgewählt und nur diese betrachtet. Dabei wählt man entweder besondere Ereignisse (Ereignisstichprobe) oder definierte Zeitintervalle (Zeitstichprobe) des Verhaltensstromes aus. Die Ereignisstichprobe erfaßt Einzelereignisse vollständig, die Zeitstichprobe gibt dagegen einen besseren Überblick über das Gesamtgeschehen.

23.

Da die Übereinstimmung von nominalskalierten Urteilen zu bestimmen ist, wählen wir gem. Tafel 30 das Kappa-Maß:

$$\kappa = \frac{p - p_e}{1 - p_e}$$

Für p ergibt sich

$$p = \frac{6 + 4 + 20 + 10}{51} = \frac{40}{51} = 0,78$$

und für p_e

$$p_e = \frac{9 \cdot 6 + 5 \cdot 8 + 20 \cdot 26 + 17 \cdot 11}{51^2} = \frac{801}{51^2} = 0,31$$

Man erhält also

$$\kappa = \frac{0,78 - 0,31}{1 - 0,31} = 0,68$$

Diese Übereinstimmung ist als mittelmäßig zu qualifizieren.

24.

a) EKG (Elektrokardiographie zur Messung der Herzschlagfrequenz) und Manschettendruckverfahren (zur Messung des Blutdrucks)

b) EMG (Elektromyographie zur Messung der elektrischen Muskelaktivität)

c) EEG (Elektroencephalographie zur Messung der elektrischen Hirnaktivität)

Kapitel 5

1.

Forschende und Beforschte werden als gleichberechtigte Partner betrachtet, so daß die Untersuchungsteilnehmer wesentlich mitentscheiden über Untersuchungsthema, Untersuchungsmethode, Ergebnisinterpretation und Ergebnisdarstellung. Die Anwendungsfelder der Aktionsforschung liegen v. a. im sozialen, politischen sowie im Bildungsbereich, wo es mit Hilfe von Aktionsforschung zu praktischen Verbesserungen (speziell für benachteiligte Personengruppen) kommen soll (emanzipatorische Zielsetzung).

2.

Die in den 60er Jahren stattgefundene Auseinandersetzung zwischen den Vertretern der Frankfurter Schule (Kritische Theorie) und den Vertretern des kritischen Rationalismus. Inhaltlich ging es um die Angemessenheit wissenschaftlicher Methoden (dialektisches vs. empirisches Vorgehen) und die gesellschaftliche Funktion von Wissenschaft (Stichwort „Vernunft" vs. „Zweckrationalität").

3.

Der Grounded Theory-Ansatz ist ein interpretatives Verfahren zur gegenstandsverankerten Bildung und Prüfung von Theorien. Theorien sollen möglichst unvoreingenommen dem vorliegenden Textmaterial entnommen werden (induktives Vorgehen). Die aus dem Text herausgefilterten Konzepte (Kodes) und ihre Verknüpfungen, die sich insgesamt zur Theorie zusammensetzen, werden anhand einzelner Textteile immer wieder auf ihre Gültigkeit geprüft.

4.

Bei der *Deduktion* wird von einer allgemeingültigen Regel auf einen konkreten Anwendungsfall geschlossen. Der Deduktionsschluß ist notwendig wahr, bringt aber kaum neue Erkenntnisse (wahrheitsbewahrend: Alle Menschen sind sterblich – Cäsar ist ein Mensch – Also ist Cäsar sterblich). Bei der *Induktion* wird von beobachteten Regelmäßigkeiten bei einem Fall auf ähnliche Fälle geschlossen. Der Induktionsschluß ist unsicher, erweitert aber im günstigen Fall – und *nur im günstigen Fall* – den Kenntnisstand (potentiell wahrheitserweiternd: Cäsar führt Eroberungskriege – Cäsar ist ein Politiker – Alle Politiker führen Eroberungskriege? – oder vielleicht nur manche?). Bei der *Abduktion* wird von den beobachteten Regelmäßigkeiten bei einem Fall auf Hintergründe des Beobachteten geschlossen. Der Abduktionsschluß ist sehr spekulativ, führt aber – im günstigen Fall – zu genuin neuen Erkenntnissen (potentiell wahrheitsentdeckend: Alle Menschen sind sterblich – Cäsar ist gestorben – Cäsar ist ein Mensch? – oder vielleicht Nachbars Hund oder Kater?).

5.

Hermeneutik ist die Kunst bzw. die allgemeine Methode der Textinterpretation. Ein Kernelement der Hermeneutik ist der hermeneutische Zirkel, der eine schrittweise Annäherung an die Textbedeutung anstrebt, indem zunächst ein grobes Gesamtverständnis erlangt wird, dann einzelne Textteile genauer betrachtet und mit der Gesamtdeutung verglichen werden, wobei es zu Modifikationen des Gesamtverständnisses kommen kann. Diese Arbeitsschritte werden mehrfach wiederholt.

6.

Unter Chicagoer Schule versteht man die in den 20er/30er Jahren an der Universität Chicago durchgeführten Forschungsarbeiten, die für die qualitative Forschung wegweisend waren und u.a. den Symbolischen Interaktionismus und die Ethnomethodologie hervorbrachten. Inhaltlich standen v.a. soziale Probleme im Vordergrund, die mit Methoden der teilnehmenden Beobachtung untersucht wurden (Feldforschung).

7.

a) nonreaktives Verfahren: Bücher, die in Augenhöhe stehen, sollten bei Ad-hoc-Auswahl stärker abgenutzt sein als die übrigen Bücher. Bei einer Auswahl nach Literaturrecherche dürfte sich kein Unterschied zeigen.
b) Beobachtung von Rollenspielen, in denen männliche und weibliche Jugendliche demonstrieren, wie sie mit ihren Eltern über das Ausgehen verhandeln. (Befragungen wären hier weniger effektiv, da sich die wenigsten darüber im klaren sein dürften, welche Argumentationstechnik sie einsetzen und welche nonverbalen Signale sie dabei geben etc.).
c) Gruppendiskussion mit Schülern und Lehrern, um auch kontroverse Positionen zu erfassen und Kompromißvorschläge erarbeiten zu können.

8.

Die *Moderationsmethode* ist eine besondere Form der Organisation und Durchführung von Gruppenprozessen v.a. in Arbeits- und Lerngruppen. Kennzeichnend sind eine klare Strukturierung und Planung aller Arbeitsschritte, viele Visualisierungen und die aktive Mitarbeit aller Teilnehmenden. Kurzmoderationen können in explorativen Studien eingesetzt werden, z.B. als teilstrukturierte Gruppenbefragungen, in deren Verlauf eine Gruppe (z.B. Abteilung eines Betriebes, Lehrerkollegium einer Schule) ihre Meinungen, Erfahrungen, Probleme etc. zu einem bestimmten Thema artikuliert, diskutiert, bewertet und protokolliert. Auch in der Evaluationsforschung können Moderationen eingesetzt werden z.B. zur Rückmeldung von Evaluationsergebnissen (und Diskussion der daraus folgenden praktischen Konsequenzen) oder für die Besprechung von Zwischenbilanzen in der formativen Evaluation sowie auch in der Aktionsforschung.

9.

Unter *Frauenforschung* versteht man Sozialforschung, die Geschlechterasymmetrien (speziell die Benachteiligung von Frauen) bei der Behandlung prinzipiell aller sozialwissenschaftlichen Themen mitberücksichtigt; dabei wird nicht nur Weiblichkeit, sondern auch Männlichkeit als soziale Konstruktion analysiert (Gender Theory).

10.

Einstimmung vor einem Interview; Nachspielen realer Situationen, die nicht direkt beobachtet werden können; Training von Versuchsleitern und Interviewern im Rollenspiel; Entwicklung von Rollenspielen in der Interventionsforschung für Trainings- und Therapiezwecke.

11.

- *Zusammenfassung:* Frau D. lebt mit ihrer 11jährigen Tochter und ihrem 17jährigen Sohn in Buch, arbeitet als Kindergärtnerin und engagiert sich für die PDS (z. B. Mitwirkung an Informationsständen). Frau D. möchte nicht, daß ihre PDS-Mitarbeit in Buch bekannt wird, um sich und den Kindern unangenehme Reaktionen der Umwelt zu ersparen. Sie beschreibt sich als fortschrittlich, hilfsbereit und tolerant, gleichzeitig im Rückblick als zu gutgläubig, was die Politik der DDR-Regierung angeht.
- *Stichwortverzeichnis:* Gesundheit, Arbeit, soziales Leben, Kinder, Staat (BRD), PDS, DDR-Regierung.
- *Interpretationsideen für das Thema „PDS":* In ihrer Antwort auf die Frage, was für sie im Leben wichtig sei, nimmt die PDS den größten Raum ein. Dies könnte auf ein zentrales Lebensthema hindeuten, andererseits könnte es sich auch um einen situativen Effekt handeln, da die Interviewerin (aus dem Westen?) beim Thema PDS nachfragt: „Infostände von der PDS?" und damit weitere Erläuterungen (Rechtfertigungen?) hervorlockt. Wirkte Ende 1992 in Buch die PDS-Mitgliedschaft im sozialen Umfeld von Frau D. tatsächlich so stigmatisierend („deine Mutter ist 'ne Rote"), daß mit negativen Reaktionen zu rechnen war, oder drückt sich in der „Geheimhaltung" der PDS-Mitarbeit auch eigene Unsicherheit aus? Müßte Frau D., die im Nachhinein die DDR-Verhältnisse kritisch beurteilt und ihre Gutgläubigkeit bereut, nicht befürchten, wieder „zu gutgläubig" zu sein? Eventuell sieht Frau D. einen deutlichen Bruch zwischen SED und PDS; sie bezeichnet ihre politische Position als „fortschrittlich". Was bedeutet „fortschrittlich" für sie?
- *Bewertung des Gesprächsverlaufs:* Frau D. verhält sich kooperativ, sie erzählt flüssig und klar verständlich.

12.

Bei *nonreaktiven Verfahren* werden die untersuchten Personen nicht mit einer Forschungssituation konfrontiert, weil entweder verdeckt beobachtet wird oder nur Verhaltensspuren analysiert werden. Beispiele für die nonreaktive Erforschung von Hilfeverhalten: a) Hinterlassen von Gegenständen in der U-Bahn und Ermittlung des Prozentsatzes der im Fundbüro abgegebenen Gegenstände als Maß der Hilfsbereitschaft (experimentell variierbar wären materieller und/oder ideeller Wert der Objekte: z. B. Brillenetui, Uhr, Roman, Tagebuch etc. oder die Tageszeiten der Erhebung); b) fingierte Autopanne und Registrierung der potentiellen Helfer, die anhalten (experimentell variierbar: Geschlecht und Anzahl der betroffenen Personen; Straßentyp; Automarke).

13.

methodische Probleme: a) Bewältigung der Fülle und Komplexität der Eindrücke und Erfahrungen (Wahrnehmung, Dokumentation und Ergebnisdarstellung sollen einerseits ausführlich, offen und anschaulich sein, andererseits muß ausgewählt und fokussiert werden); b) Konflikte zwischen Teilnehmer- und Beobachter-Rolle (tieferes Verständnis wird einerseits oft nur durch intensives „Mitmachen" möglich, dieses verhindert gleichzeitig durch „Aufgehen" im Geschehen die aufmerksame Beobachtung und Analyse); ethische Probleme: a) bei verdeckter teilnehmender Beobachtung werden die Feldsubjekte, zu denen man persönliche Beziehungen aufbaut, absichtlich getäuscht; b) Konflikte zwischen Beobachter- und Teilnehmer-Rolle haben nicht nur Einfluß auf den Erkenntnisgewinn (s. o.), sondern auch auf die Handlungsmöglichkeiten im Feld. Während die Beobachterrolle ein „Laufenlassen" des natürlichen Geschehens nahelegt, kann die Teilnehmer-Rolle zu engagiertem Eingreifen gemäß den eigenen Wert- und Normvorstellungen verpflichten.

14.

Der *Lebenslauf* umfaßt die Kette wichtiger Ereignisse, die in einem Menschenleben stattfinden. Die *Biographie* ist die subjektive Rekonstruktion und Interpretation eines Lebenslaufes durch das Individuum. Biographien werden im Laufe des Lebens „umgeschrieben", da Lebensereignisse im Lichte neuer Erfahrungen anders bewertet werden und zudem in der Erinnerung Verzerrungen auftreten können (z. B. Vergessen, Verwechseln, Hinzuphantasieren etc.).

15.

Beim *Leitfaden-Interview* wird das Gespräch durch ein Gerüst von Kernfragen (den Leitfaden) strukturiert, während das *narrative Interview* mit einem Erzählanstoß beginnt und dann im Hauptteil aus einer freien Stegreiferzählung der interviewten Person besteht. Das Leitfaden-Interview hat den Vorteil, daß durch die halbstrukturierte Form von mehreren Interviewpartnern Äußerungen zu denselben Themen erfaßt und miteinander verglichen werden können, während beim narrativen Interview derselbe Erzählanstoß zu ganz unterschiedlichen Erzählungen mit unterschiedlichen Themenschwerpunkten führen kann. Das narrative Interview hat jedoch den Vorteil, daß durch die Erzählzwänge teilweise andere und tiefergehende Informationen offenbart werden als bei direktem Nachfragen.

Kapitel 6

1.

Eine Heuristik ist eine Daumenregel zur Lösung einer komplexen Aufgabe oder eines Problems (im Unterschied zum Algorithmus bietet die Heuristik keine „Lösungsgarantie").

2.

a) eine Datenerhebungsmethode (offene bzw. halbstandardisierte Befragung z.B. im Kontext der Anamnese), b) einen Untersuchungstyp, der das Ziel verfolgt, neue Aspekte eines Untersuchungsgegenstandes zu erkunden und auf der Basis dieser Informationen neue Hypothesen zu formulieren (auch: Erkundungsstudie oder hypothesenfindende Untersuchung im Unterschied zur hypothesenprüfenden Untersuchung).

3.

a) theoriebasierte Exploration (Generierung neuer Hypothesen aus Alltagstheorien oder durch Analyse wissenschaftlicher Theorien); b) methodenbasierte Exploration (Betrachtung der Beziehungen zwischen Methoden und Untersuchungsgegenständen zur Anregung neuer Ideen); c) empirisch-quantitative Exploration (Suche nach Regelläufigkeiten und Mustern in quantitativen Datensätzen, die die Hypothesenbildung anregen); d) empi-

risch-qualitative Exploration (Hypothesenbildung anhand qualitativen Datenmaterials, z.B. durch Aufstellen von Inventaren oder Typenbildung).

4.

a) Kinder mit ungewöhnlichem Namen werden häufiger gehänselt und ausgelacht, sie geraten in eine Außenseiterposition, aus der heraus sie sich dann auch weniger „liebenswert" verhalten.

b) Eltern, die ihren Kindern ungewöhnliche, altmodische bzw. „merkwürdige" Namen geben, weisen besondere Merkmale auf, die die Entwicklung und soziale Kompetenz der Kinder negativ beeinflussen (z.B. Behandlung des Kindes als „Schmuckstück" etc.).

c) Ungewöhnliche Namen wecken teilweise unangenehme Assoziationen (z.B. Erinnerungen an „böse" Gestalten im Märchen o.ä.), die mit dem Namensträger in Verbindung gebracht werden (Projektion).

d) Wer einen ungewöhnlichen Namen trägt, sticht aus der Masse heraus, lenkt die Aufmerksamkeit der anderen auf sich, was wiederum die Selbstaufmerksamkeit erhöht, d.h. man beobachtet sich selbst genau, um nichts falsch zu machen. Erhöhte Selbstaufmerksamkeit begünstigt soziale Ängstlichkeit und macht den Umgang mit anderen schwieriger.

5.

Computersimulationen können als Instrument der Theorieanalyse verwendet werden: a) die Programmierung einer Theorie zwingt zur Formalisierung der Aussagen und macht die Struktur des Aussagengebäudes transparenter (unklare Begriffe, Widersprüche o.ä. werden leichter entdeckt); b) ist das Programm nicht lauffähig, gibt dies (sofern Programmierfehler ausgeschlossen sind) Hinweise zur Programm- bzw. Theoriemodifikation; c) produziert das Programm unplausiblen oder mit empirischen Daten nicht vereinbaren Output, gibt dies (sofern Programmierfehler ausgeschlossen sind) Hinweise zur Programm- bzw. Theoriemodifikation.

6.

Eine Metapher beschreibt einen (meist immateriellen) Gegenstand mit den Merkmalen eines anderen (meist materiellen) Gegenstands oder Prozesses. Beispiele:

a) die Beherrschung verlieren (Beherrschung als wertvoller Gegenstand)

b) der Geduldsfaden reißt (Geduld als wenig belastbares Material)

c) sich an die Hoffnung klammern (Hoffnung als fester Halt).

7.

Das Prinzip der Entscheidungsdelegation

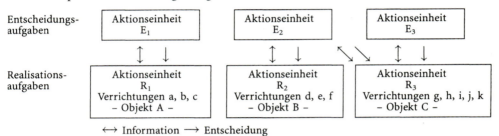

8. verschiedenen Personen oder Gruppen etc.)

8.

Faktor 1: volkstümlicher Lebensstil (sparsam, bastelt gern, häuslich, mag Haustiere, sicherheitsorientiert)

Faktor 2: abenteuerlustiger Lebensstil (sportbegeistert, abenteuerlustig, gesellig, mag legere Kleidung, geht gern in Diskotheken)

Faktor 3: kultureller Lebensstil (kulturell interessiert, theaterbegeistert, politisch informiert, berufsorientiert, liest gerne).

9.

Der EDA-Ansatz (Exploratory Data Analysis) umfaßt eine Gruppe graphischer Analyseverfahren, die Muster, Regelläufigkeiten, Zusammenhänge oder andere besondere Effekte in einem komplexen qualitativen Datensatz erkennbar machen.

10.

Clusteranalyse (zur Zusammenstellung von homogenen Personen- bzw. Objektgruppen) und Faktorenanalyse (zur Bündelung von korrelierenden Variablen).

11.

a) Analyse natürlich variierender Begleitumstände (Beobachtung desselben Sachverhalts zu unterschiedlichen Zeiten, an unterschiedlichen Or-

ten, bei verschiedenen Personen oder Gruppen etc.)

b) Analyse willkürlich manipulierter Begleitumstände (qualitatives Experimentieren)

c) Veränderungen aufgrund besonderer Ereignisse (besondere Vorkommnisse, Extremfälle betrachten)

d) Ursachen erfragen (Alltagstheorien bzw. naive Theorien analysieren)

e) Auffälligkeiten in der Lebensgeschichte (biographische Methode einsetzen)

f) Eigene Initiativen erkunden (Fremdbeobachtung und ggf. systematische Selbstbeobachtung der Betroffenen anregen)

g) Systematische Vergleiche (Kontrastierung mehrerer Einzelfälle, Suche nach Gemeinsamkeiten und Unterschieden).

12.

- Krankheit (a, d)
- Temperatur (b, c, h, i)
- Kraft (e, f, g).

13.

Ein Inventar ist eine Zusammenstellung aller zu einem ausgewählten Sachverhalt gehörenden Objekte bzw. Teilelemente. Das Inventarisieren ist eine besonders gründliche Form der Beschrei-

bung und Dokumentation von Sachverhalten anhand ihrer einzelnen Aspekte. Hat man durch das
Inventar Übersicht über alle Teilaspekte gewonnen, können sich Hypothesenbildungen anschließen, etwa über die Bedeutung einzelner Teilelemente, über die Gründe für das Fehlen oder das
häufige Vorkommen bestimmter Elemente etc.

14.

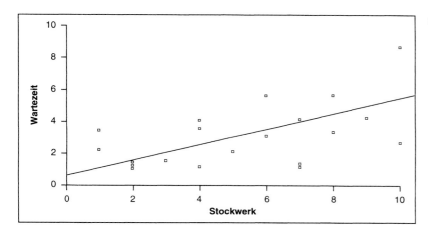

a) Scatter-Plot

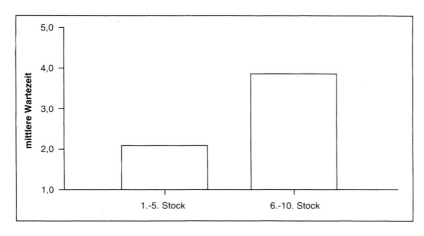

b) Balkendiagramm

c) Stem-and-Leaf-Plot

Häufigkeit	Wartezeiten
7	1.0012245
3	2.025
4	3.0245
3	4.001
2	5.55
0	6.
0	7.
1	8.5

d) Tendenziell steigt die Wartedauer mit zunehmender Stockwerkzahl (positiver Zusammenhang), in den oberen fünf Stockwerken wird durchschnittlich knapp zwei Minuten länger gewartet als in den unteren fünf Stockwerken.

Kapitel 7

1.

Aus einer vollständigen Liste aller zur Population gehörenden Objekte werden zufällig n Objekte gezogen, so daß jedes Objekt dieselbe Auswahlwahrscheinlichkeit hat.

2.

In probabilistischen Stichproben sind die Auswahlwahrscheinlichkeiten bekannt.

3.

Klumpen sind natürliche Teilgruppen einer Population (z. B. Ärzteteams verschiedener Krankenhäuser), Schichten sind nach Vorgabe bestimmter Merkmale oder Merkmalskombinationen definierte Teilgruppen einer Population (z. B. Ärzte unter 40 Jahre, Ärzte über 40 Jahre).

4.

- Vom korrelativen Zusammenhang zwischen Müdigkeit und Schulleistung einerseits und Haschisch-Konsum andererseits kann nicht auf kausale Wirkungsrichtungen geschlossen werden (vielleicht motiviert Müdigkeit zum Haschisch-Konsum oder es spielen noch ganz andere Faktoren eine Rolle).
- Es werden Aussagen über die Population aller Haschisch-Konsumenten gemacht. Diese Population ist unbekannt, so daß keine probabilisti-

schen („repräsentativen") Stichproben gezogen werden können. Statt von einer „Repräsentativstudie" zu sprechen, wäre hier eine kurze Beschreibung der Untersuchungsteilnehmer und des Auswahlverfahrens sinnvoller gewesen.

- Auf der Basis von Stichprobenergebnissen lassen sich Populationsparameter nur unter Unsicherheit schätzen. Die „70%"-Angabe müßte also in irgendeiner Weise relativiert werden (etwa durch Angabe des Konfidenzintervalls).
- „Überdurchschnittliches" Schlafen und „unterdurchschnittliche" Leistungen – damit ist allein die Richtung von Unterschieden angesprochen. Die entscheidende Frage lautet nun, wie groß diese Unterschiede sind. „Überdurchschnittlich" kann z. B. bedeuten „3 Minuten länger" oder „vier Stunden länger" – dies bleibt der Phantasie (und den Vorurteilen) der Leserschaft überlassen.
- Die praktische Schlußfolgerung, daß eine „liberale Drogenpolitik" „gefährlich" sei, steht mit dem Thema der Untersuchung in keinerlei Zusammenhang; sie behandelt Merkmalsausprägungen bei Haschisch-Konsumenten und kann weder sagen, ob die Merkmalsausprägungen vom Haschisch-Konsum verursacht werden, noch ob eine „liberale Drogenpolitik" zum Haschisch-Konsum führt (wie implizit angedeutet wird).

5.
- erste Ziehungsstufe: Museen (Zufallsauswahl von Klumpen aus der Liste bundesdeutscher Museen)
- zweite Ziehungsstufe: Kalendertage (z. B. Zufallsauswahl aus dem Kalender)
- dritte Ziehungsstufe: Besucher (z. B. jeder 40. Besucher eines Tages, wobei durch diese systematische Auswahl eine Zufallsauswahl angenähert werden soll).

6.
- *Erwartungstreue:* Der Mittelwert mehrerer Punktschätzungen desselben Parameters ist identisch mit dem gesuchten Populationsparameter.
- *Konsistenz:* Je größer die Stichprobe, umso mehr nähern sich die Punktschätzungen dem Parameter an.
- *Effizienz:* Die Varianz der Verteilung des Punktschätzers ist geringer als die Varianz der

Verteilung anderer, möglicherweise als Schätzer geeigneter Kennwerte.
- *Suffizienz:* Der Punktschätzer berücksichtigt alle relevanten Stichprobendaten.

7.

Auf der Basis von Vorinformationen wird geschätzt, wie wahrscheinlich verschiedene Schätzwerte des interessierenden Populationsparameters sind (Priorwahrscheinlichkeiten). Es folgt eine empirische Stichprobenuntersuchung. Daraufhin werden die Likelihoods des gefundenen Stichprobenergebnisses unter Gültigkeit der verschiedenen Parameterschätzungen bestimmt (entweder direkt oder über ausgewählte Likelihood-Verteilungen). Aus den Priorwahrscheinlichkeiten und den Likelihoods können Posteriorwahrscheinlichkeiten (bedingte Wahrscheinlichkeiten der geschätzten Populationsparameter unter der Gültigkeit des Stichprobenergebnisses) berechnet werden. Die Posteriorwahrscheinlichkeiten integrieren Vorwissen und Stichprobenergebnis zu einer genaueren Schätzung als sie allein auf der Basis eines Stichprobenergebnisses möglich wäre.

8.

a) Für $\pi = 0{,}05$ genügt ein Stichprobenumfang von $n = 500$, um den Populationsparameter mit der angestrebten Fehlertoleranz von 3% zu schätzen (für $p = 0{,}05$ und $n = 500$ reicht das 99%ige Konfidenzintervall von 3% bis 8%). Sollte der Populationsanteil der tauschwilligen Studierenden jedoch 20% betragen, würde man 1000 Probanden benötigen, um den Parameter mit der gewünschten Genauigkeit (99%iges Konfidenzintervall mit den Grenzen 17% bis 23%) zu schätzen (vgl. Tabelle 24).

b) Klumpenstichprobe (Klumpen sind jeweils die Studierenden je einer Universität).

9.

- *Zufallsstichprobe:* Vorwissen über Priorwahrscheinlichkeiten und Likelihoods ermöglicht eine Parameterschätzung nach dem Bayes'schen Ansatz.
- *Klumpenstichprobe:* Vorwissen über natürliche Gruppen in der Population gibt Anhaltspunkte für die Definition von Klumpen.
- *geschichtete Stichprobe:* Bekannt sein sollte (mindestens) ein Schichtungsmerkmal, das hoch mit dem untersuchten Merkmal korreliert. Zudem sollte man die Umfänge der Teilpopulationen (Schichten) kennen sowie die Merkmalsstreuungen innerhalb der Schichten.
- *mehrstufige Stichprobe:* Die Zusammensetzung der Population sollte insoweit bekannt sein, daß geeignete Klumpen und Schichtungsmerkmale (s. o.) definiert werden können.
- *wiederholte Stichprobenziehung:* Bei bekannter Korrelation der Meßwerte zum ersten und zweiten Meßzeitpunkt (Retest-Reliabilität) kann das optimale Mischungsverhältnis wiederverwendeter und neuer Untersuchungsteilnehmer vor der Stichprobenziehung berechnet werden.

10.

Die Schätzung von Populationsparametern auf der Basis von Daten über nur einen (meist verhältnismäßig kleinen) Teil der Population (Stichprobenuntersuchung) ist mit Unsicherheit behaftet. Bei der Intervallschätzung mittels Konfidenzintervall kann diese Unsicherheit in Form eines Wahrscheinlichkeitswertes (Konfidenzkoeffizient) quantifiziert und kontrolliert werden.

11.

es stimmen: a, d, e

12.

Person	Geschl.	Population (n=20)	Zufallsstich-probe (n=10)	Systematische Stichprobe (n=4)	Quotenstich-probe (n=10)	Gewichte	Gewichtete Quotenstichprobe (n=10)
1	1	0	0 (01.)	–	0 (w)	0,625	0
2	1	3	3 (02.)	–	3 (w)	0,625	1,875
3	2	2	–	–	1 (m)	2,5	2,5
4	2	0	0 (04.)	–	0 (m)	2,5	0
5	1	0	0 (05.)	0 (5.)	0 (w)	0,625	0
6	1	1	–	–	1 (w)	0,625	0,625
7	2	0	0 (07.)	–	–	–	–
8	1	1	–	–	1 (w)	0,625	0,625
9	2	3	3 (09.)	–	–	–	–
10	2	2	–	2 (10.)	–	–	–
11	2	0	–	–	–	–	–
12	2	4	–	–	–	–	–
13	1	0	0 (13.)	–	0 (w)	0,625	0
14	1	1	–	–	1 (w)	0,625	0,625
15	1	1	–	1 (15.)	1 (w)	0,625	0,625
16	1	2	2 (16.)	–	–	–	–
17	1	0	–	–	–	–	–
18	2	3	3 (18.)	–	–	–	–
19	2	2	–	–	–	–	–
20	2	0	0 (20.)	0 (20.)	–	–	–
Mittelwert		1,25	1,1	0,75	0,8		0,688

Gewichte: Gewichtungsfaktor Frauen: 5/8 = 0,625; Männer: 5/2 = 2,5
Gewichtete Unfälle: Unfallzahl ∗ Gewichtungsfaktor

13.

$$p(\text{Diebe}|\text{Alarm}) = \frac{p(\text{Alarm}|\text{Diebe}) \cdot p(\text{Diebe})}{p(\text{Alarm}|\text{Diebe}) \cdot p(\text{Diebe}) + p(\text{Alarm}|\text{Besucher}) \cdot p(\text{Besucher}) + p(\text{Alarm}|\text{niemand}) \cdot p(\text{niemand})}$$

$$p(\text{Diebe}|\text{Alarm}) = \frac{0,9 \cdot 0,01}{0,9 \cdot 0,01 + 0,7 \cdot 0,8 + 0,1 \cdot 0,19} = \frac{0,009}{0,588} = 0,0153 = 1,53\%$$

14.
Eine Priorverteilung, die beim Fehlen jeglicher Vorkenntnisse über die Verteilung des interessierenden Merkmals als Gleichverteilung formuliert wird.

15.

$\bar{x}$ Mittelwert in der Stichprobe

μ Mittelwert (Erwartungswert) in der Population

$\hat{\sigma}_{\bar{x}}$ geschätzter Standardfehler (Streuung der X-Werte-Verteilung)

μ' Erwartungswert der Priorverteilung

μ'' Erwartungswert der Posteriorverteilung

s^2 Stichprobenvarianz

df   Freiheitsgrade (Degrees of Freedom)

Δ_{krit} Konfidenzintervall

$z_{(2,5\%)}$ Wert, der 2,5% der Fläche am Rand der Standardnormalverteilung abschneidet

π Anteilswert in der Population

$p(X = 30\%|\pi)$ bedingte Wahrscheinlichkeit, daß ein Anteilswert in der Stichprobe 30% beträgt, wenn in der Population ein Anteilswert von π vorliegt.

Kapitel 8

1.

Eine unspezifische Hypothese sagt nur „irgendwelche" Unterschiede/Zusammenhänge/Veränderungen vorher (*ungerichtete* unspezifische Hypothese) oder gibt allenfalls noch die Richtung von Unterschieden/Zusammenhängen/Veränderungen an (*gerichtete* unspezifische Hypothese), während eine spezifische Hypothese auch den Betrag bzw. die Größe des postulierten Effektes festlegt.

2.

Der β-Fehler ist der Fehler, den man begeht, wenn man die H_0 beibehält, obwohl in der Population die H_1 gilt.

3.

Die Alternativhypothese H_1 muß spezifisch sein.

4.

Ein Regressionseffekt kommt zustande, wenn selegierte Stichproben (in denen überproportional viele Extremfälle enthalten sind) wiederholt untersucht werden. Extrem niedrige oder hohe Werte tendieren bei der Wiederholungsmessung zur Mitte bzw. zur höchsten Dichte der Verteilung. Dieser Regressionseffekt (Verringerung extrem hoher Werte bzw. Erhöhung extrem niedriger Werte) repräsentiert keine zwischenzeitliche Merkmalsveränderung, sondern ist ein reines Methodenartefakt, das durch nicht perfekt reliable Messungen erzeugt wird.

5.

Eine Kontrollgruppe ist eine unbehandelte oder nur „scheinbar" behandelte Untersuchungsgruppe, die der eigentlich interessierenden Treatment- bzw. Experimentalgruppe vergleichend gegenübergestellt wird. Mit Ausnahme der eigentlich interessierenden unabhängigen Variable/n sollte die Kontrollgruppe der Experimentalgruppe möglichst ähnlich sein.

6.

a) Unterschiedshypothesen

b) ein faktorieller Plan mit 3 unabhängigen Variablen (Faktoren), die 2-fach, 4-fach und 2-fach gestuft sind.

c) $2 \times 4 \times 2 = 16$ Stichproben in einem vollständigen Plan ohne Meßwiederholungen

d) 3 UVs (in der Regel nominalskaliert), und – wenn es sich um einen univariaten Plan handelt – 1 AV (intervallskaliert) bzw. – wenn es sich um einen multivariaten Plan handelt – mehrere AVs (intervallskaliert).

7.

- für experimentelle Untersuchungen: Randomisierung (Voraussetzung: die interessierenden unabhängigen Variablen sind Treatments);
- für quasiexperimentelle Untersuchungen: a) Störvariablen konstanthalten, b) Stichproben parallelisieren, c) Matched Samples bilden, d) nominalskalierte Störvariablen als Kontrollfaktoren in das Design aufnehmen oder e) intervallskalierte Störvariablen als Kontrollvariablen zur Bereinigung der AVs verwenden (Voraussetzung für alle vier Techniken: die relevanten Störvariablen sind bekannt).

8.

Experimentelle und quasiexperimentelle Untersuchungen zur Prüfung von Hypothesen über Gruppenunterschiede (Mittelwertsdifferenzen) werden mit t-Tests (Zwei-Gruppen-Pläne), einfaktoriellen Varianzanalysen (Mehr-Gruppen-Pläne) und mehrfaktoriellen Varianzanalysen (faktorielle Pläne) ausgewertet. Ob die beteiligten unabhängigen Variablen Personenvariablen oder Treatments sind, ist für die statistische Auswertung unerheblich, allerdings sind die für quasiexperimentelle Untersuchungen typischen Einschränkungen der internen Validität in der Ergebnisinterpretation und -diskussion zu berücksichtigen.

9.

Ein *Cross-Lagged-Panel-Design* dient dazu, die Richtung einer theoretisch bzw. hypothetisch vorgegebenen Kausalbeziehung zwischen Variablen mit hoher interner Validität zu prüfen. Dabei macht man sich den Zeitfaktor zunutze, indem man die Variablen, zwischen denen eine Kausalrelation bestehen soll, mit zeitlichem Abstand (Lag) zweimal (oder auch mehrfach) erfaßt (1. Messung: x_1, y_1; 2. Messung: x_2, y_2). Berechnet werden dann (im Fall von zwei Messungen) alle sechs bivariaten Korrelationen zwischen den vier Meßwertreihen (x_1x_2, y_1y_2, x_1y_1, x_1y_2, x_2y_1, x_2y_2). Anhand der Größenverhältnisse dieser Korrelationen kann die Kausalrichtung abgeschätzt werden.

10.

Ein *signifikanter Interaktionseffekt* besagt, daß die beiden Haupteffekte nicht additiv zusammenwirken, sondern daß sich für einzelne Faktorstufenkombinationen besondere bzw. „überraschende" Merkmalsausprägungen ergeben.

11.

Die *Pfadanalyse* nutzt die Techniken der Korrelations- und Regressionsanalyse (insbesondere die Partial- und Semipartialkorrelation), um ein a priori formuliertes komplexes Kausalmodell mit höherer interner Validität zu prüfen als es einfache bivariate (oder multiple) Korrelationen zwischen den beteiligten Variablen ermöglichen. Auch die Pfadanalyse kann jedoch Kausalhypothesen nur falsifizieren und nicht verifizieren.

12.

Um eine Interaktion 2. Ordnung (Tripel-Interaktion, z. B. $A \times B \times C$-Interaktion) zu identifizieren, betrachtet man das Muster der Interaktion 1. Ordnung zwischen zwei der beteiligten Faktoren (z. B. $A \times B$) unter den einzelnen Stufen des dritten Faktors (hier: C) und fertigt dazu am besten Interaktionsdiagramme an. Unterscheidet sich das Muster der AxB-Interaktion auf den einzelnen Stufen von Faktor C deutlich, so liegt eine Interaktion 2. Ordnung vor.

13.

Tau-Normierung der beiden Testwerte:

$$y_{\text{logisches Denken}} = 12, \quad \tau_{\text{logisches Denken}} = 12{,}5$$
$$\text{versus} \quad y_{\text{Konzentration}} = 14, \quad \tau_{\text{Konzentration}} = 14{,}45$$
$$z = 1{,}09, \quad a = 13{,}8\%$$

Es besteht kein überzufälliger Unterschied zwischen beiden Testergebnissen. Die deskriptive Differenz von 2 Testpunkten zwischen Denk- unsd Konzentrationsfähigkeit kann man als Zufallsschwankung auffassen.

14.

Sequenzeffekte sind vorhanden, wenn z. B. die Reihenfolge der Bearbeitung von Testaufgaben einen Einfluß auf die Beantwortung hat. Sequenzeffekte können als untersuchungsbedingte Störvariablen aufgefaßt werden und sind z. B. durch Konstanthalten auszuschalten (allerdings auf Kosten der externen Validität). Häufig läßt man die Probanden die Aufgaben auch in unterschiedlicher Reihenfolge bearbeiten und berücksichtigt die Reihenfolge als Kontrollfaktor im Untersuchungsdesign.

15.

Beim *Regression Discontinuity Plan* wird zur Bildung einer Experimental- und einer Kontrollgruppe eine kontinuierliche Personenvariable herangezogen (Zuweisungsvariable). Die Gruppeneinteilung wird anhand eines Cutoff-Points (z. B. Medianwert: Median-Split) vorgenommen. Vor der Intervention wird für beide Gruppen der Zusammenhang bzw. die Regression zwischen der Zuweisungsvariablen und der AV berechnet, nach dem Treatment geschieht dasselbe. Eine Wirkung des Treatments ist daran ablesbar, daß die Regression in der Experimentalgruppe nach dem Treatment anders verläuft als vor dem Treatment („Knick" bzw. „Diskontinuität") und daß die Regression in der Experimentalgruppe anders verläuft als in der Kontrollgruppe.

16.

Mit untersuchungstechnisch sehr aufwendigen und teuren Längsschnittstudien können *intra*individuelle Veränderungen (von Angehörigen einer oder mehrerer Generationen in einer bestimmten Epoche) verfolgt werden. Längsschnittstudien sind zur Prüfung von Entwicklungshypothesen besser geeignet als Querschnittuntersuchungen, weil letztere Alterseffekte nur *inter*personal erfassen (die unterschiedlichen Altersgruppen werden parallel untersucht und entstammen verschiedenen Geburtsjahrgängen). Querschnittstudien sind untersuchungstechnisch weniger aufwendig. Die Konfundierung von Alter, Generation und Epoche kann mit beiden Plänen nicht gänzlich aufgelöst werden und beide Untersuchungsformen sind mit Fehlerquellen behaftet: Selektive Ausfälle (bei Querschnittstudien in der Population, bei Längsschnittstudien in der Stichprobe), mangelnde Vergleichbarkeit der Meßinstrumente und damit auch der Meßergebnisse (für unterschiedliche Altersgruppen) oder Testübung (beim Längsschnitt).

17.

falsch:

b) Maßnahmen zur Erhöhung der internen Validität haben meistens einen negativen Einfluß auf die externe Validität

c) vollständiger Plan

d) ein Faktor ist kategorial, eine Kontrollvariable intervallskaliert, also informativer

e) bei einem Interaktionseffekt weichen die Graphen deutlich von der Parallelität ab; ob sie sich überkreuzen oder nicht, ist irrelevant.

18.

Eine Zeitreihe setzt sich aus den Meßwerten einer Variablen zusammen, die in gleichen Zeitabständen wiederholt erhoben wurden. Zeitreihen können sehr viele Meßzeitpunkte enthalten und werden mit speziellen statistischen Verfahren (Zeitreihenanalyse) ausgewertet.

19.

Im Kontext der Zeitreihenanalyse spricht man von *Autokorrelationen*, wenn man durch zeitliche Versetzung der Meßwerte um eine bestimmte Anzahl von Zeitintervallen (Lags) neue Meßwertpaare erzeugt und diese dann korreliert.

20.

Bei einem A-B-A-B-Plan wechseln sich eine unbehandelte Normalphase (Baseline), eine erste Treatment-Phase, eine unbehandelte Phase und eine zweite Treatmentphase ab. Während der vier Phasen werden jeweils an derselben Person (bzw. demselben Untersuchungsobjekt) mehrere Messungen vorgenommen.

21.

Bei der statistischen Überprüfung von Einzelfallhypothesen ist die untersuchte Population keine Grundgesamtheit von Personen, sondern von Verhaltensweisen. Die an einer Person untersuchten Verhaltensausschnitte (z.B. einzelne Testwerte) sollten eine repräsentative Stichprobe der interessierenden Verhaltenspopulation darstellen. Der Signifikanztest prüft dann, ob Effekte in der empirisch erfaßten Verhaltensstichprobe auf die Verhaltenspopulation generalisierbar sind.

- Messung von Veränderungen eines Einzelfalls: a) Randomisierungstest (testet Trendhypothesen über den Verlauf von Phasen-Mittelwerten, d.h. er ist auf intervallskalierte Variablen anwendbar); b) Iterationshäufigkeitstest und Rangsummentest (testet Veränderungen bei binären Variablen); c) multipler Iterationshäufigkeitstest (testet Veränderungen bei nominalskalierten Variablen).
- Vergleiche von einzelnen Gesamttestwerten, Untertestwerten oder ganzen Testprofilen: a) z-Tests und b) χ^2-Tests (Voraussetzung: Mittelwert, Streuung und Reliabilität des Tests sind bekannt).

22.

Im Kontext von statistisch abgesicherten Einzelfalluntersuchungen bedeutet externe Validität, daß die Untersuchungsbefunde auf die Population ähnlicher Verhaltensweisen derselben Person generalisierbar sind. Eine Generalisierung auf andere, nicht untersuchte Personen wird nicht vorgenommen.

23.

Zur Betrachtung des Interaktionseffektes werden die empirischen Zellenmittelwerte benötigt, die tabellarisch und graphisch (als Interaktionsdiagramm) dargestellt werden:

	A_1	A_2	A_3	$\bar{B}_j$
B_1	1,25	4,75	1,75	2,58
B_2	2,50	6,25	6,75	5,16
$\bar{A}_i$	1,88	5,50	4,25	3,88

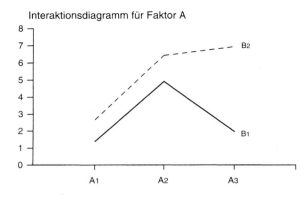

Interaktionsdiagramm für Faktor A

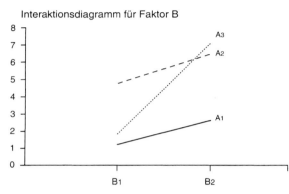

Interaktionsdiagramm für Faktor B

Im Interaktionsdiagramm für Faktor A sind deutliche Abweichungen von der Parallelität festzustellen, so daß mit einem Interaktionseffekt zu rechnen ist. Von A_1 zu A_2 steigen die Werte in beiden Stufen von Faktor B, von A_2 zu A_3 wird der Zellenmittelwert in B_1 kleiner und in B_2 größer (gegenläufiges Verhalten), d. h. Faktor A ist nicht global interpretierbar. Faktor B dagegen ist global interpretierbar: für alle Stufen von A gilt: B_2 ist größer als B_1 (aufsteigender Trend). Da ein Faktor global interpretierbar ist (B), der andere aber nicht (A), ist die Interaktion als „hybrid" zu kennzeichnen.

Kapitel 9

1.
a) größer
b) größer
c) größer (z. B. 5%>1%)
d) größer

2.
Bei der Metaanalyse erfolgt üblicherweise auf der Basis von Experten-Ratings eine numerische Gewichtung der Primärstudien nach ihrer methodischen Qualität, so daß der Bewertungsprozeß transparenter ist. Da die Metaanalyse auf eine einzelne Effektgrößenschätzung zugespitzt ist, eignet sie sich nicht zur Darstellung eines breiteren Forschungsgebietes und kann etwa auch historischen Wandel kaum diskutieren. Idealerweise integriert man in ein narratives Review bevorzugt Metaanalysen und greift umgekehrt bei der Abgrenzung der Fragestellung für eine Metaanalyse auf einschlägige Reviews zurück.

3.
Unterschiede, Zusammenhänge oder Veränderungen in bzw. zwischen Populationen bezeichnet man als „Effekte". Die Größe bzw. den Betrag der standardisierten Unterschiede, Zusammenhänge oder Veränderungen nennt man *„Effektgröße"*. Effektgrößen werden benötigt, um spezifische Alternativhypothesen zu formulieren.

4.
Die *Power* ist die Wahrscheinlichkeit, mit der ein Signifikanztest zu einem signifikanten Ergebnis führt, wenn in der Population die H_1 gilt.

5.
richtig: c, d.

6.
Abhängige Untersuchungsergebnisse sind Teilergebnisse, die an derselben Stichprobe gewonnen wurden. Teilergebnisse sollten nicht mehrfach in eine Metaanalyse eingebracht werden. Entweder man wählt ein Teilergebnis aus oder man aggregiert die Teilergebnisse zu einem Gesamtbefund.

7.

Das Δ-Maß ist ein universelles Effektgrößen-Maß, in das jedes testspezifische Effektgrößen-Maß (z.B. „d" beim t-Test, „w" beim χ^2-Test oder „f" bei der Varianzanalyse) überführt werden kann. Die Δ-Maße verschiedener Tests bzw. Untersuchungen sind dann direkt vergleichbar bzw. statistisch aggregierbar. Das Δ-Maß entspricht der bivariaten Produkt-Moment-Korrelation, d.h. es ist ein Korrelations-Äquivalent.

8.

$$p_A = 59\% \rightarrow \phi_A = 1,7518$$
$$p_B = 67\% \rightarrow \phi_B = 1,9177$$
$$h = \phi_B - \phi_A = 1,9177 - 1,7518 \approx 0,17$$
(kleiner Effekt)

9.

Wenn Primärstudien metaanalytisch zusammengefaßt werden sollen, bei denen Angaben über Effektgrößen ganz oder teilweise fehlen, können mit Hilfe eines kombinierten Signifikanztests zumindest folgende Aussagen getroffen werden:

- Deskriptiv: Ob signifikante oder nicht-signifikante Ergebnisse häufiger auftreten.
- Test: Ob positive oder negative Ergebnisse (unabhängig von ihrer Signifikanz) überzufällig auftreten (Vorzeichentest).
- Test: Ob überzufällig viele Ergebnisse signifikant bzw. nicht-signifikant sind (Binomialtest).
- Test: Ob die exakten Irrtumswahrscheinlichkeiten insgesamt 5% unterschreiten (Stouffer-Test).

10.

Die Korrelationskoeffizienten entsprechen den Δ-Maßen:

$$\Delta_1 = 0,44 \quad \Delta_2 = 0,35 \quad \Delta_3 = 0,26$$

Wir transformieren die Δ-Maße in Fishers Z-Werte und erhalten gemäß Tabelle F9:

$$Z_1 = 0,472; \quad Z_2 = 0,365; \quad Z_3 = 0,266$$

Die w_i-Gewichte ergeben sich nach Gl. (9.48) zu $w_i = n_i - 3$;

$$w_1 = 237; \quad w_2 = 23; \quad w_3 = 115$$

Diese Werte setzen wir in Gl. (9.46) ein und erhalten:

$$\sum_{i=1}^{k} w_i \cdot Z_i^2 = 237 \cdot 0,472^2 + 23 \cdot 0,365^2$$
$$+ 115 \cdot 0,266^2 = 64,001$$

$$\left(\sum_{i=1}^{k} w_i \cdot Z_i\right)^2 \Big/ \sum_{i=1}^{k} w_i = (237 \cdot 0,472$$
$$+ 23 \cdot 0,365 + 115 \cdot 0,266)^2 / (237 + 23 + 115)$$
$$= 150,849^2 / 375 = 60,681$$

$$Q = 64,001 - 60 \cdot 681$$
$$= 3,32 < 5,99 = \chi^2_{(2;0,95)} \quad \text{(n.s)}$$

Der Q-Wert ist bei $k-1 = 2$ Freiheitsgraden nicht signifikant ($a = 0,05$), d.h. es ist davon auszugehen, daß die 3 Studien homogen sind.

Den durchschnittlichen Z-Wert errechnen wir nach Gl. (9.47):

$$\bar{Z} = \frac{150,849}{375} = 0,402$$

Wir transformieren diesen Wert zurück in eine Korrelation und erhalten nach Tabelle F9 $\bar{r} = 0,382$. Dieser Wert wäre gemäß Tabelle 47 als mittel bis groß zu klassifizieren. Der Signifikanztest (Gl. 9.49) ergibt

$$z = 0,402 \cdot \sqrt{375} = 7,79^{**} > 2,33 = 5_{(0,99)}.$$

Der z-Wert ist nach Tabelle F1 signifikant ($a = 0,01$): Insgesamt führt die kleine Metaanalyse also zu einem signifikanten Zusammenhang zwischen Neurotizismus und Unfallhäufigkeit, der als mittel bis groß zu klassifizieren ist.

11.

Ergebnis-Übersicht:

	signifikant	nicht-signifikant
positiv (vorher < nachher)	3 (1, 4, 6)	1 (3)
negativ (vorher > nachher)	–	2 (2, 5)

Man beachte, daß die für Untersuchung 5 angegebene einseitige Irrtumswahrscheinlichkeit von $p = 0,046$ trotz Unterschreitung des Signifikanzniveaus von 5% kein signifikantes Ergebnis darstellt, da die empirische Mittelwertdifferenz ($\bar{x}_{nachher} = 2,9 < \bar{x}_{vorher} = 3,1$) im Widerspruch zur H_1: $\mu_{nachher} > \mu_{vorher}$ steht. Differenzen in falscher Richtung sind bei einseitiger Fragestellung kein Anlaß, die H_1 anzunehmen, selbst wenn sie (auf der falschen Seite) im Extrembereich des H_0-Modells liegen. Sinnvollerweise wird man die – z.B. von einem Statistik-Programm berechnete – einseitige Irrtumswahrscheinlichkeit durch die komplementäre Wahrscheinlichkeit (1–p) ersetzen, wenn eine Differenz in hypothesenwidriger Richtung vorliegt. Für Untersuchung 5 ergibt sich damit p = 0,954.

Auszähl-Methode:
Von 6 Untersuchungen sind 3 signifikant positiv und 3 nicht-signifikant, so daß die Wirksamkeit des Trainings unklar bleibt.

Vorzeichentest:
Der Vorzeichentest ergibt, daß bei 6 Untersuchungen das Auftreten von mindestens 4 positiven (bzw. hypothesenkonformen) Ergebnissen (die signifikant oder nicht-signifikant sein können) mit einer Wahrscheinlichkeit von 34% vorkommt, also nicht statistisch bedeutsam ist:

$$p = 0,34 < \alpha = 0,05 \quad \text{(einseitiger Test)}$$
$$P = 0,5^6 \cdot \left[\binom{6}{4} + \binom{6}{5} + \binom{6}{6} \right]$$
$$= \frac{1}{64} \cdot (15 + 6 + 1) = \frac{22}{64} = 0,34$$

Binomialtest:
Nach dem Binomialtest ergibt sich, daß insgesamt von einem signifikanten Effekt auszugehen ist, da es bei 6 Untersuchungen nur mit einer Wahrscheinlichkeit von 0,25% vorkommt, daß drei Ergebnisse auf dem 5%-Niveau signifikant werden.

$$P = \binom{6}{3} \cdot 0,05^3 \cdot 0,95^3 + \binom{6}{4} \cdot 0,05^4 \cdot 0,95^2$$
$$+ \binom{6}{5} \cdot 0,05^5 \cdot 0,95^1 + \binom{6}{6} \cdot 0,05^6 \cdot 0,95^0$$
$$= (20 \cdot 0,00012) + (15 \cdot 0,000006)$$
$$+ (6 \cdot 0,0000003) + (1 \cdot 0,000000015)$$

$$= 0,0024 + 0,00009 + 0,0000018$$
$$+ 0,000000015 = 0,00249 \approx 0,25\%$$

Exakte Irrtumswahrscheinlichkeit
Da alle 6 Untersuchungen gemäß dem Stouffer-Test eine gemeinsame Irrtumswahrscheinlichkeit von 0,6% aufweisen, die deutlich unter dem 5%-Niveau liegt, ist von der Wirksamkeit des Entspannungstrainings auszugehen.

$$Z_{s(emp)} = \frac{\sum_{i=1}^{k} z_i}{\sqrt{k}}$$
$$= \frac{-2,01 - 0,29 - 0,78 - 3,00 + 1,69 - 1,73}{\sqrt{6}}$$
$$= \frac{-6,12}{2,45} = -2,50$$
$$p_{(z_s = -2,5)} = 0,0062 \approx 0,6\% < 5\%$$

Zusammenfassend läßt sich sagen, daß die Auszähl-Methode zu keinem eindeutigen Ergebnis führt, der Vorzeichentest gegen die Wirksamkeit des Entspannungstrainings und Binomialtest sowie Stouffer-Test für die Wirksamkeit des Entspannungstrainings sprechen. Tendenziell ist somit auf der Basis der sechs vorliegenden Untersuchungen eher von der Wirksamkeit der Übungen auszugehen.

12.
a) Test: dreifaktorielle Varianzanalyse für unabhängige Stichproben (4×3×2). $n_{opt} = 10$ pro Zelle (vgl. Tab. 50 für den 2×3×4-Plan), d.h. für 24 Zellen werden insgesamt 240 Teilnehmer benötigt.
b) Test: Abweichung eines Anteilswertes p von $\pi = 50\%$. Zum Nachweis eines großen Effektes ist $n_{opt} = 23$ zu wählen.

13.
Der Stichprobenumfang war zu gering: Bei einer multiplen Korrelationsanalyse mit 7 Prädiktoren benötigt man 48 Untersuchungsobjekte (hier: Urlaubsorte), um einen großen Effekt, 102 Untersuchungsobjekte, um einen mittleren Effekt und sogar 726 Untersuchungsobjekte, um einen kleinen Effekt mit einer Teststärke von 80% auf dem 5%-Niveau absichern zu können. Es kann natürlich auch sein, daß tatsächlich kein Zusammenhang besteht, z.B. weil sich die Vergabe der Punktwerte an anderen Kriterien orientierte.

Anhang B. Glossar*

A-B-A-Plan: Untersuchungsplan zur Erfassung individueller Veränderungen, bei dem sich Erhebungsphasen ohne *Intervention* (A-Phasen) und Erhebungsphasen mit Intervention (B-Phasen) abwechseln.

Abduktion: Im Unterschied zur *Induktion*, bei der von bekannten Fällen auf weitere ähnliche Fälle geschlossen wird, schließt man bei der Abduktion auf allgemeine Prinzipien oder Hintergründe, die die beobachteten Fakten erklären könnten. Vgl. *Deduktion*.

abhängige Variable (AV): *Variable*, die zum „Dann"-Teil einer *Hypothese* gehört und in der sich die Wirkungen der *unabhängigen Variablen* (Ursachen, Bedingungen) widerspiegeln. In der Welt der *Varianzanalysen* spricht man von „abhängigen Variablen", in der Welt der *Korrelations*- und *Regressionsanalysen* von „Kriteriumsvariablen" oder kurz von „Kriterien"; vgl. *Kriterium*.

Abstract: Zusammenfassung eines wissenschaftlichen Textes (meist Zeitschriftenaufsatz oder Buchbeitrag) in ca. 10–20 Zeilen. Der Abstract wird üblicherweise an den Anfang einer Publikation gestellt.

Adaptive Tests: Tests, aus denen nur Aufgaben ausgewählt werden, die dem Fähigkeitsniveau des Testprobanden entsprechen. Statt auch zu leichte oder zu schwere Aufgaben vorzugeben, die mit hoher Wahrscheinlichkeit gelöst oder nicht gelöst werden und die damit redundante Informationen liefern, werden nur Aufgaben ausgewählt, die an das Leistungsvermögen der Testpersonen ange-

paßt sind. Adaptive Tests basieren auf der probabilistischen *Testtheorie*.

Ad-hoc-Stichprobe (Bequemlichkeitsauswahl): Willkürliche Untersuchung von gerade zur Verfügung stehenden Untersuchungsteilnehmern bzw. -objekten. Bei Ad-hoc-Stichproben ist unklar, welche Population sie eigentlich repräsentieren. Als *nichtprobabilistische Stichprobe* kann die Ad-hoc-Stichprobe keine hohe „*Repräsentativität*" beanspruchen. Zielpopulationen, die allenfalls im nachhinein konstruiert werden können (z.B. Population aller Passanten, die samstags um 12.15 Uhr eine bestimmte Einkaufspassage besuchen), sind oft von geringer theoretischer Bedeutung; vgl. *Stichprobe*.

Aktionsforschung (Action Research, Handlungsforschung): Forschungsansatz, der sich inhaltlich mit sozialen Problemen und *Interventionen* in der Praxis beschäftigt und die Betroffenen zu aktiven Mitbeteiligten am Forschungsprozeß macht.

ALM (Allgemeines Lineares Modell): Das ALM ist ein Berechnungsansatz, der verschiedene Verfahren der Elementarstatistik, varianzanalytische Verfahren sowie die multiple Korrelations- und Regressionsrechnung integriert. Dabei können nominalskalierte unabhängige Variablen bzw. Prädiktoren durch Umkodierung in Indikatorvariablen einbezogen werden.

alpha-Fehler (α-Fehler): Entscheidung für die *Alternativhypothese*, obwohl in der *Population* die *Nullhypothese* gilt. Die Wahrscheinlichkeit, einen α-Fehler zu begehen, heißt *α-Fehler-Wahrscheinlichkeit* oder *Irrtumswahrscheinlichkeit*; vgl. *beta-Fehler*.

---

* Begriffe, die an anderer Stelle im Glossar erläutert werden, sind kursiv gesetzt.

alpha-Fehler-Niveau (α-Fehler-Niveau): Vgl. *Signifikanzniveau.*

alpha-Fehler-Wahrscheinlichkeit (α-Fehler-Wahrscheinlichkeit, Irrtumswahrscheinlichkeit): Wahrscheinlichkeit, mit der das empirisch gefundene (oder ein extremeres) Stichprobenergebnis zustandekommen kann, wenn die *Nullhypothese* gilt. Ist diese *Wahrscheinlichkeit* groß, spricht das Ergebnis für die Nullhypothese. Läßt sich das Stichprobenergebnis nur schlecht mit der Nullhypothese vereinbaren (geringe Irrtumswahrscheinlichkeit), legt dies eine Ablehnung der Nullhypothese und eine Entscheidung für die *Alternativhypothese* nahe. Per Konvention wurde festgelegt, daß diese Entscheidung nur zu treffen ist, wenn die α-Fehler-Wahrscheinlichkeit sehr klein (kleiner als das *α-Fehler-Niveau* oder *Signifikanzniveau*) ausfällt (*signifikantes Ergebnis*). Die α-Fehler-Wahrscheinlichkeit wird durch einen *Signifikanztest* berechnet.

Alternativhypothese (H_1): Inhaltlich behauptet die Alternativhypothese, daß in der Population ein *Effekt* vorliegt bzw. daß sich *Populationsparameter* unterscheiden. Da man Untersuchungen in der Regel durchführt, um Effekte nachzuweisen, entspricht die *Forschungshypothese* üblicherweise der Alternativhypothese. Man unterscheidet

- gerichtete oder ungerichtete Alternativhypothesen, bei denen die Richtung des Parameterunterschiedes entweder vorgegeben (z. B. H_1: $\mu_1 > \mu_2$) oder nicht vorgegeben (z. B. H_1: $\mu_1 \neq \mu_2$) wird, sowie
- spezifische oder unspezifische Alternativhypothesen, bei denen die Größe des Parameterunterschiedes entweder vorgegeben (z. B. H_1: $\mu_1 > \mu_2 + 10$) oder nicht vorgegeben (z. B. H_1: $\mu_1 > \mu_2$) wird.

ANOVA (Analysis of Variance, univariate Varianzanalyse): Vgl. *Varianzanalyse.*

Artefakt: *Stichprobeneffekt*, der trügerisch ist, weil er durch Untersuchungsfehler (z. B. unbewußte Einflußnahme des Versuchsleiters, Meßfehler, verzerrte Stichproben) und nicht durch Parameterdifferenzen in der Population hervorgerufen wurde.

Bayessche Statistik: Teilbereich der Statistik, in dem neben frequentistischen Wahrscheinlichkeiten auch subjektive Wahrscheinlichkeiten zur *Parameterschätzung* und zur Hypothesenprüfung herangezogen werden. Demgegenüber arbeitet die sog. „klassische" Statistik nicht mit subjektiven Wahrscheinlichkeiten. Die Bayessche Statistik geht auf das Theorem von Bayes zurück, das angibt, wie man a-priori-Wahrscheinlichkeiten (Vorwissen und empirische Befunde) in eine a-posteriori-Wahrscheinlichkeit (zusammenfassende Wahrscheinlichkeitsangabe, die alle Vorinformationen vereint) überführen kann.

beta-Fehler (β-Fehler): Entscheidung für die *Nullhypothese*, obwohl in der *Population* die *Alternativhypothese* gilt; vgl. *alpha-Fehler.*

beta-Fehler-Wahrscheinlichkeit (β-Fehler-Wahrscheinlichkeit): Bei der Entscheidung für die *Alternativhypothese* geht man das Risiko eines *α-Fehlers* ein (Annahme der H_1, obwohl die H_0 gilt). Dieses Risiko wird dadurch reduziert, daß per Konvention die Entscheidung für die H_1 nur getroffen wird, wenn die *α-Fehler-Wahrscheinlichkeit* kleiner als 5%, 1% oder 0,1% ist. Bei größerer Irrtumswahrscheinlichkeit (nicht-signifikantes Ergebnis) wird die *Nullhypothese* beibehalten. Bei dieser Entscheidung kann man jedoch einen *β-Fehler* begehen (Beibehalten der H_0, obwohl die H_1 gilt). Die β-Fehler-Wahrscheinlichkeit berechnet sich als Wahrscheinlichkeit, mit der das empirisch gefundene oder ein extremeres Stichprobenergebnis zustande kommen kann, wenn die Alternativhypothese gilt. Obwohl die Stichprobendaten recht gut zum H_0-Modell passen (hohe α-Fehler-Wahrscheinlichkeit), können sie doch gleichzeitig auch gut (oder sogar besser) zum H_1-Modell passen (hohe β-Fehler-Wahrscheinlichkeit). Um eine Fehlentscheidung zu vermeiden, sollte man möglichst α- und β-Fehler-Wahrscheinlichkeit gleichzeitig kontrollieren. Nur wenn die β-Fehler-Wahrscheinlichkeit sehr klein und die α-Fehler-Wahrscheinlichkeit sehr groß ist, sollte man sich für die Nullhypothese entscheiden. Bei einem signifikanten Ergebnis (geringe α-Fehler-Wahrscheinlichkeit) ist die Entscheidung für die Alternativhypothese sicherer, wenn die β-Fehler-Wahrscheinlichkeit groß ist. Die β-Fehler-Wahrscheinlichkeit ist nur bei spezifischer Alternativhypothese (Hypothese mit vorgegebener *Effektgröße*) kalkulierbar.

Beta-Verteilung (β-Verteilung): Verteilungsgruppe, die in der *Bayes'schen Statistik* verwendet wird, um eine Priorverteilung für einen Populationsanteil zu konstruieren. Läßt sich die Priorverteilung als Beta-Verteilung angeben, ist auch die Posteriorverteilung eine Beta-Verteilung; vgl. *Bayessche Statistik*.

Bivariate Methoden: Statistische Analyse mit zwei Variablen, z.B. *Korrelations- und Regressionsanalysen*, an denen nur ein *Prädiktor* und ein *Kriterium* beteiligt sind.

Blindversuch: Empirische Untersuchung, bei der die Probanden das Ziel der Untersuchung nicht kennen. Die meisten empirischen Untersuchungen sind Blindversuche, weil man hofft, auf diesem Wege Störeinflüsse und die Gefahr von *Artefakten* zu verringern; vgl. *Doppelblindversuch*.

Blockplan, randomisierter: Wenn bei wiederholter Untersuchung der Untersuchungsteilnehmer mit Transfereffekten zu rechnen ist, sollte ein Blockplan eingesetzt werden. Die k-fache Messung eines Untersuchungsteilnehmers wird hierbei durch Einzelmessungen von k Untersuchungsteilnehmern ersetzt, die zusammen einen Block bilden. Die Untersuchungsteilnehmer eines Blockes müssen in Bezug auf wichtige *Störvariablen* homogen sein (*Matched Samples*) und werden zufällig den k Meßzeitpunkten zugeordnet. Die k-fache Untersuchung von n Untersuchungsteilnehmern wird also auch durch die einmalige Untersuchung von k·n Untersuchungsteilnehmern ersetzt.

Chi-Quadrat-Verfahren (χ^2-Verfahren): Gruppe von Verfahren zur statistischen Analyse von Häufigkeitsverteilungen, bei denen immer die empirisch beobachteten Häufigkeiten mit den gemäß H_0 erwarteten Häufigkeiten verglichen werden. Man unterscheidet

- eindimensionale χ^2-Verfahren (z.B. zur Überprüfung der Frage, ob ein Merkmal *gleichverteilt* oder *normalverteilt* ist),

- zweidimensionale χ^2-Verfahren (zur Überprüfung der Frage, ob zwei Merkmale abhängig oder unabhängig voneinander sind) und

- mehrdimensionale χ^2-Verfahren (z.B. die Konfigurationsfrequenzanalyse, KFA, die überprüft, welche Merkmalskombinationen über- bzw. unterrepräsentiert sind).

Clusteranalyse: *Multivariate Methode*, die Untersuchungsobjekte nach Maßgabe der Ähnlichkeit ihrer Merkmalsausprägungen in Gruppen (Cluster) aufteilt. In sich sollten die Cluster möglichst homogen, untereinander möglichst heterogen sein. Die Clusteranalyse wird üblicherweise verwendet, um Untersuchungsobjekte in Gruppen einzuteilen.

Conjoint Measurement: Technik, die bei der Evaluation von Objekten oder Maßnahmen eingesetzt wird, um den Beitrag einzelner Merkmale zum Gesamtnutzen der Objekte oder Maßnahmen zu ermitteln.

Cronbachs alpha-Koeffizient (Cronbach's α): Ein Maß für die *interne Konsistenz* eines *Tests* oder *Fragebogens* (Wertebereich: 0 bis 1). α-Werte über 0,8 gelten als gut (nicht zu verwechseln mit der α-*Fehler-Wahrscheinlichkeit!*); vgl. *Reliabilität*.

Deduktion: Logischer Schluß oder logische Ableitung vom Allgemeinen auf das Spezielle, vom Ganzen auf das Teil, von der Theorie auf die Hypothese. Bei richtigen Prämissen und korrekter Ableitung sind deduktive Schlüsse immer richtig. Inhaltlich liefern sie aber im Grunde nur redundante Information; vgl. *Abduktion, Induktion*.

Δ-Maß: Ein allgemeines Maß, um die spezifischen *Effektgrößen*-Maße der einzelnen *Signifikanztests* vergleichbar zu machen, wird v.a. für die *Metaanalyse* gebraucht.

Demographie: Bevölkerungsforschung.

Demoskopie: Meinungsforschung, Umrageforschung (Survey Research). Arbeitet v.a. mit standardisierten mündlichen und schriftlichen (ggf. postalischen oder telefonischen) Befragungen (Interview, Fragebogen), um Meinungen (z.B. über Umweltschutz, Parteien) und Verhaltensweisen (z.B. Fernsehkonsum, Wahlverhalten) der Bevölkerung zu erfassen; vgl. *Marktforschung*.

df (Degrees of Freedom): Vgl. *Freiheitsgrade*.

dichotome Variable: *Variable*, die nur zwei Werte annehmen kann. Man unterscheidet natürlich dichotome Variablen, deren Ausprägungen „von Natur aus" zweistufig vorgegeben sind (z.B. Geschlecht: weiblich – männlich) und künstlich dichotome Merkmale, deren Ausprägungen willkürlich in zwei Stufen eingeteilt werden (z.B. Alter: jung – alt). Um ein intervallskaliertes Merkmal künstlich zu dichotomisieren, verwendet man häufig den Median-Split, d.h. alle Werte, die über dem *Medianwert* liegen, werden der einen Stufe, die übrigen der anderen Stufe zugeteilt.

diskrete (diskontinuierliche) Variable: *Variable*, die „nur" abzählbar viele Ausprägungen hat (z.B. Berufe, Familienform, Unfallzahl); vgl. *stetige Variable*.

Diskriminanzanalyse (Discriminant Analysis): *Multivariate Methode* zur Überprüfung von Unterschieden zwischen mehreren *Stichproben*, die durch mehrere *abhängige Variablen* beschrieben sind. Die Diskriminanzanalyse ermittelt Gewichte, die angeben, wie bedeutsam die abhängigen Variablen für die Unterscheidung der Stichproben sind. Damit liefert die Diskriminanzanalyse mehr Informationen als die multivariate *Varianzanalyse*, die nur angibt, ob sich mehrere Gruppen hinsichtlich der untersuchten AV überzufällig voneinander unterscheiden, ohne dabei eine Gewichtung der abhängigen Variablen vorzunehmen.

Dispersion: Neben der *zentralen Tendenz* wichtigstes Beschreibungsmerkmal einer Verteilung, das Auskunft gibt über die Unterschiedlichkeit der einzelnen Meßwerte. Bei einer kleinen Dispersion verteilen sich die meisten Werte eng, bei einer großen Dispersion weit um einen zentralen Tendenzwert. Die wichtigsten *Kennwerte* der Dispersion sind *Varianz*, *Standardabweichung* und *Range*; vgl. *zentrale Tendenz*.

Doppelblindversuch: Empirische Untersuchung, bei der Probanden *und* Untersuchungsleiter das Ziel der Studie nicht kennen. Die Versuchsleiter werden instruiert, „blind" Anweisungen an die Probanden zu geben und die Untersuchung in vorgegebener Weise durchzuführen. Ein „blinder" Versuchsleiter weiß z.B. nicht, ob er die Kontroll- oder die Treatment-Gruppe vor sich hat. Ein Doppelblindversuch soll ergänzend zu den Vorteilen eines *Blindversuches* unbewußte Beeinflussung der Probanden durch die Versuchsleiter ausschalten.

EDA (Exploratory Data Analysis; Explorative Datenanalyse): Verschiedene (v.a. graphische) Auswertungs- und Darstellungsweisen für quantitative Daten, die besondere Effekte in einem komplexen Datensatz transparent machen sollen.

Effekt: Differenz zwischen *Parametern* aus unterschiedlichen *Populationen* bzw. Abweichung eines (Zusammenhang-)Parameters von Null; vgl. *Artefakt*.

Effektgröße (Effect Size): Größe eines *Effektes* bzw. einer Parameterdifferenz. Um eine spezifische *Alternativhypothese* formulieren zu können, muß man die erwartete Effektgröße im voraus angeben. Die Festlegung einer Effektgröße ist auch notwendig, um den für die geplante Untersuchung *optimalen Stichprobenumfang* bestimmen bzw. die *Teststärke* eines Signifikanztests angeben zu können. Da sich bei großen *Stichproben* auch sehr kleine (für die Praxis unbedeutende) Effekte als statistisch signifikant erweisen können, sollte ergänzend zur statistischen Signifikanz immer auch die Effektgröße betrachtet werden.

Evaluation: Überprüfung der Wirksamkeit einer *Intervention* (z.B. Therapiemaßnahme, Aufklärungskampagne) mit den Mitteln der empirischen Forschung. Neben einer Überprüfung des Endergebnisses einer Maßnahme (summative Evaluation) wird auch der Verlauf der Intervention in einer Evaluationsstudie mitverfolgt und ggf. beeinflußt (formative Evaluation); vgl. *Intervention*.

Exhaustion: Wenn ein in Form einer Wenn-Dann-Hypothese prognostizierter Effekt in einer empirischen Untersuchung nicht eintritt, kann man a) die Hypothese als falsifiziert ablehnen oder b) die Hypothese verändern, indem man die Wenn-Komponente der Hypothese um weitere unabhängige Variablen ergänzt (Exhaustion). Dadurch wird der Geltungsbereich der Hypothese eingeschränkt. In einer weiteren Untersuchung muß die exhaurierte Hypothese dann erneut geprüft werden.

experimentelle Untersuchung (Experiment): Empirische Untersuchung, bei der gezielt bestimmte Bedingungen (Stufen der *unabhängigen Variablen*) hergestellt und in ihren Auswirkungen auf ausgewählte *abhängige Variablen* beobachtet werden. Ein Experiment ist die methodisch beste Möglichkeit, um Kausalhypothesen zu prüfen. Kennzeichnend für eine experimentelle Untersuchung (im Unterschied zur *quasiexperimentellen Untersuchung*) ist die *Randomisierung* der Untersuchungsobjekte; vgl. *Parallelisierung*.

Exploration (Erkundung): 1. Offenes Gespräch oder Interview, um die Lebenssituation, die Persönlichkeit und die aktuellen Probleme oder Beschwerden eines Menschen zu ergründen; wird meist im Vorfeld von therapeutischen Maßnahmen und in der *qualitativen Forschung* durchgeführt. 2. Erkundung eines Untersuchungsobjektes, über das noch wenig Vorinformationen zur Verfügung stehen, meist unter Einsatz offener bzw. unstrukturierter Datenerhebungsmethoden (offene Gespräche, freies Beobachten etc.). 3. Im allgemeinen Sinne Maßnahmen und Strategien zur Formulierung neuer oder Reformulierung alter Hypothesen und Theorien. In diesem Sinne steht Exploration (Hypothesen- bzw. Theoriebildung) der Explanation (Hypothesen- bzw. Theorieprüfung) gegenüber. Exploration und Explanation stehen im Forschungsalltag in ständigem Wechselspiel.

Explorative Datenanalyse: 1. Im allgemeinen Sinne Datenanalyse mit dem Ziel, neue *Hypothesen* zu finden. 2. Im engeren Sinne der *EDA-Ansatz*.

externe Validität: Generalisierbarkeit eines Untersuchungsergebnisses auf andere Personen, Situationen und/oder Zeitpunkte. Die externe Validität wächst mit zunehmender Natürlichkeit der Untersuchungssituation (ökologische Validität) und wachsender *Repräsentativität* der untersuchten *Stichproben*; vgl. *Validität, interne Validität*.

F-Test: Signifikanztest zur Überprüfung des Unterschiedes zwischen zwei Varianzschätzungen. F-Tests finden im Kontext der *Varianzanalysen* ihr wichtigstes Anwendungsfeld; vgl. *Varianz*.

Faktor: 1. *Unabhängige Variable* in der *Varianzanalyse*, wobei zwischen festen und zufälligen Faktoren zu unterscheiden ist. 2. Zusammenfassung mehrerer korrelierter Variablen zu einem gemeinsamen Konstrukt (Faktor) mittels *Faktorenanalyse*.

Faktorenanalyse (Factor Analysis): *Multivariate Methode*, die viele wechselseitig korrelierte *Variablen* in wenigen Dimensionen (*Faktoren*) zusammenfaßt. Ein Faktor umfaßt inhaltlich das Gemeinsame der zu ihm gehörenden korrelierenden Variablen. Statt eine Person durch viele (letztlich redundante) Werte auf den einzelnen korrelierten Variablen zu kennzeichnen, kann man sie nach der Faktorenanalyse durch wenige Faktorwerte charakterisieren. Die *Korrelation* einer Variablen mit dem Faktor nennt man Faktorladung (Wertebereich: −1 bis +1). Dem Betrag nach hohe Faktorladungen geben an, welche Variablen einen Faktor prägen bzw. zu welchem Faktor eine Variable gehört. Für die Faktorenanalyse existieren unterschiedliche Methoden der Berechnung (Extraktion) von Faktoren. Eine sehr bekannte Extraktionsmethode ist die Hauptkomponentenanalyse (PCA: Principal Components Analysis). Wieviele Faktoren zu extrahieren sind, ist letztlich eine Frage der Interpretation; man orientiert sich allenfalls an Faustregeln. Zur Interpretation einer Faktorenlösung werden die Faktorladungen herangezogen. Zur besseren Interpretierbarkeit faktorenanalytischer Ergebnisse wird häufig eine Rotation durchgeführt, die zu einer prägnanteren Verteilung der Faktorladungen auf den beteiligten Faktoren führt. Genau wie bei der Extraktion gibt es auch für die Rotation mehrere Verfahren, darunter die sehr verbreitete Varimax-Rotation.

Falsifikation: Widerlegung einer *Hypothese* oder Theorie. Nach dem Wissenschaftstheoretiker Karl Popper (1902–1994) und dem von ihm begründeten kritischen Rationalismus sind Theorien anhand einzelner empirischer Untersuchungen niemals zu verifizieren (vgl. *Verifikation*), sondern nur zu falsifizieren: Wenn die in der Theorie behaupteten Zusammenhänge oder Unterschiede bereits in der untersuchten *Stichprobe* nicht gefunden werden, können sie auch nicht für die ganze *Population* gelten. Diese Schlußfolgerung ist aber nur gültig, wenn Untersuchungsfehler ausgeschlossen werden können und es sich bei der geprüften Hypothese um eine deterministische All-Aussage handelt. Probabilistische Hypothesen (statistische, stochastische Hypothesen), die nicht verlangen, daß die postulierten Effekte auf jedes einzelne Objekt der Population gleichermaßen zutreffen, sondern die nur eine pauschale Gesamtaussage über *Populationsparameter* und deren *Verteilung* treffen, sind durch hypothesenkonträre Stichprobenergebnisse nicht „automatisch" falsifiziert. Zur Prüfung probabilistischer Hypothesen ist die Festlegung eines Falsifikationskriteriums notwendig, d.h. man entscheidet sich dafür, bei bestimmten, extrem unwahrscheinlichen Befunden, die geprüfte Hypothese vorläufig (d.h. bis zum Auftreten neuer Befunde) abzulehnen. Man kann das *Signifikanzniveau* als Falsifikationskriterium auffassen. Die Ablehnung von Hypothesen auf empirischer Basis ist forschungslogisch stringenter als deren Bestätigung bzw. *Verifikation*.

Feldforschung (Field Research): Untersuchung natürlicher sozialer Einheiten (z.B. Straßengang, Waschsalon) v.a. mittels teilnehmender Beobachtung.

Felduntersuchung: Untersuchung, die im natürlichen Umfeld stattfindet, d.h. Störvariablen können kaum kontrolliert werden (geringe *interne Validität*). Dafür ist jedoch die *externe Validität* durch die Natürlichkeit der Situation ggf. höher als bei einer *Laboruntersuchung*.

Formalisierung: Übersichtliche Darstellung komplexer Sachverhalte in Form von Grafiken und Schaubildern oder in einer formalen Sprache (z.B. mathematische oder logische Ausdrücke). Bei der Formalisierung durch eine Programmiersprache entsteht eine Computersimulation. Wissenschaftliche Theorien sollten formalisiert werden, damit ihr Kerngehalt und ggf. logische Inkonsistenzen, Lücken oder Widersprüche erkennbar werden.

Forschungshypothese: Inhaltliche wissenschaftliche Hypothese über einen Populationseffekt. Die üblicherweise verbal und in theoretischen Begriffen formulierte Forschungshypothese muß vor dem eigentlichen empirisch-statistischen Hypothesentest in eine *operationale Hypothese* und daraufhin noch in ein statistisches Hypothesenpaar bestehend aus *Nullhypothese* und *Alternativhypothese* umformuliert werden. Bei der Interpretation der Untersuchungsergebnisse ist genau zu beachten, inwieweit vom statistischen Signifikanztest über die statistischen Hypothesen auf die operationale Hypothese und schließlich auf die Forschungshypothese zurückgeschlossen werden kann.

Fragebogen: Empirisches Datenerhebungsinstrument vom Typ schriftliche Befragung. Ein Fragebogen enthält entweder tatsächlich Fragen, die zu beantworten, oder Aussagen (Statements), die auf *Ratingskalen* einzuschätzen sind. Fragebögen werden genau wie Tests nach den Kriterien der *Testtheorie* sowie mit den Methoden der *Itemanalyse* konstruiert; vgl. *Item, Test, Gütekriterien*.

Freiheitsgrade (df, Degrees of Freedom): Diejenigen Bestimmungsstücke, die bei der Berechnung einer statistischen Prüfgröße (z.B. eines t-Wertes oder F-Wertes) frei bzw. unabhängig voneinander variieren können. In Abhängigkeit von der Anzahl der Freiheitsgrade einer empirischen Prüfgröße wird für den *Signifikanztest* aus der jeweiligen Verteilungsfamilie (z.B. t-Verteilungen, F-Verteilungen) die passende Verteilung herausgesucht.

geschichtete Stichprobe (Stratified Sample): Für eine geschichtete Stichprobe wird die *Population* hinsichtlich relevanter Hintergrundvariablen in möglichst homogene Subgruppen (Schichten bzw. Teillisten der gesamten Populationsliste) eingeteilt (z.B. Personen derselben Alters- oder Berufsgruppe). Aus diesen Schichten werden dann jeweils *Zufallsstichproben* gezogen, die vom Umfang her die prozentualen Anteile der Merkmalsverteilung in der Population widerspiegeln können (proportional geschichtete Stichprobe). Wenn bekannt ist, welche Hintergrundvariablen für die untersuchten Variablen relevant sind und die Populationsliste in die entsprechenden Teillisten (Schichten, Strata) gegliedert werden kann, führt die geschichtete

Stichprobe zu genaueren Parameterschätzungen als die einfache Zufallsstichprobe; vgl. *Klumpenstichprobe.*

Gesetz/Gesetzmäßigkeit: Wenn wissenschaftliche *Hypothesen* oder *Theorien* empirisch sehr gut gestützt sind (wiederholte gelungene *Replikation* von Effekten), so werden sie als „Gesetzmäßigkeiten" anerkannt.

Gleichverteilung: Verteilung, bei der alle Werte mit derselben Häufigkeit oder Wahrscheinlichkeit auftreten. Graphisch hat die Gleichverteilung die Form einer waagerechten Linie parallel zur x-Achse. Ob die Ausprägungen eines Merkmals mit gleicher Wahrscheinlichkeit auftreten, kann z.B. mit einem *Chi-Quadrat-Verfahren (eindimensionales χ^2)* überprüft werden.

Grounded Theory: Besonderer Ansatz der qualitativen Datengewinnung und -Auswertung, der auf die Formulierung neuer, gegenstandverankerter Theorien zielt.

Gütekriterien: Kriterien, um die Qualität von Untersuchungen, Datenerhebungsverfahren oder statistischen Methoden einzuschätzen. Für Untersuchungen sind *interne* und *externe Validität* die entscheidenden Gütekriterien. Für Datenerhebungsverfahren sind hohe *Objektivität, Reliabilität* und *Validität* des gesamten Instrumentes sowie spezielle Eigenschaften bei den einzelnen *Items* (vgl. *Itemanalyse*) wünschenswert. Die Güte einer *Punktschätzung* wird an den vier Kriterien Effizienz, Konsistenz, Suffizienz und Erwartungstreue festgemacht.

Histogramm (Block Diagram): Graphische Darstellung einer Häufigkeitsverteilung durch einzelne Rechtecke, Quader oder Säulen, die jeweils umso höher sind, je häufiger ein Meßwert auftritt.

Hypothese: Annahme über einen realen (empirisch erfaßbaren) Sachverhalt in Form eines Konditionalsatzes („Wenn-Dann"-Satz, „Je-Desto"-Satz). Wissenschaftliche Hypothesen müssen über den Einzelfall hinausgehen (Generalisierbarkeit, Allgemeinheitsgrad) und anhand von Beobachtungsdaten falsifizierbar sein. Man unterscheidet *Nullhy-*

pothese und *Alternativhypothese, inhaltliche, operationale* und *statistische Hypothese, Zusammenhangs-, Unterschieds- und Veränderungshypothese; mono- und multikausale Hypothese.*

idiographisch: Den Einzelfall beschreibend; Einzelfallbeschreibungen haben in der empirischen Forschung explorativen Charakter, d.h. sie bereiten Hypothesenprüfungen vor; vgl. *nomothetisch.*

Index: 1. Zusammenfassung mehrerer Einzelindikatoren zu einem Gesamtwert, der die Ausprägung eines komplexen Merkmals repräsentieren soll. Es gibt gewichtete und ungewichtete additive Indizes sowie multiplikative Indizes. Indexwerte entstehen z.B. bei der Auswertung eines *Fragebogens*, bei der die Punktwerte für die einzelnen beantworteten *Items* zu einem Gesamtpunktwert für das gemessene Merkmal zusammengefaßt werden. 2. Verhältniszahl, die gebildet wird, indem eine inhaltlich interessierende Größe (z.B. Anzahl der Scheidungen) mit einer Basisgröße (z.B. Anzahl der bestehenden Ehen) in Beziehung gesetzt wird, um so vergleichbare Werte für unterschiedliche Zeitpunkte, Regionen, Länder o.ä. zu erhalten (Indexzahl).

Induktion: Schluß vom Speziellen auf das Allgemeine, vom Teil auf das Ganze. Induktionsschlüsse sind im Unterschied zur *Deduktion* immer unsichere Schlüsse und adressieren im Unterschied zur *Abduktion* ähnliche Fälle, nicht jedoch erklärende Hintergründe.

Inhaltsanalyse (Content Analysis): Oberbegriff für eine heterogene Gruppe von Verfahren, die darauf zielen, den Bedeutungsgehalt und die Gestaltungsmerkmale von Texten (oder auch Bildern, Kunstgegenständen, Kleidungsstücken etc.) zu erfassen. Bei der quantitativen Inhaltsanalyse werden Merkmale des Textmaterials im Hinblick auf ausgewählte Variablen (Kategorien) quantifiziert, indem der Text in kleine Teile (Kodiereinheiten) aufgeteilt wird (z.B. Sätze, Absätze), die den deduktiv aus der Theorie abgeleiteten Kategorien von Kodierern zugeordnet werden. Die Häufigkeiten, mit denen die Teile eines Textes bestimmte Kategorien belegen, charakterisieren den Text und ermöglichen den Vergleich mit anderen Texten. Bei der qualitativen Inhaltsanalyse werden ebenfalls Kodiereinheiten einem Kategoriensystem zugeordnet. Allerdings wird das Kategoriensystem hierbei meist während der Analyse noch verändert oder erst gebildet (indukte Kategorienbildung). Zudem interessiert weniger die Anzahl der zugeordneten Kodiereinheiten als vielmehr deren Bedeutungsgehalt. Durch die Interpretation der unter den Kategorien gebündelten Aussagen werden die inhaltlichen Facetten der einzelnen Kategorien herausgearbeitet.

Instruktion: Anweisung an die Untersuchungsteilnehmer, wie sie Testaufgaben, Urteilsaufgaben, Fragebögen usw. bearbeiten sollen. Damit alle Teilnehmer unter den gleichen Bedingungen arbeiten und um *Artefakte* zu verhindern, werden Instruktionen oftmals standardisiert; vgl. *Objektivität*.

Interaktion (Wechselwirkung): Art des Zusammenwirkens von zwei *Faktoren* (Interaktion erster Ordnung) in der zweifaktoriellen *Varianzanalyse* oder von mehr Faktoren (Interaktion zweiter, dritter...Ordnung) in der mehrfaktoriellen Varianzanalyse. Ein additives Zusammenwirken von Faktoren wird als „Normalfall" (Geltung der H_0) interpretiert. Bei überzufälligen Abweichungen von der Additivität spricht man vom „Interaktionseffekt". Es sind drei Typen von Interaktionseffekten zu unterscheiden: die ordinale, die hybride und die disordinale Interaktion. Ist ein Interaktionseffekt signifikant, kann man durch Interaktionsdiagramme veranschaulichen, welcher Interaktionstyp vorliegt. Bei einer ordinalen Interaktion können beide Haupteffekte global interpretiert werden, bei der hybriden nur einer und bei der disordinalen keiner.

interne Konsistenz: Wechselseitige *Korrelationen* der Beantwortung des einzelnen *Items* eines *Tests* oder *Fragebogens*. Hohe interne Konsistenz (berechnet über *Cronbachs* Alpha) wird als Hinweis auf eine hohe *Reliabilität* des Instruments gewertet; vgl. *Reliabilität*.

interne Validität: Eindeutigkeit der Interpretierbarkeit eines Untersuchungsergebnisses im Hinblick auf die zu prüfenden *Hypothesen*. Die interne Validität sinkt mit wachsender Anzahl plausibler Alternativerklärungen für das Ergebnis aufgrund nicht kontrollierter *Störvariablen*; vgl. *Validität*.

Intervallskala: Meßwerte einer Intervallskala spiegeln nicht nur die Rangreihe der Merkmalsausprägungen wider (vgl. *Ordinalskala*), sondern auch die Größe der Merkmalsunterschiede. Nebeneinanderliegende Punkte einer Intervallskala sind gleichabständig (äquidistant). Intervallskalenniveau ist für die Berechnung von sinnvoll interpretierbaren *Mittelwerten* und *Varianzen* bzw. *Standardabweichungen* notwendig.

Intervention: Eingriff, Veränderung, Behandlung. In einer experimentellen Untersuchung gelten die Stufen der unabhängigen Variablen als „Treatments", „Behandlungen" oder „Interventionen". In einer Evaluationsstudie wird die Veränderungsmaßnahme (z.B. Aufklärungskampagne, Therapie), deren Wirksamkeit zu evaluieren ist, als „Intervention" bezeichnet.

Irrtumswahrscheinlichkeit: Vgl. *alpha-Fehler-Wahrscheinlichkeit*.

Item: Frage oder Aussage in einem *Fragebogen* bzw. Aufgabe in einem *Test*.

Itemanalyse (Aufgabenanalyse): Überprüfung der Güteeigenschaften einzelner *Items*, um die Qualität eines *Tests* oder *Fragebogens* einschätzen zu können und ggf. durch Austausch oder Veränderung einzelner Items (Testrevision) zu Verbesserungen zu kommen. Insbesondere werden die Trennschärfe, die Itemschwierigkeit, die Homogenität und die Validität der Items geprüft; vgl. *Gütekriterien*.

Item Response Theorie (IRT): Allgemeine Bezeichnung für Modelle der probabilistischen *Testtheorie* bzw. Erweiterung und Verallgemeinerung des Rasch-Modells.

Kanonische Korrelation: Vgl. *Korrelation*.

Kardinalskala: Oberbegriff für *Intervall-* und *Verhältnisskala*, vgl. *Skalenniveau*.

Kausalität: Ein wichtiges Forschungsziel ist es, die Ursachen der betrachteten Phänomene herauszuarbeiten. Zeitliches Vorausgehen oder korrelativer Zusammenhang sind notwendige, aber nicht hinreichende Merkmale von Kausalfaktoren. Es ist ein sehr verbreiteter Fehler, Korrelationen kausal zu interpretieren. *Experimentelle Studien* eignen sich am besten, um Kausalhypothesen zu prüfen.

Kelly Grid (Grid-Technik): Datenerhebungsverfahren zur Erfassung des individuellen Konstruktsystems eines Menschen. Durch Vergleiche von Personen oder Situationen generieren die Probanden selbst z.B. die Adjektive, hinsichtlich derer sich die fraglichen Personen ähneln oder unterscheiden.

Kennwert (Stichprobenkennwert): Quantitative Größe, die charakteristische Merkmale einer *Verteilung* zusammenfaßt. Man unterscheidet Kennwerte der zentralen Tendenz (*Mittelwert, Modalwert, Medianwert*) und Kennwerte der Dispersion (*Varianz, Standardabweichung, Range*), die die Unterschiedlichkeit der Werte, d.h. die Breite einer Verteilung kennzeichnen. Kennwerte existieren für empirisch erfaßbare Stichprobenverteilungen (Stichprobenkennwerte, symbolisiert durch lateinische Buchstaben) und für Populationsverteilungen (*Populationsparameter*, symbolisiert durch griechische Buchstaben). Unbekannte Populationskennwerte bzw. *Parameter* werden anhand von Stichprobenkennwerten geschätzt (*Parameterschätzung*).

Klumpenstichprobe (Cluster Sample): Besteht eine Population aus natürlichen Gruppen (Klumpen, Cluster, nicht zu verwechseln mit der *Clusteranalyse!*) von Untersuchungsobjekten (z.B. Schulklassen, Krankenhäuser), so kann aus einer vollständigen Liste dieser Klumpen eine Zufallsauswahl von Klumpen gezogen werden. Die Klumpen sind dann vollständig zu untersuchen. Bei einer guten Klumpenstichprobe sollten die Klumpen in sich möglichst heterogen sein und einzeln jeweils ein möglichst gutes Miniaturbild der Population darstellen; vgl. *geschichtete Stichprobe*.

Konfidenzintervall: Das Konfidenzintervall kennzeichnet denjenigen Bereich eines Merkmals, in dem sich 95% (99%) aller möglichen *Populationsparameter* befinden, die den empirisch ermittelten *Stichprobenkennwert* erzeugt haben können. Die Bestimmung des Konfidenzintervalls Δ_{krit} ist eine Form der *Parameterschätzung*.

Konfigurationsfrequenzanalyse (KFA): Vgl. *Chi-Quadrat-Verfahren*.

Konkordanzkoeffizient: Nonparametrischer Koeffizient zur Festlegung des Grades der Übereinstimmung mehrerer Rangreihen. Vgl. *nonparametrische Verfahren*.

Konstrukt (theoretisches Konstrukt, hypothetisches Konstrukt, Konzept, latente Variable): Begriff für ein psychisches oder soziales Phänomen, das nicht direkt beobachtbar (manifest) ist, sondern aus manifesten Indikatoren erschlossen wird. Der Zusammenhang zwischen manifesten Indikatoren (z.B. Gesichtsausdruck, Blutdruck) und der latenten Variablen (z.B. Emotion) kann nur auf der Basis theoretischer Überlegungen hergestellt werden.

Kontingenzkoeffizient: Vgl. *Korrelation*.

Kontrollvariable: Potentielle *Störvariable*, die während der Untersuchung gemessen wird und bei den späteren statistischen Auswertungen herausgerechnet (herauspartialisiert, statistisch kontrolliert) werden kann; vgl. *Kovarianzanalyse*.

Korrelation: Allgemeine Bezeichnung zur Beschreibung von Zusammenhängen zwischen Variablen. Die wichtigsten *bivariaten* Korrelationen sind
- Produkt-Moment-Korrelation (linearer Zusammenhang zweier intervallskalierter Merkmale),
- Rangkorrelation (montoner Zusammenhang zweier ordinalskalierter Merkmale) und
- Kontingenzkoeffizient (atoner Zusammenhang zweier nominalskalierter Merkmale).

Weitere bivariate Korrelationen sind Tabelle 36 auf S. 509 zu entnehmen. Zu den multivariaten Korrelationen zählen:
- Partialkorrelation (Zusammenhang zweier Merkmale, der von einer dritten oder weiteren Variablen unabhängig ist),
- multiple Korrelation (Zusammenhang zwischen mehreren Prädiktorvariablen und einer Kriteriumsvariablen) und

● kanonische Korrelation (Zusammenhang zwischen mehreren Prädiktorvariablen und mehreren Kriteriumsvariablen).

Wenn von „Korrelation" die Rede ist, wird meist die Produkt-Moment-Korrelation gemeint. Die Enge eines Zusammenhangs wird mit dem *Korrelationskoeffizienten* ausgedrückt.

Korrelationsanalyse: Oberbegriff für die Berechnung von *Korrelationskoeffizienten* und die Durchführung von *Korrelationstests*; vgl. *Regressionsanalyse*.

Korrelationskoeffizient: Quantitatives Maß für Enge und Richtung des Zusammenhangs zweier oder mehrerer Variablen. Ein Korrelationskoeffizient vom Wert 0 (oder nahe 0) gibt an, daß kein Zusammenhang vorliegt. Je höher der Betrag eines Korrelationskoeffizienten, umso enger der Zusammenhang. Ob es sich um eine statistisch bedeutsame Korrelation handelt, zeigt jedoch erst der *Korrelationstest*. Zudem muß man überlegen, ob ein signifikanter Korrelationseffekt auch groß genug ist, um praktisch bedeutsam zu sein. Der Richtung des Zusammenhangs nach unterscheidet man positive und negative Korrelationen. Eine positive Korrelation besagt, daß hohe Werte in der einen Variablen mit hohen Werten bei der anderen Variablen einhergehen („je mehr – desto mehr", „je weniger – desto weniger", z.B. Wohnungsgröße und Mietzins, Übungsdauer und Leistung). Bei einer negativen Korrelation ist die Beziehung zwischen den Variablen gegensinnig: hohe Werte in der einen Variablen gehen mit niedrigen Werten in der anderen Variablen einher und umgekehrt („je mehr – desto weniger", „je weniger – desto mehr", z.B. Testangst und Testleistung, Selbstwertgefühl und Depressivität).

Korrelationstest: Signifikanztest, der die Nullhypothese prüft, daß der Korrelationskoeffizient in der Population den Wert Null hat: $H_0: \varrho = 0$.

Korrespondenzanalyse, multiple (MCA, Dual Scaling, Additive Scoring): „*Faktorenanalyse*" für nominale Merkmale mit dem Ziel, die Kategorien von 2 oder mehr Merkmalen als Punkte in einem „Faktorenraum" mit möglichst wenig Dimensionen abzubilden.

Kovarianzanalyse: *Varianzanalyse*, bei der eine oder mehrere *Kontrollvariablen* aus der *abhängigen Variablen* herausgerechnet (herauspartialisiert) werden. Die Kovarianzanalyse stellt eine Möglichkeit dar, den Einfluß von *Störvariablen* statistisch zu kontrollieren und damit die *interne Validität* einer Untersuchung zu erhöhen; vgl. *Varianzanalyse, Störvariable*.

Kriterium: 1. *Abhängige Variable* in *Korrelations-* und *Regressionsanalysen*, 2. Merkmal, das mit einem psychologischen *Test* vorhergesagt werden soll (z.B. Berufseignung, Schulreife). Die *Validität* des Tests wird ermittelt als *Korrelation* des Testergebnisses mit dem Kriterium (Kriteriumsvalidität).

Laboruntersuchung: Untersuchung, bei der die äußeren Rahmenbedingungen (Räumlichkeiten, Gegenstände, Beleuchtung etc.) genau kontrolliert werden können und die tatsächlich häufig in einem Labor bzw. in einem speziellen Untersuchungsraum stattfindet. In einer Laboruntersuchung ist die *interne Validität* relativ hoch, die *externe Validität* dagegen oft verringert; vgl. *Felduntersuchung*.

Längsschnittstudie (Longitudinalstudie, Längsschnitt-Untersuchung): Untersuchung, bei der Untersuchungseinheiten wiederholt hinsichtlich derselben Variablen untersucht werden. Man unterscheidet Trend-Untersuchungen, bei denen nacheinander unterschiedliche Stichproben aus derselben Population gezogen und untersucht werden, von Panel-Untersuchungen, bei denen dieselbe *Stichprobe* (das *Panel*) über längere Zeit hinweg beobachtet und untersucht wird. Längsschnittstudien spielen z.B. in der Entwicklungspsychologie eine große Rolle. Problematisch sind sie wegen des relativ großen untersuchungstechnischen Aufwandes und der langen Wartezeit bis zum Untersuchungsresultat; vgl. *Querschnittstudie*.

Lateinisches Quadrat (Latin Square): Varianzanalytischer Plan, in dem drei *Faktoren* mit gleicher Stufenzahl in ihrem Einfluß auf die abhängige Variable untersucht werden. Da die Faktoren nicht vollständig miteinander kombiniert werden, können nur die Haupteffekte, nicht jedoch die *Interaktionen* getestet werden. Eine Erweiterung auf vier Faktoren ist das Griechisch-lateinische Quadrat.

LISREL (Linear Structural Relationships, Lineare Strukturgleichungsmodelle): Statistisches Verfahren und zugehörige Software, um Beziehungen zwischen manifesten Variablen (Indikatoren) und latenten Variablen (Faktoren, analog den Faktoren der *Faktorenanalyse*) in einem sog. Meßmodell sowie Beziehungen zwischen den latenten Variablen in einem sog. Strukturmodell darzustellen und zu testen. Mittels LISREL kann ermittelt werden, wie gut die empirischen Stichprobendaten zu einem Meßmodell oder Strukturmodell passen (fitten) bzw. wie gut der Modell-Fit ist.

MANOVA (Multivariate Analysis of Variance, Multivariate Varianzanalyse): Vgl. *Varianzanalyse.*

Marktforschung: Empirische Forschung im Bereich Konsumentenverhalten und Absatzmärkte, deren Ergebnisse bei Unternehmensentscheidungen berücksichtigt werden. Marktforschung und Meinungsforschung (*Demoskopie*) arbeiten mit vergleichbaren Methoden und werden meist als Auftragsforschung abgewickelt, weshalb sich die Sammelbezeichnung „Markt- und Meinungsforschung" eingebürgert hat; vgl. *Demoskopie.*

Matched Samples: Strategie zur Erhöhung der *internen Validität* bei *quasiexperimentellen Untersuchungen* mit kleinen Gruppen. Zur Erstellung von Matched Samples wird die Gesamtmenge der Untersuchungsobjekte in (hinsichtlich der relevanten Hintergrund- bzw. Störvariablen) möglichst ähnliche Paare gruppiert. Die beiden Untersuchungsgruppen werden anschließend so zusammengestellt, daß zufällig jeweils ein Paarling der einen Gruppe, der andere Paarling der anderen Gruppe zugeordnet wird. Man beachte, daß Matched Samples abhängige Stichproben sind, die entsprechend auch mit Signifikanztests für abhängige Stichproben (z. B. t-Test für abhängige Stichproben) auszuwerten sind; vgl. *Parallelisierung.*

Maximum-Likelihood-Methode: Methode, nach der *Populationsparameter* so geschätzt werden, daß die „Wahrscheinlichkeit" (Likelihood) des Auftretens der beobachteten Daten maximiert wird. Man probiert quasi eine Reihe möglicher Parameter durch, berechnet jedesmal die bedingte Wahrscheinlichkeit des gefundenen Stichprobenergeb-nisses unter dem gerade betrachteten Parameter. Der Parameter, bei dem die Likelihood für das Stichprobenergebnis maximal ist, wird als Schätzer des Populationsparameters verwendet. Man spricht hier statt von bedingten Wahrscheinlichkeiten (die üblicherweise alle von einem Populationsparameter abgeleitet werden und sich insgesamt zu 1 addieren) lieber von Likelihoods, da für ein Stichprobenergebnis Wahrscheinlichkeitswerte aus verschiedenen Populationsparametern abgeleitet werden, die sich insgesamt auch nicht zu 1 addieren.

MDS (Multidimensionale Skalierung): Vgl. *Multidimensionale Skalierung.*

Medianwert (Median): Der Median teilt eine Verteilung mindestens *ordinalskalierter* Meßwerte in Hälften; vgl. *zentrale Tendenz.*

mehrstufige Stichprobe (gestufte Stichprobe, Multi-Stage Sample): Da einfache Zufallsauswahlen aus der gesamten Populationsliste bei großen *Populationen* (z. B. bundesdeutsche Bevölkerung) extrem aufwendig sind, arbeitet man oftmals mit mehreren Ziehungsstufen, z. B. zieht man zunächst Bundesländer, dann Wahlkreise, dann Haushalte, dann Personen.

Messen: Zuordnung von Zahlen zu Objekten oder Ereignissen in Abhängigkeit von deren Merkmalsausprägung nach festgelegten Regeln der Meßtheorie. In der Relation der Meßwerte (numerisches Relativ) muß sich die Relation der gemessenen Objekte (empirisches Relativ) widerspiegeln. Man kann auch sagen, das empirische Relativ wird in das numerische Relativ abgebildet und zwar als homomorphe Abbildung. Die homomorphe Abbildungsfunktion (die den Elementen des empirischen Relativs Elemente des numerischen Relativs in der Weise zuordnet, daß die Relationen zwischen zwei beliebigen Objekten a und b im empirischen Relativ den Relationen der zugeordneten Zahlen im numerischen Relativ entsprechen), zusammen mit einem empirischen und einem numerischen Relativ nennt man *Skala.* Je mehr Eigenschaften des empirischen Relativs auch auf das numerische Relativ zutreffen, um so informativer sind die Meßwerte bzw. ist die Skala; vgl. *Skalenniveau, Skalierung, Operationalisierung.*

Metaanalyse: Zusammenfassung der Ergebnisse mehrerer Untersuchungen zum selben Thema zu einer Gesamtschätzung des untersuchten Effektes im Hinblick auf Signifikanz und *Effektgröße*; vgl. *Primäranalyse, Sekundäranalyse.*

Mittelwert (Mittel, Durchschnitt): Der Mittelwert (genauer: das arithmetische Mittel) als Summe aller Meßwerte dividiert durch die Anzahl der eingehenden Werte ist der bekannteste *Kennwert* überhaupt. Neben dem arithmetischen Mittelwert ($\bar{x}$) gibt es aber noch andere Mittelwerte, die allerdings seltener gebraucht werden (geometrisches Mittel, harmonisches Mittel). Der Populationsmittelwert hat das Symbol μ (lies: mü); vgl. *zentrale Tendenz.*

Modalwert (Modus): Der in einer Verteilung am häufigsten vertretene Wert. Gibt es in einer Verteilung nur einen häufigsten Wert, spricht man von einer unimodalen Verteilung, bei zwei Modalwerten von einer bimodalen Verteilung; vgl. *zentrale Tendenz.*

MTMM (Multi-Trait Multi-Method-Methode): Besonderer Ansatz, um die Konstruktvalidität von Datenerhebungen bzw. Datenerhebungsverfahren zu bestimmen. Die MTMM-Methode arbeitet mit den *Korrelationen*, die sich ergeben, wenn man an derselben Stichprobe mehrere Merkmale (Traits) mit mehreren Methoden (Methods) erfaßt und die Ergebnisse wechselseitig korreliert. Die Höhe und das Muster dieser Korrelationen sind indikativ für konkordante und diskriminante Validität als Teilformen der Konstruktvalidität; vgl. *Validität.*

Multidimensionale Skalierung (MDS): *Multivariate Methode* zur Darstellung von Ähnlichkeitsurteilen in einem mehrdimensionalen Raum. Probanden schätzen eine Menge von Objekten oder Begriffen (z. B. Berufe) jeweils paarweise hinsichtlich ihrer globalen Ähnlichkeit auf einer *Ratingskala* ein. Es interessiert nun, welche Begriffe ähnlich (z. B. Physiker – Chemiker, Physiker – Architekt) und welche unähnlich (z. B. Physiker – Arbeiter, Physiker – Bankangestellter) wahrgenommen werden. Gesucht wird eine räumliche Darstellung der Objekte, in der die Objektdistanzen bestmöglich mit den aus den Paarvergleichsurteilen ableitbaren Objektunähnlichkeiten übereinstimmen, wobei der Objektraum möglichst wenig Dimensionen aufweisen soll. Anzahl und Position der Dimensionen lassen sich inhaltlich interpretieren als Merkmale, anhand derer die Urteiler ihre Ähnlichkeitseinschätzungen vorgenommen haben (z. B. berufliches Prestige, berufliche Unabhängigkeit). Im Unterschied zur *Faktorenanalyse,* die vorgegebene Merkmale (*Items*) zu *Faktoren* bündelt, spaltet die MDS globale Ähnlichkeitsurteile in einzelne Dimensionen auf.

multiple Korrelation: Vgl. *Korrelation.*

Multi-Trait Multi-Method-Methode: vgl. MTMM

multivariate Methoden: *Korrelations-* und *Regressionsanalysen,* an denen mehr als zwei *Variablen* beteiligt sind bzw. *Varianzanalysen,* in denen mehrere *abhängige Variablen* analysiert werden. Zudem gibt es einige statistische Verfahren, die viele Variablen verarbeiten, ohne zwischen *Prädiktoren* und *Kriterien* bzw. *unabhängigen* und *abhängigen Variablen* zu unterscheiden. Dazu zählen etwa die *Clusteranalyse,* die *Faktorenanalyse* und die *Multidimensionale Skalierung,* die auch unter die multivariaten Methoden subsumiert werden.

nicht-probabilistische Stichprobe: *Stichprobe,* die nicht nach Zufallsprinzipien, sondern in irgendeiner Form willkürlich oder bewußt aus der Population gezogen wurde. Wichtige nicht-probabilistische Stichproben sind die *Ad-hoc-Stichprobe,* die *theoretische Stichprobe* und die *Quoten-Stichprobe;* vgl. *probabilistische Stichprobe.*

nichtreaktive (nonreaktive) Verfahren: Empirische Datenerhebungsverfahren, bei denen man verdeckt beobachtet oder nur Spuren und Ablagerungen von Verhalten erfaßt, ohne mit den Untersuchungsobjekten selbst in Kontakt zu kommen. Nonreaktive Verfahren haben den Vorteil, daß die Untersuchungsphänomene nicht durch die Beobachtung beeinflußt werden können. Gleichzeitig haben sie den Nachteil, daß die Verhaltensspuren interpretativ mit psychischen und sozialen Phänomen verknüpft werden müssen, was die *interne Validität* der Ergebnisse beeinträchtigen kann.

Nominalskala: Eine Nominalskala ordnet den Objekten eines empirischen Relativs Zahlen zu, die so geartet sind, daß Objekte mit gleicher Merkmalsausprägung gleiche Zahlen und Objekte mit verschiedener Merkmalsausprägung verschiedene Zahlen erhalten. Statistische Verfahren bei nominalskalierten Merkmalen beschränken sich in der Regel darauf auszuzählen, wieviele Objekte jeweils bestimmte Merkmalsausprägungen aufweisen. Die *Chi-Quadrat-Verfahren* sind zur Analyse solcher Häufigkeitsdaten konzipiert, vgl. *Messen*.

nomothetisch: Allgemeingültige Gesetze aufstellend. Ein wichtiges Ziel der empirischen Forschung ist es, generalisierende (nomothetische) Aussagen zu treffen und nicht nur singuläre Fälle zu beschreiben; vgl. *idiographisch*.

nonparametrische Verfahren (nichtparametrische, verteilungsfreie Verfahren): Die Domäne der nonparametrischen Statistik sind hypothesenprüfende Untersuchungen von nicht-normalverteilten Merkmalen mit kleinen Stichproben. Im weiteren Verständnis zählen zu den nonparametrischen Verfahren auch alle Methoden zur Analyse von Häufigkeiten. Vgl. *parametrische Verfahren*.

Normalverteilung: Verteilungstyp mit charakteristischer Glockenform (auch: Glockenkurve, Gauss-Kurve). Es gibt unendlich viele Normalverteilungen, die sich in Mittelwert und Streuung, nicht jedoch in der Proportion der Glockenform unterscheiden.

Nullhypothese (H_0): Inhaltlich negiert die Nullhypothese das Vorliegen eines *Effektes* und widerspricht damit der *Alternativhypothese*. Bei ungerichteten Alternativhypothesen sind Nullhypothesen spezifisch, d.h. sie enthalten das Gleichheitszeichen, um auszudrücken, daß Parameter sich gleichen (z.B. H_0: $\mu_1 = \mu_2$) oder daß ein Parameter den Wert 0 annimmt (z.B. H_0: $\varrho = 0$). Bei gerichteten Alternativhypothesen sind sie unspezifisch (z.B. H_0: $\varrho \leq 0$). Die „klassischen" Signifikanztests sind Nullhypothesen-Tests, d.h. aus der spezifischen H_0 wird eine theoretische *Stichprobenkennwerteverteilung* für den Test konstruiert (sog. H_0-Verteilung, H_0-Modell, z.B. Standardnormalverteilung, t-Verteilung, F-Verteilung), anhand der das empirische Stichproben- bzw. Testergebnis bewertet wird bzw. aus der die bedingte Wahrscheinlichkeit für das Auftreten des gefundenen (oder eines extremeren) Stichprobenergebnisses als α-Fehler-Wahrscheinlichkeit abgeleitet wird. Die am häufigsten verwendeten H_0-Modelle sind austabelliert, so daß die fraglichen Wahrscheinlichkeiten aus der Tabelle abgelesen werden können. Die Konstruktion einer Stichprobenkennwerteverteilung bzw. eines H_0-Modells für einen Signifikanztest ist an *Voraussetzungen* gebunden; vgl. *Alternativhypothese*.

Objektivität: 1. Allgemeines *Gütekriterium* wissenschaftlicher Aussagen. Objektivität in diesem Sinne bedeutet nicht unumstößliche „Wahrheit" und erfordert auch nicht eine „neutrale" bzw. „objektive" Haltung einzelner Forscher, sondern meint intersubjektive Übereinstimmung zwischen Forschenden. Eine objektive oder objektivierbare Aussage stützt sich nicht nur auf die Überzeugung eines einzelnen, sondern kann von anderen theoretisch und empirisch nachvollzogen werden (vgl. *Replikation*). 2. Gütekriterium eines *Tests* oder Fragebogens. Objektivität in diesem Sinne meint Unabhängigkeit von der Person des Testanwenders. Sie ist gegeben, wenn unterschiedliche Testanwender unabhängig voneinander beim Testen derselben Person zu denselben Ergebnissen kommen. Man unterscheidet Durchführungs-, Auswertungs- und Interpretationsobjektivität.

operationale Hypothese (empirische Vorhersage): Empirische Vorhersage des Ergebnisses einer konkreten Untersuchung aufgrund einer allgemeinen theoretischen *Forschungshypothese* unter Berücksichtigung der *Operationalisierung* der *Variablen* und des gesamten Untersuchungsdesigns.

Operationalisierung: Maßnahme zur empirischen Erfassung von Merkmalsausprägungen. Zur Operationalisierung gehören die Wahl eines Datenerhebungsverfahrens (z.B. Fragebogen, Test, physiologische Messung, Leitfadeninterview) und die Festlegung von Meßoperationen (v.a. Festlegung des *Skalenniveaus*). In vielen Datenerhebungsmethoden sind die Regeln für die Messung bereits enthalten, etwa wenn beim Test genau festgelegt ist, welchen Aufgabenlösungen (empirisches Relativ) welche Punktzahlen (numerisches Relativ) zuzuordnen sind; vgl. *Messen*.

optimaler Stichprobenumfang: Stichprobenumfänge sind optimal, wenn sie einem Signifikanztest genügend *Teststärke* geben, um einen getesteten *Effekt* bei vorgegebener *Effektgröße* entdecken und auf einem vorgegebenen *Signifikanzniveau* absichern zu können. Wählt man den Stichprobenumfang zu klein, verliert ein Test an Teststärke, wählt man ihn zu groß, betreibt man unnötigen Aufwand, da nun auch kleinste Effekte signifikant werden können, die praktisch bedeutungslos sind. Mit optimalen Stichprobenumfängen zu arbeiten ist ökonomisch und führt zu eindeutigen statistischen Ergebnissen. Da jeder *Signifikanztest* durch die vier funktional miteinander verknüpften Maße *Teststärke* $(1-\beta)$, *Effektgröße* (ε), *alpha-Fehler-Niveau* und *Stichprobenumfang* (n) gekennzeichnet ist, braucht man nur drei dieser Größen festzulegen, um die vierte abzuleiten. Für die Bestimmung des optimalen Stichprobenumfangs (n_{opt}) einer geplanten Untersuchung legt man üblicherweise das α-Fehler-Niveau auf 5% oder 1% fest, die Teststärke auf 80% und die Effektgröße wählt man als „gering", „mittel" oder „hoch". Welcher Stichprobenumfang nun optimal ist, kann man den entsprechenden Tabellen entnehmen.

Optimal Scaling: Technik zur metrischen *Skalierung* der Kategorien eines *nominalen* Merkmals.

Ordinalskala: Eine Ordinalskala ordnet den Objekten des empirischen Relativs Zahlen zu, die so geartet sind, daß von jeweils zwei Objekten das Objekt mit der größeren Merkmalsausprägung die größere Zahl erhält. Ordinalskalierte Werte bilden eine Rangreihe und werden meist mit *nonparametrischen Verfahren* ausgewertet; vgl. *Messen*.

Panel: Eine in regelmäßigen Abständen mehrfach untersuchte Stichprobe; vgl. *Längsschnittstudie*.

Paradigma: 1. Wichtige und oft verwendete experimentelle Anordnung zur Untersuchung eines bestimmten Phänomens (Untersuchungsparadigma). 2. Eine allgemeine inhaltliche Theorie, die in breiten Kreisen innerhalb der *Scientific Community* anerkannt wird und die Sichtweise in einer Disziplin zeitweise stark dominiert. Paradigmen können sich ablösen (Paradigmenwechsel) oder parallel nebeneinander bestehen. Dieser Paradigmen-Begriff stammt von dem Wissenschaftstheoretiker Kuhn (1967), der damit das Falsifikations-Prinzip von Popper (vgl. *Falsifikation*) als unrealistisch kritisierte: Widersprüchliche Befunde können nach Kuhn den „Glauben" an ein Theoriegebäude bzw. an ein Paradigma nur schwer erschüttern.

Parallelisierung: Zusammenstellung von möglichst vergleichbaren Untersuchungsgruppen (z.B. Behandlungsgruppe und Kontrollgruppe), indem man hinsichtlich wichtiger Hintergrund- oder Störvariablen (z.B. Alter oder Bildungsstand) in Stichproben für annähernd gleiche Verteilungen bzw. Kennwerte sorgt (z.B. gleicher Altersdurchschnitt oder gleicher Anteil von Abiturienten). Parallelisierung ist eine Maßnahme zur Erhöhung der *internen Validität* von *quasiexperimentellen Untersuchungen* und stellt einen (schlechteren) Ersatz der in experimentellen Untersuchungen durchgeführten *Randomisierung* dar. Bei kleinen Gruppen arbeitet man statt mit Parallelisierung mit *Matched Samples*.

Parameter: Vgl. *Populationsparameter*.

Parameterschätzung: Ermittlung eines Näherungswertes für einen unbekannten *Populationsparameter* auf der Basis von *Stichprobenkennwerten*. Man unterscheidet *Punktschätzung* und Intervallschätzung. Bei Punktschätzungen wird auf der Basis von Stichprobenwerten genau ein geschätzter Populationsparameter berechnet. Punktschätzer werden meistens durch ein Dach „ˆ" gekennzeichnet (z.B. $\hat{\sigma}^2$: geschätzte Populationsvarianz). Bei Intervallschätzungen wird für den gesuchten Populationsparameter ein geschätzter Wertebereich (*Konfidenzintervall* Δ_{krit}) angegeben.

parametrische Verfahren (verteilungsgebundene Verfahren): Statistische Verfahren bzw. *Signifikanztests*, die an bestimmte Verteilungsformen der *Stichprobenkennwerte* gebunden sind (z.B. *t-Test*, *F-Test*). Im Unterschied zu *nonparametrischen Verfahren* setzen parametrische Verfahren größere *Stichproben* voraus. Bei kleineren Stichproben sind die parametrischen Verfahren an das Vorliegen normalverteilter kardinalskalierter Merkmale gebunden. Vgl. *Stichprobenkennwerteverteilung*.

Partialkorrelation: Vgl. *Korrelation*.

Peer Review: Begutachtung einer wissenschaftlichen Arbeit (Projektantrag, Zeitschriftenaufsatz, *Abstract* für einen Vortrag) durch Fachkollegen, also Mitglieder der *Scientific Community*. Das Prinzip des Peer Reviewing ist als eine einschlägige Methode der Qualitätssicherung im Bereich der Fachzeitschriften stark etabliert. Das Ergebnis eines Reviews kann in der Annahme eines Beitrags, in Überarbeitungsauflagen oder in einer Ablehnung bestehen.

Plot: Graphische Darstellung des Zusammenhangs zwischen zwei oder mehr Variablen in einem Koordinantensystem. Der einfachste Fall ist der bivariate Plot, in dem die Ausprägungen der einen Variablen auf der x-Achse, die der anderen auf der y-Achse abgetragen werden. Der Merkmalszusammenhang ist dann als Punktewolke (Punkteschwarm, Scattergram) verdeutlicht. Plots spielen im *EDA*-Ansatz eine wichtige Rolle.

polytome Variable: *Nominalskalierte* Variable mit mehr als zwei Stufen; vgl. *dichotome Variable*.

Population (Grundgesamtheit): Menge aller potentiellen Untersuchungsobjekte, über die etwas ausgesagt werden soll. Populationen sind im allgemeinen so groß, daß statt einer Vollerhebung (Zensus) nur eine stichprobenartige Untersuchung in Frage kommt; vgl. *Stichprobe*.

Populationsparameter: *Kennwert* einer Populationsverteilung (z.B. Populationsmittelwert μ, Populationsstreuung σ, Populationsanteil π etc.). Populationsparameter sind in der Regel unbekannt und werden anhand von *Stichprobenkennwerten* geschätzt; vgl. *Parameterschätzung*.

Prädiktor: Unabhängige Variable in den *Korrelations-* und *Regressionsanalysen*; vgl. *Faktor, Kriterium*.

Primäranalyse: Erstauswertung der Ergebnisse einer empirischen Untersuchung; vgl. *Sekundäranalyse, Metaanalyse*.

Probabilistische Stichprobe: Stichprobe, die nach Zufallsprinzipien aus der *Population* gezogen wurde, so daß die Auswahlwahrscheinlichkeiten aller Objekte gleich oder zumindest bekannt sind. Wichtige probabilistische Stichproben sind die einfache *Zufallsstichprobe*, die *Klumpenstichprobe* und die *geschichtete Stichprobe* sowie die *mehrstufige Stichprobe*; vgl. *nicht-probabilistische Stichprobe*.

Produkt-Moment-Korrelation (Bravais-Pearsonsche Korrelation): Vgl. *Korrelation*.

Punktschätzung: Art der *Parameterschätzung*. Punktschätzer sollen vier Kriterien erfüllen: Konsistenz, Suffizienz, Effizienz und Erwartungstreue.

qualitative Daten: 1. *Nominalskalierte* quantitative Daten, 2. nicht-numerische Daten, verbales, anschauliches Datenmaterial, das v.a. in der *qualitativen Forschung* verwendet wird.

qualitative Forschung: Empirische Forschung, die mit besonderen Datenerhebungsverfahren in erster Linie *qualitative Daten* erzeugt und interpretativ verarbeitet, um dadurch neue *Effekte* zu entdecken (Exploration) und (seltener) auch *Hypothesen* zu prüfen (Explanation). Inhaltlich ist es ein besonderes Anliegen der qualitativen Forschung, soziale und psychologische Phänomene aus der Sicht der Akteure zu rekonstruieren; vgl. *quantitative Forschung*.

quantitative Forschung: Empirische Forschung, die mit besonderen Datenerhebungsverfahren quantitative Daten erzeugt und statistisch verarbeitet, um dadurch neue *Effekte* zu entdecken (Exploration), Populationen zu beschreiben und *Hypothesen* zu prüfen (Explanation); vgl. *qualitative Forschung*.

quasiexperimentelle Untersuchung: Untersuchung mit natürlichen Gruppen. Die *unabhängigen Variablen* sind sämtlich oder zum Teil Personenvariablen, so daß eine *Randomisierung* nicht möglich ist, sondern nur eine *Parallelisierung* oder die Bildung von *Matched Samples*. Quasiexperimentelle Untersuchungen haben eine geringere *interne Validität* als experimentelle Untersuchungen; vgl. *experimentelle Untersuchung.*

Querschnittstudie: Mehrere Stichproben (z. B. Altersgruppen) werden zum selben Zeitpunkt untersucht. Die Interpretation der Gruppenunterschiede als z. B. Alterseffekte ist in diesem Design nur von geringer *interner Validität*, da die Altersunterschiede mit Kohorteneffekten (Generationseffekten) konfundiert sind; vgl. *Längsschnittstudie.*

Quoten-Stichprobe: Aus der Population werden willkürlich nach einem vorgegebenen Schlüssel „passende" Probanden ausgewählt. Quoten-Vorgaben können z. B. so aussehen, daß die Untersuchung von 50% Frauen und 50% Männern, 20% Ostdeutschen und 80% Westdeutschen etc. gefordert wird. Quoten-Stichproben gehören zu den *nicht-probabilistischen Stichproben* und werden in der kommerziellen *Marktforschung* häufig eingesetzt.

Randomisierung: Zufällige Zuordnung von Untersuchungsobjekten zu Untersuchungsbedingungen durch die Untersuchungsleiterin bzw. den Untersuchungsleiter. Die Randomisierung ist das kennzeichnende Merkmal einer *experimentellen Untersuchung.*

Range: Kennwert der *Dispersion*, berechnet sich als Differenz zwischen dem größten und kleinsten Wert einer Verteilung. Da der Range nur aus zwei Extremwerten gebildet wird (bei denen es sich möglicherweise um Ausreißer oder Meßfehler handelt), ist er ein recht unzuverlässiges Dispersionsmaß.

Rangkorrelation: Vgl. *Korrelation.*

Rating-Skala: Eine unterschiedlich etikettierte und abgestufte Darstellung einer Dimension (meist gerade Linie), auf der Urteiler ihre Schätzurteile abgeben, indem sie den Skalenpunkt markieren, der dem Schätzurteil (eingeschätzte Merkmalsausprägung) am besten entspricht. Man unterscheidet unterschiedliche Typen von Rating-Skalen nach formalen Gesichtspunkten (z. B. gerade oder ungerade Stufenzahl, verbale oder numerische Etiketten) und inhaltlichen Aspekten (Skala zur Messung von Intensität, Häufigkeit, Wahrscheinlichkeit, Valenz). Die

mit Rating-Skalen erzeugten Daten werden meist als Werte einer *Intervallskala* interpretiert.

Regression: Vorhersage von Merkmalsausprägungen einer oder mehrerer Kriteriumsvariablen auf der Basis einer oder mehrerer Prädiktorvariablen mittels *Regressionsgeraden* und *Regressionsgleichungen* bzw. *Regressionsanalyse*; vgl. *Korrelation.*

Regressionsanalyse: Oberbegriff für die Bestimmung von *Regressionsgleichungen, Regressionsgeraden* und die statistische Absicherung der Regressionskoeffizienten. Korrelations- und Regressionsanalyse sind eng miteinander verknüpft, da eine Merkmalsvorhersage von *Prädiktoren* auf *Kriterien* nur sinnvoll ist, wenn die fraglichen Prädiktoren und Kriterien miteinander korrelieren; vgl. *Korrelationsanalyse.*

Regressionsgerade: Graphische Darstellung einer linearen *Regressionsgleichung*. Trägt man in einem x-y-Koordinatensystem die einzelnen Meßwertpaare (x, y) einer bivariaten Meßwertreihe als Punkte ein (vgl. *Plot*), so kann man die zugehörige Regressionsgerade für eine erste Analyse auch per Hand anpassen, indem man die Gerade so zeichnet, daß die Abstände zwischen den Punkten und der Geraden möglichst klein sind; vgl. *Regressionsgleichung.*

Regressionsgleichung: Gleichung, mit der die Ausprägung eines Merkmals aufgrund der Ausprägung eines anderen, korrelierenden Merkmals vorhergesagt werden kann. Die einfachste Regressionsgleichung ist die lineare bivariate Regressionsgleichung der Form: $\hat{y}_i = b \cdot x_i + a$. Unter der Voraussetzung, daß zwischen dem *Prädiktor* x und dem *Kriterium* y ein signifikanter linearer Zusammenhang besteht, kann man einzelne x-Werte durch Multiplikation mit b und Addition von a in vorhergesagte $\hat{y}$-Werte umrechnen. Die Regressionskoeffizienten a und b sind nach einfachen Formeln aus den Stichprobendaten zu errechnen. Diese Formeln beruhen auf dem Kriterium der kleinsten Quadrate (Kleinste-Quadrat-Kriterium), d. h. die Regressionsgleichung (bzw. die Regressionskoeffizienten) werden so bestimmt, daß die quadrierten Abweichungen zwischen den empirischen y_i-Werten und den vorhergesagten $\hat{y}_i$-

Werten minimal sind. Genau wie man bei anderen statistischen Maßen zwischen *Stichprobenkennwerten* und *Populationsparametern* unterscheidet, werden die Regressionskoeffizienten in der Stichprobe (a, b) von den Regressionskoeffizienten in der Population (α, β; nicht zu verwechseln mit α- und β-*Fehler*!) unterschieden, d. h. Parameterschätzungen (wie groß sind α und β?) und Signifikanztests (weicht b signifikant von 0 ab?) sind auch in den *Regressionsanalysen* anzuwenden; vgl. *Regressionsgerade*.

Reliabilität: *Gütekriterium* eines *Tests* oder *Fragebogens*, das die Genauigkeit angibt bzw., wie stark die Meßwerte durch Störeinflüsse und Fehler belastet sind. Um die Reliabilität eines Erhebungsinstruments empirisch abzuschätzen, werden vier Techniken eingesetzt: Testhalbierungsmethode (Split-Half-Reliabilität), Testwiederholungsmethode (Retest-Reliabilität), Paralleltestmethode und *interne Konsistenz*; vgl. *Gütekriterium*.

Replikation: Die Wiederholung einer Untersuchung zur Überprüfung ihres Befundes. Replikationsstudien werden häufig von anderen Forschern vorgenommen; zuweilen wird man aber im Rahmen eines umfangreicheren Forschungsprojektes auch Selbst-Replikationen durchführen. Ein mehrfach replizierter (und dadurch gut gesicherter) Effekt wird meist quasi als *Gesetzmäßigkeit* anerkannt; vgl. *Gütekriterium, Verifikation*.

Repräsentativität: Ausmaß, in dem die Zusammensetzung einer *Stichprobe* mit der Zusammensetzung der *Population*, aus der sie stammt und über die Aussagen getroffen werden sollen, übereinstimmt. Die Repräsentativität einer Stichprobe hängt weniger von ihrer Größe als vielmehr vom Auswahlverfahren ab. Der beste Garant für möglichst hohe Repräsentativität sind *probabilistische Stichproben*.

Rücklaufcharakteristik: Zeitliche Verteilung der eingehenden Fragebögen bei einer postalischen (oder computervermittelten) Befragung.

Rücklaufquote: Anteil der beantworteten Fragebögen (Netto-Stichprobe) an allen verteilten Fragebögen (Brutto-Stichprobe) bzw. Anteil der tatsächlichen Respondenten an allen kontaktierten Personen.

Sampling-Distribution: Vgl. *Stichprobenkennwerteverteilung*.

Scheinkorrelation (Spurious Correlation): *Korrelation* zwischen zwei *Variablen*, die sich nach dem Herausfiltern (Herauspartialisieren, *Partialkorrelation*) des Einflusses einer dritten Variablen auf Null (oder fast Null) reduziert. So könnte z. B. eine internationale Studie ergeben, daß in den Städten mit den meisten Polizisten die meisten Straftaten begangen werden, während bei geringer Polizistenzahl auch die Straftaten seltener vorkommen. Provozieren also die Polizisten geradezu die Straftaten? Diese Kausalinterpretation wäre falsch, denn der gefundene Zusammenhang löst sich auf, wenn man die Einwohnerzahl berücksichtigt. Bei einer Scheinkorrelation handelt es sich nicht um einen numerisch falschen *Korrelationskoeffizienten*, sondern um eine irrtümliche Kausalinterpretation, die den Einfluß einer (oder mehrerer) Drittvariablen vernachlässigt!

Scientific Community: Gemeinschaft aller Forschenden (oft bezogen auf jeweils eine Disziplin). Die Scientific Community sorgt für die Aus- und Weiterbildung des Nachwuchses, ist durch ihre Normen und Werte eine Sozialisationsinstanz für alle Beteiligten und bemüht sich durch spezielle Diskurs- und Bewertungs-Verfahren (z. B. Diskussionen auf Tagungen, *Peer Reviews*) um eine kritische Reflexion und Qualitätskontrolle wissenschaftlicher Arbeit. Typischerweise werden nur Promovierte als Vollmitglieder der Scientific Community anerkannt. Vor der Promotion sind Teilnahmerechte am wissenschaftlichen Leben eingeschränkt (z. B. hinsichtlich selbständiger Projektbeantragung, Übernahme von Ämtern in wissenschaftlichen Fachgesellschaften usw.).

Score (Skore): Punktwert in einem *Test* oder *Fragebogen*.

Sekundäranalyse: Zweitauswertung der Ergebnisse einer empirischen Untersuchung, oft mit dem Ziel, mehrere Untersuchungen unter einer neuen Fragestellung zusammenzufassen. Eine Sonderform der Sekundäranalyse ist die *Metaanalyse*; vgl. *Primäranalyse*.

Semantisches Differential (Polaritätsprofil): Datenerhebungsmethode auf der Basis von Urteilen auf ca. 20 *Rating-Skalen*, die mit bipolaren Adjektivpaaren (z. B. eckig-rund, aktiv-passiv) etikettiert sind. Den Untersuchungsteilnehmern wird ein Begriff vorgelegt, der anhand der Rating-Skalen auf den Adjektivpaaren einzuschätzen ist. Das Ergebnis repräsentiert die konnotative (assoziative) Bedeutung des Begriffes oder Objektes.

signifikantes Ergebnis: Ein Ergebnis ist statistisch signifikant, wenn es zu einer Ergebnisklasse gehört, deren *Wahrscheinlichkeit* bei Gültigkeit der *Nullhypothese* kleiner als ein zuvor festgesetzes *Signifikanzniveau* ist.

Signifikanzniveau (α-Fehler-Niveau): Per Konvention festgelegte Höchstgrenze der α-*Fehler-Wahrscheinlichkeit*: $\alpha < 5\%$ (signifikant, „*"$), $\alpha < 1\%$ (sehr signifikant, „**") oder $\alpha < 0{,}1\%$ (hoch signifikant, „***"). Das 5%-Niveau ist im Forschungsbereich üblich. In Forschungsberichten werden Ergebnisse statistischer Analysen z.B. so beschrieben: „Hypothesenkonform bestand ein deutlicher Leistungsunterschied ($t_{df = 87} = 10{,}2$, $p < 0{,}001$) (oder: $t_{df = 87} = 10{,}2$***) zwischen Kontrollgruppe ($\bar{x} = 26{,}3$; $s = 2{,}8$) und Experimentalgruppe ($\bar{x} = 14{,}5$; $s = 2{,}1$)".

Signifikanztest: Statistisches Verfahren zur Bestimmung der *alpha-Fehler-Wahrscheinlichkeit*. Je nachdem, welche *Hypothese* geprüft werden soll, welches *Skalenniveau* bzw. welche Verteilungseigenschaften die beteiligten Variablen haben (vgl. *Voraussetzungen*) und wieviele Meßwerte vorliegen, muß jeweils ein geeigneter Signifikanztest ausgewählt werden. Zwei große Gruppen von Signifikanztests sind die verteilungsgebundenen (*parametrischen*) und die verteilungsfreien (*nonparametrischen*) Verfahren.

Skala: Vgl. *Messen*.

Skalenniveau (Skalentyp, Meßniveau): Für praktische Zwecke unterscheidet man in der empirischen Forschung vier Skalentypen bzw. Skalenniveaus: *Nominalskala, Ordinalskala, Intervallskala* und *Verhältnisskala*. Die Nominalskala hat das geringste Skalenniveau, die Verhältnisskala den höchsten Informationsgehalt. Intervallskala und Verhältnisskala zusammen werden als *Kardinalskala* bezeichnet. Das Skalenniveau der Meßwerte ist bei der Berechnung von *Kennwerten* und der Auswahl von *Signifikanztests* mitzuberücksichtigen. Die meisten *parametrischen Verfahren* verlangen, daß die *abhängigen Variablen* kardinalskaliert sind; vgl. *Messen*.

Skalierung (Scaling): Konstruktion einer *Skala* (meist Kardinalskala) für ein zu messendes Merkmal. Beispiel für eine eindimensionale Skalierung ist das „Law of Comparative Jugdement" von Thurstone und für eine *multidimensionale Skalierung* das NMDS-Verfahren von Kruskal.

Standardabweichung (Streuung): Gebräuchlichstes quantitatives Maß für die Variabilität (*Dispersion*) eines Datensatzes. Die Standardabweichung entspricht der Wurzel aus der *Varianz* (s^2). Die Stichprobenstreuung hat das Symbol s, die Populationsstreuung das Symbol σ (sigma).

Standardfehler: *Standardabweichung* einer *Stichprobenkennwerte-Verteilung*. Das Symbol für die Streuung der Stichprobenkennwerte-Verteilung des *Mittelwertes* heißt z.B. $\sigma_{\bar{x}}$, das Symbol für den Standardfehler des *Medianwertes* heißt σ_{Md}. Der Standardfehler ist zunächst unbekannt und wird aus den Stichprobendaten geschätzt. Der Schätzwert hat dann das Symbol $\hat{\sigma}_{\bar{x}}$ (sprich: „sigma Dach x quer" bzw. „geschätzter Standardfehler des Mittelwertes").

Standardnormalverteilung: *Normalverteilung* mit einem *Mittelwert* (Erwartungswert) von 0 und einer *Streuung* und *Varianz* von 1.

Statistik: 1. Graphische oder tabellarische Darstellung von Zahlen (z.B. Arbeitslosenstatistik). 2. Menge von Auswertungsverfahren für numerische Daten. Hierbei unterscheidet man die deskriptive Statistik (Darstellung von Stichprobenergebnissen) und die analytische Statistik (Inferenzstatistik, schließende Statistik), die auf der Basis von *Stichprobenkennwerten Populationsparameter* schätzt und mit Hilfe von *Signifikanztests* Populationshypothesen testet.

Statistik-Software: Vgl. Anhang D.

stetige (kontinuierliche) Variable: Variable mit unendlich vielen Ausprägungen, die „fließend" ineinander übergehen (z. B. Blutdruck, Intelligenz, Körpergröße); vgl. *diskrete Variable*.

Stichprobe (Sample): Auswahl aus einer *Population*. Stichproben unterscheiden sich in ihrer Größe und in ihrem Auswahlverfahren. Man unterscheidet *probabilistische* und *nicht-probabilistische Stichproben* danach, ob bei der Ziehung ein Zufallsprinzip eingesetzt wird oder bewußte Auswahlen vorliegen; vgl. *optimaler Stichprobenumfang*, *Repräsentativität*.

Stichprobenkennwert: Vgl. *Kennwert*.

Stichprobenkennwerte-Verteilung (Sampling Distribution): Theoretische Verteilung, die zustande kommt, wenn man hypothetisch aus einer *Population* unendlich viele gleichgroße *Zufallsstichproben* zieht, jeweils den interessierenden *Stichprobenkennwert* (z. B. den Mittelwert) berechnet und die Verteilung dieser *Kennwerte* darstellt. Diese Verteilung ist um den Populationsmittelwert *normalverteilt*, d. h. viele Stichprobenmittelwerte werden nahe am Populationsmittelwert liegen und abweichende Stichprobenergebnisse werden umso seltener vorkommen, je extremer die Abweichung ist. Diese Normalverteilung resultiert für beliebig verteilte Populationen (mit endlicher Varianz). Daß die Stichprobenkennwerteverteilung des Mittelwertes tatsächlich eine *Normalverteilung* um den Populationsmittelwert ist, läßt sich sowohl empirisch (mit Computersimulationen, bei denen mehrere tausend Stichproben aus einer beliebigen Population gezogen werden) als auch analytisch (durch mathematische Ableitungen) zeigen. Den mathematischen Satz, der diese Gesetzmäßigkeit beschreibt, nennt man „Zentrales Grenzwerttheorem". Die Streuung der Stichprobenkennwerteverteilung nennt man *Standardfehler*. Jeder statistische *Signifikanztest* operiert mit einer Stichprobenkennwerteverteilung, die für die Gültigkeit der *Nullhypothese* konstruiert wird. Das gefundene empirische Ergebnis wird dann im Kontext dieser (theoretischen!) Stichprobenkennwerteverteilung beurteilt.

Stichprobenumfang (Symbol: n): Anzahl der Objekte in einer *Stichprobe*. Große Stichproben erlauben eine genauere *Parameterschätzung* als kleine Stichproben. Für *Signifikanztests* ist es allerdings in der Regel nicht sinnvoll, möglichst große Stichproben zu ziehen. Besser ist es, *optimale Stichprobenumfänge* zu realisieren. Stichproben mit weniger als 30 Objekten sollten mit *nonparametrischen Verfahren* ausgewertet werden, sofern die Voraussetzungen der einschlägigen *parametrischen Verfahren* verletzt sind.

Störvariable: Variable, die nicht als *unabhängige Variable* in der Hypothese vorkommt und dennoch auf die *abhängige/n Variable/n* Einfluß nimmt. Störvariablen sollten entweder untersuchungstechnisch (z. B. Konstanthalten) oder statistisch kontrolliert werden; vgl. *Kontrollvariable*.

Streuung: Vgl. *Standardabweichung*.

t-Test: Verfahren zur Überprüfung des Unterschiedes zweier Stichprobenmittelwerte. Man unterscheidet den

- t-Test für unabhängige Stichproben (Vergleich der Mittelwerte von Stichproben aus zwei verschiedenen Populationen) und den
- t-Test für abhängige Stichproben (Vergleich zweier Mittelwerte einer Variablen, die an derselben Stichprobe zu zwei verschiedenen Zeitpunkten oder an „Matched Samples" erhoben wurden).

Test: 1. *Signifikanztest*. 2. Wissenschaftliches Standardverfahren zur Messung der Ausprägung von Persönlichkeitsmerkmalen (Persönlichkeitstest) und Fähigkeiten (Leistungstest). Ein Test unterscheidet sich vom *Fragebogen* dahingehend, daß er durch Eichung und Normung besonders präzise Werte für die Individualdiagnose liefert, während Fragebögen eher für Forschungszwecke eingesetzt und über Gruppenmittelwerte ausgewertet werden.

Teststärke (Power): Wahrscheinlichkeit, mit der eine richtige *Alternativhypothese* durch einen *Si-*

gnifikanztest entdeckt wird. Sie entspricht der *Wahrscheinlichkeit* 1–*β*, vgl. *beta-Fehler-Wahrscheinlichkeit.*

Testtheorie: Die Testtheorie befaßt sich mit der Frage, wie die empirischen Testwerte und die zu messenden Merkmalsausprägungen zusammenhängen. Aus den Vorgaben der Testtheorie können die *Gütekriterien* und deren Berechnung abgeleitet werden. Man unterscheidet zwischen klassischer Testtheorie, die den meisten, heute gängigen Tests und Fragebögen zugrundeliegt, und der probabilistischen Testtheorie.

theoretische Stichprobe (Theoretical Sampling): Willkürliche Auswahl von besonders typischen, besonders interessanten oder besonders extremen Fällen aus einer Population. Theoretische Stichproben gehören zur Gruppe der *nicht-probabilistischen Stichproben*, die vor allem für explorative Zwecke und in der *qualitativen Forschung* eingesetzt werden.

Theorie: Ein kohärentes System von *Hypothesen*, die mehr oder weniger gut empirisch gesichert und mehr oder weniger stark formalisiert sind. Wenn eine wissenschaftliche Theorie durch häufige *Replikation* sehr gut gesichert ist, spricht man auch von einem *Gesetz*. In den Sozial- und Humanwissenschaften, die sich teilweise mit sehr anschaulichen und alltagsbezogenen Inhalten befassen, ist eine Abgrenzung wissenschaftlicher Theoriebildung von Alltagstheorien (auch: vorwissenschaftliche Theorien, naive Theorien, Ad hoc-Theorien) schwierig. Es kommt nicht selten zu unerwünschten Überschneidungen bei Begriffsdefinitionen oder Erklärungsansätzen.

Triangulation: Eine Untersuchungsfrage bzw. ein Untersuchungsgegenstand wird mit unterschiedlichen Methoden, an unterschiedlichem Datenmaterial, von unterschiedlichen Forschern und/oder vor dem Hintergrund unterschiedlicher Theorien untersucht. Die Triangulationsmodelle sollen der Steigerung der *Validität* von Untersuchungen in der *qualitativen Forschung* dienen. Inhaltlich entspricht z. B. die Triangulation mit unterschiedlichen Beobachtern dem Kriterium der *Objektivität* (im Sinne von Beobachterübereinstimmung) in der *quantitativen Forschung.*

unabhängige Variable: *Variable*, die zum „Wenn"-Teil einer *Hypothese* gehört; vgl. *Prädiktor, Faktor, abhängige Variable.*

univariate Methoden: Statistische Verfahren, in denen nur eine Variable analysiert wird (z. B. eindimensionales χ^2 oder *Varianzanalyse* mit einer abhängigen Variablen; vgl. *bivariate Methoden, multivariate Methoden*).

Urteilsfehler: Systematische Verzerrung von Urteilen (z. B. auf *Rating-Skalen*) aufgrund bekannter psychologischer Phänomene, von denen prinzipiell alle Urteiler betroffen sein können. Urteilsfehler sollen durch eine bewußte Gestaltung der *Instruktion*, der *Items* und der Untersuchungssituation möglichst minimiert werden. Bekannte Urteilsfehler sind z. B. der Halo-Effekt, die Akquieszenz und die soziale Erwünschtheit.

Validität: 1. *Interne* und *externe Validität* sind zentrale *Gütekriterien* einer Untersuchung. 2. Die Validität ist auch das wichtigste Gütekriterium eines *Tests* oder *Fragebogens*. Ein Erhebungsinstrument ist valide, wenn es das mißt, was es zu messen vorgibt. Es gibt drei Techniken, um die Validität eines Tests oder Fragebogens zu bestimmen: Inhaltsvalidität, Kriteriumsvalidität (vgl. *Kriterium*) und Konstruktvalidität (vgl. *MTMM*).

Variable: Symbol für eine Menge von Merkmalsausprägungen. Variablen sind Ausschnitte der Beobachtungsrealität, über deren Ausprägung und Relationen in der empirischen Forschung *Hypothesen* formuliert und geprüft werden. Es sind unterschiedliche Typen von Variablen zu unterscheiden nach ihrem Stellenwert in der Untersuchung (unabhängige/abhängige Variable, Moderator-/Kontroll-/Störvariable), nach der Art ihrer Merkmalsausprägung bzw. des Skalenniveaus (diskrete/stetige Variable, nominal-/ordinal-/intervall-/kardinalskalierte Variable, dichotome/polytome nominalskalierte Variable) und nach der empirischen Zugänglichkeit (manifeste/latente Variable). Im mathematisch-statistischen Sinne spricht man bei den in empirischen Untersuchungen gemessenen Variablen von *Zufallsvariablen;* vgl. *Operationalisierung, Messen.*

Varianz: Ein quantitatives Maß für die Unterschiedlichkeit (Variabilität) einer Menge von Meßwerten. Wenn alle Meßwerte identisch sind, d.h. keine Variabilität aufweisen, nimmt die Varianz den Wert 0 an. Je größer die Differenzen zwischen den einzelnen Meßwerten, umso größer wird auch die Varianz (der Wertebereich ist nach oben nicht beschränkt). Die Stichprobenvarianz (s^2) wird berechnet, indem man von jedem einzelnen Meßwert den Stichprobenmittelwert abzieht, diese Differenz quadriert und über alle Meßwerte aufsummiert. Diese Summe von quadrierten Differenzwerten (Quadratsumme, QS) wird anschließend noch durch die Anzahl der eingehenden Werte dividiert:

$$s^2 = \sum_{i=1}^{n} (x_i - \bar{x})^2 / n.$$

Man bezeichnet die Varianz auch als durchschnittliches Abweichungsquadrat. Da die Varianz mit quadrierten Einheiten operiert, was inhaltlich etwa zu „Quadrat-Jahren" oder „Quadrat-Intelligenz" führt, benutzt man häufiger ein aus der Varianz ableitbares Variationsmaß mit einfacher Einheit, nämlich die *Standardabweichung* (s). Man unterscheidet:
- Stichprobenvarianz s^2 (empirisch aus den Stichprobendaten zu berechnen),
- Populationsvarianz σ^2 (in der Regel unbekannt) und
- geschätzte Populationsvarianz $\hat{\sigma}^2$ (Punktschätzer, errechnet aus den Stichprobendaten als korrigierte Stichprobenvarianz: $\hat{\sigma}^2 = s^2 \cdot \frac{n}{n-1}$).

Varianzanalyse (Analysis of Variance, ANOVA): Verfahren zur Überprüfung von Mittelwertsunterschieden zwischen Gruppen. Die wichtigsten Einteilungskriterien für varianzanalytische Verfahren sind
- einfaktorielle Varianzanalysen, bei denen die Stufen einer kategorialen unabhängigen Variablen in bezug auf eine intervallskalierte abhängige Variable verglichen werden, oder mehrfaktorielle Varianzanalysen, in denen die Stufen mehrerer kategorialer unabhängiger Variablen

sowie deren Kombinationen in bezug auf eine intervallskalierte abhängige Variable verglichen werden;
- univariate Varianzanalysen, bei denen beliebig viele unabhängige Variablen bzw. Gruppen im Hinblick auf nur eine abhängige Variable untersucht werden oder multivariate Varianzanalysen (Multivariate Analysis of Variance, *MANOVA*), bei denen beliebig viele unabhängige Variablen bzw. Gruppen im Hinblick auf mehrere abhängige Variable untersucht werden;
- Varianzanalysen für unabhängige Stichproben, bei denen die untersuchten Gruppen voneinander unabhängig sind oder Varianzanalysen für abhängige Stichproben bzw. mit Meßwiederholungen, bei denen wiederholte Messungen einer oder mehrerer Stichproben bzw. *Matched Samples* miteinander verglichen werden.

Varimax-Rotation: Vgl. *Faktorenanalyse.*

Verhältnisskala (Ratio-Skala): Eine Verhältnisskala ordnet den Objekten des empirischen Relativs Zahlen zu, die so geartet sind, daß das Verhältnis (Division, Ratio) zwischen je zwei Zahlen dem Verhältnis der Merkmalsausprägungen der jeweiligen Objekte entspricht. Eine Verhältnisskala ist eine *Intervallskala* mit absolutem Nullpunkt; vgl. *Messen, Kardinalskala, Skalenniveau.*

Verifikation: Bestätigung einer *Hypothese* oder *Theorie.* Die Verifikation von allgemeingültigen Aussagen über die *Population* anhand von Stichprobendaten ist logisch nicht möglich, da man nie weiß, ob nicht ein hypothesenkonformes Ergebnis in der einen *Stichprobe* durch eine andere, nicht untersuchte Stichprobe in Frage gestellt werden könnte. Ein hypothesenkonformes Ergebnis ist deswegen nicht als Verifikation zu verstehen, sondern nur als Anlaß, die Hypothese bis zum Auftauchen gegenteiliger Befunde vorläufig beizubehalten. Kann ein vermuteter *Effekt* in mehreren unabhängigen Untersuchungen bestätigt werden, gilt er als zuverlässiger abgesichert, aber dennoch nicht als endgültig verifiziert; vgl. *Falsifikation, Replikation.*

Verteilungsfreie Verfahren (verteilungsfreie Methoden): Vgl. nonparametrische Verfahren.

Voraussetzungen: Grundsätzlich können alle *Signifikanztests* mit beliebigen Daten oder Zahlenwerten arbeiten. Will man jedoch inhaltlich sinnvoll interpretierbare Ergebnisse erhalten, ist es notwendig, bestimmte Voraussetzungen zu erfüllen. Zunächst sollte man auf das angemessene *Skalenniveau* der Variablen achten. Ein Test, der *Mittelwerte* oder *Varianzen* vergleicht, ist nur sinnvoll, wenn die eingehenden Werte *kardinalskaliert* sind. Zudem sind die meisten Signifikanztests an bestimmte mathematisch-statistische Voraussetzungen geknüpft (z. B. normalverteilte Merkmale oder varianzhomogene Stichproben), die man per Augenschein oder mit speziellen Tests überprüft. Zum Glück sind viele Signifikanztests robust, d. h. bei großen Stichproben entscheiden sie trotz Voraussetzungsverletzungen richtig. Problematisch sind Tests, die bei Voraussetzungsverletzungen konservativ (Tendenz zur fälschlichen Produktion nicht-signifikanter Ergebnisse) oder progressiv (Tendenz zur fälschlichen Produktion *signifikanter Ergebnisse*) reagieren. Relativ voraussetzungsarm sind die Signifikanztests aus der Gruppe der sog. *verteilungsfreien Verfahren*.

Wahrscheinlichkeit: Die Wahrscheinlichkeit ist eine reelle Zahl zwischen 0 und 1, die einem Ereignis A unter bestimmten Bedingungen zugeordnet wird: $p(A)$. Man unterscheidet drei wichtige Konzepte von Wahrscheinlichkeit:

- Klassische (logische, mathematische) Wahrscheinlichkeit: Gilt nur für gleich wahrscheinliche, wiederholbare Ereignisse (z. B. Würfel, Roulette) und läßt sich auch ohne empirische Daten genau vorhersagen. Formel: Anzahl der günstigen Fälle dividiert durch die Anzahl der möglichen Fälle.
- Empirische (frequentistische, statistische) Wahrscheinlichkeit: Gilt nur für wiederholbare Ereignisse, die aber nicht unbedingt gleichwahrscheinlich sein müssen, weshalb man empirische Daten zur Wahrscheinlichkeitsbestimmung benötigt. Formel: Die relative Häufigkeit wird als Schätzwert der Wahrscheinlichkeit betrachtet.
- Subjektive Wahrscheinlichkeit: Gilt auch für nicht-wiederholbare (singuläre) Ereignisse und drückt den subjektiven Überzeugungsgrad über das Eintreffen oder Nicht-Eintreffen eines Ereignisses aus. Dieser Überzeugungsgrad entsteht durch Überlegungen und Vorwissen und spielt in der *Bayesschen Statistik* eine wichtige Rolle. Um subjektive Wahrscheinlichkeiten zu erfassen, benutzt man üblicherweise Wetten.

z-Transformation: In der Statistik häufig eingesetzte Transformation, um verschiedene *Variablen* oder Meßwerte derselben Variablen aus unterschiedlichen Stichproben auf den gleichen Maßstab zu bringen (Standardisierung). Bei einer z-Transformation werden die Abweichungen der ursprünglichen Werte x_i von ihrem *Mittelwert* $\bar{x}$ durch ihre *Standardabweichung* s dividiert: $z_i = (x_i - \bar{x})/s$. Dadurch erhalten z-transformierte Variablen einen Mittelwert von 0 und eine Streuung von 1, d. h. die z-Transformation überführt jede beliebige Verteilung in eine Verteilung mit dem Mittelwert 0 und der Streuung 1. Wird eine *Normalverteilung* z-standardisiert, entsteht die *Standardnormalverteilung*. Diese z-Transformation ist nicht zu verwechseln mit Fishers Z-Transformation, bei der Korrelationskoeffizienten in normalverteilte Werte überführt werden.

Zeitreihenanalyse (Time Series Analysis): Eine Zeitreihe besteht aus einer Reihe von Meßwerten derselben *Variablen*, die in gleichen Zeitabständen wiederholt erhoben wurden. Ziel der Zeitreihenanalyse ist es, den Verlauf (Trend) der Zeitreihe zu beschreiben, zu prüfen oder vorherzusagen.

Zentrale Tendenz: Merkmal einer Verteilung. Die zentrale Tendenz charakterisiert das „Zentrum" der Verteilung bzw. die Position besonders typischer oder häufiger Werte. Die wichtigsten Kennwerte der zentralen Tendenz sind *Mittelwert, Modalwert* und *Medianwert*; vgl. *Dispersion*.

Zentrales Grenzwerttheorem: Vgl. *Stichprobenkennwerte-Verteilung*.

Zufallsexperiment: Ein beliebig oft wiederholbarer Vorgang, der nach einer ganz bestimmten Vorschrift ausgeführt wird und dessen Ergebnis vom Zufall abhängt, d. h. nicht im voraus eindeutig bestimmt werden kann (z. B. Würfeln, Messung der Reaktionszeit).

Zufallsstichprobe: *Stichprobe,* die per Zufallsprinzip (z. B. mittels Zufallszahlen) aus einer vollständigen Liste aller Objekte der *Population* gezogen wird, so daß jedes Objekt dieselbe Auswahlwahrscheinlichkeit hat (einfache Zufallsstichprobe). Vgl. *probabilistische Stichprobe.*

Zufallsvariable: Eine Zufallsvariable ist eine Abbildung von der Menge aller Elementarereignisse (d. h. aller möglichen Ergebnisse eines *Zufallsexperiments*) in die reellen Zahlen.

Anhang C. Literatur- und Informationsquellen

Zugang zu wissenschaftlicher Literatur bieten traditionell die Bibliotheken sowie der Buchhandel. In ihren Katalogen wird nach thematisch passenden Texten recherchiert, die man dann entweder entleiht, kopiert oder kauft. Mit der Popularisierung des Internet ist es jedoch zu gravierenden Veränderungen im Bereich der Recherche und Distribution wissenschaftlicher Texte gekommen, die wir im Folgenden kurz skizzieren. Auch die Beschaffung anderweitiger Fachinformationen etwa zu Tagungen und Konferenzen oder wissenschaftlichen Fachgesellschaften und Berufsverbänden findet man am besten online. Gerade wenn es sich um kostenpflichtige Online-Angebote handelt, ist ein Preisvergleich sehr empfehlenswert. Allgemein sind die hier aufgeführten Angebote nur als Starthilfen gedacht. Weitere allgemeine und fachspezifische Quellensammlungen sind über Suchmaschinen leicht zu finden.

1. Bibliotheken

Sich für Literatursuche in Bibliotheken zu begeben, ist naheliegend. Neulingen sei empfohlen, sich an einer der regelmäßig angebotenen Führungen durch die zu nutzenden Bibliotheken zu beteiligen, bei denen Systematik und Handhabung von Suchhilfen erklärt werden. Die gängigsten Hilfsmittel bei der Literaturrecherche sind Kataloge in Karteikartenform, Nachschlagewerke in Buchform sowie Datenbanken auf CD ROM.

Da diese Recherchewege nur in den Räumen der Bibliothek beschritten werden können und an deren Öffnungszeiten gebunden sind, bieten viele Bibliotheken mittlerweile *Online-Kataloge* an. Per Webbrowser kann man hier den Bestand durchsu-

chen und teilweise auch schon Bücher vorbestellen. Gerade bei schwer zugänglicher Literatur ist es hilfreich, im Netz in diversen (auch ausländischen) Bibilothekskatalogen nach Büchern und Zeitschriftenbeiträgen recherchieren zu können. Typischerweise wird man zunächst die Homepage der lokalen Hochschulbibliothek ansteuern, um den dortigen Service zu erkunden. Mit dem Benutzerausweis wird heute in der Regel auch eine Benutzernummer vergeben, die das Einloggen in die bibliothekarischen Online-Dienste der Heimatuniversität erlaubt.

Nicht nur die Recherchehilfsmittel, sondern auch die wissenschaftlichen Texte selbst werden zunehmend digitalisiert. Gerade Fachzeitschriften sind wegen ihrer kleinen Auflage sehr teuer und können von den Bibliotheken nur begrenzt vorgehalten werden. Vielfach wird hier mittlerweile von der Print-Version auf eine Online-Version umgestellt. Die Bibliothek erwirbt ein Abonnement in Form eines Zugangscodes zu den im Netz vorgehaltenen Volltexten, den sie an die berechtigten Nutzerinnen und Nutzer weitergibt.

- **Homepage der Bibliothek des Psychologischen Instituts der Universität Heidelberg:**
  http://www.psychologie.uni-heidelberg.de/Zentral/Bibliothek
- **Bibliothek Psychologie der TU-Berlin:**
  http://www.tu-berlin.de/ubib/Abteilungen/AbtBibliotheken/Psychologie_Soziologie_Staedtebau/index.html
- **Sammlung von Online-Bibliothekskatalogen:**
  http://www.s.shuttle.de/buecherei/biblio/
- **Verzeichnis der deutschsprachigen abfragbaren Kataloge und Institutionen:**
  http:/www.grass-gis.de/bibliotheken/
- **Virtuelle Fachbibliothek Psychologie**
  http://www.uni-saarland.de/z-einr/ub/ssg/VFBPSYC.html

2.
Online-Datenbanken

Neben den kostenpflichtigen bibliographischen Datenbanken, die über die lokalen Bibliotheken zugänglich gemacht werden, existieren im Netz auch eine Reihe kostenloser Angebote.

- **GenderInn: Internet-Datenbank zur Frauen- und Geschlechterforschung**
  http://www.genderinn.uni-koeln.de/
- **Sammlung kostenloser Online-Datenbanken**
  http://www.kostenlose-datenbanken.de/

3.
Buchhandlungen und Antiquariate

Diverse Präsenz-Buchhandlungen und Antiquariate bieten Katalogrecherche und Bestellung mittlerweile im Netz an. Zudem existieren genuine Online-Buchhandlungen, die in ihre Webpräsenzen auch interaktive Funktionen integrieren (z. B. Rezensionen durch Leser/innen, Informationen zu und Interviews mit Autorinnen und Autoren usw.).

- **Online-Buchhandlung Amazon**
  http:/www.amazon.de/
- **Sammlung von Buchhandlungen und Antiquariaten im Netz**
  http://www.s.shuttle.de/buecherei/biblio/

4.
Dokumentlieferdienste

Wer sehr schnell einen bestimmten Zeitschriftenaufsatz oder auch Buchbeitrag benötigt, kann sich kostenpflichtig von einem Dokumentlieferdienst eine Kopie zuschicken, zufaxen oder zumailen lassen. Meist erfolgt die Lieferung binnen 24 Stunden.

- **Dokument-Sofortlieferdienst des Sondersammelgebiets Psychologie der Saarländischen Universitäts- und Landesbibliothek (SSG-S)**
  http://www.uni-saarland.de/z-einr/ub/ssg/de-head.html
- **Subito**
  http://www.subito-doc.de/
- **Leistungsvergleich der Dokumentlieferdienste**
  http://www.ub.uni-heidelberg.de/helios/EDD/vergleich.html

5.
Forschungseinrichtungen

Hochschulen und andere Forschungseinrichtungen (z. B. Max-Planck-Institute) sind mittlerweile fast durchgängig mit eigenen Websites im Netz vertreten.

Veranstaltungshinweise, Pressemitteilungen, Forschungsberichte usw. sind dort zu finden. Zudem nutzen immer mehr Wissenschaftlerinnen und Wissenschaftler die Gelegenheit, auf einer persönlichen Homepage ihre Arbeit vorzustellen und Abstracts, Textauszüge oder auch Volltexte zum Download anzubieten. Studierende können nicht nur die vorhandenen Angebote rezipieren, sondern auch selbst eine persönliche Homepage einrichten und hier etwa Hausarbeiten, Referate und sonstige Arbeitsproben bereitstellen. Auf diese Weise kann sich Kontakt zu Kolleginnen und Kollegen ergeben, die an ähnlichen Fragestellungen arbeiten. Zudem mag eine solche professionelle Selbstdarstellung im Web auch bei der Stellensuche helfen.

- **Hochschulrektorenkonferenz (freiwilliger Zusammenschluß der Hochschulen und Universitäten in Deutschland)**
  http:///www.hrk.de/
- **AltaVista Directory → Library → Education → Colleges and Universities**
  http://www.altavista.com/

6.
Fachgesellschaften und Verbände

Fachgesellschaften und Verbände bieten auf ihren Websites sowohl Informationen für ihre Mitglieder an (teilweise passwortgeschützt) als auch für die breite Öffentlichkeit. Solche Informationen sind zum einen Volltexte (Berichte, Protokolle, Aufsätze usw.), zum anderen aber auch Verweise auf einschlägige Netzquellen.

- **Deutsche Gesellschaft für Psychologie (DGPs)**
  http://www.dgps.de/
- **Berufsverband Deutscher Psychologinnen und Psychologen (BDP)**
  http://www.bdp-verband.org/
- **Deutsche Gesellschaft für Soziologie DGS)**
  http://www.soziologie.de/
- **American Psychological Association (APA)**
  http://www.apa.org/

7.
Fachbezogene Informations-Dienste

Netzengagierte Wissenschaftlerinnen und Wissenschaftler bauen zum Teil allein oder kollaborativ fachbezogene Informations-Dienste auf. Hier bleibt es uns im Sinne einer kritischen Rezeption überlassen, die jeweiligen Informationen zur Autorenschaft und institutionellen Anbindung zu lesen. So können vermeintlich fachwissenschaftliche Dienste sowohl von Laien als auch von kommerziellen Unternehmen betrieben weden, was spezifische Verzerrungen und ggf. auch Fehler im Informationsangebot bedingt.

- **Psychologie.de**
  http://www.psychologie.de/
- **Zentralarchiv für empirische Sozialforschung**
  http://www.zuma-mannheim.de/za.html.
- **Sprachwissenschaft (Living Library of Linguistics)**
  http://www.sprachwissenschaft.de/
- **Behavior Online**
  http://www.behavior.net/
- **Psychologische Tests und Fragebögen**
  http://www.apparatezentrum.de
- **Mental Help Net**
  http://mentalhelp.net/
- **Social Psychology**
  http://www.socialpsychology.org/
- **Statistics on the web**
  http://www.execpc.com/~helberg/statframes.html
- **Methoden-Zeitschriften im Internet**
  http://www.uni-jena.de/~s9meth/meth_jou.htm

8.
Literaturverwaltungs-Software

Nichts ist bedauerlicher, als wenn man die einmal mühsam recherchierten und beschafften Informationen später nicht mehr wiederfinden kann. Es ist deswegen günstig, von Anfang an von allen wissenschaftlichen Texten, die man gelesen oder gesichtet hat, zentrale Informationen in einer eigenen Datenbank zu archivieren (bibliographische Angaben, Zusammenfassung, Inhaltsverzeichnis, wichtige wörtliche Zitate mit Seitenangabe, Stichworte usw.). Dafür stehen spezielle Literaturverwaltungsprogramme zur Verfügung. Diese „lesen" auch einen selbstgeschriebenen Text und stellen automatisch auf der Basis der Datenbank ein formatiertes Literaturverzeichnis zusammen.

- **Endnote**
  http://ww.risinc.com/
- **Reference Manager**
  http://www.risinc.com/
- **Biblist**
  http://cogweb.iig.uni-freiburg.de/biblist/
- **LiteRat [Freeware]**
  http://www.phil-fak.uni-duesseldorf.de/erzwiss/literat/

9.
Allgemeine Service-Angebote

Diverse Informationen, die man im Rahmen des Studiums und bei der Durchführung eigener Forschungsarbeiten benötigt, findet man im Netz. Wie und wo man eine systematische Netzrecherche durchführt, sollte man sich also beizeiten aneignen.

- **Die Suchfibel: Wie findet man Informationen im Internet**
  http://www.suchfibel.de/
- **Verzeichnis der Suchmaschinen**
  http://www.klug-suchen.de

Anhang D. Auswertungs-Software

Die Auswertung quantitativer Daten erfolgt heute fast ausschließlich computergeschtützt mit Hilfe entsprechender Auswertungs-Software. Das gilt zunehmend auch für qualitative Daten. Computergestützte Auswertung bedeutet freilich nicht, daß Datenanalyse nun einfach „auf Knopfdruck" zu haben ist. Denn man muß die Programme und ihre Befehle beherrschen, die Daten entsprechend vorbereiten und eingeben und schießlich auch den vom Programm produzierten Output interpretieren und modifizieren können.

An vielen Instituten werden routinemäßig bestimmte Programme eingesetzt. Wer sich darüber hinaus über Auswertungs-Software informieren möchte, tut dies am besten Online. Die großen kommerziellen Anbieter sind hier mit eigenen Websites vertreten und diverse spezialisierte Programme sind auch als Shareware oder gar als Freeware zu haben. Neben Auswertungstools findet man im Netz aber auch Online-Datenbanken, die entweder zu Übungszwecken verwendet oder im Zuge der Sekundär- oder Metaanalyse wissenschaftlich verwertet werden können. Da wir an dieser Stelle nur sehr selektive Hinweise geben können, sei zu einer eigenen Online-Recherche ermutigt, einige Adress-Listen sollen dabei helfen. Nicht zuletzt bieten auch die hochschuleigenen Rechenzentren häufig Online-Informationen über Auswertungs-Software an.

1.
Quantitative Datenanalyse am Computer

1.1
Allgemeine Statistik-Software

- **SPSS**
  http://www.spss.com/germany/
- **SAS**
  http://www.sas.com/
- **Statistica**
  http://www.statsoft.com/german/
- **Simstat [Shareware]**
  http://www.simstat.com/
- **Statistik-Software „R"**
  http://www.r-project.org/
- **Statistik-Software „S-Plus"**
  http://www.insightful.com/

1.2
Spezielle Statistik-Software

Poweranalysen
- **G*Power [Freeware]**
  http://www.psychologie.uni-trier.de:8000/projects/gpower.html.

Metaanalysen
- **Meta-analysis**
  http://www.meta-analysis.com

Clusteranalysen
- **CLUSTAN**
  http:/www.clustan.com/

Strukturgleichungsmodelle
- **LISREL**
  http://www.ssicentral.com/
- **EQS**
  http://www.mvsoft.com/
- **AMOS**
  http:/www.smallwaters.com/

Computer Assisted Telephone Interviewing (CATI)
- **BELLEVIEW**
  http://www.pulsetr.co.uk

Multidimensionale Skalierung
- Interactive Data Visualization with MDS
  ftp://ftp.research.att.com/dist/xgobi/

2.
Qualitative Datenanalyse am Computer

- ATLAS/ti
  http://www.atlasti.de/
- AQUAD
  http://www.aquad.de/
- NUD*IST
  http://www.qsr.com.au/
- The Ethnograph
  http://www.qualisresearch.com/

3.
Online-Datenarchive

- Statistisches Bundesamt Deutschland
  http://www.statistik-bund.de

- U.S. Census Bureau
  http://www.census.gov/
- StatLib der Carnegie Mellon University
  http://lib.stat.cmu.edu/
- Qualidata: Qualitative Data Archival Resource Centre
  http://www.essex.ac.uk/qualidata/
- GESIS – Gesellschaft Sozialwissenschaftlicher Infrastrutktureinrichtungen e.V.
  http://www.social-science-gesis.de/

4.
Adress-Sammlungen
Auswertungs-Software

- St@tServ: Statistics & Data Mining on the Internet
  http://www.statserv.com/
- Psychologie.de: Rubrik Qualitative Sozialforschung
  http://www.psychologie.de/katalog/

Anhang E. Forschungsförderung

Fördermaßnahmen unterstützen die Ausbildung, die Weiterqualifikation und die Forschungsarbeit von Wissenschaftlerinnen und Wissenschaftlern durch Stipendien, Auslandsaufenthalte, Übernahme von Reisekosten für internationale Konferenzen, Druckkostenzuschüsse für Publikationen sowie die Finanzierung von Forschungsprojekten.

Je nach Art und Umfang der Förderung wird ein mehr oder weniger aufwendiger Antrag verlangt, der die geplante Forschungsarbeit methodisch und inhaltlich darlegt, auf eigene Vorarbeiten (soweit vorhanden) verweist, Referenzen und Kooperationspartner nennt usw. Hier hat jede Förderungsinstitution eigene Richtlinien und Antragsfristen. Sowohl für die Erstellung eines Antrags als auch für dessen Begutachtung muß genügend Zeit eingeplant werden. Man sollte je nach Art des Projekts mit einem Vorlauf von sechs Monaten bis zu zwei Jahren rechnen.

Neben den großen und bekannten Forschungsförderinnen wie der Deutschen Forschungsgemeinschaft (DFG) oder der Volkswagenstiftung gibt es zahlreiche weitere nationale, europäische und internationale Fördereinrichtungen, die teilweise themen-, länder- oder personenspezifische Programme anbieten oder Preise ausschreiben.

Um sich in diesem unübersichtlichen und ständig wandelnden Gebiet zu orientieren und zu informieren, ist das Internet einschlägig. Zum einen bieten die Fördereinrichtungen selbst aussagekräftige Websites an (z. B. http:/www.dfg.de/). Zum anderen finden sich mittlerweile an den meisten Hochschulen und Universitäten von den *Forschungsreferaten* verwaltete Webangebote, die kommentierend an die einzelnen Förderinstitutionen weiterverweisen. Mit Stichworten wie „Forschungsförderung", „Forschungsförderer", „Nachwuchsförderung", „Forschungsförderung für Frauen", „Förderinstitutionen", „Stiftungen" usw. läßt sich über eine Suchmaschine zudem leicht auf eigene Faust Material zusammentragen. Die folgende Auswahl stellt also nur einen Bruchteil des Angebots dar.

1. Deutsche Fördereinrichtungen

- **Deutsche Forschungsgemeinschaft (DFG)**
  http://www.dfg.de/
- **Volkswagen-Stiftung**
  http://www.volkswagenstiftung.de
- **Bundesministerium für Bildung und Forschung (BMBF)**
  http://www.bmbf.de/
- **Stifterverband für die Deutsche Wissenschaft**
  http://www.stifterverband.de/
- **Deutscher Akademischer Austauschdienst (DAAD)**
  http://www.daad.de/

2. Internationale Fördereinrichtungen

- **European Science Foundation (ESF)**
  http://www.esf.org/
- **European Group for Integrated Social Research (EGRIS)**
  http://www.iris-egris.de/
- **North Atlantic Treaty Organisation (NATO): Science Programme**
  http://www.nato.int/science/
- **National Science Foundation (NSF)**
  http://www.nsf.gov/

3.
Adress-Sammlungen
Forschungsförderung

- **Universität Paderborn: Forschungsreferat**
  http://www.zv.uni-paderborn.de/~fr/
- **Universität Hamburg: Forschungsreferat**
  http://www.uni-hamburg.de/PSV/Verw/RG1/
  Foerderung/

- **TU Clausthal: Forschungsförder-Infos**
  http://www.ztw.tu-clausthal.de/fofoe/
- **Universität Bochum: ELFI (Elektronische Forschungsförderinformationen)**
  http://www.elfi.ruhr-uni-bochum.de/

Anhang F. Tabellen

Tabelle F1. Standardnormalverteilung (Quelle: Glass, G. V., Stanley, J. C. (1970). Statistical Methods in Education and Psychology, New Jersey: Prentice-Hall, pp. 513–519)

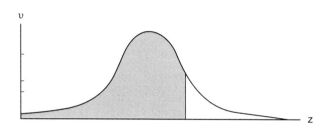

z	Fläche	v Ordinate	z	Fläche	v Ordinate	z	Fläche	v Ordinate
−3,00	0,0013	0,0044						
−2,99	0,0014	0,0046	−2,74	0,0031	0,0093	−2,49	0,0064	0,0180
−2,98	0,0014	0,0047	−2,73	0,0032	0,0096	−2,48	0,0066	0,0184
−2,97	0,0015	0,0048	−2,72	0,0033	0,0099	−2,47	0,0068	0,0189
−2,96	0,0015	0,0050	−2,71	0,0034	0,0101	−2,46	0,0069	0,0194
−2,95	0,0016	0,0051	−2,70	0,0035	0,0104	−2,45	0,0071	0,0198
−2,94	0,0016	0,0053	−2,69	0,0036	0,0107	−2,44	0,0073	0,0203
−2,93	0,0017	0,0055	−2,68	0,0037	0,0110	−2,43	0,0075	0,0208
−2,92	0,0018	0,0056	−2,67	0,0038	0,0113	−2,42	0,0078	0,0213
−2,91	0,0018	0,0058	−2,66	0,0039	0,0116	−2,41	0,0080	0,0219
−2,90	0,0019	0,0060	−2,65	0,0040	0,0119	−2,40	0,0082	0,0224
−2,89	0,0019	0,0061	−2,64	0,0041	0,0122	−2,39	0,0084	0,0229
−2,88	0,0020	0,0063	−2,63	0,0043	0,0126	−2,38	0,0087	0,0235
−2,87	0,0021	0,0065	−2,62	0,0044	0,0129	−2,37	0,0089	0,0241
−2,86	0,0021	0,0067	−2,61	0,0045	0,0132	−2,36	0,0091	0,0246
−2,85	0,0022	0,0069	−2,60	0,0047	0,0136	−2,35	0,0094	0,0252
−2,84	0,0023	0,0071	−2,59	0,0048	0,0139	−2,34	0,0096	0,0258
−2,83	0,0023	0,0073	−2,58	0,0049	0,0143	−2,33	0,0099	0,0264
−2,82	0,0024	0,0075	−2,57	0,0051	0,0147	−2,32	0,0102	0,0270
−2,81	0,0025	0,0077	−2,56	0,0052	0,0151	−2,31	0,0104	0,0277
−2,80	0,0026	0,0079	−2,55	0,0054	0,0154	−2,30	0,0107	0,0283
−2,79	0,0026	0,0081	−2,54	0,0055	0,0158	−2,29	0,0110	0,0290
−2,78	0,0027	0,0084	−2,53	0,0057	0,0163	−2,28	0,0113	0,0297
−2,77	0,0028	0,0086	−2,52	0,0059	0,0167	−2,27	0,0116	0,0303
−2,76	0,0029	0,0088	−2,51	0,0060	0,0171	−2,26	0,0119	0,0310
−2,75	0,0030	0,0091	−2,50	0,0062	0,0175	−2,25	0,0122	0,0317

Tabelle F 1 (Fortsetzung)

z	Fläche	υ Ordinate	z	Fläche	υ Ordinate	z	Fläche	υ Ordinate
−2,24	0,0125	0,0325	−1,69	0,0455	0,0957	−1,14	0,1271	0,2083
−2,23	0,0129	0,0332	−1,68	0,0465	0,0973	−1,13	0,1292	0,2107
−2,22	0,0132	0,0339	−1,67	0,0475	0,0989	−1,12	0,1314	0,2131
−2,21	0,0136	0,0347	−1,66	0,0485	0,1006	−1,11	0,1335	0,2155
−2,20	0,0139	0,0355	−1,65	0,0495	0,1023	−1,10	0,1357	0,2179
−2,19	0,0143	0,0363	−1,64	0,0505	0,1040	−1,09	0,1379	0,2203
−2,18	0,0146	0,0371	−1,63	0,0516	0,1057	−1,08	0,1401	0,2227
−2,17	0,0150	0,0379	−1,62	0,0526	0,1074	−1,07	0,1423	0,2251
−2,16	0,0154	0,0387	−1,61	0,0537	0,1092	−1,06	0,1446	0,2275
−2,15	0,0158	0,0396	−1,60	0,0548	0,1109	−1,05	0,1469	0,2299
−2,14	0,0162	0,0404	−1,59	0,0559	0,1127	−1,04	0,1492	0,2323
−2,13	0,0166	0,0413	−1,58	0,0571	0,1145	−1,03	0,1515	0,2347
−2,12	0,0170	0,0422	−1,57	0,0582	0,1163	−1,02	0,1539	0,2371
−2,11	0,0174	0,0431	−1,56	0,0594	0,1182	−1,01	0,1562	0,2396
−2,10	0,0179	0,0440	−1,55	0,0606	0,1200	−1,00	0,1587	0,2420
−2,09	0,0183	0,0449	−1,54	0,0618	0,1219	−0,99	0,1611	0,2444
−2,08	0,0188	0,0459	−1,53	0,0630	0,1238	−0,98	0,1635	0,2468
−2,07	0,0192	0,0468	−1,52	0,0643	0,1257	−0,97	0,1660	0,2492
−2,06	0,0197	0,0478	−1,51	0,0655	0,1276	−0,96	0,1685	0,2516
−2,05	0,0202	0,0488	−1,50	0,0668	0,1295	−0,95	0,1711	0,2541
−2,04	0,0207	0,0498	−1,49	0,0681	0,1315	−0,94	0,1736	0,2565
−2,03	0,0212	0,0508	−1,48	0,0694	0,1334	−0,93	0,1762	0,2589
−2,02	0,0217	0,0519	−1,47	0,0708	0,1354	−0,92	0,1788	0,2613
−2,01	0,0222	0,0529	−1,46	0,0721	0,1374	−0,91	0,1814	0,2637
−2,00	0,0228	0,0540	−1,45	0,0735	0,1394	−0,90	0,1841	0,2661
−1,99	0,0233	0,0551	−1,44	0,0749	0,1415	−0,89	0,1867	0,2685
−1,98	0,0239	0,0562	−1,43	0,0764	0,1435	−0,88	0,1894	0,2709
−1,97	0,0244	0,0573	−1,42	0,0778	0,1456	−0,87	0,1922	0,2732
−1,96	0,0250	0,0584	−1,41	0,0793	0,1476	−0,86	0,1949	0,2756
−1,95	0,0256	0,0596	−1,40	0,0808	0,1497	−0,85	0,1977	0,2780
−1,94	0,0262	0,0608	−1,39	0,0823	0,1518	−0,84	0,2005	0,2803
−1,93	0,0268	0,0620	−1,38	0,0838	0,1539	−0,83	0,2033	0,2827
−1,92	0,0274	0,0632	−1,37	0,0853	0,1561	−0,82	0,2061	0,2850
−1,91	0,0281	0,0644	−1,36	0,0869	0,1582	−0,81	0,2090	0,2874
−1,90	0,0287	0,0656	−1,35	0,0885	0,1604	−0,80	0,2119	0,2897
−1,89	0,0294	0,0669	−1,34	0,0901	0,1626	−0,79	0,2148	0,2920
−1,88	0,0301	0,0681	−1,33	0,0918	0,1647	−0,78	0,2177	0,2943
−1,87	0,0307	0,0694	−1,32	0,0934	0,1669	−0,77	0,2206	0,2966
−1,86	0,0314	0,0707	−1,31	0,0951	0,1691	−0,76	0,2236	0,2989
−1,85	0,0322	0,0721	−1,30	0,0968	0,1714	−0,75	0,2266	0,3011
−1,84	0,0329	0,0734	−1,29	0,0985	0,1736	−0,74	0,2296	0,3034
−1,83	0,0336	0,0748	−1,28	0,1003	0,1758	−0,73	0,2327	0,3056
−1,82	0,0344	0,0761	−1,27	0,1020	0,1781	−0,72	0,2358	0,3079
−1,81	0,0351	0,0775	−1,26	0,1038	0,1804	−0,71	0,2389	0,3101
−1,80	0,0359	0,0790	−1,25	0,1056	0,1826	−0,70	0,2420	0,3123
−1,79	0,0367	0,0804	−1,24	0,1075	0,1849	−0,69	0,2451	0,3144
−1,78	0,0375	0,0818	−1,23	0,1093	0,1872	−0,68	0,2483	0,3166
−1,77	0,0384	0,0833	−1,22	0,1112	0,1895	−0,67	0,2514	0,3187
−1,76	0,0392	0,0848	−1,21	0,1131	0,1919	−0,66	0,2546	0,3209
−1,75	0,0401	0,0863	−1,20	0,1151	0,1942	−0,65	0,2578	0,3230
−1,74	0,0409	0,0878	−1,19	0,1170	0,1965	−0,64	0,2611	0,3251
−1,73	0,0418	0,0893	−1,18	0,1190	0,1989	−0,63	0,2643	0,3271
−1,72	0,0427	0,0909	−1,17	0,1210	0,2012	−0,62	0,2676	0,3292
−1,71	0,0436	0,0925	−1,16	0,1230	0,2036	−0,61	0,2709	0,3312
−1,70	0,0446	0,0940	−1,15	0,1251	0,2059	−0,60	0,2749	0,3332

Tabelle F 1 (Fortsetzung)

z	Fläche	v Ordinate	z	Fläche	v Ordinate	z	Fläche	v Ordinate
−0,59	0,2776	0,3352	−0,04	0,4840	0,3986	0,51	0,6950	0,3503
−0,58	0,2810	0,3372	−0,03	0,4880	0,3988	0,52	0,6985	0,3485
−0,57	0,2843	0,3391	−0,02	0,4920	0,3989	0,53	0,7019	0,3467
−0,56	0,2877	0,3410	−0,01	0,4960	0,3989	0,54	0,7054	0,3448
−0,55	0,2912	0,3429	0,00	0,5000	0,3989	0,55	0,7088	0,3429
−0,54	0,2946	0,3448	0,01	0,5040	0,3989	0,56	0,7123	0,3410
−0,53	0,2981	0,3467	0,02	0,5080	0,3989	0,57	0,7157	0,3391
−0,52	0,3015	0,3485	0,03	0,5120	0,3988	0,58	0,7190	0,3372
−0,51	0,3050	0,3503	0,04	0,5160	0,3986	0,59	0,7224	0,3352
−0,50	0,3085	0,3521	0,05	0,5199	0,3984	0,60	0,7257	0,3332
−0,49	0,3121	0,3538	0,06	0,5239	0,3982	0,61	0,7291	0,3312
−0,48	0,3156	0,3555	0,07	0,5279	0,3980	0,62	0,7324	0,3292
−0,47	0,3192	0,3572	0,08	0,5319	0,3977	0,63	0,7357	0,3271
−0,46	0,3228	0,3589	0,09	0,5359	0,3973	0,64	0,7389	0,3251
−0,45	0,3264	0,3605	0,10	0,5398	0,3970	0,65	0,7422	0,3230
−0,44	0,3300	0,3621	0,11	0,5438	0,3965	0,66	0,7454	0,3209
−0,43	0,3336	0,3637	0,12	0,5478	0,3961	0,67	0,7486	0,3187
−0,42	0,3372	0,3653	0,13	0,5517	0,3956	0,68	0,7517	0,3166
−0,41	0,3409	0,3668	0,14	0,5557	0,3951	0,69	0,7549	0,3144
−0,40	0,3446	0,3683	0,15	0,5596	0,3945	0,70	0,7580	0,3123
−0,39	0,3483	0,3697	0,16	0,5636	0,3939	0,71	0,7611	0,3101
−0,38	0,3520	0,3712	0,17	0,5675	0,3932	0,72	0,7642	0,3079
−0,37	0,3557	0,3725	0,18	0,5714	0,3925	0,73	0,7673	0,3056
−0,36	0,3594	0,3739	0,19	0,5753	0,3918	0,74	0,7704	0,3034
−0,35	0,3632	0,3752	0,20	0,5793	0,3910	0,75	0,7734	0,3011
−0,34	0,3669	0,3765	0,21	0,5832	0,3902	0,76	0,7764	0,2989
−0,33	0,3707	0,3778	0,22	0,5871	0,3894	0,77	0,7794	0,2966
−0,32	0,3745	0,3790	0,23	0,5910	0,3885	0,78	0,7823	0,2943
−0,31	0,3783	0,3802	0,24	0,5948	0,3876	0,79	0,7852	0,2920
−0,30	0,3821	0,3814	0,25	0,5987	0,3867	0,80	0,7881	0,2897
−0,29	0,3859	0,3825	0,26	0,6026	0,3857	0,81	0,7910	0,2874
−0,28	0,3897	0,3836	0,27	0,6064	0,3847	0,82	0,7939	0,2850
−0,27	0,3936	0,3847	0,28	0,6103	0,3836	0,83	0,7967	0,2827
−0,26	0,3974	0,3857	0,29	0,6141	0,3825	0,84	0,7995	0,2803
−0,25	0,4013	0,3867	0,30	0,6179	0,3814	0,85	0,8023	0,2780
−0,24	0,4052	0,3876	0,31	0,6217	0,3802	0,86	0,8051	0,2756
−0,23	0,4090	0,3885	0,32	0,6255	0,3790	0,87	0,8078	0,2732
−0,22	0,4129	0,3894	0,33	0,6293	0,3778	0,88	0,8106	0,2709
−0,21	0,4168	0,3902	0,34	0,6331	0,3765	0,89	0,8133	0,2685
−0,20	0,4207	0,3910	0,35	0,6368	0,3752	0,90	0,8159	0,2661
−0,19	0,4247	0,3918	0,36	0,6406	0,3739	0,91	0,8186	0,2637
−0,18	0,4286	0,3925	0,37	0,6443	0,3725	0,92	0,8212	0,2613
−0,17	0,4325	0,3932	0,38	0,6480	0,3712	0,93	0,8238	0,2589
−0,16	0,4364	0,3939	0,39	0,6517	0,3697	0,94	0,8264	0,2565
−0,15	0,4404	0,3945	0,40	0,6554	0,3683	0,95	0,8289	0,2541
−0,14	0,4443	0,3951	0,41	0,6591	0,3668	0,96	0,8315	0,2516
−0,13	0,4483	0,3956	0,42	0,6628	0,3653	0,97	0,8340	0,2492
−0,12	0,4522	0,3961	0,43	0,6664	0,3637	0,98	0,8365	0,2468
−0,11	0,4562	0,3965	0,44	0,6700	0,3621	0,99	0,8389	0,2444
−0,10	0,4602	0,3970	0,45	0,6736	0,3605	1,00	0,8413	0,2420
−0,09	0,4641	0,3973	0,46	0,6772	0,3589	1,01	0,8438	0,2396
−0,08	0,4681	0,3977	0,47	0,6808	0,3572	1,02	0,8461	0,2371
−0,07	0,4721	0,3980	0,48	0,6844	0,3555	1,03	0,8485	0,2347
−0,06	0,4761	0,3982	0,49	0,6879	0,3538	1,04	0,8508	0,2323
−0,05	0,4801	0,3984	0,50	0,6915	0,3521	1,05	0,8531	0,2299

Tabelle F 1 (Fortsetzung)

z	Fläche	v Ordinate	z	Fläche	v Ordinate	z	Fläche	v Ordinate
1,06	0,8554	0,2275	1,61	0,9463	0,1092	2,16	0,9846	0,0387
1,07	0,8577	0,2251	1,62	0,9474	0,1074	2,17	0,9850	0,0379
1,08	0,8599	0,2227	1,63	0,9484	0,1057	2,18	0,9854	0,0371
1,09	0,8621	0,2203	1,64	0,9495	0,1040	2,19	0,9857	0,0363
1,10	0,8643	0,2179	1,65	0,9505	0,1023	2,20	0,9861	0,0355
1,11	0,8665	0,2155	1,66	0,9515	0,1006	2,21	0,9864	0,0347
1,12	0,8686	0,2131	1,67	0,9525	0,0989	2,22	0,9868	0,0339
1,13	0,8708	0,2107	1,68	0,9535	0,0973	2,23	0,9871	0,0332
1,14	0,8729	0,2083	1,69	0,9545	0,0957	2,24	0,9875	0,0325
1,15	0,8749	0,2059	1,70	0,9554	0,0940	2,25	0,9878	0,0317
1,16	0,8770	0,2036	1,71	0,9564	0,0925	2,26	0,9881	0,0310
1,17	0,8790	0,2012	1,72	0,9573	0,0909	2,27	0,9884	0,0303
1,18	0,8810	0,1989	1,73	0,9582	0,0893	2,28	0,9887	0,0297
1,19	0,8830	0,1965	1,74	0,9591	0,0878	2,29	0,9890	0,0290
1,20	0,8849	0,1942	1,75	0,9599	0,0863	2,30	0,9893	0,0283
1,21	0,8869	0,1919	1,76	0,9608	0,0848	2,31	0,9896	0,0277
1,22	0,8888	0,1895	1,77	0,9616	0,0833	2,32	0,9898	0,0270
1,23	0,8907	0,1872	1,78	0,9625	0,0818	2,33	0,9901	0,0264
1,24	0,8925	0,1849	1,79	0,9633	0,0804	2,34	0,9904	0,0258
1,25	0,8944	0,1826	1,80	0,9641	0,0790	2,35	0,9906	0,0252
1,26	0,8962	0,1804	1,81	0,9649	0,0775	2,36	0,9909	0,0246
1,27	0,8980	0,1781	1,82	0,9656	0,0761	2,37	0,9911	0,0241
1,28	0,8997	0,1758	1,83	0,9664	0,0748	2,38	0,9913	0,0235
1,29	0,9015	0,1736	1,84	0,9671	0,0734	2,39	0,9916	0,0229
1,30	0,9032	0,1714	1,85	0,9678	0,0721	2,40	0,9918	0,0224
1,31	0,9049	0,1691	1,86	0,9686	0,0707	2,41	0,9920	0,0219
1,32	0,9066	0,1669	1,87	0,9693	0,0694	2,42	0,9922	0,0213
1,33	0,9082	0,1647	1,88	0,9699	0,0681	2,43	0,9925	0,0208
1,34	0,9099	0,1626	1,89	0,9706	0,0669	2,44	0,9927	0,0203
1,35	0,9115	0,1604	1,90	0,9713	0,0656	2,45	0,9929	0,0198
1,36	0,9131	0,1582	1,91	0,9719	0,0644	2,46	0,9931	0,0194
1,37	0,9147	0,1561	1,92	0,9726	0,0632	2,47	0,9932	0,0189
1,38	0,9162	0,1539	1,93	0,9732	0,0620	2,48	0,9934	0,0184
1,39	0,9177	0,1518	1,94	0,9738	0,0608	2,49	0,9936	0,0180
1,40	0,9192	0,1497	1,95	0,9744	0,0596	2,50	0,9938	0,0175
1,41	0,9207	0,1476	1,96	0,9750	0,0584	2,51	0,9940	0,0171
1,42	0,9222	0,1456	1,97	0,9756	0,0573	2,52	0,9941	0,0167
1,43	0,9236	0,1435	1,98	0,9761	0,0562	2,53	0,9943	0,0163
1,44	0,9251	0,1415	1,99	0,9767	0,0551	2,54	0,9945	0,0158
1,45	0,9265	0,1394	2,00	0,9772	0,0540	2,55	0,9946	0,0154
1,46	0,9279	0,1374	2,01	0,9778	0,0529	2,56	0,9948	0,0151
1,47	0,9292	0,1354	2,02	0,9783	0,0519	2,57	0,9949	0,0147
1,48	0,9306	0,1334	2,03	0,9788	0,0508	2,58	0,9951	0,0143
1,49	0,9319	0,1315	2,04	0,9793	0,0498	2,59	0,9952	0,0139
1,50	0,9332	0,1295	2,05	0,9798	0,0488	2,60	0,9953	0,0136
1,51	0,9345	0,1276	2,06	0,9803	0,0478	2,61	0,9955	0,0132
1,52	0,9357	0,1257	2,07	0,9808	0,0468	2,62	0,9956	0,0129
1,53	0,9370	0,1238	2,08	0,9812	0,0459	2,63	0,9957	0,0126
1,54	0,9382	0,1219	2,09	0,9817	0,0449	2,64	0,9959	0,0122
1,55	0,9394	0,1200	2,10	0,9821	0,0440	2,65	0,9960	0,0119
1,56	0,9406	0,1182	2,11	0,9826	0,0431	2,66	0,9961	0,0116
1,57	0,9418	0,1163	2,12	0,9830	0,0422	2,67	0,9962	0,0113
1,58	0,9429	0,1145	2,13	0,9834	0,0413	2,68	0,9963	0,0110
1,59	0,9441	0,1127	2,14	0,9838	0,0404	2,69	0,9964	0,0107
1,60	0,9452	0,1109	2,15	0,9842	0,0396	2,70	0,9965	0,0104

Tabelle F 1 (Fortsetzung)

z	Fläche	v Ordinate	z	Fläche	v Ordinate	z	Fläche	v Ordinate
2,71	0,9966	0,0101	2,81	0,9975	0,0077	2,91	0,9982	0,0058
2,72	0,9967	0,0099	2,82	0,9976	0,0075	2,92	0,9982	0,0056
2,73	0,9968	0,0096	2,83	0,9977	0,0073	2,93	0,9983	0,0055
2,74	0,9969	0,0093	2,84	0,9977	0,0071	2,94	0,9984	0,0053
2,75	0,9970	0,0091	2,85	0,9978	0,0069	2,95	0,9984	0,0051
2,76	0,9971	0,0088	2,86	0,9979	0,0067	2,96	0,9985	0,0050
2,77	0,9972	0,0086	2,87	0,9979	0,0065	2,97	0,9985	0,0048
2,78	0,9973	0,0084	2,88	0,9980	0,0063	2,98	0,9986	0,0047
2,79	0,9974	0,0081	2,89	0,9981	0,0061	2,99	0,9986	0,0046
2,80	0,9974	0,0079	2,90	0,9981	0,0060	3,00	0,9987	0,0044

Tabelle F2. Zufallszahlen

11500	88473	86062	26357	01678	05270	80406	62301	23293	85734	32590
11501	00677	42981	84552	44832	67946	61532	79109	32073	13354	78578
11502	25227	51260	14800	19101	03146	12068	18261	06193	45909	65339
11503	15386	68200	21492	71402	76801	35235	49676	75306	52969	77447
11504	42021	40308	91104	34789	93269	77750	51646	95883	27282	26277
11505	63058	06498	49339	33314	49597	95931	44854	67348	91633	79473
11506	32548	69104	89073	32037	14556	70568	58821	37003	04390	86496
11507	03521	52177	24816	01706	79363	84378	70843	02090	85945	64113
11508	39975	90626	35889	82962	93756	92582	20979	57479	65739	11110
11509	58252	56687	60412	05060	95974	50183	88659	76568	45373	54231
11510	56440	69169	05929	57516	85127	74159	53295	29028	07409	28140
11511	16812	18195	88209	39856	03187	05605	43348	65589	51283	68224
11512	56503	14023	69475	37217	11465	15872	05551	37231	68175	18132
11513	96508	90101	11990	61199	75399	78214	84891	01376	05039	43632
11514	68958	56862	60433	07784	37721	96521	58412	13941	63969	45395
11515	21721	12583	44793	12071	83645	44062	86684	80890	09153	60050
11516	01476	19255	58656	26401	27356	38443	55210	51493	89832	07578
11517	45924	27655	27730	78321	45402	46568	64052	39819	74960	60944
11518	79516	79027	96227	72473	21231	68748	90204	92330	16216	09483
11519	59946	54123	38645	56734	87427	38049	88471	07421	53080	28515
11520	89056	71858	84058	44154	47929	94196	90847	40905	39151	12029
11521	07056	34611	45456	68268	31718	09715	80414	64095	24464	52799
11522	66189	04099	16595	30601	31691	38657	59600	24443	47978	35730
11523	85281	53288	58972	51531	02406	72117	85547	27445	79581	61608
11524	34761	22435	75006	61261	48628	62840	62633	34982	79051	76314
11525	45549	16045	96353	80376	64802	46062	39519	08688	18254	09915
11526	29337	45746	00844	79084	45838	22246	11095	05209	05113	83895
11527	44509	72387	39414	01011	46568	25718	92591	00174	38633	52966
11528	15068	41200	32705	47327	64665	50395	97110	31292	02965	37147
11529	59253	23492	55166	76780	33945	90298	39736	62674	00787	98482
11530	17140	07016	53376	07582	06899	32503	24412	29650	97759	02905
11531	87048	20624	23285	78268	13122	78242	40515	18454	97122	29628
11532	90254	79631	05936	68057	22760	38809	29233	81372	49252	28497
11533	66090	41296	19263	10253	33878	80280	33407	44464	23229	60740
11534	54672	30805	03962	93237	40900	90912	20746	63914	65456	32138
11535	99080	08088	99211	80001	88691	58425	52324	11449	18830	45387
11536	22859	21563	17374	20731	42124	17219	99392	63681	20452	19714
11537	65013	58031	22092	79881	34695	01615	28233	68809	35091	82223
11538	87296	05362	99779	54816	80032	94335	71581	72691	84058	39495
11539	61336	19425	24404	74091	19730	39832	49166	84284	01851	29579
11540	93134	41529	85992	45493	68165	02129	73658	54280	20281	12449
11541	80388	28010	93018	21552	32608	88409	63041	77051	93107	68856
11542	80214	71603	52837	90272	52141	58642	93933	25183	30994	54332
11543	74165	63881	71261	69394	29194	25046	23948	13048	57594	58886
11544	31361	68333	55171	96461	20694	31275	88884	71366	13054	03764
11545	48570	53579	64703	97498	67888	07817	34223	61667	43474	29179
11546	97894	36631	14389	59041	32600	08865	69364	99415	81194	82304
11547	77563	53771	54527	83456	23914	57808	67250	93991	91474	96012
11548	39903	34555	47585	70546	15704	61087	81728	03972	80652	22179
11549	83877	07815	14813	40666	43906	85802	42125	07164	13057	83161

Quelle: The Rand Corporation (1955). A Million Random Digits with 100 000 Normal Deviates. Glencoe, Illinois: Free Press

Tabelle F 3. t-Verteilungen und 2seitige Signifikanzgrenzen für Produkt-Moment-Korrelationen (Quelle: Glass, G. V., Stanley, J. C. (1970). Statistical Methods in Education and Psychology, New Jersey: Prentice Hall, p. 521)

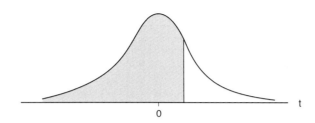

Fläche df	0,55	0,60	0,65	0,70	0,75	0,80	0,85	0,90	0,95	0,975	0,990	0,995	0,9995	$r_{0,05}$	$r_{0,01}$
1	0,158	0,325	0,510	0,727	1,000	1,376	1,963	3,078	6,314	12,706	31,821	63,657	636,619	0,997	1,000
2	0,142	0,289	0,445	0,617	0,816	1,061	1,386	1,886	2,920	4,303	6,965	9,925	31,598	0,950	0,990
3	0,137	0,277	0,424	0,584	0,765	0,978	1,250	1,638	2,353	3,182	4,541	5,841	12,941	0,878	0,959
4	0,134	0,271	0,414	0,569	0,741	0,941	1,190	1,533	2,132	2,776	3,747	4,604	8,610	0,811	0,917
5	0,132	0,267	0,408	0,559	0,727	0,920	1,156	1,476	2,015	2,571	3,365	4,032	6,859	0,754	0,874
6	0,131	0,265	0,404	0,553	0,718	0,906	1,134	1,440	1,943	2,447	3,143	3,707	5,959	0,707	0,834
7	0,130	0,263	0,402	0,549	0,711	0,896	1,119	1,415	1,895	2,365	2,998	3,499	5,405	0,666	0,798
8	0,130	0,262	0,399	0,546	0,706	0,889	1,108	1,397	1,860	2,306	2,896	3,355	5,041	0,632	0,765
9	0,129	0,261	0,398	0,543	0,703	0,883	1,100	1,383	1,833	2,262	2,821	3,250	4,781	0,602	0,735
10	0,129	0,260	0,397	0,542	0,700	0,879	1,093	1,372	1,812	2,228	2,764	3,169	4,587	0,576	0,708
11	0,129	0,260	0,396	0,540	0,697	0,876	1,088	1,363	1,796	2.201	2,718	3,106	4,437	0,553	0,684
12	0,128	0,259	0,395	0,539	0,695	0,873	1,083	1,356	1,782	2,179	2,681	3,055	4,318	0,532	0,661
13	0,128	0,259	0,394	0,538	0,694	0,870	1,079	1,350	1,771	2,160	2,650	3,012	4,221	0,514	0,641
14	0,128	0,258	0,393	0,537	0,692	0,868	1,076	1,345	1,761	2,145	2,624	2,977	4,140	0,497	0,623
15	0,128	0,258	0,393	0,536	0,691	0,866	1,074	1,341	1,753	2,131	2,602	2,947	4,073	0,482	0,606
16	0,128	0,258	0,392	0,535	0,690	0,865	1,071	1,337	1,746	2,120	2,583	2,921	4,015	0,468	0,590
17	0,128	0,257	0,392	0,534	0,689	0,863	1,069	1,333	1,740	2,110	2,567	2,898	3,965	0,456	0,575
18	0,127	0,257	0,392	0,534	0,688	0,862	1,067	1,330	1,734	2,101	2,552	2,878	3,922	0,444	0,561
19	0,127	0,257	0,391	0,533	0,688	0,861	1,066	1,328	1,729	2,093	2,539	2,861	3,883	0,433	0,549
20	0,127	0,257	0,391	0,533	0,687	0,860	1,064	1,325	1,725	2,086	2,528	2,845	3,850	0,423	0,537
21	0,127	0,257	0,391	0,532	0,686	0,859	1,063	1,323	1,721	2,080	2,518	2,831	3,819	0,413	0,526
22	0,127	0,256	0,390	0,532	0,686	0,858	1,061	1,321	1,717	2,074	2,508	2,819	3,792	0,404	0,515
23	0,127	0,256	0,390	0,532	0,685	0,858	1,060	1,319	1,714	2,069	2,500	2,807	3,767	0,396	0,505
24	0,127	0,256	0,390	0,531	0,685	0,857	1,059	1,318	1,711	2,064	2,492	2,797	3,745	0,388	0,496
25	0,127	0,256	0,390	0,531	0,684	0,856	1,058	1,316	1,708	2,060	2,485	2,787	3,725	0,381	0,487
26	0,127	0,256	0,390	0,531	0,684	0,856	1,058	1,315	1,706	2,056	2,479	2,779	3,707	0,374	0,478
27	0,127	0,256	0,389	0,531	0,684	0,855	1,057	1,314	1,703	2,052	2,473	2,771	3,690	0,367	0,470
28	0,127	0,256	0,389	0,530	0,683	0,855	1,056	1,313	1,701	2,048	2,467	2,763	3,674	0,361	0,463
29	0,127	0,256	0,389	0,530	0,683	0,854	1,055	1,311	1,699	2,045	3,462	2,756	3,659	0,355	0,456
30	0,127	0,256	0,389	0,530	0,683	0,854	1,055	1,310	1,697	2,042	2,457	2,750	3,646	0,349	0,449
40	0,126	0,255	0,388	0,529	0,681	0,851	1,050	1,303	1,684	2,021	2,423	2,704	3,551	0,304	0,393
60	0,126	0,254	0,387	0,527	0,679	0,848	1,046	1,296	1,671	2,000	2,390	2,660	3,460	0,250	0,325
120	0,126	0,254	0,386	0,526	0,677	0,845	1,041	1,289	1,658	1,980	2,358	2,617	3,373	0,178	0,232
z	0,126	0,253	0,385	0,524	0,674	0,842	1,036	1,282	1,645	1,960	2,326	2,576	3,291		

[*] Die Flächenanteile für negative t-Werte ergeben sich nach der Beziehung $p(-t_{df}) = 1 - p(t_{df})$

Tabelle F 4. Beta-Verteilungen

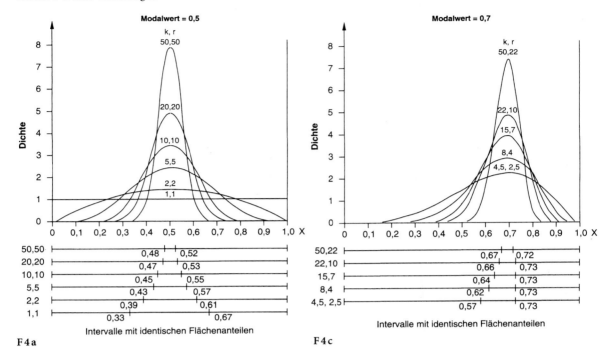

F 4a

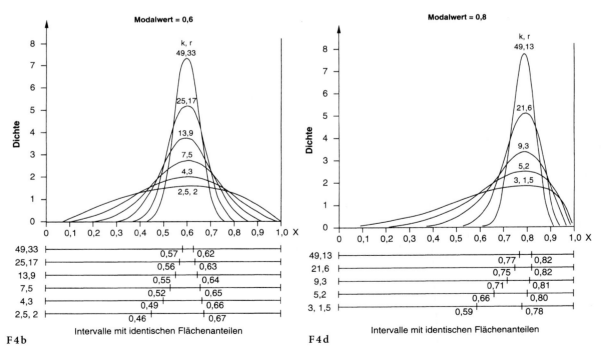

F 4b

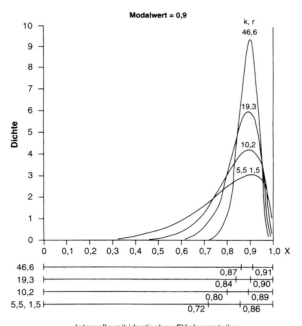

F 4 e

Intervalle mit identischen Flächenanteilen

Tabelle F 5 a. Beta-Verteilungen: 95%-Intervalle mit höchster Dichte

r=	2		3		4		5		6	
	Low	High	Low	High	Low	High	Low	High	Low	High
k= 2	0,0943	0,9057	0,0438	0,7724	0,0260	0,6702	0,0178	0,5906	0,0133	0,5270
k= 3	0,2276	0,9562	0,1466	0,8534	0,1048	0,7613	0,0805	0,6846	0,0650	0,6210
k= 4	0,3298	0,9740	0,2387	0,8952	0,1840	0,8160	0,1485	0,7464	0,1245	0,6854
k= 5	0,4094	0,9822	0,3154	0,9195	0,2586	0,8515	0,2120	0,7880	0,1814	0,7318
k= 6	0,4730	0,9867	0,3790	0,9350	0,3146	0,8755	0,2682	0,8186	0,2338	0,7662
k= 7	0,5244	0,9895	0,4324	0,9458	0,3668	0,8932	0,3178	0,8417	0,2808	0,7931
k= 8	0,5665	0,9914	0,4776	0,9536	0,4120	0,9066	0,3618	0,8596	0,3230	0,8146
k= 9	0,6022	0,9927	0,5163	0,9594	0,4515	0,9171	0,4008	0,8740	0,3609	0,8320
k=10	0,6325	0,9937	0,5497	0,9640	0,4862	0,9255	0,4355	0,8857	0,3951	0,8465
k=11	0,6587	0,9945	0,5790	0,9677	0,5168	0,9324	0,4671	0,8952	0,4261	0,8587
k=12	0,6813	0,9951	0,6047	0,9707	0,5441	0,9381	0,4951	0,9034	0,4541	0,8691
k=13	0,7012	0,9955	0,6274	0,9732	0,5685	0,9430	0,5203	0,9105	0,4796	0,8781
k=14	0,7187	0,9960	0,6478	0,9754	0,5905	0,9471	0,5432	0,9166	0,5029	0,8860
k=15	0,7343	0,9963	0,6660	0,9772	0,6103	0,9507	0,5640	0,9219	0,5242	0,8929
k=16	0,7482	0,9966	0,6825	0,9787	0,6284	0,9539	0,5830	0,9266	0,5438	0,8990
k=17	0,7607	0,9968	0,6974	0,9801	0,6449	0,9567	0,6005	0,9308	0,5619	0,9045
k=18	0,7721	0,9970	0,7110	0,9813	0,6599	0,9591	0,6166	0,9345	0,5791	0,9092
k=19	0,7825	0,9972	0,7236	0,9824	0,6738	0,9613	0,6314	0,9378	0,5947	0,9136
k=20	0,7916	0,9974	0,7349	0,9833	0,6866	0,9633	0,6452	0,9409	0,6091	0,9176
k=21	0,8010	0,9975	0,7454	0,9842	0,6984	0,9651	0,6580	0,9436	0,6225	0,9213
k=22	0,8087	0,9977	0,7551	0,9850	0,7094	0,9667	0,6699	0,9461	0,6351	0,9247
k=23	0,8160	0,9978	0,7641	0,9857	0,7196	0,9682	0,6810	0,9484	0,6469	0,9277
k=24	0,8227	0,9979	0,7724	0,9863	0,7291	0,9695	0,6913	0,9505	0,6579	0,9306
k=25	0,8291	0,9980	0,7802	0,9869	0,7380	0,9708	0,7011	0,9524	0,6683	0,9332
k=26	0,8350	0,9981	0,7875	0,9874	0,7464	0,9719	0,7102	0,9542	0,6781	0,9356
k=27	0,8406	0,9982	0,7943	0,9879	0,7542	0,9730	0,7188	0,9559	0,6873	0,9379
k=28	0,8458	0,9982	0,8007	0,9884	0,7616	0,9739	0,7269	0,9574	0,6960	0,9400
k=29	0,8506	0,9983	0,8067	0,9888	0,7685	0,9749	0,7346	0,9589	0,7042	0,9420
k=30	0,8552	0,9984	0,8123	0,9892	0,7750	0,9757	0,7418	0,9602	0,7120	0,9438
k=31	0,8594	0,9984	0,8177	0,9896	0,7811	0,9765	0,7487	0,9615	0,7194	0,9456
k=32	0,8637	0,9985	0,8227	0,9899	0,7870	0,9773	0,7552	0,9627	0,7265	0,9472
k=33	0,8673	0,9985	0,8275	0,9902	0,7925	0,9780	0,7613	0,9638	0,7331	0,9487
k=34	0,8710	0,9986	0,8320	0,9906	0,7978	0,9786	0,7673	0,9649	0,7395	0,9502
k=35	0,8744	0,9986	0,8363	0,9908	0,8028	0,9792	0,7729	0,9658	0,7456	0,9516
k=36	0,8776	0,9987	0,8404	0,9911	0,8076	0,9798	0,7782	0,9668	0,7514	0,9528
k=37	0,8806	0,9987	0,8443	0,9914	0,8121	0,9804	0,7833	0,9677	0,7569	0,9541
k=38	0,8836	0,9987	0,8479	0,9916	0,8165	0,9809	0,7881	0,9685	0,7622	0,9552
k=39	0,8863	0,9988	0,8515	0,9918	0,8206	0,9814	0,7928	0,9693	0,7673	0,9563
k=40	0,8890	0,9988	0,8548	0,9920	0,8245	0,9819	0,7972	0,9701	0,7722	0,9574
k=41	0,8915	0,9989	0,8581	0,9922	0,8283	0,9823	0,8015	0,9708	0,7768	0,9584
k=42	0,8939	0,9989	0,8611	0,9924	0,8320	0,9828	0,8056	0,9715	0,7813	0,9594
k=43	0,8962	0,9989	0,8641	0,9926	0,8354	0,9832	0,8095	0,9721	0,7856	0,9603
k=44	0,8984	0,9989	0,8669	0,9928	0,8388	0,9836	0,8133	0,9728	0,7898	0,9612
k=45	0,9005	0,9990	0,8696	0,9930	0,8420	0,9839	0,8169	0,9734	0,7937	0,9620
k=46	0,9026	0,9990	0,8722	0,9931	0,8450	0,9843	0,8204	0,9739	0,7976	0,9628
k=47	0,9047	0,9990	0,8747	0,9933	0,8480	0,9846	0,8237	0,9745	0,8013	0,9636
k=48	0,9064	0,9990	0,8771	0,9934	0,8509	0,9849	0,8270	0,9750	0,8049	0,9643
k=49	0,9082	0,9991	0,8794	0,9936	0,8536	0,9853	0,8301	0,9755	0,8083	0,9650
k=50	0,9099	0,9991	0,8817	0,9937	0,8562	0,9856	0,8331	0,9760	0,8116	0,9657
k=51	0,9116	0,9991	0,8838	0,9938	0,8588	0,9858	0,8360	0,9765	0,8148	0,9664
k=52	0,9132	0,9991	0,8859	0,9939	0,8613	0,9861	0,8388	0,9769	0,8179	0,9670
k=53	0,9148	0,9991	0,8878	0,9941	0,8636	0,9864	0,8415	0,9773	0,8209	0,9676
k=54	0,9163	0,9991	0,8898	0,9942	0,8659	0,9866	0,8441	0,9778	0,8238	0,9682
k=55	0,9177	0,9992	0,8916	0,9943	0,8682	0,9869	0,8467	0,9782	0,8266	0,9687
k=56	0,9191	0,9992	0,8934	0,9944	0,8703	0,9871	0,8491	0,9785	0,8294	0,9693
k=57	0,9204	0,9992	0,8952	0,9945	0,8724	0,9873	0,8515	0,9789	0,8320	0,9698
k=58	0,9218	0,9992	0,8969	0,9946	0,8744	0,9876	0,8537	0,9793	0,8346	0,9703
k=59	0,9230	0,9992	0,8985	0,9947	0,8764	0,9878	0,8560	0,9796	0,8370	0,9708
k=60	0,9242	0,9992	0,9001	0,9948	0,8782	0,9880	0,8581	0,9800	0,8394	0,9713

(Quelle: Philipps, D. L. (1973). Bayesian Statistics for Social Scientists. London: Nelson).
Low = untere Intervallgrenze; *High* = obere Intervallgrenze

Tabelle F5a (Fortsetzung) **95%-Intervalle**

7		8		9		10		11	
Low	High	Low	High	Low	High	Low	High	Low	High
0,0105	0,4756	0,0086	0,4335	0,0073	0,3978	0,0063	0,3675	0,0055	0,3413
0,0542	0,5676	0,0464	0,5224	0,0406	0,4837	0,0360	0,4503	0,0323	0,4210
0,1068	0,6332	0,0934	0,5880	0,0829	0,5485	0,0745	0,5138	0,0676	0,4832
0,1583	0,6822	0,1404	0,6382	0,1260	0,5992	0,1143	0,5645	0,1048	0,5329
0,2069	0,7192	0,1854	0,6770	0,1680	0,6391	0,1535	0,6049	0,1413	0,5739
0,2513	0,7487	0,2273	0,7084	0,2074	0,6717	0,1907	0,6383	0,1765	0,6079
0,2916	0,7727	0,2659	0,7341	0,2441	0,6989	0,2257	0,6665	0,2098	0,6367
0,3283	0,7926	0,3011	0,7559	0,2781	0,7219	0,2583	0,6905	0,2411	0,6616
0,3617	0,8093	0,3335	0,7743	0,3095	0,7417	0,2886	0,7114	0,2704	0,6832
0,3921	0,8235	0,3633	0,7902	0,3384	0,7589	0,3168	0,7296	0,2978	0,7022
0,4199	0,8357	0,3907	0,8040	0,3653	0,7739	0,3430	0,7457	0,3234	0,7191
0,4454	0,8464	0,4159	0,8161	0,3902	0,7872	0,3675	0,7599	0,3473	0,7341
0,4688	0,8558	0,4392	0,8267	0,4133	0,7990	0,3903	0,7726	0,3697	0,7477
0,4904	0,8641	0,4609	0,8363	0,4348	0,8096	0,4116	0,7841	0,3908	0,7599
0,5103	0.8715	0,4809	0,8448	0,4548	0,8191	0,4315	0,7944	0,4105	0,7710
0,5288	0,8782	0,4996	0,8525	0,4735	0,8277	0,4502	0,8038	0,4291	0,7811
0,5460	0,8842	0,5170	0,8594	0,4910	0,8355	0,4677	0,8124	0,4465	0,7903
0,5619	0,8896	0,5332	0,8658	0,5074	0,8426	0,4842	0,8203	0,4630	0,7988
0,5768	0,8945	0,5484	0,8716	0,5229	0,8492	0,4997	0,8275	0,4786	0,8066
0,5908	0,8991	0,5627	0,8769	0,5374	0,8552	0,5143	0,8342	0,4933	0,8139
0,6038	0,9032	0,5761	0,8818	0,5510	0,8608	0,5281	0,8404	0,5072	0,8206
0,6161	0,9070	0,5887	0,8863	0,5639	0,8659	0,5412	0,8461	0,5204	0,8268
0,6276	0,9106	0,6006	0,8905	0,5761	0,8707	0,5536	0,8514	0,5329	0,8327
0,6385	0,9139	0,6119	0,8944	0,5876	0,8752	0,5653	0,8564	0,5448	0,8381
0,6487	0,9169	0,6225	0,8980	0,5985	0,8793	0,5765	0,8611	0,5561	0,8432
0,6588	0,9196	0,6326	0,9014	0,6089	0,8832	0,5871	0,8654	0,5669	0,8480
0,6680	0,9222	0,6421	0,9046	0,6187	0,8869	0,5972	0,8695	0,5771	0,8525
0,6767	0,9247	0,6512	0,9075	0,6281	0,8903	0,6068	0,8734	0,5869	0,8568
0,6849	0,9270	0,6598	0,9103	0,6370	0,8935	0,6159	0,8770	0,5963	0,8608
0,6928	0,9292	0,6681	0,9129	0,6456	0,8966	0,6247	0,8804	0,6052	0,8646
0,7002	0,9313	0,6759	0,9154	0,6537	0,8995	0,6331	0,8837	0,6138	0,8682
0,7074	0,9332	0,6834	0,9178	0,6615	0,9022	0,6411	0,8867	0,6220	0,8716
0,7142	0,9351	0,6905	0,9200	0,6689	0,9047	0,6487	0,8897	0,6299	0,8748
0,7206	0,9368	0,6973	0,9221	0,6760	0,9072	0,6561	0,8924	0,6374	0,8779
0,7268	0,9385	0,7038	0,9241	0,6828	0,9095	0,6631	0,8951	0,6447	0,8808
0,7328	0,9400	0,7101	0,9260	0,6893	0,9117	0,6699	0,8976	0,6517	0,8836
0,7384	0,9415	0,7161	0,9278	0,6956	0,9138	0,6764	0,9000	0,6584	0,8863
0,7439	0,9424	0,7219	0,9295	0,7016	0,9158	0,6827	0,9022	0,6648	0,8888
0,7491	0,9443	0,7274	0,9311	0,7074	0,9177	0,6887	0,9044	0,6710	0,8912
0,7541	0,9456	0,7330	0,9325	0,7130	0,9196	0,6945	0,9065	0,6770	0,8936
0,7589	0,9468	0,7381	0,9340	0,7184	0,9213	0,7001	0,9085	0,6828	0,8958
0,7636	0,9480	0,7430	0,9355	0,7235	0,9230	0,7055	0,9104	0,6884	0,8979
0,7680	0,9491	0,7478	0,9368	0,7285	0,9246	0,7107	0,9122	0,6938	0,9000
0,7723	0,9502	0,7523	0,9381	0,7333	0,9261	0,7157	0,9140	0,6990	0,9020
0,7765	0,9512	0,7567	0,9394	0,7380	0,9276	0,7205	0,9157	0,7040	0,9038
0,7805	0,9522	0,7610	0,9406	0,7424	0,9290	0,7252	0,9173	0,7089	0,9057
0,7843	0,9532	0,7651	0,9418	0,7468	0,9304	0,7297	0,9189	0,7136	0,9074
0,7880	0,9541	0,7691	0,9429	0,7510	0,9317	0,7341	0,9204	0,7181	0,9091
0,7916	0,9549	0,7729	0,9440	0,7550	0,9330	0,7384	0,9218	0,7226	0,9108
0,7951	0,9558	0,7766	0,9450	0,7589	0,9342	0,7425	0,9232	0,7268	0,9123
0,7985	0,9566	0,7802	0,9460	0,7627	0,9354	0,7465	0,9246	0,7310	0,9138
0,8017	0,9574	0,7837	0,9470	0,7664	0,9365	0,7503	0,9259	0,7350	0,9153
0,8049	0,9582	0,7870	0,9479	0,7700	0,9376	0,7541	0,9272	0,7389	0,9167
0,8079	0,9589	0,7903	0,9488	0,7735	0,9387	0,7577	0,9284	0,7427	0,9181
0,8109	0,9596	0,7935	0,9497	0,7768	0,9397	0,7613	0,9296	0,7464	0,9194
0,8138	0,9603	0,7966	0,9505	0,7801	0,9407	0,7647	0,9307	0,7500	0,9207
0,8165	0,9609	0,7995	0,9513	0,7832	0,9416	0,7680	0,9318	0,7535	0,9220
0,8192	0,9616	0,8024	0,9521	0,7863	0,9426	0,7713	0,9329	0,7569	0,9232
0,8219	0,9622	0,8053	0,9528	0,7895	0,9434	0,7744	0,9339	0,7602	0,9243

Tabelle F 5 a (Fortsetzung) **95%-Intervalle**

r=	12		13		14		15		16	
	Low	High	Low	High	Low	High	Low	High	Low	High
k= 2	0,0049	0,3187	0,0045	0,2988	0,0040	0,2813	0,0037	0,2657	0,0034	0,2518
k= 3	0,0293	0,3953	0,0268	0,3726	0,0246	0,3522	0,0228	0,3340	0,0213	0,3175
k= 4	0,0619	0,4559	0,0570	0,4315	0,0529	0,4095	0,0493	0,3897	0,0461	0,3716
k= 5	0,0966	0,5049	0,0895	0,4797	0,0834	0,4568	0,0781	0,4360	0,0734	0,4170
k= 6	0,1309	0,5459	0,1219	0,5204	0,1140	0,4971	0,1071	0,4758	0,1010	0,4562
k= 7	0,1643	0,5801	0,1536	0,5546	0,1442	0,5312	0,1359	0,5096	0,1285	0,4897
k= 8	0,1960	0,6093	0,1839	0,5841	0,1733	0,5608	0,1637	0,5391	0,1552	0,5191
k= 9	0,2261	0,6347	0,2128	0,6098	0,2010	0,5867	0,1904	0,5652	0,1809	0,5452
k=10	0,2543	0,6570	0,2401	0,6325	0,2274	0,6097	0,2159	0,5884	0,2056	0,5685
k=11	0,2809	0,6766	0,2659	0,6527	0,2523	0,6303	0,2401	0,6092	0,2290	0,5895
k=12	0,3059	0,6941	0,2902	0,6707	0,2760	0,6487	0,2631	0,6280	0,2514	0,6085
k=13	0,3293	0,7098	0,3131	0,6869	0,2983	0,6654	0,2850	0,6450	0,2727	0,6258
k=14	0,3513	0,7240	0,3346	0,7017	0,3195	0,6805	0,3057	0,6605	0,2930	0,6416
k=15	0,3720	0,7369	0,3550	0,7150	0,3395	0,6943	0,3253	0,6747	0,3123	0,6560
k=16	0,3915	0,7486	0,3742	0,7273	0,3584	0,7070	0,3440	0,6877	0,3306	0,6694
k=17	0,4099	0,7593	0,3924	0,7385	0,3764	0,7187	0,3617	0,6998	0,3481	0,6817
k=18	0,4273	0,7691	0,4096	0,7488	0,3934	0,7294	0,3785	0,7109	0,3647	0,6932
k=19	0,4437	0,7781	0,4260	0,7583	0,4096	0,7394	0,3945	0,7212	0,3805	0,7039
k=20	0,4592	0,7865	0,4414	0,7672	0,4250	0,7486	0,4098	0,7308	0,3956	0,7138
k=21	0,4739	0,7943	0,4561	0,7754	0,4396	0,7572	0,4243	0,7398	0,4101	0,7231
k=22	0,4879	0,8015	0,4701	0,7830	0,4536	0,7653	0,4382	0,7482	0,4239	0,7318
k=23	0,5012	0,8082	0,4834	0,7902	0,4668	0,7728	0,4514	0,7560	0,4371	0,7399
k=24	0,5138	0,8145	0,4960	0,7969	0,4795	0,7799	0,4641	0,7634	0,4497	0,7476
k=25	0,5257	0,8203	0,5081	0,8031	0,4916	0,7865	0,4762	0,7704	0,4618	0,7548
k=26	0,5372	0,8259	0,5196	0,8090	0,5031	0,7927	0,4878	0,7769	0,4733	0,7616
k=27	0,5481	0,8311	0,5306	0,8146	0,5142	0,7986	0,4989	0,7831	0,4844	0,7681
k=28	0,5585	0,8359	0,5411	0,8198	0,5248	0,8041	0,5095	0,7889	0,4951	0,7742
k=29	0,5684	0,8406	0,5511	0,8248	0,5349	0,8094	0,5197	0,7945	0,5053	0,7800
k=30	0,5780	0,8449	0,5608	0,8294	0,5447	0,8144	0,5295	0,7997	0,5152	0,7855
k=31	0,5871	0,8490	0,5700	0,8339	0,5540	0,8191	0,5389	0,8047	0,5246	0,7908
k=32	0,5958	0,8530	0,5789	0,8381	0,5630	0,8236	0,5479	0,8095	0,5337	0,7957
k=33	0,6042	0,8567	0,5874	0,8421	0,5716	0,8279	0,5566	0,8140	0,5425	0,8005
k=34	0,6122	0,8602	0,5956	0,8459	0,5799	0,8320	0,5650	0,8183	0,5510	0,8050
k=35	0,6199	0,8636	0,6034	0,8495	0,5878	0,8358	0,5731	0,8224	0,5591	0,8094
k=36	0,6274	0,8668	0,6110	0,8530	0,5955	0,8395	0,5809	0,8264	0,5670	0,8135
k=37	0,6345	0,8698	0,6183	0,8563	0,6029	0,8431	0,5884	0,8301	0,5746	0,8175
k=38	0,6414	0,8727	0,6253	0,8595	0,6101	0,8465	0,5957	0,8337	0,5819	0,8213
k=39	0,6480	0,8755	0,6321	0,8625	0,6170	0,8497	0,6027	0,8372	0,5890	0,8249
k=40	0,6544	0,8782	0,6386	0,8654	0,6236	0,8528	0,6094	0,8405	0,5959	0,8284
k=41	0,6605	0,8808	0,6449	0,8682	0,6301	0,8558	0,6160	0,8437	0,6025	0,8318
k=42	0,6665	0,8832	0,6510	0,8709	0,6363	0,8587	0,6223	0,8467	0,6089	0,8350
k=43	0,6722	0,8856	0,6569	0,8734	0,6423	0,8614	0,6284	0,8497	0,6152	0,8381
k=44	0,6778	0,8878	0,6626	0,8759	0,6481	0,8641	0,6343	0,8525	0,6212	0,8411
k=45	0,6831	0,8900	0,6681	0,8782	0,6538	0,8666	0,6401	0,8552	0,6270	0,8440
k=46	0,6883	0,8921	0,6734	0,8805	0,6592	0,8691	0,6457	0,8578	0,6327	0,8468
k=47	0,6934	0,8941	0,6786	0,8827	0,6645	0,8715	0,6511	0,8604	0,6382	0,8495
k=48	0,6982	0,8961	0,6836	0,8848	0,6696	0,8737	0,6563	0,8628	0,6435	0,8521
k=49	0,7029	0,8979	0,6885	0,8869	0,6746	0,8759	0,6614	0,8652	0,6487	0,8546
k=50	0,7075	0,8997	0,6932	0,8888	0,6794	0,8781	0,6663	0,8675	0,6538	0,8570
k=51	0,7119	0,9015	0,6977	0,8907	0,6841	0,8801	0,6711	0,8697	0,6587	0,8593
k=52	0,7162	0,9032	0,7022	0,8926	0,6887	0,8821	0,6758	0,8718	0,6634	0,8616
k=53	0,7204	0,9048	0,7065	0,8944	0,6931	0,8840	0,6803	0,8738	0,6680	0,8638
k=54	0,7245	0,9064	0,7107	0,8961	0,6974	0,8859	0,6847	0,8758	0,6725	0,8659
k=55	0,7284	0,9079	0,7147	0,8977	0,7016	0,8877	0,6890	0,8778	0,6769	0,8680
k=56	0,7322	0,9093	0,7187	0,8993	0,7057	0,8894	0,6932	0,8797	0,6812	0,8700
k=57	0,7360	0,9108	0,7225	0,9009	0,7096	0,8911	0,6973	0,8815	0,6854	0,8719
k=58	0,7396	0,9122	0,7263	0,9024	0,7135	0,8928	0,7012	0,8832	0,6894	0,8738
k=59	0,7431	0,9135	0,7299	0,9039	0,7173	0,8944	0,7051	0,8849	0,6934	0,8756
k=60	0,7465	0,9148	0,7335	0,9053	0,7209	0,8959	0,7088	0,8866	0,6972	0,8774

Tabelle F 5 a (Fortsetzung) **95%-Intervalle**

17		18		19		20		21	
Low	High	Low	High	Low	High	Low	High	Low	High
0,0032	0,2393	0,0030	0,2279	0,0028	0,2175	0,0026	0,2084	0,0025	0,1990
0,0199	0,3026	0,0187	0,2890	0,0176	0,2764	0,0167	0,2651	0,0158	0,2546
0,0433	0,3551	0,0409	0,3401	0,0387	0,3262	0,0367	0,3134	0,0349	0,3016
0,0692	0,3995	0,0655	0,3834	0,0622	0,3686	0,0591	0,3548	0,0564	0,3420
0,0955	0,4381	0,0908	0,4209	0,0864	0,4053	0,0824	0,3909	0,0787	0,3775
0,1218	0,4712	0,1158	0,4540	0,1104	0,4381	0,1055	0,4232	0,1009	0,4092
0,1475	0,5004	0,1406	0,4830	0,1342	0,4668	0,1284	0,4516	0,1231	0,4373
0,1723	0,5265	0,1645	0,5090	0,1574	0,4926	0,1508	0,4771	0,1448	0,4626
0,1962	0,5498	0,1876	0,5323	0,1797	0,5158	0,1725	0,5003	0,1658	0,4857
0,2189	0,5709	0,2097	0,5535	0,2012	0,5370	0,1934	0,5214	0,1861	0,5067
0,2407	0,5901	0,2309	0,5727	0,2219	0,5563	0,2135	0,5408	0,2057	0,5261
0,2615	0,6076	0,2512	0,5904	0,2417	0,5740	0,2328	0,5586	0,2246	0,5439
0,2813	0,6236	0,2706	0,6066	0,2606	0,5904	0,2514	0,5750	0,2428	0,5604
0,3002	0,6383	0,2891	0,6215	0,2788	0,6055	0,2692	0,5902	0,2602	0,5757
0,3183	0,6519	0,3068	0,6353	0,2961	0,6195	0,2862	0,6044	0,2769	0,5899
0,3354	0,6646	0,3237	0,6482	0,3128	0,6325	0,3026	0,6175	0,2930	0,6032
0,3518	0,6763	0,3399	0,6601	0,3287	0,6446	0,3183	0,6298	0,3085	0,6157
0,3675	0,6872	0,3554	0,6713	0,3440	0,6560	0,3333	0,6414	0,3233	0,6273
0,3825	0,6974	0,3702	0,6817	0,3586	0,6667	0,3478	0,6522	0,3376	0,6383
0,3968	0,7070	0,3843	0,6915	0,3727	0,6767	0,3617	0,6624	0,3513	0,6487
0,4105	0,7159	0,3979	0,7007	0,3861	0,6861	0,3750	0,6720	0,3645	0,6584
0,4236	0,7244	0,4109	0,7094	0,3990	0,6950	0,3878	0,6810	0,3772	0,6676
0,4361	0,7323	0,4234	0,7176	0,4115	0,7033	0,4002	0,6896	0,3895	0,6764
0,4482	0,7398	0,4354	0,7253	0,4234	0,7113	0,4120	0,6977	0,4013	0,6847
0,4598	0,7469	0,4470	0,7326	0,4349	0,7188	0,4234	0,7054	0,4126	0,6925
0,4709	0,7536	0,4580	0,7395	0,4459	0,7259	0,4345	0,7127	0,4236	0,7000
0,4815	0,7599	0,4687	0,7461	0,4566	0,7327	0,4451	0,7197	0,4341	0,7071
0,4918	0,7660	0,4790	0,7523	0,4668	0,7391	0,4553	0,7263	0,4443	0,7139
0,5016	0,7717	0,4888	0,7583	0,4767	0,7453	0,4652	0,7326	0,4542	0,7204
0,5111	0,7772	0,4984	0,7640	0,4862	0,7511	0,4747	0,7387	0,4637	0,7266
0,5203	0,7824	0,5075	0,7694	0,4954	0,7567	0,4839	0,7444	0,4729	0,7325
0,5291	0,7873	0,5164	0,7745	0,5043	0,7621	0,4928	0,7499	0,4818	0,7382
0,5376	0,7921	0,5250	0,7795	0,5129	0,7672	0,5014	0,7552	0,4904	0,7436
0,5458	0,7966	0,5332	0,7842	0,5212	0,7721	0,5097	0,7603	0,4987	0,7488
0,5538	0,8009	0,5412	0,7887	0,5292	0,7768	0,5178	0,7651	0,5068	0,7538
0,5614	0,8051	0,5489	0,7930	0,5370	0,7813	0,5256	0,7698	0,5146	0,7586
0,5689	0,8091	0,5564	0,7972	0,5445	0,7856	0,5331	0,7743	0,5222	0,7632
0,5760	0,8129	0,5636	0,8012	0,5518	0,7897	0,5404	0,7786	0,5296	0,7676
0,5830	0,8166	0,5706	0,8050	0,5588	0,7937	0,5475	0,7827	0,5367	0,7719
0,5897	0,8201	0,5774	0,8087	0,5657	0,7976	0,5544	0,7867	0,5436	0,7760
0,5962	0,8235	0,5840	0,8123	0,5723	0,8013	0,5611	0,7905	0,5504	0,7800
0,6025	0,8268	0,5904	0,8157	0,5787	0,8049	0,5676	0,7943	0,5569	0,7839
0,6086	0,8300	0,5965	0,8190	0,5850	0,8083	0,5739	0,7978	0,5632	0,7876
0,6145	0,8330	0,6025	0,8222	0,5911	0,8116	0,5800	0,8013	0,5694	0,7911
0,6203	0,8359	0,6084	0,8253	0,5970	0,8149	0,5860	0,8046	0,5754	0,7946
0,6259	0,8388	0,6140	0,8283	0,6027	0,8180	0,5918	0,8079	0,5813	0,7980
0,6313	0,8415	0,6195	0,8311	0,6083	0,8210	0,5974	0,8110	0,5869	0,8012
0,6366	0,8442	0,6249	0,8339	0,6137	0,8239	0,6029	0,8140	0,5925	0,8043
0,6417	0,8467	0,6301	0,8366	0,6189	0,8267	0,6082	0,8169	0,5979	0,8074
0,6467	0,8492	0,6352	0,8392	0,6241	0,8294	0,6134	0,8198	0,6031	0,8103
0,6515	0,8516	0,6401	0,8417	0,6291	0,8320	0,6185	0,8225	0,6082	0,8132
0,6562	0,8539	0,6449	0,8442	0,6339	0,8346	0,6234	0,8252	0,6132	0,8159
0,6608	0,8562	0,6496	0,8465	0,6387	0,8371	0,6282	0,8278	0,6181	0,8186
0,6653	0,8583	0,6541	0,8488	0,6433	0,8395	0,6329	0,8303	0,6228	0,8212
0,6697	0,8605	0,6585	0,8511	0,6478	0,8418	0,6375	0,8327	0,6275	0,8238
0,6739	0,8625	0,6629	0,8532	0,6522	0,8441	0,6419	0,8351	0,6320	0,8263
0,6780	0,8645	0,6671	0,8553	0,6565	0,8463	0,6463	0,8374	0,6364	0,8287
0,6821	0,8664	0,6712	0,8574	0,6607	0,8484	0,6505	0,8396	0,6407	0,8310
0,6860	0,8683	0,6752	0,8594	0,6648	0,8505	0,6547	0,8418	0,6449	0,8333

Tabelle F 5 a (Fortsetzung) **95%-Intervalle**

r=	22		23		24		25		26	
	Low	High	Low	High	Low	High	Low	High	Low	High
k= 2	0,0023	0,1913	0,0022	0,1840	0,0021	0,1773	0,0020	0,1709	0,0019	0,1650
k= 3	0,0150	0,2449	0,0143	0,2359	0,0137	0,2276	0,0131	0,2198	0,0126	0,2125
k= 4	0,0333	0,2906	0,0318	0,2804	0,0305	0,2709	0,0292	0,2620	0,0281	0,2536
k= 5	0,0539	0,3301	0,0516	0,3190	0,0495	0,3087	0,0476	0,2989	0,0458	0,2898
k= 6	0,0753	0,3649	0,0723	0,3531	0,0694	0,3421	0,0668	0,3317	0,0644	0,3219
k= 7	0,0968	0,3962	0,0930	0,3839	0,0894	0,3724	0,0861	0,3615	0,0831	0,3513
k= 8	0,1182	0,4239	0,1137	0,4113	0,1095	0,3994	0,1056	0,3881	0,1020	0,3775
k= 9	0,1392	0,4490	0,1341	0,4361	0,1293	0,4239	0,1248	0,4124	0,1207	0,4015
k=10	0,1596	0,4719	0,1539	0,4588	0,1486	0,4464	0,1436	0,4347	0,1389	0,4235
k=11	0,1794	0,4928	0,1732	0,4796	0,1673	0,4671	0,1619	0,4552	0,1568	0,4439
k=12	0,1985	0,5121	0,1918	0,4988	0,1855	0,4862	0,1797	0,4743	0,1741	0,4628
k=13	0,2170	0,5299	0,2098	0,5166	0,2031	0,5040	0,1969	0,4919	0,1910	0,4804
k=14	0,2347	0,5464	0,2272	0,5332	0,2201	0,5205	0,2135	0,5084	0,2073	0,4969
k=15	0,2518	0,5618	0,2440	0,5486	0,2366	0,5359	0,2296	0,5238	0,2231	0,5122
k=16	0,2682	0,5761	0,2601	0,5629	0,2524	0,5503	0,2452	0,5382	0,2384	0,5267
k=17	0,2841	0,5895	0,2756	0,5764	0,2677	0,5639	0,2602	0,5518	0,2531	0,5402
k=18	0,2993	0,6021	0,2906	0,5891	0,2824	0,5766	0,2747	0,5646	0,2674	0,5530
k=19	0,3139	0,6139	0,3050	0,6010	0,2967	0,5885	0,2887	0,5766	0,2812	0,5651
k=20	0,3280	0,6250	0,3190	0,6122	0,3104	0,5998	0,3023	0,5880	0,2946	0,5766
k=21	0,3416	0,6355	0,3324	0,6228	0,3236	0,6105	0,3153	0,5987	0,3075	0,5874
k=22	0,3546	0,6454	0,3453	0,6328	0,3364	0,6206	0,3280	0,6089	0,3200	0,5977
k=23	0,3672	0,6547	0,3577	0,6423	0,3487	0,6302	0,3402	0,6186	0,3320	0,6074
k=24	0,3794	0,6636	0,3698	0,6513	0,3606	0,6394	0,3520	0,6279	0,3437	0,6167
k=25	0,3911	0,6720	0,3814	0,6598	0,3721	0,6480	0,3634	0,6366	0,3550	0,6256
k=26	0,4023	0,6800	0,3926	0,6680	0,3833	0,6563	0,3744	0,6450	0,3660	0,6340
k=27	0,4132	0,6877	0,4034	0,6757	0,3940	0,6642	0,3851	0,6530	0,3766	0,6421
k=28	0,4237	0,6949	0,4139	0,6831	0,4044	0,6717	0,3954	0,6606	0,3868	0,6498
k=29	0,4339	0,7019	0,4240	0,6902	0,4145	0,6789	0,4054	0,6679	0,3968	0,6572
k=30	0,4437	0,7085	0,4338	0,6970	0,4242	0,6858	0,4151	0,6749	0,4064	0,6643
k=31	0,4532	0,7148	0,4432	0,7034	0,4337	0,6923	0,4245	0,6816	0,4158	0,6711
k=32	0,4624	0,7209	0,4524	0,7096	0,4428	0,6986	0,4336	0,6880	0,4248	0,6776
k=33	0,4713	0,7267	0,4613	0,7155	0,4517	0,7047	0,4425	0,6942	0,4336	0,6839
k=34	0,4799	0,7323	0,4699	0,7212	0,4603	0,7105	0,4510	0,7001	0,4422	0,6899
k=35	0,4883	0,7376	0,4782	0,7267	0,4686	0,7161	0,4594	0,7058	0,4505	0,6957
k=36	0,4963	0,7427	0,4863	0,7320	0,4767	0,7215	0,4674	0,7113	0,4586	0,7013
k=37	0,5042	0,7477	0,4942	0,7370	0,4845	0,7267	0,4753	0,7165	0,4664	0,7067
k=38	0,5118	0,7524	0,5018	0,7419	0,4922	0,7316	0,4824	0,7216	0,4740	0,7119
k=39	0,5192	0,7570	0,5092	0,7466	0,4996	0,7364	0,4903	0,7265	0,4814	0,7169
k=40	0,5263	0,7614	0,5164	0,7511	0,5068	0,7411	0,4975	0,7313	0,4886	0,7217
k=41	0,5333	0,7656	0,5233	0,7555	0,5138	0,7455	0,5045	0,7358	0,4957	0,7264
k=42	0,5400	0,7697	0,5301	0,7597	0,5206	0,7499	0,5114	0,7403	0,5025	0,7309
k=43	0,5466	0,7737	0,5367	0,7638	0,5272	0,7540	0,5180	0,7445	0,5092	0,7352
k=44	0,5530	0,7775	0,5431	0,7677	0,5336	0,7581	0,5245	0,7487	0,5156	0,7395
k=45	0,5592	0,7812	0,5494	0,7715	0,5399	0,7620	0,5308	0,7527	0,5220	0,7436
k=46	0,5653	0,7848	0,5555	0,7752	0,5460	0,7658	0,5369	0,7565	0,5281	0,7475
k=47	0,5711	0,7882	0,5614	0,7787	0,5520	0,7694	0,5429	0,7603	0,5341	0,7514
k=48	0,5769	0,7916	0,5672	0,7822	0,5578	0,7730	0,5487	0,7639	0,5400	0,7551
k=49	0,5825	0,7948	0,5728	0,7855	0,5634	0,7764	0,5544	0,7675	0,5457	0,7587
k=50	0,5879	0,7980	0,5783	0,7888	0,5690	0,7798	0,5600	0,7709	0,5513	0,7622
k=51	0,5932	0,8010	0,5836	0,7919	0,5743	0,7830	0,5654	0,7742	0,5567	0,7656
k=52	0,5984	0,8040	0,5888	0,7950	0,5796	0,7861	0,5706	0,7775	0,5620	0,7689
k=53	0,6034	0,8069	0,5939	0,7979	0,5847	0,7892	0,5758	0,7806	0,5672	0,7722
k=54	0,6083	0,8097	0,5988	0,8008	0,5897	0,7922	0,5808	0,7837	0,5723	0,7753
k=55	0,6131	0,8124	0,6037	0,8036	0,5946	0,7950	0,5858	0,7866	0,5772	0,7783
k=56	0,6178	0,8150	0,6084	0,8063	0,5994	0,7979	0,5906	0,7895	0,5821	0,7813
k=57	0,6223	0,8176	0,6130	0,8090	0,6040	0,8006	0,5953	0,7923	0,5868	0,7842
k=58	0,6268	0,8200	0,6175	0,8116	0,6086	0,8032	0,5999	0,7951	0,5914	0,7870
k=59	0,6312	0,8225	0,6219	0,8141	0,6130	0,8058	0,6043	0,7977	0,5959	0,7897
k=60	0,6354	0,8248	0,6263	0,8165	0,6174	0,8084	0,6087	0,8003	0,6004	0,7924

Tabelle F 5 a (Fortsetzung) **95%-Intervalle**

27		28		29		30		31	
Low	High	Low	High	Low	High	Low	High	Low	High
0,0018	0,1594	0,0018	0,1542	0,0017	0,1494	0,0016	0,1448	0,0016	0,1406
0,0121	0,2057	0,0116	0,1993	0,0112	0,1933	0,0108	0,1877	0,0104	0,1823
0,0270	0,2458	0,0261	0,2384	0,0251	0,2315	0,0243	0,2250	0,0235	0,2189
0,0441	0,2812	0,0426	0,2731	0,0411	0,2654	0,0398	0,2582	0,0385	0,2513
0,0621	0,3127	0,0600	0,3040	0,0580	0,2958	0,0562	0,2880	0,0544	0,2806
0,0804	0,3412	0,0778	0,3320	0,0753	0,3233	0,0730	0,3151	0,0708	0,3072
0,0986	0,3674	0,0954	0,3579	0,0925	0,3488	0,0897	0,3402	0,0871	0,3319
0,1168	0,3911	0,1131	0,3813	0,1097	0,3719	0,1065	0,3630	0,1034	0,3544
0,1346	0,4129	0,1305	0,4028	0,1266	0,3932	0,1230	0,3841	0,1196	0,3753
0,1520	0,4331	0,1475	0,4229	0,1432	0,4131	0,1392	0,4037	0,1354	0,3948
0,1689	0,4519	0,1641	0,4415	0,1594	0,4316	0,1551	0,4220	0,1510	0,4129
0,1854	0,4694	0,1802	0,4589	0,1752	0,4489	0,1706	0,4392	0,1661	0,4300
0,2014	0,4858	0,1959	0,4752	0,1906	0,4651	0,1856	0,4553	0,1809	0,4460
0,2169	0,5011	0,2111	0,4905	0,2055	0,4803	0,2003	0,4705	0,1953	0,4611
0,2319	0,5156	0,2258	0,5049	0,2200	0,4947	0,2145	0,4848	0,2092	0,4754
0,2464	0,5291	0,2401	0,5185	0,2340	0,5082	0,2283	0,4984	0,2228	0,4889
0,2605	0,5420	0,2539	0,5313	0,2477	0,5210	0,2417	0,5112	0,2360	0,5016
0,2741	0,5541	0,2673	0,5434	0,2609	0,5332	0,2547	0,5233	0,2489	0,5138
0,2873	0,5655	0,2803	0,5549	0,2737	0,5447	0,2674	0,5348	0,2613	0,5253
0,3000	0,5764	0,2929	0,5659	0,2861	0,5557	0,2796	0,5458	0,2734	0,5363
0,3123	0,5868	0,3051	0,5763	0,2981	0,5661	0,2915	0,5563	0,2852	0,5468
0,3243	0,5966	0,3169	0,5861	0,3098	0,5760	0,3030	0,5662	0,2966	0,5568
0,3358	0,6060	0,3283	0,5956	0,3211	0,5855	0,3142	0,5758	0,3077	0,5663
0,3470	0,6149	0,3349	0,6046	0,3321	0,5946	0,3251	0,5849	0,3184	0,5755
0,3579	0,6234	0,3502	0,6132	0,3428	0,6032	0,3357	0,5936	0,3289	0,5842
0,3684	0,6316	0,3606	0,6214	0,3531	0,6115	0,3459	0,6019	0,3391	0,5926
0,3786	0,6394	0,3707	0,6293	0,3631	0,6195	0,3559	0,6099	0,3489	0,6007
0,3885	0,6469	0,3805	0,6369	0,3729	0,6271	0,3656	0,6176	0,3585	0,6084
0,3981	0,6541	0,3901	0,6441	0,3824	0,6344	0,3750	0,6250	0,3679	0,6159
0,4074	0,6609	0,3993	0,6511	0,3916	0,6415	0,3841	0,6321	0,3770	0,6230
0,4164	0,6676	0,4083	0,6578	0,4005	0,6482	0,3930	0,6390	0,3858	0,6299
0,4252	0,6739	0,4170	0,6642	0,4092	0,6547	0,4017	0,6455	0,3944	0,6366
0,4337	0,6800	0,4255	0,6704	0,4177	0,6610	0,4101	0,6519	0,4028	0,6430
0,4420	0,6859	0,4338	0,6764	0,4259	0,6671	0,4183	0,6580	0,4109	0,6492
0,4500	0,6916	0,4418	0,6821	0,4339	0,6729	0,4263	0,6639	0,4189	0,6551
0,4578	0,6971	0,4496	0,6877	0,4417	0,6785	0,4340	0,6696	0,4266	0,6609
0,4655	0,7023	0,4572	0,6930	0,4493	0,6840	0,4416	0,6751	0,4342	0,6665
0,4729	0,7074	0,4646	0,6982	0,4567	0,6892	0,4490	0,6804	0,4415	0,6719
0,4801	0,7123	0,4718	0,7032	0,4638	0,6943	0,4561	0,6856	0,4487	0,6771
0,4871	0,7171	0,4788	0,7081	0,4709	0,6992	0,4632	0,6906	0,4557	0,6821
0,4939	0,7217	0,4857	0,7127	0,4777	0,7040	0,4700	0,6954	0,4625	0,6870
0,5006	0,7262	0,4924	0,7173	0,4844	0,7086	0,4767	0,7001	0,4692	0,6918
0,5071	0,7305	0,4989	0,7217	0,4909	0,7130	0,4832	0,7046	0,4757	0,6964
0,5134	0,7346	0,5052	0,7259	0,4972	0,7174	0,4895	0,7090	0,4820	0,7008
0,5196	0,7387	0,5114	0,7300	0,5034	0,7216	0,4957	0,7133	0,4882	0,7052
0,5256	0,7426	0,5174	0,7340	0,5095	0,7257	0,5018	0,7174	0,4943	0,7094
0,5315	0,7464	0,5233	0,7379	0,5154	0,7296	0,5077	0,7215	0,5002	0,7135
0,5372	0,7501	0,5291	0,7417	0,5211	0,7335	0,5134	0,7254	0,5060	0,7174
0,5428	0,7537	0,5347	0,7454	0,5268	0,7372	0,5191	0,7292	0,5116	0,7213
0,5483	0,7572	0,5402	0,7489	0,5323	0,7408	0,5246	0,7329	0,5172	0,7251
0,5536	0,7606	0,5455	0,7524	0,5376	0,7444	0,5300	0,7365	0,5226	0,7287
0,5588	0,7639	0,5508	0,7558	0,5429	0,7478	0,5353	0,7400	0,5279	0,7323
0,5639	0,7671	0,5559	0,7590	0,5480	0,7511	0,5404	0,7434	0,5330	0,7358
0,5689	0,7702	0,5609	0,7622	0,5531	0,7544	0,5455	0,7467	0,5381	0,7392
0,5738	0,7733	0,5658	0,7653	0,5580	0,7576	0,5504	0,7499	0,5431	0,7425
0,5786	0,7762	0,5706	0,7684	0,5628	0,7607	0,5553	0,7531	0,5479	0,7457
0,5832	0,7791	0,5753	0,7713	0,5675	0,7637	0,5600	0,7562	0,5527	0,7488
0,5878	0,7819	0,5798	0,7742	0,5721	0,7666	0,5646	0,7592	0,5573	0,7519
0,5922	0,7846	0,5843	0,7770	0,5766	0,7695	0,5692	0,7621	0,5619	0,7548

Tabelle F 5 a (Fortsetzung) **95%-Intervalle**

r=	32		33		34		35		36	
	Low	High	Low	High	Low	High	Low	High	Low	High
k= 2	0,0015	0,1363	0,0015	0,1327	0,0014	0,1290	0,0014	0,1256	0,0013	0,1224
k= 3	0,0101	0,1773	0,0098	0,1725	0,0094	0,1680	0,0092	0,1637	0,0089	0,1596
k= 4	0,0227	0,2130	0,0220	0,2075	0,0214	0,2022	0,0208	0,1972	0,0202	0,1924
k= 5	0,0373	0,2448	0,0362	0,2387	0,0351	0,2327	0,0342	0,2271	0,0332	0,2218
k= 6	0,0528	0,2735	0,0513	0,2669	0,0498	0,2605	0,0484	0,2544	0,0472	0,2486
k= 7	0,0687	0,2998	0,0668	0,2926	0,0649	0,2858	0,0632	0,2794	0,0615	0,2732
k= 8	0,0846	0,3241	0,0822	0,3166	0,0800	0,3095	0,0779	0,3027	0,0759	0,2962
k= 9	0,1005	0,3463	0,0978	0,3385	0,0953	0,3311	0,0928	0,3240	0,0905	0,3172
k=10	0,1163	0,3669	0,1133	0,3589	0,1103	0,3513	0,1076	0,3439	0,1049	0,3369
k=11	0,1318	0,3862	0,1284	0,3780	0,1252	0,3701	0,1221	0,3626	0,1192	0,3553
k=12	0,1470	0,4042	0,1433	0,3958	0,1398	0,3878	0,1364	0,3801	0,1332	0,3726
k=13	0,1619	0,4211	0,1579	0,4126	0,1541	0,4044	0,1505	0,3966	0,1470	0,3890
k=14	0,1764	0,4370	0,1721	0,4284	0,1680	0,4201	0,1642	0,4122	0,1605	0,4045
k=15	0,1905	0,4521	0,1860	0,4434	0,1817	0,4350	0,1776	0,4269	0,1736	0,4191
k=16	0,2043	0,4663	0,1995	0,4575	0,1950	0,4490	0,1906	0,4409	0,1865	0,4330
k=17	0,2176	0,4797	0,2127	0,4709	0,2079	0,4624	0,2034	0,4542	0,1991	0,4462
k=18	0,2306	0,4925	0,2255	0,4836	0,2205	0,4750	0,2158	0,4668	0,2113	0,4588
k=19	0,2433	0,5046	0,2379	0,4957	0,2328	0,4871	0,2279	0,4788	0,2232	0,4708
k=20	0,2556	0,5161	0,2501	0,5072	0,2448	0,4986	0,2397	0,4903	0,2349	0,4822
k=21	0,2675	0,5271	0,2618	0,5182	0,2564	0,5096	0,2512	0,5013	0,2462	0,4932
k=22	0,2791	0,5376	0,2733	0,5287	0,2677	0,5201	0,2624	0,5117	0,2573	0,5037
k=23	0,2904	0,5476	0,2845	0,5387	0,2788	0,5301	0,2733	0,5218	0,2680	0,5137
k=24	0,3014	0,5572	0,2953	0,5483	0,2895	0,5397	0,2839	0,5314	0,2785	0,5233
k=25	0,3120	0,5664	0,3058	0,5575	0,2999	0,5490	0,2942	0,5406	0,2887	0,5326
k=26	0,3224	0,5752	0,3161	0,5664	0,3101	0,5578	0,3043	0,5495	0,2987	0,5414
k=27	0,3324	0,5836	0,3261	0,5748	0,3200	0,5663	0,3141	0,5580	0,3084	0,5500
k=28	0,3422	0,5917	0,3358	0,5830	0,3296	0,5745	0,3236	0,5662	0,3179	0,5582
k=29	0,3518	0,5995	0,3453	0,5908	0,3390	0,5823	0,3329	0,5741	0,3271	0,5661
k=30	0,3610	0,6070	0,3545	0,5983	0,3481	0,5899	0,3420	0,5817	0,3361	0,5737
k=31	0,3701	0,6142	0,3634	0,6056	0,3570	0,5972	0,3508	0,5891	0,3449	0,5811
k=32	0,3789	0,6211	0,3722	0,6126	0,3657	0,6042	0,3595	0,5961	0,3534	0,5882
k=33	0,3874	0,6278	0,3807	0,6193	0,3742	0,6110	0,3679	0,6030	0,3618	0,5951
k=34	0,3958	0,6343	0,3890	0,6258	0,3824	0,6176	0,3761	0,6096	0,3699	0,6017
k=35	0,4039	0,6405	0,3970	0,6321	0,3904	0,6239	0,3841	0,6159	0,3779	0,6081
k=36	0,4118	0,6466	0,4049	0,6382	0,3983	0,6301	0,3919	0,6221	0,3857	0,6143
k=37	0,4195	0,6524	0,4126	0,6441	0,4059	0,6360	0,3995	0,6281	0,3932	0,6204
k=38	0,4270	0,6580	0,4201	0,6498	0,4134	0,6417	0,4069	0,6339	0,4006	0,6262
k=39	0,4343	0,6635	0,4274	0,6553	0,4207	0,6473	0,4142	0,6395	0,4079	0,6318
k=40	0,4415	0,6688	0,4345	0,6606	0,4278	0,6527	0,4213	0,6449	0,4149	0,6373
k=41	0,4485	0,6739	0,4415	0,6658	0,4347	0,6579	0,4282	0,6502	0,4218	0,6426
k=42	0,4553	0,6788	0,4483	0,6708	0,4415	0,6630	0,4349	0,6553	0,4286	0,6478
k=43	0,4620	0,6836	0,4549	0,6757	0,4481	0,6679	0,4416	0,6603	0,4352	0,6528
k=44	0,4684	0,6883	0,4614	0,6804	0,4546	0,6727	0,4480	0,6651	0,4416	0,6577
k=45	0,4748	0,6928	0,4678	0,6850	0,4610	0,6773	0,4543	0,6698	0,4479	0,6624
k=46	0,4810	0,6972	0,4740	0,6894	0,4671	0,6818	0,4605	0,6743	0,4541	0,6670
k=47	0,4870	0,7015	0,4800	0,6938	0,4732	0,6862	0,4666	0,6788	0,4601	0,6715
k=48	0,4930	0,7056	0,4859	0,6980	0,4791	0,6905	0,4725	0,6831	0,4661	0,6759
k=49	0,4988	0,7097	0,4917	0,7021	0,4849	0,6946	0,4783	0,6873	0,4718	0,6801
k=50	0,5044	0,7136	0,4974	0,7060	0,6906	0,6986	0,4839	0,6914	0,4775	0,6842
k=51	0,5100	0,7174	0,5029	0,7099	0,4961	0,7026	0,4895	0,6953	0,4830	0,6883
k=52	0,5154	0,7211	0,5084	0,7137	0,5016	0,7064	0,4949	0,6992	0,4885	0,6922
k=53	0,5207	0,7248	0,5137	0,7174	0,5069	0,7101	0,5002	0,7030	0,4938	0,6960
k=54	0,5259	0,7283	0,5189	0,7210	0,5121	0,7138	0,5055	0,7067	0,4990	0,6997
k=55	0,5309	0,7317	0,5240	0,7245	0,5172	0,7173	0,5106	0,7103	0,5041	0,7034
k=56	0,5359	0,7351	0,5289	0,7279	0,5222	0,7208	0,5156	0,7138	0,5091	0,7069
k=57	0,5408	0,7384	0,5338	0,7312	0,5271	0,7241	0,5205	0,7172	0,5141	0,7104
k=58	0,5456	0,7416	0,5386	0,7344	0,5319	0,7274	0,5253	0,7206	0,5189	0,7138
k=59	0,5502	0,7447	0,5433	0,7376	0,5366	0,7306	0,5300	0,7238	0,5236	0,7171
k=60	0,5548	0,7477	0,5479	0,7407	0,5412	0,7338	0,5346	0,7270	0,5282	0,7203

Tabelle F 5 a (Fortsetzung) **95%-Intervalle**

37		38		39		40		41	
Low	High	Low	High	Low	High	Low	High	Low	High
0,0013	0,1194	0,0013	0,1164	0,0012	0,1137	0,0012	0,1110	0,0011	0,1085
0,0086	0,1557	0,0084	0,1521	0,0082	0,1485	0,0080	0,1452	0,0078	0,1419
0,0196	0,1879	0,0191	0,1835	0,0186	0,1794	0,0181	0,1755	0,0177	0,1717
0,0323	0,2167	0,0315	0,2119	0,0307	0,2072	0,0299	0,2028	0,0292	0,1985
0,0459	0,2431	0,0448	0,2378	0,0437	0,2327	0,0426	0,2278	0,0416	0,2232
0,0600	0,2672	0,0585	0,2616	0,0571	0,2561	0,0557	0,2509	0,0544	0,2459
0,0740	0,2899	0,0722	0,2839	0,0705	0,2781	0,0689	0,2726	0,0675	0,2670
0,0883	0,3107	0,0862	0,3044	0,0842	0,2984	0,0823	0,2926	0,0804	0,2870
0,1024	0,3301	0,1000	0,3236	0,0978	0,3173	0,0956	0,3113	0,0935	0,3055
0,1164	0,3483	0,1137	0,3416	0,1112	0,3352	0,1088	0,3290	0,1064	0,3230
0,1302	0,3655	0,1273	0,3586	0,1245	0,3520	0,1218	0,3456	0,1192	0,3395
0,1437	0,3817	0,1405	0,3747	0,1375	0,3679	0,1346	0,3614	0,1318	0,3551
0,1569	0,3971	0,1535	0,3899	0,1503	0,3830	0,1472	0,3764	0,1442	0,3699
0,1699	0,4116	0,1663	0,4043	0,1628	0,3973	0,1595	0,3906	0,1563	0,3840
0,1825	0,4254	0,1787	0,4181	0,1751	0,4110	0,1716	0,4041	0,1682	0,3975
0,1949	0,4386	0,1909	0,4311	0,1871	0,4240	0,1834	0,4170	0,1799	0,4103
0,2070	0,4511	0,2028	0,4436	0,1988	0,4364	0,1950	0,4294	0,1913	0,4226
0,2187	0,4630	0,2144	0,4555	0,2103	0,4482	0,2063	0,4412	0,2024	0,4343
0,2302	0,4744	0,2257	0,4669	0,2214	0,4596	0,2173	0,4525	0,2133	0,4456
0,2414	0,4854	0,2368	0,4778	0,2324	0,4704	0,2281	0,4633	0,2240	0,4564
0,2523	0,4958	0,2476	0,4882	0,2430	0,4808	0,2386	0,4737	0,2344	0,4667
0,2630	0,5058	0,2581	0,4982	0,2534	0,4908	0,2489	0,4836	0,2445	0,4767
0,2733	0,5155	0,2684	0,5078	0,2636	0,5004	0,2589	0,4932	0,2545	0,4862
0,2835	0,5247	0,2784	0,5171	0,2735	0,5097	0,2687	0,5025	0,2642	0,4955
0,2933	0,5336	0,2881	0,5260	0,2831	0,5186	0,2783	0,5114	0,2736	0,5043
0,3029	0,5422	0,2977	0,5345	0,2926	0,5271	0,2877	0,5199	0,2829	0,5129
0,3123	0,5504	0,3070	0,5428	0,3018	0,5354	0,2968	0,5282	0,2919	0,5212
0,3215	0,5583	0,3160	0,5507	0,3108	0,5433	0,3057	0,5362	0,3008	0,5291
0,3304	0,5660	0,3249	0,5584	0,3196	0,5510	0,3144	0,5439	0,3094	0,5368
0,3391	0,5734	0,3335	0,5658	0,3281	0,5585	0,3229	0,5513	0,3179	0,5443
0,3476	0,5805	0,3420	0,5730	0,3365	0,5657	0,3312	0,5585	0,3261	0,5515
0,3559	0,5874	0,3502	0,5799	0,3447	0,5726	0,3394	0,5655	0,3342	0,5585
0,3640	0,5941	0,3583	0,5866	0,3527	0,5793	0,3473	0,5722	0,3421	0,5653
0,3719	0,6005	0,3661	0,5931	0,3605	0,5858	0,3551	0,5787	0,3498	0,5718
0,3796	0,6068	0,3738	0,5994	0,3682	0,5921	0,3627	0,5851	0,3574	0,5782
0,3872	0,6128	0,3813	0,6055	0,3756	0,5983	0,3701	0,5912	0,3647	0,5843
0,3945	0,6187	0,3887	0,6113	0,3829	0,6042	0,3774	0,5972	0,3720	0,5903
0,4017	0,6244	0,3958	0,6171	0,3901	0,6099	0,3845	0,6030	0,3790	0,5961
0,4088	0,6299	0,4028	0,6226	0,3970	0,6155	0,3914	0,6086	0,3859	0,6018
0,4157	0,6353	0,4097	0,6280	0,4039	0,6210	0,3982	0,6141	0,3928	0,6072
0,4224	0,6405	0,4164	0,6333	0,4105	0,6262	0,4049	0,6194	0,3993	0,6126
0,4290	0,6455	0,4229	0,6384	0,4171	0,6314	0,4114	0,6245	0,4058	0,6178
0,4354	0,6504	0,4293	0,6433	0,4235	0,6364	0,4178	0,6296	0,4122	0,6229
0,4417	0,6552	0,4356	0,6481	0,4297	0,6412	0,4240	0,6344	0,4184	0,6278
0,4479	0,6599	0,4418	0,6528	0,4359	0,6459	0,4301	0,6392	0,4245	0,6326
0,4539	0,6644	0,4478	0,6574	0,4419	0,6505	0,4361	0,6438	0,4305	0,6373
0,4598	0,6688	0,4537	0,6618	0,4478	0,6550	0,4420	0,6484	0,4364	0,6418
0,4656	0,6731	0,4595	0,6662	0,4535	0,6594	0,4477	0,6528	0,4421	0,6462
0,4712	0,6772	0,4651	0,6704	0,4592	0,6637	0,4534	0,6570	0,4477	0,6506
0,4768	0,6813	0,4707	0,6745	0,4647	0,6678	0,4589	0,6612	0,4533	0,6548
0,4822	0,6853	0,4761	0,6785	0,4701	0,6719	0,4643	0,6653	0,4587	0,6589
0,4875	0,6892	0,4814	0,6824	0,4755	0,6758	0,4696	0,6693	0,4640	0,6629
0,4927	0,6929	0,4866	0,6862	0,4807	0,6797	0,4749	0,6732	0,4692	0,6669
0,4979	0,6966	0,4917	0,6900	0,4858	0,6834	0,4800	0,6770	0,4743	0,6707
0,5029	0,7002	0,4968	0,6936	0,4908	0,6871	0,4850	0,6807	0,4793	0,6744
0,5078	0,7037	0,5017	0,6971	0,4957	0,6907	0,4899	0,6843	0,4842	0,6781
0,5126	0,7071	0,5065	0,7006	0,5006	0,6942	0,4947	0,6879	0,4891	0,6817
0,5173	0,7105	0,5112	0,7040	0,5053	0,6976	0,4995	0,6913	0,4938	0,6852
0,5220	0,7138	0,5159	0,7073	0,5100	0,7010	0,5042	0,6947	0,4985	0,6886

Tabelle F 5 a (Fortsetzung) **95%-Intervalle**

r=	42		43		44		45		46	
	Low	High	Low	High	Low	High	Low	High	Low	High
k= 2	0,0011	0,1061	0,0011	0,1038	0,0011	0,1016	0,0010	0,0995	0,0010	0,0974
k= 3	0,0076	0,1389	0,0074	0,1359	0,0072	0,1331	0,0070	0,1304	0,0069	0,1278
k= 4	0,0172	0,1680	0,0168	0,1646	0,0164	0,1612	0,0161	0,1580	0,0157	0,1550
k= 5	0,0285	0,1944	0,0279	0,1905	0,0272	0,1867	0,0266	0,1831	0,0261	0,1796
k= 6	0,0406	0,2187	0,0397	0,2144	0,0388	0,2102	0,0380	0,2063	0,0372	0,2024
k= 7	0,0532	0,2411	0,0520	0,2364	0,0509	0,2320	0,0498	0,2277	0,0488	0,2235
k= 8	0,0660	0,2619	0,0645	0,2570	0,0632	0,2522	0,0619	0,2477	0,0606	0,2433
k= 9	0,0787	0,2816	0,0770	0,2765	0,0754	0,2715	0,0739	0,2667	0,0724	0,2620
k=10	0,0915	0,2999	0,0896	0,2945	0,0878	0,2893	0,0860	0,2843	0,0843	0,2795
k=11	0,1042	0,3172	0,1021	0,3116	0,1000	0,3062	0,0980	0,3010	0,0962	0,2960
k=12	0,1168	0,3335	0,1144	0,3278	0,1122	0,3222	0,1100	0,3169	0,1079	0,3117
k=13	0,1291	0,3490	0,1266	0,3431	0,1241	0,3374	0,1218	0,3319	0,1195	0,3266
k=14	0,1413	0,3637	0,1386	0,3577	0,1359	0,3519	0,1334	0,3462	0,1309	0,3408
k=15	0,1533	0,3777	0,1503	0,3716	0,1475	0,3657	0,1448	0,3599	0,1422	0,3543
k=16	0,1650	0,3911	0,1619	0,3848	0,1589	0,3788	0,1560	0,3730	0,1532	0,3673
k=17	0,1765	0,4038	0,1732	0,3975	0,1700	0,3914	0,1670	0,3855	0,1641	0,3797
k=18	0,1877	0,4160	0,1843	0,4096	0,1810	0,4035	0,1778	0,3975	0,1747	0,3916
k=19	0,1987	0,4277	0,1951	0,4213	0,1917	0,4150	0,1884	0,4089	0,1851	0,4030
k=20	0,2095	0,4389	0,2057	0,4324	0,2022	0,4261	0,1987	0,4200	0,1954	0,4140
k=21	0,2200	0,4496	0,2161	0,4431	0,2124	0,4368	0,2089	0,4306	0,2054	0,4246
k=22	0,2303	0,4600	0,2263	0,4534	0,2225	0,4470	0,2188	0,4408	0,2152	0,4347
k=23	0,2403	0,4699	0,2362	0,4633	0,2323	0,4569	0,2285	0,4506	0,2248	0,4445
k=24	0,2501	0,4794	0,2460	0,4728	0,2419	0,4664	0,2380	0,4601	0,2342	0,4540
k=25	0,2597	0,4886	0,2555	0,4820	0,2513	0,4755	0,2473	0,4692	0,2435	0,4631
k=26	0,2691	0,4975	0,2648	0,4908	0,2605	0,4844	0,2564	0,4780	0,2525	0,4719
k=27	0,2783	0,5061	0,2738	0,4994	0,2695	0,4929	0,2654	0,4866	0,2613	0,4804
k=28	0,2873	0,5143	0,2827	0,5076	0,2783	0,5011	0,2741	0,4948	0,2700	0,4886
k=29	0,2960	0,5223	0,2914	0,5156	0,2870	0,5091	0,2826	0,5028	0,2784	0,4966
k=30	0,3046	0,5300	0,2999	0,5233	0,2954	0,5168	0,2910	0,5105	0,2867	0,5043
k=31	0,3130	0,5375	0,3082	0,5308	0,3036	0,5243	0,2992	0,5180	0,2948	0,5118
k=32	0,3212	0,5447	0,3164	0,5380	0,3117	0,5316	0,3072	0,5252	0,3028	0,5190
k=33	0,3292	0,5517	0,3243	0,5451	0,3196	0,5386	0,3150	0,5322	0,3106	0,5260
k=34	0,3370	0,5585	0,3321	0,5519	0,3273	0,5454	0,3227	0,5390	0,3182	0,5329
k=35	0,3447	0,5651	0,3397	0,5584	0,3349	0,5520	0,3302	0,5457	0,3257	0,5395
k=36	0,3522	0,5714	0,3472	0,5648	0,3423	0,5584	0,3376	0,5521	0,3330	0,5459
k=37	0,3595	0,5776	0,3545	0,5710	0,3496	0,5646	0,3448	0,5583	0,3401	0,5521
k=38	0,3667	0,5836	0,3616	0,5771	0,3567	0,5707	0,3519	0,5644	0,3472	0,5582
k=39	0,3738	0,5895	0,3686	0,5829	0,3636	0,5765	0,3588	0,5703	0,3541	0,5641
k=40	0,3806	0,5951	0,3755	0,5886	0,3704	0,5822	0,3656	0,5760	0,3608	0,5699
k=41	0,3874	0,6007	0,3822	0,5942	0,3771	0,5878	0,3722	0,5816	0,3674	0,5755
k=42	0,3940	0,6060	0,3885	0,5998	0,3837	0,5932	0,3787	0,5870	0,3739	0,5809
k=43	0,4002	0,6115	0,3952	0,6048	0,3899	0,5987	0,3851	0,5923	0,3803	0,5862
k=44	0,4068	0,6163	0,4013	0,6101	0,3964	0,6036	0,3912	0,5977	0,3865	0,5914
k=45	0,4130	0,6213	0,4077	0,6149	0,4023	0,6088	0,3976	0,6024	0,3924	0,5967
k=46	0,4191	0,6251	0,4138	0,6197	0,4086	0,6135	0,4033	0,6076	0,3987	0,6013
k=47	0,4250	0,6308	0,4197	0,6245	0,4145	0,6183	0,4094	0,6122	0,4043	0,6064
k=48	0,4309	0,6354	0,4255	0,6291	0,4203	0,6229	0,4152	0,6168	0,4103	0,6109
k=49	0,4366	0,6398	0,4312	0,6336	0,4260	0,6274	0,4209	0,6214	0,4160	0,6154
k=50	0,4422	0,6442	0,4369	0,6380	0,4316	0,6318	0,4265	0,6258	0,4215	0,6199
k=51	0,4477	0,6485	0,4424	0,6422	0,4371	0,6361	0,4320	0,6302	0,4270	0,6243
k=52	0,4531	0,6526	0,4478	0,6464	0,4425	0,6404	0,4374	0,6344	0,4324	0,6285
k=53	0,4584	0,6567	0,4531	0,6505	0,4478	0,6445	0,4426	0,6385	0,4376	0,6327
k=54	0,4637	0,6606	0,4583	0,6545	0,4530	0,6485	0,4478	0,6426	0,4428	0,6368
k=55	0,4688	0,6645	0,4634	0,6584	0,4581	0,6524	0,4529	0,6465	0,4479	0,6407
k=56	0,4738	0,6683	0,4684	0,6622	0,4631	0,6563	0,4579	0,6504	0,4529	0,6446
k=57	0,4787	0,6720	0,4733	0,6659	0,4680	0,6600	0,4628	0,6542	0,4578	0,6484
k=58	0,4835	0,6756	0,4781	0,6696	0,4728	0,6637	0,4677	0,6579	0,4626	0,6522
k=59	0,4883	0,6791	0,4829	0,6731	0,4776	0,6673	0,4724	0,6615	0,4673	0,6558
k=60	0,4929	0,6826	0,4875	0,6766	0,4822	0,6708	0,4771	0,6650	0,4720	0,6594

Tabelle F 5 a (Fortsetzung) 95%-Intervalle

47		48		49		50		51	
Low	High	Low	High	Low	High	Low	High	Low	High
0,0010	0,0955	0,0010	0,0936	0,0009	0,0918	0,0009	0,0901	0,0009	0,0884
0,0067	0,1253	0,0066	0,1229	0,0064	0,1206	0,0063	0,1183	0,0062	0,1162
0,0154	0,1520	0,0151	0,1491	0,0147	0,1454	0,0144	0,1438	0,0142	0,1412
0,0255	0,1763	0,0250	0,1730	0,0245	0,1699	0,0240	0,1669	0,0235	0,1640
0,0364	0,1987	0,0357	0,1951	0,0350	0,1917	0,0343	0,1884	0,0336	0,1852
0,0478	0,2195	0,0468	0,2157	0,0459	0,2120	0,0451	0,2084	0,0442	0,2049
0,0594	0,2390	0,0582	0,2349	0,0571	0,2309	0,0560	0,2271	0,0550	0,2234
0,0710	0,2576	0,0696	0,2532	0,0683	0,2490	0,0670	0,2450	0,0658	0,2411
0,0827	0,2748	0,0811	0,2703	0,0796	0,2659	0,0782	0,2616	0,0768	0,2575
0,0943	0,2911	0,0926	0,2864	0,0909	0,2819	0,0892	0,2774	0,0877	0,2732
0,1059	0,3066	0,1039	0,3018	0,1021	0,2971	0,1003	0,2925	0,0985	0,2881
0,1173	0,3214	0,1152	0,3164	0,1131	0,3115	0,1112	0,3068	0,1093	0,3023
0,1285	0,3355	0,1263	0,3304	0,1241	0,3254	0,1219	0,3206	0,1199	0,3159
0,1396	0,3489	0,1372	0,3437	0,1348	0,3386	0,1325	0,3337	0,1303	0,3289
0,1505	0,3618	0,1479	0,3565	0,1454	0,3513	0,1430	0,3462	0,1407	0,3413
0,1612	0,3741	0,1585	0,3687	0,1558	0,3634	0,1533	0,3583	0,1508	0,3533
0,1717	0,3860	0,1689	0,3805	0,1661	0,3751	0,1634	0,3699	0,1608	0,3648
0,1820	0,3973	0,1790	0,3917	0,1761	0,3863	0,1733	0,3811	0,1706	0,3759
0,1921	0,4082	0,1890	0,4026	0,1860	0,3971	0,1831	0,3918	0,1802	0,3866
0,2020	0,4187	0,1988	0,4131	0,1957	0,4075	0,1926	0,4021	0,1897	0,3969
0,2118	0,4289	0,2084	0,4231	0,2052	0,4175	0,2020	0,4121	0,1990	0,4068
0,2213	0,4386	0,2178	0,4328	0,2145	0,4272	0,2112	0,4217	0,2081	0,4164
0,2306	0,4480	0,2270	0,4422	0,2236	0,4366	0,2202	0,4310	0,2170	0,4257
0,2397	0,4571	0,2361	0,4513	0,2325	0,4456	0,2291	0,4400	0,2258	0,4346
0,2486	0,4659	0,2449	0,4600	0,2413	0,4543	0,2378	0,4487	0,2344	0,4433
0,2574	0,4744	0,2536	0,4685	0,2499	0,4628	0,2463	0,4572	0,2428	0,4517
0,2660	0,4826	0,2621	0,4767	0,2583	0,4709	0,2546	0,4653	0,2511	0,4598
0,2743	0,4905	0,2704	0,4846	0,2665	0,4789	0,2628	0,4732	0,2592	0,4677
0,2826	0,4982	0,2785	0,4923	0,2746	0,4866	0,2708	0,4809	0,2671	0,4753
0,2906	0,5057	0,2865	0,4998	0,2826	0,4940	0,2787	0,4884	0,2749	0,4828
0,2985	0,5130	0,2944	0,5070	0,2903	0,5012	0,2864	0,4956	0,2826	0,4900
0,3062	0,5200	0,3020	0,5141	0,2979	0,5083	0,2940	0,5026	0,2901	0,4971
0,3138	0,5268	0,3095	0,5209	0,3054	0,5151	0,3014	0,5094	0,2974	0,5039
0,3212	0,5334	0,3169	0,5275	0,3127	0,5217	0,3086	0,5161	0,3047	0,5105
0,3285	0,5399	0,3241	0,5339	0,3199	0,5282	0,3158	0,5225	0,3117	0,5170
0,3356	0,5461	0,3312	0,5402	0,3269	0,5344	0,3228	0,5288	0,3187	0,5232
0,3426	0,5522	0,3382	0,5463	0,3338	0,5405	0,3296	0,5349	0,3255	0,5293
0,3495	0,5581	0,3450	0,5522	0,3406	0,5465	0,3363	0,5408	0,3322	0,5353
0,3562	0,5639	0,3516	0,5580	0,3472	0,5523	0,3430	0,5466	0,3388	0,5411
0,3627	0,5695	0,3582	0,5636	0,3538	0,5579	0,3494	0,5523	0,3452	0,5467
0,3692	0,5750	0,3646	0,5691	0,3602	0,5634	0,3558	0,5578	0,3515	0,5523
0,3755	0,5803	0,3709	0,5745	0,3664	0,5688	0,3620	0,5631	0,3578	0,5576
0,3817	0,5855	0,3771	0,5797	0,3726	0,5740	0,3682	0,5684	0,3639	0,5629
0,3878	0,5906	0,3832	0,5848	0,3786	0,5791	0,3742	0,5735	0,3698	0,5680
0,3936	0,5957	0,3891	0,5897	0,3846	0,5840	0,3801	0,5785	0,3757	0,5730
0,3997	0,6003	0,3948	0,5947	0,3904	0,5889	0,3859	0,5834	0,3815	0,5779
0,4053	0,6052	0,4008	0,5992	0,3959	0,5938	0,3916	0,5881	0,3872	0,5827
0,4111	0,6096	0,4062	0,6041	0,4018	0,5982	0,3970	0,5929	0,3928	0,5873
0,4166	0,6141	0,4119	0,6084	0,4071	0,6030	0,4027	0,5973	0,3981	0,5921
0,4221	0,6185	0,4173	0,6128	0,4127	0,6072	0,4079	0,6019	0,4037	0,5963
0,4275	0,6228	0,4227	0,6171	0,4178	0,6118	0,4134	0,6061	0,4088	0,6009
0,4327	0,6270	0,4279	0,6213	0,4232	0,6158	0,4184	0,6105	0,4141	0,6050
0,4379	0,6311	0,4331	0,6254	0,4284	0,6199	0,4238	0,6145	0,4191	0,6094
0,4429	0,6351	0,4381	0,6295	0,4334	0,6240	0,4286	0,6188	0,4243	0,6132
0,4479	0,6390	0,4431	0,6334	0,4384	0,6279	0,4338	0,6225	0,4290	0,6174
0,4528	0,6428	0,4480	0,6373	0,4433	0,6318	0,4386	0,6264	0,4341	0,6212
0,4576	0,6466	0,4528	0,6410	0,4481	0,6356	0,4434	0,6303	0,4387	0,6252
0,4624	0,6502	0,4575	0,6447	0,4528	0,6393	0,4481	0,6343	0,4436	0,6288
0,4670	0,6538	0,4622	0,6484	0,4574	0,6430	0,4528	0,6377	0,4482	0,6324

Tabelle F 5 a (Fortsetzung) **95%-Intervalle**

r=	52		53		54		55		56	
	Low	High	Low	High	Low	High	Low	High	Low	High
k= 2	0,0009	0,0868	0,0009	0,0852	0,0009	0,0837	0,0008	0,0823	0,0008	0,0809
k= 3	0,0061	0,1141	0,0059	0,1122	0,0058	0,1102	0,0057	0,1084	0,0056	0,1066
k= 4	0,0139	0,1387	0,0136	0,1364	0,0134	0,1341	0,0131	0,1318	0,0129	0,1297
k= 5	0,0231	0,1612	0,0227	0,1585	0,0222	0,1559	0,0218	0,1533	0,0215	0,1509
k= 6	0,0330	0,1821	0,0324	0,1791	0,0318	0,1762	0,0313	0,1734	0,0307	0,1706
k= 7	0,0434	0,2015	0,0426	0,1983	0,0418	0,1951	0,0411	0,1921	0,0404	0,1891
k= 8	0,0540	0,2198	0,0530	0,2163	0,0521	0,2130	0,0512	0,2097	0,0503	0,2065
k= 9	0,0646	0,2373	0,0635	0,2336	0,0624	0,2300	0,0613	0,2265	0,0603	0,2232
k=10	0,0754	0,2535	0,0741	0,2497	0,0728	0,2459	0,0716	0,2423	0,0704	0,2387
k=11	0,0862	0,2690	0,0847	0,2650	0,0833	0,2611	0,0819	0,2573	0,0806	0,2536
k=12	0,0968	0,2838	0,0952	0,2796	0,0936	0,2755	0,0921	0,2716	0,0907	0,2678
k=13	0,1074	0,2978	0,1056	0,2935	0,1039	0,2893	0,1023	0,2853	0,1007	0,2813
k=14	0,1179	0,3113	0,1160	0,3069	0,1141	0,3026	0,1123	0,2984	0,1106	0,2943
k=15	0,1282	0,3242	0,1262	0,3197	0,1242	0,3153	0,1222	0,3110	0,1203	0,3068
k=16	0,1384	0,3366	0,1362	0,3320	0,1341	0,3275	0,1320	0,3231	0,1300	0,3188
k=17	0,1484	0,3485	0,1461	0,3438	0,1438	0,3392	0,1417	0,3347	0,1395	0,3303
k=18	0,1583	0,3599	0,1558	0,3551	0,1535	0,3504	0,1512	0,3459	0,1489	0,3415
k=19	0,1680	0,3709	0,1654	0,3661	0,1629	0,3613	0,1605	0,3567	0,1582	0,3522
k=20	0,1775	0,3815	0,1748	0,3766	0,1722	0,3718	0,1697	0,3671	0,1673	0,3625
k=21	0,1868	0,3918	0,1841	0,3868	0,1814	0,3819	0,1788	0,3772	0,1762	0,3725
k=22	0,1960	0,4016	0,1931	0,3966	0,1903	0,3917	0,1876	0,3869	0,1850	0,3822
k=23	0,2050	0,4112	0,2021	0,4061	0,1992	0,4012	0,1964	0,3963	0,1937	0,3916
k=24	0,2139	0,4204	0,2108	0,4153	0,2078	0,4103	0,2050	0,4054	0,2021	0,4006
k=25	0,2225	0,4294	0,2194	0,4242	0,2163	0,4192	0,2134	0,4142	0,2105	0,4094
k=26	0,2311	0,4380	0,2278	0,4328	0,2247	0,4277	0,2217	0,4228	0,2187	0,4179
k=27	0,2394	0,4464	0,2361	0,4412	0,2329	0,4361	0,2298	0,4311	0,2267	0,4262
k=28	0,2476	0,4545	0,2442	0,4492	0,2410	0,4441	0,2378	0,4391	0,2347	0,4342
k=29	0,2556	0,4624	0,2522	0,4571	0,2489	0,4520	0,2456	0,4469	0,2424	0,4420
k=30	0,2635	0,4700	0,2600	0,4647	0,2566	0,4596	0,2533	0,4545	0,2501	0,4496
k=31	0,2713	0,4774	0,2677	0,4721	0,2642	0,4670	0,2608	0,4619	0,2575	0,4569
k=32	0,2789	0,4846	0,2752	0,4793	0,2717	0,4741	0,2683	0,4691	0,2649	0,4641
k=33	0,2863	0,4916	0,2826	0,4863	0,2790	0,4811	0,2755	0,4760	0,2721	0,4711
k=34	0,2936	0,4984	0,2899	0,4931	0,2862	0,4879	0,2827	0,4828	0,2792	0,4778
k=35	0,3008	0,5051	0,2970	0,4998	0,2933	0,4945	0,2897	0,4894	0,2862	0,4844
k=36	0,3078	0,5115	0,3040	0,5062	0,3003	0,5010	0,2966	0,4959	0,2931	0,4909
k=37	0,3147	0,5178	0,3108	0,5125	0,3071	0,5073	0,3034	0,5021	0,2998	0,4971
k=38	0,3215	0,5239	0,3176	0,5186	0,3138	0,5134	0,3100	0,5083	0,3064	0,5032
k=39	0,3281	0,5299	0,3242	0,5245	0,3203	0,5193	0,3166	0,5142	0,3129	0,5092
k=40	0,3347	0,5357	0,3307	0,5304	0,3268	0,5251	0,3230	0,5200	0,3193	0,5150
k=41	0,3411	0,5413	0,3371	0,5360	0,3331	0,5308	0,3293	0,5257	0,3256	0,5207
k=42	0,3474	0,5469	0,3433	0,5416	0,3394	0,5363	0,3355	0,5312	0,3317	0,5252
k=43	0,3536	0,5522	0,3495	0,5469	0,3455	0,5417	0,3416	0,5366	0,3378	0,5316
k=44	0,3596	0,5575	0,3555	0,5522	0,3515	0,5470	0,3476	0,5419	0,3437	0,5369
k=45	0,3656	0,5626	0,3615	0,5574	0,3574	0,5522	0,3535	0,5471	0,3496	0,5421
k=46	0,3715	0,5676	0,3673	0,5624	0,3632	0,5572	0,3593	0,5521	0,3554	0,5471
k=47	0,3772	0,5725	0,3730	0,5673	0,3689	0,5621	0,3649	0,5571	0,3610	0,5521
k=48	0,3829	0,5773	0,3787	0,5721	0,3746	0,5669	0,3705	0,5619	0,3666	0,5569
k=49	0,3882	0,5822	0,3842	0,5768	0,3801	0,5716	0,3760	0,5666	0,3721	0,5616
k=50	0,3939	0,5866	0,3895	0,5816	0,3855	0,5762	0,3812	0,5714	0,3775	0,5662
k=51	0,3991	0,5912	0,3950	0,5859	0,3906	0,5809	0,3868	0,5757	0,3826	0,5710
k=52	0,4046	0,5954	0,4001	0,5904	0,3961	0,5851	0,3918	0,5803	0,3880	0,5752
k=53	0,4096	0,5999	0,4055	0,5945	0,4011	0,5896	0,3971	0,5845	0,3929	0,5797
k=54	0,4149	0,6039	0,4104	0,5989	0,4063	0,5937	0,4020	0,5889	0,3981	0,5838
k=55	0,4197	0,6082	0,4155	0,6029	0,4111	0,5980	0,4072	0,5928	0,4029	0,5881
k=56	0,4248	0,6120	0,4203	0,6071	0,4162	0,6019	0,4119	0,5971	0,4080	0,5920
k=57	0,4295	0,6162	0,4253	0,6109	0,4209	0,6060	0,4169	0,6009	0,4126	0,5962
k=58	0,4344	0,6198	0,4299	0,6149	0,4258	0,6097	0,4215	0,6049	0,4175	0,5999
k=59	0,4389	0,6238	0,4348	0,6185	0,4303	0,6137	0,4263	0,6086	0,4220	0,6039
k=60	0,4438	0,6273	0,4392	0,6224	0,4351	0,6173	0,4307	0,6125	0,4268	0,6075

Tabelle F 5 a (Fortsetzung) 95%-Intervalle

57		58		59		60	
Low	High	Low	High	Low	High	Low	High
0,0008	0,0796	0,0008	0,0782	0,0008	0,0770	0,0008	0,0758
0,0055	0,1048	0,0054	0,1031	0,0053	0,1015	0,0052	0,0999
0,0127	0,1276	0,0124	0,1256	0,0122	0,1236	0,0120	0,1218
0,0211	0,1485	0,0207	0,1463	0,0204	0,1440	0,0200	0,1419
0,0302	0,1680	0,0297	0,1654	0,0292	0,1630	0,0287	0,1606
0,0397	0,1862	0,0391	0,1835	0,0384	0,1808	0,0378	0,1781
0,0495	0,2034	0,0487	0,2005	0,0479	0,1976	0,0472	0,1947
0,0593	0,2199	0,0584	0,2168	0,0574	0,2137	0,0566	0,2105
0,0693	0,2353	0,0682	0,2320	0,0671	0,2287	0,0661	0,2256
0,0793	0,2500	0,0780	0,2465	0,0768	0,2431	0,0757	0,2398
0,0892	0,2640	0,0878	0,2604	0,0865	0,2569	0,0852	0,2535
0,0991	0,2775	0,0976	0,2737	0,0961	0,2701	0,0947	0,2665
0,1089	0,2904	0,1072	0,2865	0,1056	0,2827	0,1041	0,2791
0,1185	0,3027	0,1168	0,2988	0,1151	0,2949	0,1134	0,2912
0,1281	0,3146	0,1262	0,3106	0,1244	0,3066	0,1226	0,3028
0,1375	0,3261	0,1355	0,3220	0,1336	0,3179	0,1317	0,3140
0,1468	0,3371	0,1447	0,3329	0,1426	0,3288	0,1406	0,3248
0,1559	0,3478	0,1537	0,3435	0,1516	0,3393	0,1495	0,3352
0,1649	0,3581	0,1626	0,3537	0,1604	0,3495	0,1582	0,3453
0,1737	0,3680	0,1713	0,3636	0,1690	0,3593	0,1667	0,3551
0,1824	0,3777	0,1800	0,3732	0,1775	0,3688	0,1752	0,3646
0,1910	0,3870	0,1884	0,3825	0,1859	0,3781	0,1835	0,3737
0,1994	0,3960	0,1968	0,3914	0,1942	0,3870	0,1916	0,3826
0,2077	0,4047	0,2049	0,4001	0,2023	0,3957	0,1997	0,3913
0,2158	0,4132	0,2130	0,4086	0,2103	0,4041	0,2076	0,3996
0,2238	0,4214	0,2209	0,4168	0,2181	0,4122	0,2154	0,4078
0,2316	0,4294	0,2287	0,4247	0,2258	0,4202	0,2230	0,4157
0,2393	0,4372	0,2363	0,4325	0,2334	0,4279	0,2305	0,4234
0,2469	0,4447	0,2438	0,4400	0,2408	0,4354	0,2379	0,4308
0,2543	0,4521	0,2512	0,4473	0,2481	0,4427	0,2452	0,4381
0,2616	0,4592	0,2584	0,4544	0,2553	0,4498	0,2523	0,4452
0,2688	0,4662	0,2656	0,4614	0,2624	0,4567	0,2593	0,4521
0,2759	0,4729	0,2726	0,4681	0,2694	0,4634	0,2662	0,4588
0,2828	0,4795	0,2794	0,4747	0,2762	0,4700	0,2730	0,4654
0,2896	0,4859	0,2862	0,4811	0,2829	0,4764	0,2797	0,4718
0,2963	0,4922	0,2929	0,4874	0,2895	0,4827	0,2862	0,4780
0,3029	0,4983	0,2994	0,4935	0,2960	0,4888	0,2927	0,4841
0,3093	0,5043	0,3058	0,4994	0,3024	0,4947	0,2990	0,4900
0,3157	0,5101	0,3121	0,5053	0,3087	0,5005	0,3053	0,4958
0,3219	0,5158	0,3183	0,5109	0,3148	0,5062	0,3114	0,5015
0,3280	0,5213	0,3244	0,5165	0,3209	0,5117	0,3174	0,5071
0,3341	0,5267	0,3304	0,5219	0,3269	0,5171	0,3234	0,5125
0,3400	0,5320	0,3363	0,5272	0,3327	0,5224	0,3292	0,5178
0,3458	0,5372	0,3421	0,5323	0,3385	0,5276	0,3350	0,5229
0,3516	0,5422	0,3478	0,5374	0,3442	0,5327	0,3406	0,5280
0,3572	0,5472	0,3534	0,5424	0,3498	0,5376	0,3462	0,5330
0,3627	0,5520	0,3590	0,5472	0,3553	0,5425	0,3516	0,5378
0,3682	0,5567	0,3644	0,5519	0,3607	0,5472	0,3570	0,5426
0,3736	0,5614	0,3697	0,5566	0,3660	0,5519	0,3623	0,5472
0,3788	0,5659	0,3748	0,5613	0,3712	0,5564	0,3676	0,5518
0,3838	0,5705	0,3802	0,5656	0,3762	0,5611	0,3727	0,5562
0,3891	0,5747	0,3851	0,5701	0,3815	0,5652	0,3776	0,5608
0,3940	0,5791	0,3903	0,5742	0,3863	0,5697	0,3827	0,5649
0,3991	0,5831	0,3951	0,5785	0,3914	0,5737	0,3875	0,5693
0,4038	0,5874	0,4001	0,5825	0,3961	0,5780	0,3925	0,5732
0,4088	0,5912	0,4047	0,5866	0,4010	0,5818	0,3971	0,5774
0,4134	0,5953	0,4096	0,5904	0,4056	0,5859	0,4019	0,5812
0,4182	0,5990	0,4141	0,5944	0,4103	0,5897	0,4064	0,5852
0,4226	0,6029	0,4188	0,5981	0,4148	0,5936	0,4111	0,5889

Tabelle F 5 b 99%-Intervalle

r=	2		3		4		5		6	
	Low	High	Low	High	Low	High	Low	High	Low	High
k= 2	0,0414	0,9586	0,0159	0,8668	0,0083	0,7820	0,0052	0,7083	0,0037	0,6452
k= 3	0,1332	0,9841	0,0828	0,9172	0,0567	0,8441	0,0421	0,7769	0,0331	0,7174
k= 4	0,2180	0,9917	0,1559	0,9433	0,1177	0,8823	0,0934	0,8227	0,0769	0,7679
k= 5	0,2917	0,9948	0,2231	0,9579	0,1773	0,9066	0,1461	0,8539	0,1237	0,8039
k= 6	0,3548	0,9963	0,2826	0,9669	0,2321	0,9231	0,1961	0,8763	0,1693	0,8307
k= 7	0,4087	0,9972	0,3349	0,9729	0,2816	0,9348	0,2422	0,8929	0,2122	0,8512
k= 8	0,4549	0,9978	0,3807	0,9771	0,3259	0,9436	0,2844	0,9058	0,2521	0,8674
k= 9	0,4947	0,9982	0,4212	0,9803	0,3656	0,9503	0,3227	0,9159	0,2888	0,8805
k=10	0,5294	0,9984	0,4569	0,9827	0,4013	0,9557	0,3576	0,9241	0,3225	0,8913
k=11	0,5598	0,9987	0,4887	0,9846	0,4334	0,9600	0,3893	0,9309	0,3535	0,9003
k=12	0,5866	0,9988	0,5171	0,9861	0,4624	0,9636	0,4183	0,9366	0,3820	0,9080
k=13	0,6104	0,9989	0,5426	0,9874	0,4887	0,9666	0,4448	0,9415	0,4083	0,9146
k=14	0,6316	0,9990	0,5657	0,9885	0,5126	0,9692	0,4690	0,9456	0,4326	0,9203
k=15	0,6507	0,9991	0,5865	0,9894	0,5344	0,9713	0,4914	0,9492	0,4551	0,9253
k=16	0,6680	0,9992	0,6055	0,9901	0,5545	0,9733	0,5120	0,9524	0,4759	0,9297
k=17	0,6836	0,9993	0,6229	0,9908	0,5729	0,9749	0,5310	0,9552	0,4952	0,9336
k=18	0,6979	0,9993	0,6388	0,9914	0,5899	0,9764	0,5486	0,9577	0,5132	0,9372
k=19	0,7109	0,9994	0,6534	0,9919	0,6056	0,9777	0,5650	0,9599	0,5300	0,9403
k=20	0,7229	0,9994	0,6669	0,9924	0,6202	0,9789	0,5803	0,9620	0,5457	0,9432
k=21	0,7339	0,9994	0,6794	0,9928	0,6337	0,9800	0,5945	0,9638	0,5605	0,9458
k=22	0,7441	0,9995	0,6911	0,9931	0,6463	0,9809	0,6079	0,9654	0,5743	0,9482
k=23	0,7535	0,9995	0,7019	0,9935	0,6581	0,9818	0,6204	0,9669	0,5873	0,9504
k=24	0,7623	0,9995	0,7120	0,9938	0,6692	0,9826	0,6321	0,9683	0,5995	0,9524
k=25	0,7705	0,9996	0,7214	0,9941	0,6795	0,9833	0,6431	0,9696	0,6110	0,9542
k=26	0,7781	0,9996	0,7302	0,9943	0,6893	0,9840	0,6535	0,9708	0,6219	0,9559
k=27	0,7852	0,9996	0,7385	0,9945	0,6984	0,9846	0,6634	0,9719	0,6323	0,9575
k=28	0,7919	0,9996	0,7463	0,9948	0,7071	0,9852	0,6726	0,9729	0,6420	0,9590
k=29	0,7982	0,9996	0,7537	0,9950	0,7152	0,9857	0,6814	0,9738	0,6513	0,9604
k=30	0,8042	0,9996	0,7606	0,9951	0,7230	0,9862	0,6898	0,9747	0,6601	0,9617
k=31	0,8097	0,9997	0,7672	0,9953	0,7303	0,9867	0,6977	0,9755	0,6685	0,9629
k=32	0,8150	0,9997	0,7734	0,9955	0,7372	0,9871	0,7052	0,9763	0,6765	0,9640
k=33	0,8200	0,9997	0,7793	0,9956	0,7438	0,9875	0,7124	0,9770	0,6841	0,9651
k=34	0,8248	0,9997	0,7849	0,9958	0,7501	0,9879	0,7192	0,9777	0,6914	0,9661
k=35	0,8292	0,9997	0,7902	0,9959	0,7561	0,9883	0,7257	0,9783	0,6983	0,9670
k=36	0,8335	0,9997	0,7953	0,9960	0,7618	0,9886	0,7319	0,9789	0,7049	0,9679
k=37	0,8376	0,9997	0,8001	0,9961	0,7673	0,9889	0,7379	0,9795	0,7113	0,9688
k=38	0,8414	0,9997	0,8047	0,9962	0,7725	0,9892	0,7435	0,9801	0,7174	0,9696
k=39	0,8451	0,9997	0,8091	0,9963	0,7774	0,9895	0,7490	0,9806	0,7232	0,9704
k=40	0,8487	0,9997	0,8133	0,9964	0,7822	0,9898	0,7542	0,9811	0,7288	0,9711
k=41	0,8520	0,9998	0,8173	0,9965	0,7867	0,9900	0,7592	0,9815	0,7342	0,9718
k=42	0,8552	0,9998	0,8212	0,9966	0,7911	0,9903	0,7641	0,9820	0,7394	0,9724
k=43	0,8583	0,9998	0,8249	0,9967	0,7953	0,9905	0,7687	0,9824	0,7444	0,9731
k=44	0,8613	0,9998	0,8285	0,9968	0,7993	0,9907	0,7731	0,9828	0,7491	0,9737
k=45	0,8641	0,9998	0,8318	0,9969	0,8032	0,9910	0,7774	0,9832	0,7538	0,9742
k=46	0,8668	0,9998	0,8351	0,9969	0,8070	0,9912	0,7815	0,9836	0,7582	0,9748
k=47	0,8694	0,9998	0,8383	0,9970	0,8105	0,9914	0,7855	0,9839	0,7625	0,9753
k=48	0,8720	0,9998	0,8413	0,9971	0,8140	0,9915	0,7893	0,9842	0,7666	0,9758
k=49	0,8744	0,9998	0,8442	0,9971	0,8174	0,9917	0,7930	0,9846	0,7706	0,9763
k=50	0,8767	0,9998	0,8470	0,9972	0,8206	0,9919	0,7966	0,9849	0,7745	0,9768
k=51	0,8779	0,9998	0,8498	0,9972	0,8237	0,9921	0,8000	0,9852	0,7783	0,9772
k=52	0,8811	0,9998	0,8524	0,9973	0,8267	0,9922	0,8034	0,9855	0,7819	0,9777
k=53	0,8832	0,9998	0,8549	0,9974	0,8296	0,9924	0,8066	0,9857	0,7854	0,9781
k=54	0,8852	0,9998	0,8573	0,9974	0,8324	0,9925	0,8097	0,9860	0,7888	0,9785
k=55	0,8871	0,9998	0,8597	0,9975	0,8351	0,9926	0,8127	0,9863	0,7921	0,9789
k=56	0,8890	0,9998	0,8620	0,9975	0,8378	0,9928	0,8156	0,9865	0,7953	0,9793
k=57	0,8909	0,9998	0,8642	0,9976	0,8403	0,9929	0,8185	0,9868	0,7984	0,9796
k=58	0,8926	0,9998	0,8664	0,9976	0,8428	0,9930	0,8212	0,9870	0,8013	0,9800
k=59	0,8943	0,9998	0,8684	0,9976	0,8452	0,9932	0,8239	0,9872	0,8042	0,9803
k=60	0,8960	0,9998	0,8705	0,9977	0,8475	0,9933	0,8265	0,9874	0,8071	0,9806

Tabelle F 5 b (Fortsetzung) **99%-Intervalle**

7		8		9		10		11	
Low	High	Low	High	Low	High	Low	High	Low	High
0,0028	0,5913	0,0022	0,5451	0,0018	0,5053	0,0016	0,4706	0,0013	0,4402
0,0271	0,6651	0,0229	0,6193	0,0197	0,5788	0,0173	0,5431	0,0154	0,5113
0,0652	0,7184	0,0564	0,6741	0,0497	0,6344	0,0443	0,5987	0,0400	0,5666
0,1071	0,7578	0,0942	0,7156	0,0841	0,6773	0,0759	0,6424	0,0691	0,6107
0,1488	0,7878	0,1326	0,7479	0,1195	0,7112	0,1087	0,6775	0,0997	0,6465
0,1887	0,8113	0,1698	0,7738	0,1542	0,7388	0,1413	0,7063	0,1303	0,6762
0,2262	0,8302	0,2051	0,7949	0,1876	0,7616	0,1728	0,7304	0,1601	0,7013
0,2612	0,8458	0,2384	0,8124	0,2193	0,7807	0,2030	0,7508	0,1889	0,7228
0,2937	0,8587	0,2696	0,8272	0,2492	0,7970	0,2316	0,7684	0,2164	0,7413
0,3238	0,8697	0,2987	0,8399	0,2772	0,8111	0,2587	0,7836	0,2424	0,7576
0,3517	0,8791	0,3259	0,8508	0,3036	0,8234	0,2842	0,7970	0,2672	0,7719
0,3776	0,8873	0,3512	0,8603	0,3283	0,8341	0,3083	0,8088	0,2906	0,7846
0,4016	0,8944	0,3749	0,8688	0,3515	0,8437	0,3310	0,8193	0,3128	0,7959
0,4240	0,9007	0,3970	0,8762	0,3733	0,8522	0,3524	0,8288	0,3338	0,8062
0,4448	0,9063	0,4177	0,8829	0,3938	0,8598	0,3726	0,8373	0,3536	0,8154
0,4642	0,9113	0,4371	0,8889	0,4131	0,8667	0,3916	0,8449	0,3724	0,8238
0,4824	0,9158	0,4553	0,8943	0,4312	0,8729	0,4096	0,8519	0,3902	0,8315
0,4994	0,9199	0,4724	0,8992	0,4483	0,8786	0,4267	0,8583	0,4071	0,8385
0,5154	0,9236	0,4885	0,9037	0,4645	0,8838	0,4428	0,8642	0,4231	0,8450
0,5304	0,9269	0,5037	0,9078	0,4797	0,8886	0,4581	0,8696	0,4384	0,8510
0,5446	0,9300	0,5181	0,9115	0,4942	0,8930	0,4726	0,8746	0,4528	0,8565
0,5579	0,9329	0,5316	0,9150	0,5079	0,8970	0,4863	0,8792	0,4666	0,8616
0,5705	0,9355	0,5445	0,9182	0,5209	0,9008	0,4994	0,8835	0,4798	0,8664
0,5824	0,9379	0,5566	0,9212	0,5332	0,9043	0,5119	0,8875	0,4923	0,8709
0,5937	0,9402	0,5682	0,9239	0,5450	0,9076	0,5237	0,8912	0,5042	0,8750
0,6044	0,9422	0,5791	0,9265	0,5561	0,9106	0,5351	0,8947	0,5157	0,8789
0,6145	0,9442	0,5896	0,9289	0,5668	0,9135	0,5459	0,8980	0,5266	0,8826
0,6242	0,9460	0,5995	0,9312	0,5770	0,9161	0,5562	0,9011	0,5370	0,8861
0,6334	0,9477	0,6090	0,9333	0,5867	0,9187	0,5661	0,9040	0,5470	0,8893
0,6421	0,9493	0,6180	0,9353	0,5959	0,9210	0,5755	0,9067	0,5566	0,8924
0,6505	0,9508	0,6267	0,9372	0,6048	0,9233	0,5846	0,9093	0,5658	0,8953
0,6584	0,9523	0,6350	0,9390	0,6133	0,9254	0,5933	0,9117	0,5747	0,8981
0,6661	0,9536	0,6429	0,9406	0,6215	0,9274	0,6016	0,9140	0,5832	0,9007
0,6734	0,9549	0,6504	0,9422	0,6293	0,9293	0,6096	0,9162	0,5913	0,9032
0,6803	0,9561	0,6577	0,9437	0,6368	0,9311	0,6173	0,9183	0,5992	0,9055
0,6870	0,9572	0,6647	0,9451	0,6440	0,9328	0,6247	0,9203	0,6067	0,9078
0,6934	0,9583	0,6714	0,9465	0,6509	0,9344	0,6319	0,9222	0,6140	0,9099
0,6996	0,9593	0,6778	0,9478	0,6576	0,9360	0,6387	0,9240	0,6211	0,9120
0,7055	0,9603	0,6840	0,9490	0,6640	0,9375	0,6453	0,9257	0,6278	0,9140
0,7112	0,9612	0,6900	0,9502	0,6702	0,9389	0,6517	0,9274	0,6344	0,9158
0,7167	0,9621	0,6957	0,9513	0,6762	0,9402	0,6579	0,9290	0,6407	0,9176
0,7220	0,9630	0,7013	0,9524	0,6819	0,9415	0,6638	0,9305	0,6468	0,9193
0,7271	0,9638	0,7066	0,9534	0,6875	0,9427	0,6696	0,9319	0,6527	0,9210
0,7320	0,9646	0,7117	0,9544	0,6928	0,9439	0,6751	0,9333	0,6584	0,9226
0,7367	0,9653	0,7167	0,9553	0,6980	0,9451	0,6805	0,9346	0,6639	0,9241
0,7413	0,9660	0,7215	0,9562	0,7030	0,9462	0,6857	0,9359	0,6693	0,9255
0,7457	0,9667	0,7262	0,9571	0,7079	0,9472	0,6907	0,9371	0,6745	0,9270
0,7500	0,9674	0,7307	0,9579	0,7126	0,9482	0,6956	0,9383	0,6795	0,9283
0,7541	0,9680	0,7350	0,9587	0,7172	0,9492	0,7003	0,9395	0,6844	0,9296
0,7581	0,9686	0,7392	0,9595	0,7216	0,9501	0,7049	0,9406	0,6891	0,9309
0,7619	0,9692	0,7433	0,9603	0,7258	0,9510	0,7093	0,9416	0,6937	0,9321
0,7657	0,9698	0,7473	0,9610	0,7300	0,9519	0,7136	0,9426	0,6982	0,9333
0,7693	0,9703	0,7511	0,9617	0,7340	0,9527	0,7178	0,9436	0,7025	0,9344
0,7728	0,9708	0,7548	0,9623	0,7379	0,9536	0,7219	0,9446	0,7067	0,9355
0,7762	0,9713	0,7585	0,9630	0,7417	0,9543	0,7259	0,9455	0,7108	0,9365
0,7796	0,9718	0,7620	0,9636	0,7454	0,9551	0,7297	0,9464	0,7148	0,9376
0,7828	0,9723	0,7654	0,9642	0,7490	0,9558	0,7334	0,9473	0,7187	0,9386
0,7859	0,9728	0,7687	0,9648	0,7525	0,9565	0,7371	0,9481	0,7225	0,9395
0,7889	0,9732	0,7719	0,9654	0,7558	0,9572	0,7406	0,9489	0,7261	0,9405

Tabelle F 5 b (Fortsetzung) **99%-Intervalle**

r=	12		13		14		15		16	
	Low	High	Low	High	Low	High	Low	High	Low	High
k= 2	0,0012	0,4134	0,0011	0,3896	0,0010	0,3684	0,0009	0,3493	0,0008	0,3320
k= 3	0,0139	0,4829	0,0126	0,4574	0,0115	0,4343	0,0106	0,4135	0,0099	0,3945
k= 4	0,0364	0,5376	0,0334	0,5113	0,0308	0,4874	0,0287	0,4656	0,0267	0,4455
k= 5	0,0634	0,5817	0,0585	0,5552	0,0544	0,5310	0,0508	0,5086	0,0476	0,4880
k= 6	0,0920	0,6180	0,0854	0,5917	0,0797	0,5674	0,0747	0,5449	0,0703	0,5241
k= 7	0,1209	0,6483	0,1127	0,6224	0,1056	0,5984	0,0993	0,5760	0,0937	0,5552
k= 8	0,1492	0,6741	0,1397	0,6488	0,1312	0,6251	0,1238	0,6030	0,1171	0,5823
k= 9	0,1766	0,6964	0,1659	0,6717	0,1563	0,6485	0,1478	0,6267	0,1402	0,6062
k=10	0,2030	0,7158	0,1912	0,6917	0,1807	0,6690	0,1712	0,6476	0,1627	0,6274
k=11	0,2281	0,7328	0,2154	0,7094	0,2041	0,6872	0,1938	0,6662	0,1846	0,6464
k=12	0,2521	0,7479	0,2386	0,7251	0,2265	0,7035	0,2156	0,6830	0,2057	0,6635
k=13	0,2749	0,7614	0,2607	0,7393	0,2480	0,7182	0,2365	0,6981	0,2260	0,6790
k=14	0,2965	0,7735	0,2818	0,7520	0,2686	0,7314	0,2565	0,7118	0,2455	0,6931
k=15	0,3170	0,7844	0,3019	0,7635	0,2882	0,7435	0,2757	0,7243	0,2642	0,7060
k=16	0,3365	0,7943	0,3210	0,7740	0,3069	0,7545	0,2940	0,7358	0,2822	0,7178
k=17	0,3550	0,8034	0,3392	0,7836	0,3248	0,7646	0,3115	0,7464	0,2993	0,7288
k=18	0,3726	0,8116	0,3565	0,7925	0,3418	0,7739	0,3283	0,7561	0,3158	0,7389
k=19	0,3893	0,8193	0,3730	0,8006	0,3581	0,7825	0,3444	0,7651	0,3317	0,7482
k=20	0,4052	0,8263	0,3888	0,8081	0,3737	0,7905	0,3597	0,7734	0,3468	0,7570
k=21	0,4203	0,8328	0,4038	0,8151	0,3886	0,7979	0,3745	0,7812	0,3614	0,7651
k=22	0,4348	0,8388	0,4182	0,8215	0,4028	0,8048	0,3886	0,7885	0,3753	0,7727
k=23	0,4485	0,8444	0,4319	0,8276	0,4164	0,8112	0,4021	0,7953	0,3887	0,7798
k=24	0,4617	0,8496	0,4450	0,8332	0,4295	0,8172	0,4151	0,8016	0,4016	0,7865
k=25	0,4742	0,8545	0,4575	0,8385	0,4420	0,8229	0,4275	0,8076	0,4140	0,7928
k=26	0,4862	0,8591	0,4695	0,8435	0,4540	0,8282	0,4395	0,8132	0,4259	0,7987
k=27	0,4977	0,8634	0,4810	0,8481	0,4655	0,8332	0,4509	0,8185	0,4373	0,8043
k=28	0,5087	0,8674	0,4920	0,8525	0,4765	0,8379	0,4620	0,8236	0,4484	0,8096
k=29	0,5192	0,8713	0,5026	0,8567	0,4871	0,8423	0,4726	0,8283	0,4590	0,8146
k=30	0,5293	0,8749	0,5128	0,8606	0,4973	0,8465	0,4828	0,8328	0,4692	0,8193
k=31	0,5390	0,8783	0,5226	0,8643	0,5072	0,8505	0,4927	0,8371	0,4791	0,8239
k=32	0,5483	0,8815	0,5320	0,8678	0,5166	0,8543	0,5022	0,8411	0,4886	0,8281
k=33	0,5573	0,8845	0,5410	0,8711	0,5257	0,8579	0,5113	0,8450	0,4978	0,8322
k=34	0,5659	0,8874	0,5497	0,8743	0,5345	0,8614	0,5202	0,8486	0,5066	0,8361
k=35	0,5742	0,8902	0,5581	0,8773	0,5430	0,8646	0,5287	0,8521	0,5152	0,8399
k=36	0,5822	0,8928	0,5662	0,8802	0,5511	0,8678	0,5369	0,8555	0,5235	0,8434
k=37	0,5899	0,8953	0,5740	0,8830	0,5590	0,8707	0,5449	0,8587	0,5315	0,8468
k=38	0,5973	0,8977	0,5815	0,8856	0,5667	0,8736	0,5526	0,8617	0,5393	0,8501
k=39	0,6045	0,9000	0,5888	0,8881	0,5740	0,8763	0,5600	0,8647	0,5468	0,8532
k=40	0,6114	0,9022	0,5958	0,8905	0,5812	0,8789	0,5672	0,8675	0,5540	0,8562
k=41	0,6180	0,9043	0,6026	0,8928	0,5881	0,8814	0,5742	0,8702	0,5611	0,8590
k=42	0,6245	0,9063	0,6092	0,8950	0,5947	0,8838	0,5810	0,8727	0,5679	0,8618
k=43	0,6308	0,9082	0,6156	0,8971	0,6012	0,8861	0,5875	0,8752	0,5745	0,8645
k=44	0,6368	0,9101	0,6217	0,8992	0,6075	0,8883	0,5939	0,8776	0,5810	0,8670
k=45	0,6426	0,9118	0,6277	0,9011	0,6135	0,8905	0,6001	0,8799	0,5872	0,8695
k=46	0,6483	0,9135	0,6335	0,9030	0,6194	0,8925	0,6060	0,8821	0,5933	0,8718
k=47	0,6538	0,9152	0,6391	0,9048	0,6251	0,8945	0,6118	0,8843	0,5992	0,8741
k=48	0,6591	0,9167	0,6446	0,9065	0,6307	0,8964	0,6175	0,8863	0,6049	0,8763
k=49	0,6643	0,9183	0,6498	0,9082	0,6361	0,8982	0,6230	0,8883	0,6104	0,8785
k=50	0,6693	0,9197	0,6550	0,9098	0,6413	0,9000	0,6283	0,8902	0,6158	0,8805
k=51	0,6742	0,9211	0,6600	0,9114	0,6464	0,9017	0,6335	0,8921	0,6211	0,8825
k=52	0,6789	0,9225	0,6648	0,9129	0,6514	0,9034	0,6385	0,8939	0,6262	0,8844
k=53	0,6835	0,9238	0,6695	0,9144	0,6562	0,9050	0,6434	0,8956	0,6312	0,8863
k=54	0,6880	0,9251	0,6741	0,9158	0,6609	0,9065	0,6482	0,8973	0,6361	0,8881
k=55	0,6923	0,9263	0,6786	0,9172	0,6654	0,9080	0,6529	0,8989	0,6408	0,8898
k=56	0,6965	0,9275	0,6829	0,9185	0,6699	0,9095	0,6574	0,9005	0,6454	0,8915
k=57	0,7006	0,9287	0,6871	0,9198	0,6742	0,9109	0,6618	0,9020	0,6499	0,8932
k=58	0,7046	0,9298	0,6912	0,9210	0,6784	0,9122	0,6661	0,9035	0,6543	0,8948
k=59	0,7085	0,9309	0,6952	0,9222	0,6825	0,9135	0,6703	0,9049	0,6586	0,8963
k=60	0,7123	0,9319	0,6991	0,9234	0,6865	0,9148	0,6744	0,9063	0,6628	0,8978

Tabelle F 5 b (Fortsetzung) **99%-Intervalle**

17		18		19		20		21	
Low	High	Low	High	Low	High	Low	High	Low	High
0,0007	0,3164	0,0007	0,3021	0,0006	0,2891	0,0006	0,2771	0,0006	0,2661
0,0092	0,3771	0,0086	0,3612	0,0081	0,3466	0,0076	0,3331	0,0072	0,3206
0,0251	0,4271	0,0236	0,4101	0,0223	0,3944	0,0211	0,3798	0,0200	0,3663
0,0448	0,4690	0,0423	0,4514	0,0401	0,4350	0,0380	0,4197	0,0362	0,4055
0,0664	0,5048	0,0628	0,4868	0,0597	0,4700	0,0568	0,4543	0,0542	0,4395
0,0887	0,5358	0,0842	0,5176	0,0801	0,5006	0,0764	0,4846	0,0731	0,4696
0,1111	0,5629	0,1057	0,5447	0,1008	0,5276	0,0963	0,5115	0,0922	0,4963
0,1333	0,5869	0,1271	0,5688	0,1214	0,5517	0,1162	0,5355	0,1114	0,5203
0,1551	0,6084	0,1481	0,5904	0,1417	0,5733	0,1358	0,5572	0,1304	0,5419
0,1762	0,6276	0,1685	0,6098	0,1615	0,5929	0,1550	0,5769	0,1490	0,5616
0,1966	0,6450	0,1884	0,6274	0,1807	0,6107	0,1737	0,5948	0,1672	0,5797
0,2164	0,6608	0,2075	0,6435	0,1994	0,6270	0,1919	0,6112	0,1849	0,5962
0,2354	0,6752	0,2261	0,6582	0,2175	0,6419	0,2095	0,6263	0,2021	0,6114
0,2536	0,6885	0,2439	0,6717	0,2349	0,6556	0,2266	0,6403	0,2188	0,6255
0,2712	0,7007	0,2611	0,6842	0,2518	0,6683	0,2430	0,6532	0,2349	0,6386
0,2881	0,7119	0,2777	0,6957	0,2680	0,6801	0,2589	0,6652	0,2505	0,6508
0,3043	0,7223	0,2936	0,7064	0,2836	0,6911	0,2743	0,6764	0,2656	0,6622
0,3199	0,7320	0,3089	0,7164	0,2987	0,7013	0,2891	0,6868	0,2801	0,6728
0,3348	0,7411	0,3236	0,7257	0,3132	0,7109	0,3034	0,6966	0,2942	0,6828
0,3492	0,7495	0,3378	0,7344	0,3272	0,7199	0,3172	0,7058	0,3078	0,6922
0,3630	0,7574	0,3514	0,7426	0,3406	0,7283	0,3305	0,7144	0,3209	0,7010
0,3763	0,7648	0,3646	0,7503	0,3536	0,7362	0,3434	0,7225	0,3337	0,7093
0,3891	0,7718	0,3773	0,7575	0,3662	0,7437	0,3558	0,7302	0,3459	0,7172
0,4013	0,7783	0,3895	0,7643	0,3783	0,7507	0,3677	0,7375	0,3578	0,7247
0,4132	0,7845	0,4012	0,7708	0,3899	0,7574	0,3793	0,7444	0,3692	0,7317
0,4246	0,7904	0,4125	0,7769	0,4012	0,7637	0,3905	0,7509	0,3803	0,7385
0,4356	0,7959	0,4235	0,7826	0,4121	0,7697	0,4013	0,7571	0,3911	0,7448
0,4461	0,8012	0,4340	0,7881	0,4226	0,7754	0,4117	0,7630	0,4014	0,7509
0,4564	0,8062	0,4442	0,7933	0,4327	0,7808	0,4219	0,7686	0,4115	0,7567
0,4662	0,8109	0,4541	0,7983	0,4426	0,7860	0,4316	0,7739	0,4213	0,7622
0,4757	0,8154	0,4636	0,8030	0,4521	0,7909	0,4411	0,7790	0,4307	0,7675
0,4849	0,8198	0,4728	0,8075	0,4613	0,7956	0,4503	0,7839	0,4399	0,7725
0,4938	0,8239	0,4817	0,8119	0,4702	0,8001	0,4592	0,7886	0,4487	0,7773
0,5024	0,8278	0,4903	0,8160	0,4788	0,8044	0,4678	0,7931	0,4573	0,7820
0,5107	0,8315	0,4986	0,8199	0,4871	0,8085	0,4762	0,7973	0,4657	0,7864
0,5188	0,8351	0,5067	0,8237	0,4952	0,8125	0,4843	0,8015	0,4738	0,7907
0,5266	0,8386	0,5146	0,8273	0,5031	0,8162	0,4921	0,8054	0,4817	0,7948
0,5342	0,8419	0,5221	0,8308	0,5107	0,8199	0,4998	0,8092	0,4893	0,7987
0,5415	0,8451	0,5295	0,8341	0,5181	0,8234	0,5072	0,8128	0,4967	0,8025
0,5486	0,8481	0,5367	0,8373	0,5253	0,8267	0,5144	0,8163	0,5040	0,8061
0,5555	0,8510	0,5436	0,8404	0,5322	0,8300	0,5214	0,8197	0,5110	0,8096
0,5622	0,8538	0,5503	0,8434	0,5390	0,8331	0,5282	0,8230	0,5178	0,8130
0,5686	0,8566	0,5569	0,8462	0,5456	0,8361	0,5348	0,8261	0,5245	0,8163
0,5749	0,8592	0,5632	0,8490	0,5520	0,8390	0,5413	0,8291	0,5310	0,8195
0,5811	0,8617	0,5694	0,8517	0,5582	0,8418	0,5475	0,8321	0,5373	0,8225
0,5870	0,8641	0,5754	0,8542	0,5643	0,8445	0,5536	0,8349	0,5434	0,8254
0,5928	0,8665	0,5813	0,8567	0,5702	0,8471	0,5596	0,8376	0,5494	0,8283
0,5985	0,8687	0,5870	0,8591	0,5760	0,8496	0,5654	0,8403	0,5552	0,8311
0,6039	0,8709	0,5925	0,8614	0,5816	0,8521	0,5710	0,8428	0,5609	0,8337
0,6093	0,8730	0,5979	0,8637	0,5870	0,8544	0,5765	0,8453	0,5664	0,8363
0,6145	0,8751	0,6032	0,8658	0,5923	0,8567	0,5819	0,8477	0,5718	0,8388
0,6195	0,8771	0,6083	0,8679	0,5975	0,8589	0,5871	0,8500	0,5771	0,8413
0,6245	0,8790	0,6133	0,8700	0,6026	0,8611	0,5922	0,8523	0,5823	0,8436
0,6293	0,8809	0,6182	0,8720	0,6075	0,8632	0,5972	0,8545	0,5873	0,8459
0,6340	0,8827	0,6229	0,8739	0,6123	0,8652	0,6021	0,8566	0,5922	0,8481
0,6385	0,8844	0,6276	0,8757	0,6170	0,8672	0,6068	0,8587	0,5970	0,8503
0,6430	0,8861	0,6321	0,8775	0,6216	0,8691	0,6115	0,8607	0,6017	0,8524
0,6473	0,8878	0,6365	0,8793	0,6261	0,8709	0,6160	0,8626	0,6063	0,8544
0,6516	0,8894	0,6408	0,8810	0,6304	0,8727	0,6204	0,8645	0,6107	0,8564

Tabelle F 5 b (Fortsetzung) **99%-Intervalle**

r=	22		23		24		25		26	
	Low	High	Low	High	Low	High	Low	High	Low	High
k=2	0,0005	0,2559	0,0005	0,2465	0,0005	0,2377	0,0004	0,2295	0,0004	0,2219
k=3	0,0069	0,3089	0,0065	0,2981	0,0062	0,2880	0,0059	0,2786	0,0057	0,2698
k=4	0,0191	0,3537	0,0182	0,3419	0,0174	0,3308	0,0167	0,3205	0,0160	0,3107
k=5	0,0346	0,3921	0,0331	0,3796	0,0317	0,3679	0,0304	0,3569	0,0292	0,3465
k=6	0,0518	0,4257	0,0496	0,4127	0,0476	0,4005	0,0458	0,3890	0,0441	0,3781
k=7	0,0700	0,4554	0,0671	0,4421	0,0645	0,4295	0,0621	0,4176	0,0598	0,4063
k=8	0,0885	0,4819	0,0850	0,4684	0,0818	0,4555	0,0788	0,4434	0,0761	0,4318
k=9	0,1070	0,5058	0,1030	0,4921	0,0992	0,4791	0,0957	0,4668	0,0924	0,4550
k=10	0,1254	0,5274	0,1208	0,5137	0,1165	0,5006	0,1125	0,4881	0,1088	0,4763
k=11	0,1435	0,5472	0,1384	0,5334	0,1336	0,5202	0,1291	0,5077	0,1250	0,4958
k=12	0,1612	0,5652	0,1556	0,5515	0,1504	0,5383	0,1455	0,5258	0,1409	0,5138
k=13	0,1785	0,5818	0,1724	0,5681	0,1668	0,5550	0,1615	0,5425	0,1565	0,5305
k=14	0,1952	0,5972	0,1888	0,5836	0,1828	0,5705	0,1771	0,5580	0,1718	0,5460
k=15	0,2115	0,6114	0,2047	0,5979	0,1984	0,5849	0,1924	0,5725	0,1868	0,5605
k=16	0,2273	0,6247	0,2202	0,6113	0,2135	0,5984	0,2072	0,5860	0,2013	0,5741
k=17	0,2426	0,6370	0,2352	0,6237	0,2282	0,6109	0,2217	0,5987	0,2155	0,5868
k=18	0,2574	0,6486	0,2497	0,6354	0,2425	0,6227	0,2357	0,6105	0,2292	0,5988
k=19	0,2717	0,6594	0,2638	0,6464	0,2563	0,6338	0,2493	0,6217	0,2426	0,6101
k=20	0,2856	0,6695	0,2775	0,6566	0,2698	0,6442	0,2625	0,6323	0,2556	0,6207
k=21	0,2990	0,6791	0,2907	0,6663	0,2828	0,6541	0,2753	0,6422	0,2683	0,6308
k=22	0,3120	0,6880	0,3034	0,6755	0,2954	0,6634	0,2878	0,6516	0,2805	0,6403
k=23	0,3245	0,6966	0,3158	0,6842	0,3076	0,6722	0,2998	0,6606	0,2925	0,6493
k=24	0,3366	0,7046	0,3278	0,6924	0,3195	0,6805	0,3115	0,6690	0,3040	0,6579
k=25	0,3484	0,7122	0,3394	0,7002	0,3310	0,6885	0,3229	0,6771	0,3153	0,6661
k=26	0,3597	0,7195	0,3507	0,7075	0,3421	0,6960	0,3339	0,6847	0,3262	0,6738
k=27	0,3707	0,7263	0,3616	0,7146	0,3529	0,7032	0,3446	0,6921	0,3368	0,6813
k=28	0,3814	0,7329	0,3722	0,7213	0,3634	0,7100	0,3550	0,6990	0,3471	0,6883
k=29	0,3917	0,7391	0,3824	0,7277	0,3736	0,7165	0,3651	0,7057	0,3571	0,6951
k=30	0,4017	0,7451	0,3923	0,7338	0,3834	0,7228	0,3749	0,7120	0,3668	0,7016
k=31	0,4114	0,7508	0,4020	0,7396	0,3930	0,7287	0,3844	0,7181	0,3762	0,7078
k=32	0,4208	0,7562	0,4113	0,7452	0,4023	0,7344	0,3937	0,7240	0,3855	0,7137
k=33	0,4299	0,7614	0,4204	0,7505	0,4114	0,7399	0,4027	0,7296	0,3944	0,7194
k=34	0,4387	0,7664	0,4292	0,7556	0,4201	0,7452	0,4114	0,7349	0,4031	0,7249
k=35	0,4474	0,7711	0,4378	0,7606	0,4287	0,7502	0,4199	0,7401	0,4115	0,7302
k=36	0,4557	0,7757	0,4461	0,7653	0,4370	0,7550	0,4282	0,7450	0,4198	0,7353
k=37	0,4638	0,7801	0,4542	0,7698	0,4450	0,7597	0,4362	0,7498	0,4278	0,7402
k=38	0,4717	0,7844	0,4621	0,7742	0,4529	0,7642	0,4441	0,7544	0,4356	0,7449
k=39	0,4793	0,7884	0,4697	0,7784	0,4605	0,7685	0,4517	0,7588	0,4432	0,7494
k=40	0,4868	0,7923	0,4772	0,7824	0,4680	0,7727	0,4591	0,7631	0,4506	0,7538
k=41	0,4940	0,7961	0,4844	0,7863	0,4752	0,7767	0,4664	0,7672	0,4579	0,7580
k=42	0,5010	0,7998	0,4915	0,7901	0,4823	0,7805	0,4734	0,7712	0,4649	0,7621
k=43	0,5079	0,8033	0,4983	0,7937	0,4891	0,7843	0,4803	0,7751	0,4718	0,7660
k=44	0,5146	0,8067	0,5050	0,7972	0,4958	0,7879	0,4870	0,7788	0,4785	0,7698
k=45	0,5211	0,8099	0,5115	0,8006	0,5024	0,7914	0,4935	0,7824	0,4850	0,7735
k=46	0,5274	0,8131	0,5179	0,8039	0,5087	0,7948	0,4999	0,7859	0,4914	0,7771
k=47	0,5336	0,8162	0,5241	0,8070	0,5149	0,7980	0,5061	0,7892	0,4976	0,7806
k=48	0,5396	0,8191	0,5301	0,8101	0,5210	0,8012	0,5122	0,7925	0,5037	0,7839
k=49	0,5454	0,8220	0,5360	0,8131	0,5269	0,8043	0,5182	0,7956	0,5097	0,7872
k=50	0,5511	0,8248	0,5417	0,8159	0,5327	0,8073	0,5239	0,7987	0,5155	0,7903
k=51	0,5567	0,8275	0,5474	0,8187	0,5383	0,8101	0,5296	0,8017	0,5211	0,7934
k=52	0,5622	0,8301	0,5528	0,8214	0,5438	0,8129	0,5351	0,8046	0,5267	0,7964
k=53	0,5675	0,8326	0,5582	0,8241	0,5492	0,8157	0,5405	0,8074	0,5321	0,7992
k=54	0,5727	0,8351	0,5634	0,8266	0,5545	0,8183	0,5458	0,8101	0,5374	0,8021
k=55	0,5777	0,8374	0,5685	0,8291	0,5596	0,8209	0,5510	0,8128	0,5426	0,8048
k=56	0,5827	0,8398	0,5735	0,8315	0,5646	0,8234	0,5560	0,8153	0,5477	0,8074
k=57	0,5875	0,8420	0,5784	0,8338	0,5695	0,8258	0,5609	0,8179	0,5526	0,8100
k=58	0,5923	0,8442	0,5831	0,8361	0,5743	0,8282	0,5658	0,8203	0,5575	0,8125
k=59	0,5969	0,8463	0,5878	0,8383	0,5790	0,8304	0,5705	0,8227	0,5622	0,8150
k=60	0,6014	0,8484	0,5924	0,8405	0,5836	0,8327	0,5751	0,8250	0,5669	0,8174

Tabelle F 5 b (Fortsetzung) **99%-Intervalle**

27		28		29		30		31	
Low	High	Low	High	Low	High	Low	High	Low	High
0,0004	0,2148	0,0004	0,2081	0,0004	0,2018	0,0004	0,1958	0,0003	0,1903
0,0055	0,2615	0,0052	0,2537	0,0050	0,2463	0,0049	0,2394	0,0047	0,2328
0,0154	0,3016	0,0148	0,2929	0,0143	0,2848	0,0136	0,2770	0,0133	0,2697
0,0281	0,3366	0,0271	0,3274	0,0262	0,3186	0,0253	0,3102	0,0245	0,3023
0,0425	0,3677	0,0410	0,3580	0,0396	0,3487	0,0383	0,3399	0,0371	0,3315
0,0578	0,3956	0,0558	0,3855	0,0540	0,3758	0,0523	0,3666	0,0507	0,3579
0,0735	0,4209	0,0711	0,4104	0,0688	0,4005	0,0667	0,3910	0,0647	0,3820
0,0894	0,4439	0,0865	0,4332	0,0839	0,4230	0,0813	0,4133	0,0790	0,4041
0,1053	0,4649	0,1020	0,4541	0,0989	0,4438	0,0960	0,4339	0,0933	0,4245
0,1211	0,4843	0,1174	0,4734	0,1139	0,4630	0,1107	0,4530	0,1076	0,4434
0,1366	0,5023	0,1326	0,4913	0,1287	0,4808	0,1251	0,4707	0,1217	0,4610
0,1519	0,5190	0,1475	0,5080	0,1433	0,4974	0,1394	0,4872	0,1357	0,4774
0,1668	0,5345	0,1621	0,5235	0,1577	0,5129	0,1535	0,5027	0,1495	0,4928
0,1815	0,5491	0,1764	0,5380	0,1717	0,5274	0,1672	0,5172	0,1629	0,5073
0,1957	0,5627	0,1904	0,5516	0,1854	0,5410	0,1807	0,5308	0,1761	0,5209
0,2096	0,5754	0,2041	0,5644	0,1988	0,5539	0,1938	0,5436	0,1891	0,5338
0,2231	0,5875	0,2174	0,5765	0,2119	0,5660	0,2067	0,5558	0,2017	0,5459
0,2363	0,5988	0,2303	0,5879	0,2246	0,5774	0,2192	0,5673	0,2140	0,5574
0,2491	0,6095	0,2429	0,5987	0,2370	0,5883	0,2314	0,5781	0,2261	0,5684
0,2615	0,6197	0,2552	0,6089	0,2491	0,5986	0,2433	0,5885	0,2378	0,5787
0,2737	0,6293	0,2671	0,6186	0,2609	0,6083	0,2549	0,5983	0,2492	0,5886
0,2854	0,6384	0,2787	0,6278	0,2723	0,6176	0,2662	0,6077	0,2604	0,5980
0,2968	0,6471	0,2900	0,6366	0,2835	0,6264	0,2772	0,6166	0,2713	0,6070
0,3079	0,6554	0,3010	0,6450	0,2943	0,6349	0,2880	0,6251	0,2819	0,6156
0,3187	0,6632	0,3117	0,6529	0,3049	0,6429	0,2984	0,6332	0,2922	0,6238
0,3293	0,6707	0,3221	0,6606	0,3152	0,6506	0,3086	0,6410	0,3023	0,6316
0,3394	0,6779	0,3322	0,6678	0,3252	0,6580	0,3185	0,6484	0,3121	0,6391
0,3494	0,6848	0,3420	0,6748	0,3350	0,6650	0,3282	0,6556	0,3217	0,6463
0,3590	0,6914	0,3516	0,6815	0,3444	0,6718	0,3376	0,6624	0,3310	0,6532
0,3684	0,6977	0,3609	0,6879	0,3537	0,6783	0,3468	0,6690	0,3401	0,6599
0,3775	0,7038	0,3700	0,6941	0,3627	0,6846	0,3557	0,6753	0,3490	0,6663
0,3864	0,7096	0,3788	0,7000	0,3715	0,6906	0,3644	0,6814	0,3576	0,6725
0,3951	0,7152	0,3874	0,7057	0,3800	0,6963	0,3729	0,6873	0,3661	0,6784
0,4035	0,7205	0,3958	0,7111	0,3883	0,7019	0,3812	0,6929	0,3743	0,6841
0,4117	0,7257	0,4039	0,7164	0,3965	0,7073	0,3893	0,6983	0,3823	0,6896
0,4197	0,7307	0,4119	0,7215	0,4044	0,7124	0,3972	0,7036	0,3902	0,6949
0,4275	0,7355	0,4197	0,7264	0,4121	0,7174	0,4048	0,7087	0,3978	0,7001
0,4351	0,7401	0,4272	0,7311	0,4197	0,7222	0,4124	0,7135	0,4053	0,7051
0,4425	0,7446	0,4346	0,7356	0,4270	0,7269	0,4197	0,7183	0,4126	0,7099
0,4497	0,7489	0,4418	0,7401	0,4342	0,7314	0,4269	0,7228	0,4198	0,7145
0,4567	0,7531	0,4488	0,7443	0,4412	0,7357	0,4338	0,7273	0,4267	0,7190
0,4636	0,7571	0,4557	0,7484	0,4480	0,7399	0,4407	0,7316	0,4335	0,7234
0,4703	0,7611	0,4624	0,7524	0,4547	0,7440	0,4473	0,7357	0,4402	0,7276
0,4768	0,7648	0,4689	0,7563	0,4613	0,7479	0,4539	0,7397	0,4467	0,7317
0,4832	0,7685	0,4753	0,7601	0,4676	0,7518	0,4602	0,7436	0,4531	0,7357
0,4894	0,7720	0,4815	0,7637	0,4739	0,7555	0,4665	0,7474	0,4593	0,7395
0,4955	0,7755	0,4876	0,7672	0,4800	0,7591	0,4726	0,7511	0,4654	0,7433
0,5015	0,7788	0,4936	0,7706	0,4859	0,7626	0,4785	0,7547	0,4713	0,7469
0,5073	0,7821	0,4994	0,7740	0,4918	0,7660	0,4844	0,7581	0,4772	0,7504
0,5130	0,7852	0,5051	0,7772	0,4975	0,7693	0,4901	0,7615	0,4829	0,7539
0,5185	0,7883	0,5107	0,7803	0,5030	0,7725	0,4956	0,7648	0,4885	0,7572
0,5240	0,7912	0,5161	0,7834	0,5085	0,7756	0,5011	0,7680	0,4939	0,7605
0,5293	0,7941	0,5215	0,7863	0,5138	0,7786	0,5065	0,7711	0,4993	0,7636
0,5345	0,7969	0,5267	0,7892	0,5191	0,7816	0,5117	0,7741	0,5045	0,7667
0,5396	0,7997	0,5318	0,7920	0,5242	0,7845	0,5168	0,7770	0,5097	0,7697
0,5446	0,8023	0,5368	0,7947	0,5292	0,7873	0,5219	0,7799	0,5147	0,7726
0,5495	0,8049	0,5417	0,7974	0,5341	0,7900	0,5268	0,7827	0,5197	0,7755
0,5542	0,8074	0,5465	0,8000	0,5389	0,7926	0,5316	0,7854	0,5245	0,7783
0,5589	0,8099	0,5512	0,8025	0,5437	0,7952	0,5364	0,7881	0,5293	0,7810

Tabelle F 5 b (Fortsetzung) **99%-Intervalle**

r=	32 Low	32 High	33 Low	33 High	34 Low	34 High	35 Low	35 High	36 Low	36 High
k= 2	0,0003	0,1850	0,0003	0,1800	0,0003	0,1752	0,0003	0,1708	0,0003	0,1665
k= 3	0,0045	0,2266	0,0044	0,2207	0,0042	0,2151	0,0041	0,2098	0,0040	0,2047
k= 4	0,0129	0,2628	0,0125	0,2562	0,0121	0,2499	0,0117	0,2439	0,0114	0,2382
k= 5	0,0237	0,2948	0,0230	0,2876	0,0223	0,2808	0,0217	0,2743	0,0211	0,2681
k= 6	0,0360	0,3235	0,0349	0,3159	0,0339	0,3086	0,0330	0,3017	0,0321	0,2951
k= 7	0,0492	0,3495	0,0477	0,3416	0,0464	0,3339	0,0451	0,3266	0,0439	0,3197
k= 8	0,0628	0,3733	0,0610	0,3650	0,0594	0,3571	0,0578	0,3496	0,0563	0,3423
k= 9	0,0767	0,3952	0,0746	0,3867	0,0726	0,3785	0,0707	0,3707	0,0689	0,3632
k=10	0,0907	0,4154	0,0883	0,4067	0,0860	0,3984	0,0838	0,3904	0,0817	0,3827
k=11	0,1047	0,4342	0,1019	0,4253	0,0993	0,4168	0,0968	0,4087	0,0945	0,4008
k=12	0,1185	0,4517	0,1155	0,4427	0,1126	0,4341	0,1098	0,4258	0,1072	0,4178
k=13	0,1322	0,4680	0,1289	0,4590	0,1257	0,4503	0,1227	0,4419	0,1198	0,4338
k=14	0,1457	0,4834	0,1421	0,4743	0,1386	0,4655	0,1354	0,4570	0,1322	0,4489
k=15	0,1589	0,4978	0,1550	0,4887	0,1514	0,4798	0,1479	0,4713	0,1445	0,4631
k=16	0,1719	0,5114	0,1678	0,5022	0,1639	0,4934	0,1601	0,4848	0,1566	0,4765
k=17	0,1846	0,5243	0,1802	0,5151	0,1761	0,5062	0,1722	0,4976	0,1685	0,4893
k=18	0,1970	0,5364	0,1925	0,5272	0,1881	0,5183	0,1840	0,5097	0,1801	0,5014
k=19	0,2091	0,5479	0,2044	0,5387	0,1999	0,5298	0,1956	0,5212	0,1915	0,5129
k=20	0,2210	0,5589	0,2161	0,5497	0,2114	0,5408	0,2069	0,5322	0,2027	0,5238
k=21	0,2325	0,5693	0,2275	0,5601	0,2227	0,5513	0,2180	0,5427	0,2136	0,5343
k=22	0,2438	0,5792	0,2386	0,5701	0,2336	0,5613	0,2289	0,5526	0,2243	0,5443
k=23	0,2548	0,5887	0,2495	0,5796	0,2444	0,5708	0,2394	0,5622	0,2347	0,5539
k=24	0,2656	0,5977	0,2601	0,5886	0,2548	0,5799	0,2498	0,5713	0,2450	0,5630
k=25	0,2760	0,6063	0,2704	0,5973	0,2651	0,5886	0,2599	0,5801	0,2550	0,5718
k=26	0,2863	0,6145	0,2806	0,6056	0,2751	0,5969	0,2698	0,5885	0,2647	0,5802
k=27	0,2962	0,6225	0,2904	0,6136	0,2848	0,6049	0,2795	0,5965	0,2743	0,5883
k=28	0,3059	0,6300	0,3000	0,6212	0,2943	0,6126	0,2889	0,6042	0,2836	0,5961
k=29	0,3154	0,6373	0,3094	0,6285	0,3037	0,6200	0,2981	0,6117	0,2927	0,6035
k=30	0,3247	0,6443	0,3186	0,6356	0,3127	0,6271	0,3071	0,6188	0,3017	0,6107
k=31	0,3337	0,6510	0,3275	0,6424	0,3216	0,6339	0,3159	0,6257	0,3104	0,6177
k=32	0,3425	0,6575	0,3363	0,6489	0,3303	0,6405	0,3245	0,6323	0,3189	0,6243
k=33	0,3511	0,6637	0,3448	0,6552	0,3387	0,6469	0,3329	0,6387	0,3272	0,6308
k=34	0,3595	0,6697	0,3531	0,6613	0,3470	0,6530	0,3411	0,6449	0,3354	0,6370
k=35	0,3677	0,6755	0,3613	0,6671	0,3551	0,6589	0,3491	0,6509	0,3434	0,6430
k=36	0,3757	0,6811	0,3692	0,6728	0,3630	0,6646	0,3570	0,6566	0,3512	0,6488
k=37	0,3835	0,6865	0,3770	0,6782	0,3707	0,6701	0,3646	0,6622	0,3588	0,6545
k=38	0,3911	0,6917	0,3845	0,6835	0,3782	0,6755	0,3721	0,6676	0,3662	0,6599
k=39	0,3985	0,6967	0,3920	0,6886	0,3856	0,6806	0,3795	0,6728	0,3735	0,6652
k=40	0,4058	0,7016	0,3992	0,6935	0,3928	0,6856	0,3866	0,6779	0,3807	0,6703
k=41	0,4129	0,7063	0,4063	0,6983	0,3999	0,6905	0,3937	0,6828	0,3876	0,6753
k=42	0,4198	0,7109	0,4132	0,7030	0,4068	0,6952	0,4005	0,6875	0,3945	0,6801
k=43	0,4266	0,7153	0,4200	0,7075	0,4135	0,6997	0,4072	0,6922	0,4012	0,6847
k=44	0,4333	0,7196	0,4266	0,7118	0,4201	0,7041	0,4138	0,6966	0,4077	0,6893
k=45	0,4398	0,7238	0,4331	0,7160	0,4266	0,7084	0,4203	0,7010	0,4142	0,6937
k=46	0,4461	0,7278	0,4394	0,7201	0,4329	0,7126	0,4266	0,7052	0,4204	0,6979
k=47	0,4524	0,7317	0,4456	0,7241	0,4391	0,7166	0,4327	0,7093	0,4266	0,7021
k=48	0,4584	0,7356	0,4517	0,7280	0,4452	0,7206	0,4388	0,7133	0,4326	0,7061
k=49	0,4644	0,7393	0,4576	0,7318	0,4511	0,7244	0,4447	0,7172	0,4386	0,7101
k=50	0,4702	0,7429	0,4635	0,7354	0,4569	0,7281	0,4505	0,7209	0,4443	0,7139
k=51	0,4759	0,7464	0,4692	0,7390	0,4626	0,7317	0,4562	0,7246	0,4500	0,7176
k=52	0,4815	0,7498	0,4748	0,7425	0,4682	0,7353	0,4618	0,7282	0,4556	0,7212
k=53	0,4870	0,7531	0,4802	0,7458	0,4737	0,7387	0,4673	0,7317	0,4611	0,7248
k=54	0,4923	0,7563	0,4856	0,7491	0,4790	0,7420	0,4726	0,7351	0,4664	0,7282
k=55	0,4976	0,7595	0,4908	0,7523	0,4843	0,7453	0,4779	0,7384	0,4717	0,7316
k=56	0,5027	0,7625	0,4960	0,7554	0,4894	0,7485	0,4831	0,7416	0,4768	0,7349
k=57	0,5078	0,7655	0,5011	0,7585	0,4945	0,7516	0,4881	0,7448	0,4819	0,7381
k=58	0,5127	0,7684	0,5060	0,7615	0,4995	0,7546	0,4931	0,7478	0,4869	0,7412
k=59	0,5176	0,7713	0,5109	0,7643	0,5043	0,7575	0,4979	0,7508	0,4917	0,7442
k=60	0,5224	0,7740	0,5156	0,7672	0,5091	0,7604	0,5027	0,7538	0,4965	0,7472

Tabelle F 5 b (Fortsetzung) **99%-Intervalle**

37		38		39		40		41	
Low	High	Low	High	Low	High	Low	High	Low	High
0,0003	0,1624	0,0003	0,1586	0,0003	0,1549	0,0003	0,1513	0,0002	0,1480
0,0039	0,1999	0,0038	0,1953	0,0037	0,1909	0,0036	0,1867	0,0035	0,1827
0,0111	0,2327	0,0108	0,2275	0,0105	0,2226	0,0102	0,2178	0,0100	0,2133
0,0205	0,2621	0,0199	0,2565	0,0194	0,2510	0,0189	0,2458	0,0185	0,2408
0,0312	0,2887	0,0304	0,2826	0,0296	0,2768	0,0289	0,2712	0,0282	0,2658
0,0428	0,3130	0,0417	0,3066	0,0407	0,3004	0,0397	0,2945	0,0388	0,2888
0,0549	0,3353	0,0535	0,3286	0,0522	0,3222	0,0510	0,3160	0,0498	0,3100
0,0672	0,3560	0,0656	0,3491	0,0640	0,3424	0,0625	0,3360	0,0611	0,3298
0,0797	0,3753	0,0778	0,3681	0,0760	0,3613	0,0743	0,3547	0,0726	0,3483
0,0922	0,3933	0,0901	0,3860	0,0880	0,3789	0,0860	0,3722	0,0842	0,3656
0,1047	0,4101	0,1023	0,4027	0,1000	0,3955	0,0978	0,3886	0,0957	0,3820
0,1170	0,4260	0,1144	0,4185	0,1119	0,4112	0,1095	0,4042	0,1072	0,3974
0,1293	0,4410	0,1264	0,4333	0,1237	0,4260	0,1211	0,4188	0,1186	0,4119
0,1413	0,4551	0,1383	0,4474	0,1353	0,4400	0,1325	0,4328	0,1298	0,4258
0,1532	0,4685	0,1499	0,4607	0,1468	0,4532	0,1438	0,4460	0,1410	0,4389
0,1649	0,4812	0,1614	0,4734	0,1581	0,4658	0,1549	0,4585	0,1519	0,4514
0,1763	0,4933	0,1727	0,4854	0,1692	0,4779	0,1659	0,4705	0,1627	0,4633
0,1875	0,5048	0,1838	0,4969	0,1801	0,4893	0,1766	0,4819	0,1733	0,4747
0,1985	0,5157	0,1946	0,5079	0,1908	0,5002	0,1872	0,4928	0,1837	0,4856
0,2093	0,5262	0,2052	0,5183	0,2013	0,5107	0,1975	0,5033	0,1939	0,4960
0,2199	0,5362	0,2156	0,5283	0,2116	0,5207	0,2077	0,5132	0,2039	0,5060
0,2302	0,5458	0,2258	0,5379	0,2216	0,5303	0,2176	0,5228	0,2137	0,5156
0,2403	0,5550	0,2358	0,5471	0,2315	0,5395	0,2273	0,5320	0,2233	0,5248
0,2502	0,5638	0,2456	0,5559	0,2412	0,5483	0,2369	0,5409	0,2328	0,5336
0,2598	0,5722	0,2551	0,5644	0,2506	0,5568	0,2462	0,5494	0,2420	0,5421
0,2693	0,5803	0,2645	0,5725	0,2599	0,5649	0,2554	0,5575	0,2511	0,5503
0,2785	0,5881	0,2736	0,5803	0,2689	0,5728	0,2644	0,5654	0,2599	0,5582
0,2876	0,5956	0,2826	0,5879	0,2778	0,5803	0,2731	0,5730	0,2686	0,5658
0,2964	0,6028	0,2913	0,5952	0,2865	0,5876	0,2817	0,5803	0,2772	0,5731
0,3051	0,6098	0,2999	0,6022	0,2949	0,5947	0,2901	0,5874	0,2855	0,5802
0,3135	0,6165	0,3083	0,6089	0,3033	0,6015	0,2984	0,5942	0,2937	0,5871
0,3218	0,6230	0,3165	0,6155	0,3114	0,6080	0,3065	0,6008	0,3017	0,5937
0,3299	0,6293	0,3245	0,6218	0,3194	0,6144	0,3144	0,6072	0,3095	0,6001
0,3378	0,6354	0,3324	0,6279	0,3272	0,6205	0,3221	0,6134	0,3172	0,6063
0,3455	0,6412	0,3401	0,6338	0,3348	0,6265	0,3297	0,6193	0,3247	0,6124
0,3531	0,6469	0,3476	0,6395	0,3423	0,6322	0,3371	0,6251	0,3321	0,6182
0,3605	0,6524	0,3550	0,6450	0,3496	0,6378	0,3444	0,6307	0,3393	0,6238
0,3678	0,6577	0,3622	0,6504	0,3568	0,6432	0,3515	0,6362	0,3464	0,6293
0,3749	0,6629	0,3693	0,6556	0,3638	0,6485	0,3585	0,6415	0,3534	0,6346
0,3818	0,6679	0,3762	0,6607	0,3707	0,6536	0,3654	0,6466	0,3602	0,6398
0,3886	0,6727	0,3829	0,6656	0,3774	0,6585	0,3721	0,6516	0,3669	0,6448
0,3953	0,6775	0,3896	0,6703	0,3840	0,6633	0,3787	0,6564	0,3734	0,6497
0,4018	0,6820	0,3961	0,6749	0,3905	0,6680	0,3851	0,6612	0,3798	0,6545
0,4082	0,6865	0,4025	0,6794	0,3969	0,6725	0,3914	0,6657	0,3861	0,6591
0,4145	0,6908	0,4087	0,6838	0,4031	0,6769	0,3976	0,6702	0,3923	0,6636
0,4206	0,6950	0,4148	0,6881	0,4092	0,6812	0,4037	0,6745	0,3984	0,6680
0,4266	0,6991	0,4208	0,6922	0,4152	0,6854	0,4097	0,6788	0,4043	0,6722
0,4325	0,7031	0,4267	0,6962	0,4210	0,6895	0,4155	0,6829	0,4101	0,6764
0,4383	0,7070	0,4325	0,7002	0,4268	0,6935	0,4213	0,6869	0,4159	0,6804
0,4440	0,7107	0,4382	0,7040	0,4324	0,6973	0,4269	0,6908	0,4215	0,6844
0,4496	0,7144	0,4437	0,7077	0,4380	0,7011	0,4324	0,6946	0,4270	0,6882
0,4550	0,7180	0,4492	0,7113	0,4434	0,7048	0,4379	0,6983	0,4324	0,6920
0,4604	0,7215	0,4545	0,7149	0,4488	0,7084	0,4432	0,7019	0,4377	0,6956
0,4656	0,7249	0,4597	0,7183	0,4540	0,7119	0,4484	0,7055	0,4430	0,6992
0,4708	0,7282	0,4649	0,7217	0,4592	0,7153	0,4536	0,7089	0,4481	0,7027
0,4759	0,7315	0,4700	0,7250	0,4642	0,7186	0,4586	0,7123	0,4531	0,7061
0,4808	0,7346	0,4749	0,7282	0,4692	0,7218	0,4636	0,7156	0,4581	0,7095
0,4857	0,7377	0,4798	0,7313	0,4740	0,7250	0,4684	0,7188	0,4630	0,7127
0,4905	0,7408	0,4846	0,7344	0,4788	0,7281	0,4732	0,7220	0,4677	0,7159

Tabelle F 5 b (Fortsetzung) **99%-Intervalle**

r=	42		43		44		45		46	
	Low	High	Low	High	Low	High	Low	High	Low	High
k= 2	0,0002	0,1448	0,0002	0,1417	0,0002	0,1387	0,0002	0,1359	0,0002	0,1332
k= 3	0,0034	0,1788	0,0033	0,1751	0,0032	0,1715	0,0031	0,1682	0,0031	0,1649
k= 4	0,0097	0,2089	0,0095	0,2047	0,0093	0,2007	0,0090	0,1968	0,0088	0,1930
k= 5	0,0180	0,2359	0,0176	0,2313	0,0172	0,2269	0,0168	0,2226	0,0164	0,2185
k= 6	0,0276	0,2606	0,0269	0,2556	0,0263	0,2509	0,0258	0,2462	0,0252	0,2418
k= 7	0,0379	0,2833	0,0370	0,2780	0,0362	0,2729	0,0354	0,2680	0,0347	0,2633
k= 8	0,0487	0,3043	0,0476	0,2987	0,0466	0,2934	0,0456	0,2883	0,0447	0,2833
k= 9	0,0598	0,3238	0,0585	0,3181	0,0573	0,3125	0,0561	0,3072	0,0549	0,3020
k=10	0,0710	0,3421	0,0695	0,3362	0,0681	0,3304	0,0667	0,3249	0,0654	0,3195
k=11	0,0824	0,3593	0,0807	0,3532	0,0790	0,3473	0,0774	0,3416	0,0759	0,3361
k=12	0,0937	0,3755	0,0918	0,3692	0,0899	0,3632	0,0882	0,3574	0,0865	0,3517
k=13	0,1050	0,3908	0,1029	0,3844	0,1008	0,3783	0,0989	0,3723	0,0970	0,3665
k=14	0,1162	0,4053	0,1139	0,3988	0,1117	0,3925	0,1095	0,3865	0,1075	0,3806
k=15	0,1273	0,4190	0,1248	0,4125	0,1224	0,4061	0,1201	0,3999	0,1179	0,3940
k=16	0,1382	0,4321	0,1355	0,4255	0,1330	0,4190	0,1305	0,4128	0,1282	0,4067
k=17	0,1490	0,4445	0,1462	0,4378	0,1434	0,4314	0,1408	0,4251	0,1383	0,4189
k=18	0,1596	0,4564	0,1566	0,4497	0,1538	0,4431	0,1510	0,4368	0,1483	0,4306
k=19	0,1700	0,4678	0,1669	0,4610	0,1639	0,4544	0,1610	0,4480	0,1582	0,4418
k=20	0,1803	0,4786	0,1770	0,4718	0,1739	0,4652	0,1709	0,4587	0,1679	0,4525
k=21	0,1904	0,4890	0,1870	0,4822	0,1837	0,4755	0,1805	0,4690	0,1775	0,4627
k=22	0,2002	0,4990	0,1967	0,4921	0,1933	0,4854	0,1901	0,4789	0,1869	0,4726
k=23	0,2099	0,5085	0,2063	0,5017	0,2028	0,4950	0,1994	0,4885	0,1961	0,4821
k=24	0,2195	0,5177	0,2157	0,5109	0,2121	0,5042	0,2086	0,4976	0,2052	0,4913
k=25	0,2288	0,5266	0,2249	0,5197	0,2212	0,5130	0,2176	0,5065	0,2141	0,5001
k=26	0,2379	0,5351	0,2340	0,5282	0,2302	0,5215	0,2265	0,5150	0,2229	0,5086
k=27	0,2469	0,5433	0,2429	0,5364	0,2389	0,5297	0,2352	0,5232	0,2315	0,5168
k=28	0,2557	0,5512	0,2516	0,5443	0,2476	0,5376	0,2437	0,5311	0,2399	0,5247
k=29	0,2643	0,5588	0,2601	0,5520	0,2560	0,5453	0,2521	0,5387	0,2482	0,5324
k=30	0,2727	0,5662	0,2684	0,5593	0,2643	0,5527	0,2603	0,5461	0,2564	0,5398
k=31	0,2810	0,5733	0,2766	0,5665	0,2724	0,5598	0,2683	0,5533	0,2643	0,5469
k=32	0,2891	0,5802	0,2847	0,5734	0,2804	0,5667	0,2762	0,5602	0,2722	0,5539
k=33	0,2970	0,5868	0,2925	0,5800	0,2882	0,5734	0,2840	0,5669	0,2799	0,5606
k=34	0,3048	0,5932	0,3003	0,5865	0,2959	0,5799	0,2916	0,5734	0,2874	0,5671
k=35	0,3125	0,5995	0,3078	0,5928	0,3034	0,5862	0,2990	0,5797	0,2948	0,5734
k=36	0,3199	0,6055	0,3153	0,5988	0,3107	0,5923	0,3063	0,5858	0,3021	0,5796
k=37	0,3273	0,6114	0,3225	0,6047	0,3180	0,5982	0,3135	0,5918	0,3092	0,5855
k=38	0,3344	0,6171	0,3297	0,6104	0,3251	0,6039	0,3206	0,5975	0,3162	0,5913
k=39	0,3415	0,6226	0,3367	0,6160	0,3320	0,6095	0,3275	0,6031	0,3231	0,5969
k=40	0,3484	0,6279	0,3436	0,6213	0,3388	0,6149	0,3343	0,6086	0,3298	0,6024
k=41	0,3552	0,6331	0,3503	0,6266	0,3455	0,6202	0,3409	0,6139	0,3364	0,6077
k=42	0,3618	0,6382	0,3569	0,6317	0,3521	0,6253	0,3475	0,6190	0,3429	0,6129
k=43	0,3683	0,6431	0,3634	0,6366	0,3586	0,6303	0,3539	0,6240	0,3493	0,6179
k=44	0,3747	0,6479	0,3697	0,6414	0,3649	0,6351	0,3602	0,6289	0,3556	0,6228
k=45	0,3810	0,6525	0,3760	0,6461	0,3711	0,6398	0,3664	0,6336	0,3617	0,6276
k=46	0,3871	0,6571	0,3821	0,6507	0,3772	0,6444	0,3724	0,6383	0,3678	0,6322
k=47	0,3932	0,6615	0,3881	0,6551	0,3832	0,6489	0,3784	0,6428	0,3737	0,6368
k=48	0,3991	0,6658	0,3940	0,6595	0,3891	0,6533	0,3842	0,6472	0,3795	0,6412
k=49	0,4049	0,6700	0,3998	0,6637	0,3948	0,6575	0,3900	0,6515	0,3853	0,6455
k=50	0,4106	0,6741	0,4055	0,6678	0,4005	0,6617	0,3956	0,6557	0,3909	0,6497
k=51	0,4162	0,6781	0,4111	0,6718	0,4061	0,6657	0,4012	0,6597	0,3964	0,6538
k=52	0,4217	0,6819	0,4166	0,6758	0,4115	0,6697	0,4066	0,6637	0,4019	0,6579
k=53	0,4271	0,6857	0,4220	0,6796	0,4169	0,6736	0,4120	0,6676	0,4072	0,6618
k=54	0,4324	0,6894	0,4273	0,6833	0,4222	0,6773	0,4173	0,6714	0,4125	0,6656
k=55	0,4376	0,6931	0,4325	0,6870	0,4274	0,6810	0,4224	0,6751	0,4176	0,6694
k=56	0,4428	0,6966	0,4376	0,6906	0,4325	0,6846	0,4275	0,6788	0,4227	0,6730
k=57	0,4478	0,7000	0,4426	0,6940	0,4375	0,6881	0,4325	0,6823	0,4277	0,6766
k=58	0,4528	0,7034	0,4475	0,6974	0,4425	0,6916	0,4375	0,6858	0,4326	0,6801
k=59	0,4576	0,7067	0,4524	0,7008	0,4473	0,6949	0,4423	0,6892	0,4374	0,6835
k=60	0,4624	0,7099	0,4572	0,7040	0,4521	0,6982	0,4471	0,6925	0,4422	0,6869

Tabelle F 5 b (Fortsetzung) **99%-Intervalle**

47		48		49		50		51	
Low	High	Low	High	Low	High	Low	High	Low	High
0,0002	0,1306	0,0002	0,1280	0,0002	0,1256	0,0002	0,1233	0,0002	0,1211
0,0030	0,1617	0,0029	0,1587	0,0029	0,1558	0,0028	0,1530	0,0028	0,1502
0,0086	0,1895	0,0085	0,1860	0,0083	0,1826	0,0081	0,1794	0,0079	0,1763
0,0161	0,2145	0,0158	0,2107	0,0154	0,2070	0,0151	0,2034	0,0148	0,2000
0,0247	0,2375	0,0242	0,2334	0,0237	0,2294	0,0232	0,2255	0,0228	0,2217
0,0340	0,2587	0,0333	0,2543	0,0326	0,2500	0,0320	0,2459	0,0314	0,2419
0,0438	0,2785	0,0429	0,2738	0,0421	0,2693	0,0413	0,2650	0,0405	0,2608
0,0538	0,2970	0,0528	0,2921	0,0518	0,2874	0,0508	0,2828	0,0499	0,2784
0,0641	0,3143	0,0629	0,3093	0,0617	0,3044	0,0605	0,2997	0,0594	0,2951
0,0745	0,3307	0,0730	0,3255	0,0717	0,3205	0,0704	0,3156	0,0691	0,3109
0,0848	0,3462	0,0833	0,3409	0,0817	0,3357	0,0803	0,3307	0,0789	0,3258
0,0952	0,3609	0,0935	0,3554	0,0918	0,3502	0,0902	0,3450	0,0886	0,3400
0,1055	0,3749	0,1036	0,3693	0,1018	0,3639	0,1000	0,3587	0,0983	0,3536
0,1157	0,3882	0,1137	0,3825	0,1117	0,3770	0,1098	0,3717	0,1079	0,3665
0,1259	0,4008	0,1237	0,3951	0,1215	0,3896	0,1195	0,3842	0,1175	0,3789
0,1359	0,4130	0,1335	0,4072	0,1313	0,4015	0,1291	0,3961	0,1270	0,3907
0,1458	0,4246	0,1433	0,4187	0,1409	0,4130	0,1386	0,4075	0,1363	0,4021
0,1555	0,4357	0,1529	0,4298	0,1504	0,4240	0,1479	0,4184	0,1456	0,4130
0,1651	0,4464	0,1624	0,4404	0,1597	0,4346	0,1572	0,4290	0,1547	0,4235
0,1746	0,4566	0,1717	0,4506	0,1689	0,4448	0,1663	0,4391	0,1637	0,4336
0,1838	0,4664	0,1809	0,4604	0,1780	0,4546	0,1752	0,4489	0,1725	0,4433
0,1930	0,4759	0,1899	0,4699	0,1869	0,4640	0,1841	0,4583	0,1813	0,4526
0,2020	0,4851	0,1988	0,4790	0,1957	0,4731	0,1927	0,4673	0,1899	0,4617
0,2108	0,4939	0,2075	0,4878	0,2044	0,4818	0,2013	0,4761	0,1983	0,4704
0,2194	0,5024	0,2161	0,4963	0,2128	0,4903	0,2097	0,4845	0,2066	0,4789
0,2280	0,5106	0,2245	0,5045	0,2212	0,4985	0,2179	0,4927	0,2148	0,4870
0,2363	0,5185	0,2328	0,5124	0,2294	0,5064	0,2260	0,5006	0,2228	0,4949
0,2445	0,5261	0,2409	0,5200	0,2374	0,5141	0,2340	0,5082	0,2307	0,5025
0,2526	0,5335	0,2489	0,5274	0,2453	0,5215	0,2419	0,5156	0,2385	0,5099
0,2605	0,5407	0,2567	0,5346	0,2531	0,5287	0,2496	0,5228	0,2461	0,5171
0,2683	0,5476	0,2644	0,5416	0,2607	0,5356	0,2571	0,5298	0,2536	0,5241
0,2759	0,5544	0,2720	0,5483	0,2682	0,5424	0,2646	0,5365	0,2610	0,5308
0,2834	0,5609	0,2794	0,5548	0,2756	0,5489	0,2719	0,5431	0,2683	0,5374
0,2907	0,5673	0,2867	0,5612	0,2828	0,5553	0,2791	0,5495	0,2754	0,5438
0,2979	0,5734	0,2939	0,5674	0,2899	0,5614	0,2861	0,5557	0,2824	0,5500
0,3050	0,5794	0,3009	0,5734	0,2969	0,5675	0,2930	0,5617	0,2893	0,5560
0,3119	0,5852	0,3078	0,5792	0,3038	0,5733	0,2998	0,5675	0,2960	0,5618
0,3188	0,5908	0,3146	0,5848	0,3105	0,5790	0,3065	0,5732	0,3027	0,5676
0,3255	0,5963	0,3212	0,5903	0,3171	0,5845	0,3131	0,5787	0,3092	0,5731
0,3320	0,6016	0,3278	0,5957	0,3236	0,5899	0,3196	0,5841	0,3156	0,5785
0,3385	0,6068	0,3342	0,6009	0,3300	0,5951	0,3259	0,5894	0,3219	0,5838
0,3449	0,6119	0,3405	0,6060	0,3363	0,6002	0,3322	0,5945	0,3282	0,5889
0,3511	0,6168	0,3467	0,6109	0,3425	0,6052	0,3383	0,5995	0,3343	0,5939
0,3572	0,6216	0,3528	0,6158	0,3485	0,6100	0,3443	0,6044	0,3403	0,5988
0,3632	0,6263	0,3588	0,6205	0,3545	0,6147	0,3503	0,6091	0,3462	0,6036
0,3691	0,6309	0,3647	0,6251	0,3603	0,6194	0,3561	0,6137	0,3520	0,6082
0,3749	0,6353	0,3705	0,6295	0,3661	0,6239	0,3618	0,6183	0,3577	0,6128
0,3806	0,6397	0,3761	0,6339	0,3718	0,6282	0,3675	0,6227	0,3633	0,6172
0,3863	0,6439	0,3817	0,6382	0,3773	0,6325	0,3730	0,6270	0,3688	0,6215
0,3918	0,6480	0,3872	0,6423	0,3828	0,6367	0,3785	0,6312	0,3742	0,6258
0,3972	0,6521	0,3926	0,6464	0,3882	0,6408	0,3838	0,6353	0,3796	0,6299
0,4025	0,6560	0,3979	0,6504	0,3935	0,6448	0,3891	0,6393	0,3848	0,6340
0,4078	0,6599	0,4032	0,6543	0,3987	0,6487	0,3943	0,6433	0,3900	0,6379
0,4129	0,6637	0,4083	0,6581	0,4038	0,6526	0,3994	0,6471	0,3951	0,6418
0,4180	0,6674	0,4133	0,6618	0,4088	0,6563	0,4044	0,6509	0,4001	0,6456
0,4230	0,6710	0,4183	0,6654	0,4138	0,6600	0,4094	0,6546	0,4050	0,6493
0,4279	0,6745	0,4232	0,6690	0,4187	0,6636	0,4142	0,6582	0,4099	0,6529
0,4327	0,6780	0,4280	0,6725	0,4235	0,6671	0,4190	0,6617	0,4147	0,6565
0,4374	0,6813	0,4328	0,6759	0,4282	0,6705	0,4237	0,6652	0,4194	0,6600

Tabelle F 5 b (Fortsetzung) **99%-Intervalle**

r=	52		53		54		55		56	
	Low	High	Low	High	Low	High	Low	High	Low	High
k= 2	0,0002	0,1189	0,0002	0,1168	0,0002	0,1148	0,0002	0,1129	0,0002	0,1110
k= 3	0,0027	0,1476	0,0026	0,1451	0,0026	0,1427	0,0025	0,1403	0,0025	0,1380
k= 4	0,0078	0,1733	0,0076	0,1704	0,0075	0,1676	0,0074	0,1649	0,0072	0,1622
k= 5	0,0145	0,1966	0,0143	0,1934	0,0140	0,1903	0,0137	0,1873	0,0135	0,1844
k= 6	0,0223	0,2181	0,0219	0,2146	0,0215	0,2112	0,0211	0,2079	0,0207	0,2047
k= 7	0,0308	0,2381	0,0302	0,2343	0,0297	0,2307	0,0292	0,2272	0,0287	0,2238
k= 8	0,0397	0,2567	0,0390	0,2527	0,0383	0,2489	0,0377	0,2452	0,0370	0,2415
k= 9	0,0490	0,2742	0,0481	0,2700	0,0473	0,2660	0,0464	0,2621	0,0457	0,2583
k=10	0,0584	0,2907	0,0574	0,2864	0,0564	0,2822	0,0554	0,2781	0,0545	0,2741
k=11	0,0679	0,3063	0,0667	0,3018	0,0656	0,2975	0,0645	0,2933	0,0635	0,2892
k=12	0,0775	0,3211	0,0762	0,3165	0,0749	0,3120	0,0737	0,3077	0,0725	0,3035
k=13	0,0871	0,3352	0,0856	0,3305	0,0842	0,3259	0,0828	0,3214	0,0815	0,3171
k=14	0,0966	0,3486	0,0950	0,3438	0,0935	0,3391	0,0920	0,3346	0,0905	0,3301
k=15	0,1061	0,3615	0,1044	0,3566	0,1027	0,3518	0,1011	0,3471	0,0995	0,3426
k=16	0,1156	0,3738	0,1137	0,3688	0,1119	0,3639	0,1102	0,3592	0,1085	0,3546
k=17	0,1249	0,3855	0,1229	0,3805	0,1210	0,3755	0,1191	0,3707	0,1173	0,3660
k=18	0,1342	0,3968	0,1321	0,3917	0,1300	0,3867	0,1280	0,3818	0,1261	0,3771
k=19	0,1433	0,4077	0,1411	0,4025	0,1389	0,3974	0,1368	0,3925	0,1348	0,3877
k=20	0,1523	0,4181	0,1500	0,4129	0,1477	0,4078	0,1455	0,4028	0,1434	0,3979
k=21	0,1612	0,4282	0,1587	0,4229	0,1564	0,4177	0,1541	0,4127	0,1519	0,4078
k=22	0,1699	0,4378	0,1674	0,4325	0,1649	0,4273	0,1626	0,4223	0,1602	0,4173
k=23	0,1786	0,4472	0,1759	0,4418	0,1734	0,4366	0,1709	0,4315	0,1685	0,4265
k=24	0,1871	0,4562	0,1843	0,4508	0,1817	0,4455	0,1791	0,4404	0,1766	0,4354
k=25	0,1954	0,4649	0,1926	0,4595	0,1899	0,4542	0,1872	0,4490	0,1847	0,4440
k=26	0,2036	0,4733	0,2008	0,4679	0,1979	0,4626	0,1952	0,4574	0,1926	0,4523
k=27	0,2117	0,4815	0,2088	0,4760	0,2059	0,4707	0,2031	0,4655	0,2003	0,4604
k=28	0,2197	0,4893	0,2166	0,4839	0,2137	0,4785	0,2108	0,4733	0,2080	0,4682
k=29	0,2275	0,4970	0,2244	0,4915	0,2214	0,4862	0,2184	0,4809	0,2155	0,4758
k=30	0,2352	0,5044	0,2320	0,4989	0,2289	0,4935	0,2259	0,4883	0,2230	0,4832
k=31	0,2428	0,5115	0,2395	0,5061	0,2364	0,5007	0,2333	0,4955	0,2303	0,4903
k=32	0,2502	0,5185	0,2469	0,5130	0,2437	0,5077	0,2405	0,5024	0,2375	0,4973
k=33	0,2575	0,5252	0,2542	0,5198	0,2509	0,5144	0,2477	0,5092	0,2446	0,5040
k=34	0,2647	0,5318	0,2613	0,5263	0,2580	0,5210	0,2547	0,5157	0,2515	0,5106
k=35	0,2718	0,5382	0,2683	0,5327	0,2649	0,5274	0,2616	0,5221	0,2584	0,5169
k=36	0,2788	0,5444	0,2752	0,5389	0,2718	0,5336	0,2684	0,5283	0,2651	0,5232
k=37	0,2856	0,5504	0,2820	0,5450	0,2785	0,5396	0,2751	0,5344	0,2718	0,5292
k=38	0,2923	0,5563	0,2887	0,5508	0,2851	0,5455	0,2817	0,5403	0,2783	0,5351
k=39	0,2989	0,5620	0,2952	0,5566	0,2916	0,5512	0,2881	0,5460	0,2847	0,5408
k=40	0,3054	0,5676	0,3017	0,5621	0,2981	0,5568	0,2945	0,5516	0,2911	0,5464
k=41	0,3118	0,5730	0,3080	0,5676	0,3044	0,5623	0,3008	0,5570	0,2973	0,5519
k=42	0,3181	0,5783	0,3143	0,5729	0,3106	0,5676	0,3069	0,5624	0,3034	0,5572
k=43	0,3242	0,5834	0,3204	0,5780	0,3167	0,5727	0,3130	0,5675	0,3094	0,5624
k=44	0,3303	0,5885	0,3264	0,5831	0,3227	0,5778	0,3190	0,5726	0,3154	0,5675
k=45	0,3363	0,5934	0,3324	0,5880	0,3286	0,5827	0,3249	0,5776	0,3212	0,5725
k=46	0,3421	0,5981	0,3382	0,5928	0,3344	0,5875	0,3306	0,5824	0,3270	0,5773
k=47	0,3479	0,6028	0,3440	0,5975	0,3401	0,5922	0,3363	0,5871	0,3326	0,5820
k=48	0,3536	0,6074	0,3496	0,6021	0,3457	0,5968	0,3419	0,5917	0,3382	0,5867
k=49	0,3592	0,6118	0,3552	0,6065	0,3513	0,6013	0,3474	0,5962	0,3437	0,5912
k=50	0,3647	0,6162	0,3607	0,6109	0,3567	0,6057	0,3529	0,6006	0,3491	0,5956
k=51	0,3701	0,6204	0,3660	0,6152	0,3621	0,6100	0,3582	0,6049	0,3544	0,5999
k=52	0,3754	0,6246	0,3713	0,6194	0,3674	0,6142	0,3635	0,6091	0,3597	0,6041
k=53	0,3806	0,6287	0,3766	0,6234	0,3726	0,6183	0,3686	0,6133	0,3648	0,6083
k=54	0,3858	0,6326	0,3817	0,6274	0,3777	0,6223	0,3737	0,6173	0,3699	0,6123
k=55	0,3909	0,6365	0,3867	0,6314	0,3827	0,6263	0,3788	0,6212	0,3749	0,6163
k=56	0,3959	0,6403	0,3917	0,6352	0,3877	0,6301	0,3837	0,6251	0,3798	0,6202
k=57	0,4008	0,6441	0,3966	0,6389	0,3926	0,6339	0,3886	0,6289	0,3847	0,6240
k=58	0,4056	0,6477	0,4015	0,6426	0,3974	0,6376	0,3934	0,6326	0,3895	0,6277
k=59	0,4104	0,6513	0,4062	0,6462	0,4021	0,6412	0,3981	0,6362	0,3942	0,6314
k=60	0,4151	0,6548	0,4109	0,6497	0,4068	0,6447	0,4028	0,6398	0,3988	0,6350

Tabelle F 5 b (Fortsetzung) **99%-Intervalle**

57		58		59		60	
Low	High	Low	High	Low	High	Low	High
0,0002	0,1091	0,0002	0,1074	0,0002	0,1057	0,0002	0,1040
0,0024	0,1358	0,0024	0,1336	0,0024	0,1316	0,0023	0,1295
0,0071	0,1597	0,0070	0,1572	0,0068	0,1548	0,0067	0,1525
0,0132	0,1815	0,0130	0,1788	0,0128	0,1761	0,0126	0,1735
0,0204	0,2016	0,0200	0,1987	0,0197	0,1958	0,0194	0,1929
0,0282	0,2204	0,0277	0,2172	0,0272	0,2141	0,0268	0,2111
0,0364	0,2380	0,0358	0,2346	0,0352	0,2313	0,0346	0,2281
0,0449	0,2546	0,0442	0,2510	0,0435	0,2475	0,0428	0,2442
0,0536	0,2703	0,0527	0,2666	0,0519	0,2629	0,0511	0,2594
0,0624	0,2852	0,0614	0,2813	0,0605	0,2775	0,0595	0,2739
0,0713	0,2994	0,0702	0,2954	0,0691	0,2915	0,0681	0,2877
0,0802	0,3129	0,0790	0,3088	0,0778	0,3048	0,0766	0,3009
0,0891	0,3258	0,0878	0,3216	0,0865	0,3175	0,0852	0,3135
0,0980	0,3382	0,0965	0,3339	0,0951	0,3297	0,0937	0,3256
0,1068	0,3501	0,1052	0,3457	0,1037	0,3414	0,1022	0,3372
0,1156	0,3615	0,1139	0,3570	0,1122	0,3527	0,1106	0,3484
0,1243	0,3724	0,1225	0,3679	0,1207	0,3635	0,1190	0,3592
0,1328	0,3830	0,1309	0,3784	0,1291	0,3739	0,1273	0,3696
0,1413	0,3932	0,1393	0,3885	0,1374	0,3840	0,1355	0,3796
0,1497	0,4030	0,1476	0,3983	0,1456	0,3937	0,1436	0,3893
0,1580	0,4125	0,1558	0,4077	0,1537	0,4031	0,1516	0,3986
0,1662	0,4216	0,1639	0,4169	0,1617	0,4122	0,1595	0,4076
0,1742	0,4305	0,1718	0,4257	0,1696	0,4210	0,1673	0,4164
0,1821	0,4391	0,1797	0,4342	0,1773	0,4295	0,1750	0,4249
0,1900	0,4474	0,1875	0,4425	0,1850	0,4378	0,1826	0,4331
0,1977	0,4554	0,1951	0,4505	0,1926	0,4458	0,1901	0,4411
0,2053	0,4632	0,2026	0,4583	0,2000	0,4535	0,1975	0,4488
0,2127	0,4708	0,2100	0,4659	0,2074	0,4611	0,2048	0,4563
0,2201	0,4781	0,2173	0,4732	0,2146	0,4684	0,2119	0,4636
0,2274	0,4853	0,2245	0,4803	0,2217	0,4755	0,2190	0,4707
0,2345	0,4922	0,2316	0,4873	0,2287	0,4824	0,2260	0,4776
0,2415	0,4989	0,2385	0,4940	0,2357	0,4891	0,2328	0,4844
0,2484	0,5055	0,2454	0,5005	0,2425	0,4957	0,2396	0,4909
0,2552	0,5119	0,2522	0,5069	0,2492	0,5021	0,2462	0,4973
0,2619	0,5181	0,2588	0,5131	0,2558	0,5083	0,2528	0,5035
0,2685	0,5241	0,2654	0,5192	0,2623	0,5143	0,2592	0,5095
0,2750	0,5300	0,2718	0,5251	0,2687	0,5202	0,2656	0,5154
0,2814	0,5358	0,2782	0,5308	0,2750	0,5260	0,2719	0,5212
0,2877	0,5414	0,2844	0,5364	0,2812	0,5316	0,2780	0,5268
0,2939	0,5469	0,2905	0,5419	0,2873	0,5370	0,2841	0,5323
0,3000	0,5522	0,2966	0,5472	0,2933	0,5424	0,2901	0,5376
0,3060	0,5574	0,3026	0,5525	0,2992	0,5476	0,2960	0,5428
0,3119	0,5625	0,3084	0,5575	0,3051	0,5527	0,3018	0,5479
0,3177	0,5675	0,3142	0,5625	0,3108	0,5577	0,3075	0,5529
0,3234	0,5723	0,3199	0,5674	0,3165	0,5626	0,3131	0,5578
0,3290	0,5770	0,3255	0,5721	0,3220	0,5673	0,3187	0,5626
0,3346	0,5817	0,3310	0,5768	0,3275	0,5720	0,3241	0,5672
0,3400	0,5862	0,3364	0,5813	0,3329	0,5765	0,3295	0,5718
0,3454	0,5906	0,3418	0,5858	0,3383	0,5810	0,3348	0,5763
0,3507	0,5950	0,3471	0,5901	0,3435	0,5853	0,3400	0,5806
0,3559	0,5992	0,3523	0,5944	0,3487	0,5896	0,3452	0,5849
0,3611	0,6034	0,3574	0,5985	0,3538	0,5938	0,3503	0,5891
0,3661	0,6074	0,3624	0,6026	0,3588	0,5979	0,3553	0,5932
0,3711	0,6114	0,3674	0,6066	0,3638	0,6019	0,3602	0,5972
0,3760	0,6153	0,3723	0,6105	0,3686	0,6058	0,3650	0,6012
0,3809	0,6191	0,3771	0,6144	0,3734	0,6097	0,3698	0,6050
0,3856	0,6229	0,3819	0,6181	0,3782	0,6135	0,3746	0,6088
0,3903	0,6266	0,3865	0,6218	0,3829	0,6171	0,3792	0,6126
0,3950	0,6302	0,3912	0,6254	0,3874	0,6208	0,3838	0,6162

Tabelle F6. Iterationshäufigkeitstest (Quelle: Lienert, G.A. (1975) Verteilungsfreie Methoden in der Biostatistik, Tafelband. Meisenheim: Hain)

N_1	N_2	a				$1-a$			
		0,005	0,01	0,025	0,05	0,95	0,975	0,99	0,995
2	2	–	–	–	–	4	4	4	4
	3	–	–	–	–	5	5	5	5
	4	–	–	–	–	5	5	5	5
	5	–	–	–	–	5	5	5	5
2	6	–	–	–	–	5	5	5	5
	7	–	–	–	–	5	5	5	5
	8	–	–	–	2	5	5	5	5
	9	–	–	–	2	5	5	5	5
	10	–	–	–	2	5	5	5	5
2	11	–	–	–	2	5	5	5	5
	12	–	–	2	2	5	5	5	5
	13	–	–	2	2	5	5	5	5
	14	–	–	2	2	5	5	5	5
	15	–	–	2	2	5	5	5	5
2	16	–	–	2	2	5	5	5	5
	17	–	–	2	2	5	5	5	5
	18	–	–	2	2	5	5	5	5
	19	–	2	2	2	5	5	5	5
	20	–	2	2	2	5	5	5	5
3	3	–	–	–	–	6	6	6	6
	4	–	–	–	–	6	7	7	7
	5	–	–	–	2	7	7	7	7
	6	–	–	2	2	7	7	7	7
	7	–	–	2	2	7	7	7	7
3	8	–	–	2	2	7	7	7	7
	9	–	2	2	2	7	7	7	7
	10	–	2	2	3	7	7	7	7
	11	–	2	2	3	7	7	7	7
	12	2	2	2	3	7	7	7	7
3	13	2	2	2	3	7	7	7	7
	14	2	2	2	3	7	7	7	7
	15	2	2	3	3	7	7	7	7
	16	2	2	3	3	7	7	7	7
	17	2	2	3	3	7	7	7	7
3	18	2	2	3	3	7	7	7	7
	19	2	2	3	3	7	7	7	7
	20	2	2	3	3	7	7	7	7

Für die Handhabung der Tabelle gibt Lienert (1975, S. 182) folgende Anleitung:

„Die Tafel enthält die unteren Schranken der Prüfgröße r_a = Zahl der Iterationen zweier Alternativen für a = 0,005, 0,01, 0,025 und 0,05 sowie die oberen Schranken der Prüfgröße r'_{1-a} für $1-a$ = 0,95, 0,975, 0,99 und 0,995, beide für Alternativenumfänge von N_1 = 2(1) 20 und $N_2 = N_1(1)$ 20, so daß $N_1 \leq N_2$ zu vereinbaren ist. Ein beobachteter r-Wert muß die untere Schranke r_a erreichen oder unterschreiten, um auf der Stufe a signifikant zu sein, hingegen die obere Schranke r'_{1-a} um mindestens eine Einheit übersteigen, um auf der Stufe a signifikant zu sein. Beide Tests sind einseitige Tests gegen zu ,wenige‘ bzw. zu ,viele‘ Iterationen. Will man zweiseitig sowohl gegen zu wenige wie gegen zu viele Iterationen auf der Stufe a prüfen, so lese man die untere Schranke $r_{a/2}$ und die obere Schranke $r'_{1-a/2}$ ab, und stelle fest, ob die untere Schranke erreicht bzw. unterschritten oder die obere Schranke überschritten wird.

Ablesebeispiele: (1) Einseitiger Test gegen zu wenig Iterationen: für N_1 = 3 Einsen und N_2 = 10 Zweien dürfen höchstens $r_{0,05}$ = 3 Iterationen auftreten, wenn Einsen und Zweien zu schlecht durchmischt sein sollen. (2) Einseitiger Test gegen zu viele Iterationen: Für N_1 = 3 und N_2 = 4 müssen mehr als $r'_{0,95}$ = 6 Iterationen beobachtet werden, wenn Einsen und Zweien zu gut durchmischt sein sollen. (3) Zweiseitiger Test: Für N_1 = 3 und N_2 = 10 dürfen bei a = 0,05 höchstens $r_{0,025}$ = 2 bzw. müssen mehr als $r'_{0,975}$ = 7 Iterationen beobachtet werden, wenn Einsen und Zweien außerzufällig durchmischt sein sollen."

Tabelle F6 (Fortsetzung)

N_1	N_2	a				$1-a$			
		0,005	0,01	0,025	0,05	0,95	0,975	0,99	0,995
4	4	–	–	–	2	7	8	8	8
	5	–	–	2	2	8	8	8	9
	6	–	2	2	3	8	8	9	9
	7	–	2	2	3	8	9	9	9
	8	2	2	3	3	9	9	9	9
4	9	2	2	3	3	9	9	9	9
	10	2	2	3	3	9	9	9	9
	11	2	2	3	3	9	9	9	9
	12	2	3	3	4	9	9	9	9
	13	2	3	3	4	9	9	9	9
	14	2	3	3	4	9	9	9	9
4	15	3	3	3	4	9	9	9	9
	16	3	3	4	4	9	9	9	9
	17	3	3	4	4	9	9	9	9
	18	3	3	4	4	9	9	9	9
	19	3	3	4	4	9	9	9	9
	20	3	3	4	4	9	9	9	9
5	5	–	2	2	3	8	9	9	10
	6	2	2	3	3	9	9	10	10
	7	2	2	3	3	9	10	10	11
	8	2	2	3	3	10	10	11	11
	9	2	3	3	4	10	11	11	11
5	10	3	3	3	4	10	11	11	11
	11	3	3	4	4	11	11	11	11
	12	3	3	4	4	11	11	11	11
	13	3	3	4	4	11	11	11	11
	14	3	3	4	5	11	11	11	11
5	15	3	4	4	5	11	11	11	11
	16	3	4	4	5	11	11	11	11
	17	3	4	4	5	11	11	11	11
	18	4	4	5	5	11	11	11	11
	19	4	4	5	5	11	11	11	11
	20	4	4	5	5	11	11	11	11
6	6	2	2	3	3	10	10	11	11
	7	2	3	3	4	10	11	11	12
	8	3	3	3	4	11	11	12	12
	9	3	3	4	4	11	12	12	13
	10	3	3	4	5	11	12	13	13
6	11	3	4	4	5	12	12	13	13
	12	3	4	4	5	12	12	13	13
	13	3	4	5	5	12	13	13	13
	14	4	4	5	5	12	13	13	13
	15	4	4	5	6	13	13	13	13
6	16	4	4	5	6	13	13	13	13
	17	4	5	5	6	13	13	13	13
	18	4	5	5	6	13	13	13	13
	19	4	5	6	6	13	13	13	13
	20	4	5	6	6	13	13	13	13
7	7	3	3	3	4	11	12	12	12
	8	3	3	4	4	12	12	13	13
	9	3	4	4	5	12	13	13	14

Tabelle F6 (Fortsetzung)

N_1	N_2	a				$1-a$			
		0,005	0,01	0,025	0,05	0,95	0,975	0,99	0,995
7	10	3	4	5	5	12	13	14	14
	11	4	4	5	5	13	13	14	14
7	12	4	4	5	6	13	13	14	15
	13	4	5	5	6	13	14	15	15
	14	4	5	5	6	13	14	15	15
	15	4	5	6	6	14	14	15	15
	16	5	5	6	6	14	15	15	15
7	17	5	5	6	7	14	15	15	15
	18	5	5	6	7	14	15	15	15
	19	5	6	6	7	14	15	15	15
	20	5	6	6	7	14	15	15	15
8	8	3	4	4	5	12	13	13	14
	9	3	4	5	5	13	13	14	14
	10	4	4	5	6	13	14	14	15
	11	4	5	5	6	14	14	15	15
	12	4	5	6	6	14	15	15	16
8	13	5	5	6	6	14	15	16	16
	14	5	5	6	7	15	15	16	16
	15	5	5	6	7	15	15	16	17
	16	5	6	6	7	15	16	16	17
	17	5	6	7	7	15	16	17	17
8	18	6	6	7	8	15	16	17	17
	19	6	6	7	8	15	16	17	17
	20	6	6	7	8	16	16	17	17
9	9	4	4	5	6	13	14	15	15
	10	4	5	5	6	14	15	15	16
	11	5	5	6	6	14	15	16	16
	12	5	5	6	7	15	15	16	17
	13	5	6	6	7	15	16	17	17
	14	5	6	7	7	16	16	17	17
9	15	6	6	7	8	16	17	17	18
	16	6	6	7	8	16	17	17	18
	17	6	7	7	8	16	17	18	18
	18	6	7	8	8	17	17	18	19
	19	6	7	8	8	17	17	18	19
	20	7	7	8	9	17	17	18	19
10	10	5	5	6	6	15	15	16	16
	11	5	5	6	7	15	16	17	17
	12	5	6	7	7	16	16	17	18
	13	5	6	7	8	16	17	18	18
	14	6	6	7	8	16	17	18	18
10	15	6	7	7	8	17	17	18	19
	16	6	7	8	8	17	18	19	19
	17	7	7	8	9	17	18	19	19
	18	7	7	8	9	18	18	19	20
	19	7	8	8	9	18	19	19	20
	20	7	8	9	9	18	19	19	20
11	11	5	6	7	7	16	16	17	18
	12	6	6	7	8	16	17	18	18
	13	6	6	7	8	17	18	18	19
	14	6	7	8	8	17	18	19	19
	15	7	7	8	9	18	18	19	20

Tabelle F6 (Fortsetzung)

N_1	N_2	α				$1-\alpha$			
		0,005	0,01	0,025	0,05	0,95	0,975	0,99	0,995
11	16	7	7	8	9	18	19	20	20
	17	7	8	9	9	18	19	20	21
	18	7	8	9	10	19	19	20	21
	19	8	8	9	10	19	20	21	21
	20	8	8	9	10	19	20	21	21
12	12	6	7	7	8	17	18	18	19
	13	6	7	8	9	17	18	19	20
	14	7	7	8	9	18	19	20	20
	15	7	8	8	9	18	19	20	21
	16	7	8	9	10	19	20	21	21
12	17	8	8	9	10	19	20	21	21
	18	8	8	9	10	20	20	21	21
	19	8	9	10	10	20	21	22	22
	20	8	9	10	11	20	21	22	22
13	13	7	7	8	9	18	19	20	20
	14	7	8	9	9	19	19	20	21
	15	7	8	9	10	19	20	21	21
	16	8	8	9	10	20	20	21	22
	17	8	9	10	10	20	21	22	22
13	18	8	9	10	11	20	21	22	23
	19	9	9	10	11	21	22	23	23
	20	9	10	10	11	21	22	23	23
14	14	7	8	9	10	19	20	21	22
	15	8	8	9	10	20	21	22	22
	16	8	9	10	11	20	21	22	23
	17	8	9	10	11	21	22	23	23
	18	9	9	10	11	21	22	23	24
14	19	9	10	11	12	22	22	23	24
	20	9	10	11	12	22	23	24	24
15	15	8	9	10	11	20	21	22	23
	16	9	9	10	11	21	22	23	23
	17	9	10	11	11	21	22	23	24
	18	9	10	11	12	22	23	24	24
	19	10	10	11	12	22	23	24	25
	20	10	11	12	12	23	24	25	25
16	16	9	10	11	11	22	22	23	24
	17	9	10	11	12	22	23	24	25
	18	10	10	11	12	23	24	25	25
	19	10	11	12	13	23	24	25	26
	20	10	11	12	13	24	24	25	26
17	17	10	10	11	12	23	24	25	25
	18	10	11	12	13	23	24	25	26
	19	10	11	12	13	24	25	26	26
	20	11	11	13	13	24	25	26	27
18	18	11	11	12	13	24	25	26	26
	19	11	12	13	14	24	25	26	27
	20	11	12	13	14	25	26	27	28
19	19	11	12	13	14	25	26	27	28
	20	12	12	13	14	26	26	28	28
20	20	12	13	14	15	26	27	28	29

Tabelle F7. Rangsummentest (Quelle: Lienert, G.A. (1975). Verteilungsfreie Methoden in der Biostatistik. Tafelband. Meisenheim: Hain)

N_2	$N_1=1$						$2\bar{T}$	$N_1=2$						$2\bar{T}$
	0,1%	0,5%	1%	2,5%	5%	10%		0,1%	0,5%	1%	2,5%	5%	10%	
2							4						−	10
3							5						3	12
4							6					−	3	14
5							7					3	4	16
6							8					3	4	18
7							9				−	3	4	20
8						−	10				3	4	5	22
9						−	11				3	4	5	24
10						1	12				3	4	6	26
11						1	13				3	4	6	28
12						1	14			−	4	5	7	30
13						1	15			3	4	5	7	32
14						1	16			3	4	6	8	34
15						1	17			3	4	6	8	36
16						1	18			3	4	6	8	38
17						1	19			3	5	6	9	40
18					−	1	20		−	4	5	7	9	42
19					−	2	21		3	4	5	7	10	44
20					1	2	22		3	4	5	7	10	46
21					1	2	23		3	4	6	8	11	48
22					1	2	24		3	4	6	8	11	50
23					1	2	25		3	4	6	8	12	52
24					1	2	26		3	4	6	9	12	54
25	−	−	−	−	1	2	27	−	3	4	6	9	12	56

Für die Handhabung der Tabelle gibt Lienert (1975, S. 76) folgende Anleitung:

„Die Tafel enthält für Stichproben von $N_1 \leq N_2$ Beobachtungen die unteren Schranken der Prüfgröße T, wobei T als die Rangsumme T_1 der kleineren Stichprobe mit N_1 Beobachtungen oder als deren Komplement $2\bar{T}-T_1$ definiert ist, falls $T > 2\bar{T}-T_1$. Beobachtete T-Werte, die die angegebenen Schranken erreichen oder unterschreiten, sind auf der bezeichneten α-Stufe signifikant. Die α-Werte gelten für einseitige Fragestellung und sind bei zweiseitiger Fragestellung zu verdoppeln!

Ablesebeispiel: Eine Versuchsgruppe mit $N_1=2$ Meßwerten (22, 25) und eine Kontrollgruppe mit $N_2=5$ Meßwerten (14, 15, 17, 17, 21) liefert eine Rangsumme $T_1=6+7=13$ und ein Komplement $T'_1 = 2\bar{T}-T_1 = 16-13 = 3 = T$, welcher T-Wert bei einseitiger Fragestellung eben auf der 5%-Stufe signifikant ist, da Subtafel $N_1=2$ in Zeile $N_2=5$ unter Spalte 5% ein $T=3$ verzeichnet."

Tabelle F 7 (Fortsetzung)

N_2	$N_1=3$						$2\bar{T}$	$N_1=4$						$2\bar{T}$
	0,1%	0,5%	1%	2,5%	5%	10%		0,1%	0,5%	1%	2,5%	5%	10%	
3					6	7	21							
4				−	6	7	24			−	10	11	13	36
5				6	7	8	27		−	10	11	12	14	40
6			−	7	8	9	30		10	11	12	13	15	44
7			6	7	8	10	33		10	11	13	14	16	48
8		−	6	8	9	11	36		11	12	14	15	17	52
9		6	7	8	10	11	39	−	11	13	14	16	19	56
10		6	7	9	10	12	42	10	12	13	15	17	20	60
11		6	7	9	11	13	45	10	12	14	16	18	21	64
12		7	8	10	11	14	48	10	13	15	17	19	22	68
13		7	8	10	12	15	51	11	13	15	18	20	23	72
14		7	8	11	13	16	54	11	14	16	19	21	25	76
15		8	9	11	13	16	57	11	15	17	20	22	26	80
16	−	8	9	12	14	17	60	12	15	17	21	24	27	84
17	6	8	10	12	15	18	63	12	16	18	21	25	28	88
18	6	8	10	13	15	19	66	13	16	19	22	26	30	92
19	6	9	10	13	16	20	69	13	17	19	23	27	31	96
20	6	9	11	14	17	21	72	13	18	20	24	28	32	100
21	7	9	11	14	17	21	75	14	18	21	25	29	33	104
22	7	10	12	15	18	22	78	14	19	21	26	30	35	108
23	7	10	12	15	19	23	81	14	19	22	27	31	36	112
24	7	10	12	16	19	24	84	15	20	23	27	32	38	116
25	7	11	13	16	20	25	87	15	20	23	28	33	38	120

N_2	$N_1=5$						$2\bar{T}$	$N_1=6$						$2\bar{T}$
	0,1%	0,5%	1%	2,5%	5%	10%		0,1%	0,5%	1%	2,5%	5%	10%	
5		15	16	17	19	20	55							
6	−	16	17	18	20	22	60	−	23	24	26	28	30	78
7	−	16	18	20	21	23	65	21	24	25	27	29	32	84
8	15	17	19	21	23	25	70	22	25	27	29	31	34	90
9	16	18	20	22	24	27	75	23	26	28	31	33	36	96
10	16	19	21	23	26	28	80	24	27	29	32	35	38	102
11	17	20	22	24	27	30	85	25	28	30	34	37	40	108
12	17	21	23	26	28	32	90	25	30	32	35	38	42	114
13	18	22	24	27	30	33	95	26	31	33	37	40	44	120
14	18	22	25	28	31	35	100	27	32	34	38	42	46	126
15	19	23	26	29	33	37	105	28	33	36	40	44	48	132
16	20	24	27	30	34	38	110	29	34	37	42	46	50	138
17	20	25	28	32	35	40	115	30	36	39	43	47	52	144
18	21	26	29	33	37	42	120	31	37	40	45	49	55	150
19	22	27	30	34	38	43	125	32	38	41	46	51	57	156
20	22	28	31	35	40	45	130	33	39	43	48	53	59	162
21	23	29	32	37	41	47	135	33	40	44	50	55	61	168
22	23	29	33	38	43	48	140	34	42	45	51	57	63	174
23	24	30	34	39	44	50	145	35	43	47	53	58	65	180
24	25	31	35	40	45	51	150	36	44	48	54	60	67	186
25	25	32	36	42	47	53	155	37	45	50	56	62	69	192

Tabelle F 7 (Fortsetzung)

N_2	$N_1=7$						$2\bar{T}$	$N_1=8$						$2\bar{T}$
	0,1%	0,5%	1%	2,5%	5%	10%		0,1%	0,5%	1%	2,5%	5%	10%	
7	29	32	34	36	39	41	105							
8	30	34	35	38	41	44	112	40	43	45	49	51	55	136
9	31	35	37	40	43	46	119	41	45	47	51	54	58	144
10	33	37	39	42	45	49	126	42	47	49	53	56	60	152
11	34	38	40	44	47	51	133	44	49	51	55	59	63	160
12	35	40	42	46	49	54	140	45	51	53	58	62	66	168
13	36	41	44	48	52	56	147	47	53	56	60	64	69	176
14	37	43	45	50	54	59	154	48	54	58	62	67	72	184
15	38	44	47	52	56	61	161	50	56	60	65	69	75	192
16	39	46	49	54	58	64	168	51	58	62	67	72	78	200
17	41	47	51	56	61	66	175	53	60	64	70	75	81	208
18	42	49	52	58	63	69	182	54	62	66	72	77	84	216
19	43	50	54	60	65	71	189	56	64	68	74	80	87	224
20	44	52	56	62	67	74	196	57	66	70	77	83	90	232
21	46	53	57	64	69	76	203	59	68	72	79	85	92	240
22	47	55	59	66	72	79	210	60	70	74	81	88	95	248
23	48	57	61	68	74	81	217	62	71	76	84	90	98	256
24	49	58	63	70	76	84	224	64	73	78	86	93	101	264
25	50	60	64	72	78	86	231	65	75	81	89	96	104	272

N_2	$N_1=9$						$2\bar{T}$	$N_1=10$						$2\bar{T}$
	0,1%	0,5%	1%	2,5%	5%	10%		0,1%	0,5%	1%	2,5%	5%	10%	
9	52	56	59	62	66	70	171							
10	53	58	61	65	69	73	180	65	71	74	78	82	87	210
11	55	61	63	68	72	76	189	67	73	77	81	86	91	220
12	57	63	66	71	75	80	198	69	76	79	84	89	94	230
13	59	65	68	73	78	83	207	72	79	82	88	92	98	240
14	60	67	71	76	81	86	216	74	81	85	91	96	102	250
15	62	69	73	79	84	90	225	76	84	88	94	99	106	260
16	64	72	76	82	87	93	234	78	86	91	97	103	109	270
17	66	74	78	84	90	97	243	80	89	93	100	106	113	280
18	68	76	81	87	93	100	252	82	92	96	103	110	117	290
19	70	78	83	90	96	103	261	84	94	99	107	113	121	300
20	71	81	85	93	99	107	270	87	97	102	110	117	125	310
21	73	83	88	95	102	110	279	89	99	105	113	120	128	320
22	75	85	90	98	105	113	288	91	102	108	116	123	132	330
23	77	88	93	101	108	117	297	93	105	110	119	127	136	340
24	79	90	95	104	111	120	306	95	107	113	122	130	140	350
25	81	92	98	107	114	123	315	98	110	116	126	134	144	360

Tabelle F 7 (Fortsetzung)

N₂	N₁ = 11						2T̄	N₁ = 12						2T̄
	0,1%	0,5%	1%	2,5%	5%	10%		0,1%	0,5%	1%	2,5%	5%	10%	
11	81	87	91	96	100	106	253							
12	83	90	94	99	104	110	264	98	105	109	115	120	127	300
13	86	93	97	103	108	114	275	101	109	113	119	125	131	312
14	88	96	100	106	112	118	286	103	112	116	123	129	136	324
15	90	99	103	110	116	123	297	106	115	120	127	133	141	336
16	93	102	107	113	120	127	308	109	119	124	131	138	145	348
17	95	105	110	117	123	131	319	112	122	127	135	142	150	360
18	98	108	113	121	127	135	330	115	125	131	139	146	155	372
19	100	111	116	124	131	139	341	118	129	134	143	150	159	384
20	103	114	119	128	135	144	352	120	132	138	147	155	164	396
21	106	117	123	131	139	148	363	123	136	142	151	159	169	408
22	108	120	126	135	143	152	374	126	139	145	155	163	173	420
23	111	123	129	139	147	156	385	129	142	149	159	168	178	432
24	113	126	132	142	151	161	396	132	146	153	163	172	183	444
25	116	129	136	146	155	165	407	135	149	156	167	176	187	456

N₂	N₁ = 13						2T̄	N₁ = 14						2T̄
	0,1%	0,5%	1%	2,5%	5%	10%		0,1%	0,5%	1%	2,5%	5%	10%	
13	117	125	130	136	142	149	351							
14	120	129	134	141	147	154	364	137	147	152	160	166	174	406
15	123	133	138	145	152	159	377	141	151	156	164	171	179	420
16	126	136	142	150	156	165	390	144	155	161	169	176	185	434
17	129	140	146	154	161	170	403	148	159	165	174	182	190	448
18	133	144	150	158	166	175	416	151	163	170	179	187	196	462
19	136	148	154	163	171	180	429	155	168	174	183	192	202	476
20	139	151	158	167	175	185	442	159	172	178	188	197	207	490
21	142	155	162	171	180	190	455	162	176	183	193	202	213	504
22	145	159	166	176	185	195	468	166	180	187	198	207	218	518
23	149	163	170	180	189	200	481	169	184	192	203	212	224	532
24	152	166	174	185	194	205	494	173	188	196	207	218	229	546
25	155	170	178	189	199	211	507	177	192	200	212	223	235	560

N₂	N₁ = 15						2T̄	N₁ = 16						2T̄
	0,1%	0,5%	1%	2,5%	5%	10%		0,1%	0,5%	1%	2,5%	5%	10%	
15	160	171	176	184	192	200	465							
16	163	175	181	190	197	206	480	184	196	202	211	219	229	528
17	167	180	184	195	203	212	495	188	201	207	217	225	235	544
18	171	184	190	200	208	218	510	192	206	212	222	231	242	560
19	175	189	195	205	214	224	525	196	210	218	228	237	248	576
20	179	193	200	210	220	230	540	201	215	223	234	243	255	592
21	183	198	205	216	225	236	555	205	220	228	239	249	261	608
22	187	202	210	221	231	242	570	209	225	233	245	255	267	624
23	191	207	214	226	236	248	585	214	230	238	251	261	274	640
24	195	211	219	231	242	254	600	218	235	244	256	267	280	656
25	199	216	224	237	248	260	615	222	240	249	262	273	287	672

Tabelle F7 (Fortsetzung)

N_2	$N_1 = 17$						$2\bar{T}$	$N_1 = 18$						$2\bar{T}$
	0,1%	0,5%	1%	2,5%	5%	10%		0,1%	0,5%	1%	2,5%	5%	10%	
17	210	223	230	240	249	259	595							
18	214	228	235	246	255	266	612	237	252	259	270	280	291	666
19	219	234	241	252	262	273	629	242	258	265	277	287	299	684
20	223	239	246	258	268	280	646	247	263	271	283	294	306	702
21	228	244	252	264	274	287	663	252	269	277	290	301	313	720
22	233	249	258	270	281	294	680	257	275	283	296	307	321	738
23	238	255	263	276	287	300	697	262	280	289	303	314	328	756
24	242	260	269	282	294	307	714	267	286	295	309	321	335	774
25	247	265	275	288	300	314	731	273	292	301	316	328	343	792

N_2	$N_1 = 19$						$2\bar{T}$	$N_1 = 20$						$2\bar{T}$
	0,1%	0,5%	1%	2,5%	5%	10%		0,1%	0,5%	1%	2,5%	5%	10%	
19	267	283	291	303	313	325	741							
20	272	289	297	309	320	333	760	298	315	324	337	348	361	820
21	277	295	303	316	328	341	779	304	322	331	344	356	370	840
22	283	301	310	323	335	349	798	309	328	337	351	364	378	860
23	288	307	316	330	342	357	817	315	335	344	359	371	386	880
24	294	313	323	337	350	364	836	321	341	351	366	379	394	900
25	299	319	329	344	357	372	855	327	348	358	373	387	403	920

N_2	$N_1 = 21$						$2\bar{T}$	$N_1 = 22$						$2\bar{T}$
	0,1%	0,5%	1%	2,5%	5%	10%		0,1%	0,5%	1%	2,5%	5%	10%	
21	331	349	359	373	385	399	903							
22	337	356	366	381	393	408	924	365	386	396	411	424	439	990
23	343	363	373	388	401	417	945	372	393	403	419	432	448	1012
24	349	370	381	396	410	425	966	379	400	411	427	441	457	1034
25	356	377	388	404	418	434	987	385	408	419	435	450	467	1056

N_2	$N_1 = 23$						$2\bar{T}$	$N_1 = 24$						$2\bar{T}$
	0,1%	0,5%	1%	2,5%	5%	10%		0,1%	0,5%	1%	2,5%	5%	10%	
23	402	424	434	451	465	481	1081							
24	409	431	443	459	474	491	1104	440	464	475	492	507	525	1176
25	416	439	451	468	483	500	1127	448	472	484	501	517	535	1200

N_2	$N_1 = 25$													$2\bar{T}$
	0,1%	0,5%	1%	2,5%	5%	10%								
25	480	505	517	536	552	570								1275

Tabelle F8. χ^2-Verteilungen (Quelle: Hays, W.L., Winkler, R.L. (1970). Statistics, Vol. I, New York: Holt, Rinehart and Winston, pp. 604–605.)

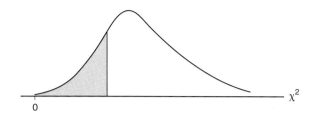

df	Fläche 0,005	0,010	0,025	0,050	0,100	0,250	0,500
1	$392704\cdot10^{-10}$	$157088\cdot10^{-9}$	$982069\cdot10^{-9}$	$393214\cdot10^{-8}$	0,0157908	0,1015308	0,454937
2	0,0100251	0,0201007	0,0506356	0,102587	0,210720	0,575364	1,38629
3	0,0717212	0,114832	0,215795	0,351846	0,584375	1,212534	2,36597
4	0,206990	0,297110	0,484419	0,710721	1,063623	1,92255	3,35670
5	0,411740	0,554300	0,831211	1,145476	1,61031	2,67460	4,35146
6	0,675727	0,872085	1,237347	1,63539	2,20413	3,45460	5,34812
7	0,989265	1,239043	1,68987	2,16735	2,83311	4,25485	6,34581
8	1,344419	1,646482	2,17973	2,73264	3,48954	5,07064	7,34412
9	1,734926	2,087912	2,70039	3,32511	4,16816	5,89883	8,34283
10	2,15585	2,55821	3,24697	3,94030	4,86518	6,73720	9,34182
11	2,60321	3,05347	3,81575	4,57481	5,57779	7,58412	10,3410
12	3,07382	3,57056	4,40379	5,22603	6,30380	8,43842	11,3403
13	3,56503	4,10691	5,00874	5,89186	7,04150	9,29906	12,3398
14	4,07468	4,66043	5,62872	6,57063	7,78953	10,1653	13,3393
15	4,60094	5,22935	6,26214	7,26094	8,54675	11,0365	14,3389
16	5,14224	5,81221	6,90766	7,76164	9,31223	11,9122	15,3385
17	5,69724	6,40776	7,56418	8,67176	10,0852	12,7919	16,3381
18	6,26481	7,01491	8,23075	9,39046	10,8649	13,6753	17,3379
19	6,84398	7,63273	8,90655	10,1170	11,6509	14,5620	18,3376
20	7,43386	8,26040	9,59083	10,8508	12,4426	15,4518	19,3374
21	8,03366	8,89720	10,28293	11,5913	13,2396	16,3444	20,3372
22	8,64272	9,54249	10,9823	12,3380	14,0415	17,2396	21,3370

Tabelle F 8 (Fortsetzung)

df	Fläche 0,005	0,010	0,025	0,050	0,100	0,250	0,500
23	9,26042	10,19567	11,6885	13,0905	14,8479	18,1373	22,3369
24	9,88623	10,8564	12,4011	13,8484	15,6587	19,0372	23,3367
25	10,5197	11,5240	13,1197	14,6114	16,4734	19,9393	24,3366
26	11,1603	12,1981	13,8439	15,3791	17,2919	20,8434	25,3364
27	11,8076	12,8786	14,5733	16,1513	18,1148	21,7494	26,3363
28	12,4613	13,5648	15,3079	16,9279	18,9392	22,6572	27,3363
29	13,1211	14,2565	16,0471	17,7083	19,7677	23,5666	28,3362
30	13,7867	14,9535	16,7908	18,4926	20,5992	24,4776	29,3360
40	20,7065	22,1643	24,4331	26,5093	29,0505	33,6603	39,3354
50	27,9907	29,7067	32,3574	34,7642	37,6886	42,9421	49,3349
60	35,5346	37,4848	40,4817	43,1879	46,4589	52,2938	59,3347
70	43,2752	45,4418	48,7576	51,7393	55,3290	61,6983	69,3344
80	51,1720	53,5400	57,1532	60,3915	64,2778	71,1445	79,3343
90	59,1963	61,7541	65,6466	69,1260	73,2912	80,6247	89,3342
100	67,3276	70,0648	74,2219	77,9295	82,3581	90,1332	99,3341
z	−2,5758	−2,3263	−1,9600	−1,6449	−1,2816	−0,6745	0,0000

df	Fläche 0,750	0,900	0,950	0,975	0,990	0,995	0,999
1	1,32330	2,70554	3,84146	5,02389	6,63490	7,87944	10,828
2	2,77259	4,60517	5,99147	7,37776	9,21034	10,5966	13,816
3	4,10835	6,25139	7,81473	9,34840	11,3449	12,8381	16,266
4	5,38527	7,77944	9,48773	11,1433	13,2767	14,8602	18,467
5	6,62568	9,23635	11,0705	12,8325	15,0863	16,7496	20,515
6	7,84080	10,6446	12,5916	14,4494	16,8119	18,5476	22,458
7	9,03715	12,0170	14,0671	16,0128	18,4753	20,2777	24,322
8	10,2188	13,3616	15,5073	17,5346	20,0902	21,9550	26,125
9	11,3887	14,6837	16,9190	19,0228	21,6660	23,5893	27,877
10	12,5489	15,9871	18,3070	20,4831	23,2093	25,1882	29,588
11	13,7007	17,2750	19,6751	21,9200	24,7250	26,7569	31,264

Tabelle F 8 (Fortsetzung)

df	Fläche 0,750	0,900	0,950	0,975	0,990	0,995	0,999
12	14,8454	18,5494	21,0261	23,3367	26,2170	28,2995	32,909
13	15,9839	19,8119	22,3621	24,7356	27,6883	29,8194	34,528
14	17,1170	21,0642	23,6848	26,1190	29,1413	31,3193	36,123
15	18,2451	22,3072	24,9958	27,4884	30,5779	32,8013	37,697
16	19,3688	23,5418	26,2962	28,8454	31,9999	34,2672	39,252
17	20,4887	24,7690	27,5871	30,1910	33,4087	35,7185	40,790
18	21,6049	25,9894	28,8693	31,5264	34,8053	37,1564	42,312
19	22,7178	27,2036	30,1435	32,8523	36,1908	38,5822	43,820
20	23,8277	28,4120	31,4104	34,1696	37,5662	39,9968	45,315
21	24,9348	29,6151	32,6705	35,4789	38,9321	41,4010	46,797
22	26,0393	30,8133	33,9244	36,7807	40,2894	42,7956	48,268
23	27,1413	32,0069	35,1725	38,0757	41,6384	44,1813	49,728
24	28,2412	33,1963	36,4151	39,3641	42,9798	45,5585	51,179
25	29,3389	34,3816	37,6525	40,6465	44,3141	46,9278	52,620
26	30,4345	35,5631	38,8852	41,9232	45,6417	48,2899	54,052
27	31,5284	36,7412	40,1133	43,1944	46,9630	49,6449	55,476
28	32,6205	37,9159	41,3372	44,4607	48,2782	50,9933	56,892
29	33,7109	39,0875	42,5569	45,7222	49,5879	52,3356	58,302
30	34,7998	40,2560	43,7729	46,9792	50,8922	53,6720	59,703
40	45,6160	51,8050	55,7585	59,3417	63,6907	66,7659	73,402
50	56,3336	63,1671	67,5048	71,4202	76,1539	79,4900	86,661
60	66,9814	74,3970	79,0819	83,2976	88,3794	91,9517	99,607
70	77,5766	85,5271	90,5312	95,0231	100,425	104,215	112,317
80	88,1303	96,5782	101,879	106,629	112,329	116,321	124,839
90	98,6499	107,565	113,145	118,136	124,116	128,299	137,208
100	109,141	118,498	124,342	129,561	135,807	140,169	149,449
z	+0,6745	+1,2816	+1,6449	+1,9600	+2,3263	+2,5758	+3,0902

Tabelle F9. Fishers Z-Werte (Quelle: Glass, G. V., Stanley, J. C. (1970). Statistical Methods in Education and Psychology, New Jersey: Prentice Hall, p. 534.)

r	Z	r	Z	r	Z	r	Z	r	Z
0,000	0,000	0,200	0,203	0,400	0,424	0,600	0,693	0,800	1,099
0,005	0,005	0,205	0,208	0,405	0,430	0,605	0,701	0,805	1,113
0,010	0,010	0,210	0,213	0,410	0,436	0,610	0,709	0,810	1,127
0,015	0,015	0,215	0,218	0,415	0,442	0,615	0,717	0,815	1,142
0,020	0,020	0,220	0,224	0,420	0,448	0,620	0,725	0,820	1,157
0,025	0,025	0,225	0,229	0,425	0,454	0,625	0,733	0,825	1,172
0,030	0,030	0,230	0,234	0,430	0,460	0,630	0,741	0,830	1,188
0,035	0,035	0,235	0,239	0,435	0,466	0,635	0,750	0,835	1,204
0,040	0,040	0,240	0,245	0,440	0,472	0,640	0,758	0,840	1,221
0,045	0,045	0,245	0,250	0,445	0,478	0,645	0,767	0,845	1,238
0,050	0,050	0,250	0,255	0,450	0,485	0,650	0,775	0,850	1,256
0,055	0,055	0,255	0,261	0,455	0,491	0,655	0,784	0,855	1,274
0,060	0,060	0,260	0,266	0,460	0,497	0,660	0,793	0,860	1,293
0,065	0,065	0,265	0,271	0,465	0,504	0,665	0,802	0,865	1,313
0,070	0,070	0,270	0,277	0,470	0,510	0,670	0,811	0,870	1,333
0,075	0,075	0,275	0,282	0,475	0,517	0,675	0,820	0,875	1,354
0,080	0,080	0,280	0,288	0,480	0,523	0,680	0,829	0,880	1,376
0,085	0,085	0,285	0,293	0,485	0,530	0,685	0,838	0,885	1,398
0,090	0,090	0,290	0,299	0,490	0,536	0,690	0,848	0,890	1,422
0,095	0,095	0,295	0,304	0,495	0,543	0,695	0,858	0,895	1,447
0,100	0,100	0,300	0,310	0,500	0,549	0,700	0,867	0,900	1,472
0,105	0,105	0,305	0,315	0,505	0,556	0,705	0,877	0,905	1,499
0,110	0,110	0,310	0,321	0,510	0,563	0,710	0,887	0,910	1,528
0,115	0,116	0,315	0,326	0,515	0,570	0,715	0,897	0,915	1,557
0,120	0,121	0,320	0,332	0,520	0,576	0,720	0,908	0,920	1,589
0,125	0,126	0,325	0,337	0,525	0,583	0,725	0,918	0,925	1,623
0,130	0,131	0,330	0,343	0,530	0,590	0,730	0,929	0,930	1,658
0,135	0,136	0,335	0,348	0,535	0,597	0,735	0,940	0,935	1,697
0,140	0,141	0,340	0,354	0,540	0,604	0,740	0,950	0,940	1,738
0,145	0,146	0,345	0,360	0,545	0,611	0,745	0,962	0,945	1,783
0,150	0,151	0,350	0,365	0,550	0,618	0,750	0,973	0,950	1,832
0,155	0,156	0,355	0,371	0,555	0,626	0,755	0,984	0,955	1,886
0,160	0,161	0,360	0,377	0,560	0,633	0,760	0,996	0,960	1,946
0,165	0,167	0,365	0,383	0,565	0,640	0,765	1,008	0,965	2,014
0,170	0,172	0,370	0,388	0,570	0,648	0,770	1,020	0,970	2,092
0,175	0,177	0,375	0,394	0,575	0,655	0,775	1,033	0,975	2,185
0,180	0,182	0,380	0,400	0,580	0,662	0,780	1,045	0,980	2,298
0,185	0,187	0,385	0,406	0,585	0,670	0,785	1,058	0,985	2,443
0,190	0,192	0,390	0,412	0,590	0,678	0,790	1,071	0,990	2,647
0,195	0,198	0,395	0,418	0,595	0,685	0,795	1,085	0,995	2,994

Tabelle F 10. Arcus-sinus Transformation ($\phi = 2\arcsin\sqrt{x}$) (Quelle: Winer, B.J. (1962). Statistical Principles in Experimental Design. New York: Mc Graw Hill)

X	ϕ	X	ϕ	X	ϕ	X	ϕ	X	ϕ
0,001	0,0633	0,041	0,4078	0,36	1,2870	0,76	2,1177	0,971	2,7993
0,002	0,0895	0,042	0,4128	0,37	1,3078	0,77	2,1412	0,972	2,8053
0,003	0,1096	0,043	0,4178	0,38	1,3284	0,78	2,1652	0,973	2,8115
0,004	0,1266	0,044	0,4227	0,39	1,3490	0,79	2,1895	0,974	2,8177
0,005	0,1415	0,045	0,4275	0,40	1,3694	0,80	2,2143	0,975	2,8240
0,006	0,1551	0,046	0,4323	0,41	1,3898	0,81	2,2395	0,976	2,8305
0,007	0,1675	0,047	0,4371	0,42	1,4101	0,82	2,2653	0,977	2,8371
0,008	0,1791	0,048	0,4418	0,43	1,4303	0,83	2,2916	0,978	2,8438
0,009	0,1900	0,049	0,4464	0,44	1,4505	0,84	2,3186	0,979	2,8507
0,010	0,2003	0,050	0,4510	0,45	1,4706	0,85	2,3462	0,980	2,8578
0,011	0,2101	0,06	0,4949	0,46	1,4907	0,86	2,3746	0,981	2,8650
0,012	0,2195	0,07	0,5355	0,47	1,5108	0,87	2,4039	0,982	2,8725
0,013	0,2285	0,08	0,5735	0,48	1,5308	0,88	2,4341	0,983	2,8801
0,014	0,2372	0,09	0,6094	0,49	1,5508	0,89	2,4655	0,984	2,8879
0,015	0,2456	0,10	0,6435	0,50	1,5708	0,90	2,4981	0,985	2,8960
0,016	0,2537	0,11	0,6761	0,51	1,5908	0,91	2,5322	0,986	2,9044
0,017	0,2615	0,12	0,7075	0,52	1,6108	0,92	2,5681	0,987	2,9131
0,018	0,2691	0,13	0,7377	0,53	1,6308	0,93	2,6062	0,988	2,9221
0,019	0,2766	0,14	0,7670	0,54	1,6509	0,94	2,6467	0,989	2,9315
0,020	0,2838	0,15	0,7954	0,55	1,6710	0,95	2,6906	0,990	2,9413
0,021	0,2909	0,16	0,8230	0,56	1,6911	0,951	2,6952	0,991	2,9516
0,022	0,2978	0,17	0,8500	0,57	1,7113	0,952	2,6998	0,992	2,9625
0,023	0,3045	0,18	0,8763	0,58	1,7315	0,953	2,7045	0,993	2,9741
0,024	0,3111	0,19	0,9021	0,59	1,7518	0,954	2,7093	0,994	2,9865
0,025	0,3176	0,20	0,9273	0,60	1,7722	0,955	2,7141	0,995	3,0001
0,026	0,3239	0,21	0,9521	0,61	1,7926	0,956	2,7189	0,996	3,0150
0,027	0,3301	0,22	0,9764	0,62	1,8132	0,957	2,7238	0,997	3,0320
0,028	0,3363	0,23	1,0004	0,63	1,8338	0,958	2,7288	0,998	3,0521
0,029	0,3423	0,24	1,0239	0,64	1,8546	0,959	2,7338	0,999	3,0783
0,030	0,3482	0,25	1,0472	0,65	1,8755	0,960	2,7389		
0,031	0,3540	0,26	1,0701	0,66	1,8965	0,961	2,7440		
0,032	0,3597	0,27	1,0928	0,67	1,9177	0,962	2,7492		
0,033	0,3654	0,28	1,1152	0,68	1,9391	0,963	2,7545		
0,034	0,3709	0,29	1,1374	0,69	1,9606	0,964	2,7598		
0,035	0,3764	0,30	1,1593	0,70	1,9823	0,965	2,7652		
0,036	0,3818	0,31	1,1810	0,71	2,0042	0,966	2,7707		
0,037	0,3871	0,32	1,2025	0,72	2,0264	0,967	2,7762		
0,038	0,3924	0,33	1,2239	0,73	2,0488	0,968	2,7819		
0,039	0,3976	0,34	1,2451	0,74	2,0715	0,969	2,7876		
0,040	0,4027	0,35	1,2661	0,75	2,0944	0,970	2,7934		

Literaturverzeichnis

Abrams, M. (1949). Possibilities and Problems of Group Interviewing. *Public Opinion Quaterly, XIII,* 502–506.

Adair, J. G. (1973). *The Human Subject. The Social Psychology of the Psychological Experiment.* Boston: Little, Brown and Co.

Adam, J. (1978). Sequential Strategies and the Separation of Age, Cohort, and Time of Measurement Contributions to Developmental Data. *Psychological Bulletin, 85,* 1309–1316.

Ader, R. (1981). *Psychoneuroimmunology.* New York: Academic Press.

Ader, R., Felten, D. L. and Cohen N. (1991). *Psychoneuroimmunology* (2nd Edition). San Diego: Academic Press.

Adler, F. (1947). Operational Definitions in Sociology. *American Journal of Sociology, 52,* 438–444.

Adler, P. and Adler, P. (1994). Observational Techniques. In N. K. Denzin and Y. S. Lincoln (Eds.), *Handbook of Qualitative Research* (pp. 377–392). Thousand Oaks: Sage.

Adorno, T. W., Albert, H., Dahrendorf, R., Habermas, J., Pilot, H. und Popper, K. R. (1969). *Der Positivismusstreit in der deutschen Soziologie.* Neuwied und Berlin: Luchterhand.

Aguirre, D. O. (1994). Der Einsatz von ATLAS/ti bei der Untersuchung interkultureller Kommunikationsprozesse. In A. Boehm, A. Mengel und T. Muhr (Hrsg.), *Texte verstehen. Konzepte, Methoden, Werkzeuge* (S. 341–349). Konstanz: Universitätsverlag.

Ahrens, H. J. (1974). *Multidimensionale Skalierung.* Weinheim: Beltz.

Aiken, L. R. (1980). Content Validity and Reliability of Single Items or Questionnaires. *Educational and Psychological Measurement, 40,* 955–959.

Aiken, L. R. (1981). Proportions of Returns in Survey Research. Educational and Psychological Measurement, 41, 1033–1038.

Aiken, L. R. (1985 a). Three Coefficients for Analyzing the Reliability and Validity of Ratings. *Educational and Psychological Measurement, 45,* 131–142.

Aiken, L. R. (1985 b). Evaluating Ratings on Bidirectional Scales. *Educational and Psychological Measurement, 45,* 195–202.

Aiken, L. R. (1987). Formulas for Equating Ratings on Different Scales. *Educational and Psychological Measurement, 47,* 51–54.

Aiken, L. R. (1994). Some Observations and Recommendations Concerning Research Methodology in the Behavioral Sciences. *Educational and Psychological Measurement, 54,* 848–860.

Aiken, L. R. and Williams, E. N. (1978). Effects of Instructions, Option Keying, and Knowledge of Test Material on Seven Methods of Scoring Two-Options Items. *Educational and Psychological Measurement, 38,* 53–59.

Ajzen, I. (1988). *Attitudes, Personality and Behavior.* Milton Keynes: Open University Press.

Albert, H. (1972). *Konstruktion und Kritik.* Hamburg: Hoffmann u. Campe.

Albert, H. (1976). Wertfreiheit als methodisches Prinzip – Zur Frage der Notwendigkeit einer normativen Sozialwissenschaft. In H. Albert, *Aufklärung und Steuerung – Aufsätze zur Sozialphilosophie und zur Wissenschaftslehre der Sozialwissenschaften* (S. 160–191). Hamburg: Hoffmann und Campe (Erstdruck 1963).

Alder, D. (1992). *Die Wurzel der Polaritäten. Geschlechtstheorie zwischen Naturrecht und Natur der Frau.* Frankfurt am Main, New York: Campus.

Alkin, M. C. (1990). *Debates on Evaluation.* London: Sage.

Alliger, G. M. and Williams, K. J. (1989). Confounding Among Measures of Leniency and Halo. *Educational and Psychological Measurement, 49,* 1–10.

Alliger, G. M. and Williams, K. J. (1992). Relating the Internal Consistency of Scales to Rater Response Tendencies. *Educational and Psychological Measurement, 52,* 337–343.

Allport, G. W. (1970). *Gestalt und Wachstum in der Persönlichkeit.* Meisenheim: Hain.

Alsawalmeh, Y. M. and Feldt, L. S. (2000) A test of the equality of two related alpha coefficients adjusted by the Spearman-Brown formula. *Applied Psychological Measurement, 24,* 163–172

Altheide, D. L. and Johnson, J. M. (1994). Criteria for Assessing Validity in Qualitative Research. In N. K. Denzin and Y. S. Lincoln (Eds.), *Handbook of Qualitative Research* (pp. 485–499). Thousand Oaks: Sage.

Amelang, M. (1976). Erfassung einiger Kriterien des Studienerfolges in mehreren Fachrichtungen mit Hilfe von Leistungs- und Persönlichkeitstests. *Psychologie in Erziehung und Unterricht, 23,* 259–272.

Amelang, M. und Bartussek, D. (1970). Untersuchung zur Validität einer neuen Lügenskala. *Diagnostica, 16,* 103–122.

Amelang, M. und Kühn, R. (1970). Warum sind die Schulnoten von Mädchen durch Leistungstests besser vorhersagbar als diejenigen von Jungen? *Zeitschrift für Entwicklungspsychologie und Pädagogische Psychologie, 2,* 210–220.

Amelang, M. und Zielinski, W. (1994). *Psychologische Diagnostik und Intervention.* Heidelberg: Springer.

Amir, Y. and Sharon, I. (1991). Replication Research: A "Must" for the Scientific Advancement of Psychology. In W. Neuleip (Ed.), *Replication Research in the Social Sciences.* Newbury Park: Sage.

Amthauer, R. (1971). Intelligenz-Struktur-Test I-S-T 70. Göttingen: Hogrefe.

Anastasi, A. and Urbina, S. (1997). *Psychological Testing*. London: Prentice Hall.

Andersen, E. B. (1973). *Conditional Interference and Models for Measurement*. Kopenhagen: Mentalhygiejnisk Forlog.

Andersen, E. B. (1995). What Georg Rasch would have thought about this book. In G. H. Fischer, I. W. Molenaar (Eds.), *Rasch Models. Foundations, Recent Developments, and Applications* (pp. 383–390). New York: Springer.

Anderson, J. G., Aydin, C. E. and Jay, S. J. (1993). *Evaluating Health Care Information Systems*. London: Sage.

Anderson, N. H. (1967). Averaging Model Analysis of Set-Size Effect in Impression Formation. *Journal of Experimental Psychology, 75*, 158–165.

Andersson, G. (1988). *Kritik und Wissenschaftsgeschichte. Kuhns, Lakatos und Feyerabends Kritik des kritischen Rationalismus*. Tübingen: Mohr.

Andreasen, A. R. (1970). Personalizing Mail-Questionnaires Correspondence. *Public Opinion Quarterly, 34*, 273–277.

Andreß, H. J., Hagenaars, J. A. und Kühnel, S. (1997). *Analyse von Tabellen und kategorialen Daten*. Heidelberg: Springer.

Andrews, D. F. and Herzberg, A. M. (1985). *Data. A Collection of Problems from Many Fields for the Student and Research Worker*. New York: Springer.

Andrich, D. (1988). *Rasch Models for Measurement*. Newbury Park: Sage.

Anger, H. (1969). Befragung und Erhebung. In C. Graumann (Hrsg.), *Handbuch der Psychologie, Band 7, Sozialpsychologie, 1. Halbband, Theorien und Methoden* (S. 567–618). Göttingen: Hogrefe.

Antaki, C. (Hrsg.) (1988). *Analysing Everyday Explanation. A Casebook of Methods*. London: Sage.

APA (1992). *Ethical Principles of Psychologists and Code of Conduct* [Online-Dokument]. URL http://www.apa.org/ethics/code.html

APA (American Psychological Association) (1994). *Publication Manual of the American Psychological Association* (4th Edition). Washington, D.C.: APA.

Arbeitsgemeinschaft ADM-Stichproben/Bureau Wendt (1994). Das ADM-Stichprobensystem. Stand: 1993. In S. Gabler, J. H. P. Hoffmeyer-Zlotnik und D. Krebs (Hrsg.), *Gewichtung in der Umfragepraxis* (S. 188–202). Opladen.

Arbuckle, J. L. (1999). *AMOS 4.0 Users Guide*. Chicago, IL: Small Waters. URL http://www.smallwaters.com/

Arminger, G. (1982). Klassische Anwendungen verallgemeinerter linearer Modelle in der empirischen Sozialforschung. *ZUMA-Arbeitsberichte, Nr. 1982/03*. Mannheim.

Arminger, G. und Müller, F. (1990). *Lineare Modelle zur Analyse von Paneldaten*. Opladen: Westdeutscher Verlag.

Asendorpf, J. und Wallbott, H. G. (1979). Maße der Beobachterübereinstimmung: Ein systematischer Vergleich. *Zeitschrift für Sozialpsychologie, 10*, 243–252.

Ashby, F. G. (Ed.) (1992). *Multidimensional Models of Reception and Cognition*. Hillsdale, NY: Erlbaum.

Assael, H. and Eastlack, J. O. (1966). Better Telephone Surveys through Centralized Interviewing. *Journal of Advertising Research, 6*, 2–7.

Atteslander, P. (1956). The Interaction-Gram. *Human Organisation, Bd. 13*.

Atteslander, P. und Kneubühler, H. U. (1975). *Verzerrungen im Interview. Zu einer Fehlertheorie der Befragung*. Opladen: Westdeutscher Verlag.

Attneave, F. (1949). A Method of Graded Dichotomies for the Scaling of Judgements. *Psychological Review, 56*, 334–340.

Attneave, F. (1950). Dimensions of Similarity. *American Journal of Psychology, 63*, 516–556.

Auhagen, A. E. (1991). *Freundschaft im Alltag. Eine Untersuchung mit dem Doppeltagebuch*. Bern, Stuttgart: Huber.

Baacke, D. und Schulze, T. (Hrsg.) (1979). *Aus Geschichten lernen. Zur Einübung pädagogischen Verstehens*. München: Juventa.

Bachrack, S. D. und Scoble, H. M. (1967). Mail Questionnaire Efficiency: Controlled Reduction of Nonresponse. *Public Opinion Quarterly, 31*, 265–271.

Backhaus, K., Erickson, B., Plinke, W. und Weiber, R. (1994). *Multivariate Analysemethoden*. Heidelberg: Springer.

Baer, D. M., Wolf, M. M. and Risley, T. R. (1968). Some Current Dimensions of Applied Behavior Analysis. *Journal of Applied Behavior Analysis, 7*, 71–76.

Bailar, B. A., Bailey, L. and Corby, C. (1979). A Comparison of some Adjustment and Weighting Procedures for Survey Data. In N. K. Namboodiri (Ed.), *Survey Sampling and Measurement*. New York: Academic Press.

Bailey, K. D. (1994). *Typologies and Taxonomies. An Introduction to Classification Techniques*. Thousand Oaks: Sage.

Bakan, D. (1966). The Test of Significance in Psychological Research. *Psychological Bulletin, 66*, 423–437.

Baker, B. O., Hardyck, C. D. and Petrinovich, L. F. (1966). Weak Measurement vs. Strong Statistics: An Empirical Critique of S. S. Stevens Proscriptions of Statistics. *Educational and Psychological Measurement, 26*, 291–309.

Baker, F. B. (1996). Review: Gerhard H. Fischer and I. W. Molenaar (Eds.), Rasch Models: Foundations, Recent Developments, and Applications. *Psychometrica, 61*, 697–700.

Balakrishnan, J. D. (1998). Some More Sensitive Measure of Sensitivity and Response Bias. *Psychological Methods, 3*, 68–90.

Baldwin, D. A., Greene, J. N., Plank, R. E. and Branch, G. (1996). Compu-Grid: A Windows-Based Software Program for Repertory Grid Analysis. *Educational and Psychological Measurement, 56*, 828–832.

Ballstaedt, S.-P. (1994). Dokumentenanalyse. In G. L. Huber und H. Mandl (Hrsg.), *Verbale Daten. Eine Einführung in die Grundlagen und Methoden der Erhebung und Auswertung* (S. 165–176). Weinheim: Beltz.

Baltes, P. B. (1967). *Längsschnitt- und Querschnittsequenzen zur Erfassung von Alters- und Generationseffekten*. Phil. Diss., Saarbrücken: Universität des Saarlandes.

Baltes, P. B., Reese, H. W. and Nesselroade, J. R. (1977). *Life-span Development Psychology: Introduction to Research Methods*. Monterey: Brooks.

Baltissen, R. und Heimann, H. (1995). Aktivierung, Orientierung und Habituation bei Gesunden und psychisch Kranken. In G. Debus, G. Erdmann und K. W. Kallus (Hrsg.), *Biopsychologie von Streß und emotionalen Reaktionen* (S. 233–246). Göttingen: Hogrefe.

Bamberg, E. und Mohr, G. (1982). Frauen als Forschungsthema: Ein blinder Fleck in der Psychologie. In G. Mohr, M. Rummel und D. Rückert (Hrsg.), *Frauen. Psychologische Beiträge zur Arbeits- und Lebenssituation* (S. 1–19). München: Urban und Schwarzenberg.

Bandilla, W. und Hauptmann, P. (1998). Internetbasierte Umfragen als Datenerhebungstechnik für die empirische Sozialforschung? *ZUMA-Nachrichten, 43*, 36–53.

Bangert-Drowns, R. L. (1986). Review of Development in Meta-Analytic Method. *Psychological Bulletin, 99*, 388–399.

Bannister, B.D., Kinicki, A.J., Denisi, A.S. and Horn, P.W. (1987). A New Method for the Statistical Control of Rating Error in Performance Ratings. *Educational and Psychological Measurement, 47*, 583–596.

Barber, T.X. (1972). Pitfalls in Research: Nine Investigator and Experimenter Effects. In Travers, R.M. (Ed.), *Handbook of Research and Teaching*. Chicago: Rand McNally.

Barber, T.X. (1976). *Pitfalls in Human Research*. New York: Pergamon Press.

Barker, R.G. (1963). *The Stream of Behavior*. New York: Appleton Century Crofts.

Barker, R.G. and Wright, H.F. (1955). *Midwest and its Children*. New York: Harper.

Barlow, D.H. and Hersen, M. (1973). Single Case Experimental Designs. *Archives of General Psychiatry 29*, 319–325.

Barlow, D.H. and Hersen, M. (Eds.) (1984). *Single Case Experimental Designs: Strategies for Studying Behaviour Change*. New York: Pergamon.

Baron, R.M. and Kenny, D.A. (1986). The Moderator-Mediator Variable Distinction in Social Psychological Research: Conceptual, Strategic and Statistical Consideration. *Journal of Personality and Social Psychology, 51*, 1173–1182.

Barratt, E.S. (1987). Impulsiveness and Anxiety: Information Processing and Electroencephalograph Topography. *Journal of Research in Personality, 21*, 453–463.

Barratt, E.S. and Patton, J.H. (1983). Impulsivity: Cognitive, Behavioral and Psychophysiological Correlates. In M. Zuckerman (Ed.), *Biological Bases of Sensation Seeking, Impulsivity, and Anxiety* (pp. 77–166). Hillsdale: Erlbaum.

Barth, N. (1973). Modelle zur Ratewahrscheinlichkeit bei Mehrfach-Antwort-Aufgaben. *Zeitschrift für erziehungswissenschaftliche Forschung, 7*, 63–70.

Barton, A.H. und Lazarsfeld, P.F. (1979). Einige Funktionen von qualitativer Analyse in der Sozialforschung. In C. Hopf und E. Weingarten (Hrsg.), *Qualitative Sozialforschung*. Stuttgart: Klett.

Baumbach, F.-S. (1994). *Entwicklung und Evaluation eines Trainingsprogramms zum Verhalten in der psychiatrischen Rehabilitation*. Unveröffentlichte Diplomarbeit. Berlin: Technische Universität Berlin, Institut für Psychologie.

Baumrind, D. (1964). Some Thoughts on Ethics of Research: after Reading Milgram's "Behavioral Study of Obedience". *American Psychologist, 19*, 421–423.

Bayes, T. (1763). An Essay Towards Solving a Problem in the Doctrine of Chance. *Philosophical Transactions of the Royal Society, 53*, 370–418. [Neu aufgelegt mit einer Biographie von Bayes in G.A. Barnard: Studies in the History of Probability and Statistics: IX. *Biometrika, 45*, 293–315.]

BDP & DGPs (1998). *Ethische Richtlinien der Deutschen Gesellschaft für Psychologie e.V. und des Berufsverbands Deutscher Psychologinnen und Psychologen e.V.* [Online-Dokument]. URL http://www.dgps.de/gesellschaft/mitteilungen/ethikrichtlien.html

Beals, R., Krantz, D.H. and Tversky, A. (1968). Foundations of Multidimensional Scaling. *Psychological Revue, 75*, 127–142.

Beaman, A.L. (1991). An Empirical Comparison of Meta-Analytic and Traditional Reviews. *Personality and Social Psychology Bulletin, 17*, 252–257.

Beaumont, J.G. (1987). *Einführung in die Neuropsychologie*. München: PVU.

Bechtel, G.G. (1968). Folded and Unfolded Scaling from Preferential Paired Comparisons. *Journal of Mathematical Psychology, 5*, 333–357.

Beck, U. und Beck-Gernsheim, E. (1990). *Das ganz normale Chaos der Liebe*. Frankfurt am Main: Suhrkamp.

Beck, U. und Beck-Gernsheim, E. (1993). Nicht Autonomie, sondern Bastelbiographie. Anmerkungen zur Individualisierungsdiskussion am Beispiel des Aufsatzes von Günter Burkhart. *Zeitschrift für Soziologie, 22 (3)*, 178–187.

Becker, B.J. (1987). Applying Tests of Combined Significance in Meta-Analysis. *Psychological Bulletin, 102*, 164–172.

Becker, B.J. (1991). The Quality and Credibility of Research Reviews. What the Editors say. *Personality and Social Psychology Bulletin, 17*, 267–272.

Becker, B.J. (1994). Combining Significance Levels. In H. Cooper and L.V. Hedges (Eds.), *The Handbook of Research Synthesis* (pp. 215–230). New York: Sage.

Becker, H.S. and Geer, B. (1970). Participant Observation and Interviewing: A Comparison. In W.J. Filstead (Ed.), *Qualitative Methodology* (pp. 133–142). Chicago: Rand McNally.

Becker-Carus, C. (1981). *Grundriß der Physiologischen Psychologie*. Heidelberg: Quelle und Meyer.

Becker-Schmidt, R. und Bilden, H. (1995). Impulse für die qualitative Sozialforschung aus der Frauenforschung. In U. Flick, E. v. Kardorff, H. Keupp, L. v. Rosenstiel und S. Wolff (Hrsg.), *Handbuch qualitativer Sozialforschung* (Kap. 1.2). München: Psychologie Verlags Union.

Becker-Schmidt, R., Brandes-Erlhoff, U., Rumpf, M. und Schmidt, B. (1982). *„Nicht wir haben die Minuten, die Minuten haben uns." Zeitprobleme und Zeiterfahrungen von Arbeitermüttern in Fabrik und Familie*. Bonn: Verlag Neue Gesellschaft.

Beelmann, A. und Bliesner, T. (1994). Aktuelle Probleme und Strategien der Metaanalyse. *Psychologische Rundschau, 45*, 211–233.

Behrens, J.T. (1997). Principles and Procedures of Exploratory Data Analysis. *Psychological Methods, 2*, 131–160.

Behrens, K. (1994). Schichtung und Gewichtung – Verbesserung der regionalen Repräsentation. In S. Gabler, J.H.P. Hoffmayer-Zlotnik u. D. Krebs (Hrsg.), *Gewichtung in der Umfragepraxis* (S. 27–41). Opladen.

Belenky, M.F., Clinchy, B., Goldberger, N. und Tarule, J. (1989). *Das andere Denken. Persönlichkeit, Moral und Intellekt der Frau*. Frankfurt, New York: Campus.

Beltrami, E. (1999). *What is Random?* New York: Springer/Copernicus.

Benjamini, B. und Leskowitz, S. (1988). *Immunologie. Ein Kurzlehrbuch*. Stuttgart: Schwer.

Bennett, J.F. and Hays, W.L. (1960). Multidimensional Unfolding: Determining the Dimensionality of Ranked Preference Data. *Psychometrika 4*, 19–25.

Benninghaus, H. (1973). Soziale Einstellungen und soziales Verhalten. Zur Kritik des Attitüdenkonzeptes. In G. Albrecht, H.J. Daheim und F. Sack (Hrsg.), *Soziologie, Sprache, Bezug zur Praxis, Verhältnis zu anderen Wissenschaften. Festschrift für R. König zum 65. Geburtstag*. (S. 671–707). Opladen: Westdeutscher Verlag.

Benninghaus, H. (1989). *Deskriptive Statistik. Statistik für Soziologen, Band I* (6. Aufl.). Stuttgart: Teubner.

Benninghaus, H. (1998). *Einführung in die sozialwissenschaftliche Datenanalyse* (5. Auflage). München: Oldenbourg.

Bentler, P. M. (1980). Multivariate Analysis with Variables: Causal Modeling. *Annual Review of Psychology, 31,* 419–456.

Bentler, P. M. (1989). *EQS. Structural Equations Program Manual.* Los Angeles: BMPD Statistical Software.

Bereiter, C. (1963). Some Persisting Dilemmas in the Measurement of Change. In C. W. Harris (Ed.), *Problems in Measurement of Change.* Madison: University of Wisconsin Press.

Berelson, B. (1952). *Content Analysis in Communication Research.* New York: Hafner.

Berg, B. (1989). *Qualitative Research Methods for the Social Sciences.* Boston: Allyn and Bacon.

Berg, I. A. (Ed.) (1967). *Response Set in Personality Assessment.* Chicago: Aldine Publ. Comp.

Berger, H. (1929). Über das Elektroenzephalogramm des Menschen. *Archiv für Psychiatrie und Nervenkrankheiten, 87,* 527–570.

Berger, J. O. (1980). *Statistical Decision Theory.* New York: Springer.

Bergmann, J. (1995). Konversationsanalyse. In U. Flick, E. v. Kardorff, H. Keupp, L. Rosenstiel und S. Wolff (Hrsg.), *Handbuch Qualitativer Sozialforschung* (S. 213–218). München: PVU.

Bergold, J. B. und Flick, U. (Hrsg.) (1989). *Einsichten. Zugänge zur Sicht des Subjekts mittels qualitativer Forschung.* dgvt, Forum 14. Deutsche Gesellschaft für Verhaltenstherapie.

Berk, R. A. and Rossi, P. H. (1999). *Thinking about Program Evaluation.* 2nd Ed. London: Sage.

Berlyne, D. E. (Ed.) (1974). *Studies in the New Experimental Aesthetics: Steps Toward an Objective Psychology of Aesthetic Appreciation.* Washington D. C.: Hemisphere.

Bernardin, H. J. (1977). Behavioral Expectation Scales versus Summated Ratings: A Fairer Comparison. *Journal of Applied Psychology, 62,* 422–427.

Bernardin, H. J. and Walter, C. S. (1977). Effects of Rater Training and Diary-Helping on Psychometric Error in Ratings. *Journal of Applied Psychology, 62,* 64–69.

Bernart, Y., und Krapp, S. (1997). *Das narrative Interview. Ein Leitfaden zur rekonstruktiven Interpretation.* Landau: VEP.

Bernstein, B. (1972). *Studien zur sprachlichen Sozialisation.* Düsseldorf: Pädagogischer Verlag Schwann.

Berres, M. (1987). Stepwise Procedures for the Construction of Scales from Dichotomous Items. *Psychologische Beiträge, 29,* 42–59.

Bertram, H. (Hrsg.) (1992). *Die Familie in den neuen Bundesländern. Stabilität und Wandel in der gesellschaftlichen Umbruchsituation.* Opladen: Leske und Budrich.

Beutelsbacher, A. (1992). „*Das ist o. B. d. A. trivial!". Tips und Tricks zur Formulierung mathematischer Gedanken.* Braunschweig, Wiesbaden: Vieweg.

Beywl, W. und Schobert, B. (2000). *Evaluation – Controlling – Qualitätsmanagement in der betrieblichen Weiterbildung. Kommentierte Auswahlbibliographie.* Gütersloh: Bertelsmann Verlag.

Bichlbauer, D. (1991). *Interpretative Methodologie.* Wien: Braumüller.

Biddle, J. B. and Thomas, E. J. (Eds.) (1966). *Role Theory: Conceps and Research.* New York: Wiley.

Biefang, S. (Hrsg.) (1980). *Evaluationsforschung in der Psychiatrie. Fragestellungen und Methoden.* Stuttgart: Enke.

Bierhoff, H. W. (1996). Neue Erhebungsmethoden. In E. Erdfelder et al. (Hrsg.), *Handbuch Quantitative Methoden* (S. 59–70). Weinheim: Beltz.

Bierhoff, H. W. und Rudinger, G. (1996). Quasi-experimentelle Untersuchungsmethoden. In E. Erdfelder et al. (Hrsg.), *Handbuch Quantitative Methoden* (S. 47–58). Weinheim: Psychologie Verlags Union.

Billeter, E. P. (1970). *Grundlagen der repräsentativen Statistik.* Wien: Springer.

Binder, J., Sieber, M. und Angst, J. (1979). Verzerrungen bei postalischen Befragungen: das Problem der Nichtbeantworter. *Zeitschrift für experimentelle und angewandte Psychologie, 26,* 53–71.

Bintig, A. (1980). The Efficiency of Various Estimations of Reliability of Rating-Scales. *Educational and Psychological Measurement, 40,* 619–644.

Birbaumer, N. und Schmidt, R. F. (1999). *Biologische Psychologie* (4. Auflage). Berlin: Springer.

Bird, K. D. (1991). Exploratory N = 1 Profile Analysis. *Educational and Psychological Measurement, 51,* 523–530.

Bishop, Y. M. M., Fienberg, S. E. and Holland, P. W. (1975). *Discrete multivariate analysis.* Cambridge, Mass: MIT Press.

Black, T. R. (1993). *Evaluating Social Science Research.* London: Sage.

Blalock, H. Jr. (1969). *Theory Construction. From Verbal to Mathematical Formulations.* Englewood Cliffs, New Jersey: Prentice Hall.

Blalock, H. M. (Ed.) (1971). *Causal Models in the Social Sciences.* London: MacMillan.

Blank, H. und Fischer, V. (2000). „Es musste eigentlich so kommen". Rückschaufehler bei der Bundestagswahl 1998. *Zeitschrift für Sozialpsychologie, 31,* 128–142.

Blank, T. und Schmidt, P. (1997). Konstruktiver Patriotismus im vereinigten Deutschland? Ergebnisse einer repräsentativen Studie. In A. Mummendey (Hrsg.), *Identität und Verschiedenheit – zur Sozialpsychologie der Identität in komplexen Gesellschaften* (S. 127–147). Bern: Huber.

Blasius, J., Reuband, K. H. (1995). Telefoninterviews in der empirischen Sozialforschung: Ausschöpfungsquoten und Antwortmuster. *ZA-Information, 37,* 64–87.

Bleicher, J. (1983). *Contemporary Hermeneutics. Hermeneutics as Method, Philosophy and Critique.* London: Routledge & Kegan.

Blossfeld, H. P., Hamerle, A. und Mayer, K. U. (1986). *Ereignisanalyse. Statistische Theorie und Anwendungen in den Wirtschafts- und Sozialwissenschaften.* Frankfurt: Campus.

Blumer, H. (1969). Der methodologische Standort des Symbolischen Interaktionismus. In Arbeitsgruppe Bielefelder Soziologen (Hrsg.) (1973), *Alltagswissen, Interaktion und gesellschaftliche Wirklichkeit* (S. 80–146). Reinbek bei Hamburg: Rowohlt.

Boden, U., Bortz, J., Braune, P. und Franke, J. (1975). Langzeiteffekte zweier Tageszeitungen auf politische Einstellungen der Leser. *Kölner Zeitschrift für Soziologie u. Sozialpsychologie, 27,* 754–780.

Boehm, A., Braun, F. und Pishwa, H. (1990). *Offene Interviews – Dokumentation, Transkription und Datenschutz.* (Manuskript aus dem Interdisziplinären Forschungsprojekt ATLAS). Berlin: Technische Universität Berlin.

Boehm, A., Legewie, H. und Muhr, T. (1993). *Textinterpretation und Theoriebildung in den Sozialwissenschaften.* (Forschungsbericht Nr. 92-3 aus dem Interdisziplinären

Forschungsprojekt ATLAS). Berlin: Technische Universität Berlin.

Boehm, A., Mengel, A. und Muhr, T. (Hrsg.) (1994). *Texte verstehen. Konzepte, Methoden, Werkzeuge.* Konstanz: Universitätsverlag.

Bohnsack, R. (1991). *Rekonstruktive Sozialforschung. Einführung in die Methodologie und Praxis qualitativer Forschung.* Opladen: Leske und Budrich.

Bohrnstedt, G.W. (1969). Observations on the Measurement of Change. In E.F. Borgetta (Ed.), *Sociological Methodology.* San Francisco: Jossey Bass.

Bollen, A. (1989). *Structural Equations with Latent Variables.* New York: Wiley.

Böltken, F. (1976). *Auswahlverfahren.* Stuttgart: Teubner.

Bongers, D. und Rehm, G. (1973). *Kontaktwunsch und Kontaktwirklichkeit von Bewohnern einer Siedlung.* Unveröffentlichte Diplomarbeit. Bonn: Universität.

Borg, I. (1981). *Anwendungsorientierte multidimensionale Skalierung.* Heidelberg: Springer.

Borg, I. (1992). Grundlagen und Ergebnisse der Facettentheorie. In Pawlik, K. (Hrsg.), *Methoden der Psychologie,* Band 13. Göttingen: Huber.

Borg, I. (1994). *Mitarbeiterbefragungen.* Göttingen: Hogrefe.

Borg, I. und Groenen, P. (1997). *Modern Multidimensional Scaling. Theory and Applications.* New York: Springer.

Borg, I. and Lingoes, J.C. (1987). *Multidimensional Similarity Structure Analysis:* New York: Springer.

Borg, I. und Staufenbiel, T. (1993). *Theorien und Methoden der Skalierung.* Bern: Huber.

Borg, I., Müller, M. und Staufenbiel, T. (1990). Ein empirischer Vergleich von fünf Standard-Verfahren zur eindimensionalen Skalierung. *Archiv für Psychologie, 142,* 25–33.

Borg, W.R. and Gall, M.D. (1989). *Educational Research. An Introduction.* New York: Longman.

Boring, E.G. (1923). Intelligence as the Tests Test it. *New Report, 6,* 35–37.

Borman, W.C. (1975). Effects of Instructions to Avoid Error on Reliability and Validity of Performance Evaluation Ratings. *Journal of Applied Psychology, 60,* 556–560.

Bortz, J. (1972). Beiträge zur Anwendung der Psychologie auf den Städtebau II. Erkundungsexperiment zur Beziehung zwischen Fassadengestaltung und ihrer Wirkung auf den Betrachter. *Zeitschrift für experimentelle und angewandte Psychologie, 19,* 226–281.

Bortz, J. (1974). Kritische Bemerkungen über den Einsatz nichteuklidischer Metriken im Rahmen der multidimensionalen Skalierung. *Arch. ges. Psychol., 126,* 196–212.

Bortz, J. (1975 a). Kritische Bemerkungen zur Verwendung nicht-euklidischer Metriken in der multidimensionalen Skalierung. In W.H. Tack (Hrsg.), *Bericht über den 29. Kongress der Deutschen Gesellschaft für Psychologie in Salzburg 1974,* Band 1 (S. 405–407). Göttingen: Hogrefe.

Bortz, J. (1975 b). Das INDSCAL-Verfahren als Methode zur Differenzierung kognitiver Strukturen. *Zeitschrift für experimentelle und angewandte Psychologie, 22,* 33–46.

Bortz, J. (1978). Psychologische Ästhetikforschung. Bestandsaufnahme und Kritik. *Psychologische Beiträge, 20,* 481–508.

Bortz, J. (1991). Methodik eines Studienentwurfes. In H. Tüchler und D. Lutz (Hrsg.), *Lebensqualität und Krankheit* (S. 100–111). Köln: Deutscher Ärzte-Verlag.

Bortz, J. (1999). *Statistik* (5. Auflage). Berlin: Springer.

Bortz, J. and Braune, P. (1980). The Effects of Daily Newspapers on their Readers – Exemplary Presentation of a Study and its Results. *European Journal of Social Psychology, 10,* 165–193.

Bortz, J. und Lienert, G.A. (1998). *Kurzgefaßte Statistik für die klinische Forschung. Ein praktischer Leitfaden für die Analyse kleiner Stichproben.* Heidelberg: Springer.

Bortz, J., Lienert, G.A. und Boehnke, K. (2000). *Verteilungsfreie Methoden in der Biostatistik* (2. Auflage). Heidelberg: Springer.

Bos, W. und Tarnai, C. (Hrsg.) (1989). *Angewandte Inhaltsanalyse in empirischer Pädagogik und Psychologie.* Münster: Waxmann.

Bouchard, T.J. (1976). Field Research Methods: Interviewing, Questionnaires, Participant Observation, Systematic Observation, Unobtrusive Measures. In M.D. Dunette (Ed.), *Handbook of Industrial and Organizational Psychology.* Chicago: Rand McNally.

Boucsein, W. (1988). *Elektrodermale Aktivität: Grundlagen, Methoden, Anwendungen.* Berlin: Springer.

Boucsein, W. (1991). Arbeitspsychologische Beanspruchungsforschung heute – eine Herausforderung an die Psychophysiologie. *Psychologische Rundschau, 42,* 129–144.

Boucsein, W. (1992). *Electrodermal Activity.* New York: Plenum Press.

Boucsein, W. (1995). Die elektrodermale Aktivität als Emotionsindikator. In G. Debus, G. Erdmann und K.W. Kallus (Hrsg.), *Biopsychologie von Streß und emotionalen Reaktionen* (S. 143–162). Göttingen: Hogrefe.

Box, G.E.P. and Jenkins, G.M. (1976). *Time Series Analysis: Forecasting and Control.* San Francisco: Holden-Day.

Bradley, R.A. and Terry, M.E. (1952). The Rank Analysis of Incomplete Block Designs. I: The Method of Paired Comparison. *Biometrika, 39,* 324–345.

Brandt, L.W. (1971). (Vl ≡ Vp)v(Vl ≢ Vp). *Zeitschrift für Sozialpsychologie, 2,* 271–272.

Brandt, L.W. (1975). Experimenter-Effect Research. *Psychologische Beiträge, 17,* 133–140.

Brandt, L.W. (1978). Measuring of a Measurement: Empirical Investigation of the Semantic Differential. *Probleme und Ergebnisse der Psychologie, 66,* 71–74.

Bräunling, G. (Hrsg.) (1982). *Wirkungsanalyse in ausgewählten Zielaspekten des Aktionsprogramms Forschung zur Humanisierung des Arbeitslebens.* Frankfurt: Campus.

Brauns, H.P. (1984). On the Methodological Distinction between Ideographic and Nomothetic Approaches in Personality Psychology. *Studia Psychologika, 26,* 199–218.

Brauns, H.P. (1992). Über die Herkunft des Begriffspaares ideographisch/nomothetisch und seine frühe Verwendung in der Differentiellen Psychologie. In L. Montada (Hrsg.), *Bericht über den 38. Kongreß der Deutschen Gesellschaft für Psychologie in Trier,* Band 1 (S. 674). Göttingen: Hogrefe.

Braver, M.C. and Braver, S.L. (1988). Statistical Treatment of the Solomon Four-Groups Design: A Meta-Analytic Approach. *Psychological Bulletin, 104,* 150–154.

Bredenkamp, J. (1969). Über Maße der praktischen Signifikanz. *Zeitschrift für Psychologie, 177,* 310–318.

Bredenkamp, J. (1972). *Der Signifikanztest in der psychologischen Forschung.* Frankfurt/Main: Akademische Verlagsanstalt.

Bredenkamp, J. (1980). *Theorie und Planung psychologischer Experimente.* Darmstadt: Steinkopff.

Bredenkamp, J. (1982). Verfahren zur Ermittlung des Typs der statistischen Wechselwirkung. *Psychologische Beiträge, 24,* 56–75 und 309.

Bredenkamp, J. (1996). Grundlagen experimenteller Methoden. In E. Erdfelder et al. (Hrsg.), *Handbuch Quantitative Methoden* (S. 37–46). Weinheim: Psychologie Verlags Union.

Brehm, J. W. (1966). *A Theory of Psychological Reactance.* New York: Academic Press.

Brentano, F. (1874). *Psychologie vom empirischen Standpunkte.* Leipzig: Duncker & Humblot.

Breuer, F. (1988). *Wissenschaftstheorie für Psychologen.* (Arbeiten zur sozialwissenschaftlichen Psychologie, Beiheft 1, 4. Auflage). Münster: Aschendorff.

Brickenkamp, R. (1997). *Handbuch psychologischer und pädagogischer Tests.* Göttingen: Hogrefe.

Bridgman, P. W. (1927). *The Logic of Modern Physics.* New York: MacMillan.

Bridgman, P. W. (1945). Some General Principles of Operational Analysis. *Psychological Review, 52,* 246–249.

Bridgman, P. W. (1950). *Reflections of a Physicist.* New York: Philosophical Library.

Bridgman, P. W. (1959). *The Way Things are.* New York: Viking Press.

Briggs, S. R. and Cheek, J. M. (1986). The Role of Factor Analysis in the Development and Evaluation of Personality Scales. *Journal of Personality and Social Psychology, 54 (1),* 106–148.

Brinker, K. (1997). *Linguistische Textanalyse. Eine Einführung in Grundbegriffe und Methoden.* Bielefeld, Schmidt.

Brinker, K. und Sager, S. F. (1996). *Linguistische Gesprächsanalyse. Eine Einführung.* Bielefeld: Schmidt.

Brod, H. (1987). The Case for Men's Studies. In H. Brod (Ed.), *The Making of Masculinities. The New Men's Studies.* Boston: Beacon Press.

Brunner, E. J. (1994). Interpretative Auswertung. In G. L. Huber und H. Mandl (Hrsg.), *Verbale Daten. Eine Einführung in die Grundlagen und Methoden der Erhebung und Auswertung* (S. 197–219). Weinheim: Beltz.

Bruno, J. E. und Dirkzwager, A. (1995). Determining the Optimal Number of Alternatives to a Multiple-Choice Test Item. An Information Theoretic Perspective. *Educational and Psychological Measurement, 55,* 959–966.

Brunswik, E. (1955). Representative Design and Probability Theory in a Functional Psychology. *Psychological Revue, 62,* 193–217.

Bryant, F. B. and Wortman, P. M. (1978). Secondary Analysis: The Case for Data Archives. *American Psychologist, 33,* 381–387.

Bryman, A. (1988). *Quantity and Quality in Social Research.* London: Unwin Hyman.

Bude, H. (1985). Der Sozialforscher als Narrationsanimateur. Kritische Anmerkungen zu einer erzähltheoretischen Fundierung der interpretativen Sozialforschung. *Kölner Zeitschrift für Soziologie und Sozialpsychologie, 37,* 327–336.

Bühler, K. (1934). *Sprachtheorie.* Jena: G. Fischer.

Bullerwell-Ravar, J. (1991). How Important is Body Image for Normal Weight Bulimics? Implications for Research and treatment. In B. Dolan and I. Gitzinger (Eds.), *Why Women? Gender Issues and Eating Disorders.* London.

Bungard, W. (1979). Methodische Probleme bei der Befragung älterer Menschen. *Zeitschrift für experimentelle und angewandte Psychologie, 26,* 211–237.

Bungard, W. (Hrsg.) (1980). *Die „gute" Versuchsperson denkt nicht. Artefakte in der Sozialpsychologie.* München: Urban und Schwarzenberg.

Bungard, D. W. und Lück, H. E. (1974). *Forschungsartefakte und nicht-reaktive Meßverfahren.* Stuttgart: Teubner.

Bungard, W., Schultz-Gambard, J. und Antony, J. (1992). Zur Methodik der angewandten Psychologie. In D. Frey, C. Graf Hoyos und D. Stahlberg (Hrsg.), *Angewandte Psychologie* (S. 589–606). Weinheim: Psychologie Verlags Union.

Burghardt, F. J. (2000). *Familienforschung „Hobby und Wissenschaft".* Meschede: Karl Thomas. URL http://www.familienforschung.de/

Burkhard, C. und Eikenbusch, G. (2000). *Praxishandbuch Evaluation in der Schule.* Berlin: Cornelsen/Scriptor.

Burton, M. (1972). Semantic Dimensions of Occupation Names. In A. K. Romney, R. N. Shepard and S. B. Nerlove (Eds.), *Multidimensional Scaling,* Vol. II. New York: Seminar Press.

Buse, L. (1976). Zur Interpretation einer Lügenskala. *Diagnostica, 22,* 34–48.

Buse, L. (1977). Die Abhängigkeit des Reliabilitätskoeffizienten von Rateeinflüssen. *Zeitschrift für experimentelle und angewandte Psychologie, 24,* 546–558.

Buse, L. (1980). Kritik am Moderatoransatz in der Akquieszenz-Forschung. *Psychologische Beiträge, 22,* 119–127.

Bushman, B. J. (1994). Vote-Counting Procedures in Meta-Analysis. In H. Cooper and L. V. Hedges (Eds.), *The Handbook of Research Synthesis* (pp. 193–213). New York: Sage.

Buss, A. (1986). *Social Behavior and Personality.* Hillsdale, New Jersey: Erlbaum.

Busz, M., Cohen, R., Poser, U., Schümer, A., Schümer, R. und Sonnenfeld, C. (1972). Die soziale Bewertung von 880 Eigenschaftsbegriffen sowie die Analyse der Ähnlichkeitsbeziehungen zwischen einigen dieser Begriffe. *Zeitschrift für experimentelle und angewandte Psychologie, 19,* 282–308.

Cahan, S. (1989). A Critical Examination of the "Relibability" and "Abnormality" Approaches to the Evaluation of Subtest Score Differences. *Educational and Psychological Measurement, 49,* 807–814.

Campbell, D. T. (1957). Factors Relevant to the Validity of Experiments in Social Settings. *Psychological Bulletin, 54,* 297–311.

Campbell, D. T. (1963). From Description to Experimentation: Interpreting Trends as Quasi-Experiments. In C. W. Harris (Ed.), *Problems in Measuring Change.* Madison: University of Wisconsin Press.

Campbell, D. T. (1986). Relabeling Internal and External Validity for Applied Social Sciences. In W. M. K. Trochin (Ed.), *Advances in Quasiexperimental Design Analysis. New Directions for Program Evaluation,* Vol. 31 (pp. 67–77). San Francisco: Jossey Boos.

Campbell, D. T. and Fiske, D. W. (1959). Convergent and Discriminant Validation by the Multitrait-Multimethod Matrix. *Psychological Bulletin, 103,* 276–279.

Campbell, D. T. and Stanley, J. C. (1963 a). *Experimental and Quasi-Experimental Designs for Research.* Chicago: Rand McNally.

Campbell, D. T. and Stanley, J. C. (1963 b). Experimental and Quasi-Experimental Designs for Research on Teaching. In N. L. Gage (Ed.), *Handbook of Research on Teaching.* Chicago: Rand McNally.

Campbell, J. P., Dunnette, M. D., Arvey, R. D. and Hellervik, L. N. (1973). The Development of Behaviorally Based Rating Scales. *Journal of Applied Psychology, 57,* 15–22.

Cannell, C. F. and Kahn, R. L. (1968). Interviewing. In G. Lindzey and E. Aronsson (Eds.), *The Handbook of Social Psychology* (pp. 526–595). Reading, Mass.: Addison-Wesley.

Cannell, C. F., Miller, P. V. and Oksenberg, L. (1981). Research on Interviewing Techniques. In S. Leinhardt (Ed.), *Sociological Methodology* (S. 389–437). San Francisco: Jossey-Bass.

Cannon, W. B. (1932). *The Wisdom of the Body.* New York: Norton.

Cantor, A. B. (1996). Sample-Size Calculations for Cohens's Kappa. *Psychological Methods, 1,* 150–153.

Carey, S. S. (1998). *A Beginner's Guide to Scientific Method.* 2nd Ed. Belmont.

Carroll, J. D. (1972). Individual Differences and Multidimensional Scaling. In R. N. Shephard, A. K. Romney and S. B. Nerlove (Eds.), *Multidimensional Scaling* (pp. 105–155). New York: Seminar Press.

Carroll, J. D. (1983). Modelle und Methoden für multidimensionale Analysen von Präferenz- (oder anderen Dominanz-)Daten. In H. Feger, J. Bredenkamp (Hrsg.), *Messen und Testen. Enzyklopädie der Psychologie. Band I, 3* (S. 201–257). Göttingen: Hogrefe.

Carroll, J. D. and Chang, J. J. (1970) Analysis of Individual Differences in Multidimensional Scaling via an N-Way Generalization of "Eckard-Young" Decomposition. *Psychometrika, 35,* 283–319.

Carroll, J. D. and Wish, M. (1974). Modells and Methods for Three-Way Multidimensional Scaling. In D. H. Krantz, R. C. Atkinson, R. D. Luce and P. Suppes (Eds.), *Contemporary Developments in Mathematical Psychology, Vol. II. Measurement, Psychophysics, and Neural Information Processing* (pp. 57–105). San Francisco: Freeman and Co.

Carson, K. P., Schriesheim, C. A. and Kinicki, A. J. (1990). The Usefullness of the "Fail-Safe" Statistic in Meta-Analysis. *Educational and Psychological Measurement, 50,* 233–243.

Carver, R. P. (1978). The Case against Statistical Significance Testing. *Harvard Educ. Rev., 48,* 378–399.

Cattell, R. B. (1966). Patterns of Change: Measurement in Relation to State-Dimension, Trait Change, Lability, and Process Concepts. In Cattell, R. B. (Ed.), *Handbook of Multivariate Experimental Psychology.* Chicago: Rand McNally.

Cattell, R. B., Warburton, F. W. (1967). *Objective Personality and Motivation Tests.* Urbana: University of Illinois Press.

Chalmers, A. F. (1986). *Wege der Wissenschaft.* Berlin: Springer.

Champion, C. H. and Sear, A. M. (1968). Questionnaire Response Rate: A Methodological Analysis. *Social Forces, 47,* 335–339.

Champion, C. H., Green, S. B. and Sauser, W. J. (1988). Development and Evaluation of Shortcut-Dirived Behaviourally Anchored Rating Scales. *Educational and Psychological Measurement, 48,* 29–41.

Champney, H. and Marshall, H. (1939). Optimal Refinement of the Rating Scale. *Journal of Applied Psychology, 23,* 323–331.

Chassan, J. B. (1967). *Research Designs in Clinical Psychology and Psychiatry.* New York: Appleton-Century Crofts.

Chelimsky, E. and Shadish, W. R. (Eds.) (1997). *Evaluation for the 21st Century.* London: Sage.

Chelune, G. J. and Associates (1979). *Self-Disclosure.* San Francisco: Jossey-Bass.

Chen, H. (1990). *Theory – Driven Evaluations.* London: Sage.

Chignell, M. H. and Pattey, B. W. (1987). Unidimensional Scaling with Efficient Ranking Methods. *Psychological Bulletin, 101,* 304–311.

Chrousos, G. P., Loriaux, D. L. and Gold, P. W. (Eds.) (1988). *Mechanisms of Physical and Emotional Stress.* New York: Plenum Press.

Cicourel, A. V. (1970). *Methode und Messung in der Sozialpsychologie.* Frankfurt/Main: Suhrkamp.

Cicourel, A. V. (1975). *Sprache in der sozialen Interaktion.* München: List.

Clark, C. W. (1974). Pain Sensitivity and the Report of Pain. *Anaesthesiology, 40,* 272–287.

Clark, J. A. (1977). A Method of Scaling with Incomplete Pair-Comparison Data. *Educational and Psychological Measurement, 37,* 603–611.

Clark, S. J. and Deskarnais, R. A. (1998). Honest Answers to Embarrassing Questions. Detecting Cheating in the Randomised Response Model. *Psychological Methods, 3,* 160–168.

Classen, W. und Netter, P. (1985). Signalentdeckungstheoretische Analyse subjektiver Schmerzbeurteilungen unter medikamentösen Reizbedingungen. *Archiv für Physiologie, 137,* 29–37.

Clausen, S. E. (1998). *Applied Correspondence Analysis. An Introduction.* London: Sage.

Clement, U. (1990). Empirische Studien zu heterosexuellem Verhalten. *Zeitschrift für Sexualforschung, 3,* 298–319.

Cleveland, W. S. (1993). *Visualizing Data.* Summit, NJ: Hobart Press.

Cliff, N. (1988). The Eigenvalue-Greater-Than-One Rule and the Reliability of Components. *Psychological Bulletin, 103,* 276–279.

Cochran, W. G. (1972). *Stichprobenverfahren.* Berlin: de Gruyter.

Cochran, W. G. and Cox, G. M. (1966). *Experimental Designs.* New York: Wiley.

Cohen, J. (1960). A Coefficient of Agreement for Nominal Scales. *Educational and Psychological Measurement, 20,* 37–46.

Cohen, J. (1962). The Statistical Power of Abnormal-Social Psychological Research: A Review. *Journal of Abnormal and Social Research, 65,* 145–153.

Cohen, J. (1968). Weighted Kappa. Nominal Scale Agreement with Provision for Scaled Disagreement or Partial Credit. *Psychological Bulletin, 70,* 213–220.

Cohen, J. (1977). *Statistical Power Analysis for the Behavioral Sciences.* New York: Academic Press.

Cohen, J. (1988). *Statistical Power Analysis for the Behavioral Sciences.* New York: Erlbaum.

Cohen, J. (1990). Things I have Learned (so far). *American Psychologist, 45,* 1304–1312.

Cohen, J. (1992). A Power Primer. *Psychological Bulletin, 112,* 155–159.

Cohen, J. (1994). The Earth is Round (p<0.05). *American Psychologist, 49,* 997–1003.

Cohen, R. (1969). *Systematische Tendenzen bei Persönlichkeitsbeurteilungen.* Bern: Huber.

Collani, G. v. (1987). *Zur Stabilität und Veränderung in sozialen Netzwerken. Methoden, Modelle, Anwendungen.* Bern: Huber.

Collins, L. M. (1996). Is Reliability Obsolete? A Commentary on "Are Simple Gain Scores Obsolete?" *Applied Psychological Measurement, 20,* 289–292.

Conrad, E. and Maul, T. (1981). *Introduction to Experimental Psychology.* New York: Wiley.

Conrad, W., Bollinger, G., Eberle, G., Kurdorf, B., Mohr, V. und Nagel, B. (1976 a). Beiträge zum Problem der Metrik von subjektiven Persönlichkeitsfragebögen, dargestellt am Beispiel der Skalen E und N des HANES, KJI. *Diagnostica, 22,* 13–26.

Conrad, W., Bollinger, G., Eberle, G., Kurdorf, B., Mohr, V. und Nagel, B. (1976b). Erstellung von Rasch-Skalen für den Angst-Fragebogen FS5-10 und KAT. *Diagnostica, 22,* 110–125.

Comrey, A. L. (1950). A Proposed Method for Absolute Ratio Scaling. *Psychometrika, 15,* 317–325.

Cook, T. D. (1991). Meta-Analysis: Its Potential for Causal Description and Causal Explanation within Program Evaluation. In G. Albrecht, H. U. Otto, S. Karstedt-Henke and K. Bollert (Eds.), *Social Prevention and the Social Sciences. Theoretical Controversies. Research Problems and Evaluation Stategies* (pp. 245–285). Berlin, New York: de Gruyter.

Cook, T. D. (2000). Towards a Practical Theory of External Validity. In L. Bickman (Ed.), *Validity and Social Experimentation, 1* (pp. 3–43). Thousand Oaks: Sage.

Cook, T. D. and Campbell, D. T. (1976). The Design and Conduct of Quasi-Experiments and True Experiments in Field Settings. In M. Dunnette (Ed.), *Handbook of Industrial and Organizational Research.* Chicago: Rand McNally.

Cook, T. D. and Campbell, D. T. (1979). *Quasi-Experimentation: Design and Analysis Issues for Field Settings.* Chicago: Rand McNally.

Cook, T. D. und Matt, G. E. (1990). Theorien der Programmevaluation: Ein kurzer Abriß. In U. Koch und W. W. Wittmann (Hrsg.), *Evaluationsforschung. Bewertungsgrundlage für Sozial- und Gesundheitsprogramme* (S. 15–38). Heidelberg: Springer.

Cook, T. D. and Reichardt, C. S. (Eds.) (1979). *Quantitative and Qualitative Methods in Evaluation Research.* Beverly Hills: Sage.

Cook, T. D. and Shadish, W. R. (1994). Social Experiments: Some Developments over the Past Fifteen Years. *Annual Review of Psychology, 45,* 548–580.

Cook, T. D., Appleton, H., Conner, R. F., Shaffer, A., Tamkin, G. and Weber, S. J. (1975). "Sesame Street" Revisited. New York: Russell Sage.

Cook, T. D., Grader, C. L., Hennigan, K. M. and Flay, B. R. (1979). The History of the Sleeper Effect: Some Logical Pitfalls in Accepting the Null Hypothesis. *Psychological Bulletin, 86,* 662–679.

Cook, T. D., Cooper, H., Cordray, D., Hartmann, H., Hedges, L., Light, R., Louis, T. and Mosteller, F. (Eds.) (1992). *Meta-Analysis for Exploration: A Casebook.* New York: Russell Sage Found.

Coombs, C. H. (1948). Some Hypotheses for the Analysis of Qualitative Variables. *Psychological Review, 55,* 167–174.

Coombs, C. H. (1952). *A Theory of Psychological Scaling.* Engineering Research Institute Bulletin, no. 34. Ann Arbor: University of Michigan Press.

Coombs, C. H. (1953). Theory and Methods of Social Measurements. In L. Festinger and D. Katz (Eds.), *Research Methods in the Behavioral Sciences.* New York: The Dryden Press.

Coombs, C. H. (1964). *A Theory of Behavioral Data.* New York: Wiley.

Coombs, C. H., Dawes, R. M. and Tversky, A. (1970). *Mathematical Psychology.* Englewood Cliffs, New Jersey: Prentice Hall.

Coombs, C. H., Dawes, R. M. und Tversky, A. (1975). *Mathematische Psychologie.* Weinheim: Beltz.

Coombs, L. and Freedman, R. (1964). Use of Telephone Interviews in a Longitudinal Fertility Study. *Public Opinion Quarterly, 28,* 112–117.

Cooper, H. M. (1989). *The Integrative Research Review. A Social Science Approach.* Newbury Park, CA.: Sage.

Cooper, H., De Neve, K. and Charlton, K. (1997). Finding the Missing Science. The Fate of Studies Submitted for Review by a Human Subjects Committee. *Psychological Methods, 2,* 447–452.

Cooper, H. M. (1991). An Introduction to Meta-Analysis and the Integrated Research Review. In G. Albrecht and H. U. Otto (Eds.), *Social Prevention and the Social Sciences* (pp. 287–304). Berlin: de Gruyter.

Cooper, L. G. (1972). A New Solution to the Additive Constant Problem in Metric Multidimensional Scaling. *Psychometrika, 37,* 311–323.

Cooper, H. and Hedges, L. V. (1994). *The Handbook of Research Synthesis.* New York: Russell Sage Foundation.

Cooper, H., Charlton, K. Valentine, J. C. and Muhlenbruck, I. (2000). *Making the Most of Summer School: A Metaanalytic and Narrative Review.* Blackwell Publishers.

Corder-Bolz, C. R. (1978). The Evaluation of Change: New Evidence. *Educational and Psychological Measurement, 38,* 959–976.

Cornwell, J. M. and Ladd, R. T. (1993). Power and Accuracy of the Schmidt and Hunter Meta-Analytic Procedures. *Educational and Psychological Measurement, 53,* 877–895.

Cowles, M. (1989). *Statistics in Psychology: An Historical Perspective.* Hillsdale: Erlbaum.

Cowles, M. and Davis, C. (1982). On the Origins of the .05 Level of Significance. *American Psychologist, 37,* 553–558.

Crabtree, B. F. and Miller, W. L. (Eds.) (1992). *Doing Qualitative Research.* London: Sage.

Cranach, M. und Frenz, H. G. (1975). Systematische Beobachtung. In C. F. Graumann (Hrsg.), *Handbuch der Psychologie, Bd. 7, Sozialpsychologie.* Göttingen: Hogrefe.

Crane, J. A. (1980). Relative Likelihood Analysis versus Significance Tests. *Evaluation Review, 4,* 824–842.

Crespi, L. P. (1950). The Influence of Military Government Sponsorship in German Opinion Polling. *International Journal of Opinion and Attitude Research, 4,* 151–178.

Crino, M. D., Rubenfeld, S. A. and Willoughby, F. W. (1985). The Random Response Technic as an Indicator of Questionnaire Item Social Desirability/Personal Sensitivity. *Educational and Psychological Measurement, 45,* 453–468.

Crockett, W. H. and Nidorf, L. J. (1967). Individual Differences in Response to Semantic Differential. *Journal of Social Psychology, 73,* 211–218.

Cronbach, L. J. (1951). Coefficient Alpha and the Internal Structure of Tests. *Psychometrika, 16,* 297–334.

Cronbach, L. J. (1960). *Essentials of Psychological Testing.* New York: Harper.

Cronbach, L. J. (1982). *Designing Evaluation of Educational and Social Programs.* San Francisco: Jossey-Bass.

Cronbach, L. J. and Furby, L. (1970). How Should We Measure "Change" – or Should We? *Psychological Bulletin, 74,* 68–80.

Cronbach, L. J. and Gleser, G. C. (1965). *Psychological Tests and Personnel Decisions* (2nd ed.). Urbana: University of Illinois Press.

Cronkhite, G. (1976). Effects of Rater-Concept-Scale Interactions and Use of Different Factoring Procedures upon Evaluative Factor Structure. *Human Communication Research, 2,* 316–329.

Cross, D. V. (1965). Metric Properties of Multidimensional Stimulus Control. In D. J. Mostofsky (Ed.), *Stimulus Generalization* (pp. 72–93). Stanford: University Press.

Crowne, D.P. and Marlowe, D. (1964). *The Approval Motive.* New York: Wiley.

Csikszentmihalyi, M. und Rochberg-Halton, E. (1981). *Der Sinn der Dinge. Das Selbst und die Symbole des Wohnbereichs.* München: PVU.

Dahl, G. (1971). Zur Berechnung des Schwierigkeitsindex bei quantitativ abgestufter Aufgabenbewertung. *Diagnostica, 17,* 139–142.

Daniel, C. and Wood, F.S. (1971). *Fitting Equations to Data.* New York: Wiley-Interscience.

Darlington, R.B. and Hayes, A.F. (2000). Combining Independent p Values: Extensions of the Stouffer and Binomial Methods. *Psychological Methods, 5,* 496–515.

David, H.A. (1963). *The Method of Paried Comparison.* London: Griffin.

Davis, J.D. and Skinner, A. (1974). Reciprocity of Self-Disclosure in Interviews. *Journal of Personality and Social Psychology, 29,* 779–784.

Davison, M.L. and Sharma, A.R. (1988). Parametric Statistics and Level of Measurement. *Psychological Bulletin, 104,* 137–144.

Dawes, R.M. und Moore, M. (1979). Die Guttman-Skalierung orthodoxer und randomisierter Reaktionen. In F. Petermann (Hrsg.), *Einstellungsmessung und Einstellungsforschung.* Göttingen: Hogrefe.

de Cotiis, T.A. (1977). An Analysis of the External Validity and Applied Relevance of Three Rating Formats. *Organizational Behavior and Human Performance, 19,* 247–266.

de Cotiis, T.A. (1978). A Critique and Suggested Revision of Behaviorally Anchored Rating Scales Developmental Procedures. *Educational and Psychological Measurement, 38,* 681–690.

De Groot, M.D. (1970). *Optimal Statistical Decisions.* New York: McGraw Hill.

deMause, L. (2000). *Was ist Psychohistorie. Eine Grundlegung.* Gießen: Psychosozial-Verlag.

Deichsel, A. und Holzscheck, K. (Hrsg.) (1976). *Maschinelle Inhaltsanalyse.* Hamburg: Seminar für Sozialwissenschaften der Universität Hamburg.

Delucchi, K. and Bostrom, A. (1999). Small Sample Longitudinal Clinical Trials With Missing Data: A Comparison of Analytic Methods. *Psychological Methods, 4,* 158–172.

Denzin, N. (1989). *Interpretive Interactionism.* Newbury Park: Sage.

Denzin, N. and Lincoln, Y. (Eds.) (1994). *Handbook of Qualitative Research.* Thousand Oaks: Sage.

Deutsch, S.J. and Alt, F.B. (1977). The Effect of Massachusetts Gun Control Law on Gun-Related Crimes in the City of Boston (S. 543–568). *Evaluation Quarterly.*

Deutsche Gesellschaft für Psychologie (1987, 1997). *Richtlinien zur Manuskriptgestaltung.* Göttingen: Hogrefe.

Deutsche Gesellschaft für Psychologie (2001). Auszug aus den Richtlinien zur Manuskript-gestaltung. *Psychologische Rundschau, 52,* 72–73.

Deutsches Institut für Normung e.V. (1983). *Veröffentlichungen aus Wissenschaft, Technik, Wirtschaft und Verwaltung. Gestaltung von Manuskripten und Typoskripten* (DIN 1422) Berlin: Beuth-Verlag.

DeVault, M.L. (1999). *Liberating Method. Feminism and Social Research.* Philadelphia: Temple University Press.

Dichtl, E. und Thomas, U. (1986). Der Einsatz des Conjoint Measurement im Rahmen der Verpackungsmarktforschung. *Marketing-Zeitschrift für Forschung und Praxis, 8,* 27–33.

Dickersin, K. (1994). Research Registers. In H. Cooper and L.V. Hedges (Eds.), The Handbook of Research Synthesis (pp. 71–83). New York: Sage.

Die Zeit (1994). Protokoll einer Aussonderung. *Die Zeit, Nr. 25 (17. Juni 1994),* 13–16.

Diederich, W. (Hrsg.) (1974). *Theorien der Wissenschaftsgeschichte.* Frankfurt: Suhrkamp.

Dienel, P.C. (1978). *Die Planungszelle.* Opladen: Westdeutscher Verlag.

Dillman, D.A. (1978). *Mail and Telephone Surveys.* New York: Wiley.

Dillmann, R. und Arminger, G. (1986). Statistisches Schließen und wissenschaftliche Erkenntnis. Überschätzung statistischer Konzepte durch die Begründer oder Frustration mancher Anwender nach Erkenntnis der Tücke des Objektes. *Zeitschrift für Sozialpsychologie, 17,* 177–182.

Dilthey, W. (1923). *Ideen über eine beschreibende und zergliedernde Psychologie.* Ges. Schrifttum, Band 5. Leipzig: Teubner.

Dingler, H. (1923). *Grundlagen der Physik. Synthetische Prinzipien der nomothetischen Naturphilosophie.* Berlin: de Gruyter.

Doll, J. (1988). Kognition und Präferenz: Die Bedeutung des Halo-Effektes für multiattributive Einstellungsmodelle. *Zeitschrift für Sozialpsychologie, 19,* 41–52.

Donchin, E. and Fabiani, M. (1991). The Use of Event-Related Brain Potentials in the Study of Memory: Is P300 a Measure of Event Distinctiveness? In J.R. Jennings and M.G.H. Coles (Eds.), *Handbook of Cognitive Psychophysiology. Central and Autonomic Nervous System Approaches* (pp. 471–498). Chichester: Wiley.

Döring, N. (1999). *Sozialpsychologie des Internet. Die Bedeutung des Internet für Kommunikationsprozesse, Identitäten, soziale Beziehungen und Gruppen.* Göttingen: Hogrefe.

Döring, N. (2000). Romantische Beziehungen im Netz. In C. Thimm (Hrsg.), *Soziales im Netz. Sprache, Beziehungen und Kommunikationskulturen im Netz* (S. 39–70). Opladen: Westdeutscher Verlag.

Dörner, D. (1983). *Lohhausen: Vom Umgang mit Unbestimmtheit und Komplexität. Ein Forschungsbericht.* Bern: Huber.

Dörner, D. (1994). Heuristik der Theoriebildung. In T. Herrmann und W.H. Tack (Hrsg.), *Methodologische Grundlagen der Psychologie. (Enzyklopädie der Psychologie, Themenbereich B, Serie I, Band I)* (S. 343–388). Göttingen: Hogrefe.

Dörner, D. und Lantermann, E.E. (1991). Experiment und Empirie in der Psychologie. In K. Grawe, R. Hänni, H. Semmer und F. Tschan (Hrsg.), *Über die richtige Art, Psychologie zu betreiben* (S. 37–57). Göttingen: Hogrefe.

Dorroch, H. (1994). *Meinungsmacher-Report. Wie Umfrageergebnisse entstehen.* Göttingen: Steidl.

Dorsch, F., Häcker, H. und Stapf, K.-H. (Hrsg.) (1987). *Dorsch Psychologisches Wörterbuch* (11. Auflage). Bern: Huber.

Douglas, J.D., Rasmussen, P.K. and Flanagan, C.A. (1977). *The Nude Beach.* Beverly Hills, CA: Sage.

Downs, C.W., Smeyak, G.P. and Martin, E. (1980). *Professional Interviewing.* New York: Harper and Row.

Draper, N. and Smith, H. (1966). *Applied Regression Analysis.* New York: Wiley.

Dreher, M. und Dreher, E. (1994). Gruppendiskussion. In G. Huber und H. Mandl (Hrsg.), *Verbale Daten. Eine Einführung in die Grundlagen der Erhebung und Auswertung* (S. 141–164). Weinheim: Beltz.

Drinkmann, A., Vollmeyer, R. und Wagner, R.F. (1989). Argumente und Belege für eine multimethodale Strategie der Metaanalyse. *Psychologische Beiträge, 31*, 285–296.

Drösler, J. (1989). *Quantitative Psychology.* Toronto, Göttingen: Hogrefe und Huber.

Drummond, M.F., O'Brien, B.J., Stoddard, G.L. and Torrance, G. (1997). Methods for the Economical Evaluation of Health Care Programs. 2nd Ed. Oxford: Oxford University Press.

Du Bois, P.H. (1957). *Multivariate Correlational Analysis.* New York: Harper.

Du Mas, F.M. (1955). Science and the Single Case. *Psychological Reports, 1*, 65–76.

Dührssen, A. (1981). *Die biographische Anamnese unter tiefenpsychologischem Aspekt.* Göttingen: Vandenhoeck und Ruprecht.

Dukes, W.F. (1965). N = 1. *Psychological Bulletin, 64*, 74–79.

Dürrenberger, G. und Behringer, J. (1999). *Die Fokusgruppe in Theorie und Anwendung.* Stuttgart: Akademie für Technikfolgenabschätzung in Baden-Württemberg. URL http://www.ta-akademie.de/

Düßler, S. (1989). *Computerspiel und Narzißmus.* Frankfurt am Main: Klotz.

Duncan, O.D. (1981). Two Faces of Panel Analysis: Parallels with Comparative Cross-Sectional Analysis and Time-Lagged Association. In G. Leinhardt (Ed.), *Sociological Methodology* (pp. 281–318). San Francisco: Jossey-Bass.

Duncker, K. (1935). *Zur Psychologie des produktiven Denkens* (Neudruck 1963). Berlin: Springer.

Dunlop, W.P., Cortina, J.M., Vaslow, J.B. and Burke, M.J. (1996). Meta-Analysis of Experiments with Matched Groups or Repeated Measure Designs. *Psychological Methods, 1*, 170–177.

Dykstra, L.A. and Appel, J.B. (1974). Effects of LSD on Auditory Perception: a Signal Detection Analysis. *Psychopharmacologia, 34*, 289–307.

Ebbinghaus, H. (1885). *Über das Gedächtnis.* Leipzig. (Neudruck 1971: Darmstadt: Wissenschaftliche Buchgesellschaft.)

Eberhard, K. und Kohlmetz, G. (1973). *Verwahrlosung und Gesellschaft.* Göttingen: Vandenhoeck und Ruprecht.

Eckensberger, L.H. (1973). Methodological Issues of Cross-cultural Research in Development Psychology. In J. Nesselroade and H.W. Reese (Eds.), *Life-Span Developmental Psychology – Methodological Issues.* New York: Academic Press.

Eckensberger, L.H. und Reinshagen, H. (1980). Kohlbergs Stufentheorie der Entwicklung des moralischen Urteils: Ein Versuch ihrer Reinterpretation im Bezugsrahmen handlungstheoretischer Konzepte. In L.H. Eckensberger und R.K. Silbereisen (Hrsg.), *Entwicklung sozialer Kognitionen* (S. 65–131). Stuttgart: Klett.

Eckes, T. und Roßbach, H. (1980). *Clusteranalysen.* Stuttgart: Kohlhammer.

Eckes, T. und Six, B. (1994). Fakten und Fiktionen in der Einstellungs-Verhaltens-Forschung: Eine Meta-Analyse. *Zeitschrift für Sozialpsychologie, 25*, 253–271.

Edelberg, R. (1967). Electrical Properties of the Skin. In C.C. Brown (Ed.), *Methods in psychophysiology.* Baltimore: Wiliams and Wilkins.

Edelberg, R. (1972). Electrical Activity of the Skin. In N.S. Greenfield, R.A. Sternbach (Eds.), *Handbook of Psychophysiology.* New York: Holt, Rinehart and Winston.

Edgerton, H.A. (1947). Objective Differences among Various Types of Respondence to a Mailed Questionnaire. *Amer. Sociol. Rev., 12*, 435–444.

Edgington, E.S. (1967). Statistical Inference from N = 1 Experiments. *The Journal of Psychology, 65*, 195–199.

Edgington, E.S. (1975). Randomization Tests for One-Subject Operant Experiments. *Journal of Psychology, 90*, 57–68.

Edgington, E.S. (1980). Overcoming Obstacles to Single-Subject Experimentation. *Journal Educat. Statistics, 5*, 261–267.

Edgington, E.S. (1995). *Randomization Tests.* New York: Dekker.

Edwards, A.L. (1950). *Experimental Design in Psychological Research.* New York: Rinehardt.

Edwards, A.L. (1953). *Edwards Personal Preference Schedule.* New York: Psychol. Corps.

Edwards, A.L. (1957). *The Social Desirability Variable in Personality Research.* New York: Dryden.

Edwards, A.L. (1970). *The Measurement of Personality Traits by Scales and Inventories.* New York: Holt, Rinehardt and Winston.

Edwards, A.L. and Kilpatrick, F.P. (1948). A Technique for the Construction of Attitude Scales. *Journal of Applied Psychology, 32*, 374–384.

Edwards, W., Lindmann, H. and Savage, L.J. (1963). Bayesian Statistical Inference for Psychological Research. *Psychological Review, 70*, 193–242.

Effler, M. und Böhmecke, W. (1977). Eine Analyse des Verweigererproblems mit Beinahe-Verweigerern. *Zeitschrift für experimentelle und angewandte Psychologie, 24*, 35–48.

Efron, B. and Tibshirani, R.J. (1993). *An Introduction to the Bootstrap.* Boca Raton, FL: CRC Press.

Egan, J.P. (1975). *Signal Detection Theory and ROC Analysis.* New York: Academic Press.

Egger, M., Smith, G.D., Schneider, M. and Minder, C. (1997). Bias in Meta-Analysis Detected by a Simple, Graphical Test. *British Medical Journal, 315*, 629–634.

Eheim, W.P. (1977). Zur Beeinflußbarkeit der Schwierigkeit von Mehrfachwahl-Aufgaben. *Diagnostica, 23*, 193–198.

Ehlich, K. und Switalla, B. (1976). Transkriptionssysteme. Eine exemplarische Übersicht. *Studium Linguistik, 2*, 78–105.

Eid, M. (2000). A Multitrait-Multimethod Model with Minimal Assumptions. *Psychometrika, 65*, 241–261.

Eijkman, E.G.J. (1979). *Psychophysics.* In J.A. Michon, E.G.J. Eijkman and F.W. deKlerk (Eds.), *Handbook of Psychonomics.* Amsterdam: North-Holland Publ. Comp.

Eisenführ, F. und Weber, M. (1993). *Rationales Entscheiden.* Heidelberg: Springer.

Eiser, J.R. and Ströbe, W. (1972). *Categorisation and Social Judgement.* New York: Academic Press.

Elder, G.H., Pavalko, E.K. and Clipp, E.C. (1993). *Working with Archival Data.* Newbury Park: Sage.

Ellsworth, P.C. (1977). From Abstract Ideas to Concrete Instances. Some Guidelines for Choosing Natural Research Settings. *American Psychologist, 32*, 604–615.

Elms, A.C. (1995). *Uncovering Lives. The Uneasy Alliance of Biography and Psychology.* Oxford: Oxford University Press.

Emerson, J.D. and Hoaglin, D.C. (1983). Steam-and-Leaf-Displays. In D.C. Hoaglin, F. Mosteller and J.W. Tukey (Eds.), *Understanding Robust and Exploratory Data Analysis* (pp. 1–32). New York: Wiley.

Emerson, J. D. and Strenio, J. (1983). Boxplots and Batch Comparison. In D. C. Hoaglin, F. Mosteller and J. W. Tukey (Eds.), *Understanding Robust and Exploratory Data Analysis* (pp. 58–96). New York: Wiley.

Emerson, R. M. (1983). *Contemporary Field Research*. Prospect Heights, Illinois: Waveland.

Engel, B. T. (1972). Response Specifity. In N. S. Greenfield and R. A. Sternbach (Eds.), *Handbook of Psychophysiology* (pp. 571–576). New York: Holt, Rinehardt and Winston.

Engel, G. (1969). *Psychisches Verhalten in Gesundheit und Krankheit*. Bern: Huber.

Engel, S. und Slapnicar, K. W. (Hrsg.) (2000). *Die Diplomarbeit*. Schäffer Verlag.

England, P. (Ed.) (1993). *Theory on Gender. Feminism on Theory*. New York: Aldine.

Erbring, L. (1975). *The Impact of Political Events on Mass Publics: The Time Dimension of Public Opinion and an Approach to Dynamic Analysis*. Diss. Univ. of Michigan: Ann Arber.

Erbslöh, E. and Timaeus, E. (1972). The Influences of Interviewers on Intelligence Test Performance. *European Journal of Social Psychology, 2–4*, 449–452.

Erbslöh, E. und Wiendieck, G. (1974). Der Interviewer. In J. van Koolwijk und M. Wieken-Mayser (Hrsg.), *Techniken der empirischen Sozialforschung*, Band 4. München: Oldenbourg.

Erbslöh, E., Esser, H., Reschka, W. und Schöne, D. (1973). *Studien zum Interview*. Meisenheim: Hain.

Erdfelder, E. (1994). Erzeugung und Verwendung empirischer Daten. In T. Herrmann und W. Tack (Hrsg.), *Methodologische Grundlagen der Psychologie (Enzyklopädie der Psychologie, Themenbereich B, Serie I, Band 1)* (S. 47–97). Göttingen: Hogrefe.

Erdfelder, E. und Bredenkamp, J. (1994). Hypothesenprüfung. In T. Herrmann und W. T. Tack (Hrsg.), *Methodologische Grundlagen der Psychologie. (Enzyklopädie der Psychologie Themenbereich B, Serie I, Band 1)* (S. 604–648). Göttingen: Hogrefe.

Erdfelder, E., Faul, F. und Buchner, A. (1996 a). G Power: A General Power Analysis Program. *Behaviour Research Methods, Instruments and Computers, 28*, 1–11.

Erdfelder, E., Rietz, C. und Rudinger, G. (1996 b). Methoden der Entwicklungspsychologie. In E. Erdfelder et al. (Hrsg.), *Handbuch Quantitative Methoden* (S. 539–550). Weinheim: Beltz.

Erdmann, G. und Voigt, K. H. (1995). Vegetative und endokrine Reaktionen im Paradigma „Öffentliches Sprechen". Was indizieren sie? In G. Debus, G. Erdmann und K. W. Kallus (Hrsg.), *Biopsychologie von Streß und emotionalen Reaktionen* (S. 113–128). Göttingen: Hogrefe.

Erdmann, G., Ising, M. und Janke, W. (1999). Pharmaka und Emotionen. In J. Otto, H. A. Euler und H. Mandl (Hrsg.), *Emotionspsychologie. Ein Handbuch*. München: Psychologie Verlags Union.

Ericson, K. A. and Simon, H. A. (1978). *Retrospective Verbal Reports as Data*. CIP Working Paper No. 388, Carnegie-Mellon University.

Ericson, K. A. and Simon, H. A. (1980). Verbal Reports as Data. *Psychological Review, 87*, 215–251.

Ertel, S. (1972). Erkenntnis und Dogmatismus. *Psychologische Rundschau, 23*, 241–269.

Ertel, S. (1975). Die Dogmatismus-Skala „darf" nicht zuverlässig sein. Replik auf Keilers „Replikation". *Psychologische Rundschau, 26*, 30–59.

Esser, H. (1974). Der Befragte, In J. van Koolwijk und M. Wieken-Mayser (Hrsg.) *Techniken der empirischen Sozialforschung*, Band 4. *Die Befragung*. München: Oldenbourg.

Esser, H. (1975). *Soziale Regelmäßigkeiten des Befragtenverhaltens*. Meisenheim: Hain.

Esser, H. (1977). Response Set – Methodische Problematik und soziologische Interpretation. *Zeitschrift für Soziologie, 6*, 253–263.

Esser, H. und Troitzsch, K. G. (Hrsg.) (1991). *Modellierung sozialer Prozesse. Neuere Aufsätze und Überlegungen zur soziologischen Theoriebildung*. Bonn: Informationszentrum Sozialwissenschaften.

Esser, H., Klenovits, K. und Zehnpfennig, H. (1977). *Wissenschaftstheorie* (2 Bände). Stuttgart: Teubner.

Evans, F. (1961). On Interviewer Cheating. *Public Opinion Quarterly, 25*, 126–127.

Everett, A. V. (1973). Personality Assessment at the Individual Level Using the Semantic Differential. *Educational and Psychological Measurement, 33*, 837–844.

Everitt, B. S. (1968). Moments of the Statistics Kappa and Weighted Kappa. *British Journal of Mathematical and Statistical Psychology, 21*, 97–103.

Everitt, B. S. (1999). *Chance Rules*. New York: Springer.

Eye, A. von (1990). *Introduction to Configural Frequency Analysis*. Cambridge: Cambridge University Press.

Eye, A. von and Brandstätter, J. (1998). The Wedge, the Fork, and the Chain. Modelling Dependency Concepts Using Manifest Categorical Variables. *Psychological Methods, 3*, 169–185.

Eye, A. von and Schuster, C. (1998). *Regression Analysis for Social Sciences*. San Diego: Academic Press.

Eysenck, H. J. (1969). *Personality Structure and Measurement*. London: Routledge und Paul.

Eysenck, H. J. (1978). An Exercise in Mega-Silliness. *American Psychologist, 33*, 517.

Fahrenberg, J. (1983). Psychophysiologische Methodik. In K. J. Groffmann und I. Michel (Hrsg.), *Verhaltensdiagnostik (Enzyklopädie der Psychologie. Themenbereich B, Serie 2, Bd. 4)* (S. 1–115). Göttingen: Hogrefe.

Fahrenberg, J., Kuhn, M., Kulich, B. und Myrtek, M. (1977). Methodenentwicklung für psychologische Zeitreihenstudien. *Diagnostica, 23*, 15–36.

Fan, X. (1998). Item Response Theory and Classical Test Theory: An Empirical Comparison of their Item/Person Statistics. *Educational and Psychological Measurement, 58*, 357–381.

Farone, S. V. and Dorfman, D. D. (1987). Lag Sequential Analysis: Robust Statistical Methods. *Psychological Bulletin, 101*, 312–323.

Faßnacht, G. (1979). *Systematische Verhaltensbeobachtung*. München: Reinhardt.

Faulbaum, F. (1988). Panelanalyse im Überblick. *ZUMA-Nachrichten, 23*, 26–44.

Fechner, G. T. (1860). *Elemente der Psychophysik*. (Nachdruck: Amsterdam: Bonse 1964.)

Feild, H. S., Holley, W. H. and Armenakis, A. A. (1978). Computerized Answer Sheets: what Effects on Response to a Mail Survey? *Educational and Psychological Measurement, 38*, 755–759.

Feldt, L. S. (1958). A Comparison of the Precision of Three Experimental Designs Employing a Concomitant Variable. *Psychometrika, 23*, 335–353.

Feldt, L. S. (1969). A Test of the Hypothesis that Cronbachs α or Kuder-Richardson Coefficient Twenty is the Same for Two Tests *Psychometrika, 34*, 363–373.

Feldt, L. S. and Ankenmann, R. D. (1998). Appropriate Sample Sizes for Comparing Alpha Reliabilities. *Applied Psychological Measurement, 22*, 170–178.

Feldt, L. S., Woodruff, D. J. and Salih, F. A. (1987). Statistical Inference for Coefficient Alpha. *Applied Psychological Measurement, 11*, 93–103.

Fend, H. (1982). *Gesamtschule im Vergleich. Bilanz des Gesamtschulenvergleichs.* Weinheim: Beltz.

Féré, C. (1888). Note sur les Modifications de la Résistance Électrique Sous l'influence des Excitations Sensorielles et des Émotions. *Comptes Rendus des Séances de la Société de Biologie, 5*, 217–219.

Feyerabend, P. (1976). *Wider den Methodenzwang.* Frankfurt am Main: Suhrkamp.

Fichter, M. M. (1979). Versuchsplanung experimenteller Einzelfalluntersuchungen in der Psychotherapieforschung. In F. Petermann und F. J. Hehl (Hrsg.), *Einzelfallanalyse.* München: Urban und Schwarzenberg.

Fidler, D. S. and Kleinknecht, R. E. (1977). Randomized Response versus Direct Questioning: Two Data Collection Methods for Sensitive Information. *Psychological Bulletin, 84*, 1045–1046.

Fielding, N. and Lee, R. M. (1991). *Using Computers in Qualitative Research.* London: Sage.

Filipp, S. H. (1981). *Kritische Lebensereignisse.* München: Urban und Schwarzenberg.

Filstead, W. J. (1970). *Qualitative Methodology. Firsthand Involvement with the Social World.* Chicago, Ill.: Rand McNally.

Filstead, W. J. (1981). Using Qualitative Methods in Evaluation Research. *Evaluation review, 5*, 259–268.

Fink, A. (1993). *Evaluation Fundamentals.* London: Sage.

Finkner, A. L. and Nisselson, H. (1978). Some Statistical Problems Associated with Continuing Cross-Sectional Surveys. In N. K. Namboodiri (Ed.), *Survey Sampling and Measurement* (pp. 45–68). New York: Academic Press.

Finstuen, K. (1977). Use of Osgood's Semantic Differential. *Psychological Reports, 41*, 1219–1222.

Fischer, G. (1974). *Einführung in die Theorie psychologischer Tests.* Bern: Huber.

Fischer, H. (1985). Erste Kontakte. Neuguinea 1958. In H. Fischer (Hrsg.), *Feldforschungen. Berichte zur Einführung in Probleme und Methoden* (S. 23–48). Berlin: Reimer.

Fischer, G. H. (1995). Linear Logistic Models for Change. In G. H. Fischer, J. W. Molenaar (Eds.), *Rasch Models. Foundations, Recent Developments and Applications* (pp. 157–180). New York: Springer.

Fischer, G. H. and Molenaar, J. W. (Eds.) (1995). *Rasch Models. Foundations, Recent Developments and Applications.* New York: Springer.

Fischer, G. H. und Scheiblechner, H. H. (1970). Algorithmen und Programme für das probabilistische Testmodell von Rasch. *Psychologische Beiträge, 12*, 23–51.

Fishbein, M. and Hunter, R. (1964). Summation vs. Balance in Attitude Organization and Change. *Journal of Abnormal and Social Psychology, 69*, 505–510.

Fisher, R. A. (1922). *On the Mathematical Foundations of Theoretical Statistics.* Phil. Trans. Roy. Soc. London, Series A, 222.

Fisher, R. A. (1925a). Theory of Statistical Estimation. *Proc. Camb. Phil. Soc., 22*, 700–725.

Fisher, R. A. (1925b). Statistical Methods for Research Workers. In R. A. Fisher (1990). *Statistical Methods, Experimental Design and Scientific Inference.* Oxford: Oxford University Press.

Fisher, R. A. (1935). The Design of Experiments. In R. A. Fisher (1990), *Statistical Methods, Exerimental Design and Scientific Inference.* Oxford: Oxford University Press.

Fisher, R. A. (1956). *Statistical Methods and Scientific Inference.* New York: Hafner.

Fisher, R. A. and MacKenzie, M. A. (1923). Studies in Crop Variation. II: The Manurial Response of Different Potato Varieties. *Journal of Agriculture Science, 13*, 311–320.

Fiske, D. W. (1987). Construct Invalidity Comes From Method Effects. *Educational and Psychological Measurement, 47*, 285–307.

Fisseni, H. J. (1974). Zur Zuverlässigkeit von Interviews. *Archiv für Psychologie, 126*, 71–84.

Fisseni, H. J. (1990). *Lehrbuch der psychologischen Diagnostik.* Göttingen: Hogrefe.

Fisseni, H. J. (1997). *Lehrbuch der psychologischen Diagnostik.* Göttingen: Hogrefe.

Flade, A. (1978). Die Beurteilung umweltpsychologischer Konzepte mit einem konzeptspezifischen und einem universellen semantischen Differential. *Zeitschrift für experimentelle und angewandte Psychologie, 25*, 367–378.

Flaugher, R. L. (1978). The Many Definitions of Test Bias. *American Psychologist, 33*, 671–679.

Flebus, G. B. (1990). A Program to Select the Best Items that Maximize Cronbach's Alpha. *Educational and Psychological Measurement, 50*, 831–833.

Fleck, C. (1992). Vom „Neuanfang" zur Disziplin? Überlegungen zur deutschsprachigen qualitativen Sozialforschung anläßlich einiger neuer Lehrbücher. *Kölner Zeitschrift für Soziologie und Sozialpsychologie, 44 (4)*, 747–765.

Fleiss, J. L. (1971). Measuring Nominal Scale Agreement among many Raters. *Psychological Bulletin, 76*, 378–382

Fleiss, J. L., Cohen, J. and Everitt, B. S. (1969). Large Sample Standard Errors of Kappa and Weighted Kappa. *Psychological Bulletin, 72*, 323–327.

Flick, U. (Hrsg.) (1991). *Alltagswissen über Gesundheit und Krankheit. Subjektive Theorien und soziale Repräsentationen.* Heidelberg: Asanger.

Flick, U. (1995a). Stationen des qualitativen Forchungsprozesses. In U. Flick, E. v. Kardorff, H. Keupp, L. Rosenstiel und S. Wolff (Hrsg.), *Handbuch Qualitative Sozialforschung* (S. 148–176). München: PVU.

Flick, U. (1995b). Triangulation. In U. Flick, E. v. Kardorff, H. Keupp, L. Rosenstiel und S. Wolff (Hrsg.), *Handbuch Qualitative Sozialforschung* (S. 432–434). München: PVU.

Flick, U., v. Kardorff, E., Keupp, H. Rosenstiel, L. und Wolff, S. (Hrsg.) (1995). *Handbuch Qualitativer Sozialforschung: Grundlagen, Konzepte, Methoden und Anwendungen.* München: Psychologie Verlags Union.

Flick, U., v. Kardorff, E. und Steinke, J. (Hrsg.) (2000). *Qualitative Forschung. Ein Handbuch.* Hamburg: Rowohlt Enzyklopädie.

Foerster, F., Schneider, H. J. und Walschburger, P. (1983). *Psychophysiologische Reaktionsmuster.* München: Minerva.

Fontana, A. and Frey, J. H. (1994). Interviewing. In N. K. Denzin and Y. S. Lincoln (Eds.), *Handbook of Qualitative Research* (pp. 361–391). Thousand Oaks: Sage.

Forrester, J. W. (1971). *World Dynamics.* Cambridge, Mass.: Wright-Alben.

Fowler, F. J. and Mangione, T. W. (1990). *Standardized Survey Interviewing: Minimizing Interviewer-Related Error.* London: Sage.

Fowler, R.L. (1987). A General Method for Comparing Effect-Magnitudes in ANOVA Designs. *Educational and Psychological Measurement, 47*, 361–367.

Fowles, D.C. (1980). The Three Arousal Model: Implications of Gray's Two-Factor Learning Theory for Heart Rate, Electrodermal Activity, and Psychopathy. *Psychophysiology, 17*, 87–104.

Fox, J.A. and Tracey, P.E. (1986). *Randomized Response. A Method for Sensitive Surveys.* Beverly Hills, CA: Sage.

Frane, J.W. (1976). Some Simple Procedures for Handling Missing Data in Multivariate Analysis. *Psychometrika, 41*, 409–415.

Franke, J. und Bortz, J. (1972). Beiträge zur Anwendung der Psychologie auf den Städtebau I. Vorüberlegungen und erste Erkundungsuntersuchung zur Beziehung zwischen Siedlungsgestaltung und Erleben der Wohnumgebung. *Zeitschrift für experimentelle und angewandte Psychologie, 19*, 76–108.

Frankenhaeuser, M. (1986). A Psychobiological Framework for Research on Human Stress. In M.H. Appley and R. Trumbull (Eds.), *Dynamics of stress. Physiological, psychological, and social perspectives* (pp. 99–116). New York: Plenum Press.

Franklin, R.D., Allison, D.B. and Gorman, B.S. (Eds.) (1996). Design and Analysis of Single-Case Research. Lawrence Erlbaum Ass., Mahwah, NJ.

Freedman, D., Pisani, R. and Purves, R. (1978). *Statistics.* New York: Norton.

Freitag, C.B. and Barry, J.R. (1974). Interaction and Interviewer-Bias in a Survey of the Aged. *Psychological Reports, 34*, 771–774.

Frenken, R. und Rheinheimer, M. (2000). *Die Psychiatrie des Erlebens.* Kiel: Oetker-Voges.

Freud, S. (1953). *Abriß der Psychoanalyse (Gesammelte Werke, Band XVII).* Frankfurt am Main: Fischer.

Frey, D. und Irle, M. (Hrsg.) (1993). *Theorien der Sozialpsychologie* (2. Auflage). Göttingen: Hogrefe.

Frey, J.H., Kunz, G. und Lüschen, G. (1990). *Telefonumfragen in der Sozialforschung. Methoden, Techniken, Befragungspraxis.* Opladen: Westdeutscher Verlag.

Frey, S. und Frenz, H.G. (1982). Experiment und Quasi-Experiment im Feld. In J.L. Patry (Hrsg.), *Feldforschung* (S. 229–258). Bern: Huber.

Fricke, R. und Treinies, G. (1985). *Einführung in die Metaanalyse.* Bern: Huber.

Friede, C.K. (1981). Verfahren zur Bestimmung der Intercoderreliabilität für nominalskalierte Daten. *Zeitschrift für Empirische Pädagogik, 5*, 1–25.

Friedman, A.F., Webb, J.T. and Lewak, R. (1989). *Psychological Assessment with the MMPI.* Hillsdale, New Jersey: Erlbaum.

Friedman, B.A. and Cornelius III, E.T. (1976). Effect of Rater Participation on Scale Construction on the Psychometric Characteristics of Two Ratingscale Formats. *Journal of Applied Psychology, 61*, 210–216.

Friedrichs, J. (1990). *Methoden empirischer Sozialforschung* (14. Aufl.). Opladen: Westdeutscher Verlag.

Friedrichs, J. und Lüdtke, H. (1973). *Teilnehmende Beobachtung.* Weinheim: Beltz.

Friedrichs, J. und Wolf, C. (1990). Die Methode der Passantenbefragung. *Zeitschrift für Soziologie, 19*, 46–56.

Fritze, J. (1989). *Einführung in die biologische Psychiatrie.* Stuttgart: Fischer-Verlag.

Frodi, A. (1978). Experimental and Physiological Responses Associated with Anger and Aggression in Women and Men. *Journal of Research in Personality, 12*, 335–349.

Früh, W. (1981). *Inhaltsanalyse.* Theorie und Praxis. München: Ölschläger.

Fuchs, W. (1970/71). Empirische Sozialforschung als politische Aktion. *SW, 21/22*, 1–17.

Fuchs, W. (1984). *Biographische Forschung.* Opladen: Westdeutscher Verlag.

Fürntratt, E. (1969). Zur Bestimmung der Anzahl interpretierbarer gemeinsamer Faktoren in Faktorenanalysen psychologischer Daten. *Diagnostica, 15*, 62–75.

Funke, J. (1996). Methoden der kognitiven Psychologie. In E. Erdfelder et al. (Hrsg.), *Handbuch quantitative Methoden* (S. 513–528). Weinheim: Beltz.

Furnham, A.F. (1988). *Lay Theories. Everyday Understanding of Problems in the Social Sciences.* Oxford: Pergamon Press.

Gabler, S. und Häder, S. (1999). Erfahrungen beim Aufbau eines Auswahlrahmens für Telefonstichproben in Deutschland. *ZUMA-Nachrichten, 44*, 45–61.

Gadenne, V. (1976). *Die Gültigkeit psychologischer Untersuchungen.* Stuttgart: Kohlhammer.

Gadenne, V. (1994). Theorien. In T. Herrmann u. W.H. Tack (Hrsg.), *Methodologische Grundlagen der Psychologie (= Enzyklopädie der Psychologie, Serie Forschungsmethoden der Psychologie, Band 1)* (S. 295–427). Göttingen: Hogrefe.

Gaensslen, H. und Schubö, W. (1973). *Einfache und komplexe statistische Analyse.* München: Reinhardt.

Gaito, J. (1980). Measurement Scales and Statistics. Resurgence of an Old Misconception. *Psychological Bulletin, 87*, 564–567.

Galton, F. (1886). Family Likeness in Stature. *Proc. Roy. Soc., 15*, 49–53.

Ganter, B., Wille, R. und Wolff, K.E. (Hrsg.) (1987). *Beiträge zur Begriffsanalyse.* Mannheim: B.I. Wiss. Verlag.

Garfinkel, H. (1967). *Studies in Ethnomethodology.* Englewood Cliffs: Prentice Hall.

Garfinkel, H. (1986). *Ethnomethodological Studies of Work.* London: Routledge and Kegan.

Garner, W.R. and Hake, H.W. (1951). The Amount of Information in Absolute Judgements. *Psychological Review, 58*, 446–459.

Garz, D. und Kraimer, K. (Hrsg.) (1991). *Qualitativ-empirische Sozialforschung. Konzepte, Methoden, Analysen.* Opladen: Westdeutscher Verlag.

Gazzaniga, M. (Hrsg.) (1995). *The cognitive neurosciences.* New York: MIT Press.

Geertz, C. (1993). *Dichte Beschreibung. Beiträge zum Verstehen kultureller Systeme.* Frankfurt: Suhrkamp.

Geissler, H.G. and Zabrodin, Y.M. (1976). *Advances in Psychophysics.* Berlin: VEB Deutscher Verlag der Wissenschaften.

Geldsetzer, L. (1992). Hermeneutik. In H. Seiffert und G. Radnitzky (Hrsg.), *Lexikon zur Wissenschaftstheorie* (S. 127–138). München: Deutscher Taschenbuch Verlag.

Gelman, A. and Little, T.C. (1998). Improving on Probability Weighting for Household Size. *Public Opinion Quarterly, 62*, 398–404.

Gerber, W.D. (1986). Chronischer Kopfschmerz. In W. Miltner, N. Birbaumer und W.D. Gerber (Hrsg.), *Verhaltensmedizin* (S. 135–170). Berlin: Springer.

Gerbner, G., Holsti, O. R., Krippendorf, K., Paisley, W. J. and Stone, P. J. (Eds.) (1969). *The Analysis of Communication Content. Developments in Scientific Theories and Computer Techniques.* New York: Wiley.

Gergen, K. J. and Beck, K. W. (1966). Communication in the Interview and the Disengaged Respondent. *Public Opinion Quarterly, 30,* 385–398.

Gerhard, U. (1990). *Gleichheit ohne Angleichung. Frauen im Recht.* München: Beck.

Gerhard, U. und Limbach, J. (Hrsg.) (1988). *Rechtsalltag von Frauen.* Frankfurt am Main: Suhrkamp.

Gerhard, U. (1985). Erzähldaten und Hypothesenkonstruktion. Überlegungen zum Gültigkeitsproblem in der biographischen Sozialforschung. *Kölner Zeitschrift für Soziologie und Sozialpsychologie, 37,* 230–256.

Gescheider, G. A. (1988). Psychophysical Scaling. *Annual Revue of Psychology, 33,* 169–200.

Gibson, J. J. (1982). *Wahrnehmung und Umwelt.* München, Wien: Urban & Schwarzenberg.

Gifi, A. (1990). *Nonlinear Multivariate Analysis.* Wiley: Chichester.

Gigerenzer, G. (1981). *Messung und Modellbildung in der Psychologie.* München: Reinhardt.

Gigerenzer, G. (1986). Wissenschaftliche Erkenntnis und die Funktion der Inferenzstatistik. Anmerkungen zu E. Leiser. *Zeitschrift für Sozialpsychologie, 17,* 183–189.

Gigerenzer, G. (1991). From Tools to Theories: A Heuristic of Discovery in Cognitive Psychology. *Psychological Review, 98,* 254–267.

Gigerenzer, G. (1993). The Superego, the Ego, and the Id in Statistical Reasoning. In G. Keren and C. Lewis (Eds.), A Handbook for Data Analysis in the Behavioural Sciences. Methodological Issues (pp. 311–339). Hillsdale, New Jersey: Lawrence Erlbaum.

Gigerenzer, G. (1994). Woher kommen die Theorien über kognitive Prozesse? In A. Schorr (Hrsg.), *Die Psychologie und die Methodenfrage. Reflexionen zu einem zeitlosen Thema.* Göttingen: Hogrefe.

Gigerenzer, G. and Murray, D. J. (1987). *Cognition as Intuitive Statistics.* Hillsdale, New Jersey: Erlbaum.

Gilpin, A. R. (1993). Table for Conversion of Kendall's Tau to Spearman's Rho within the Context of Measures of Magnitude Effect for Meta-Analysis. *Educational and Psychological Measurement, 53,* 87–92.

Girtler, R. (1984). *Methoden der qualitativen Sozialforschung. Anleitung zur Feldarbeit.* Wien: Böhlaus.

Gladitz, J. and Troitzsch, K. G. (1990). *Computer Aided Sociological Research.* Berlin: Akademie Verlag.

Glaser, B. G. and Strauss, A. L. (1967). *The Discovery of Grounded Theory.* Chicago, Illinois: Aldine Publ.

Glass, G. V. (1976). Primary, Secondary, and Meta-Analysis of Research. *Educational Researcher, 5,* 3–8.

Glass, G. V. and Ellet, F. S. (1980). Evalution Research. *Annual Revue of Psychology, 31,* 221–228.

Glass, G. V. and Stanley, J. C. (1970). *Statistical Methods in Education and Psychology.* Englewood Cliffs, New Jersey: Prentice Hall.

Glass, G. V., Tiao, G. O. and Maguire, T. O. (1971). Analysis of Data on the 1900 Revision of German Divorce Laws as a Time-Series Quasi-Experiment. *Law and Society Review, 4,* 539–562.

Glass, G. V., Willson, V. L. and Gottman, J. M. (1975). *Design and Analysis of Time-Series Experiments.* Boulder, Colorado: University Press.

Glass, G. V., McGraw, B. and Smith, M. L. (1981). *Meta-Analysis in Social Research.* Beverly Hills, C. A.: Sage.

Gleiss, I., Seidel, R. und Abholz, H. (1973). *Soziale Psychiatrie.* Frankfurt: Fischer.

Gleser, L. J. and Olkin, J. (1994). Stochastically Dependent Effect Sizes. In H. Cooper and L. V. Hedges (Eds.), *The Handbook of Research Synthesis* (pp. 339–355). New York: Sage.

Glück, J. und Spiel, C. (1997). Item Response-Modelle für Meßwiederholungsdesigns. Anwendungen und Grenzen verschiedener Ansätze. *Methods of Psychological Research Online, 2,* No. 1, Internet: http://www.pabst-publishers.de/mpr/

Gniech, G. (1976). *Störeffekte in psychologischen Experimenten.* Stuttgart: Kohlhammer.

Goffman, E. (1969). *Wir alle spielen Theater. Die Selbstdarstellung im Alltag.* München: Piper.

Gösslbauer, J. P. (1977). Tests als Selektionsinstrumente – fair oder unfair? *Psychologie und Praxis, 21,* 95–111.

Golovin, N. E. (1964). The Creative Person in Science. In C. W. Taylor and F. Barron (Eds.), *Scientific Creativity.* New York: Wiley.

Good, P. (2000). *Permutation Tests.* 2nd Ed. New York: Springer.

Goodstadt, M. S. and Magid, S. (1977) When Thurstone and Likert agree – A Confounding of Methodologies. *Educational and Psychological Measurement, 37,* 811–818.

Gordon, M. E. and Gross, R. H. (1978). A Critique of Methods for Operationalizing the Concept of Fakeability. *Educational and Psychological Measurement, 38,* 771–782.

Gottfredson, S. D. (1978). Evaluating Psychological Research Reports. Dimensions, Reliability, and Correlates of Quality Judgements. *American Psychologists, 33,* 920–934.

Gottman, J. M. (1973). N-of-One and N-of-Two Research in Psychotherapy. *Psychological Bulletin, 80,* 93–105.

Gottman, J. M. (Ed.) (1995). *The Analysis of Change.* Mahwah NJ: Erlbaum.

Gottschaldt, K. (1942). *Die Methodik der Persönlichkeitsforschung in der Erbpsychologie.* Leipzig: Barth.

Graham, F. K. and Hackley, S. A. (1991). Passive Attention and Generalized Orienting. In J. R. Jennings and M. G. H. Coles (Eds.), *Handbook of Cognitive Psychophysiology. Central and Autonomic Nervous System Approaches* (pp. 253–299). Chichester: Wiley.

Graham, J. R. (1990). *MMPI-2. Assessing Personality and Psychopathology.* Oxford: Oxford University Press.

Graumann, C. F. (1966). Grundzüge der Verhaltensbeobachtung. In E. Meyer (Hrsg.), *Fernsehen in der Lehrerbildung* (S. 86–107). München: Manz-Verlag.

Grawe, K. (1980). *Verhaltenstherapie in Gruppen.* München: Urban & Schwarzenberg.

Grawe, K., Donati, R. und Bernauer, F. (1993). *Psychotherapie im Wandel. Von der Konfession zur Profession.* Göttingen: Hogrefe.

Grayson, D. and Marsh, H. W. (1994). Identification with Deficient Rank Loading Matrices in Confirmatory Factor Analysis: Multitrait-Multimethods Models. *Psychometrika, 59,* 121–134.

Greden, J. F., Genero, N., Price, L., Feinberg, M. and Levine, S. (1986). Facial Electromyography in Depression. *Archives of General Psychiatry, 43,* 269–274.

Green, B. F. (1978). In Defense of Measurement. *American Psychologist, 33,* 664–670.

Green, B. F. and Hall, J. A. (1984). Quantitative Methods for Literature Review's. *Annual Revue of Psychology, 35,* 37–53.

Green, D. M. and Swets, J. A. (1966). *Signal Detection and Psychophysics.* New York: Wiley.

Green, K. (1984). Effects of Item Characteristics on Multiple-Choice Item Difficulty. *Educational and Psychological Measurement, 44,* 551–561.

Green, P. E. and Wind, Y. (1973). *Multiattribute Decisions in Marketing.* Hillsdale, Ill.

Green, S. B., Lissitz, R. W. and Mulaik, S. A. (1977). Limitations of Coefficient Alpha as an Index of Test Unidimensionality. *Educational and Psychological Measurement, 37,* 827–838.

Greenacre, M. J. (1993). *Correspondence Analysis in Practice.* London: Academic Press.

Greenberg, J. and Folger, R. (1988). *Controversial Issues in Social Research Methods.* Heidelberg: Springer.

Greenwald, A. G. (1975). Consequences of Prejudice Against the Null Hypothesis. *Psychological Bulletin, 82,* 1–20.

Gregoire, T. G. and Driver, B. L. (1987). Analysis of Ordinal Data to Detect Population Differences. *Psychological Bulletin, 101,* 159–165.

Groeben, N. (1986). *Handeln, Tun, Verhalten als Einheiten einer verstehend-erklärenden Psychologie. Wissenschaftstheoretischer Überblick und Programmentwurf zur Integration von Hermeneutik und Empirismus.* Tübingen: Francke.

Groeben, N. und Scheele, B. (1977). *Argumente für eine Psychologie des reflexiven Subjekts.* Darmstadt: Steinkopff.

Groeben, N. und Scheele, B. (2000). Dialog-Konsens-Methodik im Forschungsprogramm Subjektive Theorien. *Forum Qualitative Sozialforschung, 1* (2). URL http://qualitative-research.net/fqs/fqs.html

Groeben, N. und Westmeyer, H. (1981). *Kriterien psychologischer Forschung* (2. Aufl.). München: Juventa.

Grosse, M. E. and Wright, B. D. (1985). Validity and Reliability of True-False Tests. *Educational and Psychological Measurement, 45,* 1–13.

Groves, R. M., Biemer, P. P., Lyberg, L. E., Massey, J. T., Nicholls, W. L. and Wachsberg, I. (Eds.) (1988). *Telephone Survey Methodology.* New York: Wiley.

Grubitzsch, S. (1991). *Testtheorie – Testpraxis: psychologische Tests und Prüfverfahren im kritischen Überblick* (2. Auflage). Reinbek bei Hamburg: Rowohlt.

Grundmann, M. (1992). *Familienstruktur und Lebensverlauf. Historische und gesellschaftliche Bedingungen individueller Entwicklung.* Frankfurt am Main – New York: Campus.

Gstettner, P. (1980). Biographische Methoden in der Sozialisationsforschung. In K. Hurrelmann und D. Ulich (Hrsg.), *Handbuch Qualitativer Sozialforschung* (S. 371–392). Weinheim: Beltz.

Gstettner, P. (1995). Handlungsforschung. In U. Flick, E. v. Kardorff, H. Keupp, L. Rosenstiel und S. Wolff (Hrsg.), *Handbuch Qualitativer Sozialforschung* (S. 266–268). München: PVU.

Gudat, U. und Revenstorff, D. (1976). Interventionseffekte in klinischen Zeitreihen. *Arch. f. Psychol., 128,* 16–44.

Guilford, J. P. (1938). The Computation of Psychological Values from Judgements in Absolute Categories. *Journal of Experimental Psychology, 22,* 34–42.

Guilford, J. P. (1954). *Psychometric Methods.* New York: McGraw Hill.

Gulliksen, H. (1950). *Theory of mental tests.* New York: Wiley.

Gulliksen, H. (1968). Methods of Determining Equivalence of Measures. *Psychological Bulletin, 70,* 534–544.

Guthke, J. und Caruso, M. (1989). Computer in der Psychodiagnostik. *Psychologische Praxis (Berlin DDR) 3,* 203–222.

Guthke, J. und Wiedl, K. H. (1996). *Dynamisches Testen. Psychodiagnostik der Intraindividuellen Variabilität.* Göttingen: Hogrefe.

Guthke, J., Bötcher, H. R. und Sprung, L. (1990, 1991). *Psychodiagnostik,* Band 1 und 2. Berlin: Deutscher Verlag der Wissenschaften.

Gutjahr, W. (1974). *Die Messung psychischer Eigenschaften.* Berlin: VEB Deutscher Verlag der Wissenschaften.

Guttman, L. (1950). The Basis of Scalogram Analysis. In S. A. Stouffer et al. (Eds.), *Studies on Social Psychology in World War II, Vol. IV.* Princeton, New York: Princeton University Press.

Haag, F., Krüger, H. et al. (Hrsg.) (1972). *Aktionsforschung, Forschungsstrategien, Forschungsfelder und Forschungspläne.* München: Juventa.

Habermas, J. (1969). Analytische Wissenschaftstheorie und Dialektik. In T. W. Adorno, H. Albert, R. Dahrendorf, J. Habermas, H. Pilot und K. R. Popper (Hrsg.). *Der Positivismusstreit in der deutschen Soziologie* (S. 155–192). Neuwied und Berlin: Luchterhand.

Habermas, J. (1983). *Zur Logik der Sozialwissenschaften.* Frankfurt am Main: Suhrkamp.

Haddock, C. K., Rindskopf, D. and Shadish, W. R. (1998). Using Odds Ratios as Effect Sizes for Meta-Analysis of Dichotomous Data. A Primer on Methods and Issues. *Psychological Methods, 3,* 339–353.

Häcker, H., Schwenkmezger, P. und Utz, H. (1979). Über die Verfälschbarkeit von Persönlichkeitsfragebogen und objektiven Persönlichkeitstests unter SD-Instruktion und in einer Auslesesituation. *Diagnostica, 25,* 7–23.

Haeberlin, U. (1970). *Sozialbedingte Wortschatzstrukturen von Abiturienten.* Univ. Konstanz: mimeo.

Haedrich, G. (1964). *Der Intervievereinfluß in der Marktforschung.* Wiesbaden: Gabler.

Hager, W. (1987). Grundlagen einer Versuchsplanung zur Prüfung empirischer Hypothesen in der Psychologie. In G. Lüer (Hrsg.), *Allgemeine experimentelle Psychologie* (S. 43–264). Stuttgart: Fischer.

Hager, W. (1992). *Jenseits von Experiment und Quasi-Experiment. Zur Struktur psychologischer Versuche und zur Ableitung von Vorhersagen.* Göttingen: Hogrefe.

Hager, W., Mecklenbräuker, S., Möller, H. und Westermann, R. (1985). Emotionsgehalt, Bildhaftigkeit, Konkretheit und Bedeutungshaltigkeit von 580 Adjektiven: Ein Beitrag zur Normierung und zur Prüfung einiger Zusammenhangshypothesen. *Archiv für Psychologie, 137,* 75–97.

Hager, W., Patry, J.-L. und Brezing, H. (Hrsg.) (2000). *Evaluation psychologischer Interventionsmaßnahmen. Standards und Kriterien. Ein Handbuch.* Bern: Huber.

Haladyna, T. M. and Downing, S. M. (1990a). A Taxonomy of Multiple-Choice Item-Writing Rules. *Applied Measurement in Education, 2,* 37–50.

Haladyna, T. M. and Downing, S. M. (1990b). Validity of a Taxonomy of Multiple-Choice Item-Writing Rules. *Applied Measurement in Education, 2,* 57–78.

Haley, J. (1977). *Direktive Familientherapie.* München: Pfeiffer.

Hall, J.A., Tickle-Degnerz, L., Rosenthal, R. and Mosteller, F. (1994). Hypothesis and Problems in Research Synthesis. In H. Cooper and L.V. Hedges (Eds.), The Handbook of Research Synthesis (pp. 18–27). New York: Sage.

Hamel, J. (1993). *Case Study Methods*. London: Sage.

Hancock, G.R., Thiede, K.W., Sax, G. and Michael, W.B. (1993). Reliability of Comparably Written Two-Option Multiple-Choice and True-False Test Items. *Educational and Psychological Measurement, 53*, 651–660.

Hanneman, R.A. (1988). *Computer Assisted Theory Building*. Newbury Park: Sage.

Hansen, M.H. and Hurwitz, W.N. (1946). The Problem of Non-Response in Sample Surveys. *J. amer. stat. assoc., 41*, 517–529.

Hare, R.D. (1978). Electrodermal and Cardiovascular Correlates of Psychopathy. In R.D. Hare and D. Schalling (Eds.), *Psychopathic Behaviour: Approaches to Research* (pp. 107–143). Chichester: Wiley.

Harnatt, J. (1975). Der statistische Signifikanztest in kritischer Betrachtung: *Psychologische Beiträge, 17*, 595–612.

Harrop, J.W. and Velicer, W.F. (1990). Computer Programs for Interrupted Time Series Analysis 1. A Qualitative Evaluation. *Multivariate Behavior Research, 25*, 219–231.

Hartmann, P. (1991). *Wunsch und Wirklichkeit. Theorie und Praxis der sozialen Erwünschtheit*. Wiesbaden: Deutscher Universitätsverlag.

Hattie, J. (1985). Methodological Review. Assessing Unidimensionality of Tests and Items. *Applied Psychological Measurement, 9*, 139–164.

Haug, F. (1980). Opfer oder Täter? Über das Verhalten von Frauen. *Das Argument, 123*, 643–661.

Hausen, K. und Nowotny, H. (1986). *Wie männlich ist die Wissenschaft?* Frankfurt am Main: Suhrkamp.

Hautzinger, M. and de Jong-Meyer, R. (1994). Depression. In H. Reinecker (Hrsg.), *Lehrbuch der Klinischen Psychologie. Modelle psychischer Störungen* (2. Auflage) (S. 177–218). Göttingen: Hogrefe.

Hayduck, L.A. (1989). *Structural Equation Modelling with LISREL: Essentials and Advances*. Baltimore: The John Hopkins University Press.

Hayes, D.P., Meltzer, L., and Wolf, G. (1970). Substantive Conclusions are Dependent Upon Techniques of Measurement. *Behavioral Science, 15*, 265–273.

Hays, W.L. and Bennet, J.F. (1961). Multidimensional Unfolding: Determining Configuration from Complete Order of Preference Data. *Psychometrika, 26*, 221–238.

Hays, W.L. and Winkler, R.L. (1970). *Statistics*. New York: Holt, Rinehart and Winston.

Heckhausen, H. (1987). Perspektiven einer Psychologie des Wollens. In H. Heckhausen, P.M. Gollwitzer und F.E. Weinert (Hrsg.), *Jenseits des Rubikon: Der Wille in den Humanwissenschaften* (S. 121–142). Berlin, Heidelberg, New York: Springer.

Heckman, J.J. and Hotz, V.J. (1989). Choosing Among Alternative Nonexperimental Methods for Estimating the Impact of Social Programs: The Case of Manpower Training. *Journal of the American Statistical Association, 84*, 862–874.

Hedeker, D. and Gibbons, R.D. (1997). Application of Random-Effects Pattern-Mixture Models for Missing Data in Longitudinal Studies. *Psychological Methods, 2*, 64–78.

Hedges, L.V. (1982). Estimation of Effect Size from a Series of Independent Experiments. *Psychological Bulletin, 92*, 490–499.

Hedges, L.V. (1987). How Hard is Hard Science, How Soft is Soft Science? *American Psychologist, 42* (2), 443–455.

Hedges, L.V. (1994). Fixed Effects Models. In H. Cooper and L.V. Hedges (Eds.), *The Handbook of Research Synthesis* (pp. 286–298). New York: Sage.

Hedges, L.V. and Olkin, J. (1985). *Statistical Methods for Meta-Analysis*. Orlando: Academic Press.

Hedges, L.V. and Vevea, J.L. (1998). Fixed- and Random-Effects Models in Meta-Analysis. *Psychological Methods, 3*, 486–504.

Hedges, L.V., Cooper, H. and Bushman, B.J. (1992). Testing the Null Hypothesis in Meta-Analysis: A Comparison of Combined Probability and Confidence Interval Procedures. *Psychological Bulletin, 111*, 188–194.

Heerden, J.V. and van Hoogstraten, J. (1978). Significance as a Determinant of Interest in Scientific Research. *European Journal of Social Psychology, 8*, 141–143.

Heinsman, D.T. and Shadish, W.R. (1996). Assignment Methods in Experimentation. When Do Nonrandomized Experiments Approximate Answers from Randomized Experiments? *Psychological Methods, 1*, 154–169.

Heise, D.R. (1969). Some Methodological Issues in Semantic Differential Research. *Psychological Bulletin, 72*, 406–423.

Heller, D. und Krüger, H.P. (1976). Analyse dreistufig zu beantwortender Fragebogenitems. *Psychologische Beiträge, 18*, 431–442.

Hellstern, G.M. und Wollmann, H. (1983a). *Evaluierungsforschung. Ansätze und Methoden – dargestellt am Beispiel des Städtebaus*. Basel: Birkhäuser.

Hellstern, G.M. und Wollmann, H. (Hrsg.) (1983b). *Experimentelle Politik – Reformstrohfeuer oder Lernstrategie. Bestandsaufnahme und Evaluierung*. Opladen: Westdeutscher Verlag.

Hellstern, G.M. und Wollmann, H. (Hrsg.) (1984). *Handbuch zur Evaluierungsforschung*, Bd. 1. Opladen: Westdeutscher Verlag.

Helmers, S. (1994). *Internet im Auge der Ethnographin*. (WZB Paper FS II 94–102). Berlin: Wissenschaftszentrum Berlin (WZB).

Helmholtz, H. von (1959). *Die Tatsachen in der Wahrnehmung. Zählen und Messen erkenntnistheoretisch betrachtet*. Darmstadt: Wissenschaftliche Buchgesellschaf. (Original: Zählen und Messen. Philosophische Aufsätze. Leipzig: Fues 1887).

Helmreich, R. (1977). *Strategien zur Auswertung von Längsschnittdaten*. Stuttgart: Klett.

Helten, E. (1974). Wahrscheinlichkeitsrechnung. In J.v. Koolwijk und M. Wieken-Mayser (Hrsg.), *Techniken der empirischen Sozialforschung, Band 6, Statistische Forschungsstrategien*. München: Oldenbourg.

Hempel, C.G. (1954). A Logical Appraisal of Operationism. *Scientific Monthly, 79*, 215–220.

Hempel, C.G. and Oppenheim, P. (1948). Studies in the Logic of Explanation. *Philosophy of Science, 15* (2), 135–175.

Hendricks, W.A. (1949). Adjustment for Bias Caused by Nonresponse in Mailed Surveys. *Agricultural Economic Research, 1*, 52–56.

Hennig, J. (1994). *Die psychobiologische Bedeutung des sekretorischen Immunglobulin A im Speichel*. Münster: Waxmann.

Hennigan, K.M., Del Rosario, M.L., Heath, L., Cock, T.D., Calder, B.J. and Wharton, J.D. (1979). *How the Introduction of Television Affected the Level of Voilent and Instrumental Crime in the United States*. Report of the National Science Foundation.

Henry, J.P. and Stephens, P.M. (1977). *Stress, Health, and the Social Environment. A Sociobiologic Approach to Medicine.* New York: Springer.

Henss, R. (1989). Zur Vergleichbarkeit von Ratingskalen unterschiedlicher Kategorienzahl. *Psychologische Beiträge, 31,* 264–284.

Herbold-Wooten, H. (1982). The German Tatbestandsdiagnostik; A historical review of the beginnings of scientific lie detection in Germany. *Polygraph, 11* (3), 246–257.

Herd, J.A. (1991). Cardiovascular Response to Stress. *Physiological Review, 71,* 305–330.

Heritage, J. (1988). Explanations as Accounts: a Conversation Analytic Perspective. In C. Antaki (Ed.), *Analysing Everyday Explanation. A Casebook of Methods.* London: Sage.

Herman, J.L. (1988). *Program Evaluation Kit,* Vol. 1–8. London: Sage.

Herrmann, T. (1976). *Die Psychologie und ihre Forschungsprogramme.* Göttingen: Hogrefe.

Herrmann, T. (1979). *Psychologie als Problem.* Stuttgart: Klett.

Herrmann, W.M. und Schärer, E. (1987). *Pharmako-EEG. Grundlagen – Methodik – Anwendung. Einführung und Leitfaden für die Praxis.* Landsberg: Ecomed.

Hibbs, D. (1977). On Analyzing the Effects of Policy Interventions: Box-Jenkins and Box-Tiao vs. Structural Equation Models. In D.R. Heise (Ed.), *Sociological Methodology.* San Francisco.

Hilke, R. (1980). *Grundlagen normorientierter und kriteriumsorientierter Tests.* Bern: Huber.

Hiltmann, H. (1977). *Kompendium der psychodiagnostischen Tests.* Bern: Huber.

Hippler, H.J., Schwarz, N. and Sudman, S. (1987). *Social Information Processing and Survey Methodology.* New York: Springer.

Hitpass, J.H. (1978). Hochschulzulassung – Besondere Auswahltests Zahnmedizin (BATZ). *Zeitschrift für experimentelle und angewandte Psychologie, 25,* 75–96.

Hoag, W.J. (1986). Der Bekanntenkreis als Universum. Das Quotenverfahren der SHELL-Studie. *Kölner Zeitschrift für Soziologie und Sozialpsychologie, 38,* 123–132.

Hoaglin, D.C., Mosteller, F. and Tukey, J. (Eds.) (1983). *Understanding Robust and Exploratory Data Analysis.* New York: Wiley.

Hoaglin, D.C., Mosteller, F. and Tukey, J.W. (Eds.) (1985). *Exploring Data, Tables, Trends, and Shapes.* New York: Wiley & Sons.

Hobi, V. (1992). Projektive Testverfahren: Ein Überblick. In U. Imoberdorf, R. Käser und R. Zihlman (Hrsg.), *Psychodiagnostik heute. Beiträge aus Theorie und Praxis* (S. 37–52). Stuttgart: Hirzel.

Hochstim, J.R. and Athanasopoulus, D.A. (1970). Personal Follow-Up in Mail Survey: its Contribution and its Costs. *Public Opinion Quarterly, 34,* 69–81.

Hodder, I. (1994). The Interpretation of Documents and Material Culture. In N.K. Denzin and Y.S. Lincoln (Eds.), *Handbook of Qualitative Research* (pp. 393–402). Thousand Oaks: Sage.

Hodos, W. (1970). Non-Parametric Index of Response Bias for Use in Detection and Recognition Experiments. *Psychological Bulletin, 74,* 351–356.

Hoerning, E.M. (1980). Biographische Methode in der Sozialforschung. *Das Argument, 22,* 677–697.

Hoeth, F. und Gregor, H. (1964). Guter Eindruck und Persönlichkeitsfragebogen. *Psychologische Forschung, 28,* 64–88.

Hoeth, F. und Köbeler, V. (1967). Zusatzinstruktionen gegen Verfälschungstendenzen bei der Beantwortung von Persönlichkeitsfragebogen. *Diagnostica, 13,* 117–130.

Hoffmeyer-Zlotnik, J. (Hrsg.) (1992). *Analyse verbaler Daten. Über den Umgang mit qualitativen Daten.* Opladen: Westdeutscher Verlag.

Hofmann, J. (1997). Über Repräsenation und Praktiken empirischer Forschung in der Politikwissenschaft. *femina politica, Zeitschrift für feministische Politikwissenschaft, 6* (1), 42–51.

Hofstätter, P.R. (1957). *Psychologie.* Frankfurt/M.: Fischer.

Hofstätter, P.R. (1963). *Einführung in die Sozialpsychologie.* Stuttgart: Kröner.

Hofstätter, P.R. (1977). *Persönlichkeitsforschung.* Stuttgart: Kröner.

Höge, H. (1994). *Schriftliche Arbeiten im Studium.* Stuttgart: Kohlhammer.

Hohn, K. (1972). *Sind Versuchspersonen bei psychologischen Experimenten vorwiegend Psychologiestudenten?* Unveröffentlichte Zulassungsarbeit zur Diplom-Hauptprüfung für Psychologie. Tübingen: Universität Tübingen.

Holland, P.W. (1986). Statistical and Causal Inference (with Discussion). *Journal of the American Statistical Association, 81,* 945–970.

Holland, P.W. and Wainer, H. (Eds.) (1993). *Differential Item Functioning.* Hillsdale: Erlbaum.

Holling, H. und Gediga, G. (Hrsg.) (1999). *Evaluationsforschung.* Göttingen: Hogrefe.

Holm, K. (1974a). Theorie der Frage. *Kölner Zeitschrift für Soziologie und Sozialpsychologie, 26,* 91–114.

Holm, K. (1974b). Theorie der Fragebatterie. *Kölner Zeitschrift für Soziologie und Sozialpsychologie, 26,* 316–341.

Holsboer, F. (1999). The rationale for corticotropin-releasing hormone receptor (CRH-R) antagonists to treat depression and anxiety. *Journal of Psychiatry Research, 33,* 181–214.

Holsti, O.R. (1969). *Content Analysis for the Social Sciences.* Reading, Mass.: Addison-Wesley.

Holz-Ebeling, F. (1989). Zur Frage der Trivialität von Forschungsergebnissen. *Zeitschrift für Sozialpsychologie, 20,* 141–156.

Holz-Ebeling, F. (1990). Das Unbehagen in der Facettenanalyse: Zeit für eine Neubestimmung. *Archiv für Psychologie, 142,* 265–292.

Holz-Ebeling, F. (1995). Faktorenanalyse und was dann? Zur Frage der Validität von Dimensionsinterpretationen. *Psychologische Rundschau, 46,* 18–35.

Holzkamp, K. (1964). *Theorie und Experiment in der Psychologie.* Berlin: de Gruyter.

Holzkamp, K. (1968). Wissenschaft als Handlung. Berlin: de Gruyter.

Holzkamp, K. (1972). *Kritische Psychologie.* Frankfurt: Fischer.

Holzkamp, K. (1986). Die Verkennung von Handlungsbegründungen als empirische Zusammenhangsannahmen in sozialpsychologischen Theorien: Methodologische Fehlorientierung infolge von Begriffsverwirrung. *Zeitschrift für Psychologie, 17,* 216–238.

Hopf, C. (1978). Die Pseudo-Exploration – Überlegungen zur Technik qualitativer Interviews in der Sozialforschung. *Zeitschrift für Soziologie, 7,* 97–115.

Hopf, C. (1982). Norm und Interpretation. Einige methodische und theoretische Probleme der Erhebung und Analyse subjektiver Interpretationen in qualitativen Untersuchungen. *Zeitschrift für Soziologie, 11,* 307–329.

Hopf, C. (1995). Qualitative Interviews in der Sozialforschung – ein Überblick. In U. Flick, E. v. Kardorff, H. Keupp, L. v. Rosenstiel und S. Wolff (Hrsg.), *Handbuch Qualitative Sozialforschung* (S. 177–181). München: Psychologie Verlags Union.

Hoppe, S., Schmid-Schönbein, C. und Seiler, T.B. (1977). *Entwicklungssequenzen.* Bern: Huber.

Hormuth, S.E. und Brückner, E. (1985). Telefoninterviews in Sozialforschung und Sozialpsychologie. Ausgewählte Probleme der Stichprobengewinnung. Kontaktierung und Versuchsplanung. *Kölner Zeitschrift für Soziologie und Sozialpsychologie, 37,* 526–545.

Hornke, L.F. (1993). Mögliche Einspareffekte beim computergestützten Testen. *Diagnostica, 39,* 109–119.

Horowitz, L.M., Inouye, D. and Seigelmann, E.Y. (1979). On Avaraging Judges' Rating to Increase their Correlation with an External Criterion. *Journal of Consulting and Clinical Psychology, 47,* 453–458.

Hossiep, R. und Paschen, M. (1998). *Persönlichkeitstests im Personalmanagement.* Göttingen: Hogrefe.

House, E.R. (1993). *Professional Evaluation.* London: Sage.

Hoyos, C, Graf (1988). Angewandte Psychologie. In R. Asanger und G. Wenninger (Hrsg.), *Handwörterbuch Psychologie* (S. 25–33). München: Psychologie Verlags Union.

Hoyt, W.T. (2000). Rater Bias in Psychological Research. When is it a Problem and what can we do about it. *Psychological Methods, 5,* 64–86.

Hoyt, W.T. and Kerns, M.D. (1999). Magnitude and Moderators of Bias in Observer Ratings: A Meta-Analysis. *Psychological Methods, 4,* 403–424.

Hron, A. (1982). Interview. In G.L. Huber und H. Mandl (Hrsg.), *Verbale Daten.* Weinheim: Beltz.

Hsu, L.M. (1979). A Comparison of Three Methods of Scoring True-False Tests. *Educational and Psychological Measurement, 39,* 785–790.

Huber, G.L. und Mandl, H. (1994a). Verbalisationsmethoden zur Erfassung von Kognitionen im Handlungszusammenhang. In G.L. Huber und H. Mandl (Hrsg.), *Verbale Daten* (S. 11–42). Weinheim: Beltz.

Huber, G.L. und Mandl, H. (Hrsg.) (1994b). *Verbale Daten. Eine Einführung in die Grundlagen und Methoden der Erhebung und Auswertung.* Weinheim: Beltz.

Huber, H.P. (1973). *Psychometrische Einzelfalldiagnostik.* Weinheim: Beltz.

Huber, O. (1993). *Das psychologische Experiment.* Göttingen: Hogrefe.

Hubert, W. (1990). Psychotropic Effects of Testosterone. In E. Nieschlag and H.M. Behre (Eds.), *Testosterone-Action, Deficiency, Substitution* (pp. 51–71). Berlin: Springer.

Huck, S.W. and Chuang, I.C. (1977). A Quasi-Experimental Design for the Assessment of Posttest Sensitization. *Educational and Psychological Measurement, 37,* 409–416.

Hufnagel, E. (1965). *Einführung in die Hermeneutik.* Stuttgart: Kohlhammer.

Huff, A.S. (1998). *Writing for Scholarly Publication.* London: Sage.

Huffcutt, A.J., Arthur, W. jr. and Bennett, W. (1993). Conducting Meta-Analysis Using the Proc Means Procedure in SAS. *Educational and Psychological Measurement, 53,* 119–131.

Hull, R.B., IV and Buhyoff, G.J. (1981). On the Law of Comparative Judgement: Scaling with Intransitive Observers and Multidimensional Stimuli. *Educational and Psychological Measurement, 41,* 1083–1089.

Humphreys, L. (1970). *Tea-Room Trade.* Chicago: Aldine.

Hunt, M. (1999). *How Science Takes Stock: The Story of Meta-Analysis.* New York: Russell Sage Foundation.

Hunter, J.E. and Schmidt, F.L. (1989). *Methods of Meta-Analysis. Correcting Error and Bias in Research Findings.* Newbury Park, CA: Sage.

Hunter, J.E. and Schmidt, F.L. (1990). *Methods of Meta-Analysis.* Newbury Park: Sage.

Hunter, J.E. and Schmidt, F.L. (1994). Correcting for Sources of Artificial Variation Across Studies. In H. Cooper and L.V. Hedges (Eds.) *The Handbook of Research Synthesis* (pp. 223–336). New York: Sage.

Hunter, J.E. and Schmidt, F.L. (1995). Methods of Meta-Analysis: *Correcting Error & Bias in Research Findings.* Newbury Park, CA: Sage.

Hunter, J.E., Schmidt, F.L. and Jackson, G.B. (1982). *Meta-Analysis Cumulating Research Finding across Studies.* Beverly Hill: Sage.

Husserl, E. (1950). *Husserliana – Edmund Husserls Gesammelte Werke.* Den Haag: Nijhoff.

Hussy, W. und Möller, H. (1994). Hypothesen. In T. Herrmann und W.H. Tack (Hrsg.), *Methodologische Grundlagen der Psychologie (=Enzyklopädie der Psychologie, Themenbereich B, Serie 1, Band 1), (S. 475–507).* Göttingen: Hogrefe.

Hyman, H.H., Cobb, W.J., Feldman, J.J., Hart, C.W. and Stember, C.H. (1954). *Interviewing in Social Research.* Chicago: The University of Chicago Press.

Ingenkamp, K. (1973). Beobachtung und Analyse von Unterricht. In K. Ingenkamp (Hrsg.), *Handbuch der Unterrichtsforschung.* Weinheim: Beltz.

Inglehart, R. (1977). *The Silent Revolution: Changing Values and Political Styles among Western Publics.* Princeton: Princeton University Press.

Inglehart, R. (1997). *Modernization and Postmodernization: Cultural, Economic and Political Change in 43 Societies.* Princeton: Princeton University Press.

Institute of Communications Research. (1967). *A Contemporary Bibliography of Research Related to the Semantic Differential Technique.* Unpublished manuscript, University of Illinois.

Instruction for the Preparation of Abstracts. (1994). *American Psychologist, 16,* 833.

IPOS (Institut für praxisorientierte Sozialforschung, München) (1992). *Gleichberechtigung von Frauen und Männern – Wirklichkeit und Einstellungen in der Bevölkerung.* Stuttgart: Kohlhammer.

Irle, M. (1975). *Lehrbuch der Sozialpsychologie.* Göttingen: Hogrefe.

Irtel, H. (1996). Methoden der Psychophysik. In E. Erdfelder et al. (Hrsg.), *Handbuch quantitative Methoden* (S. 479–489). Weinheim: Psychologie Verlags Union.

Issing, L.J. und Ullrich, B. (1969). Einfluß eines Verbalisierungstrainings auf die Denkleistung von Kindern. *Zeitschrift für Entwicklungspsychologie und Pädagogische Psychologie, 1,* 32–40.

Jackson, D.N. (1967). Acquiescence Response Styles: Problems of Identification and Control. In I.A. Berg (Ed.), *Response Set in Personality Assessment.* Chicago: Aldine Publishing Company.

Jacobs, R. (1996). Methoden der Immunologie. In M. Schedlowski und U. Tewes (Hrsg.), *Psychoneuroimmunologie* (S. 187–217). Heidelberg: Spektrum.

Jacob, R. und Eirmbter, W.H. (2000). *Allgemeine Bevölkerungsumfragen.* München: Oldenbourg.

Jäger, R. (1974). Zur Gültigkeit von Aussagen, die auf korrelationsstatistischen Verfahren beruhen. *Archiv für Psychologie, 126*, 253–264.

Jäger, R. (1998). *Konstruktion einer Ratingskala mit Smilies als symbolischen Marken.* Unveröffentlichte Diplomarbeit. Institut für Psychologie, Technische Universität Berlin.

Jäger, R. S. und Petermann, F. (1992). *Psychologische Diagnostik* (2. Auflage). Weinheim: Psychologie Verlags Union.

Janke, W. (1976). Psychophysiologische Grundlagen des Verhaltens. In M. v. Kerekjarto (Hrsg.), *Medizinische Psychologie* (S. 1–101). Berlin: Springer.

Janke, W. und Kallus, K. W. (1995). Reaktivität. In M. Amelang (Hrsg.), *Enzyklopädie der Psychologie.* Göttingen: Hogrefe.

Janssen, J. P. (1979). Studenten: die typischen Versuchspersonen psychologischer Experimente – Gedanken zur Forschungspraxis. *Psychologische Rundschau, 30*, 99–109.

Jaradad, D. and Tollefson, N. (1988). The Impact of Alternative Scoring Procedures for Multiple-Choice on Test Reliability, Validity, and Grading. *Educational and Psychological Measurement, 48*, 627–635.

Jenkins, G. M. (1979). *Practical Experiences with Modelling and Forcasting Time Series.* Jersey: Channel Islands.

Jillson, J. A. (1975). The National Drug-Abuse Policy Delphi: Progress Report and Findings to Date. In H. A. Linstone and M. Turoff (Eds.), *The Delphi Method.* London: Addison-Wesley.

Johnson, C. W. (1986). A more Rigorous Quasi-Experimental Alternative to the One-Group Pretest-Posttest Design. *Educational and Psychological Measurement, 46*, 585–591.

Johnson, D.-M. and Vidulich, R. N. (1956). Experimental Manipulation of the Halo-Effect. *Journal of Applied Psychology, 40*, 130–134.

Johnson, J. C. (1990). *Selectint Ethnographic Informants.* Newbury Park, California: Sage.

Jones, E. E. (1990). *Interpersonal Perception.* New York: Freeman.

Jones, H. G. (1971). In Search of an Ideographic Psychology. *Bull. of the Brit. Psychol. Soc., 24*, 279–290.

Jones, L. V. (1959). Some Invariant Findings under the Method of Successive Intervals. *American Journal of Psychology, 72*, 210–220.

Jones, L. V. and Thurstone, L. L. (1955). The Psychophysics of Semantics: An Empirical Investigation. *Journal of Applied Psychology, 39*, 31–36.

Jones, W. H. (1979). Generalizing Mail Survey Inducement Methods: Population Interactions with Anonymity and Sponsorship. *Public Opinion Quarterly, 43*, 102–112.

Jöreskog, K. G. (1970). A General Method for Analysis of Covariance Structures. *Biometrika, 57*, 239–251.

Jöreskog, K. G. (1982). The LISREL-Approach to Causal Model Building in the Social Sciences. In K. G. Jöreskog and H. Wold (Eds.), *System under Indirect Observation*, Part 1 (pp. 81–99). Amsterdam: North-Holland Publishing.

Jöreskog, K. G. and Sörbom, D. (1989). *LISREL 7: User's Reference Guide.* Moreville: Scientific Software International.

Jöreskog, K. G. and Sörbom, D. (1993). *LISREL 8 und PRELIS Documentation.* Chicago: Scientific Software International.

Jorgensen, D. L. (1990). *Participant Observation. A Methodology for Human Studies.* Newbury Park: Sage.

Jourard, S. M. (1973). Brief einer Vp an einen Vl. *Gruppendynamik, 4*, 27–30.

Judd, R. C. (1966). Telephone Usage and Survey Research. *Journal of Advertising Research, 6*, 38–39.

Julius, H., Schlosser, R. W. und Goetze, H. (2000). *Kontrollierte Einzelfallforschung. Eine Alternative für die sonderpädagogische und klinische Forschung.* Göttingen: Hogrefe.

Jungermann, H., Pfister, H. R. und Fischer, K. (1998). *Die Psychologie der Entscheidung.* Heidelberg: Spektrum.

Jüttemann, G. (1981). Komparative Kasuistik als Strategie psychologischer Forschung. *Zeitschrift für klinische Psychologie und Psychotherapie, 29*, 101–118.

Jüttemann, G. (Hrsg.) (1989). *Qualitative Forschung in der Psychologie. Grundfragen, Verfahrensweisen, Anwendungsfelder.* Heidelberg: Asanger.

Jüttemann, G. (Hrsg.) (1990). *Komparative Kasuistik.* Heidelberg: Asanger.

Jüttemann, G. und Thomae, H. (Hrsg.) (1987). *Biographie und Psychologie.* Berlin: Springer.

Jüttemann, G. und Thomae, H. (Hrsg.) (1998). *Biographische Methoden in den Humanwissenschaften.* Weinheim: Beltz.

Kaase, M. (Hrsg.) (1999). Deutsche Forschungsgemeinschaft: *Qualitätskriterien der Umfrageforschung.* Akademie Verlag.

Kadie, C. (1992). *Banned Computer Material 1992.* Elektronische Publikation. URL: ftp://ftp.eff.org/pub/CAF/banned. 1992.

Kadlec, H. (1999). Statistical Properties of d′ and β Estimates of Signal Detection Theory. *Psychological Methods, 4*, 22–43.

Kahle, L. R. and Sales, B. D. (1978). Personalization of the Outside Envelope in Mail Surveys. *Public Opinion Quarterly, 42*, 545–550.

Kallus, K. W. (1992). *Ausgangszustand und Beanspruchung.* Weinheim: PVU.

Kampe, N. (1998). *Ein Methodenvergleich – telefonische Befragung versus postalische Befragung am Beispiel der Fahrdynamik.* Unveröffentlichte Diplomarbeit. Institut für Psychologie, Technische Universität Berlin.

Kane, R. B. (1971). Minimizing Order Effects in the Semantic Differential. *Educational and Psychological Measurement, 31*, 137–144.

Kaplan, K. J. (1972). On the Ambivalence-Indifference Problem in Attitude Theory and Measurement. A Suggested Modification of the Semantic Differential Technique. *Psychological Bulletin, 77*, 361–372.

Kasprzyk, D., Duncan, G., Kalton, G. and Singh, M. P. (Eds.) (1989). *Panel Surveys.* New York: Wiley.

Katz, D. (1942). Do Interviewers Bias Polls? *Public Opinion Quarterly, 6*, 248–268.

Kaufman, H. (1967). The Price of Obedience and the Price of Knowledge. *American Psychologist, 22*, 321–322.

Kazdin, A. E. (1976). Statistical Analysis for Single-Case Experimental Designs. In M. Hersen and D. H. Barlow (Eds.), *Single Case Experimental Designs: Strategies for Studying Behavior Change.* New York: Pergamon.

Kazdin, A. E. (1978). Methodological and Interpretative Problems of Single-Case Experimental Designs. *Journal of Consulting and Clinical Psychology, 46*, 629–642.

Kazdin, A. E. (1982). *Single Case Research Designs: Methods for Clinical and Applied Settings.* New York: Oxford University Press.

Keats, J. A., Taft, R., Heath, R. A. and Lovibond, S. H. (Eds.) (1989). *Mathematical and Theoretical Systems.* Amsterdam: North-Holland.

Kebeck, G. und Lohaus, A. (1985). Versuchsleiterverhalten und Versuchsergebnis. *Zeitschrift für experimentelle und angewandte Psychologie, 32*, 75–89.

Keeney, R. L. (1992). *Value-Focused Thinking.* Cambridge, Mass.: Harvard University Press.

Keeney, R. L. and Raiffa, H. (1976). *Decisions with Multiple Objectives: Preferences and Value Tradeoffs.* New York: Wiley.

Keeser, W. (1979). *Zeitreihenanalyse in der klinischen Psychologie. Ein Beitrag zur Box-Jenkins Methodologie.* Unveröffentlichte Dissertation, München.

Keiler, P. (1975). Ertels „Dogmatismus"-Skala. Eine Dokumentation. *Psychologische Rundschau, 26*, 1–25.

Keller, E. F. (1986). *Liebe, Macht und Erkenntnis. Männliche oder weibliche Wissenschaft?* München: Hanser.

Kelley, H. H., Hovland, C. J., Schwartz, M. and Abelson, R. P. (1955). The Influence of Judges Attitudes in Three Modes of Attitude Scaling. *Journal of Social Psychology, 42*, 147–158.

Kelly, G. A. (1955). *The Psychology of Personal Constructs* (Vol. 1 and 2). New York: Norton.

Kelman, H. C. (1967). Human Use of Human Subjects. *Psychological Bulletin, 67*, 1–11.

Kendall, M. G. (1955). Further Contributions to the Theory of Paired Comparison. *Biometrics 11*, 43–62.

Kendall, M. G. and Stuart, A. (1973). *The Advanced Theory of Statistics, Vol. 2.* London: Griffin.

Kenny, D. A. (1975). A Quasi-Experimental Approach to Assessing Treatment Effects in the Nonequivalent Control Group Design. *Psychological Bulletin, 82*, 345–362.

Kenny, D. A. and Harackiewicz, J. M. (1979). Cross-Lagged Panel Correlation. Practice and Promise. *Journal of Applied Psychology, 64*, 372–379.

Keren, G. and Lewis, C. (1979). Partial Omega Squared for ANOVA Designs. *Educational and Psychological Measurement, 39*, 119–128.

Kerlinger, F. N. (1979). *Grundlagen der Sozialwissenschaften,* Band 2. Weinheim: Beltz.

Kerlinger, F. N. (1986). *Foundations of Behavioral Research* (3rd Ed.). New York: Holt, Rinehart and Winston.

Kette, G. (1990). Determinanten der Geschworenenentscheidung: Ein Anwendungsbeispiel für die Zeitreihenanalyse der Rechtspsychologie. *Archiv für Psychologie, 142*, 59–81.

Kettner, P. M., Moroney, R. K. and Martin, L. L. (1990). *Designing and Managing Programs.* London: Sage.

Keuth, H. (1989). *Wissenschaft und Werturteil. Zu Werturteilsdiskussion und Positivismusstreit.* Tübingen: Mohr.

Kiers, H. A. L., Takane, Y. and ten Berge, J. M. F. (1996). The Analysis of Multitrait-Multimethod Matrices via Constraint Components Analysis. *Psychometrika, 61*, 601–628.

Kim, J. O. (1975). Multivariate Analysis of Ordinal Variables. *American Journal of Sociology, 81*, 261–298.

Kincaid, H. V. and Bright, M. (1957). The Tandem Interview: A Trial of the Two-Interviewer Team. *Public Opinion Quarterly, 21*, 304–312.

Kinicki, A. J. and Bannister, B. D. (1988). A Test of the Measurement Assumptions Underlying Behaviorally Anchored Rating Scales. *Educational and Psychological Measurement, 48*, 17–27.

Kinicki, A. J., Bannister, B. D., Horn, P. W. and Denisi, A. S. (1985). Behaviorally Anchored Rating Scales vs. Summated Rating Scales: Psychometric Properties and Susceptibility of Rating Bias. *Educational and Psychological Measurement, 45*, 535–549.

Kinsey, A. (1953). *Sexual Behavior in the Human Female.* Philadelphia: Saunders.

Kinsey, A., Pomeroy, W. B. and Martin, C. E. (1948). *Sexual Behavior in the Human Male.* Philadelphia: Saunders.

Kiresuk, Th. J., Smith, A. and Cardillo, J. E. (Eds.) (1994). *Goal Attainment Scaling: Applications, Theory, And Measurement.* Hillsdale, NJ: Lawrence Erlbaum Publishers.

Kirk, J. and Miller, M. I. (1986). *Reliability and Validity in Qualitative Research.* London: Sage.

Kirschbaum, C., Strasburger, C. J., Jammers, W. and Hellhammer, D. (1989). Cortisol and behavior: 1. Adaptation of a Radio-Immuno-Assay Kit for Reliable and Inexpensive Salivary Cortisol Determination. *Pharmacology, Biochemistry and Behavior, 34*, 747–751.

Kish, L. (1965). *Survey Sampling.* New York: Wiley.

Kivlin, J. E. (1965). Contribution to the Study of Mail-Back-Bias. *Rural Sociology, 30*, 322–326.

Klapproth, J. (1972). Erwünschtheit und Bedeutung von 338 alltagspsychologischen Eigenschaftsbegriffen. *Psychologische Beiträge, 14*, 496–520.

Klauer, K. C. (1989). Untersuchungen zur Robustheit von Zuschreibungs-mal-Bewertungsmodellen: Die Bedeutung von Halo-Effekten und Dominanz. *Zeitschrift für Sozialpsychologie, 20*, 14–26.

Klauer, K. C. (1996). Urteilerübereinstimmung bei dichotomen Kategoriensystemen. *Diagnostica, 42*, 101–118.

Klauer, K. C. and Batchelder, W. H. (1996). Structural Analysis of Subjective Categorical Data. *Psychometrika, 61*, 199–240.

Klauer, K. C. und Schmeling, A. (1990). Sind Halo-Fehler Flüchtigkeitsfehler? *Zeitschrift für experimentelle und angewandte Psychologie, 37*, 594–607.

Klauer, K. J. (1984). Kontentvalidität. *Diagnostica, 30*, 1–23.

Klaus, E., Lorenz, S., Mahnke, K. und Töpfer, M. (1995). *Zum Umbruch, Schätzchen. Lesbische Journalistinnen erzählen.* Pfaffenweiler: Centaurus.

Klebert, K., Schrader, E. und Straub, W. (1984). *Moderations-Methode. Gestaltung der Meinungs- und Willensbildung in Gruppen, die miteinander lernen und leben, arbeiten und spielen.* Rimsting am Chiemsee: Preisinger.

Kleiber, D. und Velten, D. (1994). *Prostitutionskunden. Eine Untersuchung über soziale und psychologische Charakteristika von Besuchern weiblicher Prostituierter in Zeiten von AIDS.* Baden-Baden: Nomos Verlagsgesellschaft.

Klein, P. (1974). Soziale Erwünschtheit von Eigenschaften in Abhängigkeit von Nationalität, Schulbildung und Geschlecht der Beurteiler. *Psychologie und Praxis, 18*, 86–92.

Kleining, G. (1986). Das qualitative Experiment. *Kölner Zeitschrift für Soziologie und Sozialpsychologie, 38*, 724–750.

Kleining, G. (1994). *Qualitativ-heuristische Sozialforschung. Schriften zur Theorie und Praxis.* Hamburg: Rolf Fechner.

Kleining, G. (1995). Methodologie und Geschichte qualitativer Sozialforschung. In U. Flick, E. v. Kardorff, H. Keupp, L. Rosenstiel und S. Wolff (Hrsg.), *Handbuch Qualitativer Sozialforschung* (S. 11–22). München: PVU.

Klix, F. (1971). *Informationen und Verhalten.* Berlin: VEB Deutscher Verlag der Wissenschaften.

Kluge, S. (1999). *Empirisch begründete Typenbildung. Zur Konstruktion von Typen und Typologien in der qualitativen Sozialforschung.* Opladen: Leske und Budrich.

Knab, B. (1990). *Schlafstörungen.* Stuttgart: Kohlhammer.

Knezek, G., Wallace, S. and Dunn-Rankin, P. (1998). Accuracy of Kendall's Chi-Square. Approximation to Circular Triad Distributions. *Psychometrica, 63*, 23–34.

Knolle, D. and Kuklinski, J. H. (1982). *Network Analysis*. London: Sage.

Köbben, A. (1970). Cause and Intention. In R. Naroll and R. Cohen (Eds.), *A Handbook of Method in Cultural Anthropology*. Garden City, New York: Natural History Press.

Koch, A. (1997). Teilnahmeverhalten beim ALLBUS 1994. *Kölner Zeitschrift für Soziologie und Sozialpsychologie, 49*, 98–122.

Koch, A. (1998). Wenn „Mehr" nicht gleichbedeutend mit „Besser" ist: Ausschöpfungsquoten und Stichprobenverzerrungen in allgemeinen Bevölkerungsumfragen. *ZUMA-Nachrichten, 42, Jg. 22*, 66–90.

Koch, J. J. (1976). „Guter Eindruck" und Attitüden. *Archiv für Psychologie, 128*, 135–149.

Koch, U. und Wittmann, W. W. (1990). *Evaluationsforschung. Bewertungsgrundlage für Sozial- und Gesundheitsprogramme*. Heidelberg: Springer.

Koch-Klenske, E. (Hrsg.) (1988). *WeibsGedanken. Studentinnen beschreiben feministische Theorien der achtziger Jahre*. Frankfurt am Main: tende.

Koehler, M. J. and Levin, J. R. (1998). Regulated Randomization: A Potentially Sharper Analytical Tool for the Multiple Baseline Design. *Psychological Methods, 3*, 206–217.

Köhler, T. (1992). *Die Zahl aktiver Schweißdrüsen (PSI, palmar sweat index) als Aktivierungsparameter in Labor- und Feldstudien*. Frankfurt: Lang.

Köhler, T. (1995). *Psychosomatische Krankheiten* (3. Auflage). Stuttgart: Kohlhammer.

Köhler, T. (1999). *Biologische Grundlagen psychischer Störungen*. Stuttgart: Thieme.

Köhnken, G. (1986). Verhaltenskorrelate von Täuschung und Wahrheit – Neue Perspektive in der Glaubwürdigkeitsdiagnostik. *Psychologische Rundschau, 37*, 177–194.

König, R. (Hrsg.) (1962). *Das Interview*. Köln: Kiepenheuer und Witsch.

Kohlberg, L. (1971). From is to Ought: How to Commit the Naturalistic Fallacy and Get away with it in the Study of Moral Development. In T. Mischel (Ed.), *Cognitive Development and Epistemology* (pp. 151–235). New York: Academic Press.

Kohli, M. (1978). „Offenes" und „geschlossenes" Interview: Neue Argumente zu einer alten Kontroverse. *Soziale Welt, 29*, 1–25.

Kohli, M. (1986). Normalbiographie und Individualität. Zur institutionellen Dynamik des gegenwärtigen Lebenslaufregimes. In J. Friedrichs (Hrsg.), *23. Deutscher Soziologentag 1986. Sektions- und Ad-hoc-Gruppen* (S. 432–435). Opladen: Westdeutscher Verlag.

Konrad, K. (1999). *Mündliche und schriftliche Befragung. Voraussetzung, Gestaltung und Durchführung*. Landau: VEP.

Kordes, H. (1995). *Das Aussonderungs-Experiment*. München: List Verlag.

Korman, A. K. (1971). *Industrial and Organizational Psychology*. Englewood Cliffs, New Jersey: Prentice Hall.

Kraemer, H. C. (1983). Theory of Estimation and Testing of Effect Sizes: Use in Meta-Analysis. *Journal of Educational Statistics, 8*, 93–101.

Kraemer, H. C. (1985). A Strategy to Teach the Concept and Application of Power of Statistical Tests. *Journal of Educational Statistics, 10*, 173–195.

Kraemer, H. C. und Thiemann, S. (1987). *How Many Subjects? Statistical Power Analysis in Research*. Beverly Hills: Sage.

Kraemer, H. C., Gardner, C., Brooks III, J. O. and Yesavage, J. A. (1989). Advantages of Excluding Underpowered Studies in Meta-Analysis: Inclusionist versus Exclusionist View points. *Psychological Methods, 3*, 23–31.

Krämer, W. (1995). *So lügt man mit Statistik*. Frankfurt: Campus.

Krakauer, E. (1972). Für eine qualitative Inhaltsanalyse. *Ästhetik und Kommunikation, 1*, 53–58.

Kramer, A. and Spinks, J. (1991). Central Nervous System Measures of Capacity. In J. R. Jennings and M. G. H. Coles (Eds.), *Handbook of Cognitive Psychology. Central and Autonomic Nervous System Approaches* (S. 194–208). Chichester: Wiley

Krampen, G., Hense, H. und Schneider, J. F. (1992). Reliabilität und Validität von Fragebogenskalen bei Standarddreihenfolge versus inhaltshomogener Blockbildung ihrer Items. *Zeitschrift für experimentelle und angewandte Psychologie, 39*, 229–248.

Kratochwill, T. R. (Ed.) (1978a). *Single Subject Research*. New York: Academic Press.

Kratochwill T. R. (1978b). Foundation of Time-Series Research. In T. R. Kratochwill (Ed.), *Single Subject Research*. New York: Academic Press.

Kratochwill, T. R. and Levin, J. R. (Eds.) (1992). *Single Case Research Design and Analysis*. Hillsdale, NJ: Erlbaum.

Kratochwill, T. R., Alden, K., Demuth, D., Dawson, D., Panicucci, C., Arnston, P., McMurray, N., Hempstead, J. and Lewin, J. A. (1974). A Further Consideration in the Application of an Analysis-of-Variance Model for the Intrasubject Replication Design. *Journal of Applied Behavior Analysis, 7*, 629–633.

Krause, B. und Metzler, P. (1978). Zur Anwendung der Inferenzstatistik in der psychologischen Forschung. *Zeitschrift für Psychologie, 186*, 244–267.

Krauth, J. (1986). Zur Verwendbarkeit statistischer Entscheidungsverfahren in der Psychologie: Ein Kommentar zu Leiser. *Zeitschrift für Sozialpsychologie, 17*, 190–199.

Krauth, J. (1993). *Einführung in die Konfigurationsfrequenzanalyse (KFA)*. Weinheim, Basel: Beltz, PVU.

Krauth, J. (1995). *Testkonstruktion und Testtheorie*. Weinheim: Beltz.

Krauth, J. (2000). *Experimental Design*. Amsterdam: Elsevier.

Krauth, J. und Lienert, G. A. (1975). *KFA. Die Konfigurationsfrequenzanalyse*. Freiburg: Alber.

Krech, D., Crutchfield, R. and Ballachey, E. L. (1962). *Individual in Society*. New York: McGraw Hill.

Kremer, J., Barry, R. and McNally, A. (1986). The Misdirected Letter and the Quasi-Questionnaire: Unabtrusive Measures of Prejudice in Northern Ireland. *Journal of Applied Social Psychology, 16*, 303–309.

Krenz, C. and Sax, G. (1987). Acquiescence as a Function of Test Type and Subject Uncertainty. *Educational and Psychological Measurement, 47*, 575–581.

Kreutz, H. (1972). *Soziologie der empirischen Sozialforschung. Theoretische Analyse von Befragungstechniken und Ansätze zur Entwicklung neuer Verfahren*. Stuttgart: Enke.

Kreutz, H. (Hrsg.) (1991). *Pragmatische Analyse von Texten, Bildern und Ergebnissen. Qualitative Methoden, Oral History und Feldexperimente*. Opladen: Leske und Budrich.

Kreutz, H. und Bacher, J. (Hrsg.) (1991). *Disziplin und Kreativität. Sozialwissenschaftliche Computersimulation: theoretische Experimente und praktische Anwendung*. Opladen: Leske und Budrich.

Kreutz, H. und Titscher, S. (1974). Die Konstruktion von Fragebögen. In J. van Koolwijk und M. Wieken-Mayser (Hrsg.), *Techniken der empirischen Sozialforschung*, Band 4: *Erhebungsmethoden: Die Befragung.* München: Oldenbourg.

Kreyszig, E. (1973). *Statistische Methoden und ihre Anwendungen.* Göttingen: Vandenhoeck und Ruprecht.

Krippendorf, K. (1980). *Content Analysis. An Introduction to its Methodology.* Beverly Hills, London: Sage.

Kruskal, J. B. (1964a). Multidimensional Scaling by Optimizing Goodness of Fit to a Nonmetric Hypothesis. *Psychometrika, 29*, 2–27.

Kruskal, J. B. (1964b). Nonmetric Multidimensional Scaling: a Numerical Method. *Psychometrika, 29*, 115–129.

Kubinger, K. D. (1990). Übersicht und Interpretation der verschiedenen Assoziationsmaße. *Psychologische Beiträge, 22*, 290–346.

Kubinger, K. D. (1995). *Einführung in die Psychologische Diagnostik.* Weinheim: Psychologie Verlags Union.

Kubinger, K. D. (1996). Methoden der Psychologischen Diagnostik. In E. Erdfelder et al. (Hrsg.), *Handbuch Quantitative Methoden* (S. 567–576). Weinheim: Beltz.

Kubinger, K. D. (1997). Zur Renaissance der objektiven Persönlichkeitstests sensu R. B. Cattell. In H. Mandl (Hrsg.), *Bericht über den 40. Kongreß der Deutschen Gesellschaft für Psychologie in München 1996* (S. 755–761). Göttingen: Hogrefe.

Kubinger, K. D. (1999). Forschung in der Psychologischen Diagnostik. Programmatische Betrachtungen. *Psychologische Rundschau, 50*, 131–139.

Kubinger, K. D. und Wurst, E. (1985). *Adaptives Intelligenz Diagnostikum (AID).* Weinheim: Beltz.

Kubinger, K. D., Fischer, D. und Schuhfried, G. (1993). Begriffs-Bildungs-Test (BBT). Software und Manual. Mödling: Schuhfried.

Küchler, M. (1980). Qualitative Sozialforschung. Modetrend oder Neuanfang? *Kölner Zeitschrift für Soziologie und Sozialpsychologie, 32*, 373–386.

Kuckartz, U. (1988). *Computer und verbale Daten.* Frankfurt am Main: Lang.

Kuhn, T. S. (1967). *Die Struktur wissenschaftlicher Revolutionen.* Frankfurt: Suhrkamp.

Kuhn, T. S. (1977). *The Essential Tension. Selected Studies in Scientific Tradition and Change.* Chicago: University of Chicago Press.

Kühn, W. (1976). *Einführung in die multidimensionale Skalierung.* München: Reinhardt.

Kulke, C. (Hrsg.) (1988). *Rationalität und sinnliche Vernunft. Frauen in der patriarchalen Realität.* Pfaffenweiler: Centaurus.

Laatz, W. (1993). *Empirische Methoden. Ein Lehrbuch für Sozialwissenschaftler.* Thun, Frankfurt am Main: Harri Deutsch.

Lacey, J. I. (1967). Somatic Response Patterning and Stress: Some Revisions of Activation Theory. In M. H. Appley and R. Trumbull (Eds.), *Psychological Stress: Issues in Research.* New York: Appleton-Century-Croft.

Lacey, J. I. and Lacey, B. C. (1962). The Law of Initial Value in the Longitudinal Study of Autonomic Constitution. *Ann. New York Acad. Sci., 98*, 1257–1290.

Lacey, J. I., Bateman, D. E. and Van Lehn, R. (1953). Autonomic Response Specifity: An Experimental Study. *Psychosomatic Medicine, 15*, 8–21.

Lakatos, I. (1974). Die Geschichte der Wissenschaft und ihre rationalen Rekonstruktionen. In I. Lakatos und A. Musgrave (Hrsg.), *Kritik und Erkenntnisfortschritt.* Braunschweig: Vieweg.

Lamnek, S. (1993a). *Qualitative Sozialforschung. Band 1: Methodologie.* Weinheim: Psychologie Verlags Union.

Lamnek, S. (1993b). *Qualitative Sozialforschung. Band 2: Methoden und Techniken.* Weinheim: Psychologie Verlags Union.

Landman, J. R. and Dawes, R. M. (1982). Psychotherapy Outcome: Smith and Glass' Conclusions Stand up under Scrutinity. *American Psychologist, 37*, 504–516.

Lane, D. M. and Dunlap, W. P. (1978). Estimating Effect Size: Bias Resulting from the Significance Criterion in Editorial Decisions. *Brit. J. of math. stat. Psychol., 31*, 107–112.

Lane, R. E. (1962). *Political Ideology.* New York: Free Press.

Lange, C., Knopf, M. und Gaensler-Jordan, C. (1993). Die Asymmetrie der Geschlechter – der blinde Fleck. In M. Dannecker, G. Schmidt und V. Sigusch (Hrsg.), *Jugendsexualität. Sozialer Wandel, Gruppenunterschiede, Konfliktfelder* (S. 197–200). Stuttgart: Enke.

Lange, E. (1978). Die methodische Funktion der Frage in der Forschung. In H. Parthey (Hrsg.), *Problem und Methode in der Forschung.* Berlin: Akademie Verlag.

Lange, E. (1983). Zur Entwicklung und Methodik der Evaluationsforschung in der Bundesrepublik Deutschland. *Zeitschrift für Soziologie, 3*, 253–270.

Langeheine, R. (1980). Multivariate Hypothesentestung bei qualitativen Daten. *Zeitschrift für Sozialpsychologie, 11*, 140–151.

Langeheine, R. und Rost, J. (1996). Latent-Class-Analyse. In E. Erdfelder et al. (Hrsg.), *Handbuch Quantitative Methoden* (S. 315–348). Weinheim: Beltz.

Langeheine, R. und Van de Pol, F. (1990). Veränderungsmessung bei kategorialen Daten. *Zeitschrift für Sozialpsychologie, 21*, 88–100.

Langmaack, B. (1994). *Themenzentrierte Interaktion* (2. Auflage). Beltz: Psychologie Verlags Union.

Lantermann, E. D. (1976). Zum Problem der Angemessenheit eines inferenzstatistischen Verfahrens. *Psychologische Beiträge, 18*, 99–104.

Latane, B. and Darley, J. M. (1970). *The Unresponsive Bystander: Why Doesn't he Help?* New York: Appleton Crofts.

Latham, G. P., Wexley, K. N. and Pursell, E. D. (1975). Training Managers to Minimize Rating Error in the Observation of Behavior. *Journal of Applied Psychology, 60*, 550–555.

Laux, L. und Weber, H. (1993). *Emotionsbewältigung und Selbstdarstellung.* Stuttgart: Kohlhammer.

Lavrakas, P. J. (1993). *Telephone Survey Methods.* London: Sage.

Lazarsfeld, P. F. und Henry, N. W. (1968). *Latent Structure Analysis.* Boston: Houghton Mifflin Comp.

Lazarus, A. A. and Davison, G. C. (1971). Clinical Innovation in Research and Practice. In A. E. Bergin and S. L. Garfield (Eds.), *Handbook of Psychotherapy and Behavior Change: An Empirical Analysis* (pp. 196–213). New York: Wiley.

Leary, D. E. (Ed.) (1990). *Metaphors in the History of Psychology.* Cambridge: Cambridge University Press.

Lecher, T. (1988). *Datenschutz und psychologische Forschung.* Göttingen: Hogrefe.

Lechler, P. (1994). Kommunikative Validierung. In G. L. Huber und H. Mandl (Hrsg.), *Verbale Daten. Eine Einführung in die Grundlagen und Methoden der Erhebung und Auswertung* (S. 243–258). Weinheim: Beltz.

Legewie, H. (1987). *Alltag und seelische Gesundheit. Gespräch mit Menschen aus dem Berliner Stephansviertel.* Bonn: Psychiatrie-Verlag.

Legewie, H. (1988). *„Dichte Beschreibung": zur Bedeutung der Feldforschung für eine Psychologie des Alltagslebens.* (Vortrag auf dem 36. Kongreß der Deutschen Gesellschaft für Psychologie, 3.-6. 10. 1988.) Berlin: Technische Universität Berlin, Institut für Psychologie.

Legewie, H. (1994). Globalauswertung von Dokumenten. In A. Boehm, A. Mengel und T. Muhr (Hrsg.), *Texte verstehen. Konzepte, Methoden, Werkzeuge* (S. 177–182). Konstanz: Universitätsverlag.

Legewie, H. (1995). Feldforschung und teilnehmende Beobachtung: In U. Flick, E.v. Kardorff, H. Keupp, L.v. Rosenstiel und S. Wolff (Hrsg.), *Handbuch Qualitative Sozialforschung* (S. 189–192). München: Psychologie Verlags Union.

Legewie, H. und Nusselt, L. (Eds.) (1975). *Biofeedback-Therapie.* München: Urban & Schwarzenberg.

Legewie, H., Böhm, A., Boehnke, K., Faas, A., Gross B. und Jaeggi, E. (1990). *Längerfristige psychische Folgen von Umweltbelastungen: Das Beispiel Tschernobyl.* (Abschlußbericht des Forschungsinitiativprojektes FIP 2/17 der TU Berlin.) Berlin: Technische Universität Berlin, Institut für Psychologie.

Lehmann, G. (1980). Nichtlineare „Kausal"- bzw. Dominanz-Analysen in psychologischen Variablensystemen. *Zeitschrift für experimentelle und angewandte Psychologie, 27,* 257–276.

Lehr, U. (1964). Diagnostische Erfahrungen aus explorativen Untersuchungen bei Erwachsenen. *Psychologische Rundschau, 15,* 97–106.

Lehr, U. und Thomae, H. (1965). *Konflikt, seelische Belastung und Lebensalter.* Opladen: Westdeutscher Verlag.

Leibbrand, T. (1976). *Versuchspersonen und Stichproben in lern- und denkpsychologischen Untersuchungen. Eine Inhaltsanalyse.* Unveröffentlichte Zulassungsarbeit zur Diplom-Hauptprüfung für Psychologie, Tübingen.

Leigh, J.H. and Kinnear, T.C. (1980). On Interaction Classification. *Educational and Psychological Measurement, 40,* 841–843.

Leiser, E. (1982). Wie funktioniert sozialwissenschaftliche Statistik? *Zeitschrift für Sozialpsychologie, 13,* 125–139.

Leiser, E. (1986). Statistisches Schließen und wissenschaftliche Erkenntnis. Gesichtspunkte für eine Kritik und Neubestimmung. *Zeitschrift für Sozialpsychologie, 17,* 146–159.

Lenski, G. (1963). *The Religious Factor.* New York, Garden City: Doubleday.

Leverkus-Brüning, I. (1966). *Die Meinungslosen.* In G. Schmölders (Hrsg.), *Beiträge zur Verhaltensforschung,* Heft 6, Berlin.

Levin, H.N. (1983). *Cost Effectiveness: A Primer.* Beverly Hills, CA: Sage.

Levin, J.R., Marascuilo, L.A. and Hubert, L.J. (1978). *N = 1. Nonparametric Randomization Tests.* In T.R. Kratochwill (Ed.), *Single Subject Research.* New York: Academic Press.

Levy, P.S. and Lemeshow, S. (1999). *Sampling of Populations: Methods and Applications.* New York: Wiley.

Lewin, K. (1936). *Principles of Topological Psychology.* New York: McGraw-Hill. (Deutsch 1969: Grundzüge der topologischen Psychologie. Bern: Huber.)

Lewin, K. (1953). Tat-Forschung und Minderheitenprobleme. In K. Lewin, *Die Lösung sozialer Konflikte* (S. 278–298). Bad Nauheim: Christian-Verlag (Erstdruck: 1946).

Lewin, M. (1979). *Understanding Psychological Research. The Student Researcher's Handbook.* New York: Wiley.

Lieberson, S. (1985). *Making it Count. The Improvement of Social Research and Theory.* Berkeley: University of California Press.

Lienert, G.A. (1975). *Verteilungsfreie Methoden in der Biostatistik,* Tafelband. Meisenheim: Hain.

Lienert, G.A. (1978). *Verteilungsfreie Methoden in der Biostatistik,* Band II. Meisenheim: Hain.

Lienert, G.A. und Raatz, U. (1994). *Testaufbau und Testanalyse* (5. Auflage). Weinheim: Beltz, PVU.

Light, R.J. and Pillemer, D.B. (1984). *Summing Up: The Science of Reviewing Research.* Cambridge, MA: Harvard University Press.

Light, R.J. and Smith, P.V. (1971). Accumulating Evidence: Procedure for Resolving Contradictions among Different Research Studies. *Harvard Educational Review, 41,* 429–471.

Likert, R. (1932). A Technique for the Measurement of Attitudes. *Archives of Psychology, 140,* 1–55.

Lind, G., Grocholewska, K. und Langer, J. (1987). Haben Frauen eine andere Moral? In L. Unterkircher und I. Wagner (Hrsg.), *Die andere Hälfte der Gesellschaft. Österreichischer Soziologentag 1985.* Wien: Verlag des Österreichischen Gewerkschaftsbundes.

Lindley, D.V. (1965). *Introduction to Probability and Statistics from a Bayesian Viewpoint.* Cambridge: Cambridge University Press.

Lindsay, P.H. and Norman, D.A. (1977). *Human Information Processing.* New York: Academic Press.

Lingoes, J.C. (1972). A General Survey of the Guttman-Lingoes Nonmetric Program Series. In R.N. Shepard et al. (Eds.), *Multidimensional Scaling. Theory and Applications in the Behavioral Sciences.* Vol. I (pp. 52–69). New York: Seminar Press.

Linn, R.L. and Slinde, J.A. (1977). Significance of Pre- and Posttest Change. *Review of Educational Research, 47,* 121–150.

Linstone, H.A. and Turoff, M. (Eds.) (1975). *The Delphi Method.* London: Addison-Wesley.

Lipsmeier, G. (1999). Standard oder Fehler? Einige Eigenschaften von Schätzverfahren bei komplexen Stichprobenplänen und aktuelle Lösungsansätze. *ZA-Information, 44,* 96–117.

Lisch, R. und Kriz, J. (1978). *Grundlagen und Modelle der Inhaltsanalyse.* Reinbek: Rowohlt.

Lissitz, R.W. and Green, S.B. (1975). Effect of Number of Scale Points on Reliability: A Monte Carlo Approach. *Journal of Applied Psychology, 60,* 10–13.

Lissmann, U. (2001). *Forschungsmethoden. Inhaltsanalyse von Texten.* Landau: VEP.

Lockhart, R.A. (1975). C.G. Jung: A forgotten psychophysiologist remembered. *Polygraph, 4* (1), 18–32.

Lodge, M. (1981). *Magnitude Scaling.* Newbury Park: Sage.

Loftus, E. (1975). Leading Questions and the Eye Witness Report. *Cognitive Psychology, 7,* 560–572.

Lohaus, D. (1997). Reihenfolgeeffekte in der Eindrucksbildung. Eine differenzierte Untersuchung verschiedener Meßzeiträume. *Zeitschrift für Sozialpsychologie, 28,* 298–308.

Lord, F.M. (1953). On the Statistical Treatment of Football Numbers. *American Psychologist, 8,* 750–751.

Lord, F. M. (1956). The Measurement of Growth. *Educational and Psychological Measurement, 16*, 421–437.

Lord, F. M. (1963). Elementary Models for Measuring Change. In C. W. Harris (Ed.), *Problems in Measuring Change.* Madison: University of Wisconsin Press.

Lord, F. M. and Novick, M. R. (1968). *Statistical Theories of Mental Test Scores.* Reading, Mass.: Addison-Wesley.

Lösel, F. und Breuer-Kreuzer, D. (1990). Metaanalyse in der Evaluationsforschung: Allgemeine Probleme und eine Studie über den Zusammenhang zwischen Familienmerkmalen und psychischen Auffälligkeiten bei Kindern und Jugendlichen. *Zeitschrift für Pädagogische Psychologie, 4*, 253–268.

Lösel, F. und Wüstendörfer, W. (1974). Zum Problem unvollständiger Datenmatrizen in der empirischen Sozialforschung. *Zeitschrift für Soziologie und Sozialpsychologie, 26*, 342–357.

Lovie, A. D. (1981). On the Early History of ANOVA in the Analysis of Repeated Measure Designs in Psychology. *Brit. J. Math. Stat. Psychol., 34*, 1–15.

Lovie, A. D. and Lovie, P. (1991). Graphical Methods for Exploring Data. In P. Lovie and A. D. Lovie (Eds.), *New Developments in Statistics for Psychology and the Social Sciences* (pp. 19–48). London, New York: The British Psychological Society and Routledge.

Luce, R. D. (1959) *Individual choice behavior.* New York: Wiley.

Luce, R. D. (1990). "On the Possible Psychophysical Laws" Revisited. Remarks on Cross-Model Matching. *Psychological Review, 97*, 66–77.

Luce, R. D. and Galanter, E. (1963). Psychophysical Scaling. In R. D. Luce, R. R. Bush, E. Galanter (Eds.), *Handbook of Mathematical Psychology* (pp. 245–307). New York: Wiley.

Lück, H. E. (1968). Zur sozialen Erwünschtheit von Eigenschaftsbezeichnungen. *Psychologische Rundschau, 19*, 258–266.

Lück, H. E. und Timaeus E. (1969) Skalen zur Messung manifester Angst (MAS) und sozialer Wünschbarkeit (SD-E und SD-CM). *Diagnostica, 15*, 134–141.

Lück, H. E., Regelmann, S. und Schönbach, P. (1976). Zur sozialen Erwünschtheit von Eigenschaftsbezeichnungen. Datenvergleiche Köln 1966 – Bochum 1971 – Köln 1972. *Zeitschrift für experimentelle und angewandte Psychologie, 23*, 253–266.

Lück, H. E., Kriz, J. und Heidebrink, H. (1990). *Wissenschafts- und Erkenntnistheorie. Eine Einführung für Psychologen und Humanwissenschaftler.* Opladen: Leske und Budrich.

Ludwig, D. A. (1979). Statistical Considerations for the Univariate Analysis of Repeated-Measures Experiments. *Perceptual Motor Skills, 49*, 899–905.

Lüer, G. (1987). *Allgemeine experimentelle Psychologie.* Stuttgart: Fischer.

Lüer, G. und Fillbrandt, H. (1969). Ein Verfahren zur Bestimmung der additiven Konstanten in der multidimensionalen Skalierung. *Arch. ges. Psychol., 121*, 202–204.

Luhman, N. (1987). *Soziale Systeme. Grundriß einer allgemeinen Theorie.* Frankfurt am Main: Suhrkamp.

Lunneborg, C. (1999). *Data Analysis by Resampling: Concepts and Applications.* Pacific Grove, CA: Duxbury Press.

Lusted, L. B. (1968). *Introduction to Medical Decision Making.* Springfield, Ill.: C. C. Thomas.

Lutz, R. (1978). *Das verhaltensdiagnostische Interview.* Stuttgart: Kohlhammer.

Lykken, D. T. (1968). Statistical Significance in Psychological Research. *Psychological Bulletin, 70*, 151–157.

Maassen, G. H. (2000). Keley's Formula as a Basis for the Assessment of Reliable Change. *Psychometrika, 65*, 187–197.

MacCallum, R. C., Wegener, D. T., Uchino, B. N. and Fabrigor, L. R. (1993). The Problem of Equivalent Models in Applications of Covariance Structure Analysis. *Psychological Bulletin, 114*, 185–199.

MacMillan, N. A. (1993). Signal Detection Theory as Data Analysis Method and Psychological Decision Model. In G. Kehren, C. Lewis (Eds.), A Handbook for Data Analysis in the Behavioural Sciences. Methodological Issues (pp. 21–57). Hillsdale, New Jersey: Lawrence Erlbaum Ass.

MacMillan, N. A. and Creelman, C. D. (1990). Response Bias. Characteristics of Detection-Theory, Threshold, Theory and "Nonparametric" Indexes. *Psychological Bulletin, 107*, 401–413.

Madge, J. (1965). *The Tools of Social Science.* Garden City, New York: Doubleday Anchor.

Madow, W. G., Nisselson, H. and Olkin, I. (Eds.) (1983). *Incomplete Data in Sample Surveys. Vol. 1: Report and Case Studies, Vol. 2: Theory and Bibliographies, Vol. 3: Proceedings of the Symposium.* New York: Academic Press.

Magnusson, D. (1966). *Test Theory.* Reading, MA: Addison-Wesley.

Magnusson, D. (1969). *Testtheorie.* Wien: Deuticke.

Malgady, R. G. and Colon-Malgady, G. (1991). Comparing the Reliability of Difference Scores and Residuals in Analysis of Covariance. *Educational and Psychological Measurement, 51*, 803–807.

Malinowski, B. (1979). *Argonauten des westlichen Pazifik.* Frankfurt: Syndikat (Erstdruck: 1922).

Mangold, W. (1960). *Gegenstand und Methode des Gruppendiskussionsverfahrens.* Frankfurt: Europäische Verlagsanstalt.

Mangold, W. (1962). *Gruppendiskussion.* In R. König (Hrsg.), *Handbuch der empirischen Sozialforschung*, Band I. Stuttgart: Enke.

Mann, I. T., Phillips, J. L. and Thompson, E. G. (1979). An Examination of Methodological Issues Relevant to the Use and Interpretation of the Semantic Differential. *Applied Psychological Measurement, 3*, 213–229.

Manns, M., Hermann, C., Schultze, J. und Westmeyer, H. (1987). *Beobachtungsverfahren in der Verhaltensdiagnostik.* Salzburg: Otto Müller.

Mansfield, R. S. and Busse, T. V. (1977). Meta-Analysis of Research: A Rejoinder to Glass. *Educational Researcher, 6*, 3.

Manski, C. F. and Garfinkel, I. (Eds.) (1992). *Evaluating Welfare and Training Programs.* Cambridge: Harvard University Press.

Manthey, S. (1999). *Residuale Neglectsymptome nach Hirnschädigungen. Evaluation der Sensitivität verschiedener Tests in einer Nachuntersuchung.* Unveröffentlichte Diplomarbeit. Berlin: Institut für Psychologie der Technischen Universität Berlin.

Markus H. and Nurusius P. (1986). Possible Selves. *American Psychologist, 41*, 858–866.

Marshall, C. and Rossman, G. B. (1995). *Designing Qualitative Research.* London: Sage.

Matarazzo, J. D. and Wiens, A. N. (1972). *The Interview. Research on its Anatomy and Structure.* Chicago: Aldine.

Matell, M.S. and Jacoby, J. (1971). Is there an Optimal Number of Alternatives for Likert Scale Items? Study I: Reliability and Validity. *Educational and Psychological Measurement, 31,* 657–674.

Matthes, J. (1985). Zur transkulturellen Relativität erzähl-analytischer Verfahren in der empirischen Sozialforschung. *Kölner Zeitschrift für Soziologie und Sozialpsychologie, 37,* 310–326.

Matthews, K.A. (1986). Summary, Conclusions, and Implications. In K.A. Mathews, S.M. Weiss, T. Detre, T.M. Dembroski, B. Falkner, S.B. Manuck and R.B. Williams Jr (Eds.), *Handbook of Stress, Reactivity, and Cardiovascular Disease* (pp. 461–474). New York: Wiley.

Matthews, K.A., Weiss, S.M., Detre, T., Dembroski, T.M., Falkner, B., Manuck, A.B. and Williams Jr., R.B. (Eds.) (1986). *Handbook of Stress, Reactivity, and Cardiovascular Disease.* New York: Wiley.

Mausfeld, R. (1994). Methodologische Grundlagen der Psychophysik. In T. Herrmann und W.H. Tack (Hrsg.), *Methodologische Grundlagen und Probleme der Psychologie. Enzyklopädie der Psychologie, Themenbereich B, Serie I, Band 1, Psychophysik* (S. 137–198). Göttingen: Hogrefe.

Maxwell, S.E. (1994). Optimal Allocation of Assessment Time in Randomized Pretest-Posttest Designs. *Psychological Bulletin, 115,* 142–152.

Maxwell, S.E. (1998). Longitudinal Designs in Randomized Group Comparison. When will Intermediate Observation Increase Statistical Power? *Psychological Methods, 3,* 275–290.

Maxwell, S.E. (2000). Sample Size and Multiple Regression Analysis. *Psychological Methods, 5,* 434–458.

Mayer, K.U. und Huinink, J. (1990). Alters-, Perioden- und Kohorteneffekte in der Analyse von Lebensverläufen oder: Lexis ade? In K.U. Mayer (Hrsg.), Lebensverläufe und sozialer Wandel. *Kölner Zeitschrift für Soziologie und Sozialpsychologie, Sonderheft 31,* 442–459.

Mayring, P. (1989). Qualitative Inhaltsanalyse. In G. Jüttemann (Hrsg.), *Qualitative Forschung in der Psychologie* (S. 187–211). Heidelberg: Asanger.

Mayring, P. (1990). *Einführung in die qualitative Sozialforschung.* München: Psychologie Verlags Union.

Mayring, P. (1993). *Qualitative Inhaltsanalyse. Grundlagen und Techniken.* Weinheim: Deutscher Studien Verlag.

Mayring, P. (1994). Qualitative Inhaltsanalyse. In A. Boehm, A. Mengel und A.T. Muhr (Hrsg.), *Texte verstehen – Konzepte, Methoden, Werkzeuge* (S. 159–176). Konstanz: Universitätsverlag Konstanz.

McCain, L.J. and McCleary, R. (1979). *The Statistical Analysis of the Simple Interrupted Times Series Quasi-Experiment.* In T.D. Cook and D.T. Campbell (Eds.), *Quasi-Experimentation: Design and Analysis Issues for Field Settings.* Chicago: Rand-McNally.

McCarty, J.A. and Shrum, L.J. (2000). The Measurement of Personal Values in Survey Research. A Test of Alternative Rating Procedures. *Public Opinion Quarterly, 64,* 271–298.

McCleary, R. and Hay, Jr., R.A. (1980). *Applied Time Series Analysis for the Social Sciences.* Beverly Hills: Sage.

McCrossan, L. (1991). *A Handbook for Interviewer.* 3rd Ed. London.

McCullough, B.C. (1978). Effects of Variables Using Panel Data: A Review of Techniques. *Public Opinion Quarterly, 42,* 199–220.

McDowall, D., McCleary, R., Meidinger, E.E. and Hay, Jr., R.A. (1980). *Interrupted Time Series.* Beverly Hills, CA: Sage.

McGuire, W.J. (1964). Inducing Resistence to Persuasion. In L. Berkowitz (Ed.), *Advances in Experimental Social Psychology, Vol. 1.* New York: Academic Press.

McGuire, W.J. (1967). Some Impending Reorientations in Social Psychology: Some Thoughts Provoked by Kenneth Ring. *Journal of Experimental and Social Psychology, 3,* 124–139.

McGuire, W.J. (1986). The Vicissitudes of Attitudes and Similar Representational Constructs in Twentieth Century Psychology. *European Journal of Social Psychology, 16,* 89–130.

McGuire, W.J. (1997). Creative Hypothesis Generating in Psychology. Some Useful Heuristics. *Annual Review for Psychology, 48,* 1–30.

McKim, V.R. and Turner, S.P. (Eds.) (1997). *Counseling in Crisis? Statistical Methods in the Search for Causal Knowledge in the Social Sciences.* Notre Dame, IN: University of Notre Dame Press.

McNemar, Q. (1946). Opinion-Attitude Methodology. *Psychological Bulletin, 43,* 289–374.

McNemar, Q. (1958). On Growth Measurement. *Educational and Psychological Measurement, 18,* 47–55.

McNicol, D.A. (1972). *A Primer of Signal Detection.* London: George Allen and Unwin.

McReynolds, P. and Ludwig, K. (1987). On the History of Rating-Scales. *Personality and Individual Differences, 8,* 281–283.

Mead, G. (1934). *Mind, Self and Society.* (Deutsch 1975: Geist, Identität und Gesellschaft. Aus der Sicht des Sozialbehaviorismus. Frankfurt am Main: Suhrkamp.)

Meehl, P.E. (1950). Configural Scoring. *Journal of Consulting Psychology, 14,* 165.

Meier, F. (Hrsg.) (1988). *Prozeßforschung in den Sozialwissenschaften. Anwendungen zeitreihenanalytischer Methoden.* Stuttgart: Fischer.

Meijer, R.R. and Nering, M.L. (1999). Computerized Adaptive Testing. Overview and Introduction. *Applied Psychological Measurement, 23,* 187–194.

Meili, R. und Steingrüber, H.J. (1978). *Lehrbuch der psychologischen Diagnostik.* Bern: Huber.

Mellenberg, G.J. (1999). A Note on Simple Gain Score Precisions. *Applied Psychological Measurement, 23,* 87–89.

Merton, R.K. and Kendall, P.L. (1945/46). The Focused Interview. *American Journal of Sociology, 51,* 541–557.

Merton, R.K. und Kendall, P.L. (1979). Das fokussierte Interview. In C. Hopf und E. Weingarten (Hrsg.), *Qualitative Sozialforschung* (S. 171–203). Stuttgart: Klett.

Merton, R.K., Fiske, M. and Kendall, P.L. (1956). *The Focussed Interview. A Manual of Problems and Procedures.* Glencoe, Illinois: The Free Press.

Merzbacher, F. (1980). Hexen und Zauberei. In C. Hinckeldey (Hrsg.), *Strafjustiz in alter Zeit.* Rothenburg o.d.T.: Mittelalterliches Kriminalmuseum.

Messick, S.J. (1967). The Psychology of Acquiescence: an Interpretation of Research Evidence. In I.A. Berg (Eds.), *Response Set in Personality Assessment.* Chicago: Aldine Publ. Comp.

Messick, S.J (1980). Test Validity and the Ethics of Assessment. *American Psychologist, 35,* 1012–1027.

Messick, S.J. and Abelson, R.P. (1956). The Additive Constant Problem in Multidimensional Scaling. *Psychometrika, 21,* 1–15.

Metz-Göckel, S. und Müller, U. (1986). *Der Mann.* Weinheim: Beltz.

Metzler, P. und Nickel, B. (1986). *Zeitreihen- und Verlaufsanalyse.* Leipzig: Hirzel.

Metzner, H. and Mann, F. A. (1952). A Limited Comparison of two Methods of Data Collection. The Fixed Alternative Questionnaire and the Open-Ended Interview. *American Sciological Review, 17.*

Meulman, J. J. (1992). The Integration of Multidimensional Scaling and Multivariate Analysis with Optimal Transformations of the Variables. *Psychometrika, 57,* 539–565.

Meyer, S. und Schulze, E. (1988). Nichteheliche Lebensgemeinschaften – Eine Möglichkeit zur Veränderung des Geschlechterverhältnisses. *Kölner Zeitschrift für Soziologie und Sozialpsychologie, 40,* 316–336.

Meyer-Bahlburg, H. F. L. (1969). Spearmans rho als punktbiserialer Rangkorrelationskoeffizient. *Biometrische Zeitschrift, 11,* 60–66.

Michell, J. (1986). Measurement Scales and Statistics. A Clash of Paradigms. *Psychological Bulletin, 100,* 398–407.

Micko, H. C. and Fischer, W. (1970). The Metric of Multidimensional Psychological Spaces as a Function of the Differential Attention to Subjective Attributes. *Journal of Mathematical Psychology, 7,* 118–143.

Mies, M. (1978). Methodische Postulate der Frauenforschung. *Beiträge zur feministischen Theorie und Praxis, 1,* 41–63.

Miles, M. B. and Huberman, A. M. (1994). *Qualitative Data Analysis. A Sourcebook of New Methods.* Beverly Hills: Sage.

Milgram, S. (1963). Behavioral Study of Obedience. *Journal of Abnormal and Social Psychology, 67,* 371–378.

Milgram, S. (1964). Issues in the Study of Obedience: A Reply to Baumrind. *American Psychologist, 19,* 848–852.

Milgram, S., Mann, L. and Harter, S. (1965). The Lost Letter Technique: A Tool of Social Research. *Public Opinion Quarterly, 29,* 437–438.

Miller, D. C. (1970). *Handbook of Research Design and Social Measurement.* New York.

Miller, D. C. (1991). *Handbook of Research Design and Social Measurement.* London: Sage.

Miller, D. C., Card, J. J., Paikoff, R. L. and Peterson, J. L. (Eds.) (1992). *Preventing Adolescent Pregnancy. Model Programs and Evaluations.* London: Sage.

Millman, J. and Darling-Hammond, L. (1990). *The New Handbook of Teacher Evaluation.* London: Sage.

Minsel, W. R. und Langer, I. (1973). Methodisches Vorgehen zum Erfassen von psychotherapeutisch bedingten Veränderungen. In G. Reinert (Hrsg.), *Bericht über den 27. Kongreß der Deutschen Gesellschaft für Psychologie in Kiel 1970* (S. 646–648). Göttingen: Hogrefe.

Möbus, C. (1978). Zur Fairness psychologischer Intelligenztests. Ein unlösbares Trilemma zwischen den Zeilen von Gruppen, Individuen und Institutionen? *Diagnostica, 24,* 191–234.

Möbus, C. (1983). Die prakische Bedeutung der Testfairneß als zusätzliches Kriterium zu Reliabilität und Validität. In R. Horn, K. Ingenkamp und R. S. Jäger (Hrsg.), *Tests und Trends. 3. Jahrbuch der pädagogischen Diagnostik* (S. 155–203). Weinheim: Beltz.

Möbus, C. und Schneider, W. (1986). *Strukturmodelle zur Analyse von Längsschnittdaten.* Bern: Huber.

Modupe Kolawole, M. E. (1996). *Womanism and African Consciousness.* Lawrenceville, NJ: Africa World Press.

Moffitt, R. (1991). The Use of Selection Modeling to Evaluate AIDS Interventions with Observational Data. *Evaluation Review, 15,* 291–314.

Mohr, G., Rummel, M. und Rückert, D. (Hrsg.) (1982). *Frauen. Psychologische Beiträge zur Arbeits- und Lebenssituation.* München: Urban & Schwarzenberg.

Mohr, L. B. (1992). *Impact Analysis for Program Evaluation.* London: Sage.

Molenaar, I. W. (1997). Lenient or Strict Applications of IRT with an Eye on Practical Consequences. In J. Rost and R. Langeheine (Eds.), *Applications of Latent Trait and Latent Class Models in the Social Sciences.* Münster: Waxmann.

Molenaar, I. W. und Lewis, C. (1996). Bayes-Statistik. In E. Erdfelder et al. (Hrsg.), *Handbuch Quantitative Methoden* (S. 145–156). Weinheim: Beltz.

Mollenhauer, K. (1968). *Einführung in die Sozialpädagogik.* Weinheim: Beltz.

Moosbrugger, H. (1978). *Multivariate statistische Analyseverfahren.* Stuttgart: Kohlhammer.

Moosbrugger, H. und Zistler, R. (1994). *Lineare Modelle. Regressions- und Varianzanalysen.* Bern: Huber.

Moreno, J. L. (1953). *Who Shall Survive? Foundation of Sociometry, Grouppsychotherapy and Sociodrama.* New York: Beacon House.

Morkel, A. (2000). Theorie und Praxis. *Forschung und Lehre, Heft 8,* 396–398.

Morrison, D. E. and Henkel, R. E. (Hrsg.) (1970). *The Significance Test Controversy.* Chicago: Aldine.

Moser, H. (1975). *Aktionsforschung als kritische Theorie der Sozialwissenschaften.* München: Kösel.

Moser, K. (1986). Repräsentativität als Kriterium psychologischer Forschung. *Archiv für Psychologie, 138,* 139–151.

Mosier, C. J. (1941). A Psychometric Study of Meaning. *Journal of Social Psychology, 13,* 123–140.

Mosteller, F. (1990). Improving Research Methodology: An Overview. In L. Sechrest, E. Perrin and J. Bunker, (Eds.), *Research Methodology. Strengthening Causal Interpretations of Nonexperimental Data* (pp. 221–230). Rockville, MD: AHCPR, PHS.

Moustakas, C. (1994). *Phenomenological Research Methods.* London: Sage.

Mudholkar, G. S. and George, E. O. (1979). The Logit Statistic for Combining Probabilities: An Overview. In J. S. Rustagi (Ed.), *Optimizing Methods in Statistics* (pp. 345–366). New York: Academic Press.

Muhr, T. (1994). ATLAS/ti: Ein Werkzeug für die Textinterpretation. In A. Boehm, A. Mengel und T. Muhr (Hrsg.), *Texte verstehen. Konzepte, Methoden, Werkzeuge* (S. 317–324). Konstanz: Universitätsverlag.

Mulaik, S. A. (1975). Confirmatory Factor Analysis. In D. J. Amick and H. J. Walberg (Eds.), *Introductory Multivariate Analysis.* Berkeley, CA: McCutchan.

Mullen, B. (1989). *Advanced BASIC META-Analysis.* Hillsdale, N. J.: Lawrence Erlbaum.

Mullen, B. and Rosenthal, R. (1985). *BASIC Meta-Analysis: Procedures and Program.* Hillsdale, N. J.: Erlbaum.

Müller, G. F. (1987). Dilemmata psychologischer Evaluationsforschung. *Psychologische Rundschau, 38,* 204–212.

Müller, K. E. (1989). *Die bessere und die schlechtere Hälfte. Ethnologie des Geschlechterkonflikts.* Frankfurt am Main, New York: Campus.

Mummendy, H. D. (1987, 1999). *Die Fragebogenmethode.* Göttingen: Hogrefe.

Mummendy, H.D. (1990). *Psychologie der Selbstdarstellung*. Göttingen: Hogrefe.

Murray, H.A. (1943). *Thematic Apperzeption Test. Manual*. Cambridge, MA: Harvard University Press.

Myers, D.G. (1991). Union is Strength: A Consumer's View of Meta-Analysis. *Personality and Social Psychology, 17*, 265–266.

Myrtek, M., Foerster, F. und Wittmann, W. (1977). Das Ausgangswertproblem. *Zeitschrift für Experimentelle und Angewandte Psychologie, 24*, 463–491.

Nehnevajsa, J. (1967). Panel-Befragungen. In R. König (Hrsg.), *Handbuch der empirischen Sozialforschung*, Band 1 (S. 197–208). Stuttgart: Enke.

Neisser, U. (1979). *Kognition und Wirklichkeit*. Stuttgart: Klett.

Nelson, C.R. (1973). *Applied Time Series Analysis for Managerial Forecasting*. San Francisco: Holden-Day.

Netter, P. und Matussek, N. (1995). Endokrine Aktivität und Emotionen. In G. Debus, G. Erdmann, und K.W. Kallus (Hrsg.), *Biopsychologie von Streß und emotionalen Reaktionen* (S. 163–186). Göttingen: Hogrefe.

Nettler G. (1959). Test Burning in Texas. *American Psychologist, 14*, 682–683.

Neuliep, W. (Ed.) (1991). *Replication Research in the Social Sciences*. Newbury Park: Sage.

Newcomb, T. (1931). An Experiment Designed to Test the Validity of a Rating Technique. *Journal of Educational Psychology, 22*, 279–289.

Newman, J. (2000). Aktionsforschung: Ein kurzer Überblick. *Forum Qualitative Sozialforschung 1* (1). URL http://qualitative-research.net/fqs/fqs.html

Newstead, S.E. und Arnold, J. (1989). The Effect of Response Format on Ratings of Teaching. *Educational and Psychological Measurement, 49*, 33–43.

Neyman, J. (1937). *Outline of a Theory of Statistical Estimation Based on the Classical Theory of Probability*. Philosophical Transactions of the Royal Society, Series A, p. 236.

Neyman, J. and Pearson, E. (1928). On the Use and Interpretation of Certain Test Criteria for Purposes of Statistical Inference. Part I and II. *Biometrika, 20A*, 217–240, 263–294.

Nichols, R.C. and Meyer, M.A. (1966). Timing Postcard Follow-Ups in Mail Questionnaire Surveys. *Public Opinion Quarterly, 30*, 306–307.

Nickerson, R.S. (2000). Null Hypothesis Significance Testing: A Review of an Old and Continuing Controversy. *Psychological Methods, 5*, 241–301.

Nicolich, M.J. and Weinstein, C.S. (1977). *Time Series Analysis of Behavioral Changes in an Open Class-Room*. Paper presented at the Annual Meeting of the American Educational Research Association, New York, April.

Niederée, R. und Mausfeld, R. (1996a). Skalenniveau, Invarianz und „Bedeutsamkeit". In E. Erdfelder et al. (Hrsg.), *Handbuch Quantitative Methoden* (S. 385–398). Weinheim: Psychologie Verlags Union.

Niederée, R. und Mausfeld, R. (1996b). Das Bedeutsamkeitsproblem in der Statistik. In E. Erdfelder et al. (Hrsg.), *Handbuch Quantitative Methoden* (S. 399–410). Weinheim: Psychologie Verlags Union.

Niederée, R. und Narens, L. (1996). Axiomatische Meßtheorie. In E. Erdfelder et al. (Hrsg.), *Handbuch Quantitative Methoden* (S. 369–384). Weinheim: Psychologie Verlags Union.

Niethammer, L. (1976). Oral History in den USA. *Archiv für Sozialgeschichte, 18*, 454–501.

Niewiarra, S. (1994). Die Macht der Gewalt – Subjektive Konflikt- und Gewalttheorien von Jugendgruppen. In A. Boehm, A. Mengel und T. Muhr (Hrsg.), *Texte verstehen. Konzepte, Methoden, Werkzeuge* (S. 335–340). Konstanz: Universitätsverlag.

Noach, H. und Petermann, F. (1982). Die Prüfung von Verlaufsannahmen in der therapeutischen Praxis. *Zeitschrift für personenzentrierte Psychologie und Psychotherapie, 1*, 9–27.

Noelle, E. (1967). *Umfragen in der Massengesellschaft*. Reinbek: Rowohlt.

Noelle-Neumann, E. (1970). Wanted: Rules for Structured Questionnaires. *Public Opinion Quarterly, 34*, 191–201.

Noelle-Neumann, E. und Köcher, R. (Hrsg.) (1993). *Allensbacher Jahrbuch der Demoskopie 1984–1992. Band 9*. München: Saur.

Noelle-Neumann, E. und Petersen, T. (1996). *Alle, nicht jeder. Einführung in die Methoden der Demoskopie*. München.

Nosofsky, R.M. (1992). Similarity Scaling and Cognitive Process Models. *Annual Review of Psychology, 43*, 25–53.

Novick, M.R. (1966). The Axioms and Principle Results of Classical Test Theory. *Journal of Mathematical Psychology, 3*, 1–18.

Obrist, P.A. (1981). *Cardiovascular Psychophysiology. A Perspective*. New York: Plenum Press.

O'Connor, E.F. (1972). Extending Classical Test Theory to the Measurement of Change. *Review of Educational Research, 42*, 73–98.

Oeckl, A. (Hrsg.) (2000/01). *Taschenbuch des öffentlichen Lebens*. Bonn: Festland Verlag.

Oerter, R. (1987). Entwicklung der Motivation und Handlungssteuerung. In R. Oerter und L. Montada (Hrsg.), *Entwicklungspsychologie* (S. 637–695). München, Weinheim: Psychologie Verlags Union.

Oevermann, U. (1986). Kontroversen über sinnverstehende Soziologie: einige wiederkehrende Probleme und Mißverständnisse in der Rezeption der „objektiven Hermeneutik". In S. Aufenager und M. Lenssen (Hrsg.), *Handlung und Sinnstruktur, Bedeutung und Anwendung der objektiven Hermeneutik* (S. 19–83). München: Juventa.

Oevermann, U., Allert, T., Konau, E. und Krambeck, J. (1979). Die Methodologie einer „objektiven Hermeneutik" und ihre allgemeine forschungslogische Bedeutung in den Sozialwissenschaften. In H.-G. Soeffner (Hrsg.), *Interpretative Verfahren in den Sozial- und Textwissenschaften* (S. 352–434). Stuttgart: Metzler.

Oldenbürger, H.A. (1996). Exploratorische, graphische und robuste Datenanalyse. In E. Erdfelder et al. (Hrsg.), *Handbuch Quantitative Methoden* (S. 71–86). Weinheim: Beltz.

Oldfield, R.C. (1951). *The Psychology of the Interview*. London: Methuen.

O'Leary, A. (1990). Stress, Emotion, and Human Immune Function. *Psychological Bulletin, 108*, 363–382.

Olkin, I. and Pratt, J.W. (1958). Unbiased Estimation of Certain Correlation Coefficients. *Annals of Mathematical Statistics, 29*, 201–211.

Onnen-Isemann, C. und Oßwald, U. (1991). *Aufstiegsbarrieren für Frauen im Universitätsbereich*. Bonn: Bundesminister für Bildung und Wissenschaft.

Opielka, M. (1988). Die Idee der „Partnerschaft zwischen den Geschlechtern. Aspekte einer ganzheitlichen Anthropologie. *Aus Politik und Zeitgeschichte, B42/88*, 43–54.

Opp, K. D. (1999). *Methodologie der Sozialwissenschaften*. Opladen: Westdeutscher Verlag.

Oppenheim, A. N. (1966). *Questionnaire Design and Attitude Measurement*. New York: Basic Books.

Orne, M. T. (1962). On the Social Psychology of the Psychological Experiment: with Particular Reference to Demand Characteristics and their Implications. *American Psychologist, 17*, 776–783.

Orth, B. (1974). *Einführung in die Theorie des Messens*. Stuttgart: Kohlhammer.

Orth, B. (1983). Grundlagen des Messens. In H. Feger und J. Bredenkamp (Hrsg.), *Messen und Testen. Enzyklopädie der Psychologie*, Themenbereich B, Serie I, Bd. 3, Kap. 2. Göttingen: Hogrefe.

Orth, B., Bofinder, J. und Kühner, R. (2000). *Evaluation der neugeordneten Postberufe*. Gütersloh: Bertelsmann Verlag.

Ortmann, R. (1973). Zur Gewichtung von Testaufgaben nach ihrer Schwierigkeit. Diskussion eines von E. Rützel vorgeschlagenen Bewertungsverfahrens. *Psychologie und Praxis, 17*, 87–89.

Orwin, R. G. (1994). Evaluating Coding Decisions. In H. Cooper and L. V. Hedges (Eds.), *The Handbook of Research Synthesis* (pp. 139–162). New York: Sage.

Osborn, A. F. (1957). *Applied Imagination* (2nd Edition). New York: Scibner.

Osburn, H. G. (2000). Coefficient Alpha and Related Internal Consistency Reliability Coefficients. *Psychological Methods, 5*, 343–355.

Osgood, C. E., Suci, G. J. and Tannenbaum, D. H. (1957). *The Measurement of Meaning*. Urbana, Ill.: University of Illinois Press.

Ostermeyer, R. und Meier, G. (1994). PPI, CATI oder CAPI? Beeinflußt die Datenerhebungsmethode das Befragungsergebnis? *Planung und Analyse, 6*, 24–30.

Österreich, R. (1978). Welche der sich aus der Rasch-Skalierung ergebenden Personenkennwerte sind für statistische Auswertungen geeignet? *Diagnostica, 24*, 341–349.

Ostmann, A. und Wutke, J. (1994). Statistische Entscheidung. In T. Herrmann und W. H. Tack (Hrsg.), *Methodologische Grundlagen der Psychologie. (Enzyklopädie der Psychologie. Themenbereich B, Serie I, Band 1.)* (S. 694–738). Göttingen: Hogrefe.

Oswald, H. (1998). *Evaluation gesundheitlicher Präventionsmaßnahmen*. Immenhausen: Prolog-Verlag.

Overall, J. E. and Klett, C. J. (1972). *Applied Multivariate Analysis*. New York: McGraw Hill.

Overton, R. C. (1998). A Comparison of Fixed-Effects and Mixed (Random-Effects) Models for Meta-Analysis Tests of Moderator Variable Effects. *Psychological Methods, 3*, 354–379.

Owen, J. M. and Rogers, P. (1999). *Program Evaluation*. London: Sage.

Pappi, F. U. (Hrsg.) (1987). *Techniken der empirischen Sozialforschung. Band 1: Methoden der Netzwerkanalyse*. München: Oldenbourg.

Parducci, A. (1963). *Range-Frequency Compromise in Judgement*. Psychological Monographs, 77 (2, whole no. 565).

Parducci, A. (1965). Category-Judgement: a Range-Frequency Model. *Psychological Review, 72*, 407–418.

Parsonson, B. S. and Baer, D. M. (1978). The Analysis and Presentation of Graphic Data. In T. R. Kratochwill (Ed.), *Single Subject Design*. New York: Academic Press.

Pastore, R. E. and Scheirer, C. J. (1974). Signal Detection Theory: Considerations for General Application. *Psychological Bulletin, 81*, 945–958.

Patry, J. L. (Hrsg.) (1982). *Feldforschung*. Bern: Huber.

Patry, J. L. (1991). Der Geltungsbereich sozialwissenschaftlicher Aussagen. Das Problem der Situationsspezifität. *Zeitschrift für Sozialpsychologie, 22*, 223–244.

Patterson, H. D. (1950). Sampling on Successive Occasions with Partial Replacement of Units. *Journal of the Royal Statistical Society, Series B 12*, 241–255.

Patton, M. Q. (1990). *Qualitative Evaluation and Research Methods*. London: Sage.

Pawlik, K. (1979). Hochschulzulassungstests: Kritische Anmerkungen zu einer Untersuchung von Hitpaß und zum diagnostischen Ansatz. *Psychologische Rundschau, 30*, 19–33.

Pawlik, K. und Buse, L. (1994). „*Psychometeorologie*": Zeitreihenanalytische Ergebnisse zum Einfluß des Wetters auf die Psyche aus methodenkritischer Sicht. *Psychologische Rundschau, 45*, 63–78.

Pawlik, K. und Buse, L. (1996). Verhaltensbeobachtung in Labor und Feld. In K. Pawlik (Hrsg.), *Grundlagen und Methoden der Differentiellen Psychologie. Enzyklopädie der Psychologie, Differentielle Psychologie und Persönlichkeitsforschung, Band 1*, 360–394. Göttingen: Hogrefe.

Pearson, K. (1896). Mathematical Contributions to the Theory of Evolution. III. Regression, Heredity, and Panmixia. *Philosophical Transactions of the Royal Society, A*, 1987, 253–318.

Peirce, C. S. (1878). Deduction, induction, and hypothesis. *Popular Science Monthly, 13*, 470–482.

Pelz, D. C. and Andrews, F. M. (1964). Detecting Causal Priorities in Panel Study Data. *American Sociological Review, 29*, 836–848.

Perlman, D. and Peplau, L. (1982). Theoretical Approaches to Loneliness. In A. Peplau and D. Perlman (Eds.), *Loneliness: A Sourcebook of Current Theory, Research and Therapy* (pp. 123–134). New York: Wiley.

Perloff, J. M. and Persons, J. B. (1988). Bias Resulting from the Use of Indexes: An Application to Attributional Style and Depression. *Psychological Bulletin, 103*, 95–104.

Perrot, M. (Hrsg.) (1989). *Geschlecht und Geschichte. Ist eine weibliche Geschichtsschreibung möglich?* Frankfurt am Main: Fischer.

Perry, R. B., Abrami, P. C., Leventhal, L. and Check, J. (1979). Instructor Reputation: An Expectancy Relationship Involving Student Ratings and Achievement. *Journal of Educational Psychology, 71*, 776–787.

Petermann, F. (Hrsg.) (1977). *Psychotherapieforschung. Ein Überblick über Ansätze, Forschungsergebnisse und methodische Probleme*. Weinheim: Beltz.

Petermann, F. (1978). *Veränderungsmessung*. Stuttgart: Kohlhammer.

Petermann, F. (1981). Möglichkeiten der Einzelfallanalyse in der Psychologie. *Psychologische Rundschau, 32*, 31–48.

Petermann, F. (1982). *Einzelfalldiagnose und klinische Praxis*. Stuttgart: Kohlhammer.

Petermann, F. (1989). *Einzelfallanalyse*. München-Wien: Oldenbourg.

Petermann, F. (1992). *Einzelfalldiagnostik und klinische Praxis*. München: Quintessenz.

Petermann, F. (1996). *Einzelfalldiagnostik in der Klinischen Praxis*. Weinheim: Psychologie Verlags Union.

Petermann, F. und Hehl, F. J. (Hrsg.) (1979). *Einzelfalldiagnose und klinische Praxis*. Stuttgart: Kohlhammer.

Petersen, T. (1993). Recent Advances in Longitudinal Methodology. *Annual Review of Sociology, 19*, 425–494.

Pfanzagl, J. (1971). *Theory of Measurement*. Würzburg: Physika.

Pfeifer, A. und Schmidt, P. (1987). *Die Analyse komplexer Strukturgleichungsmodelle*. Stuttgart: Fischer.

Pfeifer, S. (1986). Vom Murmelspiel zum Bildschirmspiel – Zur Entwicklung und zum Stand der Spielforschung. In J. H. Knoll, S. Kolfhaus, S. Pfeifer und W. H. Swoboda (Hrsg.), *Das Bildschirmspiel im Alltag Jugendlicher. Untersuchungen zum Spielverhalten und zur Spielpädagogik* (S. 29–90). Opladen: Leske & Budrich.

Pflanz, M. (1973). *Allgemeine Epidemiologie – Aufgaben, Technik, Methoden*. Stuttgart: Thieme.

Philips, D. L. (1971). *Knowledge from what?* Chicago.

Philips, D. L. (1973). *Bayesian Statistics for Social Scientists*. London: Nelson.

Piaget, J. (1971). *Psychologie der Intelligenz*. Olten: Walter.

Pigott, T. D. (1994). Methods for Handling Missing Data in Research Synthesis. In H. Cooper and L. V. Hedges (Eds.), *The Handbook of Research Synthesis* (pp. 164–174). New York: Sage.

Pinther, A. (1980). Beobachtung. In W. Friedrich und W. Hennig (Hrsg.), *Der sozialwissenschaftliche Forschungsprozeß*. Berlin: VEB Deutscher Verlag der Wissenschaften.

Pitz, G. F. and McKillip, J. (1984). Decision Analysis for Program Evaluation. Beverly Hills: Sage.

Platek, R., Singh, M. P. and Tremblay, V. (1978). Adjustment for Nonresponse in Surveys. In N. K. Namboodiri (Ed.), *Survey Sampling and Measurement*. New York: Academic Press.

Plewis, I. (1981). A Comparison of Approaches to the Analysis of Longitudinal Categoric Data. *British Journal of Mathematical and Statistical Psychology, 34*, 118–123.

Poeck, K. (1990). *Neurologie* (7. Auflage). Berlin: Springer.

Polasek, W. (1994). *EDA Explorative Datenanalyse. Einführung in die deskriptive Statistik*. Berlin: Springer.

Pollitz, A. and Simmons, W. R. (1950). An Attempt to Get the Not-At-Homes into the Sample without Call-Backs. *Journal of American Statistical Association, 45*, 136–137.

Pollock, F. (1955). *Gruppenexperiment*. Frankfurt am Main: Europäische Verlags Anstalt.

Pomeroy, W. B. (1963). The Reluctant Respondent. *Public Opinion Quarterly, 27*, 287–293.

Popper, K. (1969). Die Logik der Sozialwissenschaften. In T. W. Adorno, H. Albert, R. Dahrendorf, J. Habermas, H. Pilot und K. R. Popper (Hrsg.), *Der Positivismusstreit in der deutschen Soziologie* (S. 103–124). Neuwied, Berlin: Luchterhand.

Popper, K. (1. Auflage 1934, 8. Auflage 1984). *Logik der Forschung*. Tübingen: Mohr.

Popper, K. (1989). *Logik der Forschung* (9. Auflage). Tübingen: Mohr (Erstdruck: 1934).

Posner, K. L., Sampson, P. D., Caplan, R. A., Ward, R. J. and Chenly, F. W. (1990). Measuring Interrater Reliability Among Multiple Raters. An Example of Methods for Nominal Data. *Statistics in Medicine, 9*, 1103–1116.

Preißner, A., Engel, S. und Herwig, U. (1998). *Promotionsratgeber*. München: Oldenbourg.

Price, R. H. (1966). Signal Detection Methods in Personality and Perception. *Psychological Bulletin, 66*, 55–62.

Pritzel, M. und Markowitsch, H. J. (1985). Tierversuche: Eine Stellungnahme aus der Sicht der Physiologischen Psychologie. *Psychologische Rundschau, 36*, 16–25.

Punch, M. (1986). *The Politics and Ethics of Fieldwork*. Beverly Hills: Sage.

Quekelberghe, R. v. (1985). *Albert und Sigrid. Eine Einführung in die Lebenslaufanalyse. Landauer Studien zur Klinischen Psychologie, Band 4*. Landau: Universität Koblenz-Landau, Institut für Psychologie.

Raaijmakers, Q. A. W. (1999). Effectiveness of Different Missing Data Treatments in Surveys with Likert-TypeData. Introducing the Relative Mean Substitution Approach. *Educational and Psychological Measurement, 59*, 725–748.

Radin, D. I. and Ferrari, D. C. (1991). Effects of consciousness on the fall of dice: a meta-analysis. *Journal of Scientific Exploration, 5*, 61–83.

Rae, G. (1991). Another Look at the Reliability of a Profile. *Educational and Psychological Measurement, 51*, 89–93.

Raeithel, A. (1993). Auswertungsmethoden für Repertory Grids. In J. Scheer und A. Catina (Hrsg.) (1993), *Einführung in die Repertory Grid-Technik. Band 1: Grundlagen und Methoden* (S. 41–67). Bern: Huber.

Rambo, W. W. (1963). The Distribution of Successive Interval Judgements of Attitude Statements: A Note. *Journal of Social Psychology, 60*, 251–254.

Ramge, H. (1978). *Alltagsgespräche*. Frankfurt/M.: Diesterweg.

Rasch, G. (1960). *Probabilistic Models for some Intelligence and Attainment Tests*. Kopenhagen: The Danish Institute for Educational Research.

Rasmussen, J. L. (1988). Evaluation of Small-Sample Statistics that Test whether Variables Measure the Same Trait. *Applied Psychological Measurement, 12*, 177–187.

Raudenbusch, S. W. (1994). Random Effects Models. In H. Cooper and L. V. Hedges (Eds.), *The Handbook of Research Synthesis* (pp. 301–320). New York: Sage.

Reed, J. G. and Baxter, P. M. (1994). Using Reference Databases. In H. Cooper and L. V. Hedges (Eds.), *The Handbook of Research Synthesis* (pp. 57–70). New York: Sage.

Reibnitz, U. von (1983). Die Szenario-Technik. Ein Instrument der Zukunftsanalyse und der strategischen Planung. In H. Haase und K. Koeppler (Hrsg.), Fortschritte der Marktpsychologie, Band 3. Frankfurt: Fachbuchhandlung für Psychologie.

Reichenbach, H. (1938). *Experience and Prediction. An Analysis of the Foundations and the Structure of Knowledge*. Chicago: University of Chicago Press.

Reinshagen, H., Eckensberger, L. H. und Eckensberger, U. (1976). *Kohlbergs Interview zum Moralischen Urteil. Teil II. Handanweisung und Durchführung, Auswertung und Verrechnung*. Arbeiten der Fachrichtung Psychologie der Universität des Saarlandes Nr. 32. Saarbrücken: Universität des Saarlandes.

Reiss, I. L. (1964). The Scaling of Premarital Sexual Permissiveness. *J. Marriage Family, 26*, 188–198.

Remmers, H. H. (1963). Rating Methods in Research on Teaching. In N. L. Gage (Ed.), *Handbook of Research on Teaching*. Kap. 7. Chicago: Rand McNally.

Rennert, M. (1977). Einige Anmerkungen zur Verwendung von Differenzwerten bei der Veränderungsmessung. *Psychologische Beiträge, 19*, 100–109.

Reuband, K.-H. (1990). Interviews, die keine sind. „Erfolge" und „Mißerfolge" beim Fälschen von Interviews. *Kölner Zeitschrift für Soziologie und Sozialpsychologie, 42 (4)*, 706–733.

Reuband, K.-H. und Blasius, J. (1996). Face to Face, Telefonische und postalische Befragungen. *Kölner Zeitschrift für Soziologie und Sozialpsychologie, 48,* 296–316.

Reuss, C. F. (1943). Differences between Person Responding and not Responding to a Mailed Questionnaire. *American Sociological Review, 8,* 433–438.

Revenstorf, D. (1980). *Faktorenanalyse.* Stuttgart: Kohlhammer.

Revenstorf, D. und Keeser, W. (1979). Zeitreihenanalyse von Therapieverläufen – ein Überblick. In F. Petermann und F. J. Hehl (Hrsg.), *Einzelfallanalyse.* München: Urban & Schwarzenberg.

Rey, E.-R. (1977). Allgemeine Probleme Psychologischer Tests. In G. Strube (Hrsg.), *Die Psychologie des 20. Jahrhunderts (Band V, Binet und die Folgen).* Zürich: Kindler.

Richards, B. L. and Thornton, C. L. (1970). Quantitative Methods of Calculating the δ' of Signal Detection Theory. *Educational and Psychological Measurement, 30,* 855–859.

Richardson, M. W. and Kuder, G. F. (1939). The Calculations of Test Reliability Coefficients Based on the Method of Rational Equivalence. *Journal of Educational Psychology, 30,* 681.

Richardson, S. A., Dohrenwend, B. S. and Klein, D. (1965). *Interviewing. Its Forms and Functions.* New York: Basic Books.

Richardson, S. A., Dohrenwend, B. S. und Klein, D. (1979). Die „Suggestivfrage". Erwartungen und Unterstellungen im Interview. In C. Hopf und E. Weingarten (Hrsg.), *Qualitative Sozialforschung,* S. 205–231. Stuttgart: Klett.

Richter, H. J. (1970). *Die Strategie schriftlicher Massenbefragungen.* Bad Harzburg: Verlag für Wissenschaft, Wirtschaft und Technik.

Richter, H. J. (1972). *Patient Familie.* Reinbek: Rowohlt.

Riecken, H. W. A. (1962). A Program for Research on Experiments in Social Psychology. In N. F. Washburne (Ed.), *Decisions, Values and Groups,* Vol. 2. pp. 25–41. New York: Pergamon Press.

Rietz, C., Rudinger, G. und Andres, J. (1996). Lineare Strukturgleichungsmodelle. In E. Erdfelder et al. (Hrsg.), *Handbuch Quantitative Methoden* (S. 253–268). Weinheim: Beltz.

Rietz, C., Rietz, M. und Rudinger, G. (1997). Das Ende der klassischen Prüfstatistik: Bootstrap-Verfahren und Randomisierungs- bzw. Permutationstests. In H. Mandl (Hrsg.), *Bericht über den 40. Kongreß der Deutschen Gesellschaft für Psychologie in München 1996* (S. 843–849). Göttingen: Hogrefe.

Rindermann, H. (1996). *Untersuchungen zur Brauchbarkeit studentischer Lehrevaluationen (Psychologie 6).* Landau: VEP.

Rindfuß, P. (1994). Der elektronische Vertrieb von Forschungstexten. In U. Hoffmann (Hrsg.), *TAU Tropfen (Schriftenreihe des Schwerpunkts Technik – Arbeit – Umwelt: TAU). (WZB Paper F II 94–100)* (S. 65-72). Berlin: Wissenschaftszentrum Berlin (WZB).

Risman, B. J. and Schwartz, P. (1989). *Gender in Intimate Relationships: A Microstructural Approach.* Belmont, CA: Wadsworth.

Ritsert, J. (1972). *Inhaltsanalyse und Ideologiekritik.* Frankfurt: Fischer Athenäum.

Robert, C. P. and Casella, G. (2000). *Monte Carlo Statistical Methods.* 2nd Printing. New York: Springer.

Roberts, F. S. (1979). *Measurement Theory.* London: Addison-Wesley.

Roberts, J. S., Laughlin, J. E. and Wedell, D. H. (1999). Validity Issues in the Likert and Thurstone Approaches to Attitude Measurement. *Educational and Psychological Measurement, 59,* 211–233.

Roberts, R. E., McCrory, O. F. and Forthofer, R. N. (1978). Further Evidence on Using a Deadline to Stimulate Response to a Mail Survey. *Public Opinion Quarterly, 42,* 407–410.

Robinson, J. P., Rusk, J. G. and Head, K. B. (1968). *Measurement of Political Attitudes.* Ann Arbor.

Robinson, M. J. (1976). Public Affairs Television and the Growth of Political Malaise. The Case of "Selling the Pentagon". *American Political Science Review, 70,* 409–432.

Rochel, H. (1983). *Planung und Auswertung von Untersuchungen im Rahmen des allgemeinen linearen Modells.* Heidelberg: Springer.

Roeder, B. (1972). Die Bestimmung diskrepanten Antwortverhaltens. *Zeitschrift für experimentelle und angewandte Psychologie, 19,* 593–640.

Roethlisberger, F. J. and Dickson, W. J. (1964). *Management and the Worker.* Cambridge, Mass.: Harvard University Press.

Rogers, C. (1942). *Counseling and Psychotherapy.* Cambridge, Mass.: Houghton.

Rogers, C. (1945). The Non-Directive Method as a Technique in Social Research. *American Journal of Sociology, 50,* 279–283.

Rogers, J. L., Howard, K. I. and Vessey, J. T. (1993). Using Significance Tests to Evaluate Equivalence between two Experimental Groups. *Psychological Bulletin, 113,* 553–565.

Rogers, W. T. and Harley, D. (1999). An Empirical Comparison of Three- and Four Choice Items and Tests. Susceptibility to Testwiseness and Internal Consistency Reliability. *Educational und Psychological Measurement, 59,* 234–247.

Rogosa, D. R. (1980). A critique of cross-lagged correlation. *Psychological Bulletin, 88,* 245–258.

Rogosa, D. (1995). Myths and Methods: "Myths About Longitudinal Research" Plus Supplemental Questions. In J. M. Gottman (Ed.), *The Analysis of Change* (pp. 3–66). Mahwah, NJ: Erlbaum.

Rogosa, D. R. and Willett, J. B. (1983). Demonstrating the Reliability of the Difference Score in the Measurement of Change. *Journal of Educational Measurement, 20,* 335–343.

Rogosa, D. R. and Willett, J. B. (1985). Understanding Correlates of Change by Modelling Individual Differences in Growth. *Psychometrika, 50,* 203–228.

Rogosa, D. R., Brandt, D. and Zimowski, M. (1982). A Growth Curve Approach to the Measurement of Change. *Psychological Bulletin, 90,* 726–748.

Rohrmann, B. (1978). Empirische Studien zur Entwicklung von Antwortskalen für die sozialwissenschaftliche Forschung. *Zeitschrift für Sozialpsychologie, 9,* 222–245.

Roller, E. und Mathes, R. (1993). Hermeneutisch-klassifikatorische Inhaltsanalyse. Analysemöglichkeiten am Beispiel von Leitfadengesprächen. *Kölner Zeitschrift für Soziologie und Sozialpsychologie, 45,* 56–75.

Rollman, G. B. (1977). Signal Detection Theory Measurement of Pain: A Review and Critique. *Pain, 3,* 189–211.

Rorer, L. G. (1965). The Great Response-Style Myth. *Psychological Bulletin, 63,* 129–156.

Rorschach, H. (1941). *Psychodiagnostik. Methoden und Ergebnisse eines wahrnehmungs-diagnostischen Experiments* (4. Aufl.). Bern: Huber.

Röseler, S. und Schwartz, F. W. (2000). *Evaluation arthroskopischer Operationen bei akuten und degenerativen Meniskusläsionen.* Baden-Baden: Nomos.

Rosenthal, M. C. (1994). The Fugitive Literature. In H. Cooper and L. V. Hedges (Eds.), *The Handbook of Research Synthesis* (pp. 85–94). New York: Sage.

Rosenthal, R. (1976). *Experimenter Effects in Behavioral Research.* New York: Appleton Century Crofts.

Rosenthal, R. (1978). Combining Results of Independent Studies. *Psychological Bulletin, 85,* 185–193.

Rosenthal, R. (1979). The "File Drawer Problem" and Tolerance for Null Results. *Psychological Bulletin, 86,* 638–641.

Rosenthal, R. (1991). *Meta-Analytic Procedure for Social Research.* Beverly Hills, CA: Sage.

Rosenthal, R. (1993). Cumulating Evidence. In G. Keren, C. Lewis (Eds.), A Handbook for Data Analysis in the Behavioural Sciences. Methodological Issues (pp. 519–559). Hillsdale, New Jersey: Lawrence Erlbaum.

Rosenthal, R. (1994). Parametric Measures of Effect Size. In H. Cooper and L. V. Hedges (Eds.), *The Handbook of Research Synthesis* (pp. 232–243). New York: Sage.

Rosenthal, R. and Jacobson, L. (1968). *Pygmalion in the Classroom.* New York: Holt, Rinehart and Winston.

Rosenthal, R. and Rosnow, R. L. (1975). *The Volunteer Subject.* New York: Wiley.

Rosenthal, R. and Rubin, D. B. (1982). A Simple, General Purpose Display of Magnitudes of Experimental Effect. *Journal of Educational Psychology, 74,* 166–169.

Rosenthal, R. and Rubin, D. B. (1986). Meta-Analytic Procedures for Combining Studies with Multiple Effect Sizes. *Psychological Bulletin, 99,* 400–406.

Roskam, E. E. (1996). Latent-Trait Modelle. In E. Erdfelder et al. (Hrsg.), *Handbuch Quantitative Methoden* (S. 431–458). Weinheim: Psychologie Verlags Union.

Rösler, F. (1996). Methoden der Psychophysiologie. In E. Erdfelder et al. (Hrsg.), *Handbuch Quantitative Methoden* (S. 490–514). Weinheim: Beltz.

Ross, D. C. (1977). Testing Patterned Hypothesis in Multiway Contingency Tables Using Weighted Kappa and Weighted Chi-Square. *Educational and Psychological Measurement, 37,* 291–308.

Rossi, P. H. and Freeman, H. E. (1993). *Evaluation.* Beverly Hills: Sage.

Rossi, P. H., Freeman, H. E. and Lipsey, M. W. (1999). *Evaluation.* 6th Ed. London: Sage.

Rost, D. H. und Hoberg, K. (1997). Itempositionsveränderungen in Persönlichkeitsfragebögen. Methodischer Kunstfehler oder tolerierbare Praxis? *Diagnostica, 43,* 97–112.

Rost, J. (1996). *Lehrbuch Testtheorie Testkonstruktion.* Bern: Huber.

Rost, J. (1999). Was ist aus dem Rasch-Modell geworden? *Psychologische Rundschau, 50,* 140–156.

Rottleuthner-Lutter, M. (1985). Evaluation mit Hilfe der Box-Jenkins-Methode. Berlin: Dissertation, Technische Universität Berlin, FB 2.

Rozeboom, M. W. and Jones, L. V. (1956). The Validity of the Successive Interval Method of Psychometric Scaling. *Psychometrika, 21,* 165–183.

Rubin, D. B. (1977). Assignement to Treatment Groups on the Basis of a Covariate. *Journal of Educational Statistics, 2,* 1–26.

Rucker, M., Hughes, R., Thompson, R., Harrison, A. and Vanderlip, N. (1984). Personalization of Mail Surveys. Too much of a Good Think? *Educational and Psychological Measurement, 44,* 893–905.

Rückert, J. (1993). *Psychometrische Grundlagen der Diagnostik.* Göttingen: Hogrefe.

Rudinger, G. (1981). Tendenzen und Entwicklungen entwicklungspsychologischer Versuchsplanung – Sequenzanalysen. *Psychologische Rundschau, 32,* 118–136.

Rudinger, G., Chaselon, F., Zimmermann, J. und Henning, H. J. (1985). *Qualitative Daten.* München: Urban & Schwarzenberg.

Rustemeyer, R. (1992). *Praktisch-methodische Schritte der Inhaltsanalyse.* Münster: Aschendorff.

Rütter, T. (1973). *Formen der Testaufgabe.* München: Beck.

Rützel, E. (1972). Zur Gewichtung von Testaufgaben nach Schwierigkeit. *Psychologie und Praxis, 16,* 128–133.

Saal, F. E. and Landy, F. J. (1977). The Mixed Standard Rating Scale: An Evaluation. *Organizational Behavior and Human Performance, 18,* 19–35.

Saal, F. E., Downey, R. G. and Lakey, M. A. (1980). Rating the Ratings: Assessing the Psychometric Quality of Rating Data. *Psychological Bulletin, 88,* 413–438.

Sachs, L. (1999). *Statistische Auswertungsmethoden* (9. Auflage). Berlin: Springer.

Sackett, P. R. and Dreher, G. F. (1982). Constructs and Assessment Center Dimensions: Some Troubling Empirical Findings. *Journal Applied Psychology, 67,* 401–410.

Sackett, P. R., Harris, M. M. and Orr, J. M. (1986). On Seeking Moderator Variables in the Meta-Analysis of Correlational Data: A Monte Carlo Investigation of Statistical Power and Resistence to Type I Error. *Journal Applied Psychology, 71,* 302–310.

Sader, M. (1980). *Psychologie der Persönlichkeit.* München: Juventa.

Sader, M. (1986). *Rollenspiel als Forschungsmethode.* Opladen: Westdeutscher Verlag.

Sader, M. (1995). Rollenspiel. In U. Flick, E. v. Kardorff, H. Keupp, L. Rosenstiel und S. Wolff (Hrsg.), *Handbuch Qualitativer Sozialforschung* (S. 193–197). München: PVU.

Sanders, J. R. (1992). *Evaluating School Programs.* London: Sage.

Saner, H. (1994). A Conservative Inverse Normal Test Procedure for Combining P-values in Integrative Research. *Psychometrika, 59,* 253–267.

Sarges, W. (Hrsg.) (1995). *Management-Diagnostik.* Göttingen: Hogrefe.

Saris, W. E. (1991). *Computer-Assisted Interviewing.* Newbury Park: Sage.

Sarris, V. (1990). *Methodische Grundlagen der Experimentalpsychologie, Bd. 1: Erkenntnisgewinnung und Methodik.* München: Reinhardt (UTB).

Sarris, V. (1992). *Methodische Grundlagen der Experimentalpsychologie, Bd. 2: Versuchsplanung und Stadien.* München: Reinhardt (UTB).

Sauer, C. (1976). Umfrage zu unveröffentlichten Fragebogen im deutschsprachigen Raum. *Zeitschrift für Sozialpsychologie, 7,* 98–119.

Schaefer, R. E. (1976). Eine Alternative zur konventionellen Methode der Beantwortung und Auswertung von Tests mit Mehrfachwahlantworten. *Diagnostica, 22,* 49–63.

Schaefer, D. R. and Dillman, D. A. (1998). Development of a Standard E-Mail Methodology. *Public Opinion Quarterly, 62,* 378–397.

Schäfer, B. (1983). Semantische Differentialtechnik. In H. Feger und J. Bredenkamp (Hrsg.), *Datenerhebung* (=*Enzyklopädie der Psychologie, Themenbereich B, Serie I, Band 2*) (S. 154–221). Göttingen: Hogrefe.

Schaie, K. W. (1965). A General Model for the Study of Developmental Problems. *Psychological Bulletin, 64,* 92–107.

Schaie, K. W. (1977). Quasi-Experimental Research Designs in the Psychology of Aging. In J. E. Birren and K. W. Schaie (Eds.), *Handbook of the Psychology of Aging.* New York: Van Nostrand.

Schaie, K. W. (1994). Developmental Designs Revisited. In S. H. Cohen and H. W. Reese (Eds.), *Life-Span Developmental Psychology. Methodological Contributions* (pp. 45–64). Hillsdale, NJ: Erlbaum.

Schandry, R. (1996). *Lehrbuch der Psychophysiologie* (3. Auflage). München: PVU.

Schedlowski, M. und Tewes, U. (Hrsg.) (1996). *Psychoneuroimmunologie.* Heidelberg: Spektrum.

Scheele, B. und Groeben, N. (1988). *Dialog-Konsens-Methoden zur Rekonstruktion subjektiver Theorien.* Tübingen: Francke.

Scheer, J. W. (1993). Planung und Durchführung von Repertory Grid-Untersuchungen. In J. Scheer und A. Catina (Hrsg.) (1993), *Einführung in die Repertory Grid-Technik. Band 1: Grundlagen und Methoden* (S. 24–40). Bern: Huber.

Scheer, J. W. und Catina, A. (Hrsg.) (1993). *Einführung in die Repertory Grid-Technik (Band 1: Grundlagen und Methoden; Band 2: Klinische Forschung Praxis).* Bern: Huber.

Scheier, I. H. (1958). What is an "Objective Test"? *Psychological Reports, 4,* 147–157.

Schenck, E. (1992). *Neurologische Untersuchungsmethoden* (4. Auflage). Stuttgart: Thieme.

Schenkel, P., Tergan, S.-O. und Lottmann, A. (2000). *Nachhaltige Umweltberatung. Eine Evaluation von Umweltberatungsprojekten.* Opladen: Leske und Budrich.

Scheuch, E. K. (1961). Sozialprestige und soziale Schichtung. *Kölner Zeitschrift für Soziologie und Sozialpsychologie, Sonderheft.*

Scheuch, E. K. (1967). Das Interview in der Sozialforschung. In R. König (Hrsg.), *Handbuch der empirischen Sozialforschung, Band I* (S. 136–196). Stuttgart: Enke.

Scheuch, E. K. (1974). Auswahlverfahren in der Sozialforschung. In R. König (Hrsg.), *Handbuch der empirischen Sozialforschung, Band 3 a.* Stuttgart: Enke.

Scheuch, E. K. und Zehnpfennig, H. (1974). Skalierungsverfahren in der Sozialforschung. In R. König (Hrsg.), *Handbuch der empirischen Sozialforschung, Band 3 a. Grundlegende Methoden und Techniken, 2. Teil.* Stuttgart: Enke.

Scheuring, B. (1991). Primacy-Effekte, ein Ermüdungseffekt? Neue Aspekte eines alten Phänomens. *Zeitschrift für Sozialpsychologie, 22,* 270–274.

Schlenker, B. R. and Weigold, M. F. (1992). Interpersonal Processes involving Impression Regulation and Management. *Annual Reviews of Psychology, 43,* 133–168.

Schlittgen, R. und Streitberg, B. H. (1994). *Zeitreihenanalyse* (5. Auflage). München: Oldenbourg.

Schlosser, O. (1976). *Einführung in die sozialwissenschaftliche Zusammenhangsanalyse.* Reinbek: Rowohlt.

Schmidt, F. L. and Hunter, J. E. (1977). Development of a General Solution to the Problem of Validity Generalization. *Journal of Applied Psychology, 62,* 529–540.

Schmidt, L. R. (1975). *Objektive Persönlichkeitsmessung in diagnostischer und klinischer Psychologie.* Weinheim: Beltz.

Schmidt, L. R. und Kessler, B. H. (1976). *Anamnese: Methodische Probleme und Erhebungsstrategien.* Weinheim: Beltz.

Schmidt-Atzert, L. (1993). *Die Entstehung von Gefühlen. Vom Auslöser zur Mitteilung.* Berlin: Springer.

Schmidt-Atzert, L. (1995). Mimik und Emotionen aus psychologischer Sicht. In G. Debus, G. Erdmann und K. W. Kallus (Hrsg.), *Biopsychologie von Streß und emotionalen Reaktionen* (S. 53–66). Göttingen: Hogrefe.

Schmitt, N. and Stults, D. M. (1986). Methodology Review. Analysis of Multi-Trait-Multimethod Matrices. *Applied Psychological Measurement, 10,* 1–22.

Schmitt, S. A. (1969). *Measuring Uncertainty: An Elementary Introduction to Bayesian Statistics.* Reading, Mass.: Addison-Wesley Publishing Company.

Schmitz, B. (1989). Einführung in die Zeitreihenanalyse. In K. Pawlik (Hrsg.), *Methoden der Psychologie.* Bern: Huber.

Schmitz, B., Kruse, F. O. und Tasche, K. G. (1985). Anwendung zeitreihenanalytischer Verfahren bei prozeßorientierter Paardiagnostik. In H. Appelt und B. Strauß (Hrsg.), *Ergebnisse einzelfallstatistischer Untersuchungen* (S. 84–113). Berlin: Springer.

Schneider, G. (1988). Hermeneutische Strukturanalyse von qualitativen Interviews. *Kölner Zeitschrift für Soziologie und Sozialpsychologie, 40,* 223–244.

Schnell, R. (1990). Computersimulation und Theoriebildung in den Sozialwissenschaften. *Kölner Zeitschrift für Soziologie und Sozialpsychologie, 42,* 109–128.

Schnell, R. (1993). Die Homogenität sozialer Kategorien als Voraussetzung für „Repräsentativität" und Gewichtungsverfahren. *Zeitschrift für Soziologie, 22,* 16–32.

Schnell, R. (1994). *Graphisch gestützte Datenanalyse.* München, Wien: Oldenbourg.

Schnell, R. (1997a). *Nonresponse in Bevölkerungsumfragen.* Opladen: Leske und Budrich.

Schnell, R. (1997b). Praktische Ziehung von Zufallsstichproben für Telefon-Surveys. *ZA-Information, 40,* 45–59.

Schnell, R., Hill, P. und Esser, E. (1999). *Methoden der empirischen Sozialforschung.* München: Oldenbourg.

Schober, M. F. and Conrad, F. G. (1997). Does Conversational Interviewing Reduce Survey Measurement Error? *Public Opinion Quarterly, 61,* 576–602.

Schönbach, P. (1972). Likableness Ratings of 100 German Personality-Trait Words Corresponding to a Subject of Anderson's 555 Trait Words. *European Journal of Social Psychology, 2,* 327–334.

Schorr, A. (1994). Methodenausbildung in der angewandten Psychologie – Forschungsdefizite und Forschungsperspektiven. In A. Schorr (Hrsg.), *Die Psychologie und die Methodenfrage* (S. 272–280). Göttingen: Hogrefe.

Schriesheim, C. A. and Hill, K. D. (1981). Controlling Acquiscence Response Bias by Item Reversals: The Effect on Questionnaire Validity. *Journal of Educational and Psychological Measurement, 41,* 1101–1115.

Schriesheim, C. A. and Novelli, L. jr. (1989). A Comparative Test of the Interval-Scale Properties of Magnitudes Estimation and Case III Scaling and Recommendations for Equal-Interval Frequency Response Anchors. *Educational and Psychological Measurement, 49,* 59–74.

Schriesheim, C. A., Kopelman, R. E. and Solomon, E. (1989). The Effect of Grouped versus Randomized Questionnaire on Scale Reliability and Validity: A Three-Study Investigation. *Educational and Psychological Measurement, 49*, 487–508.

Schriesheim, C.A., Eisenbach, R.J. and Hill, K.D. (1991). The Effect of Negation and Polar Opposite Item Reversals on Questionnaire Reliability and Validity: An Experimental Investigation. *Educational and Psychological Measurement, 51*, 67–78.

Schröer, N. (Hrsg.) (1994). *Interpretative Sozialforschung.* Opladen: Westdeutscher Verlag.

Schuessler, K.F. (1982). *Measuring Social Life Feelings. Improved Methods for Assessing How People Feel About Society and Their Place in Society.* San Francisco: Jossey-Bass.

Schuler, H. (1980). *Ethische Probleme psychologischer Forschung.* Göttingen: Hogrefe.

Schuler, H. (1994). *Das Einstellungsinterview. Ein Arbeits- und Trainingsbuch.* Göttingen: Hogrefe.

Schuler, H. (1998). *Psychologische Personalauswahl.* Göttingen: Hogrefe.

Schulz, U. (1996). *Nutzeneinschätzungen von Leistungen durch Experten.* Band 1. Münster/Hamburg: LIT-Verlag.

Schulz von Thun, F. (1991). *Miteinander Reden. Störungen und Klärungen. Allgemeine Psychologie der Kommunikation.* Reinbek bei Hamburg: Rowohlt.

Schumacher, D. (1992). *Get Funded! A Practical Guide for Scholars Seeking Research Report from Business.* London: Sage.

Schumann, S. (1997). *Repräsentative Umfrage.* München: Oldenbourg.

Schütz, A. und Luckmann, T. (1979). *Strukturen der Lebenswelt.* Frankfurt: Suhrkamp.

Schütze, F. (1976a). Zur soziologischen und linguistischen Analyse von Erzählungen. *Internationales Jahrbuch für Wissens- und Religionssoziologie, 10*, 7–42.

Schütze, F. (1976b). *Zur Hervorlockung und Analyse thematisch relevanter Geschichten im Rahmen soziologischer Feldforschung.* In Arbeitsgruppe Bielefelder Soziologen (Hrsg.), Kommunikative Sozialforschung (S. 159–260). München: Fink.

Schütze, F. (1977a). *Die Technik des narrativen Interviews in Interaktionsfeldstudien – dargestellt an einem Projekt zur Erforschung von kommunalen Machtstrukturen (MS).* Bielefeld: Universität Bielefeld, Fakultät für Soziologie, Arbeitsberichte und Forschungsmaterialien, Nr. 1.

Schütze, F. (1977b). *Die Technik des narrativen Interviews in Interaktionsfeldstudien.* Unveröffentlichtes Manuskript, Universität Bielefeld, Fakultät für Soziologie.

Schütze, F. (1983). Biographieforschung und narratives Interview. *Neue Praxis, 3*, 283–293.

Schütze, F. (1984). Kognitive Figuren des autobiographischen Stegreiferzählens. In M. Kohli und G. Robert (Hrsg.), *Biographie und soziale Wirklichkeit* (S. 78–117). Stuttgart: Enke.

Schwab, D.P., Heneman, H.G., III und De Cotiis, T.A. (1975). Behaviorally Anchored Rating Scales: A Review of the Literature. *Personnel Psychology, 14*, 360–370.

Schwäbisch, L. und Siems, M. (1977). *Anleitung zum sozialen Lernen für Paare, Gruppen und Erzieher.* Reinbek: rororo.

Schwartz, H. and Jacobs, J. (1979). *Qualitative Sociology.* New York: Free Press.

Schwarz, H. (1960). Abschätzung der Streuung bei der Planung von Stichprobenerhebungen. *Statistische Praxis, 5.*

Schwarz, H. (1966). Über die Abschätzung der Standardabweichung zahlenmäßiger Merkmale durch Annahme bestimmter Verteilungen. *Statistische Praxis, 11.*

Schwarz, H. (1975). *Stichprobenverfahren.* München: Oldenbourg.

Schwarz, N. and Sudman, S. (Eds.) (1992). *Context Effects in Social and Psychological Research.* New York, Berlin: Springer.

Schwarzer, R. (1983). Befragung. In H. Feger und J. Bredenkamp (Hrsg.), *Enzyklopädie der Psychologie, Bd. B, Serie I, 2.* Göttingen: Hogrefe.

Schweizer, K. (1988). Reference-Reliability as a Concept of Reliability of Change in Times Series Data. *Educational and Psychological Measurement, 48*, 603–613.

Schweizer, K. (1989). Eine Analyse der Konzepte, Bedingungen und Zielsetzungen von Replikationen. *Archiv für Psychologie, 141*, 85–97.

Schweizer, K. (Hrsg.) (1999). *Methoden für die Analyse von Fragebogendaten.* Göttingen: Hogrefe.

Scriven, M. (1980). *The Logic of Evaluation.* California. Edgepress.

Scriven, M. (1991). *Evaluation Thesaurus.* London: Sage.

Searle, J.R. (1979). *Expression and Meaning. Studies in the Theory of Speech Acts.* Cambridge: University Press.

Sechrest, L. and Belew, J. (1983). Nonreactive Measures of Social Attitudes. In L. Bickman (Ed.), *Applied Social Psychology Annual* (pp. 23–63). Beverly Hills: Sage.

Sechrest, L. and Figueredo, A.J. (1993). Program Evaluation. *Annual Revue of Psychology, 44*, 645–674.

Secord, P.F. and Backman, C.W. (1974). *Social Psychology.* New York: McGraw Hill.

Sedlmeier, P. and Gigerenzer, G. (1989). Do Studies of Statistical Power have an Effect on the Power of Studies? *Psychological Bulletin, 105*, 309–316.

Seifert, T.L. (1991). Determining Effect Sizes in Various Experimental Designs. *Educational and Psychological Measurement, 51*, 341–347.

Selg, H. (1971). *Einführung in die experimentelle Psychologie.* Stuttgart: Kohlhammer.

Selye, H. (1950). *The Physiology and Pathology to Stress.* Montreal: Acta.

Semmer, N. und Tschan, F. (1991). „Und dafür habt Ihr solange geforscht?" Zum Problem der Trivialität in der Psychologie. In K. Grawe, R. Hänni, N. Semmer und F. Tschan (Hrsg.). *Über die richtige Art, Psychologie zu betreiben* (S. 151–161). Göttingen: Hogrefe.

Shadish, W.R. (1996). Meta-Analysis and the Exploration of Causal Mediating Processes. A Primer of Examples, Methods and Issues. *Psychological Methods, 1*, 47–65.

Shadish, W.R. and Haddock, C.K. (1994). Combining Estimates of Effect Size. In H. Cooper and L.V. Hedges (Eds.), *The Handbook of Research Synthesis* (pp. 262–280). New York: Sage.

Shadish, W.R., Cook, T.D. and Leviton, L.C. (1993). *Foundations of Program Evaluation.* London: Sage.

Shannon, E. and Weaver, W. (1964). *The Mathematical Theory of Communication.* Urbana: University of Illinois Press.

Shaw, I. (1999). *Qualitative Evaluation.* London: Sage.

Shaw, M.E. and Wright, J.M. (1967). *Scales for the Measurement of Attitudes.* New York: McGraw Hill.

Sheatsley, P.B. (1962). *Die Kunst des Interviewens.* In R. König (Hrsg.), *Das Interview.* Köln: Kiepenheuer & Witsch, S. 125–142.

Sheldon, W.H. (1954), *Atlas of Men.* New York: Harper.

Shepard, R. N. (1962). The Analysis of Proximities: Multidimensional Scaling with an Unknown Distance Function. I. *Psychometrika, 27,* 125–140. II. *Psychometrika, 27,* 219–246.

Shepard, R. N. (1964). Attention and the Metric Structure of Stimulus Space. *Journal of Mathematical Psychology, 1,* 54–87.

Shepard, R. N. (1972). A Taxonomy of Some Principal Types of Data and of Multidimensional Methods for their Analysis. In R. N. Shepard, A. K. Romney and S. B. Nerlove (Eds.), *Multidimensional Scaling, Vol. 1.* New York: Seminar Press.

Sherif, M. and Hovland, C. I. (1961). *Social Judgement – Assimilation and Contrast Effects in Communication and Attitude Change.* New Haven: Yale University Press.

Shields, S. (1975). Functionalism, Darwinism, and the Psychology of Woman. *American Psychologist, 30,* 739–754.

Shiffler, R. E. and Harwood, G. B. (1985). An Empirical Assessment of Realized Risk When Testing Hypothesis. *Educational and Psychological Measurement, 45,* 811–823.

Shine, L. C. (1980). The Fallacy of Replacing an A Priori Significance Level with an A Posteriori Significance Level. *Educational and Psychological Measurement, 40,* 331–335.

Shrout, P. E. and Fleiss, J. L. (1979). Intraclass Correlations. Uses in Assessing Rater Reliability. *Psychological Bulletin, 86,* 420–428.

Siddle, D. (1983). *Orienting and Habituation. Perspectives in Human Research.* New York: Wiley.

Sidman, M. (1967). *Tactics of Scientific Research.* New York: Basic Books.

Sieber, M. (1979a). Zur Zuverlässigkeit von Eigenangaben bei einer Fragebogenuntersuchung. *Zeitschrift für experimentelle und angewandte Psychologie, 26,* 157–167.

Sieber, M. (1979b). Zur Erhöhung der Rücksendequote bei einer postalischen Befragung. *Zeitschrift für experimentelle und angewandte Psychologie, 26,* 334–340.

Siegman, A. W. and Smith, T. W. (Eds.) (1994). *Anger, Hostility, and the Heart.* Hillsdale: Erlbaum.

Sievers, W. (1977). Über Dummy-Variablen-Kodierung in der Varianzanalyse. *Psychologische Beiträge, 19,* 454–462.

Silbereisen, R. K. (1977). Prädiktoren der Rollenübernahme bei Kindern. *Psychologie in Erziehung und Unterricht, 24,* 86–92.

Silbernagl, S. und Despopoulos, A. (1991). *Taschenatlas der Physiologie* (4. Auflage). Stuttgart: Thieme.

Silverman, D. (1985). *Qualitative Methodology and Sociology.* Aldershot: Gower.

Simitis, S., Dammann, U., Mallmann, O. und Reh, H. J. (1981). *Kommentar zum Bundesdatenschutzgesetz.* Baden-Baden: Nomos.

Simm, R. (1989). Junge Frauen in Partnerschaft und Familie. *Aus Politik und Zeitgeschichte, B28/89,* 34–39.

Simon, J. (o.J.). The Philosophy and Practice of Resampling Statistics. [WWW-Dokument], URL http://www. juliansimon.org/writings/

Simon, J. and Bruce, P. (1991). Resampling: A Tool for Everyday Statistical Work. *Chance, 4* (1), 22–32.

Simon-Schäfer, R. (1993). Dialektik. In H. Seiffert und G. Radnitzky (Hrsg.), *Lexikon zur Wissenschaftstheorie* (S. 33–36). München: Deutscher Taschenbuch Verlag.

Simonton, D. K. (1999). Significant Samples. The Psychological Study of Eminent Indi-viduals. *Psychological Methods, 4,* 425–451.

Singer, E., van Hoewyk, J. and Mahar, M. P. (1998). Does the Payment of Incentives Create Expectation Effects? *Public Opinion Quarterly, 62,* 152–164.

Singer, J. D. and Willett, J. B. (1991). Modeling the Days of our Lifes: Using Survival Analysis When Designing and Analysing Longitudinal Studies of Duration and the Time of Events. *Psychologica Bulletin, 110,* 268–290.

Singh, S. (1998). *Fermats letzter Satz.* München: Hauser Verlag.

Six, B. und Eckes, T. (1996). Metaanalysen in der Einstellungs-Verhaltens-Forschung. *Zeitschrift für Sozialpsychologie, 27,* 7–17.

Sixtl, F. (1967). *Meßmethoden der Psychologie.* Weinheim: Beltz.

Sixtl, F. (1993). *Der Mythos des Mittelwertes.* Wien: Oldenbourg.

Smith, M. (1994). Enhancing the Quality of Survey-Data on Violence against woman: A feminist Approach. *Gender and Society, 8(1),* 109–121.

Smith, T. M. F. (1978). Principles and Problems in the Analysis of Repeated Surveys. In N. K. Namboodiri (Ed.), *Survey Sampling and Measurement.* New York: Academic Press, pp. 201–216.

Smith, P. C. and Kendall, L. M. (1963). Retranslation of Expectations: An Approach to Unambiguous Anchors for Rating Scales. *Journal of Applied Psychology, 47,* 149–155.

Snell-Dohrenwind, B., Colombotos, J. and Dohrenwind, B. (1968). Social Distance and Interviewer-Effects. *Public Opinion Quarterly, 32,* 410–422.

Snodgrass, J. G. (1972). *Theory and Experimentation in Signal Detection.* New York: Baldwin, Life Science Associates.

Snyder, S. H. (1988). *Chemie der Psyche. Drogenwirkung im Gehirn.* Heidelberg: Spektrum der Wissenschaft.

Soeffner, H.-G. und Hitzler, R. (1994). Qualitatives Vorgehen – „Interpretation". In T. Herrmann und W. Tack (Hrsg.), *Methodologische Grundlagen der Psychologie.* Enzyklopädie der Psychologie, Themenbereich B, Serie I, Band 1 (S. 98–136). Göttingen: Hogrefe.

Sommer, R. (1987). Der Mythos der Ausschöpfung. *Planung und Analyse, 14,* 300–301.

Soyland, A. J. (1994). *Psychology as Metaphor.* London: Sage.

Spaeth, J. L. (1975). Path Analysis. In D. J. Amick and H. J. Walberg (Eds.), *Introductory Multivariate Analysis.* Kap. 3. Berkeley, California: McCatchan.

Spearman, C. (1910). Correlation Calculated from Faulty Data. *British Journal of Psychology, 3,* 281.

Spector, P. E. (1981). *Research Designs.* London: Sage Publ.

Spector, P. E. and Levine, E. L. (1987). Meta-Analysis for Integrating Study Outcomes. A Monte Carlo Study of its Susceptibility to Type I and Type II Errors. *Journal of Applied Psychology, 72,* 3–9.

Spiel, C. (1988). Experiment versus Quasiexperiment. Eine Untersuchung zur Freiwilligkeit der Teilnahme an wissenschaftlichen Studien. *Zeitschrift für experimentelle und angewandte Psychologie, 35,* 303–316.

Spielberger, C. D. and Dutcher, J. N. (Eds.) (1992). *Advances in Personality Assessment.* Vol. 9. Hillsdale: Erlbaum.

Spinks, J. and Kramer, A. (1991). Capacity Views of Human Information Processing. Autonomic Measures. In J. R. Jennings and M. G. H. Coles (Eds.), *Handbook of Cognitive Psychophysiology. Central and Autonomic Nervous System Approaches* (pp. 208–228). Chichester: Wiley.

Spöhring, W. (1989). *Qualitative Sozialforschung.* Stuttgart: Teubner.

Sporer, S. L. und Franzen, S. (1991). Das kognitive Interview: Empirische Belege für die Effektivität einer gedächtnispsychologisch fundierten Technik zur Befragung von Augenzeugen. *Psychologische Beiträge, 33,* 407–433.

Spradley, J. (1979). *The Ethnographic Interview.* New York: Holt, Rinehart & Winston.

Spreen, O. (1963). *MMPI – Saarbrücken.* Bern: Huber.

Sprung, L. und Sprung, H. (1984). *Grundlagen der Methodologie und Methodik der Psychologie. Eine Einführung in die Forschungs- und Diagnosemethodik für empirisch arbeitende Humanwissenschaftler.* Berlin.

Srp, G. (1994). *Syllogismen. Test: Software und Manual.* Frankfurt: Swets.

Stachowiak, H. (1992). Modell. In H. Seiffert und R. Radnitzky (Hrsg.), *Handlexikon zur Wissenschaftstheorie* (S. 219–222). München: Deutscher Taschenbuch Verlag.

Stanley, J. C. and Wang, M. D. (1970). Weighting Test Items and Test-Item Options: An Overview of the Analytical and Empirical Literature. *Educational and Psychological Measurement, 30,* 21–35.

Starbuck, W. H. (1983). Computer Simulation of Human Behavior. *Behavioral Science, 28,* 154–165.

Stassen, P. und Seefeldt, S. (1991). *HIV als Grenzsituation.* Unveröffentlichte Diplomarbeit. Berlin: Technische Universität Berlin, Institut für Psychologie.

Stegmüller, W. (1985). *Probleme und Resultate der Wissenschaftstheorie und analytischen Philosophie* (2. Auflage). Berlin: Springer.

Steiner, D. D., Lane, J. M., Dobbins, G. H., Schnur, A. and McConnell, S. (1991). A Review of Meta-Analysis in Organizational Behavior and Human Resources Management: An Empirical Assessment. *Educational and Psychological Measurement, 51,* 609–626.

Steinke, J. (1999). *Kriterien qualitativer Forschung.* München: Juventa.

Steinmeyer, E. M. (1976). Zufallskritische Einzelfalldiagnostik im psychiatrischen Feld, dargestellt am Beispiel der Hebephrenie. *Zeitschrift für experimentelle und angewandte Psychologie, 23,* 271–283.

Stelzl, I. (1982). *Fehler und Fallen der Statistik.* Bern: Huber.

Stenson, H. (1990). *Testat. A Supplementary Model for SYSTAT and SYGRAPH.* Evanston, Ill.: SYSTAT Inc.

Stevens, S. S. (1946). On the Theory of Scales of Measurement. *Science, 103,* 677–680.

Stevens, S. S. (1951). Mathematics, Measurement and Psychophysics. In S. S. Stevens (Ed.), *Handbook of Experimental Psychology.* New York: Wiley.

Stevens, S. S. (Ed.) (1951). *Handbook of Experimental Psychology.* New York: Wiley.

Stevens, S. S. (1975). *Psychophysics.* New York: Wiley.

Stevens, W. L. (1939). Distribution of Groups in a Sequence of Alternatives. *Ann. Eugen., 9,* 10–17.

Steyer, R. (1992). *Theorie kausaler Regressionsmodelle.* Stuttgart: Fischer.

Steyer, R. und Eid, M. (1993). *Messen und Testen.* Heidelberg: Springer.

Stine, W. W. (1989). Meaningful Inference: The Role of Measurement in Statistics. *Psychological Bulletin, 105,* 147–155.

Stock, D. (1994). *Biographische Sinnfindung in einem sozialistischen Land.* Unveröffentlichte Diplomarbeit. Berlin: Technische Universität Berlin, Institut für Psychologie.

Stock, W. A. (1994). Systematic Coding for Research Synthesis. In H. Cooper and L. V. Hedges (Eds.), *The Handbook of Research Synthesis* (pp. 125–138). New York: Sage.

Stock, W. A., Okun, M. A., Haring, M. J., Miller, W., Kinney, C. and Ceurvorst, R. W. (1982). Rigor in Data Synthesis: A Case Study of Reliability in Meta-Analysis. *Educational Researcher, 11,* 10–14, 20.

Stockmann, R. (2000). *Evaluationsforschung.* Opladen: Leske und Budrich.

Stouffer, S. A., Suchman, E. A., de Vinney, L. C., Star, S. A. and Williams R. M. jr. (1949). *The American Soldier: Adjustment During Army Life* (Vol. 1). Princeton, New York: Princeton University Press.

Stouthamer-Loeber, M. and v. Kamen, W. B. (1995) Data Collection and Management. Thousand Oaks.

Strack, F. (1994). *Urteilsprozesse in standardisierten Befragungen.* Heidelberg: Springer.

Strahan, R. F. (1980). More on Averaging Judges' Ratings: Determining the most Reliable Composite. *Journal of Consulting and Clinical Psychology, 48,* 587–589.

Strasser, G. (1988). Computer Simulation as a Research Tool: The DISCUSS Model of Group Decision Making. *Journal of Experimental Social Psychology, 24,* 393–422.

Straub, J. (1989). *Historisch-psychologische Biographieforschung.* Heidelberg: Asanger.

Strauss, A. L. (1987). *Qualitative Analysis for Social Sciences.* Cambridge: Cambridge University Press.

Strauss, A. L. (1994). *Grundlagen qualitativer Sozialforschung.* München: Fink.

Strauss, A. L. and Corbin, J. (1990). *Basics of Qualitative Research. Grounded Theory Procedures and Techniques.* Newbury Park: Sage.

Strauss, M. A. (1969). *Family Measurement Techniques.* Abstracts of Published Instruments, 1935–1965. Minneapolis.

Strube, G. (1990). Neokonnektionismus: Eine neue Basis für die Theorie und Modellierung menschlicher Kognitionen. *Psychologische Rundschau, 41,* 129–143.

Strube, M. J. and Miller, R. H. (1986). Comparison of Power Rates for Combining Probability Procedures. A Simulation Study. *Psychological Bulletin, 99,* 407–415.

Stuhr, U. und Deneke, F.-W. (Hrsg.) (1992). *Die Fallgeschichte. Beiträge zu ihrer Bedeutung als Forschungsinstrument.* Heidelberg: Asanger.

Stuwe, W. und Timaeus, E. (1980). *Bedingungen für Artefakte in Konformitätsexperimenten: Der Milgram-Versuch.* In W. Bungard (Hrsg.), *Die „gute" Versuchsperson denkt nicht.* München: Urban & Schwarzenberg.

Subkoviak, M. J. (1974). Remarks on the Method of Paired Comparisons: The Effect of Non-Normality in Thurstone's Comparative Judgement Model. *Educational and Psychological Measurement, 34,* 829–834.

Sudman, S. (1976). *Applied Sampling.* New York: Academic Press.

Sudman, S. and Bradburn, N. (1974). *Response Effects in Surveys.* Chicago: Aldine Publishing Company.

Sudman, S., Bradburn, N. and Schwarz, N. (1996). *Thinking About Answers: The Application of Cognitive Processes to Survey Methodology.* San Francisco: Jossey-Bass.

Sullivan, H. S. (1976). *Das psychotherapeutische Gespräch.* Frankfurt am Main: Fischer.

Sullivan, J. L. and Feldman, S. (1979). *Multiple Indicators. An Introduction.* Beverly Hills: Sage.

Suppes, P. and Zinnes, J. L. (1963). Basic Measurement Theory. In R. D. Luce, R. R. Busch and E. Galanter (Eds.),

Handbook of Mathematical Psychology, Vol. 1 (pp. 1–76). New York: Wiley.

Swaminathan, H. and Algina, J. (1977). Analysis of Quasi-Experimental Time-Series Designs. *Multivariate Behavioral Research, 12*, 111–131.

Swayne, D. F., Cook, D. and Buja, A. (1998). X Gobi: Interactive Dynamic Data Visualization in the X Window System. *Journal of Computational and Graphical Statistics, 7* (1).

Sweetland, R. C. and Keyer, D. J. (1986). *Tests. A Comprehensive Reference for Assessment in Personality, Education, and Business.* Kansas City: Test Corp. of America.

Swets, J. A. (Ed.) (1964). *Signal Detection and Recognition by Human Observers.* New York: Wiley.

Swets, J. A. (1973). The Relative Operating Characteristic in Psychology. *Science, 182*, 990–1000.

Swets, J. A. (1986a). Indices of Discrimination or Diagnostic Accuracy. Their ROCs and Implied Models. *Psychological Bulletin, 99*, 100–117.

Swets, J. A. (1986b). Form of Empirical ROCs in Discrimination Diagnostic Tasks. *Psychological Bulletin, 99*, 181–198.

Swijtink, Z. G. (1987). The Objectivation of Observation: Measurement in Statistical Methods in the Nineteenth Century. In L. Krüger, L. J. Daston and M. Heidelberger (Eds.), *The Probabilistic Revolution, Vol. 1. Ideas and History* (pp. 261–285). Cambridge, MA: MIT-Press.

Szameitat, K. und Schäfer, K. A. (1964). Kosten und Wirtschaftlichkeit von Stichprobenstatistiken. *Allgemeines Statistisches Archiv, 48*, 123–164.

Tack, W. H. (1994). Die Rolle der Forschungsmethoden in Lehre und Studium – Möglichkeiten einer allgemeinen Methodologie der Psychologie. In A. Schorr (Hrsg.), *Die Psychologie und die Methodenfrage* (S. 242–252). Göttingen: Hogrefe.

Tanner, W. P., Jr. and Swets, J. A. (1954). A Decision-Making Theory of Visual Detection. *Psychological Review, 61*, 401–409.

Tennov, D. (1979). *Love and Limerence. The Experience of Being in Love.* New York: Stein and Day.

Taylor, C. W. and Barron, F. (1964). *Scientific Creativity.* New York: Wiley.

Taylor, J. B. (1968). Rating Scales as Measures of Clinical Judgement: A Method for Increasing Scale Reliability and Sensitivity. *Educational and Psychological Measurement, 28*, 747–766.

Taylor, J. B. and Parker, H. A. (1964). Graphic Ratings and Attitude Measurement: A Comparison of Research Tactics. *Journal of Applied Psychology, 48*, 37–42.

Taylor, J. B., Haefele, E., Thompson, P. and O'Donoghue, C. (1970). Rating Scales as Measures of Clinical Judgements II: The Reliability of Example-Anchored Scales under Conditions of Rater Heterogeneity and Divergent Behavior Sampling. *Educational and Psychological Measurement, 30*, 301–310.

Taylor, J. B., Ptacek, M., Carithers, M., Griffin, C. and Coyne, L. (1972). Rating Scales as Measures of Clinical Judgement III: Judgements of the Self on Personality Inventory Scales and Direct Ratings. *Educational and Psychological Measurement, 32*, 543–557.

Tent, L. und Stelzl, I. (1993). *Pädagogisch-psychologische Diagnostik.* Göttingen: Hogrefe.

Tesch, R. (1990). *Qualitative Research: Analysis Types and Software Tools.* New York: Falmer.

Teska, P. T. (1947). The Mentality of Hydrocephalics and a Description of an Interesting Case. *Journal of Psychology, 23*, 197–203.

Testzentrale (2000). *Testkatalog 2000/01.* Göttingen: Hogrefe.

Tetlock, P. E. (1983). Accountability and Complexity of Thought. *Journal of Personality and Social Psychology, 45*, 74–83.

Thanga, M. N. (1955). An Experimental Study of Sex Differences in Manual Dexterity. *J. Educ. and Psychol., Baroda, 13*, 77–86.

Thierau, H. and Wottawa, H. (1990). Evaluationsprojekte: Wissensbasis oder Entscheidungshilfe? *Zeitschrift für pädagogische Psychologie, 4*, 229–240.

Thistlethwaite, D. L. and Campbell, D. T. (1960). Regression-Discontinuity Analysis: An Alternative to the Expost Facto Experiment. *Journal of Educational Psychology, 51*, 309–317.

Thomae, H. (1952). Biographische Methode in den anthropologischen Wissenschaften. *Studium Generale, 5*, 163–177.

Thomae, H. (1968). *Das Individuum und seine Welt.* Göttingen: Hogrefe.

Thomae, H. (1989). Zur Relation von qualitativen und quantitativen Strategien psychologischer Forschung. In G. Jüttemann (Hrsg.), *Qualitative Forschung in der Psychologie* (S. 92–107). Heidelberg: Asanger.

Thomae, H. und Petermann, F. (1983). Biographische Methode und Einzelfallanalyse. In H. Feger und J. Bredenkamp (Hrsg.), *Enzyklopädie der Psychologie, Themenbereich B, Serie 1, Bd. 2.* Göttingen: Hogrefe.

Thomas, C. L. P. and Schofield, H. (1996). Sampling Source Book: An Indexed Bibliography of the Literature of Sampling. Woborn, MA: Butterworth-Heinemann.

Thomas, W. I. and Znanieckie, F. (1927). *The Polish Peasant in Europe and America.* New York: Knopf.

Thompson, B. (1988). CANPOW: A Program that Estimates Effect or Sample Sizes Required for Canonical Correlation Analysis. *Educational and Psychological Measurement, 48*, 693–696.

Thompson, B. (1990). Alphamax: A Program that Maximizes Coefficient Alpha by Selective Item Deletion. *Educational and Psychological Measurement, 50*, 585–589.

Thompson, B. (1994). Guidelines for Authors. *Educational and Psychological Measurement, 54*, 837–847.

Thompson, J. D. and Demerath, N. J. (1952). Some Experiences with the Group Interview. *Social Forces, 31*, 148–154.

Thompson, M. (1980). *Benefit-Cost Analysis for Program Evaluation.* Beverly Hills, CA: Sage.

Thoms, K. (1975). Anamnese. In W. Klein (Hrsg.), *Familien- und Lebensberatung.* Stuttgart: Huber.

Thorndike, E. L. (1920). A Constant Error in Psychological Rating. *Journal of Applied Psychology, 4*, 25–29.

Thurstone, L. L. (1927). A Law of Comparative Judgement. *Psychological Review, 34*, 273–286.

Thurstone, L. L. (1931). The Measurement of Social Attitudes. *Journal of Abnormal and Social Psychology, 26*, 249–269.

Thurstone, L. L. and Chave, E. J. (1929). *The Measurement of Attitudes.* Chicago: University of Chicago Press.

Timaeus, E. und Schwebke, K. (1970). Die Leistungen des „klugen Hans" und ihre Folgen: Ein experimenteller Beitrag zur Psychologie der Versuchsperson. *Zeitschrift für Sozialpsychologie, 1*, 237–252.

Timaeus, E., Lück, H. E., Ulandt, H. und Schanderwitz, U. (1977). Die PRS-Skala von Adair – ein Ansatz zur Kontrolle von Vp-Motivationen. *Zeitschrift für experimentelle und angewandte Psychologie, 24*, 510–518.

Torgerson, W. S. (1958). *Theory and Methods of Scaling.* New York: Wiley.

Tourangeau, R. (1984). Cognitive and Survey Methods. In T. Jabine, M. Straf, J. Tanur and R. Tourangeau (Eds.), *Cognitive Aspects of Survey Methodology: Building a Bridge Between Disciplines* (pp. 73–100). Washington D.C.: National Academy Press.

Tourangeau, R. (1987). Attitude Measurement: A Cognitive Perspective. In H. Hippler, N. Schwarz and S. Sudman (Eds.), *Social Information Processing and Survey Methodology* (pp. 149–162). New York: Springer.

Tourangeau, R. and Rasinski, K.A. (1988). Cognitive Processes Underlying Context Effects in Attitude Measurement. *Psychological Bulletin, 103*, 299–314.

Tracz, S.M., Elmore, P.B. and Pohlmann, J.T. (1992). Correlational Meta-Analysis. Independent and Nonindependent Cases. *Educational and Psychological Measurement, 52*, 879–888.

Tränkle, U. (1983). Fragebogenkonstruktion. In H. Feger und J. Bredenkamp (Hrsg.), *Enzyklopädie der Psychologie, Themenbereich B, Serie 1, Bd. 2.* Göttingen: Hogrefe.

Tränkle, U. (1987). Auswirkungen der Gestaltung der Antwortskala auf quantitative Urteile. *Zeitschrift für Sozialpsychologie, 18*, 88–99.

Trautner, H.M. (1978). *Lehrbuch der Entwicklungspsychologie.* Göttingen: Hogrefe.

Triebe, J.K. (1976). *Das Interview im Kontext der Eignungsdiagnostik.* Bern: Huber.

Trochim, W.M.K. and Cappelleri, J.C. (1992). Cutoff Assignement Strategies for Enhancing Randomized Clinical Trials. *Controlled Clinical Trials, 13*, 190–212.

Tröger, H. und Kohl, A. (1977). *Hinweise für das Zitieren von Literatur und Literaturverzeichnisse in wissenschaftlichen Texten.* Unveröffentlichtes Manuskript. Technische Universität Berlin.

Trommsdorff, V. (1975). *Die Messung von Produktimages für das Marketing. Grundlagen und Operationalisierung.* Köln.

Trost, G. (1975). *Vorhersage des Studienerfolgs.* Braunschweig: Westermann.

Tryfos, P. (1996). *Sampling Methods for Applied Research: Text and Cases.* New York: Wiley.

Tscheulin, D.K. (1991). Ein empirischer Vergleich der Eignung von Conjoint-Analysen und „Analytic Hierarchy Process" (AHP) zur Neuproduktplanung. *Zeitschrift für Betriebswirtschaft, 61*, 1267–1280.

Tudiver, F., Bass, M.J., Dunn, E.V., Norten, P.G. and Stewart, M.A. (1992). *Assessing Interventions.* London: Sage.

Tukey, J.W. (1977). *Exploratory Data Analysis.* Reading, Massachusetts: Addison-Wesley.

Tversky, A. and Kahnemann, D. (1974). Judgement under Uncertainty. Heuristics and Biases. *Science, 185*, 1124–1131.

Undeutsch, U. (1983). Exploration. In H. Feger und J. Bredenkamp (Hrsg.), *Datenerhebung.* Themenbereich B, Serie I, Band 2 der Enzyklopädie der Psychologie. Göttingen: Hogrefe.

Upmeyer, A. (1981). Perceptual and Judgemental Processes in Social Contexts. In L. Berkowitz (Ed.), *Advances in Experimental Social Psychology.*

Upmeyer, A. (1982). Attitudes and Social Behaviour. In J.P. Codol and J.P. Leyens (Eds.), *Cognitive Analysis of Social Behavior* (pp. 51–86). Den Haag: Martinus Nijhoff.

Upmeyer, A. (1985). *Soziale Urteilsbildung.* Stuttgart: Kohlhammer.

Upshaw, H.S. (1962). Own Attitude as an Anchor in Equal Appearing Intervals. *Journal of Abnormal and Social Psychology, 64*, 85–96.

Urban, F.M. (1931). Zur Verallgemeinerung der Konstanzmethode. *Arch. ges. Psychol., 80*, 167–178.

Urban, J. (1943). *Behavior Changes Resulting from a Study of Communicable Diseases.* New York: Columbia University.

Utts, J. (1991). Replication and Meta-Analysis in Parapsychology. *Statistical Science, 6* (4), 363–403.

Vagt, G. (1976). Korrektur von Regressionseffekten in Behandlungsexperimenten. *Zeitschrift für experimentelle und angewandte Psychologie, 23*, 284–296.

Vagt, G. (1977). Meßinstrumente verändern sich im Laufe der Zeit. *Psychologie und Praxis, 21*, 117–122.

Vagt, G. und Wendt, W. (1978). Akquieszenz und die Validität von Fragebogenskalen. *Psychologische Beiträge, 30*, 428–439.

van de Vall, M. (1993). *Angewandte Sozialforschung. Begleitung, Evaluierung und Verbesserung sozialpolitischer Maßnahmen.* Weinheim: Juventa.

van der Bijl, W. (1951). Fünf Fehlerquellen in wissenschaftlicher statistischer Forschung. *Annalen der Meteorologie, 4*, 183–212.

van der Kloot, W.A. und Sloof, N. (1989). Die Bedeutungsstruktur von 281 Persönlichkeitsadjektiven. *Zeitschrift für Sozialpsychologie, 20*, 86–91.

van der Linden, W.J. and Hamilton, R.K. (Eds.) (1996). *Handbook of Modern Item Response Theory.* New York: Springer.

van der Ven, A. (1980). *Einführung in die Skalierung.* Bern: Huber.

van Koolwijk, J. (1974a). Die Befragungsmethode. In J. van Koolwijk und M. Wieken-Mayser (Hrsg.), *Techniken der empirischen Sozialforschung,* Band 4: *Die Befragung.* München: Oldenbourg.

van Koolwijk, J. (1974b). Das Quotenverfahren: Paradigma sozialwissenschaftlicher Auswahlpraxis. In J. van Koolwijk und M. Wieken-Mayser (Hrsg.), *Techniken der empirischen Sozialforschung,* Band 6: *Statistische Forschungsstrategien.* München: Oldenbourg.

van Koolwijk, J. and Wieken-Mayser, M. (1986). *Techniken der empirischen Sozialforschung, Vol. 8, Kausalanalyse.* München: Oldenbourg.

Vaughan, H.G. Jr. (1974). The Analysis of Scalp-Recorded Brain Potentials. In R.F. Thompson and M.M. Patterson (Eds.), *Bioelectric Recording Technics. Part B.* New York: Academic Press.

Velden, M. (1982). *Die Signalentdeckungstheorie in der Psychologie.* Stuttgart: Kohlhammer.

Velden, M. (1994). *Psychophysiologie. Eine kritische Einführung.* Berlin: Quintessenz.

Velden, M. and Clark, W.C. (1979). Reduction of Rating Scale Data by Means of Signal Detection Theory. *Perception and Psychophysics, 25*, 517–518.

Velleman, P.F. and Hoaglin, D.C. (1981). *Applications, Basics, and Computing of Exploratory Data Analysis.* Boston, Massachusetts: Duxbury Press.

Venables, P.H. and Christie, M.J. (1980). Electrodermal Activity. In I. Martin and P.H. Venables (Eds.), *Technics in Psychophysiology.* Chichester: Wiley.

Vester, H.-G. (1993). *Soziologie der Postmoderne.* München: Quintessenz.

Victor, N., Lehmacher, W. und v. Eimeren, W. (Hrsg.) (1980). *Explorative Datenanalyse.* Berlin, Heidelberg: Springer.

Visweswaran, C. and Ones, D.S. (1999). Meta-Analysis of Fakability Estimates. Implications for Personality Measurement. *Educational and Psychological Measurement, 59*, 197–210.

Viswesvaran, C. and Sanchez, J. J. (1998). Moderator Search in Meta-Analysis. A Review and Cautionary Note on Existing Approaches. *Educational and Psychological Measurement, 58*, 77–87.

Volpert, W. (1975). Die Lohnarbeitswissenschaft und die Psychologie der Arbeitstätigkeit. In P. Groskurth and W. Volpert (Hrsg.), *Lohnarbeitspsychologie.* Frankfurt: Fischer.

Vossel, G. (1985). Theoretical Note: A Word of Caution on the Use of Signal Detection Theory in Psychophysiological Research. *Archiv für Psychologie, 137*, 297–302.

Wachter, K. M. and Straf, M. L. (Eds.) (1990). *The Future of Meta-Analysis.* New York: Russell Sage Foundation.

Wahl, D. (1994). Handlungsvalidierung. In G. L. Huber und H. Mandl (Hrsg.), *Verbale Daten. Eine Einführung in die Grundlagen und Methoden der Erhebung und Auswertung* (S. 259–274). Weinheim: Beltz.

Wahl, K., Honig, M. S. und Gravenhorst, L. (1982). *Wissenschaftlichkeit und Interessen. Zur Herstellung subjektivitätsorientierter Sozialforschung.* Frankfurt am Main: Suhrkamp.

Wainer, H. (1990). *Computerized Adaptive Testing. A Primar.* Hillsdale: Erlbaum.

Wald, A. (1947). *Sequential Analysis.* New York: Wiley.

Wallace, D. (1954). A Case for and against Questionnaires. *Public Opinion Quarterly, 18*, 40–52.

Walschburger, P. (1975). Zur Standardisierung und Interpretation elektrodermaler Meßwerte in psychologischen Experimenten. *Zeitschrift für experimentelle und angewandte Psychologie, 22*, 514–533.

Wang, M. C. and Bushman, B. J. (1998). Using the Normal Quantile Plot to Explore Meta-Analytic Data Sets. *Psychological Methods, 3*, 46–54.

Warner, S. L. (1965). Randomized Responses: A Survey Technique for Eliminating Evasive Answer Bias. *Journal of the American Statistical Association, 60*, 63–69.

Watzlawick, P., Beaven, J. H. und Jackson, D. D. (1980). *Menschliche Kommunikation.* Bern: Huber.

Waxweiler, R. (1980). *Psychotherapie im Strafvollzug.* Weinheim: Beltz.

Webb, E. J., Campbell, D. T., Schwartz, R. D. und Sechrest, L. (1975). *Nichtreaktive Meßverfahren.* Weinheim: Beltz.

Weber, E. H. (1851). De Pulsu, Resorptione, Auditu et Tactu. *Annotationes Anatomicae et Physiologicae, 1*, 1–175.

Weber, M. (1951). Die „Objektivität" sozialwissenschaftlicher und sozialpolitischer Erkenntnis. In M. Weber. *Gesammelte Aufsätze zur Wissenschaftslehre.* Tübingen: Mohr (Erstdruck 1904).

Weber, R. (2000). *Prognosemodelle zur Vorhersage der Fernsehnutzung. Neuronale Netze, Tree-Modelle und klassische Statistik im Vergleich.* München: Fischer.

Weber, S. J., Cook, T. D. and Campbell, D. T. (1971). *The Effects of School Integration on the Academic Self-Concept of Public School Children.* Paper presented at the Meeting of Midwestern Psychological Association, Detroit.

Wechsler, D., Hardesty, A. und Lauber, L. (1964). *Die Messung der Intelligenz Erwachsener.* Bern: Huber.

Weede, E. (1970). Zur Methodik der kausalen Abhängigkeitsanalyse (Pfadanalyse) der nicht-experimentellen Forschung. *Kölner Zeitschrift für Soziologie und Sozialpsychologie, 22*, 532–550.

Weede, E. und Jagodzinski, W. (1977). Einführung in die konfirmatorische Faktorenanalyse. *Zeitschrift für Soziologie, 6*, 315–333.

Wegener, B. (1978). Einstellungsmessung in Umfragen. Kategorische versus Magnitude-Skalen. *ZUMA-Nachrichten, 3*, 3–27.

Wegener, B. (1980). Magnitude-Messung in Umfragen. Kontexteffekte und Methoden. *ZUMA-Nachrichten, 6*, 4–40.

Wegener, B. (Hrsg.) (1982). *Social Attitudes and Psychophysical Measurement.* Hillsdale: Erlbaum.

Weinert, F. E. (1987). Bildhafte Vorstellungen des Willens. In H. Heckhausen, P. M. Gollwitzer und F. E. Weinert (Hrsg.), *Jenseits des Rubikon: Der Wille in den Humanwissenschaften* (S. 10–26). Berlin, Heidelberg, New York: Springer.

Weise, G. (1975). *Psychologische Leistungstests.* Göttingen: Hogrefe.

Weiss, C. H. (1974). *Evaluierungsforschung.* Opladen: Westdeutscher Verlag.

Weitzman, L. (1989). *The Divorce Revolution: The Unexpected Social and Economic Consequences for Women and Children in America.* New York: Free Press.

Wellek, S. (1994). *Methoden zum Nachweis von Äquivalenz.* Stuttgart: Fischer.

Wender, K. (1969). *Die psychologische Interpretation nichteuklidischer Metriken in der multidimensionalen Skalierung.* Dissertation, Darmstadt.

Werner, J. (1976). Varianzanalytische Maße zur Reliabilitätsbestimmung von Ratings. *Zeitschrift für experimentelle und angewandte Psychologie, 23*, 489–500.

Werner, O. and Schoepfle, G. M. (1987a). *Systemic Fieldwork. Volume 1: Foundations of Ethnography and Interviewing.* Newbury Park: Sage.

Werner, O. and Schoepfle, G. M. (1987b). *Systemic Fieldwork. Volume 2: Ethnographic Analysis and Data Management.* Newbury Park: Sage.

Wessels, M. G. (1994). *Kognitive Psychologie* (3. Auflage). München, Basel: Reinhardt.

West, S. G. and Gunn, S. P. (1978). Some Issues of Ethics and Social Psychology. *American Psychologist, 33*, 30–38.

Westermann, R. (1985). Empirical Tests of Scale Type for Individual Ratings. *Applied Psychological Measurement, 9*, 265–274.

Westermann, R. (1987). Wissenschaftstheoretische Grundlagen der experimentellen Psychologie. In G. Lüer (Hrsg.), *Allgemeine Experimentelle Psychologie* (S. 5–42). Stuttgart: Fischer.

Westermann, R. (2000). *Wissenschaftstheorie und Experimentalmethodik. Ein Lehrbuch der Psychologischen Methodenlehre und Wissenschaftstheorie.* Göttingen: Hogrefe.

Westermann, R. und Gerjets, P. (1994). Induktion. In T. Herrmann und W. Tack (Hrsg.), *Methodologische Grundlagen der Psychologie.* Enzyklopädie der Psychologie, Themenbereich B, Serie I, Band 1 (S. 428–472). Göttingen: Hogrefe.

Westhoff, G. (Hrsg.) (1993). *Handbuch psychosozialer Meßinstrumente.* Göttingen: Hogrefe.

Westmeyer, H. (1979). Wissenschaftstheoretische Grundlagen der Einzelfallanalyse. In F. Petermann und F. J. Hehl (Hrsg.), *Einzelfallanalyse.* München: Urban & Schwarzenberg.

Westmeyer, H. (Ed.) (1989). *Psychological Theories from a Structuralist Point of View.* Berlin: Springer.

Weymann, A. (1991). Eine deutsche Ideologie? Die wiedervereinigten Sozialwissenschaften und die bewältigte Vergangenheit. In C. Leggewie (Hrsg.), *Experiment Vereinigung. Ein sozialer Großversuch* (S. 52–58). Berlin: Rotbuch.

White, H. D. (1994). Scientific Communication and Literature Retrieval. In H. Cooper and L. V. Hedges (Eds.), *The Handbook of Research Synthesis* (pp. 41–55). New York: Sage.

Whyte, W. F. (1984). *Learning from the Field. A Guide from Experience.* Beverly Hills: Sage.

Wiedemann, P. M. (1986). *Erzählte Wirklichkeit. Zur Theorie und Auswertung narrativer Interviews.* Weinheim, München: Psychologie Verlags Union.

Wiedemann, P. M. (1987). *Entscheidungskriterien für die Auswahl qualitativer Interviewstrategien.* Forschungsbericht Nr. 1/1987. Berlin: Technische Universität Berlin.

Wieken, K. (1974). Die schriftliche Befragung. In J. v. Koolwijk und M. Wieken-Mayser (Hrsg.), *Techniken der empirischen Sozialforschung, Band 4. Erhebungsmethoden: Die Befragung.* München: Oldenbourg.

Wiener, N. (1963). *Kybernetik: Regelung und Nachrichtenübertragung im Lebewesen und in der Maschine.* Düsseldorf, Wien: Econ.

Wilcox, R. R. (1981). Analyzing the Distractors of Multiple-Choice Test Items or Partitioning Multinomial Cell Probabilities with Respect to a Standard. *Educational and Psychological Measurement, 41,* 1051–1068.

Wild, B. (1986). *Der Einsatz adaptiver Teststrategien in der Fähigkeitsmessung.* Unveröffentlichte Dissertationsschrift. Wien: Institut für Psychologie der Universität Wien.

Wilder, J. (1931). Das „Ausgangswertgesetz", ein unbeachtetes biologisches Gesetz und seine Bedeutung für Forschung und Praxis. *Zeitschrift für Neurologie, 137,* 317–338.

Wilk, L. (1975). Die postalische Befragung. In K. Holm (Hrsg.), *Die Befragung 1.* München: Francke.

Wilkinson, B. (1951). Statistical Consideration in Psychological Research. *Psychological Bulletin, 48,* 156–158.

Willett, J. B. (1989). Some Results on Reliability for the Longitudinal Measurement of Change: Implications for the Design of Studies of Individual Growth. *Educational and Psychological Measurement, 49,* 587–602.

Williams, R. H. and Zimmermann, D. W. (1977). The Reliability of Difference Scores when Errors are Correlated. *Educational and Psychological Measurement, 37,* 679–689.

Williams, R. H. and Zimmermann, D. W. (1996). Are Simple Gain Scores Obsolete? *Applied Psychological Measurement, 20,* 59–69.

Willis, F. N. and Carlson, R. A. (1993). Singles Aids: Gender, Social Class, and Time. *Sex Roles, 29* (5/6), 387–404.

Willmes, K. (1996). Neyman-Pearson-Theorie statistischen Testens. In E. Erdfelder et al. (Hrsg.), *Handbuch Quantitative Methoden* (S. 109–122). Weinheim: Psychologie Verlags Union.

Willner, P. and Scheel-Krüger, J. (Eds.) (1991). *The Mesolimbic System: From Motivation to Action.* Toronto: Wiley.

Willutzki, U. und Raeithel, A. (1993). Software für Repertory Grids. In J. Scheer und A. Catina (Hrsg.) (1993), *Einführung in die Repertory Grid-Technik. Band 1: Grundlagen und Methoden* (S. 68–79). Bern: Huber.

Wilson, T. P. (1973). Theorien der Interaktion und Modelle soziologischer Erklärung. In Arbeitsgruppe Bielefelder Soziologen (Hrsg.), *Alltagswissen, Interaktionen und gesellschaftliche Wirklichkeit* (S. 54–79). Reinbek: Rowohlt.

Wilson, T. P. (1982). Qualitative 'oder' quantitative Methoden in der Sozialforschung. *Kölner Zeitschrift für Soziologie und Sozialpsychologie, 34 (3),* 487–508.

Wilz, G. und Brähler, E. (Hrsg.) (1997). *Tagebücher in Therapie und Forschung.* Göttingen: Hogrefe.

Windelband, W. (1894). Geschichte und Naturwissenschaft. In E. Windelband (Hrsg.), *Präludien. Aufsätze und Reden zur Philosophie und ihrer Geschichte. 2. Band.* Tübingen: Mohr.

Winer, B. J., Brown, D. R. and Michels, K. M. (1991). *Statistical Principles in Experimental Design.* New York: McGraw Hill.

Winkler, R. L. (1972). *Introduction to Bayesian Inference and Decision.* New York: Holt, Rinehart & Winston.

Winkler, R. L. (1993). Bayesian Statistics. An Overview. In G. Keren and C. Lewis (Eds.), A Handbook for Data Analysis in the Behavioural Sciences, Vol. II – Statistical Issues (pp. 201–232). Hillsdale: Erlbaum.

Wish, M. and Caroll, J. D. (1974). *Applications of Individual Differences Scaling to Studies of Human Perception and Judgement.* In E. C. Carterette and M. P. Friedman (Eds.), *Handbook of Perception. Vol. II.* pp. 449–491. New York: Academic Press.

Wish, M., Deutsch, M. and Biener, L. (1972). *Differences in Perceived Similarity of Nations.* In A. K. Romney, R. N. Shephard and S. Nerlove (Eds.), *Multidimensional Scaling, Vol. II.* pp. 290–313. New York: Seminar Press.

Witte, E. (1989). Die „letzte" Signifikanztestkontroverse und daraus abzuleitende Konsequenzen. *Psychologische Rundschau, 40,* 76–84.

Witte, E. H. (1977). Zur Logik und Anwendung der Inferenzstatistik. *Psychologische Beiträge, 19,* 290–303.

Witte, E. H. (1980). *Signifikanztest und statistische Inferenz.* Stuttgart: Enke.

Wittmann, W. W. (1985). *Evaluationsforschung. Aufgaben, Probleme und Anwendungen.* Berlin: Springer.

Wittmann, W. W. (1988). Multivariate Reliability Theory: Principles of Symmetry and Successful Validation Strategies. In J. R. Nesselroade and R. B. Cattell (Eds.), *Handbook of Multivariate Experimental Psychology* (2nd Edition) (pp. 505–560). New York: Plenum.

Wittmann, W. W. (1990). Brunswik-Symmetrie und die Konzeption der Fünf-Datenboxen. Ein Rahmenkonzept für umfassende Evaluationsforschung. *Zeitschrift für pädagogische Psychologie, 4,* 241–251.

Witzel, A. (1982). *Verfahren der qualitativen Sozialforschung. Überblick und Alternativen.* Frankfurt am Main: Campus.

Witzel, A. (1985). Das problemzentrierte Interview. In G. Jüttemann (Hrsg.), *Qualitative Forschung in der Psychologie. Grundlagen, Verfahrensweisen, Anwendungsfelder.* Weinheim: Beltz.

Wolf, B. und Priebe, M. (2000). *Wissenschaftstheoretische Richtungen.* Landau: VEP.

Wolf, F. M. (1987). *Meta-Analysis: Quantitative Methods for Research Synthesis.* Beverly Hills, CA: Sage.

Wolf, G. and Cartwright, B. (1974). Rules for Coding Dummy Variables in Multiple Regression. *Psychological Bulletin, 81,* 173–179.

Wolfrum, C. (1976a). Zum Auftreten quasiäquivalenter Lösungen bei einer Verallgemeinerung des Skalierungsverfahrens von Kruskal auf metrische Räume mit einer Minkowski-Metrik. *Archiv für Psychologie, 128,* 96–111.

Wolfrum, C. (1976b). Zur Bestimmung eines optimalen Metrikkoeffizienten r mit dem Skalierungsverfahren von Kruskal. *Zeitschrift für experimentelle und angewandte Psychologie, 23,* 339–350.

Wolins, L. (1978). Interval Measurement: Physics, Psychophysics, and Metaphysics. *Educational and Psychological Measurement, 38,* 1–9.

Wortmann, P. M. (1994). Judging Research Quality. In H. Cooper and L. V. Hedges (Eds.), *The Handbook of Research Synthesis* (pp. 97–109). New York: Sage.

Wottawa, H. (1990). Einige Überlegungen zu (Fehl-)Entwicklungen der psychologischen Methodenlehre. *Psychologische Rundschau, 41,* 84–107.

Wottawa, H. (1994). Thesen zu spezifischen Methodenfragen der angewandten Psychologie. In A. Schorr (Hrsg.), *Die Psychologie und die Methodenfrage* (S. 262–271). Göttingen: Hogrefe.

Wottawa, H. und Amelang, M. (1980). Einige Probleme der „Testfairness" und ihre Implikationen für Hochschulzulassungsverfahren. *Diagnostika, 26,* 199–221.

Wottawa, H. und Hossiep, R. (1987). *Grundlagen psychologischer Diagnostik.* Göttingen: Hogrefe.

Wottawa, H. und Hossiep, R. (1997). *Anwendungsfelder psychologischer Diagnostik.* Göttingen: Hogrefe.

Wottawa, H. und Thierau, H. (1998). *Lehrbuch Evaluation* (2. Aufl.). Göttingen: Huber.

Wright, G. (Ed.) (1993). *Behavioral Decision Making.* New York: Plenum Press.

Wright, S. (1921). Correlation and Causation. *J. Agric. Res., 20,* 557–585.

Wundt, W. (1898). *Grundriß der Psychologie* (3. Auflage). Leipzig: Engelmann.

Wyatt, R. C. and Meyers, L. S. (1987). Psychometric Properties of four 5-Point-Likert-Type Response Scales. *Educational and Psychological Measurement, 47,* 27–35.

Yamane, T. (1976). *Statistik.* Frankfurt/M.: Fischer.

Yarnold, P. R. (1984). The Reliability of a Profile. *Educational and Psychological Measurement, 44,* 49–59.

Yarnold, P. R. (1988). Classical Test Theory Methods for Repeated Measures N = 1 Research Designs. *Educational and Psychological Measurement, 48,* 913–919.

Yarnold, P. R. (1996). Characterizing and Circumventing Simpson's Paradox for Ordered Bivariate Data. *Educational and Psychological Measurement, 56,* 430–442.

Yates, F. (1965). *Sampling Methods for Census and Surveys.* London: Griffin.

Yin, R. K. (1989). *Case Study Research Design and Methods.* Newbury Park: Sage.

Yin, R. K. (1993). *Applications of Case Study Research.* London: Sage.

Young, F. W. (1981). Quantitative Analysis of Qualitative Data. *Psychometrika, 46,* 357–387.

Zentralarchiv für Empirische Sozialforschung an der Universität zu Köln (Hrsg.) (1991). *Datenbestandskatalog.* Frankfurt, New York: Campus.

Ziekar, M. J. and Drasgow, F. (1996). Detecting Faking in a Personality Instrument Using Appropriateness Measurement. *Applied Psychological Measurement, 20,* 71–87.

Zielke, M. (1980). Darstellung und Vergleich von Verfahren zur individuellen Veränderungsmessung. *Psychologische Beiträge, 22,* 592–609.

Ziler, H. (1997) *Der Mann-Zeichen-Test.* Münster: Aschendorff.

Zimmer, H. (1956). Validity of Extrapolating Nonresponse Bias from Mail-Questionnaire Follow-Ups. *Journal of Applied Psychology, 40,* 117–121.

Zimmermann, D. W. and Williams, R. H. (1982). Gain Scores in Research can be Highly Reliable. *Journal of Educational Measurement, 19,* 149–154.

Zuckerman, M. (1991). *Psychobiology of Personality.* Cambridge: Cambridge University Press.

Zuckerman, M., Kolin, E. A., Price, L. and Zoob, I. (1964). Development of a Sensation-Seeking Scale. *Journal of Consulting Psychology, 28,* 477–482.

Namenverzeichnis

Sachverzeichnis